1000年	1200年	1600年	1800年
1000–1200年	**1200–1400年**	**1600–1700年**	**1800–1900年**
イラク：カラジー，帰納法，数三角形	イラン：ナスィールッディーン・トゥーシーと三角法	ケプラー，ニュートンと天体物理学	代数的整数論
エジプト：イブン・ハイサム，ベキの和，パラボロイドの体積	フランス：ヨルダヌスによる代数学の進歩，レヴィ・ベン・ゲルソンと帰納法，オレームと運動論	デカルト，フェルマと解析幾何学	ガロア理論
イラク：ウマル・ハイヤーミーと3次方程式の幾何学的解法		ネイピア，ブリッグズと対数	群と体
インド：ビールーニーと球面三角法，バースカラとペル方程式	イギリス：速度，加速度，平均速度の定理	ジラール，デカルトと方程式論	4元数と非可換代数の発見
中国：方程式解法に用いられた数三角形	中国：中国剰余定理*2，代数方程式の解法	パスカル，フェルマと初等確率論	行列の理論
			解析学の算術化
		パスカル，デザルグと射影幾何学	複素解析の発展
			ベクトル解析
スペイン：ラテン語へ翻訳されたアラビア語著作，アブラハム・イブン・エズラと組合せ論	ペルー：記録を保持するために用いられたキープ	ニュートン，ライプニッツと微分積分学の発見	微分幾何学
			非ユークリッド幾何学
イタリア：ピサのレオナルドとイスラーム数学の導入			射影幾何学
	1400–1600年	**1700–1800年**	幾何学の基礎
	インド：正弦，余弦，逆正接のベキ級数展開の発見	常微分・偏微分方程式の解法の発展	**1900–2000年**
アメリカ合衆国：南西部のアナサジの建築物における天文学的配列	イタリア：3次方程式の代数的解法	多変数関数の微積分学の発展	集合論
			位相幾何学の発達
	ドイツ：透視画法と幾何学	微分積分学を論理的に基礎づける試み	数学の代数化
ジンバブエ：一群のジンバブエ石造建築	イギリス：新しい代数学と三角法の教科書	ラグランジュと代数方程式の解法の研究	コンピュータの影響
	ポーランド：コペルニクスと太陽中心体系		
	フランス：ヴィエトと記号代数		
1000年	1200年	1600年	1800年

---

*2 この問題の初出は，3世紀頃のものといわれている「孫子算経」である．

VICTOR J. KATZ

A HISTORY OF MATHEMATICS:
AN INTRODUCTION (2ND ED.)

カッツ 数学の歴史

ヴィクター J. カッツ 著

上野健爾・三浦伸夫 監訳
中根美知代・髙橋秀裕・林 知宏・大谷卓史・
佐藤賢一・東慎一郎・中澤 聡 翻訳

共立出版

Authorized translation from the English language edition, entitled *History of Mathematics, A: An Introduction*, Second Edition by Victor Katz, published by Pearson Education, Inc, publishing as ADDISON WESLEY LONGMAN, Copyright ©1998 by Addison-Wesley Educational Publishers, Inc.

All rights reserved. No part of this book may be reproduced or transmitted in any form or by any means, electronic or mechanical, including photocopying, recording or by any information storage retrieval system, without permission from Pearson Education, Inc.

JAPANESE language edition published by KYORITSU SHUPPAN CO., LTD., Copyright ©2005.

本書は，共立出版株式会社が，Pearson Education, Inc. との契約に基づき翻訳したものです．

本書のいかなる部分も，Pearson Education, Inc. の許可なしに，いかなる方法によっても，無断で複写・複製することはできません．

日本語版に関する権利は，共立出版株式会社が保有します．

序文

本書の意図

『変革に向けて：数学教員に求められる素養についての提言』という文書の中で，アメリカ数学協会 (the Mathematical Association of America (MAA))[*1]内の「教員のための数学教育委員会」は，数学の教職を志すすべての人々に対して，次のことを推奨している．

> 数学的な着想を成長，発展させる上で多様な文化圏が寄与したものを正しく評価していくこと．古代，近代そして現代の数学的な主題が発展していくにあたり，多様な文化の中で，女性，男性を問わない各個人がなした寄与を研究すること．（そして）学校で習う数学の主要な概念の歴史的発展過程を理解すること．

MAA によれば，数学史の知識は，数学が人間の偉大な努力の成果であることを学生に示す上で役立つという．数学は，私達の教科書で見られるような洗練された形で発見されたものではなく，むしろ問題を解こうとする必要性から，しばしば直観的かつ実験的な方法をとって発展してきた．数学上の着想が実際にたどってきた発展過程を伝えることは，今日の学生に数学への興味をそそらせ，動機付けを与える上で効果的であろう．

小・中・高等学校の数学教師を志す者も大学の数学教員を目指す者も，この科目をより効果的に学生達に教授するためには，歴史上の背景を知っておく必要があるとの確信から，この新しい数学史の教科書が生み出された．したがって本書は，大学や高等学校での数学の教職を志す数学科の3・4年生を対象にしており，大学の学部や初等・高等学校での教育課程で主にとりあげられる主題の歴史に重点を置いている．数学のどのような主題の歴史も，その主題を教えるための素晴らしい考えをしばしば与えてくれるので，新しく出てきた概念を十分詳しく説明して，未来の（あるいは現在の）数学の教員が授業の一部を，あるいは一連の授業を歴史に基づいて展開できるように意図した．実際，読者に，ある

[*1] 教育に関心を持つ，主として大学教員のための学会．アメリカ数学会 (American Mathematical Society = AMS) とは別の学会である．

話題に関する授業を行うことを要求するような課題が多数入れてある．将来教員となる学生が，われわれはどのようにしてあのことからこのことを得たのかという知識や，多くの数学の重要な概念をより深く理解するための知識を本書から得てもらえれば幸いである．

本書の特徴

順応性のある構成

本書は，大筋としては年代順にすすめていくが，各時代では，主題ごとに題材がまとめられている．各節につけられている詳細な副題を参照すれば，読者は特定の主題を選んでその歴史を追うこともできる．たとえば，方程式の解法の歴史を知りたかったら，古代エジプトとバビロニアの方法，ギリシア人達による幾何学的な解法，中国の数値解法，円錐曲線を使ったイスラームの3次方程式の解法，イタリアでの3次・4次方程式を解くためのアルゴリズムの発見，高次代数方程式を解くにあたっての判定条件を発展させたラグランジュの研究，ガウスによる円分方程式の解法の研究，ガロア理論と今日呼ばれるようになった理論を定式化するためにガロアが行った，置換を利用した研究，というように読み進めていけばよい．

教科書の重視

本書ではあらゆる箇所で，様々な時代の重要な教科書を強調してとりあげた．数学を研究し，新しい定理や技法を発見するという仕事がある．これとはまったく別に，それらを解説して他の人々がそれらを学ぶことができるようにするという仕事もある．それゆえほとんどすべての章に，その時代の重要な教科書を少なくとも一冊は取り上げ，それらを解説するようにした．当時の学生は，それらの教科書から偉大な数学者達の重要な考えを学んだのであろう．今日の学生は，いくつかの話題についてそれらがどのように扱われていたかを知るとともに，今日の教科書でのそれらの扱われ方と比較したり，当時の学生が解くようにいわれた問題がどのような類のものだったのかを見ることができよう．

天文学と数学

数学的方法，すなわち数学が別の分野での問題を解くために使われている様子を記述するために，2つの章全体をあてた．一つはギリシア時代，もう一つはルネサンス期で，いずれも天文学を扱っている．事実，古代においては，同一人物が天文学者かつ数学者であるのが普通であった．ギリシア数学の本質的な部分を理解するためには，ギリシア時代の天体モデルや，このモデルを適用して現象を予言するために数学をどのように使ったかを理解することがきわめて重要である．同様に，コペルニクス–ケプラーによる天体モデルも考察し，ルネサンス期の数学者がそのモデルを研究するために数学をどのように適用したかを見ていく．

非西洋圏の数学

　ヨーロッパ以外の地域での数学の発展を考察することにはとくに力を注いだ．たとえば，中国，インド，イスラーム圏には，数学に関する重要な題材がある．また，"間章"を設けて，1300年前後の，主な文明圏の数学を比較した．この比較のあと，世界中の様々な異なる社会での数学についての議論が続く．読者は，いくつかの数学的な着想がどのようにして沢山の場所で生じたかを知るであろう．ただしそれは，おそらく，われわれが西洋社会で"数学"と呼んでいる文脈の中ではないであろう．

主題別の練習問題

　各章ごとに多数の問題を収録した．参照の便宜を図って主題ごとにまとめてある．練習問題には単なる数値計算のみのものもあれば，本文で示された数学的議論の飛躍を埋めるために役立つものもある．**議論に向けて**という項目では，議論の材料として，答えを見いだすためにある程度の研究が必要な，容易に結論が出ない問題が集められている．そこでの問題は，歴史的な題材を授業中どのように使うかを学生達に考えてもらうようなものが大部分である（数値を求める問題の多くの部分の解答は，解答の節につけてある）．読者には，ここに収録した問題を多数を解かないまでも，一読し，その章でとりあげた題材をより深く理解してもらいたい．

欄外の記述

伝記　参照の便宜を図って，その仕事が論じられている多くの数学者の伝記を，それぞれ別個の囲みとして挿入した．様々な理由から数学研究に携わっている女性は数少ないが，つねに大きな偏見に抵抗し，数学的な活動に寄与することに成功した数人の重要な女性数学者に関しては，その伝記を収めたことを特筆しておきたい．

特別な話題　本書の全体を通じて，特定の話題についての囲み記事が挿入されている．エジプト数学のギリシア数学への影響を問題にする議論，プトレマイオスの著作に見られる関数概念についての考察，様々な連続性概念の比較といった話題である．また，参照に便利なように，重要な定義を集めて囲みとした．

その他の配慮　各章は，重要な数学的「事件」に関係する引用や記述で始まる．学生が彼らの知識を整理するのに役立つように，各章末にはその章でとりあげた数学者達の短い年表を付した．また，原典および2次文献に解説をつけて各章末にあげ，学生達がより多くの情報を得られるようにした．さらに，表の見開きには数学史の**時間的な流れ**を，裏の見開きには本文中で述べたいくつかの重要な場所の位置を示す**地図**をつけておいた．最後に，学生にとって何人かの数学者の名前は発音が難しいと思われるので，**索引**には，**発音の手引き**という特別な表[*2]も添えてある．

[*2] 日本語版では削除した．

必要な予備知識

本文の最初の 12 章を理解するためには，微分積分学を 1 年学んだ程度の知識があれば十分である．それ以降の章については，もう少し程度の高い数学的予備知識が要求されるが，各節のタイトルを見れば，どのような数学的知識が必要かは明らかであろう．たとえば，14 章と 15 章を十分に理解するためには，学生は抽象代数を学んでおく必要がある．

第 2 版の新しい点

本書第 1 版はおおむね好意的に受け取られたようなので，私は，この本の基本的な構成と内容はそのままでいいと確信した．そうではあっても，第 1 版を利用した多くの方々からいただいた意見と最近の数学史の著作に見られる新しい発見に基づいて，記述をより明晰にし，内容をより豊かにするように，多くの改良を試みた．ほとんどすべての節で小さな修正をしたのみならず，イスラーム圏における組合せ論，ニュートンによる世界体系の導出，19・20 世紀の線形代数学，19 世紀における統計的な考えといった新しい題材を盛り込むという大きな変更も行った．事実誤認はすべて修正し，新たな間違いを犯さないようにしたつもりだが，まだ残っているかもしれない誤りを見つけたならば指摘していただけるとありがたい．すべての節に新しい問題を追加したが，そのいくつかはよりやさしいものである．また，参考文献はできるかぎり最新のものをとり入れた．図版としては新しい切手も 2, 3 枚挿入した．ただし，切手の肖像画は，もちろん肖像画はたいていそうなのだが，16 世紀以前の数学者については想像上の姿を描いたにすぎないことに注意されたい．これらの人々の誰についても，真の姿を描いているはずの肖像は知られてはいない．

本書を利用しての多様な講義

本書には，通常行われる半期の数学史の講義で扱うにははるかに多い分量の題材が収められている．1 年ものの講義の量としてはほぼ適切なのが実際のところなので，その場合は，前期は微分積分学が発明される 17 世紀末までを，後期は 18, 19 世紀および 20 世紀を講義することになろう．しかし，半期だけの講義を担当する場合，本書の利用の仕方にはいくつかある．まず，最初の 12 章の大部分を講義し，微積分学の成立までで終えてしまうという選択がある．次いで，特定の歴史上の話題を 1, 2 選ぶというやり方がある．考えられるいくつかの話題とそれに対応する節は次のとおりである．

方程式の解法：　1.4, 1.8, 1.9, 2.4.3, 2.5, 5.2, 6.3, 6.4, 6.7, 6.8, 7.2, 8.3, 9.3, 9.4, 11.2, 14.2.4, 15.2

微積分学の着想：　2.3.2, 2.3.3, 2.4.9, 3.2, 3.3, 7.2.4, 7.4.4, 8.4, 10.5, 12, 13, 16.1, 16.2, 16.3, 16.4

幾何学の諸概念：　1.5, 1.8, 2.1.2, 2.2, 2.4, 3.3, 3.4, 3.5, 4.3, 5.3, 7.4, 8.1, 10.1, 11.1, 11.5, 14.3, 17, 18.2

三角法，天文学，測量： 1.6, 4.1, 4.2, 6.2, 6.6, 7.5, 8.1, 10.2, 10.3, 12.5.6, 13.1.3

組合せ，確率，統計： 6.8, 7.3, 8.2, 11.3, 14.1, 16.5

線形代数： 1.4, 14.2.2, 14.2.4, 15.5, 17.4, 18.3.3, 18.4.7

数論： 2.1.1, 2.4.7, 5.1, 11.4, 14.2.3, 15.1

現代代数学： 6.8, 7.2, 8.3, 9.1, 9.2, 14.2, 15.2, 15.3, 15.4, 18.3, 18.4.4, 18.4.6, 18.4.8

　第三に，最初の 10 章の大部分をできるだけていねいに論じ，後の章からいくつかの話題を選び，その上で特定の主題に沿って講義するという方法がある．さまざまな章を，個人や小グループの課題として読ませたり報告させたりする方法もある．

謝辞

　どんな本でもそうであるように，本書もまた，沢山の人達の助力がなければ書きあげることができなかった．次の方々には，初版で協力いただき，その助言は本文中に反映させていただいた[*3]．Marcia Ascher (Ithaca University), J. Lennart Berggren (Simon Fraser University), Robert Kreiser (A.A.U.P.), Robert Rosenfeld (Nassau Community College), John Milcetich (University of the District of Columbia).

　第 2 版についても，多くの方々からきめこまやかな示唆をいただいた．（残念ながら）全員の名前は挙げないが，この本を改善しようとする思いに心から感謝している．その中には，Ivor Grattan-Guinness, Kim Plofker, Eleanor Robson, Richard Askey, William Anglin, Claudia Zaslavsky, Rebekka Struik, William Ramaley, Joseph Albree, Calvin Jongsma, David Fowler, John Stillwell, Christian Thybo, Jim Tattersall, Judith Grabiner, Tony Gardiner, Ubi D'Ambrosio, Dirk Struik, David Rowe の方々が含まれている．心から感謝の意を表したい．

　各節の草稿を検討していただいた沢山の方々からは，詳細な講評とともに多大な支援をいただき，本書を，準備していたものよりはるかによいものにすることができた．

第 1 版の講評者　Duane Blumberg, University of Southwestern Louisiana; Walter Czarnec, Framington State University; Joseph Dauben, Herbert Lehman College—CUNY; Harvey Davis, Michigan State University; Joy Easton, West Virginia University; Carl FitzGerald, Univeristy of California—San Diego; Basil Gordon, Univeristy of California, Los Angeles; Mary Gray, American University; Branko Grunbaum, University of Washington; William Hintzman, San Diego State University; Barnabas Hughes, California State University—Northridge; Israel Kleiner, York University; David E. Kullman, Miami

---

[*3] 謝辞に挙げられている人々の所属は原著出版当時のものであり，現在では若干の変更がある．

University; Robert L. Hall, University of Wisconsin, Milwaukee; Richard Marshall, Eastern Michigan University; Jerold Mathews, Iowa State University; Willard Parker, Kansas State University; Clinton M. Petty, University of Missouri—Columbia ; Howard Prouse, Mankato State University; Helmut Rohrl, Univeristy of California—San Diego; David Wilson, Florida University; Frederick Wright, University of North Carolina—Chapel Hill.

第2版の講評者　Salvatore Anastasio, State University of New York, New Platz; Bruce Crauder, Oklahoma State University; Walter Czarnec, Framingham State University; William England, Mississippi State University; David Jabon, Eastern Washington University; Charles Jones, Ball State University; Michael Lacey, Indiana University; Harold Martin, Northern Michigan University; James Murdock, Iowa State University; Ken Shaw, Florida State University; Sverre Smalo, Univeristy of California, Santa Barbara; Domina Eberle Spencer, University of Connecticut; Jimmy Woods, North Georgia College.

　私はまた，様々な会合の機会に沢山の数学史家と話をかわし，大きな利益を得た．とりわけ，例年開かれていた，国立アメリカ史博物館数学部門の前学芸員，Uta Merzbach 氏の主催する数学史のセミナーに定期的に出席していた人々は，そこで議論されたアイデアのいくつかが含まれていることに気付くと思う．本書はまた，次の方々との何年にもわたる議論からも多くを得ている．それは，Charles Jones (Ball State University), V. Frederick Rickey (Bowling Green State University), Florence Fasanelli (MAA), Israel Kleiner (York University), Abe Shenitzer (York University), Ubiratan D'Ambrosio (Estadual de Campinas), Frank Swetz (Pennsylvania State University) の各位である．また，コロンビア特別区大学の数学史（および他の科目）の受講生達のおかげで，私はたくさんの考えを鮮明にすることができた．私は，本書をよりよいものにしていく努力を続けるつもりなので，他の学生や同僚から，さらなる意見や反応が来るのを楽しみにしているのはもちろんのことである．

　コロンビア特別区大学の図書館員の方々，とくに，曖昧な情報しかなかったどのような本をお願いしても，図書館間の貸し出しで必ず手に入れてくれた Clement Goddard 氏には，とりわけ感謝の念を表したい．また，スミソニアン協会図書館の特別コレクション部門の Leslie Overstreet 氏はさまざまな図版の原本を探す上で大変お世話になった．

　また，第1版の刊行にあたってお世話になった，ハーパー・コリンズ社の元編集者 Steve Quigley, Don Gecewicz, George Duda にもお礼を申し上げたい．

　第2版の刊行にあたっては，アディソン・ウェズレー・ロングマン社の Jennifer Albanese にも感謝したい．彼女はこの本の完成に向けて，示唆を与えてくれ，また我慢もしてくれた．本書の装丁に尽力してくれた Rebecca Malone と Barbara Pendergast，索引を準備してくれた Susan Holbert にも感謝の念を表したい．

　本書を執筆していた何年もの長い間，家族は大変協力的だった．私に我慢し，

信頼してくれた両親に感謝したい．様々な機会に私を助けてくれ，とくに家族のコンピュータを使うことを許してくれた，子供達 Sharon, Ari, Naomi にもお礼を述べたい．最後に，昼夜を問わず長い時間議論につきあってくれ，必要な時はその場に居てくれた妻 Phyllis に感謝したい．私が彼女から受けたものは，何をもってもあがなえるものではない．

ヴィクター J. カッツ

日本語版への序

　私の著した数学史の教科書が日本語に翻訳されたことを大変喜んでおります．私の著書は，日本で新しい読者を得ることになるわけです．世界各国の教員の間では，中等教育においても大学教育においても，数学を教える上で数学史は極めて重要との認識が得られつつあります．日本でも，数学教員を志している方々が，数学史を学ぶために，本書を役立ていただければ幸いです．私の著書を日本語に訳すという大変な仕事を成し遂げてくださった，中根美知代さんをはじめとする翻訳グループの皆さんに感謝したいと思います．また，日本語訳刊行の労をとっていただいた共立出版にもお礼を申し上げます．

監訳者まえがき

　数学・理科離れが問題となっている近年の日本ですが，合衆国においても同様で，そのための抜本的解決策として数学教育に歴史を採用することが試みられてきています．すなわち数学教員になることを志望する学生に数学的発想の起源や展開を系統的に伝えようというのです．数学は動的に進展してきたのですから，そのまさに形成する現場を歴史的に見て，数学の面白さを体験しようというものです．こうして大学初年度向けの数学史教科書が少なからず出版されてきています．本書もこういった状況の中で書かれたものといってよいでしょう．したがって，本書はきわめて教科書的にまた系統的に構成され，教育的配慮がなされています．各章の冒頭には歴史的記述を配し，末尾には練習問題をつけ，本文の理解を助けるように工夫されています．欄外の記述や写真も豊富であることはいうまでもありません．さらに各時代の主題が整理され，ひとつの主題だけを取り出してその発展過程を学ぶこともできるようになっており，重要な概念には多くの紙幅が費やされています．

　さて，本書はそうはいっても近年の数学史書とは一線を画していることを指摘しておきましょう．まず，本書は非西洋圏の数学をも視野においていることです．多文化教育が叫ばれているこのごろですが，数学史の教科書にかぎっては従来圧倒的に西洋中心でした．本書はインド，中国，イスラーム文化圏はもちろんのこと，いままでの数学史の通史では無視されてきたアフリカ，アメリカなども視野に入れ，まさしく「世界の数学史」を目指したものといってよいでしょう．次に，記述が包括的であることです．従来重要とされてきた数学史概念はほぼ掲載されていますし，また詳細な索引や目次を利用して本書は数学史事典や参考書としても大いに役立つことでしょう．最後に特筆すべきは，本書は一人の手によって書かれた包括的なおそらくは「最後の数学史」となるであろうということです．いままで多くの数学史通史が書かれてきました．近代になってはモンチュクラ，カントール，ボール，ロリアなどの欧米圏の数学史をまずは挙げることができるでしょう．しかし数学史研究の進展した今日，もはや一人の力で全体を見通した包括的通史を書くことはできないのが現状です．したがって近年，多くの研究者が加わった数学史書も数多く出版されてきています．しかしそれ

らには必ずしも全体的な統一性があるわけではありません．その意味で本書は，従来の英語圏でよく読まれてきたボイヤーによる数学史書を量的質的にはるかに凌駕した，総合的数学史通史ということがいえます．

およそ完全な作品というものはありえません．本書にもいくらか不満な点を見出せることは否めません．それは本書が数学史研究専門書ではなく，あくまで数学教育に視点を定めた数学史であるために生じた問題であります．すなわち，現代の視点から過去の数学を眺め，それを教育に生かそうというものであるからです．したがって，数学的内容の解釈はときとして現代的すぎることもあるし，また数学の枠組みを現代的視点でしか捉えていないこともあります．さらに，19世紀後半から始まる数学の一大発展に対する記述が不十分であり，そのために過去の数学の深みを現代的視点からも捉えきっていない憾みがあります．また非西洋文化圏をおろそかにはしていないことは指摘しましたが，その記述では多くが英語による訳文や研究論文に頼っているために，原文とに解釈のずれが生じてしまい，また英語訳がないものは略されているのが現状です．たとえば，日本の数学である和算の記述がないし，インドや中国の記述は西洋に比べて貧弱ですし，フランス語やイタリア語などによる近年の研究成果も必ずしも取り入れられているわけではありません．また近年の数学史記述の傾向（数学と物理学をはじめとする諸科学との関連や，確率・統計を含め数学の応用を重視する傾向）も採用されているとはいえません．もちろん監訳者は以上のような欠点を十分承知した上で本書の作業を進めました．それは先にも述べましたように，一人の手による統一的視点をもった包括的な世界数学史は今後書かれることはないであろうからです．本書は構成や内容からたいへん丁寧に作られた数学史書です．本書を読まれ，数学にそして数学史そのものに関心が寄せられるようになれば，監訳者一同このうえなく幸いであります．

本書は中根美知代さんを中心に，若手中堅の数学史・科学史研究者が集まって翻訳がすすめられました．訳者は何度も訳語点検のために会合を開き，議論を重ねたと聞いております．監訳者は訳文の全体的調整に努めましたが，訳者による訳文を生かすために無理に訳文を統一するということは避けました．

最後になりますが，ギリシア数学解釈に関して適切なご意見を多数くださいました，ギリシア数学史専門家の斎藤憲さん（大阪府立大学）にはとくに記して御礼を申しあげます．斎藤さんの訳文や解釈を少なからず本書に取り入れさせていただきました．また以下の方々は，訳文をよりよくするためにさまざま御協力くださいました．ここに改めて深く感謝申しあげます．

植野義明（東京工芸大学），河野敬雄（京都大学名誉教授），公田藏（立教大学名誉教授），梶雅範（東京工業大学），小山俊士（東京大学大学院博士課程），佐藤文廣（立教大学），庄司高太（東京工芸大学），中根静男（東京工芸大学），野村恒彦（神戸大学大学院博士課程），林隆夫（同志社大学），圓山憲子（武蔵野美術大学），吉田夏彦（東京工業大学名誉教授）．

2005 年 5 月

監訳者　上野健爾
三浦伸夫

目　　次

序文 ... i

日本語版への序 ... ix

監訳者まえがき ... xi

第 I 部　6 世紀以前の数学　　1

第 1 章　古代の数学　　3
 1.1　古代文明 ... 4
 1.2　数えること ... 7
 1.3　算術計算 ... 11
 1.4　1 次方程式 ... 18
 1.5　初等的な幾何学 ... 24
 1.6　天文計算 ... 30
 1.7　平方根 ... 32
 1.8　ピュタゴラスの定理（三平方の定理） ... 35
 1.9　2 次方程式 ... 41

第 2 章　ギリシア文化圏での数学の始まり　　55
 2.1　最古のギリシア数学 ... 57
  2.1.1　ピュタゴラスとピュタゴラス派 ... 57
  2.1.2　円の方形化と立方体の倍積問題 ... 61
 2.2　プラトンの時代 ... 62
 2.3　アリストテレス ... 64
  2.3.1　論理学 ... 64
  2.3.2　数　対　大きさ ... 67
  2.3.3　ゼノンのパラドックス ... 68

	2.4 ユークリッドと『原論』	70
	2.4.1 定義と要請	72
	2.4.2 基本命題	76
	2.4.3 幾何学的代数	81
	2.4.4 円，および正五角形の作図	88
	2.4.5 比と比例	92
	2.4.6 相似	97
	2.4.7 数論	100
	2.4.8 通約不能な大きさ	104
	2.4.9 立体幾何学	106
	2.5 ユークリッドの他の著作	112

第3章　アルキメデスとアポロニオス　　119

- 3.1 アルキメデスと機械学　　120
  - 3.1.1 てこの原理　　120
  - 3.1.2 工学への応用　　124
- 3.2 アルキメデスと数値計算　　126
- 3.3 アルキメデスと幾何学　　129
  - 3.3.1 アルキメデスの発見法　　129
  - 3.3.2 級数の和　　131
  - 3.3.3 解析　　133
- 3.4 アポロニオス以前の円錐曲線論　　134
- 3.5 アポロニオスの『円錐曲線論』　　136
  - 3.5.1 接線と法線　　142
  - 3.5.2 焦点　　144
  - 3.5.3 円錐曲線による問題解法　　146

第4章　ヘレニズム期の数学的方法　　155

- 4.1 プトレマイオス以前の天文学　　156
  - 4.1.1 エウドクソスと球　　159
  - 4.1.2 アポロニオス：離心円と周転円　　160
  - 4.1.3 ヒッパルコスと三角法の始まり　　162
- 4.2 プトレマイオスと『アルマゲスト』　　165
  - 4.2.1 弦の表　　167
  - 4.2.2 平面三角形を解く　　170
  - 4.2.3 球面三角形を解く　　174
- 4.3 実用数学　　179
  - 4.3.1 ヘロンの著作　　180
  - 4.3.2 『ミシュナ・ミッドト』　　186

第5章　ギリシア数学の末期　　191

- 5.1 ニコマコスと初等的な数論　　193

5.2 ディオパントスとギリシアの代数学 197
　　　　5.2.1 １次方程式および２次方程式 199
　　　　5.2.2 高次方程式 203
　　　　5.2.3 仮置法 206
　　5.3 パッポスと解析 208
　　　　5.3.1 解析の場所 210
　　　　5.3.2 ヒュパティアとギリシア数学の終焉 213

第 II 部　中世の数学：500 年–1400 年　　　　　　　　　　　　　　　219

第 6 章　中世の中国とインド　　　　　　　　　　　　　　　　　　　　　221
　　6.1 中世の中国数学概観 221
　　6.2 測量と天文学のための数学 222
　　6.3 不定方程式 226
　　　　6.3.1 中国剰余の問題 226
　　　　6.3.2 秦九韶と大衍術 228
　　6.4 方程式の解法 231
　　　　6.4.1 秦九韶と代数方程式の解法 233
　　　　6.4.2 李冶，楊輝，朱世傑の著作 236
　　6.5 中世インド数学の概観 240
　　6.6 インドの三角法 242
　　　　6.6.1 正弦表の構成 242
　　　　6.6.2 インドの近似法 244
　　　　6.6.3 アールヤバタと『アールヤバティーヤ』 246
　　6.7 インドの不定方程式 248
　　　　6.7.1 １次合同式 249
　　　　6.7.2 ペル方程式 253
　　6.8 代数学と組合せ論 257
　　　　6.8.1 代数の技法 257
　　　　6.8.2 組合せ論 261
　　6.9 インド・アラビア式 10 進記数体系 263

第 7 章　イスラームの数学　　　　　　　　　　　　　　　　　　　　　　271
　　7.1 10 進法の計算 273
　　7.2 代数学 277
　　　　7.2.1 フワーリズミーとイブン・トゥルクの代数学 277
　　　　7.2.2 サービト・イブン・クッラとアブー・カーミルの代数学 . . 283
　　　　7.2.3 カラジーとサマウアルによる多項式の代数学 286
　　　　7.2.4 帰納法，ベキの和，数三角形 290
　　　　7.2.5 ウマル・ハイヤーミーと３次方程式の解法 294
　　　　7.2.6 シャラフッディーン・トゥースィーと３次方程式 297
　　7.3 組合せ論 300

	7.3.1	色の枚挙	300
	7.3.2	組合せ論と数論	302
	7.3.3	イブン・バンナーと組合せ論の公式	303
7.4	幾何学		304
	7.4.1	実用幾何学	304
	7.4.2	平行線公準	306
	7.4.3	通約不能量	309
	7.4.4	体積と取尽し法	310
7.5	三角法		312
	7.5.1	三角関数	312
	7.5.2	球面三角法	315
	7.5.3	三角関数表	319

第8章　中世ヨーロッパの数学　327

8.1	幾何学と三角法		331
	8.1.1	アブラハム・バル・ヒーヤの『計測について』	332
	8.1.2	実用幾何学	334
	8.1.3	ピサのレオナルド『実用幾何学』	337
	8.1.4	三角法	338
8.2	組合せ論		341
	8.2.1	アブラハム・イブン・エズラの数学	341
	8.2.2	レヴィ・ベン・ゲルソンと帰納法	343
8.3	中世の代数学		347
	8.3.1	ピサのレオナルドの『算板の書』	347
	8.3.2	『平方の書』	351
	8.3.3	ヨルダヌス・ネモラリウス	352
8.4	運動論の数学		356
	8.4.1	比の研究	357
	8.4.2	速度	360

間章　世界各地の数学　371

I.1	14世紀初頭における数学	371
I.2	アメリカ，アフリカ，太平洋諸地域の数学	376

第III部　近代初期の数学　1400年–1700年　387

第9章　ルネサンスの代数学　389

9.1	イタリアの算法教師たち		391
	9.1.1	代数記号と技法	392
	9.1.2	高次方程式	394
9.2	フランス，ドイツ，イングランド，ポルトガルにおける代数学		396
	9.2.1	フランス：ニコラ・シュケ	397

　　　　9.2.2　ドイツ：クリストフ・ルドルフ，ミハエル・シュティーフェル，ヨハンネス・ショイベル 399
　　　　9.2.3　イングランド：ロバート・レコード 404
　　　　9.2.4　ポルトガル：ペドロ・ヌネシュ 406
　　9.3　3次方程式の解法 407
　　　　9.3.1　ジロラモ・カルダーノと『偉大なる術』 409
　　　　9.3.2　ラファエル・ボンベッリと複素数 414
　　9.4　ヴィエトとステヴィンの研究 417
　　　　9.4.1　フランソワ・ヴィエトと「解析術」 419
　　　　9.4.2　ヴィエトの方程式論 424
　　　　9.4.3　シモン・ステヴィンと小数 427

第 10 章　ルネサンスの数学的方法　　437

　　10.1　透視画法 440
　　10.2　地理学と航海術 445
　　10.3　天文学と三角法 449
　　　　10.3.1　レギオモンタヌス 450
　　　　10.3.2　ニコラウス・コペルニクスと太陽中心体系 455
　　　　10.3.3　ティコ・ブラーエ 461
　　　　10.3.4　ヨハンネス・ケプラーと楕円軌道 461
　　10.4　対数 469
　　　　10.4.1　対数の概念 470
　　　　10.4.2　対数の用法 472
　　10.5　運動学 474
　　　　10.5.1　加速運動 474
　　　　10.5.2　投射体の運動 477

第 11 章　17 世紀の幾何学，代数学，確率論　　485

　　11.1　解析幾何学 486
　　　　11.1.1　フェルマと『平面・立体軌跡序論』 486
　　　　11.1.2　デカルトと『幾何学』 491
　　　　11.1.3　ヤン・デ・ヴィットの著作 498
　　11.2　方程式論 500
　　　　11.2.1　トーマス・ハリオットと彼の数学手稿 500
　　　　11.2.2　アルベール・ジラールと代数学の基本定理 501
　　　　11.2.3　デカルトと方程式の解法 503
　　11.3　初等確率論 504
　　　　11.3.1　確率論の萌芽 505
　　　　11.3.2　ブレーズ・パスカル，確率論，そしてパスカルの三角形 508
　　　　11.3.3　クリスティアーン・ホイヘンスと最も初期の確率論の教科書 514
　　11.4　数論 516

11.5	射影幾何学	519

第 12 章　微分積分学の始まり　　529

- 12.1 接線と極値 ... 531
  - 12.1.1 フェルマによる向等の方法 ... 531
  - 12.1.2 デカルトと法線の方法 ... 533
  - 12.1.3 フッデとスリューズのアルゴリズム ... 535
- 12.2 面積と体積 ... 537
  - 12.2.1 無限小と不可分者 ... 537
  - 12.2.2 トリチェッリと無限に長い立体 ... 541
  - 12.2.3 フェルマと放物線および双曲線の下方の面積 ... 542
  - 12.2.4 ウォリスと分数指数 ... 547
  - 12.2.5 ロベルヴァルとサイクロイド ... 552
  - 12.2.6 直角双曲線下の面積 ... 554
- 12.3 ベキ級数 ... 556
- 12.4 曲線の求長と微分積分学の基本定理 ... 560
  - 12.4.1 ファン・ヘラートの著作 ... 560
  - 12.4.2 グレゴリーと基本定理 ... 562
  - 12.4.3 バロウと基本定理 ... 564
- 12.5 アイザック・ニュートン ... 568
  - 12.5.1 ベキ級数 ... 568
  - 12.5.2 一般二項定理 ... 571
  - 12.5.3 流率計算のアルゴリズム ... 575
  - 12.5.4 流率の応用 ... 578
  - 12.5.5 面積を見出すための手順 ... 580
  - 12.5.6 「運動について」(De Motu) と天上の数学 ... 582
  - 12.5.7 『プリンキピア』と極限の概念 ... 586
- 12.6 ゴットフリート・ヴィルヘルム・ライプニッツ ... 589
  - 12.6.1 和と差 ... 590
  - 12.6.2 微分三角形と変換定理 ... 593
  - 12.6.3 微分算 ... 595
  - 12.6.4 基本定理と微分方程式 ... 598
- 12.7 最初の微分積分学の教科書 ... 601
  - 12.7.1 ロピタルの『無限小解析』 ... 601
  - 12.7.2 ディットンとヘイズの諸著作 ... 604

第 IV 部　近代および現代数学：1700 年–2000 年　　615

第 13 章　18 世紀の解析学　　617

- 13.1 微分方程式論 ... 618
  - 13.1.1 最速降下線問題 ... 620
  - 13.1.2 2 変数関数の微分計算 ... 623

			13.1.3 微分方程式と三角関数 628
			13.1.4 変分法 632
	13.2 微分積分学の教科書 634
			13.2.1 トーマス・シンプソン『流率新論』 635
			13.2.2 コリン・マクローリン『流率論』 636
			13.2.3 マリーア・アニェージ『解析教程』 640
			13.2.4 オイラー『無限解析入門』 642
			13.2.5 オイラーの微分計算 645
			13.2.6 オイラーの積分計算 648
	13.3 重積分 650
			13.3.1 重積分の概念 651
			13.3.2 重積分における変数変換 653
	13.4 偏微分方程式論：とくに波動方程式をめぐって 654
			13.4.1 ダランベールの業績 654
			13.4.2 オイラーと連続関数 656
			13.4.3 ダニエル・ベルヌーイと自然法則に基づく弦 .. 657
	13.5 微分積分学の基礎 658
			13.5.1 ジョージ・バークリ『解析学者』 658
			13.5.2 マクローリンのバークリに対する返答 660
			13.5.3 オイラーとダランベール 663
			13.5.4 ラグランジュとベキ級数 664

第14章　18世紀の確率論，代数学，幾何学　　675

	14.1 確率論 676
			14.1.1 ヤーコプ・ベルヌーイと『推測術』 677
			14.1.2 ド・モアブルと『偶然性の理論』 680
			14.1.3 ベイズと統計的推定 685
			14.1.4 ラプラスの確率計算 689
	14.2 代数学と数論 690
			14.2.1 ニュートン『普遍算術』 691
			14.2.2 マクローリン『代数学論考』 692
			14.2.3 オイラー『代数学入門』 695
			14.2.4 オイラーと連立1次方程式 697
			14.2.5 オイラーと数論 699
			14.2.6 ラグランジュと代数方程式の解 701
	14.3 幾何学 704
			14.3.1 クレローと『幾何学原論』 705
			14.3.2 サッケーリと平行線公準 707
			14.3.3 ランベルトと平行線公準 712
			14.3.4 クレローと空間曲線 714
			14.3.5 オイラーと空間曲線，空間曲面 716
			14.3.6 モンジュの著作 718

14.3.7　オイラーと位相幾何学の始まり 720
14.4　フランス革命と数学教育 721
14.5　アメリカ大陸における数学 725

第15章　19世紀の代数学　　735

15.1　数論 737
　15.1.1　ガウスと合同式 737
　15.1.2　フェルマーの最終定理と因数分解の一意性 741
　15.1.3　クンマーと理想数 743
　15.1.4　デデキントとイデアル 745
15.2　代数方程式の解法 748
　15.2.1　円分方程式 748
　15.2.2　置換 752
　15.2.3　5次方程式の非可解性 753
　15.2.4　ガロアの研究 753
　15.2.5　ジョルダンと置換群の理論 757
15.3　群と体——構造概念の始まり 758
　15.3.1　ガウスと2次形式 758
　15.3.2　クロネッカーとアーベル群の構造 759
　15.3.3　ケイリーと群の定義 760
　15.3.4　群の概念の公理化 763
　15.3.5　体の概念 764
15.4　記号的代数学 766
　15.4.1　ピーコックの『代数学』 767
　15.4.2　ド・モルガンと代数の法則 769
　15.4.3　ハミルトン：複素数と四元数 771
　15.4.4　四元数とベクトル 775
　15.4.5　ブールと論理学 776
15.5　行列と連立1次方程式 778
　15.5.1　行列の基本的な概念 778
　15.5.2　行列の演算 780
　15.5.3　固有値と固有ベクトル 782
　15.5.4　標準形 785
　15.5.5　連立方程式の解法 786

第16章　19世紀の解析学　　797

16.1　解析学の厳密性 799
　16.1.1　極限 801
　16.1.2　連続性 803
　16.1.3　収束 804
　16.1.4　導関数 810
　16.1.5　積分 811

16.1.6　フーリエ級数と関数の概念 815
　　　16.1.7　リーマン積分 820
　　　16.1.8　一様収束 821
　16.2　解析学の算術化 824
　　　16.2.1　デデキント切断 824
　　　16.2.2　カントールと基本列 826
　　　16.2.3　無限集合 828
　　　16.2.4　集合論 829
　　　16.2.5　デデキントと自然数の公理系 831
　16.3　複素解析 833
　　　16.3.1　複素数の幾何学的表現 833
　　　16.3.2　複素積分 834
　　　16.3.3　複素関数と線積分 838
　　　16.3.4　リーマンと複素関数 839
　16.4　ベクトル解析 843
　　　16.4.1　線積分と多重連結性 843
　　　16.4.2　面積分と発散定理 844
　　　16.4.3　ストークスの定理 846
　16.5　確率と統計 849
　　　16.5.1　ルジャンドルと最小2乗法 849
　　　16.5.2　ガウスと最小2乗法の導出 851
　　　16.5.3　統計学と社会科学 855

第17章　19世紀の幾何学　　　865

　17.1　微分幾何学 867
　　　17.1.1　曲率の定義 867
　　　17.1.2　曲率と驚異の定理 869
　17.2　非ユークリッド幾何学 871
　　　17.2.1　タウリヌスと対数・球面幾何学 871
　　　17.2.2　ロバチェフスキーとボヤイの非ユークリッド幾何学 ... 873
　　　17.2.3　リーマンの幾何学の基礎 879
　　　17.2.4　ヘルムホルツとクリフォードの幾何学の体系 881
　　　17.2.5　非ユークリッド幾何学のモデル 883
　17.3　射影幾何学 885
　　　17.3.1　ポンスレと双対性 885
　　　17.3.2　複比 887
　　　17.3.3　射影距離と非ユークリッド幾何学 889
　　　17.3.4　クラインの『エルランゲン・プログラム』 891
　17.4　N 次元幾何学 892
　　　17.4.1　グラスマンと『延長論』 892
　　　17.4.2　ベクトル空間 895
　　　17.4.3　微分形式 896

　　　　17.5 幾何学の基礎 897
　　　　　　17.5.1 ヒルベルトの公理系 898
　　　　　　17.5.2 無矛盾性，独立性，完全性 900

第 18 章　20 世紀の諸相　　907

　　18.1 集合論：問題とパラドックス 909
　　　　　　18.1.1 3 分法と整列順序 909
　　　　　　18.1.2 選択公理 911
　　　　　　18.1.3 集合論の公理化 913
　　18.2 位相幾何学 917
　　　　　　18.2.1 ヤング夫妻と『点集合論』 918
　　　　　　18.2.2 フレシェと関数空間 920
　　　　　　18.2.3 ハウスドルフと位相空間 922
　　　　　　18.2.4 組合せ位相幾何学 923
　　18.3 代数学における新しい考え 927
　　　　　　18.3.1 p 進数 928
　　　　　　18.3.2 体の分類 930
　　　　　　18.3.3 ベクトル空間の公理化 931
　　　　　　18.3.4 環論 932
　　　　　　18.3.5 ネーター環 934
　　　　　　18.3.6 代数的位相幾何学 936
　　18.4 コンピュータとその応用 939
　　　　　　18.4.1 コンピュータ前史 939
　　　　　　18.4.2 バベッジの階差機関と解析機関 940
　　　　　　18.4.3 チューリングと計算可能性 945
　　　　　　18.4.4 シャノンとスイッチ回路の代数 947
　　　　　　18.4.5 フォン・ノイマンのコンピュータ 950
　　　　　　18.4.6 誤り検出と符号訂正 952
　　　　　　18.4.7 線形計画法 954
　　　　　　18.4.8 グラフ理論 955

練習問題の略解　　965

数学史全般の参考文献　　971

訳者あとがき　　975

事項索引　　979

人名索引　　983

著書索引　　991

日本語訳での注意

- 本文中の丸カッコは原著中のカッコに，角カッコ（[ ]）は訳者による補足説明に用いた．また，訳者による長い補足説明は脚注として挿入した．
- 著作に関しては，書名・雑誌名は二重かぎ括弧（『 』）で，論文名はかぎ括弧（「 」）で表記した．
- 原著中で太字だった箇所はゴシック体で，イタリック表記だった箇所は書名・雑誌名を除き太明朝で表記した．
- 原著中で疑問に感じたいくつかの箇所では，原著者に確認をした上で，本文中でとくに断りなく修正を施した．
- 原著では目次は節までの記載であったが，本書では読者の便宜を図り項まで載せた．
- 本書の翻訳中に原著者から追加文献の情報が届いたので，各章の参考文献の最後に挿入した．
- 索引は原著の索引を翻訳したものではなく，訳者が新たに索引語を選び，事項索引，人名索引，著書索引と三つに分けて作成し，掲載した．
- 伝記が掲載されているページを，人名索引において太字で表記した．
- 人名表記に関しては通例に従った箇所もある．とくに Fermat に関しては「フェルマ」と訳出したが，"Fermat number" は「フェルマー数」，"Fermat's last theorem" は「フェルマーの最終定理」など，すでに一般に浸透していると思われる術語に関しては「フェルマー」と音引を付して表記した．

第Ⅰ部

6世紀以前の数学

Chapter 1

古代の数学

正確な計算．存在するものとすべての神秘の知識の入り口．

『リンド・パピルス』表題 [1]

メソポタミア：およそ3800年前のラルサ[*1]の書記学校では，ある教師が学生たちに与える数学の問題を作ろうとしていた．学生たちが直角三角形の辺の関係について教わったばかりの考えを練習できるようにするためだ．教師は，この問題について誰が本当に理解しているかわかるように十分に計算が難しいだけでなく，学生たちががっかりしないように答が整数で出るようにしたかった．数時間等式 $a^2 + b^2 = c^2$ を満たすとわかっている数を表す三つの記号 (a, b, c) と戯れた末，新しい着想が彼にひらめいた．彼は器用に尖筆を動かして湿った粘土板でいくつかの計算を手早く行い，この三つ組の数字を必要な数だけ生成する方法を発見したと確信した．自分の考えをもう少し詳細にまとめてから，教師は新しい粘土板を取り出し，条件を満たす三つ組の数15組だけでなく，その予備的計算をどうやればよいかの簡潔な指示も書き並べた表を注意深く記録した．しかし，彼は自分自身の新しい方法の詳細は記録しなかった．方法の詳細は，同僚たちに話をするときに明らかにすることになろう．その暁には同僚たちはいやでも彼の能力を認め，最も優秀な数学教師の一人であるという彼の評判は王国中に広がることだろう．

　冒頭の引用はエジプト数学に関する数少ない文書資料の一つからのものであり，それに続くのは，バビロニアの書記を主人公とする架空の物語であるが，これらは，古代数学の正確な姿を提示する際に遭遇する困難の一部を示すものである．数学は，記録が残されている実質的にはあらゆる古代文明に存在したことは間違いないものの，特別に訓練を受けた神官や書記，政府の役人の領分に属するものであり続けた．税の徴収や測量，建設，交易，暦の作成，儀式の執行と

[*1] イラクのウルク遺跡南東 15km に位置するラルサ王朝の首都．現代名はセンケレ．ヌル・アダド王の宮殿の一部が発掘され，「ひざまずく礼拝者像」などの他，多数の粘土板が出土した．

いった分野において政府の利益のために数学を発達させ用いることが，彼らの仕事だったのである．しかし，多くの数学的概念の起源が，こうした社会的文脈における彼らの実用的関心にあったとはいえ，数学者たちは，好奇心を働かせて，実用的必要の限界をはるかに超えて数学的概念を拡張していった．とはいえ，数学はやはり権力の道具の一つであるから，その方法は特権を持つ少数者に対してのみ伝えられ，それも口伝を通じて伝えられることがしばしばだった．かくして，書かれた記録は一般にまれであって，詳細を伝えるものはめったにないのである．

近年，研究者たちは利用できるあらゆる手がかりを使って古代文明の数学を再現しようと骨を折ってきた．もちろんすべての点において意見が一致しているわけではないものの，エジプト，メソポタミア，中国やインドの古代文明における数学的知識の状態について妥当な描像を提示できる程度の合意は得られている．これらの文明の数学にはどのような類似点と相違点があるのかはっきりとわかるように，それぞれの文明を個別に論じるのではなく，鍵となる次のトピックを中心に議論を整理しよう．それは，数えること，算術計算，1次方程式，初等幾何学，天文計算と暦計算，平方根，「ピュタゴラスの」定理，2次方程式，である．手始めに古代文明そのものについて，またわれわれの古代文明の数学についての知識が何に由来するのかを簡潔に説明し，古代数学という物語の背景を明らかにしよう．

1.1　古代文明

図 1.1
イラクの切手に描かれたハンムラピ王．

世界最古の文明はおそらくメソポタミア文明であり，この文明は紀元前3500年頃のあるときにティグリス川とユーフラテス川の河谷地帯で生まれた．その後3000年間この地域には多くの王国が勃興したが，この中には都市バビロンに本拠をおく王国もあった．この王国の支配者ハンムラピは紀元前1700年頃にこの地域全体を征服した（図1.1）．この頃までに，メソポタミア文明では国家に対する政治的忠節と神々の神殿が現れている．神々の中には，メソポタミアの伝統的な宗教的中心地ニップルの神であるエンリルや，バビロンの都市神であるマルドゥークがあった．官僚制と職業軍人による軍隊も生まれており，農民大衆と王朝の役人たちの間に商人と職人からなる中間層が育っていた．さらに，会計事務の道具として書字が発明され，その後書字の使用は政府が広大な地域に及ぶ中央集権的支配を維持することを助けた．文字は尖筆によって粘土板に書かれ，多数の文字の書かれた粘土板が過去150年間に発掘されている（図1.2）．1850年代半ばまでに，この楔形文字の翻訳に最初に成功したのはヘンリー・ローリンソン（1810–1895年）だった．この翻訳は，ベヒストゥン（現在のイランにある）の岩肌に残された，軍事的勝利を記述する古代ペルシア語とバビロニア語で書かれたペルシアのダリウス一世（紀元前6世紀）[*2]の碑文を比較することによって可能となった．

図 1.2
オーストリアの切手に描かれたバビロニアの粘土板．

[*2] 紀元前550年–紀元前330年．アケメネス朝ペルシアの第三代の王．国家制度・交通・経済の改革を行い，その後の帝国の基盤を築く．ギリシア人を相手とするペルシア戦争を開始した．在位紀元前522年–紀元前486年．

発掘された粘土板には，数学の問題・解答や数表が含まれているものが多数あった．何百ものこれら粘土板は複写され，翻訳され，解説が加えられた．粘土板は一般に長方形だが，中には丸い形のものも時折ある．粘土板は普通手の中にすっぽりと入る大きさで 1 インチ（約 2.54 センチ）程度の厚さだが，中には切手のように小さいものや，百科事典の一巻ほどに大きいものもある．われわれにとって幸運だったのは，これら粘土板が長い年月によっても実質的には壊れないということである．なぜなら，これらの粘土板がわれわれにとってメソポタミア数学の唯一の資料だからだ．粘土板が示す書字の伝統は，紀元前最後の数世紀間におけるギリシアの支配下で死に絶え，19 世紀まで完全に失われたままだった．発掘された粘土板の大部分は年代がハンムラピ時代[*3]にさかのぼるものだが，メソポタミア文明最初期や，紀元前 1000 年前後の数世紀，紀元前 300 年のセレウコス朝時代にそれぞれ年代がさかのぼる粘土板も数は少ないが現存する．本章の議論の関心は主に「古バビロニア」時代（ハンムラピの時代）の数学である．なお，バビロン自体がメソポタミアの地域の主要都市であったのは限られた時期だけだったのだが，われわれは，数学史で言い慣わされているように，「バビロニアの」という形容詞をメソポタミアの文明・文化を指すのに使うことにする．

約 7000 年前エジプトのナイル河谷で農業は興ったが，上エジプト（ナイルの河谷地帯）と下エジプト（デルタ地帯）の両方を支配する最初の王朝は紀元前 3100 年頃に現れた．エリートの役人と神官や，豊かな宮廷は初期の王（ファラオ）たちから受け継がれる遺産の一部であり，また代々の王自身に受け継がれたのは，死者と神々との仲介者としての役割であった．王のこの役割は，王家の墓であるピラミッドや，ルクソールやカルナクの大神殿を含むエジプトの記念碑的建造物の発達を促した（図 1.3）．書記たちは墓や神殿に刻まれた聖刻文字（ヒエログリフ）を徐々に発達させた．19 世紀初め，これらの文字の最初の翻訳が成功したのは，主にジャン・シャンポリオン（1790–1832 年）[*4]のおかげである．彼の業績は，複数の言語で書かれた銘文――つまり，ロゼッタ・ストーン――の助けによって達成された．これはヒエログリフおよびギリシア語と，さらにパピルス用の神官文字の一形態であった後世の民衆文字とで書かれていたのである（図 1.4）．

図 1.3
ギザのピラミッド．

図 1.4
ジャン・シャンポリオンとロゼッタ・ストーンの一部．

しかし，古代エジプト数学についてのわれわれの知識の多くは，神殿のヒエログリフに由来するわけではなく，解答つきの数学問題のコレクションを含む 2 巻のパピルスによるものだ．その一つは『リンド・パピルス』で，スコットランド人 A. H. リンド（1833–1863 年）が 1858 年にルクソールで購入し，彼にちなんで名づけられたものである．もう一つの『モスクワ・パピルス』は V. S. ゴレニシチェフ（1947 年死去）が 1893 年に購入し，後年モスクワ美術館に売却したものである．『リンド・パピルス』は書記アアフ・メスが紀元前 1650 年頃にそれよりも 200 年前の原本から筆写したもので，長さは約 18 フィート（約 5.5m），幅は 13 インチ（約 33cm）ある．『モスクワ・パピルス』はおおよそ同じ時期に遡り，長さは 15 フィート（約 4.6m）を越えるものの，幅は約 3 インチ (7.62cm)

[*3] 古バビロニア王国（バビロン第一王朝）第六代のハンムラピ王の在位は紀元前 1729 年頃～紀元前 1686 年頃．つまり，紀元前 18～17 世紀を指す．
[*4] フランスの言語学者．ロゼッタ・ストーンによってヒエログリフを解読した．

図 1.5
アメンヘテプ，エジプトの高官かつ書記（紀元前 15 世紀）．

しかない．メソポタミアの場合と同様，乾燥したエジプトの気候のおかげで，他の何百ものパピルスとともにこれら数学パピルスが保存されたことはわれわれにとって幸運だった．なぜなら，やはり紀元前後のギリシアによるエジプト支配のせいでエジプト本来の神官文字は消えてしまったからである（図 1.5）．

中国文明は 5000 年以上さかのぼるという伝説があるものの，この文明の確実な証拠で最も古いものは，黄河近くの安陽の発掘によるもので，紀元前 1600 年頃にさかのぼる．当時の神官たちが占いに用いた古代文字が刻まれた奇妙な骨片，つまり「甲骨」は，ここに中心地をおいた商（殷）王朝のものである．これらの甲骨が古代中国の数体系についてのわれわれの知識の資料である．紀元前第 1000 年紀が始まる前後に，商（殷）は周王朝にとって代わられ，その後周王朝は数多くの相争う封建国家群に分かれた．紀元前 6 世紀には知的活動の最盛期を迎えたが，この時代最も著名な哲学者は孔子である．いくつかの国々に学者たちの学院が設けられた．他の封建諸侯も時代にあった助言を求めて個々の学者を召抱えた．この時代は鉄器の導入による技術進歩の時代であったのだ．

封建諸国が乱立する春秋戦国時代は，弱い国家がだんだんとより強い国家に吸収されて，紀元前 221 年に秦の始皇帝によって中国全土が統一されて終わった．始皇帝の支配のもと中国は高度に中央集権的な官僚国家へと変化した．始皇帝は厳しい法律を強制し，均等税を賦課し，度量衡と貨幣，とりわけ文字の標準化を要求した．また，始皇帝は反対者を弾圧するために古代から伝わるすべての書物を焼けと命じたと伝説は伝えるが（焚書坑儒），この命令が実行に移されたか疑うべき理由もある．始皇帝が紀元前 210 年に死去すると，秦王朝はすぐに倒れ，漢王朝がとって代わった．漢はその後約 400 年間続く．漢は文官制度の確立を完成したが，この文官制度を作り出すには教育制度が必要であった．この目的のために使われたテキストの中には，おそらく漢王朝初期に編纂された二つの数学書があった．一つは『周髀算経』で，もう一つは『九章算術』である．これらのテキストに含まれる最初の数学的発見がいつにさかのぼるか正確に知ることは不可能だが，『九章算術』と酷似する，より古い資料の断片的記録があることから，少なくとも周時代の始め頃中国にはいくつかの資料が残っていたと一般には信じられている．もちろん，このように年代をさかのぼることができたとしても，ここで議論の対象となっている中国における数学の発展は，メソポタミアやエジプトの数学よりも少なくとも数百年は後に起こったものである．これを記憶に留めておかねばならない．メソポタミア文明やエジプト文明から中国への何らかの伝播があったかどうかはいまだわかっていない．

ハラッパー文明がインダス川河畔のインドに生まれたのは紀元前第 3000 年紀だが，この文明の数学に関する直接の資料はない．数学資料を持つインド最古の文明は，ガンジス川沿いにアジアのステップから移動してきたアーリア人諸部族が紀元前第 2000 年紀後期に築いたものである．紀元前 8 世紀頃までに，君主国家群がこの地域には樹立され，これらの国は築城工事や行政上の中央集権制，大規模な灌漑事業などの複雑なシステムの管理を行う必要があった．これらの国家は王や神官（バラモン）を頂点にいただく高度に階層化された社会システムを持っていた．バラモンたちの文献は多くの世代に渡って口承で伝えられ，ヴェーダと呼ばれる長大な詩として表現された．これらの詩はおそらく紀元前

図 1.6
ヴェーダの写本.

600 年までには現在の形になっていったものの，現行紀元，すなわち西暦紀元よりも以前にさかのぼる文字記録は残っていない（図 1.6）.

ヴェーダ時代の資料の中には，神官の複雑な犠牲祭式を記述したものもある．われわれが数学的知識を見出すのは『シュルバスートラ』文献と呼ばれるこれらの著作である．奇妙なことに，この数学はレンガから祭壇を築くための理論的条件を扱っているにもかかわらず，われわれに知られている限り，初期のヴェーダ文明には煉瓦造りの技術はなく，それに対してハラッパー文明にはこの技術があった．したがって，『シュルバスートラ』の数学はハラッパー時代に創造された可能性があるのだが，それが後代にどのように伝達されたかは現在のところわかっていないのである．いずれにせよ，古代インド数学についてのわれわれの知識の源泉は『シュルバスートラ』なのである．

紀元前第 1000 年紀以前に世界の他の地域にも諸文明が生まれているが，これら文明の数学的知識について，われわれの手持ちの資料はほとんど手がかりを与えてくれない．それゆえ，どんな議論を行うにせよ新しい考古学的証拠を待たざるを得ないのである．

1.2 数えること

最も単純な数学的概念——そして，おそらく文明以前でさえも存在した数学的概念——は，数えることである．それは言葉を使うこともあれば，記号を書くという，もっと長持ちする形式による場合もある．様々な言語における数詞について調べてみるのは興味深いことだが（囲み 1.1），ここでは議論を数を表す記号のみに限定する．これらの記号を書く上では組織化の方法があることがわかる．そのうちの一つは，グループ化法と呼ばれる．その最も単純な形では，1 本の斜め線が 1 という数を表すために使われる．この線を繰り返すことで，より大きな数が表される．数のこのような表現のうち最古の一つは，コンゴ民主共和国のイシャンゴ遺跡で発見された，炭素年代測定法によると紀元前 20,000 年前後にさかのぼる化石化した骨のうえに見られる．発見された斜線や結び目が何を表しているのかはっきりとしないが，詳細にこの骨を研究した学者のひとりは月の周期が何度あったか数えたのを表していると考えている[2]．初期の諸民族がこの原始的な形の数表記を使って天文現象を扱ったということになれば，ずっとあとの様々な時代に見られることを確証することになろう——それは，数学の発展が天文学の発展と手を携えて進んだということである．イシャンゴの骨に類似した，おそらく紀元前 8000 年にさかのぼる人工物で，規則的にグループ化されている結び目を持つものが，中央ヨーロッパでも発見されている．これもおそらく天文観察を表すものである．

グループ化法による数表記のもっと洗練された例が，約 5000 年前のエジプト人たちが発展させたものである．このヒエログリフの体系では，1 はおなじみの縦棒で始まり，数桁までの 10 のベキの数はそれぞれ違う記号で表現される．つまり，10 は ∩ で表され，100 は ୨，1000 は ⚶，10000 は ⌒ で表される．任意の自然数はこれら記号の適切な繰り返しで表現される．たとえば，12643 を表現

囲み 1.1
様々な言語の数詞

18

英語	eighteen	8, 10 (ten が teen になる)
ウェールズ語	deu naw	2×9 (deu は dau = 2 に由来, naw = 9)
ヘブライ語	shmona-eser	8, 10 (shmona = 8, eser = 10)
ヨルバ語	eeji din logun	20 より 2 少ない (ogun = 20, eeji = 2)
中国語	shih-pa	10, 8 (shih = 10, pa = 8)
サンスクリット	asta-dasa	8, 10 (asta = 8, dasa = 10)
マヤ語	uaxac-lahun	8, 10 (uaxac = 8, lahun = 10)
ラテン語	duodeviginti	20 から 2 とる (duo = 2, viginti = 20)
ギリシア語	okto kai deka	8 と 10 (okto = 8, deka = 10)

40

英語	forty	4×10 (ten が ty になる)
ウェールズ語	de-ugeint	2×20 (de は dau = 2 に由来, ugeint = 20)
ヘブライ語	arba-im	4's (arba = 4, im は複数形語尾)
ヨルバ語	ogoji	20×2 (ogun = 20, eeji = 2 に由来)
中国語	szu-shih	4×10 (szu = 4, shih = 10)
サンスクリット	catvarim-sat	4×10 (catvarah = 4, sat は dasa = 10 に由来)
マヤ語	ca-ikal	2×20 (ca = 2, kal は 20 を表す接尾辞)
ラテン語	quadraginta	4×10 (quad = 4, ginta は decem = 10 に由来)
ギリシア語	tettarrakonto	4×10 (tettara = 4, kunta は deka = 10 に由来)

この表は，九つの古代語と近代語で 18 と 40 を表す言葉を，その語源の言語学的分析とともに示したものである[3]．

するために古代エジプト人は 〔象形文字〕 と書くはずだ（通常の書き方では，下位の位を左側に書いたことに注意）．

　ヒエログリフの数体系は神殿の壁に書いたり，柱に刻んだりするために用いられたものである．しかし，書記がパピルスに書くときは，筆記体が必要であった．この目的のためにエジプトの書記たちは，神官文字の数体系を発展させて，一種の換字法の体系をつくった．1 から 9 までのそれぞれの数は特別の記号を持ち，10 から 90 までの 10 の倍数もそれぞれ同様であり，100 から 900 までの 100 の倍数もそれぞれ同様の記号を持っていた，など．任意の数，たとえば 37 は 30 を表す記号の隣に 7 を表す記号を置いて書かれた．7 を表す記号は 〔記号〕 で，30 を表す記号は 〔記号〕 だから，37 は 〔記号〕 と書かれた．また，3 は 〔記号〕 で，40 は 〔記号〕，200 は 〔記号〕 だから，243 を表す記号は 〔記号〕 である．ゼロを示す記号は換字法では不要だが，エジプト人たちはそのような記号を持っていた．しかしゼロ記号は，数学パピルスには見られず，建築を扱うパピルスの中でピラミッドの建設における水準線を指したり，会計を扱うパピルスの中で貸借対照表の支出と収入とが等しいことを示すために使われた[4]．同様の換字法はヘブライ語やギリシア語の筆記

囲み1.2

中国の算盤（さんばん）

　中国の算盤は1枚の板であって，そのうえで算木（約10cm の長さの小さな竹の棒）を操作して様々な計算を行う．10 未満の整数を表す棒の配置は2種類あった．

```
   1  2  3   4    5   6  7  8   9
   |  ||  |||  ||||  ||||| 丁 ⊤⊤ ⊤⊤⊤ ⊤⊤⊤⊤
   —  =  ≡   ≣   ≣  ⊥ ⊥ ⊥ ⊥
```

　10以上の数を表すには，算盤上で10進位取り記数法を用いた．算木は横に並べて配置されるのだが，右端の列は1の位を表し，その左隣は10の位，さらにその左隣は100の位，というように各位を表す．ある配置で空白の列があれば，それはゼロを表す．数が容易に読めるよう，棒は1列ごとに交互に二様に配置された．縦配置は1の位，100の位，10000の位で用いられ，残りの列では横配置が用いられた．たとえば，1156は —|≡⊤ と表され，6083は ⊥ ≣||| と表される．

　算術計算は，算盤の異なる行にそれぞれの数を置いて，適切に操作することによって実行される．たとえば，6と9，つまり⊤と||||とを足すには，2本の横棒をあわせて10とし，縦棒は5を得る．複数桁の数の加法と減法は一般に左から右へと行う．乗法のためには，計算者は基本的な乗算の結果を記憶しておかねばならないが，左から右へとそれぞれ掛け算をしてから足し算を行うことで進められる．除算もこれと同様に行う．

　負の数は算盤上で，「負の」棒と「正の」棒とを区別する特徴を使って表される．一つの方法は，正の数を表すのには赤い算木を使い，負の数を表すには黒い算木を使うというものである．算木を使う計算についてはこの章の中で後述する．算盤上の操作は，最終的には1次方程式の解法や，多元方程式の数値解を求める手順にまで拡張された．

でも使われている．これらの二つの言語では，各数を示す記号は単にアルファベット文字である．

　中国では，記録が残る最も古い時期から，数を書き表すには乗法的記数法を用い，ここでも基数は10のベキである．中国人は1から9までの各々の数を表す記号に加えて，10のベキのそれぞれを表す記号をつくった．たとえば，659という数は，6を表す記号（↑）を100を表す記号（◎）とくっつけ，5（⊠）を10を表す記号（/）にくっつけて，最後に9を表す記号 ら を使って，と書く．この記数法の発達はおそらく算盤の初期の使用と関係している．この算盤はいくつもの10のベキを示す縦の列に棒を置くものだった（囲み1.2）．それゆえ，659を100の列に6があって，10の列に5があり，1の列には9があると考え，書き表す際にはそれぞれの列を専用の記号によって表すことは自然だったのである．

　今まで示してきた記数法は，イシャンゴ遺跡や中央ヨーロッパの遺物の例を除けば，すべて10を基数としている．つまり，10の整数ベキを表す特別な記号が常にあって，この記号を中心として他の数を表す記号が組織立てられている．バビロニア人は数記号を二つの別々の基数を中心にしてまとめている．第一に，バビロニア人たちは59までの数を表すために10を基数とするグループ化法を用いた．粘土板の上に引かれた尖筆の縦の画 Y は1を表し，横の画 ◁ は10を表す．グループ化によって，たとえば37は によって表される．そ

の後，紀元前第 3000 年紀のどこかの時点でバビロニア人は，59 より大きい数を表すために最初の位取り記数法，つまり場所によって値が決まる記数法を生み出した．このような記数法の場合，基数（この場合は 60）のベキは記号ではなく「場所」で表され，それぞれの場所の数字はそれぞれのベキがいくつあるかその数を表す．たとえば，$3 \times 60^2 + 42 \times 60 + 9$（つまり，13,329）はバビロニア人たちは [楔形文字] と表す（以後，この記数法による表現はバビロニア文字ではなく 3,42,09 のように表す）．古バビロニア王国の人々[*5]は 0 を表す記号は用いなかったが，ある数がある累乗を持たない場合しばしば空白を残している．しかし，数の最後に空白をあけることはしないので，たとえば $3 \times 60 + 42$ (3,42) を $3 \times 60^2 + 42 \times 60$ (3,42,00) と区別することは難しい．しかし，バビロニア人は，数の絶対的な大きさを示すために，数記号のうしろにその大きさに対応する言葉――一般的には面積や重さなどの度量衡の言葉――を書く場合があった．たとえば，「3 42 六十」は 3,42 を表すが，「3 42 三千六百」は 3,42,00 を表す．一方，バビロニア人たちはわれわれが $42 - 42 = 0$ と書くような「なにもないこと」を示すという意味では，ゼロを表す記号を決して使わなかった．

　バビロニア人は 60 を基数とする位取り記数法を計算目的で用いた．しかし，日常生活では普通，おそらくもっと古い記数法であろうが，少し異なった数のグループ化を行い，1, 10, 60, 100, 600, 1000, 3600 などを表す専用の数字を用いた．この記数法は，メソポタミアで紀元前第 3000 年紀に用いられた粘土の印章の表記からおそらく発達したものである[5]．粘土の印章とは，荷物をある場所から別の場所に送る際に荷札として使われたものである．もともとは，荷物の種類，たとえば油壺とかを表す絵文字が粘土には刻印されていた．たとえば，五つの卵型は五つの油壺を表した．しかし，この記数法は最終的に荷物の種類を表すただ一つの記号と，様々な大きさの数を表すにすぎない数個の記号にまで進化した．たとえば小麦の場合などのように，問題の荷物に複数の異なる度量衡の単位があったほうが便利な場合には，異なる単位ごとに別の記号が刻印された．

　これらの度量衡の単位のいくつかは，決して全部というわけではないが，「大きな」単位が「小さな」単位の 60 倍に等しいという関係にある．その後，数を記録する体系でも同じように同一の数字 1 が 60 も表すというところまで発達した．バビロニア人がなぜ大きな単位一つが 60 の小単位を表すと決め，その後この方法を数の体系にも適用したのかはわからない．一つの推測は，60 が多くの約数によって割り切れるからだというものである．それゆえ，「大きな」単位の分数値は，簡単に「小さな」単位の整数値として表すことができる．バビロニアの 60 を基数とする位取り記数法は，角度や時間を測定する単位として現在も使われており，何世紀にもわたって天文学分野で使い続けられ，現在では世界文化の不可欠な一部となっている．

　古代インドの記数体系は記録が残っていないが，数記号が確かに存在した文献上の証拠はある．筆記数字の実例が見つかるのは，紀元前約 3 世紀以後に限

[*5] 紀元前 1890–1594 年．

られる．もともとは，この体系は混交的なものである．エジプト神官文字に類似した換字法の体系があり，1 から 9 までと 10 から 90 までの数に対して専用の記号が割り当てられている．より大きな数に対しては，中国のものに類似した乗法的記数法があった．たとえば，200 を表す記号は 2 を表す記号と 100 を表す記号の結合であり，70,000 を表す記号は 70 と 1000 を表す記号を結び付けたものだった[*6]．第 6 章で議論するように，現代の 10 を基数とする位取り記数法が発達したのはインドもしくはその近辺である．しかし，その時期は紀元後 7 世紀頃まで待たなければならない．

1.3　算術計算

　ひとたび数を書き表す記数法が生まれると，ここで論じているすべての文明は，基本的な算術演算——加法，減法，乗法，除法——の規則と，除法演算の結果として，分数の表記法とその演算の規則をつくりあげた．これらの規則は，最古のアルゴリズムの一部と見てよいかもしれない．

　アルゴリズムとは，同じタイプの与えられた問題を解くことを目的とする一連の順序だてられた指示のことである．古代人は多くの異なった問題を取り扱うためにあらゆる種類のアルゴリズムを作り出した．実際，古代数学は本来的にアルゴリズム的であると特徴づけることもできる．これと対照をなすのが，理論を強調するギリシア数学である．古代数学の現存する文献の多くにおいては，著者は解くべき問題を記述し，アルゴリズムを直接的にあるいは間接的に用いて解を得るというように進む．文献にはアルゴリズムはどのように発見されたかとか，アルゴリズムがなぜうまくいくのか，その限界はどこにあるのかという関心はほとんど見られない．その代わりに，数多くのアルゴリズムの利用例が，多くの場合だんだんと状況を複雑にして示されるだけである．とはいえ，われわれがこれらのアルゴリズムを議論していく中では，それぞれのアルゴリズムの起源の可能性として考えられることや，またそれがなぜ正しいといえるのかを説明するつもりだ．また，「なぜ？」という永遠の疑問を問うた学生たちに，バビロニアや中国，エジプトの書記たちが与えたかもしれない回答も提示しよう．

　エジプトのヒエログリフのグループ化法においては，加法は非常に単純である．1 を表す記号を束ね，次に 10 を表す記号を束ね，さらに 100 を表す記号を束ね，以下同様にする．あるタイプの記号 10 個のグループができたら，これを次のタイプの記号で置き換えるのである．したがって，783 と 275 を足すには，𓍢𓍢𓍢𓍢𓍢𓍢𓍢 𓎆𓎆𓎆𓎆𓎆𓎆𓎆𓎆 𓏺𓏺𓏺 と 𓍢𓍢 𓎆𓎆𓎆𓎆𓎆𓎆𓎆 𓏺𓏺𓏺𓏺𓏺 とをいっしょにすればよく，𓍢𓍢𓍢𓍢𓍢𓍢𓍢𓍢𓍢 𓎆𓎆𓎆𓎆𓎆𓎆𓎆𓎆𓎆𓎆𓎆𓎆𓎆𓎆𓎆 𓏺𓏺𓏺𓏺𓏺𓏺𓏺𓏺 を得る．15 個の ∩ があるので，このうちの 10 個を一つの 𖤁 と置き換える．そうすると，𖤁 が 10 個になるので，これを一つの 𓆼 で置き換える．最終的な答は 𓆼𓍢𓍢𓎆𓎆𓎆𓎆𓎆 𓏺𓏺𓏺𓏺𓏺𓏺𓏺𓏺 で，1058 となる．減算も同様に行う．もちろん，この場合「[上位

[*6] 200 の記号は 100 の記号（𐦀）の右に水平線（–）を付加したもの（𐦁）で，300 は水平線 2 本（＝）を付加したもの（𐦂）である．水平線 1 本で 100 の記号が 1 つ略されたことを示すと考えられる．だから，この記数法は和の原理によるものである．同じ原理は，エジプト神官文字の 20, 30, 200, 300 の記号にも見られる．

の単位から] 借りる」ことが必要なときには，その記号のうちの一つを一つ小さな単位の記号 10 個に替えればよい．

　加法と減法のこのように単純なアルゴリズムは，神官文字の記数法では不可能である．これらの演算について，数学パピルスはあまり資料を提供してくれない．そこには加法と減法の問題に対する答が単に書かれているだけだからである．最も可能性が高いのは，書記が加法表を持っていたという仮説である．加法表はどこかの時点では，書かれた形で存在していただろうが，有能な書記はもちろんその表を記憶していただろう．おそらく書記は，この加法表を逆に使って減法の問題を解いたはずだ．

　エジプトの乗法アルゴリズムは，2 倍することを繰り返すプロセスが基礎になっていた．a と b 二つの数を掛けるには，書記は最初に 1, b という二つの数の組を書く．書記はこの組となっている数をそれぞれ何度も 2 倍し，もう一度 2 倍したら組の最初の数が a を超えるところまでこの手続きを続ける．それから，左側に並ぶ 2 のベキのどれとどれを足し合わせると a になるか見て，それに対応する b の倍数を足すことで答を得る．たとえば，12 に 13 を掛ける場合，書記は次のような列を書いていく．

$$1 \quad 12$$
$$2 \quad 24$$
$$4 \quad 48$$
$$8 \quad 96$$

ここまでくると，書記は左の列の数が次の 2 倍で 16 になって，13 を超えることに気づくだろう．それから足して 13 になる数字に印をつける．それは 1 と 4, 8 であり，これらの数に対応する右の列の数を足す．そうすると，結果は次のようになる．

$$\text{合計} \quad 13 \quad 156.$$

　先ほどと同様，書記がどのように 2 倍法を行ったかという記録は残っていない．答が単に書き留められているだけなのである．おそらく書記は長い 2 倍の数の表を記憶していたのだろう．実際，エジプトの南に接しているアフリカ地域では 2 倍法が計算の標準的方法だったことを示す証拠があることから，エジプトの書記は南の同業者からこれを学んだという仮説はありえることだ[6]．さらに，どの正の整数も 2 のベキの和によって一意的に表現できることも書記は何らかの形で知っていた．この事実は手続きに正当性を与える．これはどのように発見されたのだろうか？　われわれとしては，試行錯誤で発見され，あとは伝統として伝えられてきたのだろうと推測するのが精一杯である．

　除法は乗法の逆なので，$156 \div 12$ という問題は「156 を得るまで 12 を掛けよ」という風に書ける．書記は乗算のときのような数字の列を書くだろう．しかし，今度は，右側の列で合計 156 になる数に印をつける．この場合，12 と 48, 96 である．その左にある対応する数，つまり 1 と 4, 8 を合計すると答の 13 が得られる．もちろん，除算は常に「割り切れる」わけではない．割り切れない場合，エ

ジプト人は分数を使った．

エジプト人が使った種類の分数は，2/3 を唯一の例外として，単位分数，すなわち「部分」（分子が 1 の分数）だった．これは，おそらく単位分数が最も「自然」だったからである．$1/n$（n 分の一）という分数はヒエログリフでは，整数 n のうえに記号 ⌒ をつけることで表された．神官文字ではこの記号の代わりに点が使われた．たとえば，1/7 はヒエログリフでは 𓂋 で表され，神官文字では 𓂋̇ で表される．唯一の例外である 2/3 は専用の記号がある．ヒエログリフでは 𓂋，神官文字では Υ である（前者の記号は 1 1/2 の逆数を示している）．しかし，以後本書では，$\overline{n}$ という記法を $1/n$ を表すために使い，$\overline{3}$ を 2/3 を表すために使う．

分数は割り切れない除算の結果として現れるので，単位分数以外の分数も扱える必要がある．この関係から，最も複雑なエジプト数学の手法，つまり単位分数による任意の分数の表記が生まれた．しかし，エジプト人はこのように問題を立てたわけではない．私たちが非単位分数を使うところで，エジプト人は単位分数の和を単に書くのみである．たとえば，『リンド・パピルス』の問題 3 は，パン 6 斤を 10 人でどのように分けたらよいかを問うている．各人が $\overline{2}\ \overline{10}$（つまり，$1/2+1/10$）斤のパンを取るというのが答である．書記はこの値に 10 を掛けてこの答を検算している．私たちは書記の答は 3/5 という現代の答よりも煩わしいと考えるかもしれないが，ある意味では実際の分配はこの方法のほうが簡単である．5 斤のパンを半分にして，6 斤目のパンを 10 個に分けて，それぞれの人に半斤のパンと 10 分の 1 斤のパンを与えるなら，各人が同じだけパンを受け取ったことは皆に明らかである．煩わしかろうがそうでなかろうが，単位分数によるエジプトの方法は，地中海沿岸地域では 2000 年以上にわたって使われてきた．

エジプトの自然数の乗法において重要なステップは 2 倍法というステップである．分数の乗法においても同様に，書記は任意の単位分数の 2 倍を表記できなければならなかった．たとえば，先ほどの問題で，解の検算は次のように書ける．

$$\begin{array}{ll} 1 & \overline{2}\ \overline{10} \\ \text{`}2 & 1\ \overline{5} \\ 4 & 2\ \overline{3}\ \overline{15} \\ \text{`}8 & 4\ \overline{3}\ \overline{10}\ \overline{30} \\ 10 & 6 \end{array}$$

ここに出てくる 2 倍の数はどのように作られたのだろうか？ $\overline{2}\ \overline{10}$ を 2 倍するのは簡単である．それぞれの分母は 2 で割り切れるので，単に 2 倍すればよい．しかし，次の行では，$\overline{5}$ を 2 倍しなければならない．このような計算をするために，書記は表を使って $\overline{3}\ \overline{15}$（つまり，$2\cdot 1/5 = 1/3+1/15$）という答を得なく

2 の 3, 5, 7 による除法

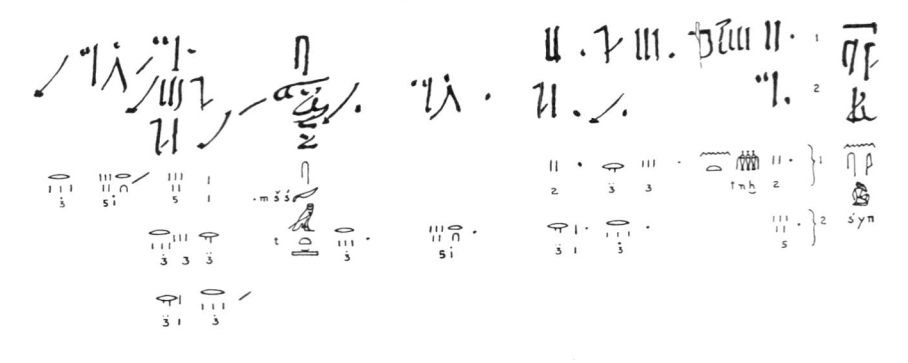

図 1.7
『リンド・パピルス』の $2 \div 3$ と $2 \div 5$, $2 \div 7$ の表記と, ヒエログリフによる翻字（出典：『リンド・パピルス』N.C.T.M.）.

てはならない．実際，『リンド・パピルス』の最初の部分は，3 から 101 までの各奇数によって 2 を割った表である（図 1.7）．また，エジプトの書記は $\overline{n}$ に 2 を掛けた結果は，2 を n で割った結果に等しいことを知っていた．どのように除法表がつくられたかは知られていないものの，書記の方法について学者たちが複数の仮説を提示している[7]．いずれにせよ，問題 3 の回答はこの表を 2 回使うことになる．最初の使い方はすでに示した．2 回目は，次のステップで，$\overline{15}$ の 2 倍を $\overline{10}\ \overline{30}$（つまり，$2 \cdot 1/15 = 1/10 + 1/30$）として与えるところである．この問題の最後のステップは，$1\ \overline{5}$ を $4\ \overline{3}\ \overline{10}\ \overline{30}$ に足すことであるが，書記はここで答だけを与えている．やはり推測するに，このような加法の問題のために長大な表が実在したのだろう．『エジプト数学羊皮紙巻子本』は紀元前 1600 年頃のものだが，このような加法表の短いものが収められている．また，同様に単位分数を扱ういくつかの他の表や，特殊な分数である 2/3 の乗法表が一つ現存している．したがって，エジプトの書記が用いた算術アルゴリズムには，加法や減法，2 倍法のための基本となる表の膨大な知識と，乗法や除法の問題を，表を使って計算する複数のステップに還元する定まった手順が含まれていたように思われる．

　除法を扱う多くの場合，書記は 2 倍法という手続きを 2 分法という手続きで置

き換えた．たとえば，$2 \div 7$ を計算するとき，最初のステップは次のようになる．

$$
\begin{array}{cc}
1 & 7 \\
\overline{2} & 3\,\overline{2} \\
\overline{4} & 1\,\overline{2}\,\overline{4}
\end{array}
$$

右側の列の数字の和として 2 を得るには，第 3 行目の $1\,\overline{2}\,\overline{4}$ に $\overline{4}$ を足す必要がある．そうすると，書記は $\overline{4}$ を得るために 7 に何を掛ければよいか決定する必要がある．このために，$4 \times 7 = 28$ という既知の結果を逆にして，7 個の 1/28 から 1/4 を得る．ここで，書記は $\overline{28}\ \overline{4}$ という行を表に加えて，最後の 2 行を足し合わせて合計を得る．$\overline{4}\,\overline{28}\ \ 2$，つまり，$2 \div 7 = \overline{4}\,\overline{28}$ である．

『リンド・パピルス』の問題 21 は違うタイプの計算を提示している．問題は，「$\overline{3}\,\overline{15}$ を補完して 1 にせよ」である．言い換えると，$2/3 + 1/15$ に加えると 1 になる数を求める必要がある．書記は次のことを書き留めている．15 の 2/3 は 10 であり，15 の 1/15 は 1 であるから，合計は 11 である．そうすると「15 に何かを掛けて 4 を得る」必要がある．計算ステップは次のように書ける．

$$
\begin{array}{cc}
1 & 15 \\
\overline{10} & 1\,\overline{2} \\
\overline{5} & 3' \\
\overline{15} & 1' \\ \hline
\overline{5}\,\overline{15} & 4
\end{array}
$$

この表を見ると，書記は第 2 行から第 3 行に移る際に 2 倍しているが，しかし，彼は 1 は 3 の 1/3 であると認識していたので，第 3 行から第 4 行に移る際には 3 分の 1 にしている．そこでもともとの問題に対する答は，$\overline{5}\,\overline{15}$ と求められる．

書記が自分たちの基本的手続きに加えた別の変更の例として，『リンド・パピルス』の問題 69 を考えよう．この問題には 80 を $3\,\overline{2}$ で割る除算と，そのあとの検算が含まれる．

$$
\begin{array}{cccc}
1 & 3\,\overline{2} & \text{'}1 & 22\,\overline{3}\,\overline{7}\,\overline{21} \\
10 & 35 & \text{'}2 & 45\,\overline{3}\,\overline{4}\,\overline{14}\,\overline{28}\,\overline{42} \\
\text{'}20 & 70 & \text{'}\overline{2} & 11\,\overline{3}\,\overline{14}\,\overline{42} \\
\text{'}2 & 7 & 3\,\overline{2} & 80 \\
\overline{3} & 2\,\overline{3} & & \\
\text{'}\overline{21} & \overline{6} & & \\
\text{'}\overline{7} & \overline{2} & & \\ \hline
22\,\overline{3}\,\overline{7}\,\overline{21} & 80 & &
\end{array}
$$

第 2 行目で書記は，エジプトの記数法の 10 進数の性質を使って，$3\,\overline{2}$ と 10 の積を得ている．5 行目では，書記はすでに言及した 2/3 の乗法表を使っている．第

2 列の第 3 行から第 5 行の数を足すと $79\,\overline{3}$ になることから，80 を得るにはこの列の $\overline{2}$ と $\overline{6}$ をこれらの数に足す必要があることがわかる．そこで第 2 列に $\overline{2}$ と $\overline{6}$ を作るように計算をする．そうすると，$6 \times 3\,\overline{2} = 21$ であり $2 \times 3\,\overline{2} = 7$ であるから，$\overline{21} \times 3\,\overline{2} = \overline{6}$ であり $\overline{7} \times 3\,\overline{2} = \overline{2}$ であることが導かれる．これは第 6 行と第 7 行に示されている．検算からは，2 の除法表が何回か使われていることと，加算が表のおかげで非常に容易に行えることがわかる．

バビロニア人が算術計算をする際に表を使ったことは広範囲にわたる直接証拠によって証明されている．保存されている粘土板の多くは，実際乗法表なのである．しかし，加法表は今までまったく見つかっていない．200 点を越える数のバビロニアの表テキストが分析されてきたことから，加法表はかつて存在したことがなく，書記は暗算で加算をする手続きを知っており，必要なときに単に答を書き留めたと推測できる．一方，「下書き粘土板」がたくさん残っていて，書記はこの粘土板に問題を解く過程の中で様々な計算を行っている．いずれにせよ，バビロニアの記数法は位取り記数法だから，加法や減法の実際のアルゴリズムは，桁上がりや上の桁からの借用を含めて，多分現代のものによく似ていたのだろう．たとえば，23,37 ($= 1417$) を 41,32 ($= 2492$) に足すには，最初に 37 と 32 を足して 1,09 ($= 69$) を得る．09 を書き留めて，1 が左隣の列に桁上がりする．そうすると，$23 + 41 + 1 = 1{,}05$ ($= 65$) となるので，最終的な答は 1,05,09 ($= 3909$) となる．

この位取り記数法は 60 を基数としているので，乗法表は大きなものになる．どの乗法表も個別の数に対して乗数をあげていた．たとえば 9 の場合，1×9 から 20×9 と，30×9, 40×9, 50×9 が示されている（図 1.8）．34×9 の積を得るには，書記は $30 \times 9 = 4{,}30$ ($= 270$) と 4×9 の結果を単純に足して，5,06 ($= 306$) という答を得る．2 桁や 3 桁の 60 進法の数の乗算を行うには，同様の表が数個必要である．バビロニア人がこのような乗算に用いたアルゴリズムの正確なところは——どこに計算途中の部分的結果が書かれ，どのように最終的結果が得られたか——は知られていないが，現代のものとよく似ていたと考えてよいだろう．

表の完全なシステムをつくるには，バビロニア人は 2 から 59 の各整数について表を用意したのではないかと思われるかもしれない．しかし，事実はそうではない．実際，たとえば 11 や 13, 17 の表は存在しないものの，1,15 や 3,45, 44,26,40 の表は存在する．

なぜバビロニア人がこのような選択をしたか正確にはわからないが，7 という唯一の例外を除いて，現在までに見つかっている乗法表は 60 進**正則数**——つまり，その逆数が有限桁の 60 進小数となる数——であることはわかっている．バビロニア人はすべての分数を 60 進数の分数として扱った．これは私たちが 10 進小数[*7]を使うのと類似している．つまり，";" によって示される「60 進小数点」以下の第一位は 60 分の一を示し，その次の位は 3600 分の一を示すなどのようになっているわけである．たとえば，48 の逆数は 60 進小数の 0;1,15 であり，これは $1/60 + 15/60^2$ を表している．一方，1,21 ($= 81$) の逆数は 0;0,44,26,40 であり，これは $44/60^2 + 26/60^3 + 40/60^4$ となる．バビロニア人は最下位桁の 0

[*7] 今日の小数であるが，60 進小数と対比して，ここでは 10 進小数と訳出しておく．

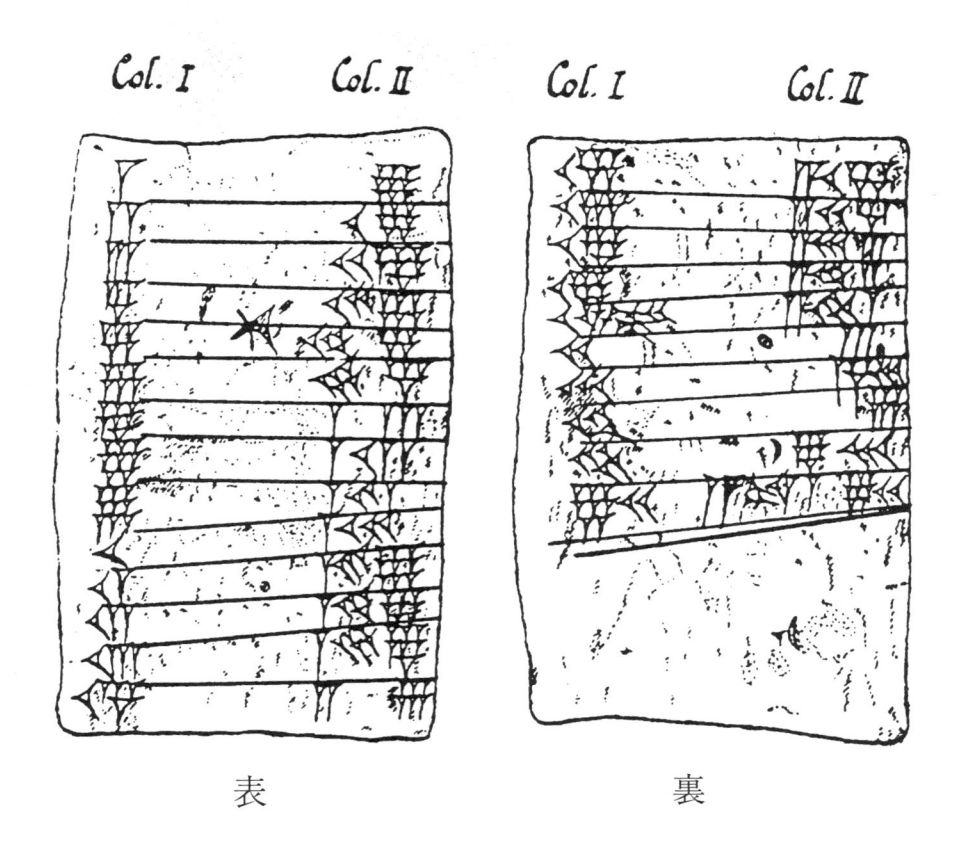

図 1.8
バビロニアの 9 の乗法表（ペンシルヴァニア大学考古学科）．

や 60 進小数点を示さなかったので，この最後の数は 44,26,40 とだけ書かれることになる．すでに述べたように，この「正則」数には乗法表が存在する．このような表は数の絶対的な大きさを示すことができないが，これは必要ではない．バビロニア人は，この表を使うとき，もちろん実際には 60 進小数点がどこに置かれるべきかは数の絶対的な大きさに依存していることを認識していたので，最終的には文脈によって 60 進小数点の位置が判断された．

乗法表の他に，バビロニア人は逆数の多くの表を用いた．ここでその一部を再現しよう．**逆数表**とは，その積が 1 となる二組の数のリストである（ここで 1 は 60 のベキのどれかを表すものとする）．乗法表と同様，これらの表は 60 進正則数以外を含まない．

2	30	16	3,45	48	1,15
3	20	25	2,24	1,04	56,15
10	6	40	1,30	1,21	44,26,40

この逆数表は乗法表といっしょに用いて除法をするために使われた．たとえば，1,30 (= 90) の乗法表はこの数の倍数を与えるだけでなく，40 は 1,30 の逆数であるから，40 による除算にも使える．言い換えると，バビロニア人は，$50 \div 40$ という問題は $50 \times 1/40$ と，すなわち 60 進記数法を用いると $50 \times 0;1,30$

と同じことだと考えたのである．すると，下に示す 1,30 の乗法表は，1,15（つまり，1,15,00）をこの乗算の積として与える．適切な位置に 60 進小数点を打つと，1;15 (= 1 1/4) がこの除算の正しい答として与えられる．

1	1,30	10	15	30	45
2	3	11	16,30	40	1
3	4,30	12	18	50	1,15

　古代中国では，算術計算は算盤上で行われた．そこでは一般的に分数が必要なときは常に，分母が共通な分数として表記された．中国では実際に，通分という工夫も含めて現代の分数計算規則を用いていた．しかし早い時代から，算盤に単に列を追加することによって 10 進小数を利用していたという証拠がある．これはとくに長さや重さの計測を扱うときに用いられた．完全な小数の体系が確立されるのはずっと後世になってからだった．

1.4　1 次方程式

　古代の数学文献の大部分は問題の解にかかわるものであり，様々な数学的手法がこれらの問題に適用されている．これらの問題についてのわれわれの研究は，現在 1 次方程式として知られるものを解くためのいくつかの方法で始まる．もちろん，古代人たちは演算や未知数を表すのに私たちが現在使っている記号を決して用いてはいない，という事実を常に意識しなくてはならない．とはいえ，書記たちは単に言葉だけで表現された手法を用いて問題を解くことができたのである．

　エジプトのパピルスは 1 次方程式を扱ういくつかの異なる手続きを提示している．たとえば，『モスクワ・パピルス』は，1 1/2 倍して 4 を足すと和が 10 になるような数を見つけるために，現代と同じ手法を用いている．現代の記法で表すと，この方程式は単純に $(1\ 1/2)x + 4 = 10$ となる．書記は，現代のわれわれと同じやり方で考えを進める．最初に 10 から 4 を引くと 6 が得られるので，この 6 を 2/3 倍する（これは 1 1/2 の逆数である）と，解として 4 が得られる．同様に，『リンド・パピルス』の問題 31 は，ある量自身とその 2/3，その 1/2 とその 1/7 を合計すると 33 になる量，つまり，$x + (2/3)x + (1/2)x + (1/7)x = 33$ を満たす x を見つけるよう求めている．概念的な難しさはないのだが，算術の計算という点では難しい問題である．この問題とそれに続く三つの問題はおそらく除法を示すために設けられたものだろう．というのも，書記はこの問題を 33 を $1 + 2/3 + 1/2 + 1/7$ で割って解いているからだ．彼の解答は——そしてこの解答は検算もされたにちがいないが——14 $\overline{4}$ $\overline{56}$ $\overline{97}$ $\overline{194}$ $\overline{388}$ $\overline{679}$ $\overline{776}$ と書かれている（つまり，現代の記法で書くと，14 28/97）．この二つの問題は，面積やパンの個数というような実物の量に言及することのない純粋に抽象的なものとして提示されている．実際，この 2 番目の例に関係する実生活上の問題を見つけることは難しいだろう．書記は単に，自分の方法がどんなに難しい除法問題に対してもうまくいくことを示しているのだ．一方，問題 35 には実用への

志向がある．この問題は，1 ヘカト*8 の桝をいっぱいにするために 3 1/3 回運ぶ必要があるスコップの大きさを見つけるよう求めている．書記は，現代風に書くと，$(3\ 1/3)x = 1$ という方程式を 1 を 3 1/3 で割ることによって解いている．彼は答を $\overline{5}\ \overline{10}$ と書き，この結果が正しいことの証明に進んでいる．

　1 次方程式を解くための第二の方法は，『リンド・パピルス』の問題 26 で示されている．この問題は，その 1/4 に足されると和が 15 となるような量を見つけるよう求めている．この問題は，**仮置法**という方法によって解かれる．つまり，適当な，しかし正しくはない答を仮定し，この答を調節していく方法である．書記の解は次の通りである．「[答を] 4 であると仮定せよ．4 の 1 $\overline{4}$ は 5 である……15 が得られるよう 5 に掛けよ．答は 3 である．3 に 4 を掛けよ．答は 12 である」[8]．現代の記法で書けば，問題は，$x + (1/4)x = 15$ を解くことである．最初の推測は 4 である．なぜなら 4 の 1/4 は整数だからだ．しかし，書記はすぐに $4 + 1/4 \cdot 4 = 5$ であることに気づく．正しい答を見つけるには，15 を 5 で割った商，つまり 3 を 4 に掛けなくてはならない．『リンド・パピルス』にはいくつか同様の問題があり，すべて仮置法によって解かれている．書記が従った段階的な手続きは，それゆえこのタイプの 1 次方程式の解のアルゴリズムと見なすことができる．このアルゴリズムがどのように発見され，またなぜうまくいくのかについての議論がないとはいえ，エジプトの書記が二つの量の間の線形関係という基本的概念を理解していることは明白である．つまり，ある数を第一の量に掛けることは，第二の量にも同じ数を掛けることも同時に意味するのである．

　さらに比例の問題の解法も，このような理解があったことの実例となっている．たとえば，問題 75 は 20 ペフスのパン 155 斤をつくることができる量の小麦粉を使うと，30 ペフスのパンは何斤できるか聞いている（ペフスはパンの「強さ」の逆数を表すエジプトの単位量で，**ペフス** = [パンの数]/[穀粒のヘカト数] と表すことができる．ここで，ヘカトは 1/8 ブッシェル（1 ブッシェルは約 35.238 リットル）にほぼ等しい穀物の単位）．そうすると，問題は $x/30 = 155/20$ という比例を解くことである．書記は，155 を 20 で割り，その結果に 30 を掛けて 232 1/2 を得ることで，問題を解決した．同様の問題は『リンド・パピルス』や『モスクワ・パピルス』の他の場所にも見られる．

　『リンド・パピルス』からの最後の線形問題は，少しばかりひねりが利いたものだが，完全に異なった手法を用いている．問題 64 は次のようなものである．「10 ヘカトの大麦を 10 人に，各々の人とその隣の人との大麦の量の違いが 1/8 ヘカトずつになるよう分けるよう汝に言われたとすると，各人の分け前はいくらになるか？」[9]．この問題では，このパピルスの他の箇所の類似の問題と同様，分け前が等差数列をなすことが了解されている．平均の分け前は 1 ヘカトである．いちばん量が多い分け前は，いちばん量の少ない分け前からいちばん多い分け前までは 1/8 ヘカトずつ増加していくので，この 1/8 ヘカトという差がどれだけあるか数えてこの差の回数の半分だけ 1/8 ヘカトをこの平均に足せばわかるはずだ．しかし，差の数は奇数 (9) なので，そうする代わりに書記は，共通

---

*8 古代エジプトの穀粒をはかる容積の単位．1 ヘカトは約 4.4 リットル．

の差の半分 (1/16) を合計 9 回足し合わせて 1 9/16 (1 $\overline{2}$ $\overline{16}$) といういちばん量が多い分け前を得る．この値から 1/8 を 9 回引いて，各々の分け前を得ることで問題を解いている．

品物を分割することに関する類似の問題が，中国の『九章算術』巻三にも見える．たとえば，第 1 問は，5 頭のシカを 5 人の役人で 5 : 4 : 3 : 2 : 1 の比で分けるよう聞いている．この問題を解くために，著者は比例の各項の数を合計し 15 を求め，次にシカの頭数 5 を比例の各項の数に掛けて，それを 15 で割っている．そうすると，最も高位の役人はシカ 5 · 5/15 = 1 2/3 頭分を受け取り，2 番目の役人はシカ 1 1/3 頭分，などとなる．

『九章算術』の巻二にも，エジプトのパンの問題と似た単純な比例を扱う多くの問題がある．たとえば，50 単位の粟が 24 単位の繫米 (精粟) と交換できると仮定すると，4 斗 5 升 (45/10) の分量の粟に対してどれだけの繫米が手に入るか第 3 問は聞いている[*9]．現代的な記法で書くと，解くべき比例は 4 5/10 : x = 50 : 24 である．中国の著者は，われわれがそうするように，右辺を 25 : 12 と約分して，12 に 4 5/10 を掛けてから，25 で割って問題を解いている．

バビロニアのテキストには，現存する単一の 1 次方程式はほとんどないうえ，解のアルゴリズムを示すものは一つもない．たとえば，粘土板 YBC 4652 にはこう書かれている．「私は石を見つけたが，その重さは量らなかった．七分の一と［その合計の］十一分の一を足してから量ると，1 ミナ [= 60 ジン][*10]あった．もともとの石の重さはいくらか？」[10]．この問題は，現代の記法で表すと $(x+x/7) + \frac{1}{11}(x+x/7) = 60$ である．書記は単純に解答だけを記しており，ここでは $x = 48\ 1/8$ である．おそらくこのような問題に対する解の手順はまだ発見されていない他の粘土板に記されているのかもしれない．

一方，二つの未知数を持つ 1 次方程式の組の解についてはより詳細が記されている．使われている方法の一つは，便利な推測をまず使い，それからその値を調節するという一種の仮置法であり，ここからバビロニア人も線形性を理解していたことがわかる．ここでは古バビロニアのテキスト VAT 8389 からの例をあげる．二つの農地のうち一つはサル当たり 2/3 シラの作物を産し，もう一つはサル当たり 1/2 シラの作物を産する（サルは面積の単位，シラは容積の単位である）．第一の農地の作物は第二の農地よりも 500 シラ多い．二つの農地の面積を合わせると 1800 サルである．それぞれの農地はどれくらいの面積か？　この問題を，未知の面積を x と y で表して二つの連立方程式に翻訳することは簡単である．

$$\frac{2}{3}x - \frac{1}{2}y = 500$$
$$x + y = 1800$$

現代の解は，第二の方程式を x について解いて，その結果を第一の方程式に代入するというものだろう．しかし，バビロニアの書記は x と y がどちらも 900 に等

[*9] 粟はあわのこと．米は精白した粟の実をいう．粟の殻を取ると穅，これを臼づいていくと，順に粺，繫，侍御と呼ばれる．

[*10] 1 ミナは約 430g に当たる．古代ギリシアの重量の単位．

しいという仮定をまず行う．それから，彼は $(2/3)\cdot 900 - (1/2)\cdot 900 = 150$ と計算する．もともとの式の 500 と先ほどの計算結果の 150 との差は 350 である．答を調節するために，おそらく書記は次のことに気づいたのだろう．x の値を 1 単位増加させ，それに対応して y の値を 1 単位減少させると，「関数」$(2/3)x - (1/2)y$ は $2/3 + 1/2 = 7/6$ だけ増加する．こうして方程式 $(7/6)s = 350$ を解きさえすれば，必要な x の増分 $s = 300$ を得る．300 を 900 に足すと x の値として 1200 が得られ，引き算をすると y の値として 600 が得られる．これらは正しい答である．

中国でも，連立 1 次方程式にも関心を持っており，それを扱うのに二つの基本的なアルゴリズムを用いた．第一の方法は，われわれなら二つの未知数を持つ二つの連立方程式に翻訳するような問題を解くために主に用いられたが，盈不足法と呼ばれ，『九章算術』巻七に見られる．この方法論は，バビロニア人たちが最初にこうかもしれないという解を「推測し」，この推測に調節を加えて正しい解に最終的にたどり着くのと似ており，中国でも線形関係という概念を理解していたことがわかる．

第 17 問を考えてみる．「いま善田は 1 畝 300 銭，悪田は 7 畝 500 銭である．問う，善田，悪田合わせて 1 頃 [100 畝] を 1 万銭で買えば，それぞれの面積はいくらか」[11]．この問題を現代風に書きあらためると，二つの未知数を持つ連立方程式になる．

$$x + y = 100$$
$$300x + \frac{500}{7}y = 10000$$

中国の解法では次のようになる．「かりに善田 20 畝，悪田 80 畝とすれば，（1 万銭より）1714 銭と 7 分の 2 銭多く，善田 10 畝，悪田 90 畝とすれば（1 万銭より）571 銭と 7 分の 3 銭少ない」．中国の著者の説明によると，解の手順は 20 に 571 3/7 を掛け，10 に 1714 2/7 を掛けて，その積を足し，この和を 1714 2/7 と 571 3/7 の和で割る．計算結果である 12 1/2 は善田の広さである．そうすると，悪田の広さは 87 1/2 と容易にわかる．

中国人の著者はこのアルゴリズムにどのようにたどり着いたか説明していない．このアルゴリズムは 1000 年以上あとに，まずイスラム世界に，それから西ヨーロッパに現れることになる．このアルゴリズムは次の式で表すことができる．

$$x = \frac{b_1 x_2 + b_2 x_1}{b_1 + b_2}$$

ここで，b_1 は x_1 という推測値によって決定される盈（超過数）であり，b_2 は x_2 によって決定される不足（不足数）である．このアルゴリズムがどのように発見されたかについての推測の一つは次のようなものである．まず正しいが未知の値 x から推測値である 20 までの変化によって，「関数」$300x + (500/7)y$ の値は 1714 2/7 だけ変化し，推測値 10 から正しい値 x までの変化によって，関数の値は 571 3/7 変化することに注意する．線形性とは，二組の x と関数の値の変化

の二組の比は等しいことを意味するから，次の比例関係を得ることができる．

$$\frac{20-x}{1714\frac{2}{7}} = \frac{x-10}{571\frac{3}{7}},$$

また，これを一般化すると次のように書ける．

$$\frac{x_1 - x}{b_1} = \frac{x - x_2}{b_2}.$$

ここから，求める x の値が得られる．

巻七の 20 個の問題はいずれも，この「盈不足法」というアルゴリズムを何らかの形で修正することによって解かれる．たとえば，二つの異なる推測がどちらも盈を与えるかもしれない．どの場合でも，著者は適切な計算の説明を与えている．現代の記号法を用いれば，これらの問題の各々を同じ形で書き表し，唯一の（代数的）解を得ることができるので，中国でも他のどの地域でも，古代人たちは，今日わずかな労力でこういった問題を解くことを可能にする記号法を使ってはいなかったことに読者は常に留意しなければならない．あらゆる問題とその解法は言葉によって書き表されたのである．そうではあっても，書記たちは解が複雑で厄介になってしまう問題を提示することをためらったりはしない．おそらくこれは彼らが，方法を完全に習得すればたとえ難しい問題でも解くことが可能である，という確信を学習者に持たせたいと望んでいたからであろう．

『九章算術』巻八は，やはり少しずつひねりを加えた様々な例を提示することによって，連立 1 次方程式の第二の解法を記述している．しかし，この場合は，現代的な方法を使っても簡単にはならない．実際，中国人の解法の手続きは実質的にはガウスの消去法と同一であって，行列形式で示されている．例として，この巻の問題 1 を考えてみよう．「いま，上禾 3 束と中禾 2 束と下禾 1 束では，実は 39 斗であり，上禾 2 束と中禾 3 束と下禾 1 束では，実は 34 斗であり，上禾 1 束と中禾 2 束と下禾 3 束では，実は 26 斗である．問う，上中下禾の実は，1 たばそれぞれいくらか」[*11]．問題は，現代風に書き改めると次の連立方程式のように翻訳できる．

$$3x + 2y + z = 39$$

$$2x + 3y + z = 34$$

$$x + 2y + 3z = 26$$

解のアルゴリズムは次のように述べられる．「上禾 3 束，中禾 2 束，下禾 1 束，実 39 斗を右行に置く．中行，左行の禾も，右行と同じように並べる」．この配置は次の図表で示される．

1	2	3
2	3	2
3	1	1
26	34	39

[*11] 禾とは茎つきの粟のこと．訳文は，川原秀城訳「劉徽註九章算術——付海島算経」『中国天文学・数学集』科学の名著 2，朝日出版社，1980，221 ページを参考に訳している．以下も同様．

テキストはこう続く．「右行の上禾をあまねく中行に掛け，右行で直ちに除く」．これは，中央列に3（右列の上禾の数）を掛けて中央列の第一の数が0になるよう，右側の列を何倍か（この場合は2倍）した数を引くことを意味している．次に同様の演算を左列についても行う．結果は次のようになる．

$$
\begin{array}{ccc} 1 & 0 & 3 \\ 2 & 5 & 2 \\ 3 & 1 & 1 \\ 26 & 24 & 39 \end{array} \qquad \begin{array}{ccc} 0 & 0 & 3 \\ 4 & 5 & 2 \\ 8 & 1 & 1 \\ 39 & 24 & 39 \end{array}
$$

「次に中行の中禾の余りをあまねく左行に掛け，中行で直ちに除く」．つまり，中央列と左列を使って同様の演算を行え，ということである．その結果は次のようになる．

$$
\begin{array}{ccc} 0 & 0 & 3 \\ 0 & 5 & 2 \\ 36 & 1 & 1 \\ 99 & 24 & 39 \end{array}
$$

この図表は次の3元連立方程式と同じことになる．

$$3x + 2y + z = 39$$
$$5y + z = 24$$
$$36z = 99$$

著者は，最初に $z = 99/36 = 2\ 3/4$ として，今日「後退代入」と呼ばれる方法によってこの連立方程式をどう解くか説明する[12]．

残念なことに，すべての古代文献で普通のことなのだが，このアルゴリズムがなぜうまくいくのか，またこれがどのように導かれたかについては説明がない．われわれが推測できるのは，中国人はある方程式を何倍かして別の方程式から引いてできる新しい連立方程式は，もとの連立方程式と同じ解を持つことを発見したのだろうということだけである．明らかなことは，ここで書かれている方法が，算盤上の様々な囲みの中の算木を操作することで実際に解を求める方法に対応していることである．このような行列操作で，どこかの囲みの中に負の量が出てきたらどうなるのかと思う人もいるかもしれない．同じ巻の問題3に目をやれば，こういう制限はなかったことがわかる．この方法は，次の連立方程式に対しても完全に正しく機能していたのである．

$$2x + y \phantom{{} + 4z} = 1$$
$$3y + z = 1$$
$$x \phantom{{} + 3y} + 4z = 1$$

実際，正の量と負の量とを足したり引いたりする規則を著者は示している．「(減算において)同符号は互いに除き［引き］，異符号は互いに益す［足す］．また無入［ゼロ］から正数を引けば負とし，無入から負数を引けば正とする．(加算に

おいて）異符号は互いに除き［引き］，同符号は互いに益す［足す］．また無入に正数を加えれば正とし，無入に負数を加えれば負とする」[13]．

別の困難を持つ例として，最後に問題 13 を考えよう．これは，6 個の未知数に対して 5 個の連立方程式しかない例だ．

$$
\begin{aligned}
2x + y &= s \\
3y + z &= s \\
4z + u &= s \\
5u + v &= s \\
x + 6v &= s
\end{aligned}
$$

行列の操作による方法は，最終的に式 $v = 76s/721$ を導く．もし $s = 721$ ならば，$v = 76$ である．これが示された唯一の解答である．残念ながら，中国人が s に対して他の解の可能性を考えたかどうか，解が無数にあるということが何を含意するかを考えたかどうかはわからない．しかしほとんどの場合，バビロニア人も中国人も，方程式と未知数の数が一致する連立方程式のみを扱っている．この場合なぜ唯一の解が得られ，他の場合にどうなるのか，という議論に関しても何も記録が残っていない．

1.5 初等的な幾何学

ここで論じている地域の古代人たちは，単純な直線図形の面積をどのように計算すればよいか知っていたことが記録からわかる．長方形や三角形の面積を計算する標準的な公式は，それぞれ $A = bh$ および，$A = (1/2)bh$ であるが，これらを利用する例は文献にはたくさんある．ただし，ここで長さが b や h であると述べられている直線が垂直であるかどうかは必ずしもいつも明らかなわけではない．バビロニア人は，現代のわれわれが係数表と呼ぶ形で面積を計算する多くの公式を提示している．係数表とは，様々な幾何学図形のうち，特定の状況にあるものの間の数学的関係を示す定数の表である．たとえば，0;30 (= 1/2) という数字が三角形の係数として示されるときは，その面積が高さと底辺の積の 1/2 であることを意味する．同様に，0;52,30 (= 7/8) という数字が三角形の高さの係数として示されるときは，正三角形の高さは底辺の 7/8 であることを意味している．ただし，もちろんこの数字は近似的にしか正しくない．正確な乗数は $\sqrt{3}/2 = 0.866$ のはずである．実際，古代の書記たちは長さや面積について，手頃な近似で満足していることがしばしばである．

手頃な近似を用いた代表例は，円の面積と円周の計測である．直径が与えられた円の円周を測り，面積を正確に計算する簡易な方法は存在しない．現代の公式 $C = \pi d$ も $A = \pi r^2$ も π という同一の定数を含んでいる．円周が直径に比例し，面積が半径の平方に比例することは明らかかもしれないが，（今日 π と表される）比例定数が常に同一であることはそれほど明らかなわけではない．古代人たちが円周が直径に比例することに気づいていたことは，様々なテキスト

から明らかである．面積に関するかぎり，エジプト人はそれを円周とは独立に計算していた．しかし，バビロニア人と中国人は，面積，円周，円の直径の間の関係に気づいていたのである．

多くのバビロニアの粘土板において，円周は直径の 3 倍とされている．同様に，『九章算術』巻一第 31 問はこう述べている．「いま周 30 歩，直径 10 歩の円田がある」[*12]．また，紀元前 950 年頃のソロモン王の治世を扱った旧約聖書『列王記』上 7:23 にはこう書かれている．「彼は鋳物の『海』を作った．直径 10 アンマの円形で，……周囲は縄で測ると 30 アンマであった」[*13]．やはりここでも円周は直径の 3 倍とされている．ある意味で，これは奇妙な結果である．なぜなら，粗雑な測定でも円周は直径の 3 倍よりも大きいことはわかるからだ．おそらくこの値は，計算しやすいうえ，実用的目的からいえば十分正確な結果をもたらすことから，こんなにも長い間用いられたのであろう．あるいは，この値が伝承されてきたもので，それを変えることが難しかったのかもしれない．

しかし，円を扱う問題の多くは，円周ではなく面積を求めるものだ．そして実に様々な結果が得られている．『リンド・パピルス』の問題 50 にはこう書かれている．「直径 9 の円形の土地の問題．面積はいくらか？ 直径の 1/9 を取り去れ．残りは 8 である．8 を 8 倍せよ．答は 64．ゆえに，面積は 64」[14]．言い換えると，エジプトの書記は $A = (d - d/9)^2 = [(8/9)d]^2$ という公式を使ったのである．$A = (\pi/4)d^2$ という公式と比較すると，エジプト人による定数 π の値は，面積に関しては $256/81 = 3.16049\ldots$ だったことがわかる．エジプト人はこの値をどこで手に入れたのか，そして，なぜその解答は現代風に直径の平方の何倍（ここでは $64/81$ 倍）という形でなく，$(8/9)d$ の平方と表現されたのだろうか？

ヒントは同じパピルスの問題 48 が与えてくれる．この問題には一辺が 9 の正方形に内接した八角形の図が示されている（図 1.9）．しかし，問題文がなく，単に $8 \times 8 = 64$ と $9 \times 9 = 81$ という計算があるのみである．もし書記が同じ正方形に円を内接させていたら，その面積は八角形の面積とほぼ等しいとわかったはずだ．八角形は正方形の $7/9$ の面積を持つので，書記は単に $A = (7/9)d^2 [= (63/81)d^2]$ と書いてもよかったのかもしれない．しかし，明らかに書記が本当に求めていたのは平方の形になる答であった．彼は円の方形化という問題，つまり与えられた円に等しい面積を持つ正方形を求める問題に興味を持っていた．それゆえ，面積が $(7/9) \cdot 81 = 63$ である正方形の 1 辺の長さが必要だったのである．これを求める一つの方法は，まず 1 辺が 9 の正方形に八角形を書き込んで，81 の小さな正方形に分割することである（図 1.10）．上辺の影をつけた二つの角（かど）の面積は 1 番上の 1 行にある小さい正方形の面積に等しく，底辺の影をつけた二つの角（かど）の面積は左端の 1 列の面積に等しい．この行と列を取り除くと（一つの正方形は 2 回取り除くことになる），もとの形の 8/9 にあたる長さの辺を持つ正方形が残る．これは，八角形の面積にきわめて近いものであり，それゆえ円の面積にもきわめて近い．このような再構成はたぶん，なぜ書記が「直径の 1/9 を取り除く」とあくまでも書いたのか，そしてこの残りを平方したのかを明らかにす

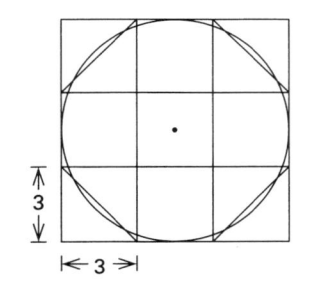

図 1.9
正方形に内接する八角形．『リンド・パピルス』問題 48 より．

[*12] 6 尺（1 尺は約 30.3cm）が 1 歩にあたる．
[*13] 新共同訳聖書（日本聖書教会）を参考にした．なお，「アンマ」は旧約聖書に現れる長さの単位で，ひじから中指の先までの長さで，約 45cm にあたる．

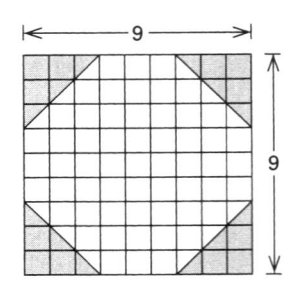

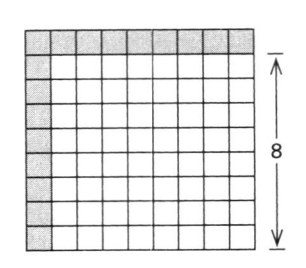

図 1.10
八角形の分割.

る．問題 50 は例外的な問題ではないことに注意すべきである．他の二つの問題では，円はもっと複雑な状況に組み込まれているが，同じ手順が使われている．

インドの『シュルバスートラ』文献でも，円の方形化の問題が解かれており，この場合，円形の祭壇と同じ面積の正方形の祭壇をつくることに関係している．「円を正方形に変えたいと思うなら，その直径を 8 分割し，これら 8 分割した部分の一つをさらに 29 分割せよ．この 29 の部分から 28 を取り除き，さらに（残った一つの部分の）6 分の 1 から（6 分の 1 の部分の）8 分の 1 少ない分を取り除け」[15]．インドの神官はこの文によって，求める正方形の一辺は円の直径の

$$\frac{7}{8} + \frac{1}{8 \times 29} - \frac{1}{8 \times 29 \times 6} + \frac{1}{8 \times 29 \times 6 \times 8}$$

に等しいと言ったことになる．この値は，π が 3.0883 であるとすることと等価である．

バビロニア人と中国人は面積問題を別のやり方で扱った．どちらの文明でも，円の面積は，公式 $A = Cd/4 = (C/2)(d/2)$ によって計算された．ここで，C は円周である．また，この公式の d を $C/3$ で置き換えて簡単に求められる $A = C^2/12$ という式も両方で用いられている．実際，円に対する典型的なバビロニアの係数は $1/12$ である．すなわち，この値を円周の平方に掛けることによって面積が決定されるというのである．中国人は，$A = \dfrac{3d^2}{4}$ という公式を時折使った．これは，$A = \dfrac{Cd}{4}$ の C を $3d$ とおくことで簡単に求められる．しかし，円に内接する正方形と外接する正方形の面積を平均することでも見出せるものである．

バビロニア人と中国人は，どのようにして $A = (C/2)(d/2)$ という公式を発見し，その結果として円周の計算と面積の計算を結びつけることができたのであろうか？　いつもどおり，この疑問に対する答はテキストには与えられていない．可能な説明の一つは，彼らが円を細い扇形に分割し，これを並べ替えて長方形に近い図形をつくる，と考えたというものである（図 1.11）．別の可能性とし

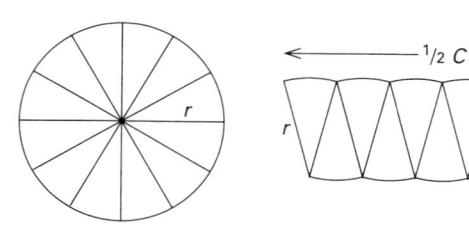

図 1.11
円の分割．

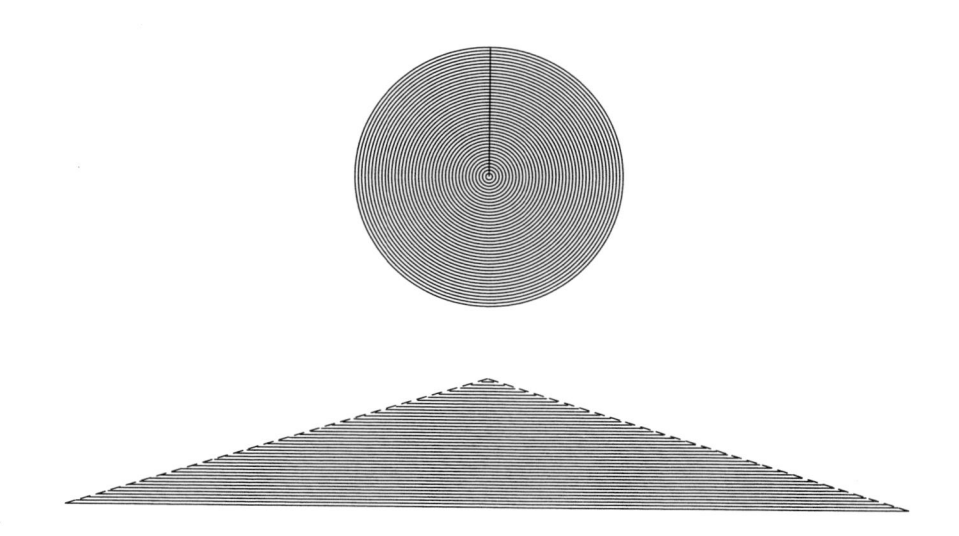

図 1.12
無限小の細さの糸からできた円.

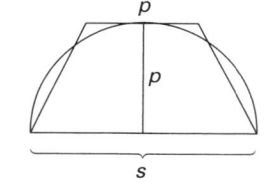

図 1.13
円の弓型図形の面積の近似.

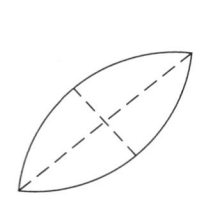

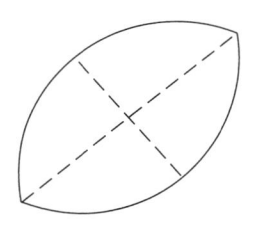

図 1.14
バビロニアのはしけと牡牛の目.

ては，中世にはテキスト上の証拠もあるが，「無限小に」細い糸のような同心円で円をつくることを通じて考えられたというものである．この円を中心から円周に向かって切って，それを展開すると三角形になり，この三角形の底辺はもとの円周，高さは半径になる．ここから面積公式はすぐに求められる（図 1.12）．

平面図形を扱う最終成果の一部は，円の弧と弦で囲まれた弓形の面積を扱う公式である．この場合，『九章算術』は $A = (sp + p^2)/2$ という規則を与えている[*14]．ここで，s は弦の長さ，p は「矢」[*15] である．この公式は，半円の場合を除いて正確ではないことは確かである（π が 3 であると仮定した場合）．しかし，これは上底が p，下底が s，そして高さ p の台形の面積公式として見れば正しい．それゆえ，この公式は求めるべき面積を台形で近似することに由来するのかもしれない（図 1.13）．興味深いことに，同じ公式が紀元前 3 世紀のエジプトのパピルスに見られ，後世のある著述家が「古代人」の方法としてこれに言及している．バビロニア人は，二つの弓形からつくられた 2 種類の図形の面積を計算している．そのうちの一つ「はしけ」は，二つの 4 分の 1 円弧を組み合わせてつくられており，もう一つの「牡牛の目」は 3 分の 1 円弧を二つ組み合わせたものである（図 1.14）．しかし彼らの方法は中国人やエジプト人とはまったく異なっている．これら二つの図形の面積は，それぞれ $(2/9)a^2$ と $(9/32)a^2$ という式で与えられている．ここで，a はいずれも弧の長さである．この二つの公式は，円の面積が $C^2/12$ であり，$\sqrt{3} = 7/4$ であると仮定したときには正確なも

[*14]『九章算術』巻一第 35 問．前出邦訳書では，99 ページ．
[*15] 弦の中央から弧に対して垂直にのばした線分の長さ．

のとなる．

　立体幾何学の公式もまた広く知られていた．直方体の体積を求める規則 $V = \ell wh$ は，円柱の体積を求める規則と同様，よく知られていた．実際，『リンド・パピルス』のいくつかの問題では，書記は円柱の体積を求める規則として $V = Bh$ を使っている．ここで，底面の面積 B はすでに議論した円の面積公式によって計算されている．

　バビロニアのテキストにも『九章算術』にも，壁や堰の体積と，それを建造するのに必要な労働者の数に関する問題がある．多くの場合，壁の断面は台形として与えられている．そのため，体積は，台形の面積を壁の長さに掛けることで計算されている．

　エジプトで最も有名な建造物はピラミッドであるから，その体積を求める公式が発見できるのではないかと期待するかもしれない．残念ながらそのような公式は発見されていない．しかし，『モスクワ・パピルス』には，ピラミッドに関係する魅惑的な公式がある．それは，頭切ピラミッド[*16]の体積を求める公式である．「高さ6キュービット[*17]，底辺が4キュービット，頂部が2キュービットの頂上が平らなピラミッドが汝に与えられるとき．汝この4を計算し，平方せよ．結果は16．汝この4を2倍せよ．結果は8．汝この2を計算し，平方せよ．結果は4．この16と8，そしてこの4を足し合わせよ．結果は28．汝6の1/3を計算せよ．結果は2．汝28を2回計算せよ．結果は56．おお！56なり．汝は正しく見つけたり」[16]．下底の長さを a，上底の長さを b，高さを h とおき，このアルゴリズムを公式に翻訳すると，$V = \dfrac{h}{3}(a^2 + ab + b^2)$ と正しい計算方法が得られる．正方形の底面の一辺が a，高さが h の頂上を持つ真正ピラミッド（四角錐）の体積 $V = \dfrac{1}{3}a^2h$ を求める公式を与えるパピルスは存在しない．この公式は，単純に $b = 0$ とおけば『モスクワ・パピルス』の与える公式から簡単に導ける．したがって，エジプト人はこの結果に気づいていたとわれわれは推測している．逆に，真正ピラミッド（四角錐）の体積を求める公式から頭切ピラミッドの体積を求める公式を導くには，より高次の代数的技能が必要になる．しかしながら，図形の分割に関して種々の巧妙な提案がなされてきたにもかかわらず，エジプト人たちがこれらの公式をどのように発見したか確実なことは誰も知らないのである．

　『九章算術』は『モスクワ・パピルス』と同じ公式を提示しているが，真正ピラミッド（四角錐）に対する体積公式もそれといっしょに示している．3世紀の注釈者[*18]は立体を分解する巧妙な方法で前者の結果に証明を与えているが，ピラミッドの体積公式をその議論の中で使わざるをえなかった．もちろん，この公式を生み出した中国の数学者がどのようにこの結果を証明したかはいまだ知られていない[*19]．

[*16]頂上を切り落としたピラミッド．

[*17]バビロニア，古代エジプトで使われた長さの単位．ひじから中指の先までの長さ．

[*18]劉徽のこと．現在残る『九章算術』は彼の注釈・編纂によるもののみ．彼の手になる『九章算術』は紀元後263年（景元4年）〜295年頃に成立したとされる．川原秀城「『九章算術』解説」『中国天文学・数学集』科学の名著2，47–73ページを参照．

[*19]頭切ピラミッドの体積の計算は『九章算術』巻五第10問（邦訳書153–154ページ）にある．ピラミッドの体積は，巻五第12問（邦訳書155–156ページ）で示されている．

バビロニア人もまた，ピラミッドに関係する立体の体積を考察している．最もよい例は粘土板 BM96954 に見られる．この粘土板には，底辺が長方形で頂部が直線の，屋根のような形のピラミッド形に積まれた穀物の山についての問題が複数ある（図 1.15a）．解の方法は次の公式に対応している．

$$V = \frac{hw}{3}\left(\ell + \frac{t}{2}\right)$$

ここで，ℓ は立体の長さ，w は幅，h は高さであり，t は頂部の長さである．この正しい公式の導き方は粘土板には与えられていないものの，この立体を分解して，三角柱の両側に底面が長方形のピラミッドが半分ずつくっついているものに分割すると，この公式を導くことができる．そうすると，この立体の体積は，これら分解した立体の体積の合計である（図 1.15b）．つまり，$V =$ （三角柱の体積）＋（長方形を底面とするピラミッドの体積）である．これを式に表すと，

$$V = \frac{hwt}{2} + \frac{hw(\ell-t)}{3} = \frac{hw\ell}{3} + \frac{hwt}{6} = \frac{hw}{3}\left(\ell + \frac{t}{2}\right)$$

となり，これは求めるべき公式である[17]．真正ピラミッド（四角錐）の体積の計算を示すバビロニアの粘土板はまだ見つかっていない．しかし，エジプト人の

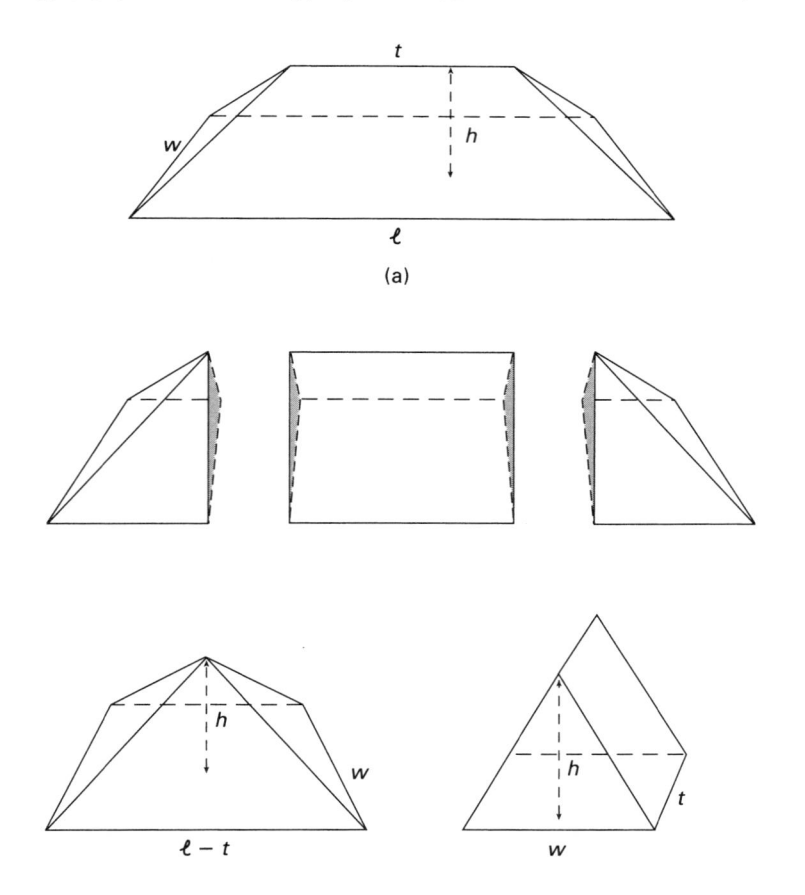

図 1.15
バビロニアの穀物の山とその分割．

場合と同様，バビロニア人が上で論じた結果を得ていたことからして，彼らが正しい公式を知っていたと想定するのが合理的だと思われる．

この想定に一層の説得力を与えるのは，底面の正方形が a^2，頭部の正方形が b^2，高さが h の頭切ピラミッドの体積を求める，次のような形の正しい公式を与える粘土板が存在することである．

$$V = \left[\left(\frac{a+b}{2}\right)^2 + \frac{1}{3}\left(\frac{a-b}{2}\right)^2\right]h$$

もちろん，真正ピラミッドの体積公式はこの公式で $b=0$ とおけば導ける．一方，この体積を求めるのに，台形の面積を単純に，ただし間違って一般化した規則 $V = \frac{1}{2}(a^2+b^2)h$ によって計算している粘土板もある．しかし，この公式は間違っているものの，計算結果は正しいものとそれほど違わないということは記憶にとどめておくべきだろう．いずれにしても，結果が誤っていることに誰かが気づくすべがあったと考えることは困難である．なぜなら，体積を経験的に計測する正確な方法が存在しなかったからである．いずれにせよ，これらの公式の現れる問題は実践的なものであり，特定の建造物を建設するのに必要な労働者の数にしばしば関係しており，公式に由来するちょっとした不正確さは最終的な答にはほとんど影響がなかったのである．

1.6 天文計算

体積の問題は，エジプト人にとってもバビロニア人にとっても重要だった．なぜなら，これらの問題は，ピラミッドや神殿，治水設備の建造に実際に適用されるものであったからである．建築家や技術者にとって，建造に必要な物資の量を決定することは，必要な労働者の数や，彼らを食べさせるパンがどれだけ必要かということを計算するためにも必要であった．実際，古バビロニアの係数表には，こういった問題を解くために用いるよう様々な階級の労働者に対する労働と賃金の標準的な相場が載っていた．

これらの大土木建築物の多くは，儀式を目的として建造された．このような宗教的モニュメントは，地球上の他の多くの場所でも造られた．これらのモニュメントを建造するには，技術と組織編成においてかなりの技能が要求される．しかし，一般的な技術的問題を解決する以前に，建造者はまずモニュメントの配置という問題に取り組むことになる．モニュメントの多くは重要な天文現象と結びつけられているように見えることから，建築家は天文学の基本に通じていた，と結論づけてもよいかもしれない．この知識はモニュメントの建造だけに使われたわけではなく，暦の作成にも用いられた．後世の歴史でもこれは当てはまることだが，天文学の問題は，ある種の数学的技法の発展において決定的役割を演じたのである．

古代人たちは天体について何を知っていただろうか？ 最も重要な天体は太陽と月である．両方とも東から昇り，西に沈むのは明らかだが，それぞれの実際の運動はずっと微妙である．たとえば，春分には太陽は真東から昇るが，夏の間は真東より北にこの位置がずれ，秋分には再び真東に戻り，冬の間は真東より南

1.6 天文計算

から昇る．少なくとも北半球ではこのようになる．この太陽の運動サイクルは一定期間をおいて繰り返すことがどこでも観察された．計算記録が残るところではどの地域でも，この期間の長さ，つまり1年は約365日であると明記されている．

1年の暦の中で，重要ないくつかの日を特定するためには，太陽の位置を観察できなくてはならない．これがイギリスのストーンヘンジの大巨石神殿が紀元前第3000年紀の初めに建設された理由の一部である（図1.16）．多くのこれと似ているがより小規模な建造物が，イギリスの他の場所や北ヨーロッパの他の地域に建造された．これらの建造物が建設された理由は完全には明らかにはされていないものの，日の出と日の入の最北と最南の位置を決定することが目的の一つだったと多くの学者たちが信じている[18]．たとえば，紀元前3200年頃にアイルランドのメース郡ニューグランジに建造されたパッセージ・グレイブ[*20]は，冬至の前後3，4日間の間，そしてその間だけ，日の出の太陽の光が屋根の隙間を通じて射し込み，この建造物の後ろ側を照らすよう配置されている（図1.17）．他の建造物においても，巨石どうしや，巨石と目印となる水平線上の自然物との間の配置が，冬至の日の出や日の入の方向を正確に示している．

理論的には，暦は日の出の太陽の位置に基づいて作成できる．しかし，記録が残る文明の多くでは，1年の中の重要な時間間隔――つまり，1ヶ月――を決定するのは月の運動だった．太陽と同じように，月が昇る場所は東の地平線で変化する．長年にわたる忍耐強い観察によって，ストーンヘンジの建造者たちは月の出の最北の位置，最南の位置を記録できたに違いない．彼らは，月の出の位置に18.6年の周期があることにも気づいていたかもしれない．この周期を知っていれば月食を予言する助けとして使えたであろう．月食も日食も古代人にとっては非常に大きな意味を持っていた．このような驚異に満ちた現象を予言する――そして，適切な儀式を行って，「食い尽くされて」しまった天体をあとで再び出現させる――能力は，神官階級の重要な職能だった[19]．

空における月の見かけの一番大きな特徴は，月の出の位置ではなく，満ち欠けである．すべての古代文明は，月が細い三日月から満月になり，やがて新月となり見えなくなって，再び細い三日月となるのにかかる時間を記録していたし，数を記した現在までに発見されている最古の印も，多分このような観測を記録したものであったと思われる．エジプト人もバビロニア人も1年に何ヶ月あるかを決めるのに月の満ち欠けを用いていたが[*21]，そのやり方は違っていた．日没直後の西空に三日月が出現してから，満ち欠けが一巡して次の三日月が現れるまでの時間が約29 1/2日であると決めるのは容易だった．残念なことに，29 1/2を整数倍しても，太陽年における1年の日数である365と等しくなることはない．したがって，月の満ち欠けと太陽による季節の支配との両方をうまく組み入れた暦を作る単純な方法はない．エジプト人は，かなり古い時期から問題を完全に単純化していた．彼らは12ヶ月の暦を用いていたが，この1月は30日

図1.16
ストーンヘンジが天体観測へ利用されたことを示すイギリスの切手．

図1.17
(a) フランスのカルナックの列石．(b) アイルランドの切手に描かれた，冬至の日が射し込んだニューグランジのパッセージ・グレイブ．

[*20] または，羨道墳（えんどうふん）とも呼ばれる．ヨーロッパの南西部から北西部の海岸地域を中心に分布する新石器時代後期から銅器時代の石室墓の一種．羨道 (passage) は，構造的に墓の一部である死者を葬る墓室につながる導入部のことをいう．ニューグランジのパッセージ・グレイブは円形の積石塚で，墓室は十字形，長い羨道部を持つ．
[*21] このような月の満ち欠けに基づいて決められた1ヶ月を「朔望月」と呼ぶ．

で，12ヶ月の最後に追加の5日間をくっつけて，1年が365日になるようにしていた．必然的にこの暦は月の周期を無視していたわけである．さらに，1年の長さは実際は365 1/4日なので，最終的には毎年の暦も季節と合わなくなる．言い換えると，エジプトの神官たちが気づいていたように，年の始まりは1460年 (4×365) で季節がぐるっと一回りする．神官たちが発見したことのうちには，ナイルの毎年の洪水がある．これは畑に滋味豊かな河泥を運ぶ最も重要な農業上の出来事だったが，夜明け直後の東の空に，しばらくの間見えなかった明るい星であるシリウスが最初に現れると，いつもその直後に始まる．このようにして，神官たちは自分たちの権力を正当化する助けになる正確な予言を行うことができたのである．

バビロニアの暦の状況は違っていた．バビロニアの神官たちは，太陽と月の動きを両方暦にとり入れて，農業に関係するどんな事象も常に同じ月に起こるようにしたいと考えていた．したがって，1ヶ月の長さは通常29日と30日が交互になり，新しい月は，夕方三日月が最初に見えたときに常に始まるようにされた．この12ヶ月は354日と等しいので，神官たちは2, 3年に一度余分な1ヶ月を付け加えることを決めた．最初期には，必要があると思われたときに布告によって余分な1ヶ月が追加されていたが，紀元前8世紀中ごろ，バビロニア人は19年ごとに七つのうるう年を持つ体系に暦を編纂した．うるう年は13ヶ月からなる．1ヶ月の長さも，235ヶ月の19年周期で6940日になるよう必要に応じて調節が行われた．実際，バビロニア人は月の満ち欠けの周期の平均的な長さは約29.53日であって，これは6940/235に等しいことに気づいていたのである[*22]．現在のユダヤ暦は，ユダヤの律法に一致するよう細かい修正をいくつか加えているが，バビロニア暦の本質的部分を保存している．

中国人も，この19年周期と，もっと長い他の周期に気づいていた．たとえば，19太陽年が実際には6939 3/4日であることから，日数を整数にするために，27,759日が76年という周期を使っていた．また，中国人は月食と惑星周期を考慮して，31,920年後に「万物が終わりを迎え，原初の状態へと戻る」と結論づけた[20]．

1.7 平方根

エジプトにおける円の方形化の問題での平方根計算の例を思い出そう．そこでの発想は，結局，面積63/81の正方形を見つけるということであった．この問題の一つの見方として，この正方形をまず$7/9 \times 9/9$の長方形として書き表してみる．この長方形を正方形にするために，辺の長さが7/9である正方形をここから切り取り，残った長方形 ($7/9 \times 2/9$) を二つの部分に分割し，その一方をぐるっと回して正方形の隣の1辺に沿って置く（図1.18）．この結果，隅を欠く正方形という，一種のグノーモン図形ができる．エジプトの書記は明らかに，この辺の長さ8/9の正方形がこのグノーモンの十分よい近似であると推測して

[*22] 紀元前433年には，ギリシアのアテネの天文学者メトン (Metōn) が，19年に12ヶ月の平年12回と13ヶ月のうるう年を7回おくことによって，太陽年と朔望月の周期とを一致できることを発見する．そのため，現在では，この周期は「メトン周期」と呼ばれる．

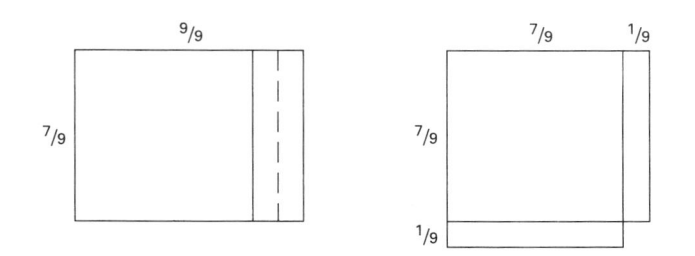

図 1.18
長方形を正方形にする仕方．

満足している．結局，彼の関心は $\sqrt{63/81}$ そのものにあるわけではなく，この値が円の面積を近似するのに使えるということにある．書記はこの面積の近似でさえも，どれだけの誤差があるか知らなかったので，1/81 の大きさの小さな正方形を無視することは問題にならなかったのである．

残念ながら，[エジプトの] 書記たちが平方根を実際に計算した他の例は存在しない．平方根が必要なときは常に，平方根が切りのいい数になるよう問題に手が加えられている．言うまでもなく，このような平方根のすべてが整数であるわけではない．あるパピルスでは，6 1/4 の平方根は 2 1/2 であると書いている．おそらく事実だと思われるのは，書記が平方根表を用いたということである．この表は単に平方表を逆に読んだもので，簡単につくれるものだった．表が十分に大きければ，明示的には与えられていない平方根も補間によって求めることもできたはずだ．ただし，このような例は知られていない．

バビロニア人も，大規模な平方・平方根表に加え，同様の立方・立方根表をもっており，現存するものもある．通常，平方根が問題を解くのに必要なときは，その平方根が表の中にあり，有理数になるよう問題に調整が加えられた．しかし，無理数の平方根，とくに $\sqrt{2}$ が必要な場合もたしかにあった．この特定の値が登場するときには，一般にその値は 1;25 (= 1 5/12) と表現された．しかし，興味深い粘土板が存在する．YBC 7289 という粘土板には，正方形が描かれ，その辺が 30 であると指定され，1;24,51,10 と 42;25,35 という二つの数が対角線上に書かれている（図 1.19）．30 に 1;24,51,10 を掛けた積はまさに 42;25,35 である．そうすると，最後の数字は対角線の長さを示しており，もう一つの数は $\sqrt{2}$ を表していると推測することは理にかなっている．

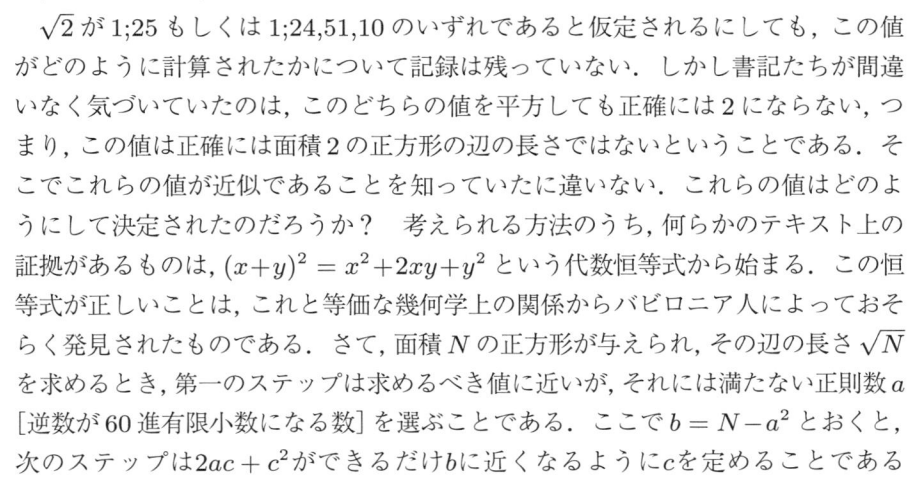

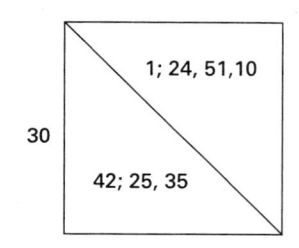

図 1.19
バビロニアの粘土板に書かれた $\sqrt{2}$．

$\sqrt{2}$ が 1;25 もしくは 1;24,51,10 のいずれであると仮定されるにしても，この値がどのように計算されたかについて記録は残っていない．しかし書記たちが間違いなく気づいていたのは，このどちらの値を平方しても正確には 2 にならない，つまり，この値は正確には面積 2 の正方形の辺の長さではないということである．そこでこれらの値が近似であることを知っていたに違いない．これらの値はどのようにして決定されたのだろうか？　考えられる方法のうち，何らかのテキスト上の証拠があるものは，$(x+y)^2 = x^2+2xy+y^2$ という代数恒等式から始まる．この恒等式が正しいことは，これと等価な幾何学上の関係からバビロニア人によっておそらく発見されたものである．さて，面積 N の正方形が与えられ，その辺の長さ $\sqrt{N}$ を求めるとき，第一のステップは求めるべき値に近いが，それには満たない正則数 a [逆数が60進有限小数になる数] を選ぶことである．ここで $b = N-a^2$ とおくと，次のステップは $2ac+c^2$ ができるだけ b に近くなるように c を定めることである

図 1.20
$\sqrt{N} = \sqrt{a^2 + b}$
$\approx a + \frac{1}{2} \cdot b \cdot \frac{1}{a}$
の幾何学的表現.

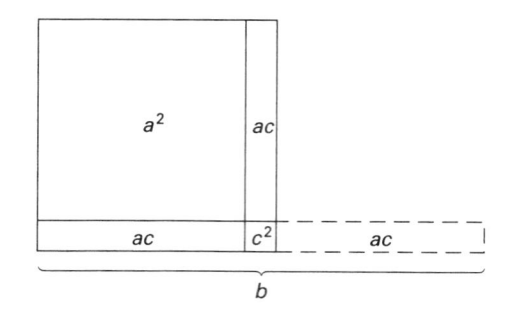

(図 1.20). a^2 が N に「十分近い」とき, c^2 は $2ac$ に比べると小さくなることから, c は $(1/2)b(1/a)$ と等しいとしてよい. つまり, $\sqrt{N} = \sqrt{a^2 + b} \approx a + (1/2)b(1/a)$ となる (バビロニアの方法にしたがうと, c の値は商ではなく積の形で表現される. また, 項の一つは a の逆数であるから, なぜ a が正則数でなければならなかったかがわかる). 同様の議論によって, $\sqrt{a^2 - b} \approx a - (1/2)b(1/a)$ であることがわかる. 問題の $\sqrt{2}$ の場合については, $a = 1;20 \, (= 4/3)$ から始める. そうすると, $a^2 = 1;46,40$, $b = 0;13,20$ であり, $1/a = 0;45$ であるから, $\sqrt{2} = \sqrt{1;46,40 + 0;13,20} \approx 1;20 + (0;30)(0;13,20)(0;45) = 1;20 + 0;05 = 1;25$ (つまり, $17/12$) である. もちろん, 本当のところは $\sqrt{2} \approx 1;25$ を得るためにこのような手順を踏む必要はない. 当てずっぽうでも当たればよいし, 平方すべき数の一つとして $1;25$ を載せている表があればよい. いずれにせよ, $(1;25)^2$ は 2 と $0;0,25 = 1/144$ だけしか違わない.

インドの『シュルバスートラ』が $\sqrt{2}$ を次のように近似しているのは非常に興味深い.

$$1 + \frac{1}{3} + \frac{1}{3 \times 4} - \frac{1}{3 \times 4 \times 34} = \frac{17}{12} - \frac{1}{12 \times 34}$$

この近似は, $\sqrt{a^2 - b}$ を近似する公式で $a = \frac{17}{12}$ とおけば, 容易に求められる.

$$\sqrt{2} = \sqrt{\left(\frac{17}{12}\right)^2 - \frac{1}{144}} \approx \frac{17}{12} - \frac{1/144}{34/12} = \frac{17}{12} - \frac{1}{12 \times 34}$$

インド人がこの公式を用いたかどうかはわからない. いずれにせよ, この値は与えられたものの 2 倍の大きさの正方形をつくることと関係して述べられている.

バビロニア人が $\sqrt{2}$ のよりよい近似である $1;24,51,10$ を計算するためにこの方法を用いたかどうかはわからない. なぜなら, $1;25$ は 60 進正則数でないからだ. バビロニア人は, $1;25$ の逆数に対する近似, すなわち $0;42,21,10$ を見つけて, 次のように計算したのかもしれない.

$$\sqrt{2} = \sqrt{1;25^2 - 0;00,25}$$
$$\approx 1;25 - 0;30 \times 0;00,25 \times 0;42,21,10 = 1;24,51,10,35,25$$

近似式は真の値よりもやや大きくなることから, 書記はこの答を切り捨てて求める $1;24,51,10$ を得たのだろう. しかし, この計算が行われたことを示す直接の証拠も, この近似の手順を 1 ステップを越えて続けて 2 回以上用いたという証拠さえも存在しない.

一方中国では，平方根計算の明示的なアルゴリズムがあったことを直接示す証拠が残っている．このアルゴリズムも，代数式 $(x+y)^2 = x^2+2xy+y^2$ に基づいている．この手順の記述は，『九章算術』巻四で言葉によって与えられている[*23]．しかし，中国数学の専門家は，中国の原著者はおそらく図 1.21 のような図を心に描いていたのだろうと結論づけている[21]．中国のアルゴリズムを説明するために，$\sqrt{55,225}$ を求める問題 12 を使おう．これは，答が $100a+10b+c$ と書けるように a, b, c の値を求めるという発想である（中国人は 10 進記法を用いていたことを思い起こそう）．まず，最上位桁の $(100a)^2 < 55225$ となる a を求める．この場合，$a = 2$ である．大きな正方形 (55,225) と $100a$ を 1 辺とする正方形 (40,000) の差は，図 1.21 の大きなグノーモンになる．一番外側の細いグノーモンを無視すれば，b は $55,225 - 40,000 > 2(100a)(10b)$，つまり $15,225 > 4000b$ を満たさなければならないのは明らかである．したがって，間違いなく $b < 4$ である．$b = 3$ が正しく，つまり $10b$ を 1 辺とする正方形を含む大きいグノーモンがまだ 15,255 よりも小さいことを確かめるには，$2(100a)(10b) + (10b)^2 < 15,225$ であることを確認せねばならない．実際これは正しいので，c を求めるのに同じ手続きを繰り返すことができ，$55,225 - 40,000 - 30(2 \times 200 + 30) > 2 \times 230c$，すなわち $2325 > 460c$ となる．明らかに $c < 6$ である．$c = 5$ が正しい平方根 $\sqrt{55,225} = 235$ を与えることは簡単に確かめられる．

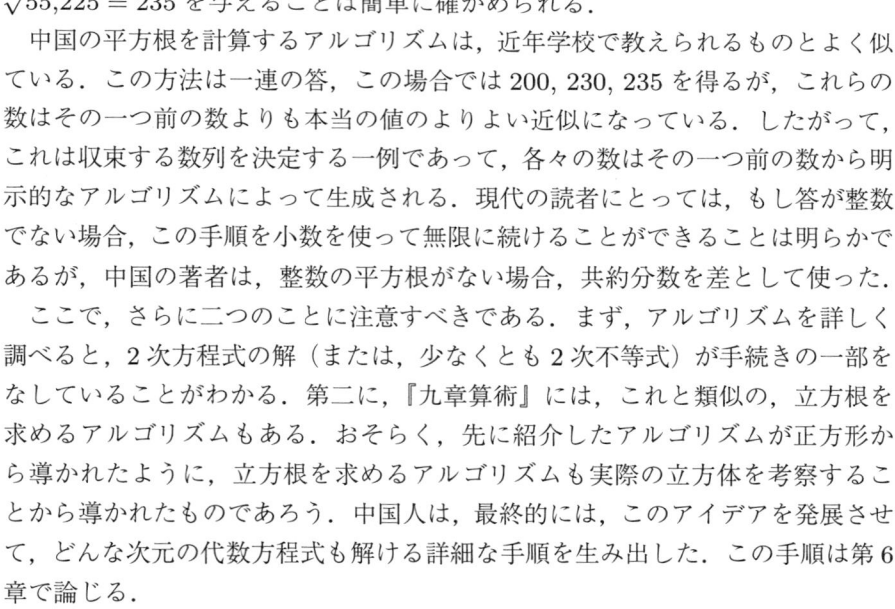

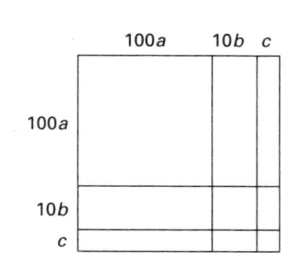

中国の平方根を計算するアルゴリズムは，近年学校で教えられるものとよく似ている．この方法は一連の答，この場合では 200, 230, 235 を得るが，これらの数はその一つ前の数よりも本当の値のよりよい近似になっている．したがって，これは収束する数列を決定する一例であって，各々の数はその一つ前の数から明示的なアルゴリズムによって生成される．現代の読者にとっては，もし答が整数でない場合，この手順を小数を使って無限に続けることができることは明らかであるが，中国の著者は，整数の平方根がない場合，共約分数を差として使った．

ここで，さらに二つのことに注意すべきである．まず，アルゴリズムを詳しく調べると，2 次方程式の解（または，少なくとも 2 次不等式）が手続きの一部をなしていることがわかる．第二に，『九章算術』には，これと類似の，立方根を求めるアルゴリズムもある．おそらく，先に紹介したアルゴリズムが正方形から導かれたように，立方根を求めるアルゴリズムも実際の立方体を考察することから導かれたものであろう．中国人は，最終的には，このアイデアを発展させて，どんな次元の代数方程式も解ける詳細な手順を生み出した．この手順は第 6 章で論じる．

図 1.21 中国の平方根アルゴリズム．

1.8 ピュタゴラスの定理（三平方の定理）

バビロニアの平方根問題の一つは，正方形の辺と対角線の間の関係に関するものだった．この関係は，ピュタゴラスの定理（三平方の定理）として知られる結果の特殊例の一つである．ピュタゴラスの定理とは，どの直角三角形においても，直角を挟む 2 辺の上の正方形の和は，斜辺の上の正方形に等しい，とい

[*23]前出邦訳書 133–135 ページ．

うものである．紀元前 6 世紀のギリシアの哲学者・数学者の名前を冠されたこの定理は，ほぼ間違いなく数学における最も重要な基本定理である．というのも，この定理の帰結と一般化は幅広い応用を持つからだ．にもかかわらず，これは古代文明に知られていた最も古い定理の一つなのである．実際，少なくともピュタゴラスの 1000 年前から知られていた証拠がある．

学者たちの中には，紀元前第 3000 年紀に建造されたイギリスの天文学に関係する巨石神殿は，ピュタゴラスの定理の知識，とくにピュタゴラスの三つ組，つまり $a^2 + b^2 = c^2$ を満たす (a, b, c) という三つ組の整数の知識を使って建設されたのだと議論する者もいた．しかし，この仮説を支持する証拠はかなり薄弱である[22]．バビロニアの粘土板 Plimpton 322 にはピュタゴラスの三つ組に対する興味を示すもっと実質的な証拠がある（図 1.22）．これはほぼ紀元前 1700 年にまでさかのぼるものである[23]．現存するのは粘土版の一部で，4 列の数字から構成されている（左側にあった他の列はおそらく破壊されて失われた）．粘土板上の数字は現代の 10 進記法で表すと次のようになる．この表は，現代の編集者がいくつかの修正を加え，左側の 5 番目の列の値を推測して書き加えてある．

y	$\left(\dfrac{x}{y}\right)^2$	x	d	#
120	0.9834028	119	169	1
3456	0.9491586	3367	4825	2
4800	0.9188021	4601	6649	3
13,500	0.8862479	12,709	18,541	4
72	0.8150077	65	97	5
360	0.7851929	319	481	6
2700	0.7199837	2291	3541	7
960	0.6845877	799	1249	8
600	0.6426694	481	769	9
6480	0.5861226	4961	8161	10
60	0.5625	45	75	11
2400	0.4894168	1679	2929	12
240	0.4500174	161	289	13
2700	0.4302388	1771	3229	14
90	0.3871605	56	106	15

この数字が陶器取引の注文表ではなく，数学の著作であると判断し，合理的な数学的説明を発見したのは，数学的推理小説とでもいうべき現代の学者たちの傑作といえる．それでは学者たちが発見したことを再構成してみよう．x と d という見出しを付けた列（もともとの粘土板の見出しは，それぞれ「辺の平方根」，「対角線の平方根」と翻訳できる）は，各行にピュタゴラスの三つ組のうちの二つが含まれている．列 d の平方から列 x の平方を引くのはきわめて容易である．どの場合でも結果は完全平方数であって，再現された列である y にその平方根が示されている．最後に，第 2 列目には，$\left(\dfrac{x}{y}\right)^2$ の値が示されている．

1.8 ピュタゴラスの定理（三平方の定理）

図 1.22
Plimpton 322（出典：ジョージ・アーサー・プリンプトンコレクション．コロンビア大学稀覯書・手稿図書館）．

これら三つ組の数はどのように，またなぜ導かれたのだろうか？ これくらいの大きさになると試行錯誤によってピュタゴラスの三つ組を見つけることはできない．$\left(\dfrac{x}{y}\right)^2$ の列の見出しははっきりとしないが，「そこから1が引かれ，幅が出てくる対角線についての平方完成」云々と書かれている．この見出しが，この表がどのように構成されたかヒントを与えてくれるかもしれない．方程式 $x^2 + y^2 = d^2$ の整数解を求めるには，y で割って，$\left(\dfrac{x}{y}\right)^2 + 1 = \left(\dfrac{d}{y}\right)^2$ の解を最初に求めてもよい．すなわち，$u = \dfrac{x}{y}, v = \dfrac{d}{y}$ とおけば，$u^2 + 1 = v^2$ の解を求めることになる．この方程式は，$(v+u)(v-u) = 1$ と同値である．つまり，$v+u$ と $v-u$ は，面積1の長方形の2辺と考えてよい（図1.23）．さて，この長方形から，u と $v-u$ を2辺とする長方形を切り離し，90°回転させてから左に移動し，長方形の底辺へと移す．結果としてできる図形は，いずれの長辺も v に等しいグノーモンであって，二つの正方形の面積 v^2 と u^2 の差つまり $v^2 - u^2 = 1$ の図形だ．「失われる」正方形，つまり「引きちぎった」正方形は，その面積が $u^2 = (x/y)^2$ であって，粘土板上の左端の列の項目であることに注意しよう．粘土板の項目を計算するには，まず $v+u$ の値を計算する．次に，逆数表から $v-u$ を求め，u と v について解く．適切な数 y を掛ければ，整数のピュタゴラスの三つ組が求められる．たとえば，もし $v+u = 2;15 \, (= 2\,1/4)$ であれば，逆数 $v-u$ は $0;26,40 \, (= 4/9)$ である．v と u について解くと，結果は $v = 1;20,50 = 1\,25/72$ と $u = 0;54,10 = 65/72$ となる．それぞれの値に $1,12 = 72$ を掛けると，65 と 97 という値が x と d についてそれぞれ得られる．これは5行目の数だ．逆に，粘土板の1行目に対する $v+u$ の値は，$169/120 \, (= 1;24,30)$ と $119/120 \, (= 0;59,30)$ を足して，$288/120 \, (= 2;24)$ と求められる．

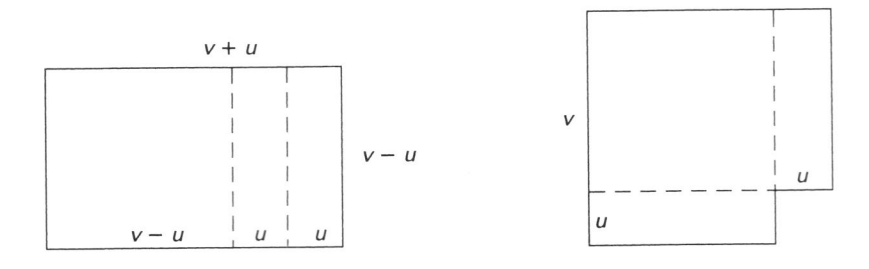

図 1.23
面積 1 の長方形を二つの正方形の差で表す．

　なぜ，この粘土板に書かれている特定のピュタゴラスの三つ組が選ばれたのだろうか？　やはり，その答はわれわれにははっきりとはわからない．しかし，粘土板の各行の $v+u$ の値を計算すれば，その値が 2;24 から 1;48 まで漸減していく 4 桁以下の 60 進正則数の列をなしていることに気づく．そのような数を必ずしもすべて含んでいるわけではないものの——欠けている数が五つある——，これらの数がなくても表の長さは十分だと書記は判断したのかもしれない．また，もしかすると，書記はまだ発掘されていないが，粘土板を 2;24 よりも大きい数や 1;48 よりも小さい数から始めたのかもしれない．いずれにせよ，バビロニアの書記は整数のピュタゴラスの三つ組の表をつくりあげたのであり，この三つ組の数を学生向けの問題をつくるために用いることもできただろう．教師はこの表を使うことで，解が整数や 60 進数の有限小数であるかどうか知ることができたはずだ．

　この方法がバビロニアの書記が Plimpton 322 の粘土板を書くのに使った方法であったにせよ，なかったにせよ，書記がピュタゴラスの定理の関係をよく知っていたという事実は間違いない．そして，この表には列の見出し以外幾何学的関係を示すものは何もないとはいえ，古バビロニアの粘土板には，ピュタゴラスの定理を明らかに幾何学に適用した例が残っている．たとえば，粘土板 BM 85196 の問題では，30 の長さの梁が壁に立てかけてあるとされる．上端が距離 6 だけずり下がった．このとき下端はどれだけ動いたか？　すなわち，$d=30$ および $y=24$ が与えられ，x が求める値である．書記は，ピュタゴラスの定理を使って x を計算する．すなわち，$x=\sqrt{30^2-24^2}=\sqrt{324}=18$ である．もう少し複雑な例が，現代のイランのスーサで発見された粘土板に見られる．問題は，高さ 40 で底辺 60 の二等辺三角形に外接する円の半径を計算するというものである．その斜辺が求める半径となる直角三角形 ABC を考えることによって（図 1.24），書記はピュタゴラスの定理から $r^2=30^2+(40-r)^2$ という方程式を導く．次に，書記は $1,20r=30^2+40^2=41,40$ を計算し，逆数表を使って，$r=(0;0,45)(41,40)=31;15$ と計算する．

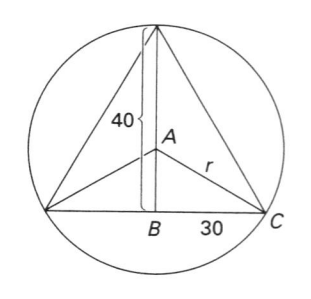

図 1.24
二等辺三角形に外接する円．

　ピュタゴラスの定理はインドの『シュルバスートラ』文献の中でも言及されており，ピュタゴラスの三つ組の例も示されていて，その中には $(5,12,13)$ や $(8,15,17),(7,24,25),(12,35,37)$ が含まれる[*24]．二つの与えられた正方形の合

[*24]「アーパスタンバ・シュルバスートラ」（伊狩弥介訳『インド天文学・数学集』科学の名著 1，朝日出版社，1980，387–488 ページ）では，一-4〜一-5（390–391 ページ）でピュタゴラスの定理が述べられている．また，ソーマ祭のほとんどの主要行事が行われる第二祭場の作図を行う方法として，五-3〜五-5（前掲書 411–413 ページ）でピュタゴラス数の例があげられている．なお，ソーマ祭とは，ソーマと呼ばれる特殊な植物の茎を圧搾して液を抽出し，これを神にささげる儀式を中心に行われる祭のこと．

計に等しい一つの正方形を作図する方法さえも示されており，この作図にはピュタゴラスの定理が明示的に使われている．さらにもっと詳細な定理の利用は中国の文献，とくに『九章算術』巻九に見られる．この章は直角三角形の問題[*25]に当てられており，その問題のすべてでピュタゴラスの定理が前提となっている．たとえば，第6問においては1辺が1丈（10尺）である正方形の池が与えられる．この池の中央には葭が生えており，その先端は水から1尺出ている．葭を岸に引き寄せると，その先端がちょうど岸に届く．問題は，池の深さと葦の長さを求めるというものである．図1.25では，$y=5$ であり，$x+a=d$ である．ここで，仮定より $a=1$ である．現代の解は，まず $d^2=x^2+y^2$ と立て，d に代入することになるだろう．簡単な代数計算で，$x=\dfrac{y^2-a^2}{2a}$ が求められる．条件として与えられた数値から $x=12$ であり，ゆえに $d=13$．中国の計算規則は次のように述べられる．「池の1辺の半分を自乗し，出水（水上）1尺の自乗を引く．余りを出水1尺の長さの2倍で割り，水深を得る．出水数を加え，葭長を得る」[24]．この規則を式に翻訳すると，すでに導いた $x=\dfrac{y^2-a^2}{2a}$ が得られる．しかし，中国の著者がこの解を上記のように代数的に求めたのか，それともそれと同値の幾何学的方法によって求めたのかははっきりとしない．幾何学的方法では，図のように，
$$y^2 = AC^2 = AB^2 - BC^2 = BD^2 - EG^2 = DE^2 + 2\times CE\times BC = a^2 + 2ax$$
となる．しかし，著者がピュタゴラスの定理の使用に通じていたことは確かである．

さらに注目すべきことに，この第6問では答が有理数であり，『九章算術』巻九の問題はすべて同様である．どの問題にも直角が含まれていることから，バビロニアのテキストと同様，これらの直角三角形の辺がすべて有理数になるように，問題がつくられているということになる．$(3,4,5)$ や $(5,12,13)$ というおなじみの三つ組だけでなく，すぐにはわからない $(55,48,73)$ や $(91,60,109)$ も使われている．著者は，問題がきちんと余りのない答になるようこれらの三つ組の数をどのように計算したのだろうか？

この章の第14問が手がかりを与えてくれる．甲と乙というふたりの人がいて，ふたりは同じ場所から歩き出す．乙は行率（スピード）3で東に行き，甲は行率7で南に10歩行ってから斜めに東北に行き，互いに出会った．甲と乙はそれぞれどれだけ歩くだろうか？　直角を挟む x と y と斜辺 z を仮定すると，$y=10$

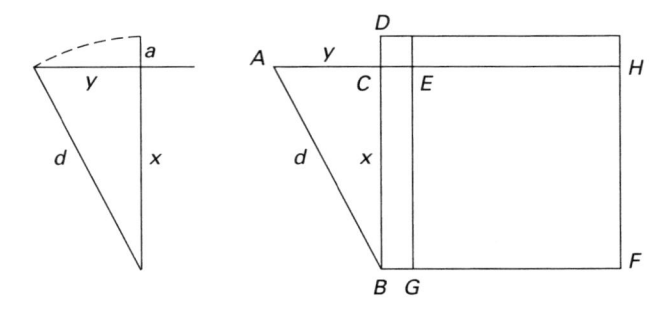

図 1.25
『九章算術』巻九第6問に見られる，池の中の葭の長さ．

[*25] 『九章算術』では，「句股」（こうこ）．直角三角形の直行する2辺のうち，短辺を「句」，長辺を「股」という．ピュタゴラスの定理は，「句股術」と呼ばれる．

と $z+y=\dfrac{7}{3}x$ が得られる．そこで著者は次のように計算する．

$$z = \frac{7^2+3^2}{2}v, \qquad y = \frac{7^2-3^2}{2}v, \qquad x = 7\cdot 3 v$$

ここで，v は任意の定数である．$y=10$ であるから，v は 1/2 でなければならない．それゆえ，$z=14\ 1/2$ 歩であり，かつ $x=10\ 1/2$ 歩である．ここで重要な点は，著者がピュタゴラスの三つ組の数を一般的にどう計算すればよいか示している事実である．というのは，$z+y=\dfrac{a}{b}x$ かつ $z^2-y^2=x^2$ ならば，$z-y=x^2/(z+y)=\dfrac{b}{a}x$ であり，かつ

$$z = \frac{a^2+b^2}{2ab}x, \qquad y = \frac{a^2-b^2}{2ab}x$$

である．ここから次の式が導かれる．

$$x = ab, \qquad y = \frac{a^2-b^2}{2}, \qquad z = \frac{a^2+b^2}{2}$$

ここで a と b が奇数で，かつ $a>b$ であるならば，ピュタゴラスの三つ組の数が常に定まる．たとえば，$(55, 48, 73)$ は，$a=11$ と $b=5$ とおけば得られるし，また，$(91, 60, 109)$ は $a=13$ と $b=7$ から求められる．

　ピュタゴラスの三つ組は，整数の辺に挟まれた直角三角形を求めるのに役に立つ．実際，これがピュタゴラスの三つ組が発展した理由だとしたら，幾何学におけるピュタゴラスの定理はすでに知られていたことになる．そうすると，自然な疑問は，どのようにしてこの定理が発見され，「証明」されたかという問題である．他の多くの分野と同様，発見についての記録は残っていない．言及したすべてのテキストにおいて，定理は既知のものとしてとりあげられている．しかし，「証明」のヒントはある．

　インドの『シュルバスートラ』文献は，基本作図法の規則の中で，「正方形を横切って張られた紐は，その大きさを 2 倍した面積を生む」[25] と述べている．この言明は図 1.26a を示唆している．この図から，引用した主張の証明は明らかである．これはピュタゴラスの定理の特殊な場合であるから，一般的な場合はこの図を修正することによって発見されたものと推測できよう．実際，中国の『周髀算経』は少なくとも紀元前 700 年にさかのぼるが，ここにはそのような修正が見られる（図 1.26b）．これに付加された注釈は次の通りである．

　　そこで，さしがねの長さのうちから切りとって，勾の幅を 3 とし，股の長さを 4 とすると，両端を結んだ直角に向きあった対角線にあたる径は，5 になる．[このものを弦として] この弦を 1 辺とする正方形を描いておいて，[それを内接させるように，直角を挟む 2 辺が 3 と 4 となり，対角線が弦にあたるような] 長方形の半分のものを [正方形の] 外側に描く．他の辺についても，同じように [正方形のまわりに] ぐるりと同じ長方形の半分のものを描いていって，[もとの正方形の] 盤をつくりあげる．そ

図 1.26
(a) インド数学におけるピュタゴラスの定理の特殊例の証明.
(b) 中国数学におけるピュタゴラスの定理の証明.

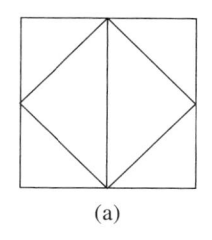

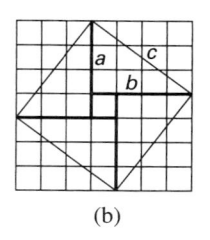

うすると，［もとの正方形の］外側に幅が 3，長さが 4，弦が 5 の［直角三角形，つまり］長方形の半分の面積のものが四つ得られる．49 という［外接する正方形である］この盤の広さから，この長方形の二つ分の広さを差し引くと，余りは 25 という広さになる［これが内接するもとの正方形の面積である］．このことを長方形を積む［「積矩」］という[26]．

　注釈と図は辺の長さが $(3, 4, 5)$ の三角形の特別な場合についてのものだが，（最後の 2 文で示されている）証明はまったく一般的である．幅を a，長さを b，対角線を c と表そう．そうすると，議論は次のようになる．まず，$(a+b)^2 - 2ab = c^2$ である．$(a+b)^2 = a^2 + b^2 + 2ab$ であるから，ピュタゴラスの定理を示す $a^2 + b^2 = c^2$ は即座に導かれる．これを幾何学的に見れば，この議論は単に，大きな正方形を二つの仕方で分割することに依存している．まず，a を 1 辺とする正方形と b を 1 辺とする正方形とを足して，長方形 ab の 2 倍を足す．次に，c を 1 辺とする正方形足す長方形 ab の 2 倍を足す．やはり，ピュタゴラスの定理が即座に導き出される．

　この議論に証明は与えられたのだろうか？　現代の証明の基準に適合するためには，内接する図形（c を 1 辺とする正方形）もしくは外接する図形（$a+b$ を 1 辺とする正方形）のどちらかが，実際に正方形であることを示す必要があるだろう．しかし，古代人にとって，またおそらく現代の多くの学生にとっても，この仮定は明白である．中国人は，定理を演繹する公理系という概念を持っていなかった．「証明」はここでは説得力ある議論を意味しているにすぎない．実際，ギリシア語の定理という言葉（英語では，theorem）は「見る」を意味する *theorein* に起源を持っている．図を見れば，直ちに定理がわかる．ピュタゴラスの定理についてのバビロニア最古の記録には，その定理を支持する議論がまったく見られない．とはいえやはり，ここで示した議論は，間違いなくバビロニアの書記も利用することができたものであろう．

1.9　2 次方程式

　二つの未知数の積やある未知数の平方を含む問題は，現在 2 次方程式として知られている方程式を導く．たとえば，ピュタゴラスの定理を含む問題はしばしばこのような方程式を導く．これらの方程式は，古代バビロニア人にとっては主要な研究分野であったし，中国の文献にも見られるものである．どちらの文明においても，解答の方法論は，算術的な平方や積よりも，むしろ幾何学的着想，つまり正方形や長方形に基づくものだった．

中国の『九章算術』巻九は直角三角形に関する巻だが，そこには2次方程式に翻訳可能な複数の問題が掲載されている．たとえば，第20問は $x^2 + 34x = 71000$ の解を求めるものである．残念ながら，中国の著者は何ら方法を提示することなく，単に解は $x = 250$ であると述べるだけである．しかし，このあと第6章で見るように，ここで著者が前提としている中国の解法は，すでに議論した中国の平方根アルゴリズムと密接に関係している．このアルゴリズムは幾何学的起源を持つものであった．言い換えれば，このアルゴリズムは再帰的手続きであって，各ステップを踏むことで，正しい答に対するより近い近似を与えるものである．

『九章算術』の2次方程式問題の多くは，二つの連立方程式に翻訳できるものである．たとえば，第11問は，高さがその幅よりも6.8尺長い扉を提示する．向かい合う隅どうしの距離が10だとして，質問はその高さと幅を求めよというものである．問題は，ピュタゴラスの定理を使うと，次の二つの連立方程式に翻訳できる．

$$x - y = 6.8 \qquad x^2 + y^2 = 100$$

中国の解は，先ほど示したピュタゴラスの定理の中国式の「証明」に基づいているように見える．この問題を一般的な形 $x - y = d$ および $x^2 + y^2 = c^2$ に書き換えると，例の証明で使った図から，$(x + y)^2 = 4xy + (x - y)^2$ および $c^2 = 2xy + (x - y)^2$ が示される．すなわち，$4xy = 2c^2 - 2(x - y)^2$ である．ここから，$(x + y)^2 = 2c^2 - (x - y)^2$ であることが導かれ，すなわち $x + y = \sqrt{2c^2 - (x - y)^2}$ であるから，最終的には次の式が得られる．

$$\frac{x + y}{2} = \sqrt{\frac{c^2}{2} - \left(\frac{d}{2}\right)^2}$$

この式が示す手順によって，中国の著者は，まず $x + y = 12.4$ を決定し，次に，この式を $x - y = 6.8$ と組み合わせて，$x = 9.6$，$y = 2.8$ という解を得る．

『九章算術』には，1次と2次の連立方程式に翻訳できる問題が他にも少数あるものの，古代の2次方程式を最も多く含むのは，バビロニアの文献である[27]．実際，多くの古バビロニア粘土板には，2次方程式問題の長大なリストがある．これらのバビロニアの問題のいくつかの標準的な形は

$$x + y = b \qquad xy = c$$

というもので，これらの式は，バビロニア人はもともと長方形の面積と外周の長さの間の関係を扱おうとしていたことを示唆している．古代において多くの人々は，土地の面積はその外周によって決まるものだと信じていたようにみえる．もっと知識のある人々が，その知識によって，この間違いを信じていた人々につけこんでいたことを示す話は色々とある．したがって，バビロニアの書記が，同じ外周を持つ長方形が異なる面積を持つという事実を示すために，長さ x と幅 y の値を変えると，与えられた外周 $2b$ に対して面積 c がどうなるかという表をつくったと考えることが可能である．変化する長さ $x = \frac{b}{2} + z$ と幅 $y = \frac{b}{2} - z$ と，面積 $c = \left(\frac{b}{2} + z\right)\left(\frac{b}{2} - z\right) = \left(\frac{b}{2}\right)^2 - z^2$ を関係づけるこのような表について

検討した結果，バビロニア人が $z = \sqrt{\left(\dfrac{b}{2}\right)^2 - c}$ という関係に気づき，ゆえに

$$x = \frac{b}{2} + \sqrt{\left(\frac{b}{2}\right)^2 - c} \qquad y = \frac{b}{2} - \sqrt{\left(\frac{b}{2}\right)^2 - c}$$

が与えられた連立方程式の解であることを認識したということもありうるだろう．いずれにせよ，バビロニアの書記がこのタイプの問題を解くために使ったのは，ここで現代風の式によって書き表したアルゴリズムなのである．

　もちろん，バビロニア人は公式を示しているわけではない．それぞれの問題は長さと幅，面積に割り当てられた数とともに提示されており，個々の数値による計算が示されていて，それをわれわれは上記の式の形で解釈できるということである．たとえば，粘土板 YBC 4663 の問題 $x + y = 6\,1/2$ かつ $xy = 7\,1/2$ を考えよう．書記は最初に 6 1/2 を半分にして，3 1/4 を得る．次に，3 1/4 を平方して 10 9/16 を得る．ここから 7 1/2 を引くと，3 1/16 が残る．この平方根を求めると 1 3/4 が得られる．したがって，長さは 3 1/4 + 1 3/4 = 5 であって，幅は 3 1/4 − 1 3/4 = 1 1/2 である．この方法の究極の起源がどのようなものであれ，粘土板の言葉遣いを注意深く読めば，書記が心に幾何学的方法を思い浮かべていたことがわかるように思える（図 1.27）．この図では，一般性を持たせるために，一般的な連立方程式 $x + y = b$ と $xy = c$ に合うよう各辺の名前がつけられている[28]．まず，書記は合計である b を半分にして，その上に正方形を作図する．$\dfrac{b}{2} = x - \dfrac{x-y}{2} = y + \dfrac{x-y}{2}$ であるから，$\dfrac{b}{2}$ を 1 辺とする正方形は面積 c のもとの長方形よりも，$\dfrac{x-y}{2}$ 上の正方形の分だけ大きい．つまり，

$$\left(\frac{x+y}{2}\right)^2 = xy + \left(\frac{x-y}{2}\right)^2$$

そうすると，図 1.27 が示すように，この正方形の辺，つまり $\sqrt{\left(\dfrac{b}{2}\right)^2 - c}$ を $\dfrac{b}{2}$ に加えれば，長さ x が求められる．一方，これを $\dfrac{b}{2}$ から引けば，幅 y を得る．したがって，このアルゴリズムは前の段落で示したのとまったく同じである．

　同様の幾何学的解釈は，バビロニア人が他の種類の 2 次方程式の問題に対して開発したアルゴリズムにも与えることができる．たとえば，連立方程式

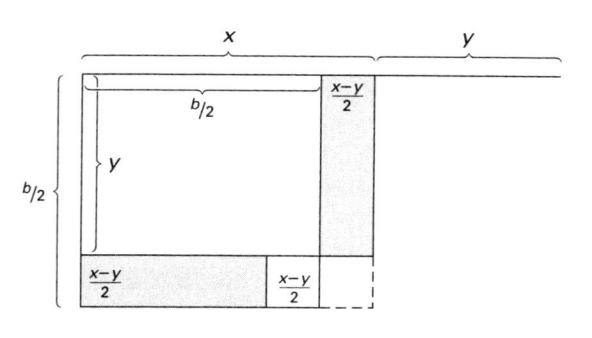

図 1.27
連立方程式 $x + y = b$, $xy = c$ を解く幾何学的方法.

$$x - y = b \qquad x^2 + y^2 = c$$

の解を見出す方法は，現代風には次の式で書き表せる．

$$x = \sqrt{\frac{c}{2} - \left(\frac{b}{2}\right)^2} + \frac{b}{2} \qquad y = \sqrt{\frac{c}{2} - \left(\frac{b}{2}\right)^2} - \frac{b}{2}.$$

この問題は扉に関する中国の問題と同じ形ではあるものの，バビロニア人は別の幾何学的アイデアを使って解法を開発したようにみえる．図 1.28 は次の関係を示している．

$$x^2 + y^2 = 2\left(\frac{x+y}{2}\right)^2 + 2\left(\frac{x-y}{2}\right)^2.$$

ここから，$c = 2\left(\frac{x+y}{2}\right)^2 + 2\left(\frac{b}{2}\right)^2$ であり，それゆえ $\frac{x+y}{2} = \sqrt{\frac{c}{2} - \left(\frac{b}{2}\right)^2}$ が得られる．$x = \frac{x+y}{2} + \frac{x-y}{2}$ であり，$y = \frac{x+y}{2} - \frac{x-y}{2}$ であるから，先ほどの式が得られる．

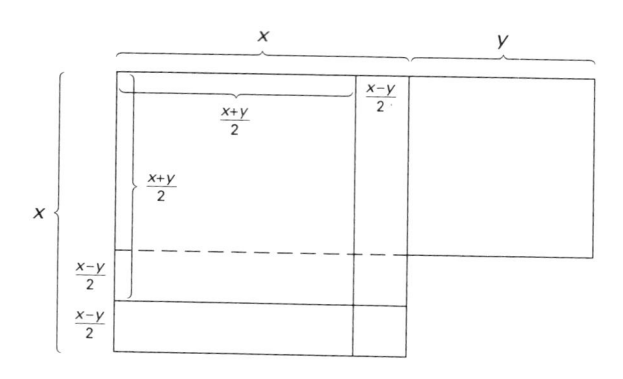

図 1.28
連立方程式 $x - y = b$, $x^2 + y^2 = c$ を解く幾何学的方法．

バビロニア人は連立方程式と同様単独の 2 次方程式も解いた．このような複数の問題が粘土板 BM 13901 には与えられており，次のものもその一つである．正方形の面積と辺の 4/3 の合計は 11/12 である．辺の長さを求めよ．現代の言葉遣いでは，解くべき方程式は $x^2 + (4/3)x = 11/12$ である．解を得るために，書記は 4/3 の半分をとって 2/3 を求め，この 2/3 を平方して 4/9 を得てから，この結果を 11/12 に加えよと述べる．すると 1 13/36 を得る．この値は，7/6 の平方である．7/6 から 2/3 を引くと 1/2 が得られるが，これが求める辺の長さである．バビロニアの規則は $x^2 + bx = c$ を解くための現代的な公式に容易に翻訳できる．すなわち，

$$x = \sqrt{\left(\frac{b}{2}\right)^2 + c} - \frac{b}{2}$$

これは，2 次方程式の一つの形である．しかし，疑問となるのはバビロニア人がこの方法をどのように解釈していたかということである．一見したところでは，面積に辺の倍数を加えるよう求められるので，問題の記述は幾何学的なものの

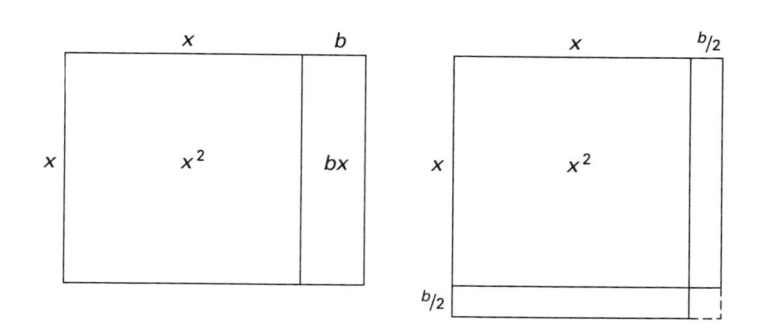

図 1.29
方程式 $x^2 + bx = c$ を解くための 2 次方程式の幾何学的表現.

ようには見えないかもしれない．しかし，解法における幾何学的な言葉遣いは，この倍数は長さ x，幅 $4/3$ の長方形と考えるべきであり，これが辺 x の正方形に加えられるのだということを示しているように思われる（図 1.29）．この解釈にしたがえば，この方法は正方形と 1 辺を共有する長方形を半分にして，この半分を取り去って底辺に移すことに実質的に等しいことになる．辺 $b/2$ の正方形を足すと「正方形が完成される」．そうすると，未知の長さ x は新しくできた正方形の辺と $b/2$ の差に等しいことは明らかである．これはまさに式が意味していることである．

$x^2 - bx = c$ というタイプの方程式に対する解 $x = \sqrt{(b/2)^2 + c} + b/2$ を求めるバビロニアの方法があるが，この方法を導く幾何学的議論も同様に見つけることができる．しかし，「2 次方程式の公式」がバビロニアの書記と現代のわれわれにとって同じ意味を持つわけではない事実は心に留めておくべきである．第一に，バビロニアの書記は，$x^2 + bx = c$ と $x^2 - bx = c$ という二つのタイプの式を解くために異なる方法を示している．なぜなら，この二つの問題は別物，つまり異なる幾何学的意味を持つからである．一方，現代の数学者にとって，x の係数はプラスでもマイナスでも構わないので，これらの問題は同一のものである．第二に，この二つの場合において現代の 2 次方程式の解の公式は同じ方程式に対して正負の解を一つずつ与える．しかし，負の解は幾何学的には意味をなさないので，バビロニア人たちは完全に無視した．興味深いことに，$x^2 + c = bx$ という形の 2 次方程式が二つの正の解を持つ場合を，バビロニア人たちはやはり無視したのである．このような形に現代のわれわれなら置き換えることができる問題があるにもかかわらず，バビロニアの粘土板にはこのような方程式は現れていない．明らかに，バビロニアの書記たちは，同じ未知数に対して二つの異なる値を持つ一つの方程式があるとは考えなかったのである．それゆえ，彼らはこの可能性を排除するありとあらゆる種類の巧妙な道具立てを用いた．その最も単純な方法は，問題を $x + y = b$, $xy = c$ という形に書き換えることである．こうすると，二つの解は二つの異なる未知数に対応することになる．方程式 $x^2 + c = bx$ が取り扱われるのは $\left(\dfrac{b}{2}\right)^2 = c$ である場合だけである．というのも，この場合解は一つしかないからである．

多数の 2 次方程式問題をひとまとめにしたバビロニアの粘土板も多数存在する．これらまとめられた問題どうしは代数的な仕方で密接に関連しあっていることも多い．一連の問題を集めたセットの中には「抽象的」形式で書かれたもの

もあるし，たとえば技術的条件というような，文脈を持つ「現実世界の」問題のように見えるものもある．現実には，後者の2次方程式問題も多くの現代の代数の教科書に見られるように人工的なものにすぎない．問題が人工的なものであることを著者がわかっていた証拠は，セットになった複数の問題が一般的にすべて同じ答を持つという事実である．したがって，粘土板は解のテクニックを発達させるために用いられたのである．言葉を換えれば，様々な問題を解く目的は答を決定することではなくて，複雑な問題を単純な問題に還元する様々な方法を学ぶことだったのである．それゆえ，数学粘土板一般や特定の2次方程式問題の粘土板は，国を背負う将来のリーダーたちの知性を鍛えるために用いられたと想像することもできる．言い換えるならば，2次方程式を解くことは本当はそれほど重要ではなかったのである．2次方程式を要求する現実の状況はほとんどないのであるから．学習者にとって重要だったのは問題一般を解く技能を発達させることだった．この技能は国のリーダーたちが解かねばならぬ日常の問題を扱う際に用いられるものだった．これらの技能にはよく確立された方法——アルゴリズム——にしたがう能力だけでなく，方法をどのようにそしてどんな場合に修正し，複雑な問題をすでに解けた問題にどのように還元すればよいかという能力も含まれる．現代の学生たちは数学の勉強は「知性を訓練する」ためだと教えられることがよくある．過去4000年にわたって，教師たちは学生に同じことを言ってきたように思われる．

練習問題

数えること

1. あなたやクラスメートが知っているすべての言語で18と40を表す言葉をあげよ．次に，それらの言葉の構成を比較せよ．囲み1.1のものと本質的に異なる形式のものはあるだろうか？
2. 125をエジプトのヒエログリフとバビロニアの楔形文字で表せ．
3. ギリシア人は，少なくとも紀元前450年頃以降，数を表すのにギリシア文字をもとにした換字法を用いていた．それによると，次のように表記される．

α	1	ι	10	ρ	100
β	2	κ	20	σ	200
γ	3	λ	30	τ	300
δ	4	μ	40	υ	400
ϵ	5	ν	50	ϕ	500
ς	6	ξ	60	χ	600
ζ	7	o	70	ψ	700
η	8	π	80	ω	800
θ	9	ϙ	90	ϡ	900

ここで，6を表す ς（ディガンマ）と 90 を表す ϙ（コッパ），900を表す ϡ（サンピ）は当時すでに文字としては使われなくなっていたものだ．754は $\psi\nu\delta$ と書かれ，293は σϙγ と書かれる．1000〜9000を表すには，α から θ までの文字の左側に印をつける．たとえば，$\prime\theta$ は 9000 を表した．さらに大きな数は1万を表す文字 M を使い，その右肩に1万がいくつあるかを書いた．たとえば，M^δ = 40,000 であり，$M^{\varsigma\rho o\epsilon}$ = 71,750,000 である．125 と 62,4821，23,855 をギリシア文字による記数法で表せ．

4. 周の時代以後の中国の数を表す基本記号は次の通りである．

 1 2 3 4 5 6 7 8 9 10 100 1000

20 と 30，40を示す合成記号も存在したが（それぞれ，∪ ∪∪ ∪∪∪），一般にはこの本で示したような規則に記数法は従っている．つまり 88 は)( )(であり，162 はその通りである．中国式に 56 と 554，63,3282 を書け．

算術計算

5. 古代エジプトの方法を使って 84 を 5 で割れ．
6. 古代エジプトの乗法を使って，$7\,\overline{2}\,\overline{4}\,\overline{8}$ に $12\,\overline{3}$ を掛けよ．掛けられる数の各項にそれぞれ別々に $\overline{3}$ を掛ける必要があることに注意．

7. 『リンド・パピルス』の 2 を割る表の一部は次の通りである．$2 \div 11 = \overline{6}\ \overline{66}$, $2 \div 13 = \overline{8}\ \overline{52}\ \overline{104}$, $2 \div 23 = \overline{12}\ \overline{276}$. $2 \div 13$ の計算は次のようになる．

1	13
$\overline{2}$	6 $\overline{2}$
$\overline{4}$	3 $\overline{4}$
$\overline{8}$	1 $\overline{2}$ $\overline{8}$
$\overline{52}$	$\overline{4}$
$\overline{104}$	$\overline{8}$
$\overline{8}\ \overline{52}\ \overline{104}$	1 $\overline{2}$ $\overline{4}$ $\overline{8}$ $\overline{8}$
	2

同様に 2 を 11 と 23 で割る計算を行い，その結果を検算せよ．

8. 先ほどの問題で $2 \div 13 = \overline{8}\ \overline{52}\ \overline{104}$ だったとすると，$3, 4, 5, \ldots, 12$ を 13 で割った値の単位分数による表現は容易に求められる．たとえば，$3 \div 13 = \overline{8}\ \overline{13}\ \overline{52}\ \overline{104}$ ($3 = 1 + 2$ より)，また，$4 \div 13 = \overline{4}\ \overline{26}\ \overline{52}$ ($4 = 2 \times 2$ より) である．同様にして，$5 \div 13$ と $6 \div 13$，$8 \div 13$ を計算せよ．

9. 『リンド・パピルス』の問題 79 の第二部は次のように書かれている．

家屋	7
ネコ	49
ネズミ	343
エンマコムギ	2401
ヘカト	16807
合計	19607

これは，古いイギリスの童謡「セント・アイヴズに行く途中」に似た問題と推測される*26．つまり，完全な問題は次のようなものだっただろう．「ある地所には 7 軒の家屋が建ち，それぞれの家屋には 7 匹のネコがおり，それぞれのネコは 7 匹のネズミを捕り，それぞれのネズミは 7 穂ずつエンマコムギを食べ，1 穂のエンマコムギから 7 ヘカトの小麦がとれるなら，この地所にはいくつのものがあるのだろう？」．問題の第一部は，2801 を 7 倍するとその積は 19607 であることを示している．これが幾何級数 $7 + 49 + 343 + 2401 + 16807$ の合計と等しいことを示せ．

10. $1 \div 7$ の答を 60 進数で表すと，60 進循環小数 $0;8,34,17,8,34,17\ldots$ になることを示せ．

11. 60 進数の場合，18 と 32，54，64 (= 1,04) の逆数を求めよ．整数 n が 60 進正則数，つまり，その逆数が 60 進有限小数であることを保証する条件は何か？

12. バビロニアの記数法で，25 に 1,04 を掛け，18 に 1,21 を掛けよ．また，50 を 18 で割り，1,21 を 32 で割れ（逆数を使え）．現代の標準的な乗法のアルゴリズムを 60 進数向けに修正して使え．

1 次方程式

13. ある量とその 1/7 を足し合わせると 19 になる．その量とはいくらか？ これを仮置法によって解け．

14. 『リンド・パピルス』の問題 72 にはこう書かれている．「10 ペフスの細長パン 100 個が 45 ペフスの細長パンと交換された．そのパンの数はいくつか？」．解は次のように与えられる．「10 より 45 はいくつ余分であるか見つけよ．すると 35 になる．この 35 を 10 で割れ．汝は $3\overline{2}$ を得る．この $3\overline{2}$ に 100 を掛けよ．結果は 350．100 をこの 350 に加えよ．汝は 450 を得る．そこで汝はいう，10 ペフスの細長パン 100 個と交換されるのは，45 ペフスのパン 450 個であると」[29]．この解を現代風に式を使って書き改めよ．この方法と問題 75 のテキストにある解（前出 19 ページ）と比較せよ．この解は「線形性」を示しているだろうか？

15. 次の『九章算術』巻三第 3 問を解け．「いま甲は 560 銭，乙は 350 銭，丙は 180 銭を持って 3 人一緒に関所を出た．問う，関税 100 銭を持ち銭の比率で分配すると，それぞれいくら出さねばならないか？」

16. 次の『九章算術』巻八第 3 問を解け．「いま上禾は 2 束，中禾は 3 束，下禾は 4 束あるが，実はいずれも一斗に満たない．だが上禾は中禾を，中禾は下禾を，下禾は上禾をそれぞれ 1 束取れば，実はいずれも 1 斗となる．問う，上中下禾の実は 1 束それぞれいくらか？」．中国人の方法にしたがう解が負の数を使うことを示せ．

17. 盈不足法を使って次の『九章算術』巻七第 1 問を解け．「いま共同で物を買う．各人が 8 銭出すと 3 銭余り，各人が 7 銭出すと 4 銭不足する．問う，人数と物の価格はそれぞれいくらか？」

18. 次の『九章算術』巻六第 26 問を解け．「いま 5 本の渠が注ぐ池がある．其の 1 渠を開くと 3 分の 1 日で池を満たし，次は 1 日，次は 2 日半，次は 3 日，次は 5 日で満たす．問う，全部同時に開くと何日で池を満たすことができるか？」（この問題は，同種の問題で知られているものでは最古である．類似の問題が，後世のギリシャ，インド，西洋数学のテキストに見られる）．

19. 次の『九章算術』巻六第 28 問[*27]を解け．「いま或る人が米を持って 3 個の関所を通った．外の関所の税は 3 分の 1，中の関所の税は 5 分の 1，内の関所の税は 7 分の

---

*26 「7 人の奥さんをつれた男に出会った．どの奥さんも 7 つの袋を持って，どの袋にも 7 匹の猫が入っていて，どの猫にも 7 匹の子猫がいて，子猫，猫，袋，奥さん，セント・アイヴズに行こうとしていたのは何人？」『マザー・グース』より．

*27 これは川原秀城訳，「劉徽註『九章算術』」（『科学の名著 2』所収）によれば，巻六第 27 問である．

1 であり, 残った米は 5 斗であった. 問う, 本持っていた米はいくらか?」(この問題のバリエーションが, 様々な文明の後世の文献に見られる).

初等幾何学

20. 半径 1 の円とその中心角 90° の弦を仮定すると, 弦の長さ s が $\sqrt{2}$ であり,「矢」の長さ p が $\dfrac{2-\sqrt{2}}{2}$ であることを示せ. 本書で示した中国の計算式と現代の方法それぞれによって, この弦と弧によって囲まれた領域の面積を計算せよ. また, その答を比較せよ. 同様に, 60° の弦, および 45° の弦によって囲まれた領域の面積も二つの方法で求めよ.

21. バビロニアの「はしけ」(図 1.14 参照) の面積が式 $A = (2/9)a^2$ で与えられることを示せ. ここで a は弧の長さ (円周の 4 分の 1) である. また, このはしけの長い横断線の長さが $(17/18)a$ であり, 短い横断線の長さが $(7/18)a$ であることを示せ (バビロニアの円の面積 $C^2/12$ と, $\sqrt{2}$ の値 17/12 を用いよ).

22. バビロニアの「牡牛の目」(図 1.14 参照) の面積が式 $A = (9/32)a^2$ によって与えられることを示せ. ここで a は弧の長さ (円周の 3 分の 1) である. また, 牡牛の目の長い横断線の長さが $(7/8)a$ であり, 一方短い横断線の長さが $(1/2)a$ であることを示せ (バビロニアの円の面積 $C^2/12$ と, $\sqrt{3}$ の値 7/4 を用いよ).

23. 直径 d の円の面積 A を求めるエジプトの式 $A = \left(\dfrac{8}{9}d\right)^2$ の起源については, 様々な推測が行われてきた. この推測の中には円の数を数える方法がある. これは古代エジプトで使われていたことが知られている. たとえば, 1 円玉の直径を仮に 1 とおいて, この 1 円玉を使う実験によって, 直径 9 の円には直径 1 の円 64 個をいっぱいに詰め込むことができることを示せ (まず 1 円玉を中央に置き, その周囲を六つの 1 円玉で囲み…というように続ける). 直径 1 の円 64 個は, 8 の長さの辺を持つ正方形にいっぱいに詰め込めるという明白な事実を用いて, エジプト人がどのようにその式を導いた可能性があるか示せ [30].

24. 『モスクワ・パピルス』の頭切ピラミッドの例について, 本書で示した正しい体積と, バビロニアの不正確な式 $V = \dfrac{1}{2}(a^2 + b^2)h$ によって計算された体積とを比較せよ. 誤差はどのくらいあるか百分率で示せ. 同様に, 下底 10, 上底 8, 高さ 2 の頭切ピラミッドについて二つの方法による体積を求めて比較し, 誤差を示せ.

25. インドの『シュルバスートラ』文献においては, 神官は任意の正方形と面積が等しい円を求めるために次の方法を与えている. 正方形 $ABCD$ において, M を対角線の交点とする (図 1.30). M を中心とし, MA を半径として円を描く. 辺 AD に垂直な円の半径を ME とし, AD と

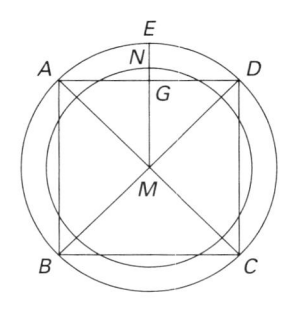

図 1.30
インド数学における正方形の「円化」の方法.

の交点を G とする. $GN = \dfrac{1}{3}GE$ とすると, MN が求める円の半径になる. $AB = s$ であり, かつ $2MN = d$ であるならば, $\dfrac{d}{s} = \dfrac{2+\sqrt{2}}{3}$ であることを示せ. また, この式は π が 3.0883 であると仮定していることを示せ.

天文計算

26. 天文学のテキストにおける月の出の位置が 18.6 年周期でどのように変化するかについて調べよ. その天文学的な理由と, 食を予測するのにどのようにその現象が利用されるか議論せよ. ストーンヘンジの神官たちがそのような予測を行っていたという仮説は合理的なものと思うか?

27. 古代中国の暦の詳細について調べよ. この暦は太陽と月の周期をどのように一致させていただろうか?

28. ユダヤ暦の詳細について参考書で調べよ. 毎年の長さがどのように決定されたのか短いレポートを書いてみよう.

平方根

29. バビロニアの $\sqrt{2}$ の近似 1;24,51,10 を 10 進小数に変換し, この近似がどれくらい正確か確認せよ.

30. 本書で推測したバビロニアの平方根アルゴリズムを使って, 値 2 から始めて $\sqrt{3} \approx 1;45$ であることを示せ. 1;45 の逆数の 3 桁の 60 進数による近似を求め, これを使って, $\sqrt{3}$ の 3 桁の 60 進数による近似を計算せよ.

31. $12\;\overline{3}\;\overline{15}\;\overline{24}\;\overline{32}$ が $\sqrt{164}$ のよい近似であることを示せ (この値は, 後世のギリシア・エジプトのパピルスに現れる).

32. 中国の平方根アルゴリズム (これは現在教えられているものと同じもの) を使って, 有効数字 5 桁までの $\sqrt{2}$ の 10 進小数による近似を求めよ. $\sqrt{a^2 \pm b} \approx a \pm \dfrac{b}{2a}$ を使って, 同じように近似を求めよ. どちらのアルゴリズムがうまくいくだろうか. つまり, どちらが 5 桁の有効数字の近似を少ない計算量で求めることができるだろうか?

ピュタゴラスの定理

33. $v+u = 1;48\;(= 1\,4/5)$ と仮定すると, 粘土板 Plimpton 322 の第 15 行が導かれ, $v+u = 2;05\;(= 2\,1/12)$ と

仮定すると，第 9 行が導かれることを示せ．この粘土板の第 6 行と第 13 行とを導く $v+u$ の値を求めよ．

34. Plimpton 322 の書記は，粘土板への作業において $v+u = 2;18,14,24$ という値と，これに対応する逆数の $v-u = 0;26,02,30$ を使わなかった．これらの値に対応する最小のピュタゴラスの三つ組を求めよ．

35. 次の『九章算術』巻九第 8 問を解け．「いま高さ 1 丈 [= 10 尺] の垣に木がもたれ，高さは垣に斉しい．また，木を引いて 1 尺後退りすると，木は地に達する．問う，木長はいくらか」．

36. 『シュルバスートラ』文献で示されている，その面積が二つの正方形の面積の差に等しい一つの正方形をつくる方法が正しいことを証明せよ（図 1.31）．$ABCD$ を長さ a に等しい辺を持つ大きいほうの正方形とし，$PQRS$ を長さ b に等しい辺を持つ小さいほうの正方形とする．辺 AB より $AK = b$ を切り取り，AK に垂直で辺 DC と L に交わる線分 KL を引く．K を中心とし，KL を半径として，辺 AD に M で交わる弧を描く．このとき，AM を一辺とする正方形が求めるべき正方形である．

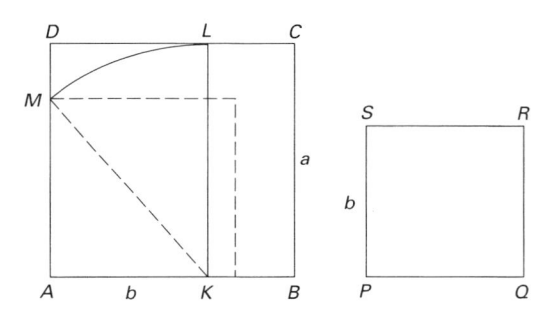

図 1.31
二つの正方形の差に等しい正方形を求めるための『シュルバスートラ』における方法．

2 次方程式

37. 古バビロニアの粘土板 BM 13901 にみられる次の問題を解け．「二つの正方形の面積の合計は 1525 である．第二の正方形の一辺は，第一の正方形の辺に 5 を加えた 2/3 である．それぞれの正方形の辺を求めよ」．

38. 『ベルリン・パピルス』にみられる次の問題を解け．「100 平方キュービットの正方形の面積が二つの小さい正方形の面積の合計に等しく，小さい正方形の一つの辺がもう一つの正方形の辺の $\overline{2}\,\overline{4}$ (= 3/4) 倍であるとき，未知の二つの正方形の辺を求めよ」．

39. 次の『九章算術』巻九第 20 問を解け．「いま 1 辺の長さがわからない方邑 [正方形の城郭都市] があり，各方（各辺）の中央が門である．また北門から 20 歩の所に木があり，南門から 14 歩の所で右折し西に 1775 歩行くと，木が見える．問う，方邑の一辺はいくらか」．

40. 方程式 $x^2 - ax = b$ を解くバビロニアの「2 次方程式の解の公式」が正しいことを幾何学的に議論せよ．

41. 古バビロニアのテキストからとった連立方程式
$$x = 30 \qquad xy - (x-y)^2 = 500$$
を考察せよ．第一の方程式を第二の方程式に代入すると，バビロニア人が取り組むことのなかった二つの正の根を含む y の 2 次方程式となることを示せ．一方，第一の式の平方から第二の式を引くと，正の根を一つだけしか持たない $(x-y)$ の 2 次式である方程式 $(x-y)^2 + 30(x-y) = 400$ が得られることを示せ．

42. 次のバビロニアの問題を解け．
$$x + y = 5\frac{5}{6} \qquad \frac{x}{7} + \frac{y}{7} + \frac{xy}{7} = 2$$
このとき，まず第二の方程式に 7 を掛け，次に第一の方程式を引き，連立方程式を標準形に還元せよ．

議論に向けて *

43. 表現の簡潔さ，必要とされる記憶量，算術計算の容易さという点から，グループ化法と換字法，位取り記数法（すべて基数は 10 とする）のそれぞれを，肯定する立場，否定する立場で議論せよ．

44. 問題 43 の基準から，10 進と 60 進の位取り記数法を比較せよ．これら二つよりもよい基数があるだろうか？ 説明せよ．

45. バビロニアの体系，とくに図 1.8 の乗法表を用いる位取り記数法に関する授業案をつくれ．

46. （推測された）バビロニアの幾何学的議論に類似した議論を用いて，2 次方程式の解の公式を教える授業案をつくれ．

47. 使いやすさという点から，標準的な除法アルゴリズムとバビロニアの逆数を用いる方法とを比較せよ．読者の計算機が除算を行うのに使っているアルゴリズムが何であるかを確認せよ．

48. エジプトと中国の文献の例を使って，線形性の基本的アイデアを説明する授業案をつくれ．

49. $\frac{C}{d}$ として π を定義するとき，円の面積を求める式 $A = \pi R^2$ が正しいことを生徒に納得させる授業案をつくれ．π の値はどのように決定されるだろうか？ どの円についても円周と直径の間の比例関係を示す定数があることを，生徒にどのように納得させることができるだろうか？

50. 月の周期によって 1 ヶ月の長さを決める暦を使うことがなぜ便利なのだろうか？ このような暦を持たないことによって，私たちは今日何か失っただろうか？

51. 中国の文献からの材料を用いて，ピュタゴラスの定理を教える授業案をつくれ．

* 「授業案をつくれ」という議論は，これから（適切なレベルの）教師になろうとする者が数学教育に歴史を用いるときに役立つよう意図されたものだ．このような問題が，本書の

練習問題の多くに含まれている.これらの問題は,これから教師になろうとする者がこのような授業をクラスで行うのに役に立つであろう.

参考文献と注

議論した古代文明に関する基本的情報は,たとえば,次の文献に見つかるだろう.William McNeill, *The Rise of the West* (Chicago: University of Chicago Press, 1970), および, *Peoples and Places of the Past* (Washington: National Geographic Society, 1983). バビロニア数学についての標準的な説明は, Otto Neugebauer, *The Exact Sciences in Antiquity* (Princeton: Princeton University Press, 1951; New York: Dover, 1969) [邦訳:矢野道雄・斎藤潔訳『古代の精密科学』恒星社厚生閣, 1990], および, B. L. Van der Waerden, *Science Awakening I* (New York: Oxford University Press, 1961) [邦訳:村田全・佐藤勝造訳『数学の黎明:オリエントからギリシアへ』みすず書房, 1984]である. より最近の研究は, Jens Høyrup: "Mathematics, algebra, and geometry," in *The Anchor Bible Dictionary*, David N. Freedman, ed. (New York: Doubleday, 1992), vol. IV, pp. 601–612, および Jöran Friberg, "Mathematik," *Reallexikon der Assyriologie* 7 (1987–1990), 531–585(英語版)がある. バビロニアの粘土板そのものの翻訳と分析は,主に次の文献に見られる. Otto Neugebauer, *Mathematische Keilschrift-Texte* (New York: Springer, 1973, reprint of 1935 original), および, Otto Neugebauer and Abraham Sachs, *Mathematical Cuneiform Texts* (New Haven: American Oriental Society, 1945), Evert Bruins and M. Rutten, *Textes mathématiques de Suse* (Paris: Paul Geuthner, 1961). エジプト数学に関する最良の情報源は, Richard J. Gillings, *Mathematics in the Time of the Pharaohs* (Cambridge: MIT Press, 1972)である. また,次も参照. Gillings, "The Mathematics of Ancient Egypt," *Dictionary of Scientific Biography* (New York: Scribners, 1978), vol. 15, 681–705.『リンド・パピルス』は, Arnold B. Chace による編集版が参照可能だ (Reston, Va: National Council of Teachers of Mathematics, 1967)(この版は, Mathematical Association of America が 1927 年と 1929 年に出版したオリジナル版の縮約版である)[邦訳:平田寛監修,吉成薫訳『リンド数学パピルス——古代エジプトの数学』朝倉書店, 1985]. 中国数学の一般的議論に関しては,次を参照. J. Needham, *Science and Civilization in China* (Cambridge: Cambridge University Press, 1959), vol. 3 [邦訳:東畑精一・藪内清監修,芝原茂・吉沢保枝・中山茂・山田慶児訳『数学』中国の科学と文明 4, 思索社, 1991], および, Li Yan and Du Shiran, *Chinese Mathematics—A Concise History*, translated by John N. Crossley and Anthony W. C. Lun (Oxford: Clarendon Press, 1987). 中国数学の簡潔な調査研究としては, Frank Swetz, "The Evolution of Mathematics in Ancient China," *Mathematics Magazine* 52 (1979), 10–19 がある.『九章算術』巻九の注釈付き翻訳が, Frank Swetz と T. I. Kao によって *Was Pythagoras Chinese?* (Reston, Va: N.C.T.M., 1977) として公刊されている. この書物全体のより詳細な要約が, Lay Yong Lam, "Jiu zhang suanshu: An Overview," *Archive for History of the Exact Sciences* 47 (1994), 1–51 に見られる. また, *Neun Bücher arithmetischer Technik*, translated by Kurt Vogel, (Braunschweig: F. Vieweg und Sohn, 1968) は,この書物のドイツ語への完訳である[川原秀城訳「劉徽註九章算術——付海島算経」,藪内清責任編集『中国天文学・数学集』科学の名著 2, 朝日出版社, 1980 所収]. 古代インド数学についての包括的な歴史は存在しないが,それに近いものとして,次の 2 冊があげられる. B. Datta and A. N. Singh, *History of Hindu Mathematics* (Bombay: Asia Publishing House, 1961) (reprint of 1935–38 original), および, C. N. Srinivasiengar, *The History of Ancient Indian Mathematics* (Calcutta: The World Press Private Ltd., 1967). 古代インド科学に関するより一般的な研究で,インド数学に関する非常に興味深い材料も含むものとして, Debiprasad Chattopadhyaya, *History of Science and Technology in Ancient India—The Beginnings* (Calcutta, Firma KLM Pvt. Ltd., 1986) [邦訳:佐藤任訳『古代インドの科学と技術の歴史 1 初期段階』東方出版, 1992, 佐藤任訳『古代インドの科学と技術の歴史 2 自然科学の理論原理の形成』東方出版, 1993]がある. 最後に,これらの文明社会の数学を比較して議論し,その伝播過程や数学の唯一の起源がありえるのではないかという問題についても扱う本として, B. L. Van der Waerden, *Geometry and Algebra in Ancient Civilizations* (New York: Springer, 1983) がある.

1. Chase, *Rhind Mathematical Papyrus*, p.27 [平田寛監修,吉成薫訳『リンド数学パピルス——古代エジプトの数学』朝倉書店, 1985 においては,「物事を理解するためと,あらゆるものと[欠落]神秘と,[欠落]すべての秘密を知るための正道」(32 ページ)と訳されている. 以下,『リンド・パピルス』からの引用は,同翻訳書を参考に訳した].
2. 言語の伝播についての議論は, Alexander Marshack, *The Roots of Civilization*, 2nd edition (Mount Kisco, NY: Moyer Bell Limited, 1991) に見られる.
3. 数詞に関するより詳しい情報についての,標準的な参考文献は, Karl Menninger, *Number Words and Number*

Symbols (Cambridge, MIT Press, 1977)［邦訳：内林政夫訳『図説数の文化史：世界の数字と計算法』八坂書房，2001（原著改訂版の抄訳）］である．

4. エジプト建築におけるゼロの使用については，Dieter Arnold, *Building in Egypt* (New York: Oxford University Press, 1991), p.17, および George Reisner, *Mycerinus: The Temples of the Third Pyramid at Giza* (Cambridge: Harvard University Press, 1931), pp. 76–77 を参照．エジプトの会計におけるゼロの使用については，Alexander Scharff, "Ein Rechnungsbuch des Königlichen Hofes aus der 13. Dynastie," *Zeitschrift für Ägyptische Sprache und Altertumskunde* 57 (1922), 58–59 を参照．

5. Denise Schmandt-Besserat, *Before Writing: From Counting to Cuneiform* (Austin: University of Texas Press, 1992) を参照．過去100年間にわたって発掘されたバビロニアの印章の数多くのコレクションについて，多くの図版を使って，長大な議論を行っている．

6. Théophile Obenga, *L'Afrique dans L'Antiquité: Egypte pharaonique—Afrique Noire* (Paris: Présence Africaine, 1973), chapter 9 を参照．

7. Gillings, *Mathematics in the Time of the Pharaohs*, pp. 45–80 を参照．Wilbur Knorr, "Techniques of Fractions in Ancient Egypt and Greece," *Historia Mathematica* 9 (1982), 133–171 も参照．

8. Chace, *Rhind Mathematical Papyrus*, p. 69 ［前掲『リンド数学パピルス』，45–46 ページ］．

9. Gillings, *Mathematics in the Time of the Pharaohs*, p. 173.

10. Neugebauer and Sachs, *Mathematical Cuneiform Texts*, p. 101. 粘土板の呼称は，その粘土板が収められているコレクションを指している．たとえば，YBCはイェール・バビロニアン・コレクション (Yale Babylonian Collection) を指しており，BMは大英博物館 (British Museum), VATはベルリン博物館西南アジア部門粘土版 (Vorderasiatische Abteilung, Tontafeln of the Berlin Museum), プリンプトン (Plimpton) はコロンビア大学プリンプトン・コレクション (Plimpton Collection of Columbia University) を指している．

11. Vogel, *Neun Bücher*, p. 78 ［川原秀城訳「劉徽註九章算術——付海島算経」『中国天文学・数学集』科学の名著2, 朝日出版社，1980, 212 ページ］．

12. Yoshio Mikami, *Mathematics in China and Japan* (New York: Chelsea, 1974) (reprint of 1913 original), p. 18. 本書は，古くはなっているものの，中国数学と，英語で読める実質的に唯一の和算についての概観を提供するものでもある．

13. Vogel, *Neun Bücher*, p. 82 ［川原秀城訳「劉徽註九章算術」『中国天文学・数学集』科学の名著2, 朝日出版社，1980, 224–225 ページを参考に，著者の引用に沿って翻訳した］．

14. Gillings, *Mathematics in the Time of the Pharaohs*, p. 139. より深い分析については，Hermann Engels, "Quadrature of the Circle in Ancient Egypt," *Historia Mathematica* 4 (1977), 137–140 を参照．

15. Abraham Seidenberg, "The Ritual Origin of Geometry," *Archive for History of Exact Sciences* 1 (1962), 488–527, p. 515. この論文は，古代インド幾何学そのものと，古代インド幾何学と他の地の幾何学との間の関係について興味深い説明を提示している．また，Seidenberg, "On the Area of a Semi Circle," *Archive for History of Exact Sciences* 9 (1973), 171–211 および "The Origin of Mathematics," *Archive for History of Exact Sciences* 18 (1978), 301–342 も参照．

16. Gillings, *Mathematics in the Time of the Pharaohs*, p. 188.

17. この積まれた穀物の山の分析とそれに付随する図は，Eleanor Robson, *Mesopotamian Mathematics, 2100–1600 B.C.: Technical Constants in Bureancracy and Education* (Oxford: Oxford University, 1998) に基づいている．Robson 博士は，今日バビロニア数学に関する非常に活動的な研究者の一人である．今後数年間にわたって，博士は多くの著作を公刊する予定であり，そのいずれも一読の価値があるはずである．

18. ストーンヘンジの天文学については，Euan W. MacKie, *Science and Society in Prehistoric Britain* (London: Paul Elek, 1977) を参照．Gerald Hawkins, *Stonehenge Decoded* (New York: Doubleday, 1965) ［邦訳：竹内均訳『ストーンヘンジの謎は解かれた』新潮社，1983］ および，Fred Hoyle, *On Stonehenge* (San Francisco: Freeman, 1977) ［邦訳：荒井喬訳『ストーンヘンジ：天文学と考古学』みすず書房，1983］ も参照．

19. この現象を用いた予言を扱う愉快なフィクションの例として，Mark Twain, *A Connecticut Yankee in King Arthur's Court* を参照［邦訳：砂川宏一訳『アーサー王宮廷のコネチカット・ヤンキー』彩流社，2000. その他，数種の邦訳が存在する］．前注の Hawkins と Hoyle の本は，18.6年周期と食の予測におけるその利用について，包括的議論を行っている．

20. Needham, *Science and Civilization*, Vol.3, p. 406 ［邦訳：東畑精一・藪内清監修，吉田忠・高柳雄一・宮島一彦・橋本敬造・中山茂・山田慶児訳『天の科学』中国の科学と文明5, 思索社，1976, 287 ページ］．

21. Wang Ling and J. Needham, "Horner's Method in Chinese Mathematics: Its Origins in the Root Extraction Procedures of the Han Dynasty," *T'oung Pao* 43 (1955), 345–401 を参照．

22. これらの巨石建造物におけるピュタゴラスの定理の議論

については，Van der Waerden, *Geometry and Algebra* を参照．また，*Historia Mathematica* 13 (1986), 83–85 における Frank J. Swetz の書評，および W. R. Knorr, "The Geometer and the Archaeoastronomer," *British Journal of the History of Science* 18 (1985), 202–211 も参照．後者の論文は，イングランドの巨石建造物の建造者たちがピュタゴラスの定理を知っていたという意見に強力に反対する議論を行っている．

23. ここで提示した Plimpton 322 の分析は，Eleanor Robson の示唆を採用したものである（注 17 参照）．この粘土板上の表を作成する他にありえたかもしれない方法や，この誤りのありえたかもしれない理由に関する詳細な議論については，Jöran Friberg, "Methods and Traditions of Babylonian Mathematics I: Plimpton 322, Pythagorean Triples, and the Babylonian Triangle Parameter Equations," *Historia Mathematica* 8 (1981), 277–318, および，"Mathematik," *Reallexikon der Assyriologie* 7 (1987–1990), 531–585 を参照．また，R. C. Buck, "Sherlock Holmes in Babylon," *American Mathematical Monthly* 87 (1980), 335–345 も参照．

24. Swetz, *Was Pythagoras Chinese?*, p. 30 ［前掲『九章算術』邦訳書 224–226 ページ］．

25. Jerold Mathews, "A Neolithic Oral Tradition for the van der Waerden/Seidenberg Origin of Mathematics," *Archive for History of Exact Sciences* 34 (1985), 193–220, p. 203．この論文は，ピュタゴラスの定理と同様他の幾何学的概念が中国とバビロニアでいかに利用されたかについて議論する．

26. Needham, *Science and Civilization*, Vol. 3, p. 22 ［前掲ニーダム『数学』中国の科学と文明 4，32 ページ．訳文は，橋本敬造訳「周髀算経」前掲『科学の名著 2 中国天文学・数学集』300 ページを参考にした］．

27. バビロニアの粘土板における 2 次方程式についての詳細な議論は，Solomon Gandz, "The Origin and Development of the Quadratic Equations in Babylonian, Greek, and Early Arabic Algebra," *Osiris* 3 (1937), 405–557, および，Solomon Gandz, "Studies in Babylonian Mathematics III: Isoperimetric Problems and the Origin of the Quadratic Equation," *Isis* 32 (1947), 103–115 に見られる．また，Philip Jones, "Recent Discoveries in Babylonian Mathematics," *Mathematics Teacher* 50 (1957), 162–165, 442–444, 570–571 も参照．

28. バビロニアの方法の幾何学的基礎についての新鮮な見方としては，Jens Høyrup, "Algebra and Naive Geometry: An Investigation of Some Basic Aspects of Old Babylonian Mathematical Thought," *Altorientalische Forschungen* 17 (1990) 参照．この節で言及した幾何学的概念のいくつかが，この論文でとりあげられている．

29. Gillings, *Mathematics in the Time of the Pharaohs*, p. 134.

30. この示唆は，Paulus Gerdes, "Three Alternate Methods of Obtaining the Ancient Egyptian Formula for the Area of a Circle," *Historia Mathematica* 12 (1985), 261–267 に由来する．この論文においては，他の二つの可能性も提示されている．

［邦訳への追加文献］ エジプト数学について：James Ritter, "Egyptian Mathematics," in H. Selin, ed., *Mathematics Across Cultures: the History of Non-Western Mathematics* (Dordrecht: Kluwer Academic Publishers, 2000), pp. 115–136. Marshall Clagett, *Ancient Egyptian Science: A Source Book. Volume Three: Ancient Egyptian Mathematics* (Philadelphia: American Philosophical Society, 1999).

バビロニアの数学について：Jens Høyrup, *Lengths, Widths, Surfaces: A Portrait of Old Babylonian Algebra and Its Kin* (New York: Springer, 2002). Eleanor Robson, "Words and Pictures: New Light on Plimpton 322," *American Mathematical Monthly* 109 (2002), 105–120; "Mesopotamian Mathematics: Some Historical Background," in Victor Katz, ed., *Using History of Teach Mathematics* (Washington: MAA, 2000), pp. 149–158; "The Uses of Mathematics in Ancient Iraq, 6000–600 BC," in Selin, *Mathematics Across Cultures*, pp. 93–113.

古代社会の数学上の達成の要約

エジプト —— 紀元前 1800 年頃

単位分数	1 次方程式
円の計測	太陰太陽暦
ピラミッドの切頭体	ピラミッドの体積（おそらく）

バビロニア —— 紀元前 1700 年頃

60 進数の位取り記数法	2 変数の連立 1 次方程式
円の計測	2 次方程式と連立 2 次方程式
太陰太陽暦	平方根・立方根表
平方根の計算	ピュタゴラスの定理
ピュタゴラスの三つ組	ピラミッドの体積（おそらく）

インド —— 紀元前 500 年頃

ピュタゴラスの定理	円の計測
平方根の計算	

中国 —— 紀元前 200 年頃

10 進数の算盤（えんばん）	5 変数までの連立方程式
円の計測	ピラミッドの体積
平方根と立方根のアルゴリズム	ピュタゴラスの定理
ピュタゴラスの三つ組	2 次方程式と連立 2 次方程式

（注：上記の年代は，ここであげた数学的観念のすべてが既知のものとなった年代を示している．それぞれの文明で数学的観念の発見が行われた年代は知られていない．）

Chapter 2

ギリシア文化圏での数学の始まり

「タレスはエジプトに行き，ギリシアにこの学問［幾何学］を持ち帰った最初の人である．彼自身多くの命題を発見し，後継者たちに他の多くの隠れた原理を明らかにしたが，ある場合には彼の方法はより一般的であり，ある場合には経験的であった」

プロクロス『ユークリッド『原論』第 I 巻への注釈』（450 年頃）に引用されたエウデモスの『幾何学史』（紀元前 320 年頃）より [1].

プラトンとともにテーベのシミアスがエジプトを訪問した際の報告（カエロニアのプルタルコス（1–2 世紀）による脚色より）

「エジプトから私たちが戻ると，デロス人の一団がわれわれに会いに来ました．……そして，プラトンに，奇妙な神託において神が彼らに課した問題を幾何学者として解いてほしいと懇願しました．その神託で述べられていることには，デロス人と残るギリシア人すべての現今の苦難は，デロスの祭壇を 2 倍にすれば終わるというのです．デロス人はそれが何を意味するか洞察することができなかっただけではなく，笑止千万なことにその祭壇を建造することにも失敗しました．……デロス人は自分たちに課せられた難問の助けを求めてプラトンを訪問したのです．プラトンは……，神はギリシア人が教育を軽視していることを嘲笑し，いわば私たちの無知をからかっているのであって，おざなりに幾何学に取り組むことがないよう命じているのだと答えました．二つの比例中項を見出す，つまり立方体の形をした物体をあらゆる次元で同様の増分で 2 倍にする方法を見出すには，ありふれた知性や鈍い知性ではなく，この学問に熟達した知性が求められるからです．デロス人のためにクニドスのエウドクソスがこの難題を解きました．……しかし，デロス人は，神が欲せられたのは実際にこの難問を解くことではなく，むしろギリシア人すべてが戦争とその苦境を投げ出し，学芸の女神たちムーサイに親しみ，議論と数学によってパトスを静め，お互いの交流が傷つけあうものではなく利益を生むように，お互いとともに暮らすことだと考えたのです」[2].

この引用と（まあどうみても）架空の説明が示しているように，紀元前4世紀より少し前のある時期にギリシアで数学に対する新しい態度が現れた．問題に対する数値的な答を計算するだけではもはや不十分で，いまやその結果が正しいと証明しなければならなくなったのである．立方体を2倍にするという問題——つまり，元の立方体の2倍の体積である新しい立方体を求めるという問題は，2の立方根を求めることと等価であって，数値計算としては難しい問題ではない．しかし，この神託は数値計算に関するものではなく，幾何学的作図に関するものだった．そして作図は論理的論証による幾何学的証明に依拠するものであった．

この紀元前600年頃に始まる数学の本性の変化は，勃興しつつあるギリシア文明とエジプト・バビロニア文明の間の大きな差異と関係している．主に山と島からなるギリシアの地理は，大規模な農業の発展を事実上妨げた．この事実のありうる帰結として，ギリシアは中央集権的な政府を発展させなかった．ギリシアの基本的な政治組織は**ポリス**，つまり都市国家であった．都市国家の政府は様々であったものの，数千人以上の人口を統治するものは存在しなかった．民主制の政府であろうと君主制であろうと，それは恣意的なものではなかった．どの政府も法によって統治されていて，これは市民が議論と討論の技術を学ぶ動機となった．おそらく，数学における証明の必要性を促進したのはこの雰囲気であった．

実質的にすべての都市国家が海に出るルートを持っていたので，ギリシア文明内部でも他の文明との間でも定期的な交易が行われた．その結果，ギリシア人は多くの異なる人々と接する機会が増え，実際，ギリシア人自身東地中海全体に及ぶ地域に植民した．同時に，上昇する生活水準のおかげで，世界の他の地域から有能な人々がギリシアに引きよせられた．かくしてギリシア人は，世界についての根本的な疑問に対する多様な意見にさらされたことから，自分たち自身の回答を創出し始めた．思想の多くの領域で，ギリシア人たちは古代から伝えられてきたことをそのままでは受け取らないようになっていった．むしろ，ギリシア人たちは「なぜ」と問い，それに回答しようと努めた．ギリシアの思想家たちは，彼らを取り巻く世界は認識可能であり，合理的な探究によってその特徴を発見できるという認識に徐々に到達した．こうして彼らは自然学や生物学，医学，政治学といった分野の理論を発見し拡張することに熱心に努めた．ギリシア人は数学は主要な学問の一つであり，物理世界の研究全体の基礎であると確信した．西洋文明がギリシア人の文学や芸術，建築の業績という点で多くを彼らに負っているとしても，現代のわれわれは，数学的証明という概念，つまり現代数学の基礎にある概念も，現代の技術文明の根本的基礎にある概念もギリシア数学に負っているのである．

本章では，最初に紀元前6世紀の最初期のギリシア数学者たちの業績と，問題解法に対するギリシア人の取り組み方の始まりについて議論する．次に，4世紀のプラトンとアリストテレスによる数学の本性と論理的推論の概念についての研究を議論する．最後に，時代を生き抜いて現代まで残された最初期の数学の著作の一つ，紀元前300年前後に書かれたユークリッド『原論』の詳細な分析を示す．この分析で，ユークリッドのテキスト中にその業績が収められている，それ以前の様々なギリシア数学者たちの研究をも取り扱う．

2.1 最古のギリシア数学

　紀元前 300 年頃よりも古い時期のギリシア数学の完全なテキストは残っていないものの，数学文献の断片は多数現存しているし，もちろん後世の文献中には初期ギリシア数学への数多くの言及がある．この初期の数学研究への言及で最も完全なものは，約 800〜1000 年後にプロクロスの手によって紀元後 5 世紀に書かれたユークリッド『原論』第 I 巻への注釈に含まれるものである．初期のギリシア数学の歴史についてのこの説明は，紀元前 320 年頃にロドスのエウデモスが執筆した型にはまった歴史書の要約と一般には考えられている．ただし，エウデモスの本自体は失われた．いずれにせよ，最初に名前があげられているギリシアの数学者は，小アジアのミレトス出身のタレス（紀元前 624 頃–547）である（図 2.1）．タレスについて記録されている多くの物語が残っているが，その大半は彼の死後数百年経ってから書かれたものである．これらの逸話の中には，彼が紀元前 585 年の日食を予言したという話や，海岸から海上の船までの距離を測定するのに二角夾辺による三角形の合同を応用したという話が残っている．また，タレスは，二等辺三角形の底角は等しい，対頂角は互いに等しい，という定理を発見し，円の直径はその円の面積を二等分するという定理を証明したとされている．タレスがどのように「証明」したかはどの定理についても正確にはわからないものの，彼が何らかの論理的議論を進歩させたことは明らかなように見える．

　アリストテレスは次のような逸話を物語っている[*1]．タレスは，無益な探究に時間を無駄に過ごしているとかつて非難された．そこで，ある年オリーブが豊作になりそうだというある種の前兆を知ったことから，タレスは何も言わずに油絞り機を買い占めた．現実に豊作となり収穫を行う時期になると，オリーブ栽培業者は皆タレスの元に行き油絞り機を借りざるをえなかった．このように，タレスは，数学者や哲学者はその気になれば現実に金儲けができるという事実を証明したのである．この逸話や他の逸話が文字通り事実であるかどうかは不明である．しかし，いずれにせよ，紀元前 4 世紀以降のギリシア人は，ギリシア数学の伝統はタレスに始まるとしていた．実際，数学だけではなく，発見可能な法則によって物質的現象は支配されているという認識を含めて，ギリシアの科学的企てはすべて彼に始まるものとされていたのである．

2.1.1　ピュタゴラスとピュタゴラス派

　ピュタゴラス（紀元前 572 頃–497）はタレスの次の数学者であるとされ，膨大な，しかし信頼性の低い逸話が数多く残されている（図 2.2）．彼はタレスも訪れたといわれるエジプトだけでなく，バビロニアでも多くの時間を過ごしたといわれる．紀元前 530 年頃，小アジアの海岸に面していた生地のサモス島を離れざるを得なくなってから，ピュタゴラスは南イタリアのギリシアの植民市クロトンに落ち着いた．そこで彼は自分の一団の弟子を集めたが，彼らは後世にピュタゴラス派として知られるようになった．ピュタゴラス派は宗教集団で

図 2.1　ギリシアの切手に描かれたタレス．

図 2.2　ギリシアのコインに描かれたピュタゴラス．

[*1]『政治学』1259a.

あると同時に，哲学の学派であった．現存する彼の伝記はどれも死後何世紀も経ってから書かれたものであるが，そこから推論すると，彼は合理的な思想家というよりもおそらくは神秘家であったが，信奉者からは大いに崇拝されていたのである．ピュタゴラスやピュタゴラス派に帰せられている著作は残っていないことから，ピュタゴラス派の数学上の教説は，「新ピュタゴラス派」を含む後世の作家の研究からのみ推測が可能である．

この種の教説で重要なものの一つは，「数はすべてのものの実体である」というものである．数，すなわち正の整数は宇宙を組織化する基礎的な原理を構成するものだというのである．この教説でピュタゴラス派が意味していたのは，すべて既知の物体は数を持っている，つまり順序づけたり数えたりできるというだけではなく，すべての物理現象の基礎に数があるという説である．たとえば，天空の星座はそれを構成する星の数とその幾何学的形態両方によって特徴づけることができる．ここで，幾何学的形態自身も数によって表現されると考えられていた．惑星の運動は，数の比を用いて表現できた．音楽の和音も数の比をもとにしている．2：1の比の長さの二つの弦を鳴らすと1オクターブの音程となり，3：2では5度，4：3では4度が得られる．これらの音程を使って，すべての音階が構成できる．最後に，辺の長さが3：4：5の比の三角形が直角三角形であるという事実は，数と角との間の結びつきが確かであると確信させた．秩序ある宇宙（コスモス）の根本原理としてピュタゴラス派が数に興味を持っていたことがわかると，ピュタゴラス派が正の整数の性質を研究したという事実はごく当然なことである．この研究はわれわれならば数論の基本原理とでも呼ぶものであろう．

この理論のスタート地点は奇数と偶数との2分割である．ピュタゴラス派は，おそらく数を点，もしくはもっと具体的な形で小石によって表現した．このとき，偶数は二つの等しい部分に分割可能な横に並べられた小石の列によって表された．奇数は小石が一つ常に余るから，このような分割は不可能である．小石を使っていくつかの単純な定理を検証するのは十分容易である．たとえば，偶数をどのように集めてもその合計は偶数であり，一方，奇数の偶数個の集まりの合計は偶数であるが，奇数個の集まりの合計は奇数である（図2.3）[『原論』第IX巻命題21,22,23]．

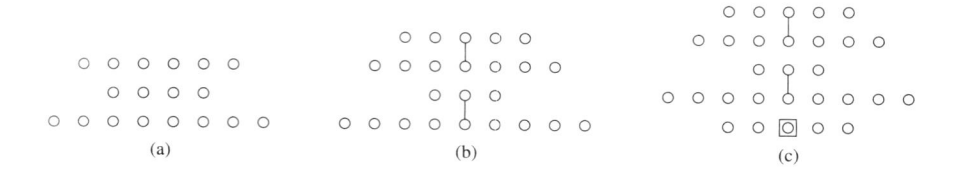

図2.3
(a) 偶数の合計は偶数．(b) 偶数個の奇数の合計は偶数．(c) 奇数個の奇数の合計は奇数．

この基本的定理の単純な系の中には，偶数の平方は偶数である一方で，奇数の平方は奇数であるという定理がある．正方形もやはり点を用いて表現されることができ，「図形数」の簡単な例となっている．このような仕方である数の平方——たとえば，4の平方——を表現すると，元の図形の二つの辺にそれぞれ1列の点を付け加えれば1大きい数の平方が生成されることが容易に見てとれる．

追加される点の数は，$2\cdot 4+1=9$ である．ピュタゴラス派はこの観察を一般化し，連続する奇数を1に足していくことによって平方数が生成されることを示した．たとえば，$1+3=2^2, 1+3+5=3^2, 1+3+5+7=4^2$ である．足しあわされる奇数はL字型になり，これは一般的にグノーモンと呼ばれた（図2.4）．

図形数の他の例には三角数がある．三角数は，自然数そのものを連続して加えていくことによって生成される．同様に，長方形数は $n(n+1)$ を表現する数で，2から始めて偶数を次々に加えていくことで生成される（図2.5）．長方形数の最初の四つは，2, 6, 12, 20, すなわち $1\times 2, 2\times 3, 3\times 4, 4\times 5$ である．図2.6は，どの長方形数も三角数の2倍であって，どの平方数も二つの連続する三角数の和であるという定理の簡単な証明を与える．

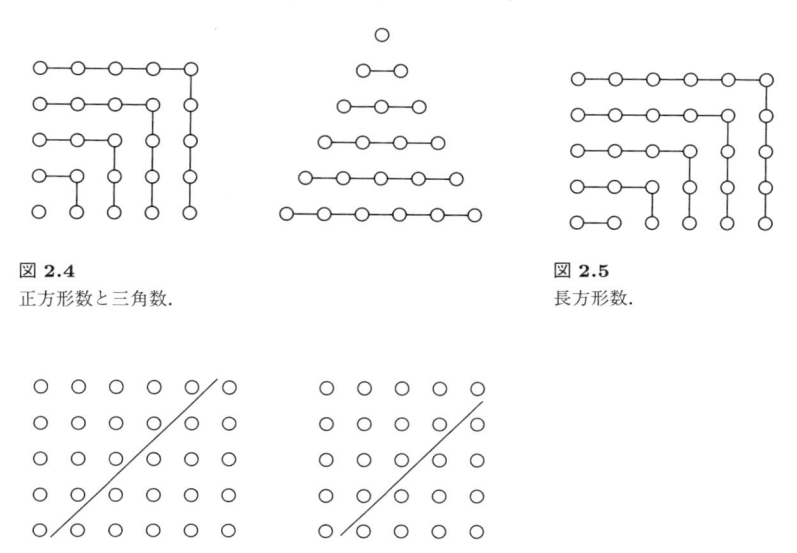

図 2.4
正方形数と三角数．

図 2.5
長方形数．

図 2.6
三角数の二つの定理．

もう一つのピュタゴラス派に特有の数の理論的問題への関心は，ピュタゴラスの三つ組[*2]の生成であった．ピュタゴラス派が，n が奇数のときに，三つ組 $\left(n, \dfrac{n^2-1}{2}, \dfrac{n^2+1}{2}\right)$ がピュタゴラスの三つ組となり，一方 m が偶数のときには $\left(m, \left(\dfrac{m}{2}\right)^2-1, \left(\dfrac{m}{2}\right)^2+1\right)$ が三つ組になることを知っていたという証拠がある．この最初の方の結果を，ピュタゴラス派が点を並べることで数を表す方法からどうやって証明したのか，ということはたとえば次のように説明できる．まず，どんな奇数も二つの連続する平方の差であるという事実から始める．すると，その奇数自体がある数の平方ならば，三つの平方数で，そのうち二つの合計が第三の数に等しいものが見つかったことになる（図2.7）．これらの平方数の辺平方根，すなわちピュタゴラスの三つ組そのものを求めるには，図のグノーモンそれ自体が，ある奇数であることからその辺が与えられることに注意すればよい．小さい方の正方形の辺は，グノーモンから1を引き，残りを半分にすればよい．大きいほうの正方形の辺は，この小さい正方形よりも1大きい．第二の場合についても同様の証明を与えることが可能である．ピュタゴラスの

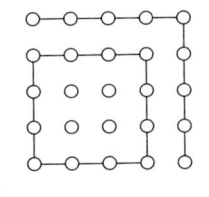

図 2.7
二つの平方の差である奇数の平方．

[*2] 直角三角形の3辺となるような三つの整数の組．

三つ組に関するこれ以外の結果についてのはっきりした証言は残っていないが，ピュタゴラス派はおそらくこれらの三つ組の偶奇に関する性質を考察したと思われる．たとえば，ピュタゴラスの三つ組において，一つの数が奇数であるときには，三つのうち二つが奇数で一つが偶数でなければならないことを証明するのは難しくない．

ピュタゴラスの三つ組の研究が展開するもととなった幾何学的定理，すなわち任意の直角三角形の斜辺の平方は直角を挟む 2 辺の平方の和に等しいという定理の発見は，長い間ピュタゴラスその人のものとされていた．しかし，この説を支持する直接的な証拠はない．この定理は，ピュタゴラスが生まれるよりもずっと以前に他の文明で知られていた．とはいうものの，やはり，現在無理量と呼ばれているものの最初の発見へとおそらく導いたのは，紀元前 5 世紀までに得られたこの定理が知られていたことであった．

ピュタゴラス派にとっては，数は常に数えられる事物に結び付けられていた．数えるということは個々の単位が同じであり続けなければならないから，単位それ自体は決して分割できないし，他の単位といっしょにすることもできない．とくに，ピュタゴラス派にとって，そして公式のギリシア数学でもずっと，数は「単位からなる多」を意味していた，つまり，数える数のことを意味していたのである．さらに，単位 1 は「単位からなる多」ではなかったので，他の正の整数と同じ意味での数とは見なされなかった．アリストテレスでさえも，2 が最小の「数」であると述べている．

ピュタゴラス派は数を万物の根元であると考えていたので，あらゆるものは数えることが可能であり，長さも例外ではなかった．長さを数えるためには，尺度が必要だった．したがって，ピュタゴラス派は常に何らかの尺度が見つかるものと仮定していた．ある特定の問題に関して，ひとたび尺度が発見されれば，これが尺度となり，この尺度は分割不可能であった．ピュタゴラス派は数と大きさとの間の根本的な区別，つまり数の単位の不可分性と長さのような大きさの尺度の無限可分性の区別を認識しそこなった．このことは問題を引き起こすことになった．

あらゆる長さは数えることができるという仮定から，ピュタゴラス派は正方形の辺と対角線両方を測ることができるような尺度が発見可能だと考えた．言い換えれば，正方形の辺と対角線がその整数倍になるようなある長さが存在するはずである．しかし，残念なことに，これは事実ではないことがわかる．正方形の辺と対角線は通約不能だった．つまり，共通の尺度は存在しないのである．ある測定の単位を選んで，これら二つの線分のどちらか一方の長さが正確にその単位の整数倍になるようにするならば，それがどんな単位であっても，もう一方の線分を測るには単位の何倍かに，単位の部分を加えたものが必要になるだろう．しかし単位は分割できないものなのである．およそ紀元前 430 年頃のこの発見によって，ピュタゴラス派は万物は数からなるという根本哲学を放棄し，ギリシア数学者たちは新しい理論を発展させることが可能になった．

では，この根本的な通約不能性の発見はどのように行われたのだろうか？唯一の手がかりはアリストテレスの著作にある．アリストテレスは，辺と対角線が通約可能であると仮定すると，奇数が偶数に等しくなるという結論が得ら

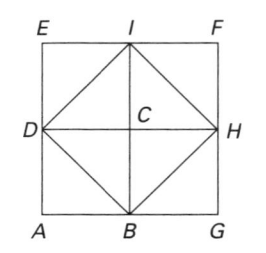

図 2.8
正方形の辺と対角線の通約不可能性（第一の可能性）．

れてしまうと述べている．発見の形についての一つの可能性は次のようなものである．図 2.8 における辺 BD と対角線 DH が通約可能である，つまりどちらの直線も共通の尺度によって測られる回数によって表されると仮定する．次に，少なくともこの数のどちらかが奇数だと仮定してもよい．さもなければ，より大きな共通の尺度が存在することになるからである．正方形 $DBHI$ と正方形 $AGFE$ は，それぞれ辺と対角線を 1 辺とする正方形であり，平方数となる．後者の正方形は前者の正方形の 2 倍であることは明らかであるから，偶数の平方数を表していることになる．それゆえ，後者の辺 $AG = DH$ も偶数を表しており，$AGFE$ は 4 の倍数である．$DBHI$ は $AGFE$ の半分であるから，2 の倍数でなければならない．つまり，この正方形は偶数の平方数を表している．そうすると，その辺 BD も偶数でなければならない．しかし，これは，最初の仮定，すなわち DH と BD は奇数でなければならないということに矛盾する．それゆえ，二つの線分は通約不能である．

このような証明が可能になる前提は，証明の概念がギリシア数学の考え方に深く染み込んでいることである．紀元前 5 世紀のギリシア人が公理系のメカニズム全体を所有しており，証明なしにある言明は受け入れる必要があると明確に認識していた証拠は存在しないものの，特定の結果が真であると決定するには何らかの形式の論理的議論が必要であると彼らが判断していたことは確かである．さらに，この通約不能性の概念全体が，バビロニアやエジプトの数の計算という概念からの断絶を示すものである．バビロニア人がやったように，正方形の辺を単位として対角線の長さに数値を割り当てることができるということに，もちろん疑問の余地はない．しかし，「正確な」値は決して求められないという考えはギリシア数学において初めて公式に認識されえたのである．

2.1.2 円の方形化と立方体の倍積問題

証明というアイデアと数値計算からの転換は，二つの幾何学問題の解を求める紀元前 5 世紀半ばの試みにさらによく表れている．この二つの幾何学問題とは，（すでにエジプトで試みられていた）円の方形化と（デロス島の神託で述べられた）立方体の倍積であって，その後数世紀にわたってギリシア数学者たちの心を占領しつづけた．これらの二つの問題に数多くの挑戦が行われた事実と，さらにやや後世の，任意の角の三等分が可能かという問題からわれわれは，ギリシア数学の中心的な目標が幾何学的問題を解くことであったということに気づかされる．さらに，現存するギリシア数学の主要著作に見つかる数多くの定理群が，実はこれらの問題の解を求めるための論理的な土台であったということにも気づくことになる．

キオスのヒッポクラテス（紀元前 5 世紀半ば）（医聖として有名なヒッポクラテスとは無関係）は，この立方体と円の問題に挑戦した最初の数学者の一人である．立方体の倍積に関しては，ヒッポクラテスはこの問題と，辺が a の正方形を 2 倍にするというより単純な問題との類似に気づいたのかもしれない．正方形の倍積問題は，a と $2a$ の間に比例中項 b，つまり $a : b = b : 2a$ となるような長さ b を仮定すれば，$b^2 = 2a^2$ となるので解くことができる．ヒッポクラテスの著作の断片的な記録から，彼はこのような作図を行うことに慣れていた

のは明らかである．いずれにせよ，古代の記録が伝えるところによれば，ヒッポクラテスが最初に，辺が a の立方体の倍積問題は a と $2a$ の間の二つの比例中項 b, c を求める問題に還元できるというアイデアにたどり着いた．実際，もし $a:b=b:c=c:2a$ であるならば，

$$a^3 : b^3 = (a:b)^3 = (a:b)(b:c)(c:2a) = a:2a = 1:2$$

であって，$b^3 = 2a^3$ であるからだ．しかし，ヒッポクラテスは手持ちの幾何学的ツールを用いて二つの比例中項を作図することはできなかった．第 3 章で議論するように，この作図を見出すという問題はヒッポクラテスの後継者たちに残されたのである．

ヒッポクラテスは，同様に円の方形化問題も前進させた．本質的だったのは，ある種の「三日月形」（二つの円弧で囲まれた図形）が「方形化」可能である，つまりこのような弧で囲まれた図形の面積が直線図形に等しいと示したことである．このために，ヒッポクラテスはまず二つの円の面積が互いに対して，直径上の正方形のように対すること［円：円＝正方形：正方形ということ］を証明せねばならなかった．彼がどのようにしてこの証明をなし遂げたのかは明らかではない．いずれにせよ，彼は半円上の月形を平方化することができた（図 2.9）．直角二等辺三角形 ABC のまわりに半円 ACB を外接させると，この直角三角形 ABC は半円 ACB から弓形 ADC と CEB を切り取っている．そこで，その底辺 AB（半円の直径）上にこれらの弓形の一つに相似な図形 AFB を描く．すると，直径上の弓形 AFB は二つの小さい弓形 ADC と CEB の和に等しくなる．ゆえに，ADC と CEB の和に直径上の弓形 AFB の弧の上の二等辺三角形の部分を加えると，この月形 $ACBF$ は三角形 ABC に等しい．

ヒッポクラテスは他の三日月形や三日月形と円を組み合わせた図形を平方化する作図を与えているものの，実際円の方形化はできなかった．とはいえ，方形化問題や倍積問題に対する彼の試みは，幾何学的定理の膨大な集積を基礎とするものであった．これらの定理を彼がまとめたものが，幾何学原論として記録が残っている最初のものである．

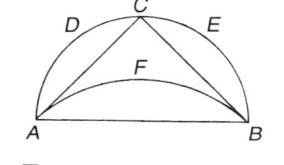

図 2.9 ヒッポクラテスの月形の求積．

2.2 プラトンの時代

プラトン（紀元前 429–347，図 2.10）の時代，学者たちは立方体倍積問題や円の方形化問題，辺と対角線の通約不能性と比の理論へのその影響に関する問題について重要な研究をなした．進歩が達成された理由の一部は，紀元前 385 年頃アテネに創設されたプラトンのアカデメイアがギリシア全土から学者たちを引きつけたからである．これらの学者は，少数の教育を積んだ学生たちとともに数学や哲学のゼミナールを営み，また，とりわけ数学の研究も行った．この学園が創設されてから約 700 年後の資料によって伝えられるところによれば，アカデメイアへの入り口の門の上には，ΑΓΕΩΜΕΤΡΗΤΟΣ ΜΗΔΕΙΣ ΕΙΣΙΤΩ というギリシア語の銘が刻まれていたというが，事実であったかどうかは確認できない．このおおよその意味は，「幾何学を学ばざる者この門をくぐるべから

図 2.10
プラトンとアリストテレス．ラファエロの『アテネの学堂』の部分．

ず」というものである．「幾何学を学ばざる」学生は同様に論理学も学んでいないから，哲学を理解することができないというわけである．

プラトンがアカデメイアで学生に講じた数学カリキュラムがどのようなものであったかは，彼の最も有名な著作である『国家』で説明されている．『国家』で，プラトンは理想的な国家統治者である哲人王の教育について議論している．哲人王の数学分野の教育は，算術（数論）と平面幾何学，立体幾何学，天文学，音階学の五つの学科からなる．国家指導者は「貿易商人や小売商人として売買のためにそれ［計算の技術］を勉強し訓練するのではなく，その目的は戦争のため，そして魂そのものを生成界から真理と実在へと向けかえることを容易にするためなのだ．……もしひとがこれを商売のためでなく，ただもっぱら知識の追求のために研究するとしたら，この学問にはまことに精妙なところがあって，われわれの望んでいるような目的のためにも，いろいろと多くの仕方で役に立つものなのだ．……この学問は魂をつよく上方へ導く力を持ち，純粋の数そのものについて問答するように強制するのであって，目に見えたり手で触れたりできる物体の形をとる数を魂に差し出して問答しようとしても，けっしてそれを受け付けない……」[3]．要するに，算術は知性の訓練のために（そして，付随的には軍事的な有用性のために）学ばなければならないのである．ここでプラトンが言う算術には，すでに議論したピュタゴラスの数論だけでなく，その他の題材，すなわちユークリッドの『原論』第VII巻から第IX巻に含まれるものも入っている．これについてはあとで考察する．

ある程度の幾何学はやはり，実用上の目的から必要で，とくに戦争に当っては将官は陣を築いたり，軍隊を展開することができなければならないので必要性が高い．しかし，数学者は方形化や添付[*3]のような幾何学上の操作について話すとはいえ，プラトンによれば幾何学の目標は何かを**行う**ことではなく，知識を得ることである．「それが知ろうとするのは，つねにあるものであって，時によって生じたり滅びたりする特定のものではないということだ」[4]．したがって，算術と同様，幾何学——プラトンにとっては実用幾何学ではなく理論幾何学——の学習は「魂を真理へ向かって引っぱって行く」ためなのである．ここで次のことに言及しておくべきだろう．プラトンは，たとえば人間が実際に描く幾何学的円と，心の中で思い描かれる本質的，つまりイデアの円との間に注意深く区別を設けた．そして，後者のイデアの円が幾何学の本当の対象であるとした．現実においては，円とその接線を描いて共有点を一点だけにすることはできないが，しかしこれこそが数学的な円と数学的な接線の性質なのである．

次の数学的学科は立体幾何学である．プラトンは『国家』で，この分野は十分に研究が進められていないと不満を漏らしている．この原因は，一つには「どの国家もそれを尊重していな」いからであり，また一つには「研究者たちには上に立つ指導者が必要であり，それなしには発見は難しいのに，まずそういう指導者はなかなか現れがたい」からでもある[5]．とはいえ，やはりプラトンは新発見がこの分野でなされるだろうと感じており，実際この対話編の会話が交わされたと設定された時期（紀元前400年頃）からユークリッドの時代までの間に多

[*3] 85ページを参照．

くの発見がなされ，『原論』の第 XI 巻から第 XIII 巻までにその一部が収められている．いずれにせよ，立体幾何学のしかるべき知識が次の学科である天文学，つまりプラトンの言葉を借りれば「円運動をする立体」の研究には必要である．この分野でも，プラトンは偶然的な運動の不規則性や変化を見せる物質的な対象としての天体と，円のような完全な図形と数で表される天体の軌道と速度の抽象的な理想化された関係との間に明確な区別を設けた．天文学の真の目標は，このように理想的な［つまり，イデア的な］物体の数学的研究なのである．したがって，この学科の研究は問題を探求することによって行われるが，天のあらゆる運動を追跡しようと実際に企てる必要はないのだ．同様に，最後の学科である音階学でも，物質的な音とその抽象物とが区別されている．ピュタゴラス派は，長さが簡単な整数比となるよう弦を押さえて爪弾くと和音が生じることを発見した．しかし，哲人王に音階学を学ぶよう勧めた際にプラトンは，実際に弦や弦の出す音を使って現実の音楽を研究することを超えて，「どの数とどの数とがそれ自体として協和的であり，どの数とどの数がそうでないか，またそれぞれ何ゆえにそうでありそうでないのか」[6] という抽象的なレベルを考えていたのである．別の言い方をすれば，哲人王は，天体の数学を勉強すべきとされたようにやはり音階の数学を勉強すべきであって，現実の弦楽器や天体に過度に関心を持つべきではないのである．いずれの勉強にも必要な数学の最重要な要素は，のちにユークリッドの『原論』第 V 巻で扱われる比と比例の理論であることがわかる．

プラトンが『国家』で議論した哲人王教育のカリキュラム全体が現実にアカデメイアで講じられたかどうかはわからないものの，プラトンが当時の最もすぐれた数学者たちを引き込んで，彼らがアカデメイアで教育と研究を行ったことは確実である．この数学者の中には，テアイテトス（紀元前 417 頃–369）やエウドクソス（紀元前 408 頃–355）がいた．しかし，アカデメイアに関係する最も著名な人物はアリストテレスである．

2.3 アリストテレス

アリストテレス（紀元前 384–322）（図 2.11）は，18 歳からプラトンの亡くなる 347 年までアテネのプラトンのアカデメイアで学んだ．そのあとすぐに，アリストテレスはマケドニアのピリッポス二世の宮廷に招かれ，ピリッポスの息子アレクサンドロスの教育に当った．アレクサンドロスは王位を継ぐとすぐに 335 年に地中海世界の征服に着手し，成功を収めた（図 2.12）．この時期にアリストテレスはアテネに戻るとリュケイオンと呼ばれる学園を創設し，この学園で執筆と講義，高度な教育を受けた学生たちとの議論に残りの人生を費やした．アリストテレスは政治学や倫理学，認識論，自然学，生物学などの多くの主題について書いたが，数学に関する限り，彼の影響が最も強いのは論理学である．

図 2.11
アリストテレスの胸像．

2.3.1 論理学

ユークリッドの時代以前の数学的著作には，論理学に関する議論は断片的にしか証拠が存在しないものの（すでに言及したヒッポクラテスの著作にいくらか見られる），少なくとも紀元前 6 世紀以後ギリシア人は論理的推論の概念を発達さ

図 2.12
騎乗するアレクサンドロスの絵画.

せてきたことが明らかである．都市国家の活発な政治生活が議論と説得技術の発達を促した．哲学的著作，とくにパルメニデス（紀元前6世紀後期）やその弟子のエレアのゼノン（紀元前5世紀）の著作に由来する多くの事例は，議論のための様々な技術を詳細に示すものである．とくに，そのような技術の例として，証明すべき仮説が偽であるとすると矛盾が帰結するとする**帰謬法**（reductio ad absurdum）や，A が真であるなら B が帰結すると最初に示し，次に B が真でないとすると，A が真でないと最終的に帰結すると示す**否定式**（modus tollens）がある．しかし，数百年間にわたって発達させられてきたアイデアをとりあげ，推論の諸原則を最初に体系化したのはアリストテレスである．

アリストテレスは推論は**三段論法**に基づいて組み立てられるべきだと考えていた．このとき，「推論［三段論法］とは，そこにおいて，なにかあることどもが［前提として］措定された場合に，これら措定され［おかれ］てあることどもより別のなにかあること［結論］が，これらがしかじかであるというまさにそのことに伴う結果として，必然に生じてくる論理方式である」[7]．別の言い方をすれば，三段論法は真と見なせるある言明と，そこから必然的に真であると帰結する言明とから構成される．たとえば，「すべてのサルが霊長類であり，すべての霊長類が哺乳類であるならば，すべてのサルが哺乳類であると帰結する」という議論はあるタイプの三段論法の一例である．一方，「すべてのカソリックがキリスト教徒であり，どのキリスト教徒もムスリムではないとするならば，どのカソリックもムスリムではないと帰結する」という議論は第二のタイプの三段論法の例である．

三段論法を取り扱う原則を明らかにしてから，アリストテレスは，三段論法の推論によって人は「古い知識」を用いて新しい知識を伝えることができるようになると述べている．ある三段論法の前提を真であると受け入れるならば，その帰結も真と認めなければならない．しかし，個々のあらゆる知識を三段論法の帰結として得ることは不可能である．議論抜きで真であると認められるどこかから始めなければならない．アリストテレスは，それぞれの個別学問にとって特殊な基本的真理とすべての学問に共通の基本的真理とに区別を設けた．前者はしばしば**要請（公準）**[*4]と呼ばれる一方で，後者は**公理**[*5]として知られる．共通の真理の例として，アリストテレスは「等しいものから等しいものを取り去ると，残りも等しい」という公理を示す[*6]．幾何学に固有の真理の例として彼が示すものには，「線と直線の定義」という要請がある[*7]．これらの定義によって，アリストテレスはおそらくある人が直線の実在を要請すると言いたかったのだろう．アリストテレスが定義された対象の要請を容認したのは，最も基本的な概念に対する場合に限られる．これに対して一般的には，ある対象を定義するときには，実際にその存在を証明せねばならなかった．「たとえば，算術は奇や偶や平方や立方が何を標示しているかを容認し，幾何学は「通約されえぬもの」……を容認

[*4] アリストレスの邦訳『分析論前書』では，「固有の原理」とされる．数学では「公準」と訳されることが多い．
[*5] 邦訳では「共有の原理」とされる．ユークリッド『原論』では「共通概念」と呼ばれるが，これを「公理」と訳すことも多い．
[*6] ユークリッド『原論』第 I 巻公理 3．
[*7] 『原論』では第 I 巻定義 2, 3 参照．

するように，これらのもののあることについてはこれを共有の原理[*8]と，すでに論証されたこと［定理］を用いて証明するのである」[8]．アリストテレスは議論の基本的原則も体系的に並べあげているが，これらの原則は以前の思想家たちが直観的に用いていたものである．このような原則の一つには，任意の陳述は真であり，かつ偽であることはありえないというものがある．第二の原則は，ある陳述は真もしくは偽でなければならず，それ以外の可能性はないというものである．

アリストテレスにとって，自分の方法にしたがう推論が科学的知識を獲得する唯一の確実な方法だった．知識を得る方法は他にもあるかもしれない．しかし，一連の三段論法による証明だけがその結果が確実であると確信できる唯一の方法なのである．ところで，人はあらゆることを必ずしも証明できないから，前提，つまり公理が真でありよく知られたものであるか常に注意しなければならない．アリストテレスはこのようにいう．「なるほど推論［三段論法］はこれらの原理を欠いても成立するであろう，しかし，論証は成立しないであろう．なぜならば，それは事物の知識を生むことはなかろうからである」[9]．言い換えれば，人は自分が望む任意の公理を選びそこから帰結を引き出すことができるが，しかし知識を得たいと思うならば，「真の」公理から推論を開始しなければならない．そうすると，次のような疑問が生まれる．どうやったら人は公理が真であると確信できるのだろうか？　アリストテレスは，このような第一前提は帰納によって，つまり数多くの事例を感覚で知覚し，そこから帰結を引き出すことによって学ばれると答える．基本的公理の「真理性」というこの問題は，アリストテレスの時代から以後ずっと数学者や哲学者によって議論されてきた．その一方で，公理から議論を開始して知識に到達し，証明を用いて新しい結果を得るというアリストテレスの規則は，今日に至るまで数学者にとって真理探究のモデルとなってきた．

アリストテレスが推論を構築する素材として三段論法の使用を強調したにもかかわらず，一見してすぐわかるようにギリシア数学者は三段論法を決して用いなかった．数学者たちは別の形式の論理を用いており，現代に至るまでほとんどの数学者たちも同様である．それゆえなぜアリストテレスが三段論法に固執したのかは明らかではない．実際に数学の証明で用いられた議論の基本的形式は，紀元前3世紀のストア派によって分析された．この中で最も著名なのはクリュシッポス（紀元前280–206）である．この形式の論理は，アリストテレスの三段論法よりもむしろ，真または偽である言明の**命題**に依拠していた．クリュシッポスが論じた推論の基本規則とその伝統的名称は，次の通りである．ここで，pとq, rは命題を指す．

(1) 肯定式 (*Modus ponens*)　　(2) 否定式 (*Modus tollens*)
　　pならば, q.　　　　　　　　　pならば, q.
　　p.　　　　　　　　　　　　　　qでない.
　　ゆえに, q.　　　　　　　　　　ゆえに, pでない.

[*8] つまり，公理．

(3) 仮言的三段論法 　　　　(4) 選言的三段論法
p ならば, q.　　　　　　　　p もしくは q.
q ならば, r.　　　　　　　　p でない.
ゆえに, p ならば, r.　　　　　ゆえに, q.

たとえば,「昼間ならば明るい」という言明と,「昼間だ」という言明から, **肯定式**によって「明るい」と結論できる.「昼間ならば明るい」と「明るくない」という言明から, **否定式**によって,「昼間でない」と結論できる. 第一の仮定に「明るければ, 私はよくものが見える」という言明を加えると, 仮言的三段論法によって「昼間ならば, 私はものがよく見える」と結論することになる. 最後に,「昼間であるか夜であるかのどちらかである」と「昼間でない」という言明から, 選言的三段論法の規則によって「夜だ」と結論することができる.

2.3.2 数 対 大きさ

アリストテレスのもう一つの業績は, 数と大きさの間の区別を数学に導入したことである. ピュタゴラス派はすべては数であると主張したが, アリストテレスはこの思想を否定した. アリストテレスは数と大きさを「量」という同じ一つのカテゴリーに分類したが, このカテゴリーを離散的なもの（数）と連続的なもの（大きさ）の二つのクラスに分けた[*9]. 後者の例として, アリストテレスは線や面, 立体, 時間をあげている. これら二つのクラスの主要な区別は, 大きさが「常に可分割的なものどもへと可分割的であるということ」[10] である一方, 数の基礎は不可分割的な単位であるという点にある. つまり, 大きさは不可分割的な要素から構成されることが不可能な一方, 数は必然的に不可分割的要素から構成されているのである.

アリストテレスは, さらに「継続的」と「連続的」という区別を設ける際にこのアイデアをより明晰にしている. 二つ以上の事物は, その間を仲介する同種のものが何もない場合, **継続的**である. たとえば, 3 と 4 という数は継続的である. 一方, 二つ以上の事物が接触しており[*10],「互いに接触し合うところの［接続するものどども］おのおのの限界が［たんに一緒にあるのではなく］同じ一つのものとなる」[11] とき, その二つの事物は**連続的**である. それゆえ, 終点と始点を共有しているとき, 複数の線分は連続的である. 一方, 複数の点が集まっても線をつくることはありえない. なぜなら, そうするには点は接触してその限界を共有しなければならないからである. 点は部分を持たないから, そのようなことは不可能なのだ. 同様に, ある線上の複数の点が継続的となることは不可能であって, もし可能だとすると,「次の点」がどれなのか言えなければならない. というのも, ある線の上の二つの点の間には線分があって, その線分上には常に点があるからだ.

現代では, 線分は無数の点が集まってできあがっていると考えられているが, アリストテレスにとっては, このように主張しても無意味だったろう. アリストテレスは, 実無限, つまり現実的無限の存在を認めなかった. アリストテレス

[*9] 『カテゴリー論』4^b20–5^a30.
[*10] アリストテレスはこのように継続的であって接触するものを「接続的」と名づける. そして, 連続的なものは接続するものの一種とされる. 出隆・岩崎允胤訳「自然学」227^a.

は「無限」という用語を用いているものの，この用語を可能的無限としてだけ理解していた．たとえば，連続的な大きさは好きなだけ二分割を繰り返すことができるし，二分割する回数を数えることもできる[*11]．しかし，どちらの場合でも，終わりに到達することはできない．さらに，数学者は実際には無限の直線のような無限量を必要としない．数学者は，たとえば任意に長い直線の実在を仮定すれば十分なのである．

2.3.3 ゼノンのパラドックス

　アリストテレスが無限や不可分性，連続性，離散性という概念についてこれほどにも詳細に議論した理由の一つには，ゼノンの有名なパラドックスを論駁したいと考えていたからである．ゼノンは，おそらく当時の運動の概念は十分には明晰ではないという事実を示そうと試みる中でこのパラドックスを述べたのだろうが，同時に空間や時間をどんな仕方で分割しようと最終的には問題が生じざるをえないことも示そうとしていたように思われる．第一のパラドックスは二分割と呼ばれるもので，「移動するものは，目的点へ達するよりも前に，その半分の点に達しなければならないがゆえに，運動しない」[12]と主張する（もちろん，その中間点に達する前にはその半分の半分に達しなければならず，さらにまたその半分の半分の……と続く）．このパラドックスが言おうとしていることは，物体は有限の距離を，無限の時間の連鎖の中で通過することはできないということである[*12]．第二のパラドックスは，**アキレウス**と呼ばれ，同様の主張を行う[*13]．「走ることの最も遅いものですら最も速いものによって決して追い着かれないであろう．なぜなら，追うものは，追い着く以前に，逃げるものが走り始めた点に着かなければならず，したがって，より遅いものは常にいくらかずつ先んじていなければならないからである」[13]．アリストテレスは，このパラドックスを論駁して，距離と同様時間も無限に分割可能であると結論づける．しかし，限られた時間に無限の区間を通過する物体という概念に煩わされることはない．というのも，「有限な時間においては，量的に［延長において］無限なものどもと接触することはできないが，分割にかんして無限なものどもと接触することはできる．というのは，この意味で［分割に関して］時間自身も無限だからである」[14]．実際，これらの二つのパラドックスのいずれの運動に関しても，いつ目的点に到達するか，またいつ最も速いものが最も遅いものを追い抜くか計算は可能なのである．

　ゼノンの第三と第四のパラドックスは，連続的な大きさが分割不可能な要素から構成されていると主張した場合に何が起きるかを示している．矢のパラドックスは，「もしどんなものもそれ自身と等しいものに対応している［それ自身と等しい場所を占める］ときには常に静止しているとするならば，運動するものが今において常にそれ自身と等しいものに対応しているとすれば，移動する矢は動かない」[15]と主張する．言い換えれば，不可分の瞬間のようなものが存在する

[*11] 前者では大きさは無限に小さくなり，後者では回数は無限に大きくなる．
[*12] この「二分割」は距離は無限分割可能だが，時間には分割不可能な単位があるという仮定が矛盾に陥ることを示している．
[*13] 「アキレウス」は時間が無限に分割可能だが，距離には分割不可能な単位があるという仮定に基づく議論であり，これも矛盾に陥る．

ならば，その瞬間には矢は動くことはありえないというのである．というのは，さらに時間を構成するのは，瞬間以外の何ものでもないとすると，飛ぶ矢は常に静止しているからである．アリストテレスは，不可分の瞬間のようなものは存在しないし，運動自身が時間間隔という点からしか定義ができないという事実を指摘することによってこのパラドックスを論駁する．一方，近代の論駁法では最初の前提は否定されるはずだ．なぜなら運動は極限の概念によって現在定義されているからである[*14]．

　競技場のパラドックスは，3列の同じ物体があって，そのうちの A の列は静止しており，B の列は右方向へと動いて A の列を過ぎようとしており，それと同じ速度で C の列は左へと動いていると仮定する．ここで，B の列が物体一つ分右に動き，C の列が同様に物体一つ分左に動くとすると，もともと A_4 の下にあった B_1 は A_5 の下に，A_5 の下にあった C_1 は A_4 の下に来る（図2.13）．ゼノンは，物体は空間の不可分な要素であって，時間の不可分な単位の間に新しい位置に動くと仮定する．しかし，B_1 が C_1 と重なるときがなければならないので，二つの可能性が生まれる．二つの物体がすれ違うことはないゆえに運動はまったく生じないとするか，不可分の瞬間において，各物体は二つの分離した位置を占めるので瞬間は実際には分割不可能ではないとするか，そのどちらかである．アリストテレスはこのパラドックスはすでに論駁したものと考えていた．なぜならば，時間が不可分の瞬間から構成されているというもともとの仮定をすでにアリストテレスは否定していたからである．

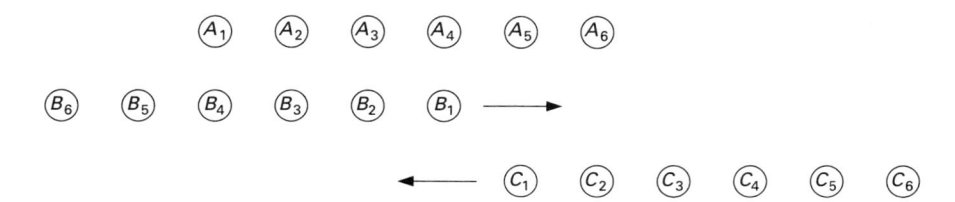

図 2.13
ゼノンの競技場のパラドックス．

　これらのパラドックスに関する論争は歴史を通じて現代にまで続いている．ゼノンの主張やアリストテレスの論駁の試みに現れるアイデアのおかげで，現代に至るまで数学者たちは，無限や無限小を取り扱う際の仮定について慎重に考えざるをえなくなっている．また，ギリシア時代においては，これらの仮定は，連続的な大きさと離散的な数との区別を発展させるにあたってアリストテレスにとっても，また最終的にはユークリッドにとってもおそらく重要な要因だったのである．

[*14]「飛ぶ矢」のパラドックスを空間，時間がともに無限に分割可能という仮定に基づく議論と見る見方もある．すると長さゼロの各瞬間においては運動がないので，矢の運動がどのように可能になるか，という問題が生じる．この見方をとると，ゼノンは，空間，時間がそれぞれ無限分割可能か否かによって生じうる四つのケースすべてに対してそれぞれ矛盾を導き，いずれにせよ運動が不可能であるということを論じたことになる．

2.4 ユークリッドと『原論』

　ギリシア時代で，そしておそらく歴史を通じて，最も重要な数学文献はユークリッドの『原論』である．この本はおよそ 2300 年前に書かれ，聖書を別にすれば，他のいかなる書物より版を重ねた．数え切れないほどの言語に翻訳され，あちこちの国で，印刷術のほとんど始まりの時期から，絶えず印刷されてきた．しかし，現代の読者にとってこの著作は信じられないほど退屈なものだ．実例は一つもあげられてないし，読者を誘う文句もない．気の効いた科白はないし，なんと計算はまったくない．そこにあるのは定義，公理，定理，そして証明だけなのだ．にもかかわらず，この書物は深く研究されてきた．多くの有名な数学者の伝記には，彼らが最初に数学の手ほどきを受けたのはユークリッドの著作で，それに刺激を受けて数学者となる気になった，とある．『原論』は「純粋数学」はどう書かれるべきかというモデルを提供した．すなわち，考え抜かれた公理と，精密な定義，注意深く述べられた定理，そして論理的に一貫した証明である．ユークリッドが書いたものより前にも『原論』にはいくつかのバージョンがあったのだが，ユークリッドのものだけが残ることになった．それはおそらく，比例論と無理量論の基礎がプラトンの学園で展開され，数と大きさを常に注意深く区別しなければならないことをアリストテレスが主張したあとで書かれた最初のものだったからであろう．この意味でユークリッドの『原論』は「完備」でしかも論理的に整ったものであったのだ．数学者の集団は全体としてみても小さなものだったから，ユークリッドの著作が全般的に優れているとひとたび認められれば，他の劣った著作を伝達する理由はなかった．以下に述べるユークリッドの著作の詳細な分析は，読者に『原論』が優れているという洞察を与えるだけでなく，そこに含まれるギリシア数学の様々な部分の起源を説明することになる．ここで論じることになる『原論』の種々の側面の，事実上すべてがその後の数学の発展にとって非常に重要であることが明らかになるだろう．

　『原論』の著者について，本質的なことは何もわかっていない．ユークリッドについて書かれている以下の内容は，彼が生きた時からおよそ 750 年後のプロクロス（410–485 年頃）の『原論第 I 巻への注釈』によるものである．

　　エウクレイデス（ユークリッド）はこれらの人々［プラトンの弟子のコロポンのヘルモティモスとメンデのピリッポス］よりそれほど年下ではなかった．彼は『原論』を編纂し，エウドクソスの多くの定理を系統的にまとめ，テアイテトスの多くの定理を完成させ，先駆者たちがやや厳密性を欠くまとめ方をしていた命題に，反論の余地のない証明を与えた．彼はプトレマイオス一世の時代に生きていた，というのはプトレマイオス一世のあとに生きたアルキメデスがエウクレイデスに言及しているからである．また，プトレマイオスがエウクレイデスに，幾何学に『原論』よりも短い道はないだろうかと尋ねたことがあって，エウクレイデスは幾何学に王のための道はないと答えたとのことである．それゆえ彼はプラトンの弟子たちよりはあとだが，エラトステネスやアルキメデスよりは前の人である [16]．

2.4 ユークリッドと『原論』

いずれにせよ，ユークリッドはアレクサンドリア（図 2.14）の，博物館であり図書館でもあるムーセイオンで教え，著作をしていたと，普通は考えられている．この複合学術施設は，アレクサンドロス大王のマケドニア人将軍で，アレクサンドロス大王が紀元前 323 年に死んだあと，エジプトを支配した救済王プトレマイオス一世によって紀元前 300 年頃に創設された．ここでムーセイオン（英：museum）とは「ムーサ（英：muse）の神殿」という意味であり，学者が集まり，哲学や文芸のことを論じる場所ということである．ムーセイオンは，実際には国家の研究施設と位置づけられた．ムーセイオンの研究員は給与と住宅を支給され，税金を免除された．こうしてプトレマイオス一世とその後継者たちは優秀な人材がギリシア世界全体からここにやってくることを期待したのであった．実際，ムーセイオンとその図書館は，人文学においても科学においても，最高に発展したギリシアの学問の中心となった．研究員は当初，研究を行うために任命されたのだが，若い学生も集まってきたので，研究員たちはまもなく教育も行うようになった．図書館の目的は，ギリシアの文献全体を，入手可能な限り，よい写本で収集し，それらを系統的に整理することであった．アレクサンドリアから出港する船の船長は，途中で立ち寄るあらゆる港から巻物[*15]を持ち帰るよう訓令された．紀元前 247–221 年に在位したプトレマイオス三世は，三大悲劇詩人のアイスキュロス，ソポクレス，エウリピデスの劇作品の権威あるテクストを，高額の保証金を支払ってアテナイから借り出した．しかし，その原本を返す代わりに，写しを返したのである．保証金を没収されるのは望むところだったのだ．最終的にムーセイオンの図書館は，50 万巻を超えるあらゆる分野の写本を蔵するに至った．この蔵書は度重なる戦禍に失われていったが，それでもその一部は紀元後 4 世紀まで無傷で残っていた．

ユークリッドが著作を書いたのはおよそ 2300 年前のことである．しかし，その当時のこの著作の写しは残っていない．最も古い断片には，エジプトで発見された紀元前 225 年頃の陶器の破片で，そこに第 XIII 巻の命題への注釈と思われるものが書かれているものや，紀元前 100 年頃のパピルスで第 II 巻の一部を含むものがある．しかし，この著作の写しはユークリッドの時代から絶えず作られていた．様々な編集者が校訂を行い，注釈を加えたり，新しい補助定理を加えたりした．とくにアレクサンドリアのテオン（紀元後 4 世紀）は，重要な新しい校訂版を作った．現存するユークリッドの『原論』の写本の大部分はこの校訂版の写しである．その中で最も古い写しはオックスフォード大学のボードリアン図書館にあり，888 年のものである．しかし，ヴァティカンの図書館にある一写本は，10 世紀のものであるが，テオンの校訂版の写しではなく，それより前の版の写しである．この写本と，テオンの版の写しであるいくつかの古い写本とを詳細に比較して，デンマークの学者 J. L. ハイベアは 1880 年代に，可能な限りギリシア語の原本に近いギリシア語の決定版を編集した[*16]（ハイベアは同

図 2.14
ユークリッド（ラファエロの絵画『アテネの学堂』の部分より）．ユークリッドが実際どんな外貌をしていたかに関する証拠は何もないことに注意．

[*15] 当時の書物はパピルスの巻物であった．
[*16] ヴァティカンの写本（発見者の Peyrard にちなんで P 写本と呼ばれる）といえどもユークリッドより数百年後のものであり，アラビア語訳，さらにその訳である中世ラテン語訳に，原文に近い内容が残されている場合もあることが最近明らかになりつつある．

様の仕事を，いくつかの他のギリシア数学文献に対して行った）．以下で論じる『原論』の抜書きはすべてハイベアのギリシア語版からの翻訳である[*17]．

ユークリッドの『原論』は 13 巻からなる著作だが[*18]，これが一つのまとまった著作でないことは確実である．著作の内部的な構造からも，ギリシア数学の歴史に関するこの著作以外の資料からも明らかなことは，『原論』は編纂物であって，ユークリッドが数学の様々な分野に関する，当時存在していた著作を編集してこのテクストに収めたということである．しかしユークリッドは全体を貫く構造をこの著作に与えている．その一つは，数と大きさとの間の，アリストテレスによる基本的な区別を守ったことである．すなわち，最初の 6 巻は 2 次元の幾何学的大きさに関するほぼ完璧な議論であり，これに対して第 VII 巻から第 IX 巻は数論を扱う．実際，ユークリッドは二つの完全に別々の比例論の扱いを『原論』に含めている．第 V 巻には大きさに対する比例論，第 VII 巻には自然数に対する比例論が含まれる．そして第 X 巻はこれら二つの概念の結びつきを与えるものである．というのは，ここでユークリッドは通約可能性と通約不能性の概念を導入し，比に関する限りでは，通約可能な大きさはあたかも数であるかのように扱うことができることを示しているからである．この巻はそのあとに通約不能な大きさの一部の分類を提示している．ユークリッドは第 XI 巻と第 XII 巻で 3 次元の幾何学的対象を扱い，第 XIII 巻では 5 種類の正多面体を作図し，そこに現われる線分の一部を第 X 巻の枠組みによって分類している．

第 1 章で論じた古代数学のほとんどすべてが何らかの形でユークリッドのこの名著に含まれていることもここで言っておくと便利だろう．ただし，数の計算の実際の方法だけは別である．方法論がまったく違うのである．すなわち，これ以前の種々の文化圏における数学は常に数と測定にかかわるものであった．そこで顕著なのは様々な問題を解決するための数値的なアルゴリズムである．ところがユークリッドの数学は，完璧に計算的ではないのだ．ときたま現われる小さな正の整数以外，この著作全体を通して，数というものは出てこない．また，計測も出てこない．様々な幾何学的対象が比較されるが，それは数による計測を用いるのではない．何キュービットとか，何エーカーとか，何度とかいう表現はまったくない．唯一の測定の基準は，角に関しては，直角である．そうではあるが，ユークリッドの題材で以前の諸文化にある概念に関連のあるものは，もともとギリシアにあったのか，これら他の諸文化からとり入れられたのか，ということは問うてみなくてはならない．この点に関連するいくつかの証拠についてはこの章でも議論するが，この問題への答はいまだにはっきりしていない．

2.4.1 定義と要請

アリストテレスが示唆した通り，科学的な著作は定義と公理で始まる必要がある．そこでユークリッドは『原論』全 13 巻のいくつかの巻の初めに，議論される数学的対象の定義をおいている．『原論』の研究は第 I 巻の定義から始まる

[*17] Katz の原文では 1908 年の Thomas Heath の翻訳を用いているが，日本語訳ではギリシア語から直接翻訳した共立版『原論』を用いる．ただし，文脈に合わせて訳しなおした場合には，その都度注記している．
[*18] 以下では，巻数はローマ数字で示す．たとえば，「命題 X-2」とは第 X 巻命題 2 を意味する．なお，古代においては書物は巻物に書かれていたので巻という言葉が用いられるが，今日から見れば章と解するとわかりやすい．

囲み 2.1
『原論』第 I 巻の定義より

1. 点とは部分を持たないものである．
2. 線とは幅のない長さである．
3. 線の端は点である
4. 直線とは，その上にある点について一様に横たわる線である．
5. 面とは長さと幅のみを持つものである．
6. 面の端は線である．
7. 平面とはその上の直線について一様に横たわる面である．
8. 平面角とは一つの平面内にあって互いに交わりかつ一直線をなすことのない二つの線相互のかたむきである．
9. 角をはさむ線が直線であるとき，その角は直線角と呼ばれる．
10. 直線が直線の上に立てられて接角を互いに等しくするとき，等しい角の双方は直角であり，上に立つ直線はその下の直線に対して垂線と呼ばれる．
15. 円とは一つの線にかこまれた平面図形で，その図形の内部にある一点からそれへ引かれたすべての線分が互いに等しいものである．
16. この点は円の中心と呼ばれる．
17. 円の直径とは円の中心を通り両方向で円周によってかぎられた任意の線分であり，それはまた円を二等分する．
18. 半円とは直径とそれによって切り取られた弧によってかこまれた図形である．半円の中心は円のそれと同じである．
23. 平行線とは，同一の平面上にあって，両方向にかぎりなく延長しても，いずれの方向においても互いに交わらない直線である．

ことになる（囲み 2.1）．

現代の定義の基準からすると，ユークリッドの最初のいくつかの定義は本当は定義ではない．すでに理解されている概念だけですべてのものを定義することは不可能なのだ．中でも，点や線といった術語は今日なら定義しようとはしないだろう．しかしユークリッドは，アリストテレスに従って，これらの定義を用いて，ある種の術語を説明するだけでなく，そこで定義される対象の存在も主張しているのである．こういうわけで，彼の点と線の定義は，これらの対象に関するわれわれの考えを概念化することを助けるだけでなく，これらの対象の存在をわれわれが主張することを可能にするものでもあるのだ．直線，面，平面，平面角といったものの定義も同様である．他方，定義 3 や定義 6 はそれぞれ点と線，線と面の概念に関連を与えるためにおかれている．

定義 9 は，ユークリッドが線について書くときに必ずしも直線を考えているわけではないことを伝えてくれる．したがって角は円や弧によってさえも作ることができる．しかし第 I 巻の角はこの定義で言う直線角のみである．同様に，ユークリッドは「線」という言葉を定義 15 で円周を表すために用いている．定義 17 ではユークリッドは円の直径は円を二等分すると述べている．これは伝承によればタレスに帰される定理である．次の定義（半円）が意味を持つためにはこの結果が必要なのである．他の定義は比較的すっきりしたものである．その大半は多分ユークリッドよりずっと前の時代のものであろう，なぜなら定義される対象がユークリッド以前の多くの著作で論じられているからである．しかし，平行線の定義は少々興味をそそる．この定義を実際どうやって使うのかが明らかでないからである．二つの直線が，実際交わるかどうかなんて一体どう

やって知ることができるのだろう[*19]？　いずれにしても，ユークリッドは明らかに理想的な平面上の理想的な直線というプラトン的な概念を明白に持っている．というのは，地上の直線を限りなく延長することはできないから．

さらに，アリストテレスが述べたように，一定の主張を真であるとして受け入れる必要がある．ユークリッドはこのようなものを二つのグループに分ける．最初のグループは公準（要請）であり，幾何学に特有の真理である．

1. 任意の点から任意の点へ直線を引くこと．
2. 有限直線を 1 直線に連続して延長すること．
3. 任意の中心と距離をもって円を描くこと．
4. すべての直角は互いに等しいこと．
5. 1 直線が 2 直線に交わり同じ側の内角の和を 2 直角より小さくするならば，この 2 直線は限りなく延長されると 2 直角より小さい角のある側において交わること．

これらの公準のうち最初の三つは，ユークリッドが『原論』で行う作図の基礎になるものである．この著作の命題の非常に多くが，ある性質を満足する図形の作図を要求する．これらの命題は実際，ギリシアの数学者たちが解こうとした問題がどのようなタイプのものであったかを示す実例であり，これら以外の『原論』の命題が発見されたのは，そういった問題の解法の探求を通じてのことであった，という可能性も非常に高い．いずれにせよ，ユークリッドが，ある特定の条件を満たす特定の線を引くことができるとか，定義 20 の正三角形のような，特別なタイプの図形が実際に存在すると主張するとき，彼はこの主張を，その線なり円なり図形がどのように作図されるかを示すことによって証明する．その基礎として使われるのが最初の三つの公準なのである．

ユークリッドの作図が直定規とコンパスに基づいていることはよく知られている．公準 1 と 2 は，直定規を，2 点の間の直線を引くことと，与えられた直線を延長することに用いてもよいことを主張するし，公準 3 は，与えられた任意の点を中心として，与えられた任意の半径の円を描くためにコンパスを用いることができると述べる．すると問題は，なぜユークリッドが作図をこれら二つの道具に限定したのか，ということになる．これがなぜ問題になるかというと，とくに，ユークリッドの前であれあとであれ，他の数学者たちは，問題解法のために別のタイプの作図を利用しているからである．しかし，ユークリッドについて決定的な答を与えることはできない．ただ，これら直定規とコンパスの作図は，彼が基本的な結果と考えたもの，すなわち「基本原理（ストイケイア）」[*20]を展開するために必要なすべてであったということは注意しておこう．他の作図は「高等」数学に属するものだったのだ．

公準 4 と 5 は最初の三つに比べると多少理解が難しい．もちろん，公準 4 が正しいことに議論の余地はない．唯一の疑問は，なぜこれが必要かということである．その答は，ユークリッドがここで，直角を角の測定の基準となるものと

[*19] これはあとで出てくる第 5 公準と組み合わせて使われる．明らかにこの定義は使い方を意識した上で書かれている．
[*20] ギリシア語での『原論』の書名．

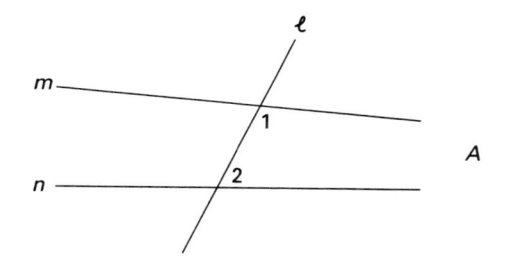

図 2.15
ユークリッド『原論』公準 5. 平行線公準.

している，ということである．そこでこの公準は，これが基準として有効であることを主張していることになる．このような角の測定の基準は次の公準が意味を持つために必要である．

公準 5, いわゆる「平行線公準」はユークリッドの仮定の中で，最も興味を引くものであり続けてきた．最初の 4 個の公準に比べて，これが自明でないことは確かである．この公準は直線 ℓ が直線 m と直線 n に交わり，角 1 と角 2 の和が 2 直角より小さいならば，直線 m と直線 n は A の側で最終的に交わるということを主張する（図 2.15）．

最初の 4 個の公準の起源が何であるにせよ，アリストテレスが彼の時代には平行線の理論は確実な基礎に基づいていないと述べたことは，ユークリッドが，平行線の理論の出発点である第五公準を作ったという意見に信憑性を与えるものである．しかし，ユークリッドのときからずっと，様々な数学者たちがこの公準を定理として証明しようとしてきた．そのような試みは最終的にすべて失敗し，ユークリッドがこれを公準として述べることの中に含めたことは，彼が数学の天才であったことを強烈に示すものである．一方，近代の数学者たちは，ユークリッドが，明確に述べることなく他の公準を仮定したことを発見している．その一部についてはしかるべき箇所で触れることにする．しかし全体の枠組みからすれば，これらの欠落した仮定はたいして重要なものではない．全般的にいえば，『原論』の論理構造は，やはり数学の見本となるものなのだ．

公準のあとに，ユークリッドは「共通概念」と呼ぶものを含めている．これはすべての学問に共通な真理ということである[21]．

1. 同じものに等しいものはまた互いに相等しい．
2. 等しいものに等しいものが加えられれば，全体は等しい．
3. 等しいものから等しいものが引かれれば，残りは等しい．
4. 互いに重なり合うものは互いに等しい．
5. 全体は部分より大きい．

これらの公理はたしかに自明であるように思われる．最初の三つは今日，初等代数で頻繁に用いられる．ユークリッドはこれらと残りの二つを様々な幾何学的議論に用いている．

---

[21] all of the sciences とあるが，これはむしろ，幾何学，数論など，「数学的諸学科のすべて」というほうが正確であろう．

2.4.2 基本命題

第I巻の定理の多くは読者にはなじみのあるものだろう．実際，第I巻の結果それ自体は（厳密な証明は別として），ギリシア幾何学の最初期の時代に遡るものであろう．ユークリッドに帰されるかもしれないのは，この巻の構成と，個別にはピュタゴラスの定理を含めたことだけである．

第I巻の最初の三つの命題は作図である．とくに，命題1は与えられた直線上の等辺三角形［正三角形］の作図を与える（図2.16）．AB を与えられた有限線分とする．A を中心とし，AB を半径とする円 BCD を描く．再び，B を中心とし，BA を半径とする円 ACE を描く．円が交わる点 C から線分 CA および線分 CB を引いて三角形 ABC を作る．この作図された三角形が等辺であることを証明するために，ユークリッドは，A は円 CDB の中心であるから，AC は AB に等しいと述べる．さらに，B は円 CAE の中心であるから，BC は AB に等しい．AC, BC の両方が AB に等しく，同じものに等しいものは互いにも合い等しいから，ユークリッドは，AC, AB, BC がすべて互いに等しく，それゆえ三角形 ABC は等辺であると結論する．

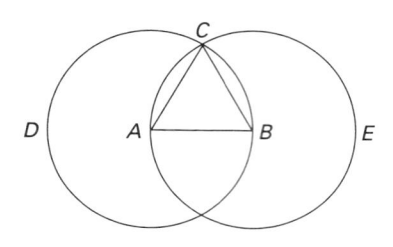

図 2.16
『原論』命題 I-1.

これは最初の命題であるから，ユークリッドが証明で利用できるのは定義，公準，公理だけである．そこで彼は二つの円を作図するのに公準3を使い，2本の線分を引くのに公準1を使っている．証明の本体の部分では AC が AB に等しく，BC が BA に等しいと結論するために円の定義（定義15）を用いている．最後に，共通概念1のおかげで，作図された三角形の3辺が等しいと結論できる．ユークリッドの証明の論理の分析を試みれば，ユークリッドが，一つの言明から次の言明を得るのにアリストテレスの三段論法を使っていないという結論になる．その代わり**肯定式**の形の命題論理を用いているのである．

三段論法であるか命題論理であるかはおいて，この証明には論理的な飛躍があると，多くの注釈者たちが指摘してきた．どうやって二つの円 BCD と ACE が交わることがわかるのだろうか？ 連続性に関する何らかの公準が必要なのだ．この公準は19世紀に与えられることになり，これについては第17章で論じる．おそらく，このような公準はユークリッドにとって非常に当たり前だったので，彼はそれを述べようとは思わなかったのだろう．

命題2と3は与えられた線分に等しい線分をどうやって引くかを示す作図である．命題4はこの巻の最初の定理，すなわち特定の幾何学的作図に関係する真理の主張である．それは三角形の合同に関する三つの定理の最初のものであり，しばしば「2辺夾角」と短縮されるものである．

命題 I-4 もし二つの三角形が 2 辺が 2 辺にそれぞれ等しく，その等しい 2 辺にはさまれる角が等しいならば，二つの三角形は重なる[*22].

　ここで用いた「重なる」という言葉は，三角形の各々の部分がもう一方の三角形の対応する部分に等しいというユークリッドの結論を，現代風に短く表現したものである．ユークリッドはこの定理を，二つの三角形を重ねることによって証明する．これは 3 辺相等による合同の第二の定理（命題 I-8）でも同様である．すなわち，この場合なら，彼は最初の三角形がもとの場所から動かされ，第二の三角形の上におかれ，そのとき一つの辺がそれに等しい対応する辺の上になり，角も重なるようにする，と想像するのである．ここでユークリッドは暗黙に，このような移動が図形の形を変えることなくいつでも可能であると仮定している．この種の公準を与える代わりに，19 世紀の数学者たちは，この合同の定理そのものを公準として仮定することが多かった．先のことになるが，三番目の，2 角夾辺の合同定理，すなわち三角形の 2 角と 1 辺が，第二の三角形の 2 角と 1 辺に等しいという仮定の定理は命題 26 として証明される．

命題 I-5 二等辺三角形の底辺の上にある角は互いに等しく，等しい辺が延長されるとき，底辺の下の角は互いに等しいであろう．

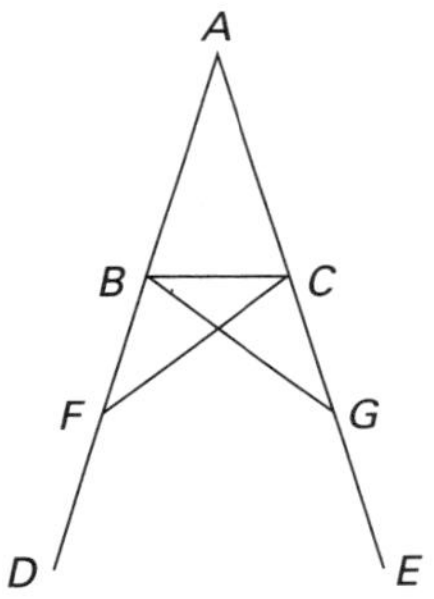

　この結果を証明するために，ユークリッドは，ABC が $AB = AC$ の二等辺三角形であると仮定する（図 2.17）．等しい辺を線分 AD, AE へと延長し，BD 上に任意の点 F をとり，AG を AF に等しく作図し（命題 3），線分 FC, GB を引く．証明は続いて，命題 4 を用いて三角形 AFC が三角形 AGB に合同であることを示す．すなわち，$AF = AG, AB = AC$ であり，挟まれる角は同一のものであるから．再び命題 4 によって三角形 BFC と CGB が合同で，それゆえ対応する角，FBC と GCB が等しいことが得られる．さらに角 BCF が角 CBG に等しく，角 ACF が角 ABG に等しいので，ユークリッドは共通概念 3 より底辺における角 ACB と ABC が等しいと結論する．

　ユークリッドの証明の構造は仮言的三段論法として分析できる．p を「ABC は二等辺三角形である」，q を「底辺における角が等しい」とすれば，証明すべき定理は「もし p ならば q である」となる．しかしもし p_1 を「三角形 BFC は三角形 AGB と合同である」，p_2 を「三角形 BFC は三角形 CGB と合同である」とすれば，ユークリッドは「もし p ならば p_1」，「もし p_1 ならば p_2」，および「もし p_2 ならば q」を示している．仮言的三段論法の規則を 2 回用いて，彼は「もし p ならば q」と結論できるわけである．このような帰結の連鎖はユークリッドの証明では典型的なものであるが，今後調べる他の定理ではいちいち詳細に述べることはしない．

　ユークリッドのあれこれの議論の論理をどのように分析するにせよ，議論が正しいからといって，それがユークリッドや彼の先駆者の誰かが，その議論を最初はどのように思いついたかを示すわけではない，ということは記憶しておくほうがよい．ユークリッドは，なぜある特定のやり方をとるのかを述べること

図 2.17
『原論』命題 I-5.

[*22]共立訳では，「底辺は底辺に等しく，三角形は三角形に等しく，残りの 2 角は残りの 2 角に，すなわち等しい辺が対する角はそれぞれ等しいであろう」とされるが，本文の文脈に合わせて「二つの三角形は重なる」とする．

はない．得られる結果が「なぜ」そうであるのかは決して明らかにされることはないから，彼の著作を教科書として使うのは少々困難である．しかし，おそらくは，ユークリッドも，アレクサンドリアでの彼の後継者も，また別の学派の者たちも，問題をいかに解析して証明を与えるかを弟子たちには教えていたのであろう．古代には解析の方法があった．これは証明を見出すためにとくに重要な手段であり，それは与えられた証明すべき定理が真である，あるいはなすべき作図がなされたと仮定し，そこからの帰結を次々に導出し，すでに真であることが知られている命題に至るものである．しかしこの解析の方法の唯一の詳細な議論は紀元後3世紀のパッポスによるものである．これについては第5章で論じる．

しかしながらユークリッドは**帰謬法**を利用した証明の中で，一種の解析を明確に利用している．帰謬法においては，証明すべき命題 p が偽である，すなわち p の否定が真である，と仮定し，そこから様々な帰結を引き出し，最終的に矛盾に到達する．この矛盾は次の三つの形のどれかをとる．p を導くか（p は p の否定と矛盾する），同じ命題 q について q と q の否定を導くか，真である何らかの命題 r に対して r の否定を導くか，である．こうして証明すべき p が結論できることになる．

ユークリッドの**帰謬法**の証明の最初の例は次の命題である．

命題 I-6 もし三角形の2角が互いに等しければ，等しい角に対する辺も互いに等しいであろう．

角 B が角 C に等しい三角形 ABC が与えられたとする．ユークリッドは AB が AC に等しくないと仮定する（図2.18）．すると残る可能性は $AB > AC$ または $AB < AC$ の二つである．ユークリッドはまず最初の可能性を仮定する．そして AB 上に $DB = AC$ となる点 D を見出し，DC を結ぶ．$\angle DBC = \angle ACB$ であるから，2辺夾角の合同定理から，三角形 BDC と三角形 CAB は合同である．しかし，そうすると三角形 BDC は全体の三角形 CAB の一部分であるのに，全体に等しく，これは共通概念5に反する．同様の議論で「$AB < AC$」もやはり偽であることが示され，2辺が等しいことが帰結する．これは単に帰謬法の議論であるだけでなく，2直線や2角が等しいことを示すユークリッドの典型的な証明でもある．このような証明で彼はたいてい，明確には述べないが3分類の原理を仮定している．すなわち，二つの量 a, b に対して，$a = b, a < b, a > b$ のいずれかが必ず成立すると仮定するのである．別の言葉で言えば，彼は「$(a = b)$ の否定」は「$(a < b)$ または $(a > b)$」と等価だと仮定している．こうして上で示したように，求める結論が得られるのである．

命題9から12は，必要となる作図をさらに与えている．ユークリッドは次の作図を示している．与えられた直線角の二等分，線分の二等分，直線上の点からその直線に垂線を引くこと，そして直線外の点から直線に垂線を下ろすこと．命題13は与えられた直線に別の直線が交わるならば，もとの直線の片側にできる二つの角は，ともに直角か，和が2直角に等しいかである，というものであり，このあとの第I巻の命題の大半はこの命題に依存する．命題14は命題13の逆であり，命題15は2直線が互いに交わるならば，対頂角は等しい，というものである．

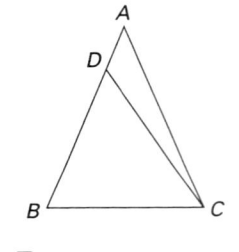

図 2.18
『原論』命題 I-6.

次の命題は，証明においてユークリッドがまたしても暗黙の仮定を行っている点で興味深い．

命題 I-16 すべての三角形において辺の一つが延長されるとき，外角は内対角のいずれよりも大きい．

三角形 ABC の辺 BC が D へと延長されたとする（図 2.19）．AC を E において二等分し，BE を結ぶ．ここでユークリッドは BE を F まで延長して $EF = BE$ となるようにできると主張する．残念ながら，直線を任意の長さだけ延長することを許す公準は存在しない[*23]．もちろん，この仮定が認められれば，証明は単純である．FC を結び，三角形 ABE と CFE が合同であることを示す．かくして $\angle BAE = \angle ECF$ を得る．ところが $\angle ECF$ は外角 ACD の一部分である．したがって，$\angle ACD$ は $\angle BAE$ より大きい．

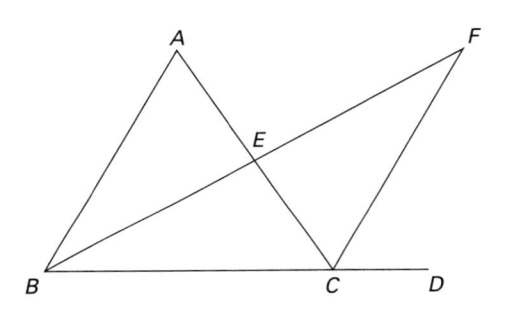

図 2.19
『原論』命題 I-16.

命題 16 の直接の系が命題 17 であり，これは任意の三角形の二つの角の和は常に 2 直角より小さいというものである．第 14 章で論じることになるが，この命題と，その不完全な証明は，非ユークリッド幾何学の発見へとつながる議論の発展において重要なものとなった．

このあと，いくつかの命題でさらに三角形を扱い，ユークリッドは命題 27 から平行線という重要な概念を扱う．議論の絶えない公準 5 をユークリッドが最初に用いたのはこれら一群の命題の中であり，第 I 巻の命題 28 よりあとの命題は実質的にすべて，この公準に依存する．

命題 I-29 一つの直線が二つの平行線に交わってなす錯角は互いに等しく，外角は内対角に等しく，同側内角の和は 2 直角に等しい．

この命題の第二と第三の主張は最初のものから容易に帰結する．この最初の主張を証明するために，ユークリッドは**帰謬法**の議論を用い，$\angle AGH > \angle GHD$ という仮定から出発する（図 2.20）．ここから角 AGH と BGH の和が角 GHD と BGH の和より大きいことが得られる．最初の和は命題 13 により 2 直角に等しい．そこで第二の和は 2 直角より小さくなければならない．すると公準 5 は直線 AB と CD が最終的に交わらねばならないことを主張する．しかし仮定により，この 2 直線は平行であり，交わることはできない．この矛盾と，$\angle AGH < \angle GHD$ という仮定の同様の矛盾によって，求める結果が証明される．

[*23]公準 2 は単に直線を延長することを要請するだけであり，十分ではない．ここでのユークリッドの議論は非ユークリッド幾何学の一部では成立しない（879–881 ページ参照）．

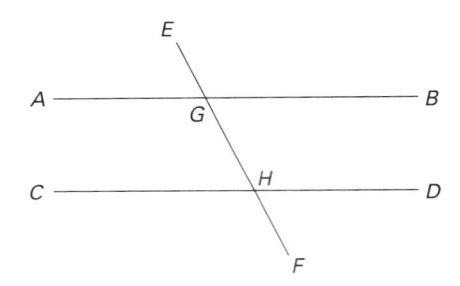

図 2.20
『原論』命題 I-29.

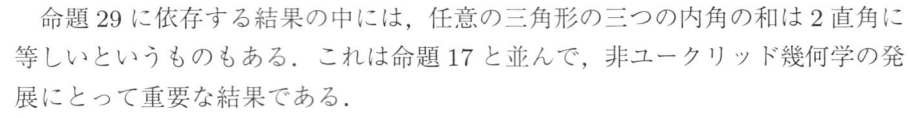

命題 29 に依存する結果の中には，任意の三角形の三つの内角の和は 2 直角に等しいというものもある．これは命題 17 と並んで，非ユークリッド幾何学の発展にとって重要な結果である．

命題 33 から平行四辺形の検討が始まる．ユークリッドは面積の測定や面積公式そのものを扱うことはないが，平行四辺形と三角形の領域の比較を可能にする結果を証明している．たとえば，彼は底辺が等しく，同じ平行線の間にある（すなわち，同じ高さの）平行四辺形が等しいこと（命題 36）や，三角形と同じ底辺上，同じ平行線の間にある平行四辺形は三角形の 2 倍である（命題 41）ことを示している．

第 I 巻を締めくくるのは，この著作の定理の中でも多分最も有名な，ピュタゴラスの定理とその逆である（図 2.21）．

図 2.21
ギリシアの切手に描かれたピュタゴラスの定理.

命題 I-47 直角三角形において直角の対辺斜辺の上の正方形は直角をはさむ 2 辺の上の正方形の和に等しい．

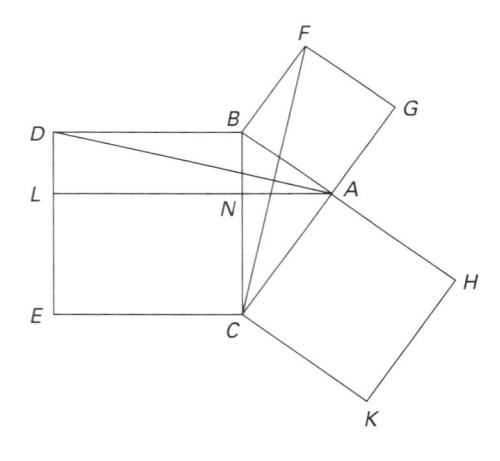

図 2.22
ユークリッド『原論』のピュタゴラスの定理.

ユークリッドはこの結果を証明するために，直角の頂点 A から斜辺の上の正方形の底辺 DE に垂線を下ろし，それから長方形 BL が AB 上の正方形に等しく，長方形 CL が AC 上の正方形に等しいことを示している（図 2.22）．ユークリッドの証明は多分，それより以前にギリシアにあった，相似の概念を利用した証明を改作したものであろう．実際，三角形 ABN, CAN および CBA は相似であり，これは，AB 上の正方形が BC, BN を 2 辺とする長方形（すなわち長方形 BL）に等しく，AC 上の正方形が BC, NC を 2 辺とする長方形（すなわ

ち長方形 CL）に等しいことを意味する．二つの長方形の和は BC 上の正方形だから，ここから結論が得られる．しかしユークリッドはこの結果を『原論』の中でできるだけ早く提示したかった．相似に関する議論は第 V, VI 巻までは出てこないので，彼は直角を挟む辺の上の正方形が，斜辺上の正方形を作りあげる二つの長方形に等しいことを示すための別の方法を工夫しなくてはならなかった．そこで彼は平行四辺形が同じ底辺で同じ平行線の間にある三角形の 2 倍であるという結果を利用した．この場合でいえば，長方形 BL は三角形 ABD の 2 倍であり，正方形 AF は三角形 FBC の 2 倍である．ところが二つの三角形は 2 辺夾角により合同である．類似の結果がもう一方の長方形と正方形に対しても成立するので，この定理は証明される．

2.4.3　幾何学的代数

　『原論』の第 II 巻は第 I 巻とまったく感じが違っている．この巻は様々な長方形や正方形の関係を扱うが，その大部分は代数的な概念を用いれば近代的に解釈できる．実際，第 II 巻の命題に，第 I 巻の命題 43–45，第 VI 巻の命題 27–30 を合わせたものが，いわゆる「幾何学的代数」，すなわち代数的な概念を幾何学的な図形によって表現したもの，を形づくっている．幾何学的代数というテーマ全体が近年，ギリシア数学に関心を持つ人々の間で大きな論争を巻き起こした．この論争の中心は，ギリシア人はそもそも代数に関心があったのか，そしてギリシア数学のこのような側面は，直接または間接にバビロニア人の数学から借用したものなのか，ということにあった．一方では，これら一群の結果は幾何学的知識の集成として，比較的まとまりのある構造をなしている．ところが他方で，これらの様々な結果を，単純な代数学の法則に翻訳することも，バビロニアの標準的な 2 次方程式の解法に翻訳することもきわめて容易なのである [17]．

　『原論』第 II 巻は定義で始まる．

> いかなる直角平行四辺形（矩形）も直角を挟む 2 線分によって**囲まれる**といわれる．

　この定義はユークリッドの幾何学的な言葉遣いを示している．ここで述べられていることは，長方形の面積が長さと幅の積であるという意味ではない．ユークリッドは二つの長さを掛けることは決してしない．なぜなら任意の長さに対してそのような乗算という手続きを定義する方法がなかったからである．あちこちで彼は長さに数（すなわち正の整数）を掛けることはある．しかしこれ以外では彼は二つの線分によって囲まれる長方形という書き方しかしない．すると問題になるのは，ユークリッドの「長方形」を単に「積」を意味するものとして解釈すべきか，ということである．

　ユークリッドによるこの定義の利用例として次の命題を考察しよう．

命題 II-1　もし 2 線分があり，その一方が任意個の部分に分けられるならば，2 線分にかこまれた矩形は，分けられていない線分と分けられた部分のおのおのとにかこまれた矩形の和に等しい．

　代数的な結果としてみればこの命題は単に，与えられた長さ l と，いくつか

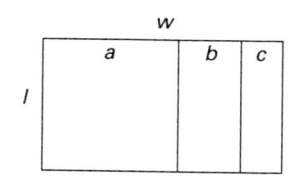

の切片に切られた幅 w（たとえば $w = a+b+c$）に対して，これら 2 線分が決定する長方形の面積，すなわち lw が，長さ l と，幅 w が切られてできる切片によって決定される長方形の和，すなわち $la+lb+lc$ に等しいということを述べるにすぎない（図 2.23）．別の言葉で言えば，この定理はよく知られた分配律 $l(a+b+c) = la+lb+lc$ を述べるものである．しかし，興味深いことは，この結果はピュタゴラスの定理の証明において，BC 上の正方形が長方形 BL と CL の面積の和に等しいことを示すところですでに使われているということである．もしユークリッドがこの幾何学的な結果を第 I 巻で明らかであると感じていたのならば，なぜ彼はあとでこれを証明せねばならないと感じたのだろうか．それは多分第 II 巻が様々な代数的な結果の幾何学的翻訳を提示するためのものであったからではないだろうか．

図 2.23
『原論』命題 II-1. $l(a+b+c) = la+lb+lc$

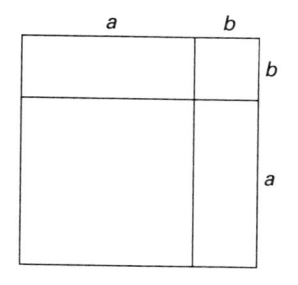

図 2.24
『原論』命題 II-4. $(a+b)^2 = a^2 + b^2 + 2ab$

命題 II-4　もし線分が任意に二分されるならば，全体の上の正方形は，二つの部分の上の正方形と，二つの部分によって囲まれた矩形の 2 倍との和に等しい．

代数的には，この命題は単に二項式の平方の公式 $(a+b)^2 = a^2+b^2+2ab$ であり，平方根を求めるアルゴリズムの基礎となりうることは第 1 章で論じた（図 2.24）．ユークリッドの証明は非常に込み入っている，というのは彼はこの図の中の様々な図形が本当に正方形や長方形であることを証明しなければならないからである．近代的な証明では，この命題は命題 1 に帰着されることになろう．再び問われるのは，この結果を代数と考えるべきなのか，幾何学と考えるべきなのだろうかということである．

これに続く二つの命題は 2 次方程式の標準的な代数的解法の正しさを幾何学的に示すものとも解釈できる．

命題 II-5　もし線分が相等および不等な部分に分けられるならば，不等な部分に囲まれた矩形と二つの区分点の間の線分上の正方形との和はもとの線分の半分の上の正方形に等しい．

命題 II-6　もし線分が二等分され，任意の線分がそれと 1 直線をなして加えられるならば，加えられた線分を含んだ全体と加えられた線分とに囲まれた矩形ともとの線分の半分の上の正方形との和は，もとの線分の半分と加えられた線分とを合わせた線分上の正方形に等しい．

図 2.25 はこれらの命題を解明する助けになるはずである．各々の図において，AB を b，AC と BC を $\frac{b}{2}$，DB を x とすれば，命題 5 は $(b-x)x + (b/2-x)^2 = (b/2)^2$ となり，命題 6 は $(b+x)x + (b/2)^2 = (b/2+x)^2$ となる．2 次方程式 $bx - x^2 = c$ ［あるいは $(b-x)x = c$］は最初の等式を用いて $(b/2-x)^2 = (b/2)^2 - c$ と書き，

$$x = \frac{b}{2} - \sqrt{\left(\frac{b}{2}\right)^2 - c}$$

を得ることによって解くことができる．

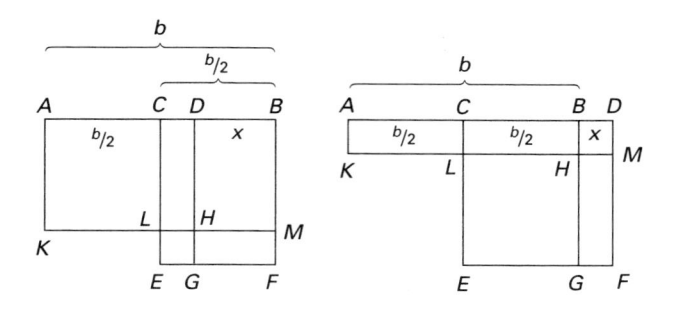

図 2.25
『原論』命題 II-5 および II-6.

　同様に, $bx+x^2=c$（あるいは $(b+x)x=c$）はあとの等式から, 似たような公式を用いることで解かれうる. また, 各々の図で AD を y, DB を x とし, それぞれの結果をバビロニアの標準的な連立方程式に翻訳することもできる. 前者は $x+y=b, xy=c$ に, 後者は $y-x=b, yx=c$ となる. いずれにせよ, 図 2.25 は, バビロニアの書記たちがこれらの連立方程式の最初のものを解くためにおそらく用いた方法を表す図 1.27 と, 本質的に同じものである.

　同様に, 次の命題を考えてみよう.

命題 II-9　もし線分が相等および不等な部分に分けられるならば, 不等な部分の上の正方形の和はもとの線分の半分の上の正方形と二つの区分点の間の線分上の正方形との和の 2 倍である.

　この命題の代数的翻訳として可能なものの一つは,

$$x^2+y^2 = 2\left(\frac{x+y}{2}\right)^2 + 2\left(\frac{x-y}{2}\right)^2,$$

である. これはバビロニア人たちが連立方程式 $x-y=b, x^2+y^2=c$ を解くために使った結果である.

　もちろんユークリッドはこういった代数的翻訳を一つも与えていない. 彼はただ, 図 2.25 に示される作図を用いて, しかるべき正方形や長方形の間の相等関係を命題 5 と 6 において示し, 命題 9（およびこれと類似の命題 10）においてはピュタゴラスの定理を用いた証明を行っているだけである. われわれが 2 次方程式と呼ぶものを解くためにこれらの命題が役立つということは, ユークリッドはどこにも述べてはいない.

　それではこれらの定理はユークリッドにとってどういう意味があったのだろうか. 命題 9 は『原論』でこのあと用いられていないので, この命題についてはこの問に答えることは難しい. ひょっとしたらバビロニアの連立方程式を解くために使われるはずであったのかもしれない. 他方, 命題 6 は命題 11 の証明で用いられている.

命題 II-11　与えられた線分を二分し, 全体と一つの部分とに囲まれた矩形を残りの部分の上の正方形に等しくすること.

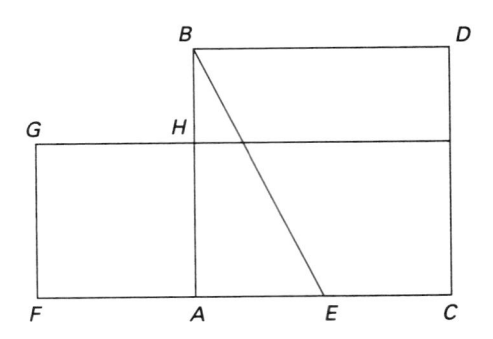

図 2.26
『原論』命題 II-11.

　この命題の目的は，$AB \times HB$ が AH の平方に等しくなるように点 H を直線 AB 上に見出すことである（図 2.26）．この問題を代数に翻訳すれば次のようになる．直線 AB を a とし，AH を x としよう．すると $HB = a - x$ となり，この問題は方程式

$$a(a-x) = x^2$$

あるいは

$$x^2 + ax = a^2$$

を解くことになる．バビロニアの解は

$$x = \sqrt{\left(\frac{a}{2}\right)^2 + a^2} - \frac{a}{2}$$

となる．ユークリッドの証明は，まさにこの公式と同じことを言っているように見える．二つの平方の和の平方根を得るには，明らかな方法は，与えられた平方の根を 2 辺とする直角三角形の斜辺を利用することであり，この場合それは a と $a/2$ である．そこでユークリッドは AB 上に正方形を描き，AC を E で二等分する．EB が求める斜辺となる．この長さから $a/2$ を差し引くために，彼は EB に等しく EF を描き，AE を引き去って AF を得る．これが必要とされる x の値である．彼はこの長さを AB 上にとりたいので，単純に $AH = AF$ となる点 H をとる．この H のとり方が正しいことを証明するために，ユークリッドは命題 6 に頼り，必要とされる正当化を与える．

　見たところ，ユークリッドは，幾何学的な装いのもとであるにせよ，2 次方程式をバビロニア人たちと同じやり方で解いていたようである．興味深いことに，この同じ問題を彼は『原論』の命題 VI-30 として再び解いている．そこでは与えられた直線を「外中比」に分けることを要求している．すなわち，直線 AB が与えられたとき，$AB : AH = AH : HB$ を満たすような点 H を見出すのである．この問題は代数的には比 $a : x = x : (a-x)$ に翻訳され，この比は上と同じ方程式の形に書き直すことができる．この方程式から得られる比 $a : x$，すなわち $\sqrt{5} + 1 : 2$ は通常**黄金比**として知られている．ギリシア時代から現代に至るまでの，黄金比の重要性については多くの著作が書かれている[18]．

　命題 II-5 の利用例を考察する前に，第 I 巻に少し戻ることが必要になる．

命題 I-44 与えられた線分上に，与えられた三角形に等しい平行四辺形を，与えられた直線角に等しい角のなかで添付すること[*24]．

　この作図の目的は，与えられた面積の平行四辺形で，その一つの角が与えられていて，1 辺が与えられた線分に等しいものを見出すことである．すなわち，平行四辺形は与えられた線分に「添付され」なければならない．このような面積の「添付」という概念は，一部の資料によればピュタゴラス派に由来するという．これが代数的にも解釈しうることは，与えられた角が直角ならばすぐに見てとれる．三角形の面積を c とし，与えられた線分が長さ a を持つとすると，この問題の目的は線分 b を見出し，長さ a，幅 b の長方形が面積 c を持つようにすること，すなわち，方程式 $ax = c$ を解くことである．ユークリッドは大きさの「割り算」を扱ってはいないので，彼にとっての解法は $c : x = a : 1$ という比例関係を満たす第四比例項を見出すことになる．ここで 1 はある与えられた単位長である．しかし第 I 巻で比例論を用いるわけにはいかないので，彼は面積を使った複雑な方法を用いざるを得なかったのだ．

　命題 I-45 においてユークリッドは，与えられた任意の直線図形に等しい長方形を作図する方法を証明している．これは，単純に問題の図形を三角形に分割し，他の命題も使うが，とりわけ I-44 の結果を利用するだけである．そしてこの命題は次の問題の解法の最初のステップで利用される．

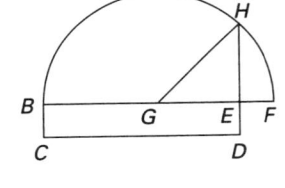

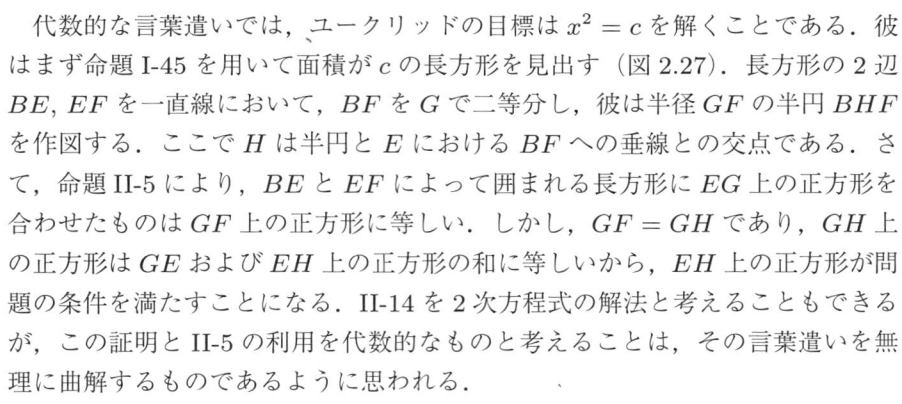

命題 II-14 与えられた直線図形に等しい正方形をつくること．

　代数的な言葉遣いでは，ユークリッドの目標は $x^2 = c$ を解くことである．彼はまず命題 I-45 を用いて面積が c の長方形を見出す（図 2.27）．長方形の 2 辺 BE, EF を一直線において，BF を G で二等分し，彼は半径 GF の半円 BHF を作図する．ここで H は半円と E における BF への垂線との交点である．さて，命題 II-5 により，BE と EF によって囲まれる長方形に EG 上の正方形を合わせたものは GF 上の正方形に等しい．しかし，$GF = GH$ であり，GH 上の正方形は GE および EH 上の正方形の和に等しいから，EH 上の正方形が問題の条件を満たすことになる．II-14 を 2 次方程式の解法と考えることもできるが，この証明と II-5 の利用を代数的なものと考えることは，その言葉遣いを無理に曲解するものであるように思われる．

　この『原論』第 II 巻が代数であるかないかという論争に関してわれわれがあげる資料の最後のものは，第 VI 巻からとったものである．

命題 VI-28 与えられた線分上に，与えられた直線図形に等しい平行四辺形を添付して，［別の］与えられた平行四辺形に相似な平行四辺形の形状だけ不足するようにすること．ただし与えられた直線図形は与えられた線分の半分の上に描かれかつ不足する平行四辺形と相似な平行四辺形より大きくてはならない[*25]．

図 2.27
『原論』命題 II-14.

[*24] 共立訳では，「等しい角のなかにつくること」とされているが，本文の文脈に合わせて「等しい角のなかで添付すること」とし，読点も補った．

[*25] この命題と次の命題 VI-29 の本文での解説では，「添付」「超過」「不足」という概念が使用される．共立訳では，これらの概念が明らかではないため，訳文に変更を加えた．

命題 VI-29 与えられた線分上に与えられた直線図形に等しい平行四辺形を添付して，[別の] 与えられた平行四辺形に相似な平行四辺形の形状だけ超過するようにすること．

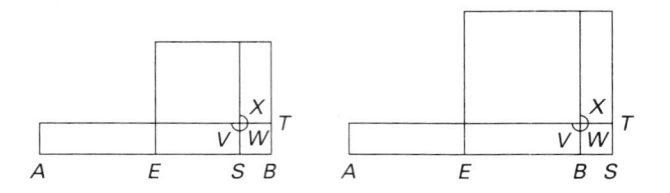

図 2.28
『原論』命題 VI-28 および VI-29.

与えられた線分に平行四辺形を添付するという考えはすでに命題 I-44 に現れた．第 VI 巻のこれらの命題では，ユークリッドは「不足」および「超過」する添付を扱う．前者の場合は，与えられた面積を持ち，その底辺が与えられた線分 AB より小さい平行四辺形を作図するというもくろみである．不足する線分 SB 上の平行四辺形は与えられた平行四辺形に相似でなくてはならない（図 2.28）．後者の超過の場合には，作図される平行四辺形は与えられた面積であるが，その底辺は与えられた線分 AB を超過し，超過の線分 BS 上の平行四辺形は与えられた平行四辺形に相似でなくてはならない．これらの「不足」および「超過」という考えの重要性は，第 3 章における円錐曲線の議論で明らかになるであろう．幾何学的代数の議論のためには，各々の場合に与えられる平行四辺形が正方形であると仮定するのが最も単純である．この仮定のもとで，これらの命題とその証明は代数的に翻訳できる．すると作図される平行四辺形はどちらの場合も長方形でなくてはならない．

どちらの場合も AB を b，与えられた直線図形の面積を c で表そう．この問題は AB 上（命題 28）または AB の延長上（命題 29）に点 S を見出し，$x = BS$ が，前者では $x(b-x) = c$ を，後者では $x(b+x) = c$ を満たすようにすることに帰着される．すなわち，それぞれ 2 次方程式 $bx - x^2 = c$ および $bx + x^2 = c$ を解くことになる．どちらの場合もユークリッドは AB の中点 E を見出し，BE 上に正方形を作図する．この面積は $(b/2)^2$ である．第一の場合，S は ES が面積 $(b/2)^2 - c$ となる正方形の 1 辺になるように選ばれる．これが，命題において c が $(b/2)^2$ より大きくてはいけないという意味の条件が述べられている理由である．この ES の決め方は，

$$x = BS = BE - ES = \frac{b}{2} - \sqrt{\left(\frac{b}{2}\right)^2 - c}$$

を意味する．

2 番目のケースでは，S は ES が面積 $(b/2)^2 + c$ の正方形の 1 辺となるように決められる．すると

$$x = BS = ES - BE = \sqrt{\left(\frac{b}{2}\right)^2 + c} - \frac{b}{2}$$

となる．どちらの場合もユークリッドは，この決め方が正しいことを証明するのに，求める長方形がグノーモン XWV に等しく，このグノーモンが与えられ

た面積 c に等しいことを示している．代数的には，この証明は，最初の場合には

$$x(b-x) = \left(\frac{b}{2}\right)^2 - \left[\left(\frac{b}{2}\right)^2 - c\right] = c$$

を，あとの場合には

$$x(b+x) = \left[\left(\frac{b}{2}\right)^2 + c\right] - \left(\frac{b}{2}\right)^2 = c$$

を示していることになる．

　幾何学的代数が，現実に，バビロニアで得られた結果の幾何学への翻訳に由来するものだという議論は非常に説得力がある．とくに，少なくとも上で議論した特別な場合に幾何学での問題解法の手続きと，代数的な手続きが似ていることを考えるとそう思われる．すると，ギリシア人が証明上の必要から，この結果を自分たちの幾何学的な見方に合うように翻案したのは，すべての線分が「数」によって表現できるとは限らないという発見に関係していた，という議論が可能になる．さらに議論をすすめて，これらの解法がひとたび幾何学に翻訳されれば，その結果を長方形だけでなく平行四辺形に対しても主張して証明することができたはずだと考えることもできる．この拡張のための労力はわずかだからである．［バビロニアからギリシアへ］解法が伝えられ，［幾何学的に］翻訳されたことを支持する別の議論は，バビロニアの方法そのものが，「素朴な」幾何学的な形で表現されていて，もっと精密なギリシア幾何学へ翻訳するのに適していたと考えることもできる，というものである．すでに指摘したように，ユークリッドの命題のいくつかは，バビロニアの方程式解法のアルゴリズムの幾何学的基礎と想定されるものと同じなのである．

　バビロニアの数学文献の書記たちと，ギリシアの数学者の間に，直接の文化的接触の機会はあっただろうか？　接触があったとすれば紀元前6世紀から4世紀の間であるが，この時期にバビロニアの数学の記録はないし，またギリシアの数学者たちが属した貴族階級は，古バビロニア時代にはエリート層でなかった書記たちの活動など軽蔑したはずであるから，このような文化的接触は実質的に不可能である，と論じられてきた．しかし，最近の発見によってバビロニア数学は紀元前第1000年紀の中頃まで続いていたことがわかってきた．さらに，この時期までに，メソポタミアの言語は，新しいアルファベットを用いてパピルスにインクで書かれることが多くなっていた．そこで粘土板に楔形文字で書かれるのは，保存が必要な重要な書類に限られるようになり，この仕事ができるのは伝統的な知識に通じたエリートで，国家の運営に中心的な役割を果たす者たちであった．さらに，紀元前6世紀以降，メソポタミアはペルシア帝国の属領となり，ペルシアとギリシアには接触があった．

　とはいえ，バビロニア数学がギリシア幾何学に「翻訳」されたのかもしれないという議論には魅力があるものの，紀元前4世紀以前にバビロニア数学がギリシアに伝えられたといういかなる直接的な証拠もない．とくに，数値計算による代数学がいかなる形であれ，当時のギリシアで用いられたという証拠はまったく存在しない．ピュタゴラス派の数論ですら，いくらか幾何学的な形で表現

されているのである．そこで，ギリシア人はわれわれが代数的な手続きと考えるものを利用しはしたが，彼らの数学的思考はあまりに幾何学的だったので，それらの手続きはどれも自動的にああいう風に幾何学的に表現されてしまったのだ，と論じることもできよう．紀元前300年前のギリシア人たちは代数的な記法を持たないし，したがって，大きさを表す式を操作するいかなる方法もなく，それらを幾何学によって考えるしかなかったのである．実際，ギリシアの数学者たちは幾何学的存在を扱うことにかけては非常に熟達していた．そして最後に，ギリシア人は，2次方程式の無理数解を，幾何学的な表現以外に表す手段を持たなかった．

　バビロニアの代数が何らかの形で紀元前4世紀以前にギリシアに伝えられたのか，そしてこの章で論じた定理を「代数」と考えるべきなのか，という問題に対する明確な答をここで与えることはできない．興味を持った読者は，参考文献にあげた研究を参照し，原典資料をも注意深く読む必要がある．

2.4.4　円，および正五角形の作図

　第I巻と第II巻は直線図形，すなわち線分によって囲まれる図形の性質を扱うものだった．第III巻でユークリッドは最も基本的な曲線図形である円に向かう．ギリシア人はどんなに回転しても常に同じに見える円の対称性に強い印象を受けた．彼らは円が最も完全な平面図形であると考えたのだった．これと同様に，彼らは三次元において円に類似した図形である球が立体図形の中で最も完全なものであると考えたのだった．こういった哲学的な概念が第4章で論じるギリシアの天文学の概念の基礎をも提供することになった．第III巻と続く第IV巻の定理の多くはギリシア数学の最初期に遡る．たとえば，三日月形に関するヒッポクラテスの業績は，彼が円の重要な諸性質をよく知っていたことを示している．第III巻の命題の多くは互いに独立であり，それぞれに固有な関心のゆえに『原論』のこの箇所に現われるように見えるが，第III巻の編集にあたっての原則は，それらを円に内接，および外接する正多角形の作図に利用する［これは第IV巻で達成される］，ということであったように思われる．とりわけ，第III巻の後半の命題のほとんどは，第IV巻の最も難しい作図である正五角形の作図に用いられている．正三角形，正方形，正六角形の作図は比較的直観的であり，多分ピュタゴラス派の業績であろう．これに対して，正五角形の作図はもっと高度なアイデアが必要で，そこには線分の外中比への分割も含まれる．したがって，それはもっとあとに発展したもので，多分紀元前4世紀初めのテアイテトスによるものであろう．この正五角形の作図は，第XIII巻において，今度はユークリッドによる正多面体の作図に利用される．

　関連するいくつかの定義（囲み2.2）を述べたあとで，ユークリッドは基本的な作図と命題で第III巻を始める．次に彼は円の接線を作図する方法を示す．

命題III-16　円の直径にその端から直角に引かれた直線は円の外部に落ちるであろう．そしてこの直線と弧との間に他の直線は引かれないであろう．［また半円の角はすべての鋭角の直線角より大きく，残りの角はすべての鋭角より小さ

> **囲み 2.2**
>
> ## 第 III 巻の定義から
>
> 2. 円と会し延長されて円を切らない直線は円に接するといわれる.
> 6. 円の切片とは弦と弧に囲まれた図形である.
> 8. 切片内の角とは切片の弧の上に 1 点がとられ, それから切片の底辺をなす弦の両端に線分が結ばれるとき, 結ばれた 2 線分に挟まれた角である.

い]*26.

　この命題は, 直径の端点において直径に垂直な直線は今日**接線**と呼ばれるものであることを主張している. ユークリッドはこの命題の系で, この直線が定義 2 の意味で円に「触れる」ことを述べるにすぎない. しかし曲線と直線の間にいかなる直線も置くことができないという言明は最終的に, 微分法の導入まで接線の定義の一部となった. この結果に対するユークリッドの証明は, 予期されることだが, **帰謬法**の議論によるものである.

　命題 18 と命題 19 は命題 16 に対する部分的な逆命題である. 前者の命題 18 は円の中心から引かれて接線に交わる線が接線に垂直であることを示し, 後者の命題 19 は接点からの接線に垂直な垂線は円の中心を通ることを証明している. 命題 20 と命題 21 は, やはりよく知られた結果を与えるものである. 同じ弧の上に立つ中心角は円周角の 2 倍であること, そして円の同じ切片内の角 [同じ弧の上に立つ円周角] が等しいことである. どちらの証明も図 2.29 から明らかであり, またこの図から, 円に内接する四辺形の対角の和が 2 直線であるという命題 22 の証明も明らかである.

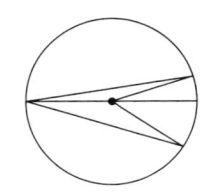

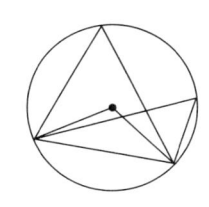

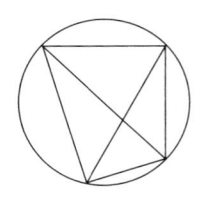

図 2.29
『原論』命題 III–20, III–21, III–22.

　命題 31 は半円内の角が直角であることを主張する. 一直線の角 180 度の角も角として考えられれば, この命題は命題 20 から直ちに導くことができよう. というのは, そうすれば半円内の角は一直線をなす直径の角の半分であり, 一直線の角は二直角だからである. しかしユークリッドは一直線の角を角とは考えず, 別の証明を与えている.

　次に, 正五角形の作図の準備として, 命題 36 と命題 37 を考察しよう.

命題 III–36　もし円の外部に 1 点がとられ, それから円に二つの直線が引かれ, それらの一方は円を切り, 他方は接するとすれば, 切る線分の全体と, 外部にその点と凸型の弧との間に切り取られた線分とに囲まれた矩形は接線の上の正方形に等しいであろう.

---

*26 付加した一文は, 本文に引用された英訳では省略されている.

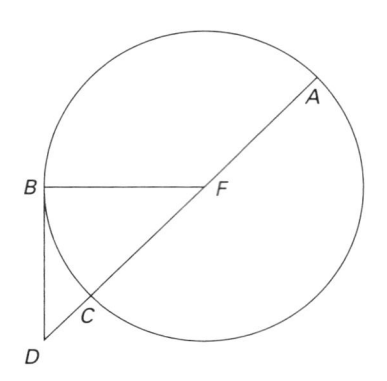

図 2.30
『原論』命題 III-36.

　この主張から命題 II-6 を思い出す読者もいるだろう．実際，II-6 が証明に使われる．ここでは円を切る線 $DCFA$ が中心 F を通る簡単な場合だけを考えることにしよう（図 2.30）．FB を結び，直角三角形 FBD を作る．すると命題 II-6 により，AD と CD によって囲まれる長方形に，FC の上の正方形を加えたものは，FD の上の正方形に等しい．しかし $FC = FB$ であり，FB と BD の上の正方形の和は FD の上の正方形に等しい．それゆえ，AD と DC によって囲まれる長方形は，命題の主張する通り，DB の上の正方形に等しい．円を切る線が中心を通らない場合は，[証明が] もう少し技巧的になる．

　命題 III-37 は III-36 の逆であり，二つの直線が外部から円に引かれ，一つが円を切り，他方が円周上に落ち，III-36 における長方形と正方形の関係が成り立つならば，あとの方の直線は接線である，ということを主張する．

　第 IV 巻で正五角形を扱う議論が始まるのは，ユークリッドが三角形と正方形を円に内接させること，三角形と正方形を円に外接させること，そして三角形と正方形に円を外接させること，という比較的単純な手法を示したあとである．そこでユークリッドは正五角形の作図を二つのステップに分割している．最初のステップは底辺における角が頂点の 2 倍であるような二等辺三角形の作図であり (IV-10)，第二のステップは実際に円に正五角形を内接させることである (IV-11)．いつものように，ユークリッドは，どうやって作図に到達したのかを示してはくれない．しかし作図を丹念に読んでいけば，彼がこの問題をどのように解析したのかのヒントは十分に与えられる．そこで，作図が行われたと仮定して，この仮定から何が導かれるかを見ていくことにしよう．

　そこで $ABCDE$ が円に内接された正五角形であると仮定し（図 2.31），対角線 AC と CE を引こう．角 CEA と CAE はどちらも角 ACE の張る弧の倍の弧を張るから，三角形 ACE は底辺における角が頂点における角の 2 倍の二等辺三角形である．したがって正五角形の作図は，このような二等辺三角形の作図に帰着された．ACE がそのような二等辺三角形であると仮定し，AF が角 A を二等分するとしよう．したがって三角形 AFE と三角形 CEA は相似であり，そこで $EF : AF = EA : CE$ となる．しかし三角形 AFE と三角形 AFC はともに二等辺三角形であるので，$EA = AF = FC$ となる．そこで，$EF : FC = FC : CE$，あるいは現代的な言葉遣いでは $FC^2 = EF \cdot CE$ となる．こうして作図は与えられた線分 CE 上に点 F を見出し，CF 上の正方形が EF と CE によって囲まれる長方形に等しくなるようにする，という問題に帰着される．しかしこれは

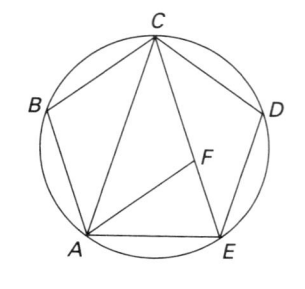

図 2.31
正五角形の作図．

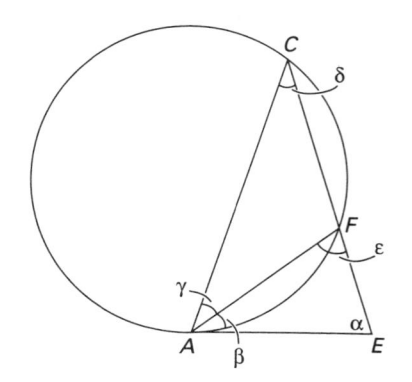

図 2.32
『原論』命題 IV-10.

命題 II-11 の作図に他ならない．ひとたび F が見出されれば，底辺における角が頂点の角の二倍であるような二等辺三角形は，C を中心とし半径 CE の円と，E を中心とし，半径 CF の円を描くことによって作図できる．これら二つの円の交点 A が求める三角形の第三の頂点となる．

ユークリッドはこの［二等辺三角形の］作図を命題 IV-10 で行っている（図 2.32）．しかし，ピュタゴラスの定理の場合と同様，彼は相似の議論を作図の有効性の証明に使うわけにはいかなかった．そこで彼は別の方法を使った．目的は $\alpha = 2\delta$ を示すことである．もし $\beta = \delta$ が示されれば，$\beta + \gamma = \delta + \gamma = \epsilon$ となる．また，$\alpha = \beta + \gamma$ であるから，$\epsilon = \alpha$ を得る．しかし，そうすると $AE = AF$ で，また作図により $AE = FC$ であるから，三角形 AFC は二等辺で，$\delta = \gamma$ となる．結局求める通り，$\alpha = \beta + \gamma = \delta + \delta = 2\delta$ となる．$\beta = \delta$ を示すためには，三角形 AFC に円を外接させる．CE, FE に囲まれる長方形が FC 上の正方形に等しいから，この長方形は AE 上の正方形にも等しい．すると命題 III-37 より，線分 AE と CE がここでの条件を満せば，AE は円の接線である．命題 III-32 によって，円の接線の接点から，円を切る直線（ここでは AF）が引かれるならば，これら 2 直線によって作られる角は，円を切る直線によって作られる反対側の円の切片の中の角に等しい．この場合には，この命題は求める関係 $\beta = \delta$ を示すことになり，作図の証明は完結する．

二等辺三角形の作図ができれば，正五角形を円に内接させるのは簡単である．ユークリッドは最初に二等辺三角形 ACE を円に内接させる．それから彼は A と E における角を二等分する．これらの二等分線と円との交点がそれぞれ点 D と B になる．すると A, B, C, D, E は正五角形の頂点である．

ユークリッドは第 IV 巻を正六角形と正十五角形を円に内接する作図で終える．しかし他の正多角形の作図には言及していない．おそらく彼は，辺の数が $2^n k$ ($k = 3, 4, 5$) の正多角形の作図は，すでになされた作図から容易であることは気づいていただろうし，辺の数が k と l の正多角形が作図できれば，辺の数が kl の正多角形も（k と l が互いに素ならば）作図できるということも，正十五角形の作図から，気づいていただろう．しかし，彼が正七角形の作図を知っていたかどうかはわかっていない．いずれにせよ，正七角形の作図はアルキメデスの著作に最初の記録があり，ユークリッドにとっては［仮に知っていたとしても］「基本要素」というよりはもっと高度な数学の一部だっただろう．この作図

囲み 2.3

第 V 巻の定義から[*27]

1. 小さい方の大きさが大きい方の大きさの部分であるとは，小さい方が大きいほうを測る（割り切る）ときである．
2. 大きい方の大きさは，小さい方の大きさによって測られるとき，小さい大きさの**多倍**である．
3. **比**とは同種の二つの大きさの間の，大きさに関するある種の関係である．
4. 大きさは，多倍して一方が他方を越えることができるとき，互いに対して**比を持つ**といわれる．
5. 四つの大きさは，第一と第三の任意の等多倍と，第二と第四の任意の等多倍がとられると，前者第一と第三の多倍と後者第二と第四の多倍を同じ順序でとったとき，前者が後者と比べて，常に同時に大きいか，同時に等しいか，同時に小さいかのとき，第一が第二に対するのと第三が第四に対するのが同じ比にあるといわれる．
6. 同じ比を持つ大きさは**比例する**といわれるとせよ．
7. 定義 5 のようにとられた等多倍のうち，第一の多倍が第二の多倍より大きいが，第三の多倍が第四の多倍を越えないならば，第一は第二に対して，第三が第四に対するよりも**大きな比**を持つといわれる．
9. 三つの大きさが比例するとき，第一は第三に対して，第一が第二に対して持つ比の**二重比**を持つといわれる．
10. 四つの大きさが連続比例するならば，第一は第四に対して，第一が第二に対して持つ比の**三重比**を持つといわれる．

には直定規とコンパス以外の道具立てが必要になるからである．

2.4.5 比と比例

『原論』の最初の 4 巻の重要な結果のいくつかのものは，相似についての基本的な考え方を利用して証明することもできたはずである．しかしユークリッドは，この相似という概念を用いずにできるだけたくさんの結果を証明できるように『原論』を編集した．それは多分，相似という概念がまず大きさの間の等比という概念を必要とし，この関係はかなり微妙なものだからである．実際，第 V 巻は比と比例の基本的な概念を扱うものだが，第 VI 巻における相似の検討の前提となっている．

第 V 巻は数学の研究の方向性に近代に至るまで大きな影響を与えた．何世紀もの間，ユークリッドの比例論は，方程式論，分数の特性，実数体系の本性といった実に多様な研究の性格を規定した．ユークリッドの比例論を理解することは，そういうわけで，彼以降の歴史の大部分を理解するためにも重要なことなのである．

第 V 巻の定義の最初の二つは容易に理解できる（囲み 2.3）．ここで注意すべき重要な考えは，ユークリッドが**大きさ**を対象としている，ということである．第 V 巻は大きさに対する比例論の扱いであり，大きさは連続量である．第 VII 巻は数に対する比例論を扱い，数は離散量である．近代数学では容易に，後者を前者に含まれるものとできるが，ユークリッドにとってそうはいかなかった．[大きさと数という] 二つの概念は別々のものであり，別々に扱わねばならなかったのである．ともかく，最初の二つの定義において，ある大きさが別の大きさを

[*27] この定義は，共立訳を参考にしながら，本文の文脈に即して訳した．

測るということの意味は，前者の整数倍が後者に等しくなるということである．

3番目と4番目の定義は，少々漠然としているが，ユークリッドが比という術語で何を意味していたのかをわれわれが理解する助けになる．二つの大きさが比を持つことができるのは，それらが同じ種類のものであるとき，すなわち両方とも線，両方とも面，両方とも立体であるようなときに限り，しかも各々を何倍かすると他方より大きくなりうるのでなくてはならない．たとえば，円周と接線の間の角は何倍しても，与えられた直線角を超えることはないから，これらの角の間に比というものは存在しない．

第V巻の中心となる概念は同じ比である．今日，$a:b=c:d$という比例関係は，通常，分数$\frac{a}{b}$と$\frac{c}{d}$の相等関係と考えられている．しかしユークリッドやそれ以前の時代のギリシア人たちは，正式には著作では分数をまったく使っていない．単位が分割できないものであったことを思い出そう．計算に関する著作ではもちろん分数は存在した．しかしギリシア人はたいてい伝統的なエジプトの単位分数を用い，これらは常に「部分」として表現された．実際，数多くの「除法表」が現存していて，それらは『リンド・パピルス』の表に似たもので，これら「部分」を用いてどうやって計算を行うかを示している．たとえば，ある表には「17分の1の12個の部分は，$\frac{1}{2}, \frac{1}{12}, \frac{1}{17}, \frac{1}{34}, \frac{1}{51}, \frac{1}{68}$である」と書いてある．これが今日なら$\frac{12}{17}$を用いて行われる計算に使われるのである[19]．表向きのギリシア数学で，分数は通常二つの量の比に置き換えられた．二つの数の組について同じ比を定義するのは容易であり，これは第VII巻の定義20で行なわれている（囲み2.5）．しかし，紀元前5世紀末には，正方形の辺と対角線の両方を数として解釈する術はないことが発見されたことを思い出そう．したがってギリシア人たちはすべての量に対して，たとえ通約不能なものであっても適用可能な定義を捜し求めた．わかっている限り，そのような定義を見出す手続きはユークリッドの互除法，すなわち二つの数の最大公約数を見出すためのよく知られたアルゴリズムに始まる．

ユークリッドよりずっと前から知られていたこのアルゴリズムは，第VII巻の命題1, 2で提示される．二つの数a, bが与えられて$a>b$を満たすとき，可能な限りbをaから繰り返し差し引く．もし余りcが出るならば，それはもちろんbより小さいから，今度はcをbから，可能な限り繰り返し差し引く．これを続けていくと，最後には，直前の数を「測り切る」数mに到達する（命題VII-2），または単位1に到達する（命題VII-1）．最初の場合には，mがaとbの最大共通尺度（最大公約数）になることをユークリッドは証明している．あとの場合に彼は，aとbが互いに素であることを証明する．たとえば二つの数18と80が与えられたとしよう．80から18を引くという操作を4回繰り返すことができ，8が残る．次に18から8を引く．これは2回行うことができて，残りは2である．最後に，2を8からちょうど4回差し引くことができる[そして余りはない]．そこで2が18と80の最大公約数であることがわかる．さらに，この計算は，80の18に対する比が$(4,2,4)$という形で表現できることを示している．すなわち，$a:b=80:18$を満たす任意のaとbの組に対して，このアルゴ

リズムは (4,2,4) という結果を与える[*28].

ユークリッドのアルゴリズムを量一般へと適用する可能性を探求して，これらの大きさに対する比例の定義を次の段階へと発展させたのは，おそらくテアイテトスであろう．その結果は第X巻の命題2および3に現われていて，この手続きは通常アンテュパイレシス（相互差引）と呼ばれている[*29]．テアイテトスは，二つの大きさ A と B が共通な尺度を持つ（通約可能である）か，持たない（通約不能である）かを判定する方法を示した．その手続きは数に対するものと基本的に同じである．すなわち，$A > B$ と仮定して，最初に B を A から可能な限り繰り返し差引く．この回数を n_0 回とし，B より小さい余り b を得るとする．次に b を B から可能な限り繰り返し差し引き，この回数を n_1 回とし，b より小さい余り b_1 を得る．ユークリッドは命題X-2において，もしこの手続きが決して終わることがなければ，最初の二つの大きさは通約不能であることを証明している．逆に，もしこうして得られる大きさの列の一つがその直前のものを測り切るならば，その大きさが最初の二つの最大共通尺度となる（命題X-3）．ここで当然出てくる問は，この手続きが終わるのかどうかがどうやってわかるのかということである．一般的にこれは容易ではない．しかし，ある特別な場合には，現われる余りが同じパターンの繰り返しになり，この手続きが終わり得ないことが示される．

例をあげよう．この方法で正方形の辺 s と対角線 d が通約不能であることを示すためには，最初に s を $d+s$ から2回差し引くことができて，残りが $s_1 = d-s$ となることに注意する（図2.33）．$s = s_1 + d_1$ であるから，次のステップは小さな正方形の辺 s_1 を $s_1 + d_1$ から2回差し引くことになる．残される余りは $s_2 = d_1 - s_1$ となる．ということは，各々の段階で，正方形の辺を，辺と対角線の和から2回差し引くことになる．この手続きは決して終わることがないから，$d+s$ と s は通約不能であり，したがって，d と s も通約不能である．一部の歴史家は，d と s の通約不能性の最初の発見はこの手続きによるものであり，前に説明したものではない，と考えている．

相互差引の手続きを手中にして，テアイテトスはすべての大きさに適用される同じ比の定義を与えることができた．二組の大きさ A, B および C, D があるとしよう．各々の組に**相互差引**を行うと，二つの等式の列が得られる．

$$\begin{aligned}
A &= n_0 B + b \quad (b < B) & C &= m_0 D + d \quad (d < D) \\
B &= n_1 b + b_1 \quad (b_1 < b) & D &= m_1 d + d_1 \quad (d_1 < d) \\
b &= n_2 b_1 + b_2 \quad (b_2 < b_1) & d &= m_2 d_1 + d_2 \quad (d_2 < d_1) \\
&\cdots & &\cdots \\
&\cdots & &\cdots
\end{aligned}$$

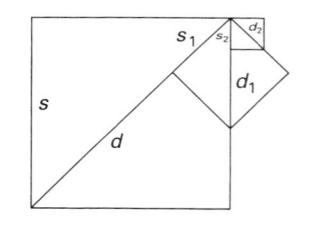

図2.33 正方形の辺と対角線の通約不可能性（第二の可能性）．

もし二組の数の列 $(n_0, n_1, n_2, \ldots), (m_0, m_1, m_2, \ldots)$ が各項ごとに等しく，どちらも，たとえば $n_k = m_k$ で終わりになるならば，比 $A:B$ と $C:D$ がともに同じ整数比に等しくなることを確認できる．したがって，一般的な定義を次のように与えることができる．$A:B = C:D$ となるのは（終わりがないかもし

[*28] 『原論』において，(4,2,4) といった形で比が実際に表現されているわけではない．
[*29] いわゆるユークリッドの互除法は相互差引に他ならないことに注意．

伝　記

テアイテトス（Theaitētos, 紀元前 417–369）

プラトンがテアイテトスの名を冠した対話編を書いているので，この人物の生涯について多少のことが知られている．彼はアテネの近くの富裕な家に生まれ，そこで教育された．二十歳になる前にテオドロスと出会い，数学研究の熱意をかきたてられた．テオドロスは 2 の平方根が 1 と通約不能であるだけでなく，他の 17 までの平方数以外の数の平方根もそうであることをテアイテトスに示してみせた．そこでテアイテトスはこの通約不能性の問題の研究を始めた．彼はヘラクレア（黒海沿岸）で，そして紀元前 375 年以降はアテネのアカデメイアで研究した．369 年に彼は徴兵され，コリントスにおける戦いで負傷し，間もなく赤痢のために死んだ．

れない）二つの列 $(n_0, n_1, n_2, \ldots)$ と $(m_0, m_1, m_2, \ldots)$ が，各項ごとに等しいときである，と．もちろん，ある特定の大きさに対してこの定義を使うのは厄介かもしれない．しかし，列 $n_0, n_1, n_2, \ldots$ を決定するのが比較的容易な興味深い場合がある．一例として，われわれは，正方形の対角線と辺の比が $(1, 2, 2, 2, \ldots)$ で表されることを示した．いずれにせよ，アリストテレスは，アンテュパイレシスによる等比の定義が彼の時代に用いられていたものであると述べているが，エウドクソスは別の定義を考案し，それが『原論』第 V 巻に現れている[20]．

エウドクソスが，等比に関する新しい定義のヒントを何から得たのかは知られていないが，合理的な推論をすることは可能である．テアイテトスの定義は，たとえばもし $A : B = C : D$ ならば，$A > n_0 B$ で $C > n_0 D$ となることを示す（$m_0 = n_0$ だから）．$n_1 A = n_1 n_0 B + n_1 b = (n_1 n_0 + 1)B - b_1$ であるから，$n_1 A < (n_1 n_0 + 1)B$ も成り立ち，同様に $n_1 C < (n_1 n_0 + 1)D$ となる．A と B の整数倍と，それに対応する C と D の整数倍をさらに比較すると，様々な r と s の組に対して，$rC > sD$ ならば必ず $rA > sB$ であり，また $rC < sD$ ならば必ず $rA < sB$ であることがわかる．そこでエウドクソスは**同じ比**および**比例**の定義として，第 V 巻の命題 5, 6 にあるものを採用し，それらを用いて比例に関する様々な定理を厳密に証明した．これが第 V 巻の内容であり，第 VI 巻における相似に関する幾何学上の定理の確実な基礎を与えることになる．

代数的記号法に翻訳すれば，定義 5 は次のことを述べている．$a : b = c : d$ であるとは，任意の正の整数 m, n が与えられたときに，$ma > nb$ なら必ず $mc > nd$ も成り立ち，$ma = nb$ なら必ず $mc = nd$，そして $ma < nb$ なら必ず $mc < nd$ となる，ということである．現代的な言葉遣いでこれを述べる別の方法は，任意の分数 $\frac{n}{m}$ に対して，商 $\frac{a}{b}$ と $\frac{c}{d}$ は，同時にこの分数より大きいか，等しいか，小さい，ということである．

定義 9 は今日，比の平方と呼ばれるもののユークリッド版である．これは平方

> ## 伝　記
> ### エウドクソス（Eudoxos, 紀元前 408–355）
>
> エウドクソスは若いとき，小アジアの沿岸の島，クニドスで医学を学んだ．アテネを訪れた際にアカデメイアの哲学と数学の授業に魅力を感じて，これらを勉強することになった．のちに彼はエジプトを訪れ，多くの天文観測を行ない，エジプトの暦を研究した．故郷に戻って彼は学校を開き，研究を継続した．彼は少なくとももう1回アテネに自分の学生をつれて戻ったが，残りの人生の大半をクニドスで過ごした．彼は幾何学における業績だけでなく，球面幾何学を天文学に応用したことでも有名である．

の比といっても同じである[*30]．もし $a:b = b:c$ ならば，比 $a:c$ は比 $a:b$ の二重比である，とユークリッドは述べる．現代的な形では，$a:c = (a:b)(b:c) = (a:b)(a:b) = (a:b)^2 = a^2:b^2$ となろう．分数で書けば $\frac{a}{c} = \left(\frac{a}{b}\right)^2 = \frac{a^2}{b^2}$ ということになる．ユークリッドはしかしながら，大きさの掛け算をしないのと同様，比の掛け算も，ましてや分数の掛け算も行わない．彼は大きさに数を掛けるだけである［これは大きさを繰り返し加えることにすぎない］．同様に，大きさの割算も彼は行わない．ユークリッドの比 $a:b$ を数直線における特定の点に対応する分数で，通常の計算の操作の対象となりうるものとして解釈することはできないのである．これに対してユークリッドは，二つの量の比の二重比と，それらの量の平方の比とが同じものであることを利用している．もちろんそれは量の「平方」という表現が意味を持ちうる場合に限られるが．また，量の比の三重比と，それらの量の立方の比についても同様である．

第 V 巻の最初の命題は，現代の記号で表せば次のことを主張する．もし $ma_1, ma_2, \ldots, ma_n$ が $a_1, a_2, \ldots, a_n$ の多倍ならば，$ma_1 + ma_2 + \cdots + ma_n = m(a_1 + a_2 + \cdots + a_n)$．同様に，命題 V-2 は $ma + na = (m+n)a$ を主張し，その次の命題は $m(na) = (mn)a$ と翻訳できる．別の言葉で言えば，これら第 V 巻の最初の命題群は現代の分配律および結合律の一形態を与えているのである．

命題 V-4 は同じ比の定義が用いられる最初の命題である．その結論は，もし $a:b = c:d$ ならば $ma:nb = mc:nd$ ということである．ここで m, n は任意の数である．これを示すためには，$p(ma), p(mc)$ が ma, mc の多倍であり，$q(nb), q(nd)$ が nb, nd の別の多倍であるならば，$p(ma) \gtreqqless (nb)$ に従って $p(mc) \gtreqqless (nd)$ となる，ということを証明する必要がある．しかし仮定の $a:b = c:d$ と，結合則と，同じ比の定義により，ユークリッドは多倍 ma などに対しても比が同じであることを結論できるのである．

[*30]ただし，ユークリッドにおいて比の平方（二重比）が平方の比と同じものであることは，定義の一部でなく，幾何学上の定理である (VI-20)．

命題 5 と 6 は最初の二つの命題の和を差に置き換えたものである．命題 7 は，$a = b$ ならば $a : c = b : c$ かつ $c : a = c : b$ を示し，命題 8 は，$a > b$ ならば $a : c > b : c$ かつ $c : b > c : a$ を主張する．命題 8 の最初の部分の証明は，ユークリッドによる定義 4 と 7 の使い方を示す．$a > b$ であるから，$a - b$ である整数，たとえば m が存在して，$a - b$ の m 倍が c より大きくなる（定義 4 による）．q を mb を超えるか，これに等しい最初の c の多倍の数としよう．すなわち $qc \geq mb > (q-1)c$ が成り立つ．$m(a-b) = ma - mb > c$ であるから，$ma > mb + c > qc$ であり，$mb \leq qc$ も成り立つから，命題 7 より $a : c > b : c$ となる．同様な議論で後半部の結論も得られる．

第 V 巻のこれ以外の結果としては，推移律，すなわち $a : b = c : d$ かつ $c : d = e : f$ ならば $a : b = e : f$ を示す命題 11，$a : b = c : d$ ならば $a : c = b : d$ のように中項の交換可能性を示す命題 16 などがある．それ以外の結果には，比例関係にある大きさの性質，とくに様々な比例において前項や後項を加えたり差し引いたりしたときの結果，すなわち $a : b = c : d$ ならば $a + b : b = c + d : d$ などを扱うものがある．

2.4.6　相似

さて，第 VI 巻は比例する大きさに関する一般理論の結果を利用して，相似な直線図形（これはこの巻の最初の定義で証明される．囲み 2.4 を参照）の理論における結果を証明するものである．第 VI 巻の結果はピュタゴラス派に知られていたと通常は考えられている．なぜなら，紀元前 5 世紀に相似の様々な側面への言及があるからである．しかし，相似という考えの基礎は，同じ比という概念であり，これは本来は，すべての量を数と考えることができるという考えに基づいていた．この考えが駄目になってしまうと，［相似に関する］結果は，もはや基礎を持たないものになってしまった．だからといって，数学者がこれらの結果を使うのをやめてしまったというわけではない．彼らは直観的に，同じ比という概念は，形式的な定義ができないにしても，完璧に筋が通っているとわかっていた．ギリシア時代も，現代でも，数学者が基礎に関する問題を無視し先に進んで，新たな結果を発見するということはよくあることなのだ．実際に研究を進めていた数学者たちは最終的に基礎固めができるとわかっていたのだ．紀元前 360 年頃にこれが実現すると，相似に関する成果は論理的に受け入れられる論考の形に整備された．この最終的形を整えたのが誰であったかはわかっていない．しかし，第 VI 巻の最初の命題の証明を別にすれば，やり直すべきことはほとんどなかったというのが多分本当のところだろう．エウドクソスの定義に直接依存するのは最初の命題だけなのだ．

命題 VI-1　同じ高さの三角形と平行四辺形とは互いに底辺が対するように対する[*31]．

高さが同じ三角形 ABC, ACD が与えられたとする．ユークリッドは BC が CD に対するように，三角形 ABC が三角形 ACD に対することを示さねばならない．エウドクソスの比例の定義で要求される通り，ユークリッドは底辺 BD

[*31] 共立訳を本文の文脈に合わせて修正した．

囲み 2.4

第 VI 巻の定義から

1. **相似な直線図形**とは，角が各々等しくかつ等しい角を挟む辺が比例するものである．
3. 線分は，不等な部分に分けられ，全体が大きい部分に対するように，大きい部分が小さい部分に対するとき，**外中比**に分けられたといわれる．
4. すべての図形において，**高さ**とは，頂点から底辺に引かれた垂線である．

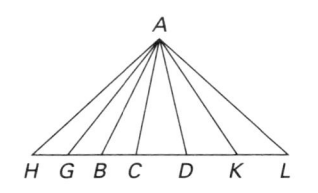

図 2.34
『原論』命題 IV-1.

を左右に延長して，BC と CD の任意の多倍をこの直線上にとれるようにする（図 2.34）．ユークリッドは「任意の個数の」線分について述べているのだが，彼はこれを表現する記述法を持たなかったので，単に線分を 2 個とっている．おそらくユークリッドは，これがわれわれが「一般化可能な例」と呼ぶものだと感じていたのだろう．彼は他の証明でも同様の手法を使っている．そこで，ユークリッドは両側に 2 本の線分をとって証明を進めて，高さと底辺が等しい三角形は等しいので，底辺 HC が底辺 BC の何倍であっても，三角形 AHC は三角形 ABC の同じ多倍であることを指摘している．同じことは三角形 ALC と三角形 ACD に対しても成り立つ．そこで AHC と ALC はやはり同じ高さだから，一方が他方より大きいか，等しいか，小さいかは，ちょうど HC が CL より大きいか，等しいか，小さいかに一致する．そこで，底辺 BC と三角形 ABC の同じ多倍がとられ，また底辺 CD と三角形 ACD の別の多倍がとられて，その結果を比較すると，エウドクソスの定義で要求される通りであるから，望む結果 $BC : CD = ABC : ACD$ が得られる．平行四辺形に関する結果はすぐに得られる．なぜなら各々の平行四辺形は対応する三角形の 2 倍だからである．

命題 2 で，三角形の 1 辺に平行な直線は残りの 2 辺を比例するように分割すること，およびその逆を証明し，その次の命題では，三角形の角の二等分線は対辺を残りの 2 辺と同じ比に分けること，およびその逆を証明する．次にユークリッドは，二つの三角形が相似になるための様々な条件を与える．相似の定義は対応する角が等しいことと，対応する辺が比例していることの両方を要求するので，ユークリッドはこのどちらか一方の条件だけで十分であることを示す．彼はまた，1 組の角が等しく，2 組の辺が比例するという条件でも相似は保証されることも示している．そのあとで命題 8 は，直角三角形の直角の頂点から斜辺への垂線はこの三角形を，各々が全体に相似な二つの三角形に分けることを証明する．

第 VI 巻の作図で役に立つものの中には，比例項の作図がある．線分 a, b, c が与えられたとき，$a : b = b : x$ を満たす x （命題 11），$a : b = c : x$ （命題 12）および $a : x = x : b$ （命題 13）を満たす x をどのように決定するかをユークリッドは示している．この最後のもの [比例中項] の作図は平方根の作図，すなわち $x^2 = ab$ の解法と等価であり，それゆえ命題 II-14 の結果とほとんど同一である．実際，証明における作図は同じである．ただ異なることは，ユークリッドは第 II 巻では「幾何学的代数」を証明に利用していたが，ここでは相似を用いて

いることである．

命題 16 は本質的には，比例式において中項の積は外項の積に等しいというよく知られた命題である．しかしユークリッドは大きさの掛け算をしないので，この結果を第 V 巻の言葉遣いの範囲で述べることができなかった．しかし第 VI 巻の幾何学では，線分に限るとはいえ，彼は乗算と等価なものを手中にしている．

命題 VI-16 もし 4 線分が比例するならば，外項に囲まれた矩形は中項に囲まれた矩形に等しい．そしてもし外項に囲まれた矩形が内項に囲まれた矩形に等しいならば，4 線分は比例するであろう[*32].

命題 19 はあとで基本的な重要性を持つことになる．この命題はユークリッドが二重比をどう考えていたかの例にもなっている．

命題 VI-19 相似な三角形は互いに対応する辺の二重比にある[*33].

この結果を現代的に述べれば，「二重比にある」の代わりに「2 乗の比になる」ということになろう．しかしユークリッドは，大きさも比も掛け算をすることはない．比は量ではないので，いかなる意味でも数として考えられることはない．それゆえ，この命題においてユークリッドは，BC 上に点 G を作図して，$BC : EF = EF : BG$ を満たすようにする（図 2.35）．すると比 $BC : BG$ は対応する辺の比 $BC : EF$ の二重比となる．命題の結論を示すために，彼は三角形 ABG, DEF が等しいことを示す．三角形 ABC が三角形 ABG に対するように，BC が BG に対するから，結論はすぐに得られる．命題 20 はこの結果を相似多角形に拡張する．とくに，二つの線分の二重比は，それらの線分上の正方形の比である．

二つの平行四辺形は，相似でなくとも等角になることはもちろんありうる．ユークリッドはこのような平行四辺形の比も扱うことができた．ただし，正式に定義されたわけでない概念を利用することになる．

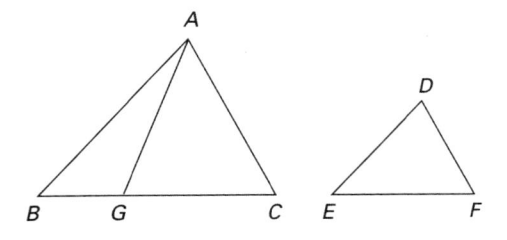

図 2.35
『原論』命題 VI-19.

命題 VI-23 等角な二つの平行四辺形は互いに互いに対して辺の比から合成された比を持つ[*34].

この証明はユークリッドが「合成された」という術語を用いて，線分の比の文脈で少なくとも何を意図していたかを示している．二つの比が $a : b$ と $c : d$

[*32]英文などをもとに共立訳を修正した．
[*33]共立訳では，「2 乗の比にある」とされているが，文脈に沿って英訳より二重比と訳す．
[*34]共立訳では，「辺の比の積の比をもつ」とされているが，文脈に沿って訳す．

であるとすると，まず $c:d=b:e$ を満たす線分 e を作図する．すると $a:b$ と $c:d$ から合成された比は $a:e$ である．現代的な言葉遣いでは，分数 $\frac{a}{e}$ は単純に $\frac{a}{b}$ と $\frac{c}{d} = \frac{b}{e}$ との積であるということにすぎない[*35]．興味深いことに，ユークリッド自身はこのあと，比の合成を考察することはないが，この概念はのちにギリシアでも中世でも非常に重要なものとなった．

2.4.7　数論

『原論』第 VII 巻は，初等数論を扱う三つの巻の最初のものになる．第 VII 巻から第 IX 巻には最初の 6 巻への言及はなく，これら 3 巻は完全に独立したまとまりとなっている．数論の 3 巻と，その前の幾何学の諸巻との結びつきが出てくるのはあとの第 X 巻以降の巻だけである．ユークリッドが第 VII 巻を一から始めることにしたのは，アリストテレスによる幾何学的な大きさと数との明確な区別に彼が忠実であろうとしたことの証拠である．最初の 6 巻は幾何学的な大きさ，とくに長さと面積を扱うものであった．第 V 巻は比例する大きさに関する一般理論を扱っていた．しかし第 VII 巻から第 IX 巻においてユークリッドは数のみを扱うのである．彼は数を大きさの一種としてではなく，まったく別の存在として考察するのである．それゆえ，第 VII 巻には第 V 巻の特殊な場合にすぎないように見える多くの結果が存在するのだが，ユークリッドにとってそれらはまったく別のものなのである．これらの巻でユークリッドが数を表現するために用いる線分に惑わされてはならない．彼はこのような表現がなされているという事実を証明に利用しているわけではないのだ．多分，これ以外の表示の仕方を思いつかなかっただけだろう．

数論諸巻の命題の多くがピュタゴラス派に遡ることはまず確実であろう．しかし第 VII 巻が第 X 巻で利用されていることから，第 VII 巻の編集の細部は第 X 巻を書いた数学者，すなわちテアイテトスによるように思われる．つまり，テアイテトスはピュタゴラス派の散漫な構成の数論を受け継いで，精密な定義と詳細な証明によってそれを厳密化した，ということである．ユークリッドは，この定義と証明とを『原論』の数論として採用したのだ．

第 VII 巻は，ユークリッドの多くの巻と同様，定義から始まる（囲み 2.5）．最初の定義は，第 I 巻の定義の最初の部分と同様，現代的に言えば数学的には利用価値がない．しかし，ユークリッドにとっては，この定義は「もの」という概念の数学的抽象化となる．もっと興味深いのは，数が単位の **多** であるという二番目の定義である．「多」というのは複数を意味し，単位は複数でないから，ユークリッドにとっては，以前のピュタゴラス派と同様，1 は数でないということがわかる．

定義 3 と 5 は実質的に第 V 巻の定義 1 と 2 の逐語的な繰り返しであるが，定義 4 は任意の幾何学的な大きさを考える文脈ならば意味のない定義である．定義 11 と 12 は本質的に，現代の，素数と互いに素の定義であるが，ユークリッドにとって数はそれ自身を測らないという注釈が必要である．定義 15 は，これ

[*35] もう一つ興味深いことは，「合成された」と訳される語 *synkeimenos* は本来「一緒におかれた」という意味であり，通常の文脈では積でなく和を表すことである．ユークリッドには比の合成が数の積に相等するという意識は希薄であったように思われる．

> **囲 み 2.5**
>
> ## 『原論』第 VII 巻の定義より[*36]
>
> 1. 単位とは存在するものの各々がそれによって「一」と呼ばれるものである.
> 2. 数とは単位からなる多である.
> 3. 小さな数が大きな数を測り切るとき,小さな数は大きな数の部分である.
> 4. 測り切らないときは複部分である.
> 5. そして大きな数が小さな数によって測り切られるとき,大きな数は小さな数の多倍である.
> 12. 素数とは単位のみによって測られる数である[*37].
> 16. 数が数を多倍するといわれるのは,その多倍する数の中に単位がある個数と同じ回数だけ,多倍される数が加えられて何らかの数が生じるときである.
> 21. 第一の数が第二の,第三が第四の数の等多倍であるか,同じ部分であるか,同じ複部分であるとき,それらの数は比例する.

がユークリッドが定義する唯一の数論上の演算[乗法]であるという点で,少々興味を引く.彼は加法と減法は既知のものと仮定しているのだ.第 V 巻の定義にこれに類似するものがないことに注意しよう.

第 VII 巻の最初の二つの命題はユークリッドの互除法を扱うものであったことを思い出そう.これに続くいくつかの命題は,第 V 巻の命題に直接対応するものである.たとえば,ユークリッドは命題 5, 6 で,分配律に相当する $\frac{m}{n}(b+d) = \frac{m}{n}b + \frac{m}{n}d$ を証明している.彼は,このことを幾何学的な大きさに対しては命題 V-1 として証明している.ただし第 V 巻では,第 VII 巻が使った部分——本書では分数で表している——ではなく,(整数)倍を使って証明している.これらの命題の証明も実質的に第 V 巻と第 VII 巻で同一である.ここでユークリッドは第 V 巻の結果を単に引用するだけですまさなかった.ユークリッドにとって数が幾何学的な大きさの一種ではなかったということの証拠である.

命題 11 から 22 は比例する数に関する様々な標準的な結果を含んでいる.そのうちのいくつかはユークリッドが第 V 巻で幾何学的な大きさに対して証明しているものである.ほとんどの結果は続く第 VIII, IX 巻で利用される.とくに,命題 16 は乗法の交換則を証明している.これはユークリッドの乗法の定義からは自明ではない結果である.命題 19 は比例関係を検証するのによく使われる性質,すなわち $a:b = c:d$ となるのは $ad = bc$ のときでありそのときに限る,ということを証明している.ユークリッドが線分に対して類似の定理をすでに証明していることを思い出そう(命題 VI-16).しかしここでの証明はまったく違ったものである.$a:b = c:d$ であるから,$ac:ad = c:d = a:b$ を得る.同様に $a:b = ac:bc$ も成り立つ.ゆえに $ac:ad = ac:bc$ となり,ここから $ad = bc$ を得る.この逆も同様に証明される.命題 20 は a, b が $a:b$ の比にある最小の数ならば,a, b の各々は,$c:d = a:b$ を満たす c, d を同じ回数だけ測る,というものである.ここから,互いに素な数は同じ比にある数のうちで最小

[*36]本文に合わせて共立訳の訳文を変更している.
[*37]第 VII 巻の定義の番号には版によって異同がある.著者はヒースの英訳の番号を用いているが,ここではハイベアのギリシア語校訂版に従う.

のものであり，その逆も成り立つことが帰結する．

命題 23 から命題 32 は素数と互いに素な数についてさらに論じる．これらは，数が数を割り切るかどうかに関する理論であり，命題 IX-14 とともに，数論の基本定理——任意の数は素数の積として一意的に表現できる——のユークリッド風の見解を形成するものでもある．

命題 VII-31 すべて合成数は何らかの素数によって測られる[*38]．

命題 VII-32 すべての数は素数であるかまたは何らかの素数によって測られる．

あとの命題は前の命題からの簡単な帰結である．この命題 31 は，ユークリッドが数論諸巻で頻繁に用いる，最小数の原理とでも呼べる手法によって証明される．彼はまず合成数 a をとる．したがってこれは別の数 b によって測られる（割り切れる）．もし b が素数ならば求める結果が得られることになる．もしそうでないなら，今度は b が [別の数] c で測られることになり，すると c は a を測る．そして今度は c が素数であるか合成数である．そこでユークリッドが述べる通り，次のことが成り立つ．「この探求がこのように続けられると，その直前の数を測る何らかの素数が見つかり，それが a をも測るであろう．というのは，もしそのような素数が見つからないとすると，a を測る一連の数が無数に得られ，そのどれもが直前のものより小さい．これは数においては不可能である」．ここで再び，数と幾何学的な大きさとの区別に出会うことになる．数からなる減少列は最小の要素を持つ．しかし幾何学的な大きさに対してはこれは成り立たない．

ユークリッドは行っていないが，VII-32 から，任意の数が素数の積として表されることを証明するのは簡単である．そしてこの表し方が一意的であることを示すには，次の性質が必要である．

命題 VII-30 もし二つの数が互いに掛け合わされてある数を作り，その積を何らかの素数が測るならば，それは最初の 2 数の一つをも測るであろう[*39]．

素数 p が ab を割り切り，p が a を割り切らないと仮定する．すると $ab = sp$，すなわち $p : a = b : s$ が成り立つ．しかし p と a は互いに素であるから，これらはこの比を持つ最小の数の組である．ここから b が p の倍数となる．すなわち p は b を割り切る．ユークリッドはこの命題を，次の命題で素因数分解の一意性を示すために使っている．

命題 IX-14 もしある数があるいくつかの素数で測られる最小の数であるならば，最初からそれを測る素数以外の他のいかなる素数にも測られないであろう[*40]．

第 VIII 巻は主に連続比にある数，すなわち，$a_1, a_2, \ldots, a_n$ のような列で，$a_1 : a_2 = a_2 : a_3 = \cdots$ を満たすものを扱う．現代の言葉ではこのような列は**等比数列**と呼ばれる．この巻の内容の大部分は今日アルキュタス（紀元前 5 世紀）

[*38]この命題と次の命題は，本文文脈に合わせて，共立版を参考に英訳から訳した．
[*39]本文に合わせて共立訳に変更を加えている．
[*40]本文に合わせて共立訳に変更を加えている．

によるものと通常考えられている．彼はプラトンに数学を教えた人物とされている．とくに，命題 8 はアルキュタスが音楽論への関心から得た結果を一般化したものである．もとの結果は，最小の数の組で $n+1:n$ と表される 2 数の間に比例中項は存在しないというものであった．オクターブの音程を持つ二つの弦の比は 2:1 であったことを思い出そう．この比は 4:3 と 3:2 から合成されるので，オクターブは 5 度と 4 度の音程からなる．アルキュタスの結果は，オクターブは二つの等しい音程に分割できないと述べることになる．もちろん，この結果はこの場合には $\sqrt{2}$ と 1 の通約不能性と同じことである．しかしこの結果はさらに，全音を二つの等しい音程に分割できないことも示している．全音の弦の長さの比は 9:8 だからである．

命題 VIII-8　もし二つの数の間に順次に比例する数が入るならば，いくつかの数が順次に比例してそれらの間に入ろうとも，同じ個数の数が順次に比例してもとの二つの数と同じ比を持つ数の間にも入るであろう．

第 VIII 巻の他の命題でユークリッドは，様々なタイプの与えられた 2 数の間に比例中項が挿入できるための条件の決定に心を砕いている．とくに命題 11 は，数に対して VI-20 の特殊な場合を類比したものである．すなわち，ユークリッドは二つの正方形数の間には一つの比例中項があり，正方形数は正方形数に対して，辺が辺に対する比の二重の比を持つことを示しているのである．同様に命題 12 でユークリッドは，二つの立方体数の間には二つの比例中項があり，立方体数は立方体数に対して辺が辺に対する比の三重の比を持つことを示している．これはもちろん，ヒッポクラテスが立方体倍積問題を二つの比例中項を見出す問題に還元したことに類比した結果である．

数論の最後の巻は第 IX 巻である．この巻の命題 20 は，素数は無限に多く存在することを示す．

命題 IX-20　素数の個数はいかなる定められた素数の個数よりも多い．

命題 VI-1 の証明と同様，ユークリッドは任意の「与えられた個数」の素数を記述する方法を持たなかった．そこで彼はまたしても一般化可能な例による方法を利用する．彼はたった 3 個の素数 A, B, C をとり，いつでももう 1 個の素数を見つけることができることを示す．このために $N = ABC + 1$ を考える．もし N が素数ならば，最初に与えられた以外の素数が見つかったことになる．もし N が合成数なら，ある素数 p で割り切れる．ユークリッドは p が与えられた素数 A, B, C のどれとも異なることを示す．というのは，これらはどれも N を割り切らないからである．したがって，また新しい素数 p が見つかる．おそらくユークリッドは，読者が最初にとった素数の数がどんなに多くとも同様の証明ができると納得してくれると考えたのだろう．

命題 21 から命題 34 はほとんど独立した部分をなしていて，偶数と奇数に関する非常に初歩的な結果である．これらはおそらく最初期のピュタゴラス派の数学的著作の名残を示すものであろう．この部分には偶数の和は偶数であり，奇数の偶数個の和は偶数，奇数の奇数個の和は奇数といった結果も含まれる．これらの基本的な結果のあとに，『原論』の数論全体でも最も重要な二つの結果が

続く.

命題 IX-35 もし任意個の数が順次に比例し連比にあり,第2項と末項からそれぞれ初項に等しい数が引き去られるならば,第2項と初項との差が初項に対するように,末項と初項との差が末項より前のすべての項の和に対するであろう.

この結果は実質的に等比数列の和を決定するものである.「連比」にある数の列を $a, ar, ar^2, ar^3, \ldots, ar^n$ で表し,「[最後の数] より前のすべての数」を S_n で表そう(ar^n より前の数は n 個あるから).ユークリッドの結果は

$$(ar^n - a) : S_n = (ar - a) : a$$

を主張することになる.この和は現代的な言葉遣いでは

$$S_n = \frac{a(r^n - 1)}{r - 1}$$

という形になる.

第 IX 巻の最後の命題 36 は,完全数をどのようにして見つけるかを示している.完全数とは,その約数の和に等しいような数である.この命題は数列 $1, 2, 2^2, \ldots, 2^n$ が何個であっても,その和が素数であれば,それと 2^n との積が完全数であるというものである.たとえば $1 + 2 + 2^2 = 7$ は素数である.ゆえに $7 \times 4 = 28$ は完全数である.実際,$28 = 1 + 2 + 4 + 7 + 14$ となっている.他にギリシア人が知っていた完全数は,$1 + 2$ に対応する 6,$1 + 2 + 4 + 8 + 16$ に対応する 496,$1 + 2 + 4 + 8 + 16 + 32 + 64$ に対応する 8128 であった.ユークリッドの基準にしたがって数個の完全数がその後その他にも発見されたが,この性質を満たさない完全数があるかどうかはまだわかっていない.とくに,奇数の完全数があるかどうかはわかっていない[*41].ユークリッドが数論諸巻の最後の頂点というべき定理に,たった 4 個しか知られていない数の研究をもってきたことは奇妙なことである.しかし,完全数の理論は数学者にとって,ずっと魅惑的なものであり続けてきた.

2.4.8 通約不能な大きさ

多くの歴史家は,『原論』で最も重要なのは第 X 巻であると考えている.これは全 13 巻の中で最も長く,おそらく最も系統だったものである.第 X 巻の目的がある種の通約不能な大きさを分類することであることは明らかである.この巻が成立することになった動機の一つは,正多面体の辺の長さの特徴を明らかにしたいという願望であった.正多面体は第 XIII 巻で作図され,これは『原論』の頂点にふさわしいものである.ユークリッドは正二十面体と正十二面体の辺を,それらが内接している球の直径と,数値によらない形で比較する必要があった.この単純な問題は,現代数学にはよくある仕方で,第 X 巻の精緻な分類の枠組みへと発展し,これは問題への直接の答をはるかに越えるものとなった.この巻の大部分はテアイテトスによるものであると一般に信じられている.というのは第 XIII 巻の正多面体の作図の一部は彼によるものとされていることと,ど

[*41] ただし,偶数の完全数はユークリッドの基準を満たすもの以外に存在しないことは証明されている.

> **囲み 2.6**
>
> ## 『原論』第 X 巻の定義より[*42]
>
> 1. 同じ尺度によって測られる大きさは**通約可能**であるといわれ，いかなる共通な尺度も持ち得ない大きさは**通約不能**であるといわれる．
> 2. 二つの線分はそれらの上の正方形が同じ面積によって測られるときには**平方において通約可能**であり，それらの上の正方形が共通な尺度としていかなる面積も持ち得ないときには**平方において通約不能**である．
> 3. これらのことが仮定されると次のことが証明される．すなわち定められた線分と長さにおいてのみ，あるいは平方においても通約可能，および通約不能な無数の線分がある．そこで定められた線分が**有理**と呼ばれるとし，それと長さと平方において，あるいは平方においてのみ通約可能な直線が**有理**であり，通約不能な直線が**無理**であると呼ばれるとせよ．

んな数の平方根が単位と通約不能になるかを決定する問題が，彼の名がつけられたプラトンの対話編で扱われていることによる．この問題に対する答は第 X 巻の始めの方で扱われるが，これが一般的な分類論へと発展していくのである．

導入部の定義は，「通約不能」と「無理」という基本的術語をユークリッドがどう理解していたかを教えてくれる（囲み 2.6）．最初の二つの定義は比較的簡単である．これに対して，3 番目の定義には少々解説が必要である．まず最初に，この定義はあとで第 X 巻の中で証明される定理を含んでいる．しかし第二に，ユークリッドの「有理」という術語の使い方が現代と異なっている．たとえば，指定された直線の長さが 1 であるならば，長さが $\frac{a}{b}$ の直線が「有理」と呼ばれるだけではなく，長さが $\sqrt{\frac{a}{b}}$ の直線もそうなのである（a と b は正の整数とする）．

第 X 巻の最初の命題は，この巻だけでなく，第 XII 巻にとっても基礎をなすものである．

命題 X-1 二つの不等な大きさが定められ，もし大きい方からその半分より大きい大きさが引かれ，残りからまたその半分より大きい大きさが引かれ，これが絶えず繰り返されるならば，最初に定められた小さい方の大きさよりも小さい何らかの大きさが残されるに至るであろう[*43]．

この結果は，二つの大きさが比を持つための条件であった第 V 巻の定義 4 に依拠する．この定義は，小さい方の大きさの n 倍が大きい方を超えることを要請する．各段階で残された大きさの半分を超える大きさを差し引くことを n 回繰り返すならば，望む結果が得られる．

命題 2 と命題 3 は前にも論じた**相互差引**の結果である．しかしユークリッドは，第 VII 巻で数に対して行ったのと同じ手続きを幾何学的大きさに対して行うので，今度は二つの独立な概念を結びつけることが可能になる．すなわち，ユークリッドは，命題 5, 6 において二つの大きさは，それらの比が数が数に対する比であるときに通約可能であることを示すのである．こういうわけで，数と大

[*42] 本文に合わせて，共立訳の訳文を変更している．
[*43] 本文に合わせて，共立訳の「量」を「大きさ」としている．

きさは独立な概念であるにもかかわらず，数に対する比例論という機構を，通約可能な大きさに対して適用できるのである．エウドクソスによるもっと複雑な定義は，通約不能な大きさに対してのみ必要なことになる．

命題 9 はテアイテトスに帰せられている結果であり，ピュタゴラス派による正方形の対角線がその辺と通約不能であるという発見，現代的に言えば $\sqrt{2}$ が無理数であることの一般化を与えるものである．すなわち，ユークリッドは，平方数でないあらゆる数の平方根が単位線分と通約不能であることを実際に示しているのである．ユークリッドの言葉遣いでは，この定理は，正方形の二つの辺は，正方形の面積どうしが正方形数が正方形数に対する比を持つとき，そしてそのときに限って長さにおいて通約可能である，となる．興味深いのは，「そのときに限って」の部分である．二つの辺 a, b が長さにおいて通約可能であると仮定しよう．すると，$a : b = c : d$ が成り立ち，c, d は数である．そこでこれら各々の比の二重比も等しい．しかしユークリッドは，すでに a 上の正方形が b 上の正方形に対し，a が b に対する二重比にあることを示しているし (VI-20)，また，c^2 が d^2 に対して c が d に対する二重比にあることも示している (VIII-11)．そこで求める結果が得られる．

さらにいくつかの通約不能性の判定基準に関する予備的な命題のあとに，ユークリッドは第 X 巻の主要な課題，すなわちある種の無理線分の分類にとりかかる．無理線分とは，定められた単位線分と通約可能でなく，また平方においても通約可能でないような線分である．この分類全体はここで論じるには長すぎるので，その定義のうちで第 XIII 巻で利用される 2, 3 のものだけに触れて，テアイテトスの業績がどのような趣のものかを紹介することにしよう．これらの無理線分の各々は今日，代数方程式の解として表現できるが，ユークリッドは代数的な機構は一切用いていないことを注意しておくべきである．とはいえ，理解を容易にするために，各々の定義の数値による例を与えることにする．

中項線分とは，平方においてのみ通約可能な 2 本の有理線分に囲まれる長方形に等しい正方形の辺である．たとえば，長さ 1 と $\sqrt{5}$ の線分は平方においてのみ通約可能で，これらの 2 線分によって囲まれる長方形の面積は $\sqrt{5}$ なので，長さが $\sqrt[4]{5}$ に等しい線分は中項線分である．**二項線分**とは，平方においてのみ通約可能な 2 本の有理線分の和である．そこで長さ $1 + \sqrt{5}$ の線分は二項線分である．同様に，平方においてのみ通約可能な 2 本の有理線分の差は**余線分**と呼ばれる．簡単な例としては長さ $\sqrt{5} - 1$ の線分がある．最後に，もっと複雑な例としてユークリッドの**劣線分**をあげよう．これは 2 線分 x, y の差 $x - y$ で，x と y が平方において通約不能で，面積 $x^2 + y^2$ は有理，xy は中項面積であるようなものをいう．中項面積とは中項線分上の正方形に等しい面積である．たとえば，$x = \sqrt{5 + 2\sqrt{5}}$ かつ $y = \sqrt{5 - 2\sqrt{5}}$ ならば，$x - y$ は劣線分である[*44]．

2.4.9 立体幾何学

『原論』の第 XI 巻は立体幾何を扱う三つの巻の最初のものである．この巻に

[*44]この例は円の半径を r としたとき，正五角形の辺が $\frac{r}{2}\sqrt{5 + 2\sqrt{5}} - \frac{r}{2}\sqrt{5 - 2\sqrt{5}}$ となり，円の半径を基準線分としたとき，正五角形の辺が劣線分となる (XIII-10) からとられている．

> **囲み 2.7**
>
> ## 『原論』第 XI 巻の定義より
>
> 12. **角錐**とは，数個の平面によって囲まれ，一つの平面を底面とし，一つの点を頂点として作られる立体である．
> 13. **角柱**とは，数個の平面によって囲まれ，そのうち二つの相対する平面が等しく相似でかつ平行であり，残りの平面が平行四辺形である立体である．
> 14. **球**とは，半円の直径が固定され，半円が回転して，その動き始めた同じところに再び戻るとき，囲まれてできる図形である．
> 18. **円錐**とは，直角三角形の直角を挟む辺の一つが固定され，三角形が回転して，その運び始めた同じところに再び戻るとき，囲まれてできる図形である．そしてもし固定された線分が，直角を挟む線分に等しいならば，円錐は**直角**円錐であり，小さければ**鈍角**，大きければ**鋭角**円錐であろう．

は第 I 巻と第 VI 巻の平面での結果に，立体において対応する結果が数多く含まれる．導入部の定義は角錐，角柱，円錐などの概念を含む（囲み 2.7）．いくらか奇妙な唯一の定義は球の定義である．これは円の定義と類似した形ではなく，半円をその直径の周囲に回転することによって定義される．ユークリッドがこの定義を用いたのは，多分球の性質を，第 III 巻で円の性質を論じたように論じようとは思っていなかったからであろう．実際，球の基本的な性質はユークリッドの時代には知られていて，他の書物で扱われていたし，そのうちの一つはユークリッド自身のものであった．しかし『原論』ではユークリッドは，第 XII 巻で球の体積を，第 XIII 巻で正多面体を作図し，それらがどのように球に内接されるかを扱うにすぎない．実際，第 XIII 巻における彼の作図は，正多面体がどのように球に内接されるかを示すのに，彼が球を定義したのと同様に，半円を正多面体の周りに回転させるのである．

第 XI 巻の命題は第 I 巻と同様の作図をいくつか含む．たとえば命題 11 は，与えられた平面に垂直な直線を平面の外部の点から引く方法を示すし，命題 12 は，垂線を平面上の点から引く方法を示す．平行六面体に関する一連の命題もある．とくに，命題 I-36 の類推からユークリッドは，底面が等しく高さが同じ平行六面体は等しいこと，そして VI-1 の類推から，高さが同じ平行六面体は互いに底面と同じ比を持つことを示している．同様に，命題 VI-19, 20 の類推から，命題 33 において相似な平行六面体は互いにその辺の三重比を持つことを示している．したがって二つの相似な平行六面体は，対応する任意の辺の比の立方の比にある．前と同様，ユークリッドは体積の計算というものを一切行わない．しかし，これらの定理から平行六面体の体積に関して基本的な結果を導くことは容易である．他の立体の体積の「公式」（に相当するもの）は第 XII 巻に含まれる．

第 XII 巻が『原論』の他の巻と区別される主要な特徴は，それが取尽し法として一般に知られている極限の手続きを利用していることにある．この手続きはエウドクソスが発展させたもので，円の面積や，角錐，円錐，球の体積の扱いに利用される．これらの面積や体積を与える「公式」はずっと以前から知られていたが，ギリシア人にとっては証明が必要であった．そしてエウドクソスの方法

が証明を与えたのであった．この方法が与えてくれなかったのは，そもそも「公式」を見出す方法であった．

第 XII 巻の主な結果は次のようなものである．

命題 XII-2　二つの円は互いに直径上の正方形が対するように対する[*45]．

命題 XII-7 系　すべての角錐は，同じ底面および等しい高さを持つ角柱の3分の1である．

命題 XII-10　すべての円錐は，それと同じ底面等しい高さを持つ円柱の3分の1である．

命題 XII-18　二つの球は互いに各々の直径の三重の比にある．

　これらの結果の最初の円に関するものは，その150年前にヒッポクラテスが知っていた円の面積に関する古い結果をユークリッドが述べなおしたものである．現代的に言えば，これは円の面積はその直径上の正方形に比例するということを述べるものであるが，その比例定数が何であるかを述べてはいない．しかしその証明はこの定数を近似する方法を与えている．命題 XII-1 は，円に内接する相似多角形は互いに直径上の正方形と同じ比を持つというものであり，円に関する証明の補助定理となっている．またこれは，相似多角形は対応辺の二重比にある，という命題 VI-20 の一般化でもある．まず「対応辺」の代わりに任意の対応する直線をとることができ，それは円の直径でもよいということ，次に「二重比」を「正方形」で置き換えられることを証明するのは難しくはない．

　XII-2 の証明の主要な考え方は円の中に多角形を内接させ，辺の数を増やしていくことによって，その面積を「取尽す」ことにある．具体的には，ユークリッドは与えられた円の中に，円との面積の差が任意の与えられた面積より小さい多角形を内接させることができることを証明する．定理の証明は，この結果が正しくないと仮定することから始まる．すなわち，二つの円 C_1, C_2 がそれぞれ面積 A_1, A_2，直径 d_1, d_2 を持つとして，$A_1 : A_2 \neq d_1^2 : d_2^2$ と仮定する．そこである面積 S が A_2 より大きいかまたは小さく，$d_1^2 : d_2^2 = A_1 : S$ を満たす（ユークリッドが任意の三つの大きさに対して，第四比例項が存在することを証明したことは一度もなく，三つの線分に対する第四比例項の存在を証明しているにすぎないことに注意しよう．したがってこれは，またしてもユークリッドにおける証明されていない結果の利用である．第四比例項の存在が真であることは，連続性に関する何らかの議論から導かれる必要があるが，ユークリッドがここでこの議論を無視したのは，多分ここで第四比例項を実際に作図する必要がないと考えたためであろう）．まず $S < A_2$ と仮定する（図 2.36）．そこで内接正方形から始めて，各辺に対応する弧を二等分していき，多角形 P_2 を円 C_2 に内接させて，$A_2 > P_2 > S$ を満たすようにする．別の言い方をすれば，P_2 と A_2 と差が，A_2 と S の差より小さいようにしなければならない．この作図は命題X-1

[*45] 本文に合わせて共立版の訳文を変更した．

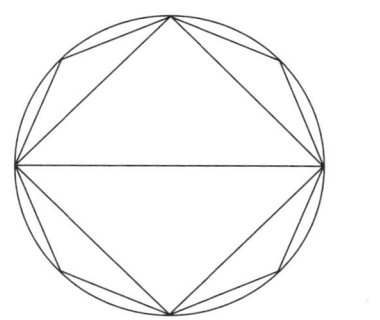

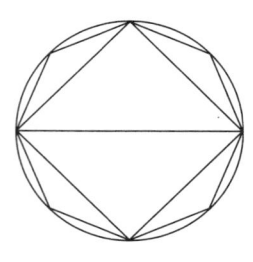

図 2.36
『原論』命題 XII-2. 取尽し法.

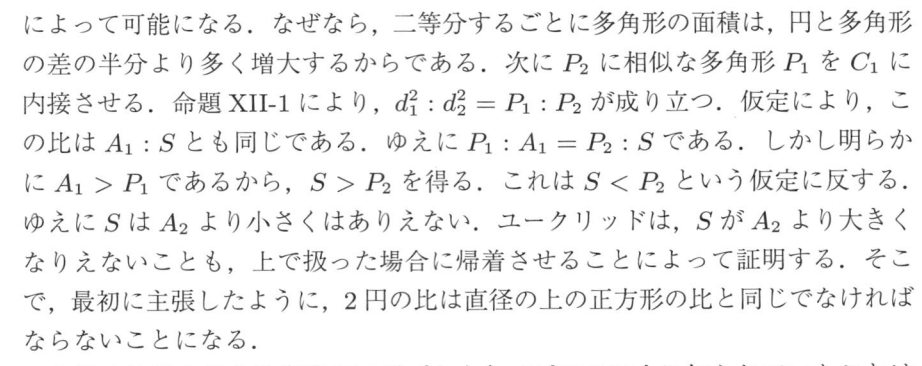

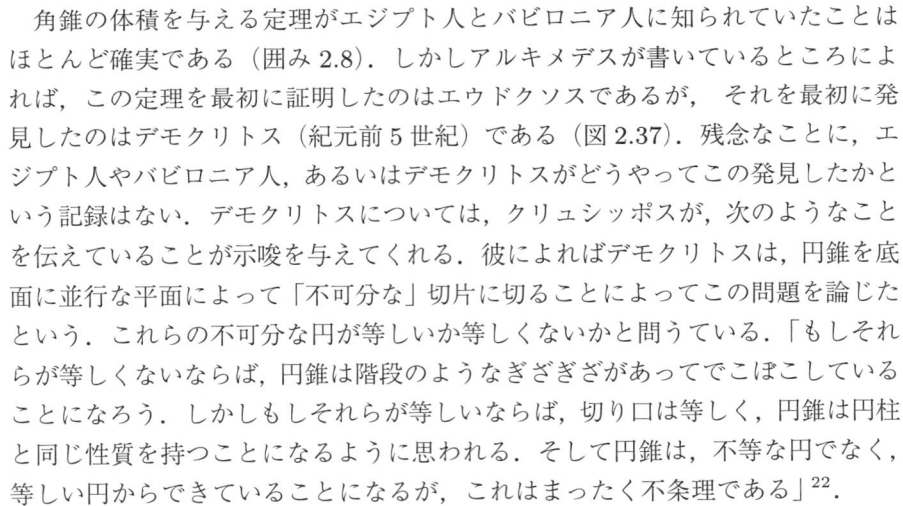

図 2.37
ギリシアの切手に描かれたデモクリトス.

によって可能になる．なぜなら，二等分するごとに多角形の面積は，円と多角形の差の半分より多く増大するからである．次に P_2 に相似な多角形 P_1 を C_1 に内接させる．命題 XII-1 により，$d_1^2 : d_2^2 = P_1 : P_2$ が成り立つ．仮定により，この比は $A_1 : S$ とも同じである．ゆえに $P_1 : A_1 = P_2 : S$ である．しかし明らかに $A_1 > P_1$ であるから，$S > P_2$ を得る．これは $S < P_2$ という仮定に反する．ゆえに S は A_2 より小さくはありえない．ユークリッドは，S が A_2 より大きくなりえないことも，上で扱った場合に帰着させることによって証明する．そこで，最初に主張したように，2 円の比は直径の上の正方形の比と同じでなければならないことになる．

角錐の体積を与える定理がエジプト人とバビロニア人に知られていたことはほとんど確実である（囲み 2.8）．しかしアルキメデスが書いているところによれば，この定理を最初に証明したのはエウドクソスであるが，それを最初に発見したのはデモクリトス（紀元前 5 世紀）である（図 2.37）．残念なことに，エジプト人やバビロニア人，あるいはデモクリトスがどうやってこの発見したかという記録はない．デモクリトスについては，クリュシッポスが，次のようなことを伝えていることが示唆を与えてくれる．彼によればデモクリトスは，円錐を底面に並行な平面によって「不可分な」切片に切ることによってこの問題を論じたという．これらの不可分な円が等しいか等しくないかと問うている．「もしそれらが等しくないならば，円錐は階段のようなぎざぎざがあってでこぼこしていることになろう．しかしもしそれらが等しいならば，切り口は等しく，円錐は円柱と同じ性質を持つことになるように思われる．そして円錐は，不等な円でなく，等しい円からできていることになるが，これはまったく不条理である」[22]．

デモクリトスの最終的な結論をわれわれは知らないのだが，彼は明らかに円錐を不可分者から「作り上げられている」ものと考え，角錐も同様に考えたわけだ．もしそうならば，彼はユークリッドの命題 XII-5，つまり，同じ高さを持ち，底面が三角形の角錐は互いに底面と同じ比を持つ，を導くことができたはずである．というのは，二つの角錐がそれぞれ，底面から等しい距離で底面に平行な平面で切られると想定するならば，二つの角錐の対応する切り口は，底面の比にあるからである．デモクリトスは各々の角錐を無限個のこれらの不可分な切片から「作り上げられている」ものと考えていたのだから，角錐それ自体もこの同じ比底面の比にあることになる．すると彼は，『原論』XII–7 と同様，三角柱は，高さと底面がすべて等しい三つの角錐に分割できることを述べることによって証明を完結できたはずである．

囲み 2.8

ギリシア人はエジプト人から何を学んだか？

ギリシア人はエジプト人から少しでも数学を学んだのだろうか？ それとも数学というものに対するギリシア人の考えは，彼らより前のエジプト人とは非常に違っていたので，ギリシア人は最初からやり直したと考えるべきなのだろうか？ この問は長年にわたって問われてきたが，エジプトからギリシアへの知識の伝達について，紀元前3世紀より前の資料は現存しないので，決定的な答を与えることはできない．しかしヒントとなるものは確かにある．

ギリシア人は，エジプト人から学んだと一般的に述べている．ピュタゴラス，タレス，エウドクソスを含む，ギリシアの数学者の多くについて，ギリシア人は，彼らがエジプトで勉強したと伝えている．そして多くのギリシアの資料は，幾何学がエジプト人によって発明されて，ギリシア人に伝えられたと述べる．しかしここで「幾何学」とは何を意味するのだろうか？ それがユークリッドの『原論』に見られるような公理的扱いを意味しているはずがないことは明らかである．それが意味したと思われたのは結果そのものである．詰まるところ，公理的方法で結果を発見することはできないのだ．結果は，実験や，試行錯誤や，帰納によって発見するものなのだ．発見がなされて初めて，こうではないかと述べたことが正しいと実際に証明することが気になるわけだ．だから，ギリシアの著述家たちが，エジプト人が幾何学を発明したということで意味していたのは，幾何学で得られた結果のことであり，証明の方法でなかった．公理系から証明を行うという考えがギリシア人独自のものであったことは明らかであろう．

ギリシア人はどのような幾何学上の成果を学んだのであろうか？ その答の一つは，角錐の体積，円の面積や半球の体積といった，幾何学的対象の測定に関する公式の大半ということになろう．相似に関する基本的な原理も学ぶことができたはずである．というのは，エジプトの資料からは，縮小したモデルの利用に関する，高度に発展した比例の概念が明らかになるからである．単位分数の使用をギリシア人がエジプト人から学んだことも確実である．ただしこれらは表向きのギリシア数学には現われない．

バビロニアの場合と同じく，ギリシア数学に対するエジプトの直接の影響の証拠となる資料は残っていない．しかし状況証拠はかなり強力である．バビロニアの影響の問題と同様，この問題に関しても今後の研究を待たねばならないであろう[21]．

ユークリッドはもちろん，XII-5 や XII-10, XII-18 を帰謬法の議論によって証明している．与えられた言明が偽であると仮定して，与えられた立体の中に，既知の性質を持つ別の立体を内接し，与えられた立体と作図された内接立体との差が与えられた「小さな」面積，すなわち，偽の仮定によって決まる「誤差」よりも小さくなるようにする．つまり，彼は立体を取尽すのである．作図された内接立体の既知の性質によって，命題 XII-2 の証明で得られたような矛盾が得られることになる．しかしデモクリトスからの引用でわかるように，最も初期のギリシア数学では，無限小の利用によってある種の結果を見出そうとする試みが存在したのである．すでに見たように，アリストテレスはこういった概念を表向きのギリシア数学からは追放したのであるが．

『原論』の最後の巻である第 XIII 巻は，五つの正多面体と，それらを球の中に「収めること」にあてられている（図 2.38）．この巻は第 IV 巻に類似した内容を 3 次元において扱うものである．五つの正多面体——立方体，正四面体，正八面体，正十二面体，正二十面体——の研究および正多面体はこれらに限るという証明はテアイテトスに帰せられている．最初の三つの立体はギリシア以前の時代から知られていた．そして青銅で作られた正十二面体はおそらく紀元前7世紀に遡るという考古学上の証拠がある．しかし正二十面体は明らかにテアイテトスが初めて研究したものである．正多面体がこれら五つの立体に限ること，

図 2.38
五つの正多面体. 立方体, 正四面体, 正八面体, 正十二面体, 正二十面体.

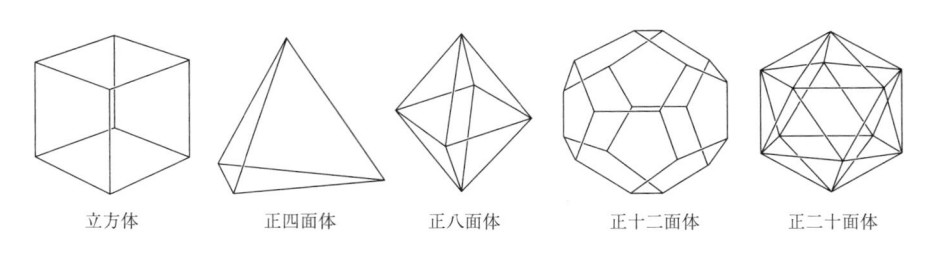

そして正多面体の性質が研究に値すると認識したのもテアイテトスである．

ユークリッドは第 XIII 巻で系統的に議論を進めていく．正多面体を作図し，その各々が球の中に収められる（内接できる）ことを示し，正多面体の辺の長さと外接球の直径を比較する．正四面体に関しては，ユークリッドは外接球の直径上の正方形が，辺の上の正方形の $1\frac{1}{2}$ 倍であることを示す．立方体では直径上の正方形は辺の上の正方形の 3 倍であり，正八面体では直径上の正方形は辺の上の正方形の 2 倍である．残りの二つの場合は少々厄介である．ユークリッドは正十二面体の辺が，内接立方体の辺が外中比に分けられたときの，大きい方の切片に等しい余線分であることを証明する．したがって，球の直径を 1 とするならば，立方体の辺は $c = \frac{\sqrt{3}}{3}$ である．ゆえに正十二面体の辺の長さは $x^2 + cx - c^2 = 0$ の正の解，すなわち $\frac{c}{2}(\sqrt{5}-1) = \frac{1}{6}(\sqrt{15}-\sqrt{3})$ である．$\sqrt{15}$ と $\sqrt{3}$ はどちらもユークリッドの定義によって有理であり，これらは平方においてのみ通約可能であるから，この辺はたしかに余線分である．

正二十面体に対してユークリッドは，その辺が劣線分であることを証明している．この場合，外接球の直径上の正方形は，正二十面体の上部の五つの三角形に外接する円の半径 r 上の正方形の 5 倍である．これら五つの三角形の底辺は正五角形をつくり，その各辺が正二十面体の辺である．半径 r の円に内接する正五角形の辺は

$$\frac{r}{2}\sqrt{5+2\sqrt{5}} - \frac{r}{2}\sqrt{5-2\sqrt{5}} = \frac{r}{2}\sqrt{10-2\sqrt{5}}$$

である．球の直径を 1 とすると，$r = \frac{\sqrt{5}}{5}$ となる．これはユークリッドの定義では有理線分であり，正二十面体の辺はたしかに劣線分となる．具体的に書けば，この辺の長さは

$$\frac{\sqrt{5}}{10}\sqrt{10-2\sqrt{5}} = \frac{1}{10}\sqrt{50-10\sqrt{5}}$$

である．

最後にユークリッドは，五つの正多面体の辺を一つの平面図形の中に作図し，それら相互と，与えられた球の直径との比較を行う [XIII-18]．これは第 XIII 巻の最後に，この巻と『原論』全体を締めくくるのにふさわしい命題である．そして，これら五つ以外に正多面体が存在しないことを証明する [同じく XIII-18 の最後の部分].

2.5 ユークリッドの他の著作

ユークリッドは『原論』より高度な数学書をいくつか書いている．現存するものの中で最も重要なのは『ダタ』[*46]である[23]．これは実質的に『原論』の I–VI 巻を補うものである．『ダタ』の各々の命題は幾何学的な図形配置のある部分を既知と考え，他のある部分が決定可能であることを示すものである．こうして『ダタ』の本質は，純粋に総合的な『原論』を新たな問題の解法という，ギリシア数学の目的の一つに適合した手引へと変形することにある．

ここでは『ダタ』の一般的な方法の事例として二つの命題だけを考察しよう．これらは『原論』の命題 VI-29 と密接に関連し，またしても幾何学的代数を扱うものである．

命題 84　もし 2 直線が与えられた角の中で与えられた面積を囲み，一方が他方よりも与えられた直線だけ大きいならば，2 直線の各々は与えられる（すなわち定まる）．

VI-29 について論じたときのように，与えられた角が直角であるとするならば——現存する中世写本でも直角になっている——，この問題はバビロニアの標準的な問題に関係するものとなる．その問題とは，x, y の積と差が与えられたときに，これらを見出すというものである．すなわち，連立方程式

$$xy = c \quad x - y = b.$$

を解くということである．

ユークリッドはまず辺の一方が x，他方が y であるような長方形を考え，y を長さ x の直線上に置く．すると与えられた領域 c を与えられた直線 b 上に，正方形だけ超過して添付していることになる．そこで命題 59 が適用できる．

命題 59　与えられた直線上に与えられた領域が添付され，形において与えられた図形だけ超過するならば（形において与えられるとは，図形のすべての角と，辺の間の比が与えられること），超過する領域の辺は与えられる．

命題 84 の問題をユークリッドが実際に解いているのはこの命題 59 においてであり，ここで VI-29 で論じたのと同じ図を利用している．そのときと同様，彼は長さ b を二等分し，$\frac{b}{2}$ の上に正方形を作図し，この正方形と領域 c の和が $y + b/2$（あるいは $x - b/2$）の上の正方形に等しいことを指摘し，これらの量がこの正方形の辺として決定できること示している．代数的に述べれば，これはバビロニアの標準的な公式

$$y = \sqrt{\left(\frac{b}{2}\right)^2 + c} - \frac{b}{2}$$

$$x = \sqrt{\left(\frac{b}{2}\right)^2 + c} + \frac{b}{2}$$

[*46]『デドメナ (Dedomena)』，『与件』とも称される．

に相当する．

前と同様，ユークリッドは幾何学的な図形を扱うのみで，このような規則を実際に書いたりすることは決してない．しかし，幾何学を代数に翻訳することは容易である．この問題は，実際にある種の条件を満たす二つの長さを見出すというものであるようにも思われる．別の言い方をすれば，この問題はその定式化に至るまでバビロニアの定式化とほとんど同一なのである．他方，VI-29 におけるのと同様，その結果の述べ方は，バビロニア人が論じた長方形だけでなく，平行四辺形をも扱うことができるようになっている．ユークリッドは『データ』で他にも同様の幾何-代数的な問題を扱っている．そのうち命題 85 と 58 は，連立方程式
$$xy = c \quad x+y = b.$$
と等価である．

ユークリッドが誰であったにせよ，光学，音楽論，円錐曲線論を含む彼のものとされた著作からみると，彼はそれまでのギリシア数学の伝統を集大成しているという意識があったように思われる．もし彼がアレクサンドリアのムーセイオンに招かれた最初の数学者だったならば，これは確かにその立場にふさわしいものである．すると，彼の弟子たちに対して，当時までに知られていた基本的な結果を証明するだけでなく，新たな問題へのアプローチを可能にする方法を示すことも彼の目的だったのだろう．数学の分野を最も発展させた紀元前 3 世紀の二人の数学者，アルキメデスとアポロニオスは，多分最初の数学的訓練をユークリッドの弟子たちから受けたのだろう．この訓練が実際，ユークリッドと彼以前の人々によって解けずに残された多くの問題を解決することを可能にしたのである．

練習問題

タレスに関連する問題

1. タレスは，2 角が挟む辺の等しい二つの三角形は合同であるという定理を用いて，海岸から沖合いの船までの距離を求める方法を発見したといわれている．タレスが使ったのではないかという方法の第一候補は次のようなものである．A を海岸にある一つの点と仮定し，S を船であるとする（図 2.39）．AS に直交する直線 AC を引き，その長さを測る．この直線を二等分する点 B を求める．AC に垂直な直線を引き，この直線が点 B と点 S を通る直線と交わる点を E とする直線 CE を求める．このとき，$\triangle EBC \cong \triangle SBA$ であるから，$SA = EC$ であることを示せ．

2. タレスの方法の第二候補は次のようなものである．タレスが，まっすぐな棒と横木 AC を組み合わせてつくった道具を持って海岸にある塔にのぼったとする．この横木は，回転させて任意の角度に開くことができ，固定するとそのまま動かなくなる．AC を回転させて船 S を指すようにして，横木を動かさないようにしてそのまま海岸の物体 T を指すように棒を回転させる．このとき，

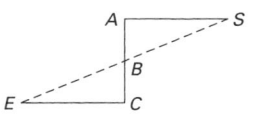

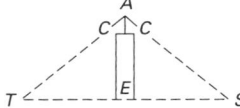

図 2.39
海上の船までの距離を決定するためにタレスが用いたと推測される方法．

$\triangle AET \cong \triangle AES$ であること，それゆえ $SE = ET$ であることを示せ．

ピュタゴラスの数論に関連する問題

3. n 番目の三角数は代数的には $T_n = \dfrac{n(n+1)}{2}$ と示されること，したがって長方形数は三角数の 2 倍であることを示せ．

4. どの平方数も連続する二つの三角数の和であることを代数的に示せ．

5. 三角数を 8 倍し，それに加えると平方数になることを示せ．逆に，奇数の平方数から 1 を減ずると三角数の 8 倍

になることを示せ．この結果を代数的にも示せ．

6. ピュタゴラスの三つ組において，項のうちの一つが奇数であるとき，残りの一つが奇数でもう一つが偶数であることを示せ．
7. ピュタゴラスの三つ組において，最大の項が 4 で割り切れるとき，他の二つの項も 4 で割り切れることを示せ．
8. 7 の問題の数字を 4 から 3 に置き換えて，証明せよ．
9. n が奇数のとき，$\left(n, \dfrac{n^2-1}{2}, \dfrac{n^2+1}{2}\right)$ を使って，五つのピュタゴラスの三つ組を求めよ．また，m が偶数のとき $\left(m, \left(\dfrac{m}{2}\right)^2-1, \left(\dfrac{m}{2}\right)^2+1\right)$ を用いて，別の五つのピュタゴラスの三つ組を求めよ．
10. 本文で説明した $\sqrt{2}$ が 1 と通約不能であることを示すピュタゴラス派の議論と同様の証明を用いて，$\sqrt{3}$ が 1 と通約不能であることを示せ．

ユークリッド『原論』に関連する問題

11. 三角形の内角の和は 2 直角に等しいという命題 I-32 を証明せよ．この証明が命題 I-29 に依拠し，したがって公理 5 に依拠することを示せ．
12. （修正を加えた）命題 I-44 の問題を解け．与えられた線分 AB を辺とし，与えられた長方形 c に等しい面積の長方形を求めよ．このとき，図 2.40 を使え．この図において，$BEFG$ が与えられた長方形で，D は対角線 HB の延長線と線分 FE の延長の交点であって，$ABML$ が作図すべき長方形である．

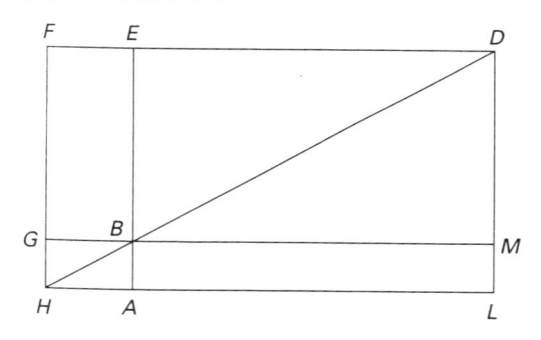

図 2.40
『原論』命題 I-44.

13. 次の命題 II-8 を代数表現に翻訳し，これが妥当であることを示せ．
    もし線分が任意に二分されるならば，全体と一つの部分とに囲まれた長方形の面積の 4 倍と，残りの部分の上の正方形面積との和は，全体の線分と先の部分とを一直線とした線分上の正方形の面積に等しい．
14. 命題 II-13 は，鋭角三角形の余弦定理と同等であることを示せ．
    鋭角三角形において，鋭角の対辺の上の正方形は，鋭角を挟む 2 辺の上の正方形の和より，鈍角を挟む辺の一つと，この辺へと垂線が下され，この鈍角への垂線によって外部に切り取られた線分とに囲まれた矩形の 2 倍だけ小さい．
15. 次の命題 III-20 の証明の詳細を与えよ．
    円において，角が同じ弧を底辺とするとき，中心角は円周角の 2 倍である．
16. 次の命題 III-21 の証明の詳細を与えよ．
    円において，円の同じ切片内の角同じ弧の上に立つ円周角は互いに等しい．
17. 円において，半円内の角は直角であるという命題 III-31 を証明せよ．
18. 次の命題 III-32 を証明せよ．
    もし円に直線が接し，その接点から円に対し円を切る直線が引かれるならば，それが接線となす角は円の反対側の切片内の角に等しい．
    図 2.41 において，EBF が接線，BD が割線，AB が直径，C は弧 DB 上の任意の点であるとする．このとき，この命題は，$\angle FBD = \angle BAD$ かつ，$\angle EBD = \angle DCB$ であると主張する．$\angle ADB$ が直角であることを利用せよ．

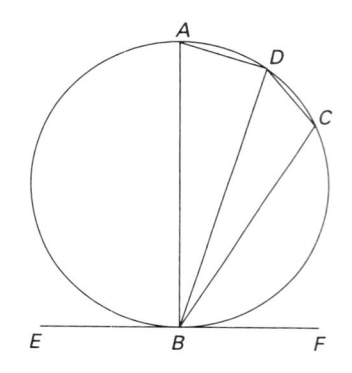

図 2.41
『原論』命題 III-32.

19. 円に内接する正七角形の作図を見出せ．
20. 円に内接する五角形と正三角形が与えられたとき，円に内接する正十五角形をどのように作図すればよいか示せ．
21. ユークリッドのアルゴリズムを数 a と b に適用したときの 0 ではない最後の剰余が，実は a と b の最大公約数であることを証明せよ．
22. ユークリッドのアルゴリズムを使って，963 と 657 の最大公約数，2689 と 4001 の最大公約数を求めよ．
23. 長さ 1 の線分を外中比に分けたとする．つまり，$\dfrac{1}{x} = \dfrac{x}{x-1}$ となるよう，点 x においてこの線分を分割したとする．ユークリッドのアルゴリズムを用いて，1 と x が通約不能であることを示せ．実際，テアイテトスの定義を用いて，$1 : x$ は $(1, 1, 1, \ldots)$ と表現できることを示せ．

24. テアイテトスによる等比の定義を用いて，$46:6 = 23:3$ であることを示せ．いずれも $(7,1,2)$ という組によって表されることを示せ．
25. 含まれる大きさの種類と与えられた証明を用い，V-1 と II-1 におけるユークリッドの分配法則の取り扱いを比較せよ．
26. 次の命題 V-12 をエウドクソスの定義と現代の方法との両方によって証明せよ．
    もし任意個の量が比例するならば，前項の一つが後項の一つに対するように，前項の総和が後項の総和に対するであろう．
    （代数記法では，この命題は次のことを述べている．もし $a_1:b_1 = a_2:b_2 = \cdots = a_n:b_n$ であるならば，$(a_1 + a_2 + \cdots + a_n):(b_1 + b_2 + \cdots + b_n) = a_1:b_1$ である．）
27. エウドクソスの定義を用いて次の命題 V-16 を証明せよ．
    もし $a:b = c:d$ ならば，$a:c = b:d$．
28. $8:4 = 6:x$ の解を幾何学的に作図せよ．
29. 直径 $9+5 = 14$ の半円から始めて，方程式 $\dfrac{9}{x} = \dfrac{x}{5}$ を幾何学的に解け．
30. 二次方程式 $x^2 + 10 = 7x$ を（命題 VI-28 を用いて）幾何学的に解け．この方程式には二つの正の解がある．両方の解が自明となるように図を修正せよ．
31. 二次方程式 $x^2 + 10x = 39$ を（VI-29 を用いて）幾何学的に解け．
32. 命題 VIII-8 と，$n+1$ と n との間には比例中項がないというアルキュタスの特例を証明せよ．
33. 命題 VIII-11 によって証明された二つの平方数の間の比例中項を一つ求めよ．
34. 命題 VIII-12 によって証明された二つの立方数の間の二つの比例中項を求めよ．
35. 次の命題 VIII-14 を証明せよ．もし a^2 が b^2 を割り切るならば，a も b を割り切るし，その逆も成り立つ．
36. 命題 VII-30 を使って，正整数の素因数分解は（順序を守るならば）ただ一つしかないことを証明せよ（これは実質的に命題 IX-14 と同じである）．
37. ユークリッドの XII-2 の証明を円の面積を計算する再帰的アルゴリズムに変えよ．このアルゴリズムを数回使って，半径 1 の円の面積を近似的に求めよ．
38. 次の XIII-9 を証明せよ．
    もし同じ円に内接する六角形の辺と五角形の辺とが同じ一直線上に置かれるならば，[二つの辺の] 交点は線分全体を外中比に分け，その大きいほうの部分は六角形の辺である．図 2.42 において，BC は円に内接する正十角形の辺であり，CD は同じ円に内接する六角形の辺である．$\triangle EBD$ は $\triangle EBC$ と相似であることを示せ．

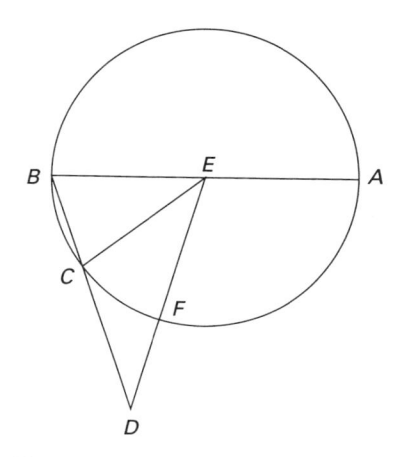

図 2.42
『原論』命題 XIII-9．

39. 次の命題 XIII-10 を証明せよ．
    もし等辺五角形と等辺六角形，等辺十角形がそれぞれ与えられた円に内接するならば，この五角形の辺の上の正方形の面積は，六角形と十角形の上の正方形の面積の和に等しい．半径 1 の円に内接する所与の多角形の辺の数値を用いてこれを行え．
40. 『ダタ』の命題を使って，連立方程式 $x - y = 7$; $xy = 18$ を幾何学的に解け．

議論に向けて

41. キュレネのエラストテネス（紀元前 276–194 年）は平行線の議論によって地球の大きさを測定したとされている．つまり，北回帰線上に位置するシエネの町では，夏至の日の正午に太陽が真上から照らす一方，シエネから約 500 スタディオン北にあるアレクサンドリアの町では，太陽は天頂から $7\dfrac{1}{5}°$ ずれている．太陽から地球に届く光線はすべて平行であると仮定し，彼は $\angle SOA = 7\dfrac{1}{5}°$ であると結論づけた（図 2.43）．ここで，エラトステネスによる地球の周の値をスタディオンで計算せよ．1 スタディオンが 516.7 フィート（= 300 エジプト王朝のキュビット[*47]）であるとしたとき，エラトステネスによる地球の

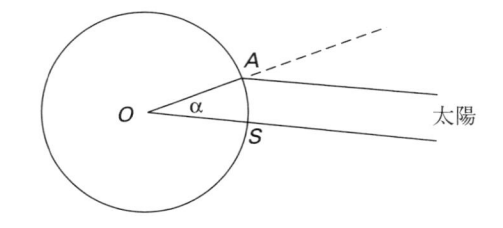

図 2.43
エラトステネスによる地球の大きさの決定法．

[*47] キュビットの原語はメフ (mh) で，肘から手先までを意味する．腕尺とも訳され，おおよそ 50cm．
1 スタディオンは 157.5m となる．

周と直径とを計算せよ．記述された方法はどれだけ正確か？エラトステネスは，アレクサンドリアからシエネまでの距離をどのように知ったのだろうか？

42. 次の言明を支持する証拠およびそれと矛盾する証拠を説明せよ．ギリシア人はバビロニア人の代数上のテクニックを幾何学的な形に翻訳することによって，幾何学的代数を発達させた．

43. 学校で2次方程式を教える際に，純粋に代数的な方法を用いることと比較して，幾何学的方法がどのような利点と弱点を持つか議論せよ．

44. 多くの単純な代数恒等式を幾何学的に証明する授業計画を立てよ（たとえば，$(a+b)^2 = a^2 + 2ab + b^2$ や $(a+b)(a-b) = a^2 - b^2$ を証明せよ）．

45. ユークリッドによる三角形の合同の取り扱いと現在の高校における幾何の教科書での取り扱いとを比較せよ．ど ちらの方法がより教えやすいだろうか？

46. ユークリッド『原論』は，幾何学の研究は「魂を真理へと向ける」ためであり，「永遠に実在するものの」知識を得るためであるというプラトンの格言に合っているかどうか議論せよ．

47. プラトンが『国家』で示したように，算術や幾何学のような学問を研究する際の軍事的有用性について議論せよ．なぜ将官は数学の専門家である必要があるのだろうか？
　また，なぜプラトンが言及した数学的研究の唯一の「実用的」応用が軍事的有用性なのだろうか？

48. かつて長きにわたって行われてきたように，高校での幾何の勉強はユークリッド『原論』に基づくべきだろうか？「現代」とは反対のユークリッドの取り組み方の是非について議論せよ．

参考文献と注

　ギリシア文明に関する基本的な参考文献は，H. D. F. Kitto, *The Greeks* (London: Penguin, 1951) [邦訳：向坂寛訳『ギリシア人』劉草書房，1980] である．初期のギリシア科学に関するすぐれた一般向け著作として，G. E. R. Lloyd, *Early Greek Science: Thales to Aristotle* (New York: Norton 1970) [邦訳：山野耕治・山口義久訳『初期ギリシア科学』法政大学出版会，1994]，および *Magic, Reason and Experience* (Cambridge: Cambridge University Press, 1979) の2冊がある．とくに後者は，ギリシアにおける論理的推論の始まりと数学的証明のアイデアの出現に関する議論を扱っている．ギリシア数学に関する標準的な参考文献は，Thomas Heath, *A History of Greek Mathematics* (New York: Dover, 1981, reprinted from the 1921 original) である [簡訳版の和訳がある．平田寛他訳『ギリシア数学史』共立出版，1998]．しかし，Heath の結論の多くは，本章に続く三つの章の注と同様，次に掲げる最近の文献によって疑問に付せられている．また，Heath はユークリッド『原論』の標準的な現代英語版である *Elements* (New York: Dover, 1956) も出版している [ギリシア語版からの日本語訳は，『ユークリッド原論』，共立出版，1971]．初期のギリシア数学の入手可能な断片の多くは，Ivor Thomas, *Selections Illustrating the History of Greek Mathematics* (Cambridge: Harvard University Press, 1941) に集められている．B. L. Van der Waerden, *Science Awakening I* (Groningen: Noordhoff, 1954) [邦訳：村田全・佐藤勝造訳『数学の黎明』みすず書房，1984] も，ギリシア数学に関する広範な議論を含んでいる．やや議論の余地はあるものの，ユークリッド『原論』の背景に関する詳細な研究として，Wilbur Knorr, *The Evolution of the Euclidean Elements* (Dordrecht: Reidel, 1975) がある．Knorr の最近の著作 *The Ancient Tradition of Geometric Problems* (Boston: Birkhäuser, 1986) は，幾何学的な問題解決がギリシア数学の大部分を動機づけた要因だったという考えを支持する浩瀚な議論を収める．ギリシア数学の背景を再構築するもう一つの議論，つまり相互差引の観念がギリシア数学に多大な勢いを与えたとする主張を含む著作として，D. H. Fowler, *The Mathematics of Plato's Academy: A New Reconstruction* (Oxford: Clarendon Press, 1987) がある．また，本章のユークリッドの思想に関する議論をまとめるために，Charles Jones の博士論文 *On the Concept of One as a Number* (University of Toronto, 1979)，および I. Mueller, *Philosophy and Deductive Structure in Euclid's Elements* (Cambridge: MIT Press, 1981) に含まれる資料も用いた．ギリシア数学に関する有益な著作として，他には，F. Lasserre, *The Birth of Mathematics in the Age of Plato* (Larchmont, N.Y.: American Research Council, 1964) や，J. Klein, *Greek Mathematical Thought and the Origin of Algebra* (Cambridge: MIT Press, 1968)，Asger Aaboe, *Episodes from the Early History of Mathematics* (Washington: MAA, 1964) [邦訳：中村章四郎訳『古代の数学』河出書房新社，1971] などがある．最後に，J. L. Berggren による最近のギリシア数学に関する文献調査を行った論文 "History of Greek Mathematics: A Survey of Recent Research," *Historia Mathematica* 11 (1984), 394–410 がある [その他日本語では，ギリシア数学に関する次の参考文献がある．斎藤憲『ユークリッド「原論」の成立』東京大学出版会，1997；近藤洋逸『数学の誕生』現代数学社，1977：A. K. サボー，伊藤俊太郎他訳『数学のあけぼの』東京図書，1976].

1. Proclus の *Summary*, translated in Thomas, *Selections Illustrating*, I, p. 147 より．

2. *Plutarch's Moralia*, translated by Phillip H. De Lang and Benedict Einarson, (Cambridge: Harvard University Press, 1959), VII, pp. 397–399.
3. Plato, *Republic* VII, 525. ここで用いた英訳は Frances Cornford (London: Oxford University Press, 1941) のものだが，標準的なギリシア語テキスト［ステファヌス版 (H. Stephanus, *Platonis Opera quae extant amnia*, 1578)］の行番号を示しているので，現代の翻訳のどれでもチェックが可能である［邦訳：藤沢令夫訳「国家」『クレイトポン 国家』プラトン全集 11，岩波書店，1976，520–521 ページ (VII, 525C-D)］．
4. 同上，VII, 527 ［邦訳：前掲書 524 ページ (VII, 527B)］．
5. 同上，VII, 528 ［邦訳：前掲書 527 ページ (VII, 528B)］．
6. 同上，VII, 531 ［邦訳：前掲書 534 ページ (VII, 531C)］．
7. Aristotle, *Prior Analytics* I, 1, 24^b, 19 ［邦訳：井上忠訳「分析論前書」『カテゴリー論 命題論 分析論前書 分析論後書』アリストテレス全集 1，岩波書店，1971，183 ページ］．ここで用いたアリストテレスの著作の英訳は *Great Books* 版 (Chicago: Encyclopedia Britannica, 1952) のものだが，プラトンの場合と同様標準的なギリシア語版［ベッカー版 (*Aristoteles graece, ex recensione Immanuelis Bekkeri*, editit Academia Regia Borussica, Borolini 1831) のこと］の行番号を示している．
8. Aristotle, *Posterior Analytics* I, 10, 76^a 40–76^b 10 ［邦訳：加藤信朗訳「分析論後書」『カテゴリー論 命題論 分析論前書 分析論後書』アリストテレス全集 1，岩波書店，1971，645 ページ］．
9. 同上，I, 2, 71^b 23 ［邦訳：前掲書 617 ページ］．
10. Aristotle, *Physics* VI, 1, 231^b 15 ［邦訳：出隆・岩崎允胤訳「自然学」『自然学』アリストテレス全集 3，岩波書店，1968，222 ページ］．
11. 同上，V, 3, 227^a 12 ［邦訳：前掲書 204 ページ］．
12. 同上，VI, 9, 239^b 11 ［邦訳：前掲書 258 ページ］．さらにゼノンのパラドックスについて知りたい場合は，F. Cajori, "History of Zeno's Arguments on Motion," *American Mathematical Monthly* 22 (1915), 1–6, 39–47, 77–82, 109–115, 145–149, 179–186, 215–220, 253–258, 292–297, および H. D. P. Lee, *Zeno of Elea* (Cambridge: Cambridge University Press, 1936) を参照．
13. 同上，VI, 9, 239^b 15 ［邦訳：前掲書同所］．
14. 同上，VI, 2, 233^a 26–29 ［邦訳：前掲書 229 ページ］．
15. 同上，VI, 9, 239^b 6 ［邦訳：前掲書 258 ページ］．
16. プロクロス，『ユークリッド『原論』第 I 巻への注釈』．Morrow による英訳では p. 56 (Proclus, *Commentary on the First Book of Euclid's Elements*. Princeton: Princeton University Press, 1970). この訳には Morrow によるすぐれた解説が付けられている［日本語訳はギリシア語原文に基づき英訳も参照した］．
17. 幾何学的代数に関する論争を新たに激しいものにしたのは，Sabetai Unguru, "On the need to rewrite the history of Greek Mathematics," *Archive for History of Exact Sciences* 15 (1975), 67–114 であった．その後二年間のうちに何人かの他の歴史家たちが彼に反論した．反論のうち最も重要なものは，B. L. Van der Waerden, "Defense of a shocking point of view," *Archive for History of Exact Sciences* 15 (1976), 199–210, および Hans Freudenthal, "What is algebra and what has it been in history," *Archive for History of Exact Sciences* 16 (1977), 189–200 である．これらに対する回答は，Unguru と David Rowe の "Does the Quadratic Equation Have Greek Roots? A Study of Geometric Algebra, Application of Areas, and Related Problems," *Libertas Mathematica* 1 (1981), 2 (1982). これらの論文は，歴史に関する論争が非常に強い感情対立を引き起こすことがあることの好例である．
18. 外中比への分割に関してもっと詳しいことは，Roger Herz-Fischler, *A Mathematical History of Division in Extreme and Mean Ratio* (Waterloo, Ont.: Wilfrid Laurier Unversity Press, 1987) を参照．
19. D. H. Fowler, *The Mathematics of Plato's Academy*, p. 225. この著作には相互差引に関する詳細な研究と，それがギリシア数学の発展において持ちえた意味が説明されている．次の論文も参照．D. H. Fowler, "Ratio in Early Greek Mathematics," *Bulletin of the American Mathematical Society* 1(1979), 807–847.
20. エウドクソスの比例論の起源に関する議論は，Knorr, *The Evolution of the Euclidean Elements* による．
21. 近年，ギリシア文明がエジプト文明に対していかなる関係を持つか，とくにギリシア数学がエジプト数学に対していかなる関係を持つかに関して，歴史学上数多くの論争が交わされてきた．この論争の口火を切ったのが，Martin Bernal, *Black Athena: The Afroasiatic Roots of Classical Civilization* (New Brunswick: Rutgers University Press, 1987) ［金井和子訳『黒いアテナ 古典文明のアフロ・アジア的ルーツ上（考古学と文書にみる証拠）』藤原書店，2004．下巻は本書訳出時には未刊］の出版だった．この著作は，古典ギリシア文明はアフロ・アジア文化に深く根を下ろしていたにもかかわらず，その影響は 18 世紀以来主に人種的理由から体系的に無視，あるいは否定されてきたと主張する．Bernal はこの著作において科学については多くを述べていないものの，次の論文においてエジプト科学がギリシア科学に対していかなる貢献を行ったかの見解を要約している．"Animadversions on the Origins of Western Science" *Isis* 83 (1992), 596–607. この論文に対しては，Robert Palter が，"*Black Athena*, Afro-Centrism, and the History of Science," *History of Science* 31 (1993), 227–287

で回答を加えた．Bernal が "Response to Robert Palter," *History of Science* 32 (1994), 445–464 によって応じると，Palter は Bernal に対して同じ号の 464–468 に回答を寄せた．この問題に関する決着はいまだついていない．

22. Thomas, *Selections Illustrating*, I, p. 229.
23. ユークリッド『データ』には二つの英訳がある．一つは，伊東俊太郎 (Shuntaro Ito) による *The Medieval Latin Translation of the Data of Euclid* (Boston: Birkhäuser, 1980) である．第二のものは，George L. McDowell and Merle A. Sokolik, *The Data of Euclid* (Baltimore: Union Square Press, 1993) である．
24. Paul Daus, "Why and How We Should Correct the Mistakes in Euclid," *Mathematics Teacher* 53 (1960), pp. 576–581 を参照．

［邦訳への追加文献］ギリシアの数学について：Serafina Cuomo, *Ancient Mathematics* (London: Routledge, 2001). Reviel Netz, *The Shaping of Deduction in Greek Mathematics: A Study in Congnitive History* (Cambridge: Cambridge University Press, 1999). Euclid's *Elements*, ed. by Dana Densmore (Santa Fe: Green Lion Press, 2002). Benno Artmann, *Eudid: The Creation of Mathematics* (New York: Springer, 1999)［大矢建正訳『数学の創造者：ユークリッド原論の数学』シュプリンガー・フェアラーク東京，2002］．

紀元前 300 年頃までのギリシア数学の流れ

624–547 年	タレス	いくつかの定理の「証明」
572–497 年	ピュタゴラス	万物は数である
5 世紀	キオスのヒッポクラテス	月形の求積，立方体の倍積
5 世紀	ゼノン	運動のパラドクス
5 世紀	アルキュタス	音楽論と数論
430 年	正方形の辺と対角線の通約不可能性の発見	
400 年頃	テオドロス	通約不能数（無理数）
429–347 年	プラトン	385 年創設のアカデメイア
417–369 年	テアイテトス	通約不能量，比例論
408–355 年	エウドクソス	比例論
384–322 年	アリストテレス	三段論法の論理学
300 年頃	アレクサンドリア図書館の創設	
300 年頃	ユークリッド	『原論』
280–206 年	クリシュッポス	命題論理学

（注：表中の年代はおおよその目安である）

Chapter 3

アルキメデスとアポロニオス

[『円錐曲線論』の] 第3巻には，立体の軌跡の総合に役立つ注目すべき多くの定理が含まれている．……これらの定理の大部分かつ最も美しいものどもは新しく，これらの発見は私にユークリッドが三線，四線に関する軌跡の総合を解くことができなかった事実に気づかせてくれたのである．……というのは，私が発見した追加的な定理の助けなしでは前述の総合は完成できないからである．

(アポロニオス『円錐曲線論』第1巻への序文)[1]

次の物語はウィトルウィウスによって語られたものである．「シュラクサイにおいて強大な王権を持っていたヒエロンは，国事がうまく運んだので，不死の神々に捧げる黄金の冠を神殿に納めるべきであると定めた時，それの制作を手間賃で契約し，黄金を分銅にかけて量ってやりました．定めの日にこの工匠は手技も細かい作品を王の検分に供しました．するとこの冠の重さは分銅と釣り合っているように見えました．その後，この冠細工の中に黄金が抜去られて同量の銀が交ぜられているとの告発がなされました．ヒエロンは，自分が馬鹿にされたと憤りながら，どんな方法でこのごまかしを咎めたらよいかわからなかったので，アルキメデスに彼のために自らそれについて考慮をめぐらしてくれるよう要請しました．そこで彼はこの問題に心を配り，たまたま浴場に行きそこで浴槽におりた時，その中に沈んだ彼の身体の量だけ湯が浴槽の外に溢れたことに気がつきました．このことがこの問題の解決法を示唆したので，とるものもとりあえず喜び勇んで浴槽から飛び出し，裸のまま家に走り戻り，求めているものが見つかったと大声で触れ回りました．彼は走りながら繰返し繰返しギリシア語で『ヘウレーカ・ヘウレーカ（わかった，わかったぞ）』と叫びました」[2]．

紀元前3世紀から2世紀初めのギリシア数学では，二人の大数学者，シュラクサイのアルキメデス（紀元前287頃–212）とペルゲのアポロニオス（紀元前250頃–175頃）が圧倒的な存在である．二人はそれぞれ，紀元前4世紀のギリシア数学の別の側面を受け継いだ．アルキメデスはエウドクソスの「極限」の方法を受け継ぎ，新たな図形の面積や体積の決定にこの方法を適用することに成

功し，さらに，［証明すべき結果を先に知らなければならないエウドクソスの方法と違って］新たな結果を最初に見出すことが可能な新しい技法を発展させた．彼以前の数学者とは違ってアルキメデスは，発見の方法を他の数学者に伝えることを躊躇しなかったし，数値計算をして数値による結果を示すことも怖れなかった．さらにアルキメデスは，われわれならば理論物理学と呼ぶもののある種の数学的モデルを提示する著作をいくつか書き，その物理学的原理を様々な機械の発明に応用した．

アポロニオスはこれに対して，解析の適用範囲を拡大し，さらに困難な新たな幾何学的作図問題の解決に力を発揮した．こうした新たなアプローチの基礎として，彼は 8 巻からなる大著『円錐曲線論』を著し，円錐曲線の重要な性質を総合的な証明によって詳述した．それらの性質は立方体倍積問題や角の三等分のような問題の新たな解法に中心的な役割を果たすものである．

本章では，この二人の数学者の現存著作を概観し，同様の問題を研究した他の数学者の著作にも触れる．

3.1 アルキメデスと機械学[*1]

アルキメデスは，地上で起こる物理現象の問題に数学的モデルを作ることによって定量的な結果を与えた最初の数学者である．とくに，てこの原理の最初の証明（図 3.1）と，それを重心の決定へ応用したことはアルキメデスによるものであり，また静止水力学の基本原理である浮力の原理と，その重要な応用のいくつかもまた彼の業績である．

3.1.1　てこの原理

子供のときにシーソーで遊んだ経験から，誰でもてこの原理はよく知っている．等しい重さは支点から等しい距離で釣り合い，軽い子供は遠くに座れば重い子供と釣り合うことができる．古代人もこの原理はよく知っていたし，アリストテレスのものとされていた機械学の著作にさえそれは次のように出てくる．「等しい重さによって，大きな半径は小さな半径より速く動かされ，てこには，支点……と二つの重さ——動かす側の重さと動かされる側の重さ——という三つの要素があるので，動かされる重さの動かす側の重さに対する比は，それらの支点からの距離に反比例する」[3]．

アルキメデスより前に，てこの数学的モデル，すなわちてこの原理の数学的証明を導くことができるようなモデルを作った人は知られていない．一般的に，数学を物理的問題に適用するうえでの問題は，物理現象の状況はたいてい非常に複雑であるということである．だから状況を理想化する必要がある．あまり重要でないと思われる点は無視し，物理現象の本質的な要因だけに集中する．こういう理想化を今日では数学的モデルの作成と呼ぶ．ここで問題になっているのはてこの場合である．これを現実の現象の通りに扱おうとすれば，てこの両端

図 3.1
アルキメデスとてこの原理．

[*1]原文では "Physics" の語が使われている．古代における自然を対象とした科学的・哲学的探究は 17 世紀に始まる近代の物理学とは問題関心や方法が異なるので，科学史においてこの語は「自然学」と一般に訳される．この節では単純機械や浮体の静力学の現象の数学的モデルを作成し，その工学的応用を構想したアルキメデスの業績を説明していることから，この語にはとくに「機械学」の訳語を当てる．

伝記

アルキメデス (Archimedes, 紀元前287–212)

　アルキメデスは，ギリシアでは最も伝記的情報が伝わっている数学者である．プルタルコスによるローマの将軍マルケッルスの伝記に多くの記述がある．この将軍は，第二次ポエニ戦争の最中，シチリアの主要都市であったシュラクサイを包囲ののち紀元前212年に占領した．ギリシア・ローマの他の歴史家もアルキメデスの生涯の様々な側面を伝えている．

　アルキメデスは天文学者ピディアスの息子であり，おそらくはシュラクサイの王ヒエロン二世の親族である．この王の治世は紀元前270年から216年まで続いたが，この間シュラクサイは大いに栄えた．アルキメデスはおそらく，若いときにしばらくの間アレクサンドリアに滞在したと思われる．というのは，水を汲み上げ，灌漑に用いられる機械であるアルキメデスの螺旋揚永器を，アレクサンドリアで発明したとされているからである (図3.2)．さらに，彼の著作の多くに付けられた序文はアレクサンドリアの学者に宛てられている．その中にはムーセイオンの重要な図書館員の一人であるエラトステネスも含まれている．しかし，彼は人生の大部分を故郷のシュラクサイで過ごし，そこでその数学的才能によって，ヒエロン王とその後継者のために様々な実用上の問題を解決するように求められることが再三あった．彼が仕事に没頭した様子は多くの物語に残されている．プルタルコスは，彼がしばしば数学に没頭し，「飲食を忘れ，身仕舞もおろそかにしていたが，ときどき無理に湯を使わせて油を塗るところへ引張って行くと，かまどの上に幾何学図形を描き，油を塗った身体に指で線を引いたりして，非常な快感のため夢中になって，本当にムーサの女神の魔力に罹っていた」と伝えている[4]．

　アルキメデスは天才的な軍事技術者であり，そのためマルケッルスの率いるローマの軍隊はシュラクサイの包囲の際に何箇月も湾内に足止めされることになった．しかし，ついに，おそらく内通のおかげでローマ軍が市内に入ったとき，マルケッルスはアルキメデスを生かしておくように命令を下した．しかしプルタルコスはこう語っている．「アルキメデス自身は自分の家で図形を見ながら何か考えていた．心も目もその研究に注いでいたので，ローマ軍が侵入したことも町が陥落したことも気づかずにいた．ところが，突然一人の兵隊がそこに来て，マルケッルスのところへついて来いと命令したのに，その問題を解いて証明を得ないうちは行こうとしなかったので，兵士は腹を立てて剣を抜いて刺し殺してしまった」[5]．

図 3.2
アルキメデスとアルキメデスの螺旋揚水器．

に，ある重さと支点からの距離だけでなく，てこそのものの重さや，構造も考慮せねばならないことになる．てこは片側が反対側より重いかもしれない．その太さも一定ではないかもしれない．かかる重さと場所によっては，てこが少々曲がるかも——いや，折れてしまうかも——しれない．おまけに，支点だって物理的な物体であり，多少の大きさはある．てこは支点で多少すべるかもしれないから，重さまでの距離をどの点から測るのかもはっきりしない．こういった要因すべてをてこの数学的分析にとり入れたら，極端に難しい数学になってしまう．そこでアルキメデスは物理的な状況を単純化した．てこそのものは剛体で，重さを持たず，支点と重さは数学的な大きさのない点であると仮定した．こうして彼はてこの数学的原理を発展させることができたのだった．

　アルキメデスはこれらの原理を『平面の平衡について』あるいは『平面の重心について』と呼ばれる著作の冒頭で扱っている．彼はギリシア幾何学の訓練を受けていたので，最初に彼が仮定する7個の公準（要請）を仮定し，それらを述

べることから始めた．そのうち 4 個をここに引用しよう．

1. われわれは次のことを要請する．等しい重さは等しい距離で釣り合い，また等しい重さは等しくない距離では釣り合わず，距離が大きい方の重さの方に傾く．
2. もし何らかの距離において重さが釣り合っていて，一方に何かが付加されるならば，釣り合わず，付加がなされた重さの方に傾く．
3. 同様にしてまた，［釣り合っている二つの］重さの一方から何かが除去されるならば，釣り合わず，除去がなされなかった重さの方に傾く．
6. もし，［いくつかの］大きさが何らかの距離において釣り合っているならば，それらの大きさに等しい大きさも同じ距離で釣り合うだろう．

　これらの公準は，てこに関する基本的な経験に由来するものである．実際，最初の公準は通常**不十分理由律**と呼ばれるものの一例である．すなわち，等しい重さが等しい距離で釣り合うと仮定するのは，そうでないことを仮定する理由がないからである．てこは，たとえば右に傾くことはできない．なぜなら，われわれにとっての右側は他の人にとっては左側だからである．2 番目と 3 番目の公準も同様に明らかである．6 番目の公準は実質的に無意味なように見えるが，アルキメデスの使い方を見ると，この公準の後半は，「他の等しい複数の大きさで，それらの重心が支点から同じ距離にあるものもやはり釣り合うであろう」という意味のようである．すなわち，てこに載っている大きさの与える影響は，その重さと重心の位置にのみ依存するその配置に依存しないということである．
　アルキメデスは「重心」という言葉を多くの命題ばかりでなく，著作の標題にも用いているが，重心の定義を与えることはない．おそらく彼は，この概念を読者がよく知っていて定義は不要だと考えたのであろう．とはいえ，のちのギリシアの著作で重心の定義を与えたものもあり，その定義はアルキメデスの時代にもひょっとしたら使われていたかもしれない．「各々の物体の重心とは，物体の内部の点で，その点から重さ＝物体が吊るされたと想定すると，重さがその場所で静止し，最初の位置を保つような点である」[6]．しかしアルキメデスにとっても，重さによる下方への傾向は重心の一点に集中すると考えてよいことは明らかなことであり，これが彼が公準 6 で表現したことであった．アルキメデスの公準においても定理においても，てこそのものへの言及はないことに注意しよう．てこは単にそこにあるだけなのだ．てこの重さは考察の対象にならない[*2]．アルキメデスは実質的にてこは重さがない剛体であると仮定したのだった．その唯一の運動は，どちらかの側に傾くことである．
　てこの原理を導く一連の命題の最初の二つは非常にやさしい．

命題 1　等しい距離で釣り合う重さは等しい．

命題 2　等しくない重さは，等しい距離では釣り合わず，大きいほうの重さに傾く．

[*2] この著作のどこにも「計算」はない．calculation を「考察」と訳した．

最初の結果の証明は次のように帰謬法による．もし重さが等しくないならば，大きいほうから両方の差を取り去れ．公準3によって，残りは釣り合わないだろう．これは公準1に矛盾する．なぜなら，今度は等しい重さが等しい距離にあるからである．そこで最初の仮定は誤りであったことになる．命題2を証明するには，再び大きいほうの重さから両方の差を取り去れ．公準1によって，残ったものは釣り合うだろう．そこでもし取り去った差をもとに戻して付け加えるならば，公準2によって，てこは大きい重さのほうに傾くであろう．

命題3 A と B が等しくない重さであり，$A > B$ を満たし，点 C で釣り合うとする（図3.3）．$AC = a$, $BC = b$ とせよ．すると $a < b$ が成り立つ．逆に，重さが釣り合っていて $a < b$ ならば，$A > B$ が成り立つ．

図3.3
『平面の平衡について』命題3.

証明はまたしても矛盾を導くことによる．$a \not< b$ と仮定する．A から差 $A - B$ をとり去れ．公準3によって，てこは B のほうに傾く．しかしもし $a = b$ ならば，等しくなった残りの重さは釣り合うだろう．そしてもし $a > b$ ならば，公準1によって，てこは A のほうに傾くだろう．これら二つの場合の矛盾は，$a > b$ を意味する．逆の証明も同様に簡単である．

命題4および命題5においてアルキメデスは，二つ（および三つ）の等間隔の等しい重さからなる系の重心は，この系の幾何学的中心にあることを示す．これらの結果は，この命題の系において中心から等しい距離にある重さが互いに等しいという条件の下で，等間隔の重さからなる任意の系に拡張される．てこの原理そのものは命題6および命題7で述べられる．

命題6,7 二つの大きさは，通約可能（命題6）でも通約不能（命題7）でも，大きさと逆比例する距離において釣り合う．

最初に大きさ A, B が通約可能であると仮定せよ．すなわち，$A : B = r : s$ で，r, s は自然数であるとする．アルキメデスの主張は，もし A が点 E に，B が点 D におかれ，C が DE 上に $DC : CE = r : s$ を満たすようにとられるならば，C は二つの大きさ A, B の重心である，というものである（図3.4）．この結果を証明するために，$DC = r$ および $CE = s$ となるように単位がとられたと仮定せよ．DE 上に点 H をとり，$HE = r$ となるようにし，直線を E を越えて L まで延長し，EL もまた r に等しくなるようにせよ．直線を反対側にも K まで延長し，$DK = HD = s$ となるようにせよ．すると C は LK の中点である．さて，A を $2r$ 個の等しい部分に，B を $2s$ 個の等しい部分に分割せ

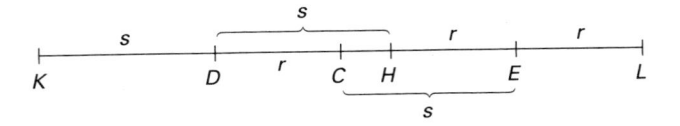

図3.4
『平面の平衡について』命題6.

よ．前者の $2r$ 個を LH に添って，後者の $2s$ 個を HK に添って等間隔に並べる．$A : B = r : s = 2r : 2s$ であるから，A を分割した個々の部分は B を分割した個々の部分に等しい．上で述べた命題の系から，A を分割した $2r$ 個の部分の重心は HL の中点 E にあり，B を分割した $2s$ 個の部分の重心は KH の中点 D にある．公準 6 により，A そのものが点 E に，B そのものが点 D にあると考えても状況は変わらない．一方，全体を一つの系として考えると，$2r + 2s$ 個の等しい部分が直線 KL に添って等間隔に並べられている．したがってこの系の重心はこの直線の中点 C にある．ゆえに，点 E におかれた重さ A と点 D におかれた重さ B とは点 C のまわりで釣り合う．

　アルキメデスは，［支点からの二つの重さまでの距離が互いに］通約不能な場合についての証明を帰謬法の議論によって行っている．ここで彼は，二つの大きさが通約不能なら，その一方から，与えられたいかなる大きさよりも小さい大きさを差し引くことで，その残りをもう一方と通約可能にできる，という事実を用いている．興味深いことに，ここでアルキメデスは，『原論』第 V 巻にみえる通約不能量に適用可能なエウドクソスの比例論を用いていないし，ユークリッド互除法に基づくテアイテトスの比例論さえ用いていない．その代わりに，彼は本質的に連続性の議論を利用している．しかしそれにしても彼の証明にはいくらか欠陥がある．

　とはいえ，アルキメデスはてこの原理を，この著作の残りの部分で様々な幾何学的図形の重心を見出すために利用している．平行四辺形の重心は対角線の交点であり，三角形の重心は中線の交点であり，パラボラ[*3]の切片の重心は，その径上の，頂点から底辺に向かって 5 分の 3 の点であることを示している．

3.1.2　工学への応用

　てこの原理には幾何学的な意味があるだけでなく，物理的な意味もある．とくに，二つの重さ A, B と任意のてこが与えられたときに，重さが釣り合う点 C が必ず存在する．もし A が B よりずっと重いとしても，A が C に十分近く，B が十分遠ければ釣り合うだろう．しかしそれならば，どんなものであっても B に重さが付け加えられれば，てこは B の側に傾き，重さ A が持ち上げられることになろう．そこでアルキメデスは誇らしげにこう言うことができた「与えられた力によって与えられた重さを動かすことができ，……もしも自分に別の地球が与えられるならば，そこへ移って今あるこの地球を動かすことができるであろう」[7]．ヒエロン王がこれを聞いて，アルキメデスにてこの原理を現実の実験で証明するように命じた．アルキメデスはこれに応じたが，おそらくてこの代わりに滑車か，滑車を組み合わせた装置を利用したのであろう．これらの装置もまた機械学的に大きな利点を持つ．プルタルコスはこう書いている．「王の持っている三本マストの軍艦を大勢かかって非常な労力で岸に引き寄せたのに，多くの人間と貨物を満載し，自分は遠くの方に座っていて，複滑車のある部分を力を入れずに軽く手で揺すっただけで引き寄せると，それはあたかも海の上を走るように滑らかに滞りなく動き出した」[8]．プルタルコスの話を別の形で伝え

[*3] 日本では，"parabola" は伝統的に「放物線」と訳されてきたが，古代数学の文脈では，投射体の運動とは関係ない．したがって，ここではパラボラと訳す．

ている文献もある．それによれば，アルキメデスは**シュラクサイ**という名の立派な船を建造し，この 4200 トンもの豪華船を片手で進水させたという．

しかし，古代におけるアルキメデスの名声を最も高めたのは，彼が設計した様々な戦争のための機械類である．これらの機械のおかげでシュラクサイはローマの包囲攻撃に何ヶ月も持ちこたえたのである．アルキメデスは様々な投石器を設計し，また巨大な起重機でローマの船を水の外に引っ張り上げ，岩にぶつけたり，乗員を放り出したりできたという．それが非常に成功をおさめたので，ローマ兵たちは，城壁からロープや木の端切れが出ているのを見ただけでパニックに陥って逃げ出したという．

プルタルコスは，アルキメデスが技術者としての自分にそれほど満足していたわけではないと述べている．彼はこれらの「事柄については一つも注釈や書き物をのこそうとせず，工学の仕事全般や単なる実用や利益に供される学芸を卑賤でとるに足らないものとみなし，卑近な生活上の必要に関係することのない，より純粋な思弁にのみ自分の嗜好や野心をおいたのである」[9]．しかし，実際にはアルキメデスが機械に関する事柄について書いていたという証拠がある．この証拠には，プラネタリウムや，天体運動の機械モデル，水時計の機械モデルについて記述した『球面作成について』も含まれる．

黄金の王冠と風呂の一件でアルキメデスは静止水力学というまったく新しい主題の研究に導かれた．彼はその基本法則，すなわち液体よりも重い物体は，液体の中で重さを量ると，その物体が押しのけた液体の重さだけ真の重さよりも軽くなる，という法則を発見した．しかし，アルキメデスが，風呂で水が押しのけられるのに気づいたことから，どうやって重さが軽くなるという考えに達したのかは完全には明らかではない．自分の体も水の中で軽く感じられることに気づいたのだろうか．

てこに関する研究と同様に，アルキメデスは著作『浮体について』で，静止水力学の数学的理論展開を，問題を単純化する公準を与えることから始めている．そこから彼は，静止している任意の液体の表面は，地球の中心を中心とする球面となることなどの結果を示している．こうして，液体がこの球の一部分であると仮定して，液体に浮かんだり沈んだりする立体を扱うことが可能になる．王冠の問題は命題 7 として証明された基本法則によって解決できる．アルキメデスがこの法則をどのように適用できたのかということについては，ヒースが 5 世紀のラテン語の詩の中の記述に基づいた解釈を提案している[10]．王冠の重さを W とし，これが未知の重さ w_1 および w_2 の金と銀とからなるとする．王冠の金と銀の比を決定するには，最初に王冠の重さが水中で F だけ軽くなっているとする．これは押しのけられた水の量によってわかる．次に重さ W の純金をとり，これが水中で F_1 だけ軽くなるとする．したがって重さ w_1 の金によって押しのけられた水の重さは $\frac{w_1}{W}F_1$ となる．同様に，重さ W の純銀によって押しのけられる水の重さを F_2 とすれば，重さ w_2 の銀によって押しのけられる水の重さは $\frac{w_2}{W}F_2$ である．ゆえに $\frac{w_1}{W}F_1 + \frac{w_2}{W}F_2 = F$．したがって，金と銀の比は

$$\frac{w_1}{w_2} = \frac{F - F_2}{F_1 - F}.$$

によって与えられる．

　ウィトルウィウスは王冠の問題の解法について，少し異なった提案をしている．これは風呂の物語に近いものなのだが，静止水力学の基本法則には基づいていない．彼はまた，鍛冶屋が王を欺こうとしたことにアルキメデスが気づいたと述べている．しかし，鍛冶屋がどういう目にあったかは述べていない．

3.2　アルキメデスと数値計算

　『円の計測』という短い論考は，数値による結果を含んでいて，このことはユークリッドの著作には決して見出せないものである．この最初の命題は，与えられた半径の円の面積は，その円周がわかれば見出されることを示すことによって，円の方形化問題に対するアルキメデスの答を与えている．

命題 1　任意の円の面積 A は，直角三角形で，その直角を挟む 1 辺が円の半径に等しく，他方が円周に等しいものの面積に等しい．

　アルキメデスの結果は，d を直径，C を円周としたときのバビロニアの結果 $A = \dfrac{C}{2}\dfrac{d}{2}$ と等価である．しかし，アルキメデスはエウドクソスの取尽し法を用いて厳密な証明を与えている．すなわち，K を与えられた三角形の面積として，アルキメデスは最初に $A > K$ と仮定する．円の中に正多角形を内接させ，その辺を順次増していって，面積 P が $A - P < A - K$ を満たす正多角形を得る．したがって $P > K$ となる．ここで円の中心から多角形の辺の中点に下ろした垂線は半径より小さく，また多角形の周は円周より小さい．したがって $P < K$ となり，矛盾が生じる．同様に，$A < K$ という仮定も別の矛盾に帰着し，求める結果が証明される．

　この著作の命題 3 は，円周の長さの数値による近似を与えることで命題 1 を補完するものである．

命題 3　任意の円において，円周の直径に対する比は $3\dfrac{1}{7}$ より小さく，$3\dfrac{10}{71}$ より大きい．

　この主張に関するアルキメデスの証明は，円に内外接する正多角形の周を求めるアルゴリズムを与えるものである．アルキメデスは正六角形から始める．この周の直径に対する比は初等幾何から知られている．それから，以下に要約した補助定理を利用して，辺の数が 12, 24, 48, 96 の正多角形において，周の直径に対する比を順番に計算していく．

補助定理 1　OA を円の半径，CA を A における円の接線とせよ．DO が $\angle COA$ を二等分し，接線と点 D で交わるとする．すると $DA/OA = CA/(CO + OA)$，および $DO^2 = OA^2 + DA^2$ が成り立つ（図 3.5）．

補助定理 2　AB を円の直径とし，半円に内接する直角三角形を ACB とする．AD が $\angle CAB$ を二等分し，円に点 D で交わるとする．DB を結べ．する

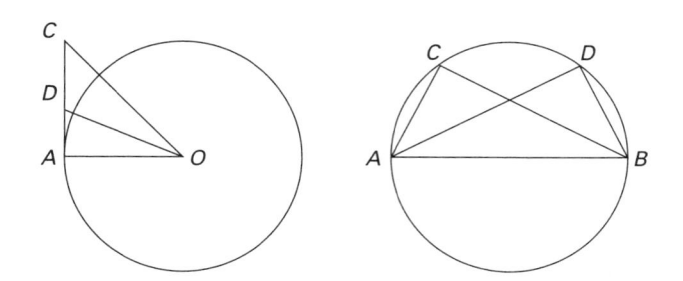

図 3.5
『円の計測について』の補助定理 1 と 2.

と $AB^2/BD^2 = 1 + (AB + AC)^2/BC^2$,および $AD^2 = AB^2 - BD^2$ が成り立つ.

アルキメデスは最初の補助定理を繰り返し使って,外接多角形を利用して求める比を決定する再帰的なアルゴリズムを作り出した.彼はまず∠COA が直角の 3 分の 1 (30°) であると仮定した.すると CA は,円に外接する正六角形の 1 辺の半分となる.したがって CA と DA は既知である.∠$DOA = 15°$ であるから,DA は正十二角形の 1 辺の半分となる.そこで補助定理を用いて,DA および DO が計算できる.次に,∠DOA を二等分して,$7\frac{1}{2}°$ の角を得る.この角と向かい合う接線の部分は正二十四角形の 1 辺の半分である.この長さもやはり計算できる.円の半径を r,t_i を正 3×2^i 角形 ($i \geq 1$) の 1 辺の半分,u_i を円の中心からその多角形の頂点に引いた直線の長さとすると,この補助定理は次のような再帰的な公式に翻訳できる.

$$t_{i+1} = \frac{rt_i}{u_i + r} \qquad u_{i+1} = \sqrt{r^2 + t_{i+1}^2}.$$

したがって,円に外接する i 番目の多角形の周の,円の直径に対する比は $6(2^i t_i) : 2r = 3(2^i t_i) : r$ となる.

アルキメデスは,2 番目の補助定理を用いて内接多角形に対する同様のアルゴリズムを作り出した.そしてどちらの場合も,アルゴリズムの各段階における数値計算の結果を与えている.たとえば,外接,内接どちらの場合も正六角形の計算では,比 $\sqrt{3} : 1$ を評価する必要がある.ここに書かれている内容から,この比が $265 : 153$ より大きく,$1351 : 780$ より小さいことを彼が知っていたことがわかる.アルキメデスがこれらの結果をどうやって発見したかは正確にはわかっていないのだが,彼が,のちの時代の多くの偉大な数学者たちと同様,計算に秀でていたことは確実である.実際,内接,外接の両方のアルゴリズムを 4 回繰り返したあとで,アルキメデスは外接 96 角形の周の直径に対する比が $14688 : 4673\frac{1}{2} = 3 + \frac{667\frac{1}{2}}{4673\frac{1}{2}} < 3\frac{1}{7}$ より小さく,一方,内接 96 角形の直径に対する比が $6336 : 2077\frac{1}{4} > 3\frac{10}{71}$ より大きいという結論に達し,したがって定理は証明されるのである.

アルキメデスのこの証明は,π の値を実際に計算する方法として記録に残る最初のものである.これがひとたび知られてしまえば,π を望むだけ正確に計算することは単なる忍耐力の問題となる.アルキメデスはなぜ 96 角形でやめてし

まったかを教えてくれないが，彼の与えた $3\frac{1}{7}$ は，今日に至るまで π の標準的な近似値となっている．

円周の長さを決定し，そこから上の命題1を用いて円を方形化するためにまったく新しい方法を用いたのは，アルキメデスのあとに来たニコメデス（紀元前3世紀末）であった．すなわち，彼は**円積線**を用いたのである．この曲線自体はおそらくそれより1世紀前に導入されたもので，次のように二つの運動を組み合わせることによって定義される．正方形 $ABCD$ において，動径 AB が点 A の周りを，その最初の位置から最後の AD 上の位置まで，一様に回転し，同じ時間の間に直線 BC が BC から AD まで平行移動する（図 3.6）．すると円積線 BZK は，移動する交点によって描かれる曲線である．この定義から，円積線上の点 Z は，比例関係 $ZL:BA=$ 弧 $DG:$ 弧 BD，すなわち $ZL:$ 弧 $DG=AB:$ 弧 BD を満たす．現代的に言えば，曲線の極方程式が $\rho=\rho(\theta)$ によって与えられるならば，ρ の満たす方程式は，a を正方形の1辺として，

$$\frac{\rho(\theta)\sin\theta}{a\theta}=\frac{a}{\frac{1}{2}\pi a}$$

で与えられる．

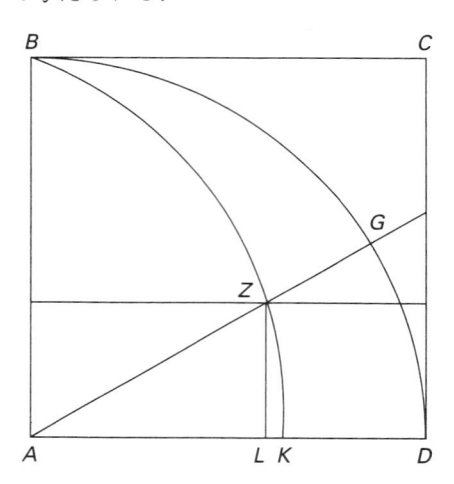

図 3.6
円積線．

θ が0に近づくときの，方程式の左辺の極限をとれば，

$$\frac{\rho(0)}{a}=\frac{a}{\frac{1}{2}\pi a}$$

を得る．もちろんギリシア人はこのような極限の議論をしているわけではないが，$AK:AB=AB:$ 弧 BD という結論は証明されていた．それはおそらくニコメデスによるもので，二重の**帰謬法**を用いるものである．そこで円周の4分の1にあたる弧 BD は，既知の線分 AK と AB に対する第三比例項となり，したがってユークリッドの方法で作図可能である（古代においても円積線の作図には批判があったことに注意すべきである．すなわち，最後の点 K の実際の位置は曲線の定義によって決定できるものではなく，近似が可能なだけだというのである）．

3.3 アルキメデスと幾何学

アルキメデスの幾何学の著作がユークリッドのものと異なるのは，定理を発見する方法と，総合による厳密な証明の両方，あるいはいずれか一方を示す前に，アルキメデスはしばしば解析を与えていることである．アルキメデスの得たいくつかの結果の発見法は，『方法』と呼ばれる論考に集められている．これは1899年に偶然にも発見されたものである．この写本は10世紀のものであるが，13世紀に文字が半ば削りとられ，[写本に使われていた]羊皮紙は祈祷書として再利用されていた（中世において羊皮紙は大変貴重なものであった）．幸運にも，最初に書かれた文字の大半はまだ判読可能であった．ハイベアは1906年にコンスタンティノープルでこの写本を調査し，まもなくそのギリシア語テクストを出版した．

3.3.1 アルキメデスの発見法

『方法』は，機械を利用して面積や体積に関する重要な結果を発見するというアルキメデスの発見法を含む著作である．これらの結果の大半は別の著作で厳密に証明されている．この方法の要となる特徴は，与えられた図形の切片を，既知の図形の切片と釣り合わせることにあり，ここでこの原理が使われる．アルキメデスは，この方法が厳密な証明を与えないことを知っていた．というのは機械学の原理も，「不可分な」切片も，表向きの数学的議論に使うわけにはいかなかったからである．そこで彼は，序文で，これらの定理は「あとで幾何的に証明されねばならない．というのは，この方法による探求は証明を与えるものではないからである」と述べている．彼はさらに，「この方法によって，追求されている問題についていくつかの知識をあらかじめ得ておけば，何らの知識なしに追求するよりも，その証明を求めるのがはるかに容易である」とも述べている[11]．

『方法』の最初の命題は，パラボラ[*4]の切片はそれに内接する三角形の4/3であるというものである．これをこの著作の典型例として紹介しよう．アルキメデスがパラボラの切片ABCというのは，曲線と線分ACによって囲まれる領域という意味である．ここでBはACの中点Dを通ってパラボラの軸に平行な線分が曲線に出会う点である（図3.7）．点Bはパラボラの切片の**頂点**と呼ば

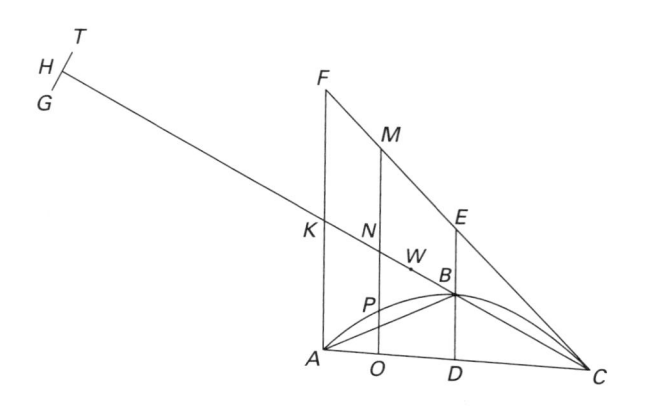

図 3.7
パラボラの切片の平衡．

[*4] p.124 の訳注を参照．

れる．この頂点はまた，曲線上で AC からの距離が最大になる点でもある．さて，B を頂点とするパラボラの切片 ABC が与えられ，C における接線が軸の延長と E で出会うとし，A を通る軸に平行な直線が接線と点 F で出会うとする．CB を延長し，AF と K で出会うとし，これを $CK = KH$ となる点 H まで延長する．さて，アルキメデスは CH を K を中点とするてことして考える．彼の証明の発想は，図形中の位置にそのまま置かれた三角形 CFA が，H に置かれたパラボラの切片 ABC と釣り合うことを示すというものである．これを線分 1 本ごとに示していくことになる．まず，三角形 CFA の，ED に平行な任意の線分 MO をとり，これが切片 ABC の線分 PO を H に置いたものと釣り合うことを示す．釣り合いを示すために，パラボラの性質が二つ必要になる．最初は $EB = BD$ であり，もう一つは $MO : PO = CA : AO$ である（アルキメデスがパラボラの基本的な諸性質を非常によく知っていたことは明らかである）．$EB = BD$ から $FK = KA$ および $MN = NO$ を得る．そして比例関係と，CK が AF を二等分することから，『原論』第 VI 巻命題 2 によって $MO : PO = CA : AD = CK : KN = HK : KN$ を得る．もし PO に等しい線分 TG が，H を中点とするように置かれるならば，最後の比例関係は $MO : PO = HK : KN$ となる．したがって，N は MO の重心だから，てこの原理によって，MO と TG は K の周りで釣り合うことになる．

アルキメデスはこう続ける．「三角形 CFA は，[MO のような] 三角形 CFA の中の線分からできており，切片 ABC は，その切片の中に OP と同様に切り取られた線分からできているから，三角形 FAG は，そのままの位置で，重心 H のところに移された切片 [CBA] と K において釣り合うであろう」[12]．三角形をその重心，すなわち CK 上の C から K に 3 分の 2 だけ進んだ点 W にあると考えても状況は変わらないので，アルキメデスは $\triangle ACF :$ 切片 $ABC = HK : KW = 3 : 1$ を得る．したがって切片 $ABC = (1/3)\triangle ACF$ となる．しかし $\triangle ACF = 4\triangle ABC$ である．よって最初の主張どおり，切片 $ABC = (4/3)\triangle ABC$ となる．アルキメデスはこの証明の最後にこう注意している．「以上のことは，ここで述べられたことでは証明されたわけではない．それは，結論が正しいことを示していると言えるだけのものである．それゆえ，このことが証明されたわけではないことに注意するとともに，結論は正しいと考えて，その幾何学的な証明をつけ加えておくべきであろう．その幾何学的な証明は，私自身が見出し，仕上げて，以前に発表してある」[13]．

面白いことに，アルキメデスはここで，彼より 2 世紀前のデモクリトスが使った平面の領域や立体の不可分な切片が図形を「作り上げる」という表現と同じ表現を用いている．しかし，アルキメデスは不可分者を『方法』全体を通じて用いているとはいえ，それらの使用法については何ら説明をしていない [証明の方法としてはおろか発見の方法としても述べていない]．このことはわれわれにこう考えさせる．彼の同時代人たち，とくにアルキメデスと文通のあったアレクサンドリアの数学者たちは，不可分者の用法を理解していて，ひょっとしたらそれを似たような議論で利用していたのではないか．とはいえ，彼らはこの種の議論が厳密な幾何学的証明を与えるものでないことは知っていたわけだが[14]．

3.3.2 級数の和

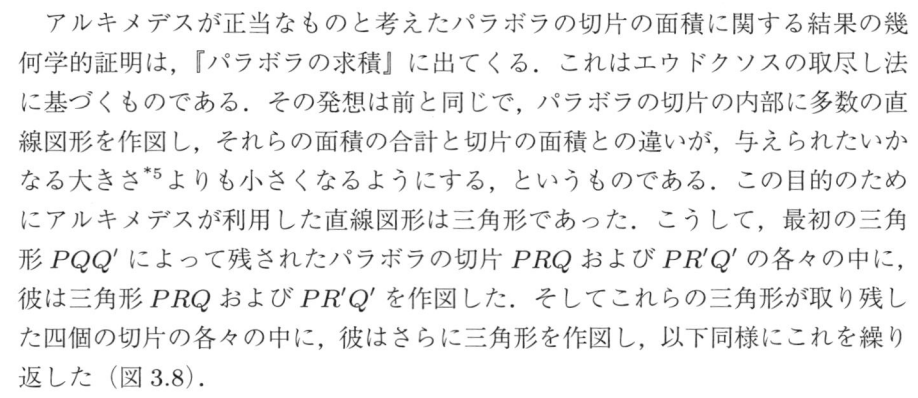

アルキメデスが正当なものと考えたパラボラの切片の面積に関する結果の幾何学的証明は，『パラボラの求積』に出てくる．これはエウドクソスの取尽し法に基づくものである．その発想は前と同じで，パラボラの切片の内部に多数の直線図形を作図し，それらの面積の合計と切片の面積との違いが，与えられたいかなる大きさ[*5]よりも小さくなるようにする，というものである．この目的のためにアルキメデスが利用した直線図形は三角形であった．こうして，最初の三角形 PQQ' によって残されたパラボラの切片 PRQ および $PR'Q'$ の各々の中に，彼は三角形 PRQ および $PR'Q'$ を作図した．そしてこれらの三角形が取り残した四個の切片の各々の中に，彼はさらに三角形を作図し，以下同様にこれを繰り返した（図 3.8）．

次にアルキメデスは，各段階で作図される三角形の面積の合計は，その一つ前の段階で作図される三角形の面積の $\frac{1}{4}$ であることを計算する．この作図を何段階も行えば，それだけ三角形の面積の合計はパラボラの切片の面積に近づいていく．そこで，証明を完成させるためにアルキメデスに必要なことは，等比級数 $a + \frac{1}{4}a + \left(\frac{1}{4}\right)^2 a + \cdots + \left(\frac{1}{4}\right)^n a + \cdots$ の和を見出すこととなる．アルキメデスは『原論』第 IX 巻命題 35 にみえる等比級数の和についてのユークリッドの公式を利用せず，この和を次の形で与えている．

$$a + \frac{1}{4}a + \left(\frac{1}{4}\right)^2 a + \cdots + \left(\frac{1}{4}\right)^n a + \frac{1}{3}\left(\frac{1}{4}\right)^n a = \frac{4}{3}a.$$

そして証明を完成させるのに，『円の計測』で行ったのとまったく同様に，二重の**帰謬法**によっている．彼は $K = \frac{4}{3}a$ が切片の面積 B と等しくないと仮定する．もし K がこの面積より小さいならば，内接三角形の面積の合計を T として，$B - T < B - K$ となるような三角形を内接させることができる．しかし，そうすると $T > K$ となる．これは不可能である．なぜなら和の公式は $T < \frac{4}{3}a = K$ を示しているからである．逆に，もし $K > B$ ならば，$\left(\frac{1}{4}\right)^n a < K - B$ となる n を定める．すると $K - T = \frac{1}{3}\left(\frac{1}{4}\right)^n a < \left(\frac{1}{4}\right)^n a$ も成り立つから，ここから $B < T$ を得るが，これも不可能である．ゆえに $K = B$ である．

等比級数の和を見出す方法を示すのが，この証明のための重要な補助定理である．この結果に対するアルキメデスの証明は，5 個の数からなる数列に対して与えられている．それはユークリッドと同様，アルキメデスも任意の個数の数列を表現する記号を持たなかったためである．しかし彼の方法は容易に一般化できるので，われわれはここでは現代的な記号 n で任意の正の整数を表すことにしよう．アルキメデスはまず $\left(\frac{1}{4}\right)^n a + \frac{1}{3}\left(\frac{1}{4}\right)^n a = \frac{1}{3}\left(\frac{1}{4}\right)^{n-1} a$ であることを注意する．それから彼は次のように計算する．

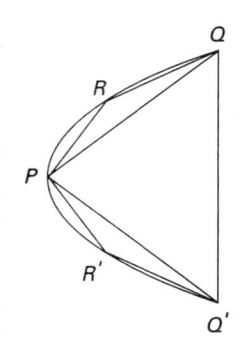

図 3.8 等比級数の総和によるパラボラの切片の面積．

[*5]原文 value は不適切．

$$a + \frac{1}{4}a + \left(\frac{1}{4}\right)^2 a + \cdots + \left(\frac{1}{4}\right)^n a + \frac{1}{3}\left[\frac{1}{4}a + \left(\frac{1}{4}\right)^2 a + \cdots + \left(\frac{1}{4}\right)^n a\right]$$
$$= a + \left(\frac{1}{4}a + \frac{1}{3} \cdot \frac{1}{4}a\right) + \left[\left(\frac{1}{4}\right)^2 a + \frac{1}{3}\left(\frac{1}{4}\right)^2 a\right] + \cdots + \left[\left(\frac{1}{4}\right)^n a + \frac{1}{3}\left(\frac{1}{4}\right)^n a\right]$$
$$= a + \frac{1}{3}a + \frac{1}{3} \cdot \frac{1}{4}a + \cdots + \frac{1}{3}\left(\frac{1}{4}\right)^{n-1} a$$
$$= a + \frac{1}{3}a + \frac{1}{3}\left[\frac{1}{4}a + \cdots + \left(\frac{1}{4}\right)^{n-1} a\right].$$

両辺から等しいものを取り去って整理すると，求める結果，すなわち，

$$a + \frac{1}{4}a + \left(\frac{1}{4}\right)^2 a + \cdots + \left(\frac{1}{4}\right)^n a + \frac{1}{3}\left(\frac{1}{4}\right)^n a = \frac{4}{3}a$$

が得られる．

『螺線について』においては，別の和の公式から，面積に関する別の結果が導かれる．この結果もやはりエウドクソスの方法で証明される．この著作の命題 10 でアルキメデスは最初の n 個の平方数の和を求める次の公式を証明している．

$$(n+1)n^2 + (1 + 2 + \cdots + n) = 3(1^2 + 2^2 + \cdots + n^2).$$

これは彼が証明している次のような結果の系という位置づけである．

$$3(1^2 + 2^2 + \cdots + (n-1)^2) < n^3 < 3(1^2 + 2^2 + \cdots + n^2).$$

アルキメデスはこの最後の不等式を，「アルキメデスの螺線」の 1 回転分で囲まれる面積を決定するために必要とした．この曲線は現代の極座標では方程式 $r = a\theta$ で与えられるものである．『螺線について』の命題 24 で彼は，この曲線の完全な一回転分の弧と，その終点における半径 AL とで囲まれる面積 R が，この直線を半径とする円の面積 C の 3 分の 1 に等しいことを証明している．アルキメデスは最初に，領域 R に図形を内接および外接させて，それらの面積の差を，与えられた任意の面積 ε より小さくできることに注意している（図 3.9）．二等分を繰り返すことによって（『原論』X-1），半径 AL，中心角 $(360/n)°$ の扇形は ϵ より小さい面積を持つ．すると，この中心角を持つ n 個の扇形の各々の部分に含まれる螺線の弧に円弧を内接および外接させて，外接図形全体と内接図形全体との差は最初に ε より小さくなるように選んだ扇形に等しく，したがってこの差は ϵ より小さい．

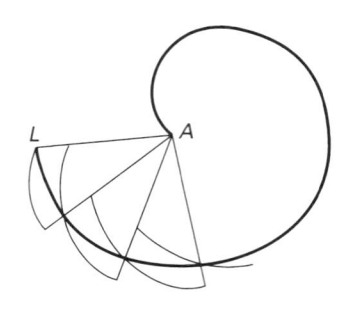

図 **3.9**
アルキメデスの螺旋の面積．

面積に関する結果の証明は二重の**帰謬法**の議論によるが，これはもはや簡単である．なぜなら，$R \neq \frac{1}{3}C$ と仮定せよ．すると，$R < \frac{1}{3}C$ または $R > \frac{1}{3}C$ である．最初の場合は，前のように R に図形 F を外接させ，$F - R < \frac{1}{3}C - R$ とせよ．したがって，$F < \frac{1}{3}C$ となる．

前のように螺線の定義より，F を構成する扇形の半径は等差数列をなし，それを $1, 2, \ldots, n$ と考えることができる．$n \cdot n^2 < 3(1^2 + 2^2 + \cdots + n^2)$ であり，扇形の面積は（そして円の面積も）その半径上の正方形に比例するから，$C < 3F$ すなわち $\frac{1}{3}C < F$ を得る．これは矛盾である．内接図形を用いて同様の議論をすると，$R > \frac{1}{3}C$ という仮定からやはり矛盾が導かれることが示され，命題は証明される．

3.3.3 解析

アルキメデスの著作の最後の例は，読者が幾何学の問題の答だけでなく，どうやって答が見出されたかがわかるようにアルキメデスが心を砕いていたことを示すものである．ここで扱う『球と円柱について』第2巻命題3では，彼は表向きの証明の中で，それを発見した手続きを示している．

問題　与えられた球を平面で切断し，二つの切片の表面が互いに与えられた比を持つようにすること．

アルキメデスの手続き，すなわち解析の方法は，問題が解けたと仮定し，そこから，すでに知られている結果に到達するまで論理的帰結を導いていくものである．そこで彼は，平面 BB' が球を切り，BAB' の表面が $BA'B'$ の表面に対する比が H 対 K であると仮定する（図3.10）．彼はすでに『球と円柱について』第1巻で，これらの切片の表面は，半径がそれぞれ $AB, A'B$ の円の面積に等しいことを証明している．そこで彼は，$AB^2 : A'B^2 = H : K$ であり，したがって $AM : A'M = H : K$ である（なぜなら三角形の面積は底辺に比例するから）と結論する．しかし与えられた比に線分を分割するのは，既知の手続きである．そこでアルキメデスは，最初の問題を，この線分の分割から始めて，［解析の議論の］逆順の手続きを踏むことによって解くことができる．すなわち，$AM : MA' = H : K$ となる M をとる．上で述べた定理より，$AM : MA' = AB^2 : A'B^2 = $ (半径 AB の円) : (半径 $A'B$ の円) $= $ (切片 BAB' の表面) : (切片 $BA'B'$ の表面) となり，この問題は解かれる．

アルキメデスは，もっと複雑な問題の解析を同じ第2巻の命題4で提示している．この命題では，球を平面で切断し，2切片の体積を与えられた比にすることを求めている．この場合には，彼の解析によってこの問題は次の問題に帰着される．$AB = 2BC$ を満たす直線 ABC が与えられ，BC 上に点 E が与えられたときに，AB を点 M で切って，$AB^2 : AM^2 = MC : EC$ となるようにする（図3.11）．$AB = 2a, BC = a, EC = b$ および $AM = x$ とおけば，この問題は $(2a)^2 : x^2 = 3a - x : b$ と代数的に翻訳できる．そこでアルキメデスは3次方程式に相当する問題を解かねばならないことになる．注釈者のエウトキオス

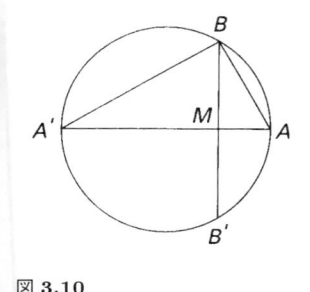

図 3.10
『球と円柱について』第2巻命題3．

図 3.11
『球と円柱について』第 2 巻命題 4.

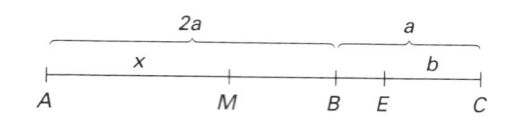

が伝える解法（それは多分アルキメデス本人のものであろうが）によれば，求める点 M はパラボラとハイパボラ［双曲線］[*6]の交点として求められている．

アルキメデスの数学の天分はきわめて広い範囲にわたるものであった．ここで論じたのは，現存する 14 編の著作の一部の，しかもほんのいくつかの箇所にすぎない．これ以外にアルキメデスは球の体積が，底辺が球の大円に等しく高さが半径に等しい円錐の 4 倍であること，パラボロイド（回転放物体）の切片の体積は同じ底面と高さの円錐の 2 分の 3 倍であること，球の表面積はその大円の 4 倍であることを証明している．さらに釣り合いと重心についてのもっと詳細な著作や，準正多面体，光学，天文学に関する著作があったという証拠もある．実際，ローマの歴史家リウィウスは，アルキメデスを「比肩する者のない天と星の観察者」としている[15]．

アルキメデスはシュラクサイの城門の一つの近くに葬られた．彼は，自分の墓に，球に外接する円柱と，明らかに自分の最も重要な定理の一つと考えていた定理を刻むように望んでいたという．それは，底面が球の大円に等しく，高さが球の直径に等しい円柱は，体積が球の 2 分の 3 倍で，またその表面積も球の表面積の 2 分の 3 倍であるというものである（図 3.12）．彼の墓がほったらかしになっているのを，紀元前 75 年頃にシチリアの総督を務めたキケロが発見し，これを再建している．この数十年彼の墓が再発見されたという噂が根強く流れているが，この噂が本当かどうか結論づける証拠は存在しない．

図 3.12
サンマリノ共和国のアルキメデスの切手．ここに，球上の大円に等しい底面をもつ円柱が描かれている．

3.4　アポロニオス以前の円錐曲線論

円錐曲線の理論の起源は，あまりはっきりしないが，おそらく立方体倍積問題と結びついているのだろう．紀元前 5 世紀にヒッポクラテスが，与えられた立方体の 2 倍の体積の立方体を作図する問題を，長さ a と $2a$ の直線の間の二つの比例中項 x, y を見出す問題，つまり $a : x = x : y = y : 2a$ を満たす x, y を決定する問題に還元したことを思い出そう．これは現代的な表現では，三つの方程式 $x^2 = ay$, $y^2 = 2ax$, $xy = 2a$ の任意の二つを同時に解くことと等価である．この方程式の最初の二つはパラボラ，三つ目はハイパボラを表す．

これらの代数的関係を満たす曲線を初めて作図し，それらの交点が求める二つの比例中項を与え，立方体倍積問題を解決することを示したのはメナイクモス（紀元前 4 世紀）であった．彼がどうやってこれらの曲線を作図したかは知られていないが，一点ごとの作図はユークリッドの範囲内で確かにできる．$y^2 = 2ax$ を満たす曲線上の点を作図するには，『原論』第VI巻命題13の方法を繰り返し

[*6] ここで生成される曲線は「『双』曲線」でなく，その一方の枝であるので，双曲線という訳語は厳密にはあてはまらない．以下で見るように「ハイパボラ」という呼び名はアポロニオスに遡るが，彼はこの語の双曲線の一方の枝に対してのみ用いていて，両方の枝を同時に考察するときは，「対置曲線」という別の用語を使った．

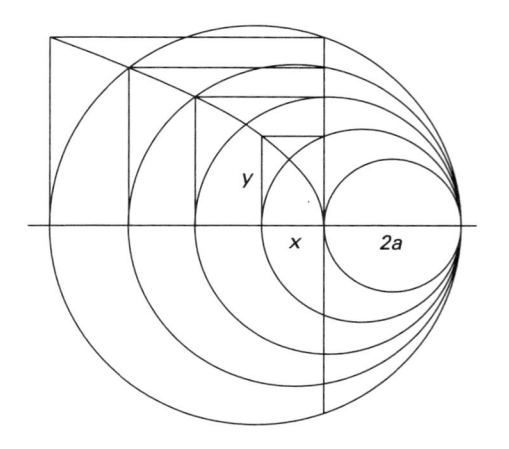

図 3.13
1 点ごとのパラボラのユークリッド的作図.

使いさえすればよい（図 3.13）．最初に線分 $2a$ と x をつなげて一直線にする．それからこの直線を直径とする半円を描き，二つの線分のつなぎ目から垂線を立てる．この垂線の長さ y は方程式を満たす．この操作が様々な長さ x に対して行われて，垂線の端点が結ばれるならば，求める曲線が描かれることになる [16]．注意すべきことは，この曲線の個々の点はユークリッドの道具を使えば作図できるが，曲線全体を描くことはユークリッド的な意味で本来の作図ではないことである．いずれにしても，何らかの幾何学的問題を解決する道具として円錐曲線が導入されたと考えられる．アルキメデスが球に関連する問題を解くのに円錐曲線を用いたことはすでに見たとおりである．

立方体倍積問題の解決に役立つ曲線が円錐の切断によって作られることに，いったいどうやってギリシア人たちが気づいたのか，ということは憶測の域を出ない．誰かが，ひょっとしたらメナイクモスその人が，円の図（図 3.13）をある円錐の等高線を表す図と見ることもできることに気づき，そこから問題の曲線が，そのような円錐を切断することによって作られ得ることに気づいたのかもしれない．また，太陽の日周回転によって日時計のグノーモンの影が動いてできる道筋が曲線［双曲線］として認識されたという可能性もある．この場合，太陽の軌跡はグノーモンの先端を頂点とする複円錐の底面の一つとなり，影が落ちる日時計の平面が円錐を切断する平面となる．さらに，円をその平面の外の点から見ると，見かけ上は楕円に見えること，そしてこの楕円は視円錐を平面で切ることによって生じることに気づいたのかもしれない．いずれにしても，紀元前 4 世紀末には，円錐の切断によって得られる曲線の性質についての大きな論考が二つあった．一つはアリスタイオス（紀元前 4 世紀）のもので，もう一つがユークリッドのものであった．どちらも現存していないが，その内容は，アルキメデスが円錐曲線の基本的定理を広い範囲にわたって引用していることから推測できる．

ユークリッドが（『原論』第 XI 巻で）円錐を，直角三角形を直角を挟む辺の一つの周りに回転してできる立体として定義していたことを思い出そう．その後彼は，円錐を頂角が直角，鋭角，鈍角になるものに分類した．これらの円錐を，母線，すなわちもとの三角形の斜辺に垂直な平面によって切断すると，円錐曲線が作られる．「直角円錐切断」は今日パラボラ［放物線］と呼ばれ，「鋭角円

> # 伝　記
>
> ## アポロニオス（Apollōnios, 紀元前 250 頃–175 頃）
>
> アポロニオスは小アジア南部の町ペルゲに生まれたが，彼の生涯の詳しいことはほとんどわかっていない．信頼できる情報の大半は彼の主著『円錐曲線論』（図 3.14）の各巻の序文によるものである．それらによれば，彼は若いときにアレクサンドリアに行き，ユークリッドの後継者たちから学び，研究，教育，著作をして人生の大半をそこで過ごしたらしい．古代世界で彼が最初に名を馳せたのは天文学の著作によってであったが，のちに数学の著作で有名になった．著作の大半は，今日，その標題と後世の著述家たちの著作中での要約によってのみ知られる．幸いにも『円錐曲線論』8 巻のうち 7 巻が現存し，それはある意味でギリシア数学の頂点を示すものである．アポロニオスがどうやって何百もの美しく難解な定理を近代的な代数記号なしに発見，証明できたのか，今日のわれわれには理解困難である．しかし彼はそれをなしとげたのである．そして記録に残る限り，その後のギリシア数学の著作で，複雑，難解という点で『円錐曲線論』に迫ったものは一つとしてない．

錐切断」はエリプス［楕円］，「鈍角円錐切断」はハイパボラ［双曲線］と呼ばれている．鍵括弧でくくった名称はアルキメデスと彼以前の人々が普通に使っていたものである．

3.5　アポロニオスの『円錐曲線論』

アポロニオスはその著作の『円錐曲線論』で，円錐曲線を少々違った形で定義している．彼は，円錐曲線を決定するのに，円錐を切断する平面が母線に垂直である必要はないし，円錐が直円錐である必要もないと考えた．実際，彼は円錐の概念を次のように一般化したのだった．

> ある一点から，その点と同じ平面上にない円周へと直線が結ばれ，その直線が両方向に延長され，そしてこの点が固定されたまま，直線が円の周上を回転するならば，（中略）生成される，互いに向かい合った二つの曲面は**円錐面**で［ある］．固定された点は円錐の**頂点**，頂点から円の中心へと引かれた直線は**軸**……，この円は円錐の**底面**である [17]．

アポロニオスにとって，円錐面とは，今日でいう斜円錐で，しかも両側に伸びた複円錐である．一般に円錐の軸は底面の円に垂直でないが，以下の説明では簡単にするため軸は底面に垂直であるとしよう．

3 種類の曲線を定義するのに，アポロニオスは最初，円錐をその軸を含む平面で切る．この平面と円錐の底面の円と交線は，この円の直径 BC である．［この切断の］結果としてできる三角形 ABC は軸三角形と呼ばれる．次に，パラボラ，楕円，ハイパボラは，この円錐を，底面の円の平面を直線 ST で切るよう

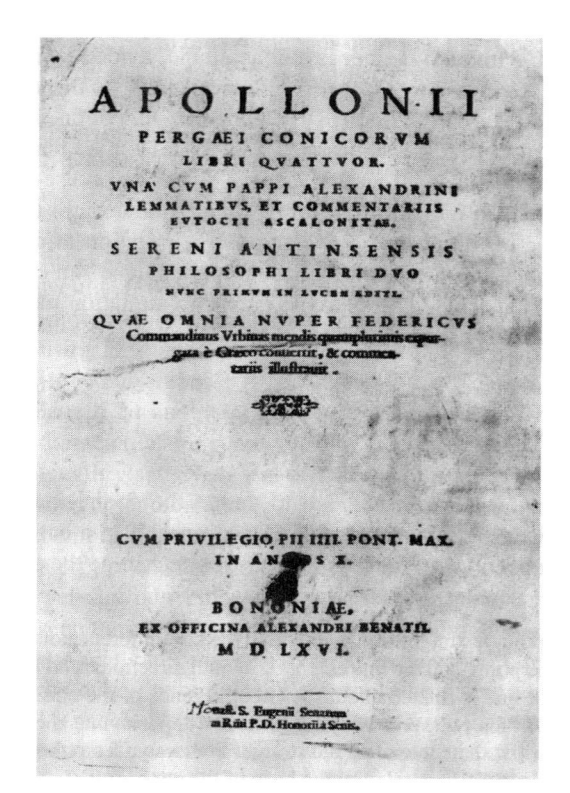

図 3.14
アポロニオス『円錐曲線論』の最初のラテン語版 (1566 年) のタイトルページ (出典：スミソニアン協会図書館，写真番号 86-4346)．

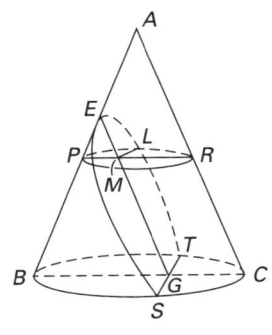

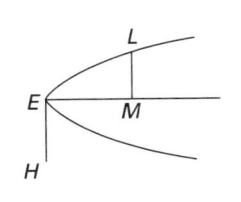

図 3.15
パラボラの特性の導出．

な何らかの平面で切断した切り口として定義される．ただし ST は BC または BC の延長と垂直である[*7] (図 3.15, 3.16, 3.17)．直線 EG は，この切断平面と軸三角形との交線である．もし EG が軸三角形の側辺の一方に平行ならば，切り口の曲線はパラボラである．また EG が軸三角形の側辺の両方と交わるなら，曲線は楕円である．最後に EG が軸三角形の側辺の一方と交わり，他方とは A を超えて延長した先で交わるなら，曲線はハイパボラである．この最後の場合には，以前の鈍角円錐の場合と違って，曲線は二つの枝からなる[*8]．

各々の場合に，アポロニオスは曲線の「特性[*9]」を導出する．これは，曲線上の任意の点の規則線と切断線の間のそれぞれの曲線を特徴づける関係であり，これを代数方程式に翻訳することはわれわれには容易である．アポロニオスはまず曲線上の任意の点 L をとり，L を通り底面の円に平行な平面を通す．この平面によって作られる円錐の切り口は PR を直径とする円である．M をこの平面と直線 EG との交点とする．すると LM は PR に垂直であり，したがって $LM^2 = PM \cdot MR$ が成り立つ[*10]．

[*7] ST と BC が垂直という条件によって一般性は失われない．最初に軸三角形 ABC を作る平面の選び方によって BC は任意の直径となりうるからである．

[*8] アポロニオスは頂点の反対側にも伸びた複円錐を考えているので，われわれの双曲線の二つの枝が生成することになる．ただし，アポロニオスは常に双曲線の二つの枝を考察するわけではなく，一つの枝だけを考察することが多い．

[*9] 希 sympotoma：英 symptom．以下で説明される通り，曲線の量的性質を決定する関係である．

[*10] なお，アポロニオスが考察する斜円錐も含む一般の場合には，LM は EG に垂直とは限らない．この場合は軸三角形 ABC は底面の円に垂直とは限らないからである．

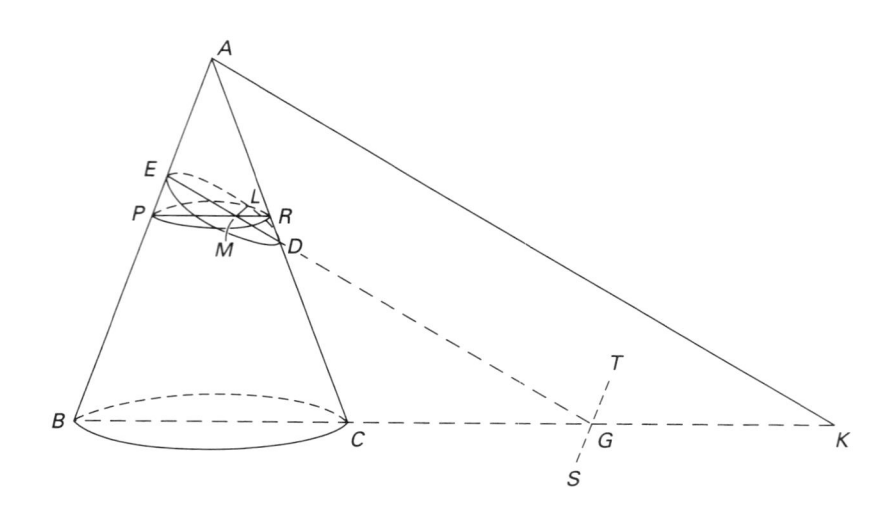

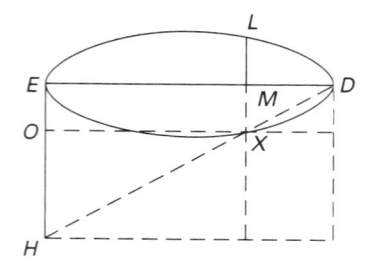

138　第 3 章　アルキメデスとアポロニオス

図 3.16
楕円の特性の導出.

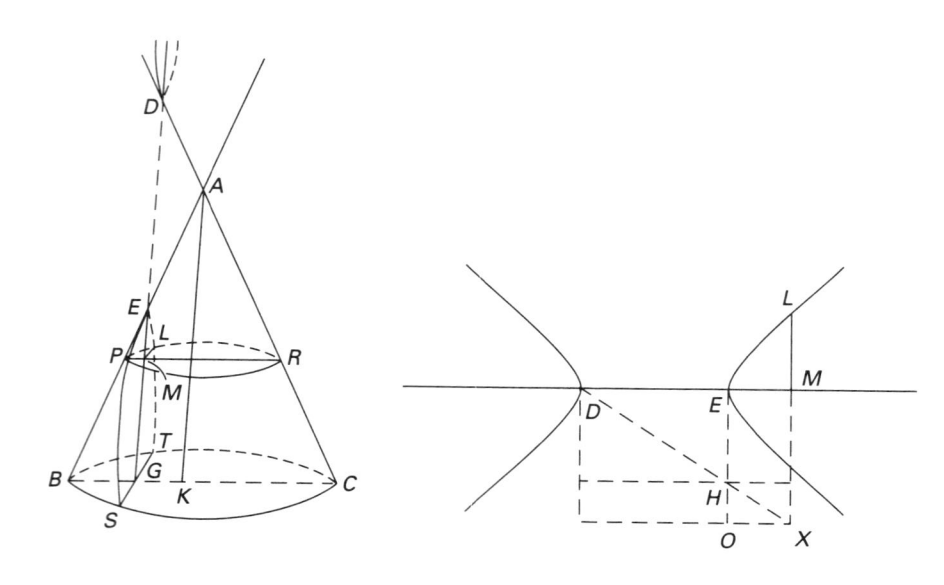

図 3.17
ハイパボラの特性の導出.

EG が軸三角形の 1 辺 AC に平行な場合には，アポロニオスはパラボラの標準的な特性，すなわち，曲線上の各々の点 L に対する切断線 EM と規則線 LM の関係を導出する（第 I 巻命題 11）．このために彼は，EM に垂直な直線 EH を引いて，

$$\frac{EH}{EA} = \frac{BC^2}{BA \cdot AC}$$

を満たすようにする（図 3.15）．この方程式の右辺は BC/BA と BC/AC の積として書くことができる．一方，図形の相似より

$$\frac{BC}{BA} = \frac{PR}{PA} = \frac{PM}{EP} = \frac{MR}{EA} \quad \text{および} \quad \frac{BC}{AC} = \frac{PR}{AR} = \frac{PM}{EM}$$

が成り立つので，

$$\frac{EH}{EA} = \frac{MR \cdot PM}{EA \cdot EM}$$

が得られる．

他方，

$$\frac{EH}{EA} = \frac{EH \cdot EM}{EA \cdot EM}$$

も成り立つ．したがって $MR \cdot PM = EH \cdot EM$，$LM^2 = EH \cdot EM$ となる．ここで $LM = y$，$EM = x$，$EH = p$ とおくと，パラボラの標準的な方程式 $y^2 = px$ が得られる[*11]．「パラボラ」という名前はギリシア語の *parabolē*（あてはめ）に由来する．なぜなら，規則線 y 上の正方形は，切断線 x 上にあてはめられた長方形に等しいからである．定数 p ［定線分 EH］は曲線を決定する切断平面にのみ依存し［点 L の位置にかかわらず一定であり］，これはパラボラのパラメーターと呼ばれる．

他の二つの場合を考えよう．点 D を，EG と軸三角形のもう一方の側辺との交点（楕円の場合），あるいはもう一方の側辺の延長との交点（ハイパボラ）としよう（図 3.16, 3.17）．これらの場合にアポロニオスは次のことを証明する（第 I 巻命題 12, 13）．LM 上の正方形は，直線 EH 上に EM と等しい幅であてはめられた長方形で，DE と EH に囲まれる長方形に相似な長方形だけ超過する（*hyperballōn*），あるいは不足する（*elleipōn*）ものに等しい．これは曲線の命名の理由にもなっている．アポロニオスは最初 DE に垂直な直線 EH を，次の条件を満たすように選ぶ．

$$\frac{DE}{EH} = \frac{AK^2}{BK \cdot KC}.$$

前と同様にこの方程式の右辺は積 $(AK/BK) \cdot (AK/KC)$ と書ける．ここで AK は DE に平行である．図形の相似により，

$$\frac{AK}{BK} = \frac{EG}{BG} = \frac{EM}{MP} \quad \text{および} \quad \frac{AK}{KC} = \frac{DG}{GC} = \frac{DM}{MR}.$$

ゆえに，

$$\frac{DE}{EH} = \frac{EM \cdot DM}{MP \cdot MR}.$$

[*11] $LM = y$ を規則線（ordinate），$EM = x$ を切断線（abscissa）と呼ぶ．直円錐の切断を考える場合は規則線と切断線（＝径の一部）は垂直となる．斜円錐の場合はそうとは限らない．切断線（径）が規則線と垂直な場合，径は軸と呼ばれる．

一方,
$$\frac{DE}{EH} = \frac{DM}{MX} = \frac{DM}{EO} = \frac{EM \cdot DM}{EM \cdot EO}$$
も成り立つ.ここから,$MP \cdot MR = EM \cdot EO$ が得られ,それゆえ $LM^2 = EM \cdot EO$ となる.ハイパボラの場合は $EO = EH + HO$,楕円の場合は $EO = EH - HO$ となる.どちらの場合も,$EM (= OX)$ および HO によって囲まれる長方形は,DE および EH によって囲まれる長方形と相似だから,アポロニオスは求める結果を証明したことになる.現代的な表現では,$EM/HO = DE/EH$ であるから,$HO = EM \cdot EH/DE$ を得る.それゆえ $LM = y$,$EM = x$,$EH = p$,$DE = 2a$ とおけば,アポロニオスが導いた特性は,ハイパボラと楕円に対してそれぞれ,
$$y^2 = x\left(p + \frac{p}{2a}x\right) \qquad \text{および} \qquad y^2 = x\left(p - \frac{p}{2a}x\right)$$
という方程式になる.前と同様に,パラメーター p は曲線を決定する切断平面にのみ依存する.

この形で特性を与えたあとで,アポロニオスは命題 I-21 で,楕円とハイパボラ両方の方程式は,$y^2 = \frac{p}{2a}x_1 x_2$ の形で書けることを証明する.ただし x_1 と x_2 は径の両端 E および D から点 M までの距離である.楕円の場合に点 (x, y) が短径(長さは $2b$)の端点ならば,この方程式は $b^2 = \frac{p}{2a}a^2$ または $b^2 = \frac{pa}{2}$ を示すことに注意しよう.こうしてパラメーターと二つの径の長さとの関係が得られる.ハイパボラについても,あとで見るように同じ関係が得られる.ただし b は頂点から漸近線への垂線の長さとなる[*12].

円錐の切断としての定義から,曲線の特性を導いたわけだが,さらにアポロニオスは第 I 巻の最後の一群の命題で,逆に,与えられた直線(線分)とその端点,パラメーターから,その直線を径,端点を頂点とし,与えられたパラメーターを持つパラボラ(楕円,ハイパボラ)を作図する方法を示している.したがって,ギリシアの(そして中世,近世初期に至る)数学者は,頂点,径,パラメーターが与えられたときに,円錐曲線を「作図」することができると述べることが可能になった.それは中心と半径が与えられたときに円を作図することができると述べるのと同様である.こうしてユークリッド『原論』の基本的な作図の要請に新たなものが付け加えられたのである.

円錐曲線の様々な性質を導くとき,アポロニオスはたいてい曲線の本来の定義である円錐の切断からではなく,その特性を利用していて,これはちょうど今日そういった性質が方程式から導出されるのと同様である.アポロニオスは常に幾何学的な言語を用いているが,彼の著作の大半は幾何学的代数として特徴づけられる.すなわち,曲線の特性はアポロニオスの幾何学的な導出を代数的に特徴づけたものと考えることができる.それゆえ以下で『円錐曲線論』の重要な箇所を見ていくにあたって,その主張や証明の一部を簡略にするために代数を用いることにする.

[*12] 直円錐の切断のみを考える場合は規則線と切断線は垂直となるが,斜円錐の場合は垂直とは限らない.

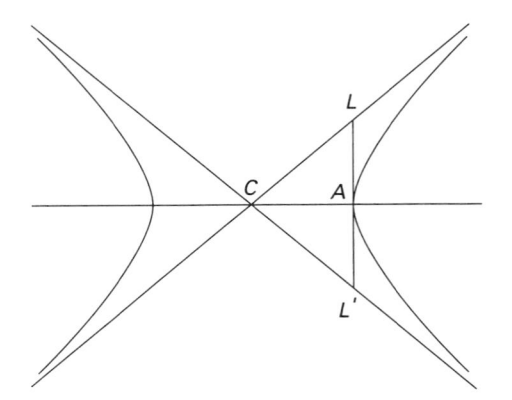

図 3.18
ハイパボラの漸近線の作図.

第 II 巻でアポロニオスはハイパボラの漸近線を扱う．漸近線は命題 1 で作図される（図 3.18）．ハイパボラの頂点 A において接線を引き，この接線上の二つの線分 AL および AL' を（接点から見て反対側に）$AL^2 = AL'^2 = \dfrac{pa}{2} = (b^2)$ を満たすようにとる．アポロニオスは，ハイパボラの中心から L, L' に引かれた直線が曲線のどちらの枝にも出会うことがないことを示す[*13]（漸近線の英語は *asymptote* であるが，その語源となったギリシア語の *asymptotos* は「出会うことがない」という意味である）．さらに命題 14 でアポロニオスは，曲線と漸近線の距離は，両者が限りなく延長されたときに，与えられたいかなる距離よりも小さくなることを示す．

命題 4 でアポロニオスは，ハイパボラ上の 1 点と，その漸近線が与えられたときに，ハイパボラを作図する方法を示し，かくして新たな作図の公準を追加することになる．命題 8 では，ハイパボラを切る直線が，曲線と漸近線の間で切り取る線分が互いに等しいことを示す．さらに命題 10, 12 では，ハイパボラの特性はパラメータと径の代わりに漸近線を使って表されることを示す．$AL = b$，$AC = a$ とし，A を座標の原点とすると，漸近線は現代的な記法で $y = \pm\dfrac{b}{a}(x+a)$ となる．さて，ハイパボラ上に点 Q, q をとり，Qq が径に垂直になるようにする（図 3.19）．R, r を Qq が二つの漸近線に交わる点とし，$Q = (x, y)$ とするならば，$b^2 = \dfrac{pa}{2}$ であるから，

$$QR \cdot qr = \left(\dfrac{b}{a}(x+a) - y\right)\left(\dfrac{b}{a}(x+a) + y\right) = \dfrac{b^2}{a^2}(x+a)^2 - y^2$$
$$= \dfrac{b^2 x^2}{a^2} + \dfrac{2b^2 ax}{a^2} + b^2 - px - \dfrac{p}{2a}x^2$$
$$= \left(\dfrac{b^2}{a^2} - \dfrac{p}{2a}\right)x^2 + \left(\dfrac{2b^2}{a} - p\right)x + b^2 = b^2.$$

同様に $qr \cdot qR = b^2$ を得る．Q, q から各々の漸近線に一組ずつ平行線を引き，一方の漸近線に H, h で，他方に K, k で交わるとすると，$RQ : Rq = HQ : hq$，および $qr : Qr = qk : QK$ が成り立つことがわかる．すると即座に，$HQ : hq = qk : QK$，すなわち $HQ \cdot QK = hq \cdot qk$ となる．言い換えれば，ハイパボラの任

[*13] 命題 1 ではハイパボラ（双曲線の一方の枝）の漸近線が導入され，命題 15 でこれが対置曲線の両方の枝に共通であることが示される．

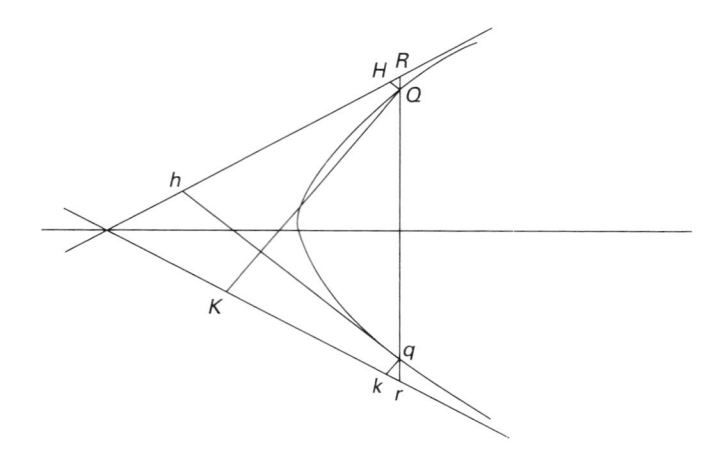

図 3.19
漸近線を用いるハイパボラの特性.

意の点から漸近線に向かって，与えられた二つの方向に引かれた 2 直線の長さの積は一定である．現代的な記法では，この結果は，ハイパボラは方程式 $xy = k$ によって定義され得ることを示している．

3.5.1 接線と法線

円錐曲線に接線を引く問題は第 I 巻で論じられる．

第 I 巻命題 33　C をパラボラ CET 上の点とし，CD を径 EB への垂線とする．径が A まで延長され，$AE = ED$ となるようにすると，直線 AC は C における直線の接線である（図 3.20）．

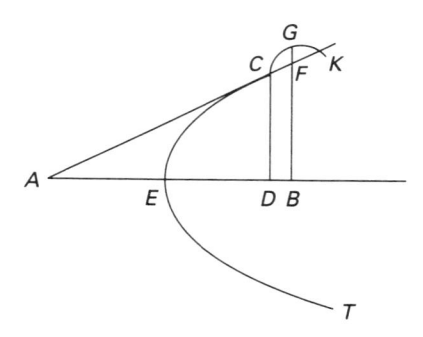

図 3.20
『円錐曲線論』第 I 巻命題 33.

$DC = y$, $DE = x$ および $AE = t$ とする．この定理は，$t = x$ ならば，直線 AC が C における曲線の接線であることを主張する．別の言い方をすれば，接線は，単に径を E を越えて x と同じ長さだけ延長して得られる点と，C とを結ぶことによって得られる．ユークリッドと同様に，アポロニオスにとって接線とは，曲線に接触するが曲線を切ることのない直線である．そこでこの結果を証明するために，アポロニオスは帰謬法の議論を用い，A と C を通る直線が曲線をたとえば K で再び切ると仮定する．すると C と K の間の線分はパラボラの内部にある．この線分上に F をとり，F から径に垂線を下ろし，径に点 B で，曲線に G で交わるとする．すると $BG^2 : CD^2 > BF^2 : CD^2 = AB^2 : AD^2$ が成り立つ．さらに G と C は曲線上にあるから，特性から $BG^2 = p \cdot EB$，およ

び $CD^2 = p \cdot ED$ となり，したがって $BG^2 : CD^2 = BE : DE$ を得る．ゆえに $BE : DE > AB^2 : AD^2$．そこで $4BE \cdot EA : 4DE \cdot EA > AB^2 : AD^2$ も成り立ち，ゆえに

$$4BE \cdot EA : AB^2 > 4DE \cdot EA : AD^2.$$

ここで『原論』第 II 巻命題 5 より，任意の線分 a, b に対し，$ab \leq ((a+b)/2)^2$ また $4ab \leq (a+b)^2$ が得られ，等号は $a = b$ のときに限り成り立つことに注意すれば，$4DE \cdot EA = AD^2$ を得る．一方 $AE < BE$ であるから，$4BE \cdot EA < AB^2$ となる．かくして上の比の不等式の左辺は前項が後項より小さく，右辺では前項が後項に等しい［ので左辺の比のほうが小さい］．これは矛盾である．

続く命題でアポロニオスは，楕円やハイパボラにどうやって接線を引くかを示す．証明はパラボラの場合と同様である．

第 I 巻命題 34 C を楕円またはハイパボラ上の点とし，CB を C から径に引いた垂線とする．G と H を径と曲線の交点とし，径またはその延長上に点 A を $AH : AG = BH : BG$ となるようにとる．すると AC は C における曲線の接線となる．

この結果を代数的に述べると次のようになる．$AG = t$，$BG = x$ とおくと，楕円の場合は $BH = 2a - x$ および $AH = 2a + t$，ハイパボラの場合は $BH = 2a + x$ および $AH = 2a - t$ となる（図 3.21）．ゆえに楕円に対しては $(2a+t)/t = (2a-x)/x$，ハイパボラに対しては $(2a-t)/t = (2a+x)/x$ が成立する．これらを t について解くと，楕円では $t = ax/(a-x)$，ハイパボラでは $t = ax/(a+x)$ を得る．これで接線を作図することができる．アポロニオスは接線の扱いの最後に，これらの命題の逆命題を第 I 巻命題 35, 36 で証明する．楕円とハイパボラの特性は実質的に同じなので，アポロニオスはこれら二つの曲線に対して類似の性質を証明することが多い．しかも同じ命題で両方についての命題を述べることもある．これに対してパラボラはたいてい別に取り扱われる．

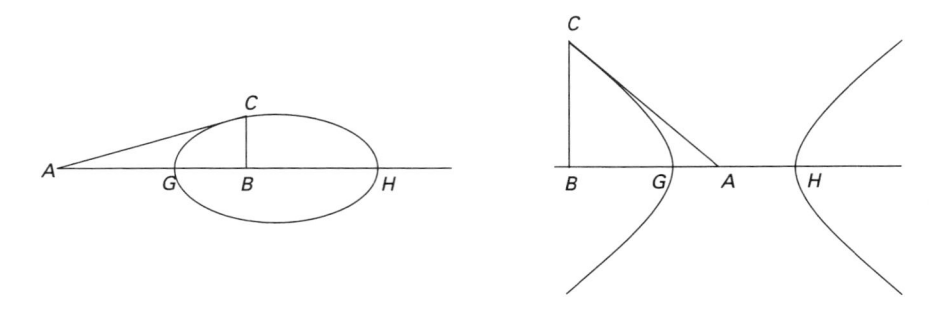

図 3.21
『円錐曲線論』第 I 巻命題 34.

円錐曲線の法線についてアポロニオスは第 V 巻で考察している．ここではパラボラの場合のみを見ておこう．

第 V 巻命題 8, 13, 27 A を頂点，［AG を軸とし，］特性をあらわす式が $y^2 = px$ のパラボラにおいて，G を $AG > \dfrac{p}{2}$ を満たす軸上の点とする．$NG = \dfrac{p}{2}$ を満た

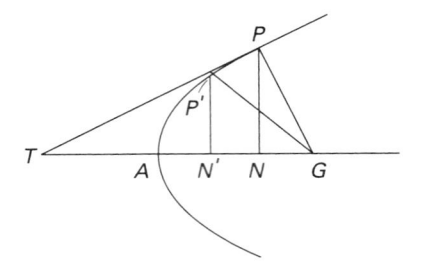

図 3.22
『円錐曲線論』第 V 巻命題 8, 13, 27.

す点 N を A と G の間にとる.すると,軸に垂直に [規則線] NP を引き,曲線との交点を P とすると,PG は G から曲線に至る最小の線である.逆に,PG が G から曲線に至る最小の線であって,[規則線] PN が軸に垂直に引かれるならば,$NG = \dfrac{p}{2}$ が成り立つ.最後に,PG は P における接線に垂直である(図 3.22)[18].

証明は次のようになる.P' をパラボラ上の別の点とし,その切断線を AN' とする.パラボラの性質より,$P'N'^2 = p \cdot AN' = 2NG \cdot AN'$ を得る.また,$N'G^2 = NN'^2 + NG^2 \pm 2NG \cdot NN'$ も成り立つ(複号の正負は N' の位置による).この二つの方程式を辺々加えて,ピュタゴラスの定理を用いると,$P'G^2 = 2NG \cdot AN + NN'^2 + NG^2 = PN^2 + NG^2 + NN'^2 = PG^2 + NN'^2$ となる.こうして PG は G から曲線に至る最小の直線である.この逆は帰謬法で証明される.最後に,PG が接線 TP に垂直であることを示すには,$AT = AN$ に注意する.これより $NG : p = AN : NT\ [= 1 : 2]$ となり,$TN \cdot NG = p \cdot AN = PN^2$ が成り立つ.N における角は直角であったから,角 TPG も直角であり,これが求めることであった.

3.5.2 焦点

第 III 巻から,楕円とハイパボラの焦点の性質を扱う一群の結果をとりあげよう.たとえば命題 45 でアポロニオスは,楕円の焦点を,長軸 AB 上の点 F, G で,AF, FB に囲まれる長方形がパラメーター N と軸 AB に囲まれる長方形の四分の一に等しく,AG, GB に囲まれる長方形も同様であるような点,として定義する(アポロニオスはこれらの点を,軸に対する長方形の「あてはめによって生じる点」と呼んでいる.焦点という言葉はヨハンネス・ケプラーが 1604 年に初めて用いた).代数的に表現するならば,F と G から中心 O への距離を c とおくと,アポロニオスの条件は,方程式

$$(a-c)(a+c) = \frac{1}{4} \cdot 2ap \qquad \text{または} \qquad a^2 - c^2 = \frac{pa}{2}$$

で表せる.この定義を与えて,アポロニオスは一連の命題を証明していく.その絶頂をなすのは,二つの焦点から楕円上の任意の点への直線は,その点における楕円の接線と等しい角をなすという有名な結果である.

アポロニオスは,同様の結果をハイパボラについても示しているが,パラボラの焦点の性質を証明してはいない.多分もっと前に書いたが,すでに消失してしまった著作で論じていたのだろう.いずれにせよ,パラボラの類似の結果とは,

焦点からパラボラ上の点に引いた任意の直線が，その点における接線に対して作る角が，軸に平行な直線と接線が作る角に等しいというものであり，これを最初に証明したのは多分，『円錐曲線論』のおそらく少し前に書かれたアポロニオスの同時代人ディオクレス（紀元前 2 世紀初め）の著作『焼鏡について』である．

実際，パラボラのこの性質がこの著作の標題となっている．[そこで扱われる] 問題は，太陽に向かって鏡を置いたとき，反射した光線が一点に集まり，ものを燃やすような鏡の表面を求める，というものであった．ディオクレスはパラボロイドがこの性質を満たすことを証明している．アルキメデスや他の人物がこのような鏡を使って敵の船を燃やしたという話が伝わっているが，これらの物語が真実であるという信頼すべき証拠はない．

焦点に関する話の最後として，ディオクレスによるパラボラの焦点に関する性質の証明を彼の著作の命題 1 によって見ておこう[19]．BW を軸とするパラボラ LBM が与えられ，軸上にパラメータの半分に等しい BE をとり，BE を D で二等分する（図 3.23）．頂点からの距離が $\frac{p}{4}$ となるこの点 D は，今日焦点と呼ばれるものである．パラボラ上の任意の点 K をとり，K を通って接線 AKC を引き，軸の延長と A で交わるとし，軸に平行に KS を引き，DK を結ぶ．するとこの命題は $\angle AKD = \angle SKC$ を主張することになる．

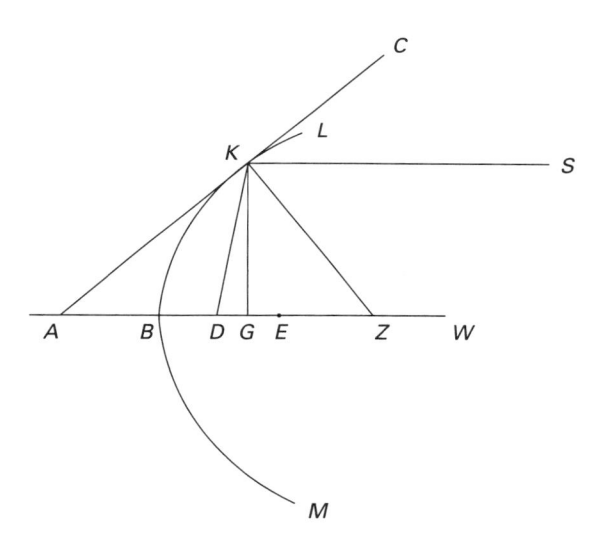

図 3.23
ディオクレスの『焼鏡について』．

これを証明するために，まず K から軸に垂線［規則線］を下ろし，軸と G で交わるとする．『円錐曲線論』第 I 巻命題 33 により，$AB = BG$ が成り立つ．次に K から AK に対する垂線を引き，これが軸に交わる点を Z とする．$KG^2 = AG \cdot GZ$ および $KG^2 = p \cdot BG$ が成り立つから，$GZ = p/2$ を得る．そこで $GZ = BE$ であり，したがって $GB = EZ$，$AB = EZ$ となり，結局 $AD = DZ$ を得る．三角形 AKZ は直角三角形で，その斜辺は D で二等分されているので，$AD = DK = DZ$ となる．したがって，$\angle DZK = \angle DKZ$．KS は AZ に平行なので，$\angle ZKS = \angle DKZ$ も成り立つ．これらの等しい角を直角 ZKC および ZKA から引いて，求める結果を得る．ディオクレスはこの命題の最後に焼鏡の作り方を示している．LBM を軸 AZ の周りに回転してできる曲

面の内側を，真鍮で覆えばよいのである*14．

ディオクレスはその短い著作『焼鏡について』の命題 4 と命題 5 で，与えられた焦点の長さを持つパラボラを作図する方法を示している．彼の作図とは，要するにパラボラの焦点と準線の性質，すなわちパラボラ上の点は，焦点と，**準線**と呼ばれる与えられた直線との距離が等しいことを利用するものである．この性質は紀元後 4 世紀の注釈者パッポスが論じているが，それ以前の古代の資料には残っていない．実際，パッポスは楕円が，定点（焦点）と定直線（準線）からの距離の比が一定で定点からの距離の方が小さいような点の軌跡であり，逆に比が一定で定点からの距離の方が大きい場合はハイパボラになると述べている．これらの性質も多分ディオクレスとアポロニオスの時代に発見されたのであろう．

しかし，『円錐曲線論』には楕円と双曲線の 2 焦点に関する性質しか現われない．第 III 巻命題 51 は，ハイパボラにおいて，曲線上の任意の点と各々の焦点を結ぶならば，「二つの直線の長いほうが短い方より，ちょうど軸の長さだけ長い」と述べ，第 III 巻命題 52 は，楕円において，これらに直線の長さの和が軸に等しいことを示す．すなわち，P が曲線上の点で，D, E が 2 焦点のとき，ハイパボラでは $PD - PE = 2a$，楕円では $PD + PE = 2a$ が成り立つ．以上の性質は，実際，現代の教科書でこれら 2 曲線の標準的な定義に使われる性質である．

3.5.3 円錐曲線による問題解法

アポロニオスの『円錐曲線論』が目指したものは，円錐曲線の性質を，そこに内在するそれ自体の美しさのゆえに展開することよりはむしろ，幾何学の問題の解法に円錐曲線を適用する際必要となる定理を整備することであった．そこでわれわれも本章の最後に，円錐曲線がギリシア時代に問題解法にどのように使われたかを三つの例で見ていくことにしよう．

最初に角の三等分の問題を考えよう．角 ABC を三等分すべき角とする（図 3.24）．AC を BC に垂直に引き，長方形 $ADBC$ を完成させる．DA を E へと延長し，BE と AC の交点を F とするとき，線分 FE が AB の 2 倍となるようにする*15．すると $\angle FBC = \frac{1}{3} \angle ABC$ が成り立つ．なぜなら，FE を G で二等分すると，$FG = GE = AG = AB$ となる．したがって $\angle ABG = \angle AGB = 2\angle AEG = 2\angle FBC$ となり，角の三等分がなされていることが証明される．しかしこの解法を完全なものにするには，条件を満たす BE をどう作図するかを示す必要がある．ここでも解析が役に立つ．$FE = 2AB$ と仮定し，CH と EH をそれぞれ FE と AC に平行に引く．すると H は，C を中心とし $FE (= 2AB)$ を半径とする円周上にある．さらに，$DE : DB = BC : CF$，すなわち $DE : AC = DA : EH$ が成り立つから，$DA \cdot AC = DE \cdot EH$ を得る．すなわち H は，DB, DE を漸近線とし，C を通るハイパボラ上の点でもある．それゆえこのハイパボラと円を作図し，交点 H から DA の延長上に垂線を下ろ

---

*14 Toomer の訳の concave surface をとり入れて「内側」を付け加えた．

*15 この出典はパッポスの『数学集成』第 4 巻であり，そこではこの作図は「EAC の間に AB の 2 倍に等しい直線 EF がおかれ，B に向かって傾けられたとせよ」と表現される．これはギリシアではネウシス（傾斜）と呼ばれ，頻繁に用いられた技法である．ヒース『復刻版 ギリシア数学史』121 ページを参照．

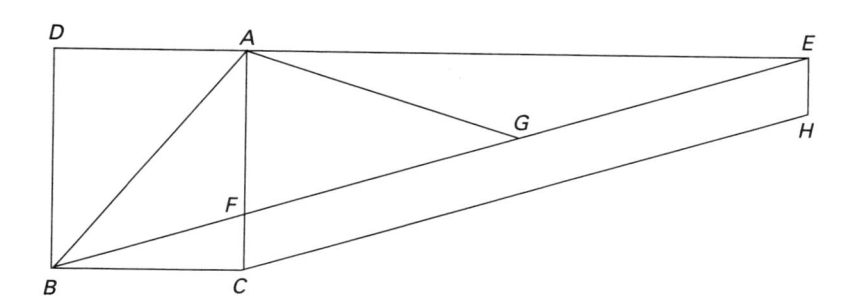

図 3.24
円錐曲線を用いた角の三等分.

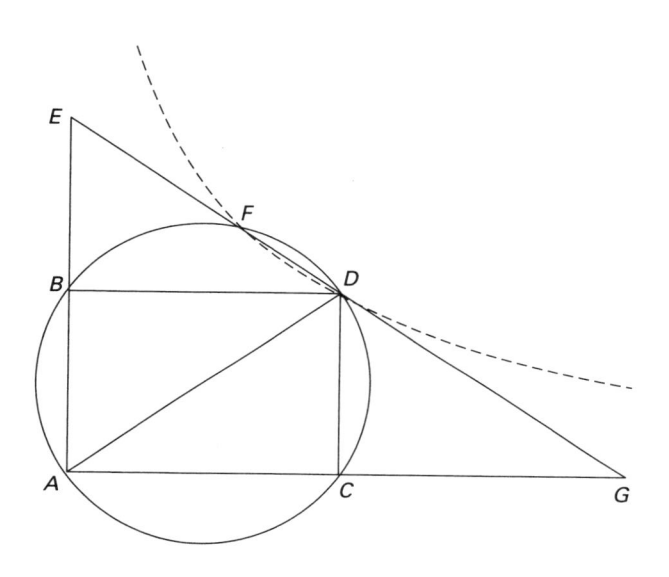

図 3.25
円錐曲線を用いた立方体倍積問題.

せば，その足 E はこの問題の解を与える点である．

　立方体倍積問題の作図は，実質的にはヒッポクラテスが，この問題を与えられた 2 線分 AB と AC の間の二つの比例中項を作図する問題へと還元したことによって始まる．アポロニオスの時代の解法の一つは次のようなものである．この 2 線分 AB, AC を 2 辺とする長方形を描き，対角線 AD を引き，AD を直径とする円を描くと，これは B を通る（図 3.25）．さて，F をこの円と，D を通り AB と AC を漸近線とするハイパボラとの交点とする．直線 DF を延長し，それと AB の延長との交点を E，AC の延長との交点を G とする．『円錐曲線論』第 II 巻命題 8 により，$FE = DG$ であり，したがって $DE = FG$．さらに，F, D, C, A および B はすべて同一円周上にあるので，『原論』第 III 巻命題 36 により，$GA \cdot GC = GF \cdot GD$，および $EA \cdot EB = ED \cdot EF$ となる．したがって $GA \cdot GC = EA \cdot EB$，すなわち $GA : EA = EB : GC$ を得る．[図形の] 相似により，$GA : EA = DB : BE = AC : BE$，および $GA : EA = GC : DC = GC : AB$．これより $AC : BE = BE : GC = GC : AB$ が得られ，したがって BE, GC は求める二つの比例中項である．

　ここで扱う最後の問題は，17 世紀に至るまで波紋を広げた三線および四線の軌跡の問題である．この問題を最も初等的な形で述べると次のようになる．3 本の定直線が与えられたとき，次の条件を満たす動点の軌跡を求めることである．

つまりその点から1本の直線への距離の平方が,他の2直線への距離の積に対して与えられた比を持つようにである(ここでいう距離は,各々の直線に対して定められた角を持つように測るものとする).3直線のうち2本が平行で,第三の直線が最初の2本に垂直という特別な場合をとれば,与えられた軌跡が円錐曲線であることは解析を用いて容易にわかる.楕円と双曲線の方程式の一つの形が $y^2 = \dfrac{p}{2a} x_1 x_2$ (y は規則線の長さ,x_1, x_2 は径の両端から,規則線と径の交点への距離)であることを思い出そう.この径の両端における接線が引かれれば,この楕円と双曲線は,[径と2本の接線が与えられた3本の線であるような]三線軌跡問題の解を与えることになる.

ギリシアの数学者にとって問題となったのは,この解を拡張し,3本の直線がどのような位置にあっても解の軌跡が円錐曲線であることを証明することにあった.アポロニオスは,ユークリッドは三線問題を部分的にしか解決できなかったが,(『円錐曲線論』)第III巻の新たな結果によって問題は完全に解決できると書いている(この章の最初の引用を参照).第III巻は三線問題そのものには触れていないが,実際,円錐曲線は,与えられた点から曲線に引いた2接線と,2接点を結ぶ割線とに対して三線問題の軌跡となることが,この巻の命題から証明される.また別の命題によって,円錐曲線が四線問題の解となることも証明できる.四線問題とは,一組の直線への距離の積が別の一組の直線への距離の積に対して,与えられた比を持つような点の軌跡を求める問題である.ギリシアではのちに,もっと線の数の多い場合の軌跡を求める試みがなされたが,はかばかしい結果は得られなかった.これこそが17世紀においてデカルトとフェルマがともに,解析幾何という彼らの新しい方法によって解決できることを証明した問題である.この新たな方法は,アポロニオスの著作を注意深く読むことに起源を持つものである.デカルトは実際に,与えられた直線の数がもっと増えたときに同様の条件を満たす軌跡の曲線の方程式を導き,この解を分類している.こうして,ヘレニズム世界の終焉のあとも長い間イスラーム世界で受け継がれてきたギリシアの幾何学的問題解法の伝統は,最終的に17世紀の西欧において数学的手法の新たな進展をもたらすことになった.そしてわれわれが現代的な記号法で記述してきたギリシア数学の問題から明らかなように,この進展の結果,ギリシアの問題解法の大半は教科書の練習問題にすぎないものになってしまったのだった.

練習問題

アルキメデスの『平面の平衡について』

1. 長さ10mのてこの片端に14kg,もう片端に10kgの重りを下げて釣り合うようにするには,重心をどこに置けばよいか求めよ.
2. てこの重心から10m離れたところに8kgの重りを下げ,その反対側に重心から8m離れたところに12kgの重りを下げたとしたら,どちらの重りにこのてこは傾くだろうか.
3. 命題6の逆を証明せよ.

命題6の逆　もし二つの大きさが釣り合っているならば,それらの距離はそれらの大きさに反比例する.

アルキメデスの『浮体について』

4. アルキメデスが王冠の問題を解くのに使えたかもしれない別の方法が,ウィトリウィウス『建築論』で示されている.テキストにあるように,王冠の重量を W とし,それぞれ w_1 と w_2 の重量の金と銀からなっているとしよう.

この王冠はある量の流体 V を押しのけると仮定する．さらに，重量 W の金が体積 V_1 の流体を押しのけ，重量 W の銀が体積 V_2 の流体を押しのけるとする．このとき，$V = \frac{w_1}{W}V_1 + \frac{w_2}{W}V_2$ であり，それゆえ $\frac{w_1}{w_2} = \frac{V_2 - V}{V - V_1}$ であることを示せ．

アルキメデスの『円の計測』

5. π を計算するアルゴリズムを導くためにアルキメデスの用いた二つの補助定理（126 ページ参照）を証明せよ．

6. 計算機を用いて（もしくはコンピュータのプログラムを作成して），補助定理 1 によって与えられるアルキメデスのアルゴリズムを繰り返し行うことで，π を計算せよ．5 桁の精度を得るにはどれだけの反復が必要だろうか．

7. 補助定理 2 を π を計算する再帰的アルゴリズムに翻訳せよ．このアルゴリズムを繰り返して，5 桁の精度で π を計算せよ．何回の反復が必要か．

8. もし a が $a^2 \pm b$ の平方根に最も近い正の整数であるならば，
$$a \pm \frac{b}{2a} > \sqrt{a^2 \pm b} > a \pm \frac{b}{2a \pm 1}$$
であることを示せ．まず $2^2 - 1 = 3$ を扱い，それゆえ第一近似が $2 - \frac{1}{4} > \sqrt{3}$ であるとき，最初に $\sqrt{3} > \frac{5}{3}$ を示し，次に $\sqrt{3} < \frac{26}{15}$，第 3 に $\sqrt{3} < \frac{1351}{780}$，第 4 に $\sqrt{3} > \frac{265}{153}$ であることを示せ．この最後の二つの近似は，アルキメデスが『円の計測』で用いた値であることに注意せよ．

アルキメデスの『方法』

9. パラボラの切片，その切片の軸に平行な線分 MO，そしてパラボラの接線 MC が与えられたとき，$MO : OP = CA : AO$ であることを解析を用いて示せ（図 3.7 を参照）．

10. アルキメデス『方法』の命題 2 の概要は次の通りである．

    命題 2 いかなる球も（立体の容積という点でみれば），その球の大円に底面が等しく，その半径に高さが等しい円錐の 4 倍である．

    ABC を球の大円とし，この直径 AC と BD が直交するものとする．頂点 A と軸 AC を持つ円錐を描き，その表面を直径 EF を持つ円にまで延長する．後者の円に接して，高さと軸とが AC の円柱を作図する．最後に，AC を H まで $HA = AC$ となるよう延長する．描かれた図形のそれぞれの部分は CH をてこにして釣り合う（図 3.26）．

    MN を円 $ABCD$ の平面上の任意の線分とし，BD に平行で，図のように様々な交点を持つものとする．MN を通り，AC に直角な平面を描く．この平面は直径 MN の円内の円柱，直径 OP の円内の球，そして直径 QR の円内の円錐を切断する．

    (a) $MS \cdot SQ = OS^2 + SQ^2$ を示せ．
    (b) $HA : AS = MS : SQ$ を示せ．その後，MS を右辺の比の両項に掛け，$HA : AS = MS^2 : (OS^2 + SQ^2) = MN^2 : (OP^2 + QR^2)$ を示せ．この右辺の比は，直径 MN の円の，直径 OP と直径 QR の円の合計に対する比であることを示せ．
    (c) 円柱内の円は，現在ある位置ならば，球の中の円および円錐中の円の双方に A で釣り合っていることを導け．ただし後者の二つの円は，H で重心を持つように置かれているとする．
    (d) アルキメデスは，円柱は，現在ある位置ならば，球と円錐の双方に A で釣り合っていることを導出している．ただし双方は，H で重心を持つように置かれているとする．それゆえ，$HA : AK = $（円柱）$:$（球 $+$ 円錐 AEF）であることを示せ．
    (e) 円柱が円錐 AEF の 3 倍であって，円錐 AEF が円錐 ABD の 8 倍であるという事実から，この球が円錐 ABD の 4 倍に等しいということを導け．

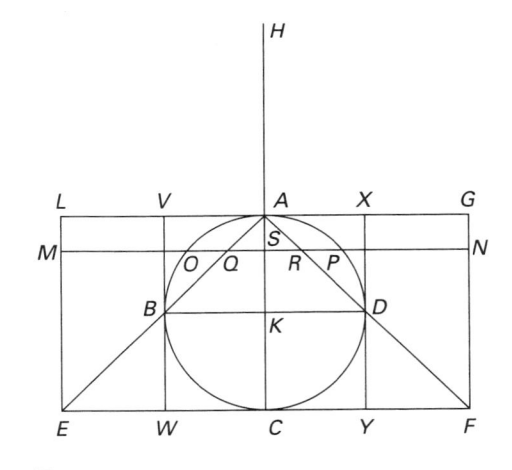

図 **3.26**
アルキメデスの『方法』命題 2.

11. 『方法』にみえる命題 4 の一般的方法によって，軸に対して直角に平面で切ったパラボロイドの切片の体積は，同じ底面および同じ高さを持つ円錐の体積の 3/2 であることを導け．最初に，パラボラの切片 $BOAPC$（図 3.27）が三角形 ABC に内接し，この両者が正方形 $EFCB$ に内接するものとする．軸 AD を中心にしてこの図形全体を回転させると，円柱の内部にパラボロイドがあり，その内部に円錐があるという立体が得られる．DA を H まで延長し，$AD = AH$ となるようにする．BC に平行な MN を引く．MN を通り，円錐，パラボロイド，そして円柱を切断する平面を想像せよ．最後に，HD を中点 A を持つてこ考え，アルキメデスの釣り合いの方法を使って，半径 MS の円柱内の円が，その場所に置かれた

ままならば，半径 OS のパラボロイド内の円が H に置かれる場合，これと釣り合うことを示せ．円錐の体積は内接する円柱の体積の 1/3 であるという結果を使って，この定理の証明を導け．

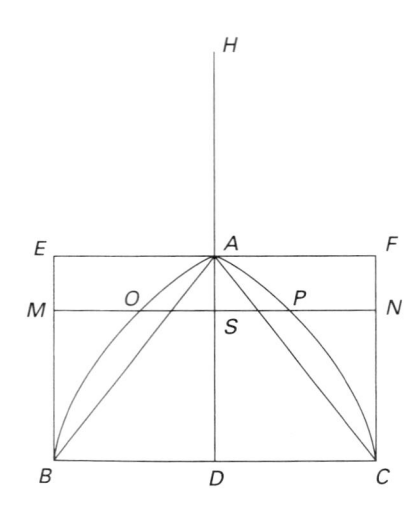

図 3.27
アルキメデスの『方法』命題 4.

アルキメデスのその他の著作

12. 微積分を用いて，パラボラの切片の面積はそれに内接する三角形の面積の 4/3 であるというアルキメデスの結果を証明せよ．
13. パラボラの切片の頂点（定義は 130 ページを参照）は，曲線からこの切片の底辺までの垂直距離が最大となる点であることを解析を用いて示せ．
14. 微積分を用いて，パラボロイドの切片の体積が同じ底面と軸を持つ円錐の体積の 3/2 であるというアルキメデスの結果を証明せよ．
15. 微積分を用いて，極座標 $r = a\theta$ によって与えられる螺旋の完全 1 回転がつくる面積は，半径 $2\pi a$ の円の面積の 1/3 であるというアルキメデスの結果を証明せよ．
16. 項比 $\frac{1}{4}$ の等比級数の和を見出すアルキメデスの計算法を一般化し，項比 $\frac{1}{n}$ の等比級数の和を求めよ．
17. 『球と円柱について』第 II 巻命題 1 を考察せよ．円柱に等しい球を求めるために，円柱を考える．この問題の解析を与えよ．すなわち，V が所与の円柱であって，体積 $\frac{3}{2}V$ を持つ新しい円柱 P が作図されているとせよ．さらに，P に等しいが，その高さが直径に等しいもう一つの円柱 Q が作図されているとせよ．このとき，Q の高さに等しい直径を持つ球がこの問題を解くはずである．なぜなら，この球の体積は円柱の体積の $\frac{2}{3}$ だからである．それゆえ，所与の直径および高さを持つ円柱 P が与えられたとき，同じ体積だが，その高さと直径が等しい円柱 Q を作図する方法を求めよ．
18. その交点が，『球と円柱について』第 II 巻命題 4 を解くためにアルキメデスが必要とした 3 次方程式 $3ax^2 - x^3 = 4a^2 b$ の解 x を与える，パラボラとハイパボラの方程式を求めよ．同じ組の軸上にこの二つの曲線を描け．
19. 最初の n 個の平方の和に関するアルキメデスの結果は，次の形で書けることを示せ．

$$\sum_{i=1}^{n} i^2 = \frac{n(n+1)(2n+1)}{6}.$$

20. アルキメデスには，彼がパラボロイドの形をした「焼鏡」を使って，火を起こし，敵の船を焼き払ったという逸話がある．鏡から 100 メートル離れた船に火をつけるよう設計されていた場合，適切なパラボロイドをつくるのに回転させるパラボラの方程式はどのようなものか？ 焼鏡はどれほど大きくなければならないか？ この逸話は事実であると思われるか？

アポロニオスの『円錐曲線論』に関連する問題

21. 曲線 $y^2 = px$ において，p の値が通径（軸に対して垂直な焦点を通る直線）の高さを表すことを示せ．
22. ハイパボラの方程式 $y^2 = x\left(p + \frac{p}{2a}x\right)$ と楕円の方程式 $y^2 = x\left(p - \frac{p}{2a}x\right)$ を，それぞれの現在の標準形に書き換えよ．曲線の中心はどんな点か？ 楕円の場合，$2b$ が短軸の長さであるとき，$b^2 = pa/2$ であることを示せ．
23. 微積分を用いて，『円錐曲線論』第 I 巻命題 33 を証明せよ．
24. 微積分を用いて，『円錐曲線論』第 I 巻命題 34 を証明せよ．
25. アポロニオスは，われわれが今まで見てきたよりも一般的な形式で円錐曲線の多くの特性を述べ，証明している．たとえば，楕円の長軸，短軸のような円錐曲線の主たる直径に限定することなく，いかなる共役直径の組をも扱った．楕円に関しては，任意の点における接線が与えられたとき，楕円の中心を通りこの接線に対して平行な直線は，接点と中心を通る直線と**共役**である（図 3.28，類似の定義をハイパボラについて与えることもできるが，この問題は楕円の場合に限ろう）．

(a) DK が PG と共役ならば，PG もまた DK に共役なことを示せ．

(b) 直交座標 x, y において，$b^2 x^2 + a^2 y^2 = a^2 b^2$ によって楕円の方程式が与えられるものとする．角 PCA は θ，DCA は α で表されるものとする．直径 DK が $P = (x_0, y_0)$ で接する楕円の接線に平行であるとき，$\tan\theta = y_0/x_0$ であり，かつ $\tan\alpha = -b^2 x_0/a^2 y_0$ であることを示せ．

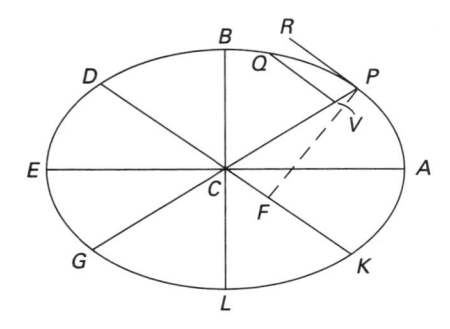

図 3.28
楕円における共役直径.

(c) 楕円のこの方程式を，共役直径 PG と DK を軸とする新たな斜交座標 x', y' に変換せよ．この変換は
$$x = x' \cos\theta + y' \cos\alpha$$
$$y = x' \sin\theta + y' \sin\alpha$$
によって与えられ，楕円に対する新しい方程式が $Ax'^2 + Cy'^2 = a^2 b^2$ となることを示せ．ただし，$A = b^2 \cos^2\theta + a^2 \sin^2\theta$ かつ $C = b^2 \cos^2\alpha + a^2 \sin^2\alpha$ である．

(d) 共役直径 PG と DK に対する座標を考え，$Q = (x', y')$ をこの楕円上の 1 点とし，直径 PG に対して，DK と平行になるよう QV を引け．このとき，$QV = y'$ かつ，$PV = x'_1$, $GV = x'_2$, $PC = a'$, $DC = b'$ とすると，この楕円の方程式は，
$$y^2 = \frac{b'^2}{a'^2} x'_1 x'_2$$
という形式，すなわち本文で示したアポロニオスの第 I 巻命題 21 を一般化した形で書くことができることを示せ．

(e) 共役直径のいかなる組に接して作図した正方形も等しい（第 VII 巻命題 31）ことを示せ．すなわち，PF が DK に直交するとき，$PF \times CD = AC \times BC = ab$ であることを示せ．

26. 『円錐曲線論』第 II 巻命題 8 を使って，ハイパボラの接線から接点までの線分，接線から漸近線までの線分が等しいことを示せ．このとき，点 $(x_0, 1/x_0)$ における曲線 $y = 1/x$ の接線の傾きが $-1/x_0^2$ に等しいことを，微積分を使わずに示せ．

27. 直径 $AA' = 2a$，中心が C，特性が $y^2 = x\left(p - \dfrac{p}{2a} x\right)$ の楕円が与えられ，点 G は $AG > \dfrac{p}{2}$ となる AA' 上の任意の点とする（図 3.29）．$NG : CN = p : 2a$ となるよう AG 上に N を選ぶ．NP がその軸に垂直となり，曲線と P で交わるよう引くならば，PG はこの曲線に対して G から引くことのできる最短の直線であることを

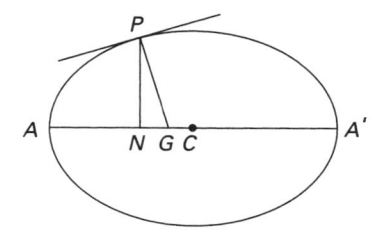

図 3.29
楕円の接線へ直交する線

示せ．また，PG が点 P で接線に対して直交することを示せ．

28. 前問の結果に修正を加え，ハイパボラ上の点への法線を決定せよ．

29. 楕円 $y^2 = x\left(p - \dfrac{p}{2a} x\right)$ とハイパボラ $xy = k$ 上に，（直定規とコンパスを使って）できるだけ多くの点を作図する方法を示せ．

30. 焦点からパラボラ上の点への直線が，その点における接線とつくる角が，軸に平行な直線がつくる角に等しいことを，微積分を用いて証明を与えよ．

31. 三線軌跡問題の解は，2 線が平行で，3 番目の線が他の 2 本の線に対して直交している場合，円錐曲線であることを解析を用いて示せ．2 本の平行線の間の距離と，その与えられた比とを用いて曲線を特徴づけよ．

32. 一般的な三線軌跡問題の解は常に円錐曲線であることを，解析を用いて示せ．

33. 円積曲線を用いて，任意の角を三等分せよ．つまり，円積曲線 BZK と $\angle BAZ$ が与えられたとき，$3\angle BAX = \angle BAZ$ となるよう $\angle BAX$ を作図する方法を示せ（図 3.6 を参照せよ）．

34. 角の三等分問題に対する次の解の詳細を埋めよ（パップスに示されているが，おそらくかなり以前に遡る）[20]．与えられた角 AOG を円の中心に置き，円周上の弧 AG を切り取るようにせよ（図 3.30）．この角を三等分するには，弧 AG を三等分することで十分である．つまり，弧 BG が弧 AB の 1/2 となるように円上の点 B を求めよ．解析を用いて，この問題が解けたものと仮定せよ．このとき，

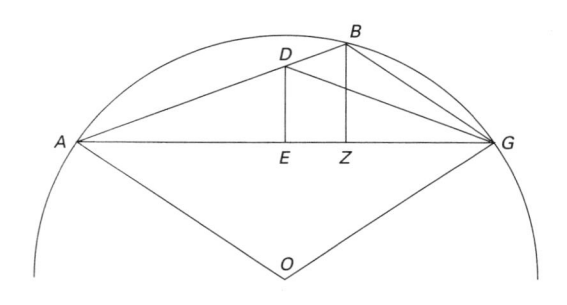

図 3.30
円錐曲線を用いた角の三等分に関する第二の方法．

∠BGA = 2∠BAG. ∠BGA を二等分するよう GD を引き，AG に直交するよう DE と BZ を引け．『原論』第 VI 巻命題 3 を使って，同様に BG : EZ = AG : AE = 2 : 1 であることを示せ．焦点-準線の特性を用いて，B が特定のハイパボラ上にあることを導き，総合を完成せよ．

議論に向けて

35. 微積分を用いないで，アルキメデスの著作中の等比級数の和の公式を証明する授業案を設計せよ．
36. 微積分を用いない授業案（もしくは微積分を用いる授業案）を設計する際，曲線によって区切られた面積の計算を紹介するため，パラボラの切片の面積と螺旋を 1 回転させてできる面積の両方，あるいはいずれか一方を決定するアルキメデスの手順が採用できるかどうかを，議論せよ．
37. アポロニオスの著作中のように，円錐の切断という定義から，微積分を用いないで円錐曲線の方程式を導出する授業案を設計せよ．この方法は，現代の教科書にみえる標準的な定義の使用とどのように比較されるか？
38. 円錐曲線の基本的な接線と焦点特性を微積分を用いないで証明する一連の授業を設計せよ．
39. 特性を用いるアポロニオスの円錐曲線の取り扱いは，現代の解析幾何学の同じ対象の扱いとどのように類似しているか？アポロニオスを解析幾何学の発明者とみなすことはできるか？
40. アルキメデスを積分学の発明者とみなすことはできるか？
41. すでに解が見つかっているのに，なぜギリシア人は円の方形化問題，角の三等分問題，そして立方体倍積問題の解を探し続けたのか？

参考文献と注

第 2 章で言及したギリシア数学に関する多くの本が，アルキメデスとアポロニオスに関して節を割いている．とくに，Thomas Heath の *A History of Greek Mathematics*，および B. L. Van der Waerden の *Science Awakening*，Wilbur Knorr の *The Ancient Tradition of Geometric Problems* は本章の話題に関してより深い知識を得るためのよい参考文献である．本章で議論した他の数学者と同様これら二人の数学者たちの業績の抜粋は，Ivor Thomas, *Selections Illustrating the History of Greek Mathematics* に見出されるだろう．アルキメデスの業績の完全な翻訳は，現代向きに多少編集はされているものの，Thomas Heath, *The Works of Archimedes* (New York: Dover, 1953) にある．しかしながら，アルキメデスの業績について最も詳細な議論は，E. J. Dijksterhuis, *Archimedes* (Princeton: Princeton University Press, 1987) である．Dijksterhuis の著作のこの新版には，Wilbur Knorr による最新の業績数点と，アルキメデスの業績に関する研究の最新情報を提供する書誌的なエッセイとが収められている．これらの書誌情報に含まれるものとしては，Knorr の次のものがある．"Archimedes and the Measurement of the Circle: A New Interpretation," *Archive for History of Exact Sciences* 15 (1976), 115–140, "Archimedes and Spirals: The Heuristic Background," *Historia Mathematica* 5 (1978), 43–75, および "Archimedes and the *Elements*: Proposal for a revised chronological ordering of the Archimedean corpus," *Archive for History of Exact Sciences* 19 (1978), pp. 211–290. アポロニオスの『円錐曲線論』の唯一手に入る英訳は，R. Catesby Taliaferro によるもの（最初の 3 巻）で，*Great Books* (Chicago: Encyclopedia Britannica, 1952) に収められている．Thomas Heath の *Apollonius of Perga* (Cambridge: W. Heffer and Sons, 1961) には，『円錐曲線論』の現存する 7 巻すべてが入っている．しかし，Heath は順序を修正し，しばしば複数の定理を一つにまとめているので，原典に忠実な翻訳とは考えられない．とはいうものの，これが，いまだに英語で入手可能な注釈付きのアポロニオスの主要著作の唯一の完全版である [Toomer による次の部分訳がある．Apollonius, of Perga, and ed Perga, and edited with translation and commentary by G. J. Toomer, *Conics, books V to VII: the Arabic translation of the lost Greek original in the version of the Banu Musa* (New York: Springer-Verlag, 1990). また仏語では，*Le Coniques d'Appolonius de Perge*, tr. par P. Ver Eecke, Paris: Blanchard, 1963. さらに近年英訳が出た．以下の注の末尾参照]．

1. Heath, *Apollonius of Perga*, pp. lxx–lxxi のアポロニオス『円錐曲線論』第 1 巻への序文より．
2. Vitruvius, *On Architecture* (Cambridge: Harvard University Press, 1934), IX, 9–10 ［邦訳：森田慶一訳『ウィトルーウィウス建築書』東海大学出版会，1979. 邦訳は同書を参考に英語の引用文より訳した］．
3. 偽アリストテレスの『機械学』についての検討はヒースの『ギリシア数学史』(I:344–346) に，またこの著作の抄訳は Thomas, *Selections Illustrating*, I:431 にある［邦訳：副島民雄訳「機械学」a30–850b『アリストテレス全集 10』］．
4. Plutarch, *The Lives of the Noble Grecians and Romans* (Dryden translation), in *Great Books*, 14, p. 254. これと次の引用はマルケッルス（マルケルルス）伝からのもの［邦訳：河野與一訳『プルターク英雄傳（四）』岩波文庫，1953. 邦訳は同書を参考に英語の引用文より訳した］．

5. Plutarch, *Lives*, p. 252［その他，プルタルコスは，アルキメデスは殺すつもりで追って来たローマ兵にしばらく待ってくれと頼んだにもかかわらず殺されたという説，マルケッルスに献上しようと数学機械を持って行く途中でそれを黄金と疑った兵士たちに殺されたという説を紹介している］.
6. Dijksterhuis, *Archimedes*, p. 299 におけるパッポス『数学集成』第 VIII 巻第 5 節 (p. 1030, l. 11) の引用による［邦訳はギリシア語テクストから］.
7. Plutarch, *Lives*, p. 252.
8. 同上，p. 253.
9. 同上，p. 253.
10. 王冠の問題については，Heath, *The Works of Archimedes* pp. 259–260 を参照．ヒースの解説はアルキメデスの様々な数学上の手法への洞察を与えてくれる．
11. Heath は前出の著作の付録として，『方法』の英訳を収めており，原著の引用はこの p. 13 からのもの．また，この著作に関する有益な議論が Asger Aaboe, *Episodes from the Early History of Mathematics* (Washington, M.A.A., 1964)［中村幸四郎訳『古代の数学』河出書房，1971］にある．また，簡潔な説明が，S. H. Gould, "The Method of Archimedes," *American Mathematical Monthly* 62 (1955), 473–476 にもある［邦訳：佐藤徹訳・解説『アルキメデス 方法』東海大学出版会，1990．同文献に関する解説も同書を参照のこと］.
12. 同上，p. 17
13. 同上．
14. ギリシア数学における不可分者の利用についての議論が次の論文にある．Wilbur Knorr, "The Method of indivisibles in Ancient Geometry," in Ronald Calinger, ed., *Vita Mathematica* (Washington: MAA, 1996), pp. 67–86.
15. 『ローマ建国史』XXIV, 34 節. Livy, *History of Rome* (Cambridge: Harvard University Press, 1934), XXIV, sec. 34.
16. この図とここでの議論は，Wilbur Knorr, *The Ancient Tradition of Geometric Problems* に基づく．Knorr は，ギリシアにおける幾何学的問題解法へのアポロニオスの貢献について幅広い議論を展開している．
17. アポロニオス『円錐曲線論』最初の 3 巻からの引用は，R. Catesby Taliaferro 英訳の *Great Books* より［日本語版ではこれを尊重しつつギリシア語原文から直接翻訳した］.
18. この定理は，Thomas Heath の *Apollonius of Perga*, pp. 143, 152 に述べられている．
19. ディオクレスの著作に関する議論は，Gerald Toomer, *Diocles on Burning Mirrors* New York: Springer, 1976 による．この本には［アラビア語訳のみで残るこの著作のアラビア語テクストとその］英訳，およびこの著作の重要性を論じた Toomer による序論が収められている．
20. Knorr, *The Ancient Tradition*, p. 128.

［邦訳への追加文献］アポロニオスについて：*Apollonius' Conics*, ed. by Dana Densmore (Santa Fe: Green Lion Press, 2000). Michael Fried and Sabetai Unguru, *Apollonius of Perga's Conics: Text, Context, Subtext* (Leiden: Brill Academic Publishers, 2001).

アルキメデスとアポロニオス，その先駆者たちの業績の流れ

紀元前 5 世紀	ヒッポクラテス	立方体倍積問題
紀元前 4 世紀中葉	メナイクモス	円錐曲線の最初の作図
紀元前 4 世紀後半	アリスタイオス	円錐曲線に関する初期の文献
紀元前 287–212 年	アルキメデス	数学モデルと，面積，体積
紀元前 3 世紀後半	ニコメデス	円積線と円の方形化
紀元前 250–175 年	アポロニオス	円錐曲線
紀元前 2 世紀初期	ディオクレス	焼鏡

Chapter 4

ヘレニズム期の数学的方法

> プラトンは，……数学者たちに次の問題を設定した．いかなる斉一かつ完全に規則的な円運動が，惑星が示す現象を救うことができる仮説として認められるだろうか？
>
> シンプリキオス『アリストテレス「天体論」註解』より [1]

急募！計算者求む！天文学の重要な著作に必要となる諸表を作成する，膨大だが定型的な計算の実施．詳細な指示に寸分たがわず厳密に従う能力が必須．報酬は部屋と賄いに加えて，作成された天文表を今後1200年にわたって使う数千人の人々からの感謝．連絡先は天文台のクラウディオス・プトレマイオス（紀元後150年頃アレクサンドリアの新聞に掲載された求人広告）．

　実際こんな求人広告は存在しなかったが，クラウディオス・プトレマイオスはプラトンの課題に答える重要な著作を著した．この著作は研究され，注釈が加えられ，広範な批判が行われたものの，1400年間にわたって他の著作にとって代わられることはなかった．この著作中でプトレマイオスは，平面幾何学，球面幾何学の概念を利用するだけでなく，この著作を有用なものにするために必要な，膨大な数値計算を実施する方法を考案した．プトレマイオスの著作や，バビロニア，エジプト由来の他の古代天文学文献は占星術で重用された．とはいえ，これら文明すべてから得られる証拠は，天文学研究が行われた第一の理由は暦に関連する問題であったことを示している．その問題とは，たとえば季節の区分，日食・月食の予測，太陰月の開始時期の決定といったものである．

　天文学研究に数学を応用する中で，ギリシア人は平面三角法と球面三角法を生み出し，宇宙の数学的モデルを発展させた．このモデルは，プラトンからプトレマイオスの時代までの5世紀の間に何度も改訂された．本章では，数学的天文学の発展に重要な貢献をした人々の考えを検討していくが，その中には紀元前4世紀のエウドクソス，紀元前3世紀末のアポロニオス，紀元前2世紀のヒッパルコス，紀元後100年前後のメネラオス，そして最後にプトレマイオス

が含まれる．その後，ギリシア世界で発展した「実用数学」に関する他の著作を概観して本章を締めくくる．これらは天体に関するよりもむしろ地上の問題に応用可能な数学である．その中でとくに，紀元後1世紀のヘロンと2世紀のラビ[*1]のネヘミアの著作を考察する．

4.1 プトレマイオス以前の天文学

　何世紀にもわたって天を観察した結果，バビロニア人は，様々な天体現象が再び繰り返すのはいつかを比較的精密に予言することができるようになっていた．その中には日の出・日没の時刻のような単純なものから，月食の時期のような複雑なものまでがあった．この研究にバビロニア人が適用した手法は，算術や単純な代数に限られていたようである．ピュタゴラス派の人々も天体現象を数によって説明した．しかし，バビロニア人もピュタゴラス派も様々な天体現象を関連づけるモデルを発展させることはなかった．このようなモデルが最初に創造されたのは，ようやく紀元前4世紀のプラトンのアカデメイアの時代であった．

　この時期に発展した基本的なモデルは，二つの同心球，つまり大地の球と天球とから構成されるものだった．われわれの感覚という直接的証拠は大地は平面であることを示している．しかしギリシア人は，より精密な観察から，たとえば遠ざかっていく船の船体はマストの先端よりも早く見えなくなり，月食時の月に映る地球の影は円いという事実を見て，大地が球体であるという確信を得ていた．ギリシア人の美的感覚——球が最も完全な立体である——もこの確信をさらに強めた．天の形が大地の形を反映しているはずだということも，きわめて自然なことであった．

　感覚による証拠と，若干の論理的推論によって，ギリシア人はさらに，地球が不動であり，そして天球の中心に位置していると確信していた．この結論の後半部は主要な天体現象が一般に対称であることから導かれ，前半部は地球の運動がまったく知覚されないという事実に基づいていた．ギリシア人は次のように考えた．もし地球がその地軸を中心に1日に1回転しているならば，その運動は必然的にきわめて速いので，「地球上に支えられない物体は，常に地球と正反対の運動をするように見えるであろう．そして雲，投げられた物体，鳥は東進することはないだろう．何となれば地球の東向きの運動が常にこれらを追い越し，他の物体はすべて西に後退するように見えるだろう」[2]．地球が不動であると考えられたので，空で観察される毎日の運動は天球の回転が原因である，ということにならざるをえなかった．天球にはいわゆる恒星がしっかりとくっついており，星座と呼ばれる模様にグループ分けされていた．これら恒星は，相対的なその位置を変えることは決してなく，「さまよえる星」つまり惑星に対して不動の背景をなしていた（囲み4.1）．

　七つのさまよえる星々——太陽と月，水星，金星，火星，木星，土星——は，天球とよりゆるくむすびついていると考えられた．惑星が天球につながれているのは明らかである．というのも，全体としてみれば，これらの星々も天球の東

[*1]ユダヤ人の律法学者．

囲み 4.1

コペルニクスの先駆者たち

　古代の天文学者の中には，本書で議論した，宇宙の中心にある不動の地球という理論に対立する理論を主張した人々もいる．ポントゥスのヘラクレイデス（紀元前 388 頃–310）は，天空の日周運動を地球の回転によって説明したとされ，一方，サモスのアリスタルコス（紀元前 310 頃–230）は，アルキメデスの報告によれば，「恒星と太陽は不動であって，地球は太陽の周りの円周上を回転しており，太陽はこの軌道の中心に位置している」[3] という仮説を立てていた．アリスタルコスの理論に対する重要な反論は，この理論によれば，地球軌道上の異なる場所から恒星を見たならばその見かけの位置が変わるはずであるというものだった．アリスタルコスはこの反論に対して，恒星までの距離は非常に大きいので，この効果は知覚できないほどなのだという仮説を加えることによって再反論した．当時の他の天文学者たちは，そのような途方もない距離が可能だとは信じることができなかった．さらに，思想家たちの中には，現象を救うために「宇宙の竈 [太陽] を運動させ」たという不敬虔によってアリスタルコスを非難する者もいた．科学と宗教の衝突は，明らかに古代まで遡るのである．

から西への毎日の回転に加わっていたからである．しかし，惑星は独自の運動も持っていて，日周運動に比べればきわめてゆっくりではあったが，通常は逆行していた（西から東へ運動した）．ギリシアの天文学者たち（および，それ以前のあらゆる天文学者たち）が理解しようとしたのは，この惑星の運動だった．しかし，ギリシア人の努力は，あまりにも哲学的な意味を求めすぎたために限界があった．アリストテレスが述べたように，地球の外の宇宙が不変で完全であると考えられていたから，天界の運動はこれら完全な天体の「自然な」運動以外ありえない．天体は球であるから，自然な運動は円運動である．こうして天文学者と数学者は（これらはたいてい同じ人々であった），斉一な円運動を用いる幾何学的構成物を組み合わせることによって，本章の冒頭に引用したプラトンの問題を解こう——つまり，天界の現象を説明する（「現象を救う」）モデルを開発しよう——と試みたのである．このような運動が物理的に可能なのか，またどのように可能なのかという問題を決することは，天文学者・数学者の関心外であった．なぜなら，現在われわれが知っている天体物理学は，古代ギリシアの研究課題ではなかったのである．しかし，彼らは実際，プラトンの難問を満たすいくつかの異なる体系を発見することに成功したのである．

　基本的なギリシアの天のモデルは複数の球から構成されていたので，球の性質こそが天体運動の研究の基本的要素であった．ユークリッド『原論』には実質的にこの性質に関して言及がなかったことを思い出して欲しい．しかし，紀元前 4 世紀には『原論』の他に球面幾何学一般に関する著作があった．その中にはピタネのアウトリュコス（紀元前 300 年頃）やユークリッド自身の著作も含まれる．これらの著作は，球面幾何学の基礎をたいていは直接天文学に役立つ結果という文脈で扱うものであった．これらの書物は，大円（球の中心を通る平面で球を切ってできる切り口の円）や極（大円の平面に垂直な球の直径の両端）といった術語の定義も含んでいる．これらのテキストには重要な三つの定理も収められている．(1) 球面上の直径に対して，正反対の位置にない任意の 2 点は，唯一の大円を決定する．(2) いかなる大円も，それが別の第二の大円の極を通るなら

ば，もとの第二の大円に垂直であり，この場合，第二の大円は最初の大円の両極を含む．(3) 任意の二つの大円は互いに二等分しあう．

　天文学にとって重要な天球上の大円はいくつかある．たとえば，星々を横切って西から東へと運動する太陽の経路も大円である．この大円は**黄道**と呼ばれ，獣帯の 12 星座を通る（図 4.1，これらの星座は最初バビロニア天文学で言及され，すでに紀元前 300 年にはギリシアの文献に現れる）．北極と南極を通る地球の直径は，天にまで延長すると，天球が日周運動を行う軸となる．この軸の両極に対応する大円は**天の赤道**と呼ばれる．赤道と黄道は正反対の 2 点で交わる．それが**春分点**と**秋分点**である．こう呼ばれるのは，春分と秋分の日にそれぞれ太陽がこれらの交点に位置するからである（図 4.2）．天の赤道から北もしくは南に最大距離にある黄道上の点は，それぞれ**夏至点**と**冬至点**である．

図 4.1
イスラエルの土産用ポスターに描かれた獣帯のモザイク．

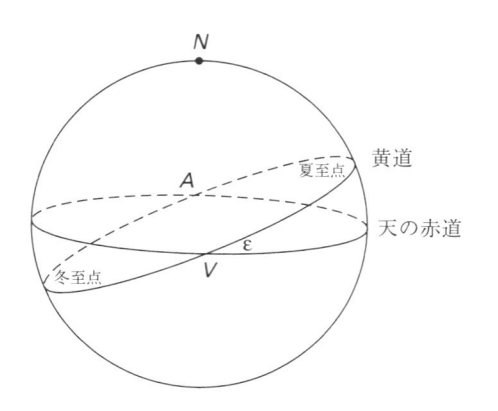

図 4.2
黄道と天の赤道．

ギリシア人は，地球はきわめて小さいので実際には恒星天球に対して点と見なせると知っていたため，地平面*2は天球の中心を通り，したがって地平線そのものも天球上の大円であると仮定した．地平線は赤道に東と西の点で交差する．最後に，**局地子午線**とは地平線の北と南の点と観察者の真上の点，つまり**局地天頂**を通る大円である．子午線は水平線と天の赤道の両方に垂直であることから，天の赤道の北極と南極も通る．天の赤道と黄道が成す角 ϵ は，夏至と冬至における太陽の南中高度の距離（角距離）を半分にすれば求められる．この値はユークリッドの時代までは $24°$ と測定されており，プトレマイオスは $23°51'20''$ とした（実際，この値は徐々に小さくなっており，現在では約 $23\frac{1}{2}°$ である）．地平線と天の赤道との間の角度は $90° - \phi$ である．ここで，ϕ は，観察者がいる場所の地理上の緯度である（図 4.3）．天の北極と地平線との間の弧もやはり ϕ によって与えられる．

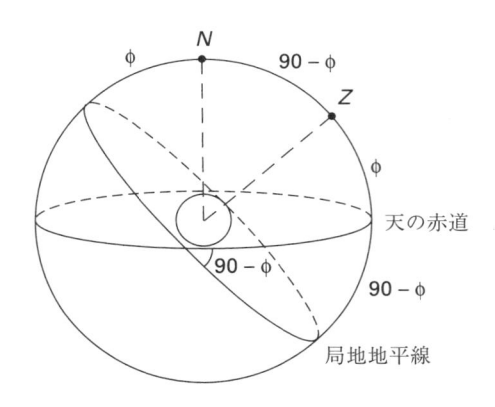

図 4.3
地平線と天の赤道.

4.1.1 エウドクソスと球

エウドクソスは比例論と取尽し法で有名だが，天文学を数学的学問に変えたことに大きな功績のある人物である．エウドクソスはおそらく 2 天球モデルの発明者であり，また太陽や月，諸惑星の多様な運動を説明するために円運動のみを用いるというプラトンの権威ある見解には従いながらも，必要な修正を加えたのも彼であろう．彼の枠組みでは，それぞれの天体は，地球を中心とする二つ以上の球を組み合わせたものの一番内側の球の上にあって，これらの球が別々の軸の周りに同時に回転することによって，観察されるような運動が生み出される（図 4.4）．たとえば，太陽はその二つの基本的な運動を説明するために二つの球を必要とする．外側の球は恒星の球を表す．この球は 1 日に 1 回その軸を中心に西回りに回転する．内側の球は太陽を乗せており，外側の球の軸に対して角度 ϵ だけ軸が傾くように外側の球に接している．この球が 1 年間に丸々 1 回転するようゆっくりと東方向に回転するとすると，二つの運動の組合せによって太陽の見かけの運動が生まれる（図 4.5）．月の場合，三つの球が必要である．外側の球はやはり 1 日に 1 回その軸を中心に西回りに回転する．最も内側の球は $27\frac{1}{3}$ 日でぐるっと東回りに完全に 1 回転する．$27\frac{1}{3}$ 日は月が黄道を完全に 1

図 4.4
リベリアの切手の左下に描かれたエウドクソスの天球（地球が中心にある）.

---
*2 地球表面の接平面であり，天球の中心，つまり地球の中心から厳密には地球の半径だけ離れている.

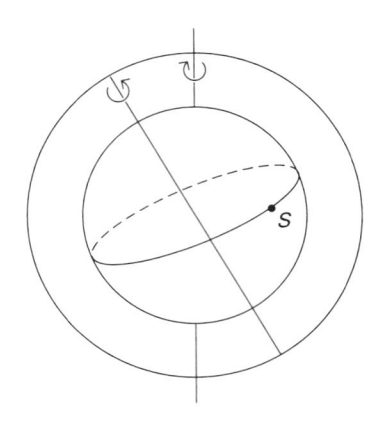

図 4.5
エウドクソスの太陽天球.

周するのにかかる時間である．しかし，月の経路は黄道から 5° ずれているので，エウドクソスは中間の球を仮定した．この球は外側の球に対して角度 ϵ，内側の球に対して 5° 傾いていて，この球のゆっくりとした西回りの運動が，少なくとも定性的には月の黄道からの南北のずれを作り出す．諸惑星のさらに複雑な運動は，全般的にみると，東方向に運動しているものの時折逆行（西方向の）運動を行うものであるが，これに対してはエウドクソスは四つの球を必要とした[5]．

エウドクソスが実のところこれらの球は物理的に実在する対象ではなく計算上の仕掛けにすぎないと考えていたことはまず間違いない．また，この体系によって天体の多様な運動を表現できるような数値パラメーターを見出すことも可能であるが，この体系は観察された現象のすべてを説明できたわけではなかった．たとえば，4 個の同心球からなる諸惑星の理論は，運動をする間に惑星が明るさを変えるという明白な変化を予測できなかった．にもかかわらず，アリストテレスはエウドクソスの球体系の修正版を物理的実在として採用し，この体系を自分自身の詳細な宇宙論に組み入れたのである．[のちにコペルニクスが地動説を提唱した] 16 世紀においても，天球モデルは，西洋文明圏において天界に関する一般的観念の一部分をなしていたが，それはこのようなアリストテレスの宇宙論によるものだったのである．

4.1.2　アポロニオス：離心円と周転円

エウドクソスの約 150 年後，アポロニオスはプラトンの難問に新しい回答を与えようと試みた．1 年の季節の長さが等しくないという事実は当時すでに 200 年前から知られていた．たとえば，春分から夏至までの時間は，夏至から秋分までの時間よりも二日間長い．それゆえ，太陽が地球を中心とする円を等速で回転するという単純なモデルは，太陽がエウドクソスの球の一つにくっついていたとしても，この現象を説明できなかった．非斉一的な運動はプラトンの規則を満たさないことになるので，アポロニオス（あるいは彼より前の誰かもしれない）は次のような解を提示した．太陽軌道の中心を地球から離れた点（**離心**と呼ばれる）に置く．そして，もし太陽がこの新しい円（**離心円**と呼ばれる）に沿って斉一的に動くならば，地球上の観察者には，春の象限（右上）を横切る四分円のほうが夏の象限（左上）を横切る四分円よりも長く見える（図 4.6a）．距離 ED，というよりむしろ DS に対する ED の比は，離心円の**離心率**として知

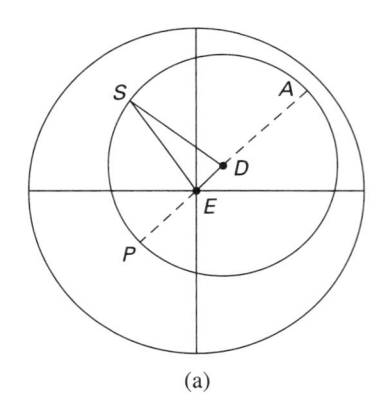

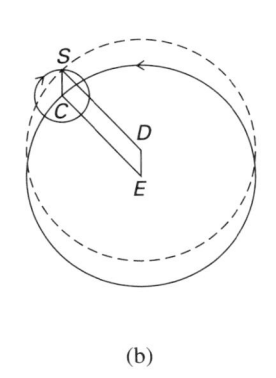

図 4.6
(a) アポロニオスの太陽の離心円モデル．(b) アポロニオスの太陽の周転円モデル．

られる．線分 ED を離心円まで延長したとき，交点のうち，地球に最も近い点は離心円の**近地点**と呼ばれ，逆に地球から最も遠い点は**遠地点**と呼ばれる．季節の長さが正しく得られるような正しいパラメーター（すなわち線分 ED の長さと方向）をこのモデルで決定できると仮定すると，このモデルを利用するうえでの問題は，特定の日に太陽がどこに見えるかということである．この問題に答えるためには，角 DES を見出す必要がある．これに答えるには，三角形 DES を解く三角形の辺，角を決定する必要があり，すると今度は三角法が必要になる．実際，三角法の発明を導いたのは数値パラメーターをこの幾何学モデルに導入する必要性だったのである．

また，アポロニオスは，この離心円モデルを別の幾何学モデル，すなわち周転円モデルによって置き換えることが可能であることに気がついた．つまり，太陽が離心円上を運動すると考える代わりに，太陽はある小さな円，つまり**周転円**上を運動し，この周転円の中心が地球を中心とするもとの円上を運動すると仮定することも可能なのである（図 4.6b）．周転円が時計回りに回転するのと同じ時間で，周転円の中心が地球の周囲を回転するならば——つまり，この二つの運動で四角形 $DECS$ が常に平行四辺形となるならば——，太陽の実際の経路は先ほどの離心円を用いたのと同じになる．

そうすると，周転円と離心円を組み合わせれば，諸惑星のもっと複雑な運動もつくることができることがわかる．実際，アポロニオスはこのモデルの研究を開始した．惑星 P は中心 C を持つ周転円上を反時計回りに均等に回転する．この点 C は，地球から距離 DE にある中心 D を持つ離心円上を同じ方向に回転する（図 4.7a）．これらの円の回転速度を適切に設定すれば，地球から見える惑星は，全体としては黄道上を東回りに運動するが，ある特定の時期の間は逆方向に運動する（惑星が周転円の内側にあるとき）（図 4.7b）．このモデルを使うためには，やはりこのモデルに含まれる様々なパラメーター，たとえば，線分 PC と ED の長さやその相対的な方向を見出す必要がある．しかし，ひとたびある惑星についてこれらのパラメーターが決定されれば，任意の時間の惑星の位置は，三角形を解くことによって見出すことができる．

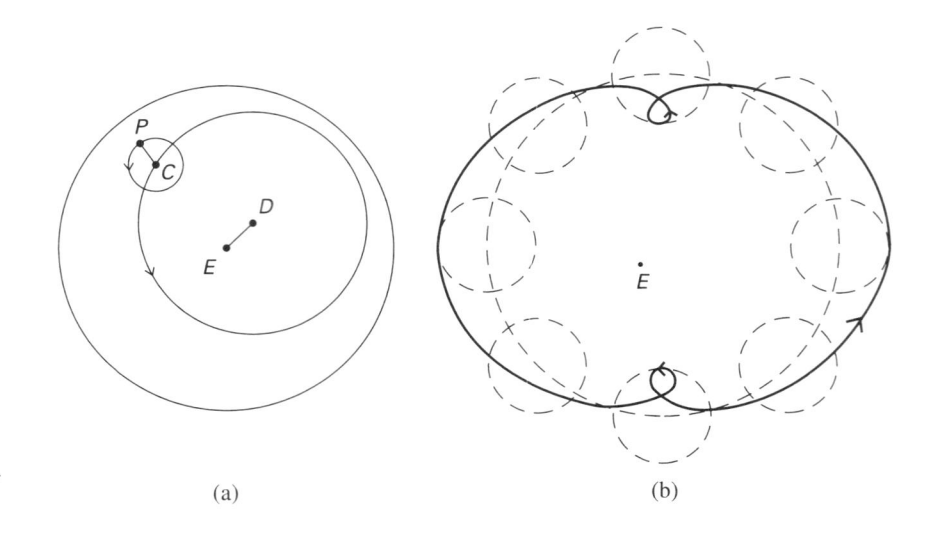

図 4.7
アポロニオスの惑星運動のモデル.

(a)　　　　　　　　(b)

図 4.8
ギリシアの切手に描かれたヒッパルコス.

4.1.3　ヒッパルコスと三角法の始まり

アポロニオス自身には，これらの問題の解を完全に得るために必要な三角法という手法がなかった．体系的に惑星の位置の観察を数多く行い，恒星天球に座標体系を導入したうえで，天文学者が容易に直角三角形を解き，アポロニオスの問題に対して成果をあげるために必要な三角比の表の作成を開始したのは，ビテュニアのヒッパルコス（紀元前 190–120）だった（図 4.8）．

恒星と惑星の位置を定量的に取り扱うには，弧と角の計測単位とともに，ある天体が天球上のどこにあるかを特定する方法，つまり座標体系が必要である．ユークリッドが角を測定するために用いた単位は直角のみだった．他の角はこの角の何分の何とか，何倍という形で言及された．しかし，バビロニア人は紀元前 300 年よりも前のある時点で，円周を「度」と呼ばれる 360 個の部分に分割する角の単位を導入した．この単位は，その後 2 世紀以内に度を 60 分割する単位である分と，さらにそれを 60 分割する秒という単位とともにギリシア世界で採用された．ヒッパルコスはこの単位を用いた最初の一人だった．ただし，ヒッパルコスは円の $\frac{1}{24}$ 弧や円の $\frac{1}{48}$ 弧，つまり，いわゆる「歩」と「半歩」をいくつかの著作では用いている．なぜバビロニア人が円を 360 の部分に分けたかは知られていない．おそらく，これは 360 が多くの小さな整数によって容易に割り切れるからか，もしくは 1 年の日数に最も近い「端数のない」数だからであろう．後者の理由のおかげで，太陽は毎日黄道を 1° 運動するという簡便な近似が得られる．

天空に座標を最初に導入したのもバビロニア人だった．彼らが用いた座標系は，その後プトレマイオスにも引き継がれたが，黄道座標系として知られている．星の位置は黄道に沿った座標と垂直な座標とによって測定される．黄道に沿った座標（春分点から，北極から見て反時計回りの度数で測定される）は**黄経** λ と呼ばれ，黄道に垂直な座標は黄道から北または南へ度数で測定され，**黄緯** β と呼ばれる（図 4.9a）．この座標系は太陽や月，惑星を取り扱う際にとくに便利である．太陽は黄道に沿って運動するので，常にその黄緯は 0° である．その黄

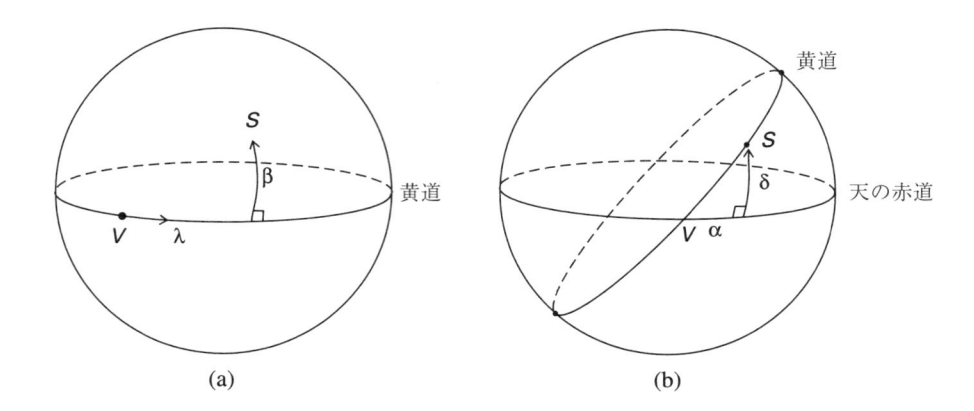

図 4.9
(a) 天球上の黄道座標系. (b) 天球上の赤道座標系.

経は毎日約 1° ずつ, 春分点の黄経 0° から夏至点の 90°, 秋分点の 180°, 冬至点の 270° へと増加していく. しかし, バビロニア文献でも後世のギリシア文献でも, しばしば黄経は獣帯を用いて表されることがある. つまり, 黄道をそれぞれ 30° の 12 個の間隔に分割し, 獣帯星座の名称をつけるのである. たとえば, 白羊宮[*3]は黄経 0° から 30° を占め, 金牛宮は 30° から 60° までを占める. つまり, 太陽が金牛宮の 5° にあるといえば, 黄経 35° ということになる.

この黄道座標系の代わりに, ヒッパルコスは天の赤道に基づく赤道座標系を用いた. 赤道沿いの座標はここでも春分点から反時計回りに測定され, **赤経** α と呼ばれる. 垂直座標は赤道から南北に測定され, **赤緯** δ と呼ばれる (図 4.9b). ヒッパルコスは, この座標系を使っていくつかの恒星の位置を記述した恒星表を作成した.

一方の座標系の点の座標を別の座標系の座標に関係づける——この作業は天文学上の問題を解くためにも必要である——ことを可能にするには, 球面三角法が必要になる. しかし, 球面三角法が発展する以前に, 平面三角法を理解する必要がある. ヒッパルコスが平面上の三角形を解くことを可能にする詳細な表を作成しようと試みた最初の人物であることは明らかである. ヒッパルコスの表やその方法を明示する文書は現存しないものの, 様々な文献からの断片をつなぎ合わせれば, 彼の研究の妥当な描像を与えるには十分である.

ヒッパルコス (そして, 後世のプトレマイオス) の三角法に見られる基本要素は, 半径を固定した円における, 与えられた弧 (もしくは中心角) に対する弦である. すなわち, 二人とも弧 α の様々な値に対して, α と chord(α) を並べた表を作成した. chord(α) は以下では crd(α) と略すが, これは単に長さを示す (図 4.10)[*4]. 円の半径が R で示されるならば, 弦は次の 2 式によって正弦と関係づ

[*3] 白羊宮は牡羊座であるが, 実際に星座の牡羊座が黄経上に占める範囲は 30° よりも大きい. 同様に, 黄道上の十二の星座がそれぞれ占める範囲もぴったり 30° ということはない. 一般に天文計算では獣帯を 30° ずつ 12 に分割した宮 (sign) を用い, 個々の星座とは区別する (実際, 地球の歳差運動により現在の春分点はうお座にあり, ヒッパルコスの時代とは星座と宮の座標が一致していない). また, 12 の宮を総称として十二宮という. 英語では 12 星座と十二宮の区別はないが, 日本語では, 中国式の宮名を使って区別する. 十二宮は, 黄経 0° から 30° までの白羊宮に始まり, 金牛宮, 双子宮, 巨蟹宮, 獅子宮, 処女宮, 天秤宮, 天蠍宮, 人馬宮, 磨羯宮, 宝瓶宮, 双魚宮と続く.

[*4] 円の半径が固定されていることに注意.

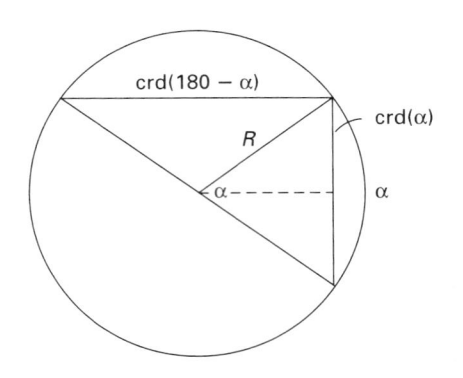

図 4.10
弦 (α) および弦 $(180 - \alpha)$.

けられる.

$$\frac{1}{2}\operatorname{crd}(\alpha)/R = \sin\frac{\alpha}{2} \quad \text{もしくは} \quad \operatorname{crd}(\alpha) = 2R\sin\frac{\alpha}{2}.$$

角や弧は度や分で測定されるので,ヒッパルコスは円の半径にも同じ測定単位を使うことを決めた.円周は $2\pi R$ に等しいということを知っていたので,π の値として 60 進法で表した近似 3;8,30(これは,アルキメデスの二つの値 $3\frac{10}{71}$ と $3\frac{1}{7}$ の平均値に近い)を使って,ヒッパルコスは半径 R を計算し,$\frac{60 \cdot 360}{2\pi} = \frac{6,0,0}{6;17} = 57,18 = 3438'$ という最も近い整数の値で表すことにした.この半径の円において,中心角を,[その角を囲む]半径によって円周上で切りとられる弧の長さで定義すると,その値は中心角を分単位で表したものと等しい[*5].

弦の表の計算を,ヒッパルコスは 60° の角から始めた.この場合,弦は半径に等しい.つまり,$\operatorname{crd}(60°) = 3438' = 57,18$ となる.90° の角の場合,弦は $R\sqrt{2} = 4862' = 81,2$ に等しい(ここで用いている 10 進表記と 60 進表記の混交は,ギリシアの角度表現でも現代の角度表現でも共通に見られることに注意).他の角の弦を計算するために,ヒッパルコスは二つの幾何学的成果を用いる.まず,図 4.10 から,$\operatorname{crd}(180 - \alpha) = \sqrt{(2R)^2 - \operatorname{crd}^2(\alpha)}$ であることは明らかである.$\operatorname{crd}(180 - \alpha) = 2R\cos\frac{\alpha}{2}$ であるから,このことは $\sin^2\alpha + \cos^2\alpha = 1$ と等価である.第二に,ヒッパルコスは半角公式の変形によって $\operatorname{crd}\left(\frac{\alpha}{2}\right)$ を計算する(のちにプトレマイオスが与えることになる方法を用いたと推測されている).$\alpha = \angle BOC$ が OD によって二等分されるとする(図 4.11).$\operatorname{crd}\left(\frac{\alpha}{2}\right) = DC$ を $\operatorname{crd}(\alpha) = BC$ で表すために,$AE = AB$ となるような点 E を線分 AC 上にとる.このとき,$\triangle ABD$ は $\triangle AED$ と合同であるから,$BD = DE$ である.$BD = DC$ であるから,$DC = DE$ でもある.EC に対して垂線 DF を下ろせば,$CF = \frac{1}{2}CE = \frac{1}{2}(AC - AE) = \frac{1}{2}(AC - AB) = \frac{1}{2}(2R - \operatorname{crd}(180 - \alpha))$ である.一方,三角形 ACD と DCF は相似であるから,$AC : CD = CD : CF$

[*5] 計算から明らかなように,この円の円周は $60 \times 360 = 21600'$ であり,中心角 $1'$ に円弧の長さ 1 が対応する.一般に,たとえば中心角 30 度に対応する弧の長さが $60 \times 30 = 1800'$ であるように,弧の長さはその中心角を分単位で表したものと等しくなる.

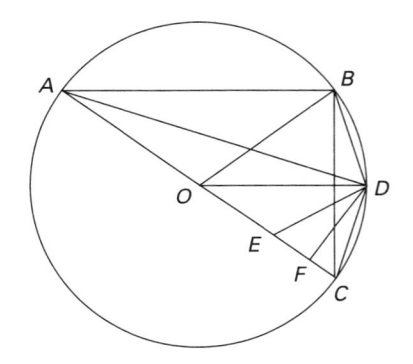

図 4.11
ヒッパルコス–プトレマイオス
の半角公式.

である．それゆえ，

$$\mathrm{crd}^2\left(\frac{\alpha}{2}\right) = CD^2 = AC \cdot CF = R(2R - \mathrm{crd}(180 - \alpha)).$$

この式を現代表記すれば，次のようになる．

$$\left(2R\sin\frac{\alpha}{4}\right)^2 R\left(2R - 2R\cos\frac{\alpha}{2}\right).$$

ここで α を 2α で置き換えれば，

$$\sin^2\frac{\alpha}{2} = \frac{1-\cos\alpha}{2}$$

となり，これは標準形式の半角公式である．

こうして，ヒッパルコスは $7\frac{1}{2}°$ から $180°$ までの角を「半歩」，つまり $7\frac{1}{2}°$ ごとに容易に計算することができるようになった．たとえば，$\mathrm{crd}(60°)$ に対してこの公式を3回適用すれば，$\mathrm{crd}\left(7\frac{1}{2}°\right)$ が求められる．余角によって，$\mathrm{crd}\left(172\frac{1}{2}°\right)$ も求められる．この限定された表によって，ヒッパルコスは三角形を解き，その結果を天のモデルの完成度を高めるために応用するに際して，若干の前進をみた．しかし，ヒッパルコスの実際の著作が失われてしまっているので，古代の最も影響力の強かった天文学著作，つまりクラウディオス・プトレマイオスの『アルマゲスト』に目を向ける必要がある．

4.2　プトレマイオスと『アルマゲスト』

クラウディオス・プトレマイオス（紀元後100頃–178年）の生涯に関しては，アレクサンドリア近郊で数多くの天の観察を行い，数冊の重要な書籍を著した事実以外まったく知られていない（図4.12）．たとえば，『地理学』は既知の世界の場所をその緯度・経度を付してまとめたものである．この書物には，地図作成に必要な投影法についての議論も含まれている．プトレマイオスは占星術や音楽，光学に関する諸著作も書いており，ユークリッドの平行線公準の証明も試みた．しかし，今日彼が知られているのは，何よりも『数学集成』(*mathematiki Syntaxis*) のおかげである．この著作は13巻からなり，ギリシアの宇宙モデル

図 4.12
（王冠と地球を携える）プトレマイオス（ラファエロの『アテネの学堂』の部分より）．この王冠は，ラファエロがプトレマイオスをエジプト王家と関係があると誤解していた事実を示している．

の完全な数学的記述を含み，太陽と月，諸惑星の様々な運動に対するパラメーターを与えている．この本はギリシア天文学の頂点をなすものである．ユークリッド『原論』と同様，『数学集成』はこの問題に関するそれ以前の著作すべてにとって代わってしまった．本書は，その執筆当時から 16 世紀に至るまで最も影響力のあった天文学的著作であり，数え切れないくらい何度も書写され分析された．信頼できる予測を生み出す数学的モデル——つまり，自然現象の量的記述——を天文学者が創造することが可能であるという信念に勢いを与えた点で，本書に比肩する書物はない．これ以後の天文学著作は実質的にすべて，イスラーム世界のものであれ西洋世界のものであれ，コペルニクスの著作に至るまで，そしてコペルニクスの著作も含めて，プトレマイオスのこの主著に基づくものであった．

　『数学集成』が書かれてから何世紀も経ってから，この著作は他のマイナーな天文学著作から区別するために，『最大集成』（*megisti syntaxis*）として知られるようになった．イスラーム科学者たちは，この書物を『アル・マジスティ』（*al-majisti*）と呼び始め，それ以後この本は『アルマゲスト』（*Almagest*）として知られている（図 4.13）．

図 4.13
『アルマゲスト』の概要の初期印刷の木版画（1496 年）．（出典：スミソニアン協会図書館，写真番号 76-14409）．

4.2.1 弦の表

プトレマイオスは『アルマゲスト』の冒頭で，ギリシアの宇宙(コスモス)の概念の基本的紹介を行い，その後惑星の位置計算に必要な平面三角法・球面三角法の詳細を取り扱う厳密に数学的な内容を続ける．プトレマイオスにとって最も重要なことは，ヒッパルコスよりも完成度の高い弦の表を作成することであった．$\frac{1}{2}°$の間隔で$\frac{1}{2}°$から$180°$までのすべての弧の弦の表を作成し，同時に，計算された表に載せられた値を補間する方法の大枠を発見するために，プトレマイオスはヒッパルコスより多少余計に幾何学を必要とした．また，[弦の表にある円の半径として]かなり計算が難しい値$R = 57,18$ではなく，$R = 60$という値を採用した．この値は60進法の単位であり，プトレマイオスの計算はすべて60進法で行われた．

プトレマイオスの最初の計算は，$36°$の弦を確定するものである．これは円に内接する正十角形の辺の長さである．図4.14において，ADCはDを中心とする円の直径であり，BDはADCに対して垂直で，EはDCを二等分し，Fは$EF = EB$となるようにとられる．『原論』第II巻命題6によって，$CF \cdot FD + ED^2 = BE^2$を得る．それゆえ，$CF \cdot FD = BE^2 - ED^2 = BD^2 = CE^2$であり，線分$CF$は点$D$において外中比に分割される．ここで，『原論』第XIII巻命題9から，もし同じ円に内接する五角形と十角形の辺が一直線上に連続して置かれるならば，この交点は線分全体を外中比に分割するということを思い出そう．半径CDは円に内接する六角形の辺に等しいから，プトレマイオスはDFが十角形の辺，つまり，$DF = \mathrm{crd}(36°)$であることを示したことになる．この長さを計算するために，彼は次の関係を指摘する．

$$DF = EF - ED = EB - ED = \sqrt{BD^2 + ED^2} - ED$$
$$= \sqrt{3600 + 900} - 30 = 37;4,55.$$

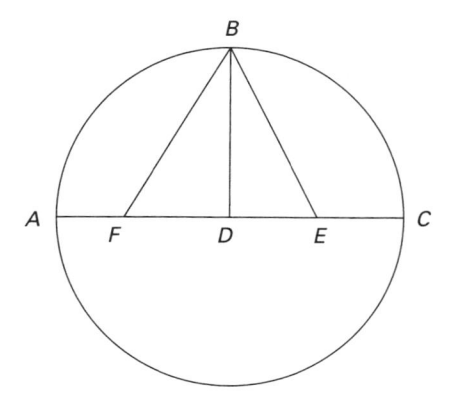

図 4.14
プトレマイオスの crd(36) の計算.

プトレマイオスは，次に正五角形($= \mathrm{crd}(72°)$)の辺上の正方形は，正十角形の辺上の正方形と正六角形の辺上の正方形の和に等しい（『原論』第VIII巻命題10）から，したがって次のことが成り立つと述べる．$\mathrm{crd}(72°) = \sqrt{R^2 + \mathrm{crd}^2(36°)} = 70;32,3$ であり，ここでもちろん $\mathrm{crd}(60°) = 60$ である．さらに，$\mathrm{crd}(90°) =$

$\sqrt{2R^2} = \sqrt{7200} = 84;51,10$，および $\mathrm{crd}(120°) = \sqrt{3R^2} = 103;55,23$ が成り立つ．最後に，$\mathrm{crd}^2(180-\alpha) = (2R)^2 - \mathrm{crd}^2\alpha$ であるから，プトレマイオスは弦が既知である任意の弧の補角の弦も計算できた．たとえば，$\mathrm{crd}(144°) = 114;7,37$ である．こういうわけで，プトレマイオスは，ユークリッド幾何学の命題と平方根の計算だけで，弦の表の計算をうまく始めることができたのである．

プトレマイオスは，彼より 4 世紀前のアルキメデスと同様，これらの平方根をどのように計算したかまったく言及せずに，単に結果のみを示している．紀元後 4 世紀後半のテオンによるプトレマイオスの著作に関する注釈は，プトレマイオスが使ったとしてもおかしくない方法を示している．「もしわれわれが任意の数の平方根を求めるとするならば，まず最も近い平方数の辺をとり，これを 2 倍し，分に換算した余りをこの積で割って，商の平方を引く．このまま進め，その余りを秒に換算し，［先ほどの］度と分の商の 2 倍でこれを割れば，求めたい正方形の面積の辺の近似を得るであろう」[6]．

テオンが示す方法は，60 進数で 2 桁の近似を与えるもので，第 1 章で議論した中国の平方根のアルゴリズムとよく似ている．たとえば，$\sqrt{7200}$ を計算するには，最初に $84^2 = 7056$ と $85^2 = 7225$ を考えると，答は［60 進法で表記すると］$84;x,y$ という形にならねばならない．$7200 - 84^2 = 144$ であるから，$144 \cdot 60$（「分に換算した余り」）を $2 \cdot 84$ で割ると，最も近い整数として 51 を得る．それゆえ，答は $84;51,y$ という形だということがわかる．最後に，$7200 - (84;51)^2 = 0;28,39$ であって，これを秒に換算すると，1719 である．これを $2 \cdot 84;51 = 169;42$ で割ると，最も近い整数として 10 が得られる．したがって，求めたい平方根の近似は，上記のように $84;51,10$ である．この操作が比較的複雑であることや，プトレマイオスがこのような計算の結果である大きな数を単に述べるだけである事実から，プトレマイオスにはこの煩雑ではあるが必須の作業をこなす数多くの「計算者」の助力があったに違いないという仮説に到達する．プトレマイオスが弦の表を完成するにあたってとくに計算者の助力を必要としたのは，上記の基本的な値とヒッパルコスの半角公式，そして次に述べる，新しい定理——ここから一種の加法公式と減法公式を導くことができる——を用いる計算であった．

プトレマイオスの定理 円に内接する任意の四辺形が与えられたとき，対角線の積は，相対する辺の積の和に等しい[*6]．

四辺形 $ABCD$ において，$AC \cdot BD = AB \cdot CD + AD \cdot BC$ であることを証明するために，AC 上に点 E をとり，$\angle ABE = \angle DBC$ となるようにする（図 4.15）．このとき，$\angle ABD = \angle EBC$．また，同じ弧に対していることから，$\angle BDA = \angle BCA$．それゆえ，$\triangle ABD$ は $\triangle EBC$ と相似である．したがって，$BD : AD = BC : EC$，すなわち $AD \cdot BC = BD \cdot EC$ である．同様に，$\angle BAC = \angle BDC$ であるから，$\triangle ABE$ は $\triangle DBC$ に相似である．ゆえに $AB : AE = BD : CD$，すなわち $AB \cdot CD = BD \cdot AE$．等しいものに等しいものを加えて［等式の両辺を辺々加え

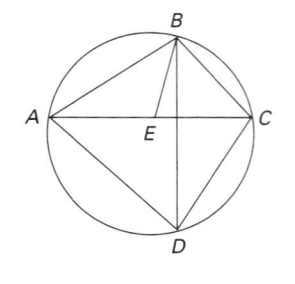

図 4.15
プトレマイオスの定理．

[*6]『アルマゲスト』（第 I 巻第 10 章）の本文には，ここにある一般的言明はない．また，ギリシアの幾何学の伝統に従って，「積」ではなく「長方形」という言葉が使われる．プトレマイオスのテクストは以下の通り．「内接する任意の四辺形 $ABCD$ を持つ円があるとしよう．AC と BD に囲まれる長方形が，AB と DG に囲まれる長方形と AD，BG に囲まれる長方形［との和］に等しいことを証明すべきである」．

て]，$AB \cdot CD + AD \cdot BC = BD \cdot AE + BD \cdot EC = BD(AE + EC) = BD \cdot AC$ であるので，定理は証明される．

二つの弧 α と β の差の弦を求める公式を導くために，プトレマイオスは $AC = \mathrm{crd}\,\alpha$ および $AB = \mathrm{crd}\,\beta$ が所与という状況でこの定理を用いる．この定理を四辺形 $ABCD$ に適用すると，$AB \cdot CD + AD \cdot BC = AC \cdot BD$ が得られる（図 4.16）．$BC = \mathrm{crd}(\alpha - \beta)$ であるから，

$$120\,\mathrm{crd}(\alpha - \beta) = \mathrm{crd}\,\alpha \cdot \mathrm{crd}(180 - \beta) - \mathrm{crd}\,\beta \cdot \mathrm{crd}(180 - \alpha).$$

この式は，容易に現代の正弦の加法定理の差の公式に書き換えられる．

$$\sin(\alpha - \beta) = \sin\alpha\cos\beta - \cos\alpha\sin\beta.$$

同様の議論によって，次が示される．

$$120\,\mathrm{crd}(180 - (\alpha + \beta)) = \mathrm{crd}(180 - \alpha)\,\mathrm{crd}(180 - \beta) - \mathrm{crd}\,\beta \cdot \mathrm{crd}\,\alpha,$$

これは次の余弦の加法定理と同等の式である．

$$\cos(\alpha + \beta) = \cos\alpha\cos\beta - \sin\alpha\sin\beta.$$

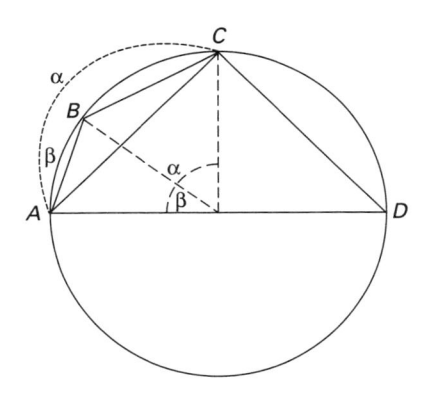

図 4.16
弦の差の公式．

差の公式と半角公式を用いて，プトレマイオスは，$\mathrm{crd}(12°) = \mathrm{crd}(72° - 60°)$ と，$\mathrm{crd}(6°) = \mathrm{crd}\left(\frac{1}{2} \cdot 12°\right)$, $\mathrm{crd}(3°)$, $\mathrm{crd}\left(1\frac{1}{2}°\right)$, $\mathrm{crd}\left(\frac{3}{4}°\right)$ を計算した．プトレマイオスが最後の二つに与えた値は，$\mathrm{crd}\left(1\frac{1}{2}°\right) = 1;34,15$ と $\mathrm{crd}\left(\frac{3}{4}°\right) = 0;47,8$ だった．三角関数の加法定理の和の公式を用いて，プトレマイオスは $1\frac{1}{2}°$ 間隔，もしくは $\frac{3}{4}°$ もの間隔で表を作成することができたはずである．しかし，彼が欲しかったのは $\frac{1}{2}°$ 間隔の表であり，「$1\frac{1}{2}°$ の弧に対する弦が与えられたからといって，この弧の 3 分の 1 にあたる弦は幾何学的方法によっては見出せない（もしこれが可能なら，直接 $\frac{1}{2}°$ の弦を決められるはずである）」から，プトレマイオスは，たとえ「[弦の] 大きさを一般的に精密には決定しないとしても，このようにきわめて小さい量の場合には，その誤差が無視できるほど小さいように決

めることができる」[7] 手続きによって，$\mathrm{crd}(1°)$ と $\mathrm{crd}\left(\dfrac{1}{2}°\right)$ を見出すことができた．言い換えれば，プトレマイオスは，証明を与えなかったものの，ユークリッドの道具（彼の言葉では「幾何学的方法」）は $\mathrm{crd}\left(\dfrac{1}{2}°\right)$ を決定するには不十分であって，つまり，一般的に言えば角を三等分するには不十分であると考えていたのである．そこで，代わりになる方法が必要である．

この代替的方法は近似的手続きであって，次の補助定理に基づいている．すなわち，$\alpha < \beta$ であるならば，$\mathrm{crd}\,\beta : \mathrm{crd}\,\alpha < \beta : \alpha$ である．現代的風に書けば，x が 0 に近づくに連れて $\dfrac{\sin x}{x}$ が増加するというものになる．この補助定理を最初に $\alpha = \dfrac{3}{4}°$ および $\beta = 1°$ に適用して，プトレマイオスは $\mathrm{crd}(1°) < \dfrac{4}{3}\mathrm{crd}\left(\dfrac{3}{4}°\right) = \dfrac{4}{3}(0;47,8) = 1;2,50,40$ を得る．次に，$\alpha = 1°$ および $\beta = 1\dfrac{1}{2}°$ に適用して，$\mathrm{crd}(1°) > \dfrac{2}{3}\mathrm{crd}\left(1\dfrac{1}{2}°\right) = \dfrac{2}{3}(1;34,15) = 1;2,50$ を得る．すべての計算値は 60 進法の 2 桁で丸められるので，60 進法の 2 桁では $\mathrm{crd}(1°) = 1;2,50$ となり，それゆえ $\mathrm{crd}\left(\dfrac{1}{2}°\right) = 0;31,25$ となるように見える．そこで，三角関数の加法定理によって，プトレマイオスは，$\dfrac{1}{2}°$［すなわち 30 分の角］の刻みで $\mathrm{crd}\left(\dfrac{1}{2}°\right)$ から $\mathrm{crd}(180°)$ までの表をつくりあげることができた．分の桁の値が任意の弦を計算する際に中間値の内挿の助けとなるよう，プトレマイオスは $\mathrm{crd}\,\alpha$ から $\mathrm{crd}\left(\alpha + \dfrac{1}{2}°\right)$ までの増分の 30 分の 1 の値を載せた第三の列を表に加えている．表の一部は次の通りだが，この表は現代の 5 桁の精度の表にほぼ等しい．

弧	弦	分あたりの増分	弧	弦	分あたりの増分
$\dfrac{1}{2}$	0;31,25	0;1,2,50	6	6;16,49	0;1,2,44
1	1;2,50	0;1,2,50	47	47;51,0	0;0,57,34
$1\dfrac{1}{2}$	1;34,15	0;1,2,50	49	49;45,48	0;0,57,7
2	2;5,40	0;1,2,50	72	70;32,3	0;0,50,45
$2\dfrac{1}{2}$	2;37,4	0;1,2,48	80	77;8,5	0;0,48,3
3	3;8,28	0;1,2,48	108	97;4,56	0;0,36,50
4	4;11,16	0;1,2,47	120	103;55,23	0;0,31,18
$4\dfrac{1}{2}$	4;42,40	0;1,2,47	133	110;2,50	0;0,24,56

4.2.2 平面三角形を解く

弦の表を得たので，プトレマイオスはいまや平面三角形を解くことが可能になった．そのための体系的手続きを彼はまったく述べていないが，決まった規則を適用していると，確かに思われる．プトレマイオスの方法と現代の方法を比較して心にとめておくべき相違点は，プトレマイオスの表に載っているのは，

比ではなく，半径が 60 の場合の弦の長さであるということである．それゆえ，プトレマイオスは，与えられた問題の実際の半径の長さにあわせて，常に表の値を調節しなければならなかった．ここでわれわれは，彼の手続きの例を三つ考察する．

第一に，春分にロードス（緯度 36°）で，長さ 60 の柱 CE の正午における影 CF の長さを計算するために，プトレマイオスは，まずこのとき太陽は天頂から 36° 下にあることを指摘する（つまり，$\angle AEB = 36°$）（図 4.17）．プトレマイオスは，CF を三角形 ECF に外接する円の弦として考える．中心角は円周角の 2 倍であるから，$CF = \mathrm{crd}(72°) = 70;32,3$ である．このとき，$CE = \mathrm{crd}(180° - 72°) = \mathrm{crd}(108°) = 97;4,56$ である．プトレマイオスは $CE = 60$ のときの影を求めようとしているのだから，比 $\dfrac{60}{97;4,56}$ によってこの計算値を補正する．そうすると，求める影は $\dfrac{60}{97;4,56} \cdot (70;32,3) = 43;36$ である．直角三角形の脚 a を見つけるこの計算は，頂角 α と高さ b が与えられたとき，次のように書き直せる．

$$a = b \cdot \frac{\mathrm{crd}(2\alpha)}{\mathrm{crd}(180 - 2\alpha)} = b \cdot \frac{2R\sin\alpha}{2R\cos\alpha} = b\tan\alpha.$$

これは，現代の公式と一致している．プトレマイオスには正接の関数がなかったうえ，円の実際の弦を用いる必要があったため，彼は所与の角とその補角双方に対して，その 2 倍の角の弦を計算し，おまけにその商を計算せねばならなかった．

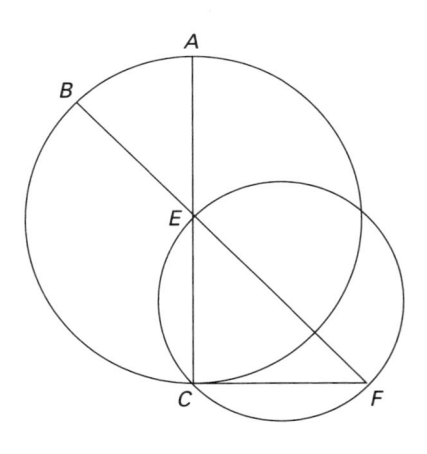

図 4.17
影の長さの計算．

第二の例は，プトレマイオスがどのように太陽の離心円モデルのパラメーターを計算したかを示すものである[8]．この計算は，D を太陽の軌道の中心，E を地球としたときに，直角三角形 LDE を解くことに実質的に等しい（図 4.18．図 4.6a と比較せよ）[*7]．E を通る垂直な二つの線春・秋分方向と夏・冬至方向によって黄道を四つの象限に分割し，同様に離心円も分割する．LD と LE を得るために，まずすでに知られている四季の長さの不等性を用いて，弧 $\theta = \dfrac{1}{2}\widehat{VV'}$ およ

[*7] E を中心とする外側の円が黄道で，地球 E から見て右の EV の方向が春分点，上の EW の方向が夏至点である．

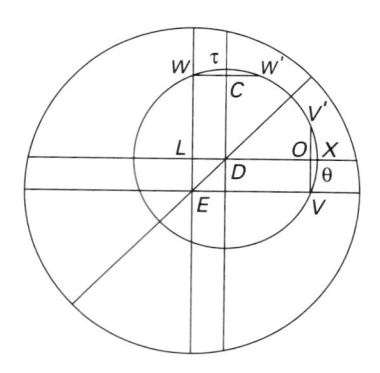

図 4.18
太陽の離心円モデルにおけるパラメーターの計算.

び $\tau = \dfrac{1}{2}\widehat{WW'}$ を計算しなければならない．太陽の春の経路春分から夏至までは 94.5 日で，夏至から秋分までは 92.5 日であるから，v を太陽の一日の平均角速度であるとすると，この図から，春の太陽の運動は $90 + \theta + \tau = 94.5v$，夏は $90 + \theta - \tau = 92.5v$ と表される．v は 1 年（観測により 365;14,48 日）を 360° で割った長さ，つまり 1 日あたり 0°59′8″ に等しいので，春は $90° + \theta + \tau = 93°9′$ となり，一方夏は $90° + \theta - \tau = 91°11′$ となる．単純な計算によって，$\theta = 2°10′$ および $\tau = 0°59′$ が示される．

ここまでくれば，三角形 DLE の各辺は，離心円の半径 DX が 60 であるという仮定のもとで決定できる．DX は弧 VV' を二分するので，$LE = OV = \dfrac{1}{2}VV' = \dfrac{1}{2}\operatorname{crd} 2\theta = \dfrac{1}{2}\operatorname{crd}(4°20′) = 2;16$ であることは明らかである．同様にして，$DL = \dfrac{1}{2}\operatorname{crd} 2\tau = \dfrac{1}{2}\operatorname{crd}(1°58′) = 1;2$．ピュタゴラスの定理によって，$DE^2 = LE^2 + DL^2 = 6;12,20$ であるから，$DE = 2;29,30$，つまり，近似的に $2;30 = 2\dfrac{1}{2}$ である．現代的に述べれば，プトレマイオスは単に $LE = OV = R\sin\theta$ および $DL = CW = R\sin\tau$ を計算したのである．このように，2 倍の角の弦の半分を計算する必要が非常に多かったので，後世の天文学者はこの量，つまり現代の正弦関数の表を作った．

三角形 DLE を解く作業を完結するために，プトレマイオスは，$\triangle LDE$ に円を外接させることによって $\angle LED$ を計算した．$DE = 2;29,30$ のとき $LD = 1;2$ であるから，DE が 120 ならば LD は 49;46 である．弦の表を逆に使って，プトレマイオスは対応する弧は約 49° であると読みとった．したがって $\angle LED$ はその半分であり，$24°30′$ となる．そうすると，$\angle LDE = 65°30′$ であって，三角形は解けた．これも現代的に述べれば，プトレマイオスは最初に $\dfrac{120a}{c} = 2R\sin\alpha$，つまり $\sin\alpha = \dfrac{a}{c}$ を計算して，それから α を決定するために逆正弦関係を用いたのである．

最後の例は，プトレマイオスが直角三角形でない三角形を解く際に示したものである．ここでの問題は，離心円モデルにおいて，［地球から見た］太陽の方向を表す $\angle DES$ を見出すというものである．ただし，DS［離心円の半径］を仮に 60 としたとき，$DE = 2;30$ が与えられているものとする（図 4.19）．与えられた日における角 PDS は軌道上の太陽の速さからわかるので，角 EDS も既知である．プトレマイオスは，$\angle PDS = 30°$，$\angle EDS = 150°$ の場合の計算

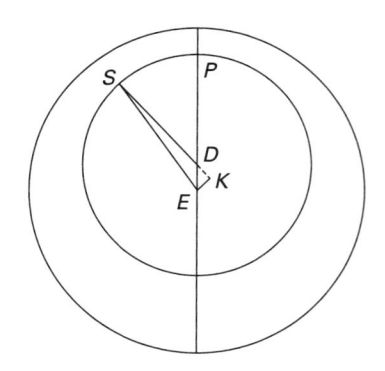

図 4.19
太陽の位置を求める.

を行う．まず，SD の延長に E から垂線 EK を下ろす．先ほどのように三角形 DKE に外接する円を考え，弧 $DK = 120°$ を得る．弦の表から，円の半径が 60（つまり，$DE = 120$）のとき，DK は $\mathrm{crd}(120°) = 103;55$ となることに彼は気づいた．しかし，$DE = 2;30$ であるから，比例関係によって $DK = 2;10$ である．そこで，$SK = SD + DK = 62;10$．$\angle KDE = 30°$ であるから，やはり EK も $EK = \frac{1}{2}DE = 1;15$ と求められる．ピュタゴラスの定理を $\triangle SKE$ に適用すると，$SE = 62;11$ が得られる．次に，$\triangle SKE$ に外接する円を考える．$SE = 62;11$ のとき $KE = 1;15$ であるから，SE が 120 ならば，KE は 2;25 である．弦の表を逆に使って，2;25 は 2°18′ の弧に対応することがわかる．ここから $\angle KSE = 1°9′$ であり，それゆえ，$\angle DES$ は $180° - 150° - 1°9′ = 28°51′$ となる．

プトレマイオスの手続きは次のように翻訳できる．辺 a と b，角 $\gamma > 90°$ の知られている $\triangle ABC$ が与えられたとき，BC の延長に垂線 AD を下ろす（図 4.20）．もし $AD = h$ で，$CD = p$ ならば，$p = \dfrac{\mathrm{crd}(2\gamma - 180) \cdot b}{2R}$ かつ $h = \dfrac{\mathrm{crd}(360 - 2\gamma) \cdot b}{2R}$ である．これから次の式が得られる．

$$c^2 = h^2 + (a+p)^2$$
$$= a^2 + \left(\frac{\mathrm{crd}^2(360-2\gamma)}{4R^2} + \frac{\mathrm{crd}^2(2\gamma-180)}{4R^2}\right)b^2 + \frac{2ab\,\mathrm{crd}(2\gamma-180)}{2R}$$
$$= a^2 + b^2 + 2ab\frac{\mathrm{crd}(2\gamma-180)}{2R}$$

つまり，
$$c^2 = a^2 + b^2 - 2ab\cos\gamma.$$

これは 2 辺夾角が知られている場合の余弦定理に他ならない．プトレマイオスは二角を求めるために，$\mathrm{crd}(2\beta) = \dfrac{h \cdot 2R}{c}$ であることを指摘し，表から β を求める．この式は $\sin\beta = \dfrac{h}{c} = \dfrac{b\sin\gamma}{c}$ と変形できる．したがって，プトレマイオスは正弦定理に相当する定理も用いている．

上記のような例を示すことによって，プトレマイオスが，a と b，γ の値が与えられたときに c と β の値を計算するアルゴリズムを明らかに提示していること

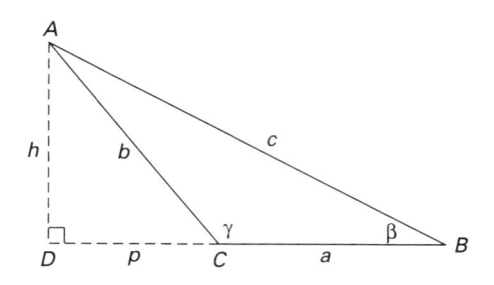

図 4.20
プトレマイオスの余弦定理.

に注意せよ．実際，このようなアルゴリズムは『アルマゲスト』に共通に見られるものである．それゆえ，平面三角法のこれらのアルゴリズムは，プトレマイオス自身の手続きを損なうことなく現代の公式に翻訳することができるのである．

4.2.3 球面三角形を解く

プトレマイオスは，球面三角形を解くアルゴリズムを平面三角形よりもさらに詳細に扱っている．球面幾何学は紀元前 300 年にはすでに研究されていたのだが，球面三角法に関する最も古い著作はメネラオス（紀元後 100 年頃）の『球面幾何学』であるようにみえる．この研究の主要な成果は，今日メネラオスの定理として知られているもので，複数の大円の弧が，図 4.21 に示したように球面上に配置されたときに，それらの弧の関係を与えるものである[*8]．二つの弧 AB と AC は，他の二つの弧 BE と CD によって切りとられ，さらにこれらの弧は F で交差する．図のように弧に名前をつけ，さらに $AB = m$, $AC = n$, $CD = s$, $BE = r$ とすると，メネラオスの定理は次のことを主張する．ただしここでは弦ではなく正弦を用いて書いた[*9]．

$$\frac{\sin(n_2)}{\sin(n_1)} = \frac{\sin(s_2)}{\sin(s_1)} \cdot \frac{\sin(m_2)}{\sin(m)} \tag{4.1}$$

かつ

$$\frac{\sin(n)}{\sin(n_1)} = \frac{\sin(s)}{\sin(s_1)} \cdot \frac{\sin(r_2)}{\sin(r)}. \tag{4.2}$$

メネラオスは，最初平面上に同様に配置された図形に関して証明を行い，平面に球面図を投影することによってこれらの定理を証明した（同じ証明が『アルマ

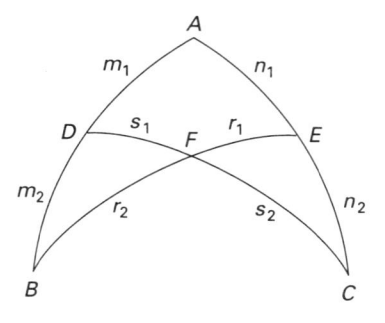

図 4.21
メネラオス図形.

[*8]以下，このように配置された図形をメネラオス図形と呼ぶ．
[*9]古代においては正弦 (sin) はなく，古代におけるこの定理の表現は，以下の式の sin 関数を 2 倍の弧の弦に置き換えたものとなる．たとえば $\sin(n_2)$ の代わりに $\mathrm{crd}(2n_2)$ となる．

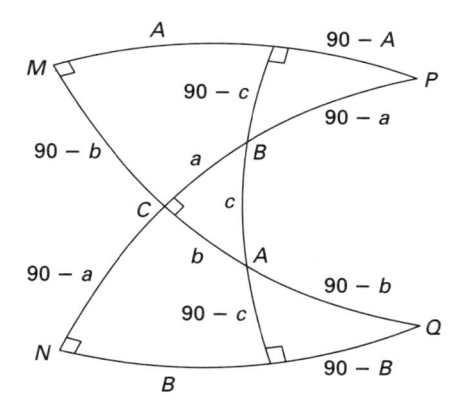

図 4.22
プトレマイオスによる二重のメネラオス図形.

ゲスト』にも見られる）[9]．そしてプトレマイオスはメネラオスの定理を用いて球面直角三角形を解いた．球面直角三角形とは，直角で二つの弧が交わる大円の弧からなる三角形である．C が直角で，角 C および B, A の対辺をそれぞれ c, b, a とした三角形が与えられると（図 4.22），プトレマイオスはこの三角形を含むメネラオス図形を作図する．たとえば，もし ABC が直角三角形ならば，それぞれ A と B を極とする大円 PM と QN を作図し，もとの三角形の各辺をこれらの大円の両方に交差するまで延長する．そうすると，二つのメネラオス図形が生まれるが，一方は M を頂点とし，もう一方は N を頂点とする．一般に大円の弧の長さは，その弧が大円の極における角に対するときには角の度数に等しく，ここで P と Q は QM と PN のそれぞれ極であるから，二つの等式はかなり簡単になり，与えられた三角形の角と辺の関係を得ることができる．

まず，M を頂点とするメネラオス図形を用いれば，式 (4.1) は次のようになる．

$$\frac{\sin(90-A)}{\sin A} = \frac{\sin(90-a)}{\sin a} \cdot \frac{\sin b}{\sin 90} \quad \text{すなわち} \quad \tan A = \frac{\tan a}{\sin b}. \quad (4.3)$$

式 (4.2) は次のようになる．

$$\frac{\sin 90}{\sin A} = \frac{\sin 90}{\sin a} \cdot \frac{\sin c}{\sin 90} \quad \text{すなわち} \quad \sin A = \frac{\sin a}{\sin c}. \quad (4.4)$$

次に，N を頂点とする図形を用いれば，式 (4.1) は次のようになる．

$$\frac{\sin a}{\sin(90-a)} = \frac{\sin c}{\sin(90-c)} \cdot \frac{\sin(90-B)}{\sin 90} \quad \text{すなわち} \quad \cos B = \frac{\tan a}{\tan c}. \quad (4.5)$$

また，式 (4.2) は次のようになる．

$$\frac{\sin 90}{\sin(90-a)} = \frac{\sin 90}{\sin(90-c)} \cdot \frac{\sin(90-b)}{\sin 90} \quad \text{すなわち} \quad \cos c = \cos a \cdot \cos b. \quad (4.6)$$

プトレマイオスがこれらの結果を最初に用いたのは，太陽の黄経 λ が与えられたとき，その赤緯 δ と赤経 α を求める問題の中である（図 4.23）．ここで，VA は天の赤道，VB は黄道，V は春分点である．天の赤道と黄道の間の角 ϵ は，プ

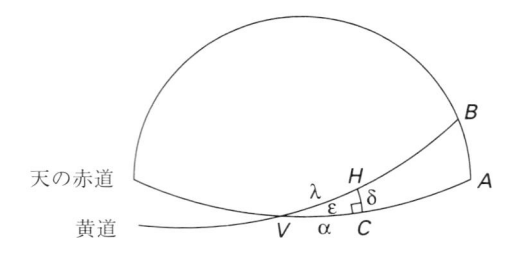

図 4.23
黄経が与えられた場合に，太陽の赤緯と赤経とを決定する方法．

トレマイオスに従うならば，$23°51'20''$ である．太陽が黄緯 λ の点 H にあるとする．$HC = \delta$ と $VC = \alpha$ を決定するには，直角三角形 VHC を解かねばならない．式 (4.4) より，$\sin\epsilon = \sin\delta/\sin\lambda$ すなわち，$\sin\delta = \sin\epsilon \sin\lambda$ である[*10]．プトレマイオスは，$\lambda = 30°$ であるときと，$\lambda = 60°$ であるときとの計算を行って，第一の場合には $\delta = 11°40'$，第二の場合には $\delta = 20°30'9''$ という値を得た．このようにアルゴリズムがどのようなものか示してから，おそらくプトレマイオスは計算者たちを働かせて，λ が $1°$ から $90°$ までの各整数値に対する δ の表を作成したのだろう．同様に，式 (4.5) から，$\cos\epsilon = \tan\alpha/\tan\lambda$ すなわち，$\tan\alpha = \cos\epsilon \tan\lambda$ である．また，プトレマイオスは $\lambda = 30°$ に対応する α の値は $27°50'$ であって，$\lambda = 60°$ に対応する値は $57°44'$ であると計算した．こうしてから，彼は λ の他の値に対応する α の値を表としてまとめた．さらに，対称性によって，$\alpha(\lambda + 180) = \alpha(\lambda) + 180°$ かつ $\delta(\lambda + 180) = -\delta(\lambda)$ であることにも注意せよ．

プトレマイオスが解いた他の問題の多くは，黄道の一つの弧の「上昇時間」の決定に密接に関係している．すなわち，ある緯度の土地において，プトレマイオスは，与えられた長さの黄道の弧が地平線を横切る——地平線から上る——ときに，それと同じ時間の間に地平線を横切る［地平線から上る］天の赤道の弧を決定したいと考えたのである[*11]．春分点を一つの端点とする任意の弧についてこれを決定すれば十分であるから［それ以外の黄道弧については，春分点を端点とする二つの黄道弧の上昇時間の差をとればよい］，黄道の所与の弧 VH と同時に地平線を横切る赤道の長さ VE を決定するだけでよい（図 4.24）．この弧の長さは「上昇時間」と呼ばれる．なぜならば，時間は天の赤道が，その軸の周囲を回転する斉一運動によって計測されるからである．完全な 1 回転には 24 時間かかるので，天の赤道の長さ $15°$ は 1 時間に対応し，$1°$ は 4 分に対応する．いずれにせよ，プトレマイオスの問題を解くには，$EC = \sigma(\lambda, \phi)$ について三角形 HCE を解き，すでに決定されている $VC = \alpha(\lambda)$ からこの値を引けばよい．たとえば，緯度 $\phi = 36°$ で，黄経 $\lambda = 30°$ であるとする．上記の計算によって，$\delta = 11°40'$ である．式 (4.3) より，$\sin\sigma = \tan\delta/\tan(90-\phi) = \tan\delta \tan\phi$ となるから，それゆえ $\sigma = 8°38'$ である．$\alpha = 27°50'$ から，上昇時間 $VE = 27°50' - 8°38' = 19°12'$ である．プトレマイオス（あるいは彼のスタッフ）は，$10°$ 間隔で $10°$ から $360°$ に至る 11 の異なる緯度での λ の値に対する上昇時間 $\rho(\lambda, \phi)$ を計算し，その結

[*10] 前にも述べたようにプトレマイオスは sin 関数を使っていない．彼が利用したのは弧に対する弦の表だけである．cos, tan もすべて本書の著者による現代的書き換えである．

[*11] すぐあとで述べるように，天の赤道は，観測地点の緯度にかかわらず，一定の速さ（毎時 15 度）で地平線から上るから，これは任意の黄道弧が地平線から上るときにかかる上昇時間を決定することに他ならない．

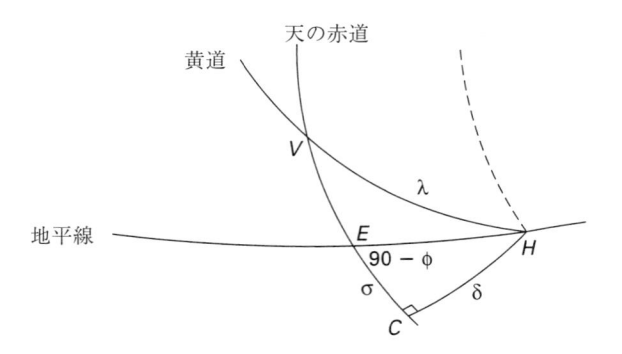

図 4.24
上昇時間の計算.

果を膨大な表にした.

この表ができれば，それは任意の緯度における任意の日の昼の長さ $L(\lambda, \phi)$ を計算するのに使える．太陽が黄経 λ にあるならば，太陽が沈むときに，黄経 $\lambda + 180$ の黄道上の点が地平線から出現するところである．したがって，[昼の長さ，すなわち太陽が昇ってから沈むまでの時間を求めるには] $\lambda + 180$ の上昇時間から λ の上昇時間を単に引けばよい．$\sigma(\lambda + 180, \phi) = -\sigma(\lambda, \phi)$ であるから，

$$L(\lambda, \phi) = \rho(\lambda + 180, \phi) - \rho(\lambda) = \alpha(\lambda + 180) - \sigma(\lambda + 180, \phi) - \alpha(\lambda) + \sigma(\lambda, \phi)$$
$$= 180° + 2\sigma(\lambda, \phi)$$

であるということに着目すれば，若干問題を単純化できる．たとえば，$\phi = 36°$ で，かつ $\lambda = 30°$ であるとき[*12]，$L(30, 36) = 180° + 2\sigma(30, 36) = 180° + 17°16' = 197°16'$ である．これはほぼ 13 時間 9 分に対応する．

図 4.24 を使うことによって，太陽が昇るときの太陽の位置，つまり弧 $EH = \beta$ の長さも計算できる．$\lambda = 30°$ のとき，緯度 36° の場所でこの位置を決定するには，式 (4.4) を使って，次の式を得る．

$$\sin\beta = \frac{\sin\delta}{\sin(90 - \phi)} = \frac{\sin 11°40'}{\sin 54°} = 0.25.$$

そうすると，$\beta = 14°28'30''$ である．それゆえ，$\lambda = 30°$ の日には，太陽は地方時間午前 5 時 25 分に地平線の真東よりも $14°28'30''$ 北の点から昇る．

球面三角法の応用の最後のものとして，正午における天頂からの太陽の距離の計算がある．与えられた日の太陽は常に天の赤道から距離 δ にある．したがって，子午線を横切る正午には，太陽は ($\delta > 0$ と仮定すると)，天の北極 N と，子午線および赤道の交点 T の間にあり，この位置は先ほどの交点から距離 δ 離れている (図 4.25)．弧 $NT = 90°$ かつ，弧 $NY = \phi$ [観測地点の緯度] であるので，弧 $SZ = 90° - (90° - \phi) - \delta = \phi - \delta$ であることが帰結する．$\phi - \delta > 0$ もしくは $\phi > \delta$ である場合には，正午には太陽は南にあるから，したがって影は北向きになることに注意．δ の最大値は $23°51'20''$ であるので，この値よりも大きい緯度の地方には常にこのことが当てはまる．一方，$\phi = \delta$ のとき，正午に太陽は真上にある．この現象が起きる日も，太陽が正午に天頂よりも北にある

[*12]北緯 36 度の地点で春分から約 1 ヶ月後となる.

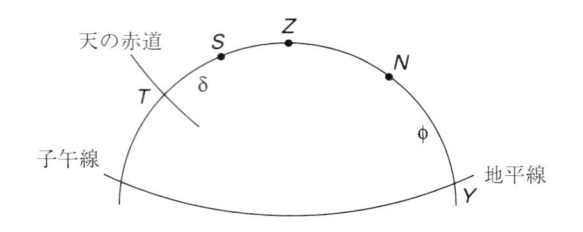

図 4.25
天頂からの太陽の距離の計算.

日も，与えられた緯度に対して容易に計算できる．いずれにせよ，天頂からの太陽の角距離が与えられれば，プトレマイオスは前述のように影の長さを計算できた．彼はその結果を長い表に残している．彼は，異なる 39 の緯度が同じ平行圏[*13]について，最長の昼の長さを与え[*14]，さらに夏至・冬至，春秋分の正午における長さ 60 の柱の影の長さを与えている[*15]．

ここで与えた例は太陽を論じるものだけで，これらは『アルマゲスト』の最初の 3 巻からとったものである．著作の以後の部分では，プトレマイオスは月と諸惑星について議論している．各天体について，プトレマイオスはまず説明されるべき現象の簡潔な定性的描写を与え，それからどのような幾何学モデルを要請するかを説明する．この幾何学モデルは周転円と離心円を組み合わせたものである．そして最後に，彼が個人的に行った観測や，記録が残っている過去の観測から，詳細なパラメーターを導き出す．たいていの場合は最後に，計算で得られたパラメーターを使って，このモデルによって新たな惑星の位置が予測でき，それが観測によって確認されたことを示している．つまり，プトレマイオスは，現実に科学を「実践する」際に数学モデルを使用した，文献上の証拠がある最初の数理科学者なのである．彼はモデルをまず作り，次に観察によってモデルを改良し，観察精度の限界内ではあるが，モデルが実際に観察される現象を予測できるようにしたのである．

プトレマイオスは，「現象を救う」点において自分が達成した業績を誇りに思っていた．すなわち，さ迷える七つの天体すべてについて，「神的な存在の本性には斉一な円運動がふさわしいから，その見かけの不規則は斉一な円運動によって表現できる．……このとき，われわれはこのような目的に成功したのは偉大なることであって，理論哲学の数学的部分に真にふさわしい目標であると考えて当然である．しかし，多くの根拠から，われわれは，この目標は困難であって，なぜわれわれ以前の誰もこの課題に成功することがなかったのか然るべき理由があると考えざるをえない」[11]．だがしかし，プトレマイオスは，この困難を克服し，後世に支配力を及ぼした数学的著作を残した．実際，この著作は天体現象を予測できたのである．この著作は 1400 年以上にわたって乗り越えられることはなかった（囲み 4.2）．

[*13]赤道面に平行な平面が，地球表面と交差する線を平行圏という．地図上で言えば，同一緯線上の場所に当たる．
[*14]たとえば北緯 36 度のロードスでは 14 時間半．
[*15]これは『アルマゲスト』第 II 巻 6 章の各平行圏の記述である．のちに第 II 巻 13 章でプトレマイオスはさらに詳しく，太陽が十二宮のそれぞれの最初にある場合に（したがって，夏至，冬至，春秋分を含む太陽の十二の位置に対して），正午および 1 時間ごとの太陽の高度を与えている．

囲み 4.2
プトレマイオスと関数のアイデア

　数学的著作としてのプトレマイオス『アルマゲスト』の中に，関数の現代的アイデアの萌芽を見ることができるかどうかという問題が提起できる．一群の量の間の関数的関係を示す多くの表があるという事実も，この考えを支持する．かなり時代を遡るバビロニア人は，様々な天体現象の予測時間を示す天文表と同様に，平方根の表や逆数の表をまとめている．しかし，一般的にいって，バビロニア人は個々の値にのみ関心を持っていた．プトレマイオスは，表を示すだけでなく，「独立変数」の任意の値に対する関数値を与えてどのように補間すればよいか示すことによって，連続的な現象の計算的取扱いの基盤を提供することに多くの手順を費やしている．つまり，弦は弧の関数 $\mathrm{crd}(\alpha)$ として，太陽の赤緯は黄経の関数 $\delta(\lambda)$ として，そして上昇時間 $\rho(\lambda, \phi)$ は黄道に沿った弧 λ の長さと地理上の緯度 ϕ を表す2変数の関数として示されている．プトレマイオスは，表を逆に用いることも多い．たとえば，弦から弧を求めている．こうすることで，われわれが逆関数と呼ぶものを用いているのである．

　さらに，この著作全体の目的は惑星位置の予測なので，プトレマイオスは，特定の時刻に対して予測を行うためにどうすればよいか説明する明示的なアルゴリズムを頻繁に書き残している．たとえば，任意の与えられた時刻における太陽の位置を計算するために，彼は要求される様々なステップを説明している．最初に，元期（すべての計算の開始点，紀元前747年2月26日）から求めたい時刻までの時間 t を計算する．次に，「平均運動」の表から平均運動 $\mu(t)$ を得る．$\mu(t)$ を $265°15'$ に足して，$360°$ の倍数を引いて，$360°$ 未満の値 $\bar{\lambda}$ を得る．この $\bar{\lambda}$ を太陽のアノマリ[*16]の表に当てはめて（この表の欄の一つは，本文中でプトレマイオスによる三角形の解法の例として示した計算によって得られる），$\theta(\bar{\lambda})$ を得る．次に $\theta(\bar{\lambda})$ を $\bar{\lambda}$ に足すと，最終的結果 $65°30'$ を得る．現代の記号で書けば，この結果は，$p(t) = \theta(\bar{\lambda}(t)) + \bar{\lambda}(t) + 65°30'$ (mod $360°$) と書ける．ここで $\bar{\lambda}(t) \equiv \mu(t) + 265°15'$ (mod $360°$) であり，また，θ, μ はそれ自身関数手続きに由来する表によって定義される．プトレマイオスは現代的な記号を用いていないものの，彼が関数関係という現代的アイデアに十分気づいていたことは明らかである．多くの手続きにおいて，彼は適切な対称性を用いることさえして計算を単純化している．

　しかし，プトレマイオスは関数の一般的概念について議論していない．実際，彼は関数を扱う手続きを当たり前のものとみなしている．このような方法はプトレマイオスの読者にはよく知られたものであって，彼以前の時代でも少なくとも天文学者によって用いられていたに違いないと結論づけることもできる．とはいえ，やはり関数という問題に関してギリシアの数学者の誰かが著作を著したという証拠は残っていない．これは，おそらく関数やその特性を議論するよい理論的方法が存在しなかったためである．妥当な公準も存在しなかった．しかし，「公式的なギリシア数学の幾何学的外見」[11] の背景には，実用数学の領域が存在し，この数学は天の問題を解くのにも地上の問題を解くのにも必要だったという事実を認識しておくことは重要である．

4.3　実用数学

　ヒッパルコスとプトレマイオスの三角法によって，ギリシア人は地上の三角形と同様，天文現象に関係する天の三角形を「測定する」ことができるようになった．しかし，ギリシア人は，距離や高さを間接的に測定するために地上の通常の三角形を解かねばならなかったことも確かである．少なくともヒッパルコスの時代以降は，ギリシア人は三角法による方法，つまり弦の表を使う方法を用いていたことが当然のように思える．しかし，利用可能な史料は，ギリシア人がそうはしなかったことを示している．

　ヒッパルコスの時代以前には，間接的な測定方法は相似の概念から直接生まれたものだと当然予想される．実際これがまさにユークリッドの『視学』の中に見えるものである．この論考は基本的に視覚の幾何学的原理に関する著作であっ

[*16] アノマリは近点離角と訳される．惑星・衛星と近地点がつくる角度をいう．

て，光線は直線上を進むという仮定に基づいている[*17]．しかし，ユークリッドは間接的測定に関する若干の成果を収めている．たとえば，命題18は，「太陽が見えるとき，与えられた高さを求めよ」と問う[12]．言い換えれば，太陽がΓにあるとき，その影の長さが$B\Delta$である塔ABの高さを決定したいと考えていた（図4.26）．高さが既知の物体EZを，その影の先端もやはりΔとなるように置くと，影の長さは$E\Delta$となるので，ユークリッドは三角形$AB\Delta$と$ZE\Delta$の相似によって高さABが決定できると結論した．

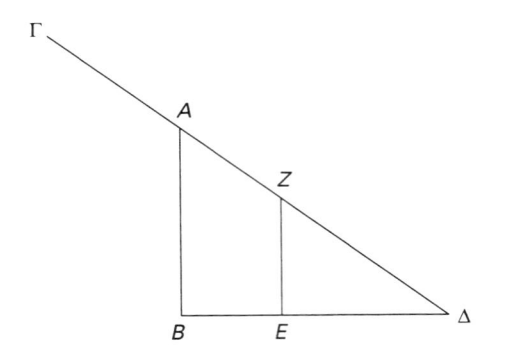

図 4.26
太陽を用いる高さの計算．ユークリッド『視学』より．

4.3.1 ヘロンの著作

ユークリッドのおよそ350年後，アレクサンドリアのヘロン（紀元後1世紀）の『ディオプトラ』に，より詳細な間接的測定に関する研究が残っている（ディオプトラは観測機器の一種）．別の著作を見るとヘロンは弦の表に通じていたように思われるのだが，ここではやはり相似三角形を用いている．たとえば，ヘロンは（Aに立つ）観察者から接近不能な点Bまでの距離を次のようにして決定する方法を示している．すなわち，まず$BA\Gamma$が直線となる点Γを選び，それからΓABに対して垂直な線分ΓEを作図し，最後にEからBを観測し，そうすることで，$A\Delta$がやはり$BA\Gamma$に垂直となるよう線分BE上の点Δを決める（図4.27）．三角形$AB\Delta$とΓBEは相似であるから，$\Gamma E : A\Delta = \Gamma B : BA$である．前者の線分どうしの比は，それぞれの長さが測定できるから，求められる．それゆえ，第二の比も求まる．しかし，$\Gamma B : BA = (\Gamma A + AB) : BA = \Gamma A : BA + 1$であって，$\Gamma A$は既知であるから，$BA$も決まる[*18]．

ヘロンは，二つの接近不能な点の間の距離，塔の高さ（[太陽による]影を使わない方法），谷の深さなどを決めるために類似の方法を用いた．また，彼は，山を貫通するまっすぐなトンネルを建造するために，両側からどのように掘る方向を決めればよいかも示した．

ヘロンの多くの著作には，他にも応用数学の重要なアイデアが含まれている．たとえば，彼の『反射視学』には，光線が鏡に当ったとき，入射角と反射角

[*17] ユークリッドがこの著作で扱っているのは眼から出て物体に達する「視線」であり，物理的な光線とは方向が逆である．もちろんこの相違は視覚の幾何学的扱いに何の影響もない．そのため，ユークリッドの著作は『視学』と訳す．

[*18] Heron (ed. Schöne) 3:220．なお$\Gamma B : BA = (\Gamma A + AB) : BA = \Gamma A : BA + 1$のような一般化された比の値の計算をヘロンがここで行っているわけではない．「そこでたとえばGEがADの5倍であることが見出されたとしよう．ゆえにBGはBAの5倍である．ゆえにGAはABの4倍である」．これは単純な量の引き算であり，比の値の引き算ではない．

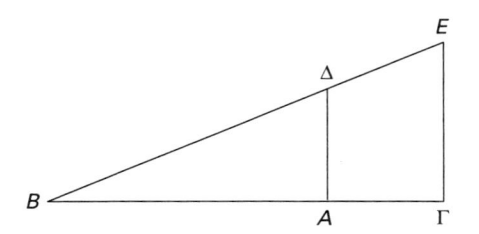

図 4.27
距離の計算．ヘロンの『ディオプトラ』より．

は等しいという興味深い証明が収められている．この結果はすでに知られていたことではあるものの，ヘロンは「自然は無駄なことをしない」[13] という仮定に基づいて証明を行った．つまり，物体 C から鏡を経由して目 D に至る光線の経路は，可能なうちで最短の経路でなければならないという仮定を証明の基礎としたのである．証明は次のようになる．A が，$\angle CAE = \angle DAG$ となるような鏡 GE 上の点であるとする（図 4.28）．線分 DA の延長が線分 CE の延長と交わる点を F とする．ここから，容易に $\triangle AEF$ と $\triangle AEC$ は合同であり，それゆえ光線の経路 $DA + AC$ は直線 DAF に等しいということが帰結する．ここで，B を鏡上の任意の他の点と仮定する．BF と BD，BC を結ぶ．$BF = BC$ であるから，$DB + BC = DB + BF > DAF$ である．それゆえ，他の光線経路を想定すると，それは入射角と反射角を等しくする光線経路よりも長い[*19]．

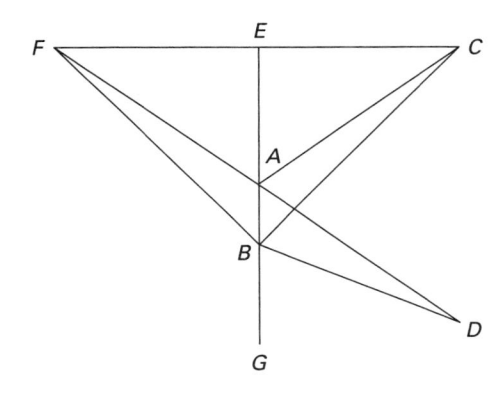

図 4.28
入射角は反射角に等しい．

ヘロンの『機械学』には，今日運動の平行四辺形と呼ばれるものが見られる（ただし，このアイデアはすでに偽アリストテレスの『機械学』に見える）．ある点が斉一な速度で線分 AB を A から B へと運動しており，同時に線分 AB が斉一な速度でその向きを保ったまま運動しており，最後に線分 $\Gamma\Delta$ に至ると仮定する（図 4.29）．EZ は線分 AB の任意の中間位置であるとし，G はこの線分上の運動する点の位置であるとする．このとき，$AE : A\Gamma = EG : EZ$（運動の定義による）だから，$AE : EG = A\Gamma : EZ = A\Gamma : \Gamma\Delta$ となり，それゆえ G は対角線 $A\Delta$ 上にある．言い換えれば，この対角線が運動する点の実際の経路なのである．現代の術語に直せば，「速度ベクトル」$\vec{A\Delta}$ は「速度ベクトル」$\vec{AB}$ と $\vec{A\Gamma}$ のベクトル和である．

もちろん，ギリシア人自身が「速度ベクトル」を考えていたわけではない．速

[*19] ヘロン『反射視学』では，見るものと見られるものの鏡面からの高さと鏡の上での水平距離が比例するという仮定から証明されている．なお，ヘロンとされている『反射視学』の真の著者は不明である．

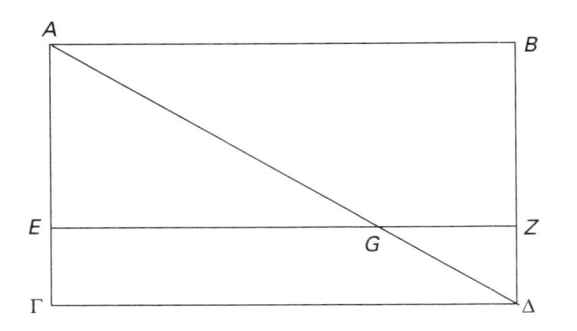

図 4.29
運動の四辺形．ヘロンの『機械学』より．

度は測定可能な独立な量とはみなされておらず，「何マイル／時」といった概念は存在しなかった．『原論』第 V 巻定義 3 によれば，比は同種の大きさの間でしかとることができないものだったことを思い出して欲しい．それゆえ，時間に対する距離の比を考えることはできなかったのである．比較できたのは距離どうし，もしくは時間どうしだけだったのである．たとえば，アウトリュコスによる古代の速度の定義は次のようなものである．「点は，等しい時間に，等しく相似な量を通過するとき，均等に運動していると言われる．円の弧上の点もしくは線分上の任意の点が均等に運動して，二つの線分を通過するとき，その点が二つの線分の一方を通過する時間は，他方［の線分］を通過する時間に対して，二つの線の一方が他方に対するのと同じ比を持つ」[14][*20]．現代の術語に直せば，アウトリュコスは次のように述べているのである．ある点が等しい時間で等しい距離を動くとき，その点の速度は均等であって，さらにその点が時間 t_1 の間に距離 s_1 を移動し，時間 t_2 の間に距離 s_2 を移動するならば，$s_1 : s_2 = t_1 : t_2$ である．第 3 章の円積曲線の議論と同様，前の段落のヘロンの『機械学』における比例関係も，この定義に由来している．実際アルキメデスは，著作『螺線について』の冒頭で，非常に詳細にこの問題について議論している．なぜならば，螺線平面図形における螺線，つまり渦巻きそのものが，ある線分がその終点の一つを中心に均等に回転すると同時に，その線分上を均等な速度で運動する点の描く軌跡と定義できるからである[*21]．

落下する物体が均等な速度で運動するのではないことをギリシア人たちが観察していたのは確かである．つまり，ギリシア人は加速度の概念に気づいていた．しかし，加速度運動に関してはっきりと示しているごく少数の現存する注釈の一つは，自然学者ストラトン（紀元前 3 世紀）の失われた論文「運動について」への紀元後 6 世紀の注釈に残っている．まずストラトンは，落下する物体は「その運動の最後の部分を行う時間が最も短い」し，さらに「引き続く各々の空間をよりすばやく」横切ると主張している[15][*22]．言い換えれば，加速度運動を行う物体が連続する等しい距離を移動する時間はだんだんと短くなり，そ

[*20] これはアウトリュコスの著作『動く天球について』の冒頭の一節であるが，このテクストの編集者 Aujac は，この一節は，すぐあとの最初の命題に使われる「均等に」(homalōs) という語を説明する後世の注釈が本文に混入したものであろうと考えている．

[*21] アルキメデスは，等速で (isotacheōs) 運動する点の通過距離と時間が互いに比例することを『原論』第 V 巻の比例の定義を利用して「証明」している．この点で，比例関係を均等に運動することの定義として採用するアウトリュコス（への注釈）より厳密である．

[*22] CAG 10:916,12ff., in Phys. 230b21.

れゆえ速度が増加するということを意味している．しかし，短い断片からでは，ストラトンが落下する物体の速度は落下する距離に比例すると言いたかったのかどうかはわからない．しかし，アリストテレスへの 3 世紀の注釈者は，「上方からの距離に比例して，物体はより素早く下方に運動する」と主張している[16]．

ギリシア人は運動学の基本的概念に通じていたものの，天文学分野のように，その概念を使って数値計算を行った証拠は存在しない．これに対して，ヘロンの『測量術』は実用的測量法のハンドブックの一例である．この本を読めば，読者は様々な型の図形の面積や体積をどのように測定すればよいか学ぶことができた．本書でヘロンは「無理」量を含む場合にも数値解に到達する方法を示している．ヘロンは証明を与えるときもあるが，彼の目的は常に計算することだった．ある意味，この著作は中国やバビロニアのテキストを思い起こさせるものの，ヘロンはアルキメデスやエウドクソスのような人々の著作をしばしば引用して，自分の規則を正当化している．

『測量術』の第一巻は，平面図形の面積と立体図形の表面積を計算する手続きを与える．長方形と直角三角形・二等辺三角形の簡単な場合のあと，ヘロンは三辺の長さが与えられている不等辺三角形の求積について論じる．彼は二つの方法をあげている．最初の方法は『原論』第 II 巻命題 12, 13 に基づいている．三角形 ABC が与えられたとき，垂線 AD を BC（もしくは BC の延長上）に下ろし，『原論』のその箇所で言及された定理を用いて $c^2 = a^2 + b^2 \mp 2a \cdot CD$ を示す（図 4.30）．ここから CD が求められるので，$AD = h$ も求まる．そうすると，面積は $\frac{1}{2}ah$ である．

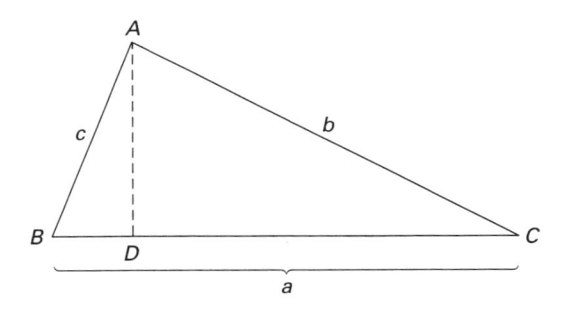

図 4.30
ヘロンによる三角形の求積．

第二の方法はヘロンの公式として今日知られるものである．すなわち，$s = \frac{1}{2}(a+b+c)$ のとき，面積は $\sqrt{s(s-a)(s-b)(s-c)}$ に等しいというものである．ヘロンは次のように述べている．「三角形の辺を 7, 8, 9 としよう．7 と 8, 9 を合わせると，24 になる．この半分をとれ．12 になる．7 を取り去れ．残りは 5．もう一度，12 から 8 を取り去れ．残りは 4．さらに 9 では，残りは 3．12 に 5 を掛けよ．60 になる．これに 4 を掛けると，240 になる．これに 3 を掛けると，720 になる．平方根をとれ．これが三角形の面積となるであろう」[17]．

ヘロンはここで，この求積の正しい幾何学的証明を与えている．この公式と証明はおそらくもともとはアルキメデスに帰せられるものだろうが，四つの長さの積が含まれているという完全に「非幾何学的な」概念がみえるという点で，ギリシア時代では珍しいものである．ヘロンは逸脱に感じられるこの事実に何

ら特別な注記をしていないので，おそらくこれはヘロンが参照した典拠にすでに存在したのだろう．『原論』では長方形や直角平行六面体を得るために二つか三つの長さを掛けることがはできなかったが[*23]，本章ですでに議論したギリシア数学の実用的な要請という面によって，数学者の一部は長さを「数」とみなし，数と同様にこの長さを掛け合わせるようになったのである．この新しい概念は，もちろん数学をどのように理解するかに関するアリストテレスの基本的な哲学的教義を冒すものである．しかし，ここにもまたギリシア数学においてその「幾何学的外見」の背後へとかなり進んだ思想が存在することがわかる．

ヘロンはこの一節で，続いて必要な平方根をどのように計算すればよいか示している．

> 720 には有理数の平方根がないので，われわれは次のようにして，非常に小さい誤差で平方根を求める．720 に最も近い平方数は 729 で，平方根 27 を持つから，720 を 27 で分割せよ．$26\frac{2}{3}$ になる．27 を加えよ．$53\frac{2}{3}$ になる．この半分をとる．$26\frac{5}{6}$ [*24]．それゆえ，720 の非常に近い平方根は $26\frac{5}{6}$ である．というのも，$26\frac{5}{6}$ をそれ自身に掛けると，$720\frac{1}{36}$ になり，したがってその差は $\frac{1}{36}$ になる．またこの差を $\frac{1}{36}$ よりも小さくしたいならば，729 の代わりにここで求められた数 $720\frac{1}{36}$ をとって，同じことを行えば，$\frac{1}{36}$ よりも誤差がはるかに小さくなることを見出すであろう[18]．

この平方根アルゴリズムは実用数学のもう一つの例であり，非常に興味深いことに，テオンが説明するプトレマイオスのアルゴリズムとはまったく違うものである．おそらくヘロンの方法は 10 進法での計算のときの手続きであり，一方プトレマイオスの方法は天文学の 60 進数計算の方法なのであろう．

『測量術』には，n が 3 から 12 の範囲のとき，n 個の辺の長さが a の正多角形の面積 A_n を求める公式も載っている[*25]．たとえば，ヘロンは $A_3 \approx \frac{13}{30}a^2$ であり，$A_5 \approx \frac{5}{3}a^2$, $A_7 \approx \frac{43}{12}a^2$ であることを示している．それぞれの場合に，彼は面積を幾何学的に導出する際に現われる様々な平方根の近似を用いている．正九角形の面積公式の導出においては，ヘロンは「弦の表」を利用して，中心角 40° の弦は円の直径の 3 分の 1 に等しいことを見出している．それゆえ，$AC^2 = 9AB^2$, $BC^2 = 8AB^2$（図 4.31）であるから，$A_9 = 9\triangle ABO = \frac{9}{2}\triangle ABC = \frac{9}{4}BC \cdot AB = \frac{9}{4}\sqrt{8}a^2 \approx \frac{9}{4} \cdot \frac{17}{6}a^2 = \frac{51}{8}a^2$ である．

[*23] 『原論』ではそもそも幾何学的存在である線分の長さを「掛ける」ことは行われない．また，『原論』で扱われるのは当然 3 次元以下の図形の大きさに関する議論であるから，それを現代的に解釈すれば，三つ以下の長さの掛け算しか現われない．

[*24] 正確には $26\frac{1}{2}\frac{1}{3}$．

[*25] もちろん n に相当する記号がヘロンのテキストにあるわけではない．ヘロンは正三角形から正十二角形まで，一つずつ面積を計算しているにすぎない．

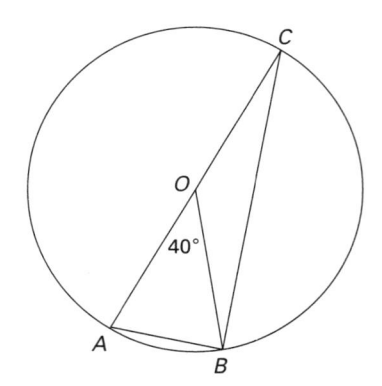

図 4.31
正九角形の面積の計算.

円の面積を求めるために，ヘロンはπとしてアルキメデスの値$\frac{22}{7}$を用い，円の面積は$\frac{11}{14}d^2$であるとする．このとき，dは直径である．ここでヘロンは，半円より小さい円の切片弓形の面積を求める公式に関して「昔の人々」を引用して，$A = \frac{1}{2}(b+h)h$とする．ここでbは底辺であり，hは円の切片の高さ［つまり，矢］である．より精密な値は$\frac{1}{14}\left(\frac{b}{2}\right)^2$という追加項を加えることによって与えられると彼は言う．この新しい公式は，確かに，$\pi = \frac{22}{7}$とするとき半円に対して正確であるものの，円の他の切片に対しては近似にしかすぎない．ヘロンは，この方法は$b \leq 3h$のときにのみ「当然ながら」正確であると書いている．

『測量術』の第二巻への序文で，ヘロンは，直方体の体積はその長さ，幅，深さを長さの単位で表した数の積であると書いている．なぜならば，この立体は数多くの単位立方体に分割できるからである．しかし，続いてヘロンはより一般的な解法を述べている．すなわち，立体において，底面に平行なあらゆる切り口が等しく，すべての切り口の中心が，底面の中心を通り底面に垂直または斜めの一つの直線上にあるならば，体積は底面積とこの図形の垂直方向の高さとの積に等しい．ヘロンはこの規則を正当化していないし，最初の説明を適用して正当化することもできない．なぜなら，立体は一般的には整数の数の単位立方体に分割できないからである．おそらく，ヘロンは不可分者についての議論を通じて正当化は与えられると理解していた．ある立体の底面積にその底面が等しく，その高さがその立体の高さに等しい直方体をとるならば，どちらの立体もその平行な「不可分」な切り口から「構成され」ており，一方の立体の切り口は他方の立体の切り口に等しいので，二つの立体の体積は等しいということが帰結する．つまり，直方体の体積はその底面と高さの積であるので，与えられた立体についてもこれは当てはまる．これまでの章で指摘したように，不可分者による議論は数百年にわたってギリシア数学の中に現れていたように思われる．ただし，正式の立場は決して与えられることはなかったし，したがって「公けにされる」こともまったくなかった．

第二巻の残りで，ヘロンは他の多くの立体図形の体積を計算する公式を与えている．ヘロンは，その立体の公式のいくつかに関してはそれ以前の結果を引用し，他のものについては，正式な証明ではないものの基本的な議論を行ってい

る．その結果には次のようなものがある．ヘロンは円環体（トーラス）の体積 ($2\pi^2 ca^2$) を求める公式を示している．ここで，a は円の部分の半径であり，c はトーラスの中心からこの円の中心までの距離である．また，正八面体の体積公式 $\left(\frac{1}{3}\sqrt{2}a^3\right)$ も示している．ここで，a は辺の長さである．

4.3.2 『ミシュナ・ミッドト』

ヘロンのテキストは，西暦紀元最初の数百年間にわたってギリシア・ローマ世界に流通した．さらにこれに類似した他の著作で，ユークリッドのモデルからさらにかけ離れたものも生み出されている．とくに興味深い例の一つは，ヘブライ語の著作『ミシュナ・ミッドト』である．ただし，この著作の書かれた正確な日付も著者も不明である．しかし，本書は 2 世紀半ばにラビのネヘミアが，おそらくパレスチナのユダヤ人農民・職人向けに書いたのだと考えられている[*26]．ヘロンの『測量術』と同様，本書は面積と体積を求めるための規則の集成である．しかし，『測量術』とは違い，証明は見られない．

いくつかの段落を引用すればこのテキストの雰囲気がわかるだろう[19]．

> 第 II 巻命題 3　円についてはどうか？……直径にそれ自身を掛けて，ここから 7 分の 1 と 7 分の 1 の半分を取り除け．この余りが面積である．たとえば，直径が長さ 7 ならば，その［自分自身への］倍数は 49 である．7 分の 1 足す，7 分の 1 の半分は $10\frac{1}{2}$．したがって，面積は $38\frac{1}{2}$．

> 第 II 巻命題 4　弓形についてはどうか？……矢を弦に足し，これらをいっしょに［とって］，これに矢の半分を掛け，脇においておけ．今度は……弦の半分をとって，それにそれ自身を掛けて，それを 14 で割って，その結果を［脇に］おいてあるものに足せ．この結果生まれる［和］が面積である．

言い換えれば，円の面積を求める説明は公式 $A = d^2 - \frac{1}{7}d^2 - \frac{1}{14}d^2 = \frac{11}{14}d^2$ を与え，弓形，つまり円の一部の面積を求める説明は，$A = (b+h)\frac{b}{2} + \frac{1}{14}\left(\frac{b}{2}\right)^2$ という結果を与える．これらの公式はどちらもヘロンによるものと同一である．

> 第 II 巻命題 10, 11　［切頭錐体の体積を］どのように計算するか？　例として次のような四角柱をとろう．底面が 4 アンマ[*27]掛ける 4 アンマで，［その高さは 10 アンマ］，上に上がるに連れてだんだんと細くなり，その上面は正方形であって，2 アンマ掛ける 2 アンマ．……これは数で解くことができる．完全な柱体に対する上昇の半分であるこの柱体の長さ［の比］は，4 対 2 の比に等しい．こうして，頂点まで達する完全な柱体は 20 アンマであって，切頭体［の始まり］までは 10 アンマであることがわかる．

ラビのネヘミアは，錐体の体積を求める標準公式を使って，高さ 20 の錐体全体の体積は $\frac{1}{3}\cdot 4^2 \cdot 20 = 106\frac{2}{3}$ であり，（欠けている）上部の錐体の体積は $13\frac{1}{3}$ と計

[*26]原注の 19 末尾を参照．
[*27]ここでは旧約聖書で用いられる長さの単位アンマを訳では用いる．ひじから指さきまでの長さ．

算して，計算を完了している．つまり，この切頭体錐体は体積 $106\frac{2}{3} - 13\frac{1}{3} = 93\frac{1}{3}$ を持つ．ヘロンはこの方法を用いなかったことは明らかで，次の公式を好んだ．

$$V = h\left[\left\{\frac{1}{2}(a+b)\right\}^2 + \frac{1}{3}\left\{\frac{1}{2}(a-b)\right\}^2\right].$$

ここで，a と b はそれぞれ底面と上面の長さであり，h は高さである．

第 III 巻命題 4　等しい辺と等しくない角を持つ，あれ [四辺形] は何か？ たとえば，各辺が 5 で，二つの狭い角と二つの広い角を持ち，二つの線 [対角線] が中央でお互いに交差し，一方は 8，もう一方は 6 である．測定したいならば，一つの線をもう一方の半分に掛けると，この結果が面積，つまり 24 アンマである．

つまり，対角線 d_1, d_2 を持つひし形の面積は $A = \frac{1}{2}d_1 d_2$ として計算される．この公式もヘロンの著作に見える．同じようにして，ラビのネヘミアはヘロンの公式を使って，三角形の面積を決定する．

最後の例は，科学と宗教の潜在的な対立を克服するラビのネヘミアの試みを示している．

第 V 巻命題 3　……[円の] ぐるり全周を知りたい知りたいならば，直径に 3 と 7 分の 1 を掛けよ……

第 V 巻命題 4　さて，次のように書かれている．「そして，彼は端から端まで 10 アンマの，円形の鋳物の海を作った」．そして，[やはり] その円周は 30 アンマである．というのも，次のように書かれるからだ．「そして，30 アンマの縄がその周囲をぐるっと取り巻いた」．この「そして 30 アンマの縄云々」というくだりの意味は何か？ ネヘミアはいう．世間の人々は縁は直径の 3 倍と 7 分の 1 を含むというのだが，二つの端の海の厚さとして 7 分の 1 を取り去ると「30 アンマがその周囲をぐるっと取り巻」くことになる．

第 1 章で述べたように，『聖書』の引用は「列王記」上 7:23 からのものである．聖書と「世間の人々」との間の対立に対するネヘミアの解決は，10 アンマという直径は海の壁を含んでいるはずだが，30 という円周は壁を除いた内側の円周であると指摘することだった．不運なことに，宗教的信仰と数学研究，もしくは科学研究との間にあるように見える対立を解決するのは常にそれほど単純なものではなかったことがわかる．

練習問題

プトレマイオス『アルマゲスト』に関連する問題

1. ヒッパルコスの半角公式を用いて，$\mathrm{crd}(60°) = R = 60$ から始めて，$\mathrm{crd}(30°)$ と $\mathrm{crd}(15°)$, $\mathrm{crd}\left(7\frac{1}{2}°\right)$ を計算せよ．同様に，ヒッパルコスの $\mathrm{crd}(180° - \alpha)$ を求める公式を用いて，$\mathrm{crd}(120°)$ と $\mathrm{crd}(150°)$, $\mathrm{crd}(165°)$, $\mathrm{crd}\left(172\frac{1}{2}°\right)$ を計算せよ．

2. テオンの方法を使って，60 進 2 桁まで $\sqrt{4500}$ を計算せよ．答は 67;4,55 である．

3. 円に内接する四辺形を求めるプトレマイオスの定理を使って，和の公式

$$120\,\mathrm{crd}(180-(\alpha+\beta))$$
$$=\mathrm{crd}(180-\alpha)\,\mathrm{crd}(180-\beta)-\mathrm{crd}\,\alpha\,\mathrm{crd}\,\beta,$$

を証明せよ．

4. プトレマイオスの差の公式を使って，$\mathrm{crd}(12°)$ を計算し，半角公式を適用して，$\mathrm{crd}(6°)$ と，$\mathrm{crd}(3°)$，$\mathrm{crd}\left(1\dfrac{1}{2}°\right)$，$\mathrm{crd}\left(\dfrac{3}{4}°\right)$ を計算せよ．この結果をプトレマイオスのものと比較せよ．

5. 問題4の計算を（60進法で）行うためのコンピュータプログラムを書け．

6. ヒッパルコスの半角公式の導出法とアルキメデスが『円の測定』の補助定理2で用いた方法とを比較せよ．

7. $0<\alpha<\beta$ のとき，$\mathrm{crd}\,\beta:\mathrm{crd}\,\alpha<\beta:\alpha$，もしくはそれと同等な $\dfrac{\sin\beta}{\sin\alpha}<\dfrac{\beta}{\alpha}$ を証明せよ．

8. γ が鋭角の場合，太陽の方向を求めるためにプトレマイオスがアルゴリズムで用いた余弦定理と類似の方法によって，余弦定理を導出せよ．

9. プトレマイオスの方法を用いて，春分時の緯度 $40°$ および緯度 $23\dfrac{1}{2}°$ の場所における，長さ60の柱が正午につくる影の長さを計算せよ．

10. なぜ天の赤道と黄道の間の角 ϵ が，夏至と冬至における太陽の正午の高度の角度差を半分にすることによって求められるのか説明せよ（図4.32参照）．

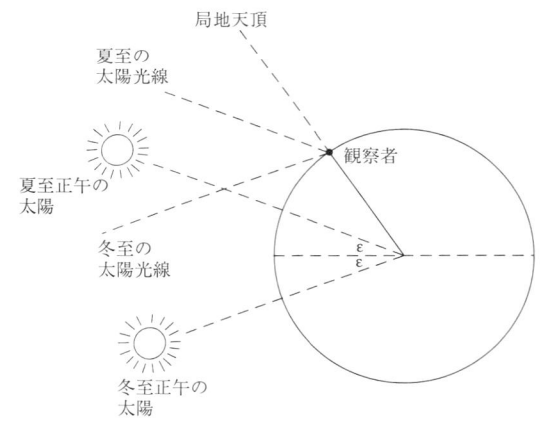

図 4.32
黄道の傾きの計算．

11. 緯度 $23\dfrac{1}{2}°$ および $36°$ における，長さ60の柱が夏至と冬至につくる影の長さを計算せよ（図4.33では，G が夏至の正午の太陽の位置を示しており，B が春分・秋分の正午，L が冬至の正午の位置を示している．問題10にしたがえば，弧 $GB =$ 弧 $BL = 23\dfrac{1}{2}°$ である）．

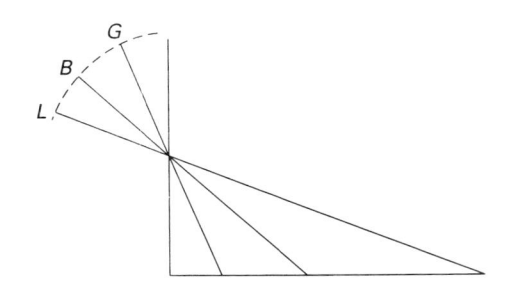

図 4.33
影の長さ．

12. 太陽が黄経 $90°$（夏至），および $120°$，$45°$ にあるとき，その赤緯と赤経を求めよ．それと対称の位置である黄経 $270°$，および $240°$，$315°$ にあるときの赤緯を求めよ．

13. 黄経 λ および地理上の緯度 ϕ の任意の値に対して，上昇時間 $\rho(\lambda,\phi)$ を計算するコンピュータプログラムを書け．

14. $\phi=45°$ かつ，$\lambda=60°$ および $90°$ であるときの上昇時間 $\rho(\lambda,\phi)$ を計算せよ．

15. 緯度 $36°$ で $\lambda=60°$ のとき，1日の昼間の長さを計算せよ．日の出と日没の地方時間を計算せよ．$\lambda=60°$ のとき，緯度 $45°$ での1日の昼間の長さを計算せよ．この場合の日の出と日没の地方時間を計算せよ．

16. ある場所における昼の最大時間は15時間であるとわかっているとする．この場所の緯度と，夏至・冬至の際の日の出のときの太陽の位置を計算せよ．

17. 公式 $\sin\sigma=\tan\delta\tan\phi$ は，右辺が1以下のときのみ意味を持つ．δ の最大値は $23\dfrac{1}{2}°$ であるから，$\phi>66\dfrac{1}{2}°$ のときは常に右辺は1を越えることを示せ．この場合，日の長さを用いてこの公式を表せ．

18. $\lambda=45°$ および $90°$ のとき，緯度 $45°$ での天頂からの太陽の角距離を計算せよ．

19. 地理上の緯度が $20°$ の場所で，正午に太陽が真上にくるおおよそその日はいつか？

20. 緯度 $45°$，および $36°$，$20°$ の場所で，日の出が最も北になる点を計算せよ．緯度 $75°$ で「白夜」が始まるおおよそその日はいつか？

ヘロンの著作に関連する問題

21. 相似三角形を用いて，接近不可能な二つの点 A および B（たとえば，あなたから見て二つの点が川の対岸にあると仮定せよ）の間の距離をどのように計算すればよいか示せ．

22. ヘロンの二つの方法を両方用いて，辺の長さ 4, 7, 10 の三角形の面積を求めよ．

23. 辺 a を持つ正三角形の面積を求めるヘロンの公式 $A_3=\dfrac{13}{30}a^2$ において，彼は $\sqrt{3}$ に対してどのような近似を用いたか？ この値をヘロンの平方根アルゴリズムによって求めよ．

24. （平面幾何学を用いて）辺 a を持つ正五角形の面積 A_5 を求める公式を導出せよ．ヘロンの公式 $A_5 = \frac{5}{3}a^2$ と今求めた公式の間の違いについて議論せよ．
25. ヘロンは，辺 a の正七角形の面積 A_7 を求める公式 $A_7 = \frac{43}{12}a^2$ を導出した．これは $a = \frac{7}{8}r$ と仮定したことによる．このとき，r はこの図形に内接する円の半径である．この近似を用いて，ヘロンの結果を導出せよ．ここではどのような平方根の近似が必要か？
26. $\sqrt{8}$ の近似として $\frac{17}{6}$ を導出して，ヘロンの A_9 を求める公式の証明を完成せよ．
27. 三角法を用いて，辺 a の正 n 角形の面積 A_n を求める一般公式を導出せよ．
28. 辺の長さ a の正八面体の体積 $\frac{1}{3}\sqrt{2}a^3$ を求めるヘロンの公式を導出せよ．

議論に向けて

29. プトレマイオスが用いた順序に従って，三角法の授業コースの概要を示せ．すなわち，正弦表を作成する道具として主要な公式を導出せよ．現代の標準的な教科書のアプローチと比較して，このアプローチの長所と短所を議論せよ．
30. プトレマイオスは円錐曲線を用いて角を三等分する方法を知っていたはずである．$1\frac{1}{2}°$ の弦を彼が知っていた場合，その方法で彼は $\frac{1}{2}°$ の弦を作図することができた．なぜプトレマイオスはこの方法は「幾何学的方法」による作図ではないと考えたのか？このような作図を用いて，数値的に 1/2° の弦を計算できるか？
31. プトレマイオスのアプローチに全般的に沿って，三角法の授業コースに球面三角法の一部を組み込むことへの潜在的な意義に関して論ぜよ．
32. 球面三角法の基本公式を使って，若干の単純な天文現象を計算する授業の概要を示せ．
33. ギリシア人は，どのような観察によって，天球の半径はあまりにも大きいので実際に地球はこの天球から見れば点と見なせると信じるようになったのか？
34. 地球が，(a) 1 日にその軸を中心に 1 回転し，(b) 1 年で太陽の周囲を 1 回転する，という事実をあなたが信じる証拠を列挙せよ．この証拠はギリシア人も納得するだろうか？あなたはプトレマイオスが地球の不動性を証明するのにあげた理由にどのように反駁するか？
35. 天文学の著作で「均時差」を調べ，なぜ本書の方法による日の出と日没の時間は数分間不正確であるようなのか議論せよ．
36. 『マセマティックス・マガジン』の 1990 年の論文を読み，夏至・冬至が実際に 1 年で最も日が長くなったり，最も短くなったりするのに，なぜ日の出と日没の時間が最も遅かったり，最も早かったりしないのか調べよ [20]．この驚くべき現象を説明する短いレポートを書け．

参考文献と注

第 2 章で言及した，Thomas Heath の *A History of Greek Mathematics* および，B. L. Van der Waerden の *Science Awakening*［邦訳：村田全・佐藤勝造訳『数学の黎明 オリエントからギリシアへ』みすず書房，1984］にはこの章の問題に関する諸節がある．プトレマイオスおよびその他の学者の著作からの抄訳が Ivor Thomas, *Selections Illustrating the History of Greek Mathematics* に見出すことができる．しかし，バビロニア時代から紀元後 6 世紀までの数学の天文学への応用という問題についての標準的参考文献は，Otto Neugebauer, *A History of Ancient Mathematical Astronomy* (New York: Springer, 1975) である．この著作は，プトレマイオスや他の天文学者が自分たちの見解に基づいた天文体系を機能させるために用いた数学的技法の詳細な研究を提供する．プトレマイオスの『アルマゲスト』の最良の英訳は，Gerald T. Toomer による *Ptolemy's Almagest* (New York: Springer, 1984) である．R. Catesby Taliaferro によるそれ以前の翻訳は *Britannica Great Books* の 1 冊として手に入る［日本語では，Halma 版（フランス語訳）からの翻訳である薮内清訳『アルマゲスト』恒星社厚生閣，1982 があ る］．

［日本語の関連文献：T. L. ヒース, 平田寛・菊池俊彦・大沼正則訳『ギリシア数学史 復刻版』共立出版, 1998 (Thomas L. Heath, *A manual of Greek Mathematics* (Oxford: Clarendon Press, 1931))．矢野道雄「古代・中世天文学史」中山茂編『天文学史』現代天文学講座 15, 恒星社厚生閣, 1982, 33–70 ページ．］

1. Pierre Duhem, *To Save the Phenomena* (Chicago: University of Chicago Press, 1969), p. 5 に引用された，アリストテレスの『天体について』に対するシンプリキオスの注釈．デュエムの著作はギリシア人がどのように「現象を救う」努力を行ったかについて詳細な観察を提供している．
2. Ptolemy, *op. cit.*, I, 6.
3. Thomas Heath, *The Works of Archimedes* (New York: Dover, 1953), p. 222.
4. Plutarch's *On the Face of the Moon*, in Thomas, *Selections Illustrating*, II, p. 5.
5. この議論は Thomas Kuhn, *The Copernican Revolu-*

tion (Cambridge: Harvard University Press, 1957), p. 58 をもとにしている．この著作は，ギリシア時代の天文学の本性について卓越した背景読解を提供してくれる．より最近の著作では，Michael J. Crowe, *Theories of the World from Antiquity to the Copernican Revolution* (New York: Dover Publications, 1990) は学部生向けをとくに意図している．惑星天球の運動の非常に詳細な数学的記述が，複数の図とともに Neugebauer, *History of Ancient*, pp. 677–685 にある．

6. Thomas, *Selections Illustrating*, I, p. 61 に引用されたテオン『プトレマイオスのアルマゲスト注釈』より．

7. Ptolemy, *Almagest* I, 10.

8. ここからの議論は，I. Grattan-Guinness, ed., *History in Mathematics Education*, (Paris: Belin, 1987) に収められた "Mathematical Methods in Ancient Science: Astronomy," における J. L. Berggren の議論をもとにしている．

9. メネラオスの定理の証明については，Ptolemy, *Almagest*, I, 13, もしくは Neugebauer, *History of Ancient*, pp. 27–28 を参照．

10. Ptolemy, *Almagest*, IX, 2.

11. Olaf Pedersen, *A Survey of the Almagest* (Odense: University Press, 1974), p. 93. この著作は，プトレマイオスの著作の翻訳の卓越した参考書である．それはプトレマイオスの数学的・天文学的資料のすべてについて背景と注釈を提供する．

12. Paul Ver Eecke による仏訳 Euclid, *L'Optique et la Catoptrique* (Paris: Descleé de Brouwer, 1938), p. 13.

13. Thomas, *Selections Illustrating*, II, p. 497.

14. Marshall Clagett, *The Science of Mechanics in the Middle Ages* (Madison: University of Wisconsin Press, 1961), p. 165 の引用から．本書は主として中世機械学に関するものであるにもかかわらず，ほとんどの章の冒頭にギリシアでの研究の要約がある．

15. Morris Cohen and I. E. Drabkin, *A Source Book in Greek Science* (Cambridge: Harvard University Press, 1948), p. 211 における Simplicius' *Commentary on Aristotle's Physics*. 本書はギリシア数学や天文学，自然学，その他の科学のすぐれた原典資料集である．

16. Marshall Clagett, *Greek Science in Antiquity* (New York: Collier, 1963), p. 92 の引用から．クラーゲットは，本書でギリシア科学の始まりから中世初期に至るラテン科学へのその影響まで，様々な局面について簡明な議論を提供している．

17. Thomas, *Selections Illustrating*, II, p. 471.

18. 同上，II, p. 471.

19. Solomon Gandz, *Studies in Hebrew Astronomy and Mathematics* 内の *Mishnat ha Middot* より．ガンツは，この著作が 2 世紀のものであると位置づける理由を示す序文を提供している．Gad B. Sarfatti の最新の研究 "The Mathematical Terminology of the *Mishnat ha Middot*," *Leshonenu* 23, 156–171 は，とりわけ使用される言語に関して，ガンツの結論に若干の疑いを投げかけており，この著作は 9 世紀まで書かれていないと示唆している．しかし，本書とヘロンの『測量術』が酷似している事実から，この著者はヘロンの著作に通じており，2 世紀のパレスティナの状況にこの研究を合わせたのかもしれないという考えに導かれる［今日，『ミシュナ・ミッドト』は長い伝統ののち 9 世紀に完成されたとされ，2 世紀に成立したとするガンツ説は否定されている］．

20. Stan Wagon, "Why December 21 is the Longest Day of the Year," *Mathematics Magazine* 63 (1990), 307–311.

［邦訳への追加文献］　古代天文学について：James Evans, *The History and Practice of Ancient Astronomy* (New York: Oxford University Press, 1998).

天文学と実用数学の流れ

紀元前 408–355 年	エウドクソス	宇宙の同心球モデル
紀元前 300 年頃	アウトリコス	球面幾何学に関する文献
紀元前 300 年頃	ユークリッド	球面幾何学と光学に関する文献
紀元前 310–230 年	アリスタルコス	太陽と月の距離
紀元前 250–175 年	アポロニオス	離心円と周天円
紀元前 190–120 年	ヒッパルコス	三角法の始まり
紀元後 1 世紀	ヘロン	測量と機械学，視学（光学）
紀元後 100 年頃	メネラオス	球面三角法
紀元後 100–178 年	プトレマイオス	『アルマゲスト』
紀元後 2 世紀	ラビのネヘミア	『ミシュナ・ミッドト』
紀元後 330–405 年	テオン	『アルマゲスト』への注釈

Chapter 5

ギリシア数学の末期

「この墓にはディオパントスが納められている……．［そして］彼の生涯の長さについて技学的に述べられている．神はディオパントスの生涯の 6 分の 1 を少年とし，その頬にひげが生えるまでにその後 12 分の 1 を足した．神はその後 7 分の 1 経ってからディオパントスに結婚の灯をともし，結婚後 5 年して彼に息子を与えた．おお，哀れな子供よ，この子の父の生涯の半分の長さに達したとき，冷え冷えとした運命がこの子を捕らえた．ディオパントスは 4 年間この数の学問によって悲しみを慰めてのち，生涯を終えた．」

(『ギリシア詞華集』第 XIV 巻エピグラム 126（紀元後 500 年頃））[1]

紀元後 415 年 3 月エジプト．「総督［オレステス］と総主教［キュリロス］の和解の唯一の障害はこのテオンの娘［ヒュパティア］であるとの風評がキリスト教徒の間に広まり，この障害は迅速に除去されることになった．すなわち，聖なる四旬節の季節のある運命的な一日，ヒュパティアは馬車から引きずり下ろされて衣服を剥がれ，教会内へ連れこまれて読師ペトルスや野蛮で無慈悲な狂信者の一味の手で惨殺されたのである．……ヒュパティアの惨殺はアレクサンドリアのキュリロスの評判と宗教に今日まで消えぬ汚点を刻んでいる」[2]

　　プトレマイオス家のエジプト・ギリシア王朝の支配のもと，アレクサンドリアのムーセイオンと図書館は花開いたが，この王朝はローマ軍の猛攻撃によって紀元前 31 年に滅びた．しかし，アレクサンドリアの知的・科学的伝統は数世紀にわたって存続した．第 4 章で，われわれは，ローマ支配下のユダヤのラビの著作とともに，ローマ支配下のエジプトで花開いた 3 人の傑出した数学者ヘロンとメネラオス，プトレマイオスの著作について議論した．紀元後最初の数世紀の数学者で，その影響がルネサンス期まで及ぶ者が他にもいる．この章は，そのうちの 4 人について論じよう（囲み 5.1）．
　　まず，ユダヤの地にあるギリシア都市，ゲラサ出身のニコマコスの業績について議論する．ニコマコスは，ピュタゴラス派の数の哲学の理解をもとに，1 世紀後期

囲み 5.1

ローマにおける数学

長い間,「ローマ数学」は存在しないと認識されていた.もちろんローマ帝国,主にアレクサンドリアで研究を行った独創性のある数学者は複数いたのだが,彼らは皆,なお継続していたギリシアの伝統に属していた.ところが,帝国の中心で生活し研究を行った数学者や,ラテン語で著書を著した数学者の記録は残っていない.偉大な雄弁家キケロもローマ人は数学に興味を持っていないと認めていた.「ギリシア人は幾何学に最高の敬意を払い,かくして,数学者以上に尊敬される者はいなかった.だが,われわれローマ人は,この技法を測量や計算という実用的な目的に限定してしまった」[4].

実際のところは,ローマ人は「測量や計算」を越えて数学にもっと深く関係していたのである.『建築論』でウィトルウィウスが書いているように,「幾何学は建築術に多くの援助をもたらす.まず第一に定規とコンパスの使用法を教える.これらを用いてきわめて容易に敷地に図形が設定され,垂直や直線の向きが設定される.同じく,光学を通じて,天の一方より建物の中へ光線が正しく導かれる.算術を通じて,建築の費用が計算され,計測の数値が処理される.またむつかしいシンメトリーの問題も幾何学の理論と方法によって明らかにされる」[5].とはいえ,建築家は初等的な数論および幾何学,光学を必要としていたにすぎないように見える.必要な知識はすべて,たとえばヘロンの本のような著作から拾い集めることができた.ウィトルウィウスの著作で実際に言及されている数少ない数学的アイデアには,建築におけるある種の比例の使用,正方形・立方体の倍積の問題,直角を正確に得るための長さ 3, 4, 5 の 3 本の棒からできている三角定規の使用などがある.

測量にはどんな数学が必要だったろうか[6]? ローマの測量技師たちは,巨大な帝国に道路と水道を張り巡らし,その多くが現在も残っている.しかし,現存する測量の手引きを調べると,ローマの測量技師たちは非常に初歩的な数学のみを用いていたことがわかる.1 世紀前半の農場主ルキウス・コルメッラは,畑を扱うものは面積を計算できる必要があると書いている.だから,コルメッラはすでにわれわれがヘロンの著作中で見た正方形や長方形,円などの面積を求める基本的な公式を示している.たとえば,π の近似として $\frac{22}{7}$ が使用され,底辺 b 高さ h の円の部分の面積を求める公式 $A = \frac{1}{2}(h+b)h + \frac{1}{14}\left(\frac{b}{2}\right)^2$ も使用されている.ヒュグムス・ギオマティクスによる測量の手引きは,真北を求める方法を示している.地面の平らな場所に円を描き,その中心に日時計のグノーモン(柱)を立てる.このグノーモンはその影が時には円の外に出るような十分な高さが必要である.次に,午前と午後にこのグノーモンの影が円を横切る場所に印をつける.この二つの点を結ぶ直線を引いて,その垂直二等分線を作図すれば,この二等分線が真北と真南を指す(図 5.1).

マルクス・ユニウス・ニプシウスによる手引書は,合同な三角形を用いることで川の幅を計る方法を示している(図 5.2).距離 BC が求めるべきものである.点 A は BC を一直線に見通す点であり,直線 AD は AC に垂直に引かれ,G で二等分される.直線 DH は AD に垂直に H に向かって引かれる.この点 H は G と C を一直線に見通す点である.このとき,線分 BC は $DH - AB$ に等しい.このように,ローマの測量技師たちは,明らかにヘロンの方法よりもさらに初歩的な方法を用いていたのである.

測量や建築,あるいは帝国を管理するために必要なその他の活動において用いられた数学はすべて過去の発見からとられたものだったが,どのような問題が発生しても十分解決できたように見える.それ以上のことを必要とせず,そして知的好奇心をこの特定の分野に向ける人々を公式に奨励もせず,西ローマ帝国は 500 年にわたって存続したが,その間,世界の数学知識庫に何ら貢献することがなかったのである.

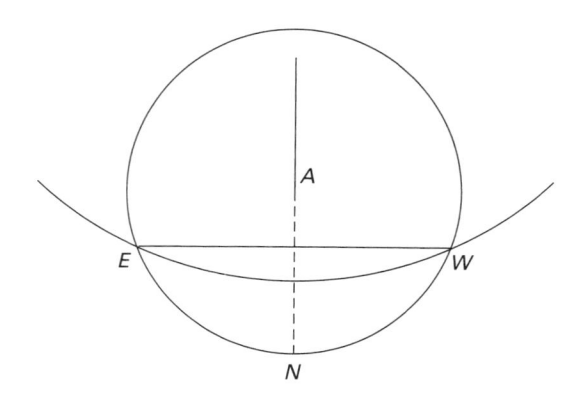

図 5.1
真北の決定.

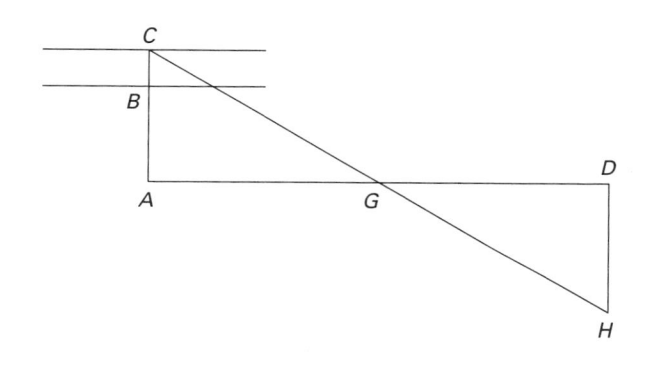

図 5.2
川幅の距離決定.

に『数論入門』を書いた．ユークリッド『原論』第 VII 巻–第 IX 巻を除くと，これが古代ギリシア唯一の現存する数論に関する著作である．しかし，『数論』と題された，3 世紀半ばにアレクサンドリアのディオパントスが書いたもう一つ重要な著作がある．この著作は，ニコマコスの本よりもはるかに重要となる運命にあった．その題名にもかかわらず，これは代数に関する著作であり，その大部分は，不定方程式と今日呼ばれるもの——ただしすべてが有理数で解ける——に翻訳できる問題を体系だてて集めたものである．ヘロンの『測量術』と同様，『数論』のスタイルは古典ギリシアの幾何学的著作よりもむしろ中国やバビロニアの問題集のスタイルをとっていた．考察の対象となる第三の数学者もまたアレクサンドリア出身であり，それは 4 世紀初頭の幾何学者パッポスである．彼は独創的な業績ではなく，ギリシア数学の様々な面への注釈，とりわけギリシアの幾何学的解析法についての議論で最もよく知られている．本章の最後でヒュパティアの業績について簡潔に論じる．ヒュパティアは，わずかとはいえ詳細がわかっているという意味で最初の女性数学者である．怒れる群集の手にかかったヒュパティアの死こそが，アレクサンドリアにおけるギリシア数学の伝統の事実上の終焉だった．

5.1 ニコマコスと初等的な数論

ニコマコスの生涯についてはほとんど知られていないものの，彼の著作にはピュタゴラス派的な思想が満ちていることから，彼は数学的活動と新ピュタゴ

ラス派哲学の両方の中心地であったアレクサンドリアで研究を行ったと思われる．彼の著作のうち二つが現存している．『数論入門』と『和声論の手引き』である．他の文献から，ニコマコスは幾何学と天文学の入門も書いており，この4冊によってプラトンの基礎的な教育課程にある，いわゆる数学的四科に関するシリーズが完結していたようにみえる．

ニコマコスの『数論入門』は，ピュタゴラス派の数の哲学を説明するために長年の間に書かれたいくつかの著作の一つであろうが，この種の著作で現存するのはこの1冊のみである．ピュタゴラスの時代から残るテキストは存在しないので，ピュタゴラス派の数論の思想についてすでに第2章で議論したことの一部の典拠はこの本になる．しかし，この著作はピュタゴラスのおよそ600年後に書かれているので，その時代文脈の中で考察し，数論に関してこれ以外に唯一入手可能な論文，つまりユークリッド『原論』第VII–IX巻と比較しなければならない．

ニコマコスは，この簡潔な2巻本の著作の最初に哲学的序文をおく．ユークリッドと同様，ニコマコスも連続的な「大きさ」と離散的な「多」というアリストテレス的な区別に従った．また，アリストテレスと同様，ニコマコスは後者の多は無限増加によって無限であるが，前者の大きさは分割によって無限であるということも指摘している．続けてニコマコスは，数学的四科の四つの要素による区別を引き継いで，次のような区別を行った．数論と音楽は離散的なものを扱うが，前者は絶対的に扱い，後者は相対的に扱うとして区別し，幾何学と天文学はどちらも連続量を扱うが，前者は静止における連続量を扱い，後者は運動における連続量を扱うとして区別した．これら四つの学科のうち，最初に学ばなければならないものは数論である．「なぜならば……それ［数論］は他の学科に先立って，普遍的かつ典型的な計画のごとく創造する神の精神のうちに存在したがゆえだけでなく，さらに，また，数論が滅ぶなら他の学科も共に滅ぶが，他の学科が滅んでも数論が共に滅ぶことはないという点において，数論はその誕生においても先立っていたがゆえに」[3]．つまり，数論は他の3学科のいずれにとっても必須だったのである．

ニコマコスの『数論入門』第I巻のほとんどは，整数とその関係の分類に当てられている．たとえば，著者は偶数を三つの類に分類する．つまり，偶数倍の偶数（2の累乗数）と偶数倍の奇数（奇数の2倍の数），奇数倍の偶数（その他の数すべて）の三つである．奇数は素数と合成数に分類される．ニコマコスは，これらの分類に関して議論し，様々な数がどのように構成されるのか示すのにわれわれには過度と思われるほど紙幅を割いている．しかし，彼は初心者への入門を書いているのであって，数学者のための教科書を書いているのではないことを忘れてはならない．

ニコマコスは，二つの数の最大公約数を見つけ，二つの数が互いに素であるかどうかを決定するユークリッドの互除法アルゴリズムについて議論している．また，彼は完全数についても，ユークリッドの構成法（『原論』第IX巻命題36）を示して議論しているが，ユークリッドとは違い，実際に最初の四つの完全数6, 28, 496, 8128を計算している．しかし，やはりユークリッドとは違って，ニコマコスは証明をまったく示していない．彼は例を示すだけなのである．

第I巻の最後の6章は，不等な数どうしの比を名づけるために10個の分類の枠組みを精密に仕上げることに当てられている．この枠組はおそらく初期の音楽論に起源を持っている．この枠組みは，中世・ルネサンスの数論でも共通に用いられ，ユークリッド『原論』の初期の印刷版にも見られる．この命名枠組みの分類においては，比 $A:B$ が，それを最小数の比に還元したときに $a:b$ となるならば，$a = nb$ のときは多倍比，$a = b+1$ のときは超一比，$a = b+k$ $(1 < k < b)$ のときは超多比である．

しかし，われわれにとって非常に興味深いのはニコマコスの第II巻である．というのも，彼はやはり非常に詳細だが，証明はないままに，平面数，立体数について議論しているからである．この題材についてはユークリッドはまったく言及していない．ニコマコスは三角数や平方数（第2章参照）について論じるだけでなく，五角形数，六角形数，七角形数についても考察を行い，どのように無限にこの系列を拡張していけばよいか示した．たとえば，五角形数は $1, 5, 12, 22, 35, 51, \ldots$ である（ただし，ニコマコスはここで1は単に「潜在的な」五角形の辺でしかないと指摘している）．これらの数はどれも，第2章の点を使う表記法で，等しい辺を持つ五角形として示すことができる（図5.3）．五角形数はどの数も，5から始めて前の数に相関数列 $4, 7, 10, \ldots$ の次の数を加えることによってできる数列に属している．つまり，$5 = 1 + 4$，$12 = 5 + 7$，$22 = 12 + 10$ などである．これは，三角数 $1, 3, 6, 10 \ldots$ の数列と完全な類似があり，三角数はどの数も，前の数に数列 $2, 3, 4, \ldots$ の数を加えることによってできるし，平方数 $1, 4, 9, 16, \ldots$ の数列はどの数も，数列 $3, 5, 7, \ldots$ の数を加えることによって前の数から生まれる．ニコマコスはこの類比を続け，先ほど言及した多角形数のそれぞれ最初の10個の数を示している．

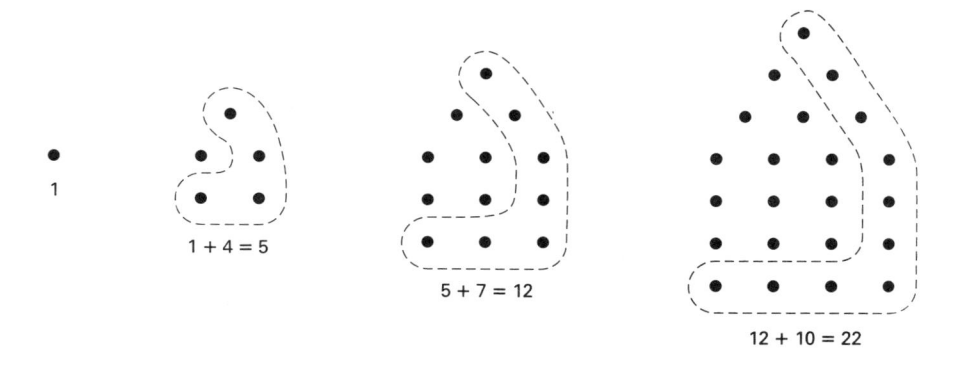

図 5.3
五角形数．

ニコマコスはさらに立体数を探究する．辺 n の多角形の底面を持つピラミッド数は，その形を表す n 角形数を最初からどんどん加え合わせていくことによって生み出される．たとえば，三角形の底面を持つピラミッド数は，$1, 1 + 3 = 4$，$1 + 3 + 6 = 10$，$1 + 3 + 6 + 10 = 20, \ldots$ となる一方，正方形の底面を持つピラミッド数は，$1 + 4 = 5$，$1 + 4 + 9 = 14$，$1 + 4 + 9 + 16 = 30, \ldots$ となる．任意の多角形の底面を持つピラミッド数も同様の仕方でつくることができる．

別の形態の立体数は立方数である．ニコマコスは，やはり証明をせずに，立方

数は奇数からなり，偶数からはできないと注意している．つまり，最初の（潜在的な）立方数 1 は最初の奇数に等しく，次の立方数 8 は次の二つの奇数 [3 と 5] の合計に等しく，第三の立方数 27 は次の三つの奇数の合計に等しい，などである．このように立方数は平方数に密接に関係している．というのは，平方数も奇数を足し合わせることで生まれるからである．ニコマコスはこう結論づける．これらの二つの事実は，偶数ではなく，奇数が「同等性」の原因であることを示しているのである，と．

　この著作の最後の話題は比例である．ニコマコスは，ユークリッド以前の術語を引き合いに出して，ユークリッド『原論』第 VII 巻定義 2 とは異なる意味で「比例」という言葉を用いる．ユークリッドによれば，三つの数が比例関係にあるのは，最初の数が第二の数の倍数（もしくは部分，もしくは複部分）であって，同時に第二の数がそれと同じ倍数（もしくは部分，もしくは複部分）であるときである．ニコマコスの指摘するところによれば，「古代人たち」はこの型の比例（彼はこれを幾何的比例と呼ぶ）だけでなく，他の二つの型，つまり算術的比例と調和的比例を考察した．ニコマコスによれば，3 項の算術的比例は，その列に属する連続する一組の項がそれぞれ同じ量だけ異なる列のことである．たとえば，3, 7, 11 は算術的比例関係にある．このような比例の特性の一つに，最大項と最小項の積は中間項の平方よりもその差の平方だけ小さいというものがある．**幾何的**比例，すなわち「言葉の厳密な意味で比例と呼ぶことができる唯一のもの」[7] においては，最大項が次に大きな項に対するように，次に大きな項はその次の項に対する．たとえば，3, 9, 27 は幾何的比例関係にある．このような比例の特性の一つに，最大項と最小項の積が中間項の平方に等しいというものがある．ニコマコスは，この点についてユークリッド[『原論』第 VIII 巻]の結果，すなわち，二つの平方の間には比例中項は一つしかないが，二つの立方数の間には二つの比例中項があるということを引用している．

　3 項の間の第三の型の比例である**調和的**（ハルモニア的）比例は，最大項が最小項に対するように，最大項と中間項の間の差が中間項と最小項の間の差に対する．たとえば，3, 4, 6 は調和的比例の関係にある．なぜならば，$6 : 3 = (6-4) : (4-3)$ だからである．この比例の特性の一つに，最大項と最小項を足し合わせて，これに中間項を掛けると，その結果は最大項と最小項との積の 2 倍であるというものがある．ニコマコスは，なぜ「調和的」という術語なのかということについて，6, 4, 3 は最も基本的な和音に由来しているとありそうな理由を述べている．比 $6 : 4 = 3 : 2$ は 5 度の音程を与え，比 $4 : 3$ は 4 度，比 $6 : 3 = (4 : 3)(3 : 2) = 2 : 1$ はオクターブを与える．今日では，「算術的」，「幾何的」，「調和的」という語は比例に対してよりも，平均を示すのに使われるほうが普通である．つまり，7 は 3 と 11 の算術平均であり，9 は 3 と 27 の幾何平均であり，4 は 3 と 6 の調和平均である．

　『数論入門』は明らかにこれだけのもの，つまり正の整数についての基本概念のための基礎的入門書でしかなかった．ユークリッド『原論』と共通する点も若干あったものの，かなり低いレベル向けにこの本は書かれていた．証明はまったくなく，数多くの例だけがあった．それゆえ，本書は学校で初心者が使うのに適していた．実際本書は古代に幅広く利用され，9 世紀にはアラビア語に翻訳さ

れ，ヨーロッパでは初期中世を通じてボエティウス（480頃–524）によるラテン語での翻案の形で利用された．このような理由から，複数の写本が現存している．本書がこれだけ人気を博し，ユークリッド『原論』を含むこの学科に関する高度な著作がヨーロッパではこの時期の大部分を通じてまったく研究されなかった事実から，ギリシアの最盛期から数学研究のレベルが落ちてしまっていることがわかる．以上の初等的な数の性質は数世紀にわたって数論のカリキュラムの頂点であったのである．

5.2 ディオパントスとギリシアの代数学

ディオパントスの生涯については，本章の冒頭の墓碑銘に見出される以外には，アレクサンドリアに彼が住んでいたということしか知られていない．ディオパントスの影響が近代にまで及ぶのは，彼の主著『数論』を通じてのことである．ディオパントスは序文の中で『数論』は13巻に分かれていると述べている．6巻のみがギリシア語で残っている．最近他の4巻がアラビア語版で発見された．内部での参照関係から，これらのアラビア語版は完全版の第4巻から7巻までに当たり，ギリシア語の後半3巻はさらにあとの部分であるように見える[9]．われわれは以後，ギリシア語版はI–VIと言及し，アラビア語版はA, B, C, Dと呼ぼう．アラビア語版のスタイルは，問題の解の各ステップがより十分に説明がされているという点でギリシア語版のスタイルとは若干の違いがある．それゆえ，アラビア語版の著作はディオパントスの原著の翻訳ではなく，ヒュパティアが400年前後に書いた『数論』に関する注釈を本文にとり込んだ改訂版の翻訳である可能性が十分にある．

『数論』の問題を論じる前に，方程式の解法におけるディオパントスの主要な業績，つまり記号表記の導入について論じておく価値がある．エジプト人やバビロニア人は方程式とその解法を言葉で書き表した．しかし，ディオパントスは方程式の中の様々な項を表す記号的略称を導入した（囲み5.2）．そして，伝統的なギリシアの用法とは明らかに断絶して，彼は3次を超えるべキについても研究を行った．

ディオパントスの記号はすべて略称であって，囲みで紹介した最後の二つの記号も例外ではないことに注意して欲しい．ς は，$\alpha\rho\iota\theta\mu o\varsigma$（アリトモス，つまり数）の最初の二文字を組み合わせたものであり，$\mathring{M}$ は $\mu o\nu\alpha\varsigma$（モナス，つまり1単位）を意味する．こういうわけで，写本には $\Delta^Y\gamma\varsigma\iota\beta\mathring{M}\theta$ のような表現が載っており，これは，3平方と12数と9単位を意味する．つまり，現代風に書き改めれば，$3x^2 + 12x + 9$ となる（ギリシア人は数を表すのにアルファベットによる記数法を用いたことを想起せよ．たとえば，$\gamma = 3$ であり，$\iota\beta = 12$，$\theta = 9$ である）．さらに，ディオパントスは逆数を示す記号 χ とともに上記の記号を用いる．たとえば，$\Delta^Y\chi$ は $\dfrac{1}{x^2}$ を表す．加えて，記号 Λ は，おそらく $\lambda\epsilon\iota\psi\iota\varsigma$（レプシス，つまり不足もしくは否定）に由来するが，「マイナス」を意味する．たとえば，$K^Y\alpha\varsigma\gamma\Lambda\Delta^Y\gamma\mathring{M}\alpha$ は $x^3 - 3x^2 + 3x - 1$ を表す（負の項は常にまとめられているので，記号 Λ 一つだけでそれに続くすべての項に対して十分なのであ

囲み 5.2

ディオパントスの術語と記号表記

「すべての数は単位の何らかの多からなる……．その中には次のものがある——

平方数，これは任意の数をそれ自身に掛けた積である．その数自体は平方数の辺と呼ばれる．

立方数，これは平方数をその辺に掛けた積である．

平方–平方，これは平方数をそれ自身に掛けた積である．

平方–立方，これは平方数にそれと同じ辺からなる立方数を掛けた積である．

立方–立方，これは立方数をそれ自身に掛けた積である．

そして，これらの数の加法，減法，乗法から，もしくはこれらの数が別の数やそれ自身の辺に対して持つ比から，多くの数論の問題が生じる．以下で示す方法に従うならば，これらの問題を解くことができるであろう．

これらの数の各々——これらには略称が与えられている——が数論の理論的考察における基本的要素と考えられる．

[未知の量] 平方数はデュナミス (*dynamis*) と呼ばれ，この記号は指標 Y を伴う Δ，つまり Δ^Y で表される．立方数はキュボス (*kubos*) と呼ばれ，その記号として，指標 Y を伴う K，つまり，K^Y を持つ．平方数をそれ自身に掛けた積は，デュナモ–デュナミス (*dynamo-dynamis*) と呼ばれ，その記号は指標 Y をともなう二つの Δ，つまり，$\Delta^Y\Delta$ である．平方数を同じ辺からなる立方数に掛けた積はデュナモ–キュボス (*dynamo-kubos*) と呼ばれ，その記号は指標 Y を伴う ΔK，つまり ΔK^Y である．立方数をそれ自身に掛けた積はキュボ–キュボス (*kubo-kubos*) と呼ばれ，その記号は指標 Y を伴う二つの K，つまり $K^Y K$ である．

これらの特徴を一つも持たないが，不定の数だけある単位の多をそのうちに持つ数は，アリトモス (*arithmos*) と呼ばれ，その記号は ς である．確定した数の中の不変な要素，すなわち単位を指すもう一つの記号もあって，この記号は指標 O を伴う M，つまり $\overset{\circ}{M}$ である」[8]．

る）．しかしわれわれは，ディオパントスの問題を議論する際には，現代の記法を利用しよう．

ディオパントスはマイナスを伴う乗法の規則も知っていた．「マイナスにマイナスを掛けるとプラスになり，マイナスにプラスを掛けるとマイナスになる」[10]．もちろん，このときディオパントスは負数のことを考えていたわけではない．負数は彼には存在しなかった．彼は，減法を含む代数表現の乗法を行う際に必要な規則について述べているだけである．ディオパントスは正数の項と負数の項を伴う加法と減法の規則は既知であると仮定している．序文の結論間際で，彼はこう述べる．

この研究を始めようとしている者は様々な種［様々なタイプの項］の加法や減法，乗法の実践を習得しているべきなのは当然である．異なる係数を持つ正の項と負の項を，それ自身正であったり，一部が正で一部が負であるような他の項にどのように加算すればよいか，また，正と負の項の組合せから，一部が正で一部が負であるような他の項をどのように引けばよいか，知っておくべきである．

それから，方程式を解く基本的な規則が簡潔に述べられる．

もし，ある複数項が同種で係数が異なる複数項に等しい式に導かれる問題ならば，一つの項が一つの項に等しくなるまで，両辺において同種

の項から同種の項を引く必要がある．たまたまどちらかの辺，もしくは両辺に負の項がある場合には，両辺の項が正になるまで両辺の負の項にそれに等しい正の項を加え，そうしてから一つの項のみがそれぞれの辺に残るまで，等しいものから等しいものを引く必要がある．このことは命題の前提をつくる際に，目指す目標とすべきである．つまり，一つの項がもう一つの項と等しくなるまで，可能なかぎり式を還元することが目標なのである．しかし，二つの項が一つの項に等しいとして残る場合にも，このような問題がどのように解けるか，私はのちにあなたに示すことにしよう．

言い換えれば，方程式を解くディオパントスの一般的方法は，$ax^n = bx^m$ という形式の方程式にまでもっていくというものであり，ここで，少なくとも最初の3巻では m と n は2を越えることはない．一方，彼は，たとえば $ax^2 + c = bx$ という形式の2次方程式をどうやって解けばよいか知っていたのである．

5.2.1　1次方程式および2次方程式

ディオパントスの問題のほとんどは解が不定である．つまり，未知数が k 個よりも多い一連の k 個の方程式として書くことができる．この場合，しばしば無限に多くの解が存在する．これらの問題に関しては，ディオパントスは明示的には一つの解のみを与えているものの，容易にその方法を拡張して他の解を与えることができる．解が定まる問題については，ある確定した量がひとたび明示されれば，解は一つしか存在しない．これらの二つの型の両方の例が，次のような仕方で説明されている[12]．

第I巻問題1　与えられた数を与えられた差を持つ二つの数に分割すること．

ディオパントスは，与えられた数が 100 であり，与えられた差が 40 である場合について解を示している．x が二つの解の小さいほうであるとするならば，$2x + 40 = 100$ であるので，$x = 30$ だから，求めるべき数は 30 と 70 となる．この問題は，ひとたび「与えられた」数が特定されれば解が定まる．しかし，ディオパントスの方法はどのような数の組についてもうまくいく．a が与えられた数であり，$b < a$ が与えられた差であるとき，方程式は $2x + b = a$ となるので，求めるべき数は，$\frac{1}{2}(a-b)$ と $\frac{1}{2}(a+b)$ である．

第I巻問題5　与えられた数を二つの数に分割し，その各数に与えられた分数（異なるものとする）を掛けて，その数どうしを足し合わせると別の与えられた数となるようにすること．

現代の表現では，a, b, r, s $(r < s)$ が与えられ，$u + v = a$ かつ，$\frac{1}{r}u + \frac{1}{s}v = b$ であるような u と v を求めることになる（ディオパントスは，分数を単位分数としていて，これが通常である）．ディオパントスは，この問題に解があるようにするには，$\frac{1}{s}a < b < \frac{1}{r}a$ であることが必要であると指摘する．そうしてから，$a = 100, b = 30, r = 3, s = 5$ の場合の解を示す．ここで，（100 を）分けた第二の数 [上の v] を $5x$ とおこう．それゆえ，第一の数 [u] は $3(30 - x)$ である．

したがって，$90+2x=100$ かつ $x=5$ となる．このとき，求めるべき部分は 75 と 25 である．

第 I 巻問題 1 のように，「与えられた」数が決まっていれば，この問題は解が定まり，求めるべき条件に適合する「与えられたもの」をどのように選んでもこの方法はうまくいく．この場合は，ディオパントスは第一の数を二分した第二の数の値の 1/5 を未知数にとった．こうすることでディオパントスは残りの計算を分数なしで済ますことができた．なぜならば，第一の数の 1/3 はこのとき $30-x$ に等しいので，第一の数は $3(30-x)$ となるからである．解法の残りの部分は明らかである．一般に成立することを確認するために，sx が a を分けた第二の数，$r(b-x)$ が第 1 の数を表すとしよう．方程式は，$sx+r(b-x)=a$ もしくは $br+(s-r)x=a$ となる．このとき，$x=\dfrac{a-br}{s-r}$ は完全に一般的な解である．x は正でなければならないから，$a-br>0$，すなわち $b<\dfrac{1}{r}a$ である．

これはディオパントスの必要条件の前半である．後半の $\dfrac{1}{s}a<b$，すなわち $a<sb$ という条件は，$sx<a$ すなわち，$s\left(\dfrac{a-br}{s-r}\right)<a$ から導かれる．この特定の問題において，巻 I の多くの問題と同様に，与えられた値は解答が整数であることを保証するよう選択されている．しかし，他の巻では，解に関する一般的条件は，正の有理数であるということだけである．ディオパントスが整数から始めているのは，単にこれらの入門的な問題をより容易にするためだったことは明らかである．以下では「数」という言葉は常に「有理数」を意味することにする．

第 I 巻問題 28　和が与えられた数であり，それぞれの平方の和が別の与えられた数となるような二つの数を求めること．

平方の和の 2 倍が，和の平方よりも，ある平方数だけ大きいことが必要条件である．提示された問題では，与えられた和は 20 であり，平方の和は 208 である [すると $2\times 208-20^2=16$ となり，16 は平方数だから必要条件が満たされている]．

この問題の一般形式は $x+y=a$, $x^2+y^2=b$ であって，バビロニア人が解いた型の方程式である．三つの別のバビロニア型の問題が第 I 巻問題 27, 29, 30 に現れる．すなわち，それぞれ $x+y=a$, $xy=b$ と $x+y=a$, $x^2-y^2=b$ と $x-y=a$, $xy=b$ とである．この問題に対するディオパントスの解は，他の問題と同様，厳密に代数的なものであって，疑似幾何学的なバビロニアの解とは違う．つまり，彼は二つの未知数を $10+z$ と $10-z$ とみなした．平方を加えた方程式は，$200+2z^2=208$ となるので，$z=2$ であるから，求める二つの数は 12 と 8 になる．ディオパントスの方法は，与えられた形のどんな連立方程式にも適用できるが，次のような現在の公式に書き改めることができる．

$$x=\frac{a}{2}+\frac{\sqrt{2b-a^2}}{2} \qquad y=\frac{a}{2}-\frac{\sqrt{2b-a^2}}{2}.$$

このとき彼の条件は解が有理数であることを保証するために必要である．興味

深いことに，問題 27, 29, 30 に対する答はやはり 12 と 8 なのである．これは，関連する一連の問題に対しては同じ答にするというバビロニアの習慣を思い起こさせる．

ディオパントスは，ユークリッドの『ダタ』からその方法を学んだのだろうか，それとも彼はバビロニアの資料を入手できたのだろうか？これらの問には答えることができない．しかし，ディオパントスの手続きにはまったく幾何学的な方法論が存在しない．この頃までに，幾何学的起源をはぎ落としたバビロニアの代数的方法がギリシア世界にも知られていたのであろう．

第 II 巻問題 8 与えられた平方数を二つの平方数に分けること．

16 を二つの平方数に分けることが要請されたとしよう．そこで，最初の平方 $= x^2$ とすると，もう一方は $16 - x^2$ となる．それゆえ，$16 - x^2 =$ [ある数の] 平方，とするよう要請されることになる．$(ax - 4)^2$ という形の平方をとり，a は任意の整数であり，16 の平方根は 4 であるので，たとえば，この辺が $2x - 4$ であるとすると，平方そのものは $4x^2 + 16 - 16x$ となる．このとき，$4x^2 + 16 - 16x = 16 - x^2$ である．両辺に負の項を加え，同種のものから同種のものを取り去る[*1]．このとき，$5x^2 = 16x$ であるから，$x = \dfrac{16}{5}$ である．それゆえ，一つの数は $\dfrac{256}{25}$ となり，もう一方の数は $\dfrac{144}{25}$ となって，これらの和は $\dfrac{400}{25}$ すなわち 16 であり，それぞれは平方数である[13]（図 5.4）．

これは，解が不定である問題の例である．この問題は，二つの未知数を持つ一つの方程式 $x^2 + y^2 = 16$ に書き換えることができる．この問題もディオパントスが最もよく使う方法の一つを示している．第 II 巻以降の多くの問題で，ディオパントスは，2 次多項式の形で表現され，平方にならなければならない解を要求している．解が有理数になることを保証するため，ディオパントスは，平方になるべき数として，$(ax \pm b)^2$ という形を採用し，2 次項もしくは定数項のどちらかが等式から消去できるように a と b を選んでいる．この場合，2 次多項式は $16 - x^2$ であって，彼は $b = 4$ として複号のマイナスを用いている．そこで，定数項は消去され，結果求められる解は正となる．このとき，解法の残りの部分は明らかである．この方法は，$x^2 + y^2 = 16$，つまり一般形 $x^2 + y^2 = b^2$ に対して必要なだけ多くの解を生成するために使うことができる．a はいかなる値をとってもよいとし，$y = ax - b$ とする．そうすると，$b^2 - x^2 = a^2 x^2 - 2abx + b^2$，すなわち $2abx = (a^2 + 1)x^2$ であるので，$x = \dfrac{2ab}{a^2 + 1}$ である．

ディオパントスが平方を必要とした他の例として，次のものがある．

第 II 巻問題 19 最大の数と中間の数との間の差が中間の数と最小の数との間の差に対して与えられた比を持つような，三つの平方数を求めること．

ディオパントスは与えられた比が 3 : 1 であると仮定する．もし最小の平方が

[*1] 負の項 $-x^2$ と $-16x$ があるので，両辺に x^2 と $16x$ を加え，また両辺に共通する 16 を取り去る．

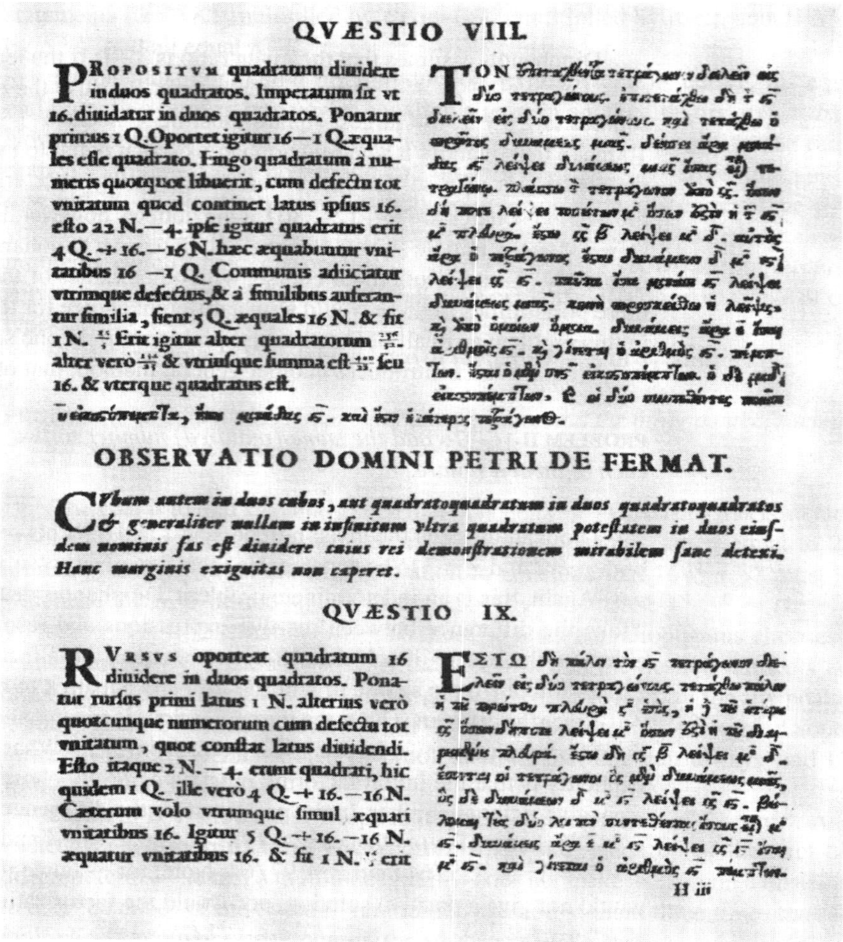

QVÆSTIO VIII.

PROPOSITVM quadratum diuidere in duos quadratos. Imperatum sit vt 16. diuidatur in duos quadratos. Ponatur primus 1 Q. Oportet igitur 16 − 1 Q. æquales esse quadrato. Fingo quadratum à numeris quotquot libuerit, cum defectu tot vnitatum quod continet latus ipsius 16. esto 2 N. − 4. ipse igitur quadratus erit 4 Q. + 16. − 16 N. hæc æquabuntur vnitatibus 16 − 1 Q. Communis adiiciatur vtrimque defectus, & à similibus auferantur similia, fient 5 Q. æquales 16 N. & fit 1 N. 16/5. Erit igitur alter quadratorum 256/25. alter verò 144/25. & vtriusque summa est 400/25. seu 16. & vterque quadratus est.

OBSERVATIO DOMINI PETRI DE FERMAT.

Cubum autem in duos cubos, aut quadratoquadratum in duos quadratoquadratos & generaliter nullam in infinitum vltra quadratum potestatem in duos eiusdem nominis fas est diuidere cuius rei demonstrationem mirabilem sane detexi. Hanc marginis exiguitas non caperet.

QVÆSTIO IX.

RVRSVS oporteat quadratum 16 diuidere in duos quadratos. Ponatur rursus primi latus 1 N. alterius verò quotcunque numerorum cum defectu tot vnitatum, quot constat latus diuidendi. Esto itaque 2 N. − 4. erunt quadrati, hic quidem 1 Q. ille verò 4 Q. + 16. − 16 N. Cæterum volo vtrumque simul æquari vnitatibus 16. Igitur 5 Q. + 16. − 16 N. æquatur vnitatibus 16. & fit 1 N. 16/5 erit

H iii

図 5.4
1670 年版ディオパントス『数論』の 61 ページ．このページには，第 II 巻問題 8 とフェルマの注が収められている．フェルマは，この注で，立方数を二つの立方体の和へ分割することが不可能である，つまり一般化すると，任意の n 次のベキ数 ($n > 2$) を二つの n 次のベキ数の和へ分割することは不可能であると述べている（出典：スミソニアン協会図書館，写真番号 92-337）．

x^2 ならば中間の平方として $(x+1)^2 = x^2 + 2x + 1$ をとる．この二つの平方の差は $2x+1$ なので，最大の平方は $x^2 + 2x + 1 + 3(2x+1) = x^2 + 8x + 4$ でなければならない．この量が平方となるように，ディオパントスはこれが $(x+3)^2$ に等しいとし，この場合 x^2 の項が打ち消されるよう x の係数を選ぶ．このとき，$8x + 4 = 6x + 9$ なので，$x = 2\frac{1}{2}$ であるから，求める平方は $6\frac{1}{4}$, $12\frac{1}{4}$, $30\frac{1}{4}$ となる．しかし，最初にディオパントスは中間の平方として $(x+1)^2$ を選んだので，解を与える $(x+b)^2$ で彼が用いることができた整数 b は 3 しかないことがわかる．もちろん，最初の比が他の値であったならば，第二の平方に対して異なる選択ができる可能性がより増えたはずである．いずれにせよ，ディオパントスのあらゆる問題でそうであるように，この問題でも要求されている解は一つだけである．

第 II 巻問題 11 はもう一つの一般的な方法を導入している．この方法は，複方程式の解法である．

第 II 巻問題 11　同じ数（これが求めるべき数となる）を与えられた二つの数に加えて，それぞれが平方数となるようにすること．

ディオパントスは与えられた数として 2 と 3 をとる．彼の求めるべき数が x であるならば，$x+2$ と $x+3$ が両方とも平方である必要がある．それゆえ，ディオパントスは x, u, v を求めるために，$x+3 = u^2$ と $x+2 = v^2$ を解かねばならない．またもや解が不定の問題である．ディオパントスはその方法を次のように説明する．「二つの式の間の差をとり，その差を因数分解する．このとき，(a) これらの因数の差の半分の平方をとり，これをより小さいほうの式と等しいとするか，もしくは (b) 和の半分の平方をとり，これを大きいほうと等しいとするか，どちらかを行え」[14]．

式の差は $u^2 - v^2$ で，この因数は $(u+v)(u-v)$ であるから，二つの因数の差は $2v$ であり，和は $2u$ である．ディオパントスがはっきりとは言及していない仮定は，最初の因数分解は x に対する解が正の有理数となるように注意深く選ばなくてはならないというものである．この場合，二つの式の差は 1 である．ディオパントスはこの数を $4 \times 1/4$ として因数分解する．したがって，$u+v = 4$ であり，$u-v = 1/4$ であるので，$2v = 15/4$ であり，$x+2 = v^2 = 225/64$，$x = 97/64$ となる．たとえば，$2 \times 1/2$ という因数分解も $3 \times 1/3$ という因数分解も正の解を与えないことに注意せよ．因数分解 $1 = a \cdot 1/a$ は，$\left[\frac{1}{2}\left(a - \frac{1}{a}\right)\right]^2 > 2$ となるように因数の値を選ぶ必要がある．

5.2.2 高次方程式

A 巻は新しい序文から始まる．立方やそれを越えるベキを含む問題が始まることから，ディオパントスはこのようなベキの乗法の規則を説明する．

> 次に，x^3 に x を掛けるとき，その結果は，x^2 にそれ自身を掛けたときと等しく，これは x^4 と呼ばれる．もし x^4 が x^3 で割られるならば，結果は x，すなわち x^2 の平方根である．もしそれ $[x^4]$ が x^2 で割られるならば，結果は x^2 である．もしそれ $[x^2]$ が x，すなわち x^2 の平方根で割られるならば，結果は x である……．x^5 に x が掛けられるとき，その結果は，x^3 にそれ自身が掛けられたときと，x^2 が x^4 に掛けられるときと結果は同じであり，これは x^6 と呼ばれる．x^6 が x，すなわち x^2 の平方根で割られるとき，結果は x^5 である．これが x^2 で割られるとき，結果は x^4 である．もしこれが x^3 で割られるならば，結果は x^3 である．もし x^4 で割られるならば，結果は x^2 である．これが x^5 で割られるならば，結果は x，すなわち x^2 の平方根である[15]．

x^n という記号表記を用いてディオパントスの規則を書き換えることはおそらく少々誤解を招くだろう．というのは，この記号表記は規則をほとんど自明のものとするからである．思い出して欲しい，ディオパントス自身の x^2 から x^6 までを表す記号は，$\Delta^Y, K^Y, \Delta^Y\Delta, \Delta K^Y, K^Y K$ である．だから，彼の読者は，ΔK^Y に ς を掛けたのは K^Y にそれ自身を掛けたのと等しく，これは Δ^Y に $\Delta^Y\Delta$ を掛けたのと等しく，そしてすべて $K^Y K$ に等しいというような言明を読むことになる．

ディオパントスは，彼の扱う方程式が，以前と同様に，あるベキの項が別のベキの項と等しくなる，つまり $ax^n = bx^m$ $(n < m)$ という形になると説明して序文を終える．しかし，いまや m は 6 までの任意の数でかまわない．解くためには，両辺をそれよりも少ない次数の累乗で割るという規則を使って，最後に一「種類」のベキがある数に等しいという形，つまり $a = bx^{m-n}$ に辿りつかねばならない．この方程式は容易に解ける．読者に語りかけて，彼はこう書く．「あなたが，私が示してきたものを理解し終えるならば，私が示さなかった多くの問題への解答を見つけることができるだろう．というのは，私はきわめて数多くの問題を解くための手続きをあなたに示し，それぞれの型の例をあなたに説明してきたからである」[16]．

ディオパントスがより高次の x のベキを用いた例として，次を考えよう．

A 巻問題 25 一つが平方数であり，もう一方が立方数であって，それらの平方の和が平方数であるような，二つの数を求めること．

目標は，$(x^2)^2 + (y^3)^2 = z^2$ であるような x, y, z を見つけることである．つまり，これは三つの未知数を持つ，一つの方程式の解が不定な問題である．ディオパントスは，x が $2y$（2 は任意に選ばれたもの）に等しいとおいて累乗を計算して，$16y^4 + y^6$ は平方でなければならないと結論し，これを ky^2 の平方であるとする．それゆえ，$16y^4 + y^6 = k^2y^4$, $y^6 = (k^2 - 16)y^4$, $y^2 = k^2 - 16$ である．したがって，$k^2 - 16$ は平方でなければならない．ディオパントスは最も簡単な値，すなわち $k^2 = 25$ を選んだので，$y = 3$ となる．このとき，求めるべき数は $y^3 = 27$ と $(2y)^2 = 36$ となる．この解法は容易に一般化される．任意の正の数 a について $x = ay$ を考える．このとき，$k^2 - a^4 = y^2$ すなわち $k^2 - y^2 = a^4$ であるような k と y を求めなければならない．しかし，ディオパントスはすでに第 II 巻問題 10 において，その差が与えられた二つの平方を常に見つけることができることを示している．

B 巻問題 7 は，ディオパントスが $(x + y)^3$ の展開方法を知っていたことを示している．彼はこのように述べる．「異なる二つの項の和からなるある辺の立方——多数の項がわれわれに誤りを冒させることがないよう——をつくりたいときにはいつでも，二つの異なる項の立方の和をとり，そこにさらに各項の平方にもう一方を掛けあわせた結果の 3 倍を加えなければならない」[17]．

B 巻問題 7 その和とその立方の和が，与えられた二つに数に等しいような二つの数を求めること．

この問題は $x + y = a, x^3 + y^3 = b$ を解くよう求めている．この二つの未知数を持つ二つの等式の連立方程式は解が定まる．これは第 I 巻問題 28 にある「バビロニア風の」$x + y = a, x^2 + y^2 = b$ の一般化である．ディオパントスの解の方法はそこでの自分自身の方法を一般化している．$a = 20$ かつ $b = 2240$ として，ディオパントスは以前と同様二つの数を $10 + z$ と $10 - z$ とおく．このとき，第二の等式は $(10 + z)^3 + (10 - z)^3 = 2240$, すなわち，すでに議論した展開公式を用いて，$2000 + 60z^2 = 2240$, よって $60z^2 = 240$ であるから，$z^2 = 4$, $z = 2$ である．ディオパントスはもちろん解が有理数になるための条件を与えて

いる．すなわち，$\frac{4b-a^3}{3a}$ は平方数でなければならない（これは，$\frac{b-2\left(\frac{a}{2}\right)^3}{3a}$ が平方数であるというより自然な条件に等しい）．ここでの答が第 I 巻問題 28 と同じもの，すなわち 12 と 8 であることは興味深い．

『数論』を読み通すとき，次に何が現れるかまったくわからない．問題はきわめて多様性に富んでいる．複数の類似問題がいっしょにまとめられていることもしばしばで，たとえば，一つの問題には減法があり，その前の問題には加法が含まれているということがある．しかし，他の類似問題がなぜ含まれていないのかと不思議である．たとえば，巻 A の最初の四つの問題は，(1) その和が平方である二つの立方と，(2) その差が平方である二つの立方，(3) その和が立方である二つの平方，(4) その差が立方である二つの平方を求めよと問うている．このリストから抜けているのは，まずその和が平方である二つの平方を見つけるという問題——しかし，これはすでに第 II 巻問題 8 で解いている——と，第二に，その和が立方である二つの立方を求めるという問題である．後者の問題は解くことが不可能であり，この不可能性を述べた記録で 10 世紀にまで遡るものがある．おそらくディオパントスもこの不可能性に気づいていたのであろう．少なくとも，彼はこの問題に挑戦したものの，解くのに失敗したに違いない．しかし，自分の著作ではこの問題については何も言及しなかった．4 次のベキに関する類似問題が第 V 巻問題 29 に見られる．これはその和が平方である三つの 4 次のベキを求めるという問題である．ディオパントスはこの問題を解いているものの，その和が平方である二つの 4 次のベキを見つけることが不可能である事実には言及していない．ここでも，ディオパントスはこの問題に挑戦したものの，解くことができなかったのだと推定できる．

D 巻問題 11 の議論において，ディオパントスはやっと不可能性について議論を行う．この問題は，与えられた平方を二つに分割し，その片方をもとの平方に足すと平方になり，もとの平方からもう一つの部分を引くとやはり平方となるようにせよというというものだが，この問題を解いてから，ディオパントスはこう続ける．「平方を二つの部分に分け，それぞれの部分によってこの平方を増やしたとき，いずれの場合でも平方数が得られるような平方を見つけることは可能ではないから，われわれはここで可能なものを示すことにしよう」[18]．

D 巻問題 12 与えられた平方を二つの部分に分け，もとの与えられた平方からそれぞれを引いたときに，その余りが（どちらの場合でも）平方となるようにすること．

なぜ引用したケースは不可能なのだろうか？ $x^2 = a+b$, $x^2+a = c^2$, $x^2+b = d^2$ を解くということは，次の式が成り立つことを意味する．

$$3x^2 = c^2 + d^2 \qquad \text{すなわち，} \qquad 3 = \left(\frac{c}{x}\right)^2 + \left(\frac{d}{x}\right)^2.$$

実際，3 を二つの有理数の平方に分解することは不可能である．このことは 4 を法とする合同式の議論によって容易に示すことができる．ディオパントス自身は証明をここでも与えていないし，のちに第 VI 巻問題 14 で，15 は二つの平方

の和ではないと述べるときにも，なぜなのか言っていない．しかし，D 巻問題 12 の解は非常に簡単である．

5.2.3　仮置法

第 IV 巻で，ディオパントスは新しい手法を使い始める．これはエジプトの「仮置法」を思い起こさせる手法である．

第 IV 巻問題 8　立方とその辺に同じ数を加えて，第一の合計が第二の和の立方に等しくなるようにすること．

$x^3 + y = (x+y)^3$ は解が不定である問題だが，これを解くために，ディオパントスは $x = 2y$ と仮定することから始める．つまり，

$$8y^3 + y = (3y)^3 = 27y^3 \quad \text{つまり} \quad y = 19y^3 \quad \text{すなわち} \quad 19y^2 = 1.$$

しかし「19 は平方ではない」とディオパントスは書く．だから，19 を置き換える平方を探す必要がある．ディオパントスの手順を追跡すると，19 は $3^3 - 2^3$ であり，仮定した値 $x = 2y$ の係数を 1 増やせば 3 が得られると指摘する．そこで，ディオパントスは，それぞれの立方の差がある平方であるような連続した数 z, $z+1$ を見つける必要がある．つまり，$(z+1)^3 - z^3 = 3z^2 + 3z + 1$ は平方でなければならない．彼のいつもの平方発見手法によって，これを $(1-2z)^2$ に等しいとおく．それゆえ $z = 7$ であるから，$z+1 = 8$ である．問題の最初に戻って，彼は再び $x = 7y$ とおくところから始める．そうすると，$343y^3 + y = (8y)^3 = 512y^3$，つまり $1 = 169y^2$ である．したがって，加えるべき数 y は $1/13$ となる．求める立方の辺は $7/13$ となる．この平方発見に際して，$1 - mz$ において $m = 2$ と選択することだけが，z に正の整数解を与える唯一の選択であると指摘することもできよう．

第 IV 巻問題 31 においても，やはりディオパントスは彼の最初の仮定がうまくいかないことに気づいている．しかし，ここで問題となるのは，混合 2 次方程式（これは『数論』に最初に現れたもの）が有理解を持つことができないということである．

第 IV 巻問題 31　単位を二つの部分に分け，与えられた数がそれぞれの部分に加えられたとき，二つの和の積が平方数になるようにすること．

ディオパントスは与えられた数を 3 と 5 とおき，単位を二つに分けてできる部分を x と $1-x$ とする．それゆえ，$(x+3)(6-x) = 18 + 3x - x^2$ が平方でなければならない．平方を求める通常の手法のいずれもここではうまくいかないから（18 も -1 も平方ではない），彼は求める平方として $(2x)^2 = 4x^2$ を試してみる．しかし，その結果得られる 2 次方程式 $18 + 3x = 5x^2$ は「有理数の結果を与えない」．ディオパントスは $4x^2$ を $(mx)^2$ という形の平方で置き換える必要がある．これは有理解を与えるものである．したがって，$5 = 2^2 + 1$ であるから，$(m^2 + 1) \cdot 18 + (3/2)^2$ が平方であるならば，この 2 次方程式は解が求まるとディオパントスは述べる．この式は，$72m^2 + 81$ が平方である，つまり $(8m+9)^2$ であることを意味する（ここでは，彼のいつもの手法が成功する）．そうすると，

$m = 18$ であるから，最初に戻って，ディオパントスは $18 + 3x - x^2 = 324x^2$ とおく．このあと彼は単に解を示すだけである．$x = 78/325 = 6/25$ となるから，求めるべき数は $6/25$, $19/25$ である．

ディオパントスは第 IV 巻問題 31 では 2 次方程式の解について詳細を与えないものの，第 IV 巻問題 39 で詳細を説明している．この問題における彼の言葉は容易に $c + bx = ax^2$ の解を求める次の公式に翻訳できる．

$$x = \frac{\frac{b}{2} + \sqrt{ac + \left(\frac{b}{2}\right)^2}}{a}.$$

この公式はバビロニアの公式と同じであり，方程式全体にまず a を掛けて，それから ax を求めるために解くことを仮定している．この手法は実際バビロニアの問題で使われている．ディオパントスはこの公式と，2 次方程式だけでなく，2 次不等式を解くためにも以後の多様な問題で用いられることになったその変形とに十分に通じていた．

第 V 巻問題 10 単位を二つの部分に分け，それぞれに，異なる与えられた数を加えるならば，その結果が平方数となるようにすること．

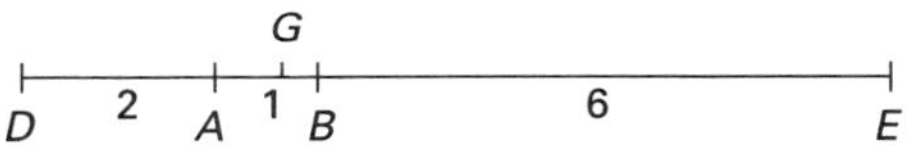

図 5.5
ディオパントス『数論』第 V 巻問題 10.

この問題では写本に図が示されているが，これは著作全体でただ 2 回あるうちの 1 回である（図 5.5）．ディオパントスは二つの与えられた数は 2 と 6 であると仮定する．彼は，これらの数と単位 1 とを，$DA = 2$, $AB = 1$, $BE = 6$ とおいて表す．点 G を選び，$DG (= AG + DA)$ と $GE (= BG + BE)$ がともに平方となるようにする．$DE = 9$ であるから，問題は 9 を二つの平方に分け，それらの平方のうちの一つが 2 と 3 の間にくるようにすることに還元できる．もしこの平方が x^2 ならば，もう一方は $9 - x^2$ である．以前の問題とは状況は異なり，ディオパントスは，単純に $9 - x^2$ を任意の m を持つ $(3 - mx)^2$ と等しいとおくことはできない．というのも，x^2 が不等式の条件を満たす必要があるからだ．だから，彼は m を特定しないで，これが $(3 - mx)^2$ に等しいとおく．そうすると，

$$x = \frac{6m}{m^2 + 1}.$$

x についての式を $2 < x^2 < 3$ に代入して 4 次不等式を解こうとする代わりに，2 と 3 に近い二つの平方，つまり，$289/144 = (17/12)^2$ と $361/144 = (19/12)^2$ を選んで，この式を不等式 $17/12 < x < 19/12$ に代入する．それゆえ，

$$\frac{17}{12} < \frac{6m}{m^2 + 1} < \frac{19}{12}.$$

左の不等式は，$72m > 17m^2 + 17$ となる．これに対応する 2 次方程式は有理解を持たないものの，やはりディオパントスは 2 次方程式の公式を用いて，$\sqrt{(72/2)^2 - 17^2} = \sqrt{1007}$ は 31 と 32 の間であるから，数 m は $m \leq 67/17$ と

なるように選ばなければならないことを示す．右の不等式も同様に，$m \geq 66/19$ であることを示す．それゆえ，ディオパントスは，これら二つの範囲の間で最も単純な m，すなわち 3 1/2 をとる．つまり，

$$9 - x^2 = \left(3 - 3\frac{1}{2}x\right)^2 \qquad であるから， \qquad x = \frac{84}{53}.$$

このとき，$x^2 = 7056/2809$ であるから，求めたい 1 の部分は 1438/2809 と 1371/2809 となる．

　ディオパントスの著作は，古代ギリシアから生き残った本物の代数的著作の唯一の例で，強い影響力があった．この著作は古代後期に注釈が加えられただけでなく，カラジーを含むイスラムの著者たちによっても研究が行われた．その問題の多くはラファエロ・ボンベッリによって引き継がれ，1572 年の彼の『代数学』(*Algebra*) に収められて公刊された．他方，最初に印刷されたバシェのギリシア語版は 1621 年に公刊され，ピエール・フェルマによって注意深く研究され，ディオパントス自身はヒントを残しただけだった数論における数多くの一般的成果へと彼を導いた．しかし，おそらくより重要なのは，この著作が，代数学の著作の一つとして，事実上問題の解析に関する論考であったという事実である．つまり，それぞれの問題の解法は，最初に答——たとえば x——がすでに見つけられたと仮定するところから始まっている．この事実の帰結は，単純な方程式を解くことによって x の数値的値は決定できるという点にまで行き着く．総合はこの場合，答が与えられた条件を満たすという証明だが，この証明はディオパントスによっては与えられることはない．なぜならば，この証明は単なる算術的計算にすぎないからである．かくして，ディオパントスの著作は，ユークリッドの純粋に総合的研究の対極に位置しているのである．

5.3　パッポスと解析

　解析と総合はギリシアの主要な数学者すべてが用いてきたものであるが，知られている限りでは，パッポスより前にその方法論に関する体系的な著作が公表されたことはない．パッポスは 4 世紀初めのアレクサンドリアに生きた（囲み 5.3）．彼はギリシア的伝統における最後の数学者の一人であり，すでに議論した人物の著作は，重要なものもそうでないものもよく知っていて，それらの著作の一部を何らかの形で拡張することも行った．パッポスは『数学集成』によって最も広く知られている．これは数学の様々な論題に関する八つの別々の著作を集めたものであり，おそらく彼の死後まもなく，彼の論考を保存しようとした編集者によって編纂されたものであろう．『数学集成』の質は巻によって大きく異なるが，その題材のほとんどはパッポスより以前の数学者の著作から集めた数学上の論題の概説である．

　第 3 巻の序文から，この著作に関する興味深い間接的情報が得られる．パッポスは，この序文を女性の幾何学教師であるパンドロシアンに宛てている．彼は，「あなたから数学を学んだと公言する人の中で，最近私に対して，問題を間違って定式化した者もいます」と不満を述べている[19]．この記述によってパッポス

囲み 5.3
アレクサンドリアの数学者たちはどのような人々だったのか？

ラファエロの絵画『アテネの学堂』で，プトレマイオスはイタリア風の容貌の貴公子として描かれており，ガスパロという名の芸術家に帰せられている．ヒュパティアの最もよく知られた「肖像画」も同じようにイタリア人のように描かれている．これはまったく驚くにはあたらない．芸術家は古代の人物を描くのに同時代人をモデルとして使うのが普通だからである．しかし，われわれが本当に知りたいのは，紀元後1世紀から5世紀までのアレクサンドリアの数学者たちがどの程度までギリシア人であったかということである．間違いなくこの数学者たちは全員がギリシア語で書き，アレクサンドリアのギリシア人知的共同体に属していた．しかもヘレニズム期エジプトの最新の研究によれば，ギリシア人共同体と土着のエジプト人共同体は，ほとんど相互交流がないままに共存していたことがわかってきた．そうすると，プトレマイオス，ディオパントス，パッポス，ヒュパティアは民族的にはギリシア人であって，その祖先は過去のいつの時点かにギリシアから渡ってきたものの実質的にはエジプト人と交わることがなかったと結論づけるべきだろうか？

もちろんこの質問に対して確定的に回答することは不可能である．しかし，紀元後初期の数世紀にさかのぼるパピルスの研究によって，ギリシア人共同体とエジプト人共同体の間にかなりの頻度で通婚が行われており，主にギリシア人男性がエジプト人の妻を娶っていた事実が明らかになっている．また，ギリシア人の結婚に際しての契約がだんだんとエジプト人の契約に似てきた事実も知られている．さらに，アレクサンドリアの建設当時から少数のエジプト人は数多くの市の役職を充当するために市の特権階級として認められていた．もちろん，このような場合にはエジプト人たちが「ギリシア化」され，ギリシアの習慣やギリシア語を受け入れることが必須であった．ここで言及したアレクサンドリア数学者たちはこの都市の建設後数世紀にわたって活躍したことから，少なくとも彼らが民族的にギリシア人であった可能性と同様エジプト人であった可能性も同程度にある．いずれにせよ，彼ら数学者たちの身体的特徴の記録が残っていないのに純粋にヨーロッパ風の人物として描くことはばかげている．

は，たとえば，円と直線のみを用いて二つの比例中項を求めようとしたように，これらの人々はうまくいかない方法によって問題を解こうとしていた，と言いたかったのである．パッポスがどのようにしてこのような作図が不可能であると知ったのかは示されていない．しかし，彼の言葉から，アレクサンドリアでは女性が数学に参加していたことがわかる [20]．

第5巻は『数学集成』のうちで最も磨きぬかれた巻で，等周図形，つまり形は異なるが周囲の長さが等しい図形について論じている．パッポスが導入部で，蜂の知性について述べている部分は，本文の純粋数学と好対照をなしている．

[ミツバチは，] 疑う余地のないことだが，人類のうちで最も文化の高い者に対して神々からこのような形式のアンブロシア [ギリシアの神々の食物] の分け前を運ぶ役割を自分たちは任されていると信じていて……，このアンブロシアが不注意にも大地や森，その他の不恰好で変則的な物質に注がれることは適切ではないと考えている．そこで地に育つ最も甘き花々の最も精妙なる部分を集め，これを材料に蜜の受け入れのために，すべて等しく，相似で隣接しており，その形が六角形の [室を持つ] 蜂の巣と呼ばれる容器をつくるのだ．

ミツバチがある種の幾何学的計画に一致するようこれをつくりあげたことを，われわれは次のように推論できる．ミツバチは，隙間に何かが落ちて仕事の完璧さを汚すことがないように，その形はすべて一つのも

図 5.6
ルクセンブルクの切手に描かれた六角形の蜂の巣.

のと別のものとが隣接し，その辺が共通でなければならないと必然的に考えたはずである．ここでは，この条件を満たす直線図形は三つしかない．不規則図形にミツバチが不快を感じる限りは，辺と角が等しい規則図形のことを私は言っている．……［これは］三角形，正方形，六角形であって，ミツバチは知恵をこらして，他の二つの図形のいずれよりも多くの蜜をためることができると見られる最も大きな角を持つものを自分たちの仕事のために選んでいる（図 5.6）．

このとき，ミツバチは，まさに彼らに有益なるこの事実，すなわち，どの図形をつくりあげるにも費やす材料は同じであるにもかかわらず，六角形は正方形や三角形よりも大きくて，より多くの蜜をためることができると知っていたのである．しかし，われわれは，ミツバチよりも大きな知恵の分け前に与っていると主張しているのだから，いっそう広範な問題について探究を行おう．すなわち，同一の周長を持ち辺と角が等しいあらゆる平面図形について考えれば，角の数がより多い図形が常により［面積が］大きいから，すべての平面図形のうちで最大のものは，周がそれら［の図形の周長］と等しい円なのである[21]．

5.3.1 解析の場所

しかし，パッポスの『数学集成』の最も影響力のあった巻は第 7 巻の「解析の場所について」[*2]である．この巻は，解析の方法，すなわちギリシアの数学者が問題を解くために用いた方法論についての，ギリシア時代から伝わる最も明確な議論を含んでいる．中心となる概念はパッポスの第 7 巻の序文に明快に述べられている．

> 「解析の場所」と呼ばれるものは……自らに設定された問題を解くことができる幾何学における力を獲得したいと願う者にとっては……全体としてある特別な資源である．そして，これ単独でも有益である．これは，『原論』の著者ユークリッドと，ペルゲのアポロニオス，大アリスタイオスの 3 人の人間によって書かれ，解析と総合によって行うものである．
> ここで，解析は，人が探し求めるものから，あたかもそれが確立されたかのようにして，そのことの帰結をたどって，総合によって確立されたものに至る道筋である……．解析には二つの種類がある．その一つは，真理を追い求めるもので，「定理的」と呼ばれるのに対して，もう一方は要請されているものを見つけることを試みるもので，「問題的」と呼ばれている[*3]．定理的解析の場合，求めるものが事実であり真理であると仮定し，この仮説にしたがって，その帰結が真なる事実であるかのように考えて，その帰結を通じて前進し，確立されたものにまで至る．もしこの確立されたものが真理であるならば，求めていたものもまた真であって，この証明は解析の逆である．しかし，確立されたものが偽である場合に

[*2] ここで，「場所」と訳したのは "τόπος" である．486 ページの訳注を参照．
[*3] 『原論』などの数学著作の命題が「定理」と「問題」に分類されていることに対応する．ただし，残っている解析はほとんど「問題的」なものである．

は，求められているものも偽である．問題的解析の場合，命題をわれわれが知っているものとして仮定し，あたかも真であるかのように，その帰結を通じて前進し，確立されたものに至る．もし確立されたものが可能的であって獲得可能なものである——これは数学者たちが「与えられたもの」と呼ぶものである——ならば，要請されているものも可能であって，やはりその証明は解析の逆である．しかし，確立されたものが不可能であることがわかった場合には，問題もまた不可能なのである[22]．

そこでパッポスによれば，解析によって問題を解いたり定理を証明したりするには，要請されていることを仮定することから始め，そこから導き出される帰結について，結果が真もしくは「与えられたもの」であると知られているものに到達するまで考察を行うことになる．つまり，たとえば，要請されていること p を仮定するところから始め，p が q_1 を含意し，q_1 が q_2 を含意し，……q_n が q を含意している，ということを，すでに真であることが知られている q に到達するまで証明していく．正式な総合による定理の証明を行ったり［定理の解析の場合］，問題を解くためには［問題の解析の場合］，この過程を逆にして，q が q_n を含意するというプロセスから議論を始める．この逆の方法は，常に議論を呼んできた．というのは，結局のところ必ずしもすべての定理の逆が成り立つわけではないからである．しかし，実際にはユークリッドとアポロニオスに由来する重要な定理のほとんどは，少なくとも部分的には逆が成り立つ．したがって，この方法は，多くの場合に求めたい証明や解を提供したし，部分的にしか逆が成り立たない場合には，少なくとも問題を解くことができる条件を示したのである．

現存する文献には定理的解析の例はほとんど残っていないが，これは，たとえばユークリッドが証明の発見方法をまったく伝えていないからである．しかし，『原論』第 XIII 巻の写本の一部には，明らかに紀元後早い時期に挿入された最初の五つの命題それぞれの解析が見られる．

第 XIII 巻命題 1 直線が外中比に切られたとき，大きい方の部分と全体との半分の和を 1 辺とする正方形は，半分の線分を 1 辺とする正方形の 5 倍である．

図 5.7
『原論』第 XIII 巻命題 1 の解析．

AB を C で外中比に分け，AC が大きい方の部分とする．また，$AD = \frac{1}{2}AB$ とする（図 5.7）．解析を行うために，結論が真，つまり $CD^2 = 5AD^2$ であると仮定し，その帰結を判断する．$CD^2 = AC^2 + AD^2 + 2AC \cdot AD$ であるから，$AC^2 + 2AC \cdot AD = 4AD^2$ である．しかし，$AB \cdot AC = 2AC \cdot AD$ であって，$AB : AC = AC : BC$ であるから，$AC^2 = AB \cdot BC$ でもある．ゆえに，$AB \cdot BC + AB \cdot AC = 4AD^2$，つまり $AB^2 = 4AD^2$，こうして最終的に $AB = 2AD$ であって，これは真であるとわかっている結果である．次に総合は，各段階を逆にすることによって進むことが可能である．$AB = 2AD$ であるから，$AB^2 = 4AD^2$ である．$AB^2 = AB \cdot AC + AB \cdot BC$ でもあるから，し

たがって，$4AD^2 = 2AD \cdot AC + AC^2$ である．各辺に AD の平方を加えれば，$CD^2 = 5AD^2$ という結果が得られる．

ギリシアの数学者たちにとって定理的解析よりも重要だったのが，問題的解析である．われわれはすでにこのタイプの解析の複数の例について議論してきた．その中には角の三等分法や立方体倍積問題，平面による球の分割に関するアルキメデスの問題がある．また，ユークリッドはそのような解析の例を示していないものの，『原論』第 VI 巻命題 28 を解く際にこの手順を実行することができる．この問題は，2 次方程式 $x^2 + c = bx$ の解に至る幾何学代数の問題である．このとき，この解析は解を得るために追加的な条件，つまり $c \leq \left(\dfrac{b}{2}\right)^2$ という条件が必要なことを示している．

パッポスの第 7 巻は，「解析の場所」に属するとパッポスが考えた複数の幾何学著作への手引書である．これらの著作はすべてパッポスより何世紀も前に書かれたものであり，アポロニオスの『円錐曲線論』および他の六つの著作（一つを除いては失われている），ユークリッドの『ダタ』および他の二つの失われた著作，アリスタイオスとエラトステネスのそれぞれ一つの著作（いずれも失われた）である．ただしエラトステネスの名前はパッポスの序文ではあげられていない．これらの著作は，ギリシア数学者たちに解析によって問題を解くのに必要な道具を与えたのである．たとえば，最終的に円錐曲線に帰着する問題を扱うには，アポロニオスの著作に通じている必要がある．「ユークリッド的」方法によって解ける問題を扱うには，『ダタ』の扱う題材が必要不可欠である．

パッポスの著作は，「解析の場所」に属する諸著作それ自体を含んでいないが，これらの著作といっしょに読むことを意図していた．それゆえ，これらの個々の著作のほとんどに対しては，［その内容を解説した］一般的序文が付けられ，読者が実際のテクストを読みとおすのに助けとなるような，数多くの補助定理集といっしょに収められていた．パッポスが，テクスト自体がそのままでは当時のほとんどの読者にとって難しすぎて理解できないと判断していたことは明白である．何世紀もの間に教育の伝統が衰退していて，数百年を経た古い著作を評価できるパッポスのような学者は当時ほとんどいなかったのである．パッポスの目標は，過去の著者たちが「明らかに……！」と書いたそして省略したステップを読者たちがたどれるように手助けをすることによって，これらの古典的著作にみられる数学を理解できる人々の数を増やすことだった．パッポスは，追加的なケース[*4]や証明の別解と同様に，様々な補助的な結果も収めている．

こういった追加的な議論の中には，アポロニオスが論じた三線四線軌跡問題の一般化がある．パッポスは，この問題そのものにおいては，軌跡が円錐曲線であると指摘している．しかし，5 本以上の直線がある場合，その軌跡がどのようになるかまだわかっていない，つまり「それらの曲線がどのように生成し，どのような性質を持つかは，いまだ知られていない」とパッポスはいう．5 本や 6 本の直線の軌跡を満足する曲線の作図をいまだ誰も与えていないことをパッポスは嘆いている．これらの事例における問題は，5 本（6 本）の直線が与えられた際に，これらの直線の 3 本に対して与えられた角度で引かれた線で囲まれた直

[*4] 図形の配置の相違などによって，場合分けが必要になるケースなどを指す．

角平行六面体が，残りの 2 本の直線および与えられた何らかの直線（もしくは，残りの 3 本の直線）に囲まれた直角平行六面体に対して与えられた比となるようにある点の軌跡を求めるというものだった．パッポスは 7 本以上の直線に対してもさらにこの問題を一般化できることを指摘したが，この場合，「3 次元を越える図形は描くことができないから，『それらのうちの 4 本によって囲まれた図形と，その残りによって囲まれた何らかの図形の間の比』ということはもはやできない」とも指摘している．とはいえ，パッポスによれば，個々の直線の互いに対する比を合成することによって，この直線の積の比を表現することが可能であるから，実際には何本の直線であっても問題を考えることができる．しかし，パッポスは次のように不満を述べている．「［幾何学者は］この曲線が認識できるほどまでに［複数直線の軌跡問題を］決して解いたことがなかった．……これらの問題について研究する者は古代人や最良の書き手と同じ才能を持ってはいない．すべての幾何学者が数学の初歩で頭がいっぱいであることを見ると……，私は恥ずかしさを覚える．私としては非常に高い重要性と有用性を持つ命題を証明してきたのである」[23]．

　パッポスは，彼が証明した「重要な」定理の一つを次のように述べて第 7 巻の冒頭の解説部分を締めくくる．「完全な 1 回転によって作られる二つの回転体の比は，回転された平面図形の比と，それらの図形の重心からその軸に対して同様に同じ角をなして引かれた直線の比から合成される」[24]．この定理の現代版は次のようなものである．領域 Ω を，Ω と交差しない軸を中心に回転してできる立体の体積は，Ω の面積と Ω の重心が回転してできる円の円周との積である．残念なことに，パッポスの証明は記録が残っていない．現在は失われてしまった『数学集成』の巻のうちの一つに収められていたことを暗示する証拠がある．

　ギリシア数学においてはっきりとそれとわかる解析の多くは，われわれが一般的に代数的であると考える問題に関係している．『原論』第 XIII 巻命題 1 および第 VI 巻命題 28 の例は明らかにそういった類のものである．円錐曲線を用いる例は，今日ならば解析幾何学を用いて解ける問題で，よく知られた代数学の応用ということになる．だから，パッポスが厳密に代数的なディオパントス『数論』に解析の主要な例として言及していない事実にはいささか驚かされる．なぜなら，実際のところディオパントスの著作のどの問題もパッポスのモデルによって解かれるからである．おそらくパッポスは，古典的な幾何学的著作のレベルに達していないので，このディオパントスの著作に触れなかったのであろう．いずれにせよ，純粋な幾何学的解析よりも，ディオパントスの代数的解析と，多くの他の言及した著作中の「擬似代数的」解析こそが，16, 17 世紀のヨーロッパの数学者に対して，代数の概念を拡張し，これを純粋に幾何学的問題さえも解く重要な道具にまで発展させようと考える主要な動因を提供したのである[25]．

5.3.2　ヒュパティアとギリシア数学の終焉

　パッポスのギリシア数学を復活させようというもくろみは成功しなかったが，これはおそらく，政治的・宗教的状況の混乱が激しくなったことによって，アレクサンドリアのムーセイオンと図書館の安定性に影響が出たことも理由の一部だろう．当時，かつて迫害されていたキリスト教がローマ帝国公認の宗教として

勃興しつつあった．311年に東の正帝ガレリウスが寛容令を発し[*5]，その2年後には西の正帝の座に着いたコンスタンティヌスが東の正帝リキニウスと諮り，キリスト教寛容令（ミラノ勅令）を発した[*6]．実際コンスタンティヌス帝は亡くなる間際の337年にキリスト教に改宗した．その60年後までにキリスト教は帝国の国教となり，昔からのローマの神々への崇拝は禁止された．もちろん異教の禁止によって誰もがキリスト教に改宗したわけではない．実際，4世紀後半から5世紀初めにかけて，アレクサンドリアのテオンの娘ヒュパティア（355頃–415）はこの町の尊敬された名高い教師だったが，数学だけではなく，プラトンのアカデメイアにさかのぼる若干の哲学教義も教えていたのである．また，ヒュパティアは非キリスト教的な宗教的信仰を持ち続けていたにもかかわらず，知的な独立を享受し，彼女の学生の中には，のちに司教となった（リビアの）キュレネのシュネシウスのような著名なキリスト教徒もいたのである．

　ヒュパティアより前にも数学に打ち込んだ女性がいた若干の証拠はあるものの，こうした女性たちの数学的業績についてはほとんど知られていない．しかし，ヒュパティアについてはしっかりした証拠がある．ヒュパティアは父のテオンから数学と哲学の徹底的な教育を受けた．また，ヒュパティアに対して明確に言及している唯一の現存する文献は，シュネシウスが彼女に学問的助言を求めた手紙だけだが，近年のギリシア語やアラビア語，中世ラテン語文献の詳細なテキスト研究によって，数多くの数学的著作が彼女に帰せられるという結論が得られた．これらの著作には，プトレマイオス『アルマゲスト』を父親のテオンが注釈した際その複数の章を手助けしたこと，アルキメデスの『円の計測』の編纂（その後，この版をもとにアラビア語やラテン語への翻訳が行われた），アルキメデスの扱った題材を再度考察した面積や体積に関する研究，パッポスの第5巻に関係する等周図形に関する文献などがある[26]．ヒュパティアは，アポロニオス『円錐曲線論』や，すでに指摘したようにディオパントス『数論』への注釈の著者ともされている．

　ヒュパティアにはローマ帝国総督のオレステスのような，アレクサンドリアの多くの有力な友人がいたにもかかわらず，不運なことに彼らのほとんどが上流階級に属していた．人口の大半は全体としていえばアレクサンドリア総主教のキュリロスを支持しており，彼はアレクサンドリアの支配をめぐってオレステスと争っていた．キュリロスが，かの有名な女性哲学者は実は哲学，数学，天文学の研究の一環として魔術を実践しているという噂を広めると，怒り狂った民衆たちがこの「悪魔的」人物を喜んで排除したのである．かくして，すでに書いたように，ヒュパティアの生涯は突然断たれた．ヒュパティアの死はアレクサンドリアの数学的伝統の実質的な終焉だった（囲み5.4）．

[*5] 同年のガレリウス没後再度キリスト教の迫害が行われた．

[*6] 293年にディオクレティアヌス帝（在位：284–305）はローマ帝国を東と西の行政区に分け，それぞれ正帝と副帝をおいた．ローマ帝国の東西分裂は395年のこと．また，原書のこの1文はガレリウスの寛容令を313年としているなどの誤りがあったため修正した．

囲み 5.4

ギリシア数学の衰亡

ギリシア数学はなぜ紀元前4世紀，3世紀の絶頂期から劇的に衰亡したのだろうか？この疑問に対する複数の回答があるが，東地中海世界における社会政治的状況の変化が最も重要だった．

すでに学んだ様々な古代社会における数学の発展を考えてみると，実用的関心に刺激されたものであれ，そうでないものであれ，知的好奇心のひらめきが重要だという事実は明らかである．しかし，このひらめきが広がるためには，政府がこのひらめきが燃え続けるよう奨励することが必要である．バビロニア人はその最も進んだ数学手法を日常生活の目的ではなく，知的挑戦となる問題を解くために使い，政府は将来の社会指導者たちの知性を訓練する助けとなるようこの研究を奨励した．ギリシア文明では，さらにこの知的好奇心が深められた．ギリシア本土では，哲学と数学が広範な支持を受けた．プトレマイオス朝はエジプトで紀元前300年以後もこの奨励策をとり続けた．

しかし，ギリシア社会でさえ，理論数学を理解する人々の実際の数は少なかった．数学者や天文学者としてその生活を送るだけの収入を持てたり，支配者に給金を提供するように説得できた者は決して多くなかった．数学者たちの中で最優秀の人々は著作を書き，それは様々な数学の学校で議論され，注釈を加えられたものの，文献からすべてが学べるわけではない．多くの場合，ユークリッド『原論』やアポロニオス『円錐曲線論』を自力でマスターしようと思っても不可能だから，数学が進歩し続けるためには口頭での教授の伝統が必要だった．そうすると，この伝統が途切れる世代があれば，数学研究の過程全体が深刻な損害を受けることになろう．

完全に伝統を破壊したわけではないとしても，教授の伝統を確実に弱めた一つの要因は，紀元前後の時期に何年にもわたって東地中海世界に影響を与えたこの地方の政治的闘争だった．さらに重要だったのは，ローマ帝国政府が数学研究は重要な国益には関係しないので支援する必要がないと明らかに結論づけた事実である．ローマ帝国下では数学研究はほとんど奨励されなかった．エリートの子弟に数学を教育するために招聘されたギリシア学者はほとんどいなかった．ユークリッドやアポロニオスの著作を発展させることはおろか，理解する者さえいなくなってしまった．ギリシアの伝統は確かに数世紀にわたって存続したが，これはエジプトのローマ支配のもとでアレクサンドリアのムーセイオンと図書館が残っていたことが大きな理由である．学生は古代の文献を学び解釈することを継続できたものの，教師はますます少なくなり，達成される新しい研究もますますわずかとなった．4世紀後半までには大図書館は実質的に破壊され，最終的に過去との細いつながりが断ち切られた．5世紀終わりまでしばらくの間アテネなどの場所——そこに古典的著作の写本が残っていさえすれば——で数学活動が限定的に存続していたものの，数学にそのエネルギーを捧げる人々があまりにも少なくなってしまったという単純な事実によって，この伝統——およびギリシア数学——は存在することをやめたのである．

練習問題

ニコマコス『数論入門』に関連する問題

1. n 番目の五角形数および n 番目の七角形数を求める公式を工夫せよ．
2. 三角形の底面を持つピラミッド数を求める代数的公式，および正方形の底面を持つピラミッド数を求める代数的公式を導出せよ．
3. 調和的比例では，中項を掛けた二つの外項の和が外項どうしの積の2倍であることを示せ．
4. ニコマコスは小反対の比例を定義している．3項があるとき，最大項の最小項に対する比例が，より小さい2項の差のより大きな2項の差に対する比例と等しいとき，この比例が成り立つ．3, 5, 6 は小反対の比例にあることを示せ．小反対の比例にある3項の他の組合せを二つ見つけよ．
5. 3項が小反対の比例にあるとき，大きいほうの外項と中項の積は中項と小さいほうの外項の積の2倍であるとニコマコスは主張している．たとえば，6掛ける5は，5掛ける3の2倍である．ニコマコスが間違っていることを示せ．
6. ニコマコスは，三つの項があるとき，中項の小さいほうの外項に対する比が，その差のより大きいほうの外項と中項の差に対する比と等しいときには，「第5比例」が常に存在すると定義している．2, 4, 5 が第5比例の関係にあることを示せ．この比例関係にある三つの数の組合せをさらに二つ見つけよ．

ディオパントス『数論』に関連する問題

7. 本章冒頭の墓碑銘からディオパントスが何歳で亡くなったか求めよ.

8. 次のディオパントスの第 I 巻問題 27 を第 I 巻問題 28 の方法によって解け. その和と積が与えられた数となるような 2 数を求めること. ディオパントスは和として 20 を与え, 積として 96 を与えている.

9. ディオパントスの次の第 II 巻問題 10 を解け. 与えられた差を持つ二つの平方数を求めること. ディオパントスは与えられた差を 60 とする. また, 与えられた差がどうあろうともこの問題を解ける一般的な規則を示せ.

10. 任意の比 $n:1$ と, 第二の平方数に対する値 $(x+m)^2$ を選び, ディオパントスの第 II 巻問題 19 における解を一般化せよ.

11. ディオパントスの次の第 II 巻問題 13 を複方程式の方法によって解け. 同じ数（求める数）から二つの与えられた数を引くとその余りがどちらも平方となる（6, 7 を与えられた数とする. このとき, $x-6=u^2$, $x-7=v^2$ を解け）.

12. ディオパントスの次の B 巻問題 8 を解け. その 2 数の差と, 2 数の立方の差が与えられた 2 数に等しい 2 数を求めること（方程式を $x-y=a$, $x^3-y^3=b$ と書け. ディオパントスは $a=10$, $b=2120$ とおく）. 解が有理数となる a と b の必要条件を導出せよ.

13. ディオパントスの次の B 巻問題 9 を解け. 与えられた数を二つに割って, この 2 数の立方の合計が 2 数の差の平方の与えられた倍数となるようにする（方程式は, $x+y=a$, $x^3+y^3=b(x-y)^2$ となる. ディオパントスは $a=20$ および $b=140$ とおき, 解の必要条件は $a^3\left(b-\frac{3}{4}a\right)$ がある数の平方であることと述べている）.

14. ディオパントスの次の D 巻問題 12 を解け. 与えられた平方を二つに割って, この与えられた平方からそれぞれ引くと, その余りが（どちらも）平方となるようにすること. この解法は第 II 巻問題 8 に直接続くことに注意せよ.

15. ディオパントスの次の第 IV 巻問題 9 を解け. 同じ数をある立方とその辺に加え, 後者の和が前者の立方と等しくなるようにすること（この方程式は, $x+y=(x^3+y)^3$. ディオパントスは, $x=2z$ および $y=27z^3-2z$ と最初に仮定する）.

16. ディオパントスの第 V 巻問題 10 を, 与えられた 2 数を 3, 9 として解け.

17. 『数論』の第 VI 巻はピュタゴラスの三元数を扱っている. たとえば, 第 VI 巻問題 16 を解け. 鋭角の二等分線がやはり整数であるような, 整数の辺を持つ直角三角形を求めよ. ヒント：三角形の角の二等分線は, 残りの辺と同様の比で対辺を分割するという『原論』第 VI 巻命題 3 を使え.

パッポス『集成』に関連する問題

18. 『原論』第 VI 巻命題 28 の解析を行え. 与えられた線分上に与えられた直線図形に等しく, 与えられた平行四辺形に相似な平行四辺形だけ欠けている平行四辺形をつくること. 平行四辺形がすべて長方形である場合のみ考えよ. 最初に, このような長方形が作図されたとし, 「与えられた直線図形は与えられた線分の半分の上に描かれ, かつ欠けている部分に相似な平行四辺形より大きくてはならない」という条件を仮定せよ.

19. 『原論』第 XIII 巻問題 4 の解析を行え. もし線分が外中比に分けられるならば, 全体の上の正方形と小さい部分の上の正方形との和は, 大きい部分の上の正方形の 3 倍である.

20. 五線問題によって描かれる軌跡の方程式を書け. 簡略化のために, すべての直線はそれら直線の一つに対して平行もしくは直角のいずれかで, 与えられた角はすべて直角であると仮定せよ.

21. 与えられた周長の正六角形の面積は同じ周長の正方形よりも大きいことを示せ.

22. パッポスの定理を適用してトーラスの体積を求めよ. トーラスは半径 r の円盤を軸を中心に回転させてつくられたと仮定せよ. この軸は円盤の中心から距離 $R>r$ 離れているとする.

『ギリシア詞華集』（紀元後 500 年頃）に関連する問題

23. 次のエピグラム 116 を解け. お母さん, どうしてくるみのために私に殴り合うようにさせるの. かわいい少女たちは自分たちで全部くるみを分けました. メリッシオンは私からその 7 分の 2 を取り, ティタネーは 12 分の 1 を取りました. 活発なアステュオケーとピリンナは 6 分の 1 と 3 分の 1 を取ります. テェティスが止めて 20 個を持っていってしまい, ティスベーは 12 個, ほら, ごらんなさい, グラウケーは 11 個を手に握ってにこにこ笑っています. 私に残ったのはこの 1 個のくるみだけです. 最初にくるみは何個あったでしょうか [27].

24. 次のエピグラム 130 を解け. 四つの噴水があり, 最初の噴水は容器をいっぱいにするのに 1 日かかり, 第二の噴水は 2 日, 第三の噴水は 3 日, 第四の噴水は 4 日かかります. この四つの噴水全部使うとこの容器をいっぱいにするのにどれだけの時間がかかるでしょうか（第 1 章の練習問題にある『九章算術』巻六の問題にこの問題が類似していることに注意）.

25. 次のエピグラム 145 を解け.
A: 10 枚のコインをちょうだい, そうするとぼくは君の 3 倍持っていることになる.
B: 同じ枚数を君からもらうと, ぼくは君の 5 倍になるね？ぼくと君はそれぞれ何枚のコインを持っているかな？

議論に向けて

26. なぜローマ時代の測量技師たちは三角法に無知で、自分たちの仕事にそれを活用することがなくなってしまったのだろうか.
27. ニコマコスの比に名前をつける枠組みについての議論を読んで、与えられたどんな整数比の名前も見つけられるような言葉による「公式」を工夫せよ.
28. 「2次方程式は、ローマ帝国を運営するのに必要な問題を解くのにはまったく無益である」. この見解に賛成する議論、反対する議論を行え.
29. 個々の文明で数学の発展に影響した要因は何か？すでに学んだ文明から例を示せ.
30. ギリシア時代ほとんど女性が数学に参加しなかったのはなぜか？

参考文献と注

Thomas Heath の *A History of Greek Mathematics*, および第2章で言及した B. L. Van der Waerden の *Science Awakening* には、本章で議論した問題に関する章が収められている. ニコマコスの主要著作の翻訳は、M. L. D'Ooge, F. E. Robbins, and L. C. Karpinski, *Nicomachus of Gerasa: Introduction to Arithmetic* (New York: Macmillan, 1926) にある. この翻訳は、*Great Books*, vol. 11 にも見つかる. ディオパントスのギリシア語で現存する6巻は、Thomas L. Heath, *Diophantus of Alexandria: A Study in the History of Greek Algebra* (New York: Dover, 1964) で論じられている. しかし、Heath はディオパントスを逐語的には訳していない. Heath は全体としてみればディオパントスの議論の概略を示したにとどまる. 問題のいくつかのより逐語的な訳は、Thomas, *Selections Illustrating the History of Greek Mathematics* に見られる. ディオパントスの『数論』の新たに発見された4巻の翻訳と注釈は、J. Sesiano, *Books IV to VII of Diophantos' Arithmetica in the Arabic Translation of Qusṭā ibn Lūqā* (New York: Springer, 1982) である. ディオパントスの著作の簡潔な概観は、J. D. Swift, "Diophantus of Alexandria," *American Mathematical Monthly* 63 (1956), 163–170 にある. パッポスの『集成』の現存するテクスト全体は、Paul Ver Eecke, *Pappus d'Alexandrie, La Collection Mathématique* (Paris: Desclée, De Brouwer et Cie., 1933) でフランス語に翻訳されている. 最近第7巻の英訳が注釈つきで Alexander Jones, *Pappus of Alexandria: Book 7 of the Collection* (New York: Springer, 1986) によって提供された. 最近ヒュパティアの伝記が出版された. Maria Dzielska, *Hypatia of Alexandria*, trans. by F. Lyra (Cambridge: Harvard University Press, 1995) である. 本書はヒュパティアの数学についてはほとんど議論していないが、この空隙は Michael A. B. Deakin, "Hypatia and her Mathematics," *American Mathematical Monthly* 101 (1994), 234–243 によって埋められる.

1. W. R. Paton, trans., *The Greek Anthology* (Cambridge: Harvard University Press, 1979), Volume V, pp. 93–4 (Book XIV, Epigram 126).
2. Edward Gibbon, *The Decline and Fall of the Roman Empire* (Chicago: Encyclopedia Britannica, 1952) (*Great Books* edition), chapter 47, p. 139 [邦訳：中野好之訳『ローマ帝国衰亡史』第 VIII 巻, 筑摩書房, 1991].
3. Nicomachus, *Introduction to Arithmetic*, I, IV, 2.
4. Cicero, *Tusculan Disputations* (Cambridge: Harvard University Press, 1927), I, 2 [邦訳：木村健治・岩谷智訳『トゥスクルム荘対談集』キケロー選集 12, 岩波書店, 2002].
5. Vitruvius, *On Architecture* (Cambridge: Harvard University Press, 1934), I [邦訳：森田慶一訳『ウィトルーウィウス建築書』東海大学出版会, 1979].
6. ローマの土地測量についてのよい情報源としては、O. A. W. Dilke, *The Roman Land Surveyors: An Introduction to the Agrimensores* (Newton Abbot: David-Charles, 1971) を参照.
7. Nicomachus, *Introduction*, II, XXIV, 1.
8. Thomas, *Selections Illustrating*, II, pp. 519–523.
9. この議論の詳細は、J. Sesiano, *Books IV to VII of Diophantos'*, pp. 71–75 に示されている.
10. Thomas, *Selections Illustrating*, p. 525.
11. Thomas L. Heath, *Diophantus of Alexandria*, pp. 130–131.
12. 第 I–VI 巻からの問題は、Heath, *Diophantus* からとった. また、A–D 巻からの問題は、Sesiano, *Books IV to VII of Diophantos'* より.
13. Thomas, *Selections Illustrating*, II, p. 553.
14. Heath, *Diophantus*, p. 146.
15. Sesiano, *Books IV to VII of Diophantos'*, p. 88.
16. 同上, p. 87.
17. 同上, p. 130.
18. 同上, p. 165.
19. Thomas, *Selections Illustrating*, II, p. 567.
20. パンドロシアンが女性であるという結論を導く議論は、Jones, *Pappus of Alexandria* で展開されている.
21. Thomas, *Selections Illustrating*, II, pp. 589–93.
22. この翻訳は Michael Mahoney, "Another Look at Greek Geometrical Analysis," *Archive for History of Exact Sciences* 5 (1968), 318–348 [邦訳：「ギリシ

アの幾何学的解析のもう一つの見方」，佐々木力訳『歴史における数学』勁草書房, 1982 に所収], および Jones, *Pappus of Alexandria* からとったものである．Mahoney のギリシア解析についての結論は，いくつかの点に関して J. Hintikka and U. Remes, *The Method of Analysis: Its Geometrical Origin and Its General Significance* (Boston: Reidel, 1974) で論議されている．

23. Jones, *Pappus of Alexandria*, pp. 120–122, および Thomas, *Selections Illustrating*, II, p. 601.
24. Jones, *Pappus of Alexandria*, p. 122.
25. ディオパントスの代数解析およびその代数学の発展への影響についての広範囲にわたる議論が，J. Klein, *Greek Mathematical Thought and the Origin of Algebra* (Cambridge: MIT Press, 1968) に見られる．
26. 様々な数学的著作をヒュパティアに帰する詳細な議論は，Michael Deakin, "Hypatia and Her Mathematics" と同様，Wilbur Knorr, *Textual Studies in Ancient and Medieval Geometry* (Boston: Birkhäuser, 1989) にもある．
27. この問題と次の二つの問題は，Paton, *The Greek Anthology* よりとったもの．

ギリシアの代数学と解析の流れ

紀元後 1 世紀後期	ニコマコス	初等数論
紀元後 3 世紀中期	ディオパントス	不定方程式
紀元後 4 世紀初期	パッポス	ギリシア数学の集大成
紀元後 355 頃–415 年	ヒュパティア	アポロニオスとディオパントスの注釈

第 II 部

中世の数学
500年–1400年

Chapter 6

中世の中国とインド

「今や数理科学は非常に重視されている．この本（朱世傑著『四元玉鑑』）は……したがって，世の人々に多大な恩恵をもたらすものである．洞察のための知識，知力の向上，王国の統治，ましてや全世界を統べる仕方について，この本を利用できる者ならば得ることができよう．教養人たらんとする者，これについて注意深く学ばずにおられようか．」

（『四元玉鑑』（1303 年）序より）[1]

数学にまつわる伝承：ペルシアの注釈者の著作にみられる物語によれば，インドの数学者バースカラ (1114–1185) の娘，リーラーヴァティーは結婚しないであろうという予言が占星術師たちから下されていた．しかしこの父は，自らも専門の天文学者であり，占星術師でもあったので，娘の結婚に最も幸運な瞬間を占ったのである．時間は水時計によって計られていたが，まさにその [運命の] 瞬間の直前，リーラーヴァティーが時計をのぞき込んでいる間に，頭の飾りから真珠が一粒，気づかぬ内に時計の中に落ちてしまい，水の流れを止めてしまった．それが見つかるまでに，肝腎の瞬間は過ぎ去ってしまっていた．娘を慰めるため，バースカラはその主著『シッダーンタシローマニ』の算術に関する章の名を，娘にちなんで『リーラーヴァティー』と命名したのである．

6.1 中世の中国数学概観

中国の漢王朝は紀元後 3 世紀初期に分裂し，中国はいくつかの競合する王国に分割された．この混乱期は隋王朝が成立した 581 年まで続き，その 37 年後，唐王朝がこれに代わり，それがほぼ 300 年間ほど続いた．再び短期間の混乱期が続いたものの，中国の大半は宋王朝 (960–1279) のもとに再統一される．この王朝自体はチンギス・ハーン率いるモンゴル族によって倒される．しかしながら，この一千年を通じての「中国」の数学について語ることは可能である．数々の戦争，王朝の抗争があったものの，生粋の中国文化は共通の言語と共通の価値

観を伴いつつ，東アジアの大半において進展していたのであった．

漢王朝はすでに，宗族の絆よりも試験の成果に基づいた官僚制を確立させていた．この試験制度［科挙］は何度か短期間中断したが，20世紀に至るまで継続したものである．この試験は主として中国の古典籍に基礎をおくものの，測量，徴税，暦の作製などを含む行政業務に対する王朝からの要請は，数学のある分野に精通した数多くの官僚を求めたのであった．したがって，中国の王朝は，冒頭の引用でも述べたように，実用数学の研究を奨励したのである．実際，様々な時代に，官僚に「実用数学」を訓練するための官立学校があった．その他の時代には，数学は「天文学研究所」あるいは「記録局」の一部としてあった．しかしながら，一般的に，そのような機関の候補生によって学ばれた数学の教科書は，解法を備えた問題集であった．新規の解法が紹介されることは稀であった．その試験制度においては，しばしば数学の教科書から関連する節を暗誦すること，それと同様に，それらの教科書に記されている通りのやり方で問題を解くことが求められたのであった．したがって，数学的な創造性についての特別な動機はまったくなかったのである．

それにもかかわらず，創造的な数学者は実際，中国に現れたのである．その数学者たちはその能力を，実用的な問題に対する従来の解法を刷新したばかりでなく，実用的な必要性をはるかに超えた方法への拡張へと向けたのであった．本章の前半では，そのような何人かの中国数学者の著作について見ていく．とくに測量の問題に関する3世紀の劉徽の著作から考察を始め，インドから8世紀に暦学の補助として導入された三角法について議論する．次いで，現在，1次合同式と呼ばれているものを解くために向けられた中国の数学者の広範な著作を検討しよう．これらの問題は最初，4世紀の孫子の著作と，5世紀の張邱建の著作に現れた．しかし，13世紀の秦九韶の広範な著作が現れるまで，この問題について完全に扱われることはなかった．最後の節では，方程式の解法の分野について，13世紀の中国数学者の他の著作について議論する．秦九韶の他にも，この分野に寄与した李冶，楊輝，朱世傑が含まれている．

6.2 測量と天文学のための数学

劉徽（りゅうき）（3世紀）は漢王朝が崩壊した直後の時代，北部の王朝，魏の出身であるが，実質的にその生涯については何も知られていない．彼の数学上の主著は，『九章算術注釈』である．『九章算術』の最後の数問が測量の問題としては初等的だったので，劉徽はこの種の問題でもっと複雑なものを補遺として加えることとした．この補遺は結局，独立した数学書，『海島算経』となった．

この小品は，問題集という教科書の伝統を継承しつつも，数値解，導出法，図解，注釈を伴ったわずか9問の集成となっている．残念ながら，今日残されているものは，問題それ自身と，数値解を求めるための計算の指針ばかりである．なぜそれらの計算が実行されるのかという理由がまったく述べられていないので，この先の議論では，劉徽が用いた規則によって可能な解法を提示したい．

9問のうち第1問は，書名の由来になったものであるが，海に浮かぶ島（海島）

の距離と高さを見つける方法を示している．他の問題では，木の高さ，谷の深さ，川の幅などの値を決定する方法を述べている．海島の問題では次のように述べられている．「海島を望むために，5歩の同じ高さの棒を2本立て，前後の棒の間の距離を1000歩とする．後ろの棒は前の棒と一直線になるように置く．前の棒から123歩退くと，地面の高さから島の頂上を望むことができる．後ろの棒から127歩退くと，再び，地面の高さから島の頂上を望める．すなわち，後ろの棒の先端は島の頂上と一致して見える．島の高さはどれほどで，前の棒から島までの距離はどれほどか」[2]．

劉徽による答は，島の高さは1255歩，棒からの距離は30750歩である．彼はまた，解答のための規則を提示している（図6.1）．

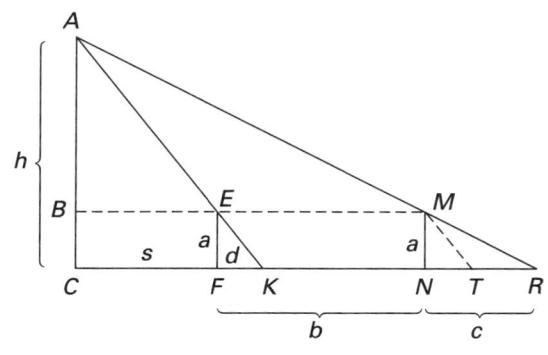

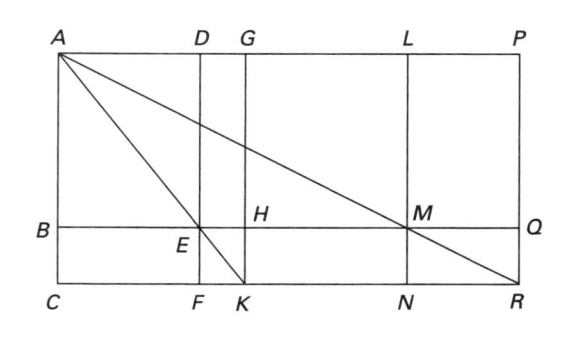

図 6.1
『海島算経』の第1問．

棒の間の距離と棒の高さを乗じて，実とする．二つの観測地点からの距離の差をとって法とし，実を法で割る．そうして得られた値に棒の高さを加える．その値が島の高さとなる（すなわち，高さ h は公式 $h = a + ab/(c-d)$ によって与えられる．ここで，a は棒の高さ，b は棒の間の距離，c と d は，二つの棒から観測点までのそれぞれの距離である）．前の棒から島までの距離を求めるには，前の棒から後ろに動いた距離と棒の間の距離を乗じて，実とする．二つの観測地点からの距離の差をとって法とし，実を法で割る．その結果は前の棒から島までの距離となる（距離 s は，$s = bd/(c-d)$ によって与えられる）[3]．

劉徽はその方法を「重差術」と呼んでいた．解法の手順において，二つの差が用いられているからである．その方法を現代的に導くには，相似な三角形を使えばよい．つまり，MT を EK に平行に引く．すると，$\triangle AEM$ は $\triangle MTR$ に，$\triangle ABM$ は $\triangle MNR$ に相似となる．よって，$ME:TR = AM:MR = AB:MN$ である．そこで，

$$AB = \frac{ME \cdot MN}{TR} = \frac{FN \cdot EF}{TR}$$

となり，島の高さ $h \, (= AB + BC)$ は，上でも見た通り，

$$h = \frac{FN \cdot EF}{TR} + EF = \frac{ab}{c-d} + a$$

である．同様の議論は，島の距離 s に関する劉徽の結果を与えることになる．

しかしながら，他にも劉徽の公式を導くいくつかの方法がある．13 世紀の半ばに，楊輝はこの特別な問題に注釈を残し，単に合同三角形と面積の関係を用いた証明を与えたのであった．これは初期の中国数学の技法について知られている事柄と一致する証明である．三角形 APR と三角形 ACR は合同で，三角形 ALM と三角形 ABM も合同なので，台形 $LPRM$ と台形 $BMRC$ は同じ面積である．ここから合同三角形，MQR と MNR を取り去ることによって，長方形 $LPQM$ と長方形 $BMNC$ も同一の面積となることが示される．同様の議論によって，長方形 $DGHE$ と長方形 $BECF$ の面積は等しくなる．したがって，長方形 $EMNF$（= 長方形 $BMNC$ − 長方形 $BECF$）= 長方形 $LPQM$ − 長方形 $DGHE$ である．長方形の面積のそれぞれを積の形で記すと，

$$FN \cdot EN = PQ \cdot QM - GH \cdot HE = PQ \cdot RN - PQ \cdot FK = PQ(RN - FK)$$
$$= AB(RN - FK).$$

よって，$AB = FN \cdot EF/(RN - FK)$ となり，高さ $h = AC$ は次の式によって求められる．

$$h = AC = AB + BC = \frac{FN \cdot EF}{RN - FK} + EF.$$

次いで，距離 $s = CF$ は，長方形 $DGHE$ と長方形 $BCFE$ の面積が等しいこと，すなわち，$CF \cdot BC = DE \cdot EH$ から議論を始め，すでに見出されている値で $DE = AB$ を置き換えることによって，決定される．

第 4 問目において劉徽は，谷の壁面に沿った二つの観測点から見て，谷の深さを計算している．図 6.2 はその状況を示しているが，x は求める深さで，単位は「歩」を用いている．現代的な解法では，再び相似三角形を使うこととなる．すなわち，

$$\frac{6}{8.5} = \frac{y+30}{z} \quad \text{そして} \quad \frac{6}{9.1} = \frac{y}{z}.$$

したがって，$6z = 8.5(y + 30) = 9.1y$ である．これより $0.6y = 8.5 \cdot 30$ で，$y = 8.5 \cdot 30/0.6 = 425$ となる．劉徽は正確にこの計算を行い，さらに，求める谷の深さはここで得られた値より 6 歩少ない，つまり 419 歩であると注記している．だがここでも再び，劉徽は解法を証明するために，第 1 問の場合と同様に面積による操作を用いていたようである．

相似三角形を用いた解法はしばしば「三角法」の計算と見なしてもよい．そのように考えると，第 4 問の説明を，8.5 と図 6.2 における角 β の $\tan(30/0.6)$ との積によって y を見出す方法と見なすこともできる．『海島算経』の他の問題でも同様に，長さに角度の正接を乗ずる操作が含まれている．しかしながら，劉徽もその後の注釈者たちのいずれも，角をそのようなものとして言及してはいないので，この本文による方法を三角法と呼ぶことは難しいであろう．

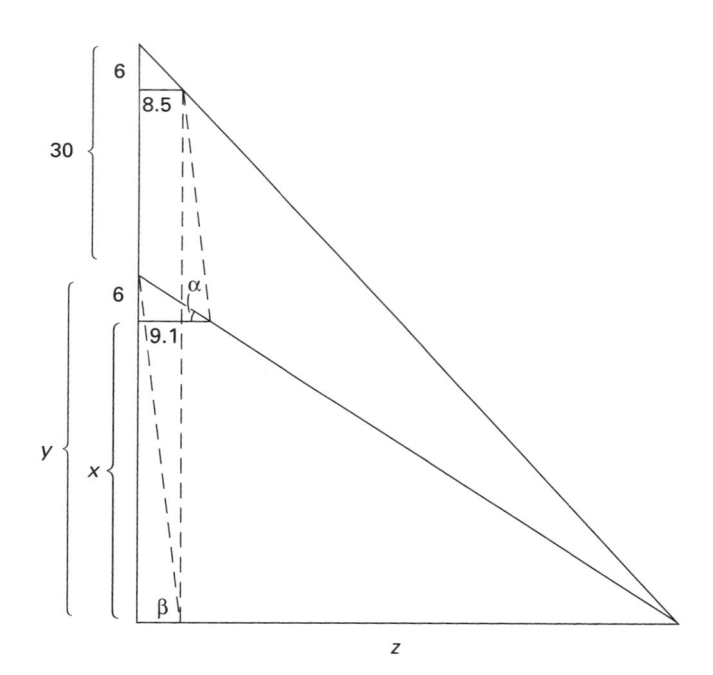

図 6.2
『海島算経』の第 4 問.

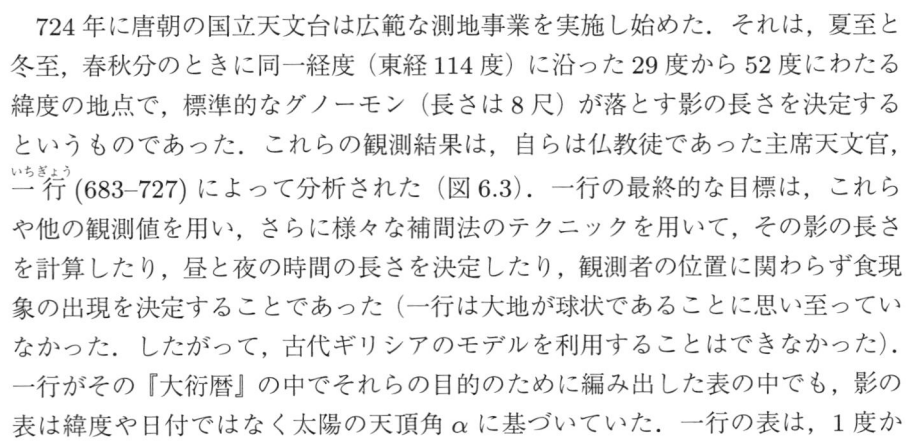

図 6.3
中国の切手に描かれた一行.

8 世紀になると，中国の天文学者たちは様々な角度に対して計算された正接表を含む，正真正銘の三角法を用いていた．中国の皇帝たちは，他の地域の支配者と同様，常に暦法の問題，すなわち，食現象の如き様々な天文現象の予知に興味を持っていた．残念ながら，中国の天文学者たちは食現象を予報することにはさほど成功しなかった．彼らは完全には太陽や月の運動を理解していなかったからである．インドの天文学者たちは，幾何学的モデルを創始したギリシア天文学の影響を受けたことにより，もっと成功していた．そこで，8 世紀に仏教の威勢がインドと中国の両地域で強まり，相互の仏教徒の往来が頻繁となったこのとき，唐朝の皇帝は新しい専門技術を準備するためにもインドの学者を招請したのである．これらの学者たちは，瞿曇悉達（8 世紀初頭）に導かれ，718 年にインド由来の情報に基づく中国語による天文学書，『九執暦』（九つの惑星暦．日・月・五惑星・そして二つの不可視の惑星［羅候と計都］）を用意した．とくにこの著作には 3438′ の半径の円を用い，3°45′ 刻みの正弦表を構成する方法の記述が含まれていた（より詳細については，6.6.1 項で見る）．

724 年に唐朝の国立天文台は広範な測地事業を実施し始めた．それは，夏至と冬至，春秋分のときに同一経度（東経 114 度）に沿った 29 度から 52 度にわたる緯度の地点で，標準的なグノーモン（長さは 8 尺）が落とす影の長さを決定するというものであった．これらの観測結果は，自らは仏教徒であった主席天文官，一行 (683–727) によって分析された（図 6.3）．一行の最終的な目標は，これらや他の観測値を用い，さらに様々な補間法のテクニックを用いて，その影の長さを計算したり，昼と夜の時間の長さを決定したり，観測者の位置に関わらず食現象の出現を決定することであった（一行は大地が球状であることに思い至っていなかった．したがって，古代ギリシアのモデルを利用することはできなかった）．一行がその『大衍暦』の中でそれらの目的のために編み出した表の中でも，影の表は緯度や日付ではなく太陽の天頂角 α に基づいていた．一行の表は，1 度か

ら79度までの整数値の天頂角 α のそれぞれについて，8尺のグノーモンの影の長さが与えられていた．現代的な用語でいえば，これは関数 $s(\alpha) = 8\tan\alpha$ の表であり，正接表の最も初期に記録された例である[4]．

いかにして一行がその表を計算したものかは不明であるものの，彼の著作と標準的なインドの天文学書，そして『九執暦』の中の正弦表とを精細に比較してみると，暫定的な結論が導き出される．それは，一行は正弦表に補間法を施し，その結果を用いて公式 $s(\alpha) = 8\sin\alpha/\sin(90-\alpha)$ によって影の長さを計算したというものである．いずれにしても，『大衍暦』，そして『九執暦』ですら，中国語で集成され保存されていたものでありながら，一行の正接表の発想は彼の本国では継承されなかった．中国における三角法は，17世紀に西欧世界と一般的接触を持つに至るまで再び現れることはなかったのである．他方，影の表（正接表）は次に，9世紀のイスラームの記録に出現した．この世紀の間に中央アジアを通じてこのアイディアの伝播があったかどうかは，知られていない．

6.3 不定方程式

暦法の問題は，中国の数学者にまた別の問題を提供した．すなわち，連立1次不定方程式を解くという問題であった．たとえば中国人は，［暦の時間上の原点として］上元というある特定の瞬間には，中国式の60日の日取りの周期［十干十二支の組合せ］の初日，冬至，そして新月が同時に起きると仮定した．ある年において，冬至が60日周期の r 番目の日と新月のあと s 番目の日にあたるなら，その年は上元から N 番目の年になる．ここでこの N は次の合同式の組を満足する．

$$aN \equiv r \pmod{60} \qquad aN \equiv s \pmod{b}$$

ここで a はその年において何番目の日に当たるかを示し，b は新月から新月までの日数を示している．しかしながら，古代の暦の現存する記録の中に，いかにして中国の天文学者たちがこのような問題を解いたのかについての説明はまったくない．

6.3.1 中国剰余の問題

より単純な形式の合同式の問題は，数学書に現れている．そのような事例の最も早いものは，おそらく3世紀の末に書かれたと思われる『孫子算経』で，のちに官僚のための必修教科書の一部となったものである[*1]．この教科書は主として算術の演算法から成り立っていたが，同時に，現在，中国の剰余の問題と呼ばれている以下のような例題も含んでいた．

「今その個数を知らない物がある．三つずつ数えていくと，余りは2である．五つずつ数えていくと，余りは3である．七つずつ数えていくと，余りは2である．そのものはいくつであろうか」．現代的な記号で記すと，この問題は次の

[*1] 『孫子算経』の著者として「孫子」が仮託されているが，実際は不詳．以下の原著では，著者名として「孫子」を用いているがこの点を了解されたい．

ような整数値 x, y, z に関する式を同時に満たす N を求めることになる．

$$N = 3x + 2 \qquad N = 5y + 3 \qquad N = 7z + 2.$$

これと同じ結果を与えるものとして，この N は次の合同式を満たすことになる．

$$N \equiv 2 \pmod{3} \qquad N \equiv 3 \pmod{5} \qquad N \equiv 2 \pmod{7}.$$

孫子は答の 23 を与えるとともに，その解法も述べている．すなわち，「三つずつ数えて余りが 2 ならば，140 をおけ．五つずつ数えて余りが 3 ならば，63 をおけ．七つずつ数えて余りが 2 ならば，30 をおけ．これらの数値を加えると，233 を得る．ここから 210 を引くと，23 を得る」．孫子はさらに説明を加える．「三つずつ数えたときの余りを 1 とすると，70 をおけ．五つずつ数えたときの余りを 1 とすると，21 をおけ．七つずつ数えたときの余りを 1 とすると，15 をおけ．もしその和が 106 またはそれより多いならば，そこから 105 を引け．そこで結果が得られる」[5]．

現代の記号を用いると，明らかに次のようなことが述べられている．すなわち，

$$70 \equiv 1 \pmod{3} \equiv 0 \pmod{5} \equiv 0 \pmod{7}$$

$$21 \equiv 1 \pmod{5} \equiv 0 \pmod{3} \equiv 0 \pmod{7}$$

$$15 \equiv 1 \pmod{7} \equiv 0 \pmod{3} \equiv 0 \pmod{5}.$$

したがって，$2 \times 70 + 3 \times 21 + 2 \times 15 = 233$ は求める合同式を満足する．105 のいかなる倍数も，3, 5, 7 によって割り切れるので，最小の正の値を得るために 105 を 2 回この数から引くのである．この問題は孫子が示しているただ一つのタイプなので，彼がより一般的な方法，すなわち与えられた整数 $\mu_1, \mu_2, \mu_3, \ldots, \mu_k$ において，法 μ_i に対して 1 と合同だが，法 μ_j に対しては 0 と合同 $(i \neq j)$ である数を求めるという，完全な解を得るには最も難しい場合の方法を発展させたのかどうか，それは不明である．この特定の問題に現れている数は推察によって簡単に見出すことができるが，あとの参考のために，$70 = \frac{3 \cdot 5 \cdot 7}{3} \times 2$, $21 = \frac{3 \cdot 5 \cdot 7}{5} \times 1$, $15 = \frac{3 \cdot 5 \cdot 7}{7} \times 1$ であることを注意しておきたい．

おそらく孫子の 2 世紀ほどのちに，『張邱建算経』（475 年頃）が現れた．これは唐朝において科挙の科目の一部として採用された，もう一つの数学書であった．本書には，数列や数値方程式の解法のような興味深い内容も含まれているが，そこには「百鶏問題」が最初に現れている．この問題はインド，イスラーム世界，ヨーロッパの数学書において様々な姿を採って現れているので有名である．張邱建による元々の問題は次のようなものである．「雄鶏 1 羽は 5 銭，雌鶏 1 羽は 3 銭，雛 3 羽で 1 銭である．100 銭でこれらの鳥 100 羽を買う．何羽の雄鶏，雌鶏，雛となるであろうか」[6]．現在の記号を用いると，雄鶏の数を x, 雌鶏の数を y, 雛の数を z としたとき，この問題は三つの未知数を含んだ二つの方程式に翻訳される．すなわち，

$$5x + 3y + \frac{1}{3}z = 100$$

$$x + y + z = 100.$$

張は3組の答を与えている．すなわち，雄鶏4羽，雌鶏18羽，雛78羽．雄鶏8羽，雌鶏11羽，雛81羽．雄鶏12羽，雌鶏4羽，雛84羽である．だが彼は一つの方法をほのめかすばかりである．すなわち，「雄鶏を4羽ずつ増やし，雌鶏を7羽ずつ減らし，雛を3羽ずつ増やしていく」．すなわち，このように値を変化させることによって，総額と鳥の数が一定となることを彼は注記している．『張邱建算経』から知られた解法である「ガウスの消去法」を変更してこの問題を解くことが可能である．そして張の記述が成り立つ一般的な解として，$x = -100 + 4t$, $y = 200 - 7t$, $z = 3t$ が得られるのである．実際，張による解はすべての三つの値が正となる唯一の組である．しかしながら，張がこの方法あるいは何らかの他の方法を用いたのかどうかは知られていない．

何人かの中国人の著者はその次の世紀にかけて，この百鶏問題について言及したものの，その方法の合理的な説明や他の問題への一般化の仕方については誰も成功しなかった．孫子の剰余問題についての説明も現れなかったものの，8世紀初頭の一行による暦法の計算についての説明はあり，そこでは，いくつかの天文学上の周期に関する次のような連立合同式を解く不定解析が用いられている．

$$N \equiv 0 \quad (\bmod\ 1110343 \times 60)$$
$$N \equiv 44820 \quad (\bmod\ 60 \times 3040)$$
$$N \equiv 49107 \quad (\bmod\ 89773).$$

この解は，$N = 96961740 \times 1110343$ として与えられる．

6.3.2 秦九韶と大衍術

宋朝治下の1247年になって初めて，秦九韶（しんきゅうしょう）（1202頃–1261頃）が『数書九章』で連立1次合同式の一般的解法を公にした．この書は古代の『九章算術』から多大な影響を受けていたが，同様のことは15世紀に至るまでのほとんどの中国の数学書に言えることであった．それ以前の著作と同様に，秦の『数書九章』は解と解法を備えた問題集であった．それら多くの問題は古代の教科書と同様なもので，解法もそれらと類似のものが採られていたが，ある程度はそれらよりも難しい問題が意図されていたことは確かである．とはいえ，顕著な新機軸もあり，それは連立1次合同式を解くための**大衍術**である．その合同式は現代の記号では，$N \equiv r_i\ (\bmod\ m_i)$，ここで $i = 1, 2, \ldots, n$，と書かれるものである．

『数書九章』にみられる10題がこのタイプの剰余の問題である．とくに，第1章の第4問を見てみよう．本書のすべての問題と同様，この問題は「実用的」なものである．AからGまでランク付けされた七つの異なった町から徴する税金が題材である．それぞれの町は，値は明らかではないが，等しく総額 N の税を負っている．税金は銭を通した紐1本［1差］あたり100銭で支払われることが求められていたが，貨幣はかなり稀なものなので，それぞれの町は実際には1差にかなり少額の銭を集めている．町Aでは100銭の1差に12銭ほど集め，以下，町の格付けごとに1差当たり1銭ずつ少なくなっていき，町Gでは1差当たり6銭となる．問題文では次のように述べている．それらの徴税額をすべて集計したところ，町Aは［最後の］1差に10銭余り，町DとGは4銭余り，

伝 記
秦九韶 (1202–1261)

秦九韶は，チンギス・ハーン治下のモンゴルが北部中国を征服している時期，おそらく四川に生まれている．当時の宋王朝の首都は杭州で，秦はそこの暦算の所管部署である天文局で学んだ．その後，秦が記すところでは，「私は隠遁した学者から数学の手ほどきを受けた．蛮族が争乱を起こした頃 [1230 年代中頃]，私は辺境の前線で何年かを過ごした．そこでは石火矢から身の安全を守るすべもなかった．10 年もの間，危険と不幸に私は耐えた」．自らを慰めるために，彼は数学を考察することで暇をつぶしていた．「私は [数学に] 精通し有能な [人々に] 問い尋ね，神秘的で妙なる問題について研究した．……[数学の問題の] 詳細については，それらを私は実用性を考えた問題の問いと答えの形にまとめた．……私は 81 の問題を選び，九つの章に分けた．私はその解法と解を描き出し，図式によってそれを解明した」[7]．この『数書九章』の「図式」とは，様々な問題の解を記すために算盤上に置かれた算木の配置のことである．

秦はのちにいくつかの役所で政府に仕えた．しかし彼は，「浪費が甚だしく高慢で，自らの昇進に執着していた」ので，しばしば汚職によって解任させられた．それにもかかわらず，彼は裕福になった．策略によって得た申し分のない立地条件の土地に，彼は巨大な邸宅を構え，その背後には「美しい歌姫，舞姫を住まわせるための部屋が並んでいた」．実際，彼には情事にまつわる強烈な噂が流されていた[8]．

町 E は 6 銭余った．他の町に余りはない．現代の記号では，この問題は次を満たす N を求めるものである．

$$N \equiv 10 \pmod{12} \equiv 0 \pmod{11} \equiv 0 \pmod{10} \equiv 4 \pmod 9$$
$$\equiv 6 \pmod 8 \equiv 0 \pmod 7 \equiv 4 \pmod 6.$$

この合同式は順に町の A から G にそれぞれ対応している．

最初のステップは，法を互いに素なものに還元することである（『孫子算経』の例題では，すでに法は互いに素となっていたことに注意したい）．秦はこれを行うための詳細な手続きを与えている．すなわち，法 $m_1, m_2, \ldots, m_n$ の最小公倍数を求め，次いで，どの組をとっても互いに素となる整数 $\mu_1, \mu_2, \ldots, \mu_n$ を見出す．ここで，その最小公倍数はもとの法のものと同じで，それぞれの i に対して μ_i は m_i を割り切るようなものとする．すると，任意の i に対する $N \equiv r_i \pmod{\mu_i}$ の解は，任意の i, j に対する m_i, m_j の最大公約数によって $r_i - r_j$ が割り切れる限り，$N \equiv r_i \pmod{m_i}$ の解と同一である（この条件は秦によって言及されてはいないが，実際には彼の例題はこの条件をすべて満足している）．今の問題の場合，11 と 7 は互いに素なのでそのままとする．同様に $9 = 3^2, 8 = 2^3$ なのでそのままとする．しかし，$12 = 2^2 \times 3, 10 = 2 \times 5, 6 = 2 \times 3$ であり，2 と 3 についてはすでに高次のベキとして現れているので，法 10 は 5 に，法 12 と 6 は共に 1 に還元される．その新しく得られた互いに素な法は**定母**と呼ばれ，$\mu_1 = 1, \mu_2 = 11, \mu_3 = 5, \mu_4 = 9, \mu_5 = 8, \mu_6 = 7, \mu_7 = 1$ となる．衍

母 θ は定母の積，すなわち，もとの法の最小公倍数に等しいもので，この場合，$\theta = 11 \times 5 \times 9 \times 8 \times 7 = 22720$ である．

第二のステップで秦は，衍母を各定母で割り，衍数と呼ぶものを導いている．それを M_i で表記しよう．そのとき，$M_1 = \theta \div 1 = 27720$, $M_2 = \theta \div 11 = 2520$, $M_3 = 5544$, $M_4 = 3080$, $M_5 = 3465$, $M_6 = 3960$, $M_7 = 27720$ である．各 M_i は，$j \neq i$ に対して $M_i \equiv 0 \pmod{\mu_j}$ を満たしている．

第三のステップで秦は，それぞれの衍数から，対応する定母をできる限り多く引き去ることを行う．すなわち，μ_i を法としたときの M_i の剰余を求めているのである．その剰余を P_i とすると，$P_1 = 27720 - 27720 \times 1 = 0$, $P_2 = 2520 - 229 \times 11 = 1$, $P_3 = 4$, $P_4 = 2$, $P_5 = 1$, $P_6 = 5$, $P_7 = 0$ である．当然のことながら，それぞれの i に対して，$P_i \neq 0$ であるときはいつも，$P_i \equiv M_i \pmod{\mu_i}$ で，P_i と μ_i は互いに素である．

最後に連立合同式，とくに $P_i x_i \equiv 1 \pmod{\mu_i}$ という連立合同式を解く段階となる．この操作が一度行われると，互いに素な法を持つものへと還元された問題の一つの解は，孫子の問題の解との類似からも容易に，

$$N = \sum_{i=1}^{n} r_i M_i x_i$$

として見出される．なぜなら，各 μ_i は θ を割り切るので，いかなる θ の倍数も N から取り除かれ，他の解が求められるからである[9]．

P_i と μ_i が互いに素であるような $P_i x_i \equiv 1 \pmod{\mu_i}$ を解くために，秦は「求一術」と呼ぶ解法を使っている．実質的に，この手続きはユークリッドの互除法を用いている．秦は算盤上に図式を用いて記述している．この特殊な合同式の例は推察でも解けるので，秦の書の他の問題から採った例，$65x \equiv 1 \pmod{83}$ を用いてこの術を示したい．秦は最初に，算盤上の四隅のうち，右上に 65 を，その下に 83 を，左上には 1 を置き，左下には何も置かないでいる．彼の説明では，「最初に右上の数で右下の数を割り，得た商を左上に掛け，左下に（加える）．（同時に，右下の数を割算によって得た余りで置き換えておく．）次いで，右側の上と下の数を用いる．大きい方の数を小さい方の数で割り，代わる代わる割っていくと同時に，その商を掛けて順次……左側の上または下の数に（加えていき），最後に右側の上の数がちょうど 1 になるまで行い，そこで止める．その時，左側の上の数が（解としての）結果である」[10]．図 6.4 の図式では，次の計算を表現している．

$$83 = 1 \times 65 + 18 \qquad 1 \times 1 + 0 = 1$$
$$65 = 3 \times 18 + 11 \qquad 3 \times 1 + 1 = 4$$
$$18 = 1 \times 11 + 7 \qquad 1 \times 4 + 1 = 5$$
$$11 = 1 \times 7 + 4 \qquad 1 \times 5 + 4 = 9$$
$$7 = 1 \times 4 + 3 \qquad 1 \times 9 + 5 = 14$$
$$4 = 1 \times 3 + 1 \qquad 1 \times 14 + 9 = 23.$$

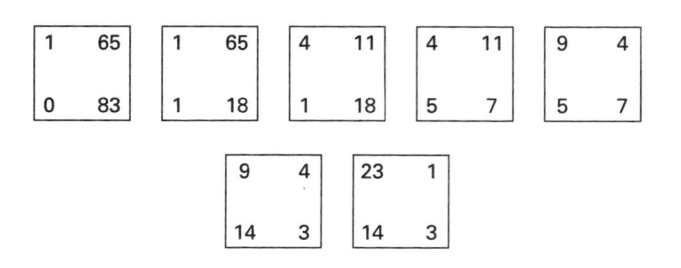

1	65		1	65		4	11		4	11		9	4
0	83		1	18		1	18		5	7		5	7

9	4		23	1
14	3		14	3

図 6.4
秦九韶の方法によって $65x \equiv 1 \pmod{83}$ を解く算盤の図式.

第 2 列の最後の数 $[1, 4, 5, 9, 14, 23]$ は代入によって得られる 65 の逐次的な係数の絶対値を表現しているものと見なされる.すなわち,$18 = 83 - 1 \times 65$ から出発して,これを $11 = 65 - 3 \times 18$ に代入して,$11 = 65 - 3 \times (83 - 1 \times 65) = 4 \times 65 - 3 \times 83$ を得る.ここで 4 は,第 2 列の 2 番目の計算結果である.同様に,$7 = 18 - 1 \times 11 = (83 - 1 \times 65) - 1 \times (4 \times 65 - 3 \times 83) = 4 \times 83 - 5 \times 65$ となる.最終的な結果は,$1 = 23 \times 65 - 18 \times 83$ となり,23 が合同式の解となる(秦は常に,最後の係数が正となるように題材を調整している).

ここで見た例では,$P_i \neq 0$ となる合同式の解 x_i は,$x_2 = 1, x_3 = 4, x_4 = 5, x_5 = 1, x_6 = 3$ である.これらの解は「乗率」と呼ばれている.$x_1 = x_7 = 0$ としたうえで,秦は各 x_i を対応する M_i と r_i に掛け合わせ,**各総** $r_i M_i x_i$ を得ることによって解を完成させる.この場合,これらの値は $i = 4$ と $i = 5$ のときのみが 0 ではない.すなわち,$r_4 M_4 x_4 = 4 \times 3080 \times 5 = 61600$,$r_5 M_5 x_5 = 6 \times 3465 \times 1 = 20790$ である.そこでこれらの和,82390 から**衍母**の 2 倍,55440 を減じることによって,最終的な解,つまり税として $N = 26950$ を得ることになる.

秦の手続きの概要は,そのテキスト自身に与えられている詳細な言葉による記述からまとめなおしたものである[11].『数書九章』に現れた 10 個の剰余問題の実際の解法では,秦はしばしばあれやこれやと手順を変更し,題材を単純化するばかりではなく,時には非常に巨大な数をも彼が扱えることを示していた.驚くことではないが,それらの問題のうちの二つは暦法の問題で,いくつかの異なった周期的現象が一致して起こる周期を求めるというものである.これらの問題は非常に巨大な数や分数,小数を含んでいたものの,秦はその方法を,解を見出すために適切に修整することができたのである.

6.4 方程式の解法

連立 1 次合同式の解法に関する最初の記述に加えて,『数書九章』はまた多項式からなる方程式[代数方程式]を解く多くの問題も含んでいる.この本や他のいくつかの中国の著作に現れているこれらの方程式を解く方法は,『九章算術』でも詳細が述べられており,この第 1 章でも述べた,単純な 2 次方程式 ($x^2 = a$) を解く方法の一般化と見なされる.複合 2 次方程式の例もその本文にあることを注意したい.しかし,そこにはいかなる解法も指示されていない.

何世紀かを通じて,他の中国の著作に同様の問題が現れている.たとえば,『張邱建算経』には次のような問題が出ている.すなわち,「弦が $68\frac{3}{5}$,面積が $514\frac{32}{45}$

の円の一部（弓形）がある．その高さを求めよ」．この答は $12\frac{2}{3}$ として与えられる．しかし解法の記述は文面から失われてしまっている．おそらくこの著者は，公式 $A = \frac{1}{2}h(h+c)$ を用い，これを h の2次方程式に変換したのであろう．この場合，分数を払って整理すると，方程式は $45h^2 + 3087h = 46324$ となる．3次方程式は王孝通（7世紀初頭）の著作に現れるが，これもやはり，立方根を求める規則に基づいて解くという短い注釈以外，解法についての記述はない．とはいえ明らかに，西暦の最初の千年の間に，このような方程式を解くための何らかの方法が存在した．

　11世紀の中葉に賈憲(かけん)は，今となっては失われてしまった著作の中で，現在「パスカルの三角形」[*2]として知られている数の配列を用い，『九章算術』の平方根ならびに立方根の算出法をより高次の根に一般化し，またその方法を任意の次数の多項方程式を解くことに使える方法へと拡張，改良した．賈憲の方法は，1261年頃に書かれた楊輝の著作で議論されている．

　賈の基本的な着想は，二項展開，$(r+s)^2 = r^2 + 2rs + s^2$ と $(r+s)^3 = r^3 + 3r^2s + 3rs^2 + s^3$ をそれぞれ用いる，本来の平方根と立方根導出のアルゴリズムに由来する．たとえば，方程式 $x^3 = 12812904$ の解を考えてみよう．推察によって，百の位が2の3桁の数で始めるのがよいように見える．すなわち，最も近い整数解は $x = 200 + 10b + c$ として書かれるのである．とりあえずはこの c を無視して，最も大きい b の値を求める必要があるが，それは $(200+10b)^3 = 200^3 + 3\times 200^2 \times 10b + 3\times 200\times(10b)^2 + (10b)^3 \leq 12812904$，すなわち，$3\times 200^2\times 10b + 3\times 200\times 100b^2 + 1000b^3 = b(1200000+60000b+1000b^2) \leq 4812904$ を満たすものである．$b = 1, 2, 3, \ldots$ を順に試すことによって，$b = 3$ がこの不等式を満たす最も大きい値であることがわかる．$3(1200000+60000\times 3 + 1000\times 3^2) = 4167000$ なので，次に 4812904 から 4167000 を引き去って，c についての同様な不等式を導く．すなわち，$c(3\times 230^2 + 3\times 230c + c^2) \leq 645904$ である．この場合，$c = 4$ がこの式を等式として満たすことがわかる．したがって，もとの方程式の解は $x = 234$ である．

　賈はこの解法の手順が $(r+s)^n$ の二項展開を決定することによって，$n > 3$ となる n 乗根へと一般化できることに気づいた．実際，楊輝が報告するところでは，彼は二項係数の「パスカルの三角形」を6列まで（図6.5）書き出したばかりでなく，その三角形を構成する通常の方法まで展開していた．すなわち，「下の列の数を見出すためには，その上の列にある二つの数を加えよ」[12] というものである．楊輝はさらに説明を加えて，賈が今ここに記したものと類似の方法で高次の累乗根を求めるために，どのようにしてこの二項係数を使ったかを述べている．

　明らかに，賈はさらにその先まで行っていた．その方法は，とくに累乗根を開く手順の一部として現れているので，それらの任意の代数方程式を解くことに使えるということ，しかし，この三角形そのものから［係数を］導くよりも，算盤上で一つ一つ，二項係数によって様々な倍数を生成していく方が，むしろ簡単

[*2]別名，「数三角形」という．

図 6.5
「パスカルの三角形」の楊輝による図式（Lam Lay-Yong による "The Chinese Connection between the Pascal Triangle and the Solution of Numerical Equations of Any Degree", *Historia Mathematica*, Vol. 7, No. 4, November 1980. Copyright ⓒ1980 by Academic Press, Inc. Academic Press, Inc. と Lam Lay-Yong の許諾により再録）.

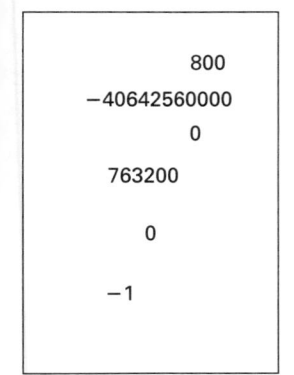

図 6.6
$-x^4 + 763200x^2$
$-40642560000 = 0$
の解法における算盤上の最初の配列.

```
         800
-40642560000
           0
      763200
           0
          -1
```

であろうということを彼は知っていた．

6.4.1 秦九韶と代数方程式の解法

賈による方程式解法の最初の詳細な説明は，おそらく何らかの改善はされたであろうが，秦九韶の『数書九章』に現れている．この方法は，$-x^4 + 763200x^2 - 40642560000 = 0$ という特定の方程式を解く文脈に現れている．この方程式は，尖った形の畑［尖田］（練習問題6を見よ）の面積を求める幾何学的問題を出典としている．このような方程式を解くための最初の手順は，単純な方程式［累乗根の算出］を解くための手順と同じである．第一に，答が何桁になるかを決定する．第二に，最初の桁の適切な数を推測する．この場合，経験あるいは試行錯誤によって，答は8で始まる3桁の数であろうことが見出される．秦のやり方は，従来の立方根を求めるアルゴリズムと同様，実際，$x = 800 + y$ とおいてこの値を方程式に代入し，解がただ2桁の数となる y の新しい方程式を導くのである．次いで，y の最初の桁の数を勘案し，同じ手順を繰り返す．中国の記数法は十進法で与えられているので，このアルゴリズムを，あらかじめ決めておいた精度の近似解まで何度でも求めるだけ繰り返すことができたのである．秦は実際，いくつかの問題には小数点以下1桁または2桁の解を与えているが，他の場合には，解は整数ではなく，剰余を分数で表記している．

中国では，もちろん現代代数学の手法を用いて $x = 800 + y$ をもとの方程式に「代入する」ことはなかった．これはウィリアム・ホーナーが1819年に本質的に同じ方法で行った手法である．この問題では，算盤上のそれぞれの列が，未知数の特定のベキ乗を示すように配列される（図 6.6）．紙幅の関係で，ここでは係数を水平に記述する．こうして，今考えている問題に対して，最初の配列は

次のようなものになる.

$$-1\ \ 0\ \ 763200\ \ 0\ \ -40642560000.$$

解の第1次近似が800と与えられているので,秦は,$x-800 (=y)$でもとの方程式を繰り返し割り,今日,「組み立て除法」と呼ばれているものを書き記す.最初の手順は次のようなものである.

$$\begin{array}{r|rrrrr}
800 & -1 & 0 & 763200 & 0 & -40642560000 \\
 & & -800 & -640000 & 98560000 & 78848000000 \\
\hline
 & -1 & -800 & 123200 & 98560000 & 38205440000
\end{array}$$

算盤による手順の秦による記述は,どの数を掛け,加え(または減じ)て3行目に配列するのかを正確に述べている.たとえば,800を-1に掛け,その結果を0に加える.さらにその結果(-800)を800に掛け,その積を763200から引く.代数記号を用いると,最初の手順はもとの方程式が次のようなものに置換されたことを示している.

$$(x-800)(-x^3 - 800x^2 + 123200x + 98560000) + 38205440000$$
$$= y(-x^3 - 800x^2 + 123200x + 98560000) + 38205440000.$$

それぞれの商となる多項式を,同じ$y = x - 800$で割りながら,秦はこの手順を3度繰り返す.最終的な結果は次のようになる.

$$0 = -x^4 + 763200x^2 - 40642560000$$
$$= y\{y[y(-y - 3200) - 3076800] - 826880000\} + 38205440000.$$

すなわち,

$$-y^4 - 3200y^3 - 3076800y^2 - 826880000y + 38205440000 = 0$$

である.もちろん秦は,算盤上に数のみを配列するだけである.彼の図式(それぞれの段階の中の一つ)を,ここでは一つに大きくまとめて図式化してみよう.

$$\begin{array}{r|rrrrr}
800 & -1 & 0 & 763200 & 0 & -40642560000 \\
 & & -800 & -640000 & 98560000 & 78848000000 \\
\hline
 & -1 & -800 & 123200 & 98560000 & 38205440000 \\
 & & -800 & -1280000 & -925440000 & \\
\hline
800 & -1 & -1600 & -1156800 & -826880000 & \\
 & & -800 & 1920000 & & \\
\hline
800 & -1 & -2400 & -3076800 & & \\
 & & -800 & & & \\
\hline
800 & -1 & -3200 & & & \\
 & -1 & & & &
\end{array}$$

$$\begin{array}{r|rrrrr}
40 & -1 & -3200 & -3076800 & -82688000 & 38205440000 \\
 & & -40 & -129600 & -128256000 & -38205440000 \\
\hline
 & -1 & -3240 & -3206400 & -955136000 & 0
\end{array}$$

6.4 方程式の解法　235

　下から 3 行目は，2 桁の解の最初の数として秦が考えた 4 に従っていて，y に関する方程式の係数を含んでいる（これは単に 38205440000 を 826880000 で割ることによって得られる）．この例では，今日の教科書の場合と同様，この答は「割り切れる」のである．y についての方程式は，まさに $y - 40$ で割り切れる．そこで，もとの方程式の解は $x = 840$ である．

　「パスカルの三角形」による賈の方法と秦の記述の関係，そしていかにして二項係数が段階を追って生じていたのかを見るために，秦の手順に従って方程式 $x^3 = 12812904$ がいかにして解かれたのかを考察しよう．この場合の図式の概観は次のようなものである．

```
200│ 1    0        0     −12812904
         200    40000    8000000
200│ 1  200    40000     −4812904
         200    80000
200│ 1  400   120000
         200
200│ 1  600
       1
```

```
30│ 1  600   120000   −4812904
        30    18900    4167000
30│ 1  630   138900    −645904
        30    19800
30│ 1  660   158700
        30
30│ 1  690
      1
```

```
4│ 1  690   138700   −645904
       4     2776    645904
    1  694   161476       0
```

　この図表の中に，二項係数を簡単に見てとることができる．たとえば，9 行目は，2 桁目の数 b に対する方程式が，$(10b)^3 + 3 \cdot 200 \cdot (10b)^2 + 3 \cdot 200^2 \cdot 10b + (200^3 - 12812904) = 0$ であることを含意しているが，これはまさに賈が明示したものである．

　秦自身はこの方法の理論的正当化もしていないし，「パスカルの三角形」についても言及していない．しかし彼は『数書九章』においてこの方法によって 26 の異なる方程式を解き，また，彼の同時代人の何人かも同じ方法によって似たような方程式を解いていたので，彼ならびに中国の数学者共同体一般が，これらの

問題を解くための正確なアルゴリズムを持っていたことは明らかである．このアルゴリズムについては，秦の時代から 5 世紀以上もあとにヨーロッパで再発見されたこともあるので，さらに補足を加えておくべきであろう．

第一に，この本文はいかにして解の各桁の値が推測によって得られるかについて，ごくわずかしか述べていない．ある場合には，平方根を求めるアルゴリズムで一般的に行われていることと同様に，解答者は未知数の 1 次の項の係数で定数項を割っただけであることは明らかである．ときには何回か試行して，うまくいった一つの成果を著者が採るということもある．しかし一般的には，様々な推算に利用できる広範なベキ乗表を中国の数学者たちは持っていたのではないかと推測できるだけである．第二に，この本文には複数の解についての記述がまったくない．実際，上述した秦の 4 次方程式にはもう一つ別の正の解 240 と，二つの負の解がある．解 240 は，まったく同じ方法によって，一番最初の桁の数を 2 と推測することによって簡単に見出せたはずである．しかしこの場合，この方程式が導き出されたもとの幾何学の問題には 840 という解しかなく，秦は方程式を理論的に扱うことがなかったのである．第三に，負の数を伴った演算は正の数の演算と同様容易に扱われていた．中国人は 2 種類の数［正と負］を表現するために異なった色の算木を用い，［正と負の数の］計算のための正しい算術的アルゴリズムをかなり以前に見出していたことを想起したい．他方，負の解は，ここでも方程式のもとになった問題が正の解を持つということから，現れないのである．第四に，負の数を扱えることができたので，中国人は一般的に方程式を $f(x) = 0$ と同等の形式で表現していた．このことは，古代バビロニアの方法や中世イスラームと比較すると研究方法の点で基本的な差異をなしている．最後に，中国における 2 次方程式の解法は，バビロニアのものとは根本的に異なっているようである．後者は本来，2 次方程式にのみ適用できる公式を発展させたにすぎない．中国は最終的に，任意の次数の方程式に一般化できる数値的アルゴリズムを発展させたのである．

6.4.2 李冶，楊輝，朱世傑の著作

秦九韶には，方程式の解法の点で，同様に数学に多大な寄与をなした李冶(1192–1279)，楊輝（13 世紀後半），朱世傑（13 世紀末）という 3 人の同時代人がいた．しかしモンゴルと二つの中国の王朝（金［正確には漢民族の王朝ではない］と南宋）の間で，この世紀の大半にわたって戦乱が続いたことにより，これらの数学者が他の数学者に多大な影響を与えたものかどうかは疑わしい．

李冶は他の分野についての数多くの著作と同様，数学についての主著を二つ書いた．1248 年の『測円海鏡』と 1259 年の『益古演段』である．『測円海鏡』は直角三角形に内接する円についての特性を述べているが，主としてそれらの特性を用いた代数方程式の構成と解法を述べている．『益古演段』はこれと同様に，正方形，円，長方形，台形に関する幾何学的問題を扱っているが，やはりその主たる目的は，問題を解くための適切な方程式（それは決まって 2 次方程式である）を構成する方法を教示することであった．

その『益古演段』から李冶の方法の一例を提示しよう．

伝記

李冶(1192–1279)

黄河の北岸，河北省真定の官僚の家に李冶は生まれた．1230 年に彼は科挙に及第し，北部の金王朝の役職に就いた．しかし彼のいた地域，そして金朝の全土は数年の間でモンゴルの手に落ち，李は公職への希望を捨て，余生を学究生活に捧げることとした．フビライ・ハーンが 1260 年に王位に昇ったとき，李はモンゴル王朝に仕えることを求められ，短期間ながらそれに応じた．1266 年に彼はそれを最後に引退し，生地の側の封龍山に戻り隠遁したのであった．

問題 8：正方形の畑の中に円形の池がある．池の外部の面積は 3300 平方歩である．正方形の周囲と円の周囲を合わせると 300 歩である．これら二つの図形の周囲を求めよ [13]．

李冶の議論は実質的に現代の教科書にも見出せるようなものと一致している．彼は円の直径を x とおき，円周を $3x$ とする ($\pi = 3$ としている)．すると，$300 - 3x$ が正方形の周囲となる．この値を 2 乗すると，正方形の面積の 16 倍の値として，$90000 - 1800x + 9x^2$ を得る．また，$\dfrac{3x^2}{4}$ が一つの円形の池の面積なので，$12x^2$ が円形の池の面積の 16 倍となる．これら二つの式の差，すなわち $90000 - 1800x - 3x^2$ が，池の外部の面積の 16 倍，すなわち $16 \times 3300 = 52800$ となる．すると求める方程式は，$37200 - 1800x - 3x^2 = 0$ である．秦九韶の著作とは対照的に，李冶はここでは単に解のみ，すなわち直径が 20，したがって，円周は 60，正方形の周囲は 240 であると断定するのである．

興味深いことに，李冶はほとんど常に代数的な操作で導いたものを幾何学的なものとしても導いている (図 6.7)．この図で大きな正方形の 1 辺は 300，つまり与えられた周囲の和である．影を付けた部分の面積は 16×3300 を示している．$300x$ はそれぞれの短冊形の面積で，x^2 は各々の小さい正方形の面積，$12x^2$ は円形の池の 16 倍の総面積なので，彼は，先に述べた通り，方程式 $300^2 - 16 \times 3300 = 6 \times 300x - 9x^2 + 12x^2 = 1800x + 3x^2$，すなわち，$37200 = 1800x + 3x^2$ を導くのである (図式では右下に三つの小さな正方形が記されていることに注意せよ)．

こうして本文は，中国数学の発展についてより多くの証拠を与えてくれる．解法が元々幾何学的な基礎を持っていたということばかりではなく，問題そのものの構成もまたそうであったということになる．数値として得られる結果は算盤上に記録され計算されたので，中国の学者たちは最終的にはこの盤の上で [計算の] パターンを認識し，それらを数値的アルゴリズムへと昇華させたのである．同時に，彼らはおそらく幾何学的概念，たとえば正方形を単純に算盤上の位置関係に抽象化し，さらにはそれを未知の数値の 2 乗という代数的主題へと抽象

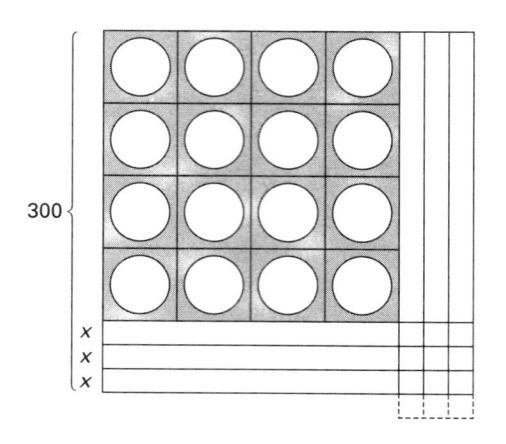

図 6.7
李治の『益古演段』の第 8 問.

化し始めた．いったん未知数の 2 乗という概念が抽象化されたならば，より高次の方程式を考察することには何の障害もなかった．秦九韶の方程式は，現実的でさらには幾何学的な問題に基づいてはいたものの，まったく幾何学的には意味のない未知数の累乗を用いることに彼は何のためらいもなかったのである．

楊輝が賈憲の著作について紹介していたことをすでに議論したが，彼については，南宋朝治下の中国南部に住んでいたということ以外，ほとんど何も知られてはいない．二つの彼の主著が現存している．1261 年の『詳解九章算法』と，1275 年の『楊輝算法』として知られる集成である．後者の著作は，李治の著と同様に，2 次方程式についての内容を含んでいる．しかし李治の著作と対照してみると，楊輝は自らの方法に詳細な説明を与えていた．一般的に楊輝は秦九韶と同じ方法を用いていたが，彼はまた，先にも述べたもう一つのより古い中国式開平法，すなわち，第二の補助方程式を求める際に 1 次近似を 2 度用いるという方法も与えていた．さらに加えて，楊輝はそこで用いていた様々な数値解法を図示するために，正方形や長方形からなる幾何学的図式を提示した．

13 世紀の重要な中国の数学者の最後の人物，朱世傑についても，その生涯についてはやはりほとんど何も知られていない．彼はおそらく現在の北京の近くに生まれたが，その生涯のほとんどは専門の数学教師，しかも遊歴教師としてあったようである．彼には二つの主著がある．1299 年の『算学啓蒙』と，1303 年の『四元玉鑑』である．

朱世傑の主たる寄与の一つは，秦九韶の多項方程式の解法を連立方程式の解法の手順に適用したことであった．その方法を『四元玉鑑』の第 1 問を考察することで素描してみよう．「直角三角形に内接する円の直径の長さと，その直角三角形の斜辺以外の二辺を乗じた積を 24 とする．また，直角三角形の長辺［鉛直に立った直角を挟む辺］と斜辺の和が 9 であるとする．このとき，直角を挟む水平な方の辺の長さはどれだけか」[14]．この問題の実際の中国語の表現では，たとえば「直角三角形に内接する円の直径の長さ」，「2 辺を乗じた積」といった語句が単一の漢字で示されていることに注意したい．実際の表記は事実上，われわれの記号方程式と等値なので，現代的な翻訳をしても中国語の著作の本質は保たれる．よって，a を鉛直に立つ辺，b を水平の辺，c を斜辺，d を円の直径

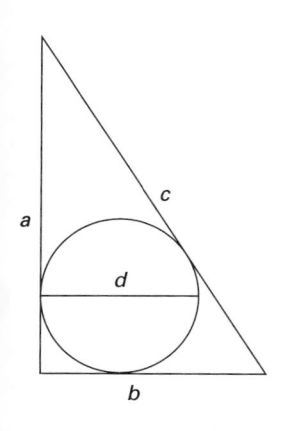

としよう（図 6.8）．問題は二つの方程式に翻訳される．

$$dab = 24$$

$$a + c = 9.$$

朱世傑は加えて，二つの方程式を既知のものとして仮定している．

$$a^2 + b^2 = c^2$$

$$d = b - (c - a).$$

この二つ目の式は，内接円の直径と三角形の 3 辺の長さの間の関係を与えている（この円の中心は，三角形の三つの角の二等分線上にあることに注意せよ）．

この種の多くの中国の著作同様，残念ながら，ここでも解法はごく短く書かれているばかりで，b を満足する 5 次方程式が単純に書き下されているのみである．明らかに，教師には書かれていない部分の詳細を埋めることが求められている．しかし，解法の手続きが次のようなものであったことを指示する手がかりがある．まず，$b^2 = c^2 - a^2 = (c-a)(c+a)$ と $c+a = 9$ より，$b^2 = 9(c-a)$ が得られる．次に，式 $(c+a) - (c-a) = 2a$ と 9 を掛け合わせて，$9(c+a) - 9(c-a) = 18a$ を得る．よって，$81 - b^2 = 18a$ であり，

$$18ab = 81b - b^3 \tag{6.1}$$

である．第三に，$d = b - (c-a)$ を 9 に掛けると，$9d = 9b - 9(c-a)$，すなわち，

$$9d = 9b - 9b^2 \tag{6.2}$$

となる．これら二つの方程式 (6.1) と (6.2) を掛け合わせると，

$$162dab = 729b^2 - 81b^3 - 9b^4 + b^5$$

を得る（これは朱が実際に書き下した最初の方程式である）．$dab = 24$ なので，朱は b に関する 5 次方程式，

$$b^5 - 9b^4 - 81b^3 + 729b^2 - 3888 = 0$$

を解く必要がある．朱は単に $b = 3$ と記すのみで，その解法を示してはいない．

朱の他の作品 [算学啓蒙] は，そのタイトルからも推測されるように，はるかに初等的なレベルにあり，おそらくは初心者向け，あるいは計算技術を必要とする役所での参照のために用いられたのであろう．概して，問題と解法は繰り返され，あるいはほんのわずかだけ古典の『九章算術』を修整したものである．最初のいくつかの章は，算術の手順を扱っている．それらには比例，利子，徴税，面積，体積などの題材が続いている．実際，用いられた様々な公式には，漢朝時代の著作にみられる，時には誤ってしまっている成果への改善は何ら見られない．他のいくつかの章では，加減法やガウスの消去法のような線形連立方程式の解法の手順が扱われている．同様に，『楊輝算法』には連立方程式の数多

くの実例が含まれている．本書には，『孫子算経』の初期の不定問題や「百鶏問題」が含まれているが，楊輝が数世紀前の先駆者よりも良い解法を理解していたということを示す事柄はまったくない（明らかに，楊輝は秦九韶の仕事を知らなかったのである）．楊輝は，朱世傑が第2冊目の本でしているような，数列の和を含む問題も収録している．

この中世という時代の中国の数学について，どのような一般的な結論を描くことができるであろうか？　中国の数学者たちは，多くの種類の代数的問題を解くことに長けていた．それらの方法の多くは，おそらく，幾何学的な考察に由来するが，最終的には，純粋に代数的手順へと明確に翻訳された．現存する著作を見る限り，中国の学者たちは基本的に，中国の官僚制に重要な問題を解くことに興味を抱いていたようにも見える．何世紀にもわたって，よりよい解法の展開はいくつか現れたけれども，大体の傾向において，「進歩」は「過去」に対する中国人の一般的な崇敬によって阻害されていた．したがって，『九章算術』のような本に由来する間違った方法ですら，何世紀にも渡って繰り返されたのである．13世紀の数学者たちは最大限，算盤を利用したけれども，その使用自体には限界があった．方程式は依然として数値的であったし，それによって中国人は，数世紀後の西欧で展開したものと比較されるような方程式論を展開することができなかった．事実，モンゴル王朝（元朝）と続く明朝の間では，政治状況のとり合わせが中国数学の活動を沈滞に招き，13世紀の偉大な著作のいくつかすら，もはや研究されなくなったのである．結局，16世紀末にイエズス会士のマテオ・リッチ (1552–1610) の来訪以後，西洋数学が中国に流入し，この固有の伝統は消滅し始めるのである（図 6.9）．

図 6.9
台湾の切手に描かれたマテオ・リッチ．

6.5　中世インド数学の概観

多くの競合するアーリア系の国家が，紀元前1000年紀の中頃，北インドに展開した．そのひとつ，マガダ朝が紀元前6世紀に次第に優勢となっていった．カースト制は，このアーリア人の侵入してくる間，あるいはそれ以前に起こっていたものだが，固定化されるようになっていた．僧侶であるブラフマンはヒンドゥー教へと成長していく宗教的伝統の担い手であった．これらの伝統はインドに書記言語が出現する以前に現れたものだが，それらは口伝えにブラフマンからブラフマンへと継承され，書き言葉が現れてからもそれは続いた．重要な知識を記憶するために，多くの著作は詩節に当てはめられたのである．厳密に宗教的な著作ばかりがそのように取り扱われたのではなく，文化的な他の分野のもの，たとえば天文学や数学の基本文献もそのように扱われた．インドにおける天文学に関する知識も，他の地域と同様に，古代以来，支配階級が権力を維持するための一部としてあった．いずれにせよ，古代インドに記述された著作がなかったことは，インド数学の発展についてわれわれの知識を曇らせるものがある．たとえその数学が書かれたものとしてあったときですら，しばしばその詩節は凝縮されて書かれることにより，理解に困難をきたすのである．

紀元前327年にアレクサンダー大王はヒンドゥー・クシュ山脈を越えて北東

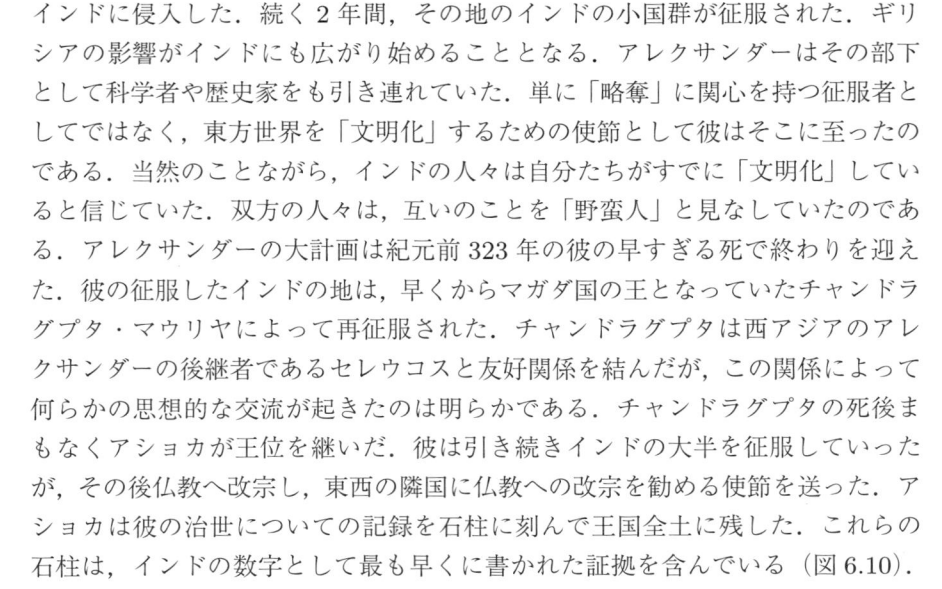

インドに侵入した．続く2年間，その地のインドの小国群が征服された．ギリシアの影響がインドにも広がり始めることとなる．アレクサンダーはその部下として科学者や歴史家をも引き連れていた．単に「略奪」に関心を持つ征服者としてではなく，東方世界を「文明化」するための使節として彼はそこに至ったのである．当然のことながら，インドの人々は自分たちがすでに「文明化」していると信じていた．双方の人々は，互いのことを「野蛮人」と見なしていたのである．アレクサンダーの大計画は紀元前323年の彼の早すぎる死で終わりを迎えた．彼の征服したインドの地は，早くからマガダ国の王となっていたチャンドラグプタ・マウリヤによって再征服された．チャンドラグプタは西アジアのアレクサンダーの後継者であるセレウコスと友好関係を結んだが，この関係によって何らかの思想的な交流が起きたのは明らかである．チャンドラグプタの死後まもなくアショカが王位を継いだ．彼は引き続きインドの大半を征服していったが，その後仏教へ改宗し，東西の隣国に仏教への改宗を勧める使節を送った．アショカは彼の治世についての記録を石柱に刻んで王国全土に残した．これらの石柱は，インドの数字として最も早くに書かれた証拠を含んでいる（図6.10）．

紀元後1世紀の間，北部インドはクシャン人の侵略によって征服されていた．クシャン朝はまもなく，ローマ世界と東方の間で拡大する貿易活動の中心となっていく．4世紀初頭，北部インドは再び，現地の王朝，グプタ朝のもとに統一される．その支配はわずかに1世紀半ほどしか続かなかったものの，インドの文化は高度な域に達した．芸術と医学が開花し，高等教育機関も開設された．この時代には，ビルマ，マレー，インドシナを含む様々な東南アジア地域に，インド人の入植者がヒンドゥー文化を広めたのである．

北部インドの王国は606年に，かなり寛容で公正な統治者であったハルシャによって回復されたが，647年の彼の死後，その帝国は崩壊し，北部インドは多くの小国に分裂した．このとき南部インドにも，おびただしい数の小国があった．それにもかかわらず，ある程度の文化的一体性は，共通の文語してのサンスクリットの使用に基本的に負いつつ，インド亜大陸内で維持されていた．そこで，7世紀以降は常にインドの数学について語ることができるのである．8世紀が始まると，ムスリムであるアラブ人が北部へ断続的に侵入し，大規模なヒンドゥー教徒とムスリムの間の闘いが繰り広げられた．最終的に，12世紀の終わりにかけて，北部インドはムハンマド・ゴーリ率いるムスリム軍によって征服された．1206年にはデリーにイスラームのスルタン位が確立され，その帝国は300年以上も続くこととなる．この帝国は，北部の現地王朝から独立していた南部のヒンドゥー系諸王朝をも征服し続けていった．

何世紀かにわたる侵略と新王朝の勃興にもかかわらず，天文学の研究は常に鼓舞されていたように見える．誰が国を治めていても，天文学者たちは暦学的な質問への補助と，もちろん，占星術のアドバイスとを求められたのである．そこで，最も早いこの時代のインド数学の著作は，——事実，どの時代でも，——天文学的著作の一部としてあった．にもかかわらず，ここでも他の地域と同様，創造的な数学者たちはまさに実用的な問題の要請をはるかに超えて，彼らが興味を抱いた新しい分野の数学を開発するような問題を解いていたのである．以下この章では，第一に，5世紀から7世紀にかけてインドの著作に例示されてい

図6.10
インドの切手の右側に，アショカの石柱がある．

る三角法の発展とそれに関連した技法を考察し，次いで，7世紀のブラフマグプタの著作と12世紀のバースカラII世の著作を2種類の不定方程式の解法という点から見てみる．そこには，ペル方程式といわれているものも含まれている．最後に，中世全時代にわたる様々なインド数学者による，代数学と組合せについての一般的な著作を見てみる．

6.6 インドの三角法

　紀元後最初の数世紀間，クシャン朝，グプタ朝の時代に，ギリシアの天文学的知識がインドに，おそらくはローマとの交易ルートに沿って移転したという強力な証拠がある．奇妙なことに，プトレマイオスの天文学と数学は移入されず，代わりに，その先駆者の何人かの著作，とくにヒッパルコスの著作が移入された．ギリシア天文学の要請が三角法の発展を導いたこととちょうど同じように，インド天文学の要請も，この分野のインドにおける展開を導いたのである．

6.6.1 正弦表の構成

　三角法を含むインドで最も初期の著作として知られるものは，5世紀初めに書かれた『パイターマハシッダーンタ』である．これは，続く数世紀にわたって書かれた天文学，ならびにその関連数学を扱った類似書の中で，最も早いものである．天文学的問題を解くために必要な球面三角法の基礎を与えるため，『パイターマハシッダーンタ』には「半弦」の表が含まれている．これはサンスクリットの単語，$jy\bar{a}\text{-}ardha$ の直訳である（囲み6.1）．プトレマイオスを振り返ってみると，弦の表を用いて三角形を解くために，彼はしばしば倍角の半弦を扱わねばならなかった．おそらく未知のインド数学者は，弦そのものよりも倍角の半弦を表として作成することがより簡単であることに気が付いたのであろう．この著作の中では，のちのすべてのインドの天文学的著作のように，この半弦の「関数」が用いられているのである．さて，プトレマイオスはその数世紀前に，半径3438を用いていた．後者の方の半径は，『パイターマハシッダーンタ』の表の基礎として用いられているので，プトレマイオスの三角法よりもヒッパルコスの三角法が先にインドに到達したのであろうと推測できるのである．常に覚えていなければならないのは，18世紀になるまで，特定の半径の円に対するある線分の長さがこのように「正弦」と指示されていたことであるが，仮にここでは，「半弦」という言葉ではなく，「正弦」(sine) という現代語を用いたい．

　初期の正弦表の構成の記述を，『パイターマハシッダーンタ』に残されている不完全なものではなく，それより若干遅れて成立したアールヤバタ（476年生まれ）の『アールヤバティーヤ』で見てみよう．これはいまだ確定できない著者によって記されたインド最初の数学と天文学の書である．この著者についてはほとんど何も知られていない．北インドのビハル州のガンジス川流域にあったグプタ朝の首都パータリプラ（現在のパトナ）近郊，クスマプラで499年にこれが書かれたということ以外，何も知られていない．『アールヤバティーヤ』は4つの節と123の詩節とからなる小編である．その第2節の33詩節が数学を取り扱っている．これは決して詳細な作業手引というものではなく，単なる短い

囲み 6.1
「正弦」(sine) の語源

英語の単語 "sine" は，サンスクリットの単語である "jyā-ardha"（半弦）の一連の誤訳に由来している．アールヤバタはしばしばこの語を "jyā"，あるいはその同義語である "jīvā" として省略した．のちにインドの著作のいくつかがアラビア語に翻訳されたとき，この語は単純に，アラビア語としてはとりたてて意味のない単語，"jiba" に音訳された．しかしアラビア語は母音を表記しないで書き記されるので，のちの著者たちはこの子音の結合である "jb" を「胸部」，「胸」を意味する "jaib" と解釈してしまったのである．12 世紀にアラビアの三角法の著書がラテン語に訳されたとき，翻訳者はこれと同意語で「胸」を意味する "sinus" という語を用いた．この語には派生した意味として「ひだ」（胸に付ける礼服（トーガ）にみられるような），あるいは「湾」，「入江」というものもあった．このラテン語の単語が今日の英語の "sine" となったのである．

叙述でしかない．おそらくこれは記憶の補助を意図したもので，より確からしいことは，これは詳細な論説の要約，あるいは著者によってなされた講義を単純化したものであろうという推測である．正弦表の構成法についての記述は，第 2 節の詩節 12 に与えられている．また，正弦の差の表は，第 1 節の詩節 10 に与えられている[15]．

第 2 節，詩節 12　第一番目の正弦値より第二の正弦（の差）はある数だけ小さい．先立つ正弦（の差）の和を第一の正弦で割って得られた商．これら二つの値の和だけ引き続く正弦（の差）は第一の正弦値より小さい．

この「第一の正弦」s_1 は，インドの三角法では常に $3\frac{3}{4}° = 3°45'$ の弧の正弦を意味している．そしてその正弦は，半径 3438 の円では，分単位で計った弧の値，すなわち $s_1 = 225$ と同じである．そこでこの詩節の規則は，$3°45'$ ごとの順に採った各弧の正弦の計算を与えるものとなっている．よって，$7°30'$ の正弦 s_2 を計算するには，225 から 225 を引いて 0 を得る（この段階では第一と第二の正弦は同じ）．次いで，225 を 225 で割って 1 を得る．そして 225 から $0+1=0$ を引いて，224 となる．この数が第二正弦の差であるから，$s_2 = 225 + 224 = 449$ である．s_3 を得るには，225 から 224 を引き，1 を得る．次いで 225 で 449 を割り，2 を与える．225 から $1+2=3$ を引き，222 を得る．これが次の正弦の差である．そこで s_3 は $11°15'$ の正弦となるが，$s_3 = 449 + 222 = 671$ によって与えられる．一般的に，n 番目の正弦 s_n（$n \times 3°45'$ の正弦）は次のようにして計算される．

$$s_n = s_{n-1} + \left(s_1 - \frac{s_1 + s_2 + \cdots + s_{n-1}}{s_1}\right).$$

括弧の中の項は n 番目の正弦の差である．これらは次のように並べられている．

第 1 節，詩節 10　24 個の正弦（の差）は弧の分で計算されると，225, 224, 222, 219, 215, 210, 205, 199, 191, 183, 174, 164, 154, 143, 131, 119, 106, 93, 79, 65, 51, 37, 22, 7 である．

これらの値は実際には，上で与えられた方法による計算との間にいくつか食い違いが認められる．おそらく，除法の過程で生じる分数値が時たま，正弦値の間に影響したのであろう．いずれにしても，本来インドではこの方法によって正弦を計算してはいなかったように思われる．よりもっともらしい方法は，ヒッパルコスが行っていたような計算である．$90°$ の正弦は $3438'$ の半径に等しく，$30°$ の正弦は半径の半分，$1719'$ である．$45°$ の正弦は $\frac{3438}{\sqrt{2}} = 2431'$ である．その他の弧の正弦はピュタゴラスの定理と半角の公式を用いて計算される．

ひとたび正弦表が $3°45'$ 刻みで，$3°45'$ から $90°$ まで構成されると，第一差と第二差の表もまた構成される．もしインドの人々が第二差が正弦に比例することに気づいていたならば，第 2 節，詩節 12 で与えられていた規則を構成することは難しいことではなかったはずである．ほぼ同精度の類似の正弦表は，続く何世紀かにわたって多くの著者によってインドで生み出された．ヴァラーハミヒラ（6 世紀）は半径 120 の正弦と余弦を表にするとともに，それらの関数の間の標準的な関係を記述した．そして，おそらく 7 世紀に書かれた『スールヤシッダーンタ』は，先に議論した正接関数の中国での計算の起源になっていたものかもしれず，それは正割についても端緒となり得たものである．というのも，これらの関数を集表化はしていないものの，第 3 章の 21–22 詩節では，グノーモンが落とす影についての議論が記されている．「［太陽の天頂距離から］地面の正弦とそれに垂直な正弦［余弦］を見出すこと．もしそのとき，地面の正弦と半径がそれぞれグノーモンを基準にした長さの数値と掛け合わされ，垂直な正弦の値で割られると，その結果は南中時の影と斜線となる」[16]．

6.6.2 インドの近似法

興味深いことに，バースカラ（12 世紀）の時代に至るまで，いかなるインドの天文学書も，$3\frac{3}{4}°$ より小さい弧に対する正弦表を含むものはなかった．代りに，インドの数学者は近似法を発達させていた．当然，最も簡単な方法は，集表化された値の間を直線で補間する方法である．しかし 7 世紀には早くも，ブラフマグプタ（598 年生まれ）は 2 次の差を用いて，ある程度正確な補間法の枠組みを開発したのである．現代の記号を用いると，D_i を i 番目の正弦の差（アールヤバタの第 1 節，詩節 10 で与えられたもの），x_i を i 番目の弧，$h = 3\frac{3}{4}°$（これらの弧の間隔）とすると，ブラフマグプタの結果は，

$$\sin(x_i + \theta) = \sin(x_i) + \frac{\theta}{2h}(D_i + D_{i+1}) - \frac{\theta^2}{2h^2}(D_i - D_{i+1})$$

となる．たとえば，$\sin(20°)$ を計算するには，$20 = 18\frac{3}{4} + 1\frac{1}{4}$, $18\frac{3}{4} = x_5$ に注意する．そのとき，公式より，

$$\begin{aligned}
\sin(20) &= \sin\left(18\frac{3}{4} + 1\frac{1}{4}\right) \\
&= \sin\left(18\frac{3}{4}\right) + \frac{\left(1\frac{1}{4}\right)}{\left(2\left(3\frac{3}{4}\right)\right)}(215 + 210) - \frac{\left(1\frac{1}{4}\right)^2}{\left(2\left(3\frac{3}{4}\right)^2\right)}(215 - 210) \\
&= 1105 + \frac{1}{6}(425) - \frac{1}{18}(5) = 1176.
\end{aligned}$$

これは最も近い整数値であり，半径 3438 の円の正弦である．

後のインドの数学者たちは理論的根拠を与えているのに，ブラフマグプタは残念ながら，この補間公式について何ら正当化を与えていない．他方，17 世紀のヨーロッパでも計算されているこの公式が，なぜ差を用いる標準的な近似法として用いられていたのかを理解することはできる．しかし奇妙なことに，ブラフマグプタはまた，正弦を近似するための代数的公式，つまり彼の同時代人で年長のバースカラ I 世（7 世紀初期）によるサンスクリットの詩節，『マハーバースカリヤ』で最初に与えられていたように見えるものをも用いていたのである．

> 私は手短に（正弦を見出すための）規則を，225 やその他の正弦の差を用いることなしに述べよう．半円の度数から（弧の）度数を引け．ついで，その残りを（弧の）度数と掛けよ．その結果を二箇所に留めおけ．一方の数については，40500 からその結果を引け．（そこで得られた）残りの 1/4 で，別の側の数に半径を掛けたものを割れ．……すると，（その半径に対する正弦が）得られる [17]．

現代的な記号では，バースカラ I 世の公式は，

$$R\sin\theta = \frac{R\theta(180-\theta)}{\frac{1}{4}(40500-\theta(180-\theta))} = \frac{4R\theta(180-\theta)}{40500-\theta(180-\theta)}$$

である．$\theta = 20°$ の正弦を計算するためにこの公式を用いると，

$$3438\sin 20 = 3438 \cdot \frac{4\cdot 20\cdot 160}{40500-20\cdot 160} = 1180$$

という最も近い整数値（ほぼ 0.3% の誤差内に収まる）を得る．

ここで二つの問われるべき疑問がある．第一に，この代数的な公式はどのようにして導かれたのか？ 第二に，なぜインドの人々は，幾何学的に導かれた正確な表を持ち，しかも標準的な補間法を持っていたその時代に正弦の代数的な公式を用いていたのか？ 通常，古代の資料というものはこのような疑問に対してほとんど答えを与えてくれないものである．よってわれわれは，最も単純な現代的方法を考えてみよう．その要点というのは，その発案者が注記しているところであるが，正弦の関数，$R\sin\theta$ が 2 次の関数，$P(\theta) = R\theta(180-\theta)/8100$ にある意味で非常に近いということである．両方の関数は，$\theta = 0, 180$ のときに 0，$\theta = 90$ のときに R に等しい．そしてさらに彼が注記するところでは，関数 $P\sin\theta$ についても同様にこれは正しい．$P(30) = (5/9)R$，$P(30)\sin(30) = (5/18)R$ なので，彼は P を $\theta = 30$ に対する正しい値 $R/2$ を与えるよう，単純な比例によって調整し続ける．すなわち，

$$\frac{P - R\sin\theta}{P\sin\theta - R\sin\theta} = \frac{\frac{5}{9}R - \frac{1}{2}R}{\frac{5}{18}R - \frac{1}{2}R}$$

である．これより方程式，

$$R\sin\theta = \frac{4P}{5 - \frac{P}{R}}$$

が導かれ，順にバースカラ I 世の公式が与えられる[18]．

最初に適切な推測で近似の公式を案出し，次いで 2, 3 の選択した値に適合するようにその式を操作するという明確な方法は，インド数学の他の分野でも見られる．しかし，いずれの著者も，自らは単に「操作している」とは言っていないので，いかにしてその結果が得られたのか，あるいはなぜそれが得られたのかを知ることは困難である．賢明で美しい成果を生むための創造性を数学者たちが例のごとく発揮した，単純にそう言ってしまえばそうなのだろう．しかも正弦関数は天文学の用途のため，数多くの計算に必要なので，明らかにされている正弦表に絶えず補間を行うことできわめて正確な正弦の有理近似を持つことは，天文学者に労力を削減させるという恩恵を与えたのである．のちに別の文脈において記すように，インドの数学者たちが，ことさらに形式的な証明体系に基づく方法論に自らを縛っていたという証拠はほとんどない．つまり，たとえ彼らが数学的成果をいかに「証明する」かをしばしば知っていたことが確かであっても，現存するテクストでは，ひとたびそれが十分にもっともらしさを示している場合，その結果は世代を通じて継承されるだけとなったのである．

6.6.3　アールヤバタと『アールヤバティーヤ』

『アールヤバティーヤ』の数学についての詩節は，三角法以外の成果も含んでいる．事実，そこには測量，数値計算，代数を含む様々な分野の数学的問題を解くための手順の規則が述べられている．しかし，アールヤバタその人は，本文中では自らの方法の証明をまったく与えてはいない．

詩節 II-5 は，立方根の計算規則について述べている．

詩節 II-5　第二のアガナ ($aghana$) を先立つガナ ($ghana$) の立方根の 2 乗の 3 倍で割れ．（その商の）平方をプルヴァ ($purva$)（すでに得られた立方根の一部）の 3 倍に掛け合わせたものを，最初のアガナから減じ，（上の除法の商の）立方をガナから減じる．

この詩節の中の専門用語は，与えられた数字の桁に関係している．右から左へ数えながら，1 番目，4 番目などの桁は**ガナ**（立方的）と名づけられ，2 番目，5 番目などの桁は第一の**アガナ**（非立方的），3 番目，6 番目などは第二の**アガナ**と呼ばれている．しかし，12977875 の立方根を求めるという例が示している通り，いくつかの段階ははっきりとは示されていない．おそらくはサンスクリットの詩節の制約によるものであろう．

```
        1 2 9 7 7 8 7 5 ) 2            第一の桁 ≈ $\sqrt[3]{12}$
            8                                    $2^3$
      1 2 | 4 9          ) 3           $12 = 3 \times 2^2$
            3 6                        $49 \div 12$ を 4 では大きすぎるので 3 で近似
            1 3 7                      $36 = 3 \times 2^2 \times 3$
              5 4                      $54 = 3 \times 2 \times 3^2$
              8 3 7
```

```
              2 7
     ┌────────────
1587 │ 8 1 0 8      )5          1587 = 3 × 23²
       7 9 3 5                  8108 ÷ 1587 を 5 で近似
       ───────
       1 7 3 7                  7935 = 3 × 23² × 5
       1 7 2 5                  1725 = 3 × 23 × 5²
       ───────
           1 2 5
           1 2 5                        5³
```

このアルゴリズムの基本には，$(a+b)^3$ の展開がある．この場合はたとえば，$23^3 = (20+3)^3 = 20^3 + 3 \times 20^2 \times 3 + 3 \times 20 \times 3^2 + 3^3$ である．

詩節 II-16　二つの影の先端の間の距離を第一の影の長さと掛合わせ，二つの影の長さの差で割ると，コティー ($koṭī$) を得る．このコティーをグノーモンの長さに掛合わせ，（第一の）影の長さで割ると，「ブジャー」($bhujā$) の長さを得る．

この詩節は，いくつかの影の長さを計ることによって，頂上に灯りのついている柱 ($bhujā$) の高さを求める方法を与えている．図 6.11 において，DE と $D'E'$ は長さ g の二つのグノーモンである．ブジャーの高さ AB の落とす影の長さを $DF = s_1$，$D'C = s_2$ とし，影の先端の間の距離 FC は既知とする．ブジャーの高さ $AB = x$ と，コティー $AF = y$ の長さが求められる．詩節の公式は次のように翻訳される．

$$y = \frac{(s_2 + t)s_1}{s_2 - s_1} \quad と \quad x = \frac{yg}{s_1} \quad である．$$

この問題は，形式も解法も，中国の『海島算経』第 1 問に非常によく似ていることに注意せよ．

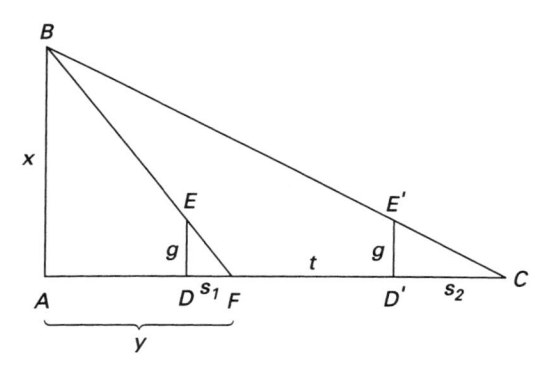

図 6.11
『アールヤバタ』にみられる距離と高さの測定.

詩節 II-19　求める項数から 1 を引いたものを半分にし，……項の間の公差を掛け，それに第 1 項を加える．これが中項である．これに求める項数を掛けると，求める項の和となる．あるいは，初項と末項の和に項数の半分を掛けたものである．

ここでアールヤバタは，初項 a，公差 d の等差数列の和 S_n を求める公式を述べている．その公式は，

$$S_n = n\left[\left(\frac{n-1}{2}\right)d + a\right] = \frac{n}{2}[a + (a + (n-1)d)] \tag{6.3}$$

と翻訳される．

詩節 II-20 数列の和と 8 倍の公差を掛け合わせ，2 倍の初項と公差との間の差の平方を加える．その平方根をとれ．そして，2 倍の初項を減じよ．さらに公差で割り，1 を加え，2 で割る．その結果は項数となる．

上と同じ状況において，S_n が与えられると，n が求められる．与えられた公式は，

$$n = \frac{1}{2}\left[\frac{\sqrt{8S_n d + (2a-d)^2} - 2a}{d} + 1\right] \tag{6.4}$$

である．もし S_n についての方程式 (6.3) を n についての 2 次方程式として書き直すと，$dn^2 + (2a-d)n - 2S_n = 0$ となり，方程式 (6.4) における n の値は 2 次方程式の解の公式から導かれる．アールヤバタははっきりとは解の公式を提示していないけれども，125 年後のブラフマグプタは必要な形式を備えてその公式を書き下している．したがって，アールヤバタも同様にこの公式を知っていたように思われるのである．

詩節 II-22 項数，項数に 1 を加えたもの，項数の 2 倍に 1 を加えたもの，この 3 つの量の積の 1/6 は［数列の］平方の和である．（もとの）数列の和の平方は立方の和である．

これら二つの文は，最初の n 個の整数の和の平方と立方について，S_n^2, S_n^3 の公式である．すなわち，$S_n^2 = \frac{1}{6}n(n+1)(2n+1), S_n^3 = (1 + 2 + \cdots + n)^2$ となる．これらの公式の最初のものは，本質的にアルキメデスにも知られていた．2 番目の公式は，2, 3 の実例を試すならば，少なくとも仮説としてはほとんど自明である．もちろん，いかにしてアールヤバタがこれらを見出したのかについては推測の域を出ない．

『アールヤバティーヤ』の数学部門についての最後の二つの詩節は，整数解を持つ 1 次不定方程式の解法を扱っている．その表現の簡潔さは，アールヤバタが正確にはどんな方法を心に描いていたのかについて，様々に矛盾するような解釈を導くものである．ここでその問題を扱うよりも，同じ問題についてより明確な解釈を，ブラフマグプタの著作の中で考察することにしよう．

6.7 インドの不定方程式

ブラフマグプタは 598 年にインドの北西部で生まれた．彼はおそらく生涯の大半を，ギアラス王国の首都（彼の生きている間の大半はハルシャ朝の一部であったが），ビラマーラ（現在のラジャスタン州ビンマル）で過ごした．ブラフマグプタ本人については，その主著，『ブラフマスプタシッダーンタ』（ブラフマの真正天文学大系）を 30 歳のときに書いたが，しばしばビラマーラ出身の教師，「ビラマーラカリア」として言及されている．

他の多くの中世インドの数学書と同様に，ブラフマグプタの数学的業績も天文学書の章として埋め込まれている．そこに記されている数学上の技法は，様々な天文学的問題に応用されている．アールヤバタと同様に，ブラフマグプタもそれらを詩節として書いている．しかしながら，彼の手順に関する記述は概してその先駆者たちよりも豊富で，いくつかの例も与えられている．にもかかわらず，長年にわたる伝写の誤りのゆえか，口頭伝承のためにすべての段階を書き下すことをまったく求められなかったゆえか，ブラフマグプタの解法に関する記述には，その実例には単純にかみ合わないような多くの問題がある．それでも，提示されているものについての現代的な解釈は，彼の主たる意図を伝えているのである．ブラフマグプタ自身は，現代の読者が証明と考えるようなものを何も残していない．彼はただ，問題を解くためのアルゴリズムを提示するばかりである．

6.7.1 1 次合同式

二つの正の整数で割ったときに与えられた余りを持つような整数を求めるという問題の解法に，ブラフマグプタは興味を持っていた．現代的な記号によると，彼の目標は，$N \equiv a \pmod{r}$ かつ $N \equiv b \pmod{s}$ を満たす N を求めることであった．言い換えると，$N = a + rx = b + sy$ となるような，あるいは，$a + rx = b + sy$ において，$c = a - b$ とすると，結局，$rx + c = sy$ となる，x と y を求めることである．

ブラフマグプタの規則，つまり**クッタカ**の解法を，その著作の実例を用いて追跡してみよう．それは，$N \equiv 10 \pmod{137}$ かつ $N \equiv 0 \pmod{60}$ である．この問題は単一の方程式，$137x + 10 = 60y$ と書き換えられる．

> 最大の余りを残す除数を，最小の余りを残す除数で割る．その余りを順次割っていく．その商をそれぞれ一つずつ何度か下においていく．

そこで，137 を 60 で割り，次々と余りで割っていく．すなわち，ユークリッドの互除法を，0 ではない余りに到達するまで実行することになる．

$$137 = 2 \cdot 60 + 17$$
$$60 = 3 \cdot 17 + 9$$
$$17 = 1 \cdot 9 + 8$$
$$9 = 1 \cdot 8 + 1$$

その後，商を順に書き下していく．

$$\begin{array}{c} 2 \\ 3 \\ 1 \\ 1 \end{array}$$

ブラフマグプタは最初の商として 0 をあげている．これは明らかに最初の割算を $60 = 0 \cdot 137 + 60$ と見なしている．どちらの除数が割られて何になるのかという彼の文言にもかかわらずである．

（最後の）余りを任意の数に掛け，その積に余りの差を加え（あるいは引き）割り切れるようにする．その乗数を（下に）書き，商を最後におく．

最後の余りは 1 である．これにある数 v を掛け，$1\cdot v \pm 10$ が最後の除数，ここでは 8 で割り切れるようにする．ブラフマグプタは，商が偶数個の場合は $+$ を，奇数の場合は $-$ を用いるよう説いている．ここでは，0 もまた一つの商としてあるので，最後の方程式は $1v - 10 = 8w$ となる．$v = 18, w = 1$ を選ぶと，新しい数の配列は，

$$\begin{array}{c} 0 \\ 2 \\ 3 \\ 1 \\ 1 \\ 18 \\ 1 \end{array}$$

となる．

最後から 2 番目の項をそのすぐ上の項に掛け，その積を最後の項に加える．（この操作は列の上まで続けられる）．一番上の数が（**アグランテ** (*agrante*) である）．

18 に 1 を掛け，1 に加えて 19 となる．そこで「上の」項，つまり 1 を 19 で交換し，最後の項を取り除く．このようにして続けていき，表の中に二つの項が残るまで行う．

$$\begin{array}{ccccccc} 0 & 0 & 0 & 0 & 0 & 130 \\ 2 & 2 & 2 & 2 & 297 & 297 \\ 3 & 3 & 3 & 3 & 130 & 130 \\ 1 & 1 & 1 & 37 & 37 & \\ 1 & 1 & 19 & 19 & & \\ 18 & 18 & & & & \\ 1 & & & & & \end{array}$$

一番上の項，**アグランテ**は 130 である．つまり，$x = 130, y = 217$ がもとの方程式の解である．しかしブラフマグプタは，より小さい解を求めようとして，最初に N を決定している．

（**アグランテ**は）最小の余りを残す除数によって割られる．最大の余りを残す除数に掛けられ，大きな余りを加えられているその余りは，除数の積の余りである [19]．

したがって，130 を 60 で割って，余りの 10 を得る．10 に 137 を掛けて，その積に 10 を加え，1380 を得る．これは，137 と 60 の積を法とする N の値である．つまり，$N \equiv 1380 \pmod{8220}$ である．ブラフマグプタは次に，y を解く

ために 1380 を 60 で割り（なぜなら $N = 60y$），x の新しい値を計算する．そこで，$y = 23, x = 10$ が方程式 $137x + 10 = 60y$ の解となる．

いかにしてブラフマグプタがその生徒たちに計算の手順を正当化して教えたものかはわからないが，ここでは現代的な説明を提示しておきたい．方程式 $137x + 10 = 60y$ から始めて，順次，ユークリッドの互除法で連続的に現れる商にしたがって，置換を実行する．それぞれの置換のあと，10 の符号が変化することに注意せよ．

$$137x + 10 = 60y \qquad\qquad 60 = 0 \cdot 137 + 60$$
$$137x + 10 = (0 \cdot 137 + 60)y$$
$$137(x - 0y) + 10 = 60y \qquad\qquad z = x - 0y$$
$$137z + 10 = 60y$$
$$60y - 10 = 137z \qquad\qquad 137 = 2 \cdot 60 + 17$$
$$60y - 10 = (2 \cdot 60 + 17)z$$
$$60(y - 2z) - 10 = 17z \qquad\qquad t = y - 2z$$
$$60t - 10 = 17z$$
$$17z + 10 = 60t \qquad\qquad 60 = 3 \cdot 17 + 9$$
$$17z + 10 = (3 \cdot 17 + 9)t$$
$$17(z - 3t) + 10 = 9t \qquad\qquad u = z - 3t$$
$$17u + 10 = 9t$$
$$9t - 10 = 17u \qquad\qquad 17 = 1 \cdot 9 + 8$$
$$9t - 10 = (1 \cdot 9 + 8)u$$
$$9(t - 1u) - 10 = 8u \qquad\qquad v = t - 1u$$
$$9v - 10 = 8u$$
$$8u + 10 = 9v \qquad\qquad 9 = 1 \cdot 8 + 1$$
$$8u + 10 = (1 \cdot 8 + 1)v$$
$$8(u - 1v) + 10 = 1v \qquad\qquad w = u - 1v$$
$$8w + 10 = 1v$$
$$1v - 10 = 8w$$

この最後の方程式は，すでにブラフマグプタ自身の説明にも述べられているが，観察によって $v = 18, w = 1$ として解かれている．残りの変数は，これらの代入によって得られる．その手順こそ，まさにブラフマグプタによって述べ

られたものである．

$$u = 1v + w = 1 \cdot 18 + 1 = 19$$
$$t = 1u + v = 1 \cdot 19 + 18 = 37$$
$$z = 3t + u = 3 \cdot 37 + 19 = 130$$
$$y = 2z + t = 2 \cdot 130 + 37 = 297$$
$$x = 0y + z = 0 \cdot 297 + 130 = 130$$

現代的な用語にすると，ブラフマグプタも秦九韶もともに，1次の連立合同式を解くことに関心を寄せていたことになるが，詳細に見てみると，二つの方法はまったく異なっている．とくにインドの著者がいつも二つの連立合同式を扱うのに対して，中国の著者はより多数の式を扱っている．たとえブラフマグプタが「中国剰余定理」に似た問題，すなわち，「6で割ると余りが5, 5で割ると4, 4で割ると3, 3で割ると2が余る数は何か？」というようなものを扱っていたとしても，彼はこれらの合同式を一度に二つずつ解いたのである．すなわち，彼はまず $N \equiv 5 \pmod 6$ と $N \equiv 4 \pmod 5$ を解いて，$N \equiv 29 \pmod{30}$ を得て，次に $N \equiv 29 \pmod{30}$ と $N \equiv 3 \pmod 4$ を解いた．以下このように続けていったのである．つまり，インドと中国の方法の間の類似点というのは，単にユークリッドの互除法を用いたというにすぎないように思われる．残されている証拠だけでは答えられないものの，より興味深い疑問がある．それは，［インドと中国の］いずれか一方の文化はギリシア人たちからこのアルゴリズムを学んだのか否か，これら三つの文化はそれに先立つ文化から学んだのかどうか，あるいは二つのアジアの文化は単純にそのアルゴリズムを独立して見つけていたのかどうか，というものである[20]．

しかしながら，ブラフマグプタとアールヤバタは中国の場合と共通の基本的な理由，つまり天文学への利用，から合同式の問題に関心を寄せていた，このことを示す格好の証拠はある．5, 6世紀のインドの天文学体系は，かなりの程度ギリシア天文学に影響を受けていた．とくに様々な惑星が周転円上を動き，今度はこの周転円が地球の周囲を回転するという概念がそうである．インドの天文学者たちはギリシアの天文学者たちと同じように，位置を計算するために三角法を必要としたのである．しかしヒンドゥー天文学の卓越した概念は，古代中国でも似ているが，ギリシアではさほど重視されなかったものの，巨大な天文学的時間の周期という概念であった．これはすべての惑星（太陽と月も含む）が黄経 0° となるときから始まり，またそのときに戻るまでという時間の周期であった．この世のすべての現象は同じ時間の周期で繰り返されるものと考えられていた．アールヤバタにとって，基本となる時間の周期は**マハユガ**という 4320000 年であり，その最も近い 1/4 の時代**カリユガ**は紀元前 3102 年に始まったことになっていた．ブラフマグプタにとっての基本となる時間の周期は**カルパ**であり，それは 1000 マハユガであった．

いずれにせよ，天体に関する計算を行うには，その平均運動を知らねばならなかった．それらの運動を経験的に決定することは困難だったので，当面の観測

値から計算しなければならず，すべての惑星が周期の最初の時点では大体同じ位置にあったということも必要であった．それらの計算は 1 次合同式を解くことによってなされたのである．

6.7.2 ペル方程式

まったく異なったタイプの不定方程式がインドの数学者の関心を引いた．それは $Dx^2 \pm b = y^2$ という形の 2 次方程式で，ブラフマグプタの著作に最初に現れたものであった．今日，その特殊な場合である $Dx^2 \pm 1 = y^2$ は，通常「ペル方程式」（17 世紀のイギリス人，ジョン・ペルにちなんで誤って命名された）と呼ばれている．この方程式のいくつかの特殊な例がギリシアで解かれていたという証拠もある．しかし，この方程式を一般的に解こうとなされた努力の跡が現存する記録の中に最も早く残っているのは，インドのものである．ブラフマグプタは，**クッタカ**の事例としてこのタイプの方程式を扱う規則を，実例を交えつつ紹介している．次のものを検討してみよう．

> （ある数を）2 乗し，……92 倍して……，その積に 1 を加えたものが，まさしく平方数になっているというものを 1 年以内につくる（ことができる人は）数学者である．

この方程式は $92x^2 + 1 = y^2$ であるが，1 年よりもかなり短い時間でここでは解けるだろう．ブラフマグプタの解法の規則は次のようなことから始まる．

> 根は二つの枝として（書き下され），（一方は）乗数倍された任意の平方数から（除かれる）．そして任意の数だけ増やされたり，減らされる．

そこで任意の値，たとえば 1，を書き下し，92 を 12 に掛け，その積に 8（仮定した数）を加えたとすると，その和は平方数，すなわち 100 になる．こうして方程式 $Dx_0^2 + b_0 = y_0^2$ を満たす三つの数，x_0, b_0, y_0 が見出される．便宜的に，(x_0, y_0) を加数 b_0 に対する解としよう．この場合，$(1, 10)$ が加数 8 に対する解である．ブラフマグプタは次に，この解を 2 列に書く．つまり，

$$x_0 \; y_0 \; b_0$$
$$x_0 \; y_0 \; b_0$$

すなわち，

$$1 \; 10 \; 8$$
$$1 \; 10 \; 8$$

と書く．

> 最初の（ペアの）積に乗数を掛け，最後の（ペアの）積を加えたものは最後の根となる．

すなわち，「最後の根」y という新しい値は，$y_1 = Dx_0^2 + y_0^2$ とおくことで見出される．この例では，$y_1 = 92(1)^2 + 10^2 = 192$ である．

はすかいに掛け合わせた積の和は最初の根である．加数は増えたり減ったりするような量の積である[21]．

「最初の根」という新しい値は，$x_1 = x_0 y_0 + x_0 y_0 = 2 x_0 y_0$ のように決定され，一方，新しい加数は $b_1 = b_0^2$ である．言い換えると，$(x_1, y_1) = (20, 192)$ は加数 $b_1 = 64$ に対する解で，$92 \cdot 20^2 + 64 = 192^2$ となる．この結果は直接的に変換できるけれども，ブラフマグプタは実際には，より一般的な結果を考察している．すなわち，もし (u_0, v_0) が加数 c_0 の解で，(u_1, v_1) が加数 c_1 の解ならば，$(u_0 v_1 + u_1 v_0, D u_0 u_1 + v_0 v_1)$ は加数 $c_0 c_1$ の解である．この結論を確認するため，次の恒等式を見てみよう．

$$D(u_0 v_1 + u_1 v_0)^2 + c_0 c_1 = (D u_0 u_1 + v_0 v_1)^2.$$

ここで，$D u_0^2 + c_0 = v_0^2$ と $D u_1^2 + c_1 = v_1^2$ は与えられているとする．ここではこの新しい解を，解 (u_0, v_0) と (u_1, v_1) の**混合**と呼ぼう．ブラフマグプタはその基本的な規則を次のように結論付けている．「[そのようにして求められた] 根は [もとの] 加えられた，あるいは引かれた量で割られて，加数 1 の [解] となる」．この例でいえば，20 と 192 を 8 で割ると，$\left(\frac{5}{2}, 24\right)$ を得るが，これは加数 1 の解である．しかし，解の一方が整数ではないので，この著者にとっては満足のいく解答ではない．そこで彼は，この解自身を組み合わせて加数 1 に対する整数解 $(120, 1151)$ を求めるのである．すなわち，$92 \cdot 120^2 + 1 = 1151^2$ である．

この例は，ブラフマグプタの方法を説明するのと同様，その限界をあらわにしている．加数 1 に対する一般的な場合の解は，$\left(\frac{x_1}{b_0}, \frac{y_1}{b_0}\right)$ の対である．これらが整数値となる，あるいはこの解自身を組み合わせることによって，整数を作ることができるかどうかの保証はまったくない．ブラフマグプタは単に多くの規則と例を与えてはいるが，整数解が存在するような条件を記してはいない．最初に，彼は次のことを示した．混合によって，加数 1 の解と同様，すでにその解を知っているある加数から生じる任意の加数についても解が得られるという事である．一般的に，与えられた方程式は無限に多くの解を持つのである．

第二に，加数 4 についての解 (u, v) を見出したとき，加数 1 に対する解をいかにして見出すかを彼は示している．もし v が奇数で，u が偶数の場合ならば，

$$(u_1, v_1) = \left(u\left(\frac{v^2-1}{2}\right), v\left(\frac{v^2-3}{2}\right)\right)$$

が，求める解である．v が偶数で，u が奇数の場合は，

$$(u_1, v_1) = \left(\frac{2uv}{4}, \frac{Du^2+v^2}{4} = \frac{2v^2-4}{4}\right)$$

が一つの整数解である．最初の場合の例として，ブラフマグプタは $3x^2 + 1 = y^2$ を $u = 2, v = 4$，つまり，$3u^2 + 4 = v^2$ の解から始めることで解いている．

ブラフマグプタは加数 4 についても類似の規則を与えているし，同様に，他の特別な条件の下でのペル方程式を解く規則も与えている．彼の方法は常に正

伝 記
バースカラ (Bhāskara, 1114–1185)

　バースカラ（同じ名前のより時代の早い数学者がいることにより，時にバースカラ II 世と呼ばれる）は南部インドの教養のある古い家系に生まれた．彼の父は令名の高いブラーフミンの研究者，天文学者であった．バースカラは成人後の大半の時期をウッジャインにある天文台の台長として仕えた．そして彼の天文学や数学はもちろんのことながら，機械技術においても，卓越したその技能は広く称賛されるようになったのである．彼の孫は 1206 年に寄進を受け，バースカラの著作が研究された場所に学校を建てた．彼の主著『シッダーンタシローマニ』はその先駆者たちのものと同様，天文学に関する書であった．バースカラの二つの数学書は，算術に関する『リーラーヴァティー』（「陽気な」，「愛くるしい」という意味の女性の名前）と代数に関する『ビージャガニタ』である．

しいのだけれども，テクストには証明はまったくなく，いかにしてブラフマグプタがその方法を見出したのかを知る事もできない．なぜインドの数学者たちがこの問題に興味を持っていたのかも，謎である．ブラフマグプタの例のいくつかは，変数 x, y として天文学的なものを用いているが，それが現実的な状況から由来する問題であったことを示す指標もまったくない．

　いずれにせよ，ペル方程式（の問題）はインド数学における一つの伝統となったのである．これは引き続く数世紀に渡って研究され，これを解いたということ以外は何ら知られていないアカリヤ・ジャヤディヴァ（1000 年頃）によってその研究は完成された．しかし，中世インドで最も著名な数学者バースカラ II 世 (1114–1185) による解答は，より簡単に追跡することができる．

　バースカラ II 世の代数学のテクスト，『リーラーヴァティー』の目標は，$Dx^2 + 1 = y^2$ という形式の任意の方程式について，整数解を求める方法を提示することであった．彼はブラフマグプタの手順を要約することから始めている．とくに彼が強調しているのは，ひとたび解の組が求められると，無限に多くの他の解が混合によって得られることであった．しかし，より重要なことは，彼がいわゆる**循環法** (*chakravāla*) を議論していたことである．基本的な要点は，クッタカの技法を用いていくつかの加数に対する適切な解の組を選び続けることで，結局，求める加数 1 に対するものへと達するというものである．ここではバースカラ II 世の一般的な場合，$Dx^2 + 1 = y^2$ についての規則を示し，その一つの例，$67x^2 + 1 = y^2$ への適用法を見てみよう．

　　　最初の根，最後の根，加数を，被除数，加数，除数とすると，そこから
　　　乗数が見出される．

　先と同様に，任意の加数 b に対する解の組 (u, v) を選ぶことから始めよう．この例では加数 -3 に対する解として $(1, 8)$ を選んでいる．次に，m についての不

定方程式 $um + v = bn$，ここでは $1m + 8 = -3n$ を解く．結果は，任意の整数を t として，$m = 1 + 3t, n = -3 - t$ である．

> 与えられた係数からその乗数の平方を引いた余り，あるいは乗数の平方から係数を引いた余り（つまり余りが小さい）を，元の加数で割ったものが新しい加数である．係数から（平方を）引くようならば，符号を変える．乗数に対応する商が最初の根で，そこから最後の根が導かれる．

これを言い換えると，m の平方を可能な限り D に近くするような t を選び，$b_1 = \pm \dfrac{D - m^2}{b}$ （負でもよい）を新しい加数とする．新しい最初の根を $u_1 = \dfrac{um + v}{b}$，新しい最後の根を $v_1 = \sqrt{Du_1^2 + b_1}$ とする．与えられた例では，バースカラ II 世は m^2 を 67 に近づけようとして，$t = 2$ と $m = 7$ を選んでいる．そこで $(D - m^2)/b = (67 - 49)/(-3) = -6$ となる．しかし，その引き算は係数から平方を引くので，新しい加数は 6 である．新しい最初の根は $u_1 = \dfrac{1 \cdot 7 + 8}{-3} = -5$ であるが，これらの根は常に平方数となっているので，u_1 は正をとらねばならない．そこで，$v_1 = \sqrt{67 \cdot 25 + 6} = \sqrt{1681} = 41$ となり，$(5, 41)$ が加数 6 に対する解となる．

> これらについて操作を繰り返すと，最初の根と加数がおかれていく．この方法を数学者たちは**循環法** (*chakravāla*) と呼んでいる．そこで，加数（あるいは減数）4, 2, 1 に対する整数解が見出される．そして混合の方法により，加数（または減数）4 と 2 に対する解から加数 1 に対する解が導かれるのである[22]．

バースカラ II 世はここで，上記の操作が繰り返されると，最後には加数または減数 4, 2, 1 の解に到達すると述べている．すでに述べたように，加数または減数 4 の解から，加数 1 の解が見出せる．また，加数または減数 2，そして減数 1 を処理することも容易である．しかし，この例を続ける前に，二つの疑問について議論しておく必要があろう．いずれもバースカラ自身は言及していないものである．第一は，この方法ではなぜ常に各段階で整数値が与えられるのかというものである．第二は，なぜこの方法の繰り返しが，結局は加数 ±4, ±2, ±1 に対する解の組を与えるのかというものである．

第一の疑問に答えるためには，バースカラの方法が，加数 $m^2 - D$ に対する自明な解 $(1, m)$ とともに，加数 b に対する最初の解 (u, v) との混合で導かれることに注意したい．したがって，$(u', v') = (mu + v, Du + mv)$ は加数 $b(m^2 - D)$ に対する解である．b^2 で結論の方程式を割ると，加数 $\dfrac{m^2 - D}{b}$ に対する解 $(u_1, v_1) = \left(\dfrac{mu + v}{b}, \dfrac{Du + mv}{b} \right)$ を与える．なぜ $mu + v$ が b の倍数となるように m が見出されねばならないかが，ここで明らかとなる．例のごとくこのテキストでは証明を述べないけれども，もし $\dfrac{mu + v}{b}$ が整数ならば，$\dfrac{m^2 - D}{b}$ と $\dfrac{Du + mv}{b} = \pm\sqrt{Du_1^2 + b_1}$ もまた整数であることを証明するのは困難ではな

い[23].

$m^2 - D$ が「小さく」選ばれることの理由によって，第二の疑問に答えることができる．残念ながら，最後に加数 1 に到達する過程を証明することはたいそう難しい．実際，それが最初に公刊されたのは，1929 年なのである[24]．バースカラもジャヤディヴァもともに，その結果を証明してはいなかったかもしれない．彼らは単純に，その真であることを確信させるに足る十分な例を実行しただけかもしれない．実際には，循環法は方程式の最小の可能な解によってすべての解を導くことができる，ということが示される[25]．

いずれにせよバースカラの例を続けよう．$67 \cdot 1^2 - 3 = 8^2$ から始めて，われわれは $67 \cdot 5^2 + 6 = 41^2$ へと至った．次の段階は，$|m^2 - 67|$ が小さくなるように $5m + 41 = 6n$ を解くことである．適当なものを選ぶと，$m = 5$ である．そこで $(u_2, v_2) = (11, 90)$ は加数 -7 に対する解，すなわち $67 \cdot 11^2 - 7 = 90^2$ となる．この場合も先と同様に，$11m + 90 = -7n$ を解く．$m = 9$ が適切な値となり，$(u_3, v_3) = (27, 221)$ が加数 -2 に対する解，すなわち $67 \cdot 27^2 - 2 = 221^2$ となる．ここで加数 -2 に達したので，$(27, 221)$ それ自身を混合すればよいだけとなる．これは加数 4 に対して $(u_4, v_4) = (11934, 97684)$ を解として与える．これを 2 で割り，バースカラは最終的な解 $x = 5967, y = 48842$ を元の方程式 $67x^2 + 1 = y^2$ に対して得る．

6.8 代数学と組合せ論

ペル方程式の解法は，中世インド数学の最高峰と見なされるけれども，ブラフマグプタとバースカラの著作，そして彼らの間に現れた人々の著作には，数学史上，他にも興味深い事柄が含まれていた．それらは，正負の数の計算法，2 次方程式や連立 1 次方程式の解法，組合せ論の基本的な成果を含んでいた．

6.8.1 代数の技法

中世インドの数学者たちは基本的に代数家であった．彼らの著作は正負の計算規則，分数，代数式で満ちている．彼らは 1 元や多元の 1 次，2 次方程式の解法を教えている．彼らは等差・等比数列の和の規則を与えているし，平方数，立方数，三角数についても述べている．無理数を扱うための手順も与えているし，順列と組合せの数え方も指示している．そしておそらく最も重要なことは，すべての規則と方法が正しいということである．ほとんどの場合に欠けているのは，その方法や規則がいかにして導かれたのか，あるいは，なぜそれが正しいのかについての説明である．

残されている著作には，いくつかの幾何学的規則，面積や体積の求め方も与えられている．現代的な目から見ると，インドの人々はさほど成功してはいないように見える．公式は厳密には正しくなく，単なる近似によって説明されているし，それが単なる近似であることすらまったく説明されていない．これらの [近似的な] 公式は，すぐそばのページに現れる完全に正しい諸規則と同じ評価を得ているように見える．これもまた，当然のように，いかなる形の証明も書かれていないし，その結果が真であることを確信させるような議論もない．

一般的にいって，インドの数学者たちがギリシア的スタイルの証明に興味がなかったことはありそうなことのように見える．彼らは何らかの形でその規則を見出し，あらゆる種類の結論を導いたのだが，その導出法を細かに書き記すという意欲がほとんどなかったことは明らかなようである．事実，ありふれたものばかりではなく驚くような結論について，とくにその導出法を書き下さなかった一つの理由は，剽窃をおそれ，そこから身を守るためであったということが示唆されている．すなわち，数学者が自分のものとしてある規則を言い繕おうとしても，実際，彼が導出できるかどうかでしばしばそれが見破られたのである[26]．

　導出法を書き下すことが欠けていたにもかかわらず，インドの数学者たちはその仕事を正当化することはできたに違いない．諸々の著作は，解釈と明晰化を要請されていた．何人かの彼らの生徒たちは，なぜその規則や方法が成り立つのかを尋ねたはずである．そしてまた確実に，教師たちもそれに答えたに違いない．残念ながら，その答えも証明も理由付けも記録に残ってはいない．

　そうではあるけれども，われわれはインドのいくつかの規則，算術の基本規則から考察し始めよう．たとえばブラフマグプタは正と負の数についての演算規則を提示している．

　　　二つの正の量の和は正である．二つの負の量の和は負である．正と負の［量の和は］それらの間の差である．あるいは，もしそれらが等しければ，0である．……減法において，正から正，負から負［が引かれる場合］，小さい方の量が大きい方の量からとられる．しかし，大きい方が小さい方から引かれるときは，その差は反転される．……正が負から引かれるとき，正から負が引かれるときは，それらは共に併せられねばならない．負の量と正の量の積は負．二つの量が負であれば正．二つの量が正であれば正．……正が正で，あるいは負が負で［割られると］それは正．……正が負で割られると正．負が正で割られると負[27]．

　乗法と除法においてすら，0は一般的に他の数と同様に扱われていた．ブラフマグプタは，0といかなる量との積も0となることを記しているが，同様に，0を0で割っても0になり，「正であれ負であれ0で割られると，0を分母とする分数となる」[28]とも述べている．バースカラはさらに説明している．「分母が0となるこの分数は，無限の量とされる．この量は分母として0を有していることにより，多数の量が挿入されたり減ぜられるけれども，変化はない．世界の破壊と創造の時代には，存在物の数々の位階が侵されたり追い抜かれたりするけれども，無限で不変な神に変化は起こらないのと同様である」[29]．にもかかわらず，0による乗法と除法は必要に応じて用いられていた．というのも，「0と（有限量と）の積は0で，……もしさらなる操作が続くならば，それは0の積として保存される．……0がのちに除数となる場合は，有限量は変化しないものとして理解されねばならない」[30]．すなわち，バースカラは次のような問題を設定することができた．「0が掛けられ，それにその半分を加えたものを3倍し，さらに0で割ったものが63となる．そのような数は何か？」[31] 彼は単純に方程式として，

$$\frac{3(0x + \frac{1}{2}0x)}{0} = 63$$

を考えていたのである．これは分子の 0 をまとめて「通分」することで，$3x+\frac{3}{2}x = 63$ となり，その方程式の解は 14 となる．

バースカラはまた，分配法則についても十分知っていた．

> 被乗数 135．乗数 12．（被乗数の桁を順に乗数に掛けていった）積は 1260．あるいは乗数を 8 と 4 の部分に細分し，個別にそれらを被乗数に掛ける．そして積を加える．その結果は同じ 1620 である．……あるいは［乗数の］桁を 1 と 2 の部分に分け，それぞれを個別に被乗数に掛け，位取りの位置に従って積を加えると，その結果は同じ 1620 となる [32]．

ブラフマグプタは，2 次方程式の解の公式を，われわれが知っている形で実質的に提示している．

> 未知数の平方と 1 次とがある側の反対側に無名数［定数］をおけ．無名数に平方の項の（係数の）4 倍を掛け，1 次の項の（係数の）平方に加えよ．この数の平方根より 1 次の項の（係数の）分だけ小さい数を 2 次の項の（係数の）2 倍で割ると，（その値が）未知数である．

一例として，彼は方程式 $x^2 - 10x = -9$ の解法をあげている．

> さて，無名数 (-9) に 4 倍の 2 次の（係数を）掛けて $(-36$ となる$)$，未知数（の係数の）平方(100) を加え $(64$ となる$)$，その平方根をとると $(8$ となる$)$，そこから未知数（の係数，-10）を引くと，残りは 18 となり，これを 2 次の（係数の）2 倍(2) で割ると，未知数の値 9 が得られる [33]．

ここで注意したいのは，与えられた方程式は実際には第二の正の解があることである．これは 1 次の項の係数から平方根の負を取り去ったものに対応する．ブラフマグプタはこの第二の解についてまったく言及していないけれども，彼の文意は容易に，方程式 $ax^2 + bx = c$ の一つの解を求めるための次の公式に翻訳できよう．

$$x = \frac{\sqrt{4ac+b^2}-b}{2}.$$

他方，バースカラは複数の解を取り扱っている．その 2 次方程式の解法の基本的手法は「平方完成」である．すなわち彼は $ax^2 + bx = c$ の両辺に，左辺が完全平方数 $(rx-s)^2 = d$ となるように適当な数を加える．それから彼は，方程式 $rx - s = \sqrt{d}$ について解く．しかし彼は，「この方程式の無名数の側の平方根が，未知数を含む側の符号を持つ数より小さいならば，それが負であれ正であれ，二通りの値が未知数の量として見出される」[34] と注意している．言い換えると，$\sqrt{d} < s$ ならば，x には二つの値，すなわち，

$$\frac{(s+\sqrt{d})}{r} \quad \text{と} \quad \frac{(s-\sqrt{d})}{r}$$

があることになる．しかし，バースカラは巧妙に危険を回避している．彼の言うことには，「これはいくつかの場合に［成立する］」．彼が意味するところを見るために，二つの例を考察してみよう．

猿の群れがいたが，その 1/8 の頭数を自乗した頭数が森の中に入って遊びに興じている．残りの猿は 12 頭で，丘の上にいて互いにおしゃべりを楽しんでいる．全部で何頭の猿がいたか？

バースカラはこの方程式を $\left(\dfrac{1}{8}x\right)^2 + 12 = x$ と書き，次いで，全体を 64 倍して移項を行い，$x^2 - 64x = -768$ を得る．32^2 を両辺に加えて，$x^2 - 64x + 1024 = 256$ とする．平方根をとると，$x - 32 = 16$ である．それに続けて彼は注記する．「ここの無名数の平方根 [16] は，未知数の側にある平方根の中の負の符号を持った既知数 [32] より小さい」．ゆえに 16 は正にも負にもなりうるのである．こうして彼は結論づける．「2 通りの未知数として 48 と 16 が得られる」．

群れの 1/5 より 3 だけ少ない頭数を自乗した頭数の猿が，洞窟へ入っていった．1 頭の猿だけが木の枝に登っているのが見えている．さて，猿は何頭いたかを言え．

この方程式は $x^2 - 55x = -250$ となり，バースカラは二つの解，50 と 5 を見出している．「しかし第二 [の解] は，この場合採れない．つじつまが合わないからである．人々は負の無名数を是認しない」[35]．ここで，負数は方程式そのものからは得られないが，問題の条件から得られるのである．5 頭の猿の 1/5 から，3 頭を引くことはできないのである．正と負の解を得る 2 次方程式の場合，バースカラは単純に正の解を選んでいる．彼は二つの負の解を持つ 2 次方程式も，実解をまったく持たない 2 次方程式も例として決してあげてはいないし，無理数解を持つ例もあげていない．すべての例において，公式の中の平方根の部分は有理数なのである．

インドの数学者たちはまた，複数の未知数を持つ方程式をも容易に取り扱うことができた．そこで，南インドのマイソール出身の数学者，マハーヴィーラ（9 世紀）は主著『ガニタサーラサングラハ』で，「百鶏問題」の変形版を提出している．「ハトは 5 羽で硬貨 3 枚の値段である．ツルは 7 羽で硬貨 5 枚，ハクチョウは 9 羽で硬貨 7 枚，クジャクは 3 羽で硬貨 9 枚の値段である．王子の慰みのために硬貨 100 枚で 100 羽の鳥を買ってくるように，ある者は言い渡され，それは実行された．それぞれの鳥を彼は何羽買ってきたか？」[36]

マハーヴィーラはかなり複雑な規則を解法として与えている．一方，バースカラは同じ問題を手順とともに提示し，なぜこの問題が複数の解を持つのかを明示している．彼はそれら未知数（d, c, s, p と名付けよう）をそれぞれハト，ツル，ハクチョウ，クジャクの「集合」の個体数に等しいものとしている．値段と鳥の羽数から彼は二つの方程式を導いている．

$$3d + 5c + 7s + 9p = 100$$

$$5d + 7c + 9s + 3p = 100.$$

これらから解法を進めていくのである．彼はそれぞれの方程式を d について解き，次いで，二つの式を等しいものとして，方程式 $c = 50 - 2s - 9p$ を見出した．適当な p の値として 4 をとり，彼はその方程式を標準的な不定型 $c + 2s = 14$

囲み 6.2
インド人が数学を学ぶ理由

　一体なぜインドの学者たちは数学に興味を持っていたのであろうか？ 彼らの著作に収められている問題のタイプを眺めると，この問いに対する何らかの答が導かれよう．ただし，中国の場合とは異なり，それら問題の多くは決して「実用的」なものではない．この問いに対するもっと一般的な答は，マハーヴィーラの『ガニタサーラサングラハ』の序文に見出される．

　　　世俗的，ヴェーダ的，……宗教的事柄に関連するすべての業務において，計算は役に立つ．情愛の知識，富の知識，音楽や演劇，料理術，同様に医学，建築の知識において，そして韻律学，詩学，作詩，論理学と文法，その他同様のことにおいて，……計算の知識には高い尊敬が払われている．太陽と他の天体の運動に関連して，蝕や惑星の会合とも連動して，……それ［数学］は用いられる．島々の直径と周囲，大洋と山，集落の列の広さ，世界の住民に所属する集会所，というような数……これらのものすべては計算によって算出される[40]．

へと還元し，その解を任意の t に対して $s=t, c=14-2t$ とした．これより $d=t-2$ が得られる．そして $t=3$ として，彼は $d=1, c=8, s=3, p=4$ を算出した．そこで，ハトは5羽，ツル56羽，ハクチョウ27羽，クジャク12羽となり，値段はそれぞれ，硬貨3枚，40枚，21枚，36枚となる．さらに彼は，t を他に選択すると解として異なる値が与えられることを注記している．つまり，「推察により，多くの解が与えられるかもしれない」[37] と．

6.8.2　組合せ論

　組合せに関する規則の最も早い記録はインドに見られる．ただしここでも証明や正当化をまったく伴っていない．たとえば，おそらく紀元前6世紀に書かれた医学書『スシュルタ』には次のように記されている．「63の組合せが，6種の異なった味覚から作られる．すなわち，苦・酸・塩・渋・甘・辛で，それらを一度に一つずつ，一度に二つずつ，一度に三つずつ，……とることで作られる」[38]．言い換えると，六つの単一の味覚があり，二つからなる15の組合せがあり，三つからなる20の組合せがあり，などとなる．ほぼ時代を同じくする他の著作群には，哲学的範疇や感覚のような題材を扱う同様な計算が含まれている．しかしこれらすべての例では，扱う数が十分小さいので，答を得るには単純な数えあげだけで事足りてしまう．これに直接関わりのあるような公式がすでに導き出されていたのかどうかについてはわからない．

　他方，ヴァラーハミヒラによる6世紀の著作では，より大きな値を扱っている．そこでは簡単に，次のように述べられている．「16種の素材が四つの異なる方法で変化するならば，その結果は1820となる」[39]．言い換えると，ヴァラーハミヒラは全16種類の成分から四つを用いて香水を作ろうとしており，正確に，成分の選択として $1820(=C_4^{16})$ 通りの異なる方法があることを計算していたのである．著者が実際にこれら1820の組合せを数えあげたということは考えにくいので，その数を計算する方法を知っていたものと推測される．当時のインドの文献には組合せの数に関する公式はなかったけれども，「パスカルの三角形」を

導く標準的な方法のように，それらの数を一つ一つ導くための規則をヴァラーハミヒラの著作では暗黙の内に参照していたように思われる [41]．

しかしながら，9 世紀にはマハーヴィーラが組合せの数に関する明確なアルゴリズムを与えている．

> 与えられた物の間での可能な組合せの種類についての規則．1 から始めて，一つずつ数を増やしていく．その与えられた物の数だけ増やしていった数を，一つは通常の順に並べて上の列に水平に書き，［同じものを］逆の順に並べて下の列に水平に書き下す．上の列の右から左へとった $1, 2, 3, \ldots$ を物の数だけ抽出して作った積を，下の列の右から左へとって対応する $1, 2, 3, \ldots$ を物の数だけ抽出した積で割るならば，このような場合の組合せとして求められる量が結果として得られる [42]．

しかし，マハーヴィーラはこのアルゴリズムにまったく証明を与えていない．それでも，現代的な公式では次のように翻訳される．

$$C_r^n = \frac{n(n-1)(n-2)\cdots(n-r+1)}{r!}.$$

彼はこの公式を二つの問題に応用しているだけである．一つは彼の先駆者もしたような味覚の組合せについて．もう一つは，ダイヤモンド，サファイア，エメラルド，珊瑚，真珠でネックレスを作るという宝石の組合せであった．

バースカラは，マハーヴィーラの規則を実質的に繰り返したあと，さらに次のように付け加えている．「これは一般的な規則である．この規則は詩作においては，詩作に精通した者が韻律の組合せを見つけるために役立つ．技芸では通し窓の組合せを計算するために，……医学では異なる風味の組合せに用いられる」[43]．そのような計算の一例として，バースカラは尋ねている．「快適で広大，洗練された殿堂に八つの扉がある．これは熟練した建築家によって，その土地の領主の宮殿として建てられた．さて，一つ，二つ，三つ，……と開けられた通し窓の組合せはいくつかと尋ねる」．彼は，扉に通し窓が一つずつ開けられると 8 通り，二つずつ開けられると 28 通りというように，結果を計算した．そして扉が開かれている場合の総数は 255 通りであると述べて結論づけている（彼は「すべての扉が閉じている」という場合を含めていない）．

バースカラはまた，n 個の集まりの順列の数を $n!$ として計算している．そこで彼は問題を出して答えている．

> シヴァ神がそのいくつかの手に持つ 10 個の品物を交互に交換して得られるその姿には何通りの区別があるか？　その品物とは，縄，象の鉤，蛇，小太鼓，髑髏，三又の矛，寝台架，短剣，矢，弓である [44]．

中世インドの数学者たちは主として代数的な問題を解いていたけれども，天文学に関する需要によって彼らは常に三角法の発想にも親密さを覚えていた．これらの概念を引き続き研究する中から，インドの数学者たちは南インドのケーララで 14–16 世紀に正弦（とそれに関係した関数）を無限級数で表現するという方法（これは 17 世紀に至るまでヨーロッパには現れなかった）を発展させた

のである．ケーララ学派は，事実上インドでただ一度だけ，自らの結果に対してその導出法と証明を与えたのであった．しかしそれらの結果は微積分の方法にきわめて関係しているので，それらの議論は第12章で行うこととしたい．

6.9 インド・アラビア式10進記数体系

われわれの記数体系の起源に関する短い議論でこの章を締めくくりたい．それは10進位取り記数法で，通常，インド・アラビア式記数法と呼ばれているものである．というのも，その起源がインドにあると推測され，西欧へはアラビアを通じて移入されたからである．しかしながら，この記数法の主要構成部分，つまり，数字の1から9まで，位取りの概念，0の使用といったものの実際の起源は，歴史的記録の上ではある程度失われてしまっている．ここではこれら三つの概念の起源と展開について，最新の学説を要約して紹介したい．

この記数法の最初の九つの数記号は，インドで書かれたブラーフミー記数法にその起源がある．これは少なくともアショーカ王の時代（紀元前3世紀中頃）まで遡れるもので，これらの数字はインド全域にある柱石に刻まれた，詔勅の碑文に現れている．これらの形式の発展については，かなり連続的な記録がある．これらの数字は，北部インドへイスラームが侵入し，彼らが地中海世界の大半を征服したおそらくは8世紀にムスリムによって採用された．次いでこれらの数字は1世紀ほどあとのスペインに出現し，さらにその後，イタリアと残りのヨーロッパへと広がったのである（図6.12）．

だが，数記号の形態そのものよりも重要なことは，位取りの概念である．こ

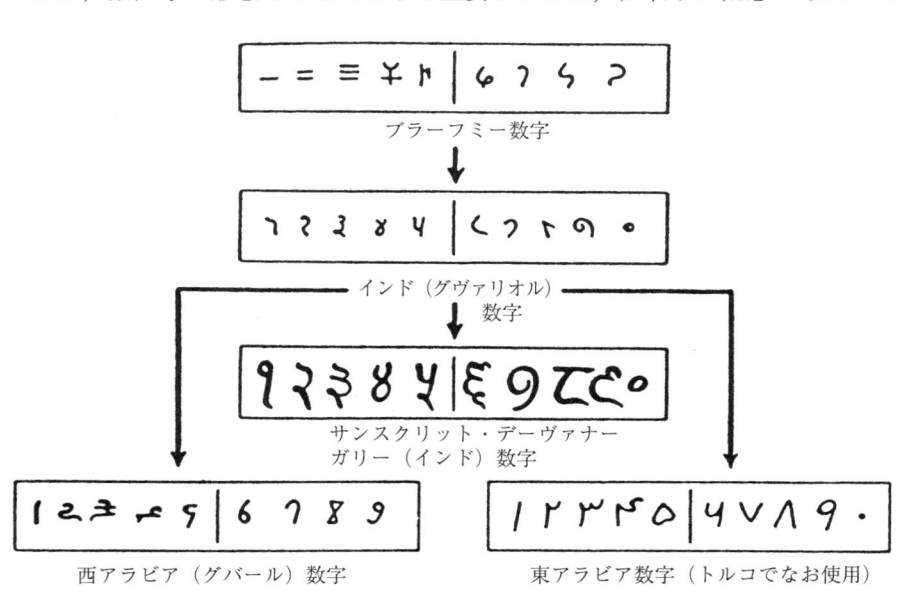

図 6.12
現代数字の発展（出典：Karl Menninger, *Number Words and Number Symbols, A Cultural History of Numbers* のドイツ語改訂版．英訳の版権は，ⓒ1969, Massachusetts Institute of Technology. 許諾により転載）．

ブラーフミー数字

インド（グヴァリオル）数字

サンスクリット・デーヴァナーガリー（インド）数字

西アラビア（グバール）数字

東アラビア数字（トルコでなお使用）

15世紀

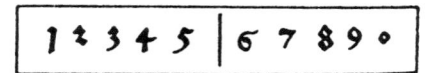

16世紀（デューラー）

こでその［歴史的］証拠はいくぶん薄弱なものとなる．バビロニア人は位取り記数法体系を持ってはいたが，それは 60 を基本にしていた．このやり方はギリシア人に天文学の目的のために継承されたものの，他の文脈で数を表記するための手段としてはほとんど影響を与えることはなかった．中国には最初から 10 を基本として 10 倍ごとに位取りを変える体系があった．これはおそらく中国の算盤（そろばん）に由来するもので，それぞれの列として 10 の累乗を表現するものが含まれていた．インドでは，数字としての 1 から 9 までを表す記号があったけれども，また別に，10 から 90 までを表す記号もあった．より大きな数については，中国の漢数字と同様に，100 や 1000 の記号を 1 から 9 までの記号と組み合わせることで表現していた．そこで紀元後数世紀間は，インドでは中国と同様に 10 倍ごとに名数を変える体系を用いていたのである．事実，アールヤバタはそのテクストの中で，様々な 10 の累乗の名称を列挙している．「ダシャ (10)，シャタ (100)，サハスラ (1000)，アユタ (10000)，ニユタ (100000)，……」[45]．

　紀元後 600 年頃，インド人たちは 9 より大きい数のための記号を明確に捨て去り，われわれになじみ深い位取り記数法である 1 から 9 までの記号を用い始めた．しかし，この用法の最も早い時期の事例は，インドその地からは現れていない．シリアの神官，セヴェルス・セーボーフトの著作の断片で 662 年の日付のあるものの中に，一言述べられている．つまり，インド人たちは「九つの記号によってなされた」[46] 貴重な計算法を持っている，というのだ．セヴェルスは単に九つの記号ということしか言っていないし，0 の記号のことについては何も語っていない．しかしながら，1881 年にインド北西部の村バクシャーリーで発見された，かなり状態の悪い数学書である『バクシャーリー写本』には，数表記として位取り記数法が用いられ，0 を表すための点が用いられている．現存する最も良い証拠によると，この写本もまた 7 世紀に由来する．おそらくセヴェルスはこの「点」を「記号」として認識しなかったのであろう．同時代のインドの著作では，数字は概して，韻文による記録の特徴に合わせるため，位取り記数法と類似のやり方でなされていた．たとえば，マハーヴィーラの著作では，特定の単語が数を意味している．つまり，月が 1，目が 2，火が 3，空が 0 である．したがって「火空月目」という連語は「2103」を表し，「月目空火」は「3021」を表すのである．位取りは，左側から 1 の位が始まることに注意したい．

　奇妙なことに，0 を含んだ最も早い年代の 10 進位取り記数法の用例は，カンボジアで見つかっている．最も早いものは 683 年に現れている．そこでは，サカ時代の 605 年という年数表記が中央に点を打った三つの記号でなされており，608 年という年数には中央にわれわれと同様の現代風の 0 を伴った三つの記号が用いられている．10 進位取り記数法の一部として 0 の記号に点を打つことは，718 年の中国の天文学書，『九執暦』にも現れている．これは中国の皇帝に雇われたインドの学者によってまとめられたものである．他のインドの数記号の実際は知られていないけれども，この著者はこの位取り記数法がどのように機能するかについて，詳細を述べている．すなわち，「（インドの）数を用いることによって，乗法や除法が実行される．それぞれの数は一筆で書かれる．ある数が 10 まで数えられると，それはより高い位へと進められる．それぞれの空の位

にはいつも点が置かれる．そこで，数は常に各々の位に表示されている．したがって，位を決定するときに間違いは起こりえない．これらの数字を用いれば，計算はたやすい……」[47]．

それでも疑問は残る．なぜインド人は早くも7世紀に，今までの位ごとに名前を変える記数法を放棄し，0記号を含む位取り記数法を導入したのかということである．これに対してはっきりとは答えることはできない．しかし，インドに見られる記数法の真の源が中国の算盤にあったかもしれないことが示唆されている．算盤は持ち運び可能である．インドを訪れた中国人貿易商はそれを携えてきたのは確かである．事実，西南アジアはインド文化と中国文化の影響圏の境界なので，この地域では交流があったかもしれないのである．おそらくその地で起きたことは，わずか九つの数字のみを使うという創意工夫にインド人がいたく感銘を受けたことだったのではないだろうか．しかし，記号そのものは彼らが使っていたものを用いたのであろう．次いで彼らは，中国の算木による記数法をそれぞれの位に正確に同じ記号を用いるよう改善し，［中国の場合とは異なり］様々な位で2種類の記号［縦式と横式］を変えながら用いるようなことはしなかった．彼らは数をある形式で書き下す必要があったので，算盤の上に単に数を置くだけではなく，算盤の上の空位を表現するため「点」，のちには円形の記号を用いることになったのである[48]．もしこの推測が正しいのならば，インドの科学者は次にこの「贈り物」を返し，8世紀初頭にこの新しい記数法を中国にもたらしたということは少々皮肉なことである．

いずれにせよ，8世紀までにインドで整数を表記するための10進位取り記数法が完全に展開していたことは確かめられる．たとえ，最も早く明示的に年代をさかのぼれる10進位取り記数法の記述が870年という時期のものであったとしてもである．それよりかなり以前，この記数法は中国ばかりではなく，展開しつつあるイスラーム文化の中心であるバグダードへも移入されていた．しかしながら，中国ではやはり算盤上の位取りとして小数が用いられていたのに対して，インドではそれらを用いていたような初期の証拠がまったくないことは注意しておくべきだろう．小数を導入することで10進位取り記数法を完成させたのは，ムスリムたちであった．

練習問題

中国の測量問題

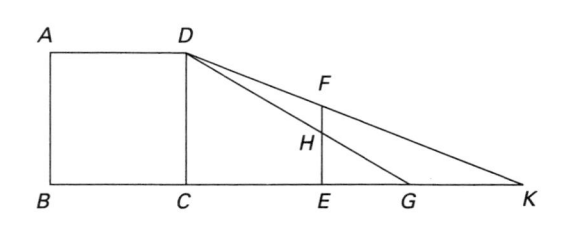

1. 『海島算経』第3問を解け．すなわち，正方形の城市 $ABCD$ の大きさを測るために，2本の棒を10尺離して F と E に立てる（図6.13）．E から G へ5尺北へ動かし，D を望むと，その視線が線分 EF と H で交わる．このとき $HE = 3\frac{93}{120}$ 尺である．点 K を $KE = 13\frac{1}{3}$ 尺となるまで動かすと，D への視線が F を通ることになる．DC と EC を求めよ[49]（劉徽は $DC = 943\frac{3}{4}$ 尺，$EC = 1245$ 尺を得ている）．

図 6.13
『海島算経』の第3問

2. 『九章算術』巻九第24問を解け（これは劉徽に『海島算経』を書かせる動機を与えた初等測量問題の典型例である）．すなわち，直径5尺で（水面までの）深さのわか

らない井戸がある．5 尺の棒を井戸の縁に立て，その先端から井戸の水面の縁を眺めると，その視線は棒の下の井戸の縁から 0.4 尺の点を通る．この井戸の深さはどれほどか？ 50

中国の不定解析の問題

3. 『数書九章』巻一第 1 問を解け．すなわち，$N \equiv 1 \pmod{1}$, $N \equiv 1 \pmod{2}$, $N \equiv 3 \pmod{3}$, $N \equiv 1 \pmod{4}$.

4. 『数書九章』巻一第 5 問を解け．すなわち，$N \equiv 32 \pmod{83}$, $N \equiv 70 \pmod{110}$, $N \equiv 30 \pmod{135}$.

5. 『張邱建算経』から．良質の酒 1 升は 7 銭，普通の酒 1 升は 3 銭，酒粕 3 升は 1 銭である．全部で 10 升の酒を 10 銭で買うとする．それぞれの種類の酒の量と，それぞれに使われた金額を求めよ．

数値方程式を解く問題

6. 6.4.1 項で分析した秦九韶の数値方程式は，「尖田」の面積を求める幾何学的問題に由来している．図 6.14 のように辺と対角線を定めたとき，下の方の三角形の面積は $B = (c/2)\sqrt{b^2 - (c/2)^2}$, 上の方の三角形の面積は $A = (c/2)\sqrt{a^2 - (c/2)^2}$ で与えられる．このとき，尖田の全面積 x は $x = A + B$ で与えられる．この x が，4 次方程式 $-x^4 + 2(A^2 + B^2)x^2 - (A^2 - B^2)^2 = 0$ を満足することを示せ．もし $a = 39$, $b = 20$, $c = 30$ ならば，この方程式は秦が本文で解いたものとなることを示せ．

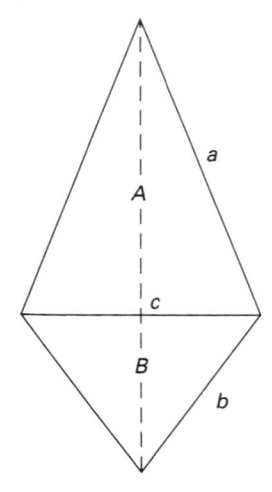

図 6.14
『数書九章』の「尖田」

7. 次の二つの方程式の数値解を秦九韶の手順を用いて求めよ．いずれも彼の著作から採っている．
   (a) $16x^2 + 192x - 1863.2 = 0$
   (b) $-x^4 + 15245x^2 - 6262506.25 = 0$

続く四つの問題は，『楊輝算法』からのものである．これらの数値解は秦の方法を用いて求められる．

8. 長方形の面積は 864．「幅」（長方形の縦）は「長さ」（長方形の横）より 12 だけ少ない．「長さ」を求めよ．

9. 長方形の面積は 864．「長さ」と「幅」の差は 12．「幅」と「長さ」の和を求めよ．楊輝の図式（図 6.15）では，与えられた長方形を 4 個並べ，中央にできる正方形が「長さ」と「幅」の差に等しい辺を持っていることが示されている．

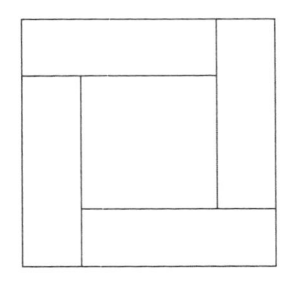

図 6.15
『楊輝算法』から

10. 長方形の面積は 864．「長さ」と「幅」の和は 60 である．「長さ」は「幅」をどれだけ超過しているか（問題 9 と同じ図を用いよ）．

11. 長方形の面積は 864．「長さ」と 2 倍の「幅」，「長さ」と「幅」の和の 3 倍，「長さ」と「幅」の差の 4 倍，これらの和が 312．「幅」を求めよ．

12. 秦の方法を使って，単純な 2 次方程式，$x^2 = 55225$ を解け．この方法と，第 1 章でも同じ方程式を解くために与えられた手順とを比較せよ．

13. 秦の手順により，単純な 4 次方程式，$y^4 = 279841$ を解け．この解法の手順において，「パスカルの三角形」の 4 次の係数，"4 6 4 1" がどのように出現するのかを示せ．

14. この問題の出典は朱世傑である．円周の平方根と，円の面積の和は 114．その円周と直径を求めよ（朱はこの問題を解くために，4 次方程式を導いている）．

インドの三角法の問題

15. アールヤバタの方法によって 4 番目，5 番目，6 番目の正弦差を計算し，その値を詩節 I-10 に与えられているものと比較せよ．次にこれらの値を用い，$15°$, $18°45'$, $22°30'$ の正弦を計算せよ（半径を 3438 とする）．半角の公式を用いて同じ正弦を計算し，その結果と比較せよ．

16. グラフ機能付計算機あるいは微積分の技法を援用して，バースカラ I 世の代数学的公式において，$0°$ と $180°$ の間の正弦が 1% 以内の誤差範囲で近似されていることを示せ．誤差の最も大きな値はどれか．

17. アールヤバタの方法によって，13312053 の立方根を求めよ．

インドの不定解析の問題

18. この問題はブラフマグプタの著作から採った，合同式に関するのものである．太陽は黄道上を 10960 日の間に 30 回転することが与えられている．もし太陽が（整数値 + 8080/10960）回転したとき，つまり，「太陽の回転の余りが 8080 となったとき」，（太陽は与えられた出発点にあったものとして）何日が経過しているか？
    y を求める日数とし，x をその回転数とすると，30 回転で 10960 日かかるので，x 回転には $(1096/3)x$ 日かかる．そこで，$y = (x + 808/1096)(1096/3)$，すなわち，$1096x + 808 = 3y$．そこで，$N \equiv 808 \pmod{1096}$，$N \equiv 0 \pmod{60}$ を解け．

19. 合同式 $N \equiv 23 \pmod{137}$, $N \equiv 0 \pmod{60}$ をブラフマグプタの手順に従って解け．

20. $1096x + 1 = 3y$ をブラフマグプタの方法によって解け．（「加数」1 を伴った）この方程式の解が一つ与えられると，他の「加数」を伴った方程式の解も，単純に掛け合わせることで容易に得られる．たとえば，$1096x + 10 = 3y$ を解け．

21. ブラフマグプタの**クッタカ**の規則を証明せよ．ユークリッドの互除法によると，二つの正の整数の最大公約数をそれらの線形結合として表現することができることに注意して，その証明を始めよ．さらに，解法の手順が存在する条件として，この最大公約数が「加数」を割り切ることに注意せよ．ブラフマグプタはこのことについて言及していないが，バースカラや他の著者は言及している．

22. $N \equiv 5 \pmod 6 \equiv 4 \pmod 5 \equiv 3 \pmod 4 \equiv 2 \pmod 3$ という問題を，インド式の手順と中国式の手順で解け．それらの方法を比較せよ．

23. 合同式 $N \equiv 10 \pmod{137} \equiv 0 \pmod{60}$ を中国式の手順で解き，その解法の手順を段階ごとにクッタカの方法と比較せよ．二つの方法の比較結果はどのようになるか？

24. 不定方程式 $17n - 1 = 75m$ をユークリッドの互除法を明示的に用いつつ，インド式と中国式の両方法で解け．それらを比較せよ．

25. $Du_0^2 + c_0 = v_0^2$ と $Du_1^2 + c_1 = v_1^2$ が与えられたとき，$D(u_0 v_1 + u_1 v_0)^2 + c_0 c_1 = (Du_0 u_1 + v_0 v_1)^2$ を証明せよ．

26. $83x^2 + 1 = y^2$ をブラフマグプタの方法で解け．$(1, 9)$ が「減数」2 の解であることに注意して始めよ．

27. (u, v) が $Dx^2 - 4 = y^2$ の一つの解ならば，$(u_1, v_1) = \left(\frac{1}{2}uv(v^2+1)(v^2+3),\ (v^2+2)\left[\frac{1}{2}(v^2+1)(v^2+3) - 1\right]\right)$ は $Dx^2 + 1 = y^2$ の解の一つとなり，u_1 と v_1 はともに，u, v の組合せにかかわらず，整数値となる．このことを示せ．

28. $13x^2 + 1 = y^2$ を $(1, 3)$ が「減数」4 の解であることに注意しつつ，練習問題 27 の方法を応用して解け．

29. もし (u, v) が $Dx^2 + 2 = y^2$ の一つの解ならば，$(u_1, v_1) = (uv, v^2 - 1)$ は $Dx^2 + 1 = y^2$ の一つの解であることを示せ．(u, v) が $Dx^2 - 2 = y^2$ の解である場合に，同様の規則をを導け．

30. $61x^2 + 1 = y^2$ をバースカラの**循環法**の手順で解け．その解は $x = 226153980$, $y = 1766319049$ である．

インドの代数学の問題

31. マハーヴィーラからの次の問題を解け．「春の月のある晩，ある若い婦人が……その夫とともに幸せな時を過ごしていた……大邸宅の床に座しながら．その邸宅は月のように白く，すばらしい庭園の中にあった．その庭には，華と果実で折れんばかりの枝を持った木々に溢れ，オウムやカッコウの甘い声が響き渡り，そこの花から得られる蜜に酔いしれる蜂たちの羽音に満ちていた．その時，夫婦の間でけんかが起こり，真珠でできた婦人の首飾りがばらけて床に落ちてしまった．全体の真珠の 1/3 はそこにいた召使の所まで転がり，1/6 はベッドの上に残り，残りの半分（そしてその残りの半分，さらにその残りの半分，……というように全部で 6 回ほど繰り返す）はあちこちにバラバラになってしまった．そして（バラバラにならずに）残った真珠は 1161 個である……（その首飾りにあった）真珠の個数を数えよ」[51]．

32. マハーヴィーラからの次の問題を解け．「貯水池に流れ込む四つの水路がある．それぞれの水路は（順に）貯水池を 1 日の 1/2, 1/3, 1/4, 1/5 で満たす．すべてを開くと，1 日の内のどれほどで満杯となるか．それぞれの水路からはどれだけの量の水が入ることとなるか？」

33. 『バクシャーリー写本』からの次の問題を解け．ある人は 1 日に 5 ヨージャナ進む．彼が出発して 7 日後，第二の人物（1 日に 9 ヨージャナ進む）が出発する．第二の人物は第一の人物を何日後に追い抜くか？

34. マハーヴィーラからの問題．3 羽のクジャクが硬貨 2 枚，4 羽のハトは硬貨 3 枚，5 羽のハクチョウは硬貨 4 枚，6 羽のサーラサ鳥は硬貨 5 枚である．72 羽の鳥を硬貨 56 枚で買おうとすると，それぞれの鳥は何羽ずつとなるか？

35. マハーヴィーラから別の問題．二人の旅人がお金の入った財布を見つけた．第一の旅人が第二の旅人に言った．「この財布の中の半分の金を持てば，私は君の倍額，豊かになる」．第二の旅人が第一の旅人に言った．「この財布の中の 2/3 の金を持ち，さらに手持ちの金と併せると，君の手持ちの金の 3 倍となる」．それぞれの旅人の所持金と財布に入っていた額はどれだけか？

議論に向けて

36. 秦九韶の方法に基づいて「中国剰余定理」を展開させる，数論に関する授業を工夫せよ．

37. いかにして組立除法が多項式からなる方程式の数値解法

に用いられるかを示す，微積分未修の学生用の授業を工夫せよ．
38. 離れた目標物の距離と高さを測るための方法について，劉徽とアールヤバタのものを比較せよ．
39. $rx + c = sy$ の形の不定方程式をブラフマグプタの方法を用いて解く，数論の授業を工夫せよ．
40. なぜインドの人々は，幾何学的方法や補間法による計算よりも，代数的方法を用いて正弦関数を近似することがより良いものと考えたのであろうか？
41. 数学の研究に対する中国とインドの傾向を比較せよ．
42. マテオ・リッチ（16 世紀後半に中国を訪れたイエズス会士）の事績について調べよ．そして彼が中国の数学研究に与えた影響について報告せよ．

参考文献と注

第 1 章の「文献」でも注記した通り，中国数学に関する最良の研究は J. Needham, *Science and Civilization in China* (Cambridge: Cambridge University Press, 1959), vol. 3, そして，Li Yan [李厳] and Du Shiran [杜石然], *Chinese Mathematics—A Concise History*（John N. Crossley と Anthony W. C. Lun による翻訳）(Oxford: Clarendon Press, 1987) である［ニーダムの著作は邦訳あり．芝原茂，吉沢保枝，中山茂，山田慶冶訳『数学』中国の科学と文明 4, 思索社, 1975. 他に日本語で読める中国数学史の概説書としては，銭宝琮編，川原秀城訳『中国数学史』, みすず書房, 1990; 李迪著，大竹茂雄他訳『中国の数学通史』, 森北出版, 2002 がある］．いくぶん古いものとしては，Yoshio Mikami [三上義夫], *The Development of Mathematics in China and Japan* (New York: Chelsea, 1974) がある．13 世紀の中国数学の様相，その数学と他の時代の数学との関係，あるいは他国の数学との関係についての詳細な研究は，Ulrich Libbrecht, *Chinese Mathematics in the Thirteenth Century: The Shu-shu chiu-chang of Ch'in Chiu-shao* (Cambridge: MIT Press, 1973). 中国数学についての文献ガイドとしては，Frank Swetz and Ang Tian Se, "A Brief Chronological and Bibliographic Guide to the History of Chinese Mathematics," *Historia Mathematica* 11 (1984), 39–56. インド数学の概説としては，いずれも包括的ではないが，B. Datta and A. N. Singh, *History of Hindu Mathematics* (Bombay: Asia Publishing House, 1961) と C. N. Srinivaiengar, *The History of Ancient Indian Mathematics* (Calcutta: The World Press Private Ltd., 1967) があげられる．アールヤバタのテクストは，Walter E. Clark による英訳，*The Āryabhaṭīya of Āryabhaṭa* (Chicago: University of Chicago Press, 1930) が利用できる．バースカラとブラフマグプタの数学の主要な著作は，H. T. Colebrooke により *Algebra with Arithmetic and Mensuration from the Sanskrit of Brahmegupta and Bhāskara* (London: John Murray, 1817) の中に訳されている［日本語で読めるインド数学の概説書・解説書としては，林隆夫『インドの数学』中公新書, 1993, ならびに，楠葉隆徳，林隆夫，矢野道雄『インド数学研究』恒星社厚生閣, 1997, があげられる］．

1. E. L. Konantz, "The precious mirror of the four elements," *China Journal of Arts and Science* 2 (1924), 304–310. この引用は，臨川の前進士，莫若による朱世傑の著作に対する序文からのものである．
2. Frank J. Swetz, *The Sea Island Mathematical Manual: Surveying and Mathematics in Ancient China* (University Park, Pa.: Pennsylvania State University Press, 1992), p. 20. この小品は『海島算経』の全訳と分析，また，古代中国の測量についての議論が収められている．
3. 同上．
4. 中国の三角法の著作に関するより多くの情報については，Yabuuti Kiyosi [藪内清], "Researches on the *Chiu-chih li*—Indian Astronomy under the T'ang Dynasty," *Acta Asiatica* 36 (1979), 7–48, と Christopher Cullen, "An Eighth Century Chinese Table of Tangents," *Chinese Science* 5 (1982), 1–33, を見よ．最初の論考には『九執暦』の英訳と注釈が述べられている．第二の論考には，なぜ，いかにして，一行がその正接表を開発したのかについての詳細が述べられている．
5. Libbrecht, *Chinese Mathematics*, p. 269.
6. 同上, p. 277.
7. Libbrecht, *Chinese Mathematics*, p. 62.
8. 同上, p. 31. ここで Libbrecht は秦の同時代人，Chou Mi [周密] を引用している．
9. 秦の方法が成り立つことが証明された最も早いものは，V. A. Lebesgue, *Exercices d'analyse numerique* (Paris, 1859), p. 56, である．Kurt Mahler は "On the Chinese Remainder Theorem," *Mathematische Nachrichten* 18 (1958), 120–122, で現代的証明を与えている．
10. Li Yan and Du Shiran, *Chinese Mathematics*, p. 163.
11. より詳細とさらなる事例については，Libbrecht, *Chinese Mathematics*, Chapter 17 を見よ．
12. Lam Lay Yong, "On the Existing Fragments of Yang Hui's Hsiang Chieh Suan Fa," *Archive for History of Exact Sciences* 5 (1969), 82–86. 方程式の解法における「パスカルの三角形」の利用に関する詳細は，Lam Lay Yong, "The Chinese Connection between the Pascal

Triangle and the Solution of Numerical Equations of Any Degree," *Historia Mathematica* 7 (1980), 407–424, を見よ.

13. Lam Lay Yong and Ang Tian Se, "Li Ye and his Yi Gu Yan Duan," *Archive for History of Exact Sciences* 29 (1984), 237–266.
14. Jock Hoe, *Les systemes d'equations polynomes dans le Siyuan Yujian (1303)* (Paris: Collège de France, Institut des Hautes Études Chinoises, 1977), pp. 94ff, から引用した問題.
15. アールヤバタの詩節の翻訳は, W. E. Clark, *The Āryabhaṭīya*, copyright 1930 by the University of Chicago からのもの. 著作権者から許諾を得て再録.
16. E. Burgees, "Translation of the Sūrya-Siddhānta, a Textbook of Hindu Astronomy," *Journal of the American Oriental Society* 6 (1860), 141–498, p. 252.
17. R. C. Gupta, "Bhāskara I's Approximation to Sine," *Indian Journal of History of Science* 2 (1967), 121–136, p. 122, からの引用.
18. この示唆については, R. C. Gupta, "On Derivation of Bhāskara I's Formula for the Sine," *Gaṇita Bhāratī* 8 (1936), 39–41, で議論されている. 全般的な近似法のより詳しい議論は, Kim Plofker の博士論文, *Mathematical Approximation by Tramsformation of Sine Function in Medieval Sanskrit Astronomical Texts* (Brown University, 1955) にある.
19. Colebrooke, *Algebra with Arithmetic*, pp. 325ff.
20. これについての議論は, B. L. Van der Waerden, *Geometry and Algebra in Ancient Civilization*, Chapter 5A, を見よ.
21. Colebrooke, *Algebra with Arithmetic*, pp. 364ff.
22. 同上, pp. 175ff.
23. C. N. Srinavasiengar, *History of Ancient*, p. 113, の証明を見よ.
24. Krishnaswami A. A. Ayyangar, *Journal of the Indian Mathematics Society* 18 (1929), 232–245.
25. ペル方程式を解くためのすべての手順の詳細な議論については, C. O. Selenius, "Rationale of the Chakravāla Process of Jayadeva and Bhāskara II," *Historia Mathematica* 2 (1975), 167–184, の中にある.
26. 「著作権保護」のために導き方を隠蔽したという点についての詳細な議論は, Plofker, *Mathematical Approximation* を見よ.
27. Colebrooke, *Algebra with Arithmetic*, pp. 339–340.
28. 同上, p. 340.
29. 同上, p. 135.
30. 同上, p. 19.
31. 同上, p. 40.
32. 同上, p. 7.
33. 同上, pp. 346–347.
34. 同上, pp. 207–208.
35. 同上, pp. 215–216.
36. Mahāvīra, *Gaṇitasārasaṅgraha*, M. Raṅgācārya, ed. and trans. (Madras: Government Press, 1912), p. 134.
37. Colebrooke, *Algebra with Arithmetic*, p. 235.
38. Gurugovinda Chakravarti, "Growth and Development of Permutations and Combinations in India," *Bulletin of Calcutta Mathematical Society* 24 (1932), 79–88. より多くの情報は, N. L. Biggs, "The Roots of Combinatorics," *Historia Mathematica* 6 (1979), 109–136, にある.
39. 引用は, *Bṛhat Saṁhitā*, 第 77 章規則 20 から. J. K. H. Kern, "The Brhatsamhita of Varahamihira," *Journal of Royal Asiatic Society* (1875), 81–134, の翻訳による.
40. Mahāvīra, *Gaṇitasārasaṅgraha*, sec. 1.
41. R. C. Gupta, "Varāhamihira's Calculation of ^nC_r and the Discovery of Pascal's Triangle," *Gaṇita-Bhāratī* 14 (1992), 45–49, を見よ.
42. Mahāvīra, *Gaṇitasārasaṅgraha*, p. 150.
43. Colebrooke, *Algebra with Arithmetic*, p. 49.
44. 同上, p. 124.
45. Clark, *The Āryabhaṭīya*, p. 21.
46. D. E. Smith, *History of Mathematics* (New York: Dover, 1958), vol. 1, p. 166, からの引用. インドの数学的記号法についての詳細は, Saradakanta Ganguli, "The Indian Origin of the Modern Place-Value Arithmetical Notation," *American Mathematical Monthly* 39 (1932), 251–256, 389–393, and 40 (1933), 25–31, 154–157, を見よ.
47. Yabuuti Kiyoshi, "Researches on the Chiu-chih li," p. 12.
48. この議論に関してはさらに, Lam Lay Yong, "The Conceptual Origins of our Numeral System and the Symbolic Form of Algebra," *Archive for History of Exact Sciences* 36 (1986), 184–195, と, "A Chinese Genesis: Rewriting the History of Our Numeral System," *Archive for History of Exact Sciences* 38 (1988), 101–108, を見よ. より詳細な言及が, Lam Lay Yong and Ang Tian Se, *Fleting Footsteps: Tracing the Conception of Arithmetic and Algebra in Ancient China* (Singapore: World Scientific, 1992) にある.
49. Frank J. Swetz, *The Sea Island Mathematical Manual*, p. 21.
50. Frank J. Swetz and T. I. Kao, *Was Pythagoras Chinese?*, p. 60.

51. Mahāvīra, *Gaṇitasārasaṅgraha*, p. 73.

［邦訳への追加文献］ 中国の数学に関して：Jean-Claude Martzloff, *A History of Chinese Mathematics* (translated by Stephen S. Wilson) (Springer: Berlin, 1997); Philip D. Straffin, Jr., "Liu Hui and the first golden age of Chinese mathematics," *Mathematics Magazine* 71 (1998), 163–181; Man-Keung Siu, "An excursion in ancient Chinese mathematics," in Victor J. Katz, ed., *Using History to Teach Mathematics: An International Perspective* (Washington: MAA, 2000). Also, the entire *Jiuzhang suanshu* is now available in English: Shen Kangshen, John N. Crossley, and Anthony W.-C. Lun, *The Nine Chapters on the Mathematical Art: Companion and Commentary* (Oxford: Oxford University Press, 1999).

インドの数学に関して：G. G. Joseph, *The Crest of the Peacock: Non-Europian Roots of Mathematics* (Princeton: Princeton University Press, 2000) の 8 章および 9 章；T. K. Puttaswamy, "The Mathematical Accomplishments of ancient Indian Mathematicians," in Helaine Selin, ed., *Mathematics Across Cultures: The History of Non-Western Mathematics* (Dordrecht: Kluwer Academic Publishers, 2000); David Bressoud, "Was calculus invented in India?" *College Mathematics Jounal* 33 (2002), 2–13.

中世中国と中世インドの流れ

3 世紀	劉徽	測量の数学
3 世紀後半	孫子	中国剰余の問題
5 世紀	張邱建	百鶏問題
5 世紀後半	アールヤバタ	正弦表；数学的な方法
6 世紀	ヴァラーハミヒラ	組合せの規則
7 世紀	ブラフマグプタ	不定方程式
8 世紀初頭	瞿曇悉達	中国におけるインドの正弦表
683–727	一行	正接表
9 世紀	マハーヴィーラ	代数的問題と組合せの問題
11 世紀	賈憲	パスカルの三角形
1114–1185	バースカラ	ペル方程式
1192–1279	李冶	幾何学的題材の代数方程式
1202–1261	秦九韶	1 次合同式；方程式の解法
13 世紀後半	楊輝	方程式の解法
13 世紀後半	朱世傑	連立方程式
1552–1610	マテオ・リッチ	西洋数学の中国への導入

Chapter 7

イスラームの数学

「あなたは，なぜ私が古代ギリシア人に由来するある言明に対する論証をいくつも探し始めたのか，……また，そのことにどれほどの情熱を注いできたか，ご存知でしょう．……そこで，私がこれらの幾何学に関する章についてあまりに熱心であったのを，あなたは非難されたのです．しかしあなたはこれらの主題の本質をご存知ないのです．それは，まさしく，必要性の範囲を越え出ることにあるのです．……どの方向に進もうと，鍛錬を通して幾何学者は自然についての学説から神的なものについての学説へと高められるのです．神的な学説に到達するのは困難を極めます．というのも，その意味を理解することが困難だからで，……また多くの人にとって，とりわけ論証の術に背を向ける人にとっては，それを把握することはおぼつかないからなのです．」

(ビールーニー『円の弦を求める書』序文，1030年頃)[1]

ある逸話によれば，まだ学生だった頃，ウマル・ハイヤーミーは同僚の学生ニザーム・ムルクとハサン・サッバーフとである約束を取り交わした．それによれば，最初に高い地位につき財産を築きあげた者が，残り二人を助けることになっていた．さて，セルジューク・トルコのスルタン，ジャラールッディーン・マリク・シャーの大臣になり，約束を実行したのはニザームであった．ハサンは宮廷侍従という高位を受け取ったが，スルタンの意向に従ってニザームの失脚を狙ったため，宮廷から追放された．他方のウマルは高位を辞退し，かわりに研究と著述で生活を送るのに足りるほどの適当な俸給を選んだ．

7世紀前半，アラビア地方から新しい文明が出てきた．預言者ムハンマドの霊感を導き手に，イスラームという新しい一神教が急速にアラビア半島に広まっていった．ムハンマドがメッカを手中にした630年からわずか1世紀も経たないうちに，イスラームの軍団は広大な領土を占有するに到った．そして同時に新しい宗教を，まずそれまで多神教を信じていた中東の部族の間に，次にそれ以外の宗教を信じていた人々の間に，広めていったのである．まずシリア，ついでエジプトが，ビザンチン帝国の手からもぎとられた．ペルシャの征服は642年

までに完了し，勢いに乗じる軍団はほどなくインドや中央アジアにまで達していた．西方では，北アフリカが早々と征服され，711年にイスラーム軍はスペインに入った．彼らの前進はその後の732年，ついにトゥールでシャルル・マルテル率いる軍によって阻止された．しかしながらこのとき，征服にかわって広大な新領土をいかに統治するかということがすでに問題になっていた．カリフ［イスラームの宗教的・政治的指導者］と呼ばれたムハンマドの後継者たちは，最初首都をダマスクスにおいたが，およそ100年間続いた戦争のあと，そしてそれがもたらした大勝利とまたいくつかの重要な敗北のあと，カリフ領はいくつかの部分に分けられた．東の部分はアッバース朝に属し，そこで財が蓄積される一方で征服戦争の時代が終わりを告げ，新しい文化の芽生える条件が整った．

766年，カリフであったマンスールは新しい首都をバグダードにおいた．この都市はやがて商業と知的活動の中心地として隆盛した．初めの頃は正統派イスラームが力を持っていたが，やがて寛容な傾向が支配的になり，統治領に住むあらゆる人々による知的活動が歓迎された．カリフのハールーン・ラシードは786年から809年まで統治したが，その間彼はバグダードに図書館を建設した．近東にあった高等教育機関の方々から手稿が集められた．これらの機関は，アテネやアレクサンドリアに古代以来存続していた機関が迫害に遭い，そのとき東へと逃れた学者たちが創ったものであった．そこで保存されていた手稿の中には，古代ギリシア数学や科学のテキストが多く含まれていた．ハールーンの後継者であったカリフ，マームーン（在位813–833年）は，バイト・アルヒクマ（「知恵の館」）という研究施設を建設した．これはその後200年以上存続することになる．この施設には統治領各地から学者が招かれ，ギリシアやインドの文献の翻訳や，独自の研究が進められた．9世紀末までには，ユークリッド，アルキメデス，アポロニオス，ディオパントス，プトレマイオスといったギリシア数学者の主要著作の多くが，アラビア語に翻訳され，バグダードに集まっていた学者たちの研究に供されたのである．それに加え，イスラームの学者たちは，当時なおティグリス・ユーフラテス河流域で生きていた，古代バビロニアの書記たちによる数学の伝統を吸収し，またインド人たちの三角法も学んだ．

イスラームの学者たちはこれらの原典を集めただけではない．彼らはそれらを統合することに成功し，とりわけ本章冒頭に引用した文章に見られるような，彼らによれば神的な霊感を，それに加味した．過去の創造的数学者は，常に直接必要な事柄をはるかに超え出るような研究を行っている．イスラームにおいては，多くの人々にとってこれは神の求めることと映ったのである．イスラーム文化，少なくともその初期においては，一般に「世俗的知」は「聖なる知」と相克するものではなく，むしろ後者への道筋と見なされていた．こうして学問はひろく奨励され，創造的直感に恵まれたものはしばしば統治者（多くの場合，世俗的権威と宗教的権威をあわせ持っていた）の支援を受け，自らの考えを追究することを許された．数学者たちはそれに応え，著作の冒頭や末尾で常に神の名を出したり，時として著作の中で神の助けに言及したりもしたのである．以上に加え，統治者というものは自然に日常生活から出てくる必要性に敏感なので，イスラームの数学者たちはギリシアの先行者と異なり，ほとんど全員が，理論だけでなくその実際的応用へも貢献した[2]（もちろん，中には数学や科学の研究を

図 7.1
チュニジアの切手に描かれた，科学へのアラビアの貢献．

支援しなかった統治者たちもいた．彼らによれば，知っておくべきことがらはすべて『コーラン』の中に与えられていたのである）．

　イスラーム科学一般，そしてとりわけ数学への影響を考慮し，すべての数学者が必ずしもムスリム［イスラームを信奉する人々］というわけではなかったにもかかわらず，この時代の数学をこの本では「アラビア数学」ではなく「イスラーム数学」と呼ぶことにしよう．ただ，イスラームの支配地域では一般にアラビア語が使われており，ここでとりあげる著作もすべてこの言葉で書かれた．中世イスラーム数学の完全な歴史というものはまだ書くことはできない．多くのアラビア語手稿が，世界中の図書館に研究されないまま，場合によってはまだ読まれもしないまま，眠っているからである．最近状況は少しずつ良くなり，編集され翻訳されるテキストも増えている．しかし，政治的事情から，手稿を保存した文庫のうち，まだ研究できない状態にある重要な文庫も数多く存在する．とはいえ，イスラーム数学の概要は明らかになっている．とりわけ，イスラーム数学者はまず位取り記数法を発展させ，小数まで取り扱えるようにし，代数学を体系化して代数学と幾何学との関連について考察し始めた．彼らはインドから組合せの規則を輸入してそれらを抽象的な体系にまとめあげた．また，ユークリッド，アルキメデスやアポロニオスの主要なギリシア語幾何学書の研究を進め，平面三角法および球面三角法にも著しい改良を施した．

7.1　10進法の計算

　位取り記数法は，7世紀半ばまでにインドから少なくともシリアにまで広がっていた．それはイスラーム支配地域においては，「知恵の館」が創立された頃までには確実に知られていた．実際，773年に一人のインド人学者がバグダードにあったマンスールの宮廷を訪れ，一冊のインド天文学書，おそらくはブラフマグプタによる『ブラフマスプタシッダーンタ』を伝えた．カリフはこの本のアラビア語への翻訳を命じた．インドの天文学体系以外にも，この著作にはインドの数体系［記数法］の，少なくともいくつかの痕跡が見られた．ムスリムたちはしかしすでに数体系を持っており，数学を使う必要のある人々はそれで満足していた．実は当時二つの数体系が使われていた．市場の商人たちは指を使った計算法を持っていて，それを数世代にわたり活用していた．この方式では計算は一般的に暗算で行われる．数字は言葉で表され，分数はバビロニア以来の60進法であった．数字を書き記す必要のあるときは，アラビア語のアルファベット文字を数字にみたてる記数法が使われた．これら2種類の数体系を扱ったアラビア語計算術書が，8世紀から13世紀の間に数多く書かれている．

　少しずつインド式数体系がイスラーム数学の中に浸透を始めた．インド数字を扱った算術書で今日残っている最初のものは，「知恵の館」における初期のメンバーであったムハンマド・イブン・ムーサー・フワーリズミー（780頃–850年，囲み7.1）による『インド式計算による加減法の書』である．残念ながらこの著作のアラビア語手稿は現存していない．12世紀にヨーロッパでつくられたラテン語訳手稿が何編か残っているだけである．著作の中でフワーリズミーは

囲み 7.1

アラビア語の人名

あるイスラーム数学者について言及する際，われわれは最初に彼のフルネームを記すが，それ以降は紙幅の理由から省略することにする．注意すべきなのは，アラビアにおける人名にはその人の名前のみならず，多くの場合一世代ないし数世代遡った家系（「イブン」"ibn" は「…の息子」という意味である），彼自身あるいは彼の祖先の生誕の地，彼の息子の名前（「アブー」は「…の父」という意味である），そしてある特徴を表した一つないし以上の呼称も入っているということである．たとえばウクリーディスィーという名は，ユークリッドとの関係を示している．この数学者はおそらくユークリッドのアラビア語訳を筆写していたのだろう．

最初の九つの数を表すために九つの文字を導入し，ラテン語手稿に見る限りは 0 を表すのに丸を書いている．これらの文字を使えば，いかなる数もわれわれになじみの位取り記数法で書き表すことができることが示されている．次に彼は加法，減法，乗法，除法，二分法，二倍法，そして開平の計算法を示し，具体例も添えた．しかしこれらの計算は，書板の上で行われるものとして説明された．書板とは砂をまいた板で，その上に字を書くのである．したがって，計算は最終的に答が出るまで，1 段階ごとに数字がすべて消されることを前提にしていた．フワーリズミーが首尾一貫していないところがあったとすれば，それは彼が分数表記においてしばしば，エジプト式の単位分数の和を用いていた点である．注意しなければならないのは，われわれの持つ位取り記数法における最も重要な性質の一つである小数が，まだ見られないことである．とはいえ，フワーリズミーのこの著作は，イスラーム世界にとってのみならず，10 進法位取り記数法の基礎をもたらしたという点で，多くのヨーロッパ人にとってもまた重要なものであった．

その後数世紀にわたり，インド式の方法を説明する数多くの算術書がアラビア語で書かれた．それらはこの方法を単独で扱うものであったり，あるいは上に述べたような，それ以前の計算法との関わりにおいて扱ったりしている．現存する最も古いアラビア語算術書はアフマド・イブン・イブラーヒーム・ウクリーディスィーによる『インド式計算について諸章よりなる書』で，952 年にダマスクスで書かれた．著者はインド数字が最終的に支配的になることを確信し，その理由について次のように書いている．

> 多くの書記がこの［インド式の］方法を使うことになるだろう．簡単で速く，用心も少なくてすみ，すぐ答が得られ，手の動きに払う集中力も少なくてすむからである．たとえ彼がおしゃべりをしても計算の邪魔にはならないだろうし，彼がそれを脇に置いて別のことをすませ，また戻ってきたとしても，計算はそのままなので，記憶したり精神を集中させたりすることなしに計算をもとどおり続けることができるだろう．これはもう一つ［の算術］にはあてはまらない．それによれば指を折って計算することなどが必要となるからである．多くの計算家たちは大きす

囲み 7.2
アラビアの数学用語

フワーリズミーの算術書からおそらく以下の三つの英語数学用語が生まれた．この著作のラテン語訳手稿には，"Dixit Algorismi"，すなわち「アルゴリスミはこう言った」という言葉で始まるものがある．「アルゴリスミ」という言葉はある誤解から様々な算術操作を指すようになり，最終的には英語の algorithm という言葉が成立した．われわれの「ゼロ」という言葉はおそらく，アラビア語のシフル (*sifr*) に由来するが，これは zephirum へとラテン語化された．*ṣifr* という語そのものはサンスクリット語で「空虚」を意味するシューニャ (*śūnya*) から来ている．*ṣifr* は別なふうに訳され，中世において cifra となり，今日の英語の cipher［暗号，アラビア数字，暗号化する，などの意］となった．

ぎて指では数えられないような数を取り扱う際に，この［インド式の］方法を使うことになろう[3]．

ウクリーディスィーの著作はフワーリズミーの著作同様，あらゆる数計算法を取り扱っているものの，そこには二つの大きな改良点があった．第一の改良点とは，著者は数計算を紙の上で行う方法を示していることである．彼のいうように，ある人々は「市場に座る……書記の手にある［書板を］醜いと感じる［ので］……われわれは代わりに［書板を］用いなくてすむようなものを使うことにした」．たとえばウクリーディスィーは 3249 を 2735 で掛けるのに，次のような手順を与えている．彼はまず第一の数を第二の数の上に書き，前者の各位を後者の全体で乗じ，こうして出てくる項をすべて加えた．たとえば計算の最初の行は 6 21 9 15 ($= 2\cdot 3,\ 7\cdot 3,\ 3\cdot 3,\ 5\cdot 3$) となる．

$$3249$$
$$2735$$

$$6\ 21\ \ 9\ \ 15$$
$$4\ \ 14\ \ 6\ \ 10$$
$$8\ \ 28\ \ 12\ \ 20$$
$$18\ \ 63\ \ 27\ \ 45$$

8,886,015 という答は，各列を注意深く加えることから出てくる．その際，位を間違えないようにしなければならない．たとえば，答の右から2番目の桁は，20 と 27 の 0 と 7 に，45 の 4 を加えることによって得られる．右から 3 番目の桁は前の加法からの「繰り上がり分」(1)，20 に出てくる 2, 27 に出てくる 2, 10 に出てくる 0, 12 に出てくる 2, そして 63 に出てくる 3, これらをすべて加えることから出てくる．いずれにせよ，すべての数は書き記され残されるので，あとから検算ができるのである．

第二の改良点とは，ウクリーディスィーが小数を取り扱ったことである．これは中国以外では今のところ知られている最も古い記録である．計算はウクリーディスィーが二分法を扱う箇所で出てくる．「数の原理について記述されている

ことについていえば，1 の半分はどんな場所にあろうともその前にある 5 である．
したがってもしわれわれが奇数を二分するのなら，1 の半分として，その前に 5
をおく．そして場所を示すため，一位の場所はその上に印'［具体的印は欠如し
ている］によって印が付けられ，一位の場所はその前にあるものに対して十位と
なる．次にわれわれは整数の二分法のときの習慣に従って 5 を二分する．一位
の場所は 2 回目の二分においては百位となる．そしてこのように常に進んでゆ
く」[4]．小数の主要な概念がここで明らかになっている．1 より小さい数を扱う
ときは，整数の場合とまったく同じ仕方で行うのである．計算が終わったあと初
めて小数位のことを考えればよい．ウクリーディスィーは 19 を 5 回二分する計
算を例としてあげている．順々に彼は 9'5, 4'75, 2'375, 1'1875, そして 0'59375
を得る．最後の数を彼は 10 万のうちの 59,375 と読んだ．同様に数を増加する
ことについての節の中で彼は，ある数の 10 分の 1 を得るためには「一つ下の桁
で」同じことを繰り返すだけだと述べている．こうして 135 を 5 回，毎回 10 分
の 1 だけ増加させるために，彼は次のように書く．

$$1\ 3\ 5$$
$$1\ 3\ 5$$

和は 148'5 である．この 10 分の 1 は 14'85 であり，新しい和は 163'35 となる．
この過程をあと 3 回繰り返し，最終的な答である 217'41885 が得られる．

　ウクリーディスィーは小数を用いたものの，彼がその意味をどれだけ把握し
ていたかは明らかではない．彼の取り扱ったのは，2 による除法と 10 による除
法だけである．彼はたとえば 14/3 のような値の小数計算は行っていない．これ
と対照的なのがイブン・ヤフヤー・サマウアル（1125 頃–1174）である．『算術
教程』という 1172 年の著作の中では，彼が概算という文脈の中で小数について
の完全な理解に達していることがわかる．彼はまず基本的な発想から説明する．
「単位の位から始まって連続して比例する諸々の位は，10 の比によって際限なく
同様に続くので，その［= 10 の］比によって［続く 10 の］部分の位［を想定す
ることができ］，その単位が 10 の比で同様に際限なくおきかわってゆく整数の
位と，際限なく分けられてゆく部分の位との間に，単位の位 [= 100] が介在す
るとわれわれは想定する［ことができる］」[5]．

　例として，サマウアルは 210 を 13 で割ってみせる．ここで彼は，この例は割
り切れず，望むだけ計算が続けられるといっている．[小数点以下] 5 の位まで計
算した結果は，16 足す 10 のうちの 1 部分足す，100 のうちの 5 部分足す，1,000
のうちの 3 部分足す，10,000 のうちの 8 部分足す，100,000 のうちの 4 部分で
あるとされる．同様に 10 の平方根は言葉で表して，3 足す 10 のうちの 1 部分足
す，100 のうちの 6 部分足す，1000 のうちの 2 部分足す，10,000 のうちの 2 部
分足す，100,000 のうちの 7 部分足す，1,000,000 のうちの 7 部分 (3.162277) と
して計算される．彼の先行者［ウクリーディスィー］とは異なり，サマウアルは
様々な位をいうのに，まだ言葉を使っている．とはいえ，有理数や無理数の概算
値を得る上で小数が便利であることは理解されていた．より高次な開平問題に
挑む際，中国における方法と似たような方法がとられ，計算の各段階が次のよう
に明記されている．「立方の，平方の平方の，立方の平方の，その他の底［すなわ

ち根]を開くときには，このような演算を行う．そしてこの方法によってわれわれは，分割の演算の詳細を知ることができる．そしてこの［桁］数が限りなく，そしてそれらの各々がその前のものより詳細であるならば，より真［の値］に近い答を得ることができる」[6]．サマウアルは数を無限に小数計算してゆくことが，少なくとも理論上は可能であることに，気づいていたように見える．また，この展開に出てくる有限小数の一つ一つが，いかなる有限な形によっても表現できない正確な値へと「収束する」ということにも気づいていたようにも見える．

しかし，この著作は重要ではあったものの，それでもって位取り記数法が完成されたわけではなかった．ギヤースッディーン・カーシー（1429年没）による15世紀の著作の中で，われわれは初めて小数概念についての完全な理解と，その便利な表記法との両方を目にすることができる（図7.2）．表記法というのは，数の整数部分と小数部分を分けるのに垂直な線分をひく，というものである．ここにきてわれわれはインド・アラビア位取り記数法が完成されたということができる．小数の扱いも含めたこのような記数法は，この時期，ビザンツ帝国で書かれた入門書においても見られる．そこではこの方法は「トルコの方法」，あるいはイスラームの方法と呼ばれている．この入門書は1562年にヴェネツィアにもたらされたが，それ以前にも同じ記数法がときどきヨーロッパの著作にも登場している．しかしながらヨーロッパでこの方法が完全な形で使われるようになったのは17世紀初頭以降である［本書9.4.3項参照］．

図 7.2
イランの切手に描かれたカーシー．

7.2 代数学

イスラーム数学者たちの最も重要な貢献は代数学においてなされた．彼らはバビロニア人の知っていたことをとってきて，それを幾何学という古代ギリシアの遺産と結合し，新しい代数学を生みだし，さらにそれを拡張していった．9世紀末までには，ギリシア数学の古典はイスラーム世界でよく知られていた．イスラームの学者たちはそれらを研究し，注釈を施した．このようなギリシアの著作から彼らが学んだことがらのうち，最も重要なものが証明という観念である．解の有効性を証明できない限りは，数学の問題は解かれたことにはならない，というような考え方を彼らは吸収したのである．とりわけ，代数学の問題においては証明はどのように行うべきか？　答は明らかであるように思われた．実質的に証明といえそうなものは幾何学の証明だけであった．なんといってもギリシアの著作は幾何学を扱っており，代数学については書かれていなかった．こうしてイスラームの学者は一般に，古代バビロニアに由来するものであろうと，あるいは彼ら自身が発見した新しいものであろうと，代数規則に幾何学的証明をつけてゆくことを自らの課題とした．

7.2.1 フワーリズミーとイブン・トゥルクの代数学

イスラーム代数学の最も古い著作の一つに，825年頃フワーリズミーによって書かれた『ジャブルとムカーバラの計算法についての簡約な書』がある．この著作は，彼の算術書よりもさらに大きな影響を後世にのこした．「ジャブル」(*al-jabr*) という言葉は，「復元すること」と訳すことができる．これは式の1辺か

278　第 7 章　イスラームの数学

伝　記

ムハンマド・イブン・ムーサー・フワーリズミー（Muḥammad ibn-Mūsā al-Khwārizmī, 780 頃–850）

　フワーリズミー（図 7.3），あるいは彼の祖先は，ホラズム出身であった．これはアラル海の南にある地方であり，現在はウズベキスタンとトルクメニスタンにまたがっている．彼は，カリフであったマームーンの創立した「知恵の館」に所属していた最初の学者の一人である．彼は 847 年，死の床にあったカリフのワーシクのもとに呼ばれ，そのホロスコープの作成を任された．言い伝えによれば，彼はカリフにあと 50 年は生きられるといったが，実際にカリフは 10 日後に死んだということである．フワーリズミーはおそらく，自らの仕える主人に死の宣告をすることは賢明なことではないと考えたのだろう．本書で扱った数学的業績以外にも，フワーリズミーには地理学についての著作がある．彼がその中に描いたイスラーム世界の地図は，プトレマイオスが作った［とされる］地図よりもはるかに正確であった．

図 7.3
旧ソ連の切手に描かれたフワーリズミー．

ら引かれた量を，もう片辺に「移項」して加えるという操作を指す．「ムカーバラ」（*al-muqābala*）という言葉は，「向かい合わせること」と訳され，式の両辺から等しい量を引きさり，正の項を小さくする操作を指す．たとえば $3x + 2 = 4 - 2x$ を $5x + 2 = 4$ に変形することは「ジャブル」の例であり，後者をさらに $5x = 2$ に変形することは「ムカーバラ」の例である．英語の「代数学 (algebra)」とは，定冠詞「アル」がついたアラビア語の「ジャブル」が，転化してできたものである．この著作およびその他の著作がラテン語に翻訳されたときから使われ始めた言葉である．「ジャブル」は翻訳されずにそのまま代数学という数学分野の名前になってしまった．

　フワーリズミーはその序において執筆の意図をこう語っている．

　　イマーム・マームーン閣下は信仰深きものの総指導者であり，神の恩寵によりかくも学識に恵まれ，……また学識あるものに対して常より親切と慇懃であらせられ，彼らを積極的に庇護し支援し，彼らの直面する困難を軽減し除去して下さってきた．その閣下のご意向により，ジャブルとムカーバラを用いた計算について，短い著作を仕上げた．ここでは，算術において最も基本的でまた役に立つ事柄に内容を限定し，人々が常日頃より遺産と相続，分配，訴訟そして商業やあらゆる取引において必要となる範囲のみを取り扱った．それはまた土地の測量，運河の掘削，幾何学的計算，その他もろもろも場面にも関係してくる内容である[7]．

　フワーリズミーが書こうとしていたのは，理論的な教科書というよりも実践的な手引き書である．とはいえ彼は，「知恵の館」ですでに紹介が進んでいたギリシア数学の影響下にあった．そしてたとえ手引き書であっても，用いられてい

る代数操作については幾何学的証明を与えなければならないと感じていた．しかし彼の幾何学的証明とは，ギリシアから来たものではない．それらは実は，バビロニアにおける幾何学的議論に非常に類似している．このバビロニアの伝統からそもそも代数計算が発生したのである［本書 1.4, 1.9 節参照］．また，東方世界における彼の先駆者同様，フワーリズミーも数々の例や問題をとりあげているが，ギリシアの影響は，まず解こうとする問題を体系的に分類する姿勢，および用いた方法を詳しく説明しているところに見られる．

フワーリズミーは最初に，「人々が計算をするときに求めているものとは……一般には数である」[8] こと，つまり方程式の解であることを述べる．したがってこの著作は方程式を解くための手引きとして意図された．取り扱われる量とは一般に 3 種類，つまり［未知数の］平方，平方の根［つまり未知数そのもの］，そして単なる数［式の中の定数］である．次にこれら 3 種の数を用いて 6 種類の方程式が書けると指摘される．

1. 平方が根に等しい ($ax^2 = bx$)
2. 平方が数に等しい ($ax^2 = c$)
3. 根が数に等しい ($bx = c$)
4. 平方と根が数に等しい ($ax^2 + bx = c$)
5. 平方と数が根に等しい ($ax^2 + c = bx$)
6. 根と数が平方に等しい ($bx + c = ax^2$)

このような 6 種類への分類が行われたのは，イスラーム数学者がインド数学者と異なって負の数をまったく用いなかったからである．係数，それに方程式の根は，正でなければならなかった．ここに列挙された式は，正の解を持つものだけである．われわれにとっての標準形である $ax^2 + bx + c = 0$ は，フワーリズミーにとっては何の意味も持たなかっただろう．もし係数がすべて正ならば，解が正にはなりえないからである．

フワーリズミーによる最初の 3 種の方程式への解法というのは比較的単純である．われわれとしては最初の種類で 0 が解と見なされないことを注記すれば足りる．複合型の方程式への解の方が興味深い．ここでは第四の式への解法を紹介しよう．フワーリズミーは記号を用いなかったので，われわれも彼にならってすべてを言葉で表現しよう．これには例で使われた定数も含まれる．「'どんなマール［本来は財産の意味だが，ここでは平方］に 10 個のジズル［根］を加えたら，全体として 39 になるのか？' すると，その解法は，ジズル（の個数）を半分にすることである．この問題では，それは 5 である．そして，それを自身に掛ける．すると 25 になる．それをかの 39 に加える．すると，64 になる．そこで，その根をとる．それは 8 である．そこからジズル（の個数）の半分すなわち 5 を引く．すると 3 が残る．それが求めるマールのジズルである」[9]．

フワーリズミーによるその手法の言語的説明は，バビロニアの書記のそれと本質的には変わらない．つまり現代風に書くと，$x^2 + bx = c$ の解は

$$x = \sqrt{\left(\frac{b}{2}\right)^2 + c} - \frac{b}{2}$$

である．フワーリズミーがこの手法に与えた幾何学的正当化もまた，バビロニアの影響を物語っている．初めに x^2 を表す正方形をとりあげ，彼はそれに各々の幅が 5（「根についている数の半分」）であるような矩形を二つ加える（図 7.4）．そうすると，正方形と二つの矩形の和は $x^2 + 10x = 39$ になる．次に，面積 25 の別の正方形一つが加えられることにより平方完成され，合計の面積が 64 であるような正方形が作られる．こうすれば解である $x = 3$ は簡単に求まる．このような幾何学的説明は，$x^2 + \dfrac{4}{3}x = \dfrac{11}{12}$ の解法についてバビロニアで与えられていた説明に対応している（第 1 章 44 ページおよび図 1.29 参照）．

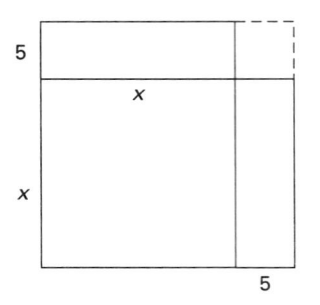

図 7.4
$x^2 + 10x = 39$ の解法に対してフワーリズミーが与えた幾何学的正当化．

　このように，フワーリズミーによる幾何学的な説明はバビロニアからとられているように見えるが，にもかかわらず，彼，あるいはこの分野における彼の先駆者（いまのところ知られていない）は，2 次方程式解法を，正方形の辺の長さを求めることから，一定の条件を満たすような数を求めることへと焦点を移すのに成功した．たとえば，フワーリズミーは「根」という用語を，正方形の 1 辺としては説明しない．代わりに，「自分自身に乗ぜられるものすべてであり，"1" やそれより大きな数，それより小さな分数である」[10] として説明する．また，第四タイプの式を解く手順は，2 乗項の係数が 1 以外のときには，それを 1 にするため適当な乗法あるいは除法を行う，という算術的な方法がとられる．残りはその他の場合と同じというわけである．フワーリズミーは著作のあとの方で，「多項式」$100 + x^2 - 20x$ と $50 + 10x - 2x^2$ を加えあわせる際に，次のようなことまでいっている．「このことはいかなる図形にも対応しない．なぜなら三つの異なる種，つまり正方形，根，そして数が含まれており，それらに対応するような図示の方法はないからである．……[とはいえ，] 言葉での説明は容易である」[11].

　最後に，第五の式にあるような，平方と数が根に等しいという場合にとられる方法と，その幾何学的記述に関する解説を見てみよう．バビロニア人とは異なり，フワーリズミーが，少なくとも数値上は二つの正根を持つ方程式を取り扱うことができたことがわかる．例にあがっている式 $x^2 + c = bx$ の場合，フワーリズミーによる解法の言語的説明は，容易に今日の公式

$$x = \frac{b}{2} \pm \sqrt{\left(\frac{b}{2}\right)^2 - c} \tag{7.1}$$

に翻訳される．実はフワーリズミーは，根を得るには加法をしても減法をしても構わないと述べ，解が得られるための条件も記している．「もし [根の数の半分を 2 乗した] 積が，平方と結びつけられた数よりも小さいならば，この場合

解を得ることは不可能である．しかしもし積がその数自身に等しければ，平方の根は根の数の半分に何も加えたり減じたりしないものに等しい」[12]．この場合の幾何学的証明は，連立方程式 $x+y=b$, $xy=c$ に帰着させて解いたであろうバビロニア人の説明を彷彿とさせる（第 1 章，43 ページおよび図 1.27 を参照）．しかし実際の証明では，式 (7.1) における減法の場合しかとりあげられていない．図 7.5 において，正方形 $ABCD$ は x^2 を表し，他方矩形 $ABNH$ は c を表しているとしよう．これより，HC は b を表していることがわかる．HC の中点 G をとり，TG を K まで延長し，$GK = GA$ となるようにして，矩形 $GKMH$ を完成する．最後に KM 上に $KL = GK$ となるような L をとり，正方形 $KLRG$ を完成する．そうすれば矩形 $MLRH$ が矩形 $GATB$ に等しいことは明らかである．すると正方形 $KMNT$ の面積は $\left(\dfrac{b}{2}\right)^2$ に等しく，またこの正方形から正方形 $KLRG$ を引いたものが矩形 $ABNH$ すなわち c に等しいので，正方形 $KLRG$ が $\left(\dfrac{b}{2}\right)^2 - c$ に等しいといえる．この正方形の 1 辺は AG に等しいので，$x = AC = CG - AG$ が，式 (7.1) において減法を行った場合に与えられる解であることがわかる．フワーリズミーは CR もまた解を表すことができるといっているにもかかわらず，これを図形を描いて証明したり，あるいは説明の中にあった特別な条件を図形の中で取り扱うということもしていない．

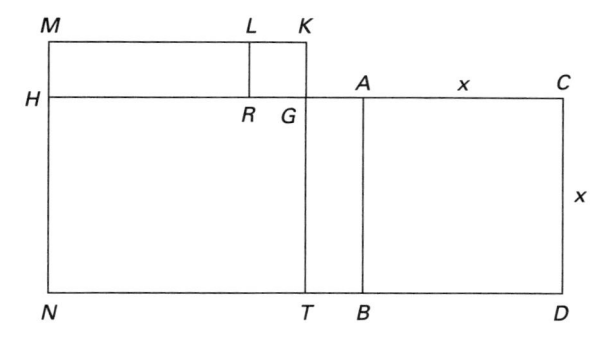

図 7.5
$x^2 + c = bx$ の解法に対してフワーリズミーが与えた幾何学的正当化．

　フワーリズミーの著作の題名には「簡約な」という言葉が含まれている．ここから，当時は代数計算やその幾何学的正当化について，他により詳しく議論した著作があったのではないかと推測できる．しかしながらそのような著作のうち現在まで伝わっているのはたった 1 冊，しかもその断片でしかない．それは「混合式における論理的必然性」という表題のついた 1 節であり，これはより長い著作『ジャブルとムカーバラの書』の一部をなすものである．この著作はアブダル・ハミード・イブン・ワースィー・イブン・トゥルクの手によるが，この数学者についてはフワーリズミーの同時代人であったということ以外にはほとんど知られていない．彼の出身地についても，イラン，アフガニスタン，あるいはシリアなど諸説ある．

　いずれにせよ，この現存する 1 章は，フワーリズミーの扱った 2 次方程式のうち第一，第四，第五そして第六の各タイプを扱っており，またフワーリズミーの著作におけるよりも解法の幾何学的説明をはるかに詳しく行っている．とくに第五の式の場合，イブン・トゥルクはあらゆる可能な場合について幾何学的に説明

している．彼の最初の例はフワーリズミーのものと同じで，$x^2 + 21 = 10x$ であるが，イブン・トゥルクはその幾何学的証明の始めに，CH の中点 G が，フワーリズミーの図にあったように，線分 AH 上にきてもよいが，そうではなく図 7.6 におけるように線分 CA 上にきてもよいと明言する．後者である場合，図 7.5 と似た形になるように正方形や矩形が完成されるが，解 $x = AC$ は $CG + GA$ として与えられ，こうして式 (7.1) における + 記号が使われることになる．それに加えて，イブン・トゥルクは彼が「中間の場合」と呼ぶ場合についても議論している．このとき平方の根はちょうど根の数の半分に等しい．このような状況の例として彼は $x^2 + 25 = 10x$ をあげている．幾何学的図形はこの場合，単に二つの等しい正方形に二分された矩形だけからなっている．

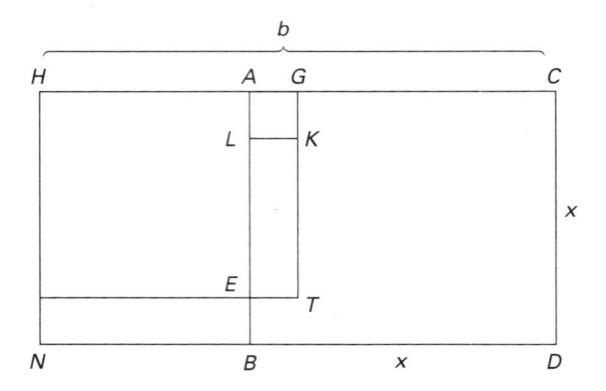

図 7.6
$x^2 + c = bx$ の一つの場合についてイブン・トゥルクが与えた幾何学的正当化．

さらにイブン・トゥルクは，「このようなタイプの方程式の場合，論理的に不可能な場合がある．それは数が……根の数の半分［の平方］よりも大きい場合である」[13] と述べている．たとえば，$x^2 + 30 = 10x$ がそのような場合である．ここでもイブン・トゥルクは幾何学的な説明を行う．G が線分 AH 上にあると仮定すると，前の場合と同様，正方形 $KMNT$ が矩形 $HABN$ より大きいことがわかる（図 7.7）．しかし問題の条件より後者は 30 に等しいのに対し，前者は 25 にしかならない．同様の議論が G が CA 上にあるときにもあてはまる．

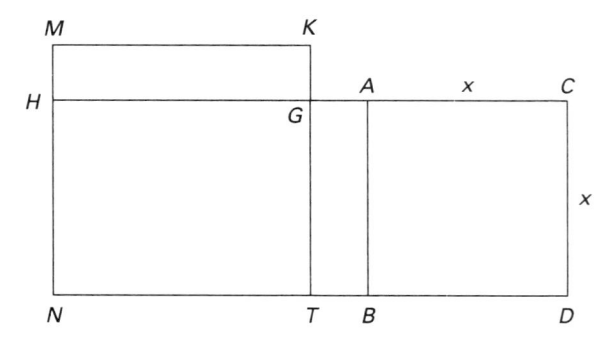

図 7.7
$x^2 + 30 = 10x$ を解けないことについてのイブン・トゥルクによる幾何学的正当化．

イブン・トゥルクの代数学で現存するのは 2 次方程式について扱ったところだけであるが，フワーリズミーの著作の方にはそれ以外にも興味深い内容が豊富である．たとえば代数表記を操作する方法が入門者向けに解説されている．これは数に施す同様の操作と関連させて説明されている．例をとると，もし $a \pm b$ と $c \pm d$ の積を得たいならば，4 度乗法を行わなければならないとされる．彼の

用いる数には負の数は出てこない．にもかかわらず彼は乗法と符号の規則を心得ている．彼の言うには，「もし単位［われわれの表記における b と d］……が正であるなら，最後の乗法は正になる．もしそれらがともに負であるなら，4番目の乗法は同じように正になる．しかしもしそれらのうち一つが正でもう片方が負なら，第四の乗法は負になる」[14]．

フワーリズミーの著作は続けて多数の問題を取り扱っているが，その多くで上に見たような操作が使われ，また多くが2次方程式へと帰着される．たとえば，ある問題にはこうある．「私は10を二つの部分に分け，それぞれの部分に自分自身を乗じたあと，それらを加えあわせ，さらに乗法の前にあった二つの部分の差をこれに加えた．この結果54を得た」[15]．この問題は容易に式 $(10-x)^2 + x^2 + (10-x) - x = 54$ に翻訳できる．フワーリズミーはこれを $x^2 + 28 = 11x$ にまで還元し，第五の種類の式に関する法則を用いて $x = 4$ を得る．ここで彼は二つ目の根である $x = 7$ は無視する．なぜならそのとき二つの平方の和は58となり，問題の条件が満たされなくなるからである．別の例では，フワーリズミーは無理根を扱っている．「10を二つの部分に分け，一方に10を，他方に自分自身を乗じたとき，積は等しかった」[16]．ここでの方程式は $10x = (10-x)^2$ で，解は $x = 15 - \sqrt{125}$ である．ここでもフワーリズミーは正符号を持つ根を無視する．$15 + \sqrt{125}$ は10の「部分」ではありえないからである．

フワーリズミーは序文で「有益な」ことがらについて書くと約束している．しかし，2次方程式に導く問題で彼が取り扱ったもののうち，何らかの「実用的な」観念と結びついているのは，ほんの一部しかない．多くの問題は，たった今見た問題同様，「10を二つの部分に分けた」で始まる．問題のいくつかは，任意の数の男の間でお金を分配するというようなものである．しかしこれらとて実用的だとはとうていいえない．実はこのような問題の中には，x を男の数だとして $x^2 + x = \frac{3}{4}$ に帰着するものがあるが，解はなんと $x = \frac{1}{2}$ なのだ．著作の中でまるまる1節が測量に関する基本的な問題にあてられており，これはのちほど議論する．またある短い節は「三数法」にさかれている．しかしこのどちらも2次方程式の実際的応用に関係するとはいえない．最後に，著作の後半部はすべて遺産相続の諸問題にあてられている．複雑な事例がいくつも紹介されているが，それらを解くためにはイスラーム相続法について詳しくなければならない．しかし用いられている数学はというと，1次方程式の解法より複雑になることはない．ここからいえることといえば，せいぜい，フワーリズミーは読者に数学の問題の解き方を見せようと思い，とりわけ2次方程式の取り扱いかたを見せようと思っていたにもかかわらず，このような方程式が実際必要となるような生活の場面を考えつくことができなかった，ということだ．この点，実際はともかく，フワーリズミーの時代は，見たところバビロニア人の頃とたいして変わっていなかった．

7.2.2 サービト・イブン・クッラとアブー・カーミルの代数学

フワーリズミーとイブン・トゥルクの著作以降の50年の間で，イスラームの数学者たちは，2次方程式の代数的解法にふさわしい幾何学的基礎について，そ

れが古代の伝統ではなくユークリッドの著作からとってこられるべきであると結論した．ユークリッドに基づく正当化のうち最も古い試みは，おそらくサービト・イブン・クッラ（830頃–890）のものだろう．サービト・イブン・クッラはハッラーン（現トルコ南部）に生まれた．「知恵の館」に属するある学者に才能を見出され，870年頃バグダードに招かれたあと，そこで学者として大成した．彼の数多い数学的著作の中に，『代数の問題の幾何学的証明について』という短い著作がある．たとえば $x^2 + bx = c$ という式を解くために，サービト・イブン・クッラは図7.8を使っている．ここで AB は x を表し，正方形 $ABCD$ は x^2 を，そして BE は b を表す．ここから矩形 $DE = AB \times EA$ が c を表すことがわかる．ここで W を BE の中点とすると，ユークリッド『原論』第II巻命題6より，$EA \times AB + BW^2 = AW^2$．しかし $EA \times AB$ および BW^2 は既知なので（それぞれ c, $(b/2)^2$ に等しい），AW^2，さらには AW も既知である．すると $x = AB = AW - BW$ は決まる．サービト・イブン・クッラは，『原論』第II巻命題6に見られるような幾何学的過程が「代数学者たち」の過程とまったく類似的であると明言する．「代数学者たち」の過程とは，ここではフワーリズミーの計算法を指している．よって前者は後者の正当化として十分である，というわけだ．サービト・イブン・クッラはまた，同じ命題が $x^2 = bx + c$ を解くためにも使われ，また『原論』第II巻命題5は式 $x^2 + c = bx$ を解くために使われるということも示している．

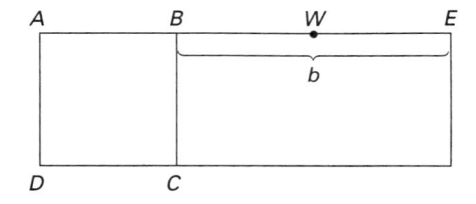

図 **7.8**
$x^2 + bx = c$ の解法についての，サービト・イブン・クッラによる幾何学的正当化．

このように，『原論』第II巻を用いてこれらの解法に正当化を与える試みは，エジプト出身の数学者アブー・カーミル・イブン・シュジャー・イブン・アスラム（850頃–930）による代数学書『ジャブルとムカーバラの書』の中にも見られる．「わたしは彼らの規則を，英智ある幾何学者たちにより明らかにされ，ユークリッドの著作の中で解説されているような幾何学的図形を用いて説明することにしよう」[17]．しかしながら，アブー・カーミルはサービト・イブン・クッラとは異なり，その叙述の過程でユークリッドの定理をあらためて証明してみせ，また数を使った例も与えている．これらの例は実はフワーリズミーが最初に与えている例と同じである．彼の先行者同様，アブー・カーミルは2次方程式の様々なタイプについて論じたあとで，様々な代数規則を取り扱い，次に問題を豊富に与えている．彼は先輩フワーリズミーに比べ，より複雑な恒等式をいくつも考察したり，あるいはより複雑な問題を扱っている．後者にはとくに無理数に関わるものが含まれている．

アブー・カーミルにとって，「無理数」はまったく問題とならなかった．彼は問題の中でそれらを自由に使っている．彼のあげる問題の多くは，フワーリズミーの場合同様，「10を二つの部分に分けよ」という文言で始まる．たとえば，

問題 37 を見てみよう．「もし人が 10 を二つの部分に割り，その一方をそれ自身で乗じ，他方を 8 の平方根で乗じ，次に後者の積を……前者の積から減じたとき，40 になった」[18]．この場合，式は $(10-x)(10-x) - x\sqrt{8} = 40$ である．これを $x^2 + 60 = 20x + \sqrt{8x^2}(= (20+\sqrt{8})x)$ という形に書き直したあと，アブー・カーミルは平方と数が根に等しい場合の計算法を実行し，$x = 10 + \sqrt{2} - \sqrt{42 + \sqrt{800}}$ を得る．ここから $10 - x$ という「もう一方の部分」が，$\sqrt{42 + \sqrt{800}} - \sqrt{2}$ に等しいということが結論される．

アブー・カーミルはこれにとどまらず，代入を駆使しながら問題を単純化し，結果，2 次方程式の形であるという条件付きで，2 次よりも高次の方程式も扱うことができた．問題 45 では，これらの発想が二つとも見られる．「10 が二つの部分に分けられ，それぞれが他方によって割られ，各々の商が自分自身に乗ぜられ，より小さい方をより大きい方から減じる場合，残るのは 2 であるとせよ」[19]．式は

$$\left(\frac{x}{10-x}\right)^2 - \left(\frac{10-x}{x}\right)^2 = 2$$

である．アブー・カーミルはここであたらしい「もの」として，y を $\frac{10-x}{x}$ に等しくおき，新しい式 $\frac{1}{y^2} = y^2 + 2$ を導き出す．辺々に y^2 を乗ずると y^2 についての式 $(y^2)^2 + 2y^2 = 1$ が得られ，その解は $y^2 = \sqrt{2} - 1$ である．これより $y = \sqrt{\sqrt{2} - 1}$．すると

$$\frac{10-x}{x} = \sqrt{\sqrt{2} - 1}$$

であり，アブー・カーミルは続けて x についてこの式を解くため，まず辺々 2 乗し，最終的には $x = 10 + \sqrt{50} - \sqrt{50 + \sqrt{20,000} - \sqrt{5,000}}$ を得ている．

アブー・カーミルの代数学を考えるときには，同時代に書かれた他のイスラーム代数学の著作同様，彼の著作も記号なしに書かれていたことを忘れてはならない．つまり現代風の記号から見ればほとんど自明であるような代数操作も，すべて言葉を使って実行されている．しかしより重要なことは，アブー・カーミルがフワーリズミーの頃までに体系化されていた代数計算法をすすんで使っていたという点だろう．これらの計算法とは，いかなる正の「数」にも適用されるようなものであった．アブー・カーミルにとっては，2 を計算するときと $\sqrt{8}$，さらには $\sqrt{\sqrt{2} - 1}$ を計算するときの間には，いかなる違いもない．これらの計算法は幾何学に由来していたので，これはある意味で当然のことである．というのも，ギリシア人は正方形の対角線を「数値で」表現することに失敗したからであり，これが彼らが線分や面積を使った幾何学的代数を使っていた理由だった [本書 1.7 節および 2.4.3 項参照]．しかしこれらの量を取り扱うにあたり，アブー・カーミルはというとすべて同じものと解釈した．彼にとっては，ある量が平方であるか，4 次量であるか，平方根であるか，また 4 乗根であるかは，問題ではなかった．彼にとって，2 次方程式の解は線分ではなかった．『原論』における対応する命題では，解は線分として解釈しなければならないにもかかわらず，である．アブー・カーミルにとっては解とは「数」であり，たとえ彼が

「数」の適切な定義を与えることができなかったとしても問題ではなかった．したがってアブー・カーミルは何の躊躇もなく，解に登場する様々な量を一般的規則を使って一緒に操作した．彼はこのようにすべての量を同じ技法で扱ったのであり，このような姿勢は数概念の革新へと道を開くものであった．重要性からいえば，サマウアルによる小数概算値の使用にひけをとらないものである．

7.2.3 カラジーとサマウアルによる多項式の代数学

算術を代数学へと結びつける過程は，このようにフワーリズミーとアブー・カーミルによって始められたが，イスラーム世界においては引き続き，ムハンマド・イブン・ハサン・カラジー（1019年没）とサマウアルによって続く2世紀間にわたって進められた．カラジーとサマウアルは，算術的技法［四則を初めとする演算法］が代数学においても有効に適用されうること，そして逆に代数学から出てきたような考え方も数を扱うときに重要となりうること，このことを示す上で功績があった．

カラジーの生涯についてはあまり知られていない．1000年頃バグダードで活躍したこと，数多くの数学書や技術書を書いたということくらいである．11世紀の最初の10年間で，彼は『ファフリー』（『驚嘆すべきことども』）という代数学の主著を書き上げた．この書物の狙いは，のみならず代数学全般の狙いは，カラジーによれば，「既知のものから出発して未知のものを決定すること」[20]である．この目標を達成するため彼はあらゆる算術的技法を駆使するが，これらの技法は未知のものを取り扱うために改変されていた．彼は指数の代数学を体系的に研究することから始めている．それ以前の数学者，たとえばディオパントスでも，3次より高次の指数を考察していたことは事実であるが，カラジーにして初めて，ベキが無際限に拡張されうるということが完全に理解された．彼はあらゆるベキ x^n およびその逆 $\dfrac{1}{x^n}$ を表す命名法を確立したのである．各々のベキは回帰的に以前のベキの x 倍というふうに定義された．したがって，無限に続く比例関係

$$1 : x = x : x^2 = x^2 : x^3 = \cdots$$

およびその逆である

$$\frac{1}{x} : \frac{1}{x^2} = \frac{1}{x^2} : \frac{1}{x^3} = \frac{1}{x^3} : \frac{1}{x^4} = \cdots$$

が存在することがわかった．

いったんベキがこのように理解されると，カラジーは単項式と多項式の加法，減法，そして乗法についての一般的な規則をたてることができた．しかし除法においては彼は分母に単項式しか用いなかった．このことは，一部は負の数についての規則を理論化できなかったことから，また一部は彼が言語表現に頼っていたことから来ている．同様に，多項式の平方根を計算する方法を編み出したにもかかわらず，その適用範囲は限定されていた．

カラジーが一層成功をおさめたのは，アブー・カーミルの業績を引き継いで算術操作を無理量に適用する場面においてである．とくに彼は『原論』第X巻に

伝　記

イブン・ヤフヤー・サマウアル（Ibn Yaḥyā al-Samaw'al, 1125 頃–1174）

サマウアルはバグダードの教養あるユダヤ人家庭に生まれた．彼の父はヘブライ語の詩人であった．宗教的教育を施す以外にも，その両親は息子に医学と数学を勉強させた．バグダードの「知恵の館」はすでになくなっていたため，サマウアルは独学で数学を深め，中東各地を遍歴することになる．彼がその数学的主著『バーヒル』を著したのは，弱冠 19 歳のときである．彼の関心はのちに医学に移り，医者として，また医学書の著者として成功した．彼の手による医学書としては，『愛の園における伴侶の散歩』が唯一現存する．これは性科学の本であり，エロティックな逸話を集めている．40 歳の頃，サマウアルはイスラームに改宗し，自己弁護のために 1167 年に書いた伝記の中で，ユダヤ教を反駁する議論を展開している．この著作はイスラームのユダヤ教に対する論戦の書として広く読まれるようになった．

でてくる通約不能量の種類を「数」の種類としてはっきり認識し，それらを用いて算術操作を定義した．アブー・カーミルの場合と同じく，彼は「数」の定義を与えていないが，様々な無理量を扱うのに幾何学的技法ではなく数的技法を用いた．この過程の一環として彼は無理量に関するいくつかの公式を立てている．たとえば

$$\sqrt{A+B} = \sqrt{\frac{A+\sqrt{A^2-B^2}}{2}} + \sqrt{\frac{A-\sqrt{A^2-B^2}}{2}}$$

あるいは

$$\sqrt[3]{A} + \sqrt[3]{B} = \sqrt[3]{3\sqrt[3]{A^2B} + 3\sqrt[3]{AB^2} + A + B}$$

がそれである．

　サマウアルにより代数演算の研究はさらに進められた．彼はとりわけ負の係数を導入した．彼はその代数学書『バーヒル』（『ジャブルの学についての輝かしい書』）において負の係数を扱う際の規則を明確にしている．

　　　もし空虚なベキから加算数を減じるときは $[0x^n - ax^n]$，同一の減算数が残る．もし空虚なベキから減算数を減じるならば $[0x^n - (-ax^n)]$，同一の加算数が残るだろう．もし加算数を減算数から減じるならば，残るのはそれらの減算和である．もし減算数をより大きな減算数から減じるならば，結果は両者の減算差である．もしそこから減じるところの数が減ぜられた数よりも小さいならば，結果は両者の加算差である [21]．

　このような規則が確立されれば，サマウアルは同類項を組み合わせることにより，容易に多項式の加法と減法を行うことができる．もちろん多項式の乗法

には指数規則が必要となる．カラジーは実質的にはこの法則を使っていた．それはアブー・カーミルその他の場合と同様である．しかしながら，たとえば平方と立方との積が「平方-立方」といったような言葉で表されていたので，指数を加えあわせるという数的性質はなかなか見えてこなかった．サマウアルは，この法則を最もうまく表現するには，列で構成された表を使うのがいいと考えた．表では一つ一つの列が，定数や未知数の異なるベキを表すのに使われている．同時に彼は，$\frac{1}{x}$のベキもxのベキと同じくらい簡単に扱えることを発見した．彼の著作では，各列の先頭には数字を表すアラビア文字がおかれている．表は，0と書かれた中心の列から両方向へと読めるようになっているが，われわれはアラビア文字の代わりにアラビア数字を用いることにしよう．また，各列にはベキあるいはベキの逆数の名前も付いている．たとえば，左側で2が上に書かれた列は「平方」，上に5と書かれた列は「平方-立方」，右側で上に3と書かれた列は「立方の部分」，などというふうに名付けられている．話を簡略にするため，われわれはここでxのベキだけ見ていこう．サマウアルは最初規則を説明したときは，左側の1と銘打たれた列で具体的な数，たとえば2を書き記し，そうやって2のいろいろなベキを対応する列に入れていった．

7	6	5	4	3	2	1	0	1	2	3	4	5	6	7
x^7	x^6	x^5	x^4	x^3	x^2	x	1	x^{-1}	x^{-2}	x^{-3}	x^{-4}	x^{-5}	x^{-6}	x^{-7}
128	64	32	16	8	4	2	1	$\frac{1}{2}$	$\frac{1}{4}$	$\frac{1}{8}$	$\frac{1}{16}$	$\frac{1}{32}$	$\frac{1}{64}$	$\frac{1}{128}$

こうしてサマウアルは表を使いながら，われわれが指数法則と呼ぶもの，つまり$x^n x^m = x^{m+n}$の説明を始める．「二つの因数から出て来た積，これが属する級が，因数の一つが属する級とどれくらい離れているかというと，それはもう片方の因数と1の間の距離に等しい．もし二つの因数がちがった方向にあるならば，［距離は］最初の因数の属する級から単位の方へと測らなければならない．逆に，もし二つの因数が同じ方向にあるならば，単位から測らなければならない」[22]．たとえばx^3にx^4を乗ずるときは，列3から左側に級を四つ数え，x^7という答を得る．x^3にx^{-2}を乗ずるときは，列3から右へと級を二つ数え，x^1を得る．これらの規則を使ってサマウアルは，xや$\frac{1}{x}$の多項式を掛けあわせたり，あるいはそのような多項式を単項式で割ったりすることを容易に実行できたわけである．

またサマウアルは，同じような表を用いて多項式を多項式で割っている．この新しい表は，多元方程式を解くために中国で使われた算板［算籌を布置する板］を彷彿とさせる．そこでは各列がやはりxや$\frac{1}{x}$の任意のベキを表すのに用いられる．しかしこの表において列に書かれている数字は，除法に出てくる多項式の係数を表す．たとえば，$20x^2+30x$を$6x^2+12$で割るとき，サマウアルは最初の20と30をそれぞれx^2，xと銘打たれた列のところにおく．またその下に6と12とを，それぞれx^2，1と銘打たれた列のところにおく．「空の級」がx列のところにあるので，サマウアルはそこに0を書き込む．彼は次に$20x^2$を

$6x^2$ で割り，3 1/3 を得る．この数は答の行の中，単位の列のところに書き込まれる．3 1/3 と $6x^2 + 12$ の積は $20x^2 + 40$ である．次に来るのは減法である．x^2 列に残るのは当然 0 である．x 列では残りは 30 で，単位の列では残りは -40 である．ここでサマウアルは新しい表を作り，6, 0, 12 を最初の表に比べ右へ 1 列ずつ移し，これを $30x - 40$ で割ることを要求する．$30x$ を $6x^2$ で割った商は $5 \cdot 1/x$ であるので，答の行で上に $\dfrac{1}{x}$ と書かれた列のところに 5 が書き込まれる．こうして計算は続けられる．以下に，サマウアルによるこの除法問題に対する最初の 2 表を掲げておく．

x^2	x	1	$\dfrac{1}{x}$	$\dfrac{1}{x^2}$	$\dfrac{1}{x^3}$
		$3\dfrac{1}{3}$			
20	30				
6	0	12			

x^2	x	1	$\dfrac{1}{x}$	$\dfrac{1}{x^2}$	$\dfrac{1}{x^3}$
		$3\dfrac{1}{3}$	5		
	30	-40			
6	0	12			

この例に限っていえば，除法は間違っている．サマウアルは計算を 8 度続け，以下を得ている．

$$3\dfrac{1}{3} + 5\left(\dfrac{1}{x}\right) - 6\dfrac{2}{3}\left(\dfrac{1}{x^2}\right) - 10\left(\dfrac{1}{x^3}\right) + 13\dfrac{1}{3}\left(\dfrac{1}{x^4}\right) + 20\left(\dfrac{1}{x^5}\right) - 26\dfrac{2}{3}\left(\dfrac{1}{x^6}\right) - 40\left(\dfrac{1}{x^7}\right)$$

彼は次に，商を割る式に乗じて答を検算し，乗法の操作に十分習熟していることを読者に示している．この積と，当初の割られた式との間には，$\dfrac{1}{x^6}$ と $\dfrac{1}{x^7}$ の差しかないことを見ると，彼は自分の答を「おおよその答」とした．とはいえ彼は，商の係数にはある関係が見られるともいっている．つまり，a_n が $\dfrac{1}{x^n}$ の係数を表しているとすると，その関係は $a_{n+2} = -2a_n$ として表される．こうして彼は自信満々に，商の係数を続けて 21 項分計算し，最終的に $54,613\dfrac{1}{3}\left(\dfrac{1}{x^{28}}\right)$ で終わっている．

このようにサマウアルは多項式による多項式の除法を $\dfrac{1}{x}$ まで拡張し，また割りきれない商を概算値として考えたが，この点では彼が x を 10 で置き換えて整数を割っていったことも，さして驚くべきことではない．すでに述べたように，サマウアルは小数の桁を多く計算すればするほど，分数のより正確な概算値が得られるということを，初めてはっきりと認識した数学者である．よって，カラジーとサマウアルは，代数計算と数計算が平行な関係にあるという認識が形成される上で，非常に重要な位置にある．それは，片方に当てはまる技法というのは，ほとんどどれも，ちょっと改良すればもう片方にも適用できるという考え方である．

7.2.4 帰納法,ベキの和,数三角形

カラジーにより導入され,サマウアルおよびその他の数学者へと受け継がれた重要な考えに,帰納的手法により数列計算を行うというものがある.たとえばカラジーはこのような議論を,整数の立方和を証明するために使っている.この和は,アールヤバタに(そしてもしかしたらギリシアにおいて)すでに知られていたものである.しかしながらカラジーは,任意の n についての一般的な結果を定式化したわけではない.彼は 10 という具体的な整数の場合について定式化している.

$$1^3 + 2^3 + 3^3 + \cdots + 10^3 = (1 + 2 + 3 + \cdots + 10)^2$$

とはいえ,彼の証明は明らかにいかなる整数へも拡張可能なものとして意図されている.

一辺が $1+2+3+\cdots+10$ である正方形 $ABCD$ をとってみよう(図 7.9).$BB' = DD' = 10$ とおき,またグノーモン[ある正方形から,一つの頂点を共有するより小さい正方形を取り去った際に残る L 字型の図形]$BCDD'C'B'$ を補完したあと,カラジーはグノーモンの面積を

$$2 \cdot 10(1+2+\cdots+9) + 10^2 = 2 \cdot 10 \cdot \frac{9 \cdot 10}{2} + 10^2 = 9 \cdot 10^2 + 10^2 = 10^3$$

と計算する.正方形 $ABCD$ の面積はこのグノーモンと正方形 $AB'C'D'$ との和なので,$(1+2+\cdots+10)^2 = (1+2+\cdots+9)^2 + 10^3$ となるだろう.同様の議論で,$(1+2+\cdots+9)^2 = (1+2+\cdots+8)^2 + 9^3$ ということも示せる.こうして,面積が $1 = 1^3$ である,最後の正方形 $A\hat{B}\hat{C}\hat{D}$ まで続けたあと,カラジーは,正方形 $ABCD$ の面積と,正方形 $A\hat{B}\hat{C}\hat{D}$ の面積とそれぞれ $2^3, 3^3, \ldots, 10^3$ の面積であるグノーモンとの和とが同じ面積であるということから,定理を証明するのである.

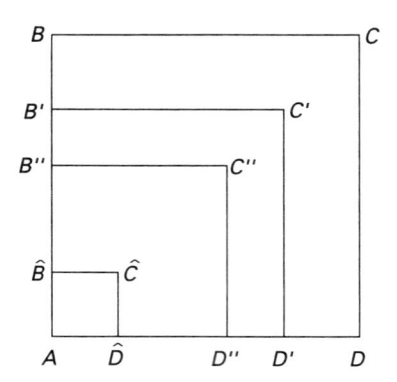

図 7.9
カラジーによる,整数の立方和の定理の証明.

カラジーの議論は実質的には,現代の帰納法における二つの基本要素を含んでいる.二つの要素とは,まず $n=1$ ($1 = 1^3$) について問題の命題が成り立つことであり,次に $n = k-1$ から $n = k$ が成り立つということを導き出すことである.無論,この第二の要素というのは,カラジーの議論でははっきりとは述べられていない.ある意味においては,彼の議論は逆になっているからである.

伝記

イブン・ハイサム (Ibn al-Ḥasan ibn al-Haytham, 965–1039)

イブン・ハイサムは，ヨーロッパではアルハーゼンとして知られる．イスラーム科学者の中でも後世への影響が最も大きかった学者である．彼は現イラクのバスラで生まれたが，一生の大半をエジプトで過ごした．彼はカリフであったハーキムによってエジプトに呼ばれ，ナイル川の水利事業に携わった（図 7.10）．水利事業の方はうまくいかなかったが，彼はエジプトにおいてその最も重要な科学的業績である『光学』全 7 巻を仕上げた．この著作は 13 世紀初頭にラテン語訳され，その後数世紀もの間ヨーロッパで研究および注釈された．イブン・ハイサムの数学者としての名声は，主として「アルハーゼン問題」に関する彼の考察から来ている．これは，反射面上とその外にある 2 点が与えられたとき，片方の点から発した光がもう片方へと反射されるような反射面上の点を求める，という問題である．『光学』第 5 巻において，彼はあらゆる面についてこの問題を解こうとしている．検討されるのは，球面，円筒面，円錐曲線面の凹凸面である．すべてにおいて彼が成功を収めているとはいえないが，この仕事で彼がギリシアの初等幾何学，高等幾何学をともに完全に修得していたことがうかがえる．晩年はユークリッド『原論』，アポロニオス『円錐曲線論』，プトレマイオス『アルマゲスト』などを筆写することで日々の生計を立てた．

図 7.10
イブン・ハイサムの視学に関する業績を称えるパキスタンの切手．

つまり彼は $n=10$ から始め 1 までおりてくるのであり，その逆ではないからである．とはいえ，『ファフリー』に見られるカラジーの議論は，整数の立方和の公式について現存最古の証明である．

整数の和，および整数の平方和に関する公式は，古くから知られていた．いくつか例を考えてみれば，立方和の公式も簡単に発見できる．しかしながら，それらの例を一般化して，そのまま 4 次の数の和を与える公式へ拡張可能にすることは，それほど簡単ではない．このことは 11 世紀初頭，エジプト生まれの数学者イブン・ハサン・イブン・ハイサム (965–1039) がその著作の中でなしとげている．彼はこの結果をより高次の数へと一般化しなかったが，これは多分，彼が回転放物体の求積において 2 次と 4 次についての公式しか必要としなかったという事情から来ている．彼によるパラボロイド[*1]の求積については，7.4.4 項において見るだろう[23]．

イブン・ハイサムが和の公式において発想の中心としたのは，式

$$(n+1)\sum_{i=1}^{n} i^k = \sum_{i=1}^{n} i^{k+1} + \sum_{p=1}^{n}\left(\sum_{i=1}^{p} i^k\right) \tag{7.2}$$

の導出である．イブン・ハイサムはこの結果を一般的な形では述べていない．具体的な整数，たとえば $n=4$, $k=1, 2, 3$ のような場合について述べるだけである．しかしながら彼の証明は，カラジーのものと同様，帰納法を使っており，いかなる n および k の値の場合へも直ちに一般化できる．$k=3$ および $n=4$

[*1] ここではパラボラを軸にまわりに回転させて得られる立体．

のときの彼の証明を見てみよう．

$$(4+1)(1^3+2^3+3^3+4^3) = 4(1^3+2^3+3^3+4^3)+1^3+2^3+3^3+4^3$$
$$= 4\cdot 4^3 + 4(1^3+2^3+3^3)+1^3+2^3+3^3+4^3$$
$$= 4^4 + (3+1)(1^3+2^3+3^3)+1^3+2^3+3^3+4^3$$

しかし公式 (7.2) が $n=3$ のとき成り立つと仮定されているため，

$$(3+1)(1^3+2^3+3^3) = 1^4+2^4+3^4+(1^3+2^3+3^3)+(1^3+2^3)+1^3$$

が成り立つ．こうして，$n=4$ のときに公式 (7.2) が成り立つことが証明される．以上の議論を，n についての，今日の意味における帰納法を使った証明として書き換えるとわかりやすい．

イブン・ハイサムは公式 (7.2) を整数のベキの和を導き出すのに使っている．この公式は一般的なものとして書かれている．たとえば，$k=2$ および $k=3$ のときは以下のようである．

$$\sum_{i=1}^{n} i^2 = \left(\frac{n}{3}+\frac{1}{3}\right)n\left(n+\frac{1}{2}\right) = \frac{n^3}{3}+\frac{n^2}{2}+\frac{n}{6}$$

$$\sum_{i=1}^{n} i^3 = \left(\frac{n}{4}+\frac{1}{4}\right)n(n+1)n = \frac{n^4}{4}+\frac{n^3}{2}+\frac{n^2}{4}$$

ここではこれらの結果に関する証明は見ずに，同様にしてなされた，4 乗ベキの和に関する証明だけ見てみよう．これは（最終的には）一般的な形で述べられているものの，$n=4$ についてしか証明されていない．しかしわれわれはこの証明を，「一般化できる例」という方法の一例として考えることができるだろう．われわれはすでに，ユークリッドがこの方法を使うのを見てきた．いずれにせよ，イブン・ハイサムは公式を 4 乗ベキについて証明しているが，それは立方および平方の場合の公式を，公式 (7.2) に代入することによって行われている．

$$(1^3+2^3+3^3+4^3)5 = 1^4+2^4+3^4+4^4+(1^3+2^3+3^3+4^3)$$
$$+(1^3+2^3+3^3)+(1^3+2^3)+1^3$$
$$= 1^4+2^4+3^4+4^4+\left(\frac{4^4}{4}+\frac{4^3}{2}+\frac{4^2}{4}\right)+\left(\frac{3^4}{4}+\frac{3^3}{2}+\frac{3^2}{4}\right)$$
$$+\left(\frac{2^4}{4}+\frac{2}{2}v+\frac{2^2}{4}\right)+\left(\frac{1^4}{4}+\frac{1^3}{2}+\frac{1^2}{4}\right)$$
$$= 1^4+2^4+3^4+4^4+\frac{1}{4}(1^4+2^4+3^4+4^4)$$
$$+\frac{1}{2}(1^3+2^3+3^3+4^3)+\frac{1}{4}(1^2+2^2+3^2+4^2)$$
$$= \frac{5}{4}(1^4+2^4+3^4+4^4)+\frac{1}{2}(1^3+2^3+3^3+4^3)$$
$$+\frac{1}{4}(1^2+2^2+3^2+4^2)$$

$$1^4+2^4+3^4+4^4 = \frac{4}{5}(1^3+2^3+3^3+4^3)(4+\frac{1}{2})-\frac{1}{5}(1^2+2^2+3^2+4^2)$$
$$= \frac{4}{5}\left(4+\frac{1}{2}\right)\left(\frac{4}{4}+\frac{1}{4}\right)4(4+1)4-\frac{1}{5}\left(\frac{4}{3}+\frac{1}{3}\right)4\left(4+\frac{1}{2}\right)$$

そして最後に

$$1^4 + 2^4 + 3^4 + 4^4 = \left(\frac{4}{5} + \frac{1}{5}\right) 4 \left(4 + \frac{1}{2}\right) \left[(4+1)4 - \frac{1}{3}\right].$$

$n = 4$ のときについての以上のような結果から，イブン・ハイサムは一般的な定式を言葉で述べるにとどまっている．それは以下のように現代風の公式に書くことができる．

$$\sum_{i=1}^{n} i^4 = \left(\frac{n}{5} + \frac{1}{5}\right) n \left(n + \frac{1}{2}\right) \left[(n+1)n - \frac{1}{3}\right].$$

　帰納的な議論は，二項定理と数三角形との関連においても使われた．サマウアルの『バーヒル』では，このような問題をカラジーがどのように扱ったかについて言及している．ここで言われているカラジーの著作は現存しなので，サマウアルの著作に記録されているカラジーの議論を見てみよう．二項定理とは，

$$(a+b)^n = \sum_{k=0}^{n} C_k^n a^{n-k} b^k$$

と書かれる公式である．ここで n は正の整数，C_k^n は二項係数であり，数三角形［パスカルの三角形．本書 6.4 節参照］における一つ一つの値に相当する．当然サマウアルの時代には記号法はなかったので，彼はこの公式も個々の場合ごとに言葉で説明している．たとえば $n = 4$ のときについて，彼によれば「二つの部分に分けられた数について，その平方–平方は，各部分の平方–平方，一方の部分の立方ともう片方の部分の 4 倍との積，そして各々の部分を平方して掛けあわせそれに 6 を掛けた積に等しい」[24]．サマウアルは次に二項係数の表を作り，より大きい n についてどのようにこの規則を一般化するかを示している．

x	x^2	x^3	x^4	x^5	x^6	x^7	x^8	x^9	x^{10}	x^{11}	x^{12}
1	1	1	1	1	1	1	1	1	1	1	1
1	2	3	4	5	6	7	8	9	10	11	12
	1	3	6	10	15	21	28	36	45	55	66
		1	4	10	20	35	56	84	120	165	220
			1	5	15	35	70	126	210	330	495
				1	6	21	56	126	252	462	792
					1	7	28	84	210	462	924
						1	8	36	120	330	792
							1	9	45	165	495
								1	10	55	220
									1	11	66
										1	12
											1

この表の作り方に関して彼が行う説明は，われわれにとってはすでになじみのものだ．つまり，どの値も，そのすぐ左側の値にその真上の値を加えることに

よって得られるというものである．また彼は，この表が「二つの部分に分けられた数」の 12 乗ベキまでであれば，展開するのに適用できるとも言っている．

　この表を念頭におきながら，サマウアルが $n=4$ の場合についてさきほどの結果をどのように証明したか，見てみよう．c が $a+b$ に等しいとする．このとき，$c^4 = cc^3$ であり，また c^3 は $c^3 = (a+b)^3 = a^3 + b^3 + 3ab^2 + 3a^2 b$ によって与えられることがすでに知られているので，$(a+b)^4 = (a+b)(a+b)^3 = (a+b)(a^3+b^3+3ab^2+3a^2b)$ が成り立つ．$(r+s)t = rs+rt$ を繰り返し適用することにより，サマウアルはこの量が $(a+b)a^3 + (a+b)b^3 + (a+b)3ab^2 + (a+b)3a^2b = a^4 + a^3b + ab^3 + b^4 + 3a^2b^2 + 3ab^3 + 3a^3b + 3a^2b^2 = a^4 + b^4 + 4ab^3 + 4a^3b + 6a^2b^2$ に等しいということを見出す．なお彼によれば，$(r+s)t = rs+rt$ はユークリッド『原論』第 II 巻に由来するものである．すると，式における係数は表から該当するものがとられており，展開してみると，新しい係数が以前の係数から表の作成方法どおりに得られているということがわかる．サマウアルは次に $n=5$ の場合の結果を示し，一般的に結論する．「以上を理解した者は，二つの部分に分割された任意の数について，その平方-立方［5 乗］が何に等しいかがわかる．それは各部分の平方-立方の和，それぞれの部分を他方の部分の平方-平方で掛けた積の 5 倍，そしてそれぞれの部分の平方をもう片方の部分の立方で乗じたものと 10 との積である．同様により高いベキの場合も行う」[25]．カラジーやイブン・ハイサムの行った証明同様，サマウアルの議論は帰納法による証明を構成する二つの基本要素を含んでいる．彼は知られている値（ここでは $n=2$）をとり，これを与えられた整数について計算し，そこから次の整数について計算を導き出すのである．サマウアルは二項定理を一般的な仕方で述べたり，また証明したりする手段は持ち合わせていなかった．にもかかわらず，今日から見ればサマウアルの証明は，帰納法を用いて二項定理を完全に証明することの一歩手前まできていることがわかる．ただし，この場合，定理において係数そのものが帰納的に定義されていることが条件である．このことはサマウアルも実質的には行っている．つまり $C^n_m = C^{n-1}_{m-1} + C^{n-1}_m$ である．とにかく，数三角形はイスラームにおいてであろうと，すでに見たように中国においてであろうと，数の根を計算する方法の中で用いられたのである．イスラームの場合においては，この計算法はサマウアルの時代から記録が残っているわけだが，少なくともそれに遡ること 1 世紀にはすでに知られていたと推測できるのである．

7.2.5　ウマル・ハイヤーミーと 3 次方程式の解法

　イスラーム世界では，算術化と帰納法の発達と並んで，代数学の流れがもう一つ存在した．それは幾何学の適用である．9 世紀の終わりまでには，イスラーム数学者たちはギリシアの文献のうち重要なものは読み終えており，いくつかの幾何学的問題が 3 次方程式の解法につながるということに気づいていた．これらの方程式は二つの円錐曲線の交点から求められるのである．3 次方程式につながる問題には，立方体倍積問題や，体積が与えられた比になるように球を二分するアルキメデスの問題なども含まれていた．10, 11 世紀にも円錐曲線の交点というギリシア起源の考え方を用いてある種の 3 次方程式を解いたイスラーム数学者がいた．しかし数学者にして詩人のウマル・ハイヤーミー (1048–1131)（西

伝　記

ウマル・ハイヤーミー ('Umar al-Khayyami, 1048–1131)

　ハイヤーミーは1048年，現イランのニーシャープールに生まれている．この地域がセルジュク・トルコの支配下に入ったばかりの頃である．その生涯の大部分の間，彼はセルジュク朝の支援を受けた．イスファハンでの天文台で長い間働き，暦改革に取り組んだ．支配者が代わるにつれ，彼は寵愛を失ったりもしたが，それでもなんとか支援は続けて受けることができ，数多くの数学書や天文学書，また詩や哲学書を残すことができた．彼が西洋で有名なのは，実は『ルバーイヤート』という詩集のためである．その重要な代数学書の前書きで，ハイヤーミーは自分が仕事を続けることがいかに困難であったか，不平を述べつつも，必要な支援を与えてくれた支配者に感謝している．

　　私は面倒なことがらに足を引っ張られ，この著作を仕上げる時間がなかなかとれず，またそのために集中して考える余裕もありませんでした．……今日目に付くのはみな似非学者ばかりです．彼らは真実に虚偽を混ぜ，欺瞞と教条主義以上のことは述べず，その学問知を程度の低い，物質的な要求に従わせているだけであります．彼らは，真実を追究する優れた人物を見，彼が虚偽や嘘よりも廉直さを愛し，偽善と裏切りを避けようとしているのを目の当たりにすると，軽蔑しては笑い者にしてしまいます．私が神のご加護により，あなた，光栄あふれる唯一の我が主人，最後の裁き手であらせらるイマーム，サーイド・アブー・ターヒル殿下，あなたのご厚意に預かれたときは……私の心は喜びで躍り立ったわけです．私はその頃には，かくも深い学識と決断の確固さを……兼ね備えた人物に出会えることを，ほとんど絶望視していたからであります．私は閣下の寛大さと厚意に大いに力づけられました．閣下の崇高さに少しでも近づけるようになるにはどうすればよいか，思案した結果，私は自分の著作を再び続ける決断をいたしました．時の転変で私はそれをやむなく中断していたのですが，再びそれをとりあげ，哲学諸説の根幹について私が得た知見をまとめあげようと思い立ったのです[27]．

洋では通例オマル・ハイヤームと呼ばれる）が，初めて3次方程式を体系的に分類し，それらすべてを一般化して解くということを行った．

　ハイヤーミーの数学上の主著は『ジャブルとムカーバラの諸問題の証明についての論考』である．この著作は何よりも3次方程式の解法を主題としている．彼がその序文で述べるには，この著作を読もうとする者は，ユークリッド『原論』と『ダタ』，それにアポロニオス『円錐曲線論』の第I, II巻の内容に精通していなくてはならない．3次方程式は円錐曲線の性質を利用して，幾何学的に解くしかないからである．とはいえ，著作において検討されるのは幾何学の問題ではなく代数学の問題である．ハイヤーミーは，できることならば3次方程式を解くための代数計算法を示したかった．ちょうどフワーリズミーが2次方程式を解くために三つの計算法を示したのと同じように，である．彼は書く．「問題が単なる数を対象としているときには，われわれも，またおよそ代数学に携わっているすべての人も，このような方程式を解くことはできなかった．おそらく，われわれに続く誰かがこの穴を埋めてくれるであろう」[26]．ハイヤーミーの希望が実現されたのは，やっと16世紀に入ってからである［本書9.3節参照］．

ハイヤーミーはその著作をフワーリズミーの様式に従って始めている．つまり 3 次までの方程式の完全な分類を提示している．ハイヤーミーにとっては，彼の先駆者たちにとってと同様，すべての数は正だったので，正の根を持ちそうな様々な形式を別々に枚挙する必要があった．これらのうち，14 個の式が 2 次や 1 次の方程式には還元できなかった．これらは三つのグループに分けられた．一つは二項式 $x^3 = d$，六つは三項式 $x^3 + cx = d$, $x^3 + d = cx$, $x^3 = cx + d$, $x^3 + bx^2 = d$, $x^3 + d = bx^2$, および $x^3 = bx^2 + d$ であり，残り七つは $x^3 + bx^2 + cx = d$, $x^3 + bx^2 + d = cx$, $x^3 + cx + d = bx^2$, $x^3 = bx^2 + cx + d$, $x^3 + bx^2 = cx + d$, $x^3 + cx = bx^2 + d$, そして $x^3 + d = bx^2 + cx$ という四項式であった．これらの式は一つ一つ詳細に分析されている．ハイヤーミーはそれらの解法に必要な円錐曲線について説明し，解法が正しいことを証明してから，最後に解がない場合や解が一つより多くある場合についての条件について考察する．ここではハイヤーミーによる $x^3 + cx = d$，あるいは，彼自身の言葉遣いによれば，「立方体と辺とが数に等しいとき」の解法を見てみる．

カラジーやサマウアルとは異なり，ハイヤーミーはギリシアに由来する同次性の考え方［方程式において，すべての項が同じ次数でなければならないとする条件］を守ろうとした．つまり彼は 3 次方程式を立体どうしの方程式と考えるのである．x は立方体の 1 辺を表すので，c は（正方形によって表すことのできるような）面積でなければならない．したがって cx は立体であり，また d はそれ自体で立体である，というわけである．解を作図によって求めるため，ハイヤーミーは AB を正方形 c の 1 辺と等しくおく，つまり $AB = \sqrt{c}$（図 7.11）．次に彼は BC を AB に垂直になるように作図し，$BC \cdot AB^2 = d$，あるいは $BC = d/c$ となるようにする．次いで，AB を Z の方向へ延長し，頂点 B，軸 BZ，パラメーター AB となるようなパラボラ［放物線］を作図する．現代の記号で書くと，このパラボラの式は $x^2 = \sqrt{c}\,y$ である．同様に彼は線分 BC 上に半円を作図する．その式は

$$\left(x - \frac{d}{2c}\right)^2 + y^2 = \left(\frac{d}{2c}\right)^2 \qquad \text{あるいは} \qquad x\left(\frac{d}{c} - x\right) = y^2$$

である．円と放物線は 1 点 D で交わる．この点の x 座標（ここでは線分 BE で表されている）が方程式の解である．

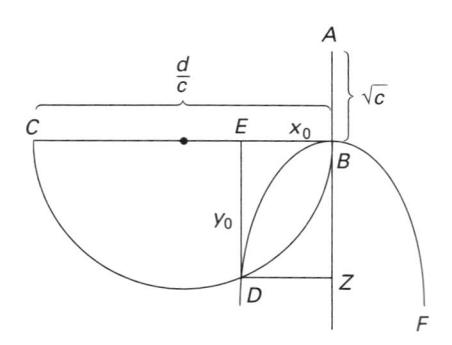

図 7.11
ハイヤーミーによる $x^3 + cx = d$ の解法の作図．

ハイヤーミーはこの解が正しいことを，パラボラと円の基本的性質を使って証明している．$BE = DZ = x_0$ で $BZ = ED = y_0$ とすると，第一に，$x_0^2 = \sqrt{c}\,y_0$,

あるいは $\frac{\sqrt{c}}{x_0} = \frac{x_0}{y_0}$. D がパラボラ上にあるからである．第二に，$x_0\left(\frac{d}{c} - x_0\right) = y_0^2$，あるいは $\frac{x_0}{y_0} = \frac{y_0}{\frac{d}{c} - x_0}$. D が半円上にあるからである．これより，

$$\frac{c}{x_0^2} = \frac{x_0^2}{y_0^2} = \frac{y_0^2}{\left(\frac{d}{c} - x_0\right)^2} = \frac{y_0}{\frac{d}{c} - x_0} \frac{x_0}{y_0} = \frac{x_0}{\frac{d}{c} - x_0}$$

であり，また $x_0^3 = d - cx_0$ でもある．こうして x_0 が求めたい解であることがわかる．ハイヤーミーはここでこの形の方程式は常に解を一つ持つといっているが，その証明は与えていない．言い換えれば，パラボラと円とは常に原点以外の1点において交わるということである．しかし原点は問題への解を与えない．ハイヤーミーの意見は，方程式 $x^3 + cx = d$ が常に正の根を一つ持つという今日の命題に通じる．

ハイヤーミーは列挙した14の場合をすべて同じ仕方で扱っている．正の根がいつもあるとは限らない場合については，その存在の幾何学的条件を述べている．つまり，解が0個，あるいは1個，あるいは2個ある場合があるが，それは使われている円錐曲線が交差しないか，1点あるいは2点において交差するかに依存するのである．彼がこのような分析で一箇所だけ失敗しているとすれば，それは方程式 $x^3 + cx = bx^2 + d$ においてである．彼はそこで三つ解がありうることに気づいていない．とはいえ一般に，1個あるいは2個の解が存在する場合を，係数に関する条件と結びつけて考えようとするかというと，ハイヤーミーにおいてはこのような姿勢は見られない．$x^3 + d = bx^2$ では両者は関連づけられているが，これとて限定された意味においてにすぎない．この方程式で彼は，もし $\sqrt[3]{d} = b$ であるならば解は存在しないといっているだけである．もし x が解であったとすると，$x^3 + b^3 = bx^2$ となり，$bx^2 > b^3$，$x > b$ だが，他方 $x^3 < bx^2$ より $x < b$ も成り立ち，矛盾してしまうからである．同様に，$\sqrt[3]{d} > b$ のときも解はありえない．しかしながら，$\sqrt[3]{d} < b$ という条件は解の存在を保証しない．ここでもやはり0個，あるいは1個，あるいは2個の（正の）解がありえて，それはこの問題で使われる円錐曲線（この場合は放物線と双曲線）が何度交わるかによる，というにとどまっている．

7.2.6 シャラフッディーン・トゥースィーと3次方程式

ハイヤーミーの方法はシャラフッディーン・トゥースィー（1213年没）によって改良された．シャラフッディーン・トゥースィーはペルシャのトゥースに生まれた数学者である．彼はハイヤーミー同様，3次方程式をいくつかのグループに分類することから始めている．彼の作ったグループはハイヤーミーのそれと異なるが，それは彼が解がいくつあるかを決定する係数の条件をはっきりさせたかったからである．したがって，彼の作ったグループの最初ものは，2次方程式に還元可能なもの，および式 $x^3 = d$ からなっている．第二のグループは，少なくとも一つの（正の）解を持つような八つの式からなっている．第三のグループは，係数によって（正の）解を持ったり持たなかったりする式からなっており，$x^3 + d = bx^2$，$x^3 + d = cx$，$x^3 + bx^2 + d = cx$，$x^3 + cx + d = bx^2$，そして

$x^3 + d = bx^2 + cx$ が含まれる.

第二のグループについては,シャラフッディーン・トゥースィーの解法はハイヤーミーのそれと同じである.彼は適当に選ばれた二つの円錐曲線の交点から解を求めている.しかし彼はハイヤーミーの業績を一歩越え出て,なぜ実際に二つの曲線が交わるのかについて詳細に議論する.しかしながら彼の最も独創的な貢献は,第三のグループに関係している.

シャラフッディーン・トゥースィーによる式 $x^3 + d = bx^2$ の分析を見てみよう.彼は始めに式を $x^2(b-x) = d$ という形に変える.次に彼は,この式が解を持つかどうかは,「関数」$f(x) = x^2(b-x)$ が d という値に達するかどうかによって決まるという.換言すると,$x^2(b-x)$ の最大値を知る必要があるのである(図 7.12).そして $x_0 = \dfrac{2b}{3}$ が $f(x)$ の最大値を与えると主張する.つまり,0 と b の間にあるいかなる x についても,$x^2(b-x) \leq \left(\dfrac{2b}{3}\right)^2 \left(\dfrac{b}{3}\right) = \dfrac{4b^3}{27}$ であると主張するのである.奇妙なことに,なぜ x_0 に関してこの特定の値を選んだのかについて,彼は一言もいわない.あるいはギリシア人にすでに知られていた(『原論』第 VI 巻命題 28),$x(b-x)$ の最大値は $x = \dfrac{b}{2}$ であるという事実から類推したのかもしれないし,あるいはアルキメデス『球と円柱について』第 II 巻第 4 問をよく研究した結果推測できたのかも知れない.後者の問題は,シャラフッディーン・トゥースィーの扱っているような 3 次方程式に関係している.もう一つ考えられるのは,彼が $y < x$ と $y > x$ の双方に対して $f(x) - f(y) > 0$ を満たすような x についての条件を考察して,問題の最大値を求めた,ということである.これは本質的には $f(x)$ の「導関数」が 0 のときを計算することに匹敵する[28].彼がどのような導き出し方をとったにせよ,この値が実際に最大値であることを証明する幾何学的手順にはまったく誤謬がない.同様の分析を彼はこの第三のグループを構成する五つの式一つ一つについて実行している.

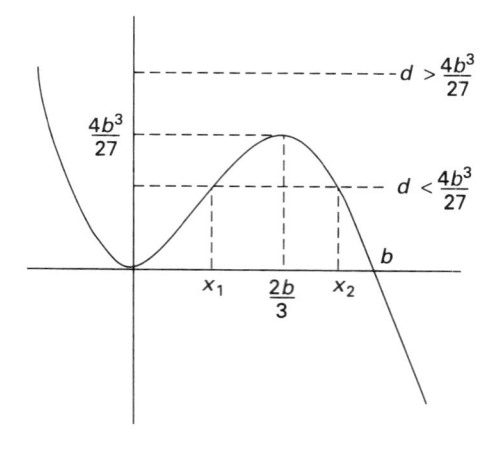

図 7.12
シャラフッディーン・トゥースィーによる 3 次方程式 $x^3 + d = bx^2$ の解析を,現代のグラフを用いて解釈したもの.

$\dfrac{2b}{3}$ が最大値であることがわかったいま,シャラフッディーン・トゥースィーは,もし最大値 $\dfrac{4b^3}{27}$ が与えられた d よりも小さい場合は,式の解は存在しないと

注記している．$\frac{4b^3}{27}$ が d に等しい場合は，$x = \frac{2b}{3}$ が唯一の解であり，$\frac{4b^3}{27}$ が d よりも大きい場合は，x_1 と x_2 という二つの解があり，$0 < x_1 < \frac{2b}{3}$, $\frac{2b}{3} < x_2 < b$ である．こうして解が存在することが確認され，シャラフッディーン・トゥースィーは式を解くことへと進む．このとき彼は問題の式をすでに知られている形に還元する．ここでは $x^3 + bx^2 = k$ がそれである．ただし $k = \frac{4b^3}{27} - d$ である．もしこの式について，X という解が幾何学的手法で，二つの円錐曲線の交点から発見されるとすれば，解のうち大きい方 x_2 が $x_2 = X + \frac{2b}{3}$ であるということが証明される．もう片方の解 x_1 をみつけるために，新しい方法が提案される．まず 2 次方程式 $x^2 + (b - x_2)x = x_2(b - x_2)$ への正の解 Y を求め，それから再び幾何学的手法により，$x_1 = Y + b - x_2$ がもとの式に対するもう一つの正の根であるということが証明される．こうして新しい多項式の根が，変数を持つ公式の変形により，以前の多項式の根と関連づけられる．あきらかにシャラフッディーン・トゥースィーは，3 次方程式についての，またその根と係数の関係についての，確固たる理解に達していたのである．先行者たちとは違い，彼は 3 次方程式のいろいろな型が互いに関連していたことに気づいていた．ある型についての解法は別の型を解く上で使えた．もう一つ注目される点は，事実上 3 次方程式の判別式，ここでは $\frac{4b^3}{27} - d$ が使われ，正の解が存在するかどうか決定されていたにしても，それを代数的に用いて数値解を決定するのに使われることはなかったということである．

　他方でシャラフッディーン・トゥースィーは，このような 3 次方程式への数値解を求めることにも関心をみせている．上で見てきた場合について彼が与えている例は，$x^3 + 14,837,904 = 465x^2$ である．上で見た方法により，彼はまず $\frac{4b^3}{27} = 14,895,500$，そして $k = \frac{4b^3}{27} - d = 57,596$ を計算し，そこから $0 < x_1 < 310$, $310 < x_2 < 465$ であるような二つの解 x_1, x_2 が存在することがわかる．x_2 を求めるには $x^3 + 465x^2 = 57,596$ を解き，11 が解であることがわかり，したがって $x_2 = \frac{2b}{3} + 11 = 310 + 11 = 321$ であるといえる．x_1 を求めるには 2 次方程式 $x^2 + 144x = 46,224$ を解くが，（正の）解は 154.73 に近い無理数である．シャラフッディーン・トゥースィーはこれを第 6 章で見たような中国の方法と同類の算術的方法で求めている．こうして，もとの式の解 x_1 が 298.73 であることがわかる．

　イスラームの代数学者たちはあきらかに，バビロニアから受け継いだ代数学を大きく発展させた．彼らはギリシアに由来する証明の観念をとりこみ，自分たちの用いた方法に確固たる基礎を与えた．彼らの著作のいくつかはヨーロッパにも伝わり，ヨーロッパ人たちに代数学のなんたるかを垣間見させたが，いくつかの著作は伝わらず，その結果ヨーロッパで独自に発見されなければならなかった知識も，いくつかある．われわれはのちほど，実際に伝播された知識がどのような道を歩んだかを見るだろう．

7.3 組合せ論

すでに見たように，組合せと順列に関する基本的な公式は，インドで 9 世紀あるいは多分それ以前にもすでに知られていたが，イスラーム数学者もこの方面に興味を示している．たとえばハリール・イブン・アフマド (717–791) という辞書編纂家は，すべてのアラビア語の単語を分類する試みの中で，アラビア語アルファベットの 28 文字のうち，二つ，三つ，四つ，および五つをとってきてどれだけ多くの語が作れるか，計算している．サマウアルも，多元連立方程式を解く方法について議論した著書『バーヒル』の一節において，六つずつとられた 10 個の未知数から得られる 210 通りの式を，系統的に並べている．もっともサマウアルは，それ以外の場合についてどのように計算すればよいかは示さなかった．13 世紀になって初めて，組合せの基本公式を導出しようと試みる者が出てくる．そのようなイスラーム数学者のうち，数人の業績をここではとりあげてみよう．

7.3.1 色の枚挙

13 世紀の初頭，アフマド・イブン・ムンインは，n 個からなる集まりの中の r 個の要素の組合せを計算しようとした．その際，彼は $r-1$ 個のものの組合せとして答を計算している．イブン・ムンインの生涯に関してはほとんど知られていないが，恐らくマラケシュ（現モロッコの都市）にあったアルモアデ朝（ムワッヒド朝）の宮廷に住んでいたと思われる．時期はムハンマド・イブン・ヤークーブ・ナースィル (1199–1213) の在位期であったとも考えられている．アルモアデ朝は，元来は北アフリカとスペインのほとんどを含む大きな帝国を支配下においていたものの，1212 年，ナースィルがキリスト教王国連合軍にスペインのラス・ナバス・デ・トローサの戦いに敗れたあと，スペイン領の多くを失った．

イブン・ムンインが調べていたのは，基本的にはよく知られた問題と変わりがなかった．つまり，アラビア語アルファベットの文字からどれだけ多くの単語が組合せで出てくるか，という問題である．しかしこの問題に入る前に，イブン・ムンインは別の問題を考察している．それは，10 種類の色をした絹から，色の束をいくつ作ることができるか，というものである．彼の計算は注意深い．まず 1 種類の色からは 10 通り，すなわち $C_1^{10} = 10$ の可能性があることを確認する．2 種類の色の場合を計算するため，イブン・ムンインは組合せを順々に枚挙する（ここで c_i は i 番目の色を表すとする）．

$$(c_2, c_1);\ (c_3, c_1),\ (c_3, c_2);\ \ldots (c_{10}, c_1),\ (c_{10}, c_2),\ \ldots,\ (c_{10}, c_9)$$

ここから

$$C_2^{10} = C_1^1 + C_1^2 + \cdots + C_1^9 = 1 + 2 + \cdots + 9 = 45.$$

C_2^k は 10 より小さい k に関して同様に計算できる．C_3^{10} を計算するにあたり，イブン・ムンインは同じような手順をとる．

> 3 種類の色についての組合せ数を決定するには，まず第三の色を第一および第二の色と組み合わせ，それから第四の色を先行する 3 色——第

一，第二，第三の色——からなる対一つ一つと組み合わせる．次に第五の色を，先行する四つの色からなる対一つ一つと組み合わせ……こうして第十の色を先行する九つの色からなる対一つ一つと組み合わせるところまで来る．しかし，色の各対とは，第2行にあるいずれかの組合せである[29]．

言い換えると，$k = 3, 4, \ldots, 10$ のときの c_k 一つ一つについて，イブン・ムンインはその前の計算ですべて k より小さい指数を持つペアを考えているのである．たとえば，

$$(c_3, (c_2, c_1));\ (c_4, (c_2, c_1)),\ (c_4, (c_3, c_1)),\ (c_4, (c_3, c_2));\ (c_5, (c_2, c_1)), \ldots$$

よって C_3^{10} とは $1 + 3 + 6 + \cdots + 36 = C_2^2 + C_2^3 + C_2^4 + \cdots + C_2^9$ という和である．この中の各数値は，すべて「第2行で」すでに計算済みのものである．ここでいわれている「行」とは，イブン・ムンインの提示する表に関連する．そこで彼は計算の結果を示している．表の第1行は $1, 2, \ldots, 10\ (= C_1^1, C_1^2, \ldots, C_1^{10})$ という数値を並べており，第2行には $1, 3, 6, \ldots, 36\ (= C_2^2, C_2^3, C_2^4, \ldots, C_2^9)$ という数値が記されている．以下同様に続いている．イブン・ムンインは数三角形を提示したこの表を絶えず参照し，様々な計算が簡単に行えることを読者に示す（図7.13）．彼は1行1行この表に書き加えていき，$n \leq 10$ および $k \leq n$ のとき C_k^n を計算する．彼が示したこととは，少なくとも n と k について上記のような条件があるときには，

$$C_k^n = C_{k-1}^{k-1} + C_{k-1}^k + C_{k-1}^{k+1} + \cdots + C_{k-1}^{n-1}$$

ということである．

ここでイブン・ムンインは単語の問題に戻ってくるが，ここでは順列の問題も取り扱われている．

> 問題は次のようなものである．つまり，ある言葉に含まれる文字の順列を求めるような標準的手続きを決めること，これである．ただし文字数は既知であり，また同じ文字は2度使わないことが条件である．もし語が2文字からなるとすると，明らかに順列は2通りありうる．最初の文字が2番目に，2番目の文字が最初に来ることができるからである．もし1文字増やし，3文字からなる語を考えると，2文字からなる語の順列一つにつき，3文字目が最初か，中間か，最後の位置に来ることができる．これも明らかである．よって3文字からなる語の順列は6通りである．さて，もう1文字増やして4文字からなる語を考えると，第4の文字は，6通りの順列において，それぞれ［四つの］場所をとりうる．よって，4文字語の場合は24通りの配列があるのである[30]．

イブン・ムンインは結論として，どんなに長い語であろうと，文字の順列は，1乗じ，2乗じ，3乗じ，4乗じ，5乗じというふうに，語を構成する文字数まで乗じてゆくことにより得られるという．彼はこれ以外の問題も，反復を含めた

										جدول جمع الجدول الاول
وهكذا تخطيط المثال في الجدول										
من عنصرة الـوان									1	1
جدول الشرارب التي من تسعة الوان تسعة الوان								1	9	10
جدول الشرارب التي من ثمانية الوان ثمانية الوان							1	8	36	45
جدول الشرارب التي من سبعة الوان سبعة الوان						1	7	28	84	120
جدول الشرارب التي من ستة الوان ستة الوان					1	6	21	56	126	210
من خمســـة الوان خمسة الوان				1	5	15	35	70	126	252
من اربعة الوان اربعة الوان			1	4	10	20	35	56	84	210
من ثلاثة الوان ثلاثة الوان		1	3	6	10	15	21	28	36	120
من لونين لونين	1	2	3	4	5	6	7	8	9	45
من لون لون	1	1	1	1	1	1	1	1	1	10
	لون اول	لون ثاني	لون ثالث	لون رابع	لون خامس	لون سادس	لون سابع	لون ثامن	لون تاسع	جميع الالوان

図 7.13
イブン・ムンインによる組合せ表（出典：A. Djebbar, *Publications Mathématiques D'Orsay*, 1985）．

順列の問題も含め扱っているが，そのあとで発音や母音記号を考慮に入れている．彼の狙いは，アラビア語における単語の数を決定することであり，これが正確には何を意味するのかについて議論し，そのあとでいましがた見てきた方法を利用して9文字からなる語の数を具体的に計算してみせる．ただし単語は，反復されない文字二つ，2度反復される文字二つ，そして3度反復される文字一つを含んでいるという条件がつく．求めたい数は結果的に16桁からなることが判明する．

7.3.2 組合せ論と数論

13世紀の末頃，組合せ論の公式を再びとりあげたのがカマールッディーン・ファーリスィー（1320年没）である．ペルシャで活躍したこの数学者は，整数の因数分解と友愛数との関連でこの問題をとりあげた．『原論』第 IX 巻でユークリッドが完全数，すなわちその約数の和に等しいような数をどのようにして求めるか，その方法を示したことを思い起こして頂きたい．彼に続くギリシアの数学者はこの考えを一般化し，**友愛数**とは何かを定義した．友愛数とは，互いがもう片方の約数の和であるような数の組である．残念ながらギリシアでは一組の友愛数しか発見されなかった．220と284がそれである．またギリシアでは友愛数を捜すための一般的な定理も発見されなかった．サービト・イブン・クッラが，そのような定理を発見し証明した初めての数学者である．現代風に記してみると，それは次のようになる．

サービト・イブン・クッラの定理 $n > 1$ であるような n につき，$p_n = 3 \cdot 2^n - 1$, $q_n = 9 \cdot 2^{2n-1} - 1$ であるとせよ．もし p_{n-1}, p_n そして q_n が素数であるならば，$a = 2^n p_{n-1} p_n$ と $b = 2^n q_n$ は友愛数である．

一番簡単な例として，$n = 2$ とおいてみる．そうすると $p_1 = 5, p_2 = 11$, そして $q_2 = 71$ はすべて素数であり，こうして 220, 284 という対が得られる．他の数学者もサービト・イブン・クッラの成果を研究したが，13世紀末になり，初めて二つ目の対が発見される．17,296 と 18,416 は，ファーリスィーによって発見されたが，彼はこの定理を独自に研究する中からそれに到ったのである．

ファーリスィーは組合せ論を使ってサービト・イブン・クッラの著作を研究した．ここでは与えられた数の素因数を組合わせることが問題となる．これらの組合せが，与えられた数の約数をすべて決めるからである．たとえば，$n = p_1 p_2 p_3$ において各 p_i が素数であるとき，n の約数とは 1, $p_1, p_2, p_3, p_1 p_2, p_1 p_3, p_2 p_3, p_1 p_2 p_3$ であり，こうして合計 $C_0^3 + C_1^3 + C_2^3 + C_3^3$ 個の約数があるということがわかる．このように，整数の約数について研究を進めるには，どうしても組合せ数とそれらの関係について知っておく必要があったのである．

ファーリスィーはこのような関係についていくらか詳細に述べることができた．その際イブン・ムンインと似たような議論が使われている．実際，彼は「パスカルの」三角形も作っており，それらの列と，組合せ数や，さらには図形数，つまり三角形数，ピラミッド数，あるいはより高次の立体数との間の関係について述べることができた．同時にサービト・イブン・クッラの定理に関する代数的証明も与えられている．

7.3.3 イブン・バンナーと組合せ論の公式

ファーリスィーは先行者同様に，和を使って組合せ論の研究を前進させた．モロッコにおけるイブン・ムンインの直接の後輩に，イブン・バンナー (1256–1321) がいる．彼もまたマラケシュ出身である．彼は組合せについての標準的な乗法公式を発見した．これはずっと以前にすでにインドで定式化されていたものである．加えて，彼は組合せ論を抽象的な仕方で扱っているが，そこではどのような物体が組み合わされるかは問題とならない．

イブン・バンナーはまず列挙を使って議論を始め，$C_2^n = n(n-1)/2$ であることを示している．要素 a_1 は $n-1$ 個の要素一つ一つ，a_2 は $n-2$ 個の要素一つ一つと関連づけられている，などなので，C_2^n は $n-1, n-2, n-3, \ldots, 2, 1$ の和となる．彼は次に，C_k^n の値を求めるためには，「われわれは常に，求めたい組合せ数に先行する組合せ数を，与えられた数に先行する数に乗じることによって求める．後者の数は，与えられた数から，求めたい組合せ数までと同じだけ離れている．この積より，われわれは組合せ数を名称づける部分をとる」[31]．イブン・バンナーの言葉は今日でいう次の公式に翻訳することができる．

$$C_k^n = \frac{n-(k-1)}{k} C_{k-1}^n.$$

イブン・バンナーはこの結果の証明を C_3^n から始めている．n 個の要素からとられた 2 要素の組一つ一つについて，残る $n-2$ 個の要素一つ一つを関連づけてゆく．

こうして $(n-2)C_2^n$ 個の異なった集合が得られる．ここで $C_2^3 = 3$ なので，これらの集合は 3 度ずつ繰り返される．たとえば，$\{a,b,c\}$ は $\{\{a,b\},c\}$，$\{\{a,c\},b\}$，そして $\{\{b,c\},a\}$ として出てくる．よって，公式にある通り，$C_3^n = \dfrac{n-2}{3}C_2^n$ である．次の段階に関しては，まず $C_3^4 = 4$ ということが既知である．よって 3 個の要素からなる集合一つ一つに，残る $n-3$ 個の要素を組み合わせると，その合計 $(n-3)C_3^n$ は，C_4^n の 4 倍であることがわかる．つまり，$C_4^n = \dfrac{n-3}{4}C_3^n$ であることがわかる．他の k の値すべてについても同様であるので，以上のことから

$$C_k^n = \frac{n(n-1)(n-2)\cdots(n-(k-1))}{1 \cdot 2 \cdot 3 \cdots k}$$

であり，こうして n 個からなる集合から k 個の要素を取り出す場合の数を求める標準的な公式が得られるわけである．そしてこの結果にイブン・ムンインの結果，つまり n 個の対象からなる集合について順列数が $n!$ である，という結果が組み合わされ，乗法を施すことにより，n 個の要素からなる k 個の要素に関する順列の数 P_k^n が

$$P_k^n = n(n-1)(n-2)\cdots(n-(k-1))$$

であるということが示されている．

C_k^n に関するイブン・バンナーの証明や，順列数に関するイブン・ムンインの証明は，先行するカラジーやサマウアルによる証明同様，帰納的な議論である．彼らは小さい値についての既知の結果から議論を始め，それを使って一歩一歩より大きい値にのぼってゆくのである．しかしイブン・バンナーもまた彼の先駆者も，帰納の原理を証明法として使う意図で明確に定式化したことはない．このような言明はレヴィ・ベン・ゲルソンによって初めてなされた．彼はイブン・バンナーの同時代人であるが，やや若かった．レヴィ・ベン・ゲルソンについては第 8 章で考察されるだろう．

7.4 幾何学

イスラームの数学者は早い段階から実用幾何学の研究を行っていたが，あとになると様々な方面の理論的な問題にも取り組んでもいる．これにはユークリッドの平行線公準，無理量概念，そして立体求積における取尽し原理も含まれる．

7.4.1 実用幾何学

現存する最も古いアラビアの幾何学書は，代数学の著作同様，フワーリズミーによる．その代数学の著作の一部で幾何学が扱われている．一読してわかることは，代数学で行われた幾何学的証明の場合以上に，ギリシアの理論数学の影響とは無縁に見えるということである．このテキストは測量の基本的な規則を集成したものにすぎない．土地測量士が使いそうな規則の集成である．公理も証明も，（直角二等辺三角形においてピュタゴラスの定理を証明している箇所を除

けば）登場しない．このテキストはそれ以前のヘブライ語の幾何学書『ミシュナ・ミッドト』によく似ている．後者についてはすでに第4章で見た．

フワーリズミーがたてた，円に関する規則から見て行こう．

> 任意の円において，直径と3と7分の1との積は，円周の長さに等しい．この規則は日常生活でも一般に用いられているが，それほど正確ではない．幾何学者たちはこれとは異なる方法を，二つ持っている．最初のものは，直径をそれ自身で乗じ，それに十を乗じて積の平方根をとると，それが円周である，というものである．もう一つの方法とは，とくに天文学者によって用いられるもので，直径に62832を乗じ，それを2万で割ると，商が円周になる，というものである．どちらの方法でも非常に近似した値が得られる．……任意の円の面積は，円周の半分を直径の半分で乗じることにより得られる．辺や角が互いに等しい多角形において，……面積は，外接と内接の中間の円があるとすると，この円の直径の半分にその周の半分を乗じることにより得られるからである．任意の円について，直径をそれ自身で乗じ，その積からその7分の1とその7分の1のまた半分とを引き去ると，残りは円の面積に等しくなるだろう[32]．

ここで与えられている π の近似値のうち，最初のものはアルキメデスの求めたもの，すなわち $3\frac{1}{7}$ である［本書3.2節参照］．これはヘロンもよく知っていた値で，『ミシュナ・ミッドト』においても見られる．実はフワーリズミーは，『ミシュナ・ミッドト』と同じ例をあげているのである．それは彼が直径7の円の面積を計算している箇所に見られる．フワーリズミーは7を2乗して49を得，そこから7分の1，次いで7分の1の半分を引き去り，つまり10 1/2 を引き去り，38 1/2 という値を出している．π の近似値を $\sqrt{10}$ とするのは，フワーリズミーによれば幾何学者たちのものだが，インドで見られた近似値である．興味深いことに，こちらの近似値は「それほど正確ではない」とされている $3\frac{1}{7}$ という値よりも，さらに不正確なのである．最後の近似値は3.1416というものであるが，これが登場する一番古い例もやはりインドにおいてであり，アールヤバタの著作においてである．この値が天文学者たちのものとされているのは，あるいはそれがアラビア語に翻訳されたインド天文学書で使われていたことと関係があるのかもしれない．フワーリズミーがあとの方の近似値に関して幾何学者たちに言及したことから，彼がそれらを何らかの形で証明する方法を知っていたと推測する向きもあるだろうが，フワーリズミー自身はそのような証明には言及していない．

ひし形の面積に関しては次のような簡単な記述があるだけである．「こうして［ひし形の］面積が……二つ［の対角線］を用いて計算できる．一方を他方の半分で乗じるだけである」[33]．フワーリズミーが与えている例は，『ミシュナ・ミッドト』に出ていたもの，すなわち辺が5，対角線がそれぞれ6と8のひし形の面積は24，という例である．

ピラミッド［四角錐］の錘台の体積を求める議論も，やはり『ミシュナ・ミッドト』での議論とよく似ており，しかも例もまた同じものが使われている．直接

公式を与えるという『モスクワ・パピルス』に見られる方法とは違い，フワーリズミーは最初にピラミッドを完成しその頂点までの高さを，相似三角形を使いつつ計算し，そこから上に乗っているピラミッドの体積を下のピラミッドのそれから引いている．

しかしフワーリズミーの著作が『ミシュナ・ミッドト』と異なっている点も見受けられる．それはフワーリズミーが3辺が13, 14, 15の三角形の面積を計算しているところである．ヘロンの公式を使う代わりに，フワーリズミーは長さ14の辺までその対角から垂線をおろし，この垂線のふもとからその辺の一端までの距離を未知量 x とおき，それからピュタゴラスの定理を二度適用して三角形の高さ h を計算している（図7.14）．よって $13^2 - x^2 = 15^2 - (14-x)^2$ であり，$x = 5$, $h = 12$, そして三角形の面積は84となる．

7.4.2 平行線公準

フワーリズミーの幾何学は，たしかに「実用的」といってよい．しかしながらイスラームの著作家たちはギリシアの理論数学書に大きな影響を受け，ユークリッドなどの著作から得た知識をもとに，やがて純粋幾何学の問題に関心を持つようになった．イスラーム幾何学において繰り返し登場する問題に，平行線とユークリッドの第5公準の証明可能性がある．ギリシア数学者にとってもこの公準はしっくりこないものであり，それを証明する試みが繰り返されていた．イスラーム世界でも同様で，たとえばイブン・ハイサムは，『ユークリッドの書の諸前提への注釈』という著作でユークリッドの平行線理論を独自に定式化しようとしている．彼は始めに平行線の新しい定義を与えながら，ユークリッドによる定義は不十分であると指摘する．ユークリッドは平行線を決して交わらない2本の直線と定義していた．イブン・ハイサムによる「より明らかな」定義には，そのような直線の作図可能性が含まれている．つまり，任意の直線が動かされて，その一端が常に第二の直線上にあり，かつ第一の直線が第二の直線に常に垂直である場合，動かされる直線のもう一端が第二の直線に平行な直線を描き出すだろう，というふうに定義されている．実際この定義では，平行線を常に互いに等間隔にある直線として特徴づけている．また幾何学に運動の概念が導入されている．その後の注釈家たちは，ハイヤーミーも含め，この定義に満足せず，与えられた直線に常に垂直になるように運動する直線がはたして「自明」であるのかという疑問を差し挟んだ．彼らにはこのような観念が証明の基礎に使えるとは思われなかった．彼らもよく知っていたように，ユークリッドが運動に訴えたのは，すでに得られている対象から新しい対象を生成するときだけであった．たとえば球が半円の回転から作られる場合がそれであった．いずれにせよ，イブン・ハイサムはこのような観念を第5公準の「証明」に使ったのである．

イブン・ハイサムの証明においては，次の手続きが肝心である．

補助定理 与えられた直線の両端において，2本の直線がそれぞれ垂直に描かれたとせよ．このとき一つの直線からもう一方の直線へとおろされた垂線すべては，長さにおいて与えられた直線に等しい．

図7.15において，GA と DB が AB に対して垂直に描かれており，G から直

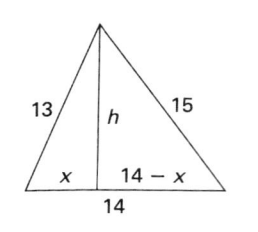

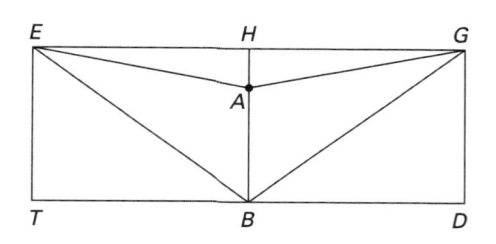

図 7.15
平行線公準に関連してイブン・ハイサムが証明する補助定理.

線 DB へと垂線がおろされている．証明すべきは，GD が AB に等しいということである．イブン・ハイサムは矛盾に導くことでこのことを証明する．まず $GD > AB$ であると仮定される．GA が A を通って $AE = AG$ になるように延長され，同様に BD も B を通って延長される．点 E からは直線 DB の延長線上へと垂線がおろされ，交点が T とされる．次に直線 GB と BE が描かれると，三角形 EAB と GAB とは，2辺と挟角が等しいので合同であり，これより $\angle GBA = \angle EBA$，$\angle GBD = \angle EBT$，よって $GB = BE$ である．したがって，三角形 EBT と GBD の合同が証明され，これより $GD = ET$ である．ここでイブン・ハイサムは運動の観念を用い，ET が直線 TD の上を常に垂直のまま移動すると考える．T が B にくると，E は AB の外にあるだろう．$ET > AB$ だからである．この瞬間における ET を HB と呼ぶことにする．もちろん，ET が GD に達したときには両者は重なり合う．平行の定義より，直線 GHE が DBT と平行であるといえる．作図より GAE もまた直線なので，両端が同じである直線が2本あり，2直線がある面積を囲むことになる．もちろんこれは不可能である．同様の矛盾が $GD < AB$ と仮定した場合においても出てくる．以上が証明である．

　　$GD = AB$ なので，$\angle AGD$ は四辺形 $ABDG$ を構成する他の三つの角度同様，直角であることが容易に見てとれる．ここからユークリッドの公準を証明することはそれほど難しいことではない．イブン・ハイサムが気づかなかったこと，それはもちろん，彼の与えた定義がユークリッドの公準を暗黙のうちに含んでいたということである．いずれにせよ，イブン・ハイサムの結果を通して，平行線公準と四辺形の内角の和が常に四直角であるということとが相互に補足し合う関係であることが，あらためて明らかになったといえる．

　　ハイヤーミーもまた平行の問題に関心を持っていた．『ユークリッドの書の諸前提中にある難問の解明』において彼は，収斂する二直線は交差し，収斂する方向に向かって乖離してゆくことはありえないという原理から出発している．収斂する二直線とは，ハイヤーミーによれば互いに接近する直線のことであるが，この公準を使ってハイヤーミーは八つの命題を証明し，最終的にはユークリッドの第5公準の証明を達成しようと試みている．彼はまず四辺形を作図する．この四辺形は，与えられた線分 AB の両端に，等しい長さの二本の垂線 AC と BD を作図し，C と D とを結ぶことによって得られる（図7.16）．ハイヤーミーは続けて角 C と角 D とがともに直角であることを証明するが，それはそれ以外の二つの可能性——双方とも鋭角であるか，双方とも鈍角である——がいずれも矛盾を生みだすことによってである．もしそれらが鋭角であれば，CD は AB よりも長くなり，もし鈍角であれば CD は AB よりも短くなる．どちらの場合に

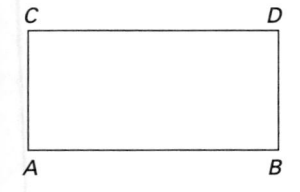

図 7.16
ハイヤーミーの作図する四辺形. $AC = BD$, AC は AB に直行し，BD は AB に直行する．C と D における角は，鋭角，鈍角，直角のうちどれだろうか？

伝　記

ナスィールッディーン・トゥースィー (Naṣīr al-Dīn al-Ṭūsī, 1201–1274)

トゥースィー（図 7.17）はイランのトゥースに生まれ，ペルシャのニーシャープールで教育を受けた．当時ニーシャープールは学問の中心地の一つであった．トゥースィーはやがて学者として大きな名声を獲得してゆく．しかしながら，13 世紀はイスラーム史の中でも大きな混乱の時代だった．イランにおいて唯一平和な場所といえば，イスマーイール派の直接支配する城塞のみであった．幸運にもトゥースィーはイスマーイール派の指導者のひとりに頼み込み，このような城塞の一つで研究を継続できた．モンゴル族のフーラーグがイスマーイール派を 1256 年に破ったあとも，トゥースィーは新しい支配者に忠誠を誓い，容れられた．彼はフーラーグに科学顧問として仕え，その支持を得てマラーガで天文台を建設した．マラーガとはタブリーズの南 160km ほどのところにあった町である．ここでトゥースィーは残りの人生を送っている．彼はそこで天文学者の大きな集団の長を務め，在職中に非常に正確な天文表を作りあげ，また天体モデルも考案している．後者はコペルニクスその人が太陽中心説を構想するにあたって取り入れた可能性がある．

図 7.17
ナスィールッディーン・トゥースィー．

おいても，AC と BD は AB の両側において離れてゆくか収斂するかし，自身のたてた公準と矛盾することが示される．ハイヤーミーはこうしてユークリッドの第 5 公準を証明する．ある意味で彼はイブン・ハイサムの上を行っていた．ユークリッドの公準にとってかわる新しい公準を明確に提出したからである．イブン・ハイサムのように新しい定義の中にそれを暗黙のうちに前提するということはしていない．

ハイヤーミーの約 1 世紀後，ナスィールッディーン・トゥースィー (1201–1274) という数学者が前者の仕事を綿密に検討し，第 5 公準を独自に証明しようと試みた．それは 1250 年頃に書かれた『平行線公準に関する疑念をはらすための議論』という著作に見られる．彼はそこでハイヤーミーと同じ四辺形を検討し，また鋭角と鈍角に関する仮定から矛盾を導き出そうとした．しかし彼の息子であるサドルッディーンが 1298 年に書いたと推測される手稿には，トゥースィーがこの問題について後半生に抱いていた思考が見られるが，そこでの議論は別の仮説から出発している．その仮説はやはりユークリッドのそれと同値である．すなわち直線 GH が H において CD と垂直に，また G においては AB と斜めに交わっているとき，AB から CD へと引かれた垂線は，GH が AB と鈍角で交わる側で GH よりも大きく，反対側では GH よりも小さいというものである（図 7.18）．この手稿が重要なのは，それが 1594 年にローマで出版され，ヨーロッパの数学者に読まれたということである．とりわけそれはサッケーリの研究，そして最終的には非ユークリッド幾何学の出発点となった点で重要であった[34]．

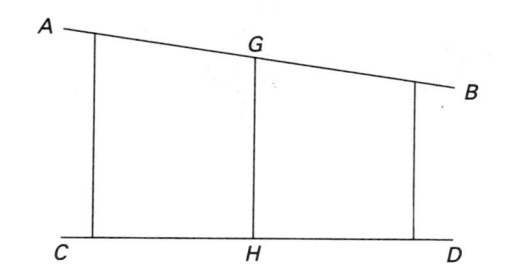

図 7.18
平行線と垂線に関するナスィールッディーン・トゥースィーの仮説.

7.4.3 通約不能量

　もう一つイスラーム数学者の関心を集めた問題に，通約不能量［整数比によって表せない量のこと．本書 2.1.1 項参照］がある．実はユークリッド『原論』第 X 巻に関して，多くのアラビア語注釈書が書かれた．イスラーム代数学者たちが早くから方程式の中で無理量を扱っていたことを思い起こしていただきたい．彼らはユークリッドのたてた数と大きさ［幾何学的量］との区別[*2]を無視したのである．数人の注釈者はこのような習慣を理論化し，ユークリッドのたてた理論的枠組みと矛盾が生じないようにした．

　『通約可能量と通約不能量に関する論考』という 1000 年頃の著作において，イブン・バグダーディーは当時使われていた無理量に関する一連の演算規則を，『原論』の主要原理と調停し，当時行われていた計算方法の有効性を示そうとしている．彼はこうした数値計算法の方が，ユークリッドの用いた幾何学的様式よりも簡単であることを承知していた．「数をとってきてそれを基礎にする方が……大きさについて同じようなことをするよりも簡単である」[35]．彼はアリストテレスとユークリッドが数と大きさとを根本的に区別したことも知っていたので，二つの概念を関係づけるため，数と線分との間に対応関係をつけようとする．これは一見すると現代的なやり方である．ある大きさの単位 a を仮定すると，個々の「整数」n がこの単位の適当な整数倍 na に対応するとされる．こうすると，当初の大きさの一部分，たとえば $\frac{m}{n}a$ は，数の部分（この場合は $\frac{m}{n}$）に対応する．イブン・バグダーディーによれば，任意の大きさがこうして有理幾何量として表され，またそのような大きさが，数どうしと同じ仕方で互いに関係している．それは『原論』第 X 巻命題 5 と同様である．また「部分」ではない大きさは無理幾何量と見なされている．実際，有理数を数直線に埋め込むという試みも見られる．しかしイブン・バグダーディーは，無理幾何量をも「数」と関連づけようと意図していた．

　イブン・バグダーディーは根の観念を使って無理幾何量と数とを関連づける．任意の数 n の根は，連比 $n : x = x : 1$ における中項 x に他ならない．このような根は，存在するかもしれないししないかもしれない．イブン・バグダーディーは同様にして大きさ na の根を，単位となる大きさ a と大きさ na との比例中項として定義する．この大きさはいかなる場合でも定規とコンパスで作図可能なので，存在していなければならない．もちろんそれは有理幾何量でも無理幾何

[*2] 離散量と連続量の区別のこと．前者は単位の集合として数えることができるのに対し，後者は空間的な大きさで表され，単位によって割り切れない大きさ，すなわち現代でいう無理数も含む．

量でもありうる．「有理数」とは「有理幾何量」に対応しているので，また後者は常に有理か無理かの平方根を持つので，有理数の根も同様の対応関係を持つだろうと考えてよい．とりわけイブン・バグダーディーは，大きさに関する限り，平方根も平方も幾何学的には同じタイプの大きさであることに注目する．換言すると，線分として表された幾何学的量の平方根はやはり線分であり，線分の平方もやはり線分として表される．イブン・バグダーディーはこうして，彼より前の何人かのイスラーム数学者同様，ギリシア人が強調した同次性の観念から離れてゆき，あらゆる「大きさ」が同じ仕方，すなわち本質的には「数」として表現できるという考え方に一歩近づいたのである．

　イブン・バグダーディーはその著作の最後で，ユークリッドが『原論』第 X 巻で扱ったような，いろいろな種類の無理幾何量を重点的に考察している．その結果彼は無理幾何量の「密度」に関する証明を得ることができた．つまり，任意の有理幾何量の間に存在する無理幾何量は無限にあることを証明した．たとえば彼は，連続する二つの数 2 と 3 によって表される大きさをとる．これらの大きさの平方は 4 と 9 であるが，それらの間には 5, 6, 7, 8 によって表される大きさが存在する．これらの平方根はそれぞれ $\sqrt{5}, \sqrt{6}, \sqrt{7}$, および $\sqrt{8}$ であるが，イブン・バグダーディーが第 1 階の無理幾何量と呼ぶこれらの大きさは，2 と 3 の間にある．同様に 4 と 9 の平方は 16 と 81 で，これらもまたある大きさを表しているが，それは 25, 36, 49 および 64 も同じである．整数 17, 18, ..., 24 にはそれぞれ第 1 階の無理幾何量 $\sqrt{17}, \sqrt{18}, ..., \sqrt{24}$ に加え，第 2 階の無理幾何量 $\sqrt{\sqrt{17}}, \sqrt{\sqrt{18}}, ..., \sqrt{\sqrt{24}}$ が対応しており，後者はやはりもとの大きさ 2 と 3 との間にある．イブン・バグダーディーによれば，このようにして続けてゆけば，いくらでも無理幾何量が発見でき，それらはどんどん無理幾何量の階数をあげながらも，もとの二つの大きさの間にある．イブン・バグダーディーの研究からわかるように，イスラーム数学者はギリシア数学の議論を理解し，大きさと数との領域を区別しながらも，同時にこの二元論を取り払い，計算の中でますます頻繁になっていた「無理数」の使用を正当化しようとしていたのである．

7.4.4　体積と取尽し法

　幾何学に関してここでとりあげる最後の事例からも，イスラーム数学者がギリシア数学を理解し，それを乗り越えていこうとしていたことがわかる．事例とは，取尽し法を使った立体求積の研究である．この方法は元々はエウドクソスが始め，アルキメデスが縦横無尽に利用したものであったが，イスラームの数学者たちはアルキメデスの『球と円柱について』を読んではいたものの，『円錐曲線体と回転楕円体について』は手に入らなかった．後者においてアルキメデスはパラボラを軸の周りに回転させることによってできる立体の求積法を示している．このようなわけでサービト・イブン・クッラは自分でその証明を発見したが，それはかなり長く複雑であった．約 75 年後，カスピ海南岸地方の出身であるアブー・サフル・クーヒー（10 世紀）はサービト・イブン・クッラの証明を単純化し，それ以外にも同じような求積問題や重心決定問題をいくつか解決した．クーヒー自身はしかしすぐあとに，パラボロイドの問題に完全な一般解を与えなかったとしてイブン・ハイサムに批判されている．イブン・ハイサムによれば，

クーヒーは放物線の切片をその軸に垂直な直線の周りに回転させたときにできる立体については求積法を考察しなかった．イブン・ハイサムは自らこの問題に挑戦している．

今日の言葉でいうと，イブン・ハイサムはパラボラ $x = ky^2$ を直線 $x = kb^2$（これは放物線の軸に垂直である）の周りに回転させたときできる立体の体積が，半径 kb^2，高さ b の円柱の体積の 8/15 であることを証明した．形だけ見ると，その議論は典型的な取尽し法による議論である．イブン・ハイサムは求めたい体積が円柱の体積の 8/15 より大きいと仮定してそこから矛盾が出てくることを示し，次に 8/15 よりも小さいと仮定して再び矛盾を導き出している．しかし彼の証明の要点は，円柱を n 個の円盤に「薄切りにする」点にある．一つ一つの円盤は厚さが $h = \dfrac{b}{n}$ であり，それらとパラボロイドとの交わるところが，パラボロイドから切り取られた円盤の体積に近似している（図 7.19）．パラボロイドにおける i 番目の円盤は半径 $kb^2 - k(ih)^2$ であるので，その体積は $\pi h(kh^2n^2 - ki^2h^2)^2 = \pi k^2 h^5 (n^2 - i^2)^2$ である．したがってパラボロイド全体の体積は

$$\pi k^2 h^5 \sum_{i=1}^{n-1} (n^2 - i^2)^2 = \pi k^2 h^5 \sum_{i=1}^{n-1} (n^4 - 2n^2 i^2 + i^4)$$

という近似値で与えられる．ところがイブン・ハイサムはすでに整数の 2 乗ベキと 4 乗ベキの和についての公式を知っていたので，これらを使って彼は

$$\sum_{i=1}^{n-1}(n^4 - 2n^2 i^2 + i^4) = \frac{8}{15}(n-1)n^4 + \frac{1}{30}n^4 - \frac{1}{30}n = \frac{8}{15}n \cdot n^4 - \frac{1}{2}n^4 - \frac{1}{30}n$$

よって

$$\frac{8}{15}(n-1)n^4 < \sum_{i=1}^{n-1}(n^2 - i^2)^2 < \frac{8}{15}n \cdot n^4$$

と計算する．ここで，パラボロイドに外接する円柱においては，その円盤一つの体積は $\pi h(kb^2)^2 = \pi k^2 h^5 n^4$ なので，全体の体積は $\pi k^2 h^5 n \cdot n^4$，全体から一番上の円盤を一つ取り去った体積は $\pi k^2 h^5 (n-1)n^4$ となる．この不等性より，パラボロイドの体積が，円柱の体積の 8/15 からその一番上の円盤を取り去ったものと，円柱の 8/15 との間にあることがわかる．一番上の円盤は n を十分大きくとれば任意に小さくすることができるので，最初に主張された通り，パラボロイドの体積が円柱のちょうど 8/15 であることが帰結される．

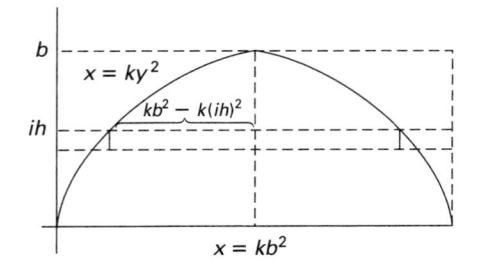

図 7.19
軸に直交する直線の周りにパラボラの切片を回転する．

7.5 三角法

インドの『シッダーンタ』が 8 世紀の末にバグダードにもたらされ，アラビア語に翻訳された．これが，イスラームの学者がインドの三角法に触れたきっかけであった．インドの三角法はギリシア人ヒッパルコスの三角法を転用したものであったが，アラビアの学者たちは暫くして『アルマゲスト』で詳細に展開されているプトレマイオスの三角法にも，それのアラビア語訳を通じて接している．それ以外の数学の分野においてと同様，イスラームの数学者たちはここでも異文化の成果を吸収し，次第にそれに独自の考え方を加えていった．

ギリシアやインドにおいてと同様，イスラーム科学においても三角法は天文学と密接なつながりがあり，三角法を扱ったテキストも天文学書の中の一章として書かれている．イスラーム数学者はとりわけ球面三角形を解く上で必要な三角法に関心を示した．イスラーム法によれば，ムスリムは礼拝の際にメッカの方向を向かなければならなかったからである．任意の場所で正しい方角を知るためには，地球面上での球面三角形の解き方に詳しくなければならなかった．平面および球面三角形の知識は，正しい礼拝時刻を決定する上でも必要だった．この時刻は大体，任意の日における日の出の始まりと日の入の終わり，太陽が出ている時間の長さや太陽高度との関連で決定されていたが，正確に決定するにはやはり球面三角形を用いなければならなかった[*3]．

7.5.1 三角関数

プトレマイオスがその三角法に関する著作の中で 1 種類の三角「関数」，すなわち弦しか用いていなかったのに対し，インド人がそれをより便利な正弦に改造したということを思い出して頂きたい [本書 4.2.1 項，および 6.6.1 項参照]．イスラーム三角法の初期の頃は弦も正弦も両方使われていたが，やがて正弦の使用が一般的になった（ちなみにイスラーム数学における弧の正弦とは，インド数学同様，任意の半径 R の円にとられた直線の長さであった）．正弦以外の関数を導入したのは誰か，正確にはわかっていないが，アブー・アブダラー・ムハンマド・イブン・ジャービル・バッターニー（855 頃–929）が「90° の余角の正弦」（現代でいう余弦）を使ったことが知られている．それは『アルマゲスト』の改良を目指して著された彼の天文学書の中に出てくる．負の数を用いなかった結果，バッターニーは 90° の弧までしか余弦を定義していない．90° から 180° までの弧については彼は正矢を用いている．正矢 versin α とは $R + R\sin(\alpha - 90°)$ として定義される．ただし，バッターニーは正接は使わなかった．よって彼の使った公式はプトレマイオスのもの同様，決して使いやすくはなかった．

正接，余接，正割，余割の三角関数はイスラーム数学では 9 世紀に登場している．その最も早い例は恐らくアフマド・イブン・アブダラー・マルワジー・ハバシュ・ハースィブ（770 頃–870）である．しかし，実は中国では 8 世紀から正接が使われていた．ここではムハンマド・イブン・アフマド・ビールーニー（973–1055）と，その『影に関する包括的論考』をとりあげる．「平陰 [余接] の

[*3] 古代・中世天文学で使われる基本用語は，本書 4.1 節で解説されている．

伝　記

ムハンマド・イブン・アフマド・ビールーニー (Muḥammad ibn Aḥmad al-Bīrūnī, 973–1055)

　ムハンマド・イブン・アフマド（図 7.20）はホラズム地方［アラビア語でフワーリズム］のビールーニーという町の近くで生まれている．これは今日でいうウズベキスタン領内である．彼は，同地域出身の優れた天文学者であったアブー・ナスル・マンスール・イブン・イラークに師事した．政治的紛争によりムハンマド・イブン・アフマドは 995 年に故郷を去らざるを得なかったが，2 年後には，ホラズム地方の主要都市カースに戻り，月食を観測している．ムハンマド・イブン・アフマドは事前にブーズジャーニーと打ち合わせをし，彼が同じ月食をバグダードで観測することになっていた．二つの観測の間の時差を測り，2 都市間の経度の差を計算するためであっ

た．1017 年，ホラズム地方は，アフガニスタンの町ガズナ出身のマフムードというスルタンの支配するところとなり，やがて北インドの一部も含む広大な帝国の一部となった．ムハンマド・イブン・アフマドはスルタンの宮廷に入り，やがてインドに旅行し，インド文化のあらゆる側面に関する重要な著作をものすることになる．そこで彼はカースト制度，ヒンドゥー教の宗教哲学，チェスの規則，時間の観念，そして暦の様々な操作について扱っている．ムハンマド・イブン・アフマドは合計 140 冊あまりの本を書いているが，その大部分は数学，天文学，および地理学に関係している．

図 7.20
シリアの切手に描かれたビールーニー．

　例．A が太陽本体，BG が地平線面と平行な EG に対して垂直に立つグノーモン［元々は日時計の針の部分］の影，そして ABE がグノーモン BG の頂点を通過する太陽の光線であるとせよ（図 7.21）……．EG が平影と呼ばれるものであり，その足は G で先端が E である．EB は影とグノーモンの両先端を結ぶ直線であるが，これが影の径［余割］である」[36]．正接も正割も，同様にして地平線面に平行なグノーモンを用いながら定義される．図 7.21(b) では，GE が「逆影」（正接）と呼ばれ，BE が「逆影の径」（正割）と呼ばれている．

　ビールーニーは三角関数どうしの関係をいろいろ証明している．たとえば「グノーモンと影の径との比は，高さの正弦と全体の正弦との比に等しい」[37]といわれている．「全体の正弦」とはビールーニーによれば 90° の弧の正弦，すなわち当該の円の半径 R のことである．すると公式は

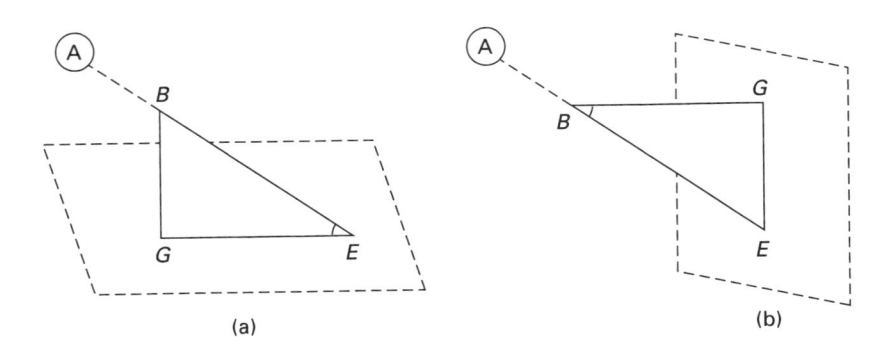

図 7.21
ビールーニーによる正接，余接，正割，余割の定義．(a) においては，GE が角 E の余接，EB が余割である．(b) では，GE が角 B の正接，BE が正割である．

$$\frac{g}{g\csc\alpha} = \frac{R\sin\alpha}{R}$$

というふうに翻訳できる（ここで g はグノーモンの長さである）．あるいは，

$$\csc\alpha = \frac{1}{\sin\alpha}$$

といっても同じことである．ビールーニーはさらに，「任意の時刻において影が与えられており，そこからその時刻における太陽の高さを求めたいとき，影を2乗してグノーモンも2乗し，和［の平方根］をとる．そうすれば余割が得られる．次にそれでグノーモンと全体の正弦との積を割ると，高さの正弦が得られる．正弦表で対応する弧を見つければ，影ができた時点における太陽の高さが得られるだろう」[38]．今日の書き方では，ビールーニーは

$$\sqrt{g^2\cot^2\alpha + g^2} = g\csc\alpha \qquad (あるいは \ \cot^2\alpha + 1 = \csc^2\alpha)$$

という関係を利用し，さきほどの公式を $gR/g\csc\alpha = R\sin\alpha$ という形で適用し，そのときの半径 R の特定の値に関する正弦関数の値を求めている．そして正弦表を逆に読み，α を決定している．同様にしてビールーニーは $\tan^2\alpha + 1 = \sec^2\alpha$ および $\tan\alpha = \dfrac{\sin\alpha}{\cos\alpha}$ に相当する規則を与えている．また正接と余接の表を作る際には，$\cot\alpha = \tan(90° - \alpha)$ という関係を使っている．

あるいは驚く向きもあるかもしれないが，その著作からはこれだけ豊かな三角法の知識がうかがえるにもかかわらず，ビールーニーはそれを天文学の問題にしか適用しなかった．地上の高さや距離を求めるのに彼は三角法以外の方法を適用している．たとえばその足下まで近づけるミナレット［イスラームのモスクに付随する尖塔］の高さを求めるのに，彼は「もし太陽の高さが1回転の8分の1［45°］のときに測量すると，影の先端と垂線の足との間には，［高さと］等しい距離があるだろう」[39] と言っている．しかしながら，足下まで近づけない場合についてビールーニーが提案している手順は，本書第6章で見てきたような中国やインドで用いられていた手順に似ている．ただし，それ以前の中国やインドの数学者と異なり，ビールーニーは自らの議論について相似三角形を使いながら説明している．

しかしながら『影についての包括的論考』が書かれるより75年程前に，カビースィー（10世紀）という人物が，正弦のみを使った同様の三角法を用い，近寄ることのできない任意の物体についてその高さと距離とを求めていた．物体の頂点 A を二つの場所 C, D から眺め，アストロラーベ（測角器の一種で，元々は天文学で使われていた）を使いながら角 $\alpha_1 = \angle ACB$ および $\alpha_2 = \angle ADB$ を求める（図 7.22(a), (b)）．$CD = d$ とすると，高さ $y = AB$ および距離 $x = BC$ は次のように与えられることが示される．

$$y = \frac{d\sin\alpha_2}{\sin(90-\alpha_2) - \dfrac{\sin(90-\alpha_1)\sin\alpha_2}{\sin\alpha_1}}, \qquad x = \frac{y\sin(90-\alpha_1)}{\sin\alpha_1}$$

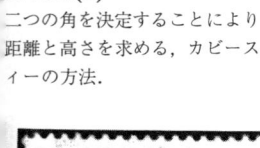

図 7.22(a)
二つの角を決定することにより距離と高さを求める，カビースィーの方法．

図 7.22(b)
イランの切手に描かれたアストロラーベ．

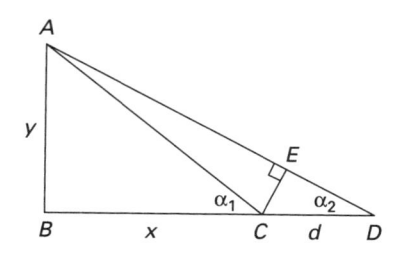

7.5.2 球面三角法

地上で三角法を使う試みはこのように何例か見受けられるが，三角関数が使われたのは主として天文学で出てくる球面三角形を解くためであった．この局面でイスラーム数学者はプトレマイオスよりも簡単な方法をみつけていた．その基本的な業績は，ビールーニーの同時代に生きた二人の数学者により独立に発見された模様である．一人目のアブー・ナスル・マンスール・イブン・イラーク（1030 没）はビールーニーが師事した学者の一人であり，二人目のアブー・ワファー・ブーズジャーニー（940–997）はバグダードの優れた天文学者であった．ここでは後者が書いた天文学の手引き書『アルマゲスト表』に沿いながら，その研究について解説していく．

最初の成果とは「四量則」と呼ばれるようになる定理である．

定理 ABC と ADE が球面三角形であり，B, D がそれぞれ直角で，A が共通の鋭角であるとせよ．このとき $\sin BC : \sin CA = \sin DE : \sin EA$ である（図 7.23）．

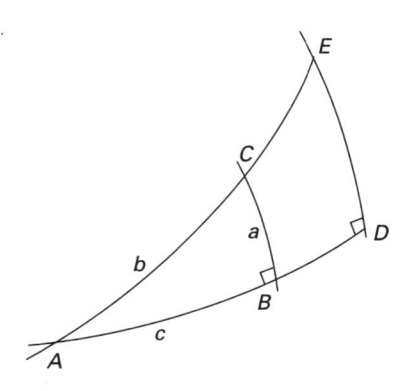

図 7.23
「四量則」．

この定理から直ちに導き出される系として，本書第 4 章［4.2.3 項参照］でとりあげられたメネラオスの定理における一つの特別な場合がある．それは，ABC が直角球面三角形で，B が直角とすると，$\sin A = \dfrac{\sin a}{\sin b}$ であるというものだった．これを証明するには，まず斜辺 AC と基線 AB をそれぞれ点 E および点 D まで延長し，AD と AE がそれぞれ大円の四分円となるようにする．このとき，E と D を結ぶ大円は AD と AE 双方に直角であり，こうして定理を適用することができる．$\sin DE = \sin A$ なので，求めていた事柄は証明される．この系理

は本質的にはプトレマイオスがその計算の中でしばしば使っていた．アブー・ワファーはまた，メネラオスの定理におけるそれ以外の場合についても，証明を与えている．たとえば $\dfrac{\cos a}{\cos b} = \dfrac{1}{\cos c}$，そして $\dfrac{\sin c}{\tan a} = \dfrac{1}{\tan A}$ などの結果である．加えて彼は任意の球面三角形についての正弦定理を証明している．

定理 任意の球面三角形 ABC において，$\dfrac{\sin a}{\sin A} = \dfrac{\sin b}{\sin B} = \dfrac{\sin c}{\sin C}$（図 7.24）．

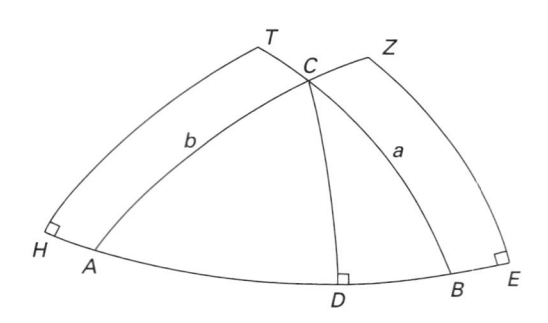

図 7.24
アブー・ワファーによる正弦定理の証明．

球面三角形 ABC があり，弧 CD が AB に垂直な大円の一部であるとする．AB と AC を四分円 AE と AZ まで延長し，また BA と BC を四分円 BH および BT まで延長せよ．すると A は大円 EZ の極，B は大円 TH の極となる．E と H における角は直角なので，三角形 ADC と AEZ は A に共通角を持つ球面直角三角形であることがわかる．同様に三角形 BDC と BHT も，B を共通角とする球面直角三角形である．四量則によれば，

$$\frac{\sin DC}{\sin b} = \frac{\sin ZE}{\sin ZA} \qquad \text{および} \qquad \frac{\sin DC}{\sin a} = \frac{\sin TH}{\sin TB}.$$

ここで A および B がそれぞれ ZE と TH の極なので，弧 ZE は $\angle A$ に等しく，弧 TH は $\angle B$ に等しい．よって式は

$$\frac{\sin DC}{\sin b} = \frac{\sin A}{R} \qquad \text{および} \qquad \frac{\sin DC}{\sin a} = \frac{\sin B}{R}$$

というふうに書き換えることができる．よって $\sin A \sin b = \sin B \sin a$ であり，正弦定理が証明される．

　正弦定理が証明されると，ビールーニーはキブラを求める方法を示すことができる．キブラとは任意の地点におけるメッカ［現サウジアラビアの都市，イスラームの聖地］の方向のことであり，ムスリムはそれに向かって祈りを捧げなければならない．ここではビールーニーの解法を一つとりあげ，概略を示してみよう[40]．M をメッカの位置，P を現在地としよう（図 7.25）．弧 AB が赤道，T が北極であるとし，T から P および M を通ってそれぞれ経線を引くとする．このときキブラとは地球面上の $\angle TPM$ である．P と M それぞれについて，緯度 α, β および経度 γ, δ が知られているとすると，弧 TP と TM（それぞれ $90° - \alpha$, $90° - \beta$），および $\angle PTM$ ($= \delta - \gamma$) も知られる．残念ながら三角形 PTM を解くためには正弦定理だけでは不十分である．辺と対角が知られていないからである．しかしビールーニーは，定理を一連の三角形について繰り返し適用している．

図 7.25
キブラ問題.

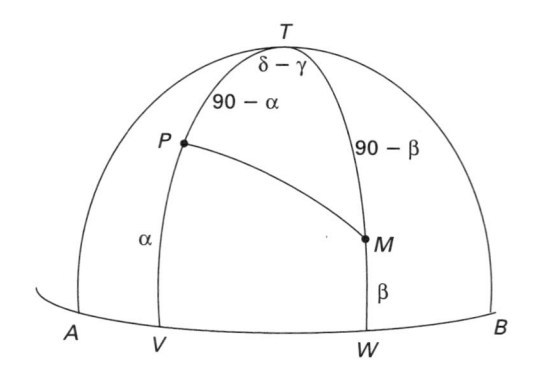

ビールーニーの方法に沿い，例として P をエルサレム（緯度 $31°47'$ N，経度 $35°13'$ E）とする．メッカ自身は緯度 $21°45'$ N，経度 $39°49'$ E にある．円 $KSQN$ が上空から見た地点 P（あるいはその局地天頂）における地平線円であり，M がメッカにおける天頂である（図 7.26）．S が地平線の南点（P は M の北西である），N が北点であるとし，弧 PMK と NPS を描くと，弧 NK がキブラである．円 CFD がメッカにおける地平線円，また円 MHJ が F における地平線円で，天の北極 T を通って円 MTL を描くとすると，与件より $TN = \alpha = 31°47'$，$TL = \beta = 21°25'$，$MT = 90° - \beta = 68°35'$，そして $\angle MTH = \delta - \gamma = 4°36'$ である．MT，$\angle MTH$ および $\angle THM = 90°$ は既知なので，三角形 MTH に正弦定理を適用すると

$$\sin MH = \frac{\sin MT \sin \angle MTH}{\sin \angle THM} = 0.07466.$$

したがって $MH = 4°17'$，そして $HJ = 90° - MH = 85°43'$ である．$\angle TFL = HJ$，TL および $\angle TLF = 90°$ がそれぞれ既知なので，三角形 TFL に正弦定理を適用すると

$$\sin TF = \frac{\sin TL \sin \angle TLF}{\sin \angle TFL} = 0.36617$$

が求まる．これより $TF = 21°29'$，したがって $FN = \alpha - TF = 10°18'$，そして $PF = 90° - FN = 79°42'$ である．次に四量則を三角形 FPI および FHJ に適用する．再び PF，$FH = 90°$，および HJ がそれぞれ既知なので，$\sin PI$ が求まる．

$$\sin PI = \frac{\sin PF \sin HJ}{\sin FH} = 0.98114$$

なので，$PI = 78°51'$ および $IQ = 90° - PI = 11°9'$ である．C は円 $KMPIQ$ の極なので，$\angle FCN\, (= IQ)$ も知られる．最後に，三角形 CFN に正弦定理を適用する．再び，$\angle FCN$，$\angle CFN\, (= \angle TFL)$，そして FN という三つの量が知られているので，第四の量 NC も求まる．こうして

$$\sin NC = \frac{\sin \angle CFN \sin FN}{\sin \angle FCN} = 0.92204$$

であり，$NC = 67°14'$，よってキブラ $NK = NC + CK = 67°14' + 90° = 157°14'$ となる．

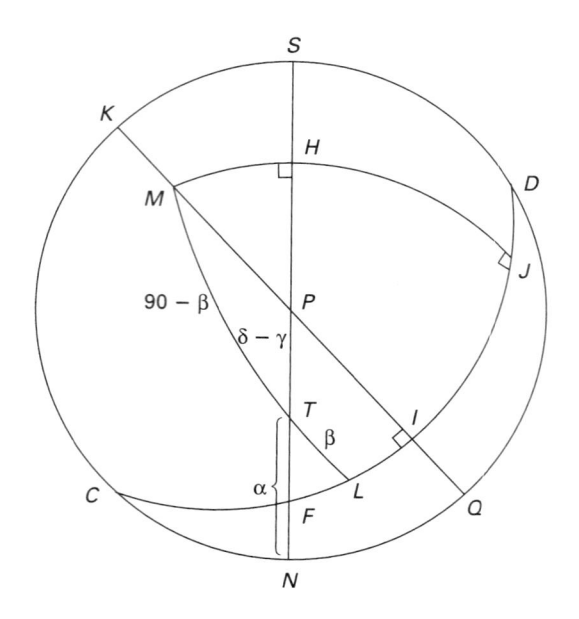

図 7.26
ビールーニーによるキブラ問題の解法.

　正弦定理と四量則のおかげで，またそれらに付随する様々な系理や関数表のおかげで，イスラーム数学者は種々の球面三角形を解き，天文学やそれに関連する宗教的な目的に資することができた．これらの成果は数々の天文学書にまとめられ，イスラーム世界各地で公表された．12 世紀までには，球面三角法の基本的定理はスペインにおいても知られていた．ジャービル（アブー・ムハンマド・ジャービル・イブン・アフラフ・イシュビーリー；12 世紀初頭）の著作がその例である．ジャービルの生涯については，セヴィーリャ出身であったということ以外には何も知られていない．その主要著作にプトレマイオスの『アルマゲスト』を検討した書物があるが，それは 12 世紀末にラテン語に翻訳された．イスラーム三角法がプトレマイオスに比べどれくらい改良を重ねていたか，それをヨーロッパに伝えた著作としては，この著作は最も早い部類に属する．

　イスラーム世界に目を戻すと，13 世紀になって初めて球面および平面三角法に関する体系的かつ包括的著作が書かれ，この問題を天文学と独立して取り扱った．ナスィールッディーン・トゥースィーによる，『切片図形論』（一般には『完全な四辺形についての論考』として知られている）である．彼はそこで平面三角形について正弦定理を証明し，それを体系的に使用しながら平面三角形を解いてゆく．しかしながら「両義的な」場合，すなわち 2 辺とその一方の対角が知られているような場合については，二つの解がありうるということは言及されていない．余弦定理への言及も見られない．われわれであれば余弦定理を適用するような場合でも，トゥースィーは三角形を二つの直角三角形に分け，直角三角形に適用できる標準的な方法を頼りに解いている．

　トゥースィーの著作には球面三角形を解く方法も見られる．メネラオスの定理には，球面直角三角形について四つの特殊な場合があることを本書第 4 章で見たが，トゥースィーはそれら四つすべてのみならず，他に二つの場合を取り扱っている．$\cos c = \cot A \cot B$，および $\cos A = \cos a \sin B$ がそれである．これら六つの成果を体系的に使いつつ，彼はいかなる球面三角形も解けるような方法

を示す．とりわけ彼は，3 辺が知られている場合について解き方を示し，3 角が知られている場合についても初めて議論した．

7.5.3　三角関数表

　天文学や地理学の問題に対処するためには，三角形を解くための公式とともに非常に正確な数値表も必要となった．このような表は徐々に改良されていった．たとえばビールーニーの計算した正弦表は，15′ 間隔で，60 進法で 4 桁まで正確であった．プトレマイオスが行った計算同様，このような表が正確であるためには，何よりも $\sin 1°$ の計算が正確でなければならなかった．この計算のために様々な方法が用いられたが，なかでも最も目立つのが 15 世紀初頭にカーシーによって用いられた方法である．カーシーはまず三倍角の公式を $\sin 3\theta = 3\sin\theta - 4\sin^3\theta$ という形にして用いた．$\theta = 1°$ とおくと，$x = \sin 1°$ に関して $3x - 4x^3 = \sin 3°$ という 3 次方程式が得られる．カーシーはその正弦表を半径 60 の円に基づいて計算したので，$y = 60\sin 1° = 60x$ を計算する必要があった．式はこれより $3y - \dfrac{4y^3}{60^2} = 60\sin 3°$，あるいは

$$y = \frac{900(60\sin 3°) + y^3}{45 \cdot 60}$$

となった．

　$\sin 3°$ を任意の正確さまで計算することができるということを思い起こしていただきたい．それには差の公式と半角の公式を用いればよいのである．実際，カーシーは $60\sin 3°$ の値として 60 進法で $3:8, 24, 33, 59, 34, 28, 15$ を用いている．したがって 60 進法で書くと彼は

$$y = \frac{47, 6; 8, 29, 53, 37, 3, 45 + y^3}{45, 0}$$

という方程式を解く必要があった．カーシーはこれを一種の反復的な操作で行っている．彼は解が 1 に近い値であることを知っていたからである．$y = \dfrac{q + y^3}{p}$ というふうな今日の表記で書き，また解が $y = a + b + c + \cdots$ であるとしよう．ただしここでの文字は各々 60 進法の隣合せの桁を表すとする．すると，第一の近似として $y_1 = \dfrac{q}{p} \approx a \ (= 1)$ が得られ，次の近似 $y_2 = a + b$ を得るには，

$$y_2 = \frac{q + y_1^3}{p} \qquad \text{あるいは} \qquad a + b = \frac{q + a^3}{p}$$

とおき，b について解く．すると

$$b \approx \frac{q - ap + a^3}{p} \ (= 2)$$

となる．同様に，$y_3 = a + b + c$ の場合には

$$y_3 = \frac{q + y_2^3}{p} \qquad \text{あるいは} \qquad a + b + c = \frac{q + (a+b)^3}{p}$$

とおき，

$$c \approx \frac{q - (a+b)p + (a+b)^3}{p} \quad (= 49)$$

を求める．カーシーはこの反復的な近似操作について何ら証明を与えていないが，明らかに彼以前の数学者たちが用いていたような3次方程式の解法に比べ，より速く収束するものであり，彼もそれを知っていた．この問題の場合，彼は $y = 1; 2, 49, 43, 11, 14, 44, 16, 26, 17$ まで計算しているが，これは10進法でいえば $\sin 1°$ について 0.017452406437283571 という値に相当する．電算機のなかった時代としては大したわざである．カーシーのパトロンはウルーグ・ベグ（図 7.27）といい，自身も天文学者で，首都をサマルカンドにおいて中央アジアの領土を支配していた．この人物はカーシーの研究を活用し，弧の1分毎につき，60進法で5桁までの正弦表と正接表とを計算しているが，表の項目数全体はなんと5400にものぼっている．

しかしながら，カーシーの時代までにはイスラーム科学は没落期に入っていた．彼のあとに活躍した科学者のうち，注目に値する人物はほんの少ししかいない．他方，15世紀に入る前からヨーロッパで数学研究が再開されていた．数学研究復活の原因として重要なのは，12世紀における翻訳家たちの活動である．彼らはヨーロッパの読者にイスラーム数学の一部を提供した．それ以外の著書については，どのようにヨーロッパにもたらされたのか，完全には解明されていない．確かなのは，本章で見てきた数学者の研究のうち，より高度な成果はヨーロッパには伝わらなかったということである．少なくともヨーロッパの数学者が自らの研究においてそれらを役立てることはできなかった．イスラーム数学のヨーロッパへの伝播について，現時点で何が知られているか，それを第8章およびそれ以降の章で見てゆくだろう．

図 7.27
トルコの切手に描かれたウルーグ・ベグ．

練習問題

10進法算術に関する問題

1. ウクリーディスィーの方法を用いて，8023 と 4638 を乗ぜよ．
2. ウクリーディスィーの方法を使い，135 を自分自身の10分の1で5回増せ．その答が本文にあったように 217.41885 となることを確認せよ．

代数に関する問題

3. フワーリズミーは彼のあげた第六のタイプの方程式 $bx + c = x^2$ に関して，次のような規則を与えている．まず根の数を二分し，それを2乗する．それに数［定数項］を加え，その平方根をとる．結果を根の数の半分に加えると，解が得られる．この規則を公式の形にし，その上で図 7.28 を使いながら公式の有効性を幾何学的に示せ．ただし図中 $x = AB$, $b = HC$ であり，c は矩形 $ABRH$ によって表され，G が HC の中点である．

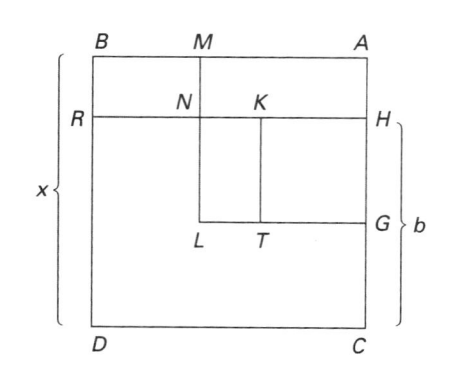

図 7.28
$bx + c = x^2$ の解法に関するフワーリズミーの正当化．

4. フワーリズミーが出している次の問題を，適切な公式を適用して解け．

(a) $\left(\frac{1}{3}x+1\right)\left(\frac{1}{4}x+1\right) = 20$

(b) $x^2 + (10-x)^2 = 58$

(c) $\frac{x}{3} \cdot \frac{x}{4} = x + 24$

5. 方程式 $\frac{1}{2}x^2 + 5x = 28$ を解け．ただし最初に式を 2 倍し，それからフワーリズミーの方法を使うこと．同様に $2x^2 + 10x = 48$ を解け．ただしまず二分することから始めること．

6. フワーリズミーの出している次の問題を解け．いわく，私は 10 を二つの部分に分け，第一の部分を第二の部分で割り，また第二の部分を第一の部分で割ったところ，これらの商の和は 2 1/6 となった．二つの部分を求めよ．

7. アブー・カーミルによる次の問題を解け．

   (a) 10 を二つの部分に分け，その一方を 2 乗すると他方の部分を 10 の平方根で乗じた積に等しくなるとき，二つの部分を求めよ．

   (b) 10 を二つの部分に分け，一方をもう片方で割り，二つの商を加えると 5 の平方根に等しくなる．二つの部分を求めよ（アブー・カーミルはこの問題を二つの方法で解いている．まず x について直接解き，次に $y = \frac{10-x}{x}$ とおいて解いている）．

8. アブー・カーミルによる次の問題を解け．

   (a) $[x - (2\sqrt{x}+10)^2]^2 = 8x$ （まず $x = y^2$ とおくこと）．

   (b) $\left(x + \sqrt{\frac{1}{2}x}\right)^2 = 4x$ （アブー・カーミルは三つの異なる方法を用いている．まず直接 x について解き，次に $x = y^2$ とおき，最後に $x = 2y^2$ とおいている）．

   (c) $(x+7)\sqrt{3x} = 10x$ （アブー・カーミルは二つの解を与えている）．

9. 次の 3 変数による問題はアブー・カーミルからとられている．それらを解け．$x < y < z$, $x^2 + y^2 = z^2$, $xz = y^2$, $xy = 10$ （まず $y = \frac{10}{x}$, $z = \frac{100}{x^3}$ とおき，第一の式に代入せよ）．

10. サマウアルの手法を用いて，$20x^2 + 30x$ の $6x^2 + 12$ による除法を最後まで行い，本文中にある答が得られることを確かめよ．また，商の係数が $a_{n+2} = -2a_n$ という規則を満たすことを示せ．ただし a_n は $\frac{1}{x^n}$ の係数である．

11. サマウアルの手法により，$20x^6 + 2x^5 + 58x^4 + 75x^3 + 125x^2 + 96x + 94 + 140\frac{1}{x} + 50\frac{1}{x^2} + 90\frac{1}{x^3} + 20\frac{1}{x^4}$ を $2x^3 + 5x + 5 + 10\frac{1}{x}$ で割れ（サマウアルは $10x^3 + x^2 + 4x + 10 + 8\frac{1}{x^2} + 2\frac{1}{x^3}$ という答を得ている）．

12. $$\sum_{i=1}^{n} i^3 = \left(\sum_{i=1}^{n} i\right)^2$$

を帰納法を用いて証明し，カラジーの証明と比べよ．

13. イブン・ハイサムの手法により，整数の 5 乗ベキの和に関する次の公式を証明せよ．

$$1^5 + 2^5 + \cdots + n^5 = \frac{1}{6}n^6 + \frac{1}{2}n^5 + \frac{5}{12}n^4 - \frac{1}{12}n^2$$

14. 2 乗ベキおよび 4 乗ベキの和に関する公式を用い，次を関係を証明せよ．

$$\sum_{i=1}^{n-1}(n^4 - 2n^2 i^2 + i^4)$$
$$= \frac{8}{15}(n-1)n^4 + \frac{1}{30}n^4 - \frac{1}{30}n$$
$$= \frac{8}{15}n \cdot n^4 - \frac{1}{2}n^4 - \frac{1}{30}n$$

15. $x^3 + d = cx$ を，双曲線 $y^2 - x^2 + \frac{d}{c}x = 0$ とパラボラ $x^2 = \sqrt{c}y$ との交点を用いて解くことができることを示せ．これらの円錐曲線のおおよその形を描いた上で，二つの円錐曲線が交わらない場合，1 点で交わる場合，そして 2 点で交わる場合それぞれに関して，c と d のとるべき値の集合を示せ．

16. $x^3 + d = bx^2$ を，双曲線 $xy = d$ とパラボラ $y^2 + dx - db = 0$ との交点から解けるということを示せ．$\sqrt[3]{d} < b$ のとき，二つの円錐曲線の交点が 0, 1, 2 個であるためには，b および d がそれぞれどのような条件を満たさねばならないかを示せ．答をシャラフッディーン・トゥースィーの分析と比べてみよ．

17. ハイヤーミーのあげた 3 次方程式のうち，唯一 $x^3 + cx = bx^2 + d$ が三つの正の解を持ちうることを示せ．いかなる条件下でこれら三つの解が存在するかを求めよ．

18. 微積分を用い，$x_0 = \frac{2b}{3}$ のとき関数 $x^2(b-x)$ が最大値をとることを示せ．次にやはり微積分を用いて $y = x^3 - bx^2 + d$ のグラフを分析し，$x^3 + d = bx^2$ への正の解の数に関してシャラフッディーン・トゥースィーが下した結論が正しいことを確かめよ．

19. シャラフッディーン・トゥースィーが行ったように，3 次方程式 $x^3 + d = bx^2$ の大きい方の解が x_2 であり，Y が方程式 $x^2 + (b-x_2)x = x_2(b-x_2)$ の正の解であるとき，$x_1 = Y + b - x_2$ が最初の 3 次方程式の小さい方の正の解であるということを示せ．

20. $x^3 + d = cx$ に関して，正の解を得られる可能性を分析せよ．その際，まず関数 $x(c - x^2)$ の最大値は $x_0 = \sqrt{\frac{c}{3}}$ のときであることを示し，微積分を用いてグラフ $y = x^3 - cx + d$ を分析し，0 個，1 個，2 個の正の解を持つために係数が満たすべき条件を求めよ．

組合せ論と数論に関する問題

21. 17,296 と 18,416 が友愛数であることを，サービト・イブン・クッラの定理を用いて示せ．
22. 1184 と 1210 とが友愛数であり，かつサービト・イブン・クッラの定理からは結論されないものであることを示せ．
23. 本文中に引かれている以外の友愛数を求めよ（ヒント：サービト・イブン・クッラの定理において $n = 7$ の場合を試みよ）．
24. イブン・バンナーが示した，$C_k^n = \dfrac{n-(k-1)}{k} C_{k-1}^n$ という関係を，k について帰納法を用いて現代風に証明せよ．

幾何学に関する問題

25. ユークリッドの第 5 公準（平行線公準）を，イブン・ハイサムの補助定理「与えられた線分の両端点から，2 本の直線が垂直に引かれたとき，その一方から他方の直線へと引かれた垂線はすべて与えられた直線と等しい」が真であると仮定して証明せよ．
26. 次に示す恒等式は，『原論』第 X 巻に対するイスラームの注釈書に頻繁にとりあげられる，無理数に関する典型例である．これらを証明せよ．
    (a) $\sqrt{\sqrt{8} \pm \sqrt{6}} = \sqrt[4]{4\frac{1}{2}} \pm \sqrt[4]{\frac{1}{2}}$.
    (b) $\sqrt[4]{12} \pm \sqrt[4]{3} = \sqrt{\sqrt{27} \pm \sqrt{24}} = \sqrt[4]{51 \pm \sqrt{2592}}$.
27. アブー・サフル・クーヒーは，彼自身の重心決定についての研究および彼の先行者の研究から，重心は特定の平面および立体図形の軸を次に示す比率で分割するということを知っていた．

    | 三角形 — | $\dfrac{1}{3}$ | 四面体 — | $\dfrac{1}{4}$ |
    | パラボラの切片 — | $\dfrac{2}{5}$ | パラボロイド — | $\dfrac{2}{6}$ |
    | | | 半球 — | $\dfrac{3}{8}$ |

    ここに見られるパターンから，クーヒーは半円の場合の比率が 3/7 と推定した．クーヒーのあげた最初の 5 つの値が正しいことを示せ．また，半円について彼が下した推測が，$\pi = 3\,1/9$ を意味するということも示せ（クーヒーはこの値がアルキメデスの出した 3 10/71 と 3 1/7 という範囲からはみ出ることを知り，結局アルキメデスの著作が伝わる段階で間違いがおきたのだろうと結論した）．

三角法に関する問題

28. 到達不能の物体の高さを求めるために，カビースィーが定式化した三角法の公式を導き出せ．
29. ムハンマド・イブン・アフマドが用いた手法により，ローマ（緯度 41°53′ N，経度 12°30′ E）におけるキブラを求めよ．
30. ビールーニーの計算法に基づいてコンピュータプログラムを書け．そのプログラムは，任意の地点について，緯度と経度が特定されていればそのキブラを計算できるものとする．そのプログラムによってあなた自身の位置のキブラを計算せよ．
31. ビールーニーは地球の半径 r を求める方法を発案している．その方法とは，既知の高さ h である山の頂上から地平線を眺めることに基づく．つまり，ビールーニーは地平線が水平に対してなす俯角 α を測ることができると仮定している（図 7.29）．r が次の公式によって求まるということを示せ．
$$r = \frac{h \cos \alpha}{1 - \cos \alpha}.$$

ビールーニーはこの測定を特別な場合について実行している．それは高さ 652;3,18 キュービットの山頂からで，俯角は $\alpha = 0°34'$ の場合である．この値を用いてキュービットを単位に地球の半径を求めよ．1 キュービットが 18 インチであるとき，マイルに換算して現在知られている値と比較し，ビールーニーの手法がどれだけ有効であるか述べよ．

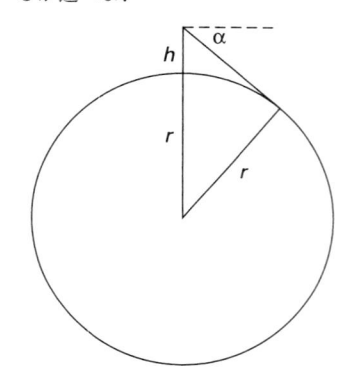

図 7.29
地球の半径を計算するためのビールーニーの方法．

32. ナスィールッディーン・トゥースィーは，3 辺が知られている球面三角形を解く方法を証明している．三角形 ABC において，弧 AB，AC，BC が知られているとせよ（図 7.30）．AB および AC を四分円 AD および AE までそれぞれ延長し，DE を通る大円を描いて，それが F まで延長された BC と交わるようにせよ．D および E でできる角度が直角なので，四量則より $\sin CF : \sin BF = \sin CE : \sin BD$ がいえる．$CE = 90 - CA$，$BD = 90 - BA$ がそれぞれ既知なので，CF の正弦に対する BF の正弦の比も既知である．加えて，$BF - CF = BC$ も既知である．これらの条件であるとき，弧 BF および CF が求まるということを示せ．次いで，弧 DF および EF が，直角球面三角形に関して示された事柄を使って求まることを示せ．これから $DE = DF - EF$ も求まり，これより $A(= arcDE)$ も求まることがわかる．残る角も正弦定理より求めること

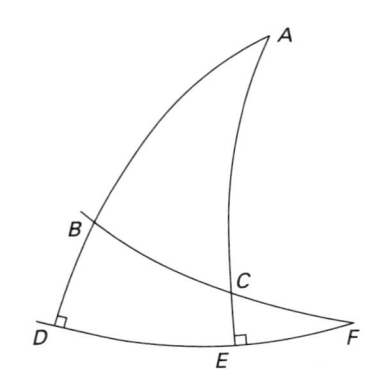

図 7.30
すべての辺が既知である球面三角形の解法.

ができる．この方法を使い，辺が $60°$，$75°$，そして $31°$ の球面三角形を解け．

33. 本文中に示された方法に従い，$y = 60 \sin 1°$ の近似値を，60 進法の第 4 位まで計算せよ．実際計算してみれば，反復法がなぜ有効であるのかが明らかになるはずである．

議論に向けて

34. 10 進法位取り法がイスラーム世界において主流の記数法になるまでに，紹介されてから数世紀かかっている．それはなぜなのかを考えてみよう．

35. フワーリズミーが用いたような幾何学的議論に基づいて，2 次方程式の解法をどのように教えることができるだろうか．その講義の概要を考えてみよう．

36. 2 次方程式の解の公式について，フワーリズミーとサービト・イブン・クッラが行った幾何学的証明を比べてみよう．どちらの方法が説明しやすいだろうか．

37. 微積分の授業で，シャラフッディーン・トゥースィーの方法を用いて様々な 3 次方程式の解の個数を証明することを教えたい．どのような授業であればよいか．

38. イブン・バンナーの研究に基づいて，C_k^n を乗法で求める公式を教えたい．そのような授業を立案してみよう．

39. 三角法の授業で，球面三角形を解く規則を応用しながら，いろいろな興味深い問題が解けることを教えたい．そのような授業を立案してみよう．

40. 今日の学校では球面三角法を教えるべきだろうか．賛成と反対それぞれの議論を考えてみよう．ただし最初に，実際に三角法が教えられている国はどこかを調べておくこと．

41. イブン・ハイサムは「積分」を用いてパラボロイドの体積を求め，k 次の整数ベキの和を求める一般的な規則を定式化している．にもかかわらず，なぜイスラームの数学者は任意の正の整数 n に関して，曲線 $y = x^n$ の描く面積が $\dfrac{x^n}{n+1}$ であるということを発見できなかったのだろうか．イスラーム文明において微積分が発見されるためには，何が必要だったのだろうか．

参考文献と注

イスラーム数学に関する概説の中でも最良のものは，Adolf P. Youschkevitch, *Les Mathématiques Arabes (VIIIe–XVe siècles)* (Paris: J. Vrin, 1976) である．この著作は，中世数学に関して（ロシア語で）書かれたより大きな著作の一部であり，キャズナーヴ (M. Cazenave) とジャウィーシュ (K. Jaouiche) によりフランス語訳された［ロシア語からの邦訳，コールマン，ユシケービッチ著，山内一次，井関清志訳『数学史 2』東京図書，1971］．もう 1 冊は英語で書かれており，イスラーム数学における重要な考え方を広く取り扱った J. Lennart Berggren, *Episodes in the Mathematics of Medieval Islam* (New York: Springer Verlag, 1986) である．こちらはイスラーム数学の通史ではないが，イスラーム数学者によるいくつかの重要な数学理論を学部学生程度でも理解できる仕方で解説している．近年，Roshdi Rashed による論文集 *The Development of Arabic Mathematics: Between Arithmetic and Algebra* (Dordrecht: Kluwer, 1994) として編集・英訳された．この論文集はラーシェド (Rashed) による最近の研究を多くおさめ，イスラーム数学の算術と代数学に関して新しい知見を与えている［フランス語版からの邦訳，三村太郎訳『アラビア数学の展開』東京大学出版会，2004］．イスラーム科学一般を概観した研究に，Edward S. Kennedy, "The Arabic Heritage in the Exact Sciences," *Al-Abhath* 23 (1970), 327–344 があるが，この中でも数学に関する部分がある．この論文は，D. A. King and M. H. Kennedy, eds., *Studies in the Islamic Exact Sciences* (Beirut: American University of Beirut Press, 1983) に収められているが，そこにはそれ以外にもイスラーム科学に関する有用な論文が数多く収められている．

1. Jens Høyrup, "The Formation of 'Islamic Mathematics': Sources and Conditions," *Science in Context* 1 (1987), 281–329, pp. 306–307.

2. 同上，この論文はこのような考え方を詳しく展開している．著者によれば，イスラーム数学においてもギリシアのそれに比肩しうるような「奇跡」がおこったと考えてよい．イスラーム数学の場合，その奇跡とは数学の理論と実践の統合にまつわるものであった．このような統合は近代科学の形成にとっても重要であったとされている．

3. A. S. Saidan, *The Arithmetic of Al-Uqlīdisī* (Boston:

Reidel, 1978), p. 35. この著作はウクリーディスィーの著作の全訳および注釈である.

4. 同上, p. 110 ［伊東俊太郎編『中世の数学』数学の歴史 II, 共立出版, 1987, 276 ページ］.
5. サマウアルからの引用は, Roshdi Rashed, *Arabic Mathematics*, p. 116 による ［前掲書, 277 ページ］.
6. 同上, p. 123 ［前掲書, 280 ページ］.
7. Frederic Rosen, *The Algebra of Muhammed ben Musa* (London: Oriental Translation Fund, 1831), p. 3. この書物はフワーリズミーの『代数学』をアラビア語から訳したものであるが, 長いこと絶版になっており, また探すのも難しい本である ［現在は復刻されており, 入手可能である］. より最近なされた英訳として, Louis Karpinski, *Robert of Chester's Latin Translation of the Algebra of al-Khowarizmi* (Ann Arbor: University of Michigan Press, 1930) があるが, こちらは 12 世紀のラテン語訳を訳したものである.
8. 同上, p. 5.
9. 同上, p. 8 ［伊東編 (前掲書), 333 ページ］.
10. Karpinski, *Robert of Chester's*, p. 69 ［前掲書, 331 ページ］
11. Rosen, *Algebra of*, pp. 33–34.
12. 同上, p. 12.
13. A. Sayili, *Logical Necessities in Mixed Equations by 'Abd al-Hamīd ibn Turk and the Algebra of his Time* (Ankara: Türk Tarih Kurumu Basimevi, 1962), p. 166.
14. Rosen, *Algebra of*, p. 22.
15. 同上, p. 43.
16. 同上, p. 51.
17. Martin Levey, *The Algebra of Abū Kāmil, Kitāb fī'l-muqābala, in a Commentary by Mordecai Finzi* (Madison: University of Wisconsin Press, 1966), p. 32. この書物は英訳であり, 原典にはアブー・カーミルの著作が 15 世紀にヘブライ語訳されたものを使用している. リーヴィー (Levey) はこの中で, アブー・カーミルの代数学がそれ以前のギリシアおよびイスラム数学とどのような関係にあったかを詳細に議論している.
18. 同上, p. 144.
19. 同上, p. 156.
20. Franz Woepcke, *Extrait du Fakhrī, traité d'algèbre par Aboù Bekr Mohammed ben Alhaçanal-Karkhī* (Paris: L'imprimerie Impériale, 1853), p. 45 (この翻訳は 1982 年にヒルデスハイムの Olms 社から復刻されている). ここでカラジーの名前がカルヒーになっている点に注意すべきである. どちらの音表記が正しいのかは不明である. 現存するアラビア語手稿にはどちらの表記も見られるからである.
21. Adel Anbouba, *Al Samaw'al*, *Dictionary of Scientific Biography* (New York: Scribners, 1970–1980), vol. XII, 91–95; p. 92.
22. Berggren, *Mathematics of Medieval*, p. 114.
23. Rashed, *Arabic Mathematics*, p. 71.
24. 同上, 65.
25. 同上. また次も見よ. J. Lennart Berggren, "Proof, Pedagogy, and the Practice of Mathematics in Medieval Islam," *Interchange* 21 (1990), 36–48, および M. Yadegari, "The Binomial Theorem: A Widespread Concept in Medieval Islamic Mathematics," *Historia Mathematica* 7 (1980), 401–406. Berggren はサマウアルが二項定理を完全に一般的な仕方で定式化したとは考えていない. 彼によれば, サマウアルにはそのような定式化ができた筈がなく, したがってその証明を与えたと考えることもできない.
26. Daoud S. Kasir, *The Algebra of Omar Khayyam* (New York: Columbia Teachers College, 1931), p. 44. これはハイヤーミーの代数学書を英訳したものであるが, ハイヤーミーの代数学研究への貢献について詳しく論じている. ハイヤーミーに関しては, D. J. Struik, "Omar Khayyam, Mathematician," *Mathematics Teacher* 51 (1958), 280–285, および B. Lumpkin, "A Mathematics Club Project from Omar Khayyam," *Mathematics Teacher* 71 (1978), 740–744 も参照のこと.
27. 同上, p. 49.
28. シャラフッディーン・トゥースィーの研究についてより詳しく知るには, J. Lennart Berggren, "Innovation and Tradition in Sharaf al-Dīn al-Ṭūsī's *al Mu'ādalāt*," *Journal of the American Oriental Society* 110 (1990), 304–309, Jan P. Hogendijk, "Sharaf al-Dīn al-Ṭūsī on the Number of Positive Roots of Cubic Equations," *Historia Mathematica* 16 (1989), 69–85, および Roshdi Rashed, *Arabic Mathematics* の第 3 章を参照すること. シャラフッディーン・トゥースィーのテキストはロシュディ・ラーシェド (Roshdi Rashed) により仏訳されている. *Sharaf al-Dīn al-Ṭūsī, oeuvres mathématiques: Algèbre et géométrie au XIIe siècle* (Paris: Société d'Édition Les Belles Lettres, 1986) 参照. ラーシェドはアラビア語原典を編纂し翻訳したのみならず, その数学的内容について詳細に注釈し, それと現代の様々な観念とのつながりをとりわけ明らかにしている.
29. Ahmed Djebbar, *L'Analyse Combinatoire au Maghreb: L'Exemple d'Ibn Mun'im (XIIe–XIIIe s.)*, (Orsay: Université de Paris Sud, Publications Mathématiques D'Orsay, 1985), pp. 51–52. この書物ではイブン・ムンインの業績が詳細に議論されている.
30. 同上, pp. 55–56.
31. Rashed, *Arabic Mathematics*, p. 300.

32. Rosen, *Algebra of*, pp. 71–72. フワーリズミーの「幾何学」を英訳したものには、これ以外に Solomon Gandz, "The Mishnat Ha Middot and the Geometry of Muhammed ibn Musa al-Khowarizmi" があるが、これは Solomon Gandz, *Studies in Hebrew Astronomy and Mathematics* (New York: Ktav, 1970) の中で再掲載されている。ガンズ (Gandz) はフワーリズミーがヘブライ語幾何学の影響下にあったことを強調している。
33. 同上，p. 76.
34. イスラーム世界における非ユークリッド幾何学に関する詳細は、B. A. Rosenfeld, *A History of Non-Euclidean Geometry: Evolution of the Concept of a Geometric Space*, translated by Abe Shenitzer, (New York: Springer Verlag, 1988) の第2章、および Jeremy Gray, *Ideas of Space: Euclidean, Non-Euclidean, and Relativistic*, second edition (Oxford: Clarendon Press, 1989) の第3章で知ることができる。また、次も参照のこと：D. E. Smith, "Euclid, Omar Khayyam, and Saccheri," *Scripta Mathematica* 3 (1935), 5–10.
35. イブン・バグダーディーからの引用に関しては、Galina Matvievskaya, "The Theory of Quadratic Irrationals in Medieval Oriental Mathematics," in D. A. King and G. Saliba, eds., *From Deferent to Equant: A Volume of Studies in the History of Science in the Ancient and Medieval Near East in Honor of E. S. Kennedy* (New York: New York Academy of Sciences, 1987), 253–277, p. 267 を参照のこと。
36. E. S. Kennedy, *The Exhaustive Treatise on Shadows by Abū al-Rayḥān al-Bīrūnī* (Aleppo: University of Aleppo, 1976), p. 64. この書物はビールーニーの著作の翻訳と詳細な注釈からなる。また、E. S. Kennedy, "An Overview of the History of Trigonometry," in *Historical Topics for the Mathematics Classroom* (Reston, Va.: National Council of Teachers of Mathematics, 1989), 333–359 も見よ。
37. 同上，p. 89.
38. 同上，p. 90.
39. 同上，p. 255.
40. Berggren, *Episodes in the Mathematics of Medieval Islam*, 6.8 節には一層詳しい説明がある。

[邦訳への追加文献] イスラーム数学については、Jacques Sesiano, "Islamic Mathematics," in Helaine Selin, ed., *Mathematics Across Cultures: The History of Non-Western Mathematics* (Dordrecht: Kluwer, 2000) を参照。Roshdi Rashed, ed., *Encyclopedia of the History of Arabic Science* (London: Routledge, 1996) の中に収められた以下の諸論文は、合わせて読めばイスラーム数学の大部分について、優れた要約として読める。Roshdi Rashed による "Algebra" (Vol. 2, pp. 349–375)、"Combinatorial analysis, numerical analysis, Diophantine analysis and number theory" (Vol. 2, pp. 376–417)、そして "Infinitesimal determinations, quadrature of lunules and isoperimetric problems" (Vol. 2, pp. 418–446)、および Marie-Thérèse Debarnot, "Trigonometry" (Vol. 2, pp. 495–538)。

中世イスラーム数学の流れ

780–850	フワーリズミー （ムハンマド・イブン・ムーサー・フワーリズミー）	算術，代数学，実用幾何学
9世紀	イブン・トゥルク （アブダル・ハミード・イブン・ワースィー・イブン・トゥルク）	2次方程式
830–890	サービト・イブン・クッラ	代数学，友愛数
850–930	アブー・カーミル （アブー・カーミル・イブン・シュジャー・イブン・アスラム）	無理量を使った代数学
10世紀半ば	クーヒー （アブー・サフル・クーヒー）	重心決定問題
10世紀半ば	ウクリーディスィー （アフマド・イブン・イブラーヒーム・ウクリーディスィー）	アラビアにおける最初の算術研究
940–997	ブーズジャーニー （アブー・ワファー・ブーズジャーニー）	球面三角法の定理
11世紀初頭	カラジー （ムハンマド・イブン・ハサン・カラジー）	代数学，帰納法の初期の例
11世紀初頭	イブン・バグダーディー	無理量
965–1040	イブン・ハイサム （イブン・ハサン・イブン・ハイサム）	整数ベキの和，パラボロイド
973–1055	ビールーニー （ムハンマド・イブン・アフマド・ビールーニー）	3角法およびその応用
1048–1131	ハイヤーミー （ウマル・ハイヤーミー）	3次方程式，平行線公準
1125–1174	サマウアル （イブン・ヤフヤー・サマウアル）	小数，多項式，二項定理
12世紀末	シャラフッディーン・トゥースィー	3次方程式の解析
13世紀初頭	イブン・ムンイン （アフマド・イブン・ムンイン）	組合せと順列
1201–1274	ナスィールッディーン・トゥースィー	平行線公準，三角法の著作
13世紀末	ファーリスィー （カマールッディーン・ファーリスィー）	友愛数と順列
1256–1321	イブン・バンナー	組合せの定理の証明
15世紀初頭	カーシー （ギヤースッディーン・カーシー）	小数計算

Chapter 8

中世ヨーロッパの数学

「面を測定し分割する仕方を正しく習いたいと思う者は，幾何学と算術の一般的な定理を十分理解しておく必要がある．これらの基礎の上に……測定の学習があるからである．基礎的な理論を十分修得した者は……決して真理から外れることはないだろう．」（アブラハム・バル・ヒーヤによるヘブライ語の数学書『計量と計算について』(1116) を，ティヴォリのプラトーネが『面積の書』(*Liber embadorum*) と題してラテン語訳したものの「序」より）[1]

神聖ローマ皇帝フリードリッヒ II 世 (1194–1250) は数学を好んだ．それはピサのレオナルドによる次の記録からも明らかである．「ドメニコ師により，ピサにおわします栄光まばゆい君主様，あなた様のもとへと到着しましたのち，わたくしはパレルモのジョヴァンニ師に会いました．彼はわたくしに問題を一つ出しました．それは算術にも幾何学にも関係するような問題でした．……わたくしは最近，ピサの方から，また閣下の宮廷から，至高なる閣下がわたくしめが数に関して著した書物である『算板の書』(*Liber abbaci*) を畏れ多くもお読みになったと聞くに及びました．また閣下が，幾何学と数に関する精妙な問題についての話をお好みになるとも聞くに及びました．そのとき私は閣下の宮廷で出会った哲学者が出された問題を思い起こしたのです．わたくしは問題を解こうと決心し，閣下の栄光のために著作をものしました．それをわたくしは『平方の書』と呼びましょう．ここでは閣下に予めお許しを乞い，もしその内容に何か過不足や誤りがあったとしても，寛大にお眺めになって頂きたいと思います．すべてのことがらを記憶にとどめ，いかなることがらにおいても誤りを犯さないということは，人間よりは神に属することで，誤謬に陥らなかったり絶えず用心を怠らないことは誰にもできないことだからです」[2]．

西ローマ帝国は 476 年，様々な異民族の侵入の圧力に抗しきれずに崩壊した．まもなく封建社会が旧帝国領土各地で発生し，こうして国民国家へとつながるヨーロッパの長い歩みが始まったのである．帝国崩壊に続く 5 世紀間は，ヨーロッパ文化のレヴェルは非常に低かった．農奴は土地を耕し，豪族のうち読み書きができるのは少なく，数学を理解する者はもっと少なかった．実際のところ，

数学は実生活の上ではあまり必要なかった．封建所領は基本的には自給で成り立っており，交易は発達しないからである．ムスリムが地中海の交易路を手中にしてからは，ますますヨーロッパにおける交易は不活発になった．

数学はほとんど行われなかったが，中世初期には古代から伝えられた**四科**として総称される算術，幾何学，音楽，天文学が，教養人にとって必要な素養とする考え方が残っていた．それはローマ・カトリック教文化が発達してからも変わりはなかった．たとえば，アウグスティヌス (354–430) は『神の国』の中で次のように書いている．「そういうわけであるから，数の理論は軽んじるべきではないのであって，それがどれほど重んじるべきかは聖書の多くの箇所において，注意深く解釈する人びとに明らかである．神を賛美して『あなたはすべてを量と数と重さに配置された』といわれているのは理由のないことではない」[3]．しかしながら，「数の学問」を学ぶにあたり，中世初期のヨーロッパで手に入るテキストといえば，ニコマコスの『数論入門』のラテン語訳のいくつか，ユークリッド『原論』の一部，そしてローマの学者ボエティウス (480–524) や，7世紀に司教として活躍したセヴィーリャのイシドルス (560–636) の手になる音楽や天文学の初歩的入門書だけであった．数学的学問である四科は，そのおおまかな姿は知られていたものの，それはほとんど中身のない，空虚な外形でしかなかったのである．

中世初期のヨーロッパにおいては，ほとんどの学校は修道院と関係があった．このような修道院付属学校の多くはアイルランド出身の修行僧によって築かれた．アイルランドは，元来ローマ帝国に属さない地域としては，初めてキリスト教を受け入れた国である．ヨーロッパの大陸部は中世初期を通じて動乱が続いていたが，修行僧たちはこのような修道院でギリシア語やラテン語の書物の筆写に勤しみ，古代の学問を後世へと伝えた．このような修道院にはヨーロッパ中から学生が集まり，6世紀から8世紀の間はアイルランドから大陸へ向けていくつもの布教団が派遣され，新たな学問の中心地が各地に築かれていった．これらの中心地では，数世紀後に新たな知的潮流が生まれることになる．

中世の最初期でも，暦作りは避けて通れない数学的問題であった．とりわけローマ教会の内部では，復活祭の時期を決定するのに，ローマの太陽暦を使うべきかそれともユダヤ人の太陰暦を使うべきかをめぐって論争がおきた．二つの計算方法を調整するのは可能ではあったが，そのためにはある程度数学の知識が必要だった．カール大帝は，800年に神聖ローマ皇帝として戴冠する以前から，教会の学校で復活祭関連の計算に必要な数学的知識を教えるべきだと正式に表明していた．

より多くの学校を設営するという目的を果たすため，カール大帝はヨークのアルクィン (735–804) を教育顧問として召しかかえた．アルクィン本人はイングランド出身であったが，師にアイルランド人を持ち，またカール大帝の宮廷では何人かのアイルランド人修道僧を助手として従えていた．本が必要なとき，彼はたいていイングランドとアイルランドに使いをやって援助を求めた．アルクィンの数学的素養がどの程度のものだったか，われわれは直接は知ることはできない．しかし彼の時代から伝わっているものに，53の算術的問題を集めた書物がある．『青年たちを鍛えるための問題集』(*Propositiones ad acuendos juvenes*)

図 8.1
オーリヤックのジェルベール，のちの教皇シルヴェステル 2 世．

と題されたこの書物はアルクィンによると考えられている．集成に収められている問題の多くは，ちょっと工夫しないと解けないものであるが，特定の数学理論や解法に基づいてはいるわけではない．

10 世紀に数学への関心が復活してくるが，嚆矢はオーリヤックのジェルベール (945–1003) の著作であった．ジェルベールは 999 年に教皇シルヴェステル 2 世となった人物である（図 8.1）．若い頃スペインに遊学し，そこで恐らくイスラーム数学を学んでいる．のちに神聖ローマ皇帝オットー 2 世の庇護のもと，ランスの聖堂附属学校の再編にあたり，そこで数学教育を取り入れている．ジェルベールは算術や幾何学の初歩を教える以外にも，ローマ時代に土地測量で使われていた計測法や天文学の初歩も扱っている．彼はまた算板の使い方も教授した．当時の算板はいくつかの列に分けられており，それぞれ 10 の（正の）ベキを表すようになっていた．任意の列には一つだけカウンターをおくようになっており，そのカウンターには西方アラビア数字 $1, 2, 3, \ldots, 9$ のいずれかの形が記されている．ゼロを表すにはその列を空欄にしておけばよかった．ジェルベールにおいて初めて西方キリスト教世界でインド・アラビア数字が使われた．ただしジェルベールはゼロの記号を使わず，またこれらのカウンターを用いた計算の適切な手順を持たなかった．ジェルベールはインド・アラビア位取り記数法の意味を十分理解していたわけではないのである．

新しい千年紀の始まり [11 世紀] において，ヨーロッパで手に入る数学文献は多くはなかったものの，ギリシア人たちが数学の伝統を持っていたということ，またそれが当時ほとんどヨーロッパで読めないことは学者たちには知られていた．その後翻訳者たちの活躍により，ギリシア数学とイスラーム数学の一部が初めて西ヨーロッパにもたらされた．ヨーロッパ人がギリシア科学の主な著作を発見した（もっとも，主としてそのアラビア語版を発見したのだが）のは 12 世紀以降である．そこから彼らのラテン語への翻訳作業が始まった．翻訳はたいていスペインのトレドで行われた．この町は当時ムスリム支配からキリスト教徒が奪還したばかりであった．この町にはイスラーム科学の著作が保管されており，また双方の文化に明るい人々も暮らしていた．とりわけユダヤ人社会が栄えており，多くのユダヤ人はアラビア語に堪能であった．このようなわけで，翻訳作業も 2 段階を踏んで行われることがしばしばだった．まずスペイン圏で育ったユダヤ人がアラビア語からスペイン語への翻訳をし，次にキリスト教圏の学者がスペイン語からラテン語へと訳を行った．主要な数学的著作が訳された時期は，囲み 8.1 に示してある．このようにして非常に多くの著作がラテン語訳されたことがわかる．

最も早くから翻訳作業にとりかかった人々に，セヴィーリャのホアンとドミンゴ・グンディサルボの組がいる．12 世紀前半のことである．ホアンはユダヤ人で，もとの名を恐らくソロモン・ベン・ダヴィドといった．彼はのちにキリスト教に改宗した．グンディサルボは哲学者にしてキリスト教神学者であった．彼らの訳したもののうち，フワーリズミーの算術への注釈が最も重要な著作だが，それ以外にも彼らは多くの天文学書を訳しており，その中にはプトレマイオスへの注釈も含まれている．彼らはまた医学書や哲学書も多く訳している．

セヴィーリャのホアンの同時代人にバースのアデラード (1075–1164) がいる．

囲み 8.1

翻訳家と訳された書物

ヴェネツィアのジャコモ（1128–1136 活躍）

　アリストテレスの『トピカ』，『分析論前書』，『分析論後書』

バースのアデラード（1116–1142 活躍）

　フワーリズミー『天文表』
　ユークリッド『原論』
　『アルコリズミの序論』（Liber ysagogarum Alchorismi，フワーリズミーの算術書）

セヴィーリャのホアンとドミンゴ・グンディサルボ（1135–1153 活躍）

　『アルゴリズミの実用算術書』（Liber alghoarismi de practica arismetrice，フワーリズミー『算術』の内容を詳述したもの）

ティヴォリのプラトーネ（1134–1145 活躍）

　テオドシオス（紀元前 100 年頃）『球面論』（Spherica）
　バッターニー『星辰の運動』（De motu stellarum，三角法に関する重要な記述を含む）
　アルキメデス『円の計測』
　アブラハム・バル・ヒーヤ『面積の書』（Liber embadorum）

チェスターのロバート（1141–1150 活躍）

　フワーリズミー『代数学』[『ジャブルとムカーバラの計算法についての簡約な書』]
　フワーリズミーの天文表をロンドンにおける子午線に合わせて改良

クレモナのジェラルド（1150–1185 活躍）

　アリストテレス『分析論後書』
　アウトリュコス『天球運動論』（De sphaera mota）
　ユークリッド『原論』
　ユークリッド『ダタ』
　アルキメデス『円の計測』
　テオドシオス『球面論』（Spherica）
　プトレマイオス『アルマゲスト』
　メネラオス『球面図形について』（De figuris sphaericis）
　フワーリズミー『代数学』
　ジャービル『天文学原論』（Elementa astronomica）

メールベクのギヨーム（1260–1280 活躍）

　アルキメデス『螺線について』
　アルキメデス『平面の平衡について』
　アルキメデス『パラボラの求積』
　アルキメデス『円の計測』
　アルキメデス『円と円柱について』
　アルキメデス『円錐状体と球状体について』
　アルキメデス『浮体について』

注記：この表であげられている翻訳書は，翻訳家が確定できているものに限られている．これ以外にも，12, 13 世紀においてラテン語訳された書物はある．たとえばアポロニオス『円錐曲線論』の一部や，アブー・カーミル『代数学』がそうである．しかし，これらに関しては誰が訳したのかは現在知られていない．

彼はバース（イギリス）に生まれ，若い頃はフランス，南イタリア，シチリア，そして近東を何年もかけて旅行している．シチリアと近東は，アラビア語の著作に多く接することのできる地域である．アデラードはアラビア語のテキストを使って初めてユークリッド『原論』をラテン語訳した．また 1126 年にはフワーリズミーの天文表も訳している．こうして初めてラテン語で正弦表や正接表が読めるようになった．正接表の方は，11 世紀にフワーリズミーの著作に付加されたものが訳された．チェスターのロバートもやはりイギリス出身であった．彼は数年間スペインに住み，1145 年にフワーリズミーの『代数学』[『ジャブルとムカーバラの計算法についての簡約な書』]を訳し，ヨーロッパに 2 次方程式を解くための代数的解法が知られるようになるきっかけを作った．興味深いこと

に，同じ年にティヴォリのプラトーネがヘブライ語のテキストを用いて『面積の書』（Liber embadorum）を訳している．この著作はスペイン生まれのユダヤ人学者アブラハム・バル・ヒーヤの手になり，やはり2次方程式のアラビア式解法を取り扱っていた．

翻訳者の中でも最も多作だったのがクレモナのジェラルド (1114–1187) であった．イタリア生まれのジェラルドは主としてトレドで活躍したが，彼の手になる翻訳は 80 もあるといわれている．もちろんこのすべてが彼ひとりの手によるわけではないだろう．彼が指導した人々も多くの翻訳を行ったと推測されるが，そのような助手の多くは今ではその名前も伝わっていない．ジェラルドはユークリッド『原論』を新たに訳し直した．使ったテキストはサービト・イブン・クッラによるアラビア語テキストである．また 1175 年には初めてプトレマイオス『アルマゲスト』を，やはりアラビア語から訳している．

このように，12 世紀末までにはギリシア数学の主要著作が，またイスラーム数学の著作のうちのいくつかが，ヨーロッパでラテン語で読めるようになっていた．その後数世紀をかけてこれらの著作の消化が進み，やがてヨーロッパ人自身が新しい数学を開始していった．しかし注意しておきたいことは，ヨーロッパのラテン語読者以前にも，スペインのユダヤ人がアラビア数学の著作を原典で読み，またヘブライ語で独自の研究を遺していたということである．12 世紀においては，ヨーロッパと地中海地方の三大文明——ユダヤ，キリスト，イスラーム——の文化交流が非常に活発であった．数世紀続いたイスラーム文明の優位は峠を越していたのに対し，あとの二つは徐々に力をつけつつあった．次の世紀の終わりまでには西洋キリスト教文化はその力を発揮していたが，ユダヤ文化の方は様々な物理的制約が課された結果として活力を失っていった．

この章では，ユダヤ人たちとキリスト教徒たちによる数学への貢献が主題である．時代は 12 世紀から 14 世紀にかけてである．最初に幾何学および三角法について考察し，次に組合せ論，第三にイスラーム代数学の導入で発達した代数研究，そして最後に運動論の数学について見てゆく．最後のものは，中世の大学で行われたアリストテレス研究から生まれたものである．

8.1 幾何学と三角法

ユークリッド『原論』は 12 世紀初頭にラテン語訳された．もちろん，それ以前にもスペインではアラビア語訳を読むことができた．1116 年，バルセローナ出身のアブラハム・バル・ヒーヤ（1136 年没）は，フランスやスペインで暮らすユダヤ人たちが畑の測量をする際に役立ててもらおうと，『計測と計算について』を著したが，その冒頭で彼はユークリッドの提示した重要な定義，公理，定理を要約して示している．アブラハム・バル・ヒーヤの生涯についてはあまり知られていない．彼はラテン語名をサバソルダといったが，この名は「親衛隊長」という意味のアラビア語が訛ったものである．もしかしたらアブラハム・バル・ヒーヤは宮廷に仕え，キリスト教徒の王に数学や天文学に関する助言を与えていたのかもしれない．

8.1.1 アブラハム・バル・ヒーヤの『計測について』

続く数世紀の間に活躍した幾何学者同様，アブラハムはユークリッド『原論』の理論的側面にはあまり関心を持たなかった．彼が関心を示したのは，幾何学的方法を実際の計測に応用することである．とはいえ，彼はイスラーム数学の証明の伝統を引き継ぎ，ギリシア数学も研究し，幾何学的議論の一部に代数学の問題を扱う場合には解法の幾何学的証明をつけた．とりわけアブラハムは『原論』第 II 巻で取り扱われている「幾何学的代数」の主要な結果を収録し，それらを使って 2 次方程式の解法に証明をつけている．アブラハムの著作は，このようなイスラーム数学の手法をヨーロッパに初めて導入したものとして注目される．

たとえば，アブラハムは次の問題を出している．「正方形の面積から (4) 辺の和を引きさり，21 が残った場合，正方形の面積および 1 辺の長さを求めよ」[4]．この問題は 2 次方程式 $x^2 - 4x = 21$ として翻訳できる．彼はこの式をなじみの方法で解く．つまり 4 を半分にして 2，それを平方して 4，これに 21 を加えて 25 を得，その平方根 5 に 4 の半分を加えればもとの正方形の一辺の長さ 7，面積 49 が得られる．アブラハムの議論は幾何学的ではない．長さ（4 辺の和）を面積からひいて［種類の異なる量の加減法を行って］いるからである．しかし幾何学的証明を見ると，彼は問題を定式化しなおし，4 と x を辺とする長方形を一辺 x のもとの正方形から切り離し，残った長方形の面積が 21 になるとしている．続けてアブラハムは長さ 4 を半分にして，『原論』第 II 巻命題 6 を使って解法の代数操作を正当化している．アブラハムがフワーリズミーの『代数学』から学んだのではないことは明らかである．後者はアブラハムの著作と同年にラテン語訳されていた．アブラハムが代数学を学んだのは，たとえばアブー・カーミルの著作からだっただろう．アブー・カーミルはユークリッド的な証明を用いていた．アブラハムは同様にして，イスラーム数学において議論された他の二つの混合型の 2 次方程式 $x^2 + 4x = 77$ と $4x - x^2 = 3$ をとりあげ，例を用いつつその解法とユークリッド的証明法を紹介している．後者の式に関して，アブラハムは正の解を二つとも与えている．アブラハムはまた $x^2 + y^2 = 100, x - y = 2$ や，$xy = 48, x + y = 14$ といった連立 2 次方程式も扱い，それらを解いている．

しかしながら，アブラハムの独自性は円の計測についての節に見られる．彼はまず円周と円の面積を求める標準的な規則をあげている．最初に π として $3\frac{1}{7}$ という値を使うものの，もっと正確な値がほしい場合，たとえば天体観測の場合などは，$3\frac{8\frac{1}{2}}{60} \left(= 3\frac{17}{120} \right)$ を使うべきであるとしている．不思議なことに，ヘブライ語テキストにはあるがラテン語訳には消えている部分がある．それは面積の公式 $A = \frac{C}{2}\frac{d}{2}$ の，無限小を使った証明である（26 ページ，および図 1.12 参照）．円の切片を計測するにあたり，アブラハムはまず半径を弧の長さの半分と掛け合わせることにより対応する扇形の面積を求める（図 8.2）．次に彼はそこから切片の弦と二つの半径によって区切られた三角形を引きさる．しかし，弦の長さが知られている場合，弧の長さはどうやって求めるのだろうか？それは弦と弧を関係づける表によってである，とアブラハムは答える．こうして彼はヨーロッパで始めて三角表に類するものを紹介する（図 8.3）．アブラハムの表

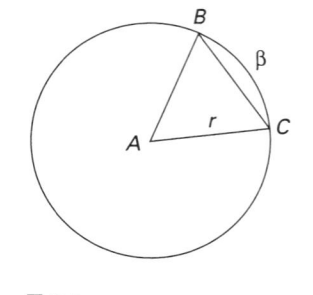

図 8.2
切片 $B\beta C$ の面積 = 扇形 $AB\beta C$ の面積 − 三角形 ABC の面積；よって，扇形の面積 $= r\frac{\beta}{2}$．

弦の部分	弧		
	部分	分	秒
1	1	0	2
2	2	0	8
3	3	0	26
4	4	0	55
5	5	1	44
6	6	2	54
7	7	4	42
8	8	7	11
9	9	9	56
10	10	13	42
11	11	18	54
12	12	24	38
13	13	31	9
14	14	40	0
15	15	50	10
16	17	2	16
17	18	16	36
18	19	33	27
19	20	53	26
20	22	17	10
21	23	45	6
22	25	19	24
23	27	0	0
24	28	49	56
25	31	26	37
26	33	20	52
27	36	27	32
28	44	0	0

図 8.3
アブラハム・バル・ヒーヤによる弧弦の表.

はフワーリズミーの正弦表とは異なっていた．後者はアブラハムの著作が書かれたあと，ほどなくしてラテン語に翻訳されたが，弧を測るのに角度を用い，また半径 60 の円を用いていた．それに対してアブラハムの表は与えられた弦長に対して弧の長さを与える表であった．こちらの方が便利であると彼には思われたのである．アブラハムは 14 の部分に分けられた半径を使い，円周の半分が整数 (44) であるようにし，1 から 28 までの弦の整数値それぞれに対応する弧の長さを（部分，分，秒を単位として）与えている．したがって，任意の切片について，弦 s と弦の中点から円周までの距離 h が与えられているとき，その弧の長さを求めるのに，アブラハムはまず直径 d を公式

$$d = \frac{s^2}{4h} + h$$

（図 8.4）によって求め，次に与えられた弦に $\frac{28}{d}$ を掛け合わせ（これは直径 28 の円に換算するためである），表を参照して対応する弧の長さ α を決定し，α に $\frac{d}{28}$ を掛け合わせている．アブラハムにおいては，三角表が天上ではなく地上の量を計測するため使われており，これはこの種の試みとしては最も古いものに属する．しかしここでは三角法が三角形ではなく円の部分を測るために使われていることには注意してよい．

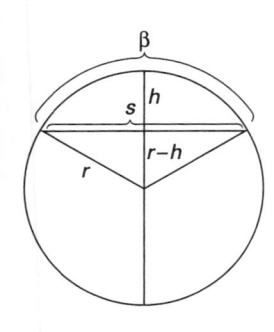

図 8.4
弧 β の長さ $= \frac{d}{28}$ 弦 $\left(\frac{28}{d}s\right)$.
ここで，$d = 2r = \frac{s^2}{4h} + h$.

8.1.2 実用幾何学

アブラハムによるこのヘブライ語のテキストは，中世ヨーロッパで登場した数多くの実用幾何学書の最も早い部類に属する．1120 年代にも，それに類する著作がラテン語で登場した．作者は恐らくサン・ヴィクトールのフーゴー (1096–1141) である．フーゴーは神学者で，パリのサン・ヴィクトール大修道院の長であった．書物は測量士向けのもので，アブラハムのものに比べるとはるかに基礎的なレヴェルにとどまっている．当時三角法の知識はパリまではまだ伝わっていなかったと推測できる．またフーゴーはユークリッドについても一言も言及していない．しかしながらフーゴーは，アストロラーベを使っている．ギリシアで使われていたものをモデルにしてイスラーム天文学者によって改良が加えられたこの観測器具が，スペイン経由で西ヨーロッパにももたらされていたのである．よってフーゴーの計測法はアリダードの使用を含んでいる．アリダードとはアストロラーベに付属し，高度観測のために用いられる器具で，対象の距離に対する高度の比を測ることができる（図 8.5）．この比 r と，対象までの距離 d が知られているとすると，対象の高度 h は $h = rd$ として与えられる．インド，中国，そしてイスラーム世界における数学者たち同様，フーゴーは離れた物体までの距離 d が常に与えられているわけではないことも知っていた．その場合は測定が 2 回必要になる（図 8.6）．S_1 地点で距離 d_1 に対する高度 h の比が r_1 であることが知られる．また S_2 地点では h の d_2 に対する比が r_2 であることも知られる．すると $d_2 = (r_1/r_2)d_1$ である．ここで $d_2 - d_1 = f$ は測ることができるので，フーゴーは d_1 の値

$$d_1 = \frac{f}{\frac{r_1}{r_2} - 1}$$

を計算できる．そこから h が $h = r_1 d_1$ であることがわかるのである [5]．

とはいえ，12 世紀も終わりに近づくと，三角法とユークリッドについての知識がパリにももたらされる．その様子は，ある作者不詳の実用幾何学書からもうかがえる．この書物は一般に手稿の最初の 3 語から *Artis cuiuslibet consummatio*（『あらゆる技芸の完成』）と呼ばれている．もともとはラテン語で書かれたものの，13 世紀にはフランス語に訳されたこの著作は，一種詩的な序論から始まっている．

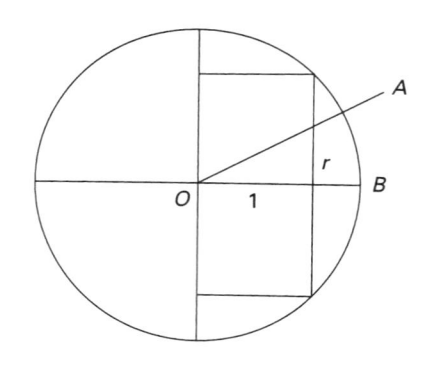

図 8.5
アリダード OA を備えたアストロラーベ．OB が水平になるように持ち，離れた物体 A が OA 上に来るようにすると，その物体の距離に対する高さの比が r で与えられる．

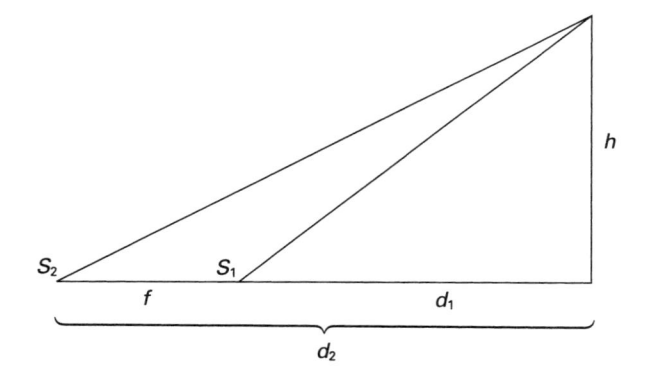

図 8.6
二つの観測値を使って離れた物体の高さを計測するための，サン・ヴィクトールのフーゴーの方法．

あらゆる技芸の完成は，もし全体として眺めるのであれば，理論と実践という二つの側面に依存している．誰であれこれらのうち片方しか身につけていないものは中途半端にしか修得していないと見なされる．実際，現代のラテン語圏の学者たちは……実践を軽んじ，その結果，種を播きながら最も豊かな果実を収穫していない．それはあたかも実がなるのを待てずに春のうちに花を摘んでしまうことに似ている．一体，算術を通して数の性質を認識したならば，精妙な計算によりそれらの配列の無限の可能性を知り，またあらゆる学問にむかって基盤あるいは起源となる事柄を手に入れるに勝ることはないだろう．また，いったん音楽の研究を通じて音の比例関係が知られたならば，音どうしの調和を実際に聴いてみる以上に心地よいことはないだろう．同様に，幾何学を研究して，平面や立体の辺や角度を証明したならば，それらの量を正確に求めてみる以上に尊敬すべきことはないだろう．また，天文学の研究を通して星辰の動きを認識したならば，食を予測し術の奥を極める以上に栄光あることはないだろう．このようなわけで，われわれは読者諸氏に，実用幾何学についての楽しみに満ちた論考を準備した．渇きを覚えている諸氏に，師より受け継いだ最も甘い蜜をここに贈る次第である[6]．

真の教養を身につけるには，四科の理論的側面だけを修めたのでは不十分である，と論考の著者は考えているようだ．彼にとっては，このような知識の現実の世界での使い道をも知る必要がある．『あらゆる技芸の完成』とは，四科の一つである幾何学について，その実践的側面を明らかにすることを目標としている．

著作は四つの部分からなっている．面積の計測，高度の計測，体積の計測，そして分数計算である．最後の部分は，先行する部分に出てくる計算について，読者を手助けする目的で書かれている．第一の平面積に関する部分では，論考の著者は基本的な面積の求め方を示し，三角形，長方形，平行四辺形について取り扱っているが，たいていはユークリッドの命題を引用して結果の証明に代えている．次に来るのは正多角形の面積であるが，著者のあげる公式はすべて誤りである．著者があげる公式は，辺 n の五角形，六角形，七角形などなどの面積ではなく，五角形数，六角形数，七角形数など，第 n 番目の図形数である．た

とえば一辺 n の五角形の面積を求めるのに，論考の著者は実質的には公式

$$A = \frac{3n^2 - n}{2}$$

をあてはめているにすぎない．彼はニコマコスの著作以来の図形数をめぐる議論に影響を受けていた可能性が高い．

　高度計測に関する部分からは，論考の著者が三角法を知っていたことがわかる．たとえば彼は高さ 12 の垂直なグノーモン［元来は日時計の針の部分］が落とす影を使って，太陽の高さを求める方法を与えている．「影の長さを自身で掛け，積に 144 を加えよ．その平方根をとる．次に影に 60 を掛け合わせ，それを先ほどの平方根で割れ．答が正弦である．その弧を求め，それを 90 から引きさると，余りが……太陽の高さであろう」[7]．影の長さを s とおくと，高度 α は

$$\alpha = 90 - \arcsin\left(\frac{60s}{\sqrt{s^2 + 144}}\right)$$

として求まる．ここでは，イスラームの三角法においてと同様，半径 60 を使って正弦が計算されている（図 8.7）．論考の著者は同様にして高度から影の長さを計算している．その際

$$s = \frac{12\sin(90 - \alpha)}{\sin\alpha}$$

が使われている．これら二つの問題から，作者が正弦表を知っていたものの，イスラーム世界ではすでに知られていた余弦，正接，余接の表は持ち合わせていなかったらしいことがわかる．作者の手許にあったのは，ギリシア天文学に対してインドとイスラーム天文学が加えた改良のうち，ごく初期の段階のものでしかなかった．

　土地測量に関しては，論考では古代の方法に戻っている．塔の高さを測るのに，論考では三角法が使われないばかりか，おそらく最も古い（そして最も簡単な）方法へと戻っている．「太陽の高さが 45 度になるまで待て……，そうすれば，平面の上に投げかけられた物体の影は，どんな物体であれ，その物体そのものの長さに等しくなるであろう」[8]．塔が到達不可能である場合，著者は二つの観測地点を使った古代の方法を使う．この方法は中国やインドの書物に見られるものに類似している．インド，イスラーム，中世ヨーロッパではほとんどの場合，三角形を使った方法が知られていても，天空の三角形に対して使われるだけで，地上の三角形に応用されることはなかったのだが，この論考も例外ではない．

　ここでは 12 世紀にラテン語で書かれた幾何学書を二つ見てきたわけだが，ここから当時のヨーロッパ北部でどれくらい幾何学が知られていたのかが推察できる．ギリシア幾何学の伝統はようやく根付き始めていたが，同様に古代に由来し，必ずしも厳密ではなかった様々な実用幾何学的技法となると，日常生活において実際に出てくる幾何学的な量を計算するのに使われていた．他方のヨーロッパ南部では，イスラームの影響は一層強く，またユークリッドに由来する証明の伝統も色濃く残っていた．このことはアブラハム・バル・ヒーヤの著作か

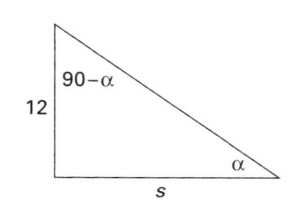

図 8.7
影が与えられたときの太陽高度の測定．またその逆の測定のための，『あらゆる技芸の完成』に収められた方法．図で，
$\alpha = 90 - \arcsin\left(\dfrac{60s}{\sqrt{s^2 + 144}}\right)$;
$s = \dfrac{12\sin(90 - \alpha)}{\sin\alpha}$.

> # 伝　記
>
> ## ピサのレオナルド（1170頃–1240）
>
> 　レオナルドは今日ではフィボナッチ（ボナッチオの息子）という通称の方が有名である．この通称は，19世紀にレオナルドの著作を編集したバルダッサーレ・ボンコンパーニによって与えられたものである．レオナルドは1170年前後に生まれている．その父はピサの商人で，北アフリカ海岸のブージャ（今日のアルジェリアのベジャイア）との間でさかんに商取引をしていた．若きレオナルドはこの町で過ごした多くの時間の中で，アラビア語を習得し，またイスラーム教の教師に数学を教わった．その後彼は地中海地方を旅して回るようになるが，それはおそらく父親の仕事を手伝うためであったと思われる．彼は各地でイスラーム学者に会い，彼らの数学的知識を吸収していく．1200年頃ピサに戻ると続く25年間を著述に費やし，方々で修得したことをまとめていった．彼の著作のうち，『算板の書』（1202年，1228年），『実用幾何学』（1220年），『平方の書』（1225年）などが現存している．レオナルドの功績はフリードリッヒ2世の宮廷でも，またピサの町でも認められるところとなった．この章の冒頭に掲げた逸話は宮廷における彼の名声を物語っている．教育などの面で市の発展に貢献したという理由で，ピサ市は1240年レオナルドに年金を授与することを決定している．

らうかがえるが，イタリアで活躍した最初の数学者の一人，ピサのレオナルド（1170頃–1240）による幾何学もその証左である．

8.1.3　ピサのレオナルド『実用幾何学』

　ピサのレオナルドによる『実用幾何学』（1220年）は，サン・ヴィクトールのフーゴーや『あらゆる技芸の完成』よりは，アブラハム・バル・ヒーヤの数学と関係が深い．実のところ，いくつかの部分はほとんどそのまま『面積の書』からとられているようにも見える．しかしレオナルドの著作の方がより詳細である．『面積の書』同様，レオナルドの書物でもまずユークリッドに見られる定義，公理，定理が多数羅列されている．それらはとりわけ『原論』第II巻からとられたものが多い．たとえば長方形の計測に関する箇所で，レオナルドは2次式の標準的な解法も含めて紹介しているが，証明に際してはユークリッドが引かれている．またアブラハムより多くの例が引用されており，その中には［未知数の］2次項が1より大きい係数を持つ方程式も含まれている．たとえば，三つの平方と四つの根の和が279に等しい $3x^2 + 4x = 279$ を解くにあたり，彼は式を3でわって $x^2 + 1\frac{1}{3}x = 93$ まで還元し，そこから標準的な公式をあてはめている．あるいは，多くの問題は長方形の対角線を使っており，したがって辺の平方の和に関連している．

　レオナルドは円についても書いており，そこでもやはりアブラハム同様，π の値に22/7という標準的な値を用いている．しかしレオナルドの場合では，この値をどのように計算するかまで示されている．そこではアルキメデスの手法が用いられている．レオナルドは円に外接する正96角形の周の，円の直径に対する

比が 1440 対 458 1/5，また内接する正 96 角形の周の，直径に対する比が 1440 対 458 4/9 であることを見出している．彼は，458 1/3 が 458 1/5 と 458 4/9 とのおよそ中間点にあることに注目し，円周対直径の比が 1440 : 458 1/3 = 864 : 275 に近いだろうと推測する．864 : 274 10/11 = 3 1/7 : 1 なので，レオナルドはアルキメデスの出した値を自分で導出したといえる．

レオナルドは円の切片と扇形の面積計算も行っている．このためには弧と弦の表が必要であったが，奇妙なことにレオナルドは，弧の正弦を標準的な仕方で定義しているにもかかわらず，正弦表は掲載せずに弦の表を収録している．しかも彼は，プトレマイオスが弧の弦から半弧の弦を決定するのに用いたのと同じ手法を用いている．しかしレオナルドの弦の表はプトレマイオスの表ではなかった．そこでは半径として 21 が使われているので，レオナルド独自の表である可能性が高い．アブラハムの用いた 14 という値同様，この値が選ばれたのは円周の半分を整数値にするためであった．しかしアブラハムの表と異なり，レオナルドの表は弦を直接掲載している（図 8.8）．1 から 66 ロッドまでの（そして 67 から 131 ロッドまでも）弧の整数値すべてについて，レオナルドの表は対応する弦を同じ尺度で与えている．ただしロッドの分数は 60 分ではなく，当時ピサで使われていた，フィート（1 ロッド = 6 フィート），インチ（1 フット = 18 インチ），そしてポイント（1 インチ = 20 ポイント）という尺度が使われている．そのあとでレオナルドは，弦の表を使って 21 以外の半径を持つ円における弦の弧を計算する方法を示している．

アブラハム・バル・ヒーヤ同様，レオナルドも弦の表を扇形や円の切片を計算するためにのみ使用している．同じ章の後ろの方では，円に内接する正五角形の辺と対角線の長さが計算されているが，この場合は明らかに弦の表が使えるにもかかわらず，レオナルドはそれを使っていない．彼はユークリッドに立ち戻って第 XIII 巻から適切な定理を引き，そこに見られる六角形，五角形，そして十角形における辺の長さの性質を用いて計算を行っている．『実用幾何学』の終わりの方では高さの計算が扱われているが，ここでもレオナルドは三角法を使わずに相似三角形を使った古い方法を用い，まず高さが知られている棒を使って高さを求めたい物体の頂上をのぞき，それから必要な地上の距離を測定するという手順を踏んでいる．

8.1.4　三角法

すでに述べたように，中世においては三角法が地上の三角形を測るのに使われることはなかった．このことは 14 世紀に書かれた三角法に関する二つの著作によっても例証される．一つはウォリングフォードのリチャード (1291–1336) により，もう一つはフランスのユダヤ人レヴィ・ベン・ゲルソン (1288–1344) によるものである．

ウォリングフォードのリチャードは修道僧で，生涯最後の 9 年間をセント・オーバンス修道院で修道長として過ごしている．『四部作』(*Quadripartium*) と題された彼の著作は，四つの部分からなり，三角法の基礎を扱っているが，作者がまだオクスフォードの学生だった頃，おそらく 1320 年頃に書かれたものである．およそ 10 年後リチャードはこの著作を改訂した上で縮約し，『扇形につい

Arcus pertice	Arcus pertice	Corde pertice	Ar pedes	Cuu vncie	M puncta	Arcus pertice	Arcus pertice	Corde pertice	Ar pedes	CV vncie	VM puncta
1	131	0	5	17	17	34	98	30	2	6	17
2	130	1	5	17	13	35	97	31	0	8	5
3	129	2	5	17	4+	36	96	31	4	8	7
4	128	3	5	17	2	37	95	32	2	5	15
5	127	4	4	12	10	38	94	33	0	1	9
6	126	5	4	16	7+	39	93	34	3	13	0
7	125	6	5	14	5	40	92	35	1	4	15
8	124	7	5	12	9	41	91	35	4	12	10
9	123	8	5	8	16	42	90	36	2	0	0
10	122	9	5	7	8	43	89	36	5	3	5
11	121	10	5	4	2	44	88	37	2	4	6
12	120	11	4	17	18	45	87	37	5	3	2
13	119	12	4	13	6	46	86	38	1	17	15
14	118	13	4	7	16	47	85	38	4	12	13
15	117	14	4	1	0	48	84	38	1	4	0
16	116	15	3	11	18	49	83	39	3	11	15
17	115	16	3	3	12	50	82	39	5	17	2
18	114	17	2	12	8	51	81	40	2	2	1
19	113	18	2	0	15	52	80	40	4	2	10
20	112	19	1	8	12	53	79	40	0	0	11
21	111	20	0	13	18	54	78	40	1	14	5
22	110	21	0	0	0	55	77	41	3	7	8
23	109	21	5	2	16	56	76	41	4	16	2
24	108	22	4	4	5	57	75	41	0	4	12
25	107	23	3	4	8	58	74	41	1	8	1
26	106	24	2	3	2	59	73	41	2	9	0
27	105	25	1	0	6	60	72	41	3	7	14
28	104	25	5	16	2	61	71	41	4	9	2
29	103	26	4	8	0	62	70	41	4	15	10
30	102	27	3	0	3	63	69	41	5	6	9
31	101	28	1	9	7	64	68	41	5	12	17
32	100	28	5	16	4	65	67	41	5	6	14
33	99	29	4	3	9	66	66	42	0	0	0

図 8.8
ピサのレオナルドによる弦の表.

て』(*De sectore*) という論考にしている．どちらの著作も，三角法に関するそれ以外の多くの著作に似て，球面三角法の問題を解くための方法を示している．球面三角法は天文学で必要であった．リチャードが『四部作』を書く際に参照した主な本は，プトレマイオス『アルマゲスト』である．ただしそれは，より古い

弦に加え，インドで発達した正弦をも取り扱えるように改良を加えられた『アルマゲスト』であった．ただ，リチャードが『四部作』を改訂した頃には，彼はすでにジャービルの三角法を知っていた．実は，球面三角法について扱っているところでは，リチャードはジャービルの議論をほとんどそのまま紹介している．それはメネラオスの定理に基づいたプトレマイオスの議論を紹介したすぐあとの箇所においてである．

　リチャードはメネラオスの定理を詳しく解説している．それは平面と球面のどちらの場合においてもである．この定理では，メネラオスの図形［本書 4.2.3 項参照］に出てくる様々な辺の間の比が問題となるため，リチャードは最初に比例論を基礎から考察している．リチャードの比例論は，同時代の大学人による研究と密接に関係しており，8.4.1 項でより詳しく取り扱うだろう．ここでは次のことを注記するにとどめておく．すなわち，リチャードの考察においては，メネラオスの図形に登場する可能なケースをすべて考察し，かつそのたびに証明を与えているということである．現代の読者にはこのような作業は無意味に見えるかもしれないが，リチャード自身は数学にそれほど習熟していない人々を読者として想定しており，このように細かく議論をすることも必要であると感じていた．また，平面三角法の基礎を取り扱った巻の冒頭部分でもそうであるが，リチャードはこの箇所であらゆる場合の取尽しを行っている．このような厳密さはユークリッドに忠実であるといえる．記憶にとどめておきたいのは，中世初期，数学の知識が非常に初歩的な段階にとどまっていた時代でも，数学的証明という概念は輪郭をとどめていたということである．このような観念は，数学への関心が高まってゆくとともに，リチャードの場合のように次第に力を増していくことになる．

　レヴィ・ベン・ゲルソンが三角法を研究したのは，大体『四部作』の成立と同じ時期である．この研究は天文学についての論考の一部をなしており，この天文学の論考はまた彼の主要な哲学的著作である『主の戦い』の一部であった．レヴィの三角法は主としてプトレマイオスに依拠しているが，リチャード同様，一般に弦ではなく正弦を用いている．レヴィがプトレマイオスのみならずリチャードとも違うのは，彼が平面三角形の解き方を詳しく解説している点である．彼はまず直角三角形の標準的な解き方を解説し，次に三角形一般の場合へと進んでいる．3 辺が知られている場合は，レヴィは頂点の一つから対辺へと垂線をおろし，そこへ『原論』第 II 巻命題 12, 13 に見られる余弦法則をあてはめることにより解いている．同じ方法は 2 辺とその挟角が知られている場合においてもあてはめられる．2 辺と挟角以外の角の一つが知られている場合に関しては，レヴィは正弦法則を用いている．しかし両義的な結果が出る可能性については言及されていない．もちろん，どの問題をとってみても未知の角の一つは必ず鋭角か鈍角かであることが条件になっているので，解となる三角形は一つしかない．最後に，二つの角と 1 辺が知られている場合も，正弦法則を用いて解けると言及されている．

　たしかにレヴィの解法は新しいものではない．それはジャービルにおいて見られる解法とやや異なっていたとはいえ，それでもイスラーム数学においてまったく知られていなかったわけではない．それでも，レヴィの短い著作はヨーロッパ

で平面三角形の基本的な解き方を扱った最も早い書物の一つである．しかしイスラーム数学，あるいは実用幾何学のテキストにおいてと同様，レヴィはその解法を天文学においてしか適用せず，地上の三角形を解くためには用いなかった．

8.2 組合せ論

すでに見てきたように，組合せ論はインドでもイスラーム世界でも研究されていた．中世ヨーロッパにおいてもやはり組合せ論へ関心が向けられた．とりわけユダヤ人社会においてそうであった．この分野では，ヘブライ語で書かれた最も古い文献はどうやら神秘主義的な『創造の書』である．この著作の成立は 8 世紀より前だが，2 世紀にはすでに書かれていた可能性もある．著者は不詳であるが，そこではヘブライ語のアルファベットを構成する 22 の文字を何通りの仕方で配列できるかが計算の対象となっている．作者がこのような事柄に興味を抱いたのは，ユダヤ神秘主義思想が背景にある．神が世界を創造したとき，世界のあらゆる事物に名前を（もちろんヘブライ語で）割り振ったとされるからである．「神はそれらを描き，組合せ，重さを量り，互い違いに交換し，それらを通して創造を遂行され，また創られるべきあらゆるものどもを創られた……二つの石［文字］からは 2 軒の家［言葉］が建てられ，三つの石は 6 軒の家となり，四つの石は 24 軒，五つは 120 軒，六つは 720 軒，七つは 5040 軒の家を，それぞれ作り出す」[9]．作者は明らかに n 個の文字からは $n!$ 通りの組合せが得られるということを理解していた．イタリアのラビであったシャッベタイ・ドンノロ（913–982 頃［正確な没年については諸説あり］）は，『創造の書』に付した注解の中でこの階乗規則を明瞭な仕方で導出している．

> 二つの文字からなる言葉の最初の文字は，2 度交換することができる．三つの文字からなる言葉では，最初の文字として可能な 3 通り一つ一つについて，それ以外の 2 文字を，2 文字語と同じように 2 通りの仕方で交換できる．そして，三つの文字からなる組合せすべてが，四つの文字からなる単語の先頭の文字一つ一つにつき成り立つ．3 文字の単語は 6 通り作られるので，4 文字の語の先頭に来る文字一つ一つについて，六つの場合を考えなくてはならなく，こうして合計 24 通り得られる．以下同様に計算できる [10]．

8.2.1 アブラハム・イブン・エズラの数学

『創造の書』の作者は，2 文字ずつとった場合の組合せ数について手短に述べていた．組合せについての詳しい研究は，アブラハム・イブン・エズラ (1090–1167) というラビによって行われた．このスペイン生まれのユダヤ人哲学者は，占星術師でありまた聖書注釈も行った．占星術の著作の中でイブン・エズラは七つの「惑星」（ここには［当時知られていた 5 惑星に加えて］太陽と月も含まれている）の合が何通りありうるかを計算している．占星術ではこのような合が人間の生活に強力な影響を及ぼしていると考えられていた．イブン・エズラは k として 2 から 7 までの各整数をとり，C_k^7 を計算し，合計として 120 という値を得

ている（C_k^n という表記は n 個の要素から k 個ずつとったときの組合せの数を表している．言い換えると，n 個の要素からなる集合において可能な，k 個の要素からなる下位集合の数である）．イブン・エズラは最も単純な場合，2 項の合から始め，21 という値を出している．21 は 1 から 6 までの整数の和に等しいが，この計算をするにあたってイブン・エズラは最後の整数をその半分と単位の半分で掛けあわせるという計算式を活用できたので，答は容易に求めることができた．現代の記号法で書くと，

$$C_2^n = \sum_{i=1}^{n-1} i = (n-1) \cdot \frac{n-1}{2} + (n-1) \cdot \frac{1}{2} = \frac{n(n-1)}{2}$$

となる．

3 項の組合せについては，イブン・エズラは次のように説明している．「初めに土星と木星を組合せ，それに残りの惑星のいずれかを付ける．残りの惑星は 5 つあるが，5 をその半分と単位の半分で掛けると，15 を得る．これが木星の合の数である」[11]．すなわち，木星と土星を含んだ 3 項の組合せは 5, 木星と火星を含んではいるが土星を含まない組合せは 4, などであり，結果木星を含んだ 3 項の合は $C_2^6 = 15 \left(= 5 \cdot \frac{5}{2} + 5 \cdot \frac{1}{2} \right)$ である．同様に，土星を含むが木星を含まない 3 項の合は，残る 5 惑星のうち二つを選択する方法を計算することにより求まる，すなわち $C_2^5 = 10$ である．次に，火星を含むが木星も土星も含まない 3 項の合を計算する．最終的には

$$C_3^7 = C_2^6 + C_2^5 + C_2^4 + C_2^3 + C_2^2 = 15 + 10 + 6 + 3 + 1 = 35$$

という結果が得られるわけである．

イブン・エズラは続けて 4 項の合を計算しているが，用いられる方法は同じである．木星を含んだ合を計算するには残りの 6 惑星から三つをとり出すこと，また，土星を含むが木星を含まない組合せを計算するには五つから三つをとり出すことがそれぞれ必要である．こうして，$C_4^7 = C_3^6 + C_3^5 + C_3^4 + C_3^3 = 20 + 10 + 4 + 1 = 35$ が得られる．残る五つ，六つ，七つの惑星を含む組合せに関しては，イブン・エズラは結果だけをあげている．イブン・エズラによる $n = 7$ の場合の計算は，組合せ論の一般公式

$$C_k^n = \sum_{i=k-1}^{n-1} C_{k-1}^i$$

へと容易に一般化できるものであることがわかる．イブン・エズラの数十年後，イブン・ムンインが同じような仕方でこの結果を得ていることが注目される［本書 7.3.1 項参照］．

占星術の著作以外にイブン・エズラは算術書も書いている（1146 年）．この書物でイブン・エズラはヘブライ語社会で初めて 10 進位位取り記数法を取り扱った．そこではヘブライ語アルファベットの最初の 9 文字が 1 から 9 までの数字を表すのに使われ，また位の意味，ゼロの使用法（イブン・エズラは丸を書いて表現している），インド・アラビア数体系を使った様々な計算法について解説されている．

伝　記

レヴィ・ベン・ゲルソン (Levi ben Gerson, 1288–1344)

レヴィは南フランスの村バニョル・シュル・セーズに生まれたと考えられているが，一生の大半を近くの町オランジュで過ごした．彼は数学者にして天文学者，哲学者，聖書注釈者でもあった．彼の一生についてはあまり知られていないが，何人もの著名なキリスト教徒と交流を続け，そのうちの何人かの求めに応じて天文表を作ったことは知られている．その多彩な著作活動から，レヴィが哲学，天文学，数学に関する古代ギリシアの主立った著作を読んでいたこと，またイスラーム数学にも親しんでいたことが見てとれる．天文学者としてのレヴィは，ヤコブの杖［クロススタッフ］を発明した人物としてよく知られている．ヤコブの杖は，天体の間の角度を測る器具として数世紀間使用され，とりわけ 16 世紀ヨーロッパにおいては船乗りたちにより重宝された（図 8.9）．

図 8.9
レヴィ・ベン・ゲルソンによって発明されたヤコブの杖．

8.2.2 レヴィ・ベン・ゲルソンと帰納法

14 世紀の初め頃，レヴィ・ベン・ゲルソンは主著『計算家の技法』（1321 年）を著した．著者はそこで様々な組合せ論の公式を，注意深く厳密な仕方で証明している．著作は二つの部分に分かれている．前半は理論的で，定理の詳細な証明にあてられており，後半は「応用的」で，様々な計算を行うための規則が丁寧に解説されている（ここではエズラの「ヘブライ版」位取り記数法が使われている）．前半部の冒頭，現代でも通用しそうな仕方でレヴィは理論的な事柄の必要性を説く．

> どんな専門技能であれ，それをどのように遂行するかを知るだけでは十分ではない．完成の域に達するにはその原理も知らなければならず，なぜそのように行うのかを認識していなければならない．計算の術も専門技能の一種である以上，その理論に関しても人は無関心であってはならないのである．この分野に関して理論的な事柄を深めなければならない理由はもう一つある．この分野には様々な演算が登場し，どの演算も非常に多様な事柄に関わるため，それらがすべて同じ科目であるとは信じられないほどである．したがって理論がなければ，計算術を十全に理解することなどほとんど不可能に等しいのである．しかし理論を理解できれば，術の完全習得は容易になる．理論を理解できれば，様々な場合へと応用することもできる．様々な場合とはすべて同じ基礎に依存しているからである．理論を知らないと，異なった種類の計算を行う場合，それらが実際は同一の計算であるにもかかわらずやりかたをそれぞれ別々に習わなければならないのである[13]．

どんな数学的著作を読む場合でもそうだが，レヴィの著作でも当然ながらいくらかの予備知識が必要とされている．ユークリッド『原論』の第 VII, VIII, IX

巻の内容がそうである．というのも，「本書では［ユークリッドの］言葉をわざわざ繰り返すようなことはしない」から．とはいえ，レヴィは結果をすべてユークリッドの仕方にならって注意深く証明している．レヴィの著作の最も重要な貢献は，組合せ論の定理につけられた証明である．証明の中でレヴィは，先行するイスラーム数学者よりもはっきりと数学的帰納法の核心部分を使用している．彼はこの操作を「1段1段限りなく上昇してゆくこと」と呼んでいる．レヴィが帰納法的議論を使うときは，一般に**帰納の段階**，すなわち k から $k+1$ へと移行する段階を最初に行い，次のこの過程が k のある小さな値で始まると述べ，最後に完全な形で答を与える．近代的な意味における帰納法の原理はどこにも言及されていないが，少なくともその使い方は認識されていたようである．実際，『計算家の技法』では最も初期の定理二つにおいてこの議論が使われている．その定理とは掛け算の結合律と交換律に関するものである．

命題 9 二つの数の積に三つ目の数を掛けて得られる積は，三つの数のうち任意の二つに三つ目の数を掛けて得られる積に等しい．

命題 10 三つの数の積に四つ目の数を掛けて得られる積は，四つの数のうち任意の三つに四つ目の数を掛けて得られる積に等しい．

現代風に書くと，最初の命題は $a(bc) = b(ac) = c(ab)$ という内容であり，続く命題はその結果を四つの数の場合へと拡張している．命題 9 の証明はいたって簡単で，各因数が積の中に何度出てくるかを数えているだけである．命題 10 を証明するにあたり，レヴィは $a(bcd)$ が bcd を a 回含んでいるという．命題 9 から bcd を $b(cd)$ と考えることができるので，積 $a(bcd)$ が acd を b 回含むと考えることができる．つまり $a(bcd) = b(acd)$ がいえるわけである．ここからレヴィはこれら二つの命題が任意の数の因数へ一般化可能であると述べる．「このことは一段一段限りなく上昇してゆくことで証明できる．すなわち，4 数の積に第五の数を掛けるとき，積は任意の 4 数の積と残る数とを掛け合わせたときの積に等しい．したがって任意の数の積に別の数を掛け合わせるとき，得られる積はそのうちの任意の数を残った因数の積で表される数だけ含んでいるのである」[14]．ここに見られるのは本質的には数学的帰納法の原理である．この原理は $(abc)d = (ab)(cd)$ を証明するためにも再び使われる．そしてレヴィは締め括りに，この証明を任意の回数だけ適用しても得られる結果は同一であると述べる．すなわち，任意の数はその因数のうち二つの積を，それ以外の因数の積で表される数だけ含むという結果が証明できるのである．

レヴィはその帰納的原理を一貫して適用しているわけではない．その著作の中程には数列の和を求める定理が数多く登場する．それらの多くは帰納法で証明できるにもかかわらず，レヴィはそれをせず，別の証明法を用いる．たとえば 1 から n までの整数からなる数列において，和が $\frac{1}{2}n(n+1)$（ただし n は偶数であるとする）であることを証明するところでは，最初の項と最後の項の和，2 番目の項と最後から 2 番目の項の和などがそれぞれ $n+1$ に等しいという考え方が使われている．n が奇数のときについても，同じふうにとられた和がそれぞ

れ数列の真ん中の項の2倍に等しいことに注目し，証明がなされている．しかしながら1からnまでの数の立方の和については，レヴィは帰納法を使っている．それはカラジーが同じ結果を証明するのに用いた方法に類似している．帰納の段階は本質的には次のようになっている．

命題41 1から任意の数までの自然数からなる数列において，数列の和の平方は，与えられた数の立方と，与えられた自然数より1少ない数までの全自然数の和を平方した値とを足しあわせたものに等しい（現代風に書くと，$(1+2+\cdots+n)^2 = n^3 + (1+2+\cdots+(n-1))^2$）．

現代の記号法を使ってレヴィの証明を追ってみる．まず，$n^3 = n \cdot n^2$，また$n^2 = (1+2+\cdots+n) + (1+2+\cdots+(n-1))$（これはレヴィの著作の命題30で得られた結果である）．よって

$$n^3 = n[(1+2+\cdots+n) + (1+2+\cdots+(n-1))]$$
$$= n^2 + n[2(1+2+\cdots+(n-1))]$$

である．ところが

$$(1+2+\cdots+n)^2 = n^2 + 2n(1+2+\cdots+(n-1)) + (1+2+\cdots+(n-1))^2$$

であるので，$n^3 + (1+2+\cdots+(n-1))^2 = (1+2+\cdots+n)^2$ がいえる．

レヴィは次に，1がいかなる数にも先行されていないが，それでも「その立方はそれまでの自然数の和を平方した値に等しい」という．これは次の命題を帰納法によって証明する際の第一段階に他ならない．

命題42 1から任意の数までの自然数の和を平方して得られる値は，1から同じ数までのすべての自然数を立方したものの和に等しい．

しかしレヴィによる証明は，現代人が想像するような帰納法による証明とはやや異なっている．彼はnの場合から$n+1$の場合へと議論せずに，カラジーのようにnの場合から$n-1$の場合へと議論する．まず$(1+2+\cdots+n)^2 = n^3 + (1+2+\cdots+(n-1))^2$であることが確認される．最後の加算項は，やはり前述の命題より$(n-1)^3 + (1+2+\cdots+(n-2))^2$であることがわかる．このように続けてゆくと最終的には$1^2 = 1^3$が得られ，所期の命題が証明される．なお，命題そのものでは任意の自然数が問題となっており，われわれはそれを現代風にnと書き換えた．しかしレヴィの証明においては第一段階として五つの数を使っている．この五つの数はヘブライ語アルファベットの最初の5文字を使って表されている．先行者の多くと同様，レヴィは任意個の整数の和を表現する方法を持っていなかった．そのため一般化可能な例という方法で書かれているのである．とはいえ，レヴィの証明においては帰納法による証明という考え方がはっきりと出されている．

帰納法による証明は，『計算家の技法』の理論の部を締め括る節においても見られる．この節では順列と組合せが主題である．レヴィが最初に提示する命題は，与えられた個数nの要素を使った順列の数が，われわれの考える$n!$であるということを意味する．

命題 63　任意個の要素に基づいた順列数が，与えられた数に等しいとき，最初より一つ要素が多い場合の順列数は，最初の順列数と与えられた数の次にくる数との積により求まる．

記号法を用いると，この命題は $P_{n+1} = (n+1)P_n$ であると述べている（P_k は k 個の要素に基づく順列数を表す）．これは命題 $P_n = n!$ を証明する際の，帰納の段階に相当するが，レヴィがこの結果を提示するのは証明の最後においてである．命題 63 の証明は詳細かつ丁寧なものである．最初の n 個の要素に新しい要素 f を加えた順列に，たとえば $abcde$ があるとすると，$fabcde$ は新しい集合における順列の一つである．もとの集合ではそのような順列が P_n 個あるため，新しい集合についても f で始まる順列が P_n 通りある．また，もとからある要素の一つ，たとえば e が新しい要素である f で置き換えられたとすると，集合 a, b, c, d, f は P_n の順列を持ち，したがって新しい集合において e が最初の位置にある順列もやはり P_n 通りあることになる．もとからある n 個の要素のうち，また新しい要素のうち，どれでも最初の位置におくことができるため，新しい集合の順列は $(n+1)P_n$ であることがわかる．命題 63 の証明の最後では，これら $(n+1)P_n$ 通りの順列がすべて互いに異なることが示されている．レヴィは結論として，「与えられた個数の要素からなる集合において，順列の数は 1 から全要素個数までの自然数をすべて掛け合わせることによって得られることが示された．というのも，二つの要素による順列は 2 であり，これは $1 \cdot 2$ に等しい．三つの要素による順列は $3 \cdot 2$ の積に等しく，これは $1 \cdot 2 \cdot 3$ に等しい．このように，際限なくやっていっても，同じ結果が示される」[14]．レヴィがここで説明しているのは第一段階の操作である．これにすでに証明されている帰納の段階を合わせれば，結果も完全に証明されると考えているのである．

数え上げることにより，レヴィは $P_2^n = n(n-1)$（ただし P_k^n は n 個の集合において k 個の要素からなる順列の数を表す）を証明するが，それをふまえて次に，$P_k^n = n(n-1)(n-2)\cdots(n-k+1)$ を k についての帰納法によって証明している．すでに見た定理同様，レヴィが定理として述べるのは帰納の段階である．

命題 65　任意個の要素が与えられており，それとは異なりかつそれより小さいある数を考え，それを順序とするような順列数を第三の数として表す．与えられた要素の中で，順列を構成する要素の個数を一つ増やすと，この場合の順列数は，先述の第三の数に，最初の数と第二の数との差を掛け合わせたものに等しい．

レヴィの表現はわかりづらいが，現代の記号法を使えばそれは $P_{j+1}^n = (n-j)P_j^n$ と書き換えられる．証明は命題 63 とあまり変わらない．最後に結果が完全な形で示されている．「こうして，与えられた要素からなる集合の中で与えられた順序の順列を求める方法が示された．それには，順序の数から集合の要素数まで並んでいる自然数すべてを順々に掛け合わせていけばよい」[15]．結果を一層明瞭にするため，レヴィは $n=7$ の場合をとり，帰納法の第一段階を与えている．$n=7$ の場合については，彼がすでに順序 2 の順列数が $6 \cdot 7$ に等しいことを証

明している．これをふまえると，順序 3 の順列数は $5 \cdot 6 \cdot 7$ に等しいことがわかる（$5 = 7 - 2$ であるから）．同様にして，順序 4 の順列数は $4 \cdot 5 \cdot 6 \cdot 7$ に等しい．こうして，「いかなる数についても同様に証明できる」．

『計算家の技法』の理論的な部分をしめくくる最後の三つの定理で，レヴィは順列と組合せの定理についての考察をひとまず完成する．命題 66 は $P_k^n = C_k^n P_k^k$ ということを示している．命題 67 はこれを $C_k^n = P_k^n / P_k^k$ と書き換えたものにすぎない．この分数の分子も分母もすでに公式で与えられているので，レヴィは C_k^n の標準的な公式

$$C_k^n = \frac{n(n-1)\cdots(n-k+1)}{1 \cdot 2 \cdots k}$$

を手にしていたことになる．最後の命題 68 は $C_k^n = C_{n-k}^n$ の証明である．

見てきたように，1321 年までには組合せ論の基礎はヨーロッパで理解されていた．しかしながら奇妙なことに，続く 2 世紀もの間，組合せ論が研究された形跡はほとんどない．また，それが再登場したとき，レヴィへの言及はなかったということも不思議である（囲み 8.2）．

8.3 中世の代数学

ヨーロッパにおいて組合せ論の研究を深めていったのがユダヤ数学であったのとは対照的に，中世ヨーロッパにおける代数学の担い手たちはイスラーム数学の直接の継承者たちであった．

8.3.1 ピサのレオナルドの『算板の書』

ヨーロッパで最も早い時期に代数学の書物を著したのはピサのレオナルドである．レオナルドはその代表作『算板の書』(*Liber abbaci*) で知られる（*abbaci* という言葉は *abacus* [算板] から来るが，計算のための道具を指すのではなく，計算一般を指している）．初版は 1202 年，若干改訂された第 2 版が 1228 年に出されている．写本が多く残っていることから，当時この著作が広く読まれたことがわかる．『算板の書』は主としてイスラーム数学に多くを負っている．レオナルドは何度もイスラーム文化圏に旅行をしてはそこで知識を仕入れたが，その知識はレオナルド自身の才能により拡張され整理されている．著作にはまず，新しく入ってきたインド・アラビア数字を使った計算法を扱っているが，それだけではなく，利潤の計算，通貨換算や計測に関する実際的な問題も多数収録されている．そこには，当時広まりつつあった代数学書に見られる様々な主題，たとえば混合の問題，運動の問題，容器の問題，中国剰余定理に関する問題も含まれていた．巻末には 2 次方程式で解ける問題も種々扱われている．問題とともに理論的な記述もここかしこに見られる．たとえば数列の和の求め方や，2 次方程式の幾何学的な証明に関する記述がそうである．

レオナルドは実に多種多様な問題解法を用いている．彼はしばしば，一般的な手法を利用する代わりに特定の問題に適した特殊な方法を用いる．頻繁に使われる基本手法の一つに，古代エジプトに発する仮置法がある．この方法は，簡便ではあるが偽であるような解を最初に与えておき，正解が出てくるまで調整を

囲み 8.2

レヴィ・ベン・ゲルソンの影響について

『計算家の技法』はヨーロッパで初めて組合せ論の公式を詳細に検討し，また数学的帰納法による証明例も議論した書物である．しかし，続く数世紀の間それはいかなる影響も及ぼすことはなかったように見える．現在わかっている限りでは，その後現れたヨーロッパの数学書の中にこの著作への言及は見られない．それどころか組合せ論の公式自体，続く200年もの間ヨーロッパ人が取り扱った形跡はないし，また数学的帰納法による証明も17世紀半ばにパスカルがそれをとりあげるまではヨーロッパで使われた形跡はない．一体レヴィの著作の運命はいかなるものなのか．それを読んだ者はいるのだろうか．

2番目の質問から答えよう．読者はいた．今日レヴィの著作は12ほどの写本で残っている．それらはヨーロッパの図書館に保管されており，ニューヨークにも一部あるが，その多くは15世紀および16世紀に書かれたものである．中世の写本にしては数が多いといわねばならない．またいくつかの写本については，写字生が誰であったか，また元々は誰が保有していたかがわかっている．ロンドンの写本は一時マントヴァのモルデカイ・フィンツィ (Mordecai Finzi) が持ち主であった．この人物はアブー・カーミルの著作をヘブライ語に訳したユダヤ人学者である．すると，次の疑問が重要になる．誰か『計算家の技法』を読んで組合せ論の研究を継続した者はいないのだろうか？

フィンツィ自身が組合せ論について著作を書いたという記録はない．他方，マラン・メルセンヌが1630年代半ばに書いた音楽論の中に，組合せ論が盛り込まれていた．メルセンヌの方法はレヴィのそれを彷彿とさせるものがないわけではない．彼はレヴィの著作に触れていたり，あるいはその多数の文通相手からレヴィの著作について何か聞き知っていたのだろうか．このことが可能になるためには，当時のパリに『計算家の技法』の写本があって閲覧可能であり，またヘブライ語と数学が同時にわかる人物が存在していなければならなかった．実はこれらの条件は満たされていたことがあった．『計算家の技法』の写本一巻が1620年頃，アシール・アルレ・ドゥ・サンシーというコンスタンティノープル駐留のフランス大使の手により，パリにもたらされていた．ドゥ・サンシーはその写本を他のヘブライ語写本多数とともにオラトリオ修道会の図書室に寄贈し，また自身もパリでオラトリオ会に入会した．こうして，フランス革命中の1790年代に修道会が閉鎖されるまで，『計算家の技法』の写本はパリのオラトリオ会の図書室で保管された．メルセンヌ自身は当然のことながらオラトリオ会に多数の知り合いがおり，そのうち何人かはヘブライ語も読めたし数学の造詣があったことがわかっている．今日わかっているのはここまでである．写本には一切書き入れがなく，また誰がその写本を参照したかがわかるような修道会の図書館記録は存在しない．上記の疑問は永遠に解決されないのかもしれない．

繰り返すというものである．彼はまたフワーリズミーの用いた2次方程式の解法を使用している．レオナルドがあげている問題の多くは，どこからとられたかがはっきりしている．彼はしばしばフワーリズミー，アブー・カーミル，そしてカラジーのようなイスラーム数学者から問題をそのままとってきた．彼がこれらの数学者に関する知識を得たのは，たいていの場合旅行中でみつけたアラビア語の手稿からであった．いくつかの問題は中国やインドまで起源が遡れるが，レオナルドがそれらに接したのもアラビア語訳を通してであったと考えられる．しかし問題の大半はレオナルド自身が発案したもので，彼が独創性豊かな数学者であったことを物語っている．ここではいくつか問題とその解答を見てみよう．レオナルドのこの代表的著作の雰囲気がわかるはずである．

著作の冒頭でレオナルドはインド・アラビア式数字を紹介している．「インド人の用いた九つの記号とは，9, 8, 7, 6, 5, 4, 3, 2, 1 である．これら九つの記号，そしてアラビア人たちが "zephirum"（暗号）と呼んだ，0という記号を用いれば，いかなる数字も書き表すことができる．以下にそれを示そう」[16]．それからレオナルドは実際それを示し，同時に位取り記数法の各位（ただし整数位に限られて

いる）にそれぞれ名称を与える．次に，整数や分母が共通である分数による足し算，引き算，掛け算，そして割り算の計算法がいろいろ示されている．混合分数の表記に関してだけ彼は現代と異なる．分数の部分が先に書かれるのである．しかし彼のあげる計算法は大体今日のものに近い．たとえば，83 を 5 2/3（レオナルドの表記では 2/3 5）で割るにあたり，レオナルドはまず 5 と 3 を掛け合わせ，2 を加えて 17 を得る．次に 83 と 3 を掛け合わせて 249 を得，最後に 249 を 17 で割って 14 11/17 という答を出している．1/5 + 3/4 に 1/10 + 2/9 を加える例では，レオナルドはまず最初の二つの分母 4 と 5 を掛け合わせて 20 を得，さらに分母 9 を掛け合わせて 180 を得ている．10 はすでに 180 に因数として含まれているので，さらに 10 を掛けることはない．すると，1/5 + 3/4 に 180 を掛けると 171 になり，また 1/10 + 2/9 に 180 を掛けると 58 となる．171 と 58 の和は 229 だが，それを 180 で割ることにより 1 49/180 という結果が与えられる．これはレオナルドの表記では $\frac{1}{2}\frac{6}{9}\frac{2}{10} 1$ となるが，$1 + \frac{1}{2\cdot 9\cdot 10} + \frac{6}{9\cdot 10} + \frac{2}{10}$ という意味である．この表記法はピサの通貨制度に由来する可能性がある．1 ポンドは 20 ソリドゥス，1 ソリドゥスは 12 デナリウス［いずれも貨幣の単位］なので，レオナルドにとっては 17 ポンド，11 ソリドゥス，5 デナリウスは $\frac{5}{12}\frac{11}{20} 17$ と書いた方が簡便なのである．表記の問題は措くとしても，レオナルドの著作で紹介されている計算法は，当時地中海地方で使われていた多くの通貨間の換算を行う上で力を発揮できるものであったことがわかる．

　鳥を買う問題は歴史上幾度も登場するが，レオナルドはそれをいくつかのタイプに分けて解き方を示している．まず，ウズラ 1 羽が硬貨 3 枚，ハト 1 羽が硬貨 2 枚，スズメ 2 羽が硬貨 1 枚で買えるとき，30 枚の硬貨で 30 羽の鳥を買うにはどうすればよいか，という問題である．最初に，スズメ 4 羽とウズラ 1 羽をとれば，5 羽の鳥が硬貨 5 枚で買えるということに気づく必要がある．同様に，スズメ 2 羽とハト 1 羽の組合せでは，3 羽の鳥が硬貨 3 枚で買える．最初の買い方を 3 回行い，第二の買い方を 5 回行うとすると，硬貨 15 枚で 12 羽のスズメと 3 羽のウズラ，やはり硬貨 15 枚で 10 羽のスズメと 5 羽のハトが手に入る．以上の買い方を合計すれば答が得られる．つまりスズメ 22 羽，ハト 5 羽，そしてウズラ 3 羽を買えばよい．

　穴の中のライオンの問題も広く知られていた問題である．深さは 50 フィートの穴がある．ライオンは毎日 1/7 フィートずつ穴をよじ登るが，毎夜 1/9 フィートずつ落ちてしまう．ライオンが穴から出るには何日かかるだろうか，という問題である．解くにあたりレオナルドは仮置法の一種を使っている．暫定的な答として 63 という値がとられる．63 は 7 でも 9 でも割り切れるので都合がよい．63 日間でライオンは 9 フィート登り 7 フィート落ちるので，差し引き 2 フィート登ったことになる．すると比例関係より，50 フィート登るには 1575 日かかることになる（ところでレオナルドの答は間違っている．1571 日目の終わりでは，ライオンは穴の出口から 8/63 フィート下がったところにいる．ライオンが出口に達するのはその次の日である）．

　レオナルドの著作の後半では代数学の問題が多くなる．たとえば，二人の男がいくらかずつお金を持っている．第一の男は第二の男に「もし君が私に 1 デ

ナリウスくれたら，われわれの持っているお金は等しくなるだろう」という．第二の男は第一の男に，「もし君が私に 1 デナリウスくれたら，私の所持金は君の 10 倍になるだろう」という．二人の男の所持金を答よ，というのが問題である．現代の記号法を使うと，x, y が第一の男，第二の男それぞれの所持金だとしたとき，連立方程式 $x+1 = y-1, y+1 = 10(x-1)$ を解くことが求められている．ところがレオナルドは少し違った解法をとる．彼は新しい未知数 $z = x+y$（所持金の合計額）を導入している．すると $x+1 = \frac{1}{2}z$，および $y+1 = \frac{10}{11}z$ となるが，これらの式を加えて $z+2 = \frac{31}{22}z$ が得られる．ここから $z = \frac{44}{9}, x = 1\frac{4}{9}$，そして $y = 3\frac{4}{9}$ が得られる．

　レオナルドは未知数が 2 より多い方程式および不定方程式も難なく解いてみせる．たとえば，四人の男がおり，第一，第二，第三の男の所持金は合計 27 デナリウス，第二，第三，第四の男の所持金はあわせて 31 デナリウス，第三，第四そして第一の男の所持金が計 34 デナリウス，最後に第四，第一，第二の男が計 37 デナリウス持っていた，という問題がある．一人一人の男の所持金を求めるには 4 元 4 次連立方程式を解く必要がある．レオナルドの解法は効率がよい．四つの式が加えられ，所持金の合計の 4 倍が 129 デナリウスであると指摘される．ここから個別の所持金が簡単に計算できる．他方，$x+y = 27, y+z = 31, z+w = 34, x+w = 37$ に書き直すことができる別の問題では，問題として解を持たないということがまず指摘される．所持金を合計するのに 2 通りの計算法を行うと，61 と 68 という異なった値が出てくるからである．ところが第四の式を $x+w = 30$ に替えると，x を任意にとり $(x \leq 27)$，第一，第二，第三の式をそれぞれ使って y, z, w が計算できると指摘される．

　『算板の書』で最も有名な問題はウサギの問題だろう．それはいましがた解説した問題と完全数に関する問題の間に挟まれており，あまり目立たない．「ウサギのつがい一組から 1 年間に何匹のウサギが生まれるだろうか．ある人がウサギのつがい一組を壁に囲まれたところで飼ったとする．ウサギが毎月一組のつがいを産み，また産後 1 ヶ月たてば新しいつがいもそれぞれ同じように繁殖するとしたとき，1 年間でウサギが何組まで増えるかを知りたい」[17]．レオナルドの計算は次の通りである．1 ヶ月後には 2 組，2 ヶ月後には 3 組のつがいがいるが，3 ヶ月目になると 2 組のつがいがそれぞれつがいを生むので，その月の終わりには 5 組のウサギのつがいがいることになる．4 ヶ月目には 3 組が子供を生み，ウサギは計 8 組になる．このように続けてゆくと，12 ヶ月が経過した時点では 377 組のウサギがいることになる．数列 1, 2, 3, 5, 8, 13, 21, 34, 55, 89, 144, 233, 377 を余白に記したレオナルドは，各項が先行する 2 数を加えて得られることに気づき，「こうして順々に，何ヶ月の先であろうと計算できるだろう」．回帰的に計算されるこの数列は，今日ではフィボナッチ数列と呼ばれ，レオナルド自身は気づいていなかった興味深い性質が幾つもあることがわかっている．その中でも代表的なものは，線分を外中比をなす長さに分割するというギリシア起源の問題［任意の線分 AB を，$AB : AH = AH : HB$ となるように点 H において分割する問題．本書 2.4.3 項参照］と関連しているということである．

『算板の書』最後の章では，レオナルドがイスラームの代数学を完全に我がものとしていたことが見てとれる．扱われているのは，2次方程式に還元できる種々の問題とその解法である．彼はまず，フワーリズミーの与えた6種の2次方程式の基本型を順々に見てゆき，三つの混合型の式に関しては解法を幾何学的に証明してみせる．証明に続けて，例題が50ページほど続く．その多くはフワーリズミーとアブー・カーミルの著作からとられたものである．中には「10を二つの部分に分けよ」で始まる，あのおなじみの問題も見られる．

『算板の書』は，当時のイスラーム数学を超え出るような内容は含まれていなかった．実は，代数学に関しては，レオナルドが紹介する内容は10世紀のイスラーム数学にとどまっており，11, 12世紀における進展は扱われていない．とはいえ，イスラーム数学を初めて包括的な形でヨーロッパに紹介したという点で，この著作の功績は否定できない．読者は様々な数学的問題の解法をこの著作に見出すことができた．それらは後の研究にとって出発点となったのである．

8.3.2 『平方の書』

レオナルドには『平方の書』（*Liber quadratorum*, 1225年）という，もう少し短い著作もある．こちらの内容は，『算板の書』に比べるとはるかに理論的である．著作は数論，とくに2次を含む種々の方程式の有理数解を求めることを主題としている．著作が書かれたきっかけは，パレルモのジョヴァンニという，神聖ローマ帝国皇帝フリードリッヒ2世の宮廷にいた人物がレオナルドにある問題を出したことであった．ジョヴァンニとレオナルドの邂逅の様子は，本章冒頭でも見た．レオナルドによれば，ジョヴァンニの出した問題とは，「5を引いても足しても，常に平方数が得られるような平方数を探すというものであった．この問題への解答はすでに発見したが，この問題以外にも，この解法自体，およびこれ以外の多くの解法は，平方数と，平方数の間にある数から得られるということに私は気づいたのであった」[18]．$x^2+5=y^2, x^2-5=z^2$ となるような x, y, z を求めるという最初の問題は，『平方の書』では24の命題中17番目として解かれているが，その前に平方数や平方数の和の持つ様々な性質が研究されている．パレルモのジョヴァンニが単なる数学者ではなく，アラビアの学問にも通じていた点は興味深い．彼がこの問題を知ったのが，カラジーの著作を通してであった可能性があるからである．

ジョヴァンニによって出された問題を解くにあたり，レオナルドは**合同数**と呼ばれるものを導入している．合同数とは，$a+b$ が偶数のときは $ab(a+b)(a-b)$，$a+b$ が奇数のときは $4ab(a+b)(a-b)$ と定義される数 n のことである．合同数とは常に24で割り切れ，また $x^2+n=y^2$ と $x^2-n=z^2$ を満たすような整数解は n が合同である場合に限るということが示される．これより，当初の問題は整数解を持たないことがわかる．とはいえ，$720=12^2 \cdot 5$ は合同数であり（このとき $a=5, b=4$ である），$41^2+720=49^2$ かつ $41^2-720=31^2$ であるので，両方の式を 12^2 で割ると，$x^2+5=y^2, x^2-5=z^2$ の有理数解として $x=41/12, y=49/12, z=31/12$ があるということがわかる．レオナルドはカラジーとは異なる方法で同じ解を得ている．レオナルドの方法はカラジーの同時代に書かれた他のイスラーム数論書，たとえばアブー・ジャアファル・ハー

ズィン(10世紀)のそれに類似している[19].

レオナルドは旅行で各地をまわる中からイスラーム数学について造詣を深め，ヨーロッパの後世の人々にそれを伝達する役割を果たした．『平方の書』に見られる数論に関していえば，数世紀後ヨーロッパにディオパントス『数論』が紹介されるまでは研究を引き継ぐものは誰も現れなかった．他方，『算板の書』や『実用幾何学』に見られる実用的な数学の方は，イタリアの測量術士や算法教師たち (maestri d'abbaco) の研究するところとなり，彼らのおかげで続く数世紀の間イタリアで数学への興味が保たれた．しかしながらここから新たな数学が生みだされるにはまるまる 300 年かかることになる．

8.3.3 ヨルダヌス・ネモラリウス

ヨルダヌス・ネモラリウスはレオナルドの同時代人であり，やはり重要な数学的著作がある．彼の生涯については，1220 年頃パリの大学で教えていたと推測されること以外は，何も知られていない．著作には数論，幾何学，天文学，機械学そして代数学について数冊ある．ヨルダヌスは数論の理論的著作を基礎にした，ラテン語版四科を作ることを目指していたらしい．彼の手になる『数論』は，当時ヨーロッパで広く読まれていたボエティウスの数論書とはだいぶ違った．ボエティウスの著作には証明がなかったのに対し，ヨルダヌスの数論はユークリッドを模範にしたもので，定義，公理，公準，命題，そして厳密な証明から構成されていた．数を使った具体例を提示しない点においても，ヨルダヌスはユークリッドに似ている．

10 章からなる『数論』は，比や比例，素数と合成数，ユークリッドの互除法，そして『原論』第 II 巻に登場する幾何学的代数の命題というような，ユークリッドが取り扱った題材からなっている．他方でユークリッドにおいては見られなかった題材も含まれている．図形数や，名前のつけられた比を詳細に扱っている点がその例である．後者はニコマコスの著作の主題であった．とはいえ，最も興味を引くのが，ギリシア起源ではない題材も見られるということである．たとえば第 VI 巻で解かれている問題の一つは，レオナルドの『平方の書』の中心的な問題とほとんど同一のものである．

命題 VI-12 順々にとられた差がすべて等しいような平方数を三つ求めよ．

今日の記号を用いると，ヨルダヌスは $y^2 - x^2 = x^2 - z^2$ となるような y^2, x^2, z^2 を求めようとしている．そして，a, b の偶奇が同一であるとき，

$$y = \frac{a^2}{2} + ab - \frac{b^2}{2} \qquad x = \frac{a^2 + b^2}{2} \qquad z = \frac{b^2}{2} + ab - \frac{a^2}{2}$$

と設定することによって解かれている．レオナルドとは異なり，ヨルダヌスは整数解しか求めようとはしていない．彼は数を使った具体例も示していない．とはいえ，ヨルダヌスの定理における平方数の間の差が，レオナルドの定義したような合同数であることが容易に見てとれる．

第 9 章には数三角形が登場する．ヨーロッパの著作においては初めてのことである．作り方はなじみの仕方で説明されている．

非 伝 記

ヨルダヌス・ネモラリウス (Jordanus Nemorarius)

ヨルダヌスは中世最高の数学者のひとりとされているが、その生涯についてはほとんど何も史料が残っていない。彼は 13 世紀の初頭、何らかの形でパリ大学と関係があったと推測されている。今から数年前、ヨルダヌスはドミニコ会第二代総裁サクソニアのヨルダヌスと同一人物ではないかとする説が出されたが、最近の研究ではそれも否定されている。『与えられた数について』の翻訳者であるバーナバス・ヒューズ (Barnabas Hughes) は、彼のことを「父も母も系図もない」人物であると結論している。また、手紙の中では次のようにも書いている。「[[生涯について何も知られていないことの] 理由として、ただ一つ説得的に見えたのが、彼の名前が実は筆名であるということだ。しかしなぜ彼は筆名を使ったのだろう。あるいはヨルダヌスは本当は女性だったとか？ ヒュパティアの再来！ 13 世紀には、優れた詩や歌、祈祷文を作った女性が出た。しかし科学者はどうだろう……？」[20]

 1 を頂点におき、その下にも二つおく。次に 1 二つからなる行を繰り返し、第 2 行にならい、最初の 1 が第一の場所に、次の 1 が最後の場所になるようにし、こうして第 3 行は 1, 2, 1 からなる。数を二つずつ加え、たとえば最初の 1 と次に来る 2 が加え合わされ、こうして新たな行が構成され、最後の場所に 1 が来る。このようにすると、第 4 行は 1, 3, 3, 1 となる。こうして新しい数は先行する数の組から作られる[21]。

『数論』の中世写本には多くの場合この箇所で三角形が例示されている。あるものは第 10 行まで行っている。次にヨルダヌスは第 9 章命題 70 で、三角形を使って任意の比による等比数列を作っている。たとえば、$a = b = c = d = 1$ であるとき、$e = 1a = 1$, $f = 1a + 1b = 2$, $g = 1a + 2b + 1c = 4$, および $h = 1a + 3b + 3c + 1d = 8$ は等比 2 の連続比となる。同様に、$k = 1e = 1$, $\ell = 1e + 1f = 3$, $m = 1e + 2f + 1g = 9$, および $n = 1e + 3f + 3g + 1h = 27$ は等比 3 の連続比をなす。

現存する写本の量から判断する限り、ヨルダヌスの『数論』は広く読まれたが、それは彼の『与えられた数について』(De numeris datis) についても同様であった。『与えられた数について』は代数学が主題であり、13 世紀初頭までにヨーロッパに入っていた代数学を基礎にしながらも、研究の方向が異なっている。ヨルダヌスの著作はユークリッド『ダタ』を模範にしているようだ。ヨルダヌスはそれをクレモナのジェラルドによるラテン語訳で読んでいただろう。ヨルダヌスは『ダタ』同様、ある問題である量が与件として与えられると、他の量もまた決まるということを示している。ところが『与えられた数について』の中の問題は、幾何学的というよりは代数学的であり、証明もまた代数的、より正確にいうと算術的である。ヨルダヌスの狙いは代数学を幾何学ではなく算術の上に基礎づけることにあったようだ。算術は四科の中でも最も基本的な科目であ

る．著作は全体として論理的な順序に従っており，理論的な結果には多くの場合，具体的な数を使った例が与えられている．これはユークリッドとも，またヨルダヌス自身の『数論』とも大きく異なる点である．

『与えられた数について』の中の問題や具体例は，たいていはイスラームの代数学書からとられたものであったが，ヨルダヌスはそれらを自らの目的に合うように調整している．とくに，任意の数を表すために文字を使っているのが目立った特徴である．ヨルダヌスの代数学は，もはや完全に言語的であるとは言えない．しかし近代的であるかというと，そうでもない．ヨルダヌスは記号をアルファベット順に，既知量と未知量の区別なく使っている．彼は演算記号も用いない．時には同じ数が二つの記号で表されている．また時として ab が a と b の和を表している．基本的な演算はすべて言葉で説明されており，また新しいインド・アラビア式数字の使用も見られず，すべてローマ数字で書かれている．とはいえ，記号の使用は代数学の進歩には不可欠であり，ヨルダヌスの著作においては少なくともそのような技法の萌芽が見られるといえる．

ヨルダヌスの独自性を見るため，4章からなるこの著作の100以上の命題のうち，いくつかを検討してみよう．ヨルダヌスはユークリッドに倣って命題を一般的な形で書き，次に文字を使って再定式化する．一般的な規則を適用することにより，数を表す文字は標準的な形へと変形され，そこから一般的な解が容易に導き出されるようになっている．最後に数を使った例で，一般的な解法におおむね沿いながら計算が行われる．式の標準形そのものは，一番最初の命題で提示されている．

命題 I-1 与えられた数が二つの部分に分けられ，その差が与えられているとき，各部分もまた与えられる．

ヨルダヌスの証明は直接的である．「すなわち，小さい部分と差との和が，大きい部分に等しいということである．よって小さい部分に自分自身，それに差を加えると，全体になる．これより，全体から差を引き去ると小さい部分の2倍が残る．そこで[2で]割ると，小さい部分が得られ，また大きい部分も得られる．たとえば10が二つの部分に分けられ，それらの部分の差が2であるとせよ．これが10から引き去られると残りは8である．8の半分は4で，これが小さい方の部分である．もう一方の部分は6となる」[22]．

現代の記号法を使うと，この問題は連立方程式 $x+y=a, x-y=b$ を解くことに等しい．ヨルダヌスは最初に $y+b=x$ であることに注目し，$2y+b=a$, したがって $2y=a-b$ となることを指摘している．こうして，$y=\frac{1}{2}(a-b)$, $x=a-y$.

この最初の命題は，第1章の残りで何度となく使われる．たとえば次の命題を見てみよう．

命題 III-3 与えられた数が二つの部分に分けられ，両者を掛け合わせた積も与えられているとき，両方の部分は必ず決定される．

この命題はバビロニアで頻繁にとりあげられた問題の一つで，$x+y=m$,

$xy = n$ と表せる．しかしヨルダヌスの解法はバビロニアで一般的だった解法とは異なっている．その上，彼は上述したような記号法を使用している．与えられた数 abc が，ab と c という二つの部分に分けられたとせよ．ab と c の積を d，abc のそれ自身との積を e とする．f を d の 4 倍，g を e と f の差とせよ．すると g は ab と c の差の平方で，その平方根 b は ab と c の差になる．こうして ab と c の差と和がそれぞれ与えられたので，ab も c も，命題 1 にしたがって決定される．ここでの具体例では，二つの部分の和が 10，積が 21 である．84 が 21 の 4 倍，10 の平方が 100，そしてそれらの差が 16 であることに着目し，16 の平方根すなわち 4 が 10 の二つの部分の差であるという．命題 1 の証明により，10 から 4 が差引かれて 6 が得られる．こうして，求めたい部分のうち 3 が小さい方，7 が大きい方である．

ヨルダヌスの解法を現代の記号で表すと，恒等式 $(x-y)^2 = (x+y)^2 - 4xy = m^2 - 4n$ を使って $x - y$ を求め，問題を命題 I-1 へと還元するというものである．解は $y = \frac{1}{2}(m - \sqrt{m^2 - 4n})$, $x = m - y$ と表せる．このような解法はヨルダヌス自身が編み出したものらしい．それは著作全体を通して使われている．それは第 1 章に収録されている，2 次方程式を解く問題についても同じで，ヨルダヌスはそれらを解くにあたり，イスラーム代数学者たちによって流布された方法とは異なる方法を使っている．とはいえ，具体例で使われている数値そのものは，どこかで見たことのあるものである．実際，第 1 章の命題はすべて与えられた数を二つの部分に分けるという問題で，またどの例をとっても分けられる数は 10 である．イスラームの数学テキストとは異なった解法がとられてはいるものの，フワーリズミーの提出した問題の命脈はまだまだ尽きないのである．

『与えられた数について』の残る 3 章を構成する命題の多くは，与えられた比例関係にある数を取り扱っている．そこからはヨルダヌスが，ユークリッド『原論』第 V 巻や第 VII 巻に見られるような比例論の規則を自在に操っていた様が見られる．ちなみに，これらの比例論の規則はヨルダヌスの『数論』においても登場していた．次の問題を見てみよう．

命題 II-18 与えられた数が任意の部分に分けられたとし，その連続比が与えられているとき，その一つ一つの部分も決定される．

同時代人同様，ヨルダヌスも任意の数の「部分」を表現する方法を持たなかった．証明するにあたり，彼は数を三つの部分に分け，$a = x + y + z$ としている．このとき $x : y = b$ および $y : z = c$ の比はともに知られている．ヨルダヌスによれば比 $x : z$ もまた知られている．これより x の $y + z$ に対する比もわかり，さらには a の x に対する比もわかる．a は既知なので，x，次いで y および z も求めることができる．数を使った具体例が出されているが，それによりヨルダヌスの言葉による説明を理解することができる．60 が三つの部分に分けられ，第一の部分が第二の 2 倍，第二が第三の部分の 3 倍であるとする．すなわち，$x + y + z = 60$, $x = 2y$, $y = 3z$ である．すると $x = 6z$，そして $y + z = \frac{2}{3}x$ となり，ここから $60 = 1\frac{2}{3}x$, そして $x = 36$, $y = 18$, $z = 6$ が求まる．必要と

あらば，ヨルダヌスは苦もなく逆比をとったり比を合成したりしている点が注目される．

第4章の命題の中には，2次方程式の三つの標準形を与える命題が含まれている．この三つの命題は幾何学的にではなく代数的に証明されている．これらの問題について，ヨルダヌスはイスラーム数学で標準的だった計算法を使うものの，独自の記号法に頼っている．次の命題を見てみよう．

命題 IV-9 ある数の平方に与えられた数が加えられるとき，その和が根と別の与えられた数との積に等しいければ，二つの解がありうる．

つまり方程式 $x^2 + c = bx$ が二つの解を持っていると主張されている．次に解法が紹介される．b の半分をとって平方し，f を得たとする．また g を x と $(1/2)b$ の差，すなわち $g = \pm(x - (1/2)b)$ であるとする．すると $x^2 + f = x^2 + c + g^2$，$f = c + g^2$ である．結論として，x を得るには二つの道があること，つまり g を $b/2$ から引くか，g を $b/2$ に足すかすることができるといわれる．ヨルダヌスがあげる具体例を見れば，記号的操作が理解しやすくなる．$x^2 + 8 = 6x$ を解くにあたり，6の半分を平方して9を得，さらに8が引かれて1が得られる．1の平方根は1で，これが x と 3 の差である．よって x は 2 か 4 のどちらかでありうることがわかる．

第4章の2次方程式題では，以上の問題以外に，連立方程式 $xy = a$, $x^2 + y^2 = b$，および $xy = a$, $x^2 - y^2 = b$ の解き方が示されている．今まで見てきたすべての場合同様，答が正の整数になるように例題が作られている．ヨルダヌスは解法の過程でしばしば分数を用いているが，しかし最後の答が整数となるよう常にうまく按配している．同じ頃，アブー・カーミルの『代数学』はすでにラテン語訳されていた．もしヨルダヌスがそれを読んでいたならば，解として整数以外の有理数，ときとして無理数まで使われているのを目撃したであろうが，彼自身の例題ではそのような解は排除されている．ヨルダヌスのスタイルは非常に形式化されているが，あるいは彼は依然としてユークリッドの影響下にあり，無理「数」はどうあっても数論の書の中では扱うべきではないと考えていたのかもしれない．このように，『与えられた数について』は，解析が使用されたこと，一般化が絶えず志向されていたこと，そして記号法がいくらか導入されていたことにおいて，イスラーム数学よりも一歩先に進んでいたといえる．しかしながらこの著作は他方で，それ以前のイスラーム数学者がすでに棄却していた，数と大きさを厳密に分けるというギリシア的発想に逆戻りしていたのである．ヨルダヌスは，確かにヨーロッパにもたらされていたイスラーム数学の新しい成果を利用していたものの，その狙いはギリシア的な考え方に可能な限り忠実な数学を構築することにあったようだ．

8.4 運動論の数学

13世紀半ばには，ヨルダヌス・ネモラリウスの仕事を継続する者たちがパリに現れたにもかかわらず，彼の代数研究は当時それ以上発展を見ることはなかっ

囲み 8.3

中世の大学

　12世紀末, ヨーロッパで大学が誕生する. これは数学を含め科学一般の発展にとって非常に重要な制度である. 最初の大学が誕生した日付を特定することはできない. 当初, 教師と学生の組合あるいはギルドが形成され, 西ヨーロッパの知的レヴェルの上昇とともにそれらが大学へと成長していった. このような制度が最初に見られたのはパリ, オックスフォード, ボローニャである. パリ大学はノートルダム大聖堂の付属学校から発展した. 教師と学生はやがて学芸学部, 神学部, 法学部, 医学部という四つの集団へと分かれた. 12世紀末にはすでに大学が活動していた形跡が見られるものの, 最初の勅許状は1200年に出されている. オックスフォード大学の起源は教会付属学校ではなく, パリから帰国した数人のイギリス人学生がたちあげた組織であった. こちらの場合も, 12世紀末には活動の形跡があるものの, 公文書に初めて登場するのは1214年のことである. ボローニャでは早くとも11世紀から法学校が存在していた. ボローニャ大学がパリやオックスフォードと異なるのは, それが教師のギルドではなく学生のギルドとして始まったという点である. そこでは教師も事務員も学生によって選ばれた. しかしボローニャ市当局が教師の給料を払い, 学部が試験の権限を持つようになると, 学生組合の性格は弱まっていった.

　どの大学でも, 学芸学部のカリキュラムは古代の三科である論理学, 文法, 修辞学と四科（図8.10）である算術, 幾何, 音楽, 天文で構成されていた. 学芸学部で学生は学問の基礎を身につけ, 法学, 医学, 神学という上位学部での勉強に備えるのである. 中でも重要だったのが論理学であり, それまでにラテン語訳が完了していたアリストテレスの論理学書がその基本テキストであった. 論理学があらゆる哲学的, 科学的探究の方法であり, 最初に学ばれるべきだと考えられていたのである. やがてカリキュラムにはアリストテレスの他の著作も加えられていった. 数世紀もの間, この偉大な哲学者の著作が学芸科目全体の中心であった. それ以外の哲学者もとりあげられたものの, それはしばしばアリストテレスの膨大な著作を理解する上で必要な限りにおいて研究されたにすぎない. なかでも数学はアリストテレスの論理学や自然学に関係する限りにおいてのみとりあげられた. 数学のカリキュラムは四科であったが, その中身を見てみると, まず算術ではボエティウスの編纂したニコマコスの数論書, あるいは演算規則に関する中世の書物が使われた. 幾何学ではユークリッドや実用幾何学書が使われた. 音楽ではやはりボエティウスの著作がとりあげられ, 天文学ではプトレマイオス『アルマゲスト』に加えてイスラーム天文学の新しいラテン語訳が使われていた.

図 8.10
オランダ領アンティレス諸島の切手2枚に描かれた四科（算術, 幾何, 天文, 音楽）.

た. ヨーロッパにおいては, 純粋数学研究の素地がまだ十分できてはいなかったのだろう. しかし14世紀初頭になると, 別の領域で数学が発達した. 場所はオックスフォード大学やパリ大学で, その文脈はアリストテレスが自然学的著作で述べていることを説明する作業であった（囲み8.3）.

8.4.1　比の研究

　新しい数学が生まれた領域の一つが, ある物体に加えられた力 F, 運動への抵抗 R, そして物体の速度 V との間にある関係を解明しようとする中から生まれた. 中世の自然学では, 運動が生じるには基本的に F が R よりも大きくなければならないと考えられていた（中世の哲学者はこれらの量を具体的な単位で量ろうとはしなかった）. アリストテレスの記述それ自体から引き出される最も単純な関係は, F/R が V に比例するというものである. しかしこれは直ちに前提と矛盾することがわかる. というのも, F が一定であるとき[『自然学』第IV巻第8章, 第VII巻第5章参照], R を連続して倍加してゆくと, V は連続して半分になる. 速度は正なのでいくら半分にしても正のままだが, R を倍加してゆくとやがては F よりも大きくなる. すると, 運動が起きるには常に F が R よりも大きくなければならないという前提に矛盾してしまう.

オックスフォード大学のマートン学寮で教鞭をとっていたトーマス・ブラドワディーン (1295–1349) は，その『運動における速さの比についての論考』(*Tractatus de proportionibus velocitatum in motibus*, 1328 年) においてこのディレンマの解決案を提示した．つまりアリストテレスの記述の「正しい」解釈を出したわけである．上述の規則によれば，二つの力 F_1, F_2，二つの抵抗 R_1, R_2，そして二つの速度 V_1, V_2 について，関係

$$\frac{F_2}{R_2} = \frac{V_2}{V_1}\frac{F_1}{R_1}$$

が満たされることを意味している．ところがブラドワディーンによれば，正しい関係とは現代の記号法で

$$\frac{F_2}{R_2} = \left(\frac{F_1}{R_1}\right)^{\frac{V_2}{V_1}}$$

と表される．つまり，単純な乗法から成り立つのではなく指数関数でなければならないというのである．ブラドワディーンの案では，たしかに抵抗と運動にまつわる矛盾は解消される．$F > R$（あるいは $F/R > 1$）と仮定すると，速度の半分化は比 $\frac{F}{R}$ の平方根をとることを意味する．こうすれば F/R は常に 1 より大きく，R は決して F より大きくなることはない．しかしブラドワディーン含め，当時この関係を実験で確かめようとする者はひとりもいなかった．マートン学寮の学者たちは世界を数学的に解明しようとしていたのであり，［現代のわれわれが考えるような］物理学的な説明を求めてはいなかったのである．結果的にはブラドワディーンの考えは自然学の原理としては 15 世紀半ばには棄却された．しかしそこで使われている数学はさらに発達し，重要な成果が生まれた．比の理論が体系的に研究され，とりわけ比の合成（あるいは乗法）をめぐって研究が進んだのである．

14 世紀までは比の合成は古代ギリシア以来の方法で行われていた．たとえば $a:b$ と $c:d$ から合成された比を求めるには，$c:d = b:e$ を満たすような量 e を求める必要があった．そうすれば求めたい合成比は $a:e$ となる．その中から比の乗法というより明瞭な考え方が徐々に形成されていった．たとえば，ウォリングフォードのリチャードは (1292 頃–1336) オックスフォードでのブラドワディーンの同僚であったが，その『四部作』(*Quadripartitum*) 第 2 部において，比および比の合成と除法を次のように定義している．

1. 比とは，同種の量二つの間にある関係である．
2. 同種の 2 量のうち，一方が他方を割るとき，その結果を**デノミナティオ**という．デノミナティオとは，割られるものの割るものに対する比につけられる名称である．
3. デノミナティオの積があるデノミナティオを生ずるとき，比と比が**合成**されたという．
4. デノミナティオの商がデノミナティオを生ずるとき，比が比によって**割られた**という [23]．

ここにはいくつかの重要概念が出ている．第一に，リチャードは同種の量の間でしか比が成り立たないことを強調する．ユークリッドに由来するこの考え方に従うと，速度を時間に対する距離の比と考えてはならないことになる．第二に，定義の中に出てくる**デノミナティオ**という用語は，「最も小さな比で」与えられた比の「名称」を指している．比の名称は当時ヨーロッパで広く読まれていたニコマコス［『数論入門』］の用語法に従っている．たとえば $3:1$ という比は三倍比，$3:2$ は一倍半比と呼ばれる．最後に，定義3と4からわかることは，ユークリッドと違ってリチャードは比の合成を乗法として，除法を分子と分母を逆にした乗法として考えていたということである．このような事情から，リチャードは $4:16, 16:2, 2:12$ の比を合成して $4:12$ を得る際にも，第一の比が四分比 $(1:4)$，第二の比が八倍比 $(8:1)$，第三の比が六分比 $(1:6)$ であるので，それらを合成するにはまず 8 を 4 で割って 2 を得，次に 6 を 2 で割って最終的な答 $1:3$（三分比）が得られると説明している．こうして分数の乗法の演算を使って比の「合成」ができることが示されたのである．

ニコル・オレーム (1320–1382) はフランスの聖職者にして数学者で，パリ大学で教鞭をとっていた．彼の『比のアルゴリズム』(*Algorismus proportionum*) および『比の比について』(*De proportionibus proportionum*) に見られる比の研究は非常に詳細なものである．彼は通常の仕方で比の合成を行ったが，それに加えて，比の前項と後項どうしを互いに乗じても比の合成を行えるということをはっきり述べている．たとえば $4:3$ と $5:1$ を合成すると $20:3$ が得られる．合成のための二つの演算は，どのようにつながっているのだろうか．あるいは $a:b$ が $ac:bc$，$c:d$ が $bc:bd$ と表せることを利用して，$a:b$ と $c:d$ の合成を $ac:bc$ と $bc:bd$ の合成，つまり $ac:bd$ として考えるということだったのかもしれない．いずれにせよ，二つの比を掛け合わせる方法を手に入れたオレームは，操作を逆にすれば二つの比の除法が行えるとも述べている．たとえば $a:b$ を $c:d$ で割ると，商は比 $ad:bc$ になる．

こうして任意の二つの比について積が定義されたが，オレームは次に比とそれ自身との積について考察する．たとえば $a:b$ をそれ自身に n 回掛け合わせた場合，今日の表記で $(a:b)^n$ という値が得られるという．オレームはそこにとどまらず，今日では比の「根」と呼ばれるものを，任意の比について議論の対象とするための用語法を考案した．たとえば $2:1$ は二倍比であるが，2 乗されて $2:1$ になるような比をオレームは二倍比の半分と呼んでいる（現代ではこれは $(2:1)^{\frac{1}{2}}$ と書かれる比である）．同様に，$(3:1)^{\frac{3}{4}}$ は三倍比の 4 分の 3 部分と呼ばれる．続けてこのような比を使った計算技法が考案される．たとえば $(2:1)^{\frac{1}{3}}$ と $3:2$ の積は，まず第二の比を立方して $27:8$ を得，それに $2:1$ を掛けて $27:4$ を得，最後にその立方根をとるという操作を，分数の形を使って行い，$(6\frac{3}{4})^{\frac{1}{3}}$ という答を出している．同様に，$(2:1)^{\frac{1}{2}}$ に $4:3$ を掛け合わせるときには，彼は $2:1$ を $4:3$ の平方すなわち $16:9$ で掛け，$9:8$ という値を出したあと，その平方根 $(9:8)^{\frac{1}{2}}$ をとっている．このようなわけで，オレームの仕事はある意味で分数指数が出てくる計算の際の演算規則を初めて提示したといえる．

オレームは指数が無理数の場合についても扱おうとしている．「あらゆる比は割り算を連続して行ってゆくようなものである」，というのがオレームの直観で

あった．つまりそのような比に関してはどんな「部分」をとることもできる，ということである．よって，「二倍比については，その半分でも3分の1でも4分の1でも3分の2でも，他のいかなる部分でもないような比がありうるのではないか．そのような比は二倍比とは通約不能であろうし，よって二倍比と通約可能ないかなる比とも通約不能であるはずだ」[24]．オレームは無理指数を表記する方法を持たなかったので，このような否定的な言い方でしか考えを説明することができなかった．$(2:1)^r$ という形の比が，r が有理数でない場合でも存在すべきであるというのが，彼のいわんとするところである．「のみならず，同様に考えてゆくと，二倍比とも三倍比とも，最終的にはこれらの比と通約可能なあらゆる比と通約不能であるような，そのような比が存在するはずである．……そしていかなる有理比とも通約不能な無理比が存在してもおかしくない．その理由というのは次のようなものだ．二つ［の有理比］と通約不能な比があり，三つの有理比と通約不能な比があり，というふうに考えてゆくと，いかなる有理比とも通約不能な比がありそうである……．しかしこれをどのように証明できるかは不明である」[25]．オレームのいわんとしていることを現代風に言い換えてみよう．数直線が連続的であり，またたとえば2の分数乗のベキ以外にも（実）数が存在するはずである．すると，2の（分数乗以外の）ベキであり，上述の中に含まれていない実数に等しいような数が存在してもよい．これよりあとに出てくる定理の中に，実は無理比が有理比よりもはるかに数が多いということが明言されている．

命題 III-10 任意の二つの比は，互いに通約不能である可能性の方が高い．知られていない比をたくさん出せば，それらのうち一つが別のものと通約不能である可能性が高いからである．

オレームはこの命題を形式的に証明する術を持たなかったが，$2:1$ から $101:1$ までの整数比をすべて見ただけでも，（常に大きい比を小さい比に比べるとして）二つの比の累乗を組合わせるのは4950通りできるが，指数が有理数になるような比の組は25通りの組合せしかないということを指摘する．たとえば $4:1 = (2:1)^2$ や $8:1 = (4:1)^{\frac{3}{2}}$ は指数が有理数となるが，$3:1 = (2:1)^r$ を満たすような有理指数 r は存在しない．次に確率論的発想から占星術の虚偽性が指摘される．オレームによれば，任意の比の比は無理比である可能性が圧倒的である．たとえば様々な天体の運行を表す比についてもこのことは当てはまるはずである．したがって，惑星の合や対がまったく同じように繰り返すことはありえないはずである．ところが占星術という自称「科学」はそのような繰り返しが無限に続くことを前提している以上，虚偽にちがいない，というのである．

8.4.2 速度

新しい数学理論は，アリストテレスの著作に見られる運動論を定量化しようという試みの中からも生まれた．ここでとりわけ活躍したのが，上述のブラドワディーン，そして14世紀初頭やはりマートン学寮にいたウィリアム・ヘイティスベリであった．ギリシア数学ではアウトリュコスやストラトンなどが等速運動の概念について扱ったことが想起される．彼らはある程度まで加速度運動に

ついても考察していたが，速度や加速度を計測可能な独立した量とまでは考えなかった．速度を考えるときでもギリシア人は距離と時間を比較するだけだった．彼らは本質的には（一定時間内の）平均速度を比較することしかできなかったのである．

しかしながら 14 世紀には速度，そしてとりわけ瞬間速度という概念が現れ，計測可能なものとして取り扱われ始めた．たとえばブラドワディーンは，『連続体論』（*Tractatus de continuo*, 1330 年頃）において運動の「度合い」(grade) を「『大』と『小』を受け入れるような運動の質料」[26] と定義している．次に速度を比較することについて述べられている．「同時間内で二つの位置運動について，それらの速度と通過距離は比例している．つまり一方の速度が他方のそれに対して持つ比は，一方の通過距離が他方の通過距離に対して持つ比に等しい．……もし二つの位置運動について，それらの通過距離が同一だとすると，速度は時間に反比例する，すなわち第一の運動の速度と第二のそれとの比は，第二の運動の通過時間と第一のそれとの比に等しい」[27]．換言すると，二つの物体が等速度 v_1, v_2，時間 t_1, t_2 でそれぞれ運動し，距離 s_1, s_2 を通過するとき，(1) $t_1 = t_2$ ならば $v_1 : v_2 = s_1 : s_2$ であり，また (2) $s_1 = s_2$ ならば $v_1 : v_2 = t_2 : t_1$ である．ブラドワディーンはこうして等速度そのものを量として考え，他の速度との比較の対象としている．

これよりほんの数年ののち，ヘイティスベリは『ソフィスマタ解決の規則』（*Regulae solvendi sophismata*, 1335 年）において非一様な運動体の瞬間規則を周到に定義した．「非一様な運動において……任意の瞬間における速度は，運動する点が，その瞬間におけるのと同じ度合いの速さである時間だけ一様に運動する場合に描くであろう道のりによって測られる」[28]．このような明確な定義のあと，ヘイティスベリは例をとり，二つの点がたとえ与えられた瞬間において同じ瞬間速度で運動していたとしても，それらは等しい時間に等しい距離を運動するとは限らないと指摘する．なぜなら，他の瞬間では二つの点は異なった速度で運動しているかもしれないからである．

同じ節では加速についても考察されている．「ある運動について，等しい時間間隔のどれをとっても同じだけ速度が増加しているような場合を等加速度運動と呼ぶ．……他方，等しい時間間隔をとっても増加速度が等しくない場合，それは非一様に加速された運動と呼ばれる．……そして速度ゼロと任意の度合いの速度との差は有限であるので，……いかなる運動体も静止状態から任意の度合いの速度まで一様に加速することができる」[29]．ここでは一様な加速度について明晰な定義が与えられているのみならず，時間とともに変化する速度の概念の萌芽も見られる．言ってみれば，ヘイティスベリは速度を時間の「関数」として説明しているのである．

一様に加速する運動体が通過する距離は，どのように求めるのだろうか．答は今日では**平均速度の規則**として知られているが，これが初めて登場するのはヘイティスベリの同じ著作においてである．「ある運動体が静止状態から任意の［速さの］度合いまで一様に加速されるとき，その時間内にそれが通過する距離は，［最終的な速さの］度合いで一様に運動した場合に通過する距離の半分の距離を通過するだろう……．というのも，その運動全体としては，……最終速度の

ちょうど半分に対応するからである」[30]．今日の記号法を用いると，物体が静止状態から時間 t だけ一様な加速度 a を受けたとき，その最終速度は $v_f = at$ となる．ヘイティスベリはこの物体の通過距離は $s = (1/2)v_f t$ となるといっているのである．第一の公式を第二に代入すると，今日の標準公式 $s = (1/2)at^2$ が得られる．

　ヘイティスベリは平均速度の規則を証明するにあたり，対称性を原理として用いている．彼は物体 d が静止状態から 1 時間あたりの速度 8 まで一様に加速される場合をとる（8 は何か具体的な速度を表しているわけではなく，例としてとられているにすぎない）．次に別の三つの物体が想定される．それらのうち，a は 1 時間一様に速度 4 で運動し，b は最初の半時間で速度 4 から速度 8 へと一様に加速し，c は同じときに速度 4 から速度 0 へと一様に減速するとされる．このとき，第一に物体 d は最初の半時間で c と，第二の半時間では b と等しい距離を移動する．よって d は 1 時間のうちに b と c の半時間の合計運動距離と同じだけ運動する．第二に，b の加速分と c の減速分は等しいので，両者の速度が 4 になったとしても，半時間のうちに等しい距離を通過するはずである．後者は a の 1 時間の通過距離に等しい．これより d は 1 時間で a と等しい距離を通過するはずである．こうして平均速度の公式は証明できるとヘイティスベリは考えた．続けて，d が第二の半時間に最初の半時間の 3 倍の距離を通過するという系が直ちに証明される．

　同じ時期，マートン学寮では線分を使って速度などの変化する量を表現しようという学者も出てきた．このような試みの基本的発想はアリストテレスから来ているように思われる．時間，距離，（線分の）長さといった観念は，アリストテレスでは 2 種類の量のうち［幾何学的］量として考えられていたからである．これらの量はいずれも無限に分割できるので，速度の定量化に際し，このいくらか抽象的な観念を幾何学的線分によって具体的に表現しようとしたのは，けだし自然なことであった．速度の様々な「度合い」はこうして様々な長さの線分で表せる．オレームはこの論理をさらに進め，時間とともに変化する速度を二つの次元で表している．彼の手になる『質と運動の布置について』（*Tractatus de configurationibus qualitatum et motuum*，1350 年頃）ではこの考え方が一般化され，任意の量が距離あるいは時間とともに強度を変化させる場合へと適用されている．

　論考の冒頭，オレームは速度のような量を線分で表すことの正当性を述べている．

> 測定されうるものは，数を除けばすべて，連続量の様態に即して把握される．それゆえ，そのようなものの測定のために，点，線，面，あるいはそれらのものの固有性を把握しなければならない．ところで，こうした幾何学的なものにおいてこそ，かの哲学者［アリストテレス］が主張するように測定あるいは比が存在する．そして他のものにおいては，それらが［幾何学的なものへ］知性によって関係づけられるときに初めて，類似によって測定あるいは比が認識される．たとえ点や線が実在しないとしても，ものを測定したり測定量間の比を認識するために，それらを

数学的に仮定しなければならない．それゆえ，連続的に獲得されうるすべての強度は，基体の上に垂直に立てられた直線によって把握されなければならない[31]．

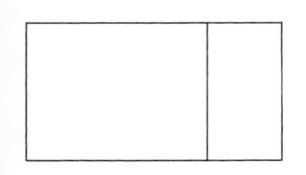

これらの直線を用いて，オレームのいう**布置**が作図される．それは基線の上に描かれた垂線すべてからなる幾何学的図形である．速度の場合では，基線は時間を，垂線は各瞬間の速度を表している．図形全体は速度の配分を示しており，オレームによればこれは運動する物体の合計通過距離を表すものと解釈できる．オレームは今日用いられる座標系は用いなかった．速さの度合いを表すためにある長さが決められることはない．重要なのは，「等しい強度は等しい線によって示され，2倍の強度は2倍の線によって示され，以下同様ということになる」[32]．

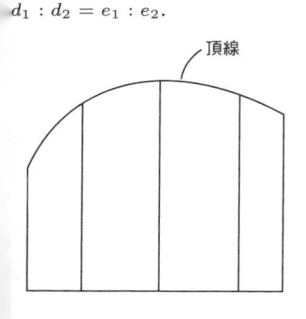

オレームにおいては一様な質，たとえば等速で運動する物体は，長方形で表される．どの時点をとっても速度は等しいからである（図8.11）．長方形の面積が通過距離を表している．静止状態から運動を始めて一定の加速度で運動する物体は，強度の変化が一定なので，オレームの用語では「一様に非一様な」質と呼ばれるが，そのような質を持つ物体の通過距離は，直角三角形の面積で表される（図8.12）．オレームによれば，「一様に非一様な質とは，三つの点のうちの第一点と第二点のあいだの距離の，第二点と第三点のあいだの距離に対する比が，強度に関して第一点の第二点に対する超過の，第二点の第三点に対する超過に対する比と等しいような質である．ただし第一点が最大の強度を持つものと決める」[33]．ここでいわれる等しい比とは，当然のことながら直角三角形の斜辺となっている直線で表される．最後に「非一様に非一様な」質とは，たとえば不等加速運動が該当するが，それは「頂上の線」が直線ではなく曲線となっているような図形で表される（図8.13）．オレームは速度と時間の関数関係を曲線で表すという発想の本質を得たわけである．実際彼は，「たしかに，強度の上述の差異は，このような把握や図形による以上に，よく，明瞭にそして容易に知りえない」[34]と言っている．質の変化を研究するには，幾何学的表現を用いるのが最適というわけである．

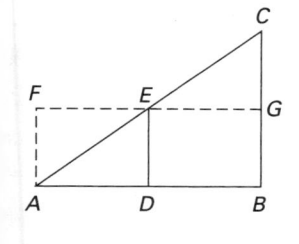

物体の運動がこのように表現できれば，平均速度の定理の証明も幾何学的に簡単に行える．$\triangle ABC$ が静止状態から一様に加速する物体の運動を表しており，D が基線 AB の中点であるとすると，垂線 DE が半分の地点での速度を表しており，それが最終速度の半分であることがわかる（図8.14）．全通過距離は三角形 ABC で表されるが，これは長方形 $ABGF$ と等しい面積であることがわかる．これはマートン学派の結果と一致する．

オレームの幾何学的技法は約250年後のガリレオにおいて再登場する．両者の間の違いは何であろうか．それはガリレオが静止状態からの等加速度運動を物体の自由落下における自然法則であると認識していたのに対し，オレームは問題を抽象的に考えるにとどまったという点だろう．オレームの議論の抽象性は，彼が際限なく増加する速度についても考察している点から明らかである．たとえば次のような例がある．AB を時間の長さの単位量とし，その最初の半分における物体の速度を1，続く4分の1単位時間の速度を2，続く8分の1単位時間

図8.11
一様な速度．

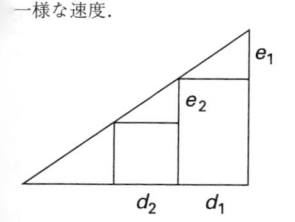

図8.12
一様に非一様な速度．ここで，$d_1 : d_2 = e_1 : e_2$．

図8.13
非一様に非一様な速度，あるいは不等加速運動．

図8.14
オレームによる平均速度定理の証明．

の速度を 3，続く 16 分の 1 単位時間の速度を 4，などとする．オレームは物体の通過した合計距離を計算している．彼は実際には無限数列

$$\frac{1}{2}\cdot 1+\frac{1}{4}\cdot 2+\frac{1}{8}\cdot 3+\cdots+\frac{1}{2^n}\cdot n+\cdots$$

の和をとっているのである．計算の結果距離は 2 になる．これは「[単位時間]の最初の半分で通過した距離のちょうど 4 倍である」[35]．彼の与える幾何学的証明は非常にエレガントである．彼は底辺 CD が $AB(=1)$ に等しいような正方形を描き，それを「2 対 1 という比で連比を持つ諸部分に無限に分割してゆく」（図 8.15）．このとき E は正方形の半分，F は 4 分の 1，G は 8 分の 1，などを表している．長方形 E は AB 上にある正方形の右半分の上に描かれ，F はこの新しい図形の右端 4 分の 1 の上に，G はさらに右端 8 分の 1 の上に描かれ，こうして無限に続けられる．こうしてできた新しい図形の面積は通過距離を表すが，それが無限数列の和に等しいのみならず，最初に描かれた二つの正方形の和に等しいということもわかるのである．

速度などの質を幾何学的に表象するというオレームの考えはその後受け継がれ，続く世紀においても関連する著作が出ている．しかし距離の図形化を，一様に非一様な性質よりも複雑な場合へと適用しようとする試みは見られない．やがてオレームの業績自体も忘れさられた．オレームだけでなく，中世ヨーロッパで生まれた新しい数学思想もたいていは忘却された．彼らの著作は数世紀後に再発見されるまで参照されることはなかった．初期の大学における数学のカリキュラムにおいてもこのような「進歩」の欠如ははっきりしている．状況はその後いくつも新設された大学でも変わらなかった．カリキュラムの中心は相変わらずアリストテレスであり，数学が学ばれることがあっても，それはこの偉大な哲学者の著作を理解する上で必要な限りにおいてであった．オレームのように新しい数学を開拓できた者は稀であった．また，黒死病と百年戦争のおかげで，イギリスやフランスでは学問的停滞が顕著になった．中世フランスやイギリスで生まれたアイディアが研究されたのはイタリアやドイツにおいてであったとしても不思議ではない．ルネサンスになるとそこで新しい数学が生みだされることになる．

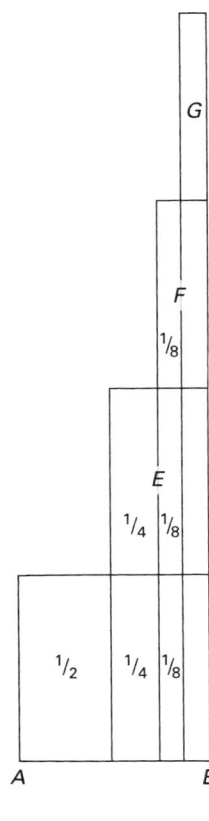

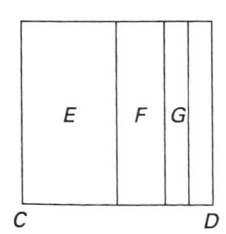

図 8.15
オレームによる，$\frac{1}{2}\cdot 1+\frac{1}{4}\cdot 2+\frac{1}{8}\cdot 3+\cdots+\frac{1}{2^n}\cdot n+\cdots$ の和．

練習問題

ヨークのアルクィン『青年達を鍛えるための問題集』からの問題

1. 3 本の管を使って樽を 100 メトレータの容積一杯まで満たすとする．容積の 3 分の 1 と 6 モディウスは 1 本の管から，容積の 3 分の 1 が別の管から，そして容積の 6 分の 1 が第三の管から注がれるとする．各々の管からは何セクスタリウスずつ注がれるだろうか（ここでは 1 メトレータは 72 セクスタリウス，1 モディウスは 200 セクスタリウスである）[36]．

2. ある人が狼 1 匹，山羊 1 匹，キャベツ 1 個を川の向こう岸へと運ばなければならない．ところが舟は人一人，もの一つしか同時に運べない．山羊とキャベツを一緒にして残すことはできないし，また狼も山羊と一緒に残しておくことはできない．人はどのようにしたら三つのもの

を向こう岸へと運べるだろうか．

3. ウサギが犬に追いかけられている．ウサギは犬よりも 150 歩前を走っている．ウサギが 6 歩走る間に犬が 10 歩走れるとすると，犬がウサギに追いつくのは何歩先だろうか．

アブラハム・バル・ヒーヤからの問題

4. 直径 10 1/2 の円の中に長さ 6 の弦があるとする．弦が切り取る弧の長さを求めよ．
5. 問題 4 において，弦が切り取る弓形の面積を求めよ．
6. 半径 33 の円において，長さ 5 1/2 の弧を切り取るような弦の長さを求めよ．
7. 長さ 8 の弦があり，その円周からの距離は 2 である．円の直径を求めよ．
8. ある長方形において，対角線が 10 で，長さが幅より 2 だけ大きいとき，長方形の長さ，幅，および面積を求めよ．
9. あるひし形の対角線が 16 と 12 であるとき，1 辺の長さを求めよ．

実用幾何学の問題

10. 第 n 番目の五角形数が，公式 $A = \dfrac{3n^2 - n}{2}$ によって与えられることを示せ．一辺の長さ $n = 1, 2, 3$ であるような正五角形の面積を計算し，第 $(n+1)$ 番目の五角形数の値と比べよ．上の公式はどれくらい近似しているだろうか．
11. 図 8.6 にあるように，塔を二つの観測地点から眺める．S_1 地点では，高さと距離 d_1 の比が 2:5 であり，S_2 地点では高さと距離 d_2 の比が 2:7 であることがわかった．二つの観測地点が 50 フィート離れているとすると，塔の高さはいくらか．
12. レオナルドの弦の表を使い，次の問題を解け．半径 10 の円において，与えられた弦が 8 ロッド 3 フィート 16 2/7 インチであるとする．弦の切り取る弧の長さを求めよ［レオナルドの弦の表，および長さの単位については，本書 8.1.3 項参照］．
13. レオナルドの『実用幾何学』からの問題．円に四辺形が内接しており，$ab = ag = 10$, $bg = 12$ であるとき，円の直径 ad を求めよ（図 8.16）．

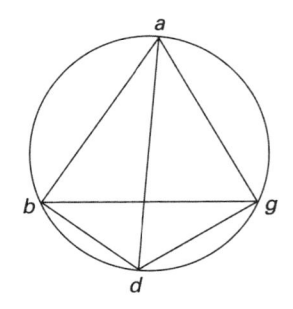

図 8.16
円の直径の求め方．ピサのレオナルドの著作より．

三角法の問題

14. ウォリングフォードのリチャードが行ったように，三つの弧の和に対応する弦を求める公式を与えよ．公式を三つの弧の和についての正弦を求める公式へと変換せよ．
15. レヴィ・ベン・ゲルソンの三角法に見られる，任意の三角形について 3 辺が与えられていれば三つの角も与えられるという定理を証明せよ．まず頂点の一つから対辺（あるいはそれを延長したもの）へと垂線を下ろし，ついでどのように角度が計算されるかを示せ．

算術の問題

16. 組合せ論の標準公式

$$C_k^n = \sum_{i=k-1}^{n-1} C_{k-1}^i$$

を，n についての帰納法によって証明せよ．

17. 『計算家の技法』の命題 30

$$(1 + 2 + \cdots + n) + (1 + 2 + \cdots + (n-1)) = n^2$$

を証明せよ．

18. 『計算家の技法』の命題 32

$$1 + (1+2) + (1+2+3)$$
$$+ \cdots + (1 + 2 + \cdots + n)$$
$$= \begin{cases} 1^2 + 3^2 + \cdots + n^2 & (n \text{ は奇数}) \\ 2^2 + 4^2 + \cdots + n^2 & (n \text{ は偶数}) \end{cases}$$

を証明せよ．

19. 『計算家の技法』の命題 33

$$(1 + 2 + 3 + \cdots + n) + (2 + 3 + \cdots + n)$$
$$+ (3 + \cdots + n) + \cdots + n$$
$$= 1^2 + 2^2 + \cdots + n^2$$

を証明せよ．

20. 『計算家の技法』の命題 34

$$[(1 + 2 + \cdots + n) + (2 + 3 + \cdots + n) + \cdots + n]$$
$$+ [1 + (1+2) + \cdots + (1 + 2 + \cdots + (n-1))]$$
$$= n(1 + 2 + \cdots + n)$$

を証明せよ．

21. 上の三つの結果を用い，

$$1^2 + 2^2 + \cdots + n^2$$
$$= \left[n - \frac{1}{3}(n-1)\right][1 + 2 + \cdots + n]$$

を証明せよ．

22. 連続する二つの三角形数を 2 乗すると，その差は立方であることを証明せよ（平方の差を和と差の積として因数分解し，それに問題 17 の結果を用いること）．（この問題はヨルダヌス『数論』に収録されている．ヨルダヌスはカラジーやレヴィ・ベン・ゲルソン同様，この結果を 1 から n までの整数の立方の和が n 番目の三角形数の平方に等しいということを証明するのに使っている．）

23. すでに見たように，ヨルダヌスは『数論』の命題 IX-70 において，数三角形を使って等比級数の諸項を求めた．つまり，1, 1, 1, 1, … という数列から彼はまず数列 1, 2, 4, 8, … を求め，これを使って数列 1, 3, 9, 27, … を求めている．最後の数列を使い，同じようにして数列 1, 4, 16, 64, … を求めよ．この結果を帰納法により一般化して定式化せよ．

24. 数三角形の中の数字 8, 4, 2, 1 という数字に対し，ヨルダヌス『数論』の命題 IX-70 に見られるような考え方を適用すると（すなわち本来とは逆の順序で使うと），公比 3/2 であるような数列 8, 12, 18, 27 が得られる．この結果を一般化せよ．

ピサのレオナルドによる問題

25. 羊 1 頭を食べ尽くすのに，ライオンが 4 時間，ヒョウが 5 時間，クマが 6 時間かかるとする．これら 3 種の獣が 1 頭の羊を食べ尽くすのにどれくらいかかるだろうか（答が 4, 5, 6 の最小公倍数である 60 であると仮定して始めよ）．

26. フィボナッチ数列（ウサギの組を使った数列）は，$F_0 = F_1 = 1$, $F_n = F_{n-1} + F_{n-2}$ という回帰的規則に従っている．

$$F_{n+1} \cdot F_{n-1} = F_n^2 - (-1)^n$$

および

$$\lim_{n \to \infty} \frac{F_n}{F_{n-1}} = \frac{1 + \sqrt{5}}{2}$$

であることを証明せよ．

27. ある数は，2 で割られると 1, 3 で割られると 2, 4 で割られると 3, 5 で割られると 4, 6 で割られると 5 余り，7 で割り切れる．この数を求めよ（レオナルドは，まず 2, 3, 4, 5 で割り切れる最も小さい数を求め，60 を得ている．レオナルドがこの問題に出会ったのは恐らくイブン・ハイサムの著作においてであった）．

28. 数が二つある．それらの差は 5 であり，大きい方に $\sqrt{8}$ を掛け，小さい方に $\sqrt{10}$ を掛けると，積は互いに等しい．この 2 数を求めよ．

29. レオナルドの「合同」数が常に 24 で割り切れることを示せ．

30. 『平方の書』からとられた問題．ある平方数があり，それとその根のあいだで和をとっても差をとっても平方数になる．このような数を求めよ（現代風に表記すると，$x^2 + x = z^2$ および $x^2 - x = y^2$ を満たすような x, y, z を求めよ．レオナルドは，最初に合同数である 24 を用いて $a^2 + 24 = b^2$, $a^2 - 24 = c^2$ を解き，それからすべてを 24 で割っている）．

ヨルダヌス『与えられた数について』からの問題

31. 与えられた数を二つの部分に分け，それらの積と差の和が与えられていれば，二つの部分もそれぞれ求まることを証明せよ．すなわち連立方程式 $x + y = a$, $xy + x - y = b$ を解け．このときヨルダヌスに従い，$a = 9, b = 21$ とおくこと．

32. 与えられた数を二つの部分に分け，それぞれを互いに異なる与えられた二つの数で割る．商の和が与えられれば，二つの部分も求まることを証明せよ．すなわち連立方程式 $x + y = a$, $x/b + y/c = d$ を解け．ヨルダヌスは $a = 10, b = 3, c = 2, d = 4$ とおいて解いている．

33. 二つの数について，それらの和，およびそれぞれの平方の積が与えられれば二つの数も求まることを証明せよ．ヨルダヌスは $x + y = 9$, $x^2 y^2 = 324$ を例として使っている．

オックスフォード学派とパリ学派に関連した問題

34. オレームの技法を使って，1 倍半比 (3 : 2) を 2 倍比の 3 分の 1 である $(2:1)^{\frac{1}{3}}$ で割れ．

35. 2 : 1 から 101 : 1 までの 100 通りの整数比を比べるには，実は 4950 通り可能であり，正確にはそのうちの 25 通りが有理指数を持つということを示せ．

36. 平均速度の定理によれば，与えられた時間の長さを 4 等分すると，各時間区間で物体が通過する距離は 1 : 3 : 5 : 7 の比になることを示せ．この結果を一般化し，与えられた時間の長さを n 等分した場合について結果を証明せよ．

37. オレームの『質と運動の布置について』からの問題．数列

$$48 \cdot 1 + 48 \cdot \frac{1}{4} \cdot 2$$
$$+ 48 \cdot \left(\frac{1}{4}\right)^2 \cdot 4 + \cdots + 48 \left(\frac{1}{4}\right)^n \cdot 2^n + \cdots$$

の和が 96 であることを幾何学的に示せ．

38. オレームの出した次の問題を解け．長さ 1 の（時間を表す）線分 AB を，2 : 1 の比で無限に分割したとする．つまり，第一の部分が全体の半分，第二が 4 分の 1, 第三が 8 分の 1 などなどという具合になるように分割する．物体は，第一の時間区間では与えられた有限の速度（たとえば 1）で運動しており，第二の時間区間では（1 から 2 まで）一様に加速された速度で運動し，第三の時間区間では一定速度 (2) で運動し，第四の区間では（2 から 4 まで）一様に加速された速度で運動し，以下同様の速度変化で運動しているとせよ（図 8.17）．このとき，通過距離の合計が 7/4 であることを証明せよ．

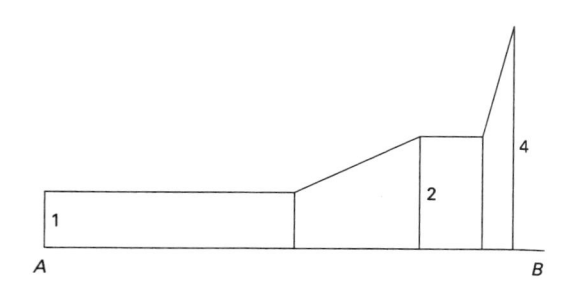

図 8.17
オレームからの問題.

39. オレームによる次の結果を証明せよ. $1+\dfrac{1}{2}+\dfrac{1}{3}+\dfrac{1}{4}+\cdots$ は無限大に近づく（この数列は通常調和数列と呼ばれる）.

議論に向けて

40. 復活祭の日付を決定する問題を解くためにはどのような数学が必要だっただろうか. この問題は教会関係者が議論した結果解かれたのだろうか. 今日では復活祭の日付はどのように決定されているのだろう（ローマ・カトリック教会における手続きはギリシア正教会の場合と異なる点に注意すべきである）.

41. レヴィ・ベン・ゲルソンが使用したような「帰納法」を，カラジーの場合と比較しよう. どちらの場合も，「帰納法による証明」と呼んでよいかどうか，議論しよう.

42. レヴィ・ベン・ゲルソンの用いた例をいくつか使って，帰納法による証明を取り扱うための授業計画を立ててみよう.

43. アブラハム・イブン・エズラやレヴィ・ベン・ゲルソンの用いた方法を頼りにしながら，組合せ論の基本公式を教えるための授業計画を立ててみよう.

44. 様々な無限数列の和を幾何学的に導く仕方を教えたい. そのための短い授業計画を立ててみよう. オレームの技法から出発し，それを一般化する方向で立てよ.

参考文献と注

中世ヨーロッパ数学に関する最良の包括的な研究書は, Marshall Clagett, *Mathematics and Its Applications to Science and Natural Philosophy in the Middle Ages* (Cambridge: Cambridge University Press, 1987), および David C. Lindberg, ed., *Science in the Middle Ages* (Chicago: University of Chicago Press, 1978) であろう. とりわけ, 後者に所収されている, Michael S. Mahoney 執筆の第5章「数学」［邦訳は, 佐々木力編訳『歴史における数学』勁草書房, 1982, 95–151 ページ］と, John E. Murdoch と Edith D. Sylla 執筆の第7章「運動の科学」は優れた概説である. Edward Grant, ed., *A Source Book in Medieval Science*, (Cambridge: Harvard University Press, 1974) は, 英訳による非常に優れた一次資料集である. 主として機械学をとりあげた一次資料集に Marshall Clagett, *The Science of Mechanics in the Middle Ages* (Madison: University of Wisconsin Press, 1961) がある. 中世数学者の伝記については George Sarton, *Introduction to the History of Science* (Huntington, New York: Robert E. Krieger, 1975) の第 II 巻と第 III 巻が基本情報を提供している. 最後に, ヨーロッパのみならず, イスラム文化圏, 中国, そしてインドまで含めて中世数学を体系的に概説した書物として, Adolf P. Juschkewitsch, *Geschichte der Mathematik im Mittelalter* (Leipzig: Teubner, 1964) がある. これは 1961 年に出されたロシア語原著のドイツ語訳である［ロシア語からの邦訳, コールマン, ユシケービッチ著, 山内一次, 井関清志訳『数学史 2』東京図書, 1971］.

1. Maximilian Curtze, "Der Liber Embadorum des Abraham bar Chijja Savasorda in der Ubersetzung des Plato von Tivoli," *Abhandlungen zur Geschichte der mathematischen Wissenschaften* 12 (1902), 1–183, S. 11. この論文はラテン語テキストを編集した上でドイツ語訳している. ヘブライ語原典から作られた現代語訳はいまのところ存在しない.

2. Leonardo Pisano Fibonacci, *The Book of Squares*, edited and translated by L. E. Sigler, (Boston: Academic Press, 1987), p. 3. シーグラー (Sigler) はレオナルドの著作に注釈を施して解説しており, 数学的部分については現代の記号を使って書き直している.

3. アウグスティヌス, 『神の国』XI, 30［邦訳, 服部英次郎訳, 岩波文庫, 1989］(引用されているのは『ソロモンの知恵』, 11:20).

4. Curtze, "Liber Embadorum," p. 35.

5. サン・ヴィクトールのフーゴーの翻訳および解説としては, Frederick A. Homann, S. J., *Practical Geometry, Attributed to Hugh of St. Victor* (Milwaukee: Marquette University Press, 1991) がある.

6. Stephen Victor, *Practical Geometry in the High Middle Ages. Artis Cuiuslibet Consummatio and the Pratike de Geometrie* (Philadelphia: American Philosophical Society, 1979), pp. 109–111. この研究は, 題にある二つのテキストの翻訳を収録しており, また中世における実用幾何学について知る上でも多くの情報が盛られている. H. L. Busard, "The *Practica Geometriae* of Dominicus de Calvasio," *Archive for History of Exact Sciences* 2 (1965), 520–575 もまた実用幾何

学書をとりあげている．それ以外のテキストについては，Gillian Evans, "The 'Sub-Euclidean' Geometry of the Earlier Middle Ages, up to the Mid-Twelfth Century," *Archive for History of Exact Sciences* 16 (1976), 105–118 参照．
7. 同上，p. 221.
8. 同上，p. 295.
9. Isidor Kalisch, ed. and trans. *The Sepher Yezirah (The Book of Formation)* (Gillette, NJ: Heptangle Books, 1987), p. 23.
10. Nachum L. Rabinovitch, *Probability and Statistical Inference in Ancient and Medieval Jewish Literature* (Toronto: University of Toronto Press, 1973), p. 144 からの引用．この研究書は，確率論や統計に関する基本的な発想が，ユダヤ法をめぐる古代や中世のラビたちの議論の中から出てきたとしており，興味深い．ユダヤ数学を扱ったより古い本には M. Steinschneider, *Mathematik bei den Juden* (Hildesheim: Georg Olms, 1964) がある．これは 1893–1901 年に出版された論文のリプリントである．
11. J. Ginsburg, "Rabbi ben Ezra on Permutations and Combinations," *The Mathematics Teacher* 15 (1922), 347–356, p. 351.
12. Gerson Lange, *Sefer Maasei Choscheb. Die Praxis der Rechners. Ein hebräisch-arithmetisches Werk des Levi ben Gerschom aus dem Jahre 1321* (Frankfurt: Louis Golde, 1909), p. 1. 著者は組合せ論に関するレヴィ・ベン・ゲルソンのヘブライ語原典を編集し，かつドイツ語に翻訳している．続く命題はすべてドイツ語から訳されたものである．レヴィの帰納法についてより詳しく知りたい向きは，Nachum L. Rabinovitch, "Rabbi Levi ben Gershon and the Origins of Mathematical Induction," *Archive for History of Exact Sciences* 6 (1970), 237–248, を参照のこと．
13. 同上，p. 8.
14. 同上，p. 49.
15. 同上，p. 51.
16. B. Boncompagni, ed., *Scritti di Leonardo Pisano* (Rome: Tipografia delle scienze matematiche e fisiche, 1857–1862), vol. 1, p. 2. この著作集はレオナルドの著作すべてに関して参照すべき標準版である．第 1 巻は *Liber abbaci* を収録している．本書で検討する問題もすべてこの版からとられている．
17. 同上，p. 283.
18. Leonardo Pisano, *The Book of Squares*, p. 3.
19. ハーズィンについては Roshdi Rashed, *The Development of Arabic Mathematics*, chapter IV を参照．レオナルドとイスラーム数学との関係については，Roshdi Rashed, "Fibonacci et les mathématiques arabes," *Le scienze alla corte di Federico II* (Paris: Brepols, 1994), pp. 145–160 所収，を参照．
20. 手紙は Jens Høyrup, "Jordanus de Nemore, 13th Century Mathematical Innovator: an Essay on Intellectual Context, Achievement, and Failure," *Archive for History of Exact Sciences* 38 (1988), 307–363 の中で引用されている．この論文はヨルダヌスの研究を概観している．Wilbur Knorr, "On a Medieval Circle Quadrature: *De circulo quadrando*," *Historia Mathematica* 18 (1991), 107–128 は，改めて 13 世紀初頭のパリという文脈の中にヨルダヌスを位置づけようとしている．
21. Barnabas Hughes, "The Arithmetical Triangle of Jordanus de Nemore," *Historia Mathematica* 16 (1989), 213–223. 『数論』全編の批判版および英語による解説については，H. L. L. Busard, *Jordanus de Nemore, De Elementis arithmetice artis* (Stuttgart: Franz Steiner Verlag, 1991) を参照．
22. Barnabas Hughes, *Jordanus de Nemore: De numeris datis* (Berkeley: University of California Press, 1981), p. 57. 著者はここで代数学に関するヨルダヌスの著作のラテン語テキストを編集し，英訳している．またヨルダヌスの先駆者について考察し，各命題を現代の記号法で書き直している．続く数ページに見られる命題はラテン語から訳されたものである．ラテン語原典の色合いをよりよく出すため，ヒューズ (Hughes) による現代的な訳文は使わなかった．
23. これらの定義は John North, *Richard of Wallingford: An Edition of His Writings with Introductions, English Translations and Commentary* (Oxford: Clarendon Press, 1976), p. 59 から引用されている．3 巻からなるこの研究書で，著者はリチャードの数学書および天文学書の多くについて批判版を用意し，英訳と注釈も行っている．
24. Edward Grant, *Nicole Oresme: De proportionibus proportionum and Ad pauca respicientes* (Madison: University of Wisconsin Press, 1966), p. 161. これはオレームの『比の比について』のラテン語による批判版である．著者は英訳をした上で，オレームの業績の背景を詳細に分析している．
25. 同上，pp. 161–163.
26. Clagett, *The Science of Mechanics*, p. 230. A. G. Molland, "The Geometrical Background to the 'Merton School': An Exploration into the Application of Mathematics to Natural Philosophy in the Fourteenth Century," *British Journal for the History of Science* 4 (1968), 108–125, はブラドワディーンとその同時代人たちの業績について，詳細に解説している．

27. 同上，pp. 230–231.
28. Grant, *A Source Book in Medieval Science*, p. 238. ウィリアムによるこの一節は，Clagett, *The Science of Mechanics*, p. 236 においても引用されている．Curtis Wilson, *William Heytesbury: Medieval Logic and the Rise of Mathematical Physics* (Madison: University of Wisconsin Press, 1956) はヘイティスベリのウィリアムの著作に関する詳細な研究である．
29. Grant, *Source Book*, p. 238, および Clagett, *The Science of Mechanics*, p. 237.
30. Grant, *Source Book*, p. 239, および Clagett, *The Science of Mechanics*, p. 271.
31. Marshall Clagett, *Nicole Oresme and the Medieval Geometry of Qualities and Motions. A Treatise on the Uniformity and Difformity of Intensities Known as* Tractatus de configurationibus qualitatum (Madison: University of Wisconsin Press, 1968), pp. 165–167 ［ニコル・オレーム著，中村治訳「質と運動の図形化」，上智大学中世思想研究所編訳『中世末期の言語・自然哲学』中世思想原典集成 19，平凡社，1994，462 ページ．部分的に変更］．この書物で著者はラテン語原典を編纂して英訳し，詳細な注釈を施している．いくつかの関連書の英訳も収録されている．
32. 同上，p. 167 ［邦訳 463 ページ，部分的に変更］．Edith Sylla, "Medieval Concepts of the Latitude of Forms: The Oxford Calculators," *Archives d'histoire doctrinale et littéraire du Moyen Âge* 40 (1973), 223–283 は，関数を表現するために線を使うという試みについて研究している．
33. 同上，p. 193 ［邦訳 476 ページ，部分的に変更］．
34. 同上，p. 193 ［同所］．
35. 同上，p. 415.
36. David Singmaster, "Some early sources in recreational mathematics," Cynthia Hay, ed., *Mathematics from Manuscript to Print: 1300–1600* (Oxford: Clarendon Press, 1988), 所収，p. 199.

［邦訳への追加文献］　レヴィ・ベン・ゲルソン『計算家の技法』の巻末に収められた問題については，新しい英訳として Shai Simonson, "The missing problems of Gersonides: a critical edition," *Historia Mathematica* 27 (2000), 243–302; 384–431 がある．また，ピサのレオナルドの『算板の書』は，最近 L. E. Sigler, *Fibonacci's Liber Abaci: A Translation into Modern English of Leonardo Pisano's Book of Calculation* (New York: Springer, 2002) として英訳されている［現在ではアルクインの『青年たちを鍛えるための問題集』が日本語で読める．三浦伸夫「最古のラテン語数学問題集：アルクイン『青年達を鍛えるための諸命題』の翻訳と注解」神戸大学国際文化学部紀要『国際文化学研究』第 8 号，1997，157–196 ページ］．

中世ヨーロッパにおける数学の流れ

480–524	ボエティウス	ギリシア数学書のラテン語訳
560–636	セヴィーリャのイシドルス	四科に関するラテン語の書物
735–804	ヨークのアルクイン	算術問題
945–1003	オーリヤックのジェルベール	計算板
1075–1164	バースのアデラード	翻訳
12 世紀初頭	セヴィーリャのホアン	翻訳
12 世紀初頭	アブラハム・バル・ヒーヤ	幾何学，三角法
12 世紀初頭	ティヴォリのプラトーネ	翻訳
1090–1167	アブラハム・イブン・エズラ	組合せ論
12 世紀中頃	チェスターのロバート	翻訳
1114–1187	クレモナのジェラルド	翻訳
1170–1240	ピサのレオナルド	数論，代数学，幾何学
13 世紀初頭	ヨルダヌス・ネモラリウス	数論，代数学
1225–1286	メールベクのギヨーム	翻訳
1288–1344	レヴィ・ベン・ゲルソン	三角法，組合せ論，帰納法
1291–1336	ウォリングフォードのリチャード	三角法，比例論
1295–1349	トーマス・ブラドワディーン	運動論
14 世紀初頭	ウィリアム・ヘイティスベリ	運動論
1320–1387	ニコル・オレーム	運動論，指数，グラフ

Interchapter
世界各地の数学

　これまで，1300年頃までの中国，インド，イスラーム世界，ヨーロッパにおける数学の発達を見てきたが，この時点でこれらの場所で見られた数学を比較してみることには少なからぬ意義がある．これらの文化はお互いにまったく異なっていたにもかかわらず，数学ではいくつも共通する考え方がある．そこで数学的概念の伝播の可能性についても考えてみたい．また，近代数学がなぜ他ならぬヨーロッパで生まれたのかという問題も検討する．同じ頃，他の場所ではどのような数学が行われていたかという問題も同時に提起される．現段階では研究がまだあまり進んでおらず，詳細な検討は不可能であるが，ともあれ章の後半では南北アメリカ大陸，アフリカ，太平洋地域における数学について今のところ知られていることを紹介しよう．

I.1　14世紀初頭における数学

　幾何学から始めよう．実用幾何学は先に言及した四つの社会においてあまり違いは見られない．土地測量，距離や高さを求める問題，求積問題などでは大体同じような技法が使われていた．どの社会においても，少なくとも面積や体積の近似値は計算されており，正三角形についてはピュタゴラスの定理が知られていた．遠く離れた塔の高さを求めるための技法までほとんど同じであった．
　理論幾何学については，古代ギリシア幾何学の遺産を受け継ぎ，一定程度独自の貢献をなしえたのはイスラーム世界であった．そこでは何種類かの立体については体積の正確な値が求められ，重心決定問題も扱われた．解を求める際に発見の方法が適用され，それを証明する際には取尽し法が使われた．ユークリッドの平行線公準に対し議論が起こり，またそれに答ようとする試みも見られた．古代ギリシアで確立された数と大きさの区別をめぐって議論が行われ，新しい見地が出された．そして最後に，イスラーム世界では公理に基づいた証明の概念が深く理解されまた発展継承された．
　ヨーロッパではユークリッド『原論』がまったく読めなかった時期はなかったにもかかわらず，14世紀初頭の段階ではユークリッドなどのギリシア数学者に対する関心が再生したばかりであった．このような変化は，12, 13世紀において大量の翻訳が出現したことによる．こうして証明の概念はなんとか生き残っ

ていたが，それでも理論幾何学において独創的な研究は見られない．知られている限りでは，インドにも中国にも古代ギリシア数学は伝えられなかったが，だからといって証明の概念がまったく欠如していたわけではない．中国の数学書とそれへの注釈は多数あるが，常に結果の導出過程が示されている．ただこのような導出過程が明確な公理に基づいて行われているわけではない．他方で論理的証明の例は見られる．インドにおいては，結果の導出が見られるのはさらに稀であるが，それでも明らかに数学者たちはなぜ特定の手続きから正解が出てくるのか考えていた．

幾何学との関連では，三角法について言及しなければならない．三角法は天文学の一部としてヘレニズム世界で発達したが，1300 年頃にもなるとインド，イスラーム，ヨーロッパの天文学者により盛んに使われていた．国から国へと伝えられるに従って，三角法の内容も変容と拡張を受けたものの，これら三つの文明において天文学を研究する者はそれぞれ固有の三角法を自在に使いこなせていた．中国だけは三角法を知らなかったように見える．8 世紀に中国を訪れたインド人学者が三角法を持ち込んだのだが，それは実を結ばなかったようだ．おそらく中国で行われていたような天文学や暦の計算において，三角法は役に立たなかったのだろう．

代数学に関しては，いくつかの技法が中国で最初に発見されたあと，他の場所へと伝播した．たとえば中国では早くから連立 1 次方程式を解く効率的な方法が使われており，14 世紀にもなると，数三角形を使った初期の開平法を発展させ，任意の次数の多項方程式を解く手続きを編み出していた．また今日で中国剰余定理と呼ばれる，連立 1 次合同式を解く技法の基礎も発見していた．

1 次合同式の解法としてのユークリッドの互除法に相当するものはインドでも発見された．それは中国数学の方法とは異なるものであった．しかしインド数学の大きな名誉は，今日ペル方程式として知られる 2 次不定方程式の解法を発見できたことにあろう．ペル方程式の単純な形はギリシアでも研究されていた形跡があるものの，一般的な解法となるとインド以外では 18 世紀ヨーロッパで見られるだけである．インドでは 2 次方程式の標準的な解法も知られていたが，当時の数学者がこの技法についてどのように考えていたかについての記録は残っていないため，彼らが独力で発見したのか，それとも古代バビロニア数学から受け継いだのかは不明である．インドではディオパントスの著作について知られていたという第三の可能性も残っている．ディオパントス自身は，少なくとも間接的には古代バビロニア数学の技法について知っていただろうと思われる．

イスラームの代数学については，当然のことながら史料がたくさん残っている．イスラームの数学者たちは 2 次方程式について詳しく研究し，解法を幾何学的に証明したが，それにとどまらず 3 次方程式についても取り扱った．後者については，円錐曲線を使った解法が発達し，解と係数の関係についてもいくらか理解が深められた．加えて多項方程式の数値解を求める方法も知られていたが，これは中国数学の方法に似ており，最終的には数三角形を用いるものであった．

イスラーム数学においても数三角形はよく登場する．二項定理や組合せ論の研究がその例である．組合せ論の研究はインドで初めて見られるものの，詳細な研究が行われたのは北アフリカだったようだ．この二つの分野で研究したイ

スラーム数学者は，われわれのいうところの帰納法による証明に非常に似た証明を用いたが，これはヨーロッパのレヴィ・ベン・ゲルソンのさらに深めるところとなった．加えて，代数式の演算について詳細な技法を編み出したのもイスラームの数学者たちである．とりわけ無理数を含む式をめぐって考察し，結果的にはギリシア以来の数と大きさの二分法を撤廃する作業に先鞭を付けた．

14世紀初頭，ヨーロッパではまだ代数的技法が出てきたばかりであった．初期の代数学研究にはイスラームの影響がはっきりと出ているが，ヨルダヌス・ネモラリウスの場合のように，異なった視角から研究を行った者もいた．ヨルダヌスは一種の代数記号法を使ったことでも注目に値する．代数記号はイスラーム数学ではまったく欠如しているが，違った形ではインドや中国でも見られる．しかし当時のヨーロッパの代数学では，イスラームにおいてと同様，負数をまったく扱っていない．インドと中国ではこれと異なり，負の数を使った計算は自在に行われていた．ただ，負の数を解として用いることには，さすがにインドや中国でも躊躇があったようである．

この時期，ヨーロッパ数学以外ではおそらく見られないテーマは，運動に関する一連の考察である．瞬間速度の概念について考えたのはおそらくヨーロッパの数学者たちだけであっただろう．だからこそ彼らは平均速度の規則を発見することができた．最終的に，この種子は3世紀後に微積分学の一分野へと成長してゆくことになる．

どうやら14世紀初頭において，中国，インド，イスラーム，ヨーロッパの四地域においては数学のレヴェルはあまり変わらなかったといえそうである．個々の技法を見てゆくと，どの地域に見られるかはばらつきがある．しかしいくつかの地域に共通して見られる考え方や方法はいくつも存在する．すると，次のような疑問が生じる．いったいこれらの考え方や技法は，各地で独立に生まれたのだろうか，それとも一箇所から別の場所へと伝わったのだろうか．

いくつかの考え方に関しては，伝播したことがはっきりしている．たとえば三角法はギリシアからインド，そこからイスラーム世界へと伝わり，ヨーロッパへと戻ってきた．その過程で必要に応じ内容は変えられていった．あるいは10進法位取り記数法は中国あるいはインド（あるいはおそらく両地域の国境地帯）で生まれたが，8世紀にはバグダードにもたらされ，（イタリアとスペインを経由して）11, 12世紀にヨーロッパに伝えられた．

しかしそれほどはっきりしない場合もある．たとえば三角法において正接関数を使うことができれば，影の長さに太陽の高さを関連づけて扱うことができる．正接表が初めて作られたのは8世紀初頭の中国においてであり，おそらくインドから来た正弦の計算を手助けに，一行により導き出された．次に正接表が登場するのはイスラーム文化圏においてである．751年のタラス河畔の闘いによりイスラーム帝国は中央アジア西部における支配権を樹立したが，このとき捕らえられた中国人技師らが考え方を伝えたのだろうか．いずれにせよ，正接表はフワーリズミーの天文表を編纂した書物が12世紀頃に翻訳されたときにヨーロッパにもたらされたが，それ以前のヨーロッパの三角法ではこの表は見られない．

数三角形についてはどうだろう．この考え方はイスラームにおいては11世紀初頭，中国ではおそらく11世紀中頃に登場する．伝播はあったのだろうか．こ

の時代，当然ながら有名なシルクロードを介したイスラームと中国との交易は存在した．また，ビールーニーが同じ頃ガズナ朝のスルタンであったマフムードの宮廷に滞在し，インド文化を研究していたことが思い起こされる．さらに，インドと中国との間には，とりわけ仏教を通じて常に交流が行われていたのである．また，数三角形はどのようにして13世紀初頭までにヨーロッパに伝わっていたのだろうか．ヨーロッパの数学者たちはあるイスラーム数学の草稿からこの文字列を学び，その草稿が今日では失われているということだろうか．あるいは，イスラーム世界とヨーロッパ世界とを旅してまわる学者によって，このような知識が伝えられたのだろうか．

　あるいは，高さや距離を求める方法について考えてみよう．このような方法は四つの文化すべてが所有していた．二つの地点を使った測定方法が初めて史料に登場するのは，3世紀の中国においてのことである．13世紀までにはこの技法はヨーロッパで使われるようになっていた．同様に，百鶏問題や複数の蛇口で水槽を空にしたり一杯にしたりする問題のような，娯楽の問題は，中国，イスラーム，中世初期のヨーロッパにおいて見られる．これらの問題が伝播したとは考えられるだろうか．また伝播したとすればどのように運ばれたのだろうか．ここでもシルクロードが可能性として浮かび上がる．具体的にいうと，ラダニトと呼ばれる一群のユダヤ商人がおり，9世紀頃南フランスからダマスクスとインドを経由して中国まで定期的に旅行し，宦官，毛皮，刀剣を東方へと運んでは，ジャコウ，香辛料，薬草などを持ち帰っていた．彼らが中国数学の知識を，ヨーロッパや途中の土地へともたらしたのだろうか．あるいは逆に，彼らがイスラームやインドの数学を中国へともたらした可能性はないだろうか．この疑問はヤコブの杖の場合，いっそう重要になる．ヤコブの杖という測量器具は，ヨーロッパでは14世紀初期にレヴィ・ベン・ゲルソンにより初めて記述されたものであるが，中国ではそれ以前の11世紀から使われていた．これもユダヤ人商人によって中国から運ばれてきたものなのだろうか．

　伝播の有無についてはたいていの場合推測するしかない．いまだ史料により実証されていない事柄が多い．伝播があろうとなかろうと，どうやらいずれの文明も数学上の必要性に直面して，いくつかの共通する発想を適用して対応していたことは間違いなさそうだ．

　いま一つ，なぜ近代数学（そして近代科学一般）が，イスラーム世界でもインドでも中国でもなく，西ヨーロッパにおいて生まれたかという問題も，多くの議論を呼んでいる．1300年頃におけるこれら四つの文明が到達していた地点は大体同じであることを考えて，多くの研究者は各文明の宗教的，文化的背景に注目している[1]．たとえば，中国では「大学」は本質的には一つしかなく，しかも帝国を統治する官僚機構の一部門にすぎなかった．したがって，官僚機構が数学の研究を奨励する——このようなことはそもそも稀であった——ことのない限り，数学の訓練を受けた者が研究を深めるような機会は少なかった．すでに述べたように，今日知られている中国の数学者たちは，時間的にも空間的にも互いに孤立していた．他の数学者についてまったく知らない数学者もいたに違いない．数学の研究が発展することはあったが，独創的な研究を奨励するほど官僚機構が数学に興味を抱くことはなかった．実は一般的に言って，中国の教育は古典

の暗記と注釈に比重がおかれていたのである．

　他方イスラーム世界では高等学術機関がいくつも開かれ，数学に関心を抱く者も多かった．数学的伝統が生まれて発展し，場合によっては「学派」，すなわち同じような技法で同じような問題を研究する学者のグループが存在したこともある．すると，なぜイスラーム文化において近代数学が生まれなかったのか，あるいはなぜ微積分や太陽中心説を発明したのがイスラームの数学者でなかったのかという疑問が生じる．すでに見たように，実は13世紀以降イスラーム数学は目に見えて衰退し，それ以前に出されていた重要なアイディアも忘れ去られたという経緯があった．

　この謎に決定的な答を出すことは困難であるが，イスラーム数学が高度に発展していた時期においても，基礎的な算術の範囲を超え出るような高等な数学が「外来の学問」と見なされ，イスラーム法や思弁神学といった「宗教的学問」と区別されていたことが重要なことがらであるように思われる．一般的に，イスラームの宗教的指導者は，外来の学問が信仰に対する危険をはらんでおり，現世においても来世においてもあまり役に立たないものと考えていた．最初期のイスラーム指導者たちは確かに外来の学問を奨励したが，数百年後にはそのような支援はすっかり弱まり，より正統派の宗教的指導者たちが力を握っていた．11世紀のビールーニーも，このことにすでに気づいている．

　　　学問は無数にある．もし学問が順調に発達し，人気を博している時代において，学問のみならず学者たちも尊敬を集め，また公衆の関心がそれらに向けられれば，学問の数はさらに増えるに違いない．このように奨励する責務は，第一に支配者たる王や君主にある．学者たちを日々の糧を追う心配から解放し，人間が本性から欲する名声と寵愛を増すよう心血を注がせることができるのは，王や君主だからである．しかしながら，今日はこのような時代ではなく，むしろまったく逆であり，よって今日，新しい学問や研究が生まれる可能性などまったくないといってよいだろう．今日残っている学問は，学がより栄えていた時代のわずかばかりの残光にすぎない[2]．

　たしかにビールーニー以降も数学は発達したが，その勢いは弱まっていた．イスラーム帝国各地に点在する高等学術機関であったマドラサも存続はしていたが，イスラーム法に重心が移っていった．もちろんこのような学校で外来の学問を教授することはできたが，そのような者は保守主義者から規制を受けかねなかった．学校の規則には，イスラームの教えに反するようなことは教えられてはならないという条項があったからである．

　興味深いことに，ヨーロッパのカトリック教会の指導者達も特定の主題を教えることに対し禁令を発した．実はアリストテレスの教えでも，教会の説と明らかに矛盾するような場合は公式に教授が禁止されるということが何度かあった．しかしながら，パリ大学などの学者たちは大体教会の禁令を無視したように見える．ヨーロッパの大学は，イスラームのマドラサとは異なって結合体として機能し，法的にも自立が認められていた．もし学部が科学的な話題を追究し，関

連する数学的な発想も深めようと思えば，教会の指導者達がそれを阻止するのは容易ではなかった．こうしてヨーロッパで近代数学，そしてもちろん近代科学への扉が開かれたのである．

ただ，イスラームの貢献が無意味だったわけではない．それどころか，すでに見たように12, 13世紀にイスラーム数学の成果のいくつかがヨーロッパへと伝わった．分野によっては，ヨーロッパ数学の最初の果実は，実はイスラーム数学独自の成果，あるいはギリシア数学やインド数学をイスラーム数学が創造的に改変した成果から直接導き出されたことがらにすぎない．以下の章ではイスラーム数学がヨーロッパ数学に与えた影響について検討されるだろう．とはいえ，14世紀以降数学史の中心舞台はよかれあしかれヨーロッパであった．したがって，本書の残りではヨーロッパ数学に焦点を絞ることになる．

I.2　アメリカ，アフリカ，太平洋諸地域の数学

世界には，すでにみた四大中世社会以外にも文明が存在し，そこで数学も発達していた．残念ながらそれらはたいてい無文字社会で，文字記録が残っていないので，そこで行われていた数学を研究するには，遺物や民族学的研究に頼ることになる．近年，様々な無文字社会の数学について研究が進んでいるものの，知られていることはまだ少なく，ここでの記述もごく大雑把な素描にすぎない．さらに興味を持った読者は参考文献を頼りに知識を深めていただきたい．

まずアメリカ大陸のマヤ文明から見る．マヤ文明では文字があり，そこでの数学についても比較的研究が進んでいる．マヤ文明が栄えたのは，メキシコ南部，グアテマラ，ベリーズ，ホンデュラスを含む地域で，3世紀から9世紀の間に頂点に達したが，その後はメキシコの他の民族の力が強くなり，文化的中心の多くは廃れていった．とはいえ，16世紀初頭にスペイン人がメキシコにやってきたときでも，マヤの文化はまだ残存していた．スペイン人による物理的な意味での征服は素早かったものの，マヤの文化そのものは消え去ることはなかった．今日でもマヤの言葉を話す人口は250万人ほどおり，かつての生活習慣もいくらか残っている．

多くの古代文明同様，マヤ文明にも神官階級が存在し，数学，天文学，暦の知識を保持していた（図I.1）．彼らは木の皮から作った紙や石碑を使って記録していたが，不幸なことにスペイン人の征服とともに遺跡の多くは破壊され，また古代象形文字自体長く使われなくなっていた．このようなわけで数少ない史料を読み解く作業は非常に長くかかった．12世紀に書かれ，マヤの暦について記しているドレスデン草稿（保管している図書館の名前に由来）の場合も，例外ではなかった（図I.2）．今日ではマヤの暦法および数体系について，基礎的な事柄はわかっている．しかし，文書には計算の結果が記されているものの，使われていた計算方法については記録がない．以下にマヤの数学を概観するが，その一部は推測に基づいている．

マヤの数体系は混合体系であり，その点でバビロニアの数と似ている．それは20進法の位取り法に加え，20より小さい数については5進法を使って集合

図 I.1
マヤの陶器（紀元後 750 年頃，部分）に描かれた二人の数学者．左側には男性数学者，右上部隅には女性数学者がいる．彼らが数学者であるとわかるのは，脇の下から数記号の書かれた巻物が出ているからである[3]．

図 I.2
ドイツ民主共和国（旧東ドイツ）の切手に描かれたドレスデン写本．

を作るというものである．数字には，1 を表す点（・）と 5 を表す線（―――）の 2 種類しかなかった．これらを適当な仕方で集合にして，19 までの数が表された．たとえば，⊥⊥ は 8，≡≡ は 17 を表す．19 より大きな数については位取り法が使われた．最初の位は単位を，第二の位は 20 を，第三の位は 400 を表し，以下同様である．しかしバビロニア数学と異なり，マヤの数学には 0 を表すための記号 ⊖ が存在する．これは「空の」位を示すのに使われた．マヤの数は一般に縦に書かれ，最も高い位が一番上にされたが，ここでは便宜上横書きにし，バビロニア数学のところで用いた同じ取決めに従って表記することにしよう．たとえば，3,5 は $3 \times 20 + 5$，すなわち 65 を表すことにしよう．

暦法計算をする際にはこの数体系は少し変えられ，少ない方から数えて第 3 の位は 400 ではなく 360 を，それ以外の位はすべてその前の位の 20 倍を表すという体系が用いられた．マヤ文化で数の使用が最も発達したのは暦法計算においてであるので，以下においてもこの変更された数体系を用いることにする．これによれば，たとえば 2,3,5 は $2 \times 360 + 3 \times 20 + 5$，すなわち 785 を，2,0,12,15 は $2 \times 7200 + 12 \times 20 + 15$，すなわち 14655 を表す．

バビロニア文明は計算の方法を示す記録を多数残した．マヤ文明ではどのように固有の数体系を用いた計算が行われていたのだろうか．残念ながらマヤの史料には様々な計算の結果は記されており，しかもそのほとんどが正解なのだが，計算過程についてはまったく記録がない．おそらく加法と減法については何らかの計算板が使われ，各位の点や線が余ればその上の位へと動かせるようになっていたと推測されている．乗法を行うには三つの基本的な事柄が知られていればよかった．すなわち $1 \times 1 = 1, 1 \times 5 = 5, 5 \times 5 = 1,5$ である．これを知っていれば，乗法一般は分配則と位を正確に記録することにさえ気をつければ行える．当然，19×19 までの乗法表があれば楽だが，このような表が使われた形跡は残っていない．

マヤの神官にとって最も重要な計算とは，暦法に関わるものだった．マヤの

暦法とはどんなものだったのだろうか．まず，二つの暦が同時に使われていたことが注目される．一方で 260 日を 1 年とする 260 日暦があり，長さが 13 と 20 の二つの周期の積からなっていた．これによれば 1 年のうち任意の日は (t,v) という数値の組で表された．ここで t は 1 から 13 までの日の番号，v は 20 通りあった日の名称の一つである．たとえば，20 通りの日の名前の最初にはイミシュとイックがあったが，1 イミシュという日は $(1,1)$ と書かれ，また 5 イックは $(5,2)$ と書ける．もう一つの暦は 365 日を 1 年とする 365 日暦で，1 ヶ月 20 日からなる 18 ヶ月と余りの期間 5 日とあわせて 1 年と決めていた．365 日暦では，任意の日付をその番号 y で表しておけばさしあたって十分である．たとえばムアンは 365 日暦における 15 番目の月だが，この月の 2 日目は $y = 282$ として表すことができる．番号付きの 13 日周期，名称付きの 20 日周期，そして 365 日暦の周期は，それぞれ独立に経過するものとされていた．よって，3 数からなる組 (t,v,y) は，$13 \cdot 20 \cdot 73 = 18{,}980$ 日で一周する．これは 365 日暦で数えて 52 年，260 日暦で 73 年に相当する．この周期の組合せ全体は一般に 循 回 暦 (カレンダー・ラウンド) と呼ばれる．

マヤ人たちは基本的に二つの暦上の問題を解くことを要求された．第一に，（3 数の組として与えられた）一つの日付と，そこから数えた経過日数とにより任意の日が指定されたとき，この新しい日付を求めること，次に（3 数の組二つとして与えられた）二つの日付があるとき，それらの最小の間隔を求めること，この二つである．与えられた経過日数が 20 進法表記で m, n, p, q, r として与えられているとする．ただし $0 \leq m, n, p, r \leq 19$，$0 \leq q \leq 17$ である．このとき，第一の問題は現代の表記では，ある初期日付 (t_0, v_0, y_0) が与えられているとき，m, n, p, q, r 日後に来る日 (t, v, y) を求めよ，という具合に書き換えられる．新しい日付は

$$t = t_0 - m - 2n - 4p + 7q + r \quad (\text{mod } 13)$$
$$v = v_0 + r \quad (\text{mod } 20)$$
$$y = y_0 + 190m - 100n - 5p + 20q + 4 \quad (\text{mod } 365)$$

によって与えられるだろう（第一の式にある係数は $20 \equiv 7 \ (\text{mod } 13)$，$18 \times 20 \equiv -4 \ (\text{mod } 13)$，$20 \times 18 \times 20 \equiv -2 \ (\text{mod } 13)$，$20 \times 20 \times 18 \times 20 \equiv -1 \ (\text{mod } 13)$ であることから出てくる）．たとえば初期の日付が $(4, 15, 120)$ として与えられると，$0, 2, 5, 11, 18$ 日後の新しい日付は $(10, 13, 133)$ となる．他方，第二の問題では次のような手続きが必要になる．まず二つの日付の間の最短間隔を 3 種の周期で表すとどんな値になるか求め，次に数値のうち最初の二つの間で 260 日暦上の最小間隔を決定し，こうして得られた値を最後に第三の数値と組み合わせて 循 回 暦 (カレンダー・ラウンド) 上の日数を求めるのである．

この 2 種類の問題のうちどちらについても，マヤの神官がそれらを解くにあたりどんな方法を用いていたかを示すような史料は残っていない．しかし，彼らが上記の代数公式と似たような計算手順を持っていたことは，ほぼ確かだろう．もちろん，上で用いたような代数記号自体はなかったとしてもである．いずれにせよ，20 進法表記を使ってマヤの神官たちは暦法上生ずる問題を解き，祭祀，

I.2 アメリカ，アフリカ，太平洋諸地域の数学　379

犠牲供具，とうもろこしの種まきなど，帝国の行政で必要だった日付を正しく算出していたに違いない（図 I.3）[4]．

マヤ文明の中心地から 2000 マイル［おおよそ 3000km］ほど南には，インカ帝国という別の大文明があった．インカは人口およそ 400 万人で，今日のペルー一帯に 1400 年から 1560 年頃まで栄えた．インカ文明は文字を持たなかったが，キープ（結び縄文字）を持っており，縄とその結び目を使って決まった仕方に従って数を記録していた．この文字は帝国統治の手段であった．インカの支配者たちは日々多量の情報をやりとりしており，倉庫に収めるべき物品の個数，税の徴収額，事業に必要な人夫の数などをめぐって地方と活発にやりとりしていた．情報はキープとして記号化され，伝令がそれを目的地へと走って運んだ（図 I.4）．通達は簡潔で場所をとらないことが必要であり，キープ職人は首都クスコで発案と製作の訓練を受けた．

図 I.3
メキシコのユカタン半島，チチェンイツァにあるマヤ文明のエル・カラコル天文台．

図 I.4
キープを運ぶインカ人の伝令．

キープとは，様々な色のひもに結び目をつけたものであり，色，ひもの配置，一つ一つのひもの結び目の位置や間隔がすべて意味を持たされている．キープにはかならず他より太い主軸があり，そこにかかりひもと呼ばれるひもが付いている．かかりひもにはさらに下位のひもが付く場合もある．場合によってはいくつかのかかりひもを結び合わせるようなてっぺんのひもがつけられ，キープが平たくおかれたときにかかりひもとは反対側に倒れるようになっていた．インカの人々は，（主軸以外の）ひもに一連の結び目をつけて情報を記録した．結び目はいくつかのまとまりで作られ，まとまりの間には一定の間隔がおかれた．そして 10 進法が用いられ，主軸ひもに一番近い場所が最も高い位の数とされた．たとえばてっぺん近くに三つ，一番下に九つの結び目の付いたひもは 39 を表している．数字を読みとりやすくするため，単位の結び目はそれより高い位の結び目よりも大きく作られるのが一般的であった．現在のところ最高で 97,357 を表すキープがみつかっている．ゼロを表すには比較的大きな間隔が用いられた（図 I.5）．

一般にかかりひもにもいくつかのまとまりがあり，そのまとまりには時として同じ色が使われた．ひもの色は情報の種類を識別するためのものだったと推測される．加えて，てっぺんのひもがしばしばいくつかのひもを束ねる形で付けられ，数の合計を記録している．特定のかかりひもが他のかかりひもにある数の合計を表したり，あるいはひもの結び目によっては数を表さずに単に札の役目を果たしていることもある．いずれにせよ，キープは計算の道具ではなくて記録でしかなかった．実際の計算は他の手段，おそらく計算板の一種を用いてなされたと推測される．

一般にはキープが何の数を記録していたかは知られていないが，あるキープについては，7 州からなる地域の人口統計であったことがわかっている．このキープは二つのグループと四つの下位グループを使っている．キープ上のひもには，一つ一つの記録が各州の世帯数を表しているものがあり，他のひもではこの個別情報が合計され，最終的に一つのひもで地域全体の合計世帯数が表されている．

このように見てくると，キープとは現代で言う木というグラフと考えることができる（第 18 章参照）．キープ職人たちも，木に関連して生じる問題，たとえ

図 I.5
リマ市の国立人類学考古学博物館（ペルー）に保存されているキープ[5].

ば与えられた数の辺からどれだけ異なった木が作られうるか，という類の問題に無関心ではいられなかったと考えられる．インカ帝国の行政官は木の辺に数と色とを関連づけていたため，役に立つような木の作り方を考案するのは決して自明の作業ではなかった[6].

インカ文明においてもマヤ文明においても「数学者」が専門職として成立しており，帝国の行政から生じる数学的問題を取り扱うのを職務としていた．しかしこれから見るような文化ではそのような階級は存在しなかった．それどころか，これらの文化では「数学」という営みが生活の他の領域から独立していなかった．とはいえ，それらが今日でいう数学的なものとまったく無縁だったわけでもないものの，それらは生活の他の側面——農耕，建築，信仰など——から離れて存在することはなかった．ある民族集団が日常的に使っていた数学を研究し，数学が彼らにとっていかなる意味を持っていたかを理解しようとする学問領域は，今日「民族数学」と呼ばれている[7].

今日アメリカ合州国と呼ばれる地域で，コロンブス到来以前に最も高度な文明を築きあげたのは，おそらくアナサジ族であろう．アナサジ文明は中西部のフォア・コーナーズ地区［合州国南西部の，アリゾナ，ニューメキシコ，ユーター，

コロラドの四州が接する地域] で紀元前 600 年頃から紀元後 1300 年頃まで栄えた．この文明の最盛期は 1000 年頃で，この時期には各地で大きな部落や祭祀用の建築物が建てられた．なかでも有名なのがメサ・ヴァーデ（コロラド州南部）とチャコ峡谷（ニューメキシコ州北西部）の遺跡である．多くの建物では観測点が設けられ，ストーンヘンジの観測線の場合と同じく，冬至と夏至の決定や，月の出の位置が 18.6 年周期で変わる様子の観測など，重要な天文観測に使用されたと推測される．

　アナサジ文明に関する数学史的史料は存在しないが，遺跡を研究することから当時どのような数学が使われていたかを推測できる．たとえばアナサジの宗教では四つの主要な方角が重要な意味を持っている．これは民族の発祥の神話から来た考え方であった．アナサジ人は重要な建築物や，場合によっては道路までもこの四つの方角に合わせて作ることを重要視した．チャコ峡谷の遺跡から出る大きな道は，地上の障害にお構いなしに，何キロも真北へと進んでいる．チャコ峡谷の大型の祭祀用施設であるカサ・リコナダも同様で，直径約 20m の円の上には元来屋根があり，それを支えるのに，正確に主要四方角にそって正方形をなすように立てられた四本の支柱がしつらえられていた．アナサジ族は真北の方角をどうやって決定していたのだろうか．一つの可能性として，約 1000 年以前のローマの測量法が使われていたと考えられる．アナサジ族が太陽の日周運動と年周運動の知識を持っていたことは明らかなので，柱の周りに円を描き，影の先端を記録して曲線を描き，曲線と円の二つの交点を求めることができただろう．2 点をつなぐ線が東西の線なので，その真中で垂線を引けば南北の方角を示す線が描ける（図 5.1 参照）[8]．

　それ以外の北米インディアン部族も，建物や，時としてある程度まとまった住居区をやはり方角に合わせて建造しており，天文学と幾何学の知識があったことを窺わせている．たとえばイリノイ州セントルイス市東部にあるカホキア墳丘は，900 年から 1200 年の間にミシシッピ族と呼ばれるインディアンによって作られたが，そこでの建物は重要な天文上の出来事に合わせて作られているのみならず，都市計画が発達していたことも窺わせる．同様に，メディスン山（ワイオミング北部ビッグホーン山脈）の頂上付近にあるビッグホーンのメディスン・ホイール［呪術環状列石］，またサスカチュワン州南東部［カナダ］にあるムース・マウンテンのメディスン・ホイールは，おそらく平原インディアンにより夏至を決定するために作られた．ムース・マウンテンのメディスン・ウィールはおそらく 2000 年以上前に，他方のビッグホーンのメディスン・ホイールは時代がかなり下ったところで，それぞれつくられたと考えられている．

　北米インディアン同様，アフリカ大陸の諸文化も文字記録を残しておらず，数学的な発想がいつどうやって出てきたか，確実なことは言えない．歴史家にとってさらに大きな困難は，サハラ砂漠より南のアフリカでは考古学的調査がほとんどなされていないこともあり，数学的発想の推測できるような遺物そのものが非常に少ないということである．現在調査の進んでいる遺跡の一つが大ジンバブエ遺跡［ジンバブエは「石の家」という意］である．ジンバブエのニャンダ市の南 27km に位置するこの巨大な石像の遺跡は，12 世紀につくられたと考えられている．建築の際の行政的，技術的必要性から，また王国の機能のために

必要な交易，税，暦などで，一定程度の数学が使われていたことは疑い得ない．中世に西アフリカで栄えたガーナ，マリ，ソンガイといった王国についても同様であったと思われる．西アフリカの大部分はイスラーム文化の影響下にあり，トンブクトゥには，14世紀から早くても1600年ごろまでイスラームの学校が存在していたことが知られているので，この地域の学者たちはイスラーム数学をまったく知らなかったことはないだろう．しかしこの時代と地域における数学や数学者についての史料は残っていない．

　将来は考古学的調査が進むことが予想されるが，それまでの間は19, 20世紀に行われた民族学的調査を手掛かりに，アフリカの諸民族における数学的活動の痕跡を再構成することで満足する他ない．アフリカの部族のいくつかでは植民地時代にも比較的変化せずに残っている民俗習慣が見られるが，これらも同様の調査対象として使うことができる．近年モザンビークなどアフリカ南部一帯で実際に調査が行われているが[9]，残念ながらそこに見られる数学の起源と年代までは決定できていない．

　ザイール［現コンゴ民主共和国］のブションゴ族の文化とアンゴラ北東部のチョクウェ族の文化には，グラフ理論とも関連するような一筆書きの習慣が見られる．西洋の数学では，レオンハルト・オイラーが1736年に初めて手をつけた分野である（第14章参照）．1905年にこの風習を初めて目の当たりにしたヨーロッパの民族学者によれば，ブションゴ族の子供たちは，図が一筆で描けるための条件を知っていたのみならず，効率よく描くための技法も認識していたようである．チョクウェ族にとっては，絵描きは単なる子供の遊びではなく，物語りを語るという年寄りたちが受け継ぐ伝統の一部である．物語を語る過程で人を表す点が描かれ，複雑ですらある曲線が特定の点だけを内包するように描かれる．図を描くには，長方形の格子状に並べられた点の上に曲線を重ねるという手続きがとられる（図I.6）．図形を詳しく観察しないとどの点が図形の内側に来てどれが外側に来るかわからないが，チョクウェ族の伝える規則に従えば一筆で曲線が描けるようになっている[10]．

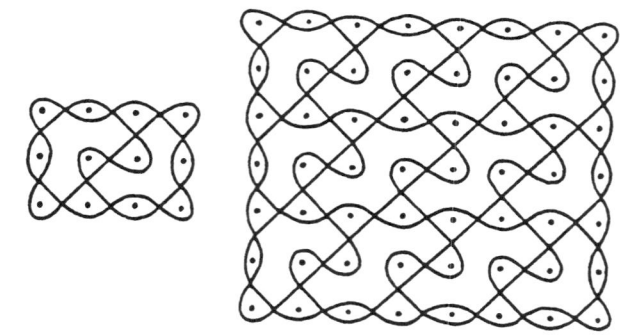

図 I.6
チョクウェ族のつくるグラフの例．

　幾何学的模様も，多くのアフリカの部族で見られる数学的な発想であり，たとえば織物や金属器の装飾に用いられる．模様の入った帯状の布がアフリカ中で数多く作られている．それらは7種の帯状模様を組み合わせたり，17種の平面模様を使っている[11]．実際，ザイールのバクバ族の文化では，布に可能な7種の模様すべてと，少なくとも12種の平面模様が使われる．ベニン（ナイジェリ

図 I.7
ベニンの布の模様の列.

ア）の職人たちは青銅器を帯状模様すべてといくつかの平面模様を用いて装飾している（図 I.7）.

アフリカでは数学のゲームやパズルも見られる．たとえば，ワーリ，オムウェソ，マンカラなどの異なった名称で知られる盤上ゲームは，アフリカ各地で見られ，子供たちに数え方や戦略的な考え方を教えるのに使われる．また，三つの物品 A, B, C を川の反対側に渡さなければならないが，1 回に 1 個のものしか運べず，また A も C も B と一緒に放置しておくことはできないという問題はすでに見たが，これもやはりアフリカに住む部族のいくつかで見られる．バメリケ族（カメルーン）では三つの物品はそれぞれトラ，ヒツジ，1 束の葦とされる．人が同時に二つの物品を運べるという問題も存在する．たとえばアルジェリア（物品はジャッカル，ヤギ，1 束のわら），リベリア（チータ，トリ，いくらかの米），そしてザンジバル（ヒョウ，ヤギ，木の葉いくらか）でこの問題が見られる．この問題が 8 世紀ヨーロッパ，ヨークのアルクィンによる『青年達を鍛えるための問題集』にも登場していたことが想起される.

南太平洋地域に目を移そう．砂の上で図形を一筆書きで描く習慣は，オーストラリアの北東 1900km，ヴァヌアツ共和国のマレクラ島でも見られる．ここでは図形を描くことは宗教的意味合いを持っている．黄泉の国へと無事たどり着くには，このような図形を正確に描けることが必要だと考えられているのである．マレクラ人がその複雑な図形を描くために編み出した標準的な手続きでは，いくつかの基本的な図形に対し対称を考える操作が含まれている．したがって，マレクラ人の図形は今日の群論を使って分析することができるのである.

また，マレクラ社会の親族関係を分析する際にも，群論が有用になる．年寄りたちは人類学者に自分たちの親族関係を説明した際，簡単に群表へと変換できるような図表を用いた．その概略を示すと，社会全体は六つに区分けされており，ある区分けに属する男性は別の区分けに属する女性としか婚姻関係を結ぶことができず，その子供たちはさらに別の区分けに属することになっていた．任意の男性が e（単位元）という区分けに属しているとすると，その母親は区分け m，父親は区分け f に属している．すると父親の母親は区分け mf に，母親の父親は区分け fm に属することになる．このとき，m と f から作りうるすべての「積」は，位数 6 の 2 面体群を作るということがわかる．つまり，要素 m と f によって生成される六つの要素からなり，かつ $m^3 = e, f^2 = e, (mf)(mf) = e$

という関係を伴うような群が作られるということがわかる．A と B が婚姻関係を結ぶには，B が A の父親の母親と同じ区分けに属していること，あるいは同じことだが，A が B の父親の母親と同じ区分けに属していることが満たされるべき条件となる．北オーストラリアのワルピリ族においては，位数 8 の群と同じ構造を持つ類似した親族関係が見られる[12]．

やはり太平洋南部のマーシャル諸島では，棒を使った海図が航海で伝統的に用いられている．そこには理想化された図形が登場するが，それらは航海者に波の運動の基本や，とりわけ波が陸地との間で受ける作用を教えるのを目的としていた．それ以外のモデルは，基本的にはマーシャル諸島全体やその一部の海図である．どちらの場合でも，マーシャル諸島の航海者たちが数学的モデルを作っていたことは明らかである．それらのモデルは，島から島へと移動する際に利用される風と海水との複雑な相互作用を，最も重要な要素に絞り込んで表現している．しかもモデルは代々伝えられて残されるので，新しい世代の航海者は常に必要な知識を持ち合わせることになる（図 I.8）[13]．

南太平洋では数学的な娯楽もある．たとえばニュージーランドのマオリ族ではム・トレレというゲームがある．二人の対戦者が，八つの腕を持つ星の形をした盤の上で，四つの駒を使って行うゲームである．ゲームを分析してみると，組合せの基本公式の多くが動員されていることがわかる．対戦者の力が互角な場合，可能な手を複数考慮しながら慎重に動かないと，罠をよけてうまく相手を捕捉することはおぼつかないだろう．

民族数学の世界を駆け足で見てきたが，これだけからでも，数学の中心にある二つの発想，すなわち論理的思考とパターン分析が，世界各地で見られることが理解できた．中国，インド，イスラーム，ヨーロッパのような文字社会と異なり，多くの文化は形式化された学問としての「数学」を持たないものの，数学は世界中の人々の生活の中で常に一定の力を持ち続けてきた．この事実は現在でも変わらない．

図 I.8
マーシャル諸島で使われていた，棒を使った海図．

練習問題

1. マヤ文明の暦上で，与えられた日付よりも特定の日数後の日付を決定するのに用いられた公式を見たが，それが有効である理由を示せ．

2. マヤ暦上 $(8, 10, 193)$ という日付が与えられている．$0, 2, 3, 5, 10$ 日後に来るマヤ暦上の日付を求めよ．

3. マヤ暦上の二つの日付 (t_0, v_0, y_0) と (t_1, v_1, y_1) の間の最小日数を求めるための計算法を求めよ．最初に 365 日暦を無視し，260 日暦上で (t_0, v_0) と (t_1, y_1) との間の最小日数を求めるのが解答への近道であろう．章末注 4 であげられた Closs や Lounsbury の文献には，解くためのヒントが与えられている．

4. マヤ暦上の二つの日付 $(8, 20, 13)$ と $(6, 18, 191)$ の間の最小日数が $1, 8, 15, 18 \ (= 10{,}398)$ であることを示せ．これらの日付はパカルというマヤ王の生誕日と死去の日である．他の史料から，パカル王は 60 歳より長く生き 100 歳未満で死んだことがわかっている．王の生涯を日数で求め，享年も求めよ（問題 3 の計算法を使うと，1 循回暦（カレンダー・ラウンド），すなわち 18,980 日あるいは 365 日暦で 52 年の倍数までしか求まらないことを想起せよ）．

5. マレクラ社会における親族構造の群表を作れ．ある区分けに属する女性について，夫，母親，父親，子供の属する区分けを，6 区分けすべてについて求めよ．

6. 七つの可能な帯状模様と，17 の平面対称模様についてレポートを書き，またその各々が壁紙や布地で使われている例を探せ．D. K. Washburn and D. W. Crowe, *Symmetries of Culture* (Seattle: University of Washington Press, 1988) を参考にすること．

7. マンカラの遊び方を覚え，子供たちに様々な算術概念を教えるための授業計画を立てよ．詳しくは，Laurence Russ, *Mancala Games* (Algonac, Mich.: Reference

Publications, 1984), H. J. R. Murray, *A History of Board Games Other than Chess* (Oxford: Clarendon Press, 1952), あるいは M. B. Nsimbi, *Omweso, a Game People Play in Uganda* (Los Angeles: African Studies Center, UCLA, 1968) を参照せよ．

8. Anna Sofaer, Rolf M. Sinclair, and Joey B. Donahue, "Solar and Lunar Orientations of the Major Architecture of the Chaco Culture of New Mexico," *Proceedings of the Colloquio Internazionale Archeologia e Astronomia* (Venice, 1990) 所収，を読み，そこであげられている参考文献にもいくつか目を通せ．これらの論文は，アナサジ族が建築物の基本デザインと方角決定において数学的技法を用いたと説得的に論証できているか，考えよ．文献があげる以外に検討されるべき証拠はないだろうか．

9. 章末注 6 であげた Marcia Ascher, Robert Ascher, *Code of the Quipu* の第 6 章は，木という数学的構造の概念を用いてキープについて考察している．この章を読み，練習問題をいくつか選んで解け．インカ文明のキープ作り職人たちは，様々な目的に応じたキープを作る上でどのように木を分析していただろうか．

参考文献と注

1. 近代科学がイスラーム文明や中国ではなく西洋で生まれた理由について考察した書物として，Toby E. Huff, *The Rise of Early Modern Science: Islam, China, and the West* (Cambridge: Cambridge University Press, 1993)，および H. Floris Cohen, *The Scientific Revolution: A Historiographical Inquiry* (Chicago: University of Chicago Press, 1994) がある．イスラーム科学の特質については J. L. Berggren, "Islamic Acquisition of the Foreign Sciences: A Cultural Perspective," F. Jamil Ragep and Sally P. Ragep, eds., *Tradition, Transmission, Transformation* (Leiden: E. J. Brill, 1996), pp. 263–284 所収，参照．

2. H. Floris Cohen, *The Scientific Revolution*, p. 367 の引用．

3. 図は Persis B. Clarkson, "Classic Maya Pictorial Ceramics: A Survey of Content and Theme," Raymond Sidrys, ed., *Papers on the Economy and Architecture of the Ancient Maya* (Los Angeles: Institute of Archaeology, U.C.L.A., 1978), 86–141 所収，からとられた．クラークソン (Clarkson) は図中の人物を女性書記官と考えたが，クロス (Closs) は脇から数の巻物が出ているのを見て数学者であるとした．

4. Michael Closs, "The Mathematical Notation of the Ancient Maya," *Native American Mathematics*, Michael P. Closs, ed. (Austin: University of Texas Press, 1986), 291–369 所収，および Floyd G. Lounsbury, "Maya Numeration, Computation, and Calendrical Astronomy," *Dictionary of Scientific Biography* (New York: Scribners, 1978), Vol. 15, 759–818 は，マヤ文化の数学的技法について詳しい．

5. Marcia Ascher 氏提供（許諾の上掲載）．

6. Marcia Ascher and Robert Ascher, *Code of the Quipu: A Study in Media, Mathematics, and Culture* (Ann Arbor: University of Michigan Press, 1980) は，キープについて詳しい．この研究書は最近 *Mathematics of the Incas: Code of the Quipu* (New York: Dover Publications, 1997) として復刻された．キープ作りに関する様々な技法を数学的に分析しているとともに，学生をその数学的発想に慣れさせるための練習問題も用意している．

7. Claudia Zaslavsky, *Africa Counts: Number and Pattern in African Culture* (Boston: Prindle, Weber and Schmidt, 1973) は，現在のところアフリカ諸部族の数学に関して最も包括的な研究書である．より最近の著作に，Marcia Ascher, *Ethnomathematics: A Multicultural View of Mathematical Ideas* (Pacific Grove, Cal.: Brooks/Cole, 1991) があるが，こちらは世界の他の文化も視野に入れている．どちらも数学的内容を詳細に解説しているのみならず，参考文献も充実している．民族数学の一般的な理念については，Marcia Ascher and Robert Ascher, "Ethnomathematics," *History of Science* 24 (1986), 125–144，および Bill Barton, "Making Sense of Ethnomathematics: Ethnomathematics is Making Sense," *Educational Studies in Mathematics* 31 (1996), 201–233 を参照．また，Ubiratan D'Ambrosio, *Etnomatemática: Arte ou técnica de explicar e conhecer* (Sao Paulo: Editora Ática S.A., 1990) は民族数学の理念についてより哲学的に考察している．*For the Learning of Mathematics* 14 (2) (1994) は民族数学を数学教育の中で活用する可能性に関する特別号であり，アッシャー (Marcia Ascher) とダンブロージオ (Ubiratan D'Ambrosio) が編集している．国際民族数学研究グループ International Study Group on Ethnomathematics の『通信』はこの分野に関する新しい情報を掲載している．

8. アナサジ族については William Ferguson and Arthur Rohn, *Anasazi Ruins of the Southwest in Color* (Albaquerque: The University of New Mexico Press,

1986) が詳しい．アナサジ族などの北米インディアンの天文学については，Ray A. Williamson, *Living the Sky: The Cosmos of the American Indian* (Norman: University of Oklahoma Press, 1987), および E. C. Krupp, ed., *In Search of Ancient Astronomies* (New York: McGraw-Hill, 1978) を参照のこと．

9. Paulus Gerdes, "Geometrical-educational Explorations Inspired by African Cultural Activities" (Washington: MAA, 1997) は，モザンビークを初めとするアフリカ南部の諸文化に見られる様々な数学的な発想に関して詳しい．

10. チョクウェ族のグラフ手続きに関しては，上記注 9 の参考文献，および Paulus Gerdes, "On Mathematical Elements in the Tchokwe 'Sona' Tradition," *For the Learning of Mathematics* 10 (1990), 31–34 が詳しい．図 I.6 は後者の文献からとられている．Ascher, *Ethnomathematics*, 第 2 章も見よ．

11. Zaslavsky, *Africa Counts*, 第 14 章，参照．この章は「アフリカ美術における幾何学的対称性」と題され，クロウ (D. W. Crowe) により執筆されている．図 I.7 の模様はこの章から著者の快諾を得て掲載されている．

12. Ascher, *Ethnomathematics*, 第 3 章，参照．

13. 棒を使ったマーシャル諸島の海図については，Marcia Ascher, "Models and Maps from the Marshall Islands: A Case in Ethnomathematics," *Historia Mathematica* 22 (1995), 347–370, に詳しい．

第III部

近代初期の数学
1400年–1700年

Chapter 9

ルネサンスの代数学

「しかし，数，*cosa*［未知数］，*cubo*［未知数の 3 乗］…については，それらがどのように組み合わされていようとも，それらの間には比例関係がないという理由で，今まで誰も一般的な規則を作ることができなかった．……それゆえ，それらの方程式については，……試行錯誤によって解が見出されたある特別な場合を除いては，今まで誰も一般的な規則を与えることができなかった．それゆえ，方程式において比例しない様々な間隔を持った項があるとき，……たとえ可能であったとしても，今までこのような場合の解法を与える技法はなかったとあなたは言うだろう」．
ルカ・パチョーリの『算術・幾何・比例論大全』(*Summa de arithmetica, geometrica, proportioni et proportionalità*, 1494 年) より [1]

ジロラモ・カルダーノは，『偉大なる術』(*Ars magna*) の第 11 章において，3 次方程式の代数的解法の発見について，次のように説明をしている．「ボローニャのシピオーネ・デル・フェッロは，約 30 年前（1515 年頃）にこの規則を発見し，これをヴェネツィアのアントニオ・マリア・フィオールに教えた．彼との数学試合は，ブレーシャのニッコロ・タルターリアにこの規則を発見する機会を与えた．彼（タルターリア）は，証明は与えてくれなかったけれども，私の懇願に答えてこの規則を教えてくれた．この助言に助けられ，私は［種々の］形式をした方程式の証明を見出した．これは非常に困難であった」[2]．

　14 世紀にヨーロッパ経済は大きく変化し始めたが，このことは結局数学にも影響を及ぼすことになった．ルネサンスとして知られている次の 2 世紀の一般的文化運動も影響力を持ったが，それはとりわけイタリアにおいて著しかった．これから述べる．
　中世のイタリア商人は，いわゆる投機資本家であった．彼らは，東方の遠い地域にまで旅をし，売ることで利益が期待できるような不足した品物を買ってはイタリアに戻った．これらの商人達は，それぞれの旅による経費と収益を計算できる程度の数学しか必要としなかった．しかし，14 世紀初頭になると，もともとは十字軍の需要によって刺激された商業革命が，このシステムを大きく換

え始めた．新しい造船技術とより安全な航路のおかげで，ルネサンスの時代には，座業の商人が中世の遍歴商人にとって代わることができた．イタリアに居ながらにして，これらの「新しい商人達」は，人を雇って様々な港に行かせ，取引させ，代理人として働かせ，航海の準備をさせた．彼らの商売は，イタリアの主要都市に集まる国際的な貿易会社の創立へと発展し，これらの会社では，それまでの商人達のときよりもはるかに洗練された数学が必要になった．これらの会社は，信用状，為替手形，約束手形，利息計算を取り扱わなければならなくなった．様々な取引の記録を残すための方法として，複式簿記が使われるようになった．商業はもはや個々の投機から成立するのではなく，航海中に多くの異なる港から積んだたくさんの船積みからなる商品の連続的な流れとなった．中世経済はたいてい物々交換に基づいていたが，しだいに今日のような貨幣経済にとって代わられるようになった．

イタリアの商人は，新しい経済状況に対応できるように，数学における新しい技能を必要としたが，彼らが必要とした数学は，大学で学ばれていた四科（算術，幾何，天文，音楽）の数学ではなかった．彼らは計算や問題解決のための新しい道具を必要とした．このような需要に応えるため，14世紀初頭のイタリアでは，**算法教師** (*maestri d'abbaco*) という新しい階級である「職業的」数学者が登場した．彼らは教科書を書き，それを用いて，新たにこの目的のために創設された学校で商人の子弟に彼らが必要とする数学を教えた．

本章の第1節では，イタリアにおける算法教師の数学，とくに彼らの代数学について論じよう．商業革命はじきにヨーロッパの他の地域にも広がったため，第2節では，15世紀末から16世紀初頭にかけて，フランス，イングランド，ドイツ，ポルトガルで研究された代数学をとりあげよう．しかしながら，この時代の代数学の重大な新発見は，イタリアにおいてなされたものであり，その一部は冒頭に引用した，一般に3次方程式は代数的には解けない，というルカ・パチョーリの1494年の声明に対する回答であった．それゆえわれわれはイタリアに立ち戻り，シピオーネ・デル・フェッロ，ニッコロ・タルターリア，ジロラモ・カルダーノ，ラファエル・ボンベッリらの研究において，そのような解法がついに発見された際の驚くべき顛末について述べよう．

上に名前をあげた代数学者達は，彼らの研究の基礎を，12世紀に初めてラテン語に訳されたイスラームの代数学においていた．しかし16世紀中頃までには，残存するギリシア数学の実質的にほぼすべてのものが，コンスタンティノープルに保管されていたギリシア語写本からラテン語に新しく訳されており，ヨーロッパの数学者が利用できる状況にあった．こうして本章の最後の節では，ギリシア数学についての理解を用いて代数学研究を全面的に改良したフランソワ・ヴィエトの業績と，アリストテレス流の数と大きさとの区別を完全になくし，事実上現代流の「数」の概念を導入したシモン・ステヴィンの業績について述べる．

9.1 イタリアの算法教師たち

　14世紀において，イタリアの算法教師たちは，商人に「新しい」インド・アラビアの十進位取り記数法とそれを用いるためのアルゴリズムを教えるのに貢献した．たいてい，新しい方法が伝統的なものにとって代わるときには，変革に対して大きな抵抗があるものだ．何年もの間，帳簿には依然としてローマ数字が用いられていた．小切手に言葉で金額を記入するという今日の方法はこの時代に始まる．インド・アラビア数字は，あまりに容易に書き換えられるので，大きな商業取引を記録するのに単独では使えないと思われていた．しかしながら，新しい記数法の利点は結局当初の躊躇を克服した．算板を用いる古い方法では，算板だけではなく，持ち運びできるような目盛り用のコマが必要とされたが，新しい記数法で必要なのはペンと紙だけであって，どこでも使用することができた．さらに算板での計算では，最後の答えに行き着くまでに，前の計算の跡が消えてしまうという弱点があった．しかし新しい記数法では，計算が終わったあとでもすべての計算の跡は残されていて検算に利用できた（もちろんこれらの利点は，その少し前に安価な紙が安定して供給されるようになっていなかったら，意味を持たなかっただろう）．算法教師は何世代にもわたってイタリアの中産階級の子弟に新しい計算の方法を教え，これらの方法はじきに大陸全体に広まった．

　算法教師は，生徒達に，インド・アラビア数体系のアルゴリズムの他に，算術とイスラーム代数学の両方の技法を使って問題解決の方法を教えた．算法教師が書いた教科書は，大体が解法付きの大部の問題集であるが，そのうち数百種が今なお現存している[3]．これらの教科書は，生徒が父親の商会に入ったときに解く必要があるようなまったくの実務的な問題だけではなく，現代の初等代数学の教科書に典型的に見られるような，たくさんの娯楽的な問題をも含んでいる．また，ときどき，初等的数論や暦，占星術を扱った問題とともに，幾何学の問題も含まれていた．教科書はかなりくわしく書かれており，あらゆる手順が完全に記述されていた．一般には多くの手順についての根拠は与えられず，特定の方法についての限定条件も示されていなかった．これらの教科書は，読者がありえない状況に出会ったときに，どうしたらよいのかについては示していなかった．教師が，授業中，そのような状況について議論したのかどうかについては知られていない．いずれにせよ，これらの算法教科書が，授業のためだけではなく，商人達自らのための手引きとしても役立つよう編まれていたことは明らかであるように思われる．特定の種類の問題の解法は容易に見つけることができたし，商人は背景にある理論について理解していなくても，解法をたやすくたどることができた．

　これらの教科書に見出される問題例を次に示すが，多くは，三数法[*1]や仮置法などの古くからの方法を用いて解くことができる．

　　「ルッカ市では，1フロリン金貨は5リラ12ソリドゥス6デナリウスの価値がある．13ソリドゥス9デナリウスは，（フロリン金貨で）どれだけ

[*1] 比例式において，内項の積は外項の積に等しいという法則．

の価値があるか？（20 ソリドゥスは 1 リラ, 12 デナリウスは 1 ソリドゥスとする.）

1 リラでは 1 ヶ月につき 3 デナリウスの利息が付く. 60 リラでは 8 ヶ月でどれだけの利息が付くか？（これは単利法による問題である. 複利法による問題も見られるが, そこでは一般に複利の期間は 1 年である.）

150 フィートの幅の畑がある. 1 匹の犬が畑の端にいて, 1 匹のうさぎがもう一方の端にいる. 犬は 1 跳びが 9 フィートであり, うさぎは 1 跳びが 7 フィートである. 何フィートと何跳びで犬はうさぎに追いつくか？

これらの教科書はまったく実用的なものであったけれども, 数学の発展に実際重要な影響を与えた. なぜならそれらは数を容易に扱う能力をイタリアの商人階級に浸透させたからであり, それなくしては将来の進歩はなしえなかった. さらにこれらの教科書のいくつかはこのような中産階級に, 教育課程の基本的な部分としてイスラーム代数学の学習を普及させた. 14 世紀と 15 世紀には, 算法教師は, イスラームの方法をいくつかの方面に拡張した. とりわけ, 省略形と記号法を導入したり, 複雑な代数の問題を扱うための新しい方法を開発したり, 代数の規則を 3 次以上の方程式にまで拡張したりした. しかし, 2, 3 の新しい技術の導入よりも重要なことは, 実用的な問題を解くために代数をどのように使うかについての一般教育であった. これらの算法教科書の研究が代数を扱う力を高めるのにともなって, ヨーロッパの学者達は当然, 古典ギリシアの多くの数学書の再発見から生じたより理論的な問題の解決のために, これらの技法を応用することを試みた. このような代数学とギリシア幾何学との融合は, 17 世紀において, 近代数学の基礎となるような新しい解析的技法へとつながることとなった.

9.1.1 代数記号と技法

イスラームの代数学は完全に言葉を用いて表記する方法をとった. 未知数やそのベキを表す記号もないし, これらの量について行われる演算のための記号もなかった. すべてが言葉で書かれていたのである. 初期の算法教師の著作や, イタリアの, ピサのレオナルドによるより早い時期の著作についても一般的に同様である. しかし, 15 世紀初頭になると, 算法教師の中には, 未知数を省略記号で置き換える者が出てきた. 著者の中には, たとえば, 標準的な言葉である *cosa*（モノ）［未知数］, *censo*（財）［平方］, *cubo*（立方）, *radice*（平方根）の代わりに, 省略記号である *c, ce, cu* や *R* を用いる者もいた. これらの省略記号の組合せによって, 高次のベキを表した. これによると, *ce di ce* や *ce ce* は *censo di censo* を表し, 4 次を意味した. *ce cu* や *cu ce* は, それぞれ *censo di cubo* と *cubo di censo* を表し, 5 次 ($x^2 x^3$) を意味した. *cu cu* は *cubo di cubo* を表し, 6 次 ($x^3 x^3$) を意味した. しかし, 15 世紀の終わりになると, 高次について名前をつける仕組みが変わり, 6 次 ($(x^3)^2$) を表すのに *ce cu* あるいは *censo di cubo* を用い, 9 次 ($(x^3)^3$) を表すのに *cu cu* あるいは *cubo di cubo* を用いるようになった. それで, 5 次は *p.r.* あるいは *primo relato* と表現され, 7 次は *s.r.* あるいは *secondo relato* と表現されるようになった.

15世紀の終わり頃になると，ルカ・パチョーリが，プラスとマイナス（*più* と *meno*）を表すための省略記号である $\overline{p}$ と $\overline{m}$ を導入した（このような特別の省略形は，おそらく，いくつかの文字が欠けていることを示すために文字の上にバーをつけるという一般的な慣習から来ているものと思われる）[*2]．しかし，他の革新についてと同様に，すべての著作家が同じ名称や省略記号を用いるというような大きな変革はなかった．この変化はゆっくりとしたものであった．新しい記号は，15世紀や16世紀にしだいに用いられるようになったが，現代的な代数記号の形が整ったのは，17世紀中頃になってからであった．

イタリアの算法教師は，記号法が十分に発達していなくても，それまでのイスラームの先人達のように，代数的表現を用いて演算操作をすることが得意であった．たとえば，パオロ・ゲラルディは，『計算の書』（*Libro di ragioni*, 1328年）の中で，分数 $100/x$ と $100/(x+5)$ の足し算の規則を与えている．

> 「$1 cosa\ [x]$，の反対に100をおき，$1 cosa$ と5の反対に100をおく．示されていることからわかるように，斜めに掛けると，100 とそこから斜めにある $1 cosa$ を掛けたものは $100 cose$ [$cosa$ の複数形] になる．また，100 掛ける $1 cosa$ と5は $100 cose$ と500になる．そこでそれらを互いに足すと，$200 cose$ と500になる．さらに，$1 cosa$ 掛ける $1 cosa$ と5は，$1 censo\ [x^2]$ と $5 cose$ になる．そこで，$200 cose$ と500を $1 censo$ と $5 cose$ で割る $[(200x + 500/(x^2 + 5x))]$」[4]．

$$100 \qquad 1\ cosa$$

$$100 \qquad 1\ cosa\ piu\ 5$$

同様にして，符号の規則も言葉で書かれ，正しいことが示されている．ここでは，14世紀後半に書かれた著者不詳の写本を例に示す．

> 「マイナスとマイナスを掛けるとプラスになる．もしそれを証明したいならば，次のようにすればよい．まず，3と3/4の2乗が4マイナス1/4を［それ自身に］乗じるのに等しいことを知っておかなければならない．3と3/4に3と3/4を掛けると，14と1/16になる．4マイナス1/4に4マイナス1/4を掛けるときは……，4に4を掛けて16，交差して掛けると4掛けるマイナス1/4はマイナス4倍の1/4で，4掛ける1/4は1になるので，4掛けるマイナス1/4はマイナス1になるから，合わせてマイナス2となる．16からこれを引くと残りは14になる．このことから，マイナス1/4掛けるマイナス1/4は1/16となる．他［の乗法］についても同様である」[5]．

一般に，算法写本には，未知数のベキに関する上記の省略形を用いて，単項式の積や商の一覧が記されている．しかし，15世紀に書かれたある手稿では，9次までの未知数に名前を付けて，指数の規則を説明している．

[*2] 中世の写本で使われた省略形のこと．

「これら［ベキの］名前を掛け合わせるときには，……量［ベキの係数］を互いに掛け，名前の次数を互いに足せばよい．……これらの名前どうしの割り算をするときには，割られる方の次数が割る方の次数よりも大きいことが必要である．このとき，量を互いに割る．その後，一方の次数から他方の次数を引けばよい．……そして残った次数の大きさが，その量のもつ次数になるだろう」[6]．

アントニオ・デ・マッツィンギ (1353–1383) はその生涯が詳しく知られている数少ない算法教師の一人である．彼はフィレンツェにあるサンタ・トリニタ修道院の算法工房 (*Bottega d'abbaco*) で教えていた．彼の代数問題は，15 世紀のいくつかの写本に残されている．アントニオは，複雑な問題を解く際に，巧妙な代数的技法を考案することに長けていた．とくに彼は，これらの多くの問題の中で，二つの未知数に対して明確に二つの異なる名前を用いていた．たとえば，「互いに掛けて 8，それらの平方を足すと 27 になるような二つの数を求めよ」[7] というような問題である．アントニオは，一つはモノ引くある量の平方根 (*un cosa meno la radice d'alchuna quantità*) であり，もう一つはモノ足すある量の平方根 (*una cosa più la radice d'alchuna quantità*) であると仮定して，問題を解いている．これらの二つの言葉，*cosa*（モノ）と *quantità*（量）は，問題を言葉で説明する際に用いたものであり，今日の x と y に相当する．つまり，最初の数は $x - \sqrt{y}$ に，第二のものは $x + \sqrt{y}$ に等しい．

9.1.2　高次方程式

イタリアの算法教師による三つ目の大きな発見は，2 次方程式を解くためのイスラームの技法を高次方程式にまで拡張したことである．一般に，算法教師は皆，代数学の説明の冒頭でフワーリズミーの六つのタイプの 1 次方程式および 2 次方程式を提示し，それぞれをどのように解くかを示した．しかしピサのダルディ師は，1344 年に書いた著作の中で，このリストを，4 次までの方程式 198 タイプにまで拡張しており，その中のいくつかは累乗根を含んでいた[8]．たいていの方程式は標準形への簡単な変形によって解くことができるが，ダルディは，それぞれの場合について数値を換えた例題や特殊な方程式の解法を示しながらあらためて解法を与えた．たとえば，彼は，方程式 $ax^4 = bx^3 + cx^2$ が

$$x = \sqrt{\left(\frac{b}{2a}\right)^2 + \frac{c}{a}} + \frac{b}{2a},$$

によって与えられる解を持つことを示している．つまり，これは標準の方程式 $ax^2 = bx + c$ と同じ解を持つ（0 は解として認知されていなかったことに注意したい）．同様に，方程式 $n = ax^3 + \sqrt{bx^3}$ は，$\sqrt{x^3}$ に関する 2 次方程式に帰着することで x^3 について解くことができる．

これらの 2 次方程式よりもさらに興味深いことは，2 次方程式に還元できない 3 次方程式と 4 次方程式についての四つの例である．ダルディの 3 次方程式は $x^3 + 60x^2 + 1200x = 4000$ である．彼の規則は，1200 を 60 で割り（20 となる），その結果を 3 乗し（8000 となる），それに 4000 を加え（12,000 となる），その 3 乗根をとり（$\sqrt[3]{12000}$），そこから 1200 を 60 で割った商を引くというも

のである．ダルディの答は $x = \sqrt[3]{12000} - 20$ となり，これは正しい．もしわれわれがこの方程式を現代記号で表し，ダルディの解法の規則を示すならば，方程式 $x^3 + bx^2 + cx = d$ に対して，

$$x = \sqrt[3]{\left(\frac{c}{b}\right)^3 + d} - \frac{c}{b}.$$

という解を得ることになる．この解法が一般的には誤りであることは容易にわかるし，ダルディ自身もそのことを認めていた．それでは，ダルディは個別の場合についてどのようにして正しい解を求めたのだろうか．この疑問に対しては複利計算の問題を考えることで答えられる．ある人が100リラを他の人に貸したら，3年後に，元金と利子とで合計150リラが戻ってきた．ここで，利子は年毎の複利とする．このとき，利率はいくらだったか．ダルディは，1ヶ月で1リラにつき x デナリウスの利子が付くものとした．このとき，1リラにつき1年間の利子は $12x$ デナリウス，つまり $(1/20)x$ リラとなる．そうすると，100リラでは，1年後の総額が $100(1 + x/20)$ となり，3年後では，$100(1 + x/20)^3$ となる．結局，ダルディの方程式は

$$100\left(1 + \frac{x}{20}\right)^3 = 150 \quad \text{または} \quad 100 + 15x + \frac{3}{4}x^2 + \frac{1}{80}x^3 = 150$$

となり，

$$x^3 + 60x^2 + 1200x = 4000$$

となる．この方程式の左辺は，もともと立方の式を変形したものなので，適当な定数を加えれば，直ちにもとの立方の式に完成させることができる．一般に，$(x + r)^3 = x^3 + 3rx^2 + 3r^2x + r^3$ であるから，$x^3 + bx^2 + cx$ を立方の式に完成させるには，二つの条件 $3r = b$ と $3r^2 = c$ を満たすような r を見つけねばならないが，これらの条件が満たされるのは $b^2 = 3c$ の場合のみである．ダルディの例では，$b = 60$ かつ $c = 1200$ なので条件は満たされており，$r = c/b = 20$ である．

ダルディは，特殊な4次方程式を解くために同様の規則を与えたが，他方でピエロ・デッラ・フランチェスカ（1420頃–1492）は——彼は算法教師としてよりもむしろ画家として有名だが——その著作『算法論』(*Trattato d'abaco*) において，これらの規則を5次方程式と6次方程式にまで拡張した．しかし，両者とも，この規則が $h(1 + x)^n = k$ $(n = 4, 5, 6.)$ の形に帰着できる場合にしか適用できないことについては，明確には述べていない．この時代には，別の（著者不詳の）写本があり，方程式 $x^3 + px^2 = q$ は $x = y - \dfrac{p}{3}$ とおくことによって解くことができると提案している．ただし，ここで y は，$y^3 = 3\left(\dfrac{p}{3}\right)^2 + \left[q - 2\left(\dfrac{p}{3}\right)^3\right]$ の解であるとする．これは実際正しいのだが，著者は，一つの3次方程式を別の3次方程式に置き換えているだけなのである．彼は示された数値例において，新しい方程式を試行錯誤して解いているが，これは元の式についても行えただろう．とはいえ，算法教師は3次方程式に完全な一般的解法を与えることには

図 9.1
イタリアの切手に描かれたパチョーリ.

成功しなかったものの，イスラームの先人達のように全力を尽くして問題に取り組み，部分的な結果にはたどり着いた．このことについては，本章の初めに，ルカ・パチョーリ (1445–1517) の著作からの引用文で示した通りである.

パチョーリは算法教師の最後の一人である．1470年代にはフランシスコ会の修道士に任命され，残りの生涯では，イタリアの様々な場所で数学を教えた．彼は教師として非常に有名になったので，ヤコポ・ディ・バルバーリによって，若者に幾何を教えている彼の肖像画が描かれており，それは現在ナポリ美術館に飾られている．その肖像画でパチョーリが教えている若者は，一応，彼のパトロンであるウルビノ公の息子グイドバルドであるとされている（図9.1）．パチョーリは，生徒達のために，教材として3冊の算法書を作った．彼は教育が衰退期にあると信じており，それを遺憾に思っていた．適当な教材が不足しているのが一つの難点であると感じていた彼は，おおよそ20年もの間数学教材を集め，1494年に，とうとう当時としては最も包括的な数学の教科書を完成させた．これは最も初期に印刷された数学教科書の一つである．それが，『算術，幾何，比例論大全』(*Summa de arithmetica, geometrica, proportioni et proportionalità*) であり，600ページにもおよぶ書で，ラテン語ではなくトスカナ地方のイタリア語方言で書かれていた．この書は，実用的な算術だけではなく，すでに述べたような代数学のほとんどを含んでいる．また，複式簿記の方法について初めて出版された本でもあり，実用的な幾何学についても1節が設けられている．この本には独創的なものはほとんどなかった．実際，多くの代数学の問題は，ピエロの論文から直接引用されており，実用的な幾何学については，ピサのレオナルドのものととてもよく似ている．しかしこの本は非常に包括的で，しかもその種のものとしては印刷された初めての本であったので，広く出回って影響を与え，16世紀のイタリアの数学者によって幅広く研究された．これらの数学者は，この本を基本として，代数学の研究範囲を拡張することができた．しかし，この発達について考察する前に，話をこの時代におけるヨーロッパの他の地域における発展に戻すことにする．われわれの代数学はイタリアのみに由来するものではないのだ.

9.2 フランス，ドイツ，イングランド，ポルトガルにおける代数学

代数学は，14世紀と15世紀にイタリアにおいて発達しつつあったが，それは商業経済の発達にともなって生まれた需要にかなり負っている．経済は，ヨーロッパの他の地域でも，イタリアにいくぶん遅れて同様に変化した．数学の教科書もまた，社会の新しい要請に応えて，他の地域においても作られるようになった．ここでは，フランスのニコラ・シュケ，ドイツのクリストフ・ルドルフ，ミハエル・シュティーフェル，ヨハンネス・ショイベル，イングランドのロバート・レコード，ポルトガルのペドロ・ヌネシュの著作について考察しよう．代数学における彼らの著作にはたいへん似かよったものがあり，また，彼らの著作と15世紀におけるイタリアの代数学との間にも類似点がある．このことから，他の研究についての明白な言及が一般に限られていたり，完全に欠如していたにしても，これらの数学者達は，ヨーロッパの他の地域でなされた同時代の著作

について，何らかの知識を持っていたことがわかる．しかし彼らの各々にはいくらか独自のものもあるようである．イスラームの代数学は，15世紀までにはヨーロッパに幅広く行き渡っていたと思われる．新しい著書を書こうとしている人々はそれぞれに，こうした素材やヨーロッパの他の地域から入ってきた代数学の著作を利用し，それらを彼らの国に適した形に改変するとともに，彼ら自身の新しい考えもとり入れた．16世紀の後期までには，印刷術が普及したために，新しい考えも大陸中にすばやく広がり，その中でも最も重要であると一般的に思われたものは，新しいヨーロッパ代数学の中に吸収されていった．

9.2.1　フランス：ニコラ・シュケ

ニコラ・シュケ (d.1487) はフランスの医師であるが，晩年に，リヨンで数学の論文を書いている．15世紀終わり頃のリヨンは，イタリアの諸都市のように繁栄した商業都市であり，実用数学の需要が高まっていた．シュケは，おそらくこの需要に応えるために，1484年，『三部作』(*Triparty*) を書いたのだろう．これは，三つの部分からなる算術と代数学に関する本である．これに続く三つの関連した内容の著作は様々な分野の問題を含み，そこでは『三部作』において確立された規則が用いられている[9]．これらの補充問題には，イタリアの算法書に出てくる問題と多くの類似点があるが，『三部作』自身は，数学それ自体に関する教科書であるという点において，やや異なった水準にある．『三部作』にある数学は，確かにイスラームの代数学者やピサのレオナルドに知られていたものである．しかし，これは，15世紀のフランスにおける最初の詳細な代数学であるので，そこに見られる重要な着想のいくつかについて考察してみよう．

『三部作』の第一部は，算術に関わるものである．イタリアの著作のようにインド・アラビアの十進位取り記数法を扱うことから始めて，整数と分数の両方について，基本的な算術演算のための様々なアルゴリズムを詳細に述べている．シュケの分数に関する手法の一つは，「隣接した二つの数の間にある数をできるだけ多く見つけるため」[10] の規則である．彼の着想は，二つの分数の間に存在する分数を見つけるためには，ただ単に，分子どうしを足し，分母どうしを足せばよいというものである．そうすれば，1/2 と 1/3 の間には 2/5 があり，1/2 と 2/5 には 3/7 があるということになる．シュケは，この規則が正しいことを証明してはいないが，この規則を多項式の根を見つける際に利用している．たとえば，シュケは，$x^2 + x = 39\ 13/81$ の根を見つける際に，5 は根としては小さすぎ 6 では大きすぎるということに注目した．そこで彼は，最初に二つの数の間に存在する数を順番に 5 1/2, 5 2/3, 5 3/4, そして 5 4/5 というように見つけていき，求める根は最後の二つの数の間にあるに違いないと考えた．彼の規則を分数の部分に適用すれば，次に得られる数は 5 7/9 となり，これが正しい答となる．

『三部作』の第二部では，シュケは，その規則を完全平方数ではない数の平方根の計算に適用している．6 の平方根として，2 では小さすぎ 3 では大きすぎることから，次の近似的操作として，まず 2 1/3 では小さすぎ 2 1/2 では大きすぎるとした．続いて順番に，2 2/5, 2 3/7, 2 4/9, 2 5/11, それから 2 9/20 と近似していった．彼は，それぞれの段階で選んだ数の平方を計算し，6 より大きい

か小さいかを調べ，さらに，二つの値に彼の中間の規則を適用していった．彼は，「この方法によって，多かれ少なかれ6に非常に近い値まで，そしてそれが十分であるまで……手続きを実行できる．このように手続きを続けるほど，値は6に近づいていくことがわかる．しかし，決して正確な値に到達することはない．これを実行していくと，6の根に十分近い値として 2 89/198 が見つかるが，これは平方すれば6足す 1/39,204 となる」[11] と述べている．シュケは，明らかに $\sqrt{6}$ の無理性に気づいており，望むだけ正確にそれを計算するための新しい帰納的なアルゴリズムも開発していた．したがって彼は，離散量と連続量との間のギリシア的な二分法を否定するまでの道程において，さらなる一歩を踏み出したのであった．それが最終的に取り除かれるのは約1世紀後のこととなる．

シュケはまた著書の第二部において，より大きな整数の平方根と立方根を，整数桁一つ分ずつ計算していく標準的な方法を示している．しかし，この方法について議論するときはたいていそうなのだが，これを1より小さい場合にまでは広げない．彼は，小数の概念を知らなかったようである．標準的な方法で正確な根を与えられない場合には，普通の分数を用いて彼の中間の方法による計算を行うか，もしくは，彼が好んで用いた方法なのだが，計算に煩わされることがないように，答を $R^2 6$ か $R^3 12$ の形のままにしておく方法のどちらかを選ぶことになる．この記号は，今日の $\sqrt{6}$ と $\sqrt[3]{12}$ に相当する．シュケはまた，プラスとマイナスに対してイタリア式の記号である $\overline{p}$ と $\overline{m}$ を用いているのだが，組分けを示すための下線も導入している．今日では $\sqrt{14+\sqrt{180}}$ のように書くものに対して，シュケは $R^2 14 \overline{p} R^2 180$ のように書いている．彼は，第二部の残りの部分全体を通して，このような記号を完全に理解した上で使い続けている．というのも彼は，無理式とその組合せの計算について確実な知識（たとえば正の数と負の数の加減乗除を行うために必要な規則）を示しているからである．

『三部作』の第三部は，より代数学に限定された内容である．シュケは，ここで，多項式の扱い方や，様々なタイプの方程式の解き方を示した．彼は，多項式についての議論の一部として，未知数のベキを表す指数記号を導入しており，それはイタリア式の省略記号を使うよりも計算をいくぶんやさしくしている．こうして，彼は，今日では $12x^2$ と書くのに対して 12^2 と書くとともに，ヨーロッパでは初めて正真正銘の負の数を導入し，今日では $-12x^{-2}$ と書くのに対して $\overline{m}12^{2\overline{m}}$ と書いている．彼は，数を扱う際には，指数として0も使われるべきであることにも着目している．指数（シュケの用語で $denominations$）を含むこのような数式 ($diversities$) は，基本的な規則を用いて，足したり，引いたり，掛けたり，割ったりすることができ，指数が負の場合であっても何の問題もない．「8^3 に $7^{1\overline{m}}$ を掛けるときには，最初に8と7を掛けて56とし，それから指数部分を加えて，$3\overline{p}$ 足す $1\overline{m}$ は2としなければならない．そうすればこの積は 56^2 となり，他の場合にも同様に理解されうるだろう」[12]．彼は，このような規則を与えただけではなく，同時代のイタリアの人達と同様に，その正しさを立証している．彼は，たて2段の欄に，2のベキ（$1=2^0$ から始めて $1,048,576=2^{20}$ で終わっている）とそれに対応する**指数**を書いた．そして，第1段目の欄の乗法が，2段目の欄の加法に対応するようにした．たとえば，128（これに対応する

のは 7) に 512 (これに対応するのは 9) を掛けると, 65,536 (これに対応するのは 16) になる. 彼は, 数に対して成り立つ指数の加法の規則を, **数式**にも単純に拡張した. 彼は, 負の指数についても理解をしていたが, 彼の作った数表にはそれはのっていない. サマウアルとは異なり, 実際のところ続く内容の中で彼は負の指数をほとんど使っていない.

シュケはさらに, 方程式を解く技法に関して 2,3 の発見をしている. 一つは, フワーリズミーの規則を一般化し, 2 次の形式からなる任意の次数の方程式にも適用できるようにしたことであり, イタリアの算法学者よりもいくぶん前進したことになる. たとえば, 方程式 $cx^m = bx^{m+n} + x^{m+2n}$ の解として,

$$x = \sqrt[n]{\sqrt{(b/2)^2 + c} - (b/2)}.$$

を与えている. 二つ目は, それぞれが三つの未知数を持つような二つの方程式からなる特殊な連立方程式には, 多くの解があることを示したことである. 連立方程式 $x + y = 3z, x + z = 5y$ を解くために, 最初に x として 12 を選ぶと, $y = 3\ 3/7$ かつ $z = 5\ 1/7$ となる. それから, y として 8 を選ぶと, $x = 28$ および $z = 12$ となる. 彼は, 「こうして, 解を一つ与えるごとに, 様々な答を決められるということがわかる」[13]と結論している. 最後にシュケは, これについては首尾一貫していないのであるが, ある状況においては方程式に負の解を考えることをいとわない. これもまたヨーロッパでは初めてのことである. たとえば, 問題 $\frac{5}{12}\left(20 - \frac{11}{20}x\right) = 10$ を解いて, $x = -7\frac{3}{11}$ を求めている. それから, 彼は, 注意深く結果を調べ, 答が正しいと結論している. しかし, 他の問題においては, 負の解を「不可能なもの」として拒否し, 0 を解として考えることもなかった.

『三部作』の三つの補遺では, 研究の結果得られた技法を適用した数百という問題が含まれている. 問題の多くは, 商業上の問題であり, イタリアの算法書と同じタイプの問題が見られる. しかし, 一方で, 他に幾何学の問題もあり, それには実用的なものもあれば, 理論的なものもある. この著作は, 教科書にするつもりで書かれたのかも知れない. そしてそれはおそらく大学以外の場所で使うことを意図していたのだろう. しかし残念なことに, 『三部作』は印刷されることもなく今日でも手稿の形で残っているだけである. そのいくつかの部分は, 1520 年に, エティエンヌ・ドゥ・ラ・ロシュ (Estienne de la Roche) (おそらくシュケの弟子の一人であろう) の著作の中に組み込まれたが, この著作もシュケ自身のものも大きな影響力は持たなかった.

9.2.2　ドイツ: クリストフ・ルドルフ, ミハエル・シュティーフェル, ヨハンネス・ショイベル

ドイツに代数学が初めて登場したのは, 15 世紀後半であり, イタリアの方がいくぶん早いものの, 発展した理由は同様であったと思われる. 実際に, 使われている技法の多くは, イタリアから持ち込まれたものであるらしい. ドイツにおいて代数学に与えられた名前はコス (*Coss*) の技法であるが, これはまさしくイタリアが源であることを示している. コスとは単にイタリア語のコサ (*cosa*),

囲み 9.1
ルドルフによる未知数のベキの表記法

dragma	φ		radix	$\leftrightarrow x$
zensus	$\leftrightarrow x^2$		cubus	$\leftrightarrow x^3$
zens de zens	$\leftrightarrow x^4$		sursolidum	$\leftrightarrow x^5$
zensicubus	$\leftrightarrow x^6$		bissursolidum	$\leftrightarrow x^7$
zenszensdezens	$\leftrightarrow x^8$		cubus de cubo	$\leftrightarrow x^9$

つまり「モノ」のドイツ語形であり，通常，代数方程式の未知数に与えられる名称である．16 世紀前半における最も重要なコス代数家の二人は，クリストフ・ルドルフ（16 世紀前半）とミハエル・シュティーフェル（1487–1567）である．

クリストフ・ルドルフは，1520 年代初めに，ウィーンで，『コス』（*Coss*）を書いたが，これはドイツ語で書かれた最初の包括的な代数学の本であった[14]．この本は，1525 年にシュトラスブルク［現在のストラスブール］で出版された．通例どおり，この本は整数の十進位取り記数法の基本から始まり，短い乗法表と計算のアルゴリズムも与えている．ルドルフは，数列を扱った節において，ちょうどシュケが行ったように，それぞれの指数の横に並ぶようにして，2 の負でないベキのリストを作った．彼はまた，ベキの掛け算が指数の足し算に対応することに気づいた．この考えは，やはりシュケが行ったように，未知数のベキにまで拡張された．ルドルフにはシュケの指数記号がなかったが，これらのベキの名前を省略した表記法があり，彼の命名法はベキ同士の指数を掛け合わせるイタリア式のやり方に似ていた（囲み 9.1）．

ルドルフは，読み手がこの用語を理解しやすいように，いろいろな数のベキについて例をあげている．そして，これらの記号から作られた整式の加法，減法，乗法，除法について示している．シュケの体系の場合と違って，これらの記号をどのように掛け算するのか明瞭ではなかったので，ルドルフは，それらを使った乗法の表を提示している．それによれば，たとえば，x 掛ける x^2 は x^3 などであった．彼は，わかりやすくするために，記号に数値を与えている．こうすると，*radix* は 1，*zensus* は 2，*cubus* は 3 を表すことになり，彼は，文字式を乗ずる際，正しい記号を見つけるには対応する数を単に足せばよいことを述べている．この節においてさらにルドルフは，二項式，つまり演算記号によって結ばれた項を扱っているが，代数学の教科書では初めて，加法と減法を表すための現代記号 + と − を用いている．それらの記号は，ウイーン大学でのルドルフの師であるハインリヒ・シュライバー（ヘンリクス・グラマテウス）が 1518 年に書いた算術に関する著作の中ですでに用いていた．さらに前には，これらの記号はヨハン・ヴィドマンによる 1489 年の著作の中に見られる．しかし，そこでそれらが表現していたのは，演算ではなく過剰分と不足分であった．

ルドルフはさらにこの著書の中で，平方根の記号として現代記号 $\sqrt{}$ を導入した．彼はこの記号をいくらか変えて立方根や 4 乗根を表したが，現代のような指数は用いなかった．しかし，彼は，無理数に関する演算について詳細に説明し，除法における共役根の使い方や，$\sqrt{27+\sqrt{200}}$ のような無理式の平方根の見つけ方を示している．彼は，1$\mathcal{X}$.2 ($x = 2$) のように，「等しい」ことを表すのにピリオドを導入したが，しばしばドイツ語の「等しい」(gleich) も用いた．

ルドルフの『コス』の後半は，代数方程式の解法にあてられている．ルドルフは，フワーリズミーによる代数方程式の標準的な六つの分類を使わずに，自分自身の八つの分類を用いている．それぞれのタイプの方程式における解法の規則は，言葉で表現されており，具体例を用いて説明されている．ルドルフは 2 次以上の方程式も扱っているが，彼がとりあげるのは，シュケと同様に，2 次方程式に帰着させることで解けるものや，解が単純なもののみである．たとえば，彼の分類の一つに，今日では，$ax^n + bx^{n-1} = cx^{n-2}$ と書くことができる方程式がある．与えられた解法は，標準的な

$$x = \sqrt{\left(\frac{b}{2a}\right)^2 + \frac{c}{a}} - \frac{b}{2a}.$$

である．このような種類の方程式を説明するための例として彼があげているのは，$3x^2 + 4x = 20$ と $4x^7 + 8x^6 = 32x^5$ であり，どちらも解は $x = 2$ である．しかしルドルフは，他の著者と同様に，負の平方根や 0 を方程式の解としては扱っていない．

以上の規則を示した後でルドルフは，当時の通例にしたがって，この規則を使って解けるような数百の例題を与えている．多くは，売買，両替，遺贈，金銭などを扱う商業上の問題や，100 枚の硬貨で 100 羽の鳥を買う昔ながらの問題の類の娯楽的な問題であった．問題の大部分，とりわけより実用的な問題は，ルドルフの第一類の方程式，すなわち $x = \dfrac{b}{a}$ を解にもつ $ax^n = bx^{n-1}$ の例として提出されている．2 次方程式の公式を必要とする問題は，一般的に技巧的なものであり，「10 を以下のように二つの部分に分けると……」などの頻出問題を含んでいる．ルドルフは，著書の最後に，2 次方程式に還元できない 3 次方程式を三つ提示してその答を示しているが，解法は与えていない．後進の者が代数学の技法を継続発展させ，これらをどのように扱うかを示すだろうと述べられるだけである．興味深いことに，最終ページには，一辺が $3 + \sqrt{2}$ の立方体が八つの直方柱に分けられている図が描かれている．ルドルフがこの図を 3 次方程式の解法のためのヒントとしたのかどうかはわからない．

ルドルフの著書の新版は，1553 年にミハエル・シュティーフェルによって出版された．ミハエル・シュティーフェルは，ルドルフよりも 9 年も早く，『算術全書』(Arithmetica integra)[15] を書いていた．シュティーフェルは，この著作の中で，未知数のベキについてルドルフと同じ記号を用いていたが，これらの文字と，整数の「指数」との間の対応関係をより徹底して用いていた．彼は，ルドルフよりもさらに進んで，指数が負の値 $-1, -2, -3$ であるような 2 のベキに，それぞれ $\dfrac{1}{2}, \dfrac{1}{4}$ および $\dfrac{1}{8}$ を対応させた表を書き表したが，負の指数に関するシュ

> # 伝　記
>
> ## ミハエル・シュティーフェル (Michael Stifel, 1487–1567)
>
> ミハエル・シュティーフェルは1511年司祭に叙任された．様々な聖職者の悪習に反発して，彼はマルティン・ルターの初期の信奉者となった．1520年代になって彼は，彼が言葉の計算 (wortrechnung) と呼んだ，含まれる文字の数的な値による語句の解釈に興味を持った．『聖書』のいくつかの節をその数的な方法によって解釈した結果，ついに彼は1533年の10月18日に世界が終わるということを信じるようになった．その朝，彼は教会に信徒達を集めたが，彼にとっては残念なことに，何も起こらなかった．その結果彼は教区から解任され，しばらくの間自宅軟禁の状態におかれた．しかし予言癖が直ったので，ルターの取り計らいで，1535年に別の教区を与えられた．その後彼はヴィッテンベルク大学で数学の研究に専念し，すぐに代数的手法の専門家になり，1544年には『算術全書』(Arithmetica Integra) を，その1年後の1545年には，『ドイツ算術』(Deutsche Arithmetica) を出版した．しかし，その晩年に彼は言葉の計算を再開し，これに関する本を2冊書いた．

ケの同様の業績は，おそらく知らなかったようだ．

シュティーフェルは，同時代のたいていの人々と同様に方程式に負根を認めていなかったが，初めて2次方程式の三つの標準型を単一な形式 $x^2 = bx + c$ にまとめた．ここで b と c は両方正であるか，もしくは異なる符号を持っているかのどちらかであった．その解は言葉で表現されているが，

$$x = \frac{b}{2} \pm \sqrt{\left(\frac{b}{2}\right)^2 + c}$$

と等価である．ここで負の記号が可能なのは，b が正の数で c が負の数の場合のみであった[*3]．この場合，$\left(\frac{b}{2}\right)^2 + c > 0$ が成り立つ限り，二つの正の解が得られる．2次方程式の三つの場合を一つの場合にまとめたことはそれほど大きな進展ではないように思われるが，16世紀の文脈では，意義深いことであった．すべての代数学の本がこのようなやり方を採用するまでに2世紀が過ぎることになるのだが，これは数概念の拡張に向けてのさらなる一歩であった．

シュティーフェルの著作は，二項係数についての「パスカルの三角形」を含んでおり，この「パスカルの三角形」は，ヨーロッパでは最も早く出版されたものの一つである（表9.1，より早く出版されたものとしては，ペトルス・アピアヌスの1527年の著作『算術』のタイトルページに印刷されたものがあるが，その本の中でアピアヌスはこの三角形を使っていなかった）．シュティーフェルは，それらについて説明したものが見つからなかったため，これらの係数と，根を見つけるためにそれらを利用するための方法とを発見するのに大変苦労をしたと書き記している．これらの係数は中国やイスラームの著作では数世紀も早

[*3] それ以外の場合だと x の値が負になってしまうため．

表 9.1 パスカルの三角形

シュティーフェル版											
1											
2											
3	3										
4	6										
5	10	10									
6	15	20									
7	21	35	35								
8	28	56	70								
9	36	84	126	126							
10	45	120	210	252							
11	55	165	330	462	462						
12	66	220	495	792	924						
13	78	286	715	1,287	1,716	1,716					
14	91	364	1,001	2,002	3,003	3,432					
15	105	455	1,365	3,003	5,005	6,435	6,435				
16	120	560	1,820	4,368	8,008	11,440	12,870				
17	136	680	2,380	6,188	12,376	19,448	24,310				
ショイベル版											
2											
3	3										
4	6	4									
5	10	10	5								
6	15	20	15	6							
7	21	35	35	21	7						
8	28	56	70	56	28	8					
9	36	84	126	126	84	36	9				
10	45	120	210	252	210	120	45	10			
11	55	165	330	462	462	330	165	55	11		
12	66	220	495	792	924	792	495	220	66	12	
13	78	286	715	1,287	1,716	1,716	1,287	715	286	78	13
14	91	364	1,001	2,002	3,003	3,432	3,003	2,002	1,001	364	91	14
15	105	455	1,365	3,003	5,005	6,435	6,435	5,005	3,003	1,365	455	105	15
16	120	560	1,820	4,368	8,008	11,440	12,870	11,440	8,008	4,368	1,820	560	120	16

> # 伝　記
>
> ## ロバート・レコード (Robert Recorde, 1510–1558)
>
> ロバート・レコードは，1531 年にオックスフォード大学を卒業し，その後すぐ医師の免許を取得した．彼は多分 1540 年代後半にはロンドンで開業医をしていたであろうが，唯一知られている彼の身分は行政事務官であり，それに関してはとくに成功したわけではなかった．他方，彼は教科書を書くのには成功し，『才知の砥石』(The Wheatstone of Witte) の他にも，算術に関して『技巧の基礎』(The Ground of Arts, 1543)，幾何学に関して『知識への小道』(The Pathway to Knowledge, 1551)，天文学に関して『知識の城』(The Castle of Knowledge, 1556) など何冊か優れた教科書を執筆した．彼の著作を読むと，彼が教授法に興味を持っていることがわかる．とくにそれらは，先生と生徒の対話形式で構成されており，個別の技法が段階ごとに注意深く説明されている．

くそのような目的で使われていたのだが，その方法についての知識は，間接的にしかシュティーフェルに伝わらなかったのである．

続く数十年の間にドイツ人が書いた他の本においても，根を見つけるためにパスカルの三角形が利用されていた．たとえば，ヨハンネス・ショイベル (1494–1570) は，彼の 1545 年の著書である『数と様々な比について』(De numeris et diversis rationibus) の中でこの三角形を示し，その係数を計算するための標準的な方法を述べている．ショイベルの本はラテン語で書かれており，明らかにルドルフやシュティーフェルの本とは対象とする読者を異にしていた．とくに彼は，その方法の「実用的な」応用には力を入れずに，パスカルの三角形を用いてより高次の累乗根を求める方法に多くのページを割いている．ショイベルの『数と様々な比について』は代数学の本ではなかったが，彼は 1552 年に再びラテン語で代数学の本を出版した．この著作『代数学の簡潔で容易な叙述』(Algebrae compendiosa facilisque descriptio) はフランスで印刷されたが，これは代数学の著作としてはシュケの『三部作』のドゥ・ラ・ロシュ版の次に早かった．

9.2.3　イングランド：ロバート・レコード

『算術全書』，およびルドルフの『コス』をシュティーフェルが改訂した 1553 年の版は，ドイツではたいへん重要なものであった．それは次の世紀においても教科書の著者に影響を与え，イタリアと同様，ドイツにおいても中産階級の数学に対する理解を高めることに貢献した．これらはイングランドにも影響を与え，英語で書かれた最初の代数学の主な情報源となった．それが，1557 年に出版された『才知の砥石』(The Wheatstone of Witte) で，作者のロバート・レコード (1510–1558) は，ルネサンスにおいて数学的著作を英語で書いた最初の著作家であった（図 9.2 を参照）．

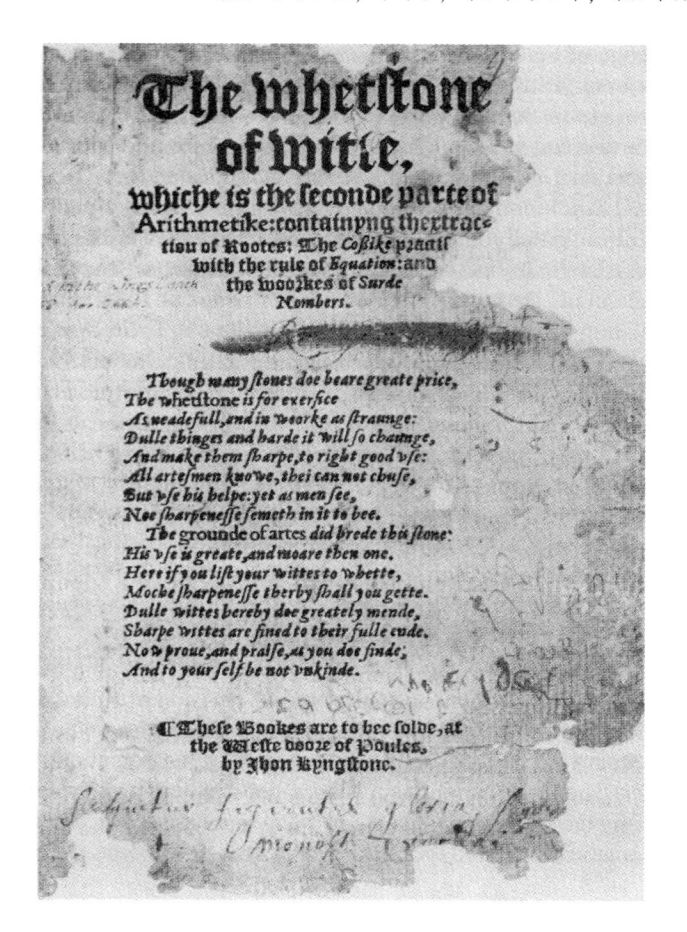

図 9.2
ロバート・レコードの『才知の砥石』(1557) の表紙 (出典：スミソニアン協会図書館，写真番号 92-338)．

『才知の砥石』は，ドイツ人の著作を典拠とし，未知数のベキについてはドイツ流の記号を用いていたため，技法において独創的なものはほとんどない．しかしその本はまるまる 1 世代に渡ってイングランドの科学者に代数学を教えており，その中には興味深いことが数点ある．第一には，レコードが等号の現代記号を作った点である．「『〜に等しい』という長ったらしい言葉の繰り返しを避けるために，私は，仕事でよく使うものなのだが，= のように，一対の平行線，もしくはある長さを持った一対の線分を考えた．なぜならば，この二つのものほど等しいものはないからである」[16]．第二には，未知数のベキを表すドイツ流の記号を修正し，指数が 80 の場合にまで拡張した点である．彼は整数の指数をそれぞれの記号のとなりにおき，これらの記号の乗法は，対応する整数の加法に対応することを記している．実際，レコードは任意のベキを表す記号を平方 $\mathfrak{z}$，立方 α や様々な超立方 (3 次より高次の素数のベキ) $^{*}\!\mathfrak{z}$ (ここで，記号 * は，素数の次数を示す文字を表す) から，どのように構成するかを示した．5 次のベキは $\mathfrak{z}$ と書かれ，7 次のベキは $^{b}\!\mathfrak{z}$ (第二の超立方) と書かれ，11 次のベキは $^{c}\!\mathfrak{z}$ (第三の超立方) と書かれている．さらに，例として，9 次のベキは $\alpha\alpha$ (立方の立方) と書かれ，20 次のベキは $\mathfrak{z}\mathfrak{z}\mathfrak{z}$ (5 次のベキの平方の平方) のように書かれ，21 次のベキは $\alpha^{b}\!\mathfrak{z}$ (7 次のベキの立方) のように書かれている．最後に，生徒

達が演算の様々な規則を覚えやすいように，レコードはそれらの規則を詩の形式で表した．ベキ n が式の「量」と呼ばれるとき，ax^n の形の式を掛けたり割ったりする手順を表している彼の韻文には，指数法則と演算の際の符号の規則が見られる．

> 掛け算，あるいは割り算を正しく行う者は，
> 幸こそ多かれ，災いが増えるということはない．
> その量は，.M. が足し，.D. が引く割合を守るのだ．

9.2.4　ポルトガル：ペドロ・ヌネシュ

　ポルトガルでは，すでに 15 世紀には航海者達が世界の他の地域に関するヨーロッパ人の知識を拡張していたが，そこにおいても数学は必要であった．そのような中で，ペドロ・ヌネシュ (1502–1578) は，1532 年に『代数学』(*Libro de Algebra*) を書いた．ヌネシュは，パチョーリの業績を読んで影響を受けた．彼の記号は明らかにイタリアの著作家たちから得たものであり，同時代のドイツのものについては知らなかったようである．したがって，彼は未知数の様々なベキに対してイタリア式の省略記号を用いており，たとえば，*cosa* に対して *co*, *censo* に対しては *ce*, *cubo* に対しては *cu* を使い，また，プラスに対しては $\bar{p}$, マイナスに対しては $\bar{m}$ を用いている．彼の本では，方程式を解くために，代数式を組み合わせたり根号や比例を扱ったりするための手順について述べている．この著作には数十もの問題が含まれているが，それらは抽象的に述べられており，すでに述べたような他の多くの代数学の本にある問題とは異なっている．商業上の問題も，娯楽的な問題も収められていない．しかし，代数的な手法を幾何学に応用することについて，1 節が設けられている．

　ヌネシュの本の雰囲気を知るため，彼が，積と平方の和がわかっているような二つの数を求めるという標準的な問題の一つをどのように解いたか見てみよう．積が 10 で，平方の和が 30 であるとする．ヌネシュは，様々な代数的技法を示すために，問題を異なる三つの方法で解いている．ここではヌネシュの *co* の代わりに現代記号 x を使うことにする．最初に，x は二つの数のうちで小さい方，$\dfrac{10}{x}$ は大きい方として，それぞれの平方を考えると方程式 $x^2 + \dfrac{100}{x^2} = 30$ を得る．x^2 を掛けると，この方程式は x^2 についての 2 次方程式に帰着され，フワーリズミーの公式の一つにより $x^2 = 15 \pm \sqrt{125}$ が得られる．よって，求める二つの解は，$\sqrt{15 - \sqrt{125}}$ と $\sqrt{15 + \sqrt{125}}$ である．二つ目の方法として，彼は，二つの数は等しくないので，二つの数の平方はそれぞれ $15 - x$ と $15 + x$ のように表現されることに注目している．二つの数はこれらの平方根であるから，方程式 $\sqrt{15-x}\sqrt{15+x} = 10$ が成り立ち，容易に $x = \sqrt{125}$ を得ることができる．それゆえ，解は前のものと同じになる．ヌネシュの三つ目の解法は，恒等式 $(a+b)^2 = a^2 + 2ab + b^2$ を用いたものである．二つの数の和の平方は 50 になるから，和は $\sqrt{50}$ である．よって，二つの数は，$(1/2)\sqrt{50} - x$ と $(1/2)\sqrt{50} + x$

伝　記

ペドロ・ヌネシュ (Pedro Nuñes, 1502–1578)

ペドロ・ヌネシュ (図 9.3) は，サラマンカ大学で学んだ後，1525 年にリスボンで医学の学位を取得した．彼は航海術にいくらかの貢献をして，ポルトガル王付きの主席世界誌[*4]官とコインブラ大学の数学教授となり，1532 年に『代数学』(*Libro de Algebra*) を著した．彼の学生の多くはのちに宮廷で要職についた．ヌネシュはユダヤ人の出であったにもかかわらず宗教裁判による迫害を受けなかったが，それはおそらく宗教裁判総長のドン・エンリケ枢機卿が彼の教え子であったからと思われる．ヌネシュの代数学の著作はもともとポルトガル語で書かれていたが，スペイン語で読めた方がより影響力を持つだろうと考えた彼は，30 年ほど後にそれをスペイン語に翻訳し，1567 年に低地諸国で出版した．しかしながら彼の天文学書は主にラテン語で書かれている．科学上の業績に加えて，ヌネシュは詩人としてもいくらか名声を獲得した．

図 9.3
ポルトガルの切手に描かれたペドロ・ヌネシュ．背景にある代数の問題に注目．

である．これらを掛けると，方程式

$$12\frac{1}{2} - x^2 = 10$$

が成り立ち，$x = \sqrt{2\,1/2}$ が得られる．この場合，二つの数は $\sqrt{12\,1/2} - \sqrt{2\,1/2}$ と $\sqrt{12\,1/2} + \sqrt{2\,1/2}$ である．ヌネシュの次の問題は，この三つ目の解に出てくる一対の数が最初の二つの方法で得られた解と同じであることを示すことである．ヌネシュは，それぞれの平方を比較してこのことを行っているが，それらの平方が等しいからといって必ずしもその平方根も等しいわけではないことを理解していた．この難点をどのように回避すべきか彼にはわからなかったが，どちらの解ももとの方程式を満たすことから，実際それらの解は同じものであると確信していた．

9.3　3 次方程式の解法

ルカ・パチョーリ師は，1494 年に，3 次方程式一般の代数的な解法はまだないと注記したが，15 世紀と 16 世紀初期を通して多くの数学者がこの問題に取り組んだ．ついに，1500 年と 1515 年の間のある時期に，ボローニャ大学の教授シピオーネ・デル・フェッロ (1465–1526) が，3 次方程式 $x^3 + cx = d$ の代数的解法を発見した．ここで，3 次方程式に対するイスラーム代数学の解法についてわれわれが学んだことを思い起こしてみよう．ほとんどの数学者はまだ負の数を方程式の係数としてさえ扱わなかったので，(正の) 2 次，1 次，そして

[*4]天文学と地理学を合わせた学問．

定数項の相対的位置に応じて 13 タイプの既約な 3 次方程式が存在していた．したがって，デル・フェッロがこれらのうちの一つを解いたことは，3 次方程式を「解く」という過程のほんの始まりにすぎなかった．

現代の学者の世界では，教授は優先権を確保するためにできる限り早く研究結果を発表したり出版したりするものだが，驚いたことに，デル・フェッロは出版もしないし新発見の発表もしなかった．しかし，16 世紀のイタリアにおける学究生活は，今日のものとはかなり異なっている．終身在職権はなかった．大学との契約はたいていの場合一時的であり，大学の評議会による定期的な契約の更新に従っていた．教授がその地位にいる価値があるということを評議会に納得させる方法の一つは，公共の場で試合に勝つことであった．与えられる地位に対して二人の競争者がいた場合には，お互いに問題のリストを提出し，しばらくあとに，公開の場で，それぞれが相手の問題に対する解答を提出するのである．しばしば，大学での地位の他に，相当量のお金が，試合の成果に応じて支払われた．というわけで，教授がある問題の解法に関して新しい方法を発見したならば，それを秘密にしておくことが有利であった．そうすれば，自分の優位を確信しつつ，対戦相手にその問題を提出することができた．

デル・フェッロは，死ぬ前に，彼の弟子であるアントニオ・マリア・フィオーレ（16 世紀前半）と，彼のボローニャにおける後継者であるアンニバーレ・デッラ・ナーヴェ (1500–1558) に，彼の解法を教えた．弟子らはどちらもその解法を公表しなかったけれども，この古くからの問題が解決されたか，もしくは解決されようとしているといううわさは，イタリアの数学者の間に広まり始めた．実際，もう一人の数学者，ブレーシャのニッコロ・タルターリア (1499–1557) は，自分もまた，3 次方程式 $x^3 + bx^2 = d$ の解法を発見したと豪語していた．前記の場合 $[x^3 + cx = d]$ についての自分の知識を頼みに勝算があると踏んだフィオーレは，1535 年，公開試合でタルターリアに挑戦した．彼が提出した 30 題の問題は，その種の 3 次方程式を扱っていた．たとえば，問題の一つは次のようなものである．「ある男が，元金の立方根が利益となるように，サファイアを 500 ダカットで売っている．利益はいくらか」$[x^3 + x = 500]$[18]．しかし，数学者としてより優れていたのはタルターリアで彼はそのようなタイプの方程式について何日も懸命に研究を重ね解法を発見した．のちに彼が書いたものによれば，それは 1535 年 2 月 12 日の夜のことだった．フィオーレは 3 次方程式に加え数学の他の分野に関するタルターリアの問題の多くを解くことができなかったので，タルターリアは勝者として宣言され，勝者とその友人たちのために敗者によって 30 人分の晩餐会が準備された（タルターリアは，賢明にも賞を辞退し，勝利の名誉だけを受け取った）．

その試合と 3 次方程式の新しい解法についての噂はまもなくミラノに届いたが，そこではジロラモ・カルダーノ (1501–1576) が数学の公開講座で講義を担当していた（その講座は，トマッソ・ピアッティという学者の遺志による貧しい若者の教育のための助成金で支えられていた）．カルダーノはタルターリアに手紙を書き，タルターリアの功績を明記の上今自分が書いている算術の本の中に掲載したいので，その解法を教えてくれるように頼んだ．タルターリアは初め断ったが，何度も嘆願され，とうとうカルダーノの仲介で自分の砲術に関する新

伝記

ジロラモ・カルダーノ (Girolamo Cardano, 1501–1576)

カルダーノは医師として教育されたが，私生児であったためにミラノの医師会への入会を拒否された．そのため，彼は数年間パドヴァ近郊の小さな町で開業医をした後，1533年にミラノに戻り，そこでときおり個人の患者を診る傍ら，数学の講義を持ち，算術に関する教科書を書いた．とうとう彼は医師会を納得させ，考えを改めさせた．カルダーノはすぐにミラノで最も著名な医師になり，ヨーロッパ中から診察の依頼が来るようになった．その中でも最も重要な患者は，おそらくスコットランド大司教ジョン・ハミルトンであった．彼は，日増しに悪化する喘息の発作を克服するため，1551年にカルダーノの助力を求めた．大司教の症状と習慣を観察し始めて1ヶ月後，カルダーノは，大司教のベッドに使われていた羽毛がアレルギーの原因であることを突き止める．カルダーノが寝具を絹に，枕をリンネルに換えるよう助言すると，大司教の健康はすぐに快復した．大司教は生涯を通じてカルダーノに感謝の意を示し続け，必要なときにはいつも資金などの面で援助を惜しまなかった．スコットランドから帰国する途上イングランドに寄ったカルダーノは，若きイングランド王エドワード六世のホロスコープを作ったが，これにはそれほど成功しなかった．彼が長寿を予言したにもかかわらず，不幸なことに王は16才の若さで亡くなった．カルダーノ自身の生涯には多くの不幸がつきまとった．彼は1546年に妻を亡くし，息子は1560年に妻殺しの罪で処刑されることになる．1570年に異端の嫌疑で宗教裁判にかけられたのがとどめの一撃であったが，幸い判決は比較的寛容なものであった．カルダーノは生涯最後の数年をローマで過ごし，自伝『わが生涯』(*De propria vita*) を遺した．

しい発明をミラノの宮廷に紹介してもらうという約束で，1539年初めにミラノにやって来た．タルターリアは，カルダーノに，自分の発見を公表しないと誓わせたあと——タルターリアは，後日自分自身で出版しようと計画していた——，詩の形式で，異なる3タイプの3次方程式について秘密の解法を教えた．ここに，$x^3 + cx = d$ を説明する韻文がある．

> 「モノ」の立方といくつかの「モノ」との和で，
> 何か別の数ができるとき，
> 差がその数になるような異なる2数を定めよ．
> ただし，このことは規則として守られねばならぬ，すなわち
> それら [2数] の積が常に
> 「モノ」の数の1/3を立方したものに等しいということ．
> すると，[2数] の3乗根の差をとると，
> 一般的に言って，
> 欲していた解が得られるだろう[19]．

9.3.1 ジロラモ・カルダーノと『偉大なる術』

カルダーノは，まもなく出版される自分の算術書にはタルターリアの得た成果をのせないという約束を守った．実際彼は，自分の誠意を示すために，印刷

したばかりの写しをタルターリアに送った．それからカルダーノは，おそらく，彼の使用人にして生徒であるロドヴィコ・フェッラーリ (1522–1565) の助けを借りながら，自分自身でその問題に取り組み始めた．彼は続く数年間に，あらゆるケースの3次方程式に対する解と証明とを練り上げた．同じくフェッラーリも4次方程式を何とか自力で解くことに成功した．一方，タルターリアは，3次方程式について何一つ出版していなかった．カルダーノは謹厳な誓いを破りたくはなかったが，解法が公表されることを熱望していた．解法を初めて発見したのはデル・フェッロだという噂を頼りに，カルダーノとフェッラーリは，ボローニャまで旅をして，デッラ・ナーヴェを訪ねた．デッラ・ナーヴェは寛大にも，彼らがデル・フェッロの論文を参照するのを許可してくれた．彼らは，デル・フェッロが最初に解法を発見していたことを確かめることができた．カルダーノは，もはやタルターリアに義理を感じる必要はなかった．結局，彼はタルターリアの解法を公表するわけではなく，今は亡くなっているある人物が，20年も早く発見していた解法を公表することになるわけである．そこで，1545年に，カルダーノは，彼の最も重要な数学書である『偉大なる術，すなわち代数学の規則について』(Ars magna, sive de regulis algebraicis) を出版したが，それは，主に3次方程式と4次方程式の解法にあてられていた（図9.4）．もちろんタルターリアは，カルダーノの本が出たとき怒り狂った．カルダーノはタルターリアも解法の発見者の一人であると述べていたが，タルターリアは自分の努力の報酬をだまし取られたと感じた．タルターリアの抗議は無駄であった．彼は威信をかけて，もう一度，今度はフェッラーリを相手に公開試合に臨んだが，敗北を喫した．今日に到るまで，3次方程式の解の公式はカルダーノの公式として知られている．

　それでは，タルターリアが前に見たような詩の形式で，また『偉大なる術』の中でカルダーノが散文で示した3次方程式の公式について詳細に考察してみよう．その3次方程式とは，$x^3 + cx = d$ であるが，カルダーノはそれを「立方と1次のベキが数に等しい」と表現し，次のように述べている．「モノの係数の3分の1を3乗し，それに，方程式の定数項の2分の1の平方を加え，それ全体の平方根をとりなさい．これを二つつくり，一方に，すでに平方した数［定数項］の2分の1を加え，もう一つから定数項の2分の1を引きなさい……．それから，最初の値の立方根から2番目の値の立方根を引くと，その残りがモノの値になる」[20]．タルターリアの詩は，3行目から4行目にかけては，$u - v = d$ となるような二つの数 u, v を求めることを示し，6行目から8行目にかけては $uv = \left(\dfrac{c}{3}\right)^3$ を示している．10行目から12行目にかけては，$x = \sqrt[3]{u} - \sqrt[3]{v}$ を述べている．カルダーノはこのことをさらに説明している．二番目の式を v について解き $\left(v = \left(\dfrac{c}{3}\right)^3 \dfrac{1}{u}\right)$，これを第一の式に代入することによって u, v についての連立方程式を解くと，u についての2次方程式，$u - \left(\dfrac{c}{3}\right)^3 \dfrac{1}{u} = d$，すなわち

$$u^2 - \left(\frac{c}{3}\right)^3 = du$$

図 9.4
ジロラモ・カルダーノの『偉大なる術』の扉（出典：スミソニアン協会図書館，写真番号 76-15322）．

を得る．これは，容易に解くことができ，

$$u = \sqrt{\left(\frac{d}{2}\right)^2 + \left(\frac{c}{3}\right)^3} + \frac{d}{2}$$

を得る．v の解については符号だけが異なる．こうして，まさにカルダーノが宣言した公式

$$x = \sqrt[3]{\sqrt{\left(\frac{d}{2}\right)^2 + \left(\frac{c}{3}\right)^3} + \frac{d}{2}} - \sqrt[3]{\sqrt{\left(\frac{d}{2}\right)^2 + \left(\frac{c}{3}\right)^3} - \frac{d}{2}}$$

を得る．

　カルダーノは，個別の例に対して立方に関する幾何学的な議論を用い，この結果を証明している．彼の証明の本質は，次のような代数的な議論を通してより容易に理解することができる．もし，$u - v = d$ かつ $uv = \left(\frac{c}{3}\right)^3$ のとき，

$x = \sqrt[3]{u} - \sqrt[3]{v}$ であるならば，そのとき，

$$\begin{aligned}
x^3 + cx &= (\sqrt[3]{u} - \sqrt[3]{v})^3 + c(\sqrt[3]{u} - \sqrt[3]{v}) \\
&= u - 3\sqrt[3]{u^2v} + 3\sqrt[3]{uv^2} - v + 3\sqrt[3]{uv}(\sqrt[3]{u} - \sqrt[3]{v}) \\
&= u - v - 3\sqrt[3]{uv}(\sqrt[3]{u} - \sqrt[3]{v}) + 3\sqrt[3]{uv}(\sqrt[3]{u} - \sqrt[3]{v}) \\
&= d
\end{aligned}$$

である．カルダーノは，この規則を説明するために，例として $x^3 + 6x = 20$ を示している．$\frac{c}{3} = 2$ かつ $\frac{d}{2} = 10$ であるので，公式から，x は

$$x = \sqrt[3]{\sqrt{108} + 10} - \sqrt[3]{\sqrt{108} - 10}$$

であることがわかる（この公式では，演算記号と同様に，平方根や立方根の記号も現代的である．カルダーノ自身は，平方根の記号として R, 立方根の記号として $cub\,R$, プラスとして p, マイナスとして m を用いている）．ここで与えられた答にはすぐわかる問題がある．方程式 $x^3 + 6x = 20$ の解が $x = 2$ であることは明らかである．実際，公式を用いて得られた答は 2 と等しいが，このことは確かに自明とはいえない．カルダーノ自身，数ページ後にこのことを記したが，公式を用いて得られた答をどのようにして 2 の値に変形するかについては示さなかった．

同様に，カルダーノは「立方がモノと数に等しい」，つまり $x^3 = cx + d$, を扱った章でも，立方とモノが数に等しい場合 $[x^3 + cx = d]$ の規則とほとんど変わらない規則を示し，証明している．この場合，公式は，

$$x = \sqrt[3]{\frac{d}{2} + \sqrt{\left(\frac{d}{2}\right)^2 - \left(\frac{c}{3}\right)^3}} + \sqrt[3]{\frac{d}{2} - \sqrt{\left(\frac{d}{2}\right)^2 - \left(\frac{c}{3}\right)^3}}$$

となる．彼は，例として，方程式 $x^3 = 6x + 40$ と $x^3 = 6x + 6$ を示した後で，ここでもし $\left(\frac{c}{3}\right)^3 > \left(\frac{d}{2}\right)^2$ であった場合の問題点について述べている．このときには，平方根をとることができない．カルダーノはこの問題を免れるために，特別な場合について他の方法を説明している．後述するが，カルダーノの公式において負数の平方根をどのように扱うかを示したのはラファエル・ボンベッリであった．

カルダーノは，『偉大なる術』の第 11 章から第 23 章において，3 次方程式のいろいろな場合における解法について議論をしている．しかし本文は一般的な結果から始まっており，与えられた方程式の根の個数についての議論や，根が正（真実）なのか負（虚構）なのかといった議論，一つの方程式の根がどのようにして同族の方程式の根を決定するのかなどの議論が含まれていた．たとえば，カルダーノは，$x^3 + cx = d$ の形の方程式が，常に一つの正の解を持ち，負の解を持たないことを述べている．逆に，方程式 $x^3 + d = cx$ の根の数と符号は係数に依存する．もし，

$$\frac{2c}{3}\sqrt{\frac{c}{3}} = d$$

ならば，この方程式は一つの正根 $r = \sqrt{\dfrac{c}{3}}$ と，一つの負根 $-s = -2\sqrt{\dfrac{c}{3}}$ を持つ．もし，

$$\frac{2c}{3}\sqrt{\frac{c}{3}} > d$$

ならば，二つの正根 r と s，および一つの負根 $-t$ を持つ．ここで $t = r+s$ である．さらに，t は方程式 $x^3 = cx + d$ の正根でもある．カルダーノは，最初の場合には，負根は $-2r$ であるので，正根 r は二つの別々の根と見なせることを付け加えている．最後に，もし

$$\frac{2c}{3}\sqrt{\frac{c}{3}} < d$$

ならば，正根はない．一つの負根 $-s$ があり，s は $x^3 = cx + d$ の正根である．シャラフッディーン・トゥースィーは，300年も前に，この方程式（他の方程式についても）の根について，これと同じような議論をしており，正根が存在するための条件に到達していたが，カルダーノが，最大値を考察するのにこれと同じ方法を用いたのかどうかについては知られていない．しかしカルダーノは，負根を考察した点において，イスラームの先人達よりも多くの情報を提供した．こうして彼は，証明はしていないとしても，3次方程式が三つの実根を持つとき，それらの和が x^2 の項の係数に等しいことも理解することができた．

カルダーノの弟子であるロドヴィコ・フェッラーリは，4次方程式の解法を見出すのに成功していた．カルダーノは，この解法を，『偉大なる術』の最後の方に簡潔に紹介した．そこには，20の異なるタイプの4次方程式がのせられており，基本的な手続きが略述され，数個の例題について計算されていた．この基本的な手続きは，x^3 の項が消去されるような線型の置換から始まり，それによって，たとえば $x^4 + cx^2 + e = dx$ の形式の方程式が残る．この方程式を解くためには，両辺が完全平方になるように，2次の項と定数項を両辺に加える．それから，両辺の平方根をとり，答を計算する．カルダーノの例の一つ $x^4 + 3 = 12x$ をとりあげてこの手続きを説明しよう．もし，$2bx^2 + b^2 - 3$（ここで b は決まった値とする）を両辺に加えれば，左辺は $x^4 + 2bx^2 + b^2$ となり，完全平方となる．一方，右辺は $2bx^2 + 12x + b^2 - 3$ となる．後者を平方完成するためには，$2b(b^2 - 3) = (12/2)^2$ すなわち $2b^3 = 6b + 36$ でなければならない．そこで，b についての3次方程式を解く必要がある（今日この方程式は，与えられた4次方程式の3次の分解方程式と呼ばれている）．もちろんカルダーノはこの方程式を解くための規則を知っているが，この場合には，$b = 3$ が解であることは明らかである．よって両辺に加える多項式は $6x^2 + 6$ となり，もとの方程式は $x^4 + 6x^2 + 9 = 6x^2 + 12x + 6$ のように変形される．平方根をとると，$x^2 + 3 = \sqrt{6}(x+1)$ となり，この解が

$$x = \sqrt{1\frac{1}{2}} \pm \sqrt{\sqrt{6} - 1\frac{1}{2}}$$

であることは容易にわかる．これだけが4次方程式の根なのだろうか．方程式 $x^4 + 6x^2 + 9 = 6x^2 + 12x + 6$ の負根を考えれば他の解を見つけることができるが，その場合には x の値として複素数が登場することになるので，カルダーノ

伝 記

ラファエル・ボンベッリ (Rafael Bombelli, 1526–1572)

ボンベッリは技術者として教育を受けて，ローマ教皇パウロ三世の寵臣であったあるローマの名士に仕え，生涯の大半を土木事業に捧げた．ヴァル・ディ・キアーナの沼地の干拓耕地化事業は，彼の携わった事業のうち最大のものである．アルノー川とテヴェレ川の間約 60 マイル [90 キロ] に渡って南東に広がるこの谷間は，現在でもイタリア中部で最も肥沃な土地の一つである．のちにローマ近郊のポンティノ湿原の排水事業が提案された際，ボンベッリは相談役となった．その地域で戦争が起きて開発が中断されていた間，1557 年から 1560 年までの間の一時期，彼はローマにある彼の主人の邸宅で代数学の論考に取り組むことができた．しかし彼が関わっていた他の仕事のためにその印刷は遅れ，それがようやく出版されたのは彼が死ぬ直前の 1572 年になってのことだった．

はこの解を無視している．彼は，他の例では，正根と負根の両方を扱っている．3 次の分解方程式の第 2 の解を用いることによって，他の解も見つけることができる．カルダーノは，明らかにこの可能性についても考察していたが，どうなるかについては，われわれをじらすだけである．「b について別の値が見つかった場合，……[x の] 別の解があと二つ見つかるかどうかについては，私は何も言うまい．読者にその気があれば，自身で探求することをお薦めする」[21]．

カルダーノの代表作の中には他にも多くの興味深い事柄が見られる．たとえば，問題の解としての負数の用法についてしっかりと理解していたこと，初めて複素数を，3 次方程式ではなく 2 次方程式との関連で，登場させたことなどである．この問題は，単純に，足して 10，掛けて 40 になるような二つの解を見つけるという問題である（また出てきた！）．カルダーノは，2 次方程式を解くための標準的な技法を用いて，二つの解が $5+\sqrt{-15}$ と $5-\sqrt{-15}$ でなければならないことを示した．彼は実際にこの答が問題の条件を満たしていることを確かめたが，この解に完全に満足してはいなかった．なぜなら，彼が記したように，「このように算術はどんどん精妙に進歩していく．しかしその到達するところは，すでに述べたように，とても洗練されているが同じくらい無用でもある」[22] からである．こうして，カルダーノは，それ以上の議論はせず，複素数についてもそれ以上は書かなかった．

9.3.2　ラファエル・ボンベッリと複素数

カルダーノの『偉大なる術』はきわめて影響力があり，それまでヨーロッパが学んできたイスラームの代数学を超える，最初の本質的な進歩をなしとげた．彼自身，自分の著作にかなり誇りを持っていた．本文の最後には，大文字で，「5 年をかけて書かれ，数千年を生き続けよう」と印刷されていた．しかし，この本自体は読むのが難しかった．議論はしばしば冗長で，簡単にはたどれず，その構

成には改良の余地が残っていた．15年ほど後，この分野における教育をより容易にし，残っている問題点のいくつかを片付けるために，ラファエル・ボンベッリ (1526–1572) はイタリア語でより体系的な本を書き，学生が自分でこの主題を習得できるようにする決心をした．彼の存命中には全5部中最初の3部だけしか出版されず，3次方程式の重根に関する問題においては，ボンベッリにカルダーノほどの功績はなかったが，それでもボンベッリの『代数学』(Algebra) は，ルネサンスにおけるイタリア代数学の水準の高さを示している．

ボンベッリの『代数学』は，カルダーノの本よりも，むしろルカ・パチョーリの『大全』やドイツのコス代数と同じ系統に属する．ボンベッリは，基本的な題材から始めて，3次方程式や4次方程式の解法へと徐々に発展させていった．カルダーノと同様に，彼は3次方程式のそれぞれの種類について取扱いを区別していたが，4次方程式についても同様に，それぞれの種類を区別して節を設け，カルダーノの簡潔な取扱いを拡張している．彼は理論的な題材を扱った後で，進んだ技法を用いた多くの問題を学生に提示した．本来彼は以前の算法書のように実用的な問題を含めるつもりでいたが，ヴァティカン図書館でディオパントスの『数論』の写本を研究してから，実用的な問題の代わりに，ディオパントスやそれ以外の典拠に基づく抽象的数論の問題を扱うことにした．

代数記号は，次第にムスリムや初期イタリアの代数学者達のまったく言葉だけを用いた説明にとって代わっていったが，ボンベッリはこの変化に貢献した．彼は，平方根を表示するのに $R.q.$，立方根を表示するのに $R.c.$ を用い，それ以上の累乗根を表示するのにも似たような表現を用いた．彼は $\lfloor \ \rfloor$ を括弧として用い，それで $R.c.\lfloor 2\ p\ R.q.21 \rfloor$ のような長い数式をくくった．しかし，プラスに対しては p，マイナスに対しては m というように，標準的なイタリアの省略記号をそのまま用いた．彼の記号法の大きな革新は，未知数の n 乗ベキを表すのに，数 n の周りに半円を書いたことである．こうすると，$x^3 + 6x^2 - 3x$ は，$1\overset{3}{\smile}\ p\ 6\overset{2}{\smile}\ m\ 3\overset{1}{\smile}$ のように書ける．ドイツ流の記号ではなく，数字を用いてベキを書いたことで，彼は，単項式の乗法や除法のための指数法則がより容易に表現できた．

ボンベッリは，『代数学』の第一部の終わりで，「モノと数に等しい立方についての章で出てきた，以前のものとはかなり異なる種類の立方根」を導入し，「この種の根は，様々な演算に対するそれ固有のアルゴリズムと，新しい名称とを持っている」[23] と述べた．この種の根は，$x^3 = cx + d$ の形の3次方程式において，$\left(\dfrac{d}{2}\right)^2 - \left(\dfrac{c}{3}\right)^3$ が負の場合に生じるものである．ボンベッリは，正 (più) でも負 (meno) でもないこれらの数，すなわち今日の虚数に対して新しい名前を付けている．今日ではそれぞれ bi, $-bi$ と書かれる数を，ボンベッリは più di meno (負の正) および meno di meno (負の負) と呼んだ．たとえば，彼は $2 + 3i$ を $2\ p\ di\ m\ 3$ と書き，$2 - 3i$ を $2\ m\ di\ m\ 3$ と書いた．ボンベッリは，これらの新しい (複素) 数について，più di meno 掛ける più di meno は meno であり，più di meno 掛ける meno di meno は più である $((bi)(ci) = -bc,\ bi(-ci) = bc)$ といった，様々な乗法の規則を紹介した．

ボンベッリは，この規則を説明するために，これらの新しい数に関する四則

演算の例をたくさん示している．彼は，$\sqrt[3]{2+\sqrt{-3}}$ と $\sqrt[3]{2+\sqrt{-3}}$ の積を求めるためには，最初に，$\sqrt{-3}$ を 2 乗して -3 を得，2 と 2 を掛けて 4 を得て，これらを足すと「実」部として 1 を得ることを記している．次に，2 と $\sqrt{-3}$ を掛け，その結果を 2 倍すると $\sqrt{-48}$ になる．答は，$\sqrt[3]{1+\sqrt{-48}}$ になる．1000 を $2+11i$ で割るには，ボンベッリは両方の数に $2-11i$ を掛ける．それから新しい分母である 125 で 1000 を割ると 8 になる．これに $2-11i$ を掛けると，答えは $16-88i$ である．加法や減法の標準的な規則も，例とともに詳しく示されている．ボンベッリは，「これらすべては，真実というよりは詭弁の上に成り立っている」[24] と書き記しながらも，ここにおいて初めて複素数の演算の規則を提示したのだった．彼の議論からすると，実数に関する既知の規則からの類推のみによって複素数の計算規則を作り上げたのは明らかであると思われる．厳密な証明を与えることができないにしても，類推による議論は数学的進歩の一般的な方法である．もちろんボンベッリは複素数が「本当は」何なのか知らなかったので，そのような証明を与えることはできなかった．

証明はないものの，今や複素数を扱う規則が利用できるようになったので，ボンベッリは $x^3 = cx + d$ の場合に対するカルダーノの公式を，$\left(\dfrac{d}{2}\right)^2 - \left(\dfrac{c}{3}\right)^3$ が正であれ負であれ，どのように用いるのか論ずることができた．彼は最初に $x^3 = 6x + 40$ の例を考察した．公式が $x = \sqrt[3]{20+\sqrt{392}} + \sqrt[3]{20-\sqrt{392}}$ を与えることはすぐわかるが，答が $x = 4$ であることも自明である．ボンベッリは，二つの立方根の和が，どのようにして実際に 4 になるのかについて示した．彼は $20+\sqrt{392}$ がある数 a と b について $a+\sqrt{b}$ という形で表される量の立方に等しいこと，すなわち，$\sqrt[3]{20+\sqrt{392}} = a+\sqrt{b}$ であることを仮定した．このことは，$\sqrt[3]{20-\sqrt{392}} = a-\sqrt{b}$ であることを示唆している．これら二つの等式をお互いに掛ければ，$\sqrt[3]{8} = a^2 - b$ すなわち，

$$a^2 - b = 2$$

が得られる．さらに，最初の等式を 3 乗し，平方根のない部分を等しいとおけば，

$$a^3 + 3ab = 20$$

が得られる．ボンベッリは，二つの未知数を持ったこの連立方程式を一般的な議論によって解こうとはしなかった．むしろ，彼は，最初の等式が $a^2 > 2$ を示しており，2 番目の等式が $a^3 < 20$ を示していることに注意した．両方の不等式を満たす整数は，$a = 2$ だけである．幸いにも，そのとき $b = 2$ がそれぞれの等式を満たすので，ボンベッリは $\sqrt[3]{20+\sqrt{392}} = 2+\sqrt{2}$ を示したことになる．このことから，初めに意図したように求めるべき 3 次方程式の解が $x = (2+\sqrt{2}) + (2-\sqrt{2}) = 4$ と書けることが導かれる．

方程式 $x^3 = 15x + 4$ に対して，答が $x = 4$ であることは明らかであるが，カルダーノの公式では，

$$x = \sqrt[3]{2+\sqrt{-121}} + \sqrt[3]{2-\sqrt{-121}}$$

が得られる．ボンベッリは，複素数についての新しい知見を用いて，上述したものと同じ方法を適用した．彼は，最初に，$\sqrt[3]{2+\sqrt{-121}} = a + \sqrt{-b}$ を仮定した．すると，$\sqrt[3]{2-\sqrt{-121}} = a - \sqrt{-b}$ であり，簡単な計算から，二つの等式

$$a^2 + b = 5$$

と

$$a^3 - 3ab = 2$$

が導かれる．そこで，ボンベッリは，平方が 5 よりも小さく，立方が 2 よりも大きいような数 a を求めなければならなかった．彼は，非常に注意深く，$a = 1$ でも $a = 3$ でもなく，$a = 2$ のみが可能であることを示した．すると $b = 1$ は両式を満足するので，求める立方根は $2 + \sqrt{-1}$ である．このことから，3 次方程式の解は，$x = (2 + \sqrt{-1}) + (2 - \sqrt{-1})$ すなわち $x = 4$ であることがわかる．

ボンベッリは，さらにいくつか同じタイプの例を示し，それぞれの場合について，a および b として適する値をどうにか計算することができた．しかし，彼は，これは一般には可能でないことに注意している．もし，置き換えのような一般的な方法で a と b に関する方程式を解こうとするならば，すぐさま別の 3 次方程式に行きあたってしまう．ボンベッリは，複素数が，以前には解を持たないだろうと考えられていた 2 次方程式を解くのに利用できることも示した．たとえば，彼は標準的な 2 次方程式の公式を用いて，$x^2 + 20 = 8x$ が解 $x = 4 + 2i$ と $x = 4 - 2i$ を持つことを示した．彼は複素数の使用にまつわる疑問のすべてに答えることはできなかったが，いくつかの問題はそれを使えば解けることを示し，複素数を扱うことに何らかの意味があるという最初のヒントを数学者達に提供した．数学者達は依然として負の数の使用に完全に満足していたわけではなかったので，——カルダーノは，それらを虚構的と呼び，ボンベッリはそれらを根としてまったく認めなかった——複素数の使用が広まるまでに多くの歳月を費やしたことは，驚くべきことではない．

ボンベッリはルネサンス最後のイタリア人代数学者であった．しかし，彼の『代数学』はヨーロッパの他の場所で広く読まれた．16 世紀末，二人の人物が，一人はフランスで，もう一人はオランダで，ボンベッリの研究と新しく再発見されたギリシアの数学の両方を用いて，代数学に新しい方向性を与えた．

9.4 ヴィエトとステヴィンの研究

16 世紀におけるヨーロッパの代数学者達は，中世のイスラーム代数学を継承し，その枠内において可能な限りのところにまで到達していた．彼らの記号法には依然として改良の余地が残っていたものの，彼らは今や代数の操作においては卓越しており，4 次までならいかなる多項式であれ解く方法を知っていた．しかし，解法は手順の規則の形で与えられていた．これらの数学者の大半は，未知数とそのベキについては記号を用いていたが，係数の記号についてはまったく用いていなかった．したがって，その手順を説明するためには，数値を与えた例を用いることが最善のやり方であった．いかなる代数学書においても，現在の初等代数学の教科書にある 2 次方程式の解の公式のような形では，公式が書

かれてはいなかった．そのような形で公式を書けるようになるためには，記号法への新たな取組みが必要であった．

16世紀のイタリアでは，イスラーム代数学を継承した他にも，数学においてもう一つの大きな流れがあった．古典ギリシア・ローマにおける知識の全般的な復興の一環として，ギリシア数学の著作すべてを復元することに関心が高まった．ユークリッド，アルキメデス，プトレマイオスの基本的な著作は，数世紀以前に翻訳されていた．しかし翻訳者は数学の専門家ではなかったので，彼らの翻訳は必ずしも完全に理解ができるというわけではなかった．16世紀には，一致協力して，これらの著作をギリシア語の原典から再度翻訳し直すと同時に，ギリシアの他の数学書も翻訳するための努力がなされたが，これらの新しい翻訳は数学者によって行われねばならなかった．このような数学のルネサンスにおいて最も重要な人物は，イタリアの幾何学者であるフェデリゴ・コンマンディーノ (1509–1575) であり，彼は，アルキメデス，アポロニオス，パッポス，アリスタルコス，アウトリュコス，ヘロンなどの知られていた著作のほとんどすべてを，一人でラテン語に翻訳した．彼には数学の才能があったため，何世紀にもわたって写字生がギリシア語写本の中に紛れ込ませた曖昧さの多くを克服することができた．こうしてコンマンディーノは，翻訳一つ一つに対して，数学的内容についての詳細な注釈を付して，テキストのわかりにくい部分を説明し，また関連する他の論考の参照箇所を示したりした．

古代末期に主要な図書館は破壊されたが，それを免れたギリシアの数学書の集成がすべてヨーロッパ人に利用可能になったので，彼らは今や，ギリシア人がどのようにして定理を発見したのか，という疑問を真剣に考察し始めた．とくに，パッポスの『数学集成』，とりわけ第7巻の「解析の場所」が読めるようになると，ヨーロッパの数学者達は，古代ギリシア人が用いていた「解析の方法」について研究し始めた．ほとんどのギリシアの数学書は，公理から始まり，一歩一歩進んで次第に複雑な結果へと発展していくという総合的推論の模範であった．それらの著作では一般に，その結果がどのようにして見出されたのかとか，どのようにして類似の結果を見出せるのかということに対する手がかりがほとんど与えられていなかった．パッポスの著作は，唯一，ギリシアの幾何学的解析の方法について何らかのヒントを与えるものだった．パッポスは，解析の基本的な手続きについて議論するだけではなくて，第7巻においては，新しい結果を発見したり，新しい問題を解いたりする際に数学者が用いることのできる解析的手法を提供する主要なギリシアの数学書を紹介していた．しかし，残念なことに，ユークリッドの『ダタ』やアポロニオスの『円錐曲線論』を除いて，パッポスによって言及された論文はもはや失われていた．そこでヨーロッパの人々は，好奇心と不満とのないまぜの気持ちで，現存していたギリシア数学書を研究していった．ギリシア人の用いていた方法を探し出し，パッポスの与えた示唆や説明を手がかりに，「解析の場所」を構成していた失われたテキストを何とか再構成するというのが，彼らのねらいであった．

ルネ・デカルトは，1629年に，『精神指導の規則』の第4規則の中で，この思いをよく表現している．

その後，かつて哲学の創設者たちが，まるでこの数学という学問があらゆるもののうちで最も容易であり，また他のより重要な学問に到達すべく精神を教育し準備するのに最も必要であると思ってでもいたかのように，数学を知らぬ人々には英知の研究をば認めようとはしなかった理由を考えてみたときに，私は，彼らが当時われわれの時代の通俗的な数学とはたいへん異なっているある種の数学を真と認めていたという考えをはっきりいだいた．しかし，だからといって，彼らがそれを完全に知っていたと評価しているわけではない．……しかし，私は次のように確信している．……真理の，自然によって人間精神に植えつけられた最初のいくつかの種子は，かの粗野で単純な古代にあってはきわめて大きな力を有していた，と．……そして，事実，この真の数学のあるいくつかの痕跡が，……パッポスやディオパントスにおいてはなお明らかであるように私には思われる．しかしその後，著作者たち自身が，これを悪意に満ちた狡猾さによって隠してしまったのだと私は考えたい．事実，多くの発明家たちが自らの発明についてたしかに行ってきたように，たまたま，彼らも，発見された方法が非常に容易でまた単純であったために，それが一般に広まって価値を失うことを恐れた．そして，彼らは，その方法自体を教えてわれわれの称讃を失うよりも，われわれが彼らを称讃するようにと，論理的必然性に基づいて厳密に論証されたあるいくつかの不毛の真理を自分の方法の成果としてわれわれに提示することの方を，好んだのである．最後に，今世紀においても，その同じ方法を再生させようと試みたところの非常に有能な人々が存在した．なぜなら，外来語で代数 [algebra] と呼ばれるあの方法こそ，もしもそれにとっては過重な負担である数多くの数字と説明不可能な図形とからそれが解放されることができ，その結果真の数学には欠くことができぬとわれわれが考えている最高の明晰さと容易さとがより以上備わりさえすれば，それに他ならぬと思われるからである[25]．

9.4.1 フランソワ・ヴィエトと「解析術」

ギリシアの解析を新しい代数学と同一視し，この新しい代数学に「明晰さと容易さ」とを備えさせようと試みた最初の「有能な人々」に，フランソワ・ヴィエト (1540–1603) がいた．彼は，16 世紀末の数年間に，「解析術」として知られる数編の論文を著した．それらにおいて彼は，方程式の解法の研究を，これらの方程式の構造についての詳細な研究で置き換え，それによって，事実上代数学の研究を再定式化した．かくして，ヴィエトははっきりと意識的に表現された最初の方程式論を作り上げた．

ヴィエトは，1591 年の『解析法序説』(*In artem analyticem isagoge*) の冒頭で，彼がねらいとするところを述べている．彼のプログラムの第一声である．

数学において真理を探求するための確かな方法があり，それはプラトンが最初に発見したといわれている．テオンは，それを解析と呼んだ……．古代人は二つの種類の解析，すなわち探求的解析 [zetetica] と補完的解析

伝　記

フランソワ・ヴィエト (François Viète, 1540–1603)

　ヴィエトが生まれたのは，フランス西部ビスケー湾の近くにある村フォントネー・ル・コントである．ポワティエ大学で法学を修めた後，ヴィエトは生まれ故郷に戻って法律家として開業した．地元の名家との交際を通じて彼の法律家としての評判は高まり，私的顧問と極秘交渉のためフランス王アンリ三世によってパリに招聘され，ついに 1580 年には枢密院の議員となった．1589 年に宮廷がトゥールに移された後，ヴィエトの主な任務は，傍受した王の政敵どうしの通信の暗号を解読することであった．ヴィエトの暗号解読の手腕は鮮やかで，魔術を使って解読していると疑われ糾弾されたほどであった．アンリ三世とその後継者アンリ四世のために働き続けたヴィエトにとって，数学研究とは道楽の一つでしかなかったようだ．

[poristica] だけを提示したが，これらについてはテオンが最もよく定義している．しかし，私は，3 番目として，解説的解析あるいは釈義的解析 [rhetica, exegetica] を加えた．探求的解析とは，求めるべき項と与えられた項との間に，方程式または比を構成する手続きであり，補完的解析とは，述べられている定理の真理性を，方程式または比を用いて検証する手続きであり，釈義的解析とは，与えられた方程式または比における未知の項の値を決定する手続きである．それゆえ，解析の技法全体は，このような 3 種類の機能を有するものであり，それは数学における正しい発見の学と呼ばれうるのである [26]．

　第 5 章における議論から，パッポスがギリシアの解析を問題的解析と定理的解析という二つの種類に分けて呼んでいたことを思い出そう．ヴィエトは，これらの方法の呼び名を変え，完全にそれらの意味を変えるとともに，一方では新しいタイプを付け加えた．ヴィエトによると，問題的解析は，**探求的解析**という言葉に変わり，これは，ある問題を，未知数といろいろな既知数とを結びつける方程式に変形する手続きを意味していた．定理的解析は，**補完的解析**という言葉に変わり，これは，適切な記号操作により定理の真理性を検討するための手続きを意味していた．そして最後に，**釈義的解析**というのは，未知数の値を見つけるために，探求的解析によって見出された方程式を変形させる技法を意味した．ヴィエトがギリシアの解析を代数学と同一視しようとしたことは，まるっきり意外なことというわけではない．方程式を解くための手続きは，基本的な演算規則を用いることで，未知数 x を，あたかも値が知られているかのようにして扱えることを前提とする．一連の演算の最後には，未知数は，既知数を用いて $(x =)$ のように表現される．このことは，求めるものを既知と仮定し，その帰結をたどっ

て何かすでに与えられているものへと進むという，パッポスが述べた手順とある意味で同じである．しかし，ヴィエトの用語法は，パッポスの場合と同じではない．未知量を「求める」ことは，実際には，最初の二つの解析ではなく三つ目の新しい種類の解析である釈義的解析にかかってくるからである．いずれにせよ，上に引用した段落の最後の一文で述べられていたヴィエトの目標は，『序説』の最後の段落においても同様に明らかである．「結局，釈義的解析と問題的解析および定理的解析の三つの形を与えられた解析の技法は，あらゆる問題で最も重大なものを自ら引き受ける．すなわち，**それが解かぬ問題はないのである**」[27]．

　ヴィエトは，『解析法序説』の中で，彼の最も重要な貢献の一つである新しい記号法を示した．「数の計算は数を用いる．記号の計算は記号，たとえばアルファベットの文字を用いる」[28]．こうして，ヴィエトは，数と同様に文字も操作の対象にする．「与えられた項は，一定で，一般的で，容易に識別される記号によって，未知の項と区別される．たとえば，未知の量は，文字 A や他の母音 E, I, O, U および Y で表し，与えられた項は，文字 B, G, D や他の子音で表す」[29]．既知の項と未知の項とを区別する際に，今日のものとは異なるきまりに従ってはいるものの，今やヴィエトは文字を完璧に操作することができる．さらに，これらの文字が表すのは数のみである必要はない．基本的な算術の演算が適用できる量であれば，どんな量を表していてもよいのである．しかし，ヴィエトは，先人達から完全に離れたわけではなかった．彼はベキに対して，ボンベッリとシュケが提案したような指数ではなく，言葉や省略記号を使い続けている．A^2, B^3 あるいは C^4 を使う代わりに，ヴィエトは A *quadratum*, B *cubus* や C *quadrato-quadratum* と書き，1番目と3番目については，ときどき A *quad* や C *quad-quad* と省略して書いた．したがって，彼は，ベキの乗法や除法については，規則を言葉で与えなければならなかった．たとえば，*latus*（一辺）掛ける *quadratum* は *cubus* に等しく，*quadratum* 掛ける *quadratum* は *quadrato-quadratum* に等しいなどである．数値を用いた例ではしばしば異なる記号法を用いた．すなわち，*numerus*（数）の代わりに N，*quadratus*（平方）の代わりに Q，*cubus*（立方）の代わりに C などである．

　演算の記号化については，ヴィエトは，加法と減法に対してドイツ流の $+$ と $-$ を採用した．乗法については一般に言葉 *in* を用い，除法については分数の線を用いた．したがって，

$$\frac{A \ in \ B}{C \ quadratum}$$

は現代記号では AB/C^2 を意味している．平方根は，*latus* の代わりに記号 L を用いて表した．たとえば，$L64$ は，64の平方根を意味し，$LC64$ は，64の立方根を意味した．しかし，ときおり彼は，平方根の記号として，*radix* を表す R も用いた．ヴィエトは，彼の先人達の多くのように，与えられた方程式のすべての項は，同じ次数でなければならないという同次性の法則を主張した．したがって，$x^3 + cx = d$ のように書く方程式に意味を持たせるために，ヴィエトは，c は平面（したがって cx は立体），d は立体でなければならないと主張した．彼ならこの方程式を，A *cubus* $+ C$ *plano in* A *aequetus* D *solido* と書いただろう．彼が「等しい」[*aequetus*] に対して記号を使わずに言葉を用いていることに注意

したい．

ヴィエトの記号法は，まだ現代の記号法からはほど遠いが，定数を文字で表すというのは重要な一歩であった．この一歩のおかげで，ヴィエトは，具体例や言葉によるアルゴリズムに頼るそれまでの数学のスタイルから離れることができた．彼は，今や，個別の例題ではなくて一般的な例題を扱うことができ，手順の規則ではなくて公式を与えることができた．さらに，記号を用いて定数を表すことから，実際に数値計算を行う必要がなくなり，解そのものよりも解を求める手続きに重点をおくことができた．解を求める手続きは，数だけではなく，線分や角などにも適用可能であることがわかるようになった．さらに，記号を用いて方程式を解くことにより，解法の構造がわかりやすくなった．たとえば，$5+3$ を 8 で置き換える代わりに，公式の中で $B+D$ という表現が残っていれば，議論の終わりで公式とその式の定数との関係について考察することができる．こうしてヴィエトは，ある場合には，方程式の根と方程式を構成する式との関係を明らかにすることができた．

ここで，「解析術」を構成する論文の中から，ヴィエトによる問題と解法を 2, 3 考察してみよう．最初にとりあげるのは，おそらく『解析法序説』と同時期に書かれたが，1631 年まで出版されなかった『記号計算への注記前書』(*Ad logisticen speciosam notae priores*) からの題材である．この『注記前書』の中で，ヴィエトは，記号で表された量に対する演算の方法を示している．彼は多くの基本的な代数恒等式を導いた．それらの大半は，すでに少なくとも言葉による表現の形で知られていたものの，純粋に記号を用いて書かれたのは初めてだった．たとえば，ヴィエトは，$A-B$ 掛ける $A+B$ は A^2-B^2 に等しいことや，$(A+B)^2-(A-B)^2=4AB$ が成り立つことを記している．ヴィエトはまた，整数 n が 2 から 6 までの場合の $(A+B)^n$ の展開式を書いているが，一般的な二項定理までは記していない．彼がこの一般化に気が付かなかった理由は，おそらく，様々なベキを表すのに，数ではなく言葉を用いていたことに関係すると思われる．同様に，ヴィエトは，$A-B$ と A^2+AB+B^2 や $A^3+A^2B+AB^2+B^3,\ldots$ などとの積が，$A^3-B^3, A^4-B^4,\ldots,A^6-B^6$ になることを書いているが，何ら一般的な規則を与えようはしない．

『記号計算への注記前書』の別の節では，ヴィエトは，代数学を三角法に応用する．彼は，二つの直角三角形が与えられ，一つは底辺が D，垂線が B，斜辺が Z であり，他方は底辺が G，垂線 F，斜辺が X であるとき，新しく，底辺が $DG-BF$，垂線が $BG+DF$，斜辺が ZX である直角三角形を作れることを，恒等式 $(BG+DF)^2+(DG-BF)^2=(B^2+D^2)(F^2+G^2)$ を用いて示している．このとき，この新しい直角三角形の斜辺と底辺との角度は，もとの二つの直角三角形の斜辺と底辺との角度の和になる（その和は 90° よりも小さいものと仮定する）．もし，二つの三角形が合同であり，底辺が D，垂線が B，斜辺が Z であるならば，新しい三角形の底辺は D^2-B^2，垂線は $2BD$，斜辺は Z^2 であり，底角はもとの三角形の 2 倍になる．この結果は，よく知られている三角法の 2 倍角の公式に相当する．さらに，ヴィエトは，同様の操作で，「2 倍角の」三角形ともとの三角形を用いて，「3 倍角の三角形」を作った．この三角形は，底辺が D^3-3B^2D，垂線が $3BD^2-B^3$，斜辺が Z^3 である．底辺と垂線と斜辺につ

いてのこのような公式は，余弦と正弦についての現代的な3倍角の公式に相当する．ヴィエトは，同様にして，4倍角と5倍角についても公式を作っている．

『探究的解析についての5書』(*Zeteticorum libri quinque*)(1591) では，古代および同時代の様々な出典から引かれてきた代数の問題が，記号を用いた計算法によって扱われている．それぞれの問題では，約束された通り，どのようにして未知量と既知量とを関係づける方程式を導くのかが示されている．彼は，ディオパントスやヨルダヌス・ネモラリウスの著作の最初にあるものと同じ問題からとりかかった．二つの数の差と和が与えられたときに，その二つの数を求める問題である．ヴィエトの手続きは簡明である．すなわち，B を差，D を和，A を二つの数の小さい方とするとき，彼は，$A+B$ が大きい方の数になることに気づいている．そうすると二つの数の和は $2A+B$ となり，これは D に等しい．よって，$2A = D - B$ であり，$A = (1/2)D - (1/2)B$ である．もう一つの数は，$E = (1/2)D + (1/2)B$ である．記号を用いて解を書いた後，ヴィエトはそれを次のように言葉で言い直している．「二数の和の半分から差の半分を引くと，小さい方の数になる．足した場合には，大きい方の数になる」[30]．彼は次のような例で締めくくっている．B が 40，D が 100 のとき，A は 30，E は 70 になる．このような構成の仕方はヴィエトの著作の典型である．彼は記号を用いた方法を導入したにもかかわらず，しばしば言葉を使って答を言い直しているが，それはまるで，新しい記号法が，よりなじみのある言葉の表現様式に常に翻訳できることを懐疑的な読者にわからせようとするかのようである．

同じ問題に対するディオパントス，ヨルダヌスおよびヴィエトの取扱いを比較して，その違いを理解することは啓発的である．ディオパントスは問題を一般的に述べてはいるものの，実際に解くのは特定の数値を与えた例のみであり，同じ例はヴィエトも用いている．ヨルダヌスは，その問題を一般的に解いてはいるが，「全体から差を引けば，それは与えられた小さい方の数の2倍になる」のように，解を言葉で与えている．ヴィエトはその問題をまったく記号的に解いている．この問題は，1350年間にわたる代数学の変遷を例示している．他の多くの共通の問題においても，同じような比較ができる．

探究的解析に関する第二巻では，未知量の積および様々なベキが扱われている．ヴィエトは，二つの値の積とそれらの平方の和がわかっていたり，二つの値の積と和がわかっていたり，また，二つの値の和とそれらの平方の差がわかっている場合には，それら二つの未知の値が求められることを示している．この巻の結果のいくつかは，後でヴィエトが3次方程式を扱う際重要になる．たとえば，問題20では，2つの値の和とそれらの立方の和が与えられたとき，それらの値を見つけることが問われる．この場合，ヴィエトは，G を未知量の和に等しいとし，D を未知量の立方の和に等しいとし，A を二つの未知量の積に等しいとおく．それから彼は，二項式の3乗の展開公式によって，$G^3 - D = 3GA$，もしくは現代記号で書くと，

$$(r+s)^3 - (r^3 + s^3) = 3(r+s)rs \tag{9.1}$$

となる結果を導いている．このことから，積 A がわかり，二つの未知量を求めることができる．

9.4.2 ヴィエトの方程式論

ヴィエトの方程式論の中心的な仕事は，『方程式の理解と改良についての二つの論文』(De aegnationum recognitione & emendatione tractatus duo) の中に見られる．ここでヴィエトは，どのようにして様々な方程式を標準型に直すかを示し，それからそのそれぞれについて解き方を示している．たとえばヴィエトは，カルダーノやボンベッリのように，13 のタイプの 3 次方程式に対してそれぞれ異なる手続きを示すのではなく，それぞれの場合に，どのようにして 3 次方程式を 2 次の項がない形に変形するのかを示している．それから彼は変形後の式のそれぞれについて解法を示すのである．しかしこれらの公式を扱う前に，ヴィエトは，いかにして 3 次方程式が，累乗根ではなく古典的な比例論によって，一般的に構成されうるのかについて論証している．

方程式 $x^3 - mx = n$ をとりあげてみよう．方程式に関する 2 論文のうち，第一論文第 4 章においてヴィエトは，ある程度まで同次性の規則を守りつつ，この方程式を $x^3 - b^2 x = b^2 d$ と書き，この方程式が，初項 b，第 2 項 x，第 2 項と第 4 項との差が d であるような四つの連比例項の存在に由来することを示している．つまり，$b : x = x : y = y : x + d$ ならば，

$$\left(\frac{b}{x}\right)^2 = \frac{x}{y}\frac{y}{x+d} = \frac{x}{x+d}$$

が成り立つ．よって，$x^3 = b^2(x+d)$ が導かれ，与えられた方程式が成り立つ．例として，ヴィエトは，$x^3 - 64x = 960$ ならば，四つの連比例項は 8 で始まり，4 番目と 2 番目の差が $\frac{960}{64} = 15$ であることを注記している．したがって比例項は 8, 12, 18, 27 であり，解は $x = 12$ であることが結論される．

第 6 章では，ヴィエトは，同じ方程式を別の方法で導いている．彼は，方程式を $x^3 - 3bx = d$ のように書き，恒等式 (9.1) に帰着させる．したがって，x は二つの値 r と s の和であり，積 rs は b に等しく，$r^3 + s^3 = d$ である．例として，彼は $x^3 - 6x = 9$ をとりあげているが，ここで $6/3 = 2$ は，それぞれの立方の和が 9 である二つの数の積である．これらを満たす数は 1 と 2 であり，このことから，2 数の和である未知量 x は 3 であることがわかる．ヴィエトは，さらに，$(r^3 - s^3)^2 = (r^3 + s^3)^2 - 4(rs)^3$ であるから，この方法は $d^2 > 4b^3$ のときにのみ有効であることを注意している．

もしこの不等式が成り立たない場合には，方程式を導くために，他の二つの方法がある．第一には，ヴィエトは，さらに複雑な恒等式 $(r+s)^3 - (r^2+s^2+rs)(r+s) = rs(r+s)$ を用いて，もし $3b = r^2 + s^2 + rs$ かつ $d = rs(r+s)$ であるならば，$x = r + s$ が成り立つことを示している．たとえば，$x^3 - 21x = 20$ では，$r^2 + s^2 + rs = 21$ かつ $rs(r+s) = 20$ であるような r と s を求めなければならない．これらの値は 1 と 4 であり，求める根は 5 である．

ヴィエトは，条件 $d^2 < 4b^3$ のもとで，この 3 次方程式を分析するための 2 番目の方法を提示しているが，それは彼が前に作った三角法の恒等式を用いるものである．というのも「この種の方程式の構成は，角の分割による分析により行っ

た方が，より優雅で，またはっきりする」[31] からである．彼はまず例の方程式を

$$x^3 - 3b^2 x = b^2 d \tag{9.2}$$

のように書き直している．それゆえ不等式は $b > d/2$ になる．ヴィエトは，もとの三角形が，底辺 D，垂線 B，斜辺 Z であるとき，「3倍角」の三角形は，底辺 $D^3 - 3B^2 D$，斜辺 Z^3 となることをすでに示していた．現代的な用語を用いると，底辺に関する公式は，$\cos 3\alpha = \cos^3 \alpha - 3\sin^2 \alpha \cos \alpha$，または，$\cos 3\alpha = 4\cos^3 \alpha - 3\cos \alpha$，つまり，

$$\cos^3 \alpha - \frac{3}{4} \cos \alpha = \frac{1}{4} \cos 3\alpha \tag{9.3}$$

と書き直すことができる．$x = r\cos\alpha$ とおき，方程式 (9.2) に代入すると，この方程式は，$r^3 \cos^3 \alpha - 3b^2 r \cos\alpha = b^2 d$, または，

$$\cos^3 \alpha - \frac{3b^2}{r^2} \cos \alpha = \frac{b^2 d}{r^3} \tag{9.4}$$

となる．方程式 (9.4) と方程式 (9.3) を比較すると，まず

$$\frac{3b^2}{r^2} = \frac{3}{4} \qquad \text{すなわち} \qquad r = 2b$$

となり，次に

$$\frac{1}{4} \cos 3\alpha = \frac{b^2 d}{r^3} = \frac{b^2 d}{8b^3} \qquad \text{すなわち} \qquad \cos 3\alpha = \frac{d}{2b}$$

となることがわかる．方程式 (9.2) の係数についての不等式は，この最後の方程式が意味を持つことを保証している．このとき，α が $\cos 3\alpha = \dfrac{d}{2b}$ を満たし $r = 2b$ ならば，$x = r\cos\alpha$ が方程式 (9.2) の解になる．たとえば，$x^3 - 300x = 432$ の場合には，斜辺 b は 10 に等しく，最初の三角形の底辺の 2 倍である d は，432/100 に等しい．このことから，$\cos 3\alpha = 432/2000$ が成り立つ．表を調べれば，$\cos \alpha = 0.9$ であるから，$x = 2b\cos\alpha = 18$ が求まる．

　ヴィエトによって方程式の解析法が与えられても，3次方程式をどのようにして代数的に解くのかといった問題が残されている．結局のところ，三角法の恒等式が使えるのは比較的単純な場合のみである．方程式に関する論文の第二論文において，ヴィエトは，どのようにしてあらゆる3次方程式を，$x = y \pm c$ なる一次変換によって，$x^3 + bx = d$, $x^3 - bx = d$, あるいは $bx - x^3 = d$ という三つのタイプの一つに帰着させるかを示しているが，その際 $3c$ はもとの方程式における x^2 の項の係数である．このとき，$x^3 - 3cx^2 = d$ は，$x = y + c$ という置き換えによって，$y^3 - 3c^2 y = d + 2c^3$ になり，$x^3 + 3cx^2 - bx = d$ は，$x = y - c$ という置き換えによって，$y^3 - (3c^2 + b)y = d - 2c^3 - bc$ になる．ヴィエトは，このような置き換えをした後で解法を示している．方程式 $x^3 - 3bx = 2d$ に対して，ヴィエトは最初に，b^3 が d^2 よりも小さくならなければならないことを記している（この条件が満たされない場合は，三角法を用いねばならない）．x は，積が b であるような二つの数の和でなければならないので，異なる二つの解を

持つような y についての 2 次方程式, $y(x-y) = b$, つまり $xy - y^2 = b$ が作られる．これを x について解くと

$$x = \frac{b + y^2}{y}$$

が与えられる．これを，$x^3 - 3bx = 2d$ に代入して，すべての項に y^3 を掛けると，y^3 についての 2 次方程式

$$2dy^3 - (y^3)^2 = b^3$$

が得られる．この解は，$y^3 = d \pm \sqrt{d^2 - b^3}$ であるから，このことから，なぜ条件の不等式が必要なのかがわかる．求める x は，二つの y の値の和であるから，結果は，カルダーノが示した公式をやや修正した形で，

$$x = \sqrt[3]{d + \sqrt{d^2 - b^3}} + \sqrt[3]{d - \sqrt{d^2 - b^3}}$$

となる．

ヴィエトは負の数や複素数を方程式の根として考えてはいなかったが，ある程度までは根と係数との関係を扱っている．たとえば，2 次方程式 $bx - x^2 = c$ が，二つの正根を持つことに気づいていた．二つの根，x_1 と x_2 の間の関係を見つけるため，彼は二つの式 $bx_1 - x_1^2$ と $bx_2 - x_2^2$ とを等しいとおいた．こうして得られた $x_1^2 - x_2^2 = bx_1 - bx_2$ を $x_1 - x_2$ で割ることにより，$x_1 + x_2 = b$，すなわち，「b は，求めるべき二つの根の和である」ことがわかる．方程式 $bx_1 - x_1^2 = c$ で，b を $x_1 + x_2$ で置き換えれば，もう一つの関係 $x_1 x_2 = c$，すなわち，「c は，求めるべき二つの根の積である」[32] ことがわかる．

ヴィエトは，二つの正根 x_1 と x_2 を持つとわかっている 3 次方程式 $bx - x^3 = d$ についても，同じような工夫を試みている．この場合，結果はそれほど単純ではない．ヴィエトは，係数 b が，$x_1^2 + x_2^2 + x_1 x_2$ に等しいこと，及び定数 d が，$x_1^2 x_2 + x_2^2 x_1$ であることを見出している．それでは，3 次方程式が三つの正根を持つときにはどうだろうか．当然そのような方程式は 2 次の項を持っているはずである．ヴィエトの普通のやり方では，一次変換によって，もとの方程式を 2 次の項のない方程式に置き換えるが，この新しい方程式は，たかだか二つの正根を持つだけである．したがって，ヴィエトは，普通のやり方では，第三の根を見つけることができなかったろう．実際，方程式 $x^3 - 18x^2 + 88x = 80$ を用いてそのような置き換えの例を示した際，彼は，置き換えられた方程式 $20y - y^3 = 16$ の整数根しか計算できず，したがって，もとの方程式に対してはただ一つの根しか与えることができなかった．それでもヴィエトは，方程式に関する第二論文の最後の最後で，証明なしに，2 次から 5 次までの方程式のそれぞれの次数につき一つ，計四つの命題を述べているが，それらは方程式の係数を根の初等対称関数として表現している．たとえば，3 次方程式に対しては，「$x^3 - x^2(b+d+g) + x(bd+bg+dg) = bdg$ ならば，x は，b，d あるいは g のいずれによっても表現できる」．4 次方程式に対しては，「$x(bdg+bdh+bgh+dgh) - x^2(bd+bg+bh+dg+dh+gh) + x^3(b+d+g+h) - x^4 = bdgh$ ならば，x は，b，d，g あるいは h のいずれによっても表現できる」[33]．ヴィエトは，これらの定理を，「優雅で美しく」，自分の研究の「頂点」と考えていた．

伝 記

シモン・ステヴィン (Simon Stevin, 1548–1620)

ステヴィン（図 9.5）は現在のベルギーの都市ブリュージュで裕福な家庭に生まれたが，やがて当時スペイン統治下にあったその土地を離れ，新生のオランダ共和国に移住することになった．ステヴィンは生涯の大半にわたってホラント総督ナッサウ伯マウリッツに仕え，技術者，および数学と弾道学の教師として働いた他，財政や航海術など，数学に関わるあらゆる分野で顧問として活躍した．また 1593 年からその死の年までは，オランダ軍の駐屯地設営にあたる主計総監の地位にあった．ナッサウ伯の要請で彼がライデン大学に附設した技術学校では，授業は伝統的なラテン語ではなく，オランダ語で行われた．オランダ政府は専門的訓練を受けた技術者，商人，測量士，航海士を次第に必要とするようになり，ステヴィンはその要求に応えたのである．このためステヴィンは，ライデンで教えられたいくつかの科目についてオランダ語で教科書を書いた．

図 9.5
シモン・ステヴィンの描かれたベルギーの切手．

この才能あふれるフランスの代数学者についての節を締めくくるのに，まことにふさわしい成果である．

9.4.3 シモン・ステヴィンと小数

ヴィエトと同時代に生き，生涯の大半をオランダで過ごしたシモン・ステヴィン (1548–1620) は，17 世紀への変わり目の時期において，数学的な考え方の変革に重要な貢献をしたもう一人の数学者であった．その貢献とはよく考え抜かれた小数表記法を創ったことであり，彼は自らその使用を広めた．ステヴィンはまた，「数」の基本概念を変革し，数と大きさというアリストレス的な区別を消去する上で重要な役割を果たした．このような理論的変革は，彼の主要な数学的著作である『十分の一』(*De Thiende*, 仏訳 *La disme*) および算術と代数学を収めた『算術』(*l'Arithmétique*) にまとめられている．両者とも 1585 年に出版された[34]．

中世後期やルネサンス期のヨーロッパでは，小数は使われていなかった．13 世紀から 16 世紀まで，ヨーロッパ各地でいろいろな算術の本が書かれたが，そこではインド・アラビア十進位取り記数法を用いてはいるものの，整数のみを扱っていた．必要な場合には，十進法の分数として書かれるか，または，多くの三角法の本では六十進法の分数として書かれていた．16 世紀のルドルフやヴィエトの著作には，小数に近い考え方が出てくるが，大きな影響は与えなかった．たとえば，ヴィエトは，2 の平方根を正解に計算するときには，必要なだけ 0 を加えて，たとえば，20,000,000,000,000,000,000,000,000,000,000,000 の平方根を計算すればよいことを注記している．彼が示した平方根は，141,421,356,237,309,505 であるから，2 の平方根はおよそ $1\dfrac{41,421,356,237,309,505}{100,000,000,000,000,000}$ になる．ルドルフ

は，整数部分と小数部分とを区別するために縦線を用いて小数を書き表した．彼は，413.4375 を表すために，413|4375 を用いた．ルドルフやヴィエト，他の人々も，分母を 10 のベキとする分数に対して何かしらの表記法を持ってはいたが，誰もそのような分数の概念をはっきりとは理解していなかった．ただし，イスラームでは，サマウアルが小数の概念を理解し，カーシーも簡便な小数表記法をつくっていたことを思い起こして頂きたい．

ステヴィンは『十分の一』において，おそらくイスラームの数学の影響を受けずに，小数の概念と表記法とをまとめ上げた．ステヴィンは，前書きの中で彼の研究の目的について述べている．「それは（一言で言うと）商業におけるすべての勘定，計算は，割れた数［分数］を使わなくても，簡単に実行できることを教える．これは，整数の場合に，加法，減法，乗法，除法という四つの原理が適用できたと同じようにして，実行されうる」[35]．こうしてステヴィンは，自分の新しい体系を用いれば，整数の場合と同じようにしてあらゆる演算が実行可能であることを示すと請け合った．もちろん，それが小数の基本的な長所である．ステヴィンは『十分の一』を書き始めるに当って，十分の一法 (*thiende*) を，公比が 10 の等比数列に基づき，インド・アラビア数字を用いる算術として定義し，整数を**起点位** (*beghin, commencement*) と呼んで記号 ⓪ で表した．たとえば，364 は，364 個の起点位と考えられ，364⓪ のように書かれる．小数の用語と記号法を説明する主な定義は 3 番目に来る．すなわち，「「起点位」の 10 分の 1 を**第 1 位**と呼んで記号 ① で表し，第 1 位の 10 分の 1 を**第 2 位**と呼んで記号 ② で表し，以下他のものについても同様に，数字が 1 増えるごとに，先行する記号の 10 分の 1 を表す」[36]．彼は，このことを説明するために，例として，3①7②5③9④ をとりあげたが，これは，第 1 位が 3 つ，第 2 位が 7 つ，第 3 位が 5 つ，第 4 位が 9 つを意味している．これは，3/10, 7/100, 5/1000, 9/10000 のことであり，全部で 3759/10000 となる．同様に，8 937/1000 は，8⓪9①3②7③ のように書かれる．ステヴィンによれば，新しい記数法には分数はいっさい用いられず，また ⓪ の場合を除いては，記号（丸で囲まれた数字）の左側には一桁の数字しか書かない．ステヴィンは，これらの規則を用いて書かれた数を**十進数**と呼んでいる．

ステヴィンは，この短い小冊子の第二部において，どのようにして十進数の基本的な演算を行うのかについて示している．当然のことながら，重要な発想は，適切な記号を考慮するという条件のもとで，演算が整数の場合とまったく同じように実行されるという点である．たとえば，加法と減法では，数は，すべて ① のところに 1 列に並べなければならない．乗法に対しては，整数として掛け算を実行した後で，積の最も右の桁に対する記号の数字は，被乗数の最も右の桁に対する記号の数字を加えることによって決められる．除法に対しても同様に，被除数の最も右の桁に対する記号の数字から，除数の最も右の桁に対する記号の数字を引けばよい．彼は，平方根と立方根を求める際の記号の決め方についても規則を与えている．このように，ステヴィンの記号法は，今日のわれわれのものとはいくぶん異なるにしろ，小数の計算における基本的な規則と理論的根拠を明確に提示している．『十分の一』の最後の節では，様々な仕事における計算のための新しい十進法の使い方について述べられている．彼によれば，まず，**起点位**として既知の基本単位をとった上で，その単位の小数に十進法を適用す

ればよい．しかし，彼の提案が初めて広範に実現されるのは，200 年後，フランスの革命政府がメートル法を導入したときであった．

『十分の一』における小数の着想が，数の基本概念における変革とどのように関連しているのかについては，1585 年に出たステヴィンの別の数学書である『算術』において示されている．確かに，数世紀もの間に，多くの著者が無理量を「数」として扱うようになっていた．つまり，彼らは整数を扱うのと同じ規則と概念を用いてそれらを扱っていた．次第に，ユークリッド流の数と大きさとの，つまり離散量と連続量との区別は崩れていった．このことを初めて明確に述べたのが，ステヴィンであった．こうして，彼は，『算術』を次のような二つの定義から書き始めている．

1. 算術は，数の学である．
2. 数は，ものの量を表すものである．

このようにステヴィンは，まさにその著作の冒頭で，数が，いかなる種類であれ量を表すことを指摘している．もはやユークリッドが定義したような単位の集まりのみが数なのではない．ステヴィンは，そのページの一番上に，大文字で「単位は数である」と書いている．ギリシア人は，この考えを否定していた．彼らにとっては，点が線を生成するものであるように，単位は数ではなく，数を生成するものにすぎなかった．この考えは，何世紀もの間議論されてきた．時代が下り 1547 年になっても，先述の数学試合の際にフェッラーリがタルターリアに提出した問題の一つには，単位は数であるかという問題があった．タルターリアは，その質問は数学とは関係がなく，形而上学の問題であると抗議した．彼は，そのとき，単位は「可能態においては」数であるが，「現実態においては」数ではないと主張して，どっちつかずの返事をした．これとは対照的に，ステヴィンは自信を持っていた．彼の哲学的議論は，基本的には部分は全体と同じものからなっており，単位は単位の多（すなわち「数」）の一部であるから，単位自身も数でなければならないというものである．彼の数学的議論は，他の「数」と同じように単位についても演算を行うことができるということである．とくに，単位はいくらでも小さな部分に分けることができる．ユークリッドは，単位に「単位の集まり」の基礎，そしてここから連続量と不連続量の区別の基礎という特別な役割を与えていた．このような特別な役割は，ステヴィンにとってはもはや意味を持たなかった．彼は大胆にも「数は不連続な量ではない」[37] と断言している．単位を含むいかなる量も，「連続的に」分割できるのである．ある意味において，このことは小数の考えの基本である．位を表す記号を書き足していけば，単位をいくらでも細かく分割することができる．

ステヴィンは，さらに，いくつかの特別な定義によって，数が何を意味しているのかを説明している．たとえば，「幾何学的量の値を表す数は幾何学的数と呼ばれ，それが表す量の種類に応じた名称を与えられる」．「平方数」は平方を表し，「立方数」は立方を表す．しかし，ステヴィンは，いかなる（正の）数も平方数であり，いかなる平方数の平方根もまた数であることを，次のように述べている．「部分は全体と同じものからなっている．ところで，8 の平方根は，その平方 8 の部分である．それゆえ，$\sqrt{8}$ は，8 と同じものからなっている．ところ

が，8 とは，数からなっている．よって，$\sqrt{8}$ も数からなっている．ゆえに，$\sqrt{8}$ は数である」[38]．『十分の一』における十進数の体系によると，8 を表現するのと同じぐらい，$\sqrt{8}$ をいくらでも正確に表現することができる．

ステヴィンは，通約可能である（共通の約数を持つ）数と，通約不可能である（共通の約数を持たない）数の間に区別を設けた．しかし，これらの量はすべて彼の定義においては数である．よって，『原論』第 X 巻で無理線分の種類が区別されていたが，このような区別は本質的ではない．これらの線分すべては数として表現され，標準的な算術演算も可能である．ステヴィンは，平方根をとったり，平方根を組み合わせたりすれば，ユークリッドよりもさらに多くの種類の線分を考えることができると述べている．そして，これらの線分（または数）はすべて，彼の提案する小数の算術に基づいて計算できる．

今日では，ユークリッド的不連続「数」が連続的な数直線上に組み込まれてすでに久しく，ステヴィンの貢献がどのような意味で根本的であったのか，容易にはわからなくなっている．しかし，数学研究の中心には常にユークリッドがいたということを想起する必要があろう．ユークリッドの説を乗り越えるということが常に求められていた．ユークリッドにはなかったような考え方を導き出すには，忍耐強い努力が必要とされた．確かに，イスラーム世界であろうとヨーロッパであろうと，ユークリッドの読者の中には，彼が分けた区別を無視した者も多くいた．とりわけ本章で見てきた代数学者達は，あらゆる量を同じ方法で扱う傾向があった．しかし，中には哲学的感性に恵まれた数学者もおり，彼らは，ユークリッドを軽視しがちであった他の数学者に同調することはできなかった．彼らは，ユークリッドが設けた離散量と連続量の区別が，もはや数学上の重要性を持たないということを納得する必要があった．当然，このような概念的転換は，ステヴィン一人の仕事ではなかった．「離散量の算術」を「連続量」の中へ組み込むという作業が完成するのは，ようやく 19 世紀に入ってからである．とはいえ，ステヴィンが数学史上の分水嶺にいたことにかわりはない．彼の業績のみごとさが，現在のわれわれから，それ以前当たり前だった事柄を覆い隠しているのである．

練習問題

イタリアの算法教科書の問題から

1. ルッカ市では，1 フロリン金貨は，5 リラ 12 ソリドゥス 6 デナリウスの価値がある．13 ソリドゥス 9 デナリウスは，何フロリンになるか（ただし，20 ソリドゥスは 1 リラであり，12 デナリウスは 1 ソリドゥスである）．

2. 8 ブラッチャの布が 11 フロリンならば，97 ブラッチャではいくらになるか．

3. 1 ポンドにつき 8 オンスの純銀が含まれている銀の合金が 25 ポンドと，1 ポンドにつき 9 1/2 オンスの純銀が含まれている銀の合金 16 ポンドがある．1 ポンドにつき 7 1/2 オンスの純銀を含む硬貨を造るには，全体にどれだけの銅を加えればよいか［1 ポンド=16 オンス］．

4. この問題は，印刷された最初の算術テクストである『トレヴィゾ算術』（1478 年）からの出題である．ローマ教皇が，ローマからヴェネツィアまで 7 日間で到着するように命じて，特使を送った．一方，令名高きヴェネツィア政庁もまた，9 日間で到着するようにローマに特使を送った．ローマからヴェネツィアまで 250 マイルある．これらの君主達の命令を受け，特使らは同時に旅立った．彼らが出会うのに何日かかるか．また，それぞれの特使は何マイル進んだか[39]．

5. この問題と次の二つの問題は，ピエロ・デッラ・フランチェスカの著作からの出題である．3 人の男が合資する．1 番目の男は 58 ダカット出資し，2 番目の男は 87 ダカット出資した．3 番目の男がいくら出資したかはわか

らない．彼らの利益は 368 ダカットであり，1 番目の男は 86 ダカットを得た．2 番目と 3 番目の男の利益はいくらか．また，3 番目の男はいくら出資したか．

6. 3 人の労働者のうち，2 番目と 3 番目の労働者はある仕事を完了するのに二人で 10 日かかる．1 番目と 3 番目の労働者は 12 日間で仕事を完了することができる．また，1 番目と 2 番目の労働者は 15 日間で仕事を完了することができる．それぞれの労働者は単独では何日間で仕事を完了することができるか．

7. ある噴水には，二つの水ばちが上部と下部にあり，それぞれには三つの出水口がある．上部の水ばちの 1 番目の口から出水すると，下部の水ばちを 2 時間で満たす．2 番目の口から出水すると 3 時間かかり，3 番目の口から出水すると 4 時間かかる．上部の水ばちの三つの口をすべて閉めたとき，中の水を空にするには，下部の水ばちの 1 番目の口から出水すると 3 時間かかり，2 番目の口から出水すると 4 時間かかり，3 番目の口から出水すると 5 時間かかる．もし，上部と下部のすべての口をあけたとき，下部の水ばちを満たすにはどれぐらいの時間がかかるか．

8. アントニオ・デ・マッツィンギの著作から出題のこの問題を解け．積が 8，それぞれの平方の和が 27 であるような二つ数を求めよ（最初の数を $x+\sqrt{y}$，2 番目の数を $x-\sqrt{y}$ とおくと，二つの方程式は $x^2 - y = 8$，$2x^2 + 2y = 27$ となる）．

9. 次の条件の下で，10 を二つの数に分けよ．第一の数を平方し，97 からそれを引き，その平方根をとる．また，第二の数を平方し，それを 100 から引き，その平方根をとる．この二つの和は 17 である（この問題もアントニオ・デ・マッツィンギの著作からの出題である．アントニオは，二つの数 u, v をそれぞれ $5+x$ と $5-x$ とおき，x についての方程式を作っている）．

10. ダルディ師は，4 次方程式 $x^4 + bx^3 + cx^2 + dx = e$ を解くための公式として，$x = \sqrt[4]{(d/b)^2 + e} - \sqrt{d/b}$ を与えている．彼は，この公式を用いて解くことのできる次のような問題を示している．ある人が別の人に 100 リラを貸したが，4 年後に，元金と利息（年複利）を合わせて 160 リラが戻ってきた．利率はいくらか．本文中の例のように，1 リラ当りの月ごとの利率をデナリウスで x とおくこと．この問題が方程式 $x^4 + 80x^3 + 2400x^2 + 32000x = 96000$ に帰着されることを示せ．また，「4 次のベキを完成すること」によって求めた解が，上述した公式によって与えられることを示せ．

11. ピエロ・デッラ・フランチェスカは，積を差で割ったときの結果が $\sqrt{18}$ になるように 10 を二分せよという問題を与えている．彼は，この問題を解くために，4 次方程式 $ax + bx^2 + cx^4 = d + ex^3$ を解くための公式 $x = \sqrt[4]{(b/4c)^2 + (d/c) + (e/4c)} - \sqrt{a/2e}$ を用いている．この公式が，一般の場合ではなくて，この場合に限っ

て成り立つことを示せ．ピエロはどのようにして公式を導いたのか．

12. ルカ・パチョーリの『大全』では，方程式 $6x^3 = 43x^2 + 79x + 30$ が次のように解かれている．「モノ［1 次の項］にある数を加え，ある数を為すようにせよ．そして，［すべての項を 6 で割って］立方［3 次の項］の係数を 1 に減少させると，立方は財［2 次の項］の 7 1/6 に 18 1/6 を加えたものに等しくなる．それから，財を半分に割り，これを 2 乗し，これを数［18 1/6］に加えよ．それは，31 1/144 になり，モノはこの根に財の半分 3 7/12 を足したものになる」[40]．パチョーリの答えが誤りであることを示せ．彼は，この規則を提示する際に，どのようなことを考えていたのだろうか．

シュケの問題から

13. シュケによる $\sqrt{6}$ の近似の手続きを，次のようにしてくりかえし実行せよ．2 4/9 < $\sqrt{6}$，2 5/11 > $\sqrt{6}$，そして 2 9/20 > $\sqrt{6}$ であるから，次の近似は 2 13/29 である．シュケの最終的な値 2 89/198 に到達するまでこれを続行せよ．

14. シュケの近似の方法を用いて，$\sqrt{5}$ を計算し，2 161/682 を求めよ．

15. 二つの数の比は 5 : 7 であり，小さい方の数の平方に大きい方の数を掛けると 40 になる．このような二つの数を求めよ．

16. ある数に 20 を掛け，その積に 7 を加えたものと，もとの数に 30 を掛けてから 9 を引いたものとの比が，3 : 10 である．ある数を求めよ（シュケは，この問題を解くのは不可能であると述べている．それはなぜか）．

17. ワインが満杯の容器に，三つの栓がついている．一番大きな栓を開ければ，容器は 3 時間で空になる．2 番目に大きな栓を開ければ，容器は 4 時間で空になる．一番小さな栓を開ければ，容器は 6 時間で空になる．三つの栓をすべて開けると，容器が空になるにはどれだけの時間がかかるか．

18. ある男が遺言書を作成し，妊娠中の妻を残して死んだ．彼の遺言書は，100 エキュを譲るというものであったが，娘が生まれた場合には，母親は娘の 2 倍のお金を受け取り，息子が生まれた場合には，息子が母親の 2 倍のお金を受け取るというものであった（性差別だ！）．母親は，息子と娘の双子を生んだ．父親の遺志を尊重するならば，財産はどのように分けるべきか．

ルドルフの『コス』の問題から

19. $\sqrt{27 + \sqrt{200}}$ を $a + \sqrt{b}$ の形に表せ．

20. 私は，3240 フロリンを貸している．借り主は，第一日目には私に 1 フロリン払い，第二日目には 2 フロリン払い，第三日目には 3 フロリン払うというように続けていく．借金を返済してもらうには何日かかるか．

21. 和が 10 で，積が $13+\sqrt{128}$ であるような二つの数を求めよ．

シュティーフェルの『算術全書』の問題から

22. 奇数列において，最初の奇数は 1^5 に等しい．次の数を 1 個とばして，次の 4 個の数の和 $(5+7+9+11)$ は 2^5 に等しい．次の数を 3 個とばして，次の 9 個の数の和 $(19+21+23+25+27+29+31+33+35)$ は 3^5 に等しい．このように，各操作の段階において，次の奇数の三角数をとばしていく．現代記号を用い，5 次のベキについてこの規則を定式化し，それを証明せよ．

23. より高次の根を見つけるためシュティーフェルが用いた基本的な手続きは，(ショイベルや同時代の人々と同様に) 適切な二項展開，もしくはより限定して述べると，「パスカル」の三角形の規則で得られる係数を用いることであった．たとえば，1,336,336 の 4 乗根を求めるためには，まず，答えが 3 から始まる 2 桁の数であることに気づかなければならない．次に，もとの数から $30^4 = 810000$ を引くと，残りが 526,336 になる．パスカルの三角形の第四列における係数が 1, 4, 6, 4, 1 であることを思い出すと，次の桁は 4 であるだろうと推測できるが，このことは，先ほどの残りから $4\times 30^3 \times 4 = 432,000$, $6\times 30^2 \times 4^2 = 86,400$, $4\times 30\times 4^3 = 7680$, そして $4^4 = 256$ を順々に引くことによって確かめられる．この場合，結果は 0 となり，求める根は 34 であることがわかる．この手続きを詳細に説明する簡潔なレポートを作り，それを用いて 10,556,001 の 4 乗根を計算せよ．

レコードの『才知の砥石』の問題から

24. 公爵，伯爵，兵士から編成されている軍隊がある．それぞれの公爵は，公爵の人数の 2 倍の人数の伯爵を従えており，それぞれの伯爵は，公爵の人数の 4 倍の兵士を従えている．兵士の人数の 200 分の 1 は，公爵の人数の 9 倍である．公爵，伯爵，兵士はそれぞれ何人いるか．

25. ある紳士が，自慢げな算術家の鼻をあかそうとして，次のように言った．「私は両手に 8 クラウンを持っている．それぞれの手に持つ金額に，それぞれの平方と立方を加えた時，合計が 194 [クラウン] になる．それぞれの手にはいくらずつ持っているか私に言いなさい」[41].

カルダーノの『偉大なる術』の問題から

26. r と s が $x^3+d=cx$ の 2 つの正根であるとき，$t=r+s$ は $x^3=cx+d$ の根であることを示せ．

27. t が $x^3=cx+d$ の根であるとき，$r=t/2+\sqrt{c-3(t/2)^2}$ と $s=t/2-\sqrt{c-3(t/2)^2}$ は，両方とも $x^3+d=cx$ の根であることを示せ．またこの規則を用いて，$x^3+3=8x$ を解け．

28. 方程式 $x^3+cx=d$ は，常に一つの正の解を持ち，負の解は持たないことを証明せよ．

29. カルダーノの公式を用いて，$x^3+3x=10$ を解け．
30. カルダーノの公式を用いて，$x^3=6x+6$ を解け．
31. 方程式 $x^3=cx+d$ について考察してみよう．もし，$(c/3)^3 > (d/2)^2$ であるならば (こうしてカルダーノの公式は虚数を含む)，この方程式が三つの実数解を持つことを示せ．
32. $x^3+21x=9x^2+5$ を解け．まず $x=y+3$ とおいて x^2 の項を消去し，結果として生じる y についての方程式を解くこと．
33. フェッラーリの方法を用いて，4 次方程式 $x^4+4x+8=10x^2$ を解け．まずこれを $x^4=10x^2-4x-8$ のように変形し，両辺に $-2bx^2+b^2$ を加えよ．それからその方程式の両辺が完全平方になるように，b についての 3 次方程式を定めよ．その 3 次方程式のそれぞれの解に対して，すべての解 x を求めよ．もとの方程式には，異なる解はいくつあるか．
34. フランシスの妻の持参金は，フランシス自身の財産よりアウレウス金貨 100 枚多く，持参金の平方は，彼の財産の平方よりも 400 多い．持参金と財産を求めよ (フランシスの財産に対する負の答えに注意せよ．カルダーノはこれを借金として説明した).

フェッラーリとタルターリアとの数学試合の挑戦問題から

35. $x>y$, $x+y=y^3+3yx^2$ と $x^3+3xy^2=x+y+64$ とを満たす二つの数 x, y を求めよ (タルターリアの解は，$x=\sqrt[3]{4+\sqrt{15\frac{215}{216}}}+\sqrt[3]{4-\sqrt{15\frac{215}{216}}}+2$, 一方 $y=x-4$ である).

36. x と y の和が 8 であり，$xy(x-y)$ が最大値であるように，x と y を求めよ (この問題は，微積分が発見される以前の時代において出題されたものであることに注意せよ).

ボンベッリの問題から

37. 3 は明らかに $x^3+3x=36$ の解である．カルダーノの公式では，$x=\sqrt[3]{\sqrt{325}+18}-\sqrt[3]{\sqrt{325}-18}$ となることを示せ．また，ボンベッリの方法を用いて，この数が実際に 3 になることを示せ．

38. $\sqrt[3]{52+\sqrt{-2209}}$ を $a+b\sqrt{-1}$ の形に表せ．

ヴィエトの問題から

39. 底辺が D，高さが B，斜辺が Z の直角三角形と，底辺が G，高さが F，斜辺が X の第二の直角三角形があるとき，本文中に出て来た底辺が $DG-BF$，高さが $BG+DF$，斜辺が ZX の直角三角形の底角は，もとの二つの直角三角形の底角の和になることを示せ．

40. 二つの数の積と比が与えられたときに，その解を求めよ．A, E を二つの解としたときに，$AE=B$, $A:E=S:R$

とする．$R:S = B:A^2$ および $S:R = B:E^2$ であることを示せ．ヴィエトの例では，$B = 20, R = 1, S = 5$ である．この場合，$A = 10$ かつ $E = 2$ であることを示せ（ヨルダヌスは同様の問題を異なる数値について解いている）．

41. 二つの数の差，およびそれらの数の立方の差が与えられているとき，それらの二つの数を求めよ．E を二つの数の和，B をそれらの数の差，D をそれらの立方の差とする．$E^2 = \dfrac{4D - B^3}{3B}$ であることを示せ．E^2 がわかれば，E と二つの数がわかる．$B = 6$ で $D = 504$ であるときに，解を求めよ（ディオパントスには，同様の問題が，これらと同じ数値を用いて IV 巻で 1 度，B 巻で 1 度の計 2 度出てくる）．

42. $x^3 + b^2x = b^2c$ のとき，4 つの連比例項があることを示せ．ただし，連比例項の 1 番目を b，2 番目と 4 番目の和を c，2 番目を未知数 x とする．この結果を利用して，$x^3 + 64x = 2496$ を解け．

ステヴィンの問題から

43. 13.395 と 22.8642 を，ステヴィンの記号を用いて表せ．彼の規則を用いて，二つの数を掛けよ．また，2 番目の数を 1 番目の数で割れ．

44. 二つの数 237⓪5①7②8③ と 59⓪7①3②9③ が与えられたときに，1 番目の数から 2 番目の数を引け．

議論に向けて

45. なぜカルダーノの公式は，大学の代数学の講義においてもはや一般的に教えられていないのだろうか．教えられるべきであろうか．それは方程式の理論の学習にいかなる洞察をもたらしうるだろうか．

46. 二つの複素数値の和として実数根を与えるというカルダーノの公式を扱った問題を通して，複素数の学習を導入するというような授業を想定せよ．そのようなアプローチのよさについて議論せよ．

47. 本文でとりあげられた数学者が用いたいろいろな未知数の記号を比較せよ．代数学についての理解を深めるために，優れた記号法の重要性について簡単に報告せよ．

48. 初めて印刷された数学書は，1478 年のいわゆる『トレヴィゾ算術』であり，著者不明である．その内容と重要性について，簡単に報告せよ．Frank J. Swetz, *Capitalism and Arithmetic*（注 39）を参照のこと．

49. なぜ，ルネサンスの商人にとって数学の知識が必要であったのか．彼らは，ほんとうに 3 次方程式の解法を知る必要があったのだろうか．16 世紀後半にこれらの方程式について詳細な書物が書かれた目的は何だったのか．

50. ヨルダヌスとヴィエトの記号法を比較せよ．ヴィエトによる研究は，ヨルダヌスによる研究に比べて，どういう点において優れているか．

51. 16 世紀の数学者達は，新しい代数学をパッポスの解説したようなギリシア人の解析と同一視していたが，この理由を説明せよ．

参考文献と注

本章における題材についての一般的な著作として，Paul Lawrence Rose, *The Italian Renaissance of Mathematics: Studies on Humanists and Mathematicians from Petrarch to Galileo* (Geneva: Droz, 1975); Warren van Egmond, "The Commercial Revolution and the Beginnings of Western Mathematics in Renaissance Florence, 1300–1500," Dissertation, (University of Indiana, 1976), R.Franci, L.Toti Rigatelli, "Towards a History of Algebra from Leonardo of Pisa to Luca Pacioli," *Janus* 72 (1985), 17–82 があげられる．また，B. L. Van der Waerden, *A History of Algebra from al-Khwarizmi to Emmy Noether* (New York: Springer, 1985)［邦訳：加藤明史訳『代数学の歴史：アル-クワリズミからエミー・ネターへ』現代数学社，1994］の第 2 章も，この題材についての優れた入門書になっている．

1. R. Franci and L. Toti Rigatelli, "Towards a History of Algebra," pp. 64–65 で引用．
2. Girolamo Cardano, *The Great Art, or The Rules of Algebra*, translated and edited by T. Richard Witmer (Cambridge: MIT Press, 1968), p. 96.
3. Warren van Egmond, "Commercial Revolution." この博士論文では，算法教師 *maestri d'abbaco* の著作について調べられており，そこには算術と代数が含まれている．またそこでは，数学の基礎的な諸概念を一般文化に再導入する上でこれらの著作が持つ重要性も論じられている．
4. R. Franci and L. Toti Rigatelli, "Towards a History of Algebra," p. 31. この論文では，いろいろな算法教師の著作について詳しく調べられており，ピサのレオナルドとルカ・パチョーリの著作との関係について分析されている．
5. R. Franci and L. Toti Rigatelli, "Fourteenth-century Italian algebra," in Cynthia Hay, ed., *Mathematics from Manuscript to Print: 1300–1600* (Oxford: Clarendon Press, 1988), 11–29, p. 16. この論文では，14 世紀における重要な算法書写本の内容が要約されている．

6. R. Franci and L. Toti Rigatelli, "Towards a History of Algebra," op. cit., p. 49.

7. Warren van Egmond, "Commercial Revolution," p. 266. マッツィンギについてより詳しくは，R. Franci and L. Toti Rigatelli, "Towards a History of Algebra,"; B. L. van der Waerden, *History of Algebra* を参照せよ．

8. Warren Van Egmond, "The Algebra of Master Dardi of Pisa," *Historia Mathematica* 10 (1983), 399–421.

9. シュケの手稿の多くは翻訳され，Graham Flegg, Cynthia Hay, and Barbara Moss, *Nicolas Chuquet, Renaissance Mathematician* (Boston: Reidel, 1985) として出版されている．この本では，シュケのテキストに加えて彼の生涯と数学史上の位置についても述べられている．

10. 同上，p. 90.

11. 同上，p. 105.

12. 同上，p. 151.

13. 同上，p. 177.

14. 1525 年のルドルフの『コス』について現代の校訂版はない．ルネサンスにおけるドイツ代数をすべて網羅した研究は P. Treutlein, "Die Deutsche Coss," *Abhandlungen zur Geschichte der mathematischen Wissenschaften* 2 (1879), 1–124 である．より最近の研究としては，個々のドイツの代数学者や計算教師 *Rechenmeisters* についての専門家達によって書かれた論文集 Rainer Gebhardt and Helmuth Albrecht, eds., *Rechenmeister und Cossisten der frühen Neuzeit* (Annaberg-Buchholz: Schriften des Adam-Ries-Bundes, 1996) がある．

15. ミハエル・シュティーフェルの著作は，Joseph Hofmann, *Michael Stifel 1487?–1567: Leben, Wirken und Bedeutung für die Mathematik seiner Zeit* (Wiesbaden: Franz Steiner Verlag, 1968) において論じられている．

16. これについては写真版のリプリント，Robert Recorde, *The Whetstone of Witte* (New York: Da Capo Press, 1969) が入手可能である．ページ番号はふられていない．

17. ヌネシュの『代数学』については，H. Bosmans, "Sur le 'Libro de algebra' de Pedro Nuñez," *Bibliotheca Mathematica* (3) 8 (1907), 154–169; H. Bosmans, "L'Algebre de Pedro Nuñez," *Annaes scientificos da academia politechnica do Porto* 3 (1908), 222–271 において報告されている．彼の生涯と著作についてより一般的に扱っているのは，Rodolpho Guimarães, *Sur la vie et l'oeuvre de Pedro Nuñes* (Coimbra: Imprimerie de l'Université, 1915) である．*Libro de Algebra* のテキストは，1946 年に，リスボン科学アカデミーによって写真復刻された．

18. John Fauvel and Jeremy Gray, ed., *The History of Mathematics: A Reader* (London: Macmillan 1987), p. 254. フィオーレとタルターリア，およびフェラーリとタルターリアとの数学試合で出された問題の多く，ならびにタルターリアの手になるカルダーノとの議論についての記述はこの本の 8A 章に訳出されている．

19. プリンストン大学の他の学生の協力のもと，筆者の娘シャロン・カッツ (Sharon Katz) がイタリア語から翻訳．

20. Cardano, *The Great Art*, pp. 98–99. この著作には，本文では論じられていない多くの貴重な事柄が含まれているので，注意して読むに値する．英語で書かれたカルダーノの伝記として，Oystein Ore, *Cardano: The Gambling Scholar* (Princeton: Princeton University Press, 1953) がある．カルダーノの自叙伝 *Cardano, The Book of My Life*, translated by J. Stoner, (New York: Dover, 1962)［邦訳：青木靖三，榎本恵美子訳『わが人生の書：ルネサンス人間の数奇な生涯』社会思想社，1980；清瀬卓，沢井茂夫訳『カルダーノ自伝』海鳴社，1980］も手に入る．さらに，Richard Feldman, "The Cardano-Tartaglia Dispute," *Mathematics Teacher* 54 (1961), pp. 160–163; James Bidwell and Bernard Lange, "Girolamo Cardano: A Defense of His Character," *Mathematics Teacher* 64 (1971), 25–31 も参照せよ．

21. 同上，p. 250.

22. 同上，p. 220.

23. Rafael Bombelli, *Algebra* (Milan: Feltrinelli, 1966), p. 133. これは，1572 年の原本の活字を組み直した再版である．英訳はない．ボンベッリについては，さらに，S. A. Jayawardene: "The Influence of Practical Arithmetics on the Algebra of Rafael Bombelli," *Isis* 64 (1973), 510–523; "Unpublished Documents Relating to Rafael Bombelli in the Archives of Bologna," *Isis* 54 (1963), 391–395; "Rafael Bombelli, Engineer-Architect: Some Unpublished Documents of the Apostolic Camera," *Isis* 56 (1965), 298–306 を参照せよ．

24. 同上．

25. René Descartes, *Rules for the Direction of the Mind*, translated by Elizabeth S. Haldane and G. R. T. Ross, *Great Books* edition, (Chicago: Encyclopedia Britannica, 1952), pp. 6–7［邦訳：大出晁・有働勤吉訳「精神指導の規則」『デカルト著作集 増補版』第 4 巻，白水社，2001 所収，27–28 ページ．本文に合わせ訳文を一部改変］．

26. François Viète, *The Analytic Art*, translated and edited T. Richard Witmer (Kent, Ohio: Kent State University Press, 1983), pp. 11–12. 以降の引用文はすべて本書から引用したものであるが，もとのラテン語

版の意味をよりよく伝えるために，ときおり修正を加えてある．他に，*The Early Theory of Equations: On Their Nature and Constitution* (Annapolis: Golden Hind Press, 1986) に収録されたロバート・シュミット (Robert Schmidt) による『方程式の理解と改良についての二つの論文』の訳があり，これはより原典に忠実であるが，それだけ現代の読者にはいくぶん読みにくい．ヴィエトの業績に関しては本書では考察されていないようなものも多くある．彼の方法の多くは改良して今でも役に立つようにできるだろう．残念ながら，これらの方法についての英語で読める研究は存在しない．

27. 同上，p. 32.
28. 同上，p. 17.
29. 同上，p. 24.
30. 同上，p. 84.
31. 同上，p. 174.
32. 同上，p. 210.
33. 同上，p. 310.
34. チャールズ・ジョーンズ (Charles Jones) の博士論文 "On the Concept of One as a Number" (University of Toronto, 1978) の後半は，主にステヴィンによる小数概念と，ジョーンズが言うところの「ギリシアの数概念の崩壊」についての研究に割かれている．本書でも彼の議論のいくつかを概説しておいた．
35. Henrietta O. Midonick, ed., *The Treasury of Mathematics* (New York: Philosophical Library, 1965), p. 737. 『十分の一』は，1608 年にロバート・ノートン (Robert Norton) によって英語に翻訳され，上掲書の他にも *The Principal Works of Simon Stevin*, volume II, edited by Dirk J. Struik (Amsterdam: Swets and Zeitlinger, 1958) の中で再掲載されている．ステヴィンについてさらにくわしく調べる場合には，Dirk J. Struik, *The Land of Stevin and Huygens: A Sketch of Science and Technology in the Dutch Republic During the Golden Century* (Dordrecht: Reidel, 1981) がある．
36. 同上，p. 740.
37. Charles Jones, "Concept of One," p. 239.
38. 同上，p. 248.
39. Frank J. Swetz, *Capitalism and Arithmetic: The New Math of the 15th Century* (La Salle, Il.: Open Court, 1987), p. 158. この著書では，『トレヴィゾ算術』が全訳されている他，数学上の詳細な注釈およびこの著書の社会的背景についての解説が添えられている．
40. R. Franci and L. Toti Rigatelli, "Towards a History of Algebra," p. 65.
41. Robert Recorde, *The Whetstone of Witte*.

ルネサンスにおける代数学の流れ

14 世紀中半	ピサのダルディ師	算法の研究
1353–1383	アントニオ・デ・マッツィンギ	算法の研究
c.1430–1487	ニコラ・シュケ	フランスの代数学
1445–1517	ルカ・パチョーリ	イタリアの算術と代数学
1465–1526	シピオーネ・デル・フェッロ	3 次方程式
16 世紀初期	クリストフ・ルドルフ	ドイツのコス式技法
1487–1567	ミハエル・シュティーフェル	ドイツのコス式技法
1494–1570	ヨハンネス・ショイベル	累乗根の計算
1499–1557	ニッコロ・タルターリア	3 次方程式
1500–1558	アンニバーレ・デッラ・ナーヴェ	3 次方程式
1501–1576	ジロラモ・カルダーノ	3 次方程式
1502–1578	ペドロ・ヌネシュ	ポルトガルの代数学
1509–1575	フェデリゴ・コンマンディーノ	ギリシア語文献の翻訳
1510–1558	ロバート・レコード	イギリスの代数学
1522–1565	ロドヴィコ・フェッラーリ	4 次方程式
1526–1572	ラファエル・ボンベッリ	複素数
1540–1603	フランソワ・ヴィエト	方程式論
1548–1620	シモン・ステヴィン	小数

Chapter 10

ルネサンスの数学的方法

> （神御自身の御業を別とすれば，）すばらしい技芸と学問の知識ほど，（寛大な読者よ，）人間の霊魂と精神を美しく飾るものはない．……多くの……技芸は人間の精神を飾り立てるが，中でも数学的技芸と呼ばれる技芸ほどその目的にかなうものはない．ところが数学的技芸は，原理，根拠，そして『原論』の完全なる知識を持たなければ，いかなる人も修得することはできない．
> ジョン・ディー，「数学的序文」(*The Mathematical Preface*)[1]

ベラルミーノ枢機卿はローマ教皇の顧問であり，宗教裁判所所属であったが，1616年2月26日二人の役人を派遣してガリレオを召還した．3ヶ月後，枢機卿はガリレオに会見の模様を記録した宣誓供述書を渡した．すなわち，「ガリレオ氏は，……聖下［ローマ教皇パウルス五世］が宣言し，禁書聖省が公表した内容について知らされた．それは，地球が太陽の周りを回っており，太陽は東から西に運動することなく，宇宙の中心に静止している［と述べる］ことは，『聖書』の言葉に反しており，よってそのような意見を弁護したり支持してはならない」[2]．

ルネサンスの数学における関心事は代数学だけではなかった．実際に，上に引用したジョン・ディーの文章のように，幾何学が依然として数学の中心であった．古代の学術への関心が高まるとともに，ルネサンスの学者達はギリシアの幾何学書を研究し始めた．彼らが最初に手をつけたユークリッド『原論』は，すでに様々なラテン語版があり，当時のヨーロッパの大学では数学のカリキュラムにおける主要部分を占めていた．およそ学問を志すものはすべからくユークリッドを学習すべきであると考えられていたのである．

16世紀にはラテン語を知らない者や大学に通っていない者が多く，『原論』の世俗語版が現れ始めた．タルターリアは1543年にイタリア語訳を，ヨハンネス・ショイベルとヴィルヘルム・ホルツマン（クシランダー）は1558年と1562年に主要部分のドイツ語訳を，ピエール・フォルカデルは1564年から1566年にかけてフランス語訳を，そしてロドリゴ・カモラノは1576年に最初の6巻のス

ペイン語訳を，それぞれ出した．しかしなかでも印象に残る版は，ヘンリー・ビリングスリーによる 1570 年の英語版である．それは約 1000 ページにも及ぶもので，『原論』全 13 巻，それにユークリッドの手によると当時考えられていた別の 3 巻からなっており，古代以来の様々な注釈者による捕捉や注も採録している．印刷屋も労を惜しまなかった．たとえば，第 XI 巻における立体幾何学の議論では，飛び出し式の図版が関連箇所にはってあり，読者が実際に 3 次元の図形を作ることができるようになっていた（図 10.1）．

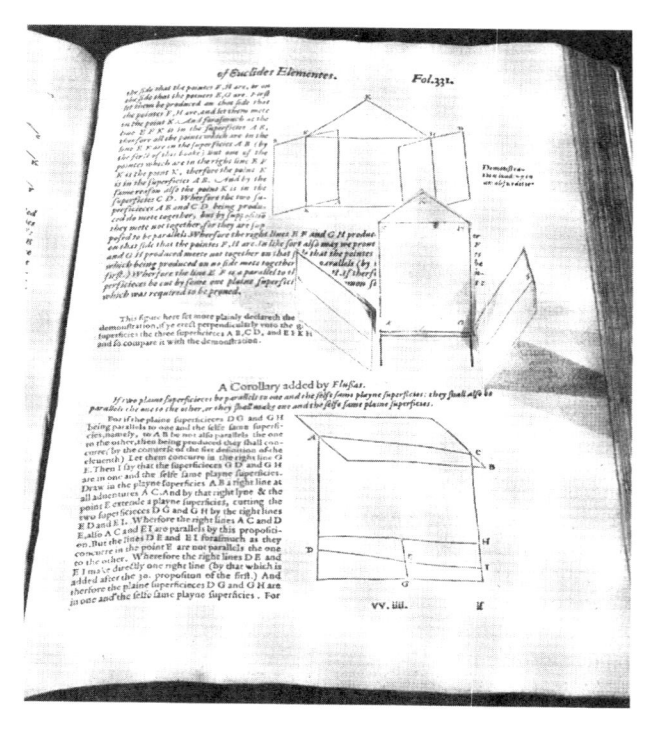

図 10.1
ビリングスリー訳ユークリッド『原論』のあるページ．開くと飛び出す図が含まれている（出典：米国議会図書館蔵）．

ビリングスリー版のユークリッドで最も注目すべき部分は，16 世紀イギリスの科学者にして神秘主義者ジョン・ディー (1527–1608) による「数学的序文」である．ディーはユークリッドの翻訳への序文を書くのにふさわしい人物であった．数学の様々な応用についての幅広い知識を持っていたディーは，この偉大な幾何学書の世界に分け入ろうとする読者に，数学の重要性について理解させようとした．彼は数学を必要とする 30 ばかりの異なる分野とそれらの相互関係について詳細に説明し，これを「図表」にまとめた．ここからはルネサンスにおける「応用数学」の大要を知ることができる（図 10.2）．

ギリシア数学の忠実な学徒として，ディーは序文で次のように述べる「数学的事物には主として 2 種類，すなわち数と大きさがある」[3]．数の学は算術，大きさの学は幾何学と呼ばれ，数学的諸芸は原理的にこの二領域に分かれる．ディーは，算術はもともと整数の研究であったが，「数の最小部分は単位つまり 1 であるが，算術家はそれを超えて算術の領域を拡張している」と述べている[4]．分数，60 進分数（天文学で用いられる分数），累乗根を含むその他のいろいろな種類の数が導入された．また，「方程式の算術」すなわち代数学にまで，算術は拡張されている．しかしながら，序文の大半を占めるのは「大きさの学」である幾何学

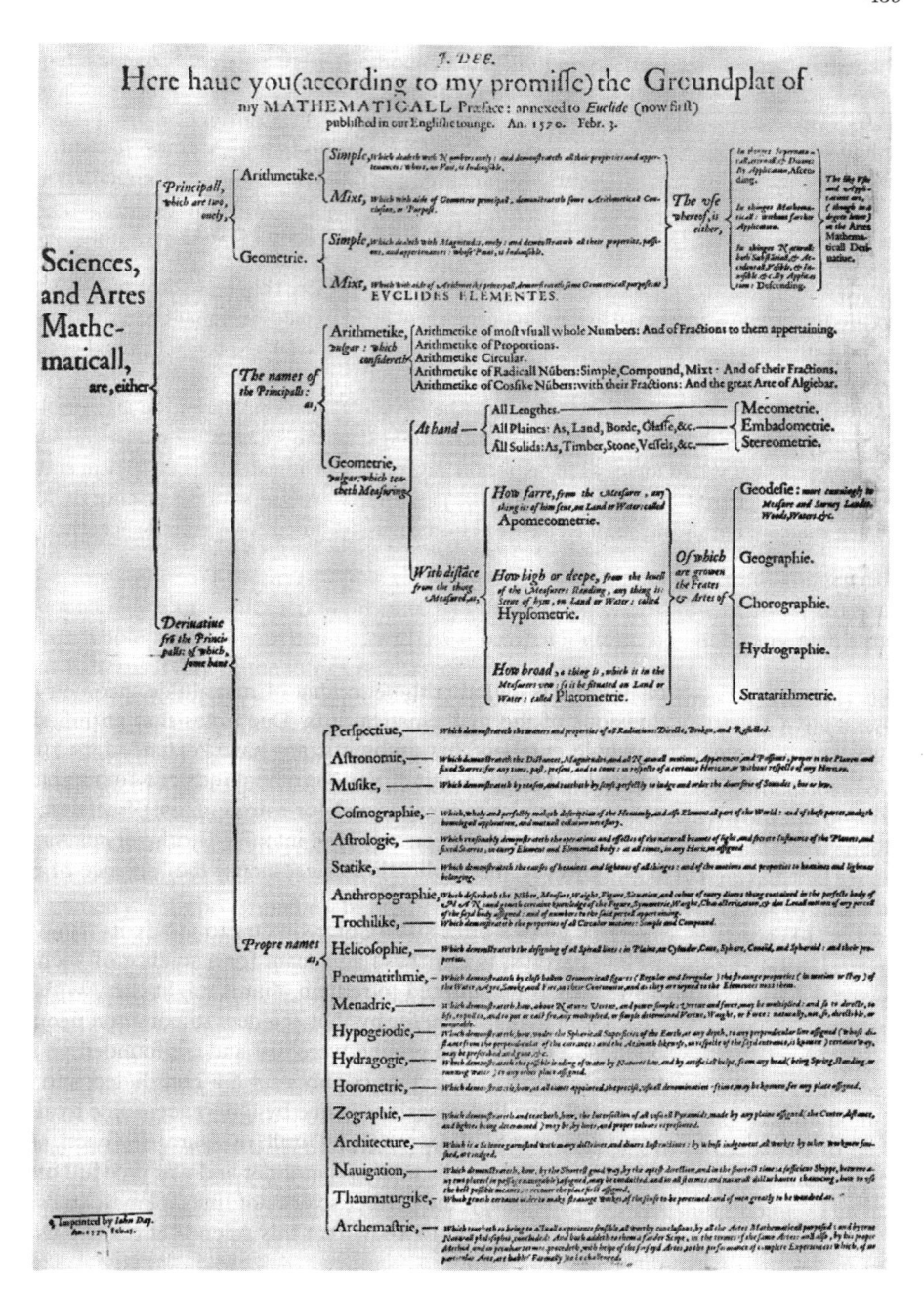

図 10.2
ユークリッド『原論』のビリングスリー訳につけられた序文に書かれたディーの「大図表」(出典：スミソニアン協会図書館,写真番号 93-345).

の応用に関する記述である．

　ディーは，幾何学 (Geometry) という名前（「土地の測量」を意味する）の正当性を示すために，その歴史を短く説明しており，「このような威厳と広大さを持った学問にとっては，［土地測量というのは］あまりに貧弱で，不十分な名前である」と述べている．その名前は，「一般の人々に最初に示された，その学問による顕著な利益の不朽の記憶を帯びていたため残ってしまった．つまり，土地の境界線が消えたり，土地を区画したり，譲与の土地を割り当てたり，共有地

伝 記

ジョン・ディー (John Dee, 1527–1608)

ディーは 1545 年にケンブリッジ大学で学士号を取得，その後まもなく大陸に渡って様々な数学者と共に研究し，地理学，天文学，占星術などについて多くを学んだ．パリではユークリッドについて講義している．イングランドに戻ると，ディーはエリザベス女王の宮廷占星家になった．彼自身の著作は，論理学，天文学，透視画法，燃焼鏡，占星術のような種々の題材を含んでいたが，後半生は数学における神秘主義的要素に夢中になった．こうして彼は，いかにして様々な記号の組合せからある図形ができるかを正しく理解することが，自然界の隠された秘密の理解を可能にすると考えて，それらについて研究し，著作をものした．当時の他の幾人かの人々と同様，彼は gematria，すなわち単語の数値についての研究，および錬金術にも熱中していた．結局，神秘主義が高じ，「黒魔術」に携わっているという告発を受けて女王の庇護を失ったディーは，貧困のうちに生涯を閉じた．

を個別土地所有に分配したりするときに，その学問が役に立ったのである．というのは，このような場合に，無知，怠慢，詐欺，暴力などが，それらの土地に対して不当に限定や測定，侵入，異議申し立てを行ったら，大きな損失や不安，殺人，戦争が（まったくしばしば）それに続いたからである．そこで，神の慈悲と人間の勤勉さによって，直線，平面，立体の完全なる学問が生まれた」[5]．その起源において幾何学は戦争を阻止し，正義の執行を助けていたということを知っておくのもよい．

ディーは幾何学の応用を二つに分ける．一つは「通俗的な」幾何学であり，これには体積測定法や，地図作製法の研究としての地理学のような測定に関する様々な学問が含まれる．他方は「方法的技芸」であり，「量についての主要な学に見られる純粋性，簡潔性，非物質性は持たないものの，そこから大きな助力，指導，方法を得ている」[6] ものである．方法的技芸には，透視画法，天文学，音楽，占星術，静力学，建築，航海術，人体記述学（人体の幾何学），回転運動学（円運動についての研究），力学（単純機械についての研究），画学（画法の研究）などがある．本章では，これらの分野のいくつかをとりあげ，ディー自身の分析と，16 世紀および 17 世紀初期の幾人かの技術者の実践的活動の両方について論じる．

10.1　透視画法

ディーによれば，「透視画法は，まっすぐであったり，曲がったり，反射したりするようなあらゆる放射の様態と性質を論証する数学的技芸である」．この技芸は，なぜ「平行な壁どうしが遠方で互いに接近するのか」，なぜ「平行な天井と床が，見るものから少し離れたところで，一方は下方に，他方は上方に向かっ

て［互いに接近して］いくのか」[7] を説明する．透視画法に非常に関連しているものとして画学があり，それは「すべての視覚ピラミッド[*1]が任意の平面となす交線が，いかに直線で表現されうるかを教え，議論する」[8] ものである．画家は，この二つの技芸に習熟し，「冬であっても，夏の喜びや豊かさの生き生きとした様子を表現し，夏であっても，冬の悲しく朽ちた様子を描けるようでなければならない．市，町，砦，森，軍隊，それどころか王国全体をも……，下準備された生き生きとした図案にして，自在に家に持ち帰（って人の批評を仰げ）るようにしなければならない」[9]．

透視画法は古代でもいくらか使われていたが，画家が作品に視覚的な深みを与えようと真剣に試み始めたのは，ようやくルネサンスになってからである．最初の頃は試行錯誤であったが，15 世紀になると，3 次元のものを 2 次元平面上に再現する技法を数学的に基礎づける試みが現れる．絵に現実感を持たせるためには，観察者から遠くにある物体を小さく描けばよいというのは自明の事柄であるが，そこで問題となるのは，どの物体をどれだけ小さく描くべきかということである．画家達は結局，この疑問に応えるには幾何学が必要であることに気づいた．フィリッポ・ブルネレスキ (1377–1446) が透視画法の幾何学を本格的に研究した最初のイタリア人芸術家であったが，レオン・バッティスタ・アルベルティ（1404–1472, 図 10.3）は 1435 年，この主題についての最初の書物である『絵画論』(Della Pittura) を書き，その中で，画家にとって最初に必要とされることは幾何学の知識であると記した．彼は，「基面」上にあるいくつかの正方形を，カンヴァス面である「画面」の上に再現するための幾何学的方法を示している．

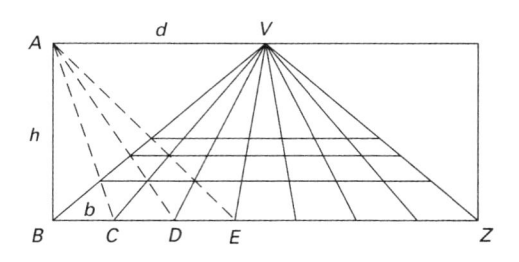

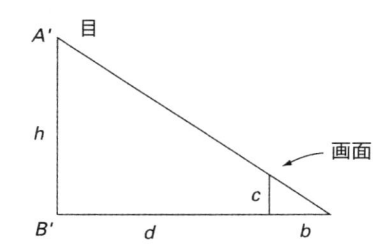

図 10.3
イタリアの切手に描かれたレオン・バッティスタ・アルベルティ．

画面は，絵の中のいろいろな物体から，画家の目すなわち「視点」に至る何本もの光線によって貫かれていると考えることができる．よって画面は，目の位置から描かれる風景まで引かれた投影線の断面である（図 10.4）．視点から画面に引かれた垂線と画面との交点 V は，「視心」または「消失中心点」と呼ばれる．消失中心点を通る水平線 AV は，「消線」または「地平線」と呼ばれる．「消失点」と「消線」という言葉が用いられているのは，絵画面に対して垂直であるような絵の中の水平線すべてが，「消失点」において交わるように引かれなければならないためである．他のすべての平行な水平線は，「消線」上のいずれかの点において交わる．

基面に正方形のタイルが敷き詰められた舗装面（碁盤のようなもの）があり，それら正方形の辺はすべて画面に対して垂直あるいは平行であるとする．それ

図 10.4
タイル床を透視画法で描くためのアルベルティの規則．

[*1]目と対象物を結ぶ直線群がつくる錘体．

を絵画上に再現するため，アルベルティはまず画面と基面との交線である「基線」BZ 上に，等間隔に，点 B, 点 C, 点 D, 点 E, ... をとる．これらの点と消失中心点とを結べば縦線の組ができる．次に基線に平行な横線の組を描くため，アルベルティは次のような方法を考えた．消線上に，消失点 V から d の距離にあるような点 A をとる．ここで，d は，目の位置から画面までの距離とする．次に点 A と点 B, 点 C, 点 D, 点 E, ... をそれぞれ結ぶ．すると BV と AC, AD, AE, ... との各交点を通って BZ に平行な各直線は，基線に平行なタイルの線を表すであろう．

代数を使ってこの作図が正しいことを示してみよう．アルベルティ自身は証明を与えてはいない．今，目の位置が基線から h の高さにあるとする．基線に平行で距離 b だけ基線より奥にある基面上の直線を考える．このとき画面上では，その直線は基線から高さ c の位置にあるだろう．ここで c は，図 10.4 における相似な三角形から導かれた比例式 $c : b = h : (d+b)$ によって決まるものとする．よって，$c = hb/(d+b)$ となる．ここで AB と基線 BZ が直交座標軸であるとするならば，B と V を結ぶ直線の方程式は

$$y = \frac{h}{d}x,$$

$A = (0, h)$ と $C = (b, 0)$ を結ぶ直線の方程式は

$$y = -\frac{h}{b}x + h$$

となる．このとき，2 直線の交点の y 座標は，$hb/(d+b)$ になり，さきほどの c の値と一致する．同様に他のいかなる平行線についても容易に証明できる[10]．

このような碁盤の作図は，「焦点透視画法」の手順の核心であり，15 世紀から現代にいたるまで画家によって用いられてきた．アルベルティ自身は，透視画法についてこれ以上は研究していない．しかし，ピエロ・デッラ・フランチェスカは，1470 年と 1490 年の間に『絵画透視画法論』(De prospectiva pingendi) という本を書いており，2 次元と 3 次元のいろいろな幾何学的物体の焦点透視画法を用いた描き方について，詳細に説明している．すでに第 9 章で彼の算法論考からの問題がいくつか登場したが，デッラ・フランチェスカは，画家であっただけでなく，有能な数学者でもあった．彼が透視画法に関する文章に入れた図は彼自身が焦点透視画法で絵画を制作するにあたって行った計算を示している[11]．

ドイツのアルブレヒト・デューラー (1471–1528) もやはり同じ時期に活躍した画家兼数学者であった．彼は数年間イタリアで過ごした際に透視画法について研究し，二つの重要な論文を書いた（図 10.5）．1525 年に出版された『コンパスと定規とによる線，面そして立体の測定論』(Underweysung der Messung mit Zirckel und Richtscheyt in Linien, Ebnen, und gantzen Corporen) は，ドイツ語で書かれた最初の幾何学書の一つである[12]．デューラーは，ドイツ語の学術語彙を新しく作り出す必要があるときは，できるだけ職人が何世代にも渡って使っていた単語を用いた．それには数学の抽象概念も含まれる．たとえば，二つの円の交わりを示す「三日月」(der neue Mondschein)，放物線を意味する「フォーク線」(Gabellinie) や，楕円を意味する「卵線」(Eierlinie) などである．

図 10.5
アルブレヒト・デューラーの自画像．

デューラーは，『測定論』の末尾で扱われている透視画法を学ぶ前に，読者はまず画法に必要な幾何学的考え方を学ぶ必要があると確信していた．デューラーによれば，ドイツの画家は技巧や想像力においてはだれにもひけをとらないが，理論的知識においてはイタリアの画家に比べ非常に遅れていた．「幾何学は，まちがいなくすべての画法の基礎であるから，私は芸術に熱心なすべての若者に，幾何学の初歩と原理を教えることにしよう」[13]と彼は述べている．それゆえ，この著作は実践的色合いが濃い．デューラーは，カンヴァス上に物体を表現する上で，どうやって幾何学の原理を適用すべきかを示している（図10.6）．

図 10.6
『書斎の聖ヒエロニムス』．ここでデューラーは透視画法の応用例を示している（出典：ミズーリ州カンザスシティ，ネルソン－アトキンス美術館蔵，58-70/21．ロバート・B・フィゼルの寄贈）．

『測定論』4巻のうち，第1巻では立体曲線を素描する方法について述べている．曲線の性質を決めるため，デューラーはそれを yz 平面と xy 平面とに射影するが，残念ながらこれはいつも簡単にできるとは限らない．彼が直円錐の切断面という定義に基づいて楕円を作図する様子を見てみよう（図10.7）．デューラーは初めに直円錐とその切断面を yz 平面に射影する．楕円の直径を表す線分 fg は12等分されており，これらの分割点を通るようにして鉛直線と水平線が引かれる．11個の点 i それぞれにおける水平な線は，水平な切断面によって作られた円形の切片 C_i の直径の一部である．この円と楕円との二つの交点は，楕円上直径に関して対称な位置にあるので，2交点間の距離として楕円の幅 w_i を決めることができる．さらに，直円錐を xy 平面上に射影したものは，これら一連の同心円 C_i からなる．分割点からの鉛直線を延長したものはそれぞれ，対応する円において長さが w_i であるような弦になる．このようにしてデューラーは楕円をおおまかに投射できた．しかしながら，この投射は楕円自身の面に対して垂

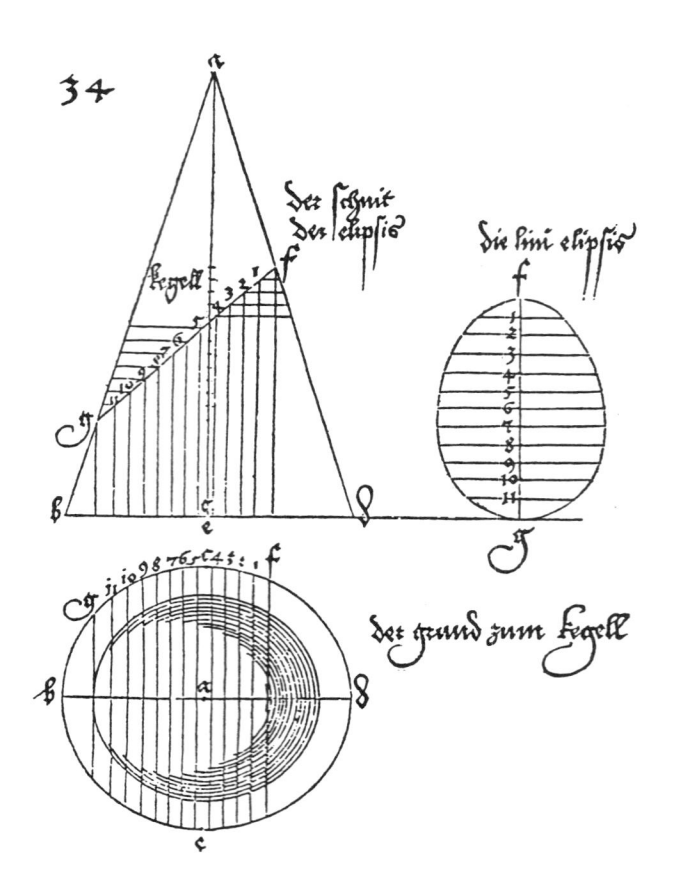

図 10.7
デューラーによる透視画法を用いた楕円の作図.

直な方向からなされているわけではないので，楕円の輪郭は短軸に関して対称ではない．けれども，楕円をその投射から描こうと試みる際，デューラーは楕円の軸を表す線分を新しい鉛直線 fg に単純に移し替え，それを点 i において分割して，幅 w_i を持つ水平線を描き，こうしてこれらの線分の端点を通る曲線を素描している．曲線は上部よりも下部の方が幅広くなるので，デューラーの描き方は間違っている．デューラーは，楕円はその短軸に関しても対称であるということを認識していなかったと考えられるが，その理由は，すべての同心円の中心である直円錐の中心線が楕円の中心を通っていないためであろう．$w_i = w_{12-i}$ ($i = 1, 2, 3, 4, 5$) であることは解析的に証明することができるが，おそらくデューラーは，彼自身卵線と呼んでいるように，楕円は実際に卵形であると信じていたのではないか．なぜならば，直円錐自身が，底に行くほど広くなっているからである[14]．

デューラーは，他の立体曲線についてもその作図法や射影による表現法を説明し，続けて『測定論』第 2 巻において様々な正多角形を作図する方法について説明している．ここでは，古典的な道具である直定規とコンパスを用いた正確な作図と，職人達が伝統的に行う近似的な作図の両方について示している．この著作は，ドイツ語版が出版された数年後に，ラテン語に訳されて出版された．それは職人のためのギリシア幾何学のすすめであると同時に，専門的数学者にとっても作業場の実用的な幾何学を学ぶことのできる本であった．第 3 巻はまった

く実用的であり，建築や活版印刷術のような多様な分野において幾何学がどのように応用されうるかが主題である．デューラーはこの中で，新しいタイプの柱と屋根だけでなく，ローマン体文字とゴシック体文字を正確に作図するための方法も提案した．最後の第 4 巻では，デューラーは，さらに古典的な問題に戻って，3 次元の物体についての幾何学を扱っている．とくに折り紙を使った五つの正多面体の作り方は，今日の教科書でも見られる方法と同じである．数種類の準正多面体についても同様の作り方が示されている．さらに，立方体倍積問題のような他の作図問題についても言及され，しめくくりにこれら立体図形の透視画法が基本的規則の形でまとめられている．

幾何学におけるデューラーの最も独創的な業績は，1528 年に出版された『人体の比例に関する四書』(*Vier Bücher von menschlicher Proportion*) である．この本の主題は「人体記述学」であり，したがって「完全な人体に含まれているあらゆる種類のものの個数，容積，重さ，形，位置，色に関する記述であり，加えて体の任意の部位について，その対称性，形，重さ，特徴，本来の位置運動の確かな知識が収められている」[15]．デューラーは，様々な大きさの人体をいろいろ計測し，人体の諸部分，とりわけ頭部を三つの座標平面に射影している．4 巻のうち最後の巻では運動している体について述べられている．この書物から，少し前のレオナルド・ダ・ヴィンチ (1452–1519) の著作と同様に，人間の姿をカンヴァスに正確に描くためには，幾何学を縦横に用いることが必要であることが理解できる．先人たちの努力は詳細な数学理論によってとって代わられ，この理論は続く数世紀のあいだ大きな影響を及ぼすことになる．

10.2 地理学と航海術

ディーの議論に登場した数学の諸相の中でも，地理学と航海術は互いに関連しており，また 16 世紀の世界にとってきわめて重要な領域であった．「航海術は，定められた（航行可能な）任意の 2 地点間で，十分な大きさの船を，適切な最短航路を通って，最適な方向に，最短時間で操舵するにはどうすればよいか，そして，いかなる嵐や自然の災害が起きたときにも，最初に定められた航路に復帰するため，可能な最善の手段をいかにして用いるかを示す」[16]．15, 16 世紀にヨーロッパ人は世界の他の地域を探検しており，航海術はまことに枢要な学問であった．新しい技術を手にした国は，新しい植民地を開拓してそこの天然資源を獲得する上で，非常に有利な立場に立つことができたのである．

海上における航海術の主要な問題は，与えられた時間における船の位置の緯度と経度の決定であった．緯度決定はそれほど難しくはない．北半球において緯度は天の北極の高度に等しく，これは北極星の位置によっておおよそ決められるからである．よって，単に北極星の高度を求めるだけで，緯度のかなり正確な近似値が得られた（ただし，15 世紀においては北極星は北極からおよそ $3\frac{1}{2}°$ のところにあったため，適切な補正が必要とされていた）．とくに船が赤道付近や赤道以南にあるときには，太陽の観察に基づく別の緯度決定法を用いることができる．第 4 章において述べたように，ある場所の正午における太陽の天頂距離

は，緯度から太陽の赤緯を引いたものに等しい．15世紀には一年中のすべての日に対応した精密な赤緯表が作られていたので，緯度決定には正午における太陽の高度を読みとるだけでよかった．もちろん，この場合の太陽の高度はその日の最も高い高度であり，基準となる棒の影が最も短い瞬間を見ればよかった．

経度を定めることはずっと難しい．経度 15° の時差は 1 時間に等しいので，二つの場所の経度の差を知ることは，二つの場所における現地時間の差を知ることと等価である．理論的に言えば，最初に経度がわかっている場所の時間に時計を合わせておき，現在位置において正午になったときその時計での時間がわかれば，現在位置の経度はそれらの時間の差から求めることができる．もう一つの方法は，経度が知られている場所で，月食のような天文現象が起きた時間がわかっているときに，その時間と現在位置でのその現象の現地時間とを比較するというものである．残念なことに，当時の月の運動に関する知識や時計の精度では，どちらの方法も不可能であった．当時の時計は，とりわけ洋上で船の甲板が揺れたり気温が変化したりすると，正確に機能できなかった．1494 年，2 度目のアメリカ航海の際にコロンブスが月食を利用して経度を求めたとき，その誤差はおよそ 18° であった．1707 年になっても，提督と航海長が経度測定を誤ったために，イギリスの軍艦 4 隻がイングランド西南端のシリー諸島に座礁し，2000 人の命が失われたのである．事故の後，イギリス政府は海上での経度を正確に求める方法を見つけた者に対し，20,000 ポンド（今日では，おおよそ 12,000,000 ドル）の報酬を支払うことを発表した．結局，報酬金（少なくともその大半）は，イギリス人時計職人ジョン・ハリソン (1693–1776) に支払われた．彼は，陸と海の両方での試験に耐えられるよう，何度も試作を繰り返して時計の精度をあげてゆき，南太平洋を航海したジェームス・クック船長にも賞賛されるような時計を製作するに到った（図 10.8）．同じ頃，王立グリニッジ天文台における 1 世紀にもわたる詳細な観測をもとに，経度を測定するのに十分なほど正確な月齢表が作られ始めた[17]．

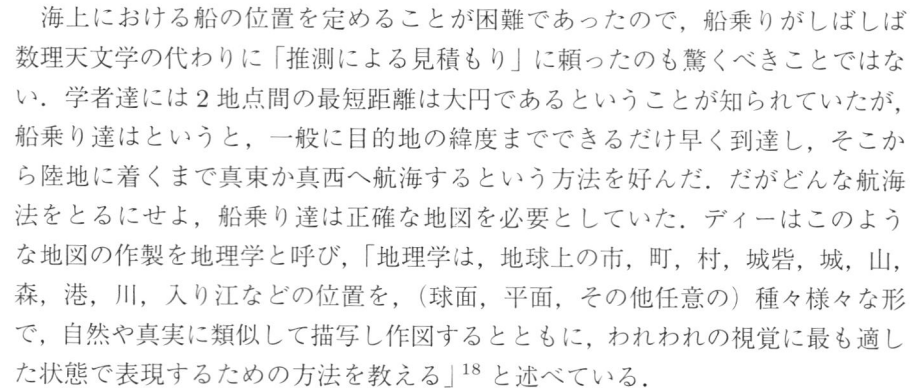

海上における船の位置を定めることが困難であったので，船乗りがしばしば数理天文学の代わりに「推測による見積もり」に頼ったのも驚くべきことではない．学者達には 2 地点間の最短距離は大円であるということが知られていたが，船乗り達はというと，一般に目的地の緯度までできるだけ早く到達し，そこから陸地に着くまで真東か真西へ航海するという方法を好んだ．だがどんな航海法をとるにせよ，船乗り達は正確な地図を必要としていた．ディーはこのような地図の作製を地理学と呼び，「地理学は，地球上の市，町，村，城砦，城，山，森，港，川，入り江などの位置を，（球面，平面，その他任意の）種々様々な形で，自然や真実に類似して描写し作図するとともに，われわれの視覚に最も適した状態で表現するための方法を教える」[18] と述べている．

地図は古代から描かれていた．プトレマイオスは『地理学』において，平らな紙の上に丸い地球の地図をつくる上で生じる問題点をいくつか分析し，当時知られていた居住可能な地域の経度と緯度を示すとともに，世界地図および 26 の地域図を作製した．地図を作製するために，彼には何らかの投影法を用いること，つまり，地球の球面の一部を平らな紙の上に射影する関数を作る何らかの方法が必要であった．彼にとっては，土地の形ができるだけ実物に近いように表

図 10.8
イギリスの切手に描かれた，ハリソンにより完成した時計．

現された地図でなければならなかった．いずれにせよこのような射影は，経度と緯度を示す格子状の直線，すなわち経線と緯線によって決められる．地域図を作るにあたり，プトレマイオスは単に長方形状の格子線を用いた．しかし経線の間隔は緯度に依存するので，2方向における縮尺を選ぶ必要があり，その縮尺は，地図の中心緯線上の経度1度の長さと緯度1度の長さとの比におおよそ対応して作られる必要があった．この比は（赤道上の経度1度の長さが緯度の1度の長さに等しいため）$MN:AB$ に等しく，また $NP:BC$, $NP:NC$ にも等しくなり，結局，中心緯度を ϕ とすると $\cos\phi$ に等しい（図10.9）．たとえばプトレマイオスのヨーロッパ地図には緯度 42° から 54° までが収まっているので，比の値はおおよそ $\cos 48° = 0.6691$，あるいは $2:3$ として与えられる．

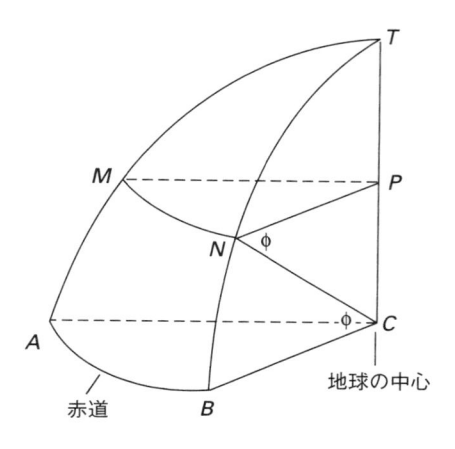

図 10.9
緯度 ϕ における経度 1° の長さと，赤道における経度 1° の長さとの関係．

プトレマイオスの世界地図はジブラルタル海峡から中国までを収めているが，これは彼の計算で経度 180° の範囲に相当した．ここでは二つの方法がとられている．第1の方法では，緯線は北極を中心とした同心円で表され，経線は，北極から引いた直線であった．ただし北極は地図には載っていない．このような射影では，特定の緯線上の狭い地帯を除いては，経度と緯度との間に正しい比が保てないことにプトレマイオスは気づいており，彼はその緯線としてロドス島の緯度 36° を選んだ．地球表面の大きな部分を射影する場合は常にある程度のゆがみは避けられない．あとになってプトレマイオスは経線も円弧に修正して，より自然に見える地図を作った．この地図では，選ばれた3本の緯線上では距離が正しく表示され，それを通過するように円弧が描かれたが，地図の中心から離れたところでは依然としてゆがみが残った（図10.10）．

平らな紙の上に完全に正確な地図を作ることは不可能である以上，地図作製者は常に望む射影の特性を選ぶ必要がある．面積，形，方向，距離のいずれかを選び出してそれが正しく保存されるように地図を描くのである．しかし再現される地表面積が広くなるほど，たとえ近似的であってもこれらの特性のいくつかを保つことは難しくなる．一般にルネサンス初期の船乗り達が用いた地図はそれとは異なる基準で作製されていた．つまり簡単に描けるということが優先されたのである．これらの「平面海図」では経線と緯線として長方形状の格子が用いられ，両者の縮尺は同じであった．経線間の距離はどの緯度においても等

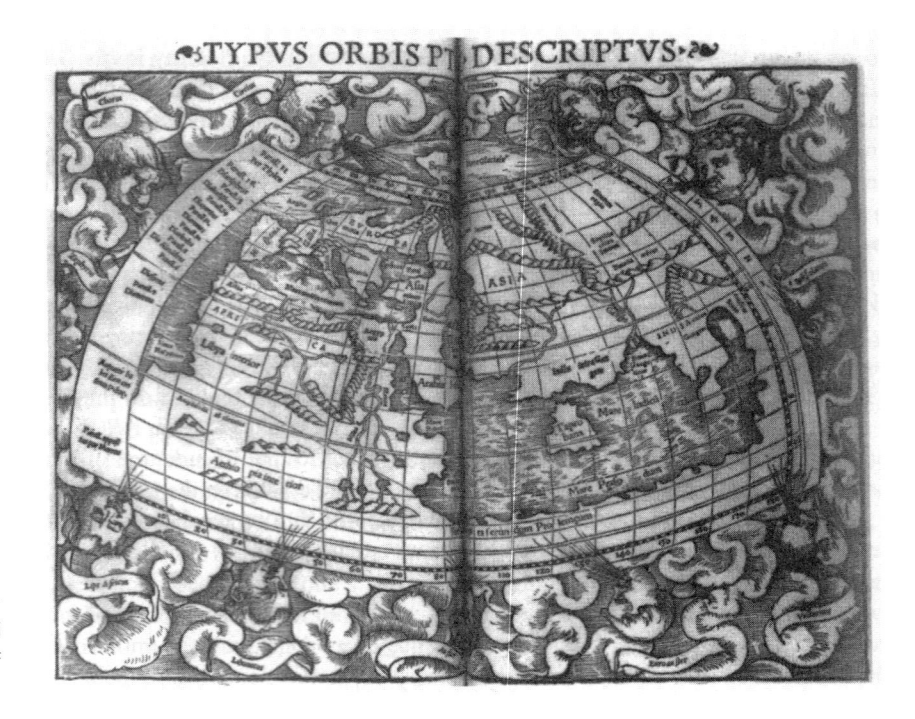

図 10.10
プトレマイオス『地理学』(バーゼル版,1552 年) の世界地図 (出典：スミソニアン協会図書館,写真番号 90-15779).

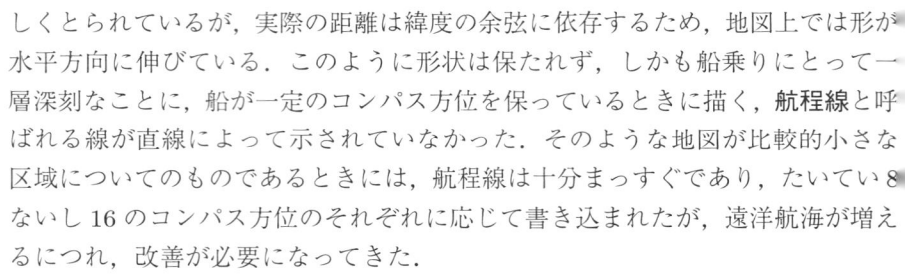

しくとられているが,実際の距離は緯度の余弦に依存するため,地図上では形が水平方向に伸びている.このように形状は保たれず,しかも船乗りにとって一層深刻なことに,船が一定のコンパス方位を保っているときに描く,**航程線**と呼ばれる線が直線によって示されていなかった.そのような地図が比較的小さな区域についてのものであるときには,航程線は十分まっすぐであり,たいてい 8 ないし 16 のコンパス方位のそれぞれに応じて書き込まれたが,遠洋航海が増えるにつれ,改善が必要になってきた.

地図作製法の改善に数学を利用しようとした最初の試みのひとつが,ペドロ・ヌネシュによる『天球論』(*Tratado da sphera*, 1537 年) であった.ヌネシュは,球面上の**航程線**(今日では loxodrome と呼ばれる)が極を終点とする螺旋となることを発見した.しかしながら地球儀は十分に大きく作ることができなかったので,航海で使うには不便であった.そこでヌネシュは航程線が直線になるような地図を作ろうと試みた.しかし,正確に作るためには経線が極の付近に収束することが必要である.それぞれの緯度において経度 1 度が何マイルに相当するかを船乗り達が計測できるような器具をヌネシュは考案したものの,彼は自らの立てた問題を解決するには到らなかった.

1569 年までにヌネシュの問題はやや異なった視点から解かれていた.ゲラルドゥス・メルカトル(1512–1594,図 10.11)による解決はそれ以来メルカトルの投影図法と呼ばれている.この地図では,経線と緯線はともに直線で表現され,経線の「不正確な」間隔を補うために,極に向けて緯線の間隔が拡大される.メルカトルは,自分の新しい地図上ではもはや航程線はまっすぐであるため,地図の出発地点と目的地点とを結んで直定規を置くだけで船の針路が決められると主張した.メルカトルは緯線間隔を大きくしてゆく際に用いた数学的原理を説明しなかったため,彼はこのことを当て推量のみによって行ったのだと考える

図 10.11
ベルギーの切手に描かれたメルカトル.

人もいる．その後，エドワード・ライト (1561–1615) の『航海術におけるいくつかの誤謬について』(*On Certain Errors in Navigation*, 1599 年) で，初めてメルカトルの方法についての解説が印刷物の中に現れた．

緯度 ϕ における経度 1 度の長さと赤道上のそれとの比が $\cos\phi$ で表されることを思い出そう．経線が直線である場合には，緯度 ϕ における 2 地点間の距離は，因数 $\sec\phi$ を掛けて拡大されるが，そのような地図上で航程線が直線になるためには，垂直距離も等しい因数で拡大されねばならない．$\sec\phi$ は同一経線上の各点で異なるので，緯度が微小に変化するたびに拡大因数を考える必要がある．赤道と緯度 ϕ における緯線との間の地図上の距離を $D(\phi)$ で表すと，ϕ における微小な変化 $d\phi$ は，$D(\phi)$ における微小な変化 dD を引き起こすが，これは $dD = \sec\phi\, d\phi$ と表すことができる．同じ因数は水平方向にも適用されるので，地球上のいかなる「小さな」領域も，地図上で同じ形の「小さな」領域として再現されることになる．地球上の経線に直線が交差する角度は，地図上にそのまま移され，航程線はまっすぐになる．ここから，地図上の赤道と緯度 ϕ における緯線を隔てる距離は，現代の記号法を用いると，地球の半径を 1 として，

$$D(\phi) = \int_0^\phi \sec\phi\, d\phi \tag{10.1}$$

によって与えられると結論できる．もちろんライトは積分を使ってはいない．彼は代わりに $d\phi$ として角度 $1'$ をとり，積 $\sec\phi\, d\phi$ を緯度 $75°$ まで加えていって，彼が「経線の部分」と読んだものの数値表をまとめた．微積分を用いれば，$D(\phi)$ は

$$\ln(\sec\phi + \tan\phi) \qquad \text{または} \qquad \ln\left(\tan\left(\frac{\phi}{2} + \frac{\pi}{4}\right)\right)^{19}$$

のように計算できる．

大陸旅行の途上で，ジョン・ディーはメルカトルに会い，メルカトルによる地球儀をいくつか持ち帰っている．彼はおそらく，メルカトル図法の背後にある数学の詳細についてもライトと話し合っただろう．こうしてディーもまた「自然に類比した」地図を作製する方法に関わった．メルカトルの地図は航海には適していたが，残念なことに赤道から遠い地域では「自然に類比して」はいなかった．緯線の間隔があくほど，その地域の地図上の大きさは増していった．メルカトル式の地図がひろく普及した結果，何世代にもわたって学校の生徒は，たとえばグリーンランドが南アメリカよりも大きいと信じるようになってしまった．とはいえ，使用上の便利さから，それはヨーロッパ人による探険の時代において最も使われた海図となった．

10.3 天文学と三角法

ディーによれば，「天文学とは，過去，現在そして未来について，惑星や恒星に固有な距離，大きさ，あらゆる自然運動，外観，性質を，特定の水平線との関係において，あるいはいかなる水平線とも無関係に示す数学的技芸である．この技芸によってわれわれは，地球の中心から恒星天と惑星までの距離や，観測さ

れる任意の恒星や惑星の大きさを,地球の大きさと比較して確定することができる」[20].このように天文学の目的は,天体の大きさや距離を決定すること,およびその運動について予測することである.関連する技芸は宇宙誌(コスモグラフィー)であり,それは「天界と元素界[地上世界]についての全体的で完全な記述と,……,必要な相互対照」[21] である.ディーがさらに述べているように,宇宙誌は,天文現象と地球上の現象との関連について説明しており,われわれが「日の出と日の入り,昼夜の長さ」を決定できるようにし,「……他にも非常に多くの望ましく必要な用途を持つ」.

10.3.1 レギオモンタヌス

ルネサンスにおける天文学と宇宙誌は,それ以前の天文学と同様に,三角法にかなり頼っていたので,まずヨーロッパにおいて最初に「純粋に」三角法について書かれた著書,ヨハンネス・ミューラー (1436–1476) による『あらゆる種類の三角形について』(*De triangulis omnimodis*) について述べる.彼は,低地フランコニアにあるケーニヒスベルクの近くで生まれたので,一般にレギオモンタヌスとして知られている[*2](『あらゆる種類の三角形について』は,1463 年頃書かれたが,出版されたのは,その 70 年後である).

レギオモンタヌスは,プトレマイオスの『アルマゲスト』をあらためて直接ギリシア語から訳したが,それが完成した後,平面三角形と球面三角形の両者において,辺と角の関係を決定する諸規則の簡潔で体系的な取扱いが必要であり,プトレマイオスによる一見**場あたり的な**取組みを改善すべきであることに気がついた.彼はそのような取扱いを『アルマゲスト』の研究には必要不可欠な前提であると考え,「偉大ですばらしいものを研究したいと願う者,星の運動について驚き思いをめぐらす者は,三角形についてのこれらの定理を読むべきである.これらの考え方を知ることは,天文学のすべてと幾何学的問題のいくつかに向かって門戸を開くだろう」[22] と述べている.

レギオモンタヌスは,定義と公理から始め,幾何学的形式で注意深く『三角形について』の題材を提示した.彼はすべての定理を,公理,ユークリッド『原論』から得た結果,あるいは文中ですでに導いてある結果を用いて証明している.定理の大半は図を用いて説明されており,多くの場合は例を用いて説明がなされている.レギオモンタヌスは弧の正弦を,その弧の 2 倍の弧長に対する弦の半分の長さと定義し,それを彼の三角法の基礎においた.しかし彼はさらに,正弦は対応する中心角に依存するものとして考えることもできると注記している.彼自身は以前のヨーロッパの人々と同様に正接関数を利用しなかったが,すでにヨーロッパに登場していた正接表のいくつかを知っていたに違いない.それらの正接表は,大部分イスラーム天文学の著作からとり入れられていた.これらの正接表は,特定の大きさを持つグノーモンの影の長さに関する表として登場したが,書物の中だけではなく,多くのアストロラーベにおいても,天文計算を楽にするのに役立った.おそらく,レギオモンタヌスがこのような表を彼の本の中に入れなかったのは,それらが彼の理論的研究において必要なかったか

[*2] Regiomontanus とはドイツ語の Königsberger(「ケーニヒスベルクの人」.直訳して「王の山の人」)のラテン語訳である.

らであろう．しかし，彼が1467年に編んだ天文表集成の中には正接表を一つ収録しており，彼はそれを**実り多い表**(*tabula fecunda*) と呼んだ．いずれにせよレギオモンタヌスは，正弦のみを用いて三角法の標準的な問題をすべて解くことができたのであり，本文には，単位円の半径の大きさを 60,000 とする包括的な正弦表を付録として付けた．

レギオモンタヌスの本の前半では平面三角形について書かれており，後半では球面三角形について書かれている．彼の成果の中には三角形を解くための様々な方法が含まれている．概念的にはレギオモンタヌスの方法に特別新しいものはないが，彼以前に三角法について記したヨーロッパの著作家たちとは異なり，レギオモンタヌスは，彼の手順についての明確でわかりやすい例をしばしば与えた．たとえば，定理 I-27 では，直角三角形において 2 辺が与えられたときの角の求め方を示しており，定理 I-29 では，直角三角形において二つの鋭角のうちの一つと 1 辺が与えられたとき，どのようにして他の 2 辺が求められるかを示している．どちらの場合にもレギオモンタヌスは正弦表を用いている．これらの定理のうち 2 番目の場合についての例では，一つの鋭角が $36°$ であり，斜辺が 20 であると仮定されている．このとき他方の角は $54°$ であり，もし斜辺が 60,000 ならば，二つの辺はそれぞれ 35,267 と 48,541 になる．レギオモンタヌスは三数法を用い，この場合は斜辺が 20 なので，他の 2 辺はそれぞれ 11 3/4 と 16 11/60 であることを計算している．定理 I-49 では，任意の三角形において，2 辺とその挟角が与えられたとき，その三角形の他の要素を求める方法を示している．AB と BC，および挟角 ABC が与えられているときに，レギオモンタヌスはレヴィ・ベン・ゲルソンと同様の手続きを用いた（図 10.12）．垂線 AD を BC または BC の延長上に下ろす．直角三角形 ABD において，一つの鋭角と 1 辺がわかっている．定理 I-29 により，残りの 2 辺と角が計算できる．今や直角三角形 ADC の 2 辺がわかっているので，定理 I-27 により，残りの辺と角が求められる．

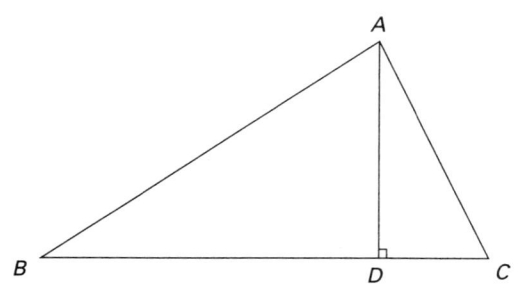

図 10.12
『三角形について』I-49．

2 辺とそれらのうちの 1 辺の対角がわかっているような，いわゆる不定な場合に対しては，レギオモンタヌスはいくつかの可能性を示しながら，レヴィ・ベン・ゲルソンの方法を改善している．最初に彼は辺 AB がわかっており，辺 AB の対角 ACB が鈍角として与えられていて，辺 AC もわかっている場合を扱う．まず彼は，垂線 AD を BC の延長上に下ろす（図 10.13）．そうすればその三角形は先に述べた問題と同様にして解くことができる．しかし，与えられた角が鋭角の場合の取扱いにおいては，「[[他の] 辺や残りの角を求めるには [与えられた情報が] 不十分である」[23] と記している．鋭角 ABC と共に対辺 AC が与え

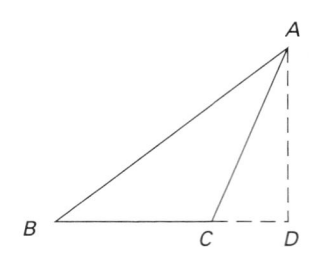

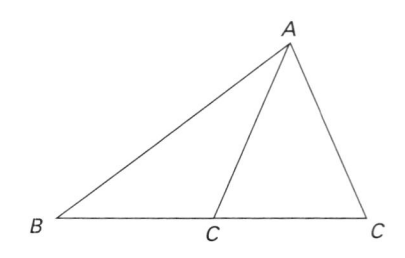

図 10.13
『三角形について』，不確定な場合．

られている場合には，二つの三角形が考えられる．一つは辺 AB の対角が鋭角の場合，もう一つは鈍角の場合である．それぞれの場合についてレギオモンタヌスは残りの辺と角の求め方を示しているが，いかなる解も存在しないという可能性については言及していない．おそらくそれは，ある三角形の未知の部分が求められているとき，その個別の三角形は必ず存在すると彼が常に考えていたためであろう．

レギオモンタヌスは，定理 II-1 において，「直線で囲まれたあらゆる三角形において，1 辺の他辺に対する比は，その辺の対角の正弦に対する他辺の対角の正弦の比に等しい」という正弦の法則を証明している[24]．レギオモンタヌスの正弦は，与えられた半径を持つ円の弦で表されるので，定理の証明には，三角形 ABG に対し，中心が B と G であり，それぞれが等しい半径 BD と GA を持つような円を描くことが必要である（図 10.14）．A と D から BG に垂線を下ろし，それらの垂線の足をそれぞれ K と H とするとき，レギオモンタヌスは，半径が同じである円を用いれば，DH が $\angle ABG$ の正弦になり，AK が $\angle AGB$ の正弦になることを述べている．$BD = GA$，$\angle ABG$ は GA の対角，$\angle AGB$ は AB の対角であり，三角形 ABK と三角形 DBH とは相似であるので，求める結果を得ることができる．レギオモンタヌスはつづいてこの結果を，2 辺とそれらのうちの一つの対角がわかっているときの三角形のような，新しい場合の解法に利用する．

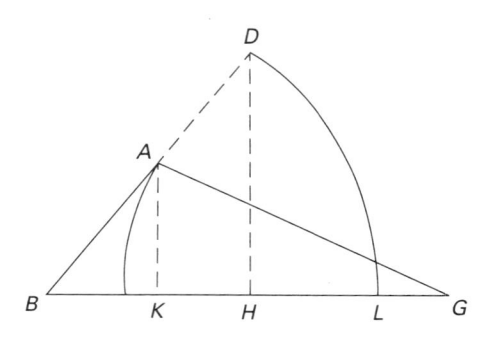

図 10.14
正弦の法則の証明．

『三角形について』の第二巻の残りの部分では，辺の比や頂点から対辺に引いた垂線の長さがわかっているような場合などでも，三角形の要素をどのように決定するかが扱われている．これらの定理のうち二つで，レギオモンタヌスは彼が得た結果の「幾何学的」証明は見出されていないと主張し，幾何学的論証のかわりに，彼が「モノと平方の技法」と呼ぶ代数の論証を用いている．こうし

て，底 $BG = 20$，垂線 $AD = 5$，そして比 $AB : AG = 3 : 5$ であるような三角形の辺 AB と AG を求めるために，レギオモンタヌスは，線分 DE が BD に等しいものとし，代数操作上の簡潔さのため，求める線分 EG を $2x$ とおいた（図10.15）．このとき，$BE = 20 - 2x$，$BD = 10 - x$，そして $DG = 10 + x$ となる．$AB^2 = BD^2 + AD^2$ であり，$AG^2 = DG^2 + AD^2$ であり，比 $AB^2 : AG^2 = 9 : 25$ であるから，レギオモンタヌスは，

$$\frac{(10-x)^2 + 25}{(10+x)^2 + 25} = \frac{9}{25}.$$

と結論する．この方程式は容易に $16x^2 + 2000 = 680x$ と変形される．レギオモンタヌスはここまでで解法の説明をやめ，「[なされるべき] 残りは [代数の] 技法の規則が示してくれる」[25] とだけ記している．

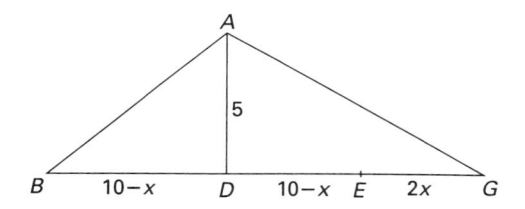

図 10.15
レギオモンタヌスによる代数学の使用．

『三角形について』の第三巻は，球面幾何学への入門になっており，とくに大円に関する多くの成果を含んでいる．ここでの議論は最後の2巻で扱われる球面三角法の標準的な題材のための準備になっていて，そこには球面上での直角三角形や任意の三角形についての正弦の法則や，そのような三角形を解くための種々の方法などが収録されている．カルダーノは，この内容の多くはジャービル・イブン・アフラフの研究から採られたようだと論評した．実際，レギオモンタヌスの定理とジャービルの対応する結果を詳細に比較してみると，多くの場合同じ証明が見られ，ときには図中の記号さえ同じ場合が見うけられる[26]．それでもレギオモンタヌスはこれら最後の2巻にジャービルよりも多くの内容を収録しているのであり，イスラームの（および他の）資料を出典を明らかにせず使っているとはいえ，彼の著書は，平面と球面の両方における三角法の包括的かつ体系的な解説としてヨーロッパで利用できた最初のものである．しかし，興味深いことには，三角法についてのそれ以前の著書と同様に，この著作には平面三角法の成果を地上の三角形を解く［つまり三角測量］ために応用した例はまったく収められてない．

レギオモンタヌスの『三角形について』以降，16世紀の残り3分の2の期間になされた三角法についての他の著作を見てみると，多くは彼の著作とそっくりである[27]．中には，彼の表を改良したり，他の三角関数すべてについての表を含めている者もいた．正弦の場合と同じく，一般的にこれらの関数は，半径の決まった円において与えられた弧によって決まる何らかの線分の長さとして定義され，その半径の大きさはたいてい 10^n ないし 6×10^n とされていた．16世紀も終わりに近づき天文学上の計算に要求される正確さが増すのにつれて，n の値はより大きくなっていった．小数はまだ使われていなかったので，すべての

値が整数で与えられるように大きな半径が用いられた．ところがゲオルク・ヨアヒム・レティクス (1514–1574) は，自分の著作の中で，辺の一つを大きな数値にした直角三角形の角度によって直接三角関数を定義した．このときレティクスは，三角形の定められた斜辺に対して，正弦を「垂線」，余弦を「底」と呼んだ．他の著者は三角関数に他の名前を付けた．現在の用語である「正接（タンジェント）」や「正割（セカント）」を用いた最初の著者は，トーマス・フィンク (1561–1656) であり，1583 年の著書『球面幾何学の書全 14 巻』(*Geometriæ rotundi libra XIV*) において述べられている．彼は，余弦，余接，余割を「正弦の余線 [complement]」，「正接の余線」，「正割の余線」と呼んだ．これら三角法の教科書の多くでは，平面や球面における三角形を解くための方法をていねいに説明するため，具体的な数値を与えた様々な例が示されている．しかし，その類の教科書の中に，地上での現実の平面三角形の解法と関連した問題が初めて明確に登場したのは，1595 年に出たバルトロメオ・ピティスクス (1561–1613) の著作においてである．実際，「三角法」("trigonometry") という用語を考え出したのはピティスクスである．彼は自らの著作に『三角法，すなわち三角形の計測についての書』(*Trigonometriae sive, de dimensione triangulis, Liber*) という題名を付けた．

ピティスクスは，彼の著書において，三角形の計量の方法を示すことを目的としており，高度測量法に関する付録 2 の中で，離れたところにある塔の高さ BC を求めるための三角法について述べている．図 10.16 において，$\angle AKM = \angle ABC = 60°20'$ を測るために，四分儀が用いられている．観察者から塔までの距離 AC は，200 フィートと計測されている．ピティスクスは，比例式 $\sin 60°20' : AC = \sin 29°40' : BC$ を立て，$BC = 113\frac{80,204}{86,892}$，または約 114 フィートと計算している．この計算では，半径 100,000 に対して計算されたピティスクスの正弦表が用いられている．彼は正接表を用いる第二のやり方も与えているが，そこで必要とされる比例式は $AC : 100,000 = BC : \tan 29°40'$ である．ピティスクスの方法と今日の方法との主要な違いは，三角法による値は特定の円に関するある種の線の長さである，という事実に彼が常に縛られていたということだ．今日用いられているような三角比の概念はまだ登場していなかったのである．

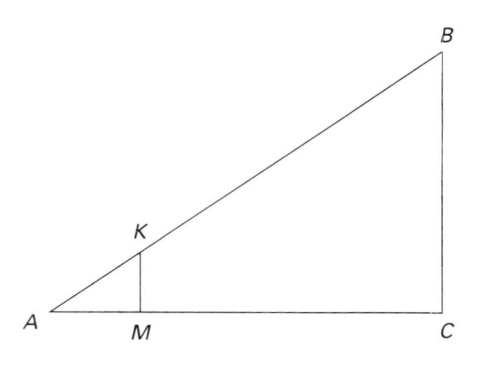

図 10.16
塔の高さの測定．

伝　記

ニコラウス・コペルニクス (Nicolaus Copernicus, 1473–1543)

コペルニクス (図 10.17) は，東プロイセンのトルニで裕福な商人の家庭に生まれ，18 歳でクラクフ大学に入学した．クラクフを去った後，彼はワーミア司教であった叔父の影響で聖職者に任命された．そのおかげで，彼は月給をもらえただけでなく，続く 10 年間イタリアを旅行し，ボローニャとパドヴァで研究することを許された．とうとう故郷に戻ると，彼はフロンボルク大聖堂の司教座聖堂参事会員の職に就き，残りの生涯をワーミアで過ごした．参事会員の仕事はとくに労力を要するものではなかったので，コペルニクスは概して自由に天文学の研究に集中でき，1530 年頃までには，『天球の回転について』(De revolutionibus) の原稿を完成させることができた．しかし，彼にはその研究を出版するつもりがなかった．すでに 1514 年頃までには，彼の理論体系の短い概要である『要項』(Commentariolus) が書かれており，これは多くの学者の間で回覧された．しかし，コペルニクスがようやく説得され，彼の代表作の出版を許したのは，ヴィッテンベルク大学の数学教授であったゲオルク・レティクスが，コペルニクスの体系を直に学ぶため，1539 年フロンボルクにやって来るにおよんでのことであった．

図 10.17
ハンガリーの切手に描かれたコペルニクスと彼の体系．

10.3.2　ニコラウス・コペルニクスと太陽中心体系

レギオモンタヌスの研究によって代表される 15 世紀の三角法は，三角比の概念はなかったものの，当時の天文学上の問題に取り組むために必要な数学を提供した．これらの問題のいくつかは『アルマゲスト』のレギオモンタヌス版においても議論されているものであるが，宇宙の構造について依然として一般的に受容されていた見解であったプトレマイオスの体系に対する根本的な疑問を含意するものだった．数世紀の間，イスラームとユダヤの天文学者達は，プトレマイオスの予測と彼ら自身の観測との間に食い違いがあることに気づき，プトレマイオスの説の細部にいろいろと調整を行った．しかしルネサンス初期においてキリスト教的宇宙観は依然としてアリストテレスやプトレマイオスの見解に基づいており，それによれば，宇宙は地球を中心として入れ子状になった多数の球からなっていて，惑星を載せてこれらの球が回転し，天文現象を引き起こす

とされていた．そのモデルには周転円や離心円のような様々な付属物が存在し，それらがいくつもの球の中にどうにか埋め込まれていた．このような基本的な宇宙観が最も容易に見てとれるのは，おそらくダンテの『神曲』(1328) においてであろう．そこでは惑星と恒星を支えるそれぞれの天球を通り，とうとう最後に神の御座のある不動の天球にたどり着くまでの詩人の旅が描写されている．

15 世紀までには，天文学者達は，プトレマイオスの体系をその細部も含めてまるごと受け容れることには大きな困難を感じるようになっていた．間違いの一つはレギオモンタヌスによって指摘された．彼は，プトレマイオスの月の理論によれば，観測された月の大きさが実際よりもかなり大きく変動しならなければならないことに気づいたのである．さらに重要なことには，小さな誤差が数世紀の間蓄積されてきたため，天文学者達は多くの場合において惑星の位置や月食についてのプトレマイオスの予測がひどく間違っていることを見出した．そして，ヨーロッパの探検家達が地球をまたにかけた航海に出発するためには航海術が改良される必要があったが，それは正しい天文表によってのみ可能なことであった．ヨーロッパ人はさらに，探検を通してこれまで未踏であった新しい土地を数多く発見し，プトレマイオスの『地理学』もまた間違っていたことを悟った．こうして，プトレマイオスの天文学が根底から間違っていることを結論づける理由がそろった．

ルネサンス初期までには，ローマ帝国の時代から使われてきたユリウス暦に深刻な欠陥があることにカトリック教会も気づいていた．とくに，実際の太陽年は暦のもとになっている 365 1/4 日よりも 11 1/4 分だけ短いため，累積されてきた誤差は，暦上の月と四季との関係を変えてしまうおそれがあった．たとえば教会法によれば，復活祭は春分の後最初の満月から数えて最初の日曜日に行われることになっていた．春分はいつも 3 月 21 日として計算されていたが，実際の春分は 16 世紀までに 3 月 11 日頃になっていた．修正がなされないかぎり，復活祭は春ではなく夏に行うことになってしまう．しかし暦の改正が教会の公式事業となったとき，天文学者達は，現存する天文観測は不十分であり，正確かつ数学的に裏付けられた改暦はまだできないと進言した

改暦事業に参加することを辞退した天文学者の一人に，ニコラウス・コペルニクス (1473–1543) がいる．彼はプトレマイオスの体系を非常に詳細に研究し，その不正確さに気づいていたため，地球中心説の手法をとりつくろうことはもはや不可能であるという結論に達していた．「重大な事柄，すなわち，宇宙の形態とその諸部分の確固たる均衡をもまた，[天文学者たちは] 発見することも，[彼らの用いる仮説から] 結論することもできなかったのです．むしろ彼らに生じたことといえば，あたかもある人が様々な場所から，たしかにきわめてよく描かれてはいるが 1 個の人体をなす比率にない手・足・頭・その他の肢体をとってきて 1 枚の絵の中に入れてしまい，互いに釣り合いがまったくとれていないため，それらから人間というよりむしろ怪物が組み立てられてしまうのと同然なのです」[28]．その「絵」を描き直して怪物を消し去るため，コペルニクスは地球中心説とは異なる宇宙体系を提案した古代人達に目を向ける．ギリシアの哲学者の中には，地球が動いているという**太陽中心**の体系を提案した者がいたことを学んだコペルニクスは，その仮定のもとに体系を修正するとどうなるか検討

した．そして彼は，「こうして以下著述の中で，私が大地に与えている諸運動をまさに私が仮定して，長年にわたる数多くの観測によってついに発見したものは，もし残りの諸惑星の運動が大地の回転運動に関連させられ，それらが各々の星の回転に応じて計算されるならば，それらの現象がそこから帰結するのみならず，またあらゆる星と天球の順序と大きさおよび天そのものが，そのどの部分においても，他の諸部分と宇宙全体の混乱を引き起こさずには，何ものも決して移しえないほど，緊密に結合されていることです」と述べるに至るのである[29]．

コペルニクスが宇宙の体系を詳しく説明した重要な論考『天球の回転について』(*De revolutionibus orbium coelestium*) は，彼の一生の研究成果を表した著作であるが，彼の没年である 1543 年にやっと出版された．この本では，天球運動に関して，地球が動いているという仮定に基づいた最初の数学的記述が提示されている．なぜならば，コペルニクスが序文の中で述べているように，「数学は，数学者のために書かれている」[30] からである．この本は，プトレマイオスの『アルマゲスト』の手本に忠実に倣った非常に専門的な本である．この中で彼は数学の詳細な計算を用いて月や惑星の軌道を記述し，天で観測される位置にこの軌道がいかに反映されているかを示す．それらの計算は，太陽が宇宙の中心であるという仮定に基づいており，コペルニクスや彼の先人達が行った観測の結果に裏打ちされていた．コペルニクスは『天球の回転について』の第一巻で理論の概要を簡潔に説明し，七つの同心球とその中心におかれた太陽の簡略図を与えているが，同心球は地球を含む六つの惑星の天球と，不動の恒星天球に一つずつ割り当てられていた（図 10.18）．

コペルニクスは宇宙の体系を，惑星が円を描いて運動する虚空ではなく，以

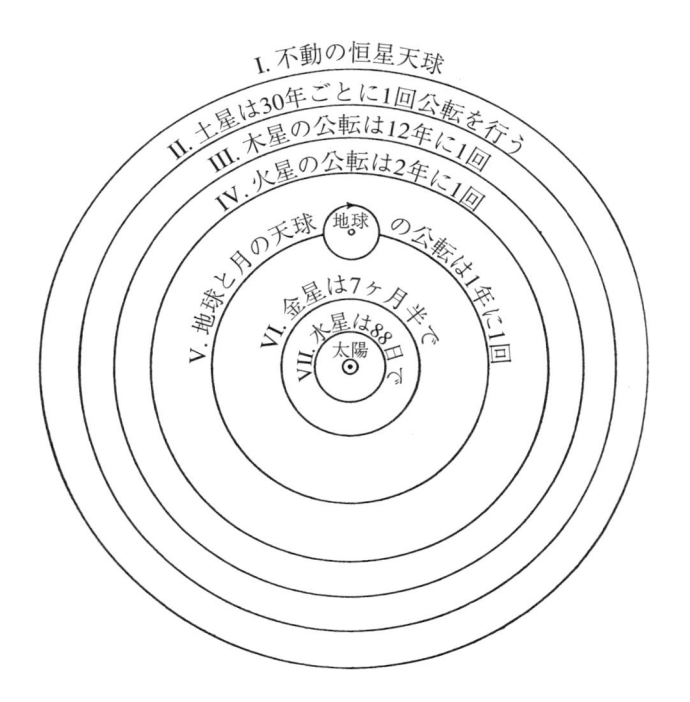

図 10.18
コペルニクスによる宇宙の体系．

前の人々と同様に，惑星の張り付いた一連の天球が入れ子状になっているものとして捉えていた．この点は強調されるべきである．コペルニクスには，惑星を軌道上に留まらせるための物理的説明がなかった．彼にとって天球の運動は，アリストテレスにとってと同じように，他に物理学的基礎を必要としない自然運動であった．「現に自らの形を最も単純な立体［＝球］に表現している天球の持つ可動性は，円状に回転することであり，等しく自らのうちへ動く限りにおいて，そこには始めも終わりも見出せず，一方を他方から区別することもできない」[31]．実際，プトレマイオスの研究を改革する際のコペルニクスの目的の一つは，天球運動はすべて中心の周りの一様な円運動からなるという天文学の伝統的な原理に戻ることであった．コペルニクスは，プトレマイオスが，惑星の運動のいくつかを説明するためにエカントを利用することで，その原理に背いたものと考えていた．エカントとは惑星軌道内のある点であり，惑星は周転円上を動くが，周転円の中心とエカント点を結ぶ動径ベクトルは，エカント点のまわりを一様に動く（図 10.19）．この場合，周転円の中心を運ぶ導円の中心に関して運動は一様ではない．ナスィールッディーン・トゥースィーに率いられたマラーガのイスラーム天文学者達も，この問題に悩まされていた．どのようにしてコペルニクスがイスラームの研究について学んだのかはわからないのだが，彼は，自分の著作の中に彼らの解決策をとり入れている．もちろん，イスラームの天文学者達は地球が宇宙の中心で静止していることまでは疑わず，その点でコペルニクスの前進は大きかったと言わねばならない．

　コペルニクス自身は，地球の自転や太陽の周りの公転について，現実の証拠を示さなかったし，また示すこともできなかった．第一の自転の運動については，彼は単に，星々の巨大な天球よりも比較的小さな地球が回転した方がより合理的であると主張している．第二の地球の公転運動については，惑星の定性的ふるまいは，その運動の一部を地球自身の年周運動に帰することによってより容易に理解されるであろうというのが，彼の主張の本質である．このようにして，惑星の逆行については周転円によってではなく地球とその惑星の軌道運動の組合せによって説明されうる（図 10.20）．惑星と地球との距離の観測された変動も，二つの軌道を考慮することでより容易に理解される．コペルニクスは，地球が太陽の周りを運動するなら，一年の異なる時期には恒星が異なる位置に見えてしまうだろう（いわゆる年周視差）という反論に対しては，地球の軌道半径は恒星天球の半径よりもはるかに小さいため，そのような視差は観測できないと仮定することで回答している．このように，コペルニクスの理論がもたらした結果の一つは，宇宙の大きさに関する天文学者たちの見積もり値をはるかに大きくしたことである．

　コペルニクスは，新しい体系の基礎についての序論の後で，彼の指導者であるプトレマイオスに倣って，天体の運動が提起する数学的問題を解くのに必要な平面および球面三角法の概要について述べている．ヨーロッパでは，レギオモンタヌスの研究以後，三角法の技法における進歩があったにもかかわらず，コペルニクスのやり方は，紀元後2世紀のプトレマイオスのそれに近いものであり，まだ弦を使っていたほどであった．しかし彼も，次の2点については，プトレマイオスの時代以降1400年間に成し遂げられた研究の成果に譲歩している．第

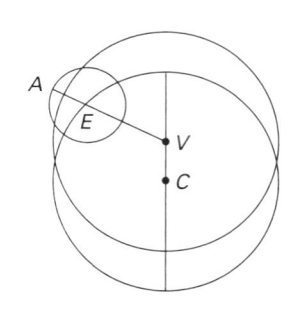

図 10.19
プトレマイオスのエカント．惑星 A は E を中心とする周転円上を動く．E は，動径ベクトル VE がエカント点 V のまわりを一様に回転するように，C を中心とする円の周りを移動する．

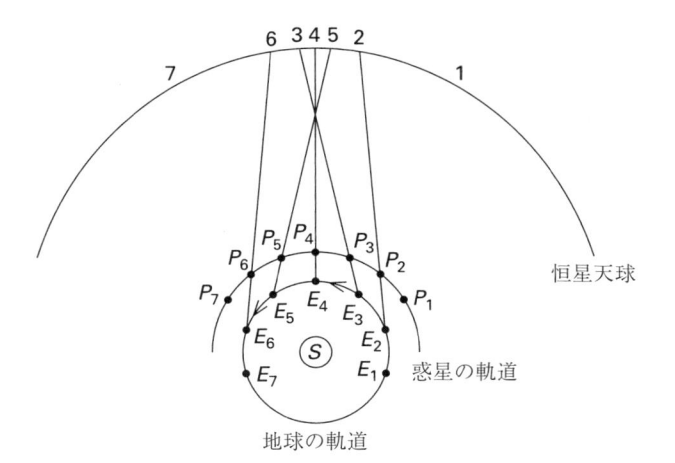

図 10.20
外惑星の逆行．恒星天球を背景に，惑星の観測位置が，順番に1,2,3,4,5,6,7と印付けられている．逆行は，3 と 5 の間で起こる．

一に，古代人によって用いられてきた円の半径60ではなく，(もうすでにアラビア数字が一般的に用いられていたので) 半径として100,000を用いている．第二には，彼の表は，様々な円弧の弦を与えるのではなく，その円弧の2倍の弧長に対する弦の半分の長さを与えていることである．「なぜならば，弦全体よりも半分の弦の方が，証明や計算において使い道が多いからである」[32]．コペルニクスは，現在の常識的な用語である「正弦」という言葉を用いていない．また，平面上の三角形を解く方法の概要において，正弦の法則についても述べていない．彼の基本的な解法は，適切な垂線を引いて，直角三角形を論ずることから成り立っている．

コペルニクスは，球面三角形について一群の定理を導く際にも，平面三角形の場合のやり方を守って，やはり弦（または半弦）だけを用いている．彼は球面三角形についての正弦の法則を与えなかったばかりではなく，別の三角比を用いてメネラオスの諸定理を単純化することもしなかった．しかし，球面三角形をいかに解くかについての彼の議論は包括的であり，続く天文学の研究にとって十分なものである．

論考の残りの巻でコペルニクスは，古代と近代の観測結果とともに新しい太陽中心のモデルを用いて，月と惑星の軌道の基本的なパラメーターを計算している．宇宙の中心を地球から離しても，プトレマイオスの世界像がたいして簡略化されていないことがわかるのは，これら後ろの方の巻を読むときである．コペルニクスは，単に惑星を太陽中心の天球上に配置するだけでは，観測結果の要求を満たせないことを見出した．そこで彼は，プトレマイオスと同様に，周転円のようなより複雑な考え方を導入しなければならなかった．たとえば，コペルニクスの計算によると，地球の（円）軌道の中心は太陽ではなくて空間の点 C_E にあり，その点は，太陽の周りを回転する点 O を中心とする周転円上を回転することになっていた（図 10.21）．同様にして，様々な惑星軌道の中心も太陽ではなく，地球の軌道の中心でさえない．最終的に，『天球の回転について』において述べられている体系全体は，プトレマイオスの体系と同じくらい複雑なものになった．

細かい数学的な議論のため，コペルニクスの著作は彼の時代における最高の

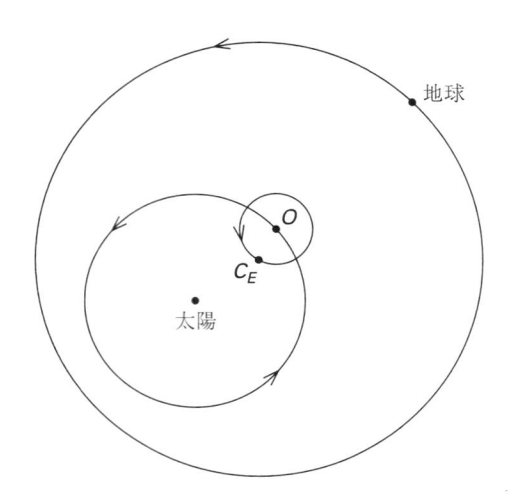

図 10.21
地球は C_E の周りを回転している．C_E は中心が O の周転円上を回り，O は太陽の周りを回転している．

天文学者以外には読めないものになり，彼らがその主な読者であった．それから数十年の間に，これらの数学者は，天文現象に関わる計算は，コペルニクスの理論と技法を適用することによって簡潔になることを見出した．これらの技法を使うためには，地球の運動を信じるかどうかは不必要なことであった．したがって，天文学者や教養のある一般の人々は，コペルニクスの研究を，単に数学的な仮説であって，自然学の理論ではないものとして捉えていた．実際に，『天球の回転について』が印刷される際につけられた序文によれば，地球の運動に関するコペルニクスの見解は，真実ではなく，単なる計算のための仮説として考えるべきであった．というのも，「天文学者は，[天界運動の]真なる原因や仮説をどんな方法によっても決して獲得することはできないのであるから」[33]．これはルター派の神学者アンドレアス・オシアンダーによるものである．オシアンダーはコペルニクスの著書が出版にこぎ着けるまでの世話をしていた．

しかし，16世紀後半には，何人かの聖職者達，とくにローマ・カトリック教会との激しい争いに巻き込まれたプロテスタントの聖職者達が，地球の不動性を肯定する『聖書』の諸節に明らかに矛盾するという理由で，コペルニクスの考えに対して猛烈な反対の意志を表明し始めた．これらプロテスタントの指導者達は，ローマ・カトリック教会が，『聖書』に表されている考え方から大きく外れてしまったと考えた．彼らは，『聖書』の言葉から一字一句でも外れているように見える学説は何でも激しく拒否したのである．これと同時期，カトリック教会自体はコペルニクスの研究に対してほとんど文句をつけなかった．実際『天球の回転について』はいくつものカトリックの大学で教えられており，それに由来する天文表は，1582年に教皇グレゴリウス十三世によってカトリック世界に公布された改暦の基礎ともなっていた（図10.22）．皮肉なことに，17世紀になって，たいていの天文学者が新しい証拠とコペルニクスの理論よりも優れた太陽中心説とによって地球の運動を確信したあとになって初めて，カトリック教会は全力をあげて，そのときには異端の代表と見られていた，地球が動くという理論に対抗するようになったのである．

図 10.22
ヴァチカン市国発行のグレゴリオ暦400年記念切手．

10.3.3 ティコ・ブラーエ

コペルニクスの研究を天文計算の基礎として利用した天文学者の一人に，エラスムス・ラインホルト (1511–1553) がいる．彼は 1551 年に，3 世紀以上にわたってヨーロッパで蓄積されてきた天文表の最初の全集を刊行した．これは一般的に，彼の後見人であるプロシア公の名に因んで，プロシア表と呼ばれている．この表はそれまでの表よりも明らかに優っていたが，それは一つには，より多く精度の高いデータに基づいて作成されていたためであった．それでもこの表は，プトレマイオスの研究に基礎をおく表に比べて，本質的により正確であるとは言えなかった．月食の予測に関しては，依然として一日以上の誤差があった．

どのように表を計算する場合でも，結果を改善するための一つの方法は，より良い観測であった．ティコ・ブラーエ (1546–1601) は，一生をこのような観測に捧げた天文学者であった．もちろん，このためには優れた器具が必要であり，そのための資金が必要であった．幸運にもティコは，1576 年にデンマーク王フレデリク二世を説得して，コペンハーゲンの近くにあるヴェーン島を提供してもらうとともに，費用を融通してもらい，立派な観測所を建て，必要な助手を雇い，新しく組み立てた器具を使って年間を通した観測をすることができた（図 10.23）．ティコは，継続的な惑星観測の必要性に気づいた最初の天文学者であった．最終的にはデンマークを去り，プラハに移ってオーストリア皇帝ルドルフ二世に仕えることになったものの，彼は，25 年以上の期間に渡って，弧の数分までの正確さで膨大な量のデータを蓄積することができたのであり，その正確さは古代人による最高の仕事をはるかに凌駕していた．

ティコは，二つの重要な観測によって，プトレマイオスの体系とその背後にあるアリストテレス主義哲学が正しくないことを確信した．第一に，彼は 1572 年末頃から 16 ヶ月間継続的に，天空に現れた新しい物体——新星——を追跡した．ティコは，非常に正確な観測に基づいて，この物体が恒星天球に対して動いていないことを証明し，そこから彼は，それが恒星の領域に属することを結論した．したがって，アリストテレスの主張とは裏腹に，天界においても変化は可能であることが明らかとなり，地上界と天界との間の区別が一つ取り除かれた．天界においても変化が起こりうることは，ティコが 1577 年に彗星を発見したことで，一層現実味を帯びてきた．また彼は，彗星の視差と月や惑星の視差とを比較することによって，彗星が地球から見て月より遠くにあり，金星と太陽との距離よりも長い距離をおいて太陽の周りを周回しているという結論に至った．さらに，太陽から彗星までの距離が観測している間に明らかに大きく変化したので，ティコは，天空が惑星を運ぶ固い天球で満たされているはずはないと結論した．実際には惑星と惑星との間には，別の天体が運行できる空間があるはずである．

10.3.4 ヨハネス・ケプラーと楕円軌道

ティコは第一に優れた観測者であって，理論家ではなかった．彼が考案した宇宙のモデルは，プトレマイオスのものとコペルニクスのとの「中間的な」ものであったが，そこでは地球を除くすべての惑星は太陽の周りを運行しており，その系全体は中心にある不動の地球の周りを回転することになっていた．しかし，彼は，それを数学的なものに仕上げることはできなかった．ティコの人生最後

図 10.23
アセンション島の切手に描かれたティコ・ブラーエの観測所，使われた四分儀，そして 1572 年の新星．

伝　記

ヨハンネス・ケプラー (Johannes Kepler, 1571–1630)

ケプラーは，南西ドイツにあるヴァイル・デア・シュタットで生まれ，テュービンゲン大学で学んだ．そこでコペルニクスの理論に精通し，それが本質においては世界の正しい体系を表していると確信するようになった．彼はもともとプロテスタントの聖職者になるつもりでいたが，天の配剤で，大学からオーストリアの町グラーツにあるプロテスタント学校の数学教授職を薦められた．数年後に学校が閉鎖され，プロテスタントの職員が全員追放された際にも，ケプラーだけは例外で，彼は職場に戻って数学と天文学の研究を続けることを許された．ケプラーは，コペルニクス理論を細部まで詰めて完成するにはティコ・ブラーエの観測結果を入手しなければならないことに気づいており，ティコと文通を始めたが，その結果皇帝ルドルフ二世の取り計らいでプラハでのティコの助手に任命してもらうことができた．ケプラーが到着してから約18ヶ月後にティコは亡くなったが，ケプラーは，このときまでにティコの研究について十分に学んでおり，その資料を自分自身の研究に利用することができた．彼はティコ・ブラーエの後任として皇帝付数学者に任命され，その後の11年間をプラハで過ごした（図10.24）．

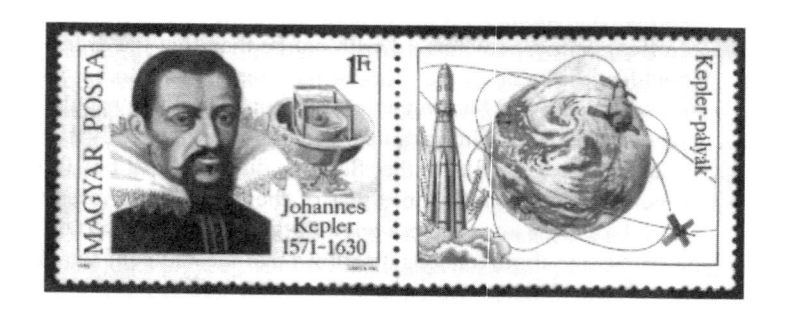

図 10.24
ハンガリーの切手に描かれたケプラーと彼の宇宙体系．

の2年間に，プラハで彼と共に研究したヨハンネス・ケプラー (1571–1630) は有能な天文学者であった．彼はティコの大量の観測データを用いて，周転円のような手の込んだからくりがなくても天体現象を正確に予測できるような，新しい太陽中心説を組み立てることができた．

　生涯決して揺るがなかった目標をケプラーに与えたのは，彼の哲学的な性向とともに，ひょっとすると彼が受けた神学の訓練であったのかもしれない．その目標とは，神が宇宙を創造するために用いた数学的な規則を発見することであった．1596年の最初の著作『宇宙誌の神秘』(*Mysterium cosmographicun*) の中で彼は，「量は立体と共に初めに創造された」[34]と述べている．1621年の第2版につけられた注において，ケプラーは彼が意味するところを明確にした．すなわち，「むしろ量の諸観念は昔も今も神，および神自身と共永遠である．……このことに関しては，異教徒の哲学者も教会の博士も同意している」[35]．その生涯を通じ，ケプラーは，哲学的な分析と膨大な量の計算とによって，神が宇宙を創造した際用いた数的諸関係を示そうと試みた．彼の目的は，宇宙は数から創ら

れているというピュタゴラス学派の教義を，より高度な水準において再確認することに他ならなかったように思われる．コペルニクスが太陽を宇宙の中心においたことを出発点として，彼は，今日ケプラーの法則として知られている惑星に関する三つの法則と，その他にも今日われわれなら神秘主義的であるとして拒否するような多くの関係を発見することができた．

ケプラーは『宇宙誌の神秘』の中でこれらの関係の一つについてかなり詳細に論じている．なぜちょうど六つの惑星があるのか？「神は常に幾何学者」であり，至上の数学者であるため，正多面体を用いて惑星を分離することを欲したのである．ユークリッドは正多面体が五つしかないことを証明していたので，ケプラーはこのことを，神がちょうど六つの惑星を創ったことの理由とした．そうして彼は，隣接する惑星の軌道を載せた一対の天球の間には，五種類の正多面体のうちのどれかが内接しているという考えを練り上げた（図 10.25）．たとえば，土星の球の内側には，木星の軌道に外接している立方体が内接している．同様に，木星の軌道と火星の軌道との間には四面体が，火星と地球との間には十二面体が，地球と金星の間には二十面体が，金星と水星の間には八面体がある．これらの多面体は天球の間にあり，その大きさは，様々な惑星軌道の大きさの間に成り立つ関係の根拠を与えるものであった．たとえば，木星の軌道の直径は火星のそれの 3 倍であり，一方，四面体に外接する球の直径の比は，四面体に内接する球の直径の 3 倍であることにケプラーは気づいていた．すべての値が正確であるというわけではない．依然としてある程度の食い違いがあった．しかし，このような事実もケプラーをそれほど悩ませはしなかった．彼は，プロシア表のデータも完全には正確ではないことなど，値の正確さを当てにできない理

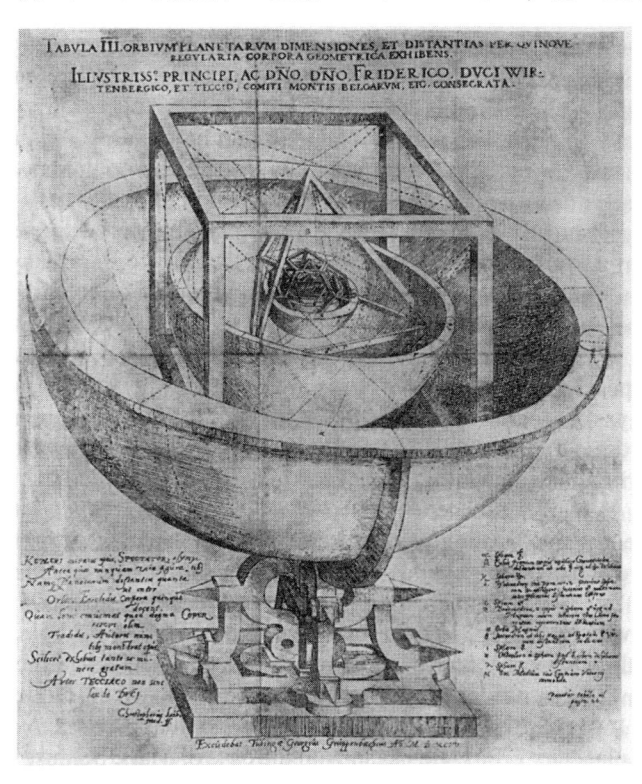

図 10.25
惑星の軌道を表現するケプラーの正多面体．1621 年の『宇宙誌の神秘』からの図版（出典：スタンフォード大学図書館特殊コレクション部門の提供）．

由をいろいろとあげつらった．自分の基本的な考えの正しさを確信していたので，彼にとってそのような不整合は些細なことであった．このことに関するケプラーの見解は，彼が単に若かったことによるものではなかった．実際，彼は何度もこの基本命題に立ち戻り，その度ごとにその正しさを示す新しい理由を提示しようと試みたのだった．

　ケプラーはまた，惑星自体の大きさの比にも興味を持っていた．彼は『コペルニクス天文学概要』(*Epitome astronmiae Copernicanae*, 1618) の中で，「大きさの順番は天球の順番と同じであるということほど自然と調和するものはない」[36] と記した．すなわち，水星は最も小さい惑星であり，土星は最も大きな惑星であるということになる．しかし，これらの大きさの間に，どのような比が存在すべきなのだろうか．彼は，いくつかの可能性を考えた．土星の太陽からの距離は，地球のそれのおよそ 10 倍であるので，彼は，土星の直径は地球の直径のおよそ 10 倍であるか，または，その表面積が地球の表面積の 10 倍であるか，または，その容積が地球の容積の 10 倍である，ということを主張した．これらの可能性のどれかを選ぶために，彼は新しい望遠鏡による観測に言及し，第三のものを選んだ．土星の密度が地球の密度と同じであると仮定するならば，直径の比は距離の 3 乗根になり，表面積の比は 3 乗根の 2 乗になることが導かれる．ケプラーは，自分の理論が正しいのかどうかを確かめる証拠をほとんど持っていなかったので，――惑星の容積を計る方法はなかった――その主張は単に理論だけに終わった．しかし，ケプラーは，軌道の大きさの場合におけるように，単純な数的関係があるはずだと確信していた．

　ケプラーは音楽理論についても造詣が深く，協和音を与える弦の長さに関するピュタゴラスの比について熟知していただろう．すなわち，1 : 2 の比は 8 度の比になり，2 : 3 は 5 度，3 : 4 は 4 度というように続く．彼は，『宇宙の和声』(*Harmonices mundi*, 1619) において，異なる惑星と結びついたいろいろな数に，これらの調和比を与えようと試みた．彼は最初に回転の周期について試みたが，これには調和比が対応しなかった．次に，惑星の体積，遠日距離と近日距離，最高速度と最低速度，および惑星がその軌道の単位長さを通過するのに必要な時間での変動についても試みた．どれもうまくいかなかった．長い議論の後，ケプラーはついに「正しい」数に行き当たった．太陽から見たときの，惑星による一日あたりの見かけの角運動である．遠日点（軌道上で太陽から最も遠いところにある点）における土星の 1 日の運動は 1′46″ であり，近日点（軌道上で太陽から最も近いところにある点）における 1 日の運動は 2′15″ である．これらの二つの値における比は，およそ 4 : 5 であり，長 3 度である．火星については，対応する比は 26′14″ : 38′1″，または，およそ 2 : 3 であり，これは 5 度になる．ケプラーは，個別の惑星の遠日点と近日点における運動の間だけではなく，異なる惑星の運動の間にも協和音程を見出した．近日点における土星の運動と遠日点における木星の運動との比が 1 : 2 になり，8 度になることがわかった．さらにケプラーは，これらの比の特定の組を共通の調に収まるようにおき直したときに，土星の遠日点で始まる長調と，土星の近日点で始まる短調とを見出した．ケプラーは著作の中に，諸惑星によって単独で，あるいは共に「奏でられ」，いくつかの和声で終わる様々な旋律を収録した．「したがって，天の運動はある永

遠の多声音楽に他ならない．……それゆえ，造物主を猿まねするのが習いの人間が，ついに多声で歌う芸術を発見したことはもはや驚くことではない．……こうして人間は多くの声の芸術的な協和によって，1時間のうちの短い部分の中に創造された時間の永遠性を奏でることができ，また，神を模したこの音楽から引き出された歓喜の非常に甘美な感覚の中で，職人である神の自らの仕事に対する満足感をいくぶんでも味わうことができるのである」[37]．

ケプラーには今日われわれが神秘主義と呼ぶ傾向があるため，そもそも彼を科学者と見なすべきかどうか疑問に思う人もいるかもしれない．しかし，彼は科学者であるとはっきりと答えられる．当時の最も重要な天文学上の発見のいくつかはケプラーに負っているのである．惑星の運動に関する彼の三つの法則から，運動の法則に関するニュートンの重要な研究までは，一直線につながっている．

『宇宙誌の神秘』において，ケプラーは自らの目標の一つを，惑星の「諸円の運動」の発見，つまり，惑星の軌道を定めることと宣言している．彼はこの著作の中で，コペルニクス体系が基本的に正しいということを数々の論拠によって示した．しかし16世紀の終わりまでに，彼はコペルニクスの数学的な説明では問題を完全に解決することができないことを理解していた．たとえば，コペルニクスは依然として地球を他の惑星に比べて特別なものとして扱っていた．コペルニクスの研究を修正するためには，ティコ・ブラーエのみが持っているより良い観測データが必要であるとケプラーは考えた．これらのデータをついに手に入れた彼は，1601年までに，惑星軌道を細部にわたって正確に決定することに着手することができた．彼は火星の場合から始めたが，それというのも，火星の軌道は常に最も理解するのが困難であったからである．ケプラーは，もし火星の軌道を理解することができれば，他もすべて理解できるであろうと信じていた．

1609年の『新天文学』(Astronomia nova) において，ケプラーは火星の軌道を計算するための8年間にわたる詳細な計算，つまり，間違った前提，単純な誤り，そして忍耐強く続けられた努力の一部始終をわれわれに伝えている．コペルニクスの理論で彼にとって最優先する内容は，火星の運動は動いている地球から観測されるという事実だったので，彼は最初に地球自身の軌道に関する正確なパラメーターが必要であると考えた．ケプラーは地球の軌道を中心が C で半径が r の円とし，点 S を太陽，$CS = e = 0.018r$ とした（地球の軌道は非常に円に近いので，軌道を円と仮定しても困るようなことはなかった）（図10.26）．さらに，直径 CS 上に $AC = CS$ となるような別の点 A をとり，Q を地球の遠日点としたときに $\angle EAQ$ が時間とともに一様に変化するものとした．言い換えれば，彼は，コペルニクスが拒絶したエカントを再度導入したのである．地球はその軌道上を点 A について一定の角速度で回るので，その直線速度は太陽からの距離が変化するとともに必然的に変化する．ケプラーは，遠日点と近日点近くにおける地球の速度は，太陽からの距離とは逆比例して変化することを示し，この結果を残りの軌道に対しても一般化した（残念ながら，その規則は正しくないことが判明した．のちにケプラーが理解したように，太陽からの距離と逆比例して変化するのは，動径ベクトルに対して垂直な惑星の速度成分である）．

しかし，プトレマイオスやコペルニクスとは違い，ケプラーは天体の運動に関わる純粋に数学的な問題，すなわち「現象を救うこと」のみならず，その物理

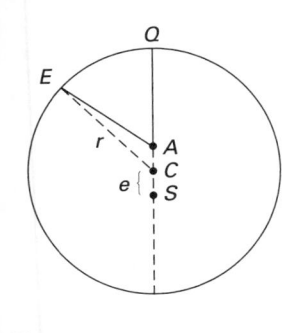

図 10.26
地球の軌道に関するケプラーの仮定．

的解釈にも同じく関心を持っていた．彼は地球が空間を通って実際に運行するときの軌道を記述しようとし，そして何が地球を動かし，その軌道を保つのか，なぜ太陽からの距離によって速度が変化するのかを知ろうとした．ケプラーは，ウィリアム・ギルバートの著作『磁石論』(1600) を読み，太陽から発するある力が惑星に働き，その軌道上で惑星を運行させるのであるということで納得した．彼にとってこのような力は，周転円上を動く惑星に働くとするよりも，円運動する地球に働くとした方が理解しやすかった．また，磁力のように太陽の力も距離とともに弱まるので，惑星の速度は太陽からの距離が遠くなるにつれて小さくなるということも道理に適っていた．数学的な視点から物理学的な視点へのこのような変化は，ケプラーが周転円を拒否してエカントを再導入するのに困難を感じなかった理由の一つであった．

ケプラーは火星の運動に立ち戻り，最初の頃に立てた円軌道という仮定から出発した．少なくとも，それは，おおよその正しい結果を提供したからである．彼の目的は，遠日点 Q を過ぎてから惑星の動いた弧 QP の長さと，弧を動いた際にかかった時間との関係を計算することであった．彼は，惑星が太陽から遠いほどゆっくりと動くことを知っていた．しかし，速度と弧の間の正確な関係を計算することは，彼の能力の範囲を超えていたので，彼は近似値をとらざるをえなかった．彼は，地球に対してと同様に火星に対しても，惑星の速度は動径ベクトルの長さに反比例して変化するという仮定を立てたが，このことは（無限小の）弧を通過するのに必要な時間はそのベクトルに比例するということを意味していた．したがって，時間は，適当な単位を選べば，動径ベクトルによって表現されうる．そこでケプラーは，有限の弧 QP を通過するのに必要な時間全体は，円のその部分を構成する動径ベクトルの和，あるいは動径ベクトルが掃いた面積として考えられると論じた（図 10.27）．ケプラーは，そのような無限小についての議論は厳密ではないことを認識していたが，いずれにせよ彼は，不正確な円軌道と不正確な速度の法則に基づいた法則として，次のこと述べたのだった．「動径ベクトルは等しい時間内に等しい面積を掃く」．この法則は，今日では第一法則への補足と見なされているので，一般にケプラーの第二法則といわれている．おもしろいことに，正しい惑星軌道が楕円であるということを発見したときでさえ，ケプラーはこの法則を別のやり方で証明しようとはしなかった．

軌道の形が楕円であるということはケプラーの第一法則の内容である．この法則をどのように発見したのかについても，ケプラーはわれわれにたっぷりと教

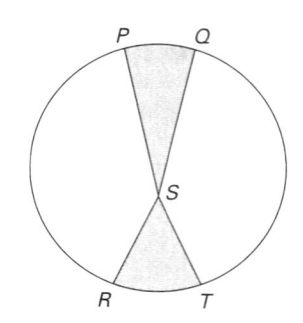

図 10.27
ケプラーの第二法則：惑星は等しい時間内に等しい面積を掃く．面積 SPQ が面積 SRT に等しいとき，惑星が Q から P まで動く時間は R から T まで動く時間に等しい．

えてくれる．彼は，地球の軌道について研究した後で，火星とその軌道の想定された中心との間の距離を何度も計算し，その距離は，遠日点と近日点近くでは長くなり，軌道の残りの部分では短くなることを見出した．この場合，軌道が円であるというのは不可能になる．ケプラーは，軌道はある種の卵形でなければならないと結論した．ギリシア人達が推奨した円という美しい形を退け，それをかなり曖昧な形の卵形で置き換えたことは，いささか奇妙なことであった．なぜならば，そのような曲線は，ケプラーが求めていた「天球の調和」についてのすべての可能性を破壊してしまうように思われるからである．それでもケプラーは，その卵形の精密な形状を計算するという，時間のかかる作業を開始した．

2年にわたる計算の後，ほんの偶然に結果が出た．彼は，ある計算をしやすくするために，卵形を近似的に楕円で置き換えていた．彼は，円周と楕円の短軸の端との間の距離 AR は（円の半径を1とすると）0.00429に等しく，これは，$e = CS$ を円の中心と太陽との距離としたとき，$(1/2)e^2$ になることに気がついた（図10.28）．このことから，比

$$CA : CR = 1 : 1 - \frac{e^2}{2} \approx 1 + \frac{e^2}{2} = 1.00429.$$

が得られる．この数についてケプラーを驚かせたのは，この数は彼が以前に見たことのあるものだったということである．この値は，A を遠日点 Q から90°離れた円周上の点とし，AC と AS の挟む角を ϕ としたとき，ϕ の値 $5°18'$ の正割（セカント）に等しい．この場合の正割は，動径ベクトルの長さとその直径への正射影との比になる．ケプラーは，$CA : CR \approx SA : SB \approx SA : CA$ であることを理解し，CQ と CP の挟む角度を（90°の場合に限らず）任意の大きさ β としたとき，距離 SP と，その状態での太陽–火星間距離との比は，SP 自身と，[P を通る] 直径への SP の正射影 PT との比になるということにすばらしいひらめきで気づいたのであった．言い換えれば，実際の太陽–火星間距離は PT であり，$PT = PC + CT = 1 + e\cos\beta$ となることを理解したのである．ケプラーに残された問題は，この距離をどのようにとるかということであった．ケプラーは最初，片方の端を太陽に，もう片方を動径ベクトル PC 上におき，$SV = PT$

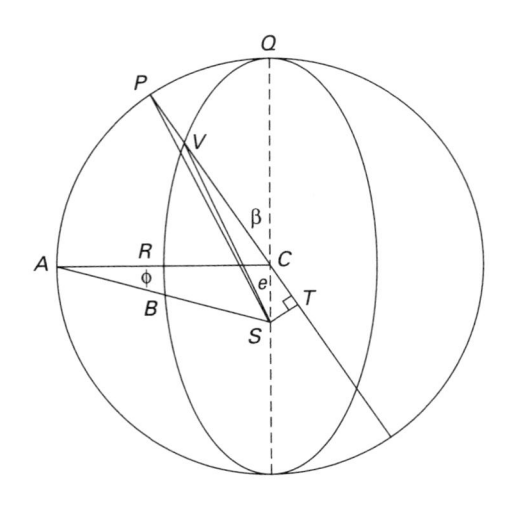

図 10.28
ケプラーによる楕円軌道の導き方．

となるようにした．残念ながら，そのように作図された曲線は完全には観測結果と一致せず，実際のところ正確には楕円ではなかった．しかし，いくつかの理由から，ケプラーは今や楕円が本当の軌道であると確信していた．

ついにケプラーは，$\rho = 1 + e\cos\beta$ によって与えられる距離は，太陽を始点とし，終点が，直線 CQ に垂直な直線上に来るようにとられるべきであるという正しい結論に達した．ここで，β は，その垂線と補助円の交点を W としたとき，CQ と CW との挟む角とする（図 10.29）（ケプラーの最初の考えとこれとの間の差がきわめて小さいことに注意せよ．せいぜい約 $5'$ の弧の違いしか生じない）．ケプラーはこうして作図された曲線が楕円であることを証明することができた．ここでは，現代記号を用いて彼の議論を要約してみる．楕円の中心が C で，$a=1$ 及び $e = CS$ としたとき $b = 1 - \dfrac{e^2}{2}$ と仮定する．この楕円は，半径1の円において，QC に垂直に引いたすべての縦座標が b の比率で縮小されてできたものと考えられる．もし，ν が弧 RQ に対する S における角であるならば，$\rho\cos\nu = e + \cos\beta$，かつ $\rho\sin\nu = b\sin\beta$ となる．二つの等式を平方して加えれば，

$$\rho^2 = e^2 + 2e\cos\beta + \cos^2\beta + \left(1 - \frac{e^2}{2}\right)^2 \sin^2\beta$$
$$= e^2 + 2e\cos\beta + 1 - e^2\sin^2\beta + \frac{e^4}{4}\sin^2\beta$$

が得られる．

e^4 を含む項を無視すれば，

$$\rho^2 = 1 + 2e\cos\beta + e^2\cos^2\beta = (1 + e\cos\beta)^2.$$

したがって楕円の方程式は，$\rho = 1 + e\cos\beta$ と書き表すことができ，これは，すでに導いた軌道自身を表す曲線の方程式とまったく同じである．さらに，楕円の中心と焦点との距離 c は，e^4 を含む項を無視すれば，

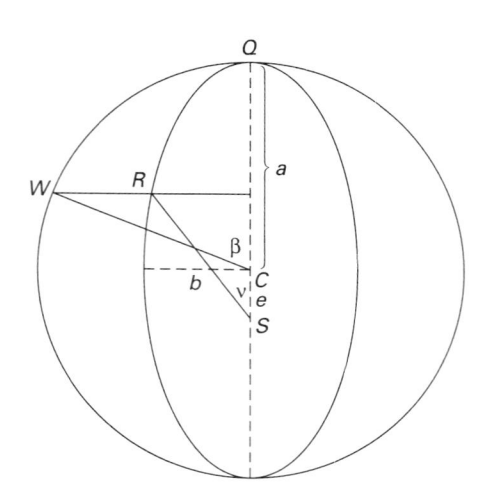

図 10.29
軌道を表す曲線が楕円であることのケプラーによる証明．

$$c^2 = 1 - b^2 = 1 - \left(1 - \frac{e^2}{2}\right)^2 = e^2$$

で与えられる．太陽は，楕円の焦点の一つであり，e は離心率であることがわかる（図 10.30）．こうして，惑星の軌道は太陽を一方の焦点とする楕円であるという，惑星の運動に関するケプラーの第一法則を導くことができた．ケプラー自身は，火星の場合についてこの法則を導いてしまうと，他の惑星については簡単にこれを確認しただけで，その一般的な妥当性を主張した[38]．

ケプラーの第三法則は『宇宙の和声』において初めて登場するが，そこでは経験的な事実として述べられている．それはある意味，以前に『宇宙誌の神秘』において始められた研究の頂点とも言えた．なぜならば，それは，ケプラーが軌道の大きさと運動に関して抱いていた一般的な疑問に対して，もう一つの答えを提供していたからである．すなわち，「任意の 2 惑星の周期の間に存在する比は，正確に，［その惑星と太陽との］平均距離の 3/2 乗の比になる．このことは，まったく明らかで正しい」[39] ということである．ケプラーはティコ・ブラーエによる測定結果をさらに研究することでこの法則を発見したが，それらを別の原理から演繹するということはしなかった．

惑星の運動に関するケプラーの 3 法則は，物理理論とともに，天文理論の発展にとって重要であった．それらを発見する過程は科学者による研究の手順の優れた事例である．科学者は研究を始める際に何らかの理論を必要とするが，その後必ず理論による結果と観測による結果とを比較しなければならない．もし彼らが自分の観測に自信を持っていて，これらが理論による予測と一致しない場合には，理論を修正しなければならない．ケプラーはこのようなことをしばしば行い，ついに観測と一致する理論上の成果に到達した．彼は何年もかけて必要な計算を行った．しかし，彼の生涯の晩年には，対数の発明が，彼のような天文学者の行う計算を非常に簡単にしてしまった．

10.4 対数

対数の概念はおそらく，乗法を加法や減法に変換する三角法の公式の利用にその起源を持つ．正弦の法則を用いて三角形を解かねばならないときに，乗法や除法が必要とされたことを思い出してみよう．正弦は一般に 7 桁から 8 桁まで計算されたので（円の半径として 10,000,000 または 100,000,000 が用いられた），これらの計算は長く，しばしば間違いも生じた．もし乗法や除法が加法や減法によって置き換えられれば，計算はより単純になり，間違いも少なくなるだろうと天文学者達は考えるようになった．このことを成し遂げようと，16 世紀の天文学者達は，しばしば $2\sin\alpha\sin\beta = \cos(\alpha-\beta) - \cos(\alpha+\beta)$ などのような公式を用いた．すると，たとえば，4,378,218 に 27°15′22″ の正弦を掛け算したいときには，$\sin\alpha = 2{,}189{,}109$ となる α を定め，$\beta = 27°15′22″$ とおき，表を用いて $\cos(\alpha-\beta)$ と $\cos(\alpha+\beta)$ を定めた．このとき，この二つの値の差が求める積になり，実際に掛け算を行わなくてすむ．

対数概念の第二の起源はより明らかである．それはおそらくシュティーフェルやシュケのような代数学者達の研究において見出された．両者とも2のベキ乗を指数と対応させる表を作り，一つの表における乗法がもう一つの表における加法に対応することを示した．しかしこれらの表では数値の間隔が次第に大きくなるので，必要な計算には役立たなかった．しかし17世紀にさしかかる頃，二人の人物がそれぞれ独立に，いかなる数（2のベキでなくても）の乗法も加法に置き換えられるような，包括的な表を作ることを思いついた．この二人とは，スコットランド人ジョン・ネイピア (1550–1617) とスイス人ヨプスト・ビュルギ (1552–1652) である．ネイピアの方が先に著作を出版した．

10.4.1 対数の概念

ネイピアの対数表は，1614年の『対数の驚くべき規則の叙述』(*Mirifici logarithmorum canonis descriptio*) と題された本の中に初めて現れた．この著作には，その表をどのように用いるかを指示する短い概説しかなかった．対数に関する彼の第二の著作は，彼の死後2年経った1619年に出版された，『対数の驚くべき規則の構成』(*Mirifici logarithmorum canonis constructio*) であるが，そこでは表の作製のもとになる理論について説明されていた．そこには算術を改良するための表を，幾何学を用いて作製するという独創的な考えが見られる．

ネイピアは，天文学者達が主に三角関数，とりわけ正弦に関する計算を行うことを知っていたので，正弦の乗法を加法に置き換えられるような表を作ろうとした．ネイピアは，対数を定義するために，二つの数直線を考えた．一つの数直線には，増加する算術数列［等差数列］，$0, b, 2b, 3b, \ldots$ が表され，もう一つの直線には，その右端からの距離が，減少する幾何数列［等比数列］，$ar, a^2r, a^3r, \ldots$，をなす点列が表されている．ここで，r は 2 番目の数直線の長さである（図 10.31）（ネイピアは，r の値として彼の正弦表の半径である 10,000,000 を選び，a を 1 より小さいがきわめて 1 に近い数とした（囲み 10.1））．この直線上の点は，$0, r-ar, r-a^2r, r-a^3r, \ldots$ と表すことができる．ネイピアにとって，一般にこれらの点は与えられた角の正弦を表していた．

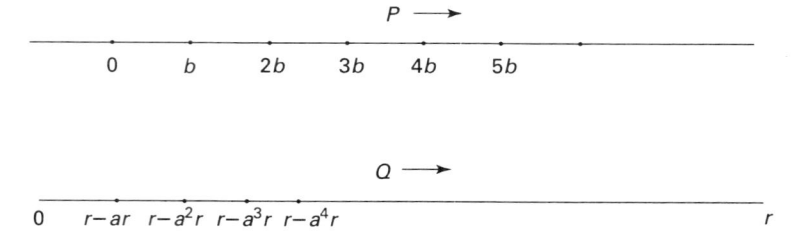

図 10.31
ネイピアの動く点．

ここでネイピアは，点 P と点 Q が，次のような仕方でそれぞれの直線上を右に向かって移動するとする．P は上側の直線を「算術的に」（つまり，一定の速度で）動く．したがって P は，同じ時間内に，等しい区間 $[0, b], [b, 2b], [2b, 3b], \ldots$ を通過する．Q は下側の直線を「幾何的に」動く．Q の速度は変化し，同じ時間内に（減少する）各区間，$[0, r-ar], [r-ar, r-a^2r], [r-a^2r, r-a^3r], \ldots$ を通過する．それぞれの区間での通過距離は，減少する幾何数列 $r(1-a)$,

囲み 10.1
小数の現代的記号法

　小数に対する現代的な記号の導入には主としてネイピアが貢献している．ステヴィンは，記号法を提案するとともに，小数の考え方について詳しく説明していた．しかしネイピアは，『対数の驚くべき規則の構成』の冒頭近くで，正確な計算のためには正弦表を作るときの単位円の半径として 10,000,000 のような大きな数を用いることが必要になると述べ，「表の計算においてこれらの大きな数は，数の後ろにピリオドを打ち 0 を加えることによって，さらに大きな数にすることができる．……このように中に打たれたピリオドによって区切られた数においては，ピリオドの後ろに書かれているものは何であれ分数である．その分母は，ピリオドの後ろにある数字と同じ数の 0 をその後ろにともなう単位［つまり 1 のこと］である」[40] と書いている．たとえば，彼は，25.803 は $25\frac{803}{1000}$ と同じであり，9999998.0005021 は $9999998\frac{5021}{10,000,000}$ を意味すると書いている．ネイピアの表に登場した小数はすぐにヨーロッパ全体に広まった．インド−アラビア数字がヨーロッパに導入されてから，完全な十進位取り記数法が一般に受け入れられるまでには，およそ 400 年が費やされていた．

$ar(1-a)$, $a^2r(1-a)$, ... をなす．このとき，数列の各項は各区間の左端から数直線の右端までの距離を［$(1-a)$ で］等倍したものになっている．等しい時間で動いた距離は速度に比例するので，各区間における点の速度は，その区間の始点から直線の右端までの距離に比例する．ネイピアは当初，下側の直線の動点は印を付けた点を通るときに急に速度を変え，各区間内では一定の速度を保つものと考えていたようである．しかし彼は，対数の定義において，2 番目の直線上の点の速度を（当然，そのような用語は用いていないものの）連続的に変化するものと考えることによって，これらの変化を滑らかにした．こうして，もし点の速度が常に直線の右端からの距離に比例するならば，その点は幾何的に動くことになる．ネイピアにとって，「与えられた正弦の対数というのは，半径が幾何的に減少を始めるときの速度とずっと同じ速度で，かつ与えられた［数］まで半径が減少するのと同じ時間内に，算術的に増加した数」[41] であった．言い換えれば，もし，下側の直線上の点 Q が（幾何的に）0 から動き始めるのと等しい一定の速度で，上側の直線上の点 P が 0 から動き始め，そして直線の右端からの距離（半径）が x であるような点に Q が到着したとき，P が y に到着したならば，このとき y は x の**対数**であるといわれる．

　現代の微積分の記号を用いれば，ネイピアの考えは，微分方程式

$$\frac{dx}{dt} = -x, \quad x(0) = r; \qquad \frac{dy}{dt} = r, \quad y(0) = 0$$

によって表される．最初の方程式の解は，$\ln x = -t + \ln r$，または $t = \ln\frac{r}{x}$ となる．この結果と，2 番目の方程式の解である $y = rt$ とを結びつければ，ネイピアの対数 y（ここでは $y = \text{Nlog}\, x$ と書く）は，現代の自然対数によって，$y = \text{Nlog}\, x = r\ln\frac{r}{x}$ と表現される．このように，ネイピアの対数は，自然対数に密接に結びついている．しかし，たとえば，x の値が増加するとき対数の値は減少するので，自然対数とすべての性質が共通しているわけではない．

10.4.2 対数の用法

ネイピアによる対数の定義は今日のものとはいくぶん異なってはいるものの，彼は現代の対数の性質と類似した重要な性質を導いており，正弦の対数表の作り方も示している．彼は始めに，その定義から直ちに $\mathrm{N}\log r = 0$ が結論されることを注記している．というのも，上側の直線上の点はまったく動いていないことになるからである．実際のところネイピアは，0 を任意の定数の対数に割り振ることができることを理解していたが，彼は，「対数を正弦全体[*3]に合わせて決めるのが最も適切である．そうすれば，最も頻繁に出てくる計算である加法と減法にわれわれは二度と手間取ることがないだろうから」[42]，と言っている．同様に，もし $\dfrac{\alpha}{\beta} = \dfrac{\gamma}{\delta}$ ならば，$\mathrm{N}\log\alpha - \mathrm{N}\log\beta = \mathrm{N}\log\gamma - \mathrm{N}\log\delta$ である．この結果は定義からも導かれる．というのも，下側の直線上の点が幾何的な運動をするのであれば，α から β まで動く時間は γ から δ まで動く時間に等しいことになるからである．この結果から，対数を計算に用いるための規則が導かれる．たとえば，$x:y = y:z$ ならば，$2\mathrm{N}\log y = \mathrm{N}\log x + \mathrm{N}\log z$ であり，$x:y = z:w$ ならば，$\mathrm{N}\log x + \mathrm{N}\log w = \mathrm{N}\log y + \mathrm{N}\log z$ である．一方，おそらく彼が乗法そのものにはあまり興味がなかったためであろう，積に関する対数の計算方法は示されていない．彼は，三角法を念頭において対数を作っているのであるが，三角形を解くための計算には，多くの場合比例式の 4 番目の項を見つけることが必要であり，実際そのために彼の規則は用いられている．

この種の計算として，斜辺 c と辺 a がわかっているような直角三角形の例を考えてみよう．問題は，与えられた辺 a の対角 α を求めることである．ネイピアは，三角法の基本的な関係

$$\frac{\sin\alpha}{r} = \frac{a}{c}$$

を利用している．ここで，$r = 10^7$ は，正弦が定義されている円の半径である．次に，ネイピアは，彼の表と上述した性質の規則を用いて，$\mathrm{N}\log\sin\alpha = \mathrm{N}\log a - \mathrm{N}\log c + \mathrm{N}\log r$ を計算している．$\mathrm{N}\log r = 0$ であるから，彼は辺の対数によって α の正弦の対数を求めたことになる．表を逆に読むことで，求める角が得られる．ネイピアの表は正弦の対数表であるが，彼はそれをこの問題で必要な長さの数値の対数を計算するために用いる．その際彼は，求めたい数に十分近い正弦の値を表の中から見つけ，いずれかの桁数に適当な調整を加えた上で，その正弦の値の対数をとる，というやり方をとっている．

ネイピアは他にも対数表の用法を数多く例示している．2 辺 a, b と辺 a の対角 α とが与えられている平面三角形を解くために，対数の法則は正弦の法則，

$$\frac{\sin\alpha}{a} = \frac{\sin\beta}{b}$$

に適用される．ここで，ネイピアは，β として，一つは直角よりも小さく，一つは直角よりも大きいような二つの値が可能であることに気づいている．2 辺 a, b とその挟角 γ が与えられている三角形を解くために，ネイピアは垂線を下ろす

[*3] $x = 90°$ のときの $\sin x$，つまり円の半径のこと．

という標準的な方法を用いない．この方法は対数の計算に適合しないからである．代わりに彼は**正接の法則**

$$\frac{a+b}{a-b} = \frac{\tan\frac{1}{2}(\alpha+\beta)}{\tan\frac{1}{2}(\alpha-\beta)}$$

を利用する．γ が与えられれば，$\alpha+\beta$ は求められる．対数をこの比に適用すれば，$\tan\frac{1}{2}(\alpha-\beta)$ を求めることができ，ゆえに $\frac{1}{2}(\alpha-\beta)$ が，したがって α と β が求められる．ネイピアは，どのようにして正弦の対数表から正接の対数を計算したのだろうか．この疑問に答えるために，われわれは実際にネイピアの表の1行を示そう．ここでは，0°から45°までの弧のそれぞれの分に対して七つの列が与えられている．

$$34°40' \quad 5688011 \quad 5642242 \quad 3687872 \quad 1954370 \quad 8224751 \quad 55°20'$$

第1列は，弧（または角）の値を与えており，第2列は，その弧の正弦を与えている．最後の列は，最初の列における弧の補角の弧を与えており，第6列は，その正弦を与えている．したがって第6列は第1列の弧の補角の正弦，すなわちその弧の余弦を与えていることになる．第3列と第5列は，第2列と第6列の正弦に対するネイピアの対数をそれぞれ与えており，これは，ネイピアも述べているように，第6列と第2列の正弦の補角の対数をそれぞれ表している．最後に，真ん中の列は，第3列と第5列の値の差，または，第1列の弧の正接に対するネイピアの対数を表している．10,000,000 の対数は0であるから，10,000,000 より大きい数の対数は負でなければならず，単に，もとの定義において移動する点の方向を逆にすることで定義される．もちろん，これらの数は正弦を表すことはできないが，正接または正割(セカント)を表すことはできる．この場合，真ん中の列にある負の対数は，55°20′の正接の対数であり，第3列にある負の対数は，同じ角の正割の対数である．

われわれは，ネイピアが実際どのようにして運動学的な定義から対数表を作製したのかくわしく述べることはできないが，この表の作製には20年も費やされたことが注目される[43]．この仕事が手による計算の時代においてなされたにもかかわらず，注目すべきことにほとんど誤りがない．しかし晩年，ネイピアは 10,000,000 ではなく1において0になる対数の方が便利であろうと判断した．その場合，よく知られている対数の性質，$\log xy = \log x + \log y$ と $\log\frac{x}{y} = \log x - \log y$ が成り立つ．さらに10の対数を1と定めれば，$a \times 10^n$ の対数は，$1 \leq a < 10$ として，単純に a の対数に n を足せばよいだけになる．ネイピアは，このような原理に基づく新しい対数表を作成する前に亡くなった．しかしこの事柄については，1615 年にヘンリー・ブリッグズ (1561–1631) がネイピアと徹底的に議論しており，そのような表を作成するための計算を始めた．しかしブリッグズは，単に算術的な手順によってネイピアの対数を新しい「常用」対数に変換したのではなく，表を一から作り直した．彼は $\log 10 = 1$ から始めて，順番に，$\sqrt{10}$, $\sqrt{\sqrt{10}}$, $\sqrt{\sqrt{\sqrt{10}}}$, ..., と計算していき，そのような開平計算を54回行って，1にきわめて近い数に到達した．これらの計算はすべて，小数点以下30桁まで実

行された．$\log\sqrt{10} = 0.5000$, $\log\sqrt{\sqrt{10}} = 0.2500, \ldots, \log(10^{\frac{1}{2^{54}}}) = \frac{1}{2^{54}}$ であるので，彼は対数の法則を用いて，狭い間隔で並ぶ数の対数表を完成させることができた．ブリッグズの表は 1628 年にアドリアン・ヴラックによって完成され，20 世紀に入るまでほとんどすべての対数表の基礎となった．天文学者達は計算に対数を利用することが有利であるということにすぐに気づいた．対数の重要性は高まり，18 世紀にはフランスの数学者ピエール・シモン・ド・ラプラスが，その発見は「労力を短縮することで，天文学者の寿命を 2 倍にした」と断言できたほどであった．

10.5 運動学

われわれが考察しようとするジョン・ディーの数学的諸技芸のうち最後のものは，運動を扱ったものである．すなわち，「静力学は，あらゆるものの重さや軽さ，および重さと軽さに付随する運動とその性質の原因を証明するような数学的技芸であ」り [44]，「回転運動学は，……単純なものであれ，合成されたものであれ，あらゆる円運動の性質を証明する」[45] のである．一般に近代物理学の創立者と見なされている人物はガリレオ・ガリレイ (1564–1642) であるが，彼に負うところが大きかったのは，最初ギリシア人が，のちには中世の学者達が考察した運動法則の再定式化であった．ただし彼は，自分の考えを説明するために，代数ではなく以前の人々と同様に幾何学を用いようとした．彼は，今日では一般に静力学と呼ばれる分野でも仕事をしたものの，彼の新しい考えのうち最も重要なものは，自由落下の「自然」加速度運動と，投射体の「強制」運動を扱ったものである．これらは，1638 年に出版された『機械学と位置運動に関する二つの新科学についての論議と数学的証明』[以下『新科学論議』] (*Discorsi e dimostrazioni matematiche, intorno à due nuove scienze attenenti alla mecanica & i movimenti locali*) の中に収められている．かくしてガリレオは，コペルニクスやケプラーが天空における運動の研究に数学を応用したのと同じように，地上の運動の研究に数学を応用したのであった．

10.5.1 加速運動

『新科学論議』は 3 人の人物による対話編の形式で書かれている．運動についての彼らの討議は，定義，公準，および諸々の定理とその証明を含むユークリッドの形式に則って書かれた格式ある運動論の論考の枠組みに沿ってなされていた．次のような定義が与えられている．「均等加速運動あるいは一様加速運動とは，静止を離れると等しい時間のうちに等しい速さのモメントゥムが付け加わるものをいう」[46]．ガリレオは中世の学者達と同じ定義から始めているのだが，二つの大きな前進をしている．第一には，1604 年までに，一様な加速度運動がまさしく，自由落下する物体が行う運動であるということを発見したことである．第二には，この事実から数多くの数学的帰結を導き出し，そのいくつかを実験によって確かめるのに成功したということである [47]．

ガリレオは，一時，落体の速度は，経過した時間の比ではなくて，落下した距

伝 記

ガリレオ・ガリレイ (Galileo Galilei, 1564–1642)

ガリレオ（図10.32）は1581年から1585年まで，表向きは医学の学位を取得するために，ピサ大学で学んだ．しかし彼は数学の方により興味を持っており，結局学位を取得しないまま大学を去った．ガリレオが学んだ数学とは古典的なもので，彼はアリストテレスとユークリッドに精通し，アルキメデスの著作もいくらか読んだ．こうして彼はエウドクソス流の比例論に精通したが，見たところ，カルダーノやボンベッリの代数学やヴィエトの新しい研究に関してはほとんど知識を持っていなかったようである．彼は，自然現象を研究する上で，数学，とくに幾何学の重要性を確信していた．

ガリレオが今日最も知られているのは，『天文対話』(1632) の出版をめぐってカトリック教会と衝突したことに関してである．この著作はプトレマイオスとコペルニクス両者の宇宙論について，肯定否定両方の立場の議論を紹介していた．本章冒頭で述べたように，教会当局は1616年，地球は動かないということ，そしてそれと異なった見解は認められないというのが教会の公式な立場であることをガリレオに警告していた．そこでガリレオは，コペルニクスの立場を仮説的なものとして提示することを心がけ，またそこからの帰結と，伝統的なプトレマイオス的立場からの帰結とを単に提示しただけである．それでも文章を注意深く読めば，ガリレオが実際には地球が太陽の周りを回っていることを確信しており——これはこの頃では驚くべき結論ではなかった——，旧来の立場を保守する人々を愚かしく見せていることがわかる．

他方でガリレオは，科学的な事実と宗教的な真実とは両立できるものと信じていた．1615年に彼は書いている．「われわれが自然学における何らかの確実な知見に到達したとき，われわれはそれらを『聖書』の真なる説明と，そこに必然的に含まれているところの意味の探求において，最も適切な助けとして利用するべきである．なぜならばそれらは論証された真理と調和しなければならないからである」[50]．不運にも，1630年代における教会の指導者は，ガリレオと同じぐらい頑固で，『聖書』の現行解釈への挑戦に対しては正面から立ち向かわねばならないと確信していた．こうして1633年，ガリレオはローマで宗教裁判にかけられ，彼は自らの誤りを告白するよう強要された．そこで彼は残りの生涯にわたる自宅軟禁を宣告され，これ以上著作を出版することを禁止されたが，1638年に彼の最も重要な著作『新科学論議』を何とか出版することに成功した．原稿は宗教裁判所の手の届かないオランダのライデンに送られ，そこで出版社エルゼヴィアの手によって印刷されたのだった．

教会は『天文対話』を禁書目録に載せたが，それはすでに非常に広く出回ってしまっていたのでその影響をうち消すことはできなかった．こうして一般のイタリア人たちも，他の地域の読者達と同様に，コペルニクスの体系が実際に真実であり，地球は動いているということをすぐに確信するようになった．結局は教会さえも，『聖書』のある文言についてはその解釈を変更すべきことを認めねばならなくなるのである．

図 10.32
イタリアの切手に描かれたガリレオ．

離の比にしたがって増加するものと信じていた．『新科学論議』の中では，彼はこの最初の可能性が間違いであることを示す議論をしている．彼はまず，もしある一つの物体がとりうる二つの異なる速度が，物体がそれぞれの速度を持つときの通過距離に比例するならば，物体がそれらの距離を通過する時間は等しくなることに注目する．このことは与えられた時間内において速度が一定である場合にはほとんど自明である．そこでガリレオは，このことが連続的に変化する速度に対しても正しいと仮定する．「もし落下物体が4ブラッチョの距離を通過したときの速さが，最初の2ブラッチョを通過したときの速さの二倍だったならば，（一方の距離は他方の距離の二倍なのですから），両方の通過時間は等

しくなります」[48]. ガリレオはここで, 速度の (無限) 集合を二つ比較している. 一つは, 落体が最初の 2 ブラッチョ (イタリアの距離の単位である) において任意の点を通過する瞬間速度の集合であり, もう一つは, 原点から二倍離れた最初の 4 ブラッチョにおいて, 任意の点を通過する瞬間速度の集合である. 全体の時間は等しいという彼の主張は, 有限の時間についての主張を時間における不可分者に適用することであり, これら時間における不可分者の集合全体を足し合わせることに等しい. ガリレオは, 静止地点から落下し始めた物体が 2 ブラッチョと 4 ブラッチョを同じ時間内に通過するというのはばかげたことであるから, 速度が動いた距離に応じて増加するというのは誤りであると結論している.

二つの不可分者の集合を比較するというガリレオの議論は, 数学史におけるその手の議論の最初の部類に属するが, 彼は他の文脈においてもこの議論を用いている. とくに, 彼はこの方法を使って, 本質的に中世の平均速度の規則と同じ結果を証明している.

定理 可動体がある距離を静止からの一様加速運動によって通過する時間は, 同じ可動体が同一の距離を, その速さの度合いが先の一様加速運動の最大かつ最終の速さの度合いの半分であるような均等運動で通過する時間に等しい[49].

ガリレオは, 経過時間を AB, 可動体が到達する最高速度を EB, そして BE の中点を F で表して, 等しい面積の直角三角形 ABE と長方形 $ABFG$ を作図する (図 10.33). このとき, 一方では直線 AB 上の点によって示される時間の一瞬と, 増加していく速度を表す三角形内の平行線との間に一対一の対応があり, 他方では同じ時間の一瞬と最終速度の半分に等しい速度を表す長方形内の平行線との間にも一対一の対応がある. ガリレオは, 中間地点より上のところでの不足分は, それより下のところでの過剰分によって補われるので, 「加速運動においては三角形 AEB 内の増大する平行線に従って, また均等運動においては [長方形] GB 内の平行線に従って, 速さのモメントゥムが同じ数だけ費やされる」[51] と結論している. このような各瞬間における速度の「モメントゥム」は, その瞬間に動いた距離に比例するので, それぞれの場合における距離の総和は等しいということになる. ガリレオは前記の部分と同様に不可分者の議論を用いている. なぜ彼が古典的な幾何学の概念に違反するような議論を信じたのか不思議に思われるかもしれないが, とにかく彼はそれを用いたのである.

この定理の系として, ガリレオは, 静止点から落下する可動体の場合について, 任意の時間内に動いた距離がその時間の平方に比例することを証明している. すなわち, 物体が時間 t_1 内に d_1 だけ落下し, 時間 t_2 内に d_2 だけ落下したならば, $d_1 : d_2 = t_1^2 : t_2^2$ ということである. 現代記号を用いてガリレオの結果を書き表せば, $d = kt^2$ となるが, ガリレオは常に, 現代の「関数」概念の代わりに, ユークリッドの比の概念を用いていた. この系を証明するために, ガリレオはまず, 一定であるが異なる速度で動いているような二つの物体に対して, 動いた距離は, 速度と時間の比から合成された比, すなわち, $d_1 : d_2 = (v_1 : v_2)(t_1 : t_2)$ を持つと書いている. この結果は, 等しい時間内では距離は速度に比例し, 等しい速度では距離は時間に比例するという事実から導かれている. 定理によって,

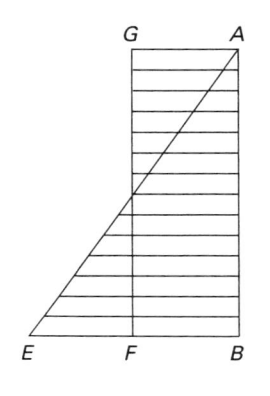

図 10.33
ガリレオによる平均速度の定理の証明.

二つの時間内において落体が動く距離は，それぞれの場合に物体がその最終速度の半分に等しい一定の速度を持っているとき動くであろう距離と同じである．これら最終速度の半分はさらに時間に比例している．したがって，合成比において，速度の比は時間の比によって置き換えられることがわかり，系は証明された．

ガリレオは，自然な加速度運動に関して38個もの定理を述べ，証明した．彼は，自由落下運動と同様に，斜面上の運動においても，速度，時間，距離を比較することに興味を持った．そして，（摩擦がない）斜面上を滑り落ちる物体が持つ速度は，その面の高さのみに依存して，傾斜角度には依存しないという内容の公準をたてた．彼はこの公準を用いて，与えられた物体による，同じ高さを持ち傾斜の異なる二つの斜面に沿った降下の時間は斜面の長さに比例し，逆に，等しい長さの平面を降下する時間は，それらの高さの平方根に反比例するという結果を導いた．ガリレオはまた，最速降下線の問題の解決に向けても前進した．すなわち，物体がある点からそれよりも低い点まで，最も短い時間で移動する径路を見つける問題である．彼は，水平面に対して垂直に立てた円において，物体が任意の点から円の底まである弦，たとえば弦 DC に沿って降下する際にかかる時間は，それがもとの弦と同じ点から始まる弦 DB と，同じ底点で終わる弦 BC という二つの弦に沿って降下する時間よりも長いことを示した（図 10.34）（ここで，DC は $90°$ よりも大きくない弧に対応するものとする）．彼はこの結果をより多くの弦に拡張することで，最速降下の径路が円弧であるという誤った結論を導いた．この曲線が実際にはサイクロイドであるということを幾人かの数学者達が導いたのは，この世紀も終わりになってのことだった．

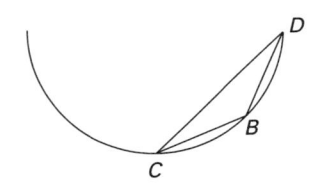

図 10.34
ガリレオと最速降下線問題．

10.5.2　投射体の運動

ガリレオは，『新科学論議』の最後の部分において，投射体の運動について論じている．これらの運動は，一定の速度を持つ水平運動と，自然に加速された垂直運動との二つから合成されている．彼は言う．

> あらゆる障害が取り除かれた状態で，ある可動体が水平面に沿って投げ出されたと想定する．すると他の所で詳細に述べたことから明らかなように，もし平面が無限に延びているならば，この運動は均等でその平面に沿ってどこまでも続くことになるだろう．しかし，もしその平面が有限であり，高いところにおかれていると考えるならば，私はその可動体が重さを持っていると想定しているので，可動体が平面の端まで行き，それを超えて進む際に，最初の均等で不滅な運動にさらに固有の重さによって持つ下方への傾向が加わり，その結果，水平方向の均等運動と下

方への自然加速運動から合成された運動が生じるだろう．それを投射と呼ぶのである[52]．

ガリレオはここで，慣性の基本法則の一部，すなわち，一定の速度で摩擦のない水平面上を動く物体はその運動を変化させないということを述べている．なぜならば，彼が以前に述べていたように，「加速や遅延の原因が存在しない」[53]からである．アイザック・ニュートンは，ガリレオの「原因」を彼自身の力の概念に置き換えることで，この原理を彼の運動法則の一つに拡張した．しかしガリレオが興味を持ったのは，法則そのものよりもむしろ投射体の軌跡に対してであった．こうして，彼は次の定理を証明している．

定理 投射体は，水平方向の均等運動と下方への自然加速運動から合成された運動によって進み，その運動を通じて半パラボラを描くだろう[*4]．

ガリレオはこの定理を，1608年に球を机上から転がす実験との関連で発見したが，この実験で彼は，水平方向の運動は重力による下方への運動によっては影響されないことを確信した[54]．『新科学論議』における彼の証明は，この仮定を用いている．ガリレオは，等しい時間内では水平に動いた距離が等しいように，また，それと同じ時間内で垂直距離が時間の平方に比例して増加するように注意をしながら，物体の軌跡を慎重にグラフに描いている．したがって，その曲線は，その上の任意の2点 F, H に対して，水平方向の距離の平方の比 $FG^2 : HL^2$ が，（平面までの）垂直距離の比 $BG : BL$ に等しいという性質を持つ（図10.35）．こうして，アポロニオスの著作に精通していたガリレオは，曲線は定理の主張どおりパラボラであると結論している．

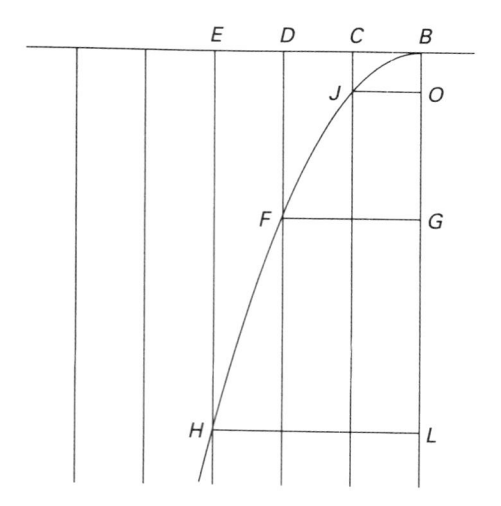

図 10.35
ガリレオと投射における放物線運動．

ガリレオはこのような投射体の運動についての議論を続け，大砲の弾のように水平面に対してある角度を持って発射された物体についても，その軌跡がパラボラであることを証明した．実際に彼は，投射の際の仰角の関数として，そのような投射体が到達する高さと射程距離を与える表をいくつか計算しており，

[*4] 日本語では parabola を放物線と訳すが，円錐曲線の一種である parabola が投射体の軌跡として捉えられるようになるのは一般にガリレオ以降のことであるとされる．

たとえば，最大距離は投射角が 45° のとき到達されることを示している．タルターリアは，すでに 1537 年の『新科学』(*Nova Scientia*) の中でこの後者の規則を確立しているが，その軌跡がパラボラであることについては気づいていなかった．タルターリアは，互いに余角となる角度で打ち出された投射体がそれぞれ等しい射程距離を持つと確定していたことについては，ガリレオを先取りしてさえいた．

しかし，タルターリアは，ガリレオとは違って，物理学の基本的な原理から研究を始めていたわけではなかった．彼はまた，ガリレオが持っていたような数学的モデルの理念についてもよく理解していなかった．ガリレオは次のように書いた．「こういった重さや速さ，そしてまた形という付帯的なことには無限の多様性があるので，これらに関する確固とした理論を与えることはできません．それゆえ，このような問題を学問的に扱うことを可能にするためには，抽象を行い，妨げを捨象した結論を見出して証明し，さらにそれを実際に用いる場合には，経験によって知られる限定内で用いる必要があります．……それに，われわれが実際に用いることができる投射で，重い物質からなる丸い形のものや，それほど重い物質でなくとも矢のように円筒状の形をしているものが投石器や弓から発射されるならば，それらの運動と正確なパラボラとの相違はまったく感知できないでしょう」[55]．ガリレオは，このように，数学を自然学に応用することについて確固たる信念を表明していた．人は常に，与えられた状況において最も重要な概念のみを考察することによって数学的モデルを作らねばならない．そして，あるモデルの帰結を数学的に導き出し，これらを実験と比較した後でのみ，そのモデルに対する修正が必要かどうかを決定することができる．ガリレオは，ケプラーのように，自然現象の数学的モデル化という基本的な規範に従った．ケプラーは天文現象を扱っていたため，彼の理論上の結果を観測と比較することしかできなかった．一方ガリレオは，彼の推論の結果を確かめる（または，誤りを明らかにする）ために実験を行った．彼が実際に発見した物理学上の定理よりも，むしろこのような数学的モデル化の方法を緻密に展開したことこそが，数学と物理学との相互発展に対するガリレオの最も根本的な貢献であった．彼の考え方は，17 世紀の科学革命がアイザック・ニュートンの業績において頂点に達した際に，完全に開花したのである．

練習問題

透視画法に関連して

1. 透視画法を用いて，碁盤の目を描け．まず，消線と消失点に対して適当な距離をとれ．次に，本文において与えられた規則を用いて水平な直線をそれぞれ作図せよ．
2. ピエロ・デッラ・フランチェスカに関して書かれた，Julian Lowell Coolidge, *The Mathematics of Great Amateurs*, の第 3 章を読み，空間に立方体を作図するためのピエロの方法について，その概要をまとめよ．
3. ピエロ，アルベルティ，デューラーなどのルネサンス絵画をいくつか集めよ．消失点と消線の位置を示し，消失点において交わるような画面上の直線を何本か示せ．

地理学と航海術に関連して

4. 地図投影法の問題について簡潔な論文を執筆せよ．今日使われている最も一般的な投影法の 2, 3 について，数学的な説明を与え，その特質を述べよ．その際に，平射図法，円錐図法，円筒図法を含めよ．
5. この問題は，赤道と北緯 30° の間，および西経 75° と西経 85° の間にある地域を表すためのメルカトル地図作図の詳細を述べている．前述の両経線間における赤道を表

すために 10cm の長さの直線を引け．それを 1cm ごとに分割し，赤道を表す直線に垂直になるように経線を引け．経度 1° を 1cm とする．地図上で，北緯 10° までの距離を求めるには，まず，1cm が大円の 1° に対応することから，対応する球の半径が $\frac{180}{\pi}$ でなければならないことに注目せよ．したがって，この値に公式 (10.1) で計算された値 $D(10°)$ を掛けねばならない．同様にして，北緯 10° から北緯 20° までの距離を計算するためには，$D(20°) - D(10°)$ を求め，これに半径を掛けよ．さらに，赤道から北緯 30° までの距離を計算せよ．図をもう少し正確に描くために，北緯 5°，15°，そして 25° までの距離を求めよ．

6. 西経 80° から西経 100°，および北緯 40° から 60° の地域の地図を描くため，北緯 40° における 1cm が経度 1° に対応すると仮定して，緯線の位置を決めるため問題 5 の計算を変更せよ．

三角法に関連して

7. 本文で論じた『三角形について』から採った次の問題を解け．三角形 ABG において，$BG = 20$，高さ $AD = 5$，$AB : AG = 3 : 5$ であるとき，2 辺 AB, AG を求めよ（図 10.15 参照）．

8. 三角形 ABC において，$\angle A : \angle B = 10 : 7$，$\angle B : \angle C = 7 : 3$ であるとする．このとき，三つの角度の大きさと辺の比を求めよ（この問題と次の問題も，『三角形について』からの出題である）．

9. 三角形 ABC において，AD は BC に垂直で，$AB - AC = 3$，$BD - DC = 12$ かつ $AD = 30$ であるとする．このとき，3 辺を求めよ．

10. 次の問題は，ピティスクスの『三角法』からの出題である．$AB = 7$，$BC = 9$，$AC = 13$，$CD = 10$，$CE = 11$，$DE = 4$ で $AE = 17$ であるとき，領域 $ABCDE$ の面積を求めよ．まず，$BF \perp AC$，$CG \perp AE$ および $DH \perp CE$ を作図することから始めよ（図 10.36）．

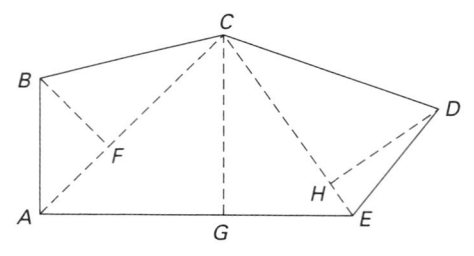

図 10.36
ピティスクスの『三角法』からの面積の問題．

11. この問題は，コペルニクスの『天球の回転について』からの出題である．二等辺三角形において三辺が与えられたときに三つの角を求めよ．三角形に外接する円を描き，中心が A で半径が $AD = \frac{1}{2}AB$ のもう一つの円を描け（図 10.37）．次に，二つの等しい辺それぞれの底辺に対する比が，半径と頂角の弦との比に等しいことを示せ．このとき，三つの角のすべてが決定する．$AB = AC = 10$，$BC = 6$ として計算せよ．

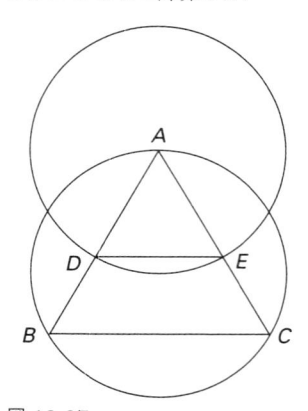

図 10.37
二等辺三角形の角を求める．

12. $\sin\alpha\sin\beta = \frac{1}{2}[\cos(\alpha-\beta) - \cos(\alpha+\beta)]$ を証明せよ．

13. 練習問題 12 の公式を用いて，4,378,218 と 27°15′22″ の正弦とを掛けよ．計算機を用いてその答えを標準的なやり方で確かめよ．

天文学に関連して

14. 地球の周期を 1 年とし，火星の太陽からの平均距離は，地球の太陽からの平均距離の 1.524 倍であるとする．ケプラーの第三法則を用いて，火星の周期を求めよ．

15. ケプラーの第二法則によると，惑星の軌道上のどの点において，惑星は最も速く動くであろうか．

対数に関連して

次の五つの練習問題は，現代の自然対数を導くため，ネイピアの対数の定義を若干修正した方法について，要点を述べたものである．

16. 二つの数直線を考え，上側の直線上には算術数列 $\ldots -4a$, $-3a$, $-2a$, $-a$, 0, a, $2a$, $3a$, $4a$, $\ldots$ をなすように点をとり，下側の直線上には，$r > 1$ として，幾何数列 $\ldots \frac{1}{r^3}$, $\frac{1}{r^2}$, $\frac{1}{r}$, 1, r, r^2, r^3, $\ldots$ をなすように点をとる（図 10.38）．2 直線上を動く点をそれぞれ P, Q とし，点 P は，等しい時間内に，それぞれの区間 $[0, a]$, $[a, 2a]$, $[2a, 3a]$, $\ldots$ を動き，一方点 Q は，等しい時間内に，それぞれの区間 $[1, r]$, $[r, r^2]$, $[r^2, r^3]$, $\ldots$ を動くものとする．点 Q の速度はそれぞれの区間内で一定であるとする．このような点 Q の運動の定義は，直線上で印を付けられた点では，Q の速度が左の終点 0 からその点までの距離に比例していることを意味するが，このことを示せ．

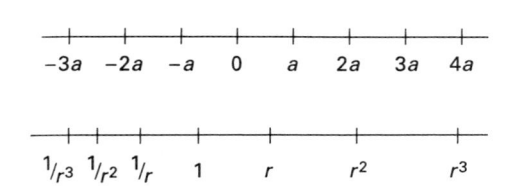

図 10.38
現代的な考え方による対数の導き方．

17. 下側の直線上の区間 $[\alpha, \beta]$, $[\gamma, \delta]$ が与えられ，長さにかかわらず $\dfrac{\beta}{\alpha} = \dfrac{\delta}{\gamma}$ であるとき，点 Q が区間 $[\alpha, \beta]$ を動く時間と，点 Q が区間 $[\gamma, \delta]$ を動く時間とは等しいことを示せ．

18. 下側の直線上 1 と r との間にあって $s = \sqrt{r}$ となるような点 s と，その整数ベキすべてを表す点とを導入することによって，断続的な速度増加をいくぶん滑らかにせよ．同様にして，上側の直線において，0 と a の間にあって $b = \dfrac{1}{2}a$ となる点と，その整数倍を書き入れよ．点 Q が，等しい時間内に，新しく作られた区間 $[1, s]$，$[s, s^2]$, $\ldots$ を動くとされ，点 P が一定速度であるとき，練習問題 16 と 17 の結果が依然として成り立つことを示せ．

19. あらゆる断続的な速度増加を取り除くために，点 Q の速度が滑らかに増加するものと仮定し，下側の直線上のいかなる点においてもその速度は 0 からその点までの距離に比例するものとせよ．さらに，点 P は一定の速度 v で動き，点 Q は，点 P が 0 を出発すると同時に，速度 v で 1 を出発するものとする．今，点 P が数 y の地点にあるときに，点 Q は数 x の地点にあるものとする．x の対数を $\log x$ と書き，これが y であるように定義せよ．$\log 1 = 0$ を示すとともに，$\dfrac{\beta}{\alpha} = \dfrac{\gamma}{\delta}$ であるとき，点 Q が区間 $[\alpha, \beta]$ と区間 $[\gamma, \delta]$ を動く時間が同じであることを示せ．ゆえに，$\log \beta - \log \alpha = \log \delta - \log \gamma$ であることを導け．

20. 練習問題 19 の最後の関係式から，適当な変形により，$\log(\delta/\gamma) = \log \delta - \log \gamma$，$\log(\beta\gamma) = \log \beta + \log \gamma$，ならびに整数 n に対して $\log(\beta^n) = n \log \beta$ であることを導け．また，正の整数 m に対して $\log(\sqrt[m]{\beta}) = \log \beta / m$ であること，および任意の有理数 r に対して $\log(\beta^r) = r \log \beta$ であることを示せ．

21. 微積分を用いて，問題 19 において定義された対数関数が，現代の自然対数の関数であることを示せ．

22. 本文で提示した関数 Nlog の定義を用い，$\mathrm{Nlog}\, x$ と $\mathrm{Nlog}\, y$ とを使って，$\mathrm{Nlog}(xy)$ と $\mathrm{Nlog}(x/y)$ とを定めよ．

23. 17 世紀に計算尺の発明により，対数の使用がどのように機械化されたのかを調べよ．使用された様々なタイプの計算尺の例をあげよ．計算尺自体はいつ廃れたのか．また，それはなぜか．

ガリレオの『新科学論議』に関連して

24. 次のことを証明せよ：同じ動体が静止状態から斜面上を降下するのと，それと同じ高さの垂直な面にそって降下する場合とでは，それぞれの運動にかかる時間の比は，斜面の長さと垂直面の長さの比に等しい．系として，物体が，同じ高さで傾斜の異なる斜面に沿って降下するときにかかる時間の比は，それぞれの斜面の長さの比と等しくなる．

25. 次のことを証明せよ：動体が，傾斜が異なり長さの等しい斜面を静止点から出発して降下するときにかかる時間の比は，平面の高さの比の平方根と反比例の関係になる．

26. 水平方向から角 α で発射された投射体は，放物線軌道を描くことを示せ．

27. ガリレオは，与えられた初速度で水平方向から角 α で発射された投射体が，$\alpha = 45°$ のときに水平距離 20,000 のところに到達するならば，$\alpha = 60°$ または $\alpha = 30°$ のときには，初速度が同じであれば，水平距離 17,318 に到達すると述べている．このことを確かめよ．

28. ガリレオは，与えられた初速度で水平面からの角度 α で発射された投射体が，$\alpha = 45°$ のときに到達する最大高度が 5000 ならば，同じ初速度で $\alpha = 30°$ のときには 2499 の高さ，$\alpha = 60°$ のときには 7502 の高さに到達すると述べている．このことを確かめよ．

29. 静止点から落下する物体の，任意の時間内に動く距離が時間の平方として与えられるとき，連続した等しい時間内に動く距離は，奇数列 1, 3, 5, $\ldots$ として与えられることを示せ．

議論に向けて

30. 新しい知識体系を展開する際，実験（または観察）と理論との相互作用に対するガリレオとケプラーの態度を比較せよ．

31. 本章の参考文献にもあげた，アーサー・ケストラー (Arthur Koestler) の *The Sleep walkers* にあるケプラーの伝記を読め．ケストラーは，コペルニクスとガリレオの生涯についても議論している．天文学上の新しい考えの発見について説明するケストラーの「夢遊病」仮説はどの程度信頼できるものか．コメントせよ．

32. 火星や肉眼で見える惑星の軌道の離心率を調べよ．これらと地球の離心率とを比べて，なぜケプラーが地球の軌道を円形と仮定することができたのかを考えてみよ．これらの離心率を考慮するならば，ケプラーは，なぜ水星よりも火星について詳しく研究したのだろうか．

33. 練習問題 15 から 19 において略述した自然対数の取扱いは，まだ微積分を学んでいない学年において対数を導入する際に妥当な方法であるか．この方法と標準的な教科書に見られる方法とを比較し，意見を述べよ．

34. 絵画の技法についての現代の教科書で幾何学的透視画法がどのように扱われているかを調べよ．また，それはア

ルベルティの議論と比べてどのようであるか．
35. ガリレオ事件についてのローマ・カトリック教会による最近の再調査について調べよ．教会は，ガリレオが禁令に背いたという見解を訂正したのであろうか．

参考文献と注

ルネサンスにおける応用数学の状況について，かなり詳細に論じている本が数冊ある．Julian Lowell Coolidge, *The Mathematics of Great Amateurs*, Second Edition (Oxford: Clarendon Press, 1990) では，ルネサンスにおける芸術家達の数学について 3 章，ジョン・ネイピアについても 1 章が設けられている．Thomas S. Kuhn, *The Copernican Revolution* (Cambridge: Harvard University Press, 1957) ［邦訳：常石敬一訳『コペルニクス革命』講談社学術文庫，1989］と E. J. Dijksterhuis, *The Mechanization of the World Picture* (Princeton: Princeton University Press, 1986) では，いずれも天文学の発達に関して数節が割かれている．とくに，後者の著作では，数学について詳細に述べられている．Arthur Koestler, *The Sleepwalkers* (New York: Penguin, 1959) ［以下の部分訳がある．有賀寿訳『コペルニクス』すぐ書房，1973．小尾信弥・木村博訳『ヨハネス・ケプラー——近代宇宙観の夜明け——』河出書房新社，1971］では，ギリシアからガリレオの時代までの天文学史が活写されており，コペルニクス，ブラーエ，ケプラー，ガリレオの伝記が収められている．彼の解釈の多くには議論の余地がある．最後に，Ernan McMullin, ed., *Galileo, Man of Science* (Princeton Junction: The Scholar's Bookshelf, 1988) は，ガリレオによる科学上の業績の諸側面についての論文集である．

1. John Dee, *Mathematical Preface*, (New York: Science History Publications, 1975), Introduction. これは原典を写真復刻したものであり，ディーの生涯や影響について解説したアレン G. ディーバス (Allen G. Debus) による序文が付いている．原典と同様にページ番号はない．ディーの哲学と数学的序文については，F. A. Yates, *Theatre of the World* (Chicago: Chicago University Press, 1969) ［邦訳：藤田実訳『世界劇場』晶文社，1978］でも論じられている．
2. Stillman Drake, *Galileo at Work* (Chicago: University of Chicago Press, 1978), pp. 347–348. ［邦訳：田中一郎訳『ガリレオの生涯』共立出版，1984］．ガリレオ，および彼と教会との闘争に関しては，膨大な文献がある．この主題についてさらに興味深い著作は，Pietro Redondi, *Galileo Heretic*, Raymond Rosenthal, trans. (Princeton: Princeton University Press, 1987) であるが，どこ大学の図書館であれ，適当な棚を一瞥しただけでもっと多くの資料が見つかるだろう．
3. John Dee, *Mathematical Preface*, p. 3.
4. 同上，p. 5.
5. 同上，p. 13.
6. 同上，p. 19.
7. 同上．
8. 同上，p. 38.
9. 同上．
10. 透視画法に関するアルベルティの業績についてさらに調べるには，J. and P. Green, "Alberti's Perspective: A Mathematical Comment," *Art Bulletin* 64 (1987), 641–645 がある．
11. レオン・バッティスタ・アルベルティとピエロ・デッラ・フランチェスカに関してさらに知識を得るには，Julian Lowell Coolidge, *Mathematics of Great*, 第三章を参照せよ．また，J. V. Field, *The Invention of Infinity: Mathematics and Art in the Renaissance* (Oxford: Oxford University Press, 1997) においてもこの時代における芸術と数学との関係について詳しく述べられている．
12. この著作の英語版として，W. Strauss, trans., *The Painter's Manual* (New York: Abaris, 1977) がある．
13. Erwin Panofsky, "Dürer as a Mathematician," in James R. Newman, ed., *The World of Mathematics* (New York: Simon and Schuster, 1956), vol. 1, 603–621, pp. 611–612. この節は，Erwin Panofsky, *Albrecht Dürer* (Princeton: Princeton University Press, 1945) ［軽装版から以下の邦訳がある．中村義宗・清水忠訳『アルブレヒト・デューラー：生涯と芸術』日貿出版社，1984］からの引用であり，この著作ではデューラーの生涯と絵画について非常に詳細に述べられている．
14. さらに知識を得るためには，Roger Herz-Fischler, "Dürer's Paradox or Why an Ellipse is not Egg-Shaped," *Mathematics Magazine* 63 (1990), 75–85 を参照せよ．
15. Dee, *Mathematical Preface*, p. 33.
16. 同上，p. 42.
17. ジョン・ハリソン (John Harrison) と経度の問題に関しては，さらに，Dava Sobel, *Longitude: The True Story of A Lone Genius Who solved the Greatest Scientific Problem of His Time* (New York: Walker and Company, 1995) ［邦訳：藤井留美訳『経度への挑戦』翔泳社，1997］を参照せよ．
18. Dee, *Mathematical Preface*, p. 15.
19. 詳細については，V. Frederick Rickey and Philip M. Tuchinsky, "An Application of Geography to Mathematics: History of the Integral of the Secant," *Math-*

ematics Magazine 53 (1980), 162–166 の中に書かれている. さらに, Florian Cajori, "On an Integration Ante-dating the Integral Calculus," *Bibliotheca Mathematica* (3) 14 (1914), 312–319 も参照せよ.
20. Dee, *Mathematical Preface*, p. 20.
21. 同上, p. 23.
22. Barnabas Hughes, *Regiomontanus on Triangles* (Madison: University of Wisconsin Press, 1967), p. 27. この著作には, レギオモンタヌスの『三角形について』(*De triangulis omnimodis*) のラテン語原典とともに, 英訳, 序文, 注釈が収録されている.
23. 同上, p. 101.
24. 同上, p. 109.
25. 同上, p. 119.
26. ジャービルとレギオモンタヌスとの関連については, Richard Lorch, "Jābir ibn Aflaḥ and the Establishment of Trigonometry in the West," in Richard Lorch, *Arabic Mathematical Sciences: Instruments, Texts, Transmission* (Aldershot, GB: Ashgate Publishing Limited, 1995) の中で詳しく論じられている.
27. 三角法の歴史についてさらに詳しくは, M. C. Zeller, "The Development of Trigonometry from Regiomontanus to Pitiscus," (Dissertation, University of Michigan, 1944, and Ann Arbor: Edwards Bros., 1946) を参照せよ. この著作に収められた表では, 17世紀初頭までにヨーロッパの書物に現われた三角法の記号と用語の様々な特徴が包括的に比較されている. また, J. D. Bond, "The Development of Trigonometric Methods Down to the Close of the XVth Century," *Isis* 4 (1921), 295–323 も参考になる.
28. A. M. Duncan, trans., *Copernicus: On the Revolutions of the Heavenly Spheres* (New York: Barnes and Noble, 1976), p. 25. これは, コペルニクスの *De revolutionibus* の新訳である. より古い英訳は, チャールズ・グレン・ウォリス (Charles Glenn Wallis) による *Great Books* (Chicago: Encyclopedia Britannica, 1952) の第 16 巻に含まれている [邦訳: 高橋憲一訳・解説『コペルニクス・天球回転論』みすず書房, 1993, 14 ページ. ただし本文に合わせて訳文の一部に手を加えた].
29. 同上, p. 26 [前掲書, 15–16 ページ].
30. 同上, p. 27 [前掲書, 16 ページ].
31. 同上, p. 38 [前掲書, 21 ページ].
32. 同上, p. 60.
33. 同上, p. 22 [前掲書, 9 ページ].
34. A. M. Duncan, trans., *The Secret of the Universe* (New York: Abaris, 1981), p. 67. これは, ケプラーの『宇宙誌の神秘』の最初の英訳であり, E. J. エイトン (E. J. Aiton) による序文と注釈が付けられている. 翻訳は第 2 版からのものなので, 1596 年に出た初版の本文だけではなく, ケプラーが 1621 年に追加した注も含まれている. この新しい版には, ラテン語原文ともとの図版の複製も含まれている [邦訳: 大槻真一郎, 岸本良彦訳『宇宙の神秘』工作舎, 1982, 33 ページ].
35. 同上, p. 73.
36. Johannes Kepler, *Epitome of Copernican Astronomy*, Books IV and V, translated by Charles Glenn Wallis in the *Great Books*, vol. 16, p. 878.
37. Johannes Kepler, *The Harmonies of the World*, Book V, translated by Charles Glenn Wallis in the *Great Books*, vol. 16, p. 1048 [島村福太郎訳「世界の調和」『世界大思想全集; 社会・宗教・科学思想篇; 31』河出書房新社, 1963 所収, 279 ページ]. ケプラーが様々な惑星に割り振った音符をピアノで演奏し, 彼の手になる「天球の音楽」を理解することは, 面白い課題である.
38. ケプラーによる楕円軌道の発見に関する詳細については, Curtis Wilson, "How Did Kepler Discover His First Two Laws," *Scientific American* 226 (March, 1972), 92–106, Eric Aiton, "How Kepler discovered the elliptical orbit," *Mathematical Gazette* 59 (1975), 250–260, および Dijksterhuis, *Mechanization of the World*, pp. 303–323 も参考にせよ.
39. Kepler, *Harmonies*, p. 1020.
40. John Napier, *Constructio*, translated by William R. MacDonald (London: Dawsons, 1966), p. 8. この著作は, もとの翻訳を写真復刻したものである. 注意深く研究すれば, ネイピアが彼の表において 8 桁までの正確さを保つのに用いた独創的な補間法の詳細が理解できるだろう. C. G. Knott, ed., *Napier Tercentenary Memorial Volume* (London: Longmans, Green and Co., 1915) はネイピアの業績についての多くの論文を収めている. 対数についての一般的な議論については, E. M. Bruins, "On the History of Logarithms: Bürgi, Napier, Briggs, de Decker, Vlacq, Huygens," *Janus* 67 (1980), 241–260 や, F. Cajori, "History of the Exponential and Logarithmic Concepts," *American Mathematical Monthly* 20 (1913), 5–14, 35–47, 75–84, 107–117 の中に見られる.
41. Napier, *Constructio*, p. 19.
42. John Napier, *Descriptio*, translated by Edward Wright, (New York: Da Capo Press, 1969), p. 6. これは, 原典の翻訳の写真復刻であり, ネイピアのもとの表とともに, 平面三角形と球面三角形の解法のために対数を利用した多くの例題を含んでいる.
43. ネイピアによる対数表作成の方法に関して詳しくは, C. H. Edwards, *The Historical Development of the Calculus* (New York: Springer-Verlag, 1979) の第 6 章を参照せよ.

44. Dee, *Mathematical Preface*, p. 25.
45. 同上，p. 34.
46. Galileo, *Two New Sciences*, translated by Stillman Drake, (Madison: University of Wisconsin Press, 1974), p. 154 [伊藤和行訳「新科学論議 第 3 日」，伊東俊太郎編著『ガリレオ』人類の知的遺産 31，講談社，1985 所収，235 ページ]．ドレイクは序文，詳細な注釈，およびガリレオによる専門用語の語彙集を執筆した．他に，科学者としてのガリレオの生涯を多角的に論じた論文としては，Stillman Drake, *Galileo Studies: Personality, Tradition and Revolution* (Ann Arbor: University of Michigan Press, 1970) や，古典的著作 Alexandre Koyré, *Galileo Studies*, translated by John Mepham (Atlantic Highlands, NJ: Humanities Press, 1978) [邦訳：菅谷暁訳『ガリレオ研究』法政大学出版局，1988] がある．
47. さらに知識を得たい場合には，Stillman Drake, "Galileo's Discovery of the Law of Free Fall," *Scientific American* 228 (May, 1973), pp. 84–92 [邦訳：渡辺正雄訳「ガリレオの自由落下の法則」『サイエンス』7 月号，1973] を見よ．ドレイクは，発見の詳細を明らかにするため，ガリレオによる手書きのメモをいくつか分析した．
48. Galileo, *Two New Sciences*, p. 160 [前掲書，242 ページ．ただし本書に合わせて一部訳文を改めた]．
49. 同上，p. 165 [前掲書 248 ページ]．
50. Stillman Drake, ed., *Discoveries and Opinions of Galileo* (New York: Doubleday, 1957), p. 183.
51. Galileo, *Two New Sciences*, p. 165 [前掲書 248 ページ一部改]．
52. 同上，p. 217 [前掲書 264 ページ]．
53. 同上，p. 196.
54. Stillman Drake, "Galileo's Discovery of the Parabolic Trajectory," *Scientific American* 232 (March, 1975), 102–110 [邦訳：横山雅彦訳「ガリレオの放物軌道の発見」『サイエンス』5 月号，1975] には，ガリレオが彼の実験について詳述している手書きのメモが詳細に報告されている．
55. Galileo, *Two New Sciences*, p. 225 [前掲書 274 ページ一部改]．

ルネサンスにおける応用数学の流れ

生没年	人物	分野
1377–1446	フィリッポ・ブルネレスキ	透視画法
1404–1472	レオン・バッティスタ・アルベルティ	透視画法
1420–1492	ピエロ・デッラ・フランチェスカ	透視画法
1436–1476	レギオモンタヌス	三角法
1471–1528	アルブレヒト・デューラー	透視画法の幾何学
1473–1543	ニコラウス・コペルニクス	天文学
1502–1578	ペドロ・ヌネシュ	地図作製
1512–1594	ゲラルドゥス・メルカトル	地図作製
1514–1574	ゲオルク・レティクス	三角法
1527–1608	ジョン・ディー	数学的序文
1546–1601	ティコ・ブラーエ	天文学
1550–1617	ジョン・ネイピア	対数
1552–1632	ヨプスト・ビュルギ	対数
1561–1613	バルトロメオ・ピティスクス	三角法
1561–1615	エドワード・ライト	地図作製
1561–1631	ヘンリー・ブリッグズ	対数
1561–1656	トーマス・フィンク	三角法
1564–1642	ガリレオ・ガリレイ	運動学
1571–1630	ヨハンネス・ケプラー	天文学

Chapter 11

17世紀の幾何学，代数学，確率論

「最終的な方程式に二つの未知量が含まれているときにはいつも，そのうちの一つの未知量の端点が直線あるいは曲線を描き，かくして軌跡が得られる」
（ピエール・ド・フェルマ『平面・立体軌跡序論』(*Ad locus planos et solidos isagoge*, 1637)[1]）

アントワーヌ・ゴンボー（メレの騎士こと，シュヴァリエ・ド・メレ）は賭で自分の勝ち目を高めようと，1652年頃パスカルに賭博に関する二つの質問をした．第一の質問は，2個のサイコロの両方の目が6になる可能性が少なくとも五分五分になるために必要な投げる回数に関するもの，そして第二の質問は，勝負が終る前に途中でやめた場合の賭金の公平な分配に関するものであった．確率の理論が発展したのは，まさにそれに対するパスカルの返答からであった．二人の人物は，ロアンヌ (Roannez) 公爵によって引き合わされていた．ロアンヌは早くも1650年代にパリにサロンを持ち，とりわけ数学者に集会場所を提供していたのである．

17世紀前半には数学的発展の進度が加速し始めた．今や印刷術は十分に確立し，書簡と印刷活字の両方を通して，情報伝達ははるかに迅速なものになりつつあった．一人の数学者の着想は他の数学者にそれまで以上に速く伝えられ，批判され，コメントされて最終的に拡張された．本章では，数学の新たな発展領域のいくつかについて概説する．

解析に代数を利用するというヴィエトの着想は，1630年代に**解析幾何学**という新たな分野へと再定式化された．それは代数と幾何学の結合によってなされた．そのあとに続く微分積分学の創案にとって不可欠となることになった解析幾何学の発展における二人の中心人物は，ピエール・ド・フェルマとルネ・デカルトである．両者はまた，数学の他の領域でも中心的な役割を果たした．デカルトはトーマス・ハリオットとアルベール・ジラールとともに，ヴィエトの代数的な思考のいくつかを方程式論へと作り直した．フェルマはブレーズ・パスカ

ルとの文通で，確率論の初期の発展に関わった．それに関する最初の教科書は1656年にクリスティアーン・ホイヘンスによって著された．ピサのレオナルド以来数論に関して，新たな研究を最初に行ったのもまたフェルマであった．一方，パスカルはジラール・デザルグとともに，射影幾何学の分野に最も早い時期に貢献した．

11.1 解析幾何学

解析幾何学は，1637年に二人の父，ルネ・デカルト (1596–1650) とピエール・ド・フェルマ (1607–1665) のもとに生まれた．当然，熟成期間はあったが，その年の初めにフェルマは『平面・立体軌跡序論』[*1][以下，『序論』と略記する] と題された手稿をパリの文通仲間に送った．一方，ほぼ同じ時期にデカルトは『自分の理性を正しく導き，諸学において真理を求めるための方法論』(Discours de la méthode pour bien conduire sa raison et chercher la vérité dans les sciences)［通称，『方法序説』とよばれている］，およびその三つの試論（その一つが『幾何学』(La géométrie) であった）の印刷用ゲラ刷りの準備を進めていた．フェルマの『序論』とデカルトの『幾何学』は両者とも代数と幾何学を関係づける基本的技法を提示し，その技法がさらに発展して，ついには現代の解析幾何学という分野となった．二人とも「失われた」ギリシアの解析法を再発見する取組みの一環として，これらの技法を発展させたのである．両者はギリシアの古典，とりわけパッポスの「解析の場所」[*2]に深く精通し，アポロニオスの四線軌跡問題に対して自分らの新しい着想を試し，その一般化を行った．だが，フェルマとデカルトは彼らの共通のテーマに対する，明確に異なる研究方法を発展させた．それらの差異は彼らの異なる数学観がもたらしたものだった．

11.1.1 フェルマと『平面・立体軌跡序論』

フェルマはトゥールーズの通常の大学カリキュラムで数学の勉強を始めた．おそらくそこで扱われていたのは，ユークリッド『原論』の入門程度の内容にすぎなかったろう．しかし，学士号を取得し終え，法学に関する教育を受ける前に，フェルマはヴィエトの昔の学生たちと数学を研究しながらボルドーで数年間を過ごした．彼らは1620年代後半にずっと先生［ヴィエト］の著作の編集と出版に没頭したのである．フェルマは，ヴィエトによる代数の記号化のための新しい考え方とギリシア数学者たちの隠された解析を発見し解明するプログラムとの両方に精通するようになった．ボルドーで，フェルマはパッポスの「解析の場所」における注釈と補助定理を用いて，アポロニオスの『平面軌跡』を復元する

[*1] フェルマによれば，未知量の端点が直線または円を描くとき，この軌跡を「平面的」といい，放物線，双曲線，楕円を描くとき「立体的」という．

[*2] 5.3.1項参照．パッポスの『数学集成』の第 VII 巻は「解析のトポス」($\dot{o}$ [$\tau \acute{o} \pi o\varsigma$] $\dot{\alpha}\nu\alpha\lambda\nu\acute{o}\mu\varepsilon\nu o\varsigma$) と別称される．文字通りには，「トポス」($\tau \acute{o}\pi o\varsigma$) が，在処あるいは猟場を意味することから，「解析のトポス」は「解析が展開される場所」を意味した．実際，コンマンディーノはこれを 'locus resolutus'（解析の場所）と訳し，ヴェル・エックは 'le champ de l'analyse'（解析の場）と呼んでいる．Cf. *Pappi Alexandrini Mathematicæ collectiones, a Federico Commandino Urbinate in latinum conversae, et commentariis illustratae* (Pesaro: Hieronymum Concordiam, 1588); Pappus d'Alexandrie, *La Collection mathématique*, tr. par Paul Ver Eecke (Paris/Bruges, 1933; Paris: A. Blanchard, 1982).

伝 記

ピエール・ド・フェルマ (Pierre de Fermat, 1607–1665)

フェルマは，フランス南部ボーモン・ド・ロマーニュの比較的裕福な家庭に生まれた．父親は皮革商を営み，地元の小役人であった．フェルマはトゥールーズ大学で学部教育を受け，1631 年にオルレアンで法学士の学位を取得した．それから彼はトゥールーズに戻り，その近くで残りの人生を開業弁護士として過ごした．彼は行政と法律の両方の機能を担う団体である議会判事室を含む，トゥールーズの様々な公式団体の一員だった．フェルマは長い年月を弁護士として働いたが，明らかに才能豊かな弁護士ではなかった．おそらく，最初に魅力を感じた数学の研究に大部分の時間を費やしたからであろう．だが，健康状態と法律に関する仕事の慌ただしさのため，彼は自分の家から遠く離れて旅行をすることはなかった．したがって，彼の数学的研究のすべては広範囲にわたる文通を通して他の人たちに伝えられたのである．

フェルマはずっと数学を一つの趣味とみなしていた．彼はそれを，弁護士として扱わなければならなかった絶え間ない論争からの逃げ場と考えていたのだ．それゆえ，彼は自分が発見したものを公表しようとしなかった．というのも，公表するには，それを詳細にわたって完全なものにしなければならず，またそうすれば，別な闘争の場で起こるかもしれない論争に自分を晒さなければならなくなるからである．フェルマの行った証明は，たとえそれが存在したとしても，どんなものであったかはほとんど知られていないし，彼の研究のある特定の部分については系統的な説明があるとは限らない．フェルマは，ある問題を解くための新しい方法をほのめかすだけで，しばしば文通相手をじらした．彼は時折これらの方法の概略を提示したが，「余暇のあるとき」に欠落部分を完成するという約束は，しばしば果たされないままであった．だがそれでも，フェルマの多くの書簡と，彼の死の 14 年後に息子が刊行した手稿の研究によって，今日の研究者たちはフェルマの方法をほぼ完全に理解することが可能になった[2]．

計画を開始した．フェルマは様々な定理の発見におけるアポロニオスの推論に従って，彼オリジナルの作品を再構成しようとした．彼はヴィエトの研究を進めるうちに，アポロニオスの幾何学的解析を代数的表現に置き換えようと自然に試みるようになった．フェルマの解析幾何学の出発点は，アポロニオスの軌跡に関する定理のこの代数的書換えだったのである．

たとえば，フェルマは次の結果を考えた．もし，任意個の与えられた点からある点に直線が引かれ，その線の平方の和が与えられた面積に等しいならば，その点は位置において与えられた [円の] 周上にある[*3]．その定理は任意個の点を扱っているが，最も簡単な場合（2 個の点の場合）のフェルマの扱いには，幾何学的な軌跡と二つ以上の変量（数）における不定代数方程式との間の対応，およびこの対応に対する幾何学的な枠組み，すなわち長さの尺度となる軸の体系という，解析幾何学における二つの主要な考えの萌芽が見られる[*4]．

[*3]「位置において与えられた」(given in position) という表現は，点，線，角などが「常に同じ場所を占める場合」に用いられるギリシア幾何学特有のものである．今日の言葉で言えば，ここでの円は確定した定円であるということである．

[*4]デカルト，フェルマには，ヴィエトに欠けていた座標の概念と不定方程式の概念の萌芽が見られ，とりわけデカルトは明らかに幾何学の数論化を前進させた．だが二人とも斉次性の条件自体は保存しており，量の統一的把握も依然として不徹底であった．そして，「数」と「量」の概念の歴史性を考慮すると，変量，未知量，定量をそれぞれ，われわれにとってなじみ易い，変数，未知数，定数と単純に言い換えてしまうには注意が必要である．

フェルマは与えられた 2 点 A, B をとり，線 AB を E で 2 等分する．さらに IE を半径とし（I はまだ未定），E を中心として円を描く（図 11.1 参照）[3]．そこで彼は，この円周上の任意の点 P が定理の条件を満たすことを示す．すなわち，$2(AE^2 + IE^2) = M$ であるように I を選ぶとすれば，$AP^2 + BP^2$ が与えられた面積 M に等しいということを示した．この証明における重要な考えは，その軌跡である円が二つの変量 AP, BP の平方の和によって決定され，点 I は「原点」E から測ったその「座標」によって決定されるということである．

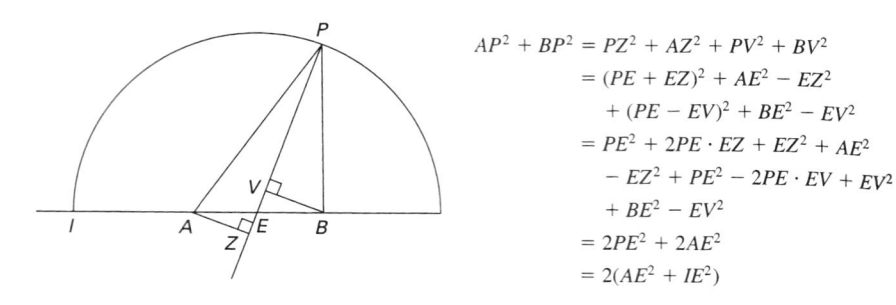

$$\begin{aligned} AP^2 + BP^2 &= PZ^2 + AZ^2 + PV^2 + BV^2 \\ &= (PE + EZ)^2 + AE^2 - EZ^2 \\ &\quad + (PE - EV)^2 + BE^2 - EV^2 \\ &= PE^2 + 2PE \cdot EZ + EZ^2 + AE^2 \\ &\quad - EZ^2 + PE^2 - 2PE \cdot EV + EV^2 \\ &\quad + BE^2 - EV^2 \\ &= 2PE^2 + 2AE^2 \\ &= 2(AE^2 + IE^2) \end{aligned}$$

図 11.1
フェルマによるアポロニオスの定理の特別な場合の解析．

ある点の（水平）座標を決定するために［座標の］原点を利用するという考えは，同一直線上にないいくつかの点に関するアポロニオスの定理のフェルマによる扱い方にはっきりと現れている．その状況下で，彼はすべての点が一方の側にあるように基線をとり，与えられた点からその線に垂線を下ろす．彼は問題の解析において，水平座標 GH, GL, GK を用いるだけでなく，基線の垂線に沿って測った垂直座標 GA, HB, LD, KC をも使用する（図 11.2 参照）．実際，彼は求める円の中心 O の水平座標 GM が $GM = \frac{1}{4}(GH + GL + GK)$，垂直座標が $MO = \frac{1}{4}(GA + HB + LD + KC)$ で与えられることを示している．半径 OP は式

$$M = AO^2 + BO^2 + CO^2 + DO^2 + 4OP^2$$

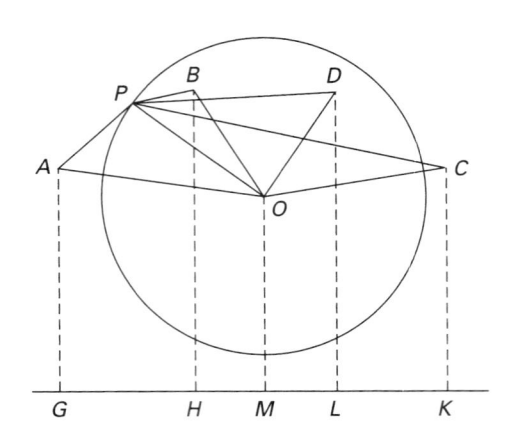

図 11.2
アポロニオスの定理の特別な場合の 2 番目．

によって決定される．ここで，M は与えられた面積である．

しかしながら，アポロニオスの定理の一般的な場合を扱う際に，フェルマは円を方程式で表現しなかった．というのも，おそらく彼はアポロニオスだったらそうしただろうというふうに，教科書を書こうとしていたからである．だが再構成を終えた2年後に，彼は解析幾何学に関する新しい考えを，『平面・立体軌跡序論』において，本章の主テーマを表すために冒頭に引用した文言にあるように記した．幾何学的な問題を代数的に解くことによって，それが最終的に二つの未知量を持つ方程式になるならば，その結果生じる解はある軌跡（直線かあるいは曲線のいずれか）であり，その点は変量を示す線分の片方の端点の運動によって決定され，もう一方の端点は固定された直線に沿って移動する，とフェルマは主張した．

この簡潔な入門書におけるフェルマの最も枢要な主張は，もしも移動する線分が固定線と固定角をなし，未知量のいずれも平方より大きなベキがないならば，その結果生じる軌跡は直線か円か，あるいは他の円錐曲線の一つになるだろうということである．彼はこの結果を，実際に生じる様々な場合について論ずることによって，証明することにとりかかった．まず最初に，直線の場合について彼の方法を例証する．「NZM を位置において与えられた直線であるとせよ．ここで，N は固定点である．NZ を未知量 A に等しいとし，また ZI を，角 NZI をなすように引かれた線であるとして，別の未知量 E に等しいとせよ．もしも $D \times A$ が $B \times E$ と等しいならば，点 I は位置において与えられた直線を描くであろう」[4]．このように，フェルマは単一の軸 NZM と1次方程式から始めた（図 11.3 参照）（フェルマは，未知量には母音，既知量には子音を用いるという，ヴィエトの習慣に従っている）．われわれが $dx = by$ と書くこの方程式が，直線を表すことを彼は示したいのである．$D \cdot A = B \cdot E$ であるから，$B : D = A : E$．そして，$B : D$ は既知の比であるから，比 $A : E$ が定まり，その結果，三角形 NZI も決定される．こうして，線 NI は，フェルマが言うように，位置において与えられる．フェルマは，NI 上の任意の点 T が $NW : TW = B : D$ を満たす三角形 TWN を決定するということを示すための必要な議論を完成させないで，それを「容易である」として省いた．

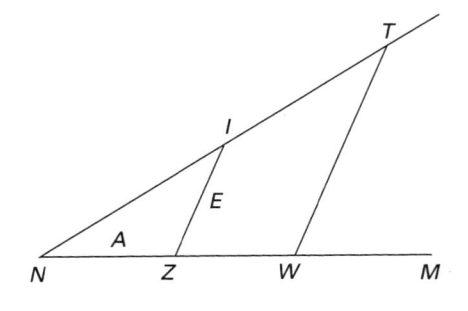

図 11.3
フェルマによる方程式 $D \times A = B \times E$ の解析．

現代の解析幾何学の基本概念はフェルマの記述に明らかに見られるが，彼の着想は現代のものと多少異なっている．まず第一に，フェルマは1本の軸だけを使用している．曲線は，2本の軸に関して座標で示される点からなっているの

ではなく，Z が与えられた軸に沿って動くとき，変量を示す線分 ZI の端点 I の運動によって生成されるものと考えられているのである．とくにそうする必要はないが，フェルマはしばしば ZI と ZN の間の角を直角にとっている．第二の違いは，ヴィエトやその当時のほとんど他の人たちにとってと同様に，フェルマにとっても代数方程式の妥当な解は正の値のみであったということである．したがって，フェルマの方程式 $D \cdot A = B \cdot E$ の解である「座標」ZN と ZI は，正の量を表している．それゆえ，フェルマはただ原点から発する光線を第 1 象限に引くだけである．

フェルマの第 1 象限への制限は，放物線の扱いにもはっきりと現れている．彼はこう述べる．「Aq が $D \times E$ に等しいならば，点 I は放物線上にある」[5]．フェルマは，方程式 $x^2 = dy$（現代的な用語による）が放物線を決定するということを示すつもりだった．彼はこの場合，直角をなす 2 本の基本線分 NZ と ZI で始めた．NP を ZI に平行に引くとき，彼は頂点 N，軸 NP，そして通径 (latus rectum) D の放物線は与えられた方程式によって決定される放物線であると主張した（図 11.4 参照）．もちろんフェルマは，彼の読者がアポロニオスの『円錐曲線論』を熟知しているということを仮定していた．放物線の場合に，アポロニオスの作図は D と NP によって囲まれた矩形が，PI（または NZ）の上の正方形に等しいことを示していた．その言明は代数に置き換えれば方程式 $dy = x^2$ で表現される．フェルマは放物線がどのようなものであるかを知っていたが，彼の図にはその半分だけしかなかった．彼は軸に沿って負の [向きの] 長さを扱わなかったのである．

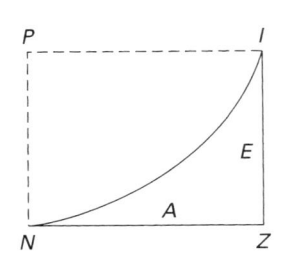

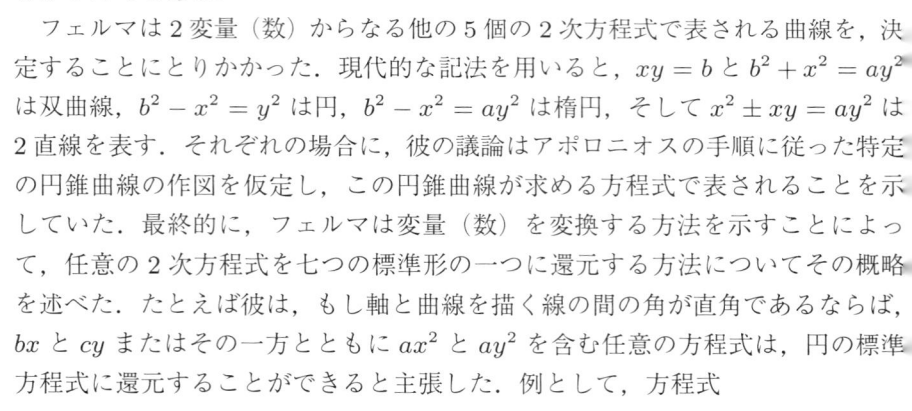

図 11.4
フェルマによる方程式 $Aq = D \times E$ の解析．

フェルマは 2 変量（数）からなる他の 5 個の 2 次方程式で表される曲線を，決定することにとりかかった．現代的な記法を用いると，$xy = b$ と $b^2 + x^2 = ay^2$ は双曲線，$b^2 - x^2 = y^2$ は円，$b^2 - x^2 = ay^2$ は楕円，そして $x^2 \pm xy = ay^2$ は 2 直線を表す．それぞれの場合に，彼の議論はアポロニオスの手順に従った特定の円錐曲線の作図を仮定し，この円錐曲線が求める方程式で表されることを示していた．最終的に，フェルマは変量（数）を変換する方法を示すことによって，任意の 2 次方程式を七つの標準形の一つに還元する方法についてその概略を述べた．たとえば彼は，もし軸と曲線を描く線の間の角が直角であるならば，bx と cy またはその一方とともに ax^2 と ay^2 を含む任意の方程式は，円の標準方程式に還元することができると主張した．例として，方程式

$$p^2 - 2hx - x^2 = y^2 + 2ky$$

はまず両辺に k^2 を加えることで，右辺が平方式になるように変形される．フェルマは

$$r^2 = h^2 + k^2 + p^2 \quad \text{すなわち}, \quad r^2 - h^2 = k^2 + p^2$$

とおき，元の方程式を

$$r^2 - (x+h)^2 = (y+k)^2$$

と書き直すことができた．これは $x+h$ を x' に，$y+k$ を y' に置き換えれば，円の標準方程式になる．フェルマはまた，変量（数）の適当な変換によって，xy の項を含む方程式を扱った．

フェルマは 2 変量（数）の任意の 2 次方程式に対応する軌跡を決定することができ，それが直線か円かあるいは円錐曲線に他ならないことを示すことができた．『序論』の終わりにあたって，フェルマは自分の方法が以下の四線軌跡問題の一般化に適用できることに言及している．「任意個の線が位置において与えられ，ある点からそれらの線にそれぞれ与えられた角をもって線を引くとし，引かれたすべての線の平方の［和］が与えられた面積に等しいならば，その点は位置において与えられた［円錐曲線］上にあるだろう」[6]．だが彼は，実際の解法は読者に残したままにしておいたのである．

11.1.2 デカルトと『幾何学』

フェルマの簡潔な論文は，それがパリに広がるや騒ぎを巻き起こした．マラン・メルセンヌ (1588–1648) を中心とする数学者のサークルが，数学と自然学 (physics)[*5] の新しい着想について議論するために定期的な集まりを持っていた．メルセンヌは集団の記録や通信を担う事務局として行動し，その役割として，いろいろな情報源から資料を入手し，それを写し，広範囲に配布した．したがって，メルセンヌはフランスの「歩く科学雑誌」の役目をしていたわけである．1636 年にフェルマはメルセンヌと定期的に通信を始めたが，フェルマの書簡の多くが簡潔で詳細を欠いていたため，メルセンヌは繰り返し彼の研究をもっと詳述するように要求した．それにもかかわらず，『序論』は好評を博し，フェルマの名は第一級の数学者として定着した．解析幾何学に関するデカルト自身の所説のまさに出版直前に，その草稿はパリに届き，それからデカルトの手に渡っていた．自分の著作が意図された読者に届く前に，見たところそれとよく似た題材を目にしたデカルトの無念さは想像がつく．

それでも，デカルトの解析幾何学はフェルマのものといくぶん違っていた．その点について理解するためには，デカルトの『幾何学』が『方法序説』で議論された自己の正しい推論（明証的な原理に基づく推論）方法の，幾何学への応用を説明するために書かれたということを知っておく必要がある．フェルマと同様，デカルトもヴィエトの諸著作を研究し，それらにギリシアの［幾何学的］解析を理解するための鍵を見た．だが，デカルトは軌跡の研究を通して代数と幾何学の関係を扱うよりも，むしろ代数方程式の解の幾何学的な作図を通して，この関係を論証する方に一層関心があった．したがって，ある意味で，彼は単に古代の伝統に追従していっただけであった．それは，ハイヤーミーやシャラフッディーン・トゥースィーのようなイスラームの数学者によって継承されていた伝統であった．しかし，デカルトはフェルマと同じ決定的な第一歩を踏み出した．それはイスラームの先駆者もできなかった方法で，幾何学と代数の間のこの関係を研究するために座標を利用することであった[*6]．

[*5]ヨーロッパ中世におけるアリストテレス－スコラ的な学問体系の一分野である自然学 (physica) が，歴史の流れの中で概念的変貌を遂げ，そのあとを受けて 17 世紀に開花したいわゆる近代物理学は，総じて，19 世紀に入って学問としての近代物理学が誕生するまで，数学を加えた「自然学」という枠組みの中で研究された．この 'physica' に由来する英語 physics は通例「物理学」と訳されるが，本書ではその現代的なイメージを考慮して，19 世紀以前の 'physics' に対しては，「自然学」という訳語を用いた．

[*6]縦線 (ordinata) と横線 (abscissa) とを座標線 (coordinata) と総称したのはライプニッツである．今日，直交座標のことを時には「デカルト座標」と称するが，デカルトは基本変量に対する軸を明確に規定しなかったことに注意されたい．解析幾何の方法の核心を，幾何的な「点」を代数的な「数の対」に対応させる座標概念に見るならば，この概念はデカルトにおいても依然未熟であった．長岡亮介『数学の歴史――文化

伝　記

ルネ・デカルト (1596–1650)

　デカルトはトゥールに近いラ・エ（現在のラ・エ＝デカルト）でフランスの古くからの高貴な家に生まれた．彼は青年期を通じて病弱だったため，学校時代は遅く起床することが許されていた．その結果，朝を思索して過ごす習慣がついた．熟考の末，彼は学校で学んだことで確実なものはほとんどないという結論に至った．事実，彼は懐疑でいっぱいになり，学問を捨てることを決意した．彼は『方法序説』でこう告げている．「私は残された青春時代を，旅行することに，いろいろな宮廷や軍隊を見ることに，いろいろな気質や身分の人たちと交わることに，いろいろな経験を積むことに，偶然与えられる機会をとらえて自分自身を試すことに，そして至る所で，目の前に姿を現すものについてそこから何らかの利益を引き出せるような考察をめぐらすことに使いました」[7]．そこで彼は 30 年戦争の間，いくつかの軍隊に入り，その後 1628 年にオランダに移り住み，世界について真実を見つけるのに適した新しい哲学を創造するという，彼の終生の目標に向かい始めた．彼は考えるということだけが明瞭で明確であるからそれらはどんな疑問も引き起こさないということで，それらを真実として受け入れ，次に新しい真理について明察するため，簡潔で論理的なステップを通る数学的推論のモデルに従おうと決心した．彼はすぐに自然学に関する主要な論文［『宇宙論』］を書いたが，教会によるガリレオの有罪宣告をうわさに聞いたため，小さな学説的な考え違いが彼の哲学全体の禁止に通じるかもしれないという恐怖から，土壇場でその論文の出版を断念した[*7]．しかしながら，彼はまもなく自分の新しい考えを世界と共有するべきであると確信した．1637 年に，彼は「方法」の有効性を開示するために，屈折光学，気象学，幾何学に関する三つの試論を加えて『方法序説』を刊行した（図 11.5 参照）．

　デカルトの国際的な名声は他のいくつかの哲学的著作の出版物とともに高まり，1649 年に彼はスウェーデンのクリスティーナ女王に招かれ，彼女に進講するためストックホルムに赴いた．彼は気が進まないままそれを受け容れたのだった．不運にも彼の健康は，とくに彼の長年の習慣とは裏腹に，クリスティーナが彼に早起きをするよう要求したため，北方の気候の厳しさに耐えることができなかった．デカルトはまもなく肺炎にかかり，それがもとで 1650 年に亡くなってしまった．

図 11.5
フランスの切手に描かれたデカルトと『方法序説』．

　『幾何学』は以下のように始まる．「幾何学のすべての問題は，いくつかの直線の長ささえ知れば作図しうるような諸項へと，容易に分解することができる」[8]．この著作全 3 巻のうち第 1 巻で，デカルトは線と円（標準的なユークリッドの曲線）の使用だけを必要とする幾何学的諸問題を解いている．だが，デカルトは代数的技法をはっきりと使用することで，こうしたユークリッドの技法を近代的に見えるようにしている．たとえば，2 次方程式 $z^2 = az + b^2$ の解を作図するために，彼は直角三角形 NLM を作り，$LM = b$, $LN = \frac{1}{2}a$ とする（図 11.6 参照）．斜辺を O まで延長して，$NO = NL$ となるようにし，中心 N，半径 NO

史としての数学』放送大学教育振興会，1993；₃2003, 89 ページ．そのような意味で，『幾何学』において彼が導入した有限的代数解析の方法は解析幾何学ではないという指摘もある．Cf. Ivor Grattan-Guinness, *The Fontana History of the Mathematical Sciences: The Rainbow of Mathematics* (London: Fontana Press, 1997; ₂1998), pp. 223f. 座標概念の歴史的変遷については，次の明快な解説を見よ．中村幸四郎『近世数学の歴史』日本評論社，1980, 49–56 ページ．

[*7] 1634 年に執筆された『宇宙論，あるいは光学論考』(*La Monde, ou Traité de la lumière*) は，デカルト没後の 1664 年に刊行された．この論者の歴史とテキストに関しては次を見よ．Descartes, *The World*, Translation and Introduction by Michael S. Mahoney (New York: Abaris Books, 1979).

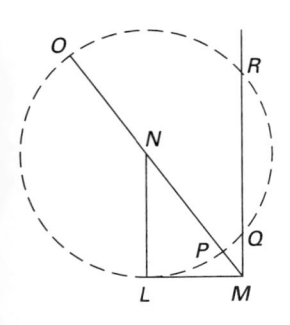

の円を作図し，OM が求める値であると彼は結論を下した．なぜならば，z の値は標準公式

$$z = \frac{1}{2}a + \sqrt{\frac{1}{4}a^2 + b^2}$$

によって与えられるからである．同じ条件下で，MP は $z^2 = -az + b^2$ の解であり，MQR が LM に平行に引かれるならば，MQ と MR は $z^2 = az - b^2$ の二つの解である．

　しかし，「多くの場合，こうして紙に線を引く必要はない．各々の線を一つずつの文字で示せば足りるのである」[9] とデカルトは注意する．どんな操作が幾何学的に可能であるのかが知られている限り，代数的な演算を行って，その結果を公式として述べることは実行可能である．この代数的な演算において，デカルトは重要なもう一歩を踏み出す．a^2 や a^3 のような項——それらに対してデカルトが初めて一貫して近代的な指数記法を用いた——は，デカルトによって，幾何学的な正方形や立方体としてではなく，線分として表される．その結果，彼は幾何学的な意味づけがなくなることを気にすることなく，より高いベキを考えることもできた．デカルトは，どんな代数的な表現でもこの目的のために単位線分の必要なだけのベキを含むとみなすことができる，と述べる．そのため，ヴィエトによって保持された斉次性の条件に一応従いはするが，彼は諸項のベキがどうであろうと，実際には自由に代数的な式をつけ加えている．さらにデカルトは，未知量（数）と既知量（数）に対するヴィエトの母音と子音による区別を現代の使用法（すなわち，未知量に対してはアルファベットの最後の方の文字，既知量に対しては始めの方の文字を使う）に置き換える．

　デカルトはアポロニオスの四線問題の詳細な議論で第 1 巻を結んでいる．彼が解の軌跡だけでなく，すべての線が関係づけられる［座標軸に相当する直線］を導入しているのはここである．その問題を解決するには，ある点から与えられた角度で与えられた 4 本の線に引かれた線のうち，2 本の線分の長さの積が他の 2 本の線分の長さの積に対して与えられた比を持つという条件を満たすようなある点を見つけることが要求されていた．「これらの条件を満たす無限個の異なる点が常に存在するから，そのような点をすべて含む曲線を見つけ，描くことが必要となる」[10] と，デカルトは述べている．

　図 11.7 を用いて，デカルトはすべての線が 2 本の主要な線に関係づけられるならば，問題は簡単になると注意している．こうして彼は，与えられた線 EG 上の線分 AB の長さを x とし，C が問題の条件を満たす点の一つであるとき，そこから引かれた線 BC 上の線分 BC の長さを y とする．求める線分 CB, CH, CF, CD（それぞれ与えられた線 EG, TH, FS, DR に引かれている）の長さはそれぞれ，x と y の 1 次関数で表現できる．たとえば，三角形 ARB の角はすべて既知であるから，比［の値］$BR : AB = b$ もまた既知である．したがって，$BR = bx$ かつ $CR = y + bx$ ということになる．三角形 DRC の三つの角も既知であるから，比［の値］$CD : CR = c$ も既知である．よって，$CD = cy + bcx$ となる．同様に，$AE = k$, $AG = \ell$ を一定の距離とし，比［の値］$BS : BE = d$, $CF : CS = e$, $BT : BG = f$, $CH : TC = g$ を既知とすれば，順に，$BE = k + x$, $BS = dk + dx$, $CS = y + dk + dx$,

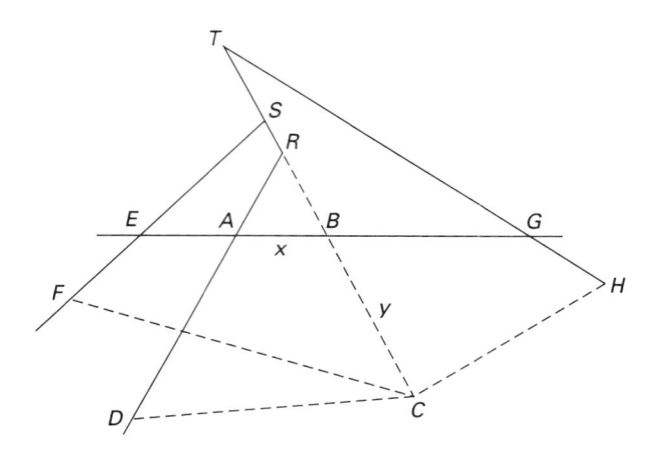

494　第 11 章　17 世紀の幾何学，代数学，確率論

図 11.7
四線軌跡問題．

$CF = ey + dek + dex$, $BG = \ell - x$, $BT = f\ell - fx$, $CT = y + f\ell - fx$, そして最後に $CH = gy + fg\ell - fgx$ が示される．その問題はある特定の組の線分の積を比較することを必要としているので，求める軌跡を表す方程式は x と y の 2 次方程式であるということになる．さらに，もしも y の値が任意に与えられるならば，x の値はその解がすでに与えられている確定した 2 次方程式を使って表現されるから，その軌跡上の望むだけ多くの点を作図することができる．したがって，求める曲線を描くことができる．『幾何学』の第 2 巻で，デカルトは再びこの問題に戻り，2 変量（数）の 2 次方程式によって与えられる曲線は，そこに含まれるいくつかの定量（数）値に依存して，円であるか，円錐曲線の一つであるかのいずれかであることを示した．

　『幾何学』におけるデカルトの主要な関心は，幾何学的な諸問題の解である実際の点の作図であった．この著作には，どんな種類の曲線がそのような作図において妥当であるのかを決定する必要性が暗黙のうちに表現されていた．当然，その中でも円と直線（彼はそれらを四線問題の軌跡上の点を作図するのに使用した）は妥当な曲線であり，しかも最も単純なものだった．これらはユークリッドによって使用された曲線だった．しかし，ギリシアの他の著述家たちは，別のいくつかの曲線のほかに円錐曲線を使用するのをためらわなかった[11]．

　デカルトは，直線と円を描くことに関するユークリッドの公準 1, 3 と次のような新しい仮定，すなわち，「2 本またはそれ以上の線が互いに他によって動かされ，それらの交点が他の曲線を定める」[12] という仮定に基づいて，幾何学で許容できる曲線を定義しようと考えた．それゆえ，彼は特定の器械 (machine) を使って生成される何らかの連続的な運動によって描かれる曲線だけを容認した．どの曲線が自分の用語に該当する［幾何学的に許容される］のかをデカルトはどうやって決めようとしたのかということは，今日，完全に明らかになっているわけではないが，彼はそのような曲線を描くように設計された器具 (instrument) の例をいくつか提示した．たとえば，図 11.8 において，GL は G のまわりに回転する定木である．定木は L で装置 $CNKL$ と結びつけられていて，線 KN は常にそれ自体に平行の状態を保ち［KN は平行移動し］ながら，L は AB 上を動くようになっている．動く 2 本の線 GL と KN の交点 C が一つの曲線を決定する．デカルトはこの曲線の方程式を簡単な幾何学的な考察から見出した．

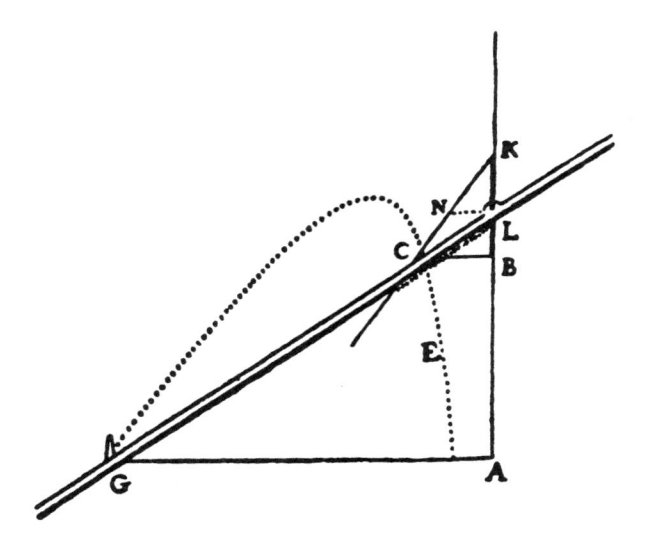

図 11.8
デカルトの曲線製図用器具.

$CB = y$, $BA = x$ とおき，一定の量を $GA = a$, $KL = b$, $NL = c$ として，彼は $BK = \dfrac{b}{c}y$, $BL = \dfrac{b}{c}y - b$, $AL = x + \dfrac{b}{c}y - b$ を算出した．$CB : BL = GA : AL$ であるから，デカルトは方程式

$$\frac{ab}{c}y - ab = xy + \frac{b}{c}y^2 - by,$$

を導き，最終的に

$$y^2 = cy - \frac{c}{b}xy + ay - ac$$

を導出した．彼は証明なしで，この曲線が双曲線であると述べている．

　おそらく，デカルトは読者に対して，アポロニオスの著作を十分理解していることを期待したのだろう．そのことで，この装置によって作図された曲線がなぜ双曲線になるかを [示さずに] わかってもらえると考えたのだ．しかし，1649 年の注釈で，フランス・ファン・スホーテン (1615–1660) は証明を与える必要があると感じた．AG を D まで延長し，$DG = MA$ とする (図 11.9 参照)．M は GL が GA と一致するときに得られる曲線上の点であるから，$MA = NL$ ということになる．今，DF を NK に平行に引き，AK と F で交わるとする (GL が KN に平行であるとき，DF は KN の延長であると考えられる)．そこでわれわれは，M を通り，線 DF と AF を漸近線に持つ双曲線を作図することができ，この双曲線がすでに作図された曲線と同じものであることを示そう．BC を延長して I で DF を切るとし，DH を AF に平行に引き，H で BC と交わるとする．そのとき，三角形 KLN と DIH は相似であるから，$KL : NL = DH : HI$ となる．しかし，$DH = AB = x$ であるから，$HI = \dfrac{cx}{b}$, $IB = AD - HI = AG + DG - HI = a + c - \dfrac{cx}{b}$, その結果，$IC = IB - BC = a + c - \dfrac{cx}{b} - y$ となる．アポロニオスの『円錐曲線論』第 II 巻命題 10 (第 3 章を見よ) によって，$IC \cdot BC = DM \cdot MA$. したがって，

$$\left(a + c - \frac{cx}{b} - y\right)y = ac \quad \text{すなわち，} \quad y^2 = cy - \frac{c}{b}xy + ay - ac.$$

そして，作図された双曲線はもとの曲線と同じ方程式を持つ．

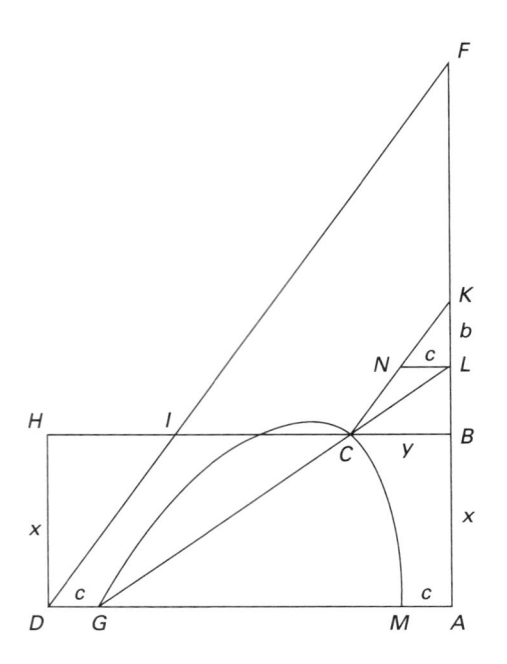

図 11.9
デカルトの双曲線作図のファン・スホーテンによる証明.

　デカルトが「幾何学的」曲線と呼んだものを定義しているのは，基本的に「……曲線のすべての点は，必ず一つの直線のすべての点に対してある明確な関係を持ち，この関係はただ一つの方程式によって表される」[13] という理由のためであったようである．言い換えれば，そのような曲線はすべて代数方程式として必ず表現できるということである．デカルトはまたこの言明の逆，すなわち2変量（数）の代数方程式はすべて適切な器械によって実際に作図可能な曲線を定める，と思っていたことは明らかである．彼はそのような言明を証明することができなかったが，『幾何学』第3巻の大部分を，2次より高次の代数曲線上の点を作図する方法を示すことに充てている．デカルトは，その上にある任意の点を作図することができる曲線は，彼の器械の一つを使って［生成される］連続的な運動によって描かれる線に従うことを確信していた．

　デカルトが「幾何学的」曲線を直接，代数方程式で表される曲線として定義しないで，連続的な運動によって定義したのにはおそらくいくつか理由があると思われる．まず第一に，デカルトは幾何学研究を改革することに興味を持っていた．完全に代数的な基準によって許容できる曲線を定義できれば，それは彼の研究を代数に還元することになったであろう．第二に，彼は幾何学的な問題の解の点が作図できることを望んでいたので，代数曲線の交点を決定できることが必要であった．連続的な運動によって曲線を定義することにより交点がはっきり決まるということは，彼にとって明白だった．しかし，代数方程式によって定義される曲線が交点を持つということは，少しも明らかではなかった．デカルトは自己の基本哲学に従って，代数的な定義を公理として採用することができなかったのだ．結局，デカルトは明らかに，代数方程式は曲線を定義する最良の方法であるとは確信できなかった．彼が方程式から［議論を］始めているところは，『幾何学』のどこにもない．フェルマと違って，デカルトは常に幾何学的に曲線を記述し，次に適切ならば，その方程式を導き出している．したがって，

デカルトにとって方程式は単に曲線を研究するための道具であって，定義する基準ではないのである．

　他方でまた，デカルトがなぜ幾何学的に定義可能でない曲線を拒絶したのかについても，その理由が問われなければならない．確かに彼は，代数方程式で表現されない曲線に気づいていた．古代の例の一つに，回転運動と直線運動の組合せによって定義される円積線 (quadratrix) があった（図 3.6 参照）．そのような曲線に関してデカルトを悩ませたのは，それは同様に古代人を悩ませていたことでもあったのだが，二つの運動が精確で測定可能な関係を持っていないということだった．というのも，[回転運動で生じる] 円の円周のその半径に対する比を精確に測定することができなかったからである．デカルトが述べたように，「直線と曲線の間の比は知られていないばかりでなく，私の信ずるところでは，人間には知り得ないものであって，そこからそのような比に基づく精密で確実なものは何ひとつ結論しえない」[14]．デカルトにとって不幸にも，1650 代になって非幾何学的（すなわち，超越的）曲線の下方の部分の面積に関する研究と同様，いろいろな曲線の正確な長さが初めて決定され，幾何学において許容可能な曲線とそうでない曲線の間のデカルトにとって不可欠な区別はすぐに意味のないものとなった．

　フェルマとデカルトは，両者とも幾何学的曲線と二つの未知量（数）を持つ代数方程式との間の基本的な関係を理解したことは確かである．二人とも基本的な道具として，今日使用されている 2 本の軸ではなく，未知量（数）の一つの尺度となるただ一つの軸を使用し，第二の未知量（数）の尺度となる線は単一の軸と直角に交わると主張することもしなかった．二人ともその方程式が 2 次よりも高次の曲線を作図することができたが，主要な例として，よく知られた円錐曲線を用いた．結局のところ，二人とも関数というよりむしろ曲線の解析幾何を扱ったのだが，それぞれが自分自身の方法で，一方の変量（数）の変化が他方の変量（数）の変化を定めるという関数の概念には通じていた．

　しかし，二人の人物は，解析幾何学の対象をそれぞれ違った観点から理解していた．フェルマは，2 変量（数）の方程式が曲線を決定するというきわめて明確な言明を与えた．彼はいつも方程式から始めて，次に曲線を描いた．一方，デカルトは幾何学の方に一層関心を持っていた．彼にとっては曲線が最も重要であった．曲線の幾何学的な記述が与えられたときに，彼は方程式を導くことができたのである．したがって，デカルトはフェルマのものよりもかなり複雑な代数方程式を扱わざるを得なかった．デカルトが高次の多項式からなる方程式を扱う方法（11.2.2 項で議論される方法）を見出すことになったのは，彼の方程式がまさに複雑だったためであった．

　デカルトとフェルマは，方程式と曲線との関係について二つの異なる観点を強調した．あいにく，フェルマは自分の研究を出版しなかった．それは草稿の形ではっきりと提示され，ヨーロッパ中に行きわたったが，出版されたもののようには影響を及ぼさなかった．反対に，デカルトの著作は非常に難解であった．それは通例のラテン語ではなくフランス語で刊行され，そして議論に多くの飛躍があり，複雑な方程式も扱っていたために，それを十全に理解できる数学者はほとんどいなかった．実際には，デカルトはそのギャップを誇りに思っていた．

伝　記
ヤン・デ・ヴィット (Jan de Witt, 1623–1672)

　ヤン・デ・ヴィット（図 11.10 参照）は生まれつき才能のある数学者だったが，家柄の事情から数学の研究にほとんど時間を充てられなかった．彼は政治に携わる活動的なオランダの名家に生まれ，ドルトの自分の故郷で指導者になった．オレンジ公ウィリアム 2 世の死後，彼は 1653 年にオランダの最高の官職の地位に任命され，したがって，事実上の首相になった．彼はオランダを導いて，イングランドとフランスの相反する要求のバランスをうまくとりながら，続く 19 年間にわたる困難な時勢を切り抜けた．しかしながら，フランスが 1672 年にオランダに進入したとき，人々はウィリアム 3 世に政権の座に戻るよう求めた．たちまちデ・ヴィットに反対の激しいデモが起こり，彼は激怒した暴徒によって殺害されてしまった．

図 11.10
オランダの切手に描かれたヤン・デ・ヴィット．

彼はその著作の最後でこう述べている．「私がここに述べた事柄についてだけでなく，各自にみずから発見する喜びを残しておくため，ことさら省略した事柄についても，後世の人々が私に感謝してくれることを期待したい」[15]．『幾何学』が出版された数年後，デカルトは考えを少し改めた．彼は他の数学者たちに，その著作をラテン語に翻訳し，さらに彼が意図したことについて解説する注釈書を刊行するように仕向けた．ライデンの工学技術学校教授ファン・スホーテンによるラテン語版（彼自身とフロリモン・ドゥボーヌ (1601–1652) による注解付の 1649 年の初版と，さらに広範囲にわたる注解と補遺を含む 1659–61 年の第 2 版）が出版されて初めて，デカルトの著作は彼が望んでいた評価を獲得したのである．

11.1.3　ヤン・デ・ヴィットの著作

　デカルト『幾何学』のファン・スホーテンによる 1659–61 年版への付録の一つは，ヤン・デ・ヴィット (1623–1672) による円錐曲線に関する論文だった．学生時代にデ・ヴィットはファン・スホーテンのもとで勉強していた．ファン・スホーテンはデカルトと交際があり，またパリ滞在中にフェルマの仕事を研究していた．ファン・スホーテンを通じて，デ・ヴィットは解析幾何学の創始者である両者の研究に精通するようになった．1646 年 23 歳のとき，彼は『曲線原論』(*Elementa curvarum linearum*) を書き，その中で総合と解析の両方の観点から円錐曲線に関する題材を扱った．『曲線原論』2 巻のうち第 1 巻は，伝統的な総合幾何学の方法を用いて様々な円錐曲線に関する諸性質を発展させることに充てられた．新方法を用いた円錐曲線に関する最初の系統的な論考である第 2 巻では，デ・ヴィットはフェルマの着想を，2 変量（数）の方程式から始める円錐曲線の完全に代数的な議論へと拡張した．方法論はフェルマのものと同様だったが，デ・ヴィットの記法は近代的なデカルトのものだった．

たとえば，定理 I は，方程式 $y = \dfrac{bx}{a}$ がその軌跡として直線を表すことを述べている．デ・ヴィットの証明は，相似性を用いて，座標 x, y を持つ作図された線上の任意の点が関係 $a : b = x : y$ を満たすことを明確に示しているという点以外は，フェルマのものと類似している．フェルマと同様に，デ・ヴィットは定量（数）と座標の両方とも正の値だけを扱っているので，求める線は原点 A から発する光線として現れるだけである．しかし彼は次に，他のいくつかの方程式——$y = \dfrac{bx}{a} + c$, $y = \dfrac{bx}{a} - c$, $y = c - \dfrac{bx}{a}$, $y = c$, $x = c$——もまた直線を決定することを示すことでそれ以上に進む．だが，各々の場合において，ただ第 1 象限にある直線部分だけが描かれている．

さらに続いて，デ・ヴィットはフェルマのように，$y^2 = ax$ が放物線を表すことを示す．彼はまた，$y^2 = ax + b^2$, $y^2 = ax - b^2$, $y^2 = b^2 - ax$ のような方程式，およびこれらから x と y を交換して得られる方程式によって定められる放物線のグラフを示す．以前と同様に，x と y の両方が正であるグラフの部分だけが描かれている．しかし，デ・ヴィットはまた，より複雑な方程式

$$y^2 + \frac{2bxy}{a} + 2cy = bx - \frac{b^2 x^2}{a^2} - c^2$$

をも詳細に考察した．$z = y + \dfrac{bx}{a} + c$ とおき，方程式を

$$z^2 = \frac{2bc}{a} x + bx$$

とするか，あるいは $d = \dfrac{2bc}{a} + b$ として，$z^2 = dx$ に還元すると，それはデ・ヴィットにとって既知の方程式で，放物線を表す．それから彼は，軌跡を描くためのこの変換の使用法を示すのである．AE を x 軸，AF を y 軸として用い，D の座標が (x, y) であるなら，彼は $BE = AG = c$ とおき，$GB : BC = a : b$ すなわち，$BC = \dfrac{bx}{a}$ となるように，DB を C まで延長する（図 11.11 参照）．その結果，$DC = y + c + \dfrac{bx}{a} = z$ ということになる．また，$GB : GC = a : e$ とおけば，$GC = \dfrac{ex}{a}$ となる．現代的な用語では，デ・ヴィットは斜交軸 AE, AF から直交軸 GC, GF に変えるために，変換 $x = \dfrac{a}{e} x'$, $y = z - \dfrac{b}{e} x' - c$ を用いたことになる．したがって，この変換によって，座標 (x, y) の点 D は，元の座標に関係のある新座標 (x', z) を持つ．新座標では，曲線の方程式は頂点 G, 軸 GC, 通径の長さ $\dfrac{da}{e}$ の放物線を表す $z^2 = \dfrac{da}{e} x'$ である．このようにしてデ・ヴィットはこの放物線を描き，あるいはもっと詳しくは，元の軸 AE の上側の部分 ID を描く．というのも，その部分だけで求める軌跡としては十分だからである．この軌跡上の任意の点 D が与えられたとき，放物線の基本性質は DC 上の正方形が $GC \left(= \dfrac{ex}{a} \right)$ 上の長方形に等しく，通径が $\dfrac{da}{e}$ であることを示している，とデ・ヴィットは指摘して証明を終えている．したがって，$z^2 = dx$ であり，$z = y + c + \dfrac{bx}{a}$ を代入することで，この方程式は元の方程式に戻る．

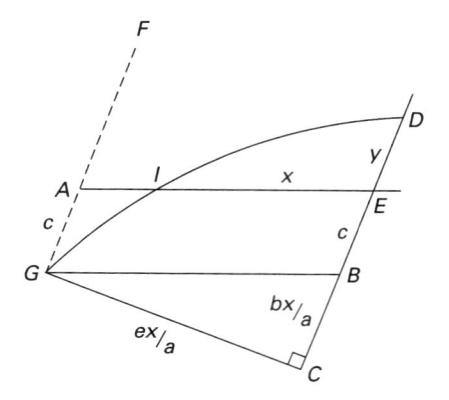

図 11.11
デ・ヴィットによる放物線 $y^2 + \dfrac{2bxy}{a} + 2cy = bx - \dfrac{b^2x^2}{a^2} - c^2$ の作図.

デ・ヴィットは，同様に楕円と双曲線の両方についても詳細に論じている．初めに

$$\frac{ey^2}{g} = f^2 - x^2 \quad (楕円) \quad と \quad \frac{ey^2}{g} = x^2 - f^2, \quad xy = f^2 \quad (双曲線)$$

のような標準形を提示し，次に，他の方程式が適切な置換によってどのようにこれらの方程式の一つに還元することができるかを示した．デ・ヴィットは，軌跡が放物線か，楕円か，あるいは双曲線かを決定する元の方程式に関する条件について述べていないが，彼の諸例を分析することで，これら［の条件］を見つけることは比較的簡単である．デ・ヴィットは，2 変量（数）のすべての 2 次方程式は標準形の一つに変換することができ，その結果，それは直線，円，または円錐曲線を表す，と述べることでこの論文を締め括っている．フェルマとデカルトは両者ともこれと同じ結果について概略を述べていたが，2 次方程式に関して軌跡問題を解くための詳細な記述をすべて提供したのは，デ・ヴィットであった．

11.2 方程式論

3 次方程式と 4 次方程式の代数的解法は 16 世紀にイタリアで発見され，さらに 17 世紀の変わり目にヴィエトによっていくぶん改良された．だが，カルダーノは便利な記法を欠いていたことが足かせになり，そしてヴィエトは常に正の解に限定していた．したがって，カルダーノが一つの 3 次方程式の根の間，および標準方程式の根の間の関係について様々な例を与えたといっても，また，ヴィエトがすべての値を正として，5 次までの方程式の解と係数の関係を代数的に表現することができたといっても，一般的な理論はいまだ不完全であった．

11.2.1 トーマス・ハリオットと彼の数学手稿

トーマス・ハリオット (1560–1621) はヴィエトの著作を徹底的に研究した．しかも彼は，方程式の負の根や虚数の根さえも扱う必要性について理解していたため，この一般的な理論に向かって大きく前進させることができた．ハリオットはオックスフォード大学で学んだあと，ウォルター・ローリー卿に仕え，1585 年に地図学の専門家としてヴァージニア探検に出かけた．彼はそこで煙草の吸い方を学び，その習慣が最終的に彼を癌による死へと導いたのだが，そのほかに，

彼はその植民地と原住民に関する簡潔な報告書をまとめた．

ハリオットの数学的業績の多くは，今日手稿の形で残っているだけである．それでもこれらの手稿の多くは彼の存命中およびその後もイングランドに広く行きわたったようである．だが，彼は自分の仕事を出版できる形式に表現するのに少しも時間をさかなかったため，彼の考えの多くは草稿の形で未完成のままになっており，出版された『解析術演習』(Artis analyticae praxis)（死後の1631年に刊行）は，方程式の正の根を考えているだけである．

ハリオットは未知量（数）に母音，既知量（数）に子音を使用するという着想をヴィエトから引き継いだ．しかし，彼はヴィエトの大文字の代わりに小文字を使用し，未知量（数）のベキ記号をただ一つの文字を繰り返し記すように改良した．したがって，彼は a^4 を「平方-平方」という略語を使用しないで，$aaaa$ と書いた．彼はまた，方程式はその根 $b, c, d, \ldots$ から $b-a, c-a, d-a, \ldots$ の形の式を掛け合わせることによって生成されうるということに気がついた．その結果，彼は，それを定理としてはっきり述べたようにはとても思えないにしても，負の根や虚数の根の場合においてでさえ，方程式の根と係数の基本的な関係を導いたのである．

たとえばハリオットは，$b+a, c-a, df-aa$ を掛け合わせれば，彼が

$$bcdf - bdf\,a - df\,aa + b\,aaa$$
$$+ cdf\,a - bc\,aa - c\,aaa + aaaa = 0000$$

と書く方程式が得られると記し，そのうえ，その根は $a=c, a=-b, a=\sqrt{df}$ であると述べている．この例では，彼は df の平方根が二つ存在すべきであることに気づいてないようだったが，以下の例では，実に彼は一つの方程式に対して二つの複素数の根を考え出すことができた．方程式 $12 = 8a - 13aa + 8aaa - aaaa$ をとり，彼はまず，根のうち二つは2と6であることを見出した．これらの実根の和がすでに a^3 の係数の8に等しくなっていることに注意して，実根はこれ以上あるはずがない，さもないとそれらの和が8より大きくなるかもしれないからと彼は述べた（彼の前の例を見るかぎり，彼がどのようにしてその結論に到達したのか不思議に思われる）．だが，彼は置換によって方程式を解くことにとりかかった．彼は，$a = 2 - e$ とおいて新しい方程式 $-20e + 11ee - eeee = 0$ をつくり，その実根が0と-4であることを見出した．そのとき，他の根の和は4で，積は5でなければならない．したがってハリオットは，さらに加えられる根は $e = 2 + \sqrt{-1}$ と $e = 2 - \sqrt{-1}$ であり，その結果，元の方程式の複素数の根は $a = 2 - (2+\sqrt{-1}) = -\sqrt{-1}$ と $a = 2 - (2-\sqrt{-1}) = +\sqrt{-1}$ であると書いている [16]．

11.2.2　アルベール・ジラールと代数学の基本定理

アルベール・ジラール (1595–1632) は，1629年の著作『代数における新発見』(Invention nouvelle en l'algèbre) において，多項式の根と係数の関係についてハリオットよりもはるかに明瞭に述べ，そしてまた，代数学の基本定理を初めて明確に言明した．ジラールはフランスのロレーヌ州サン・ミエール (St. Mihiel) で生まれたと思われるが，ライデンで学び，軍事技術者としてナッソーのフレデ

リク・ヘンリーの部隊に入るなど，生涯のほとんどをオランダで過ごした．彼は三角法に関する著作を著し，またステヴィンの諸著作を編集したが，彼の最も重要な貢献は代数に関するものである．『代数における新発見』で，ジラールははっきりと分数指数の記法を導入した．それは現代の高次のベキ根（たとえば，指数 1/3 に代わるものとしての立方根の $\sqrt[3]{}$）と同様に，「分子はベキで分母はベキ根」[17] というものであった．さらに，彼は方程式の負の解の幾何学的意味に最初に気づいた一人だった．すなわち，「負の解は，幾何学においては後退する，すなわち正が前進するのに対して，負は後戻りするということで説明される」[18]．彼はそれどころか，代数的に書き換えると，二つの正の解と二つの負の解を持つという幾何学的な問題例を与え，適切な図によって負の解は正の解の方向と反対方向に測られると解釈すればよいと述べた．

ジラールは方程式の負の解の意味を理解しただけでなく，ヴィエトやハリオットの著作を体系化し，そして今日，n 変数の基本対称関数と呼ばれる**対称式**(factions) を明確に考察した．「いくつかの数が提示されるとき，その総和は第一の**対称式**と呼ばれる．二つずつ選んで掛け合わせたすべての積の和は，第二の**対称式**と呼ばれる．三つずつ選んで掛け合わせたすべての積の和は，第三の**対称式**と呼ばれる．そして，ずっと最後まで行き，数全体の積は最終の**対称式**である．こうして，提示された数と同じだけ**対称式**があることになる」[19]．彼は，[三つの]数 2, 4, 5 に対して，それらの和である第一の**対称式**は 11，二つずつの組で作ったすべての積の和である第二の**対称式**は 38，三つの数全体の積である第三の**対称式**は 40 であると指摘した．また，ジラールは二項係数に関する［いわゆる］パスカルの三角形を「根を求める三角形」(triangle of extraction) と呼び，それは**対称式**がそれぞれ何個の項を持つかを示しているということに気づいた．4 個の数の場合，第一の**対称式**は 4 項，第二の**対称式**は 6 項，第三の**対称式**は 4 項，そして第四である最後の**対称式**は 1 項からなる．

ジラールの方程式論における基本的な結果は，次の定理である（彼はそれにどんな証明も与えていない）．

定理 すべての代数方程式……は，最高次の項の指数 (denomination) が示す数と同じだけの解を許す．そして，解の第一の対称式は（2 番目に高い次数の項の係数）に等しく，解の第二の対称式は（3 番目に高い次数の項の係数）に，解の第三の対称式は（4 番目の係数）に等しく，以下同様に続き，その結果，最後の対称式は（定数項）に等しい．ただし，すべてこれは交互に現れる符号に従う[20]．

符号に関する最後の言明でジラールが意味したことは，次数の順が方程式の各辺に交互になるように最初に方程式を整理しておく必要があるということである．たとえば，$x^4 = 4x^3 + 7x^2 - 34x + 24$ は $x^4 - 7x^2 - 24 = 4x^3 - 34x$ と書き直されるべきである．この方程式の根は，1, 2, -3, 4 であり，第一の対称式は x^3 の係数 4，第二は x^2 の係数 -7，第三は x の係数 -34 に等しく，第四は定数項 -24 に等しい．同様に，方程式 $x^3 = 167x - 26$ は $x^3 - 167x = 0x^2 - 26$ と書き直すことができる．-13 が一つの解であるから，彼の結果から，残りの二つの根の積が 2 で，それらの和は 13 であることがわかる．これらを見つける

には，2次方程式を解きさえすればよい．答えは，$6\frac{1}{2}+\sqrt{40\frac{1}{4}}$ と $6\frac{1}{2}-\sqrt{40\frac{1}{4}}$ である．

定理の最初の部分で，ジラールはすべての代数方程式はその次数（最高次の項の指数）に等しい個数の解を持つという，代数学の基本定理が成り立つことを主張している．彼の例が示しているように，彼は一つの与えられた解が二つ以上の重複した解である可能性があることを認めた．彼はまた，解の個数を数える場合，（彼が不可能と呼んだ）虚数解も含めなければならないことを十分よく承知していた．したがって，例 $x^4+3=4x$ で，彼は四つの**対称式**は $0, 0, 4, 3$ であると述べた．1 は二重に重複する解であるから，残りの二つの解は，それらの積が 3 で，和が -2 という特性を持つ．よって，これらは $-1\pm\sqrt{-2}$ ということになる．これらの不可能な解の値についての予期された質問に，ジラールは「それらは次の三つの事柄に適している．すなわち，一般規則の確実性，他にどんな解も存在しないという確信，およびその有用性である」と返答した[21]．

不可能な解の「有用性」とは何なのか，ジラールは説明しなかった．また彼は，どのように定理を導いたかも示さなかった．だが，彼が二重以上に重複する解を考えたということを考慮に入れると，ハリオットと同様，彼は n 次方程式は n 個の $x-r_i$ の形（r_i には一致するものがあってもよい）の式を掛け合わせた結果であると了解していたに違いない．けれども，この手順を精密にしたのはデカルトであった．

11.2.3　デカルトと方程式の解法

ジラールは一つの解 α が知られるや，方程式の次数を減らすため，ある特定の場合に**対称式**を用いた．元の多項式を $x-\alpha$ で割るという標準的な方法は，デカルトによって，『幾何学』第3巻で初めて詳しく説明された．デカルトは「すべての方程式には，その方程式の未知量の次元の数と同じだけ異なる根があり得る」[22] という，ほとんどジラールの結果を引用することによって方程式の研究を始めている．デカルトは，異なる根を考えているため，また（少なくとも初めは）虚根を考えたくないために，ジラールの「許す」ではなく，むしろ「あり得る」を用いた．だが，もっとあとで彼は，根が時には虚となること，また「各方程式には常に私が言っただけの［すなわち，次元の数と同じ］個数の根を想像しうるのではあるが，時には想像される根に対応する量がまったく存在しないことがある」[23] と実際に述べている．

デカルトは，方程式がそれらの解からどう作られるのかを明確に示している．たとえば，$x=2$，すなわち，$x-2=0$，また $x=3$，すなわち，$x-3=0$ とすれば，デカルトは，二つの方程式の積が $x^2-5x+6=0$ であり，それは二つの根 2 と 3 を持つ 2 次元の方程式であると述べている．さらに，この 2 次元の方程式に $x-4=0$ を掛ければ，結果として，三つの根 2, 3, 4 を持つ 3 次元の方程式 $x^3-9x^2+26x-24=0$ が生じる．さらに，$x+5=0$ を掛けると，「偽」根 5 を持つ方程式は 4 次の方程式を生み出し，この方程式には 4 個の根，すなわち，3 個の「真」根と 1 個の「偽」根がある．デカルトは次のような結論を下す．「以上から明らかにわかるように，多くの根を含む方程式の和［すなわち，多項

式そのもの] は，常に未知量 − 真根の一つの値［それがどのような値であれ］，または未知量 + 偽根の一つの値よりなる 2 項式［1 次式］で割りうるものである．この方法で，方程式の次元を減ずることができる．逆に，ある方程式の項の和が未知量 + または − ある他の量よりなる 2 項式で割れないとすれば，この後者の量は方程式の根ではない」[24]．これは現代の因数定理に関する最も初期の言明である．通例のやり方にならって，デカルトは完全な証明を与えていない．彼はただ，結果は「明白である」と言っているだけである．

同様に，デカルトはまた，今日**デカルトの符号の規則**として知られている結果を証明なしでこう述べている．すなわち，「一つの方程式には，符号が + から −へ，あるいは − から + へ変化する回数だけ真［正］根があり，符号 +，または符号 − が二つ続いて現れる回数だけ偽［負］根があり得るのである」[25]．実例として，方程式 $x^4 - 4x^3 - 19x^2 + 106x - 120 = 0$ には，3 回の符号の変化があり，二つ続く符合 − が 1 回現れる．したがって，それには最高，3 個の正根と 1 個の負根があり得る．実際，根は $2, 3, 4, -5$ である．

しかしながら，デカルトは主として方程式の解の作図に関心を持っていた．そのため，第 3 巻の終わりに向け，彼はより高次の方程式に対していくつかの作図方法を明確に示す．とくに 3 次または 4 次の方程式に対して，彼はその両方が作図可能な曲線の基準にかなっている放物線と円の交点を用いる．デカルトの方法はハイヤーミーのものとよく似ているが，イスラームの先駆者と違って，ある特定の交点が方程式の負（偽）根を表し，また「その円が放物線とどの点においても交わりもせず接しもしないならば，方程式には真根も偽根もなく，すべての根が虚であることが示される」[26] ことをデカルトははっきりと理解していた．

デカルトはさらに，円と彼の器械で作図される曲線とを交差させることで，5 次以上の方程式の解法を示した．デカルトは簡潔に自己の方法の概略を述べ，それらを 2, 3 の例に適用しただけだったが，「次々とどこまでも複雑になってゆくすべての問題を作図するためには，同じ一般的な方法に従うだけでよい．なぜならば，数学的な系列に関しては，初めの 2 項ないし 3 項を得れば，他のものを見出すことは困難ではないからである」[27] と彼は思っていたのである．世紀の残りが終わるまでに，多くの数学者たちは様々なタイプの方程式の解を作図するための別な幾何学的方法を見つけるためにデカルトの方法を一般化しようと試みた．けれども，幾何学的方法ではそのような解の性質を完全に理解するには不十分であることが判明した．微分積分学の新しい考えと同様に，代数的な方法は，デカルトが自己の作図技法を適用しているような幾何学的な問題を解くのでさえ，より一層適していることがわかったのである．

11.3 初等確率論

近代確率論は通常，1654 年のパスカルとフェルマの文通から始まると考えられている．その文通は部分的には，本章の導入部で述べられている，ド・メレがパスカルに提出した賭博の問題に応じてのものだった．しかし，賭博は最も古い余暇活動の一つであるから，おそらく遠い昔から人々は確率の基本的なアイ

ディアを，少なくとも経験に基づいて考察し，とりわけ賭博において，任意に与えられた事象の起こる可能性を計算する方法について何らかのあいまいな概念を持っていたように思われる．いくつもの古代文化からサイコロが見つかっている．これらの物が何の目的に使われたのかは必ずしも知られているわけではないが，それらが未来の予測や賭事に使用されていたという確かな形跡がある．あいにく，様々なゲームがどのように行われ，また勝ち目についてどんな計算がなされていたのかに関しては，これらのどの文明にも証拠となるような文書は何も残っていない．

これらはゲームにというより，むしろ様々なユダヤ律法の適用に関係していたのだが，西暦紀元の初期にさかのぼるユダヤ人の資料にそのような計算に関することが少なからず知られている．タルムード（ユダヤ律法の解釈について，ラビの議論を記録するユダヤ人の本）には，たとえば，確率が知られている事象から合成される事象の確率を決定するための，加法と乗法に関する法則の適用例が見られる．そして，そのような確率は様々な決定を正当化するために使用される．だが，いくつかの確率法則の直観的理解と決定理論におけるそれらの応用に関する証拠が存在する一方で，それらを詳細にわたって体系的に把握しようにも何の手がかりもないのである[28]．

11.3.1 確率論の萌芽

ヨーロッパの中世後期には，サイコロ遊戯と関係する単純な確率的な考え方が，いくつか詳細に説明されている．たとえば，2 個ないし 3 個のサイコロが投げられたとき，異なる目の出方は，2 個のサイコロの場合は 21 通り，3 個の場合は 56 通りと計算している文書がいくつかある．それらが起こる順序は問わないで，起こりうる異なる目の組だけを数えるとすれば，これらは正しい．たとえば，2 個のサイコロの場合には，目の和が 2 となるのは 1 通り，目の和が 3 となるのは 1 通り，目の和が 4 となるのは 2 通り（2, 2 および 1, 3），目の和が 5 となるのは 2 通り（1, 4 および 2, 3），… の出方がある．現代的な用語では，これらの出方は「同様に確からしい」(equiprobable) とは言えず，試行における可能性を計算する基礎としては役に立たないであろう．だがサイコロの目の出方を数えることは，おそらく早くから占いでサイコロを使用していたことに起因するものであったろう．ここで将来起こることを決定するのは，そこに現れる実際のサイコロの面であり，目の出る可能性とは関係がなかった．3 個のサイコロを投げた場合の 56 通りが同様に確からしくはないという，最も早くに知られていた解説は，1200 年と 1400 年の間のある時期に書かれた作者不明のラテン語の詩『古事について』(De vetula) の中に顔を出す．「もし 3 個［のサイコロ］がすべて同じならば，各数に対してただ一通りの方法しかない．もし 2 個が同じで 1 個が異なるならば，3 通りの方法がある．そして，すべてが異なるならば，6 通りの方法がある」[29]．言明された規則に従ってその状況を分析すると，3 個のサイコロを投げる場合の起こりうる総数は 216 通りであることがわかる（図 11.12 参照）．

同様に確からしい事象という考え方は，16 世紀までには理解され始め，その結果，実際の確率計算が可能になった．これらの計算に関する最も早い系統的

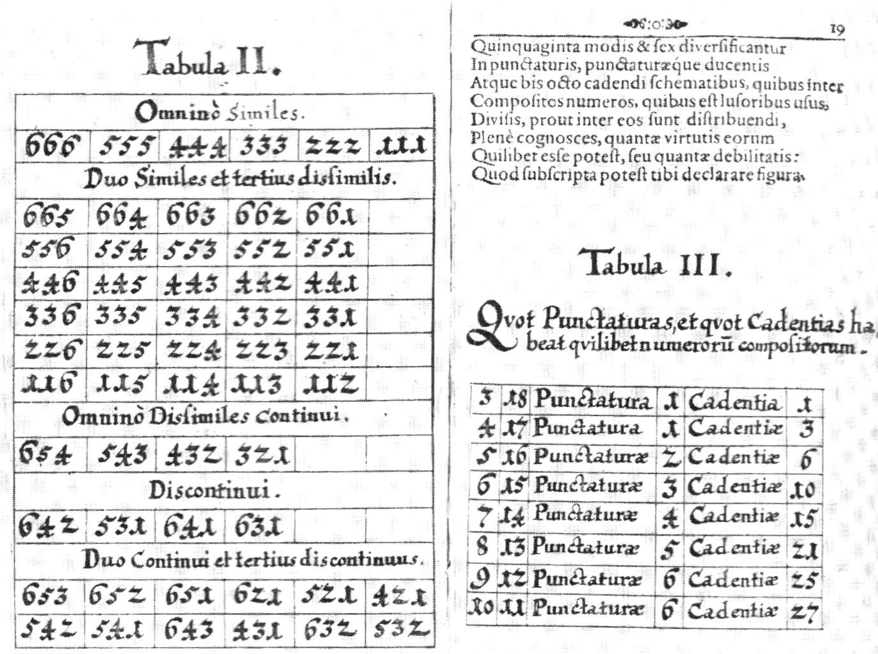

Tabula II.

Omninò Similes.					
666	555	444	333	222	111
Duo Similes et tertius dissimilis.					
665	664	663	662	661	
556	554	553	552	551	
446	445	443	442	441	
336	335	334	332	331	
226	225	224	223	221	
116	115	114	113	112	
Omninò Dissimiles Continui.					
654	543	432	321		
Discontinui.					
642	531	641	631		
Duo Continui et tertius discontinuus.					
653	652	651	621	521	421
542	541	643	431	632	532

19

Quinquaginta modis & sex diversificantur
In punctaturis, punctaturæque ducentis
Atque bis octo cadendi schematibus, quibus inter
Compositos numeros, quibus est lusoribus usus,
Divisis, prout inter eos sunt distribuendi,
Plenè cognosces, quantæ virtutis eorum
Quilibet esse potest, seu quantæ debilitatis:
Quod subscripta potest tibi declarare figura.

Tabula III.

Quot Punctaturas, et quot Cadentias habeat quilibet numerorū compositorum.

3	18	Punctatura	1	Cadentia	1
4	17	Punctatura	1	Cadentiæ	3
5	16	Punctaturæ	2	Cadentiæ	6
6	15	Punctaturæ	3	Cadentiæ	10
7	14	Punctaturæ	4	Cadentiæ	15
8	13	Punctaturæ	5	Cadentiæ	21
9	12	Punctaturæ	6	Cadentiæ	25
10	11	Punctaturæ	6	Cadentiæ	27

図 11.12
『古事について』の中の，3 個のサイコロを投げた場合の 56 通りがすべて示されているページ．（出典：ハーヴァード大学ハウトン図書館）

な試みは，カルダーノの存命中には出版されなかったが，1526 年頃に彼によって書かれた『賭事に関する書』(*Liber de ludo aleae*) においてである．カルダーノは，2 ないし 3 個のサイコロを投げるとき，目の出方が何通りあるかを正確に数えることに加えて，確率の基本的な概念に関する一つの解釈を明示した．たとえば，彼は 2 個のサイコロを投げるとき，1 の目が出るのは 11 通り，さらに 2 の目が出るのは，9 通りが加わり，そして 3 の目が出るのは，さらに 7 通りが加わると数え，1, 2, ないし 3 の目が出る問題に対して，27 通りの有利な出方があり，9 通りの不利な出方がある，したがって，勝ち目は 3 : 1 であると計算した．したがって，公平な賭金として，1, 2, ないし 3 の目が出る方に賭ける者は硬貨 3 枚，それと反対の方に賭ける者は硬貨 1 枚ということになる．というのも，4 回投げるとき，それらは五分五分になることが期待されるからである．

また，カルダーノは独立事象に対する確率の乗法規則に気づいていたが，彼は自分の書で，厳密に何を掛けたらよいのか初めは混乱をみせている．たとえば，3 個のサイコロを投げるとき，1 の目が少なくとも 1 個出るのは 216 通りのうち 91 通りだから，相手の勝ち目は 125 対 91 であると彼は計算した．これを 2 回続けて行った場合，1 の目が少なくとも 1 個出る可能性を決定するために，彼は 1 回のときの可能性を 2 乗して 15,625 対 8281，すなわち，およそ 2 対 1 という結果を算出した．しかしながら，彼はその問題をよく考えた上で，この推論はどう見ても誤っていると気づいた．というのも，与えられた事象の起こる可能性が五分五分であるとき（1 : 1 の勝ち目），その推論は，与えられた事象が 2 度あるいは 3 度続いて起こる場合にも，その可能性は依然として五分五分であろうということを意味しているからである．これは「非常に不合理なことだ」と彼は述べた．続けて彼は言う．「なぜなら，もし 2 個のサイコロをもった賭博者が均

等な可能性で，偶数と奇数を投げることができるなら，彼は均等な運のもとで，連続して 3 回投げたとき，それぞれにおいて偶数を出すことはできないということになるからである」[30]．そこでカルダーノは，誤りを修正することにとりかかった．いくつかの簡単な場合について慎重に計算をしたあとで，彼は掛けなければならないのは確率であって，可能性ではないのだとわかった．こうして，成功の可能性が 3 対 1，すなわち成功の確率が $\frac{3}{4}$ である場合を数えることによって，彼は続けて 2 回勝負するとき，繰り返し成功する場合の数は 9 通り，そうでない場合は 7 通りあることを示した．したがって，2 回成功する確率は $\frac{9}{16}$ であり，一方，勝ち目は 9 対 7 で有利となる．そこで彼は一般化して，試行が n 回繰り返されるとき，f 通りの起こりうる結果のうち，成功するのが s 通りという状況においては，有利となる正しい可能性は s^n 対 $(f^n - s^n)$ であると述べた．

カルダーノはまた，ド・メレがパスカルに提出した，2 個のサイコロについて，2 個とも 6 の目が出る可能性が五分五分となるには何回投げなければならないかという問題についても論じた．カルダーノは，2 個とも 6 の目が出るのは 36 通りのうち一通りであるから，そのような結果は，36 回投げるごとに平均して 1 回だけ起こるだろうと主張した．したがって，それが投げる回数の半分，すなわち 18 回起こるという可能性は五分五分である．彼は同様に，1 個のサイコロのとき，3 回投げるうち 2 の目が 1 回出る可能性は五分五分であると主張した．カルダーノの推論は，1 個のサイコロを 6 回投げるうち必ず 1 回 2 の目が出る，あるいは 2 個のサイコロを 36 回投げるうち必ず 1 回 2 個とも 6 の目が出るということを含んでいるが，彼には自分の誤りがわからなかった．

ド・メレによってパスカルに与えられた賭金分配に関する問題は，イタリアでも比較的早くに，とくにルカ・パチョーリの『大全』(*Summa*)[*8] で考察されていた．パチョーリの問題の表現では，二人の賭博者が行う公平な勝負は，一人が 6 試合に勝つまで続けることになっている．実際には，第一の賭博者が 5 試合に勝ち，第二の賭博者が 3 試合に勝ったとき，勝負を中止する．パチョーリによる賭金分配の答えは，5 対 3 の比で分けられるべきであるということだった[*9]．タルターリアは，およそ 60 年後に書かれた自己の『一般数量論』(*Trattato generale di numeri e misure*) で，この答えはまったく誤っていると述べた．というのも，その推論は，第一の賭博者が 1 試合に勝ち，第二の賭博者は勝ちがないままで勝負が中止になったとすれば，第一の賭博者は賭金のすべてを獲得するだろうという，明らかに不当な結果を含んでいたからである．二人の間の勝ち数の差は 2 試合で，必要な勝ち数の $\frac{1}{3}$ であるから，第一の賭博者は第二の賭博者の取り分の $\frac{1}{3}$ をもらうべきであり，したがって，賭金の全額は 2 対 1 の比に分配されるべきである[*10]，とタルターリアは主張した．明らかに，タルターリアは自分の答えに必ずしも完全に自信があったわけではなかった．というのも，彼は「その

[*8]『算術・幾何・比例論大全』(*Summa de arithmetica, geometria, proportioni et proportionalita*)(Venezia, 1494)．

[*9] 賭金を a とすると，それぞれの配分金は，$a + \frac{a}{2} + \frac{a}{4} = \frac{7a}{4}, \frac{a}{4}$ となるはずだから，正解は 7 : 1．

[*10] $\left(1 + \frac{1}{3}\right) : \left(1 - \frac{1}{3}\right) = 2 : 1$．

伝　記

ブレーズ・パスカル (Blaise Pascal, 1623–1662)

パスカル（図 11.13 参照）は，フランスのクレルモン・フェランに生まれた．彼は非常に早くから数学に早熟な才能を示していた．彼の父エチエンヌは，若い頃の彼をメルセンヌを中心とするサークルに紹介した．したがって，若いパスカルはすぐにフェルマの仕事を含むフランスにおける主要な数学の発展状況に精通し，20 歳になる前に彼は数学および自然科学の研究を開始した．彼の業績の中には，計算器の発明と大気圧の下での流体のふるまいに関する研究があった．しかしながら，1654 年以降，彼の学問的な関心は，増大する宗教的な問題への関心に比べ影が薄くなった．彼は決して健康ではなく，重い病の末 39 歳でこの世を去った．

図 11.13
フランスの切手に描かれたパスカル．

ような問題の解決は数学的というより，むしろ裁判によるものであるから，分配がどのようになされようと，訴訟の原因になるだろう」と結論を下したからである[31]．

11.3.2　ブレーズ・パスカル，確率論，そしてパスカルの三角形

確率論に関するカルダーノとタルターリアの考え方は，彼らの時代の他の人たちには理解されず，忘れ去られてしまった．確率論がヨーロッパ人の思考に，二つの意味で，第一は偶然の過程において一定の頻度で起こる現象を理解する方法として，第二は合理的な確信の度合いを決定する方法として登場してきたのは，1660 年前後のまさに 10 年間においてであった．ブレーズ・パスカル (1623–1662) の著作は，これらの意味の両方を例証している．神への信仰に関するパスカルの決定論的な議論には，依然として偶然性を規定するどんな概念も見られないが，ド・メレの分配問題に対する数学的解答において，彼は偶然性をともなったゲームを扱っている．

パスカルは，分配問題に関する解法を 1654 年のフェルマ宛てのいくつかの書簡に記し，数年後には『数三角形論』(Traité du triangle arithmétique) の最後の部分でさらに詳細に説明した．彼は分配に適用するための二つの基本原則から始めた．まず第一に，もし特定の賭博者が，賭に勝つか，負けるかにかかわらず，ある一定の金額を手に入れることになっているという場合には，勝負が中止されても彼はその金額を受け取ることにする．第二に，二人の賭博者が勝負して，もし一方が勝てばある一定の金額を手に入れ，負ければそれは相手のふところに行くという場合，両者の勝つ見込みが同じで，そこで彼らが賭を止めるならば，彼らはその金額を折半する．

次にパスカルは，賭金の分配を決定するのは，残りの勝負数と，あらかじめ規則で決めた，どちらかの賭博者が賭金の全額を手にするために勝たねばならない総数であると注意している．したがって，賭が行われ，もし 2 回上がりの勝負

において勝敗が 1 対 0 の場合，あるいは 3 回上がりの勝負において勝敗が 2 対 1 の場合，あるいは 11 回上がりの勝負において勝敗が 10 対 9 の場合では，賭を止めた時点での賭金分配の結果はすべて同じであるべきである．これらすべての場合では，第一の賭博者はもう 1 回勝つ必要があり，第二の賭博者はさらに 2 回勝つ必要がある．

パスカルの原則の一例として，その賭における賭金を全額で 80 ドルと仮定してみよう．まず最初に，もし各賭博者が賭に勝利するのにあと 1 回勝つ必要があるとき賭を止めたならば，単純に 80 ドルは折半され，各自が 40 ドルを取る．次に，第一の賭博者が賭に勝利するのにあと 1 回勝つ必要があり，第二の賭博者は 2 回勝つ必要があると仮定する．もし第一の賭博者が次の勝負に勝つとすれば，彼は 80 ドルを手に入れるだろう．もし負ければ，賭博者は二人ともあと 1 回勝つ必要があるから，最初の場合によって，第一の賭博者は 40 ドルを獲得するだろう．ここで彼らが賭を止め，その結果，第一の賭博者が 40 ドルを得る権利を与えられるとすれば，彼はいずれの場合にも残りの 40 ドルの半分を加えたもの，すなわち 60 ドルを取ることになるだろう．ゆえに，彼は二つの可能性のある金額の平均 $[(80+40)/2=60]$ を勝ち取ることができるわけである．同様に，第一の賭博者が賭に勝利するのにあと 1 回勝つ必要があり，第二の賭博者は 3 回勝つ必要があるならば，次の勝負には二つの可能性がある．もし第一の賭博者が勝つとすれば，彼は 80 ドルを獲得するだろうし，一方彼が負ければ，状況は第二の場合と同じになり，彼は 60 ドルを得る権利を与えられる．したがって，もしその次の勝負を止めるとすれば，第一の賭博者は 60 ドルに残りの 20 ドルの半分を加えたもの，すなわち二つある可能性における金額の平均 $[(80+60)/2=]70$ ドルを受け取るべきであるということになる．

分配問題の一般的な解法には，パスカルの三角形のいくつかの性質が必要であることがわかる．それゆえ，パスカルによる解法を考察する前に，まず彼が**数三角形**と呼んだ，数の三角形の作図と使用方法に目を通しておかなければならない．それはすでに，500 年以上にもわたって世界の様々な所で使用されていたものだった．パスカルの『数三角形論』は，数学的帰納法をはっきりと言明していることでも有名だが，左側上部の隅にある 1 から始まり，各数がその上の数とその左の数を足し合わせたものであるという規則を用いて三角形を作ることから始まっている（図 11.14 参照）．しかしながら，パスカルの結果に関して，三角形の個々の成分を同定するのに，現代的な表や記法を用いる方が議論がより明確になるであろう．標準的な二項係数の記号 $\binom{n}{k}$ は，第 n 行の第 k 成分を指定するのに用いる（ここで，最初の列と最初の行はそれぞれ 0 と番号づけされている）．したがって，基本的な構成原理は，次の式で与えられる．

$$\binom{n}{k} = \binom{n-1}{k} + \binom{n-1}{k-1}.$$

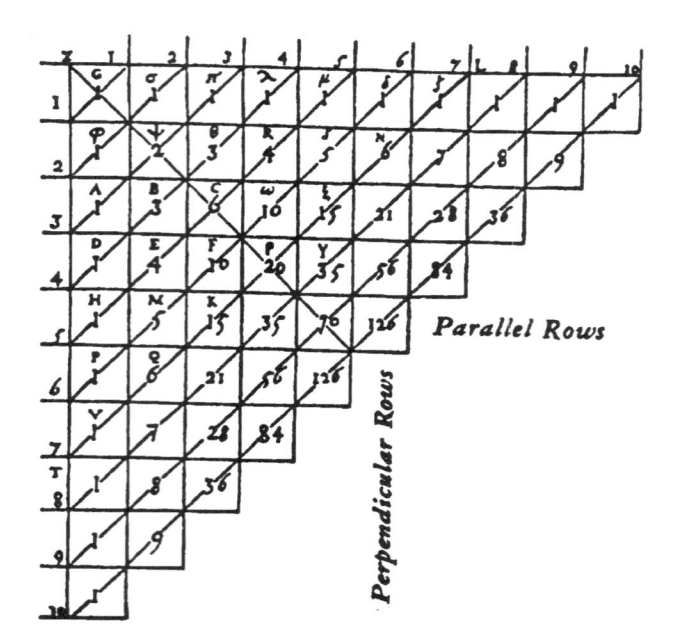

図 11.14
パスカルによる数三角形の表現.

```
行＼列  0  1  2  3  4  5  6  7  8
  0    1
  1    1  1
  2    1  2  1
  3    1  3  3  1
  4    1  4  6  4  1
  5    1  5 10 10  5  1
  6    1  6 15 20 15  6  1
  7    1  7 21 35 35 21  7  1
  8    1  8 28 56 70 56 28  8  1
```

　パスカルは，個々の成分が他の和とどのように関係しているかを考えることから検討を始める．彼の証明は，通常「一般化可能な例」を用いた方法による．というのも，彼の先駆者たちと同様に，彼には一般項を記号で表すうまい方法がなかったからであった．たとえば，パスカルの（三角形の定義の）「帰結第3」は，任意の成分はその直前の列の，その直前の行までのすべての成分の和である，と述べている．すなわち，次のようになる．

$$\binom{n}{k} = \sum_{j=k-1}^{n-1} \binom{j}{k-1}.$$

この場合，パスカルは例として，特定の成分 $\binom{4}{2}$ をとっている．構成法から，それは $\binom{3}{1} + \binom{3}{2}$ に等しい．なぜなら，$\binom{3}{2} = \binom{2}{1} + \binom{2}{2}$ と $\binom{2}{2} = \binom{1}{1}$ により，求める結果の通りになるからである．

パスカルによる帰結第8（第n行の成分の和は2^nに等しい）の証明は，数学的帰納法による．ここで，kから$k+1$に至る帰納法の手続きは帰結第7（すなわち，任意の行の成分の和は，その直前の行の成分の和の2倍である）で成し遂げられている．その命題の証明は，再び一般化可能な例を用いた方法による．彼は一つ特定な行（第3行）をとり，最初と最後の成分は第2行の最初と最後の成分に等しく，第3行の他のすべての成分は第2行の二つの成分の和に等しいと述べている．したがって，第3行の成分の和は第2行の各成分を2度含む．パスカルは帰結第8の証明を，第0行はただ1個の数1だから，その和は2^0に等しく，続く各行［の和］はその直前の行の［和の］2倍であると述べるだけで終えている．

奇妙にも，パスカルが［いわゆる］「数学的帰納法」の原理を明確に述べているのは，帰結第12の証明においてだけで，それもまったくの一般論としてではなく，ただ証明されるべき特定の結果

$$\binom{n}{k} : \binom{n}{k+1} = k+1 : n-k$$

の枠内においてだけであった．パスカルは，「この命題には無限に多くの場合があるが，私は二つの補題を仮定することによって，それにきわめて簡潔な証明を与えよう」と述べている．すなわち，二つの補題とは帰納的な議論における二つの基本的な部分である．「第1．これは自明であるが，この比例は［第1行において］成り立つ．なぜならば，$\left[\binom{1}{0} : \binom{1}{1} = \right] 1:1$ であることはきわめて明らかである．第2．もしこの比例が任意［の行］において成り立つならば，それは必然的に次［の行］においても成り立つ．ここから，この比例が必然的にすべて［の行において］成り立つことは明らかである．なぜならば，補題1によって，この比例は第2［行］において成り立つ．ゆえに，補題2によって，それは第3［行］において成り立つ．ゆえに，第4［行］において成り立つ．以下，限りなく同様である」[32]．これは手近な特定の場合に対する帰納法原理，および一般的な結果を証明する際にそれを用いる理由についての明確な言明であるが，再びパスカルは補題2を一般的に証明しないで，第3行においてその補題が真ならば，それは第4行においても真であるということを示しているだけである．すなわち，$\binom{4}{1} : \binom{4}{2} = 2:3$ を証明するために，彼はまず，$\binom{3}{0} : \binom{3}{1} = 1:3$ であると述べ，それゆえ，$\binom{4}{1} : \binom{3}{1} = \left\{\binom{3}{1} + \binom{3}{0}\right\} : \binom{3}{1} = 4:3$ であると述べる．次に，$\binom{3}{1} : \binom{3}{2} = 2:2$ であるから，$\binom{4}{2} : \binom{3}{1} = \left\{\binom{3}{2} + \binom{3}{1}\right\} : \binom{3}{1} = 4:2$ ということになる．求める結果は，これら二つの比例式の第1式を第2式で割ることにより得られる．パスカルはこの証明が一般的でないことに気づいている．というのも，彼は「その証明は残るすべての行についても同様である．なぜなら，この証明は，この比例が直前［の行］において成り立つということと，各［成分］は［直上の成分とその左の成分の和に］等しいということのみに基づいているが，このことは至る所において真なのであるから」と述べて証明を終えて

いるからである[33]．いずれにせよ，この帰結第 12 から，パスカルは比を合成することによって，容易に

$$\binom{n}{k} : \binom{n}{0} = (n-k+1)(n-k+2)\cdots n : k(k-1)\cdots 1$$

すなわち，$\binom{n}{0} = 1$ であるから

$$\binom{n}{k} = \frac{n(n-1)\cdots(n-k+1)}{k!}$$

を証明することができた．

パスカルは数三角形の基本性質をはっきりと述べた上で，それを様々な領域に応用する方法を示す．彼は，$\binom{n}{k}$ は n 個の要素のうち k 個の要素の組合せの数に等しいということを帰納法による議論を用いて証明する．彼は三角形の横の行に並んだ数のそれぞれが二項係数であるということ，すなわち，n 行目に並んだ数が $(a+1)^n$ を展開した式で a のベキにおける係数であることを示す．しかし，パスカルは三角形のより重要な応用の一つは，賭金分配の問題であると思っていた．彼はこれを以下の定理によって解決した．

定理 第一の賭博者は賭に勝利するのに r 勝が不足，第二の賭博者は s 勝が不足していると仮定する．ここで，r と s はともに 1 以上である．もし賭がこの時点で中止されるならば，賭金は，第一の賭博者が全額に対して $\sum_{k=0}^{s-1}\binom{n}{k} : 2^n$ の比率で金額を手にするように分配されるべきである．ここで，$n = r + s - 1$（残された勝負の最大回数）とする．

この定理は，第一の賭博者の勝つ確率が，$(1+1)^n$ の二項展開における最初の s 項の和のその総和 2^n に対する比率であるということを主張している．展開式の初項は第一の賭博者が n 勝する可能性の数を与えていると考えられ，第 2 項は $n-1$ 勝する可能性の数，以下同様となり，さらに第 s 項は $n - (s-1) = r$ 勝する可能性の数を与えていると考えられる．実際，ちょうどあと n 回勝負がなされなければならないと仮定してもよいから，これらの係数は第一の賭博者が勝つことができるすべての場合を与えている．

パスカルは帰納法によって，$n = 1$，すなわち，$r = s = 1$ の場合（賭金が均等に分配されるべきである場合）から始めて，この定理を証明している．この定理の主張は，賭金は，第一の賭博者が $\binom{1}{0} : 2$ の比率，すなわち賭金の $\frac{1}{2}$ を手にするように分配されるべきであるということだから，その結果は $n=1$ に対して真である．次の段階は，残された勝負の最大回数が m であるとき，結果が真であると仮定して，残された勝負の最大回数が $m+1$ の場合についてこの定理を証明することである．ここで，第一の賭博者は r 勝が不足，第二の賭博者は s 勝が不足しているとする．前と同様に，パスカルのこの帰納法の手続き

による証明は，$m=3$ として，「一般化可能な例」を用いている．しかし，われわれは現代的な記法を用いて，完全な証明を与えよう．賭博者たちがもう 1 回勝負をすることになっているとして，二人の分配の可能性について考える．もし第一の賭博者が勝つとすれば，彼は $r-1$ 勝が不足し，第二の賭博者は依然として s 勝が不足しているだろう．$r-1+s-1=m$ であるから，帰納法の仮定は，第一の賭博者が $\sum_{k=0}^{s-1}\binom{m}{k}:2^m$ の比率で賭金の分け前を手に入れるべきであることを示している．他方，第一の賭博者が次の勝負で負けるとすれば，帰納法の仮定は，彼が $\sum_{k=0}^{s-2}\binom{m}{k}:2^m$ の比率で賭金の分け前を手に入れるべきであることを示している．したがって，パスカルの基本原理によって，その次の勝負が中止になるとすれば，第一の賭博者への賞金は，それら二つの値の平均値になるはずである．すなわち，賭金の比率は

$$\sum_{k=0}^{s-1}\binom{m}{k}+\sum_{k=0}^{s-2}\binom{m}{k}:2\cdot 2^m$$

である．この二項係数の和は

$$\binom{m}{0}+\sum_{k=1}^{s-1}\binom{m}{k}+\sum_{k=1}^{s-1}\binom{m}{k-1}$$

と書き換えられる．数三角形の構成のための規則によって，また $\binom{m}{0}=\binom{m+1}{0}$ であるから，この和は

$$\sum_{k=0}^{s-1}\binom{m+1}{k}$$

にも等しい．$2\cdot 2^m = 2^{m+1}$ であるから，第一の賭博者への賞金は，まさに $n=m+1$ の場合に対する定理の主張の通りであり，それゆえ証明は完了する．

こうして，パスカルはド・メレの分配問題に完全に答えた．フェルマとの文通で，二人の人物は賭博者が三人以上いる場合にも同じ問題について議論し，自分たちが解答の点では一致していることがわかった．パスカルは，2 個のサイコロについて 2 個とも 6 の目が出る可能性が五分五分となるための投げる回数を決定することに関する，もう一方の問題にも簡単に言及した．彼は，1 個のサイコロに関する類似問題において，4 回投げて 6 の目が出る可能性は 671 対 625 であると述べたが，その結果について計算する方法を示さなかった．ド・メレは明らかに，1 個のサイコロの場合（6 通りの起こりうる結果がある），4 回投げると少なくとも五分五分になるのは十分保証できるから，たとえサイコロが何個投げられようとも，同じ比 4:6 はそのまま変わらないだろうと思っていた．2 個のサイコロを投げるとき，36 通りの可能性があるから，彼は，正しい値は 24 回であるべきであると考えた．彼がおそらくパスカルにその問題を提示したのは，この値が経験的に正しいとは思えなかったからである．パスカルは 24 回投げたのでは成功の可能性はないと述べたが，この言明を支える理論について，彼は書簡あるいは他のいかなる著作においても詳述しなかった．

神への信仰を支持するパスカルの決定論的な議論は，確率的な推論の第二の側面，すなわち「合理的な」決定に達する方法を例証している．パスカルによれば，神は存在するか，あるいは神は存在しないかである．これらの言明のどちらが真であるかは，「賭」をしてみるより他にどうしようもない．ここで，その賭はその人の行動の見地からなされるものである．言い換えれば，人は神に対して完全に無関心な姿勢をとるか，あるいは神についての（キリスト教の）考えと両立させながら行動するかのどちらかであろう．人はどう行動すべきか？もし神がいなければ，それはたいした問題ではない．しかしながら，もし神がいるとすれば，神が存在しない方に賭けると，地獄に落とされることになるだろうし，神が存在する方に賭けると，救済がもたらされるだろう．後者の結果の方が前者よりはるかにずっと望ましいので，たとえ神が存在する確率がわずかであると信じていても，決定問題の結果は明らかである．すなわち，「合理的な」人間は，あたかも神が存在するかのように行動するだろう．

11.3.3 クリスティアーン・ホイヘンスと最も初期の確率論の教科書

神への信仰を支持するパスカルの議論は，彼の前提のもとでは確かに妥当である（その前提を受け入れるかどうかは，別問題である）．実際，特定の行動の「値」を何らかの方法で計算するという彼の考えが，1656 年にファン・スホーテンの弟子の一人であるクリスティアーン・ホイヘンス (1629–1695)（図 11.15 参照）によって書かれた，確率に関する最初の系統的な論文の基礎となった．ホイヘンスは，1655 年のパリ訪問中に確率の問題に興味を持つようになり，そのテーマに関する短編『賭における計算について』(De Ratiociniis in aleae ludo)（1657 年刊行）を著した[*11]．

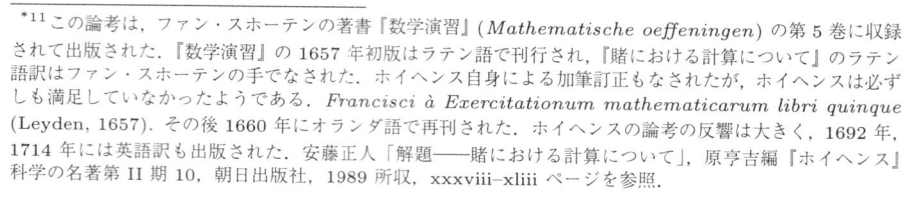

図 11.15
オランダの切手に描かれたクリスティアーン・ホイヘンス．

ホイヘンスの著作は 14 個の命題だけからなり，読者のための五つの練習問題で終わっている．命題にはド・メレの問題の両方を扱うものも含まれているが，ホイヘンスはその解法を支える推論，とりわけ，偶然性を伴うゲームにおける計算法についても詳細に論じた．「純粋に偶然的な賭においては，その結果は不確実だが，ある賭博者が勝つ，あるいは負けるに違いないという可能性は確定した値に依存する」[34]．ホイヘンスの「値」は，パスカルの賭における概念と似通っているが，偶然性を伴うゲームに関しては，ホイヘンスは明確にそれを計算することができた．現代的な術語では，この可能性の「値」は**期待値**であり，それは勝負を何回も行うとき，獲得するであろう平均の額である．公正なゲームをする権利を持つために，おそらく賭博者が支払うことになるのがこの額である．たとえば，ホイヘンスの最初の命題は次の通りである．「賞金 a あるいは b を得る可能性が等しいときは，私にとって $\dfrac{a+b}{2}$ の価値がある」[35]．この命題はパスカルが分配問題を解決する際に述べた原則の一つと同じである．けれども，ホイヘンスは証明を与えた．彼は，二人の賭博者がそれぞれ同じ勝つ可能性を持

[*11] この論考は，ファン・スホーテンの著書『数学演習』(Mathematische oeffeningen) の第 5 巻に収録されて出版された．『数学演習』の 1657 年初版はラテン語で刊行され，『賭における計算について』のラテン語訳はファン・スホーテンの手でなされた．ホイヘンス自身による加筆訂正もなされたが，ホイヘンスは必ずしも満足していなかったようである．Francisci à Exercitationum mathematicarum libri quinque (Leyden, 1657)．その後 1660 年にオランダ語で再刊された．ホイヘンスの論考の反響は大きく，1692 年，1714 年には英語訳も出版された．安藤正人「解題——賭における計算について」，原亨吉編『ホイヘンス』科学の名著第 II 期 10，朝日出版社，1989 所収，xxxviii–xliii ページを参照．

つとして，それぞれ $\dfrac{a+b}{2}$ の賭金を出すものと仮定した．もし第一の賭博者が勝てば，彼は a を受け取り，相手は b を受け取る．もし第二の賭博者が勝てば，その支払いは逆になる．ホイヘンスはこれを公平なゲームと考えた．現代的な用語では，a あるいは b をそれぞれ獲得する確率は $\dfrac{1}{2}$ であるから，各賭博者に対して期待値（ホイヘンスの可能性の「値」）は $\dfrac{1}{2}a+\dfrac{1}{2}b$ である．

ホイヘンスは命題3でこの結果を一般化する．「a を獲得する可能性が p，b を獲得する可能性が q であることは，勝つ可能性が同等である場合，私にとって $\dfrac{pa+qb}{p+q}$ の価値がある」[36]．言い換えれば，$p+q=r$ とするとき，a を獲得する確率が $\dfrac{p}{r}$，b を獲得する確率が $\dfrac{q}{r}$ ならば，期待値は $\dfrac{p}{r}a+\dfrac{q}{r}b$ によって与えられる．ホイヘンスはこの結果を，$p+q$ 人の賭博者が，各人が同じ賭金 x を出し，各々の勝つ可能性が同等であるとして，輪になって行う対称的な勝負の問題に埋め込むことによって証明した[37]．もしある特定の賭博者が勝ち，彼は賭金の全額を手に入れ，左側の $q-1$ 人の賭博者の各人に b を支払い，右側の p 人の賭博者の各人に a を支払い，残りはそのままにするとする．この残りを b に等しくするには，

$$(p+q)x-(q-1)b-pa=b \quad \text{すなわち，} \quad x=\dfrac{pa+qb}{p+q}$$

が成り立たなければならない．しかし，各賭博者には b を獲得する q の可能性と a を獲得する p の可能性があるのは明らかであるから，その勝負は公正で，各賭博者はいとわず所定の額を賭けるべきである．

ホイヘンスは，ある公平なゲームにおいて，各賭博者は計算された適正な賭金をいとわず賭け，それ以上は賭けようとしないということを一つの公理としてとりあげた．しかしながら，実際，賭博の歴史が示しているように，その仮定には少なくとも論議の余地がある．ホイヘンスによって定義された適正な賭金が，ある特定の人が勝負に加わるためのその可能性に支払う最高額であるというのは少しも明らかではない．ラスベガスやアトランティックシティーのギャンブル宮殿は言うまでもなく，公営宝くじの成功はまったく正反対のことを証明している．それにもかかわらず，ホイヘンスの論考の残りの部分は，命題3の結果に基づいていた．そして今日でさえ，その期待値の概念は有益であると考えられている．

ホイヘンスによるド・メレの分配問題に関する議論はパスカルのものと似通っていたが，ホイヘンスは命題11で，サイコロ問題をより包括的に検討した．もしその何回かの試行の中で2個とも6の目が出るならば，a を獲得することができるという場合に，賭博者がいとわず $\dfrac{1}{2}a$ を賭けるために2個のサイコロが投げられる回数をどのように決定するべきか，彼はその方法を明らかにした．ホイヘンスは段階的に進めた．2個とも6の目が出て，ある賭博者が a を獲得すると仮定すると，最初の一投の場合，a を獲得する可能性は1通り，0を獲得する可能性は35通りあるので，1回投げる場合の賭の値は $\dfrac{1}{36}a$ である，と彼は主張した．賭博者が最初の一投で失敗するならば，彼は2回目のチャンスを得て，そ

の値はもちろん同じ $\frac{1}{36}a$ である．したがって，最初の一投に対して，賭博者が a を獲得する可能性は 1 通りあり，そして $\frac{1}{36}a$ の値の 2 回目を投げる可能性は 35 通りある．2 回投げて同時に 2 個とも 6 の目が出る彼の可能性の値は，命題 3 によって，

$$\frac{1a + 35(1/36)a}{1 + 35} \quad \text{すなわち}, \quad \frac{71}{1296}a$$

となる．次にホイヘンスは 4 回投げる場合に移った．もし賭博者が最初の 2 回のうち 1 回で 2 個とも 6 の目を得れば，彼は a を獲得する．もしそうでなければ，彼は後半の 2 回のチャンスを得て，その値は $\frac{71}{1296}a$ である．最初の 2 回で a を獲得する可能性は 71 通りあり，その結果，獲得しない可能性は（1296 通りのうち）1225 通りあるから，その値は同様に $\frac{71}{1296}a$ である．再び命題 3 により，4 回投げて 1 回 2 個とも 6 の目が出る場合のその賭博者の可能性の値は，

$$\frac{71a + 1225(71/1296)a}{1296} \quad \text{すなわち}, \quad \frac{178,991}{1,679,616}a$$

である．この値は必要な $\frac{1}{2}a$ よりまだ随分と小さいから，ホイヘンスはその過程を続行しなければならなかった．彼は計算をこれ以上提示しなかったが，賭博者は次に 8 回投げること，さらに 16 回，それから 24 回，25 回投げることを考える，と彼は述べている．その結果は，24 回投げるときには，賭博者は $\frac{1}{2}a$ の賭金についてほんのわずか不利であり，25 回投げる場合には，ほんのわずか有利であることを示している[38]．

　ホイヘンスは自分の短い論考の終わりに，練習問題として，壺から異なる色のボールを取り出す問題をいくつか提示した．それらは今日どの初等確率論の教科書にものっているタイプの問題であった．これらの諸問題は続く数十年間の間多くの数学者によって議論された．というのも，とりわけホイヘンスの教科書は 18 世紀前半まで確率論への利用可能な最良の入門書だったからである．それからもその影響は続いた．なぜなら，ヤーコプ・ベルヌーイが確率に関する，より広範囲にわたる彼自身の著作，1713 年の『推測術』(Ars conjectandi) にそれを組み入れたからである．

11.4　数論

　フェルマは，解析幾何学と確率論の始まりに関わったのと同様に数論にも貢献した．それは，彼の存命中にはほとんど知られることなく，実際には次の 18 世紀の中頃になるまで無視されたままだった．その理由の一つは，おそらく自己の方法について彼が過度の秘密主義を守ったからであろう．したがって，フェルマの貢献が知られるに至ったとしても，それは彼が自分の得た結果の多くを様々な文通相手への手紙で誇らしげに知らせ，彼らに類似問題を解くよう難題を突きつけていたからである．事実上彼の証明には，どれも記録があるわけではなく，ただいくつかの方法の曖昧な概略が描かれているだけである．

フェルマの数論に対する最も初期の関心は，ある数がそのあらゆる約数の和に等しいという，完全数の古典的な概念から生じた．ユークリッド『原論』第 IX 巻では，もし $2^n - 1$ が素数であるならば，$2^{n-1}(2^n - 1)$ は完全数であるということを証明している[*12]．しかしながら，ギリシア人は四つの完全数 6, 28, 496, および 8128 を発見することができただけである．というのも，$2^n - 1$ が素数であるための n の値を決定するのが困難だったからである．フェルマはこのことに関して役に立つ三つの命題を発見した．彼はそれらの命題を 1640 年 6 月の書簡でメルセンヌに伝えた．フェルマが示した結果のうち，まず第一は，もし n が素数でないならば，$2^n - 1$ は素数ではあり得ないということである．この結果の証明は，ただ因数を示す，すなわち $n = rs$ ならば，

$$2^n - 1 = 2^{rs} - 1 = (2^r - 1)(2^{r(s-1)} + 2^{r(s-2)} + \cdots + 2^r + 1)$$

ということを示しただけだった．したがって，基本的に問題は，$2^p - 1$ が素数となるような素数 p を求めることに帰着した．$2^p - 1$ の形の素数は今日，フェルマのお気に入りの文通相手に敬意を表してメルセンヌ素数と呼ばれている．

　フェルマの 2 番目の命題は，p が奇数の素数ならば，$2p$ は $2^p - 2$ を割り切る，すなわち，p は $2^{p-1} - 1$ を割り切るというものである．第三の命題は，同じ仮定のもとで，$2^p - 1$ の唯一の可能な因子は $2pk + 1$ の形に限るというものである．フェルマは彼の書簡でこれらの結果の証明を何ら示さず，ほんのわずかの数値的な例を与えただけである．彼は，$2^{37} - 1$ が $74k + 1$ の形の数で割り切れることを，因数 $223 = 74 \cdot 3 + 1$ を見出すまで試し，それが合成数であると確証した．だが数箇月後にベルナール・フレニクル・ド・ベシー (1612–1675) に宛てて書かれた書簡で，彼はこれらの二つの命題を簡単な系として含んだ，より一般的な定理を述べた．今日，フェルマーの小定理として知られているこの定理は，現代的な用語では，もし p を任意の素数，a を任意の整数とするならば，p は $a^p - a$ を割り切るというものである（この定理はしばしば $a^p \equiv a \pmod{p}$ という形，あるいは，a, p が互いに素であるという条件を付けて，$a^{p-1} \equiv 1 \pmod{p}$ という形で書かれる．したがって，n を，p が $a^n - 1$ を割り切るような最小の正の整数であるとすれば，n は $p - 1$ を割り切り，そしてさらに，p が $a^k - 1$ を割り切るようなすべての指数 k は n の倍数であるということになる）．自分がこの結果をどのように発見し，あるいは証明したのか，フェルマはどこにも書き記さなかった．いずれにせよ，メルセンヌ宛書簡中の 2 番目の命題が定理 ($p > 2$) の $a = 2$ の場合だということである．3 番目の命題は，もう少し手間を要する．q が $2^p - 1$ の一つの素因子であるとする．このとき，p は $q - 1$ を割り切る，すなわち，$q - 1 = hp$ を満たす整数 h が存在するということを定理は示している．$q - 1$ は偶数だから，hp は 2 で割り切れ，その結果，h は必ず 2 で割り切れる．したがって，主張された通り，$h = 2k$，$q = 2kp + 1$ ということになる．

　フェルマーの小定理は，数論において応用範囲の広いきわめて重要な結果であることがわかった．しかし，素数となる性質に関する別の側面からのフェル

[*12] 第 IX 巻命題 36「もし単位から始まり順次に 1 対 2 の比をなす任意個の数が定められ，それらの総和が素数になるようにされ，そして全体が最後の数に掛けられてある数をつくるならば，その積は完全数であろう」．『ユークリッド原論』共立出版，1971，225 ページ．

マの研究は，彼でさえ時には間違えるということを示していた．文通で彼は，いわゆるフェルマー数（$2^{2^n}+1$ の形の数）はすべて素数であると繰り返し主張した．1659 年の終り頃，彼は証明を見出したと記した．$n=0,1,2,3,4$ について，この形の数が素数であることを示すのは難しくない．だが 1732 年にレオンハルト・オイラーは，641 が $2^{2^5}+1$ の一つの約数であることを発見した．実際，$2^{2^4}+1$ を超えるどんな素数のフェルマー数も見つけられていない．フェルマはどうしてそんな間違いをしたのか？ 彼の試みた証明は数論研究の別の分野の中でフェルマが概説した類のもの，すなわち無限降下法という論法だったということ，そして彼は最大 4 の整数に対して用いた方法がそれより大きい整数についてもうまくいくと思っていたと考えるのが妥当なところだろう．

無限降下法は，与えられた数を面積に持つ 3 辺が整数の直角三角形を見出すという問題に対して，フェルマが実際に詳細に書きあげた数論上の唯一の証明に含まれている．フェルマはそのような三角形の面積は平方数であるはずがない，すなわち，$x^2+y^2=z^2$ かつ $\frac{1}{2}xy=w^2$ を満たす整数 x,y,z,w を見出すことは不可能であると述べた．フェルマがこの結果を証明した無限降下法とは，次のようなものである．一つの整数がある性質を持つと仮定するともっと小さい整数も同じ性質を持つことを示すことによって，特定の性質を持つ正の整数が存在しないことを論証する方法である．この議論を続けることで，無限に減少する正の整数の数列を得る．すなわち［仮定の］不可能性が示される．

この特定の場合においてフェルマはまず，互いに素である二つの数 p,q（どちらかが偶数で他方は奇数）によって生成される特定のピュタゴラス数が，上述の条件を満たすならば，その差が平方数である二つの 4 乗数が存在するということを示した．というのは，$x=2pq,y=p^2-q^2$ であるから，面積 $\frac{1}{2}xy=pq(p^2-q^2)$ が平方数である［面積が平方数であると仮定している］．この積の因数は互いに素であるから，各々が平方数でなければならない．したがって，すでに述べたように，$p=d^2,q=f^2,p^2-q^2=d^4-f^4=c^2$ となる．次に，$c^2=(d^2+f^2)(d^2-f^2)$，そして d,f が互いに素であるから，d^2+f^2 と d^2-f^2 はともに平方数，たとえば $d^2+f^2=g^2,d^2-f^2=h^2$ でなければならない，とフェルマは述べた．この二つの方程式の 1 番目から 2 番目を引くと，$2f^2=g^2-h^2=(g+h)(g-h)$ が得られる．g^2 と h^2 はいずれも奇数で互いに素であるから，$g+h$ と $g-h$ は両方偶数で，なおかつ 2 以外の共通因数を持ち得ない．したがって，$g+h$ は $2m^2$，$g-h$ は n^2（またはその逆）と書けるということになる．ここで，n は偶数，m は奇数である．その結果，$g=m^2+\frac{n^2}{2},h=m^2-\frac{n^2}{2},d^2=\frac{1}{2}(g^2+h^2)=(m^2)^2+\left(\frac{n^2}{2}\right)^2$ が成り立つ．だが，このとき m^2 と $\frac{n^2}{2}$ は，その面積 $\frac{m^2n^2}{4}$ が平方数である新しい直角三角形の 2 辺である．この新しい三角形の斜辺 d は元々の三角形の斜辺よりも小さいので，無限降下法によって，元の仮定は誤っていると考えられることになる．

この議論から，$a^4-b^4=c^2$ を満たす三つの正の整数 a,b,c は見出し得ないということを示す無限降下法による議論を引き出すことができる．したがって，一つの 4 乗数を他の二つの 4 乗数の和で表すこともできないということになる．

この結果の，「一つの立方数を二つの立方数に，一つの 4 乗数を二つの 4 乗数に，あるいは一般に平方より**無限に** (*in infinitum*) 大きい任意の累乗を二つの累乗に分けることは不可能である」[39] という趣旨の一般化が，フェルマーの最終定理として知られるようになったものの内容である．フェルマはそれを，彼が持っていたディオパントス『数論』(*Arithmetica*)，1621 年刊行のラテン語版の第 II 巻命題 8 に対する余白メモとして書き込んだのである（図 5.4 を参照）[*13]．現代的な用語では，この予想は $n > 2$ とするとき，$a^n + b^n = c^n$ を満たすような 0 でない整数 a, b, c は存在しないということを主張している．この結果は，数学者たちに 17 世紀以来の大きな難問を突きつけた．それについてフェルマは，「そのことの真に驚嘆すべき証明を私は見出した．それは余白がこのように狭いので入りきれない」[*14] と主張した．1995 年に，プリンストン大学［教授］のアンドリュー・ワイルズ (1953–) はフェルマーの最終定理に最初の証明を与えた[*15]．その証明は 20 世紀後半の多くの数学者の研究に基づいており，フェルマには用いることのできない代数幾何学の手法を使用してのものだった．こうしてほとんどの歴史家は，フェルマがおそらく $n = 3$ と $n = 4$ の場合にうまくいく無限降下法をそれより大きい n の値に一般化できるだろうと誤って想定したために，証明に対してあのような思い違いをしたのだと考えている．

フェルマー数に関してはフェルマの主張は間違っており，フェルマーの最終定理が正しいという彼の主張は時期尚早ではあったが，文通を通して発表されたり，あるいは彼が所持していたディオパントスの 1 冊の余白に走り書きされた数論に関する結果について，彼の主張の大部分は正しいことが判明した．彼はたびたび他のヨーロッパの数学者を刺激して，自分の種々の数論的な問題に取り組むよう促したが，彼の熱心な願いは馬の耳に念仏だった．フランス人法律家によって始められた数論の研究を続行させる後継者が見つかるには，次の世紀を待たねばならなかったのである．

11.5 射影幾何学

無視される運命は，フランスの技術者兼建築家ジラール・デザルグ (1591–1661) にも降りかかった．彼の数学への最も独創的な貢献は射影幾何学の分野であった．職業上の関心の一つとして，彼はルネサンス芸術家によって創始された遠近法の研究を続けたいと思っていた．ギリシア人たちの幾何学的な著作，とくにアポロニオスの著作を習得すると，彼はフェルマのように代数的に扱うのではなく，それらを新しい射影の総合的技法に組み込むことで種々の方法を統合する

[*13] フェルマが書き込んだディオパントスの『数論』は，パリの貴族クロード=ガスパル・バシェ・ド・メズィリアックがギリシア語原文とそのラテン語訳を印刷して出版したものである．このバシェ版のディオパントス『数論』にフェルマが書き付けを遺したものは，フェルマの息子クレマン=サミュエル・ド・フェルマによって 1670 年に公刊された．

[*14] "..., cujus rei demonstrationem mirabilem sane detexi. Hanc marginis exiguitas non caperet." 本訳書，202 ページ参照．

[*15] ワイルズはケンブリッジ大学大学院の出身で，彼の論文はプリンストン大学から刊行されている数学界一流の学術雑誌『数学年報』に投稿され受理された．*Annals of Mathematics*, **142** (1995), pp. 443-551. 詳しい解説は，サイモン・シン著，青木薫訳『フェルマーの最終定理——ピュタゴラスに始まり，ワイルズが証明するまで』新潮社，2000；足立恒雄『フェルマーの大定理が解けた』ブルーバックス B-1074，講談社，1995 などを見よ．

ことを提案した．とりわけ，彼は 1639 年の『円錐と平面の交わりという事象に対して達成した研究草案』(*Brouillon projet d'une atteinte aux événemens de rencontres d'un cone avec un plan*) において，射影技法を利用して円錐の研究を統一しようとした．たとえば，円を斜めから見ると楕円のように見えるというのはよく知られていた．斜めから見ることは円をある点からその平面でなく別の平面に射影することに等しいので，デザルグは射影のもとで不変な円錐曲線に共通な性質を研究したいと思っていたのである．

研究の一つとして，デザルグは平行線がそこで交わる，透視画法における消尽点のような点，無限遠点を考えなければならなかった．「すべての直線は，必要ならば，両方向に無限に延長できるとみなされる」．いくつかの直線が平行であるか，同じ点で交差しているかのどちらかであるとき，それらは同じ**纏まり** (ordinance) にあるとデザルグは言う．「その結果，同じ平面におけるどんな二つの線も同じ纏まりにある．その**交点** (butt) は有限か無限遠方にある」[40]．無限遠方にあるすべての点の集まりは無限遠方の線を作る．したがって，すべての平面はあらゆる方向の無限遠方に広がると考えられなければならないということになる．さらに，円柱は無限遠方に頂点がある円錐と考えられるので，デザルグは円錐と円柱を同時に扱った．その結果，円錐の二つの平面による切断面は頂点からの射影という一つの射影変換によって関係づけられ，そして円柱の二つの平面による切断面は無限遠点からの射影によって関係づけられる．円は円錐（あるいは円柱）の一つの平断面であるから，デザルグはすべての円錐曲線を射影的に円と同値だと考えることができた．楕円はその平面の無限遠線と交わらない円の射影である．放物線はちょうど無限遠線に接する円の射影である．さらに，双曲線は無限遠線を切る円の射影である．こうして射影のもとで不変な円に共通などんな性質も，すべての円錐曲線の性質であることが容易に証明できた．

だがデザルグの最も有名な結果は『草案』中にではなく，友人の一人アブラアム・ボス (1602–1676) による実践的な著作『透視画法を実行するための M・デザルグの一般的方法』(*Maniére universelle de M. Desargues pour pratiquer la perspective*) の付録の中に現れた．「異なる平面あるいは同じ平面上の線 HDa, HEb, cED, ℓga, ℓfb, $H\ell K$, DgK, EfK が同じ点で交わるならば，点 c, f, g は一直線 cfg 上にある」[41]．現代的な用語では，デザルグは「同じ」点 H からの射影によって関係づけられる二つの三角形 KED と $ab\ell$ を考えている（図 11.16 参照）．言い換えれば，対応する二つの頂点を結ぶ線は H で交わる．したがって結論は，対応する三つの辺，ここでは，DK と $a\ell$, EK と $b\ell$, DE と ab の交点 g, f, c はすべて同じ線上にあるということである．デザルグはその結果をメネラオスの定理を使って証明した．

デザルグの研究は好意的には受け入れられなかった．それは，一つには彼があまりにも多くの新しい専門用語を創案し使用したため，それを理解できる者がほとんどいなかったからである．また他の理由として，数学者たちはちょうどデカルトによる幾何学の解析的統合を高く評価し始めており，総合幾何学的な新しい見解を進んで考察しようという状況にはなかったからである．彼の著作を正しく評価できた同時代の数学者は，明らかにパスカルだけだった．パスカル

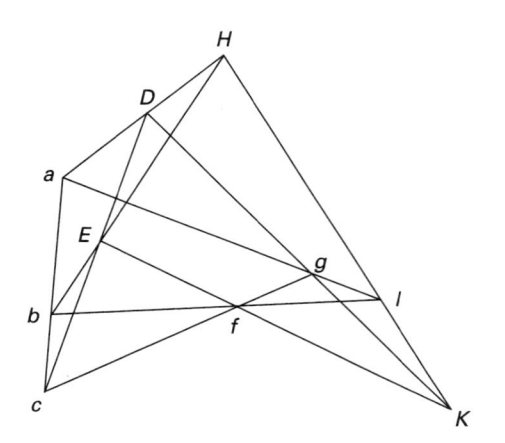

図 11.16
デザルグの定理.

は 1640 年に小論『円錐曲線試論』*16 を公刊した．その中でパスカルは射影の方法を自分に紹介したのはデザルグであるとした．この著作には，それ以来ずっとパスカルの名前で知られている定理の一つが含まれている．

定理 六角形が円錐曲線に内接しているとすると，対辺は 3 個の共線点*17 で交差する（図 11.17 参照）．

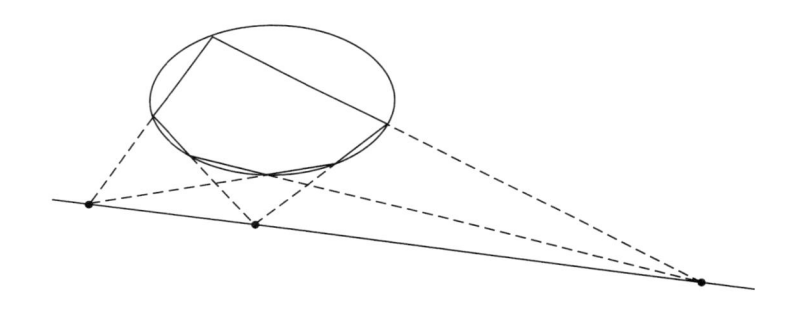

図 11.17
パスカルの六角形定理.

　この定理は射影幾何学における言明であることが意図されているので，起こりうる場合の中には，対辺のいくつかの組が平行で，無限遠点の交点を持つ場合も含まれる．むろん，六角形が円に内接する正六角形の場合はこの場合に該当する*18．パスカルは簡潔な小論では自分の定理を証明しなかった．彼はただ最初に円について，次に任意の円錐曲線について，その正しさを主張しただけだった．おそらく，彼はデザルグの与えた概要に従って，一般的な結果を証明するつもりであったのだろう．パスカルは円錐曲線に関する一層完全な著作で，自分の方法とともにもっと多くの諸結果を明らかにすると約束した．彼はその著作を 1650 年代中頃に執筆した．だが不幸にも，より詳細なこの著作は刊行されることもなく，後にその手稿はすべて失われてしまった．実際，幾何学における射影の方法は 19 世紀初頭まで事実上無視されたのだった．

---

*16 原亨吉訳『パスカル全集』第 1 巻，人文書院，1954 所収，743–746 ページ．
*17 colinear points，すなわち，同一直線上の点のことを指す．
*18 言うまでもなく，これは対辺がすべて平行になる場合である．

練習問題

フェルマの『序論』に関連して

1. $xy = c$ が x 軸と y 軸を漸近線に持つ双曲線を表すと仮定して，$xy + c = rx + sy$ もまた双曲線を表すことを示せ．また，その漸近線を求めよ．
2. 方程式 $b^2 - 2x^2 = 2xy + y^2$ の軌跡を求めよ（ヒント：x^2 を両辺に加えよ）．
3. $b^2 + x^2 = ay$ が放物線を表すことを示せ．第 1 象限内の部分を描け．
4. 2 個の点の場合について，アポロニオス『平面軌跡』からの問題に解を与える円の方程式を決定せよ（図 11.1 において，A, B の座標をそれぞれ $(-a, 0)$, $(a, 0)$ とせよ）．
5. 同一直線上にない 4 個の点 $(x_i, y_i)(i = 1, 2, 3, 4)$ の場合について，アポロニオス『平面軌跡』からの問題に解を与える円の方程式を決定せよ．

デカルトの『幾何学』に関連して

6. テキストで言及された種々の定数を用いて，最初の 2 本の線の積があとの 2 本の線の積に等しいという，特別な場合の四線問題に解を与える軌跡の方程式を決定せよ．これはどんなタイプの曲線か？
7. 図 11.6 の MQ と MR は，方程式 $z^2 = ax - b^2$ の二つの解を表していることを示せ．
8. $z^2 = az + b$ の負の解を表すには，図 11.6 をどう用いればよいか？
9. 4 次方程式 $x^4 - px^2 - qx - r = 0$ を解くために，デカルトは y^2 に関する 3 次方程式 $y^6 - 2py^4 + (p^2 + 4r)y^2 - q^2 = 0$ を考えている．もし y を一つの解とするならば，元の多項式は二つの 2 次式 $r_1(x) = x^2 - yx + \frac{1}{2}y^2 - \frac{1}{2}p - \frac{q}{2y}$, $r_2(x) = x^2 + yx + \frac{1}{2}y^2 - \frac{1}{2}p + \frac{q}{2y}$ に因数分解でき，それぞれが解けることを示せ．
   この方法を適用して，方程式 $x^4 - 17x^2 - 20x - 6 = 0$ を解け．対応する y の方程式 $y^6 - 34y^4 + 313y^2 - 400 = 0$ は，解 $y^2 = 16$ を持つことに注意せよ．
10. 初めに $y = \sqrt{3}x$，次に $z = 3y$ を代入して，整数係数の z に関する方程式を解くことによって，方程式 $x^3 - \sqrt{3}x^2 + \frac{26}{27}x - \frac{8}{27\sqrt{3}} = 0$ を解け．
11. デカルトの符号則を用いて，$2x^4 - 9x^2 - 5x + 1$ の根の性質を調べよ．
12. 3 次方程式 $x^3 = -4x + 16$ に対するデカルトの図による解を作図せよ．同じ方程式について，ハイヤーミーの図による解を作図せよ．どちらの方法がより簡単か？
13. デカルト『幾何学』第 3 巻から，4 次の代数方程式の解を作図する，詳細な図による方法を与えている節を読め．その方法について概説し，それを用いて，$x^4 = x^2 + 5x + 2$ を解け．

デ・ヴィットに関連して

14. 方程式
$$y^2 + \frac{2bxy}{a} + 2cy = bx - \frac{b^2 x^2}{a^2} - c^2$$

   を簡素化するデ・ヴィットの置換 $z = y + \frac{b}{a}x + c$ において，彼は軸の一つを角 α だけ回転した．角 α の正弦と余弦を求めよ．

15. デ・ヴィットの方程式
$$y^2 + \frac{2bxy}{a} + 2cy = \frac{fx^2}{a} + ex + d$$

   は双曲線を表すことを示せ（置換 $z = y + \frac{b}{a}x + c$ を用いて，この置換が $x' = \beta x$ の形の置換と結合されると，元の x-y 斜交座標系は直交軸の新しい x'-z 座標系に変換されることを示せ）．その曲線を描け．

ジラールに関連して

16. $x = 18$ が一つの解であるとするとき，ジラールの技法を用いて，$x^3 = 300x + 432$ を解け．
17. ジラールの技法を用いて，$x^3 = 6x^2 - 9x + 4$ を解け．まず最初に，実際に当てはめて，一つの解を決定せよ．
18. 方程式 $x^4 + Bx^2 + D = Ax^3 + Cx$ において，A は根の和，$A^2 - 2B$ は根の 2 乗の和，$A^3 - 3AB + 3C$ は根の 3 乗の和，そして $A^4 - 4A^2B + 4AC + 2B^2 - 4D$ は根の 4 乗の和であることを示せ．
19. 次の問題は，ジラールによる代数方程式に対する負の解の幾何学的解釈を例証している．2 直線 DG, BC が O で直角に交わっているとせよ（図11.18参照）．$ABOF$ が

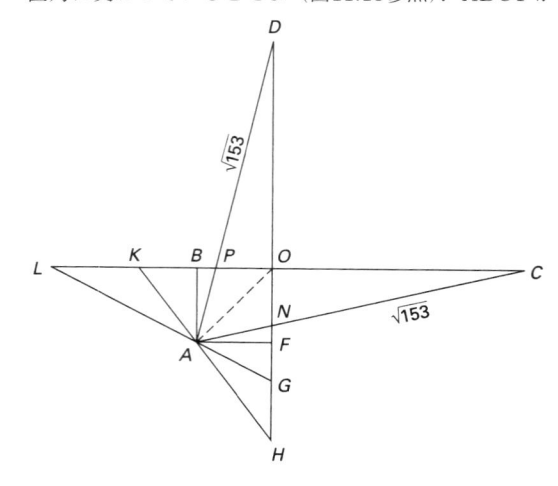

図 11.18
ジラールからの一問題．

1辺4の正方形であるように，O で直角を2等分する線上の点 A を決定せよ．図のように，$NC = \sqrt{153}$ となるように ANC を引け．FN の長さを求めよ（ジラールは，$x = FN$ とすれば，$x^4 = 8x^3 + 121x^2 + 128x - 256$，したがって，4個の可能な解が存在し，それぞれについて計算することができる，と述べている．2個の正の解は FN と FD によって表され，一方，2個の負の解は FG と FH によって表される．後者の2個は前者の2個と反対方向にとられる）．

パスカルに関連して

20. n より小さいすべての k について，
$$\binom{n}{k} = \sum_{j=k-1}^{n-1} \binom{j}{k-1}$$
が成り立つことを，n について帰納法を用いて証明せよ．

21.
$$\binom{n}{k} : \binom{n}{k+1} = (k+1) : (n-k)$$
を証明せよ．

22.
$$\binom{n}{k} : \binom{n-1}{k} = n : (n-k)$$
を証明せよ．

23. n より小さい任意の j について，
$$\sum_{k=0}^{j} \binom{n}{k} = \sum_{k=0}^{j} \binom{n-1}{k} + \sum_{k=0}^{j-1} \binom{n-1}{k}$$
を証明せよ．

24. パスカルは，1個のサイコロを4回投げて，6の目が出る可能性は 671 対 625 の比で有利になると述べた．これがどうして正しいのかを示せ．

25. 3個のサイコロの一投で，少なくとも1個1の目が出る可能性は 125 対 91 の比で不利になることを示せ（この答えはカルダーノによる）．

26. 第一の賭博者が勝利するためにはあと3勝必要で，第二の賭博者はあと4勝必要であるとする．二人の賭博者の1試合における賭金の適切な分配を決定せよ．

27. 最初に3勝した方が賭に勝利するという条件のもとで，3人の賭博者が一連の公正な勝負をすると仮定する．第一の賭博者があと1勝必要で，第二，第三の賭博者がそれぞれあと2勝を必要とする場合に，賭を止めるとき，賭金の適正な分配を求めよ（この問題はパスカルとフェルマの文通で議論された）．

28. 3個のサイコロを1回投げるとき，目の和が9になる場合も 10 になる場合も，どちらも6通りの異なる出方があることを示せ．それにもかかわらず，目の和が 10 となる確率は目の和が9となる確率より大きいことを示せ（この考え方に関する議論はガリレオの著作の断片にある）．

29. パスカルの六角形定理を用いて，円錐曲線上の点 P における接線を作図せよ．接線を P の付近の2点を通る直線と考えよ．それから，円錐曲線上に他の4点を選び，定理を適用せよ．

ホイヘンスに関連して

30. 二人の賭博者が，2個のサイコロを投げ，目の和が7なら第一の賭博者の勝ち，目の和が6なら第二の賭博者の勝ち，そしてその他の場合は賭金は等分配するという条件のもとで賭をするとき，各賭博者の期待値（可能性の値）を見出せ．

31. 私と別の賭博者が交互に2個のサイコロを投げ，目の和が7なら私の勝ち，目の和が6なら相手の勝ちという条件のもとで賭をする．最初に相手から投げるとして，私の勝つ可能性と相手のそれとの比はどうなるか？

32. 壺の中に 12 個のボールがある．そのうちの4個は白で8個は黒である．3人の目隠しをしたプレーヤー A, B, C が，この順に壺の中からボールを1個取り出すとし，最初に白いボールを取り出した者を勝者とする．それぞれの（黒い）ボールは取り出されたあと，元に戻されると仮定して，3人のプレーヤーがそれぞれ勝者となる可能性の比を求めよ．

33. 各組 [ハート，ダイヤ，スペード，クラブ] から 10 枚，合計 40 枚のトランプカードがある．A と B が，4枚のカードを引き，各組から1枚ずつ引き当てるという賭けをする．それぞれの賭金の公平な額はどうなるか？

フェルマの数論に関連して

34. p を素数とする．$2^p = (1+1)^p$ と書き，二項定理を用いて展開することによって，また，$1 \leq k \leq p-1$ に対する二項係数 $\binom{p}{k}$ のすべてが p で割り切れることに注意して，$2^p \equiv 2 \pmod{p}$ を証明せよ．この結果と $(a+1)^p \equiv a^p + 1 \pmod{p}$ という事実を利用して，a について帰納法を用いて，$a^p \equiv a \pmod{p}$ を証明せよ．

35. a と p が互いに素である場合のフェルマーの小定理の証明に関して，数 $1, a, a^2, \ldots$ の p による割り算の剰余を考えよ．これらの剰余は最終的に循環すると考えられる（なぜか？）．したがって，$a^{n+r} \equiv a^r \pmod{p}$，あるいは $a^r(a^n - 1) \equiv 0 \pmod{p}$，あるいは $a^n \equiv 1 \pmod{p}$ となる（これらの言い換えた式をそれぞれ証明せよ）．n を，最後の合同式を満たす最小の正の整数と考える．割り算のアルゴリズムを適用することによって，n が $p-1$ を割り切ることを示せ．

議論に向けて

36. デカルトからの最もよく知られている引用文は，『方法序説』からの「我惟う．ゆえに我あり」(I think, therefore I am) である．その文意は結局，明晰なほどに正しい考

えを受け入れるデカルトの決心である．この引用文に基づくよく知られたジョークがある．デカルトがレストランに入る．ボーイが彼にこう尋ねる．「今夜の特別料理はいかがですか？」彼は「いや結構です」（I think not）と返答すると，姿が見えなくなる．このジョークの論理的な正当性についてコメントせよ．

37. デカルト，フェルマ，およびデ・ヴィットの解析幾何を比較せよ．これらの創案者たちのうちの，一人の定式化を微分積分学の初歩の授業向きに手直しして，その話題を提示せよ．

38. ジラールがすべての代数方程式はその次数に等しい個数の解を持つ，と述べることが可能になったのは，技法と解釈，またはそのどちらかにおいて，どのような発展があったからか？ カルダーノとヴィエトが可能でなかったのはどうしてか？

39. デカルトの代数的な技法を用いて，因数定理のような結果と3次以上の代数方程式の解法を教える方程式論の授業計画の概要を述べよ．

40. カルダーノの考えを用いて，初等的な確率論の授業計画の概要を述べよ．いくつかの関係する規則を正当化することや犯しかねない誤りに関する題材も含めよ．

41. パスカルの『数三角形論』からの題材を用いて，数学的帰納法の原理に関する授業計画の概要を述べよ．

42. パスカルによる数学的帰納法の使用とイブン・ハイサム，サマウアル，そしてレヴィ・ベン・ゲルソンによるその使用とを比較せよ（ヨーロッパにおける帰納法の起源について，より詳細には，W. H. Bussey, "The Origin of Mathematical Induction," *American Mathematical Monthly*, **24** (1917), pp. 199–207 を参照せよ）．

43. パスカルと他の人々の技法を記述するために，誰が最初に「数学的帰納法」という術語を使用したのかについて調べよ．この術語はなぜ選ばれたのか？ （Florian Cajori, "The Origin of the Name 'Mathematical Induction'," *American Mathematical Monthly*, **25** (1918), pp. 197–201 を参照せよ）．

参考文献と注

解析幾何学に関する一般的歴史書には唯一，Carl Boyer, *History of Analytic Geometry* (New York: Scripta Mathematica, 1956) がある．この著作は古代から始めて19世紀までをその対象として覆っている．最近では，The Scholar's Bookshelf からこの著作のリプリントが入手できる．フェルマとデカルトの業績について簡単に概観するには，Carl Boyer, "Analytic Geometry: The Discovery of Fermat and Descartes," *Mathematics Teacher*, **37** (1944), 99–105 と，同著者の "The Invention of Analytic Geometry," *Scientific American*, 180 (Jan, 1949), 40–45 がある．17世紀とそれ以前をある程度扱っている確率の一般的歴史に関して最良のものは，Florence Nightingale David, *Games, Gods, and Gambling: A History of Probability and Statistical Ideas* (London: C. Griffin; New York: Hafner, 1962) [安藤洋美訳『確率論の歴史——遊びから科学へ』海鳴社，1975] と，Ian Hacking, *The Emergence of Probability* (Cambridge: Cambridge University Press, 1975) である．前者は，関連するテキストについてもより詳細に論じている．後者は，より哲学的である．

[さらに，確率論史に関する近年の研究として，次の2書は有益である．

- A. Hald, *A History of Probability and Statistics and Their Applications before 1750* (New York: John Wiley & Sons, 1990).
- Lorraine J. Daston, *Classical Probability in the Enlightenment* (Princeton, N.J.: Princeton University Press, 1988; pbk., 1995).

また，日本語で読めるものとして，

- 安藤洋美『確率論の生い立ち』現代数学社，1992
- アイザック・トドハンター著，安藤洋美訳『確率論史——パスカルからラプラスの時代までの数学史の一断面』現代数学社，1975；改訂版，2002

がある．]

歴史的な観点から書かれた数論の一般的歴史書に，André Weil, *Number Theory: An Approach Through History from Hammurapi to Legendre* (Boston: Birkhäuser, 1983) がある [足立恒雄・三宅克哉訳『数論——歴史からのアプローチ』日本評論社，1987]．

射影幾何学に関するデザルグとパスカルの業績については，J. V. Field & J. J. Gray, *The Geometrical Work of Girard Desargues* (New York: Springer, 1987) の議論がある．

1. David Eugene Smith, *A Source Book in Mathematics* (New York: Dover, 1959), vol. 2, p. 389 [論考『平面・立体軌跡序論』は短編で，そのラテン語原文 *Ad locus planos et solidos isagoge* は次の2書に収められている．*Varia opera mathematica D. Petri de Fermat Senatoris Tolosani, Accesserunt selectae quaedam ejusdem Epistolae, vel ad ipsum à plerisque doctissimis viris Gallicè, Latinè, vel Italicè, de rebus ad Mathematicas disciplinas aut Physicam pertinentibus scriptae* (Toulouse: Joannis Pech, 1679; repr. Bruxelles, 1969), pp. 1–8; *Œuvres de Fermat*, éd.

Charles Henry et Paul Tannery, t. I (Paris, 1891), pp. 91–103].

2. フェルマの生涯と数学的業績に関する最良の研究は、Michael S. Mahoney, *The Mathematical Career of Pierre de Fermat 1601–1665* (Princeton: Princeton University Press, 1973 [$_2$1994]). この書は、解析幾何学だけでなく、第12章で扱われることになる微分積分学の様々な局面に関するフェルマの業績を詳細に分析している [日本語で読めるものとして、次の書の『平面・立体軌跡序論』に関する解説が有益である。中村幸四郎『数学史——形成の立場から』共立出版, 1981, 127–134 ページ]。

3. 同上, pp. 102–103 [Cf. *Varia opera mathematica*, pp. 33–34; *Œuvres*, t. I, pp. 38–39]。

4. Smith, *Source Book*, p. 390 [*Œuvres*, t. I, p. 92]。

5. 同上, p. 392 [*Œuvres*, t. I, p. 96]。

6. Mahoney, *Mathematical Career*, p. 91 [*Œuvres*, t. I, p. 102]。

7. René Descartes, *Discourse on Method, Optics, Geometry, and Meteorology*, translated by Paul J. Olscamp (Indianapolis: Bobbs-Merrill Co., 1965; revised ed. Hackett, Publishing Company 2001), p. 9 [*Œuvres de Descartes*, éditées par Charles Adam et Paul Tannery, 11 vols. (Paris: Cerf, 1897–1913; Édition nouvelle, Paris: Vrin, 1969–1975)(=*AT*), t. VI, p. 9; 三宅徳嘉・小池健男共訳『方法序説』,『デカルト著作集』1, 白水社, 1973; 増補版, 1993, 18 ページ]。この版は、『幾何学』だけでなく、他に二つの試論も含んでいる。とくに『光学』は、ある特定の曲線——その形のレンズは光学的な特性を規定していることになる——を作図する方法を示しているので、デカルトの数学についても多くのものを含んでいる。数学と自然学に関するデカルトの業績についての一般的研究は、J. F. Scott, *The Scientific Work of René Descartes* (London: Taylor and Francis, 1952) を見よ [さらに、近年の研究として、佐々木力『デカルトの数学思想』東京大学出版会, 2003 は、デカルトを近代数学の定礎者として位置づけ、デカルトがいかにして古代・中世の西欧数学を一変させ、代数解析による近代数学を創造し、数学的自然学の先駆者として学問全体の構造に革命をもたらしたかを、文献学的かつ哲学思想史的に解明している]。

8. David Eugene Smith & Marcia L. Latham, trans., *The Geometry of René Descartes* (New York: Dover, 1954), p. 2 [*AT*, t. VI, p. 369; Olscamp, p. 177; 原亨吉訳『幾何学』,『デカルト著作集』1, 3 ページ]。D. E. Smith & M. L. Latham の訳はデカルト自身の記法や図式だけでなく、原典のフランス語とその英訳を見開きページに載せている。

9. Smith & Latham, *Geometry*, p. 5 [*AT*, t. VI, p. 371; Olscamp, p. 178; 邦訳, 4 ページ]。

10. 同上, p. 22 [*AT*, t. VI, p. 380; Olscamp, p. 184; 邦訳, 10 ページ]。

11. 次の興味深い論文を参照されたい。H. J. M. Bos, "On the Representation of Curves in Descartes' *Géométrie*," *Archive for History of Exact Sciences*, **24** (1981), 295–338. ボスは『幾何学』で概説されている幾何学に関するデカルトの一般的なプログラムについて議論している。A. Molland, "Shifting the Foundations: Descartes' Transformation of Ancient Geometry," *Historia Mathematica*, **3** (1976), 21–49 も参照せよ。解析幾何学の誕生は、ヴィエトの弟子マリノ・ゲタルディ (Marino Ghetaldi, 1566–1627) にその功績が認められるべきであるという議論については、E. G. Forbes, "Descartes and the Birth of Analytic Geometry," *Historia Mathematica*, **4** (1977), 141–151 を見よ [この点については、さらに、佐々木力「代数的論証法の形成」, 同編『科学史』弘文堂, 1987 の明快な解説を見よ]。

12. Smith & Latham, *Geometry*, p. 43 [*AT*, t. VI, p. 389; Olscamp, pp. 190f; 邦訳, 16–17 ページ]。デカルトの曲線画法の装置について、さらに詳細には、David Dennis, "René Descartes' Curve-Drawing Devices: Experiments in the Relations between Mechanical Motion and Symbolic Language," *Mathematics Magazine*, **70** (1997), 163–175 を見よ。

13. 同上, p. 48 [*AT*, t. VI, p. 392; Olscamp, p. 193; 邦訳, 19 ページ]。

14. 同上, p. 91 [*AT*, t. VI, p. 412; Olscamp, p. 206; 邦訳, 31 ページ]。

15. 同上, p. 240 [*AT*, t. VI, p. 485; Olscamp, p. 259; 邦訳, 82 ページ]。

16. ハリオットについて、さらに詳細には、J. A. Lohne, "Dokumente zur Revalidierung von Thomas Harriot als Algebraiker," *Archive for History of Exact Sciences*, **3** (1966), 185–205 と、同著者の "Essays on Thomas Harriot," *Archive for History of Exact Sciences*, **20** (1979), 189–312 を参照されたい。

17. Robert Smith, *The Early Theory of Equations: On Their Nature and Constitution* (Annapolis: Golden Hind Press, 1986), p. 107. この書は、ヴィエトとドゥボーヌの論考だけでなく、ジラールの『代数における新発見』のエレン・ブラック (Ellen Black) による英訳も含む。

18. 同上, p. 145。

19. 同上, p. 138。

20. 同上, p. 139。

21. 同上, p. 141。

22. Smith & Latham, *Geometry*, p. 159 [*AT*, t. VI,

p. 444; Olscamp, p. 229; 邦訳, 52 ページ］.
23. 同上, p. 175［AT, t. VI, pp. 453–454; Olscamp, p. 236; 邦訳, 59 ページ］.
24. 同上, pp. 159f［AT, t. VI, p. 445; Olscamp, p. 230; 邦訳, 53 ページ］.
25. 同上, p. 160［AT, t. VI, p. 446; Olscamp, p. 230; 邦訳, 53 ページ］.
26. 同上, p. 200［AT, t. VI, p. 467; Olscamp, p. 246; 邦訳, 69–70 ページ］.
27. 同上, p. 240［AT, t. VI, p. 485; Olscamp, p. 259; 邦訳, 82 ページ］.
28. 確率論へのユダヤ人の初期の貢献については, Nachum L. Rabinovitch, *Probability and Statistical Inference in Ancient and Medieval Jewish Literature* (Toronto: University of Toronto Press, 1973) が論じている.
29. 引用は, David, *Games, Gods*, p. 33［邦訳, 41 ページ］.
30. Oystein Ore, *Cardano: The Gambling Scholar* (Princeton: Princeton University Press, 1953), p. 203［安藤洋美訳『カルダノの生涯——悪徳数学者の栄光と悲惨』東京図書, 1978］. この伝記的著作の最後の部分に, ジロラモ・カルダーノの『賭事に関する書』のシドニー・ヘンリー・グールド (Sydney Henry Gould) による英訳がある［安藤訳では, この部分は割愛されている. なおこの部分のリプリントとして, Gerolamo Cardano, *The Book on Games of Chance*: "Liber de ludo aleae," trans. by Sydney Henry Gould (New York: Holt, Rinehart and Winston, 1961) がある］. オーレ［安藤訳ではオアとなっている］はカルダーノの著作について詳細に論じ, 確率の主要なアイディアの多くを考案したとして, デイヴィドあるいはハッキング以上に, カルダーノの功績を強調している.
31. 引用は, Oystein Ore, "Pascal and the Invention of Probability Theory," *American Mathematical Monthly*, **67** (1960), 409–419, とくに p.414.
32. Blaise Pascal, *Treatise on the Arithmetical Triangle*, Richard Scofield, trans., *Great Books of the Western World* (Chicago: Encyclopedia Britannica, 1952), vol. 33, p. 452. この版はまた, 確率に関するパスカルとフェルマの間の書簡を含む. パスカルについてより詳細には, 次の三つの研究を参照せよ. Harold Bacon, "The Young Pascal," *Mathematics Teacher*, **30** (1937), 180–185; Morris Bishop, *Pascal, The Life of Genius* (New York: Reynal and Hitchcock, 1936); Jean Mesnard, *Pascal, His Life and Works* (New York: Philosophical Library, 1952)［「パスカルの三角形」に関する近年の歴史的研究については, A. W. F. Edwards, *Pascal's Arithmetical Triangle* (London: C. Griffin; New York: Oxford University Press, 1987); 同著者の, *Pascal's Arithmetical Triangle: The Story of a Mathematical Idea* (Baltimore/London: The Johns Hopkins University Press, 2002) が詳しい］.
　［1 次文献については, *Œuvres complètes*, édition présentée, établie et annotée par Michel Le Guern, 2 vols. (Nouv. éd., Paris: Gallimard, 1998–2000), および原亨吉訳「数学論文集」(中村幸四郎「解説」付), 伊吹武彦・渡辺一夫・前田陽一監修『パスカル全集』I, 人文書院, 1954; 1978 所収, 546–748 ページ (ここでは 728 ページ) を参照せよ. パスカル全集については, 現代のパスカル研究の最高権威と見なされている, いわゆるメナール版 Blaise Pascal, *Œuvres complètes*, texte établi, présenté et annoté par Jean Mesnard (Paris: Desclée de Brouwer, 1964–) が刊行継続中 (第 4 巻 (1992) まで既刊) である. これを底本とした日本語訳『メナール版パスカル全集』(全 6 巻) が白水社から刊行中. 第 3 巻に「物理・数学論文集」が予定されている.］
33. 同上 [Blaise Pascal, *Treatise on the Arithmetical Triangle*]［1 次文献からの邦訳は, 原亨吉訳「数学論文集」, 728–729 ページを参照］.
34. Christiaan Huygens, *On the Calculations in Games of Chance* in *Œuvres complètes* t. 14 (1920), p. 61 [Cf. *Œuvres complètes de Christiaan Huygens, publiées par la Société Hollandaise des Sciences*, 22 vols. (La Haye: Martinus Nijhoff, 1888–1950; repr., Amsterdam: Swets & Zeitlinger, 1967–1974)]［安藤正人訳「賭における計算について」, 原亨吉編『ホイヘンス』科学の名著第 II 期 10, 朝日出版社, 1989 所収, 57–82 ページを参照］.
35. 同上, p. 62［邦訳, 62 ページ］.
36. 同上, p. 64［邦訳, 64 ページ］.
37. ゲームに関するホイヘンスの説明は不完全である. この改良は Olav Reiersol, "Notes on Some Propositions of Huygens in the Calculus of Probability," *Nordisk Matematisk Tidskrift*, **16** (1968), 88–91 に見られる［安藤正人訳, 74–75 ページ参照］.
38. ド・メレによるサイコロ問題の現代的な議論については, Jane B. Pomeranz, "The Dice Problem Then and Now," *College Mathematics Journal*, **15** (1984), 229–237 を参照せよ.
39. 引用は, Mahoney, *Mathematical Career*, p. 344 [2nd ed., p. 355. Cf. *Œuvres de Fermat*, t. II, p. 65]. フェルマの無限降下法に関して, より詳細には, Howard Eves, "Fermat's Method of Infinite Descent," *Mathematics Teacher*, **53** (1960), 195–196 を見よ. また, Michael Mahoney, "Fermat's Mathematics: Proofs and Conjectures," *Science*, **178** (1972), 30–36［斎藤憲訳「フェルマの数学：証明と推測」『数学セミナー』Vol. 28: No. 3 (1989), 36–48 ページ］も参照せよ.
40. Field & Gray, *Geometrical Work*, pp. 69–70. デザ

ルグに関して，より詳細には，N. A. Court, "Desargues and his Strange Theorem," *Scripta Mathematica*, **20** (1954), 5-13, 155-164 を見よ．

41. Smith, *Source Book*, pp. 307-308.
42. 息子アリに教えられた．

[邦訳への追加文献] さらに，次の書の最初の 2 章は，記号代数の発展に関するオートリッドとハリオットの業績について議論している．Helena M. Pycior, *Symbols, Impossible Numbers, and Geometric Entanglements: British Algebra through the Commentaries on Newton's* Universal Arithmetick (Cambridge: Cambridge University Press, 1997). また，英国の代数学に関する近年の研究については，Jacqueline A. Stedall, "Ariadne's Thread: The Life and Times of Oughtred's *Clavis*," *Annals of Science*, **57** (2000), 27-60 と，同著者の "Rob'd of Glories: The Posthumous Misfortunes of Thomas Harriot and His Algebra," *Archive for History of Exact Sciences*, **54** (2000), 455-497, それから Muriel Seltman, "Harriot's Algebra: Reputation and Reality," in Robert Fox, ed., *Thomas Harriot: An Elizabethan Man of Science* (Aldershot: Ashgate, 2000) がある．

解析幾何学に関しては，ヤン・デ・ヴィット『曲線原論』の第 1 巻の英訳が近年刊行された．*Jan de Witt's Elementa curvarum linearum, liber primus*, Text, Translation, Introduction, and Commentary by Albert W. Grootendorst with the Help of Miente Bakker (New York: Springer, 2000).

17 世紀の幾何学・代数学・確率論の流れ

1501-1576	ジロラモ・カルダーノ	確率論
1560-1621	トーマス・ハリオット	方程式論
1588-1648	マラン・メルセンヌ	歩く科学雑誌
1591-1661	ジラール・デザルグ	射影幾何学
1595-1632	アルベール・ジラール	方程式論
1596-1650	ルネ・デカルト	解析幾何学，方程式論
1607-1665	ピエール・ド・フェルマ	解析幾何学，確率論，数論
1607-1684	アントワーヌ・ゴンボー（シュヴァリエ・ド・メレ）	確率論
1615-1660	フランス・ファン・スホーテン	解析幾何学
1623-1662	ブレーズ・パスカル	確率論，射影幾何学
1623-1672	ヤン・デ・ヴィット	解析幾何学
1629-1695	クリスティアーン・ホイヘンス	確率論

Chapter 12

微分積分学の始まり

> 特性三角形の方法および同種の別のものを初めて発見するに至ったのは，私が幾何学の勉強を開始して 6 箇月も経たないある時期のことでした．……当時，私はデカルトの代数と不可分者の方法をまったく知りませんでした．いやそれどころか，私は重心の正確な定義も知らなかったのです．というのも，偶然それについてホイヘンスに語ったとき，私はある図形の重心を通るように描かれた直線は常にその図形を二つの等しい部分に切ると思うなどと彼に述べていたからです．……ホイヘンスはこれを聞くと笑って，それはとんでもない間違いだと私に言いました．そこでこの刺激に興奮した私は，もっと複雑な幾何学の勉強に没頭し始めたのです．
> （1680 年のゴットフリート・ライプニッツからのエーレンフリート・ヴァルター・フォン・チルンハウス (1651–1708) 宛書簡より）[1]．

ニュートンはあまりに多くの秘密を漏らすことを恐れて，1676 年 10 月 24 日にヘンリー・オルデンバーグを通して送ったライプニッツ宛の第二の書簡（「後の書簡」(Epistola posterior)）では，微分積分学の自己のバージョンの基本的な目標をアナグラムによって隠しておいた．そのアナグラムは 6accdæ13eff7i3l9n4o4qrr4s8t12ux というものであったが，それをライプニッツが "Data æquatione quotcunque fluentes quantitates involvente, fluxiones invenire; et vice versa"（任意個の流量を含む方程式が与えられたとき，流率を見出すこと，およびその逆）という意味に解釈できたというのは疑わしい[2]．ライプニッツは，「前の書簡」(Epistola prior) に返信を書き送ったときと同様，熱意をもってニュートンの手紙に応答し，微分積分学に関する自分の研究を細部に渡って伝えてなお一層の対話を促進しようとした．だがニュートンは二度と返答することはなかった[*1]．

17 世紀後半の二人の天才，アイザック・ニュートンとゴットフリート・ライプニッツは，曲線で囲まれた領域の面積を決定する問題や，特定の関数の極大値・極小値を見出す問題を数世紀にわたり考えた多くの数学者の研究に基づい

[*1] その後，ニュートンとライプニッツは 1693 年に一度，直接書簡のやりとりをしている．原亨吉・佐々木力・三浦伸夫・馬場郁・斎藤憲・安藤正人・倉田隆 訳・解説『数学論・数学』ライプニッツ著作集 2, 工作舎, 1997, II-17, 362–364 ページ参照．

て，微分積分学の機構，近代の数学的解析の基礎，そして増大しつつあった他の多くの学問分野に応用するための源泉を創造した．極大・極小問題と面積問題は，それに関連した接線を見出したり体積を決定したりする問題とともに，何年にもわたって取り組まれ，いくつかの特別な場合については解決されていた．だが実質的にはギリシア時代以前にあるいはギリシア人自身によって，あるいはイスラームの後継者たちによって解決されたあらゆる場合において，その解は巧妙な作図を必要とした．これらの問題を新しい状況下で容易に解くことができるアルゴリズムを，だれも開発していなかったのである．

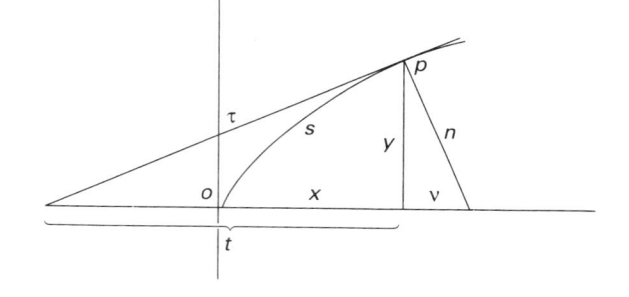

新しい状況は，ギリシアやイスラームの環境の中では起こることはめったになかった．というのも，これらの数学者たちは，接線，面積，体積を計算するための新しい曲線あるいは立体を描く方法をほとんど所有していなかったからである．しかし，17世紀前半における解析幾何の出現で，いろいろな新しい曲線や立体を作図することの可能性が突然開けてきた．結局，任意の代数方程式が曲線を定め，たとえば，その平面上の任意の線の周りに曲線を回転させることによって新しい立体が構成された．無数の新しい例を扱いながら，17世紀の数学者たちは極大値を見出したり，接線を作図したり，面積および体積を計算したりするための新しい方法を探求し発見した．だがこれらの数学者は関数には関心を示さなかった．彼らは二つの変量間の，何らかの関係によって定義される曲線に関心があったのである．そして，接線を見出す過程で，彼らはしばしば曲線の幾何学的な特徴を考えた．図 12.1 には，与えられた曲線上の点と関係のある量のいくつか，すなわち横線 x，縦線 y，弧長 s，接線影 t，接線 τ，法線 n，法線影 ν が示されている．

図 12.1
曲線と関係のある量：x は横線，y は縦線，s は弧長，t は接線影，τ は接線，n は法線，ν は法線影である．

本章では，まず初めに接線の作図や極値を見出すために用いられる様々な方法を検討し，次に，その方法をさらに発展させて面積や体積を決定する方法について調べる．3番目には，面積を求める技法が適用できる曲線の範囲を拡張する際にきわめて有益となったベキ級数の方法について，そして4番目には，デカルトがその遂行は不可能であると言った，曲線の長さを決定する問題を解決する方法について考察する．それから，これらの様々な考えを最初に統合することができた数学者，主にニュートンとライプニッツの業績を検討し，最後に微分積分学という新しい分野における最も初期の教科書の内容を調べることで本章を締めくくることにしよう．

12.1 接線と極値

1615 年に，ケプラーは『葡萄酒樽の新立体幾何学』(*Nova stereometria doliorum vinariorum*) を執筆した．その中で彼は，オーストリアの葡萄酒商人は与えられた樽に葡萄酒がどのくらい残っているかを決定するためのかなり正確な方法を知っていたということを示している．立体の様々な形に関するこの研究の一部として，彼は与えられた球に内接する最大の平行六面体は立方体であることを証明した．実際，彼は事実上，半径 10 の球に内接する 1 から 20 までの整数値の高さを持つ平行六面体の体積を一覧表にした．その結果，おおよその最大値 1540 の近くでは，高さに少しの変化があっても体積はほとんど変化しないということが彼にとって明らかとなった．「最大値の近くでは，いずれの辺の減少も最初は感知できない」[3]．

12.1.1 フェルマによる向等[*2]の方法

フェルマは 1620 年代後半にケプラーの着想をアルゴリズム化することができたのだが，彼は多項式の根と係数を関係づけるヴィエトの著作を研究し，そこから刺激を受けその問題を考えたのである．「私はヴィエトの方法を熟考し，……方程式の構造を発見することによって，その使用をもっと精密に検討している間に，それから導き出される極大・極小を見出すための新しい方法が思い浮かんだ．その方法によって，古代と近代の幾何学に困難を引き起こしていたディオリスモス (*diorismos* [条件]) に付随するいくつかの疑問がかなり容易に解消されるのである」[4]．

ヴィエトは，$bx - x^2 = c$ の二つの根 x_1, x_2 の和が b になるということを，$bx_1 - x_1{}^2$ と $bx_2 - x_2{}^2$ を等しいとおき，$x_1 - x_2$ で割ることにより示していた．方程式 $bx - x^2 = c$ は，長さ b の線をその積が c である二つの部分に分割するという幾何学上の問題に由来する．フェルマは，c の可能な極大値は $\dfrac{b^2}{4}$ であること，またその極大値より小さい任意の数に対して，その和が b になる x の二つの可能な値が存在するということをユークリッドから知っていた．だが c がその極大値に近づくとき，一体どんなことが起こったのか？ 幾何学的な状況から，フェルマはこの極大値に対しても，方程式はそれぞれ同じ値，すなわち $x_1 = \dfrac{b}{2}$ と $x_2 = b - x_1 = b - \dfrac{b}{2} = \dfrac{b}{2}$ の二つの解を持つということを確信した．この洞察によって，フェルマは多項式 $p(x)$ を極大にする方法を得たのである．すなわち，$p(x_1) = p(x_2)$ とおき，それから $x_1 - x_2$ で割って，多項式の係数と二つの根との関係を見出す．最終的に二つの根を互いに等しいとおき，解を得る．

任意の二つの根に対して方程式が成り立つとするとき，$bx_1 - x_1{}^2 = bx_2 - x_2{}^2$ から，フェルマは $b = x_1 + x_2$ という事実を導いた．$x_1 = x_2 (= x)$ とおけば，$b = 2x$

[*2] 擬等値 (pseudo-equality) を意味するここでの向等 (adaequalitas) という術語は，ディオパントス『数論』第 V 巻命題 11 において用いられた '$παρισότης$' (ほとんど等しい) に対して，クシランダー (Xylander) がそのラテン語訳 (1575) で使用したものである．Mahoney, *Mathematical Career*, (n.4), p. 163. ここでは「向等」という訳語を用いたが，適訳はない．因みに，ヒースは「可能な限り近接した相等性」と訳している．Cf. Heath, *Diophantus of Alexandria* (New York, $_2$1964), pp. 95–98.

となる．したがって，$x = \dfrac{b}{2}$ のときに極大となる．同様に，フェルマは $bx^2 - x^3$ を極大にするために，$bx_1{}^2 - x_1{}^3 = bx_2{}^2 - x_2{}^3$ とおき，$b(x_1{}^2 - x_2{}^2) = x_1{}^3 - x_2{}^3$ と $bx_1 + bx_2 = x_1{}^2 + x_1 x_2 + x_2{}^2$ を導いた．次に彼は，$x_1 = x_2 (= x)$ とおいて $2bx = 3x^2$ とし，そこから $x = \dfrac{2b}{3}$ が極大値を与えると結論を下した．ここでのフェルマの手順は，だれの目にも明らかな二つの疑問を提起している．フェルマはなぜ解 $x = 0$ を捨てたのか？ またフェルマは，自分が選んだ解が極小値でなく極大値を与えているということをどのように知ったのか？ フェルマにとって，答えは簡単だった．その問題は体積を扱う幾何学的なものだった．したがって，$x = 0$ という答えは意味をなさず，明らかに正の数の答えが極大値を与えたのである．だがフェルマはもっと一般的に，自分の方法が提供している最後の方程式に二つあるいはそれ以上の解があるとき，どうなるかについては考えなかった．与えられたどんな場合でも，彼は単にその状況に適合する幾何学に訴えたのだった．フェルマの方法はもう一つの問題を引き起こす．どうしたら $x_1 - x_2$ で割り，そのすぐあとでその値を 0 に等しいとおけるのか？ フェルマにとって幾何学的な状況は，二つの根がその差が 0 であるときにも区別できるということを示していた．こうして，彼は 0 で割っているとは決して感じていなかった．彼は，ただヴィエトの方法を用いて作った関係は完全に一般的で（たとえば，$x_1 + x_2 = b$），その結果，変量（数）のどんな特定の値についても，それらが極大値をとる値であっても，それらは成り立つと仮定したのである．

　しかし，フェルマは多項式 $p(x)$ がいくぶん複雑になると，$x_1 - x_2$ で割ることがかなり難しくなることはよく承知していた．したがって，彼はこれを避けるために自分の方法を変更した．x_1 と x_2 のような二つの根を考える代わりに，彼は根を x と $x + e$ のように記したのである．それから $p(x)$ を $p(x+e)$ に等しいとおき（フェルマは実際には，ディオパントスで読んでいた用語の**向等する** (*adaequare*) を用いた），e あるいはそのベキの一つで割りさえすればよかった．その結果生じた式において，e を含む項をすべて除去すれば，極大値を見出すことができる方程式が得られた．こうして，彼の元々の $p(x) = bx - x^2$ という例を用いれば，フェルマは $bx - x^2$ を $b(x+e) - (x+e)^2 = bx - x^2 + be - 2ex - e^2$ に向等したわけである（われわれはこれを $bx - x^2 \approx bx - x^2 + be - 2ex - e^2$ と書くことにしよう）．共通項を消去して，$be \approx 2ex + e^2$，そして，e で割って $b \approx 2x + e$ を導いた．e を含む項を取り除いて，フェルマは既知である結果 $x = \dfrac{b}{2}$ を得た．この手順についての彼の表現（それはおそらく 1630 年以前に書かれたものだが，パリには 1636 年後半になってやっと届いた）では，「われわれはより一般的な方法をほとんど期待することができない」[5] と書き記されている．

　この同じ文書で，フェルマは**向等**の方法を曲線，とりわけ放物線の接線を決定するのにどう適用できるかについて明らかにした．フェルマは解析幾何を考案する前にこの方法を発見したために，放物線の幾何学的な表現を用いたのである．しかし，1638 年に幾何学的な性質を通してでなく，代数方程式によって曲線を定義することの可能性が開拓されると，フェルマは自分の方法をもっと簡単に説明することができた（実際，デカルトは彼の幾何学的な説明を酷評した）．

現代的記法で $y = f(x)$ と表される曲線に B で接線を引くには，任意の点 A を接線上にとり，軸に垂線 AI および BC を下ろす（図 12.2 参照）．フェルマの着想は，それから $\dfrac{FI}{BC}$ を $\dfrac{EI}{CE}$ で**向等**することである．ここで，F は曲線と AI の交点である．$CI = e, CD = x, CE = t$（接線影）とすると，この向等は

$$\frac{f(x+e)}{f(x)} \approx \frac{t+e}{t}$$

すなわち，$tf(x+e) \approx (t+e)f(x)$ と書くことができる．共通項を消去し，e で割り，それから e を含む残りの項をすべて取り除くという規則を適用して，フェルマは接線を決定する t と x の関係について計算することができた．たとえば，曲線が放物線 $f(x) = \sqrt{x}$ ならば，フェルマの方法は**向等** $t\sqrt{x+e} \approx (t+e)\sqrt{x}$ を与える．両辺を平方して簡単にすると，$t^2 e \approx 2etx + e^2 x$ を得る．e で割り，それからまだ e を含んでいる項を取り除けば，$t = 2x$ という結果が得られる．これはもちろん，放物線のある点における接線影はその横線の 2 倍であるという，アポロニオスの結果（命題 I–33）である．

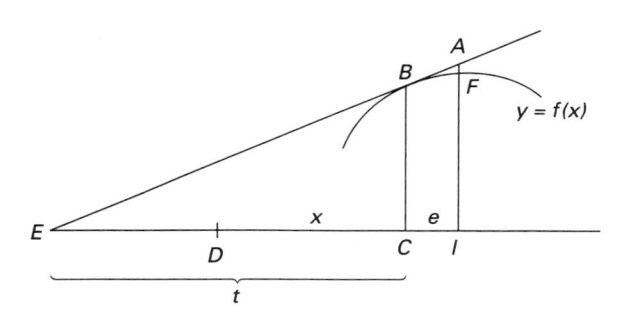

図 12.2
フェルマの接線影決定法．

フェルマはデカルトからの挑戦に応じて，$f(x, y) = 0$ の形で表される曲線を扱うために自分の方法を修正した．それどころか，彼はデカルトが提出した曲線 $x^3 + y^3 = pxy$ の接線を見出すのにその方法はどう適用できるかを彼に示すことで，デカルトに対して自分の方法を正当化したのである[6]．

12.1.2 デカルトと法線の方法

デカルトがフェルマについて批判的だった理由の一つは，フェルマが偉大な哲学者であったデカルトと独立して，同じ新しい数学を発見していたことだった．そして，デカルトは曲線上の任意の点で法線を引く，自分自身が発見した方法をことのほか誇りに思っていた——当然，それから容易に接線も決定することができる．デカルトが彼の『幾何学』で述べているように，「あえて言うが，これこそが私が知っている幾何学に関して，最も有益で最も一般的な問題というだけでなく，かつて知りたいと望んだものなのである」[7]．

デカルトは，円の半径がつねに円周の法線になっているという認識から法線を引く自己の着想を得た．したがって，与えられた曲線に与えられた点で接する円の半径はその曲線の法線にもなっているだろう．曲線に接する円を作図するには，フェルマと同様の考えを必要とした．すなわち，円が実際に接するなら，与えられた点の近くにある曲線と円の二つの交点は一つになるだろうということで

ある．$y = f(x)$ によって与えられた曲線上の点 C においてこの手順を実行するために，P を求める円の中心であると仮定して，P を通る軸上に任意の点 A をとり，$CP = n$, $PA = v$ とおく（図 12.3 参照）．$C = (x, y)$ なら $PM = v - x$, そして円の方程式は $n^2 = y^2 + (v-x)^2$ [すなわち，$n^2 = [f(x)]^2 + v^2 - 2vx + x^2$]となる．それからデカルトは，$v$ を決定するのにこの方程式を使用した（v は同様に点 P を決定する）．彼が述べているように，「もし点 P が求める条件を満たすならば，P を中心とし点 C を通る円はそこで曲線 CE を切ることなく，これに接するであろう．しかし，この点 P が点 A に少しでも近すぎるか遠すぎるならば，この円は，単に点 C においてだけでなく，他の点においても必ず曲線を切るであろう．さらに，この円が [その曲線も E で] 切るならば，……方程式は必ず相等しくない二つの根を持つ．……しかし，点 C と E が互いに近づけば近づくほど，これらの 2 根の間の差は小さくなり，そして，2 点が一致するとき，2 根はまったく等しくなる」[8]．言い換えれば，P を接する円の中心であるとするとき，円と曲線 $y = f(x)$ の交点を決定する方程式 $[f(x)]^2 + v^2 - 2vx + x^2 - n^2 = 0$ は必ず重根を持つ．デカルトが方程式の根の研究から気づいたように，このことは x_0 を重根として，多項式が $(x - x_0)^2$ という因子を持つことを意味した．したがって，デカルトは $[f(x)]^2 + v^2 - 2vx + x^2 - n^2 = (x - x_0)^2 q(x)$ とおき，同類の x のベキの係数を等しいとして，x_0 を用いて v について解くことができたのである．

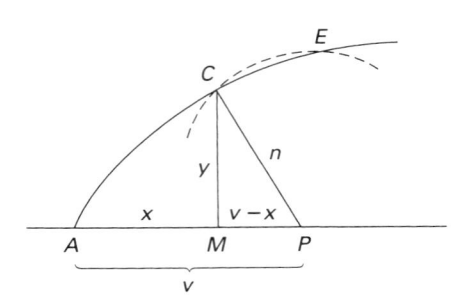

図 12.3
デカルトの法線決定法．

『幾何学』では通例通り，デカルトは自分の手続きについてかなり難解な例を提供した．そこで，彼の方法をはっきりさせるために簡単な例を提示しよう．すなわち，点 (x_0, x_0^2) における放物線 $y = x^2$ の法線を決定するというものである．この場合，重根を持つ多項式は $(x^2)^2 + v^2 - 2vx + x^2 - n^2$ である．これは 4 次多項式であるから，$q(x)$ を 2 次とすれば，それは $(x - x_0)^2 q(x)$ に等しいと考えられる．したがって，

$$x^4 + x^2 - 2vx + v^2 - n^2 = (x - x_0)^2(x^2 + ax + b)$$

すなわち，

$$x^4 + x^2 - 2vx + v^2 - n^2$$
$$= x^4 + (a - 2x_0)x^3 + (b - 2x_0 a + x_0^2)x^2 + (ax_0^2 - 2bx_0)x + bx_0^2.$$

係数比較をして，

$$a - 2x_0 = 0$$
$$b - 2x_0 a + x_0{}^2 = 1$$
$$ax_0{}^2 - 2bx_0 = -2v$$
$$bx_0{}^2 = v^2 - n^2$$

を得る．$a = 2x_0$, $b = 2ax_0 - x_0{}^2 + 1$ として，v についての最初の三つの方程式を解くことで，求める点 P の（水平）座標として，$v = 2x_0{}^3 + x_0$ が得られる（v は n を決定するから，4番目の方程式は不要である）．デカルトはただ法線を作図することに関心を持っていたため，点 P を決定したところでここでの手順を止めている．しかしわれわれは，法線の傾きは

$$\frac{-y_0}{v - x_0} = \frac{-x_0{}^2}{2x_0{}^3} = \frac{-1}{2x_0}$$

であり，それゆえ，よく知られた結果であるが，接線の傾きは $2x_0$ であるということを付記しておく．

12.1.3 フッデとスリューズのアルゴリズム

1630 年代後半までには，ジル・ペルソンヌ・ド・ロベルヴァル (1602–1675) は，曲線を，移動する点によって生成されると考えることによって，接線を決定する運動学的な方法を発見していた．だが，彼の方法は曲線の幾何学的な作図に依存しており，その結果，接線を決定するための簡単な代数的アルゴリズムの必要性に対処することはできなかった．フェルマの手続き，そしてとくにデカルトの手続きでは，大変複雑な代数計算が必要となり，これらの方法は計算を容易にするという要求にはまったく応えられなかったのである．しかし，これらの方法の研究により，1650 年代に別の二人の数学者ヤン・フッデ (1628–1704) とルネ・フランソワ・ド・スリューズ (1622–1685) がもっと簡単なアルゴリズムを発見するに至った．

フッデはファン・スホーテンの学生の一人だった．彼はデ・ヴィットと同様に，オランダで活動的な政治家になった．彼の数学上の貢献は 1650 年代になされた．彼の二つの論文は，デカルト『幾何学』のファン・スホーテンによる 1659 年版に載せられた．「極大および極小について」(De maximis et minimis) において，フッデは，代数方程式の重根を決定するために必要な計算を，簡素化するアルゴリズムを表した．それはデカルトの法線決定法を実行するのに必須のものだった．フッデの規則は，彼はこれについて証明の概略を述べただけだったが，もし多項式 $f(x) = a_0 + a_1 x + a_2 x^2 + \cdots + a_n x^n$ が重根 $x = \alpha$ を持ち，$p, p+b, p+2b, \ldots p+nb$ を等差数列とするならば，多項式 $pa_0 + (p+b)a_1 x + (p+2b)a_2 x^2 + \cdots + (p+nb)a_n x^n$ もまた根 $x = \alpha$ を持つということを主張している．現代的な術語で表せば，新しい多項式は $pf(x) + bxf'(x)$ ということになる．フッデの結果から直ちに，$f(x)$ が重根を持つならば，$f'(x)$ は同じ根を持つということになる．彼の規則では，等差数列を任意に選択してもよいわけであるが，フッデはほとんど $p = 0, b = 1$

の数列を用いることが多かった．この場合，新しい多項式は $xf'(x)$ であり，それは結果として，今日われわれが導関数と呼んでいるものの計算上の重要性を明らかにするのに役立った．

この規則の最初の例として，放物線 $y = x^2$ の法線を決定する問題を考えよう．そこでは多項式 $x^4 + x^2 - 2vx + v^2 - n^2$ の係数 v と重根 x_0 との関係を見出すことが必要である．$p = 0, b = 1$ としてフッデの規則を用いると，新しい代数方程式 $4x^4 + 2x^2 - 2vx = 0$，すなわち，$4x^3 + 2x - 2v = 0$ が与えられる．x_0 がこの方程式の解であるから，前のように $v = 2x_0^3 + x_0$ となり，その結果，接線の傾きは $\dfrac{v - x_0}{x_0^2} = 2x_0$ となる．この例を簡単に一般化すると，$y = x^n$ の (x_0, x_0^n) における接線の傾きは nx_0^{n-1} であることを示すことが可能であり，その結果をデカルトの手続きを用いて見出すのはきわめて困難である．

またフッデは，多項式 $f(x)$ が極値 M を持つならば，多項式 $g(x) = f(x) - M$ は重根を持つというフェルマのアイディアを用いて，彼の規則を極値の決定に適用した．その結果，$x^2(b - x)$ を極大にするには，多項式 $-x^3 + bx^2 - M$ に $p = 0$, $b = 1$ として［フッデの］規則を用いる．新しい代数方程式は $-3x^3 + 2bx^2 = 0$ となり，そのゼロでない根 $x = \dfrac{2b}{3}$ が求める極大値を与える．フッデはさらに $f(x, y) = 0$ の形の方程式で定められる曲線の接線を見出すのに自己の方法を利用したが，スリューズはこのような場合についてさらに一層簡単なアルゴリズムを与えた．

スリューズは現在ベルギーに属するリエージュで生まれ，人生の大半をそこで過ごした．フッデと同様，彼は数学を研究している暇がほとんどなかった．それにもかかわらず，彼はヨーロッパ中の数学者たちと広範囲にわたって書簡のやりとりを続けた．代数方程式 $f(x, y) = 0$ で与えられる曲線の接線影 t（そして，もちろん接線）を決定するための彼のアルゴリズムは，おそらく 1650 年代に発見されたと思われるが，1673 年になってやっと，イングランドのヘンリー・オルデンバーグ (1615–1677) 宛の書簡で活字になって現れた．そのアルゴリズムは一定の項の除去から始まる．それから x を含むすべての項は左辺に残したままで，y を含むすべての項を符号の変化に注意して右辺に移す．こうして x と y の両方を含む項は，そのとき方程式の各辺にあることになる．次に，右辺の各項にそれぞれの y の指数を掛け，左辺の各項にそれぞれの x の指数を掛ける．最後に，左辺の各項の x の一つを t に置き換え，結果として生じる方程式を t について解く．たとえば，方程式 $x^5 + bx^4 - 2q^2y^3 + x^2y^3 - b^2 = 0$ が与えられたとすると，定数項を除去し，y を含むすべての項を移して，$x^5 + bx^4 + x^2y^3 = 2q^2y^3 - x^2y^3$ を得る．適切な指数を掛けて，左辺の各項の x の一つを t に置き換えると，$5x^4t + 4bx^3t + 2txy^3 = 6q^2y^3 - 3x^2y^3$ となる．したがって，接線影 t は

$$t = \frac{6q^2y^3 - 3x^2y^3}{5x^4 + 4bx^3 + 2xy^3}$$

によって与えられ，接線の傾きは

$$\frac{y}{t} = \frac{5x^4 + 4bx^3 + 2xy^3}{6q^2y^2 - 3x^2y^2}$$

によって与えられる．

現代的な記法を用いると，スリューズは

$$t = -\frac{yf_y(x,y)}{f_x(x,y)} \qquad \text{すなわち}, \qquad \frac{dy}{dx} = -\frac{f_x(x,y)}{f_y(x,y)}$$

を計算していたことが容易にわかる[*3]．しかしながら，スリューズは自分の方法の正当化については何ら書面に残さず，それをどう発見したのかを暗示しただけであった．最も可能性のある推測では，彼は多くの研究事例からそれを一般化したということだろう．いずれにせよ，フッデとスリューズの規則の重要性は，彼らが代数方程式で与えられる曲線の接線を型にはまった手順で作図できるという，一般的なアルゴリズムを提供したということである．それぞれ特定の曲線に対して，特別な技法を発展させることはもはや必要なかった．いまやだれもが接線を決定することができたのである．

12.2 面積と体積

ギリシアとイスラームの数学者たちは，両者とも曲線あるいは曲面で囲まれたある特定の領域の面積および体積を決定することができていた．しかし，利用できる著作物では一般に，取尽し法に基づく証明の付いた結果だけを与えるものだった．そのような結果は，今でも研究に利用可能な多くの新しい曲線で囲まれた領域の面積，あるいはこれらの曲線を平面上で直線の周りに回転させて得られる立体領域の体積を決定する方法に関して，17世紀の数学者にほとんど手がかりを与えなかった．ギリシア時代から伝えられた唯一明確な考えは，与えられた領域をどうにかして，個々の面積あるいは体積の知られているきわめて小さい領域に分割する必要があるということだった．

12.2.1 無限小と不可分者

ケプラーが惑星の運動法則の発見において，小さい領域を加えるという手続きをとったことを思い起こしてほしい．そして，彼は『新立体幾何学』(*Nova stereometria*)[*4]で，まず「円周……は点と同じくらい多くの，すなわち無限個の部分からなっている．これらはすべて AB を等辺とする二等辺三角形の底辺と見なすことができ，そのため円の領域内にはすべて中心 A に頂点を持つ無限個の三角形があるということになる」[9]と述べることによって，半径 AB の円の面積を計算した．それからケプラーは円周を直線状に伸ばし，その直線上に点をそれぞれ「隣どうしに次々と配列させ」，円内のものと面積が等しく，高さがすべて AB の三角形を並べた（図12.4 参照）．「それらの三角形の全体からなる」三角形 ABC の面積は，「円の扇形全体に等しく，それゆえそれらの全体からなる円の面積に等しい」ということになる．したがって，円の面積は半径掛ける円周の $\frac{1}{2}$ である．すなわち，ケプラーの表現によれば，円の面積とその直径を一辺

[*3]スリューズの接線法に関しては，かなり古いが次の論文が参考になる．L. Rosenfeld, "René-François de Sluse et le problème des Tangentes," *Isis*, **10** (1928), pp. 416–434.

[*4]『葡萄酒樽の新立体幾何学』(*Nova stereometria doliorum vinariorum*).

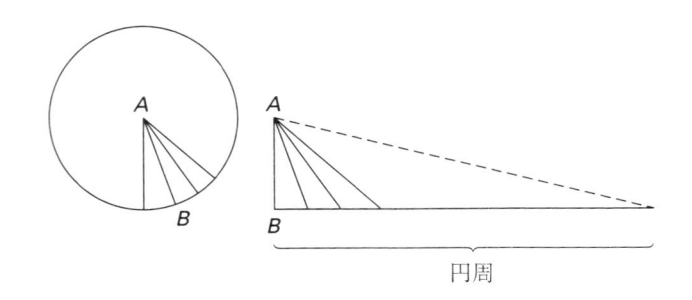

図 12.4
ケプラーによる円の面積を決定する方法.

とする正方形の面積との比は 11 : 14 である．同様に，ケプラーは円環体（トーラス）の体積を，「それを無限に多くのきわめて薄い円盤」[10]（そのおのおのは中心に向かってより薄く，外部に向かってより厚くなっている）に切り分けることによって計算した．しかし，ケプラーは自分の方法が厳密であるとは決して主張せず，彼はただ，「われわれは，それについての厄介な解釈を受け容れさえすれば，アルキメデスのこれらの巻自体から絶対的な，しかもあらゆる点で完全な証明を得ることができる」[11] とだけ述べた．

ケプラーによる「きわめて薄い」円盤やきわめて小さい三角形の使用は，**無限小の方法** (method of infinitesimals) と呼ばれるようになったものの実例である．ガリレオは，それとは対照的に，**不可分者の方法** (method of indivisibles) を用いた．そこでは，与えられた幾何学的対象は次元が 1 だけ低い対象から作られると考えられている．たとえば，彼はアルキメデスのように，平面図形は線から，立体図形は面から作られると考えた．そしてまた，不可分者の方法の使用を正当化するにはアルキメデスの議論は必要ないとも思ったのである．彼は次のように書いている．

> 線は点からなり，不可分者の連続体であるということが最も偽りのない，かつ必要なことであると私は主張する．……連続体は不可分者から構成されているという理由だけで，それは常に分割可能な部分に分けられるということをはっきりと認めよ．というのも，もし分割と再分割が永遠に継続可能であると考えられるならば，それは必然的に，その部分の大きさは，決してそれを越えることはできないようなもので，したがって，その部分は無限 [個] であるに違いない．さもなければ，再分割は終わりになるだろう．そして，もしそれらが無限ならば，それらは大きさがないに違いない．というのも，大きさを持つ無限の部分は無限の大きさを構成するからである [12]．

しかし，無限には奇妙な特性があり（その一つとして，点と線とが等しいと考えられる場合がある），それをガリレオは「スープ鉢」の体積計算において説明した．まず円柱内に置かれている半球 AFB から始め，また頂点が直径 AB 上の点 C にあり，AB に等しい底辺を持つ円錐を考える（図 12.5 参照）．いま円柱状の立体から球を取り除くならば，残りの部分はスープ鉢と呼ばれる立体領域である．スープ鉢の体積を計算するために，ガリレオは（図における立体全体の鉛直なスライスの）GK に沿って水平なスライスを考える．$IC^2 = IP^2 + PC^2$ が

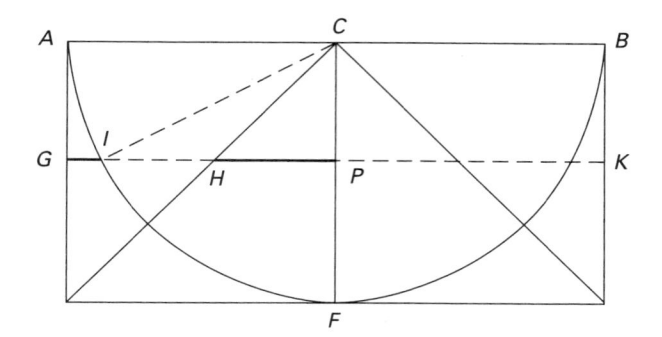

図 12.5
ガリレオの円柱から切り抜かれたスープ鉢.

成り立ち，ここで $IC = AC = GP$ であるから，$GP^2 = IP^2 + PC^2$. ところが，$PC = PH$ であるから，$GP^2 = IP^2 + PH^2$，すなわち，$GP^2 - IP^2 = PH^2$. 円錐とスープ鉢は中心軸 CF の周りに多くの切片を回転させることによって生成され，円は直径を一辺とする正方形に比例するので，スープ鉢のスライスは円錐のスライスと面積が等しいということになる．より以前にヘロンが用いた，対応する高さで等しい断面を持つ二つの立体は同じ体積を持つという原理によって，ガリレオはスープ鉢の体積は円錐の体積に等しいと断定した．しかし，ガリレオの関心事は体積というよりも，上で立証されたおのおのの高さにおける等式が図形の上端でも成り立つに違いないという事実だった．その場合には，円錐は1点に等しく，スープ鉢は完全な円に等しい．したがって，点は線に等しい．ガリレオが言うように，「もしそれらが最後の残り，しかも等しい大きさだけ残された残存物ならば，いまやこれらが等しいと呼ばれないはずはない」[13].

最初に完全な不可分者の理論を展開したのは，ガリレオの弟子の一人ボナヴェントゥーラ・カヴァリエリ (1598–1647) であった．彼は 1635 年の『ある新しい方法で推進された不可分者による連続体の幾何学』(*Geometria indivisibilibus continuorum nova quadam ratione promota*) と 1647 年の『幾何学演習全 6 巻』(*Exercitationes geometricae sex*) で，それについて詳しく述べている．カヴァリエリの著作の中心的な概念は，*omnes lineae*，すなわち，平面図形 F の「線の全体」(以下，$\mathcal{O}_F(\ell)$ と書く）というものであった．カヴァリエリは平面図形と与えられた図形の，一方の辺からもう一方の辺まで平行に動く垂直な平面との交差の集まりを指してこう言った．これらの交差は線であり，カヴァリエリが彼の著作で一貫して扱ったのは，一つの大きさ（量）として考えられるそのような線の全体である．ある意味で，カヴァリエリの線は与えられた図形を構成していたが，彼は慎重にも $\mathcal{O}_F(\ell)$ と F そのものを区別した．彼はまた，与えられた図形に属する「正方形の全体」あるいは「立方体の全体」などの，より高次元の対象を考えることによって，その概念を一般化することができた．たとえば，三角形の「正方形の全体」は，それぞれの断面が三角形内の特定な線の長さを一辺とする正方形である角錐を表していると考えることができる．

カヴァリエリによる計算のための基礎は，今日までカヴァリエリの原理として知られているものであった．それはヘロンやガリレオの著作ですでに見た原理であった．「もし二つの平面図形が等しい高さを持ち，底辺に平行な線によって切りとられ，その切り口が底辺から等しい距離でつねに同じ比にあるならば，

伝　記

ボナヴェントゥーラ・カヴァリエリ (1598–1647)

カヴァリエリはピサのある小さな修道会の一員であったときに数学の研究を始め，そこでガリレオと文通を始めた．それはほぼガリレオが死ぬまで続いた．おそらく後者［ガリレオとの文通］の影響で，彼は 1629 年にボローニャで教授職を得て，3 年ごとの更新でも任命され，終生ボローニャ大学の教授として過ごした．本文で言及された著作以外に，カヴァリエリは占星術の著作を含む数学に関する他の多くの本を出版し，またレンズと鏡についても研究した．だが彼の名声は，『幾何学』（著名ではあるが，その困難さのために，おそらくほとんど学ばれることのなかった著作）で議論された不可分者の方法によっていたのである．

平面図形もまたこの比にある」[14]．カヴァリエリは，重ね合せを利用する議論によってこの結果を証明した．二つの図形 F, G の対応する辺の比が一定ならば，$\mathcal{O}_F(\ell) : \mathcal{O}_G(\ell) = F : G$ ということになった．たとえば，長さ a，幅 b の長方形 F がその対角線によって二つの三角形 T, S に分割されるとする（図 12.6 参照）．三角形 T 内の各線分 BM は三角形 S 内のただ一つの等しい線分 HE に対応するので，したがって，$\mathcal{O}_T(\ell) = \mathcal{O}_S(\ell)$ である．他方で，長方形内のすべての線分 BA は，三角形 S, T のそれぞれ 1 本ずつの線分から成り立っているので，$\mathcal{O}_F(\ell) = \mathcal{O}_T(\ell) + \mathcal{O}_S(\ell)$ となる．したがって，$\mathcal{O}_F(\ell) = 2\mathcal{O}_T(\ell)$，すなわち，長方形の線の全体は三角形の線の全体の 2 倍であるということになる．現代的記法では，この結果は

$$ab = 2\int_0^b \frac{a}{b} t\, dt$$

あるいは，もっと簡単に

$$b^2 = 2\int_0^b t\, dt$$

と同等である．

カヴァリエリは同様にして，長方形 F の「正方形の全体」は各三角形の「正

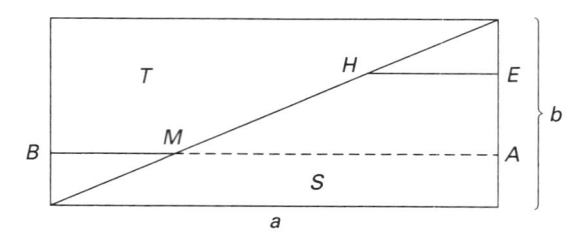

図 12.6
カヴァリエリによる三角形と長方形における「線の全体」の方法.

方形の全体」の3倍である，すなわち，現代的記法では

$$a^2 b = 3\int_0^b \frac{a^2}{b^2} t^2\, dt \qquad \text{あるいは,} \qquad b^3 = 3\int_0^b t^2\, dt$$

ということを証明することができた．1647年までには，彼はある高次のベキに対する類似の結果を証明していた．そして，長方形に内接する「高次放物線」$y = x^k$ の下方の面積は，長方形の面積の $\frac{1}{k+1}$ 倍，すなわち

$$\int_0^b x^k\, dx = \frac{1}{k+1} b^{k+1}$$

であると彼は推論することができたのである．この結果はまた，同時期のフェルマ，パスカル，ロベルヴァル，そしてトリチェッリによって発見された．

12.2.2 トリチェッリと無限に長い立体

　ガリレオのもう一人の弟子エヴァンジェリスタ・トリチェッリ (1608–1647) も不可分者を使用したが，その無批判的な使用は矛盾をまねくだろうと彼は警告した．たとえば，長方形 $ABCD$ の二つの三角形の面積を計算するために，互いに直角に交わる不可分者を用いるとする（図 12.7 参照）．この場合，常に線 FE の線 EG に対する比は線 AB の線 BC に対する比と同じであるから，三角形 ABD 対三角形 DBC も同じ比であるということになりそうだが，それは不合理な結果である．この矛盾に対するトリチェッリの解決策は，本質的に無限小に逆戻りすることになった．すなわち，「不可分な」線分には事実上厚みがあると考えたのである．この場合には，AB 対 BC の比で鉛直方向の線分は水平方向の線分より厚かった．そのためそれらの全体をとったとき，三角形 ABD と DBC は事実上同じ面積を持つ．トリチェッリの著作の多くは存命中に刊行されることはなかったが，それは彼自身の学生たちの研究を通してイタリアに広く行きわたった．したがって，彼が曲線 $y = x^{\frac{m}{n}}$ の下方の面積およびその曲線の接線を決定する問題を解決していたということは知られていた．興味深いことに，彼は同時代人の多くと違って，自分の得た結果に対し，一般に帰謬法の議論による完全な古典的証明を与えた．

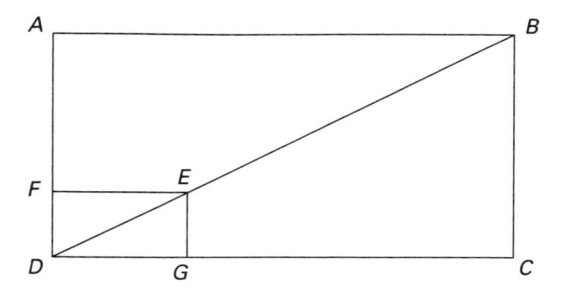

図 12.7
トリチェッリの不可分者を用いたパラドックス．

　しかしながら，トリチェッリの最も驚異的な発見は1643年に発表された．彼は，双曲線 $xy = k^2$ を y 軸の周りに $y = a$ から $y = \infty$ まで回転させることによってできる，無限に長い立体の体積が有限であることを示し，そして実際その

伝　記

エヴァンジェリスタ・トリチェッリ (Evangelista Torricelli, 1608–1647)

トリチェッリ（図 12.8 参照）はガリレオの弟子の一人であるベネデット・カステッリ (1578–1643) と共にローマで数学を研究した．1641 年にはアルチェトリのガリレオの家で，彼自身と共同研究をすることができた．彼はそこにガリレオの死まで滞在して，その後すぐにガリレオのかつての職であるトスカナ大公付の数学者，哲学者に任命された．トリチェッリはその後死ぬまでフィレンツェに留まり，ガリレオの運動に関する研究を継続し，またより倍率の高い望遠鏡を目指してレンズを研磨した．彼は，おそらく 1643 年の気圧計の原理の発見で最も有名であろう．彼は 1647 年に腸チフスで亡くなった．

図 12.8
イタリアの切手に描かれたトリチェッリ．

体積と半径 $\dfrac{k^2}{a}$，高さ a の円柱の体積の和は，高さが $\dfrac{k^2}{a}$，半径が双曲線の半横径 $AS = \sqrt{2}k$ に等しい円柱の体積に等しいということを証明したのである（図 12.9 参照）．トリチェッリは今日教えられる円柱形の方法とよく似た方法を用いたが，それは友人カヴァリエリの方法と類似した不可分者によって表現された．まず最初に，彼は無限に長く伸びた双曲型立体に内接する $POMN$ のような任意の円柱の側面積は，半径 AS の円の面積に等しいことを示した（現代的な記法では，これは単に $2\pi x(k^2/x) = \pi(\sqrt{2}k)^2$ ということである）．次に彼は，無限の高さを持つ立体（その土台の円柱を含む）は，円柱 $ACHI$ を構成している円の一つ一つに対応する円柱の表面の全体からなると考えられると述べた．したがって，無限の高さを持つ立体は円柱 $ACHI$ に等しいということになる．

トリチェッリはこう書いている．「この立体は無限の長さを持っているが，それにもかかわらず，われわれが考えた円柱の表面には一つとして無限の長さを持つものはなく，それらの全体が有限であるとは信じられないことのように思われるかもしれない」[15]．けれども彼は，この結果を本当に「信じられないこと」であると思ったため，その信憑性をさらに強めるために取尽しによる第二の証明を提示しようと決意したのである．

12.2.3　フェルマと放物線および双曲線の下方の面積

1636 年 9 月 22 日のロベルヴァル宛の書簡で，フェルマは「曲線からなる無限に多くの図形」を方形化することができた，とくに任意の高次放物線 $y = px^k$ の下方の領域の面積を計算することができると主張した．彼はさらに，「私は放物線の求積において，アルキメデスのものとは別の道をたどらなければならなかった．私はアルキメデスの方法によってそれを解決したことは一度もなかっただろう」[16] と述べた．ここでフェルマは，アルキメデスが求積に三角形を用いていることを想起していた．フェルマ自身なら，もっと簡単な図形を使用したであろう．ロベルヴァルは 10 月の返信で，「平方数の和はつねにその根

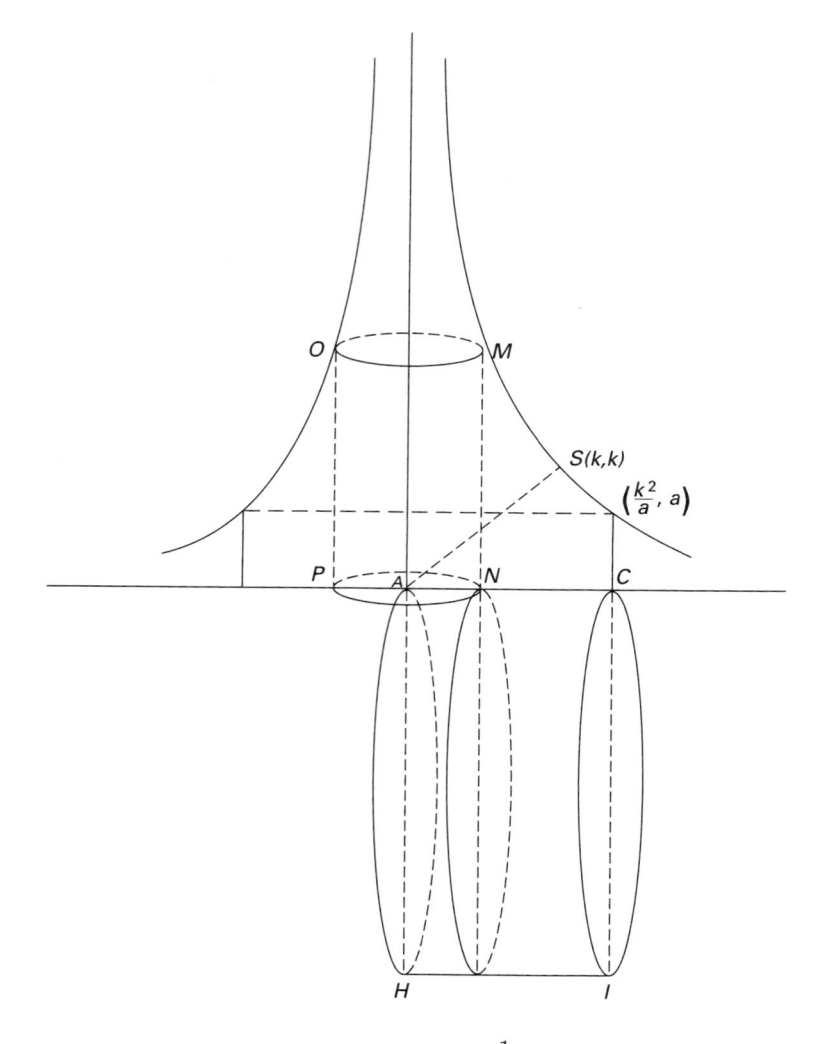

図 12.9
トリチェッリの無限の双曲型立体.

に対して最大の平方数の根を持つ立方数の $\frac{1}{3}$ より大きく，また最大の平方数が取り除かれた同じ平方数の和は同じ立方数の $\frac{1}{3}$ より小さい．立方数の和は [4次のベキ] の $\frac{1}{4}$ より大きく，最大の立方数が取り除かれると，$\frac{1}{4}$ より小さい」[17] という自然数のベキ和の公式を利用して，自分も同じ結果を見出したと主張した．言い換えると，放物線 $y = px^k$, x 軸，および与えられた垂直な線によって囲まれた領域の面積は次の公式によって見出すことができる．

$$\sum_{i=1}^{N-1} i^k < \frac{N^{k+1}}{k+1} < \sum_{i=1}^{N} i^k.$$

区間 $[0, x_0]$ における $y = px^k$ のグラフを考えれば，この公式がどうして基本的であるかは容易にわかる．基線を長さ $\frac{x_0}{N}$ の N 個の等区間に分割し，各区間の上に高さがその右端点の y 座標である長方形を立てる（図 12.10 参照）．この

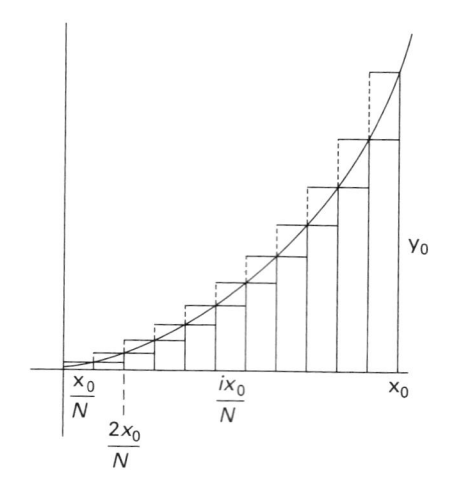

図 12.10
フェルマとロベルヴァルによる $y = px^k$ の下方の面積.

とき，これらの N 個の外接する長方形の面積の総和は

$$p\frac{x_0{}^k}{N^k}\frac{x_0}{N} + p\frac{(2x_0)^k}{N^k}\frac{x_0}{N} + \cdots + p\frac{(Nx_0)^k}{N^k}\frac{x_0}{N} = \frac{px_0{}^{k+1}}{N^{k+1}}\left(1^k + 2^k + \cdots + N^k\right)$$

である．同様に，高さが対応する区間の左端点の y 座標である長方形を考え，その内接する長方形の面積の総和も計算できる．A を 0 と x_0 の間の，曲線の下方の面積とすれば，

$$\frac{px_0{}^{k+1}}{N^{k+1}}(1^k + 2^k + \cdots + (N-1)^k) < A < \frac{px_0{}^{k+1}}{N^{k+1}}(1^k + 2^k + \cdots + N^k)$$

である．この不等式の両側の式の間の差は，単に一番右の外接する長方形の面積である．x_0 と $y_0 = px_0{}^k$ は固定されているので，この差は N を十分大きくとれば，任意に指定された値より小さくすることができる．ロベルヴァルによって引用された不等式から，面積 A と値

$$\frac{px_0{}^{k+1}}{k+1} = \frac{x_0 y_0}{k+1}$$

の両者は，その差が 0 に近づく二つの値の間に「挟み込まれる」ということになる．こうしてフェルマ（そして，ロベルヴァル）は，

$$A = \frac{x_0 y_0}{k+1}$$

を見出した．

そこで明らかな疑問は，この二人の人物のどちらかが，ベキ和の公式（本質的にはその 600 年も前にイブン・ハイサムに知られていた公式であるが）をどのようにして発見したかということである．フェルマは，自分には「厳密な証明」があると主張し，ロベルヴァルにはそれがないと彼は思った．実際，フェルマの仕事の特徴となっているように，われわれが知っているのは，数，ピラミッド数，そして［いわゆる］パスカルの三角形の列として現れる他の数による彼自身の一般的な言明だけである．すなわち，「最後の辺に次に大きい辺を掛けると三角数の 2 倍になる．最後の辺に次に大きい辺の三角数を掛けるとピラミッド数

の3倍になる．最後の辺に次に大きい辺のピラミッド数を掛けると三角－三角数 (triangulotriangle) の4倍になる．そして，同じように無限に続く」[18]．フェルマのこの言明は（われわれはそれを

$$N\binom{N+k}{k} = (k+1)\binom{N+k}{k+1}$$

と書く）パスカルの［『数三角形論』の］帰結第12と同等である．［いわゆる］パスカルの三角形の性質を用いれば，各 k に対して順に（$k=1$ から始める），k 次のベキ和の明確な公式を導くことは困難なことではない．$p(N)$ が k より低い次数の N に関する多項式である場合，この公式は，

$$\sum_{i=1}^{N} i^k = \frac{N^{k+1}}{k+1} + \frac{N^k}{2} + p(N)$$

の形になるだろう．$p(N)$ の形を慎重に検討すれば，ロベルヴァルの不等式を導くことができる．

　フェルマが一般的な結果を証明したのか，k のほんのいくつかの値を試しただけで，それが任意の値に対しても成り立つとしたのかどうかはわからない．そしてまた，フェルマが整数のベキ和の公式をどのように導出したかについても知られていない．フェルマはウルム出身の**算法教師**(*Rechenmeister*) ヨハン・ファウルハーバー (1580–1635) の研究にはおそらく気づいていなかったであろう．ファウルハーバーは1631年までには，整数の k 次のベキ和の明確な公式を $k=17$ まで発展させていた[19]．またパスカル自身は，1654年の執筆中，フェルマの結果のどれにも気づいてなかっただろう．そのとき，パスカルは三角形の性質からベキ和の公式の導出について明示して，こう述べた．「不可分者の理論に少しでも通じている者は，曲線の面積を決定するためにこの結果を用いることに必ず気づくだろう．この結果は直ちにすべてのタイプの放物線と無限に多くの他の曲線の方形化［求積］を可能にする」[20]．

　どんな場合でも，フェルマは面積を見出す自分の方法に完全に満足していたわけではなかった．というのも，それは高次の放物線に対してうまくいっただけだったからである．彼は $y^m = px^k$ の形の曲線，あるいは，$y^m x^k = p$ の形の「高次の双曲線」にそれをどう適用したらよいかわからなかった．現代的な用語では，$y = px^k$ の下方の面積を見出すためのこの方法は，k が正の整数のときに限りうまくいった．フェルマは，k が正負の任意の有理数のときにうまくいく方法がほしかった．彼は1658年頃の自己の「求積論」[*5]でやっとそのような方法を公表したが，1640年代にこの新しい手続きを発見していたことは明らかなように思われる．

　$y = px^{-k}$ の下方の，$x = x_0$ の右側の面積を決定する問題に以前の方法を適用するには，x 軸かあるいは0から $y_0 = px_0^{-k}$ までの線分 $x = x_0$ のどちらかを有限の範囲で多くの区間に分割し，内接および外接する長方形の面積の総和

[*5] *De aequationum localium transmutatione et emendatione ad curvilineorum...*, *Œuvres de Fermat*, t. I, pp. 255–285; *Varia*, pp. 44–55. Cf. Mahoney, *Mathematical Career*, (n. 4), Chap. V, § IV, pp. 244–267.

をとる必要があった．しかし，後者の手順を用いると，フェルマは外接および内接する長方形の間の差として，無限に多くの長方形を与えられることになる．差についてその面積を望むだけ小さくできるということはまったく明らかなことではなかった．一方，(無限の) x 軸を究極的に望むだけ小さくなるように有限の範囲で，多くの区間に分割する方法などまったくなかった．フェルマのこのジレンマの解決策は，x 軸を等間隔ではなく，その長さが等比数列になるように無限に多くの区間に分割し，それから無限に多くの長方形の面積を加え合わせるために，そのような数列の総和を求める既知の公式を利用することだった．

フェルマは，x_0 の右側へ向かって点 $a_0 = x_0, a_1 = \frac{m}{n}x_0, a_2 = \left(\frac{m}{n}\right)^2 x_0$, …, $a_i = \left(\frac{m}{n}\right)^i x_0, \ldots$ で無限に区間を区切ることから始めた．ここで，$m, n\,(m > n)$ は正の整数である (図 12.11 参照)．$\frac{m}{n}$ を 1 に十分近くにとることによって，区間 $[a_{i-1}, a_i]$ は究極的に望むだけ小さくなるだろう．次にフェルマはそれぞれの小さい区間の上に曲線を超えて長方形を外接させた．第一の外接する長方形の面積は

$$R_1 = \left(\frac{m}{n}x_0 - x_0\right) y_0 = \left(\frac{m}{n} - 1\right) x_0 \frac{p}{x_0^k} = \left(\frac{m}{n} - 1\right) \frac{p}{x_0^{k-1}}$$

である．第二の長方形の面積は

$$R_2 = \left[\left(\frac{m}{n}\right)^2 x_0 - \left(\frac{m}{n}\right) x_0\right] \frac{p}{(\frac{m}{n}x_0)^k}$$
$$= \left(\frac{m}{n}\right)\left(\frac{m}{n} - 1\right) x_0 \left(\frac{n}{m}\right)^k \frac{p}{x_0^k} = \left(\frac{n}{m}\right)^{k-1} R_1$$

である．同様に，第三の長方形の面積は

$$R_3 = \left(\frac{n}{m}\right)^{2(k-1)} R_1$$

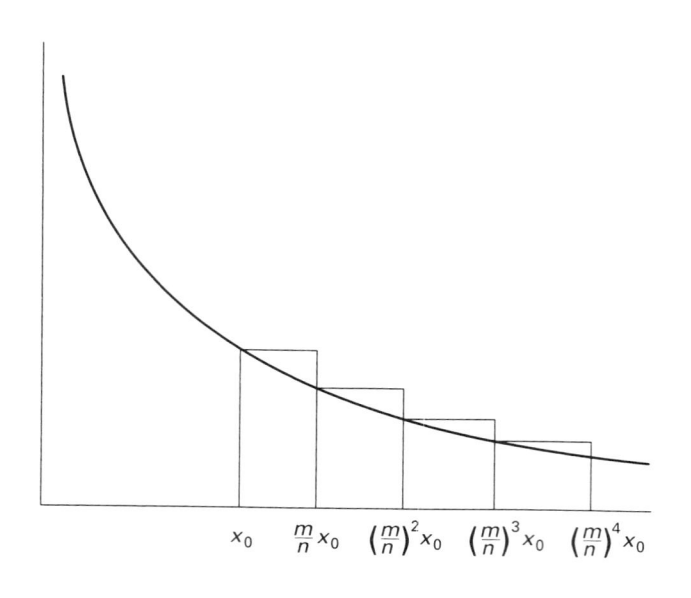

図 12.11
フェルマによる $y = px^{-k}$ の下方の面積を決定する手順．

となり，すべての外接する長方形の面積の総和は

$$R = R_1 + \left(\frac{n}{m}\right)^{k-1} R_1 + \left(\frac{n}{m}\right)^{2(k-1)} R_1 + \cdots$$
$$= R_1 \left[1 + \left(\frac{n}{m}\right)^{k-1} + \left(\frac{n}{m}\right)^{2(k-1)} + \cdots \right]$$

すなわち，等比級数の総和の公式を利用すれば，

$$R = \frac{1}{1-(\frac{n}{m})^{k-1}} R_1 = \frac{1}{1-(\frac{n}{m})^{k-1}} \left(\frac{m}{n}-1\right) \frac{p}{x_0^{k-1}}$$
$$= \frac{1}{\frac{n}{m}+(\frac{n}{m})^2+\cdots+(\frac{n}{m})^{k-1}} \frac{p}{x_0^{k-1}}$$

ということになる．

フェルマは内接する長方形についても同様の計算をすることはできたが，それは必要でないと判断した．彼は1番目の長方形の面積を「ゼロに至る」とした．すなわち，現代的な術語では，彼は $\frac{n}{m}$ を1に近づけることによって，自分が得た総和の極限値を見出したのである．このとき，R の値は $\frac{1}{k-1}\frac{p}{x_0^{k-1}}$ に近づき，その結果，求める面積 A は

$$A = \frac{1}{k-1} x_0 y_0$$

によって与えられる．フェルマは，このような軸を無限の区間に分割することは，放物線 $y=px^k$ の下方の $x=0$ から $x=x_0$ までのすでに知られている面積を見出すことにも適用できると即座に気づいた．彼は単にこの有限区間 $[0, x_0]$ を，右から始めて $a_0=x_0, a_1=\frac{n}{m}x_0, a_2=\left(\frac{n}{m}\right)^2 x_0, \ldots, a_i=\left(\frac{n}{m}\right)^i x_0, \ldots$（ここでは，$n<m$）というように区間の無限集合に分割しただけだった．そして上述のように続けて，この面積が $\frac{1}{k+1} x_0 y_0$ に等しいことを示したのである．フェルマは，他の場合，すなわち，曲線 $x^k y^m = p$ と $y^m = px^k$ の下方の面積を求める問題についても解決したかった．その方法は，等比級数に分数ベキが含まれないようにわずかに修正されねばならなかった（囲み12.1）．とはいえ，フェルマは「双曲線」$x^k y^m = p$ の下方の，$x=x_0$ の右側の面積は $\frac{m}{k-m} x_0 y_0$ であり，一方，「放物線」$y^m = px^k$ の下方の0から x_0 までの面積は $\frac{m}{k+m} x_0 y_0$ であることをうまく示すことができた．

12.2.4　ウォリスと分数指数

フェルマと同様に，同じ「積分」公式を導いた別の数学者にジョン・ウォリス (1616–1703) がいた．ウォリスは，分数指数について実際に説明し，それを一貫して用いた最初の数学者で，彼はカヴァリエリの研究について書かれたものは読んでいたが，実はカヴァリエリの著作を1冊も手に入れることができなかった．したがって，彼は不可分者を使用したけれども，1655年の『無限算術』(*Arithmetica infinitorum*)[*6] ではカヴァリエリのものとはいくぶん異なった方

[*6] この刊行年は1656年となっていたが，実際には前年夏に印刷刊行された．

囲み 12.1

フェルマは微分積分学を創始したのか？

1640 年代中頃までにフェルマは $y = x^k$（もちろん，フェルマが自分の方法は適用できないとわかっていた曲線 $y = x^{-1}$ を除く）の形の曲線の，下方の面積を決定していたし，そのような曲線に接線を作図することもできていた．彼は微分積分学の二つの主要な問題を，少なくともこれらの重要な特別の場合には解決していたのに，どうして彼が微分積分学の創始者と考えられないのだろうか？その答えは，彼は二つの問題間の逆関係がわかっていなかったからということであるに違いない．というのも，一つにはフェルマは微分積分学の二つの基本的な操作（いわゆる，微分することと，積分すること）が，再び適用可能な新しい関数を決定するということを理解してなかったからである．今日の学生なら，$y = x^k$ の導関数は関数 $y' = kx^{k-1}$ であり，また，$y = x^k$ の下方の 0 から x までの面積は関数 $\frac{x^{k+1}}{k+1}$ であるということがわかれば，おそらくすぐにその逆の性質を認識することだろう．フェルマはそうではなかった．というのも，彼は，そこに彼を導くはずの問いかけをしていなかったからである．フェルマにとって，接線の作図はまさしく接線影の長さを見つけて，次に曲線上の点から軸上の相応しい点まで線をひくことを意味した．したがって，彼は一般に接線の傾き（われわれの導関数）を考えなかった．$y = x^k$ を扱うことによって彼が見出したのは，接線の傾きが kx^{k-1} に等しいということよりもむしろ接線影 t が $\frac{x}{k}$ に等しいということであろう．同様に，曲線の下方の面積を見出すことは，フェルマにとって，与えられた曲線領域と等面積の適当な長方形を見出すことを意味した．言い換えれば，$y = x^k$ の下方の 0 から x_0 までの面積は，幅が x_0，高さが $\frac{1}{k+1}y_0$ の長方形の面積に等しいということだった．彼は固定された座標からある一つの変量（数）までの面積を，新しい曲線として表現できる関数を決定することだとは決して考えなかった．こうしてフェルマは多くの例において微分積分学の二つの基本的な問題を解くことができたが，彼は「適切な」問いを立てなかった．フェルマが逃したものを理解できたのは，他の人たちだったのである．

法をとった．$y = x^2$ の下方の $x = 0$ と $x = x_0$ の間の面積と外接する長方形の面積 $x_0 y_0$ との比を決定するために，彼は与えられた横線 x 上の対応する線分の比が $x^2 : x_0^2$ であることに注目した．しかし，そのような横線は無限に多くあったため，ウォリスは無限に多くの前項の総和と無限に多くの後項の総和との比を計算する必要があった．ウォリスは等差数列 $0, 1, 2, \ldots$ のように横線をとり，現代的な記法で

$$\lim_{n \to \infty} \frac{0^2 + 1^2 + 2^2 + \cdots + n^2}{n^2 + n^2 + n^2 + \cdots + n^2}$$

に相当するものを決定したかった．この比を計算するために，彼は種々の場合

$$\frac{0+1}{1+1} = \frac{1}{2} = \frac{1}{3} + \frac{1}{6}$$

$$\frac{0+1+4}{4+4+4} = \frac{5}{12} = \frac{1}{3} + \frac{1}{12}$$

$$\frac{0+1+4+9}{9+9+9+9} = \frac{14}{36} = \frac{1}{3} + \frac{1}{18}$$

を試して，一般の場合

$$\frac{0^2 + 1^2 + 2^2 + \cdots + n^2}{n^2 + n^2 + n^2 + \cdots + n^2} = \frac{1}{3} + \frac{1}{6n}$$

を得た．ウォリスは，項数が無限，すなわち，線が求める領域を「満たしている」ならば，その比は正確に $\frac{1}{3}$ だろうと結論を下した．3 乗について類似の比

> # 伝 記
>
> ## ジョン・ウォリス (John Wallis, 1616–1703)
>
> ウォリスはケンブリッジ大学時代に数学を勉強したが、青年期の多くは聖職者になるための準備に費やされた。それにもかかわらず、彼は様々な科学的な問題に関心を抱き、そのためにロンドンの 1640 年代における最初の非公式な集会に関わるようになった。そのグループの人たちが 1662 年に王立協会を組織したのである。毎週のミーティングでは、大陸と同様、イングランドでも詳細な研究が一般になされていた解剖学、幾何学、天文学、力学の諸問題を含む「哲学的問題」について議論が行われていた。ウォリスの早い時期の数学への関心が 1647 年頃に再燃し、彼は 2 年後には、イングランドの内戦で［ウォリスと］反対の立場にあった現職者が追放され空席になった、オックスフォード大学の数学［幾何学］のサヴィル教授職[*7]に任命された。ウォリスが『無限算術』に加えて、代数学、円錐曲線論、機械学などを含む数学の著作を執筆したのはオックスフォード大学においてであった。

が $\frac{1}{4}$ であることを計算したあと、ウォリスは自ら「帰納法」と呼ぶ方法によって、一気に、任意の正の整数 k に対して、無限個の項があるならば、

$$\frac{0^k + 1^k + 2^k + \cdots + n^k}{n^k + n^k + n^k + \cdots + n^k} = \frac{1}{k+1}$$

という結論に達した。

ウォリスの次のステップは、類推によって、他のベキに対してこの結果を一般化することだった。こうして、彼は任意のベキの等差数列、たとえば、2, 4, 6, ... が与えられれば、対応する面積の比の後項もまた等差数列、すなわち、3, 5, 7, ... であると述べた。もしその比の後項が 1 ならば、ベキの列は指数 0 を持つ、すなわち、すべての m に対して、m^0 は 1 でなければならないということになった。さらに彼は、後項が 3 である 2 乗の列は、後項が 5 である 4 乗の列の平方根からなり、3 はベキ 0 と 4 の級数の後項である 1 と 5 の算術平均であると述べた。それからウォリスは、別の大胆な一般化を行った。彼は各項が級数 0, 1, 2, ... の平方根である $\sqrt{0}, \sqrt{1}, \sqrt{2}, \ldots$ からなる級数をとり、対応する比の後項はベキ 0 と 1 の級数の後項である 1 と 2 の算術平均であろうと判断した。言い換えれば、比

$$\frac{\sqrt{0} + \sqrt{1} + \sqrt{2} + \cdots \sqrt{n}}{\sqrt{n} + \sqrt{n} + \sqrt{n} + \cdots + \sqrt{n}}$$

は究極的には $\frac{1}{1\frac{1}{2}} = \frac{2}{3}$ に等しくなるに違いない。さらに、この級数のベキは 0 と 1 の算術平均、すなわち、$\frac{1}{2}$ であろう。ウォリスの表現によれば、それは、$\sqrt{x}$

[*7] 1619 年にマートン学寮長サヴィルによって、オックスフォード大学に幾何学と天文学の教授職（サヴィル教授職）が寄贈された。

の指数は $\frac{1}{2}$ であるということになる．同様にしてウォリスは，$\sqrt[3]{x}$ の指数は $\frac{1}{3}$，$\sqrt[3]{x^2}$ の指数は $\frac{2}{3}$ であり，一方，それらの対応する比の後項は1と2の，すなわち，$1\frac{1}{3}$ と $1\frac{2}{3}$ の二つの算術平均であるに違いないと結論を下した．そこでウォリスは，任意の正の分数 $\frac{p}{q}$ に対する分数ベキを p 乗の q 乗根と定義し，これらの一般化を全部一纏めにして一つの定理とした．「量の無限級数をとり，1点すなわち0から始めて，任意のベキ（整数あるいは有理分数のベキ）の比を絶えず増大させるならば，それらの全体の，最大数に等しい同じ個数の級数に対する比は，1をこのベキ指数プラス1で割ったものである」[21]．

ウォリスはこの結果を，$y = x^{\frac{p}{q}}$ の形の曲線に関する面積問題の解法に適用した．すなわち，彼は

$$\int_0^1 x^{\frac{p}{q}}\, dx = \frac{1}{\frac{p}{q}+1}$$

を見出したが，指数が $\frac{1}{q}$ である場合を除いてこの答えは正しい，ということを証明しなかった．だが，彼は類推の威力を堅く信じていた．こうして，彼は自己の指数についての着想を負の量と無理量の両方の場合に拡張し，これらの指数がわれわれのよく知っている指数法則に従うことを示した．この定理と $y = x^{-k}$ の形の曲線の面積問題の解法を一般化しようとしたときには，彼の方法は不十分であった．彼は自分の基本的なやり方に従えば，指数 -1 の場合には，対応する比は $\frac{1}{-1+1} = \frac{1}{0}$ であり，指数が -2 の場合には，比は $\frac{1}{-1}$ であることがわかった．双曲線 $y = \frac{1}{x}$ の下方の面積は，ある意味で $\frac{1}{0}$ すなわち，無限大であると見なすことは，道理に合うが，曲線 $y = \frac{1}{x^2}$ の下方の面積が $\frac{1}{-1}$ であるというのは，一体どのような意味なのか？ 指数 3, 2, 1, 0 に対して，対応する比が $\frac{1}{4}$，$\frac{1}{3}$，$\frac{1}{2}$，$\frac{1}{1}$ であり，これらの値は増加する数列になるから，彼は指数 -2 に対する比 $\frac{1}{-1}$ は指数 -1 に対する比 $\frac{1}{0}$ よりも大きいはずだと見なした．しかし，$\frac{1}{-1}$ が無限より大きくなるというのはどういう意味なのか，ウォリスはまったく理解できなかった．

ウォリスはこの問題を無視することにしたが，自分の方法が $ax^{\frac{p}{q}}$ の形の項の和によって与えられる曲線の，下方の面積を見出すのに適用できると気づき，続いて彼は自分の方法を，半径1の円の面積を算術的に決定する，すなわち，曲線 $y = \sqrt{1-x^2} = (1-x^2)^{\frac{1}{2}}$ の下方の面積を見出すという，より一層複雑な問題に一般化しようとした．類推によって議論する技法を用いるために，実際に彼はもっと一般的な問題にとりかかり，単位正方形の面積と第1象限内で曲線 $y = (1-x^{\frac{1}{p}})^n$ によって囲まれた領域の面積との比を見出した．$p = \frac{1}{2}, n = \frac{1}{2}$ は円の場合であり，このとき比は $\frac{4}{\pi}$ である．ウォリスにとって，p, n が整数の場合に自分が知っている方法でその比を計算するのはまったく容易なことだった．たとえば，もし，$p = 2, n = 3$ ならば，$y = (1-x^{\frac{1}{2}})^3$ の下方の0から1までの

面積は $y = 1 - 3x^{\frac{1}{2}} + 3x - x^{\frac{3}{2}}$ の下方の面積，すなわち，$1 - 2 + \frac{3}{2} - \frac{2}{5} = \frac{1}{10}$ である．単位正方形の面積は 1 だから，ここでの比 [の値] は $1 : \frac{1}{10} = 10$ である．その結果，ウォリスはこれらの比について次のような表をつくった．ここで，$p = 0$ の場合については，彼は単に $y = 1^n$ の下方の面積を用いている．

$p \backslash n$	0	1	2	3	4	5	6	7	...
0	1	1	1	1	1	1	1	1	...
1	1	2	3	4	5	6	7	8	...
2	1	3	6	10	15	21	28	36	...
3	1	4	10	20	35	56	84	120	...
$\vdots$	$\vdots$	$\vdots$	$\vdots$	$\vdots$	$\vdots$	$\vdots$	$\vdots$	$\vdots$	...

ウォリスは明らかに自分の表に，[いわゆる] パスカルの数三角形を認めた．彼が望んでいたことは，$p = \frac{1}{2}, p = \frac{3}{2}, \ldots$ に対応する行と $n = \frac{1}{2}, n = \frac{3}{2}, \ldots$ に対応する列を補間することができるということだった．それが可能ならば，彼は求める値を見出すことができた．彼は両方のパラメーターが $\frac{1}{2}$ に等しいとき，それを □ と書いた．ウォリスは，[いわゆる] パスカルの三角形の知識から，自分の表に，$a_{p,n} = \binom{p+n}{n}$ が p 行 n 列の成分を表す場合に，$a_{p,n} = \frac{p+n}{n} a_{p,n-1}$ という関係が成り立つことをはっきりと理解した．彼は行 $p = \frac{1}{2}$ に対してこの同じ規則を用いて，まず，列 0 における他のすべての成分が 1 に等しいから，$a_{\frac{1}{2},0} = 1$ であると述べた．したがって，$a_{\frac{1}{2},1} = \left(\frac{\frac{1}{2}+1}{1}\right) \cdot 1 = \frac{3}{2}, a_{\frac{1}{2},2} = \left(\frac{\frac{1}{2}+2}{2}\right) \cdot \frac{3}{2} = \frac{5}{4} \cdot \frac{3}{2} = \frac{15}{8}$, $a_{\frac{1}{2},3} = \frac{7}{6} \cdot \frac{5}{4} \cdot \frac{3}{2} = \frac{105}{48}, \ldots$ ということになった．同様にして，$a_{\frac{1}{2},\frac{1}{2}} = $ □ であるから，彼は $a_{\frac{1}{2},\frac{3}{2}} = \left(\frac{\frac{1}{2}+\frac{3}{2}}{\frac{3}{2}}\right)$□ $= \frac{4}{3}$□, $a_{\frac{1}{2},\frac{5}{2}} = \frac{6}{5} \cdot \frac{4}{3}$□, $\ldots$ を得た．そして，行 $p = \frac{1}{2}$ は

$$1 \quad \square \quad \frac{3}{2} \quad \frac{4}{3}\square \quad \frac{15}{8} \quad \frac{8}{5}\square \quad \ldots$$

であった．ウォリスは類推して表の残りの部分も書き込むことができたが，□ を計算することに関心があったため，彼はこの行の比を検討した．交互に現れる項の比が絶えず減少する，すなわち，すべての k について，$a_{\frac{1}{2},k+2} : a_{\frac{1}{2},k} > a_{\frac{1}{2},k+4} : a_{\frac{1}{2},k+2}$ であることが明らかだったので，彼はこれは当然隣接する項についても当てはまるものと考えた．したがって，□ $: 1 > \frac{3}{2} : $ □ だから，□ $> \sqrt{\frac{3}{2}}$ ということになり，$\frac{3}{2} : $ □ $> \frac{4}{3}$□ $: \frac{3}{2}$ だから，□ $< \frac{3}{2}\sqrt{\frac{3}{4}} = \left[\frac{3 \times 3}{2 \times 4}\right] \sqrt{\frac{4}{3}}$ ということになった．そして，同様に，□ $> \left[\frac{3 \times 3}{2 \times 4}\right] \sqrt{\frac{5}{4}}$, □ $< \frac{3 \times 3 \times 5 \times 5}{2 \times 4 \times 4 \times 6} \sqrt{\frac{6}{5}}, \ldots$ というこ

とになった．こうして，ウォリスは，□ $\left(\text{すなわち}, \dfrac{4}{\pi}\right)$ は無限積

$$\Box = \frac{4}{\pi} = \frac{3\times 3\times 5\times 5\times 7\times 7\times \cdots}{2\times 4\times 4\times 6\times 6\times 8\times \cdots}$$

として計算できると主張することができたのである．

12.2.5　ロベルヴァルとサイクロイド

　無限積はおそらくウォリスが望んでいたような種類の面積の計算結果ではなかったが，当時の他の数学者たちも，ベキ曲線以外の曲線の考察においては厳密でない算術的な答えで満足しなければならなかった．たとえば，ロベルヴァルは 1637 年頃，線に沿って回転する車輪の縁に付いた点によって描かれる曲線である，**サイクロイド**の下方の面積を決定した．ロベルヴァルはこの曲線を次のように定義した．「円 AGB の直径 AB を，常にその元の位置に平行なままで，位置 CD に至るまで接線 AC に沿って動かすとせよ．そして，AC を半円 AGB に等しいとせよ（図 12.12 参照）．同時に，点 A を，AC に沿って動く AB の速さと半円 AGB に沿って動く点 A の速さとが等しいように半円 AGB 上を動かすとせよ．そうすると，AB が位置 CD に達したとき，点 A は位置 D に達していることになるだろう．点 A は半円 AGB 上のそれ自体の運動と AC に沿った直径の運動との二つの運動によって運ばれる」[22]．

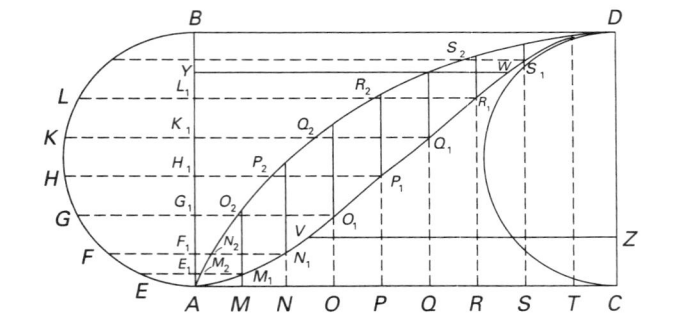

図 12.12
ロベルヴァルのサイクロイドで囲まれた領域の面積決定．

　ロベルヴァルは軸 AC と半円 AGB を無限に多くの等しい部分に分割することによって計算を始めた．半円に沿って，これらの部分は $AE = EF = FG = \cdots$，一方，軸に沿って，それらは $AM = MN = NO = \cdots$ である．さらに，サイクロイドを生成する運動は半円と軸に沿って動く一様な運動から成り立っているので，ロベルヴァルは $AE = AM$, $EF = MN, \ldots$ とおいた．直径の基線が M にあるとき，点 A は E にあるので，点 M_2（M からのその水平距離が軸上の点 E_1 からの E の距離と同じである）はサイクロイド上の点である．同様に，N からのその水平距離が軸上の点 F_1 からの F の距離と同じである点 N_2 も，またその曲線上の点である．図 12.12 に示されている点 $O_2, P_2, \ldots$ も同様である．そして，ロベルヴァルはサイクロイドの随伴線 (companion) である，点 $M_1, N_1, O_1, \ldots$ を通る新しい曲線を作図した．ここで，M_1 は M と同じ x 座標および E と同じ y 座標を持ち，以下同様である．現代的記法では，この曲線は，a を円の半径とするとき，$x(t) = at$, $y(t) = a(1 - \cos t)$ で与えられ，媒

介変数表示でない場合には $y = a\left(1 - \cos\dfrac{x}{a}\right)$ と表される．サイクロイドそのものは $x(t) = a(t - \sin t),\, y(t) = a(1 - \cos t)$ で与えられる．

サイクロイドのアーチ1個の，半分の下方の面積を決定するために，ロベルヴァルはまずサイクロイドとその随伴線の間の面積が生成円の半分の面積に等しいことを見つけた．$M_1 M_2 = EE_1,\, N_1 N_2 = FF_1, \ldots$ と対応する線の組がそれぞれ同じ高さであるから，カヴァリエリの原理より当然こうなる．ロベルヴァルは計算を終えるにあたって，領域 $ACDM_1$ の各線 VZ に AM_1DB の等しい線 WY が対応することに気がついた．したがって，再びカヴァリエリの原理によって，サイクロイドの随伴線は長方形 $ABCD$ を2等分する．長方形の面積は直径（すなわち，$2\pi a^2$）と半円周の積に等しいので，随伴曲線の下方の面積は生成円の面積（πa^2）に等しい．サイクロイドのアーチ1個の，半分の下方の面積は生成円の面積の $\dfrac{3}{2}$ に等しい，すなわち，一つのアーチ全体の下方の面積は生成円の面積の3倍であるということになる．

ロベルヴァルによるサイクロイドの随伴線は，事実上，余弦曲線（コサイン・カーブ）だったが，ロベルヴァルはそのようには考えなかった．しかし，同じ論考中で，彼は正弦曲線（サイン・カーブ）と見なされる曲線を，おそらく初めて描いた．といっても，それはただ円の一つの四分円の正弦から成り立っているだけであった．さらに，ロベルヴァルは，この曲線の下方の面積がその特定の正弦を定める半径の平方に等しいと確定することができた．パスカルはそれからおよそ20年後に，「四分円の正弦についての論考」(Traité des sinus du quart de cercle) と題する小論で，その曲線の任意の部分の下方の面積を見出すことができた．四分円 ABC を考え，D を任意の点とし，そこから正弦 DI が半径 AC に引かれるとする（図 12.13 参照）．そこで，パスカルは「小さい」接線 EDE' と半径に垂線 $ER,\, E'R'$ を引く．彼の主張は，「四分円の，任意の弧の正弦の和は両端の正弦の間に含まれた底の部分に半径を掛けたものに等しい」というものである[23]．パスカルの言う「正弦の和」とは，接線 EE' によって表される無限小の弧を各正弦に掛けることによって作られる無限小の長方形の和を指していた．したがって，パスカルの定理は，現代的な記法で表すと，

$$\int_\alpha^\beta r \sin\theta \, d(r\theta) = r(r\cos\alpha - r\cos\beta)$$

となる．パスカルは証明に向けて，三角形 EKE' と DIA は相似で，したがっ

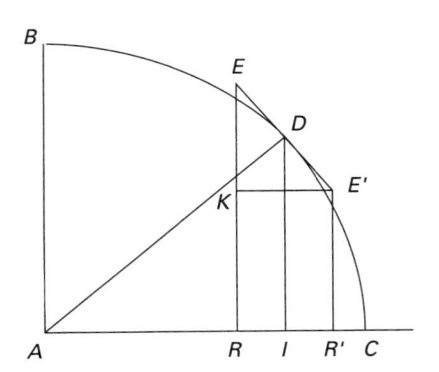

図 12.13
パスカルの正弦曲線下の面積．

て，$DI : DA = E'K : EE' = RR' : EE'$，それゆえ，$DI \cdot EE' = DA \cdot RR'$ であると述べている．言い換えれば，正弦と無限小の弧（すなわち，接線）から作られる長方形は，半径と弧の両端の間の軸の部分によって作られる長方形に等しい．すなわち，$r\sin\theta d(r\theta) = r(r\cos(\theta+d\theta) - r\cos(\theta)) = r(d(r\cos\theta))$．これらの長方形を二つの与えられた角の間で合計すると，引用した結果が得られる．この結果は重要であるとわかり，パスカルはすぐにそれを一般化して，正弦のベキの積分公式を与えたが，パスカルの著作の最も重要な面は，そこに「微小三角形」(differential triangle) EKE' が現れたことであった．ライプニッツはパスカルの他ならぬこの著作を研究した．そのことが役立って，ライプニッツは面積問題と接線問題との関係を認識するに至ったのである．

12.2.6　直角双曲線下の面積

17世紀中期における面積問題の解法に関するわれわれの最後の例は，ベルギー人の数学者グレゴワール・ド・サン・ヴァンサン (1584–1667) による双曲線 $xy = 1$ の下方の面積についての業績である（図 12.14 参照）．1647 年の『幾何学的著作』(*Opus geometricum*) において，グレゴワールは $i = 1, 2, 3, 4$ に対する (x_i, y_i) が，$x_2 : x_1 = x_4 : x_3$ を満たすようなこの双曲線上の4点ならば，$[x_1, x_2]$ におけ

図 12.14
グレゴワール・ド・サン・ヴァンサンの『幾何学的著作』の口絵（出典：ニューヨーク・ウェストポイントの USMA（米国陸軍士官学校）図書館特別コレクション部門）．グレゴワールは，円の求積を達成したと主張した．

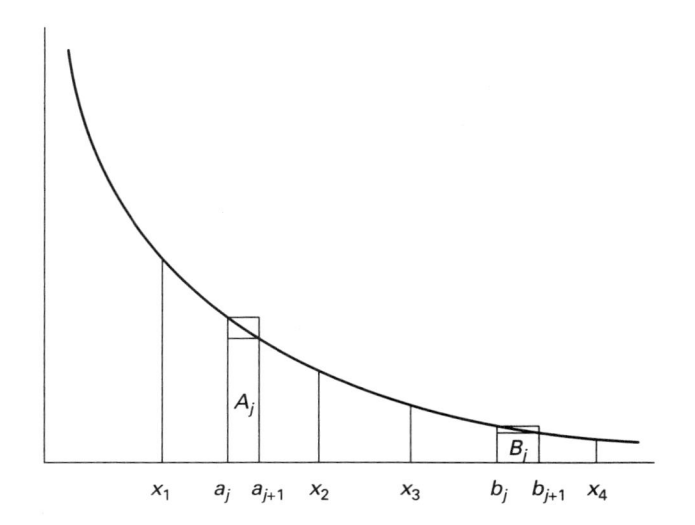

図 12.15
グレゴワール・ド・サン・ヴァンサンと双曲線 $xy = 1$ の下方の面積.

る双曲線の下方の面積は $[x_3, x_4]$ における面積に等しいということを示した（図 12.15 参照）．これを証明するために，区間 $[x_1, x_2]$ を点 $a_i\,(i = 0, \ldots, n)$ において部分区間に分割する．$x_2 : x_1 = x_4 : x_3$ であるから，$x_3 : x_1 = x_4 : x_2 = \nu$，すなわち $x_3 = \nu x_1,\ x_4 = \nu x_2$ ということになる．したがって，うまい具合に区間 $[x_3, x_4]$ を，点 $b_i = \nu a_i\,(i = 0, \ldots, n)$ において細分することができる．このとき，もしも長方形が $[a_j, a_{j+1}]$ 上の双曲線の面積 A_j と $[b_j, b_{j+1}]$ 上の双曲線の面積 B_j にそれぞれ内接，外接しているならば，それに対応する不等式

$$(a_{j+1} - a_j)\frac{1}{a_{j+1}} < A_j < (a_{j+1} - a_j)\frac{1}{a_j},$$

かつ
$$(b_{j+1} - b_j)\frac{1}{b_{j+1}} < B_j < (b_{j+1} - b_j)\frac{1}{b_j}$$

を計算するのは簡単である．第二の不等式に値 $b_j = \nu a_j$ を代入すると，

$$(a_{j+1} - a_j)\frac{1}{a_{j+1}} < B_j < (a_{j+1} - a_j)\frac{1}{a_j}.$$

その結果，両方の双曲線の領域は同じ面積の長方形に挟まれる．両方の区間は望むだけ小さい区間に細分できるので，二つの双曲線の面積は等しいということになる．

ベルギー人のイエズス会修道士アルフォンソ・アントニオ・デ・サラサ (1618–1667) は 1649 年にグレゴワールの著作を読んだとき，すぐにこの計算が，1 から x までの双曲線の下方の面積 $A(x)$ には対数の性質 $A(\alpha\beta) = A(\alpha) + A(\beta)$ がある，ということを示していることに気づいた（比 $\beta : 1$ は比 $\alpha\beta : \alpha$ に等しいので，1 から β までの面積は α から $\alpha\beta$ までの面積に等しい．1 から $\alpha\beta$ までの面積は 1 から α までの面積と α から $\alpha\beta$ までの面積の和であるので，そのまま対数の性質である）．こうして双曲線 $xy = 1$ の一部の下方の面積が計算できれば，対数を計算することができた．これらの面積の計算方法を探求する試みは，1660 年代のニュートンらのベキ級数の方法に繋がり，その方法はニュートン流微分積分学の道具となったのである．

12.3 ベキ級数

ニコラウス・メルカトル (1620–1687) は，1668 年に『対数技法』(*Logarithmotechnica*) を刊行した．そこには対数のベキ級数展開が現れていた．メルカトルは，デ・サラサが対数は双曲線の下方の面積に関係があるとほのめかしたものを理解していたし，またウォリスからある特定の無限ベキ和の比について計算する方法を学んでいたため，そのような無限和を用いて

$$\log(1+x) \quad \left(\text{双曲線 } y = \frac{1}{1+x} \text{ の下方の 0 から } x \text{ までの面積 } A\right)$$

を計算しようと思い立ったのである．彼は区間 $[0, x]$ を長さ $\frac{x}{n}$ の n 個の部分区間に分割し，A を和

$$\frac{x}{n} + \frac{x}{n}\left(\frac{1}{1+\frac{x}{n}}\right) + \frac{x}{n}\left(\frac{1}{1+\frac{2x}{n}}\right) + \cdots + \frac{x}{n}\left(\frac{1}{1+\frac{(n-1)x}{n}}\right)$$

によって近似した．各項 $\frac{1}{1+\frac{kx}{n}}$ は等比級数 $\sum_{j=0}^{\infty}(-1)^j\left(\frac{kx}{n}\right)^j$ の和であるから，

$$\begin{aligned}
A &\approx \frac{x}{n} + \frac{x}{n}\sum_{j=0}^{\infty}(-1)^j\left(\frac{x}{n}\right)^j + \frac{x}{n}\sum_{j=0}^{\infty}(-1)^j\left(\frac{2x}{n}\right)^j \\
&\quad + \cdots + \frac{x}{n}\sum_{j=0}^{\infty}(-1)^j\left(\frac{(n-1)x}{n}\right)^j \\
&= n\frac{x}{n} - \frac{x^2}{n^2}\sum_{i=1}^{n-1}i + \frac{x^3}{n^3}\sum_{i=1}^{n-1}i^2 + \cdots + (-1)^j\frac{x^{j+1}}{n^{j+1}}\sum_{i=1}^{n-1}i^j + \cdots \\
&= x - \frac{\sum_{i=1}^{n-1}i}{n\cdot n}x^2 + \frac{\sum_{i=1}^{n-1}i^2}{n\cdot n^2}x^3 + \cdots + (-1)^j\frac{\sum_{i=1}^{n-1}i^j}{n\cdot n^j}x^{j+1} + \cdots
\end{aligned}$$

ということになる．ウォリスの結果によって，この表現式における x^{k+1} の係数は，n が無限ならば，$\frac{1}{k+1}$ に等しい．したがって，x のベキ級数

$$\log(1+x) = x - \frac{x^2}{2} + \frac{x^3}{3} - \frac{x^4}{4} + \cdots$$

によって，実際の対数の値が容易に計算できるようになった．

1670 年頃，スコットランドのジェイムズ・グレゴリー (1638–1675) によって別の超越関数のベキ級数が発見され，それは王立協会の書記であったジョン・コリンズ (1625–1683) に伝えられた．しかし，それらがどう発見されたかについては何も伝わらなかった．たとえば，1670 年 12 月 19 日付の書簡で，グレゴリーはこう書いている．「正弦が B である弧は（円の半径は R）

$$B + \frac{B^3}{6R^2} + \frac{3B^5}{40R^4} + \frac{5B^7}{112R^6} + \frac{35B^9}{1152R^8} + \cdots [24]$$

と表現できる」．現代的な術語では，グレゴリーの級数は $\frac{1}{R}\arcsin\frac{B}{R}$ の級数展開である．それは，$R = 1$ とすれば，

$$\arcsin x = x + \frac{x^3}{6} + \frac{3x^5}{40} + \frac{5x^7}{112} + \frac{35x^9}{1152} + \cdots$$

と書ける．同様に，1671年2月15日付の書簡に，グレゴリーはとりわけ正接 x が与えられたときの弧 y の級数，およびその逆の級数を書き込んだ．現代的な記法を用いると，それは次のように書ける．

$$\arctan x = x - \frac{x^3}{3} + \frac{x^5}{5} - \frac{x^7}{7} + \frac{x^9}{9} - \cdots,$$

$$\tan y = y + \frac{y^3}{3} + \frac{2y^5}{15} + \frac{17y^7}{315} + \frac{3233y^9}{181440} + \cdots\,{}^{25}.$$

グレゴリーが受け取った書簡の欄外や別の空欄に見つかった彼の記したメモに関する研究から，現代の学者たちは，グレゴリーが40年以上あとになって初めて公表されたテイラー級数の公式の一つの表現を使っていたと考えるに至った．その公式は，現代的な記法では，ある関数をその導関数によって一つの級数

$$f(x) = f(0) + f'(0)x + \frac{f''(0)}{2!}x^2 + \frac{f'''(0)}{3!}x^3 + \cdots$$

として表現するものである．グレゴリーが正弦や余弦の級数と同様（ニュートンはそれらを1660年代半ばに見つけていた），どんな方法でこれらの級数を導出したとしても，逆正接（アークタンジェント）級数はおそらく200年も前に南インドで発見されていたことが判明している．これらの級数は，『タントラサングラハ［科学集成］』（*Tantrasaṅgraha-vyākhyā*）(c. 1530)（それよりおよそ30年前にケーララ・ガルギャ・ニーラカンタ（1445–1545）によって書かれた作品の解説書）の中にサンスクリット語韻文で現れる．意外にも，これらの級数の詳細にわたる導出結果は，マレー語（インドの南西地域ケーララの言語）で書かれた作品『ユクティバーシャー［数学解明］』（*Yuktibhāṣā*）の中に含まれている．ジュイェーシュタデーヴァ（1530–1610）によって書かれた『ユクティバーシャー』の中の逆正接級数は，さらに前の数学者マーダヴァ（1340［頃］–1425）（彼はコーチンの近くに住んでいた）に帰せられる．

逆正接級数を与えるサンスクリット語韻文は，以下の通り翻訳されよう．

> 与えられた正弦と半径の積を余弦で割れば，それが第一の結果である．第一［そして第二，第三，…］の結果から，それに繰り返し正弦の平方を掛け，余弦の平方で割ることによって，［継起的に］一連の結果を得よ．上の結果を［十分な項を得るために］順番に奇数 $1, 3, \ldots$ で割る．奇数番目の項の和から，偶数番目の項の和を引き算せよ．その結果は弧になる．これに関連して，……弧の正弦あるいはその余弧の正弦は，どちらがより小さくても，ここでは［与えられた正弦と］みなされるべきである．さもなければ，［上の］繰り返しによって得られる項は，消失する大きさに近づかないだろう ^{26}．

著者がその級数は $x = \tan y \leq 1$ のときだけ収束するとはっきり理解していたことに注目すれば，これらの言葉を，グレゴリーが見つけたものと同じ逆正接級数の現代的な記号体系に翻訳するのは困難なことではない．

ジュイェーシュタデーヴァによる逆正接級数の導出は次の補助定理から始まる．単純化するために円の半径を1としよう．

補助定理　BC を中心 O の円の小さな弧とする．もし OB, OC がその円の任意の点 A における接線とそれぞれ点 B_1, 点 C_1 で交わるとすると，弧 BC はおおよそ弧 $BC \approx \dfrac{B_1 C_1}{1 + {AB_1}^2}$ によって与えられる（図 12.16 参照）．

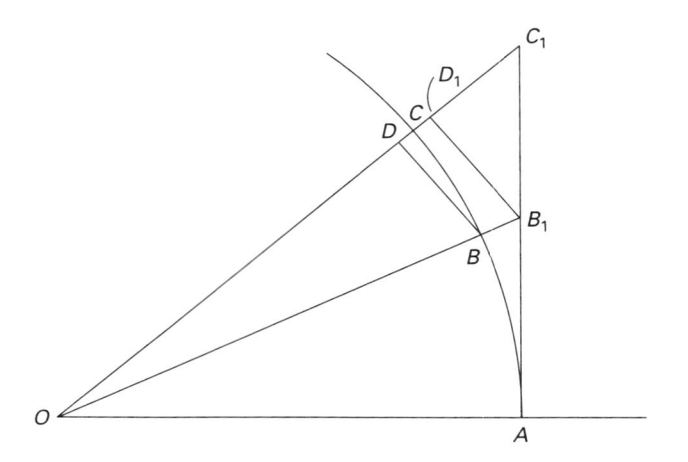

図 12.16
ジュイェーシュタデーヴァによる逆正接級数の導出．

もし垂線 BD, $B_1 D_1$ が OC に引かれれば，相似性から $\dfrac{BD}{B_1 D_1} = \dfrac{OB}{OB_1} = \dfrac{1}{OB_1}$ かつ $\dfrac{B_1 D_1}{B_1 C_1} = \dfrac{OA}{OC_1} = \dfrac{1}{OC_1}$ となり，ゆえに，$BD = \dfrac{B_1 C_1}{OB_1 \cdot OC_1}$ ということになる．弧 BC が非常に小さいとき，$OB_1 \approx OC_1$，よって，弧 $BC \approx BD = \dfrac{B_1 C_1}{{OB_1}^2} = \dfrac{B_1 C_1}{1 + {AB_1}^2}$ である．

弧 AC の接線 $t = AC_1$ を n 個の等しい部分に分割し，おのおのの順番に補助定理を適用すると，n を無際限に大きくするとき，次の式が与えられる．

$$\begin{aligned}
\arctan t &= \lim_{n \to \infty} \sum_{r=0}^{n-1} \frac{t/n}{1 + \left(\frac{rt}{n}\right)^2} \\
&= \lim_{n \to \infty} \sum_{r=0}^{n-1} \frac{t}{n} \left[1 - \left(\frac{rt}{n}\right)^2 + \left(\frac{rt}{n}\right)^4 - \cdots + (-1)^k \left(\frac{rt}{n}\right)^{2k} + \cdots \right] \\
&= \lim_{n \to \infty} \left[\frac{t}{n} + \frac{t}{n} \left(1 - \frac{t^2}{n^2} + \frac{t^4}{n^4} - \cdots \right) + \frac{t}{n}\left(1 - \frac{2^2 t^2}{n^2} + \frac{2^4 t^4}{n^4} - \cdots \right) \right. \\
&\qquad + \frac{t}{n}\left(1 - \frac{3^2 t^2}{n^2} + \frac{3^4 t^4}{n^4} - \cdots \right) + \cdots \\
&\qquad \left. + \frac{t}{n}\left(1 - \frac{(n-1)^2 t^2}{n^2} + \frac{(n-1)^4 t^4}{n^4} - \cdots \right) \right] \\
&= \lim_{n \to \infty} \left[t - \frac{t^3}{n^3}\left(1^2 + 2^2 + \cdots + (n-1)^2 \right) \right. \\
&\qquad \left. + \frac{t^5}{n^5}\left(1^4 + 2^4 + \cdots + (n-1)^4\right) - \cdots \right].
\end{aligned}$$

この導出を完全なものとするためには，ジュイェーシュタデーヴァは，整数ベキの和がより簡潔な式に置き換えられること，そしてとりわけウォリスの定理

[に相当するもの＝「ウォリスの定理」]

$$\lim_{n\to\infty} \frac{1}{n^{p+1}} \sum_{j=1}^{n-1} j^p = \frac{1}{p+1}$$

が成り立つことを示す必要があった．彼はこの結果を一般的に述べたが，すべての p についてそれを導き出すことはできなかった．したがって，われわれは彼の得た諸結果を現代的な記法を用いて与えるが，ジュイェーシュタデーヴァは，ただ p の小さな値についてこれらを確かめただけで，任意の値についてもそれらが正しいと仮定したのである．しかし，彼は「ウォリスの定理」が $p=1$ について成り立つという明白な事実から始めて，帰納的な議論を用いた．彼はイブン・ハイサムの公式 (7.2) の変形である

$$n\sum_{j=1}^{n} j^{p-1} = \sum_{j=1}^{n} j^p + \sum_{k=1}^{n-1}\sum_{j=1}^{k} j^{p-1}$$

から始めた．次に，もしウォリスの結果が指数 $p-1$ について正しいならば，n が大きくなるにつれて，

$$\sum_{k=1}^{n-1}\sum_{j=1}^{k} j^{p-1} \approx \frac{1}{p}\sum_{j=1}^{n} j^p$$

であることを示した．したがって，n が大きくなるにつれて，

$$n\sum_{j=1}^{n-1} j^{p-1} \approx \left(1+\frac{1}{p}\right)\sum_{j=1}^{n-1} j^p = \frac{p+1}{p}\sum_{j=1}^{n-1} j^p.$$

結果として，

$$\lim_{n\to\infty} \frac{1}{n^{p+1}} \sum_{j=1}^{n-1} j^p = \lim_{n\to\infty} \frac{1}{n^{p+1}} \frac{p}{p+1} n \frac{n^p}{p} = \frac{1}{p+1}$$

ということになる．こうして帰納法により「ウォリスの定理」は正しく，われわれはそれを用いてベキ和を $\arctan t$ の式に置き換えることができる．したがって，最終的な結果は

$$\arctan t = t - \frac{t^3}{3} + \frac{t^5}{5} - \frac{t^7}{7} + \cdots$$

となる．

　ヒンドゥーの著者たちはなぜこの級数に興味を持ったのだろうか？彼らの主要な目標は，円弧の長さを計算することであったように思われる．その値は天文学のために必要だったのである．この級数はその計算を可能にした．たとえば，$t=1$ を直接代入すると $\frac{\pi}{4} = 1 - \frac{1}{3} + \frac{1}{5} - \frac{1}{7} + \cdots$ を得る．しかし，この級数は非常にゆっくりと収束するので，様々な修正を加える必要があった．こうして『タントラサングラハ』には

$$\frac{\pi}{4} = \frac{3}{4} + \frac{1}{3^3-3} - \frac{1}{5^3-5} + \frac{1}{7^3-7} - \cdots$$

を含めて，相当速く収束する他の級数も入っている．

大変興味深いことに，ヨーロッパの著者たちに接線問題と面積問題が関係していることを認識させたのは，まさしく同じ，曲線の弧長を決定する問題だったのである．

12.4 曲線の求長と微分積分学の基本定理

デカルトは『幾何学』において，人間は曲線と直線との間の比を決定する，すなわち，曲線の長さを正確に決定する，精密で確実な方法を何一つ見出し得ないと述べた．だがデカルトがそう書いてからたった 20 年後に，デカルトは間違っているということを立証した人がいく人かいた．おそらく最初の曲線の求長は，ウォリスの示唆に基づいて行われた，イングランド人ウィリアム・ニール (1637–1670) による 1657 年の半立方放物線 $y^2 = x^3$ の求長であった．これに続く次の 2 年間に，セント・ポール大聖堂やロンドンの他の多くの建造物の設計者クリストファー・レン (1632–1723) はサイクロイドの求長を行い，ホイヘンスは放物線の求長を双曲線の下方の面積を見出すことに帰着させた．しかしながら，最も一般的な手続きはヘンドリク・ファン・ヘラート (1634–1660?) によるものだった．それはデカルト『幾何学』のファン・スホーテンによる 1659 年のラテン語版に現れた．

12.4.1 ファン・ヘラートの著作

ファン・ヘラートは論文「曲線の直線への変換について」(De transmutatione curvarum linearum in rectas) で，まず与えられた弧に等しい長さの線分を作図する問題は，ある特定の曲線の下方の面積を見出すことと同等であるということを示した．P を曲線 α の弧 MN 上の任意の点であるとする（図 12.17 参照）．P から軸までの法線の長さ PS は，デカルトの方法によって決定することができる．ファン・ヘラートは任意の線分 σ をとり，新しい曲線 α' を比 $P'R : \sigma = PS : PR$ によって定義する．ここで，P' は P に結びつけて考えられた α' 上の点である（σ は両辺の比が線の比であるように定める）．彼は AC が P で α に接するように微小三角形 ACB を描いて，$PS : PR = AC : AB$ であると述べた．現代的な記法を用いて，$AC = ds, AB = dx$ とすれば，ファン・ヘラートの比は

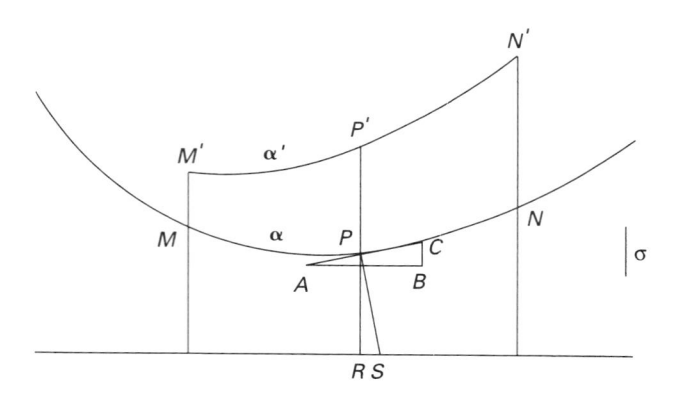

図 12.17
ファン・ヘラートによる曲線の求長．

伝 記

ヘンドリク・ファン・ヘラート (Hendrik van Heuraet, 1634–1660 [?])

ファン・ヘラートはオランダのハーレムで生まれ，ファン・スホーテンのもとで数学を勉強するため，1653年にライデンに行った[27]．その前年に布商人の父が死に，彼はその遺産でかなり裕福になったため，生活費を心配することなしに勉強し，旅行する余裕ができた．ファン・ヘラートの初期の数学の著作が大変有望だったため，ファン・スホーテンは彼の求長に関する論文だけでなく，変曲点に関する著作も出版した．だが知られている限りでは，ファン・ヘラートは夭逝してしまったようである．1660年前半以降の彼の活動を記録したものは何も残っていない．

$P'R : \sigma = ds : dx$，すなわち，$\sigma\, ds = P'R\, dx$ を与える．無限小接線，あるいは同等であるが，曲線 MN 上の弧の無限小片の和は MN の長さを与えるので，$\sigma \cdot (MN \text{の長さ}) = $ 曲線 α' の下方の M' と N' の間の面積，とファン・ヘラートは断定した．したがって，もし α の方程式から α' の方程式を得て，その下の面積が計算できれば，MN の長さも計算できる．再び現代的な記法を用いて，$z = P'R = \sigma \dfrac{ds}{dx} = \sigma\sqrt{1 + \left(\dfrac{dy}{dx}\right)^2}$ とすると，ファン・ヘラートの手順は

$$\sigma \cdot (MN \text{の長さ}) = \int_a^b z\, dx = \int_a^b \sigma \sqrt{1 + \left(\frac{dy}{dx}\right)^2}\, dx$$

と書くことができ，本質的にはこれは現代の弧長公式である．ここで，a, b はそれぞれ M, N の x 座標を表す．

ファン・ヘラートは，結びつけて考えられた曲線の，それもその下方の面積が実際に計算可能なごく少数の曲線のうちの一つ（少し前にニールによって考えられていた半立方放物線 $y^2 = x^3$）を用いて自己の手順を説明した．デカルトの法線決定法を用いて，彼は重根を持つと考えられる方程式は $x^3 + x^2 - 2vx + v^2 - n^2 = 0$ であると算定した．重根を見つけるためのフッデの規則を利用して，彼はこの方程式の項に 3, 2, 1, 0 を掛けて，$3x^3 + 2x^2 - 2vx = 0$ を得た．したがって，$v - x = \dfrac{3x^2}{2}$，また，$PS = \sqrt{\dfrac{9}{4}x^4 + x^3}$．ファン・ヘラートは $\sigma = \dfrac{1}{3}$ とおき，新しい曲線 α' を

$$z = P'R = \sigma \cdot \frac{PS}{PR} = \frac{1}{3} \frac{\sqrt{\frac{9}{4}x^4 + x^3}}{\sqrt{x^3}} = \sqrt{\frac{1}{4}x + \frac{1}{9}}$$

あるいは，同値であるが，$z^2 = \dfrac{1}{4}x + \dfrac{1}{9}$ ととることによって定義した．ファン・ヘラートは容易にこの曲線が放物線であることを明らかにした．彼はその放物線

の下方の面積の計算法を知っていた．それゆえ半立方放物線の $x=0$ から $x=b$ までの長さはこの面積を σ で割ったもの，すなわち，

$$\sqrt{\left(b+\frac{4}{9}\right)^3}-\frac{8}{27}$$

に等しい．

　同様に曲線 $y^4=x^5$, $y^6=x^7$, $y^8=x^9$ ... の長さを明確に決定できると注意したあと，ファン・ヘラートは，その長さが双曲線 $z=\sqrt{4x^2+1}$ の下方の面積決定に依存する，さらに難しい放物線 $y=x^2$ の弧の求長でその論考を締め括った．その問題は 1659 年の段階では，まだ満足に解決されていなかった．それにもかかわらず，ファン・ヘラートの方法はすぐに広範囲にわたって知られるようになった．とりわけ，微小三角形と与えられた曲線に結びつけて考えられた新しい曲線の利用が助けになって，他の人々は面積問題に接線問題を関係づける発想に思い至ったのである．

12.4.2　グレゴリーと基本定理

　接線問題を面積問題に関係づけた数学者の中にアイザック・バロウ (1630–1677) とジェイムズ・グレゴリーがいた．彼らは両者ともフランス，イタリア，オランダを旅行して集めてきた接線，面積，求長に関連する題材をまとめ，それを体系的に提示しようと思い立った．そこで当然ながら，バロウの『幾何学講義』(*Lectiones geometricae*, 1670) とグレゴリーの『幾何学の普遍的な部分』(*Geometriae pars universalis*, 1668) は，同様の方法で提示された同一の題材を多く含んでいた．事実上，これらの著作は両方とも今日微分積分学と認められる題材についての論考だったが，各々の著者が大学で学んだ［古典的な］幾何学的スタイルで表現されている．どちらもその題材を，問題を解決するのに役立つ［一般的］計算法に変えることはできなかった．

　一例として，グレゴリーが面積と接線の概念をつなぐ微分積分学の基本定理をどう提示したのかを検討しよう．この結果は一般的な弧長問題に関するグレゴリーの研究による自然な成果（彼はそれをファン・ヘラートの著作の中に見出したのだが）であった．単調に増加する曲線 $y=y(x)$ を，それに随伴する他の二つの曲線，すなわち法線曲線 $n(x)=y\sqrt{1+\left(\dfrac{dy}{dx}\right)^2}$ と $u(x)=\dfrac{cn}{y}=c\sqrt{1+\left(\dfrac{dy}{dx}\right)^2}$ とともに考えよう．ここで，c は与えられた定数である．いま，与えられた点で微小三角形 dx, dy, ds を作図し，縦線 y, 法線影 ν, 法線 n によって作られる三角形との相似性から，彼は $y:n=dx:ds=c:u$, その結果 $u\,dx=c\,ds$ と $n\,dx=y\,ds$ の両方を主張する（図 12.18 参照）．グレゴリーは曲線に沿って最初の方程式の総和をとり，ファン・ヘラートが行ったように，弧長 $\int ds$ は曲線 $\dfrac{1}{c}u(x)$ の下方の面積によって表されることを示す．第二の方程式の総和によって，グレゴリーは $n=n(x)$ の下方の面積が x 軸の周りに元の曲線を回転することによって作られる表面積に（定数倍まで）等しいということを示すことが可能になる．グレゴリーは，内接・外接する長方形と二重帰謬法(double reductio

伝 記

ジェームス・グレゴリー (James Gregory, 1638–1675)

グレゴリーはアバディーンのマリシャル大学で学んだあと，1663 年にスコットランドを離れ，続く 5 年間を外国，すなわち，イタリアでトリチェッリの門下生（パドゥアのステファノ・デリ・アンジェリ）の指導のもとで研究をしながら過ごした．彼が初めて二つの数学の著作を書いたのは，その地においてであった．1668 年，彼はセント・アンドリューズ大学の数学の教授職に就くため帰国した．彼は初等数学を教えながら，そこで生涯の大半を過ごしたのである．ロンドンにいるジョン・コリンズとの文通だけが，彼が数学界の他の人たちと接触する唯一の機会だった．1673 年，彼は政治上の問題のためにやむを得ずセント・アンドリューズ大学を去った．しかし，その後すぐにエディンバラ大学の教授の職に就くことができた．不幸にも，彼は 1675 年 10 月に卒中の発作で失明し，その後まもなくして亡くなった．

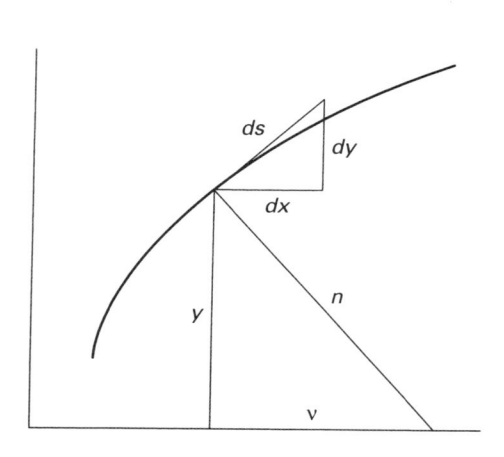

図 **12.18**
グレゴリーの微小三角形．

ad absurdum) を用いる慎重なアルキメデスの議論によって，これらの結果の両方を証明している．

今やグレゴリーは弧の長さが面積によって見出せることを示したので，彼はその逆問題を問うことによって重要な前進を遂げる．すなわち，その弧の長さ s が，与えられた曲線 $y(x)$ の下方の面積に対して一定の比を持つような曲線を見出すことができるかということである．現代的な記法によれば，グレゴリーは

$$c \int_0^x \sqrt{1 + \left(\frac{du}{dx}\right)^2}\, dx = \int_0^x y\, dx$$

であるような u を決定することができるかという問を立てている．しかし，これは $c^2 \left\{ 1 + \left(\frac{du}{dx}\right)^2 \right\} = y^2$，すなわち，$\frac{du}{dx} = \frac{1}{c}\sqrt{y^2 - c^2}$ を意味する．言い換えれば，グレゴリーは，接線の傾きが与えられた関数に等しい曲線 u を決定しな

ければならない．グレゴリーは $z = \sqrt{y^2 - c^2}$ とおき，単に $u(x)$ を曲線 $\dfrac{z}{c}$ の下方の原点から x までの面積になるように定める．したがって，彼のやるべき事はこの曲線への接線の傾きが $\dfrac{z}{c}$ によって与えられることを示すことである．彼が実際に証明したのは，再び**帰謬法**の議論によって，曲線 u 上の点 K と K の x 座標から $\dfrac{cu}{z}$ だけ離れた軸上の点とを結ぶ線は，K でその曲線に接しているということである．

したがって，グレゴリーの決定的な前進は，特定の曲線の下方の二つの与えられた値 x について，間に囲まれた面積という概念を［いわゆる］1 変数の関数としての面積という概念に抽象化したことだった．換言すれば，彼は任意の値 x で，その縦線が元の曲線の下方の定点から x までの面積に等しい，新しい曲線を作図したのである．この概念に一度辿り着くと，この新しい曲線に接線を作図することや，また x における接線の傾きが常に元の曲線のそこでの縦線に等しいことを示すのは困難でないことがわかったのである．

12.4.3　バロウと基本定理

新しい曲線を作図するグレゴリーの着想は，単に弧長を扱うときだけのものであった．他方，アイザック・バロウは微分積分学の基本定理の一部について，たとえば自己の『幾何学講義』の講義 X 命題 11 のように，より一般的な解釈を述べた．

定理　ZGE をその軸が AD である任意の曲線とし，この軸に縦線 AZ, PG, DE を立て，それらは最初の縦線 AZ から連続的に増加するとせよ．また，AIF を次の条件を満たす曲線であるとせよ．もし任意の直線 EDF が AD に垂直にひかれ，曲線を点 E, F で，AD を D で切るならば，DF と与えられた長さ R によって囲まれた長方形が 2 線で切りとられた区域 $ADEZ$ に等しくなる．また，$DE : DF = R : DT$ とし，FT を結べ．このとき，TF は AIF に接するだろう（図 12.19 参照）[28]．

グレゴリーと同様に，バロウは曲線 ZGE（われわれはそれを $y = f(x)$ と書くことにする）から始め，$Rg(x)$ が定点と可変点 x の間の $f(x)$ によって囲まれる面積に常に等しいように，新しい曲線 $AIF (= g(x))$ を作図した．現代的な記法では，

$$Rg(x) = \int_a^x f(x)\,dx$$

となる．その結果，バロウは $g(x)$ への接線影の長さ $t(x)$ は $\dfrac{Rg(x)}{f(x)}$ によって与えられること，すなわち，

$$g'(x) = \frac{g(x)}{t(x)} = \frac{f(x)}{R}, \qquad \text{あるいは} \qquad \frac{d}{dx}\int_a^x f(x)\,dx = f(x)$$

であることを証明した．バロウは線 TF が常に曲線の外側にあることを示すことによって，この結果を証明した．もし I が A に向かって F に近い曲線 $g(x)$ 上の任意の点であり，IG, KL がそれぞれ AZ, AD に平行に引かれるとするならば，

伝　記

アイザック・バロウ (Isaac Barrow, 1630–1677)

バロウは 1643 年にケンブリッジ大学のトリニティー・カレッジに入り, 1648 年に学士 (学芸) の, 1652 年には修士 (学芸) の学位を取得した. 彼は王党派を支持していたため, 1655 年に大学から追放され, 教授職に就くことができなかった. 4 年間大陸を旅行し, フランス, イタリア, オランダで数学を学ぶ機会を得た. 復古期にケンブリッジに戻り, 彼は聖職者に任命され, ギリシア語の欽定講座担当教授になった. 1662 年には, ロンドンのグレシャムの幾何学教授職を兼任し, 翌年ケンブリッジ大学の初代ルーカス数学教授[*8]になった. 続く数年間にわたって, 初等数学, 幾何学, 光学に関する一連の講義を行ったのち, 彼は 1669 年に自分の職を辞任し, ロンドンで王室付きの教会牧師になった. 1673 年に彼は学寮長としてトリニティー・カレッジに戻り, 2 年後には大学の副総長に任命された. だが 1677 年に, おそらく薬を服用し過ぎたことが原因で, この世を去った.

曲線の性質から, $LF : LK = DF : DT = DE : R$ すなわち, $R \cdot LF = LK \cdot DE$ であることがわかる. $R \cdot IP$ は $APZG$ の面積に等しいから, $R \cdot LF$ は $PDEG$ の面積に等しいということになる. ゆえに, $LK \cdot DE =$ 面積 $PDEG < PD \cdot DE$. したがって, $LK < PD$ すなわち, $LK < LI$, また接線は I では曲線より下に

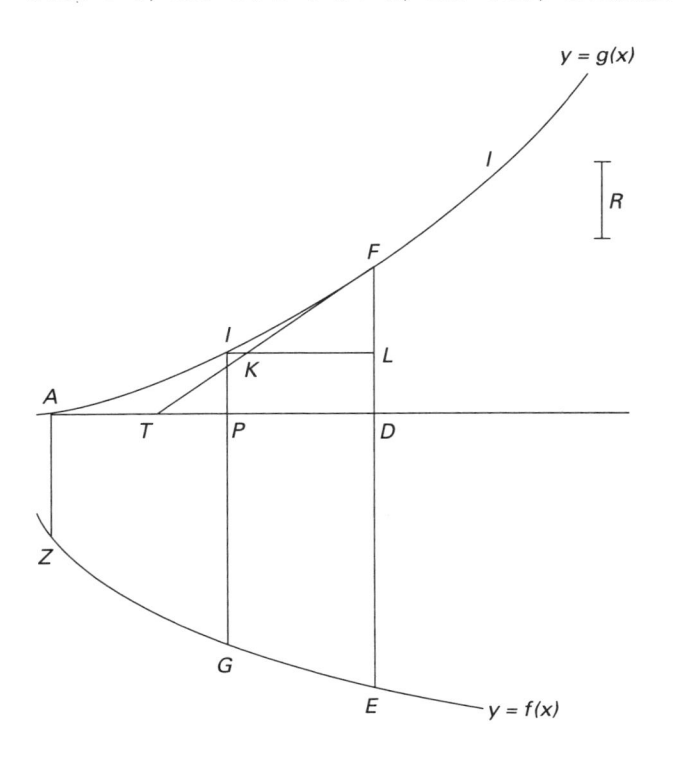

図 12.19
バロウ流の基本定理.

[*8] 1663 年にヘンリー・ルーカスによって, ケンブリッジ大学にルーカス数学教授職が創設された. 2 代目がニュートン. 近年では, スティーヴン・ホーキングもその職についている.

ある．同様の議論は，A から離れる方向に向かって F に近い点 I についてもあてはまる．

講義 XI の命題 19 で，バロウは曲線 $Rf'(x)$ の下方の領域における無限小の長方形が（大きい）長方形 $R(f(b)-f(a))$ における無限小の長方形と一致することを示すことによって，基本定理の第二の部分，すなわち

$$\int_a^b Rf'(x)\,dx = R(f(b)-f(a))$$

を証明した．

バロウはどのようにして接線問題と面積問題の逆関係を発見したのだろうか？バロウは明確には述べていないが，『幾何学講義』の初めの部分を注意深く読むと，彼はしばしば曲線を，移動する点の運動によって生成されると考えていたことがわかる．たとえば，彼はそのように生成される曲線の点 P における接線の傾きは，P における動点の速度に等しいことを示す．さらに彼はまた，軸が時間を示すとき，点の変化速度を曲線の変化する縦線によって表す．「したがって，もし時間を表す線上のすべての点を通る，他のものと交わらないように配列された直線（すなわち，平行な直線）が引かれるとするならば，平行線の集まりとして生じる平面は，それぞれの直線がそれが通る軸上の点に対応する速度を表すとき，速度の集まりに正確に一致する．結果として，それはまた横断される空間を表すために最も都合よく適応させられる」[29]．距離を速度曲線の下方の面積として表すというこの着想はガリレオやオレーム［1325 頃–1382］に遡るが，接線の傾きとして速度概念と結びつけられると，それによってバロウは容易に微分と積分のプロセスの逆関係を理解するに至ったのかもしれない．

『幾何学講義』の出版［1670 年］に先立つ数年間，バロウはケンブリッジ大学の数学のルーカス教授であった．アイザック・ニュートンがかつてバロウの講義のどれかに出席したかどうかは知られていないが[*9]，彼が運動によって生成される曲線というバロウの考え方に影響を受けたのももっともなことである．実際ニュートンは，バロウの本に 2, 3 の改良を加えるように勧め，とりわけバロウに微小三角形に基づく代数的な接線計算法を含めるよう提案した．この方法は，与えられた曲線上の点 M で微小三角形 NMR を描き，$MP = y$ の $PT = t$ に対する比を無限小三角形における対応する $MR = a$ の $NR = e$ に対する比を用いて計算するというものである（図 12.20 参照）．したがって，もし曲線が $y^2 = x^3$ ならば，バロウは y, x をそれぞれ $y+a, x+e$ に置き換えて，$(y+a)^2 = (x+e)^3$ すなわち，$y^2 + 2ay + a^2 = x^3 + 3x^2e + 3xe^2 + e^3$ を得ている．次に，彼は「というのも，これらの項にはどんな値もないから」として，a か e のベキあるいはその二つの積を含むすべての項を取り除き，$y^2 + 2ay = x^3 + 3x^2e$ を得ている．さらに，「これらの項について，……既知量を示す文字，あるいは確定した量からなるすべての項を捨てて，方程式の一方の辺に持って来られると，常にゼロに等しくなるから」，彼は $2ay = 3x^2e$ を残す．最終的な段階で，彼は a, e にそれぞれ y, t を代入して，比 $y : t$ を得ている．この場合，結果は $y : t = 3x^2 : 2y$

[*9] ウェストフォールによれば，ライプニッツとの論争絡みで，ニュートンはバロウのルーカス数学教授就任講義（『数学講義』）に出席したことを少なくとも 2 回ほのめかしている．*Never at Rest*, (n. 31), p. 99. 邦訳，I, 115 ページ．

囲み 12.2

バロウは微分積分学を創始したのか？

　バロウが接線や面積を計算するための代数的な手順を知っていて，しかも［微分積分学の］基本定理に気づいていたとすると，彼は微分積分学の創始者の一人と見なされるべきだろうか？　答えはノーに違いない．バロウは自己の著作のすべてを古典的な幾何学的形式で提示した．彼が著作の本文に示された二つの定理の基本性質に気づいていたようには見えない．バロウはそれらがとくに重要であるとは述べていない．それらは，接線と面積を扱っている多くの幾何学的な結果のうちの二つとして提示されている．そして，バロウは面積を計算するためにそれらをまったく使用していない．おそらくニュートンが現れなかったとしても，バロウはこれらの定理の利用可能な使い道に気がついていただろう．しかし，バロウはニュートンの能力が自分より優れているとよくわかっていたし，また彼は神学上の関心を追求することに一層深く関わっていたために，数学の研究をより若い同僚にゆだね，微分積分学の創案をニュートンに残したのである．

となる．バロウは続けてこう述べている．「もし曲線の無際限に小さい任意の弧が計算に入ってくるならば，接線，あるいはそれと同等な任意の直線の無際限に小さい部分は，弧の代りになる」[30]．その結果，バロウはフェルマの方法を，向等 (adaequalitas) の考えを完全に無視することによって修正した．彼はその方法を正当化しようとはぜず，ただ自分自身の計算においてそれを頻繁に使用したと述べているだけである（囲み 12.2）．

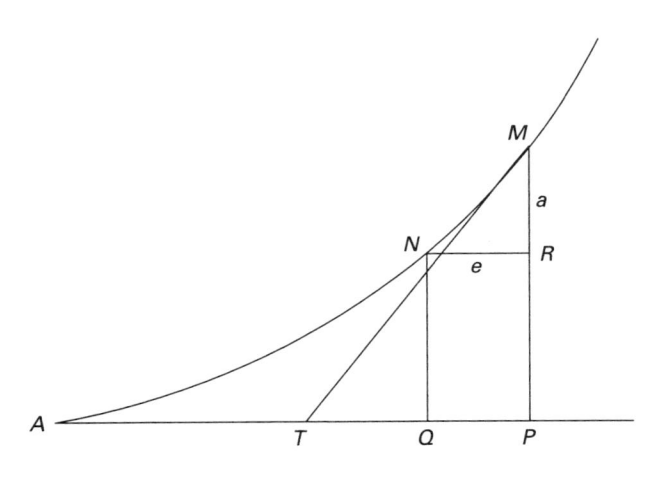

図 12.20
バロウの微小三角形．

　バロウとグレゴリーの著作は，17 世紀［半ば］までの面積と接線の計算法全般の頂点と見なすことができる．しかし，1670 年までに成果を出したこれらの人物のどちらも，これらの方法を計算や問題解決の真の道具に成形することはできなかった．しかし，すでにその年の 5 年前に，アイザック・ニュートンはケンブリッジの彼の部屋から離れて実際にだれかと情報を伝え合うということもなく，彼のすべての先駆者の著作を，われわれが今日微分積分学と呼ぶ分野へと統合し，拡張するために猛烈な集中力を働かせていたのである．

12.5 アイザック・ニュートン

アイザック・ニュートン の最近の伝記作家リチャード・ウェストフォールによれば，ニュートンは「人知の諸々のカテゴリーを形成したほんの一握りの至高の天才の一人，つまりわれわれが自分の仲間を理解するための評価基準に，最終的には収まりきらない人間」[31] だった．われわれが周りの世界を理解する上で，ニュートンが重要な貢献をした多くの領域のうち，微分積分学はかけがえのないものだったし，またデレク・ホワイトサイドによって新たに編集されたニュートンの数学論文集が［全］8 巻という膨大なものであることから，われわれはまさにここに，ニュートンがそのような「至高の天才」であると考えられる理由を垣間見ることができる．それにしても，［本書の］続く数ページで明らかになるように，ニュートンは 17 世紀の彼の先駆者たちによって発展させられていた接線と面積に関するあらゆる題材を，1660 年代のほんのわずかな年月の間に，われわれの微分積分学の教科書の 1000 ページ分に相当する重要な問題解決技法へと統合し一般化することに成功した．

17 世紀の数学の成果を独学により完全にマスターしたニュートンは，1664 年後半から 1666 年後半までの 2 年間をケンブリッジ大学の自分の部屋と一時帰郷していたウールスソープの家で，微分積分学に関する基本的な概念を練り上げることに費やした．光学，力学，および錬金術を含む他の話題に没頭した期間に数学研究の中断がみられたものの，次の数年間にはさらに多くの研究が続いた．少なくとも 3 度，ニュートンは出版に適した形式に自分の研究を書き上げた．あいにく，様々な理由からニュートン［自身］は微分積分学に関する次の三つの論考のいずれも出版しなかった．それにもかかわらず，いわゆる流率に関する「1666 年 10 月論文」，1669 年［7 月にバロウに送った論考］『無限個の項をもつ方程式による解析について』(*De analysi per aequationes numero terminorum infinitas* ［以下，『解析について』］)，そして 1671 年の『級数と流率の方法についての論考』 (*Tractatus de methodis serierum et fluxionum* ［以下，『方法について』］) は，すべてイングランドの数学界において草稿を筆写したものがある程度回覧され，ニュートンの新方法の大きな威力を見せつけた．最後の論考［『方法について』］が前者二つの論考の諸結果を総合し発展させていることから，われわれはその論考の枠内で必要に応じて他のものも参照するが，ニュートンの微分積分学を検討することにしよう．

12.5.1 ベキ級数

ベキ級数の話題から 1671 年の論考は始まる[*10]．ニュートンの中心的な着想は，算術における無限小数と，われわれがベキ級数と呼ぶ無限次の「多項式」との間の類似性である．

> 数計算と変量の計算は操作がきわめて類似しているので，……10 進数に最近確立された理論を同様の仕方で変量に当てはめるということが，と

図 12.21
［旧］ソヴィエト連邦の切手に描かれたニュートン．

[*10] ニュートンが初めてベキ級数に関する理論を扱ったのは，論考『解析について』においてであった．これがきっかけとなって，彼はバロウの後任としてケンブリッジ大学のルーカス数学教授職に就くことができた．『方法について』ではさらに改良が加えられた．

伝 記

アイザック・ニュートン (Isaac Newton, 1642–1727)

ニュートン（図 12.21 参照）は 1642 年 12 月 25 日，ロンドンのおよそ 100 マイル北のグランサム近郊，ウールスソープに生まれた．母は 10 月にはすでに未亡人となっていた．彼が 3 歳のときに母は再婚し，二人目の夫が亡くなり 1653 年にウールスソープに再び戻るまで，幼いアイザックを彼の祖母のところへ預けた．1655 年に，ニュートンは近くのグラマー・スクールに通うためグランサムに行かされた．彼が古典的な学校カリキュラムの基本をなしていたラテン語を習得し，またいくぶん風変わりな教師ヘンリー・ストークスによって数学の研究に導かれたのも，ここでのことであった．ニュートンは基本的な算術を学んだだけではなく，平面三角法や幾何学的作図のような高度な話題をも勉強した．そのため，1661 年，ケンブリッジ大学のトリニティー・カレッジへ入学を許可されたときには彼は仲間の学生たちよりもはるかに先行していた．

しかし，ケンブリッジでは一般に，1663 年に数学のルーカス教授としてバロウが任命されたあとでさえ，数学は学習課程の一部ではなかった．事実上，大学には必修科目はほとんどなかった．4 年間大学構内に居住して，授業料を払えば，学士（学芸）の学位を取得できた．他方で，1663 年にニュートンはグラマー・スクールで紹介されていた独自の数学を探究し始めたため，何を研究しようと大学がとくに気にかけなかったことは彼にとって好都合なことであった．彼は三角法が理解できるようにユークリッドに精通し，さらに，算術と代数の要点を含む大衆向きの書物であるウィリアム・オートリッド (1574–1660) の『数学の鍵』(Clavis mathematicæ)，次にデカルト『幾何学』のファン・スホーテンによるラテン語版とそれに付された豊富な注釈，ヴィエトの著作集，そして最後にウォリスの『無限算術』を習得した．1664 年にアイザック・バロウは数学の基礎に関する最初の一連のルーカス講義をしていたため，十中八九，年上の数学者は若者を激励し，おそらく自分の蔵書から数学書を貸し出すことさえしていたことであろう．けれども，ニュートンは研究に完全に専念するために，大学資金援助の保証を必要とした．これは 1664 年に給費生，1667 年にフェローに選ばれたこと，そしておそらくバロウの世話で 1669 年にルーカス教授に任命されたことによって保証された．

微分積分学だけでなく，光学と力学の基本原理の発展へとニュートンが成功をおさめた主要な理由の一つは，明らかに一心不乱に集中できる彼の才能にあった．ジョン・メイナード・ケインズが書いているように，「彼の知性の謎を解く手がかりは，ずっと集中し続ける並はずれた内省力にあると私は信じている．……彼独特の天賦の才能は，純粋に知的な問題を，それを続けて最後までやり通すまで心に保持している能力にあった．……ニュートンは一つの問題を，何時間も，何日も，そして何週間も，ついにその秘密が解き明かされるまで心の中に持ち続けることができたのだと私は信じている」[32]．ニュートンの集中力は，アルキメデスに関する話と同様に[*11]，彼について語られた多くの逸話によって例証される．たとえば，「友人を居室に招待したとき，ワインの瓶を取りに書斎に入って行き，そこで何か考えが浮かぶと，彼は熱心に書き留め始め，友人のことは忘れてしまったものだった」[33]．実際，「研究に費やされる以外の時間はすべて無駄と考え，……学期中にルーカス教授として講義をするとき以外は，めったに居室を離れることはなかった」．しかし，彼が講義をするとき，「聴講に出向く者はごくわずかで，理解する者はもっとわずかであった．しばしば聴講者がいなかったため，彼はいわば壁に向かって講義をしたのである」[34]．ニュートンは教授としてはおそらく成功しなかったが，科学の大きな変革の中心人物として，彼の諸著作はわれわれの生涯に影響を及ぼし続けている．

くにその仕方はより著しい結果を得る可能性を持っているので，誰にも思い浮かばなかったことに私は驚いている（双曲線の求積について考えた，N・メルカトルを除くならば）．というのも，この種［記号］による

[*11] 本書 121，153 ページ参照．

理論は代数との間に，10 進数における理論が通常の算術との間に持つ関係と同じ関係を持っているため，読者がそれぞれ算術と代数の両方に熟達しており，無限に続く 10 進数と代数の項の間の対応関係を正しく認識しておれば，10 進数における理論からその加法，減法，乗法，除法および根抽出の操作を容易に学ぶことができるからである．……まさに小数の利点はこのようなことである．すべての分数と根が小数に還元されたとき，それらはある程度まで整数の性質を呈する．したがって，より複雑な項（分母が複雑な量，複雑な量の根，および複合方程式の根である分数など）からなるものが単純な項からなるものに（すなわち，単純な分子と分母を持つ分数の無限級数に，しかも，他に悩まされるようなほとんど克服できない障害などなく）還元されるということが，無限の変量列の利点なのである[35]．

ニュートンは無限の変量列，すなわちベキ級数を単に，まさしく通常の多項式のように操作可能な一般化された多項式とみなし，ベキ級数の利点を例で示すことにとりかかる．たとえば，分数式 $\dfrac{1}{1+x}$ は 1 を $1+x$ で割るのに，ただ割り算を長く続けることで，級数

$$1 - x + x^2 - x^3 + x^4 - x^5 + \cdots$$

と書ける．同様に，ベキ級数として多項式の根を計算するには，平方根を決定するための標準的な算術のアルゴリズムを利用することができる．ニュートンはこの方法を $\sqrt{1+x^2}$ に適用して，その結果を容易に

$$1 + \frac{x^2}{2} - \frac{x^4}{8} + \frac{x^6}{16} - \frac{5x^8}{128} + \frac{7x^{10}}{256} - \cdots$$

と計算した．

「複合方程式」(affected equation)[*12] の解法，すなわち，方程式 $f(x,y) = 0$ を x のベキ級数表現によって y について解くことは，ひどく難しいとニュートンは考えていた．というのも，方程式 $f(y) = 0$ を数値的に解く方法は完全によく知られていたわけではなかったからである．そこでニュートンは，$y^3 - 2y - 5 = 0$ を例としてそのような方程式の解を求める方法を説明する．彼はまず，整数 2 を根の第一の近似値としてとることができると述べる．次に，元の方程式に $y = 2 + p$ を代入し，新しい方程式 $p^3 + 6p^2 + 10p - 1 = 0$ を得る．p は小さいから，ニュートンは p^3 と $6p^2$ を無視できるとして，$10p - 1 = 0$ を解き，$p = 0.1$ を得る．したがって，$y = 2.1$ が根の第二の近似値ということになる．次の段階では，$p = 0.1 + q$ とおき，それを方程式の p のところへ代入する．結果として得られた方程式 $q^3 + 6.3q^2 + 11.23q + 0.061 = 0$ において，二つの最高次の項が再び無視される．その結果，1 次方程式を解くと $q = -0.0054$ が得られるから，y の新

[*12] ニュートンは $f(y) = \sum a_i y^i = 0$ または $f(x,y) = \sum a_{ij} x^i y^j = 0$ のような代数方程式を "æquationes affectæ" と呼んでいる．「複合方程式」などと訳されが，適訳はない．一般に，$f(y)$ または $f(x,y)$ が絶対項（定数項）を除いて単項であるとき，すなわち，中間項のない方程式であるときには，純粋方程式 (æquationes puræ) といわれた．『ライプニッツ著作集』2, 工作舎, 1997, II-1, 132 ページ，注 (23) および II-5, 184 ページ，注 (19) を参照．

しい近似値 2.0946 が与えられる．この方法はどこまでも続けることができる．ニュートンはこれをもう 1 段階進め，$y = 2.09455148$ を得ている．それから彼は方程式の数値解法を代数に適用し，いくつかの例について計算する．こうして，$y^3 + a^2 y + axy - 2a^3 - x^3 = 0$ の解は

$$y = a - \frac{x}{4} + \frac{x^2}{64a} + \frac{131x^3}{512a^2} + \frac{509x^4}{16384a^3} + \cdots$$

として与えられ，一方，$\frac{y^5}{5} - \frac{y^4}{4} + \frac{y^3}{3} - \frac{y^2}{2} + y - z = 0$ の解は

$$y = z + \frac{1}{2}z^2 + \frac{1}{6}z^3 + \frac{1}{24}z^4 + \frac{1}{120}z^5 + \cdots$$

で与えられる．

12.5.2 一般二項定理

　ニュートンによるベキ級数の発見は，彼がウォリスの『無限算術』，とりわけその円の求積に関する部分を読んだことによってなされたものである．実際，彼はウォリスの著作からウォリスが達していた以上のことを引き出した．面積を考える際に，ウォリスはいつも特定の数値，あるいはそのような二つの値の比を得ようとした．というのも，彼は，たとえば 0 と 1 というような二つの固定された値における曲線の下方の面積を決定したかったからである．ニュートンは，0 から任意の値 x までの面積を計算すれば，すなわち，曲線の下方の面積を区間の端点が変化する関数と考えるならば，さらにパターンが見えてくるだろうということに気づいた．こうしてニュートンは，円の面積を計算するウォリスと同じ問題を考察する際に，ウォリスのものと同類の一連の曲線，すなわち曲線 $y = (1 - x^2)^n$ を考えた．だがニュートンは，そこではこれらの曲線の下方の値を変量 x の関数として一覧表にした．たとえば，現代的記法を用いると，

$$\int_0^x (1-x^2)^0 \, dx = x$$
$$\int_0^x (1-x^2)^1 \, dx = x - \frac{1}{3}x^3$$
$$\int_0^x (1-x^2)^2 \, dx = x - \frac{2}{3}x^3 + \frac{1}{5}x^5$$
$$\int_0^x (1-x^2)^3 \, dx = x - \frac{3}{3}x^3 + \frac{3}{5}x^5 - \frac{1}{7}x^7$$
$$\int_0^x (1-x^2)^4 \, dx = x - \frac{4}{3}x^3 + \frac{6}{5}x^5 - \frac{4}{7}x^7 + \frac{1}{9}x^9$$

ということになる．それからニュートンは面積の数値でなく，いくつかの x のベキの係数を表にした．

$$
\begin{array}{cccccc|c}
n=0 & n=1 & n=2 & n=3 & n=4 & \cdots & \times \\
1 & 1 & 1 & 1 & 1 & \cdots & x \\
0 & 1 & 2 & 3 & 4 & \cdots & -\dfrac{x^3}{3} \\
0 & 0 & 1 & 3 & 6 & \cdots & \dfrac{x^5}{5} \\
0 & 0 & 0 & 1 & 4 & \cdots & -\dfrac{x^7}{7} \\
0 & 0 & 0 & 0 & 1 & \cdots & \dfrac{x^9}{9}
\end{array}
$$

ウォリスと同様，ニュートンはここに［いわゆる］パスカルの三角形が存在することに気づき，それで彼は補間を試みたのであった．実際，円の面積の問題を解くために，彼は $n = \dfrac{1}{2}$ に対応する列の値を必要とした．これらの値を見つけるために，ニュートンは正の整数値 n に対する［いわゆる］パスカルの公式 $\dbinom{n}{k} = \dfrac{n(n-1)(n-2)\cdots(n-k+1)}{k!}$ を再発見して，n が正の整数でなくても，同じ公式を利用しようと決断した．したがって，列 $n = \dfrac{1}{2}$ における成分は

$$\binom{\frac{1}{2}}{0} = 1, \quad \binom{\frac{1}{2}}{1} = \frac{1}{2}, \quad \binom{\frac{1}{2}}{2} = \frac{\frac{1}{2}(\frac{1}{2}-1)}{2} = -\frac{1}{8},$$
$$\binom{\frac{1}{2}}{3} = \frac{\frac{1}{2}(\frac{1}{2}-1)(\frac{1}{2}-2)}{6} = \frac{1}{16}, \cdots$$

となるだろう．ニュートンは直ちに，任意の正の整数 k について，$n = \dfrac{k}{2}$ に対応する列の表を完成することができた．彼はさらに，もとの表の各成分は，その左の数とその上の数の和であることに気づいた．余分な列が補間された表において，もし彼がその規則をわずかに修正して，各成分がその左の二つの列とその上の一つの列の数の和であると解釈したとすれば，二項係数の公式によって求められる新しい成分も同様にその規則に合致した．このことからニュートンは自分の補間が正しいと自信を持っただけでなく，n を負の値としてそれに対応する列を左に加えていけばよいことも確信した．規則全体からニュートンには，$n = -1$ の列の最初の数は 1 でなければならないということ，一方，$1 + (-1) = 0$ より，次の数は -1 でなければならないということ，そして，0 は $n = 0$ の列における 2 番目の成分であるということがはっきりとわかった．同様に，$n = -1$ の列の 3 番目の数は 1 で，4 番目は -1，などであった．もちろん，二項係数の公式もまた，これらと同じ 1 と -1 の値を交互に与えた．それから，$y = (1-x^2)^n$ の下方の 0 から x までの面積を計算するためのニュートンの補間表が以下に続く．

$n=-1$	$n=-\frac{1}{2}$	$n=0$	$n=\frac{1}{2}$	$n=1$	$n=\frac{3}{2}$	$n=2$	$n=\frac{5}{2}$	$\cdots$	$\times$
1	1	1	1	1	1	1	1	$\cdots$	x
-1	$-\frac{1}{2}$	0	$\frac{1}{2}$	1	$\frac{3}{2}$	2	$\frac{5}{2}$	$\cdots$	$-\frac{x^3}{3}$
1	$\frac{3}{8}$	0	$-\frac{1}{8}$	0	$\frac{3}{8}$	1	$\frac{15}{8}$	$\cdots$	$\frac{x^5}{5}$
-1	$-\frac{5}{16}$	0	$\frac{3}{48}$	0	$-\frac{1}{16}$	0	$\frac{5}{16}$	$\cdots$	$-\frac{x^7}{7}$
1	$\frac{35}{128}$	0	$-\frac{15}{384}$	0	$\frac{3}{128}$	0	$-\frac{5}{128}$	$\cdots$	$\frac{x^9}{9}$
$\vdots$	$\vdots$	$\vdots$	$\vdots$	$\vdots$	$\vdots$	$\vdots$	$\vdots$	$\ddots$	

ニュートンは，まず第一に分母が 2 の分数だけを扱う必要性はないとすぐに気づいた．$\binom{n}{k}$ に関する乗法規則は，任意の正負の分数値 n に対して適用できる．第二に，ニュートンが 1676 年 10 月 24 日付のライプニッツ宛の書簡 [「後の書簡」] で述べているように，整数 n について，諸項 $(1-x^2)^n$ は「それらによって生成される面積と同じように補間でき，この目的のためには，面積を表現する項の中に存在する分母 $1, 3, 5, 7, \ldots$ をただ省略するだけでよい」[36]（そして，もちろん対応するベキを 1 だけ減らす）ということをニュートンははっきりと理解した．最終的には，$1-x^2$ の形の二項式に制限する理由はなかった．適切な修正を施せば，任意の値 n に対するベキ級数 $(a+bx)^n$ の係数は，二項係数の公式を用いて計算され得る．こうして，ほとんど証明はなされなかったが，ニュートンは一般二項定理を発見したのである．それはいくつかの場合において，彼が他の方法で導いたものと同じ答えを与えていたので，彼はその正当性を完全に確信していた．たとえば，ニュートンは，割り算によって $\frac{1}{1+x}$ から得られる級数は，二項定理で指数 -1 として得られる級数

$$(1+x)^{-1} = 1 + (-1)x + \frac{(-1)(-2)}{2!}x^2 + \frac{(-1)(-2)(-3)}{3!}x^3 + \cdots$$
$$= 1 - x + x^2 - x^3 + \cdots$$

と同じであると述べた．

$y = \frac{1}{1+x}$ の下方の面積が $1+x$ の対数であるという知識を用いて，ニュートンは上の級数を [いわゆる] 項別積分して $\log(1+x)$ のベキ級数を見出し，続いて $1 \pm 0.1, 1 \pm 0.2, 1 \pm 0.01$, そして 1 ± 0.02 の対数を小数点以下 50 桁を越えるまで計算した．ニュートンは $2 = \frac{1.2 \times 1.2}{0.8 \times 0.9}$, $3 = \frac{1.2 \times 2}{0.8}$ のような適切な恒等式を用いて，対数の基本性質と同様に，多くの小さい正の整数の対数を計算することができたのである．

二項定理の知識によって，ニュートンは他にも多くの興味深い級数を扱うことができた．たとえば，彼は幾何学的な議論を援用して $y = \arcsin x$ の級数を計算した．もし円 AEC の半径を 1 とし，$BE = x$ が弧 $y = AE$ の正弦，すなわち $y = \arcsin x$ であるとすれば（図 12.22 参照），扇形 APE の面積は

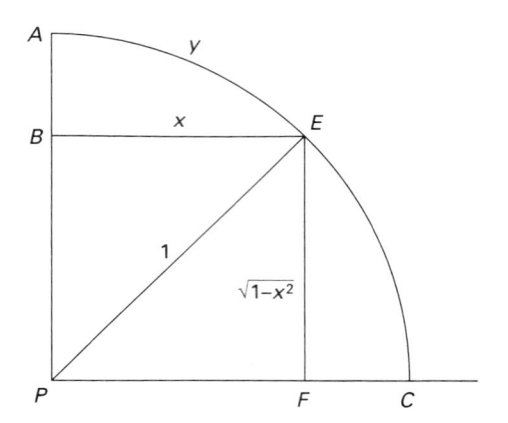

図 12.22
ニュートンによる $y = \arcsin x$ のベキ級数.

$\frac{1}{2} y = \frac{1}{2} \arcsin x$ であることがわかる．これに対して，それはまた $y = \sqrt{1-x^2}$ の下方の 0 から x までの面積より $\frac{1}{2} x \sqrt{1-x^2}$ だけ小さい．前の計算によって，ニュートンは

$$\sqrt{1-x^2} = 1 - \frac{1}{2} x^2 - \frac{1}{8} x^4 - \frac{1}{16} x^6 - \cdots$$

を得た．項別積分や，上の式に x をかけることで，

$$y = \arcsin x = 2 \int_0^x \sqrt{1-x^2}\, dx - x\sqrt{1-x^2} = x + \frac{1}{6} x^3 + \frac{3}{40} x^5 + \frac{5}{112} x^7 + \cdots$$

を得る．その結果，彼は複合方程式の方法によって，$x = \sin y$ に対するこの「方程式」を解くことができた．こうして『解析について』に，ヨーロッパ数学で初めて，級数

$$x = \sin y = y - \frac{1}{6} y^3 + \frac{1}{120} y^5 - \frac{1}{5040} y^7 + \cdots$$

が現れたのである．同様に，ニュートンは $\sqrt{1-(\sin y)^2}$ を計算することによって，$x = \cos y$ の級数も導いた．

　今日ベキ級数を扱う場合には，つねに収束性の問題を考える．ニュートンはこの問題について深くは悩まなかったようである．『解析について』の終わり近くで，彼はこう書いている．「通常の解析は，何であれ（それが可能な時には），有限個の項からなる方程式によって行われるが，この［級数の］方法はいつも無限［個の項を持つ］方程式によって行われる．……，確かに後者における推論は他の事柄における推論に劣らず確かなものであるし，その方程式も同様に厳密である．もっとも，限られた理解力しか持ち合わせていないわれわれ人間には，それらの項をすべて明示するか，あるいは把握するかして，求める量を正確に確かめることなどできないが」[37]．それでも，ニュートンは自分の方法の限界にはっきりと，少なくとも直観的に気づいていた．彼は収束性の問題を決してきちんとした形式に則って扱わなかったが，たとえば，双曲線 $y = \dfrac{1}{1+x}$ の下方の面積を与える計算過程で，この対数級数の最初の数項は，「少しは役に立つだろうし，x が［1 より］相当に小さいと仮定するならば，十分正確であろう」[38] と書き留めた．

12.5.3 流率計算のアルゴリズム

級数は基本的にニュートンの微分積分学にとって重要だった．彼はそれを，あらゆる代数的な関係あるいは 1 変量の有限多項式として表現できない超越的な関係を扱う際に使用した．『方法について』ではさらに一層自然に使われていた．それは彼がライプニッツへの 2 番目の書簡［「後の書簡」］でアナグラムを通して示した問題，それから彼が微分積分学の二つの基本的な視点であると考えた次のような問題から始まっていた．

> 1. 空間の長さが，連続的に（すなわち，すべての時間［の瞬間］において）与えられるとき，指定された任意の時刻における運動の速さを見出すこと．
> 2. 運動の速さが連続的に与えられるとき，指定された任意の時刻における描かれた空間の長さを見出すこと[39]．

ニュートンにとって，微分積分学の基本的な考え方は運動と関係があった．方程式のすべての変量は，少なくとも暗黙のうちに，時間に依存する距離と考えられるべきだった．もちろんこの考え方はニュートンにとって新しいものではなかったが，とまれ彼は運動の考えを基礎にしたのである．「私は量を，動く物体がそのふるまいを描く空間において，それらが連続的な増加によって生成されたかのように考える」[40]．時間は一様に増加するということを，ニュートンは事実上一つの公理と考えた．というのも，彼は時間にはどんな定義も与えなかったからである．彼が定義したのは流率の概念だった．時間に依存する量 x（**流量** (fluent) と呼ばれる）の**流率** (fluxion) $\dot{x}$ は，x がその生成運動によって増加する速さであった．ニュートンは，初期の諸著作では速さの定義をそれ以上には試みなかった．ニュートンが考えていた，連続的に変化する運動の概念は完全に直観的なものだった．

ニュートンは $f(x,y) = 0$ の形の方程式によって関係づけられた二つの流量 x, y の流率 $\dot{x}, \dot{y}$ の関係を決定する問題 1 を，まったく簡単なアルゴリズムによって解決した．「与えられた関係を表す方程式をある流量，たとえば，x の次元に従って整理し，その諸項に任意の算術的数列[*13]を掛け，次に $\dfrac{\dot{x}}{x}$ を掛けよ．各々の流量について別々にこの操作を実行し，次にその総和をゼロに等しいとおけば，求める方程式が得られる」[41]．例として，ニュートンは方程式 $x^3 - ax^2 + axy - y^3 = 0$ を提示した．ニュートンはまず最初に，この方程式を x についての 3 次の多項式と考えて，数列 3, 2, 1, 0 を用いて掛け算を行い，$3x^2\dot{x} - 2ax\dot{x} + ay\dot{x}$ を得た．次に，その方程式を y についての 3 次の多項式と考え，同じ数列を用いて，$ax\dot{y} - 3y^2\dot{y}$ を算出した．その総和をゼロに等しいとおき，求める関係 $3x^2\dot{x} - 2ax\dot{x} + ay\dot{x} + ax\dot{y} - 3y^2\dot{y} = 0$ を与えた．比で表すと，この結果は，$\dot{x} : \dot{y} = (3y^2 - ax) : (3x^2 - 2ax + ay)$ である．

ニュートンの流率計算の規則には，いくつかの特筆すべき重要な考え方がある．まず第一に，ニュートンは導関数を計算していない．というのも，彼は一般に関数から始めてはいないからである．彼が計算しているものは，与えられた方程式

[*13]すなわち，等差数列．

によって決定される曲線が満たす微分方程式である．言い換えれば，$f(x,y) = 0$ がいずれも［時間］t の関数である x と y で与えられたとすると，ニュートンの手続きからは，今日

$$\frac{\partial f}{\partial x}\frac{dx}{dt} + \frac{\partial f}{\partial y}\frac{dy}{dt} = 0$$

と記述されるものが生じる[*14]．第二に，ニュートンは任意の等差数列を掛けるというフッデの規則を利用している．しかしながら，実際には，ニュートンは一般に，流量の最高次のベキから始める数列を用いている．第三に，x と y が t の関数と考えられるならば，ニュートンのアルゴリズムは現代的な導関数の積の公式を含んでいる．x と y の両方を含む項はどれも 2 度掛け算がなされて，その二つの項が加えられる．

ニュートンは自己の規則を，実際には無限小を用いて正当化している．彼はまず，流量の**モーメント**を，「無限に小さい」時間間隔内に増加する量であると定義する．したがって，無限小の時間 o における x の増加は，x の速さと o との積，すなわち $\dot{x}o$ である．この時間間隔のあと，x は $x + \dot{x}o$ になり，同様に y は $y + \dot{y}o$ になるということになる．「その結果，流量の関係を表す常に不変の方程式は，x と y の間の関係と同様に $x + \dot{x}o$ と $y + \dot{y}o$ の間の関係を表すであろう．したがって，前述の方程式の x および y の代わりに $x + \dot{x}o$ と $y + \dot{y}o$ を代入してよい」[42]．

続いてニュートンは，以前の例で与えた［方程式］$x^3 - ax^2 + axy - y^3 = 0$ にその方法がどのように適用されるかを示す．x に $x + \dot{x}o$ を，y に $y + \dot{y}o$ を代入すると，新しい方程式は

$$(x^3 + 3x^2\dot{x}o + 3x\dot{x}^2o^2 + \dot{x}^3o^3) - (ax^2 + 2ax\dot{x}o + a\dot{x}^2o^2)$$
$$+ (axy + ay\dot{x}o + ax\dot{y}o + a\dot{x}\dot{y}o^2) - (y^3 + 3y^2\dot{y}o + 3y\dot{y}^2o^2 + \dot{y}^3o^3) = 0$$

となる．「そこで，仮定によって $x^3 - ax^2 + axy - y^3 = 0$ であるから，これらの項を削除し，残りを o で割ると

$$3x^2\dot{x} + 3x\dot{x}^2o + \dot{x}^3o^2 - 2ax\dot{x} - a\dot{x}^2o$$
$$+ ay\dot{x} + ax\dot{y} + a\dot{x}\dot{y}o - 3y^2\dot{y} - 3y\dot{y}^2o - \dot{y}^3o^2 = 0$$

が残るだろう．しかしさらに，o は［流］量のモーメントを表すことができるように無限に小さいと仮定されているから，o を因子に持つ項は他の項に関してゼロと等しいであろう．それで私はそれらを捨て，……上のように，$3x^2\dot{x} - 2ax\dot{x} + ay\dot{x} + ax\dot{y} - 3y^2\dot{y} = 0$ が残るのである」[43]．

この計算は単なる例であって証明ではないが，ニュートンはそれはすぐに一般化可能であると述べる．「したがって，o が掛けられてない項は，1 次元を越え

[*14] ニュートンにとって，根源的な変量は時間であり，その他の変量はすべて時間の関数であった．彼が流率法の一番の基礎に時間を変量とする関数をおいたことは，関数の概念が運動論と代数的記号法に深く関わっていたということを暗示している．だが，この時期，ニュートンには関数という一般概念を表現する術語は明確な形では存在しなかった．そのため，彼においても，関数はそれが定義する方程式と区別されていないのである．

る o が掛けられている項と同様に，常に消えるだろうということ，そして，o で割ったあとの残りの項は，常に規則に従ってそれらが持つべき形になるだろうということに気づく．これが私が示したかったことである」[44]．言い換えれば，ニュートンは，$(x+\dot{x}o)^n$ の展開式における $x^{n-1}\dot{x}o$ の係数は n そのものであることに読者が気づくことを想定している．しかし，o が現れる任意の項を「消去する」という手段を，ニュートンはただそれらの項が「他の項に関してはゼロに等しい」ということだけで正当化していることにも注意しよう．ここでの議論には極限がまったくない．時間の無限小増分の特性に関するこのような直観的な概念があるだけである．

導関数に関する積の公式は，本質的にニュートンのアルゴリズムに組み込まれている．現代的な連鎖律へのニュートンの技法は代入を媒介として行われている．たとえば，彼は方程式 $y=\sqrt{a^2-x^2}$ の流率の関係を決定するために，平方根の部分を z とおき，二つの方程式 $y-z=0$ と $z^2-a^2+x^2=0$ を処理している．第1式は $\dot{y}-\dot{z}=0$ を与え，第2式は $2z\dot{z}+2x\dot{x}=0$，すなわち，$\dot{z}=-\dfrac{x\dot{x}}{z}$ を与える．したがって，x と y の流率間の関係は，

$$\dot{y}+\frac{x\dot{x}}{\sqrt{a^2-x^2}}=0$$

である．同様の技法は商を扱う際にも行われる．

流率の関係が与えられたとき，それらの流量の関係を見出す問題を解くために，ニュートンは可能な場合，ただ上述の手順を逆にする．「この問題は前述の逆であるから，それは反対の方法で解かれるはずである．すなわち，$\dot{x}$ の掛けられている項を x の次元に従って並べ，$\dfrac{\dot{x}}{x}$ で割る．それから次元の数によって，……$\dot{y}$ の掛けられている項に同じ操作を行うことによって，余分な項は捨て，結果として生じる項の総和をゼロに等しいとおく」[45]．例として，彼は以前使われたものと同じ問題をとりあげている．彼は $3x^2\dot{x}-2ax\dot{x}+ay\dot{x}-3y^2\dot{y}+ax\dot{y}=0$ から始めて，$\dot{x}$ を持つ項を $\dfrac{\dot{x}}{x}$ で割り（すなわち，結局は，$\dot{x}$ を取り除き，x のベキを1だけ増やすのと同じことになる），次に各項を再び x の新しいベキで割って，x^3-ax^2+axy を得ている．彼は $\dot{y}$ を含む項について類似の操作をして，$-y^3+axy$ を得ている．axy が 2 度現れていることに注意して，一つを取り除き，最終的な方程式 $x^3-ax^2+axy-y^3=0$ を得る．

もちろん，ニュートンはこの手続きがいつもうまくいくわけではないことに気づいている．実際彼は，結果をいつもチェックするように勧めている．しかし，もしこの簡単な「反微分」の技法によって問題を解決することができない場合は，一般にニュートンはベキ級数の方法を使用する．流率方程式 $\dot{y}=x^n\dot{x}$，すなわち $\dfrac{\dot{y}}{\dot{x}}=x^n$ によって決定される流量の方程式は $y=\dfrac{x^{n+1}}{n+1}$ であるから，$\dfrac{\dot{y}}{\dot{x}}$ が x だけで決まるときは，その比を一つのベキ級数で表し，その規則を各項に適用すればよいと彼はいう．たとえば，方程式 $\dot{y}^2=\dot{x}\dot{y}+x^2\dot{x}^2$ は $\dfrac{\dot{y}^2}{\dot{x}^2}=\dfrac{\dot{y}}{\dot{x}}+x^2$ と書き直すことができる．この $\dfrac{\dot{y}}{\dot{x}}$ の 2 次方程式は解くことができ，$\dfrac{\dot{y}}{\dot{x}}=\dfrac{1}{2}\pm\sqrt{\dfrac{1}{4}+x^2}$

を与える．二項定理を適用して，二つの級数

$$\frac{\dot{y}}{\dot{x}} = 1 + x^2 - x^4 + 2x^6 - 5x^8 + \cdots \quad と \quad \frac{\dot{y}}{\dot{x}} = -x^2 + x^4 - 2x^6 + 5x^8 + \cdots$$

を得る．それからすぐに，元の問題の解は

$$y = x + \frac{1}{3}x^3 - \frac{1}{5}x^5 + \frac{2}{7}x^7 + \cdots \quad と \quad y = -\frac{1}{3}x^3 + \frac{1}{5}x^5 - \frac{2}{7}x^7 + \cdots$$

であることが容易にわかる．$\frac{\dot{y}}{\dot{x}}$ が x と y の両方についての方程式で与えられるならば，その解法はより複雑になるが，その場合でさえ，ニュートンの基本的な考えは，与えられた方程式をベキ級数によって表現するということである．

12.5.4 流率の応用

ニュートンは流率計算を完成させ，様々な問題を解決するためにそれらを利用する．極大と極小は，関連する流率をゼロに等しいとおくことによって見出される．というのは，「ある量が最大あるいは最小であるとき，その瞬間では，その流れは増加も減少もしない．もしもそれが増加するならば，それは過去には現在より小さく，すぐに現在より大きくなるということを示し，もしもそれが減少するならば，それは逆の状況になることを示している」[46]．再び彼は，x の最大値を決定するために，例として方程式 $x^3 - ax^2 + axy - y^3 = 0$ を用いている．流率を伴う方程式において，$\dot{x} = 0$ とおき，彼は $-3y^2\dot{y} + ax\dot{y} = 0$，すなわち $3y^2 = ax$ を得る．そして，x の求める値を見出すためには，この方程式は元の方程式と同時に解かれなければならない．同様に，y の最大値を見出すには，$\dot{y} = 0$ とおき，その結果生じる方程式 $3x^2 - 2ax + ay = 0$ を用いる．しかし，この方法についてのニュートンの議論は簡潔で，彼は見出される値が極大であるか極小であるかを決定する評価基準を何も与えていない．おそらく，どんな問題が与えられても，その文脈からそれを決定することができると考えたに違いない．

接線を引くためのニュートンの中心をなす考えは，バロウの微小三角形を利用することである．たとえば，もし x が $x + \dot{x}o$ に，y が $y + \dot{y}o$ に変化するならば，この三角形の辺の比 $\dot{y}o : \dot{x}o = \dot{y} : \dot{x}$ は接線の傾きであり，曲線を記述する粒子の瞬間運動の方向とみなされる．この比は同様に，縦座標 y と接線影 t との比に等しい．接線をひくことは，接線影を見つけることを意味するから，ニュートンは単に $t = y\frac{\dot{x}}{\dot{y}}$ に言及しているだけである．この計算や他の計算のわずかな平易化のために，ニュートンは時折 $\dot{x} = 1$ と定めている．これは x が一様に流れる，あるいはそれ自体が時間を表すと考えることに等しい．

ニュートンの流率の応用に関する最後の例は，曲線の曲率の計算である．それは「曲線の科学において，並外れた優雅さと卓越した有用性を特徴とする問題である」[47]．ニュートンは円によって曲率を定義する．すなわち彼は，円が至るところ同じ曲率を持ち，二つの円の曲率はそれらの半径に反比例すると述べている．現代的な術語では，半径 r の円の曲率は $\kappa = \frac{1}{r}$ と定義される．任意の曲線について，ニュートンはある点での曲率を，円がその点で曲線に接し，さらに曲線とその円の間に他のどんな接する円も描くことができないという性質を持

つ円の曲率である，と定義する．その定義は，ある点 D におけるこの**接触円**がまた，D に無限に接近した任意の点 d を通るということを意味する．D における曲率を見出すには，まさにこの円の半径，すなわち，曲線のそれぞれ D, d における法線の交点までの距離 DC を見つける必要がある（図 12.23 参照）．曲線に D と d を通る接線 dDT を引き，長方形 $DGCH$ を描き，GC 上に $Cg = 1$ となるように g をとる．そして $AB = x$, $BD = y$, $g\delta = z$ とおき，ニュートンは三角形 DBT と三角形 $Cg\delta$ の相似性から，$Cg : g\delta = TB : BD$，すなわち $1 : z = \dot{x} : \dot{y}$ という結論を出している．d が D の無限に近いところにあるから，$\delta f = \dot{z}o$, $DE = \dot{x}o$, および $dE = \dot{y}o$ ということになる．さらに，DdF は直角三角形と見なせるから，$DE : dE = dE : EF$, したがって，$DF = DE + EF = DE + \dfrac{dE^2}{DE} = \dot{x}o + \dfrac{\dot{y}^2 o}{\dot{x}}$. こうして，$Cg : CG = \delta f : DF = \dot{z}o : \left(\dot{x}o + \dfrac{\dot{y}^2 o}{\dot{x}}\right)$ となり，$CG = \dfrac{\dot{x}^2 + \dot{y}^2}{\dot{x}\dot{z}}$. ニュートンは，$\dot{x} = 1$ と仮定して，$\dot{y} = z$, $CG = \dfrac{1+z^2}{\dot{z}}$, $DG = \dfrac{CG \cdot BD}{BT} = z \cdot CG = \dfrac{z+z^3}{\dot{z}}$, そして最終的には

$$DC = \sqrt{CG^2 + DG^2} = \frac{(1+z^2)^{\frac{3}{2}}}{\dot{z}}$$

と結論づけている．彼の z はわれわれの y' であり，彼の $\dot{z}$ はわれわれの y'' であるから，むろんニュートンの結果は，現代的な表現では，$y = f(x)$ の曲率が

$$\frac{y''}{(1+y'^2)^{\frac{3}{2}}}$$

に等しいということと同じである．

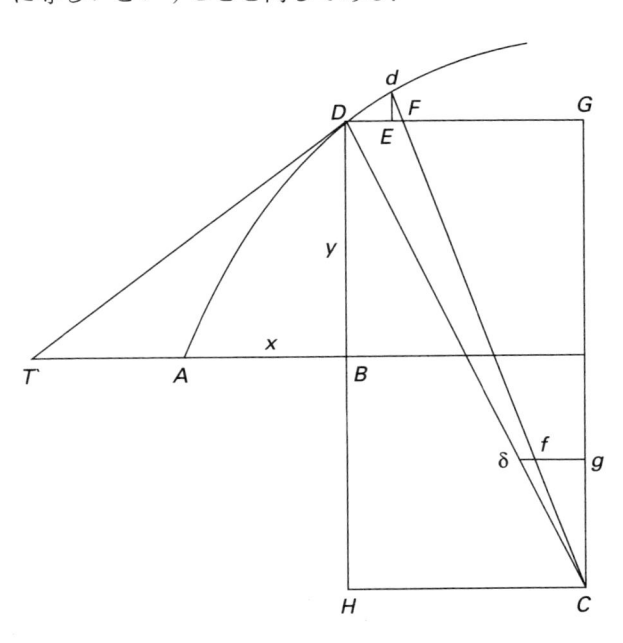

図 12.23
ニュートンによる曲率を見出す方法．

12.5.5 面積を見出すための手順

『方法について』の問題 2 は，速度が与えられたとき，距離を見出すことを問題としている．ニュートンは，自分の研究によって，この問題は曲線の下方の面積をその方程式から見出すことと同等であるとすぐに気づいた．また，ニュートンはウォリスを読んで，そこから方程式が ax^n $(n \neq -1)$ の形の項の有限和である曲線の面積を見出す方法を知り，そしてこの基本的な考え方を，無限和すなわち，ベキ級数にまで拡張した．しかしニュートンは，さらに面積問題を解決するために微分積分学の基本定理を発見し利用した[*15]．彼にとって，この定理は実際には自明であった．彼は曲線 AFD を，x と y の運動によって生成されるとみなしたから，面積 $AFDB$ は移動する縦線 BD の運動によって生成されるということになった（図 12.24 参照）．したがって，事実上，面積の流率は縦線に BD の流率を掛けたものであることは明白だった．つまり，z が曲線下の面積を表しているとすれば，$\dot{z} = y\dot{x}$，すなわち，$\dfrac{\dot{z}}{\dot{x}} = y$ である．この方程式はすぐに現代の微分積分学の基本定理の一部に言い換えられる．すなわち，$A(x)$ が $y = f(x)$ の下方の 0 から x までの面積を表しているとすると，$\dfrac{dA}{dx} = f(x)$ ということである．面積 z は流量を見出すときにすでに議論された技法を用いて，方程式 $\dfrac{\dot{z}}{\dot{x}} = y$ から明らかに見出すことができる，とニュートンは述べる．だが，彼があとの数ページに書いているように，「これまでわれわれは，それほど簡単でない方程式によって定義された曲線の求積を，それらの方程式を無限に多くの単純な項からなる方程式に還元する技法によって明らかにした．しかしながら，この種の曲線は，時には有限方程式によって求積されることもある」[48]．

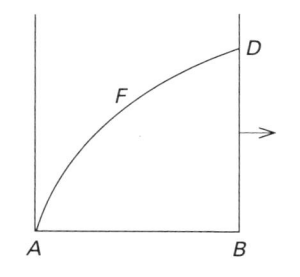

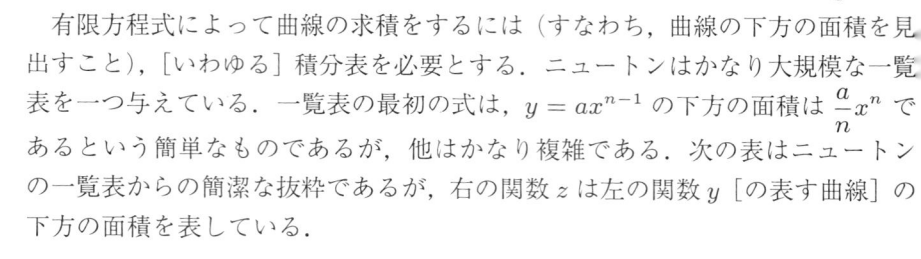

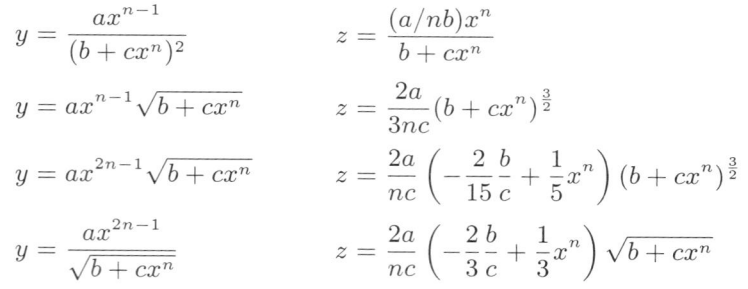

図 12.24 ニュートンと微分積分学の基本定理．

有限方程式によって曲線の求積をするには（すなわち，曲線の下方の面積を見出すこと），[いわゆる] 積分表を必要とする．ニュートンはかなり大規模な一覧表を一つ与えている．一覧表の最初の式は，$y = ax^{n-1}$ の下方の面積は $\dfrac{a}{n}x^n$ であるという簡単なものであるが，他はかなり複雑である．次の表はニュートンの一覧表からの簡潔な抜粋であるが，右の関数 z は左の関数 y [の表す曲線] の下方の面積を表している．

$$y = \frac{ax^{n-1}}{(b+cx^n)^2} \qquad z = \frac{(a/nb)x^n}{b+cx^n}$$

$$y = ax^{n-1}\sqrt{b+cx^n} \qquad z = \frac{2a}{3nc}(b+cx^n)^{\frac{3}{2}}$$

$$y = ax^{2n-1}\sqrt{b+cx^n} \qquad z = \frac{2a}{nc}\left(-\frac{2}{15}\frac{b}{c} + \frac{1}{5}x^n\right)(b+cx^n)^{\frac{3}{2}}$$

$$y = \frac{ax^{2n-1}}{\sqrt{b+cx^n}} \qquad z = \frac{2a}{nc}\left(-\frac{2}{3}\frac{b}{c} + \frac{1}{3}x^n\right)\sqrt{b+cx^n}$$

現代の積分表とニュートンの一覧表を比較すると，超越関数が，正弦，余弦，あるいは対数さえも，まったく記載されていないことに気づく．彼はこのような関数のベキ級数を知っていたが，それらを代数関数と同等に処理することはなかった．彼は，正弦，余弦，あるいは対数に関して，それらを多項式や他の代数

[*15] 前節で見たように，バロウによる「微分積分学の基本定理」の認識を文字通りに理解すべきではない．この基本定理をバロウは接線決定法として捉えていた．

式と結合することによって代数的に操作するということはしなかったのである．だがニュートンは，ある特定の円錐曲線によって囲まれた領域の面積（その面積はベキ級数の手法によって計算可能である）で［いわゆる］積分を表現することにより，自己の一覧表を今日ならその積分が超越関数によって表現される関数にまで拡張した．たとえば，$y = \dfrac{x^{n-1}}{a+bx^n}$ が与えられた場合，その面積 z は，$u = x^n$ とすると，双曲線 $v = \dfrac{1}{a+bu}$ の下方の面積の $\dfrac{1}{n}$ 倍であると彼は記したのである．

しかしながら，彼の一覧表には答えが与えられない曲線がいくつかあった．すなわちそれは，たとえばサイクロイドのように，幾何学的に定義された曲線である．そのような場合，ニュートンは単に幾何学的に扱った．円 ALE が EF に沿って回転するとき（図 12.25 参照），点 A によって描かれるサイクロイド ADF が与えられたとする．任意の点 D におけるサイクロイドの接線 DT は，L が D を通る EF に平行な線と円との交点であるとすると，常に AL に平行である，とニュートンは述べている．これは，サイクロイドを生成する運動が，EF に沿って動く直径 AE の一様な運動と円の周りの A の運動とから成り立っているという理由による．$\dot{y} : \dot{x}$ は接線の傾きであり，これは $DG : GT$，すなわち $DG : BL$ に等しいから，$(DG)\dot{x} = (BL)\dot{y}$ ということになる．ところが，$(DG)\dot{x}$ は面積 ADG の流率であり，$(BL)\dot{y}$ は面積 ALB の流率であるから，サイクロイドの半アーチの下方の面積 AHF は半円 $ALEB$ の面積に等しいということになる．長方形 $AEFH$ の面積は生成円の面積の 2 倍であるから，サイクロイドの一つの完全なアーチの上方の面積は円の面積の 3 倍となり，30 年以上前にロベルヴァルによって発見されたものと同じ結果ということになる．

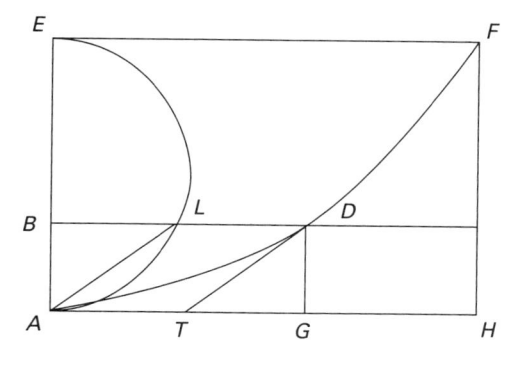

図 12.25
ニュートンによるサイクロイドのアーチで囲まれた領域の面積計算．

ニュートンの『方法について』はその他に，弧長を決定する方法はもちろん，現代の置換積分（前の積分の例のような）や部分積分の公式と同等な技法を含む多くの内容を扱っている．このように，未刊のこの論考には[*16]，現代の微分積分学の教科書の，最初の数章に見られる重要な概念が，教科書には高度すぎると思われるものも，実際にすべて盛込まれているのである．だが一つ欠けているのは極限の概念である．それは，ニュートンがその概念を決して考察しなかったからというわけではない．ニュートンは熟慮を重ね，ようやくそれを 1687 年刊行の傑

[*16] 『方法について』はニュートンの死後，1736 年に英語版が刊行された．最初にラテン語原文で出版されたのは，執筆から 100 年以上経過した 1779 年のことだった．

作『自然哲学の数学的諸原理』（*Philosophiae naturalis principia mathematica*［通称，『プリンキピア』］）に結びつけて公表した[*17]．その著作でニュートンは運動法則を定式化し，それらを重力の理論と天上の［運動に関する］数学とともに用いて，「世界の体系」を見出したのである（図 12.26 参照）．

12.5.6 「運動について」(De Motu) と天上の数学

天上の［運動に関する］数学についての話は，若きイングランドの天文学者エドマンド・ハリー (Edmond Halley, 1656–1741) がケンブリッジに旅行し，ニュートンに決定的な質問を提出した 1684 年夏に始まる．「太陽に向かう引力が太陽から惑星までの距離の平方に反比例すると仮定するならば，惑星の描く曲線はどのようなものになるか？」[49] ニュートンの即座の返答は，自分はすでにこの問題の答えについて「計算し」ており，その曲線は楕円になるであろう，ということであった．ハリーがその詳細をニュートンに強く求めると，このケンブリッジ大学の教授［ニュートン］はすぐにそれらを送ると約束した．数ヶ月が過ぎ，1684 年 11 月，ハリーはニュートンから 10 ページの論考を受け取った．それは先の質問に答えているだけではなく，力の観点から天文学の再定式化についてもその概略が述べられていた．ハリーはこの論考「軌道における物体の運動について」(De motu corporum in gyrum)（通称，「運動について」）[*18]に深く感銘を受け，出版するようニュートンを説得しようと，急いで再びケンブリッジ大学を訪問した．ハリーがそれほど一所懸命にニュートンに働きかけをする必要がないのは明らかだった．ニュートンはすでにその論考を改訂しつつあり，『プリンキピア』に発展させていたのである．

今日さえ，『プリンキピア』は読む気をくじけさせるような書物である．というのも，一つにはそれがわれわれの近代的な解析の用語ではなく，幾何学の用語で書かれているからである．したがってわれわれは，その［『プリンキピア』の］数学を分析することよりもむしろ，力，加速度，および天体の運動へのより基本的な導入である［論考］「運動について」の方を考察しよう．ここでの基本的な諸概念は物理的かつ数学的であるが，それらにはニュートンが自己の傑作に追加したような無数の詳細な記述はまったくない．この小論考は 4 個の定理と 7 個の問題からなり，いくつかの定義と「仮定」から始まっている．定義は二つのタイプの力を扱っている．一つはニュートンにさえ当時明確でなかった概念である．中心とみなされるある点に向かって，物体がそれによって「引き付けられる」力が**向心力** (centripetal force) であり，一方，物体が，直線に沿った運動を，それによって持続しようとする力が**物体に固有な力** (force innate in a body) である．ここで，実に慣性は力を必要とするということに注意しよう．

図 12.26
ニュートンの『プリンキピア』刊行 300 周年記念の英国の切手．

[*17]後述されるように，ニュートンの極限概念は公には「最初の比」(prima ratio) と「最後の比」(ultima ratio) として登場する．それはすでに，1680 年頃の執筆と推定される未完の論考『曲線の幾何学』(*Geometria curvilinea*) で，公理として導入されたものである．

[*18]ニュートンのいわゆる「運動について」(De motu) という論考には，「流体中における球形の物体の運動について」(De motu sphaericorum corporum in fluidis) やニュートンの万有引力の思想が最初に書き記された「抵抗のない媒質中における物体の運動について」(De motu corporum in mediis non resistentibus) など，いくつかの改訂稿が知られている．Cf. Herivel, *The Background to Newton's 'Principia': A Study of Newton's Dynamical Researches in the Years 1664–84* (Oxford: Clarendon Press, 1965), pp. 257–292, 297 & 301.

他方で，ニュートンの仮定の一つは，「すべての物体は，それが外部からの何ものかによって妨げられない限り，それに固有な力だけで，無限の彼方まで直線上を一様に進み続ける」[50]ということである．「物体が与えられた時間内に，結合した力によって運ばれる場所は，まさに等しい時間内に継起的に作用する別々の力によって運ばれる場所である」というもう一つの仮定を用いて，ニュートンは直ちに軌道を回っている物体を扱うことができた．彼の基本的な考えは，運動の実際の曲線を生成するのは，接線に沿った物体に固有な力と結合する向心力である，ということである．そして最終的には，力の効果を測定する方法を提供するために，「たとえいかなる向心力が作用していても，物体が運動のまさに最初において描く距離は，時間の［平方に］比例する」とニュートンは提唱している．この仮定はガリレオの定理を，地球の表面近くを落下する物体が描く距離は時間の平方に比例するとみなし，それを変化する力に一般化している．しかし，その一般化はもっぱら「無限小で」，すなわち，ニュートンが表現しているように，運動の「まさに最初」においてのみ成り立つ．

われわれは，ニュートンの第1定理を，「軌道を回るすべての物体が，力の中心にひかれた動径によって描くそれぞれの面積は時間に比例する」と考えている．この結果はもちろんケプラーの第2法則である．その証明を見ると，関係している物理的原理と，さらには無限小の数学をニュートンが理解していることがわかる．ニュートンは，時間を等しい有限部分に分割することから始める．第一の時間部分で，物体がその「固有力」によって線分 AB 上を動くと仮定する（図12.27参照）．妨げるものが何もないならば，それは次の時間間隔に同方向の等しい線分 Bc 上を動くであろう．したがって，A, B, および c から中心 S に向かって直線を引けば，三角形 ASB と BSc の面積は等しいだろう．しかし，物体が中心に引きつけられているから，物体が B に達するとき向心力が作用して，その軌道を変化させるので，物体は BH 方向に動く，とニュートンは仮定する．今度は，c から BS に平行な直線を引き，BH と C で交わるとする．そして，ニュートンの力の合成に関する仮定によれば，第二の時間間隔の終わりには，物体は C に見出されるであろう．いま，中心 S を C および c と結べば，三角形 BSC は面積が三角形 BSc に等しく，それゆえ三角形 ASB にも相等しい．この議論は他の等しい時間間隔に対しても繰り返すことができるので，少なくとも向心力が別々に作用するという仮定のもとでは，等しい時間内に等しい面積が描かれることになる．もちろんニュートンは，力が不断に作用するということを知っている．こうして彼は証明を次のように結ぶ．「これらの三角形の個数を無限に増し，三角形が無限に小さいとせよ．その結果，各三角形は単一の時間のモーメントに対応し，向心力が不断に作用するので，命題は立証されるだろう」[51]．今日それを表現するなら，「極限への移行」は，ニュートンによって何ら論拠も与えられず，自明のことであるかのように (with a wave of the hand) 成し遂げられているのである．

向心力と軌道との関係を扱うために，ニュートンは力を測る幾何学的な方法を必要とした．彼はこれを定理3で成し遂げた．その中で，物体は中心 S の周りを任意の曲線を描いて回っている（図12.28参照）．PX が P において曲線に

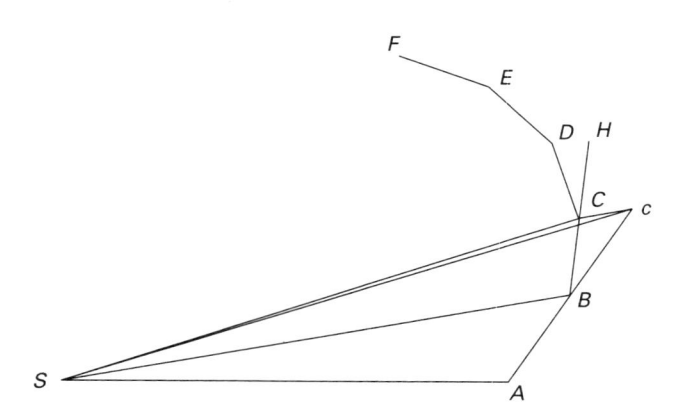

図 12.27
ニュートンによる面積則の決定.

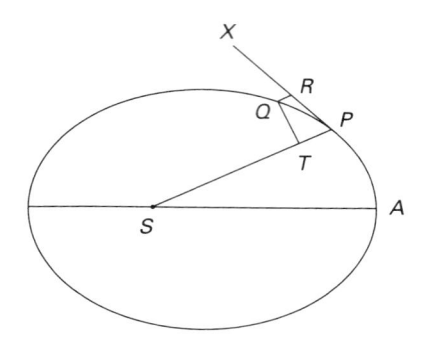

図 12.28
力を測る幾何学的方法の決定.

接し，QT が軌道上の他の任意の点 Q において PS に垂直であるとし，PX に向かって QR が PS に平行に引かれるとするならば，「点 P と Q が一致するとき，いつも立体積 $\dfrac{SP^2 \times QT^2}{QR}$ の究極の量をとるとすれば」[52]，向心力はその立体積に反比例するであろう．ニュートンの証明は，QR（接線からの逸脱）が力に比例することを仮定している（この仮定はあとで，運動の変化は力に比例するというニュートンの運動の第 2 法則になる）．ガリレオの結果に関する自己の仮定から，彼はまた QR は時間の 2 乗に比例する，すなわち第 1 定理によって，描かれる面積の 2 乗に比例するということにも気づいている．こうして QR は向心力と $(SP \times QT)^2$ の両方に比例し，それより結果が得られる．しかし，その結果は「無限小に」，すなわち現代的術語では，「極限において」のみ成り立つということに再び注意しよう．彼はそのような概念に関する直観によって，極限の理論のどんな手段も利用せず自分の諸結果を得たのである．

力の手近な幾何学的表現で，ニュートンは直ちにいくつかの具体的な軌道に関してその力を計算することができた．彼はこれを，向心力が円周上の点に向かっている場合の円軌道に関して，力が中心に向かっている場合の楕円の軌道に関して，そして最後に，最も関心のある例として，力が焦点 S の方向に向かっている楕円軌道に関して（図 12.29 参照），成し遂げた．最後の場合では，定理 3 と同じ記法を用いれば，DK が RP に平行であるとき，DK，PG を楕円の共役直径とし，QV を PR に平行に引き，V で PG と交わるとする．さらに，ニュートンは E において DK を切り，Y において QV を切るような SP を引き，平行四辺形 $QYPR$

12.5 アイザック・ニュートン

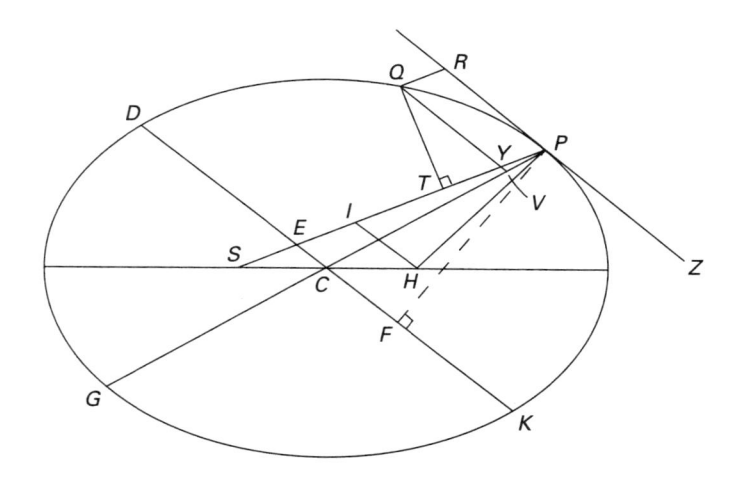

図 12.29
力の逆2乗則を伴う楕円軌道.

をつくる．通常通り，われわれは，楕円の半長軸と半短軸の長さをそれぞれ a, b で表し，パラメータを p で表すことにしよう．次にニュートンは，$PE = a$ であるという補助定理を証明する．というのも，H を楕円の第2焦点とし，HI を EC に平行に引くとするならば，$ES = EI, \angle PIH = \angle YPR = \angle ZPH = \angle PHI$ となるからである．その結果，$EP = \dfrac{PS + PI}{2} = \dfrac{PS + PH}{2} = \dfrac{2a}{2} = a$．そこで，彼は5個の比例式をならべ，最終的にそれらをすべて掛け合わせることによって，最後の結果を得る．

$$p \times QR : p \times PV = QR : PV = PY : PV = PE : PC = a : PC \tag{12.1}$$

$$p \times PV : GV \times PV = p : GV \tag{12.2}$$

$$GV \times PV : QV^2 = PC^2 : CD^2 \tag{12.3}$$

$$QV^2 : QY^2 = M : N \tag{12.4}$$

$$QY^2 : QT^2 = EP^2 : PF^2 = a^2 : PF^2 = CD^2 : b^2 \tag{12.5}$$

比例式(12.1)は三角形 PVY と PCE の相似性と補助定理から成り立ち，比例式(12.2)は単に簡約法則による．ニュートンは円錐曲線の研究から比例式(12.3)を知っていた．これは一組の共役軸に関するアポロニオスの命題 I–21 である（第3章，練習 25d. を見よ）．比例式(12.4)は単に M と N の定義であり，最後の比例式(12.5)は三角形 QTY と PFE の相似性とアポロニオスの命題 VII–31（任意の組の共役直径に関して作図される長方形は等しい）による（第3章，練習 25e. を見よ）．いまこれらの比例式をすべて掛け合わせて，$b^2 = \dfrac{pa}{2}$ であることを思い起こせば，その結果は $p \times QR : QT^2 = (2PC : GV) \times (M : N)$ となる．しかし点 P と Q は「一致する」ので，右辺の比は $1 : 1$ となる（相等比）．したがって，$p \times QR = QT^2$ となり，両辺に $\dfrac{SP^2}{QR}$ を掛けると，

$$p \times SP^2 = \dfrac{SP^2 \times QT^2}{QR}$$

となる．こうして，向心力は $p \times SP^2$ に反比例し，p が一定だから，向心力は焦点からの距離 SP の 2 乗に反比例する．

この結果は，太陽の周りの惑星の，実際の軌道を扱うものであるが，ニュートンはハリーの質問には答えていなかった．ニュートンはその逆，すなわち，軌道が楕円であるならば，力は距離の 2 乗に反比例するという問題について答えていた．しかし奇妙にも，この命題への注解で，ニュートンはケプラーの第 1 法則を主張した．「したがって，大惑星は一つの焦点が太陽の中心にある楕円軌道を描く」[53]．彼は定理とそれらの逆との間の違いに関して混乱していたのだろうか？ この疑問に答えるために，過去 3 世紀以上もの間，膨大な量の論文が費やされた．ヨハン・ベルヌーイは最初ニュートンは混乱していると考え，逆 2 乗力は楕円軌道をもたらすということについて最も早く解析的な証明を提出した．しかし興味深いことに，ニュートンが「運動について」と『プリンキピア』自体の両方で与えていた道具のお陰で，ベルヌーイはこの証明を与えることができたのだった．「運動について」では，ニュートンは，物体が距離の 2 乗に反比例する力によって運動するということと，実際その軌道は円錐曲線であるということを仮定して，物体が描く特定の楕円を決定する方法を示している．そして『プリンキピア』では，彼は任意の向心力を仮定して，一般の軌道を計算する方法を示すいくつかの命題を与えている．

現代的な観点からすると，逆 2 乗力が楕円軌道を生じさせるということを証明するには，微分方程式の解法を必要とする．『プリンキピア』におけるニュートンの結果は，彼が言うように，「曲線図形の求積法」，すなわち，ある関数の積分法を認めて，まさしくそれをどう実行するかについての概略を述べている．だが『プリンキピア』の第 2 版 (1713)，さらには第 3 版 (1726) のときまでには，ニュートンは，何かもっとそれ以上のことを言わなければならないということに気づいていた．たとえば，彼は 1 点と，一つの焦点，接線，曲率が与えられたとき，与えられた 1 点を通る円錐曲線を描けるということ，そして，力と速度はともに曲率を決定するから，逆 2 乗力の法則よりこの円錐曲線は初期値問題の一意の解であるという趣旨の非常に簡潔な議論を与えた[54]．

しかしながら，ニュートンは「運動について」で，再び無限小を用いてケプラーの第 3 法則を証明した．したがって，ニュートンはこの小論において，『プリンキピア』の重要な諸結果の要点を述べていたのである．彼は向心力についての仮定からケプラーの 3 法則を（ほとんど）証明していた．また楕円軌道が特定のタイプの力を伴うということも示していた．その力は，『プリンキピア』の第 3 巻におけるニュートンの万有引力の法則のための基礎となった．とはいっても，われわれが今日要求する厳密性をともなった数学的手続きを確立するという点では，彼は必ずしも完全に成功したわけではなかった．

12.5.7 『プリンキピア』と極限の概念

ニュートンは流率を展開する際に用いていた極限に類する論法を，「運動について」でも同じ仕方で使用した．だが，彼がこの概念を精密にしようと試みたのは『プリンキピア』においてだけである．彼は第 1 巻第 1 章を次のように始めている．

補助定理1　諸量，および諸量の比が，任意の有限な時間内に絶えず相等しくなる方向に向かい，その時間の終了前に，任意に与えられた差よりも互いに近づくとすると，それらの量ならびに比は最後には等しくなる．

　証明は明らかだった．もしも諸量が最後に等しくないとするならば，それらは正の値 D だけ違っている．すると，D 以上に相等しくなる方向に近づくことができなくなり，矛盾である．彼はさらに「消滅してゆく量の最後の比」という概念で極限の概念を使用した．たとえば，彼は補助定理7で，弧と弦の最後の比は，二つの端点が互いに近づくとき，1に等しいということを示した．ニュートンは，最後の比がどういう状態であるべきかを直観的に理解していた．事実上，彼はこの概念を瞬間速度の概念として，『プリンキピア』執筆の20年前に自己の流率を対象とする研究で使用していた．というのも，それは距離と時間の両方の量が消滅するときの，それらの比であったからである．だがニュートンはまた，ギリシア幾何学にどっぷり浸かっている者がこの概念に異議を唱えるだろうということにも気づいていた．第1章への注解で，彼は批判者たちに答えようとした．

　　　おそらく，消滅してゆく諸量の最後の比例関係などというものは存在しない，という反論があるだろう．というのも，その比例関係は，諸量が消滅してしまう前には，最後ではなく，それらが消滅してしまったときには，何もないわけだからである．ところが同じ議論によって，ある場所へ到達しそこで運動が終わる物体には，最後の速度などというものはないと主張することができる．というのは，速度は，物体がその場所に到達する前には，最後の速度ではなく，それが到達したときには，何にもないからである．しかしこれに答えることは容易である．というのは，最後の速度とは，それでもって物体が，最終の場所に到達しその運動がやむ前でも後でもなく，まさに到達するその瞬間に，運動する速度を意味するからである．……また同様に，消滅してゆく諸量の最後の比というのも，消滅する前でも後でもなく，それでもって消滅してゆくところの諸量の比と解されるべきである．……速度が運動の終りに達することはできるが，超えることはできない極限が存在するだろう．これが最後の速度である．また，存在し始めまた存在しなくなるすべての量および比例においても，同様の極限が存在する．……諸量がそれでもって消滅してゆく最後の比は，最後の諸量の比ではまったくなく［すなわち，不可分者がまったくない］，限りなく減少してゆく諸量の比が，絶えず近づいてゆく極限であり，与えられた任意の差よりも一層近くまで達するが，決して超えることはなく，諸量が**無限**に小さくなるまでは実際には到達することもない極限なのである[55]．

　ニュートンの言葉を代数的な言明に言い換えると，それは現代の極限の定義に近いものではあるが，完全には同じものではない．彼はそのような言い換えをすることはなかった．それでも，ニュートンは流率を計算するために「極限」を用いることによって，自分は何を実行していたのか直観的に理解していたの

は明らかなように思われる．彼は，消滅してゆく o を含む諸量の比を扱い，最後にはその o をゼロとすることができることに気づいていた．彼の答えは正しかった．「運動について」および『プリンキピア』で，彼はこれらの概念を自然学の基本原理に適用することができた．

　ニュートンは『プリンキピア』で自己の世界体系を練り上げるために微分積分学を発展させたということが，しばしば主張されてきた．彼の草稿群は，このことは事実ではなく，実際，微分積分学はその自然学以前に十分発展させられていたということを示す証拠となっている．それにもかかわらず，前節での議論から明らかなはずだが，ニュートンは代数的な手続きではないにしても，多くの自然学上の結果を導くために微分積分学の緒概念と方法論を用いたのである[*19]．幾何学に基づく自然学上の議論を，彼は通常三つの段階に分けて進める．まず初めに，彼は有限領域での結果を立証する．次に，その結果が同じタイプの無限小領域でも依然として正しいと仮定する．そして，最後に無限小の結果を用いて，元々の図形について何らかの結論づけを行う．たとえば，「運動について」の定理1では，有限三角形の面積規則を証明したあと，彼は単に，その結果は無限小の三角形についても成り立つと仮定する．それから彼は，面積規則が無限小についても正しく，無限に多くの無限に小さい三角形が軌道によってとり囲まれる領域を作るので，面積規則は全領域で正しいに違いないと主張しているように思われる．同様に，定理3で彼は，特定の立体積によって力を計算することができ，その時この結果は無限小で成り立ち，最終的には，以下の応用において，無限小の結果は有限距離を扱っている結果に転化することができるということを示している．そして，流率の議論で，それが代数的であろうと幾何学的であろうと，彼は同じ三つの段階を用いている．第一に，彼は有限量を使用してある結果を見つけ，次に，特定の量が無限小であるとしても，その結果が当てはまることを主張し，最終的に新しい結果を有限の状態に適用する．

　したがって，ニュートンは必ずしも天体力学を解決するために微分積分学を創案したわけではなかったが，彼は主要な自然学上の著作の数学的な基礎を固めるものとして，流率の概念を使用したということを認識することが重要である．彼は晩年になるまで流率に関する諸論考をいずれも刊行しなかったとはいえ，1680年代中頃，自己の世界体系を考え出し始めたとき，ケンブリッジ大学の自分の部屋と1660年代中頃ウールスソープの生家で創案した考えは危ういということがわかった．晩年にニュートン自身が自分の回想でわれわれに信じ込

[*19] ニュートンが「『プリンキピア』において自己の微分積分学を用いたか」，あるいは「『プリンキピア』の諸命題を1660年代に彼自身が発見した解析的流率法（微分積分法）によって見出し，そのあとでその方法を隠したのか」という問題は，数学史における伝統的問題の一つである．これについては，今日否定的な形で立証されているように思われるが，1990年代後半になって，これまでとは別なアプローチからこの種の議論が再燃してきている．詳細については，たとえば，次の研究を見よ．Herman Erlichson, "Evidence that Newton used the Calculus to discover some of the Propositions in his *Principia*," *Centaurus*, **39** (1996), pp. 253–266; Niccolò Guicciardini, "Did Newton use his calculus in the *Principia*?," *Centaurus*, **40** (1998), pp. 303–344. いずれにせよ，青年期におけるニュートンは，デカルト派の代数解析技法の知識に立って自己の解析的流率論を創始したが，1670年代以降の彼は，デカルトの自然哲学にいわば反逆の姿勢を見せ始めたのと並行して，初期の解析的な表現を改め，幾何学的な総合的証明をその基礎に据えた，いわば幾何学的流率論の建設へと向かった．その延長線上に『プリンキピア』は位置しているのである．ニュートンは，「古代の知恵」に畏敬の念を抱くとともに，古代ギリシアの総合幾何学の直観的厳密性をことのほか高く評価した．そこに，彼が自己の数学スタイルをパッポス的様式へと転換させる大きな要因があったと考えられる．

囲み 12.3

ニュートン，ライプニッツ，そして微分積分学の創始

ニュートンとライプニッツは，四つの仕事を成し遂げたという点で，フェルマやバロウあるいは他の誰よりも，微分積分学の創始者であると考えられる．彼らはそれぞれ，一般的な概念を発展させた．ニュートンにとっては，流率と流量，そしてライプニッツにとっては，微分と積分である．それらは微分積分学の二つの基本問題である極値と面積に関連していた．彼らはこれらの概念が容易に利用できるような記法とアルゴリズムを発展させた．それら二つの概念が逆関係であることを彼らは理解し，適用した．最終的に彼らは，以前には解けなかった多くの困難な問題を解決するためにこれら二つの概念を使用した．両者ともに事実上無限小量を使用したので，どちらも自己の方法を古典的なギリシア幾何学の厳密さでもって確立したというわけではなかった[20]．

ませようとしたことに反して，「運動について」と『プリンキピア』の中の基本的な概念は 1660 年代には開発されていなかったということに注意することもまた重要である．その時，彼は確かに重力問題について考え始めていたが，彼が 1687 年の自己の傑作に数学的概念と自然学上の概念を結びつけることができたのは，1680 年代になってからであった．

『プリンキピア』はおそらく科学の大きな変革のための最も重要な著作であるが，それは次の 200 年間の自然学研究を決定づける作品であった．それはニュートンの名声をゆるぎないものとし，それによって最終的に彼は 1696 年には造幣局長官，1703 年には王立協会会長になったのである．これに対して，ニュートンの微分積分学は比較して言えばそれほど影響を及ぼさなかった[21]．というのも，出版されたのはそのほんの一部分だけで，しかもそれは，それらが書かれてから何年もあとのことだったからである．実際，微分積分学の考えが最初に公表されるための基礎となったのは，ニュートン自身の発見のおよそ 8 年から 10 年後に成し遂げられた研究であった．それは微分積分学の共通の創始者ゴットフリート・ヴィルヘルム・ライプニッツ (1646–1716) によるものだった（囲み 12.3）．

12.6 ゴットフリート・ヴィルヘルム・ライプニッツ

本章の冒頭で簡単に述べたように，ライプニッツは，1672 年から 1676 年までのパリ滞在中にクリスティアーン・ホイヘンスからデカルト『幾何学』のファン・スホーテン版と微小三角形を含むパスカルの諸著作を読むように勧められて，数学研究の最先端へと至った．さらにライプニッツはその時期の終わり頃，

---

[20] というよりも，1670 年代初頭を境に代数解析的数学に対する反逆の姿勢を見せ始めたニュートンが，ライプニッツと相違して高く評価したのは，古代ギリシアの総合幾何学の直観的厳密性であった．そうした価値基準のもとに，ニュートンは自己の流率法を解析的理論から幾何学的理論へと転換していった．一方，ライプニッツは若い時から人間の思考を記号的に記述する学問，すなわち「普遍記号法」の構想を温め，終生変わることがなかった．彼は自己の微分積分学もこの一部と考えていた．ここで，重要なことは，微分積分学（そして数学）が決して一枚岩ではなく，そこには様々な価値が纏りついているということである．

[21] 別な観点からの 18 世紀英国におけるニュートン流微分積分学の発展については，次の詳細な研究がある．Niccolò Guicciardini, *The Development of Newtonian Calculus in Britain, 1700–1800* (Cambridge: Cambridge University Press, 1989).

自己の微分積分法の創案に結びつく研究を開始することができた．だが，彼が簡潔に書き留めた草稿中の諸結果を，その創設に一役買ったドイツの科学雑誌である『学術紀要』(*Acta Eruditorum*) に公表し始めたのは，そらからやっと10年ほどあとのことであった．ライプニッツの微分積分学に関するここでの解説では，ライプニッツがニュートンからその方法を剽窃したとするイギリスの数学者たちの主張に対する返答として，ライプニッツが1714年に執筆した「微分算の歴史と起源」(Historia et origo calculi differentialis) と題する未刊行草稿，さらには彼が実質的に自己の新しい微分積分学に関する考えを記録したパリ滞在中の初期の研究の手稿類をとりあげることにする[56]．

12.6.1 和と差

ライプニッツの微分積分学が生まれるための着想は，数列の和と差についての逆関係であった．ライプニッツは，もし A, B, C, D, E が増加する数列で，L, M, N, P がその差の数列であるならば[*22]，$E - A = L + M + N + P$，すなわち，「たとえ次に生じる項との差がどれほど多数あっても，それらの和は，級数の最初と最後の項の差に等しい」[57] と述べた．したがって，差の数列の総和は容易に求められるということになる．こうして，ライプニッツは各縦の列は前列の要素の和からなり，逆に各列は後続列の差からなるという［いわゆる］パスカルの数三角形を考えただけでなく，同様の特性に従った分数からなる新しい三角形を考え，これを「調和三角形」と呼んだ．

$$
\begin{array}{ccccccc}
\frac{1}{1} \\
\frac{1}{2} & \frac{1}{2} \\
\frac{1}{3} & \frac{1}{6} & \frac{1}{3} \\
\frac{1}{4} & \frac{1}{12} & \frac{1}{12} & \frac{1}{4} \\
\frac{1}{5} & \frac{1}{20} & \frac{1}{30} & \frac{1}{20} & \frac{1}{5} \\
\frac{1}{6} & \frac{1}{30} & \frac{1}{60} & \frac{1}{60} & \frac{1}{30} & \frac{1}{6} \\
\frac{1}{7} & \frac{1}{42} & \frac{1}{105} & \frac{1}{140} & \frac{1}{105} & \frac{1}{42} & \frac{1}{7}
\end{array}
$$

この調和三角形の各縦の列は，第1列を数三角形の対応する列で割った商をとることによって作られる．たとえば，第3列の要素 $\frac{1}{3}, \frac{1}{12}, \frac{1}{30}, \ldots$ は，$\frac{1}{1}, \frac{1}{2}, \frac{1}{3}, \ldots$ をパスカルの三角形の第3列の要素 $3, 6, 10, \ldots$ で割ることから生じる．各列がその左の列の要素の差からなるので，各列のある値までの要素の和は，ライプニッツの原理によって，直前列の最初と最後の値の差として求められる．たとえば，$\frac{1}{2} + \frac{1}{6} + \frac{1}{12} = \frac{1}{1} - \frac{1}{4}$ となる．ライプニッツはさらに付け加えて，項がより多くとられればとられるほど，前数列の最後の値は益々小さくなるので，

[*22] $B - A, C - B, D - C, E - D$ をそれぞれ L, M, N, P と呼んでいる．

伝　記

ゴットフリート・ヴィルヘルム・ライプニッツ (Gottfried Wilhelm Leibniz, 1646–1716)

微分積分学の第二の創始者ゴットフリート・ヴィルヘルム・ライプニッツ（図 12.30）は，ライプツィヒ大学哲学科の副学科長の 3 番目の妻を母としてライプツィヒに生まれた．ライプニッツがわずか 6 歳のときに父親が亡くなったが，幼いライプニッツはすでに読書と研究に対する愛好心を植えつけられていた．幼年時代にライプニッツはラテン語を独習し，父の広い書庫で哲学や神学に関する作品と同様にラテン語の古典を苦労して読んだ．1661 年に彼はライプツィヒ大学に入学し，そこで大部分の時間を哲学の勉強に費やした．彼はユークリッドに関する入門的な講義に出席したが，後年彼は，ライプツィヒにおける数学教育のレベルの低さについて論評した．ライプニッツは 1663 年に学士号，1664 年には修士号を取得したが，彼が法学博士の学位論文を準備したにもかかわらず，教授陣の何らかの政治上の問題のために，大学は博士号を授与するのを拒否した．こうしてライプニッツはライプツィヒを去り，1667 年にニュルンベルクのアルトドルフ大学から博士号を授与された．

その間，ライプニッツは 1663 年にイェーナ大学で短期間を過ごし，高度な数学に触れた[*23]．さらにそこで，彼は哲学，人間思想のアルファベットの案出，あらゆる基本的な概念を記号的に表現する方法，そしてより複雑な思想を表すためにこれらの記号を結合する方法について，最も独創的な貢献ができるよう望んでいたことを詳細に遂行し始めた．ライプニッツはこの計画を完成させることはなかったが，初期の考えは 1666 年の彼の『結合法論』(Dissertatio de arte combinatoria) に含まれている．その中で彼は，含まれる量の間の様々な関係と同様に，[いわゆる] パスカルの数三角形を苦労して独力で作成した．しかし，思想を表すための適切な記号とこれらを結合する方法を見つけようという関心から，結局ライプニッツは今日われわれが使用している微分積分学の記号を考案するに至った．

大学での研究を終えるとまもなくしてライプニッツは，初めはマインツ選帝候の外交官となり，その後は生涯の大部分をハノーヴァー公の顧問官として活動した．彼の生涯のうち，ほとんどの期間は仕事で多忙な日々がずっと続いたが，それでも彼は可能な限り時間を見つけ，数学に関する自己の考えを追求し，ヨーロッパ全域にわたる仲間とそのテーマについて活気ある書簡のやりとりを続けたのである．

図 12.30 ドイツの切手に描かれたライプニッツ．

この規則は無限和にまで拡張することができると述べた．したがって，彼は

$$\frac{1}{3} + \frac{1}{12} + \frac{1}{30} + \cdots + \frac{1}{\frac{n(n+1)(n+2)}{2}} + \cdots = \frac{1}{2}$$

のような結果を導き出すことができた．この数列に 3 を掛けることによって，ライプニッツはそれをピラミッド数の逆数の和

$$\frac{1}{1} + \frac{1}{4} + \frac{1}{10} + \cdots = \frac{3}{2}$$

に書き直すことができた．

[*23] 具体的には，ライプニッツはエアハルト・ヴァイゲルの講義に参加している．それは普遍学 (scientia generalis) に関する講義で，ここから強い影響を受け，ライプニッツは生涯にわたって普遍数学 (mathesis universalis) を追求することになったのである．

ここでのライプニッツの実際の諸結果は新しいものではなかった．それらの重要性は，その考えが幾何学に移されたとき，差数列の総和をとると起こり得ること，それが意味するものにあったのである．こうしてライプニッツは，部分区間へ分割された一つの区間上で定義された曲線を考え，その分割内の各点 x_i の上に縦線 y_i を立てた．これらの縦線の差の数列 $\{\delta y_i\}$ が作られるなら，その総和 $\sum_i \delta y_i$ は最後の縦線と最初の縦線との差 $y_n - y_0$ に等しい．同様に，数列 $\{\sum y_i\}$ が作られ，$\sum y_i = y_0 + y_1 + \cdots + y_i$ である場合には，その差の数列 $\{\delta \sum y_i\}$ は縦線の元の数列に等しい．ライプニッツは，縦線が無限にある場合を扱うためにこのような二つの規則を推定した．彼は曲線を，辺の各交点で縦線 y を軸に向かって引いた無限に多くの辺を持つ多角形であると考えた．縦線の無限小の差が dy によって指定され，無限に多くの縦線の総和が $\int y$ によって指定されるならば，第一の規則から $\int dy = y$，第二の規則から $d \int y = y$ となる．幾何学的には，第一の式は，ある線分における**微分** (differentials, 無限小の差) の総和がその線分に等しいことをただ単に意味する（ライプニッツは，ここで最初の縦線は 0 に等しいと仮定した）．第二の規則にははっきりした幾何学的解釈がない．というのも，無限に多くの有限項の総和が無限になるのは当然のことだからである．そこで，ライプニッツは有限の縦線 y を無限小の面積 $y\,dx$ ととり替えた．ここで，dx は無限辺多角形の諸辺の交点で決定される x 軸の無限小部分だった．こうして $\int y\,dx$ は曲線の下方の面積と解釈することができ，規則 $d \int y\,dx = y\,dx$ はただ単に，面積 $\int y\,dx$ の列の項の間の差が項 $y\,dx$ そのものであるということを意味した．

概念を表現するための適切な記法を追求する一環として，ライプニッツは二つの記法 d と $\int$ を，差と和の着想の一般化を表すために導入した．後者は単にラテン語 *summa* の頭文字である S を引き伸ばした形であり，前者はラテン語 *differentia* の頭文字である．ライプニッツにとって，dy と $\int y$ は両方とも変量であった．言い換えれば，d と $\int$ は有限な変量 y に比べて，それぞれ無限に小さい変量と無限に大きい変量を指示する作用素的役割を持つ記号であった．しかし，dy は常に変量 y の二つの隣接した値の実際の差と考えられ，一方，$\int y$ は変量 y のある固定値から与えられた値までのすべての値の実際の総和とみなされている．dy は変量であるから，それにまた d を掛ける操作によって，$d\,dy$ と書かれる 2 階の微分が与えられ，さらにより高次の微分までも与えることができる．現代の読者がこのような無限小の差と無限の和を考えるのは，ことによると困難であるかもしれないが，ライプニッツと彼の追随者たちは，多くのタイプの問題を解決する方法を発展させる際に，これらの概念をきわめて巧妙に使用するようになったのである．

12.6.2　微分三角形と変換定理

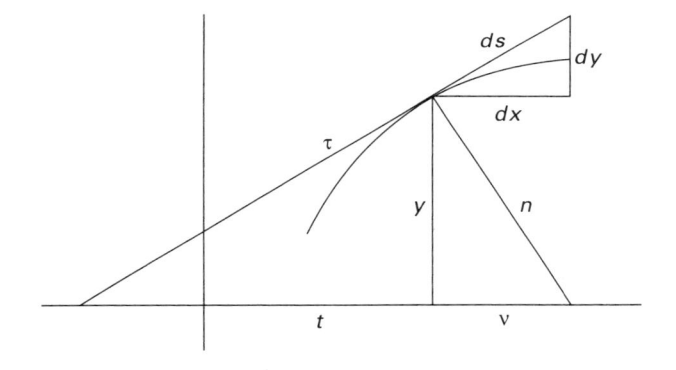

　ライプニッツが微分の概念を応用した最も初期のものの一つに，微分三角形という発想があった．彼はパスカルとおそらくバロウの著作を読んでいる間にその表現を知ったのであろう．微分三角形，すなわち，与えられた曲線を表す無限辺多角形の二つの隣接する頂点をつなぐ ds を斜辺とする無限小の直角三角形は，縦線 y，接線 τ および接線影 t からなる三角形と相似であるから，$ds : dy : dx = \tau : y : t$ である（図 12.31 参照）．比は正接の概念と関係するので，ライプニッツは通例これらの 3 個の微分の一つを一定とした．換言すれば，曲線を無限に多くの辺を持つ多角形として表現する方法を選ぶとき，彼は多角形が等しい辺を持つものとする（ds を一定，すなわち $d\,ds = 0$）か，それぞれの辺の x 軸上への射影，あるいはそれぞれの辺の y 軸上への射影を等しいとする（dy を一定，すなわち $d\,dy = 0$）かのいずれかが可能であった．微分が一定であるように選ばれた変量は，ある意味では，独立変量と考えることができる．ライプニッツが微分積分学に関する自己の解釈のための主要な技法を見出したのは，どんな場合でも，微分を巧みに操る基本規則を用いて，微分三角形における微分量の巧みな操作を通じてであった．

図 12.31
ライプニッツの微分三角形［特性三角形］．

　パスカルは，$y\,ds = r\,dx$ （ライプニッツの術語）を示すのに，半径 r の円において微分三角形を用いていた．縦線，法線，法線影 ν からなる三角形が微分三角形に相似であるから，ライプニッツはもし半径を法線 n に置き換えれば，この規則はどんな曲線にも一般化することができると気づいた．したがって，$y : dx = n : ds$，すなわち，$y\,ds = n\,dx$ となる．$2\pi y\,ds$ は ds を x 軸の周りに回転することによってできる面の表面積と解釈できるので，この公式は表面積の計算を面積計算に変換した．同様に，ライプニッツは，$dx : dy = y : \nu$，すなわち，$y\,dy = \nu\,dx$ に気がついた．b を縦線 y の最終的な値とするとき，$\int y\,dy$ は，面積が $\frac{1}{2}b^2$ である三角形を表していることがわかったので，彼は $\int \nu\,dx = \frac{1}{2}b^2$ という結果を得た．したがって，縦線を z とする曲線の下方の面積を求めるためには，その法線影 ν が z に等しい曲線 y を見出せば十分であった．しかし，$\nu = y\dfrac{dy}{dx}$ であるから，これは方程式 $y\dfrac{dy}{dx} = z$ を解くことに等しかった．言い換えれば，面積問題はライプニッツが**逆接線問題**と呼んだものに還元されたのである．

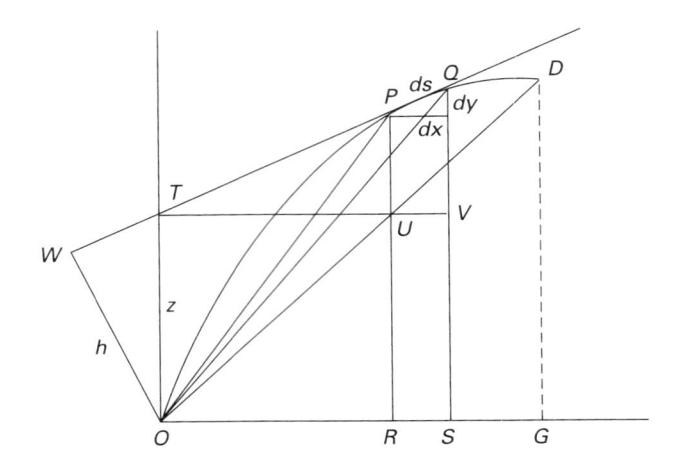

図 12.32
ライプニッツの変換定理.

　これらの特定の規則を使って，ライプニッツはそれ以前に未知であった結果を導くことはなかったが，この方法の一般化から彼は「変換定理」を導き，円の算術的求積を成し遂げて，$\frac{\pi}{4}$ の級数表現を得た．曲線 $OPQD$ において，彼は三角形 OPQ を作図した．ここで，P と Q は無限小に接近しているものとする．彼は $PQ = ds$ を曲線の接線にまで延長し，接線と垂直に OW を引き，そして図 12.32 のように h と z を設定して，三角形 TWO と微分三角形との相似性から，$dx : h = ds : z$，すなわち，$z\,dx = h\,ds$ を示した．2 番目の式の左辺は長方形 $UVRS$ の面積であり，右辺は三角形 OPQ の面積の 2 倍である．すべての三角形の総和，すなわち曲線 $OPQD$ と線 OD によって囲まれた領域の面積は，その縦線が z である曲線の下方の面積の半分，すなわち，$\frac{1}{2}\int z\,dx = \int y\,dx - \left(\frac{1}{2}\right) OG \cdot GD$ に等しいということになる．OG を x_0，GD を y_0 で示すとすると，ライプニッツの変換定理は

$$\int y\,dx = \frac{1}{2}\left(x_0 y_0 + \int z\,dx\right)$$

と言い表すことができる．$z = y - PU = y - x\dfrac{dy}{dx}$ であり，またライプニッツはフッデあるいはスリューズの規則を用いて接線を計算することができたので，$\int z\,dx$ の方が $\int y\,dx$ より計算が簡単ならば，彼はこの変換定理によって元の曲線の下方の面積を求めることができた．ライプニッツはこの結果を適用して，$y^2 = 2x - x^2$ によって与えられる半径 1 の円の 4 分の 1 の面積を計算した．この場合，

$$z = y - x\left(\frac{1-x}{y}\right) = \frac{x}{y} = \sqrt{\frac{x}{2-x}},$$

すなわち，

$$z^2 = \frac{x}{2-x},$$

最終的に，

$$x = \frac{2z^2}{1+z^2}$$

となる．ライプニッツの変換定理によって，$\int y\,dx$ (すなわち, $\frac{\pi}{4}$) は $\frac{1}{2}\left(1+\int z\,dx\right)$ に等しい．図 12.33 から明らかに $\int z\,dx = 1 - \int x\,dz$ であるので，$\int y\,dx$ は $1-\int \frac{z^2}{1+z^2}\,dz$ に等しいとライプニッツは結論づけた．メルカトルのものと類似した議論によって，彼は

$$\frac{z^2}{1+z^2} = z^2(1-z^2+z^4-z^6+\cdots)$$

を示し，それゆえ，

$$\int y\,dx = 1 - \frac{1}{3}z^3 + \frac{1}{5}z^5 - \frac{1}{7}z^7 + \cdots$$

が成り立つことを示した．直ちに，算術的求積に関するライプニッツの公式 $\frac{\pi}{4} = 1 - \frac{1}{3}+\frac{1}{5}-\frac{1}{7}+\cdots$ が導かれる．

12.6.3 微分算

ライプニッツは 1674 年に変換定理と円の算術的求積を発見した．続く 2 年間で，彼は自己の微分算の基本的な概念や手法をすべて発見した．彼はこれらの結果のいくつかを，ようやく 1684 年に『学術紀要』誌に掲載された簡潔な論文「分数量にも無理量にも煩わされない極大・極小ならびに接線を求める新方法，またそれらのための特殊な計算法」(Nova methodus pro maximis et minimis, itemque tangentibus, quae nec fractas nec irrationales quantitates moratur, et singulare proillis calculi genus)[*24] で初めて公表した．この論文でライプニッツは微分 dx を無限小として定義する気にはならなかった．というのも，彼は厳密に定義されていなかった無限小量にはかなりの非難が向けられるだろうと思っていたからである．こうして彼は任意の有限線分として dx を導入した．y が x を横線とする曲線の縦線で，τ が t を接線影とする点における曲線の接線であるとしたならば，dy は $dy:dx = y:t$ となるような線であると定義された．そこで，彼はいくつかの基本的な操作規則を言明した．a が一定ならば，$da=0$, $d(v\pm y) = dv \pm dy$, $d(vw) = v\,dw + w\,dv$, そして，$d\left(\dfrac{v}{y}\right) = \dfrac{\pm v\,dy \mp y\,dv}{y^2}$ (商の規則における符号は，ライプニッツによれば，接線の傾きが正であるか負であるかに依存する)．

ライプニッツは 1675 年に積と商の規則を発見していた．実際，その年の 11 月 11 日の草稿で彼はこう書いている．「さて，$dx\,dy$ が $d(xy)$ と同じものであるかどうか，また $\dfrac{dx}{dy}$ が $d\left(\dfrac{x}{y}\right)$ と同じものであるかどうかを調べよう」[58]．積の規則について自分の推測をチェックするために，彼は $y = z^2+bz$, $x = cz+d$ の場合の一例を与えている．まず最初に，彼は dy を $z+dz$ と z における y の値の差として計算する．その結果，$dy = (z+dz)^2 + b(z+dz) - z^2 - bz = (2z+b)\,dz + (dz)^2$. $(dz)^2$ は dz よりも無限に小さいので，彼はその項を捨てて，$dy = (2z+b)\,dz$ と

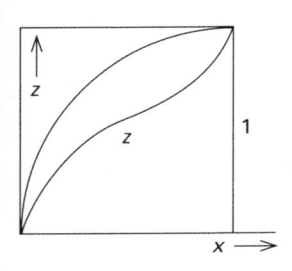

図 12.33
円の変換関数 $z^2 = \dfrac{x}{2-x}$ あるいは $x = \dfrac{2z^2}{1+z^2}$．

[*24] *G. W. Leibniz Mathematische Schriften*, herausgegeben von C. I. Gerhardt (1849–1863) (Hildesheim-New York; Georg Olms Verlag, 1971), V, n(60), S. 220–226.

する．同様に，$dx = c\,dz$ および $dx\,dy = (2z+b)c(dz)^2$．そこで彼は「しかし，$d(xy)$ を素直な方法で計算すれば，同じ結果が得られる」と書いている．あいにく，ライプニッツはここで「それを計算していない」．だがその後の草稿において，彼は別の例で $d(x^2)$ は $(dx)^2$ と同じでないことを示す際に自分の誤りに気づいた．10 日後，彼は積の規則の正しい表現を記し，そのあとで差分の議論による簡単な証明を与えている．「$d(xy)$ は二つの連続する xy の値の差分と同じものである．その一つを xy，もう一つを $(x+dx)(y+dy)$ としよう．その結果，$d(xy) = (x+dx)(y+dy) - xy = x\,dy + y\,dx + dx\,dy$ が得られる．量 $dx\,dy$ は他の量と比較して無限に小さいので，それを省略すると，……$x\,dy + y\,dx$ が残るであろう」[59]．商の規則も同様に証明される．

ライプニッツは続いて 1684 年の論文で，ベキの規則 $d(x^n) = nx^{n-1}dx$ とベキ根の規則 $d\sqrt[b]{x^a} = \dfrac{a}{b}\sqrt[b]{x^{a-b}}dx$ を，またしても証明なしで与え，根が分数ベキとして書かれるならば，第二の規則は第一のものに含まれると述べている．連鎖律はライプニッツの記法を用いれば，ほとんど明白である．たとえば，ライプニッツは，g が定数のとき，$z = \sqrt{g^2 + y^2}$ の微分を計算するために，$r = g^2 + y^2$ とおき，$dr = 2y\,dy$ および $dz = d\sqrt{r} = \dfrac{dr}{2\sqrt{r}}$ と述べている．彼は，第 1 式を第 2 式に代入して，

$$dz = \frac{2y\,dy}{2z} = \frac{y\,dy}{z}$$

とする．

ライプニッツは自己の新しい微分積分学の有用性を示すために，極大・極小の決定法について議論する．たとえば，彼は，dx が常に正であるとき，$dv : dx$ は，接線の傾きを与えるから，dv は v が増加しているときは正で，減少しているときは負であろうと述べる．v が増加も減少もしていないときには，$dv = 0$ となる．その場所では，縦線は極大（曲線が上に凸ならば）または極小（曲線が下に凸ならば）であろう．そこでの接線は水平になるだろう．ライプニッツはさらに，凸性の問題は第 2 差分 $d\,dv$ に依存する，と述べる．「縦線 v が増分するにしたがってその増分あるいは差分 dv もまた増加する（すなわち，dv が正のとき差分の差分 $d\,dv$ もまた正であり，dv が負のとき $d\,dv$ もまた負である）ならば，曲線は［下に凸］であり，逆の場合には［上に凸］である．増分が極大あるいは極小のところ，すなわち増分が減少から増加に変わるところ，あるいはその逆のところでは**変曲点**[*25] が生じる」[60]，すなわち，このとき $d\,dv = 0$ である．

この 1684 年論文の最後の問題で，ライプニッツは「混合数学[*26] の最も困難で最も美しい諸問題にも及ぶもので，われわれの差分算もしくは何かそれに類するものなしには，誰もそのような容易さをもってこの種の問題に取り組むことはできないであろう」[61] という一例を与えている．これは，接線影が与えられた定量（数）a に等しいという性質を持つ曲線を見出せという，1639 年にドゥボーヌによってデカルトに提出された問題である．y が提出された曲線の縦線であるとすれば，曲線の微分方程式は $y\left(\dfrac{dx}{dy}\right) = a$，すなわち，$a\,dy = y\,dx$ である．ラ

[*25] ライプニッツの術語では，逆屈曲の点 (punctum flexus contrarii)．
[*26] 今日の用語では「応用数学」と考えてよいだろう．

イプニッツは dx を一定とした．つまりそれは横線が算術数列［等差数列］になるようにすることに等しい．そのとき，方程式は k を定数として，$y = k\,dy$ と書ける．したがって，縦線 y はそれらの増分 dy に比例することになり，すなわち，y は幾何数列［等比数列］であるということになる．y の幾何数列と x の算術数列との関係は，数とその対数との関係と同じであるから，ライプニッツは，求める曲線は「対数曲線」であると結論を下している（われわれはそれを指数曲線と呼んでいるが，われわれの指数曲線と対数曲線は異なる軸を規準にして考えているだけで，結局は同じ曲線である）．ライプニッツの議論から，$x = \log y$ であるから，$d(\log y) = a(dy/y)$ ということになり，ここで，定量（数）a が利用する特定の対数を定めるということになる．

ライプニッツは，1684 年にはそれ以上対数について考察することはなかったが，数年後のヨハン・ベルヌーイ (1667–1748) との議論ののち，1695 年に対数関数の微分だけでなく，指数関数の微分に関する問題に戻った．その年の論文で，ライプニッツはベルナルト・ニーウェンテイト (1654–1718) の批判に対して，自分の方法は指数表示 $z = y^x$（x と y が両方とも変量である場合）の微分を計算するには十分でないと返答した[62]．微分を直接計算すると，$dz = (y+dy)^{x+dx} - y^x$ となる．二項定理を適用して，$dx\,dy$ だけでなく，dy の 1 次より高次のベキも捨てると，方程式 $dz = y^{x+dx} + xy^{x+dx-1}\,dy - y^x$ が得られ，それは，$y = b$ が一定，それゆえ $dy = 0$ という特別の場合でさえ，非斉次で，明らかにこれ以上単純化できない微分方程式である．ライプニッツはこの困難を解消するために，それとは違って，1694 年のベルヌーイの提案に従い，方程式 $z = y^x$ の両辺の対数をとり，$\log z = x \log y$ を得ることによってその問題に取り組んだ．したがって，この方程式の微分は

$$a \frac{dz}{z} = xa \frac{dy}{y} + \log y \, dx$$

より，

$$dz = \frac{xz}{y}\,dy + \frac{z \log y}{a}\,dx \quad \text{すなわち，} \quad d(y^x) = xy^{x-1}\,dy + \frac{y^x \log y}{a}\,dx$$

ということになる．ライプニッツは，もし $x = r$ が一定ならば，この規則はベキの規則 $d(y^r) = ry^{r-1}\,dy$ に帰着すると述べた．

2 年後，ヨハン・ベルヌーイは「指数計算の原理」と題する論文を発表した．その中で彼は，ライプニッツの諸結果を一般化して，$y = x^x$, $x^x + x^c = x^y + y$, $z = x^{y^v}$ のような方程式の微分関係を見出した．また彼は，「たとえ合成されたものでも，対数の微分は［関数］の微分を［関数］で割ったものに等しい」[63]という，$a = 1$ の場合の対数の微分に関する標準的な結果を明確に述べた．たとえば，彼は

$$d(\log \sqrt{x^2 + y^2}) = \frac{x\,dx + y\,dy}{x^2 + y^2}$$

と書いた．

12.6.4 基本定理と微分方程式

ライプニッツは和と差が逆操作であるという考えによって，微分積分学に結実する自己の研究を開始したということを思い起こそう．したがって，当然の結果として微分積分学の基本定理は完全に明らかであるということになった．だが，彼は 1680 年頃の草稿でこの考えについて敷衍した．その中で彼はまずこう述べた．「私は縦線と横線の差分で囲まれたすべての長方形の和によって図形の面積を表す」．すなわち，$\int y\,dx$ ということである．次に彼は，自分は「その図形の求和線 (summatrix) あるいは円積線を見出すことによって図形の面積を得る．確かに，円積線の縦線と与えられた図形の縦線との比は，和と差との比になっている」[64] と述べた．つまり，縦線を y とする曲線の下方の面積を見出すには，$y = dz$ を満たす縦線 z の曲線を見出す必要がある．ライプニッツは『学術紀要』誌の 1693 年の論文で，この考えをさらに明確にした．その論文中で彼は，「一般的な求積問題は勾配についての与えられた規則を持つ曲線を見出すことに帰着する」[65] ということを示した．彼が説明しているように，もし，縦線を y とする曲線が与えられたとき，$\dfrac{dz}{dx} = y$ を満たす曲線 z （勾配についての与えられた規則を持つ曲線）を見出すことができるならば，$\int y\,dx = z$ である．すなわち，現代的記法を用いると，$z(0) = 0$ とすれば，

$$\int_0^b y\,dx = z(b)$$

ということである．

しかし，ニュートンと同様に，ライプニッツは面積を見出すことよりもむしろ微分方程式を解くことの方に関心があった．というのも，微分方程式によって重要な自然学上の問題を表現できることがわかったからである．そして，これもニュートンと同様に，ライプニッツはそのような方程式を解くためにベキ級数の方法を用いた．だが彼の技法はニュートンのものとは違っていた．たとえば，1693 年にライプニッツによって議論されたように，半径 1 の円における弧 y とその正弦 x との関係を表す方程式を考えよう[66]．辺 dy, dt, dx の微分三角形は対応する辺 $1, x, \sqrt{1-x^2}$ の大きい三角形と相似であるから，$dt = \dfrac{x\,dx}{\sqrt{1-x^2}}$ である（図 12.34 参照）．ピュタゴラスの定理によって，$dx^2 + dt^2 = dy^2$．ライプニッツはこれに dt の値を代入し整理して，弧と正弦を関係づける微分方程式 $dx^2 + x^2 dy^2 = dy^2$ を与えた．彼は dy を一定とみなし，操作 d をこの方程式に適用して，$d(dx^2 + x^2 dy^2) = 0$，あるいは，積の規則を用いて，$2dx(d\,dx) + 2x\,dx\,dy^2 = 0$ と結論づけた．ライプニッツはこれを簡単に 2 階の微分方程式

$$d^2x + x\,dy^2 = 0 \qquad \text{すなわち}, \qquad \frac{d^2x}{dy^2} = -x$$

とした．これはよく知られた正弦の微分方程式である（2 階の微分で巧みに処理するライプニッツの方法は，現代的記法における 2 階導関数の［分母・分子にある］複数の 2 が見たところ奇妙な位置にある理由の説明になっていることに注意されたい）．微分方程式が与えられたとき，ライプニッツは次に x は y のベキ

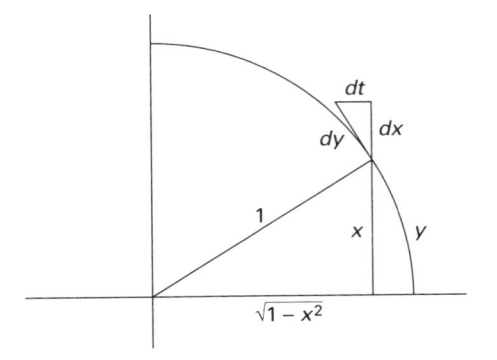

図 12.34
ライプニッツによる正弦の微分方程式の導出.

級数 $x = by + cy^3 + ey^5 + fy^7 + gy^9 + \cdots$ で書くことができる（係数が決定される）と仮定した．

偶数次の項はあるはずもなく[*27]，また $\sin 0 = 0$ であるから，定数項が 0 であることも，彼にとって明白であった．この級数を 2 回微分すると，$\frac{d^2 x}{dy^2} = 2 \cdot 3cy + 4 \cdot 5ey^3 + 6 \cdot 7fy^5 + 8 \cdot 9gy^7 + \cdots$ となり，このベキ級数は $-x$ を表すベキ級数に等しい．したがって，係数を比較すると，次のような一連の簡単な方程式が得られる．

$$2 \cdot 3c = -b$$
$$4 \cdot 5e = -c$$
$$6 \cdot 7f = -e$$
$$8 \cdot 9g = -f$$
$$\cdots = \cdot$$

第二の初期条件として $b = 1$ とおき，ライプニッツはこれらを容易に解いて，$c = -\frac{1}{3!}, e = \frac{1}{5!}, f = -\frac{1}{7!}, g = \frac{1}{9!}, \ldots$ を得た．こうして彼は，1676 年までにすでに発見していた正弦級数

$$x = \sin y = y - \frac{1}{3!} y^3 + \frac{1}{5!} y^5 - \frac{1}{7!} y^7 + \frac{1}{9!} y^9 + \cdots$$

を導出している．

ライプニッツは現在の微分積分学の教科書にある概念や方法の大部分を 1690 年代前半までに発見していたが，その題材の扱いは必ずしも一貫しておらず，その記述も決して完全といえるようなものではなかった．やはり，ニュートンと同様に，彼も無限小の使用にはいくぶん苦しめられた．それゆえ彼は，のちの著作のいくつかで自己の無限小の使用を正当化しようとした．彼は無限小が実際に存在するとは考えていなかったが[*28]，二つの異なったやり方で自己の手順

[*27] x が y の奇関数であることが前提されている．
[*28] この点について，明確な説明が 1702 年 2 月 2 日付のヴァリニョン宛書簡中に見られる．Cf. *G. W. Leibniz Mathematische Schriften*, herausgegeben von C. I. Gerhardt (Berlin, 1849–63; repr., Hildesheim/New York: Georg Olms Verlag, 1971), IV, S. 91–95.

を正当化した．まず最初に，彼は無限小をアルキメデスの取尽し法と関係づけようとした．「というのも，無限あるいは無限小の代わりに，与えられた誤差よりもさらに誤差を小さくするために諸量が必要なだけ大きくあるいは小さくとられるが，結果として，それはアルキメデスのスタイルと表現が違っているだけである．それらはわれわれの方法において，より直接的であり，発見の技法により一層適っている」[67]．こうして彼は，ケプラーと同様に，無限小を使用している議論はどれもギリシア人のスタイルの完全に厳密な議論ととり替え可能であると考えているようだった．しかし，いつもそのような議論を与えなければならなかったとしたら，新しい洞察を決して獲得することはできなかっただろう．ライプニッツの第二の技法は，連続律を使用するものであった．「もし任意の連続的な推移がある限界で終わると提示されるならば，それはまた最後の限界にもあてはまるという一般的な推論を構成することができる」[68]．言い換えれば，もし特定の比が一般に真であると定められ，そのとき，たとえば，量 dx, dy が有限であるならば，同じ比はその限界においても真となり，このとき，これらの諸量はそれぞれ 0 に等しい．どの場合においても，無限小が存在するかどうかに関する問題は，ライプニッツにとっては無関係なものになった．基本的な計算が正解を与え，そして結局，すべての無限小は比が無限小と同じ有限量にとり替えられた．それにもかかわらず，これらの無限小を巧みに操る技法は（とりわけ，ライプニッツの直接の信奉者ヨハン・ベルヌーイとヤーコプ・ベルヌーイ (1655–1705) にとって）非常に有用なものとなった．彼らは無限小を実際の数学的実体として受け入れているようだった．そして，それらの使用を通じて，彼らは微分積分学そのものにおいても，自然学上の問題への応用においても，多くの重要な結果を得た．

　ここで，ライプニッツとニュートンの間の先取権論争について少し述べておこう[69]．二人は，今日まとめて微分積分学と呼ばれる，本質的には同じ規則と手続きを発見したけれども，彼らの問題への取組み方はまったく異なっていたということは明白であろう．ニュートンの取組み方が速度と距離の概念によっていたのに対して，ライプニッツの取組み方は，差と和の概念によっていた．ニュートンの草稿はイングランドでははるかに早くよく知られていたのだが，それが公刊されたのは 18 世紀初頭になってからであったため，イングランドの数学者たちは，ライプニッツとベルヌーイ兄弟は自分らのバージョンを適用して成功をおさめたのだと主張し，剽窃を理由にライプニッツを告発した．とくにライプニッツが 1670 年代にロンドンへの短期の訪問中，ニュートンの資料をいくつか読んでいたこと，また王立協会の書記ヘンリー・オルデンバーグを通じて，ニュートンから 2 通の書簡を受け取っていたこと（その書簡でニュートン自身は自分の得た成果の一部について論じていた）が告発される要因となった．反対に，そもそもニュートンが公刊してなかったために，ヨハン・ベルヌーイはライプニッツからの剽窃を理由にニュートンを告発した．1711 年，そのときニュートンが会長だった王立協会は，[ライプニッツによる事務局長ハンス・スローン宛の書簡[*29]

[*29] ニュートンの「求積論」（1704 年『光学』の付録として公表）に対して，翌年『学術紀要』誌の 1 月号にライプニッツによる匿名の書評が掲載され，その中のとりわけ「創始者ライプニッツ氏」という箇所に刺激されたジョン・キールは，『フィロソフィカル・トランザクションズ』の 1708 年 9–10 月号で発表した論

を受け取り，翌年，1712 年 3 月 6 日に］その抗議に対して調査委員会を設立した．当然，委員会は告発に対してライプニッツに有罪の判決を下した[*30]．この論争の結果，イングランドと大陸の数学者たちが事実上，互いの考えを交換することをやめてしまったのは不幸なことであった[*31]．微分積分学に関する限り，イングランド人は皆ニュートンの方法と表記法を採用したが，大陸では，数学者はライプニッツのものを使用した．ライプニッツの表記法と彼の微分計算の方が結果的に使いやすいことがわかった．こうして大陸では解析はより急速に発展した．その最終的な損失として，イングランドの数学界は，ほとんど 18 世紀全体にわたるこの重要な発展を自ら失うことになった．

12.7　最初の微分積分学の教科書

イングランドと大陸での扱い方の違いは，最初の微分積分学の教科書（イングランドでは 1704 年と 1706 年のそれぞれチャールズ・ヘイズ (1678–1760) とハンフリー・ディットン (1675–1715) のもの，フランスでは 1696 年のロピタル侯爵 (1661–1704) のもの）にはっきりと現れている．このような最初の教科書の，ある特定の側面を簡単に分析しておくことで本章を締め括ることにしよう．結果として，微分積分学の初学者が習得する必要のある事柄に関して一つの考えを読者に提供することにもなるだろう．

12.7.1　ロピタルの『無限小解析』

ギヨーム・フランソワ・ロピタルは高貴な家柄に生まれ，青年時代には軍の将校として兵役についた．1690 年頃，彼は新しい解析に興味を抱くようになった．ちょうどそのとき，ベルヌーイ兄弟と同様にライプニッツによる雑誌論文が現れ始めていた．あいにく，これらの論文は不明瞭な点に対して，少なくともその方法が関係しているところでは，しばしば概略だけであった．1691 年にはヨハン・ベルヌーイがパリに滞在していたので，ロピタルは彼に十分良い報酬で最新の話題に関する講義をしてくれるよう頼んだ．ベルヌーイはこれに同意し，何度か講義がなされた．およそ 1 年後，ベルヌーイはパリを離れ，オランダのフローニンゲン大学の教授になった．ロピタルは，指導をさらに続けて欲しかった．そのため彼らは相当な月給で契約を結ぶに至った．ベルヌーイは自分の新発見を含む微分積分学に関する資料をロピタルに送り続けただけでなく，それらを他の誰にも利用させようとしなかった．ベルヌーイは事実上，ロピタルのために研究していた．1696 年までにはロピタルは，自分が微分学に関する教科書を刊行することができるくらいそれをよく理解していると考えていた．そし

文に，ライプニッツがニュートンの流率法を剽窃したとするいわば告発の一節を挿入した．ライプニッツは 1711 年 2 月になってこれを知り，抗議の書簡をハンス・スローン宛てに送ったというわけである．

[*30] 調査委員会が提出した報告書は，1713 年 1 月 29 日に『高等解析に関するジョン・コリンズ氏その他の往復書簡集』(*Commercium epistolicum D. Johannis Collins et analysi promota*) として印刷され公表された．

[*31] この論争は，互いの数学に対する価値規範の違いによるものであり，当時の人々にとっては，両者の数学は「通約不可能」なものであった，という見方も可能である．また一方で近年，ニュートン，ライプニッツの両派はわれわれの想像以上に互いの数学的内容に通じていた，という視点による数学史研究の必要性も提唱されている．たとえば，林知宏「無限小解析学をめぐる先取権論争——新たな数学史的視点」『学習院高等科紀要』第 1 号，2003，85–105 ページ参照．

てロピタルはベルヌーイの研究に対して十分報酬を支払ってきたと感じていたので,彼は新数学におけるベルヌーイの体系と発見の大部分を平気で使用した.ベルヌーイは自分の研究がただの謝辞だけで他人によって刊行されていったことに多少不満を覚えたが,彼はその点については沈黙を保っていた.ロピタルは積分学に関する著作を刊行する前に亡くなってしまったため,結局のところベルヌーイがその題材に関する自分自身の二つの講義内容を出版した.

ロピタルはまず『曲線理解のための無限小解析』(*Analyse des infiniment petits pour l'intelligence des lignes courbes*) と題するきわめて成功した微分積分学の教科書で,変量を絶えず増加または減少するものと定義し,微分の基本的な定義を与えている.「変量が連続的に無限に小さい部分だけ増加,または減少するとき,その無限小部分は,その変量の微分と呼ばれる」.次に,彼はこれらの微分を使用する際の基準となる二つの要請を提示する.

要請 1 その差が無限小量であるような二つの量については,お互いを区別なく見なす(すなわち,使用する)ことができる.あるいは(同じことであるが),無限小量だけ増加,または減少させられた量は,依然として同じ状態のままであると考えられる.

要請 2 曲線は無限に多くの無限小直線の集まりであると考えられる.あるいは(同じことであるが),各々が無限小である無限に多くの辺からなる多角形であり,諸辺はその各々を形成する角によって曲線の曲がり具合を定めていると考えられる[70].

ロピタルにとって,無限小の存在については何ら問題がない.それらは存在し,微分三角形の要素でそれらを表すことができ,そして,彼が提示している様々な規則を用いて計算することができる.ライプニッツが元々述べていたものと同じように諸規則が一般的に述べられるが,すでにライプニッツとベルヌーイが自らの研究で超越的曲線を考え始めていたにもかかわらず,ロピタルは事実上もっぱら代数曲線のみを扱っている.彼は接線影 $y\dfrac{dx}{dy}$ が一定であるものと定義される対数曲線について簡単に言及しているだけで,正弦曲線などに類似したものは何ら扱っていない.

ロピタルによる極大・極小の扱いはライプニッツのものよりもわずかに一般的である.彼は縦線が増加しているなら微分 dy は正で,縦線が減少しているならその微分は負であると述べているが,さらに,もし dy が 0 を通り抜けるか,あるいは無限大になるなら,dy は正から負に,そして縦線は増加から減少へと変化する可能性があるということを二つの可能な方法で示している.この議論の一部として,彼は四つの可能性を例証する図式を提示する.二つは接線が水平であるところ,あとの二つは,尖点があるところと接線が垂直であるところである.こうして彼は,$y - a = a^{\frac{1}{3}}(a-x)^{\frac{2}{3}}$ の極大を見出すために,

$$dy = -\frac{2\sqrt[3]{a}\,dx}{3\sqrt[3]{a-x}}$$

を計算する.$dy = 0$ とはなり得ないことから,彼は dy を無限大に等しいとする.これは $3\sqrt[3]{a-x} = 0$,すなわち,$x = a$ を示している.ロピタルは極大と

極小を見分ける方法を何も与えていないが，極値の性質は一般に問題の条件から明らかである．たとえば，与えられた体積 a^3 を持ち，一辺が与えられた線 b に等しいすべての直六面体 (rectangular parallelepipeds) の中から表面積が最小になるものを見出すという現代の標準的な問題を考えよう．平行六面体の辺は $b, x, \dfrac{a^3}{bx}$ であるから，問題は $y = bx + \dfrac{a^3}{x} + \dfrac{a^3}{b}$ の最小値を見出すことに帰着する．ロピタルは，$x = \sqrt{\dfrac{a^3}{b}}$ のときにこの最小値をとると結論を下す．

ロピタルは自然に 2 階の微分について議論し，ライプニッツと同様に，dx が一定であると仮定すれば，変曲点は $d^2y = 0$ のときに見出されると断定する．また，彼は与えられた曲線の曲率半径を決定するための公式

$$r = \frac{(dx^2 + dy^2)^{\frac{3}{2}}}{dx\,d^2y}$$

を，ニュートンと同様な方法で引き出している．しかし，ロピタルの『解析』は，おそらく分子と分母の両方の極限値が 0 である場合に，商の極限を計算するためのロピタルの規則（たぶんそれはベルヌーイの規則と改名されるべきであろう）の出所として最も有名であろう．

命題 AMD を縦線 y の値が分数量で表され，その分子と分母がそれぞれ，$x = a$ のとき，すなわち点 P が与えられた点 B に一致するとき，0 になるような曲線 ($AP = x, PM = y, AB = a$) とせよ．そのとき，縦線 BD の値を見出すことが求められている（図 12.35）[71]．

ロピタルはただ単に，$y = \dfrac{p}{q}$ とすれば，B に限りなく近い横線 b に対して，縦線 y の値は

$$y + dy = \frac{p + dp}{q + dq}$$

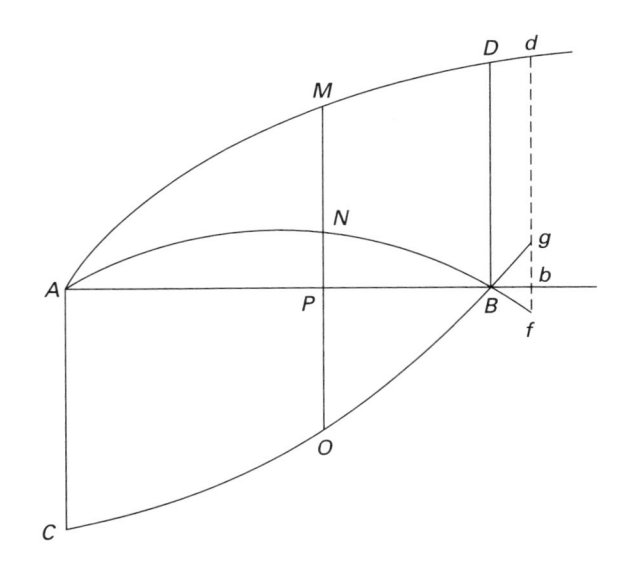

図 12.35
ロピタルによる「ロピタルの規則」を説明する図．関数 g が x 軸より下に引かれているが，曲線 AMD で表される商関数は x 軸より上に引かれていることに注意せよ．関係している関数のすべての値は正の量を表すものと考えよ．

によって与えられると述べている．しかし，この縦線は y に限りなく近く，B で p, q は両方とも 0 であるから，簡単にロピタルは y を $\dfrac{dp}{dq}$ に等しいとする．言い換えれば，「もし分子の微分が見出されるならば，それを分母の微分で割り，$x = a$……とした結果，……求める縦線の値が得られるだろう」（この命題の言明あるいは証明には，極限がまったくかかわっていないということに注意されたい）．ロピタルはここで自明な例を信用していない．彼の最初の例は，数年前にベルヌーイによって伝えられていた関数

$$y = \frac{\sqrt{2a^3x - x^4} - a\sqrt[3]{a^2x}}{a - \sqrt[4]{ax^3}}$$

である．ここでその値は $x = a$ のときに見出されるはずである．簡単な微分計算をして，彼はその答え $y = \dfrac{16}{9}a$ を得ている．

12.7.2 ディットンとヘイズの諸著作

　イングランドの著作者に関心を向けると，ディットンの『流率の機構』(*An Institution of Fluxions*) とヘイズの『流率論』(*A Treatise of Fluxions*) は，いくぶん異なったタイプの教科書であることがわかる．二人の著者はあまり知られていなかった．だが，彼らは二人とも新しい微分積分学を研究し，それを自分自身の学生たちに教えていた——彼らは英語で書かれた教科書ならば学生たちに便利であると思ったのである．二人とも大陸の著作者たちのものを読んではいたが，もちろんライプニッツの微分を用いた技法よりニュートンの流率に基づく技法の方を好んだ．したがって，ディットンは「量は『無限個の小さな構成要素の集合あるいは総和としてではなく，その始まりの最初の瞬間から完全に静止する瞬間まで絶え間なく進み続ける一様な流れの結果としてならば』想像することができ，一つの線は小さい線あるいは部分の付加によって記述されるのではなく，点の連続的な運動によって記述されるのである．……流率法が基礎をおく基本原理は，微分学のものよりも正確で，明瞭で，しかも説得力がある」[72] と書いた．それからディットンは，微分算で「何もない」からという理由で特定の項を捨て去ることは，流率計算で「最後には実際に消滅する」量が掛けられているからという理由で項を取り除くことほど妥当なものではない，ということを読者に納得させようとした．これらの哲学的な議論が学生を納得させたか否かに関係なく，ヘイズとディットンの二人は，微分積分学の両方の分野の基礎に関する，ニュートンのものに類似した扱いを明確に与えた．

　これらの書物がロピタルの教科書と内容的に異なっているのは，積分算の扱いと同様に，おそらくベルヌーイの論文からとられた対数関数と指数関数の詳細にわたる計算においてである．したがって，二人とも，任意の量の対数の流率はその量の流率をその量で割ったものに等しいというベルヌーイの定理を証明した（流率の記法では，この結果は $\dot{\ell}(x) = \dfrac{\dot{x}}{x}$ である．ここで，$\ell(x)$ は対数を表す）．ディットンはベキ級数を用いて証明を与えた．$\ell(1+x) = x - \dfrac{1}{2}x^2 + \dfrac{1}{3}x^3 - \dfrac{1}{4}x^4 + \cdots$ であるから，$\dot{\ell}(1+x) = \dot{x} - x\dot{x} + x^2\dot{x} - x^3\dot{x} + \cdots = \dot{x}(1 - x + x^2 - x^3 + \cdots) = \dfrac{\dot{x}}{1+x}$ となり，結果は求める定理に合致するということになる．

対数を処理すると，両者は指数関数 $y = a^x$ に向かった．その方法はまさにライプニッツの手順を言い換えたものだった．y の流率を計算するために，両者は $\ell(y) = x\ell(a)$ とし，両辺の流率をとって，$\frac{\dot{y}}{y} = \dot{x}\ell(a) + x\dot{\ell}(a)$ と計算せよと述べる．a は一定だから，その対数の流率は 0 である．その結果，$\dot{y} = y\dot{x}\ell(a) = a^x \ell(a)\dot{x}$ ということになる．

ヘイズはまた，曲線が指数関数によって決定されると考える．対数曲線は，その横線が算術数列になるとき，縦線が幾何数列になる曲線，あるいは，それは接線影が一定となる曲線であるということを想起されたい．任意の曲線 y の接線影は $y\frac{\dot{x}}{\dot{y}}$ で与えられ，また曲線 $y = a^x$ の接線影は

$$y\frac{\dot{x}}{y\dot{x}\ell(a)} = \frac{1}{\ell(a)}$$

で与えられるから，$y = a^x$ によって定義される曲線は対数曲線に違いない．さらに，ヘイズは最初に，面積の流率は一般に $y\dot{x}$ であると述べることによって，対数曲線の下方の面積を計算している．この場合，曲線の接線影 $y\frac{\dot{x}}{\dot{y}}$ は一定値 c であるから，結果として，$y\dot{x} = c\dot{y}$ となり，したがって，面積の流率は $c\dot{y}$，そして面積は cy に違いないということになる．ヘイズの結論は，対数曲線の下方の任意の二つの横線の間の面積は，対応する縦線の間の差に比例するということであり，その結果はライプニッツやベルヌーイの研究においても明確ではない．

ディットンは，曲線の求長，曲面の面積，立体の体積，そして重心に関するものを含めて，積分計算の他の面を詳細に扱った．だが彼の教科書は，ヘイズとロピタルの教科書と同様に，正弦，余弦の計算のどちらもまったく扱っていなかった．ある特定の問題の一部として，これらの三角比の関係にときどき言及されることはあったが，18 世紀の転換期には，これらの関数の計算を扱っている場面はどこにも見あたらない．これは 1730 年代のレオンハルト・オイラーの研究に至るまで現れることはなかったのである．

練習問題

接線と極値に関連して

1. 球に内接する最大の平行六面体は立方体であることを示せ．球の半径を 10 とするとき，その立方体の表面積と体積を求めよ．
2. 球に内接する最大の円柱は，直径と高さの比が $\sqrt{2} : 1$ であることを示せ（ケプラー）．
3. 多項式 $p(x)$ の極大・極小を決定するフェルマの二つの方法は，ともに $p'(x) = 0$ を解くことと同値であることを示せ．
4. フェルマの方法の一つを利用して，$bx - x^3$ の極大値を求めよ．フェルマは，極大値として二つの解のうちどちらを選んだらよいかをどのように決めただろうか？
5. フェルマの極大と極小を決定する第一の方法を，M が $p(x)$ の極大値であるなら，多項式 $p(x) - M$ はつねに $(x-a)^2$ を因数に持つことを示すことによって，正当化せよ．ここで，a は極大値を与える x の値である．
6. フェルマの接線法を用いて，点 B の横線 x と $y = x^3$ に接線を与える接線影 t との関係を決定せよ．
7. $f(x,y) = c$ の形の方程式で与えられる曲線に適用できるように，フェルマの接線法を修正せよ．まず，$(x+e, \bar{y})$ が (x,y) に近い接線上の点であるとするならば，$\bar{y} = \frac{t+e}{t}y$ であることに注意せよ．次に，$f(x,y)$ を $f(x+e, \frac{t+e}{t}y)$ と向等せよ．この方法を適用して，曲線 $x^3 + y^3 = pxy$ の接線影を決定せよ．
8. 現代的な記法で，$y = f(x)$ の接線影 t を見つけるフェルマの方法は，$t = \frac{f(x)}{f'(x)}$ を満たす t を決定するという

ことを示せ．同様にして，練習 7 の修正された方法が，現代的な用語で $t = -y\dfrac{\frac{\partial f}{\partial y}}{\frac{\partial f}{\partial x}}$ を満たす t を決定することと同値であることを示せ．

9. フェルマの方法を用いて，楕円 $\dfrac{x^2}{a^2} + \dfrac{y^2}{b^2} = 1$ の接線影を決定せよ．その答えを第 3 章で扱ったアポロニオスのものと比較せよ．
10. デカルトの円の方法を用いて，$y = x^{\frac{3}{2}}$ の法線影を決定せよ．
11. デカルトの円の方法を用いて，$y^2 = x$ の接線の傾きを決定せよ．
12. デカルトの方法に適用されたフッデの規則を利用して，$y = x^n$ の (x_0, x_0^n) における接線の傾きは nx_0^{n-1} であることを示せ．
13. フッデの規則を用いて，$3ax^3 - bx^3 - \dfrac{2b^2 a}{3c}x + a^2 b$ を最大にせよ（この例は，フッデの「極大・極小について」からの引用である）．
14. スリューズの規則をフェルマの方程式 $x^3 + y^3 - pxy = 0$ に適用せよ．
15. スリューズの規則を適用して，円 $x^2 + y^2 = bx$ の接線を求めよ．
16. $y = g(x)$ の接線影を決定するためのフェルマの規則から，特別な場合 $f(x, y) = g(x) - y$ についてのスリューズの規則を導け．練習 7 で議論されたフェルマの規則の修正からスリューズの一般的な規則を導け．

面積と体積に関連して

17. 高さ h，底面積 A の円錐の体積が $\dfrac{1}{3}hA$ であることを考えて，ケプラーの方法を用いて，半径 r の球を無限に多くの無限小の円錐に分割し，さらにそれらの体積を加え合わせて球の体積の公式を導け．
18. フェルマの公式
$$N\binom{N+k}{k} = (k+1)\binom{N+k}{k+1}$$
は
$$N\sum_{j=k-1}^{N+k-1}\binom{j}{k-1} = (k+1)\dfrac{N(N+1)\cdots(N+k)}{(k+1)!}$$
と同値であることを示せ．また，
$$\sum_{j=1}^{N}\dfrac{j(j+1)\cdots(j+k-1)}{k!} = \dfrac{N(N+1)\cdots(N+k)}{(k+1)!}$$
と同値であることも示せ．
19. 練習 18 の最後の式において，$k = 3$ とおいた結果と，整数の和と 2 乗の和の既知の公式から，3 乗の和の公式を導け．
20. 練習 18 の公式を用いて，$\sum_{j=1}^{N} j^4$ の 5 次多項式の公式を見つけよ．
21. 次の公式を，k について帰納法によって証明せよ．
$$\sum_{j=1}^{N} j^k = \dfrac{N^{k+1}}{k+1} + \dfrac{N^k}{2} + p_{k-1}(N)$$
ここで，$p_{k-1}(N)$ は k より次数の低い多項式である．
22. フェルマは 1636 年 8 月 23 日のロベルヴァルへの手紙に以下の結果を加えた．もし頂点 A，軸 AD の放物線が線 BD の周りを回転するならば，この立体の体積は，同じ基線と頂点の円錐の体積と $8:5$ の比を持つ（図 12.36 参照）．フェルマは正しいことを証明せよ．また，この結果はイブン・ハイサムによって発見された，この同じ立体の体積についての結果（第 7 章で議論された）と同値であることを示せ．

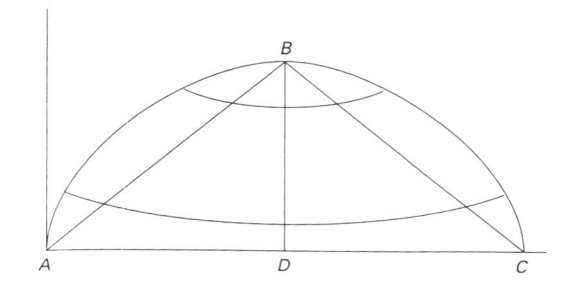

図 **12.36**
軸に垂直な線の周りを回転する放物線に関するフェルマの問題．

23. 曲線 $y = px^k$ の下方の $x = 0$ から $x = x_0$ までの面積を，区間 $[0, x_0]$ を無限個の部分区間に分割することによって決定せよ．ただし，右方から点 $a_0 = x_0$，$a_1 = \dfrac{n}{m}x_0$，$a_2 = \left(\dfrac{n}{m}\right)^2 x_0, \ldots (n < m)$ と始めて，フェルマによる双曲線の下方の面積の導出と同様に続けていくものとする．
24. 不可分者を利用して，和の比についてのウォリスの諸結果は
$$\int_0^{x_0} x^{\frac{p}{q}} dx = \dfrac{q}{p+q} x_0^{\frac{p+q}{q}}$$
を意味することを示せ．
25. ウォリスの方法を用いて，彼の比の表に $p = \dfrac{3}{2}$ と $n = \dfrac{3}{2}$ に対応する行と列を書き入れよ．
26. 双曲線 $y = \dfrac{1}{x+1}$ の下方の $x = 0$ と $x = 1$ の間の面積を近似することによって，$\log 2$ の無限級数を計算せよ．ただし，その領域を長方形に分割するという 1667 年のウィリアム——ブラウンカー子爵 (Viscount Brouncker, 1620–1684)——の方法を利用せよ（図12.37

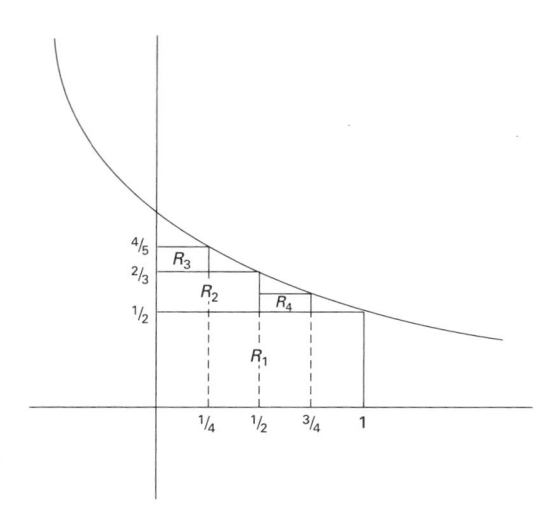

図 12.37

ブラウンカーの方法による双曲線 $y = \dfrac{1}{x+1}$ の下方の面積決定．参照）．$R_1 = \dfrac{1}{1 \times 2}$, $R_2 = \dfrac{1}{3 \times 4}$, $R_3 = \dfrac{1}{5 \times 6}$, $R_4 = \dfrac{1}{7 \times 8}$ を示せ．さらに，この級数の次の 4 項を求めよ．そして最終的に，この級数を継続するための一般規則を決定し，$\log 2 = \dfrac{1}{1 \times 2} + \dfrac{1}{3 \times 4} + \dfrac{1}{5 \times 6} + \dfrac{1}{7 \times 8} + \cdots$ を推定せよ．

グレゴリー，ファン・ヘラート，バロウに関連して

27. テイラーの公式を用いて，タンジェント（正接）関数のベキ級数（第 9 項まで）を導き，グレゴリーの結果と比較せよ．グレゴリーは間違っているか？

28. グレゴリーは他の曲線を加えたり引いたり，比例を用いるなどして作られる曲線の接線影を計算するための様々な公式を導出し，これらを利用してベキ級数の計算をした．とくに，四つの関数が比例 $u : v = w : z$ によって関係づけられるとしたら，接線影 t_z は
$$t_z = \frac{t_u t_v t_w}{t_u t_v + t_u t_w - t_v t_w}$$
によって与えられることを示せ．この式から積と商の導関数の公式を導け．ただし，関数 u が定数ならば，その接線影 t_u は無限であるとせよ．

29. 曲線 $y^4 = x^5$ の $x = 0$ から $x = b$ までの弧の長さを求めよ．

30. 放物線 $y = x^2$ の弧長を求めるには，双曲線 $y^2 - 4x^2 = 1$ の下方の面積を決定する必要があることを示せ．

31. バロウの a, e の方法を用いて，曲線 $x^3 + y^3 = c^3$ の接線の傾きを決定せよ．

32. バロウは自分の a, e の方法を用いて，曲線 $y = \tan x$ の接線の傾きを計算したおそらく最初の人物だったと思われる．DEB が半径 1 の円の四分円，BX が B における接線であるとすると（図 12.38），タンジェント（正接）曲線 AMO は，もし AP が弧 BE に等しいならば，PM が BG（弧 BE のタンジェント）に等しくなるような曲線であると定義される．微分三角形を用いて，曲線 AMO の接線の傾きを計算すると以下の通りである．$CK = f$, $KE = g$ とせよ．$CE : EK = \text{arc } EF : LK = PQ : LK$ であるから，$1 : g = e : LK$ すなわち，$LK = ge$ かつ $CL = f + ge$ ということになる．したがって，$LF = \sqrt{1 - f^2 - 2fge} = \sqrt{g^2 - 2fge}$．$CL : LF = CB : BH$ であるから，円に関する比をタンジェント曲線に関する比へ移すことができる．最終的に，
$$PT = t = \frac{BG \cdot CB^2}{CG^2} = \frac{BG \cdot CK^2}{CE^2}$$
が成り立つことを証明し，この結果はよく知られた公式 $\dfrac{d(\tan x)}{dx} = \sec^2 x$ に言い換えられることを示せ．この結果を考慮に入れると，バロウは三角関数を微分したと言えるだろうか？それはどうしてか？

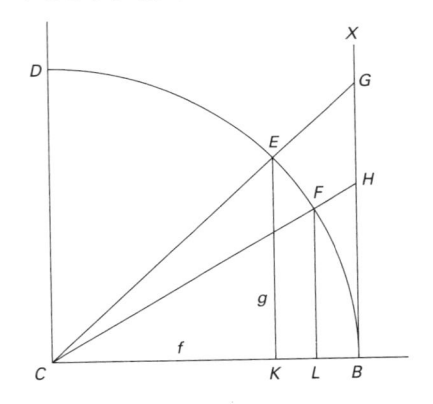

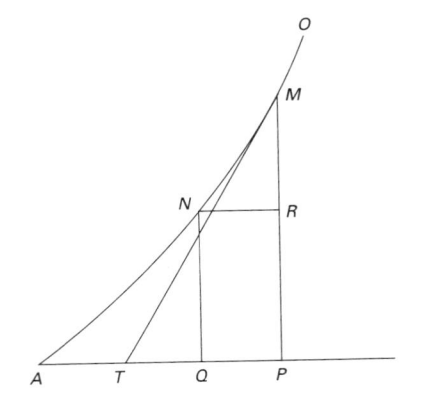

図 12.38

バロウによるタンジェント曲線の接線計算．

ニュートンに関連して

33. $1 + x$ に平方根のアルゴリズムを適用することによって，$\sqrt{1+x}$ のベキ級数を計算せよ．

34. 割り算をずっと続けて，$\frac{1}{1-x^2}$ のベキ級数を計算せよ．

35. ニュートン法を用いて，方程式 $x^2 - 2 = 0$ を小数第 8 位まで正確に解け．これには何段階が必要か？ この方法の有効性を中国の平方根のアルゴリズムのものと比較せよ．

36. $y^3 + y - 2 + xy - x^3 = 0$ を x のベキ級数として，y について解け．$x = 0$ のとき y の値を求めること，すなわち，$y^3 + y - 2 = 0$ を解くことから始めよ．$y = 1$ が一つの解であるから，$y = 1 + p$ が元の方程式の解であると仮定する．y の代わりにこの値を代入し，$1 + 3p + 3p^2 + p^3 + 1 + p - 2 + x + px - x^3 = 0$ を得る．x と p について 1 より高次の項をすべて取り除き，$4p + x = 0$ を解いて $p = -\frac{1}{4}x$ を得る．その結果，$1 - \frac{1}{4}x$ が求める y のベキ級数の最初の 2 項である．さらに進めるには，方程式の p の代わりに $p = -\frac{1}{4}x + q$ を代入して，前と同様に続ける．級数の次の項は $\frac{1}{64}x^2$ であることを示せ．

37. 練習 36 のニュートン法を用いて，方程式 $\frac{1}{5}y^5 - \frac{1}{4}y^4 + \frac{1}{3}y^3 - \frac{1}{2}y^2 + y - z = 0$ を y について解け．まず，第 1 近似 $y = z$ から始める．次に，級数に $y = z + p$ を代入し，p について 1 次以外の項を削除しそれを解き，第 2 近似として $y = z + \frac{1}{2}z^2$ を得る．この方法を続けて，この級数のさらに 2 項 $\frac{1}{6}z^3$ と $\frac{1}{24}z^4$ を得よ．

38. $(1-x^2)^{\frac{1}{2}}$ のニュートンのベキ級数を 2 乗し，その結果として生じるベキ級数が $1 - x^2$ に等しいことを示せ（x^2 以降のすべての項の係数が 0 に等しいということに気がつく必要がある）．

39. $\log(1+x)$ のベキ級数を利用して，$1 \pm 0.1, 1 \pm 0.2, 1 \pm 0.01, 1 \pm 0.02$ の対数の値を小数第 8 位まで計算せよ．教科書で提示された恒等式や各自が自分で考案した他のものを用いて，1 から 10 までの整数の対数表を小数第 8 位まで正確に計算せよ．

40. 方程式 $x^3 - ax^2 + axy - y^3 = 0$ について，数列 4, 3, 2, 1 を掛けることによって流率の関係式を計算せよ．これによって何に気づくか？ もし違う数列を用いるとすれば，どうなるだろうか？

41. 方程式 $y^2 - a^2 - x\sqrt{a^2 - x^2} = 0$ について，ニュートンの規則を用いて流率の関係式を求めよ．$z = x\sqrt{a^2 - x^2}$ とおけ．

42. まず x を $x + 1$ に置き換え，次にベキ級数の手法を用いて，流率方程式 $\frac{\dot{y}}{\dot{x}} = \frac{2}{x} + 3 - x^2$ を解け．

43. すべての惑星が太陽を中心とする円周上を一様に回転するという，単純化された太陽系を仮定せよ．もし求心力が半径の 2 乗に逆比例するならば，惑星の周期の 2 乗は半径の 3 乗に比例することを示せ（これはケプラーの第 3 法則の特別な場合である）．

ライプニッツに関連して

44. 調和級数 $\frac{1}{1}, \frac{1}{2}, \frac{1}{3}, \frac{1}{4}, \ldots$ から始め，差をとることによって，ライプニッツの調和三角形を作図せよ．この三角形の要素に関する公式を発展させよ．

45. 曲線 $y^q = x^p$ ($q > p > 0$) が与えられたとき，変換定理を用いて，

$$\int_0^{x_0} y\,dx = \frac{qx_0 y_0}{p+q}$$

を示せ．$y^q = x^p$ から，$\frac{q\,dy}{y} = \frac{p\,dx}{x}$，したがって，$z = y - x\frac{dy}{dx} = \frac{q-p}{q}y$ となることに注意せよ．

46. 微分を用いる議論によって，商の規則 $d\left(\frac{x}{y}\right) = \frac{y\,dx - x\,dy}{y^2}$ を証明せよ．

47. 微分方程式 $dy = \frac{1}{x+1}dx$ から始め，y が未定係数を含む x のベキ級数であると仮定して簡単な方程式を解き，順に各係数を決定することによって，対数のベキ級数を導け．

48. ライプニッツが述べたやり方で，$x + 1$ の対数 y が与えられるとき，数 $x + 1$ を決定するベキ級数，すなわち指数関数のベキ級数を，未定係数法によって導け．微分方程式 $x + 1 = \frac{dx}{dy}$ から始めよ．

初期の微分積分学の教科書に関連して

49. ロピタルの規則を彼の例

$$y = \frac{\sqrt{2a^3x - x^4} - a\sqrt[3]{a^2 x}}{a - \sqrt[4]{ax^3}}$$

に適用して，$x = a$ のときの値を求めよ．

50. ヘイズとディットンの方法を用いて，$y = x^x$ の流率を計算せよ．

議論に向けて

51. ニュートンとライプニッツの「微分積分学」を，その表記法，使いやすさ，基礎づけの観点から比較対照せよ．

52. 曲線 $y = x^n$ の接線の傾きを決定するための，フェルマの接線法とデカルトの円の方法の有効性を比較せよ．各々の場合に必要となる計算の種類に注意せよ．

53. 方程式が n を正の整数として，$y = x^n$ の形をした曲線に適用されるフェルマの方法によって，積分概念を導入する授業計画の概要を述べよ．

54. ニュートンの考えを用いて，ベキ級数に関する一連の授業計画の概要を述べよ．微分積分学の学課で早い段階か

らそのような級数を紹介することは有益といえるか？それはどうしてか？

55. ニュートンの論考『方法について』の基本線に沿って微分積分学の学課を組立てることができるか？これは微分積分学の学課の通常の構成とどう違っているか？

56. ファン・ヘラートの方法を用いた弧長の決定法を導入する授業計画の概要を述べよ．これは通常の微分積分学の教科書に示されている方法とどう違っているか？

57. 無限小としての微分概念は，現代の微分積分学の授業で教える場合（標準あるいは超準のどちらか），有益な考えと言えるか？それは微分積分学の基本公式の導出をさらに容易にするだろうか？それはどうしてか？

58. ニュートンの類推による議論に従って，一般二項定理に関する授業計画の概要を述べよ．

59. 本章で検討したニュートンとライプニッツより前の数学者たちではなく，彼らが微分積分学の創始者と考えられるのはなぜか？

参考文献と注

まず最初にとりあげるのは，Carl Boyer, *The History of the Calculus and its Conceptual Development* (New York: Dover, 1959) である．この著作は主として，微分積分学の基礎をなす主要な概念について論じている．この書は一般的に，それらの概念をその時代的な精神によって考察するというよりも，もっぱらそれらが現代的な概念を予示しているとして考察しているが，その論じ方は今でもまだ優れたものである．それは本章だけでなく，その前後の数章でも検討された諸概念の――それらが微分積分学に関連している限り――ほとんどを扱っている．Margaret E. Baron, *The Origins of the Infinitesimal Calculus* (Oxford: Pergamon Press, 1969) は，ニュートンとライプニッツの時代に至るまで微分積分学に関して実際に用いられたさらに多くの手法を辿っている．とりわけ，それは17世紀初頭について非常に詳しく，様々な数学者が直面した諸問題を，実際にどう解決したかを理解するのに有益な多くの事例を提供している．3冊目のC. H. Edwards, *The Historical Development of the Calculus* (New York: Springer, 1979) もまた，数学者たちがどう計算したのかを精密に解説することに捧げられているが，上の著作とは違って，それはニュートンとライプニッツの貢献を詳細に扱い，その上18, 19世紀の彼らの継承者たちの仕事も扱っている．微分積分学の歴史の簡単な概観を知るには，Arthur Rosenthal, "The History of Calculus," *American Mathematical Monthly*, **58** (1951), 75–86 がある．17世紀数学のより一般的な議論は，D. T. Whiteside, "Patterns of Mathematical Thought in the Later Seventeenth Century," *Archive for History of Exact Sciences*, **1** (1960–62), 179–388 に見られる．20世紀初頭を通して推し進められた微分積分学の諸概念について，さらに詳しくは，Ivor Grattan-Guinness, ed. *From the Calculus to Set Theory, 1630–1910: An Introductory History* (London: Duckworth, 1980) を参照されたい［また，日本語で読めるものとして，次の文献はきわめて有益である．原亨吉「近世の数学――無限概念をめぐって」，伊東俊太郎，原亨吉，村田全『数学史』筑摩書房，1975 所収，119–372 ページ］．

1. [*Gottfried Wilhelm Leibniz Sämtliche Schriften und Briefe*, herausgegeben von Der Deutschen Akademie der Wissenschaften zu Berlin (Berlin: Akademie Verlag, 1923–), III-2, S. 931f.] J. M. Child, *The Early Mathematical Manuscripts of Leibniz* (Chicago: Open Court, 1920), p. 215. この著作には，ライプニッツの1680年頃までの数学草稿の多くを翻訳編集したものが含まれている．その解説は慎重に読まれねばならない．というのも，チャイルドはライプニッツの著作の多くがアイザック・バローの著作から得られていることを明らかにすることに最大の興味を持っていたように思われるからである．

2. H. W. Turnbull, ed., *The Correspondence of Isaac Newton* (Cambridge: Cambridge University Press, 1960), Vol. II, pp. 115 & 153. この全7巻には他の関連する資料だけでなく，現存するほとんどすべてのニュートンの往復書簡が収められている．このアナグラムを解釈する際には，ラテン語で文字「u」と「v」は交換可能であることを心に留めておかれたい．

3. Johann Kepler, *Gesammelte Werke*, ed. by M. Caspar (Munich: Beck, 1960), vol. IX, p. 85.

4. [*Analytica eiusdem methodi investigatio*, in *Œuvres de Fermat*, publiées par Charles Henry et Paul Tannery, t. I (Paris, 1891), pp. 147–153, on p. 147.] 引用は，Michael Mahoney, *The Mathematical Career of Pierre de Fermat, 1601–1665* (Princeton: Princeton University Press, 1973; $_2$1994), p. 148.

5. ["Methodus ad disquirendam maximam et minimam," in *Œuvres de Fermat*, t. I, pp. 133–134, on p. 134.] D. J. Struik, ed., *A Source Book in Mathematics, 1200–1800* (Cambridge: Harvard University Press, 1969), p. 223.

6. フェルマの方法に関するフェルマとデカルトとの論争，およびそれを悪化させる，メルセンヌの演じた役割に関する議論については，Mahoney, *Mathematical Career*, [n. 4], Chapter IV を参照せよ．

7. David Eugene Smith and Marcia L. Latham, trans.,

The Geometry of René Descartes, (New York: Dover, 1954), p. 95 [*Œuvres de Descartes*, publiées par Ch. Adam et P. Tannery (=*AT*), t. VI, p. 413. 原亨吉訳『幾何学』,『デカルト著作集』1, 白水社, 1973 所収, 32 ページ].

8. 同上, pp. 100–104 [*Œuvres de Descartes*, t. VI, pp. 417–418. 邦訳, 35 ページ].
9. Struik, *Source Book*, [n. 5], p. 194.
10. 同上, p. 196.
11. 引用は, Edwards, *Historical Development*, p. 103.
12. 引用は, François De Gandt, *Force and Geometry in Newton's Principia*, (Princeton: Princeton University Press, 1995), pp. 172–173. この書は, ニュートンの 1687 年の傑作[『プリンキピア』]の基礎として役立った, 基本的な自然学上並びに数学的な概念をいくつか遡って検討している.
13. *Ibid.*, p. 176.
14. [Bonaventura Cavalieri, *Geometria indivisibilibus continuorum nova quadam ratione promota* (Bononiae, 1635; $_2$1653), p. 115.] Kirsti Andersen, "Cavalieri's Method of Indivisibles," *Archive for History of Exact Sciences*, **31** (1985), 291–367, p. 316. ここでのカヴァリエリについての議論は, 大部分がこの論文に基づく.
15. Paolo Mancosu and Ezio Vailati, "Torricelli's Infinitely Long Solid and Its Philosophical Reception in the Seventeenth Century," *Isis*, **82** (1991), 50–70, p. 54.
16. [*Œuvres de Fermat*, t. II, p. 72.] Mahoney, *Mathematical Career*, [n. 4], p. 220.
17. 同上, p. 221 [*Œuvres de Fermat*, t. II, pp. 81–82].
18. 同上, p. 230 [*Œuvres de Fermat*, t. II, pp. 66–77].
19. 整数ベキの和の公式を発展させる試みに関する議論については, Ivo Schneider, "Potenzsummenformeln im 17. Janrhundert," *Historia Mathematica*, **10** (1983), 286–296 を見よ.
20. Blaise Pascal, *Oeuvres*, ed. by L. Brunschvicg and P. Boutroux, (Paris: Hachette, 1909), vol. III, p. 365.
21. [Wallis, *Opera mathematica*, vol. I (Oxford, 1695; repr., 1972), p. 395.] Struik, *Source Book*, [n. 5], p. 247. ジョン・ウォリスの著作に関してさらに詳しくは, J. F. Scott, *The Mathematical Work of John Wallis* (New York: Chelsea, 1981) を見よ.
22. Evelyn Walker, *A Study of the Traité des Indivisibles of Gilles Persone de Roberval* (New York: Columbia University, 1932), p. 174.
23. [Pascal, *Oeuvres*, vol. IX (Paris: Hachette, 1914), p. 61.] Struik, *Source Book*, [n. 5], p. 239.
24. H. W. Turnbull, ed., *James Gregory Tercentenary Memorial Volume* (London: G. Bell and Sons, 1939), p. 148.
25. 同上, p. 170.
26. R. C. Gupta, "The Madhava-Gregory Series," *The Mathematics Educator (India)*, **7** (1973), 67–70, p. 68. インドのベキ級数に関する 20 世紀前半の調査報告に, K. Mukunda Marur and C. T. Rajagopal, "On the Hindu Quadrature of the Circle," *Journal of the Bombay Branch of the Royal Asiatic Society*, **20** (1944), 65–82; C. T. Rajagopal and A. Venkataraman, "The Sine and Cosine Power Series in Hindu Mathematics," *Journal of the Royal Asiatic Society of Bengal, Science*, **15** (1949), 1–13 がある. 逆正接（アークタンジェント）級数の証明に関する解説は, C. T. Rajagopal, "A Neglected Chapter of Hindu Mathematics," *Scripta Mathematica*, **15** (1949), 201–209 と C. T. Rajagopal and T. V. Vedamurthi Aiyar, "On the Hindu Proof of Gregory's Series," *Scripta Mathematica*, **15** (1951), 65–74 にある. また, Ranjan Roy, "The Discovery of the Series Formula for π by Leibniz, Gregory and Nilakantha," *Mathematics Magazine*, **63** (1990), 291–306 でも論じられている. その正弦級数と余弦級数は, Victor J. Katz, "Ideas of Calculus in Islam and India," *Mathematics Magazine*, **68** (1995), 163–174 で詳細に計算されている. さらに詳しくは, C. T. Rajagopal and M. S. Rangachari, "On an Untapped Source of Medieval Keralese Mathematics," *Archive for History of Exact Sciences*, **18** (1978), 89–101; "On Medieval Kerala Mathematics," *Archive for History of Exact Sciences*, **35** (1986), 91–99 を参照. [日本語の著作として, 楠葉隆徳・林隆夫・矢野道雄『インド数学研究——数列・円周率・三角法』恒星社厚生閣, 1997 をあげておく. これには,『クリヤークラマカリー』,『リーラーヴァティー』, ニーラカンタ著『アールヤバティーヤ注解』の抄訳と解説がおさめられているなど, 大変有益である.]
27. 次の論考はファン・ヘラートに関する最良の研究である. J. A. van Maanen, "Hendrick van Heuraet (1634–1660?): His Life and Mathematical Work," *Centaurus*, **27** (1984), 218–279.
28. [Isaac, Barrow, *Lectiones geometricæ* (Londini, 1670; repr., Hildesheim-New York: Georg Olms Verlag, 1976), pp. 243–244.] J. M. Child, *The Geometrical Lectures of Isaac Barrow* (Chicago: Open Court, 1916), [n. 1], p. 117. チャイルドは, 自己の解説において, バロウの幾何学的な著作を現代的な解析の術語に翻訳することで, バロウがほとんど微分積分学を創案したと考えているようである. それはバロウ自身が決してとらなかった方法である. それにもかかわらず, バロウの講義には大いに関心が持たれている. この書の書評である Florian Cajori, "Who Was the First Inventor of

the Calculus," *American Mathematical Monthly*, **26** (1919), 15–20 を参照せよ.

29. 同上, p. 39 [*Lectiones geometricæ*, pp. 169–170].
30. 同上, p. 120 [*Lectiones geometricæ*, p. 247].
31. Richard Westfall, *Never at Rest* (Cambridge: Cambridge University Press, 1980), p. x ［田中一郎・大谷隆昶訳『アイザック・ニュートン』I, 平凡社, 1993, 7 ページ］. この伝記は, ニュートンの数学的業績だけでなく, 科学の他の様々な領域における彼の研究にも詳細にわたって刺激的に言及している. ニュートンの数学的業績に関する概要については, V. Frederick Rickey, "Isaac Newton: Man, Myth, and Mathematics," *College Mathematics Journal*, **18** (1987), 362–389 が優れている. ニュートンの初期の研究に関する概要については, 次の二つの論考を見られたい. Derek T. Whiteside, "Isaac Newton: Birth of a Mathematician," *Notes and Records of the Royal Society*, **19** (1964), 53–62; 同著者の "Newton's Marvelous Years: 1666 and All That," *Notes and Records of the Royal Society*, **21** (1966), 32–41. ［さらに, 近年の研究として, 高橋秀裕『ニュートン――流率法の変容』東京大学出版会, 2003 は, 1960 年代末に始まるニュートン学の成果をふんだんに活用し, ニュートンの数学, とりわけ流率法の形成過程とその変容を明らかにすることを通して, ニュートンの数学について新しいイメージを提示している.］
32. John Fauvel, Raymond Flood, Michael Shortland, and Robin Wilson, eds., *Let Newton Be! A New Perspective on His Life and Works* (Oxford: Oxford University Press, 1988), p. 15 ［平野葉一・川尻信夫・鈴木孝典訳『ニュートン復活』現代数学社, 1996, 31 ページ］.
33. Westfall, *Never at Rest*, [n. 31], p. 191 ［邦訳, 206 ページ］.
34. 同上, pp. 192 & 209 ［邦訳, 207 ページ, 225 ページ］.
35. Derek T. Whiteside, *The Mathematical Papers of Isaac Newton* (Cambridge: Cambridge University Press, 1967–1981), vol. III, pp. 33–35. この全 8 巻には, ニュートンの残存する数学草稿のすべてが集められ――適宜翻訳され――編集されている. これらの巻を念入りに読みあされば得るところが多い. ニュートンの微分積分学を簡潔に紹介しているものに, Philip Kitcher, "Fluxions, Limits and Infinite Littleness: A Study of Newton's Presentation of the Calculus," *Isis*, **64** (1973), 33–49 がある.
36. Turnbull, *Correspondence*, [n. 2], vol. II, p. 131. この二項定理に関する議論が書かれている書簡――「後の書簡」(Epistola posterior)――は, ニュートンからヘンリー・オルデンバーグ (Henry Oldenburg) に送られ, 次にそれをオルデンバーグがライプニッツに転送したものである. 後にそれは, 剽窃によりライプニッツを有罪と宣告する王立協会の報告書に, 1676 年 6 月 13 日付の「前の書簡」(Epistola prior) と同様, 主要な証拠として引用された.
37. Whiteside, *Mathematical Papers*, [n. 35], II, pp. 241–243.
38. 同上, II, p. 213.
39. 同上, III, p. 71.
40. 同上, III, p. 73.
41. 同上, III, p. 75.
42. 同上, III, p. 81.
43. 同上.
44. 同上.
45. 同上, III, p. 83.
46. 同上, III, p. 117.
47. 同上, III, p. 151. 曲率についてさらに詳細には, Julian L. Coolidge, "The Unsatisfactory Story of Curvature," *American Mathematical Monthly*, **59** (1952), 375–379 を参照せよ.
48. 同上, III, p. 237.
49. Westfall, *Never at Rest*, [n. 31], p. 403 ［邦訳, 441 ページ］.
50. [ULC, Add. 3965.7, f. 55r.] De Gandt, *Force and Geometry*, (n. 14), p. 18.
51. 同上, p. 22 [Add. 3965.7, f. 55r].
52. 同上, p. 31 [Add. 3965.7, f. 56].
53. 同上, p. 39 [Add. 3965.7, f. 57].
54. 逆 2 乗力は楕円軌道を導くという結果の, ニュートンの証明に関するさらに詳細な議論については, Bruce Pourciau, "Reading the Master: Newton and the Birth of Celestial Mechanics," *American Mathematical Monthly*, **104** (1997), 1–19 を見よ.
55. Isaac Newton, *Principia*, translated by A. Motte and revised by F. Cajori, (Berkeley: University of California Press, 1966), pp. 38–39 ［『プリンキピア』の最も信頼できる標準原典として, *Isaac Newton's Philosophiae Naturalis Principia Mathematica*, The Third Edition (1726) with Variant Readings, eds. A. Koyré and I. B. Cohen with the assistance of A. Whitman, 2 vols. (Cambridge, 1972) がある. また, 邦訳として, 河辺六男訳『ニュートン――自然哲学の数学的諸原理』世界の名著 26, 中央公論社, 1971 は容易に入手できる］.
56. 近年のライプニッツに関する最良の研究には, 彼の科学的経歴を余すところなく扱っている一般的な著作である Eric Aiton, *Leibniz, A Biography* (Bristol: Adam Hilger Ltd, 1985) ［渡辺正雄・原純夫・佐柳文男訳『ライプニッツの普遍計画――バロックの天才の生涯』工作舎, 1990］と, ライプニッツが微分積分学の自己のバー

ジョンを創案した数年間を詳細に扱っている Joseph E. Hofmann, *Leibniz in Paris, 1672–1676* (Cambridge: Cambridge University Press, 1974) がある．［さらに，近年の研究として，林知宏『ライプニッツ——普遍数学の夢』東京大学出版会，2003 は，ライプニッツの，とくに無限小解析の形成を中心にした数学的思索の展開を「普遍数学」概念をキーワードとして再構築している．］

57. Child, *Early Mathematical Manuscripts*, [n. 1], pp. 30–31. これは「微分算の歴史と起源」(*Historia et origo calculi differentialis*) の一部分である［*G. W. Leibniz Mathematische Schriften*, herausgegeben von C. I. Gerhardt (Berlin, 1849–1863; repr., Hildesheim/New York: Georg Olms Verlag, 1971), V, S. 392–410. 邦訳は『ライプニッツ著作集』3, II-34, 305–335 ページ, 311 ページ］．
58. 同上, p. 100 [Cf. *Der Briefwechsel von Gottfried Wilhelm Leibniz mit Mathematikern*, herausgegeben von C. I. Gerhardt (1899; repr., Hildesheim-New York: Georg Olms Verlag, 1987), S. 161–166].
59. 同上, p. 143.
60. Struik, *Source Book*, [n. 5], p. 275 [*G. W. Leibniz Mathematische Schriften*, V, S. 220–226. 邦訳は『ライプニッツ著作集』2, II-12, 296–307 ページ, 298 ページ］．
61. 同上, p. 279［『ライプニッツ著作集』2, II-12, 306 ページ］．
62. *G. W. Leibniz Mathematische Schriften*, V, 320–328.
63. Johann Bernoulli, *Opera Omnia* (Hildesheim: Georg Olms Verlag, 1968), vol. I, 179–187, p. 183.
64. Child, *Early Mathematical Manuscripts*, [n. 1], p. 138［この草稿の執筆年代について，チャイルドは "No date" としている．また，ヘスによれば，「1684 年 9 月以前」となっている．H. J. Hess, "Fur Vorgeschichte der Nova Methodus 1676–1684," *Studia Leibnitiana*, Sonderheft **14** (1986), S. 97］．
65. *G. W. Leibniz Mathematische Schriften*, vol. V, 294–301. 英語版は, Struik, *Source Book*, [n. 5], p. 282 にある．
66. 同上, vol. V, 285–288.
67. H. J. M. Bos, "Differentials, Higher-Order Differentials and the Derivative in the Leibnizian Calculus," *Archive for History of Exact Sciences*, **14** (1974), pp. 1–90, p. 56. この引用の元論文は, *G. W. Leibniz Mathematische Schriften*, [n. 62], vol. V, p. 350 で調べよ．ボスの論文は，一般的な微分概念に関する優れた研究である．
68. 同上 [*G. W. Leibniz Mathematische Schriften*].
69. この論争については，A. R. Hall,, *Philosophers at War: The Quarrel Between Newton and Leibniz* (Cambridge: Cambridge University Press, 1980) が詳細な議論を展開している．
70. [Guillaume François A. Marquis de l'Hospital, *Analyse des infiniment petits sur lignes courbes* (Paris, 1696), pp. 2f.] Struik, *Source Book*, [n. 5], p. 313. ストルイクは, ロピタルの『解析』の何節かに英訳を与えている．ロピタルの著作についてより詳細には, Carl Boyer, "The First Calculus Textbook," *Mathematics Teacher*, **39** (1946), pp. 159–167 を参照せよ．
71. 同上, pp. 315–316. Dirk Struik, "The Origin of l'Hospital's Rule," *Mathematics Teacher*, **56** (1963), 257–260 も参照せよ．
72. Humphry Ditton, *An Institution of Fluxions*, (London: Botham, 1706), p. 1.

［邦訳への追加文献］『プリンキピア』の最新の英訳として，近年次の書が刊行されている．*The Principia: Mathematical Principles of Natural Philosophy*, trans., I. B. Cohen & A. Whitman with the assistance of J. Budenz, preceded by A Guide to Newton's *Principia* by I. B. Cohen (Berkeley-Los Angeles-London: University of California Press, 1999). また，『プリンキピア』に関する最新の研究として，次の書がある．Niccolò Guicciardini, *Reading the* Principia: *The Debate on Newton's Mathematical Methods for Natural Philosophy from 1687 to 1736* (Cambridge: Cambridge University Press, 1999).

微分積分学の流れ

1340 [頃]–1425	マーダヴァ	ベキ級数
1445–1545	ケーララ・ガルギャ・ニーラカンタ	ベキ級数
1530–1610	ジュイェーシュタデーヴァ	ベキ級数導関数
1571–1630	ヨハンネス・ケプラー	極大，面積，体積
1584–1667	グレゴワール・ド・サン・ヴァンサン	放物線の下方の面積
1596–1650	ルネ・デカルト	法線
1598–1647	ボナヴェントゥーラ・カヴァリエリ	面積と体積
1602–1675	ジル・ペルソンヌ・ド・ロベルヴァル	接線，面積
1607–1665	ピエール・ド・フェルマ	極値，接線，面積
1608–1647	エヴァンジェリスタ・トリチェッリ	面積と体積
1615–1677	ヘンリー・オルデンバーグ	微分積分学の通信者
1616–1703	ジョン・ウォリス	面積
1618–1667	アルフォンソ・アントニオ・デ・サラサ	対数と面積
1620–1687	ニコラウス・メルカトル	対数のベキ級数
1622–1685	ルネ・フランソワ・ド・スリューズ	導関数のアルゴリズム
1623–1662	ブレーズ・パスカル	面積
1625–1683	ジョン・コリンズ	微分積分学の通信者
1628–1704	ヤン・フッデ	導関数のアルゴリズム
1630–1677	アイザック・バロウ	面積，接線，弧長
1634–1660	ヘンドリク・ファン・ヘラート	弧長
1638–1675	ジェイムズ・グレゴリー	面積，級数
1642–1727	アイザック・ニュートン	級数，流率，微分積分学の基本定理，天体力学
1646–1716	ゴットフリート・ヴィルヘルム・ライプニッツ	微分，微分積分学の基本定理
1661–1704	ギヨーム・フランソワ・ロピタル	微分学の教科書
1667–1748	ヨハン・ベルヌーイ	指数関数の微分積分学
1675–1715	ハンフリー・ディットン	微分積分学の教科書
1678–1760	チャールズ・ヘイズ	微分積分学の教科書

第IV部

近代および現代数学
1700年–2000年

Chapter 13

18世紀の解析学

「数学教授ヨハン・ベルヌーイは，全世界の中で最も才覚のある数学者に対して最大の敬意を表します．なぜなら知の増進へと導く労力ほど，高貴で独創的な精神を大いに駆り立てるものはめったにないということを確信を持って知っているからです．それは，……後世において，名声を高め，永遠の記念碑をみずから築き上げることを達成できる問題解法の提示につながる労力よりも上なのです．だから私は，この時代の先端をいく解析学者の前に，……彼らの方法を試し，彼らの力を行使することができる，いくつかの問題を提起し，数学の世界に感謝を捧げたいと考えています．もし彼らがどんなものでも光をもたらしてくれるならば，あらゆる人々がわれわれからの賞賛を公に受けるべく，われわれとの対話が可能になることでしょう」．
(1697年1月，オランダ，フローニンゲンにおいて公にされた宣言)[1].

1739年3月30日，レオンハルト・オイラーはサンクト・ペテルブルクの科学アカデミーへ，一編の論文を提出した．その中で初めて，三角関数の微分積分に関する議論が登場したのである．オイラーの論文が登場するまでは，文字と数を含んだ式として，微分積分のテクニックを用いて他の式に対する関係を研究することができた代数関数のように，正弦，余弦関数を表すという感覚はなかった．1739年になってやっと，オイラーは振動弦の理論から導かれる微分方程式の解として，正弦，余弦関数が自然に現われることに気づいたのだった．その時，二つの関数は他の型の関数と結びつけられた．オイラーは彼の発見を書簡を通じて他の数学者たちに知らせ，最終的に1748年に刊行された著作，『無限解析入門』の中でその話題を詳しく論じた．

微分積分学が18世紀において引き続き発展していくのを支えた原動力は，自然学上の問題を解くこと，すなわち一般的に微分方程式によって，数学的な定式化をするという欲求だった．ニュートンもライプニッツも，曲線に関する研究の中で微分方程式をすでに解いていた．だが彼らに続く数学者たちは，徐々に曲線やそれに伴った幾何学的変量の研究から，ある定量と同時に一つまたはそれ以上の変量を含んだ解析的表現，すなわち1変数，または多変数の関数の研

究の方へと重きをおくようになった[*1]．ニュートンの運動法則を適用することからしばしば生じる物理的状態によって決定されたこれらの変量の微分量と，それらに従属する変量との関係は，解として求める関数を直接的に決定する微分方程式を導いた．実際新しいクラスの関数が，それらが満たす微分方程式を通じて発見され，解析された．

　18 世紀の解析学の発展における大人物は，歴史上最も多産な数学者レオンハルト・オイラーであった．本章の記述の大半は，解析学において影響力を持った彼の三つの教科書とともに，微分方程式，変分法，多変数の微分積分学の理論の中で成し遂げられた業績に充てられるだろう．だが，本章はまずベルヌーイ兄弟によって，ヨーロッパの数学者たちに対して提示された，いくつかの未解決問題から始めよう．それらの問題の解法は，のちにオイラーやその他の人々が発展させた数学上の新しい発想の確立に役立った．また影響力を持った発想や技法は，イギリスのトーマス・シンプソンやコリン・マクローリンの業績や，イタリアのマリーア・ガエターナ・アニェージの業績の中にも現れるので，そうした人々の教科書も同様に考察していく．とりわけ，マクローリンは微分積分学の基礎に関するジョージ・バークリの批判に答えるという意図で教科書を書いたので，マクローリンがバークリの批判にどのように返答したかも論じることにしよう．そして，本章は無限小量への言及や，極限への言及さえも排除し，ベキ級数の概念の上に微分積分学を基礎づけようとしたジョゼフ・ルイ・ラグランジュによる試みを分析するところで終わる．

13.1　微分方程式論

　ヨーロッパで，最初にライプニッツ流の微分積分学の新しい技法を理解し，新しい問題へそれを適用しようとしたのは，ヤーコプとヨハン（しばしば，ジャックとジャン，またはジェームズとジョンとも称される）のベルヌーイ兄弟であった．すでに 1659 年にホイヘンスは発見のために無限小を利用しており，また重力によってある曲線上を降下する物体が，その曲線上のどのような点から出発しようとも同じ時間で底まで達するならば，その曲線はサイクロイドであることを証明するために幾何学を利用していた．ホイヘンスは，その後こうした発想をたとえば振子時計の発明に用いた．彼は振子がサイクロイド上を動くように拘束されているならば，振動の幅にかかわらず，完璧に等時性を保つことを十分理解していた．ヤーコプ・ベルヌーイは，1690 年にホイヘンスの結果を，等時曲線に対する微分方程式を立てることにより，解析的に証明することができたのだった．

　等時曲線問題に成功を収めたヤーコプは（図 13.1 参照），次にカテナリー（懸垂線），すなわち固定された 2 点間に束縛なく吊るされ，柔軟だが弾性的でない弦として想定される曲線を決定するという新しい問題を提示した．ヤーコプ

[*1] 以下で "variable" という語の訳語として，「変数」，「変量」という二つの用語を使う．前者は，とくに関数と組み合わされた場合に用いる．後者は，関数と無関係に図形（曲線）の中でとられる，ある変化の大きさを意味する場合に用いる．本章が描く時期は「関数」概念が形成されていく過渡期にあたる．そこで，一つの用語に対する多義性を，ニュアンスとして残すためにそうした訳し分けを行うことにする．

伝　記

ヤーコプ・ベルヌーイ (Jakob Bernoulli, 1654–1705)，ヨハン・ベルヌーイ (Johann Bernoulli, 1667–1748)

　ヤーコプ・ベルヌーイは数学を独学で学んだ．彼はフランス，オランダ，およびイギリスで過ごしながら，様々な学者や数学者の著作に親しんだのだった．1683 年，故郷バーゼルへ戻る際に，スホーテンによるデカルト『幾何学』のラテン語訳を研究し，最終的にバーゼル大学に職を得た．最初は実験自然学の講師であった．1687 年に数学教授に就任し，生涯その地位にとどまった．その間，彼の弟ヨハンは，実業家になって父を喜ばせようとしたが不成功に終わっていた．医学を志して大学に入学し，再び父の願いを叶えようとした．にもかかわらず，彼は多くの時間をヤーコプとともに，数学を研究して過ごした．彼らは一緒にライプニッツの初期の業績を習得し，すぐに自分たち自身の数学的貢献をすることができたのだった．

　ヨハン・ベルヌーイは，1690 年代前半，様々な論考においてライプニッツの手法をいっそう精密に磨き上げた．その結果，ホイヘンスの助力を得て，オランダのフローニンゲン大学の数学教授職に就くことになった．彼は，兄ヤーコプが 1705 年に亡くなって，バーゼルの教授職を受け継ぐまでその地位を全うした．

図 13.1
スイスの切手に描かれるヤーコプ・ベルヌーイ．

自身はその問題を解決することはできなかったが，1691 年 6 月には『学術紀要』誌上に，ライプニッツ，ホイヘンス，ヨハン・ベルヌーイによる解が発表された．ヨハンは彼の兄を乗り越えたことを大いに自慢し，この解のおかげで熟睡できると記した．ヨハンの解は，のちにロピタルへの講義の中でより詳細が明らかにされるが，実際次のようなものである．s を弧長とするとき，弦が位置を保つように作用する力の解析から導かれる微分方程式 $dy/dx = s/a$ から出発する．$ds^2 = dx^2 + dy^2$ より，元の方程式の両辺を平方すると，

$$ds^2 = \frac{s^2 dy^2 + a^2 dy^2}{s^2}, \quad \text{または} \quad ds = \frac{\sqrt{s^2 + a^2}\, dy}{s}$$

となる．または最終的に，

$$dy = \frac{s\, ds}{\sqrt{s^2 + a^2}}$$

を得る．ここで両辺を積分すると，$y = \sqrt{s^2 + a^2}$ または，$s = \sqrt{y^2 - a^2}$ となる．ベルヌーイは

$$dx = \frac{a\, dy}{s} = \frac{a\, dy}{\sqrt{y^2 - a^2}}$$

と結論を下した．彼はこの積分を x を用いて閉じた形 (closed form) に表現することはできなかったが，ある種の円錐曲線の利用によって，求める曲線を構成することができた．現代の用語を用いると，この方程式の解は $x = a \ln(y + \sqrt{y^2 - a^2})$，または $y = a \cosh \dfrac{x}{a}$ という式で表される．ただ，1691 年のヨハン・ベルヌーイや，同様に彼の同時代人たちにとっては，既知の曲線の下の面積［すなわち曲線

のグラフと軸に囲まれた部分の面積] や，長さに関する解が得られるならば，それで十分であったのである．

その後の数年間に，ヤーコプ，ヨハンの両兄弟は，ライプニッツとともに微分方程式を含んだ他の問題を提示し，解を得る方法を発展させた．とくに，1691 年にライプニッツは，変数分離の技法を見出した．すなわち，微分方程式を $f(x)dx = g(y)dy$ の形に書き変え，両辺を積分して解を与える方法である．彼はまた同次方程式 $dy = f(y/x)dx$ を $y = vx$ と置き換え，変数を分離することによって解く手法もあみ出した．加えて 1694 年までに，ライプニッツは一般の 1 階線形微分方程式 $m\,dx + ny\,dx + dy = 0$（ただし m, n はともに x の関数）も解いていた（現代の表記法では，この方程式は $dy/dx + ny = -m$ と表される）．彼は式 $dp/p = n\,dx$ によって p を定義し，代入して $pm\,dx + y\,dp + p\,dy = 0$ とした．実際，左辺の最後の 2 項は $d(py)$ に等しく，積分すると $\int pm\,dx + py = 0$ となるからである．面積によって解を与えるこの方程式は，ライプニッツの求める解を提供したのであった．

13.1.1 最速降下線問題

数学に対する最大の成果という点で，ヨハン・ベルヌーイが提示した問題のうち，最も重要なものはおそらく「**最速降下線問題**」（最も速い降下をもたらす曲線を求める問題）であったろう．彼は最初，それを 1696 年 6 月の『学術紀要』誌上で次のように提起した．「数学者たちに解決が求められる新しい問題．すなわち 2 点 A, B が，ある鉛直方向の面内に与えられるときに，自分自身の重みによって降下する動体 M に対して，点 A から B まで最短時間で到達するような線 AMB を定めること」[2]．ベルヌーイは求める線は直線でなく，「幾何学者たちによく知られた曲線」になると注記した．彼は，1696 年の終わりまでに解を提示することを求めていたが，1697 年 1 月にはライプニッツの示唆を受けて締め切りを復活祭まで延長した．さらに，本章の冒頭の引用にあるように，『学術紀要』誌の中の注記が目に入らなかった人々に対しても，その問題を送ったのだった．ヨハン・ベルヌーイは「金だの，銀だのといった報償を」提供するのではなく，「むしろ徳そのものが最も望ましい見返りであり，名声は強力な動機となるものであるから，われわれは名誉，賛美，賞賛をおりまぜた懸賞を提供する．したがってわれわれは公にも，私的にも，書簡の中でも，言葉によっても，われらが偉大なるアポロの明敏さに報い，栄誉を与え，絶賛することを惜しまないだろう」と述べた[3]．ベルヌーイの挑戦状を送りつけられた者の中に，ニュートンも含まれていた．ヨハンは，ニュートンはライプニッツの方法を剽窃しただけだと信じており，この問題を解くことはできないだろうと考えていた．

ニュートンは，ヨハン・ベルヌーイからの書簡を 1697 年 1 月 27 日の午後 4 時頃受け取った．その時，彼は造幣局における面倒な一日にすっかり疲労困憊していた．にもかかわらず，翌朝の午前 4 時まで，眠らずにその問題を解決した．ベルヌーイはニュートンの才能を思い知らされた．[同じようにニュートンを見くびっていた] ライプニッツは王立協会に対して，その問題にかかわったことを否定する書簡を記すはめになるほどばつの悪い思いをした．いずれにせよ，ニュートンの解は 1697 年 5 月に『学術紀要』誌上に，ライプニッツ，ヤーコプ・

ベルヌーイ，そしてヨハン自身の解とともに発表された．

ヨハン・ベルヌーイはその問題の解決のために，二つの自然学上の原理を利用した．まず最初に，ガリレオにしたがって，落下する物体の速度は落下距離の平方根に比例することに注意した．2番目に，光線がより疎な媒体からより密な媒体へと進むときに，その光線は入射角の正弦と反射角の正弦の比が媒体の密度の逆比になるように，それゆえ媒体の中での速度の比になるように屈折する，という［ウィルブロード・］スネルの法則を思い起こした．この法則は，光線は通過する時間が最短となるような道をとるという原理の応用として，すでにフェルマによって導かれていた．ヨハンはこの問題を解くにあたって，鉛直方向の面が密度の変化する無限小の薄さを持った層の重なりからなると想定した．その最短時間の経路，最速降下線は，したがって一つの層から次の層へと連続的に方向を変える光線の通る道であった．だから各点において，曲線に対する接線と垂直軸との間の角の正弦が速度に比例し，さらにその速度は落下距離の平方根に比例するのである．

いま求める最速降下線を AMB，各点において速度を表す曲線を AHE とし，ヨハン・ベルヌーイは x, y を，それぞれ始点 A からとった点 M の鉛直，および水平方向の座標とおく．さらに t を，その点 M に対応する速度を示す点 H の水平座標の大きさとする（図 13.2 参照）．彼は M と無限小だけ離れた点 m をとって，Cc, Mm，さらに nm をそれぞれ dx, ds, dy とおく．屈折角 nMm の正弦は $dy : ds$ に等しく，それはさらに速度 t に比例するということから，ヨハンは，方程式 $dy : t = ds : a$ を導いた．それを変形すると，$a\,dy = t\,ds$ から $a^2\,dy^2 = t^2\,ds^2 = t^2\,dx^2 + t^2\,dy^2$ となり，最終的に

$$dy = \frac{t\,dx}{\sqrt{a^2 - t^2}}$$

となる．曲線 AHE は方程式 $t^2 = ax$，あるいは $t = \sqrt{ax}$ で表される放物線より，これを t に代入すると曲線 AMB を示す微分方程式は，

$$dy = dx\sqrt{\frac{x}{a-x}}$$

となる．

ヨハン・ベルヌーイはすぐに，この方程式がサイクロイドを定義づけるものであることを見抜いた．このことを解析的に証明するために，彼は［先の微分方程

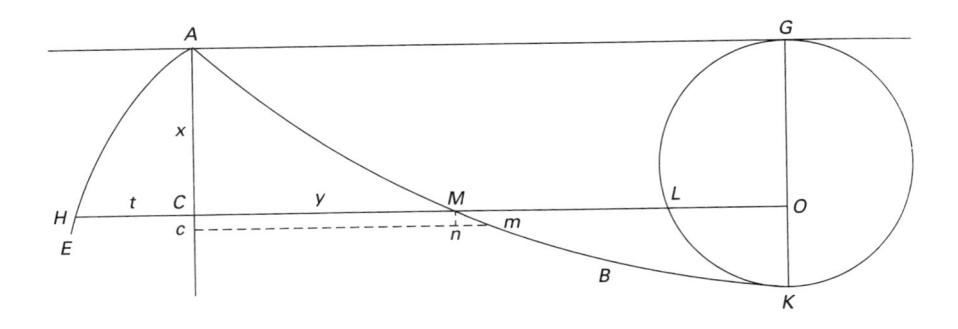

図 13.2
ヨハン・ベルヌーイの最速降下線問題．

式の右辺を]

$$dx\sqrt{\frac{x}{a-x}} = \frac{a\,dx}{2\sqrt{ax-x^2}} - \frac{(a-2x)\,dx}{2\sqrt{ax-x^2}}$$

のように変形した．ここで円 GLK の方程式を $y^2 = ax - x^2$ とし，またこの微分方程式の右辺第 1 項はこの円周にそった弧の長さの微分となるので，方程式の両辺を積分すれば $CM =$ 弧 $GL - LO$ が得られる．$MO = CO - CM = CO -$ 弧 $GL + LO$ であり，さらに CO は円 GLK の半円周に等しいということが仮定されているので，$MO =$ 弧 $LK + LO$，つまり $ML =$ 弧 LK となる．したがってまさに主張どおりに，曲線 AMK はサイクロイドであることが直ちに示される．ベルヌーイは，この曲線が等時曲線の場合と同じであったことに満足げな驚きを表した．彼は，このことは速度が他のベキでなく，まさしく距離の平方根に比例するときのみ正しいと指摘している．さらには続けて次のように述べている．「自然がそうなることを望んでいるのだと推測できるだろう．というのも，自然はいつも最も単純なやり方で進展していくのがならわしなように，ここでは二つの異なる恩恵を，ただ一つの同じ曲線を通じて施しているのである」[4]．

　ヨハン・ベルヌーイの最速降下線問題の解法は大変巧妙なものであったが，兄ヤーコプの解はさらに一般化が容易に可能なものだった．ヤーコプは，もしその曲線全体において，それに沿って点が最短時間で目的地まで動くものならば，曲線のどんな無限小部分も同じ性質を持っているだろうと推論した．幾何学的な議論を利用して，彼は曲線に対する微分方程式 $ds = \sqrt{a}\,dy/\sqrt{x}$ を導くことができた．これは簡単にヨハンの方程式に変換できる[5]．ヤーコプの方法は，数学に新しい分野の始まりをもたらした．すなわち一つの曲線が何か極大，または極小の性質を満たすようにして求められる変分法である（13.1.4 項参照）．

　他方，この問題に対するヨハンの解は，曲線族の性質の研究へと導いた．さらにその研究は，多変数関数の理論におけるいくつかの新しい基本概念へと結びついていった．各々が，与えられた点 A から B_α までの最速降下線となっている，サイクロイドの族 $\{C_\alpha\}$ を構成することができたとする．ヨハン・ベルヌーイは，その上で新しい曲線の族 $\{D_\beta\}$ を見出すという新たな問題を提起し，解決した．その新しい曲線は**共時曲線**と呼ばれ，その族から任意に選ばれた一つの曲線の各点は，ある与えられた時間 t_β において，点 A から複数のサイクロイド C_α に沿って降下する物体が到達する場所を表す（図 13.3 参照）．自然学の用語を用いると，もしサイクロイドが光線を表しているならば，共時曲線は波面を表し，同じ瞬間に点 A から放射されるいくつかの光波動の，同時に存在する位置を表している．ヨハン・ベルヌーイは（ホイヘンスが進展させた）光学の理論が，共時曲線は最速降下線，すなわちサイクロイドと直角に交わると予測していたことに気づいていた．したがって彼の幾何学上の問題というのは，与えられた点を通るサイクロイドの族 $\{C_\alpha\}$ に対して直交する曲線の族 $\{D_\beta\}$ を見出すことであった．ヨハンはその共時曲線を難なく作図することができたが，与えられた超越曲線の族に対して直交する軌道を求めるという，一般的問題を解くことを他の人々への挑戦状とした．

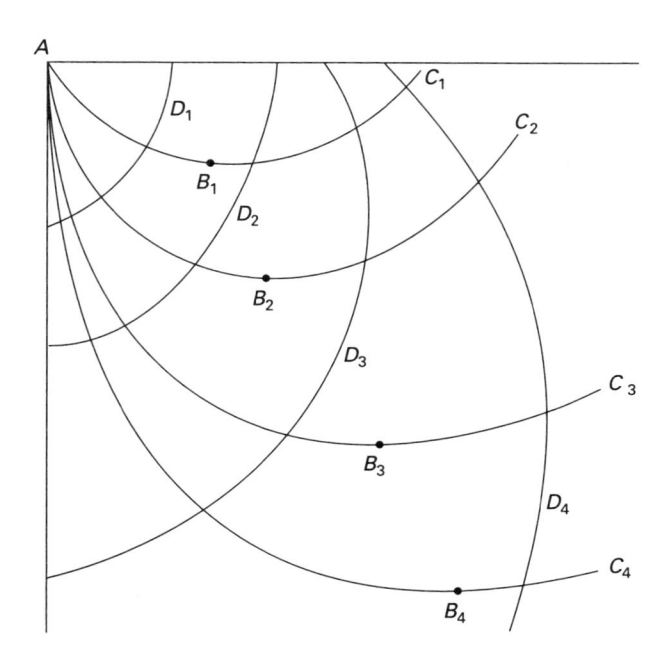

図 13.3
二つの直交する曲線族.

13.1.2　2変数関数の微分計算

　最初期の偏導関数の概念は，現代的見地から考えられるような，2変数関数によって定義される曲面によってではなく，まさに曲線の族 $\{C_\alpha\}$ によって発展した．当初ライプニッツは，そのような曲線の集まりを1690年代初めに考察していた．まず基本的な状況として，与えられた曲線の族から無限小だけしか離れていない二つの曲線 C_α と $C_{\alpha+d\alpha}$ をとり，その曲線の族によって幾何学的に定義された，第三の曲線 D が交わっているとする．たとえば，D はその族に属するあらゆる曲線と直交するとする．そうした状況の下で，D についての微分方程式を見出すか，あるいはその接線を作図するために，縦線 y の三つの異なる微分量を考える必要があった．いま P, P' を C_α 上の点，Q, Q' を $C_{\alpha+d\alpha}$ 上の点とする（図13.4参照）．y の一つの微分量は，曲線族の中で一つの曲線上の2

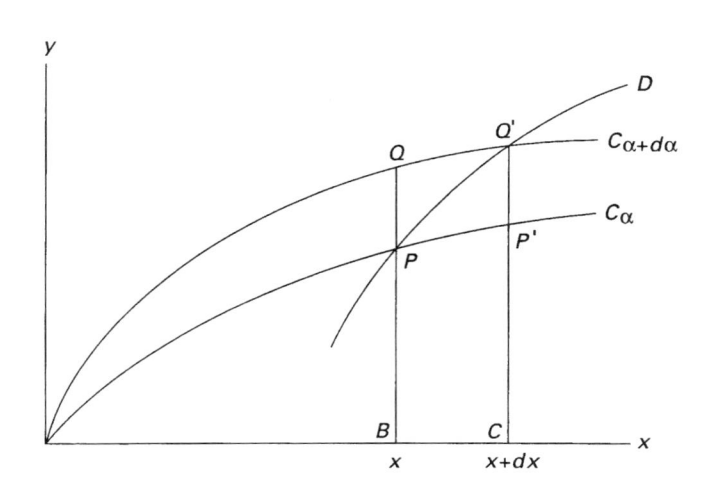

図 13.4
一つの曲線の族における偏微分.

点間でとられるのものである．すなわち $y(P') - y(P)$ である．これは α を一定にし，x を変量としたときの y の微分量であり，記号 $d_x y$ によって記される．2 番目の微分量は，隣接する曲線上の対応する 2 点の y の値に関するものであり，すなわち $y(Q) - y(P)$ である．これは α を動かし，x を一定にした y の微分量で $d_\alpha y$ と記される．この微分量を用いた微分計算は曲線から曲線への微分計算とみなされる．最後に，曲線 D に沿った記号 dy と指し示される第三の微分量 $y(Q') - y(P)$ がある．

ライプニッツにとって，曲線の式が代数的に与えられるならば，最初の二つの微分量のどちらかを計算することはたやすかった．α または x を定数として扱い，実質的にそれぞれ x，または α に関する偏導関数をとって，彼の通常の計算法則を用いることができたのだった．だがあいにく多くの興味ある曲線の式は，代数的には与えられず，積分の式で与えられる．たとえば，上述の最速降下線（サイクロイド）の族は

$$C_\alpha = y(x, \alpha) = \int_0^x \sqrt{\frac{x}{\alpha - x}}\, dx$$

によって与えられていた（話を明瞭にするため，積分記号に積分範囲の上端と下端を記す現代的な記号法を用いた．ライプニッツもベルヌーイ兄弟もこうした記号法は使用していない）．1697 年 7 月にヨハン・ベルヌーイから彼のもとへともたらされた書簡によれば，ライプニッツにとって問題は，こうした場合において変量 α を用いた微分計算をどのように行うかということだった．

2, 3 日この問題について考えたあと，ライプニッツは（同じ時期にロシアのピョートル大帝に謁見することを画策しながら，ベルリンからオランダへと向かうその途中で）解決することができた．彼の解は自分自身の微分積分学の基本的発想に立ち返るものだった．すなわち微分量は，有限差分から値が推定されるものであり，積分量は有限和から値が推定されるものということである．二組の有限量に対して，その部分の差分の和は部分の和の差分に等しいことから，ライプニッツは微分計算と積分計算に関する**交換定理**と称すべきものを見出した．すなわち，

$$d_\alpha \int_b^x f(x, \alpha)\, dx = \int_b^x d_\alpha f(x, \alpha)\, dx$$

が成り立つ（この定理の現代的な定式化は，微分量よりもむしろ α に関する導関数によってなされる）．ライプニッツはこの結果を，対数曲線の族 $y(x, \alpha) = \alpha \log x$ 上に，等しい長さの弧を切り取る曲線 D の接線を決定することへ適用することができた．

実際，対数曲線の弧長の微分量 ds は，$ds = \dfrac{\sqrt{x^2 + \alpha^2}\, dx}{x}$ で与えられるので，求める曲線 D は，K を定数とするとき，条件

$$s(x, \alpha) = \int_1^x \frac{\sqrt{x^2 + \alpha^2}}{x}\, dx = K$$

によって決定される．この接線を決定するために，ライプニッツは，図 13.5 の微分三角形において QB の QB' に対する比を計算する必要があった．x_0 を B

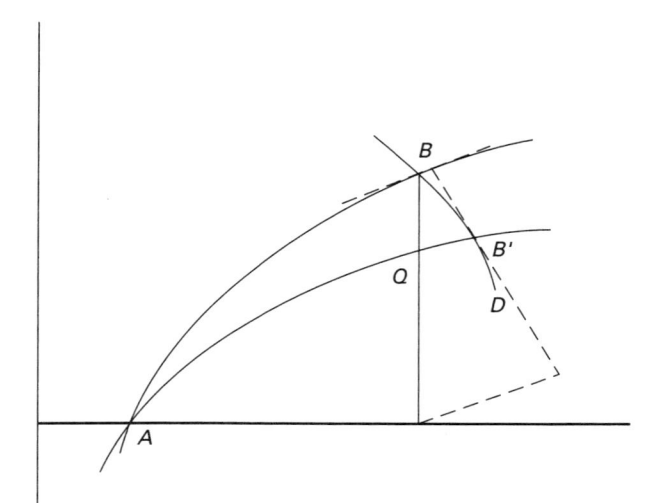

図 13.5
曲線 D に対する接線で，対数曲線の族 $y = \alpha \log x$ 上の等しい長さの弧を切り取るものを見出すこと．

の x 座標とするとき，$QB = d_\alpha \alpha \log x = \log x_0 \, d\alpha$ となることから，QB の方の値は簡単に計算できる．他方，$AB = AB'$ より弧 QB' は微分量 $AB - AQ$ に等しい．よって，

$$QB' = d_\alpha s = d_\alpha \int_1^{x_0} \frac{\sqrt{x^2 + \alpha^2}}{x} dx$$

となる．交換定理によって，この積分は，

$$\int_1^{x_0} d_\alpha \frac{\sqrt{x^2 + \alpha^2}}{x} dx = \int_1^{x_0} \frac{\alpha}{x\sqrt{x^2 + \alpha^2}} \, d\alpha \, dx$$

に等しい．ここで積分の上端は x のみを含んでいるので，

$$QB' = \alpha \, d\alpha \int_1^{x_0} \frac{dx}{x\sqrt{x^2 + \alpha^2}}$$

となる．QB' は，いまや特定の曲線の下側にある面積として表されており，既知のものと考えることができる．したがってそれらを用いて求める比が表される．
　ライプニッツはヨハン・ベルヌーイに彼の解を送った．ライプニッツの結果を見てヨハン・ベルヌーイは，パラメーターを含んだ積分によって定義される曲線に対して，直交する軌道群の問題を解決するための重要な進展が自分にも可能になると確信した．ヨハン・ベルヌーイは求める曲線族の微分方程式を得ていたにもかかわらず，その微分方程式を積分することが技術的に大変困難であったために，ライプニッツの結果を用いて真の一般的解法を発展させることは残念ながらできなかった．しかし，その交換定理は 2 変数関数に対する微分計算の基礎の一つとなった．
　2 変数関数の微分積分に関しては，他に二つの重要な側面がある．それは全微分の概念と混合 2 階微分の概念であり[*2]，これらはヤーコプやヨハンの甥にあ

[*2] 現代的用語を用いるならば，$y = f(\alpha, x)$ に対して，偏導関数 $\frac{\partial^2 y}{\partial \alpha \partial x}$，または $\frac{\partial^2 y}{\partial x \partial \alpha}$ を考えることを意味する．

たるニコラウス・ベルヌーイ (1687–1759) によって見出された．彼は著名な伯父・叔父たちに隠れてしまって，数学に関する著作をほとんど刊行することはなかったが，1719 年 6 月に『学術紀要』誌上に発表された論文の中で直交軌道の問題を論じている．ただ彼は何年もあとになって初めて，しかも草稿中にのみその証明を与えたのだった．その草稿の中でニコラウスは，パラメーター α を持つ曲線の族に結びつけられた微分量 dy が式 $dy = p\,dx + q\,d\alpha$ によって与えられると主張した．この式を彼はその曲線族の**完全微分方程式**と呼んだが，現在では**全微分**として知られている．現代の用語では，p, q はそれぞれ x と α に関する y の偏導関数となる．ニコラウス・ベルヌーイはこの結果をどのようにして導いたかを述べていないが，一つのあり得そうな方法は，幾何学的な議論によるものである．与えられた曲線の族を横切る曲線 D に沿った微分量 dy は次の式によって与えられる．

$$dy = y(Q') - y(P) = [y(Q') - y(Q)] + [y(Q) - y(P)]$$
$$= d_x(y + d_\alpha y) + d_\alpha y = d_x y + d_x d_\alpha y + d_\alpha y.$$

中間にある項は，2 次の微分量であり，他の項に比べて無限に小さいので無視することができるので，結果として $dy = d_x y + d_\alpha y$，すなわち $dy = p\,dx + q\,d\alpha$ が得られる（図 13.4 参照）．後述のように，オイラーこそが，結局ライプニッツやベルヌーイ兄弟の微分量に代えて，微分係数 p や q 自体を微分積分学の基本概念にすえたのだった．

混合 2 次微分の等式は，線分 $P'Q'$ を異なる二つの方法によって見出すという，図 13.4 に基づいた別の幾何学的議論から導かれるものである．すなわち，一方で $P'Q' = PQ + d_x PQ = d_\alpha y + d_x d_\alpha y$ であり，他方 $d_\alpha(BP + d_x BP) = d_\alpha BP + d_\alpha d_x BP = d_\alpha y + d_\alpha d_x y$ である．2 式を比較すると，$d_x d_\alpha y = d_\alpha d_x y$ となる．興味深いことに，ニコラウス・ベルヌーイはこの議論を証明とは考えず，単なる「微分の概念から，誰にとっても明らかであると思われる」結果の一例を導いたにすぎないと考えた[6]．彼はこの結果を直交軌道に関する論考の中で用いたが，主となる議論は刊行された論文の中に現れたのではなかったので，ほとんど影響力を持たなかった．かくしてこの混合偏微分の等式に関する定理は，約 10 年後，レオンハルト・オイラー (1707–1783) によってあらためて証明された．オイラーは，この結果と交換定理は彼とニコラウス・ベルヌーイの双方が偏導関数の理論を基礎にして，その混合微分の等式に関する定理から導いたと述べた．オイラーは曲線の族に関して，幾何学的に定義された新たな曲線を見出すという，先人たちによって議論されたのと同じ問題に対して，彼自身の解を与えるためにその理論を用いたのだった．

1740 年頃，微分方程式の解法における別の重要な発想が，オイラーによって開発された．だがそれは，すでに 1739 年にアレクシス・クロード・クレロー (1713–1765) によって独自に求められていた．すなわち P, Q をそれぞれ x や y の関数とするとき，斉次線形微分方程式 $P\,dx + Q\,dy = 0$ の可解性の条件としてである．もし $P\,dx + Q\,dy$ が関数 $f(x, y)$ の全微分であるならば，混合 2 次微分の等式から $\dfrac{\partial P}{\partial y} = \dfrac{\partial Q}{\partial x}$ となる．しかしさらに重要なことは，クレローはその条件

伝　記

レオンハルト・オイラー (Leonhard Euler, 1707–1783)

スイスのバーゼルに生まれたオイラーは（図 13.6 参照），早くからその才能を開花させ，15 歳のときにバーゼル大学を優秀な成績をもって卒業した．彼の父は，彼が役人の道に進むことを望んだが，オイラーはヨハン・ベルヌーイに数学の個人教授をしてもらえるよう頼んでいた．ヨハン・ベルヌーイはすぐにその学生の天分を見抜いて，オイラーを数学に集中させるようにオイラーの父を説得した．1726 年，オイラーはその若さを理由の一つとされ，大学のポストに就くことを却下された．一方で，その数年前にすでにロシアのピョートル大帝は，ロシアの状況を近代化する努力の一環として，ライプニッツのすすめにしたがい，サンクト・ペテルブルグ科学アカデミーを建設すると決めていた．オイラーは，1725 年に任命されたアカデミーの最初期のメンバー，ヨハンの二人の息子ニコラウス II (1695–1726) とダニエル・ベルヌーイ (1700–1782) と交友関係があった．1726 年にそのサンクト・ペテルブルグ科学アカデミーには数学上のポストはなかったが，彼らがオイラーを医学と生理学の空席ポストに推薦すると，オイラーは即座にこのポストを受け入れた（彼はバーゼル時代にこれらの分野の研究もしていたのだった）．

1733 年，ニコラウスが亡くなり，ダニエルがスイスへ戻ったために，オイラーはアカデミーの主任数学者に任命された．同じ年の末に，カトリーン・クセル (Gsell) と結婚し，その後彼らの間には 13 人の子供ができた．当時ロシアで一介の外国人学者の生活は，いつも心配のいらないものであったわけではない．だが，1741 年にロシアにおける王位継承をめぐる問題が生じて，プロシアのフリードリヒ 2 世が，ベルリン科学アカデミーへの招待に応じるよう彼を説得するまで，オイラーはおおよそいさかいをさけて通ることができた．このベルリンのアカデミーもまた，ライプニッツの忠告によりフリードリヒ 1 世によって創設されたものである．オイラーはすぐにアカデミーの数学部門の指導者になり，多数の数学的論考同様，解析学の教科書の出版によって，ヨーロッパ随一の数学者として認められるようになった．1755 年にはパリの科学アカデミーに，外国人のメンバーとして任命された．彼が 2 年ごとの懸賞コンテストに 12 回も勝ったことが認められたのが理由の一つである．しかし結局，フリードリヒ 2 世は，オイラーが哲学的に洗練されていないことに不満を感じていた．両者が財政上の協定か，あるいは学問上の自由をめぐってか同意することができなくなったときに，オイラーは 1768 年，女帝エカテリーナ 2 世の招待に応じて，またロシアへと戻っていった．彼女が王位を継承したことでピョートル大帝の近代化政策が，再びロシアに帰ってきたのである．彼の家族の経済的保証が得られたので，1771 年にはほとんど失明してしまったにもかかわらず，オイラーは活発な数学研究を続けていった．彼は超人的な記憶力の持ち主で，頭の中で詳細な計算を実行することができた．かくして 1783 年，孫の一人と一緒に遊んでいるときに，突然の死が襲ってくるまで，オイラーは論文や書簡を息子たちや他の人々へ実質的に口述することができたのである．

図 13.6
スイスの切手に描かれるオイラー．

が $P\,dx + Q\,dy$ が $f(x, y)$ の全微分になるための十分条件であることも示したのである．実際，彼はその条件のもとで，r をまだ定められていない y の関数とすると，$f(x, y)$ は $\int P\,dx + r(y)$ によって与えられると主張した．$\int P\,dx + r(y)$ の微分は，ライプニッツの結果によれば，$P\,dx + dy \int \dfrac{\partial P}{\partial y} dx + dr$ に等しい．だが，

$$\frac{\partial P}{\partial y} = \frac{\partial Q}{\partial x}, \qquad \text{かつ} \qquad \int \frac{\partial Q}{\partial x} dx = Q + s(y)$$

となるので，その微分は，$P\,dx + Q\,dy + dr + s\,dy$ と書き換えられる．ゆえに，

r を $dr = -s\,dy$ となるように選べば，その微分は $P\,dx + Q\,dy$ となる．かくしてクレローはもとの 2 変数の問題を 1 変数の常微分方程式に帰着させた．彼は 1 変数の常微分方程式ならば解けると考えていた，クレローはまた 2 よりも多くの変数を持った斉次線形方程式へと，容易にこの「全微分で書くことのできる」結果を拡張したのである．

13.1.3 微分方程式と三角関数

多変数関数にかかわる発想は，微分方程式の解法において重要であるということが明らかになったが，他の計算上の手法は，またしても 1730 年代にオイラーによって見出された．それは現代的な正弦と余弦関数の概念の発見をも導いたのだった．1693 年にライプニッツが正弦関数に対する微分方程式を幾何学的な議論によって導き，正弦関数のベキ級数表現を得るための未定係数法を用いることで，その方程式を解いたことを思い出そう．18 世紀初頭，そうした方程式を導いた自然学上の問題は，通常幾何学的に解決された．たとえば，方程式

$$dt = \frac{c\,ds}{\sqrt{c^2 - s^2}}$$

は，$s = c\sin\dfrac{t}{c}$ として解くより，むしろ幾何学的な状況の考察によって t に対して $t = c\arcsin\dfrac{s}{c}$ として解かれていた．このタイプの方程式を導く問題の一つは，ヨハン・ベルヌーイによって 1728 年に考えられた，与えられた点からの距離に比例する力による物体の運動を決定するものである．しかしながら，正弦は現代的な用法における関数としてというよりも，まだ与えられた半径において，円の中の一つの線として考えられており，解の一部ではなかったのである．

「見出されずじまい」の正弦関数と対照的に，1730 年までにオイラーは指数関数のことを熟知していた．実際，サンクト・ペテルブルグに到着してまもなく，教科書として用いるために書いた微分学に関する草稿の中で，オイラーは代数的と，超越的の二つのクラスの関数があると注意した．後者のクラスは指数関数，そして対数関数のみからなり，その性質についての議論を進めていった．したがって彼は，$y = e^{ax}$ を満たす微分方程式が $dy = ae^{ax}dx$ であり，反対に微分方程式 $dy = ay\,dx$ に対する解が $y = e^{ax}$ であることを知っていた．1730 年代初頭の様々な論文でオイラーは，他の微分方程式を解くために指数関数のこの性質を利用した．たとえば，彼は微分方程式

$$dz - 2z\,dv + \frac{z\,dv}{v} = \frac{dv}{v}$$

は，「積分因子」$e^{-2v}v$ を掛けることによって，$e^{-2v}v\,dz - 2e^{-2v}zv\,dv + e^{-2v}z\,dv = e^{-2v}\,dv$ となり，解くことができるだろうと記した．その左辺は $e^{-2v}vz$ を微分したものであるので，方程式の解は

$$e^{-2v}vz = C - \frac{1}{2}e^{-2v}, \qquad \text{すなわち} \qquad 2vz + 1 = Ce^{2v}$$

となる．

また，指数関数を使って高階微分方程式を解くこともできたが，1730年代の半ばまでに，オイラーはこれらの関数では十分でないと自覚していた．1735年にダニエル・ベルヌーイは，弾性体の振動の問題について議論するためにオイラーに書簡を送った．その問題は，4階の微分方程式 $k^4(d^4y/dx^4) = y$ を解くことだった．ダニエル・ベルヌーイとオイラー双方が，$e^{\frac{x}{k}}$ が解であるとわかったが，ベルヌーイはこの解が「現在の関心事に十分一般的とはいえない」と記した[7]．オイラーは，ベキ級数の方法を使用することで方程式を解くことができたが，結果として解において正弦関数も余弦関数も認めていなかった．1739年になって初めてオイラーは，正弦関数がそうした高階微分方程式に対する閉じた形の解［ベキ級数などを用いない形の解］を与えることを了解した．その年の3月30日に，オイラーはサンクト・ペテルブルグの科学アカデミーに論文を提出し，その中で正弦関数的に変化する外力を受けた調和振動子，すなわち距離に比例する力と，時間とともに正弦関数的に変化する力との，二つの力によって動かされる物体の運動に対する微分方程式を解いた．この問題でまさしく述べられていることは，おそらく時間の関数として正弦関数を最も早く用いた例であろう．そして，得られた微分方程式

$$2a\, d^2s + \frac{s\, dt^2}{b} + \frac{a\, dt^2}{g} \sin \frac{t}{a} = 0$$

（ただし s は位置，t は時間を表す）は，その関数をこうした微分方程式において最も早く用いたものである．オイラーの解には興味深い二つの側面がある．まず第一に特殊な場合として，彼は正弦項を取り除き，方程式 $2a\, d^2s + \frac{s\, dt^2}{b} = 0$ を解いた．すなわち $b\, ds$ を掛けたあとに，方程式 $2ab\, ds\, d^2s = -s\, ds\, dt^2$ を解いた．すると，s に関する積分は $2ab\, ds^2 = (C^2 - s^2)\, dt^2$，言い換えると

$$dt = \frac{\pm\sqrt{2ab}\, ds}{\sqrt{C^2 - s^2}}$$

である．すなわち，(正の符号を持つ) 逆正弦，あるいは (負の符号を持つ) 逆正弦に対する微分方程式が与えられたことになる．オイラーは，時間よりむしろ運動に関心があったので，t の代わりに s に対する逆余弦方程式を解き，$s = C\cos(t/\sqrt{2ab})$ を得た．これは記録上，最初の明示的に表された解析的解である．2番目に一般的な場合を解くために，オイラーは u を新しい変数にとって，式 $s = u\cos(t/\sqrt{2ab})$ という形をした解を仮定した．そして方程式にその解を代入し，u に関して解いた．こうした操作を行っていることは，オイラーがすでに正弦と余弦に対する基本的な微分計算の公式に通じていたことを示している．それらは実質的にライプニッツによって知られており，以下に述べるようにいくつかの公刊された資料にすでに載っていたものである．

正弦と余弦に関しては，さらに語るべきことがある．1739年5月5日付のヨハン・ベルヌーイ宛の書簡で，オイラーは3階の微分方程式 $a^3 d^3y = y\, dx^3$ を有限項で解いたと記し，次のように語っている．「3回の積分が必要で，しかも円と双曲線の求積を必要とするため，たとえ積分するのが困難なように見えても，それは有限項の方程式に帰着することができるでしょう．積分された式は，b,

c, f を 3 回の積分から生じる任意定数とするとき

$$y = be^{\frac{x}{a}} + ce^{-\frac{x}{2a}} \sin \frac{(f+x)\sqrt{3}}{2a}$$

となります．……」[8]．オイラーは，どのようにしてこの解を発見したかを明らかにしなかったが，おそらく方程式の階数を減らすのに，解として知られている指数関数 $y = e^{\frac{x}{a}}$ を使用したのだろうと推測できる．オイラーは以前から用いていたこの手法の中で，元の方程式 $a^3 d^3 y - y dx^3 = 0$ に $e^{-\frac{x}{a}}$ を掛け，その左辺が $e^{-\frac{x}{a}} (A d^2 y + B dy\, dx + C y\, dx^2)$ の微分であることを仮定している．すると元の方程式の新しい解が，2 階の方程式 $a^2 d^2 y + a\, dy\, dx + y\, dx^2 = 0$ を満たすことは容易に示される．ただこの後者の方程式を解くためには，別のオイラー流の手法が必要とされる．すなわち，まず解が式 $y = ue^{\alpha x}$ の形になっていると推測して，これを方程式中の y に代入する．一方，$\alpha = -(1/2a)$ とおくことによって[*3]，少しの操作で項 $du\, dx$ を取り除くことができることを示す．その方程式は，オイラーが［同じ 1739 年の］3 月に解いたものと同じ方程式 $a^2 d^2 u + \frac{3}{4} u\, dx^2 = 0$ に帰着する．この場合，解は $u = C \sin((x+f)\sqrt{3}/2a)$ であり，その解から元の 3 階微分方程式の一般解が導かれる．この再構成は双曲線の求積（双曲線の下の領域として定義される対数関数に，自然に関連する指数関数）と円の求積（定義が円の領域にかかわる逆正弦関数に関連する正弦関数）の両方を，3 回の積分同様に用いていることに注意すべきである．

　正弦関数や，指数関数が同じ微分方程式の解で使用されたのを見るにつけ，オイラーが今や正弦関数や，その拡張として他の三角関数を，指数関数と同じ意味において関数として考えるようになっていたことは明らかである[*4]．しかしさらに興味深いことには，オイラーはまさに定数係数線形微分方程式，すなわち次の型の方程式，

$$y + a_1 \frac{dy}{dx} + a_2 \frac{d^2 y}{dx^2} + a_3 \frac{d^3 y}{dx^3} + \cdots + a_n \frac{d^n y}{dx^n} = 0$$

の解法のために，これらの関数を微分積分学へ導入することを考えたということである．オイラーは 1739 年 9 月 15 日付のヨハン・ベルヌーイ宛書簡の中で，「様々なやり方でこの問題を扱ったあとで，私はまったくもって不意に自分の解にたどりついたのです．代数方程式の解がこの事柄に関して，とても大きな重要性を持っているなどとはおよそ考えつかなかったのです」と述べている[9]．オイラーの「予期しない」解は，与えられた微分方程式を代数方程式

$$1 + a_1 p + a_2 p^2 + a_3 p^3 + \cdots + a_n p^n = 0$$

で置き換え，この「固有多項式」を，実の範囲でそれ以上分解できない 1 次と 2 次の因数に分解することから得られた．各 1 次因数 $1 - \alpha p$ に対して，解として

[*3] 原文は $\alpha = -\left(\frac{1}{2}\right)a$ だが訂正した．

[*4] 三角関数（正弦，余弦など）は元来，「円の中にとったある長さ」という幾何学的描像を伴っていた．ここで論じられているものは，そうした直観を排した議論の上に（微分方程式の形式解として）生み出されたものであることに注意．

$y = Ae^{\frac{x}{\alpha}}$ をとり，その一方で分解できない因数 $1 + \alpha p + \beta p^2$ の各々に対して，

$$e^{-\frac{\alpha x}{2\beta}} \left(C \sin \frac{x\sqrt{4\beta - \alpha^2}}{2\beta} + D \cos \frac{x\sqrt{4\beta - \alpha^2}}{2\beta} \right)$$

を解とみなすのである．すると一般解は，各因数に対応する解の総和となる．例として，オイラーはおよそ4年前にダニエル・ベルヌーイによって提示された方程式,

$$y - k^4 \frac{d^4 y}{dx^4} = 0$$

を解いた．対応する代数方程式 $1 - k^4 p^4$ [$= 0$ の左辺]は $(1 - kp)(1 + kp)(1 + k^2 p^2)$ と因数分解できる．したがって，解は

$$y = Ae^{-\frac{x}{k}} + Be^{\frac{x}{k}} + C \sin \frac{x}{k} + D \cos \frac{x}{k}$$

となる．

　オイラーは，どのようにして彼の代数的解法にたどりついたかを語らなかった．しかし彼は数ヵ月前に三角関数が，方程式 $y - a^3 \frac{d^3 y}{dx^3} = 0$ の解にかかわることを発見していたので，単にその方法を一般化したのではないかと推測される．というのも，方程式の一つの解が，式 $y = e^{\frac{x}{\alpha}}$ のように与えられたときに，低階の微分方程式へ帰着させる手続きは，必然的に固有多項式の因数分解 $1 - a^3 p^3 = (1 - ap)(1 + ap + a^2 p^2)$ を与えるからである．その際，オイラーの9月の書簡で示された一般的な因数分解の方法に容易にならうことができただろうし，とりわけ正弦と余弦項が，それ以上因数分解できない2次の因数に由来することは明らかであっただろう．

　ヨハン・ベルヌーイはオイラーの解によっていくぶん悩まされた．ベルヌーイは固有多項式の既約な2次因数を，複素数の範囲内で因数分解することができており，その結果オイラーの方法の中で，この代数方程式の複素解が正弦関数と余弦関数を伴う実数解と関連していることに言及した．結局オイラーは，$2\cos x$ と $e^{ix} + e^{-ix}$ とが等しいことをベルヌーイに納得してもらった．なぜなら，その二つとも同じ微分方程式を満たし，したがって虚数の指数を持つ関数を用いることと正弦関数や余弦関数を用いることとは同じことにたどりつくからである．また，このことから複素数を指数とする指数関数が関係式,

$$e^{ix} = \cos x + i \sin x, \qquad \text{および} \qquad e^{-ix} = \cos x - i \sin x$$

によって正弦関数と余弦関数とが結びつくということがわかった．その e^{ix} と e^{-ix} に対する公式は，負の対数の「身分」に関する論争を解決するのに役だった．もしそのようなものが定義されるならば，たとえば $2\log(-1) = \log(-1)^2 = \log 1$ とか，より一般に $\log(-x)^2 = \log(+x)^2$，すなわち $2\log(-x) = 2\log(+x)$，つまり $\log(-x) = \log(+x)$ が成り立つだろう．実際，ヨハン・ベルヌーイはまさしくこのことに関して，対数曲線は縦軸のまわりで左右対称であるに違いないと主張していた．[その曲線が横たわる]位置が等式

$$\frac{d(\log(-x))}{dx} = \frac{1}{x} = \frac{d(\log(+x))}{dx}$$

で外見上確認できるからである．しかし，オイラーの公式は，$ix = \log(\cos x + i \sin x)$ であることを示しており，その結果，与えられた (複素) 数は，無限に多くの対数を持っていることになる．実際，$\log 1 = \log(\cos 2n\pi) = 2n\pi i$ である．ここで n はどんな整数でもよい．また同様に $\log(-1) = \log(\cos(2n+1)\pi) = (2n+1)\pi i$ であるから，ある一組から得られる対数を 2 倍したものは，他方の一組から得られる対数と等しい．その意味で $2\log(-1) = \log 1$ は正しいのである．したがって，オイラーが書いたように，彼の方法は「負の数と複素数の対数を扱う上での，すべての困難と矛盾をなくしてしまう」のであった[10]．

13.1.4 変分法

オイラーは微分方程式に関連する解析学の別の領域，すなわち変分法にも大いに貢献した．これは特定の積分を最大，または最小にする曲線を見出すことを目標にした問題の考察から発達したものである．たとえば最速降下線の問題は，重力による下降の時間を最小にする曲線を求めるということで，dt を時間の要素，弧長の要素を ds，g を重力加速度，$y = y(x)$ を求める曲線，重力の影響による落体の速度を $v = \sqrt{2gy}$ とするとき，

$$I = \int dt = \int \frac{ds}{v} = \int \frac{\sqrt{1+y'^2}\,dx}{\sqrt{2gy}}$$

を最小化する曲線を見つけることになる．

この問題や多くの類似のものを研究したのち，オイラーは式

$$I(y) = \int_a^b F(x, y, y')\,dx$$

の形をした積分を極大または極小にする曲線 y を決定する，という一般理論へとそれらを統合することができた．この理論はいくつかの初期の論文と，1744 年の彼の古典的な業績『極大極小の性質を用いて曲線を見出す方法』(*Methodus inveniendi lineas curvas maximi minimive proprietate gaudentes*) に現れた．オイラーの考えの中心は，極値になるための必要条件を求めるために，積分に対する多角形の近似を使用することであった．われわれは現代の記法を用いて，彼の方法の概略を見よう．

閉区間 $[a, b]$ を n 個の等しい小区間，$[x_{i-1}, x_i]$ に分割する．ただし $x_i = x_{i-1} + \Delta x$, $i = 1, \ldots, n$ である．$y_i = y(x_i)$ のとき，各点 (x_i, y_i) をつなぐ多角形上の線を考える (図 13.7 参照)．すると $I(y)$ は，

$$I(y) \approx I(y_1, y_2, \ldots, y_{n-1}) = \sum_{i=0}^{n-1} F\left(x_i, y_i, \frac{y_{i+1} - y_i}{\Delta x}\right) \Delta x$$

と近似することができる．その曲線 y は一つの極値曲線を与えるので，各 y_i に関する I の導関数の値が 0 でなければならない．すなわち，曲線の「曲がり角」で変化が生じると，積分の中でその極値を与える性質を失ってしまうという結果を伴わなければならない．したがって，各 1 から $n-1$ までの各 i に関して，われわれは以下の方程式を得る．

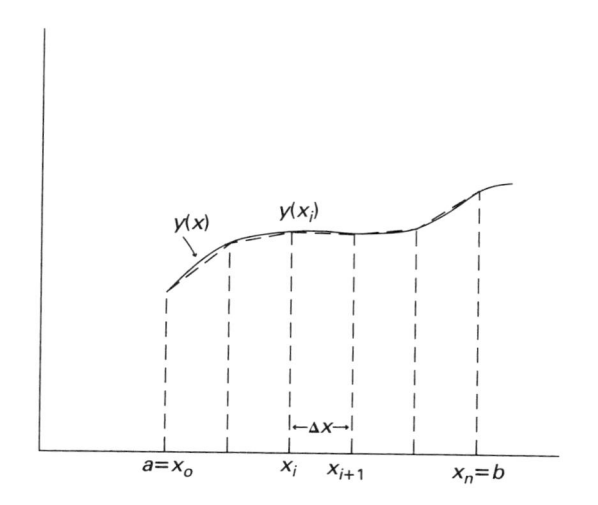

図 13.7
$y = y(x)$ に対するオイラーの多項式近似.

$$
\begin{aligned}
0 &= \frac{1}{\Delta x}\frac{\partial I}{\partial y_i} \\
&= \frac{\partial F}{\partial y}\left(x_i, y_i, \frac{y_{i+1}-y_i}{\Delta x}\right) + \frac{\partial F}{\partial y'}\left(x_i, y_i, \frac{y_{i+1}-y_i}{\Delta x}\right)\left(\frac{-1}{\Delta x}\right) \\
&\quad + \frac{\partial F}{\partial y'}\left(x_{i-1}, y_{i-1}, \frac{y_i-y_{i-1}}{\Delta x}\right)\left(\frac{1}{\Delta x}\right) \\
&= \frac{\partial F}{\partial y}\left(x_i, y_i, \frac{y_{i+1}-y_i}{\Delta x}\right) \\
&\quad - \left(\frac{1}{\Delta x}\right)\left[\frac{\partial F}{\partial y'}\left(x_i, y_i, \frac{\Delta y_i}{\Delta x}\right) - \frac{\partial F}{\partial y'}\left(x_{i-1}, y_{i-1}, \frac{\Delta y_{i-1}}{\Delta x}\right)\right] \\
&= \frac{\partial F}{\partial y}\left(x_i, y_i, \frac{\Delta y_i}{\Delta x}\right) - \frac{\Delta\left(\frac{\partial F}{\partial y'}\right)}{\Delta x}.
\end{aligned}
$$

無限に多く小区間と「曲がり角」があるとき，これらの方程式は以下の一つの微分方程式と置き換えることができる．

$$\frac{\partial F}{\partial y} - \frac{d}{dx}\left(\frac{\partial F}{\partial y'}\right) = 0.$$

これは今日，オイラー方程式として知られている変分問題の基本的な必要条件である．オイラー自身は彼の方程式を書くのに異なる記号法を使用した．F が x, y，および $p = dy/dx$ の関数で，したがって $dF = M\,dx + N\,dy + P\,dp$ となるならば，$N\,dy - p\,dP = 0$ のときにその積分は極値を持つだろう．ただし $dy = p\,dx$ であるので，これは $N\,dx - dP = 0$，または $N - dP/dx = 0$ と書き直すことができる．

オイラー方程式の使い方を示すために，二つの例を与えよう．まず，2点間の最短距離が直線であることはよく知られている．変分法を通してこのことを見出すために，われわれは2点間のどんな曲線に対しても ds を最小にしなければならない．すなわち，$I = \int \sqrt{1+y'^2}\,dx$ を最小にする y を見つけなければな

らない．$F(x,y,y')=\sqrt{1+y'^2}$, ゆえに $\partial F/\partial y=0$ となるので，オイラー方程式は

$$\frac{d}{dx}\left(\frac{\partial F}{\partial y'}\right)=0, \quad \text{または} \quad \frac{\partial F}{\partial y'}=c, \quad \text{または} \quad \frac{y'}{\sqrt{1+y'^2}}=c$$

に帰着する．この最後の方程式は，ある定数 a によって $y'=a$ となる．したがって，求める曲線は式 $y=ax+b$, つまり直線となるのである．

2番目の例（再びオイラーによって与えられたもの）は，最速降下線問題である．この場合，関数 $F=\sqrt{1+y'^2}/\sqrt{2gy}$ は y と y' のみの関数であるので，その状況にあわせてオイラーの方程式を修正するのはきわめて簡単である．まず最初に，

$$\frac{dF}{dx}=y'\frac{\partial F}{\partial y}+y''\frac{\partial F}{\partial y'}$$

に注意しよう．オイラー方程式によって，

$$\frac{\partial F}{\partial y}=\frac{d}{dx}\left(\frac{\partial F}{\partial y'}\right), \quad \text{したがって} \quad \frac{dF}{dx}=y'\frac{d}{dx}\left(\frac{\partial F}{\partial y'}\right)+y''\frac{\partial F}{\partial y'}=\frac{d}{dx}\left(y'\frac{\partial F}{\partial y'}\right).$$

となる．ここから

$$\frac{d}{dx}\left(F-y'\frac{\partial F}{\partial y'}\right)=0, \quad \text{または} \quad F-y'\frac{\partial F}{\partial y'}=c.$$

となる．いま考えている問題の場合，この最後の方程式は，

$$\frac{\sqrt{1+y'^2}}{\sqrt{2gy}}-\frac{y'^2}{\sqrt{2gy}\sqrt{1+y'^2}}=c, \quad \text{あるいは} \quad \frac{1}{\sqrt{2gy}\sqrt{1+y'^2}}=c,$$
$$\text{あるいは} \quad \frac{1}{2gy(1+y'^2)}=c^2$$

となる．もし $a=1/2gc^2$ とおくならば，この最後の方程式は，$1+y'^2=a/y$, または $y'^2=(a-y)/y$ と書き換えられる．したがって，

$$dy=\sqrt{\frac{a-y}{y}}dx, \quad \text{あるいは} \quad dx=dy\sqrt{\frac{y}{a-y}}$$

となり，これは x と y を入れ替えるならば，ヨハン・ベルヌーイがサイクロイドに対して得た方程式と同じである[11]．

オイラーは最終的にオイラー方程式の導き方が完全には適切でなく，また極値のための十分条件を与えてもいないことに気づいた．1755年，オイラーは彼の方程式を導くより良い方法を与えていたジョゼフ・ルイ・ラグランジュ (1736–1813) からの手紙を受け取ったのち，ラグランジュを称賛して，ベルリン・アカデミーにラグランジュの方法を発表した．そしてその分野をさらに発展させるように，この若き人物に変分法の問題をゆだねたのである．

13.2 微分積分学の教科書

18世紀へ向けて世紀の変わり目には，第12章で議論したものも含めて，微分積分学の教科書がいくつか書かれたが，この世紀の半ばには，さらに多くの著作

伝　記

トーマス・シンプソン (Thomas Simpson, 1710–1761)

シンプソンは，バーミンガムからそう遠く離れていないマーケット・ボスワースの村に生まれた．彼は父によって，織工になるように育てられた．だがトーマスはより良い教育を受けたいという強い希望を持っていたため，父と不和になっていき，やむを得ず家を出ることになった．25 歳までに独力で数学を学んだが，その中にはロピタルの著作の英訳から，微分積分学に関する研究の題材を得たことも含まれる．1735 年，ロンドンに移り住み，現在は郊外の住宅地であり，織工の共同体があったスピタルフィールズで数学協会に加わった．この協会では，あらゆるメンバーは「数学的，または哲学的な質問を尋ねられたならば，可能な限り平易な方法で答えなければならない」という規則が課されていた [12]．この会における活動を通じて，シンプソンは数学の教師になり，すぐに機を織るのをやめて，ロンドンに彼の家族を連れてくることができた．いくつかの教科書の公刊によって高められた彼の数学上の評価により，結局 1743 年にシンプソンは，数学の教授としてウールウィッチの王立陸軍学校に職を確保した．その学校は技術者としてしっかり仕事をしていく上で十分な数学教育を，軍の士官候補生に提供するために設立されたものだった．その後まもなく，シンプソンは王立協会会員に選出された．

がイギリスとヨーロッパの大陸の双方で出版された．それらは一般の人々の教養のために自国語で書かれたものと，大学教育で用いるためにラテン語で著された一連の重要な書物と，その両方を含んでいた．

13.2.1　トーマス・シンプソン『流率新論』

イングランドでは，中産階級によって数学の知識を求める機運が高まり，個人教授をしていた人達は彼らの教育を補うために教科書を書き，そうした需要の一部に応えた．典型的な例が，最初期の教科書『流率新論』(*A New Treatise of Fluxions*) を 1737 年，個人的に教えていた学生たちの出資金で刊行したトーマス・シンプソン (1710–1761) であった．

シンプソンの『流率新論』は，基本的にニュートン流の取組み方で，とくに積分に関する問題を解くのに無限級数を多く利用していた．シンプソンの教科書は豊富な問題量を誇り，その多くは今日の学生にとってもなじみ深いものである．たとえば，極大と極小に関する最初の節で，シンプソンは三角形に内接する最大の平行四辺形や，与えられた円に外接する最小の二等辺三角形，さらに与えられた体積を持つ円錐の表面積を最小にすることをどのようにして見出すかを示した．またこの節には，多変数関数の最大値を決定する問題に対する，おそらく最初の解が扱われており，実例として，$w = (b^3 - x^3)(x^2z - z^3)(xy - y^2)$ が含まれていた．シンプソンは偏導関数の用語を利用しなかったが，各々の場合に $\dot{w}$ を 0 に等しいとおき，同時に結果として生じる方程式を解く前に，他の二つの変数を一定にしつつ，それぞれ x, y, および z に対する w の流率の関係を別々に計算した．航海術に関する問題を多く含んだその著作の後半の節は，正弦関

数を微分するための規則を，おそらく最初に刊行書の中に載せたものであった．シンプソンの言葉によれば，「任意の円弧の流率のその正弦の流率に対する比は，半径対余弦になる」[13]．その証明は20年以上前に，ニュートン『プリンキピア』第2版の編集を行ったロジャー・コーツ (1682–1716) によって与えられており，相似三角形を使用することで示される．z が半径 An，中心 A の円の弧を表し，z の正弦を $x = Ab$，およびその余弦を bn とするならば，微分三角形 nrm は斜辺 nr が $\dot{z}$（弧の流率）を表し，辺 mr が $\dot{x}$（正弦の流率）を表し，三角形 Anb と相似になる（図 13.8 参照）．このとき先に引用した結果 $\dot{z} : \dot{x} = An : bn$ が成り立つ．現代の記法によれば，$An = 1$ として，$d(\sin z)/dz = \cos z$ と書くことができる．

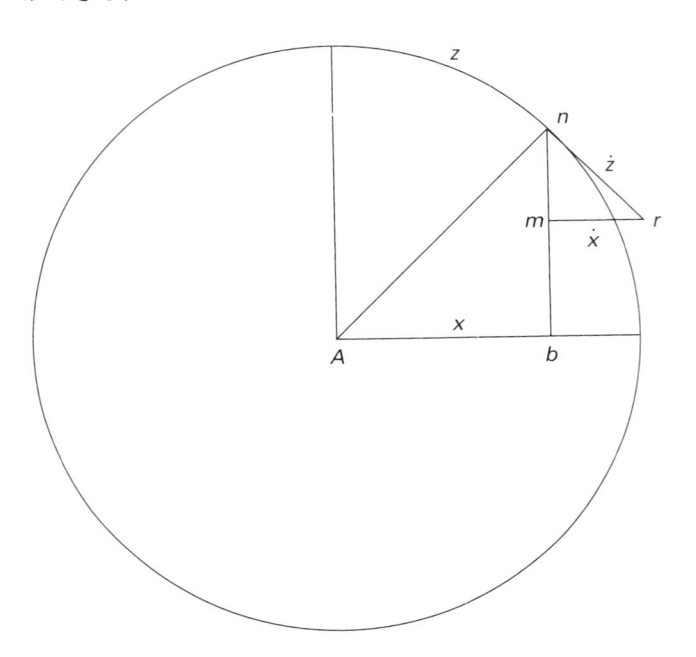

図 13.8
正弦の流率．

今日，シンプソンは彼の名前がついた放物線の近似による，数値積分法の規則によって最も有名である．この規則は彼の微分積分学の教科書に現れるのではなく，1743 年に刊行された『様々な自然学，および解析的問題に関する数学論考』(*Mathematical Dissertations on a Variety of Physical and Analytical Subjects*) の中に現れる．しかしながら，これはシンプソンのオリジナルではなく，17 世紀中にすでに他の人々の著作に載っていたものであった．

13.2.2　コリン・マクローリン『流率論』

コリン・マクローリン (1698–1746) というスコットランドの数学者の名前は，微分積分学の教科書の中にあるが，彼にとって新奇なものではなかった一手法，いわゆるマクローリン級数を通じて，今日の学生に知られている．マクローリンの級数は，1742 年に刊行された『流率論』(*A Treatise of Fluxions*) の中に記されている．この著作は 1742 年に刊行される 8 年前，ジョージ・バークリ (1685–1753) によって表明された，流率論の基礎に対する批判に部分的に応えて書かれたものだった（この批判に関する議論は 13.5.1 項で論じられる）．その第

伝　記

コリン・マクローリン (Colin Maclaurin, 1698–1746)

　マクローリンは，シンプソンと異なり大学での教育を受け，また大学における経歴を積んでいった人物である．西スコットランドの村，キルモダンに生まれ，わずか11歳でグラスゴー大学に入学し，すぐに大学の数学における教育内容を習得した．19歳のときにマクローリンは，アバディーン大学で数学の教授職に任命されたが，その後まもなく裕福な貴族の息子の家庭教師としてヨーロッパ大陸へ3年の旅行に出ることになった．アバディーンの当局は，とくにマクローリンの不在に不満を抱いており，帰国後すぐに彼を辞職に追い込んだ．その一方で，ニュートンは彼をエディンバラ大学のポストに推薦した．その地にマクローリンは残りの人生の間ずっと留まり，ユークリッドや初等代数学からニュートンの『プリンキピア』までを題材として教鞭を執ったのだった．1745年マクローリンは，かの「チャーリー殿下」[英国の王位僭称者 Charles Edward Stuart] の圧力に備えて，エディンバラを強化するのに一役をかったが，街が陥落したときヨークに向けて発たなければならなかった．彼はその地で病に倒れ，回復することなく48歳で亡くなった．

　1巻は，幾何学的観点からニュートン流の微分積分学の基礎が扱われている．一方，第2巻でマクローリンは，代数的なアルゴリズムによる方法で流率の規則とそれらの応用を証明するという異なった事項を問題とした．その結果，マクローリンは微分積分学が適用されていた問題全体の範囲に対して細部を練り上げることになった．彼は極大，極小および変曲点について論じ，接線，漸近線を見出し，曲率を決定した．そして最速降下線問題の完全な説明も与えた．マクローリンは，x を使って表された y によって与えられた曲線の下側にある領域を，その領域の流率が $y\dot{x}$ であることを示し，その上でこの式の流量を決定するためのいくつかの方法のうちの一つを用いることによって計算した．同様に，彼はそれらの流率をまず決定することによって，回転体の体積や表面積を計算した．マクローリンは楕円体に働く重力を研究するために重積分の初等的公式を用いた．また最終的に対数を扱う際に，ネイピアの運動に関する元々の定義を使って考え始めた．マクローリンにとって，対数に関する通常の流率の性質を決定したり，指数関数の流率に関して計算するために，そうした性質を利用するのは造作もないことだった．

　シンプソンやそれ以前の著作と比べて，マクローリンの著作は三角関数に関する事柄をいくらか多く含んでいた．たとえば，正弦に関するシンプソンの定理に加えて，彼は弧の流率に対するその接線の流率の比が，半径対余弦の二重比 [2乗の比] になることを示した．また弧の流率に対するその割線の流率の比が，半径を一辺とする正方形対割線と接線で決定された長方形の比になることも幾何学的に示したのだった．これらの結果は現代の微分積分学の定理，すなわち $\dfrac{d}{dx}\tan x = \dfrac{1}{\cos^2 x}$ や $\dfrac{d}{dx}\sec x = \sec x \tan x$ に翻訳することができるが，マク

ローリンは，三角関数を表す線分との関連で流率の比を与えただけだった．こうした結果は，対数や指数関数の計算に対するように解析的に［代数的なアルゴリズムを］適用することができなかった．しかしながら，逆三角関数にかかわるマクローリンの結果は大いに利用された．それらは与えられた流率に対して，流量（または積分）を求めるという文脈の中で現れた．たとえば $\frac{\dot{y}}{a^2+y^2}$ の流量は，半径 a の円における接線が y である弧になり，一方で $\frac{a\dot{y}}{\sqrt{a^2-y^2}}$ の流量は正弦が y である弧となることをマクローリンは注意している．だが興味深いことに，彼はその関数を若干修正すると，円弧に関連する流量から対数に係わる流量へと変わることに気づいた．例として，第 1 の問題において y^2 の符号を変えると，流量は $\frac{1}{2a}\log\left(\frac{a+y}{a-y}\right)$ に変わる．その結果，虚数の対数によって円弧を表すことができるように思えたのである．これと同じ考えは，コーツの著作においてすでに現れていたが，コーツもマクローリンもオイラーによって解決されたような完全な類推を引き出すことはできなかった．

マクローリンの名にちなんで命名された級数は第 2 巻に現れる．いま y が z の級数として表せるとしよう．すなわち，$y = A + Bz + Cz^2 + Dz^3 + \cdots$ とする．もし z が 0 になるとき，$E, \dot{E}, \ddot{E}, \ldots$ が y の値，およびその様々な次数の流率であるならば，（$\dot{z} = 1$ を仮定することにより）

$$y = E + \dot{E}z + \frac{\ddot{E}z^2}{1\times 2} + \frac{\dddot{E}z^3}{1\times 2\times 3} + \cdots$$

と級数による式で表すことができる．y をベキ級数に書くことができると仮定すれば，マクローリンの証明は簡単である．すなわち彼はまず最初に，$A = E$ を得るために $z = 0$ と設定する．次に級数の流率をとって，再び $z = 0$ と設定する．すると $B = \dot{E}/\dot{z} = \dot{E}$ となる．またここで流率をとり，結果を求めるために $z = 0$ とすることを繰り返す．マクローリンは，この定理がすでにブルック・テイラーによって発見されており，1715 年に彼の著作『増分法』(*Methodus Incrementorum*) で発表されていたことに言及している．

マクローリンは，半径 a の中にある正弦と余弦に対する級数を含め，こうした級数に関する多くの事柄を導いた．例として，（半径 a の円において）$y = \cos z$ であるならば，$\frac{\dot{y}}{\dot{z}} = \sqrt{a^2 - y^2}/a$ となる．このとき，

$$\frac{\dot{y}^2}{\dot{z}^2} = \frac{a^2 - y^2}{a^2}$$

となり，また

$$\frac{2\dot{y}\ddot{y}}{\dot{z}^2} = -\frac{2y\dot{y}}{a^2}, \quad \text{すなわち} \quad \frac{\ddot{y}}{\dot{z}^2} = -\frac{y}{a^2}$$

となる．ゆえに $z = 0$ のときに $y = a$ であるから，$E = a$ かつ $\dot{E} = 0$，さらに $\ddot{E} = -\frac{1}{a}$ を得る．したがって $y = \cos z$ に対する級数の最初の三つの項は，$y = a + 0z - \frac{1}{2a}z^2$ である．さらに先の多くの項に関しては，正弦と余弦の微分計算を必要とすることなしに容易に見出すことができる．

またマクローリンは，極大と極小を決定するための微分による判定基準を作るのに，彼の級数を用いた．実際，「縦線 (ordinate) の最初の流率が消えるとき，同時にその 2 次の流率が正であるならば，その縦線は最小である．また一方でその 2 次の流率が負であるならば，その縦線は最大となる」と語っている[14]．もし縦線 $AF = E$ と二つの横線 (abscissa) が定められ，一方は A の右側（x と表す），もう一方は A の左側に同じ距離だけ離れたところにある（$-x$ と表す）とするならば（図 13.9 参照），マクローリンの級数は対応する縦線が，それぞれ

$$PM = E + \dot{E}x + \frac{\ddot{E}x^2}{2} + \frac{\dddot{E}x^3}{6} + \cdots$$

かつ，

$$pm = E - \dot{E}x + \frac{\ddot{E}x^2}{2} - \frac{\dddot{E}x^3}{6} + \cdots$$

となることを示している．さらに $\dot{E} = 0$ とし，かつ x が十分小さいと仮定する．マクローリンはこれらの縦線双方が，$\ddot{E}$ が正であるときに（すなわち AF が最小であるとき），縦線 $AF = E$ より大きく，$\ddot{E}$ が負であるときに（すなわち AF が最大であるとき），AF より小さくなると結論を下した．その上また $\ddot{E}$ が消えて，もし $\dddot{E}$ が $PM > AF$ でも $pm < AF$ でもない（またはその逆）ならば，AF は最大でもなく，また最小でもないという結論を出した．

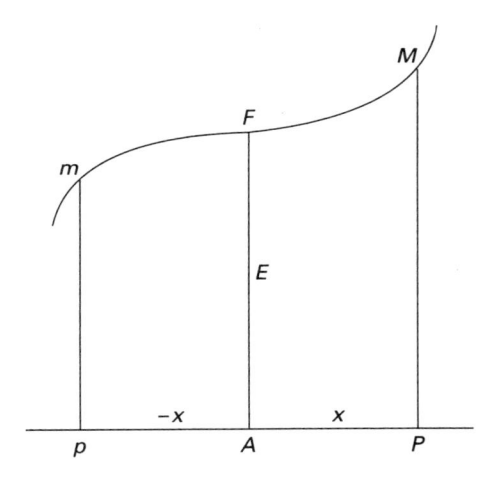

図 13.9
マクローリンによる 2 次流率の判定[*5]．

マクローリンは彼の教科書を終えるにあたり，いわゆる微分積分学の基本定理の一部，少なくともベキ級数で表された関数の特別な場合に対して，おそらく最も早い解析的証明を行った（彼はより一般的な幾何学的証明をその教科書の前の箇所で与えていた）．すなわち，「n を任意の正の整数とし，……底辺 AP，あるいは x 上のの領域がつねに x^n と等しいならば，縦線 PM，あるいは y はつねに nx^{n-1} と等しくなるだろう」と述べている[15]．マクローリンは底辺 x の増分 $o = Pp$ をとり，$PM \times Pp = yo <$ 面積 $PMmp = (x+o)^n - x^n$ となることを指摘することから始めた（図13.10参照）．以前に証明した代数的な結果によっ

[*5] カッツはこの図版の題名の中に derivative という語を用いているが，文脈に沿うように「流率」と訳した．

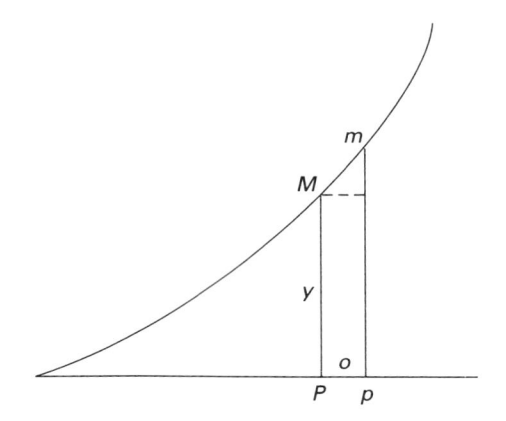

図 13.10
マクローリンと微分積分学の基本定理.

て，$(x+o)^n - x^n < n(x+o)^{n-1}o$ から，$yo < n(x+o)^{n-1}o$ となることがわかる．同様にマクローリンは横軸の値を P の左まで広げて，$yo > n(x-o)^{n-1}o$ となることを，したがって $n(x-o)^{n-1} < y < n(x+o)^{n-1}$ となることを見出した．現代の極限の議論を使用するのではなく，マクローリンは帰謬法に訴えて $y = nx^{n-1}$ を示している．もし $y > nx^{n-1}$ ならば，任意の増分 o に対して $y = nx^{n-1} + r < n(x+o)^{n-1}$ が成り立つ．だが，ここで o を $\left(x^{n-1} + \dfrac{r}{n}\right)^{1/(n-1)} - x$ となるように選ぶならば，簡単な計算によって，$y = n(x+o)^{n-1}$ となり，矛盾をきたすことが示される．同様に y を nx^{n-1} よりも小さいと仮定するならば，やはり矛盾が生じる．このようにしてマクローリンの証明は完了するのである．

13.2.3　マリーア・アニェージ『解析教程』

　マクローリンの『流率論』は，とくにそれが 1749 年にフランス語に翻訳されたあとも，ヨーロッパ大陸の側で読まれた．しかし，その前の年にロピタルの教科書の重要な後継書がヨーロッパに現れた．マリーア・ガエターナ・アニェージ (1718–1799) による『イタリア人の若者が用いるための解析教程』(*Instituzioni analitiche ad uso della gioventu italiana*) である．アニェージの著作は，当然ながらニュートンよりもライプニッツやその後継者たちの影響を受けていた．したがってそれは流率の用語ではなく，むしろ微分や無限小の言葉によって記述されていた（興味深いことに，イギリスの翻訳者は，「流率」という語で表すべきところを，しばしば「微分」という語を使い続けていたが，dx と書かれたところは，すべて $\dot{x}$ で置き換えていた）．この教科書は，様々な概念について明確に説明し，同時に多数の例を提供した．たとえば，極大と極小に関する節で，アニェージは次のような問題を提供した．まずある 1 点において線分を切ることを考え，一方の線分の長さと他方の長さを平方したものの積が最大となるような点を求める問題や，長方形の一つの頂点を通り抜け，対辺の両側の延長と交わる線分の長さが最小となる線分を求めるという問題を示した．彼女は，式 $a\dfrac{dy}{y} = dx$ によって定義された対数曲線の最大曲率の点をどのように見つけるかも示した．

　アニェージは，ヨハン・ベルヌーイと同じように，積分計算は微分計算の逆計算であると考えた．すなわち与えられた微分量の式から，その式が微分量と

伝 記

マリーア・ガエターナ・アニェージ (Maria Gaetana Agnesi, 1718–1799)

アニェージは，裕福なミラノの商人の第一子として生まれた．彼女の父は，アニェージが学問的関心を追究するのを奨励し，娘のために様々な著名教授を家庭教師に雇った．11歳で，彼女は七つの言語を流暢に話し，十代で力学，論理学，動物学，さらには鉱物学といった分野の重要な話題について，その頃の最良の学者と議論することができた．当時の主要な数学的著作を研究したあと，彼女は自分の弟にその分野を教え始めた．そしてほどなく微分と積分に関する完成度の高い論考や，代数に関する内容を含んだ業績をあらゆるイタリアの若者たちのために刊行しようと決心した．1749年，その教科書のフランス語への翻訳を認可する際，フランスの王立アカデミーの委員会は次のような明確なお墨つきを与えた．「この著作は解析の基本概念に読者が深く，かつ迅速に通暁することを可能にするだろう．他のどんな言語の中の，どんな本の中にも類を見ないものである」[16]．そして18世紀中頃のケンブリッジのルーカス数学教授ジョン・コルソンも，アニェージの本にたいへん感銘を受け，イギリス人の若者がイタリアの若者と同じ恩恵を享受できるよう，この著作を英語に翻訳しようと，その目的のためだけにイタリア語を勉強したのだった．

またローマ法王もアニェージの才能を認め，彼女をボローニャ大学の数学教授職に任命したが，アニェージは決してその職には就こうとしなかった．1752年に彼女の父が亡くなったあとすぐに，アニェージはすべての学問的追究から身を引いて，貧しい人々の中で宗教的な研究と社会的活動に残りの人生を捧げた．

なる量を決定するための方法である．したがって記号 $\int y\,dx$ は逆微分を意味する．だが被積分項を表す $y\,dx$ は，無限小長方形の領域を示している．このことが結果論だが，曲線の下側にある領域をこの同じ逆操作によって計算することができる，と彼女が気づくことに結びつけたのである．

アニェージは，とくに対数（または指数）曲線を徹底的に取り扱った．彼女は積分に対する通常の規則によって，$dx = ay^{-1}dy$ から $x = ay^{-1+1}/(-1+1)$ または $ay^0/0$ が導かれることを指摘した．彼女に言わせれば，これでは「何もわれわれに教えない」．したがって，他の方法でこの曲線を扱う．アニェージはまず最初に，縦線が幾何的に［一定倍率で］増加し，その一方で横線が算術的に［一定量ずつ］増加する曲線が，微分方程式 $dx = ay^{-1}dy$ を満たすことを示し，適当な無限級数を用いることによって計算ができると主張するのである．また，有限区間における領域と，固定された横線 x から左に伸ばして無限区間にしたものの領域と，その両方の上で，この曲線の下方にある面積がどのようにして見出されるかも示した．y を x に対応する縦線とするとき，彼女はこの「不適当な積分」（今日では $\int_{-\infty}^{x} e^{t/a}\,dt$ と書く）が ay になることを計算する．そして x 軸の周りにこの曲線を回転させることによってできる立体の体積について，どのように計算するかを示した．しかし18世紀の前半に出版された他の本と同様，三角関数に関してはほとんど取り扱っていない．

奇妙なことに，先に論じた他の二人の教科書の作者同様，アニェージの名前は，本の中にある彼女にとってまったく独創的でない小さな項目に結びつけられている．解析幾何学における例として，方程式が $y = \dfrac{a\sqrt{a-x}}{\sqrt{x}}$ で表される曲線を幾何学的に描いたが，その曲線は以前にラテン語の「回転する (vertere)」という語から la versiera と命名されていた．あいにくその単語 versiera は，「悪魔の妻」を意味するイタリア語 avversiera の略語であった．イギリスの翻訳者が「魔女」とこの単語を訳したので，この曲線は以来ずっと「アニェージの魔女」と呼ばれることになってしまった．

13.2.4　オイラー『無限解析入門』

今までのところ話題にした三つの教科書は，すべて著者の母国語で書かれていた．しかし，一連のラテン語で書かれた著作の方が後世においてより重要であると判明したのだった．これらはみな，オイラーによるもので，『無限解析入門』(Introductio in Analysin Infinitorum) 全 2 巻（1748 年刊），『微分学教程』(Institutiones Calculi Differentialis)（1755 年刊），および『積分学教程』(Institutiones Calculi Integralis) 全 3 巻（1768–1770 刊）である．

『無限解析入門』はオイラーの「微分積分学準備段階の」教科書とでも言うべきものであり，解析学を学ぶ上で絶対必要ないくつかの話題を展開する試みが行われていた．その結果，読者は「無限という発想をほとんど意識しないですむくらいに慣れ親しむようになる」のだった[17]．そして解析学は関数にかかわるものなので，オイラーはまずその関数の定義から始めた．すなわち「ある変量の**関数とは**[*6]，変量と数，または定量から，まさしく任意の方法で構成される解析的表現である」と述べている[18]．オイラーの定義に関して最初に注意すべき点は，「関数」という語が「解析的な表現」（すなわち式）を意味するということである．2 番目に，彼が「まさしく任意の方法で」と称する，関数の式がいかに形成されるべきかということが，さらなるオイラーの議論や考察を待って初めて理解可能になるということである．オイラーによれば，関数には二つの基本的なクラスがある．すなわち，代数的なものと超越的なものである．前者は変数と定数に対して加減乗除，ベキ次数をあげること，根の開方，および方程式の解から形成されたものである．それに対して後者は指数，対数，より一般的には積分によって定義されるものである．「微分積分学準備段階の」著作としては積分について議論することができなかったので，この『無限解析入門』では超越関数は三角関数，そして指数，対数関数の特別な場合に限定して扱われた．

オイラーが関数を議論する際，重要な道具となるのはベキ級数である．彼はおそらく孤立した点を除いて，ベキ級数によってどんな関数も表現することができると確信していたはずである．だが証明は与えなかった．むしろ彼は様々な超越関数と同様，任意の代数関数を，そうした級数へいかに展開していくかを示すことによってこの真実を読者に納得させようと試みた．代数関数に対する彼の方法は，決して新しいものでなく，（有理関数の場合における）割り算を用

[*6] 618 ページの訳注に示した原則と異なり，ここではオイラーの著作にある原語を尊重し，「変量」と訳す．本文にあるように，この『無限解析入門』における関数の定義に注意すべきである．

いたニュートンの方法と（任意のベキで表現可能な関数に対する）二項定理との組合せであった．そして収束に関しては何も議論をしなかった[*7]．

『無限解析入門』の中で最も影響力を持つことになった章は，なかんずく指数関数，対数関数，および三角関数が取り扱われた箇所である．というのもオイラーはまさにその場所で，自分自身の記号法や概念を紹介し，彼以前の教科書で行われていたすべての議論を時代遅れにしてしまった．こうした関数の現代的取扱いは，ある程度すべてこのオイラーの議論に端を発する．オイラーは指数関数を，指数が変数であるベキ級数として定義した．そして史上初めて，対数関数もそれらに関連して定義された．すなわち，オイラーは $a^z = y$ とするとき，z を底 a と y の対数として定義した．すると対数関数の基本的な性質は指数関数から得られることになる．

オイラーは二項定理を用いて，任意の底 a に対する指数関数，そして対数関数をベキ級数展開した．彼の技法は，「無限に小さい」数と「無限に大きい」数の両方を効果的に利用している．その概念を今日そのように用いると，眉をひそめられてしまう．だがしかし，オイラーはまず誤ることはなかった．たとえば，彼は $a^0 = 1$ となることから，ω と ψ の両方が無限に小さいとき，$a^\omega = 1 + \psi$ が導かれると記している．ゆえに ψ は，a に依存しない ω の倍数となり，

$$a^\omega = 1 + k\omega \quad \text{あるいは} \quad \omega = \log_a(1 + k\omega)$$

が成り立つ．オイラーは次に任意の j に対して，$a^{j\omega} = (1 + k\omega)^j$ が成り立ち，二項定理によって右辺を展開すると，

$$a^{j\omega} = 1 + \frac{j}{1}k\omega + \frac{j(j-1)}{1 \cdot 2}k^2\omega^2 + \frac{j(j-1)(j-2)}{1 \cdot 2 \cdot 3}k^3\omega^3 + \cdots$$

が成り立つことを示している．z が有限であるときに，もし j を z/ω に等しくとるならば，j は無限に大きくなり，かつ $\omega = z/j$ となる．このとき上の級数は，

$$a^z = 1 + \frac{1}{1}kz + \frac{1(j-1)}{1 \cdot 2j}k^2z^2 + \frac{1(j-1)(j-2)}{1 \cdot 2j \cdot 3j}k^3z^3 + \cdots.$$

となる．j は無限に大きいので，任意の正整数 n に対して $(j-n)/j = 1$ が成り立つ．するとこの展開は，k が底 a に依存しないので，次の級数に帰着する．

$$a^z = 1 + \frac{kz}{1} + \frac{k^2z^2}{1 \cdot 2} + \frac{k^3z^3}{1 \cdot 2 \cdot 3} + \cdots.$$

オイラーはまた等式 $\omega = \log_a(1 + kw)$ は，$(1 + kw)^j = 1 + x$ であるならば $\log_a(1 + x) = j\omega$ を意味すると注意している．一方で $k\omega = (1+x)^{1/j} - 1$ であ

[*7]本文の記述（「収束に関しては何も議論をしなかった」）は，やや正確性に欠ける．たとえば，オイラーは『無限解析入門』第 7 章「指数量と対数量の級数による表示について」の第 120 項において，対数関数 $\log_a(1+x)$ の無限級数展開が論じられる．実際，$\log_a(1+x) = \frac{1}{k}(\frac{x}{1} - \frac{xx}{2} + \frac{x^3}{3} - \frac{x^4}{4} + \cdots)$ である．ただし k は，$k = 1 + \frac{k}{1} + \frac{k^2}{1 \cdot 2} + \frac{k^3}{1 \cdot 2 \cdot 3} \cdots$ という関係で「底と結ばれている数である」．このとき $1 + x = a$ とおく．すると $\log_a a = 1$ より，$k = \frac{a-1}{1} - \frac{(a-1)^2}{2} + \frac{(a-1)^3}{3} - \frac{(a-1)^4}{4} + \cdots$ となる．このときオイラーは「もし $a = 10$ とおけば，ほぼ [k は] 2.30258 に等しくならなければいけないはずであるが，$2.30258 = \frac{9}{1} - \frac{9^2}{2} + \frac{9^3}{3} - \frac{9^4}{4} + \cdots$ となることを理解するのは困難である」と述べている．すなわち，この級数が発散してしまうことを問題視している．邦訳，102f ページ参照．

るから，
$$\log_a(1+x) = \frac{j}{k}(1+x)^{\frac{1}{j}} - \frac{j}{k}$$
が成り立つ．さらに二項定理を巧妙に用いて，オイラーは結果的に次の級数を導いた．
$$\log_a(1+x) = \frac{1}{k}\left(\frac{x}{1} - \frac{x^2}{2} + \frac{x^3}{3} - \cdots\right).$$
ここで $k=1$，または同じことであるが $a=e$ とすると，通常の e^z と $\ln z$ に対するベキ級数展開が得られる．

「円から生じる超越的量」に関してオイラーの教科書は，ある半径の円の中にある線の長さというよりも，数値が対応している関数としてこうした量を扱う．問題にする三角関数をこのように議論することは，教科書の上では初めてである．実際のところ，オイラーは正弦や余弦の新しい定義は与えていない．彼はただ単に，常に弧 z の正弦と余弦が半径1の円に関連して定義されると考えていることを注意しているだけである．オイラーはいくつかの比較的複雑な等式を導いているが，加法と周期性の性質を含む，正弦と余弦のすべての基本性質が既知であると仮定する．より重要なことは，二項定理と複素数を用いて，正弦と余弦に対するベキ級数を導いたことである．簡単な計算によって導かれる等式 $(\cos z \pm i \sin z)^n = \cos nz \pm i \sin nz$ から，オイラーは
$$\cos nz = \frac{(\cos z + i \sin z)^n + (\cos z - i \sin z)^n}{2}$$
とし，さらに右辺を展開して，
$$\cos nz = (\cos z)^n - \frac{n(n-1)}{1 \cdot 2}(\cos z)^{n-2}(\sin z)^2$$
$$+ \frac{n(n-1)(n-2)(n-3)}{1 \cdot 2 \cdot 3 \cdot 4}(\cos z)^{n-4}(\sin z)^4 + \cdots$$
と結論を下す．再び z を無限に小さいとし，n を無限大，さらに $nz=v$ を有限とすると，$\sin z = z$ かつ $\cos z = 1$ から
$$\cos v = 1 - \frac{v^2}{1 \cdot 2} + \frac{v^4}{1 \cdot 2 \cdot 3 \cdot 4} - \cdots$$
が導かれる．

『無限解析入門』第1巻の残りの部分には，無限級数と同様に無限積を含む，無限を伴った手続きに関して多くの事柄が記されている．たとえば，オイラーは無限和
$$\sum_{n=1}^{\infty} \frac{1}{n^{2k}}$$
を正弦関数の性質を用いてどのように決定するか示している．また彼は，すべての素数に対して積をとり，正の整数上で和を考えると，
$$\prod_p \frac{1}{1-\frac{1}{p^n}} = \sum_m \frac{1}{m^n}$$

が成り立つことを示している．この積や和は，ともに n が任意の複素数 s の場合にまで一般化されて，今日変数 s のリーマン・ゼータ関数と呼ばれ，その研究は多くの新しい数学を生み出すことになっていった．そうは命名されていないが，まさに積と因数によって，また双曲線関数が現れることにもなる．オイラーは，

$$\frac{e^x - e^{-x}}{2} = \frac{x}{1} + \frac{x^3}{1 \cdot 2 \cdot 3} + \frac{x^5}{1 \cdot 2 \cdot 3 \cdot 4 \cdot 5} + \cdots$$

における左辺が，

$$\frac{e^x - e^{-x}}{2} = x \left(1 + \frac{x^2}{\pi^2}\right) \left(1 + \frac{x^2}{4\pi^2}\right) \left(1 + \frac{x^2}{9\pi^2}\right) \cdots.$$

と因数分解されることを示した．また同様に

$$\frac{e^x + e^{-x}}{2} = 1 + \frac{x^2}{1 \cdot 2} + \frac{x^4}{1 \cdot 2 \cdot 3 \cdot 4} + \cdots = \left(1 + \frac{4x^2}{\pi^2}\right) \left(1 + \frac{4x^2}{9\pi^2}\right) \left(1 + \frac{4x^2}{25\pi^2}\right) \cdots.$$

を導いた．結局ヨハン・ハインリヒ・ランベルト (1728–1777) こそが，1768 年にこれらの関数に対して，双曲正弦関数 ($\sinh x$)，双曲余弦関数 ($\cosh x$) という名前を導入し，通常の正弦，余弦関数とこれらの関数との類似を見出したのだった．

13.2.5　オイラーの微分計算

『無限解析入門』の第 1 巻は主として級数に関係していたが，第 2 巻第 14 章では解析幾何学が取り扱われる．オイラーは微分積分学に必要な代数的道具として，この題材を考えた．彼は 1755 年に刊行された『微分学教程』で，微分計算そのものを論じた．この著作は微分計算の定義から始まる．すなわち「変量の消えゆく増分の比に対して，関数が受けとる消えゆく増分の比を決定する方法であり，またそれらは最初の変量の関数となる」[19]．オイラーはすでに『無限解析入門』で「関数」の定義を与えていたが，ここでそれをいくらか一般化した．つまり「ある量が変化するのに応じて，別の量が変化するという形で，ある量が他の諸々の量に依存するならば，前者は後者の関数と呼ばれる．これは，一つの量を他の量から決定することができる，あらゆる方法をそれ自身含んだ，非常に包括的な考え方である」[20]．したがってオイラーは，もはや関数を「解析的な表現」であると考えなかった．なぜこのように考え方が変化したかは，13.4 節で議論される振動弦問題に関する論争に関係している．そして，オイラーは微分計算が多く幾何学へ応用されることに気づいていながら，この著作は純粋な解析の本であると主張したのだった．だからそのようなものとして，図はまったく現れることがなかった．

微分積分は「消えゆく増分」の比と関係があるので，オイラーは増分一般，言い換えれば有限差分の議論から始める．変数の値の列 $x, x+\omega, x+2\omega, \ldots$ が与えられ，関数の対応する値 $y, y', y'', \ldots$ が与えられるとき，オイラーは有限差分の様々な列を考える．1 次の差分は，$\Delta y = y' - y, \Delta y' = y'' - y', \Delta y'' = y''' - y'',$ $\ldots$ となる．また 2 次の差分は，$\Delta\Delta y = \Delta y' - \Delta y, \Delta\Delta y' = \Delta y'' - \Delta y', \ldots$ となり，以下 3 次および高次の差分が同様に定義される．実際，$y = x^2$ とする

ならば，$y' = (x+\omega)^2$ かつ $\Delta y = 2\omega x + \omega^2$, $\Delta\Delta y = 2\omega^2$ となり，3次以上の高次差分はみなすべて 0 となる．級数展開を含む様々な手法を駆使して，オイラーはあらゆる通常の初等関数に対する差分を計算することができた．その上，[差分を作る] Δ 操作の逆を指示するのに和 $\sum$ を用いて，その操作のための様々な公式も導いた．たとえば，$\Delta x = \omega$ より，$\sum \omega = x$ かつ $\sum 1 = x/\omega$ が成り立つ．同様に，$\Delta x^2 = 2\omega x + \omega^2$ から $\sum(2\omega x + \omega^2) = x^2$ かつ，

$$\sum x = \frac{x^2}{2\omega} - \sum \frac{\omega}{2} = \frac{x^2}{2\omega} - \frac{x}{2}$$

が成り立つ．そこでオイラーは Δ に関する規則に対応させて，$\sum$ のための規則を容易に作り上げた．しかしながら，有限差分に対する規則を議論するよりむしろ，微分のためのオイラーの公式について議論する方が，われわれには役に立つだろう．

「無限小解析とは，……差分の方法の特殊な場合に他ならない．……それは，前に有限であると仮定された差分を無限小としたときに生じるものである」[21]．これらの無限小量，すなわち微分量を用いた計算に関するオイラーの法則は，微分計算で通常利用される公式を産み出すことになる．もし $y = x^n$ ならば，$y' = (x + dx)^n = x^n + nx^{n-1}dx + \frac{n(n-1)}{1 \cdot 2}x^{n-2}dx^2 + \cdots$ となるので，その結果 $dy = y' - y = nx^{n-1}dx + \frac{n(n-1)}{1 \cdot 2}n^{n-2}dx^2 + \cdots$ が成り立つ．「しかしこの式において，列の 2 番目の項以下の残りは 1 番目の項との比較で消えてなくなるだろう」[22]．したがって $d(x^n) = nx^{n-1}dx$ となるのである．ただしここで，オイラーが彼の議論を x の正の整数ベキだけではなく，任意のベキに対しても適用するつもりだったことは注意を要する．結局，二項定理はあらゆるベキに適用される．だから $(x + dx)^n$ の展開式は必ずしも有限個の和を表すわけではない．それは無限級数をも表す場合もあろう．ゆえにオイラーは直ちに，$d\left(\frac{1}{x^m}\right) = -\frac{m\,dx}{x^{m+1}}$，またはより一般的に $d(x^{\mu/\nu}) = (\mu/\nu)x^{(\mu-\nu)/\nu}dx$ が成り立つことを示した．

オイラーは，現代で言う連鎖律に関してはっきりした説明を与えていないが，必要に応じて特別な場合は扱った．たとえば，p が x の関数で，その微分量が dp であるならば，$d(p^n) = np^{n-1}dp$ であることが示されている．オイラーが導いた積の微分計算の規則は，実際にはライプニッツのものと同じであるが，オイラーの商の計算法則は，より独特な導き方に基づいている．彼は $1/(q+dq)$ を

$$\frac{1}{q+dq} = \frac{1}{q}\left(1 - \frac{dq}{q} + \frac{dq^2}{q^2} - \cdots\right)$$

とベキ級数に展開する．この展開の中で高次の項を無視すると，次のように書ける．

$$\frac{p+dp}{q+dq} = (p+dp)\left(\frac{1}{q} - \frac{dq}{q^2}\right) = \frac{p}{q} - \frac{p\,dq}{q^2} + \frac{dp}{q} - \frac{dp\,dq}{q^2}.$$

すると 2 次の微分量 $dp\,dq$ は，1 次のものに比べて消えてしまうとみなすことが

できるので，以下の式が導かれる．

$$d\left(\frac{p}{q}\right) = \frac{p+dp}{q+dq} - \frac{p}{q} = \frac{dp}{q} - \frac{p\,dq}{q^2} = \frac{q\,dp - p\,dq}{q^2}.$$

対数の微分については，『無限解析入門』の中で導かれたベキ級数が必要になった．$y = \ln x$ とするとき，

$$dy = \ln(x+dx) - \ln(x) = \ln\left(1 + \frac{dx}{x}\right) = \frac{dx}{x} - \frac{dx^2}{2x^2} + \frac{dx^3}{3x^3} - \cdots$$

が成り立つ．オイラーは高次の微分量を除くことによって，直ちに公式 $d(\ln x) = \dfrac{dx}{x}$ を与えた．逆正弦関数については，複素数を通じて考察された．$y = \arcsin x$ に公式 $e^{iy} = \cos y + i\sin y$ を代入すると，$e^{iy} = \sqrt{1-x^2} + ix$ が与えられる．これから $y = \dfrac{1}{i}\ln(\sqrt{1-x^2} + ix)$ となり，ゆえに

$$dy = d(\arcsin x) = \frac{1}{i}\frac{1}{\sqrt{1-x^2}+ix}\left(\frac{-x}{\sqrt{1-x^2}} + i\right)dx = \frac{dx}{\sqrt{1-x^2}}$$

が成り立つ．最後に，オイラーは正弦関数の微分計算を導くのに，$d(\sin x) = \sin(x+dx) - \sin x = \sin x \cos dx + \cos x \sin dx - \sin x$ を計算することから始める．オイラーはその際，彼の正弦と余弦の級数展開を思い起こして，再びより高次の項を除いて，$\cos dx = 1$ と $\sin dx = dx$ に注意する．すると望み通り $d(\sin x) = \cos x\, dx$ を導くことができるのである．

オイラーの著作の中で，2 個以上の変数の関数に対する微分計算に関する章は，以上のような着想の展開の中で前に論じたいくつかの試行錯誤の跡を記していない．彼はそのような関数を扱う際に，変数が独立して変化することができることを単に注意するだけである．この章の主要な概念は，1 変数の関数の場合のように微分量と微分係数（われわれの言う導関数または偏導関数）である．オイラーは，主に次の例を用いて証明する．もし V が二つの変数 x と y の関数であるならば，dV は x を $x + dx$ へ変化させ，y を $y + dy$ へ変化させたときに生じる V の変化であり，$dV = p\,dx + q\,dy$ によって与えられる．ただし p や q は，それぞれ y または x を一定として得られた微分係数である．p や q を計算することについてはどんな困難も当然生じない．というのも現代の記号法を用いると，$p = \partial V/\partial x$ および $q = \partial V/\partial y$ と記されるものだからである．ある変数，またはその他の変数を定数として扱い，すでに導かれている規則を単に適用するということである．オイラーはさらに，「混合した偏導関数」が等しいことを微分にかかわる代数的な議論によって示した．

オイラーの著作には他にも微分方程式への導入を含む多くの特徴がある．その中で 2 変数の与えられた方程式から，微分方程式論をどのように導くかを示すことや，テイラー級数の議論，関数をベキ級数に展開する様々な方法に関する章，整数ベキの和を含む様々な級数の和を求める広汎な議論，および方程式の根の数値計算のためのいろいろな方法をオイラーは示している．しかし，本節の残りで議論するのは，極大と極小を見出すことにかかわる二つの章の内容に絞ることにしよう．そもそもこの著作には図がないということを，したがって極

大か極小を持っている曲線を示すどのような図もないということを思い出そう．ここではすべてが解析的に行われる．ただしオイラーは，絶対最大値，すなわちその関数のいかなる他の値よりも大きい値と，極大値，すなわち $x = f$ に対応する y の値で，f に「近い」x のどちらかの側でとる他の値よりも大きいものとを区別することから議論を始める．だが，まさに「近い」とは何を意味するのかについての議論はなされないままである．

オイラーは，関数が $x = \alpha$ で極大値か極小値を持つための基本的な判定基準を導いた．それは 1 次と 2 次の導関数を用いた判定基準であり，マクローリン級数を用いたマクローリン自身の方法と同じものだった．ただしオイラーはそのスコットランド人の先駆者よりもずっと多くの例を提供し，しばしば一般化を模索した．したがって，いくつかの特定の多項式関数に対する極大と極小を考えたあとに，任意の多項式関数 $y = x^n + Ax^{n-1} + Bx^{n-2} + \cdots + D$ について詳細に議論する．また有理関数に関するいくつかの場合を扱ったあとで，より一般的な有理関数

$$\frac{(\alpha + \beta x)^m}{(\gamma + \delta x)^n}$$

についても考察した．0 のまわりで $x^{2/3}$ に対してベキ級数展開ができないことの議論や，それゆえ極大や極小を求めるためにいくつかの異なった判定基準を定式化するという必要性が意識されたあとで，オイラーは初めてより一般的な場合 $x^{2pz/(2q-1)}$ を扱う．オイラーの掲げる例の大部分は代数関数に属するものであるが，超越関数を用いたいくつかの例も提示して締めくくっている．その中には関数 $x^{1/x}$ や $x \sin x$ も含まれるが，両方とも極値の正確な解に達するためには，詳細な数値計算を必要とした．

2 変数関数 V に対して，オイラーは X がただ x のみの関数で，Y がただ y のみの関数である，$X + Y$ という特別な形の関数を考えることから始める．その場合，X の極大を与える x_0, Y の極大を与える y_0 とを組にした (x_0, y_0) は，明らかに $X + Y$ に対する極大を与える．より一般的なケースに関して，オイラーは各変数の値を順番に一定とすることによって，V の極値が $dV = P\,dx + Q\,dy = 0$ となるときのみ起こりうるということに気づいた．ゆえに $P = \partial V/\partial x = 0$ と $Q = \partial V/\partial y = 0$ の両方が成り立つ場合のみである．双方の 1 次偏導関数が消える点 (x_0, y_0) で極大，極小が与えられるか，あるいはそのどちらでもないかを決定する問題はより難しく，オイラーは完全な結果を与えていない．実際，$\dfrac{\partial^2 V}{\partial x^2}$ と $\dfrac{\partial^2 V}{\partial y^2}$ が (x_0, y_0) でともに正であるならば，関数 V はそこで極小となり，それらがともに負であるならば極大となると主張する．オイラーは，$V = x^3 + y^2 - 3xy + (3/2)x$ を含むいくつかの例を与えて自分の方法を例証しようと試みる．彼の判定基準によれば，$x = 1, y = 3/2$ と $x = 1/2, y = 3/4$ のときにともに V が極小となる．だがあいにく後者の点は極小を与えず，鞍点となるのである．

13.2.6　オイラーの積分計算

オイラーの解析学 3 部作の最後を飾る『積分学教程』は，積分の定義から始ま

る．それはある量の微分量についての関係が与えられたとき，もとの量自体を見出す方法である．すなわちオイラーにとっては，アニェージやヨハン・ベルヌーイと同じように，積分計算はある領域の面積を決定することというよりも，むしろ微分計算の逆なのである．だからこの著作の第 1 部は，様々な種類の関数に対して（逆導関数 (antiderivative) を見つけるという意味で）積分するための手法を扱う．その一方で，残りの部分は微分方程式の解を扱う．オイラーは，$n \neq -1$ に対して

$$\int ax^n \, dx = \frac{a}{n+1} x^{n+1} + C$$

および，

$$\int \frac{a \, dx}{x} = a \ln x + C = \ln cx^a$$

という結果から始める．そして有理関数の積分ができるようにするための部分分数の技法を詳細に議論する．彼は現代の三角関数の置換を用いることはしなかったが，平方根を含む関数を積分するための様々な置換の方法を扱う．『積分学教程』のある章は，ニュートンが好んだ手法である無限級数の利用によって積分計算を行っている．一方，別の箇所では，とくに対数関数・指数関数を含む場合の部分積分をとりあげている．また三角関数のベキ乗の積分計算に対する還元公式の考察に，その章の 3 分の 1 を費している．オイラーは，置換 $\cos \phi = \dfrac{1-x^2}{1+x^2}$ や $\sin \phi = \dfrac{2x}{1+x^2}$ を正弦や余弦に係わる関数を通常の有理関数へと変形するために用いることもあるのである．

　この教科書では多くの箇所で微分方程式を解く方法を扱っている．オイラーは，一般的な 1 階の線形方程式 $dy + Py \, dx = Q \, dx$（あるいは現代的記法で $y' + Py = Q$）に対して一般解

$$y = e^{-\int P \, dx} \int e^{\int P \, dx} Q \, dx$$

を得るために変数分離を用いている．これはすでに 1734 年に証明した結果である．彼は 1739 年にクレローが提示した発想を利用して，$\partial P / \partial y = \partial Q / \partial x$ であるとき，すなわち「完全形」である場合に，どのように $P \, dx + Q \, dy$ を積分するかを示している．オイラーは $P \, dx + Q \, dy$ が，完全形でない場合の積分因子を求める方法についても議論する．それもやはり彼やクレローがより以前に得たものだった．定数係数を持つ線形の場合を含む，2 次あるいはそれ以上の高階の微分方程式についても様々な場合が扱われている．最終的に，オイラーは偏微分方程式の議論でこの著作を締めくくっている．その主要例については，13.4 節で議論することにしよう．ただし，微分方程式の考察に関する元々の動機が主として自然現象にかかわる問題から来たにもかかわらず，オイラーはこの著作の中で，そうしたことについて何も言及しなかった．

　『積分学教程』は『微分学教程』，さらには『無限解析入門』同様，純粋な解析のテキストである．したがってオイラーは幾何学に対する応用さえ扱っていない．この事実は，おそらくオイラーの著作と，現代の微分積分学のテキストの間の大きな違いを物語るだろう．実際『微分学教程』には，接線や法線や接平面

は現れず,曲率の研究もないのである.それらすべての話題に関して,オイラーは 1740 年の段階で完全に精通していた.だがいくつかの幾何学的な著作の中においてのみ,そうした結果は現れる.さらに驚くことに,『積分学教程』では面積計算,曲線の求長,体積計算,立体の表面積に関する話題も見あたらない.だから現代的著作において中心となる微分積分学の基本定理も現れない.定積分の計算さえない.オイラーは確かに面積の計算に,逆導関数をよく利用していた.そして実際,様々な論文でそうした発想を利用した.他方,彼の著作の中には関数のグラフとして曲線を考え,その下側にある面積というものが何かという明確な概念が現れてこないので,面積を表す関数の導関数を考えるには至らなかったのである.

現代の読者は,オイラーの微分積分学の教科書に違和感を感じるかもしれないが,それらはオイラーや彼の先駆者が発展させてきた題材に関する組織だった明確な説明を提示し,18 世紀末まで影響力を与え続けたのだった.18 世紀後半のあらゆる数学者たちは,オイラーの著作を頻繁に利用していた.だが次の世紀の初めまでには,学ぶ側の必要とするものが変化し始めた.フランス革命勃発のあとに様々な学問分野に参入してきた学生たちが,多くの新しい教科書を書く機運を盛り立てた.そしてオイラーの著作にとって代わって,今日の教科書の原型に直接つながるものを作り上げたのである.

13.3 重積分

オイラーは『積分学教程』で重積分については議論しなかったが,ある問題に関する重要な発想を進展させるのに貢献した.その問題とは 1692 年 4 月 4 日付で,ヴィンチェンツォ・ヴィヴィアーニ (1622–1703) が挑んだ問題に対するライプニッツの解に起源を持つものだった.ヴィヴィアーニはアナグラム D. Pio Lisci Pusillo Geometra (*Postremo Galileo Discipulo* (ガリレオの最後の学生))を隠れ蓑にして,半球の表面上にある四つの等しい「窓」を,表面の残りが定規とコンパスで作図可能な領域に等しい面積となるように決定するという問題を提出した.ライプニッツは 1692 年 5 月 27 日,ヴィヴィアーニからの書簡を受け取るやいなやその日のうちに問題を解いた.それを行う際に,ライプニッツは半球上の様々な領域の面積を計算しなければならなかった.実際,その計算のために,最初に一つの変量を一定として他方に関して積分し,次に二つの変量の役割を入れ替えてまた積分し,二つの微分量の積にかかわる式全体を積分したのだった.

この問題やそれと同様なものは,のちにベルヌーイ兄弟やロピタル,その他の人々たちによってなにがしかの形で解かれた.だが 1731 年に初めて,境界をなしている表面の面積を計算するのと同様に,ある一定の領域の体積を計算する体系的な試みがクレローの著作『二重曲率を持った曲線に関する研究』(*Recherches sur les courbes à double courbure*) の中で行われた.クレローは,一般に三つの変数を持つ一つの方程式によって面を表すことができるということを示したが,彼は一つの座標平面上に,曲線によって作られる柱面をしばしば考えた.た

伝　記

アレクシス・クロード・クレロー (Alexis Claude Clairaut, 1713–1765)

クレローは，パリに生まれた．10歳までにロピタルの教科書『無限小解析』の内容を習得したという天才児であり，2年後にはパリ王立科学アカデミーで論文を発表するほどだった．彼が13歳のときに始めた曲線に関する研究は，1731年に著作として刊行された．その業績により，18歳でアカデミーの会員に選ばれてしまった．クレローはすぐに研究の対象を天体力学へ，のちには教育学へと移していった．とくに天体力学の分野における彼の五つの主要な業績は，大きな影響力を持つに至り，また幾何学と代数に関する教科書も著した．前者の内容は14章で論じられるだろう．それは幾何学の話題に関して歴史に基づき，しかも「自然な」方法を教育の場に導入する試みであった．

とえば，$y = f(x)$, $z = g(y)$ によって与えられる2個の柱面が重なる領域部分の体積を計算するために，クレローは体積要素が $dx \int z\, dy$ によって与えられることを示した．その際，彼は x を用いて z と dy を書き直すために考察対象である方程式を利用し，結果として $z\, dy$ を積分することができた．体積要素は今や x に関して完全に与えられることになり，求める体積を計算するために再び積分することができた．同様に，彼は $dx \int \sqrt{dx^2 + dy^2}$ で表面積の要素を表して，類似の計算を実行した．

1760年，変分法に関する研究の中で，ジョゼフ・ルイ・ラグランジュもまた体積と表面積を扱わなければならなかった．ラグランジュは面を表す方程式が $z = f(x, y)$ かつ $dz = P\, dx + Q\, dy$ と与えられている場合に，単に体積に対して $\iint z\, dx\, dy$，表面積に対して $\iint dx\, dy \sqrt{1 + P^2 + Q^2}$ と書いた．二重積分の記号は，二つの積分を続けて実行しなければならないということを示しているとわざわざ注記しているが，こうした記法は彼が1750年代に送ったオイラーへの書簡や初期の論文でほとんど議論されることなく現われたものであった．

13.3.1　重積分の概念

オイラーは1769年の論文の中で，重積分の概念に関する詳しい説明を初めて与えている．彼は逆導関数として積分の概念を一般化することから始めた．$\iint Z\, dx\, dy$ は，最初は x に関してだけ，2番目に y に関してだけ微分したときに，$Z\, dx\, dy$ が微分量として与えられるような2変数関数を意味する．たとえば，オイラーは X が x の関数で，Y が y の関数であるとき，$\iint a\, dx\, dy = axy + X + Y$ となることを示した．もう少し込み入った例は次の積分の例である．

$$\iint \frac{dx\, dy}{x^2 + y^2}.$$

最初の積分は各々の変数に対して行うことができる．オイラーはその際に現れる値

$$\int \frac{dx}{x} \arctan \frac{y}{x} + X \quad \text{と} \quad \int \frac{dy}{y} \arctan \frac{x}{y} + Y$$

をそれぞれ［の変数について］積分することで見出した．どちらの場合も 2 番目の積分を行う唯一の方法は被積分関数をベキ級数に書き下すことなので，オイラーはそのようにし，かつ双方の積分が最終的に以下と同じ結果になることを示した．

$$\iint \frac{dx\,dy}{x^2+y^2} = X + Y - \frac{y}{x} + \frac{y^3}{9x^3} - \frac{y^5}{25x^5} + \cdots.$$

すると二重の「逆導関数」としての重積分の発想が与えられることから，オイラーは 1 回だけの積分を通じた面積計算の概念を一般化して，この二重積分を用いて体積を求めることを行った．彼の基本的な考え方はライプニッツのものと同様に，まず最初に片方の変数を一定に保ちつつ，もう一方の変数に関して積分する．そして次に 2 番目のものを扱うというものだった．彼の最初の例は，方程式が $z = \sqrt{a^2 - x^2 - y^2}$ で与えられる半径 a の球を 8 分の 1 にしたものの体積を求めることであった．オイラーは xy 平面の円の第 1 象限における面積要素 $dx\,dy$ をとり，その無限小長方形の上に立つ柱状立体の体積が $dx\,dy\sqrt{a^2-x^2-y^2}$（図 13.11 参照）であることを示した．この体積を決定するために，オイラーは最初に x を一定にして，y について積分する．すると横幅 dx，縦の長さ y の矩形上に立つ球の微小部分の体積として，次が得られる．

$$\left[\frac{1}{2}y\sqrt{a^2-x^2-y^2} + \frac{1}{2}(a^2-x^2)\arcsin\frac{y}{\sqrt{a^2-x^2}}\right]dx.$$

ここでオイラーは y を $\sqrt{a^2-x^2}$ で置き換え，同じ切片の体積を［x 軸から］y の値まで計算し，$\frac{\pi}{4}(a^2-x^2)\,dx$ であるとした．さらに x に関して積分すると，y 軸から x までの体積として $\frac{\pi}{4}\left(a^2 x - \frac{1}{3}x^3\right)$ が与えられる．そして x を a で

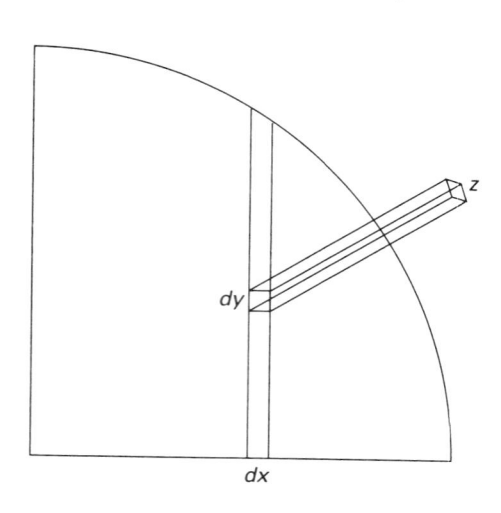

図 13.11
球の体積．

置き換えると，8 分の 1 球の体積は $\dfrac{\pi}{6}a^3$ となり，球全体は $\dfrac{4\pi}{3}a^3$ として与えられる．

さらに上側が球面で，下側が平面上の様々な領域で囲まれた立体の体積をどのように計算するかを示したあとで，オイラーは重積分が表面積を計算するのにも利用できると注意している．彼はあまり議論することなく，おそらくラグランジュによってすでに与えられていた一般的公式を知っていて，球の表面の要素を

$$\frac{a\,dx\,dy}{\sqrt{a^2 - x^2 - y^2}}$$

のように与えた．その上また，領域 A の上の $\iint dx\,dy$ が正確に A の面積であると述べたのだった．

13.3.2　重積分における変数変換

重積分に関するオイラーの論文の最も興味深い部分は，変数を換えたときにその重積分がどのようになるかという議論であった．別の言葉で述べると，x と y が二つの新しい変数 t と v の関数として与えられるときに，オイラーは $Z\,dx\,dy$ の積分を面積要素 $dt\,dv$ を持つ新しい積分にどのように変換するかを決定したいと考えたのである．

いま与えられた変数変換が回転による変換であるとする．すなわち以下の式，

$$x = a + mt + v\sqrt{1 - m^2},$$
$$y = b + t\sqrt{1 - m^2} - mv$$

で表されるとする．ただし m は回転の角度 θ の余弦である．このとき面積要素 $dx\,dy$ や $dt\,dv$ は等しくなるはずだということにオイラーは気づいていた．だが形式的に明らかな計算，

$$dx = m\,dt + dv\sqrt{1 - m^2}$$
$$dy = dt\sqrt{1 - m^2} - m\,dv$$

を実行し，二つの式を一緒に掛けると，

$$dx\,dy = m\sqrt{1 - m^2}dt^2 + (1 - 2m^2)dt\,dv - m\sqrt{1 - m^2}dv^2$$

となる．この結果は明らかに間違っているとオイラーは注意している．また，より複雑な変換によって t や v が x や y に関連づけられた場合も，同様な計算ははっきり間違っていることになるだろう．そこでオイラーが望んだことは，上記の状況において $dx\,dy = dt\,dv$ や，より一般的には W が t と v の何らかの関数であるときに $dx\,dy = W\,dt\,dv$ を与える方法を開発することであった．

オイラーの発想はちょうど重積分のときに行ったように，一度に一つの変数を扱うことであった．したがって最初に新しい変数 v を導入し，y を x と v の関数であるとみなす．すると $dy = P\,dx + Q\,dv$ となる．ここで x が一定であると仮定すると，$dy = Q\,dv$ かつ $\iint dx\,dy = \iint Q\,dx\,dv = \int dv \int Q\,dx$ が得られる．同

様に今度は，x が t と v の関数で $dx = R\,dt + S\,dv$ になるとする．v を一定に保ちつつ，その上でオイラーは $\int dv \int Q\,dx = \int dv \int QR\,dt = \iint QR\,dt\,dv$ となることを計算した．したがって，彼の問題に対する最初の解は $dx\,dy = QR\,dt\,dv$ であった．しかしながら，この答えは完全に満足できるものではなかった．というのも Q が x に依存している可能性があり，またその方法は x と y を入れ替えたときに成り立つものではないからである．だからオイラーは引き続き y を t, v の関数と考え，dy をあらためて次のように計算した．

$$dy = P\,dx + Q\,dv = P(R\,dt + S\,dv) + Q\,dv = PR\,dt + (PS + Q)\,dv.$$

また $dy = T\,dt + V\,dv$ が成り立つことから，$PR = T$ かつ $PS + Q = V$，あるいは $QR = VR - ST$ が導かれる．結局オイラーの最終的な答えは，$dx\,dy = (VR - ST)dt\,dv$ であった．面積は正の値をとるため，実際 $VR - ST$ の絶対値を利用しなければならないということもさらに述べている．関数の重積分に対して示されたオイラーの結果を，現代の記法で表すならば次のようになるだろう．

$$\iint f(x,y)dx\,dy = \iint f(x(t,v), y(t,v)) \left| \frac{\partial x}{\partial t}\frac{\partial y}{\partial v} - \frac{\partial x}{\partial v}\frac{\partial y}{\partial t} \right| dt\,dv.$$

ただし積分を考えている領域は，(x,y) と (t,v) 間に与えられた関数で表される関係によって結びつけられているとする．

　18 世紀における数学的証明の典型であるが，オイラーの議論は形式的なものだった．そしてラグランジュも，3 次元の積分における変数変換の公式を引き出すのに同様な形式的議論を行った．どちらも極限であるとか，無限小の近似といった概念はまったく利用せず，また問題になっている導関数が存在しないような点の存在など心配しさえしなかった．とくにオイラーは，そうした議論を通じて展開した新しい数学で大きな成功をおさめた．だが，ギリシアの幾何学にならった公理論的な基礎に欠けていたことが，彼の同時代の何人かを悩ませていた．そこで，微分積分学の主要な概念の適切な基礎に関して論争が展開されることになる．われわれは 13.5 節でその議論について論じることとする．

13.4　偏微分方程式論：とくに波動方程式をめぐって

　偏微分方程式論は 18 世紀の中頃，オイラーの『積分学教程』の中に最後に記された研究や，ジャン・ル・ロン・ダランベール (1717–1783) とダニエル・ベルヌーイの研究から始まった．ここでわれわれはただ一つ，特定のタイプの偏微分方程式についてのみ議論したい．すなわち波動方程式である．理由は，その方程式が導かれた振動弦の問題に関する論争が，解を求めるための特定の方法をもたらしただけでなく，関数概念の新しい理解にも結びついたからである．

13.4.1　ダランベールの業績

　振動弦の問題についての議論は，ダランベールが 1747 年に著した論文に始まった．その中で彼は張られた弦を振動させたときの形がどのようになるか，という問題に対する解を提示した．横軸と時間の両方に応じて弦上の点の位置が変

伝　記

ジャン・ル・ロン・ダランベール (Jean Le Rond d'Alembert, 1717–1783)

ダランベールは（図 13.12 参照），幼児のとき母親に捨てられ，パリの教会の階段に置き去りにされた．彼の母親は尼僧としての誓いを放棄し，天罰を恐れたのだった．すぐに貧しい家に養子として受け入れられたが，裕福な実父は実質的な金銭的援助を行い，ダランベールがコレージュ・マザランへと進学するのを手助けした．ダランベールは，その学校で古典教育を受けることができたのだった．彼は 1738 年に弁護士になったが，本当の関心は数学にあり，それを独学で学んでいった．いくつかの論文を発表したのち，とくに微分方程式という分野で，1741 年パリ王立科学アカデミーに認められ，すぐさまヨーロッパの指導的数学者の一人になった．彼の業績は力学と流体力学に関する主要な論文だけでなく，1750 年以降フランスで編纂された『百科全書』の中に含まれる多くの事項を執筆したことである．その著作は全 28 巻にも及び，あらゆる学芸，学問分野の基本原理について詳述することを目指したのだった．

図 13.12
フランスの切手に描かれるダランベール．

化するので，この弦の形は 2 変数関数 $y = y(t, x)$ によって決定される．ダランベールは，弦が無限個の微小物体からできあがっていると考えた．そしてニュートンの法則を利用して，現在**波動方程式**と呼ばれている偏微分方程式を導いた．現代の記法で表すならば，

$$\frac{\partial^2 y}{\partial t^2} = c^2 \frac{\partial^2 y}{\partial x^2}$$

で与えられる．ダランベールはまず $c^2 = 1$ という特殊な場合についてその方程式を解き，Ψ や Γ を任意の 2 回微分可能な関数として $y = \Psi(t+x) + \Gamma(t-x)$ という形の解を与えた．ダランベールが指摘したように，「この方程式は無限個の曲線を含んでいる」[23]．こうした言葉をくわしく考察することが，まさに様々な論争を生み出したのである．

ダランベール自身は，まずあらゆる x に対して，$t = 0$ のときに $y = 0$ となる場合，すなわち $t = 0$ のときに弦が平衡状態となっている場合を論じた．彼は次にあらゆる時間 t で，$x = 0$ かつ $x = l$ に対して $y = 0$ となることを要求した．言い換えれば，区間 $[0, l]$ の両端で弦が固定されていることを仮定した．最初の条件から，$\Psi(x) + \Gamma(-x) = 0$ となり，2 番目の条件から $\Psi(t) + \Gamma(t) = 0$ かつ $\Psi(t+l) + \Gamma(t-l) = 0$ となる．これらから $\Gamma(t-x) = -\Psi(t-x)$，つまり $y = \Psi(t+x) - \Psi(t-x)$ が成り立つ．さらに $\Psi(-x) = -\Gamma(x) = \Psi(x)$，すなわち Ψ は偶関数であり，また $\Psi(t+l) = \Psi(t-l)$，すなわち Ψ は周期 $2l$ を持つことがわかる．その上，初速度が $t = 0$ のとき $\partial y/\partial t$，すなわち $v = \Psi'(x) - \Psi'(-x)$ によって与えられ，偶関数の導関数は奇関数であるので，ダランベールは「初速度を表す式は，……級数に帰着されるとき，x の奇数ベキのみを含んだものになるに違いない．そうでなければ，……この問題を解決することは不可能であろう」と結論を下した[24]．その後まもなく書かれた論文で，ダランベールは弦の

初期の形状が $y(0,x) = f(x)$,初速度が $v(0,x) = g(x)$ によって与えられる場合の解を一般化した.この場合,解が $f(x)$ と $g(x)$ が周期 $2l$ の奇関数となるときのみ得られること,そしてこれらをうまく取り扱うためには,それぞれの関数は2回微分可能なただ一つの解析的式で与えられるという結論を得た.その際,ダランベールにとって,関数とはまさにオイラーが『無限解析入門』の中で定義したものに他ならなかった.

その結果,$f(x)$ と $g(x)$ が $[0,l]$ 上だけで与えられたとしても,それらを決定する関数 $y = \Psi(u)$ は,それ自体あらゆる u の値に対して定義される「式」として与えられなければならない.他のどんなタイプの関数も,自然現象に係わる問題の解として思い浮かばなかった.ダランベールは,3年後の別な論文で次のように結論を出した.「いかなる他の場合も,少なくとも私の方法によって問題を解くことはできない.そして私はそれが知られている解析の力を上回るものなのかどうかはっきりわからない.……この仮定の下で,われわれは振動弦のあらゆる異なる形が,一つの同じ方程式によって理解されるような場合だけに関して問題の解を見つけなければならないのである.他のすべての場合について,y を一般的な式で与えるのは不可能であるように私には見える」[25].

13.4.2 オイラーと連続関数

ダランベールの最初の論文から2年後,オイラーはいくらか異なる導き方ではあったが,ダランベールと同じ形式の結果を得ていたので,同じ問題に対する自分自身の解を発表した.しかしオイラーは,初期の位置を表すどのような種類の関数 f を許容することができるかという点でダランベールとは異なっていた.まずオイラーは,f が区間 $[0,l]$ で定義された,解析的な式によって決定されないものも含んだどんな曲線でもかまわないことを示した.手で描かれるような曲線も可能である.したがって,関数があらゆる点で微分可能である必要はなかった.2番目に,まさに最初の区間においてだけ定義されているということが重要あった.曲線は単に $[-l,0]$ で $f(-x) = -f(x)$ と定義すれば,奇関数で周期的なものにすることができるし,次に式 $f(x \pm 2l) = f(x)$ を利用することによって,それを実数直線全体へと拡張することもできる.結局オイラーはダランベールとは逆に,物理的状況を論じる場合,弦の初期の形状は任意であってもかまわないのではないかと推論した.その点で関数が微分可能でないような孤立点があったとしても,その曲線が与えられた微分方程式の解であると,なお考えることができるのである.なぜなら孤立点での振舞いは,区間上での関数一般の振舞いに関連しないとオイラーは信じていたからである.

オイラーはすでに『無限解析入門』第2巻で,連続曲線と不連続曲線の概念を次のように定義していた.「**連続曲線**は,x のただ一つの関数によってその性質を示すことができるようなものである.もし曲線が,様々な部分に対して……,x の異なった関数の表現を要求されるならば,すなわちある部分ごとに……,x の一つの関数で定義されるというような性質を持つとするならば,別の関数が(次の)部分を表すのに必要であり……,さらにわれわれはそのような曲線を**不連続**であると呼ぶ.……なぜならそのような曲線は一つの一定の規則によって表現することができず,いくつかの連続した部分から形成されるからである」[26].

かくしてこの論争において，ダランベールが初期条件に「連続」曲線しか利用することができないと主張したのに対して，オイラーは曲線の様々な部分がそうした連続律によってつなげられる必要はないと返答した．結局オイラーは，状況に応じた新たな視点を反映するために「関数」の定義を変えることになった．のちにダランベールに向けて，そのような関数に対する考察が，「われわれに解析の完全に新しい分野を切り開く」と書いた[27]．しかしながらダランベールは，そうした「不連続」曲線が解析の範囲外にあるという意見を持ち続けたのだった．

13.4.3　ダニエル・ベルヌーイと自然法則に基づく弦

ダランベールとオイラーは両者とも，一般的な「関数」の観点から自分たちの解析を行っていたが，いつも正弦関数と余弦関数を例として念頭においていた．前者は奇関数で周期を持つものであり，後者は偶関数で周期的なものであった．事実，1750 年にダランベールは変数分離の手法によって，$y = (A\cos Nt)(B\sin Nx)$ を波動方程式の解として導き出した．すなわち，$y = f(t)g(x)$ を仮定して，それを微分していくのである．だが，論争に加わった 3 番目の人物ダニエル・ベルヌーイは，明らかに議論を自然現象として存在する弦の問題に戻そうと試み，正弦と余弦の組合せについて言及したのだった．ダニエル・ベルヌーイはバーゼル大学に医学，形而上学，および自然哲学にかかわるポストを持っていたが，流体力学と弾性体に関する業績が主なものだった．彼は 1753 年の論文に次のように記している．「ダランベールとオイラー両氏の計算は，確かに解析学が持ちうる最も深く，最も崇高なものを備えている．……ただ同時に，論じられている問題の総合的検証なしに受け入れられている抽象的な解析が，とかくわれわれを啓発するよりむしろ驚かせてしまうのである．私には，解析的な精神がやりとげることができる非常に困難で，抽象的な計算を通じて二人の偉大な数学者が見出したあらゆることを，計算なしで見通すために，弦の単純な振動に対して注意しさえすればよいように思える」[28]．

ダニエル・ベルヌーイによる，より一層自然現象にかかわる観点からの問題解法は，振動弦がそれぞれ他のものに重ねられ，また個々に正弦曲線として表される無限個の音色を潜在的に表すという発想で探ろうとするものであった．ベルヌーイは，その成果をこうした一般的観点において記すことがなかったが，振動弦の運動は無限級数による関数，

$$y = \alpha \sin\frac{\pi x}{l}\cos\frac{\pi t}{l} + \beta\sin\frac{2\pi x}{l}\cos\frac{2\pi t}{l} + \gamma\sin\frac{3\pi x}{l}\cos\frac{3\pi t}{l} + \cdots$$

で表すことができることを示した．このとき，オイラーとダランベールが論争した初期状態を表す関数は，無限和

$$y(0, x) = \alpha\sin\frac{\pi x}{l} + \beta\sin\frac{2\pi x}{l} + \gamma\sin\frac{3\pi x}{l} + \cdots$$

で表される．興味深いことに，オイラーは 1750 年になって，おそらく方程式に対する可能な解の一例として，有限和だけを念頭においてこれらの級数に関することを論じたのだった．ダニエル・ベルヌーイは，後者の級数が定数 $\alpha, \beta, \gamma, \ldots$ を適当に選ぶことによって，任意の初期の形状を表す関数 $f(x)$ をも表すことが

できると信じていた．だが彼の視点が正しいことを示すための数学的議論を与えることができなかった．ただいくらかあとで，彼の［解の］表現が無限個の定数を伴うということ，そしてそれらは無限個の指定された点を通るように曲線を調整するのにも利用することができると書いただけである．ベルヌーイの考えは，オイラーによって異議が申立てられた．オイラーはそれらの係数を決定する方法が了解できなかっただけでなく，関数がそのような三角級数によって表されるためには，周期的でなければならないということにも気づいていた．もっともこうした議論によって，オイラー自身が，関数とは何であるかという彼の元々の発想と，理論の発展に道具として役立たせていた関数に対するより新しい見方の間で捕らえられていたことがわかる．結局オイラーは，区間 $[0, l]$ 上で定義された任意の曲線 $f(x)$ を，周期性を用いて実数全体への拡張を許容することをいとわなかった．だがこれは幾何学的周期性と呼ぶにふさわしい一例であった．ここで彼は f を表すことができるような代数的な式を考慮に入れていなかった．他方，ダニエル・ベルヌーイに対するオイラーの反論は，全実数直線上における三角関数そのものの代数的周期性に基づいていた．ただしオイラーは，様々な領域の部分に応じて異なる式で関数を定義する可能性を考えあわせつつ，関数の定義域の現代的概念をほのめかしたに留まっている．

波動方程式に対する解として，どういった種類の関数が許容できるかという議論はその後 10 年以上にわたって，これら 3 人の数学者によって続けられていった．ただし誰かが，他の人々を納得させるには至らなかった．また他の数学者もこの論争に参加したが，この問題の解決は 19 世紀前半になって，三角級数の性質に関するより徹底した解析を通じてようやく図られたのである．

13.5 微分積分学の基礎

18 世紀において，微分積分の技法は広範囲に進展した．微分積分学について学びたいと考えていた人々に説明するために，多くの教科書が著され，一方で多種類の自然現象にかかわる問題を解く新しい手順や方法が証明された多くの論文が出版されていった．しかし幾人かの心の中では，扱われる対象の基礎に関して，ずっとついてまわる疑念があった．ほとんどの数学者はユークリッドの『原論』を読んでおり，それを数学研究がどうなされるべきかに関する一つの模範とみなしていた．だが，微分積分計算の主要な手順に対する論理的な基礎はなかった．一般に，技術者たちはこうした数学上の基礎についてあまり心配しなかった．他方，ニュートン，ライプニッツ，オイラー，その他の人々は対象に対する強い直観を持っており，自分たちがしていたことは，どんな場合に正しいかを知りぬいていた．現代の基準から見ても，これらの偉大な数学者たちは，めったに誤りを犯していない．にもかかわらず，彼ら自身が計算手順の基礎について与えた説明は，何かしら食い足りないものを残していたのである．

13.5.1　ジョージ・バークリ『解析学者』

無限小と流率，双方についての最も重要な批判は，アイルランド人の哲学者ジョージ・バークリ司教 (1685–1753) の手による 1734 年刊行の著作『解析学者』

(*The Analyst*) において展開された (図 13.13 参照). 彼の著作は,「ある不信心な数学者」に向けて述べられたものだった. 一般にその相手は, ニュートン『プリンキピア』の公刊にあたって, 財政面を含めた援助をした天文学者エドマンド・ハリーと考えられている. バークリはおそらく, ハリーがキリスト教の教義を想像のつかないものであると共通の友人に話していたのを知り, 彼を不信心者であると考えたのだった. バークリの『解析学者』における目的は, 微分積分学の有用性やその多くの新しい結果の正当性を否定することではなく, 数学者が援用する［微分積分の計算］手順に対して, 彼らが何ら有効な議論を与えていないことを示すことであった.

図 13.13
アイルランドの切手に描かれるバークリ司教.

したがって「流率法は, 現代の数学者が幾何学および, 結果として自然の秘密を解き明かす上での普遍的な鍵である」にもかかわらず, その流率自体は「等しい最小の時間単位の中で生成された流量モーメントの増分のようなものであるといわれている. より正確には, 生まれつつある増分の最初の比, または消えゆく増分の最後の比であるというのである. ……だが, そのモーメントによってわれわれは有限の粒子のようなものを考えるべきでなく, ……有限量が生まれつつある原理のみを考えるべきなのである」[29]. ではこれらの「生まれつつある［量の］原理」とは何であるか. バークリは次のように記している.「ほんの小さな誤りも, 数学では無視されるべきではない」にもかかわらず (ニュートン自身からの引用),「生まれつつある［量の］原理によって決定された流率を実際に見出すことは, 確かにその種の［なされるべきではない］無視を内側に含んでいる」.

バークリは x^n の流率の計算を分析することによって, 彼の批判点を次のように示す.

流れによって x が $x+o$ になるのと同時間において, ベキ x^n は $(x+o)^n$ に変化する. すなわち, 無限級数の方法によって,

$$x^n + nox^{n-1} + \frac{n^2-n}{2}o^2x^{n-2} + \cdots$$

となり, 増分 o と $nox^{n-1} + \frac{n^2-n}{2}o^2x^{n-2} + \cdots$ の比は, ちょうど 1 対 $nx^{n-1} + \frac{n^2-n}{2}ox^{n-2} + \cdots$ となる. ここで増分が消え失せるとせよ. するとそれらの最後の比は 1 対 nx^{n-1} となるだろう. しかしこの推論は正しくもなく, また決定的でもないように思える. というのもそう述べられるときに, 実際増分を失くしてしまおう. すなわち増分を 0 にしてしまうか, 増分がないことにする. すると増分が何か［の存在する量］である, または何らかの増分があるという最初の仮定が壊れることになってしまう. しかしその仮定の結果によって得られる式は保たれるのである[30].

かくしてバークリは, どのようにして 0 でない増分がとられ, それを用いて計算をし, 結局は 0 に等しいと設定してしまうことができるかを問う. 彼はさらに, 大陸の数学者たちが物事を異なるやり方で扱っていることも注意する.「流量や流率を考えるよりむしろ, 彼らは無限小量を連続的に加えたり, 減じたりす

ることによって有限の変化量を増加または減少するものと考えている」．そしてこうしたことがまさに同じ種類の問題を引き起こしている．とくにバークリは，無限小量などというものを想像することができないと主張する．「実際，無限小量よりも，さらに無限に小さい無限小量の一部を考えられるだろうか．結果的に掛けられた無限小によって，最も小さな有限量とも決して等しくならないのである．そうした無限小量などは，どんな人間にとっても，まさしく無限に大きな困難をもたらすと，私は疑念を持っているのである」[31]．したがって 2 階の微分量，同様に流率の流率などというものは，「あいまいな謎を作るだけである．最初の迅速さの最初の迅速さ，生まれつつある増分の，すなわち量を持たないようなものの生まれつつある増分，——私が誤っていなければ，どのような気に入った見方をとり入れても，そうしたものに対する明瞭な概念は，不可能であることがわかるだろう」[32]．ハリーが神学の議論を理解することができないという理由から，バークリは「2 階や 3 階の流率，2 階や 3 階の微分量のことを会得することができる人物は，神学の中の，どのような点についてもやかましいことを言う必要性は見出せないと私には思われる」と述べて反撃したのである[33]．

13.5.2　マクローリンのバークリに対する返答

　バークリが行った微分積分学の基礎についての批判は，根拠の確かなものであった．［無限小を量として捉えるとき，］いつ値が 0 となって，またいつそれが 0 でなかったかという疑問は，フェルマの業績にまで戻って広がっていった．そしてニュートンもライプニッツも，いまだ十分それを解決することができなかった．それにもかかわらず，数人のイギリス人数学者たちが，バークリの攻撃に対してニュートンを擁護するために立ち上がったのである．中でも最も重要な反撃はマクローリンの『流率論』であった．その著作の序文中に言及したように，マクローリンは「流率論の諸要素を古代人たちの流儀にかなうように，非の打ち所がない原理から，最も厳密な形式に則った証明によって導き出すこと」を望んでいた[34]．彼は証明の一部において，時間や空間の不可分量や無限小量の援用はしないと述べている．「なぜなら無限に小さな量などというものを仮定することは，幾何学のような厳密な学問にとって大胆すぎる公準となってしまうからである」[35]．そこでマクローリンは，基本要素として有限の長さと時間を考えなければならなかった．というのも「空間や時間の限られた部分よりも，明確に理解される量はないからである」[36]．するとこれらの空間と時間は（平均）速度を決定する．しかし瞬間速度はまさに流率論に必要な基本概念なので，マクローリンはまた以下のように速度の定義づけを試みた．すなわち，「与えられた任意の時間間隔において変化する運動の速度とは，与えられた時間間隔のあとに，動体が実際に描いて進んだ空間によって測られるのではなく，その時間間隔から運動が一様に続いたとして描かれる空間によって測定されるのである」[37]．この定義は，14 世紀のヘイティスベリによって与えられたもののなごりである．だが現代的観点からすると，マクローリンはそうした定義を与えることによって，瞬間速度は時間間隔が 0 に近づくときの平均速度の極限であるという基本的な考えを失ってしまっている．いずれにせよ変化する速度の定義を与えておいて，マクローリンはこの定義を利用するための諸公理を提示し，次にそれぞれの場

合に二重帰謬法[*8]を用いる「古代人の流儀」で，多数の定理を証明しようと進んでいった．

とくに，ニュートンの議論における「無限小」は，常に有限量で置き換え可能なことを示すのがマクローリンの目的の一つだったので，微分三角形でさえ，厳密に導き出すことができるということを次のように証明した．

命題　ET を E における曲線 FE の接線であるとせよ．また EI は横線 AD に平行であるとする．さらに IT は縦線 DE に平行であるとせよ．すると横線，縦線，曲線の流率は各々線 EI, IT さらに ET によって測られる（図 13.14 参照）[38]．

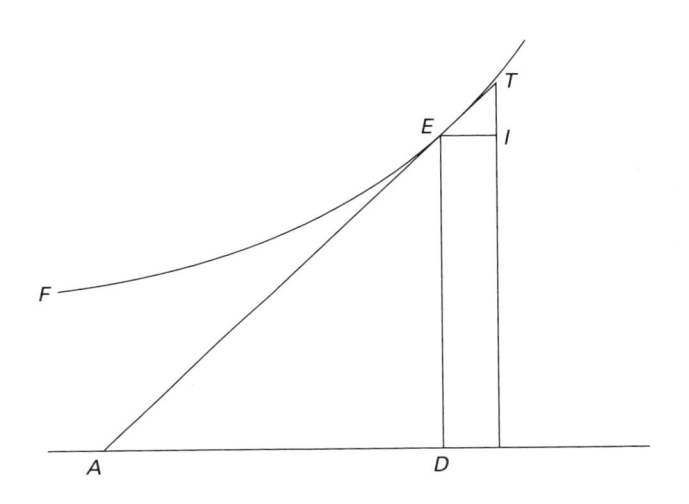

図 13.14
マクローリンの微分三角形．

マクローリンは，この結果を証明するにあたり，まず曲線が上に凹であり，横線が与えられた分だけ増加する時間における縦線の増加は，縦線の運動が一様であった場合に生成されるものよりも大きくなることに注意する．縦線 DE の流率に比例しているこの後者の増加が正確に IT と等しいことを示すために，最初 IT より大きいと仮定して，彼の速度に関する公理を用いて，結果として矛盾が生じることを明らかにした．同様な矛盾が反対の仮定［IT より小さい］から導かれる．さらに全体の証明において，曲線が下に凹であった場合に同じことが繰り返された．現代的観点からすると，マクローリンの証明が抱える問題は，まさに接線の定義にある．それは一般に彼の同時代の人によって「自明な」ものとして受け入れられた概念だった．しかしながら古代人たちの方法に忠実でありたいという信念から，マクローリンは古代における接線の定義を提示した．すなわち曲線に対する接線とは，曲線とその線の間に他のどんな直線も挿入することができないような，曲線にふれる直線であるというのである．

しかし瞬間速度を基本概念とみなし，接線を幾何学的に定義したにもかかわらず，マクローリンはニュートンの「消えゆく量の最後の比」，または「極限」という概念の使い方についても気にかけていた．それゆえ彼は様々な比例関係

[*8]「二重帰謬法」とは $a = b$ を示すために，$a > b$ と仮定して矛盾を導き，さらに $a < b$ と仮定して矛盾を導くことである．

の極限である比に関しても書いた．すなわち，二つの変量の有限で同時に生じる増分は，その二つの増分が消え失せるまで減少していくように互いに支えあうものだと述べている．マクローリンはこの極限を見出すために，最初にまず一般に［有限量の］増分の比を決定する．そして最も簡単な項に帰着し，結果の一部が増分自身の値から独立して定まるようにしなければならないと注意した．このとき増分が「消失するまで減少する」ことを想定するならば，求める極限はたやすく現れるのである[39]．たとえば，x^2 の流率対 ax の流率の比を求めるために，マクローリンは（x が $x+o$ に増加するのに応じた）増分の比を計算し，それぞれ $2xo+o^2 : ao$ または $2x+o : a$ であるとする．「この $2x+o$ 対 a という比は，o が減少する際に連続的に減少する．そしてその比は o が任意の実在する量の増分である間は，$2x$ 対 a の比よりも常に大きい．ただしその極限として $2x$ 対 a の比に連続的に近づいていくことは明らかである」[40]．

　マクローリンは，最初に有限の増分を考え，次にその増分を消失させるという方法が相容れないというバークリの主張を強く否定した．実際，この方法は増分が有限であるときに増分の比を決定し，増分とともに比がどのように変わっていくかを定めるのを可能にするのだとマクローリンは注意した．したがって増分を減少させたときに，その有限量の比がどんな極限に近づくか容易に決定することができるのである．バークリに対する最終的な返答として，彼は接線さえも一つの極限として次のように定義したのだった．「接線は，……接点を通り抜けることができる，あらゆる割線の位置を限定する直線である．それは厳密に言うと割線ではない．だがまさしく，ある比が任意の実在する量の増分の比であるということができないにもかかわらず，増分の変化する比の極限であるというのと同じである」[41]．

　微分積分学を扱うマクローリンのやり方に伴う問題は，彼の同時代人たちの多くが指摘したように，計算上の規則を厳密に引き出すには至らなかったということにある．まさしく，ただ「古代人の流儀」で行おうとしたのだった．とりわけ，彼は取尽し法と**帰謬法**を伴った議論を利用した．だがそうした方法の利用は，読者に負担を課すことになった．実際，この全体で 754 ページに及ぶ著作の最初の 590 ページに，流率法の記号は一切含まれない．あらゆる新しい発想が，冗長なまでに幾何学的に導き出される．18 世紀において，こうした詳細な議論を読み通すことをほとんどの者は望んでいなかった．マクローリン自身も，新しい微分積分学の利点は長年の懸案事項が迅速なやり方で解決可能になり，容易に新しい発見が行われるということだと自覚していた．「しかしここまでこの学問全体の明証性を支えてきた古代人の原理や厳密な方法が，今日のように捨て去られたとき，幾何学者たちがどこに留まるべきかを決定するのはもはや難しくなってしまった」と述べている[42]．しかし，たとえマクローリンが多大な労力をもってバークリの異議申し立てに答えたとしても，それらは 18 世紀の数学者の大半に歓迎されなかった．人々は自分たちを古代人の方法を拡張しているというより，むしろ新境地を切り開いているとみなしていたからである．

13.5.3 オイラーとダランベール

ヨーロッパの大陸の側でも，微分積分の計算手順に関して何らかの正当化が求められていた．オイラーは彼の著作『微分学教程』で，導関数の計算にかかわる比は，単に比 $0:0$ を作り替えたものであるという発想を打ち出した．オイラーにとって，無限小量は，事実上 0 と等しい量であった．というのも後者はどんな与えられた量よりも小さい唯一の量だからである．「したがって，この概念の中に通常あると信じられているような，隠された神秘などそう多くはないのである」[43]．しかし，二つの 0 はそれらの差が常に 0 であるから等しいのだとしても，0 になっていく元々の量に依存する．オイラーはそうした二つの 0 に対する比は，それぞれ特定の場合に応じて計算されなければならないと主張する．彼は，たとえば $0:0=2:1$ は，等号の両側の最初の量が 2 番目の量の 2 倍であることから正しい言明であると注意する．すると実際，比 $0:0$ はどんな有限量の比とも等しくなる可能性がある．よって「無限小を用いた計算は，……異なる無限小量の幾何学的比の考察に他ならない」のである[44]．

オイラーはさらに，こうした調子で議論を続ける．たとえば「無限小量は有限量との比較で消失し，だからそれら有限量にかかわる限り，退けることができる」と述べている．よって「無限小の解析が数学的厳密さを無視しているという異論は現れなくなる．……なぜならまったく何物でもないものだけが退けられるからである」[45]．同様に無限小量 dx^2 は dx に対して消失し，その結果 $(dx \pm dx^2)/dx = 1 \pm dx = 1$. となって無視することができる．

興味深いことにダランベールは，1754 年の『百科全書』のために書いた「微分」という項目の中で，オイラーとマクローリン双方の発想を結びつけていた．彼はオイラーに同意して，どんな量にも等しくなる可能性があるので，比 $0:0$ を考えることに矛盾は生じないとする．しかし微分算の中心的発想は，関係する量が 0 に近づくときの，ある比の極限 dy/dx なのである．だからその「微分算の最も正確で，かつ最もきちんとした可能な定義」とは，「われわれが線を用いて，すでに表現している比の極限を代数的に決定することや，そうした二つの式を等しいとおくことからなる」[46]．彼が意図したことの例として，ダランベールはまず，2 点 (x,y) と $(x+u, y+z)$ を通る割線の傾きを決定することによって，放物線 $y^2 = ax$ に対する接線の傾きを計算した．この傾きを表す比 $z:u$ は，$a:2y+z$ に等しいことが容易にわかる．「この比は，常に $a:2y$ よりも小さい．しかし z が小さければ小さいほど，その比はより大きくなる．そして z を好きなだけ小さく選ぶことができるので，比 $a:2y+z$ は好きなだけ比 $a:2y$ に近づけることができる．結果として，$a:2y$ は比 $a:2y+z$ の極限となる」[47]．つまり $dy/dx = a/2y$ が成り立つ．ダランベールの言葉づかいは，実質的にマクローリンのものと同じである．しかし彼は，『百科全書』の中の「極限」に関する項目において，この概念の明白な定義を与えることでいくらか先に進んでいった．「2 番目の大きさが，近づいていく 1 番目の大きさを決して超えないにもかかわらず，どんなに小さくとも与えられた大きさの範囲内で，2 番目が 1 番目に近づくとき，ある大きさを別な大きさの**極限**という」[48]．彼の発想は明らかに算術的というより幾何学的だったが，18 世紀における後継者たちは，ダランベー

ルの考えを継承しなかった．その 18 世紀の残りの期間を通じて，微分積分学に関する著作の大部分は，無限小，流率，または 0 どうしの比という様々な見地から，問題の基礎について説明しようと試みたのだった．

13.5.4　ラグランジュとベキ級数

18 世紀終わり頃になって，無限小，流率，0 どうしの比，さらに極限さえも排除することによって導関数の精密な定義を与えようと試みたのがラグランジュであった．彼はそれらすべてが適切な定義を欠いていると信じていた．ラグランジュは 1772 年の論文で導関数に関する新しい着想の概略を述べ，次に 1797 年刊行の教科書で，全面的に議論を展開した．その著作の題名『無限小量または消失する量，極限または流率に関するあらゆる考察から解放され，有限量の代数的な解析に帰着された微分計算の原理を含む解析関数の理論』(*Théorie des fonctions analytiques, contenant les principes du calcul différentiel dégagés de toute considération d'infiniment petits ou d'évanouissants, de limites ou de fluxions, et réduites à l'analyse algébrique des quantités finies*) こそが，その意図をよく言い表している．ラグランジュは，どのようにして純粋に代数的な解析へと微分積分学を帰着してしまうことができたのだろうか？ 彼は，先駆者たちの大部分が疑問を抱くことなく利用した発想を形式化することによって，それを行ったのである．すなわち，任意の関数はベキ級数として表すことができるという考えである．ラグランジュによれば，$y = f(x)$ を任意の関数とするならば，「級数の理論」により i を不定量として，次のように $f(x+i)$ は i の級数へと展開することができる．

$$f(x+i) = f(x) + pi + qi^2 + ri^3 + \cdots.$$

ただし $p, q, r, \ldots$ は，i に依存しない x の新しい関数である．このときラグランジュは，比 dy/dx がこの展開における i の 1 乗ベキの係数 $p(x)$ と同一視することができることを示した．その結果，彼は微分積分学における基本概念の新しい定義を得ることになった．関数 p が元々の関数 f から「導かれた」ので，ラグランジュはそれを**導関数** (*fonction dérivée*) と命名し，$f'(x)$ という記法で表した．同様に，f' の導関数は f'' と書かれ，f'' の導関数は f'''，などと書かれる．ラグランジュは，容易に $q = (1/2)f'', r = (1/6)f''', \ldots$ となることを示した．

ラグランジュは，なぜあらゆる関数をベキ級数に展開することができると信じたのか．この当たり前の質問に答えるためには，まず彼の手による教科書の中に開口一番現れる，関数の定義について考えなければならない．すなわち「与えられた値や定数と見なされる他の量と結びつけられたり，そうでなかったりしている諸々の量がどのような形かで入っている任意の数式を，一つ，またはいくつかの量に関する**関数**と名づける．ただしその関数にかかわる諸々の量は，任意の可能な値をとることができる」[49]．言い換えれば，ラグランジュは「数式」とか「どのような形かで」といった概念をいくぶんあいまいにしたまま，実質的にオイラーによる最初の関数の定義に戻ったのである．ラグランジュは関数に伴う経験を通じて，いつも代数的な式をベキ級数に展開することができると語っている．「実際，この仮定は異なる既知の関数の展開によって確かめられる．だ

伝 記

ジョゼフ・ルイ・ラグランジュ (Joseph Louis Lagrange, 1736–1813)

ラグランジュは（図13.15参照），トリノでフランス系の家族に生まれた．彼の父はラグランジュに法律の勉強を望んだが，数学に魅せられ，19歳のときにトリノの王立砲兵学校で数学教授になった．ほぼ同じ時期に，ラグランジュは変分法に関するオイラーの本を読んだのちにオイラーに向けて書簡を送り，問題となる中心的な方程式を導き出すために，それまでに発見したより良い方法を説明した．オイラーはラグランジュを大いに称賛し，ベルリン・アカデミーに論文を提出するよう取り計らった．またフリードリヒ2世はラグランジュの業績に感銘を受け，オイラーがサンクト・ペテルブルグに戻りベルリンを去ったとき，科学アカデミーにおけるオイラーのポストの後任にラグランジュを任命したのだった．フリードリヒ2世の死後，ラグランジュはルイ16世の招きを受け，パリにやってきた．その地で彼は残りの生涯を過ごすことになる．そして1788年には最も重要な著作である『解析力学』(*Méchaniques analytiques*) を刊行した．この著作でラグランジュは，ニュートンやベルヌーイ一族，およびオイラーの力学を拡張した．また力学における諸問題が，一般に常微分方程式あるいは偏微分方程式の理論に帰着することによって解決できるという事実を強調した．1792年，彼は17歳のルネー・ル・モニエと結婚し，人生の喜びをかみしめた．彼は総じて内向的な人柄であったために，フランス革命後の行き過ぎた出来事を乗り切ることができたのかもれない．ラグランジュは敬意を払われていたのだが，実際数人の同僚の死は彼を大いに脅かすことになった．恐怖政治期ののち，彼はフランスにおける大学教育を改革するという役割を積極的に担い，ナポレオンによって最終的に生涯において果たした業績に対して，名誉を与えられたのだった．

図 13.15
フランスの切手に描かれたラグランジュ．

が私が知っている人はだれもそれを前もって示そうとしなかった」[50]．ラグランジュは x の特定の値に対して，そうした級数が存在しないかもしれないということに気づいていたが，彼にとって特別な例外的な値は重要でない．x は i 同様，不定量として考えられるべきもので，すると $f(x)$ や $f(x+i)$ はただの形式的な表現となり，したがって「無限に多くの」値をとることはあり得ないと強調した．

ラグランジュの関数 f の展開に関する議論は，$f(x+i) = f(x) + iP$ となることから始まる．ただしここで $P(x,i)$ とは次のように定義されるものである．

$$P(x,i) = \frac{f(x+i) - f(x)}{i}.$$

ラグランジュは，さらに $i=0$ で消えない部分 p をその P から分離できるということを仮定する．すなわち，$p(x)$ は $P(x,0)$ として定義される．このとき

$$Q(x,i) = \frac{P(x,i) - p(x)}{i},$$

すなわち $P = p + iQ$ が成り立つ．これから $f(x+i) = f(x) + ip + i^2 Q$ となる．Q に対しても同じ議論を繰り返して，$Q = q + iR$ と表し，また置き換えをする．この手続きの一例として，ラグランジュは $f(x) = 1/x$ の場合を考える．

$f(x+i) = 1/(x+i)$ より，

$$P = \frac{1}{i}\left(\frac{1}{x+i} - \frac{1}{x}\right) = -\frac{1}{x(x+i)}, \qquad p = -\frac{1}{x^2}.$$

$$Q = \frac{1}{i}\left(-\frac{1}{x(x+i)} + \frac{1}{x^2}\right) = \frac{1}{x^2(x+i)}, \quad q = \frac{1}{x^3}.$$

$$\cdots$$

と計算する．すると以下のように級数展開される．

$$\frac{1}{x+i} = \frac{1}{x} - \frac{i}{x^2} + \frac{i^2}{x^3} - \frac{i^3}{x^4} + \cdots.$$

展開の各段階で，項 $iP, i^2Q, \ldots$ は，$f(x+i)$ を望んだ次数に至るまで，諸々の項によって表した結果生じる誤差項と考えられる．さらにラグランジュは，常に i の値を非常に小さくとることができるので，この級数の展開で与えられた任意の項は残っている項の和より大きい，すなわち剰余項が常に十分に小さいので，実際に関数は級数によって表されると主張する．事実，この結果はラグランジュがのちにしばしば利用するものである．また彼はテイラー級数において，現在「ラグランジュの剰余項」と呼ばれるものを含んだ展開結果とはいくらか異なった式を利用する．つまり，任意の正整数 n が与えられたとき，0 と i の間のある値 j に対して，

$$f(x+i) = f(x) + if'(x) + \frac{i^2 f''(x)}{2} + \cdots + \frac{i^n f^{(n)}(x)}{n!} + \frac{i^{n+1} f^{(n+1)}(x+j)}{(n+1)!}$$

と書くことができることを示す．この新しい式は，彼の時代以前の読者を納得させられなかったのと同様に，おそらく現代の読者も納得させることはないだろう．しかしラグランジュ自身は，あらゆる関数に対して，ベキ級数による表現が可能だという自分の原理が正しいことに満足していたのである．結局彼は，無限小，流率，または極限に対する考察を何ら用いることなしに，すべての微分積分学の基本的な結果を，新たに導くことができると主張した．

そうした基本的な結果の一つが，今日「微分積分学の基本定理」として知られるものの一部である．すなわち，もし $F(x)$ がある固定された軸から曲線 $y = f(x)$ の下側にある面積を表すならば，$F'(x) = f(x)$ であるというものである（ただしラグランジュが，面積の定義をしなかったことを注意するべきである．彼は，単に曲線 $y = f(x)$ の下側にある面積はうまく決定される量であると仮定しただけである）．ラグランジュは，まず $F(x+i) - F(x)$ が横線 x と $x+i$ の間にある領域の部分を表すことを注意し，マクローリンのベキ関数に対する同じ結果の証明を彷彿させるようなやり方で自分の証明を始めた．オイラーが解析に関する教科書の中には図を含ませるべきでないと言明したことに忠実でありながらも，ラグランジュは，図なしで以下のことを容易に納得させることができると書いた．すなわち，$f(x)$ が単調に増加するならば，不等式 $if(x) < F(x+i) - F(x) < if(x+i)$ が成り立ち，逆に $f(x)$ が単調減少であるならば逆の不等式が成り立つ（図 13.16 参照）．

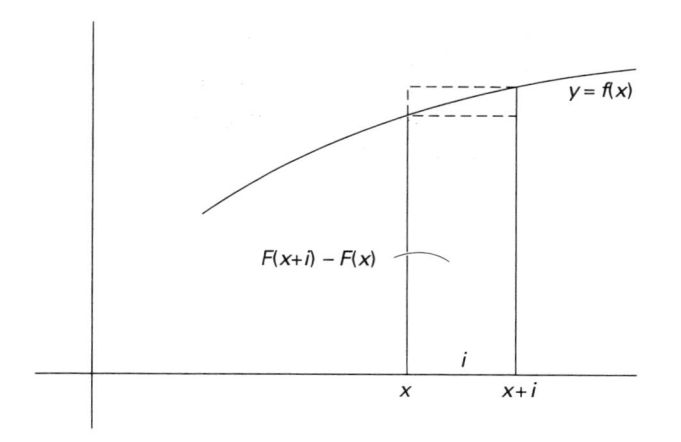

図 13.16
ラグランジュと微分積分学の基本定理，$if(x) < F(x+i) - F(x) < if(x+i)$．

ここで $f(x+i)$, $F(x+i)$ 双方を展開し，ラグランジュは

$$f(x+i) = f(x) + if'(x+j).$$

かつ，

$$F(x+i) = F(x) + iF'(x) + \frac{i^2}{2}F''(x+j)$$

と定める．ただし，（j の値は両方の展開の中で同じでないかもしれないが）$0 < j < i$ である．これらから，$if(x) < iF'(x) + \frac{i^2}{2}F''(x+j) < if(x) + i^2 f(x+j)$ が成り立ち，ゆえに

$$\left| i[F'(x) - f(x)] + \frac{i^2}{2}F''(x+j) \right| < i^2 f'(x+j).$$

導くことができる．ここで絶対値記号は減少・増加両方の場合を表すために必要なものである．ラグランジュは，不等式はたとえ i をどんなに小さくとろうとも成立するので，$F'(x) = f(x)$ は正しいに違いないと結論を下した．もしその結論が正しくないならば，不等式は，

$$i < \frac{F'(x) - f(x)}{f'(x+j) - \frac{1}{2}F''(x+j)}$$

となってしまうだろうとまで計算した．証明を終えるにあたり，ラグランジュは $f(x)$ が元の区間 $[x, x+i]$ で単調であるという条件を取り除いた．なぜならもしそうでないとしても，その区間上に f の最大値か最小値が存在する．その際，i を十分小さく選ぶことができるので，新しい区間 $[x, x+i]$ の外側に極値を追い出せるからである．

　実に奇妙なことに，こうした作業が「有限量の代数解析」を利用するだけで済むだろうというラグランジュの主張にもかかわらず，彼は残りの議論と同様に，このまさに重要な証明において極限の概念を利用していたのである．その著作『解析関数の理論』の接線や曲率や極大・極小を扱った他の章において，諸々の幾何学的量に混じって，ラグランジュはベキ級数に関係づけて関数を展開するという彼の中心的考えに沿って，極限を同じように利用する．そして事実，19

世紀に明からさまに極限を利用して微分積分学が取り扱われるようになった際，まさしくこれらの議論が利用されたのだった．

微分積分学のためにラグランジュが行った新しい基礎づけに対して，すぐに反論が現れた．ただしその大半は，任意の関数はベキ級数で展開することができるという彼の主張に対してよりも，むしろ新しい表記法やいくつかの計算が長いことを問題視していたのだった．数学者は一般に，従来の微分法を利用し続けた．とくにラグランジュの本が，扱われる対象全般に対して正しい基礎を与えているので，役に立ったどんな方法も正当化されると彼らを安心させてくれたからである．ラグランジュでさえ，自分の他の著作で導関数よりむしろ微分の記号を使い続けた．1820 年代になってようやく，様々な数学者がベキ級数表現できない微分可能な関数が存在すること，その結果ラグランジュの基本概念が継持できないと指摘したのだった．したがって，微分積分学の緒概念に基礎を与える新しい試みに関しては，さらに第 16 章で続きを語らなければならないだろう．

練習問題

微分方程式に関連して

注意：この章の問題は，一般的に微分方程式に対する基礎知識を必要とする．

1. ヨハン・ベルヌーイの微分方程式
$$dy = \frac{a\,dx}{\sqrt{x^2 - a^2}}$$
から，閉じた式の形で懸垂線の方程式を導け．

2. ヤーコプ・ベルヌーイの方程式 $ds = \frac{\sqrt{a}\,dy}{\sqrt{x}}$ から，最速降下線 $dy = dx\sqrt{\frac{x}{a-x}}$ に対するヨハン・ベルヌーイの微分方程式を導け．

3. 関数 f が代数的であるとするとき，与えられた曲線の族 $f(x, y, \alpha) = 0$ に直交する軌跡の族を表す微分方程式を見出す手順を定めよ（直交する線は，逆数の負の傾きを持つという事実を利用すること）．さらに，見出した手順を利用して，双曲線 $x^2 - y^2 = a^2$ の族に対する，直交曲線の族を求めよ．

4. 共時曲線の族で，最速降下線の族に直交する曲線族の微分方程式を決定して解け．

5. $A = a_1 + a_2 + \cdots + a_n$，かつ $B = b_1 + b_2 + \cdots + b_n$ とする．このとき $\sum(b_i - a_i) = B - A$ を示せ．また各部分の差分和は，部分和の差分と等しいことを示せ．

6. 微分方程式 $m\,dx + ny\,dx + dy = 0$ に対するライプニッツの解を，$dp/p = n\,dx$ は $\ln p = \int n\,dx$，または $p = e^{\int n\,dx}$ と同値であることに注意して，現代的な表記で書き換えよ．さらに，微分方程式 $-3x\,dx + (1/x)y\,dx + dy = 0$ をライプニッツの計算手順で解け．

7. 同次微分方程式 $dy = f(y/x)\,dx$ に対し，$y = vx$ とおくことによって変数を分離できることを示せ．この手法を微分方程式 $x^2\,dy = (y^2 + 2xy)\,dx$ を解くのに利用せよ．

8. $y = e^{x/a}$ が微分方程式 $a^3\,d^3y - y\,dx^3 = 0$ の解となることを示せ．次に，積 $e^{-(x/a)}(a^3\,d^3y - y\,dx^3)$ が $e^{-(x/a)}(A\,d^2y + B\,dy\,dx + C y\,dx^2)$ の微分量であるとし，元の方程式の新たな解は，方程式 $a^2\,d^2y + a\,dy\,dx + y\,dx^2 = 0$ もまた満たさなければならないことを示せ（ヒント：その微分量を計算し，二つの式を等しいとおけ．導関数を用い，現代的な表記法でその方程式を書き換えるならば，いっそう簡単になるだろう）．

9. 微分方程式 $y''' - 6y'' + 11y' - 6y = 0$ の一つの解として，$y = e^x$ が与えられたとき，問題 8 と類似の方法によって，他の任意の解が方程式 $y'' - 5y' + 6y = 0$ を満たさなければならないことを示せ．

10. 固有多項式を因数分解するオイラーの手順を利用し，問題 9 の微分方程式を解け．

11. $y = ue^{\alpha x}$ が微分方程式 $a^2\,d^2y + a\,dy\,dx + y\,dx^2 = 0$ の解であるとするならば，$\alpha = -(1/2)a$ とすると，u が方程式 $a^2\,d^2u + (3/4)u\,dx^2 = 0$ の解となることを示せ．

12. 微分方程式 $a^2\,d^2u + (3/4)u\,dx^2 = 0$ を以下のように解け．まず最初に，du を掛け，一度両辺を積分して $4a^2\,du^2 = (K^2 - 3u^2)dx^2$，または，
$$dx = \frac{2a}{\sqrt{K^2 - 3u^2}}du$$
を得る．2 番目に，
$$x = \frac{2a}{\sqrt{3}}\arcsin\frac{\sqrt{3}u}{K} - f$$
を得るために再び積分する．u に対するこの方程式を x

に関して書き換え，

$$u = C \sin\left(\frac{(x+f)\sqrt{3}}{2a}\right)$$

を得る．

13. 任意の複素数は，$r > 0$ としてして $z = re^{i\theta} = r(\cos\theta + i\sin\theta)$ と表すことができるので，$\log r$ を正の数 r の実対数として，$\log z = \log re^{i\theta} = \log r + i\theta$ と定義することができる．したがって一つの複素数は，対数をとると無限に多くの値が出てくることを示せ．

14. 微分方程式 $(2xy^3 + 6x^2y^2 + 8x)\,dx + (3x^2y^2 + 4x^3y + 3)\,dy = 0$ を 13.1.2 項のクレローの方法を用いて解け．

15. x 軸のまわりを回転させたとき，表面積が最小の曲面となるように上半平面内の 2 点を連結する曲線を見出せ．その曲線の方程式が $y = f(x)$ であるならば，求める表面積は $I = 2\pi \int y\,ds = 2\pi \int y\sqrt{1+y'^2}\,dx$ となる．そこで $F = y\sqrt{1+y'^2}$ として，オイラーの方程式を修正した $F - y'(\partial F/\partial y') = c$ の形で利用せよ．(ヒント：その方程式に $\sqrt{1+y'^2}$ を掛けることから始めよ)．

微分積分学の教科書に掲載された問題から

16. 半径 1 の円に外接し，面積が最小となるような二等辺三角形を見出せ（シンプソン）．

17. 与えられた体積 V に対し，表面積が最小となるような円錐を見出せ（シンプソン）．

18. $w = (b^3 - x^3)(x^2z - z^3)(xy - y^2)$ は，$x = \frac{1}{2}b\sqrt[3]{5}$, $y = \frac{1}{4}b\sqrt[3]{5}$, かつ $z = \frac{b\sqrt[3]{5}}{2\sqrt{3}}$ のとき最大値をとることを示せ（シンプソン）．

19. 余弦，または正弦の導関数を表向きには利用せずに，マクローリンの技法を利用しながら，$y = \cos x$ に対するベキ級数を最初の四つの 0 にならない項について計算せよ．ただし円の半径は 1 であると仮定せよ．

20. 微分方程式 $a(dy/y) = dx$ によって定義された曲線上の点で，曲率を最大とするものを求めよ（アニェージ）．

21. 長方形を一つ与えたとき，ある頂点を通り，二つの反対方向への延長を通る，長さが最小となる線を見出せ（アニェージ）．

22. 式 $y^2 = \frac{4(2-x)}{x}$ によって与えられた，「アニェージの魔女」曲線の特殊例をスケッチせよ．その曲線が x 軸に関して対称であり，y 軸に漸近することを示せ．また曲線とその漸近線との間の領域が，4π となることを示せ．

23. [旧約聖書によるノアの箱船の] 洪水のあとに，人口が 6 人であったとする．そして 200 年後に人口が 100 万人になったと仮定する．このとき人口の年間増加率を見出せ（オイラー）（ヒント：年間増加率が $1/x$ とするな

ば，問題から導かれる方程式は

$$6\left(\frac{1+x}{x}\right)^{200} = 1{,}000{,}000$$

となる）．

24. 本文中［13.2.4 項］に現れる a^z，および $\log_a(1+x)$ の展開式における k は，$k = \ln a$ で与えられることを示せ（オイラー）．

25. $\ln(1+x)$ 対ベキ級数展開を，二項定理を利用し，j が無限に大きいことを仮定した上で，等式 $\log(1+x) = j(1+x)^{1/j} - j$ から導け．（オイラー）．

26. $y = \arctan x$ のとき，$\sin y = x/\sqrt{1+x^2}$, $\cos y = 1/\sqrt{1+x^2}$ となることを示せ．さらに，$p = x/\sqrt{1+x^2}$ とするならば，$\sqrt{1-p^2} = 1/\sqrt{1+x^2}$ となることを示せ．$y = \arcsin p$ より，$dy = dp/\sqrt{1-p^2}$，かつ $dp = dx/(1+x^2)^{3/2}$ が成り立つ．したがって，

$$dy = \frac{dx}{1+x^2}$$

と結論づけられることを導け（オイラー）．

27. $V = x^3 + y^2 - 3xy + (3/2)x$ の極値をすべて決定せよ．さらにその各々に対して，極大か，極小かを決定せよ．あなたの解答をオイラーのものと比べよ．

28. $y = a^x$ に対して，$dy = a^{x+dx} - a^x = a^x(a^{dx} - 1)$ となることに注意し，$a^{dx} - 1$ をベキ級数 $\ln a\,dx + \frac{(\ln a)^2 dx^2}{2} + \cdots$ へと展開して，dy を計算せよ（オイラー）．

29. $y = \tan x$ に対して，加法定理，

$$\tan(x+dx) = \frac{\tan x + \tan dx}{1 - \tan x \tan dx}$$

を用いて dy を計算せよ（オイラー）．

30. $z^n - a^n = 0$ の根が，$a\left(\cos\frac{2k\pi}{n} + i\sin\frac{2k\pi}{n}\right)$, $k = 0, 1, \ldots, n-1$ で与えられ，さらに根とその共役複素数は常に対となって根になることを使って，$z^2 - 2az\cos\frac{2k\pi}{n} + a^2$ が，$1 \leq k \leq \frac{n}{2}$ に対する $z^n - a^n$ の実 2 次因数となることを示せ（この問題や次の四つの問題によって，整数の 2 乗の逆数の和に対して，オイラーがどのように値を求めたかがわかる）．

31. ω が無限小，j が無限大のとき，$a^{j\omega} = (1+k\omega)^j$ となることを思い起こそう．いま，$j\omega = x$（有限量），$a = e$, かつ $k = 1$ とする．そのとき $e^x = \left(1 + \frac{x}{j}\right)^j$, 同様に $e^{-x} = \left(1 - \frac{x}{j}\right)^j$ が成り立つ．問題 30 から $e^x - e^{-x}$ の 2 次因子はすべて，$k = 1, 2, \ldots$ に対して，

$$\frac{4x^2}{j^2} + \frac{4k^2\pi^2}{j^2} - \frac{4k^2\pi^2 x^2}{j^4}$$

という形になること示せ（ヒント：j が無限に大きいので，$\cos\dfrac{2k\pi}{j}$ のベキ級数展開における最初の二つの項のみを用いよ）．

32. 問題 31 から次のことを考える．3 項からなる因数で 3 番目の項が，他の二つに比べて無限に小さいので，$k = 1, 2, \ldots$ に対して $1 + \dfrac{x^2}{k^2\pi^2}$ は，$\dfrac{e^x - e^{-x}}{2}$ を割り切る．したがって，

$$\frac{e^x - e^{-x}}{2} = x\left(1 + \frac{x^2}{\pi^2}\right)\left(1 + \frac{x^2}{4\pi^2}\right)\left(1 + \frac{x^2}{9\pi^2}\right)\cdots$$

となることを示せ．

33. 問題 32 で x の代わりに ix とすることで，

$$\sin x = \frac{e^{ix} - e^{-ix}}{2i}$$
$$= x\left(1 - \frac{x^2}{\pi^2}\right)\left(1 - \frac{x^2}{4\pi^2}\right)\left(1 - \frac{x^2}{9\pi^2}\right)\cdots$$

を示せ．ただしこの積による式から，$\sin x$ が $0, \pm\pi, \pm 2\pi, \pm 3\pi, \ldots$ で値 0 を持つことに注意せよ．

34.
$$\sin x = x - \frac{x^3}{3!} + \frac{x^5}{5!} + \cdots$$
$$= x\left(1 - \frac{x^2}{6} + \frac{x^4}{120} - \cdots\right)$$

から，問題 33 の積による式を利用して，

$$\sum_{k=1}^{\infty} \frac{1}{k^2\pi^2} = \frac{1}{6}, \quad \text{または} \quad \sum_{k=1}^{\infty} \frac{1}{k^2} = \frac{\pi^2}{6}$$

となることを示せ．この結果は，ヤーコプ，ヨハンのベルヌーイ兄弟によって考察され，1735 年にオイラーが初めて証明したものである．

重積分に関連して

35. x, y を式，

$$x = \frac{t}{\sqrt{1 + u^2}}, \qquad y = \frac{tu}{\sqrt{1 + u^2}}$$

によって与えられる t および u の関数とする．このとき変数変換の式は，

$$dx\, dy = \frac{t\, dt\, du}{1 + u^2}$$

によって与えられることを示せ．

36. 柱面 $ax = y^2$, $by = z^2$, 座標平面，および平面 $x = x_0$ によって囲まれた立体の体積を計算するためにクレローの技法を利用せよ．まず最初に，被積分関数を x の関数へと変換し，そして積分して体積要素 $dx \int z\, dy$ を決定する．次に，その体積要素をある適当な範囲で積分する．この方法を現代における通常のものと比較せよ．

波動方程式に関連して

37. 波動方程式，$\dfrac{\partial^2 y}{\partial t^2} = \dfrac{\partial^2 y}{\partial x^2}$ に対する解が，$y = \Psi(t+x) - \Psi(t-x)$ で与えられると仮定せよ．このとき初期条件，$y(0, x) = f(x), \dfrac{\partial y}{\partial t}(0, x) = g(x)$，およびすべての t に対して $y(t, 0) = y(t, l) = 0$ が成立するとき，$f(x)$ や $g(x)$ は周期 $2l$ の偶関数となることが必要であることを示せ（ダランベール）．

38. $y = F(t)G(x) = \Psi(t+x) - \Psi(t-x)$ が，波動方程式 $\dfrac{\partial^2 y}{\partial t^2} = \dfrac{\partial^2 y}{\partial x^2}$ の解であると仮定せよ．このとき 2 回微分すると，C をある定数として $\dfrac{F''}{F} = \dfrac{G''}{G} = C$ となることを示せ．したがって $F = ce^{t\sqrt{C}} + de^{-t\sqrt{C}}$, $G = c'e^{x\sqrt{C}} + d'e^{-x\sqrt{C}}$ となる．定数 C が負になることを示すために，条件 $y(t, 0) = y(t, l) = 0$ をあてはめ，それゆえ A, B, N を適当に選ぶと $F(t) = A\cos Nt$, $G(x) = B\sin Nx$ が解となることを示せ（ダランベール）．

微分積分学の基礎に関連して

39. ダランベールの極限の定義を代数的な言葉で置き換えて，極限に関する現代的な定義と比較せよ．
40. 関数 $f(x) = \sqrt{x}$ に対して，[関数のベキ級数展開における] 量 p, q, r を計算するためにラグランジュの技法を利用して，そのベキ級数展開における最初の三つの項を決定せよ．
41. ラグランジュのベキ級数展開は，なぜ関数 $f(x) = e^{-1/x^2}$ に対してうまくいかないかを示せ．
42. 関数のベキ級数展開 $f(x+i) = f(x) + pi + qi^2 + ri^3 + \cdots$ が与えられたとき，$p = f'(x), q = f''(x)/2!, r = f'''(x)/3!, \ldots$ となることを示せ．

議論に向けて

43. 18 世紀の数学者は，今日利用されているような意味で，微分積分学の基本定理を証明し，また利用したのだろうか？　この定理を考察することができる以前に，どのような概念が定義されていなければならないだろうか？　そうした概念は，18 世紀の数学者によってどのように扱われたのだろうか？　18 世紀の数学者たちは，微分積分学の基本定理を「基本的である」とみなしたのだろうか？
44. マクローリンやラグランジュの著作を利用することによって，学生たちが微分積分学の基本定理を，一層よく理解するための授業プランを考えよ．
45. オイラーの手法を利用することで，重積分における変数変換定理を教えるための授業プランを考えよ．
46. オイラーによる微分積分学のための準備段階を含んだ教科書 3 部作［『無限解析入門』，『微分学教程』，『積分学教程』］を現代の一連の教科書と比較せよ．どんな項目を共

通に含んでいるだろうか？またどんな事柄がオイラーの教科書にあって，今日の著作からは消えてしまったか？または何がその逆だろうか？今日，オイラーの教科書を利用することは可能だろうか？

47. ニュートンからマクローリン，ダランベールに至るまでの極限概念の進展をたどってみよ．彼らの定式化はどのような点で一致しているか？この概念の現代的定式化とどのように比較されるだろうか？

48. ライプニッツ，クレロー，およびオイラーの定式化を利用して，様々な種類の微分方程式を解くための基本的な方法を教えるいくつかの授業計画を考えよ．

参考文献と注

本章の話題のすべてを詳細に扱う著作はないが，以下の何冊かの本がここでとりあげた話題のある側面を扱っている．S. B. Engelsman, *Families of Curves and the Origins of Partial Differentiation* (Amsterdam: Elsevier, 1984), Umberto Bottazzini, *The Higher Calculus: A History of Real and Complex Analysis from Euler to Weierstrass* (New York: Springer-Verlag, 1986) [邦訳，好田順治訳『解析学の歴史：オイラーからワイアストラスへ』現代数学社，1990], Ivor Grattan-Guinness, *The Development of the Foundations of Mathematical Analysis from Euler to Riemann* (Cambridge: MIT Press, 1970). また代表的な論文を二つあげる．H. J. M Bos, "Calculus in the Eighteenth Century—The Role of Applications," *Bulletin of the Institute of Mathematics and Its Applications* 13 (1977), 221–227, Craig Fraser, "The Calculus as Algebraic Analysis: Some Observations on Mathematical Analysis in the 18th Century," *Archive for History of Exact Sciences* 39 (1989), 317–336.

1. *Die Streitschriften von Jacob und Johann Bernoulli*, herausgegeben von der Naturforschenden Gesellschaft in Basel (Basel, etc.: Birkhäuser, 1991), pp. 258–259, David Eugene Smith, *A Source Book in Mathematics* (New York: Dover, 1959), p. 646 [原著では，スミスの翻訳による資料集のみが言及されている．以下において，まずは可能な限り原典を参照し，翻訳を2番目に掲げる].

2. 同上，p. 212, Smith, p. 645. ヨハンによって提示された問題と，彼自身による解法をこの英訳の中にも見ることができる．

3. 同上，p. 261, Smith, p. 647.

4. 同上，p. 268, Smith, p. 654.

5. ヤーコプ・ベルヌーイによる最速降下線問題の解は，以下に収録されている．*Die Streitschriften*, pp. 271–282, D. J. Struik, *A Source Book in Mathematics, 1200–1800* (Cambridge: Harvard University Press, 1969), pp. 396–399.

6. Engelsman, *Families of Curves*, p. 106. この著作は，偏微分やこの章に含まれる多くの話題を取り扱った最良の文献である．

7. C. Truesdell, "The Rational Mechanics of Flexible or Elastic Bodies: 1638–1788," in Leonhard Euler, *Opera Omnia* (Leipzig, Berlin, and Zurich: Societas Scientarum Naturalium Helveticae, 1911–), (2) 11, part 2, p. 166. この論考は，オイラーの著作の様々な側面に関して，詳しい議論を含んでいる．同時に，[2005年] 現在ではゆうに70巻を超える，オイラー全集の一つの部門全体に対する紹介にもなっている．ちなみにこの全集は，4系列 [第1系列：数学，第2系列：機械学，天文学，第3系列：自然学，雑録，第4系列A：書簡，第4系列B：草稿] からなり，初刊行以来80年が過ぎたが，なお完結していない．オイラーの論文に関するあらゆる引用は，このオイラー全集の該当個所に対する参照を含むことになるだろう．また，とくに正弦，余弦関数の微分積分の進展に関して，より詳細な議論は以下にある．Victor J. Katz, "The Calculus of the Trigonometric Functions," *Historia Mathematica* 14 (1987), 311–324. オイラーの没後200周年に際して，*Mathematics Magazine* 56 (5) (1983) の特集号が組まれ，オイラーの業績に関する諸論文が刊行された．さらに，次の著作も参照のこと．E. A. Fellmann, ed., *Leonhard Euler 1707–1783: Beiträge zu Leben und Werk* (Boston: Birkhäuser, 1983).

8. G. Eneström, "Der Briefwechsel zwischen Leonhard Euler und Johann I Bernoulli," *Bibliotheca Mathematica* (3) 6 (1905), 16–87, とくに p. 31.

9. 同上，p. 46.

10. John Fauvel and Jeremy Gray, *The History of Mathematics: A Reader* (London: Macmillan, 1987), p. 452. オイラーの原論文 "De la Controverse entre Mrs Leibniz et Bernoulli sur les Logarithmes des Nombres Negatifs et Imaginaires," *Mem. Acad. Sci. Berlin* (1749) = *Opera Omnia* (1) vol. 17, 195–232 (引用は p. 210) の翻訳より引用した．

11. こうしたオイラー流変分法の解釈は，アメリカの大学教授スティヴン・ショット (Steven Schot) の未公刊の講義ノートによるものである．変分法発展の歴史に関する詳細な議論は，以下の著作が参考になる．Herman H. Goldstine, *A History of the Calculus of Variations*

from the 17th through the 19th Century (New York: Springer Verlag, 1980).

12. Frances Marguerite Clarke, *Thomas Simpson and his Times* (New York: Columbia Univ., 1929), p. 16. この著作は、トーマス・シンプソンの唯一の伝記である。彼の生涯や業績について、多くの詳しい情報を提供してくれる。
13. Thomas Simpson, *A New Treatise of Fluxions* (London: Gardner, 1737), p. 179.
14. Colin Maclaurin, *A Treatise of Fluxions* (Edinburgh: Ruddimans, 1742), Book II, p. 694.
15. 同上，p. 753. マクローリン流の微分積分学に関する詳細と、その影響に関しては、以下を参照のこと。Judith Grabiner, "Was Newton's Calculus a Dead End? The Continental Influence of Maclaurin's *Treatise of Fluxions*," *American Mathematical Monthly* 104 (1997), 393–410 ［さらに、Erik Lars Sageng, "Colin Maclaurin and the Foundations of the Method of the Fluxions," (Princeton University Dissertation, 1989) を参照のこと］。
16. Edna Kramer, "Maria Agnesi," *Dictionary of Scientific Biography*, vol. 1, p. 76. さらにアニェージの貢献に関する詳細な議論は、C. Truesdell, "Maria Gaetana Agnesi," *Archive for History of Exact Sciences* 40 (1989), 113–147 を参照のこと。
17. Euler, *Introductio in analysin infinitorum* in *Opera Omnia* (1) vol. 8, p. 7［邦訳，高瀬正仁訳『オイラーの無限解析』海鳴社，2001，v ページ］。または Carl Boyer, "The Foremost Textbook of Modern Times (Euler's *Introductio in analysin infinitorum*)," *American Mathematical Monthly* 58 (1951), 223–226 も参照のこと。
18. 同上，p. 18［邦訳，2 ページ］。関数概念に関してさらに詳細な議論は、A. P. Youshkevitch, "The Concept of Function up to the Middle of the Nineteenth Century," *Archive for History of Exact Sciences* 16 (1982), 37–85 で見ることができる。
19. Euler, *Institutiones Calculi Differentialis* in *Opera Omnia* (1) vol. 10, p. 5.
20. 同上，p. 4.
21. 同上，p. 84.
22. 同上，p. 99.
23. D. J. Struik, *Source Book*, p. 355. ストルイクが編纂した資料集には、振動弦に関する論争を含めて、この論文の重要な箇所が訳出されている。この話題全体についての議論は、以下の中に見ることができる。Jerome R. Ravetz, "Vibrating Strings and Arbitrary Functions," a chapter in *The Logic of Personal Knowledge: Essays Presented to Michael Polanyi on his Seventieth Birthday, 11 March 1961* (London: Routledge and Paul, 1961), 71–88、または Bottazzini, *Higher Calculus* の第 1 章［邦訳も同じ］，さらには C. Truesdell, "Rational Mechanics." ダランベールの業績に関する包括的な研究は、Thomas Hankins, *Jean d'Alembert: Science and the Enlightenment* (Oxford: Clarendon Press, 1970) である。
24. Truesdell, "Rational Mechanics," p. 239 より引用。
25. Struik, *Source Book*, p. 361.
26. Euler, *Introductio in analysin infinitorum* in *Opera Omnia* (1) vol. 9, p. 11. または英訳 Euler, *Introduction to Analysis of the Infinite, Book II*, translated by John D. Blanton (New York: Springer-Verlag, 1990), p. 6 を参照。
27. Euler, *Opera Omnia* (4) vol. 5, p. 327. または、Bottazzini, *Higher Calculus*, p. 27 に英訳された引用がある。
28. Struik, *Source Book*, p. 361 より引用。
29. George Berkeley, *The Analyst*, in *The Works of George Berkeley Bishop of Cloyne*, ed. by A. A. Luce and T. E. Jessop(Edinburgh and London, Nelson, 1951), vol. 4, p. 66、または James Newman, *The World of Mathematics* (New York: Simon and Schuster, 1956), vol. 1, 288–293, pp. 288–289 参照。バークリの著作からの抜粋を、Struik, *Source Book*, pp. 333–338 でも見ることができる。
30. 同上，p. 72, Newman, pp. 291–2.
31. 同上，pp. 67–68、または Struik, *Source Book*, p. 335.
32. 同上，p. 67, Newman, p. 289.
33. 同上，p. 68, Newman, p. 290.
34. Maclaurin, *Treatise of Fluxions*, Book I, pp. i–ii. マクローリンの伝記に関しては、以下を参照。H. W. Turnbull, *Bicentenary of the Death of Colin Maclaurin* (Aberdeen, University Press, 1951), C. Tweedie, "A Study of the Life and Writings of Colin Maclaurin," *Mathematical Gazette* 8 (1915), 132–151, 9 (1916), 303–305, H. W. Turnbull, "Colin Maclaurin," *American Mathematical Monthly* 54 (1947), 318–322 ［さらには、Sageng, "Colin Maclaurin and the Foundations of the Method of the Fluxions," Chapter I を参照］。
35. 同上，p. iv.
36. 同上，p. 53.
37. 同上，p. 55.
38. 同上，p. 181.
39. 同上，p. 420.
40. 同上，p. 421.
41. 同上，p. 423.
42. 同上，p. 38.
43. Euler, *Institutiones calculi differentialis* in *Opera*

Omnia (1) vol. 10, p. 69, Struik, *Source Book*, p. 384. またストルイクの資料集には，オイラー『微分学教程』中の微分算に関する形而上学的な議論が，数ページ分訳出されている．

44. 同上，pp. 70–71, Struik, 同上．
45. 同上，p. 71, Struik, p. 385.
46. ダランベールによって執筆された『百科全書』中の「微分」という項目より．*Encyclopédie, ou dictionnaire raisonné des sciences, des arts et des métiers*, tome IV(Paris, 1754), p. 986, Struik, p. 345.
47. 同上，Struik, pp. 343–344.
48. 『百科全書』中の「極限」の項より．*Encyclopédie*, tome IX (Paris, 1765), p. 542.
49. Lagrange, *Théorie des fonctions analytiques*, in *Oeuvres de Lagrange* (Paris: Gauthier-Villars, 1881), vol. 9, p. 15. ストルイクの資料集の中に抜粋された英訳を見ることができる．Struik, *Source Book*, pp. 388–391.
50. 同上，p. 22.

［邦訳への追加文献］ オイラー『微分学教程』第1巻は，現在以下の英訳を通じて読むこともできる．*Foundations of Differential Calculus*, translated by John D. Blanton (New York etc.: Springer, 2000).

18世紀解析学の流れ

1622–1703	ヴィンチェンツォ・ヴィヴィアーニ	重積分に関する問題
1646–1716	ゴットフリート・ヴィルヘルム・ライプニッツ	偏微分，微分方程式
1654–1705	ヤーコプ・ベルヌーイ	最速降下線問題
1667–1748	ヨハン・ベルヌーイ	最速降下線問題，微分方程式
1685–1731	ブルック・テイラー	テイラー級数
1685–1753	ジョージ・バークリ	微分積分計算の基礎に対する批判
1687–1759	ニコラウス・ベルヌーイ (I)	偏微分の計算法則
1698–1746	コリン・マクローリン	微分算の教科書
1700–1782	ダニエル・ベルヌーイ	振動弦問題
1707–1783	レオンハルト・オイラー	微分方程式，微分積分学に関する著作
1710–1761	トーマス・シンプソン	微分学の教科書
1713–1765	アレクシス・クロード・クレロー	微分方程式
1717–1783	ジャン・ル・ロン・ダランベール	振動弦問題
1718–1799	マリーア・ガエターナ・アニェージ	微分学の教科書
1736–1813	ジョゼフ・ルイ・ラグランジュ	ベキ級数による微分法

Chapter 14

18世紀の確率論，代数学，幾何学

「どのような出来事に対しても正しい推測を立てるためには，起こりうる可能な場合の数を正確に計算し，ある場合が別のものに比べてどれほど生じやすいかを決定する必要があるようにみえる．しかし，ここですぐにわれわれは主たる困難に遭遇する．というのもこの手順は，ほんのわずかな現象にしか適用可能でないからである．……私はこう問いたい．いったい誰が，あらゆる可能な場合を数え上げて，病気の数を確かめることなどできようか．……また別なものと比べて，ある病気がどれほど致命的でありそうかなどと言うことができるだろうか．……または，誰が毎日大気が受ける無数の変化を列挙して，それをもとに今から一ヶ月後や一年後の天気が何になるかを予測することができるだろうか」

(ヤーコプ・ベルヌーイ『推測術』（1713年刊））[1].

革命後，高等教育を再建するという必要性に応じて，フランスの国民公会は1794年9月28日に「公共事業中央学校」(École Centrale des Travaux Publiques) 設立のための法律を通過させた．その学校はすぐに「エコール・ポリテクニク」と名をあらためた．フランスの最高の数学者たちがみな，続く数十年の間ここで教鞭を執り，彼らの多くがその学校で使うための教科書を執筆した．エコール・ポリテクニクは，すぐにヨーロッパ全土やアメリカ合衆国における工科大学の模範となった．

解析の進展と様々な分野への応用は，18世紀における数学史の中心的な側面を形成したが，他の分野にもまた重要な業績があった．ヤーコプ・ベルヌーイは，確率の分野でのホイヘンスの仕事をとりあげ，それを拡張した．ベルヌーイはホイヘンスの方法論に沿いつつも，整数ベキの和を計算する新しい方法を示して，今日「大数の法則」として知られている定理を最終的に証明した．アブラハム・ド・モアブルは級数に関する知識を適用することによってこの成果をさらにおし進め，最後は正規分布曲線やその性質についての研究を進展させた．そしてトーマス・ベイズやピエール・シモン・ド・ラプラスに至って，ある経験的データの考察から確率をどのように決定するべきかが示されたのである．

18世紀前半には，代数に関する主要な教科書がいくつか刊行された．その中

には，ニュートン，マクローリン，およびオイラーの著作が含まれている．これらの本は，以前から研究されていた題材を何がしか体系化したものだった．たとえばマクローリンの教科書には，通常クラメルの法則と呼ばれる連立一次方程式を解く新方式がおさめられている．他方，オイラーの本は，数論の様々な方法に関するいくつかの詳細な議論を含んでいる．しかしながら代数の主要な目標は，前世紀同様カルダーノやフェッラーリの方程式解法を，5次，またはそれ以上の次数の代数方程式へと拡張することであった．とはいえ，誰一人こうした企てに成功しなかった．ただラグランジュは，18世紀末の時点で3次，そして4次方程式を解くための方法を，今一度詳細に見直した．そして高次方程式を扱うのに不可欠であると信じた方法を進展させたのである．

また幾何学では，二つの大きな話題が注目を引いた．まず最初に，ジロラモ・サッケーリとヨハン・ハインリヒ・ランベルトによって，ユークリッドの平行線公準［『原論』第Ⅰ巻第5公準］を証明する試みが再び論じられたことである．それは中世イスラーム世界の数学者たちが行った，同様な研究に基づくものだった．また2番目の話題は，こちらの方がより重要であるが，解析を幾何学的な問題へ応用することであった．とくに，オイラー，クレロー，およびガスパール・モンジュは，解析幾何学と微分幾何学に多くの新しい発想を与えた．さらにオイラーは，二つの注目すべき問題を考察した．その解答は，次の世紀の終わりに位相幾何学という分野として発展することになる種子を提供したのである．

18世紀の最も重要な政治上の出来事，すなわちフランス革命は，本章の冒頭部分に示したように，数学や数学教育へも影響を及ぼした．そこで本章は，エコール・ポリテクニクに設けられた新しい数学カリキュラムを，簡潔に概観して締めくくることにする．また，われわれは「新世界」で，数学の進展が始まったことにも簡単にふれるつもりである．

14.1 確率論

第11章で論じた確率に関する初期の研究は，様々な型のゲームや，他の賭事の問題から生じる確率や期待値を決定するという問題を，主たる関心事にしていた．しかしパスカルが考察した，ゲームが中断されたときの賭け金の「公正な」分配や，ホイヘンスの「公平な」ゲームへの関心は，当初から現在の確かな価値と将来の不確かな価値との交換を行うような，**偶然性**に依存した契約の概念と密接に関係していたことを示している．そうした契約の中には，年金や海上保険の処理も含まれていた．そこではある金額の合計が，後日ある条件のもとで返還される未知の金額合計と引き換えにいま支払われるのである．契約を「適正な」ものにするために，かかわったリスクを何らかの方法で定量化する必要性があると数学者たちは論じた．

ある型のゲームの場合に，初期の実践家たちは成功と失敗を数える効果的方法を考え出していた．その結果，期待値や確率を「前もって」決定することができた．しかしながらきわめて現実的な状況では，危険を定量化すること，すなわち「道理をわきまえた人」が持っている信念の度合いを決定することは，それより

囲み 14.1
確率と現実世界

18世紀の半ばまでに，数学者は確率論において十分な成果をあげた．さらにそうした成果が，様々な現実の関心事の領域，たとえば年金の掛金設定や宝くじの賞金の仕組みなどにも適用できるかもしれないと考えられるようになった．しかし驚いたことに，そう思惑通りにならなかった．年金は何世紀もの間，販売されていた．ただ一般に，年金受取人には「賭け」であると考えられ，売り手には利子つきの貸付けと考えられていた．すなわち，死ぬまで規則的に年金を支払うことを担保にして，ある決まった額を払う年金受取人は，結果的に彼の支払った分や，あるいはそれ以上の全部を取り返せるほど，十分長生きすることに賭けているのである．他方，売り手は最初の支払いは貸付けであり，利子を生むための配当であると考えていた．実際，通常は貸金に対して掛けられる合法的な利率よりも高い金利が用いられていた．死亡表が作成されるより前には，年金に対する掛金を計算する数学的方法がまったくなかった．だから一般に，統計的な考慮よりも，むしろそれらは，かかわった当事者たちの経験か，売り手の現金に対する必要性によって設定されていた．しかしデ・ヴィットやド・モアブルのような数学者が，死亡率統計に基づく年金表を作り上げたあとでさえも，そうした習慣に変化はなかったのである．たとえば，イギリスで年金はしばしば，買い手の年令に関係なく年払いの7倍の額で売られていた．ド・モアブルの表は，たとえば，利子を5%で設定したならば，この値は20歳の人に対して年払いの13.89倍，70歳の人に対してその支払いの5.77倍というように変化すべきものだと示していたにもかかわらずである．そしてオランダのある町においては，それぞれ250フロリン[オランダの旧通貨単位]で400もの年金が売られ，10万フロリンの金額を調達していた．そしてまだ生きている年金受取人の数で，1年あたり4000フロリンの全支払い額を分割していた．

同様に何世紀もの間，政府は宝くじでお金を集め続けた．またそれらは，17世紀後半と18世紀前半にとりわけ人気を呼んでいたが，政府は賞金を決定するための確率的な計算はとくに何もしなかったようである．政府がそうする理由が，一般になかったからである．報償が勝率に比して非常に低かったので，宝くじは主要な収入源であった．たとえば，フランスの王家の宝くじでは，90個の番号の中から引き出された五つの番号を正しく選んだ者に対して，券の代金の100万倍を支払っていた．しかし，そうした賞金を勝ち取る可能性は50億分の1である．それでも18世紀のフランス人，とくに労働者階級は，今日同様，きわめて細々とした一攫千金の可能性に賭けることをいとわなかった．こうした可能性の下で，宝くじにお金をつぎ込むべきでない理由を示す学術記事を数学者たちが書く機会があったのである．しかし，人々が注意を払ったのは，当選番号を選ぶための確実な方法を売りものにした数学者に対してだけだった！

はるかに難しいことだった．どのようにして，保険の代価として見合う「道理に合った」価格を決定することができたのだろうか？（囲み14.1参照）本章冒頭の引用にあるように，ヤーコプ・ベルヌーイは，彼のおよそ20年以上にわたるこの問題の研究の中で，すべての可能性を列挙するのが不可能な状況において危険の定量化を可能にすることを望んでいた．これを行うために，多くの同様な例から観察された結果を見ることによって，「帰納的に」確率を確かめることを提案した．「たとえば，同じ年令の300人がいて，あるティティウス族[ローマ人の氏族名]と同じ構成であるとする．もしわれわれが彼らを観測し，10年以内に200人が死に，残りが生き残ったとするならば，理性的確信を持って次のように結論づけることができる．ティティウス人は，次の10年以内に自然に対して債務を支払わなければならない[すなわち死ぬ]可能性は，彼がその期間を越えてさらに生き続ける可能性の2倍に達するだろう」，と語っている[2]．

14.1.1 ヤーコプ・ベルヌーイと『推測術』

一つの与えられた状況をより多く観察すれば，将来に何が生じるかをより良

く予測できるはずであるということは，ベルヌーイにとって理にかなった明白なことのように思えた．しかし彼はこの原則の「学問的証明」を与えたいと考えていた．それは，観測の回数が増加すると，その事象の確率を必要とされるいかなる精度でも評価できることを示すだけでなく，真の値の近くであらかじめ定められた範囲内に結果がおさまることを保証するのに必要な観測の回数が正確にどれくらいかをいかにして計算するかを示すものであった．ベルヌーイは亡くなる 1705 年までに，その理論的証明を「大数の法則」として提示していた．このことは 1713 年まで出版されずじまいだった，確率論の重要な著作『推測術』(Ars conjectandi) に含まれている．

その大数の法則は『推測術』の第 4 部，すなわち最後の部分に現れる．冒頭の 3 部は，むしろ確率に関してヤーコプ・ベルヌーイ以前の業績の精神を受け継いだものである．実際第 1 部は，本質的に 1657 年に刊行されたホイヘンスの著作を引き写して，それに注釈をつけたものである．第 2 部は，組合せに関する新たな種類の法則を展開したもので，それらの大部分は前世紀から知られていた．一方で，第 3 部ではゲームに関する，より多くの問題を解くためにこれらの法則を適用している．しかしその中にも言及に値するベルヌーイの独創的な結果が二つある．まず第一に，彼はゲームが中断した場合に，賭け金をどのように分割するかという問題に対して，ある所定のポイントを獲得している各プレーヤーの勝つ可能性が等しいというパスカルが考察した場合から，二人のプレーヤーの勝つ可能性が等しくない場合へ，あるいはさらに一般に，成功，失敗の可能性が等しくない試行へとパスカルの考え方を拡張した．もし ($a+b$ 回の試行中) 成功の場合が a で，失敗の場合が b であるとするならば，n 回の試行における r 回成功の確率は，$\binom{n}{n-r} a^r b^{n-r}$ 対 $(a+b)^n$ の比となるということをベルヌーイは示した．同様に，n 回の試行中，少なくとも r 成功する確率は，$\sum_{j=0}^{n-r}\binom{n}{j} a^{n-j} b^j$ 対 $(a+b)^n$ の比となる．

ベルヌーイの 2 番目の貢献は，パスカルの数三角形を利用しながら，整数ベキの和の計算を行ったことであった．単に次数 10 までの整数ベキの和に対する公式を書き上げただけでなく，任意のベキ c に対して

$$\sum_{j=1}^{n} j^c = \frac{1}{c+1} n^{c+1} + \frac{1}{2} n^c + \frac{c}{2} B_2 n^{c-1} + \frac{c(c-1)(c-2)}{2\cdot 3\cdot 4} B_4 n^{c-3}$$
$$+ \frac{c(c-1)(c-2)(c-3)(c-4)}{2\cdot 3\cdot 4\cdot 5\cdot 6} B_6 n^{c-5} + \cdots$$

という一般的な結果を与える型に注目したのである．この点でベルヌーイはイブン・ハイサムやジュイェーシュタデーヴァを凌いだ．ただし，その級数は n の正のベキで終わり，$B_2 = \frac{1}{6}, B_4 = -\frac{1}{30}, B_6 = \frac{1}{42}, \ldots$ である．これらの量 B_n は，今日ベルヌーイ数と呼ばれる．それらは，ある n が与えられたときに B_n が初めて生じる上記の和に対して，求めるベルヌーイ数 B_n を係数とする項よりも次数が高い先行するベキ乗の項についた係数の和をとり，「単位ができあがる」[その和に足して 1 に等しくなる] ような数として計算できるものである．たとえば，

$$\sum j^4 = \frac{1}{5}n^5 + \frac{1}{2}n^4 + \frac{1}{3}n^3 + B_4 n \text{ となることから,} B_4 = 1 - \frac{1}{5} - \frac{1}{2} - \frac{1}{3} = -\frac{1}{30}$$
と定められる [3].

『推測術』の第 4 部は，「政治，倫理，経済における理論の利用と応用」と題されている．実際，ベルヌーイは理論の何らかの実用的な応用について議論しているわけではないが，彼は現実生活の中に見られる多種多様な根拠と，これらの根拠がどのようにただ一つの確率的言明に結びつけられるかについて議論している．ほとんどの現実的な状況において，絶対的に確実なこと（すなわち確率が 1 に等しい場合）は，達成するのが不可能であると了解した上で，ベルヌーイは**蓋然的確実性**という考えを導入した．彼は，ある結果が実際上確かであるためには，それが生じる確率が少なくとも 0.999 以上であるべきであると定めた．逆に，0.001 以下の確率でしか生じないような結果は，実質的に起こり得ないと考えた．彼の定理，「大数の法則」を定式化したのは，まさにある事象が真の確率に属する蓋然的確実性を決定するためであった．

その定理についての議論を理解するために，ベルヌーイの例を一つ心に留めておくことにしよう．実際 3000 個の白い小石と，2000 個の黒い小石の入ったつぼがあると仮定する．ただしその個数は観察者には未知であるとする．観察者は順番にある個数だけ小石を取り出して，結果を記録することによって白石の黒石に対する割合を決定したいと考えている．その際，次の石を取り出す前に，必ず取り出した各々の石は元に戻すことにする．そこで，ひきつづき一つの小石を取り出すことを観察する．そして白い小石が取り出された場合を成功とする．一般に，N 回の観察がなされて，その内 X 回が成功であり，$p = \frac{r}{r+s}$ が（未知の）成功の確率であると仮定する（ただしここで，r は成功している場合の数の合計であり，s は失敗の合計である．上の例でいうと $p = 3/5$ である）．ベルヌーイの定理は，現代的な用語で述べるならば，次のようになる．任意の与えられた小さな量を ϵ とする（ベルヌーイは，それを常に $1/(r+s)$ の形にとる）．他方，任意の十分大きな正の数を c とし，$N = N(c)$ は X/N と p とが ϵ 以下しか異ならない確率が，X/N と p とが ϵ より大きく異なってしまう確率の c 倍よりも大きくなるように見出されるとする．記号を用いてこの結果を記すと，

$$P\left(\left|\frac{X}{N} - p\right| \leq \epsilon\right) > cP\left(\left|\frac{X}{N} - p\right| > \epsilon\right)$$

となる．言い換えれば，X/N が p に対して「近い」確率は，「近くない」確率よりもはるかに大きいのである．現代の教科書の中では，この定理は次のように述べられている．「与えられた任意の $\epsilon > 0$ と任意の正数 c に対して，

$$P\left(\left|\frac{X}{N} - p\right| > \epsilon\right) < \frac{1}{c+1}$$

が成り立つような N が存在する」．

確率の計算が，$(r+s)^N$ の二項展開のある項の和にかかわったので，ベルヌーイはその展開における諸々の項の詳細な分析を行った．それによってこの定理の証明を与えただけでなく，$N(c)$ の決定法も与えたのだった．とりわけ，ベル

ヌーイは次のことを示した．もし $t = r+s$ とするならば，$N(c)$ は，

$$mt + \frac{st(m-1)}{r+1}, \qquad \text{かつ} \qquad nt + \frac{rt(n-1)}{s+1}$$

よりも大きな整数としてとることができる．ただし，m や n は整数で，

$$m \geq \frac{\log c(s-1)}{\log(r+1) - \log r}, \qquad \text{かつ} \qquad n \geq \frac{\log c(r-1)}{\log(s+1) - \log s}$$

を満たすものである．

　ベルヌーイは，上の例で $r = 30$ と $s = 20$ の場合を計算し，すぐ前の 2 番目の式がより大きくなる m や n を見出して，$c = 1000$ に対して $N = 25550$ であることを導いた．別の言葉で表すと，ベルヌーイの結果によって 25550 回の観察を行えば，相対的な頻度が真の比の値 3/5 に対して，誤差 1/50 の範囲内で求められるという「蓋然的確実性」に十分な判断が可能になるのである．おそらく彼はこの結果に不満足であったのだろう，ベルヌーイの著作は他の c の値に対する同様の計算を行うことで終わっている．というのも 1700 年代初頭，25550 という数はたいそう大きな数であり，たとえば [ヤーコプ・ベルヌーイがつとめていた大学がある] バーゼルの街全体の人口より大きな数であった．ベルヌーイの計算の結果が物語っていることは，相当な回数の実験を行っても，何も信頼できるものを得ることができないのではないかということであった．ベルヌーイは，不確実性の度合を定量化するという追究をしそこなったと感じたかもしれない．なぜなら，とくに彼の直観は，25550 という数は必要以上に大きすぎるということを示唆していたからである[4]．したがってベルヌーイは，政治や経済に彼の方法を応用しようともくろんでいたが，それを著作に含ませなかった[5]．しかしながら，彼よりわずかに若い同時代人，アブラハム・ド・モアブル (1667–1754) がその問題への取組みに，成功の可能性がより高い道筋を示したのだった．

14.1.2　ド・モアブルと『偶然性の理論』

　ド・モアブルの主要な数学上の業績は，1718 年に初版が刊行され，1738 年と 1756 年に改訂版が出版された『偶然性の理論』(*The Doctrine of Chances*) であった．この確率論の教科書は，ホイヘンスの著作よりもはるかに詳細なものである．その理由の一つは，1657 年以降の数学における全般的な進展が盛り込まれているからである．ド・モアブルは一般的な法則だけではなく，彼の時代によく行われた様々なゲームのやり方に対して，しばしばこれらの規則をきめ細かく応用した例も与えている．たとえば，より包括的な問題の一部として解かれたシュヴァリエ・ド・メレのサイコロの問題を考えよう．

問題 III　a は，何かの一つの試行において望んでいることが起きる回数，b は望んでいることが起きない回数とする．このとき，その出来事が何回の試行で確実に起きるのか，あるいは一体何回試行を重ねれば，起きる，起きないの偏りがなくなるかを見出すこと[6]．

　ド・モアブルは，もし試行の回数が x であるならば，$\frac{b^x}{(a+b)^x}$ が x 回連続して望んでいることが起きない場合の確率であることを注意し，彼の解法を論じ

> # 伝　記
>
> ## アブラハム・ド・モアブル (Abraham De Moivre, 1667–1754)
>
> ド・モアブルは，パリの東およそ 100 マイルの町ヴィトリで，プロテスタントの家庭に生まれた．11 歳から 14 歳の間，セダンのプロテスタント中等学校で古典の教育を受けた．だが学校は 1681 年に閉鎖されてしまった．その後，彼は最初ソミュールで，さらにはパリで勉強を続けた．ソミュールでは，ホイヘンスの確率に関する教科書を読み，そしてパリでは，ユークリッドに始まる通常の数学カリキュラムに加えて自然学を学んだ．1685 年，ルイ 14 世によるナントの勅令の廃止のあと，すぐさまフランスにおけるプロテスタントの人々の生活は非常に難しくなった．ド・モアブルも，2 年以上投獄されてしまった．1688 年 4 月に解放されたとき，彼はフランスを離れた．そしてイギリスへと去り，再び戻ることはなかった．まさにそのイギリスにおいて，ド・モアブルはニュートンの流率の理論を習得し，彼自身の独創的な仕事を始めたのだった．1697 年には王立協会の会員に選出された．だが彼は大学の職を得ることはなかった．ド・モアブルは家庭教師をしたり，偶然性の伴うゲームから生じる問題や，相場師や投機家たちのための年金に関する問題を解決することによって，生計を維持したのだった．

始める．x 回の試行で，少なくともその事象が一度でも起きる見込みが半々なので，この確率は 1/2 と等しくなければならない．すなわち，x は以下の方程式を満たさなければならない．

$$\frac{b^x}{(a+b)^x} = \frac{1}{2}, \qquad \text{または} \qquad (a+b)^x = 2b^x.$$

ド・モアブルは対数を用いて，この方程式を

$$x = \frac{\log 2}{\log(a+b) - \log b}$$

のように簡単に解いた．さらに彼は，もし $a : b = 1 : q$ ならば，望まない場合を 1 としたときの望んでいる場合の比率は $\frac{1}{q}$ になるので，元の方程式を次の形に書き換える．

$$\left(1 + \frac{1}{q}\right)^x = 2, \qquad \text{または} \qquad x \log\left(1 + \frac{1}{q}\right) = \log 2.$$

この $\log\left(1 + \frac{1}{q}\right)$ をベキ級数に展開することによって，ド・モアブルは，もし「q が無限に大きい，または単位 [= 1] に対して十分に大きいならば」，ベキ級数の第 1 項 $1/q$ で十分であり，解は $x = q \log 2$ または $x \approx 0.7q$ と書けると結論を出している[7]．したがってメレの問題，すなわち 2 個のサイコロを投げて，$(6, 6)$ のぞろ目が一度でも出る見込みが五分五分となるのに，一体何回投げればいいのかという問題を解く上で，ド・モアブルは単に $q = 35$ とおいて，$x = 24.5$ を得たのである．求めるサイコロを投げる回数は，よって 24 回と 25 回の間であ

る．これは，ホイヘンスがずっと複雑な計算によって見出したものと同じ結論である．

ド・モアブルは，自分の確率計算を実行するのに，しばしば無限級数を利用する．しかしこうした計算自体よりもさらに重要なことは，$(a+b)^n$ の二項展開の和に対する近似計算の詳細な議論である．こうした議論は1733年に最初に書かれたが，『偶然性の理論』の第2版，第3版の付録にようやく掲載された．そこで初めて，いわゆる二項分布に対する正規近似が登場した．ベルヌーイの議論のように，ド・モアブルの議論における目的は，試行という手段を用いて確率を評価することであった．彼は「たとえば，ある事象の起こる，起こらないが同じくらい容易であると仮定するとき，3000回の試行ののち，2000回その事象が起こり，1000回起こらないということが可能でないだろうか．すなわち，この場合に起こる，起こらないの見込みが五分五分よりも大きく隔たった可能性を予想し，精神がその試行から導かれる結論とうまくおりあうことがあるだろうか」と述べている[8]．ベルヌーイ同様，ド・モアブルにとって，関連する確率を計算する方法は，特定の二項係数の計算の中にあった．彼は最初は等しく起こる可能性を持った事象を扱うことに限定し，n 回の試行において，$n/2$ 回その事象が起きる確率を見出そうとした．すなわち，$(1+1)^n$ の中間項とあらゆる項の和 2^n との比を求めることである．ただし n は十分大きく，また偶数であるとする．ド・モアブルはこの比 $\binom{n}{n/2} : 2^n$ は，n が大きくなるにつれて $\dfrac{2T(n-1)^n}{n^n\sqrt{n-1}}$ に近づくことを示した．このとき，

$$\log T = \frac{1}{12} - \frac{1}{360} + \frac{1}{1260} - \frac{1}{1680} + \cdots = \frac{B_2}{1\cdot 2} + \frac{B_4}{3\cdot 4} + \frac{B_6}{5\cdot 6} + \frac{B_8}{7\cdot 8} + \cdots$$

であり，各 B_i はベルヌーイ数である．

ド・モアブルがこうした結果を導いたということは，無限級数や対数を熟知していたことを示している．彼は中間項 $M = \binom{n}{n/2} = n! \Big/ \left(\dfrac{n}{2}\right)!^2$（ただし $n = 2m$）が次のように書けることから始める．

$$M = \frac{(m+1)(m+2)\cdots(m+(m-1))(m+m)}{(m-1)(m-2)\cdots(m-(m-1))m}.$$

このことから，$\log M$ は各因数の商の対数をとったものの和として書くことができ，そうした対数は，$1/m$ のベキ級数に展開できる．したがって

$$\log M = \log\frac{m+1}{m-1} + \log\frac{m+2}{m-2} + \cdots + \log\frac{m+(m-1)}{m-(m-1)} + \log 2$$

が成り立つ．ここでたとえば，

$$\log\frac{m+1}{m-1} = \log\frac{1+\dfrac{1}{m}}{1-\dfrac{1}{m}} = 2\left(\frac{1}{m} + \frac{1}{3m^3} + \frac{1}{5m^5} + \cdots\right)$$

および，

$$\log\frac{m+2}{m-2} = \log\frac{1+\frac{2}{m}}{1-\frac{2}{m}} = 2\left(\frac{2}{m} + \frac{8}{3m^3} + \frac{32}{5m^5} + \cdots\right)$$

が成り立つ．ド・モアブルはその際賢くも，これらのベキ級数の和は横に加える代わりに，縦に加えることによって決定できることに注意していた．すなわち $\log 2$ という項を除いて，この和は $s = m-1$ とするとき，以下の縦の列の和として表すことができる．

$$\text{第 1 列の和} = \frac{2}{m}(1 + 2 + \cdots + s).$$

$$\text{第 2 列の和} = \frac{2}{3m^3}\left(1^3 + 2^3 + \cdots + s^3\right).$$

$$\text{第 3 列の和} = \frac{2}{5m^5}\left(1^5 + 2^5 + \cdots + s^5\right).$$

$$\cdots = \cdots$$

各行は，整数ベキの和を含むので，s の多項式としてそれぞれの和を書くのに，ベルヌーイの公式を利用することで計算できる．ド・モアブルはそれぞれの多項式の最も高い次数の項を一緒に加えて，$(2m-1)\log(2m-1) - 2m\log m$ のような，有限項で表すことができるベキ級数を得たのだった．同様に，それぞれの多項式の 2 番目に高い次数の項の和は，関数 $(1/2)\log(2m-1)$ で表されるベキ級数を形成する．そうしたベキ級数は 3 番目，4 番目，$\ldots$, さらに和をとろうとする各 $\sum k^n$ の次数 n が上がっていくにつれ，決定するのが難しくなる．だがド・モアブルは，m が無限に大きくなるとき極限値として，それらが $1/12$, $-1/360, \ldots$ となることを示した．残りの項 $\log 2$ を含めて，ド・モアブルは M の対数が，

$$\left(2m - \frac{1}{2}\right)\log(2m-1) - 2m\log m + \log 2 + \frac{1}{12} - \frac{1}{360} + \cdots$$

となることを結論づけた．さらに $\log 2^n = \log 2^{2m} = 2m\log 2$ を引くと，比 $M : 2^n$ の対数は，

$$n\log(n-1) - \frac{1}{2}\log(n-1) - n\log n + \log 2 + \frac{1}{12} - \frac{1}{360} + \cdots$$

となる．したがって前述のように，$M : 2^n = \dfrac{2T(n-1)^n}{n^n\sqrt{n-1}}$ が導かれる．

ド・モアブルはこの比を計算できるようにしたかったので，$\log T$ に対する級数を利用して，$2T$ がおよそ $2.168 = 2\dfrac{21}{125}$ であることを示した．上で述べたのと同様な方法を用いて，m が十分大きい場合に，

$$\log m! = \sum_{k=1}^{m}\log k \approx \left(m + \frac{1}{2}\right)\log m - m + \log B, \text{ あるいは } m! \approx Bm^{m+\frac{1}{2}}e^{-m}$$

となることも示した．ただし $\log B = 1 - \log T$ である．今日この公式は，スターリング (1692–1770) の公式と呼ばれている．$B = \sqrt{2\pi}$ の計算は，スターリ

ングに負っている．それは，おそらくド・モアブルと同様な論法によると考えられる．ただしスターリングは，π に関するウォリスの積から出発している．このとき，$\log T = 1 - \frac{1}{2}\log 2\pi$，すなわち $T = e/\sqrt{2\pi}$ となる．ド・モアブルは n が大きいときには，$\frac{(n-1)^n}{n^n} = \left(1 - \frac{1}{n}\right)^n$ は e^{-1} を近似することを知っていたので，$(1+1)^n$ の中間項 M の和 2^n に対する比が $2/\sqrt{2\pi n}$ となることを導くことができた．

中間項以外の他の項も扱うために，ド・モアブルは自分の方法をいくぶんか一般化した．いま Q が，二項展開 $(1+1)^n$ において中間項 M から t だけ離れた項であるとする．このとき，

$$\log \frac{M}{Q} = \left(m + t - \frac{1}{2}\right)\log(m+t-1) + \left(m - t + \frac{1}{2}\right)\log(m-t+1) - 2m\log m + \log \frac{m+t}{m}$$

が成り立つ．ただし $m = n/2$ である．彼はベキ級数による対数の近似式をここでも用いて，十分大きな n に対して

$$\log\left(\frac{Q}{M}\right) \approx -\frac{2t^2}{n}, \quad \text{または} \quad Q \approx M e^{-\frac{2t^2}{n}}$$

導いた．これは現代の記号法で表すと，

$$P\left(X = \frac{n}{2} + t\right) \approx P\left(X = \frac{n}{2}\right) e^{-(2t^2/n)} = \frac{2}{\sqrt{2\pi n}} e^{-(2t^2/n)}$$

を意味するものである．ド・モアブルは，$Q = P\left(X = \frac{n}{2} + t\right)$ のいくつもの値が曲線をなすものと考えた．「もし二項式の諸々の項が，一つの直線に対して等しく直角に交わり，それを越えて延びていくようにおかれると考える[すなわち二項分布を棒グラフで表す]ならば，諸項の端点から一つの曲線が形成される．そうして描かれた曲線は，最大となる項の左右それぞれの側に存在する二つの変曲点を持つ」[9]．彼は，この曲線（今日では正規曲線として知られる）の変曲点が，最大となる項から距離 $\frac{1}{2}\sqrt{n}$ だけ離れたところに生じることを計算した．

二項展開の個々の項に対する近似を用いて，ド・モアブルはそうした多くの項の和について計算することが可能になった．その結果，ベルヌーイがいう不確実性の定量化をかなり改良することができた．

$$\sum_{t=0}^{k} P\left(X = \frac{n}{2} + t\right)$$

という和を見出すために，ド・モアブルは，

$$\frac{2}{\sqrt{2\pi n}} \int_0^k e^{-(2t^2/n)}\, dt$$

によって近似を行った．そして被積分項をベキ級数に書き，項別に積分することで，その積分を評価した．$k = \frac{1}{2}\sqrt{n}$ に対して，その級数は十分早く収束するの

で彼はその和が 0.341344 に等しいと結論したのだった．したがって「もし無限回の試行を重ねることができるならば，起きる起きないに関して等しく生じるようなある事象が，$\frac{1}{2}n + \frac{1}{2}\sqrt{n}$ 回以上頻繁に起こるのでもなく，また $\frac{1}{2}n - \frac{1}{2}\sqrt{n}$ 回以下になるほど起こる回数が少ないこともないという確率は，上で示された数 0.341344 の 2 倍の和によって表されるだろう．……，つまり 0.682688 である」と述べている [10]．現代的な用語を用いるならば，ド・モアブルは十分大きな n に対して，対称性のある二項試行においてある事象が生じる回数が，中間値 $\frac{1}{2}n$ から $\frac{1}{2}\sqrt{n}$ 以内に入る確率が 0.682688 であることを示した．彼はそこで他の $\sqrt{n}$ の様々な倍数についても計算した．その結果，「これを特定の例に適用するために，ある事象の起きる起きないの頻度を，どれだけの回数の試行がなされたか，あるいはどれだけの回数がとられるべきかを示す数の平方根によって評価する必要があるだろう．この平方根は，……あたかもわれわれの評価を調節可能にする**係数** (modulus) のようなものである」と述べた [11]．ド・モアブルにとって，$\sqrt{n}$ は中心からどれだけ離れているかを測定する単位であった．したがって確率評価の精度は，試行回数の平方根に応じて増加する．

　上の議論は，ある事象が起きたり起きなかったりする可能性が等しい場合にのみ適用される．しかしド・モアブルは，$(a+b)^n$（ただし $a \neq b$）における項をどのように近似するかを示すかによって，より一般的な場合に彼の方法の概略を示した．これらの一般的な方法を利用すると，ベルヌーイの例で要求された精度を達成するために必要な試行回数ははるかに少ない回数でよいことが計算できる．実際，ベルヌーイは 25550 回の試行を必要としたが，ド・モアブルの方法ならば 6498 回で済むのである．しかしながら，ド・モアブル自身は，等しい確率で生じる事象についての例を与えただけである．したがって，彼はたとえば，ある事象が少なくとも 1770 回以上，1830 回以下の回数起こるという確率 0.682688 や，あるいはその事象が 1710 回から 1890 回の間の回数起こるという確率 0.99874 を与えるためには，3600 回の実験を行えば十分であることを示した．ド・モアブルの結果はベルヌーイのものよりも一層正確であったにもかかわらず，残念ながらそれらを適用することができなかった．明らかに彼は，一つの試行の精度を評価するための目安として $\sqrt{n}$ を利用する以上に，自分が開発した曲線の重要性を認めることができなかった．にもかかわらず，ド・モアブルの業績は，この 18 世紀ののちの進展に対して多大なる影響を与えることになったのである．

14.1.3　ベイズと統計的推定

　ド・モアブルの成果も，ベルヌーイの理論もすぐに適用されることがなかった．その理由の一つとして，彼らが応用に必要な問，すなわち「特定の事象が，与えられた回数の試行の中で，ある回数起こるという経験的事実が与えられたとする．このとき一般にこの事象が起こる確率は何になるか？」というような統計的推定の問題に直接答えていなかったからである．ベルヌーイやド・モアブルは，観察された頻度が，与えられた確率をどの程度近似しているかについて述べることができただけである．観測された頻度から，いかにして確率を決定する

かという問題に直接答えようとした最初の人は，トーマス・ベイズ (1702–1761) であった．彼の著作『偶然性の理論における問題解決のための試論』(*An Essay towards Solving a Problem in the Doctrine of Chances*) は，晩年にかけて書かれたが，死後 3 年たつまで発刊されなかった．

ベイズは，基本となる問題に関する言明からその試論を始めた．「未知の事象（すなわち，確率が未知である事象）が起きたり，起きなかったりする回数が与えられているとする．1 回の試行において起きる確率が，指定することができる任意の二つの値の間にあるという確率を求めること」[12]．この問題は，現代の記法で表すと次のようになる．ある事象が n 回の試行で起こった回数を X で表し，x はただ 1 回の試行でそれが生じる確率を表す．また r および s は二つの与えられた確率であるとする．ベイズの目的は，$P(r < x < s | X)$ を計算することで，すなわち X が与えられた場合に，x が r と s の間にあるという確率を求めることである．ベイズは確率の定義から，彼が必要とした二つの基本的な結果を導く議論を公理論的に展開しようとした．「二つの連続する事象がともに起こる確率は，最初の事象が起きる確率と，1 番目が起こるという仮定の上で 2 番目の事象が起きる確率とから合成された比になる」と命題 3 は述べている．今日，一般にベイズの定理として知られている命題 5 は以下の通りである．「二つの連続して起こる事象があったとする．2 番目の事象が起きる確率が b/N，そして 1 番目，2 番目両方の事象が生じる確率が P/N とする．先に 2 番目の事象が起きたことがわかっているときに，1 番目の事象がすでに起きている確率は P/b になると私は確信する」[13]．現代的記法を用いると，E を最初の事象，F を 2 番目の事象とするとき，命題 3 は $P(E \cap F) = P(E)P(F|E)$ と表せる．すなわち両方の事象が生じる確率は，E の起きる確率と E が起きたときに F が起きる確率との積になるということである．一方，ベイズの定理は $P(E|F) = P(E \cap F)/P(F)$ のように書ける．すなわち，F が起きたときに，[時間的にさかのぼって] E が起きている確率は，両方の事象が生じる確率を F が起きる確率のみで割った商になるということである．ベイズの基本となる問題は，このとき $P(E|F)$ を計算することである．ただし E は $r < x < s$ となる事象であり，F は「n 回の試行の中で，X 回望んでいることが起きる」事象である．命題 5 をこの計算に当てはめると，二つの確率 $P(E \cap F)$ と $P(F)$ を計算する方法が必要になるのである．

ベイズは当然ベルヌーイの結果，すなわちある事象が起きる確率が a，起きない確率が b であるとき，$n = p + q$ 回の試行において，p 回生じ，q 回生じない場合の確率が $\binom{n}{q} a^p b^q$ となるということを知っていた．しかし，ベルヌーイはこれらの項の和に対する大まかな近似を与えることができたにすぎない．そしてド・モアブルは，$a = b$ である等確率な場合を主として考察した．ベイズはこの問題を直接攻略するために，面積を使ったド・モアブルの方法を利用した．それゆえベイズは，次のようにある種の面積によって，確率を図式化して表すことから始めた．

正方形の図……$ABCD$ を考え，水平におく（図 14.1 参照）．さらに球 O，または W の一方がその上に投げられるとする．このとき，互いにそ

の平面の任意の等しい部分にのる確率は等しくなるであろう．……球 W が最初に投げられるとする．線 ot は球がのる点を通り，AD に平行に引かれる．t, o はそれぞれ CD, AB との交点である．そのあとで今度は球 O が $p+q$，すなわち n 回投げられるとする．1 回投げたあとで，AD と ot の間にその球があることを，1 回の試行において事象 M が生じたと名づける[14]．

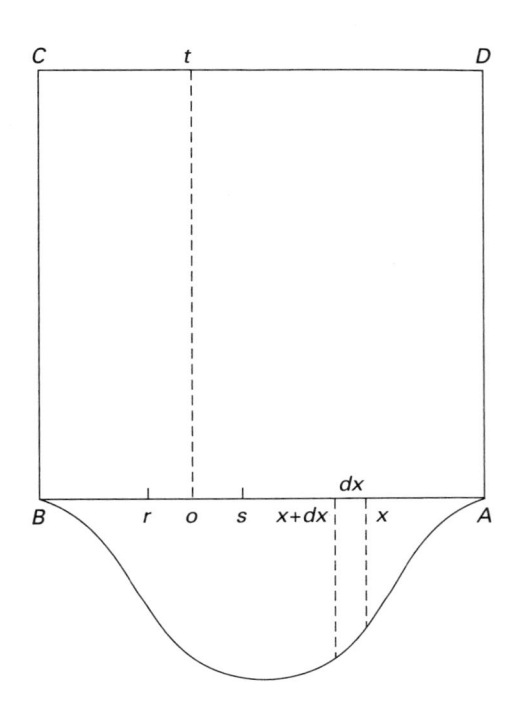

図 14.1
ベイズの定理．

（簡単のために，以下では長さ AB を 1 に等しいとする．）この基本問題に関して，W の位置は確率 x を定める．ベイズは点 o が，任意の 2 点 r と s の間に落ちる確率は，単に長さ rs となると記した．同様に，W が投げられたとするとき，事象 M が生じる確率は長さ Ao となる．

$P(E \cap F)$ を計算するために，ベイズは命題 3 を利用する．点 o に対して，任意に与えられた確率を与える範囲は軸 AB 上の一つの区間，すなわち A から測った $[x, x+dx]$ として表される．ある特定の x が ot の右側に球が落ちる確率を表しているので，$1-x$ はその左側に球が落ちる確率を表している．よって球を $p+q = n$ 回投げて，p 回右側に落ちる確率は，$y = \binom{n}{q} x^p (1-x)^q = \binom{n}{p} x^p (1-x)^{n-p}$ で与えられる．ベイズは，軸 AB の下にこの関数によって与えられた曲線を描く．そして命題 3 を利用して次の結論を得る．横軸の区間 $[x, x+dx]$ に W があり，W の右側に球が p 回落ちる確率は，$[x, x+dx]$ と曲線とに囲まれた面積によって表される．このことから，$P(E \cap F) = P((r < x < s) \cap (X = p))$ は，区間 $[r, s]$ と曲線によって囲まれた全面積，すなわち現代的記法によれば，

$$\int_r^s \binom{n}{p} x^p (1-x)^{n-p} \, dx$$

によって表されることになる．

$P(F) = P(X = p)$ は $P((0 < x < 1) \cap (X = p))$ と考えられるので，いま述べた議論により $P(X = p)$ は軸 AB と曲線とで囲まれる全面積，言い換えれば，

$$\int_0^1 \binom{n}{p} x^p (1-x)^{n-p} \, dx$$

によって表される．このとき命題 5 は，

$$P(E|F) = P((r < x < s)|(X = p)) = \frac{\int_r^s \binom{n}{p} x^p (1-x)^{n-p} \, dx}{\int_0^1 \binom{n}{p} x^p (1-x)^{n-p} \, dx}$$

を意味する．ベイズは，「私が M と呼んでいる事象において，ある回数の試行の中でそれが起きる回数と起きない回数から，それ以上何も調べることなく，その確率が一体どれくらいに落ち着くかが推定可能になる．そして面積の大きさを計算する通常の方法によって，その推測が正しいと確かめることができるのである」と結論づけた[15]．

ベイズの問題は，実際こうして形式的に解かれた．だが実用的なものとしての解が考えられる前に，乗り越えなければならない二つの障害があった．第一に，テーブルの上を転がる球というベイズの物理的現象からの類推は，本当に理論が適用される現実の問題を反映しているのだろうか？ 未知の確率 x を自然が選択することは，本当に水平なテーブル上の球の回転と同じになりうるのだろうか？ という問題である．ベイズはこの問題に次のように答える．任意の n 回の試行に対して，あらゆる起こりうる場合 $X = 0, X = 1, X = 2, \ldots$ が，等しく可能である，すなわち，「ある回数の試行において，他に比べてある回数だけが起こる可能性が高いと考える理由がない」ような事象に対する場合に実質的に彼の法則の適用範囲を制限するのである[16]．しかしこのベイズの特殊な言明は，言及された状況の本質に関して今に至るまで広汎な議論を呼び起こすことになった．すなわち，与えられた状況における確率について無知であることは，あらゆる可能な結果が，等しく起こりうるということと同等なのであろうか？という問題である．

第二に，実際にベイズの公式における積分を計算することができるか？ という問題がある．ベイズは，被積分関数をベキ級数に展開することによって積分を試みたのだった．分母の積分は，$\frac{1}{n+1}$ であるとわかる．一方，分子の中の積分は，p か $n-p$ のどちらかが小さいときは近似が難しくないが，そうでなければ非常に難しいことになってしまう．ベイズの友人であるリチャード・プライス (1723–1791) は，論文を王立協会に提出し，p が n に近い 2, 3 の例について考察したのだった．たとえば，もし $p = n$ ならば，関連する商は，

$$\frac{\int_r^s x^n \, dx}{\int_0^1 x^n \, dx} = s^{n+1} - r^{n+1}$$

伝　記

ピエール・シモン・ド・ラプラス (Pierre Simon de Laplace, 1749–1827)

> ラプラス（図 14.2 参照）はノルマンディーに生まれ，1766 年に聖職者としての道をとる準備のためにカーン大学に入学した．しかしながら彼は，そこで自分の数学の才能を発見した．そして 1768 年に研究を続けるためにパリに向かい，そこでダランベールと出会った．ダランベールはラプラスに強く印象づけられ，士官学校の数学教授のポストを彼のために確保した．ラプラスは初等的な数学を，野心的な士官候補生たちに教えた．今では伝説となったが，ラプラスは 1785 年にナポレオンを試験し，合格させていた．彼のペンから，すぐに滔々と流れるように数学論文が作り出され始めた．1773 年にラプラスは，王立科学アカデミーの会員に選出された．フランス革命の間，度量衡委員会のメンバーとして奉仕した．しかし，一徹な共和党員でないために解雇され，いったん故郷に退いた．そこで彼は比較的平和な状況下で，研究を行うことができたのである．
>
> ラプラスの最も重要な業績は，天体力学の分野にある．1799 年から 1825 年までの間，彼は『天体力学に関する論考』(*Traité de Mécanique céleste*) を著した．その著作の中で，ラプラスはうまく微分積分学を天体の運動に適用した．そしてとりあげた様々な項目の中でもとくに，なぜニュートンの引力の法則から太陽系の長期間の安定性が導けるのか，その理由を示した．またラプラスは確率の分野でも大いに貢献した．1812 年には『確率の解析的理論』(*Théorie analytique des probabilités*) を著した．ラプラスはナポレオンによって厚遇されたが，1814 年に上院のメンバーとしてルイ 18 世を支持し，ナポレオンに反対投票した．そのおかげでラプラスは，侯爵の爵位を授けられたのである．亡くなる際には，彼は「フランスのニュートン」と褒め称えられるまでになっていた．

図 14.2
フランスの切手に描かれるラプラス．

となる．そこで事象 M に関して，それがただ一度だけ起こったということ以外に何も知ることができないと仮定する．M の未知の確率 x が $1/2$ より大きい可能性，すなわち $1/2$ と 1 の間にある可能性は，$1^2 - (1/2)^2 = 3/4$ である．同様に，もし M が 2 度起きるとするならば，x が $1/2$ より大きくなる確率は $7/8$ となる．言い換えると，そうしたことが起きる偶然性が半々以上となる比率は，半々未満になる場合に対して 7 対 1 ということである．これと同じ状況下では，x が $2/3$ より大きくなる確率は，1 対 1 よりもなお良くなると結論を下すことができる．

14.1.4　ラプラスの確率計算

ベイズの公式は，まさしく統計的推定の基本的な問題に答える出発点となった．さらなる進展は，数年後にピエール・シモン・ド・ラプラス (1749–1827) によってもたらされた．1774 年にラプラスは，ベイズのものと同様な原則を利用して，経験的事実が与えられる場合に，確率を決定するための積分を含む本質的に同じ結果を導いた．彼は札をつぼから取り出す問題に立ち返る．白い札の比率 x は未知のまま，p 枚の白と q 枚の黒い札が，つぼから取り出されたとラプラスは仮定した．その際，x に対する任意の推定値が与えられるとする．ラプラスは，x が $\dfrac{p}{p+q}$ と望むだけ小さな値 ϵ だけ異なっている確率をどのように計算す

るかを示した．実際，次のことを証明することができた．

$$P\left(\left|x - \frac{p}{p+q}\right| \leq \epsilon | X = p\right) \cong \frac{2(p+q)^{3/2}}{\sqrt{2\pi}\sqrt{pq}} \int_0^\epsilon e^{-[(p+q)^3/2pq]z^2} dz$$

$$\cong \frac{2}{\sqrt{2\pi}} \int_0^{\epsilon/\sigma} e^{-(u^2/2)} du.$$

ただし，$\sigma^2 = pq/(p+q)^3$ である．ϵ が何であれ，$p+q$ が大きくなるにつれて，この確率が1に近づくということを証明するために，ラプラスは積分 $\int_0^\infty e^{-(u^2/2)} du$ を実行しなければならなかった．実際オイラーの結果を用いて，この積分が $\sqrt{\pi/2}$ に等しいことを示し，ゆえにその結論が証明されたのである（すでにド・モアブルはこのことを証明していたことに注意）．

計算をさらに進めていくために，当然ラプラスは任意の T に対して積分

$$\int_0^T e^{-(u^2/2)} du$$

の数値を求めなければならなかった．1785年に彼はこのことを，その積分に対する二つの異なる級数を導くことによって行った．すなわち，一方は小さな T に対して急速に収束し，他方は大きな T に対して急速に収束するものである．そしてその結果を，まさしく統計的推定にふさわしい問題に適用した．1745年から1770年までの26年間，251527人の男児と241945人の女児がパリで生まれていた．男児出生の確率として x を設定し，彼は自らの解析を利用して簡単に計算をした．そして $x \leq 1/2$ となる確率が 1.15×10^{-42} であることを示した．したがって，$x > 1/2$ となることが「蓋然的に確かである」という結論を下したのである．彼はさらに手を広げて，ロンドンからの同様なデータも利用した．その結果，パリよりロンドンの方が男児出生の確率が大きいということは，蓋然的に確実であると示したのだった．

いまや統計的推定における現実的な問題が解かれると，ラプラスは彼の関心を天文学の方へと向けた．さらなる確率論への貢献，すなわち部分的に，天文学における観測誤差の解析から導かれた内容のいくつかは，第16章で論じることになろう．

14.2 代数学と数論

18世紀において，他の分野での業績とは対照的に，代数学には新しい大きな進展がほとんどなかった．数学上の他の分野で大きな影響を与えた数学者たちによる主だった努力は，以前に研究された題材を体系化することに向けられたにすぎない．したがってここでは，三つの重要な代数学の教科書が考察される．まずニュートンによるもの（彼の1673年から1683年までのケンブリッジでの講義から編纂されたが，1707年にやっと刊行された），そしてマクローリンによるもの（おそらく1730年代に執筆されたと考えられるが，1748年になって刊行された），およびオイラーによるもの（1767年刊）である．これらの著作はいずれも，学生たちをその分野に誘い，将来の研究の基礎を作るために役立った．

ニュートンの著作は，19世紀前半までにラテン語，英語，およびフランス語で書かれた多数の版が出された．またマクローリンのものも，たびたび再刊され，最後の版は1796年に刊行された．一方でオイラーの著作は，初版刊行以来50年間で，六つの言語において少なくとも30回出版された．これらの教科書は，18世紀に代数学において何が重要であると考えられていたかを示している．

14.2.1 ニュートン『普遍算術』

ニュートンは，ケンブリッジで10年間代数学について講義した．1683年，最終的にルーカス教授職の規則にしたがおうと決断するまで，それは続けられた[*1]．かくして1683年から1684年の冬のある時期に，彼は講義内容をまとめて書き上げた．各々がいつ行われたのかその日付を注意深く記し，しかも規則の要求通り，大学図書館に預けられた．およそ20年経って，ニュートンの後継者ウィリアム・ウィストン (1667–1752) は，ニュートンの講義録刊行を準備した．ニュートン自身は，[講義録に記された]結果に決して満足ではなかったが，その著作は1707年に発刊されることになったのである．

ニュートンの『普遍算術』(*Arithmetica universalis*) は，ごく基本的なレベルから始まる．だが末尾に至るまでには，代数方程式の解について多くの興味深い詳論を伴った，かなり包括的な体系が提示された．まず加法と乗法に関するニュートンの扱いを考察しよう．

> 加法：はなはだ複雑な数ではない場合，加法は自明である．したがって，一見して7と9（すなわち7+9）が16になり，11+15が26になるのは明らかである．しかしより複雑な場合では，数を高い位から低い位へと降順に書くことと，個々に各々の列［すなわち，同じ桁数］の和を集めることによって，その加法の操作は達成される[17]．

> 乗法：単純な代数的な項は，数と数を，記号 [species] と記号とをひきよせることによって掛けられる[*2]．次に，もし両方の掛けられるものがともに正，または負ならば，積を正に設定し，そうでなければ，負に設定する[18]．

ニュートンは，乗法規則をこの箇所や他の場所で正当化しようとはしない．彼は，ただ上記のように述べるのみである．また他の算術上のアルゴリズムも何ら正当化しようとしない．明らかにそうした正当化は，彼の講義の聴衆や，想定される読者に必要でなかったからである．必要なすべては，演算操作のための手法であった．そしてニュートンは，これらを数や代数的な式を豊富に使って行った．彼はまた，方程式解法の基礎を取り扱い，問題を代数にどのように翻訳するかを示すのに多くの時間を割いた．その際，幾何学から多くの題材がとられた．ニュートンは，2次方程式やカルダーノによる3次方程式の解の公式も紹

[*1] ルーカス教授職の規定によれば，講義を行った上で，講義録を大学図書館に納めなければならなかった．だが，ニュートンは1683年までその義務を果たしていなかった．リチャード・S・ウエストフォール著，田中一郎・大谷隆昶訳『アイザック・ニュートン』I，平凡社，1993, 224, 434–436 ページ参照．

[*2] カッツの原文はホワイトサイドによる『ニュートン数学論文集』中の英訳（原文ラテン語）をそのまま引用している．ホワイトサイドは，ニュートンが用いた species に対して variable という訳語をあてた．しかしそれは適切でないと考え，訳者の判断で本文中のように「記号」という語にした．

介した．もっとも後者に関しては，「ほとんど役に立たない」と述べていた．

ニュートンによる多くの「文章題」は，今日の代数学の教科書にも登場するなじみ深いものである．

> ある朝，二人の特使 A と B が，59マイル離れてから出発し，互いに出会うことになっているとする．A は2時間で7マイルを，B は3時間で8マイル移動する．また B は A より1時間遅く出発するとする．このとき，A は B に会うまでどれくらいの距離を移動しているだろうか？[19]
> ある筆記者は8日間で15枚を写すことができる．9日間で405枚を筆写するためには，同じ能力の筆記者が一体何人必要だろうか？[20]

他方ニュートンは，その教科書の末尾までに，自然学や天文に関する問題を含む極めて難しい問題も解いている．そしてまた，多項式の係数と根の間に成立するデカルトの符号規則，代数方程式の根の様々な整数ベキの和を決定するための公式も展開した．だがニュートン自身，1707年にはもはや数学に多くの時間をさいていなかったので，その著作を本当に推敲された形にする作業を行わなかった．結局，彼の後継者マクローリンとオイラーこそが，ニュートンの洞察を吸収し，ニュートンが扱った題材を組み入れ直してさらに大きな影響を持つことになる教科書を著すことになった．

14.2.2 マクローリン『代数学論考』

ニュートン同様，マクローリンは，代数学を「計算目的のために案出され，便利な一定の符号と記号による一般的な計算方法である．それは普遍算術と呼ばれ，算術一般に共通で，同じ基礎の上に築かれた同様な操作や法則によって行われる」ものと考えた[21]．言い換えれば，マクローリンにとって代数学とは，決して「抽象的」なものではなく，一般化された算術である．したがって代数学を理解する前に，算術を理解することが必要なのである．マクローリンは，『3部構成の代数学論考』(*A Treatise of Algebra in Three Parts*) という著作を計算のためのアルゴリズムだけでなく，そのアルゴリズムの裏にある論法を説明する試みから始める．たとえば負の数を扱う際に，彼はどんな量も増加分か減少分のどちらかとして，代数的な計算に組み入れることができることに注意する．これらの二つの形態の例として，マクローリンは過剰と不足といった概念や，ある人物に支払われる，またはその人物が支払うお金の価値とか，さらに右または左へと引かれた線や，地平線からの上がり下がりといったものも含める．彼は同じ種類のより少ない量から，より大きい量を引き算することができることに注意する．その場合，残りはいつも本質的に反対のものになる．だが意味が了解できる場合にのみ，こうした引き算をすることができる．たとえば，より少ない量を持つ物からより大きい量を引き算することはできない．それにもかかわらず，マクローリンは常に正の数とくらべて負の数の方が，実在性に乏しいとは考えなかった．かくして彼は，正負双方の量を用いた計算をいかにするべきかを示した．とりわけ，そうした量どうしの積の符号規則の正当性を示すために，$+a - a = 0$ より，$n(+a - a) = 0$ と注意した．ただしこの積の最初の項 $+na$ は正である．したがって，2番目の項は負にならなければならない．ゆえに $+n$ と

$-a$ が掛けられると負になる．同様に $-n(+a-a) = 0$ から，この積の最初の項は負であるので，2番目の項 $(-n)(-a)$ は，$+na$ と等しくかつ正でなければならないのである．

マクローリンは，著作の第1部で分数の計算，二項式のベキ，多項式の根，および数列の和をずっと取り扱っていく．彼は n が整数，分数両方の場合に，$(a+b)^n$ の展開における諸項の計算を読者に示した．とくに指数が分数の場合は，当然無限級数が出てくる．さらに例としてかなりの数の「文章題」を含めて，1次，および2次方程式の解法を示した．未知数が2以上の1次方程式の場合，マクローリンは未知数と同じ個数の2元，および3元連立方程式に対して，一つの未知数を他の未知数に関して解き，それを代入することによって解を見つけることができるということを示している．方程式の数よりも多くの未知数があるならば，無限個の解があり，反対の場合には，どんな解もあり得ないことを記している．ただしマクローリンは，どちらの場合に対しても例を与えていない．

一方でマクローリンは，連立方程式において未知数を消去するための「一般的な定理」と呼ぶものを提示した．それは今日，スイス人数学者のガブリエル・クラメル (1704–1752) にちなんで，**クラメルの公式**として知られている結果である．クラメルは1750年に刊行された曲線に関する本の中で，それを利用したのだった．今もし，

$$ax + by = c$$
$$dx + ey = f$$

であるならば，まず x について最初の方程式を解く．それを2番目の式に代入して，

$$y = \frac{af - dc}{ae - db}$$

を得る．x に対しても同様な解が与えられる．3元連立方程式，

$$ax + by + cz = m$$
$$dx + ey + fz = n$$
$$gx + hy + kz = p$$

は，まず最初に x について各方程式を解く．すると問題は，2個の未知数を1個にすることに帰着する．そこで先の法則を利用して，

$$z = \frac{aep - ahn + dhm - dbp + gbn - gem}{aek - ahf + dhc - dbk + gbf - gec}$$

が見出される．この解を与えることに加えて，マクローリンは分子が定数項と x と y の係数の様々な積からできあがっているという一般的な法則を記している．実際，それぞれの積は各方程式から一つずつとった係数からなっている．一方で，分母は三つのすべての未知数の係数の積からできている．また，それぞれの項の符号をどのように決定するかも彼は説明する．さらにマクローリンは，y と x について解いて，それらの値を決定する一般的法則は，z に対して考察したも

のと同様なものが成り立つことを示した．とくに，それぞれ x, y, z を与える三つの式は，同じ分母を持つ．マクローリンは，この法則を四つの未知数を持つ4元連立方程式の場合に拡張するが，それ以上の一般化に関しては何にも言及していない．

マクローリンの解の中に現れる分子と分母は，無論今日では**行列式**として知られているものである．けれども連立1次方程式を解くための道具として，こうした係数の組合せを用いることは，すでに早くから行われていた．ライプニッツは，同様な発想を1693年のロピタルへの手紙の中で表明している．そして数を用いて，連立方程式の係数を指し示す方法を工夫していた[*3]．そして地球の裏側の日本では，数学者関孝和 (?–1708) が，ライプニッツからロピタルへの書簡にさかのぼるさらに10年前の著作の中で，行列式の利用について説明していた．関は図を用いて，与えられた項の符号が正になるか，または負になるかを慎重に示していた[*4]．

マクローリンの著作の第2部は，代数方程式の解法に関する論考である．そこでは彼の時代までに，発見されていた解法がすべてきちんと整えられた形で提示されていた．だから，マクローリンは3次方程式に対するカルダーノの公式，4次方程式に対するフェッラーリの公式だけでなく，デカルトの符号法則やある方程式の解を数値近似するためのニュートンの方法もその著作の中にとり入れたのである．方程式が生成される手続きについても述べられている．すなわち，$x - a = 0$ のような方程式を掛け合わせたり，与えられた方程式よりも，より低い次数の方程式をいっしょに掛け合わせたりすることである．マクローリンは，そうした手続きを通じてどんな方程式も，その次数よりも多くの根を持ち得ないことを示している．さらに，「根は不可能な数［複素数］の対になり」，したがって「奇数の次数の方程式には，必ず一つの実根がある」と述べている[22]．そして彼は，モニックな多項式［最高次の係数が1の多項式］の整数の根を見つけるための一般的な手続きについて論じる．すなわち，定数項のすべての約数を根であるかどうか調べ，そのような根 α が見つけられたならば，$x - \alpha$ で多項式を割り算して，次数を減らしていくというものである．

マクローリンは，幾何的な問題へ代数的な手法を応用することや，逆に方程式を解くために幾何学的な手続きを利用することを議論して彼の教科書を締めくくった．彼は，代数学と幾何学の利用の大きな違いは，前者の中では，不可能な根さえはっきりと表現することができるが，後者の中では，そうした量はまったく現れないことであると記している．マクローリンはこの第2部で，円を利用した2次方程式の解の幾何学的作図や，円錐曲線を利用した3次，または4次方程式の解の幾何学的作図の詳細な法則についても論じている．この著作の中には，数学的に目新しい事柄はほとんどなかったが，信頼に足る代数学への入門書を18世紀当時の学生に提供したのだった．

[*3] ライプニッツは草稿上では，1684年1月に「クラメルの法則」と同等なものに達していた．その際，分母・分子の各数の符号の変化についても，「互換」(permutatio) という概念を提示して一般化を試みていた．『数学・自然学』ライプニッツ著作集 3，工作舎，1999，364–378 ページ参照．

[*4] 関孝和は高次の連立方程式から未知数を消去するために終結式を考え，行列式に到達した．したがって連立1次方程式をもとに行列式の教えに到達したかのように読める，この箇所の記述は不十分である．

伝　記

関孝和 (?–1708)

　関孝和（「たかかず」あるいは「こうわ」と称される）は，現在の群馬県藤岡に生まれた．譜代大名の家臣の家系であった*5．関自身は，甲州において徳川綱重に，のちにその子綱豊に仕えた．綱豊が五代将軍綱吉の世子となるにおよび，関は主君と共に江戸で幕府直属の士となり，勘定吟味役，御納戸組頭といった役職をつとめた*6．関自身は，書物をあまり出版しなかった．だが多くの草稿が残され，代数方程式がその次数と同じ個数の根を持つという代数学の基本定理に相当する考えにも達していた．そうした方程式論の基礎について多くの知識を持っていたことがわかっている．関が学んだと考えられる中国の数学では，方程式の解はただ一つしかなかったことを想起すべきである．彼は1683年の研究において*7，方程式を立てたうえでそれを解くために行列式あるいは終結式を導入している．そこで提示された図は，部分的に図14.3に見ることができる．関は方程式に現れる係数の要素を掛け合わせる方法や，それぞれの積に伴う符号をどのように決定するかを示したのだった．

図 14.3
日本の切手に描かれた関孝和．

14.2.3　オイラー『代数学入門』

　代数学へのさらに良い入門書として，オイラーは『代数学入門』(*Vollständige Anleitung zur Algebra*) という著作をまとめた．オイラーは，マクローリン同様，彼の教科書の主題となる事柄の定義を与えることから始める．「あらゆる数学的な学問の基礎は，数に関する学問についての完璧な論考，および異なる可能な計算の方法を正確に検証することの中にあるに違いない．数学のこの基本的な部分は，解析または代数と呼ばれる．そこで代数において，われわれは量の種類の違いを気にすることなく，一般的な量を表す数のみを考察する」[23]．あとになって，この教科書の中で，オイラーは定義をいくらかより明確なものにする．すなわち，代数学は「既知量を使って，未知量をどのように決定するかを教える学問」である[24]．オイラーによれば，通常の二つの量の加法でさえ，この定義にかなったものであると考えることができる．だから2番目の定義は，1番目の定義を含み，より共通性を持っていると記している．

　オイラーは，正負の量に関する代数の議論から始める．彼の積の計算に関する議論は，次のようにマクローリンと比べて，いくぶん形式的でなくなっている．「$+3$ を $-a$ に掛けることから始めてみよう．いま，$-a$ は負債として考えることする．するともしわれわれが，その負債の3倍を負うことになるならば，それは3倍大きくならなければならないのは明白である．だから結果として，求め

---

*5 原文では，関の生年が1642年となっている．しかし，関の生年については，確かなことはわかっていない．ここでは近年の説にしたがい，「1642年生まれ説」を採らない．そこで訳者の判断で，「?」とした．また関の生まれた場所については，「江戸小石川」という説もある．平山諦『関孝和：その生涯と業績』増補訂正版，恒星社厚生閣，1974, 20–22 ページ参照．

*6 こうした記述は原文にはないが，前注*5 にあげた参考文献などを通して，適宜補っていく．

*7 通常「三部抄」と呼ばれる1680年代の著作『解見題之法』，『解隠題之法』，『解伏題之法』のうち第三の作品を指す．

る積は $-3a$ である」[25]. オイラーはその際, $-a$ と b とを掛けると $-ba$ か,または $-ab$ になるという明白な一般化も注意している. そして2個の負の量の積に関する場合を続けて扱っている. ただしここで彼は, $-a$ と $-b$ の積は, $-a$ と b, または $-ab$ と同じになり得ないし, したがって $+ab$ と等しくなるはずであると単にいっているだけである.

他の様々な演算について議論したあとで, オイラーは虚数の概念を次のように導入する.

> 想像するのが可能なあらゆる数は, 0より大きいか小さいか, または0そのものである. それゆえわれわれが, 負の数の平方根を許容可能な数の中に位置づけすることができないことは明白である. したがって, われわれはそれが不可能な量であると言わなければならない. このようにして, 数の性質から, 不可能な数という考えに導かれる. そして, 単に想像の中にのみ存在しているということから, 通常**想像上の量**［虚数］と呼ばれる. したがって $\sqrt{-1}, \sqrt{-2}$ などといったすべての表現は, 負数の平方根を表すので, 不可能な数であるか, または想像上の数であると考えるしかない. ……にもかかわらず, これらの数は心に提示されるものである. それらはわれわれの想像の中に存在している. そしてわれわれは, なおそうした数に対する十分な考えを持っている. というのも $\sqrt{-4}$ が, それ自身と掛けられて -4 になる数を意味するということを知っているからである. こうした理由から, われわれが想像上の数を利用して, 計算に役立てることを妨げるものは何もないのである[26].

奇妙なことに, オイラーはこれらの計算に問題があるかもしれないとは考えない. というのも, $\sqrt{-4}\times\sqrt{-4}=-4$ と記しているにもかかわらず, あとになって平方根を掛けるための一般的な規則により, $\sqrt{-1}\times\sqrt{-4}=\sqrt{(-1)(-4)}=\sqrt{4}=2$ となるとしているからである.

オイラーは対数, 無限級数, および二項定理についての議論を, 彼の教科書の中で続けている. 彼は対数を, 『無限解析入門』で定義したのと同じように定義する. すなわち $a^b=c$ であるならば, b は底を a とする c の対数である. そして対数は, 複利計算に関する章の中で用いられた. 無限級数は, 割り算を通じて導入される. $\frac{1}{1-a}=1+a+a^2+a^3+\cdots$ が最初の例として紹介されている. オイラーは, そうしたものの収束について議論をしていないが, 「この右辺の無限級数の値が, その左辺の分数の値と同じであると主張するに十分な根拠がある」と断言するのだった[27]. 彼はそこで, いくつかの例を扱う. その結果, この主張は「簡単に理解することができるだろう」と述べている. したがって, もし $a=1$ ならば, その分数は $1/0$ になるが, 一方で級数 $1+1+1+\cdots$ も無限大になる. だから上記の結論は確認できるとするのである. けれどもオイラーは, もし a を1より小さくとるならば, 「級数の和全体はもっと理解しやすいものになる」と結論を下している. この場合,「たくさんの項をとればとるほど, その分数とその級数との差は小さくなるからである. その結果, もしわれわれがこの級数を無限にまで続けるならば, その和と分数の値との差はまったくなくなっ

てしまうだろう」と述べている[28].

オイラーのテキストの最後の部分は，ニュートンとマクローリンの著作にはまったく扱われなかった話題，すなわち不定方程式の解法に充てられた．実際，この箇所で解かれた問題の多くは，ディオパントスの『数論』の問題である．だがオイラーは1世紀前のフェルマ同様，このギリシア的「代数」学者に代表されるように，ただ一つの解を求めることよりむしろ一般解をつねに与えようとする．たとえば，ディオパントス『数論』の第II巻命題11と実質的に同じ，以下の問題を考えてみることにしよう．

問題 2 任意の二つの数，たとえば4と7がそれぞれ加えられたときに，そのどちらの場合にも平方数となる数xを見出すこと[29].

ディオパントスは，この問題を実質的に二重方程式の方法で解決した[*8]．オイラーはまったく異なる手法を用いる．まず$x+4=p^2$とすると，$x+7=p^2+3$は平方数で，平方根が$p+q$になる．これから$p^2+3=p^2+2pq+q^2$，あるいは$p=(3-q^2)/2q$となる．ここで$q=\dfrac{s}{r}$とおくと結局，次が成り立つ．

$$x = p^2 - 4 = \frac{9 - 22q^2 + q^4}{4q^2} = \frac{9s^4 - 22r^2s^2 + r^4}{4r^2s^2}.$$

オイラーはここで，整数rやsをどのように選んでも，xの解が与えられると記している．

しかしながら，不定方程式に関するこの章の多くは，特定の問題よりいくつかの一般的な方法を提示することに充てられている．とりわけオイラーは，$p(x)=y^2$の型の方程式に対して有理数，整数，いずれかの解を見出すための手法を扱う．ただしここで$p(x)$は2, 3または4次の多項式である．特別な場合として，彼は第6章で論じられた方程式$Dx^2+1=y^2$の整数解を考える．その解法をオイラーは，誤ってイギリスの数学者ジョン・ペル (1610–1685) の貢献ということにしてしまったが，実はすでにフェルマが解いたと主張していたのだった．オイラーは，解を求める一般的な方法を提示するよりむしろ，各場合に別々に適用されるような手順を示した．次に彼は，Dの値が2から100までの方程式の解を列挙した表を提示することによって自分の議論を締めくくっている．だがオイラーは，解があらゆるDに対して存在することは証明しなかった．そうした証明は，1766年にラグランジュによって与えられ，この『代数学入門』のあとの版に収められることになったのである．

14.2.4 オイラーと連立1次方程式

『代数学入門』の中で，オイラーは連立1次方程式の解に関して，詳細な議論に立ち入っていない．クラメルの法則も，他の連立方程式を解くための一般的な手順も提示しない．オイラーは，一つの未知数を他の未知数によって解き，より少ない数の方程式と，より少ない未知数へと連立方程式を帰着させることを単に示唆するだけである．

[*8]ディオパントスの不定方程式論については，5.2.1項から5.2.3項を参照のこと．

他方，1750 年までにオイラーは，すでに連立方程式の解法に関してより一般的な考えをいくつか探求していた．その年のある論文で，彼の関心はクラメルのパラドックスの解決に向けられた．このパラドックスは，18 世紀初頭に信じられていた以下の二つの命題に基づくものだった．

1. 次数 n の代数曲線は，曲線上の $n(n+3)/2$ 個の点からただ一つ決定される．
2. 次数が m, n の二つの代数曲線は，mn 個の点で交わる．

最初の結果は，初等的な組合せの議論から示される．次数 n の曲線は，二つの変量によって，n 次の多項式で表される．基本的にそれは次数 0 の項の係数を一つ，次数 1 の項の係数を二つ，次数 2 の項の係数を三つ，次数 3 の項の係数を四つ（以下同様）持つ．だが任意の係数によって割ることができるので，「独立な」係数の個数全体の和は以下のようになる．

$$\sum_{i=1}^{n+1} i - 1 = \frac{(n+1)(n+2)}{2} - 1 = \frac{n(n+3)}{2},$$

したがって，曲線を決定するのに上記の個数の点が必要となる．実際，曲線上の点を知ることによって，曲線を表す多項式の係数を決定するという問題を通じて，クラメルの法則が発見され，同時にパラドックスが定式化されたのである．2 番目の結果について，代数曲線の交点が重複したり，または虚の点としてしか存在しないことになるかもしれないということは知られていた．だがすべての mn 個の点が実で，しかも異なるという例も知られていた．そこでパラドックスは，$n \geq 3$ の場合を考察することから生じた．ここで 2 番目の命題から，次数 n の二つの代数曲線に共通の点は，n^2 個あるということは明らかである．一方で最初の命題は，（n^2 以下である）$n(n+3)/2$ 個の点が，ただ一つの曲線を決定するはずであるということを意味する．

オイラーはこのパラドックスについて論じた．そして n 個の未知数を含んだ n 個の方程式からなる連立 1 次方程式では，n 個の未知数それぞれに一意的な解が決まるという事実に基づいて，最初の命題は制限なしに成り立たないと結論づけた．当時 n 個の方程式が，n 個の未知数を決定するという確信は強かったので，オイラーより以前の人は，誰もこのことが生じない［解が一意的に定まらない］場合について真剣に議論する労をとらなかった．すでに注意したように，マクローリンは，簡単に方程式の数と未知数の数とが等しくない状況について論じていたが，今の例のような可能性については言及しなかったのである．

オイラーはその論考で，様々な例について論じているが，明確な定理を述べることはできなかった．たとえば，彼は二つの 2 元 1 次方程式 $3x - 2y = 5$ と $4y = 6x - 10$ が，二つの未知数を決定しないことに注意している．なぜなら，もし x について解いて代入するならば，y に関する方程式は恒等式になってしまい，値を決定することができないからである．またオイラーは四つの未知数を持つ四つの連立方程式の例も与えている．その場合も，二つの変数を求めるために四つのうちの二つの方程式を解き，残りの二つの方程式に代入する．だが再び恒等式が現れて，残りの二つの未知数が決定されないままになってしまうような例である．したがって，四つの方程式によって四つの未知数は決まらない．

彼はそこで次のように結論づける．n 個の未知数を決定するために，n 個の方程式を持つことで十分であるとするとき，これらの方程式がまったく異なっていて，それらのいずれも他のものの中に「含まれている」ことがないという制限を加える必要がある．オイラーは，ある方程式が他の方程式に「含まれている」とは何かをはっきりと定義しなかった．だが少なくとも直観的に，彼は方程式系における「階数」の概念を理解していたようにみえる．

クラメルのパラドックスを解決するために，オイラーは最終的に「二つの 4 次曲線が 16 個の点で交わり，これらの点が異なる連立方程式を導くならば，14 個の点で同じ次数の曲線を決定するのに十分であるので，これらの 16 個の点は，三つまたはそれ以上のすでに他の方程式に「含まれている」連立方程式を導く．このようにして，これらの 16 個の点からは，13 個や 12 個あるいはそれ以下の数の交点しかない場合と同様に，曲線を決定することができない．曲線を完全に決定するためには，こうした 16 個の点にさらに 1 個か 2 個の他のものを追加しなければならないのである」と注意した [30]．

オイラーは直接クラメルのパラドックスを解決したが，[もっと一般的に] 決定不能，あるいは不完全な連列方程式に関連する考えを数学者が完全に理解するには，さらに 1 世紀と 4 分の 1 以上の時を必要としたのだった．したがって，われわれは第 15 章まで待って，これらの概念に関する議論をまとめることにしよう．

14.2.5　オイラーと数論

オイラーは生涯に，多くの興味深い数論上の問題に取り組み，解決した．それらのいくつかは，フェルマによって示唆されたものか，あるいはフェルマが解いた問題から発展したものである．実際 1749 年にオイラーは，$4n+1$ の形をしたあらゆる素数は，二つの平方数の和で書くことができるというフェルマの主張を証明した．また何年間もの取組みののち，1773 年にあらゆる整数は 4 個以下の平方数の和で表すことができることを証明した（ラグランジュは，オイラーに先立つ 3 年前にこの結果を証明していた．オイラーの証明は，二つの平方数に関する彼以前の証明の一般化であった）．だがわれわれは，数の合同に関する詳細な研究，フェルマーの小定理の一般化，および平方剰余の相互法則についてのみ議論することにしよう．

おそらくオイラーは，1750 年頃に数論に関する初等的な論考を書き始めたようである．だが 16 もの章を完成したあとに，それを脇へ追いやってしまった．草稿は死後に発見されて，1849 年にようやく『数論研究』(*Tractatus de numerorum doctrina*) というタイトルで刊行された．その著作の最初の部分には，整数 n の約数の個数を表す $\sigma(n)$ や，n より小さく，n に対して互いに素な整数の個数を表す $\phi(n)$ といった数論的関数の計算が含まれていた．とはいえ，この論考の最も重要な部分は，第 5 章から始まる．すなわち，現在では**法**と呼ばれている与えられた数 d に関する合同の概念をオイラーが取り扱う箇所である．オイラーは，数 d についての a の剰余を，a を d で割ったときの余りとして定義した．すなわち $a = md + r$ となる．このとき d 通りの余りの可能性があり，それゆえあらゆる整数は d 通りの類に分けられ，各々の類は与えられた余りを持つ数から

構成されるとオイラーは注意している．たとえば，4 で割ることによって整数は四つの類，$4m, 4m+1, 4m+2, 4m+3$ に分割される．ある与えられた類の中のあらゆる数を，オイラーは「同等である」とみなす．さらに彼は，そうした類上の演算が定義されることを示す．すなわち，A, B をそれぞれ剰余 α, β の類に含まれているとすると，$A+B, A-B, nA, AB$ は，各々剰余 $\alpha+\beta, \alpha-\beta, n\alpha, \alpha\beta$ の類に属するのである．オイラーは，現代的な用語で述べるならば，一つの整数に，その「剰余類」を対応させる写像が環準同形となっていることを示した．実際，環の理論はこうした発想からやがて発展していったのである．

同様に群論の基本的な考え方が，等差数列，$0, b, 2b, \ldots$ に対して剰余を考えるオイラーの議論の中にはっきりと見える．彼は，法 d と数 b が互いに素であるならば，この数列が d 個の異なる剰余類それぞれに入っている要素を含むということを示す．したがって，b は d に関して pb の剰余が 1 に等しくなる「逆元」p がある．その一方で，d と b の最大公約数が g であれば，d/g 通りの異なる剰余が現れるが，そうした「逆元」は存在しない．たとえば，2 の倍数の集まりは法 9 に関して 9 個の異なる剰余類の要素を含んでいる．そして 5 は 2 の「逆元」である．一方，3 の倍数の集まりを考えると，法 9 に関してただ三つの異なる剰余類の要素を含んでいるので，（3 に対する）「逆元」は存在しない．

オイラーは b と d が互いに素であるとき，等比級数 $1, b, b^2, b^3, \ldots$ の剰余を考え，同様の考察を続けた．この数列の異なる剰余の数 n は，$\mu = \phi(d)$ 以上にはなり得ない．オイラーはこの数 n は，b^n が剰余 1 となる 1 より大きい最小の数であることに注意する．なぜならこの数 n だけベキ乗されたものが 1 に達すると，それ以降のベキ乗は同じ剰余の繰り返しになるからである．n が μ の因数であることを示すために，彼はのちに群論でよく行われることになる論法をとる．すなわち，d の剰余のなす乗法群において，d に対して互いに素な b のベキ乗がなす部分群の剰余類を考察し，部分群の位数が群の位数を割り切ることを示すのである．オイラーは，まず r と s を b^ρ と b^σ の剰余とすると，rs は $b^{\rho+\sigma}$ の剰余となることを示す．同様に，r/s も一つの剰余となる．したがって，r が一つの剰余であり，$x < d$ は剰余でない（すなわち d に対して素な数でベキ乗がなす数列の剰余にはならないもの）とすると，xr もまた剰余にならないだろう．ゆえに $1, \alpha, \beta, \ldots$ が，n 個の剰余の全集合であるとするならば，$x, x\alpha, x\beta, \ldots$ は n 個の相異なる剰余にならない集合を形成する．この後者のリストに含まれない任意の非剰余の数は，また最初の数のリストから，すべての相異なる n 個の非剰余数の集まりを導く．だからオイラーは，ある整数 m に対して $\mu = mn$ と結論する．これから $b^\mu = b^{mn}$ は d による割り算に対して剰余 1 を持つ，あるいは $b^\mu - 1$ は，d で割り切れることになる．d がとくに素数 p の場合が，フェルマーの小定理である．

オイラーは人生の長期間にわたり，ベキの剰余の問題に興味を抱き続けた．そしてそれらを用いた計算をしばしば行った．したがって，この数論に関する草稿の第 7 章の終わりに，d が 2 から 13 のとき，数のベキと d を法とするそれらの剰余の表とが与えられている．オイラーは，また $x^2 + ny^2$ の形で表現された素因数について広汎な計算を行い，どのような素数がこの形に書き表されるか決定しようと試みた．彼は，n として 16 個の正の値と 18 個の負の値に対する

同様な結果を表にして，1751 年に論文として発表した．こうした計算が，1783 年までにオイラーを平方剰余の相互法則と同等な定理の提示にまで導くことになったのである．

$p = a^2 + nq$ が成り立つような整数 a, n が存在する，すなわち $x^2 \equiv p \pmod{q}$ が解を持つとき，$p \neq 0$ を素数 q に関する**平方剰余**とオイラーは呼んだ．ここで注意しなければならないのは，q に関して平方剰余になる条件は，ただ q に関する p の剰余類にのみ依存するということである．たとえば，1, 4, 9, $5 \equiv 4^2$ や，$3 \equiv 5^2$ はみな 11 に関する平方剰余である．一方で，2, 6, 7, 8, 10 はそうした平方剰余にならない．1783 年の論文でオイラーは，まず $q = 2m + 1$ が奇素数のとき，ちょうど m 個の平方剰余が存在し，したがって m 個の平方非剰余が存在することを証明した．さらに彼は，二つの平方剰余の積と商は，再び平方剰余となることを示した．そこでオイラーは，もし q が $4n+1$ の形に表されるならば，-1 は q に関する平方剰余となり，一方 q が $4n+3$ の形になるならば，平方非剰余となることをつきとめた．そしてこの論文の末尾において，さらにいくつかの例について考察したあと，二つの異なる奇素数 q, s に対して，どれが他のものに対して平方剰余になるかならないかを定める条件に関する四つの予想を立てた．

1. $q \equiv 1 \pmod{4}$ であり，q が s に関して平方剰余であるならば，s と $-s$ はともに q に関して平方剰余となる．
2. $q \equiv 3 \pmod{4}$ であり，$-q$ が s に関して平方剰余であるならば，s は q に関して平方剰余であり，$-s$ は平方非剰余である．
3. $q \equiv 1 \pmod{4}$ であり，q が s に関して平方非剰余であるならば，$s, -s$ ともに q に関して平方非剰余である．
4. $q \equiv 3 \pmod{4}$ であり，$-q$ が s に関して平方剰余であるならば，$-s$ は q に関して平方剰余であり，s は平方非剰余である．

オイラーは，1783 年にこれらの予想を証明することができなかった．この予想は，アドリアン・マリー・ルジャンドル (1752–1833) の 1785 年の論文と 1798 年の著作『数論に関する試論』(*Essai sur la théorie des nombres*) において，多少異なる形で再提示された．しかしながら，どちらも不完全な証明しか与えられていなかった．最初の完全な証明は，カール・フリードリヒ・ガウスが，1801 年に偉大な著作『数論研究』(*Disquisitiones arithmeticae*) の第 15 章で初めて与えたのだった．

14.2.6 ラグランジュと代数方程式の解

18 世紀に考察された代数学のもう一つの側面は，代数方程式の解に関するものであった．多くの数学者たちは，実際に 5 次あるいはそれ以上の次数の代数方程式を解くために，カルダーノやフェッラーリの [3 次・4 次方程式に対する] 方法を一般化しようと試みたが，誰も成功しなかった．ラグランジュは，1770 年刊行の彼の論文「方程式の代数的理論に関する考察」(*Réflexions sur la théorie algébrique des équations*) の中で，新しい段階へと進んでいった．この論文の中で 3 次や 4 次方程式に対するカルダーノやフェッラーリの方法は，なぜ有効

だったのかを見定めるために，それら過去の解法に対する詳細な再考を行ったのである．ラグランジュはより高い次数の方程式に対して，類似した方法を見つけることができなかったが，そうした方程式を扱うための新しい諸原理を大まかに論じることができた．その原理に則って，彼は最終的に高次方程式の解法に成功することを望んでいたのである．

ラグランジュは，本質的にカルダーノの手順を用いて出発しつつ，3次方程式 $x^3 + nx + p = 0$ の解法の体系的な研究から始めた．まず $x = y - (n/3y)$ とおいて，この方程式を6次方程式 $y^6 + py^3 - (n^3/27) = 0$ へと変形する．これは $r = y^3$ とおくことで，2次方程式 $r^2 + pr - (n^3/27) = 0$ に帰着される．最後の方程式は，二つの解 r_1 と $r_2 = -\left(\dfrac{n}{3}\right)^3 \dfrac{1}{r_1}$ を持つ．だが，カルダーノは r_1 と r_2 の実立方根の和だけを解としてとった．それに対してラグランジュは，方程式 $y^3 = r_1$ や $y^3 = r_2$ が三つの解を持つことを知っていた．したがって y に対して，六つの可能な値，$\sqrt[3]{r_1}, \omega\sqrt[3]{r_1}, \omega^2\sqrt[3]{r_1}, \sqrt[3]{r_2}, \omega\sqrt[3]{r_2}$，そして $\omega^2\sqrt[3]{r_2}$ が存在することになる．ただし $\omega = (-1+\sqrt{-3})/2$ は，$x^3 - 1 = 0$ つまり $x^2 + x + 1 = 0$ の複素根である．ラグランジュは，元の方程式には三つの異なる根が以下のように与えられることを示すことができた．

$$x_1 = \sqrt[3]{r_1} + \sqrt[3]{r_2},$$
$$x_2 = \omega\sqrt[3]{r_1} + \omega^2\sqrt[3]{r_2},$$
$$x_3 = \omega^2\sqrt[3]{r_1} + \omega\sqrt[3]{r_2}.$$

ラグランジュは，次に x を y の関数として考えるのではなく，その逆の手続きをとることができると注意した．なぜなら，彼が**還元された方程式**と称する y に関する方程式は，その解によって元の方程式を解くことを可能にするようなものだったからである．そこでこれらの解を元の方程式の解で表す発想に至る．すなわちラグランジュは，y に対する任意の六つの値が，$y = \dfrac{1}{3}(x' + \omega x'' + \omega^2 x''')$ という形で表されることを示した．ただし (x', x'', x''') は，(x_1, x_2, x_3) を置換したものである．まさにこれが，方程式の根の置換の導入であった．それはラグランジュの方法にとってだけでなく，他の数学者たちが，次の19世紀に利用するようになる方法のための礎石を据えることになったのである．

3次方程式の解法には，注目すべきいくつかの重要な着想がある．まず最初に，x_i の六つの置換によって，y は六つの可能な値をとり，その結果 y は6次方程式を満たすことが示される．2番目に，y についての式の置換は，二つに分類することができる．一つは恒等変換と三つの x_i をすべて入れかえる2種類の置換からなるグループである．もう一つは，二つの x_i の間の3種類の置換からなるグループである（現代の用語では，三つの要素からなる集合の置換が，二つの剰余類に分割されたということである）．たとえば，$y_1 = \dfrac{1}{3}(x_1 + \omega x_2 + \omega^2 x_3)$ とすると，最初の類で，恒等変換でない置換を行うと，y_1 はそれぞれ，$y_2 = \dfrac{1}{3}(x_2 + \omega x_3 + \omega^2 x_1)$ と $y_3 = \dfrac{1}{3}(x_3 + \omega x_1 + \omega^2 x_2)$ と変換される．だがここで $\omega y_2 = \omega^2 y_3 = y_1$ であり，したがって $y_1^3 = y_2^3 = y_3^3$ となる．同様に，二つ目の類の置換による結果が y_4, y_5, y_6

とするならば，やはり $y_4^3 = y_5^3 = y_6^3$ となる．ゆえに，$y^3 = \frac{1}{27}(x' + \omega x'' + \omega^2 x''')^3$ に対して二つの値のみ存在することが可能なので，y^3 を求める方程式は 2 次になることがわかる．最後に，y が満たす 6 次方程式は，元の方程式の係数の有理式で表される係数を持つ．ラグランジュは 3 次方程式の他のいくつかの解法も考えたが，各々の場合に同じ考え方が横たわっていることに気づいた．どの方法も六つの可能な置換に対して，二つの値だけをとるような三つの根から作られる有理式が現われ，結果として，その式は 2 次方程式を満たすのである．

　ラグランジュは，次に 4 次方程式の解法に取り組んだ．フェッラーリの方程式 $x^4 + nx^2 + px + q = 0$ に対する解法は，まず両辺に $2yx^2 + y^2$ を加え，並べかえる．そして新しい方程式の右辺，

$$x^4 + 2yx^2 + y^2 = (2y - n)x^2 - px + y^2 - q$$

が完全平方式となるように y の値を一つ決定する．それぞれの辺の平方根をとったあとで，フェッラーリは，得られた 2 次方程式を解くことができた．その右辺が完全平方式であるという条件は，

$$(2y - n)(y^2 - q) = \left(\frac{p}{2}\right)^2, \qquad \text{または} \qquad y^3 - \frac{n}{2}y^2 - qy + \frac{4nq - p^2}{8} = 0$$

と書くことができる．ゆえにその**還元された**式は，3 次方程式であり，当然解くことができる．y についての三つの解が与えられたとき，ラグランジュは前の 3 次方程式の場合同様，各々が，元の方程式の四つの根，x_1, x_2, x_3, x_4 の有理関数の置換となっていることを示した．実際，$y_1 = \frac{1}{2}(x_1x_2 + x_3x_4)$ であり，24 個の可能な x_i の置換から，三つの異なる値のみ，すなわち y_1, $y_2 = \frac{1}{2}(x_1x_3 + x_2x_4)$, $y_3 = \frac{1}{2}(x_1x_4 + x_2x_3)$ が出てくる．したがって，それらの式は，元の方程式の係数の有理関数で表される係数を持つ 3 次方程式を再び満たさなければならない．

　3 次と 4 次方程式の解法を研究したことで，ラグランジュには一般化への準備が整った．最初に，3 次方程式の議論から明らかなように，$x^n - 1 = 0$ という形をした方程式の根を研究することが重要であった．n が奇数の場合，ラグランジュはあらゆる根を，一つの根のベキ乗として表すよう示すことができた．とりわけ，n が素数で，$\alpha \neq 1$ が根の一つであるならば，任意の $m < n$ に対して α^m は，すべての根の生成元になることができる．だが次に，ラグランジュは次数 n の方程式の問題を攻略するために，次数 $k < n$ へと**還元された**方程式を決定する方法が必要であることに気づいていた．そのような方程式は，元の方程式の根の関数［すなわち根を変数とする関数］を解としなければならず，その関数は，根があらゆる可能な $n!$ 通りの置換によって並べ替えられるとき，k 個の値だけをとるものでなければならない．比較的簡単な根の関数がそのような方程式の解にはならなかったので，ラグランジュはそうした関数や関数が満たす方程式の次数を決定する，いくつかの一般的方法を見出そうと試みた．

　いま**還元された**方程式の根の値が，$f_1, f_2, \ldots, f_k$ であるとする．ただし各々の f_i は，元の方程式の n 個の根の関数である．このときラグランジュは，還元

された方程式が，$(t-f_1)(t-f_2)\cdots(t-f_k)=0$ で与えられることに注意する．彼はこの方程式の次数が一般に n より小さくなることを証明できなかったが，変数の置換のもとで，f がとる異なる値の数である次数 k は必ず n を割り切ることを示した．こうした主張の中に，群の任意の部分群の位数が，群の位数を割り切るというラグランジュの定理を読みとることもできるかもしれない．だが，ラグランジュ自身は，置換を演算操作の「群」などとして取り扱うことはなかったのである．しかしラグランジュは，その根の関数どうしがいかに関連するかを示すために，さらに進んでいった．そこで，ある関数 u を不変にする根のあらゆる置換が，また別の関数 v も不変にする場合を考える．彼はこのとき，v が u と，元の方程式の係数の有理関数として表現できることを証明した．さらに v を変化させる置換によって，u が不変であるとし，さらに v は u がとるある値に対して，r 個の異なる値をとるとする．すると v は次数 r で，u と元の方程式の係数の有理関数を係数とする方程式の根となる．たとえば，3次方程式 $x^3+nx+p=0$ において，式 $v=\dfrac{1}{27}(x_1+\omega x_2+\omega^2 x_3)^3$ はこの 6 個の置換のもとで，2 個の異なる値をとる．他方，$u=x_1+x_2+x_3$ はこうした置換に対して不変である．したがって，v は方程式 $v^2+pv-(n^3/27)=0$ を満たす（ここで $u=0$ であることに注意）．

　おそらく，ラグランジュはこの定理を用いることで，次数 n の一般代数方程式を解くことを望んでいたに違いない．すなわち彼は，$n!$ 通りのあらゆる置換に対して不変である根の対称関数，$u=x_1+x_2+\cdots+x_n$ から始め，次にそれらの置換の下で r 個の異なる値をとる関数 v を見出そうとした．かくして，v は元の方程式の係数の有理関数を係数に持つ，r 次の方程式の根となる（なぜなら，与えられた対称関数 u はそうした係数の一つだからである）．もしその方程式が解かれるならば，先の v を不変にする置換の下で，s 個の値をとる新しい関数 w を求めることができるだろう．すると再び w は次数 s の方程式を満たす．ラグランジュは，x_1 に達するまでこうした方法を続ける．だが残念ながら，彼は既知の方法で解くことができるような，こうした中間的な関数を決定する一般的方法を見出すには至らなかった．したがって，彼は自分自身の探求を断念せざるを得なかった．しかしながら，ラグランジュの方法論は，19 世紀に行われた方程式の代数的解法のあらゆる研究にとって基礎となるものだった．そうした話の筋は，また 15 章で論じることにしよう．

14.3　幾何学

　18 世紀の幾何学は，一方で解析幾何学の名の下で体系化された関係を通して代数学と結びつけられ，他方，曲線と曲面の研究へ無限小解析の手法が応用されることで微分積分学に関連づけられた．またユークリッドの平行線公準問題にも，引き続き多大な関心が注がれた．だが幾何学のこうした様相を考察する前に，まずわれわれは学生たちをこの分野に導くために書かれた教科書の一つを見ることにしよう．

14.3.1 クレローと『幾何学原論』

18 世紀の重要な幾何学の教科書の一つは，クレローによる『幾何学原論』(*Éléments de géométrie*)（1741 年刊）であった．クレローは，幾何学における初心者は，「自然な」方法で，その題材を学ぶべきであるという信念を持っていた．彼の著作はそれを例証するものだった．クレローは次のように記している．「私は幾何学を生み出したのではないかと考えられる事柄に立ち帰るつもりであった．そして自然な方法によって，その原理を進展させようと試みた．それは幾何学の最初の創造者たちが，誤って通るはめになったかもしれないいくつかの段階を避けて，彼らの幾何学と同じと考えられるものに達するのに十分自然な方法である」[31]．彼の教科書は 19 世紀に至るまで，多大な影響を幾何教育に与えたのだった．フランスでは 11 版を重ね，スウェーデン語，ドイツ語，および英語に翻訳された．

クレローは，土地の測量が幾何学の始まりであると信じていた．実際，その幾何学 (géométrie) という名前自体，地球の測量と関係がある．したがって彼は，ユークリッドのように公理や定義から始めるのではなく，そうした基本的な発想とともに学生たちの勉強を始めさせた．次に彼は，その測量という第一の原理からの類推に基づいて，人々の生まれもっての好奇心が，どのようにして新しい問題を解き，新しい概念を発見可能にしたか，絶えず示すことによってさらに複雑な発想を展開しようと計画した．クレローは，このように読者の中にある，発見の精神を奨励したいと望んでいた．彼は証明に関して，「厳密」でないと批評されるのは承知の上だった．だが，良識ある人ならばだれでも正しいとわかっているような結果を証明するのに，抽象的な推論を用いる必要はないと感じていたのである．

クレローのいう自然な導入は，既知の測量器具を用いた長さの測定という概念から始まった．ある点から別な点への最短距離を考えると，それは直線となるので，2 点間の距離はそれらを結んだ直線の長さによって測定される．点 C から直線 AB までの距離を測定するには，単にそうした最短距離の線が，A にも B にも「傾く」のではなく，C から AB への垂線となるということに気づけばよい．しかしこの線を決定するためには，垂線を作図する方法が必要である．クレローは，コンパスを利用してそれを提示した．垂線の概念が与えられると，長方形を，それぞれの辺が隣の辺に直交する四つの辺からなる図形と定義することができた．また正方形は，四つの辺が等しい長方形であると定義できた．さらに彼は平行線については，それらの間の距離が，いつも同じであるような線という「自然な」定義を与えたのだった．

長方形は，単位となる辺の長さを持った正方形を利用して測定される．そこでクレローは，長方形の面積が長さと幅という測定量の積であることを示した．また三角形はいつも長方形の半分であるから，三角形の面積は，その底辺と高さの積の半分であることを示した．しかし，広場はいつも直線の縁を持つわけではないので，直線の小部分で曲がった縁を近似し，三角形へと分割し，それぞれを測定すれば広場を測定することができるだろうとクレローは注意している．「あらゆる知覚可能な誤差が除かれる」のに十分なほど，近似させることができるからである．

クレローは，彼の教科書の中でユークリッド『原論』第 I 巻から第 IV 巻，第 VI 巻，第 XI 巻，第 XII 巻の重要な結果の大部分を展開した．だがそれは，つねに彼が自然な方法と考えたことの中で行われた．たとえば，辺の長さが既知の三角形が与えられたとき，それと合同な三角形をどのように作図するかを示した．というのも三角形 ABC は，そのままでは測定できないかもしれないので，そうした作図が必要なのである．実際底辺への垂線は，たとえば障害物を通るかもしれないからである．作図自体は簡単である．クレローは，まず底辺 AB を新しい位置 DE へ移す．次に AC と BC の長さにコンパスをとり，$DF = AC$ と $EF = BC$ として，点 F を決定する（図 14.4 参照）．クレローには，作図された三角形が，与えられた三角形にいかなる方法においても等しいということは明らかであった．同様に 2 辺と間にはさまれた角を既知とするとき，三角形が決定されることを示す．そのために彼はまず最初に，与えられた角に等しい角を点 b のまわりを回転する二つの定規 ba と bc からなる器具 abc を用いて，自明なやり方によって作図する方法を示す（図 14.5 参照）．このとき既知の角 B を持った三角形 ABC と，BC に等しい新しい線 EF が与えられたとする．すると EF に bc を合わせて器具を置く．そして EF に対して，与えられた角 B だけ開いた線 DE を引くことができる．三角形 DEF は DF を結ぶとできあがり，それは元の三角形 ABC に合同である．クレローは，与えられた三角形に相似な三角形を作図する場合にも同様な手法を利用した．そして近づくことのできない点までの距離を「測定」しようとしたのだった．

クレローは，曲線によって囲まれた領域の面積を，彼が提唱したように近似によって測定することを幾何学者たちは望んでいないと注意している．可能ならば，直接そうした領域を測定するのが，より「厳密」なのである．しかし，こうした方法で扱える唯一のものは円だけであった．クレローは，その面積が円

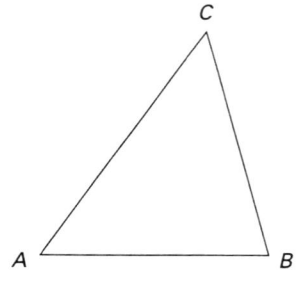

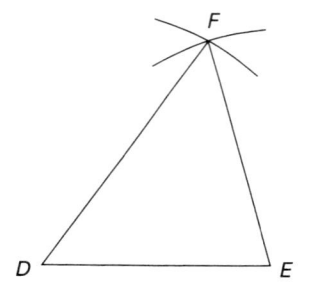

図 14.4
与えられた三角形に対して，等しい辺を持った三角形を作図すること．

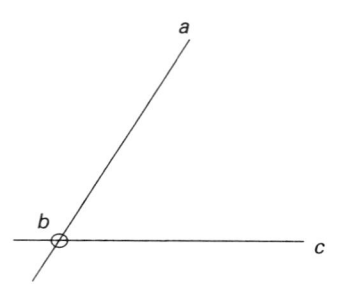

図 14.5
角を作図するためのクレローの器具．

周と半径の半分の積に等しいことを示した．古代ギリシアの取尽し法とそれにかかわる**帰謬法**の議論を用いることを好まなかったので，彼は円が無限に多くの辺からなる多角形であるという「事実」を利用しようと決めたのだった．したがって最初に，円に内接する任意の正多角形の面積が，周の長さと辺心距離 (apothem)［内接正多角形の中心から辺への距離］の半分の積に等しいことを示す．次に無限個の辺があるならば，その多角形の面積，周の長さ，および辺心距離が，それぞれ円の面積，円周，および半径と等しくなることを注意した．立体幾何学を扱った章で，クレローは同様に，角錐が底面に平行に切られた無限に多くの面で作られると考える．これから同じ底面と同じ高さを持った，二つの角錐の体積は等しいと主張する．われわれがすでに見てきたように，不可分者によるこうした議論は，数千年の逆戻りである．しかしながら，互いに等しい高さを持った二つの角錐の体積は，底面積に比例することを示すのに，クレローは実質的にアルキメデスの方法を利用して，より厳格な議論を提示した．この結果が与えられると，立方体の中心を頂点とする，六つの等しい角錐に分解することから始めて，彼は高さ h，底面積 B の角錐の体積に対する公式 $V = (1/3)hB$ を導いた．そして半径 r の球の体積は，それぞれ高さ r を持った無限個の角錐から作られることに注意して計算した．これらの角錐の底面積の和が，球の表面積なので，求める体積はこの表面積に半径の $1/3$ を掛けたものに等しい．この後者の面積が，球の大円の面積の 4 倍に等しいという結果を導くために，クレローは無限小を用いた別の議論を通じて，すでに決定されていた無限に小さい円錐にかかわる議論を用いたのである．

14.3.2 サッケーリと平行線公準

18 世紀において，ユークリッドの平行線公準をその他の公理や公準から，「厳密に」導き，ユークリッドが自明ではない第 5 公準を仮定したのは，不要だったということを示そうとする試みが，数学者の新たなる興味関心を引きつけた．こうした問題に関して著述した数学者の中に，ジロラモ・サッケーリ (1667–1733) とヨハン・ランベルトがいた．

サッケーリは 1685 年にイエズス会に入り，その後，ジェノヴァ，ミラノ，トリノで哲学を講じた．さらにそのあとで亡くなるまで，ミラノの近くのパヴィア大学の数学教授職を全うした．1697 年，彼は互いに両立しない仮説から始められる，ある種の誤謬論理の研究を含んだ論理学の著作を刊行した．結局彼は，ユークリッドの公準に関する考察へと導かれ，ユークリッドの平行線公準の代わりになるもの［平行線公準の否定］が，他の残りの公理や公準と両立可能か否かを研究した．サッケーリは 1733 年に，『あらゆる欠陥が解消されたユークリッド』(*Euclides ab omni naevo vindicatus*) を最終的に発表した．彼はこの著作の第 1 部において，平行線公準という「欠陥」を扱う．第 2 部では，さらに二つの欠点と考えられていた事柄，すなわち 4 番目の比例項の存在と，比の合成を取り扱った．

ここではサッケーリの著作の第 1 部のみを考察する．その箇所の目的は，「議論の余地があるユークリッドの公理を」誤りと仮定し，論理的帰結として平行線公準を導くことによって「明確に論証すること」である[32]．サッケーリは，二

つの等しい辺 CA と DB を持ち，CA, DB ともに底辺 AB に垂直である四辺形の $ABCD$ の考察から始める．ハイヤーミーは，同じ四辺形をおよそ 600 年前に考えていたのだった（図 14.6 参照）．平行線公準を必要としないユークリッド『原論』の命題だけを利用して，サッケーリは角 C と角 D が等しいことを容易に示す．このときそれらはともに直角か，ともに鈍角か，またはともに鋭角かの，三つの可能性がある．サッケーリは，それぞれの可能性を直角仮定，鈍角仮定，および鋭角仮定と呼んだ．そして以上の仮定が，それぞれ線分 CD が線分 AB に等しいか，より短いか，より長いかと同値であることを示した．サッケーリにとって，この問題をそれ以前に考察した人々たちと同様，唯一の「真の」可能性は直角仮定であるということは「明白であった」．なぜなら，実際それが平行線公準の意味するところだからである．他の二つの仮定は，平行線公準が誤りであると想定することから生じる．サッケーリは，これらの二つの「誤った」仮定から，ユークリッドの「自明な」公理だけを利用して平行線公準を得るつもりであった．したがって，これらの二つの可能性から矛盾が導かれ，ユークリッドの著作から不要な公準を含んでいるという「欠陥」が取り除かれると考えたのである．

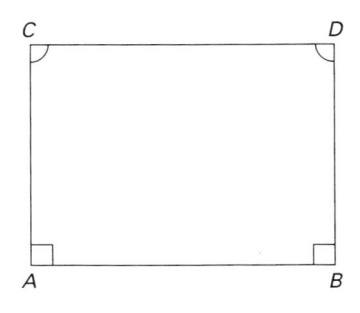

図 14.6
サッケーリの四辺形．

サッケーリは，一つの四辺形に対して，仮定のどれかが真であるならば，それがすべての場合に対して真であると証明することから始めた．彼は次のように続けた．

命題 8 角 B を直角とする任意の三角形 ABD が与えられている．DA を任意の点 X まで延長する．そして A で AB に直交する HAC を立てる．ただし，角 XAB の内側に点 H があるとする．外角 XAH は，直角，鈍角，または鋭角仮定にしたがって，三角形 ABD の内側で，向かい合う角 ADB に等しいか，小さいか，より大きいかのどれかになり，またその逆も真であると私はいう．

サッケーリの証明は，ユークリッド『原論』第 I 巻の命題を多く利用している．彼はまず，AC と BD が等しいとし，CD を結ぶ．するとサッケーリの四辺形ができあがる（図 14.7 参照）．直角仮定によれば，$CD = AB$ である．これから $\angle ADB = \angle DAC = \angle XAH$ となり，上記の第一の場合が証明される．鈍角仮定によれば，$CD < AB$ である．このとき，$\angle XAH = \angle DAC < \angle ADB$ となり，第二の場合が証明される．さらに鋭角仮定によれば，$CD > AB$ であり，角について同様の主張が成り立つ．逆を証明することも，簡単にできる．この命題からは，次のより重要な命題が導かれる．

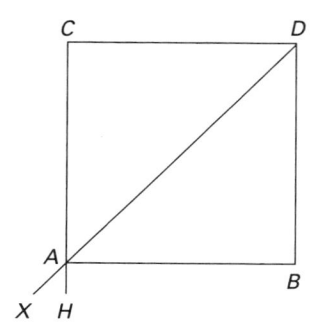

図 14.7
サッケーリの著作第 1 部命題 8，命題 9．

命題 9　直角仮定のもとでは，どんな直角三角形においても，二つの残りの鋭角を合わせると直角に等しくなる．鈍角仮定では，二つの鋭角の和は直角より大きくなる．また鋭角仮定では，直角より小さくなる．

なぜなら，どの仮定のもとでも角 XAH と角 HAD をあわせると 2 直角に等しくなる．他方，HAB は直角であるから，角 XAH と角 DAB の和は，直角に等しい．この結果は，命題 8 から直ちに引き出される．ところが，残念ながらサッケーリが明らかに理解できなかった問題が，この定理に付随している．彼の定理の主張では，三角形の直角でない角が，両方とも鋭角であると述べられている．実際これは，ユークリッド『原論』第 I 巻命題 17，「三角形における，任意の 2 角の和は 2 直角よりも小さい」から導かれることである．本書の第 2 章で注意したように，この定理の主張は，はっきりと述べられていないが，ユークリッドがひそかに使った仮定に依存している．すなわち，直線をどんな与えられた長さにも延長することができるという仮定である．だが鈍角仮定の下では，この仮定は成り立たないことが判明する．

サッケーリは，直線に関するユークリッドの隠れた仮定の結果に気づかなかった．だが彼は，最初に直角仮定（命題 11），または鈍角仮定（命題 12）いずれの場合に対しても以下を証明し，いくぶんあとになって鈍角仮定が『原論』第 I 巻命題 17 と矛盾をきたすことを示した．いま直線 AP が PL と直交しており，AD とは鋭角をなすように交わっているとする．このとき AD と PL は最終的に交わる（図 14.8 参照）．サッケーリは，このことを次のように証明した．AD に沿って $M_1, M_2, M_3, \ldots$ という点を，$AM_1 = M_1 M_2 = M_2 M_3 = \cdots$ とな

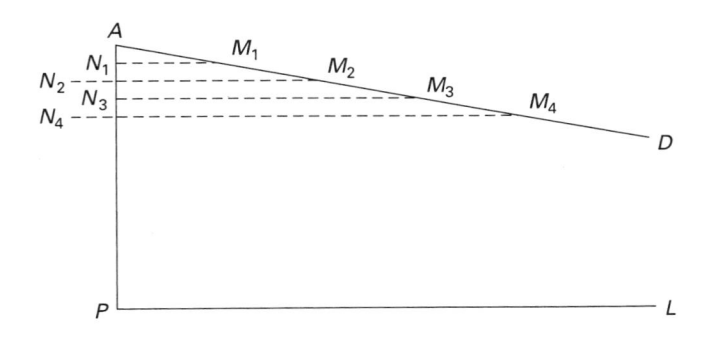

図 14.8
サッケーリの著作第 1 部命題 11, 12．AD と PL は最終的に交わる．

るようにとる．そして各 i に対して，N_i を M_i から AP への垂線の足とする．このとき $AN_1 \leq N_1N_2 \leq N_2N_3 \leq \cdots$ が成り立つ．すると，ある N_i は，P よりも下側になってしまうだろう．したがって AD と PL は，ある M_{i-1} と M_i の間で交わることになる．サッケーリは，ここでユークリッドの平行線公準を，これらの仮定の下で「証明」することができた．

命題 13 （与えられた十分長い）直線 XA が，2 直線 AD, XL と交わり，2 直角よりも小さい内角 XAD, AXL がその 2 直線に対して同じ側に作られるとする（図 14.9 参照）．いまもし直角仮定，あるいは鈍角仮定のどちらかの仮定が成り立つならば，これらの二つの角がどちらも直角でないとしても，二つの線 AD, XL はそれらの角が作られる側のある点で交わる．またそれは実際，有限の距離においてであると私はいう．

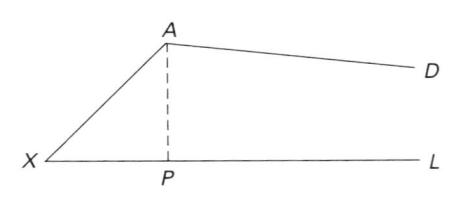

図 14.9
サッケーリの著作命題 13．AD と PL はいずれ交わる．

またしてもその証明は，『原論』第 I 巻命題 17 に依存する．というのも，それらの角のうち一つ，（たとえば AXL とする）は鋭角なので，垂線 AP を XL 上に引くことができる．その命題によれば，AP は鋭角 AXL の側に落ちる．どちらの仮定においても，二つの鋭角 PAX と PXA をあわせて，直角より小さいということはない．いまこれらの角が与えられた角 XAD と AXL の和から引かれるならば，残りの角 DAP は直角より小さくなるだろう．かくして命題 11, 12 から，サッケーリは二つの線が交わると結論を出すのである．

しかしいま，三角形 APX の二つの鋭角は鈍角仮定の下で，直角よりも大きいので，サッケーリは，それらの二つの角とあわせて 2 直角になるような，鋭角 PAD を選ぶことができたのである．命題 12 によれば，たとえば線 AD は延長されて，結局 XP と L で交差する．したがって，三角形 XAL の二つの角の和自体が 2 直角になり，『原論』第 I 巻命題 17 に反する．また平行線公準が「証明された」ので，サッケーリは無論それを利用することができた．だがユークリッドが『原論』第 I 巻中で示したような，「どんな三角形の三つの角も，合わせると 2 直角に等しい」ことは，命題 9 を通じて，鈍角仮定そのものと矛盾する．そこでサッケーリは次のような命題を提示した．

命題 14 鈍角仮定は自分自身を無効にしてしまうので，絶対的に誤りである．

サッケーリは次に，直角仮定，鈍角仮定，そして鋭角仮定がそれぞれ，どんな三角形の角の和も 2 直角に等しいか，それより大きいか，より小さいかが成り立つことと同値であることを示した．またある四辺形の角の和が，4 直角に等しいか，それより大きいか，より小さいかとも同値である．さらに彼は，鋭角仮定の結果を詳細に研究した．しかし，ここでも彼は結果として平行線公準を導くこ

とができなかった．サッケーリは，代わりに他の興味をそそる結果を導いたのだった．たとえば次の命題のようにである．

命題 17 直線 AH が，任意の直線 AB に対して直交しているとする．ただし AB は AH に比べて短いとする．このとき鋭角仮定の下で，AB と鋭角に交わるあらゆる直線 BD が，延長された AH と最終的に交わるということは正しくない，と私はいう（図 14.10 参照）．

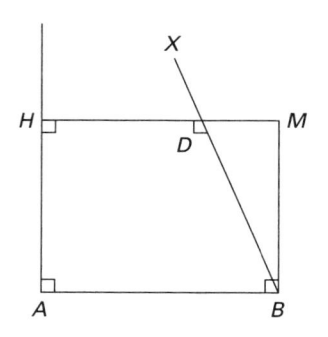

図 14.10
サッケーリの著作命題 17．BD と AH は，最終的に交わらない．

BM も AB に直交するとする．M から AH に向けて垂線を引き，垂線の足を H とする．四辺形の角の和は，4 直角より小さいので，角 BMH は鋭角となる．同様に，BX は B から HM への垂線であり，HM と D で交わるとする．このとき，角 XBA はまた鋭角になる．しかし延長された BD は，延長された AH と交わらない．なぜなら H と D における角がともに直角の場合，ユークリッド『原論』第 I 巻命題 17 に矛盾するからである．

命題 17 は，平面上に交わらない 2 直線があるということを意味している．だからサッケーリは命題 23 で，そうした直線に対して共通垂線があるか，または「互いに対して，ますます近づいていく」かのどちらかであることを示すことができた[33]．その上後者の場合，直線の間の距離は，任意の指し示された長さより小さくなる．すなわち，それらの線は漸近していくのである．サッケーリは，このとき命題 32 で次のことを証明した．線分 AB に垂直に直線 BX が与えられるとき，鋭角 BAX が存在して，直線 AX が「無限に離れた点でのみ BX と交わる」[34]．他方，BA に対してより小さい鋭角を作る直線は，BX と交わる．またより大きな鋭角を作るような直線に対しては，BX と共通垂線が存在する（図 14.11 参照）．そこでサッケーリは次のように結論する．

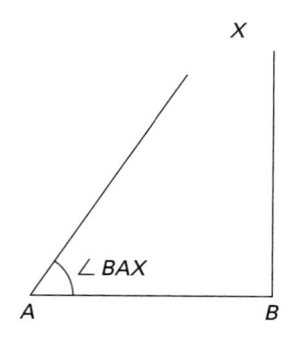

図 14.11
サッケーリの「平行線角」．AX と BX は無限に離れた点で交わる．

命題 33 鋭角仮定は絶対的に誤りである．なぜならそれは直線の本性に反するからである．

サッケーリは，この結果の「証明」を与えることはなかった．実際，平行線公準は真であるに違いないという信条があったので，彼はこの命題が得られるとともに探求を終わらせてしまったようにみえる．サッケーリは，単に次のように記すのみである．鋭角仮定が与えられたとき，2 直線が存在し，結果として両者はともに「同じ無限に離れた一点で，それらと同一平面内に共通の垂線をたしかに持つことによって，一つの同じ直線へと延びていく」[35]．しかしサッケーリは，明らかにこの問題に対して，2 番目の発想も持っていた．だからこの結果をさらに正当化するために，彼の著作を引き続き 30 ページ費やしたのだった．その中で二つの直線は，空間を囲むことができないこと，その二つの直線は共通の線分を持たないこと，そして与えられた点において，与えられた直線に対する垂線は一つに定まることも示した．ただしこうした考えは，すべて有限直線の場合に関係している．無限遠点で，交わったり共通の垂線を持ったりする，彼のいう 2 直線とは何ら関係がない．しかしサッケーリは，自分の目的が達成されたと信じたのである．

14.3.3 ランベルトと平行線公準

ヨハン・ランベルトは，サッケーリの業績の少なくとも概要を研究したのち，その改良を試みたのだった．だが，平行線公準に関する彼の研究『平行線の理論』(*Theorie der Parallellinien*) は，1766 年までに完成していたにもかかわらず，出版されることはなかった．おそらくランベルトが，最終的に結論に満足できなかったからではないかと考えられる．彼はその著作の中で，三つの直角を持った四辺形を考える．そして 4 番目の角の性質に関して，本質的にサッケーリが提示した三つの仮定と同じもの，すなわち直角，鈍角，鋭角仮定を考えた．ここでも直線は，任意の長さを持ちうるという原理を利用して，ランベルトは 2 番目の仮定［鈍角仮定］を否定した．しかし，3 番目の仮定［鋭角仮定］を否定することにたいへん骨を折った．彼はその著作の中で「この仮定は，簡単に自滅してしまうことはないだろう」と注意した[36]．

サッケーリのように，ランベルトはその仮定から様々な結論を導き始めた．中でも最も驚くべきものは，彼の基本四辺形において，360° と角の和の間の差が，四辺形の面積に比例するというものである．実際，四辺形が大きければ大きいほど，内角の和はより小さくなるというのである．なぜなら，いま直角 A, B, および C を持ち，D における鋭角の大きさが β である四辺形 $ABCD$ を考える（図 14.12）．A と B の間の点 E で，AB に垂直な EF を引く．すると $\angle CFE$ も鋭角となる．もしこの大きさを α とするならば，$\angle EFD$ の大きさは $180° - \alpha$ となる．だが四辺形 $EBFD$ の内角の和は 360° よりも小さい．したがって，$90 + 90 + 180 - \alpha + \beta < 360$，つまり $\beta < \alpha$ が成り立つ．ゆえに四辺形 $ABCD$ の内角の和は，四辺形 $AEFC$ のそれよりも小さいということになる．

ランベルトは，この結果から次のように結論した．「3 番目の仮定［鋭角仮定］が成り立つならば，われわれは各々の線の長さ，各々の曲面の面積，各々の立体

伝　記

ヨハン・ランベルト (Johann Lambert, 1728–1777)

　ランベルトは，独学で学んだ数学者，哲学者だった．彼はアルザスで仕立て職人として，父を手伝いながら数学を修得した．1748 年，ランベルトは富豪の家族のための家庭教師の職を得て，スイスへと移った．のちに彼の弟子たちとともに，ヨーロッパ中を旅して回ることになった．この期間ランベルトは，それぞれの家庭にある図書室で研究することができた．そして理論的な研究と同様に，実験的な研究を行うことができた．しかし彼は，決して旧来のブルジョア的態度を受け入れなかった．最終的に彼はベルリンのプロシア科学アカデミーに職を得た．1764 年初めにそこに到着したとき，オイラーに歓迎されたが，奇妙な外見と振舞いのためアカデミーへの就任は，1 年間遅れる羽目になってしまった．ランベルトは，当初フリードリヒ 2 世の不興をかうこともあったが，それにめげず，結果的に 49 歳で亡くなるまで 150 以上の論文を生み出した．

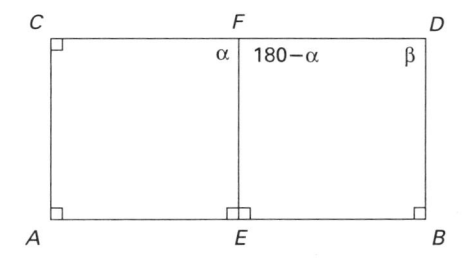

図 14.12
四辺形の角は，四辺形の大きさに応じて減少するというランベルトの証明．

図形の体積に対する測定の絶対的な基準を持つだろう」[37]．言い換えれば，われわれが四辺形 $AEFC$ において，$AE = AC$ であると仮定するならば，$\angle EFC$ は定められた鋭角であり，他のそうした四辺形にぴったり合わない．したがって，$\angle EFC$ の大きさ α は，四辺形の絶対的な測定基準とみなすことが可能であろう．だがランベルトは，この絶対的な測定基準を導くことができなかった．すなわち，$AE = AC = 1$ フィート とするとき，その角が一体何度になるかを，彼は決めることができなかったのである．しかし，ランベルトはこの仮定が，図形の相似という概念を完全に壊すということを十分に理解していた．また彼は，三角形の角の和と 180° との間の差，すなわち三角形の**不足量**が，三角形の面積に比例していることも示すことができた．ランベルトは，同様な結果が，2 番目の仮定［鈍角仮定］，すなわち不足の代わりに，180° に対する角の和の過剰に取り替えても真であるとわかった．しかし彼はまた，球面三角形の角の和が，180° より大きく，その過剰分は面積に比例するという同じ性質を持っていることを知っていた．そこで次のように論じた．「第三の仮定［鋭角仮定］は，虚の球面［半径が虚数となる球面］上で成立するものではないかと提唱したいと思う」[38]．

　ランベルトは，ユークリッド幾何学は，空間に関して正しいと確信していた

が，ひとたび鋭角仮定をうまく反駁することができないと感じると，彼はユークリッドの平行線公準の研究を放棄してしまった．それにもかかわらず，ランベルトは鈍角仮定の幾何学が，球面上の幾何学において反映されているので，虚の半径を持った球が鋭角仮定に対して同じ機能を果たすと信じたのだった．1770年までに $\cosh ix = \cos x$ や $\sinh ix = i \sin x$ という意味において，彼は双曲線関数を円にかかわる関数の複素数を用いた類似物として導入した．だがランベルトは，鋭角仮定に基づく虚の球の幾何学を進展させるために，これらの関数を適用するには至らなかった．またこの虚の球を3次元空間の中に作図できなかった．結局19世紀初頭になって，この種の解析がようやく平行線公準の代わりを生みだした．それが今日，非ユークリッド幾何学と呼ばれるものに進展するのである．その話題は，また第17章で述べることにしよう．

14.3.4　クレローと空間曲線

18世紀の幾何学は，主として解析学と結びつくことによって進展していった．実際オイラーの著作『無限解析入門』第2巻は，平面曲線に関する話題を明確に系統づけた．オイラーは，2次，3次曲線の分類から始め，146個の異なる型を含んだ4次曲線の扱いを与えたのだった．彼は次に，曲線一般の多様な性質，たとえば漸近線，曲率，孤立点について微分積分学を用いることなしに考察した．オイラーの著作には，超越曲線に関する章も含まれており，$2y = x^i + x^{-i}$（または $y = \cos(\ln x)$）や $y = x^x$ といった方程式で与えられる曲線を考察し，さらに $y = \arcsin x$ のグラフの概形を史上初めて描いている．アルキメデスの螺線などの特定の曲線に対して，極座標を利用し，現代風に記述している．すなわち，s が偏角，z が半径の長さを表すならば，螺線の方程式は $z = as$ となることが示された．同様に方程式 $z = ae^{s/n}$ は，対数螺線を表すが，オイラーはそのグラフも表示したのである．

空間曲線に関して史上初めての著作は，クレローによって1731年に刊行された『二重曲率を持った曲線に関する研究』であった．クレローにとって，空間曲線は［空間内の］特定の曲面の交わりとしてのみ定義することができるものであった．そこで彼は，曲面の様々な簡単な事例を扱うことから自分の研究を始めた．クレローは幾何学的定義から，球は方程式 $x^2 + y^2 + z^2 = a^2$，放物面は $y^2 + z^2 = ax$ で表され，一般に x 軸の周りに曲線 $f(x, u) = k$ を回転させることによって形成される回転面の方程式は，u を $\sqrt{y^2 + z^2}$ に取り替えることで見出されることを示した．彼は円錐の一般的な概念を，平面内の任意の曲線と，平面外の点を結ぶことによって形成される曲面として進展させた．さらに各項が同じ次数の3変数で表されたあらゆる方程式は，錐曲面を表さなければならないことも示した．そして3変数の方程式は曲面を定義し，いつもその性質は方程式によって決定されるという，一般的な結果を証明したのだった．

クレローは，微分計算の手法を，空間内の曲線に対して接線や垂線を見出すために適用した．したがって，彼はそうした曲線を「無限個の小さな辺」で構成されていると考えた[39]．点 N において，曲線の接線を決定することは，曲線上の点 N と無限に近い点 n を結んだ線分 Nn の延長と xy 平面との交点 t を決定することである．すなわち，M が xy 平面への N の射影であるならば，Mt の長

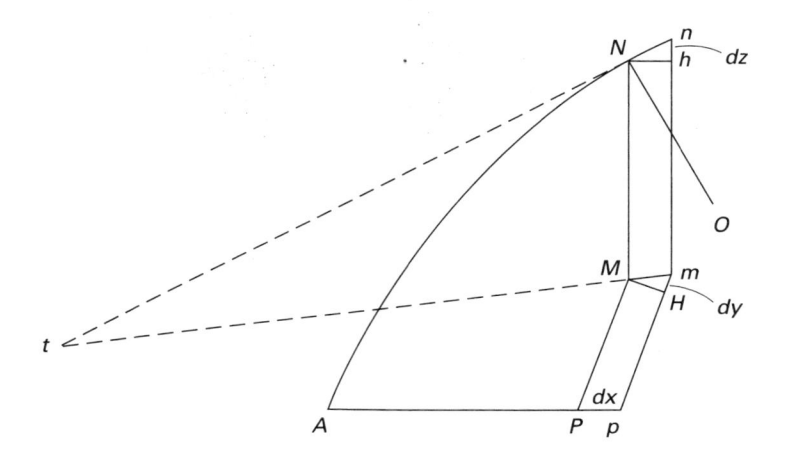

図 14.13
クレローと空間曲線に対する接線.

さを決定することである（図 14.13 参照）．接線影 Mt を見出すという目標は，無論平面曲線に対して接線を決定する，17 世紀における通常の方法から直接類推したものである．3 次元空間の接線決定の手続きは，関連する直線が 3 次元内の同じ平面上にある必要性があるため，いくぶんか複雑になるにもかかわらず，この結果はまた，2 次元における結果からの直接の類推でもある．クレローは，Mm を曲線の微小な辺 Nn の xy 平面への射影として，それを交点 t まで延長する．すると三角形 NtM は，接線がのっている平面を定義する．クレローはこのとき 1 本の軸，x 軸を利用するだけである．したがって，AP を N の x 座標を表すようにとるならば，z 座標と y 座標は N から xy 平面までの垂線の長さ MN と，そこから軸までの垂線の長さ MP によってそれぞれ表される．いま Ap, nm, pm を，n の対応する三つの座標とし，さらに Nh を Mm に平行に，MH を Ap に平行に引く．すると Pp は dx を，nh は dz を，mH は dy を表し，$\sqrt{dx^2 + dy^2}$ は Mm を表す．三角形 nNh と NMt は相似であることから，クレローは $nh : Nh = MN : Mt$ を導いた．$Nh = Mm$ より，

$$\frac{dz}{\sqrt{dx^2 + dy^2}} = \frac{z}{Mt}, \quad \text{すなわち} \quad Mt = \frac{z\sqrt{dx^2 + dy^2}}{dz}$$

が成り立つ．したがって接線 Nt 自身は，

$$Nt = \sqrt{MN^2 + Mt^2} = \frac{z\sqrt{dx^2 + dy^2 + dz^2}}{dz}$$

によって与えられる．さらにその曲線から xz 平面への垂線 NO は，また三角形 NtM を含む面に対して垂直であるから，

$$NO = \frac{z\sqrt{dx^2 + dy^2 + dz^2}}{\sqrt{dx^2 + dy^2}}$$

と与えられる．

クレローは，こうした計算の例をいくつか与えた．その中には，二つの放物柱 $ax = y^2$ と $by = z^2$ の交わりによって決定される曲線も含まれていた．この場合，$a\,dx = 2y\,dy$ かつ $b\,dy = 2z\,dz$ から

$$dy = \frac{a\,dx}{2\sqrt{ax}}, \quad dz = \frac{b\,dy}{2\sqrt{by}} = \frac{ab\,dx}{4\sqrt[4]{b^2a^3x^3}}, \quad \text{かつ} \quad \sqrt{dx^2+dy^2} = \frac{dx\sqrt{4x+a}}{4x}$$

となる．また $z = \sqrt[4]{ab^2x}$ より，接線影 $Mt = \dfrac{z\sqrt{dx^2+dy^2}}{dz}$ は，$Mt = \sqrt{4x+a}$ で与えられる．同様に，接線 Nt は $Nt = \sqrt{by+4x+a}$ である．垂線 NO に対しても同様な計算ができる．

14.3.5 オイラーと空間曲線，空間曲面

1775 年になってようやくオイラーは，空間曲線の問題に取り組んだ．今度は，弧長 s による媒介変数を用いて曲線を表した[40]．すなわちある曲線は，三つの等式 $x = x(s), y = y(s), z = z(s)$ によって与えられる．それぞれの微分をとって，$dx = p\,ds, dy = q\,ds, dz = r\,ds$ と表し，これらからオイラーは $p^2 + q^2 + r^2 = 1$ を導いた．関数 p, q, r は弧長を変数とした座標関数の導関数であり，曲線に対する単位接線ベクトルの成分である．これらの成分は，ある特定の点における接線の（または曲線それ自体の）**方向余弦**と呼ばれる．曲線の曲率を定義するために，オイラーは点 $(x(s), y(s), z(s))$ を中心とする単位球を利用した．いま媒介変数の値が近い，二つの点 $s, s+ds$ での「単位ベクトル」(p, q, r) を単位球の中心から放射されたものと考え，球上で ds' に等しい弧だけ異なるとする．このときその点における**曲率** κ は，$\left|\dfrac{ds'}{ds}\right|$ として定義される．すなわち，任意の点においてその曲線が球上の大円から，どれだけ異なっているかを測ったものである．ベクトル ds' は，

$$\left(\frac{dx}{ds}(s+ds) - \frac{dx}{ds}(s), \frac{dy}{ds}(s+ds) - \frac{dy}{ds}(s), \frac{dz}{ds}(s+ds) - \frac{dz}{ds}(s)\right)$$
$$= \left(\frac{d^2x}{ds^2}ds, \frac{d^2y}{ds^2}ds, \frac{d^2z}{ds^2}ds\right)$$

と与えられるので

$$\kappa = \left|\frac{ds'}{ds}\right| = \sqrt{\left(\frac{d^2x}{ds^2}\right)^2 + \left(\frac{d^2y}{ds^2}\right)^2 + \left(\frac{d^2z}{ds^2}\right)^2}$$

が導かれる．オイラーは次に，**曲率半径** ρ をその曲率の逆数として定義した．つまり，

$$\rho = \frac{ds^2}{\sqrt{(d^2x)^2 + (d^2y)^2 + (d^2z)^2}}$$

となる．

19 世紀に至るまで証明されることはなかったが，曲率は空間曲線の二つの本質的な特性の一つであるということがわかってきた．もう一つの量は，捩率(れいりつ)である．すなわち，曲線が平面曲線からどれほどずれているかを測る比率である．曲率と捩率が，弧長の関数として曲線に沿って与えられるならば，曲線は空間内でどこに位置するかを除けば［すなわち平行移動を無視すれば］完全に決定されるのである．

また空間曲線を扱うことに加えて，オイラーは『無限解析入門』第2巻や，その後の重要な論文において，クレローの曲面の研究を練りあげた．『無限解析入門』で，オイラーは2次曲面に関する問題を体系化した．クレロー同様，オイラーは一つの座標平面とその上で定義されるただ一つの座標軸を用いて，ある点からその平面までの垂直な距離によって，第三の座標を表した．しかし彼は，三つの座標平面が利用可能であると述べており，また様々なそうした平面内の軌跡の方法によって，しばしば曲面を描いた．オイラーは，3次元空間内の平面の方程式として $\alpha x + \beta y + \gamma z = a$ を与えるが，係数の意味として，その平面と xy 平面とがなす角 θ の余弦，すなわち $\cos\theta = \gamma/\sqrt{\alpha^2 + \beta^2 + \gamma^2}$ を与えただけであった．2次曲面自体の議論の中で，彼は3変量を持った一般的な2次方程式は，$Ax^2 + By^2 + Cz^2 = a^2$, $Ax^2 + By^2 = Cz$, または $Ax^2 = By$ のどれか一つへ，座標変換によって帰着可能であることを示すことから始めた．その際，係数の間に成り立つ関係によって，曲面の型，すなわち楕円面，楕円型または双曲型放物面，楕円型または双曲型双曲面（今日では，それらは各々一葉，二葉双曲面と呼ばれる），円錐，放物型円柱が決定される．

『無限解析入門』は微分積分学の準備段階ともいうべき内容の著作だったのでオイラーは，3次元空間における曲面に対する接平面や，法線といった考えを取り扱おうとはしていない．1760年の論文「曲面の曲率に関する研究」(*Recherches sur la courbure des surfaces*) で，曲面の微分幾何学とも呼ぶべき研究を始めている[41]．オイラーはその論文の中で，与えられた点における平面曲線の曲率を見出す方法はよく知られているが，空間内のある点における曲面の曲率は定義することさえ難しいと注意している．与えられた点を通る平面によって切り取られた曲面の切り口は異なる曲線を与え，その曲面に直交する平面による切り口に限定したとしても，これらの切り口の各々の曲率は異なっていることもある．この論文でオイラーは，様々な曲率について計算し，それらの間に成立するいくつかの関係を確立した．とにかく彼はまず最初に，曲面に垂直な平面，すなわち与えられた点 P における，曲面への法線を含むような平面を特徴づける必要があった．オイラーは，もし $\beta\frac{\partial z}{\partial x} - \alpha\frac{\partial z}{\partial y} = 1$ であるならば，方程式 $z = \alpha y - \beta x + \gamma$ で表される平面は，$z = f(x,y)$ によって定義される曲面に垂直であることを示した．P を通ってその曲面と xy 平面の両方に垂直な平面を主平面と名づけ，この曲面に垂直な平面が，主平面と角 ϕ をなせば，その平面による切り口の曲率は，$\kappa_\phi = L + M\cos 2\phi + N\sin 2\phi$ で与えられることをオイラーは証明した．ただし L, M, N は，P における z の偏導関数にのみ依存する．この式を ϕ に関して偏微分することで，オイラーは最大，または最小曲率は，$-2M\sin 2\phi + 2N\cos 2\phi = 0$, すなわち $\tan 2\phi = N/M$ のときに生じることを見出した．$\tan(2\phi + 180°) = \tan 2\phi$ となるので，与えられた値 ϕ に対して最大曲率が生じるとするならば，最小曲率は $\phi + 90°$ のとき生じるという結論をオイラーは導いた．結局 κ_1 が最大曲率，κ_2 が最小曲率とし，主平面において最小曲率が生じるとするならば，主平面に対して角 ϕ をなす平面によるどの切り口の曲率も，$\kappa = \frac{1}{2}(\kappa_1 + \kappa_2) - \frac{1}{2}(\kappa_1 - \kappa_2)\cos 2\phi$ で与えられるということを示すことができた．

伝　記

ガスパール・モンジュ (Gaspard Monge, 1746–1818)

モンジュは（図 14.14 参照），パリから 150 マイルほど南東に離れた町ボーヌに生まれた．彼はリヨンで優秀な生徒だった．そして生地の地図を立案した後，メジエールの王立工科学校に招かれ，すぐに能力を発揮する機会に恵まれた．モンジュは，ある特定の型の築城術の設計図を進展させるように依頼された．従来の複雑な方法を用いる代わりに新しい画法を利用した．それが結果として画法幾何学という分野へと拡張されることになるのである．そのことで彼は，フランスの軍事技術者の学問的訓練に影響を持った教職に昇進した．モンジュは，1780 年に王立科学アカデミー会員に選出され，その後 35 年間にわたって，王政の下，革命政府の下，さらにはナポレオン帝政下で多くの責任ある立場を全うしたのだった．

図 14.14
フランスの切手に描かれたモンジュ．

14.3.6　モンジュの著作

ガスパール・モンジュ (1746–1818) は，解析幾何学，微分幾何学双方の基本的結果を体系化した．そして 1771 年に始まるいくつかの論文と，結局エコール・ポリテクニクで学ぶ彼の学生用に 18 世紀末に著した，二つの教科書の中で新しい題材をつけ加えた．たとえば 1784 年に発表した論文で，モンジュは初めて，直線の方程式として「1 点における傾き」を使った式を提示した．「この（傾きと切片を用いた方程式 $y = ax + b$) が定める線が，座標 x' と y' の点 M を通り，その座標によって量 b は定まることを表したいならば，その直線の方程式は，$y - y' = a(x - x')$ となり，このとき a は，その直線と x' を通る [x 軸に平行な] 線とがなす角の正接となる」[42]．一方，1799 年に刊行されたモンジュの教科書『画法幾何学』(*Géométrie descriptive*) は，代数学をまったく扱わず，純粋な幾何学的な発想に頼っていた．モンジュは，3 次元の対象物を 2 次元で表すための多くの手法を概説した．彼は 2 次元において空間図形の様々な側面を描くために，射影や他の変換を体系的に利用したのだった．モンジュは，曲面に対する接平面，可展面（ひずませることなしに，平面へと平らにされるような曲面）の概念，曲面の曲率といった項目について詳細に説明した．

1807 年に刊行された彼の 2 番目の著作，『幾何学への解析の応用』(*Application de l'analyse à la géométrie*) は，1795 年以降の講義ノートを発展させたもので，モンジュは幾何学へ解析学をどのように応用すべきかを示した．その著作の第 1 部では，代数学のみが用いられ，2 次元，3 次元空間内の直線，3 次元空間内の平面に対する解析幾何学の最初期段階における詳細な議論の展開を含んでいる．モンジュはその著作において，空間内の点は，三つの座標平面のそれぞれに垂直な成分を考えることによって決定されることを示した．空間内の直線は，三つの座標平面のうちの二つへの射影によって決定される．その際たとえば，xy 平面へ射影されたものの方程式が，傾きと切片を用いて表す形や，傾きと通る点

を利用して表す形で与えられる．モンジュは，与えられた点を通り，与えられた直線に平行な直線をどのように見出すかや，与えられた 2 点を通る直線をどのように求めるかと同様に，どのように二つの直線の交点を見つけるかを示した．さらに彼は，方程式 $y = ax + \alpha$, $y = a'x + \alpha'$ で表される平面内の直線は，$aa' = -1$ であるならば互いに直交することも記している．

モンジュは，平面の方程式を，$z = ax + by + c$, ただし a や b は，それぞれ xz 平面，あるいは yz 平面とこの平面との交線である直線の傾きという形と，対称形 $Ax + By + Cz + D = 0$, ただし係数 A, B, C は，その平面と各座標平面とがなす角の方向余弦を決定するという形の両方で表した．次に彼は，点，線，および平面を扱う慣れ親しんだ問題，たとえば，与えられた点を通る平面の法線や，二つの直線間の最短距離を見出すことや，二つの直線，あるいは直線と平面の間のなす角を求めるなどすべてについての議論を展開した．

モンジュの教科書の第 2 部は，曲面の研究に充てられた．ここで彼は，『画法幾何学』で考察したあらゆる話題を，解析的に展開するために微分積分学の仕組み全体を利用した．したがってモンジュは，与えられた曲面を表す偏微分方程式を，様々なタイプの記述からどのように決定するかを，またある場合にはその方程式をどのように積分するかを詳細に考察した．曲面への接平面と法線の方程式の考え方を進展させるために，モンジュは点 (x', y', z') の近くにおける曲面 $z = f(x,y)$ を表す方程式は，

$$dz = \frac{\partial z}{\partial x} dx + \frac{\partial z}{\partial y} dy$$

であると注意することから始めた．ただし，偏導関数は x' と y' において値を求めたものである．他方，(x', y', z') を通る任意の平面の方程式は，$A(x - x') + B(y - y') + C(z - z') = 0$ と書ける．この平面が接平面になるためには，与えられた点に無限に近い，その平面上の任意の点が，また同じ平面内になければならない．すなわち，その曲面の微分方程式を満たさなければならない．そこでモンジュは，dx として $x - x'$, dy として $y - y'$, dz として $z - z'$ をとって，方程式 $A\,dx + B\,dy + C\,dz = 0$ が，$dz = \frac{\partial z}{\partial x} dx + \frac{\partial z}{\partial y} dy$ と同一でなければならないと注意した．すると $A/C = -\partial z/\partial x$, $B/C = -\partial z/\partial y$ となる．したがって，接平面の方程式は，

$$z - z' = (x - x')\frac{\partial z}{\partial x} + (y - y')\frac{\partial z}{\partial y}$$

となる．曲面に対する法線，すなわち接平面に対する法線の方程式は，よって

$$x - x' + (z - z')\frac{\partial z}{\partial x} = 0, \qquad y - y' + (z - z')\frac{\partial z}{\partial y} = 0$$

と計算される．

偏微分方程式と空間の幾何学とを結びつけたモンジュの一般的な発想は，何年にもわたって多大な影響を及ぼした．そしておそらくさらに重要なのは，彼のエコール・ポリテクニクでの教育を通じて，フランス人の技術者，数学者，および自然科学者のある世代全体に影響を及ぼしたということである．このことに関しては，また 14.4 節で立ち返ることにしよう．

14.3.7 オイラーと位相幾何学の始まり

1730 年代半ば，オイラーは，東プロシア（現在はロシア）の町ケーニヒスベルクに由来するちょっとした問題を知ることになった．町を流れるプレーゲル川の中ほどに，二つの島があった．二つの島と両岸は七つの橋で結ばれていた．町の人々が問題にしたのは，それぞれの橋を必ず一度ずつ通って散歩する計画がはたして可能だろうかということである．オイラーはいつものように，この問題を単独で考える代わりに，領域や橋の数のいかんに関わらず，そうした経路の存在についての一般的問題として攻略を目指し，解決したのだった．1736 年に発表された論文で，オイラーはまず初めに，それぞれの領域を文字 $A, B, C, D, \ldots$ で表すと，続けて通り抜けていく領域を表す一連の文字列で表すことができると注意している（図 14.15 参照）．たとえば，$ABDA$ は領域 A から始まり，B, D を通って，また A に戻る道を，特定の橋を通過するかどうかに関係なく表すことになる．したがって，必要な条件を満たす完全な経路は，橋の数よりもさらに一つ多くの文字を含まなければならないということが直ちに導かれる．ケーニヒスベルクの場合，その数は 8 にならなければいけない．

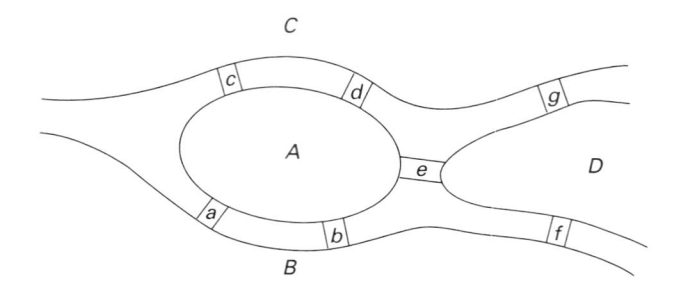

図 14.15
ケーニヒスベルクの七つの橋．

次にオイラーは，与えられた領域へ架けられた橋の数 k が奇数であるならば，その領域を表す文字が，経路を表す列の中に $(k+1)/2$ 回入っていなければならないことに気がついた．したがって，領域 A へ架けられた橋が一つしかないとき，文字列の中に A は 1 回しか生じない．領域 A へ架けられた橋が三つあるならば，A は 2 回現れる．以下同様である．この場合，その経路が領域 A から出発するか，それともその他の場所から出発するかにはまったく関係ない．他方，k が偶数ならば，その領域の文字が現れる回数は，経路がその領域外から出発するならば $k/2$ 回，その領域から出発するならば $k/2+1$ 回現れることになる．たとえば，A に架けられた橋の数が四つであるとする．このとき A 以外から出発した経路の場合，A の文字は 2 回生じる．また A から出発した場合，3 回現れる．特定の経路に対して，オイラーの考えた表現の中で生じる文字の数を決めるのに 2 通りの異なる方法がある．このことから彼は，各々の橋を 1 度だけ通り過ぎる経路が可能であるかどうかを，以下のように決定することができた．

> ［各領域に対して上のように計算された］文字が生じるすべての回数の合計が，橋の数に 1 を加えたものになるならば，求める経路は可能になる．そして，架けられた橋の数が奇数であるような領域から出発しなければならない．しかし，もし文字全部の個数が橋の数 +1 よりも少ない

ときは，可能な経路は偶数個の橋が架けられた領域から出発する場合である．なぜなら文字列に並ぶ文字の数は，1個だけ増えるからである[43]．

図 14.15 のケーニヒスベルクの場合，A, B, C, D のそれぞれの領域に架けられた橋の数は，5, 3, 3, 3 である．関連する数 $[(k+1)/2]$ は，3, 2, 2, 2 であり，合計 9 である．これは，「橋の数 + 1」よりも多くなる．したがって求められる経路は不可能である．一般にオイラーは，奇数の橋によって結ばれた領域が二つより多くあるならば，そのような経路は決してありえないことを注意した．そのような領域が二つだけあるならば，それらの領域の一方で始まる限り，経路は可能である．結局，あらゆる領域が偶数個の橋によって結ばれているならば，一度だけ各々の橋を渡る経路は，つねに可能である．いったんある経路が可能だとわかると実際の作図はすぐに行われるので，オイラーはこれで彼が設定した問題を完全に解いたことになる．

この特殊な問題は，オイラーによって解かれた他の問題，V 個の頂点，E 個の辺，F 個の面を持つ任意の多面体において，$V - E + F = 2$ が成立する［いわゆるオイラーの多面体定理］は 18 世紀において単に孤立した事実にすぎなかった（図 14.16 参照）．それにもかかわらずオイラーは，そうした考察が明らかに幾何学の一分野であり，様々な関係は，位置にのみ依存していて，いろいろな大きさには無関係であると指摘していた．だが，19 世紀終わりから 20 世紀初めになってようやく，これらの成果や他の結果は体系的に研究され，位相幾何学という一つの分野に発展したのである．

図 14.16
旧東ドイツで発行された切手に描かれたオイラーと多面体公式．

14.4 フランス革命と数学教育

18 世紀の主だった数学者は，大学にかかわっておらず，様々なアカデミーと関係していた．それらは君主たちの庇護の下で設立され，彼らの国の威信を獲得することを目的としていた．また国の発展に必要な軍事的計画や市民生活に関する事業において，学問的援助に都合のよいよりどころを提供することも行っていた．一般に大学は，18 世紀になっても，主として哲学者によって占められていたので，高度な教育を数学に関して提供していなかった．とりわけフランスでは，14 世紀以来，パリ大学には第一級の数学者がかかわることがなかった．数学および自然学にかかわる教育を提供した唯一の学校は陸軍士官学校であり，その主要な役割は軍事技術者を産み出すことだったのである．そうした理由からモンジュは，その最初の経歴をメジエールの陸軍士官学校で教えることから始めたのだった．彼は軍事的築城術のための設計に関連して，画法幾何学の最初の発想をそこで温めていたのである．同様にラプラスやルジャンドルも，パリの陸軍学校でしばらく教鞭を執っていた．

陸軍士官学校と大学は，フランス革命のあいだ王党派の中心であったので，それらの大部分は，革命がその最も急進的な様相を呈した 1794 年までに閉鎖されてしまった．にもかかわらず，最も教育程度の高い市民がいなくなってしまうのを防ぐことも必要だった．それと同様に，周辺国家の軍隊によるフランスへの攻撃を考えると，「自由と平等への変わらざる愛情，暴君への嫌悪」を示す高

貴な身分の出身でない学生を軍と民間の両方において，技術者や科学者として役割を果たすために訓練することができる学校を持つことも必要であった[44]．まさしくこの目的のために，国民公会は1794年9月28日に公共事業中央学校を設立した．この学校はすぐにエコール・ポリテクニクと改名された．だがこの学校は，単なる技術学校の役割に留まらなかった．それは学識を持った市民を育てることも目的としており，とくに，学問一般を進展させるのに必要な才能を刺激する役割も担っていた．

モンジュは，革命前に海軍の学校において科学教育改革に力を注いでいたが，エコール・ポリテクニクの設立に責任ある委員会の委員に任命された．彼はかくして「革命教育課程」，すなわち12月に入学した最初の学生たちが，諸科学の概略を3カ月で集中して学び，2年あるいは3年かけて究極的に追究する事柄の予備知識を得ることを目指した教育課程を発展させるのに尽力した．学生たちは，四つの基本的な分野を学ぶことになっていた．すなわち，画法幾何学，化学，解析学と力学，および自然学である．工学製図の授業もあった．工学製図の授業は，毎日午後に3時間催されていた．その一方で最初の三つの講義は，それぞれ午前中に1時間ずつ組まれ，指示に沿った学習を1時間引き続き行った．ただし自然学については，十日（旬日（*décade*））に一度4時間割いて学ばれていたにすぎなかった（革命暦は1ヶ月を，7日ごとではなく10日ごとに分けていた）．

モンジュ自身が担当した画法幾何学の授業は，最初の1ヶ月で14.3.6項で説明された題材を本質的に教える予定だった．したがって，学生は射影の一般的な方法，曲線と曲面の接線と法線の決定，曲面の交わりの作図，および可展面の概念を学習することになっていた．また彼らは，建物の建築や地図作製のような分野における様々な問題に対して，これらの知識の応用を考察をするはずだった．このエコール・ポリテクニクにおける授業の2ヶ月目は，建築術や公共事業が扱われる予定であり，さらに3ヶ月目は，築城術がとりあげられることになっていた．解析学の授業もモンジュが担当した．これは，最初の月に4次までの代数方程式の解法から始め，そして連立方程式の代数的，幾何学的解法，さらにはそうした方程式が表す曲線や曲面の学習が続いた．次の月には，級数，指数・対数関数の理論，確率論の初歩，および微分学とその幾何学への応用が扱われることになっていた．最後の月は，長さ，面積，体積を見出すことを含んだ積分学や微分方程式の解法を学ぶはずだった．

たしかに教授計画は野心的なものだった．だが残念ながら，うまく機能する可能性は低く，また実際うまくいかなかった．というのも，学校が開校された1794年12月21日にはモンジュは病気だった．したがって，彼の画法幾何学の講義は延期された．C. J. フェリーが解析を担当し，C. グリフェ・ラボームは自由時間に希望者に対して補講を行った．結局のところ最初の旬日が過ぎる前に，大半の学生たちがまったく授業についていけないことが明らかになった．そこで学校の評議員であったラグランジュは，グリフェ・ラボームに彼の復習の時間に，代数学の初等的内容を教えさせるようすぐに決断したのである．この新しい教育課程は，最初の月に変量が二つの方程式による平面曲線の表示以上には進まなかったにもかかわらず，結果的に3分の1未満の学生しか最後まで残らなかった．初等代数学の授業の継続と三角法の授業の追加，またモンジュの

復帰を待って，画法幾何学の授業の開始によって 2 ヶ月目にはいくぶん事態は改善された．だが計画と現実の間には，明らかに大きなギャップがあった．学校のはかばかしくないスタートには，いくつかの理由が考えられる．中でも厳しいパリの冬にあって，深刻化した食料難はその一つだった．しかし何といっても第一の理由は，学生たちの不十分な準備であった．入学が認められる前に，学生たちは彼らの故郷で主として「政治的に正しい立場」にいるかどうか審査された．だが入学のための政治テストの成績がどんなによかろうとも，一貫した学問的基準に照らすならば，学力不足の埋合せにはならなかったのである．

確かに出発においてつまずいたかもしれないが，すぐにモンジュや他の教授陣は，エコール・ポリテクニクでの大幅な教育水準の改善を成し遂げることができた．その結果，この学校は全ヨーロッパ，そしてアメリカにおける工科大学の模範になった．教育のための国家的な基準は確立されていった．一つには，教師を育てるための新しい国立学校，高等師範学校 (École Normale Superieure) が，1795 年に設立されたからである．しかしこうした基準ができあがる以前でさえ，エコール・ポリテクニク自体は，入学許可された学生が，よく勉学の準備ができているかを確かめるため視学官を地方へ送っていたのである．エコール・ポリテクニクの講義科目は，一層現実的なものになっていった．「革命教育課程」はもはや実施されることはなく，3 年に延長された通常の正科だけが教えられた．その後，ラグランジュ，ラプラス，ラクロワ (1765–1843) を含むフランスにおける最良の数学者たちは，みなこの学校で教授することになった．そして何人かはこの学校で用いるための教科書を執筆した．中でもラクロワは，算術，三角法，解析幾何学，総合幾何学，そして微分学，積分学の教科書を著した．これらの著作の大部分は，多数の版を重ね，何ヶ国語にも翻訳された．実際ラクロワの微分積分学の教科書は，1816 年に英語に翻訳され，イギリスやアメリカにヨーロッパ大陸における方法論をもたらすのに影響を与えたのである．

革命政府はフランスで技術教育の性格を変えた他に，フランスでの度量衡の規格化とメートル法の導入を行った（図 14.17 参照）．憲法制定議会は，1790 年 5 月に標準化を要求する最初の法案を可決した．そして次に，科学アカデミーはこの問題を考えるために委員会を組織した．ラプラス，ラグランジュ，およびモンジュもその一員だった．初めに勧告したことは，長さの単位として，数秒間の間に振れる振り子の長さにすることである．だが 1791 年 3 月までに，委員会は基準の長さとして，地球の大円の四分円を 1000 万分の 1 にした長さにすると決定した．なぜなら時間を利用するより，「自然な」ものだからである．議会はこの際，正確にこの長さを測定することができるように，パリの子午線の新しい測地線調査を可能にする法律を制定した．1 年後ラプラスの示唆で，長さの単位は「メートル」と名づけられた．長さの単位が設定されると，その単位に対して 10 進法による小分割や倍数を定めることになった．さらに面積と体積に対する測定は，長さを測定することで定義されるとした．かくして面積の基本単位，すなわち 1 辺 10 メートルの正方形は，「アール」と呼ばれることになった．同様に質量の基本単位（グラム）は，与えられた温度における 1 立方センチメートルの水の質量と定義された（図 14.18 参照）．

図 14.17
メートル法導入を記念してフランスで発行された切手．

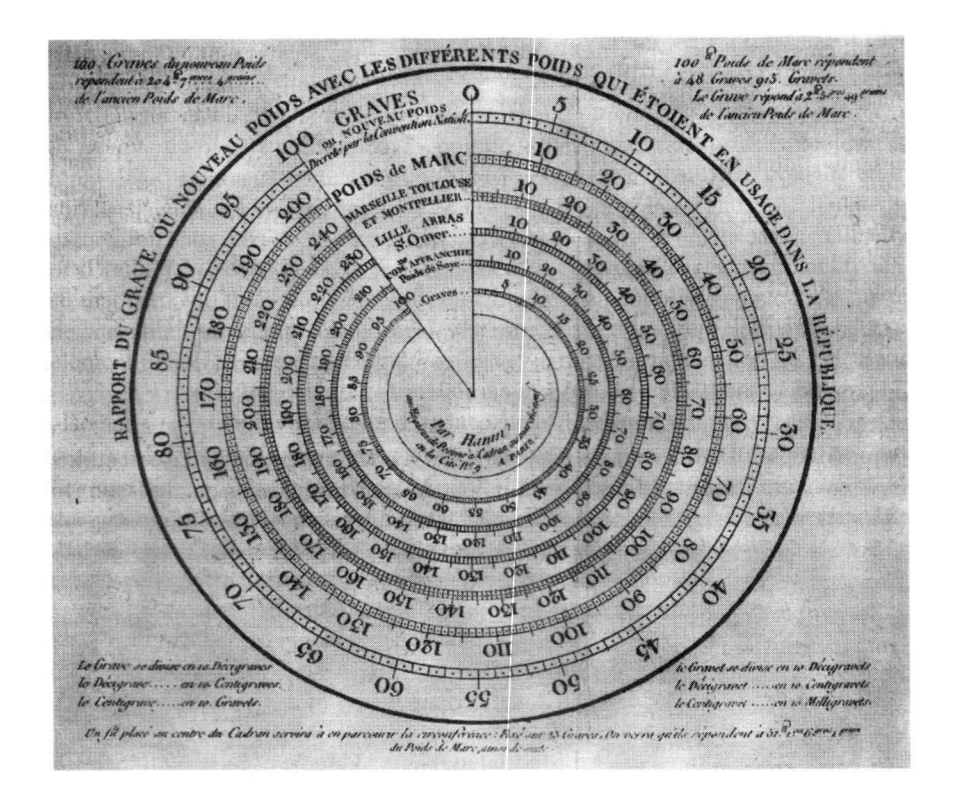

図 14.18
フランス度量衡臨時委員会の著作からの図（1793 年）．重さの旧基準から新基準への変換を与えている．重さの基本単位として，キログラムではなく，'grave'，あるいは 'nouveau poid' と称していることに注意．(出典：スミソニアン協会図書館，写真番号 89-8736)

委員会のメンバーはさらに改革を進めていった．重さに関連して，金銀の価値を通じてお金の単位を 10 進法化することや，角に対しては，四分円を 100 等分することによって，グラ (grads) という呼び名を与えた．最終的に彼らは，新測定基準を歴史の分野にまで広げるように，革命暦を設定しさえした．ラプラスは 1 ヶ月を 10 日ごとに分割し，1 年の終わりに 5 日間追加の休暇を設定したのだった．ラプラス自身は，こうした暦の 10 進法化は，解決することよりも，問題を多く引き起こしてしまうことに気づいていたのだった．なぜなら年数と日数が通約不可能であることは，あらかじめわかっていたことだったからである．興味深いことに重さと測量の 10 進法化は，次の世紀には実質的に全世界中に受け入れられたが，角度の 10 進法化も，暦も 12 年と続かなかった．

ナポレオン［・ボナパルト］は，1799 年にフランスの政権を握り，1806 年にグレゴリオ暦をフランスに復活させた．だが一方で，彼はフランスの重要な学者たちへの援助を惜しまなかった．とりわけモンジュは，1798 年にボナパルトとともにエジプトに遠征し，この皇帝の強力な後ろ盾となった．見返りに，彼は終身上院議員に指名され，またのちにはレジオン・ド・ヌール勲章受賞者，ペリューズ伯爵となった．ルジャンドル，ラグランジュ，そしてラプラスも同様の名誉を授けられた．ルジャンドルは帝国名誉騎士 (Chevalier de l'Empire) に指名され，他の者たちも爵位を得た．1815 年，ナポレオンの没落とともに，モンジュはすべての地位を失い，彼は残り 3 年の人生を，知的な職業から追放された中で過ごしたのだった．ラグランジュは 1813 年に亡くなった．だがラプラスやルジャンドルは，復古した王政と和睦し，彼らの研究の勢いを衰えさせることは

なかった．

14.5 アメリカ大陸における数学

18 世紀後半に起こったフランスの政治的動乱は，ある程度 1776 年の米国独立戦争に影響を与えられたものだった．だが一方でアメリカの数学は，フランスのレベルに遠く及ばなかった．独立時までに，のちに合衆国になる場所に九つのカレッジがあった．大部分は，イギリス国教会の牧師養成が第一の目的で設立されており，数学教授の多くが，同時に聖職者であった．そして彼らの主たる関心は，数学よりむしろ神学に向けられていた．したがって，その数学に関する教育水準は，当時のヨーロッパの大学に比べて一層低かった．一般に算術，単純な方程式の解法による代数学，基本的な幾何学，対数を使って平面三角形の問題解法を行う三角法，さらに測量調査や天文学への応用を含めた講義が履修可能だった．18 世紀の半ばまでには，少なくともハーヴァードとエールで流率法を学ぶ授業が提供され始めた．また数学を個人教授してもらうこともできた．1728 年から 1738 年までハーヴァードのホリス数学教授職に就いていたアイザック・グリーンウッド (1702–1745) は，1727 年までに流率法とライプニッツ流微分学の両方を，求めに応じて教えることができた．また航海術，測量法，機械学，光学，天文学も講義した．1729 年，彼はアメリカ人初の算術の著作を公刊した．だが一般にアメリカでは，相変わらずイギリスから輸入された教科書が用いられていた．

二つの科学協会がヨーロッパにある同様な組織をモデルにして，18 世紀中にアメリカに設立された．一つは，1743 年に設立のアメリカ哲学協会 (the American Philosophical Society) であり，もう一つは 1780 年に組織されたアメリカ学術科学アカデミー (the American Academy of Arts and Sciences) である．しかし後者のアカデミーの学会誌でさえ，当時のアメリカにおける数学の進展状況に関しては悲観的であった．その『紀要』(Memoirs) の最初の巻で，ある論説は公になった数学論文が，ほんのわずかの読者にしか関心を引くことがないと指摘している．また研究としてほとんど内容がなく，主として実践的な結果だけであると酷評していたのである．

18 世紀のアメリカでは研究の先端を行くような数学者など存在しなかったが，少なくとも，数学の重要性を評価していた著名な天文学者や測量家はいた．ジョン・ウインスロプ (1714–1779) は，40 年以上の長きにわたって．ハーヴァードのホリス数学教授職をつとめた人物である．彼はニュートン流の伝統に沿って，数学を教授していた．その内容は，「比の理論を伴った幾何学原論，代数学の諸原理，円錐曲線論，平面・球面三角法であった．最後の項目には，平面，立体の測量の一般的原理，地球儀の利用，プトレマイオス，ティコ・ブラーエ，そしてコペルニクスの異なる仮説に基づく天球の運動や諸現象の計算も含んでいた」[45]．デイヴィド・リッテンハウス (1732–1796) は，天文学者，時計作成者，測量家である．彼は多くの詳細な天文観測を手がけ，メイソン・ディクソン線の確立に貢献した．また彼は 2, 3 の数学論文も残しており，その中には正弦のベキの積分

伝　記

ベンジャミン・バネカー (Benjamin Banneker, 1731–1806)

　ベンジャミン・バネカー（図 14.19 参照）の父は解放された奴隷で，母は，元は英国から年季奉公に出され，アフリカの部族長の息子であった奴隷と結婚した者の娘だった．バネカーの祖母は，彼に読み書きを教え，冬の数カ月間，地方の小さな学校に通う手はずを整えた．だがメリーランドの束縛のない，アフリカ系アメリカ人農夫としての状況によって，彼は自分の才能を伸ばすことを許されなかった．けれども彼の技術的な才能は，人生の早いうちから表に現れ出てきて，22 歳までに正確な時計を組み立てた．それはほとんど木でできていたが，彼の死後まもなく火災に遭って壊れてしまうまで，作動し続けた程であった．だが一方で彼は，エリコット一家を含む隣人に恵まれ，その実業家で測量士の家から専門書やいくつかの科学機器を借りることができた．バネカーは，数学，測量，および天文学の諸原理を独学で修得した．1791 年，ワシントン大統領によってアンドリュー・エリコットが，コロンビア特別区の境界の調査活動に任命された．すると，バネカーは，エリコットを手伝うために招かれたのだった．この任務から戻ったあともバネカーは研究を続け，1792 年中に暦の編纂を成し遂げた．そこには太陽，月，および惑星の日ごとの位置や，日食，月食の時間と等級，太陽，月，ある恒星の出没，さらには潮汐表が含まれていた．バネカーの暦は好評を博し，彼は 1797 年まで，毎年同様のものを刊行し続けることができた．

図 14.19
アメリカの記念切手に描かれたバネカー．

を扱っているものがある．さらにベンジャミン・バネカー (1731–1806) は，学問の世界において最初に目立った活躍をしたアフリカ系アメリカ人である．彼は，1790 年代に一連の暦 (almanac) を刊行するために数学と天文学を独習した．

　また 18 世紀後半に数学の研究を様々な形で奨励した，二人の名士も忘れてはいけないだろう．ベンジャミン・フランクリン (1706–1790) は数学者ではなかったが，いろいろな文章を書くことやペンシルヴァニア大学の設立の際に影響力を行使することを通じて，数学研究を奨励した．彼はヨーロッパでも著名人であり，王立協会の会員であった．だからヨーロッパの科学界と，まだ駆け出しの合衆国の科学界との相互交流の開始に尽力することができた．もう一人の人物は，トーマス・ジェファーソン (1743–1826) である．彼は，ウイリアム 3 世，メアリー 2 世時代の英国で数学を学んだが，多くは独学でこの分野をものにし，フランス大使だった時期に，数学やその応用分野への新たな関心を広げていった．その結果，測量，天文，球面三角法，新しいメートル法といった分野において多くの論文を発表した．1799 年，モンティセロにあった自宅で記された書簡の中で，彼は数学の価値に関する自己の見解を表明している．

　　　三角法は，……あらゆる人々にとってたいへん有益なものである．日常生活の様々な目的のために，それに頼ることなしに過ごすことなどほどんどできないだろう．計算の学問は，また開平や開立に至るまで不可欠のものである．2 次方程式や対数の利用といった代数学は，しばしば普段の場合にも役立つ．しかしこれらの他にも，ただ暮らしの糧を得るた

めに職業に従事している者まで味わうことのない，本当にすばらしい贅沢がある．こうした観点から私は，円錐曲線，高次の曲線，そしておそらく球面三角法，2次元を超えた代数的操作，流率法を眺めているのである[46]．

だが18世紀末から19世紀へと時が流れても，アメリカは数学の「贅沢」を必要とはしなかったのである．

アメリカ大陸の他の地域では，数学への唯一の関心は相変らず実用的なものに留まっていた．たとえば，J. P. ドボネカン神父は，ケベックで水理学，測量法，天文学を含む応用数学を教えていた．リオ・グランデ川の南側では，ローマ教皇の決断によって，スペインとポルトガルとで南アメリカ大陸が分割され，そのため有能な測量家たちへの需要が南アメリカで高まった．アメリカ大陸で最初の数学上の著作は，1560年メキシコのフアン・ディーツ・フレイレによって著された『計算概要』(Sumario Compendioso de las Cuentas) である．この本は，様々なお金の問題に絡んで，金銀の交換に関する広汎な表を含んでおり，その表に関連する算術的問題や初等代数といった内容を含んでいた．また一般に，ラテンアメリカの他の場所における最初期の数学教科書は，非常に実用的な題材が載せられており，とくに軍事目的にとって役に立つものを含んでいた．植民地時代の間に，ラテンアメリカにいくつかの大学が設立されたが，数学はほとんど教えられることはなかった．19世紀になり，独立が果たされるときになってようやく，数学がそこで進展する見込みが生まれた．最終的には，リオ・グランデの北と南で，多くの学生が数学の基礎を習得し，その結果，ヨーロッパの数学は新世界でさらに発展可能になったのである，

練習問題

ヤーコプ・ベルヌーイの『推測術』に関連して

1. ベルヌーイ数 B_8, B_{10}, B_{12} を計算せよ．ただしベルヌーイ数の列を作るために，通常どおり $B_0 = 1, B_1 = -\frac{1}{2}$，かつ $B_k = 0$ (k は，1より大きい奇数) とする．

2. ベルヌーイの手法を用いて，4乗，5乗，10乗ベキに対して1からnまでの和を与える公式を作れ．そして10乗ベキに対して1から1000までの和の値が，

$$91{,}409{,}924{,}241{,}424{,}243{,}242{,}241{,}924{,}242{,}500$$

となることを示せ．ベルヌーイはこの値を，「4分の1時間の半分以内に計算した」(無論，計算機を用いずにである) と主張している．

3. ベルヌーイ数 B_i を，
$$\frac{x}{e^x - 1} = \sum_{i=0}^{\infty} \frac{B_i}{i!} x^i$$
と定める．このとき各 $i = 2, 4, 6, 8, 10, 12$ に対して B_i の値が，『推測術』，あるいは練習問題1で計算したものと同じ結果となることを確認せよ．

4. 大数の法則に関して，ベルヌーイがあげた例の計算を完成させよ．いま $r = 30, s = 20$ (したがって $t = 50$)，かつ $c = 1000$ とする．このとき，

$$nt + \frac{rt(n-1)}{s+1} > mt + \frac{st(m-1)}{r+1}$$

が成り立つ．ただし m, n は以下を満たす整数である．

$$m \geq \frac{\log c(s-1)}{\log(r+1) - \log r},$$

かつ

$$n \geq \frac{\log c(r-1)}{\log(s+1) - \log s}.$$

この場合において，必要な試行の回数は，$N = 25{,}550$ であることを確認せよ．

5. ベルヌーイの公式を用いて，練習問題4で求めた以上のより大きな確実性を求めるとする．たとえば $c = 10{,}000$ とするならば，必要な試行の回数が，$N = 31{,}258$ となることを示せ．

6. a をある試行において,望んでいた結果が現れる確率とする.$b = 1 - a$ はそうならない確率である.その試行が 3 回繰り返されるとき,成功する回数を S(ただし $S = 3, 2, 1, 0$)とするとき,それぞれ $P(S=3) = 1a^3$, $P(S=2) = 3a^2 b$, $P(S=1) = ab^2$, $P(S=0) = 1b^3$ となることを示せ.

7. 練習問題 6 を n 回の試行の場合に一般化せよ.r 回成功する確率が,$P(S=r) = \binom{n}{n-r} a^r b^{n-r}$ となることを示せ.

8. 練習問題 7 の結果を,$a = 1/3, b = 2/3, n = 10$ として $P(4 \leq S \leq 6)$ を計算せよ.

ド・モアブルに関連して

9. ある試行において望んでいる結果が出る確率が,1/10 であるとする.最低限 1 回それが起きる見込みが五分五分になることを確認するために,果たして何回の試行を繰り返す必要があるか?これをド・モアブルによる正確な計算法と近似法の両方で計算せよ.

10. 三つのサイコロを投げて,三つとも 1 の目が出る見込みが五分五分となることを確認するために,一体何回サイコロを振ることが必要か?

11. あるくじ引きがある.「はずれくじの数」対「当たりくじの数」の比率が,$39 : 1$ になっているとする.このときあたりくじを引いて,賞品をもらえる見込みが五分五分となるためにはくじを一体何枚買えばよいか?

12. ド・モアブルの著作にあった問題 3 のやりかたを,同じ著作中の問題 4 を解くために一般化せよ.すなわち,a を任意の 1 回の試行で,ある事象が起きる確率,b はその反対に起きない確率とする.このとき,ある事象が 2 回起きることを,同じくらい確からしくするためには,一体何回試行を重ねればよいかを見出すことである(ヒント:$b^x + xab^{x-1}$ は,その事象が 1 回よりも多く起きない場合の数を表す.他方,$(a+b)^x$ はすべての場合の数を表す).$a : b = 1 : q$,ただし q は十分大きいとしたときの解を近似せよ.そして $x \approx 1.678q$ であることを示せ.

13. ド・モアブルが比 $\binom{n}{n/2} : 2^n$ を導いた際に行った,列 1,列 2,列 3 の和の計算は,それぞれ以下のように書くことができることを示せ.

$$\text{列 1} = \frac{s^2 + s}{m},$$

$$\text{列 2} = \frac{\frac{1}{2}s^4 + s^3 + \frac{1}{2}s^2}{3m^3},$$

$$\text{列 3} = \frac{\frac{1}{3}s^6 + s^5 + \frac{5}{6}s^4 - \frac{1}{6}s^2}{5m^5}.$$

列 4 に対しても同様な結果を求めよ.

14. 練習問題 13 で計算した各列の最高次の項を加えると次が得られることを確認せよ.

$$s \left(\frac{s}{m} + \frac{1}{2 \cdot 3} \frac{s^3}{m^3} + \frac{1}{3 \cdot 5} \frac{s^5}{m^5} + \frac{1}{4 \cdot 7} \frac{s^7}{m^7} + \cdots \right).$$

このとき $x = s/m$ とすると,以下のようになる.

$$s \left(\frac{2x}{1 \cdot 2} + \frac{2x^3}{3 \cdot 4} + \frac{2x^5}{5 \cdot 6} + \frac{2x^7}{7 \cdot 8} + \cdots \right).$$

また括弧内の級数は,

$$\log \left(\frac{1+x}{1-x} \right) + \frac{1}{x} \log(1 - x^2)$$

と有限項で表され,よって元の級数は,

$$mx \log \left(\frac{1+x}{1-x} \right) + m \log(1 - x^2)$$

となることを示せ.一方,$s = m - 1$(あるいは $mx = m - 1$)であるので,練習 13 の各列の最高次の項の和は,

$$(m-1) \log \left(\frac{1 + \frac{m-1}{m}}{1 - \frac{m-1}{m}} \right)$$
$$+ m \log \left[\left(1 + \frac{m-1}{m} \right) \left(1 - \frac{m-1}{m} \right) \right].$$

となり,さらにこれは,$(2m-1) \log(2m-1) - 2m \log m$ に等しいことを確認せよ.

15. 練習問題 13 で,各列の 2 番目に次数の高い項の和は,

$$\frac{s}{m} + \frac{s^3}{3m^3} + \frac{s^5}{5m^5} + \frac{s^7}{7m^7} + \cdots.$$

となること,またこのとき,$s = m - 1$ より,

$$\frac{1}{2} \log \left(\frac{1 + \frac{s}{m}}{1 - \frac{s}{m}} \right), \qquad \text{すなわち} \qquad \frac{1}{2} \log(2m - 1)$$

に等しくなることを示せ.

16. ド・モアブルの以下の結果を導け.

$$\log \left(\frac{Q}{M} \right) \approx -\frac{2t^2}{n}, \quad \text{または同等なことだが,}$$

$$\log \left(\frac{M}{Q} \right) \approx \frac{2t^2}{n}.$$

(ヒント:本文 14.1.2 項の $\log \left(\frac{Q}{M} \right)$ の展開において,最初の二つの対数の項にある変数を m で割れ.そして式を整理して,残った対数項を各々ベキ級数展開して,最初の 2 項で置き換える)

ベイズに関連して

17. ベイズの定理を用いて，$P(r < x < s | X = n-1)$ をはっきりとした形に計算せよ．とくに，白黒の球が入っている壺があり，その両者の個数の比率は未知である場合を考える．そして 10 個の白球，1 個の黒球を取り出したとする．もし今，この未知の白黒の球の含まれる比率を 7/10 より大きいと推測するならば，それが正しい推測となる確率はどれだけになるか？

18. 確率が未知の事象が，続けて n 回起きたとする．このときこうした出来事が，また再び起きる機会が五分五分である見込みは，$2^{n+1} - 1$ 対 1 の比率になることを示せ．

19. 壺の中に白黒，二つの球が入っている．その中から一つを取り出し，また壺の中に戻してから次の球を取ることにする．このとき，最初に 2 回，白球が取り出されたときに，3 回目も白球になる確率を求めよ．

年金とくじ引きに関連して

20. ド・モアブルは，死亡表の考察から，少なくとも 10 歳以上の k 歳の人が，1, 2, 3, ... 年生きる確率は，$\frac{n-1}{n}$, $\frac{n-2}{n}$, $\frac{n-3}{n}$, ... で近似されることを見出した．ただし $n = 86 - k$ であり，これをド・モアブルは，余人生 (complement of life) と呼んだ．ある k 歳の人の 1 年あたり 1 ポンドの年金が，利率 r であるとき，現在の価値が，

$$\frac{n-1}{n(1+r)} + \frac{n-2}{n(1+r)^2} + \frac{n-3}{n(1+r)^3} + \cdots$$

で与えられることを示せ．

21. $P = \sum_{m=1}^{n} \frac{1}{(1+r)^m}$ を，n 年間にわたって 1 年に 1 ポンドずつ支払う年金が持っている現在の価値とする．ただし r は，利率とする．k 歳の人の生涯年金の現在の価値が，練習問題 20 と同じ仮定と記号のもとで，

$$A = \frac{1 - \frac{(1+r)P}{n}}{r}$$

で与えられることを示せ．また利率 5% で 1 年に 1 ポンドずつ，36 年間支払う年金が持っている現在の価値は，16.5468 となることを示せ．そして 50 歳の人の 1 年あたり 1 ポンドの年金が，現在持っている価値を計算せよ．

22. 18 世紀後半にフランスの王家が催した宝くじでは，90 個の球が入った中から，5 個の数字が書かれた球をランダムに取り出していた．もともとそのくじ引きをする人は，1 個，2 個，3 個の数字の組を予想して券を買うことができた．その後，4 個，5 個，または引く順番に応じて与えられる数字の組を記した券を買うようになっていった．このくじで，1 個，2 個，3 個の数字の組があたる見込みが，それぞれ 17 : 1，399.5 : 1，11747 : 1 の比率であること示せ．この賭けの配当金は，それぞれ 15 フラン，270 フランと 5500 フランだった．

ニュートン『普遍算術』に関連して

23. 3 人の労働者がいる．A は，3 週間で与えられた仕事を一回こなす．B は，8 週間で 3 回，C は 12 週間で 5 回こなすとする．この 3 人が一緒に働くと，この仕事 1 回分は一体どれくらいで終わるか？

24. 12 頭の牛は，4 週間で $3\frac{1}{3}$ エーカーの牧草を食べ，21 頭の牛は，9 週間で同じ牧草地の 10 エーカーの牧草を食べる．このとき 36 エーカーの牧草を 18 週間で食べ終えるには，何頭の牛がいればよいか？

25. 周の長さが a，面積が b^2 の直角三角形が与えられたとき，その斜辺の長さを求めよ．

マクローリン『代数学論考』に関連して

26. ロンドンとエディンバラ間の距離を 360 マイルとする．エディンバラからロンドンに向けて，毎時 10 マイルで走る飛脚と，反対にロンドンからエディンバラに向かって，毎時 8 マイルで走る飛脚が同時に出発する．彼らはどこで出会うだろうか？

27. 三つの未知数を持つ，3 個の連立方程式に対するクラメルの公式を，二つの未知数を持つ 2 個の連立方程式の場合から導け．すなわち，連立方程式

$$ax + by + cz = m,$$
$$dx + ey + fz = n,$$
$$gx + hy + kz = p$$

が与えられたとき，それぞれの方程式を y, z を用いて x について解き，それからこれらの変数の二つの方程式を立て，今度は z に関して解け．最終的に，z の値を代入することよって y と x を決定せよ．

28. 一緒に食事をしているある一団の支払いが 175 ドルになったとする．ところが，二人はお金を出すことができなかった．そこで残りの人で等分に支払うことにして，みなが等分に支払った場合より一人あたり 10 ドルずつ余分に払うことになった．果たしてこの一団は何人いるか？

オイラーの『代数学入門』に関連して

29. 代数的な規則 $\sqrt{a}\sqrt{b} = \sqrt{ab}$ は，$\sqrt{-1}\sqrt{-4} = -2 \neq \sqrt{(-1)(-4)}$ となってしまうことと，どのように折り合いをつけたらよいか？オイラーは，なぜこうした過ちを犯してしまったか，その理由を考えよ．

30. 男女 20 人が居酒屋で食事をしている．一人当たりの支払いは，男 8 ドル，女 7 ドルであり，全員で 145 ドル払った．このとき男女それぞれの人数を求めよ．

31. 馬を一頭何クラウンかで買った仲買人がいた．彼は，それを 119 クラウンで誰かに売りさばいた．このとき彼は，

この馬を買った金額と同じパーセントの利益を得た．彼が，この馬を買ったときの金額はいくらだったか？

32. 3人の兄弟がブドウ畑を100ドルで購入した．末の弟が言うには，「2番目の兄貴が，彼の持っているお金の半分を俺にくれたなら，一人で全額支払えたのに」．2番目の弟が言うには，「一番上の兄貴が，彼の持っているお金の3分の1を俺にくれていたら，一人でこのブドウ畑を買えたのに」．最後に一番上の兄が言うには，「一番下の弟が，持っている金額の4分の1だけくれれば，全額一人で支払ったのに」．この兄弟は，それぞれいくらお金を持っていたのだろうか？

33. 13を法とする $1, 5, 5^2, \ldots$ の異なる剰余 $1, \alpha, \beta, \ldots$ を計算せよ．このとき，その5のベキ列の剰余に現れなかった数 x を13の剰余全体の中から拾い出して，$x, x\alpha, x\beta, \ldots$ の剰余類を決定せよ．さらに非剰余を取り出して，剰余類を決定せよ．この操作を13を法とする0でない12通りの全剰余の集合を，5のベキの剰余類と，重複しない別のいくつかの部分集合に分割できるまで続けよ．

34. 13を法とする平方剰余を決定せよ．

35. -1 が，素数 q に対して平方剰余となる必要十分条件は，$q \equiv 1 \pmod 4$ であることを証明せよ．

ラグランジュに関連して

36. n が素数のとき，方程式 $x^n - 1 = 0$ の根は，すべて $\alpha \neq 1$ である任意の根 α のベキで表すことができることを示せ．

37. x_1, x_2 を2次方程式 $x^2 + bx + c = 0$ の二つの根とする．$t = x_1 + x_2$ は，この二つの根に対する置換に関して不変であり，他方 $\nu = x_1 - x_2$ は，異なる二つの値を持つ．だから ν は，t に関する2次方程式を満たさなければならない．この方程式を見出せ．同様に，x_1 は $x_1 - x_2$ を不変にする置換に対して不変である．したがって，$x_1 - x_2$ の有理式で表される．その有理式を求めよ．またその有理式や，それが満たす方程式を用いて，元の方程式を「解け」．

38. 3次方程式 $x^3 - 6x - 9 = 0$ の根，x_1, x_2, x_3 を求めよ．$x = y + 2/y$ とするとき，y が満たす6次方程式を，ラグランジュの手続きを使って見つけよ．またこの方程式の6個の解をすべて求めよ．いま ω を方程式 $x^3 - 1 = 0$ の虚数解とし，(x', x'', x''') を (x_1, x_2, x_3) の置換とするとき，その6個の解を $\frac{1}{3}(x' + \omega x'' + \omega^2 x''')$ のように直接的な形で表せ．

クレロー，オイラー，モンジュの幾何学に関連して

39. クレローは積分法を利用し，すなわち $ds = \sqrt{dx^2 + dy^2 + dz^2}$ の積分によって空間曲線の長さを求める方法を進展させた．二つの円柱 $ax = y^2$ と $(9/16)az^2 = y^2$ の交わりによって与えられる曲線の，原点から (x_0, y_0, z_0) までの長さを，この結果を利用して求めよ．

40. 二つの円柱 $x^2 - a^2 = y^2$, $y^2 - a^2 = z^2$ の交わりによって定義される曲線に対する接線影，接線を，クレローの方法を用いて計算せよ．

41. 式 $ax = y^2, by = z^2$ で定義された曲線上の点 P から，xz 平面へ引いた垂線の長さを計算せよ．ただし，この垂線は，曲線に対する接線影と接線によって定義される平面に垂直とする．

42. 平面 $\alpha x + \beta y + \gamma z = a$ と xy 平面とがなす角 θ は，$\cos\theta = \gamma/\sqrt{\alpha^2 + \beta^2 + \gamma^2}$ で与えられることを証明せよ．この平面と他の二つの座標平面 xz 平面，yz 平面とがなす角の余弦も求めよ．

43. $\beta\frac{\partial z}{\partial x} - \alpha\frac{\partial z}{\partial y} = 1$ のとき，$z = \alpha y - \beta x + \gamma$ は，曲面 $z = f(x, y)$ に垂直であることを示せ（平面がその曲面に対する法線を含んでいることを示せ）．

44. 点 (x_0, y_0, z_0) を通る，平面 $Ax + By + Cz + D = 0$ に対する法線を見出せ．

45. 面 $z = f(x, y)$ に対する法線の方程式に関するモンジュの公式を，現代的な直線のベクトル方程式に書き換えよ．

46. いくつかの領域を結んだ一つらなりの橋を通る「オイラーの経路」（おのおのの橋をちょうど一回通る経路）は，奇数個の橋でつながれている領域が二つ，もしくは全くない場合に，つねに可能となることを示せ．

47. 図14.20の状況でオイラーの経路を作図せよ．

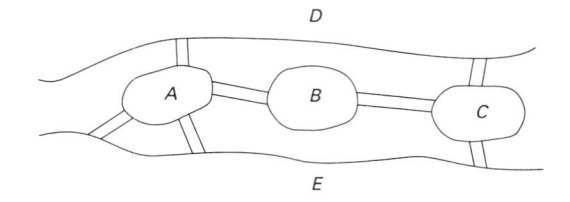

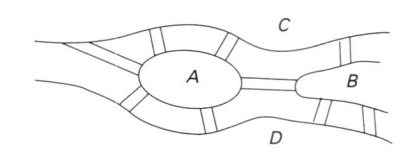

図 14.20
橋の経路の問題

バネカーのノートブックに関連して

48. ベンジャミン・バネカーは，数学的なパズルを解くのが好きで，彼のノートにたくさん記していた．中には，古くからある「百鶏問題」について，彼なりの改作問題も含まれていた．一人の紳士が，彼の召使いに100ポンドを手渡し，100頭の家畜を買ってくるように申しつけた．ただし雄牛は1頭につき5ポンド，雌牛は1頭につき

20 シリング，羊は 1 頭につき 1 シリングであるとする（20 シリングが，1 ポンドであることに注意せよ）．この召使いは，彼の主人のもとへ，一体何頭の家畜を連れて帰ることができたか？ 47

49. 60 を四つの数に分割することを考える．ただし第一の数に 4 を足し，第二の数から 4 を引き，第三の数に 4 を掛け，第四の数を 4 で割るとすべて同じ数になるように分割するにはどのようにしたらよいか．

50. 60 フィートの長さのはしごが，いま道路に沿った建物の，高さ 37 フィートの窓のところにかけられている．それを一番下の支えを動かさずに，反対側の建物の高さ 23 フィートの窓のところにかけ替えることができるという．この道路の幅は何フィートか？

議論に向けて

51. いわゆる「サンクト・ペテルブルグのパラドックス」は，18 世紀の確率論に係わった数学者たちの間で議論された話題である．このパラドックスは，二人で行われる以下のようなゲームの中で生じる．プレーヤー A は，裏側が出るまでコインをはじく．1 回目に裏側が出た場合に，プレーヤー B は A に 1 ルーブルを払う．2 回目に出た場合に，2 ルーブルを，3 回目に出た場合には，4 ルーブルを払う．…以下，n 回目に裏が出る場合に，B は A に 2^{n-1} ルーブル支払うことにする．このとき，「A は B にプレー代としてどれだけ支払えばよいか？」という問題である．まず A の期待値，すなわち，このゲームのそれぞれの結果によって支払われる額と，その各結果が生じる確率との積の和が，

$$\sum_{i=0}^{\infty} \frac{1}{2^i} 2^{i-1}$$

となることを示せ．ところが，この和は無限大に発散してしまうことを確認せよ．次に，このゲームを 10 回行ったとき，支払われる金額の平均を求めよ．この場合に，なぜ期待値の概念が崩れてしまうのだろうか？

52. ベイズの定理を導き，その有効性を議論できるような統計の授業を考えよ．

53. マクローリンの技法を用いて，クラメルの公式を求める代数の授業を考えよ．

54. 和算家，関孝和による行列式の発見をレポート課題にせよ．

55. マクローリンとオイラーの教科書の中にある，符号のついた数の積に対する扱いを比較せよ．各々どんな算術法則を想定しているだろうか？

56. クレローの幾何学教育に関する「自然な方法」は，本当に教育的に穏当なものだろうか？ユークリッドが，『原論』の中で主張したと考えられる総合的方法と比較せよ．

57. 曲面に対する接平面を表す方程式を導いたモンジュの研究を利用する 3 次元解析幾何学の授業を考えよ．

参考文献と注

11 章で引用したハッキングやデイヴィドの本を含めて，確率論，統計学の初期の歴史に関する有益な著作がいくつかある．確率論における先駆者たちの数学的貢献を詳細に論じたものとして，初期の研究書 I. Todhunter, *A History of the Mathematical Theory of Probability from the Time of Pascal to that of Laplace* (London: Macmillan, 1865) をあげることができる［邦訳，安藤洋美訳『確率論史：パスカルからラプラスの時代までの数学史の一断面』現代数学社，2002$_2$］．また確率論研究も含んだ統計学の初期の発展については，Stephen M. Stigler, *The History of Statistics* (Cambridge: Harvard University Press, 1986) や，Anders Hald, *A History of Probability and Statistics and Their Applications before 1750* (New York, etc. : John Wiley & Sons, 1990) が参考になる．さらに確率論の背景にある概念の形成に関して，より哲学的観点からの分析は，Lorraine Daston, *Classical Probability in the Enlightenment* (Princeton: Princeton University Press, 1988) に見ることができる．代数学の歴史に関して，以下の著作は 18 世紀を扱った章を含んでいる．Luboš Nový, *Origins of Modern Algebra* (Prague: Academia Publishing House, 1973), Hans Wussing, *The Genesis of the Abstract Group Concept* (Cambridge, MIT Press, 1984), B. L. van der Waerden, *A History of Algebra* (New York: Springer-Verlag, 1985)［邦訳，加藤明史訳『代数学の歴史：アル－クワリズミからエミー・ネターへ』現代数学社，1994］, Helena M. Pycior, *Symbols, Impossible Numbers, and Geometric Entanglements* (Cambridge: Cambridge University Press, 1997). 非ユークリッド幾何学の歴史に関する標準的な研究書は，Roberto Bonola, *Non-Euclidean Geometry, A Critical and Historical Study of its Development*, translated by H. S. Carslaw (New York: Dover, 1955) である［さらにわが国における代表的研究者として，近藤洋逸『幾何学思想史』佐々木力編『近藤洋逸著作集』第 1 巻，日本評論社，1994 所収をあげることができる］．より近年の著作で，とくにサッケーリとランベルトについての話題を含んだものとして，Jeremy Gray, *Ideas of Space: Euclidean, Non-Euclidean and Relativistic* (Oxford: Clarendon Press, 1989), Boris A. Rosenfeld, *A History of Non-Euclidean Geometry: Evolution of the Concept of a Geometric Space*, translated by Abe Shenitzer (New York: Springer-Verlag, 1988) がある．この話題に関する簡明な概説として，Jeremy Gray, "Non-Euclidean Geometry—A Re-interpretation," *Historia Mathematica*

6 (1979), pp. 236–258 がある．最後に，微分幾何学の歴史を全般的に概説したものに，Dirk J. Struik, "Outline of a History of Differential Geometry," *Isis* 19 (1933), pp. 92–120 がある．18 世紀の話題も含めて，解析幾何学の歴史については，Carl Boyer, *History of Analytic Geometry* (New York: Scripta Mathematica, 1956) に説明してある．

1. ヤーコプ・ベルヌーイ『推測術』第 4 部より．*Die Werke von Jakob Bernoulli*, herausgegeben von Der Naturforschenden Gesellschaft in Basel (Basel: Birkhäuser, 1975), Band. 3, S. 248, James Newman, ed., *The World of Mathematics* (New York: Simon and Schuster, 1956), vol. 3, 1452–1455, p. 1452 [原文では，英訳のみ言及されている．だが可能な限り一次文献の該当箇所をあげ，それを英訳より先に示す]．
2. 同上，Newman, p. 1453.
3. これらの公式や関連する話題は，ヤーコプ・ベルヌーイ『推測術』第 2 部に現れる．*Die Werke von Jakob Bernoulli*, Band. 3, pp. 164–167, D. J. Struik, *A Source Book in Mathematics, 1200–1800* (Cambridge: Harvard University Press, 1969), 316–320. またこの『推測術』全般に関しての概観は，Ian Hacking, "Jacques Bernoulli's Art of Conjecturing," *British Journal for the History of Science* 22 (1971), 209–229 に与えられている．
4. Stigler, *History of Statistics*, pp. 66–70 を参照のこと．また以下も同様に参考になる．O. B. Sheynin, "On the Early History of the Law of Large Numbers," *Biometrika* 55 (1968), 459–467, reprinted in E. S. Pearson and M. G. Kendall, *Studies in the History of Statistics and Probability* (London: Griffin, 1970), 231–240, Karl Pearson, "James Bernoulli's Theorem," *Biometrika* 17 (1925), 201–210.
5. 18 世紀における保険，年金，宝くじに関するより詳細な議論は，Daston, *Classical Probability*, chapter 3 を参照のこと．
6. Abraham De Moivre, *The Doctrine of Chances*, 3rd ed. (1756), (New York: Chelsea, 1967), p. 36. このリプリント版は，多くの問題や例を含んでいて熟読に値する．ド・モアブルに関するより詳しい情報は，H. M. Walker, "Abraham de Moivre," *Scripta Mathematica* 2 (1934), 316–333 and in Ivo Schneider, "Der Mathematiker Abraham de Moivre (1667–1754)," *Archive for History of Exact Sciences* 5 (1968), 177–317 に見ることができる．
7. De Moivre, 同上，p. 37.
8. 同上，p. 242.
9. Stigler, *History of Statistics*, p. 76 からの引用．
10. De Moivre, *Doctrine of Chances*, p. 246.
11. 同上，p. 248.
12. Thomas Bayes, "An Essay towards solving a Problem in the Doctrine of Chances," reprinted with a biographical note by G. A. Barnard in E. S. Pearson and M. G. Kendall, *History of Statistics and Probability*, 131–154, p. 136.
13. 同上，p. 139.
14. 同上，p. 140.
15. 同上，p. 143.
16. 同上．ここで引用した内容は，ベイズの定理が適用される種々の状況についてと同様に，文献の中で様々な議論を呼び起こした．この事柄を分析した最近の二つの論文を参考にあげる．Stigler, *History of Statistics*, pp. 122–131, Donald A. Gillies, "Was Bayes a Bayesian?," *Historia Mathematica* 14 (1987), 325–346.
17. Isaac Newton, *The Mathematical Papers*, vol. V, p. 65.
18. 同上，p. 73.
19. 同上，p. 137.
20. 同上，p. 141.
21. Colin Maclaurin, *A Treatise of Algebra in Three Parts*, 1st ed. (London, 1748), Part 1, p. 1.
22. 同上，Part 2, p. 138.
23. Leonhard Euler, *Vollständige Anleitung zur Algebra*, in *Opera omnia* (1), Vol. 1, p. 10, または *Elements of Algebra*, translated from the *Vollständige Anleitung zur Algebra* by John Hewlett (New York: Springer-Verlag, 1984), p. 2. この英訳版は，1840 年に刊行された最初の英訳をリプリントしたものであり，トルーズデルによる解説を含んでいる．またこの本の中に収められた多くの問題や，巧妙な解法は注意深く読むに値するものである．
24. 同上，p. 211, Hewlett, p. 186.
25. 同上，pp. 17–18, Hewlett, p. 7.
26. 同上，pp. 55–56, Hewlett, p. 43.
27. 同上，p. 107, Hewlett, p. 91.
28. 同上，pp. 107–108, Hewlett, p. 91–92.
29. 同上，p. 446, Hewlett, p. 413.
30. Euler, "Sur une contradiction apparente dans la doctrine des lignes courbes," *Mémoires de l'Académie des Sciences de Berlin* 4 (1750), 219–223 = *Opera Omnia* (3) vol. 26, 33–45. Jean-Luc Dorier, "A General Outline of the Genesis of Vector Space Theory," *Historia Mathematica* 22 (1995), 227–261, p. 230 も参照のこと．
31. Alexis-Claude Clairaut, *Eléments de géométrie* (Paris, 1741), preface.
32. Girolamo Saccheri, *Euclides Vindicatus*, translated by G. B. Halstead (New York: Chelsea, 1986), p. 9. このチェルシーから出版されたリプリント版は，1920

年の最初の英訳版にポール・ステッケル，フリードリッヒ・エンゲルが注記を添えたものである．サッケーリの考えを概観したものとしては Louis Kattsoff, "The Saccheri Quadrilateral," *Mathematics Teacher* 55 (1962), 630–636 を見よ．

33. Saccheri, 同上, p. 117.
34. 同上, p. 169.
35. 同上, p. 173.
36. John Fauvel and Jeremy Gray, eds., *The History of Mathematics: A Reader* (London: Macmillan, 1987), 517–520, p. 517. この資料集には，ランベルトの『平行線の理論』からの部分訳（英語）を含んでいる．ランベルトに関しては，さらに J. J. Gray and L. Trilling, "Johann Heinrich Lambert, Mathematician and Scientist," *Historia Mathematica* 5 (1978), 13–41 も参照のこと．
37. Fauvel and Gray, 同上.
38. 同上, p. 520.
39. Alexis Claude Clairaut, *Recherches sur les courbes à double courbure* (Paris: Quillau, 1731), p. 39.
40. Leonhard Euler, "Methodus facilis omnia symptomata linearum curvarum non in eodem plano sitarum investigandi," *Acta Acad. Sci. Petrop.* 1 (1782), 19–57 = *Opera* (1) 28, 348–381.
41. Leonhard Euler, "Recherches sur la courbure des surfaces," *Mem. de l'Academie des Sciences de Berlin* 16 (1760), 119–143 = *Opera* (1) 28, 1–22.
42. Boyer, *Analytic Geometry*, pp. 205–206 に引用されている．
43. Norman L. Biggs, E. Keith Lloyd, Robin J. Wilson, *Graph Theory: 1736–1936* (Oxford: Clarendon Press, 1986), p. 6. この著作には，オイラー「ケーニヒスベルクの七つの橋」問題についての論考の全訳が含まれている．
44. Janis Langins, *La République avait besoin de savants* (Paris: Belin, 1987), p. 123. この著作は，エコール・ポリテクニクの初年度に関する詳細な研究書で，多くの関連する文書のコピーも掲載されている．
45. Dirk J. Struik, "Mathematics in Colonial America," in Dalton Tarwater, ed., *The Bicentennial Tribute to American Mathematics: 1776–1976* (Washington: Mathematical Association of America, 1976), 1–7, p. 3 に引用されている．
46. David Eugene Smith and Jekuthiel Ginsburg, *A History of Mathematics in America before 1900* (Chicago: Mathematical Association of America, 1934), p. 62 に引用されている．
47. バネカーの生涯や業績，および関連する文書や，ここでとりあげた問題については，Silvio A. Bedini, *The Life of Benjamin Banneker* (New York: Scribner's, 1972) を参照のこと．

18世紀の確率論，代数学，幾何学の流れ

????–1708	関孝和	行列式
1642–1727	アイザック・ニュートン	普遍算術
1654–1705	ヤーコプ・ベルヌーイ	組合せ論，確率論
1667–1733	ジロラモ・サッケーリ	非ユークリッド幾何学
1667–1754	アブラハム・ド・モアブル	確率論，正規曲線
1698–1746	コリン・マクローリン	代数学の教科書，クラメルの公式
1702–1745	アイザック・グリーンウッド	ハーヴァード大学教授
1702–1761	トーマス・ベイズ	確率論，ベイズの定理
1707–1783	レオンハルト・オイラー	代数学，数論，幾何学，位相幾何学
1713–1765	アレクシス・クロード・クレロー	幾何学，空間曲線
1714–1779	ジョン・ウィンスロプ	ハーヴァード大学教授
1728–1777	ヨハン・ハインリヒ・ランベルト	非ユークリッド幾何学
1731–1806	ベンジャミン・バネカー	測量，暦
1732–1796	デイヴィド・リッテンハウス	天文学，測量，時計作成
1736–1813	ジョセフ・ルイ・ラグランジュ	方程式論
1746–1818	ガスパール・モンジュ	解析幾何学，微分幾何学
1749–1827	ピエール・シモン・ド・ラプラス	統計的推論
1752–1833	アドリアン・マリー・ルジャンドル	数論
1765–1843	シルヴェストル・フランソワ・ラクロワ	教科書

Chapter 15

19世紀の代数学

「与えられた整数はいつでも素因数へと一意的に分解できるという実整数の素晴らしい性質を，（円分体の）複素整数が持っていないのは，大変残念なことである．複素整数もそのようであれば，多くの困難のもとに今だに取り組まれているこの全体理論が，容易に解決され，何らかの結論が得られるだろう．このため，われわれの考えている複素整数は不完全と思われるし，この基本的な性質に関しては実整数との類似を保っているような……別種の複素数が見出されるのではないかという問題が出てくる．」
（エルンスト・クンマー，「1のベキ根と実整数によって作られる複素数について」 ("De numeris complexis, qui radicibus unitates et numerisintegris realibus constant") 1847年 [1]

ある秋の日の午後遅く，ウィリアム・ロウワン・ハミルトンは四元数を発見した．のちに彼は，息子に宛てた手紙のなかで以下のように記している：「（1843年，10月）16日のことだった．その日はたまたま月曜日で，アイルランド王立アカデミーの会合の日だったので，議長として出席するべく，私はそこへ歩いて向かっていた．おかあさん[ハミルトンの妻]と一緒に，ロイヤル運河に沿って歩いていた……おかあさんにはときどき話しかけていたのだが，心の底には**思考の流れ**が続いていて，ついにある**結果**をもたらしたのだ．その重要性を，私は**即座**に感じとったといっても過言ではない．**電気回路**が閉じたようだった．そして，火花が散った．……ブルーム橋の石の上にナイフで削りつけたいという衝動——いささか理性を欠いていたのだろうが——を押さえつけることができなかった……あの**問題**の**答え**を含んでいる，記号 i, j, k の基本公式，すなわち

$$i^2 = j^2 = k^2 = ijk = -1,$$

がわかったのだ」[2]．

1800年には，代数学とは方程式を解くことであった．1900年までには，この述語は，様々な数学的な構造，すなわちある特定の公理を満たす明確に定義された演算を伴う要素の集合[*1]の研究という意味を含むようになっていった．本章に

[*1] 集合論の創成期を扱う第15章から第18章にかけて，翻訳上問題となったのは，set, system という単語である．原著では，それぞれの数学者の用法にしたがって，これらの単語がおかれている．英語では，こ

おいて探求するのは，代数学の概念についてのこのような変化である．

19世紀は，カール・フリードリヒ・ガウスの『数論研究』の登場とともに始まった．「数学のプリンス」は，ここで，2次の相互法則のみならず，群や行列の初期の例を与えている［ことがあとになってわかるような］様々な新しい概念を導入し，数論の基礎を論じた．ガウスの高次相互法則の研究は，直ちに，いわゆるガウス整数，a, b を整数として，$a + bi$ の形で表された複素数，の研究へと進んでいった．エルンスト・クンマーは，ガウス整数の性質を他の数体での整数にまで拡張しようとして，たとえば素因数分解の一意性のような，整数の最も重要な性質がそこでは成りたたないことに気づいた．「素」という術語に妥当な新しい意味を持たせることに加えて，一意性を回復させるために，クンマーは，1846年までには，彼が「理想的な複素数」と呼んだ概念を作り出した．これを研究することによって，リヒャルト・デデキントは，1870年代に代数的整数環での「イデアル」を定義するに至った．これらイデアルは，素因子分解が一意的であるという性質を持っていた．

ガウスの『数論研究』における円分方程式の解法に関する研究は，1815年のオーギュスタン・ルイ・コーシーによる置換の詳細な研究とともに，5次以上の代数方程式に関する問題を解決するための新たな試みを助けることになった．5次あるいはそれ以上の一般方程式は根号を使って解くことが不可能なことを最終的に証明したのは，ニルス・ヘンリック・アーベルであった（1827年）．その後直ちに，エヴァリスト・ガロアは，代数方程式と根の置換がなす群との関係の概略を示した．その関係を完全に論じれば，方程式の可解性の問題は方程式に伴う群の部分群と因子群[*2]の考察の問題へと変換できるのである．ガロアの研究は1846年まで公刊されなかったし，その後もしばらくは，完全には理解されなかった．1854年，アーサー・ケイリーは，抽象群の最も初期の定義を与えた．しかし，彼の研究もまた，いくぶん時代に先立っていたものだったため，十分展開されたのは，1870年代後半にケイリー自身による，さらにその2, 3年後のウォルター・ダイクとハインリヒ・ウェーバーによる研究だった．一方，代数方程式の解として定められた「数」の研究から，レオポルド・クロネッカーとリヒャルト・デデキントによって数体の定義が導かれ，ほどなくウエーバーによって体の抽象的な定義が与えられた．

ジョージ・ピーコック，オーガスタス・ド・モルガンら19世紀の最初の30年余りの間に活躍したイングランドの数学者達は，代数学の根本的な考え方を公理化し，整数が持っている性質が他のタイプの量[*3]にどの程度まで一般化されうるかを正確に決定しようとした．このような研究のなかで，ついに1843年，ウィリアム・ロウワン・ハミルトンは四元数を発見したのだった．これは，3次元空間内で物理的な意味を持つ代数を決定しようという試みの一部でもあった．四元数は4次元的な対象ではあるけれども，物理学者達が代数的に操作する際に

れらの単語が単なる集まりや体系を表す場合も数学上の用語としての集合を表す場合もあるので，訳文では，状況に応じて，集合，集まり，系，体系，システムと訳し分けた．

[*2] 剰余群ともいう．

[*3] 19世紀では，実数のような，整数や分数より広い範囲の数を扱う場合や，数量に関連するより抽象的な概念を表す場合には量 (quantity) という語が用いられていた．これについては今日の読者に伝わるよう訳出し，必要なところに注をつけた．

は，その3次元の部分しか使わなかった．19世紀の終わり近くまで続いた論争のあと，オリヴァー・ヘヴィサイドやジョサイア・ウィラード・ギブズが発達させたベクトル代数は，四元数の代数を打ち負かし，物理学者達の言語となった．一方，ハミルトンが［四元数を］物理学へ応用した時に利用した，演算の法則を自由に決められるという代数学の性質を，ジョージ・ブールは論理学の研究に適用した．1世紀後，コンピュータが設計されるときに，ブールの研究の重要性が明らかになった．

その他，今日現代代数学と呼ばれるものの一つの側面をなすものとして，行列の理論がある．これもまた，19世紀半ばに発達したものである．行列式は早くも17世紀には使われていた．しかし，長方形状に並べられた数を指すために**行列**という術語を作ったのは，ジェイムズ・ジョセフ・シルヴェスターで，1850年になってからのことであった．その後直ちに，ケイリーは行列の代数学を発展させた．コーシーは，19世紀の早い時期に，2次形式の考察を経て固有値の研究を始め，コーシーの考えがその後，カミール・ジョルダン，ゲオルク・フロベニウスらによって展開された．とくにフロベニウスは，行列の理論を今日見るような形式に体系化した．

15.1 数論

ルジャンドルは，1798年に数論に関する著作を発表していた．しかし，同時期，ドイツ北部の町，ブラウンシュヴァイクの若者が，最終的にルジャンドルのものよりはるかに影響力を持つことになった数論に関する体系的な著作をまさに完成させようとしていた．1801年，カール・フリードリヒ・ガウス (1777–1855) は，『数論研究』(*Disquisitiones arithmeticae*) を公刊した．その序文には，そこでの記述の大部分は彼が同時代人の著作を検討する前に書いたと記されていた．彼が自分で発見したと思っていたことのいくつかは，すでにオイラーやラグランジュやルジャンドルによって知られていたが，ガウスの研究はその他にも数論上の多くの新しい発見を含んでいる．

15.1.1 ガウスと合同式

ガウスは，［『数論研究』の］第1章を現代的な合同の定義と記号を与えることから始めている．すなわち整数 b と c が，a を**法**として合同とは，b と c の差が a で割り切れることをいう，とする．ガウスはこのことを $b \equiv c \pmod{a}$ と書いた．記号 $\equiv$ を採用したことについては，ガウスは，「等号と合同の間に認められる大きな類似性による」[3] と記しており，b と c はそれぞれ他方の**剰余**であると呼んだ．さらに彼は，合同の基本的な性質を論じた．たとえば，ガウスは，1次合同式 $ax + b \equiv c \pmod{m}$ は，a と m の最大公約数が1であれば，ユークリッドの互除法で必ず解けることを示した．彼はまた，中国の剰余問題の解き方や，n と互いに素で n より小さい整数の個数を与えるオイラーの関数 $\phi(n)$ の計算の仕方も示していた．第3章でガウスは，先達のオイラーと同様，ベキ剰余を考察した．p は素数で a は p よりも小さい任意の数とすると，$a^m \equiv 1 \pmod{p}$ となる最小のベキ指数 m は $p-1$ を割り切る．ガウスはこのことに着目し，この

考えを進めて,「$(p-1)$ 乗以下のいかなるベキも 1 と合同でないという性質を持つ数が常に存在する」[4] ことを実際に示した. このような性質を満たす数 a は, p を法とした**原始根**であるといわれる. もし, a が原始根であれば, ベキ $a, a^2, a^3, \ldots, a^{p-1}$ はすべて p を法として異なる剰余を持ち, したがって, すべての値 $1, 2, \ldots, p-1$ を尽くすことができる. とくに, $a^{(p-1)/2} \equiv -1 \pmod{p}$ は, ガウスが

ウィルソンの定理 $(p-1)! \equiv -1 \pmod{p}$

を証明するにあたって決定的なものであった.
a を p を法とする原始根とする. このとき

$$(p-1)! = a^1 a^2 \cdots a^{p-1} = a^{1+2+\cdots+p-1} = a^{p(p-1)/2} \pmod{p}$$

である. $\frac{p(p-1)}{2} \equiv \frac{p-1}{2} \pmod{p-1}$ であるので, $(p-1)! \equiv a^{(p-1)/2} \equiv -1 \pmod{p}$ となる(この定理は最初ジョン・ウィルソン (1741–1793) によって述べられ, 1773 年, ラグランジュが最初に証明した).

『数論研究』第 4 章の話題の中心は, 平方剰余の相互法則である. オイラーは, 二つの奇素数がお互いを法として平方剰余であるための条件という形でこの法則を述べたが, 証明はしていなかったことを思い出してほしい. ガウスはこの定理を大変重要なものと考え, 6 通りの異なる証明を与えた. 最初の証明は, 大変な苦心の末, 1796 年春に見出されたものである. ガウスは『数論研究』で, 計算によって導いた多数の例と特別な場合を, 二つ目の証明を発表する前に与えている. オイラーにならって, ガウスはまず, -1 は $4n+1$ の形をした素数を法として平方剰余にはなるが, $4n+3$ の形をした素数に対しては非剰余であることを示した. 彼は, さらに, 2 と -2 について考察し, 次のような結論に達した. すなわち $8n+1$ の形をした素数を法として, 2 も -2 も平方剰余になっている. $8n+3$ の形をした素数については, -2 は平方剰余になっているが 2 はそうではない. $8n+5$ の形をした素数については, 2, -2 とも平方剰余ではない. $8n+7$ の形をした素数については, 2 は平方剰余になるが, -2 は平方剰余ではない. これらの性質の証明は難しくない. たとえば, 最初の結果を証明するのに, ガウスは素数 $8n+1$ に対して原始根 a を選んで, $a^{4n} \equiv -1 \pmod{8n+1}$ とできることに注意した. この合同式は

$$(a^{2n}+1)^2 \equiv 2a^{2n} \pmod{8n+1} \text{ あるいは } (a^{2n}-1)^2 \equiv -2a^{2n} \pmod{8n+1}$$

の二つの形のうちのいずれでも表現できる. したがって, $2a^{2n}$ と $-2a^{2n}$ は両方とも $8n+1$ を法として平方数である. 一方 a^{2n} は平方数であるから, 2 と -2 も平方数である.

続いてガウスは, 3 と -3 が平方剰余となりうるような素数を特徴づけ, さらに 5 と -5, 7 と -7 と考察を進めていった. そして, 彼は一般的な結果を述べることができた.

平方剰余の相互法則 p が $4n+1$ という形をした素数ならば, $+p$ は p の〔平

方] 剰余または非剰余となる素数の, 剰余または非剰余となる. p が $4n+3$ という形ならば, $-p$ が同じ性質を持つ.

　この証明は長いのでここでは論じないが, ガウスは, ルジャンドルが提案していた平方剰余の記号を知らなかったことに注意されたい. この記号を用いると, 上の結果を簡潔に述べることができる. ルジャンドルは, 記号 $\left(\dfrac{p}{q}\right)$ を, p が q を法として平方剰余であれば1, そうでなければ -1 と定義した. ここで q は奇素数である. すると上の定理は,

$$\left(\frac{p}{q}\right)\left(\frac{q}{p}\right) = (-1)^{\frac{p-1}{2}\frac{q-1}{2}}$$

という簡潔な形で書ける. [また] -1 と ± 2 がある素数 p を法として平方剰余となる性質を表現する類似の公式も書くことができる. ガウスは, 二つの数が共通因数を持っているときの剰余の性質を決定する法則とともに, p と互いに素である a と b に対する剰余の積の法則 $\left(\dfrac{a}{p}\right)\left(\dfrac{b}{p}\right) = \left(\dfrac{ab}{p}\right)$ を与えたあと, 任意の二つの正数 P と Q に対して, Q が P の剰余であるかどうか決定することができた. たとえば, 453 が, 1236 ($= 4 \cdot 3 \cdot 103$) を法として平方剰余になるかどうかを決定するために, ガウスは, まず, 453 が 4 と 3 のどちらの平方剰余にもなることに注目した. 中国の剰余定理より, この問題は, $\left(\dfrac{453}{103}\right)$ を決定することに帰着される. ルジャンドルの記号を使うと,

$$\left(\frac{453}{103}\right) = \left(\frac{41}{103}\right) = \left(\frac{103}{41}\right)(-1)^{\frac{41-1}{2}\frac{103-1}{2}} = \left(\frac{103}{41}\right) = \left(\frac{-20}{41}\right)$$
$$= \left(\frac{-1}{41}\right)\left(\frac{2^2}{41}\right)\left(\frac{5}{41}\right)$$

が得られる. 右辺の三つの因数がそれぞれ 1 になるから, 453 は 103 を法として平方剰余となるので, 1236 を法としても平方剰余となる. ガウスは, 実際に, $453 \equiv 297^2 \pmod{1236}$ となることを示した.

　次の数十年間, ガウスは, 平方剰余の相互法則を 3 次あるいは 4 次の相互法則へと一般化しようと試みた. すなわち, ある数が他の数を法として, 3 乗あるいは 4 乗として表される数と合同になるのはどういう時かを決定する法則を求めようとしたのである. 早くも 1805 年には, 彼は「(4 次剰余に関する)一般論の自然な源泉は, 算術 [が対象とする数] の範囲を拡張することによって見出される」[6] ことに気づいていた. その結果, 彼は, ガウス整数の考察へと導かれていった. ガウス整数とは, a と b を普通の整数とする複素数 $a+bi$ である. ガウスは, 1832 年に発表した論文で, これらの数について考察し, ガウス整数と普通の整数とのいくつかの類似点をはっきりさせる. ガウス整数には, 四つの単元 (可逆な元) $1, -1, i, -i$ があることを注意したあと, 彼は, 整数 $a+bi$ のノルムをその整数とその共役複素数 $a-bi$ との積 a^2+b^2 で定義した. そして, 彼は, ある整数が単元でない二つの他の [同じ数でない] 整数の積で表現できないとき, その整数を**素**であると呼んだ. 次の彼の仕事は, どのガウス整数が素になるかを決定することだった. 実の奇素数は $4n+1$ の形をしているとき, そ

伝　記

カール・フリードリヒ・ガウス (Carl Friedrich Gauss, 1777–1855)

ガウス（図 15.1）が生まれた家族は，当時の多くの他の家族と同様に，貧しい農業労働者よりもよりよい暮らしができることを願って，町へ出てきたばかりだった．ブラウンシュヴァイクに住んでよかったことの一つは，幼いカールが学校へ通えたことであった．天才ガウスの早熟ぶりを伝える話はたくさんあるが，その中の一つとして，彼が 9 歳の時の数学の授業での出来事がある．新しい学年の初めに，100 人の生徒達を机に向かわせておくために，教師 J. B. ビュトナーは，生徒達に 1 から 100 までの整数の和を計算する課題を出した．ガウスが，石板に 5050 という数だけ書いて教卓の上へ置いたのは，ビュトナーがその問題の説明を終えようとしていたときだった．ガウスは，この問題の和は 1 と 100，2 と 99，3 と 98，... の和 101 を 50 倍すればいいだけだと気づき，頭の中で必要な掛け算を行ったのだった．この若い生徒に強い印象を受けたビュトナーは，ガウスに特別な教科書類を手配し，のちにロシアの大学の数学の教授となった彼の助手マルティン・バーテルス (1769–1836) を個人教授としてガウスにつけ，ガウスが中等学校への入学を許可されるようにした．ガウスは，そこでは伝統的な古典教育中心の課程を修めた．

1791 年，ブラウンシュヴァイク公はガウスに奨学金を与えた．このおかげで，ガウスは，まず，ブラウンシュヴァイク政府が資金援助をして官僚や将校を教育するためにつくった自然科学教育に力を入れた新しい学校，コレギウム・カロリヌムに通うことができた．さらに，すでに自然科学の分野では一定の評価があった，ハノーファー近郊のゲッチンゲン大学に入学を許可された．最終的には，ブラウンシュヴァイクに帰ってからも，ガウスは研究を続け，地元のヘルムシュテット大学から博士号を受けた．ガウスは，数論の研究結果を 1801 年に本として出版し，彼の庇護者である公爵に捧げ，また，同じ時期に，惑星の軌道計算の新しい方法を発展させた．これによって，いくつかの小惑星が発見された．公爵の庇護は，1806 年にフランスとの戦争で公爵が殺され，公爵領がフランス軍に占領されるまで続いた．科学にとって幸いだったのは，フランス軍の将軍が，ガウスを保護するようはっきりと命令していたことだった．そのためガウスは，翌年，ゲッチンゲンの天文学の教授兼天文台長の職を受諾するまで，ブラウンシュヴイクにとどまることができた．ガウスは，その後終生ゲッチンゲンにとどまり，純粋および応用数学と天文学，測地学の研究を行った．

ガウスは講義をすることに特別な喜びを感じることは決してなかった．大部分の学生は数学に興味がなく，そのための準備も不足していたからである．しかし，彼は，積極的に興味を示して自分に近寄ってくる学生と個人的につきあい，喜んで一緒に研究しようとした．先達のオイラーや，フランスの同時代人コーシーと比べて，ガウスが最終的に公刊した結果はきわめて少なく，全集はたった（！）12 巻である．しかし，様々な分野にわたる彼の数学の論文は，今日でもその分野の進歩に影響を与えるほどの深みがある [5]．

図 15.1
ドイツの切手に描かれたガウス．

してそのときに限り，$p = a^2 + b^2$ の形で表現できるから，このような素数は，$p = (a+bi)(a-bi)$ と書けるので，ガウス整数と考えれば合成数である．一方，$4n+3$ の形をした素数は，ガウス整数としても素である．$2 = (1+i)(1-i)$ であるから，2 も合成数である．他のガウス整数 $a+bi$ が素かどうかを決定するために，ガウスは，ノルムを使い，$a+bi$ が素数となるのはそのノルムが実の素数，すなわち 2 または $4n+1$ の形の素数となりうるとき，そしてそのときに限ることを示した．別の言い方をすれば，2 と $4n+1$ の形の素数は，ガウス整数の範囲のなかで二つのガウス素数の積に分解できるのに対して，$4n+3$ の形の素数はそこでも素数のままである．

ガウス整数の範囲内で定義された素数を導入することにより，ガウスは，ユークリッド『原論』第 VII 巻にあるものと類似の諸定理を使って，算術の基本定理と類似の定理を証明した．まず彼は任意の整数は素数の積に分解できることを容易に示した．普通の整数との類推を完全にするため，彼は次に，単元を除きさえすればこの因数分解は一意的であることを示した．すなわち，彼自身の素数の記法を使い，任意のガウス素数 p が，ガウス素数の積 $qrs\cdots$ を割り切るのならば，p それ自身がそれらの素数のうちの一つに等しいか，それに単元を乗じたものに等しいことをまず示すことにより，証明したのである．ガウス整数の素因数分解の一意性を証明したのち，ガウスはガウス整数を法とする合同，さらには，普通の整数ではなく，ガウス整数の言葉で述べた 4 次の相互法則を考察した．彼はさらに 3 次の相互法則は，$a+b\omega$ の形の複素数を含むであろうことに気づいた．ここで，a, b は普通の整数，$\omega^3=1$ である．こうして，このようなタイプの数について，素であることや素因数分解の性質を考察する必要が出てきたのだが，これについては，ガウスはやり遂げることができなかった．

15.1.2　フェルマーの最終定理と因数分解の一意性

様々な整域[*4]での素因数分解の問題全体は，相互法則のみならず，引き続いて証明が試みられていたフェルマーの最終定理にも関係していることが明らかになった．この定理は，$n>2$ のとき，$x^n+y^n=z^n$ を満たす整数で自明でない $[x, y, z$ のいずれも 0 ではない$]$ ものはないというものである．オイラーは 1753 年，フェルマーの無限降下法を使って $n=3$ の場合の証明ができたことを宣言し，1770 年に著書『代数学入門』で発表した[*5]．

フェルマーの定理について，何らかの進歩を与えた次の数学者はソフィー・ジェルマンだった．1820 年代の初め，彼女は n が 100 より小さい奇素数とすると，xyz が n で割り切れないならば，$x^n+y^n=z^n$ は解を持たないことを示した．残念ながら，x, y, z のうちのどれか一つが n で割り切れる場合には，彼女のやり方は，フェルマーの定理が真であることを判定するために役立たなかった．しかし，1825 年，ルジャンドルは，$n=5$ の場合に完全な結果の証明に成功した．7 年後，ペーター・ルジューヌ・ディリクレ (1805–1859) は $n=14$ の場合について定理を証明した．ガブリエル・ラメ (1795–1870) が $n=7$ の場合の結果を証明したのは，さらに 7 年後のことだった．あとの 3 人の証明はどれも大変長く，難しい操作が含まれているので，これらの方法が一般化できるようには見えなかった．もしこの定理が証明されるとすれば，完全に新しいやり方が必要であるように思われた．

フェルマーの定理を証明するための新しい方法を，ラメは，1847 年 3 月 1 日，パリ・アカデミー[*6]の会合の場で，大げさに宣伝しながら発表した[8]．ラメは，長い間注目されてきたこの問題を解いたと主張し，証明の短い概略を示した．基

[*4]原文は domain. 因数分解するとき，実数か複素数かなど，数（環）の範囲を限定して考察する必要がある．このような数（環）の範囲のことを，整域と訳出した．

[*5]14.2.3 項でとりあげたオイラーの『代数学入門』は，1770 年にドイツ語でまず出版され，英語，オランダ語，イタリア語，フランス語，ロシア語に翻訳された．

[*6]1666 年，パリに設立された王立科学アカデミーは 1793 年に一度廃止されたが，1795 年国立学士院の一部として再建された．原著にしたがい，この組織をパリ・アカデミーと訳出した．

伝　記

ソフィー・ジェルマン (Sophie Germain, 1776–1831)

　フランス革命による混乱と両親の反対から，独学を余儀なくされたにもかかわらず，ジェルマンは微分積分学の程度を越えた数学を自力で習得していった．1794 年にエコール・ポリテクニクが開学したとき，彼女はそこで勉強を続けたかったのだが，女性は学生として認められなかった．しかし，彼女は，様々な数学の授業ノートをこつこつと集め勉強し，彼女自身の成果を論文としてラグランジュに提出するまでになった．ガウスの『数論研究』が出版されるとすぐにそれを習得し，ムッシュー・ル・ブランという偽名を使ってガウスと文通も始めた．ジェルマンこそ，実は，1807 年にブラウンシュヴァイクを占領したフランス軍を率いた将軍に，ガウスの安全を保障するよう申し入れていたその人だった．ガウスは当然，そのときソフィー・ジェルマンの名前を知らなかったが，手紙を交換することによって真相を知ることになった．ドイツで育った数学者にはおそらく驚きであったろうが，ガウスは，彼の文通相手であり保護してくれた人物が女性であることを知って喜んだ．彼は次のように記した．「われわれの習慣と偏見に従えば，このようなやっかいな研究に精通するために，男性より限りなく大きな困難に出会わなければならない性別の人が，それでもこれらの障害を乗り越え，研究の最もわかりにくい部分を理解できたならば，その女性は気高い勇気と，きわめて並外れた才能と，素晴らしい天性をそなえていることは疑いない」[7]．

本的な考え方は，まず式 $x^n + y^n$ を複素数の範囲で，[n が奇素数のとき]

$$x^n + y^n = (x+y)(x+\alpha y)(x+\alpha^2 y)\cdots(x+\alpha^{n-1} y)$$

と因数分解することだった．ここで，α は $x^n - 1 = 0$ の原始根である．ラメは，次に，x と y が右辺の式の因数がすべて互いに素になるようにとられており，かつ $x^n + y^n = z^n$ であったとすれば，各因数が n 乗数となるような数でなければならないことを示すことにした．そこで，彼は，フェルマーの無限降下法を使い，この方程式を満たすより小さい数を見出そうとした．一方，因数が互いに素でなければ，それらが共通因数を持っていることを示そうと彼は試みた．この因数で割れば，問題は最初の場合に帰着されよう．ラメが発表を終えたとき，ジョゼフ・リウヴィル (1809–1882) は立ち上がり，ラメの提案に関して重大な疑問を提示した．ラメは，因数が互いに素でありその積が n 乗数であるから各因数が n 乗数であるとしており，このことは任意の整数は素数の積に一意的に分解できるという定理によっているというのが，リウヴィルが本質的に指摘したことであった．リウヴィルは，この結果が $x + \alpha^j y$ の形をした複素整数について正しいことは決して明らかではない，と結論した．

　その後数週間にわたって，ラメはリウヴィルの反論を克服しようとしたが，結局できなかった．一方 5 月 24 日，リウヴィルは，実質的にこの議論に終止符を打つようなエルンスト・クンマー (1810–1893) からの手紙を報告集のなかに組み入れた．この手紙でクンマーは，素因数分解の一意性は，問題となっている整域のうちのあるものでは成り立たないこと [を指摘した] だけではなく，一意的な

伝 記

エルンスト・クンマー (Ernst Kummer, 1810–1893)

クンマーは，ベルリンとヴロツワフ（ドイツ名ブレスラウ）の中間にある町，ドイツのソラウ（現在ポーランドのジャリ）に生まれ，1828 年，神学を学ぶためハレ大学に入学した．彼は，直ちに専門を数学にかえ，1831 年学位をとったあと，リーグニツ（今日のレグニツァ）のギムナジウムで 10 年間，数学と物理学を教え，1842 年にブレスラウ大学で職を得た．クンマーが数論の研究に打ち込んだのは，ブレスラウ時代であった．1855 年，ディリクレがゲッチンゲンのガウスの後任としてベルリンを去ったあと，クンマーはベルリンのその空席に任命された．そこでは，カール・ワイエルシュトラスとともに，ドイツでは最初の純粋数学の継続的なセミナーを定着させた．このセミナーは，直ちに世界中から多くの数学者をひきつけ，ベルリンが，19 世紀終わりから 20 世紀初めにかけて，数学界の最も重要な中心地の一つとなるうえでの助けとなった．

分解ができないことを証明した論文を，あまり知られていない出版物にではあるが，それより 3 年前に発表したことを記していたのだった．クンマーの 1844 年の論文は，高次相互法則の問題に関連したものであるが，1 のベキ根に関係する複素数の一般的な研究を含んでいた．

15.1.3 クンマーと理想数

クンマーが研究した複素数は，フェルマーの最終定理や一般的な相互法則との関係において重要であり，**円分整数**と呼ばれている．$\alpha \neq 1$ を $x^n - 1 = 0$ の根，各 a_i を普通の整数として

$$f(\alpha) = a_0 + a_1\alpha + a_2\alpha^2 + \cdots + a_{n-1}\alpha^{n-1}$$

の形をした複素数を円分整数という．とくにここでは，n を素数とする．この式での α を，方程式 $x^n - 1 = 0$ の他の根で $\alpha^i \neq 1$ となるもので置き換えて得られる数を $f(\alpha^2), f(\alpha^3), \ldots, f(\alpha^{n-1})$ と表し，与えられた数 $f(\alpha)$ の**共役数**と呼ぶ．共役数すべての積は $f(\alpha)$ のノルムと呼ばれ，$Nf(\alpha)$ と書くが，これは普通の整数である．ノルムは関係式 $N[f(\alpha)g(\alpha)] = Nf(\alpha) Ng(\alpha)$ を満たす．このノルムの積に関する性質は，クンマーが円分整数の素因数分解を扱ううえで最も主要な手段の一つだった．というのは，このような整数 $h(\alpha)$ の素因数分解から，普通の整数 $Nh(\alpha)$ の素因数分解が導かれるからである．

クンマーの論法を説明するために，二つの定義が必要である．ある整域内の複素整数が，その整域内で，単元以外の二つの整数の積に分解できないとき，それは**既約**であるという．ある数 $[m]$ が二つの数の積 $[kl]$ を割り切るならば，その数 $[m]$ がその積 $[kl]$ の因数のうちの一つをいつでも割り切るとき，その数 $[m]$ は素数であるという（ガウスの素数の定義とは異なることに注意しよう）．素数が既約であることを示すのは難しくない．しかし，クンマーは 1 の 23 乗根 α に

よって生成される円分整数の整域 Γ においては，既約であっても素数でないものが存在することを見出した．そして，彼は整域 Γ で素因数分解の一意性が成りたたないことを証明することができた．

まずクンマーは，Γ 内の任意の整数のノルムが $(x^2+23y^2)/4$ の形をしていることを示した．これより，素数 47 と 139 は［この整域内で］どのような整数のノルムにもならないことがわかる．$4\cdot 47=188$ も $4\cdot 139=556$ も平方数に平方数の 23 倍を加えた形 $[x^2+23y^2]$ にはならないからである．一方 $47\cdot 139$ は $\beta=1-\alpha+\alpha^{-2}$ のノルムとなる．したがって，β は $47\cdot 139$ を割り切る．ここで，もし β が素数であるとすれば，47 か 139 のどちらかを割り切らねばならないだろう．しかし，$N(\beta)$ は $N(47)=47^{22}$ も $N(139)=139^{22}$ も割り切らないから，これは不可能である．もし，β が因数分解されたとすると，これらの因数の一つのノルムは 47 とならねばならず，47 はノルムでないという結果と矛盾する．これより，β は既約であるが素数ではない．そこで $47\cdot 139$ を二つの異なる仕方で既約な因数の組に直接分解することが可能である．まず，$47\cdot 139=N(\beta)$ とする．これは，それぞれのノルムが $47\cdot 139$ となるような，22 個の既約な因数への分解を与えている．次に，$h(\alpha)=\alpha^{10}+\alpha^{-10}+\alpha^{8}+\alpha^{-8}+\alpha^{7}+\alpha^{-7}$，および $g(\alpha)=\alpha^{10}+\alpha^{-10}+\alpha^{8}+\alpha^{-8}+\alpha^{4}+\alpha^{-4}$ とおくと，$Nh(\alpha)=47^2$ かつ $Ng(\alpha)=139^2$ である．それゆえ，$h(\alpha)$，$g(\alpha)$，およびすべてのそれらの共役数は既約である．さらに $f(\alpha)=h(\alpha)g(\alpha)$ とおくことにより，

$$47\cdot 139 = f(\alpha)f(\alpha^4)f(\alpha^{-7})f(\alpha^{-5})f(\alpha^3)f(\alpha^{-11})f(\alpha^2)f(\alpha^8)f(\alpha^9)f(\alpha^{-10})f(\alpha^6$$

を示すことができる．ここでの因数は，α を α^4 に変換することによって生成された共役数である．この新しい因数分解により，$47\cdot 139$ は 22 個の既約な因数に分解される．そのうちの半分がノルム 47^2，残り半分がノルム 139^2 で，初めの因数分解とは明らかに異なる．大変興味深いことだが，リウヴィルは，1847 年 5 月にクンマーからこのことを聞くよりも前に，素因数分解の一意性が成りたたないごく簡単な例をノートに書いていた．それは，$x^n=1$ ではなく，$x^2=-17$ の根で生成される整域であるが，そこでは，

$$169 = 13\cdot 13 = (4+3\sqrt{-17})(4-3\sqrt{-17})$$

が成り立つというものである．

クンマーは，素因数分解が一意的でないことを発見したあと，次の数年間を，この章の冒頭で引用した問題の答えを求めることに費やした．彼は新しいタイプの複素数，「理想的な複素数［または，単に理想数］」を考案した．これは，「理想的な」素因数へと一意的に因数分解される数である．例として，1 の 23 乗根からなる整域を考えよう．そこでは，47 も 139 も素因数を持たない．しかし，「理想的な」素因数の観点からすると，$N(1-\alpha+\alpha^{-2})=47\cdot 139$ であるから，左辺の 22 個の既約因子はそれぞれ，一つは 47 の因子，もう一つは 139 の因子という，右辺の二つの理想的な素因数によって割り切れるというのは真であろう．このような素因子を記述するために，クンマーは，理想的な素因数によって割り切れることが何を意味するのかを定義した．たとえば，P を 47 の素因子で，$\beta=1-\alpha+\alpha^{-2}$ を割り切るものとし，ψ を β の 21 個の共役数の積とする．そ

うすると ψ は P 以外の 47 の理想的な素因数のすべてで割り切れ，その結果，$\gamma\psi$ は，γ が P で割り切れるときそしてそのときに限って，47 で割り切れる．それゆえ，1 の 23 乗根の整域内の整数 γ は，$\gamma\psi$ が 47 で割り切れるとき，理想的な素因数 P で**割り切れる**とするのである．同様に，γ が m 回 P で割り切れるとは，$\gamma\psi^m$ が 47^m で割り切れることである．クンマーはこの考えを円分整数の任意の整域へと拡張した．さらに，任意の理想数は理想的な素数の（形式的な）積として定義されるから，クンマーは，どうにか定義上では，理想数に対して素因数分解の一意性をとり戻すことに成功した．これら理想数のさらなる詳しい研究により，クンマーはまた，素数 n に対してフェルマーの最終定理が成り立つための n に関するいくつかの条件を確定し，37, 59, 67 を除く 100 より小さいすべての素数に対して，フェルマーの最終定理が成り立つことを証明できた[9]．

理想的な複素数に関する原論文のなかで，クンマーは，そこでの成果を円分整数以外の整域，D を整数としたときの $x^2 - D = 0$ の根によって生成される整域の整数にも拡張したいとの意図を記していた．クンマーがこのような一般化をまったく発表しなかった理由の一部は，そうした整域へ，整数の概念を「正しく」一般化することを見出せなかったからであろう．一見すると，a, b を普通の整数とする $a + b\sqrt{D}$ の形をした複素数をその整域の整数とすれば一般化としてはわかりやすい．しかし，この定義が問題を引き起こすことは明らかである．たとえば，$a + b\sqrt{-3}$ という形の数の整域を考え，$\beta = 1 + \sqrt{-3}$ としよう．すると $\beta^3 = -8$ となる．この整域内で 2 は β を割り切らないから，2 の理想的な素因数 P があり，P が 2 を割り切るときの重複度は，P が β を割ったときの重複度より大きくなるはずである．簡単のために，このことを $\mu_P(2) > \mu_P(\beta)$ と書こう．一方，すべての k に対して，2^k は $8\beta^k$ を割り切る．これよりすべての k に対して，$k\mu_P(2) \leq \mu_P(8) + k\mu_P(\beta)$，すなわち $k(\mu_P(2) - \mu_P(\beta)) \leq \mu_P(8)$ である．このことは $\mu_P(2) \leq \mu_P(\beta)$ を意味するが，これは矛盾している．

15.1.4 デデキントとイデアル

1871 年までに，この，整数を定義するという問題を解決したのは，リヒャルト・デデキント (1831–1916) だった．さらに，「クンマーが理想数それ自身を定義せず，それらによって割り切れることだけを定義した」[10] ことに不満だったので，デデキントは，新しく定義した数の範囲で素因数分解の一意性がとり戻せるような新しい概念を作り上げた．デデキントは，**代数的数**を有理数上の代数方程式，すなわち a_i を有理数とし

$$\theta^n + a_1\theta^{n-1} + a_2\theta^{n-2} + \cdots + a_{n-1}\theta + a_n = 0$$

の形をした方程式を満たす複素数 θ として定義することから始めた．次に，彼は，**代数的整数**を，すべての係数が普通の整数であるような方程式を満たす代数的数と定義した．たとえば，$\theta = \frac{1}{2} + \frac{1}{2}\sqrt{-3}$ は方程式 $\theta^2 - \theta + 1 = 0$ を満たすから代数的整数である．ただし，a, b を整数として $a + b\sqrt{-3}$ の形になっているという，「分かりやすい」形をしていない．さらに，デデキントは，代数的整数の和，差，積もまた代数的整数になっていることを示した．彼は，割り切れるということを，普通のやり方で定義した．すなわち，代数的整数 α と代数的整数

伝 記

リヒャルト・デデキント (Richard Dedekind, 1831–1916)

デデキント（図 15.2）は，ガウス同様，ブラウンシュヴァイクで生まれ，コレギウム・カロリヌムとゲッチンゲン大学の双方で学んだ．1852 年，ガウスの指導のもとで学位を取得したあと，彼はゲッチンゲンとベルリンで，ドイツ最高の数学者達とともに研究を続けた．1858 年，彼はチューリッヒの工科学校の教授となり，4 年後，ブラウンシュヴァイクに帰り，コレギウム・カロリヌムを改組して作られた，地元の工科学校で教えた．ドイツの主要な大学に就職できる様々な機会があったにもかかわらず，デデキントはブラウンシュヴァイクに留まることを選んだ．彼は，この地には，数学の研究を続けるうえで十分な自由があると感じていたからである．何年にもわたる講義のなかで発展させてきた，彼自身の数論に関する考えを出版することを決心したのは，ディリクレの『数論講義』(*Vorlesungen über Zahlentheorie*) の編集者として仕事をしたことであった．そこで彼は，ディリクレの著作第 2 版（1871 年）の補遺で，代数的整数の理論を確立し，のちの版でその理論を拡張した．

図 15.2
デデキントとイデアル分解を描いた旧東ドイツの切手．

β が，ある代数的整数 γ に対して，$\alpha = \beta\gamma$ となるとき，α は β で**割り切れる**とした．しかし，整除についての一般的な法則を発展させるためには，デデキントは，すべての代数的整数の一部分に制限して議論する必要があった．すなわち，ある次数 n の既約方程式を満たす任意の代数的整数 θ に対して，彼は，θ に対応する代数的整数の系 Γ_θ を $x_0 + x_1\theta + x_2\theta^2 + \cdots + x_{n-1}\theta^{n-1}$ の形をした代数的整数の集まりとして定義した．ここで x_i は有理数である．デデキントはクンマー同様，任意の整域 Γ_θ において，ある整数が素であるとか既約であるとかは何を意味するのかをここで定義することができた．

デデキントは，ガウス整数 Γ_i が代数的整数の体系をなすこと，ガウスがこの体系のなかで素因数分解の一意性を示したことを指摘した．しかし，デデキントは，ディリクレの研究にならって，ガウスとは違う証明を与えた．すなわち，デデキントはまず，与えられた二つの 0 でないガウス整数 z と m に対し，$z = qm + r$，$N(r) < N(m)$ が成り立つような別の二つのガウス整数 q と r が常にあるのでユークリッドの割り算のアルゴリズム[*7]はガウス整数の中でも成り立つことを示した（代数的整数の整域では，このような割り算のアルゴリズムが，一般的に存在するとは限らないことが証明される．そこで，このアルゴリズムが成り立つ整域を**ユークリッド整域**という）．そしてデデキントは，普通の整数の場合とまったく同じように，二つの任意のガウス整数 z と m に対して割り算のアルゴリズムを繰り返し使えば，$d = az + bm$ の形で書かれる最大公約数 d が定められることを示した．とくに，既約なガウス整数 p が二つのガウス整数の積 rs を割り切るならば，p はどちらかの因数のうちの一つを割り切らねばならない．なぜならば，p が r を割り切らないならば，$1 = ap + br$ したがって $s = aps + brs$ と

[*7] ユークリッドの互除法のこと．2.4.5 項で詳しく述べられている．

なり, p は s を割り切るからである. これより素因数分解の一意性は直ちに導かれ, デデキントはガウスと同様に, Γ_i のすべての素数を決定することができた.

デデキントはさらに, もし θ が方程式 $x^2+x+1=0, x^2+x+2=0, x^2+2=0, x^2-2=0, x^2-3=0$ のいずれの根である場合にも, 同じような割り算のアルゴリズムが Γ_θ で成り立ち, 素因数分解の一意性が成り立つことを指摘した. 一方, $x^2+5=0$ の根から定められる整域には, このアルゴリズムは適用できない. ここでは, 任意の整数 $\omega = x + y\sqrt{-5}$ のノルムが $N(\omega) = x^2 + 5y^2$ となっている. デデキントは $a=2, b=3, b_1 = -2+\sqrt{-5}, b_2 = -2-\sqrt{-5}, d_1 = 1+\sqrt{-5}, d_2 = 1-\sqrt{-5}$ をとりあげ, このような整数がそれぞれ既約であることを, ノルム [の性質] を使って示した. さらに, 簡単な掛け算から, $ab = d_1 d_2, b^2 = b_1 b_2, ab_1 = d_1^2$ が示せた. これより, 素因数分解の一意性は成り立たない. しかし, デデキントはその先に進んだ. 「少しの間, ……先に示した数が, 有理整数であったと想像してみよう」[11]. 整除性の一般法則を使い, a と b, および b_1 と b_2 がそれぞれ互いに素であると仮定することにより, デデキントは, 整数 α, γ, δ で $a = \alpha^2, b = \gamma\delta, b_1 = \gamma^2, b_2 = \delta^2, d_1 = \alpha\gamma, d_2 = \alpha\delta$ を満たすものが存在することを導いた. これより, たとえば, $ab = \alpha^2 \gamma \delta = d_1 d_2$ となる. しかしこれらの整数 $[\alpha, \gamma, \delta]$ は, 与えられた整域のなかには存在しない. 結局, 初めの整数 $[a, b, b_1, b_2]$ はすべて既約だったということになる. これらの新しい整数の代替物を作り, それによってそこでの素因数分解の一意性を復活させることを目的として, デデキントはイデアルという新しい概念を作った. 彼は, この概念の方が, クンマーの理想数より理解しやすいと信じていた.

デデキントは「クンマーの理想数のような, 新しい創造物はこれ以上必要ない. つまりすでに存在する数の体系を考えることで, 十分完全である」[12] と断言した. クンマーは理想数によって整除性を定義しただけなので, デデキントは, 「すでに存在している数の体系」として, Γ_θ の中の整数のうちで与えられた理想数によって割り切れるもの全体の集まり I を考え, **イデアル**と名づけた. ある理想数で割り切れる任意の整数 α と β に対して, 和 $\alpha + \beta$ もまた割り切れ, Γ_θ 内の任意の ω に対して $\omega\alpha$ も割り切れることから, これらの条件は, ある集合がイデアルとなるために必要である. しかし, これらの条件を満たす集合はある理想数で割り切れる数の集合なので, デデキントは, これらの条件を代数的整数 Γ_θ の整域におけるイデアル I の定義とした. さらに, 彼は, **主イデアル** (α) を与えられた整数 α の倍数全体からなる集合として定義した. α と β をいずれも Γ_θ の要素とするとき, Γ_θ の要素 r, s によって作られる $r\alpha + s\beta$ の形のすべての整数で構成されるイデアルは (α, β) と書かれる.

デデキントの次の仕事は, イデアル間の整除性を定義することであった. 彼は, α が β によって割り切れる, すなわち $\alpha = \mu\beta$ であるならば, α によって生成される主イデアルは, β によって生成される主イデアルに含まれることに注目した. 逆に, もし α のどの倍数も β の倍数であるならば, α は β で割り切れる. デデキントはそこで, この定義を任意のイデアルに拡張した. すなわち, あるイデアル I に含まれる各数がイデアル J に含まれているとき, I は J の**約イデアル**という, とした. Γ_θ とは異なるイデアル P がそれ自身と Γ_θ 以外に約数を持たないとき, すなわち, そのイデアルが Γ_θ 自身以外のイデアルに含まれ

ていないとき，このイデアルは**素**であるという．たとえば，$\Gamma_{\sqrt{-5}}$ における主イデアル (2) は既約の要素で生成されているが，素イデアルではない．これは，素イデアル $(2, 1+\sqrt{-5})$ に含まれている．

デデキントはさらに，二つのイデアルの間に自然な**積**が定義できること，すなわち IJ は，α を I の要素，β を J の要素としたとき，$\alpha\beta$ の形をした積の和全体からなっていることを注意した．これより IJ が I でも J でも割り切れることは明らかである．しかし彼は，積と整除性という二つの概念の間の関係を完全にするため，さらに二つの定理を証明しなければならなかった．

定理 イデアル C がイデアル I で割り切れるならば，積 IJ が C に一致するような，イデアル J が一つだけ存在する．

定理 Γ_θ と異なる各イデアルは，素イデアルであるか，または素イデアルの積の形で一意的に表現できる．

これら二つの定理こそ，デデキントに，代数的整数の任意の整域での素因数分解の一意性を復活させる新しい方法を与えるものであった．たとえば，$x+y\sqrt{-5}$ の形をした代数的整数の整域においては，(存在しない) 素因数 α, γ, δ は素イデアル $A = (2, 1+\sqrt{-5})$, $G = (3, 1+\sqrt{-5})$, $D = (3, 1-\sqrt{-5})$ で置き換えられ，その結果，主イデアル $(a) = (2), (b) = (3), (d_1) = (1+\sqrt{-5}), (d_2) = (1-\sqrt{-5})$ は $(a) = A^2, (b) = GD, (d_1) = AG$，および $(d_2) = AD$ として分解される．そのとき，整数の一意的でない因数分解 $ab = d_1 d_2$ は，素イデアルへの一意的な分解 $(a)(b) = A^2 GD = (d_1)(d_2)$ で置き換えられた．

15.2 代数方程式の解法

方程式を解くことは，19世紀以前の代数学の中心的な関心事だった．したがって，方程式を解くための新しい研究方法を模索するなかから，19世紀の代数学がとるようになってきた新しい形態の主要な特徴が出てきたのは不思議ではない．実際，群論の中心をなす着想のいくつかは，これらの新しい研究方法から出てきた．

15.2.1 円分方程式

ラグランジュは4次以下の方程式の可解性を詳細に研究し，より次数の高い方程式に立ち向かうための攻略法らしきものを示唆していた．ガウスは『数論研究』の最終章で，円分方程式，すなわち $x^n - 1 = 0$ の形をした方程式の解法と，それらの解を正多角形の作図へ応用することを論じた．もちろんガウスは，この方程式の解の形が $\cos\dfrac{2\pi k}{n} + i\sin\dfrac{2\pi k}{n}, k = 0, 1, 2\ldots, n-1$ となることを知っていたが，その章での彼の目的は，これらの解を代数的に決定することだった．[次数が] 合成数である方程式の解は，次数が素数の場合から直ちに導かれるので，ガウスは n が素数である場合に限定して考察した．そして，$x^n - 1$ は

$(x-1)(x^{n-1}+x^{n-2}+\cdots+x+1)$ と分解できるから, 彼は, 方程式

$$x^{n-1}+x^{n-2}+\cdots+x+1=0$$

に関心を集中した.

この $(n-1)$ 次方程式を解くためのガウスの計画は, 一連の補助方程式を解くことだった. それらは, 各次数が $n-1$ の素因数になっていて, 係数はそれぞれ, その直前の方程式の根によって順次決定される. たとえば, $n=17$ のときは, $n-1=2\cdot2\cdot2\cdot2$ であるから, 彼は, 四つの 2 次方程式を決定しようとしたし, $n=73$ のときは, 三つの 2 次方程式と二つの 3 次方程式を必要とした. ガウスは, $x^{n-1}+x^{n-2}+\cdots+x+1$ の根は, 任意に一つ定めた根 r のベキ r^i ($i=1, 2, \ldots, n-1$) で表現されることを知っていた. さらに, 彼は, もし g を n を法とする任意の原始根とすると, ベキ $1, g, g^2, \ldots, g^{n-2}$ は, n を法とする 0 でない剰余をすべて含んでいることを認識していた. これより, この方程式の $n-1$ 個の根は, $r, r^g, r^{g^2}, \ldots, r^{g^{n-2}}$, あるいは, λ を n より小さい任意の整数として $r^\lambda, r^{\lambda g}, r^{\lambda g^2}, \ldots, r^{\lambda g^{n-2}}$ と書くことができる. 補助方程式を決定する彼の方法には, 順次, 補助方程式の根となるような根 r^j のある種の和である**周期**を構成することが含まれている. $n=19$ の場合の具体的な例を分析すると, ガウスの研究の様子がわかるだろう.

$n=19$ のとき, $n-1$ の因数は 3, 3, および 2 である. ガウスは, それぞれが 6 個の項からなる三つの周期を決定することから始める. 各周期はある 3 次方程式の根となる. 19 を法とする原始根として 2 を選ぶと, $h=2^3$ とおき,

$$\alpha_i = \sum_{k=0}^{5} r^{ih^k} \qquad i=1, 2, 4$$

を計算することによってこの周期が見出される. 今日の用語を用いるならば, $x^{18}+x^{17}+\cdots+x+1=0$ の 18 個の根の置換は, r を任意の一つの根とすると, $r \to r^2$ という写像で決まる根の置換から生成される巡回群 G をなす. ここで周期は, 写像 $r \to r^h$ で決まる根の置換から生成される群 G の部分群 H の作用のもとで不変な和となる. $h^6=2^{18}\equiv 1 \pmod{19}$, すなわち H は G の位数 6 の部分群となるから, これらの和は 6 個の要素を含んでいる. さらに $i=1, 2, 4$ に対して, $r \to r^{ih^k}$ ($k=0, 1, \ldots, 5$) の形の写像から決まる根の置換は, 群 G における H の三つの剰余類に他ならない. たとえば, $H=\{r \to r, r^8, r^{64}, r^{512}, r^{4096}, r^{32768}\}$ であるから,

$$\alpha_1 = r+r^8+r^7+r^{18}+r^{11}+r^{12}$$

となる. ここで, ベキ指数は 19 を法として簡約されている. 同様にして

$$\alpha_2 = r^2+r^{16}+r^{14}+r^{17}+r^3+r^5 \qquad \text{および} \qquad \alpha_4 = r^4+r^{13}+r^9+r^{15}+r^6+r^{10}$$

である. こうしてガウスは $\alpha_1, \alpha_2, \alpha_4$ は 3 次方程式 $x^3+x^2-6x-7=0$ の根となることを示した.

次の段階は，三つの各周期のそれぞれをさらに二つの項からなる三つの周期に分けることであった．ここでの新しい周期もまた，3次方程式を満たす．これらの周期は，$m = 2^9$ とおくとき，

$$\beta_i = \sum_{k=0}^{1} r^{im^k} \qquad i = 1,\ 2,\ 4,\ 8,\ 16,\ 13,\ 7,\ 14,\ 9$$

であり，写像 $r \to r^m$ から決まる根の置換によって生成される部分群 M の［作用のもとで］不変である．$m^2 \equiv 1 \pmod{19}$ であるから，M は位数 2 で，与えられた i の値に対応する九つの剰余類を持つ．たとえば

$$\alpha_1 = \beta_1 + \beta_8 + \beta_7 = (r + r^{18}) + (r^8 + r^{11}) + (r^7 + r^{12})$$

である．これらの新しい長さ 2 の周期が与えられると，ガウスは $\beta_1, \beta_8, \beta_7$ は 3 次方程式 $x^3 - \alpha_1 x^2 + (\alpha_2 + \alpha_4)x - 2 - \alpha_2 = 0$ のすべての根であることを示した．これから，他の β_i は，いずれも β_1 の多項式として表されることがわかる．最終的に，ガウスは二つの項からなる周期をそれぞれ，それを構成している個別の項へと分解し，たとえば，r と r^{18} は $x^2 - \beta_1 x + 1 = 0$ の二つの根であることを示した．すると，もとの方程式の残りの 16 個の根は r の単純なベキであるか，あるいは他の 8 個の類似の 2 次方程式を解くことによっても見出される．

上の例に含まれている 3 次方程式も，2 次方程式と同様に，根号をとることによって解けるのだから，ガウスは，$x^{19} - 1 = 0$ の根はすべて根号を用いて表されることを証明したことになる．任意の方程式 $x^n - 1 = 0$ に適用可能なより一般的な場合に対する彼の成果も，$n - 1$ より小さい素数次数を持った一連の方程式を見出し，それらの解が初めの方程式の解を決定することを示すだけのものである．しかしガウスは続ける．

> よく知られているように，最も卓越した数学者達さえ，5 次以上の方程式の一般的解法，すなわち（より正確に定義するなら），混合方程式を純粋方程式へ還元する方法を求めることには，今のところ成功していない（純粋方程式とは $x^m - A = 0$ という形をしたもので，$x^m - 1 = 0$ の解がわかってさえいれば，その m 乗根をとることによって解ける）．そしてこの問題は，単に今日の解析の力を越えているばかりでなく，不可能な事柄を提示していることには疑いない．……それにもかかわらず，一方でこのような純粋方程式への還元を許容する，あらゆる次数の混合方程式が無数に存在するのも確かであり，もしわれわれが今論じている方程式が常にこの種のものであることを示せば，数学者達はそれを快く思うであろうと信じる[13]．

次にガウスは，少し飛躍があるのだが，n を素数とするときの方程式 $x^n - 1 = 0$ を彼の方法で解く際に現れる補助方程式が，つねに純粋方程式に帰着されることの証明の概略を示している．そこから彼は，帰納法によって，これらの方程式は根号により常に解くことができることを証明する．もちろん $n - 1$ が 2 のベキのときは，すべての補助方程式は 2 次になるので特別な証明は必要ない．しか

し，この場合について，ガウスはさらに，この方程式の根がユークリッドの技法で幾何学的に作図できることを指摘している．$x^n - 1 = 0$ の根は，（複素数平面上の）正 n 角形の頂点と考えられるので，ガウスは，$n-1$ が 2 のベキであるとき，このような多角形がつねに作図できることを証明した．このような条件を満たす素数としてガウスが知っていたものは，今日でもこれだけしかわかっていないのだが，3, 5, 17, 257, 65537 である．実際，ガウスは正 17 角形の作図の方法を発見したことによって，数学を職業にしようと決心したといわれている．ガウスは，次の警告で，[議論を] 締めくくっている．それは「$n-1$ が 2 以外の素因子を含むときは，われわれはつねに，より高次の方程式に導かれる．……これらの高次方程式はどのようにしても回避できないのみならず，より低次の方程式に帰着させるのも不可能であることを完全に厳密に示すことができる．……この警告を発するのは，われわれの理論が示唆しているもの以外の [円の] 幾何学的分割，たとえば，7, 11, 13, 19, ... 個の部分への分割を試みて，いたずらに時間を浪費したりする人のないようにするためである」ということであった[14]．

興味深いことだが，ガウスは上記のような主張をしているにもかかわらず，7, 11, 13, 19 などの場合には n に対して正 n 角形が作図できないことを実際に証明してはいなかった．この間隙は，1837 年，ピエール・ヴァンツェル (1814–1848) によって埋められた．ヴァンツェルはまた，作図可能な係数を持ち，次数が 2 のベキである既約な代数方程式へと還元できない作図問題はすべて，直線定規とコンパスで解くことができないことを示すことによって，ギリシア以来の古典的な二つの作図問題に関する最終的な解答を与えた．たとえば，1 辺を a とする立方体に関する立方体倍積問題は，既約な 3 次方程式 $x^3 - 2a^3 = 0$ を解くことなので，ユークリッドの道具立てでは作図は不可能である．同様にして，角 α を三等分する問題は，既知の値 $a = \sin\alpha$ を用いて $x = \sin(\alpha/3)$ を表すこと，すなわち 3 次既約方程式 $4x^3 - 3x + a = 0$ を解くことになる．ヴァンツェルの結果によれば，これもまた，ユークリッドの道具立てでは作図不可能ということが示される．

一方で，ギリシアの数学者達が，これらの問題を円錐曲線を使って解いていたこと，そしてハイヤーミーとデカルトは二人とも，その結果を一般化して 3 次方程式を解くための明確な作図法を与えていたことを思い出してほしい．アメリカの数学者ジェイムズ・ピアポント (1866–1932) は，似たようなやり方で，1895 年，$n-1$（n は素数）が 2 と 3 以外の素因数を含まないとき，そしてそのときに限り，正 n 角形は円錐曲線を使って作図できることを証明した．たとえば，正 7 角形は，円錐曲線を使って作図できるが，11 角形はできないことになる．

ギリシア人達が解けなかった別の重要な作図問題である円の方形化もまた，不可能なことが証明された．この問題は，代数的には 2 次方程式 $x^2 - \pi = 0$ を解くことと同値である．運悪く，この 2 次方程式の係数の一つが π であったため，ギリシア人達は，π に等しい長さの線分をユークリッドの道具立てでは作図する方法を見出せなかった．19 世紀に至るまでの長い間，π はいかなる有理係数の代数方程式の根としても表現できないのではないかと推測されていた．すなわち，π は代数的数ではなく**超越数**ではないかということである．1844 年，具体

的に超越数を書いてみせた最初の数学者は，リウヴィルであった．それは，

$$\frac{1}{10} + \frac{1}{10^{2!}} + \frac{1}{10^{3!}} + \cdots + \frac{1}{10^{n!}} + \cdots = 0.110001000000000000000000100\ldots$$

である．ついで彼は，e も π も超越数であることを示そうとしたのだが，できなかった．リウヴィルの弟子のシャルル・エルミート (1822–1901) が，1873 年，e が超越数であることをついに証明した．そして，9 年後，フェルデナンド・リンデマン (1852–1939) が，エルミートの着想に基づいて，π が超越数であることを示した．これから直ちに，円の方形化は，ユークリッドの道具立てではできないことが示されたのだった．

15.2.2　置換

　ガウスが，5 次以上の一般方程式が根号で解けないと確信していたのは明らかである．ラグランジュが，すでに根の置換を考えることによって方程式の解法を発見しようと試みていたことを思い出してほしい．それゆえ，高次方程式の問題を詳細に考察していくには，置換の理論を理解することが必要であった．この概念に関する実質的な研究は，19 世紀初めに，オーギュスタン・ルイ・コーシー (1789–1857) によってなされた．

　コーシーの時代まで，permutation という術語は，一般に，いくつかのものの並べ方，たとえば，文字の並べ方を指していた[*8]．一つの並べ方を別の並べ方に移す作用の重要性を最初に考えたのがコーシーだった．彼は，**substitution** という術語で，このような作用を示した．これが今日いうところの置換，すなわち，ある（有限個の）文字の集合から，それ自身への一対一の写像である．最初にこの話題を論じた 1815 年の論文から 30 年近くたって，コーシーは，置換に関する一連の論文を発表したのだが，その中では，上述した写像に対して，"substitution" と "permutation" を区別なく使っている．混乱をさけるために，ここでは，われわれが普通に使うのは permutation という言葉で，それには今日的な意味を持たせることにする．

　置換の写像としての性質に注目するとともに，コーシーは，与えられた置換を一つの文字，たとえば S で表し，与えられた二つの置換 S と T の積を ST と書いた．置換の積は，与えられた配列にまず S を適用させ，その結果に T を適用させることによって決まる置換で定義される．彼は，与えられた配列を動かさないような置換を恒等置換と名づけた．そして，与えられた置換のベキ乗 S, $S^2, S^3, \ldots$ が，いつかは恒等置換となるにちがいないことに注目して，S^n が恒等置換となるような最小のベキ指数 n を置換の**次数**と定義した．コーシーはまた，彼が巡回的と呼んでいる置換（今日の英語では cyclic permutation であるが）も定義した．これは，$a_1, a_2, \ldots, a_n$ に対して，a_1 を a_2 に，a_2 を a_3 に，$\ldots$，a_{n-1} を a_n に，そして a_n を a_1 に置き換えるものである．1844 年，コーシーは，巡回置換を表現する記号 $(a_1 a_2 \cdots a_n)$ を導入した．そのとき，彼はまた，置換

[*8] 今日の英語では，permutation には，置換と順列の二つの意味がある．この文で述べられているのは，permutation は順列を意味するということだが，この項の表題である permutation theory は，置換論である．訳文においては日本語として意味がなすように判断したうえで，substitution, permutation を訳出した．

の逆をその意味から明らかなように定義し，記号 S^{-1} で表した．そして，恒等置換を表す記号 1 を導入した．さらに，n 個の文字に関する置換からなるどのような集合に対しても，その集合で定められる**共役置換の系**と彼が呼んだものを定義した．これは今日では，与えられた集合から生成される**部分群**と呼ばれるもので，最初に与えられた集合から，すべての可能な積をとることによって形成される置換をすべて集めたものである．最終的に，彼は，この系の位数（集まりの要素の個数）は，つねに n 文字の置き換え全体がなす系の位数 $n!$ の約数であることを示した．

15.2.3　5次方程式の非可解性

　一般5次方程式は根号を用いて解けないことを，最初に示そうと試みたのは，イタリアのパオロ・ルッフィニ (1765–1822) であった．この試みは1798年，私家版の著作のなかでなされたが，当時の人々は誰も，証明と称されているものを理解できなかった．しかし，1820年代半ば，ニルス・ヘンリック・アーベル (1802–1829) は，ついに，5次の一般方程式は，根号を用いて解くことが不可能であることの完全な証明を与えた．

　アーベルは不可能性を証明する中で，置換に関する結果を方程式の根の集まりに適用した[16]．ただし，不可能性の証明を終えたあとも，アーベルが次のような問題を解くべく研究を続けていたことは注目に値しよう．それは「1. 与えられた次数の方程式で，代数的に解けるような方程式をすべて見出すこと．2. 与えられた方程式が代数的に解けるかどうかを決定すること」[17] という問題である．残りの生涯において，彼はこの二つの問題をいずれも完全に解くことはできなかったが，ある特別な形の方程式については，進展があった．1829年，『クレレ誌』に発表した論文で，アーベルは，方程式 $x^n - 1 = 0$ のガウスによる解法を一般化した．この方程式に関しては，すべての根は，そのうちの一つの根のベキとして表現できる．アーベルは，「任意次数のある方程式の根のすべてが，そのなかの一つの根 x の有理式で表現されるとする．さらに，任意の二つの根，θx と $\theta_1 x$（ここで θ と θ_1 は有理関数である）に対し，$\theta \theta_1 x = \theta_1 \theta x$ となったとする．このとき，方程式は代数的に解ける」ことを示すことができた[18]．彼は，上に示した条件のもとでは，円分方程式の場合と同様，与えられた方程式の解法は，つねに素数次数の補助方程式の解法に帰着できることを示して，この結果を証明した．今日可換群をアーベル群と呼ぶことが多いのは，この結果のためである．

15.2.4　ガロアの研究

　アーベル自身は彼の研究計画を完遂することはできなかったが，若くして逝った別の天才，エヴァリスト・ガロア (1811–1832) がその大部分を成し遂げた．代数方程式の根号による可解性の問題に対するガロアの考え方は，1831年，フランス・アカデミー[*9]に提出した草稿に概説されている[*10]．この草稿で，彼は，有

[*9] 原著にしたがいフランス・アカデミーと訳出したが，パリ・アカデミーと同じ機関のことである．15.1.2項を参照のこと．
[*10] 原著のこの節では，ガロアにしたがって quantities という語がしばしば使われている．ガロアの考えていたものは，普通の数よりも抽象度が高い概念と思われるが，これを，彼自身がこの語で表現したのであろう．ここでは数と訳出した．

伝 記

ニルス・ヘンリック・アーベル (Niels Henrik Abel, 1802–1829)[*11]

アーベルは，ノルウェーのスタバンゲルの近くの生まれで，不幸にも短い人生を送った（図 15.3）．オスロの聖堂学校の教師は，アーベルの生まれながらの数学の才能を見出し，アーベルに大学で利用できる様々な高等数学の専門書を読むように勧めた．5 次方程式の問題に興味を持つようになった彼は，実は，その問題は根号を用いて解けると信じていた．ノルウェーでは彼の議論をだれも理解できなかったので，彼は，デンマークへ論文を転送した．その論文の公刊に先立って，アーベルはいくつかの数値例をあげるよう求められた．それらの例を捜す過程で，アーベルは，自分の方法が間違っていることに気づいた．彼は，オスロ大学で学び，他の分野，特に楕円関数論の研究を進めていたが，可解性の問題をその後数年間研究し続け，[5 次方程式の] 不可解性を [最終的には] 自分で満足のいくようになんとか証明することができた．彼は，1824 年，その結果を発表した小冊子を自費で出版したが，経費節約のため簡潔な記述にしたことから，多くの数学者には理解しにくいものになってしまった．そこで 2 年後，様々な数学者を訪問し，学者としての経歴を積むためにヨーロッパ中を旅しているとき，彼はその結果を拡張した論文を書いた．これは，アウグスト・クレレが編集したドイツの新しい数学誌『純粋および応用数学雑誌』(*Journal für die reine und angewandte Mathematik*)[*12] の第 1 巻に発表された．クレレはすぐに，アーベルの親友の一人となった．1827 年，アーベルがノルウェーに帰ってきたとき，彼のための教職の空きがないことを彼は知った．オスロ大学の唯一の教授職は，彼が学んだ中等学校の教師に与えられたばかりだった．アーベルは，大学で，個人教授と代用教員をして必死に生計を立てながら，多数の新しい数学の論文を準備した．しかし，1829 年 1 月，彼は結核に襲われ，それから回復することはなかった．4 月，彼は亡くなった．クレレがアーベルに，ベルリンで任命されることが確実になったことを知らせる手紙を書く二日前のことだった[15]．

図 15.3
アーベルを讃えるノルウェーの切手.

理的という考えを明確にすることから論じ始めている．方程式は，たとえば普通の有理数全体の集合といった，ある特定の体系[*13]のなかの数を係数に持っている．そこで，方程式が根号によって解かれるとは，任意の根が，すべてもとの数の体系の要素から四則演算とベキ根をとる演算を使って表されることである．しかし通常は，ガウスが円分方程式で示したような，いくつかの段階に分けて方程式を解く方が便利である．そこでいったん，たとえば $x^n = \alpha$ が解けたとすると，次の段階で，$\sqrt[r]{\alpha}, r\sqrt[r]{\alpha}, r^2\sqrt[r]{\alpha}, \ldots$ と表される解を係数として利用することができる．ここで r は 1 の原始 n 乗根である．ガロアは，このような数は最初に考えていた数の体系に添加されること，これらの新しい数ともとの数から四則演算によって作られる任意の数は，**有理的**とみなせることに注意する（今日の言い方をすれば，ある特定の体から始め，もとの体には含まれていないいくつかの数を添加することにより，拡大体を構成することである）．もちろん，

[*11] アーベル生誕 200 年を記念して，ノルウェー政府はアーベル記念基金を設立した．基金設立の第一の目的は数学分野での国際的な賞，**アーベル賞**を授与することである．毎年，顕著な業績をあげた数学者に賞金 600 万クローネ（約 1 億円）が贈られる．2003 年には，フランスのジャン・ピエール・セールが第 1 回受賞者に選ばれた．

[*12] この雑誌はしばしば『クレレ誌』と呼ばれている．また，編集者クレレが代わったあとも『クレレ誌』と呼ばれることが多い．

[*13] 原文の domain をこの節では体系と訳出した．

伝　記

エヴァリスト・ガロア (Evariste Galois, 1811–1832)

　ガロアの悲劇的に短い生涯は，彼が政治に対して過激な見解を持っていたため，政府工作員が決闘による死を仕組んだものとの憶測が交えられて，脚色された伝記の対象となっている．しかし，このことは，知られている事実に裏付けられたものではない[21]．ガロア（図 15.4）は，パリからそう遠くない町，ブール・ラ・レーヌに生まれた．彼の父親は，1815 年，この町の町長に選ばれていた．ルイ・ル・グラン進学準備学校では，とくに彼が数学の才能を見出して以降は，彼の成績にはむらがあった．18 歳になる前に，彼は短い論文を発表し，同時期に素数次数の方程式の可解性に関する論文をフランス・アカデミーに投稿したが，エコール・ポリテクニクの入試には 2 回失敗した．1 回目は，おそらく，基本的な事柄が身についていなかったため，2 回目は，彼の父が，何日か前に反動的な牧師によってでっち上げられたスキャンダルのために自殺を図ったためであろう．ガロアは，高等師範学校へ入学せざるをえなかったが，そこの校長は，学生達を建物の中に閉じ込め，1830 年の 7 月革命を引き起こすことになる政治活動に参加できないようにした．ガロアは，「合法的なこと」を「自由」よりも好んでいるとして 12 月に記した書簡中でその校長を攻撃した結果，放校になり，共和政支持者の多い国民護衛砲兵隊に加わった．この部隊は，「ブルジョワ的な」ルイ・フィリップ王が占めていた王位を脅かそうとしていたとして，すぐに解散させられた．今や多分に政治活動に巻き込まれていたにもかかわらず，ガロアは自分の数学の研究を続け，1831 年 1 月，方程式の可解性に関する以前の論文を修正したものをアカデミーに提出した．6 ヵ月ほどあと，審査員は証明を理解できなかったということで，論文を却下した．彼はガロアに，理論を完成させ明解にしたうえで再度投稿するように勧めた．

　しかしその間，ガロアは 2 回逮捕されていた．最初は，国王の命を脅かしたため，2 回目は解散させられた国民護衛砲兵隊の制服を着ていたためである．2 度目の逮捕のとき，彼は有罪となり，禁固 6 ヶ月の刑に処せられた．この間，彼の研究を評価しなかったアカデミーへの憎しみが募り，私的に出版することを意図した著作の序文で，フランスの「公職にある科学者」を痛烈にこきおろすまでなっていた．しかし，この本が出版される前に，ガロアは「悪名高い淫乱な女とその 2 匹のカモ」[22] にかかわっていた．そして，その正確な事情は明らかになっていないのだが，彼は，決闘に行かねばならなく（あるいは行くことを選ぶように）なり，その決闘で，21 歳の誕生日の 5 ヶ月前に亡くなった．決闘の前夜，死を予期して，彼は友人オーギュスト・シュヴァリエに，先に書いた彼の草稿のいくつかをさらに発展させ注釈をつけるよう手紙を書いた．彼は次のように結んだ．「僕は，人生の中でしばしば，自分自身でも確信の持てない命題を大胆にも述べてきた．しかし，ここに記したものはすべて 1 年以上もの間，僕の頭の中でははっきりしていた．そして，……僕は完全に証明していない定理を公表することには興味はない．ヤコビかガウスに，これらの定理が正しいかどうかではなく，重要かどうかの意見を公に求めてくれ．そのあとで，これらすべての整理されていない記述を解読することを有益と考える人が出てくることを望む」[23]．

図 15.4 フランスの切手に描かれたガロア．

　「方程式の特性とその難易度は，その方程式に付け加えられる数によってまったく違ってくることがあり得る」[19]．ガロアはまた，序文で，コーシー同様，いくぶん曖昧な言葉を使って置換の概念を論じ，さらに「群」という言葉を使っている．ただし，それは，厳密な専門用語としての意味で用いているわけではなく，ある時には合成に関して閉じている置換の集合だったり，ある時には単に，いくつかの置換を施すことによって決定される文字の配列の集合だったりした．

　ガロアの主要な結果は次のように表現される．

命題 I m 個の根 $a, b, c, \ldots$ を持つ方程式が与えられたとする（ガロアはこの方程式は既約であり，すべての根は相異なることを，暗黙のうちに仮定している）．このとき，文字 $a, b, c, \ldots$ の置換が作る群で次の性質を満たすものが常に存在する．1. それらの根の関数で，この群の置換で不変なものは，すべて［方程式の係数から］有理的に知られる．2. 逆に，有理的に知られる根の関数は，いずれもそのような置換では不変である[20]．

ガロアはこの置換が作る群のことを**方程式の群**と呼んだ．今日のやり方では，方程式の根の置換を，もとの係数からできる体に方程式の根を添加してできる体全体の上への自己同型へと拡張するのが普通である．それゆえ，ガロアの結果は，もとの体の（「有理的に知られる」）要素をまさに不変に保つような，この新しい体の自己同型群が存在することを示している．彼の結果の短い証明に付け加えて，ガロアは n を素数とするときのガウスの円分多項式 $\frac{x^n - 1}{x - 1}$ を例としてとりあげた．この場合，r を一つの根，g を n を法とする原始根とすると，根は $a = r, b = r^g, c = r^{g^2}, \ldots$ の形で書け，方程式の群は巡回置換 $(abc\ldots k)$ で生成される $n-1$ 個の置換からなる巡回群となる．一方で，n 次の一般方程式，すなわち文字係数を持つ n 次方程式の群は，n 個の文字によって作られる $n!$ 個のすべての置換からなる群である．

ガロアは，主定理を述べるとともに，この定理を方程式の可解性の問題に適用しようとする．彼の二つ目の命題は，もとの体に，ある補助方程式（あるいはもとの方程式）の根の一つ，あるいはすべてを添加するときに，何が起こるかを示している．新しい体を不変に保つような任意の自己同型は，確かにもとの体を不変に保つので，新しい体上の方程式の群 H はもとの体上の群 G の部分群となる．実際，G は，$G = H + HS + HS' + \cdots$ あるいは $G = H + TH + T'H + \cdots$ と分解できる．ここで，$S, S', T, T', \ldots$ は適当に選んだ置換である．ガロアは，シュヴァリエに宛てた手紙で，全体の手順を説明し，この二つの分解は通常は一致しないことを注意する．しかし，それらが一致したとき，たとえば補助方程式のすべての根が添加される時は必ず一致するのだが，彼はその分解を**固有**であると呼んだ．「もし方程式の群が，固有な分解を持ち，n 個の置換からなる m 個の群に分解されるならば，与えられた方程式は，二つの方程式を用いて解かれる．そのうちの一つは，m 個の置換からなる群を持ち，もう一つは，n 個の置換からなる群を持つ」[24]．現代的な言葉を使うと，H が**正規部分群**であるとき，すなわち右剰余類 $\{HS\}$ が左剰余類 $\{TH\}$ に一致するならば，固有な分解が生じる．このような状況で，可解性の問題は，もとの方程式に対するものより位数の低い二つの群を持つ二つの方程式の可解性へと帰着される．

ガウスはすでに，p を素数としたときの多項式 $x^p - 1$ の根は根号を使って表せることを示していた．これより，1 の原始 p 乗根がもとの体に含まれているとすると，$x^p - \alpha$ の一つの根を添加することは，それらのすべての根を添加することと同じになることがわかる．それゆえ，もし G を方程式の群とすると，この添加によって，群 G の正規部分群 H で，G における H の指数（G の位数を H の位数で割ったもの）が p であるものが作られる．ガロアはまた，この逆，すなわち，方程式の群 G が指数 p の正規部分群 H を持つならば，もとの体（1 の

p 乗根がもとの体に属すると仮定して) の要素 α を見出し, $\sqrt[p]{\alpha}$ を添加することにより, 方程式の群を H に還元することができることも証明している. ガロアは, 彼の草稿においても手紙においても, すべての指数が素数になるまで正規部分群を見出す操作を続けることができる限りは, 方程式は根号によって解くことができると結論づけている. ガロアは, 4 次の一般方程式の場合に, この手続きを詳しく説明した. そこでは位数 24 の方程式の群は位数 12 の正規部分群を含み, この正規部分群は, 今度は位数 4 の正規部分群を含み, それは位数 2 のものを含み, それが単位元だけからなる部分群を含むことを示したのだった. これより, 最初に平方根を添加し, 次に 3 乗根, さらに二つの平方根を添加することによって解が得られる. ガロアは, 4 次方程式の標準的な解法は, まさにこの手順を正確に踏んでいることを指摘している.

15.2.5 ジョルダンと置換群の理論

ガロアの死とともに, 彼の原稿類は, 最終的にリウヴィルが彼の『数学雑誌』(*Journal des mathématiques*)[*14] で 1846 年に公刊するまで, 読まれないまま放置された. その後何年かの間に, 何人かの数学者はガロアが扱った題材を大学での講義にとり入れたり, 彼の研究についての注釈を発表したりした. しかしながら, ガロア理論が最初に教科書にとり入れられたのは, 1866 年, ポール・セレー (1827–1898) の『代数学教程』(*Cours d'algebre*) 第 3 版である. 4 年後, カミーユ・ジョルダン (1838–1922) は, 記念碑的な著作『置換と代数方程式に関する論考』(*Traité des substitutions et des équations algébriques*) を出版したが, そこには, ガロア理論をいくぶん修正したものが含まれていた.

すべては置換群に対して述べられていたとはいえ, 群論の現代的な概念の多くが初めて現れたのは, この教科書とそれに先立つ 10 年の間に彼が書き, 実質的にこの教科書にもとり入れられた論文においてである. たとえば, ジョルダンは, 群を, 有限集合の置換からなる系でその中の任意の二つの置換の積 (あるいは合成) がその系に属するものと定義した. そして彼は, すべての群は, 単位元 1, およびあらゆる置換 a に対して, $aa^{-1} = 1$ となるような別の置換 a^{-1} を含むことを示すことができた. ジョルダンは, 置換 a の置換 b による**変換**を置換 $b^{-1}ab$ によって, 群 $A = \{a_1, a_2, \ldots, a_n\}$ の b による変換を, [集合 A に属する置換の b による] 変換の全体から作られる群 $B = \{b^{-1}a_1b, b^{-1}a_2b, \ldots, b^{-1}a_nb\}$ によって定義している. B が A と一致するとき, A は b と**ならべかえ可能**であるという. ジョルダンは群の正規部分群を明確に定義しなかったが, **単純群**は定義している. これは, (単位群以外に) 群のすべての要素とならべかえ可能な部分群を含まないような群である. そこで単純でない群 G に対しては, **組成列**が存在しなければならない. これは, 群の列 $G = H_0, H_1, H_2, \ldots, \{1\}$ で, それぞれの群はその前の群に含まれ, それ自身のすべての要素についてならべかえ可能 (すなわち正規) であり, この列のなかに他のこのような群が挿入されることはない. ジョルダンはさらに, G の位数が n で他の部分群の位数が順次 $\dfrac{n}{\lambda}$,

---

[*14] 正式名称は *Journal de mathématiques pure et appliquées*. リウヴィルが創刊したことから『リウヴィル誌』と呼ばれている.

$\dfrac{n}{\lambda\mu}$, $\dfrac{n}{\lambda\mu\nu}$,... となるのであれば，整数 $\lambda, \mu, \nu, \ldots$ は順序を無視すれば一意的に定まること，すなわち，他の任意のこのような列は同じ**組成因子**を持つことを証明した[25]．

次にジョルダンは，ガロアのいくつかの結果を群論的な言葉で言い換えた．ジョルダンは根号で解ける方程式に属する群を**可解群**と定義する．これより，可解群は，すべての組成因子が素数となる組成列を持つ群である．可換群は，常に素数の組成因子を持つので，ジョルダンは**アーベル方程式**，すなわち互いに「交換可能な置換のみを含むような群」を持つ方程式は，常に根号によって解けることを示すことができた[26]．一方，n 文字の交代群は位数が $n!/2$ であるが，$n > 4$ のときは単純群となるので，次数 $n > 4$ の一般方程式は根号によって解けないことが直ちにわかる．ガロアの研究を明解に解きほぐしたジョルダンの研究によって，置換群の理論が方程式の可解性と密接に関わっていることが，今や明らかになった．

15.3　群と体——構造概念の始まり

群論のいくつかの概念は，19 世紀初期に発展した数論および根号による方程式の可解性の発展のうちに内在していたが，この二つの領域の双方で，ガウスは重要な役割を果たしていた．ガウスの 2 次形式に関する研究もまた，やがては群の抽象論の一部となっていく着想を最初に浮かび上がらせるのに重要であった．

15.3.1　ガウスと 2 次形式

ガウスは，『数論研究』の第 5 章で 2 次形式，すなわち a, b, c を整数として $ax^2 + 2bxy + cy^2$ の形をしている 2 変数 x, y の関数の理論を取りあげている．形式について論じるにあたっての，ガウスの 2 次形式の議論の主要な目的は，与えられた整数が何か特別な形式で表現できるかどうかを決定することだった．この問題を解決するための手段として，彼は，二つの 2 次形式の同値性を定義した．$[\alpha, \beta, \gamma, \delta$ を整数として$]$ 1 次式による置き換え $x = \alpha x' + \beta y'$, $y = \gamma x' + \delta y'$ で，条件 $\alpha\delta - \beta\gamma = 1$ を満たすものを考え，この置き換えによって，形式 $f = ax^2 + 2bxy + cy^2$ が形式 $f' = a'x'^2 + 2b'x'y' + c'y'^2$ に変換されるとき，形式 f は形式 f' に**同値**であるとする．任意の二つの同値な形式では，判別式 $b^2 - ac$ が同じになることは簡単な計算からわかる．一方，同じ判別式を持つ二つの形式が必ず同値になるとは限らない．ガウスは任意に与えられた判別式の値 D に対して，同値な形式の類が有限とはいえ多数あることを示すことができた．とくに，主類と呼ばれる形式 $x^2 - Dy^2$ と同値な形式からなる特別な類が存在した．

これらの類を調べるために，ガウスは 2 次形式を合成する法則を示した．すなわち，彼は，同じ判別式を持つ二つの 2 次形式 f, f' が与えられたとき，新しい形式 F（$F = f + f'$ と書かれる）を f, f' の合成として定義した．これはいくつかの妥当な性質を持っていた．まず，ガウスは，f と g が同値でかつ f' と g' が同値であれば，$f + f'$ は $g + g'$ に同値であることを示した．それゆえ，合成するという演算は，$[$個々の 2 次形式でなく$]$ その類に関する演算である．次

にガウスは，合成という演算は，可換でかつ結合的であることを示した．最後にガウスは，「任意の類 K を主類と合成すれば，合成されたものは K 自身となる」こと，任意の類 K に対して，ある類 L（K の反対類）があり，二つの類の合成は主類になること，また「同じ（判別式を持つ）任意に与えられた二つの類 K，L に対して，……，同じ（判別式を持つ）類 M で，M と K の合成が L となるようなものをつねに見出すことができる」ことを示した．ガウスは合成が加法の基本性質を持っていることを示したうえで，「類の合成を加法記号 $+$ で，同等性を等号で表すのが便利である」[27] と記した．

加法を表す記号を演算記号として用いたのにあわせて，ガウスは類 C の自分自身との合成を $2C$，C と $2C$ の合成を $3C$ というように記した．そしてガウスは，任意の類 C に対して，mC が主類に等しくなるような最小の倍数 m が存在すること，類の全体の個数が n ならば，m は n の約数になることを証明した．もちろん，彼はこの結果から，『数論研究』の初めの方で扱った題材を思い出した．「上記の定理の証明は，［剰余類のベキに関する］証明と酷似しており，事実，類の［合成］の理論は，先に扱った主題[*15]とあらゆる点で大きく類似している」[28]．それゆえ彼は，この類似から導かれる様々な他の結果を，今日のアーベル群の観点から，証明をつけることなしに主張することができた．

15.3.2 クロネッカーとアーベル群の構造

ガウスは，［2 次形式と剰余類のベキという］二つのものの扱い方の間の類似に気づいていたのだが，群の抽象理論を展開しようとはしなかった．群の理論が発展するに至るには，長い年月がかかった．1840 年代中ごろ，クンマーは理想的な複素数の理論に取り組む中で，この理論がガウスの 2 次形式の理論と多くの点で類似していることに気づいた．とくに，クンマーは，理想的な複素数の間の同値性を定義し，それにしたがって理想的な複素数を類に分割したが，これらの類はガウスの 2 次形式の類とよく似た性質を持っていた．しかし，これらの間の類似性から，抽象群の理論ができることをついに見出したのは，クンマーの学生，レオポルト・クロネッカー (1823–1891) だった．

クロネッカーは，クンマーの理想的な複素数が持っている類の個数に関するいくつかの性質をさらに考察した 1870 年の論文で，ガウスによる 2 次形式の研究をふり返っている．

> ガウスの方法の基礎となっている大変単純ないくつかの原理は，そこで与えられた文脈においてのみならず，他のところ，とくに数論の初等的な部分でもしばしば適用されている．この状況から容易に納得できるように，これらの原理はより一般的で抽象的な考え方の中にある．それゆえ，それらの原理は，すべてのささいな制約から離れて自由に展開するほうが都合がよく，その結果，様々な場合ごとに同じ議論を繰り返す必要性をなくすようにできる．この有利さは，それ自身を展開するなかですでに見えてきており，許される限り最も一般的なやり方で与えられるならば，その表現は

[*15] 『数論研究』第 3 章．

伝　記

レオポルト・クロネッカー (Leopold Kronecker, 1823–1891)

クロネッカーは，可能なかぎり最高の数学教育を受けようとして，ベルリン，ボン，ブレスラウの各大学で学び，1845 年にはベルリン大学で博士号を受けた．その後数年，彼は家業にたずさわり，ついに財政的に自立した．一方で趣味として数学の研究を進めていたので，1861 年，彼は，ベルリン・アカデミー会員に選出され，ベルリン大学で講義することが許可された．1880 年，彼は，『クレレ誌』の編集を引き継ぎ，その 3 年後，クンマーの退官とともにベルリン大学の数学教授となった．また，そこで，ワイエルシュトラスとともに，影響力の大きい数学のセミナーを主宰した．

より単純になる．最も重要な特徴が際立って明確に現れるからである [29]．

そこでクロネッカーは，この単純ないくつかの原理を展開することから始めた．すなわち「$\theta', \theta'', \theta''', \ldots$ を有限個の要素とし，これらの要素の対それぞれに対して，定められた手続きによって三つ目の要素が関連づけられているとしよう」とする．クロネッカーは，この関連づけを最初は $f(\theta', \theta'') = \theta'''$，のちには $\theta' \cdot \theta'' = \theta'''$ と書き，これらは，可換で，結合的であって，また，$\theta'' \neq \theta'''$ のとき，$\theta'\theta'' \neq \theta'\theta'''$ となることを要請することへと進む．次に有限性の仮定から，クロネッカーは単位要素 1 が存在すること，任意の要素 θ に対して，$\theta^{n_\theta} = 1$ となる最小のベキ n_θ が存在することを導き出している．

最後に，クロネッカーは，有限アーベル群の基本定理を展開している．これは，この群の各要素 θ が $\theta_1^{h_1}\theta_2^{h_2}\cdots\theta_m^{h_m}$ の形の積として一意的に書けるような有限個の要素の組 $\theta_1, \theta_2, \ldots, \theta_m$ がある，というものである．ただし，各 i に対して $0 \leq h_i < n_{\theta_i}$ である．さらに，θ_i は各 n_{θ_i} が，その次の数 $[n_{\theta_{i+1}}]$ によって割り切れ，かつこれらの数の積が，系の中の要素の個数に正確に一致するように並べうる．クロネッカーは，証明された抽象的な定理を，個々の場合については類似の結果がすでに他の人々によって示されていることに注意しながら，これらの要素を種々に解釈するのである．

15.3.3　ケイリーと群の定義

大変興味深いことだが，クロネッカーは自分が定義した体系に名前を与えていないし，それをガロア理論から生じた置換群の観点から解釈することもしていない．クロネッカーはまた，16 年前に，アーサー・ケイリー (1821–1895) が，置換群の概念に基づいて類似の抽象的な理論をすでに展開していたこともおそ

伝　記

アーサー・ケイリー (Arthur Cayley, 1821–1895)

ケイリーはケンブリッジ大学トリニティ・カレッジで数学を学び，シニア・ラングラー[*16]として卒業した．彼にふさわしい教職に空きがなかったため，法律家になろうと決心し，1849年，弁護士になった．彼は，法律の仕事にも熟達していったのだが，この仕事は収入をうるためのものにすぎないとして，つねに時間の多くの部分を数学に費やしていた．実際，彼は弁護士をしていた14年の間に300本近い数学の論文を書いた．1863年，彼は新設されたケンブリッジ大学サドル数学講座教授に選出された．収入は激減したが，彼は大変喜んでこれを受けた．

サドル教授の義務は「純粋数学の諸原理を教えること」および「純粋数学の進歩のために専心すること」であった．一つ目の義務については，ケイリーはよくやった，とはいえなかった．大学で彼の講義に惹きつけられた学生はほとんどいなかった．それは彼が自分の最新の研究について話をするのが常であったのが一因であった．一方で，様々な分野にわたる1000本近い論文を含めて，彼の数学への寄与は膨大であった．さらに，彼は他の人々が書いた何千本もの論文を審査し，研究を始めたばかりの若者達を励ますことに大きな喜びを感じていた．

らく知らなかっただろう[*17]．

　ケイリーは，論文「群論について」で，置換群の考えはガロアによっていると指摘したあと，数からなる集合上の演算，すなわち写像へと直ちにこれを拡張していった．彼は，1という記号で，すべての数を不変なまま保つ写像を表した[*18]．さらに，写像に対しては，合成という概念がもともと矛盾なく定義され，一般には可換ではないが，結合的であることを指摘した．一方でケイリーは，演算の具体的な概念から基本的な考え方を抽出し，**群**を「$1, \alpha, \beta, \ldots$ といった，すべてが相異なっている記号の集まりで，それらのうちの任意の二つ（どのような順番でもよい）の積，あるいはどれか一つのそれ自身との積は，その集まりのなかに属している……．したがって，もし群全体に記号のどれか一つを，（右または左のいずれかから）掛けると，その結果は，群全体が再生されるだけのこととなる」[30]と定義した．今日の見方からすると，ケイリーは［群の］定義の重要な部分を見落としているとみられる．そのため，なぜ最後の言明が「従う」のかはっきりしない．しかし，ケイリーは基本的には有限集合上の置換からなる群を考えており，その結果，記号の集まりが有限であること，積が結合的であること，すべての記号が逆元，すなわちそれとの積が1となるような，別の記号を持つことを仮定していたと思われる．

[*16]数学の卒業試験（トライポス）で上位の成績を修めた者．首席はラングラーと呼ばれた．
[*17]著者は 15.2.2 項で permutation という術語で置換を表すとしているが，この節では，substitutuion という術語も置換を表すために使っている．おそらく，原論文の記述にしたがったためであろう．ここでは，いずれの語も置換と訳出してある．
[*18]ここでは，quantities を数と訳出した．

様々な抽象群を研究するため，ケイリーは，群表

	1	α	β	$\cdots$
1	1	α	β	$\cdots$
α	α	α^2	$\beta\alpha$	$\cdots$
β	β	$\alpha\beta$	β^2	$\cdots$
$\cdots$	$\cdots$	$\cdots$	$\cdots$	$\cdots$

を導入した．この表は，彼が定義のなかで主張したように，この表の中のどの行もどの列もその群のすべての要素を含んだものになっている．さらに，この群の要素が n 個あるときは，各要素 θ は $\theta^n = 1$ という記号で表された方程式を満たすことをケイリーは指摘していた．

ケイリーはよく知られた論法を用いて，もし n が素数ならば，その群は必然的に $1, \alpha, \alpha^2, \ldots, \alpha^{n-1}$ という形態で構成されていることを示した．もし n が素数でなければ，別の可能性がある．とくに，四つの要素から作られる可能性のある群は二つ，六つの要素からも二つあるが，彼はそれらの群の表を示した．この考察をさらに進めた1859年論文では，彼は，位数8の五つの群すべてを，それらの要素のリスト，関係式の定義および各要素の最小のベキ指数（要素の指数），すなわちその要素のベキが1となる最小のベキを示すことによって記述した．たとえば，このような群の一つとして，要素 1, α, β, $\beta\alpha$, γ, $\gamma\alpha$, $\gamma\beta$, $\gamma\beta\alpha$ を含み，関係式 $\alpha^2 = 1$, $\beta^2 = 1$, $\gamma^2 = 1$, $\alpha\beta = \beta\alpha$, $\alpha\gamma = \gamma\alpha$, および $\beta\gamma = \gamma\beta$ を満たすものがあげられよう．この群の各要素は，単位元を除いて，指数2である．

ケイリーが，1860年に『イングリッシュ・サイクロペディア』に記事を書き，その中の一つの項目として「群」という用語を説明したにもかかわらず，その後何年にもわたって，抽象的なこの定義に，大陸の数学者達はだれも注意を払わなかった．可換性という余分な条件がついていたとはいえ，クロネッカーの1870年の定義が同じ構造を定義していることに気づいた者もいなかった．しかし1878年，ケイリーは同じ主題を扱った新しい四つの論文を公刊し，1854年の定義と結果を繰り返して述べた．とくに，彼は，「群とは，その記号を結びつける法則によって定義される」[31] と記した．さらに，「上に述べた（群の）理論は一般的なものであるが，置換の理論を特別な場合として含んでいる．しかし，与えられた位数 n のすべての群を見出すという一般的な問題は，n 文字の置換で作られる群で同じ位数 n を持つものすべてを見出すという，見かけ上はそれより一般性の程度が落ちる問題と実は同一である」[32] とした．ケイリーは，群の任意の要素は，その群の演算，すなわち群の要素の置換を引き起こすような演算により，その群の要素全体の上に作用していると考えられることを指摘して，今日ケイリーの定理として知られているこの結果をほとんど自明であるとして採用した．しかしケイリーは，「一般的な問題を扱う最良の，すなわち最も簡単な方法は，このようにそれを置換の問題とみなすことであると，いかなる見地からも示すものではない．そして，よりよい方法は，一般的な問題それ自身を考えることで，そこから，置換群の理論が導き出すことであることは明らかであるように思われる」と注意した[33]．このようにケイリーは，クロネッカーと同様に，群論における諸問題は，群を具体的なものにして扱うよりは，むしろ抽象的に考

察することが，しばしば最良の攻略法となりうることを認識していた．事実，抽象的な考え方をとることによってのみ，しばしばさらなる進歩が可能になった．

15.3.4 群の概念の公理化

1878 年以降事態は急速に進み，クロネッカーとケイリーの定義を結びつけて一つの抽象的な群の概念にできるということが理解されるようになった．そして，1879 年に，ゲオルク・フロベニウス (1849–1917) とルートヴィッヒ・シュティッケルベルガー (1850–1936) の共著の論文が出版された．そこで彼らは，「与えられた数を法として互いに合同ではなく，かつ法［とする数］と互いに素であるような数の類」から始めて，しかし，これらを「これらの要素に特有な性質を一切使わないで」論じることを試みた．そのあとで彼らは，「これら要素の集まりは，それらの任意の二つの要素の積がそれら自身の中に含まれるとき，（有限）群を形成するという」[34]と定義した．3 年後，オイゲン・ネットー (1846–1919) が書いた教科書は，置換群を主に扱っていたけれども，そこではクロネッカーの 1870 年の定義を，ほぼ同じ言葉で述べている．

1882 年には，群の概念を完全に公理化できたことを告げるともいえる新しい 2 編の論文が刊行された．一つは，ウォルター・ダイク (1856–1934) が著した「群論研究」("Gruppentheoretische Studien") の出版である．そこで彼は，［群の定義に関する］基本的な問題を定式化した．それは「ある対象に適用できるような，具体的な操作からなる群を，個別の操作のあらゆる特定の表現形式を無視し，群を形作るための本質的な性質によって操作が与えられただけとみなすことと定義する」[35]というものである．ダイクは，結合性と逆元の性質をほのめかしているとはいえ，これらを群を定義するための性質とはしていない．そのかわり，彼は，生成元と基本関係を使って，どのようにして群を構成するかを示した．すなわち，彼は，有限個の操作 $A_1, A_2, \ldots, A_m$ から始め，次にこれらの要素に対して「最も一般的な」群 G を，これらの要素とその逆元のベキの可能な積すべてを考えることによって構成した．この群は，今日，$\{A_i\}$ 上の**自由群**と呼ばれており，自動的に現代的な群の公理を満たす．ダイクは次に，形式 $F(A_1, A_2, \ldots, A_m) = 1$ の様々な関係式を仮定することにより，他の群へと特殊化した．すなわち，もし群 $\bar{G}$ が与えられた関係式を満たす操作 $\bar{A}_1, \bar{A}_2, \ldots, \bar{A}_m$ から構成されるのならば，「$\bar{G}$ のなかの単位元と等しくなる群 G の，これら無限に多くの操作全体は一つの（部分）群 H を形成し，これ……は群 G のすべての操作 $S, S', \ldots$ と可換である」[36] ことを示した．次にダイクは，写像 $A_i \to \bar{A}_i$ が，彼が G から $\bar{G}$ の上への**同型写像**と呼ぶものを定義していることを証明した．現代の言葉で言えば，ダイクは部分群 H が G のなかで正規部分群であること，$\bar{G}$ が，因子群 G/H に同型であることを示したのである．

この年に出た二つめの論文は，ハインリヒ・ウェーバー (1842–1913) による 2 次形式に関するもので，ここで初めて，有限群の完全に公理的な記述が，群を構成する要素の性質に何ら触れることなく与えられた．それは

> 任意の種類の h 個の要素 $\theta_1, \theta_2, \ldots, \theta_h$ からなる系 G が次の条件を満たすとき，位数 h の群と呼ばれる．

1. 合成あるいは乗法と呼ばれているある規則によって，系の任意の二つの要素から，同じ系の新しい要素が導かれる．記号では $\theta_r \theta_s = \theta_t$ と表す．
2. つねに $(\theta_r \theta_s)\theta_t = \theta_r(\theta_s \theta_t) = \theta_r \theta_s \theta_t$ が成り立つ．
3. $\theta \theta_r = \theta \theta_s$ からも $\theta_r \theta = \theta_s \theta$ からも，$\theta_r = \theta_s$ が導かれる [37]．

というものである．

与えられた公理と群が有限であることから，ウェーバーは単位元が一意的に存在すること，各要素に対しての逆元が一つだけ存在することを導いた．彼はさらに，乗法について可換な群を，**アーベル群**と定義し，本質的にはクロネッカーと同じ方法を用いて，アーベル群の基本定理を証明した．

その後数年間で，抽象的な群の概念を使うことはさらに普及した．しかし，ウェーバーが無限群まで含めた群の定義を発表したのは，1893 年になってからである．彼は，1882 年の三つの条件を再び述べ，有限群に関しては，群の三つの要素 A, B, C のうちの二つが知られているとき，方程式 $AB = C$ の解が一意的に定まることを，これら三つの条件が十分保証することを指摘した．ただしこの結論は，無限群に対してはもはや成り立たない．この場合は，$AB = C$ の解が一意的に存在することを四つ目の公理として仮定しなければならない．この四つ目の公理により，有限性が仮定されていなくとも，単位元と群の各要素の逆元が一意的に存在することが示される．

現代的な群の同型の概念を定義したあと，ウェーバーは，彼の抽象的な取り組み方の拠りどころを明らかにした．それは「お互いに同型な群をすべてまとめて，一つの群の類を作ることができるが，これ自体がまた一つの群となり，その要素は，個々の同型な群の対応する要素を一般的な概念にまとめることにより得られる一般的な記号である．それゆえ，個々の同型な群は，この一般的な概念の様々な代表とみなせる．そして，どの代表を使うかは，その群の性質を研究するうえで重要ではない」[38] ということであった．ウェーバーはたくさんの群の例をあげた．平面上のベクトルからなる加群，有限集合の置換からなる群，m を法とする剰余類からなる加法群，m と互いに素になるような，m を法とする剰余類からなる乗法群，そしてガウスの合成法則のもとで与えられた判別式を持つ 2 元 2 次形式の類がなす群がそこには含まれていた．このような［群を考察する上で重要な］素材が発表され，ウェーバーの 1895 年の『代数学教程』(*Lehrbuch der Algebra*) に組み込まれることによって，群の抽象的な概念は数学の主流の一部となったと考えることができる．

15.3.5 体の概念

体の理論の歴史は，群論よりはるかに単純である．体の概念は，1830 年前後のガロアの研究で確かに示唆されていた．ガロアが，［体の元となるような］数や量が有理的であるとは何を意味するか，そして与えられた有理的な数量[*19]の集合に新しい要素をどのように添加するかを論じていたことを思い出してほし

[*19] 原文は rational quantities. ここでは四則演算について閉じている集合の元のことを「有理的な数量」と呼ぶことにする．これらは今日の体の元に相当する．

い．ガロアにとって，有理数体 Q と超越量[*20]や与えられた方程式の根によって生成された拡大体 $Q(\alpha)$ の概念は直観的に明らかなもので，この概念に名前をつける必要はなかった．実際にこれらの体を構成してより明確な概念にしようとしたのはクロネッカーで，その試みは 1850 年代に始まった．クロネッカーは代数学と解析学は，整数から構成されたあらゆる概念を土台にして，より厳密に基礎づけられうると確信していた．すなわち「神御自身が，整数を作られた．それ以外はすべて人間の仕事である」[39] のだった．それゆえ，彼は，$\sqrt{2}$ のような無理数は，整数からそれらを構成する明確な方法が見出されない限り意味がないと感じていた．そして彼は，体についていえば，有理数体の拡大体，あるいは実際にすでに決められている任意の体の拡大体を，あらかじめ無理数が存在しているかどうかには関係なく構成する方法を見出そうとしていた．

クロネッカーは，いくつかの要素 $R', R'', \ldots$ によって決定される有理域というアイデアから論じ始めた．この有理域は，整数係数を持つ $R', R'', \ldots$ の有理関数であるすべての数量を含んでいる．そこで彼は，整数の，さらには有理数の存在を仮定したのだった．彼はこのとき，$x^2 - 2$ が根を持たないような有理域に $\sqrt{2}$ を添加するという問題を，有理係数の多項式を $x^2 - 2$ で割ったときの剰余を考えることによって解決できた．同じ剰余を持つ二つの多項式は同値とみなされるので，この剰余の集合上で基本的な演算を定義すれば，それによって新しい有理域が直ちに構成できる．この構成方法は，新しい要素 α と α の有理関数をすべて含み，α^2 が常に 2 で置き換えられるという条件がついた新しい有理域を考えたにすぎない，とする別の見方もできる．

デデキントも，1850 年代から，添加していく過程よりも，要素の集まり自体により強い関心を持ち始めた．デデキントが代数的整数，すなわち［最高次の係数が 1 の整数係数の］代数方程式の根として表現される複素数の算術に興味を持っていたことを思い出そう．そのため，デデキントは，ディリクレの『数論講義』(*Vorlesungen über Zahlentheorie*) の第 2 版 (1871) の補遺で，次のような定義を与えた．それは，「実数または複素数 α の系 A は，これらの数 α の任意の二つの和，差，積，商が同じ数の系 A に属するとき，「体」と呼ばれる」[40]（彼は，0 がどのような場合もこのような商の分母とはなりえないこと，体は少なくとも一つは 0 以外の数を含まねばならないことを指摘していた）．このような数の体系の最小のものは，もちろん有理数体で，すべての体に含まれている．一方，最大なのは複素数のなす体で，すべての体を含んでいる．それゆえデデキントの場合は，クロネッカーと異なり，代数的な要素を体に付加することが常に複素数体のなかでなされる．実際，複素数からなる任意の集合 K が与えられたとき，デデキントは，体 $Q(K)$ を K のすべての要素を含む最小の体と定義している．

デデキントとクロネッカーのどちらにとっても，すべての体は有理数体を含んでいた．ガロアはずっと以前の 1830 年に実質的には有限体を記述していた短い論文を発表したのだが，［これを知っていたとしても，］彼らはどちらも，各自の定義を別の種類の体には拡張しようとしなかっただろう．この論文でのガロアの

[*20]原文は a transcendental quantity.

目的は，$x^2 \equiv a \pmod{p}$ の形をした合同式を解くためのガウスの考えを一般化しようとすることであった．ガロアは，[方程式の] 解が存在しない場合に，ちょうど $x^2 + 1 = 0$ に対して解 i を創造したのと同じように解を作ってみたら，どのようなことが起きるかを問題にしていた．すなわち，任意の合同式 $F(x) \equiv 0 \pmod{p}$ の一つの解を，記号 i で表して（ここで $F(x)$ は次数 n で，p を法とする剰余類は，いずれもそれ自身解にならないとする），ガロアは $0 \leq a_j < p$ として p^n 個の式 $a_0 + a_1 i + a_2 i^2 + \cdots + a_{n-1} i^{n-1}$ の集まりを考えれば，これらの式は自然に加減乗除ができると記した．次に，ガロアは，もし α が，彼が問題にしている集まりのなかの 0 でない任意の要素だとすると，α のある最小のベキ n が 1 に等しくなくてはならないと述べ，さらに，ガウスが p を法とする剰余の場合に示したのと類似の議論によって，このような要素はすべて $\alpha^{p^n - 1} \equiv 1$ を満たすこと，そしてすべての 0 でない要素が β のベキとなるような原始根 β が存在することを示した．ガロアは，すべての素数ベキ p^n に対して，p を法とする既約な n 次合同式を見出すことができ，その根の一つが，今日位数 p^n のガロア体と呼ばれるものを生成することを示して，その論文を締めくくった．このような多項式を見出す最も簡単な方法は試行錯誤することだ，とガロアは述べていた．一例として，ガロアは，$x^3 - 2$ が 7 を法として既約であること，その結果，i をこの多項式の零点とし，$j = 0, 1, 2$ に対して $0 \leq a_j < 7$ とすると，要素の集まり $\{a_0 + a_1 i + a_2 i^2\}$ は位数 7^3 の体を形成することを示した．

デデキント–クロネッカーの体の見方とガロアの有限個の要素からなる系とを結びつけて，抽象的な体の定義を与えたのはハインリヒ・ウェーバーである．彼は，群の抽象的な定義を与えた 1893 年論文のなかでこのことも行った．実際彼は，体を定義するなかで，群の概念を使っている．すなわち**体**とは，2 種類の合成，加法と乗法を伴う集合で，加法に関しては可換群で，乗法に関してはその 0 でない要素の集合が可換群をなすとした．さらに，これら 2 種類の合成は $a(-b) = -ab, a(b + c) = ab + ac, (-a)(-b) = ab$ および $a \cdot 0 = 0$ という規則で関係づけられる．ウェーバーはさらに，体では，積が 0 となりうるのは因数の一つが 0 になるときに限ることを注意した．そして，彼は，有理数，有限体（素数を法とする剰余類のみを彼は例示した），「形式の体」(form field)，すなわち与えられた体 F 上の一変数または多変数有理関数の体，などいくつかの体の例をあげた．しかしながら体のこの抽象的な概念が，ウェーバーの教科書には入っていないのは興味深い．明らかにウェーバーは，学生たちに対してはより具体的な概念のほうが望ましいと，そのときはまだ感じていたようだ．

15.4 記号的代数学

19 世紀のイングランドの代数学は，記号操作とその数学上の真理との関係についての新しい関心がでてきたことで特徴づけられる（囲み 15.1 および 15.2）．代数学でのこの新しい動きを主導した一人で，より広くは，イングランドの数学研究を革新することに関心を持っていたのがジョージ・ピーコック (1791–1858) であった．ピーコックは，代数学の対象を記号として考えていくという彼の新

囲み 15.1

ケンブリッジ大学での数学

18 世紀の半ばまで，数学はケンブリッジの教育課程の中心であり，大学の評議会が行うケンブリッジの最も重要な試験は，主として数学にあてられていた．この試験が，普通トライポスと呼ばれるのは，当初は，試問中，受験生が 3 本足の腰掛に座っていたためである．そもそも数学が重視されたのは，数学の勉強は精神を発達させるので，英国国教会や国家を導いていく職務を引き受けるイングランドの紳士になるための準備教育に役立つと考えられていたからである．トライポスに合格するための必要な数学には，ユークリッドとアポロニウスの総合幾何学，さらに代数，三角法，流率法，そしてニュートン『プリンキピア』の第 1 巻に書かれている程度の基本的な物理学が含まれていた．しかし，**ラングラー** (*wranglers*)，すなわち首席での卒業を目指す真剣な学生は，自分達でより進んだ数学を学んだ．その題材には『プリンキピア』の残りの部分も含まれ，さらに 19 世紀初頭になるとラグランジュ，ラクロワ，ラプラスといった，フランスの数学者の著作が加わった．ラングラーになると，実質上，ケンブリッジのカレッジのフェローになることを約束され，研究生活が始まる．したがって働かなくても暮せるだけの資産のない学生は，大変真剣に考えていた．

18 世紀を通じての数学の伝統的な教授方法は，総合幾何学的な方法，すなわち，ニュートンもまた『プリンキピア』で採用したやり方であった．このような事情であったから，ケンブリッジの学生が，大陸で大きな成果をあげていた解析的な方法を理解するのは容易ではなかった．この事態を改善するため，1812 年，数人のケンブリッジの学生達が新しいグループを結成した．これが，解析協会 (the Analytical Society) で，程度の高い大陸流の解析的な数学 [の普及] を英国ですすめること，とくにケンブリッジの正規の教育課程に，このような数学をとり込むことを目的としていた．解析協会は，1 年くらいしか続かなかった．しかし，ジョージ・ピーコックやチャールズ・バベッジ (1792–1871) らを含む初期のメンバーの多くは，1820 年代半ばまでに，新しい解析的な方法をとり入れる方向でケンブリッジが改革されるにあたって，大きな影響を与えた．それまで教養教育の中心だった数学を知的な営みの一環，すなわち新しい数学を発展させること自体を目的とする一つの専門と位置づけて，ケンブリッジでの数学の役割を最終的に変えていったことが彼らの運動の結果の一つであった．

しいやり方を，1830 年に出版した『代数学』(*Treatise on Algebra*) で説明した．彼は，この本を 1842 年から 1845 年にかけて大幅に改訂，増補した．ピーコックの革新への興味は，18 世紀の終わりに何人かのイングランドの数学者達によって提起されていた，負の数と虚数の意味づけという問まで遡ることができる．負の数や虚数は，18 世紀（あるいはそれ以前）には自由に使われており，また，あらゆるたぐいの代数的な結果を得るのに必要であると考えられていた．しかし，数学者達は，いくつもの物理的なことがらから類推する以外には，それらの意味を説明することができなかった．フランシス・メセルス (1731–1824) やウィリアム・フレンド (1757–1841) が負の数や複素数の使用をきっぱりと放棄したうえで代数学の教科書を書いたのは，それらの概念の適切な基礎づけがなかったからである．しかし，方程式の解法の研究において，負の数や虚数の実践的な価値を考えると，これは広く受け入れられるには明らかに過激すぎる処置であった．

15.4.1 ピーコックの『代数学』

ピーコック自身は，2 種類の代数学を区別することにより，負の数や虚数を救済しようとする独自の立場をとった．2 種類の代数学とは，彼がそれぞれ「算術的代数」，「記号的代数」と呼んでいたものである．算術的代数とは普遍的な算術で，すなわち負でない実数の算術の基本原理を，数ではなくむしろ文字を使

囲み 15.2

1785年のトライポスの問題

問題用紙は，まず，明瞭に書くことと「少なくともどのくらい書けばよいかということについては，解答した問題の量だけでなく，解答の明確さと正確さにもよる」[41] ことに気をつけるよう受験生に告げる注意書きから始まっていた．

1. 正多面体は何種類あるのか，それらは何と呼ばれ，なぜその個数以上存在しないのかを証明せよ．
2. 双曲線の漸近線は，つねにその曲線の外側にあることを証明せよ．
3. 地球上の高台から物体が投げられたとせよ．それが地球の二つめの衛星になるためには，物体にはどのくらいの発射速度がなければならないか．
4. すべての円錐曲線 [上を運動するような点] において，焦点へ向かう力は，一般に距離の 2 乗に反比例することを証明せよ．
5. 同じ力の中心の周りを異なる楕円軌道を描いて運動する [点の] 周期が，平均距離の 3/2 乗比で変化するとすれば，これらの平均距離における力は距離の 2 乗に反比例することを証明せよ．
6. ニュートンの [『プリンキピア』第 1 巻] 第 3 章と第 7 章はどのような関係にあるか．第 3 章での法則は，第 7 章でどのように応用されているか．
7. 4 次方程式 $x^4 + qx^2 + rx + s = 0$ を 3 次方程式に還元せよ．
8. $\dot{x} \times \sqrt{a^2 - x^2}$ の流量を見出せ．
9. ある数とその数の 2 乗との差が最大になるような数を見出せ．
10. 円 $DBRS$ の（任意の）弧 DB の長さを求めよ．

伝 記

ジョージ・ピーコック (George Peacock, 1791–1858)

ピーコックは，ニュートン生誕の地から 2, 3 マイルの，リンカーンシャー州の町デントンで生まれた．1809 年，ケンブリッジのトリニティ・カレッジに入学し，4 年後，第 2 位の成績で卒業し，今度は，トリニティ・カレッジの特別研究員となり，カレッジの講師，個人指導担当者を経て，1837 年，天文学と幾何学の教授となった．彼は，1817 年から 19 年にかけて，トライポスの試験官を勤めていたため，大陸流の [解析的な] 数学を試験に導入することができた．数年後，彼は，学位取得のための条件としての宗教試験を廃止するように，ケンブリッジの学則を改訂する委員会に加わった．

うことにより展開する方法である．したがって，算術的代数では，実際に差をとることができるような $c < b$ かつ $b - c < a$ という条件が成り立つときのみ，$a - (b - c) = a + c - b$ と書くことができる．一方，記号的代数では，記号（文字）にいかなる特定の解釈を与える必要もない．記号の操作は，算術での操作との類似から導き出されねばならないが，記号的代数ではそれが適用できる範囲を制限する必要はない．たとえば，上の等式は，記号的代数ではいつでも成り立つ．

　負の数とはどういうものであるかという問に対するピーコックの答は，単に

$-a$ という形の記号というだけのこと，である．われわれは，算術から導かれた方法で，これらの記号を扱うことになる．算術では，$a > b$ かつ $c > d$ という条件のもとで，$(a-b)(c-d) = ac - ad - bc + bd$ が成り立つから，同じ規則が記号的代数でも適用されるが，そこではこの条件による制約はない．また，$a = c = 0$ とおくと $(-b)(-d) = bd$ が，$a = d = 0$ とおくと $(-b)c = -bc$ が導かれる．同様に，$\sqrt{-1}$ は，単に算術での平方根号がしたがうのと同じ法則にしたがう記号である．それゆえ，$\sqrt{-1}\sqrt{-1} = -1$ である．これらの例は，ピーコックが，同値な形式の普遍性の原理と呼んだものである．それは「[代数的] 形式の中の一般的な記号が特別な値をとるときに同値であるようないかなる代数的形式も，記号に一般の値を代入しても形式として同値であろう」[42] というものである．言い換えると，等式で表されるような算術のどのような法則も，そこに含まれている記号の解釈から生じるあらゆる制限をとりはずすことによって，記号的代数の法則を定める．負の数も虚数も含まない例として，ピーコックは，m が有理数で $0 < x < 1$ ならば，算術では

$$(1+x)^m = 1 + mx + m(m-1)\frac{x^2}{1 \cdot 2} + \cdots$$

が成り立つから，記号的代数でも同じ等式が成り立ち，そのときは，x と m の値は何であってもよいと述べた．

1830 年の『代数学』第 1 版で，ピーコックは，記号的代数を「任意の符号と記号の組合せを，一定の任意の規則によって扱う科学」[43] と定義した．そこで，彼は，代数学の焦点を，個々の記号の意味づけから，それらの記号による演算の法則へと移行し始めた．しかし，ピーコックは，1830 年の版でも 1845 年の版でも，彼が提唱した結合の「任意の法則」を利用しようとはしなかった．実際，彼の記号的代数におけるすべての法則は，同じ演算に対応する算術の法則から，普遍性の原理によって導かれたものであった．事実，1845 年に，彼は，「記号的代数の結合の法則を算術とは無関係に任意に選ぶことは，その本性に関するどのような見解をとっても，正しいとも哲学的であるとすることもできないと私は信じる」[44] と記した．しかし彼が主張した法則を作る自由を記号的代数に対して使うことはできなかったとはいえ，記号的代数の結果は「約束ごとのみによって存在するといえるかもしれない」[45] というピーコックの声明は，代数学という主題全体に対する，新しい意味づけが始まったことを示している．これは他のイングランドの数学者達によっても，直ちに活用されることになる意味づけでもあった．

15.4.2 ド・モルガンと代数の法則

オーガスタス・ド・モルガン (1806–1871) はピーコックの著作を読んでその影響を受けた．しかし，彼は，代数の法則は算術から示唆されなくてもつくり出せることを，彼の先駆者よりはっきり認識していた．算術の法則から始めるかわりに，任意の記号から始め，これらの記号がそれに従って作用するような法則の集まりを (何らかの方法で) 作り出すことにより，新しい代数系をつくることができると，ド・モルガンは信じていた．そのあとに初めて，これらの法則の解釈が与えられることになる．1849 年，彼は，このような作り方の簡単な例を示

伝　記

オーガスタス・ド・モルガン (Augustus De Morgan, 1806–1871)

オーガスタス・ド・モルガンは，インドで，イングランド軍の将校の家庭に生まれ，ピーコックの改革のいくつかが実行されたあとの 1820 年代にケンブリッジで学んだ．そのため，彼は，大陸流の解析的な数学を最初から教えられていた．他のことにも興味があったので，トライポスでいい成績をとるために通常は必要とされる「詰め込み」をしなかったこともあってのことだろうが，1827 年に第 4 位で卒業したため，彼としては，数学を仕事にするにはこの結果はあまりにも悪いと思い，法律家になる準備をした．しかし，1828 年，彼は，新設されたロンドン大学の数学の教授に選ばれ，残りの人生の大部分はその職にあった．ド・モルガンは，熱心な教師で，各学期ごとに必ず四つの講義を持っていた．講義は初等的な算術から変分法までの広い範囲に及んだ．彼は，創造的才能の大部分をよりよい教育方法を考案することに注ぎ，様々な数学の教科書のみならず，数学教育に関する論考や著作を残した[46]．

した．それは，

> 記号 M, N, $+$ とある一つの結合関係，すなわち，$M + N$ は $N + M$ と同じであるということが与えられたとする．これは記号による計算である．それはどのように意味づけられるのだろうか．たとえば，次のような方法をあげよう．(1) M と N は大きさ[*21]で，$+$ は 2 番目のものを最初のものに加えるという記号である．(2) M と N は数で，$+$ は最初の数に 2 番目の数を掛けるという記号である．(3) M と N は線分で，$+$ は，前者を底辺，後者を高さとした長方形を作るようにとの指示である．(4) M と N は男性で，$+$ は前者が後者の兄弟であるとの主張である．(5) M と N は国家で，$+$ は後者が前者と戦争をしたという記号である[47]．

というものである．

ド・モルガンは，自分の記号に対して新しい代数の公理を作る自由を主張し，また記号は「数量」[*22]や「大きさ」以外のものも表現しうることさえも認識していた．それにもかかわらず，彼もピーコック同様，算術で数が従う法則とは異なる法則に従ういかなる新しい体系も作り出そうとはしなかった．事実，1841 年，彼は，自分が信じているのは「代数的過程にとって本質的な」[48] 規則であることを述べた．これらの規則は，置き換えの原理（＝ の記号で結びつけられた二つの式は互いに置き換えうるという原理），加法と乗法の両方に関する逆の原理（$+$ と $-$，および $\times$ と $\div$ は，「逆の効果」を与える），加法と乗法に関する順序

[*21] 原文は magnitudes．数値で表現できる，あるいは幾何学的に捉えられる大きさのこと．
[*22] 原文は quantities となっている．

交換可能の原理，（加法と減法の双方と乗法の間の）分配法則，そして指数法則 $a^b a^c = a^{b+c}$ と $(a^b)^c = a^{bc}$ を含んでいる．彼は「不十分でも多すぎることもない」と信じていたこれらの法則を示したあと，「最も注目すべき点は，……この演算の法則は引き続く記号 $a+b$, ab および a^b の間のこれらの法則を算術的意味から導いた人が，その当初は十分と考えていたよりも，はるかに少ない関係を記述することである」[49] との意見を述べた．言い換えると，加法から乗法の意味を導いたり，乗法からベキ乗の意味を導いたりする必要はないわけである．しかしながら，これらの原理を用いるだけであらゆるたぐいの代数的な結果が確かに導けるにもかかわらず，このような代数は，各ピースを裏返してジグソーパズルを組み立てていく以上の意味を持ちえないだろう．ド・モルガンは，真の数学というものは，実質的な内容を持たねばならないと信じていた．解釈を与えることの方が，体系の公理的な構造を説明することよりはるかに重要であった．数学的な体系に意味と意義を与えたのはひとえに解釈であり，ド・モルガンが認識していた解釈とは，公理によって確立された論理的な枠組みの外にあるものだった．

15.4.3　ハミルトン：複素数と四元数

正真正銘の代数系と判断できるが，ド・モルガンが設定した公理のすべては満たさない形で，新しい代数系を遂に作ったのは，アイルランドの数学者・物理学者，ウィリアム・ロウワン・ハミルトン (1805–1865) であった．ピーコックやド・モルガン同様，ハミルトンも代数での負の数や虚数といった，基礎づけがしっかりしていないと彼が考えていた概念の使用を正当化する可能性を求めていた．彼の考え方の根本が示されている 1837 年の論文「共役関数，すなわち代数的な対の理論，純粋時間の科学としての代数学に関する予備的で基本的な考察とともに」で，彼は以下のように記していた．

> （これまで普通やってきたような）次のような原理が示されれば，風変わりな懐疑主義によらなくても，負の数や虚数に関する理論を疑い，信じられないということになろう．**小さな大きさからより大きな大きさを減じることができ，そしてその残りは無より小さい．**二つの負の数，すなわち，それぞれが無より小さい大きさを表す数は，互いに**掛けることができ**……その積は正の数……そしてそれゆえ，その数が正であろうと負であろうと，その平方はつねに正である．さらに，**虚**と呼ばれる大きさが，見出され，認識され，あるいは決定されて，正の数・負の数のすべての計算の法則によって演算が行われる．虚数はそれらの法則に従っているようではあるが，**虚数の平方は負**であり，それゆえ，それ自身は正でも負でもなく，もちろん無を表す数でもないし，それゆえ，その大きさは無より大きいわけでも小さいわけでもなく，それに等しいわけでもない[50]．

幾何学と同じように，代数学を強固な基礎の上におくためには，いくつかの直観的な諸原理を作り出す必要があった．そしてハミルトンが感じていたのは，そ

伝　記

ウィリアム・ロウワン・ハミルトン (William Rowan Hamilton, 1805–1865)

　ハミルトンは（図15.5），ダブリンで生まれたが，そこから北西に30マイルほど離れた，トリムの町で，古典学者だったおじの指導のもとで教育を受けた．ハミルトンが早いうちから天才の兆しを見せていたので，おじは，その才能を語学の勉強へ向けさせていった．10歳までにウィリアムは，ラテン語，ギリシア語，現代ヨーロッパ諸国語のみならず，ヘブライ語，ペルシャ語，アラビア語，サンスクリット語なども流暢に話すことができた．ダブリンでは中国語の本を見つけるのが難しいという事情さえなければ，彼のおじは，中国語もまた習得させたであろう．幼い頃から，ハミルトンは，自分で工夫した計算方法を使うなど，算術も習得した．しかし彼の数学への興味が刺激されたのは，コンテストでつねにウィリアムを負かすことができた，アメリカの計算の天才少年と出会ってからである．ウィリアムは，その後直ちに，ユークリッド幾何学や，より近代的な数学の分野[に興味]を見出した．1823年にダブリンのトリニティー・カレッジへ入学するまでには，彼は，ケンブリッジで始められた数学改革路線にそって，[ダブリンの]トリニティでも教えられていた，大陸流の解析的な数学を学ぶための準備を終えていた．ハミルトンはすぐに規定の教育カリキュラムを越えて進み，直ちにエコール・ポリテクニクで使われていた数学の教科書を習得した．彼の最初の重要で独創的な研究は，純粋数学ではなく光学であった．そして，実際彼は，今日では数学よりも力学の研究でより有名である．彼が，1827年，学位を受ける前に，アイルランドの王立天文台の職に任命されたのは，物理学上の業績によるものであった．そして，彼は生涯，その職にあった．数学および物理学への寄与によって，1865年，彼は，新しく創立されたアメリカ合衆国科学アカデミーの最初の外国人会員に指名された．

図15.5
アイルランドの切手に描かれたハミルトン．

れらの原理群が純粋時間の直観[的な把握]から出てくるのではないかということだった．ハミルトンのいう「純粋時間」とは，彼がイマヌエル・カントの『純粋理性批判』を読んだことから得られたものである．それは「われわれが，同時にあるいは継続的に存在するものとして，すべての知覚や直観的感覚を整理するために用いている内的な感覚の形式」[51]である．より現代的な言い方をすると，ハミルトンは，「瞬間」の集まり M があり，関係 $<$ によって，M のすべての要素 A, B が $A = B$ か $A < B$ か $A > B$ かによって順序づけられていると仮定する．そこでハミルトンは，瞬間の対の集まりにおける同値関係を，次の条件が満たされるとき，(A, B) と (C, D) を同値とすることにより定義した．それは「瞬間 B が A と一致すれば，D は C と一致しなくてはならない．また，B が A よりあとであれば，D は C よりあとでなければならず，しかもちょうど同じだけあとでなければならない．さらに，B が A より先であれば，D は C より先でなければならならず，しかもちょうど同じだけ先でなければならない」[52]というものである．あとで読者が混乱しないように，ハミルトンは，この同値関係を論じるときに，現代的な対の記号を使っていないことを指摘しておこう．彼は，この関係で定義される同値類を表現するのに，最初は，A から B への**時間の進む幅**を表すと考えられるような，示唆的な記号 $B - A$ を，のちに単一の記号 a を使っていた．

ハミルトンが負の数を構成するとき，基礎においたのは，この時間の進む幅であった．すなわち，a が対 $B-A$ を表すと，Θa（$-a$ を示すハミルトンの記号）は，対 $A-B$ を表す（ハミルトンは，ラテン語の *oppositio*（反対の意味）の頭文字 O から，この特殊な記号を作り出した）．ハミルトンは，与えられた時間の進む幅 a を単位としてとり，さらに二つの進む幅の和を自然に定義することにより，有理数の集まりを構成していった．正の整数は，a とそれ自身から作られる倍数（a を次々に加えた和）で定義され，一方負の整数は Θa の倍数によって定められる．有理数は，進む幅 a の二つの整数倍の比較から定義される．次にハミルトンは，これらの（正と負の）倍数に関して算術の演算の標準的な規則を証明した．たとえば，a の負の数倍を 2 回掛けると正にならねばならない．負の数を掛けることは，進む幅 a の方向を逆にすることで，これを 2 回施すことになるからである．すでに指摘した負の数への批判に対して，「無より小さい」数量に頼ることなく答えることができたと満足したハミルトンは，次に，有理数から実数を構成しようとした．この試みは，今日からみれば失敗だったのみならず，19 世紀後半にドイツでなされた解析学の算術化に対してもほとんど影響を与えていない．これに対し，同じ論文の最後の部分でなされた実数から複素数を構成する彼の方法は，今日の教科書でもしばしば使われている．

この最後の部分で，ハミルトンは，瞬間，時間の進む幅，数の組や対を考察している．たとえば，瞬間の二つの対 (A_1, B_1), (A_2, B_2) は，時間の進む幅の一つの対 $(a,b) = (B_1 - A_1, B_2 - A_2)$ を定める．また，時間の進む幅が作る二つの対 $(\alpha a, \alpha b)$, (a,b) がなす比 α から，ハミルトンは，時間の進む幅の任意の二つの対は，数の対 (α, β) として表現されるような比を持つと想像するようになった（そうすれば，もとの比 α は，対 $(\alpha, 0)$ によって置き換えられる）．これらの対の和と差は，

$$(\alpha, \beta) \pm (\gamma, \delta) = (\alpha \pm \gamma, \beta \pm \delta)$$

によって定義されるべきなのは明らかである．積に関する分配法則を仮定することにより，ハミルトンは積の一般法則が

$$(\alpha, \beta)(\gamma, \delta) = (\alpha\gamma - \beta\delta, \beta\gamma + \alpha\delta)$$

で与えられることを主張した．これより，除法は

$$\frac{(\alpha, \beta)}{(\gamma, \delta)} = \left(\frac{\alpha\gamma + \beta\delta}{\gamma^2 + \delta^2}, \frac{\beta\gamma - \alpha\delta}{\gamma^2 + \delta^2} \right)$$

で定義されることがわかる．ハミルトンが「これらの定義は，実際には**任意に選ばれたものではない**．他のものが仮定されてもいいとはいえ，他のどれもこれほど適切ではないであろう」[53] と記したが，それはこれらの定義から複素数の演算に関するよく知られた法則がでてくるからである．たとえば，$(0,1)(0,1) = (-1,0)$ であること，したがって $(\alpha, 0)$ を α と同一視すると，$\sqrt{-1}$ は対 $(0,1)$ と同一視できることなどである．それゆえ複素数 $\alpha + \beta\sqrt{-1}$ は，数の対 (α, β) として**定義される**．そして，上に述べた法則は，複素数の演算の基準となる法則を決定する．ハミルトンは，こうして，「想像上の」数 [虚数] について何ら言及せず，

それゆえ，実数から複素数を構成することに成功し，それによって複素数とは実際には何なのかという問に答えた．

ハミルトンは，「対に関するこの理論を含むような，三つ組と瞬間，時間の進む幅，数の集合の理論」[54] を発展させたいと述べて，彼の論文を終えた．彼は，すでに，複素数の操作は 2 次元平面上で幾何学的に解釈できることを知っていた．しかし，物理現象の多くは，3 次元空間内で起きるのだから，三つ組の演算体系（すなわち一つの代数系）がはかり知れないほど有用となろう．1841 年，ハミルトンはド・モルガンに宛てて次のように書いている．「もし，私の代数の見方が正しければ，**何らかの方法によって，三つ組のみならず多くの要素からなる組を導入し，ある意味で記号式** $a = (a_1, a_2, \ldots, a_n)$ **を満たすようにすることは可能であるに違いない**と思います．a はここでは，ある（複合的な）考えを表す記号で，$a_1, a_2, \ldots, a_n$ は n 個の正または負の実数です」[55]．もちろんハミルトンが苦心惨たんしたのは，三つ組の加法——これは容易だった——ではなく乗法であった．彼は，対についての基本的な法則を知っていたので，三つ組も同様に乗法の結合法則を満たし，可換で，かつ分配法則を満たすことを望んでいた．彼は，(0 で割ることを除いて) 除法がつねに可能で，その結果がつねに一意的に定まるようにしたかった．彼は，絶対値が積を保つ，すなわち $(a_1, a_2, a_3)(b_1, b_2, b_3) = (c_1, c_2, c_3)$ ならば $(a_1^2 + a_2^2 + a_3^2)(b_1^2 + b_2^2 + b_3^2) = c_1^2 + c_2^2 + c_3^2$ が成り立つようにしたかった．彼は，最終的には，様々な演算が 3 次元空間内で合理的に解釈できることを望んだ．ハミルトンは，早くも 1830 年に，三つ組に対する乗法の法則の研究を始めていた．この問題を 13 年考えて，彼は最終的に解決したが，彼が望んでいたやり方によってではなく，この章の冒頭に書かれているような体験によってであった．

ハミルトンの解答は，[このときは] 三つ組を一切考えないで，四つ組 (a, b, c, d) を考えることであった．彼は四つ組を，複素数の標準的な記法との類似から $a + bi + cj + dk$ と記した．基本的な乗法の規則 $i^2 = j^2 = k^2 = ijk = -1$ と，そこから派生した規則 $ij = k, ji = -k, jk = i, kj = -i, ki = j$ および $ik = -j$ を，分配法則によってすべての四つ組，すなわち**四元数**に拡張すると，この体系では，ハミルトンが捜し求めたすべての法則が，乗法の交換法則だけを除いて与えられることになった（図 15.6）．現代の言葉でいえば，四元数の集合は実数上の非可換な多元体 [可除代数] を作る．ハミルトンの体系は，ピーコックやド・モルガンが定めた標準となる法則のすべてに従うわけではない「量」[*23]の，初めての意味のある体系であった．このようにして，四元数の創造が，[交換・結合・分配] 法則のすべてを満たすわけではない系を考察することの前に立ちはだかっていた障壁を破り，そしてまもなく，ピーコックが提唱した，創造の自由というものが現実になったのだった．

ハミルトンは，彼の発見に熱中し，残りの人生を四元数の理論に関する何冊かの分厚い本を書くのに費やした．これらの著作の中で，彼は，3 次元空間を扱うのに，四つの成分を持つ四元数が必要なことを，ベクトルの「商」を考えることによって正当化した．ベクトル **v** をベクトル **w** で割った商とは，**w** を **v** へと回

図 15.6
四元数の発見を記念したアイルランドの切手に描かれた四元数の法則．

[*23] 今日の言い方では環の元．

転させる「量」を表現したものになるであろう．2次元では，この量は，二つのベクトルの長さの比と，$\mathbf{w}$ を $\mathbf{v}$ へ回転させるために必要な角という二つの数値からなっていた．このことから，2次元の二つのベクトルの商はまた，2次元のベクトルになっていると考えるのは理にかなっていよう．しかし，3次元の場合は，回転それ自身が三つの数値に依存しており，これらは回転軸の方向を決定するための二つと，回転の角を与える第三のもの，さらに，長さの比を表現するために第四の値が必要である．それゆえ，3次元の二つのベクトルの商は，四つの成分からなる量，四元数を決定するのである．

自分達の研究に四元数を使った物理学者はほとんどいなかったにもかかわらず，ハミルトンの見解は，物理学でベクトルの用語が今日のように普通に使われるようになったことの発端とされている．実際，ハミルトン自身，四元数 $Q = a + bi + cj + dk$ を，実部 a と虚部 $bi + cj + dk$ に分けて書くことの便利さを指摘した．彼は，前者を**スカラー**部分と呼んだ．それがとり得るすべての値は，「負の無限大から正の無限大までの数の一連の並びの一つのものさし」の上にあるからである．これに対して，彼は，後者を**ベクトル**部分と呼んだ．幾何学的にいうと，3次元空間内で「直線または動径ベクトル」を構成しうるからである[56]（「動径ベクトル」という語は，18世紀初めから数学の術語に入っていた．しかし，今日のようにより一般的な意味で，「ベクトル」という言葉を最初に使ったのはハミルトンである）．そこで，ハミルトンは，$S.Q$ はスカラー部分，$V.Q$ はベクトル部分として，$Q = S.Q + V.Q$ と書いた．とくに，スカラー部分が0である二つの四元数 α と β の積

$$(ai+bj+ck)(xi+yj+zk) = -(ax+by+cz)+(bz-cy)i+(cx-az)j+(ay-bx)k$$

を考えると，$S.\alpha\beta$ は，今日のベクトル α と β の内積に負の符号をつけたもの，$V.\alpha\beta$ は今日の外積である．

15.4.4　四元数とベクトル

四元数の概念を物理学で使用しようとのハミルトンの提唱を引き継いだのは，スコットランドの物理学者，ピーター・ガスリー・テイト (1831–1901) とジェイムズ・クラーク・マクスウェル (1831–1879)（図15.7）であった．彼らはお互い友人で，エディンバラ大学でもケンブリッジ大学でもともにフェローであった．実際，テイトは1867年『初等四元数論』(*Elementary Treatise on Quaternions*) を著し，四元数の方法を物理学で使うことを提唱した．テイトの論考は，四元数の記号で書かれているが，ベクトルの内積と外積の演算の現代的な法則すべてと実質的に同値なものを含んでいる．とくに，テイトは $T\alpha$ を α の長さ，θ を α と β の間の角とすると，$S.\alpha\beta = -T\alpha T\beta \cos\theta$ となること，η を α と β の両方に垂直な単位ベクトルとすると，$V.\alpha\beta = T\alpha T\beta \sin\theta \cdot \eta$ であることを示した．

マクスウェルもまた，『電磁気学』(*Treatise on Electricity and Magnetism*) で，ハミルトンの着想を強く支持した．しかし，マクスウェルのおもな目的は，第1章で述べているように，「デカルト座標を表立った形で導入するのをやめ，空間内の点の三つの座標ではなくて空間内の点そのものへ，そして力の三つの成分ではなくてその大きさと向きへと，われわれの関心を直接向けること」[57] で

図 15.7
サンマリノの切手に描かれたマクスウェル．

あった．それゆえ，四元数とそれに伴うベクトルは，普通使われている座標による表現形式よりも，物理量をより明確な概念として表現するために使うことができた．本文中では，マクスウェルは，通常，彼の物理学上の結果を座標による形と四元数と双方の形式で表現していた．

ところが，イェール大学のジョサイア・ウィラード・ギブズ (1839–1903) とイングランドのオリヴァー・ヘビサイド (1850–1925) は，テイトとマクスウェルの著作を読んだあと，物理的な概念を論じるためには四元数の代数学全部が必要なわけではないことを独立に認識した．必要なのは，内積と外積という 2 種類のベクトルの積だけであった．ギブズは，自己流のベクトル解析を 1881 年と 1884 年に私家版として発表し，また長年にわたってイェール大学でこの話題を講義した．ヘビサイドは，1882 年と 1883 年に，まず電気に関する論文で自らの方法を発表した．ただし，内積を $A \cdot B$，外積を $A \times B$ と書く今日のわれわれの記号法はギブズによっている．1901 年，ギブズの講義をまとめた『ベクトル解析』(*Vector Analysis*) が正式に出版されると，四元数よりもむしろベクトルの方が物理的な概念を記述するのに必要な言語を提供することが，物理学者の間で明らかになってきた．四元数は，数学的には依然として重要ではあったが，物理学での使用はほどなくひっそりと終わりをとげた[*24]．

15.4.5　ブールと論理学

ピーコックとド・モルガンが提唱した代数学の自由性は，独学で学んできたイングランドの論理学者ジョージ・ブール (1815–1864) によって，違うやり方で活用された．1847 年，ブールは，小冊子『論理学の数学的分析』(*The Mathematical Analysis of Logic*) を出版し，7 年後には，それを『思考の法則の探求』(*An Investigation of the Laws of Thought*) へと拡張した．この本は，アリストテレス以来，形而上学のなかにとどまっていた論理学の研究を，形而上学から出して数学のなかへ導くことを進めようとしたものである．『思考の法則』でのブールの目的は，「それによって推論が行われるような精神作用の基本的な法則の追求，すなわち計算という記号言語によってその作用に表現を与え，その基礎の上に論理学という科学を確立し，その方法を構築すること」[58] であった．

代数学は記号を用いて研究されるのだから，ブールは最初の命題を，論理を分析するのに用いる基本的な記号にあてた．それらは

命題 1　推論の道具としての言語のすべての操作は，次の要素で構成された記号体系によってなされる．すなわち

第一，概念の主題としての事物を表現する x, y などの文字記号．

第二，同じ要素を含む新しい概念を作るために，事物の概念が結びつけたり分解したりするような精神の操作を表す，$+, -, \times$ などの操作記号．

第三，同一なものを表す記号 $=$．

そして，これら論理記号は定められた法則に従って用いられるが，代数学における対応する記号の法則と部分的には一致し，部分的には異なっている[59]．

[*24] 物理学の教科書で，x, y, z 軸の単位ベクトルを $\mathbf{i}, \mathbf{j}, \mathbf{k}$ で表し，3 次元ベクトルを $a\mathbf{i} + b\mathbf{j} + c\mathbf{k}$ と表すのは四元数の名残りである．

というものである．

次に，ブールは，彼の言語の記号法則を定義した．文字は，対象からなる類や集まりを表現したものであった．たとえば，xで「人々」という類を，yで「よいもの」の集まりを表すことができる．これよりxyという結合は，x, yともにあてはまるものの類を表しており，この場合は「よい人々」という類を表している．彼の定義した乗法に関して交換法則$xy = yx$が成り立つことは，ブールには明らかであった．乗法に関する他の規則のうちでブールが導いたものとしては，$x^2 = x$がある．これは［左辺にある］xとxがあてはまるような類は，xという類だからである．また，xで表現される類が，yで表現される類に含まれるときに$xy = x$が成り立つ．

ブールにとって，$x + y$と書かれた加法とは，xとyで表現される二つの類を結合させたもので，$x - y$と書かれた減法は，xで表現される類のうちから，yで表現される類を除外したものであった．それゆえ，加法の交換法則も分配法則$z(x \pm y) = zx \pm zy$も成り立つ．0で空という類を，1で普遍的な類を表すこととし，ブールは，よく知られている法則$0y = 0$と$1y = y$とともに，あまり知られていない法則$x(1 - x) = 0$も導いた．これは「なにかある存在に対して，ある性質を持たせると同時にその性質を持たせないことは不可能であることを主張する」[60] ものである．

上に述べた法則は，数の法則を0と1だけに制限したものと一致するから，ブールは，彼の論理の代数は，0と1という値のみをとる変数を扱うものと判断した．とくに彼は，0と1という値のみをとることができる1個あるいは複数個の論理変数の関数$f(x), f(x, y), \ldots$ を考えた．たとえば，彼は，任意のこのような関数$f(x)$が$f(x) = f(1)x + f(0)(1 - x)$という形に，あるいは$\bar{x} = 1 - x$とおくと，$f(x) = f(1)x + f(0)\bar{x}$という形に展開できることを示した．同様に$f(x,y) = f(1,1)xy + f(1,0)x\bar{y} + f(0,1)\bar{x}y + f(0,0)\bar{x}\bar{y}$である．たとえば関数$1 - x + xy$は$1xy + 0x\bar{y} + 1\bar{x}y + 1\overline{xy} = xy + \bar{x}y + \overline{xy}$と展開できる．

そこでブールは，Vをある関数とすると，Vを上述した規則にしたがって展開し，係数が消えない各要素を0に等しいとおくことにより，方程式$V = 0$が解釈できることを証明した．この手続きの例として，ブールは，ユダヤの戒律から「清浄な獣」の定義を考えた．そこでいう清浄な獣とは，ひづめが割れていて，反芻する獣である．x, y, zでそれぞれ，清浄な獣，ひづめが割れている獣，反芻する獣を表すと，清浄な獣の定義は，方程式$x = yz$，すなわち$V = x - yz = 0$で与えられる．$x - yz$を展開することにより，ブールは，

$$V = 0xyz + xy\bar{z} + x\bar{y}z + x\bar{y}\bar{z} - \bar{x}yz + 0\bar{x}y\bar{z} + 0\overline{xy}z + 0\overline{xyz}$$

を見出した．消えない項をそれぞれ0とおくことにより，

$$xy\bar{z} = 0 \quad x\bar{y}z = 0 \quad x\bar{y}\bar{z} = 0 \quad \bar{x}yz = 0$$

となる．これらの式は，ある種の類の動物が存在しないことを主張していると解釈される．たとえば，最初の方程式は，清浄でしかもひづめが割れていて，しかし反芻しない獣はいないことを主張している．

ブールが発展させた種類の代数は，ブールが発表したあと，長い間冬眠状態にあったようにみえるが，今日ではブール代数として知られ，回路の設計のための代数，すなわち今日の電卓やコンピュータの背後にある論理を開発する代数の研究では中心となる理論として，再度浮上してきている．思考の法則の計算が，1世紀以上も前に予測していた方法に近い形で実際に役立って，ブールはおそらく喜んでいることだろう．

15.5 行列と連立1次方程式

行列という考え方には長い歴史があり，少なくとも漢の時代に中国の学者達が連立1次方程式を解くために使ったことにまではさかのぼれる[*25]．数を正方形の形に並べたもの自身は特別に注目されなかったとはいえ，18世紀あるいはそれよりいくぶん早い時代に，数を正方形状に並べたものの行列式を計算し，それを利用することは，連立1次方程式を解く際しばしばなされていた．19世紀には，別の研究がこのような数の配列のより形式的な計算を押し進め，19世紀半ばまでには，行列の定義が確立し，行列の代数が発展していった．また，この形式的な研究と並行して，行列の理論の発展をもたらしたより難解な側面からの考察が進められていた．これは，ガウスによる2次形式の研究から出発し，行列の相似，固有値，対角化，最終的には標準形による行列の分類へと至るものであった．

15.5.1 行列の基本的な概念

ガウスが，2次形式の理論で，2次形式を他の2次形式に変換するような1次式による置き換え[*26]を考察したことを思い出してほしい．すなわち，$F = ax^2 + 2bxy + cy^2$ とすると，

$$x = \alpha x' + \beta y'$$
$$y = \gamma x' + \delta y'$$

とおくことにより，F は新しい形式 F' に変換される．ここで F' の係数は F の係数と上の1次式による置き換えに依存している．ガウスは，1次式による2回目の置き換え

$$x' = \epsilon x'' + \zeta y''$$
$$y' = \eta x'' + \theta y''$$

を施すことにより，F' が F'' に変換されるならば，二つの変換の合成

$$x = (\alpha\epsilon + \beta\eta)x'' + (\alpha\zeta + \beta\theta)y''$$
$$y = (\gamma\epsilon + \delta\eta)x'' + (\gamma\eta + \delta\theta)y''$$

[*25] 漢の時代に算木を使って連立1次方程式の係数を並べたのは事実だが，それを行列の起源と呼ぶことが妥当かどうかは評価が分かれよう．
[*26] 原文は linear substitution となっている．

は，F を F'' へと変換する新しい変換を与えることに注目した．［合成による］新しい変換の係数「行列」は，もとの二つの変換の係数行列の積になる．ガウスは，3 変数からなる 2 次形式 $Ax^2 + 2Bxy + Cy^2 + 2Dxz + 2Eyz + Fz^2$ を研究する際，同様の計算を行った．それは事実上，二つの 3 × 3 行列の乗法の法則を与えていた．しかし，ガウスは，変換の係数を長方形に並べて書き，それぞれの変換を一つの文字 S を使って書いているにもかかわらず，この合成の考え方が「乗法」になっていることをはっきりとは述べていない．

1815 年，コーシーは，行列式論の基本的な論文を発表した．ここで，彼は，いくつかの古い用語に代えて「行列式」という言葉を導入したのみならず，それに行列式が関係していて彼が「対称な系」と呼んだ，

$$\begin{matrix} a_{1,1} & a_{1,2} & \cdots & a_{1,n} \\ a_{2,1} & a_{2,2} & \cdots & a_{2,n} \\ \vdots & \vdots & \ddots & \vdots \\ a_{n,1} & a_{n,2} & \cdots & a_{n,n} \end{matrix}$$

を表すのに，省略記号 $(a_{1,n})$ を使った．行列式の計算については，多くの基本的な結果が早くから知られていたが，コーシーはこの論文の中で，それらの最初の完全な説明を与えた．その中には，与えられた行列から得られる小行列式からなる行列（**随伴行列**[*27]）や，任意の一つの列や行で展開して行列式を計算する手順といった考えも含まれていた．さらに，彼はガウスにしたがえば，二つの系 $(\alpha_{1,n})$ と $(a_{1,n})$ の合成から新しい系 $(m_{1,n})$ が得られること，これはよく知られている法則

$$m_{i,j} = \sum_{k=1}^{n} \alpha_{i,k} a_{k,j}$$

で定義されることをはっきりと認識した[*28]．そして，彼は，新しい系の行列式は，もとの二つの系の行列式の積になることを示した．

ガウスの学生，フィルディナント・ゴットホルト・アイゼンシュタイン (1823–1852) は，1843 年，アイルランドのハミルトンのもとを訪れていたが，1844 年論文での 3 変数の 2 次形式に関する議論で，変換 S と T で合成される変換を表すのに，［積を］直接的に表す記号 $S \times T$ を使っていた．これは，行列式に対するコーシーの積の定理からきたものと考えられる．この記号についてアイゼンシュタインは「ついでにいうと，計算のアルゴリズムはこのことに基礎づけられる．すなわちこのアルゴリズムは，掛ける，割る，指数をとるといった演算についての普通の規則を，連立 1 次方程式の間の記号的方程式に適用することからなっている．よって，正しい記号的方程式がつねに得られるが，要素の順序，すなわち系を合成する順序を変えることができないことだけは考慮しておく必要がある」[61]．と記していた．1843 年のアイゼンシュタインとハミルトンとの議論でどちらかが刺激を与え，積について非可換な代数系の可能性に気づいたのだろうか．憶測するのは興味深いが，おそらく実りある結果は出ないだろう．

[*27]原文は，コーシーに従って adjoint となっているが，隋伴行列は今日では余因子行列を転置したものを意味する．

[*28]コーシーは $(\alpha_{1,n})$ で，第 1 行第 n 列の成分が $\alpha_{1,n}$ と書かれる行列を表していた．

> ## 伝　記
>
> ### ジェイムズ・ジョセフ・シルヴェスター (James Joseph Sylvester, 1814–1897)
>
> シルヴェスターは，ロンドンのユダヤ人の家庭に生まれ，ケンブリッジ大学で数年学んだが，宗教上の理由でケンブリッジから学位を受けることが認められなかった．そこで，彼は，ダブリン大学のトリニティ・カレッジから学位を受けた．1841 年，彼は，[米国東部の] ヴァージニア大学の教授職を受諾したが，そこには短い期間しかとどまらなかった．奴隷制度を嫌悪し，また自分が受けるにふさわしいと思われる尊敬の念を示さないある学生と口論した果てに，[早くも] 1843 年に辞職した．イングランドに帰国したあと，彼は 10 年間弁護士として，その後 15 年間，ウールウィッチの軍事学校の数学教授として過ごした．その後，1871 年，新しく開学された [米国メリーランド州の] ボルチモアのジョンズ・ホプキンス大学の数学の教授職を受諾した．ジョンズ・ホプキンス大学在職中，彼は『アメリカ数学雑誌』(*American Journal of Mathematics*) を創刊し，アメリカ合衆国での数学の大学院教育の伝統を作ることに寄与した．

15.5.2　行列の演算

　アイゼンシュタイン (1823–1852) はあまりにも早く，29 歳で夭折したので，変換がなす代数学という彼の着想を全面的に展開することはなかった．イングランドのアーサー・ケイリー (1821–1895) とジェイムズ・ジョセフ・シルヴェスター (1814–1897) が，1850 年代にこの着想を発展させていった．

　1850 年に，シルヴェスターは**行列**という言葉を案出し，「項を，たとえば m 行 n 列に長方形状にならべてできるもの」とした．この配列から「行列式の様々な系を作ることができる」[62] からである．（行列を意味する "matrix" という英単語は，「何か他のものがそこから生じる場所」を意味していた．）シルヴェスター自身は，この時点で行列という用語を使わなかった．彼の友人ケイリーが，1855 年と 1858 年の論文でこの用語を使ったのだった．1855 年論文で，ケイリーは連立 1 次方程式の理論での行列の利用は大変便利であると記していた．たとえば，彼は

$$(\xi, \eta, \zeta, \dots) = \begin{pmatrix} \alpha, & \beta, & \gamma, & \cdots \\ \alpha', & \beta', & \gamma', & \cdots \\ \alpha'', & \beta'', & \gamma'', & \cdots \\ \vdots & \vdots & \vdots & \vdots \end{pmatrix} (x, y, z, \dots)$$

と書いて，正方形状の連立方程式

15.5 行列と連立 1 次方程式

$$\xi = \alpha x + \beta y + \gamma z + \cdots$$
$$\eta = \alpha' x + \beta' y + \gamma' z + \cdots$$
$$\zeta = \alpha'' x + \beta'' y + \gamma'' z + \cdots$$
$$\cdots = \cdots + \cdots + \cdots + \cdots$$

を表した.さらに彼は,行列の逆と彼が呼んだものを使い,この連立方程式の解を

$$(x, y, z, \ldots) = \begin{pmatrix} \alpha, & \beta, & \gamma, & \ldots \\ \alpha', & \beta', & \gamma', & \ldots \\ \alpha'', & \beta'', & \gamma'', & \ldots \\ \vdots & \vdots & \vdots & \vdots \end{pmatrix}^{-1} (\xi, \eta, \zeta, \ldots)$$

で定めた.この表現は,行列の方程式と単純な 1 変数の 1 次方程式との間の基本的な類似からきたものであった.ただし,ケイリーはクラメルの公式を知っていたので,さらに,逆行列の成分を適当な行列式を含む分数の形で記した.1858年,ケイリーは,行列を一つの文字で表す記法を導入し,行列の積ばかりでなく,和と差をどのようにとるかについても示した.

> 行列は（同じ次数のもののみに関してだが）それ自身,一つの数量のように振舞うことがわかる.つまりそれらは,足し合わせられたり,掛けられる,つまり合成されるなど.ここで,行列の加法の法則は,普通の代数に出てくる数量の加法とまったく同じである.また,乗法（あるいは合成）に関しては,行列は一般にはとりかえることができない（可換でない）という特有の性質がある.そうではあっても,行列の（正や負,整数や分数の）ベキを作ったり,そこから行列の有理・無理関数や整関数,さらに一般には任意の代数関数の概念に達することが可能である[63].

ケイリーは,このあと,通常の代数での演算と行列の演算の類似性をつねに利用しつつ,この類似が効かないところを注意深く指摘しながら,自分の考えを発展させていった.たとえば,3 × 3 行列の逆行列の公式を使うところで,彼は「……行列式が 0 になるとき,逆行列の概念はまったく失われてしまう.この場合,行列は不定であるといわれる.……零行列も不定であることが付け加えられよう.さらに二つの行列の積は,一方が零行列でなくても,そのうちの一つあるいは双方の行列が不定であるときに限り,零行列になりうる」[64] と記した.

ケイリーはおそらく,行列を一つの文字で表すという記号上の習慣にしたがったことから,ケイリー–ハミルトンの定理として知られているものを思いついたのであろう.2 × 2 行列

$$M = \begin{pmatrix} a & b \\ c & d \end{pmatrix}$$

に対して，ケイリーはこの定理の結果を

$$\det\begin{pmatrix} a-M & b \\ c & d-M \end{pmatrix} = 0$$

とはっきり述べていた．まず最初に，ケイリーはこの「大変注目すべき定理」を1857年11月付けのシルヴェスターへの手紙で伝えている．1858年，彼は，行列式 $M^2 - (a+d)M^1 + (ad-bc)M^0$（ここで M^0 は単位行列）が0になることを示しただけで，この定理を証明したとしている．一般［行列］の場合は，M は λ の方程式 $\det(M - \lambda I) = 0$，すなわち**固有方程式**を満たす[*29]という，本質的には現代的な形を述べて，ケイリーは，3×3 の場合に定理を「証明をした」ことを注記しているが，「私は任意の次数の行列という一般的な場合に，この定理のきちんとした証明を試みる労力が必要だとは考えなかった」とさらに書いていた．ケイリーの新しい記号法の利点を使って，完全な証明を与えたのはゲオルク・フロベニウス (1849–1917) で，ケイリーのほぼ20年後であった．

ケイリーが，ケイリー–ハミルトンの定理を述べたのは，「任意の行列は，何であろうとも，その行列の次数と同じ次数の代数方程式を満たす」，したがって，「行列の任意の有理関数や整関数……は，高々その行列の次数よりも1次低い次数の有理関数か整関数として表現される」[66] ことを示そうとの意図からであった．ケイリーは，この結果は無理関数にも適用できることを示そうとした．とくに，彼は，M を上で与えた 2×2 行列としたとき，$L = \sqrt{M}$ をどのように計算するかを示した．この結果は，$X = \sqrt{a + d + 2\sqrt{ad-bc}}$, $Y = \sqrt{ad-bc}$ として，

$$L = \begin{pmatrix} \dfrac{a+Y}{X} & \dfrac{b}{X} \\ \dfrac{c}{X} & \dfrac{d+Y}{X} \end{pmatrix}$$

の形で与えられる．しかし，ケイリーは，この結果が成り立つ条件を与えることには失敗している．問題にしている演算が成り立たないような特別な場合を考えないで，記号の操作に依存した同様の議論を行って，ケイリーは，M と交換可能なすべての行列 L の誤った特徴づけを与えるところだった．実は，10年後にカミーユ・ジョルダンが，今日ジョルダン標準形と呼ばれているものによって行列の基本的な分類を展開するに至るきっかけとなったのは，まさにこの問題であった．

15.5.3 固有値と固有ベクトル

ジョルダンの分類は，行列の形式的な操作ではなく，スペクトル理論，すなわち固有値の概念にかかわる一連の成果によるものである．A を $n \times n$ 行列，X を $n \times 1$ 行列としたときに，行列の方程式 $AX = \lambda X$ の，あるいは A を $n \times n$ 行列，X を $1 \times n$ 行列としたときには，$XA = \lambda X$ の解 λ を，今日の用語で，行列の**固有値**という．上の方程式を満たすようなベクトル X を固有値 λ に対応

[*29] M を $n \times n$ 行列とすると $\det(M - \lambda I)$ は λ の n 次式になるが，その λ に行列 M を代入すると零行列になる，というのがケイリー–ハミルトンの定理である．

する**固有ベクトル**という．これらの概念は，その起源においてもあとの発展においても，**本質的には**，行列の理論それ自体とは独立であった．それらの概念は，様々な着想を研究することから成長したものだが，最終的には行列の理論に含まれることになった．たとえば，固有値問題が最初に出てきたのは 18 世紀だが，それは，定数係数線形連立微分方程式の解法に関する問題に関係していた．ダランベールは，1743 年から 1758 年にかけての研究で，有限個（ここでは，簡単のため 3 個に限定した）の質量がおかれた弦の運動の考察が動機となって，連立方程式

$$\frac{d^2 y_i}{dt^2} + \sum_{k=1}^{3} a_{ik} y_k = 0, \qquad i = 1, 2, 3$$

を考えた．この方程式を解くために，彼は，i 番目の方程式にそれぞれ定数 v_i を掛け，これらを足し合わせて，

$$\sum_{i=1}^{3} v_i \frac{d^2 y_i}{dt^2} + \sum_{i,k=1}^{3} v_i a_{ik} y_k = 0$$

を得た．そこで，$k = 1, 2, 3$ に対して，v_i を $\sum_{i=1}^{3} v_i a_{ik} + \lambda v_k = 0$ となるように選べば，すなわち (v_1, v_2, v_3) が行列 $A = (a_{ik})$ の固有値 $-\lambda$ に対応する固有ベクトルとなるようにすれば，$u = v_1 y_1 + v_2 y_2 + v_3 y_3$ と置き換えることにより，もとの微分方程式系は単一の微分方程式

$$\frac{d^2 u}{dt^2} + \lambda u = 0$$

に帰着される．この方程式は，オイラーの微分方程式の研究に従って容易に解けるもので，そこから三つの y_i の解も導ける．ここで λ が現われる三つの方程式を調べると，λ は三つの根を持つ 3 次方程式から決定されることがわかる．ダランベールは，解が物理的な意味を持つためには，$t \to \infty$ としたときに，解が有界にならねばならないことに気がついた．そして，λ の三つの値が相異なる正の実数となるときに限って，このことが現実に成り立つのである．

　行列 (a_{ik}) 自身の性質から固有値の性質を決定する問題を，ある特別な場合に対して最初に解いたのはコーシーだった．たぶん彼は，ダランベールの微分方程式の研究ではなく，1815 年からエコール・ポリテクニクで教えていた解析幾何学の一部分として必要だった，2 次曲面の研究から影響を受けたのであろう．（原点を中心とする）2 次曲面が f を 3 変数の 2 次形式とする方程式 $f(x, y, z) = K$ で与えられたとする．これらの曲面を分類するために，先のオイラーと同様に，コーシーも f を 2 次式の和または差に変換するような座標変換を見出さねばならなかった．幾何学的にいえば，この問題は，その曲面を表すような 3 次元空間の新しい直交軸を見出すことになる．だが，コーシーは，次に，この問題を n 変数の 2 次形式へと拡張した．この 2 次形式の係数は，対称行列で書くことができる．たとえば，2 元 2 次形式 $ax^2 + 2bxy + cy^2$ は，2×2 の対称行列

$$\begin{pmatrix} a & b \\ b & c \end{pmatrix}$$

を定める．そこでコーシーの目標は，変数の適当な一次変換を見出し，この一次変換によってこの行列を対角化することであった．この目標は 1829 年の論文で達せられた．一般の場合の詳細はいくぶん複雑であるし，コーシーの証明の本質は 2 変数の場合に明確に現れているので，ここでは 2 変数の場合について論じることにしよう．

2 元 2 次形式 $f(x,y) = ax^2 + 2bxy + cy^2$ を 2 乗の項だけの和にするような一次変換を見出すためには，$x^2 + y^2 = 1$ の条件のもとで，$f(x,y)$ の最大値・最小値を求める必要がある．f がこのような極値をとるのは，単位円周上の点で，同時に方程式 $f(x,y) = k$ によって表される楕円（または双曲線）の族のどれか一つの軸の端点となる点においてである．原点からその点へ引いた直線を一つの［座標］軸，それに垂直な直線をもう一つの軸とすると，その［座標］軸に関する方程式は変数の 2 乗のみを含む式となろう．ラグランジュの乗数法の原理から，比 $f_x/2x$ と $f_y/2y$ が等しいとき，この関数は極値をとる．これらを λ に等しいとおくことにより，二つの方程式

$$\frac{ax+by}{x} = \lambda \qquad \text{および} \qquad \frac{bx+cy}{y} = \lambda,$$

が得られ，これは連立方程式

$$(a-\lambda)x + by = 0 \qquad \text{および} \qquad bx + (c-\lambda)y = 0$$

で書きなおすことができる．コーシーは，行列式が 0 となるときのみ，すなわち $(a-\lambda)(c-\lambda) - b^2 = 0$ となるときのみ，この連立方程式は自明でない解を持つことに気がついていた．行列の言葉でいえば，この方程式は，固有方程式 $\det(A-\lambda I) = 0$ で，ケイリーがほぼ 30 年後に扱うものであった．

固有方程式の根を使って行列をどのように対角化するかを見るために，λ_1 と λ_2 をこの方程式の根，$(x_1,y_1),(x_2,y_2)$ をそれらに対応する x と y の値とする．このとき

$$(a-\lambda_1)x_1 + by_1 = 0 \qquad \text{および} \qquad (a-\lambda_2)x_2 + by_2 = 0$$

となる．最初の方程式を x_2 倍，次の方程式を x_1 倍して引くと，結果として方程式

$$(\lambda_2 - \lambda_1)x_1 x_2 + b(y_1 x_2 - x_1 y_2) = 0$$

が得られる．同様に，$c - \lambda_i$ を含む二つの方程式から出発して，方程式

$$b(y_2 x_1 - y_1 x_2) + (\lambda_2 - \lambda_1)y_1 y_2 = 0$$

が得られる．これら二つを加えることにより，$(\lambda_2 - \lambda_1)(x_1 x_2 + y_1 y_2) = 0$ が得られる．したがって，$\lambda_1 \neq \lambda_2$ であれば——ここで考えている場合には，もとの形がすでに対角形になっていない限り，これは確かに真である——$x_1 x_2 + y_1 y_2 = 0$ である．$(x_1,y_1),(x_2,y_2)$ は定数倍を無視すれば決定されるので，$x_1^2 + y_1^2 = 1$ と $x_2^2 + y_2^2 = 1$ のように整理できる．今日の言葉でいえば，一次変換

$$x = x_1 u + x_2 v$$

$$y = y_1 u + y_2 v$$

は直交変換ということになる．この変換から得られた新しい2次形式は，望んでいたように $\lambda_1 u^2 + \lambda_2 v^2$ となることが容易に計算できる．λ_1 と λ_2 が実数であることが，もしそうでなければこれらは互いに複素共役数であると仮定できることから導かれる．というのは共役複素数と仮定した場合，x_1 は x_2 と，y_1 は y_2 と共役なので，$x_1 x_2 + y_1 y_2$ は 0 とはなりえないからである．したがってコーシーは，対称行列のすべての固有値が実数であること，少なくとも固有値が重複しない場合には直交変換を用いて行列を対角化できることを示したのだった．

15.5.4　標準形

コーシーの論文の基本的な主張は，様々な種類の行列の固有値と標準形にかかわる広範な理論の始まりとなった．しかし，一般的には，19世紀の半ばを通じて，これらの結果はすべて，行列ではなく［2次形式などの］形式の言葉で書かれていた．2次形式から対称行列が導かれる．より一般の双線形形式の場合，すなわち

$$\sum_{i,j=1}^{n} a_{ij} x_i y_j$$

の形をした $2n$ 変数の関数の場合からは，一般の正方行列が導かれる．

形式についての理論で，最も影響力があったのは，カミーユ・ジョルダンの『置換論』(*Traité des substitutions*) ［1870年］で研究された部分であった[*30]．ジョルダンは，双線形形式ではなく，一次変換そのものの研究を通じて，分類の問題に到達した．彼は代数方程式の解法に関するガロアの研究，とりわけ素数次数の方程式の解法をより詳細に研究した．これらの方程式の解法には，根の一次変換の研究，すなわち［一次変換の］係数が位数 p の有限体の要素として考えられるような変換の研究が含まれていた．根 $x_1, x_2, \ldots, x_n$ のこのような置換は，一つの行列 A で表現できよう．すなわち，X で根 x_i からなる $n \times 1$ 行列を表すとすると，この置換は $X' \equiv AX \pmod{p}$ で書くことができる．ジョルダンの目的は，置換をできる限り簡単な形で表現するような，彼が「添え字の変換」と呼んでいたものを見出すことであった．行列の記号を用いると，彼は，行列 D が「最も単純」なとき，$PA \equiv DP$ となるような $n \times n$ の可逆行列 P を求めようとしていたことになる．したがって，もし $Y \equiv PX$ ならば，$PAP^{-1}Y \equiv PAX \equiv DPX \equiv DY$ となり，Y 上の置換は「単純」なものになる．A の固有多項式を使って，ジョルダンは，もし $\det(A - \lambda I) \equiv 0$ のすべての根が相異なるのであれば，D は対角化できて，その対角成分は［A の］固有値となることを指摘した．一方で，重根があるときには，ジョルダンは，結果となる行列 D がブロック化した形

$$\begin{pmatrix} D_1 & 0 & 0 & \cdots & 0 \\ 0 & D_2 & 0 & \cdots & 0 \\ \cdots & \cdots & \cdots & \ddots & \cdots \\ 0 & 0 & 0 & \cdots & D_m \end{pmatrix}$$

[*30] この節では，文脈から判断して，substitution を置換，変換と訳し分けた．

になる置換が見出されることを示した．ここで各ブロック D_i は

$$\begin{pmatrix} \lambda_i & 0 & 0 & \cdots & 0 & 0 \\ \lambda_i & \lambda_i & 0 & \cdots & 0 & 0 \\ \vdots & \vdots & \vdots & \ddots & \vdots & \vdots \\ 0 & 0 & 0 & \cdots & \lambda_i & \lambda_i \end{pmatrix}$$

の形をした行列で，$\lambda_i \not\equiv 0 \pmod{p}$ は，固有多項式の根である．今日ジョルダン標準形として知られている標準形，すなわち行列の主対角線上以外の λ_i を 1 で置き換えて得られるものは 1871 年の論文で，彼が自分の方法が線形微分方程式系の解法に適用できることに気づいた際に導入したものである．そこでは微分方程式の係数は p 個の要素からなる体からとられたものではなく，実数あるいは複素数になっていた．こうしてジョルダンは，ダランベールの研究から 100 年以上もたって，行列の固有値に関わる錯綜の中から得られた多くの着想全体の原点に立ち帰った．

しかしながらジョルダンは，ケイリーが一次変換を表現するのに使った単一文字の記号法は使わなかった．先駆者達のいろいろな発想をまとめ，行列の理論を最初に完全な一つの分野とするような専門論文を書いたのは，1878 年のフロベニウスである．とくにフロベニウスは，様々な種類の行列間の関係を考察した．たとえば，彼は二つの行列 A と B に対して P の可逆な形式が存在し，$B = P^{-1}AP$ となるとき，A と B は**相似**である，P^t を P の転置行列とすると，$B = P^t AP$ となるような P が存在するとき**合同**であると定義した．彼は，二つの対称行列が相似なときは，変換行列 P として**直交行列**，すなわちその逆行列が転置行列に等しくなる行列をとることができることを示した．さらに，フロベニウスは，直交行列を詳細に研究し，とくにそれらの固有値が絶対値 1 の複素数となることを示した．フロベニウスは，彼の記号的行列理論と四元数の理論との関係を示して，この論文を締めくくっている．すなわち彼は，四元数の $1, i, j, k$ とまったく同じ代数関係を満たす四つの 2×2 行列を決定したのであった．

15.5.5 連立方程式の解法

連立 1 次方程式の解全体について，その性質を解明するのに貢献したのもフロベニウスであった．この問題の特別な場合は，オイラーがずいぶん前に考えていた問題に相当する．ある特別な連立方程式では，それぞれの未知数に対して確定した値が定められないため，オイラーが困惑していたことを思い出してほしい．もちろん，n 個の未知数に対して n 個からなる連立方程式が一組の解しか持たないという状況は，係数行列の行列式が 0 のとき成りたたないことに，オイラーは気づいていた．［一方］19 世紀の中頃まで，数学者達は別の問題を考えていた．彼らは，n 個の未知数を含む m 個の式からなる連立 1 次方程式がいかなる時に解を持つかを決定するだけでなく，そのときの方程式の解全体の大きさを決定したかった．行列式についての経験から，彼らは，k 個からなる連立方程式の部分系をもとの連立方程式からとり出し，その［係数行列の部分から作られる］$k \times k$ 行列式が 0 でないならば，その部分の連立方程式は，一意的ではないにせよ解を持つことを知っていた．そこで，もとの連立方程式の解全体と

しての性質，すなわちそれがそもそも解けるかどうかを定めるような，初め［もとの方程式の係数行列］の行列式に関する別の条件がでてきた．未知数よりも方程式の個数が多い場合は，一般的に解は存在しない，すなわち方程式の個数が過剰であると理解されてきた．したがって，主として考察されたのは，$n \geq m$ となる系であった．ケイリーの記号を使い，A を $m \times n$ 行列として，この連立方程式を $AX = B$ と書くことにしよう．

上に述べたような概念の背後にある理論に最も初期に関心を持った一人として，オックスフォード大学のサヴィル幾何学講座教授，ヘンリー・J. S. スミス (1826–1883) があげられよう．1861 年の論文で，彼は，二つの基本的な概念を発展させた．それは，彼が斉次連立方程式 $AX = 0$ の不定の指数と呼んだものと，このような系の独立な解全体の集まりという考えである．いずれも $n > m$，かつ A が，値が 0 とならないような m 次の行列式を含んでいる場合についてのみ論じられた．前者は，未知数の個数が「実際に独立な方程式」の個数よりどれだけ多いかという概念で，その数は，$n - m$ である．スミスは，さらに，$n - m$ 個の解 $(x_{i1}, x_{i2}, \ldots, x_{in})$, $(i = 1, 2, \ldots, n - m)$ が存在して，任意の解はそれらの一次結合で表され，行列 (x_{ij}) に含まれる m 次の行列式がすべて 0 になることはないことを示した．実際，彼は独立な解全体の集まりを具体的に決定するにあたっては，非常に多くの方法があることを見出していた．さらに，スミスは，$B \neq 0$ である非斉次連立方程式 $AX = B$ を解くためには，特殊解 X^* を一つだけ求めればよく，このとき任意の解は，対応する斉次連立方程式の解 X を用いて，$X^* + X$ と書けることを指摘した．

スミスは，「実際に独立な方程式」という語句を使ってはいるが，［そうではない場合，つまり］実際に独立な方程式の個数が実際に現れている方程式の個数 $[m]$ より少なくなっている場合，あるいはそのことと同値ではあるが，行列 A に含まれる 0 でない行列式の最大次数が m より小さい場合については，考察していない．チャールズ・L. ドジソン (Charles L. Dodgson) は，1867 年に出版した『初等行列式論』(*An Elementary Treatise on Determinants*) でこのような場合を徹底的に論じた．ドジソンは，今日では［『不思議の国のアリス』の作者］ルイス・キャロルとして，たいへんよく知られている．その著書のなかで，彼は，連立 1 次方程式 $AX = B$ の係数行列である $m \times n$ 行列 A とその**拡大係数行列**である $m \times (n+1)$ 行列 $(A|B)$ の双方に関する条件で，その連立方程式が解を持つか持たないかを判断する条件について論じた．さらに彼は，任意の連立方程式に対する解全体の性質を特徴づける，非常に一般的な定理を述べ，証明した．

ドジソンの定理　n 個の変数を含む m 個の方程式 $(n \geq m)$ があり，それらの中には r 個の方程式で，係数行列の r 次の行列式が 0 とならないものが含まれているとする．さらに，残りの方程式から順次一つずつとって，r 個の連立方程式と組み合わせ，それぞれが $r+1$ 個の式からなる連立方程式の拡大係数行列の $r+1$ 次の行列式がすべて 0 になったとすると，初めの方程式は解を持つ．r 個の式からなる連立方程式の［係数行列の］r 次の行列式で 0 とならないものをどのように任意に選んでも，係数がそこ［$= r$ 次の係数行列］に含まれていない

$n-r$ 個の変数には，任意の値を与えることができる．このような任意の値の組の一つ一つに対して，他の変数は一つだけ値を持ち，また残りの［$m-r$ 個の］方程式はこれら r 個の方程式に従属している*31 67．

この結果に対するドジソンの証明はまさしく構成的であった．引き続いて彼はいくつかの例をあげた．たとえば，未知数が 5 個で四つの方程式からなる連立方程式

$$\begin{cases} u+ v-2x+y- z = 6 \\ 2u+2v-4x-y+ z = 9 \\ u+ v-2x = 5 \\ u- v+ x+y-2z = 0 \end{cases}$$

を考える．ドジソンは，最初の二つからなる連立方程式には，値が 0 とならないような 2 次の係数行列式がとれるが，最初の三つの連立方程式には値が 0 とならないような 3 次の係数行列式がとれないこと，しかし，1, 2, 4 番目の方程式からなる連立方程式に対しては，行列式が 0 とならないような 3 次の係数行列式がとれることを指摘した．そこで，彼は，この連立方程式は解を持ち，さらにそれらは 5 個の変数を含むから，$5-3=2$ 個の変数に対して任意の値を指定できると結論した．さらに，3 番目の方程式は，1 番目と 2 番目の方程式から導けるもので，これらと独立ではない．

ドジソンの定理は階数という概念をほのめかしてはいた．しかし，この概念を先駆者ドジソンの研究から抽出したのは，フロベニウスで，1879 年のことであった．すなわち「行列式において，その $r+1$ 次の小行列の値がすべて 0 になるが，r 次の小行列式の値のすべてが 0 であることはないという場合，私は r を行列式の**階数**と呼ぶ」68 としたのであった．これより数年前に，彼は，スミスの「実際に独立な方程式」の概念を明らかにし，連立方程式とその解を表現する n 個の数の組に対して，**線形独立（一次独立）**という概念を定義した．すなわち，$j=1, 2, \ldots, n$ に対して，$c_1 x_{1j} + c_2 x_{2j} + \cdots + c_k x_{kj}$ が，c_i がすべて 0 のとき以外は 0 とはなりえないとき，斉次連立方程式の解 $(x_{11}, x_{12}, \ldots, x_{1n}), (x_{21}, x_{22}, \ldots, x_{2n}), \ldots, (x_{k1}, x_{k2}, \ldots, x_{kn})$ は［線形］独立であるという．方程式の独立性を定義するために，フロベニウスは双対関係を構成した．与えられた斉次連立方程式に対して，彼は，方程式の係数が，もとの方程式の解の基底となるような，新しい連立方程式を同伴させた．このことにより，n 個の数値の組と連立方程式は，二つの異なる観点から見て類似の対象となった．彼はそこで，もし n 個の変数についての m 個の連立方程式の階数が r であれば，$n-r$ 個の独立な解が見出せることを証明した．係数と解全体の座標の役割をとり替えることにより，彼は同伴する連立方程式を見出した．これは，階数が $n-r$ となる．そして，彼は，この新しい連立方程式それ自身が，最初の連立方程式と同じ解を持つ連立方程式を同伴することも示したのであった．

たとえば，すでに見たように斉次連立方程式

---

*31 残りの $m-r$ 個の方程式は，r 個の方程式の 1 次結合として得られることを意味する．

$$\begin{cases} u + v - 2x + y - z = 0 \\ 2u + 2v - 4x - y + z = 0 \\ u + v - 2x = 0 \\ u - v + x + y - 2z = 0 \end{cases}$$

は階数 3 である．したがって，この連立方程式は二つの線形独立な解を持ち，それらの解の全体の基底として $(1, 3, 2, 0, 0)$ と $(1, -1, 0, 2, 2)$ がとれる．したがって，これに同伴する連立方程式は

$$\begin{cases} u + 3v + 2x = 0 \\ u - v + 2y + 2z = 0 \end{cases}$$

である．この連立方程式は階数 2 で，解の全体の基底は $(1, 1, -2, 0, 0)$, $(3, -1, 0, -2, 0)$, $(3, -1, 0, 0, -2)$ で与えられる．これより直ちに，これらの解に同伴する連立方程式，すなわち

$$\begin{cases} u + v - 2x = 0 \\ 3u - v - 2y = 0 \\ 3u - v - 2z = 0 \end{cases}$$

が最初の連立方程式と同じ解を持つことが示される．

　フロベニウスは，特殊な形をした様々な種類の行列の性質とともに，連立方程式の解の研究を完成させた．しかし，これらの題材すべてを行列の言葉でまとめた教科書が出てきたのは，20世紀の初めになってからであった．さらに，行列とベクトル空間の線形変換との基本的な関係が明確に理解されたのは，1940年代になってからのことであった．このようなことが認識されるためには，ベクトル空間という抽象的な考え方が明確にされることが必要であった．この発展は，いくつかの幾何学的な着想から起こったものなので，これについては後回しにして，17 章で議論することにしよう．

練習問題

ガウスの数論からの問題

1. p が素数で $0 < a < p$ とすると，$a^m \equiv 1 \pmod{p}$ となるような最小のベキ指数 m は $p - 1$ の約数となることを証明せよ．

2. ［問題 1 で］p が素数 7 のとき，すなわち $1 < a < 7$ である各整数 a に対して，$a^m \equiv 1 \pmod 7$ となるような，最小のベキ指数 m を計算せよ．問題 1 の定理は，すべての a について成り立つことを示せ．

3. p を 13 としたときの原始根を定めよ．すなわち，$p - 1$ が $a^{p-1} \equiv 1 \pmod{p}$ を満たす最小のベキ指数となるような a を求めよ．

4. $8n + 3$ の形をした素数に対しては，-2 は平方剰余であるが，2 は平方剰余でないことを証明せよ．

5. 453 が 1236 を法として平方剰余であるとのガウスの解答を，次のことを示して完成せよ．
   (a) $x^2 \equiv 453 \pmod 4$, $x^2 \equiv 453 \pmod 3$, および $x^2 \equiv 453 \pmod{103}$ がすべて解ければ，$x^2 \equiv 453 \pmod{4 \cdot 3 \cdot 103}$ も解ける．
   (b) 453 は，4 を法としても，3 を法としても，平方剰余である．
   (c) $\left(\dfrac{453}{103}\right) = \left(\dfrac{41}{103}\right)$.
   (d) $\left(\dfrac{5}{41}\right) = 1$.

6. ガウス整数 $a + bi$ は，$b = 0$ かつ a が 4 を法として 3 と合同な通常の素数であるときかまたは，そのノルム $a^2 + b^2$ が通常の素数であるとき，そしてそのときに限

7. 一つのガウス素数 p がガウス素数の積 $abc\cdots$ を割り切るならば，p はそれらの素数のうちの一つか，またはそのうちの一つに単元を掛けたものに等しいことを示せ（ヒント：両辺のノルムをとれ）．
8. $3 + 5i$ をガウス素数の積に分解せよ．

代数的数論からの問題

9. 素な複素整数は既約であることを証明せよ．
10. $a + b\sqrt{-17}$ の形をした［複素］整数のなす整域[*32]において，リウヴィルの因数分解 $169 = 13 \cdot 13 = (4 + 3\sqrt{-17})(4 - 3\sqrt{-17})$ は，素因数分解の一意性がこの環で成りたっていないことを実際に証明していることを示せ（ヒント：ノルムを使って，四つの因子はそれぞれ既約であることを示せ）．
11. ガウス整数はユークリッド整域をなすこと，すなわち与えられた二つのガウス整数 z, m に対して，もう二つのガウス整数 q, r があり $z = qm + r$ かつ，$N(r) < N(m)$ となることを示せ．
12. $a + b\sqrt{-2}$ の形をした複素整数のなす整域が，ユークリッド整域であることを示せ．まず，この整域でのユークリッドの互除法にあたるものがどのようになるか，具体的に求めよ．
13. $a + b\sqrt{-5}$ の形をした複素整数のなす整域で，整数 $2, 3, -2 + \sqrt{-5}, -2 - \sqrt{-5}, 1 + \sqrt{-5}, 1 - \sqrt{-5}$ はいずれも既約であることを示せ．
14. $a + b\sqrt{-5}$ の形をした複素整数のなす整域で，主イデアル (2) は，A をイデアル $(2, 1 + \sqrt{-5})$ としたときの A^2 と等しくなることを示せ．

円分方程式に関連する問題

15. 位数 18 の巡回群において，位数 6 の巡回部分群の剰余類を決定せよ．
16. ガウスの方法を用いて，円分方程式 $x^6 + x^5 + x^4 + x^3 + x^2 + x + 1 = 0$ を解け．
17. $x^{19} - 1 = 0$ のガウスによる解法を扱った例で，$\alpha_1, \alpha_2, \alpha_4$ が 3 次方程式 $x^3 + x^2 - 6x - 7 = 0$ の根になることを示せ（ヒント：この方程式の係数と，これらの根の対称式との間の関係を用いよ）．
18. $x^{19} - 1 = 0$ のガウスによる解法を扱った例で，$\beta_1, \beta_8, \beta_7$ が 3 次方程式 $x^3 - \alpha_1 x^2 + (\alpha_2 + \alpha_4)x - 2 - \alpha_2 = 0$ の根になることを示せ．ここで α_i と β_i は，本文中に出てくるものとする．
19. $x^{19} - 1 = 0$ のガウスによる解法を扱った例で，r と r^{18} はいずれも $x^2 - \beta_1 x + 1 = 0$ の根であることを示せ．ここで r と β_1 は本文中に出てくるものとする．

群と体の理論からの問題

注意：本節の問題を解くには，群論とガロア理論の知識が必要なものがある．

20. 同値な二つの 2 次形式は，同じ判別式を持つことを示せ．
21. 方程式 $x^3 + 6x = 20$ の有理数上のガロア群 G を計算せよ．この群 G は，H［の位数］も G における H の指数も素数となるような正規部分群 H を持つことを示せ．
22. 位数 8 の，五つの異なる群を書き上げよ．
23. 位数 5^3 の体を，5 を法とする 3 次の既約合同式を見出すことにより構成せよ．
24. ウェーバーの群の定義と今日の標準的な群の定義とを比較せよ．それらが同値であることを示せ．
25. ウェーバーの体の定義と今日の標準的な体の定義とを比較せよ．ウェーバーの公理の中には，彼の他の公理から証明できるものがあるだろうか．

抽象代数学に関連する問題

26. ハミルトンによる数の対 (α, β) に関する演算の法則は，複素数 $\alpha + \beta i$ に関する演算における類似の法則を再現していることを示せ．
27. たとえば，$\alpha + \beta i + \gamma j$ の形で書かれた三つ組の数に対し，ハミルトンが理にかなっていると考えた乗法の基準を満たすような積を考案することを試みよ．すなわち，乗法は，交換法則と結合法則を満たし，加法について分配法則が成り立ち，除法が一意的に与えられ，かつ絶対値の掛け算の法則を満たさなければならないようなものである．
28. $\alpha = 3 + 4i + 7j + k$ と $\beta = 2 - 3i + j - k$ を四元数とする．$\alpha\beta$ と α/β を計算せよ．
29. 四元数 $a + bi + cj + dk$ の絶対値 $|\alpha|$ を $|\alpha| = a^2 + b^2 + c^2 + d^2$ で定義する．このとき，$|\alpha\beta| = |\alpha||\beta|$ であることを示せ．
30. 3 変数の論理関数 $f(x, y, z)$ の，$x'y'z'$ の形の項からなる多項式への展開の一般的な形式を定めよ．ここで，たとえば x' は，x または $\bar{x}$ を表現するものとする．この展開を用いて，関数 $V = x - yz$ を展開せよ．
31. 本文中で残されていたブールの三つの方程式，$x\bar{y}z = 0$，$x\bar{y}\bar{z} = 0$，$\bar{x}yz = 0$ を解釈せよ．ここで，x は清浄な獣，y はひずめが割れた獣，z は反芻する獣である．

行列の代数からの問題

32. $\alpha\delta - \beta\gamma = 1$ の条件を満たす変換 $x = \alpha x' + \beta y'$，$y = \gamma x' + \delta y'$ で，2 次形式 $F = ax^2 + 2bxy + cy^2$ が 2 次形式 $F' = a'x'^2 + 2b'x'y' + c'y'^2$ へと変換されるとすると，F' を F へと変換する，同じ形の「逆」変換があることを示せ．

[*32] 原文は domain となっているが，整域と訳出した．

33. 二つの正方行列の積が零行列ならば，そのうちの少なくとも一つの行列の行列式は 0 であることを証明せよ．

34. 行列 A はその特性方程式 $\det(A - \lambda I) = 0$ を満たすという，ケイリー–ハミルトンの定理が正しいことを，A が 2×2 行列の場合について直接示せ．

35. $X = \sqrt{a + d + 2\sqrt{ad - bc}}$, $Y = \sqrt{ad - bc}$ としたとき，行列
$$L = \begin{pmatrix} \dfrac{a+Y}{X} & \dfrac{b}{X} \\ \dfrac{c}{X} & \dfrac{d+Y}{X} \end{pmatrix}$$
は，行列
$$M = \begin{pmatrix} a & b \\ c & d \end{pmatrix}$$
の平方根になっていること［すなわち $L^2 = M$ となること］を示せ．

36. 問題 35 の 2×2 行列 M について，平方根が存在する条件を定めよ．平方根はいくつあるか．

37. 任意の 3×3 行列 M の平方根 L を，M をジョルダン標準形で書くことにより決定せよ．

38. 2×2 行列
$$M = \begin{pmatrix} a & b \\ c & d \end{pmatrix}$$
と可換な行列を具体的に定めよ．

39. ダランベールの方法を用いて，微分方程式系
$$\frac{d^2 y_i}{dt^2} + \sum_{k=1}^{3} a_{ik} y_k = 0 \qquad i = 1, 2, 3$$
の解を具体的に定めよ．この解が物理的な意味を持つためには，行列 (a_{ik}) の三つの固有値が相異なる正の実数とならねばならない理由を示せ．

40. コーシーのやり方を用いて，2 次形式 $2x^2 + 4xy + 5y^2$ を $[x, y]$ 2 乗の式の和または差に変換する直交変換を見出せ．

連立方程式の解法に関連する問題

41. 連立方程式
$$\begin{cases} 2u + v + 2x + y + 3z = 0 \\ 5u + 3v - 4x + 3y - 6z = 0 \\ u + v - 8x + y - 12z = 0 \end{cases}$$
を実際に解け．まず，係数行列の一部分からなる行列のうちで，その行列式が 0 とならないような行列の最大次数を定めよ．

42. 問題 41 の連立方程式の係数行列の階数を決定せよ．これらの連立方程式の解全体の基底を見出せ．

43. 問題 42 の結果を用いて，問題 41 の連立方程式に同伴する連立方程式を決定せよ．その連立方程式の解全体の基底を見出し，次に，その新しい連立方程式に同伴する連立方程式の解全体は，問題 41 の連立方程式の解と同じものになることを示せ．

議論に向けて

44. ウェーバーの『代数学教程』(1895) を調べ，現代の標準的な代数学の教科書と比較せよ．

45. 以下に示す事柄を通じて，群の概念を導入する講義の指導案を作成せよ．
    (a) 有限集合の置換．
    (b) 2 次形式の合成．
    (c) 素数 p を法とする剰余類．

46. クロネッカーの構成的な方法とデデキントによる複素数の部分体を考えるやり方を比較し，講義で代数的数体を導入するにあたっての，それぞれの長所，短所を比較せよ．

47. ド・モルガンによる代数学の法則の解釈とウェーバーによる体の公理を比較せよ．

48. ピーコックによる同値な形式の普遍性の原理，あるいは，ハミルトンによる二つの正数の対による定式化のいずれかを使って，負の数を説明する授業の指導案を作成せよ．どちらの方式が，教育上効果的だろうか．それはなぜか．

49. 中学校や高等学校の生徒は，負の数をどのように「理解」しているだろうか．彼らは，負の数と負の数を掛けると正になるのはなぜかを理解しているか．そのような理解は必要だろうか．

50. ハミルトンの順序対を使って，複素数を説明するための指導案を作成せよ．

51. ケイリーの 1858 年論文での扱い方にならった，行列の演算についての講義の概略を示せ．

参考文献と注

代数学の歴史に関する一般的な文献は，第 14 章であげたノヴィ (Nový)，ウッシング (Wussing)，およびファン・デル・ヴェルデン (van der Waerden)［加藤明史訳『代数学の歴史：アル–クワリズミからエミー・ネターへ』現代数学社，1994］の三つの著作があげられる．その他の優れた著作として，ベクトル代数に関する Michael J. Crowe, *A History of Vector Analysis: The Evolution of the Idea of a Vectorial System* (Notre Dame: University of Notre Dame Press, 1967), Harold Edwards, *Fermat's Last Theorem. A Genetic Introduction to Number Theory* (New

York: Springer-Verlag, 1977); *Galois Theory* (New York: Springer-Verlag, 1984) があげられる．群論の歴史の概説としては，Israel Kleiner "The Evolution of Group Theory: A Brief Survey," *Mathematics Magazine* 59 (1986), 198–215 が優れている．英国の代数学についても，優れた研究がいくつも出ている．Joan Richards, "The Art and Science of British Algebra: A Study in the Perception of Mathematical Truth," *Historia Mathematica* 7 (1980), 343–365; Helena Pycior, "George Peacock and the British Origins of Symbolic Algebra," *Historia Mathematica* 8 (1981), 23–45, Ernest Nagel, " 'Impossible Numbers': A Chapter in the History of Modern Logic," *History of Ideas* 3 (1935), 429–474. これらの著作には，本書で紹介したかった英国の代数学の，より完全な全体像が含まれている．行列の歴史については，Thomas Hawkins: "Cauchy and the Spectral Theory of Matrices," *Historia Mathematica* 2 (1975), 1–29; "Another Look at Cayley and the Theory of Matrices," *Archives Internationales d'Histoire des Sciences* 26 (1977), 82–112; and "Weierstrass and the Theory of Matrices," *Archive for History of Exact Sciences* 17 (1977), 119–163 の三つの論文で論じられている．これらの論文を読めば，行列の理論およびそれに関連する数学の分野の発達について，大変詳しい描写が得られよう．行列の理論の歴史について，基本的なことをより手短に概観するためには，R. W. Feldmann, "History of Elementary Matrix Theory," *Mathematics Teacher* 55 (1962), 482–484, 589–590, 657–659 and 56 (1963), 37–38, 101–102, 163–164 がある．

1. Ernst Kummer, "De numeris complexis, qui radicibus unitatis et numeris integris realibus constant," *Journal de mathématiques pures et appliquées* 12 (1847), 185–212, Kummer's *Collected Papers* (New York: Springer-Verlag, 1975), vol. 1, 165–192, p. 182 に再録．
2. Michael J. Crowe, *Vector Analysis*, p. 29.
3. Carl Friedrich Gauss, *Disquisitiones arithmeticae*, アーサー・A・クラーク (Arthur A. Clarke) による英訳 (New York: Springer-Verlag, 1986), p. 1. この本は，労力をかけても，全体を熟読する価値がある［高瀬正仁訳『ガウス整数論』朝倉書店，1995，7 ページ］．
4. 同上，p. 35［邦訳 45 ページ］．
5. ガウスの著作の文献表と 2 次文献を含む，最近のガウスの伝記として，W. K. Bühler, *Gauss: A Biographical Study* (New York: Springer-Verlag, 1981) がある［日本語で読めるものとしてはダニングトン著，銀林浩他訳『ガウスの生涯：科学の王者』東京図書，1992］．
6. Gauss, *Untersuchungen über höhere arithmetik* (New York: Chelsea, 1965), p. 540 から英訳した．この著作は，ガウスの「高等算術」に関する様々な論文の H. マゼル (H. Maser) による独訳を集めたもので，初版は 1889 年である．
7. Edwards, *Fermat's Last Theorem*, p. 61 より引用．ソフィー・ジェルマンに関しては，最近の 2 編の論文，J. H. Sampson, "Sophie Germain and the Theory of Numbers," *Archive for History of Exact Sciences* 41 (1991), 157–161, Amy Dahan Dalmédico, "Sophie Germain," *Scientific American* (December, 1991), 117–122 をあげておく．
8. 1847 年 5 月 1 日のパリ・アカデミーの会合での出来事は Edwards, *Fermat's Last Theorem*, pp. 76–80 で詳しく論じられている．
9. 除数とフェルマーの最終定理に関するクンマーの研究についての詳細は，Edwards, *Fermat's Last Theorem* 第 4 章を参照のこと．また，H. M. Edwards, "The Genesis of Ideal Theory," *Archive for History of Exact Sciences* 23 (1980), 321–378 も参考になる．
10. Richard Dedekind, "Sur la Théorie des Nombres entiers algébriques," *Bulletin des Sciences mathématiques et astronomiques* 11 (1877) 1–121, この論文の一部が，*Mathematische Werke*, vol. 3, 262–296 に再録，p. 268.
11. 同上，p. 280.
12. 同上，p. 268. イデアルの創造についてより詳しくは，H. M. Edwards, "Dedekind's Invention of Ideals," in Esther Phillips, ed., *Studies in the History of Mathematics* (Washington: MAA, 1987), 8–20.
13. Gauss, *Disquisitiones*, p. 445［邦訳，456 ページ．］
14. Ibid., p. 459［邦訳，468 ページ］．
15. アーベルの伝記として，Oystein Ore, *Niels Henrik Abel: Mathematician Extraordinary* (New York: Chelsea, 1974) がある［その他にも，アーリルド・ストーブハウグ (Arild Stubhaug) によるアーベルの伝記が邦訳されている．願化孝志訳『アーベルとその時代』シュプリンガー・フェアラーク東京，2003］．
16. Van der Waerden, *History of Algebra*, pp. 85–88 に詳しい証明がある［邦訳，132–137 ページ］．
17. Wussing, *Abstract Group Concept*, p. 98 より引用［この著作には，英訳と同じページに原文が収録されている．引用されているのは，Abel, "Sur la résolution algébrique des équations", (Nachloß) *Œuvres complètes*, pp. 218–219］．
18. 同上，p. 100［引用されているのは，Abel, "Mémoire sur une classe particulière d'equations,"(1829) *Œuvres complètes*, p. 479］．
19. Galois, "Memoir on the Conditions for Solvability of Equations by Radicals," Harold Edwards による英訳は Edwards, *Galois Theory*, p. 102［守屋美賀雄訳「累乗根で方程式が解けることの条件について」『アーベル・

ガロア：群論と代数方程式』共立出版，1975 所収，26–27 ページ］．
20. ガロアがあげた諸命題とその証明の詳細は，Edwards, *Galois Theory* にある．より明解な記述が，H. M. Edwards, "A Note on Galois Theory," *Archive for History of Exact Sciences* 41 (1991), 163–169 にある．
21. ガロアの生涯を描いた，最近の最も優れた著作は，T. Rothman, "Genius and Biographers: the Fictionalization of Evariste Galois," *American Mathematical Monthly* 89 (1982), 84–106．フィクションの要素が強い伝記としては Leopold Infeld, *Whom the Gods Love: The Story of Evariste Galois* (New York: Whittlesey House, 1948) ［市井三郎訳『ガロアの生涯：神々の愛でし人』日本評論社，1950，新版 1996］がある．E. T. Bell, *Men of Mathematics* (New York: Simon and Schuster,1937) ［田中勇・銀林浩訳『数学をつくった人々』ハヤカワ文庫 NF，2003］にも，ガロアの伝記がある［近年，ガロアの生涯とその業績を，その歴史的背景とともに描いた著作，彌永昌吉『ガロアの時代・ガロアの数学』全2巻，シュプリンガー・フェアラーク東京，1999，2002 が出版された］．
22. Rothman, "Fictionalization of Evariste Galois," p. 97 より引用．
23. R. Bourgne and J. P. Azra, eds., *Ecrits et Mémoires Mathématiques d'Evariste Galois* (Paris: Gauthier-Villars, 1962), p. 185.
24. 同上，p. 175.
25. Camille Jordan, *Traité des substitutions et des équations algébriques* (Paris: Gauthier-Villars, 1870), sec. 54.
26. 同上，sec. 402．ガロア理論のより詳しい歴史は，B. Melvin Kiernan, "The Development of Galois Theory from Lagrange to Artin," *Archive for History of Exact Sciences* 8 (1971), 40–154 を参照のこと．
27. Gauss, *Disquisitiones*, pp. 264–265［邦訳，276 ページ］．
28. Ibid., p. 366［邦訳，374 ページ］．
29. Wussing, *Abstract Group Concept*, p.64 より引用［引用されているのは，Kronecker, "Auseinandersetzung einiger Eigenschaften der Klassenanzahl idealer complexer Zaharen (1870), *Werke*, vol.1, ss. 274–275］．
30. Arthur Cayley, "On the Theory of Groups, as depending on the Symbolic Equation $\theta^n = 1$," *Philosophical Magazine* (4) 7, 40–47, p. 41．この論文は Cayley, *The Collected Mathematical Papers* (Cambridge: Cambridge University Press, 1889–97), vol. 2, 123–130 でも見ることができる．
31. Arthur Cayley, "On the Theory of Groups," *Proceedings of the London Mathematical Society* 9 (1878), 126–133, p. 127．この論文は Cayley, *Collected Mathematical Papers*, vol. 10, 324–330 に再録されている．
32. Arthur Cayley, "The Theory of Groups," *American Journal of Mathematics* 1 (1878), 50–52, p. 52．この論文は，Cayley, *Collected Mathematical Papers*, vol. 10, 401–403 に再録されている．
33. 同上．
34. Wussing, *Abstract Group Concept*, p. 235 より引用［原文は，Frobenius, Stickelberger, "Über Gruppen von vertauschbaren Elementen, *Journal für die reine und angewandte Mathematik*, **86**, (1879), p. 218］．
35. Walter Dyck, "Gruppentheoretische Studien," *Mathematische Annalen* 20 (1882), 1–44, p. 1. Wussing, *Abstract Group Concept*, p. 240, van der Waerden, *History of Algebra*, p. 152 ［邦訳，234–236 ページ］でも、この論文がさらに詳しく論じられている．
36. 同上，p. 12.
37. Heinrich Weber, "Beweis des Satzes, dass jede eigentlich primitive quadratische Form unendlich viele Primzahlen fähig ist," *Mathematische Annalen* 20 (1882), 301–329, p. 302．ウェーバーの研究もまた，ウッシングやファン・デア・ヴェルデンの著書で論じられている．
38. Heinrich Weber, "Die allgemeinen Grundlagen des Galois'schen Gleichungstheorie," *Mathematische Annalen* 43 (1893), 521–549, p. 524.
39. Kurt-R. Biermann, "Kronecker," *Dictionary of Scientific Biography* (New York: Scribners, 1970–1980), vol. 7, 505–509 より引用．
40. Richard Dedekind, Supplement XI to Dirichlet, *Vorlesungen über Zahlentheorie*, (Braunschweig: Vieweg und Sohn, 1893) p. 452．ここで引用しているのは，第4版である．しかし，この著作は，第2版にも第3版にも収録されている［酒井孝一訳『ディリクレ・デデキント：整数論講義』共立出版，1970, 416 ページ］．
41. William Rouse Ball, *The Origin and History of the Mathematical Tripos* (Cambridge: Cambridge University Press, 1880), p. 195.
42. George Peacock, *A Treatise on Algebra*, reprint edition, (New York: Scripta Mathematica, 1940), vol. 2, p. 59.
43. Pycior, "George Peacock,", p. 35 より引用．
44. Peacock, *Treatise on Algebra*, p. 453.
45. 同上，p. 449.
46. Abraham Arcavi and Maxim Bruckheimer, "The didactical De Morgan: a selection of Augustus de Morgan's thoughts on teaching and learning mathematics," *For the Learning of Mathematics* 9 (1989), 34–39 を参照のこと．この著作は，ド・モルガンが数学教育

を改善することに関心を持っていたことを示す著述類から多数引用して，構成されたものである．

47. Augustus De Morgan, *Trigonometry and Double Algebra* (London: Taylor, 1849), pp. 92–93. これは Nagel, "Impossible Numbers," pp. 185–186 に引用されている．
48. Augustus De Morgan, "On the Foundation of Algebra, No. II," *Transactions of the Cambridge Philosophical Society* 7 (1839–42), 287–300, p. 287.
49. De Morgan, "On the Foundations of Algebra, No. II," pp. 288–289.
50. William Rowan Hamilton, "Theory of Conjugate Functions, or Algebraic Couples; with a Preliminary and Elementary Essay on Algebra as the Science of Pure Time," *Transactions of the Royal Irish Academy* 17 (1837), 293–422. Hamilton, *Mathematical Papers* (Cambridge: Cambridge University Press, 1967), vol. 3, 3–96, p. 4 に再録されている．ハミルトンの研究に関してより詳しいことは，次の著作を参照のこと．Jerold Mathews, "William Rowan Hamilton's Paper of 1837 on the Arithmetization of Analysis," *Archive for History of Exact Sciences* 19 (1978), 177–200 および Thomas Hankins, "Algebra of Pure Time: William Rowan Hamilton and the Foundations of Algebra," in P. J. Mackamer and R. G. Turnbull, eds., *Motion and Time, Space and Matter: Interrelations in the History and Philosophy of Science* (Columbus: Ohio State University Press, 1976), 327–359.
51. Thomas L. Hankins, *Sir William Rowan Hamilton*, (Baltimore: Johns Hopkins University Press, 1980), p. 343. この伝記は，数学だけでなく物理学も含めてハミルトンの研究が論じられている優れた著作である．
52. Hamilton, *Mathematical Papers*, vol. 3, p. 10.
53. 同上，p. 83.
54. 同上，p. 96.
55. Crowe, *Vector Analysis*, p. 27 より引用．
56. 同上，p. 32.
57. Clerk Maxwell, *Treatise on Electricity and Magnetism* (London: Oxford University Press, 1873), pp. 9–10.
58. George Boole, *An Investigation of the Laws of Thought* (New York: Dover, 1958), p. 1. ブールについてより詳しい記述は，D. MacHale, *George Boole: His Life and Work* (Dublin: Boole Press, 1985) に見られる．
59. 同上，p. 27.
60. 同上，p. 49.
61. Hawkins, "Another Look at Cayley," p. 86 より引用［引用されているものの原文は，Eisenstein, "Allgemeine Untersuchungen über die Formen dritten Grades mit drei Variablen" *Journal für die reine und angewandte Mathematik*, **28**, (1844), p. 354］．
62. James Joseph Sylvester, "On a New Class of Theorems," *Philosophical Magazine* (3) 37 (1850), 363–370, *Collected Mathematical Papers* (Cambridge: Cambridge University Press, 1904–1912) vol. 1, 145–151 に再録，p. 150.
63. Arthur Cayley, "A Memoir on the Theory of Matrices," *Philosophical Transactions of the Royal Society of London* 148 (1858). Cayley, *Collected Mathematical Papers*, vol. 2, 475–496, p. 476 に再録．
64. 同上，p. 481.
65. 同上，p. 483.
66. 同上．
67. Charles L. Dodgson, *An Elementary Treatise on Determinants with their application to Simultaneous Linear Equations and Algebraical Geometry* (London: Macmillan, 1867), p. 50 より引用．
68. Georg Frobenius, "Über homogene totale Differentialgleichungen," *Journal für die reine und angewandte Mathematik* 86 (1879), 1–19, p. 1. この論文は Georg Frobenius, *Gesammelte Abhandlungen* (Berlin: Springer-Verlag, 1968), vol. 1, 435–453 に再録されている．

［邦訳への追加文献］ フェルマーの最終定理に関するソフィー・ジェルマンの仕事が英訳された．Reinhard Laubenbacher and David Pengelley, *Mathematical Expeditions: Chronicles by the Explorers* (New York: Springer, 1999), chapter 4.

19世紀の代数学の流れ

1765–1822	パオロ・ルフィーニ	5次方程式
1776–1831	ソフィー・ジェルマン	数論
1777–1855	カール・フリードリヒ・ガウス	数論，円分多項式
1789–1857	オーギュスタン・ルイ・コーシー	置換，行列式，固有値
1791–1858	ジョージ・ピーコック	記号的代数学
1802–1829	ニルス・ヘンリック・アーベル	5次方程式
1805–1859	ペーター・ルジューヌ・ディリクレ	数論
1805–1865	ウィリアム・ロウワン・ハミルトン	複素数，四元数
1806–1871	オーガスタス・ド・モルガン	記号的代数学
1809–1882	ジョゼフ・リウヴィル	数論
1810–1893	エルンスト・クンマー	素因子分解，約数
1811–1832	エヴァリスト・ガロア	方程式の群，有限体
1814–1897	ジェイムズ・ジョセフ・シルヴェスター	行列
1814–1848	ピエール・ヴァンツェル	作図問題
1815–1864	ジョージ・ブール	論理学
1821–1895	アーサー・ケイリー	抽象群，行列
1823–1852	フィルディナント・ゴットホルト・アイゼンシュタイン	2次形式，行列
1823–1891	レオポルト・クロネッカー	抽象群，体
1826–1883	ヘンリー・J.S. スミス	連立方程式の解
1831–1879	ジェイムズ・クラーク・マクスウェル	四元数，ベクトル
1831–1901	ピーター・ガスリー・テイト	四元数
1831–1916	リヒャルト・デデキント	イデアル，体
1832–1898	チャールズ・ドジソン	連立方程式の解
1838–1922	カミーユ・ジョルダン	群，線形変換
1839–1903	ジョサイア・ウィラード・ギブズ	ベクトル
1842–1913	ハインリヒ・ウェーバー	群，体
1849–1917	ゲオルク・フロベニウス	行列の理論，連立方程式
1850–1925	オリヴァー・ヘヴィサイド	ベクトル
1852–1939	フィルディナンド・リンデマン	πの超越性
1856–1934	ウォルター・ダイク	群論

Chapter 16

19世紀の解析学

「上に述べたコーシー氏の著書(『エコール・ポリテクニクの解析学教程』)には,……次のような定理が見出される.『級数 $u_0 + u_1 + u_2 + u_3 + \cdots$ の各項が,同一の変数 x の関数で,その級数が収束する特定の値の付近で,その変数について連続であるならば,級数の和 s もまた,その特定の値の付近で連続関数である』[*1].しかし,私には,この定理には例外があるように思える.たとえば,m を整数としたとき,級数 $\sin x - \frac{1}{2}\sin 2x + \frac{1}{3}\sin 3x - \cdots$ は,x が $(2m+1)\pi$ となる各値において不連続である.同様な性質を持つ級数が多数あることはよく知られている.」
(ニルス・ヘンリック・アーベル "級数 $1 + \frac{m}{1}x + \frac{m}{1}\frac{m-1}{2}x^2 + \frac{m}{1}\frac{m-1}{2}\frac{m-2}{3}x^3 + \cdots$,に関する研究" ("Untersuchungen über die Reihe $1 + \frac{m}{1}x + \frac{m}{1}\frac{m-1}{2}x^2 + \frac{m}{1}\frac{m-1}{2}\cdot\frac{m-2}{3}x^3 + \cdots$") 1826年[1])

1858年秋,チューリッヒの工科学校教授リヒャルト・デデキントは,微分学の基礎事項について初めて講義を行わねばならなかった.伝統的になされてきた微分学の基本的ないくつかの概念を幾何学的直観を用いて導入する方法は,入門的な講義では教育上有用だが,それではまだ,微分積分学での関数の極限を扱わねばならない部分に,真の「厳正な」基礎を与えたことにはならない.その講義の準備にあたり,彼は,こう判断したのだった.そこで彼は,実数という概念の算術的な定義に基礎を与えることに精力を集中した.1858年11月24日,デデキントは,彼の目標に達し,その後直ちに,一人の友人と何人かの最も優秀な学生に,その結果を伝えた.しかし,彼は,その表現が十分安心できるものとは思えなかったので,「デデキント切断」の考え方を1872年まで公表しなかった.

18世紀の終わりが近づくと,フランス革命に伴う数学教育の再編成がヨーロッパ大陸の至るところで行われ,数学者が研究だけでなく,教育に携わることも必要になってくるとともに,数学上の概念をどのように学生に提示したらよいかということへの関心,それに伴う「厳密性」への関心も高まっていった.ラグラ

[*1] コーシーの原語は quantité variable で,原著にはそれを省略して variable と書かれている.今日の意味での関数の変数という概念が見られるため,本章では変数と訳出した.他の数学者についても同様である.

ンジュが，ベキ級数によって，微分積分学全体を基礎づけようと試みたことを思い起こそう．そして，ラクロワが何冊かの解析学の教科書をラグランジュの方法を用いて書いたにもかかわらず，すべての関数がベキ級数で表現できるわけではないことが，その後すぐに見出されてしまった．

今日ではたいへんなじみ深い極限概念を基礎とした解析学を確立したのは，19 世紀の最も多産な数学者，オーギュスタン・ルイ・コーシーであった．極限の概念自体はかなり早い時期，ニュートンでさえも論じていたわけだが，関数がある特定の値に近づくといういくぶんあいまいな概念を，極限の存在が実際に証明できるような，算術的な言葉づかいに言いかえたのはコーシーであった．コーシーは，極限概念を，（今日の意味での）連続性や数列と関数列の収束性を定義するのに用いた．コーシーの収束の概念は 1821 年に初めて発表されたが，本質的に同じものが，チェコの数学者ベルナルト・ボルツァーノによって 1817 年に，ポルトガルの数学者ホセ・アナスタシオ・ダ・クーニャによって早くも 1782 年に展開されていた．この二つの研究は，運悪くヨーロッパのはずれの方でなされたため，数学の中心であったフランスとドイツでは評価されるどころか，読まれることすらなかった．それゆえ，今日見るような極限概念が発達したのは，コーシーの研究からである．

各項が連続関数であるような無限の関数列の和は，それが存在するならば連続関数になるというコーシーの重要な結果の一つは，真でないことが判明した．今日，フーリエ級数として知られている正弦関数と余弦関数からなる級数の考察に関連して，早くも 1826 年に反例が見つかったのである．このような級数は，18 世紀の半ば，ダニエル・ベルヌーイにより簡単な考察がなされたが，最初に詳細に研究されたのは，19 世紀の初期，ジョセフ・フーリエの熱伝導の研究においてである．フーリエの研究に刺激されて，ペーター・ルジューヌ・ディリクレは，関数の概念をさらに詳しく研究し，ベルンハルト・リーマンは，今日リーマン積分として知られている概念を発展させた．

コーシーの誤った定理から派生した関数の不連続点の研究とともに，コーシーやボルツァーノの研究では未解決だったいくつかの問題も，19 世紀後半には数人の数学者を実数の体系の考察へと導いていった．とりわけ，リヒャルト・デデキントとゲオルク・カントールはそれぞれ，有理数から実数を構成する方法を発展させ，それとの関連で無限集合の詳細な研究を始めた．

コーシーは，彼の微分積分学のテキストで，18 世紀には一般的であった微分の逆演算［すなわち原始関数］としてではなく，和の極限として積分を定義していた．この積分概念を複素数の領域へと拡張することにより，彼は，1840 年代までには，留数の考え方を初めとする，今日の複素関数論の入門講義で学ぶような重要な概念の多くを導いていた．これらのアイデアは，続く 10 年間に，リーマンによってさらに発展，拡張された．

複素領域での積分は実 2 次元平面上の積分とみなされることから，コーシーは，今日ではグリーンの定理として知られている，閉曲線に沿った積分とその閉曲線が囲む領域上での 2 重積分とを関連づける定理を述べることができた．領域上での積分を領域の境界に沿った積分と関連づける類似のいくつかの定理が，ミハイル・オストログラツキーとウィリアム・トムソンによっても発見されてい

伝 記

オーギュスタン・ルイ・コーシー (Augustin Louis Cauchy, 1789–1857)

コーシー（図 16.1）は，19 世紀中で最も多産な数学者であるが，決して簡単につきあえる人物ではなかった．アーベルは，パリ滞在中の 1826 年に，友人に宛てた手紙のなかで次のように書いている．「コーシーと一緒にやっていくことはできない．彼は，現在，数学がどのように扱われるべきかを最もよく知っている数学者であるにもかかわらず，……コーシーは，数学者としては変わっていて，極端なカトリック信者で強い宗教的な偏見がある．その点をのぞけば，彼は純粋数学の分野で現在研究をしている（パリで）唯一の数学者であるといえる」[4]．フランス革命勃発の年に首都で生まれた彼は，きわめて伝統的な教育を受けたあと，1805 年から 1807 年まで，エコール・ポリテクニクで工学を学んだ．1810 年から 1813 年まで，技術者として，ナポレオン政権の様々な軍事関係の計画事業で働く一方で，ラプラスやラグランジュが工学を離れるよう彼に勧めるほど，コーシーは純粋数学に対して強い関心を示した．彼らの援助を得たので，コーシーはエコール・ポリテクニクで教職を得，何年かのちには，コレージュ・ド・フランスでも教えた．彼の解析学の教科書が出版されて以降，彼は，フランス数学界で最も尊敬される人物のひとりとなった．彼はあまりにもたくさんの数学の論文を書いたので，パリ・アカデミーの雑誌はすべての人に対して一人当たりの論文投稿数に制限を課さねばならなくなった．コーシーは，自分自身で雑誌を創刊して，この制限を切り抜けた．

1830 年の 7 月革命により，最後のブルボン王が倒された時，熱烈な保守主義者であったコーシーは，新しい国王へ忠誠を誓うことを拒否し，自らイタリアへ，のちにプラハへと亡命した．彼は 1838 年にパリへ帰ってきたが，1848 年の革命で，[国王に] 忠誠を誓う必要がなくなるまで，教職へは復帰しなかった．フランス政府が，彼の生誕 200 年まで，郵便切手によって名誉をたたえなかったのは，おそらく彼の政治的見解によるものであろう．

図 16.1
最近のフランスの記念切手に描かれたコーシー．

た．これらの定理は，今日，発散定理・ストークスの定理として知られており，電磁気のような物理学の領域で直ちに応用された．

この章で最後に扱う解析学の側面は，19 世紀における確率論・統計学の発展である．そこでは，最小 2 乗法の発達をもたらしたガウスとルジャンドルの研究，ガウスによる誤差の正規曲線の導出を考察しよう．そして，ラプラスによってなされた，それ以前の確率に関する考え方の統合を一瞥したあと，この分野のいくつかの基本的な手法を発展させていくにあたってのケトレの研究やイングランドの統計学派の研究に注目していこう．

16.1 解析学の厳密性

1799 年，ラグランジュに代わって，シルベストル・フランソワ・ラクロワが，エコール・ポリテクニクに着任した．2 年前に，彼の全 3 巻からなる『微分積分学概論』(*Traité du calcul différentiel et du calcul intégral*) の第 1 巻が出版されていた．ラクロワは，この著作で，ニュートンとライプニッツの時代以降展開された微分積分学の諸方法を概観しようとした．そのためラクロワは関数 $f(x)$ をテイラー展開したときの 1 次の項の係数をその関数の導関数とするラグラン

ジュの見方のみならず，極限として dy/dx を定義するダランベール流の見方や，これを無限小量の比とするオイラーのやり方も論じている．ラクロワはこの著作の包括性を誇りに思っており，提示した多彩な方法が共通に持っているもののなかに，この分野の真に形而上学的な理解が見出されるであろうことを望んだ．

一方，ラクロワはパリで教えるために，彼の教科書を 1 冊に縮約した『初等微積分学概論』(Traité élémentaire du calcul différentiel et du calcul intégral) を著した．この教科書が長い間評判がよかったことは，1802 年から 1881 年の間に 9 版まで出版されたことから証拠づけられる．この著作で，ラクロワは当初，微分商の極限を定める過程で定義される極限の概念の上に微分学を基礎づけようとした．もし $u = ax^2$, $u_1 = a(x+h)^2$ とすれば，$2ax$ は「比 $\dfrac{u_1 - u}{h}$ の極限，すなわち，量 h が減少するときに，それに応じて，この比が向かおうとする値，それは，h を小さくすることによって，その比の値をわれわれの選んだだけその値に近くすることができる値」[2] とラクロワは示した．他のいくつかの比の極限を計算したあと，ラクロワは，要するに「微分学とは，関数とその関数が依存する変数の同時に変化する増分どうしの比の極限を見出すことである」[3] と説明した．このように，ラクロワは彼の先駆者オイラーとラグランジュの手法にしたがっており，著書の初めの部分で，接線の傾きを用いて微分学を説き起こそうとはしなかった．微分学は「解析学」の一部であり，幾何学的な動機づけ，すなわち図を必要としなかった．接線は単なる微分学の応用であり，『初等微積分学概論』第 7 章で「微分学の曲線論への応用について」として論じる対象であった．

ラクロワは『初等微積分学概論』で，微分学を極限概念から論じ始めようと決心したにもかかわらず，関数のテイラー展開を証明することへと急いで議論を移している．ラグランジュと同様に，彼は，高々いくつかの孤立点を除いて，すべての関数は級数で表現できると信じていた．そして，彼はテイラー展開による表現を使って，様々な超越関数の微分の公式，最大・最小を決定する方法を，多変数関数の場合に対してさえも適用できるように進めていった．最大・最小に関する議論の一部として，彼は，オイラーが提示した 2 変数関数が極値を持つための条件の誤りを修正した．実際，彼は，関数 $u(x,y)$ が二つの変数に関する 1 階偏微分がいずれも 0 となる点において，極値を持つための十分条件は，

$$\frac{\partial^2 u}{\partial x^2}\frac{\partial^2 u}{\partial y^2} > \left[\frac{\partial^2 u}{\partial x \partial y}\right]^2$$

となることを証明したのだった．

ラグランジュによるベキ級数の方法は，数学教育改革の志を持つ，ケンブリッジ解析協会のメンバー達も惹きつけていた．そこには，1816 年に，ケンブリッジ大学で使用する解析学の教科書として提供するために，ラクロワの『初等微積分学概論』を英訳したジョージ・ピーコック，チャールズ・バベッジ，ジョン・ハーシェル (1792–1871) らが含まれていた．翻訳者達は，ラクロワが「より正確で自然なラグランジュの方法を，ダランベールによる極限の方法で置き換えている」のに大変失望し[5]，読者が極限よりもラグランジュの方法を使えるようになるための訳注をつけていたほどだった．

イングランドではラグランジュの方法が好まれていたのに対し，話をフランス

へ戻せば，コーシーはそれを「正確さ」に欠けるとみなしていた．事実，コーシーは，代数的な式，とりわけ無限に長く続く式に対する扱い方には基礎づけがないと思えたことが不満だった．このような表現を含む等式は，無限級数が収束するような値に対してのみ正しい．とくに，コーシーは，関数 $f(x) = e^{-x^2} + e^{-(1/x^2)}$ のテイラー級数がその関数に収束しないことを発見した．そこで，1813年からエコール・ポリテクニクで教え始めたこともあり，コーシーは，解析学の基礎を全面的に検討し直し始めた．そして 1821 年，数人の同僚達の熱心な勧めに応じて，コーシーは，解析学の基礎づけに新しい方法を導入した，『エコール・ポリテクニクの解析学教程』(*Cours d'Analyse de l'École Royale Polytechnique*) を出版した．これからわれわれは，この教科書や，1823 年に出版された続編の『エコール・ポリテクニクの無限小解析要論』(*Résumé des Leçons donnees a l'École Royale Polytechnique sur le Calcul Infinitesimal*) における解析学の文脈での，コーシーによる極限，連続性，収束性，導関数，積分の考え方を検討しよう．それは，パリで使われたこれらの教科書が，それ以降の 19 世紀を通じて，微分積分学の教科書の規範を与えることになるためである．

16.1.1 極限

コーシーの極限の定義は『解析学教程』の始めのほうに見出される．「同じ変数に属する，引き続く一連の値が，一つの定まった値に限りなく近づき，最終的には，引き続く一連の値との差が望むだけ小さくなるならば，この [定まった] 値は，他のすべての値の**極限**と呼ばれる」[6]．コーシーは，無理数がその数に近づく分数列の極限となることを例としてあげた（囲み 16.1）．彼はまた，その極限がゼロとなる変化量として無限小量を定義した．コーシーは，現代的な概念，$\lim_{x \to a} f(x) = b$ を定義していないことに注意しよう．この概念は [独立変数，従属変数という] 二つの異なる種類の変数を含むからである．彼は，独立変数の役割をもっぱら隠しているように察せられる．さらに，コーシーの極限の定義は，ダランベールのものとほとんど変らないように見える．しかし，われわれがコーシーの言葉による定義で言おうとしたことを理解し，また，彼自身の定義と先行者の定義との違いを見出すためには，極限に関するいくつかの具体的な結果を証明する際，彼の定義がどのように使われているかを考察する必要がある．事実，コーシーは，従属および独立変数を扱ったのみならず，不等式を使ってその言明を算術的に言い換えている．たとえば，次の定理のコーシーによる証明を検討してみよう．

定理 x の増加する値に対して，差 $f(x+1) - f(x)$ がある極限 k に収束するならば，比 $\dfrac{f(x)}{x}$ は同時に同じ極限に収束する[7]．

コーシーは，この定理の仮定を算術的な言い方に翻訳することから始める．すなわち，任意に与えられた，望むだけ小さい ϵ に対して，$x \geq h$ ならば，$k - \epsilon < f(x+1) - f(x) < k + \epsilon$ となるある数 h を見出すことができる．彼は，この翻訳を使っていく．$i = 1, 2, \ldots, n$ に対して差 $f(h+i) - f(h+i-1)$ は，それぞ

囲み 16.1
極限とは何か

ライプニッツ (1684)：もし連続的な推移が，特定の限界において終わろうとしているならば，その推移は最終的な極限もまた含むというように，一般的に推論することは可能である．

ニュートン (1687)：消えゆく量の最終的な比は……限りなく減少していく量の比が常に向かって［近づいて］いく極限である．そして比は任意に与えられた差よりも近くまで極限に近づき，決してその差を越えることはないし，それらの消えゆく量は**無限**において限りなく小さくなるまでは，実際に極限に達することはない．

マクローリン (1742)：o が減少するとき，$2x+o$ の a に対する比は連続的に減少し，o が任意の真の増分である間は，その比は $2x$ の a に対する比よりも大きい．ただし，それが，極限である $2x$ 対 a に連続的に近づいていくことは明らかである．

ダランベール (1754)：比 $[a:2y+z]$ はつねに $a:2y$ より小さい．しかし，より小さい z に対し，この比はより大きくなるだろう．そして，z は望むだけ小さく選べるのだから，比 $a:2y+z$ を $a:2y$ に好きなだけ近づけられる．結果として，$a:2y$ は比 $a:2y+z$ の極限である．

ラクロワ (1806)：比 $(u_1-u)/h$……の極限とは，h が減少していくのに応じて，その比が向かっていく値であり，比はその値に，われわれがそうなるように選んだだけ近づいていく．

コーシー (1821)：同じ変数に属する，引き続く一連の値が，一つの定まった値に限りなく近づき，最終的には，引き続く一連の値との差が望むだけ小さくなるならば，この［定まった］値は他の一連の値の極限と呼ばれる．

れが上の不等式を満たすので，その平均

$$\frac{f(h+n)-f(h)}{n}$$

も不等式をみたす．これより，$-\epsilon<\alpha<\epsilon$ となるような α に対し，

$$\frac{f(h+n)-f(h)}{n}=k+\alpha$$

となる．すなわち $x=h+n$ とおくと，

$$\frac{f(x)-f(h)}{x-h}=k+\alpha$$

である．しかし，これより $f(x)=f(h)+(x-h)(k+\alpha)$，すなわち

$$\frac{f(x)}{x}=\frac{f(h)}{x}+\left(1-\frac{h}{x}\right)(k+\alpha)$$

が成り立つ．h は固定されているので，x が大きくなると $-\epsilon<\alpha<\epsilon$ のとき，$f(x)/x$ は $k+\alpha$ に近づいていくとコーシーは結論した．ϵ は任意だから，この定理の結論は成り立つ．コーシーはまた，$k=\pm\infty$ の場合にもこの定理を証明し，次にこの結果を使って，たとえば，x が大きくなるとき $\dfrac{\log x}{x}$ は 0 に収束し，$a>1$ のとき，a^x/x の極限は ∞ であることを結論した．

16.1.2 連続性

極限の定義が与えられると，コーシーは今や，連続性というきわめて重要な概念を定義することができるようになった．オイラーが一つの式で表されるものが連続関数，与えられた領域の異なる部分では異なる式で表されるものが不連続関数と定義したことを思い出そう．コーシーは，このような定義には矛盾があることを認識していた．たとえば，x が正のときは x，負のときは $-x$ となる関数 $f(x)$ はオイラーの定義によれば不連続ということになろう．一方で，同じ関数は一つの解析的な式

$$f(x) = \frac{2}{\pi} \int_0^\infty \frac{x^2\,dt}{t^2 + x^2}$$

で書けるので，$f(x)$ は連続関数ということになる．連続曲線という幾何学的な概念は，切れ目がない曲線として一般に理解されていたが，コーシーは，関数に対して，この概念を表現する解析的な定義を捜したのだった．ラグランジュは，より早い時期に，「$x=0$ において連続」で，そこでの関数値が 0 となるような特別な場合について，次のような定義を試みていた．「任意に与えられた量よりも小さくなるような縦座標に対応する横座標 h を，常に見出すことができる．そして，すべてのより小さい h の値もまた，その与えられた量よりも小さい縦座標に対応する」[8] というものである．

ラグランジュの著作を読んだコーシーは，ラグランジュの考え方を一般化したうえで，彼独自の新しい定義を与えた．「関数 $f(x)$ が，変数 x の二つの与えられた値の間にある x の各値に対して，差の（絶対）値 $f(x+\alpha) - f(x)$ が α とともにかぎりなく減少するとき，$f(x)$ はこの変数の**連続関数**であるという（囲み 16.2）．言い換えると，関数 $f(x)$ が x について，与えられた値の間で，変数の無限に小さな増加が，関数自身の無限に小さな増加をつねに作り出すとき，$f(x)$ はその間で連続性を保っているという」[9]．コーシーが算術的な定義と，無限小量という，よりなじみ深い言葉を使った定義の両方を示していることに注意しよう．しかし，コーシーはすでに無限小量を極限を使って定義しているのだから，これら二つの定義はおなじことを意味している．コーシーは，たとえば，（任意の区間で）$\sin x$ が連続であることを示すことによって，この定義をどのように使うかを示した．$\sin(x+\alpha) - \sin x = 2\sin\frac{1}{2}\alpha \cos\left(x+\frac{1}{2}\alpha\right)$ であるから，右辺は明らかに α とともに限りなく小さくなるから $\sin x$ は連続である．

チェコの数学者でやはりラグランジュの著作によく通じていたベルナルト・ボルツァーノ (1781–1848) が，ほぼ 4 年早く，コーシーのものと実質的に同等な連続性の定義を与えていたのは興味深い．「（連続関数 $f(x)$ の中にその値を代入すると），関数の符号が反対になるような任意の二つの未知量の値の間に，方程式 ($f(x) = 0$) の実根が少なくとも一つは必ず存在しなければならない」[10] という**中間値の定理**を厳密に証明する計画の一部として，ボルツァーノはこの定理が成り立つような関数のタイプを明確に定義する必要があった．他の数学者が，時間と運動といった数学的でない概念を使って連続性の定義を与えてきたことを指摘しつつ，ボルツァーノは，彼のいう「正確な定義」を以下のように与えた．「ω を望むだけ小さくとると，どのように与えられた量よりも差 $f(x+\omega) - f(x)$

囲み 16.2
連続性の定義

オイラー (1748)：連続曲線とは，その性質が，x の一つの関数で表現できるものである．曲線の様々な部分に対して，……，それらを表現するために異なる x の関数を必要とする性質があるならば，……，その曲線を不連続曲線という．

ボルツァーノ (1817)：……ω を望むだけ小さくとると，どのように与えられた量よりも差 $f(x+\omega) - f(x)$ が小さくできるとき，……，関数 $f(x)$ はある範囲の中あるいは外の値をとるすべての x について，これらの x で連続性の法則にしたがって変化する．

コーシー (1821)：変数 x が与えられた二つの値の間にあり，両端の間にある x の各値に対し，差の（絶対）値 $f(x+\alpha) - f(x)$ が α とともに限りなく減少するとき，$f(x)$ はこの変数の連続関数であるという．

ディリクレ (1837)：a と b を二つの固定した値とし，変数 x は a と b の間のすべての値を順次とるとする．今，それぞれの x に対し，一つの有限な値 y が対応し，x が a から b までの区間を連続的に通過し，$y = f(x)$ もまた少しずつ変化するならば，この区間で，y は x の連続関数と呼ばれる．

ハイネ (1872)：任意に与えられた量 ϵ に対して，それがどんなに小さくても，小さい正の量 η が η_0 よりも小さければ，$f(X \pm \eta) - f(X)$ の絶対値が ϵ を越えることがないような正の数 η_0 が存在するとき，関数 $f(x)$ は特定の点 $x = X$ で連続であるという．$x = a$ と $x = b$ の間の，$x = a$ と $x = b$ を含めた一つ一つの値 $x = X$ に対して関数 $f(x)$ が連続であるとき，$f(x)$ は $x = a$ から $x = b$ まで連続であるという．

が小さくできるとき，……，関数 $f(x)$ はある範囲の中あるいは外の値をとるすべての x について，これらの x で連続性の法則にしたがって変化する」[11]．二つの定義は大変似ているが，コーシーが彼自身の定義を作るときボルツァーノの著作を読んでいたとする説得力のある証拠はない．二人とも，ある「自明な」結果がそこから証明されるような定義を与えることに興味を持っていたから，本質的に同じ考えを思いついたのであろう．

　今日の目から見れば，もちろん，コーシーもボルツァーノも，一点での連続性は定義していない．彼らが定義したのは，区間上の連続性である．しかしながら，それぞれの定義を，区間内の各点における連続性の定義とみなせることは明らかだろう．すなわち，特定の値 x と $\epsilon > 0$ が与えられれば，$\alpha < \delta$ となるとき，つねに $|f(x+\alpha) - f(x)| < \epsilon$ となるような $\delta > 0$ が見出せる．もっとも次の項で見るように，コーシーは，δ がどの量に依存するかを完全に明確にはしていない．この点での明瞭さが欠けたため，コーシーは誤った結果に達することになった．

16.1.3　収束

　コーシーによる級数の収束の概念についても，先駆者はいた．しかし，実際に収束の判定に使えるような明快な基準を伴っていて，現在まで使われているのは，彼の定義である．コーシーの定義は『解析学教程』第 6 章でなされている．「$s_n = u_0 + u_1 + u_2 + \cdots + u_{n-1}$ を（級数の）最初の n 項の和とする．ここで n は任意の整数を表す．増加する n の値に対して，和 s_n がある極限値 s に限りなく近づくならば，この級数は**収束**するといわれ，当該の極限値は級数の和といわれる．逆に，もし n が限りなく増加するとき，和 s_n がいかなる固定された極限

伝　記

ベルナルト・ボルツァーノ (Bernhard Bolzano, 1781–1848)

ボルツァーノ（図16.2）は，生まれ故郷のプラハの大学で数学，哲学，物理学を学んだ．1805年，彼は，そこの宗教哲学の講座に任命された．これは，オーストリア皇帝フランツ1世の命により，フランス革命の結果としてヨーロッパ全土に広がっていった，当時の新しい流行である啓蒙主義に対抗するために作られた地位だった．しかし，ボルツァーノは，カトリック復興に特別に共感しているわけではなく，講義では彼自身の開けた宗教観を表明していた．1819年，彼はとうとう職を追われ，異端との疑いで警察の監督下におかれた．しかし哲学的な訓練を受けていた彼は，一方で，解析学の基礎に関する問題にも惹きつけられていた．彼はこれらの問題を，極限と連続性の直観的な捉え方にかかわる新しい定義と証明を用いて，満足のいくように解決することができた．

図 16.2
チェコスロバキアの切手に描かれたボルツァーノ．

にも近づかないならば，この級数は**発散**し，和を持たない」[12]．この定義を明確にするために，コーシーは「コーシーの収束判定法」として知られているものを述べた．彼は，級数が収束するためには各項 u_n が0に向かって減少していなければならないことが必要なことに気づいていた．しかし，これは十分条件ではなかった．種々の和 $u_n + u_{n+1}$, $u_n + u_{n+1} + u_{n+2}$, $u_n + u_{n+1} + u_{n+2} + u_{n+3}$, …は，「最初から望む数だけとった和の絶対値が，任意に指定された有限な値よりもつねに小さい値にとどまるとき」[13] のみ収束が保証されえた．何らかの算術的な実数の定義がないと，このような証明はできないので，コーシーはこの十分条件を証明していない．しかし，例は与えている．たとえば彼は，$|x| < 1$ のとき，等比級数 $1 + x + x^2 + x^3 + \cdots$ は収束することを示した．なぜならば，$x^n + x^{n+1}$, $x^n + x^{n+1} + x^{n+2}$, …，の和はそれぞれ $x^n \frac{1-x^2}{1-x}$, $x^n \frac{1-x^3}{1-x}$, … となるが，その和はつねに x^n と $\frac{x^n}{1-x}$ の間にあり，n が増加するとともに，x^n と $\frac{x^n}{1-x}$ もまた0に収束するからである．

　コーシーに先立ってコーシーの判定条件を述べたのは，ボルツァーノだけではない．ポルトガルの学者ホセ・アナスタシオ・ダ・クーニャ (1744–1787) もまた，『数学の諸原理』(*Principios Mathematicos*) で，この題材をとり込んだ．これは，基本的な算術から変分法まで広げた包括的な教科書で，［全体をまとめてではなく，］1782年から部分に分けて出版された．ダ・クーニャの収束の説明とコーシーの判定条件とは，次のようなものである．「数学者のいう**収束**する級数は，それらの項がいずれも同じように規定される．すなわち，その各項は，先立つ項の集まりで定められ，その級数はどこまでも続くようになっているが，最終的には続くかどうかは結局重要ではない．なぜならば，すでに書かれたり示されたりしている項に付け加えようとする任意の個数の項の和は，大きな誤差

> # 伝　記
>
> ## ホセ・アナスタシオ・ダ・クーニャ (José Anastácio da Cunha, 1744–1787)
>
> ダ・クーニャはリスボンで教育を受け，1762 年，フランスとスペインがポルトガルに侵略していた間は，軍の将校だった．弾道学の研究を進め，これを教えるための様々な手引書を分析し，1769 年に彼はこの主題で論文を書いた．彼の研究は，ポムバル侯の注目をひいた．ポムバル侯は，異端審問所の力を弱めイエズス会の人々を権力のある地位から排除できたホセ 1 世の宰相として力をふるっていた．ポムバルの手配により，ダ・クーニャは，1773 年，新しく再編成されたコインブラ大学の幾何学の教授職に任命された．しかしながら，1777 年，国王の死とともに，ポムバルは力を失い，彼の保護下にあったクーニャも，自由な思想の持ち主という評判を立てられて異端審問所にとらわれ，宗教的には異端としての意見を持っているとして有罪判決をうけた．1781 年，彼は釈放され，貧しい子供達の教育のために作られたあるリスボンの学校で数学の教師として，残りの人生を過ごした．

を与えることはなく，無視できるからである」[14]．ダ・クーニャもコーシーと同様に，この判定条件を使って等比級数の収束を示してもいる．ダ・クーニャの成果は，1811 年，フランス語に翻訳されたが，不幸なことにほとんど注目されなかったし，影響も与えなかった．

やはりヨーロッパの辺地で出版されたボルツァーノの研究もまた，当時はほとんど影響力がなかった．しかし，この研究で，ボルツァーノは，コーシーの判定法が，実数の体系を特徴づけるものの一つとされる上限の原理を最終的には意味していることを示した．ボルツァーノの収束の定義と（数列というより関数列に適用される）コーシーの判定法の彼による言明は，次の定理に含まれている．

定理　（$F_i(x)$ は始めの第 i 項までの和を表すとみなすことができる．）量の列［関数列］$F_1(x), F_2(x), F_3(x), \ldots, F_n(x), \ldots$ において，十分大きい n がとられたとき，n 番目の項 $F_n(x)$ とそれ以降の各項 $F_{n+r}(x)$ との差が，$F_{n+r}(x)$ が $F_n(x)$ からどんなに離れていても，任意の与えられた量よりも小さいままとどまっているならば，この［関数］列の項が近づき，そして［関数］列が十分先まで続けば，その項が望まれるだけ近づくような一つの定まった，そして確かに一つの量が常に存在する[15]．

ボルツァーノによる極限の一意性の証明はわかりやすいが，各 x に対して数列が収束していくような数 $X(x)$ が存在することの証明は間違っている．なぜならば，コーシー同様，ボルツァーノにも，任意の実数 X を定義する方法がないからである．しかしながら，彼は，任意の正確さの度合い d のなかで，その X をどのように定めるかは示している．n を十分大きくとって，すべての r に対して，$F_{n+r}(x)$ の $F_n(x)$ からの差が d より小さくなるようにすれば，$F_n(x)$ がそのような［精度 d の］近似値である．

ここでボルツァーノは，実数の上限［最小上界］の性質も証明する．

定理 変数 x のすべての値は性質 M を持ってはいないが，ある u より小さい x のすべての値は性質 M を持っているならば，それより小さいすべての x が性質 M を持っているような，最大の値 U が常に存在する．

性質 M を持つすべての数の上限の存在についての，ボルツァーノの証明には，収束の判定条件［「コーシーの収束判定法」］を適用できる級数を作ることが含まれている．M は x のすべての値に対して成り立つわけではないのだから，V より小さいすべての x に対して M が成り立つとは限らないようなある値 $V = u + D$ が存在しているはずである．そこでボルツァーノは正の整数 m のそれぞれに対して，量 $V_m = u + \dfrac{D}{2^m}$ を考える．もしすべての m について，V_m より小さいすべての x に対して M が成り立つとは限らないならば，u それ自身が望まれている上限となるはずである．一方，M が $V_m = u + \dfrac{D}{2^m}$ より小さいすべての x について成り立つが $V_m = u + \dfrac{D}{2^{m-1}}$ より小さいすべての x については，そうではないとしよう．これらの二つの量の差は $\dfrac{D}{2^m}$ なので，ボルツァーノは次に区間 $\left[u + \dfrac{D}{2^m}, u + \dfrac{D}{2^{m-1}}\right]$ に2分割の手法を適用し，$u + D/2^m + D/2^{m+n}$ よりも小さいすべての x に対しては M が成り立つが，$u + D/2^m + D/2^{m+n-1}$ より小さいすべての x についてはそうではないような，最小の整数 n を定めた．この手続きを続けることにより，ボルツァーノは，コーシーの判定条件を満たし，したがって U に必ず収束しなければならない数列 $u, u + \dfrac{D}{2^m}, u + \dfrac{D}{2^m} + \dfrac{D}{2^{m+n}}, \cdots$ を構成した．U がこの定理の条件を満たすことをボルツァーノは容易に証明している（いわゆる「ボルツァーノ–ワイエルシュトラスの定理」を証明するために，1860年代に，ワイエルシュトラスによってボルツァーノの証明は少し修正された．この定理は，与えられた任意の有界な実数の無限集合 S において，実数 r の各近傍に r とは別の S の点が存在するような実数 r が存在するというものである）．

上限が存在するという原理は，もちろん中間値の定理を意味している．$f(\alpha) < 0, f(\beta) > 0$ としよう．すべての $x < \alpha$ に対し $f(x) < 0$ となることも，一般性を失うことなく仮定できる．すると $f(x) < 0$ となる性質 M は，すべての x に対しては満たされないが，ある値 $u = \alpha + \omega$ より小さいすべての x に対しては満たされる．ここで，（f は連続と仮定されているから）$\omega < \beta - \alpha$ である．これより，$x < U$ となるようなすべての x に対して $f(x) < 0$ であるような最大の値 U が存在することが示される．これより直ちに $f(U)$ が正でも負でもないことが証明できる．したがって $f(U) = 0$ となり，定理が証明できる．

コーシー自身による同じ定理の証明は，コーシーの収束判定法を使わない．その代わり，任意の単調な有界数列は極限値を持つという実数の体系が持つ別の公理に暗黙のうちに依っており，かつ $f(x)$ が連続で数列 $\{a_i\}$ が a に収束するならば，数列 $\{f(a_i)\}$ は $f(a)$ に収束するという，彼自身が先に証明した定理に明らかに依存している．コーシーの手順は，ラグランジュおよびそれ以前の数学者に

よって使われていた，代数方程式 $f(x) = 0$ の根の近似値を求めるときの標準的な近似の方法から導かれた．したがって，コーシーは，$f(\alpha) < 0$ かつ $f(\beta) > 0$ のとき，$h = \beta - \alpha$，m を任意の正の整数として，$i = 1, 2, \ldots, m$ に対する $f\left(\alpha + \dfrac{ih}{m}\right)$ の符号を考える．引き続く値のある対を，たとえば α_1, β_1 に対して $f(\alpha_1) < 0$ かつ $f(\beta_1) > 0$，$\alpha < \alpha_1 < \beta_1 < \beta$ という条件を満たすように見出せるから，コーシーは次に，長さ $\dfrac{h}{m}$ の区間 $[\alpha_1, \beta_1]$ をさらに長さ $\dfrac{h}{m^2}$ の区間に分割し，この議論を繰り返す．これを続けることにより，彼は，それぞれが同じ極限値 a に収束するような増加数列 $\alpha, \alpha_1, \alpha_2, \ldots$ と減少数列 $\beta, \beta_1, \beta_2, \ldots$ を得る．これより二つの数列 $f(\alpha), f(\alpha_1), f(\alpha_2), \ldots$ および $f(\beta), f(\beta_1), f(\beta_2), \ldots$ は同じ極限値 $f(a)$ に収束することが従う．初めの数列の値はすべて負で，二つ目の数列の値がすべて正であるから，$f(a) = 0$ とならねばならず，定理は証明される．しかしながら，この証明がコーシーの教科書の付録としてつけられたことには注意する必要がある．教科書の本文では，彼は，曲線 $y = f(x)$ と $y = 0$ はお互い交わらねばならないことに注目するという幾何学的な論拠を与えただけであったからである．コーシーが講義で実際にどちらを示したのかは，推測するしかない．

級数の収束に関するコーシーの判定条件を与えたあと，コーシーは彼の教科書で，正項級数 $u_0 + u_1 + u_2 + \cdots$ の収束判定法から始めて，それによって個々の場合に収束が証明できるような様々な判定法を展開した．コーシーは，与えられた級数の各項が収束する級数によって上から押さえられるならば，その級数は収束するという比較判定法を特別に注意することなく使っていた．彼が最もよく用いた比較判定法は，公比が 1 より小さい等比級数と比較するもので，この級数が収束することは最初にコーシーの判定基準によって証明してある．実際，彼は比較判定法を使って，彼自身が導いた多くの別の判定法の正当性を証明した．たとえば，コーシーは，$\sqrt[n]{u_n}$ の極限値が 1 より小さい数 k となるならばこの級数は収束するという，根号による判定法を証明した．$k < U < 1$ となるように数 U を選べば，十分大きな n に対して，$\sqrt[n]{u_n} < U$ すなわち $u_n < U^n$ となることをコーシーは指摘した．これから収束する等比級数 $1 + U + U^2 + U^3 + \ldots$ と比較することにより，与えられた級数もまた収束することがわかる．同様にして，根号をとった値の極限が 1 より大きければ，級数は発散する．

コーシーは，比による判定法も同様にして証明した．n の値が増大するとき，比 $\dfrac{u_{n+1}}{u_n}$ がある定まった極限 k に収束すれば，$k < 1$ のとき級数 u_n は収束し，$k > 1$ のとき発散する，というものである．

正の項と負の項が入り混じる級数については，コーシーは絶対収束（この言葉は使ってはいないが）の概念を論じ，根号と比による判定法をこの場合にも適用し，交代級数の収束判定法を証明し，また二つの収束する級数の和と積をどのように計算するかを示している．彼は，関数列に対しても，様々な判定法を適用している．とくに，彼はベキ級数が収束する区間をどのように見出すかを示している．級数に関する個別の結果のいくつかは以前から知られていたが，複素数や複素関数がなす級数にまで一般化できるように，首尾一貫した理論にまとめあげたのはコーシーが最初である．

『解析学教程』には，次の重要な定理がある．ただしこれは，1826 年にアーベルが指摘したように，誤りである．

定理 6-1-1　級数 $[\sum_{n=0}^{\infty} u_n]$ の各項が，同一の変数 x の関数で，その級数が収束する値の付近でこの変数について連続関数であるならば，級数の和 s もまた，その値の付近で x の連続関数となる．

コーシーのこの結果の「証明」はきわめて単純である．この議論をコーシー自身の言葉で示したあと，それを今日の記号に翻訳してみよう．s_n をこの級数の最初の第 n 項までの和，s を級数全体の和とする．コーシーは r_n で剰余 $s - s_n$ を表す．（ここで s, s_n, r_n はすべて x の関数である．）s の連続性を証明するためには，彼は，x が無限小だけ増加すると $s(x)$ も無限小だけ増加する，すなわち，与えられた $\epsilon > 0$ に対し，

$$\forall a, \ |a| < \delta \Rightarrow |s(x+a) - s(x)| < \epsilon \tag{16.1}$$

となるような δ が存在することを示す必要があった．これに先立ついくつかの証明では，コーシーは δ として適当な値を実際に計算していたが，ここでは，任意の無限小量を使った議論を試みていた．すなわち，彼は，$s_n(x)$ は各 n について連続だから，x が無限小量 α だけ増加すると $s_n(x)$ も無限小だけ増加する，つまり

$$\forall a, \ |a| < \delta \Rightarrow |s_n(x+a) - s_n(x)| < \epsilon \tag{16.2}$$

となるような δ が存在すると記している．次に，任意の x に対してこの級数は収束するのだから，r_n 自身もまた，十分大きな n に対して無限小になり，x の無限小の増加に対してもそうなるだろう．すなわち

$$\forall n, \ n > N \Rightarrow |r_n(x)| < \epsilon \ \text{かつ} \ |r_n(x+a)| < \epsilon \tag{16.3}$$

となるような N が存在する．s の増加分は s_n の増加分と r_n の増加分の和であるから，s の増加分も無限小となり，それゆえ s 自体も連続であるとコーシーは結論した．このことは

$$|s(x+a) - s(x)| = |s_n(x+a) + r_n(x+a) - s_n(x) - r_n(x)|$$
$$\leq |s_n(x+a) - s_n(x)| + |r_n(x+a)| + |r_n(x)| \tag{16.4}$$
$$< \epsilon + \epsilon + \epsilon = 3\epsilon$$

と書けよう．コーシーが見落としていたのは，(16.3) 式の N は ϵ, x, a に依存しており，一方 (16.2) 式の δ は ϵ, x, n に依存していることであった．$|a| < \delta$ であるようなすべての a に対して，(16.3) 式が成り立つようなある値 N が存在することを知らなければ，(16.4) 式（すなわち (16.1) 式）が正しいとは主張できないのである．無限小の増加 [の概念] を伴うコーシーの議論は，含まれている様々な量の間の必要な関係を曖昧にしていた．証明を正当化するためには，一様収束の概念が必要である．すなわち，少なくともある定められた区間では，x とは独立に数 N が選べるという仮定を付け加える必要がある．この問題については，16.1.8 項で再度論じよう [16]．

16.1.4 導関数

コーシーは，『解析学教程』で，関数と級数の基本的な概念の扱い方を示した．1823 年に出版した『エコール・ポリテクニクの無限小解析要論』では，コーシーは極限についての新しい考え方を，無限小解析学の二つの基本的な概念，導関数と積分の考察に適用した．

先の教科書と同様の連続性の定義から始めたあと，コーシーは，第 3 課で彼自身が fonction derieé と呼んだ**導関数**を，i が極限値 0 へ近づいたとき，$\dfrac{f(x+i)-f(x)}{i}$ の極限が存在するならば，その極限値と定義した[*2]．連続性を定義したときと全く同様にして，コーシーは導関数の概念を区間上で定義した．その区間では，実際，関数 f は連続となっている．彼は，この極限がそれぞれの x に対して定まった値を持つであろうこと，その結果，この極限は変数 x の新しい関数となると記し，この関数に対してラグランジュの記号 $f'(x)$ を使った．この定義自体は，オイラーの著作に見られるような無限小の差どうしの商を表現するとも考えられるが，より直接的には，ラグランジュの『解析関数の理論』のある節からとられている．ラグランジュはそこで，彼による f のベキ級数展開の一部として，V を i が 0 に近づくとともに 0 に近づくある関数とすると，$f(x+i) = f(x) + if'(x) + iV$ となることを示していた．ラグランジュが示した導関数に関するこの定理を，コーシーは導関数の定義とすることができた．そして，彼はいろいろな初等関数の導関数を計算した．たとえば，$f(x) = \sin x$ とすると，ここで定義された商は

$$\frac{\sin(1/2)i}{(1/2)i} \cos(x + (1/2)i)$$

に帰着され，その極限 $f'(x)$ は $\cos x$ となることがわかる．

もちろん，コーシーの導関数に関する計算には新しいものは何もない．また，コーシーが証明できた導関数に関する定理についても，とくに新しいものは何もない．ラグランジュは同じ結果を彼独自の導関数の定義から導いていた．しかし，ラグランジュの導関数の定義は，任意の関数はベキ級数に展開できるという誤った仮定に基づいてなされているのだから，コーシーが，彼の極限の定義を通じて不等式の表現に翻訳された導関数の近代的な定義を明確に使って諸定理を証明したことに，彼の研究の意義がある．そのあとの使われ方という点から見て，これらの結果のなかで最も重要なのは，第 7 課に見られる，次のものであろう．

定理 $x = x_0$ と $x = X$ の間で関数 $f(x)$ は連続とし，その間で $f'(x)$ の最小値を A，最大値を B とすると，有限な差分比

$$\frac{f(X) - f(x_0)}{X - x_0}$$

は，A と B の間になければならない[17]．

コーシーのこの定理の証明で，今日の学生にはなじみ深い δ と ϵ が初めて使われている．コーシーは，$\epsilon > 0$ を選ぶことから始め，次に $|i| < \delta$ となるすべ

[*2]13.5.4 項で見たように，この術語はラグランジュが導入したものである．

てのiの値と，区間 $[x_0, X]$ 内の任意の x の値に対し，不等式

$$f'(x) - \epsilon < \frac{f(x+i) - f(x)}{i} < f'(x) + \epsilon$$

が成り立つように δ を選ぶ．コーシーにしたがって導関数を極限として定義すると，このような値は存在する．しかしながら，コーシーは，各点ではなく区間上での導関数の定義に暗黙のうちに含まれている事実を使っていたこと，すなわち，ϵ が与えられると，区間内のすべての x に対して，同じ δ が使用できるとしていたことに注意しよう．いずれにせよ，コーシーは次に $n-1$ 個の新しい値 $x_1 < x_2 < \cdots < x_{n-1}$ を各 i に対して $x_i - x_{i-1} < \delta$ となるようにとり，x_0 と $x_n = X$ の間に挿入し，そして上の不等式を，それぞれ引き続く値の組によって定められる部分区間に適用した．これより，$i = 1, 2, \ldots, n$ に対して，

$$A - \epsilon < \frac{f(x_i) - f(x_{i-1})}{x_i - x_{i-1}} < B + \epsilon$$

となる．そこでコーシーは，代数的な結果[*3]を使って，分子の和を分母の和で割ったものもまた同じ不等式を満たさねばならないこと，すなわち，

$$A - \epsilon < \frac{f(X) - f(x_0)}{X - x_0} < B + \epsilon$$

であることを示した．すべての ϵ に対してこの結果は真なので，定理の結論が導かれる．

　この定理の直接の結果として，コーシーは導関数の平均値の定理を導いた．$f'(x)$ が与えられた区間で連続と仮定する．この仮定は，もちろんこの導関数が最小値 A と最大値 B を持つという仮定を正当化するものであり，このもとで，コーシーは，中間値の定理を使って，x_0 と X の間の x に対して，$f'(x)$ は A と B の間のすべての値をとることを結論づけた．とくに $f'(x)$ は定理にでてくる値 $\left[\dfrac{f(X) - f(x_0)}{X - x_0}\right]$ を実際にとる．すなわち，0 と 1 の間に，

$$\frac{f(X) - f(x_0)}{X - x_0} = f'(x_0 + \theta(X - x_0))$$

となるような θ の値が存在する．さらにコーシーは，この平均値の定理を使って，ある区間での導関数が正のとき，もとの関数はその区間で増加し，負のとき減少し，0 ならば一定であることを示した．

16.1.5　積分

　コーシーの導関数の扱い方は，彼の新しい極限の定義を使っているとはいえ，オイラーやラグランジュの扱い方と密接に関係していた．これに対して，コーシーの積分の扱い方は，まったく新しい見地を切り開いたものであった．18 世

[*3] $i = 1, 2, \ldots, n$ に対して，$a_i > 0$ のとき

$$A - \epsilon < \frac{b_i}{a_i} < B + \epsilon \quad \text{ならば} \quad A - \epsilon < \frac{b_1 + b_2 + \cdots + b_n}{a_1 + a_2 + \cdots + a_n} < B + \epsilon$$

となること．

紀では，積分は単に微分の逆演算として定義されていたことを思い出そう．ラクロワでさえも，「積分計算は微分計算の逆で，その目的は微分係数から，それらが導かれる関数へとさかのぼっていくことである」[18]と書いていた．ライプニッツは，積分が無限小の面積の無限和であることを思い起こさせるように記号法を発達させてきたが，18世紀の数学者は，無限小を使うときに内在する問題のために，不定積分すなわち原始関数[*4]を積分論の基本的な概念として採用することに納得していた．原始関数だけでなく，様々な近似計算の技術によっても面積を求められることはもちろん受け入れられていた．しかし，このような近似の技法を基本原理にとり，その上に定積分の理論を構築するように進めていったのは，コーシーが最初であった．

　コーシーが，原始関数としてではなく，和の極限で積分を定義せざるをえないと感じたのは，おそらくいくつかの理由があってのことである．まず，区間の両端の点における原始関数の値をとることによって計算できなくとも，曲線の下側の面積が意味を持つことが明らかであるような状況が多数あったからである．このような場合として，とくに，フーリエの三角級数の研究で現れた，区分的に連続ないくつかの関数があった．二つめの理由は，おそらくコーシー自身の研究から発展したもので，16.3.2項で論じられるような複素関数の積分の理論の発達である．最後は，コーシーがエコール・ポリテクニクでの講義に向けて題材を整備していたときに，すべての関数に対して逆微分の存在が保証されるとは限らないことに気づいたと思われることである．ただし，和によって積分を定義することを選んだ理由についてのコーシー自身の説明は，それでうまくいくからというものであった．彼は1823年の著作で，次のように書いている．「（積分記号内の微分の式で表された無限小の値の和として）定積分を理解するやり方のほうを優先して採用するべきだと思える……なぜなら，そのほうが，すべての場合に対して，われわれが一般に $\int$ 記号内におかれた関数から原始関数を導けない場合であっても，同じように適用できるからである」[19]．さらに，彼は次のように記した．「定積分をこのように考える方法をとれば，変数の両端が有限で，それらの間に含まれる区間全体で，$\int$ 記号内の関数自身が有限かつ連続であれば，こうした積分が一意的な有限値を持つことが容易に証明できる」[20]．

　『要論』第2部で，コーシーは，積分の厳密な定義を和を用いて詳細に記述している．コーシーはおそらくオイラーやラクロワによる定積分の近似計算の研究に基づいて，自身の定義を採用したのであろう．しかし，この方法を面積の近似計算法と考えるより，おそらく積分の存在を直観的に理解できることから，コーシーはこの近似法を定義としたのであろう．そこで，彼は，$[x_0, X]$ 上で $f(x)$ は連続と仮定し，x_0 と $x_n = X$ の間に新しい $n-1$ 個の中間の値を $x_1 < x_2 < \cdots < x_{n-1}$ となるようにとり，和

$$S = (x_1 - x_0)f(x_0) + (x_2 - x_1)f(x_1) + \cdots + (X - x_{n-1})f(x_{n-1})$$

を構成した．コーシーは，S は n にも特定の値 x_i にも依存することに注意していた．しかし彼は，「各要素 $(x_{i+1} - x_i)$ の数値が十分小さくなり，n が十分大き

[*4]原文は antiderivatives となっている．

くなれば，分割の仕方は，S の値にごくわずかな影響しか与えないことに注意することが重要である」[21] と記している．

この結果を証明するために，コーシーは，初めに与えられた各分割区間をさらに分割した新しい区間の分割を選べば，対応する和 S' は

$$S' = (x_1 - x_0)f(x_0 + \theta_0(x_1 - x_0)) + (x_2 - x_1)f(x_1 + \theta_1(x_2 - x_1)) + \cdots$$
$$+ (X - x_{n-1})f(x_{n-1} + \theta_{n-1}(X - x_{n-1}))$$

と書き直せることを証明した．ここで θ_i は 0 と 1 の間の値である．連続性の定義から，この式は，

$$S' = (x_1 - x_0)[f(x_0) + \epsilon_0] + (x_2 - x_1)[f(x_1) + \epsilon_1] + \cdots$$
$$+ (X - x_{n-1})[f(x_{n-1}) + \epsilon_{n-1}]$$
$$= S + (x_1 - x_0)\epsilon_1 + (x_2 - x_1)\epsilon_2 + \cdots + (X - x_{n-1})\epsilon_{n-1}$$
$$= S + (X - x_0)\epsilon'$$

と書き直せる．ここで ϵ' は ϵ_i の最小値と最大値の間のある値である．そこでコーシーは，もし再分割された部分区間が十分小さければ，ϵ_i は，そして結果的には ϵ' も，ゼロに十分近づくので，再分割をとることは和の値を問題になるほど変化させることはない，と結論した．十分細かい任意の二つの分割が与えられると，それぞれをさらに細分する 3 番目の分割をとることができる．3 番目の分割に対する和の値は，最初の二つの和それぞれに，望むだけ近くなる．これより「もし，(分割された区間の長さの) 数値が，分割の数が増えることによって限りなく減少するようにするならば，値 S は最終的には，ほとんど一定になるだろう．言い換えれば，関数 $f(x)$ の形と変数 x の端点での値 x_0 と X で一意的に決まるような，ある極限値に最終的に達するであろう．この極限値が，($\int_{x_0}^{X} f(x)\,dx$ と書かれる) われわれが定積分と呼ぶものである」[22]．したがってこの定義は，コーシーの収束判定法を一般化したものを，必ずしも自然数によって番号づけられていないような数列に適用したものである．

和の極限によって定義された積分を使えば，積分の平均値の定理や積分の区間についての加法に関する定理を証明することは，今やコーシーにとって難しいことではなかった．積分の平均値の定理とは，

$$\int_{x_0}^{X} f(x)\,dx = (X - x_0)f[x_0 + \theta(X - x_0)]$$

を満たす $0 \leq \theta \leq 1$ が存在することである．次に，彼は，微分積分学の基本定理も簡単に証明した．

微分積分学の基本定理 $[x_0, X]$ で $f(x)$ は連続とし，$x \in [x_0, X]$ で

$$F(x) = \int_{x_0}^{x} f(x)\,dx$$

とすれば，$F'(x) = f(x)$ である．

この定理を証明するため，コーシーは平均値の定理と加法性を使って

$$F(x+\alpha) - F(x) = \int_x^{x+\alpha} f(x)\,dx = \alpha f(x+\theta\alpha)$$

を得た．この両辺を α で割って極限をとると，関数 $f(x)$ の連続性から結論が導かれる．この言い方をした基本定理は，今日の厳密性の基準と合致した最初のものと考えられる．なぜならば，$F(x)$ が定積分の存在証明を通じて明確に定義されている最初のものだからである．

$f(x)$ の定積分が存在するための条件としてコーシーが独自に仮定したものの一つは，$f(x)$ が積分区間上で連続であることだったが，コーシーはまた，この条件をいくぶん緩めても彼の定義が意味をなすことを認識していた．そこで，彼は，$f(x)$ が与えられた区間内で有限であれば，たくさんの不連続点を持っていても，不連続点で区間を切って部分区間を作り，さらに極限の議論で積分を定義することにより，このような場合にも積分が定義できることを示した．同様にして，$f(x)$ が $(a,b]$ で連続な場合は，

$$\int_a^b f(x)\,dx = \lim_{\epsilon \to 0} \int_{a+\epsilon}^b f(x)\,dx$$

によって積分を定義した．コーシーは，関数の無限区間の積分も同様に定義した．

コーシーは，彼の積分の定義を別な形で一般化したものを使い，$\dfrac{\partial A}{\partial y} = \dfrac{\partial B}{\partial x}$ である場合の微分式 $A\,dx + B\,dy$ を積分する新しい方法を提示した．そこでは，コーシーは求めようとしている積分 $f(x,y)$ が，平面上で固定した点 (x_0,y_0) からの定積分

$$f(x,y) = \int_{x_0}^x A(x,y)\,dx + \int_{y_0}^y B(x_0,y)\,dy$$

をとることにより定義されることを示した．この定義は $\dfrac{\partial f}{\partial x} = A(x,y)$ および

$$\begin{aligned}\frac{\partial f}{\partial y} &= \int_{x_0}^x \frac{\partial A}{\partial y}(x,y)\,dx + B(x_0,y) \\ &= \int_{x_0}^x \frac{\partial B}{\partial x}(x,y)\,dx + B(x_0,y) \\ &= B(x,y) - B(x_0,y) + B(x_0,y) = B(x,y)\end{aligned}$$

を意味するので，この関数は確かに当初の問題の解である．

『解析学教程』と『要論』はエコール・ポリテクニク1年生に向けたコーシーの講義の基盤であった．彼は2年生向けには，微分方程式論の詳しい入門的な講義をした．この講義の多くは，すでに18世紀に発展していた方程式を解くための標準的な技法に関するもので，もちろん今述べたばかりの定理も含んでいた．しかし，コーシーは解析学の厳密性に関心をはらうという斬新な態度でもって，定められた初期条件を満たす $y' = f(x,y)$ の解の存在が証明できる条件となるものを決定しようとした．コーシーが証明で使った近似の手法は，与えられた初期値 (x_0,y_0) を始点として，求めようとしている曲線に近づくような短い線分を構成するもので，本質的には18世紀に使われている．しかしながら，コーシー

は，彼自身の判定法を変形したものを使って，もし $f(x,y)$ と $\dfrac{\partial f(x,y)}{\partial y}$ が有限かつ連続で，(x_0, y_0) を含む平面の領域で有界であるならば，もとの領域に含まれる点 (x_0, y_0) のある近傍で，微分方程式の解曲線に収束するような多角形［折れ線］をこの近似法により作れることを証明した．

コーシーの微分方程式の扱い方については，興味深い話がある．コーシーは 2 年生向けの講義の記録を決して発表しなかった．最初のほうの 13 課分の講義の証拠となりそうな紙片が最近になってようやく明るみに出ただけである．なぜこれらの記録が 13 課で終わっているのかは明らかではないが，コーシーが学校の主事達にとがめられたとの証拠はある．エコール・ポリテクニクは，基本的には技術者のための学校であるから，厳密性の問題を扱うよりも微分方程式の応用の仕方に講義時間を使うべきだと彼はいわれたのだった．コーシーは従わざるを得ず，もう完全に厳密な証明は与えないと宣言した．そして彼は，明らかに，この題材についての講義を出版できないと感じていた．彼の講義は，この主題をどのように扱うかという彼の構想を反映していなかったのだから．

16.1.6 フーリエ級数と関数の概念

収束性に関するコーシーの誤った結果に対するアーベルの反例はフーリエ級数，すなわちオイラーやダニエル・ベルヌーイが 18 世紀の半ばに議論した，あるタイプの三角関数からなる級数であった．19 世紀の初めに，熱の拡散の探求に関係して，これらの級数を詳細に研究したのは ジョセフ・フーリエ (1768–1830) であった．彼の研究は，まず 1807 年にフランス・アカデミーで発表され，のちに改訂され拡張されたものが，1822 年の『熱の解析的理論』(*Théorie analytique de la chaleur*) として発表された．フーリエは時刻 t で，x 軸の正の方向に無限に長く，y 軸方向に幅 2 の長方形の薄板上での熱分布 $\nu(t, x, y)$ が，$x = 0$ では 1 度，$y = \pm 1$ では 0 度に保たれている，特別な場合から考え始めた．熱の流れについていくつかの仮定をおくことにより，フーリエは ν が，偏微分方程式

$$\frac{\partial \nu}{\partial t} = \frac{\partial^2 \nu}{\partial x^2} + \frac{\partial^2 \nu}{\partial y^2}$$

を満たすことを示すことができた．そして，フーリエは，この方程式を薄板の温度が平衡状態に達する，すなわち $\dfrac{\partial \nu}{\partial t} = 0$ となる条件のもとで解いた．$\nu = \phi(x)\psi(y)$（変数分離の方法）と仮定して，各変数について 2 回微分することにより，彼は，$\phi''(x)\psi(y) + \phi(x)\psi''(y) = 0$，すなわち

$$\frac{\phi(x)}{\phi''(x)} = -\frac{\psi(y)}{\psi''(y)} = A$$

を得た．ここで A はある定数とする．$m^2 = n^2 = 1/A$ とすると，これらの方程式のすぐ分かる解として $\phi(x) = \alpha e^{mx}, \psi(y) = \beta \cos ny$ がある．物理現象からの推論により m は負にならねばならない（そうでないとすると，x が大きいところでは，温度は無限大になってしまう）ので，フーリエははじめの偏微分方程式の一般解は，$\nu = a e^{-nx} \cos ny$ という形の関数の和であると結論した．$y = \pm 1$ のとき $\nu = 0$ であるという境界条件を用いて，フーリエは，n が $\dfrac{\pi}{2}$ の奇数倍と

伝　記

ジャン・バチスト・ジョセフ・フーリエ (Jean Baptiste Joseph Fourier, 1768–1830)

9歳で孤児になったフーリエは，パリから南西90マイル離れた町，故郷オーセールの司教に預けられ，地域の兵学校に通った．そこで直ちに彼は数学の才能を発揮した．彼は，軍関係の技術者になりたかったのだが，貴族の生まれではなかったので，そのような職には就けなかった．そこで彼は教職に就いた．フランス革命が勃発すると，フーリエは，地域［社会］の諸問題を解決して，有名になった．1794年の恐怖政治による犠牲者を守ったため，彼自身も逮捕された．幸いなことに，ロベスピエールの死後，彼は解放され，1795年，ラグランジュとモンジュの助手としてエコール・ポリテクニクに任命された．3年後，ナポレオンのエジプト遠征の間には，彼はエジプト研究所の事務官を務めた．その職にあった彼は，エジプトの遺跡の広範な研究を行うことができた．フランスに帰国すると，彼は，フランス南東部のイゼール県の長官として12年過ごし，多くの社会的な問題の改善に成果をあげた．幸いなことに，ナポレオンの凋落後にも，フーリエは，再建されたパリ・アカデミーの会員に選出され，1822年には終身書記官，今日でいえば理事長になり，終身その職にあった．

ならねばならず，したがって一般解は，無限級数

$$\nu = a_1 e^{-(\pi x/2)} \cos\left(\frac{\pi y}{2}\right) + a_2 e^{-(3\pi x/2)} \cos\left(\frac{3\pi y}{2}\right) + a_3 e^{-(5\pi x/2)} \cos\left(\frac{5\pi y}{2}\right) + \cdots$$

となることを示した．

　係数 a_i を決定するために，フーリエは $x = 0$ のとき $\nu = 1$ となるというさらなる境界条件を使った．$u = \dfrac{\pi y}{2}$ とおくと，a_i は等式

$$1 = a_1 \cos u + a_2 \cos 3u + a_3 \cos 5u + \cdots$$

を満たすことを意味する．これは，無限個の未知数を含む一つの方程式であるが，フーリエはこれを無限回微分し，その都度 $u = 0$ とおくことにより，無限個の方程式へと転化させた．これらの方程式のうち，最初のいくつかを解くことによって定められたパターンに注目することにより，フーリエは $a_1 = 4/\pi$, $a_2 = -4/3\pi$, $a_3 = 4/5\pi$, $\ldots$ と決定していき，その結果，この偏微分方程式を解くことができた．しかし，数学者の普通の気持ちとして，ひとたびもとの問題が解かれれば，新しいタイプの解法から発生した数学の問題へと考えを広げていきたくなるものである．まず，彼は，$u \in \left(-\dfrac{\pi}{2}, \dfrac{\pi}{2}\right)$ の範囲で，導いた係数の値が

$$\cos u - \frac{1}{3}\cos 3u + \frac{1}{5}\cos 5u - \cdots = \frac{\pi}{4}$$

を意味することに注目した．しかし，同じ級数が，$u = \dfrac{\pi}{2}$ のとき 0, $u \in \left(\dfrac{\pi}{2}, \dfrac{3\pi}{2}\right)$ のとき $-\dfrac{\pi}{4}$ となることは明らかである．フーリエは，この結果が，読者には直ち

には信じがたいであろうと感づいた．しかし，「これらの結果が通常の計算結果からかけ離れていると思えるならば，これらの結果を丁寧に検討し，それらを真の意味において解釈する必要がある．われわれは方程式 $y = \cos u - \frac{1}{3}\cos 3u + \frac{1}{5}\cos 5u - \frac{1}{7}\cos 7u + \cdots$ を，u を横軸の値，y を縦軸の値とする線と考える．われわれには，……この線は，別々の部分 $aa, bb, cc, dd, \ldots$ で構成されていなければならないことが分かる．それらはいずれも横軸に平行で，長さは (π) に等しい．これらの平行線は，軸から $(\pi/4)$ の距離で，軸の上方と下方に交互に位置し，ab, cb, cd, ed に垂直な線によって結ばれる……これらは［解を表す］線の一部をなす線分である」[23]．いいかえれば，フーリエは無限余弦級数を図 16.3 のような「直角の波」と考えていた．今日の読者には，k を奇数とする $u = k\pi/2$ において級数の値が 0 となるのに，なぜフーリエが横軸に垂直な線分を引いたのか，はっきり分からないだろう．フーリエはしかし，これらの級数の部分和はいつも，切れ目のない曲線によって表現できると認識していたので，無限和もまた，そのような曲線で表現できるはずであると考えた．この曲線が，現代の意味で「関数」を表しているか，この級数がコーシーの意味で「連続」関数かどうかは，フーリエの研究には関係なかった．彼は，ある物理学上の問題に興味があり，おそらくはこの解を幾何学的に考えていたのであろう．そこで，彼は，「関数」を表しているかどうかを案ずることなく，「連続」曲線を引くことができたのだろう．

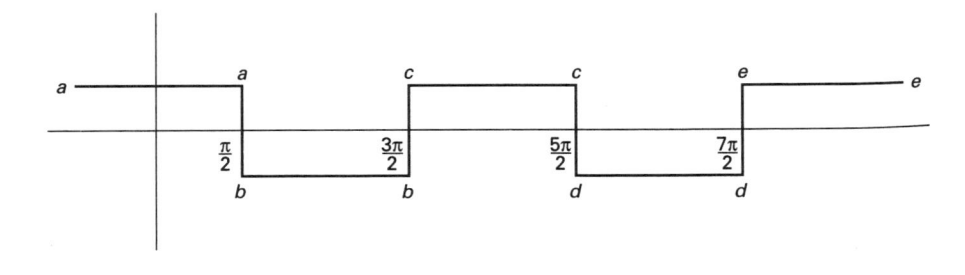

図 16.3
フーリエの直角の波
$\cos u - \frac{1}{3}\cos 3u + \frac{1}{5}\cos 5u - \frac{1}{7}\cos 7u + \cdots$.

フーリエは，次に，様々な関数を三角関数の級数で表現することを詳細に検討した．最も一般的な形の三角級数は，$c_0 + c_1 \cos x + c_2 \cos 2x + \cdots + d_1 \sin x + d_2 \sin 2x + \cdots$ である．ただし，フーリエは普通，正弦級数か余弦級数のいずれかに限定していた．さらに，読者に彼の方法の正当性を納得させたかったので，彼は，新しい方法によって，彼自身の，さらには他［の三角級数］の係数を決定した．たとえば，彼は，関数 $(1/2)\pi f(x)$ を正弦級数

$$\frac{1}{2}\pi f(x) = a_1 \sin x + a_2 \sin 2x + a_3 \sin 3x + \cdots$$

で書いたとき，各整数 n に対して $\sin nx dx$ をとり，それらを両辺に掛けて，区間 $[0, \pi]$ 上で積分できることを示した．

$$\int_0^\pi \sin mx \sin nx\, dx = \begin{cases} 0 & (m \neq n) \\ \dfrac{\pi}{2} & (m = n) \end{cases}$$

囲み 16.3

関数とはなにか？

ヨハン・ベルヌーイ (1718)：私が，変化する大きさの関数と呼ぶのは，その変化する大きさと定数から，全く任意のやり方で構成された量のことである．

オイラー (1748)：変量の関数とは，変化する量あるいは数，および定量から全く任意のやり方で構成された解析的な表現である．

オイラー (1755)：いくつかの量が，他のいくつかの量に依存していて，(あとのものが) 変化するとき，(初めのものも) 自身も変化するならば，初めのものはあとのものの関数と呼ばれる．これは，一つの量が他の量によって定まるようなすべてのやり方をその中に含む，大変幅広い考え方である．

ラクロワ (1810)：各量の値が，一つまたはいくつかの他の量に依存しているとき，これを後者の量の関数という．その際，後者から前者の量に達するのにどのような操作が必要であるか否かを知る必要はない．

フーリエ (1822)：一般に，関数 $f(x)$ は，一連の値，すなわち縦座標の値を表しており，それぞれの値は任意である．横座標 x に与えられた無限個の値に対し，縦座標の値 $f(x)$ も等しい個数だけある．すべての [x 軸上の] 値は，正か負，あるいは 0 となる値を実際にとる．われわれは，これらの縦座標が共通な法則で結びつけられるとは考えない．それらは任意の仕方によって次々と，そして，それぞれは一つの量であるかのように与えられる．

ハイネ (1872)：有理数または無理数 x のそれぞれ一つの値に対し，一意的に定められるような表現を x の一価関数という．

デデキント (1888)：集合 S 上の関数 ϕ とは，S の定まった各要素 s に対して s の変換と呼ばれる定まったものを対応させる法則のことであり，$\phi(s)$ と書かれる．

であるから，係数を表現する積分が意味を持つ限りでは，すなわち $f(x)\sin kx$ のグラフより下側の面積がきちんと定義される限りは，

$$a_k = \int_0^\pi f(x) \sin kx \, dx$$

となる．

では，どのような種類の関数がこのような三角級数で表現できるのだろうか．この問に答えるため，フーリエは，彼が「関数」という言葉で意味するものを定義した．「一般に，関数 $f(x)$ は，一連の数値，すなわち縦座標の値を表しており，それぞれの値は任意である．横座標 x に与えられた無限個の値に対して，縦座標の値 $f(x)$ も等しい個数だけある．すべての [x 軸上の] 値は，正か負，あるいは 0 となる値を実際にとる．われわれは，これらの縦座標が共通な法則で結びつけられるとは考えない．それらは任意の仕方によって次々と，そして，それぞれは一つの量であるかのように与えられる」[24]．この現代的な定義にもかかわらず，フーリエは今日いう「任意の関数」を全然考えなかった．区分的に連続な関数しか考えようとしなかったことが，彼自身の例から見てとれる．そして，もちろん，フーリエは，その級数が，$[0, \pi]$ というような特定の有限な区間の内部で，与えられた任意の関数を表現していると主張しているだけであった．端点での級数の値は別に容易に計算できるし，正弦関数の周期性により，もとの関数を実数軸全体に幾何学的に拡張することもできた (囲み 16.3)．

フーリエは，いくつかの場合について，彼の展開式が実際にある関数を表現し

ていることを，最初の n 項の部分和を三角関数の恒等式を用いて閉じた形[*5]で表し，その上で n が増加するときの極限を考察することにより示そうとした．しかし，一般には，彼は，実際の面積を表現するような積分によって，自分が提案した方法で任意の関数を展開したときに出てくる係数を直接計算すれば，この展開が正しいことを示すための十分説得力のある議論になると信じていた．これより，たとえば，彼はのちにアーベルによって与えられた展開式

$$\frac{1}{2}x = \sin x - \frac{1}{2}\sin 2x + \frac{1}{3}\sin 3x - \frac{1}{4}\sin 4x + \cdots$$

を計算していた．この級数は，$[0, \pi/2)$ では関数 $(1/2)x$ を，実軸全体では図 16.4 に見られるような関数を表していた．アーベルはこの関数が連続関数列からなる数列の和に関するコーシーの結果に反するばかりでなく，フーリエ級数がもとの関数に収束することを示すフーリエの試みが不十分なことも理解していた．

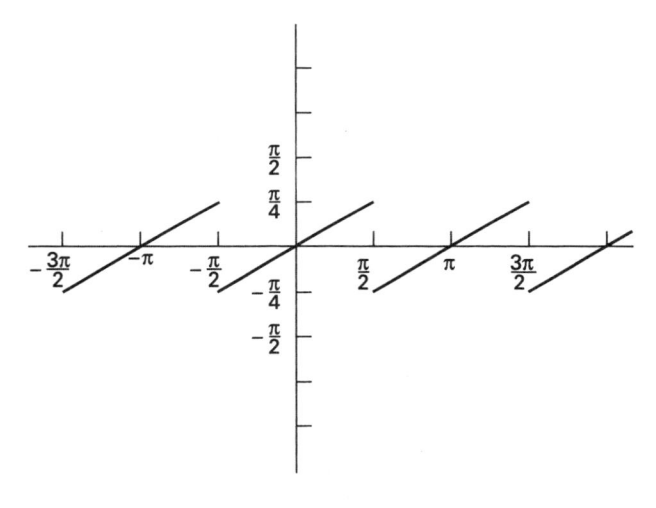

図 16.4
フーリエによる $y = \sin x - \frac{1}{2}\sin 2x + \frac{1}{3}\sin 3x - \frac{1}{4}\sin 4x + \cdots$ のグラフ．

コーシー自身は，1826 年にフーリエの主張の新しい証明を試みた．しかし，彼は，この証明のなかで，$k \to \infty$ のとき $(u_k - v_k) \to 0$，かつ $\sum u_k$ が収束すれば，$\sum v_k$ も収束することを仮定していた．この仮定が誤っていたことは，1829 年の論文で，ディリクレにより指摘された．この論文は，一方の項は明らかに発散し，他方の項は収束するような反例

$$u_k = \frac{(-1)^k}{\sqrt{k}}, \qquad v_k = \frac{(-1)^k}{\sqrt{k}} + \frac{1}{k}$$

を挙げていた．そこでディリクレは，フーリエ級数の収束性の問題を，コーシー自身の解析の方法による証明を使って攻略することに成功した．

ディリクレは，「任意」の関数を表すフーリエ級数が収束することを示そうと試みるのではなく，むしろ目標を思い切って下げ，その収束を保証する関数に関する十分条件を見出した．とくに，彼は，もし区間 $[-\pi, \pi]$ で定義された関数 $f(x)$ が，高々有限個の不連続点を除いては，その区間上連続かつ有界で，さらにこの区間で有限個の極大・極小しか持たないならば，フーリエ級数は $(-\pi, \pi)$

[*5]三角関数の和の形ではなく，一つまたは複数の関数を使って和を表現すること．

伝　記

グスタフ・ペーター・ルジューヌ・ディリクレ (Gustav Peter Lejeune Dirichlet, 1805–1859)

彼の青年期には，祖国ドイツの数学教育の程度が一般的に低かったため，ディリクレは，1822 年，コレージュ・ド・フランスで学ぶため，パリへ行った．彼は，有名なフランスの将軍の子弟の家庭教師になり，そのおかげで，たくさんのフランスの最も著名な知識人たちに出会うことができた．そのなかには，最終的には最も強い影響を彼の数学に与えることになるジョセフ・フーリエもいた．ディリクレは，1825 年ドイツに帰り，3 年後，ベルリン大学の教員に任命され，以降 27 年間，その職にとどまった．彼は大学だけでなく兵学校でも教えていたということもあって，ベルリンではたいてい，大変な講義負担を抱えていた．そのため，彼は 1855 年のガウスの死後，ゲッチンゲンへ移らないかとの招聘を喜んで受けた．そこでは研究の時間を増やすことができるからである．不幸なことに，彼のゲッチンゲンでの時間は，1859 年の彼の死までの間，わずか 3 年半だった．

上の各点 x で $\lim_{\epsilon \to 0} \frac{1}{2}[f(x-\epsilon) + f(x+\epsilon)]$ に収束することを示した（f が x で連続ならば，この値は $f(x)$ に等しい）．フーリエのように，$f(x)$ は与えられた区間の外側でも周期的な形状であると解釈すれば，この結果は両端点でも成り立つ．ディリクレはある区間上で，与えられた関数と三角関数の積が積分できるように，条件を選んだ．また，コーシーによる定積分の新しい定式化は，有限個の多数の不連続点を持つような関数の積分の存在を保証しただけだった．［したがって］ディリクレは，この結果を，与えられた区間上無限に多くの不連続点を持つ関数にまで拡張するのは難しいと認識していた．事実，彼は，最初の条件を満たさない関数の例である，至るところで連続でない関数をあげている．「$f(x)$ は，変数 x が有理数のときには，ある定まった値 c に等しく，x が無理数のときには，別の定まった値 d に等しい．したがってこの関数は，x の各値に対し有限で確定した値を定めるが，一方で，そのフーリエ級数に現れる様々な積分が，この場合には意味をなさないことを見ると，この関数はフーリエ級数では置き換えられない」[25]．

16.1.7　リーマン積分

1853 年，ゲオルク・ベルンハルト・リーマン (1826–1866) は，まず，コーシーの積分 $\int_a^b f(x)\,dx$ の定義ではどのような関数が積分可能になるかを正確に決定することによって，ディリクレの結果を拡張しようとした．彼は，実際には，コーシーの定義をいくぶん変えることから始めた．コーシー同様，彼は区間 $[a,b]$ を n 個の部分区間 $[x_{i-1}, x_i]$ $(i=1,2,\ldots,n)$ に分割した．そこで $\delta_i = x_i - x_{i-1}$

とおき，彼は和

$$S = \sum_{i=1}^{n} \delta_i f(x_{i-1} + \epsilon_i \delta_i)$$

を考えた．ここで各 ϵ_i は 0 と 1 の間にある値である．リーマンは関数 f の独立変数が問題にしている部分区間の任意の値をとることを許しているので，この和は，コーシーのものよりも一般化されている．その結果，彼は，どのように δ_i と ϵ_i がとられても，この和 S が近づいていくような極限が存在するならば，その極限を積分と定義した．リーマンはここで，コーシーが問わなかった問題を問いかけた．すなわち，どのような場合，関数は積分可能なのか，そうでないのはどのような場合か．コーシー自身は，ある種類の関数が積分可能であることを示しただけで，積分可能な関数すべてを見出そうと試みたわけではない．これに対してリーマンは，有限な関数 $f(x)$ が積分可能になるための必要十分条件を定式化した．「もし，すべての量 δ［上式の δ_i］が限りなく減少するとともに，そこでの関数 $f(x)$ の変動が与えられた量 σ よりも大きくなるような区間の全体の長さ s が，最終的にはつねに限りなく小さくなるならば，和 S はすべての δ が無限に小さくなるとき，収束する」[26]．そして，逆も成り立つ（区間内の関数の**変動**とは，その区間内での関数の最大値と最小値の差である）．$[0,1]$ 上で定義された関数で，コーシーの基準では積分可能ではないが，リーマンでは積分可能になるものの例として，リーマンは

$$f(x) = \sum_{n=1}^{\infty} \frac{\phi(nx)}{n^2}$$

を与えた．ここで $\phi(x)$ は，x からそれにいちばん近い整数を引いた値であり，もし二つの整数から同じ近さにあれば 0 として定義されるものである．この関数は，$x = p/2n$, p, n は互いに素，となる無限個の点以外ではいたるところで連続であることがわかる．しかし，このような点の近くでは，f の変動は $\pi^2/8n^2$ であるから，付近での変動が任意の $\sigma > 0$ より大きくなるような点は有限個となり，この関数はリーマンによる積分可能の基準を満たす．

新しい種類の関数が積分可能であることを示すとともに，今やリーマンは，ディリクレのフーリエ級数の収束性に関する結果を拡張することができた．ただし，リーマンは関数のフーリエ級数が収束を保証する十分条件を決定するのではなく，逆に三角級数で表現されるような関数から始め，その関数の振る舞いについて，この表現からどのような結論が得られるかを定めることからその問題にとりかかろうとした．リーマンはこのやり方で，三角関数で表現されるようなたくさんの種類の関数を見出すことができたが，彼自身が満足できるような形で，問題全体を解決したものではなかった．リーマンがこの話題に関する原稿を出版しなかったのは，おそらくこのためであろう．

16.1.8　一様収束

ディリクレとリーマンの研究は，フーリエ級数が不連続関数を表現しうること，その結果，連続関数からなる級数の和に関するコーシーの定理は修正されるべきであったことを，完全に明らかにした．このことは何人かの数学者によって

伝 記

カール・ワイエルシュトラス (Karl Weierstrass, 1815–1897)

ドイツのウェストファリアで生まれたワイエルシュトラスは，父親の熱心な勧めで，プロシアの国家公務員を目指して経済や政治を学ぶため，1834 年にボン大学に入学した．生来の数学への興味と，ボンの居酒屋での交友関係にいそしんだことから，彼は，本来目的としていた分野の勉強をあまりしなかった．彼は，1838 年，学位をとらずにボンを去った．そこで，生計を立てるために，彼は教員資格をとるための勉強をし，1841 年から 14 年間，数学，物理学，ドイツ語，植物学，地理，歴史，体育，書法を様々なギムナジウムで教えた．一連のすぐれた論文が『クレレ誌』に掲載されたあと，1854 年，彼はケーニヒスベルグ大学から名誉博士号を授与され，ついに 1856 年，ベルリン大学の員外教授（準教授）に着任し，同時に，ベルリン産業学校の教授にもなった．健康上の問題から，彼は座ったまま講義し，上級生が板書するという状態でありながら，彼のわかりやすい講義はすぐにヨーロッパ中で評判を得，彼のクラスは毎年数百人の学生が出席していた．1861 年，彼はクンマーとともに，ベルリン大学に数学のセミナーを導入した．これは，19 世紀末に，ベルリン大学が純粋数学の分野では最高のレベルの大学になることができた，もう一つの要因であった．

もなされたのだが，そもそもコーシーが結論したような，和が定める関数が区間全体の上で連続であることをどのように保証するかを明らかにしたのはカール・ワイエルシュトラス (1815–1897) であった[*6]．ワイエルシュトラスは，1850 年代から始めたベルリン大学の講義で，コーシーがもっともらしく説明していた，数列と関数列の和の収束の違いを慎重に識別した．その結果，彼は，関数の収束性に関する重要な性質をつきとめることができた．それは区間上で一様収束するという性質である．すなわち，任意に与えられた $\epsilon > 0$ に対して，すべての $n > N$ と区間 $[a,b]$ 内のすべての x に対して，$|r_n(x)| < \epsilon$ となるように（ϵ に依存して）N を見出すことができるとき，無限級数 $\sum u_n(x)$ は区間 $[a,b]$ で**一様収束**するという．

ワイエルシュトラスの定義が与えられれば，級数が一様に収束する場合に，コーシーの証明を修正することはごく簡単であった．しかしこの定義はまた，より深い影響力を持っていた．ワイエルシュトラスは，彼の定義において，ある量が別の量にどのように依存するかをきわめて明確にしていただけでなく，「無限小」といった言葉を使うことから離れるという転換を成し遂げた．その後，この概念を含むすべての定義は完全に算術的に与えられるようになった．たとえば，ハレ大学の教授，エドゥアルド・ハイネ (1821–1881) は，ベルリンでワイエルシュトラスと長い時間，数学について議論しているが，1872 年の論文で各点での連続の定義を与えたのみならず，区間上での連続についてのコーシーの定義を次の

[*6] コーシーは 1853 年の論文で，一様収束に相当する概念に気づき，定理 6-1-1 を修正した．ワイエルシュトラスは 1841 年の論文（当時未公刊）で一様収束という術語を導入し，項別微分の可能性などを論じているが，そこでは直接定理 6-1-1 を扱ってはいない．

伝 記

ソフィア・コワレフスカヤ (Sofia Kovalevskaya, 1850–1891)

子供部屋の壁にかけられた優美な花に気づくような幼い少女達がいる一方で，ソフィア・ヴァシーリエヴナ・コールヴィナの部屋にはミハイル・オストログラツキーの微積分学の講義からのノートが壁紙として貼られていた．軍の将校だった彼女の父親は数学が好きで，ソフィアに，家庭教師について数学を学ばせていた．彼女もまた数学が好きになったが，女性ゆえ，さらに勉強をすすめていくことができなかった．ロシアの大学は当時，女性の入学を公的に認めていなかったし，彼女の家族も，彼女が一人でヨーロッパに出るのを認めなかった．ソフィアはこの問題を，ウラジミール・コワレフスキーと「便宜上の結婚」の契約をすることにより，解決した．彼は，科学や政治関係の書物を出版しており，彼自身も意欲的な科学者だった．

夫ともに，ソフィアは海外へ出かけ，数学を学べるようになった．まず，ハイデルベルグ大学へ，そして，ベルリン大学でワイエルシュトラスに学んだ．ワイエルシュトラスや他の人々は，彼女のことを［受け入れるよう］評議会を説得したのだが，ベルリン大学はハイデルベルグ大学と違って，女性を公式に受け入れることを拒否していた．ソフィアは個人的にワイエルシュトラスについて学び，公刊に値するいくつかの数学の論文を書いた．その中で最も重要なのは偏微分方程式論についての論文である．そして，1874年，彼女は論文博士としてゲッチンゲン大学から学位を受けた．

ロシアへ帰国してからは，コワレフスキー夫妻は夫婦らしく生活し，1878年には娘が生まれた．ソフィアは，しばらくの間，家庭や社会のことを優先していたが，2, 3年後，数学の研究を再開した．1883年，夫の死後，彼女は，ストックホルム大学で教授の地位を得た．近・現代においては，女性として初めてのことである．彼女は直ちに，ヨーロッパ数学会で積極的に活動し，スウェーデンの『アクタ・マテマティカ誌』(Acta Mathematica) の編集をし，また1888年には，固定点まわりの剛体の回転の研究でフランス科学アカデミーのボーダン賞を受賞した．

シングルマザーとして，ソフィア・コワレフスカヤの生活は大変なものだった．彼女は，友人にあてて，手紙を書いている．「これらのくだらない，しかしあとに延ばせない現実の諸々のことのすべてが，私の忍耐力を厳しく試しています．そして私は，なぜ男性が，有能な主婦をかくも大切にするのか，わかってきました．もし私が男だったら，私をすべての雑用から解放してくれる，きれいでかわいい奥さんを，自分のために選んだと思います」[27]．不幸なことに，彼女は，数学への希望を実現するための時間がほとんどなかった．1891年の初め，彼女は，フランスとドイツへの旅行中，肺炎にかかり，スウェーデンに帰って2, 3日後に亡くなった．彼女の早すぎる死の後から何年もの間，ストックホルムにある彼女の墓は，数学者ばかりでなく，女性の権利を支持する人達の聖地のようになっていた（図16.5）．

図 16.5
ロシアの切手に描かれたソフィア・コワレフスカヤ．

ように改訂している．「関数 $f(x)$ は……任意に与えられた量 ϵ に対して，それがどんなに小さくても，η_0 より小さいすべての正の値 η に対して $f(x \pm \eta) - f(x)$ が，$x = a$ から $x = b$ で，ϵ より小さくなるように正の量 η_0 がとれるとき，関数 $f(x)$ は $x = a$ から $x = b$ で**一様連続**であるという．どのような値を x に与えても，x と $x \pm \eta$ が a から b までの間に属しさえすれば，同一の η_0 は要求された（性質）を持つ」[28]．そして，ハイネは，閉区間上連続な関数はその区間で一様連続であることを，今日ハイネ–ボレルの定理と呼ばれる性質を暗に使って示すに至った．彼は，また，閉区間上の連続関数が最大値と最小値を持つという定理の最初の証明も発表している．

ワイエルシュトラス自身は，彼が創出した多くの考えを発表しなかったので，彼の概念が数学解析の規範となったのは，彼の後継者や弟子達の成果であり，それは今日でも，規範として適当なものである．なお，弟子のなかには，女性で初めて数学で博士号をとったソフィア・コワレフスカヤ (1850–1891) が含まれている．

16.2　解析学の算術化

ボルツァーノやコーシーによる連続性や収束の定義に依ったにしても，中間値の定理や有界増加数列の極限の存在といった結果の彼らの証明には，きわめて重要な段階が欠落していることが，19 世紀の半ばまでには明らかになった．数学者達は，ある数列がコーシーの判定条件を満たすことを新しい定義から示すことができたが，その極限がどのようなたぐいの「数」になるのかをあらかじめ特定できなければ，極限の存在を主張する方法はなかった．その中にあって，コーシーは，実数とは何かを直観的に理解していた．彼は，無理数はある有理数列の極限と考えられることを主張してさえいた．しかし，彼は，この主張がどのように正当化されうるかを議論することなく，そのような数が，**先験的**に存在することを主張していただけだったのである．

16.2.1　デデキント切断

19 世紀の終わり頃までには，何人かの数学者達は，無理数とは厳密には何かという問題を活発に考えていた．彼らは，もはや，18 世紀の先駆者達のように，このような対象の存在を仮定するだけでは満足していなかった．同様にして「明らか」と前提したことから誤った結論が導かれたことがあったというのが大きな理由である．たとえば，ワイエルシュトラスは，ベルリンでの解析学入門の講義において，至るところ連続ではあるが微分不可能という，前世紀ではだれも信じることができなかった関数を構成した．そこで，ワイエルシュトラスとデデキントは，無理数の意味づけという問題への詳細な考察を始めた．デデキントが，短い著作『連続性と無理数』(*Stetigkeit und irrationale Zahlen*) の序文で書いているように，[この考え方は] 1858 年に初めて導き出されたが，出版されたのは 1872 年であった．

> チューリッヒの工科学校の教授として，初めて微分積分学の基礎知識を講義しなければならない立場にあったが，そのときそれまでにないほど，算術の理論の真に科学的な基礎が欠けていることを痛感した．変動する量が一つの決まった極限値に近づくということを論じるに際して，……，私は幾何学的な根拠に頼っていた．今でも私は，このように幾何学的直観に助けを借りることは，微分学を初めて提示する際には，教育的見地からは非常に有用であり，あまり多くの時間を掛けまいとすれば，欠くことのできないものとさえ考えている．しかしこのような形式を微分学に導入することが厳密であると主張できないことは，誰も否定できないであろう．……微分学が連続的な大きさを取り扱うとは，しばしばいわ

れていることであるが，それにもかかわらずどこにもこの連続性の説明は与えられていないし，微分学の最も厳密な説明でさえも……決して純粋に算術的な方法で証明されないような定理に基づいている……ただそれは，算術の領域の中に［それらの定理の］本来の起源を発見して，連続性の本質についての真の定義を獲得さえすればよい[29].

デデキントの研究プログラムは，解析学の算術化と今日言われているもので，まず整数を定義する基本的な公理から始め，次に集合論の原理から解析学の諸定理を導くことへと進んでいった．

「連続性の本質」の定義を純粋に算術的なやり方で獲得するため，デデキントは，有理数の集合 R の順序についての性質を考察することから始めた．彼が最も重要だと考えたのは，第一に，$a>b$ かつ $b>c$ ならば $a>c$ であること，第二に，$a \neq c$ ならば a と c の間に無限にたくさんの有理数が存在すること，第三に，任意の有理数 a は，全体の集合 R を，a より小さい数からなる A_1 と a より大きい数からなる A_2 の二つの部分 A_1 と A_2 に分割することである．ここで a 自身は，二つのクラスのどちらかに割り当てられる．この二つのクラスには，A_1 の各数は A_2 の各数より小さいという，自明な性質がある．有理数と直線上にある点との間の対応をつけるとき，デデキントは，ギリシア人たちにも明らかであった，「直線 L の点は，有理数の全体 R [*7] の数よりも，無限に豊かに点を持つ」ことに注意した．しかし，数を算術的に定義するために，幾何学的な直線を使うことはできない．それゆえデデキントの目的は，「新たな数を創造することによって，数の全体が直線と同じような完全性，……すなわち直線と同じ連続性を得るようにすること」[30] であった．

新しい数の体系を作るため，デデキントは，数域[*8]の考察から，直線の連続性の本質と彼が考えている性質の考察へと転じることにした．それは「直線のあらゆる点を二つの組に分けて，第一の組の各点は，第二の組の各点の左にあるようにするとき，この分割を引き起こすような点は一つしかもただ一つだけ存在する」[31] ことだった．そこで，デデキントは，有理数の3番目の性質を一般化し，新しい定義を与えた．「集合 R を二つの組 A_1, A_2 に組分けしたものが与えられていて，A_1 の中のどの数 a_1 も A_2 の中のどの数 a_2 よりも小さいならば，……われわれはこのような組み分けを**切断**と呼び，(A_1, A_2) で表す」[32]．すべての有理数 a は，a が A_1 で最大の数，または A_2 で最小の数となるような切断を定める．しかし，有理数によって作られないような切断ももちろんある．たとえば，A_2 はその平方が 2 よりも大きくなるようなすべての正の有理数の集合，A_1 はそうではないすべての有理数の集合とするような場合である．「あらゆる切断が有理数によって引き起こされるとは限らないというこの性質にこそ，有理数全体 R の不完全性，すなわち不連続性が存在しているのである．さて一つの切断 (A_1, A_2) が存在して，それが有理数によって引き起こされたものではないときはいつでも，われわれは一つの新たな数，一つの「無理数」α を創造し，この無理数を切断 (A_1, A_2) によって完全に定義されると考えるのである．そして，こ

[*7] 原文は the domain R of rational numbers となっている．

[*8] 原文は the domain of numbers となっている．この節では整数，有理数，実数といった，数の集合のことを意味する．

の数 α はこの切断に対応するとか，この数がこの切断を作り出すとかいうことにする」[33]．それゆえデデキントは，α を，その切断に対応する知性の新しい創造物とみなしていた．しかしながら，他の数学者たちは，実数 α を切断として定義するほうがよいと感じていた．

いずれにせよ，このような切断の集まりは，実数の系 $\mathcal{R}$ を決定する．デデキントは，この系に，有理数の順序と同様の性質を満たす自然な順序 $<$ が入ることを示すことができた．そして，彼は，系 $\mathcal{R}$ はまた，連続性という性質を持つこと，すなわち，$\mathcal{R}$ を二つの組 $\mathcal{A}_1, \mathcal{A}_2$ に分け，$\mathcal{A}_1$ に属する各数 α_1 が $\mathcal{A}_2$ に属する各数 α_2 より小さいようにするとき，$\mathcal{A}_1$ の最大数であるか，$\mathcal{A}_2$ の最小数となる，一つそして唯一つだけの実数 α が存在することを証明した．実際，A_1 を $\mathcal{A}_1$ 内の有理数全体，A_2 を $\mathcal{A}_2$ 内の有理数全体とすると，α は切断 (A_1, A_2) に対応する実数である．α が要求された性質を満たしていることは直ちに示すことができる．

デデキントは，新しい系 $\mathcal{R}$ における標準的な算術の演算を定義して，彼の小論を終えている．すなわち，彼は，「私の知る限りでは，これまで決してきちんと確立されていなかった諸定理（たとえば $\sqrt{2}\sqrt{3} = \sqrt{6}$ のような）の真の証明に達する」[34] ことができた．そのような定理の一つとして，増加する有界な実数列 $\{\beta_i\}$ は極限を持つことがあげられよう．$\mathcal{A}_2$ をすべての i に対し $\beta_i < \gamma$ を満たすような，数 γ 全体の集まりとし，$\mathcal{A}_1$ を残りの数全体からなる集合とする．デデキントは，切断 $(\mathcal{A}_1, \mathcal{A}_2)$ は α を決め，その α が $\mathcal{A}_2$ の最小の数であり，かつ求める極限となることを容易に示したのだった．

16.2.2　カントールと基本列

デデキントの切断に関する研究は 1872 年に出版された．大変興味深いことに，当時，実数を算術的に定義するという問題を考える風潮が強く，他に少なくとも 4 人の研究者が同じ目標に達し，ほぼ同じ時期に成果を発表したが，いずれもコーシーの収束判定条件を満たす数列を用いて無理数を定義するという，当時は一般的だった考え方に基づいている．最初に出版（1869 年）したのはシャルル・ムレ (1835–1911)，続いて 1872 年にワイエルシュトラスの方法を説明したエルンスト・コサック (1839–1902)，ゲオルク・カントール (1845–1918)，そして，カントールの方法で実数に関する算術の基本定理を導いたエドゥアルド・ハイネである．ここでは，カントールの方法のみを論じることにしよう．これが集合論に対して広範囲にわたる関連を持っていたからである．

カントールは，デデキントと異なる視点から，実数を作り出す問題に取り組んだ．彼は，フーリエ級数の収束という古典的な問題に関心を持ち，与えられた関数を表現する三角級数が一意的か否かという問題をとりあげた．1870 年，彼は，すべての x の値に対して三角級数が収束するという仮定のもとで，一意性をなんとか証明した．しかしその後，条件を弱めることに成功した．まず，1871 年，彼は，与えられた区間内の有限個の点で三角級数が収束しなくても，すなわち関数を表現しなくても，この定理が成り立つことを示した．次に翌年，彼は，このような例外的な点が無限個あっても，それらがある特別な仕方で分布している時には，一意性を証明することができた．カントールは，この点の分布を正確に

伝　記

ゲオルク・カントール (Georg Cantor, 1845–1918)

ゲオルク・カントールは，音楽家であった母方の家系を引き継いでバイオリン奏者になっても不思議ではなかった．彼自身，ときどきなぜそうしなかったのかとも思っていた．それよりも，彼はサンクト・ペテルブルグの学校に通っていた頃から数学に興味を持ち，1862 年からチューリッヒ大学で数学を学び，1 年後，ベルリンでワイエルシュトラスのもとで学んだ．わずか 10 年後，彼はハレ大学で正教授になったが，ベルリンでのよりよい給料とより名声の高い地位を熱望した．クロネッカーは，カントールの集合論に反対しており，彼をベルリンから遠ざけることになんとか成功した．晩年の精神病にもかかわらず，カントールは 1890 年，ドイツ数学者協会を組織することに成功し，1897 年，チューリッヒで開かれた第 1 回国際数学者会議の準備に主要な責任者としてあたった．

記すためには，実数を記述する新しい方法が必要なことを実感した．

カントールは，デデキントと同様に有理数の集合から始めて，**基本列**の概念を導入した．基本列とは，数列 $a_1, a_2, \ldots, a_n, \ldots$ で「任意の正の有理数 ϵ に対して，$n \geq n_1$ である n と任意の正の整数 m に対して，$|a_{m+n} - a_n| < \epsilon$ となるようなある整数 n_1 が存在する」[35] という性質を持っているものである．今日コーシー列と呼ばれるこのような数列は，1821 年に発表されたコーシーの収束判定法を満たしている．コーシーにとっては，このような数列が実数 b に収束することは明らかであった．一方，カントールは，このことは論理的に誤りであることにはっきり気づいた．というのは，この言明はこのような実数の存在をあらかじめ仮定しているからである．そこでカントールは，基本列を使って実数 b を**定義**した．言い換えると，カントールは，有理数からなる各基本列と実数を結びつけた．有理数 r それ自体は，数列 $r, r, \ldots, r, \ldots$ に結びつけられたが，有理数に結びつけられない数列もある．たとえば $\sqrt{2}$ を計算するためのよく知られているアルゴリズムから生成された，数列 $1, 1.4, 1.41, 1.414, \ldots$ はそのような基本列である．

カントールは，二つの基本列は同じ実数に収束する場合もあることにはっきり気づき，このような数列の集合における同値関係の定義へと進んだ．すなわち，数列 $\{a_i\}$ が定義する数 b が，数列 $\{a'_i\}$ が定義する数 b' と等しいのは，任意の $\epsilon > 0$ に対して，$n > n_1$ のとき，$|a_n - a'_n| < \epsilon$ が成り立つような n_1 が存在することを意味する．こうして実数の集合 B は，基本列の同値類の集合である．このような列に順序関係を定義し，基本的な算術的演算を確立するのは難しくない．しかしカントールは，彼の定義した集合が，ある意味で数直線と同じである，ということを示したかった．カントールにとって，直線上の各点が基本列に対応するのは明らかであった．しかし，彼は，その逆を言うためにはある公理，すなわち，各実数（基本列の同値類）に対して，直線上のある一つの点が対

応するという公理,が必要なことを認識していた.

実数を定義したあと,カントールは,三角級数の理論に関する彼の当初の問題に戻った.実数と直線上の点を同一視することにより,彼は点集合 P の**極限点**を,次のように定義した.「その点の各近傍に無限に多くの P の点を見出すことのできる直線上の点……ここではある点を区間の内部に持つようなすべての区間のことをその点の近傍という.そのあとに,無限個の点からなる(有界)点集合は,常に少なくとも一つの極限点を持つことが容易に証明できる」[36].カントールは,これらの極限点の集合を P' で表し,この集合を P の第 1 次**導集合**と呼んだ.同様に,もし点 P' が無限集合であれば,カントールは,P' の極限点の集合として第 2 次導集合を定義する(もし P' が有限集合であれば,極限点の集まりは空集合になる).このように続けることにより,カントールは,任意の有限次の導集合を定義した.そして,彼は,有界点集合を 2 種類に区別した.第 1 種とは,ある n に対して,導集合 $P^{(n)}$ が空になるものであり,第 2 種はこの条件を満たさないものである.たとえば,区間 $[0,1]$ において,点集合 $\{1, 1/2, 1/3, \ldots\}$ は,導集合 $\{0\}$ を持つので第 1 種であり,同じ区間の有理数の集合は区間全体を導集合として持つので第 2 種である.カントールは,任意に与えられた n について $P^{(n)}$ が有限となる第 1 種の点集合が存在すること,さらに,ある関数に対応する三角級数は,収束するか,あるいは第 1 種の点集合に属する点においてのみ [収束性が破れ関数が] 表現ができなくなる場合に,一意的に定まることを示すことができた.

16.2.3 無限集合

導集合の概念から,カントールは,まったく新しい領域に踏み込んだ.任意の集合 P に対して,$P' \supseteq P'' \supseteq P''' \supseteq \cdots$ が真であることを認識したので,彼は,新しい集合 Q をすべての $P^{(n)}$ の共通部分として定義した.カントール自身の定義の意味からすれば,Q は一般には導集合ではない.しかし,これは P から「導かれた」のだから,カントールは $Q = P^{(\infty)}$ と書いた.そして彼はこの操作をさらに続けて,$P^{(\infty+1)}$ を $(P^{(\infty)})'$,以下 $P^{(\infty+2)} = (P^{(\infty)})''$,$\ldots$ とし,

$$P^{(\infty \cdot 2)} = \bigcap_n P^{(\infty + n)}$$

とさえ定義した.こうしてカントールは,有限な順序数を「越えた」,今日超限順序数と呼ばれる数の考察へと導かれていった.

このような点集合に関する別の疑問も,カントールのなかに起こった.彼は,有理数は稠密であるが連続でないことを知っていた.それゆえ,実数の方が有理数よりもある意味では「より多く」あるはずだと思えた.1873 年 11 月,彼はこの問題をデデキントに宛てた手紙で提起した.「すべての正の整数 n の集まりをとり,(n) と書く.さらに,すべての実数 x の集まりを (x) と書く.問題は簡単で,(n) と (x) では,一方の集まりの各要素が他方の集まりの各要素に一つそしてただ一つ対応させることができるか否かである.……私は,(n) と (x) の間にこのような一意的な対応を許さないという見解に傾いているけれども,その理由を見出すことはできない」[37].

デデキントはカントールの質問に答えられなかった.しかし,わずか一ヶ月

後，カントールはこのような対応が不可能であることを示すことができた．彼の証明は背理法による．もし，区間 (a,b) 内の実数を自然数と一対一に対応させることができたとすると，$r_1, r_2, r_3, \ldots, r_n, \ldots$ というように，これらの実数を順番に列挙させることができるはずである．そこでカントールは，区間内の実数で，上に列挙されたリストに含まれないものを見つけようとした．彼は，この列から $a' < b'$ となるような最初の二つの数 a', b' をリストからとり出した．同様に，$a'' < b''$ となる最初の二つの数 a'', b'' を区間 (a', b') からとり出した．このように続けていくことにより，彼は，縮小していく区間の列 $(a,b), (a',b'),$ $(a'',b''), \ldots$ を定めた．ここで二つの可能性がある．まず，このような区間が有限個の場合である．この場合は，いちばん小さい区間 $(a^{(n)}, b^{(n)})$ のなかに，最初のリストには現れない実数が確かにある．次に，このような区間が無限個あったとすると，それらは二つの有界な単調数列 $\{a^{(i)}\}, \{b^{(i)}\}$ を定め，それぞれは極限 $\bar{a}, \bar{b}$ を持つ．もし $\bar{a} \neq \bar{b}$ ならば，区間 $(\bar{a}, \bar{b})$ は確かに最初のリストに入っていない数を含む．最後に，もし $\bar{a} = \bar{b} = \eta$ ならば，η もまたリストにはありえない．なぜならば，仮にある k に対し η が r_k と等しくなるならば，η はある番号から先の区間のなかにはありえないし，一方で，定義から η は極限であるから，すべての区間に入っていなければならないからである．

カントールは，上記の証明を含んでいる 1874 年の論文に，代数的数の全体の集合は自然数の集合と一対一対応がつけられることの証明も入れた．これより超越数が無限に存在することが導かれる．しかしながら，より重要なことは，カントールが無限のものの集まりを数える技法を確立したこと，実数のなす連続体と有理数あるいは代数的数の集合の，大きさ（あるいは濃度）の明らかな違いを決定したことである．その後すぐに，デデキントに宛てた別の手紙の中で，彼は，正方形と区間の間に一対一対応が見出しうるだろうかどうか，と尋ねている．ここでの答えは明らかに「不可能」で，事実カントールの何人かの同僚は，この問はばかげていると感じていた．しかし，3 年もたたないうちに，カントールは，この答えが「可能」であることを発見した．彼は，無限小数展開で表現される数 $x = a_1 a_2 a_3 \ldots$ から $y = b_1 b_2 b_3 \ldots$ の組 (x,y) を展開 $z = a_1 b_1 a_2 b_2 a_3 b_3 \ldots$ で表現される点へ写像することにより，対応を構成した．この対応づけには少し問題があった．それは，$0.19999\ldots$ と $0.20000\ldots$ が同じ数を表しているということに関連するものである．しかし，カントールは，すぐに彼の証明を修正し，一対一対応が存在することを確立した．この結果は数学界を驚かせたが，デデキントは，カントールの写像は不連続なので，次元の幾何学的な意味づけにかかわることはほとんどないことを指摘した．事実，何人かの数学者は，このような一対一写像で連続なものを構成することは不可能であること，それゆえ次元は連続な一対一対応のもとで不変であることをまもなく証明した．

16.2.4 集合論

カントールはやがて，彼の一対一対応の考え方が新しい集合論の基礎として置かれうることをはっきり悟った．1879 年，最終的には超限順序の概念に関係する無限集合の濃度の研究を始めるにあたって，彼はその考え方を使った．集合 A の要素と集合 B の要素の間に一対一対応が存在するとき，二つの集合 A と B が

同じ**濃度**であると定義された．カントールは初めに，二つの特別な場合をとり出した．自然数の集合 N と同じ濃度を持つ集合——これらは可算集合と呼ばれる——と実数の集合と同じ濃度を持つ集合である．連続体の性質をさらに深く理解しようと試みるなかで，その後 20 年以上かけて，カントールは，無限集合の詳細な理論の確立へと進んでいった．この理論の大部分は，1895 年と 1897 年に公刊された二つの論文でその概略が述べられた．これらの論文は『超限集合論の基礎に対する寄与』(*Beiträge zur Begründung der transfiniten Mengenlehre*) という表題でまとめられていた．

『寄与』は，集合を「いかなるものであれ，われわれの思惟または直観の対象で，十分確定されかつ互いに区別されるものである m の全体の集まり M」[38] と定義することから始まっている．「すべての集合は明確に定義された「濃度」を持つが，これを各集合 M の「基数」とも呼ぼう」と彼は続けた．「われわれの思考能力によって，集合 M から，様々な各要素 m が持つ性質とこれらの要素の順序関係を取り去って抽象化したときに把握される一般的概念を集合 M の「濃度」または「基数（カージナル数）」と名づけよう」[39]．この「抽象化」という言葉で，カントールは，無限集合の濃度は有限集合における「要素の個数」の概念の一般化であることを言おうとした．したがって，自然数の集合と実数の集合の濃度は異なっている．自然数は最小の超限濃度を持つ集合だが，カントールはこの集合の濃度を「アレフ・ゼロ」と呼び，$\aleph_0$ と書いた．一方で実数の濃度は $\mathcal{C}$ と記された．二つの集合の間に一対一対応が存在するとき，それらは同値である，あるいは濃度が同じであるという．カントールは，超限濃度に対しても，< という概念を次のように定義した．集合 N の一部分が集合 M に同値であるが，集合 M のどの部分も N と同値にならないとき，M の濃度 $\overline{\overline{M}}$ は N の濃度より小さいという．すると，二つの集合 M と N の間には，$\overline{\overline{M}} = \overline{\overline{N}}, \overline{\overline{M}} < \overline{\overline{N}}, \overline{\overline{N}} < \overline{\overline{M}}$ のどれか一つより多くは起こりえないことは明らかである．しかし，カントールは少なくともこれらの関係のうち一つが生じなければならないことを示すことはできなかった．

$\aleph_0 < \mathcal{C}$ であるので，カントールは，実数の部分集合はこの二つ以外の別の濃度を持ちうるか，という問題を提起した．1878 年，彼は，かつて，この問に否定的に答えていたことを思い出した．「帰納法の手続き，この点についてはさらに深い記述はしないが，を通じて，この（同値性）によって類別することから生じる，数直線上の点集合の類の個数は有限個であり，実際のところ二個である」[40]．実数の各［無限］部分集合の濃度は $\aleph_0$ または $\mathcal{C}$ であるという予想は，**連続体仮説**と呼ばれている．カントールは，自分がこの結果を証明したと何度も確信し，少なくとも 1 回は，その否定を証明したと信じていたのだが，彼も他の誰も，その仮説を証明することも反証することもできなかった．実際，首尾一貫した集合論を作れるようないかなる公理群を使っても，連続体仮説は証明不可能であることが，最終的には証明されたのであった．

カントール自身は，無限集合の理論にかかわる自ら提起した問にすべて答えられたわけではないが，彼の無限集合の概念は，まもなく広く受容されるとともに，強い批判も受けた．とりわけ，レオポルト・クロネッカーは，あらゆる数学的構築物は有限回の操作で完成されることが可能でなければならないと信

じていた．カントールが行ったいくつかの構成がクロネッカーの基準に合わなかったため，クロネッカーは，『クレレ誌』の編集者として，カントールの論文の一つを出版することを長い間留めおいた．そのためカントールは，『クレレ誌』に二度と論文を発表しようとしなかった．クレレ誌は，当時の数学の雑誌ではいちばん影響力があったにもかかわらずである．しかし，クロネッカーを初めとする数学者達が，カントールの超限的な方法には反対し続けていたとはいえ，彼がとった集合論形成への新しい道を支持する数学者の数もまた増えていった．この二つの集団の間の論争は，しかしながら，今日まで続いている．

16.2.5 デデキントと自然数の公理系

カントールは，集合論のより進んだ考え方をいくつか発展させ，デデキントとともに，有理数から出発して実数をいかに構成するかを示していった．しかし，自然数，したがって有理数を集合の言葉で特徴づけることにより，解析学を算術化する作業を完成させたのはデデキントであった．彼がこの課題を達成した著作，『数とは何か，何であるべきか』(Was sind und was sollen die Zahlen?) は 15 年以上もの間構想が練られ，1888 年にようやく出版されたものである．また彼は，そこで，集合論に関する基本的な概念も導入している．

自然数を特徴づけるにあたって，デデキントは，自然数がものあるいは「思考の対象」の集合を形成する，という見解から出発した．したがってデデキントは，本書のこの箇所では**集合**と訳している術語 *systeme* を「相異なる事物 $a, b, c, \ldots$ を何らかの理由によって，一つの共通の見地からとらえて，頭の中で総括するということがよく起こってくる．このとき，これらの事物は集合 S を作るという．……このような S がわれわれの思考の対象となる事物である．集合 S は，各事物が S の要素であるかないかが確定すれば，完全に確定する」[41] と定義する．この，やむを得ないとはいえなにか曖昧な定義を与えて，デデキントは，集合にかかわるたくさんの単純な関係を述べていった．たとえば，集合 A のすべての要素が，集合 S の要素でもあるとき，A は S の**部分**であるという．また $A, B, C, \ldots$ の少なくともどれか一つの集合に属するような要素からなる集合を $A, B, C, \ldots$ を合併した集合といい，これを $\mathcal{M}(A, B, C, \ldots)$ で表す．$A, B, C, \ldots$ に共通に含まれる要素からなる集合は，$\mathcal{G}(A, B, C, \ldots)$ と記される．今日の用語では，デデキントの「部分」は「部分集合」となり，$\mathcal{M}(A, B, C, \ldots)$ は集合の「和」，$\mathcal{G}(A, B, C, \ldots)$ は集合の「共通部分」となる．

自然数の基本的な性質の一つは，各数に対してその次の数が一つだけあるという認識である．いいかえると，自然数の集合 N からそれ自身へ，写像 ψ が $\psi(n) = n+1$ で与えられることである．デデキントは，一般に，S 上の写像 ϕ を「一つの規則で，この規則に従って S の，それぞれ定まった要素 s に確定した事物が属しており，この事物を s の「**変換**」といい，$\phi(s)$ で表す」[42] と定義している．自然数 N の異なる要素は，相異なる次の要素を持つから，デデキントは，*ähnlich* な（**相似**あるいは**単射的**）変換の概念に導かれた．それは「集合 S の相異なる要素 a, b に対して，変換による相異なる像 $a' = \phi(a), b' = \phi(b)$ がいつでも対応する」[43] という概念である．この場合は，集合 $S' = \phi(S)$ のすべての要素 s' に対して，ϕ によって s' へ変換されるような唯一の要素 s を対応

させることによって定義される逆変換 $\bar{\phi}$ が存在する．R 上で定義された単射変換 ϕ で，$S = \phi(R)$ であるものが存在するとき，二つの集合 R と S はお互いに**相似である**といわれる．

また自然数は，次の数を対応させる変換による N の像が，N 自身の真部分集合になるという性質があり，その像に属さない唯一の要素は，要素 1 である．実際，集合 N の無限性は，像が真部分集合になるという性質に帰された．すなわち「集合 S は，もしそれ自身のある真部分集合に相似ならば，無限集合であるといい，そうでない場合には S を有限集合であるという」[44] のである．しかし，そもそも無限集合は存在するのだろうか？ デデキントは，無限集合が存在するという論拠なしに，それらに関する結果を証明することをためらった．そして一つの論拠として「私の思考の対象となり得るあらゆる事物の全体 S は無限である．なぜかというと，もし s が S の要素とすると，s が私の思考の対象であり得るという考え s' はそれ自身 S の要素である」[45] ことをあげた．$s \to s'$ によって定義される S からそれ自身への変換に対して，この像は S 全体とはなり得ず，また変換は単射であることは明らかである．これに対してデデキントは，集合 S は彼の定義の要求を確かに満たしていると結論した．

デデキントは，N が次の数を対応させるような単射的写像で，しかもその像が N の真部分集合となるようなものを持つという性質によって，集合 N は一意的に特徴づけられないことをはっきり知っていた．このような性質を満たす任意の集合 S に，自然数ではないそれ以外の要素がたぶん含まれるだろう．たとえば，正の有理数の集合もこれらの性質を満たす．そこでデデキントは，もう一つ性質を付け加えた．それは，1 は K に属し，K の各要素に対する次の要素も K に属するという性質を持つような，集合 S の部分集合 K の要素であるとき，しかもそのときに限って，その要素は N に属するというものである．言い換えると，N は，その当初の［二つの］性質を満たすすべての集合の共通部分となることによって特徴づけられる．したがって N は，基礎におかれる要素 1，1 に引き続く数 $\phi(1)$，さらにそれに引き続く数 $\phi(\phi(1))$，などのみを含み，他の要素を含まない．

自然数のこの特徴づけから，デデキントは，数学的帰納法の原理や N 上での順序関係と加法と乗法の演算を定義し，諸性質を導くことができた．他の二人の数学者ジュゼッペ・ペアノ (1858–1932) とゴットロプ・フレーゲ (1848–1925) もまた，自然数を構成し，その重要な性質を導くという同じ問題を 1880 年代に考察した．フレーゲの成果は 1884 年に，ペアノのものは 1889 年に出版された．これらの研究と，ワイエルシュトラスと彼の学派の成果によって，微分積分学は，集合論の基礎概念から始まる強固な基礎の上に置かれるようになった．こうして微分積分学は，最初にこの分野を作るためにニュートンが使った世界，すなわち運動や曲線群といった物理的な世界から独立して存在することが示されたのであった．

16.3 複素解析

ウィリアム・ロウワン・ハミルトンが，1837年までには，複素数を二つの実数の順序対とする理論を展開し，それによって -1 の平方根という不思議なものが実際は何なのかという問への一つの答えが与えられたことを思い起こそう．一方で，数学者たちは複素数を16世紀から使っており，ハミルトンの研究のあとでさえも，複素数をこの抽象的な形で認識していたと一般には言えなかった．複素数に関する新しい考え方の基礎は，その幾何学的表現によって最終的に与えられた．これは，ノルウェーの測量技師カスパー・ヴェッセル (1745–1818) の1797年の論文において，最初に発表された．このやり方によって，必要以上に心配することなく複素数を使えることを多くの数学者達が直ちに納得したのだった[*9]．

16.3.1 複素数の幾何学的表現

ヴェッセルの論文，「方向の幾何学的表現について」("On the Analytical Representation of Direction") は，そもそも複素数それ自体を問題とするのが目的で書かれたものではなかった．彼は，もし平面上の線分の長さと方向を一つの代数的な表現を用いて表す方法があれば，いくつかの幾何学的な概念がよりはっきり理解されるだろうと感じていた．そこで彼は，これらの表現は代数的な操作が可能であるべきであることを明確にしたのだった．とりわけ，マイナスの符号で反対の方向を示すという単純な使い方以上に一般的な，任意の方向の変化を代数的に表現する方法を求めていた．

ヴェッセルは加法から論じ始め，「1本目の終点から2本目の始点が始まるようにし，線分[*10]の最初の点と最後の点を通る直線を引いて結びつければ，二つの線分は加えられる．この線分は結びつけられた2本の線分の和である」[46]とした．したがって，線分の代数的な表現は，それがどのようなものであるにせよ，二つの線分の加法はヴェッセルの運動の概念から導かれた，この明白な性質を満たすものでなければならなかった．言い換えると，彼はベクトルを表すものとして線分を理解したのだった．しかし，ヴェッセルが方向を表現する問題の基本的な答えとして与えたのは，その乗法であった．乗法を導くため，彼は，本質的だと感じていたいくつかの性質を確立した．まず，平面上の2直線の積は平面上に残ること．次に，直線の積の長さが，もとの二つの線分の長さの積になっていること．最後に，もしすべての方向が，彼が1と呼んでいる正方向の単位直線から計られるとすれば，積の方向を表す角は，[積を求めようとする]二つの直線の方向を示す角度の和になることである．直線1に直交する単位の長さの線分を ϵ で表すと，望んでいた性質が，$\epsilon^2 = (-\epsilon)^2 = -1$ あるいは $\epsilon = \sqrt{-1}$ を意味していることを彼は容易に示すことができた．単位の長さのある線分が正の単位直線と角 θ をなしているとすると，そのとき，その線分は $\cos\theta + \epsilon\sin\theta$ と表され，一般に長さ A で角 θ の線分は，a と b を適当に選べば，$A(\cos\theta + \epsilon\sin\theta) = a + \epsilon b$ と書く

[*9]著者から以下のような説明が補足された．最初に複素数の幾何学的表現を発表したのは，ヴェッセルである．しかし，彼の著作はあまり読まれなかったため，この表現が数学者に受容されたのはガウス以降のことである．もちろんガウスは，ヴェッセルやアルガンとは独立に幾何学的表現に達していた．

[*10]原文はヴェッセルに応じて line となっているが，文脈に応じて線分と訳出した．

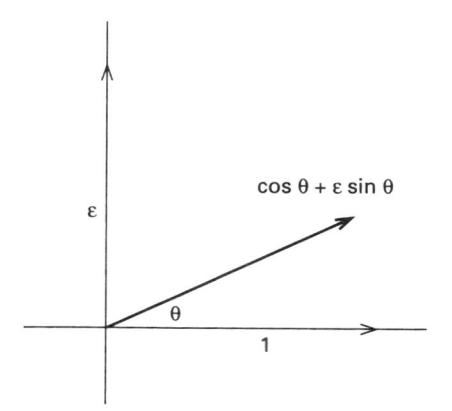

図 16.6
ヴェッセルによる複素数の幾何学的解釈.

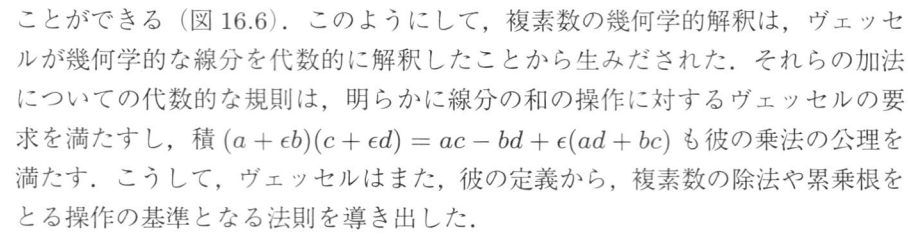

ことができる（図 16.6）．このようにして，複素数の幾何学的解釈は，ヴェッセルが幾何学的な線分を代数的に解釈したことから生みだされた．それらの加法についての代数的な規則は，明らかに線分の和の操作に対するヴェッセルの要求を満たすし，積 $(a + \epsilon b)(c + \epsilon d) = ac - bd + \epsilon(ad + bc)$ も彼の乗法の公理を満たす．こうして，ヴェッセルはまた，彼の定義から，複素数の除法や累乗根をとる操作の基準となる法則を導き出した．

運悪くヴェッセルの論文は，出版後長い間，ヨーロッパの大部分で読まれないでいた．スイスの簿記係，ジャン・ロベール・アルガン (1768–1822) が 1806 年に出版した小冊子の中で提示した，ヴェッセルと類似の複素数の幾何学的解釈にも，同じ運命が待ち受けていた．数学者の間でこの解釈が受け入れられたのは，ガウスが，同じ複素数の幾何学的表現を，代数学の基本定理の証明や 4 次剰余の研究に使ったためであった（図 16.7）．ガウスは，この基本定理，すなわち実係数を持つすべての多項式 $p(x)$ は，実数または複素数の根を持つという定理だが，に大変興味を持ち，四つの異なる証明を 1799 年，1815 年，1816 年，1848 年に発表した．すべての証明はいずれも，複素数の幾何学的解釈を何らかの形で使っていたが，ガウスは最初の三つの証明では，数の実部と虚部を別々に考えておき，彼の考えを隠した．したがって最初の証明では，ガウスは，実質的には $p(x + iy) = u(x, y) + iv(x, y)$ とおき，p の根は曲線 $u = 0$ と $v = 0$ の交点となることに注意した．そして，彼は，これらの曲線を詳細に研究し，中間値の定理を利用して，これらの曲線が必ず交わらねばならないことを示した．ガウスが，数学者達は複素数の幾何学的な解釈に十分納得するであろうと考えて，これを表立って使ったのは，1848 年の最後の証明においてであった．事実，この証明は，最初のものと同じようではあるけれども，多項式の係数が複素数の場合も許している．

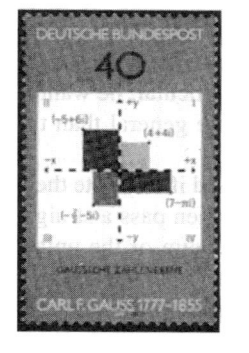

図 16.7
ドイツの切手に描かれたガウスの複素平面.

16.3.2 複素積分

1820 年頃までに，ガウスは，複素数の意味を明確に理解するとともに，複素関数論を展開し始めた．1811 年づけの，友人フリードリヒ・ヴィルヘルム・ベッセル (1784–1846) への手紙のなかで，ガウスは，複素数の幾何学的な解釈とともに，変数 x が複素数である場合の積分 $\int_{\mu}^{\nu} \phi(x)\,dx$ の意味を論じた．

x が（いずれも $\alpha + \beta i$ の形をとって）無限小に増加しながら，積分が 0 となる $[x$ の$]$ 値から $x = a + bi$ まで動くとし，そのときの $\phi(x)\,dx$ の和すべてをとる．このやりかたで $[$積分の$]$ 意味は完全に確立する．しかし，この移動の仕方は無数にある．ちょうどすべての実の量全体を無限直線と考えるときのように，実と虚のすべての大きさの領域全体を，無限平面として意味をなすように作ることができる．そこでは，横座標 $= a$ と縦座標 $= b$ で定められた各点が，大きさ $a + bi$ を，そこにあるかのように表現する[*11]．x のある値から別の大きさ $a + bi$ へのこの連続的な移動は，それゆえ，線に沿って起こる事柄であり，結果的には，無数の移動の仕方が可能である[47]．

ガウスは，$\phi(x)$ が，始点と終点をともにする 2 本の異なる曲線で囲まれる積分領域内で無限大にならないならば，それぞれの曲線に沿った積分値は同じになるとする「大変美しい定理」を主張することへと進んでいった．彼自身はこうした言葉を使っていないが，ガウスは $\phi(x)$ を解析関数と捉えていた．いずれにせよ，彼は，この結果の証明を公表していない．しかし，この定理の証明は，1825 年にコーシーが公表したので，この定理は，コーシーの積分定理と一般に呼ばれている．

コーシーが，複素領域での積分の問題を最初に考えたのは 1814 年に書かれた論文だったが，これは 1827 年まで公刊されなかった．この研究では，彼の主たる関心は，積分の端点の一方または両方を無限大とするような定積分の計算にあった．このような計算を行うため，彼は，オイラーとラプラスが発展させた，複素平面へと積分路を動かすことを含めた様々な厳密な手続きをとろうと試みた．とくにコーシーは，オイラーの考えを使って，コーシー–リーマン方程式を導いた．オイラーは，1777 年ころ書いた論文で，複素関数の最も重要な定理は，$M(x,y) + iN(x,y)$ という和の形で書けるすべての関数 $Z(x+iy)$ は $Z(x-iy) = M - iN$ という性質を持つことだと主張していた．この場合，

$$V = \int Z\,dz = \int (M+iN)(dx+i\,dy)$$
$$= \int (M\,dx - N\,dy) + i \int (N\,dx + M\,dy) = P + iQ$$

であるとすると，$x+iy$ を $x-iy$ で置き換えることにより

$$P - iQ = \int (M\,dx - N\,dy) - i \int (N\,dx + M\,dy)$$

が示される．その結果，$P = \int (M\,dx - N\,dy)$, $Q = \int (N\,dx + M\,dy)$ である．ここで，積分記号は，オイラーが普通使うように，微分の逆演算を意味している．P は微分 $M\,dx - N\,dy$ の積分だから，

$$\frac{\partial M}{\partial y} = -\frac{\partial N}{\partial x}$$

[*11] 16.1 節と同じ理由で，原文の quantity を量，magnitude を大きさと訳出したが，いずれも今日の数と考えて差し支えない．

となる.同様にして,Q の式から,

$$\frac{\partial M}{\partial x} = \frac{\partial N}{\partial y}$$

となる.これら二つの方程式,すなわちコーシー–リーマン方程式は,最終的には複素関数を特徴づける性質となった.

コーシーは,1821 年に出版した『解析学教程』で,オイラー同様,実部と虚部を別々に考察して,複素数を取り扱った.そして,彼は,「記号的表現」$a+ib$ を考え,「$\sqrt{-1}$ をその 2 乗が -1 となる実在の数[*12]のように扱う」という通常の代数での法則を使って,複素数の積を考えた[48].彼は,複素関数を二つの実変数を持つ二つの実関数によって定義し,普通のいわゆる超越関数が複素領域で何を意味するかを示した.そして,彼は,$z = a+ib$ の絶対値 $\sqrt{a^2+b^2}$ を実数の絶対値と類似のもののように使って,級数の収束に関する彼の結果の多くを,複素数の場合にも拡張した.彼はまた,複素関数の連続性をそれを構成する二つの関数の連続性によって定義した.

この時点でコーシーは定積分の新しい定義を発見したとはいえ,[実関数に帰着することなく] 複素関数のなかだけで,それを論じることができるようになったのは,1825 年になってからのことである.「虚数となる端点の間でとられた定積分に関する論文」("Mémoire sur les intégrales définies prises entre des limites imaginaires") で,彼は複素定積分

$$\int_{a+ib}^{c+id} f(z)\,dz$$

を「二つの数列 $a, x_1, x_2, \ldots, x_{n-1}, c$ および $b, y_1, y_2, \ldots, y_{n-1}, d$ のそれぞれが,最初から最後まで増加数列または減少数列で,それらの項の個数が限りなく増えるにしたがって隣り合う項どうしが限りなく近づくとき,$[(x_1-a)+i(y_1-b)]f(a+ib)$, $[(x_2-x_1)+i(y_2-y_1)]f(x_1+iy_1), \ldots, [(c-x_{n-1})+i(d-y_{n-1})]f(x_{n-1}+iy_{n-1})$ の形をした積の和が収束していく極限あるいは極限の一つ」と明確に定義した[49].言い換えると,コーシーは,単に二つの区間 $[a,b]$ と $[c,d]$ の分割をとることにより,彼の実定積分の定義を拡張したのだった.しかしながらコーシーは,ガウスもそうであったように,$a+ib$ を始点とし $c+id$ を終点とするような積分経路が無数にあることを認識していた.それゆえ,この定義が意味を持つかどうかは明らかではなかった.彼の積分定理はこの定義が実際に意味を持つことを述べているものだが,この定理を証明するために,彼は,媒介変数表示 $x = \phi(t), y = \psi(t)$ で定められる経路を考察することから始めた.ここで ϕ と ψ は,区間 $[\alpha,\beta]$ で微分可能な単調な t の関数で,$\phi(\alpha) = a, \phi(\beta) = c$,$\psi(\alpha) = b, \psi(\beta) = d$ を満たす.一つの数列 $\alpha, t_1, t_2, \ldots, t_{n-1}, \beta$ をとり,この数列の各項に対応する ϕ と ψ の値をそれぞれについて計算して,二つの列 $\{x_j\}$ と $\{y_j\}$ を作る.コーシーは t_j で定められる様々な部分区間の長さが短いとすれば,$x_j - x_{j-1} \approx (t_j - t_{j-1})\phi'(t_j)$ および $y_j - y_{j-1} \approx (t_j - t_{j-1})\psi'(t)$ となることに注目した.したがって,定積分は $(t_j - t_{j-1})[\phi'(t_j)+i\psi'(t_j)]f[\phi(t_j)+i\psi(t_j)]$

[*12]原文は quantity となっている.

の形をした項の和の極限であるから，

$$\int_{a+ib}^{c+id} f(z)\,dz = \int_{\alpha}^{\beta} [\phi'(t)+i\psi'(t)]f[\phi(t)+i\psi(t)]\,dt$$

すなわち $x' = \phi'(t)$, $y' = \psi'(t)$ とおいて

$$\int_{\alpha}^{\beta}(x'+iy')f(x+iy)\,dt$$

と書き直せることがわかる．

「今，x が端点 a と c，y が端点 b と d の間にあるとき，関数 $f(x+iy)$ が有界かつ連続であるとする．この特別な場合には，積分の値は……関数 $x = \phi(t)$，$y = \psi(t)$ の性質には依存しないことは容易に証明される」[50]．この主張のコーシーによる証明は，$f'(z)$ の存在と連続性を必要とするもので，変分法に基礎をおいていた．ただし，コーシーは複素関数の導関数とは何かを明確に定義していなかった．彼は，関数 ϕ と ψ を $\phi + \epsilon u$ と $\psi + \epsilon v$ で置き換えて，曲線を無限小だけ動かすとし，ϵ は「1 位の無限小」で，u, v は $t = \alpha$ および $t = \beta$ で 0 になるとして，対応する積分の変化を ϵ のベキ級数として展開した．部分積分することによって，コーシーは，この級数の ϵ の係数が 0 になること，それゆえ積分経路の無限小の変化が ϵ^2 程度の積分の無限小変化を引き起こすことを示した．コーシーは経路の有限な変化，すなわち一つの積分路から他の積分路へと変化させるときには，積分の無限小の変化しか起きないこと，つまり，何ら変化はないと結論した．積分定理はこうして，現代的な基準ではないとはいえ，コーシーの基準にしたがって証明された．

コーシーは次に，矩形 $a \leq x \leq c$, $b \leq y \leq d$ 内のある値 $z_1 = r + is$ において，f が無限大になる場合を考えた．それらをつないだものが z_1 を囲むような二つの経路に沿った，それぞれの積分の値はもはや同じではない．R を $\lim_{z \to z_1}(z - z_1)f(z)$ と定義することにより，コーシーはお互いに限りなく近く，かつ z_1 にも近い二つの経路に沿う積分の差を計算し，値が $2\pi Ri$ になるとした．たとえば，$f(z) = 1/(1+z^2)$ ならば，f は $z = i$ で無限大になる．

$$\lim_{z \to i}\frac{z-i}{1+z^2} = \lim_{z \to i}\frac{z-i}{(z-i)(z+i)} = \frac{1}{2i}$$

であるから，図 16.8 において -2 から 2 までの二つの経路 L_1 と L_2 上のこの関数の積分値の差は

$$2\pi\frac{1}{2i}i = \pi$$

になることがわかる．

1826 年に書いた論文で，コーシーは彼の積分定理をいくぶん拡張した．コーシーは，$f(z)$ が無限大となる値 z_1 を与えたとき，$f(z_1 + \epsilon)$ の ϵ に関するベキ級数展開が負のベキから始まることに注目した．この展開における $1/\epsilon$ の係数は，コーシーの言葉では，z_1 での $f(z)$ の **留数** といい，$R(f, z_1)$ で表される．そこで，$(z - z_1)f(z) = g(z)$ が z_1 の近くで有界だとすると，0 と 1 の間の θ に対して，

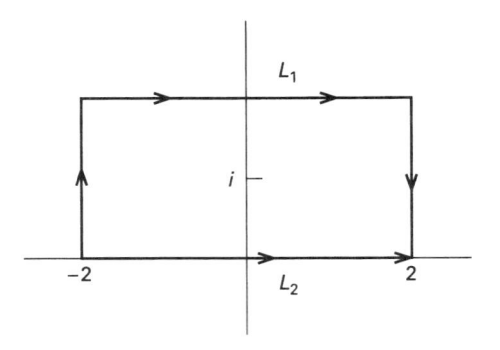

図 16.8
$f(z) = \dfrac{1}{1+z^2}$ に対する -2 から 2 までの積分路.

$$f(z_1 + \epsilon) = \frac{g(z_1+\epsilon)}{\epsilon} = \frac{1}{\epsilon}g(z_1) + g'(z_1 + \theta\epsilon)$$

となる．これより $f(z)$ の z_1 における留数は $g(z_1)$ となり，先に R で表したものと同じ値になる．

コーシーは，彼の留数の理論が，有理関数を部分分数に分解する，ある定積分の値を決定する，ある一定の形をした方程式を解くといった問題に応用できることに注目した．たとえば，彼は，そこでの被積分関数が無限となるような値 i を内部に含む複素平面上の閉曲線へと積分区間を拡張することにより，

$$\int_{-\infty}^{\infty} \frac{\cos x}{1+x^2}\,dx = \pi e^{-1}$$

となることを示した．この計算の中心となる考え方は，半円と実軸上の区間からなる経路上の積分は留数によって計算できるが，半円の半径（そして区間の長さ）が大きくなると，半円に沿ってとられた積分の部分の値は 0 に近づくということである．

16.3.3 複素関数と線積分

複素関数論での標準的な結果で，少なくとも部分的にはコーシーに負う結果はたくさんあるが，そのたいていのものは，彼の積分定理と留数計算の応用である．しかしここでは，1846 年の論文を手短に検討して，彼の研究についての考察を終えることにしよう．この論文は，複素関数についてはまったく言及していないが，積分定理を証明する新しい方法を導いているのみならず，ベクトル解析とトポロジーの双方におけるいくつかの基本的な考え方の始まりとなったものである．この短い論文は「閉曲線上のすべての点へと拡張される積分について」("Sur les intégrales qui s'étendent à tous les points d'une courbe fermée") で，いくつかの定理の言明だけを証明なしで述べている．コーシーは，証明はあとから与えるとしていたが，そうはしなかったようである．この定理は次元を特定しない空間内にある曲面 S の境界 Γ に沿って積分される，多変数 $x, y, z, \ldots$ の関数 k に関するものである．最も重要な結果は次のものである．

定理
$$k = X\frac{dx}{ds} + Y\frac{dy}{ds} + Z\frac{dz}{ds} + \cdots$$

とせよ．ここで $X\,dx + Y\,dy + Z\,dz + \cdots$ は完全微分とする（$\partial X/\partial y = \partial Y/\partial x$, $\partial X/\partial z = \partial Z/\partial x$, $\partial Y/\partial z = \partial Z/\partial y, \ldots$ であるとき，この微分は完全であるという）．関数 k は S の内部にある有限個の点 $P, P', P'', \ldots$ をのぞいて，S 上至るところで有限かつ連続とする．$\alpha, \beta, \gamma, \ldots$ を S 内のこれらの点をそれぞれ囲む曲線とすると，

$$\int_\Gamma k\,ds = \int_\alpha k\,ds + \int_\beta k\,ds + \int_\gamma k\,ds + \cdots$$

となる．とくに，このような特異点がない場合は

$$\int_\Gamma k\,ds = 0$$

となる．2 次元の場合，S を平面上の領域，k を任意の微分とすると，

$$\int_\Gamma k\,ds = \pm \iint_S \left(\frac{\partial X}{\partial y} - \frac{\partial Y}{\partial x}\right) dx\,dy$$

となる．k が完全微分ならば $\partial X/\partial y = \partial Y/\partial x$ であるから，右辺は，したがって左辺も 0 となる．

最後の主張から，コーシーの積分定理が得られる．複素関数 $f(z) = f(x+iy)$ は $f(x,y) = u(x,y) + iv(x,y)$ と表現され，また，$dz = dx + idy$ であるから

$$\int f(z)\,dz = \int (u\,dx - v\,dy) + i\int (v\,dx + u\,dy)$$

となる．コーシー–リーマン方程式は，[右辺の] いずれの被積分関数も完全微分形で，したがって積分定理が成り立つことを意味している．

しかしながら，積分定理より興味深いのは，コーシーの論文に，n 次元空間（および 3 次元より高い次元の空間が無造作に登場している）での線積分の概念と今日一般にグリーンの定理として知られる定理の言明が（この最後の文に続いて）出てきたことである．実際，この定理によく似た結果が，ジョージ・グリーン (1793–1841) の電気と磁気に関する 1828 年の論文に出ている．しかし，今日の教科書でグリーンの定理と呼ばれているものの，最初に印刷された主張はコーシーが述べた形だった．最後に，孤立特異点のまわりの線積分の値を**周期**と呼んでいるが，曲面の境界に沿う線積分を周期の和として表現することは，至るところで積分が定義されるとは限らない曲面上における積分の関係が研究され始めることを示したものだった．コーシーは，1846 年の定理の証明を公刊することはなかったので，彼がこれらの新しい概念のすべて［についての研究］をどのくらい進めていたかは推測するしかない．しかし，数年後に，コーシーの結果を完全な証明とともに再びとりあげ，周期に関する結果を，コーシーの認識をはるかに越えるまでに拡張したのはリーマンであった．

16.3.4　リーマンと複素関数

リーマンの学位論文，「1 変数複素関数の一般論の基礎」("Grundlagen für eine allgemeine Theorie der Functionen einer veränderlichen complexen Grösse")

伝　記

ゲオルク・ベルンハルト・リーマン (Georg Bernhard Riemann, 1826–1866)

　リーマンが，1846 年に，ゲッチンゲン大学に入学して，神学と文献学の研究から数学へと転向するためには，父親の許可が必要だった．ハンブルグから南東ほぼ 60 マイルにあるブレゼレンツ村で生まれた彼は，今度は，ベルリンへ旅立とうとしていた．ゲッチンゲンの数学教育は特別優れていたわけではなかったからである．ベルリンで，彼は，指導者となるディリクレと出会った．何年かのちに，彼は，ガウスとともに研究するためゲッチンゲンに戻り，1851 年，学位をとった．その後 2 年間，彼は研究を続け，ゲッチンゲンで教える資格をとるための**教授資格取得論文**の準備をした．1857 年，彼は助教授になり，2 年後，ゲッチンゲンに在職していたディリクレが逝去した際，正教授に任命された．彼の数学の研究は目覚しいものだったが，結核が，彼の研究生活を短いものにしてしまった．1866 年の夏，結核が彼の命を奪った．治癒を求めて出かけた，何回目かのイタリア旅行の最中だった．

は，実関数と複素関数の重要な違いについて論じることから始まっていた．「(ある変数 z の) それぞれの値一つずつに対して，不定量の w の一つの値が対応する」[51] という関数の定義は，実の場合でも複素の場合でも適用できるにもかかわらず，リーマンは，複素の場合，すなわち $z = x + iy$ と $w = u + iv$ の場合には，導関数を定義する比 dw/dz の極限は dz がどのように 0 に近づくかにも依存していることに気づいた．代数的に定義された関数に対しては，導関数は形式的に計算でき，このような問題はないので，リーマンは，この微分の存在を複素関数の概念の基礎とすることを決心した．「導関数 dw/dz が dz の値に [dz の近づけ方にかかわらず] 無関係であるように変化するとき，複素変数 w が他の複素変数 z の関数であるという」[52]．コーシーは，もちろん，彼の複素関数論全体を通して本質的にこの概念を使っていたが，これを明確にしたのは研究生活の終わり近くになってであった．

　この定義の最初の応用として，リーマンは，このような複素関数を z 平面から w 平面への写像と考えると，角を保つことを示した．p' と p'' は z 平面上の原点 P に限りなく近いとすると，それらの像 q', q'' は P の像 Q に限りなく近い．p' から P までの無限小の距離を $dx' + i\,dy'$ および [極形式] $\epsilon' e^{i\phi'}$ で，q' から Q までの距離は $du' + i\,dv'$ および $\eta' e^{i\psi'}$ で表し，他の無限小の距離も同様に表すことにすると，リーマンは，この関数に対する条件が，

$$\frac{du' + i\,dv'}{dx' + i\,dy'} = \frac{du'' + i\,dv''}{dx'' + i\,dy''}$$

を意味しており，したがって

$$\frac{du' + i\,dv'}{du'' + i\,dv''} = \frac{\eta'}{\eta''} e^{i(\psi' - \psi'')} = \frac{dx' + i\,dy'}{dx'' + i\,dy''} = \frac{\epsilon'}{\epsilon''} e^{i(\phi' - \phi'')}$$

であることに注目した．これより $\eta'/\eta'' = \epsilon'/\epsilon''$ および $\psi' - \psi'' = \phi' - \phi''$，言い換えれば，無限小三角形 $p'Pp''$ と $q'Qq''$ は相似となる．このような，角を保つ写像は**等角写像**と呼ばれる．ある意味では，オイラーもガウスも解析的な複素関数がこの性質を持つことを知っていた．しかし，このことを論じ，さらに，複素数平面上の [複素平面とは異なる] 任意の二つの単連結領域は，複素関数を適当に選べば，一方から他方の上へ [一対一に] 等角に写像することができる，というリーマンの写像定理を証明できたのは，リーマン自身であった．

次にリーマンは，導関数が存在することは何を意味するのかを，二つの関数 u と v を用いてはっきりさせることにより，コーシー–リーマン方程式を

$$\frac{dw}{dz} = \frac{du + i\,dv}{dx + i\,dy} = \frac{\frac{\partial u}{\partial x}dx + \frac{\partial u}{\partial y}dy + i\left(\frac{\partial v}{\partial x}dx + \frac{\partial v}{\partial y}dy\right)}{dx + i\,dy}$$

$$= \frac{\left(\frac{\partial u}{\partial x} + i\frac{\partial v}{\partial x}\right)dx + \left(\frac{\partial v}{\partial y} - i\frac{\partial u}{\partial y}\right)i\,dy}{dx + i\,dy}$$

として導いた．もしこの値が，dz がどのように 0 に近づくかとは無関係に定まるならば，dx と dy のうち一方を 0 に等しいと順次おき，得られた二つの式の実部どうしと虚部どうしが等しいとおいて，

$$\frac{\partial u}{\partial x} = \frac{\partial v}{\partial y} \qquad \text{および} \qquad \frac{\partial v}{\partial x} = -\frac{\partial u}{\partial y}$$

が示される．逆に，もしコーシー–リーマン方程式が満たされれば，求める導関数は $\partial u/\partial x + i\,\partial v/\partial x$ となることが容易に計算でき，この値は dz と独立である．リーマンは，コーシー–リーマン方程式を，これらから容易に得られる 2 番目の方程式系である偏微分方程式

$$\frac{\partial^2 u}{\partial x^2} + \frac{\partial^2 u}{\partial y^2} = 0 \qquad \text{および} \qquad \frac{\partial^2 v}{\partial x^2} + \frac{\partial^2 v}{\partial y^2} = 0$$

とともに，彼の複素関数論の中心に据えた．

たとえばリーマンは，コーシーが 1846 年に与えた概略に沿って，コーシーの積分定理の詳しい証明を与えた．重要な考え方であるグリーンの定理については，リーマンは次のような形で述べた．

定理 二つの関数 X と Y は，有限の領域 T で x と y について連続とし，T の無限小の面積要素を dT と書く．すると

$$\int_T \left(\frac{\partial X}{\partial x} + \frac{\partial Y}{\partial y}\right) dT = -\int_S (X\cos\xi + Y\cos\eta)\,ds$$

となる．ここで，右辺の積分は，T の境界曲線 S 上でとったもので，ξ と η はこの曲線の，領域の内部へ向かう法線が x 軸，y 軸とそれぞれなす角である．

リーマンは，微分積分学の基本定理を用いて，$\partial X/\partial x$ を x 軸と平行な直線に沿って積分し，この直線と領域の境界とが交わる X の値を得て，この定理を証

明した．このような各点では $dy = \cos\xi\, ds$ であるから，彼は，y について積分ができ，

$$\int \left[\int \frac{\partial X}{\partial x}\, dx\right] dy = -\int X\, dy = -\int X \cos\xi\, ds$$

を得た．定理の残り半分も同様に証明できる．ついでリーマンは，

$$\frac{dx}{ds} = \pm\cos\eta \qquad \text{および} \qquad \frac{dy}{ds} = \mp\cos\xi$$

となることに注目した．ここで正負の符号は，接線から内部へ向かう法線へ，反時計まわりに動かすのか時計まわりに動かすのかに応じて決められる．これより，グリーンの定理は

$$\int_T \left(\frac{\partial X}{\partial x} + \frac{\partial Y}{\partial y}\right) dT = \int_S \left(X\frac{dy}{ds} - Y\frac{dx}{ds}\right) ds$$

と書き直され，これからコーシーの積分定理が容易に導き出せる．

　リーマンの学位論文の多くの部分が，複素関数の研究上まったく新しい概念の導入，すなわちリーマン面という考え方の導入に費やされていた．実一変数関数の場合，関数を 2 次元平面上の曲線で描くことは可能である．しかし，このような表現は複素関数ではもはや不可能である．グラフを描くためには実 4 次元空間が必要だからである．そこで，複素関数を描くこれに代わる方法は，一つの平面上の曲線に沿って独立変数 z を追っていき，別の平面上で，従属変数 w によって作られる曲線を考えることである．複素関数はいつでもベキ級数で表現できることから，リーマンは，「(x,y) 平面上の領域で定義された $x+iy$ の関数は，ただ一通りの方法で解析的に延長させることができる」ことに気づいた．これより，ひとたびある領域内での値がわかれば，その関数は延長することができ，たとえば連続曲線によって，同じ値 z に戻ることがあってさえもそれが可能である．そこで二つの可能性がある．「延長される関数の本性に応じて，これがどのように延長されても，この関数はいつも［z で］同じ値をとるのか，そうでないのか」[53]．リーマンは最初の場合を 1 価関数，あとの場合を多価関数と呼んだ．あとの場合の簡単な例として，$w = z^{\frac{1}{2}}$ があげられる．前のように二つの平面を使っただけでは，このような関数を効果的に研究することは不可能である．なぜなら，最初の平面上の与えられた点に対して，この関数がそれらのうちどちらの値をとるか，わからないからである．そこでリーマンは，多重平面，すなわち z 平面で［の 1 点に対して］関数がとる値の個数分の枚数のシートで覆うという新しい考えを得た．これらのシートは一つの直線，たとえば負の実軸に沿って貼りあわされており，曲線がその直線を横切ると必ず，あるシートから別のシートへと動くようになっている．このようにして，多価関数はそのリーマン面上の各点で定義された，ただ一つの値を定める．何回かまわったあとで（上の場合は 2 回），前の値に戻ってくることが起こりうるので，この被覆のいちばん上のシートは，いちばん下のシートと張りあわされねばならない．これにより，一般的には，現実の 3 次元空間内にリーマン面を表現するようなモデルが得られるわけではないことがわかる．しかしながら，リーマンが複素多価関数を論じるために始めたリーマン面の研究は，直ちに，リーマン自身を初めとする数学

者達を，今日**位相幾何学**と呼ばれている別の分野へと導いていった．1846 年にコーシーがわずかに触れていた位相幾何学と曲線や曲面に沿う積分との関連は，19 世紀後半から 20 世紀初めにかけて，詳しく研究されていった．

16.4 ベクトル解析

グリーンの定理は，2 重積分と曲線に沿う線素 ds に関する積分とが等しいという形で，1851 年にリーマンによって述べられた．曲線に沿ってなされた仕事を曲線上の積分で表現するという，物理学での使い方に刺激されて，1850 年代に曲線に沿う積分を $\int p\,dx + q\,dy$ という形の線積分で置き換えるという記号法の変化が生み出されたように思われる．この記号は複素積分で使われていたのだが，物理学者達はこれを，ベクトルを含む式に転換した．19 世紀の間には，ベクトルを伴う物理学での他の概念によって，別の重要ないくつかの積分定理が導かれた．

16.4.1 線積分と多重連結性

1855 年，クラーク・マクスウェルは，α, β, γ をそれぞれ "電気作用の強度" ϵ の x, y, z 軸に平行な成分とし，ℓ, m, n を曲線の接線の方向余弦（接線が三つの座標軸となす角の余弦）とすると，ϵ は（曲線にそって作用すると考えると），$\ell\alpha + m\beta + n\gamma$ という形に書かれることに気づいた．$\ell\,ds = dx$, $m\,ds = dy$, $n\,ds = dz$ であるから，マクスウェルは $\int \epsilon\,ds = \int \alpha\,dx + \beta\,dy + \gamma\,dz$ と書いた．翌年，この記号法はシャルル・ドロネー (1816–1872) の物理学の教科書に登場した．F を力，F_1 を曲線の接線方向への力の成分とすると，曲線に沿って作用する力によってなされた仕事は $\int F_1\,ds$ と表せることを，ドロネーはマクスウェルより幾分はっきりと言及していた．さらに，F の直交成分を X, Y, Z とすると，後者の積分は $\int X\,dx + Y\,dy + Z\,dz$ と書ける．

線積分の表記は，物理学では直ちに標準的なものとなり，リーマンの 1857 年論文でも採用された．この論文で，彼は，（リーマン）面 R を研究して，その上での曲線について線積分をとったのである．リーマンは，この曲面上で，領域の境界でとられた完全微分 $X\,dx + Y\,dy$ の積分が 0 となることに注目することから論じ始めた．

したがって，固定した 2 点間を結ぶ，二つの異なる経路について，この二つの経路をたし合わせたものが，R の中にある領域の完全な一つの境界を形作るならば，これら二つの経路に沿う積分 $\int (X\,dx + Y\,dy)$ は同じ値をとる．よって，もし R 内部の各閉曲線が R のある領域を囲むならば，ある定点を始点として，固定された同じ終点へととられた積分はいつも同じ値をとり，しかも，終点の位置の関数で，積分経路には関係しない．このことから，曲面の類別が引き起こされる．すなわち，単連結な曲面ではすべての閉曲線は，たとえば円板のように，その曲面のある領域を囲むが，多重連結な曲面，たとえば二つの同心円で囲まれた円

環のような領域に対しては，このようなことは起こらない[54]．

リーマンは，多重連結性の概念を洗練させていった．すなわち「曲面 F 上で，n 個の閉曲線 $A_1, \ldots, A_n$ は，単独でも，あるいはいくつか組み合わせてでも F の領域を囲むことはないが，任意の別の閉曲線 A_{n+1} をつけ加えると，それらの集まりが F のある領域を囲むようになるとき，曲面 F は $(n+1)$ 重連結という」[55] とした．リーマンはさらに，$(n+1)$ 重連結曲面は，ある境界上の点から内部を通って別の境界上の点に達するような曲線で切断することによって，n 重連結面に変えることができることに気づいた．たとえば円環は，2重連結だが，円環を切り離さないような任意の切断線 q を入れることにより，単連結になる．2重円環を単連結領域にするためには，切断線を二つ入れることが必要である．

切断線の考え方により，リーマンは $(n+1)$ 重連結曲面 R 上での完全微分を積分するときに何が起こるかを厳密に記述することができた．もし，n 個の切断線をこの曲面からとりのぞくと，単連結曲面 R' が残る．固定された点を始点として出発して R' 上の任意の曲線上で完全微分 $X\,dx + Y\,dy$ を積分することにより，前と同様に，この曲面上で位置の1価連続関数 Z が定まる．しかしながら，積分経路が切断線と交わるときはいつも，その積分の値は切断線によって決まる定数だけ飛躍する．このような n 個の数が，それぞれの切断線に対して一つずつ存在する．この多重連結性の概念は，物理学，とりわけ流体力学や電磁気学でも重要であることがわかり，ヘルマン・フォン・ヘルムホルツ (1821–1894)，ウィリアム・トムソン (1824–1907)，マクスウェルによって，3次元空間内の領域にまで拡張された．

16.4.2 面積分と発散定理

物理学者達は線積分のみならず，2次元領域上の面積分，関数の積分やベクトル場の積分にも興味を持っていた．1760年に早くもラグランジュが，曲面の面積を計算する過程で面素 dS の明確な表現を与えていたことを思い出そう．しかしながら，彼が面積分の一般的な概念を導入したのは，『解析力学』(*Mécanique analytique*) 第2版，1811年になってからであった[*13]．彼は，dS での接平面が xy 平面と角 γ をなせば，簡単な三角法の計算により，$dx\,dy$ を $\cos\gamma\,dS$ と書き換えられることを指摘した．これより A が3変数の関数のときには，$\int A\,dx\,dy = \int A\cos\gamma\,dS$ となり，右辺の積分は曲面内の領域上でとられるが，左辺はこの領域の xy 平面への射影上で積分される．同様にして β を接平面と xz 平面の，α を yz 平面とのなす角とすると，$dx\,dz = \cos\beta\,dS$, $dy\,dz = \cos\alpha\,dS$ である．ラグランジュは，α, β, γ をそれぞれの面素の法線が x, y, z 軸となす角とみなせることに注意した．

ラグランジュは，面積分を流体力学の研究に使った．ガウスは，1813年，重力作用による回転楕円体の引力を考察する際に同じ概念を使った．しかし，表面が媒介変数表示された三つの関数 $x = x(p,q)$, $y = y(p,q)$, $z = z(p,q)$ によって与えられる場合に，dS についての積分をどのように計算するかを示すという

[*13] 『解析力学』の初版は1788年に出版された．第2版は2分冊され第1巻が1811年，第2巻が1815年に出版された．

点では，ガウスはラグランジュより先に進んでいた．幾何学的な論拠によって，ガウスは

$$dS = \left[\left(\frac{\partial(y,z)}{\partial(p,q)}\right)^2 + \left(\frac{\partial(z,x)}{\partial(p,q)}\right)^2 + \left(\frac{\partial(x,y)}{\partial(p,q)}\right)^2\right]^{1/2} dp\,dq$$

となること，その結果，dS についての任意の積分は $\int f\,dp\,dq$ の形の積分に帰着されることを示した．ここで，f は 2 変数 p, q の直接または間接的に定義された関数［陰関数］である．

ガウスは曲面上の積分の研究結果を使って，今日発散定理として知られるものの特別な場合を証明した．しかし，この定理の一般の場合は，1820 年代にパリで学んだロシア人数学者ミハイル・オストログラツキー (1801–1861) が 1826 年に，最初に述べ証明していた[56]．熱の理論の研究から出てきた「積分計算における定理の証明」と題する論文で，オストログラツキーは，面素を ϵ とする曲面で，体積要素を ω とする立体の境界となっているものを考えた．p, q, r を x, y, z の三つの微分可能な関数とし，α, β, γ を上のように定義して，オストログラツキーは，発散定理が

$$\int \left(\frac{\partial p}{\partial x} + \frac{\partial q}{\partial y} + \frac{\partial r}{\partial z}\right)\omega = \int (p\cos\alpha + q\cos\beta + r\cos\gamma)\epsilon$$

の形となることを述べた．ここで，左辺は立体 V について，右辺は境界面上 S についての積分である．今日，この定理は，一般には，ラグランジュの考えを用いて，

$$\iiint_V \left(\frac{\partial p}{\partial x} + \frac{\partial q}{\partial y} + \frac{\partial r}{\partial z}\right) dx\,dy\,dz = \iint_S p\,dy\,dz + q\,dz\,dx + r\,dx\,dy$$

の形式で書かれる．この結果は，グリーンの定理と同様，微分積分学の基本定理の一般化であり，オストログラツキーの証明はこの基本定理を使う．x 軸方向に立体を貫く「細い円筒」を考え，これが［yz 平面と］交わる面を $\bar{\omega}$ とする．$(\partial p/\partial x)\omega$ をこの円筒上で積分するにあたって，彼は微分積分学の基本定理を使い，この積分を $\int (p_1 - p_0)\bar{\omega}$ と表した．ここで p_0 と p_1 は円筒が立体と交わってできる面の部分上での p の値である．α_1 と α_0 をそれぞれ，面素 ϵ_1, ϵ_0 における法線がつくる角とすると，曲面の一方の切り口の上では $\bar{\omega} = \epsilon_1\cos\alpha_1$，他方の切り口の上では $\bar{\omega} = -\epsilon_0\cos\alpha_0$ となることから，オストログラツキーは

$$\frac{\partial p}{\partial x}\omega = \int p_1\epsilon_1\cos\alpha_1 + \int p_0\epsilon_0\cos\alpha_0 = \int (p\cos\alpha)\epsilon$$

を証明した．ここで，左辺の積分は円筒について，右辺は曲面の二つの部分についてとったものである．このような円筒についての積分の和をとることにより，求めている結果の 3 分の 1 が得られ，残り 3 分の 2 も同様にして得られる．オストログラツキーが 1836 年，彼の結果を n 次元に拡張し，その結果 3 次元以上の場合に対する幾何学的な結果を最も早く主張したものの一つを与えたのは大変興味深いことである．

伝　記

ミハイル・オストログラツキー (Mikhail Ostrogradsky, 1801–1861)

　ミハイル・オストログラツキー（図 16.9）は，軍の将校を目指しているうちに数学への道を見出した．彼は，ウクライナの質素な中流家庭に生まれたので，別の収入がないことには，将校という贅沢な生活ができなかった．将来の生活を支えるため，彼は 1816 年，ハーリコフ大学に入学した．彼は数学と物理学に興味を持ち，1820 年に学位をとるための試験に合格した．しかし，実際は学位はとれなかった．宗教および教育担当の大臣が，オストログラツキーの先生の T. F. オシポフスキーを罰することを決めたからであった．オシポフスキーは，この大学の学長であったが，好ましい宗教的態度と，皇帝への支持を学生に教え込むことに失敗したためであった．

　オストログラツキーは，ロシアを去り，数年間パリで学び，そこでいくつかの最も重要な数学上の成果を産み出した．1828 年，彼は，サンクト・ペテルブルグに帰り，科学アカデミーのメンバーに選ばれた．陸軍士官学校で教えることにより，彼は当初の軍隊への願望をつなぐことができた．1847 年，彼は，これら軍関係の学校の数学教育全体の責任を負うようになり，のちにそこで使用するいくつかの重要な教科書を書いた．

図 16.9
ロシアの切手に描かれたオストログラツキー．

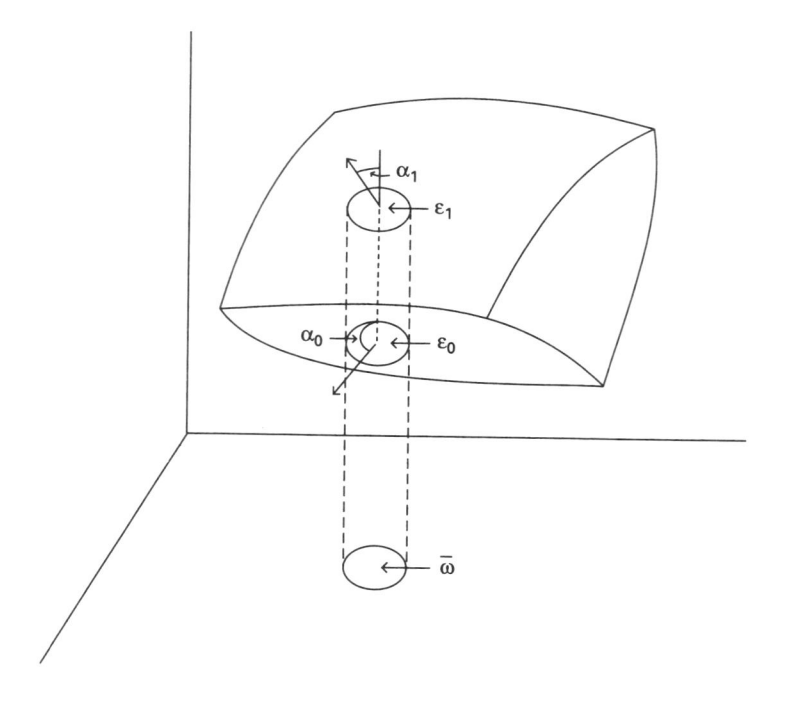

図 16.10
オストログラツキーによる発散定理の証明．

16.4.3　ストークスの定理

　発散定理は，立体についての積分をその境界曲面上の積分とを関連づけるものであるが，グリーンの定理は平面上の領域の積分を境界曲線上の積分と関連

伝　記

ジョージ・ストークス (George Stokes, 1819–1903)

　3人の兄弟は父のあとを継いで故郷アイルランドで教会関係の仕事に就いたのだが，ストークスは，教師の影響を受けて，数学にひかれていた．1837年，彼は，ケンブリッジ大学のペンブロク・カレッジへ入学し，そこで数学教育のほとんどの部分をチューターであるウィリアム・ホプキンスから受けた．ストークスは，1841年，数学の卒業試験をシニア・ラングラーで通過し，8年後，ルーカス数学講座教授に任命され，終身その職にあった．彼の生涯を通じての，理論的・実験的な研究は，流体力学，弾性論，光の回折の理論を含む，自然哲学の多くの部分におよんだ．純粋数学へとそれたものもあったが，それは，物理学の特定の問題を解く方法を開発するため，あるいは，彼がすでに使った数学的な技法の妥当性を証明するためだった．ストークスは，様々な公的な地位に就いて科学関係の学会に尽くした．主なものとしては，1854年から1885年まで，王立協会で事務局長，1885年から1890年まで同会長，1887年から1891年までケンブリッジ大学代表国会議員を勤めたことがあげられる．

づけるものである．3次元空間内の曲面上の積分とその境界線となる曲線に沿う積分と比較する似たような結果で，今日ではストークスの定理として知られているものが，1854年に最初に印刷された．ジョージ・ストークス (1819–1903) は，何年かの間，ケンブリッジ大学のスミス賞の試験問題を作成していたが，1854年の2月の試験で，以下のような問題を出した．

問題 8　X, Y, Z を直交座標 x, y, z の関数，dS を任意の有限な曲面の要素，ℓ, m, n を dS における法線が，軸となす角の傾きの余弦とする．このとき

$$\iint \left[\ell \left(\frac{\partial Z}{\partial y} - \frac{\partial Y}{\partial z} \right) + m \left(\frac{\partial X}{\partial z} - \frac{\partial Z}{\partial x} \right) + n \left(\frac{\partial Y}{\partial x} - \frac{\partial X}{\partial y} \right) \right] dS$$
$$= \int \left(X \frac{dx}{ds} + Y \frac{dy}{ds} + Z \frac{dz}{ds} \right) ds$$

を示せ．……［右辺の］積分は，曲面の周に沿ってとられるものとする[57]．

　マクスウェルはその試験を受けていた．けれども，この定理を証明した学生がいたかどうかはわからない．しかし，この定理は，1850年7月2日付でウィリアム・トムソンがストークスにあてた手紙のなかにすでにでてきており，左辺の被積分関数は，ストークスの先立つ二つの研究のなかに現れていた．そこではこの関数は，ある流体の角速度を表現していた．この結果の証明が最初に公刊されたのは，ヘルマン・ハンケル (1839–1873) の1861年の論文で，少なくとも，曲面が関数 $z = z(x, y)$ によって陽に与えられている場合については，証明されていた．ハンケルは z の値と $dz = (\partial z/\partial x)\, dx + (\partial z/\partial y)\, dy$ を［問題8の等式の］右辺の積分に代入し，2変数の積分に帰着させ，グリーンの定理を使って，左辺の面積分と等しいことが容易に見えるように，2重積分に変換した．

ストークス自身も関連する結果を証明していた.

$$\frac{\partial}{\partial x}\left(\frac{\partial Z}{\partial y} - \frac{\partial Y}{\partial z}\right) + \frac{\partial}{\partial y}\left(\frac{\partial X}{\partial z} - \frac{\partial Z}{\partial x}\right) + \frac{\partial}{\partial z}\left(\frac{\partial Y}{\partial x} - \frac{\partial X}{\partial y}\right) = 0$$

は明らかであった. 1849 年, ストークスは, この逆, すなわち関数 A, B, C が

$$\frac{\partial A}{\partial x} + \frac{\partial B}{\partial y} + \frac{\partial C}{\partial z} = 0$$

を満たすならば,

$$A = \frac{\partial Z}{\partial y} - \frac{\partial Y}{\partial z} \qquad B = \frac{\partial X}{\partial z} - \frac{\partial Z}{\partial x} \qquad C = \frac{\partial Y}{\partial x} - \frac{\partial X}{\partial y}$$

となる関数 X, Y, Z が存在することを証明した. この結果は, 2 次元での完全微分形式はある関数の微分であるというクレローの結果と同様に, ある単純な領域のみで成り立つ. 1851 年にそれぞれ別々に証明を与えたストークスもトムソンも, この制限については論じなかった. ある種の微分方程式が解けることが彼らの証明では必要だが, そのことを保証する具体的な条件は考察されておらず, 単にそれらの解が求められることが仮定されていただけだった. いずれにせよ, 彼らの結果は, ストークスの定理自身と結びつけると, A, B, C についての条件のもとで, 面積分 $\iint (\ell A + mB + nC)\, dS$ (より現代的な記号では $\iint A\, dy\, dz + B\, dz\, dx + C\, dx\, dy$) は曲面ではなく境界曲線のみに依存することを示している.

ストークスの定理も発散定理もマクスウェルの『電磁気学』(*Treatise on Electricity and Magnetism*) の最初の章に出てきており, それ以降もしばしば用いられている. マクスウェルは物理学への四元数の記号法導入の提唱者だったので, ベクトル作用素 $\nabla = (\partial/\partial x)i + (\partial/\partial y)j + (\partial/\partial z)k$ をベクトル $\sigma = Xi + Yj + Zk$ に適用すると, 結果として得られた四元数は

$$\nabla \sigma = -\left(\frac{\partial X}{\partial x} + \frac{\partial Y}{\partial y} + \frac{\partial Z}{\partial z}\right) + \left(\frac{\partial Z}{\partial y} - \frac{\partial Y}{\partial z}\right)i \\ + \left(\frac{\partial X}{\partial z} - \frac{\partial Z}{\partial x}\right)j + \left(\frac{\partial Y}{\partial x} - \frac{\partial X}{\partial y}\right)k$$

と書けることを使って, これらの定理を四元数の形で書いた. マクスウェルは, これらの物理的な意味を彼なりに解釈して, $\nabla\sigma$ のスカラー部分とベクトル部分をそれぞれ σ の **収斂**, **回転** と名づけた. マクスウェルが収斂と名づけたものに負の記号をつけたものが, 今日, σ の **発散** と呼ばれているものである.

これらの定理を純粋にベクトルの形式で書いたものは, 19 世紀末に近くなってから, ギブズの研究の中でようやく登場した. 体積要素を $dV = dx\, dy\, dz$, 面素を $d\mathbf{a} = dy\, dz\, i + dz\, dx\, j + dx\, dy\, k$, さらに $d\mathbf{r} = i\, dx + j\, dy + k\, dz$ と書くことにより, ギブズは発散定理を

$$\iiint \nabla \cdot \sigma\, dV = \iint \sigma \cdot d\mathbf{a},$$

ストークスの定理を

$$\iint (\nabla \times \sigma) \cdot d\mathbf{a} = \int \sigma \cdot d\mathbf{r}$$

という形式で書いた．二つの定理の左辺の被積分関数は，それぞれ，$\mathbf{div}\,\sigma\,dV$，$\mathbf{curl}\,\sigma \cdot d\mathbf{a}$ と書けることに注意しよう．

　ベクトルの形で書いても，グリーンの定理，ストークスの定理，発散定理が一つの結果として結びつけられるかは明らかではない．しかし，1889 年，ヴィト・ヴォルテラ (1860–1940) は，n 次元内の超曲面の研究を通してそれらを統一することができた（1836 年には，n 次元空間の研究は新しいものであったが，その 50 年後にはすでにありふれたものになっていた）．ヴォルテラは，大量の添え字を使って，これら三つの定理はすべて，一般の次元で成り立つ定理の低次元の特別な場合であるとの結果を述べただけにとどまらず，アンリ・ポアンカレ (1854–1912) とともに，ポアンカレが積分可能条件と呼んでいるストークスとトムソンの結果を，高次元に拡張した．これらの積分可能条件とは，線積分，面積分さらにこれらの高次元での類似物に関する条件で，これらの積分は，その上で積分がなされる曲線，曲面，超曲面には関係せず，これらの幾何学的対象の境界のみに依存することを保証する条件である．この一般化は今日ポアンカレの補題として知られており，ポアンカレの多重積分と積分領域の位相幾何学的性質との関連の研究での道具として役に立った．このポアンカレの研究は，すでにリーマンが始めていたものだった．ポアンカレは，20 世紀に入ろうとする頃の一連の論文でこの研究を発展させ，それは今日，代数的位相幾何学や微分位相幾何学と呼ばれる主題の始まりとなった．それらのうちいくつかの側面は第 18 章で考察することになろう．

16.5　確率と統計

　19 世紀には，統計的手法が様々な分野，とくに農業や社会科学に適用され始めた．実際，これらへの適用は，大方は 20 世紀初期になされた，様々な標準的な統計的手法の発展をもたらした．この節では，最も初期の統計的手法の一つである最小 2 乗法から始めて，ラプラスの確率・統計全分野に関する仕事の概観を手短に見たあと，19 世紀半ばにおける正規曲線の新しい解釈を検討し，19 世紀後半何十年かの統計的手法の発展をいくつか考察して結びとする．

16.5.1　ルジャンドルと最小 2 乗法

　19 世紀半ばの最も重要な統計的手法は，おそらく最小 2 乗法であろう．この方法は，いわゆる「観測値の縮約」のための主要なやり方の一つで，ある事象の非常に多くの観測値を集め，一つの「最良」の結果へと導く方法を与えた．たとえば，ある物理的な関係が，1 次関数 $y = a + bx$ で表されることがわかっているとしよう．問題となっている現象に対していくつかの観測を行い，観測データ $(x_1, y_1), (x_2, y_2), \ldots, (x_k, y_k)$ を得たとする．方程式のなかの x と y にこれら k 個の対を順に入れることにより，未知係数 a, b に対して，k 個の方程式が得られる．このように，二つの未知数に対して k 個の 1 次方程式は過剰で，一般

には正確な解がない．そこで，解への「最良の近似」を何とかして決定するのがこの考え方であった．幾何学的にいえば，k 個の観測値を通る，ある意味で「最も近い」直線を見出す問題ということになろう．

そもそもは天体観測との関連から，18世紀には，観測値を縮約する問題を多くの数学者が論じていた．この問題を解こうとした数学者として，1715年頃のロジャー・コーツ (1682–1716)，1749年のレオンハルト・オイラー，1750年のトビアス・メイヤー (1723–1762)，1760年のロジャー・ボスコビッチ (1711–1787) があげられる．コーツは，死後公刊された論文のなかで，彼の考えを手短に述べている．それは，様々な観測結果に重みをつけ，重みつきの平均を計算することだった．オイラーは，木星と土星のそれぞれの軌道に及ぼす重力の相互作用にかかわる問題を研究するうちに，八つの未知数を持つ75個の方程式からなる連立方程式に最終的に達してしまった．彼は，［その連立方程式をいくつかに分けて，］少ない個数の連立方程式を解き，それらを組み合わせて最良の解を見出そうとした．一方で，マイヤーは，月の運動を詳しく調べた際，三つの未知数に対して27個の方程式からなる連立方程式を解かねばならなくなった．彼は，連立方程式を9個の方程式からなる三つのグループに分け，各グループごとの方程式を別々に加え，結果として得られた三つの未知数を含む三つの方程式を解くという体系的な攻略法を開発した．これらの方程式を分けるときに何を基準とすべきかは，完全に明確にされていると厳密にはいえなかった．ボスコヴィッチは，地球の真の形状を求めることにかかわる疑問に取り組むうちに，この問題について重要な進歩をなし遂げた．彼は，このような連立方程式の解を決定する方法が満たされねばならない，実際の基準を述べた．そこには，ある特定の数値の集まりを方程式に代入することによって決まる誤差の絶対値の和を最小にするという，重要な基準が含まれていた．何年かのち，ラプラスは，同じ問題を扱った自分の研究において，ボスコヴィッチの方法を精密な代数的方法によって書き換えた．

何が影響したかは定かではないが，アドリアン・マリー・ルジャンドルは，1805年，さらによい方法を展開した．彼の最小2乗法は，今日まで，［未知数に対して］個数が過剰な連立1次方程式を解くための最良の方法として受け継がれている．この方法は，彗星の軌道群を決定する研究の付録に出ている．

ルジャンドルは，この方法を導入する理由から論じ始める．それは「観測によって得られた測定値から，それらが与えうる最も正確な結果を得ようとする問題を研究する多くの場面で，ほぼ毎回，$E = a + bx + cy + fz + \cdots$ の形の式を含む連立方程式が出てくる．ここで，$a, b, c, f, \ldots$ は既知係数で，その系のなかの方程式に応じて変わり，$x, y, z, \ldots$ は，各方程式についての E の値が0または大変小さな値に帰されるとの条件に適合するように定められる未知数である」[58] ということであった．より現代的にいえば，n 個の未知数を含む m 個の連立方程式 $V_j(\{x_i\}) = a_{j0} + a_{j1}x_1 + a_{j2}x_2 + \cdots + a_{jn}x_n = 0 \ (j = 1, 2, \ldots, m, \ m > n)$ があり，その「最良」の近似解 $\bar{x}_1, \bar{x}_2, \ldots, \bar{x}_n$ を見出したいということである．それぞれの方程式に対して，値 $V_j(\{\bar{x}_i\}) = E_j$ はその解に伴う誤差である．ルジャンドルの目的は，他の先駆者と同様，すべての E_i を小さくすることだった．すなわち「この目的のために提示されたすべての原理のなかで，われわれが先の研究で使った，誤差の2乗の和を最小にする原理よりもより一般的，より正確，

より容易に適用できるものはないと私は考える．この方法により，行き過ぎた値が過度の影響を及ぼすことを防いで，真実によりよく近づくような系の状態を明らかにするのに大変よく適合するある種の平衡が，誤差の間に確立される」[59] ということであった．

誤差の2乗の最小値を決定するために，ルジャンドルは，微積分学の手法を使った．すなわち，x_1 が変化するとき，2乗の和 $E_1^2 + E_2^2 + \cdots + E_m^2$ が最小になるためには，x_1 に関する偏微分が0にならねばならないので

$$\sum_{j=1}^{m} a_{j1}a_{j0} + x_1 \sum_{j=1}^{m} a_{j1}^2 + x_2 \sum_{j=1}^{m} a_{j1}a_{j2} + \cdots + x_n \sum_{j=1}^{m} a_{j1}a_{jn} = 0$$

となる．同様の方程式が $i = 2, 3, \ldots, n$ について成り立つことから，ここで n 個の未知数 x_i に対して n 個の方程式が得られ，それゆえ，「確立された方法」により連立方程式が解けることにルジャンドルは注目した．彼は，最初においた諸原理からこの方法を導くということはしなかったが，彼の方法は，一つの量の一連の観測結果に対して通常の平均を見出す方法の一般化になっていることには気づいていた．この場合（$n = 1$ かつそれぞれの j に対して $a_{j1} = -1$ となるような特別な場合），$b_j = a_{j0}$ とおけば，誤差の2乗の和は，$(b_1 - x)^2 + (b_2 - x)^2 + \cdots + (b_m - x)^2$ である．この和を最小にする方程式は $(b_1 - x) + (b_2 - x) + \cdots + (b_m - x) = 0$ であるから，解

$$x = \frac{b_1 + b_2 + \cdots + b_m}{m}$$

は，ちょうど m 個の観測値の通常の平均となる．

16.5.2 ガウスと最小2乗法の導出

ルジャンドルの発表後10年のうちには，ヨーロッパ大陸の至るところで，最小2乗法が天文学や測地学の問題を解くための標準的な方法となった．とくに，1809年に，ガウスの『天体運動論』(*Theoria motus corporum celestium*) が発表された．ただし，ガウスは，ルジャンドルを引用していなかった．実際，ガウスは，彼自身はこの原理を1795年以来使っていたと主張した．科学的な発見の優先権は出版することによってのみ確立すると記していたルジャンドルは，ガウスの言い分に立腹した．二人の争いは，何年も続いた．ルジャンドルは，1827年になっても，ガウスが他の人の発見を横取りしたことに怒っていた[60]．

先取権をめぐる論争があったとはいえ，ガウスはこの方法について，ルジャドルよりも先まで考察を進めていた．まず，彼は，最小2乗法から作り出される n 個の未知数を含む n 個の連立方程式を解くためには，「確立された方法」が使えると言うだけでは不十分であることを認識していた．実際に応用する場面では，しばしばたくさんの方程式がでてくるし，その係数は，整数だけでなく，小数点以下の何桁までかが算出された実数の場合もある．このような場合，クラメルの方法では，膨大な量の計算が必要になろう．ガウスはそこで，連立方程式を体系的に消去するために適当な数を選んで，それを方程式に掛けたものを，お互い足し合わせるという方法を案出した．このやり方は，今日ガウスの消去法として知られているもので，1800年前に中国・漢でなされていたものと実質的には同一であるが，最終的には連立方程式を三角形状にする，すなわち最初の

方程式は未知数を一つだけ，2番目のものは二つだけ含む，というようにするものである．すると，最初の方程式は未知数を一つしか含まないので，たやすく解ける．その解を2番目の方程式に代入すると，二つめの未知数の値が得られる，このことを連立方程式が完全に解けるまで続ける．ガウスのやり方は，19世紀の終わりに最小2乗法を使って測量の問題にとりくんでいたドイツの測地学者，ヴィルヘルム・ヨルダン (1842–1899) によっていくぶん改良された．ヨルダンは代入の方法を工夫し，一度三角形をなす連立方程式が見出せれば，さらにそれぞれの方程式が未知数を一つだけ含むような対角形の連立方程式に，それを帰着させるようにした．このガウス–ヨルダンの方法は，今日の線形代数学の講義で，連立1次方程式の標準的な解法として通常教えられている [61]．

次に，ガウスは，最小2乗法に関して，ルジャンドルのなにかあいまいな「一般原理」というよりはるかに良い正当化を発展させていった．すなわち彼は，以前に，観測量の決定に際して誤差が x となる確率を記述する適当な関数 $\phi(x)$ を発見していて，そのことからこの方法を導き出したのだった．適当な誤差関数を見出すための，より早い時期の試みとしては，1755年のシンプソンのもの，1770年代のラプラスのものがあげられる．シンプソンのものは王立協会で口頭発表された論文で，いくつかの観測値の平均をとることにより，観測上の誤差は減らせることを示そうとしたものだった．彼は，たとえば，ある特定の天文学上の測定において，$-5, -4, -3, -2, -1, 0, 1, 2, 3, 4, 5$ 秒以内の誤差が生じる確率は，それぞれ $1, 2, 3, 4, 5, 6, 5, 4, 3, 2, 1$ に比例することを仮定することにより，そのことを示した．すると一つの誤差が1秒を越えない範囲にある確率は $16/36 = 0.444$，2秒を越えないのは $24/36 = 0.667$ となる．一方で，彼は，六つの誤差の平均が1秒を越えない確率は 0.725，2秒を越えないのは 0.967 であると計算し，それゆえ平均をとる利点があることを示した．

シンプソンは，平均をとるというこの結果を，より一般的な誤差関数へ拡張しようとした．しかし，シンプソンは，「不完全な手段によって観測がなされればなされるほど，得られた結論での誤差が，使われた手段の不完全さに比例するであろうことはより確かに思われる」[62] と記したトーマス・ベイズに批判された．そこで，ラプラスは，1770年代に，このような関数が満たすべき諸条件を明確に仮定することにより，より綿密な解析になじみやすい適当な誤差関数を導こうとした．これらの条件のうち最初のものは，$\phi(x)$ が原点に関して対称であることをはっきりと仮定することであった．これは，観測値は真の値に比べて大きすぎることも小さすぎることも同様に起こり得るはずであるという，ベイズの批判に応えるためのものであった．2番目の条件は，この曲線は正負両方向で実軸に漸近することである．なぜならば無限大の誤差が生じる確率は0だからである．そして三つ目の条件は，$\phi(x)$ のグラフの下側の面積は1となることである．任意の二つの値の間にある曲線より下の面積が，これらの間で観測に生じる誤差の確率を表すからである．運悪く，ラプラスの要求を満たす曲線はたくさんあった．その他の様々な論拠を使って，ラプラスは，m をある正の数として曲線 $y = (m/2)e^{-m|x|}$ を選んだ．しかしながら，ラプラスは，この誤差関数にもとづいて計算すると，大きな困難に陥ることを直ちに見出した．そこで彼は，別の関数でも試みたがうまくいかず，この問題への新しい答を導くことに

成功したのは，1809年，ガウスであった．

ガウスは，ラプラスと同じ［$\phi(x)$ を求めるための］基準から考察を始めた．ただし，彼は，これらの基準と，n 個の未知数 $x_1, x_2, \ldots, x_n$ を持つ m 個の1次関数の値を決定するというルジャンドルの当初の問題を結びつけた．これらの関数の観測値は $M_1, M_2, \ldots, M_m$ で，対応する誤差を $\Delta_1, \Delta_2, \ldots, \Delta_m$ と仮定すると，これらの様々な観測値はすべて独立にとられたものだから，これらすべての誤差が生じる確率は $\Omega = \phi(\Delta_1)\phi(\Delta_2)\cdots\phi(\Delta_m)$ となることにガウスは注目した．Ω を最大にするような，最も確からしい値の集まりを見出すためには，ϕ に関するより一層の知識が要求された．そこで，ガウスはさらに，「もし，任意の量が，同じ状況のもとで同じ注意を払ってなされた，いくつかの直接的な観測で決定されるならば，観測値の相加平均が最も確からしい値を与える」[63] という仮定をおいた．各 V_i をいちばん簡単な1変数1次関数，すなわち $V_i = x_1$ とおき，観測値の平均 $x_1 = (1/m)(M_1 + M_2 + \cdots M_m)$ が Ω の最大値を与えると仮定することにより，ガウスは ϕ を決定した．すべての i について $\partial\Omega/\partial x_i = 0$ となるとき，最大値が生じる．Ω は関数の積であるから，ガウスは，この方程式を $\dfrac{\partial}{\partial x_i}(\log\Omega) = 0$，すなわち，

$$\frac{\frac{\partial}{\partial x_i}(\phi(\Delta_1))}{\phi(\Delta_1)} + \frac{\frac{\partial}{\partial x_i}(\phi(\Delta_2))}{\phi(\Delta_2)} + \cdots + \frac{\frac{\partial}{\partial x_i}(\phi(\Delta_m))}{\phi(\Delta_m)} = 0 \qquad (16.5)$$

と置き換えた．それぞれの j について，$\dfrac{\partial}{\partial x_i}(\phi(\Delta_j)) = \dfrac{\partial\phi}{\partial\Delta_j}\dfrac{\partial\Delta_j}{\partial x_i}$ である．$i > 1$ に対して $\dfrac{\partial\Delta_j}{\partial x_i} = 0$，またすべての j に対して $\dfrac{\partial\Delta_j}{\partial x_1} = -1$ であるから，(16.5) の n 個の方程式はすべて，一つの方程式

$$\frac{\phi'(\Delta_1)}{\phi(\Delta_1)} + \frac{\phi'(\Delta_2)}{\phi(\Delta_2)} + \cdots + \frac{\phi'(\Delta_m)}{\phi(\Delta_m)} = 0 \qquad (16.6)$$

に還元される．ここでは，$\dfrac{\partial\phi}{\partial\Delta_j}$ を $\phi'(\Delta_j)$ と書いている．議論をさらに単純にするため，ガウスは，それぞれの観測値 $M_2, M_3, \ldots, M_m$ は，ある値 N に対して $M_1 - mN$ に等しいと仮定した．これから，$x_1 = M_1 - (m-1)N$，$\Delta_1 = M_1 - x_1 = (m-1)N$，そして，$i > 1$ に対して，$\Delta_i = -N$ が得られる．これらの値を方程式 (16.6) に代入することにより，ガウスは，関係式

$$\frac{\phi'[(m-1)N]}{\phi[(m-1)N]} = (1-m)\frac{\phi'(-N)}{\phi(-N)}$$

を得た．すべての正の整数 m に対してこれが正しいことから，ガウスは，

$$\frac{\phi'(\Delta)}{\Delta\phi(\Delta)} = k$$

と結論した．ここで，k はある定数で，これより $\log(\phi(\Delta)) = \dfrac{1}{2}k\Delta^2 + C$，すなわち $\phi(\Delta) = Ae^{(1/2)k\Delta^2}$ が得られる．ϕ に関するラプラスの条件から，ガウス

は，k を負，たとえば $k = -h^2$ として，これより最終的に

$$\phi(\Delta) = \frac{h}{\sqrt{\pi}} e^{-h^2 \Delta^2}$$

と結論することができた．

ガウスにとって，これが「正確」な誤差関数と思われたのは，彼がこれから，最小 2 乗法を容易に導くことができたからである．結局，この関数 ϕ が与えられると，一般の場合の積 Ω は，

$$\Omega = h^m \pi^{-(1/2)m} e^{-h^2(\Delta_1^2 + \Delta_2^2 + \cdots + \Delta_m^2)}$$

で与えられた．したがって Ω を最大にするためには，$\sum \Delta_i^2$ を最小にする，すなわち，誤差の 2 乗の和を最小にする必要があるが，これこそルジャンドルが発展させた手法だった．

誤差の分布が「正規」であること，つまりガウスの関数によって決定されることは，直ちに多くの経験的事実に支えられたため，より高い信頼を得た．とりわけ，フリードリヒ・ベッセルは，数百の星の位置について計測値を 3 組つくり，与えられた範囲内で，正規法則にしたがって得られた理論的な誤差の数値を実際の数値と比較した．この比較はたいへんよい一致を示した．

一方ではラプラスが，1810 年の論文で，正規法則を導く新しい理論を発表した．ラプラスの結果は，今日中心極限定理と呼ばれているもので，二項定理に関する用語を含んでいる前世紀のド・モアブルによる計算の一般化に基礎づけられていた．実際，ラプラスは，それぞれの観測から得られた誤差は，ほぼ均一に $-n, -n+1, -n+2, \ldots, -1, 0, 1, \ldots, n-2, n-1, n$ のようになるという仮定のもとで，十分大きな s に対して，独立した s 回の観測から生じた誤差の和が

$$-2T\sqrt{\frac{n(n+1)s}{6}} \quad \text{と} \quad 2T\sqrt{\frac{n(n+1)s}{6}}$$

の間に入る確率は，$(2/\pi) \int_0^T e^{-x^2} dx$ となることを示した．ラプラスは，より一般的な場合の誤差に対する確率についても類似の結果を導いた．いずれにせよ，ラプラスの研究によって，関数 $y = Ae^{-kx^2}$ は，誤差を表す確率分布として，あるいはより一般的に，種々の広範な状況における確率分布として，まもなく確立されていった．

ラプラスは，上述した題材を，1812 年に出版された彼の主要な著作『確率の解析的理論』(*Théorie analytique des probabilités*) に盛り込んだ．ラプラスはその時までに展開した確率論に関するすべての題材をこの本に収集し，ある事象の確率を「ある場合が他の場合に比べて起こりやすいとわれわれが思えないとき，その事象に適合する場合の数の，可能なすべての場合の数に対する比率」[64] と定義することから始めた．したがって彼はそこに，中心極限定理の主張と証明，および，長年考えていた彗星の軌道の傾斜に関する問題に，それを適用することを含めた．さらに，彼は確率論を保険，人口統計，決定論，目撃の信憑性といった話題に応用することを論じた．実際，ちょうど微分積分学が物理的な科学の数学化の主要な道具になったように，数学は確率論を通じて社会科学に使えるようになったというのが，ラプラスの見方であった．

16.5.3 統計学と社会科学

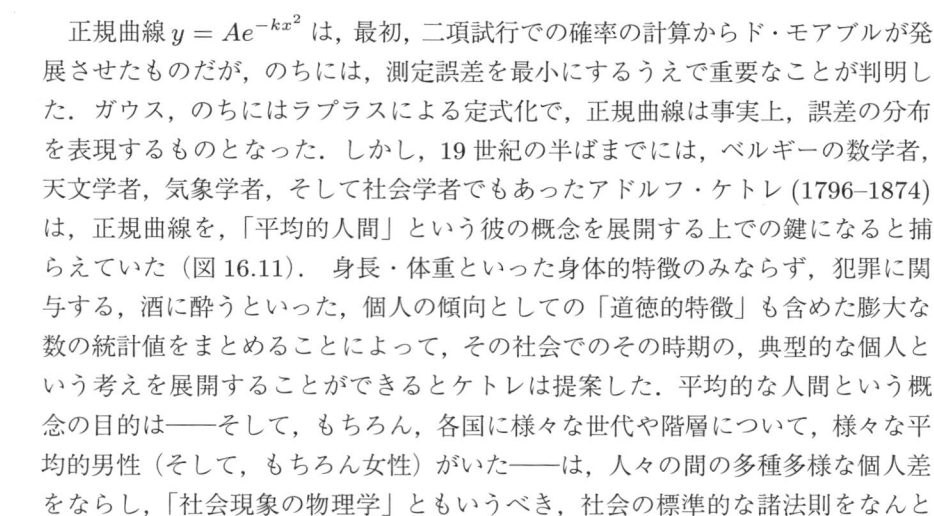

正規曲線 $y = Ae^{-kx^2}$ は，最初，二項試行での確率の計算からド・モアブルが発展させたものだが，のちには，測定誤差を最小にするうえで重要なことが判明した．ガウス，のちにはラプラスによる定式化で，正規曲線は事実上，誤差の分布を表現するものとなった．しかし，19 世紀の半ばまでには，ベルギーの数学者，天文学者，気象学者，そして社会学者でもあったアドルフ・ケトレ (1796–1874) は，正規曲線を，「平均的人間」という彼の概念を展開する上での鍵になると捉えていた（図 16.11）．身長・体重といった身体的特徴のみならず，犯罪に関与する，酒に酔うといった，個人の傾向としての「道徳的特徴」も含めた膨大な数の統計値をまとめることによって，その社会でのその時期の，典型的な個人という考えを展開することができるとケトレは提案した．平均的な人間という概念の目的は――そして，もちろん，各国に様々な世代や階層について，様々な平均的男性（そして，もちろん女性）がいた――は，人々の間の多種多様な個人差をならし，「社会現象の物理学」ともいうべき，社会の標準的な諸法則をなんとかして明らかにするための装置を提供しようとすることであった．

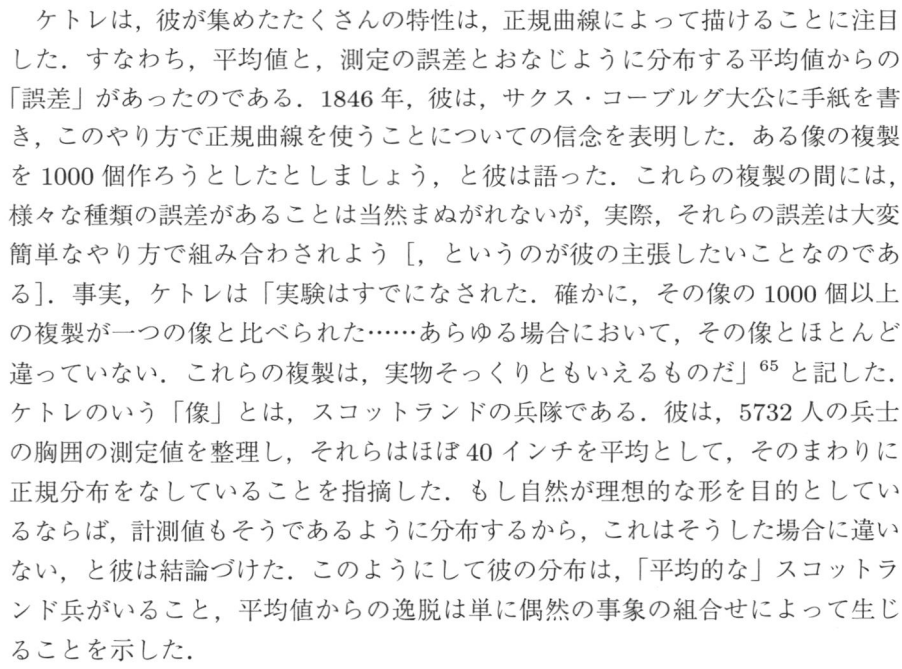

ケトレは，彼が集めたたくさんの特性は，正規曲線によって描けることに注目した．すなわち，平均値と，測定の誤差とおなじように分布する平均値からの「誤差」があったのである．1846 年，彼は，サクス・コーブルグ大公に手紙を書き，このやり方で正規曲線を使うことについての信念を表明した．ある像の複製を 1000 個作ろうとしたとしましょう，と彼は語った．これらの複製の間には，様々な種類の誤差があることは当然まぬがれないが，実際，それらの誤差は大変簡単なやり方で組み合わされよう [，というのが彼の主張したいことなのである]．事実，ケトレは「実験はすでになされた．確かに，その像の 1000 個以上の複製が一つの像と比べられた……あらゆる場合において，その像とほとんど違っていない．これらの複製は，実物そっくりともいえるものだ」[65] と記した．ケトレのいう「像」とは，スコットランドの兵隊である．彼は，5732 人の兵士の胸囲の測定値を整理し，それらはほぼ 40 インチを平均として，そのまわりに正規分布をなしていることを指摘した．もし自然が理想的な形を目的としているならば，計測値もそうであるように分布するから，これはそうした場合に違いない，と彼は結論づけた．このようにして彼の分布は，「平均的な」スコットランド兵がいること，平均値からの逸脱は単に偶然の事象の組合せによって生じることを示した．

この状況，あるいはその他の状況においてケトレが正規曲線を用いたとき，平均からの偏りを表す彼の単位は，今日一般的な「標準偏差」ではなく，「確からしい誤差」という単位であった．データの値が下から 25 パーセント点または 75 パーセント点にあるならば，その点は平均値からの**確からしい誤差**が 1 単位である．すなわち正規分布においては，ある特定の値が確からしい誤差の 1 単位内にあることと，その外にあることとは同様に確からしい，ということである．偏差についてのこの測度は，誤差論との関連において，19 世紀の初めには導入されていた．

あらゆるところで正規分布をさがすケトレのプログラムに合意しない人々は，

図 16.11
ベルギーの切手に描かれたケトレ．

確かに多数いた．それにもかかわらず，正規分布の考え方は，統計を含む多くの議論で中心をなすものになった．イングランドの統計学者，フランシス・ゴールトン (1822–1911) はケトレの考えを用いて，個体変異の遺伝の観察からえられたチャールズ・ダーウィンの進化論を数学化しようと試みた．1875 年に彼が行った一つの実験は，特定の種類のスイートピーの大きさに関するものだった．彼は，七つの大きさのそれぞれのスイートピーに対して，同じ個数の種をとり，それから生じたものを調べた．その結果，次の世代の各グループでは，大きさは正規分布をなしているが，各グループでの変化の様子，すなわちデータの広がりは，本質的に同じであることが明らかになった．さらに彼は，各グループの平均がその親であった種の大きさの平均と同じではないことに気づいた．実際，平均値は親であった種の平均値と 1 次式で関係づけられているが，その直線の傾きは 3 分の 1 であった．いいかえると，第二世代は全体にわたる平均値へと「回帰」したのであった．こうしてゴールトンは，**回帰**（あるいは復帰，と最初彼は呼んでいた）の統計的な研究を始めたのだった．興味深いことに，ゴールトンは，回帰直線の傾きを求めるために，観測値を単純に座標平面上に記入して，これらの点を「最もよく」結びつける直線の傾きを推定しただけだった．

ゴールトンは遺伝を含む他のいくつかの研究を行ったが，子供の背の高さと両親の背の高さとの関連を調べ，似たような結果を見出したという大きな研究がある．その後，彼は，様々な環境において，彼の考察していた二つの変数に「相関関係」があること，すなわち，データの二つの集まりが確からしい誤差の単位で測られているとき，それぞれの変数に対する他の変数の回帰直線の傾きは等しいことを示した．この共通の傾きは，さらに粗く近似されて**相関係数**となり，二つの変数の関係の強さを測るのに使えた．ゴールトンは，もちろん，強い相関関係が必ずしも因果関係を意味しないことに気づいていた．

他のイングランドの統計学者たちも，ゴールトンの研究をより明確にし，あるいは拡張し，様々な種類の分布を表現する正規曲線を見て，背後にある基本的な考え方に取り組むことを試みた．フランシス・エッジワース (1845–1926) は，天文学で使われるような**観測**と社会科学で集められた**統計**との違いについて見解を述べた．それは「平均のまわりに配列された量であるということでは，観測と統計は一致している．しかし，観測における平均値は実在しているのに対し，統計における平均値は仮想のものであるという点が異なっている．観測における平均値とは原因で，そこから様々な誤差が発生していく源のようなものである．統計における平均値とは記述で，グループ全体を表すための量で……統計的処理にあたって不可避な誤差を最小にするような代表値である」[66] ということだった．このように，エッジワースは，社会科学における統計の利用は，天文学の計測において誤差の理論を利用する時のような「客観的」な性質を持たないであろうことを認識していたのである．そうではあったが，彼は，この新しい手段を彼ができる限り発達させるべく研究した．

たとえば，エッジワースは，有意差を測るために正規曲線を用いることについては大変用心深かった．事実，正規曲線 $y = \dfrac{1}{c\sqrt{\pi}} e^{-(x^2/c^2)}$ の偏差の単位として，標準偏差 $c/\sqrt{2}$ ではなくモデュール (modulus) c を使うことにより，彼は，

一般に二つの平均値の差が $2c$ を超えるときに有意差があると結論しただけだった．これは，両側検定において，0.5 パーセントの有意水準を用いることに相当し，今日しばしば使われる 5 パーセントあるいは 1 パーセントの有意水準よりはるかに強い要請である．

19 世紀終わりの 10 年間に，二人のイングランドの統計学者カール・ピアスン (1857–1936) とその学生だったジョージ・ユドニ・ユール (1871–1951) は，多変量の間にある関係について明確な結論に達するためには，統計学をどのように使うのがよいかを示すための，さらに進んだ研究を行った．ピアスンは，1893 年に「標準偏差」を導入するとともに，二つの量の関係を測る一つの方法として χ^2 統計を発展させた．また，ユールは，本質的にはガウスの最小 2 乗法を用いて最適な曲線を見出すことにより，どのようにして回帰方程式を計算するかを示した．しかし，これら統計学者の手続きはすべて，すでに表になっている諸量の間の関係を示すことだけを意図したものにすぎなかった．今日，統計学が重要なものとして使われるのは，実験的な手法を計画したり分析するときで，たとえば，農家が作物畑にまく様々な種類の肥料の有効性を判定したり，医師がある特定の病気に対してなすいろいろな治療法の効果を決定する手段を与えるものである．このような手法は，まず，1930 年代にロナルド・フィッシャー (1890–1962) の研究を通じて発展していった．彼はまた，簡単に使える有意義な検定を案出した．しかしながら，統計的手法の利用に関する議論は，今日まで続いている[67]．

練習問題

コーシーに関連する問題

1. コーシーの定理
$$\lim_{x \to \infty} (f(x+1) - f(x)) = \infty \text{ ならば}$$
$$\lim_{x \to \infty} f(x)/x = \infty$$
を証明せよ．

2. 問題 1 の定理と 16.1.1 項であげた定理を用いて
$$\lim_{x \to \infty} \frac{a^x}{x} = \infty \quad \text{および} \quad \lim_{x \to \infty} \frac{\log x}{x} = 0$$
を示せ．

3.
$$\frac{2}{\pi} \int_0^\infty \frac{x^2\, dt}{t^2 + x^2} = |x|$$
を示せ．

4. 連続性についての現代の定義と，コーシーの三角関数に関する恒等式 $\sin(x+\alpha) - \sin x = 2\sin\frac{1}{2}\alpha \cos\left(x + \frac{1}{2}\alpha\right)$ を用いて，$\sin x$ は x の任意の値で連続であることを示せ．

5. 次のコーシーの定理を証明せよ．「$f(x)$ が十分大きな x の値に対して正で，x が限りなく増大するとき，$f(x+1)/f(x)$ は k に収束するならば，$[f(x)]^{1/x}$ もまた，x が限りなく増大するとき，k に収束する」．

6. 問題 5 の定理を用いて，
$$\lim_{x \to \infty} x^{1/x} = 1$$
を示せ．

7. コーシーの判定条件を用いて，級数
$$1 + \frac{1}{1!} + \frac{1}{2!} + \frac{1}{3!} + \cdots$$
は収束することを示せ．

8. 数列 $\{a_i\}$ が a に収束し，かつ f が連続であるならば，関数列 $\{f(a_i)\}$ は $f(a)$ に収束することを示せ．

9. $u_1(x) = x$，$k > 1$ のとき $u_k(x) = x^k - x^{k-1}$ である関数列 $\{u_k(x)\}$ は $x = 1$ の近傍で，16.1.1 項であげたコーシーの定理の仮定を満たしているにもかかわらず，結論は成り立たない．この場合について，コーシーの証明を分析し，どこに間違いがあるかを見出せ．

10. 問題 4 にある三角関数の公式を用いて，正弦関数の導関数は余弦関数であることを証明せよ．

11. $a^i = 1 + \beta$ とおくことにより，コーシーの導関数の定義を用いて，$y = a^x$ の導関数は $y' = a^x / \log_a(e)$ となることを証明せよ．

12. コーシーが導関数についての主定理［本文 16.1.4 項］［の証明］で用いた代数的な結果

    $i = 1, 2, \ldots, n$ に対して，
    $$A < \frac{a_i}{b_i} < B \text{ ならば } A < \frac{\sum_{i=1}^n a_i}{\sum_{i=1}^n b_i} < B$$

    を証明せよ．

13. $f(x)$ は $[a,b]$ 上で連続とし，$a = x_0 < x_1 < \cdots < x_n = b$ を $[a,b]$ の部分区間への分割とすると，和
    $$f(x_0)(x_1 - x_0) + f(x_1)(x_2 - x_1) \\ + \cdots + f(x_{n-1})(x_n - x_{n-1})$$

    は，$(b-a)f(x_0 + \theta(b-a))$ と等しいことを証明せよ．ここで θ は 0 と 1 の間の適当な数である．

14. 区間 $[1,3]$ 上で $f(x) = x^2 + 3x$ とする．$[1,3]$ を八つの部分区間にわけ，問題 13 の性質を満たす θ を決定せよ．

ボルツァーノに関連する問題

15. 構成された数列が収束する値 U が，性質 M を持つすべての数の上限［最小上界］であることを示すことにより，ボルツァーノによる上限の判定条件の証明を完成せよ．

16. 区間 $(3/5, 2/3)$ 内の数で，小数展開したとき，小数点以下は有限であるが多数の 0 と 6 のみを含むが他の整数を含まないような数の集合を A とする．A の上界を見出せ．

17. M を $x^3 < 3$ という性質とする．すべての x がこの性質を持つわけではないが，1 より小さいすべての x はこの性質を持つので，これはボルツァーノによる上限の定理の条件を満たす．$V = 1 + 1$ とすると，これより小さいすべての x に対して M が成り立つわけではないが，この V から始めてボルツァーノの証明の方法を使い，$\sqrt[3]{3}$ の近似値を小数第 3 位まで正確に構成せよ．

フーリエに関連する問題

18. $\phi(x) = \alpha e^{mx}, \psi(y) = \beta \cos ny$ は，
    $$\frac{\phi(x)}{\phi''(x)} = -\frac{\psi(y)}{\psi''(y)} = A$$

    の解であることを示せ．ここで $m^2 = n^2 = \dfrac{1}{A}$ とする．また，$v = ae^{-nx} \cos ny$ は
    $$\frac{\partial^2 v}{\partial x^2} + \frac{\partial^2 v}{\partial y^2} = 0$$

    の解であることを示せ．

19.
    $$\int_0^\pi \sin mx \sin nx \, dx = \begin{cases} 0, & m \neq n \\ \dfrac{\pi}{2}, & m = n \end{cases}$$

    を示せ．

20. 関数 $\phi(x)$ のフーリエ余弦級数の係数 b_i を計算せよ．すなわち，
    $$\frac{1}{2}\pi\phi(x) = b_0 + b_1 \cos x + b_2 \cos 2x + b_3 \cos 3x + \cdots$$

    のときの b_i を決定せよ．

21. フーリエの積分の方法を用いて，本書で引用したフーリエ級数 $\phi(x) = \dfrac{1}{2}x$ を計算せよ．$x = \dfrac{\pi}{2}$ のときこの結果が正しいことを，すでに知っている別の級数の和を用いて確かめよ．

連続性に関連する問題

22. $[0,1]$ で定義されたリーマンの関数
    $$f(x) = \sum_{n=1}^\infty \frac{\phi(nx)}{n^2}$$

    を考える．ここで $\phi(x)$ は，x にいちばん近い整数を x から引いた差に等しいものとし，いちばん近い整数が二つあるときは 0 とする．f は，無限個の点 $x = p/2n$ を除いて連続であることを示せ．ここで，p と n は互いに素な整数とする．

23. 連続関数を項とする級数の和の連続性に関するコーシーの定理を，級数が一様収束するという仮定を付け加えて証明せよ．

24. h を正の実変数として
    $$u_k = \frac{1}{k(k+1)} \quad \text{および}$$
    $$v_k(h) = u_k + \frac{2h}{((k-1)h+1)(kh+1)}$$

    とおく．このとき，$\lim_{h \to 0} v_k(h) = u_k$ となること，$\sum u_k$ が収束すること，$\sum v_k(h)$ は十分小さな h について収束することを示せ．また，
    $$\lim_{h \to 0} \sum v_k(h) \neq \sum u_k$$

    を示せ．

解析学の算術化からの問題

25. $\mathcal{R}$ をデデキントの切断によって定義された実数の集合とする．この集合が連続性の基本的な特質を備えていることを示せ．すなわち $\mathcal{A}_1$ に属する各実数が $\mathcal{A}_2$ に属する各実数より小さくなるように $\mathcal{R}$ が二つの集合 $\mathcal{A}_1, \mathcal{A}_2$ に分けられたとすると，$\mathcal{A}_1$ で最大数であるか，または $\mathcal{A}_2$ で最小数である一つの実数 α が確かに存在することを示せ．

26. 切断の考え方で定義されたデデキントの実数の集合上に自然な順序 < を定義せよ．すなわち，与えられた二つの切断 $\alpha = (\mathcal{A}_1, \mathcal{A}_2)$ と $\beta = (\mathcal{B}_1, \mathcal{B}_2)$ に対して $\alpha < \beta$ を定義せよ．そしてこの順序 < は，有理数の集合 $\mathcal{R}$ 上で満たすのと同じ基本的な性質を満たすことを示せ．

27. デデキント切断の加法を定義せよ．任意の切断 α と β に対して，$\alpha + \beta = \beta + \alpha$ を示せ．

28. 有界な増加実数列は極限となる数を持つことを，デデキントの切断，またカントールの基本列を用いて証明せよ．どちらの証明がよりやさしいだろうか．

29. $\{a_i\}$ と $\{b_i\}$ が基本列で，$\{b_i\}$ の極限は 0 でないと定義する．このとき $\{a_i/b_i\}$ も基本列であることを示せ．

30. 二つの基本列 $A = \{a_i\}$ と $B = \{b_i\}$ の積 AB を，積 $\{a_i b_i\}$ で構成される列とする．この定義が意味を持つこと，また $AB = C$ ならば $B = C/A$ となることを示せ．ただし，割り算は問題 29 のように定義するものとする．

31. 点集合 P で，その第 1 次導集合 P' とも第 2 次導集合 P'' とも異なり，さらに P' と P'' も異なっているようなものを具体的に決定せよ．

32. 1890 年に，カントールは，(0,1) 区間の実数が，自然数と一対一に対応しえないことを示す二つ目の証明を与えた．[それを以下のようにして示せ．] これらの数が自然数と一対一対応したと仮定する．そうすれば，この区間内の実数を $r_1, r_2, r_3, \ldots$ と数え上げることができる．それぞれの数を，無限小数で書き，

$$r_1 = 0.a_{11}a_{12}a_{13}\ldots$$
$$r_2 = 0.a_{21}a_{22}a_{23}\ldots$$
$$r_3 = 0.a_{31}a_{32}a_{33}\ldots$$

とする．ここで，数 b を $b = 0.b_1 b_2 b_3 \ldots$ を $b_1 \neq a_{11}$, $b_2 \neq a_{22}$, $b_3 \neq a_{33}, \ldots$ となるように選んで定義する．b ははじめのリストになく，したがってこのような数え上げは存在しえないことを示せ[*14]．

複素関数論からの問題

33. 留数を使って

$$\int_{-\infty}^{\infty} \frac{\cos x}{1+x^2} dx = \frac{\pi}{e}$$

を直接示せ．

34. 留数を使って

$$\int_0^{\infty} \frac{dx}{1+x^6} = \frac{2\pi}{3}$$

を示せ．

35. 複素関数 $w(z)$ が和 $u(x,y) + iv(x,y)$ で与えられたとする．コーシー–リーマン方程式が満たされている，すなわち $\partial u/\partial x = \partial v/\partial y$, $\partial v/\partial x = -\partial u/\partial y$ が成り立つとすると，導関数 dw/dz は $\partial u/\partial x + i\partial v/\partial x$ に等しいことを示せ．

ベクトル解析からの問題

36. 曲面 S が，媒介変数で表示された三つの方程式 $x = x(p,q), y = y(p,q), z = z(p,q)$ で与えられているとする．このとき面素 dS は

$$dS = \left[\left(\frac{\partial(y,z)}{\partial(p,q)}\right)^2 + \left(\frac{\partial(z,y)}{\partial(p,q)}\right)^2 + \left(\frac{\partial(x,y)}{\partial(p,q)}\right)^2\right]^{1/2} dp\, dq$$

で表せることを幾何学的に示せ．

37. ベクトル場 $\sigma = Ai + Bj + Ck$ に対して，$\operatorname{div}\sigma = 0$ ならば，あるベクトル場 τ によって，$\sigma = \operatorname{curl}\tau$ と表されることを示せ．

38. ストークスの定理を用いて $\operatorname{curl}\sigma = 0$ ならば，$\int_C \sigma \cdot d\mathbf{r}$ は曲線 C によらず，その端点のみによって定まることを示せ．同様にして，$\operatorname{div}\sigma = 0$ ならば $\int_S \sigma \cdot d\mathbf{a}$ は曲面 S によらず，その境界曲線のみによって定まることを示せ．

統計学からの問題

39. 独立変数 x の四つの測定値 $x_1 = 2.0$, $x_2 = 4.0$, $x_3 = 5.0$, $x_4 = 6.0$ と，x に依存する変数 y の，これらの値に対応する四つの測定値が $y_1 = 2.5$, $y_2 = 4.5$, $y_3 = 7.0$, $y_4 = 8.5$ で与えられたとする．1 次関数 $y = ax + b$ が測定値の間の最もよい関係を与えるような定数 a, b を，最小 2 乗法を用いて決定せよ．

40. 正規曲線 $y = \frac{1}{c\sqrt{\pi}} e^{-(x^2/c^2)}$ において，標準偏差を与える x の値は，この曲線の変曲点であり，その値は $x = c/\sqrt{2}$ であることを示せ．

41. 標準偏差 σ を持つ正規分布曲線において，平均から約 0.675σ 離れた点は，確からしい誤差の 1 単位であり，平均（問題 40 より値は c とする）から $\sqrt{2}\sigma$ 離れた点はモデュールの 1 単位であることを示せ（この問題を示すために，正規曲線の表をつかってよい）．

議論に向けて

42. 無理数はそれに近づいてくる分数の極限であるという言明で，コーシーは何を意味しているか．コーシーは「無理数」という術語，さらには「数」という術語でどのようなものを考えていたのだろうか．

[*14] $0.2 = 0.1999\ldots$ のように，有限小数は無限小数としても表示できるので，表示法をどちらかに決めた上で，上の論法を行う必要がある．

43. コーシーによるある区間上での連続の定義と，今日普通に使っている，ある点での連続との定義の違いを説明せよ．コーシーの定義を満たす関数は，その区間内のすべての点で今日の定義を満たすか．ある区間内のすべての点で今日の定義を満たす関数は，コーシーの定義を満たすか．

44. コーシーの誤った定理とその証明から始めて，一様収束性の概念を教えるための指導案を作成せよ．

45. 今日の多くの微分積分学の教科書と異なり，コーシーは，ロルの定理を用いないで平均値の定理を証明したことに注意しよう．コーシーのやり方と今日のものと対比させ，長所と短所を論ぜよ．

46. オイラーとリーマンによるコーシー–リーマン方程式の導き方を比較せよ．複素解析への入門としては，どちらのほうがよりよいか．

参考文献と注

19 世紀の解析学の歴史全般に関する，最近出版された優れた著作の中から，様々な話題についてその専門家が書いた論文集，Ivor Grattan-Guinness 編 *From the Calculus to Set Theory* (London: Duckworth, 1980)，および Umberto Bottazzini, *The Higher Calculus: A History of Real and Complex Analysis from Euler to Weierstrass* (New York: Springer, 1986) [好田順治訳『解析学の歴史：オイラーからワイエルシュトラスへ』現代数学社，1990]，Ivor Grattan-Guinness, *The Development of the Foundations of Mathematical Analysis from Euler to Riemann* (Cambridge: MIT Press, 1970) をあげておく．

1. Abel, "Investigation of the series $1 + \frac{m}{1}x + \frac{m(m-1)}{1 \cdot 2}x^2 + \cdots$," *Journal für die Reine und Angewandte Mathematik*, 1 (1826), 311–339, p. 316. 本書で引用した部分も含めた，この論文の一部の英訳が G. Birkhoff, *A Source Book in Classical Analysis* (Cambridge: Harvard University Press, 1973), 68–70 に所収されている．この原典集には，19 世紀の解析学の重要な論文が多数収められている．

2. Sylvestre Lacroix, *An Elementary Treatise on the Differential and Integral Calculus* のチャールズ・バベッジ，ジョージ・ピーコック，ジョン・ハーシェルによる英訳 (Cambridge: J. Deighton, 1816), p. 2.

3. 同上，p. 5.

4. Oystein Ore, *Niels Henrik Abel: Mathematician Extraordinary* (New York: Chelsea, 1974), p. 147.

5. Lacroix, 同上，序文．

6. Cauchy, *Cours d'analyse de l'école royale polytechnique*. コーシー全集に復刻されている．*Oeuvres complète d'Augustin Cauchy* (Paris: Gauthier-Villars, 1882–) (2), 3, p. 19 (以降，*Cours d'analyse* のページ番号は，すべて全集から引用する．他のコーシーの著作のページも，全集から引用する)．コーシーの微分積分学の研究に関する最もすぐれた論考は，Judith V. Grabiner, *The Origins of Cauchy's Rigorous Calculus* (Cambridge: MIT Press, 1981) である．この章の最初の部分の多くはこの本に依っている．コーシーと他の人々による連続性の概念の考察について，手短に見るには，"Who gave you the epsilon? Cauchy and the origins of rigorous calculus," *American Mathematical Monthly* 90 (1983), 185–194 がよい．微分の概念の発達について，より詳細なことは，Judith V. Grabiner, "The changing concept of change: The derivative from Fermat to Weierstrass," *Mathematics Magazine* 56 (1983), 195–203 を参照されたい．

7. Cauchy, *Cours d'analyse*, p. 54.

8. Lagrange, *Théorie des fonctions analytique*, *Oeuvres de Lagrange* (Paris: Gauthier-Villars, 1867–1892), vol. 9, p. 28. Grabiner, *Cauchy's Rigorous Calculus*, p. 95 に引用されている．

9. Cauchy, *Cours d'analyse*, p. 43.

10. S. B. Russ, "A Translation of Bolzano's Paper on the Intermediate Value Theorem," *Historia Mathematica* 7 (1980), 156–185, p. 159. ボルツァーノの研究に関するより進んだ論考としては，I. Grattan-Guinness, "Bolzano, Cauchy and the 'New Analysis' of the Early Nineteenth Century," *Archive for History of Exact Sciences* 6 (1970), 372–400. グラタン・ギネスは，コーシーは，連続性と収束性の定義の主要なアイデアを，ボルツァーノからとったと主張している．しかし，H. Freudenthal, "Did Cauchy Plagiarize Bolzano?" *Archive for History of Exact Sciences* 7 (1971), 375–392 も見てみよう．反対の意見が述べられている．

11. 同上，p. 162.

12. Cauchy, *Cours d'analyse*, p. 114.

13. 同上，p. 116.

14. A. J. Franco de Oliveira, "Anastácio da Cunha and the Concept of Convergent Series," *Archive for History of Exact Sciences* 39 (1988), 1–12, p. 4 による．ダ・クーニャに関するさらに進んだ記述としては，João Filipe Queiró, "José Anastácio da Cunha: A Forgotten Forerunner," *The Mathematical Intelligencer*, 10 (1988), 38–43, A. P. Youschkevitch, "J. A. da Cunha

et les fondements de l'analyse infinitésimale," *Revue d'Histoire des Sciences* 26 (1973), 3–22 を参照のこと.
15. Russ, "Translation of Bolzano's Paper," p. 171.
16. コーシーの誤った証明に関する論考は, V. Frederick Rickey, *Using History in Teaching Calculus* にある. ただし未公刊である.
17. Cauchy, *Resumé des leçons données a l'école polytechnique sur le calcul infinitésimal*, Oeuvres (2), 4 に所収されており p. 44 [小堀憲訳『微分積分学要論』共立出版, 1969. 29–30 ページも参照のこと].
18. Lacroix, *Elementary Treatise*, p. 179.
19. Cauchy, "Mémoire sur l'intégration des équations lineares aux différentielles partielles et a coefficients constantes," Oeuvres, (2), 1, 275–357 に所収, 当該箇所は p. 354.
20. 同上, p. 334.
21. Cauchy, *Resumé*, pp. 122–123 [邦訳 97–98 ページ].
22. 同上, p. 125 [邦訳 100 ページ].
23. Grattan-Guinness, *From the Calculus to Set Theory*, p. 158 を参照 [訳者が調べた限りには該当するページにはない].
24. 同上, p. 153 [原文は, Fourier, 1822, *Théorie analytique de la chaleur*, In Oeuvres 1, art 417].
25. Grattan-Guinness, *Foundations of Mathematical Analysis*, p. 104 を参照 [原文は Dirichlet, 1829, "Sur la convergence des séries trigonomeétriques qui servent à preénter une fonction arbitaire entre les limites données," In *Werke* pp. 117–132].
26. Bottazzini, *Higher Calculus*, p. 244 を参照 [原文は, Riemann, 1867, Über die Dastellbarkeit einer Funktion durch eine trigonometrische Reihe," *Werke*, pp. 227–271].
27. Ann Hibner Koblitz, *Sofia Kovalevskaia: Scientist, Writer, Revolutionary* (Boston: Birhkäuser, 1983), p. 197 を参照. この本は, 彼女の数学上の業績については概略にとどまっているが, そうでない部分が詳細に描かれている. 彼女の数学的な業績については, Roger Cooke, *The Mathematics of Sonya Kovalevskaya* (New York: Springer-Verlag, 1984).
28. E. Heine, "Die Elemente der Functionenlehre," *Journal für die Reine und Angewandte Mathematik* 74 (1872), 172–188, p. 184.
29. ウォースター・ベーマン (Wooster Beman) による英訳 Dedekind, *Continuity and Irrational Numbers*, Dedekind, *Essays on the Theory of Numbers* (La Salle, Ill.: Open Court, 1948) 所収, pp. 1–2 [『連続性と無理数』, 河野伊三郎訳『数について』岩波文庫, 1961 所収, 9–10 ページ].
30. 同上, p. 9 [邦訳 18 ページ].
31. 同上, p. 11 [邦訳 20 ページ].
32. 同上, pp. 12–13 [邦訳 21 ページ].
33. 同上, p. 15 [邦訳 25 ページ].
34. 同上, p. 22 [邦訳 32 ページ].
35. Bottazzini, *Higher Calculus*, p. 277 より引用 [原文は Cantor, 1872, "Über die Ausdehnung eines Satzes aus der Theorie der trigonometrischen Reihen," In Gesam. abh. pp. 92–102].
36. 同上, p. 278 [原文は上と同じ].
37. Joseph Dauben, *Georg Cantor: His Mathematics and Philosophy of the Infinite* (Princeton: Princeton University Press, 1979), p. 49 を参照. この伝記では, カントルの研究の詳細な分析とともに, 彼の時代に数学と哲学がどのように関係していたかが論じられている.
38. フィリップ・ジョルダン (Philip Jourdain) による英訳, Cantor, *Contributions to the Founding of the Theory of Transfinite Numbers*, (Chicago: Open Court, 1915), p. 85 [『超限集合論の基礎に対する寄与』, 功力金次郎訳『カントル・超限集合論』現代数学の系譜 8, 共立出版, 1979 所収, 1 ページ].
39. 同上, p. 86 [邦訳 2 ページ].
40. Gregory H. Moore, "Towards a History of Cantor's Continuum Problem," David Rowe and John McCleary, eds., *The History of Modern Mathematics* (San Diego:Academic Press, 1989), vol. 1, 79–121, p. 82 を参照. 彼らが出版したこの 2 巻本は, 1988 年に行われた, 19 世紀の数学に関する研究集会の報告集である. 所収されている論文は, 一読の価値がある.
41. ウォースター・ベーマンによる英訳 Dedekind, *The Nature and Meaning of Numbers*, Dedekind, *Theory of Numbers* に所収, p. 45 [河野伊三郎訳『数について』岩波文庫, 1961 所収, 60 ページ].
42. 同上, p. 50 [邦訳 65–66 ページを参照].
43. 同上, p. 53 [邦訳 69 ページを参照].
44. 同上, p. 63 [邦訳 80–81 ページを参照].
45. 同上, p. 64 [邦訳 81 ページを参照].
46. Wessel, "On the Analytical Representation of Direction." David Smith *A Source Book in Mathematics* (New York: Dover, 1959), 55–66, p. 58 に英訳が所収されている.
47. ガウスの手紙は, *Werke* (Göttingen, 1866), vol. 8, pp. 90–92 に所収されている. Bottazzini, *Higher Calculus*, p. 156 より引用.
48. Cauchy, *Cours d'analyse*, p. 154.
49. Cauchy, *Mémoire sur les intégrales définies prises entre des limites imaginaires* (Paris, 1825), pp. 42–43, Birkhoff, *Source Book*, p. 33 に英訳が所収されている.

50. 同上，p. 44; p. 34.
51. Riemann, *Grundlagen für eine allgemeine Theorie der Functionen einer veränderlichen complexen Grösse*, 部分的な英訳が Birkhoff, *Source Book*, 48–50 に所収されており, p. 48.
52. 同上，p. 49.
53. Riemann, "Theorie der Abel'sche Funktionen," *Journal für die Reine und Angewandte Mathematik* 54 (1857), 部分的な英訳が Birkhoff, *Source Book*, 50–55 に所収されており p. 51.
54. 同上，pp. 52–53.
55. 同上．
56. 発散定理，およびグリーンの定理やストークスの定理に関するさらに詳しい記述は, Victor J. Katz, "The History of Stokes' Theorem," *Mathematics Magazine* 52 (1979), 146–156 にある．
57. Stokes, *Mathematical and Physical Papers*, (Cambridge: Cambridge University Press, 1905), vol. 5, p. 320.
58. Legendre, "Sur la Méthode des moindres quarrés," Legendre, *Nouvelles Méthodes pour la détermination des orbites des cometes* (Paris, 1805) に所収. 英訳, Smith, *Source Book*, 576–579 に所収されており, p. 576.
59. 同上，p. 577.
60. より詳しいことは R. L. Plackett, "The discovery of the method of least squares," *Biometrika* 59 (1972), 239–251 を参照のこと．この論文は M. G. Kendall and R. L. Plackett, eds. *Studies in the History of Statistics and Probability*, vol. 2 (New York: Macmillan, 1977), 279–291 に再版されている．この巻は E. S. Pearson and M. G. Kendall, eds. *Studies in the History of Statistics and Probability*, vol. 1 (Darien, Conn.: Hafner, 1970) とともに，原文の大部分が『バイオメトリカ誌』に掲載されている確率と統計の歴史に関する論文が所収されているという，価値のあるものである．
61. より詳しくは, Steven C. Althoen and Renate McLaughlin, "Gauss-Jordan Reduction: A Brief History," *The American Mathematical Monthly* 94 (1987), 130–142 および Victor J. Katz, "Who is the Jordan of Gauss-Jordan?" *Mathematics Magazine* 61 (1988), 99–100 を参照のこと．
62. Stephen M. Stigler, *The History of Statistics* (Cambridge: Harvard University Press, 1986), p. 94 を参照．この本は，統計学という分野の発生から 1900 年代までの発展を詳細に研究しており, 本書の 16.5.3 項の議論のもとになるものである．
63. Gauss, *Theoria motus corporum celestium* (Hamburg: Pertheset Besser, 1809), C. H. デーヴィス (C. H. Davis) による英訳 *Theory of Motion of the Heavenly Bodies Moving about the Sun in Conic Sections* (Boston: Little, Brown, 1857), p. 258. ガウスと最小 2 乗法についてさらに深く知りたい場合は, O. B. Sheynin, "C. F. Gauss and the Theory of Errors," *Archive for History of Exact Sciences* 20 (1979), 21–72 および William C. Waterhouse, "Gauss's First Argument for Least Squares," *Archive for History of Exact Sciences* 41 (1991), 41–52 を参照のこと．最小 2 乗法にも寄与した初期のアメリカの数学者ロバート・アドレイン (Robert Adrain) (1775–1843) の研究については, Jacques Dutka, "Robert Adrain and the Method of Least Squares," *Archive for History of Exact Sciences* 41 (1991), 171–184 を参照のこと．
64. Laplace, *Théorie analytique des probabilités* (Paris: Courcier, 1812), p. 181 [伊藤清, 樋口順四郎訳『確率論』現代数学の系譜 12, 共立出版, 1986, に部分訳が所収されている].
65. O. G. ドウネス (O. G. Downes) による英訳, Adolphe Quetelet, *Letters Addressed to H.R.H. the Grand Duke of Saxe Coburg and Gotha, on the Theory of Probabilities, as Applied to the Moral and Political Sciences*, (London: Charles and Edwin Layton, 1849), p. 136.
66. Francis Ysidro Edgeworth, "Observations and statistics: An essay on the theory of errors of observation and the first principles of statistics," *Transactions of the Cambridge Philosophical Society* 14 (1885), 138–169, p. 139. この研究については, Stigler, *History of Statistics*, Chapter 9 で論じられている．
67. 19 世紀の統計学について，より詳しいことは, Fo Stigler, *History of Statistics*, Theodore M. Porter, *The Rise of Statistical Thinking* (Princeton: Princeton University Press, 1986) を参照のこと．20 世紀での発達については Gerd Gigerenzer, et al., *The Empire of Chance: How probability changed science and everyday life* (Cambridge: Cambridge University Press, 1989), Lorenz Krüger, Lorraine Daston and Michael Heidelberger, eds. *The Probabilistic Revolution* (Cambridge: MIT Press, 1987) を参照のこと．

[邦訳への追加文献] より詳しい統計学の歴史については Anders Hald, *A History of Mathematical Statistics from 1975 to 1930* (New York: Wiley, 1998) を参照のこと．

19世紀の解析学の流れ[*15]

1736–1813	ジョゼフ・ルイ・ラグランジュ	面積分
1744–1787	ホセ・アナスタシオ・ダ・クーニャ	収束の定義
1745–1818	カスパー・ヴェッセル	複素数の幾何学的表現
1749–1827	ピエール・シモン・ラプラス	確率の解析的理論
1752–1833	アドリアン・マリー・ルジャンドル	最小2乗法
1765–1843	シルベストル・フランソワ・ラクロワ	微分積分学の教科書
1768–1830	ジョゼフ・フーリエ	フーリエ級数
1777–1855	カール・フリードリヒ・ガウス	複素変数, 正規分布
1781–1848	ベルナルト・ボルツァーノ	連続性と収束
1789–1857	オーギュスタン・ルイ・コーシー	微分積分学の厳密化, 複素解析
1796–1874	アドルフ・ケトレ	正規曲線
1801–1861	ミハイル・オストログラツキー	発散定理
1802–1829	ニルス・ヘンリック・アーベル	収束に関する新しい考え方
1805–1859	ペーター・ルジューヌ・ディリクレ	フーリエ級数の収束
1815–1897	カール・ワイエルシュトラス	一様収束
1819–1903	ジョージ・ストークス	ベクトル解析
1821–1881	エドゥアルド・ハイネ	連続性についての新しい捉え方
1822–1911	フランシス・ゴールトン	回帰と相関
1826–1866	ゲオルク・ベルンハルト・リーマン	積分論, 位相幾何学の創始
1831–1879	ジェイムズ・クラーク・マクスウェル	線積分
1831–1916	リヒャルト・デデキント	デデキント切断；自然数の公理系
1845–1918	ゲオルク・カントール	集合論
1845–1926	フランシス・エッジワース	統計的方法
1850–1891	ソフィア・コワレフスカヤ	偏微分方程式
1857–1936	カール・ピアスン	統計的方法
1871–1951	ジョージ・ユドニ・ユール	統計的方法

[*15] 19世紀の解析学には, 本章でとりあげたものの他にも重要な分野があるが, ここでは, 本章で扱った部分だけに限って, 各数学者の業績をまとめてある.

Chapter 17

19世紀の幾何学

> 私はずっと強く確信しているのですが，われわれの幾何学の必然性は証明できないのです——少なくとも人間の理性によって，人間が納得するようには．別の世界に生まれれば，われわれが今は決して近づけない空間の本質について，別の結論に達しうる可能性があります．それまでは，われわれは幾何学を，純粋に先験的なものとして存在する算術と同じ水準においてはならず，むしろ力学と同じとするべきでしょう．
>
> （ガウス，ハインリヒ・オルバース (1758–1840) への手紙，1817 年）[1]

ゲッチンゲン大学で数学の講師になるためには，哲学部のメンバーに向けて，候補者がその人の数学研究をより一般的な知的な事柄に応用できることを示すような就任講演をする必要があった[*1]．ベルンハルト・リーマンは，この**教授資格取得講演**として，三つの話題が可能であると申し出た．最初の二つは，複素関数論と三角級数についての，すでに完成した研究と密接に結びついていた．しかし，ガウスは，学部を代表して，リーマンの三つ目の話題，「幾何学の基礎をなす仮説について」を選んだ．1854 年 6 月 10 日，リーマンは講演した．講演は，数学的に詳細なものではなかったが，幾何学とはどうあるべきかに関してたくさんの着想が詰められており，数学者達はこの問題をゆうに 1 世紀にわたって研究することになったのであった．

18 世紀後半にはオイラーの研究がその広い範囲を刺激し，19 世紀前半には主としてコーシーがそれを引き継いだため，解析学が数学の中心的役割を占めたことから，純粋な幾何学はこの間，重要だとみなされなくなる傾向にあった．ところが，解析学の幾何学への応用は，重要で新しい様々な幾何学上の着想をもたらしたのだった．

ガウスは，研究を始めたばかりの頃，今日微分幾何学と呼ばれている分野の様々な側面について考察していた．しかし，彼が，曲面論に関する自分の考えを最終的に明確にしたのは，結局，ゲッチンゲン天文台の責任者として，ハノー

[*1] 当時のドイツ，ゲッチンゲン大学では，数学は哲学部に属していた．

ファー選帝侯領の詳細な測地測量を命じられた間のことであった．彼は 1827 年，これらの着想を短く，しかし内容の濃い論文として発表した．その中で彼は，そのはしりともいえるオイラーの曲面論を発展させ，曲率を初めとするいくつかの基本的な概念が，その曲面に内在的に備わっているものであり，曲面が 3 次元空間内にどのように位置しているかにはよらないことを，微分積分学の手法を使って示した．

曲面の研究のなかで，ガウスは，曲面の曲率と曲面上の三角形の内角の和との関係をはっきりさせた．その結果，この関係は，古代から問題だった平行線公準と密接に関係していることがわかった．平行線公準が真であれば平面三角形の内角の和は 2 直角に等しいことになる．ガウスは晩年近くに，平行線公準は証明できず，それに代わるものを受け入れることにより，新たな興味深い複数の幾何学体系に導かれること，また現実の世界でそのような幾何学体系が「真理」であることは，経験によってのみ認められることを長い間確信していたと記した．しかし，ガウスはこの話題については，いかなる考えも発表しなかった．それゆえ，最初の非ユークリッド幾何学の完全な取扱いは，1820 年代にニコライ・ロバチェフスキーとヤーノシュ・ボヤイがそれぞれ独立に発表するまで知られなかった．

しかしながら，非ユークリッド幾何学という考えが数学界に影響を及ぼすようになるには，その後 40 年近くかかった．幾何学の研究で，これらの新しい考え方の意義をつかんでいたのは，1854 年のリーマンと 1868 年のヘルマン・フォン・ヘルムホルツによる任意の次元における幾何学的な多様体の一般的な概念に関する研究だけにすぎない．その後まもなく，ユークリッド空間内に様々な非ユークリッド幾何学のモデルが導入されると，非ユークリッド幾何学は論理的に構成されるという観点からもユークリッド幾何学と同様に正当であり，われわれが住む世界ではユークリッド幾何学が「真」であるのかという問には，もはやはっきり答えられないことを数学関係者たちは確信するようになった．

射影幾何学についても，パスカルやデザルグによる初期の成果を越えた進歩が，ジャン・ヴィクトール・ポンスレ，ミシェル・シェール，ユリウス・プリュッカーらによって成し遂げられた．1871 年，フェリックス・クラインは，射影幾何学と非ユークリッド幾何学が，計量の考えを通じて結びつくことを示した．翌年，彼は，幾何学を変換の言葉で新しく定義した．すなわち，射影幾何学とユークリッド幾何学を関連づけ，さらに幾何学と当時姿を現わしつつあった群論との結びつきを示す定義を与えたのである．

19 世紀半ばまでの研究では，幾何学は，3 次元以下の対象にかかわるものであった．しかし，解析的・代数的手法が多く用いられるようになるとともに，多くの幾何学上の着想を，物理的に理解されうる次元の数だけに制限して扱う特別な理由がないことが明らかになってきた．そこで，多くの数学者達が，彼らの公式や定理を，n が任意の正の整数となりうる場合，すなわち n 次元のものへと一般化していった．ただし，n 次元ベクトル空間を幾何学的な観点から詳細に研究することを最初に試みたのは，ヘルマン・グラスマンで，1844 年からとりかかっていた．残念なことに，ボヤイやロバチェフスキーと同様，グラスマンの研究は 19 世紀の終わりまで評価されなった．19 世紀の終わりには，ジュゼッペ・

ペアノが有限次元ベクトル空間の公理系を与えて高次元幾何学の研究の基礎を与え，エリー・カルタンがグラスマンの仕事を微分形式の研究に応用するようになった．

様々な新しい幾何学が作られるとともに，ちょうど解析学でなされたような，幾何学全体の基礎を見直す時期がきたと，多くの数学者が 19 世紀末近くには感じていた．ユークリッドの論法にいくつかの不備が発見され，それらは非ユークリッド幾何学の発展を進めるような，いくつかの問題をもたらした．そこで，ダーフィト・ヒルベルトは，様々な欠点を排除し，古い幾何学と新しい幾何学の双方を展開するために仮定されなければならないことを厳密に明確にする上で役立つような，新しい公理系をユークリッド幾何学に導入したのであった．

17.1 微分幾何学

1820 年から 1825 年にかけて，ハノーファーでの測量を率い，測地学を一つの科学として確立するための様々な新しい方法を導入したあとに，ガウスは 1827 年までには，曲面に関する四半世紀にわたる考察の結果を最終的にまとめることができた．ガウスは，彼の論文「曲面論に関する一般的研究」（"Disquisitiones Generales circa Superficies Curvas"）の要約において，次のように記した．

> 幾何学者は曲面の一般的研究に大いに注目しており，その結果は高等幾何学の領域で重要な部分を占めている．しかし，この対象は，やり尽くしたというにはまだほど遠く，むしろ今まで，この非常に豊かな分野のごくわずかの部分だけが開拓されたにすぎないといえる．著者は数年前，微小要素が変化しないようにして，与えられた面を他の面へ写すようなすべての表現を見出せ，という問題を解くことによって，この研究に新しい一面を与えようと試みた．この論考の目的は，さらに新しい別の見地を開き，かつこれによって近づくことが可能となった新しい真理のいくつかを発展させようとすることにある [2]．

ガウスは，1822 年までには，ある曲面を別の曲面に等角に（すなわち「微小部分が変化することなく保たれるように」）写す条件を確定するという問題を，彼自身がコペンハーゲン科学協会に出題するように提案した挑戦問題の中で，すでに解決していた．そのような関数は，問題にしている二つの曲面を表示する媒介変数に関して，複素解析的に表現されなければならない，というのが解答だった（ただし，ガウスは，このときは複素関数論は使っていなかった）．しかし，この解答に達する過程で，ガウスは，この曲面の考察に含まれる考え方の核心は曲率であることを理解し，また，特に，問題としている曲面の解析的な表示式を使って曲率がどのように計算できるかを，実際に示すことができたのであった．

17.1.1 曲率の定義

ガウスは「曲面論」を曲面の曲率の概念から始めた．彼は，「連続的曲率」を持つ曲面あるいは曲面の部分に対してのみ，すなわちすべての点で接平面を持つような曲面（あるいはその一部分）のみを考察することとした．たとえば，錐体

の頂点は，そこで接平面を持たないので，曲率も持たず，ゆえに考察の対象ではない．平面上の円が曲率一定であることとの類似に基づいて，ガウスは曲率一定の曲面である球面を「ひな型」としての曲面として扱った．そこでガウスは，曲面上のある一点での曲率を，その点のまわりのある領域と，単位球面での点のまわりの対応する領域との比較によって定義しようとした．曲率は，曲面 S の局所的な性質である．しかし，どのように曲率が定義されたとしても，曲率が点から点へと変化していくことは明らかである．ただし，単位球上では，各点で曲率は 1 と定められる．彼の考えた比較を行うために，ガウスは，（今日ガウスの法写像と呼ばれている）写像 n を定義した．これは，S から単位球への写像として定義されるもので，その球の中心から $q = n(p)$ へのベクトルが p における S の法ベクトル（すなわち，p における S の接平面の法ベクトル）と平行になるように写す写像である（図 17.1）．この写像は，曲面 S の有界な領域 A を，単位球面の有界な領域 $n(A)$ に写す．そこでガウスは，A の全曲率を $n(A)$ の面積で定義した．一方，より重要な概念である，ある点での**曲率測度**は，「ある点のまわりの面素の（全）曲率をその面素の自体の面積で割った商，それゆえ，曲面上と単位球面上のお互いに対応する無限小領域の比で表される」[3] と定義した．より現代的にいうと，ガウスは点 p での曲率を

$$k(p) = \lim_{A \to p} \frac{n(A) \text{ の面積}}{A \text{ の面積}}$$

と定義したのである．ここでは p の周りの領域 A が点 p 自身へと収縮していくという意味で極限をとっている．これより，$d\sigma$ を曲面上の面積要素，積分を領域 A についてとるものとしたとき，領域 A の全曲率は $\int k\,d\sigma$ である．

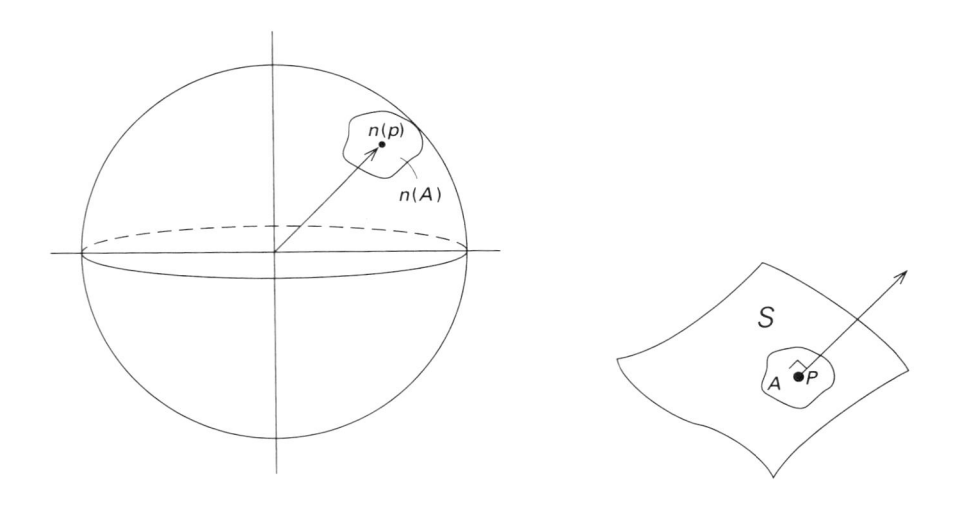

図 17.1
ガウスの法写像．

今日の読者は，ガウスの曲率測度の定義について，少なくとも二つの問題があることに気づかれたかもしれない．まず，任意の曲面の面積をどのように定義するべきなのか．それができたとして，次に，極限が存在するにしても，領域を狭くしていく仕方とは独立に定まることをどのようにして知るのか．ガウスはこれらの問題を扱っていなかった．実際のところ，彼は曲率を極限で定義して

おらず，無限小どうしの比としているだけである．そして，幾何学的直観により，この定義が意味を持つものと確信した．たとえば，曲面 S を半径 r の球面とすると，$n(A)$ の面積は（任意の領域 A に対して）A を $1/r^2$ 倍したものに等しく，そのため各点での曲率は $1/r^2$ となる．同様にして，S が平面であれば，$n(A)$ は，任意の領域に対して 1 点になる．それゆえ面積は 0 で，曲率も 0 である．ガウスが，自分の定義が正しいと確信するに至ったより驚くべきことが，S が円筒の側面となる時に起きる．この場合，領域 A の像 $n(A)$ は単に球面上の曲線となり，したがってこの面積は 0 である．これより，円筒面の曲率もまた平面と同じく 0 である．なぜこの結果が筋の通ったものであるかについて，手短に述べよう．

17.1.2 曲率と驚異の定理

ガウスは，彼の定義を使い，与えられた曲面の方程式によって曲率を計算することができた．p における S の接平面は，単位球面の $n(p)$ での接平面に平行だから，$n(A)$ の面積と A の面積との比は，$n(A)$ と A の xy 平面上への射影の面積比に等しい．それゆえ，その射影が (x, y), $(x + dx, y + dy)$, $(x + \delta x, y + \delta y)$ を頂点とする三角形となる領域 A を考えることにより，ガウスは，その三角形の面積は $\frac{1}{2}(dx\,\delta y - dy\,\delta x)$ となることを指摘した．同様にして，関数 $X(x, y)$, $Y(x, y)$ が法写像 n と射影の合成を表しているとすると，$n(A)$ に対応する三角形の面積は $\frac{1}{2}(dX\,\delta Y - dy\,\delta X)$ となる．これより

$$k = \frac{dX\,\delta Y - dY\,\delta X}{dx\,\delta y - dy\,\delta x}$$

となる．ここで，ガウスに残されたのは，曲面が方程式 $z = z(x, y)$, $W(x, y, z) = 0$, あるいは媒介変数表示された方程式 $x = x(p, q)$, $y = y(p, q)$, $z = z(p, q)$ で定義されたときに，この分数の値を決定することだった．［曲面の］表現の第一のものについては，

$$dX = \frac{\partial X}{\partial x}\,dx + \frac{\partial X}{\partial y}\,dy, \quad dY = \frac{\partial Y}{\partial x}\,dx + \frac{\partial Y}{\partial y}\,dy,$$

$$\delta X = \frac{\partial X}{\partial x}\,\delta x + \frac{\partial X}{\partial y}\,\delta y, \quad \delta Y = \frac{\partial Y}{\partial x}\,\delta x + \frac{\partial Y}{\partial y}\,\delta y,$$

であるから，ガウスは，

$$k = \frac{\partial X}{\partial x}\frac{\partial Y}{\partial y} - \frac{\partial X}{\partial y}\frac{\partial Y}{\partial x}$$

とした．そこでこの式を z の偏微分で書き直すために，直接的だがやっかいな計算をすると

$$k = \frac{z_{xx}z_{yy} - z_{xy}^2}{(1 + z_x^2 + z_y^2)^2}$$

が得られる．ガウスは，3 変数の方程式や媒介変数表示された方程式で曲面が与えられる場合にも，k についての同様な式を得た．そして彼は，一連の美しい定理を導き出すことができた．

まず，ガウスは，点 p における曲率測度が，p を通る曲面の二つの特定された切り口の曲率で表現できることを示した．ガウスは，座標軸を適当に選び，方程式 $z = z(x,y)$ を $p = (0,0,0)$ かつ $z_x(0,0) = z_y(0,0) = z_{xy}(0,0) = 0$ となるように書き換えた．これより，p を通る法線切断によって作られるすべての曲線の曲率の最大と最小は $z_{xx}(0,0)$ および $z_{yy}(0,0)$ となる．それゆえ，p での曲率測度 $k(p)$ は $z_{xx}z_{yy}$，つまり，法線切断線によってできた最大と最小の曲率の積となる．

次にガウスは，**驚異の定理**，すなわち曲率測度は曲面の等長不変量となっていること，つまり，長さを変えない変換によって曲面が変換されても，その値は変化しないことを証明した．この証明を成し遂げるために，ガウスは，曲面を $x = x(u,v), y = y(u,v), z = z(u,v)$ と媒介変数表示し，$E = x_u^2 + y_u^2 + z_u^2$，$F = x_u x_v + y_u y_v + z_u z_v$，$G = x_v^2 + y_v^2 + z_v^2$ とおき，曲率を与える式を E, F, G と，それらの u と v に関する 1 階と 2 階の偏微分のみで表して導いた．線素 ds 自身もまたこれらの量で表現できること，すなわち $ds^2 = dx^2 + dy^2 + dz^2 = Edu^2 + 2Fdu\,dv + Gdv^2$ となるのを示すのは難しくない．それゆえ，曲率は線素で決定される．そこでガウスは次のような注目すべき「定理」を述べることができた．もし一つの曲面が他の曲面上に「展開される」，すなわち，その曲面から別の曲面に，線素を保つ一対一［対応を与える］の写像があるならば，二つの曲面の対応する点における曲率測度はつねに等しい．たとえば，平面は円筒上に展開可能であるから，円筒面の曲率は平面の曲率に等しく，0 である．ガウスは，彼の結果が導かれたことは，新しく重要な曲面の研究方法の始まりを告げたにすぎないことを強調した．

> ［面は，］立体の境界としてではなく，曲げることはできるが伸縮できない固体で，その次元が一つ減じたものとして捉えられる．［このようにして，］その面の性質の一部は，それが有している形[*2]に依存するが，一部は，如何なる形に曲げられても，絶対的で不変のままである．このあとの方の性質は，この研究が，幾何学の新しい豊かな分野を開くものであって，そこには曲率測度ならびに全曲率が含まれている……．この観点からは，平面および平面に展開可能な面，たとえば柱面，錐面などが本質的には同じものであると考えられる[4]．

最後にガウスは，曲面上の測地線（最短の長さを与える弧）で作られる三角形の全曲率とこの三角形の内角の和との間にある重要な関係を証明した．実際，彼は A, B, C をこの三角形の三つの角の大きさとすると，測地線で作られた三角形上の全曲率 $\int k\,d\sigma$ が $A + B + C - \pi$ となることを示した．たとえば，正の定曲率を持つ曲面上で，すべての測地三角形の和は π より大きく，負の定曲率を持つ曲面上では，このような三角形の内角の和は π より小さい．単位球面ではある領域の全曲率がその面積に等しいが，ガウスの結果は，その単位球面上において大円（測地線）で結ばれた三角形の角の和は，π よりも三角形の面積の値に等しい分だけ大きいというよく知られていた結果の一般化になっていた．

[*2] 曲面を曲げる前の，その曲面の形のこと．

ガウスによる曲面の微分幾何学についての論文は，それ自身が重要というだけでなく，研究の将来にも大きな影響を与えた．とりわけ，三角形の内角の和と曲面の内在している幾何学との間の関係は，ユークリッドの平行線公準の妥当性をめぐる問題への解答を導き出すのに役立つことが明らかになった．さらに，ガウスが，今度は量 E, F, G で表現されている線素で曲面を特徴づけたことは，30 年ほどあと，リーマンの著作で多くの重要な側面が発展させられた n 次元多様体の一般的な理論の始まりとなったのである．

17.2 非ユークリッド幾何学

18 世紀には，サッケーリとランベルトは，ユークリッドの平行線公準が誤っているものと仮定し，矛盾を導こうと試みることによって，公準が正しいことを証明しようとしたことを思い出してほしい．サッケーリは，彼の努力が実ったと信じていたが，ランベルトは，この試みが失敗に終わったと認識していた．二人とも，総合幾何学的手段によって，すなわちユークリッドの方法論を用いて，彼が不必要な公準を前提としていたことを示そうとした．しかし 19 世紀には，あらゆる種類の問題を解く際に解析的手法が多く使われるようになってきており，この問題にもまた，新しい方法がもたらされるようになった．そして大変興味深いのは，ランベルトの双曲線関数こそが解析学と新しい幾何学との間を結びつける役割を果たしたにもかかわらず，この関係にランベルト自身は気づかなかったことである．

17.2.1 タウリヌスと対数・球面幾何学

ランベルトは，半径が虚数であるような球面上では鋭角仮定が成り立つであろうと記していたが，働かなくても暮らせるだけの資産があり，趣味で数学を研究していた人物，フランツ・タウリヌス (1794–1874) が 1826 年の研究で，この関係を実際に明確にした．タウリヌスは，半径 K の球面上における任意の球面三角形の辺と角を関係づける球面三角法の公式，

$$\cos \frac{a}{K} = \cos \frac{b}{K} \cos \frac{c}{K} + \sin \frac{b}{K} \sin \frac{c}{K} \cos A,$$

から出発した．ここで，a, b, c は三角形の辺の長さ，A, B, C は，それらに対する角の大きさである（図 17.2）．K を iK で置き換える，すなわち（それが何を意味しようと）虚球面の半径を導入し，$\cos ix = \cosh x$ および $\sin ix = i \sinh x$ であることに注意することにより，タウリヌスは，新しい公式

$$\cosh \frac{a}{K} = \cosh \frac{b}{K} \cosh \frac{c}{K} - \sinh \frac{b}{K} \sinh \frac{c}{K} \cos A. \tag{17.1}$$

を導いた．

タウリヌスは，この公式で定義される幾何学を「対数・球面幾何学」と名づけたが，この幾何学は平面上においては実現不可能であると認識していた．しかし，公式から得られたものをさらに研究していくと，この幾何学の性質に関する

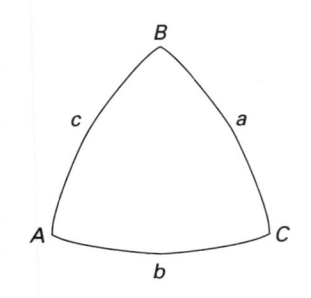

図 17.2
半径 K の球面上の球面三角形．

ある考えが得られる．たとえば，正三角形 $(a=b=c)$ に対しては，上の公式は

$$\cosh\frac{a}{K} = \cosh^2\frac{a}{K} - \sinh^2\frac{a}{K}\cos A$$

あるいは

$$\cos A = \frac{\cosh^2\dfrac{a}{K} - \cosh\dfrac{a}{K}}{\sinh^2\dfrac{a}{K}} = \frac{\cosh\dfrac{a}{K}\left(\cosh\dfrac{a}{K} - 1\right)}{\cosh^2\dfrac{a}{K} - 1} = \frac{\cosh\dfrac{a}{K}}{\cosh\dfrac{a}{K} + 1}$$

となる．$\cosh\dfrac{a}{K} > 1$ であるから，$\cos A > 1/2$ であり，したがって $A < 60°$ となる．すなわち，この幾何学では，正三角形の内角の和は $180°$ より小さいことになる．一方で，辺の長さが短くなるか，半径 K が大きくなれば，角 A は $60°$ に近づき，したがってこの幾何学はユークリッド幾何学に近づく．実際，(この状況に応じたベキ級数展開によって，) K が ∞ となるような極限において，タウリヌスの公式 (17.1) がユークリッド幾何学での余弦定理 $a^2 = b^2 + c^2 - 2bc\cos A$ に帰着されることも示すことできる．

重要な球面三角法の公式の 2 番目は，球面三角形の角と 1 辺の長さを結びつける，

$$\cos A = -\cos B\cos C + \sin B\sin C\cos\frac{a}{K}$$

である．K を iK で置き換えることにより，この公式は，対数・球面幾何学の公式

$$\cos A = -\cos B\cos C + \sin B\sin C\cosh\frac{a}{K} \qquad (17.2)$$

となる．$A = 0°$ かつ $C = 90°$ となる特別な場合に対して，公式 (17.2) は

$$\cosh\frac{a}{K} = \frac{1}{\sin B}$$

となる．当然，角 C が直角で，角 A が 0 度であるような三角形はユークリッド幾何学では存在しない．しかし，サッケーリは，鋭角仮定により漸近する直線の概念が導かれることを認識していた．これより，タウリヌスの三角形は，2 辺が漸近していくような三角形の一つとして考えられねばならない（図 17.3）．角 B と第 3 辺の長さ a はそれゆえ，公式 $\sin B = \operatorname{sech}\dfrac{a}{K}$ で結びついている．この公式は

$$\tan\frac{B}{2} = e^{-a/K},$$

の形で書くこともでき，これは，ロバチェフスキーの研究での基本公式となるものである．

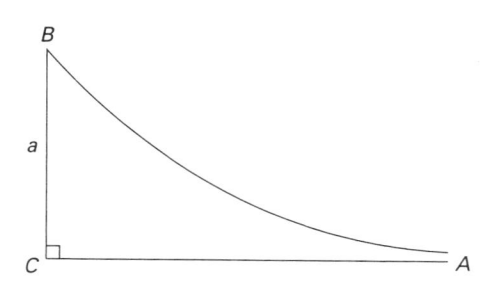

図 17.3
$\angle C = 90°$ かつ $\angle A = 0°$ となるような三角形．

公式 (17.2) はまた，直角二等辺三角形を作図し，高さ a を引くことによってそれを二つの三角形に分けたとき，a と最初の三角形の底角 A の関係が $\cosh\dfrac{a}{K} = \sqrt{2}\cos A$ で与えられることを示している（図 17.4）．これより，$A = 0°$ のとき，すなわち二つの等辺が斜辺に漸近するとき，直角二等辺三角形の高さ h は，可能な最大限の高さになる．この場合，$\cosh\dfrac{h}{K} = \sqrt{2}$，あるいは [ln を自然対数とすると]

$$K = \frac{h}{\ln(1+\sqrt{2})}$$

となる．タウリヌスはさらに，三角形の面積は（ランベルトはすでに発見していたが），その欠落部分 $[\Pi - (\angle A + \angle B + \angle C)]$ に比例することに気づいた．すなわち半径 r の円周の長さは $2\pi K \sinh\dfrac{r}{K}$ で，半径 r の円の面積は $2\pi K^2 \left(\cosh\dfrac{r}{K} - 1\right)$ となる．これら後半部分の結果はすべて，このあと手短に論じるロバチェフスキーとボヤイの多くの研究と同様に，ガウスが公表しなかった論文の中で，いくぶん早い時期にすでになされていたことは注目すべきである．しかしガウスはおそらく，すべての結果は価値があるが，彼自身が望んでいるような高い水準に達したとは感じなかったため，この課題に直接関係するものは何も出版しなかったのだろう．一方で，ガウスによる曲率と三角形の過剰・不足を関連づける研究は，この新しい幾何学を考察することによって，多少なりとも刺激されていったに違いない．

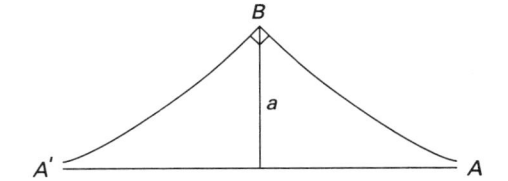

図 17.4
二つの底角が 0 になる直角二等辺三角形.

17.2.2　ロバチェフスキーとボヤイの非ユークリッド幾何学

解析的な結果を得たにもかかわらず，タウリヌスは，彼の擬似球面上の幾何学が適用できる「現実」的な場合があるとの確信が持てなかった．公式はたくさんの結果の寄せ集めにすぎなく，現実的な内容を伴うものではなかった．しかし，サッケーリもランベルトも，鋭角仮定を否定する試みに成功したわけではないので，他の数学者達は，その仮定が成り立つ平面幾何学が存在する可能性があると信じ始めた．さらにその幾何学には，解析的な基礎としてタウリヌスの公式があるだろう．自分達の新しい着想を自信を持って最初に公表した二人の数学者は，ロシアのニコライ・イワノヴィッチ・ロバチェフスキー (1792–1856) とハンガリーのヤーノシュ・ボヤイ (1802–1860) だった．二人とも，鋭角仮定への正しい反論を見出すためにとりあげた平行線の問題の検討からとりかかっている．そして二人とも，気持ちが徐々に変わっていった．

1826 年，ロバチェフスキーはカザン大学で，与えられた点を通り，与えられた直線に平行となる線が 2 本以上ある幾何学の概要を講義した．3 年後，彼は，この講義の内容を拡張し，ロシア語の教科書『幾何学の原理について』を出版し

伝　記

ニコライ・イワノヴィッチ・ロバチェフスキー (Nikolai Ivanovich Lobachevsky, 1792–1856)

　ロバチェフスキー（図17.5）はモスクワから250マイル東のロシアの町，ニジニ・ノヴゴロド（現ゴーリキー）で生まれた．両親はポーランド出身だった．彼は14歳で，学位取得後少なくとも6年間はそこで教えるという条件で奨学金を得て，カザン大学に入学した．実際彼は，成人後の人生すべてを実質的にその大学で送った．1816年に助教授になり，1822年には30歳で正教授になった．学部時代にJ.マルティン・バーテルスの影響を受けた彼は，数学へと方向をかえた．バーテルスは，ガウスの友人で，この新しい大学で数学を教えるために，カザンへ招かれていたのだった．ロバチェフスキーは，カザンでは，有能な教師であったのみならず，様々な役職にもついており，図書館長や学長も勤めた．フランス革命に影響されていくつかの事件が起き，革命にまつわる異端思想が広がることを防ごうとロシア政府が対応している間，彼はある程度まで学内をまとめることはできた．しかし残念ながら，1846年，彼は結局説明なしに職を解かれた．そして貧困の中で最後の10年を送った．

図 17.5
ロシアの切手に描かれたロバチェフスキー．

た．次の10年間にわたって，彼は，新しい幾何学の研究についていくつかの異なる解釈を発表した．その中には，1840年のドイツ語による詳細な概要『平行線の理論に関する幾何学的探求』(*Geometrische Untersuchungen zur Theorie der Parallellinien*) も含まれている．ボヤイもまた，1820年代に，彼の独創的な研究の大部分を仕上げており，得られた題材を（ラテン語で）1831年に父ファルカシュ・ボヤイの幾何学に関する著作の付録として，『ユークリッドの公理11（平行線公準）の真偽とは独立に存在する，先験的には決定できない，絶対的に正しい空間の科学を提示する付録』と題して出版した．ロバチェフスキーとボヤイの考えがきわめて似ていることがすでに明らかになっているので，われわれは，ロバチェフスキーの著作『幾何学的探求』に焦点をあて，詳しく見ていこう．

　ロバチェフスキーは，平行線公準には関係なく真である，幾何学上のいくつかの結果をまとめることから始めた．そして彼は，平行の新しい定義を明確に述べた．それは「ある平面上で，1点から出るすべての直線は，与えられた直線と**交差する**ものと**交差しない**ものの2種類に分けられる．この2種類の直線の**境界となる直線**は与えられた直線に**平行である**という」ものである[5]．したがって，BC を直線，A を直線上にない点，AD を A から BC におろした垂線とすると，まず AD に垂直な線 AE が書ける（図17.6）．線 AE は BC と交わらない．そこでロバチェフスキーは，A を通り，いくら延長しても BC と交わらない AG のような直線が他にもあると仮定した．たとえば AF のような交わる直線から，AG のような交わらない直線に達する間には，2種類の集まりの間の境界になっているような直線 AH が存在するはずである．この AH こそ BC に平行なのである．AH と垂線 AD の間の角 HAD は AD の長さ p に依存するが，

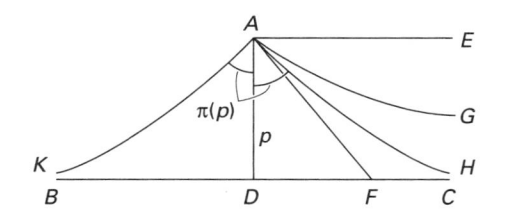

図 17.6
ロバチェフスキーの平行角.

これをロバチェフスキーは**平行角**と呼び，$\Pi(p)$ で表した．$\Pi(p) = 90°$ のとき，A を通り BC に平行な直線がただ 1 本存在する．これは，ユークリッド幾何学と一致する．しかしながら $\Pi(p) < 90°$ のとき，AD に関して AH とは反対側に，平行線に相当する直線 AK があり，同じ大きさの角 $\Pi(p)$ で AD と交わる．これより，この非ユークリッド的な状況においては，平行について考えるとき，つねに二つの異なる方向を区別する必要がある．いずれにせよ，非ユークリッド的な仮定のもとでは，AD をはさんだそれぞれの側で，A を通り BC とは交わらない無数の直線がある．

非ユークリッド的な仮定から，ロバチェフスキーはたくさんの結果を導いたが，そのうちのいくつかは，本質的には，サッケーリかランベルトのいずれか，あるいは二人とも知っていたことであった．たとえば，彼は，任意の p に対して $\Pi(p) < 90°$ となる性質は，すべての三角形の内角の和が $180°$ より小さくなる性質に同値であることを示した．その場合，直角より小さい任意の α に対して，方程式 $\Pi(p) = \alpha$ が解けるだけでなく，平行線はお互いに漸近する．平行線の性質をより正確に定義するために，ロバチェフスキーは，新しい曲線を定義した．これは「平面上の曲線で，そのすべての弦の垂直二等分線が互いに平行であるものを，**境界線**（あるいは**ホロサイクル**）という」[6] というものであった．言い換えると，ホロサイクル上にある A とともに線 AB が与えられたとき，任意の別の点 C は，AC が線 AB と角 $\Pi(AC/2)$ をなすならば，ホロサイクル上にある．この場合，AC への垂直二等分線 DE が AB と平行になるからである（図 17.7）．実際，ホロサイクルと垂直に交わるすべての線は平行である．この曲線は無限に大きな半径を持つ円と考えることができ，ユークリッド幾何学的な仮定のもとでは，この曲線は直線である．ロバチェフスキーは，距離 s で隔てられたホロサイクル上の二つの点 A, B に対し，$AA' = BB' = x$ となるように二つの垂線 AA', BB' を引いて，距離 $A'B'$ が s' となるような点 A', B' を通る新しいホロサイクルを構成した（図 17.8）．そして，s'/s は距離 x のみに依存すること，すなわち $s'/s = f(x)$ となることを示した．新しいホロサイクル $A''B''$ が，上と同様にして，$A'B'$ から x の距離に作られ $A''B'' = s''$ だとすると，$s''/s' = f(x)$，したがって $f(2x) = s''/s = f(x)^2$ となることが示される．同様にして，$f(nx) = f(x)^n$ であるから，ロバチェフスキーは，ある定数 a を使って $s' = sa^{-x}$ と書けることを結論することができた．測定の単位は任意なので，彼は a を e とおいた．したがって平行線 AA' と BB' の間の距離は，関数 $s' = se^{-x}$ で与えられ，x は A または B，あるいはその両方から測られるホロサイクルからの距離である．これより，平行線が実際に漸近的であることがわかる．

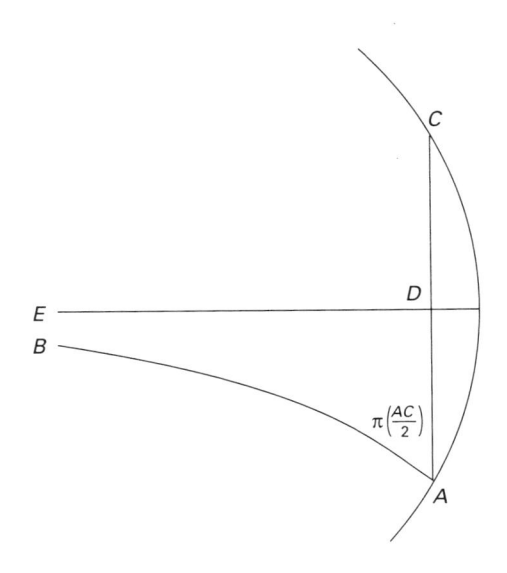

図 17.7
ロバチェフスキーのホロサイク
ル．

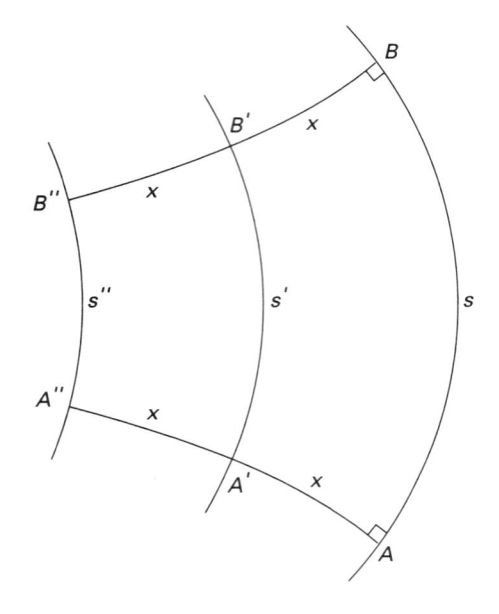

図 17.8
ホロサイクルでの垂線群．

　ロバチェフスキーの大変興味深い諸結果は，サッケーリもランベルトも知らなかった非ユークリッド平面での三角法を含んでいた．球面三角形や非ユークリッド平面上での三角形を含んだ複雑な議論を通じて，彼は，関数 $\Pi(x)$ を

$$\tan \frac{1}{2}\Pi(x) = e^{-x}$$

という形で明確に評価することができた．これは，タウリヌスによって得られたものと本質的に同じ結果である．これより，$\Pi(0) = \dfrac{\pi}{2}$，（あるいは，小さな x をとると，この幾何学はユークリッド幾何学に近づくのだが）そして $\displaystyle\lim_{x \to \infty} \Pi(x) = 0$ が得られる．したがってロバチェフスキーは，任意の非ユークリッド的三角形

の各辺 a, b, c とその対角 A, B, C の間に,新しい関係式

$$\sin A \cot \Pi(b) = \sin B \cot \Pi(a), \tag{17.3}$$

$$\cos A \cos \Pi(b) \cos \Pi(c) + \frac{\sin \Pi(b) \sin \Pi(c)}{\sin \Pi(a)} = 1, \tag{17.4}$$

$$\cot A \sin C \sin \Pi(b) + \cos C = \frac{\cos \Pi(b)}{\cos \Pi(a)}, \tag{17.5}$$

$$\cos A + \cos B \cos C = \frac{\sin B \sin C}{\sin \Pi(a)}, \tag{17.6}$$

を導くことができた.

三角形の各辺が小さいとき,ロバチェフスキーの公式は,ユークリッド幾何学の標準的な公式を意味する.$\Pi(x)$ の明確な表現は,

$$\cot \Pi(x) = \sinh x, \qquad \cos \Pi(x) = \tanh x, \qquad \sin \Pi(x) = \frac{1}{\cosh x}$$

が成り立つことを示している.そこで,これらの双曲関数を 2 次までベキ級数展開して近似すると,$\cot \Pi(x) = x, \cos \Pi(x) = x, \sin \Pi(x) = 1 - \frac{1}{2}x^2$ を得る.これらの近似値を上の四つの公式に代入し,3 次以上の項を無視すると,

$$b \sin A = a \sin B,$$

$$a^2 = b^2 + c^2 - 2bc \cos A,$$

$$a \sin(A + C) = b \sin A,$$

$$\cos A + \cos(B + C) = 0$$

という結果が得られる.最初の二つはそれぞれ,よく知られている正弦定理と余弦定理であり,あとの二つは,最初の二つの式と組み合わせることにより $A+B+C=\pi$ と同値な結果となる.また,三角形の各辺 a, b, c をそれぞれ ia, ib, ic と置き換えると,ロバチェフスキーの結果は,球面三角法の標準的な結果に変換される.したがって,ロバチェフスキーの幾何学は,虚の半径を持つ球面上におけるタウリヌスの対数・球面幾何と本質的には同じものである.

ロバチェフスキーは,おそらくタウリヌスの著作を読んでいなかったであろう.それゆえ,彼の三角公式はまさしく「(非ユークリッド)幾何学の仮定を考えることが可能であるための十分な根拠である」.彼は,「したがって,通常の幾何学の計算に付随する正確度を判断するためには,天文学で行うような観測以外にはまったく方法がない」[7] と結論した.ガウスもまた,ユークリッドの平行線公準が成り立たないような,新しく価値のありそうな幾何学が創造されることになると,ユークリッド幾何学には「必然性」がないこと,われわれが住んでいる世界ではユークリッド幾何学が成り立っていると自動的に結論できなくなることを認識した.物理的な世界の幾何学がユークリッド的なものかどうかを決定するには,実験が必要になったのである.ロバチェフスキーは,星の位置の観測データを使って,このような実験を実際に試みたが,はっきりした結論には達しなかった.

伝　記

ヤーノシュ・ボヤイ (János Bolyai, 1802–1860)

　ハンガリーのクラウゼンブルグ（現在のルーマニアのクルージュ）に生まれたボヤイ（図 17.9）は，初期の教育をマロシ・ヴァシャルヘイ（現在のティルグムレス）で受けた．そこでは，彼の父でガウスの友人でもあった，ファルカシュ・ボヤイが教授をしていた．彼は 16 歳のとき，ウィーンの帝国軍事アカデミーに入り，将校となって，テメシヴァル（テミショアラ），アラッドゥ，およびリヴォーフ（レンベルグ）で奉職した．しかしながら，彼は，1833 年，体調不良のため軍の仕事を退かねばならなくなった．一方彼の父親は，平行線の問題に興味を持ち，ガウスと何年にもわたってこの問題についてのやりとりを続けたが，何ら解決を見出せないでいた．父親は，結局この問題ですっかり消耗してしまい，息子にはこの課題に取り組まないように忠告もしていた．しかしヤーノシュはこれに固執し，1823 年，彼の父に平行線の理論について「素晴らしい発見」をしていたことを伝えた．彼は，最終的には 1831 年に，この発見を発表した．ヤーノシュは独自の空間論を発展させ続けていたのだが，自分はすでに非ユークリッド幾何学の基本的な考え方を発見していたというガウスの返事に落胆し，彼自身の着想をさらに進めて発表するのをやめてしまった．

図 17.9
ハンガリーの切手に描かれたボヤイ．

　ボヤイもまた，ユークリッド幾何学と非ユークリッド幾何学のいずれが「実在」を表現しているかは決定できないと述べている．実際，「ユークリッド幾何学かあるいはある（非ユークリッド）幾何学（そして，そのどちらが）実在するかを，（どのような仮定からも離れて）**先験的**に決定することは不可能であることを証明することが残っている．しかし，このことはより適切な機会にゆずろう」[8] と彼は主張していた．「より適切な機会」は訪れることはなかったが，ボヤイは，ロバチェフスキーと同じ数学的な成果の大部分を導いた．しかし彼は，平行線公準と独立に真である定理を集めたものである，**絶対幾何学**をより明確に論じていた．たとえば，彼は，「任意の直角三角形において，それらの辺を半径として描いた円（周の長さ）は，向かい合う角の正弦に比例する」[9] ことを証明した．ユークリッド幾何学においては半径 r の円の円周の長さは $2\pi r$ なので，この結果は，単に $a:b:c = \sin A : \sin B : \sin C$，すなわち正弦定理である．非ユークリッド幾何学においては，対応する円周の長さは，ある定数 K（ボヤイは，このような定数を一つ定めるごとに異なる幾何学が定まるとしている）に対して，$2\pi K \sinh \dfrac{r}{K}$ となるので，この定理は

$$\sinh \frac{a}{K} : \sinh \frac{b}{K} : \sinh \frac{c}{K} = \sin A : \sin B : \sin C$$

となり，ロバチェフスキーの等式 (17.3) と同じ結果になる．ボヤイは，本質的にはユークリッドの道具立てを使って，非ユークリッド幾何学においては半径 1 の円と等しい面積を持つ正方形を作ることができるという，興味深い結果も証明することができた．

ボヤイとロバチェフスキーの研究は，平行線公準にかかわる古代からの問題に答えているにもかかわらず，1860年代以前には，数学界からの反応をほとんど引き出すことがなかった．その理由はいくつかあるが，まったく新しい概念を数学が受け入れるときに一般に生じる困難もさることながら，彼らの著作のいくつかが（全部ではないが），数学界ではあまり世に知られていない筋から出版されたこと，当時広く使われていた言語で書かれていなかったことによるものである．しかし，このハンガリー人とロシア人の発見が直ちに数学の主流の一部となりえなかった最も重要な理由は，非ユークリッド平面とは実際のところ何かということを理解できた人がほとんどいなかったからではないだろうか．創始者たちの議論は正しいし，論理的には首尾一貫していた．彼らは，既知の関数を含む，理にかなった数学公式として導かれたものを提示した．しかし，この新しい幾何学の「実在性」は，単純には受け入れられなかった．非ユークリッド幾何学をより一般的な幾何学体系の一部とみなし，この体系を通してユークリッド幾何学と結びつけられるようになるまでは，この幾何学は，奇妙な方向からの一つの解釈であるというにすぎなかった．

17.2.3 リーマンの幾何学の基礎

幾何学の新しい一般的体系を最初に作り出した数学者はリーマンであった．彼は，「幾何学の基礎をなす仮設について」（"Über die Hypothesen welche der Geometrie zu Grunde liegen"）と題する就任講演を行い，彼の考え方を哲学部の教授達の前で発表した．この講義で，リーマンは，数学的に詳細なことにはほとんど触れず，幾何学が論じるべきものは何かを説明することに多くの時間を費やした．したがって，彼は，「多次元量を一般的な量の概念から構成するということを自分の課題としたのです．そのことから，多次元量が種々の計量関係を持ちうること，それゆえ空間は3次元量の単なる一つの特殊の場合にすぎないということが，出てくるのです．だがこれの必然的な結果は，幾何学の諸命題が一般的な量の概念からは導かれず，空間を他の可能な一切の3次元的な量から区別する諸性質が経験からだけとり出すことができるということであります」[10]ということから始めた．言い換えると，リーマンにとって，最も一般的な幾何学の概念とは，今日多様体といわれるものであった．多様体上では，様々な計量的な関係，すなわち距離を決定する方法が定められる．（3次元）ユークリッド幾何学で扱われる通常の「空間」は，一般には，われわれが住んでいる物理空間と仮定されているが，それは3次元多様体の特別な場合であり，無限小を用いて表現されるユークリッド計量 $ds^2 = dx^2 + dy^2 + dz^2$ が付随していた．ガウスに同意して，リーマンもまた，物理的空間の正確な性質は**先験的**にではなく，「経験」によってのみ決定されると主張した．

講演の第1部で，リーマンは n 次元多様体の考えを扱った．彼は，1次元多様体の考え，すなわち「これの本質的特徴は，そこでは一点からただ二つの方向に，すなわち前方または後方にのみ，連続的移行が可能だということです」[11]とする曲線の概念から始めて，帰納的に n 次元多様体を構成した．2次元多様体は，ある1次元多様体を別の1次元多様体へと連続的に動かすことで作られる．2次元多様体はしたがって，その移動によって作られたすべての点から構成され

る．同様にして，3次元多様体は，一つの2次元多様体を別の2次元多様体へと移動することによって作られ，より高い次元に対しても，同じことが続けられる．リーマンが中心においたのは，一つ高い次元を導入することは，一つの点から動きうる別の方向をさらに一つ加えることに帰着すること，より現代的な言い方をすれば，その多様体上の点の接平面に新しい次元を付け加えることという考え方になろう．リーマンは，さらに，ある意味でこの手続きの逆が可能であり，$(n-1)$ 次元多様体を n 次元多様体上で定義された関数の零点として定義できることを注意した．これらの関数は，今日座標関数と呼ばれるものとみなすことができる．これによって，多様体上の各点は n 個の数量，すなわち n 個の座標で決定される．

リーマンの講演の第2部は，多様体上の計量的な関係，すなわち，多様体上の曲線の長さをその位置とは独立に定める方法を論じることに費やされる．彼の講演で何らかの数学の公式が含まれているのはこの箇所だけだが，リーマンはここでも，諸公式を提示しているだけで導いてはいない．リーマンの基本的な仮定とは，ガウスの先立つ研究に基づいたもので，曲線の長さの無限小要素 ds は dx_i の正定値斉次2次関数の平方根になること，すなわち

$$ds^2 = \sum_{i=1}^n \sum_{j=1}^n g_{ij}\, dx_i\, dx_j,$$

となることであった．ここで，すべての g_{ij} は多様体上の連続関数で，$g_{ij} = g_{ji}$ である．普通の（ユークリッド）空間は，最も単純な場合の計量，すなわち $ds^2 = \sum dx_i^2$ を持つ．リーマンは，あたえられた計量を他の計量に変換することは，一般的に可能とはかぎらないことを示した．それゆえ，この最も単純な計量を持つ多様体はある特別な種類のものとなり，リーマンはこれを「平坦である」と名づけた．

曲がっている（平坦でない）多様体を扱うため，リーマンは，今日リーマンの標準座標と呼ばれている特別な座標の組を構成した．これらの座標を使うことにより，リーマンは，ガウスのアイデアを一般化した曲率の概念を定義し，それらもまた多様体に固有な量であり，係数 g_{ij} のみに依存することを示した．それゆえ，多様体の幾何学におけるすべての性質は，計量と網目状の座標によって記述できる．たとえば，漸近する平行線とそれに伴うホロサイクルを2次元曲面上の網目状の座標として使うことができるし，適切な計量を用いると，与えられた直線への平行線の存在についていかなる仮定もおくことなく，ロバチェフスキーによる非ユークリッド幾何学のすべての性質を明らかにしていくことができる．リーマンは，曲率一定の多様体が「それらにおいて図形が伸縮することなく動かされうる」という重要な性質を持つことを指摘した．実際，「曲率によって多様体の計量関係は完全に定まっているのです．だから1点のまわりのあらゆる方向での計量関係は，他の点のまわりとまったく同一であり，……したがって定曲率多様体では図形にあらゆる任意の位置を与えることができるのです」[12]．

リーマンの講演の最後の部分は，彼の着想とわれわれが普通持っている3次元ユークリッド空間の概念との関係を扱っている．リーマンは3種類の条件を提示した．彼の主張するそれら条件の一つ一つが，3次元多様体が平坦かどうかを決定するのに十分なものである．これらのうちの一つは，物体が自由に動いて

回転でき，すべての三角形の内角の和が等しくなることである．これらの条件を確認するには，われわれの観測を測りえないほど大きくあるいは小さくする必要があるから，これらの条件が成り立つかどうかを決定するのは難しい，とリーマンは記している．しかし，彼は，物理空間は無限界な3次元空間をなすと仮定できると述べていた．だが，無限界性は，空間が無限であることを意味していない．もし曲率が正で一定であれば，空間は必然的に有限であろうからである．リーマンは，測りきれないほど小さいものについては，計量的な関係は測りきれないほど大きいものの計量関係から必ずしも得られないこと，実際，空間の計測可能なあらゆる部分の全曲率が0に近づく限りは，曲率は点から点へと移るときに変化すると結論した．しかしながら，曲率とそれに伴う計量の正確な決定は，数学ではなく物理学の問題である．

17.2.4　ヘルムホルツとクリフォードの幾何学の体系

　リーマンは彼の講演を出版しようとしなかった．おそらく，彼は当初幾何学に関するこの話をするつもりがなく，したがってこの時期にいくつか別の計画に取り組んでいたためであろう．そのため，ガウスがその講演に大変感銘したにもかかわらず，リーマンが若くして逝ったあと，1868年に出版されるまで，そこで示された新しい着想は，他のどこにもほとんど影響を与えなかった．しかし，ひとたびそれが出版されると，リーマンの研究は広い範囲で賞賛を受けた．とりわけドイツのヘルマン・フォン・ヘルムホルツ (1821–1894)（図17.10）とイングランドのウィリアム・クリフォード (1845–1879) の二人は，リーマンの仕事に強い影響を受け，より広い範囲の研究者の注意を惹くのに役立つような，彼ら自身によるリーマンの成果の解釈と拡張を発表した．

　ヘルムホルツは，リーマンの講義出版後直ちに，きわめて似かよったタイトルの論文「幾何学の基礎をなす事実について」("Über die Thatsachen die der Geometrie zu Grunde liegen") を発表し，幾何学に対する正当な研究の基礎を与えるような仮説を列挙することを試みた．まず彼は，リーマンと同様に，n次元空間は多様体であると仮定した．しかし，ヘルムホルツの定義はリーマンよりいくぶん明確であり，そこでは，1点の付近のn個の独立な座標で，少なくともそのうちの一つは，その点が動くとともに連続的に変化するようなものが存在することが仮定されていた．彼の例から，その多様体全体でつねに同じ座標の組［同じ座標系］がとれることを要求していないことは，明らかだと思われる．ヘルムホルツの第2公理は，剛体の存在であった．この仮定は，重ね合わせによって空間内の二つの物体を等しいとみなすことを認める．三つ目に，ヘルムホルツは，剛体は自由に動けることを仮定した．言い換えれば，このような物体内の任意の点は，空間内における別の任意の点へと動かされうるしまた，この物体内の別の点はこの運動によってまた別の点に移されるが，その座標は特定の等式の組によって最初の点の座標と関係づけられている．さらに$n=3$という仮定をおくことにより，ヘルムホルツはこれらの仮説から，われわれが生きている物理空間についての彼なりの概念，すなわち曲率一定の3次元多様体の概念に導かれた．これによると，物理空間には三つの可能性がある．それは，その曲率は正か負かゼロかである，ということである．3番目を選択すると，ユークリッド

図 17.10
ドイツの切手に描かれたヘルムホルツ．

幾何学になる．反対に，「もし，曲率測度が正であれば，**球面**空間となり，そこでは，最もまっすぐと考えられる曲線は，［延長すると］それ自身に戻ってくるようになり，平行線は存在しない．このような空間は，球面のようなもので，境界はないが無限に大きいわけではない．一方，曲率測度が負で一定なものは，**擬球面**となり，そこでは，任意の点を通る最もまっすぐと考えられる曲線は無限に伸びており，また，最も平らと考えられるどの曲面上でも，その曲面上に与えられる最もまっすぐと考えられる曲線に交わらないようにして，［曲面上の］任意の点を通る最もまっすぐと考えられる曲線の束を描くことができる」[13]．すなわち，ヘルムホルツは，ロバチェフスキーの非ユークリッド幾何学をリーマンの研究の中に位置づけることに成功したのであった．さらに，球面幾何学もまた，平行線が存在しないような一つの非ユークリッド幾何学であることが判明した[*3]．よって，ユークリッドの平行線公準を否定する場合の二つの可能性[*4]により，われわれの物理空間における可能な二通りの幾何学を導くことができた．

　1870年代の早い時期にイングランドで行った一連の講義で，ウィリアム・クリフォードもまた，物理空間の公準を決定しようと試みた．彼は，ヘルムホルツよりも明確に，ユークリッド空間と非ユークリッド空間を識別する一つの方法を指摘した．それは，「任意の図形は，形状を変えることなく，任意の度合いに拡大されたり縮小されたりしうる」[14]という相似性の公理による．この仮定は，曲率が0であるという仮定と同等であることがわかるので，ロバチェフスキーの幾何学に対しては真ではない．しかし，ユークリッドに関するロバチェフスキーの考え方の影響を，プトレマイオスに対するコペルニクスの考え方の影響になぞらえることによって，クリフォードは，ロバチェフスキーが成し遂げた革命に強い感銘を受けた．いずれの場合も，人類の宇宙に対する見方が根本的に覆されたのだった．とくに，正や負の曲率を持つ非ユークリッド幾何学が物理空間に対して持つ可能性に関しては，空間に対する人間の知識は，とくにそれが遠方のことであれば，その観測の威力が及ぶ距離に限定されていることが明らかになった．

　クリフォードはまた，1876年の短い論文の中で，実際，われわれの実験が正確な範囲で，空間の有限部分の曲率が0であるにもかかわらず，空間に関するすべての公理が空間のきわめて小さい部分に適用できるかどうか，本当に知ることはできないと記した．事実，クリフォードは，われわれが住んでいる空間の曲率は一定であるとするヘルムホルツの考え方とは矛盾する新しいいくつかの考察を与えた．彼の着想は，より最近になって宇宙論の研究の最前線へと近づいてきたものだが，クリフォード自身は以下のように説明した．

> 　私は実際，以下のように考えている．
> 1. 空間の小さな部分は，平均的にほぼ平坦な曲面上の小さな丘のような性質を実際に**持っている**．すなわち，幾何学の普通の法則はその中では成り立たない．
> 2. 曲がっている，あるいはねじれているという性質は，波のように，空

[*3] 線分を無限に延長できるという，『原論』の第2公準もまた，球面上の幾何学では成立しない．
[*4] ある点を通り，与えられた直線に平行な直線が1本もない場合と2本以上ある場合の二つ．

間の一部分から別の部分へと連続的に移っていくものである.

3. 空間の曲率の変化は，重さのある場合であれ，あるいはエーテル的な場合であれ，**物質の運動**と呼ばれる現象において実際に起こるものである[*5].

4. 物理世界においては，（おそらくは）連続の法則に従ったこうした変化が起こるだけである[15].

クリフォードの物理世界についての考察によって，リーマンが提示した多様体の理論という着想は，物理学での重要な研究の道具になった．それらは実際に，20世紀初めに起こった相対論に関連する物理学の革命的な発展において，核心をなす考え方になっていった.

17.2.5　非ユークリッド幾何学のモデル

ロバチェフスキーの幾何学は，負の定曲率を持つ曲面上で有効であることが明らかになったので，イタリアの数学者で，ボローニャ，ピサ，パヴィーア，最後にはローマで数学の職についていた，エウジェニオ・ベルトラミ (1835–1900) は，いわゆる**擬球面**と呼ばれる曲面を構成しようと試みた．3次元ユークリッド空間の中では，このような曲面の一部分しか構成できないことはわかっていた．しかし，ベルトラミは，この曲面上に適切な計量を定め，この計量と非ユークリッド空間に対するロバチェフスキーの三角法の法則との関係を示すことができた．彼は3次元ユークリッド空間内におかれた半径 k（そして曲率 $1/k^2$）の球面を，ある値 a を使って，

$$x = \frac{uk}{\sqrt{a^2 + u^2 + v^2}}, \qquad y = \frac{vk}{\sqrt{a^2 + u^2 + v^2}}, \qquad z = \frac{ak}{\sqrt{a^2 + u^2 + v^2}}$$

と媒介変数表示をすることから始めた．これより曲面上の計量 ds^2 は，ユークリッド計量 $ds^2 = dx^2 + dy^2 + dz^2$ に代入することにより直接計算でき，

$$ds^2 = k^2 \frac{(a^2 + v^2)\, du^2 - 2uv\, du\, dv + (a^2 + u^2)\, dv^2}{(a^2 + u^2 + v^2)^2}$$

となる．この結果を曲率 $-1/k^2$ の擬球面上のものへと移すためには，ベルトラミは u を iu に，v を iv に単に置き換えた．結果的に計量は

$$ds^2 = k^2 \frac{(a^2 - v^2)\, du^2 + 2uv\, du\, dv + (a^2 - u^2)\, dv^2}{(a^2 - u^2 - v^2)^2}$$

となり，これが［計量として］必要な性質を備えていることがわかった[16].

擬球面上で，$c < a$ となる任意の c に対し，曲線 $u = c$ と $v = c$ はそれぞれ，$v = 0$ と $u = 0$ に測地的に直交している．したがってベルトラミは，一つの頂点が原点，一つの辺が曲線 $v = 0$ に，もう一つの辺が $u = c$ に沿っており，斜辺が $v = 0$ と角 θ をなすような，原点を通る測地線からなる直角三角形を考えることができた（図 17.11）．彼は，適切な計量形式を積分し，これら3辺の長さを計算した．斜辺については，$u = r\cos\theta$, $v = r\sin\theta$ とおく．これより

$$ds = \frac{ka\, dr}{a^2 - r^2}$$

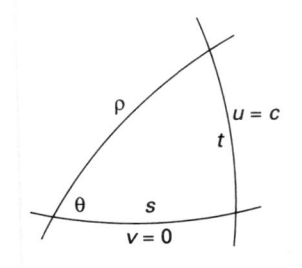

図 17.11
擬球上におけるベルトラミの計算

$\rho = \frac{1}{2} k \ln \dfrac{a+r}{a-r}$

$s = \frac{1}{2} k \ln \dfrac{a + r\cos\theta}{a - r\cos\theta}$

$t = \frac{1}{2} k \ln \dfrac{\sqrt{a^2 - u^2} + v}{\sqrt{a^2 - u^2} - v}$.

[*5] 不可秤量（重さがない，あるいは測れない）であるエーテル的な物質とそうでない物質を対比させている．

となる．この弧の要素は，0 から r まで容易に積分でき，[ln を自然対数として] 斜辺の長さ ρ

$$\rho = \frac{1}{2} k \ln \frac{a+r}{a-r}$$

を得る．同様にして，曲線 $v=0$ に沿って

$$ds = \frac{a\,du}{a^2 - u^2}$$

となる．そして，三角形のこの辺の，与えられた u までの長さは，

$$s = \frac{1}{2} k \ln \frac{a+u}{a-u} = \frac{1}{2} k \ln \frac{a + r\cos\theta}{a - r\cos\theta}$$

である．最後に，$u=c$ に沿う計量は，

$$ds = \frac{k\sqrt{a^2 - u^2}}{a^2 - u^2 - v^2}\,dv$$

であり，この微分 $[ds]$ を特定の値 v まで積分したものは

$$t = \frac{1}{2} k \ln \frac{\sqrt{a^2 - u^2} + v}{\sqrt{a^2 - u^2} - v}$$

となる．ρ, s, t の値に関して代数的な操作を少々施すことにより，ベルトラミは，

$$\frac{r}{a} = \tanh\frac{\rho}{k} \qquad \frac{r}{a}\cos\theta = \tanh\frac{s}{k} \qquad \frac{v}{\sqrt{a^2-u^2}} = \tanh\frac{t}{k}$$

を示した．これより，

$$\cosh\frac{s}{k} \cosh\frac{t}{k} = \cosh\frac{\rho}{k}$$

が得られる．この結果は，直角三角形の場合のタウリヌスの公式 (17.1) やロバチェフスキーの公式 (17.4) と同一で，それに応じた計量を伴うベルトラミの曲面が，ロバチェフスキーの非ユークリッド平面と同じ幾何学を与えることを示している．言い換えれば，ベルトラミの計算から，虚の半径を持つ球面のタウリヌスによる一見謎めいた使用は，適当な 2 次元多様体上に新しい計量を導入することと同値であると示されたのであった．

ロバチェフスキーの幾何学を別の角度から見るには，円 $u^2 + v^2 = a^2$ の内部に投影された虚球面を考えるという単純な方法がある．ここで，u と v は先に与えられたような媒介変数である．これより，ロバチェフスキー平面内の直線は円の弦によって表現されることがわかる（図 17.12）．平行な諸直線は，それらの交点が円周上にある [か，あるいは円周上でも円内でも交わらない] ような直線であり，円周それ自身が「無限遠にある」点を表している．円の内部では交わらない弦は，ロバチェフスキー平面で決して交わらない諸直線を表現している．ベルトラミは，このモデルでの点の間の距離を明確な形で計算しなかった．しかし 1872 年，フェリックス・クライン (1849–1925) は，17.3.3 項で論じられる射影幾何学からいくつかの概念を利用することにより，この間隙を埋めた．1882 年に，アンリ・ポアンカレ (1854–1912) は，ロバチェフスキーの幾何学と同種

のモデルを円の内部で詳しく論じた．このモデルでは，直線は境界円に直交する円弧で表現されている．それゆえ平行線はその境界円で交わる［か，あるいは円内でも境界円上でも交わらない］円弧として表現される．このモデルは，円の間の角がユークリッド的方法で測られるという利点がある．それゆえ，図17.12は，なぜ三角形の内角の和がπより小さくなるかを示している．

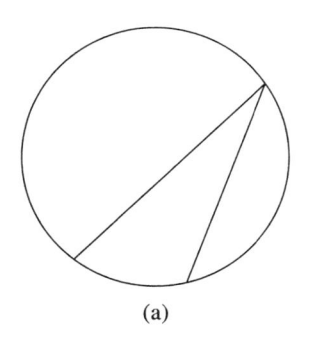

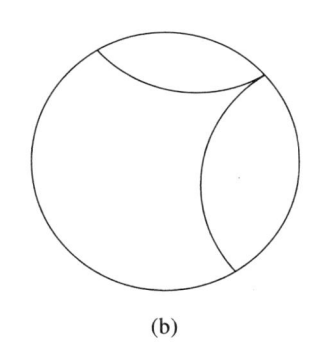

図 17.12
(a) クラインのロバチェフスキー平面のモデルにおける平行線［の一例］．(b) ポアンカレのロバチェフスキー平面のモデルにおける平行線［の一例］．

19世紀の終わりまでに，非ユークリッド幾何学がユークリッド幾何学と同じように妥当であると数学者達が確信するようになったのはロバチェフスキーの幾何学のモデルを通常のユークリッド平面の一部分として使うことによってこそのことであった．このモデルへ翻訳することによって，ロバチェフスキーの幾何学におけるすべての矛盾は，ユークリッド幾何学の矛盾へと導かれるだろう．サッケーリによるユークリッドを「正当化する」試みは失敗に終わっていた．ロバチェフスキー，ベルトラミ，クライン，ポアンカレの研究によって，ユークリッドが本当に正当化されることが今や明らかになった．平行線公準を公準として採用することを2200年前に決断したユークリッドはまったく正しかった．ロバチェフスキーがユークリッドの平行線公準に代わるものを導入したことにより，ユークリッドのものと同じくらい妥当な幾何学が導かれたのであるから，平行線公準を定理として証明することは不可能だったのである．

17.3 射影幾何学

18世紀末になされたモンジュの画法幾何学，とくに3次元の物体を様々な種類の投影法によって2次元上に表現するという研究により，19世紀初期には，射影幾何学という組織だった研究へ，すなわち幾何学的図形の射影不変量の研究へと新たな関心が向けられるようになった．ルネサンス期の芸術家は，投影図法の理論を習得しようと努力する中で，射影幾何学のいくつかの側面について研究しており，17世紀の半ばには，デザルグやパスカルは，射影幾何学の理論の端緒ともいえるものを研究していた．しかし，数学者達がこの研究の領域を広げたのは，19世紀においてのみのことだった．

17.3.1 ポンスレと双対性

モンジュの弟子だった，ジャン・ヴィクトール・ポンスレ (1788–1867) は，1822年，総合的な射影幾何学の最初の教科書，『図形の射影的性質に関する論

考』（*Traité des propriétés projectives des figures*）を著した．ポンスレは円錐曲線の極の理論から出発した．与えられた円錐曲線 C に対し，その**極線** π を任意の点 p に対応させることができる．極線とは，p から C へ引かれた接線の接点を結んだ直線である．同様にして，その円錐曲線と交わる任意の直線 π' に対して，その**極** p' を関連づけることができる．これは，π' が C と交わる2点での，この円錐曲線への接線が交わる点である．ポンスレは，これらの概念が相反的であること，すなわち p' が π 上にあれば，p' の極線である π' は，π の極である p を通ることを見出した（図 17.13）．

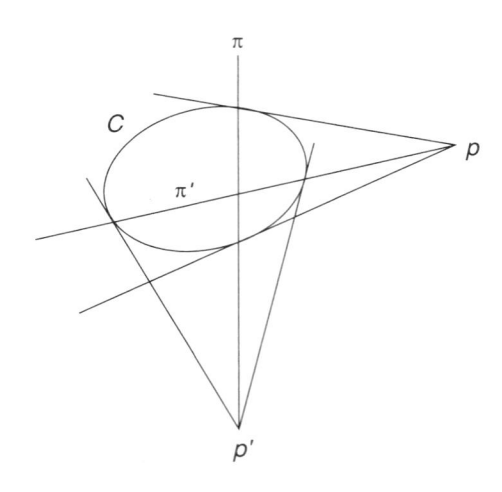

図 17.13
極線と極の相反関係．

　極と極線の双対性から，ポンスレは，点と直線との間の双対性をより一般的な概念に発展させた．彼は，一般に「点」と「直線」に関する真の命題は，この「点」と「直線」という言葉を交換しても真であり続けることを見出した．たとえば，「二つの異なる点は，これらがいずれもその上にあるような1本の直線を確かに定める」という主張は「二つの異なる直線は，これらがいずれも通るような，ある1点を確かに定める」となる（あとの方の主張は通常のユークリッド幾何学では真ではないが，平行線の交点として無限遠点を平面に付け加えれば，真になることに注意しよう．この考え方はあとで論じられよう）．より複雑な例として，パスカルの定理を思い出してほしい．これは「六角形の六つの頂点が円錐曲線上にのっているとき，互いに向かい合う2辺の交点は三つあるが，それらは一直線上にある」というものであった．この定理の双対は「六角形の六つの辺が円錐曲線に接しているとき，向かい合う3組の頂点を結ぶ3本の直線は1点で交わる」である．ポンスレは，双対の原理を定理として確立したわけではなかったが，その原理を発見のための有用な道具として活用した．

　しかしながら，そもそもポンスレが発見した諸結果は，そして彼の教科書が第一に目的としたのは，中心射影の性質であった．平面 π 上の図形 F と平面の外の点 P が与えられたとしよう．F の別の平面 π' 上への中心射影は，P から発し F の点を通るすべての線と，平面 π' との交点が構成するような図形である（図 17.14）．たとえば，π 上の正方形の射影は π' 上の四辺形であり，正方形であるとは限らない．また，円の射影は円錐曲線である．ポンスレの目的は，このような，射影によって不変な図形の性質を決定することだった．明らかに，線分の長

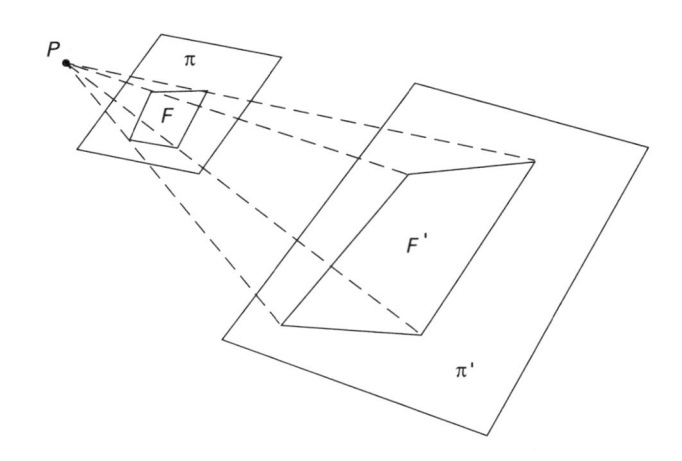

図 17.14
F から F' 上への中心射影.

さは射影不変量ではないが，直線が円と高々2点でしか交わりえないという性質は射影不変である．射影によって平行線が交わる直線に変換されうるし，そして射影は交点を交点のまま保つので，普通の平行線の交点として使うために無限遠点を導入する必要があることをポンスレは指摘した．そこで，与えられた平面のすべての無限遠点は，無限遠直線を作ると仮定することは有用である．したがってポンスレの着想は，平面上の通常の点と無限遠点からなる，射影平面という新しい考察の対象へと進んでいった．しかし，射影平面上の幾何学では，（ユークリッド幾何学でいう）普通の点と無限遠点との区別はない．なぜなら，任意の普通の点を無限遠点に写したり，その逆をなすような中心射影がつねに存在するからである．

無限遠点を扱うために，射影平面の座標系を発展させる必要が出てきた．1831年，ユリウス・プリュッカー (1801–1868) は斉次座標を導入することにより，この課題を達成した．直交座標 (X,Y) を持つ平面上の点 P は，$x = Xt, y = Yt$ とおくことにより，斉次座標 (x,y,t) を持つ．この定義では，一つの点は，対応する座標の組を一意的に持つわけではない．つまり，同じ座標を表す任意の二つは，定数倍だけ異なっている．しかしながら，これらの座標系を使うと，任意の代数方程式 $f(X,Y) = 0$ は，g に含まれるすべての項が斉次であるようにして（それゆえ homogeneous と名づけたのだが），$g(x,y,t) = 0$ という形で書ける．さらに射影平面の無限遠点は，斉次座標 $(x,y,0)$ を持つ．プリュッカーは，斉次座標では，射影平面上の任意の直線は方程式 $ax + by + ct = 0$ で表されることに注意した．すなわち，与えられた定数 (a,b,c) に対して，この方程式を満たすすべての点の集合 $\{(x,y,t)\}$ はある特定の線上にある．しかも驚くべきことに，(x,y,t) を定数ととると，この方程式はまた，与えられた点 (x,y,t) を通るすべての直線の集まり $\{(a,b,c)\}$ を特徴づける．それゆえ，ポンスレが双対の原理において「点」と「線」を交換したことは，方程式 $ax + by + ct = 0$ における「定数」と「変数」を交換することによって，代数的に正当化されている．

17.3.2 複比

ポンスレは，一直線上の四つの点の複比という，最も重要な射影不変量を見出せなかった．しかしこの概念は，田舎に住んでいた若者ミシェル・シャール

(1793–1880) によって綿密に調べられ，非調和比と名づけられた．点 S からの中心射影によって，直線 p 上の線分 AB が直線 p' 上の線分 $A'B'$ 上に写されるとき，直線 $A'B'$ と AB の長さは一般に異なることを思い出そう．同様に C が線分 AB 上の点で，C' は線分 $A'B'$ 上の対応する点とすると，比 $AC:CB$ と $A'C':C'B'$ は異なっているはずである．しかし，C と D を線分 AB 上の二つの点で，線分 $A'B'$ 上の点 C', D' がそれぞれに対応する点とすると，**複比**

$$\frac{AC}{CB} : \frac{AD}{DB}$$

は射影によって不変である．すなわち，

$$\frac{AC}{CB} : \frac{AD}{DB} = \frac{A'C'}{C'B'} : \frac{A'D'}{D'B'}$$

となる．この結果の証明は難しくない．直線 p' と平行に線分 A_1B と AB_2 を引き，この二つの直線上に C, D の射影を定めよう（図 17.15）．三角形 ACC_2 と BCC_1，および三角形 ADD_2 と BDD_1 はそれぞれ相似であるから，

$$\frac{AC}{CB} = \frac{AC_2}{C_1B} \qquad \text{および} \qquad \frac{AD}{DB} = \frac{AD_2}{D_1B}$$

となることがわかる．一方，$D_1B/C_1B = D_2B_2/C_2B_2$ である．これより，

$$\frac{AC}{CB} : \frac{AD}{DB} = \frac{AC_2}{C_2B_2} : \frac{AD_2}{D_2B_2}$$

である．すなわち直線 p 上の複比は，線分 AB_2 で定められる直線上の複比に等しい．後者の線分上の点の複比が，直線 p' 上の複比に等しいことは，相似の基本的な原理から容易に導かれる．

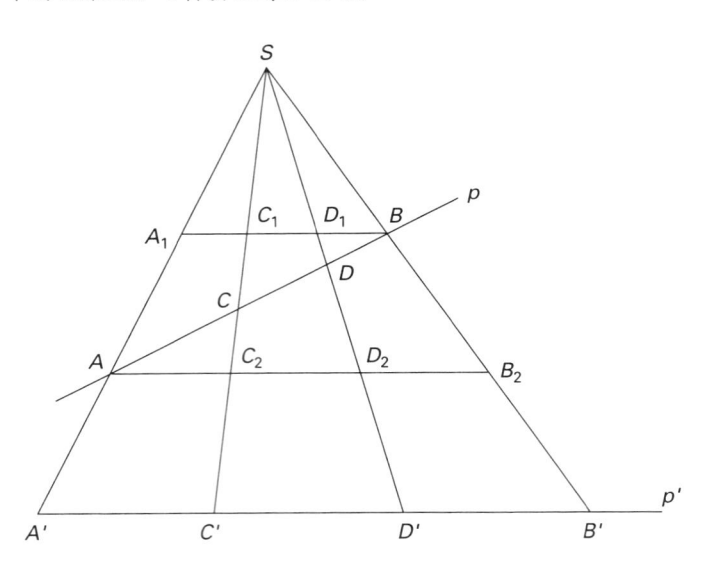

図 17.15
中心射影によって複比は保たれる．

上の段落で述べた複比の標準的な記法は (AB, CD) である．四つの文字を置き換えることにより，この 4 点の間に 24 個の複比が計算できる（ここでは，A が B の左側にある場合に線分 AB を正とし，逆の場合は負と考える）．シャー

ルは，見かけ上は 24 個ある複比のうちで実際に相異なるのは 6 個しかなく，しかもそれらは，密接に関連づけられることを指摘した．したがって，たとえば，$(AB, CD) = 1/(AB, DC)$, $(AB, CD) = 1 - (AC, BD)$ が成り立つ．

興味深いことだが，このような長さによらない図形の性質の研究が，射影幾何学の目的であったにもかかわらず，複比の定義の基礎は実際にはまさしく線分の長さである．1847 年，調和列点を保つ写像としての射影写像の概念に基礎づけられた射影幾何学の公理系の概略を示すことによって，クリスティアン・フォン・シュタウト (1798–1867) はこの疑問を取り除くことができた．4 点 A, B, C, D の間に $(AB, CD) = -1$ となる関係がなりたっている点の組を**調和点列**という．これらの定義にもまた長さが必要なように思えるが，フォン・シュタウトは，与えられた同一直線上の点 A, B, C に対して「第 4 調和点」，すなわち $(AB, CD) = -1$ を満たすような D を，簡単な射影による作図だけで見出すことができることを実際に示した．フォン・シュタウトの研究は，射影幾何学を明確に規定された研究分野にするうえで中心的役割を果たし，非計量幾何学で距離の概念を定義するという考え方を準備することとなった．

17.3.3 射影距離と非ユークリッド幾何学

1859 年，射影平面上の計量を初めて定義したのは，ケイリーであった．与えられた円錐曲線 C に対し，彼は，P_1, P_2, P_3 が同じ直線上にあれば，$d(P_1, P_2) + d(P_2, P_3) = d(P_1, P_3)$ になるという距離の基本的な性質を満たす，C に依存するやや複雑な形の関数 $d_C(P_1, P_2)$ の定義を与えた．12 年後，クラインは，ケイリーの円錐曲線が円であれば，射影平面でのその円の内部はロバチェフスキーの幾何学のモデルとみなされうること，そしてケイリーの計量はこの幾何学の距離関数に変換されうることを指摘した．

クラインは非ユークリッド平面に応じるように修正された計量を複比によって定義した．ロバチェフスキーの平面を円 $u^2 + v^2 = 1$ の内部と考えよう．この円の内部に点 P, Q が与えられたとき，この 2 点を結ぶ直線と円との交点を R, S としよう（図 17.16）．すると，P から Q への（向きづけられた）距離は，長さの単位を定めるある定数 c を使って，[ln を自然対数として]

$$d(P, Q) = c\ln(QP, RS) = c\ln\left(\frac{QR}{RP} : \frac{QS}{SP}\right) = c\ln\left(\frac{QR \cdot SP}{RP \cdot QS}\right)$$

で与えられる．3 点 P, Q, Q' がこの直線上にあるならば，$d(PQ) + d(QQ') = d(PQ')$ を示すのはやさしい．それゆえ関数 d は距離関数としての主要な性質を満たす．たとえば $P = R$ とおくと，弦全体の長さは無限で，すなわち円周自身が無限遠点を表すことも示すことができる．ロバチェフスキー平面上でのクラインの計量は，ベルトラミによって擬球面上に導かれた計量と等しい．このことを確認するために，P を原点とし，Q を P の右側にあり，ユークリッドの距離で $r < 1$ の位置にある点としよう．すると

$$d(P, Q) = c\ln\left(\frac{-(1+r) \cdot (-1)}{1 \cdot (1-r)}\right) = c\ln\left(\frac{1+r}{1-r}\right)$$

となり，これは c を適当に選べば，ベルトラミが計算したのと同じ距離の値となる．

伝 記

フェリックス・クライン (Felix Klein, 1849–1925)

フェリックス・クラインは，ゲッチンゲン大学の数学研究所を作る時の，主たる責任者であった．数学研究所は，20 世紀最初の三分の一世紀の間，この小さな大学は世界の数学研究の中心になった．彼は研究を始めた頃には，多くの素晴らしい着想によって幾何学研究に寄与し，目覚しい成果をあげた．その後，1880 年代半ばにノイローゼになり，以降，教育，著作，研究活動の組織的な運営に専門家としての力を注いだ．彼は，当時，最高水準の雑誌の一つ，『数学年報誌』(Mathematische Annalen) の編集者になり，また様々な題材を扱った自身の講義録を編纂して何冊かの本を著した．著作の多くは，とくに数学の教員に向けられたもので，中等教育で教えられる数学の背後にある核心となる考え方を論じたものであった．彼はまた，19 世紀数学史についての重要な著作[*6]を著し，『数学百科事典』(Enzyklopädie der Mathematischen Wissenschaften) の出版を指揮した．この百科事典の目的は，当時までに得られたすべての数学上の結果と方法を集大成することであった．ただし，最終的には実現するのは不可能だったが．

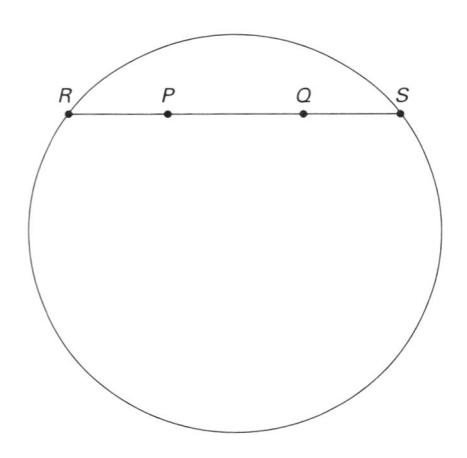

図 **17.16**
クラインによるロバチェフスキー平面上での距離 $d(P,Q) = c\ln\left(\dfrac{QR}{RP} : \dfrac{QS}{SP}\right)$.

クラインはまた，複比を用いて，この平面上の二つの直線がなす角を定義した．しかしこの定義は，やや違った形のほうが容易に理解できる．二つの直線が射影座標で，3 数の組 $(a_1, b_1, c_1), (a_2, b_2, c_2)$ によって与えられる，すなわち方程式 $a_1 x + b_1 y + c_1 t = 0$ と $a_2 x + b_2 y + c_2 t = 0$ で与えられるとしよう．これらの直線は，点 $x_0 = b_1 c_2 - c_1 b_2,\ y_0 = c_1 a_2 - a_1 c_2,\ t_0 = a_1 b_2 - b_1 a_2$ で交わる．交角 α は

$$\alpha = \arcsin \frac{\sqrt{t_0^2 - x_0^2 - y_0^2}}{\sqrt{(a_1^2 + b_1^2 - c_1^2)(a_2^2 + b_2^2 - c_2^2)}}$$

[*6] *Vorlesungen über die Entwicklung der Mathematik im 19.Jahrhundert*, (Springer 1926), 邦訳：彌永昌吉監修『クライン 19 世紀の数学』共立出版，1996．

で与えられる．この公式が，これらの直線の交点が境界円周 $x^2 + y^2 = t^2$ 上にあるとき，すなわち $(x/t)^2 + (y/t)^2 = 1$ あるいは $u^2 + v^2 = 1$ であるときは，交角が 0 になることを示していることに注意しよう．

クラインはさらに，境界線を少し違うように選ぶと，上のものと類似した距離の定義を導入することにより，ユークリッド幾何学あるいは球面の非ユークリッド幾何学が導かれることを示すことができた（クラインは球面の幾何学を**楕円幾何学**，ユークリッド幾何学を**放物幾何学**，ロバチェフスキーの幾何学を**双曲幾何学**と名づけた）．クラインは，実際には球面の非ユークリッド幾何学を修正した．そのままでは 2 点が必ずしも一つの直線を定めるとは限らないからであった．この修正は，球面上の対蹠点を同一視することによっている．この新しい「半球面」はもはや通常の 3 次元空間内には存在しないが（赤道上に沿って反対の点は同一視されているのだから），その上での距離関数は，特定の複比の対数を虚数の定数倍することで定義できた．これより，測地線全体の長さは πR（R は球面の半径である）であることがわかった．クラインは同じ型の距離関数を使うことによって，ユークリッド幾何学と 2 種類の非ユークリッド幾何学の見方を統一した．このことにより，非ユークリッド幾何学がユークリッド幾何学的な見方と同様に無矛盾であることを数学者達に確信させる上での，さらに一つの要因が追加されたのであった．

17.3.4 クラインの『エルランゲン・プログラム』

1872 年，『エルランゲン・プログラム』(*Erlanger Programm*) の中で，クラインは，幾何学研究にまた別の重要な貢献をしていた．この論文では，幾何学を，基礎となる空間（あるいは多様体）上で特定の変換群の作用のもとで不変な図形の性質を研究するものとして全般的に見ることにより，19 世紀の様々な幾何学の研究がすべて統一，分類されうるという見解が詳述されていた．実際，クラインが幾何学と変換群の関係を明らかにしたことにより，19 世紀終わりまでには，群の抽象的な概念の発展を押し進めるようになった．

クラインの出発点は，彼自身によるロバチェフスキー平面のモデルでの境界円を保つ，射影平面からそれ自身への任意の射影変換が複比を不変にすること，それゆえ距離も角度も保たれることに気づいたことであろう．これらの変換こそが，クラインによるロバチェフスキー平面のモデル上での剛体の運動である．群論の初期の研究について多少なりとも勉強していたので，クラインはさらに進んで，この集合に属する任意の二つの変換の合成はその集合に属し，その集合における任意の変換の逆もまたその集合に属するのだから，境界線を保つすべての射影変換の集合は変換群をつくると理解した．さらに，この平面上の図形の基本的な性質はこの群によって不変だから，この非ユークリッド平面の幾何学は，まさしくこの不変な性質を研究することとみなすことができた．したがって，1872 年の論文で，クラインはその，「幾何学」が一般的に意味すべきものを，「与えられた多様体とその上の変換群が与えられたとき，多様体上の図形を，この群の変換によって不変な性質の観点から探求すること」[17] と定義した．

クラインは様々な幾何学とそれと関連する群について，いくつかの例を与えた．通常の 2 次元ユークリッド幾何学はクラインのいう**主群**，すなわち平面上

の［すなわち 2 次元の］剛体のあらゆる運動からなる群に相似変換と鏡映を加えたものに対応していた．古典的なユークリッド幾何学での考察の対象となるのは，このような変換のもとでの不変量である．射影幾何学は，射影，すなわち線を線に写す共線変換によって不変な図形の研究からなっている．これらの変換は解析的には，

$$x' = \frac{a_{11}x + a_{12}y + a_{13}}{a_{31}x + a_{32}y + a_{33}}, \qquad y' = \frac{a_{21}x + a_{22}y + a_{23}}{a_{31}x + a_{32}y + a_{33}},$$

という式で表現されうる．ここで $\det(a_{ij}) \neq 0$ である．一方主群は，$a^2 + b^2 \neq 0$ かつ $e = \pm 1$ としたとき，

$$x' = ax - by + c, \qquad y' = bex + aey + d$$

という形の変換の集合として解析的に表現される．したがって明らかに，これは射影群の部分群である．これより，ユークリッド幾何学より射影幾何学のほうが不変量が少ないことがわかる．それゆえ，射影幾何学のすべての定理はユークリッド幾何学でも定理になるが，逆はそうとは限らない．

クラインの論文「エルランゲン・プログラム」は，詳細な分析をほとんど入れないで，幾何学研究のリサーチ・プログラムの基礎を与えることを意図したものであった．この論文は，1890 年代初めにイタリア語，フランス語，英語に翻訳されるまで，ほとんど注目されなかった．しかしそれ以降は，幾何学の分野においても変換群の不変量は重要な研究対象であるというクラインの考えが，20 世紀に向けての幾何学研究の中心的な一面となった．

17.4　N 次元幾何学

われわれは，19 世紀の初めに，何人もの数学者達がギリシアの幾何学での 3 次元への制限をどのようにして破っていったかを，すでにいくつかの例で見てきた．たとえば，オストログラツキーは，1830 年代に，発散定理を何気なくといってもいいようにして（様々な公式の終わりに ... とつけるだけで）n 次元に拡張していた．一方，コーシーは，対称行列の対角化についての彼なりの説明の中で，任意の次元の幾何学的対象をより早い時期に扱っていた．「n 次元幾何学」という言葉は実際には，ケイリーの 1843 年の論文のタイトルにおいて初めて現れたようである．ただし，この論文自体は純粋に代数的なもので，ついでに幾何学について触れてある程度である．

17.4.1　グラスマンと『延長論』

3 より高い次元の空間について，詳しい理論を最初に発表したのは，ヘルマン・グラスマン (1809–1877) であった．彼はドイツの数学者，文献学者で，彼のすばらしい研究は，不幸なことに生前は認められなかった．1844 年の著書『線形延長論』(*Die lineale Ausdehnungslehre*) と 1862 年の改訂版の中でのグラスマンの目的は，幾何学的乗法の概念から始めて，幾何学的な認識を記号で表現する体系的手法を発展させることであった．

伝　記

ヘルマン・グラスマン (Hermann Grassmann, 1809–1877)

　グラスマンは，ポメラニアのシュテッチン，今のポーランドのシチェチンで生まれ，生涯の大部分をそこで過ごした．ベルリン大学では，主として文献学と神学を勉強したが，大学を去り，シュテッチンに帰ると，数学と物理学の教師になるための州の試験に向けた準備として，これらの科目を勉強していった．その後彼は，ベルリンの工科学校で短い期間，1836 年以降は彼の故郷のいくつかの学校で，教職についた．彼の生涯の大きな野心は，大学の教授の資格をとることであった．しかし，ベクトル空間論の考えを進めていったにもかかわらず，彼の労作を読み，偉大な独創性を理解した人はほとんどいなかった．グラスマンは，彼の本を何人かの影響力のある数学者達に送ったのだが，それに好意的な意見を寄せたのは，ヘルマン・ハンケルただ一人だった．彼はリーマンの学生で，グラスマンがとりあげた題材のいくらかを，彼の複素変数に関する本の中に含める計画を持っていた．1860 年代には，グラスマンは言語学へと関心を転じ，サンスクリット語の研究で，学問的にも重要ないくつかの貢献をした．しかし，彼の後年の数学の研究は質的に落ちるもので，大学教授になるという目的は達せられなかった[*7]．

　n 次元空間を論じた最初の詳細な著作を発表する 4 年前に，潮汐理論の新しい説明に関する論文の中で，グラスマンはすでに 2 および 3 次元空間におけるベクトルの乗法を論じることができた．彼は，二つのベクトルの幾何積を「これらのベクトルで定義される平行四辺形の面積」，三つのベクトルの幾何積を「それらから作られる（平行六面体の）体積」と定義した[18]．このような積の符号を適切に定めることで，彼は，二つのベクトルの幾何積は分配則が成り立ちかつ非可換であること，そして，三つのベクトルが同一平面上にある場合は幾何積が 0 になることを示すことができた．二つのベクトルの幾何積となる平行四辺形の面積は，その二つのベクトルの長さとそれらがなす角の正弦との積に等しいので，幾何積は今日の外積の長さと数値としては等しくなる．当然，それらの違いは乗法によって作られる対象の幾何学的な性質の中にある．幾何積は，新しいベクトルというより，一つの 2 次元対象物である．しかし，グラスマンの平行四辺形（二つの平行四辺形が，同じ面積を持ち，同一平面あるいは平行な平面上にのっているとき，それらは等しいと考える）と，長さがそれぞれの平行四辺形の面積に等しいような，それらへの法ベクトルとして定められる今日の 3 次元空間内のベクトルとの間には一対一対応があるから，二つの乗法は本質的に等しい．しかしながら，グラスマンの積の利点は，外積と異なり，より高い次元へと拡張できることである．この一般化こそ，1844 年と 1862 年に出版されたグラスマンの主要な業績の根幹である．

　グラスマンは，彼の教科書での議論を，定まった長さと方向を持つ線分としてベクトルの概念を与えることから始めた．とくに 1862 年版は，これがより明確

[*7] グラスマンの全集に収められている伝記では，数学で大学の教授になれなかったので，言語学に転じたとされている．

である．二つのベクトルは普通の方法で，つまり，最初のベクトルの終点と二つめのベクトルの始点をつなぐことにより足しあわせることができる．差は，単に負のものを足すこと，すなわち，同じ長さで逆の方向を持つベクトルを足すことである．ベクトルは，グラスマンが**延長量**と呼んだものの最も簡単な例である．一般的にいえば，このような量は，抽象的に「単位の系から数によって導き出される任意の表示」と定義される[19]．グラスマンがここで意味することは，まず，線形独立［(一次独立)］な量 $\epsilon_1, \epsilon_2, \ldots, \epsilon_n$ の集まりを考え，これらの「単位」がなす任意の線形結合を延長量としてとることである．延長量の和は，明白な方法で，すなわち $\sum \alpha_i \epsilon_i + \sum \beta_i \epsilon_i = \sum (\alpha_i + \beta_i) \epsilon_i$ で定義される．同様にして，延長量のスカラー倍も定義できる．グラスマンは，代数の基本的な法則が延長量に対して成り立つことを指摘し，諸量 $\{\epsilon_i\}$ の**空間**をそれらのすべての線形結合全体の集まりと定義する．

次にグラスマンは，延長量の乗法を分配法則を用いて定義する．すなわち $\left(\sum \alpha_i \epsilon_i\right)\left(\sum \beta_j \epsilon_j\right) = \sum \alpha_i \beta_j [\epsilon_i \epsilon_j]$ とする．ここで，各量 $[\epsilon_i \epsilon_j]$ は 2 次の量と呼ばれる．この新しい和は延長量であるはずだから，これも単位の線形結合として表現されるはずである．それゆえ，グラスマンは 2 次の単位を定義する必要がある．彼は，単位に対して定義された乗法の法則が，任意の延長量上の乗法の法則へと拡張されると仮定し，2 次の単位の定義としては，基本的には次の四つの可能性しかないことを示す．まず，すべての量 $[\epsilon_i \epsilon_j]$ は独立でありうる．二つ目に，$[\epsilon_i \epsilon_j] = [\epsilon_j \epsilon_i]$ となりうる（この乗法は，通常の代数での乗法の法則すべてを満たす）．三つ目に，$[\epsilon_i \epsilon_j] = -[\epsilon_j \epsilon_i]$ となりうる（このことから，すべての i に対し $[\epsilon_i \epsilon_i] = 0$ である）．最後にすべての i, j に対して，$[\epsilon_i \epsilon_j] = 0$ でありうる．三番目の乗法の形式こそが，**組合せ乗法**と呼ばれるもので，そもそもはグラスマンの著作の残りの部分で扱ったものである．彼の条件によれば，任意の 1 次の延長量 A と B に対して，乗法の法則 $[AB] = -[BA]$ が成り立つ．

二つの 1 次の単位による組合せ積が定義されたので，グラスマンにとって，三つあるいはそれ以上の 1 次の単位の積を同じ基本公式を使って定義することは容易だった．たとえば，三つの 1 次の単位 $\epsilon_1, \epsilon_2, \epsilon_3$ に対して，三つの 2 次の単位，$[\epsilon_1 \epsilon_2], [\epsilon_2 \epsilon_3], [\epsilon_3 \epsilon_1]$ と一つの 3 次の単位 $[\epsilon_1 \epsilon_2 \epsilon_3]$ がある（三つの 1 次の単位からなる，これら以外のいかなる積も，二つの要素を共通に持つであろうから，0 となるであろう）．四つの 1 次の単位がある場合には，六つの 2 次の単位，四つの 3 次の単位，一つの 4 次の単位がある．グラスマンはさらに，n 個の 1 次の単位からなる n 個の線形結合の積 $\left(\sum \alpha_{1i} \epsilon_i\right)\left(\sum \alpha_{2i} \epsilon_i\right) \cdots \left(\sum \alpha_{ni} \epsilon_i\right)$ は $\det(\alpha_{ij})[\epsilon_1 \epsilon_2 \cdots \epsilon_n]$ となることを指摘した．ここで，角カッコの中の式は，n 次の単一の構成単位を表している．

『延長論』で提示されているグラスマンの組合せ積は，現代の言葉でいえば，ベクトル空間の外積代数を定めている．この着想は，様々な幾何学的概念を記号を用いて表現しようというグラスマンの要求から来ている．それゆえ，彼はとくに，2 次の量を平行四辺形，3 次の量を平行六面体と考えていた．しかし，より高次の量をとくに幾何学的に解釈しなかったとはいえ，グラスマンは，記号的な操作が特定の次元の数に制限される必要がないことは知っていた．一方で彼

は，外積代数を構築しただけでなく，ベクトル空間，すなわち n 個の構成単位のすべての線形結合からなる空間に関する多くの重要な考えを発展させた．早くも 1840 年に，彼は，「一つのベクトルと，それ自身の上への別のベクトルの正射影との代数的な積」[20] として，二つのベクトルによる内積の概念を発展させ，座標の形式をとるとそれは，$\left(\sum \alpha_i \epsilon_i\right)\left(\sum \beta_j \epsilon_j\right) = \sum \alpha_i \beta_i$ で与えられることを示していた．そして，『延長論』で，彼は線形独立と基底の概念を発展させ，任意のベクトルが，基底の要素の一次結合として一意的に表現されうることを示し，また n 次元空間内で，基底のなす任意のベクトルは，残りの $n-1$ 個のベクトルとは独立の，別のベクトルで置き換えられうることを証明した．彼は，[延長] 量の直交系（二つのベクトルは，その内積が 0 のとき，直交するという）は線形独立であること，および空間 V の二つの部分空間 U, W についてのよく知られている結果，

$$\dim(U+W) = \dim U + \dim W - \dim(U \cap W)$$

を証明した．

グラスマンの研究は，彼の生前は評価されなかった．しかし，線形代数と外積代数に見られる彼の考えは，19 世紀末に再発見され，微分形式やベクトル空間の理論を初めとする新しく誕生した多数の数学の分野に応用された．

17.4.2　ベクトル空間

19 世紀を通じて，線形独立性や線形結合といった概念を含む，線形代数の基本的な概念は，数学の多くの部分で用いられた．しかし，ベクトル空間の抽象的な定義が定式化されたのは，19 世紀末であった．このような定義を最初に与えたのは，ジュゼッペ・ペアノで，1888 年に刊行した『幾何学的算術』(*Calcolo geometrico*) においてであった．書名が示すように，この本でペアノが目的としたのは，グラスマン同様，幾何学的対象についての計算を展開することであった．そのためこの本の大部分は，点，線，平面，立体図形に関する様々な計算からなっている．ところでペアノは，[この著作の] 第 9 章で，彼が**線形系**と呼んだものの定義を与えた．このような系は，加法とスカラー倍を備えた量から構成される．この加法は，交換法則と結合法則（ただし，これらの法則はペアノが名づけたものではない）を満たさねばならない．一方スカラー倍は，2 種類の分配法則，結合法則，そして各 v に対して，$1v = v$ となる法則を満たす．さらにペアノは，彼の公理系の一部として，任意の v に対して，$v + 0 = v$ および $v + (-1)v = 0$ を満たすようなゼロという量が存在することを含めた．ペアノはまた，線形系の**次元**を，その系における線形独立な量の最大の個数として定義した．この考えと関連して，ペアノは，多項式からなる 1 変数関数の集まりは線形系を作るが，線形独立な量の最大の個数といったものはなく，それゆえ，この系の次元は無限次元でなければならないと記した．

グラスマンの研究と同様，ペアノもまた，数学界に直ちに影響を与えたわけではなった．数学者達が，ペアノの研究に含まれていた基本的な概念を使い続けていたにもかかわらず，彼の定義は忘れられていた．たとえば，デデキントは 1893 年，代数体の研究の一部として，ある体の元を係数とする，n 個の独立

な代数的数の線形結合全体の空間 Ω を定義した．彼は，この空間に含まれる数が，われわれがベクトル空間に帰している基本的な性質を満たしていることを記しているが，このようなベクトル空間の定義が他の場所でなされていることには言及していない．そして彼は，帰納法を用いて，Ω の任意の $(n+1)$ 個の数は従属であるという重要な結果を証明した．彼は，生成元のこれより小さな集合がこの空間を定めることがないと明確に述べていなかったとはいえ，彼の定義は，本質的にはこのことを保証していた．それゆえ，彼は（有限次元）ベクトル空間の次元は，問題なく定義されることを示していた[21]．

ベクトル空間論の様々な側面は，数学の著作の中に引き続き現れた．しかし，この題材を完全に公理的に扱うことが数学の主流に入り込んで来たのは，20 世紀になってからであった．

17.4.3　微分形式

グラスマンの外積は，エリー・カルタン (1869–1951) による微分形式の理論の展開において，最も重要な応用の一例を与えた．そもそも微分形式は，「積分記号の中にあるもの」で，19 世紀を通じて広く使われており，とりわけ，線積分，面積分，体積積分において使われた．しかし，この形式自体を定義する試みはなく，その積分を定義したにすぎなかった．カルタンはグラスマンの研究を読んで，1890 年代後半には，構成単位系として微分 $dx_1, dx_2, dx_3, \ldots$ をとれば n 次元空間内での微分形式が定義できると考えた．これらの構成単位の乗法はグラスマンの組合せ乗法であり，構成単位の係数はこの空間における微分可能な関数であろう．たとえば，2 次元空間内の 1 形式は $A(x,y)\,dx + B(x,y)\,dy$ であったので，3 次元空間内の 2 形式は $A(x,y,z)\,dx\,dy + B(x,y,z)\,dy\,dz + C(x,y,z)\,dz\,dx$ として表現されよう．乗法は $dx_i\,dx_j = -dx_j\,dx_i$ という規則に従うだろうから，$dx_i\,dx_i = 0$ である．

この組合せ乗法が，変数変換の公式を決定するための形式的な方法を見出すというオイラーの問題を解決することに，カルタンはもちろん気がついた．というのは，$u = u(x,y)$ と $v = v(x,y)$ が x, y から u, v への変数変換を表す関数とするならば，$du = \frac{\partial u}{\partial x}dx + \frac{\partial u}{\partial y}dy, dv = \frac{\partial v}{\partial x}dx + \frac{\partial v}{\partial y}dy$ であり，積 $du\,dv$ は，望んでいたように，

$$\begin{aligned} du\,dv &= \left(\frac{\partial u}{\partial x}dx + \frac{\partial u}{\partial y}dy\right)\left(\frac{\partial v}{\partial x}dx + \frac{\partial v}{\partial y}dy\right) \\ &= \frac{\partial u}{\partial x}\frac{\partial v}{\partial x}dx\,dx + \frac{\partial u}{\partial x}\frac{\partial v}{\partial y}dx\,dy + \frac{\partial u}{\partial y}\frac{\partial v}{\partial x}dy\,dx + \frac{\partial u}{\partial y}\frac{\partial v}{\partial y}dy\,dy \\ &= \left(\frac{\partial u}{\partial x}\frac{\partial v}{\partial y} - \frac{\partial u}{\partial y}\frac{\partial v}{\partial x}\right)dx\,dy = \frac{\partial(u,v)}{\partial(x,y)}dx\,dy \end{aligned}$$

で与えられるからである．

微分形式の代数のみならず，カルタンはまた，それらの計算も発達させた．すなわち，1899 年に，1 形式 $\omega = \sum A_i\,dx_i$ から 2 形式 $d\omega = \sum dA_i\,dx_i$ を導き出す式（今日では**外微分**と呼ばれている）を定義した．たとえば，1 形式 $A\,dx + B\,dy$

から導かれた式は

$$d\omega = \left(\frac{\partial A}{\partial x}dx + \frac{\partial A}{\partial y}dy\right)dx + \left(\frac{\partial B}{\partial x}dx + \frac{\partial B}{\partial y}dy\right)dy = \left(\frac{\partial B}{\partial x} - \frac{\partial A}{\partial y}\right)dx\,dy$$

である．この導き出された式は，グリーンの定理に，一方，1形式 $A\,dx + B\,dy + C\,dz$ の外微分はストークスの定理の中に現われることに注意しよう．1901 年，カルタンは，彼の外微分の定義を任意の次数に一般化した．すなわち，$\omega = \sum a_{ij\cdots k}dx_i\,dx_j\cdots dx_k$ のとき，$d\omega$ の外微分は，$\sum da_{ij\cdots k}dx_i\,dx_j\cdots dx_k$ で定義される．その結果，2形式 $A\,dy\,dz + B\,dz\,dx + C\,dx\,dy$ の外微分は，3形式

$$\left(\frac{\partial A}{\partial x} + \frac{\partial B}{\partial y} + \frac{\partial C}{\partial z}\right)dx\,dy\,dz,$$

で，これが発散定理に現れる式であることは直ちに示される．

カルタンは，これら三つのベクトル解析の定理は微分形式を使って容易に述べられることには気づいた．しかし，今日一般化されたストークスの定理と呼ばれているヴィト・ヴォルテラ (1860–1940) の定理を一般化したものが，

$$\int_S \omega = \int_T d\omega,$$

という単純な形式で書けることを最初に示したのは，1917 年，エドゥアール・グルサ (1858–1936) であった．ここで，ω は n 次元空間内の p 形式，S は $(p+1)$ 次元領域 T の p 次元境界である．グルサはまた，微分形式を使って，ポアンカレの補題とその逆，すなわち，$\omega = d\eta$ となる $(p-1)$ 形式 η があるとき，そしてそのときに限り，p 形式 ω が $d\omega = 0$ となることを述べ，証明した．しかし，グルサは，この結果の「そのときに限って」という部分は，ω の領域に依存しており一般には正しくないことに気づかなかった．カルタン自身は 1922 年，反例をあげた．この反例は，その後 10 年間，微分可能多様体の微分コホモロジーの発展を推進した一つの要因となった[22]．

17.5 幾何学の基礎

19 世紀末には，様々な種類の数学的な構造に対する公理系が登場した．群や体の概念は，ベクトル空間の概念と同様に公理化された．同じように，正の整数の集合についての公理群が発達し，実数という認識を正確に定義するために大変な努力がなされた．もちろん，存在する最も古い公理系は，幾何学を研究するためのユークリッドのものであった．実際，ユークリッドの公理系は，この時期に様々な公理系を作るためのモデルとなった．しかし，ユークリッドの公理系には欠点がいくつかあった．とくに，長い期間を通じて，何人もの数学者達が，ユークリッドがいくつかの証明の中で，公理や公準の項において明確に述べられていない仮定をおいていたことに気がついてきた．非ユークリッド幾何学の新たな発達により，数学者達が様々な公理群の性質を再検討するようになったため，何人かの数学者が，ユークリッドの成果にかかわる状況を修正し，ユークリッド幾何学を可能な限り強固な基礎の上におくために一致団結して努力したことは，驚くにはあたらない．

> ## 伝　記
> ### ダーフィト・ヒルベルト (David Hilbert, 1862–1943)
>
> ヒルベルトは，数学の多くの分野で偉大な貢献をしており，最後の万能数学者の一人であった．彼は，人生の初めの33年間を，当時は東プロシャの首都で現在はロシアに属する，ケーニヒスベルグ［現カリーニングランド］周辺ですごした．彼はケーニヒスベルグ大学に入学し，博士号をとったあと，1885年に教員になった．しかし，彼の名声が高まったのは，フェリックス・クラインが彼をゲッチンゲンに招いてからあとのことである．20世紀の最初の30年あまりの間，ドイツの，あるいはおそらく世界の数学の中で，ゲッチンゲン大学はベルリン大学について卓越した地位にあったが，ヒルベルト［の存在］はすぐにその主たる要因の一つとなった．ヒルベルトは，不変式論の研究から始め，のちに，代数的数論，幾何学の基礎，積分方程式論，理論物理学へと研究領域を転じていき，最後には数学基礎論を扱った．1900年のパリの国際数学者会議での講演し，20世紀の数学研究の中心になるだろうと考えた23個の問題を提示した．このことによって，彼は，おそらく最もよく知られている．ヒルベルトは，数学を発展させるのは問題であると信じていたし，また，「われわれは知らなければならない，またわれわれはきっと知るであろう」(*wir mussen wissen, wir werden wissen*) とつねに確信していた．ナチスが権力を握るようになったあと，ヒルベルトは，彼自身が身をもって体験し，また愛した［栄光の］ゲッチンゲンが滅んでいくのを目の当たりにしなければならなかった．彼は第二次世界大戦中，孤独のうちに亡くなった．

17.5.1　ヒルベルトの公理系

ユークリッド幾何学がそこから導き出されうるような公理の完全な集まりを構成する試みの中で，最も成功したのは，おそらくは19世紀末から20世紀初頭にかけての第一級の数学者，ダーフィト・ヒルベルトによるものであった．1899年，ヒルベルトは『幾何学の基礎』(*Grundlagen der Geometrie*) を発表した．それは本質的には，ゲッチンゲン大学で1898年から1899年の冬学期に行われた，ユークリッド幾何学に関する彼の講義録である．この講義での彼の目的は，「幾何学に対して，独立した公理からなる単純かつ完全な集合を選び，そこから最も重要な幾何学の諸定理を，様々な公理群の意味づけと個別の公理から引き出される結論の見通しを可能な限り明らかにするような方法によって，演繹すること」[23] であった．

ヒルベルトは，点・直線・平面という，三つの無定義用語から始めて，それらの相互関係を公理によって定義することを考えた．ヒルベルトが指摘したように，関係を定義するのは公理だけである．［そして］結果を証明するのに，いかなる幾何学的直観も使わないで済ませるべきである．実際，ヒルベルトが椅子，机，ビールジョッキをあげたように，上の三つの概念は，公理を満たす限り別のものと容易に置き換えられる．このことから，ヒルベルトの公理系の考え方は，ユークリッドやアリストテレスとはいくぶん異なっていることがわかる．古代ギリシアの思想家たちは，すでに直観的に理解している概念についてのある「自明な」事実を述べることだけを試みてきた．これに対してヒルベルトは，群の公

理を述べた人達と同様に，あらゆる具体的な解釈から離れて，求められるものの性質を抽象化することに向かった．それゆえ，任意の対象は，それらが「点」や「線」の幾何学での公理を満たす限りにおいて「点」や「線」になりうるのである．ちょうど，対象の任意の集合が，それらについての群の公理を満たすような「乗法」の法則がある限りにおいて，群になるのと同様である．

　ヒルベルトは，彼の公理を五つのグループに分けた．それは結合，順序，平行線，合同，連続性と完全性の公理である．最初のグループの七つの公理は，点，線，平面という三つの基本概念の間の関係を確立した．たとえば，2点は一つの直線を決定（公理I, 1）するばかりでなく，ただ1本の直線（公理I, 2）だけを決定する．同様にして，同一直線上にない三つの点は，一つの（公理I, 3），してただ一つ（公理I, 4）の平面を定める．5番目の公理は，一つの直線上の2点が与えられた平面上にあれば，直線全体がその平面上にあることを主張する．6番目の公理は，任意の二つの平面が共有点を一つ持てば，少なくとも共有点をもう一つ持つことを述べる．最後に最初のグループにおける7番目の公理は，各直線上に少なくとも点が二つ，それぞれの平面上には同一直線上にない点が少なくとも三つ，空間には同一平面上にない点が少なくとも四つ存在することを主張する．これらの公理を列挙したあと，ヒルベルトは，平面上の二つの直線は共有する点を一つ持つかあるいはまったく持たないか，また二つの平面は共有する点を持たないか共有する一つの直線を持つかのいずれかであることが公理から導かれることを指摘した．

　2番目の公理のグループにより，ヒルベルトは線分 AB という概念を二つの点 A と B の間にある点の集合と定義することができた．ユークリッド自身は，「間にある」という性質を暗黙のうちに仮定していた．おそらく，それらの性質が現われている図から見取れる「自明性」によるものであろう．ヒルベルトは，「間」という考え方を公理とすることにより，ユークリッドの仮定をはっきりさせた．たとえば公理II, 3 は，ある直線上の任意の3点に関して，二つの点の間に，つねに一つの点がそしてその点だけが存在することを主張している．また，公理II, 5 は，三角形の1辺のある点を通り，どの頂点も通らないような任意の直線は，他の2辺のうちの一つの辺の上にある点を通らねばならないことを主張する．これらの公理によって，ヒルベルトは，単純な多角形は平面を内部と外部という二つの区分された領域に分け，内部と外部にある任意の点どうしを結ぶ線はその多角形と一つの共有点を持たなければならないという，重要な定理を導き出すことができた．

　公理の3番目のグループは，平行線公理のヒルベルト流の解釈だけからなっている．それは「平面 α 上で，ある直線 a の外にある，任意の点 A を通り，直線 a と交わらないような直線は一つ，そしてただ一つだけ引くことができる」[24]である．4番目のグループは，合同の基本的な考え方を述べている．ユークリッドが，三角形の合同についての最初の定理を，一つの三角形を2番目の三角形のうえに「置くこと」で証明したことを思い出そう．この重ね合せという方法の有効性を，多くの人々が疑問視した．この理由により，ヒルベルトは，合同を無定義用語とし，六つの公理を列挙した．たとえば，公理IV, 1 は，与えられた線分 AB と点 A' に対して，線分 AB が線分 $A'B'$ と合同になるような，点 B' が

つねに存在することを主張し，一方，公理 IV, 2 は，合同は同値関係であることを本質的に述べている．同様にして角を，ある点から出発する異なる二つの半直線からなる系と定義したあと，ヒルベルトは，一つの角が与えられると，与えられた半直線に対してその角に合同な角を決定できると主張した．このグループの最後の公理は，ほとんど『原論』I, 4 と同じことを主張し，2 辺とその挟角が一致すれば，残りの角もまた一致するとしている．ヒルベルトは，3 番目の辺が一致することをこの公理には入れず，背理法によりこのことを証明している．これらの公理によって，彼は，他の二つの三角形の合同条件，すべての直角は互いに等しいとするユークリッドの公理や，錯角の定理，そして三角形の内角の和は 2 直角に等しいという定理を証明することもできた．

ヒルベルトが提示した最後の公理のグループは，連続性の基礎的な考え方に関係する二つの公理を含む．まず，次のようなアルキメデスの公理がある．A, B, C, D を四つの異なる点とする．このとき，半直線 AB 上に，各線分 A_iA_{i+1} が線分 CD と等しく，B が A と A_n の間にあるような異なる点の列 $A_1, A_2, \ldots, A_n$ の有限集合が存在する．いいかえると，任意の線分と任意の長さの尺度が与えられたとき，n 個の尺度の単位を集めると，与えられた線分よりも長い線分が生じるような整数 n が存在する．先の諸公理と関連づけることにより，この公理からいくつかの結果が得られるが，その中に，直線の長さには限りがないということがある．したがって，ユークリッドでは暗黙の仮定で，サッケーリやランベルトの鈍角仮定を排除するとき重要だったものが，今や明確になる．ヒルベルトの最後の公理は，本質的には，直線上の点は実数と一対一に対応することである．言い換えると，直線上には「切れ目」はない．この公理は，ユークリッド『原論』I, 1 の正三角形の作図で，二つの円を描いたとき，それらが本当に交わるとの保証がないとする反論に答える．ヒルベルトの公理によれば，それら二つの円に付け加えられる点はなく，したがって，二つの円がお互いに［交わることなく］「通過する」だけということはありえない．

17.5.2 無矛盾性，独立性，完全性

こういった公理を提示したあと，ヒルベルトはそれらが**無矛盾**であること，すなわち，少なくとも算術が矛盾を持たないとする仮定のもとでは，それらの公理からいかなる矛盾も導かれないことを示すことへと向かった．彼の着想は，クラインを初めとして非ユークリッド幾何学に矛盾がないことを示そうとした人達のものとよく似ていた．すなわち，算術的な操作のみを使って，幾何学を構成することだった．たとえば，代数的数のある集合 Ω から始めて，ヒルベルトは，点 p を Ω の中の数の順序づけられた組 (a, b) として，直線 L を Ω の中の三つの数の比 $(u : v : w)$ で定義した．ここでは，u と v は同時に 0 にはならないとしている．これより $ua + vb + w = 0$ ならば，p は L 上にある．このようにして，代数的に解釈されたあらゆる幾何学的概念と，その解釈において満たされているすべての公理とともに，ヒルベルトは，幾何学に対する公理の算術的モデルを作った．もしこれらの公理群が幾何学に矛盾を導くならば，算術でも似たような矛盾があるはずである．それゆえ，算術の公理が無矛盾であると仮定すれば，幾何学の公理群も無矛盾である．

公理系のもう一つの重要な特徴は，**独立性**である．すなわち，どの公理も，［その公理系の中の］他の公理から導けない．ヒルベルトは，独立性を完全には証明しなかったが，公理の様々なグループが独立であることを，ある公理群は満たされるが別の公理群は満たされないような，興味深いいくつかのモデルを作ることによって示した．たとえば，彼は，アルキメデスの公理以外のすべての公理が満たされるような系を構成した．ヒルベルトは，さらにもう一つの特徴である公理系の**完全性**，その公理系の中で定式化されうるいかなる言明も，真か偽であることが示されるという性質，を論じなかった．しかしながら，彼の公理系が完全であるとヒルベルトが信じていたのは，事実上確かなことである．実際，何人かの数学者は，ユークリッド幾何学のすべての定理はヒルベルトの公理系を使って証明できることを，直ちに示した．

ヒルベルトの研究の重要性は，ユークリッドの演繹的理論大系のいくつかの部分に対してなされた様々な反論へ答えたというよりも，いかなる数学の分野も，無定義用語とそれらの間の関係を述べる公理群で始まらねばならないという見解を強調したことにあった．すでに論じたように，19世紀の終わりには，様々な数学の分野を明らかにするために，たくさんの公理の体系が発展した．ヒルベルトは，［ユークリッドという］最も古い理論体系をとりあげ，多少の修正すれば，それが時の試練に耐えられたことを示すことができたのだから，彼の研究は，この過程の頂点とみなされよう．それゆえ，ユークリッドとアリストテレスの数学に対する考え方は，19世紀末でも，なお純粋数学のモデルとして有効であることが再確認されたことになった．その後1世紀たっても，この考え方は普及し続けている．

練習問題

ガウスの微分幾何学からの問題

1. (x, y), $(x+dx, y+dy)$, $(x+\delta x, y+\delta y)$ を頂点とする（無限小）三角形の面積は，$\frac{1}{2}(dx\,\delta y - dy\,\delta x)$ に等しいことを示せ．

2. 曲面が $z = z(x, y)$ の形で与えられた時，曲率測度 k は

$$k = \frac{z_{xx}z_{yy} - z_{xy}^2}{(1+z_x^2+z_y^2)^2}$$

で表されることを示せ．

ヒント：まず，与えられた曲面上の点 $(x, y, z(x, y))$ に対応する単位球面上の点の座標を X, Y, Z とすると，

$$X = \frac{-z_x}{\sqrt{1+z_x^2+z_y^2}}, \quad Y = \frac{-z_y}{\sqrt{1+z_x^2+z_y^2}},$$

$$Z = \frac{1}{\sqrt{1+z_x^2+z_y^2}}$$

となることを示せ．

3. 放物面 $z = x^2 + y^2$ の曲率を与える関数 k を計算せよ．

4. $x = x(u, v)$, $y = y(u, v)$, $z = z(u, v)$ を曲面を表す媒介変数表示された方程式とし，$E = x_u^2 + y_u^2 + z_u^2$, $F = x_u x_v + y_u y_v + z_u z_v$, $G = x_v^2 + y_v^2 + z_v^2$ とするとき，

$$dx^2 + dy^2 + dz^2 = E\,du^2 + 2F\,du\,dv + G\,dv^2$$

となることを示せ．

5. $x = \cos u \cos v$, $y = \cos u \sin v$, $z = \sin v$ で媒介変数表示された単位球面上の E, F, G を計算し，$ds^2 = du^2 + \cos^2 u\, dv^2$ であることを示せ．

非ユークリッド幾何学からの問題

6. 半径 1 の球面上の任意の球面三角形の 3 辺の長さを a, b, c, それに向かい合う角を A, B, C とする．この三角形を二つの直角三角形に分け，第 4 章の公式を適用することにより，公式 $\cos a = \cos b \cos c + \sin b \sin c \cos A$ を導け．

7. 球面の半径を K とすると，問題 6 の公式は

$$\cos\frac{a}{K} = \cos\frac{b}{K}\cos\frac{c}{K} + \sin\frac{b}{K}\sin\frac{c}{K}\cos A$$

となることを示せ.

8. ベキ級数を用いて，タウリヌスの「対数・曲面」公式,
$$\cosh\frac{a}{K} = \cosh\frac{b}{K}\cosh\frac{c}{K} - \sinh\frac{b}{K}\sinh\frac{c}{K}\cos A$$
は，$K \to \infty$ とすると，余弦定理になることを示せ.

9. 虚の半径 i を持つ球面上の直角漸近三角形に対するタウリヌスの公式，$\sin B = 1/\cosh x$ は，平行角に対するロバチェフスキーの公式 $\tan\frac{B}{2} = e^{-x}$ と同値であることを示せ.

10. 虚の半径 iK を持つ球面上の，半径 r の円の円周は，$2\pi K \sinh\frac{r}{K}$ であることを示せ．この値は，$K \to \infty$ とすると，$2\pi r$ に近づくことを示せ（ヒント：まず，半径を K とする通常の球面上にある円の円周を決定せよ）．

11. $\Pi(x)$ をロバチェフスキーの平行角として $\tan\frac{1}{2}\Pi(x) = e^{-x}$ が与えられたとき，公式
$$\sin\Pi(x) = \frac{1}{\cosh x}, \qquad \cos\Pi(x) = \tanh x$$
を導け．またこの二つを 2 次の項までベキ級数展開すると，それぞれ $\sin\Pi(x) = 1 - \frac{1}{2}x^2$, $\cos\Pi(x) = x$ となることを示せ.

12. 問題 11 の結果を，ロバチェフスキーの公式
$$\sin A \tan\Pi(a) = \sin B \tan\Pi(b)$$
$$\cos A \cos\Pi(b)\cos\Pi(c) + \frac{\sin\Pi(b)\sin\Pi(c)}{\sin\Pi(a)} = 1$$
に代入し，非ユークリッド三角形の辺 a, b, c が「小さい」ときの，正弦定理と余弦定理を導け.

13. ABC を 3 辺が a, b, c の任意の三角形とする．このとき，公式 $a\sin(A+C) = b\sin A$ と $\cos A + \cos(B+C) = 0$ は，正弦定理を用いると，$A + B + C = \pi$ を意味していることを示せ.

14. ロバチェフスキーの三角形の基本公式 (17.3)–(17.6) は，三角形の各辺 a, b, c をそれぞれ ia, ib, ic に置き換えることにより，球面三角法の標準的な公式に変換されることを示せ（簡単のため，C は直角とせよ）．

15. ベルトラミによる半径 k の球面の媒介変数表示
$$x = \frac{uk}{\sqrt{a^2+u^2+v^2}}, \qquad y = \frac{vk}{\sqrt{a^2+u^2+v^2}},$$
$$z = \frac{ak}{\sqrt{a^2+u^2+v^2}}$$
を幾何学的に説明せよ.

16. u, v をそれぞれ iu, iv に置き換えることにより，問題 15 の曲率 $1/k^2$ の球面が，曲率 $-1/k^2$ の擬球面に変換されることを示せ.

17. 擬球上の直角三角形の 3 辺の長さ ρ, s, t に関するベルトラミの公式は，
$$\frac{r}{a} = \tanh\frac{\rho}{k}, \qquad \frac{r}{a}\cos\theta = \tanh\frac{s}{k},$$
$$\frac{v}{\sqrt{a^2-u^2}} = \tanh\frac{t}{k}$$
に変換されることを示せ．さらに，
$$\cosh\frac{s}{k}\cosh\frac{t}{k} = \cosh\frac{\rho}{k}$$
を示せ.

射影幾何学からの問題

18. 中心射影は，どのようにして平行線を交わる直線に写すことができるのかを示せ.

19. 複比に関する関係式
$$(AB, CD) = 1 - (AC, BD)$$
$$(AB, CD) = \frac{1}{(AB, DC)}$$
を証明せよ.

20. 複比 $(AB, CD), (AC, DB), (AD, BC)$ をそれぞれ λ, μ, ν と記す．このとき，
$$\lambda + \frac{1}{\mu} = \mu + \frac{1}{\nu} = \nu + \frac{1}{\lambda} = -\lambda\mu\nu = 1$$
となることを示せ.

21. 点 p' が，円錐曲線 C に関して点 p の極線 π 上にあるならば，p' の極線 π' は p を通ることを示せ（ヒント：まず，C が円であると仮定せよ）．

22. 点 $(3, 4)$ と $(-1, 7)$ の斉次座標を定めよ.

23. 直線 $2x - y = 0$ 上の無限遠点の斉次座標を書け.

24. 斉次座標で与えられた点 $(3, 1, 1)$ と $(4, -2, 2)$ の直交座標を求めよ.

25. 無限遠点 $(2, 1, 0)$ と点 $(6, 2, 2)$ を通る直線の（直交座標での）方程式を求めよ.

26. 平面上のすべての円は，二つの無限遠点 $(1, i, 0)$ と $(1, -i, 0)$ を通ることを示せ.

27. 一直線上にある 3 点 A, B, P が与えられた時，図 17.17 を作図することにより点 Q を定めると，A, B, P, Q は調和点列になること，すなわち複比 (AB, PQ) は -1 になることを示せ.

28. ロバチェフスキー平面を表現する円の内部での距離 d のクラインによる定義を用いて，直線上の 3 点 P, Q, Q' に対し，$d(P, Q) + d(Q, Q') = d(P, Q)$ となることを示せ.

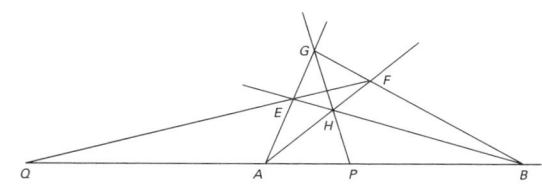

図 17.17

$(AB, PQ) = -1$ となるように Q を定める．A を通る 2 本の線を任意に引く．P を通り，これらの 2 直線と，G と H で交わる直線を引く．G および H を B と結ぶ．$(BG$ と AF の) 交点 F と $(BE$ と AG の) 交点 E を通る直線は，直線 APB と求める点 Q で交わる．

グラスマンに関連する問題

29. i, j, k を 3 次元空間内の 1 次の構成単位としたとき，$2i + 3j - 4k$, $3i - j + k$, $i + 2j - k$ の組合せ積を求めよ．

30. グラスマンの組合せ乗法において，
$$\left(\sum \alpha_{1i}\epsilon_i\right)\left(\sum \alpha_{2i}\epsilon_i\right)\cdots\left(\sum \alpha_{ni}\epsilon_i\right) = \det(\alpha_{ij})[\epsilon_1\epsilon_2\cdots\epsilon_n]$$
が成り立つことを示せ．ここで，各一次結合は，1 次の構成単位からなる n 個の与えられた集まりで，$[\epsilon_1\epsilon_2\cdots\epsilon_n]$ は n 次の 1 単位である．

微分形式に関連する問題

31. ω は 3 次元空間内の微分 1 形式で，$\omega = A\,dx + B\,dy + C\,dz$ で与えられるものとする．このとき，
$$d\omega = \left(\frac{\partial C}{\partial y} - \frac{\partial B}{\partial z}\right) dy\,dz + \left(\frac{\partial A}{\partial z} - \frac{\partial C}{\partial x}\right) dz\,dx + \left(\frac{\partial B}{\partial x} - \frac{\partial A}{\partial y}\right) dx\,dy$$
となることを示せ．

32. $\omega = A\,dy\,dz + B\,dz\,dx + C\,dx\,dy$ の外微分は 3 形式
$$\left(\frac{\partial A}{\partial x} + \frac{\partial B}{\partial y} + \frac{\partial C}{\partial z}\right) dx\,dy\,dz$$
になることを示せ．

33. 3 次元空間内の 1 形式または 2 形式 ω に対して，$d(d\omega) = 0$ であることを示せ．

34. ω は $R^3 - \{0\}$ 内の 2 形式で，
$$\omega = \frac{x\,dy\,dz + y\,dz\,dx + z\,dx\,dy}{(x^2 + y^2 + z^2)^{3/2}}$$
で与えられるものとする．このとき $d\omega = 0$ となること，しかし $d\eta = \omega$ となるような 1 形式 η は存在しないことを示せ（ヒント：このような 1 形式が存在するとすれば，ストークスの定理により，単位球面 T に対して，T の境界が空集合であるから，$\int_T \omega = \int_T d\eta = \int_S \eta = 0$ となるはずである．そこで，$\int_T \omega$ を直接計算せよ）．

議論に向けて

35. 最近の高等学校の幾何学の教科書を何冊か検討せよ．それらは，ユークリッドの諸公理，ヒルベルトの公理系，あるいはそれらを組み合わせたもののいずれにしたがっているか．高等学校で幾何学を教えるうえで，ヒルベルトの再定式化を用いることの有用性について意見を述べよ[*8]．

36. タウリヌス，ロバチェフスキー，ベルトラミが与えた非ユークリッド幾何学の解析的な形式は，総合的な形式よりも，非ユークリッド幾何学を提示するためのいい方法だろうか．虚の半径をもつ球面は，どのようにして理解されるだろうか．

37. 非ユークリッド幾何学を最初に発表した二人の数学者が，いずれも，19 世紀の数学の中心ではない国の出身であったのはなぜか．それは偶然だろうか，それとも本質的な理由があるのか．

38. リーマンの講演「幾何学の基礎をなす仮設について」の全文を読め．リーマンの新しい着想のうち主なものをあげ，それらが，20 世紀にどのように受継がれていったかについて，意見を述べよ．とくに，リーマンの研究はアインシュタインの一般相対性理論の先駆けであるとしばしば繰り返されているが，これに対する意見を述べよ．

参考文献と注

19 世紀の幾何学の歴史に関する様々な側面からの重要な研究のいくつかが，Jeremy Gray, *Ideas of Space: Euclidean, Non-Euclidean and Relativistic* (Oxford: Clarendon Press, 1989), B. A. Rosenfeld, *A History of Non-Euclidean Geometry* (New York: Springer Verlag, 1988), Roberto Bonola, *Non-Euclidean Geometry, A Critical and Historical Study of Its Development* (New York: Dover, 1955), Julian Lowell Coolidge, *A History of Geometrical Methods* (New York: Dover, 1963), Michael J. Crowe, *A History of Vector Analysis* (New York: Dover, 1985) に収められている．また，群論に関する歴史については，Hans Wussing, *The Genesis of the Abstract Group Concept* (Cambridge: MIT Press, 1984) で論じられている．［平行線公理の歴史やリーマンによる多様

[*8] 日本の高等学校では，幾何学をきわめて限定的にしか扱わないので，たとえば，小平邦彦著『幾何学への誘い』（岩波現代文庫）などで，同じことを試みるとよい．

体の概念の形成については，近藤洋逸『幾何学思想史』近藤洋逸著作集 1，日本評論社，1994 所収も参考になる．]

1. Gauss, letter to Olbers, Rosenfeld, *History of Non-Euclidean Geometry*, p. 215 より引用 [寺阪英孝・静間良次著『19 世紀の数学 幾何学 II』数学の歴史 VIII-b，共立出版，1982，148 ページにガウスの手紙の翻訳が所収されている].
2. Gauss, *Abstract of the Disquisitiones Generales Circa Superficies Curvas*, presented to the Royal Society of Göttingen. 英訳と注が, Adam Hiltebeitel and James Morehead *General Investigations of Curved Surfaces* (Hewlett, NY: Raven Press, 1965), p. 45 に所収されている [『曲面論の概評』の邦訳が同上書 21–22 ページに所収されている].
3. Gauss, *General Investigations of Curved Surfaces*, p. 10. この論文は，いくぶん初期の版であることを含めて，歴史的背景はすべてラベン・プレス (Raven Press) 社版に書かれているが，そこでの記述は一読の価値がある．微分幾何学での実測に関する論文については，ガウスの着想を今日の言葉に翻訳することを試みる価値はあろう．このことに関する考察は *A Comprehensive Introduction to Differential Geometry* (Waltham, MA: Brandeis University, 1970) vol. II に見られる．ガウスの研究はまた，D. J. Struik, "Outline of a History of Differential Geometry," *Isis* 19 (1933), 92–120, 20 (1933), 161–191 でも論じられている [邦訳『数学の歴史第 VIII-b 巻』34 ページ].
4. 同上, p. 21 [邦訳 47–48 ページ].
5. Lobachevsky, *Geometrical Investigations on the Theory of Parallel Lines*. G. B. ハレステッドによる英訳が, Bonola, *Non-Euclidean Geometry*, p. 13 に収められている．ボノラの本には，このロバチェフスキーの基本的な文献のみならず，ボヤイの『付録』の翻訳も収められている．そのため，非ユークリッド幾何学の 2 種類の扱われ方が，容易に比較できる [寺阪英孝著『19 世紀の数学 幾何学 I』数学の歴史 VIII-a, 共立出版，1981 に邦訳がある．当該箇所は 116 ページ]．ロバチェフスキーについて，さらに知りたい場合は, A. Vucinich "Nikolai Ivanovich Lobachevski, The Man Behind the First Non-Euclidean Geometry," *Isis* 53 (1962), 465–481, V. Kagan, *N. Lobachevski and his Contribution to Science* (Moscow: Foreign Language Publishing House, 1957) を参照のこと．
6. 同上, p. 30 [邦訳 131 ページ].
7. 同上, pp. 44–5 [邦訳 146–147 ページ].
8. Bolyai, *Appendix exhibiting the absolutely true science of space*. G. B. ハレステッドによる英訳が Bonola, *Non-Euclidean Geometry*, p. 48 に所収されている [寺阪『幾何学 I』では，ボヤイのこの著を『空間論』と訳出し，邦訳を収録している．当該箇所は 116 ページ].
9. 同上, p. 20 [邦訳 159 ページ].
10. Riemann, "On the Hypotheses which lie at the Foundation of Geometry," スピヴァック (Spivak) による英訳が自身の著書 *A Comprehensive Introduction to Differential Geometry*, vol. II pp. 4A-4–4A-20 に収録されている．この本は英訳を収めているだけでなく，リーマンの講演を詳細に検討している [近藤洋逸訳「幾何学の基礎をなす仮説について」『現代の科学 I』世界の名著 79, 中央公論社，1979 所収．287 ページより引用．リーマンのこの講演は，矢野健太郎訳・解説『リーマン幾何とその応用』現代数学の系譜 10, 共立出版，1971 にも「幾何学の基礎をなす仮定について」と題して訳出されている．なお原文は *Ueber die Hypothesen, welche der Geometrie zu Grunde liegen, Gesammelte Werke*, pp. 272–287].
11. 同上, p. 4A-7 [邦訳 290 ページより引用].
12. 同上, p. 4A-15 [邦訳 296 ページより引用].
13. Helmholtz, "On the Origin and Significance of Geometrical Axioms," James Newman ed. *The World of Mathematics* (New York: Simon and Schuster, 1956), vol. 1, 646–668, p. 657.
14. Clifford, "The Postulates of the Science of Space," Newman ed. in *World of Mathematics*, vol. 1, 552–567, p. 564.
15. Clifford, "On the Space Theory of Matter," Newman ed. in *World of Mathematics*, vol. 1, pp. 568–569.
16. 擬球面上の計量およびそれと非ユークリッド幾何学との関連を論じたベルトラミの論文の英訳が John Stillwell, *Sources of Hyperbolic Geometry* (Providence: American Mathematical Society, 1996) に収録されている．この本にはフェリックス・クラインとアンリ・ポアンカレの基本的な論文も収録されている．
17. Klein, "Vergleichende Betrachtungen über neuere geometrische Forschungen," (Erlangen: Deichert, 1872), および *Mathematische Annalen* 43 (1893), 63–100. また英訳 M. W. Haskell, "A Comparative Review of Recent Researches in Geometry," *Bulletin of the New York Mathematical Society*, 2 (1893), 215–249, p. 218 がある．クラインの主要な研究に関する最近出た論文がいくつかある．たとえば，Thomas Hawkins, "The Erlanger Programm of Felix Klein: Reflections on its Place in the History of Mathematics," *Historia Mathematica* 11 (1984), 442–470, David Rowe, "A Forgotten Chapter in the History of Felix Klein's Erlanger Programm," *Historia Mathematica* 10 (1983), 448–454 があげられる [クラインの著作の邦訳として，寺阪英孝訳『クライン エルランゲン・プログラム』現代数学の系譜 7, 共立出版，1970 がある].

18. Grassmann, "Theorie der Ebbe und Flut." Crowe, *History of Vector Analysis*, p. 61 より引用．この本は，ベクトル解析の歴史の様々な側面を詳細に研究している．とりわけ，19 世紀後半の四元数の支持者とベクトルの支持者との論争について，詳しく論じている．

19. Grassmann, *Ausdehnungslehre* (1862 version). David Eugene Smith, *A Source Book in Mathematics* (New York: Dover, 1959), p. 685 より引用．『延長論』は J. V. Collins, "An Elementary Exposition of Grassmann's *Ausdehnungslehre*, or Theory of Extension," *American Mathematical Monthly* 6 (1899), 193–198, 261–266, 297–301, and 7 (1900), pp. 31–35, 163–166, 181–187, 207–214, 253–258 で詳細に検討されている．グラスマンの線形代数の創造に関する最近の研究として，Desmond Fearnley-Sander, "Hermann Grassmann and the Creation of Linear Algebra," *American Mathematical Monthly* 86 (1979), 809–817 があげられる．『延長論』の 1844 年版は，グラスマンの他の著作とともにロイド C. カンネンバーグ (Lloyd C. Kannenberg) による英訳，Hermann Grassmann, *A New Branch of Mathematics*, (Chicago: Open Court, 1995) が出版されている［1862 年版の英訳 Lloyd C. Kannenberg, *Extension Theory* (2000, AMS) も出版されている］．

20. Grassmann, "Theorie der Ebbe und Flut," Crowe, *History of Vector Analysis*, p. 63 より引用．

21. ベクトル空間論と抽象的な線形代数の起源について，より詳しくは，Jean-Luc Dorier, "A General Outline of the Genesis of Vector Space Theory," *Historia Mathematica* 22 (1995), 227–261, Gregory H. Moore, "The Axiomatization of Linear Algebra: 1875–1940," *Historia Mathematica* 22 (1995), 262–303 を参照のこと．

22. 微分形式の発達について，より詳しくは，Victor J. Katz, "Differential Forms—Cartan to De Rham," *Archive for History of Exact Sciences* 33 (1985), 321–336 を参照のこと．

23. Hilbert, *The Foundations of Geometry* (La Salle, Il.: Open Court, 1902), p. 1. Michael Toepell "Origins of David Hilbert's *Grundlagen der Geometrie*," *Archive for History of Exact Sciences* 35 (1986), 329–344 も参照のこと［第 7 版 (1930 年) が邦訳されている．寺阪英孝訳『ヒルベルト 幾何学の基礎』現代数学の系譜 8，共立出版，1970］．

24. 同上，p. 12.

［邦訳への追加文献］ グラスマンの 1862 年版『延長量』の英訳，Lloyd Kannenberg, Hermann Grassmann, *Extension Theory* (Providence: American Mathematical Society, 2000) が出版された．

19 世紀の幾何学の流れ

1777–1855	カール・フリードリヒ・ガウス	微分幾何
1788–1867	ジャン・ヴィクトール・ポンスレ	総合的射影幾何
1792–1856	ニコライ・イヴァノヴィチ・ロバチェフスキー	非ユークリッド幾何
1793–1880	ミシェル・シャール	複比
1794–1874	フランツ・タウリヌス	虚球面上の幾何学
1798–1867	クリスチャン・フォン・シュタウト	射影幾何
1801–1868	ユリウス・プリュッカー	双対性，斉次座標
1802–1860	ヤーノシュ・ボヤイ	非ユークリッド幾何
1809–1877	ヘルマン・グラスマン	n 次元の幾何学
1821–1894	ヘルマン・フォン・ヘルムホルツ	n 次元幾何学の基礎
1821–1866	ゲオルク・ベルンハルト・リーマン	幾何学の仮定
1835–1900	エウジェニオ・ベルトラミ	曲率が負の曲面
1845–1879	ウィリアム・クリフォード	物理的な空間の仮定
1849–1925	フェリックス・クライン	エルランゲンプログラム
		非ユークリッド幾何の計量
1854–1912	アンリ・ポアンカレ	非ユークリッド幾何学のモデル
1858–1932	ジュゼッペ・ペアノ	ベクトル空間の公理系
1858–1936	エドゥアル・グルサ	ストークスの定理の一般化
1862–1943	ダーフィット・ヒルベルト	幾何学の基礎
1869–1951	エリー・カルタン	微分形式

Chapter 18

20世紀の諸相

　（エミー・ネーターは）刺激を与える偉大な力を持っており，多くの場合，彼女の示唆で，彼女の学生や共同研究者達の研究は最終的に形をなすものとなっていった．ハッセは，多元環と類体論の関係を論じたすぐれた論文を著したが，これはエミー・ネーターのさりげない忠告から示唆されたものと感謝している．彼女はまさに，「ノルム剰余記号は巡回多元環に他ならない」といったような洞察力のある注意を発することができた．それは，彼女の精巧を極めた予言の仕方で，強力な想像力によるものであり，ほとんどの場合的確で，年とともに威力を増していった．そして，このような注意は，やがて，前途多難な研究への方法を指し示す手がかりとなりえていった……彼女は，代数学の分野でとりわけ新しい，画期的な考え方を創造したのだった．

（1935年，ヘルマン・ワイルによるエミー・ネーターの追悼講演より）[1]

　自分達の計画を達成したのかどうか，そもそも彼ら自身が疑ってはいたのだが，ケネス・アッペルとウォルフガング・ハーケンは，1976年7月24日，最終的に四色問題の証明を完成した．彼らはコンピュータを使って，最終的に避けることができない1936個の図形は四色に塗り分けられることを示したのだった．どのような地図も［隣り合う地域を違う色で塗り分けるためには］4色あれば十分であるというこの定理は，1852年にはじめて提起されたものであった．7月26日，この二人は，自分達の研究の報告をアメリカ数学会 [American Mathematical Society] に提出し，その報告が『AMS会報』(*Bulletin of the AMS*) 9月号に掲載された．大変興味深いことだが，ハーケンは，8月の夏の例会で発表しようとしていた論文の概略を6月の半ばにはすでにAMSへ送っていた．この論文の題名は「なぜ四色問題は難しいか」("Why is the Four Color Problem Difficult?") であった．

　数学の研究者向けの図書館に入れば，20世紀になされた数学の成果がそれ以前の成果をすべて合わせたものを遥かに凌ぐことは，直ちに見てとれる．雑誌の棚が何段にも重ねられているが，その雑誌の大部分は今世紀に創刊されたものである．そして，『クレレ誌』や『リウヴィル誌』といった，19世紀に強い影響力を持っていた雑誌においてさえも，20世紀に入ってからの部分が，その雑

誌に与えられた場所のほとんどの部分を占めている．しかし，学部で教えられる数学は，19世紀あるいはそれ以前の時代になされた成果からとりあげられたものである．したがって，学部生向けの教科書としては，20世紀の数学の表面をさっと撫ぜるだけにとどまることになる．そこで，この章では，学部の標準的なカリキュラムで教えられる範囲をある程度覆うような，20世紀の数学に関する四つの分野だけ集中的に論じることにしよう．20世紀の数学をより広く調べたい人のために，図書館の棚は解放され，手引きとなるたくさんの材料が集められている．

われわれは20世紀初頭の数学の基礎に関する問題の考察から始める．カントールの無限集合の研究は，19世紀末に無限集合論の開始を告げる論争を引き起こしたが，それは，20世紀初期においても依然としていくつかの問題を投げかけていた．カントール自身は，他の多くの数学者同様，無限集合に関する一見して「明らか」と思われる結果を証明しようと試みたが，ごく限られた成果しか得られなかった．たとえば，カントールは，無限濃度に対して3分法，これは，任意の二つの濃度 A, B に対して，$A = B$, $A < B$, あるいは $A > B$ の三つの性質のうちの一つが確かに成り立つというものであるが，を証明しようと試みて，実数は整列集合となりうることを証明しようとしたときと同様に，彼は予期していなかっためんどうなことにぶつかってしまった．ここで生じた問題を解決する鍵は，集合論の新しい公理，選択公理［の導入］であることが判明した．1904年，エルンスト・ツェルメロによって明確に述べられるまで，選択公理は実際，長い間暗黙のうちに使われていた．しかし，ツェルメロのこの新しい公理の言明は新たな論争を引き起こし，それに答えるためにツェルメロは集合論の公理化を行った．この公理化はまた，20世紀への変わり目の前後にバートランド・ラッセルが発見した，集合論における様々なパラドックスを解決するのにも役立った．ツェルメロが，また他の数学者達が望んだのは，ひとたび集合論の堅固な公理化がなされれば，算術の理論はその上に基礎づけられ，数学一般に安全な基礎が与えられるだろうということであった．しかし，1931年，クルト・ゲーデルが不完全性定理を確立すると，事態は多くの数学者の期待とは違っていたことが判明した．不完全性定理とは，自然数の算術を表現できる理論はいかなるものでも，その理論の公理からは証明することのできない正しい結果を有しているという定理である．それゆえ，ゲーデルの結果は，数学の公理化という側面，その課題の様々な部分を基礎づけている完全で無矛盾な公理系を与えるという試みを，ある意味では閉ざしてしまったことになる．

20世紀の数学の二つ目の側面として論じるのは，位相幾何学の発達である．点集合論も組合せ位相幾何学も，前世紀にはただ始まったというだけで，20世紀になって数学の「発展した」一分野となるという運命にあった．点集合論の始まりは，実数の集合論に関するカントールの研究であるが，多くの数学者によって，他の種類の集合にも拡げて考察されるようになった．組合せ位相幾何学は，リーマンが「穴」のある領域上で複素関数を積分しようと試みたことから始まる．しかし，このような領域についての理論が始まるのは，1890年代のアンリ・ポアンカレの研究，とりわけ彼のホモロジーの定義からである．20世紀初めに，彼の定義は，単体を使って手直しされたが，組合せ位相幾何学と代数学

が結びつくと認識されたのは，ようやく1920年代になってのことで，エミー・ネーターが率いるゲッチンゲンの数学者達のグループによってであった．

位相幾何学がさらに代数化されていく過程は，考察される20世紀の数学の三つ目の側面，数学のあらゆる分野での代数的手法の発達，の一部と見ることができる．この発達は，クルト・ヘンゼルとエルンスト・シュタイニッツによる体論での新しい考え方，ベクトル空間の公理化，とりわけステファン・バナッハの研究，新しい構造，とくにネーターの研究の中心であった環の構造の研究を含んでいた．代数学での抽象化は発達し続け，1945年にサミュエル・アイレンバーグとソンダース・マクレインが導入した圏と関手で，おそらく頂点に達したものと思われる．

代数学はまた，第二次世界大戦中および直後の電子計算機の発達も含めて，機械計算の発達に重要だったことが明らかになった．この章の最後の節は，コンピュータの発達に重要なものとなった数学の様々な側面の研究について，数学の研究と応用にコンピュータが与えた影響とともに論じることにする．そこで，チャールズ・バベッジとエイダ・バイロンのコンピュータを開発する初期の試み，アラン・チューリングの研究におけるプログラムが組み込まれたコンピュータの理論的基礎づけ，ジョン・フォン・ノイマンのもとで高等科学研究所の計算機が作られていく過程の諸相を考察していくことにする．コンピュータの発達によって影響を受けた数学のいくつかの部分，誤り訂正符号，線形計画法，グラフ理論などが含まれるが，それらを手短に眺めてまとめとする．

18.1 集合論：問題とパラドックス

ゲオルク・カントールは，19世紀の終わりに研究していた無限集合論の中でたくさんの問題を提示した．彼は，何年もかけてこれらに答えようとしたが，多くの場合，不成功に終わっていた．20世紀への変わり目には，他の数学者もまた，これらの問題に取り組んだのだった．

18.1.1　3分法と整列順序

カントールは，二つの集合 M と N の濃度をそれぞれ $\overline{\overline{M}}, \overline{\overline{N}}$ とすると，$\overline{\overline{M}} = \overline{\overline{N}}$，$\overline{\overline{M}} < \overline{\overline{N}}, \overline{\overline{N}} < \overline{\overline{M}}$ の関係のうち一つしか起こりえないことを証明した．しかも，1878年まで遡ったかぎりでは，これらの関係のうち一つが確かに成り立つこと，すなわち二つの集合の濃度が等しくなければ，それらのうちの一つの集合はもう一つの集合の部分集合と同じ濃度を持つことは，彼にとって自明なことだったようである．いずれも他のものの部分集合と等しい濃度にはならないような二つの集合の存在を否定するのは自明なことではない，と彼が気づいたのは，あとのことであった．実際1895年の著作『超限集合論の基礎に関する寄与』で，彼は，この3分法の原理をはっきり述べ，それを証明していないのみならず，その証明は困難であるに違いないことを強調した．そこで，彼は慎重になり，自分の理論の他の証明にこの原理を使わないようにしていた．

カントールはまた，この3分法の問題が，すべての集合には整列順序を入れることができるという別の原理と深く結びついていることに気がついた．この原

囲み 18.1

1900 年の国際数学者会議でのヒルベルトの講演

　1899 年から 1900 年にかけての冬，ヒルベルトは，1900 年 8 月にパリで開催される，第 2 回国際数学者会議で，いくつかの総合講演のうちの一つを依頼されていた．ヒルベルトは，彼の講演の話題を決めるのに長い間考え，最終的には 7 月になって決心した．新しい世紀がちょうど来るので，数学の中核をなす未解決問題で，20 世紀に数学者が取り組むべきだと彼が考えている問題をいくつかとりあげて論じることにした．演題を決めるのが遅かったため，ヒルベルトは，開会の場での講演をすることができず，代わりに歴史と教育の合同の分科会ですることになった．この分科会は，算術，代数，幾何，解析といった純粋数学の分科会より，格の落ちるものとみなされていた．

　ヒルベルトは，重要な問題であるための規準は何かから論じ始めた．すなわち，その言明が明確で，容易に理解できなければならないこと．難解なように思えるが，まったく手が付けられないということはないこと．そして，その解答が意味のある結果を伴っていること．ヒルベルトが聴衆に提示した 23 個の問題は，実質的に数学のあらゆる分野を含んでいた．たとえば，数学の基礎については，ヒルベルトは，算術の公理の無矛盾性を追求するとともに，連続体仮説の証明を求めた．数論からの問題として，α を代数的数，β を無理数としたとき，α^β は常に超越数になるのか，少なくとも無理数となるのかといったものや，ディオパントス方程式が解けるかどうかが常に決定できるのかといった問題をとりあげた．解析学からは，リーマンのゼータ関数のすべての複素零点は 1/2 を実部として持つのか，あるいは偏微分方程式の境界値問題は常に解けるのか，があげられている．

　事実，ヒルベルトが提出した問題は，20 世紀の数学の中心的な課題となっていった．多くのものが解かれ，またたとえ解かれなかったものであっても，意味のある進展が遂げられた．21 世紀に向けての重要な問題の一覧が，いくつかの数学者集団によって，今，準備されたところである．

理は，任意の集合 A について，A の空でないどの部分集合 B も，B の各要素 b に対して $c < b$ となる最小の要素 c を含むという事実が成り立つ順序関係 $<$ が A に存在することを意味する．自然数は，自然な並べ方のもとで整列順序である．これに対して，実数はその自然な並べ方のもとでは整列順序ではない．しかしカントールは，1883 年，整列順序が［すべての集合に対して］存在するのはほとんど自明と考えていた．だが，1890 年代の中ごろには，彼は，この結果も証明を必要とすることを認識し始めた．1897 年，彼は証明を見出したと確信したが，これが不完全であることにすぐに気づいた．

　ダーフィト・ヒルベルトは，この整列原理をたいへん重要なものと考えていたので，1900 年，パリの国際数学者会議での講演で，20 世紀に数学者が取り組むよう提案した 23 個の重要な問題の最初の部分に，実数の集合が整列順序であるかどうかの問題を提示した（囲み 18.1）．ヒルベルトが提案したように，「カントールのこの注目すべき言明に対しては，直接的な証明を与えるのが最も望ましいように自分には思える．それはおそらく各部分ごとに最初の数が示されるようにして，数の配列を実際に与えることによってである」[2] のだった．言い換えると，ヒルベルトは，誰かに実数の明確な整列順序を実際に構成して欲しかったのである．

　20 世紀初頭の集合論を厄介なものにしたもう一つの要因は，矛盾と思われるものがいくつも出てきたことである．最も初期に現れた，今日ではラッセルのパラドックスと呼ばれているものは，バートランド・ラッセル (1872–1970) によって 1903 年に発表された（図 18.1）．しかし，［ラッセルのパラドックスと同

図 18.1
グレナダの切手に描かれたラッセル．

様,] この集合がそれ自身を要素として含むかということから出てくるパラドックスは, 友人のエドムント・フッサール (1859–1938) のノートの中に記されているように, エルンスト・ツェルメロ (1871–1953) が, 1, 2 年早く発見していた.

定理 ある集合 M が, その部分集合 $m, m', \ldots$ のそれぞれを要素として含むならば, それは, 不整合な集合である. すなわち, このような集合……から矛盾が導かれるのである.

証明:「自分自身を要素として含まないような部分集合 m を考える. ……これから, こうした部分集合の全体は集合 M_0……をなし, 今, M_0 について, (1) それは, それ自身を要素として含まない. (2) それは, それ自身を要素として含む, の二つが成り立つことを証明する. (1) について言うと, M_0 は M の部分集合であるから, それ自体は M の要素である. しかし, M_0 は M_0 を要素として含まない. そうでないとすれば, M_0 は, それ自身を要素として含む M の部分集合を要素として (すなわち M_0 自身を) 含むことになる. これは [初めに仮定した] M_0 の性質と矛盾する. (2) について言うと, それゆえ M_0 自体は, 自分自身を要素として含まないような M の部分集合である. したがって M_0 の要素でなければならない」[3].

ラッセル自身は, このパラドックスをいくつかの形で発表したが, いちばん簡単なのは床屋のパラドックスである. ある街の床屋は, この街にいる自分で自分の髪の毛を切れないような人々に限って, その人の髪の毛を切るといっている. この床屋は自分の髪の毛を切るのだろうか.

こうしたことから, カントールによる集合論への研究方法は, 新しい概念の発達に有益なものが多数あったとはいえ, 修正を必要とする欠点も見出されることが, 20 世紀の初めまでには明らかになった. 自明と思われたいくつかの結果は, どのようにしても証明できなかったのみならず, 彼の直観的な考え方のいくつかからも明らかに矛盾が導き出された. 興味深いことだが, この時期, 数学の多くの別の分野が公理化されていったにもかかわらず, カントール自身は彼の集合論を公理群で基礎づけることを試みていなかった. 彼の定義や主張は, 彼の直観から出てきたものであった. とくに, 彼が, 考えている対象の任意の集まりとして集合を定義したことを思い出してほしい. 上述した矛盾の核心をなしていたのは, この, きわめて広くとられた集合の定義だったのである. そして, 3 分法と整列順序の問題がなかなか解決できなかったのは, 適切な公理系がなかったためであった.

18.1.2 選択公理

カントールの集合論での二つの難点は, ツェルメロによって, 1904 年から 1908 年にかけて取り除かれた. 1904 年, ツェルメロは, 何年もの間の様々な議論の中で暗黙のうちに現れていた原理の上に基礎づけることにより, 整列定理の証明を発表した. 今日選択公理として知られているこの原理は, ツェルメロが初めて明確な形で述べたのだった.「(空でない任意の集合 M) のあらゆる部分集合 M' に対して, M' 自身のなかに現れる任意の要素 m' を対応させたとせよ. m' を M' の識別された要素と呼ぼう」[4]. このようにツェルメロは, S (S は M の

> # 伝 記
>
> ## エルンスト・ツェルメロ (Ernst Zermelo, 1871–1953)
>
> ツェルメロは，大学教授の息子でベルリンで育った．彼は，ベルリン，ハレ，フライブルグの大学で学び，最終的には変分法の研究で，ベルリン大学から学位を得た．彼は，ゲッチンゲンで数年間教えたあと，1910 年，チューリッヒへ移った．病気のため，1916 年に辞職せねばならなくなったが，ダーフィット・ヒルベルトが，集合論に関する彼の研究の重要性を評価し，研究基金が得られるよう手配したので，彼は，[ドイツ南西部の] シュヴァルツヴァルトへと移り，回復までの長い時間をそこで過ごした．1926 年，彼は，フライブルク大学で教職に復帰したが，1935 年に辞してしまった．彼は，大学にもおよんだ新しいナチス党の政策を受け入れらなかったためである．第二次世界大戦後，彼は，フライブルク大学へ帰り，そこで職を全うした．

すべての部分集合からなる集合）のすべての [要素] M' に対して，$\gamma(M') \in M'$ となるような「選択」関数 $\gamma : S \to M$ がつねに存在するという公理を主張した．言い換えると，われわれは，つねに与えられた集合の各部分集合から，何らかの方法で一つの要素を「選ぶ」ことができるのである．

ツェルメロは，彼が導入したこの公理が，重要な原理であることを認識していた．彼は，この公理によって，整列定理だけでなく，三分法も証明した．さらに，彼は「この論理的な原理は……より簡単な原理に帰着できない．しかし，数学的な推論のいかなるところでも，ためらうことなく適用できる．たとえば，集合を部分集合に分けた時の部分集合の個数は集合のすべての要素の個数より少ないという命題が正しいことは，問題の各部分集合に，その要素の一つを対応させることによってしか証明することができない」[5]（ここで，「個数」とは「濃度」のことである）．ツェルメロも知っていたのだが，この事実は 1880 年代にカントールが用いていた．実際のところ，選択公理は言明こそされなかったが，大変早い時期から使われていた．厳密には，選択するときの規則が特定されているような状況での選択には，この公理は必要ない．しかし，早くも 1871 年，ワイエルシュトラス の未公刊の研究を公表するときに，カントールとハイネが選択公理を暗黙のうちに使っていた．そこでは，点 p で点列連続な実関数は，点 p で連続でもある（18.2.2 項を参照），という事実を証明するための点列の選び方は与えられていなかった（数列をなす数を，特定した各区間でそれぞれ選ばねばならない）．デデキントもまた，この公理をイデアルに関するある同値類の代表元を選ぶのに，暗黙のうちに使っていた．選択公理がその前の 30 年にわたって使われていたにもかかわらず，ツェルメロがそれを公表したとき，直ちに論争の嵐がひき起こされた．

議論の本質は，任意の選択を無限に行うことは，数学上正当な手続きなのだろうかということであった．この問題は直ちに，一体どのような方法が数学で認

められるのか，すべての方法は構成的でなければならないかといった広い範囲にわたる問題の一部分となった．そして，のちには当然，構成するとはどういうことか，そして数学的対象が存在するとは何を意味するのかといった問題が起きてきた．数学者達はこれまで，このような点については，ほとんど議論してこなかった．しかし，選択を行うためのさしさわりのないように見える公理を使うことから，整列定理という一つの結果を証明することへと導かれ，しかも多くの数学者がこの定理を疑わしいと考えていたのである．そのため，ツェルメロの結果の正しさをめぐって，数学界では幅広い意見があった．彼の結果を全面的に認め，自分たちの研究で明白なものとして選択公理を使う方向で進んでいった数学者もいれば，この公理もツェルメロの証明も，その正しさを否定する数学者もいた．有名なメンバーとしてはラッセルが属していた数学者のグループは，その中間の道をとっていた．彼らは，選択公理を用いないことは何を意味するのかをはっきりさせるために，集合論ですでに受け入れられている結果のうち，どれが選択公理とは独立に証明されているかを注意深く決定しようと試みた．不幸なことに，そのときはラッセルでさえ，ある特定の結果が選択公理を必要としていることが証明できなかった．

18.1.3 集合論の公理化

　数学界内のこの論争に伴う問題点の一つは，それによってどの方法を受け入れるかを決定するための，了解された集合論の公理群がないことであった．とりわけツェルメロの証明が出されたあと，ある数学者達はそれを受け入れても，別の数学者達はそれを認めないといった原理がたくさん公表された．そこでツェルメロは，彼の証明を補強し，それにかかわる議論での用語をはっきりさせるためには，集合論を公理化し，その中に彼の証明を埋め込むのが適当であろうと決断した．この公理化は，選択公理を含んでいるだけではなく，カントールの集合の定義があまりにも広くとられたために作り出されたいくつかのパラドックスを取り除くことを意図した公理も含んでいた．ツェルメロの公理化の方法は，ヒルベルトの幾何学の公理に影響されたもので，具体的に定められているわけではない対象を集め，公理群によって定義されるそれらの間の関係［を与えること］から始まっていた．いいかえると，ツェルメロは，対象の領域 $\mathcal{B}$ とそれらの対象のいくつかのペアの間の帰属関係 $\in$ から始めた．一つの対象は，それが別の対象（公理2で特定されるものを除く）を含むとき，集合と呼ばれる．$A \subseteq B$ であるとは，$a \in A$ であれば，$a \in B$ もまた成り立つことを意味する．ツェルメロの七つの公理は次のようである（彼がつけた名前を添えておく）．

1. （外延性の公理）集合 S と T に対して，$S \subseteq T$ かつ $T \subseteq S$ であれば，$S = T$ である．
2. （基本集合の公理）空集合と呼ばれる要素のない集合が存在する．また $\mathcal{B}$ の中に存在する任意の対象 a と b に対して，集合 $\{a\}$ と $\{a, b\}$ が存在する．
3. （分出公理）集合 S について，命題関数 $P(x)$ が確定したもの（以下を見よ）ならば，$P(x)$ を真とするような S の要素 x のみを確かに含むような集合 T が存在する．

4. （ベキ集合の公理）S が集合であれば，S のベキ集合 $\mathcal{P}(S)$ も集合である（ベキ集合 S とは S のすべての部分集合の全体からなる集合である）．
5. （和集合の公理）S が集合であるならば，S の和も集合である（S の和とは，集合 S の要素のすべての要素の集合である[*1]）．
6. （選択公理）集合 S が［すべて互いに］共通部分を持たない空でない集合からなる集合であれば，S の和集合の部分集合 T で，S の各要素［をなす集合］と共通な要素をただ一つだけ持つものがある．
7. （無限公理）空集合を含み，任意の対象 a に対して $a \in Z$ ならば，$\{a\} \in Z$ である集合 Z が存在する[6]．

　ツェルメロは，なぜこれらの公理を選んだのかをはっきりとは論じなかった．しかし，それらの公理の大部分については，なぜ選んだかを推測できる．最初の公理は，単に集合がその要素で決定されることを主張したものである．二つ目の公理は，空集合もまた正当な集合であること，さらに単なる要素と一つの要素からなる集合を区別するというツェルメロの要求からおそらく出てきたものであろう．同様にして，ベキ集合の公理と和集合の公理は，他の集合から構成されるタイプ，すなわち多くの議論で使われるタイプの集合の存在を明らかにしようとしたものだった．分出公理は，カントールが与えた任意の性質［を持つという曖昧な形］を用いた定義に対する，ツェルメロ流の修正の方法で，これによってラッセルのパラドックスを取り除ける．すなわちこの公理によって，まず，その性質を記述する関数がその集合に適用されるような与えられた集合 S があり，次に確定した命題関数が存在しなければならない．ここで確定した命題関数とは，S の中の個々の要素 x に対して $P(x)$ が成り立つかどうかを，$\mathcal{B}$ 上の帰属関係と論理の法則によって常に決定することができるとして定義できるものである．最後に，無限の公理は，無限集合の存在に関するデデキントの議論を明らかにしようとするツェルメロの意図によるものであった．多くの数学者はこの議論を容認しなかった．数学的というより心理学的な議論に思えたのが一因であろう．このようにして，ツェルメロは無限集合が構成可能であることを主張する，彼独自の公理を提案したのだった．

　ツェルメロの公理化に対する反応は複雑だった．まず，ツェルメロは，彼の公理系が無矛盾であることを証明していないと批判された．ヒルベルトも結局，彼自身の幾何学の公理系が無矛盾であることを実数の無矛盾性に基づいて示していた．ツェルメロは，今のところは無矛盾性を証明できないことを認めはしたが，そのうちできるはずだと感じていた．しかし，この体系からカントールの集合論のすべてが導かれるという意味で，彼はこの体系が完全であると確信していた．次にツェルメロは，彼が入れたあるいは入れなかった個々の公理に対しても批判された．公理系の正しい基礎についてはもちろん合意はなかった．そして，ツェルメロは彼の体系に欠点がないことを示すことができなかったのだから，この公理系が望んでいた目的を達したものであることを数学界全体に納得させることは難しかった．

[*1] S の各要素が集合である場合を考えている．

合意を得るためにツェルメロの体系に変更が二つなされた．まず，公理系それ自身がいくぶん修正される必要があった．何人かの数学者の示唆によって，1930年，ツェルメロ自身が，（アブラハム・フレンケル (1891–1965) にちなんで）今日ツェルメロ–フレンケルの集合論と呼ばれている新しい公理系を導入した．当初のツェルメロの公理系からの主な変更点は，置換公理という新しい公理を入れたことであった．この公理は，$\mathbf{N}$ を自然数の集合としたとき，集合 $\{\mathbf{N}, \mathcal{P}(\mathbf{N}), \mathcal{P}(\mathcal{P}(\mathbf{N})), \ldots\}$ がツェルメロの理論の中で存在することを保証しようとしたものであった．この公理のフレンケル自身の定式化は「M が集合で，M' が M の各要素を領域 [$\mathcal{B}$] のある対象で置き換えて得られたものであるならば，M' もまた集合である」[7] というものであった．二つ目の変更点としては，「確定した」命題関数の性質をはっきりさせなければならないとしたことであった．これが，分出公理では本質的だからである．このことは，集合論よりも論理学によりかかわっており，最終的には，公理的集合論は論理学の分野の一部になる必要があるという見方が受け入れられるようになってきた[*2]．様々な理由で本書では論じないが，今日でさえ，ツェルメロの公理の中の一つあるいはそれ以上を受け入れない数学の学派もいくつかある．しかし，これらの公理を基礎においた数学の中であげられた成果から，これらの公理が集合論に活用できる基礎を作っていることを数学研究者の大多数が納得したとするのは，正しい評価であろう[8]．

選択公理それ自身は，ツェルメロの公理系の中で，おそらく最も議論があったにもかかわらず，解析学のみならず代数学においてもたくさんの応用があることが明らかになった．たとえば，あらゆるベクトル空間が基底を持つこと，可換環において，自分自身とは異なるあらゆるイデアルが極大イデアルに拡張できる［すなわち，そのイデアルを含む極大イデアルが存在する］ことを示すときに，選択公理が使われた．選択公理は，新しい分野である位相幾何学でも繰り返し使われたが，コンパクト空間の任意の族の積もコンパクトであるという命題の証明の基礎を与えたのはその一例である．選択公理はまた，数理論理学の研究では本質であることが証明された．

選択公理から導かれた重要な数学的な道具の中で最も重要なものの一つは，極大原理である．これは普通，ツォルンの補題として知られているもので，最終的には，選択公理と同値であることが示された．それ以前にも多数の数学者が極大原理について述べていたが，ここではマックス・ツォルン (1906–1993) によって与えられた形を示す．$\mathcal{A}$ をその中に含まれるすべての鎖 $\mathcal{B}$ の和を含む集合の族とすると，それとは異なる任意の $A \in \mathcal{A}$ の真部分集合とはならない集合 A^* が $\mathcal{A}$ の中にある（鎖 $\mathcal{B}$ とは，$\mathcal{B}$ のなかのそれぞれの二つの集合 B_1, B_2 が，$B_1 \subseteq B_2$ または $B_2 \subseteq B_1$ となるような集合の集合を意味する）．この公理を出発点においたツォルンの目的は，実際には，整列定理を代数学の様々な証明の中で置き換えることであった．彼は，整列定理は彼自身の公理と同値とはいえ，ある種の超限的な原理であるから，代数的な証明には属さないと主張していた．

[*2] ツェルメロの公理系がフレンケルらによって修正される経緯については，Jean van Heijenoort, ed., *From Frege to Gödel: A Source Book in Mathematical Logic, 1879–1931* (Cambridge: Harvard University Press, 1967), pp. 284–285 を参照のこと．

伝　記

ニコラ・ブルバキ (Nicholas Bourbaki)

　ニコラ・ブルバキは，主にフランスの数学者からなるグループを一まとめにした名称で，1930年代半ば以来，彼らが解析学の基本的な構造と考えていることに重点をおいた教科書を書いている．彼らの教科書の主な部分は次の六つの分野から構成されている．それは集合論，代数，位相空間論，実変数関数，位相ベクトル空間，および積分論である．可換代数，微分多様体，リー群を含んだ他の分野の題材も出版されているが，1950年代，60年代から比べると，最近では，ブルバキの出版の歩調が相当遅くなってきているようだ．

　アンリ・カルタン，アンドレ・ヴェイユなど，アンリ・ポアンカレ研究所でガストン・ジュリアが率いていたセミナーに参加していた人達が，ブルバキの基礎を作った．ブルバキの当初の目的は，19世紀初頭からフランスの大学で使われていた教科書（様々な版があるが）で，フランスの古典である『解析学教程』の現代版を作ることであった[*3]．ファン・デル・ヴェルデンの『現代代数学』から手がかりを得，ブルバキは，一つの与えられた分野での基本定理を，適切な公理系の上に基礎づけて展開することを目的とした．ブルバキは，重要な応用があるとか重要なことがすでに証明されている概念へと導く定理であれば，最近のものであれ古代のものであれ，それらを提示しようとした．

　ブルバキは，一般に，一つの章あるいは一まとまりの章を書くのに，10年から12年を費やす．メンバーの一人が，ある課題の予備的な原稿を書くよう割り当てられる．1年あるいはもう少しあと，その原稿はブルバキのメンバーの研究会に出され，詳細かつ情け容赦ない批判にさらされる．一度その原稿が引き裂かれると，別のメンバーが選ばれて原稿を改訂するが，翌年，その改訂版もまた，ゴミ箱行きになる．しかし，最終的には，ブルバキは内容については全員が一致した合意に達し，その本が出版される．

　ブルバキの著作は，厳格なまでの正確さと広くかつ一般的な概念のもとになされていることで定評がある．彼らの通常のやり方は，そのような一般的な概念から始め，それらからできるだけ多くのものを引き出し，そのあとでようやく個別の例を考えるということであるが，歴史的にいえば，そのような例が，しばしば一般的な理論の発見を促した．ブルバキの影響は，とりわけ20世紀の第3四半期には，アメリカ合衆国の大学院課程での数学に広く行き渡り，それ以下の教育課程での数学教育にさえも影響を与えた．しかし，最近では，フランスの教育者達でさえも，中等教育でのブルバキの影響を消していっている．

　いずれにせよ，ツォルンの補題はすぐに数学者の重要な道具の一部分となり，代数学や位相幾何学で広範囲に渡って使われた．実際，この補題は1939年に，ニコラ・ブルバキの記念碑的著作『数学原論：解析学の基本構造』(*Eléments de mathématique: Les structures fondamentales de l'analyse*) で初めて発表され，この著書全体を通じて一貫して使われていた．

　選択公理が有用であることが証明されても，そこから得られたいくつかの結果は不安を呼び起こすものであり，また，まったく思いもよらないものもあった．導かれた結果のうち最も驚くべきものとして，ステファン・バナッハ (1892–1945) (図18.2) とアルフレッド・タルスキー (1901–1983) が1924年に初めて指摘し

図 18.2
ポーランドの切手に描かれたステファン・バナッハ．

[*3] コーシー以外にもたとえばスツルム (Jacques Charles François Strum, 1857年)，アダマール (Jacques Hadamard, 1927年)，レヴィ (Paul Levy, 1931年)，シュワルツ (Laurant Schwartz, 1981年) らが『解析学教程』と題する教科書を著している．

た，バナッハ–タルスキーのパラドックスがある．彼らは，選択公理を使って，半径の異なる二つの球面が有限回の分割によって同じものになることを示した．半径1インチの球面 A と地球と同じ大きさの球面 B をとり，それぞれを同じ個数の部分 $A_1, A_2, \ldots A_m$ と $B_1, B_2, \ldots B_m$ に，各 i について A_i と B_i は合同になるように分割できる．選択公理を使って証明できるこのような結果のために，集合論の他の公理との関連の中で，選択公理の正確な位置づけを明らかにすることに大きな関心が寄せられてきた．この公理が矛盾を導くことがないかどうか，確かなところははっきりしなかった．

ツェルメロは，彼の公理系の無矛盾性の証明が恐ろしく困難なものになるであろうことは認識していた．1920年代を通じて，彼も他の研究者もこの問題に取り組んでいたが，1931年，クルト・ゲーデル (1906–1978) が本質的にはそのような証明が存在しないことを示すまで，解決されなかった．ゲーデルは，オーストリアの数学者だが，生涯の大部分をプリンストンの高等研究所で過ごした．実際，彼は，自然数の公理系を含む任意の体系では，たとえばデデキントの公理系は，ツェルメロ–フレンケルの集合論の中では証明できるだろうが，その系のなかだけでその系の公理の無矛盾性は証明できないことを示したのだった．ゲーデルはまた，自然数の公理系を含む系は不完全であること，すなわちこの系の中で記述できる命題には，その命題自身もそれの否定も証明することができないものがあることを示した．これらの結果が与えられると，選択公理にかかわる唯一の望みは，それが相対的に無矛盾である，つまりその公理系に選択公理を付加することにより，これをつけ加える以前には生じない矛盾が新たに生じないことを証明することであった．ゲーデルはそのような証明を1935年までには与えることができた．次の3年で，彼は，ツェルメロ–フレンケルの集合論の中で，連続体仮説が相対的に無矛盾であることを示すのにも成功した．

選択公理とツェルメロ–フレンケルの集合論の関係を決定する最終的な結果には，ポール・コーエン (1934–) によって1963年に完成された．コーエンは，まったく新しい方法で，選択公理も連続体仮説も（選択公理を含まない）ツェルメロ–フレンケルの集合論からは独立であることを示すことができた．いいかえると，集合論の中で，これらの公理のいずれも証明することも反証することも不可能である．さらに，新しい矛盾を集合論にとり込むという心配をすることなく，それらのどちらかを否定することも自由に仮定できる．これらの，あるいは別のより最近の結果から，すでに見た幾何学と同様，集合論はただ一つの解釈があるだけではなく，公理をどのように選ぶかに応じて，様々な解釈が可能であるように思える．これが，数学の進展のためによかったのか悪かったのかは，次の世紀が決めることである．

18.2　位相幾何学

位相幾何学とは，その逆も連続的であるような連続的変換によって不変な図形の性質を論じる幾何学の一部で，19世紀には様々な分野を根源として育っていたが，20世紀の初期までには，数学の一分野として完全に確立した．ここで

はこの主題に関して二つの分野を考察する．それは抽象的な「空間」内の点集合の性質を問題にする点集合論と，矛盾なく明確に定義された，ある「建築用ブロック」からどのようにして幾何学的対象が作りあげられているかを問題にする，組合せ位相幾何学である．

点集合論は，カントールによる実数の集合の研究から生まれた．それ自体の主な目的は，ボルツァーノ–ワイエルシュトラスの性質やハイネ–ボレルの性質のような実数の性質を一般化するために適切な背景を与えることであった．この二つの性質は，いずれもコンパクト性という重要な概念と密接に結びついており，これは，閉区間内で連続関数は最大値を持つという定理を一般化するときに，中心に据えられる概念である．ボルツァーノ–ワイエルシュトラスの性質とは，実数の有界な無限集合は少なくとも一つの**集積点**，一つの点を含むすべての開区間が，その集合の別の点を含むような性質を持つ点，を持つという性質である．言い換えると，この性質は，実数の「完備性」を主張する．この結果のボルツァーノによる証明は，16.1.3 項で考察した．

1894 年にエミール・ボレル (1871–1956) が定式化したハイネ–ボレルの性質は，区間からなる無限個の集合 $\mathcal{A}$ が実数のある有限な閉区間 B を，B のどの数も $\mathcal{A}$ に属する区間に含まれるようにして覆うことができるのならば，同じ性質を持つ［B を覆いつくす］$\mathcal{A}$ の有限の部分集合がある，というものである（ハイネはこの結果を 1870 年代に暗黙のうちに使っていたが，最初のこの定理を可算集合 $\mathcal{A}$ と関連づけて述べて，証明したのは，ボレルであった．1904 年にアンリ・ルベーグ (1875–1941) がこの結果を任意の無限集合 $\mathcal{A}$ に拡張した）．ボレルの証明は背理法によっている．$\mathcal{A} = \{A_1, A_2, \ldots, A_m, \ldots\}$ とする．もしこの結論が真でないとすると，どの n についても，$i \leq n$ であるすべての i に対して，A_i の中に存在しないような 1 点 $b_n \in B$ がある．区間 B を 2 分すると，少なくともどちらか一つでは，同じことがいえる．この 2 分割を続けていくと，縮小する閉区間の列 B_i が得られ，その各区間が B 自身と同じ性質を持つ．しかし，$\cap B_i$ は点 p を含む．仮定から，ある k に対して p は A_k の内部にあるから，A_k は区間 B_i の一つは含まねばならない．これは矛盾である．

ボレルの証明の鍵となるのは，閉区間の縮小列の族は共通部分として 1 点を含むという性質で，区間縮小列の性質としばしば呼ばれている．この結果がのちに抽象化され，コンパクト性の最初の定義となった．集合論全体を初めて体系的に論じた著作，ウィリアム・ヤング (1863–1942) とグレース・チザム・ヤング (1868–1944) が 1906 年出版した，『点集合論』(*The Theory of Sets of Points*) の中にも，早くもこの結果が述べられている．

18.2.1 ヤング夫妻と『点集合論』

ヤング夫妻の教科書は，実数直線上あるいは実平面上の点の集合について論じるとともに，のちに一般化された，たくさんの基本的な概念の明確な定義を与えていた．たとえば，両端で「閉じていない」区間に属する点 x は，それに対応する閉区間の**内点**と呼ばれる．点 L を内点として含むすべての区間の内部に，L 以外の与えられた集合の点が存在するとき，点 L を実数の与えられた集合の**極限点**であるという．極限点すべてを含む集合は，**閉じている**といわれ，そうで

伝　記

グレース・チザム・ヤング (Grace Chisholm Young, 1868–1944)

　グレース・チザムはロンドンの近くのハスルミアに生まれ，家庭で教育を受けたあと，ケンブリッジ大学のガートン・カレッジに入学した．ここは，女性に大学教育を授ける，イングランド最初の教育機関である．1892 年，ケンブリッジのトライポス試験で素晴らしい成績をとり，彼女はゲッチンゲン大学へ行って勉強を続けようと決心した，イングランドでは，さらに進んで勉強できる可能性が開けなかったからである．フェリックス・クラインは，喜んで女子学生達を受け入れた．ただし，個人面接をして，彼女達が成功するであろうことを，彼が確信したあとに受け入れた（どのような条件のもとでも，女性を受け入れることには反対する人々も，学部内にはいた）．いずれにせよ，グレース・チザムは，1895 年，Ph.D の学位を得，正規の手続きを経てドイツおける数学の博士号を得た最初の女性となった．1896 年，彼女はイングランドの数学者で，ガートン・カレッジで彼女の個別指導を担当したウィリアム・ヤングと結婚した．

　以降 44 年，ヤング夫妻は，数学上でも，子宝にも恵まれた (6 人) という意味でも，実りある協力関係を築いた．200 を越える数学の論文やそれに続く著書は，ウィリアム・ヤングの名前で出されたが，グレースは，それらが作られる過程で大きな役割を果たしていた．1914 年の著作でウィリアムが記しているように，彼がその研究の主要な考えをグレースと議論すると，彼女はその議論をさらに練り上げ，論文として公刊できる形にまとめた．彼らの娘は，父親は気のあった聞き手から刺激を受けたときに限って，着想を生み出すことができたと記している．グレースは，聞き手であったばかりでなく，夫が提案した様々な試みを完成させるだけの指導力と体力を持ち合わせていた．ウィリアムは，第二次世界大戦が勃発した直後，グレースをイングランドに残してきたまま，スイスの自宅で亡くなった．彼女は，1944 年，ガートン・カレッジの評議委員会から名誉学位を授与される直前に亡くなった．彼らの二人の息子や孫娘もまた数学者になった．

ないものは，閉じていないあるいは開いているといわれた（この「開いている」という定義は今日使われているものではないことに注意せよ）．そしてヤング夫妻は，ボルツァーノ–ワイエルシュトラスの性質やハイネ–ボレルの性質をこれらの定義に従って再定式化し，証明した．

　ヤング夫妻は，次に，平面内に含まれる三角形の集合によって平面が作られるとみなすことにより，直線上の「区間」の概念を平面上の「領域」の概念へと一般化した．そして，「区間」を「領域」で置き換えることにより，極限点の概念を一般化した．彼らはさらに，区間の性質との類似に着目して，領域を三つの交わらない集合に分割した．内点（平面を作る三角形の少なくとも一つの内部にある点），境界点（内点の極限点となる，内点以外の点），外点（内点でも境界点でもない点）の三つである．こうして彼らは，ボルツァーノ–ワイエルシュトラスの定理やハイネ–ボレルの定理を平面上に一般化したものを容易に提示，証明した．

　今日の位相幾何学でもう一つの重要な概念である連結性という考えは，カントールのいくつかの考察に起因する．カントールは，実数全体の集合である「連続体」にかかわる研究の一部として，この集合を特徴づけようと試みた．この試みの一部として，この集合が一つのまとまった部分をなすとは何を意味するか

を定義する必要があることに気がついた．彼はこの考えを，その集合に属する点の間の最小の距離が 0 になるという観点から調べたので，「連結性」を距離の用語で定義した．集合 T の中の与えられた任意の 2 点 p と q と任意の正数 ϵ に対して，T の中に距離 $pt_1, t_1t_2, \ldots, t_nq$ がすべて ϵ よりも小さくなるような有限個の点 $t_1, t_2, \ldots, t_n$ が存在するとき，集合 T は**連結**であるという．ヤング夫妻は，とりわけ，距離を使わずに純粋な集合論の言葉を用いて定義を与えたほうがいいと考え，［カントールの］連結性の概念を次のように解釈し直した．「各点とこの集合の各極限点が内点であるようにこれらの点のまわりに任意の方法で領域を描いても，それらの領域がつねに一つの領域を作るような点の集合は，もし，その点集合が一つ以上の点を含むのならば，**連結であると呼ばれる**」[9]．この定義を使うことにより，この教科書の著者は次に，共通点を持つ二つの閉じた成分に集合が分けられないとき，そしてそのときに限りこの集合は連結であることを示したのだった．

18.2.2　フレシェと関数空間

ヤング夫妻の教科書が出版されたのと同じ年，モーリス・フレシェ (1878–1973) は平面上の点に関する結果をより広い場合へと一般化し始めた．関数がなすある種の集合に作用する関数，すなわち汎関数の理論を扱った学位論文で，彼は，二つの関数がお互いに「近い」のはどういう時かを決定しなければならなくなり，そのために「関数解析の確かな基本原理を体系的に確立し，さらにそれらをいくつかの具体的な例に適用する」ことを決心した．そうすることにより，「それによって何が本質的なものかをはっきり見ることから……単純化することから，あるいは考察している諸要素の特定の性質のみに依存するものから［証明を］自由にすることによって，しばしば利益をうる」[10]．いいかえると，フレシェは，実数直線での位相幾何学の基本概念を任意の集合という観点から考え直し，これらの概念を彼が興味を持っている特定の集合へと適用しようとしたのである．彼は，同じ結果を［様々な場合に］繰り返し証明するよりも，位相に関する多くの結果を一般的な状況の中で一度だけ証明し，そのあとで具体的な問題に適用できることをはっきり理解した．とくに，彼は，汎関数の極限への収束に関する問題に答え，また，どのような条件のもとで，極限汎関数とそれを極限として持つ汎関数とが同じ性質を持つのかを決定することを望んだ．

したがって，フレシェは，「極限」を定義するのではなく，その概念を公理で特徴づけることから始めた．すなわち，集合 E の任意の無限部分集合 $\{a_i\}$ が与えられたとき，適当な性質を持つただ一つの要素 a が存在するかどうかを決めることが可能ならば，極限を定義できるようなクラス $\mathcal{L}$ に集合 E は属しているとする．この要素が $\{a_i\}$ の極限となる．極限要素 a は，各 i に対して $a_i = a$ であれば，その極限も a で，a が $\{a_i\}$ の極限であれば，また任意の部分列 $\{a_i\}$ の極限であるという条件に従う．極限のこの抽象的な概念とともに，フレシェは様々な定義を述べた．そのうちのいくつかはすでにカントールが考察していたものである．E の**導集合** E' とは，その極限要素の集合のことである．集合 E が**閉じている**とは，$E' \subseteq E$ となること，**完全**であるとは $E' = E$ となることである．a が E に含まれないどのような点列の極限ともなりえないとき，点 a は E

の**内点**である．

　汎関数の研究の一部として，フレシェは，閉区間上での連続関数は最大値・最小値を持つというハイネ–ワイエルシュトラスの結果を，関数空間にも適用できるよう拡張しようとした．この一般化を達成するために，彼は，1904 年づけの短いノートで，ハイネ–ボレルの定理の証明の核になる考え方を定義として採用している．「各集合 E に対して，E の部分集合の無限列 $E_1, E_2, \ldots, E_n$ のそれぞれは，（少なくとも一点を含む）閉集合であり，各閉集合はその前の閉集合に含まれ $[E_n \supset E_{n+1}]$ れば，これらの性質を持つ部分集合のすべての無限列が必ず共通の点を少なくとも一つ持つような集合 E を，**コンパクト**集合であるという」[11]．そこでフレシェは，集合 E がコンパクトであるための必要十分条件は，すべての無限部分集合 F が E の中で少なくとも一つの極限要素，すなわち F の，すべてが異なる点からなる列の極限である要素，を持つことであることを証明した．彼の定義による，コンパクトな集合は空間内の有界閉集合とよく似た性質を持つことに注目して，フレシェは，今日，点列連続として広く知られている性質を連続の定義として使うことにより，ワイエルシュトラスの結果を一般化することができた．これは，関数 f が，a に収束する E 上のすべての列 $\{a_n\}$ に対して $\lim_{n\to\infty} f(a_n) = f(a)$ となるとき，閉集合 E 上の点 a で**連続**であるという，というものである．興味深いことに，彼の 1906 年の学位論文では，フレシェは「コンパクト」の定義として，集合の共通部分を使う特徴づけ［有限交叉性］ではなく，上に述べた［コンパクトの］必要十分条件を採用している．その際，任意の有限集合もまたコンパクトと考えられるとの言明を付け加えた．

　よく知られている種々の概念を論じるためには距離の概念は必要でないことを示してから，フレシェは，より一般的な設定の中で，距離の概念を再度導入することを進めた．すなわち，彼は，**距離**が定義できるような E の要素から構成される，クラス $\mathcal{L}$ の部分クラス $\mathcal{E}$ を考えた．距離とは，実変数関数 (a, b) で (1) $(a, b) = (b, a) \geq 0$，(2) $a = b$ のとき，そしてそのときに限り $(a, b) = 0$ となる，(3) E の任意の三つの要素 a, b, c に対して，$(a, b) \leq (a, c) + (c, b)$ となる，という性質を満たすものである．距離を使って，フレシェは**コーシー列**を，任意の数列 $\{a_n\}$ で，すべての $\epsilon > 0$ に対して，どのような $p > 0$ をとっても $(a_m, a_{m+p}) < \epsilon$ となるような m が見出せるものとして定義した．その結果，極限要素とそれに伴う概念は，距離とコーシー列の言葉で定義されることになる．とくにフレシェは，完全で，分離可能（可算で稠密な部分集合を含む）で，さらにそこですべてのコーシー列が極限を持つ（今日の用語では完備）集合からなる，**正規**集合の部分クラスを重点的に考えた．彼が，一般化したハイネ–ボレルの定理を証明することができたのは，このタイプの集合に対してである．すなわち，正規集合の部分集合の集まり $\mathcal{G} = \{I\}$ に対して，E のどの点 $[p]$ を選んでも，その点 $[p]$ が内点となるような $\{I\}$ に属する集合が存在するとき，$\mathcal{G}$ の中から有限個の $\{I\}$ を選んで，同様の性質を持つようにできるとき，かつそのときに限り E はコンパクトであることを証明したのであった．フレシェは，彼の一般的な定理が成り立つ距離を持った空間の例をいくつも与えた．その中には，関数の集合も例として含まれていた．そのような例の一つとして，与えられた

閉区間上の実連続関数の集合がある．そこでの距離は**最大値ノルム**

$$(f,g) = \max_{x \in I} |f(x) - g(x)|$$

で，この距離のもとで，フレシェはこの関数の集合が正規であることを証明した．二つ目の例は，すべての実数列 $x = \{x_1, x_2, \ldots, \}$ の集合に距離

$$(x,y) = \sum_{p=1}^{\infty} \frac{1}{p!} \frac{|x_p - y_p|}{1 + |x_p - y_p|}$$

を与えたものであった．フレシェは，この距離は，つねに有限であることから，そうではない通常の距離 $(x,y) = \max_p |x_p - y_p|$ よりも優れていると指摘している．フレシェは，再度，この集合は正規であること，さらに，この集合の上で定義された実関数の集合もまた適当な距離によって正規であることを示したのであった．

18.2.3 ハウスドルフと位相空間

実数の集合の標準的な性質から導かれる位相空間の概念を完全に公理化したのは，フェリックス・ハウスドルフ (1868–1942) であった．彼は，この公理化を 1914 年に出版した教科書，『集合論概要』(*Grundzüge der Mengenlehre*) で説明した．彼の公理群と定義は 1914 年以降修正されており，たくさんの補助的な定義や概念が導入されたが，今日教えられている点集合論の基礎はすべて，この基本的な著作の中に見出される．

ハウスドルフは，位相空間の一般論を基礎づける三つの基本的な概念があることを指摘した．それは，距離，近傍，極限の概念である．フレシェは実際に，距離と極限の概念を使っていた．ハウスドルフは，距離の概念から始めれば，それから他の二つを導くことができること，近傍の概念から極限の概念を定義できることに注意した．しかし，一般にこの手続きの逆はできない．ハウスドルフによれば，人がどのやり方を選ぶかは好みの問題であるが，彼個人は，**位相空間の概念を定義するのに近傍の概念から始めよう**と決断した．このような空間は，今日**ハウスドルフ空間**として知られているもので，集合 E の各要素 x に対して，近傍と呼ばれる，以下の公理を満たす E の部分集合の集まり $\{U_x\}$ が対応している集合 E のことである．

1. 各点 x は対して，少なくとも一つの近傍 U_x があり，あらゆる近傍 U_x はその点 x を含む．
2. U_x, V_x を，同じ点 x の二つの近傍とすると，それらの交わりも，その点の近傍を含む．
3. $y \in U_x$ であれば，$U_y \subseteq U_x$ となるような近傍 U_y がある．
4. 異なる 2 点 x, y に対し，その共通部分が空であるような二つの近傍 U_x, U_y が存在する [12]．

各実数 ρ に対して $U_x = \{y | (y,x) < \rho\}$ で定義された近傍を持つ距離空間が与えられた公理を満たすことを示したあと，ハウスドルフはフレシェと同様にして基本的な理論を展開した．主な違いは，ハウスドルフの場合は，中心におかれる

概念が領域，今日の言葉でいえば開集合だったことである．ハウスドルフによれば，**領域** A とは，E の部分集合で，内点のみを含むものであり，内点は，A に含まれるような近傍 U_x がとれるような点 x として定義される．集合 E 全体と各近傍 U_x は領域であることが公理 1 と 3 から導かれる．ハウスドルフはまた，任意個数の（無限も含む）多くの領域の合併と有限個の領域の共通部分も領域になることを示した．一方，**閉集合**は，そのすべての集積点を含む集合である．これからハウスドルフは，閉集合は確かに領域の補集合になることを示した．

コンパクト集合に関するフレシェの極限の定義を使うことにより，ハウスドルフは，入れ子状の，閉かつコンパクトな集合の交叉性を証明し，これからフレシェの最初の証明をごくわずか修正するだけで，ハイネ–ボレルの定理を一般化した．彼はまた，どのような位相空間にも十分適用できるように一般化した極限点と収束の新しい定義を与えた．点 x の各近傍 U_x が，有限個の点を除いた A の点のすべてを含むとき，点 x は無限集合 A の極限点であるという．さらに，任意の集合 A は一つの極限 x だけを持つか，あるいはまったく極限を持たないので，前者の場合を $x = \lim A$ または A は x に**収束する**と記す [13]．その他の新しい定義の中には，連結性に関するものがある．「ある空でない集合 A が，共通部分を持たない，A の相対位相で閉集合となる空でない二つの部分集合には分けられないとき，**連結**であるという（A の各部分集合は，最初に考えていた空間 E の閉集合と A との交わりであるとき，A の相対位相で閉集合という）」[14]．閉集合が領域の補集合であるから，連結の定義においても［連結集合を構成する］成分もまた領域でなければならないことに，ハウスドルフは気づいていた．

近傍の考え方がハウスドルフの理論展開の出発点だったのだから，彼がこれを用いて連続性を定義したのは驚くにはあたらないだろう．すなわち，彼は，実変数関数の連続性を標準的な ε-δ 論法で定義し，この定義は実数直線上の近傍［の概念］を使うことを注意したうえで，これを位相空間に対する一般的な定義へと翻訳した．「関数 $y = f(x)$ は，点 $b = f(a)$ の各近傍 V_b に対してその像が V_b の中にある，すなわち $f(U_a) \subseteq V_b$ となるような点 a の近傍 U_a が存在するとき，点 a で**連続**と呼ばれる」[15]．さらにハウスドルフは，同値な定義を作り出した．すなわち，$b = f(a)$ を内点として含む集合 B の各部分集合 Q に対して，逆像 $f^{-1}(Q)$ もまた，a を内点として含むとき，関数 $f : A \to B$ は点 a で連続であるという．この定義を使って，連続関数は連結性とコンパクト性を保つことが容易に証明できる．連結性が中間値の定理を，コンパクト性が閉区間上の連続関数が最大値と最小値を持つことを意味していることを，ハウスドルフはもちろん指摘していた．いいかえると，ハウスドルフは，位相空間は，実変数の連続関数の古典的なこれらの結果に応じるような自然な道具立てであることを示したのであった．

18.2.4　組合せ位相幾何学

組合せ位相幾何学は，微分形式の積分に関するリーマンの研究の中で展開された考えで，空間内の曲面の多重連結性の概念から発展した．この考えは，流体力学や電磁気学といった分野で重要であることが明らかになったので，19 世紀半ばの物理学者達によってさらに洗練されていった．しかし，リーマンの閉曲

線との類似物として境界のない超曲面を使うことにより，多重連結性の考え方を n 次元空間にまで一般化したのは，1871 年，エンリコ・ベッチ (1823–1892) であった．ベッチはさらに，彼の考えを n 次元空間上の微分形式の積分を研究する時に適用した．二つの曲面が連結性に関して異なっているとは，それら二つの曲面が本質的に「異なっていること」の言い方の一つで，一つの曲面から別の曲面への連続写像で，その逆写像も連続になるものが存在しえないことであった．一方，ポアンカレは，曲面を区別するこの方法を論じることにより，ホモロジーの考えを展開していった．

1895 年の基本的な論文「位置解析」("Analysis Situs") および 4 年後のそれを補った研究で，ポアンカレは，次のような定義を与えた．すなわち，n 次元多様体 V の p 次元部分多様体 $\nu_1, \nu_2, \ldots, \nu_r$ に対してすべての ν_i の k 個のコピーからなる集まりが，$(p+1)$ 次元部分多様体 W の完全な境界になっているとき，$\nu_1, \nu_2, \ldots, \nu_r$ の間にホモロジー的な関係があるといい，

$$\nu_1 + \nu_2 + \cdots + \nu_r \sim 0,$$

と書かれる，とする[*4]（ここで，ポアンカレのいう多様体 (=variety) とは，（今日一般的には manifold と呼ばれているもので）1 次元の曲線や 2 次元曲面をより高い次元のものへと拡張したもので，少なくとも局所的には，適当な関数系の零点の集合として，あるいはパラメータを導入すれば，このような関数の集まりの像として定義されたものと一般的に考えられる）．ポアンカレは，向きづけを考えることにより，多様体が負であるという概念を導入した．すなわち $-\nu$ は ν と同じ多様体で，反対の向きを持つものである．ホモロジー関係の例をあげよう．図 18.3 に示すような方向づけがされた円環を考え，その外側と内側の境界をそれぞれ ν_1, ν_2 とする．すると，ν_1 と ν_2 とで円環の完全な境界をなしており，$-\nu_2$ は ν_2 と逆に方向づけられているから，関係式 $\nu_1 - \nu_2 \sim 0$ が成り立

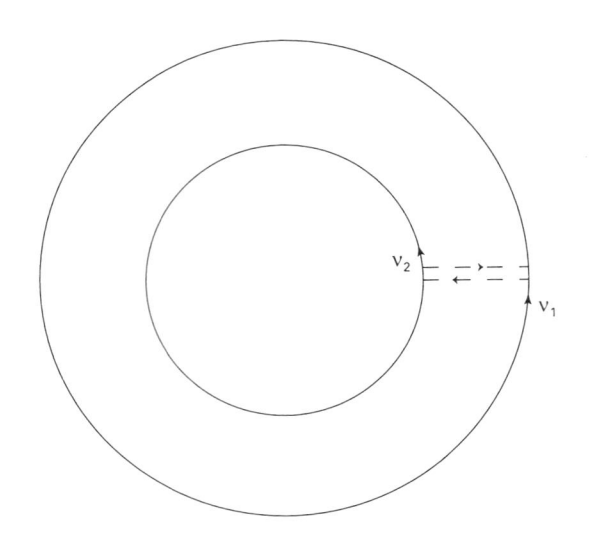

図 **18.3**
ホモロジー関係.

[*4] この節で多様体と訳出してあるものは，原著ではポアンカレ自身の用語にしたがい，variety となっている．variety の概念は以下で説明されているが，本書の程度では，manifold と厳密に区別する必要はないと判断し，多様体と訳出した．

伝　記

アンリ・ポアンカレ (Henri Poincaré, 1854–1912)

ポアンカレ（図 18.4）は，ヒルベルト同様，数学の万能選手で，実質的に数学のあらゆる分野に渡って仕事をした人の一人である．彼の研究分野には，物理学や天体力学も含まれていた．彼は中流の上の階級の家庭に生まれ，一家の多くの者が，様々な形でフランス政府に奉職していた．ポアンカレは，幼い頃より，数学に特別な興味を示し，全フランスのリセの学生による数学コンクールで首位になった．1873 年，彼はエコール・ポリテクニクに入学し，1879 年に学位をとったあと，まずカーン大学に，1881 年にはパリ大学教員として，職を得た．晩年に向かっては，[科学を人々に] 広める活動へと転じ，科学や数学の重要性を強調する数冊の本を書いた．そのような本として，『科学と仮説』，『科学の価値』，『科学と方法』がある．『科学と方法』の中で，ポアンカレは，数学での発見の心理を描き，数学を創造する際には，潜在意識が最も重要な要素であることを強調した*5．

図 18.4
フランスの切手に描かれたポアンカレ．

つ．ホモロジー関係にある多様体は加えたり，引いたり，整数倍したりできること，またそれゆえに，多様体の間に整数係数によるホモロジー関係が成り立たないとき，その多様体の集まりは**線形独立（一次独立）**と呼ぶことができることをポアンカレはさらに見てとった．

多重連結性の概念を明らかにするために，ポアンカレは，多様体 V のベッチ数 B_p を，線形独立な p 次元閉部分多様体の最大の個数より 1 だけ大きい数として定義することへと進んだ．閉多様体とは，境界を持たない多様体のことである．したがって，ポアンカレによれば，図 18.3 の円環 [のふちとなる二つの円周] の 1 次元ベッチ数は 2 で，その円環 [のふちの円周] に円がからんだもの*6 の場合は 3 である．一方で，円板の 1 次元ベッチ数は 1 である．ポアンカレはホモロジーの概念を様々な次元の多様体上での積分を研究する時に適用して，双対定理を証明しようと試みた．これは，コンパクトかつ連結で向きづけ可能な n 次元多様体に対し，$1 \leq p \leq n-1$ となる p について，関係式 $B_p = B_{n-p}$ が成り立つというものである．しかし，ポアンカレの証明，あるいは定義でさえも欠点を持っていることが，今日の読者には見てとれよう．ポアンカレの基本的な考えを含み，今日の基準からみても厳密なホモロジー理論が構築されるにはその後 20 年近くかかった．

現代的なホモロジー論は，20 世紀の初めに何人かの数学者が発展させた．ポアンカレの考え方を簡明化したもののうち主要な一つは，p 次元部分多様体を方程式系の解として捉えるのではなく，それが p 次元「三角形」の連続写像によ

---

*5 『科学と仮説』，『科学の価値』，『科学と方法』はいずれも邦訳が岩波文庫に収められている．
*6 3 次元で論じている．

る像となっているような，いくつかの単純な p 次元多様体から構成されているとの考察である．適切な定義が，1926 年までには，ジェイムズ・W・アレクサンダー (1888–1971) によって完全な形でなされた．その時，彼は p **単体**を三角形の p 次元での類似物とし，また**複体**を，単体の有限個の集まりで，そのいずれの二つにも共通の内点はなく，その集まりに属する単体の各面もまた，その集まりに属する単体となるという性質を持っているものと定義した．複体の基本 i 鎖は，$\pm V_0 V_1 \ldots V_i$，各 V は i 単体の頂点，の形で表現されるものとして定義された．$V_0, V_1, \ldots V_i$ の順序を交換するとこの表現の符号が変化するので，これによって各鎖に向きづけを与えることができる．i 鎖は p 単体の i 次元の「面」で，任意の i 鎖は基本 i 鎖と整数係数との線形結合である．たとえば，V_0, V_1, V_2, V_3 を頂点とする四面体は 3 単体で，その四つの面（それぞれは 2 単体）と四つの辺（それぞれは 1 単体）と四つの頂点（それぞれは 0 単体）とともに複体を構成している．それゆえ，面 $V_0 V_1 V_2$ は 3 複体の基本 2 鎖である．次にアレクサンダーは基本 i 鎖 $K = V_0 V_i \ldots V_i$ の境界を $(i-1)$ 鎖 $K' = \sum (-1)^s V_0 \ldots \hat{V_s} \ldots V_i$ で定義し，線形性によって，これを任意の i 鎖に拡張した．これより $V_0 V_1 V_2$ の境界は，$V_1 V_2 - V_0 V_2 + V_0 V_1$ となる（図 18.5）．この例についての簡単な計算により，境界の境界は 0 であることが分かり，この結果は一般の場合にも成り立つことを示すことができる．

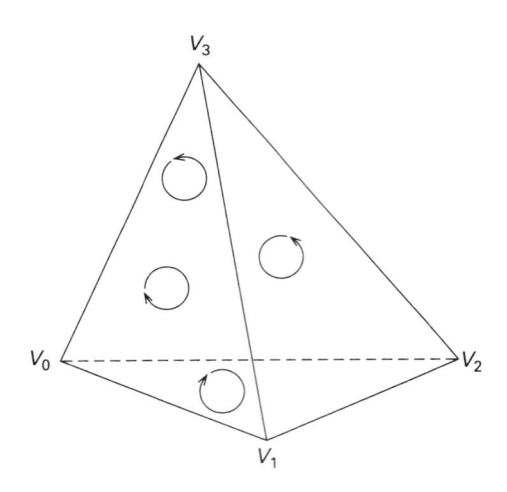

図 **18.5**
4 面体の境界．

アレクサンダーは**閉鎖**（**輪体**），すなわちその境界が 0 であるような鎖を用いて，ホモロジーの定義を与えた．すなわち，閉鎖 K はそれが鎖 L の境界になっているとき，0 とホモローグ $K \sim 0$ になるという．$K - K^*$ が 0 とホモローグのとき，二つの鎖 K と K^* はホモローグという．それゆえ，複体の p 次ベッチ数は，境界に関して線形独立な，すなわち 0 とホモローグな線形結合は存在しないような閉 p 鎖の最大数である（この数はポアンカレによる定義よりも 1 だけ小さいことに注意されたい）．

可換な演算（「加法」）は，閉鎖の集まりの上で考えたとき，逆の操作を持つことから，アレクサンダーの定義には群が隠れていることは，今日の読者には明らかなはずである．1920 年代の数学者達もまた，このことを見出した．しか

し，群論の位相幾何学への応用を論じる前に，まず，20 世紀初期の代数学全般の発達を考察する必要がある．

18.3 代数学における新しい考え

　ヒルベルトが，幾何学の新しい公理系を発展させ，公理間の無矛盾性，少なくとも算術の無矛盾性との関連を示して，19 世紀が終わった．20 世紀になると，数学者達は多くの代数的構造に対する公理系を発展させることを試みた．エリアキム・H. ムーア (1862–1932) は 1902 年，ヒルベルトの公理系は独立でないこと，すなわち，それらのうちの一つが他のいくつかの公理から演繹されることを示して以来，代数学での独立した公理系を展開するために，膨大な努力が払われるようになった．たとえば，レナード・ユージン・ディクソン (1874–1954) は，1903 年，体に関する新しい公理系を詳しく論じた．彼はこの公理系は，およそ十年近く前のウェーバーの仕事を改良したものと考えていた．ディクソンは，体を + と × という二つの結合の規則を伴う集合で，次の九つの公理を満たすものと定義した．

1. a と b がその集合に属するのならば，$a+b$ もその集合に属する．
2. $a+b=b+a$.
3. $(a+b)+c=a+(b+c)$.
4. その集合の任意の二つの要素 a と b に対して，$(a+x)+b=b$ となるようなある要素 x がその集合の中に存在する．
5. a と b がある集合に属するならば，$a\times b$ もその集合に属する．
6. $a\times b=b\times a$.
7. $(a\times b)\times c=a\times(b\times c)$.
8. その集合の任意の二つの要素 a と b に対し，$c\times a\neq a$ となるその集合の要素 c が少なくとも一つ存在するならば，$(a\times x)\times b=b$ となるような要素 x がその集合の中に存在する．
9. $a\times(b+c)=(a\times b)+(a\times c)$.

当然，この公理系の中には，加法と乗法に対して閉じていること，可換性と結合性，および分配性の法則といったよく知られている規則が含まれている．ディクソンの新しさは，加法と乗法の両方に対する単位元と逆演算の法則を新しい公理 4 と 8 で置き換えたことであった．次に，彼は，[加法と乗法という] 二つの結合の規則を伴う系で，それぞれの公理について，その公理は満たさないが，その他の八つの公理をそれぞれ満たすようなものを作り上げることにより，この公理系が独立であることの証明を進めた．たとえば，2 番目の公理以外のすべての公理を満たす系として，通常の乗法に，$a+b=b$ とする新しい加法の規則を正の有理数全体に付け加えられたものが考えられる．同様にして，通常の乗法に，$a+b=-a-b$ とする加法を付け加えた有理数全体の集合は，3 番目の公理以外のすべての公理を満たす．この場合，$x=2b-a$ ととることにより，公理 4 は満たされる．

伝　記

レナード・ユージン・ディクソン (Leonard Eugene Dickson, 1874–1954)

ディクソンは，アイオワ州のインデペンデンスに生まれ，シカゴ大学では最初の数学での学位取得者だった．ライプツィヒとパリでさらに勉強を続け，テキサスで1年教えたあと，1900年にシカゴに戻り，残りの研究生活を送った．ディクソンは多産な数学者で，何百本もの論文と18冊ほどの本を書いた．著書の中で最も重要なものは，彼の記念碑的な著作で，3巻からなる『数論の歴史』(History of the Theory of Numbers) であった．これは，この分野のあらゆる重要な概念の発展過程を追ったものである．ディクソンは1911年から1916年まで，『アメリカ数学会紀要』(Transactions of the American Mathematical Society) の編集委員を，そして次の2年間は，会長を務めた．彼は，1913年，国立科学アカデミー会員に選出された．

18.3.1　p 進数

ディクソンのものと似た，群，論理代数，線形結合的代数（18.3.4 項で論じられる）といった構造を論じる論文が多数出てきた結果，代数を公理化する方向の研究は好評を得た．ある特定の構造が重要だということが一度明らかになれば，数学者達は，独立した公理系を発見しようとし，次に，公理系を満足する具体例によらずに，その系についてできるだけ多くのことを導き出すことを試みるようになった．しかしながら，証明すべき新しい予想を展開していくためには，具体的な例がつねに必要であった．たとえば，20 世紀の初期に，クルト・ヘンゼル (1861–1941) は，p 進体という，新しい種類の体を発見した．これはウェーバーが知っていたような 19 世紀の体の例とは異なるものである．

ヘンゼルは，正の整数 A は，任意の与えられた素数 p を使って，

$$A = a_0 + a_1 p + a_2 p^2 + \cdots + a_r p^r$$

の形で一意的に表されることへの注意から出発した．ここで，各 a_i は $0 \leq a_i \leq p-1$ である．この新しい表現の中で，二つの数が p の高次のベキ乗を法として合同であるとき，二つの数は p に関して「近い」と考えられる．彼の理論を手際よく進めるために，ヘンゼルはこの表現と分数の通常の 10 進展開による表現との類似性を使い，A を $A = a_0.a_1 a_2 \cdots a_r$ と表した．ここで p^k の係数は小数点以下第 k 位の位置におかれる．すると二つの数 $3 + 2 \cdot 5$ と $3 + 2 \cdot 5 + 4 \cdot 5^{10}$ はそれぞれ，3.2, 3.2000000004 と表されることになる．これらは 10 進展開で考えると，お互いに近い数であるが，素数 5 に関してもまた「近い」と考えられる．それらは，5 の 10 までの各ベキ乗を法として合同であるからである[*7]．さらに具体的に，ヘンゼルは $k < r$ としたときの数 $A_k = a_0.a_1 a_2 \cdots a_k$ を p に関

[*7] $(3 + 2 \cdot 5 + 4 \cdot 5^{10}) - (3 + 2 \cdot 5) = 4 \cdot 5^{10}$ なので，5^n ($n \leq 10$) を法として両者は合同である．

する A の近似値と呼んだ．それぞれの A_k が A_{k-1} より高次の p のベキ乗を法として A と合同であるからである．

この新しい表現で，正の整数を体として扱うためには，それらに通常の体のような演算が施せる必要がある．ヘンゼルは，有限（そして無限）の10進分数展開を手本としてどのようにこのことをしなければならないかを示した．加法と乗法は，「10進法」との類似を使って，通常とほぼ同じようにして行う．ただし，計算は左から右へと行い，和や積が p に等しいかそれより大きくなったとき，p の適当な倍数を右へ繰り越して足す．たとえば，再び $p=5$ を使うと，和

$$\begin{array}{r} 2.3042134 \\ +3.2413123 \\ \hline 0.10113031 \end{array}$$

が得られる．予想されたことだが，減法と除法を行うために，ヘンゼルは正の整数の集合に新しい要素を付け加えなければならなかった．これらは驚くべき方法で表現された．差

$$\begin{array}{r} 3.131312 \\ -4.424322 \end{array}$$

を考えよう．左から計算を始め，必要な場合は右から借りてくることにより，答えの最初の6桁として 4.10243 が得られる．いいかえると，$j \leq 5$ に対して，$3.131312 - 4.424322 \equiv 4.10243 \pmod{5^j}$ が成り立つことになる．しかし，近似値ではない，正確な値を得ることはできるのだろうか．これらの表現を普通の10進法による表現に読みかえると，とにかく答えは負の整数になる．このような「負の数」を導入するために，ヘンゼルは，単に小数点より右にある数の場所を限りなく増やすことだけを認めた．この例でいうと，引く数，引かれる数の双方の右側に，無限個の0をおくことになり，その結果答えは 4.102434444··· となる．もし小数 n 位以下を切ってしまえば，その結果は本当の差の値と 5^n を法として合同であることがわかる．ヘンゼルはさらに，$B \not\equiv 0 \pmod{p}$ となる特別な場合に対して除法 A/B が行えるためには，小数点以下に無限個の数が必要であること，また，減法とこのような場合の除法では，いずれも無限の p 進展開は周期的になることも示した．

有理数体の部分体の要素（商 A/B において $B \not\equiv 0 \pmod{p}$ となるもの）を周期的な p 進展開で書き直すことにより，ヘンゼルは，新しい集合を導入して普通の10進展開との類似性を拡張した．新しい集合とは

$$A = a_0 + a_1 p + a_2 p^2 + \cdots + a_n p^n + \cdots = a_0.a_1 a_2 \ldots a_n \ldots,$$

の形をしたすべてのベキ級数の集合で，各係数 a_i は $0 \leq a_i < p$ を満たしている．A_k は p^{k+1} を法として A と合同だから，上と同様，有限な級数 $A_k = a_0.a_1 a_2 \ldots a_k$，$k = 1, 2, \ldots$ はそれぞれ A の近似である．しかし今，［$a_0.a_1 a_2 \cdots a_{k+1}$ は $a_0.a_1 a_2 \cdots a_k$ より近似の精度がよく］それぞれが前のものよりいい近似になっている状況が無限にあるので，ヘンゼルは解析学の助けをかりて，

$$A = \lim_{k \to \infty} A_k$$

と書いた．しかし，このように定義されたベキ級数の集合は体ではない．様々な近似に対して，先に示した規則と極限概念を使って，加法，減法，乗法は行えるが，任意のベキ級数を割ろうとすると，負のベキ乗を含めた有限個の項を含むようにこれらの級数を一般化しなければならない（ごく簡単な場合として，$6 \div 5$ は $1 \cdot 5^{-1} + 1$ と書けることがあげられる）．そこで，ヘンゼルは，このような項をとり入れ，

$$A = a_m p^m + a_{m+1} p^{m+1} + \cdots \qquad (m\text{ は任意の整数})$$

の形をした任意の級数すべての集合はまさしく体になることを容易に示すことができた．この体は今日 p 進数体と呼ばれている．

各素数 p に対して一つずつ新しい体を定義したあと，ヘンゼルは，体の一般論から得られる様々な概念を，この特別な体に適用することができた．たとえば，この体での整数は，その p の最小のベキ次数が負ではない級数，単元はその p の最小のベキ次数が零である級数である（単元とはまさに，その乗法に関する逆元もまた整数となるような整数である）．ヘンゼルは，この体の元を係数とする多項式を取り扱い，通常の［体の］構成を適用した．その中にはそのような多項式の根を添加して体を拡大することも含まれており，これにはガロア理論を適用することができた．一方，p の与えられたベキについて合同ということから定義される点の近傍を定義することにより，p 進数体には自然な位相が入るので，代数的な考え方同様，解析的な考え方もそれらに適用することができる．たとえば，p 進数のコーシー列の概念も極限の概念とともに定義でき，各コーシー列が極限を持つことも示すことができる．

18.3.2　体の分類

エルンスト・シュタイニッツ (1871–1928) が，体全体を対象として詳細な研究を行おうとしたのは，ヘンゼルが新しい体を作ったことに影響されたためであった．シュタイニッツの研究は，「体の代数的理論」（"Algebraische Theorie der Körper"）との題名で，1910 年に発表された．シュタイニッツの目標は，「体のすべての可能な種類を概観し，それらの間の関係をはっきりさせること」[16] であった．体の間で，最初に識別されるものとして，［それらの体の］素体と標数の概念がある．任意の体 K の**素体**とは，最小の部分体，すなわち部分体すべての共通部分である．その素体の乗法についての単位元を ϵ とすると，ϵ のすべての整数 m 倍のなす集合 I について二つの可能性がある．第一に，それらの元すべてが異なっている場合である．この場合，I は正の整数の集合と同形であり，素体は有理数体と同形である．そのとき，K は**標数 0** であるといわれる．I に対する二つ目の可能性は，$p\epsilon = 0$ となる最小の自然数 p，これは必然的に素数になるが，が存在する場合である．この場合，I は p を法とする［整数の］剰余類の集合と同形である．したがって，I 自身は体，すなわち要素が p 個の有限体で，K の**標数**は p といわれる．

シュタイニッツは，拡大体の様々な種類を論じることによって，研究を続けていった．とくに，体 L の各要素が体 K の要素を係数とする代数方程式の根であるときは，K の拡大 L を**代数的拡大**，そうでないときは，**超越的拡大**であると

いう．代数的拡大 L が**有限**で次数 n とは，L の n 個の要素が K 上で線形独立で，$n+1$ 個以上の要素が K 上で線形従属になることをいう．線形独立な要素の最大個数が存在しない場合，拡大は**無限**であるという．有限次代数拡大は，さらに，ガロア理論が適用できる場合とそうでない場合の二つの種類に分けられる（ガロア理論は，最も厳密にいうと，既約多項式が重根を持たないような体に対してのみ適用できる）．たとえば標数が0のすべての体のように，ガロア理論が適用できるような体は**分離的**と呼ばれ，そうでないものは**非分離的**といわれる．無限次代数的拡大は，たとえば，素体 K の**代数的閉包**，すなわち K 上のすべての多項式が1次因子に因数分解できるような拡大体を含んでいる．シュタイニッツは，標数 p の素体に対するこのような代数的閉包をどのように構成するかを示した．しかし，彼は，有理数体については，この構成には選択公理を使う必要があることを注意した．それゆえ，任意の体について代数的閉包の存在を示す彼の一般的な証明もまた，選択公理を必要としたのは驚くべきことではない．最後にシュタイニッツは超越的拡大について論じた．彼は，体 K の純粋な超越的拡大を有限あるいは無限に多くの未知数の付加による拡大によって作られる体と定義し，整列定理を用いて，体 K のすべての拡大は，最初に純超越的拡大を行い，次に代数的拡大を行うことによって得られることを証明することができた．

18.3.3　ベクトル空間の公理化

シュタイニッツは，体の有限次代数的拡大を定義する際に，線形代数の概念を使っていた．そして，体の拡大の中で，有限次ベクトル空間に関するいくつかの結果を証明していった．とくに，彼はデデキントが何年か前に暗黙のうちに仮定していた，有限次元ベクトル空間を生成する集合はその空間の次元数より少ない数の要素を持つことはないことに対して明確な証明を与えた．もちろん，彼は，この結果を生成元によって決定される座標系との関連で述べ，証明した．L の K 上の次元を n と仮定する．したがって，K 上で L の K 上線形独立な n 個の生成元 $\{\alpha_i\}$ がある．さらに，もし $n-1$ 個の生成元 $\beta_j, j = 1, 2, \ldots, n-1$ があれば，各 α_i は $\alpha_i = c_{i1}\beta_1 + c_{i2}\beta_2 + \cdots + c_{in-1}\beta_{n-1}$ という形で書ける．しかし，方程式 $d_1\alpha_1 + d_2\alpha_2 + \cdots + d_n\alpha_n = 0$ は自明でない解 $\{d_i\}$ を持つ．なぜならばこの方程式は，連立方程式

$$\begin{aligned} c_{11}d_1 + c_{21}d_2 + \cdots + c_{n1}d_n &= 0 \\ c_{12}d_1 + c_{22}d_2 + \cdots + c_{n2}d_n &= 0 \\ &\vdots \\ c_{1n-1}d_1 + c_{2n-1}d_2 + \cdots + c_{nn-1}d_n &= 0 \end{aligned}$$

と同値であり，方程式の個数よりも未知数が多い任意の斉次連立方程式は，0でない解を持つからである．したがって α_i は線形従属となり，最初の仮定と矛盾する．

シュタイニッツは，有限次元ベクトル空間論の基本的な定理を多数導き出したが，それらはいずれも体の代数的拡大の中でなされたものであった．彼は，

一般のベクトル空間の公理系を与えようとはしなかった．一方で，先に注意したように，20 年以上前のペアノの公理系は無視されていた．ヘルマン・ワイル (1885–1955) は 1918 年の著書『空間・時間・物質』(Raum–Zeit–Materie) で，基本原理から相対性理論を展開していくための基礎として，この主題を公理的に扱うという新しい試みを行った．彼がペアノの研究をよく知っていた様子はないが，彼の公理系はペアノのものと実質的には同じものであった．唯一の違いは，イタリアのこの先駆者［ペアノ］と異なり，ワイルはベクトル空間が有限次元であることを主張していたことである．そのため，彼の最後の公理は，「n 個の線形独立（一次独立）なベクトルが存在する．しかしどの $n+1$ 個のベクトルも互いに線形従属（一次従属）である」[17] と述べていた．不幸にも，ワイルの研究はペアノ以上に影響力に乏しかった[*8]．そのため，ベクトル空間の概念が認められるには，数学者達による，3 度目の発見が必要だった．今度は，解析の中でなされた．

　何人かの数学者達は，1920 年代には，彼らが研究している対象の代数的な，そして位相幾何学的な性質を一般化するような概念に興味を持ち始めた．彼らはフレシェの距離空間の概念を知っていたし，ベクトル空間の考え方になじんでいたのも確かであった．これら二つの概念を結びつけることにより，ステファン・バナッハは，1920 年の学位論文で，今日バナッハ空間と呼ばれる概念を導入した．これは，ベクトル空間に距離（距離関数）が入ったもので，すべてのコーシー列が収束するような空間である．1922 年に出版された版で，彼は次のように記していた．「この研究の目的は，異なる汎関数の領域で有効ないくつかの定理を確立することである．しかしながら，個々の特定の領域に対してそれらを証明すると大変になるから，そうしなくてもいいように，私は，違うやり方をとった．すなわち，いくつかの性質を持つと仮定した要素からなる集合を，一般的に考察しようと思う．私はそれらからいくつかの定理を導き，次に，個々の特定の汎関数の領域に対して，選んだ仮定が成り立つことを証明したい」[18]．こうして，バナッハは，実数上のベクトル空間の概念を特徴づける 13 個の公理群から出発した．また，バナッハは関数のなす空間に興味があったため，彼のベクトル空間は有限次元に制限されていなかった．バナッハの公理系は必要以上の公理を含んでいたのだが，彼の論文は大きな影響力があった．そして，10 年後，彼の『線形作用素の理論』(Théorie des opérateurs linéaires) が，その中に先の公理系が再度述べられているが，出版された時までには，ベクトル空間の抽象的な概念は，もはや数学の用語の一部となっていた．

18.3.4　環論

　シュタイニッツと彼に先立つデデキントのベクトル空間はいずれも体であり，したがって加法とともに適切なやり方で導入された乗法を備えていた．加法と乗法という二つの演算を備えた数学的構造 R は，R が加法に対して可換群をなし，乗法について結合的で，さらに分配法則が成り立つ時に，今日では環と呼ばれる．1870 年前後に，アメリカの数学者ベンジャミン・パース (1809–1880) は，

[*8] 著者によれば，ワイルの著作自体はよく読まれただろうが，彼の有限次ベクトル空間の概念は数学界に影響を及ぼしたようには思えない，とのことであった．

このような対象を「線形結合的代数」と名のもとで, 初めて詳細に研究した. **線形結合的代数**, 今日では単に**多元環**[*9]と呼ばれているが, という用語で, パースは, 同時に体 F 上の有限次元ベクトル空間になっている環を指した（パースは係数の体を実数体に制限していた). パースの主な目的は, 基底の間で可能な乗法を示す表を考察することによって, 次元 1 から 5 までの考えうる多元環のすべてと次元 6 の多元環のいくつかを記述することであった. この研究自体は不完全なことが明らかになったが, この過程で彼は二つの重要な定義を導入した. 環の零元でない元 a は, そのあるベキ乗 a^n が零元になるとき, **ベキ零**であるという. また, $a^2 = a$ であるときは, **ベキ等**という. そしてパースは, 次の定理を証明することができた.

定理 すべての多元環は, ベキ等あるいはベキ零となる元が, 少なくとも一つは存在する.

証明は難しくない. 多元環は有限次元だから, 多元環の零元でない任意の元 A は, ある n に対して,

$$\sum_{i=1}^{n} a_i A^i = 0$$

の形の方程式を満たさねばならない. この方程式は, B を A のベキ乗の線形結合として, $BA + a_1 A = 0$ すなわち $(B + a_1)A = 0$ の形に書き直すことができる. これより, すべての $k > 0$ に対して $(B + a_1)A^k = 0$ となり, それゆえ, $(B + a_1)B = 0$ すなわち $B^2 + a_1 B = 0$ となる. 最後の方程式より直ちに, $a_1 \neq 0$ であれば

$$\left(-\frac{B}{a_1}\right)^2 = -\frac{B}{a_1}$$

となり, $-B/a_1$ はベキ等となる. $a_1 = 0$ であれば $B^2 = 0$ で, B はベキ零元である.

19 世紀終わりの四半世紀には, 他の何人かの数学者も, 特定の環の理論を研究していた. とくに注目すべきなのは, 自明でない両側イデアルを持たない**単純多元環**であった（多元環, または環 R の**両側イデアル**とは, その部分集合 I で, α と β が I に属するならば, R の任意の r に対して, $\alpha + \beta$, $r\alpha$ および αr も I に属するものである. この概念は, デデキントによる代数的整数環でのイデアルの定義を一般化した概念である. 当然, 両側イデアルは, 部分多元環と考えられる).

エリー・カルタンは, 複素数上のすべての単純多元環（乗法に関する単位元を持つ）は行列環であること, すなわち, ある n に対する, $n \times n$ 複素行列全体のなす多元環と同形であることを示した. 彼の研究は, ジョゼフ・ヘンリー・マクラガン・ウェダーバーン (1882–1948) が, 1907 年の「超複素数について」("*On Hypercomplex Numbers*") と題する論文で一般化された. そこには, 任意の体上の多元環の構造の詳細な研究が含まれていた. その他にも多数ある結果のうち注目すべきなのは, ウェダーバーンが, 任意の単純多元環は, 必ずしも体では

[*9] 今日では代数 (algelra) と呼ぶことが多い.

伝 記

ジョゼフ・ウェダーバーン (Joseph Henry Maclagan Wedderburn, 1882–1948)

ウェダーバーンは，スコットランド，エディンバラから 50 マイルあまり北のフォファで生まれ，シカゴ大学で 1 年間，レナード・ディクソンと学んだあと，エディンバラ大学から学位を得た．博士号をとったあと，1909 年，彼はウッドロウ・ウィルソンが作った新しい教授陣に加わるようにと，プリンストンに呼ばれた．それは，少人数のクラスを担当する若い教授達の集まりで，この教授法によりプリンストンは有名になった．第一次世界大戦中，ウェダーバーンは英国の軍隊に加わり，フランスで闘った．その後，プリンストンに戻り，そこで 1928 年まで『アナルズ・オブ・マスマティクス誌』(Annals of Mathematics) の編集に携わった．1920 年代終わり，彼は，はっきりわかるほどの神経衰弱に襲われた．その後，彼はだんだん孤立して生活するようになり，若いうちに教授職を退いた．

ない，可除代数上の行列環となることを証明したことであろう（**可除代数**[*10]とは，乗法に関して単位元を持つ多元環で，零元でない各元が乗法に関する逆元を持つもの［すなわち乗法が可換とは限らない体のこと］である）．

多元環をさらに分類するためには，可除代数を分類することが必要であった．フロベニウスはすでに，実数体上では，実数，複素数，四元数という 3 種類の可除代数しか存在しないことを証明していた．ウェダーバーン自身は，1909 年，元の個数が有限である可除代数は有限体［すなわち乗法は可換となる］に限ることを証明した．有限体は当時すでによく知られていた．p 進数体上の可除代数はヘルムット・ハッセ (1898–1979) によって，1931 年に，任意の代数的数体上の可除代数は，1932 年に，ハッセ，リヒャルト・ブラウアー (1901–1977) およびエミー・ネーター (1882–1935) によって分類された．これらの分類は，類体論を含めた代数的整数論の多くの高度な概念を含んでいるため，ここでは論じない．

18.3.5 ネーター環

1920 年代には，ネーターを初めとするゲッチンゲンの数学者達によって，環論に関するたくさんの研究がなされた．とくに，ネーターは，デデキントの素因子分解に似ているが，先駆者がなした代数的数体での整数環よりも一般的な環に対して適用可能な，イデアルについての分解定理を進展させることができた．このようなより一般的な環は，今日では**ネーター環**と呼ばれており，それは，昇鎖条件，すなわち環のイデアルの間に $I_1 \subset I_2 \subset \cdots \subset I_k \subset \cdots$ という包含関係があれば，ある番号から先では包含関係が等号 $[I_n = I_{n+1} = I_{n+2} = \cdots]$ になるという条件を満たす，単位元を持つ可換環である．これらの環に対して，ネー

[*10] 多元体と呼ばれることも多い．

伝　記
エミー・ネーター (Emmy Noether, 1882–1935)

エミー・ネーターは，中流の上の階級のドイツ系ユダヤ人の娘として，ごく普通に育てられた．教養学校に通い，ピアノを習い，ダンスのレッスンを受けた．フランス語と英語をさらに勉強し，1900 年までには，バイエルン州の教員資格試験に合格した．しかし，この頃から，彼女の関心は語学から数学に向かい，次の 3 年間，彼女の父親が数学の教授をしていたエルランゲン大学で，数学の課程を聴講した．実際のところ，最初の学期には，彼女は，講義の聴講だけは許されたたった二人の女性のうちの一人だった．1904 年，大学が公に女性が登録することを認めた時，彼女は正規の学生となり，4 年後，3 変数 4 次形式の不変式の論文で博士号を得た．

ネーターはエルランゲンにさらに数年残ったのち，1915 年，ダーフィト・ヒルベルトに，彼の一般相対論の研究を補助するためにゲッチンゲンに呼ばれた．女性であるがゆえに，彼女は公式に教えたり給料をもらうことは認められなかったが，ヒルベルトは，彼の名前のもとで彼女が講義を担当できるよう手配した．実際，彼は，大学の評議委員会で彼女のために「候補者の性のために彼女が私講師になることに反対するという議論には納得が行きません．とにかく評議会は浴場ではないのです」[19] と主張したが，成功しなかった．彼女が大学で公的な地位を得，ささやかながらも給料をもらえるようになったのは，第 1 次大戦後にドイツが変わって以降，1922 年以降のことであった．次の 10 年間，ゲッチンゲンにいた彼女は，ドイツはもとより，1928 年から 1929 年のモスクワ訪問を通じてソビエト連邦でも，多大な影響をおよぼした．1932 年，チューリッヒでの国際数学者会議での総合講演に招かれた唯一の女性数学者でもあった．

彼女の世界もまた，多くのドイツ人数学者の世界同様，1933 年初めのナチスの台頭により急速に変わった．ユダヤ人であったことから，彼女はゲッチンゲンでの教職を追われ，同僚とともに，海外へ逃げるしかなかった．1933 年秋の初め，フィラデルフィアの近くのブリンマー大学で職が見つかった．プリンストンには十分近く，彼女は高等研究所の活動に定期的に参加することができた．腫瘍を摘出する手術が成功したかに見えた直後，1935 年春，彼女は急逝した．

ターは，イデアルの素イデアルによる一意分解よりもいくぶん弱い結果を導くことができた．

　ネーターは，デデキントによるイデアルの素因子分解の定理が完全に成り立つようなこれらの環を，一連の公理によって特徴づけることもできた[*11]．

1. R は昇鎖条件を満たす．
2. 零でない各イデアル A に対して，環 R/A の剰余類は，降鎖条件を満たす（降鎖条件とは，昇鎖条件での $\subset$ を $\supset$ に置き換えたものである）．
3. R は，乗法に関する単位元を持つ．
4. R は整域である．すなわち，零因子を持たない．
5. R はその商体上において，整閉である．言い換えると，その環の元を係数とする [最高次の係数が 1 の] 代数方程式を満たすその商体の元はすべて，それ自体その環の元である．

　次に，彼女は，R がこの五つの公理を満たすならば，その商体の有限次分離拡

[*11] ネーター以前に園正造による先駆的な業績がある．

囲み 18.2

数学にかかわった女性達

注意深い読者は，本書で女性数学者がほとんどとりあげられていないことに気がつくだろう．その理由は，もちろん，数学という学問に携わる女性が最近までほとんどいなかったからである．古代には，数学で業績をあげながらも，歴史の中で名前を忘れられた女性達がおそらくいたであろう．しかし，歴史的な記録を見る限りでは，西洋，非西洋を問わず，概して女性は，数学で成果をあげられるような教育が受けられなかった．本書でとりあげられた女性の伝記を検討するとわかるのだが，多くの場合，彼女達には，数学を教えてくれる人，少なくとも，この分野を学ぶことを応援してくれる人が近親者の中にいた．このような援助がなければ，明らかに，女性はこの分野に入ってこられなかった．そして，相応の数学的知識を何とか身につけても，女性は数学者の仲間に加わることができないことがしばしばあった．女性はこのような大変知的な活動にかかわれないと単純に思われていた．

ここ数十年間，様子が変わってきた．たとえ，とくに学校で女子学生を教える態度にかかわる問題のように，女性が乗り越えられなければならない重大な障害は依然としてあるとしても，今では，数学者になりたいと思う女性は，親戚に数学者がいなくても，その目的を達せられるようになった．実際，最近では，アメリカ合衆国では数学で新しく Ph.D. を取得した者の約 20 パーセントが女性である．そして，女性は徐々に数学界で影響力のある地位に入ってきている．アメリカ数学会では，1980 年代に，ジュリア・ロビンソン (Julia Robinson) が女性として初の会長に就任した．またアメリカ数学協会では近年では何人かの女性会長を輩出しているし，女性の専務理事もいる．数学女性協会は，この 4 半世紀にわたって，女性の［地位が向上するための］機会が増えるよう積極的に働きかけてきた．この組織は，たとえば，女子大学院生と新たに博士号を取得した女性への金銭的な援助を捜したり，重要な数学の会合で著名な女性数学者が講演することを後援したりしている．国際的に見ると，まだ問題ならないほど少数であるとはいえ，最近の国際会議では女性の講演者の数が増えてきている．いずれにせよ，女性が数学の専門職へと入る機会が与えられるようになったという進歩があったのは明らかである．21 世紀の終わりに数学史の教科書が書かれるときには，本書に比べて遥かに多数の女性数学者がとりあげられていることだろう．

大上での整閉包もまた，この公理群を満たすことを示した．とくに，任意の**主イデアル整域**（すべてのイデアルが主イデアルである整域）はこれらの公理を満たすので，彼女の結果は，有限次代数的数体における整数環でイデアルは素イデアルに一意的に分解されることのみならず，1 変数有理関数体の有限次［分離］代数拡大体での整閉部分環もまたそうであることを示していた．

この章の冒頭で示したように，ネーターは，代数の，計算という側面よりもその構造をとくに強調することによって，彼女の共同研究者達に大きな影響を与えた．実際，20 世紀前半で最も重要と考えられる，B. L. ファン・デル・ヴェルデン (1903–1996) の代数学の教科書『現代代数学』(*Modern Algebra*) の第 2 巻は，多くを彼女によっている．この教科書と，その 2,3 年前の教科書とを比べると，彼女が口火を切った大きな変革が見てとれよう（囲み 18.2）．

18.3.6　代数的位相幾何学[*12]

まったく新しい研究分野を作ることになったネーターの提案のうちの一つは，パーヴェル・セルゲェヴィチ・アレクサンドロフ (1896–1982) が 1926 年と 1927 年にゲッチンゲンで行った，位相幾何学の講義に刺激されてなされたものであった．アレクサンドロフは，ネーターの追悼講演で次のように述べた．「われわれ

[*12] 読者の混乱を避けるため，本節では原著で function, map となっている語を，必要に応じて写像，射と訳出した．

の講義を通して,彼女が初めて組合せ位相幾何学の体系的な構造を知ったとき,彼女は,代数的複体の群や与えられた多面体の輪体がなす群や,0 とホモローグな輪体がなす輪体の群の部分群を直接研究する価値があることを,直ちに見てとった.ベッチ数やねじれの係数を通常なされているように定義するかわりに,彼女は,ベッチ群をすべての輪体の群を 0 にホモローグな輪体の部分群で割った(商)群として直接定義することを提案した」[20].ネーターの注意と,それに引き続くレオポルド・ヴィートリス (1891–2002) やハインツ・ホップ (1894–1971) が発表した論文によって,代数的位相幾何学という分野が真剣に取り組まれ始めた.ヴィートリスは,1927 年,ネーターが勧めたように,複体 A の**ホモロジー群** $H(A)$ を境界を法とする輪体の商群で定義した.ほぼ同時期,ホップは,いくつかの別のアーベル群,すなわち,p 単体,p 輪体,p 境界輪体(ある鎖の境界となるような鎖),p 境界因子(ある倍数が境界輪体となるような鎖)によって生成される群 $L^p, Z^p, R^p, \bar{R}^p$ を定義した.そして,ホップには,因子群(商群)$B_p = Z^p/\bar{R}^p$ は自由群(0 以外のどの倍数も決して 0 にならないような群)でその階数(基底の個数)は複体の p 次ベッチ数となることが判明した.

この新しい分野では事態は急速に進んでいき,ちょうど 1 年後,ウォルター・マイヤー (1887–1948) がホモロジー群を定義する公理系を発表するに至った.すなわち,マイヤーはもはや位相的複体それ自身にはかかわらず,その上で定義される代数的な演算のみを問題にした.したがって,複体のなす環はその一つ一つに次元 p が与えられた要素(複体)$K^{(p)}$ の集まりである.p 次元の要素は,有限生成の自由アーベル群 K^p をなす.それぞれの p に対して,$R_{p-1}(R_p(K^p)) = 0$ となるように,準同型写像 $R_p : K^p \to K^{p-1}$ が定義される(R_p は p 次境界作用素と呼ばれる.しばしば添え字を付けず単に R と書くが,そのとき最後の等式は,$R^2 = 0$ と書かれる).これらの公理を与えて,マイヤーは,p 輪体の群 C^p を $R(K) = 0$ となる K^p の元 K 全体と,p 境界輪体の群を $R(K^{p+1})$ と定義した.ホップの定義をごくわずか修正して,彼は,Σ の p 次ホモロジー群を因子群(商群)$H_p(\Sigma) = C^p/R(K^{p+1})$ と定義した.

ある種の位相幾何的概念を群に結びつけたことは,直ちに,他のタイプの[数学的]対象に対しても,類似の群論的研究を導くことになった.たとえば,多様体 A 上で定義された微分形式の集合は,加法を適切に定義することによって,マイヤーによって定義された群と類似のアーベル群の複体とみなされうる.k 次形式を $(k+1)$ 次形式へと写す(外微分)作用素 d,すなわち境界作用素と同じ性質 $d^2 = 0$ を持つ作用素を導入することによって,類似の方法で輪体と境界輪体を定義することが可能であり,その結果,多様体の**コホモロジー群**が定義できる.これを一般に $H^k(A)$ と書く.

多様体のホモロジー群とコホモロジー群の場合はいずれも,空間に群を対応させることから,空間の間の写像に対応する群の準同型写像を対応させることが導かれる.すなわち,$f : A \to B$ を単体的複体とみなされる二つの多様体 A から B への連続写像とし,$H_k(A), H_k(B)$ をそれぞれ A と B の k 次ホモロジー群とすると,矛盾なく明確に定義された群準同形 $H_k(f) : H_k(A) \to H_k(B)$ が存在する.実際,$H_k(f)$ は,k 鎖上,$H_k(f)(V_0V_1\ldots V_k) = f(V_0)f(V_1)\ldots f(V_k)$ によって定義される.この対応は,ホモロジー群では意味を持つことが示される.

すなわち，輪体は輪体に，境界輪体は境界輪体へと写され，したがって，適切な商群の準同形を定義することが証明される．同様な対応が，微分可能な写像 $f: A \to B$ が存在する場合のコホモロジー群にもなされる．ただし，この場合は，群準同形 $H^k(f)$ は，$H^k(B)$ から $H^k(A)$ への写像となる．

対象の集まりの要素上で定義された写像と，別の集まりに属する関連する要素の上で定義された新しい写像との関係を考えることから，サミュエル・アイレンバーグ (1913–) とソンダース・マクレイン (1909–) は，1945 年の論文で，圏という，より抽象的な構造を創造することへと導かれていった．クラインのエルランゲン・プログラムの考え方を，ある意味で一般化することにより，彼らは，数学的対象の新しい集まりが定義されたときはいつでも，それらの対象の間の写像を定義することは意味があると認識した．このように，圏 $\mathcal{C}$ は，集まりの対 $\{A, \alpha\}$ で定義され，「抽象的な要素の総体 A（たとえば，群）は，その圏の**対象**，抽象的な要素 α（たとえば，準同形）は，圏の**射**[*13]と呼ばれる」[21] ものから構成される．これらの射は，たとえば，結合法則を満たす射の適当な積[*14]と各要素 A に対応する恒等射の存在といった，あるいくつかの公理を満たす必要があった．群と準同形以外の圏の例として，位相空間と連続写像，集合と写像，ベクトル空間と線形写像といったものがある．

彼ら自身の意見にしたがって，アイレンバーグとマクレインはさらに，圏の間の写像である，関手の概念を導入した．すなわち，$\mathcal{C} = \{A, \alpha\}$ と $\mathcal{D} = \{B, \beta\}$ を二つの圏とすると，$\mathcal{C}$ から $\mathcal{D}$ への（共変）関手 T とは，写像の対で，いずれも同じ文字 T で指し示される，対象写像と射写像の両方である．対象写像は，$\mathcal{C}$ の各 A に対して $\mathcal{D}$ の $T(A)$ を対応させ，射写像は $\mathcal{C}$ の中の各射 $\alpha: A \to A'$ を $\mathcal{D}$ の中の射 $T(\alpha): T(A) \to T(A')$ を対応させる．この対は，さらに，恒等射を恒等射へと写さねばならず，また，$\mathcal{C}$ の中に積 $\alpha\alpha'$ が存在するときはいつでも，条件 $T(\alpha\alpha') = T(\alpha)T(\alpha')$ が満たされなければならない（反変関手については，射写像は逆である．すなわち，$T(\alpha): T(A') \to T(A)$ かつ $T(\alpha\alpha') = T(\alpha')T(\alpha)$ である）．たとえば，ホモロジーとは，多様体と連続写像という圏からアーベル群と準同形という圏への共変関手である．そして，有限次元ベクトル空間 V に対して，実数値をとるすべての V 上の線形関数からなるベクトル空間 $T(V)$ を対応させると，ベクトル空間と線形写像の圏からそれ自身への反変関手が引き起こされる[*15]．

おそらく驚く人も多いだろうが，圏と関手といった，抽象的なものをさらに抽象化したように見られるものの研究でさえも，代数学，また微分幾何学，代数幾何学の様々な最近の発展の中で，その重要性が示されてきた．最近の単純有限群の分類といった，現代の代数学の抽象的と思われる発展もまた，他の分野で重要であることも明らかになっている．数学者はしばしば抽象化のための抽象化の研究をすると批判されがちであるが，何世紀以上も経った今日では，数学者自身の目的のために発展させられてきた数学的［で抽象的］な考え方が，現実世界

[*13] 原文は mapping of the category となっている．これは，アイレンバーグとマクレインの論文がそのように書かれているからである．

[*14] 写像の合成 $f \circ g$ の類似物である．

[*15] $T[V]$ は V の双対線形空間であり，線形写像 $f: V \to W$ に対して $T(f): W^* \to V^*$ が対応する．

の問題を解く上でしばしば決定的になったことが明らかになっている[22].

18.4 コンピュータとその応用

　専門的な教育を受けていない人が20世紀後半の数学について考える場合，心に浮かぶこの学問の最も目覚しい側面はコンピュータである．一方，数学者自身は機械計算が自分たちの分野に入ってくることを徐々に受け入れるのみだった．多くの数学者にとっては，鉛筆と紙が依然として最重要の道具である．しかし，1950年代以降のコンピュータの能力の急速な発展によって，コンピュータは数学の主流にとり入れられ，現在ではますます多くの数学者たちが例をつくりあげるだけでなく証明を構成する際にもコンピュータを利用するようになっている．興味深いことに，しばらくの間休眠していた理論数学の多くの側面が，コンピュータ科学の一般分野に応用されることによって新たに注目を浴びている．ここでは詳細なコンピュータ発達史を述べる紙幅はないが，この歴史の最重要の側面と，コンピュータに密接に関連するいくつかの数学分野について素描することで本章を締めくくることにしよう．

18.4.1　コンピュータ前史

　機械計算の夢は，ギリシア時代にまでさかのぼることは間違いない．ギリシア時代末期，プトレマイオスは『アルマゲスト』に載せられた様々な表をつくり出すためにおそらく莫大な人数の人間「コンピュータ」を利用せざるを得なかったはずである．中世のイスラム科学者の一部は，とくに，天文学に関係する計算を行う場合には，実際に彼ら自身の計算を助けるある種の道具を使っていた．ヨーロッパでは天文表の計算は17世紀初頭になってもやはり重要であり，対数もある部分こうした点で助けとなるよう発明されたものだった．この発明後直ちに，リチャード・デラメイン（17世紀前半）とウィリアム・オートリッド（1574–1660年）という2人のイングランド人が，それぞれ独立に計算尺という形で，手で扱える物理的実体のある対数表を実現した．これは可動式の数値目盛りが円形に配列されていた（のちに直線に配列された）．この計算尺によって，乗除算と同様，三角関数を含む計算を簡単に実行できるようになった．
　同じ頃，チュービンゲン大学の天文学・数学教授のヴィルヘルム・シッカルト（1592–1635）は，加減算が自動的に実行できるうえ，乗除算が半自動的に実行できる機械を設計し，組み立てた（図18.6）．シッカルトは1623年と1624年にケプラーに宛てた手紙の中でこの機械について説明しているが，ケプラーが使えるように彼が組み立てていた機械は完成前に火災によって焼失した．機械の残っていたコピーは，設計者とともに三十年戦争で失われてしまったため，シッカルトの装置は後世の研究に影響を残さなかった．およそ20年経ってから，パスカルが機械的に加減算を行う計算器をつくり上げた（1642年）（図18.7）．一方で，1671年にライプニッツが乗除算もできる機械を組み立てた．ライプニッツは，自分の機械が実用上きわめて役に立つと確信していた．

図18.6
シッカルトの計算機械．

　　　これ［計算機］は計算に従事するすべての人々，つまり，よく知られて

図 18.7
パスカルの機械式計算装置のレプリカ（出典：ニューハート・ドンジェス・ニューハート・デザイナーズ社）.

いるように，財政問題をつかさどる人々や不動産管理人，商人，測量技師，地理学者，航海士，天文学者，数学を用いる何らかの技能［に関係する者たち］にとって有益で望ましいものであるといえる．しかし，学問的利用に限ったとしても，あらゆる種類の曲線や図形を測定できるこの機械の助けを借りて，古い幾何学表や天文表は修正を加えることができるし，新しい表を作成することもできる．さらに，誰でも自分で表を簡単に作成できるので，わずかな労苦と高い正確性をもって探究を進めることができるだろう．……また，確実に天文学者は計算に必要とされる忍耐を発揮しつづける必要はなくなるだろう……というのも，卓越せる人々が計算という労働で奴隷のように時間を浪費することは無価値なことであり，この機械を用いることで誰にでもこの作業を安全にゆだねられるからである[23].

18.4.2　バベッジの階差機関と解析機関

残念ながら，ライプニッツの機械も，その後150年間にわたって他の人々がつくりあげた様々な改良モデルも，ライプニッツが想像したようには実際に広範に用いられることはなかった．数学を実務に使う人々は手で計算をし続けたが，これはおそらく，手動で操作する機械がスピードという点でほとんど優位性がなかったからであろう．複雑な計算に関しては，当然数表が用いられた．もともとは手で計算されていたため，しばしば誤りが紛れ込んでいたとはいえ，とくに対数表や三角関数表が利用されていた．産業革命がイングランドで最高潮に達して蒸気機関が発明されて初めて，もう一人の際立った知性の持ち主，すなわちチャールズ・バベッジが，1821年頃に，この新テクノロジーを利用して駆動する，数値計算の正確さと同様スピードを増進させる機械のアイデアを抱いたのである（図18.8）[*16].

図 18.8
バベッジと彼の「コンピュータ」を描くイギリスの記念切手.

[*16] バベッジの時代までに蒸気機関は概略次のように発展した．1698年，イギリスのトマス・セーヴェリ（Thomas Savery, 1650?–1715年）は，高圧蒸気を利用して坑道にたまった水を汲み出す蒸気ポンプ「坑夫の友」（Miner's friend）を発明する．1712年，イギリスのトマス・ニューコメン（Thomas Newcomen, 1663–1729年）は，低圧蒸気を利用し，より安全な蒸気ポンプを発明する．ここまでの機関は，高温で発生する蒸気圧ではなく，むしろ冷却によって生じる真空を大気圧が押すことによって駆動する大気圧機関であっ

次数 n の多項式関数の値は，n 階の階差が常に一定であるという事実を用いれば計算できるということにバベッジは気づいた．簡単な例をとって，関数 $f(x) = x^2$ に対応する次の短い表を考えてみよう．

x	$f(x)$	第一階差	第二階差
1	1		
2	4	3	
3	9	5	2
4	16	7	2
5	25	9	2
6	36	11	2

このケースでは，第 2 階差，つまり関数の値の第 1 階差の差がすべて 2 であることに注意しよう．したがって，$f(x)$ の値を計算するには加算を実行するだけで十分であり，第 2 階差の列から第 1 階差の列へ，そして求めたい表の値へとさかのぼればよい（当然，ある任意の値からこの操作は始めなければならない．たとえば，$2^2 = 4$ と最初の第 1 階差 3 から始める）．このアイデアがバベッジ独自の機械「階差機関」の背景にあった最重要の原理である（図 18.9）．この機械は設計図上七つの軸が必要だとする．これらの軸は表の値と六つの階差を表現するもので，それぞれの軸には 20 桁までの 10 進数を表現できるよう輪がとり付けられている．この軸は相互に連動しており，階差軸の一つに設定された定数がそれよりも一階だけ低い階差に設定された数に加算され，さらにこれが加算され，という動きが表の値を示す軸に達するまで続くようになっている．このプロセスを連続的に繰り返すことによって，6 次までの多項式関数の表の値が，求める変数の値に対して好きなだけ計算できる．また，バベッジは，どんな連続的な関数も適切な区間では多項式によって近似が可能であり，したがってこの機械は当時の科学者が関心を持つどんな関数の表の計算にも実質的には使えることを認識していた．実際，彼の目標は，この機械を印刷原版を作成する装置につないで，新しく誤りが紛れ込む原因を取り除いて数値表を印刷できるようにすることだった．バベッジは階差機関製作を支援する補助金を提供するようイギリス政府を説得することに成功していたにもかかわらず，十分な精度の機械部品を開発するのに様々な困難が生じたために，残念ながら，完成モデルは組み立てられることがなかった．その理由の一つは，最終的にイギリス政府がこのプロジェクトに対する関心を失ったからであり，もう一つの理由は，バベッジ自身が新しいプロジェクト，つまり汎用目的の計算機械「解析機関」開発に興味を持つようになったからである．

た．1764 年，イギリスのジェームズ・ワット（James Watt, 1736–1806 年）は，物理学者ジョセフ・ブラック（Joseph Black, 1728–1799 年）から潜熱について学び，加熱室と冷却室を分けた効率のよい蒸気機関を発明する．1781 年にワットは，ピストンの前後運動を回転運動に変換するクランクを発明し，蒸気機関の応用範囲を飛躍的に広げる．1787 年にアメリカのジョン・フィッチ（John Fitch, 1743–1798 年）が蒸気船を初めて航行させた．イギリスのエドモンド・カートライト（Edmund Cartright, 1743–1823 年）は，1791 年に蒸気機関を利用する力織機を備えた工場を建設する（ちなみに，1790 年にはフランスのジョセフ・マリー・ジャカール（Joseph Marie Jcquard, 1752–1834 年）がパンチカード式の手動織機を発明する．この発明によって，機を織るのに 2 人必要だったのが一人で操作ができるようになった）．1801 年にはイギリスのリチャード・トレヴィシック（Richat Trevithick, 1771–1833 年）が蒸気機関車を初めて走らせた．

図 18.9
バベッジの階差機関の現代モデル（出典：ニューハート・ドンジェス・ニューハート・デザイナーズ社）．

図 18.10
フランスの切手に描かれたジョゼフ・ジャカール．

　バベッジは 1833 年に新しいプロジェクトに着手し，1838 年までには基本的な設計を完成させた．彼の新しい機械は今日のコンピュータの特徴の多くを含んでいた．ハードウェアとしては軸の回りに並んだ数多くの歯車から組み立てられていたが，この機械は二つの基本部分である**貯蔵部** (store) と**演算部** (mill) からできていた．貯蔵部は数値変数が処理されるまで保持したり，演算結果を保存したりする場所で，演算部は様々な演算を実行する場所だった．演算を制御するために，バベッジはジョゼフ・マリー・ジャカール（図 18.10）(1752–1834) のアイデアを採用した．ジャカールは，織物に描きたい模様に対応する命令が書き込まれたパンチカードを導入することによって，フランスの織物産業を省力化した．バベッジは数値と機械への命令をともに書き込む独自のパンチカード・システムを考案した．バベッジは解析機関の完全な記述を完成させることはなかったし，実際製作に必要な財政的支援も得られなかったとはいえ，後継者のために，約 2×3 フィートの大きさの約 300 枚の技術的図版や数千ページに及ぶ彼のアイデアを書き残した詳細なノートを残した．現代の研究者たちは，これらの文書を検討したうえで，当時の技術はおそらくこの機関を製作するのに十分だったと考えられるが，イギリス政府の側にこのような巨大プロジェクトに出資するだけの十分な関心がなかったために，この機関は理論的な構造物のままに止まったとの結論を下している [24]．

　1840 年，バベッジはトリノに集まったイタリア人科学者グループ相手に解析機関の働きに関して連続セミナーを行い，科学者グループの一人が公刊論文でこのセミナーを要約した．17 ページの論文は 1843 年にラヴレース伯爵夫人エイダ・バイロン・キング (1815–1852) の手によって英語に翻訳され，40 ページに及ぶ注が加えられた．注において，エイダはこの機関の詳細な機能について論文の様々な個所を膨らませただけでなく，解析機関が個々の問題をどのように解

伝　記

エイダ・バイロン・キング（ラヴレース伯爵夫人）(Ada Byron King (Countess of Lovelace), 1815–1852)

オーガスタ・エイダ・バイロン・キング・ラヴレースは，第6代バイロン卿ジョージ・ゴードンの子として生まれた．バイロン卿は娘の誕生の5週間後にイングランドを離れ，二度と彼女と会うことはなかった．エイダは母であるアンナ・イザベラ・ミルバンクに育てられた．アンナも数学専攻の学生であったことから，エイダは当時の通常の女性よりもかなり深い数学教育を受けた．エイダは大学には入らなかったが，ウィリアム・フレンドやオーガスタス・ド・モルガンのような著名な数学者から個人的指導を受けたり，また助言を仰ぐことが可能だった．1833年，彼女はチャールズ・バベッジと出会い，すぐに彼の階差機関に興味を抱くようになった．エイダの夫ラヴレース伯は1840年に王立協会フェローとなったので，彼のつながりからエイダは数学研究を続けるために必要な書籍や論文に触れることができた．彼女の主要な数学上の業績は，本文で議論したように，バベッジの解析機関を論じたイタリアの数学者L.F. メナブレアの論文を翻訳し，膨大な注をつけたことである．興味深いことに，この論文は彼女のイニシャル A.A.L だけを付して公刊された．19世紀中葉のイングランドでは，エイダの属した階級の女性が数学的著作を公刊することがふさわしいとは考えられてなかったことは明らかである．

くかをはっきりした形で述べている．このようにして，彼女は印刷された形でははじめて今日コンピュータプログラムと呼ばれているものを書いたのである．彼女がとりあげたのは，ベルヌーイ数を計算するプログラムだった．エイダは，ベルヌーイ数を展開の係数 B_i として記述することから始めた（第14章練習問題3を参照）．

$$\frac{x}{e^x - 1} = 1 - \frac{x}{2} + B_2 \frac{x^2}{2} + B_4 \frac{x^4}{4!} + B_6 \frac{x^6}{6!} + \cdots.$$

e^x のベキ級数の展開式を用いる代数操作によって，ラヴレースはこの式を次のような形に書き換えた．

$$0 = -\frac{1}{2}\frac{2n-1}{2n+1} + B_2\left(\frac{2n}{2!}\right) + B_4\left(\frac{2n(2n-1)(2n-2)}{4!}\right)$$
$$+ B_6\left(\frac{2n(2n-1)\cdots(2n-4)}{6!}\right) + \cdots + B_{2n}$$

この式からそれぞれの B_i は，再帰的に計算が可能である．たとえば，B_{2n} を計算するには，$i < 2n$ のときのすでに計算されている B_i の値とともに，三つの数値 $1, 2, n$ が必要である．このとき，命令カードは n に 2 を掛け，その結果から 1 を引く一方で，同じ結果に 1 を足したら，後者で前者を割り，その結果に $-\frac{1}{2}$ を掛けて，$2n$ を 2 で割り，この結果に B_2 を掛けて，というような操作を続ける必要がある．これらの計算の結果のうち，たとえば $2n-1$ は計算途中で何度も使われるので，計算がそのときどきで行われる様々なレジスタに移動する必要がある．計算のある段階で，この機械は $2n$ からある整数を引くよう命令が与

えられる．このとき，その結果が正か 0 であるかに応じて，次のステップをどうするか決める．もし 0 であるならば，B_{2n} の式は完成するので機械は容易にこの式を解くことができる．一方，もし正であるならば，機械はそれまでのステップをまた何回も繰り返す．エイダの説明に，ループや分岐を含む現代のプログラミングの基本概念が含まれていることを見てとるのは難しくない．さらに，彼女は注釈とともに上記のプログラムの詳細な図表も印刷した．おそらく，この図表は最初の「フローチャート」であろう（図 18.11）．

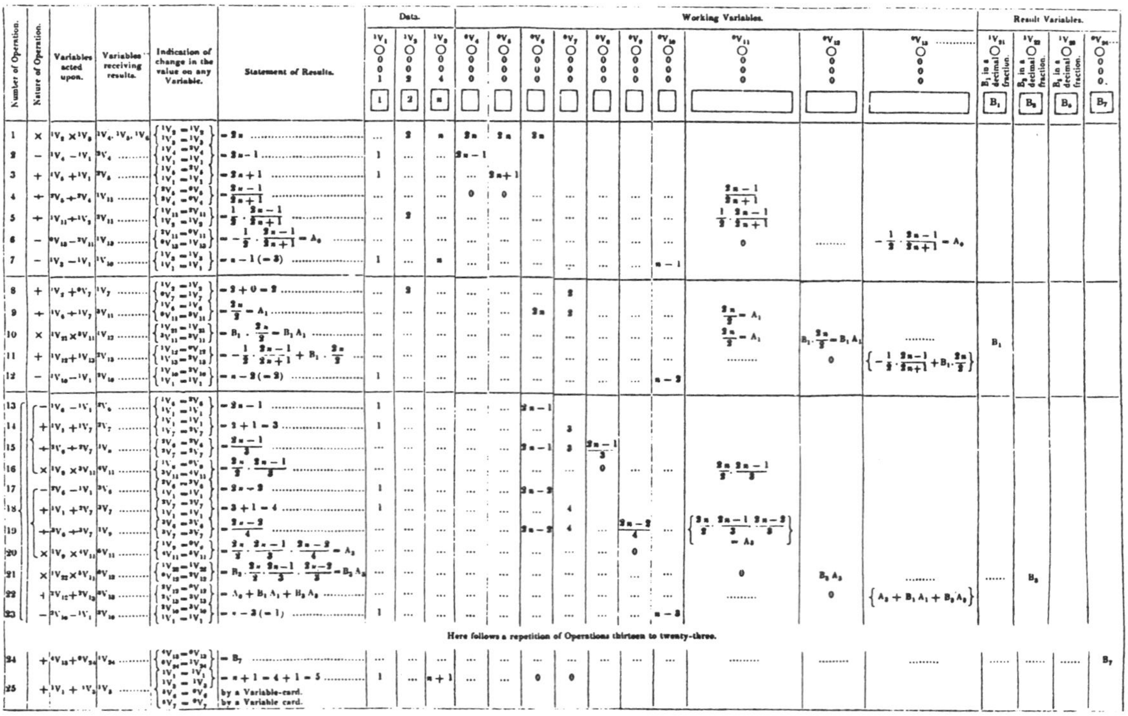

Number of Operation.	Nature of Operation.	Variables acted upon.	Variables receiving results.	Indication of change in the value on any Variable.	Statement of Results.	Data. ${}^1V_1$ 0001 [1]	${}^1V_2$ 0002 [2]	${}^1V_3$ 0004 [n]	Working Variables. ${}^0V_4$ 0000	${}^0V_5$ 0000	${}^0V_6$ 0000	${}^0V_7$ 0000	${}^0V_8$ 0000	${}^0V_9$ 0000	${}^0V_{10}$ 0000	${}^0V_{11}$ 0000	${}^0V_{12}$ 0000	${}^0V_{13}$ 0000	Result Variables. ${}^1V_{21}$ B_1 in a decimal fraction. [B_1]	${}^1V_{22}$ B_3 in a decimal fraction. [B_3]	${}^1V_{23}$ B_5 in a decimal fraction. [B_5]	${}^0V_{24}$ 0000. [B_7]
1	×	${}^1V_2 \times {}^1V_3$	${}^1V_4, {}^1V_5, {}^1V_6$	$\{{}^1V_2={}^1V_2;\ {}^1V_3={}^1V_3\}$	$=2n$	...	2	n	2n	2n	2n											
2	−	${}^1V_4 - {}^1V_1$	${}^2V_4$	$\{{}^1V_4={}^2V_4;\ {}^1V_1={}^1V_1\}$	$=2n-1$	1	...	...	2n − 1													
3	+	${}^1V_5 + {}^1V_1$	${}^2V_5$	$\{{}^1V_5={}^2V_5;\ {}^1V_1={}^1V_1\}$	$=2n+1$	1	...	...	...	2n + 1												
4	÷	${}^2V_5 \div {}^2V_4$	${}^1V_{11}$	$\{{}^2V_5={}^0V_5;\ {}^2V_4={}^0V_4\}$	$=\frac{2n-1}{2n+1}$	...	...	...	0	0	...	...	...	...	...	$\frac{2n-1}{2n+1}$						
5	÷	${}^1V_{11} \div {}^1V_2$	${}^2V_{11}$	$\{{}^1V_{11}={}^2V_{11};\ {}^1V_2={}^1V_2\}$	$=\frac{1}{2}\cdot\frac{2n-1}{2n+1}$	...	2	...	...	...	...	...	...	...	...	$\frac{1}{2}\cdot\frac{2n-1}{2n+1}$						
6	−	${}^0V_{13} - {}^2V_{11}$	${}^1V_{13}$	$\{{}^2V_{11}={}^0V_{11};\ {}^0V_{13}={}^1V_{13}\}$	$=-\frac{1}{2}\cdot\frac{2n-1}{2n+1}=A_0$	...	...	...	...	...	...	...	...	...	...	0	....	$-\frac{1}{2}\cdot\frac{2n-1}{2n+1}=A_0$				
7	−	${}^1V_3 - {}^1V_1$	${}^1V_{10}$	$\{{}^1V_3={}^1V_3;\ {}^1V_1={}^1V_1\}$	$=n-1\ (=3)$	1	...	n	...	...	...	...	...	...	n − 1							
8	+	${}^1V_2 + {}^0V_7$	${}^1V_7$	$\{{}^1V_2={}^1V_2;\ {}^0V_7={}^1V_7\}$	$=2+0=2$	...	2	...	...	...	...	2										
9	÷	${}^1V_6 \div {}^1V_7$	${}^3V_{11}$	$\{{}^1V_6={}^1V_6;\ {}^0V_{11}={}^3V_{11}\}$	$=\frac{2n}{2}=A_1$	...	...	...	...	...	2n	2	...	...	...	$\frac{2n}{2}=A_1$						
10	×	${}^1V_{21} \times {}^3V_{11}$	${}^1V_{12}$	$\{{}^1V_{21}={}^1V_{21};\ {}^3V_{11}={}^3V_{11}\}$	$=B_1\cdot\frac{2n}{2}=B_1A_1$	...	...	...	...	...	...	...	...	...	...	$\frac{2n}{2}=A_1$	$B_1\cdot\frac{2n}{2}=B_1A_1$	....	B_1			
11	+	${}^1V_{12} + {}^1V_{13}$	${}^2V_{13}$	$\{{}^1V_{12}={}^0V_{12};\ {}^1V_{13}={}^2V_{13}\}$	$=-\frac{1}{2}\cdot\frac{2n-1}{2n+1}+B_1\cdot\frac{2n}{2}$	...	...	...	...	...	...	...	...	...	...	....	0	$\left\{-\frac{1}{2}\cdot\frac{2n-1}{2n+1}+B_1\cdot\frac{2n}{2}\right\}$				
12	−	${}^1V_{10} - {}^1V_1$	${}^2V_{10}$	$\{{}^1V_{10}={}^2V_{10};\ {}^1V_1={}^1V_1\}$	$=n-2\ (=2)$	1	...	...	...	...	...	...	...	...	n − 2							
13	−	${}^1V_6 - {}^1V_1$	${}^2V_6$	$\{{}^1V_6={}^2V_6;\ {}^1V_1={}^1V_1\}$	$=2n-1$	1	...	...	...	...	2n − 1											
14	+	${}^1V_1 + {}^1V_7$	${}^2V_7$	$\{{}^1V_1={}^1V_1;\ {}^1V_7={}^2V_7\}$	$=2+1=3$	1	...	...	...	...	...	3										
15	÷	${}^2V_6 \div {}^2V_7$	${}^1V_8$	$\{{}^2V_6={}^2V_6;\ {}^2V_7={}^2V_7\}$	$=\frac{2n-1}{3}$	...	...	...	...	...	2n − 1	3	$\frac{2n-1}{3}$									
16	×	${}^1V_8 \times {}^3V_{11}$	${}^4V_{11}$	$\{{}^1V_8={}^0V_8;\ {}^3V_{11}={}^4V_{11}\}$	$=\frac{2n}{2}\cdot\frac{2n-1}{3}$	...	...	...	...	...	...	...	0	...	...	$\frac{2n}{2}\cdot\frac{2n-1}{3}$						
17	−	${}^2V_6 - {}^1V_1$	${}^3V_6$	$\{{}^2V_6={}^3V_6;\ {}^1V_1={}^1V_1\}$	$=2n-2$	1	...	...	...	...	2n − 2											
18	+	${}^1V_1 + {}^2V_7$	${}^3V_7$	$\{{}^2V_7={}^3V_7;\ {}^1V_1={}^1V_1\}$	$=3+1=4$	1	...	...	...	...	...	4										
19	÷	${}^3V_6 \div {}^3V_7$	${}^1V_9$	$\{{}^3V_6={}^3V_6;\ {}^3V_7={}^3V_7\}$	$=\frac{2n-2}{4}$	...	...	...	...	...	2n − 2	4	...	$\frac{2n-2}{4}$	...	$\left\{\frac{2n}{2}\cdot\frac{2n-1}{3}\cdot\frac{2n-2}{3}=A_3\right\}$						
20	×	${}^1V_9 \times {}^4V_{11}$	${}^5V_{11}$	$\{{}^1V_9={}^0V_9;\ {}^4V_{11}={}^5V_{11}\}$	$=\frac{2n}{2}\cdot\frac{2n-1}{3}\cdot\frac{2n-2}{4}=A_3$	...	...	...	...	...	...	...	...	0								
21	×	${}^1V_{22} \times {}^5V_{11}$	${}^0V_{12}$	$\{{}^1V_{22}={}^1V_{22};\ {}^0V_{12}={}^2V_{12}\}$	$=B_3\cdot\frac{2n}{2}\cdot\frac{2n-1}{3}\cdot\frac{2n-2}{3}=B_3A_3$	...	...	...	...	...	...	...	...	...	...	0	B_3A_3	....	......	B_3		
22	+	${}^2V_{12} + {}^2V_{13}$	${}^3V_{13}$	$\{{}^2V_{12}={}^0V_{12};\ {}^2V_{13}={}^3V_{13}\}$	$=A_0+B_1A_1+B_3A_3$	...	...	...	...	...	...	...	...	...	...	....	0	$\{A_0+B_1A_1+B_3A_3\}$				
23	−	${}^2V_{10} - {}^1V_1$	${}^3V_{10}$	$\{{}^2V_{10}={}^3V_{10};\ {}^1V_1={}^1V_1\}$	$=n-3\ (=1)$	1	...	...	...	...	...	...	...	...	n − 3							
					Here follows a repetition of Operations thirteen to twenty-three.																	
24	+	${}^4V_{13} + {}^0V_{24}$	${}^1V_{24}$	$\{{}^4V_{13}={}^0V_{13};\ {}^0V_{24}={}^1V_{24}\}$	$=B_7$	...	...	...	...	...	...	...	...	...	...	....	....	....	......	......	......	B_7
25	+	${}^1V_1 + {}^1V_3$	${}^1V_3$	$\{{}^1V_1={}^1V_1;\ {}^1V_3={}^1V_3;\ {}^5V_6={}^0V_6;\ {}^5V_7={}^0V_7\}$	$=n+1=4+1=5$; by a Variable-card. by a Variable card.	1	...	n + 1	...	...	0	0										

図 18.11
エイダのベルヌーイ数を計算するフローチャート．

解析機関の基本的機能を議論するだけでなく，エイダは解析機関がどんな種類の作業ができるか説明し，算術演算と同様記号代数演算も実行できることをはっきりと指摘した．しかし一方で，彼女は次のようにも言及している．

> 解析機関には，何かを**創造する**ことができると主張する資格はまったくない．解析機関は，われわれが**どのように命令すればよいかわかっていることなら**何でもできる．解析も**実行できる**．しかし，解析機関は，何らかの解析的諸関係や真理を**予期する**力を持たない．その領分は，われわれがすでによく見知っているものを**得られる**ようにする手助けをすることにある．……しかし，別の仕方で解析機関は科学自体に**間接的**かつ相互的な影響を及ぼすように思える．というのは，解析の真理［命題］と形式が広く分布し，複合的であって，機関の機械的組合せによってきわめて容易かつ素早く解かれる場合には，このような科学における多くの問

題の関係や本性は必然的に新しい光のもとに投げ出され，より根本的に探究されるからである．……しかしながら，一般的原則からいって，数学的真理［命題］に関して，それを記録し実用へと道を開く形式を案出するなかで，様々な見解が引き出されうること，それらの見解が主題のより理論的側面に再び戻ってくることは，かなり明らかである[25]．

コンピュータの限界と数学の発展に対するコンピュータの意義について，今日でもこれ以上すぐれた説明はなかなか書くことができないだろう．

18.4.3 チューリングと計算可能性

バベッジのアイデアが現実の解析機関として結実しなかった理由の一つは，19世紀中葉のイングランドでさえ，解析機関製作に費やされる莫大な資金を正当化するだけの解析機関の社会的ニーズが見当たらなかったからである．また，バベッジの設計以後 19 世紀には様々な計算装置やアナログコンピュータが考案されたものの，一般にはこれらの装置は，その装置を使わなければ莫大な量の手作業の計算が必要となるような特殊な数学問題を解くために採用された．電子コンピュータが実際に製作されるに至ったのは，二つの世界大戦，とくに第二次世界大戦中の軍事上の必要性のためだった．さらに，第二次世界大戦直前の数年間に他の理論的アイデアが案出されたが，これらのアイデアはコンピュータ開発において必要不可欠なものであった．このうちの一つは，アラン・チューリング (1912–1954) の研究した計算可能性という考えである．

チューリングは，計算可能性，つまり，計算とは何であるか，そして与えられた計算が実際実行可能かどうかという二つの問いに対する，合理的かつ，厳密な答えを決定するという問題に興味を抱いていた．これらの問いに答えるために，チューリングは計算の通常プロセスから本質的部分を抽出し，理論的機械を使ってこの本質的部分を定式化した．この理論的機械は現在チューリング機械として知られる．さらに，彼は「万能」チューリング機械が存在することを示した．万能チューリング機械とは，いかなる特定の機械が計算可能な任意の数や関数であっても，もし適切な命令が与えられるならば，計算できる機械のことである．

1936 年の重要な論文で発表されたチューリング機械は，三つの基本的概念から成り立っている．一つは状態の有限集合，つまり配置の有限集合 $\{q_1, q_2, \ldots, q_k\}$ である．次に，機械によって読み込まれたり，もしくは書き込まれたりするいずれかの操作か，あるいは両方の操作が行われる記号の有限集合 $\{a_0, a_1, a_2, \ldots, a_n\}$（ここで，$a_0$ は空白を示す記号とする）．最後に，機械の状態を変更したり，読み込んだ記号を書き換えるプロセスである．機械の状態を変更したり，読み込んだ記号を書き換える作業をするために，機械は，その機械の中を通過する（無限の長さの）テープによって命令を与えられる．このテープはます目によって区切られており，有限の数のこれらのます目は空白ではなく，何か記号が書かれている．どの任意の時点をとっても，機械の中には一つのます目，つまり記号 S_r が書かれた r 番目のます目以外はないものとする．さらに問題を単純にするために，記号によって与えられる可能な命令は，ます目の中の記号を新しい記号によって置き換えることと，一つのます目分だけテープを右もしくは左に動かす，

伝　記

アラン・チューリング (Alan Turing, 1912–1954)

アラン・チューリングの父はインド駐在のイギリス政府官吏だったが，子どもたちはイングランドで育てようと決めていた．両親は，彼とは発達期にほとんど会うことがなかった[*17]．1931 年にチューリングはケンブリッジ大学キングズ・カレッジに入学して数学を学び，4 年後にガウス誤差関数を論じる論文で修士号を取得した．しかし，その後すぐに彼は重要な新しい問題，すなわちヒルベルトの決定問題に真剣に取り組み始め，チューリング機械の概念を発明した論文でこの問題を解いた．ほぼ同じ時期に，プリンストン大学のアロンゾ・チャーチがこの問題の別の解を発表した．そのため，チューリングはプリンストン大学に行き，チャーチと共同研究を行うことにした．1938 年にイングランド，そしてキングズ・カレッジに戻ると，第二次世界大戦の勃発によって彼は召集され，バッキンガムシャーのブレッチレイ・パーク国立暗号研究所で働いた．それからの数年間で，刻苦の結果チューリングがドイツの「エニグマ」暗号を破ることに成功し，最終的にナチス・ドイツ打倒に中心的な役割を果たすことになったのは，この研究所においてだった[*18]．

戦後，チューリングは自動計算機械に関して継続的に関心を持っており，国立物理研究所に入所しコンピュータの設計に関して研究を行った．1948 年以後はマンチェスター大学でこの研究を継続した[*19]．しかし，チューリングの将来を約束されたキャリアは，1952 年に「はなはだしきみだらな行為」罪で逮捕されたとき軋みを立てて中断された．実は彼はホモセクシャルであって，当時のイングランドではあからさまなホモセクシャル行為は法に反していたのである．この犯罪に対する刑罰は，精神分析治療と，この病気を「治療する」とされたホルモン治療に服すことだった．残念なことに，結局その治療は病気よりもたちの悪いものであることが判明した．うつ病の発作によって，チューリングは 1954 年 6 月に青酸カリを染み込ませたリンゴを食べて自殺した．

機械の状態を変更することに限られるとする．つまり，どの任意の時点をとっても，(q_i, S_r) の組が，その振舞いを定義する特定の関数的関係にしたがって機械の振舞いを決定する．関数が特定の組 (q_i, S_r) 上で定義されていない場合，機械はそこで停止する．計算されるべき数を表現するのは，機械によって印刷される記号，もしくは少なくともその記号の限定された部分集合である．チューリングの意図は，論文では数多くの論証に支えられているが，いま記述した操作だけが数を計算するのに実際必要とされるすべてだということなのである．

一例として，チューリングは数列 010101⋯ を計算する機械を構成した．この機械は q_1, q_2, q_3, q_4 という四つの状態を持ち，0 と 1 という二つの記号を印刷することができる．この機械用のテープは最初は完全に空白であり，機械の初期状態は q_1 である．機械が用いる命令は次の通りである．

1. 機械の状態が q_1 であり，かつ空白のます目を読み込んだならば，0 を印刷

[*17]アランの両親は，イングランドに戻って彼を生んだが，その後相次いでインドに戻った．
[*18]ブレッチレイ・パークで，チューリングは，自分自身の発見したエニグマ暗号の効率的な解読法にもとづき，専用機械式計算機ボンブ (Bombe) を設計した．
[*19]チューリングはコンピュータ回路の数学的検討を行っただけではない．メモリーとして水槽中の水銀に信号を音波として蓄え，あとからとり出すという水銀遅延線を利用するなどの技術的検討も行っている．

する．そして，一つ右のます目に移動し，機械の状態を q_2 に変更する．
2. 機械の状態が q_2 であり，かつ空白のます目を読み込んだならば，一つ右のます目に移動し，状態を q_3 に変更する．
3. 機械の状態が q_3 であり，かつ空白のます目を読み込んだならば，1 を印刷し，一つ右に移動し，状態を q_4 に変更する．
4. 機械の状態が q_4 であり，かつ空白のます目を読み込んだならば，一つ右のます目に移動し，状態を q_1 に変更する．

この機械が意図されたことを達成するのはたやすくわかる．ただし，チューリングは技術的理由からます目を一つ飛ばしで記号が描かれるような印刷機能を考えた（隣接するます目に印刷されるものとすれば，この機械はより単純化が可能であろう）．また，この例では示されていないが，テープが左右どちらかに動くことから，機械には記憶も与えられる．こうすると，機械が特定のます目を再読み込みし，その時点での状態に応じて違う仕方で振舞うことができる．この方法で，機械は以前に書かれていた数を「思い出し」，あとでの計算にその数を用いることができる．

この記憶の可能性こそがチューリングの論文のおそらく最も驚くべき主張，つまりそれ一つがあれば任意の計算可能な数を計算できる機械の存在証明へと導くアイデアである．チューリングのこの機械のアイデアは，上記のような任意の機械に与えられる命令集合を考え，この集合を体系的に機械の標準記述と呼ばれる一連の記号に置き換えるというものであった．この「万能」機械に使うテープには，標準記述のあとに，この機械にもともと読み込ませる入力を表す記号が続けて書き込まれている．チューリングは，実際には以前に説明した関数的関係を用いてこの万能機械の振舞いをよりはっきりと記述することができた．その主要な考えとは，この機械は一連のサイクルを繰り返して動作するというものである．このサイクルは三つの段階で構成されており，1) 特定の機械の標準記述を見て，次に 2) この機械の入力であるます目を見て，最後に 3) 対応する動作を行うというものである．当時チューリングは自身が存在可能性を証明した機械を実際に物理的に製作しようとは試みなかったとはいえ[20]，いかなる計算でも実行するようプログラムできる汎用コンピュータという概念に直接つながったのは彼のこの考えである．無限の長さのテープを使うチューリングの理論モデルには限界はないが，もちろん機械のサイズやプログラムの長さには物理的限界がある．しかし，現代の技術はこれらの物理的限界をより遠くへと押しやってしまい，年月が経つにつれてコンピュータはチューリングの万能機械にますます近い存在へとなってきている．

18.4.4 シャノンとスイッチ回路の代数

コンピュータの製作に対してより直接に応用された数学の考え方は，1938 年に M.I.T. に提出された修士論文の一部として，クロード・シャノン (1916–2001) によって生み出された．この論文の中で，シャノンは，ブールによって 1 世紀前に展開された論理代数を，意図した特性を持つスイッチ回路の構成に応用し

---

[20] 946 ページの伝記を参照．

た．計算機械の内部構成の基礎を構成するのは，これらの回路なのである．シャノンは，どのような回路でも方程式の集合によって表現が可能であって，これらの方程式を操作するのに必要な計算はブール論理代数に他ならない事実を実際よく理解していた．つまり，構成したい回路の意図する特性が与えられれば，この計算を使って方程式を操作して最単純な可能な形に変換でき，この形から，回路を直接構成することができる．この方法によって回路の解析も可能である．すなわち，この計算を複雑な回路の方程式に応用してより単純な形に還元することによって解析が可能になる．

シャノンは，開いているか閉じているかという二つの状態をとることができるスイッチを扱うことから研究を始めた．開回路は 1 で表現され，閉回路は 0 であらわされる．直列するスイッチはブール演算 + で表現される一方，並列するスイッチは · で表される（図 18.12）．シャノンは，これら二つの演算を満たし，それに対応する回路の解釈が存在し，もしそれが本当ならばスイッチ回路とブール代数のアナロジーが可能となるような次のような仮定を述べた．

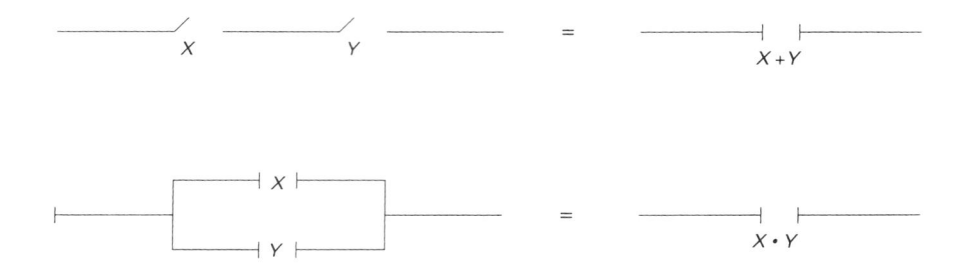

図 18.12
直列スイッチと並列スイッチ．

1. $0 \cdot 0 = 0; 1 + 1 = 1$. 閉回路を伴う並列閉回路は閉じている一方，開回路を伴う直列開回路は開いている．
2. $1 + 0 = 0 + 1 = 1; 0 \cdot 1 = 1 \cdot 0 = 0$. 閉回路を伴う直列開回路は開いている一方，開回路を伴う並列閉回路は閉じている．
3. $0 + 0 = 0; 1 \cdot 1 = 1$. 閉回路を伴う直列閉回路は閉じている一方，開回路を伴う並列開回路は開いている．

回路のスイッチを X で表すと，X は二つの値 0 か 1 のいずれかをとることができるとシャノンは述べる．そうすると，二つの交換法則と二つの結合法則，加算に対する乗算の分配法則と乗算に対する加算の分配法則を含むブール代数の法則は，それぞれ可能なケースをチェックするだけで証明が可能であることが帰結する．変数 X の否定，つまり X が 0 のとき 1 となり，X が 1 のとき 0 となる X' と書かれる変数も導入し，いくつかの追加的な法則も証明する．たとえば，$X + X' = 1, X \cdot X' = 0, (X+Y)' = X' \cdot Y', (X \cdot Y)' = X' + Y'$ である．ここでシャノンはブールの関数展開を想起し，加算と乗算を相互に置き換えることによって双対化する．つまり，

$$f(X, Y, Z, \dots) = [f(0, Y, Z, \dots) + X][f(1, Y, Z, \dots) + X'].$$

このときこの等式の両辺に X を足すことによって，（分配法則を念頭におくと）非常に便利な規則が確立される．

$$X + f(X, Y, Z, \ldots) = X + f(0, Y, Z, \ldots).$$

ブール代数の様々な法則がスイッチ回路でも成り立つことがわかったので，シャノンは回路の解析と合成のどちらもできるようになった．

たとえば，シャノンは次のような代数的表現が可能な回路（図 18.13）を提示した．

$$W + W'(X + Y) + (X + Z)(S + W' + Z)(Z' + Y + S'V).$$

前段落の特別な法則を含むブール代数の様々な法則を 3 回適用することによって，シャノンはまずこの式を次のように還元する．

$$W + X + Y + (X + Z)(S + 1 + Z)(Z' + Y + S'V),$$

今度は次の式に変形し，

$$W + X + Y + Z(Z' + S'V),$$

最終的に次の式に還元した．

$$W + X + Y + ZS'V.$$

この式は，もとの式よりもかなり単純な回路表現である．

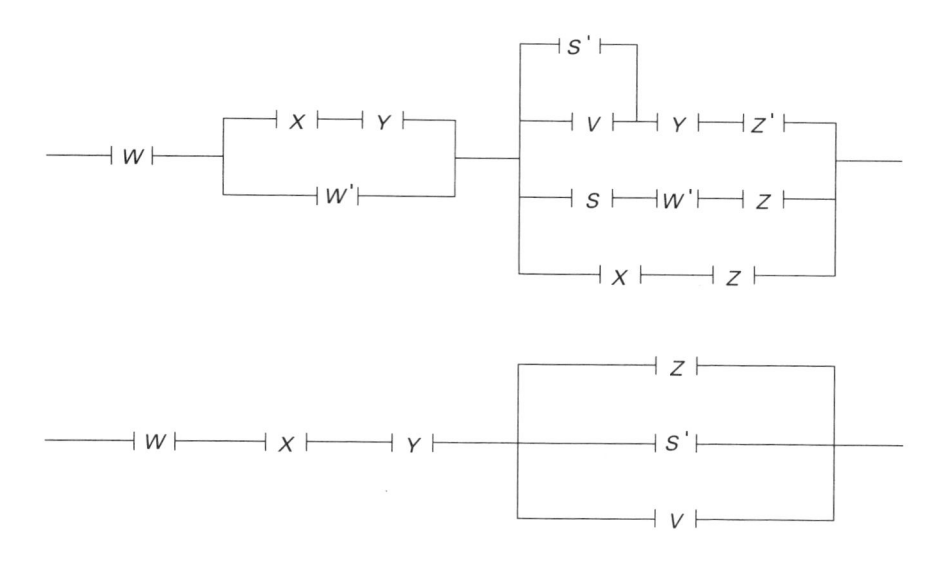

図 18.13
ブール代数を使った回路の単純化．

与えられた特性を持つ回路の合成の例として，シャノンは，2 進数表現で与えられた二つの数を加算する回路をどのように構成すればよいか示した．二つの数が $a_n a_{n-1} \ldots a_1 a_0$ と $b_n b_{n-1} \ldots b_1 b_0$ で表され，その和が $s_{n+1} s_n \ldots s_1 s_0$ で表されるとき，s_0 の値は，$a_0 = 1$ かつ $b_0 = 0$ ならば，または $a_0 = 0$ かつ $b_0 = 1$

であるならば，1 に等しく，それ以外の場合は 0 に等しい．また，a_0 と b_0 がともに 1 であるならば，1 に等しい c_1 という繰り上がりが生じ，それ以外の場合繰り上がりは 0 である．つまり，s_0 は等式 $s_0 = a_0 b_0' + a_0' b_0$ によって表され，繰り上がり c_1 は $c_1 = a_0 b_0$ によって表現される．$j \geq 1$ であるとき各 s_j は a_j と b_j の加算だけでなく，繰り上がり c_j の加算も必要である．したがって，s_j を表す等式は，$s_j = (a_j b_j' + a_j' b_j) c_j' + (a_j b_j' + a_j' b_j)' c_j$ となる．このとき，次の桁の繰り上がり c_{j+1} は $c_{j+1} = a_j b_j + c_j (a_j b_j' + a_j' b_j)$ となる．これらの等式によって表現される加算器の回路構成は，現代の計算機やコンピュータの加算方法の設計の基礎なのである．

18.4.5　フォン・ノイマンのコンピュータ

　チューリングとシャノンの業績は，現代のコンピュータが製作できるようになる前に解かれねばならなかった多くの理論的問題や応用的問題の二つの側面にすぎない．これらの問題に関しては，とくに 1940 年代を通じて多くの人々が取り組んでいた．しかし，最終的な成果を生み出した最大の貢献者はおそらくジョン・フォン・ノイマン (1903–1957) であろう．彼は第二次世界大戦直後，プリンストン高等研究所に優秀な科学者と技術者グループを結集した．彼らに与えられた課題は，戦時中の ENIAC と EDVAC という二つの初期のコンピュータ開発で培われた経験を活かし[*21]，この経験を最新の理論的知識と結びつけて，このプロジェクトの後ろ盾となった一人[*22]が「いまや実在する最大の複雑さを備えた研究機器［であって］，……学者たちはこのような機器の可能性にすでに多大な興味を示しており，その製作は現代の人間が夢見ることしかできなかった問題の解決を可能にすることでしょう」[26]と称賛するものを開発することだった．

　フォン・ノイマンが指揮するグループは，算術装置とメモリー，制御，入出力装置という四つの主要部分に分けてコンピュータを構成することを決めた．算術装置とメモリーは，それぞれバベッジの演算部と貯蔵部によく似ている．算術装置は現在中央処理装置 (CPU) と一般に呼ばれるが，機械が基本演算――これらの演算はそれ以上還元されないものと決められている――を実行する場所である．これらの基本演算は，たとえばすでに説明した加算器のように，本質的にはハードウェア的に実現されている．一方，その他の演算は命令セットによって基本演算から組み立てられている．バベッジの解析機関の数表現は 10 進

[*21]真空管を素子に使い，配線を変えることによってプログラミングを行う電子式計算機 ENIAC は，ペンシルヴェニア大学ムーア・スクールのジョン・ウィリアム・モークリ (John William Mauchly, 1907–1980) とジョン・プレスパー・エッカート (John Presper Eckart, Jr., 1919–1995) によって 1946 年に完成した．このコンピュータは，陸軍弾道研究所 (BPL: Ballistics Research Laboratory) の支援を受けて，第二次世界大戦中の弾道計算を目的に開発は開始された．内部的に 10 進法演算を行っていた．フォン・ノイマンは，1944 年 8 月にムーア・スクールを訪問し，ENIAC に強い関心を抱いた．その後，彼は ENIAC 開発の顧問に就任し，コンピュータ設計の論理学的・数学的問題に取り組む．ENIAC グループは，フォン・ノイマンの訪問前にすでに ENIAC の後継機の設計を開始していた．これがフォン・ノイマンの訪問後 1944 年秋に EDVAC と命名され，軍による開発承認が得られた．1945 年春には EDVAC の設計が固まり，1945 年 6 月にフォン・ノイマンは「EDVAC に関する報告書第一草稿」("First Draft of the Report on the EDVAC") を著す．この中で，フォン・ノイマンは，ムーア・スクールで生まれたプログラム内蔵方式と二進法演算のアイデアを報告している．このアイデア自体は開発チーム全体の業績とでもいうべきものだったが，報告者がフォン・ノイマン一人だったことから，その後この考えに基づく現代のコンピュータは「フォン・ノイマン型コンピュータ」と呼ばれることになった．ペンシルヴェニア大学の経営体制が変わったことも影響して ENIAC 開発メンバーは次々と去ったが，EDVAC の開発はペンシルヴェニア大学で継続され，1951 年に完成している．

[*22]高等研究所第 2 代所長フランク・エイドロット (Frank Aydelotte).

伝　記

ジョン・フォン・ノイマン (John von Neumann, 1903–1957)

ジョン・フォン・ノイマン（図 18.14）はブダペストの裕福なユダヤ人銀行家の家に生まれ，ブダペスト大学で博士号を取得した．1930 年にプリンストン大学に招聘されるまで，彼はベルリン大学とハンブルク大学で教鞭をとった．3 年後，プリンストン高等研究所の創立メンバーに彼は選ばれ，その後生涯にわたってこの研究所にとどまった．フォン・ノイマンは，純粋数学と応用数学の両分野に等しく通じた最後の数学者の一人である．何年間にもわたって彼は両分野に関する論文を一定の流れの如く生産した．純粋数学において，彼はとくに解析と組合せ論に熟達していた．フォン・ノイマンは複雑な状況を覗き込み，問題を数学的に扱えるようにする公理を抽出する能力に長けていた．彼の応用数学に関する才能は第二次世界大戦中とその後の数年間とくに求められた．この間彼は現代的な意味でのコンピュータ開発計画を指揮した．フォン・ノイマンは 1954 年からガンで早逝する 1957 年まで原子力委員会委員を務めた．

図 18.14
ハンガリーの切手に描かれたジョン・フォン・ノイマン．

数だったことを思い出して欲しい．しかし，機械的ではなく，電子的な数表現装置が登場したことによって，数は 2 進数で表したほうがより簡単になったので，数字を保持するどの装置であっても 1 と 0 の二つの可能性を表現するオンとオフの二つの状態をとれば十分に間に合うようになった．実際，機械製作のスピードと容易さとの間で妥協することなく，オペレータが通常の 10 進数モードで数を入力し答えも同じモードで受け取れるよう 10 進数－2 進数変換と 2 進数－10 進数変換を行う効率的命令セットを設計するのに，フォン・ノイマンは功績があったのである．

　機械のメモリー装置は，計算で用いる数の蓄積と計算を行うための命令の蓄積という二つの異なる種類のタスクの面倒を見ることができる必要があった．しかし，命令そのものも適切な数値コードとして蓄積することができたので，機械は実際の数と符号化された命令とを区別できれば十分だった．さらに，機械のユーザーは「無限の」メモリーを欲しがるが，エンジニアが構成可能なのは有限のメモリーであるという，ニーズと現実の不一致の妥協として，グループはメモリーを階層的に構成することに決めた．階層メモリーとは，限られた容量のメモリーに即時アクセス可能だが，さらに大きい容量のメモリーにはいくぶん遅いペースでアクセスを可能にするというものである[23]．また，グループは，合理的な物理的スペースに十分大きなメモリーを実現できるように，個々のディジット［0 と 1 の数字］を蓄積するユニットは大きな全体の微視的部分とすべきだと決めた[24]．

---

[23] 現在のパソコンで言えば，「限られた容量のメモリー」とは，RAM (Random Access Memory) などを用いる主記憶装置で，「さらに大きい容量のメモリー」とはハードディスクなどの補助記憶装置である．
[24] コンピュータの数値の記憶にはフリップ・フロップ回路が用いられる．現実には，本当に微視的領域に数値を電子的に保存できるフリップ・フロップ回路は，1960 年代に入って IC（集積回路）が利用されるようになってから実現された．

制御装置は，機械に対する命令，つまり機械が実際に従う命令を内蔵する部分である．やはり，装置の単純さを求める欲求と機械を効率的に動かすためには数多くの異なるタイプの命令が必要であるという事実との間に妥協を求めなければならなかった．いずれにせよ，制御手順のより重要な側面の一つは，エイダもすでに気づいていたように，与えられた一連の命令を繰り返し使用する機械の能力である．しかし，機械はこの繰り返しがいつ終わるのか認識できないとならないため，特定の繰り返しが完了したと機械が判断できる種類の命令もまた設計する必要がある．さらに，制御ユニットは，入出力装置を機械に統合できる命令セットも必要とする．フォン・ノイマンは，個々の計算のより重要な結果の一部には視覚的な表現での研究が向いているものがあると認識していたので，実際印刷出力やグラフィカルな出力の両方に出力装置が対応できるようにすることに興味を持っていた．

高等研究所で最終的に製作されたコンピュータはフォン・ノイマンの設計にもとづき 1951 年に完成したが，その後数年間にわたって製作されたより先進的なコンピュータのモデルとなった．その後 20 世紀を通してコンピュータの技術的進歩は続き，1940 年代後半の作業グループのメンバーがおそらく夢にも思わなかったような要因によって容量は増加し，サイズは小さくなっていった．コンピュータは日常生活のごく一部となっており，コンピュータなしで身辺の簡単な作業もどうやったらよいのか想像がつかないほどである．コンピュータの個々の応用に関しては扱わないが，現代のどんな場面にも登場するコンピュータに影響を与え——そして，逆にコンピュータから影響を受けた——数学のいくつかの側面に関して簡単に議論してこの章を締めくくろう．

18.4.6　誤り検出と符号訂正

大量の情報をある場所から別の場所へ電子的に送信する場合，通常できるだけ誤りが少ないように情報を受け取りたいと考える．リチャード・ハミング (1915–1998) は誤り訂正と検出符号に関する最初の主要論文 (1950 年) の著者だが，彼は誤り検出と訂正という機能がとくに重要になる次のようなケースを指摘する．つまり，故障が一度起こると運用全体に影響を及ぼすと同時に，たとえば「ジャミング」が起こって伝送に雑音が入る可能性があるシステムで，最小の予備機器で無人の操作が長い期間続くという場合である．

符号化に対するハミングの興味は，初期のベル・システムのリレー・コンピュータを週末に限って使っていた 1947 年に生まれた．週末の間機械は無人となり，無人モードの場合誤りを発見して次の問題へと進んだどんなジョブもダンプ[*25]して停止される．ハミングは，機械が誤りを検出するだけでなく訂正もできるようになれば自分の作業も実際完成するので，これは解決しがいのある問題だと考えた．こうして，彼は研究を進め 1948 年に誤り訂正符号を開発した．ただし，特許の問題があり，ハミングは 1950 年になるまでこの成果を発表できなかった．

論文の中でハミングは n 桁（ディジット）の 2 進数から構成される符号語を仮定する．このとき，m 桁が情報を伝え，残りの $k = n - m$ 桁のチェック・ディ

[*25]ダンプとは，ジョブの処理時に何らかの障害があったときなど，処理装置が主記憶装置上のデータなどを補助記憶装置に強制的にコピーすること．

ジットが誤り訂正と検知に使われる．彼の狙いは可能な限り少ないチェック・ディジットによる単一の誤り訂正符号を求めることであった．各チェック・ディジットはある符号ディジットの「パリティ」チェックになる．つまり，チェックされるべき符号ディジットに含まれる 1 の合計が偶数であるか奇数であるかによって，チェック・ディジットはそれぞれ 0 もしくは 1 となる．この着想は，符号語を受信した際に，チェック・ディジットの 0 と 1 の並びを 2 進数の数として読み，どんな単一の誤りでも位置がわかるようにするというものである．それゆえ，n 桁のいずれか一つの桁に誤りがあるか，もしくはまったく誤りがないかのどちらかであるから，k 桁のチェック・ディジットは $m+k+1 = n+1$ 個の可能性を示すことができる．したがって，k 桁のチェック・ディジットの可能な組合せの総数，つまり 2^k は $n+1$ と等しいか，それよりも大きい．別の仕方で表せば，m と n との間の関係は次の不等式によって与えられる．

$$2^m \leq \frac{2^n}{n+1}.$$

たとえば，語長 7 の符号語は 3 桁をチェック・ディジットとして使い，4 桁を実際の情報を表すのに使う必要がある．言い換えると，語長 7 の符号語は $2^7 = 128$ 通りの可能性があるが，この符号語を使う場合，このうちの $2^4 = 16$ 通りの組合せのみが実際の符号記号として使えるのである．

ハミングは，n ディジットの符号語は 2 元体の n 次元のベクトル空間における単位立方体の頂点と考えることによってこの方法の幾何学モデルを構成した．さらに，彼はこの二つの頂点の間の距離 $D(x,y)$ は二つの頂点の異なる座標の個数であるとする，この空間に距離を導入した[*26]．たとえば，$n=3$ の場合，$x = 001$ と $y = 111$ との距離 $D(x,y)$ は 2 である．ハミングは，符号点が相互に少なくとも距離 2 あれば，1 個の誤りは符号点をどれか他の符号点から距離 1 だけ離れた点に変えることから，このような誤りを検知可能であると指摘した．また，もしすべての符号点がお互いに少なくとも距離 3 離れているならば，1 個の誤りがあっても誤りによって新しくできた符号点は本当の符号点の隣にあるから，誤りは訂正可能である．つまり，誤り訂正符号を決定するという問題は，空間において少なくともある最小の距離離れている点の部分集合を求めるという問題と同じである．とくに，この最小距離が 3 ならば，各点は共有する点を持たない半径 1 の「球」によって囲うことが可能である（x を中心とする半径 r の球は x から r 以下の距離の点の集合である）．こうしてハミングは幾何学モデルを使って，実際どれだけの符号語が可能なのかという問いに答えることができた．半径 1 の球は中心に加えてそれぞれその「表面」上に n 個の点を持つので，ちょうど $n+1$ 個の点を含む．全空間には 2^n 個の点があるので最大 $2^n/(n+1)$ 個の球があり，したがって，すでに述べたように，符号点の数 2^m はこの数よりも大きくなることはない．

ハミングは，論文中でチェック・ディジットの要求を満たすことのできる長さ 7 桁の符号を提示する．これは現在ハミング符号として知られるタイプの符号である．ハミングはおぼろげに認識していたことだが，この符号の 4 桁の実際の

[*26] この距離は，二つの記号系列の「ハミング距離」と現在呼ばれる．

符号語の集合はある群，もっと正確に言えば，7桁の二進数記号列の7次元空間の4次元ベクトル部分空間であることがわかった．最終的には，ハミング符号は実は適切なベクトル空間に対するある線形変換の核として記述することが可能である．ハミングによって始められた符号の研究は数学の様々な分野へとつながっていったが，この歴史は最近の書籍で容易に参照できる[27]．

18.4.7　線形計画法

線形計画法は，変数 x_i の線形不等式が制約となる線形関数 $a_1x_1 + a_2x_2 + \cdots + a_nx_n$ を最小化もしくは最大化するという問題を扱う．まったく奇妙なことだが，連立線形方程式の解法は2000年以上にわたって研究されてきたが，第二次世界大戦以前には連立線形不等式の研究には実質的に注意が払われてこなかったし，線形関数を最大化する解の研究に対してはさらに注意が払われることがなかった．唯一フーリエだけが1826年にこのような問題を考察したが，彼でさえこの問題に深く立ち入ることはなかった．

線形計画法に関する現代の研究には，軍事的関心と経済的関心という二つの主要な源泉がある．経済的問題を論じた数学者の一人に，ロシア人のレオニード・V. カントロヴィッチ (1912–1986) がいる．彼は1939年に『生産の組織化および計画化の数学的方法』(*Mathematical Methods in the Organization and Planning of Production*) というタイトルの本を書いた．カントロヴィッチは，工場や産業組織全体の生産性を増加させる方法は，個々の機械の作業や様々な供給者への発注，多種多様な原料，異なる種類の燃料などなどの配分を改善することだと考えた．カントロヴィッチは，これらの問題をすべて同一の数学的言語で表すことが可能であり，その結果得られる数学的問題は数値的に解けると初めて認識したのである．しかし，様々な理由によって，カントロヴィッチの研究はソヴィエトの経済学者や数学者たちによって引き継がれることがなかった．そのため，彼が研究したような問題を一般的に数学的に解くという方法は，最初に米国で発見された．

米国で線形計画問題の考察へと導いたのは，第二次世界大戦中の空軍幕僚の要請だった．彼らが研究を行っていたのは，特定の部隊をどの戦域へ送るかという問題や，専門家の訓練スケジュールをどのように立てればよいかという問題，機器の供給とメンテナンス計画の問題などに関係していた．これらの問題の多様な側面を効率的に調整するには新しい数学的手法が必要であることが間もなく明らかになった．これらの数学的手法はやっと1947年頃になって展開されるようになった．空軍は当時プロジェクトSCOOP (最適計画の科学的計算：Scientific Computation of Optimum Programs) と呼ばれる作業グループを設置した．このグループの中心メンバーにはジョージ・ダンツィク (1914–) がいた．線形計画問題を解く単体法の基本的な考えを案出したのは彼である．

最初のステップは解のありえる集合，つまり，問題となっている線形不等式集合に対するすべての解を含む，適切な次元の空間における凸状多面体を決定することである．次のステップは，この多面体の稜線に沿って一つの頂点から別の頂点へと線形関数を最大化するように移動することである．これは当初ダンツィクによって非効率であると退けられた手順だが，結局実は目指す解——解

は常に多面体の頂点の一つとして与えられる——を見つける最も効率的な方法を提供できると見なされるようになった．フォン・ノイマンはダンツィクの解法を学んですぐに線形計画問題と，彼自身が根本理論を 1944 年までに案出していたゲーム理論の関係に気づき，線形計画法とゲーム理論問題の数値的解について様々な提案を行った．

単純な線形計画問題は手計算でも解けたとはいえ，応用に対する関心の高い問題は多数の変数と方程式を含み，それゆえ何らかの種類の機械計算を必要とした．こうして，重要な問題に関する単体法の最初のテストは，1947 年秋に初期のコンピュータ上で実施された．その後数年かかって，新しく開発されたコンピュータで，数百の変数と方程式を含む線形計画問題を解くために多種多様な計算技術が案出された．実際，線形計画法の応用は，現代のコンピュータのスピードと計算能力の増加と平行して過去数十年間にわたって急速に発達してきたのである[28]．

18.4.8 グラフ理論

現代の術語では，グラフは，その要素が頂点と呼ばれる空でない集合 V と，その要素が辺と呼ばれる集合 E とから構成される．ここで，辺は一対の頂点から構成されるものとする．幾何学の術語では，グラフの辺は一対の頂点をつなぐ弧である．西洋におけるグラフ理論の起源は，14.3.7 項で論じた，1736 年のオイラーのケーニヒスベルクの七つの橋の問題の解にある．オイラー自身はこの問題を代数的に解いたものの，頂点が都市地域を表す都市，橋が辺を表すとすればグラフを描くことは十分容易である．のちにグラフ理論の一部となったもう一つの興味深い問題は，ウィリアム・ロウワン・ハミルトンによって 1856 年に発見された．実はハミルトンはこの問題からあるゲームをつくり，このゲームは 1859 年に商品化された．このイコシアン (Icosian) ゲームは，20 の頂点をもつグラフから構成され，様々な条件にしたがってその頂点にピースを置いていく（図 18.15）．最重要の条件は，ピースは常に前のピースが置かれた頂点の辺でつながった隣の頂点に置くというものである．ハミルトンが与えた追加条件として，最初に五つの頂点にピースを置いて，そこから残りのピースでボードを埋めていき，最後のピースが最初のピースの隣に来るように並べていくというルールがある．より現代的な術語で言えば，オイラーの問題が各辺を一度だけ通る経路を発見するものだったのに対して，ハミルトンの問題は各頂点を一度だけ通る巡回経路を発見するというものである．ハミルトンはこの条件が満たされる複数の例を示したが，彼が示した特別なグラフ以外のケースでこのような経路が構成できるか否かを決定する一般的な方法は与えなかった[*27]．ほとんど同じころ，イギリスの牧師トマス・P. カークマン (?–1892) は，同じ種類の問題についていくぶん一般化して議論する短い論文を書いた．実際には，カークマンはこのような巡回経路が存在しえないグラフの一般的クラスについて説明したのである．

特殊な型のグラフについて純粋に数学的に展開された最も初期の考察は，1857

[*27] このような巡回経路を「ハミルトン閉路」といい，頂点が増えるとその指数倍で計算時間がかかる非 NP 問題の典型例の一つとして知られる．

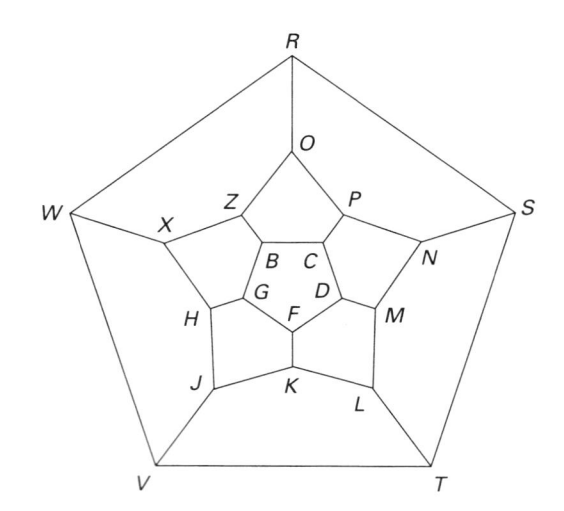

図 18.15
ウィリアム・ロウワン・ハミルトンのイコシアン・ゲーム．

年のアーサー・ケイリーの論文中に見られる．ケイリーは微分演算子の可能な組合せを考察することに触発されて，**木**の一般的概念を定義し分析した．木は巡回経路を持たず，それゆえ辺の数が頂点よりも一つ少ない結合グラフである．とくに，ケイリーは**根付き木**の概念を扱った．これは，ある一つの頂点が根を表すとされる木である．ケイリーは頂点（彼はこぶ（結節）と呼んだ）が二つと三つ，四つの場合，もしくはこれと同値であるが，辺（やはり植物のアナロジーで**枝**と呼ばれた）が一つ，二つ，三つの場合にどのような根付き木が可能か示した．組合せに関する巧妙な議論によって，その後ケイリーは r の枝を持つ異なる木（ここで，「異なる」という意味は適切に定義されている必要がある）の個数 A_r を決定する再帰的な公式を求めた（図 18.16）．たとえば，彼は $A_1 = 1$, $A_2 = 2$, $A_3 = 4$, $A_4 = 9$, $A_5 = 20$ であることを示した．1874 年には，ケイリーは自身の成果を化学的な異性体の研究に応用し，その数年後には任意の数の頂点を持つ根なし木がいくつあるか知ることができる公式の導出に成功した．

現代のグラフ理論の発展に最大の役割を果たした問題——そして，最初に定式化された 1852 年以来多くの数学者たちが挑んできた問題は，四色問題である．この問題は，ド・モルガンが 1852 年 10 月 23 日付けでハミルトンに宛てた手紙に説明されている．「私の学生の一人［フレデリック・ガスリー］が今日，私自身が事実かどうかわからなかった——そして今なお事実かわからない問題が正しいという理由を示してくれないかと言ってきました．ある図形をいかようにか分割し，どこかに共通の境界線を持つ図形どうしが違う色となるようにそ

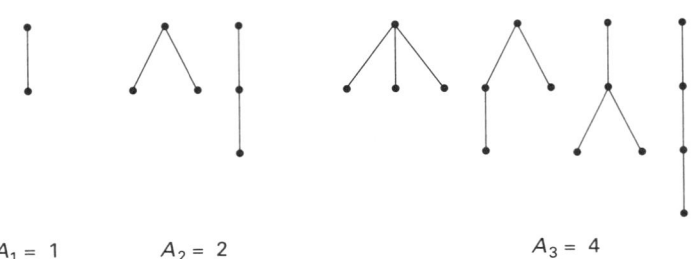

図 18.16
$r = 1, 2, 3$ までの r 個の枝を持つ異なる木．

$A_1 = 1$ $A_2 = 2$ $A_3 = 4$

の部分部分を塗り分けるならば，四色は必要かもしれないが，それを越える色数はいらないと彼は言います．……私の生徒はイングランドの地図を色分けすることでこのことを推測したと言っています．これについて考えれば考えるほど，これは明らかなことのように思えるのです」[29]．ド・モルガンは五色が必要な地図の例を考えることができなかったし，四色で十分なのは明らかであると彼は考えていたにもかかわらず，そのどちらについても証明を与えることができなかった．ハミルトンはこの問題に興味を持たなかったが，その後 20 年間ケイリーとチャールズ・S. パース (1839–1914) は証明を求めてむなしい探索に多くの時間を費やした．1879 年，アルフレッド・ケンプ (1849–1922) は正しいと認められた証明を発表し，その翌年にはペーター・テイトが別の証明を発表した．しかし，1890 年までにこの証明はどちらも誤りがあることが明らかになった．パーシー・ヘイウッド (1861–1955) はケンプの証明の失敗を明らかにしたが，その議論の一部で，地図を塗り分けるのに五色あれば常に十分であることを証明したのである．

　20 世紀初頭この問題を解くため新たな努力が多く費やされたが，ハスラー・ホイットニー (1907–1989) が地図の四色問題とグラフ理論とを結びつけたことによって，グラフ理論に対する興味がかき立てられると同時に，もともとの問題を解くための鍵が最終的に与えられることになった．1931 年にホイットニーは地図の**双対**グラフという概念を定義した．これは，その頂点が地図の領域に一対一対応する集合を成しており，二つの対応する領域が共通の境界弧を持つとき，そしてそのときにのみ二つの頂点が一つの辺によって結ばれているようなグラフである．一つの辺を共有する二つの頂点が同じ色にならないよう各頂点へ色を割当てることとグラフの塗り分けを定義するならば，地図の四色定理はグラフの四色定理と同値である．こうして，勃興しつつあるグラフ理論の多くの研究成果がこの古い問題に応用可能になったのである．

　本章冒頭に述べたように，グラフの四色問題の証明はケネス・アッペル (1932–) とウォルフガング・ハーケン (1928–) によって，1976 年に提出された．彼らの証明方法には，この定理を特定のグラフに出現する可能性のある莫大な数の部分グラフの特殊例に還元して，それぞれの部分グラフを塗り分ける可能性について考察する手続きが含まれていた．この作業を実現可能な時間内に完遂するため，アッペルとハーケンはコンピュータを証明の本質的な点で使わねばならなかった．つまり，実行せねばならない個別チェックの数があまりにも多いため，人間もしくは人間集団が手計算で証明を完成させることはおそらく不可能だった．実際，アッペルとハーケンは作業の完遂までに 6 ヶ月近いコンピュータ時間を使わねばならなかった．証明は結果としていくらか単純化されたとはいえ，コンピュータに基づかない証明の地平ではまったく可能性がないと思われる．

　本質的部分にコンピュータを使った証明は，数学における完全に新しい現象である．コンピュータは，導入されて以来数学者たちが推測を行う助けとなってきたが，四色定理の証明はコンピュータが形式的証明を構成する細部の作業で現実に使われる最初の例となった．予想通り，この証明は登場以来多くの論争を巻き起こしてきた．多くの数学者たちは依然としてこの証明を妥当なものとして認めていない．なぜならば，証明を認める一般的な基準は常に，数学共

伝　記

ハスラー・ホイットニー (Hassler Whitney, 1907–1989)

ハスラー・ホイットニーはニューヨークに生まれ，イェール大学で物理学と音楽の学士号を取得し（1928年と1929年），1932年にハーヴァード大学で数学の博士号を取得した．プリンストン大学に短期間とどまってから，ハーヴァード大学に戻り，プリンストン高等研究所に異動する1952年までここで教鞭をとった．ホイットニーの主要な数学的研究は微分位相幾何学におけるもので，この分野で現在までの研究傾向を決めた多くの手法と同様に複数の主要な定理に関する業績がある．彼の数学以外の関心の中には音楽や登山があった．音楽では，彼はプリンストン・コミュニティ・オーケストラのコンサート・マスターを務め，登山ではニュー・ハンプシャー州キャノン・マウンテンの新しい登山道を発見した．生涯最後の20年間，ホイットニーは，数学における米国の教育システムを失敗と見なし，そのエネルギーを数学教育の改善，とくに小学校レベルの数学教育の改善に捧げた．とくに，幼い子どもたちに対しては手法や自分たちの経験に何のつながりも持たない結果を教えるだけではなく，むしろ直観を用いて問題を解くよう奨励すべきだと強調した．

同体の多くのメンバーによって証明が検証されるということだったからである．また，コンピュータプログラムそのものは検証可能だが，コンピュータによって現実に実行された作業の様々な細部を検証する方法は数学者には存在しない．コンピュータ利用に関するこの論争をどのように解決すべきかはまったく明らかではない．コンピュータの助けによって他の重要な問題が解決されたり，四色定理がいつの日にか伝統的な方法で証明されたりすることもあるかもしれないが，いずれにせよ，何が数学的証明を構成するのかに関する新しい論争はすでに始まっている．

最近行われた有限単純群の分類によって，この論争にはさらに油が注がれた．なぜなら，この分類は数百人の数学者の手によって書かれた数千ページにわたる著作中で行われているので，全体の議論を現実に理解し検証することが一人の人間にできるようには思えないからである．しかし，この例では多くの数学者たちは成果を妥当なものとして認めている．なぜならば，証明の個々の部分部分は伝統的なチェックに服しているからである．しかし，数学的結果が「真である」とある人が他の人にどのように納得させるかに関しては，まだまだ疑問が残っている．記録が残る限り過去へとこの問いはさかのぼるが，将来にわたってもまだまだ問われ続けるだろう．

練習問題

集合論からの問題

1. 以下は（発案者ジュール・リシャール (Jules Richard, 1862–1956) から名前をとった）リシャールのパラドックスである．アルファベットの並びから，すべての2文字を組みあわせて並べ，次にすべての3文字を組み合わせて並べ，ということを次々に行う．そこから，実数を定

義しないようなすべての組合せを除く（たとえば，"six" は実数を定義するが，"sx" はそうでない）．すると，有限個の文字の組合せで定義される実数の集合は，可付番の整列集合 $E = \{p_1, p_2, \ldots\}$ を作る．今，0 と 1 の間の実数 $s = .a_1 a_2 \ldots$ を，もし，p_n の小数第 n 位が 8 あるいは 9 ではない場合は，a_n を p_n の小数第 n 位の数より 1 だけ大きいように，その他の時は $a_n = 1$ として定める．s は有限個の文字で定義されているにも関わらず，この数は E の中には存在しない．これは矛盾である．この矛盾をどのように解消するか．このパラドックスは，床屋のパラドックスやツェルメロの自身によるパラドックスとどのように関連するのか．

2. ツェルメロの整列定理から，3 分法の法則が導かれることを示せ．

3. いくつかの限定した「集合」を当座の議論から除外すると理解すれば，ツェルメロの分出公理によってラッセルの床屋のパラドックスもリシャールのパラドックス（問題 1 参照）も解決することを示せ．

点集合論に関連する問題

注意：この節の問題は，点集合論の基本的な概念にある程度習熟していることを前提としている．

4. ハイネ–ボレルの定理を平面上で定式化し，証明せよ．

5. ヤング夫妻の意味において，連結集合 A は，$B \cap C = \emptyset$ となる閉集合 B と C を用いて，$A = B \cup C$ とは表現できないことを示せ．

6. $[0, 1]$ 内の有理数全体のなす集合は連結でないことを示せ．

7. フレシェの縮小していく［閉］集合の列の定義により，集合 E はコンパクトになると仮定せよ．E のあらゆる無限部分集合 E_1 は，少なくとも一つは，E に極限点を持つことを示せ．

8. 実直線上の縮小集合の性質は，その集合列の各集合が閉かつ有界な集合であることに依存していることを，いくつかの例を用いて示せ．

9. （フレシェの定義による）閉コンパクト集合 E 上で点列連続な実関数は，そこでは有界で，少なくとも一度は上界に達することを示せ．

10. E をフレシェの極限要素の定義による閉コンパクト集合，$\{E_n\}$ を E の閉部分集合の縮小列とすると，共通部分 $\cap_n E_n$ は空でないことを示せ．

11. $[a, b]$ 上の実連続関数の空間は，最大値ノルムから定義される距離に関して，フレシェの意味で「正規」であることを示せ．

12. 距離
$$(x, y) = \sum_{p=1}^{\infty} \frac{1}{p!} \frac{|x_p - y_p|}{1 + |x_p - y_p|}$$
を持つ実数のすべての無限数列 $\{x = \{x_1, x_2, \ldots\}\}$ の空間は，正規になることを示せ．

13. 問題 12 で定義された距離空間では，この空間内の任意の x, y に対して，$(x, y) < \alpha$ となるような数 α が存在することを示せ．

14. E を位相空間，A を閉部分集合，すなわちその集積点すべてを含むものとする．このとき $E \setminus A$ は，ハウスドルフの意味で領域（開集合）であることを示せ．逆に，E の部分集合 B が開集合であれば，$E \setminus B$ が閉集合であることを，ハウスドルフの定義を使って示せ．

15. ハウスドルフによる極限点の定義のもとで，与えられた無限集合 A は極限点を一つより多くは持ちえないことを示せ．

16. ハウスドルフによる点連続の二つの定義は，同値であることを示せ．

17. ハウスドルフの近傍による連続の定義を使って，連続関数は連結性とコンパクト性を保つことを示せ．

組合せ位相幾何学に関連する問題

18. 球面上には線形独立な 1 次元閉部分多様体がいくつあるか．トーラス上ではいくつか．

19. 図 18.5 で示された 4 面体 $V_0 V_1 V_2 V_3$ の境界を定めよ．境界の境界は 0 であることを示せ．

20. 前の問題での 4 面体の面 $V_1 V_0 V_3$ が与えられたとき，その境界を計算して，境界の境界が 0 になることを示せ．

代数学に関連する問題

21. ディクソンの体の公理を使って，次の定理を導け．
    (a) 集合の任意の二つの要素 a, b に対して，$a + y = b$ となるような要素 y がその集合の中に一つ存在する．
    (b) 特定の要素 a に対して，$a + z = a$ となるならば，すべての要素 b に対して，$b + z = b$ となる．
    (c) $a + b = a + b'$ であれば $b = b'$ である．

22. 通常の和と積を集合 $\{0, 1, -1\}$ に入れたものは，最初の公理を除くディクソンの各公理をみたすことを示せ．

23. 通常の和と積を集合 $S = \{r\sqrt{2} \mid r \text{ は有理数}\}$ に入れたものはディクソンの各公理を，公理 5 を除いて満たすことを示せ．この状況で，$(a \times x) \times b = b$ をみたす x を見出せ．

24. $p = 5$ についてのヘンゼルの乗法で，積 4.324×3.403 は 2.2312242 となることを示せ．

25. $p = 5$ についてのヘンゼルの除法で，商 $3.12 \div 4.21$ は循環「小数」$2.42204220\ldots$ となることを，実際に長い割り算を行うことにより示せ．

26. ヘンゼルの 5 進体では，$3.12 \div 0.2 = 4 \cdot 5^{-1} + 0 + 1 \cdot 5$ となることを示せ．

27. ヘンゼルの p 進数では，単元（p の最小のベキ乗が，ゼロ乗である数）の乗法に関する逆元は，また単元であることを示せ．

28. x を p 進数とする．r を整数とするとき，x の r-近傍を，$U_r(x) = \{y \mid y \equiv x \pmod{p^r}\}$ と定義する．このように x の近傍を選ぶことにより，体 $\mathbf{Q}_p$ はハウスドルフの

意味で位相空間になることを示せ.

29. $\mathbf{Q}_p$ の任意の数 x は, e を単元として, $x = p^\alpha e$ の形に一意的に書くことができる. 整数 α は, p に関する x の位数と呼ばれ, $\nu_p(x)$ と書かれる. $\mathbf{Q}_p$ の任意の要素 x, y に対して, (x, y) を $(1/p)^{\nu_p(x-y)}$ と定義する. (x, y) は, フレシェの意味で $\mathbf{Q}_p$ 上の距離を定義することを示せ.

30. 問題 29 の距離を使い, 通常のやり方で, $\mathbf{Q}_p$ にコーシー列の概念を定義せよ. $\mathbf{Q}_p$ のあらゆるコーシー列は, 極限に収束することを示せ.

31. 二つの基本要素 i, j の乗法に関する次の表が, 実数上の次数 2 の多元環を定めることを示せ. 他の多元環はあるだろうか.

	i	j			i	j			i	j
i	i	j		i	i	j		i	j	0
j	j	0		j	0	0		j	0	0

32. 本書で述べたものとは異なる種類の圏の例をいくつか挙げよ. 読者が挙げた圏と本書のものを使って, 関手の例をいくつか挙げよ.

コンピュータに関連する問題

33. n 次の多項式について, n 次階差は常に一定であることを示せ.

34. バベッジの階差機関がピラミッド数を計算できるように階差表を作成せよ. ピラミッド数とは, 三角数の合計であって, たとえば, 任意の高さの三角ピラミッドに積み上げた砲弾の数を表すと考えることのできる数である.

35. 第 14 章練習問題 3 のベルヌーイ数を定義する等式は, エイダ・ラヴレースがベルヌーイ数を計算するプログラムを書くのに使った等式に変形できることを示せ (ヒント:e^x のベキ級数を使え).

36. 二つの記号 0 と 1 を印刷可能な, q_1 と q_2 の二つの状態をもつチューリング機械を考察せよ. この機械は, 次の命令によって定義されるものとする.
    (a) この機械が状態 q_1 であって, 1 を読み込んだ場合には, 1 を印刷し, 右側に 1 マス動き, 状態 q_1 にとどまる.
    (b) この機械が状態 q_1 であって, 空白マスを読み込んだ場合には, 1 を印刷し, 右側に 1 マス動き, 状態 q_2 に変わる (状態 q_2 のときの機械への命令がないことに注意). この機械は状態 q_1 から始まり, テープの最初のます目は空白であって, その右側の次の 2 マスには 1 が書かれており, それよりも右側のます目全部が空白であるとする. また, さらに最も左の 1 が, 読み込まれる最初のます目であるとする. テープの最終的配置が, 2 個ではなく 3 個の 1 を含むという以外は, 初期配置と変わらないことを示せ. 一般に, n 個の 1 を含むテープを数 $n+1$ を表すと解釈すると, このチューリング機械が負の数ではない整数 n について関数 $f(n) = n+1$ を計算することを示せ.

37. 関数 $f(n) = 2n$ を計算するチューリング機械を決めよ.

38. 次のブールの展開定理を証明せよ. f が, ブール変数 x と y のブール関数であるとき, $f(x, y) = [f(0, y) + x][f(1, y) + x']$.

39. 乗法に対する加法の分配法則 $a + (bc) = (a+b)(a+c)$ と, 練習問題 38 の定理を使って, ブール関数の次の法則を導き出せ. $x + f(x, y) = x + f(0, y)$.

40. ブール展開定理 $f(x, y) = xf(1, y) + x'f(0, y)$ と定理 $xf(x, y) = xf(1, y)$ を証明せよ. これらの定理は練習問題 38 と 39 の双対であることに注意せよ.

41. 本文に概略を示したような 2 進数の加算を示す回路を組み立てよ.

議論に向けて

42. 集合論の教科書でバナッハ–タルスキーのパラドックスを調べ, その意味するところを論ぜよ. この結果を読者は信じられるだろうか. 選択公理が正しいと信じることと, これはどのようにかかわるだろうか.

43. 現代代数学の講義で, ヘンゼルの p 進数を詳しく論じるような一連の講義の教案の概略を示せ. このような体上では, 代数学や解析学はどのように展開できるかを示せ.

44. 1914 年のハウスドルフの教科書は, 今日の位相空間論の講義で使えるだろうか. 入手して, 今日の教科書と比較してみよ.

45. ファン・デル・ヴェルデンの教科書『現代代数学』の初期の版を見て, 今日の代数学の教科書と比較せよ.

46. アッペル–ハーケンの四色問題の証明に関する参考文献を一つ以上読め. この証明の意味を論じよ. 読者は, 彼らの議論がこの定理を証明していると信じることができるだろうか.

参考文献と注

20 世紀の数学の概括的な歴史を容易に見渡せる著作はないが, 本章で扱った個々の話題については, 優れた著作が少なくとも一つずつはある. Gregory H. Moore, *Zermelo's Axiom of Choice: Its Origins, Development, and Influence* (New York: Springer, 1982) は, この章の最初の部分でとりあげた話題について論じている. その部分で参照した多数の著作の原文が, Jean van Heijenoort, ed., *From Frege to Gödel: A Source Book in Mathematical Logic, 1879–*

1931 (Cambridge: Harvard University Press, 1967) に収録されている．位相空間論の概括的な歴史を論じたものとして，Jerome Manheim, *The Genesis of Point Set Topology* (New York: Macmillan, 1964) がある．代数的位相幾何学の歴史を大変詳細に論じたものとして，Jean Dieudonné, *A History of Algebraic and Differential Topology, 1900–1960* (Boston: Birkhäuser, 1989) が挙げられる．位相空間論での二つの重要な概念の歴史は Raymond Wilder, "Evolution of the Topological Concept of 'Connected'," *American Mathematical Monthly* 85 (1978), 720–726, J.-P. Pier, "Historique de la notion de compacité," *Historia Mathematica* 7 (1980), 425–443 で論じられている．20世紀の代数学の際立っている部分，とくに多元環論が，B. L. van der Waerden, *A History of Algebra from al-Khwarizmi to Emmy Noether* (New York: Springer, 1985) [加藤明史訳『代数学の歴史：アル-クワリズミからエミー・ネターへ』現代数学社，1994] の第3部で論じられている．コンピュータの歴史をある一つの面から，あるいは別の面から描いたものの中からは，以下の著作が挙げられる．B. V. Bowden, ed. *Faster Than Thought* (London: Pitman, 1953) には，ラヴレース伯爵夫人による［バベッジの研究の］翻訳と注が，大戦直後の時期の英国のコンピュータに関する資料とともに収められている．Herman Goldstine, *The Computer from Pascal to von Neumann* (Princeton: Princeton University Press, 1972) [末包良太・米口肇・犬伏茂之訳『計算機の歴史 パスカルからノイマンまで』共立出版，1979] は，主として著者が1940年代から50年代に関わった研究が論じられている．N. Metropolis, *et. al.*, eds., *A History of Computing in the Twentieth Century* (New York: Academic Press, 1980) には，多数のコンピュータの先駆者が発表した1976年の研究集会の報告集が含まれている［本章で扱ったコンピュータ史に関連するその他の邦語文献として以下のものが挙げられる．ウィリアム・アスプレイ著，杉山滋郎，吉田晴代訳『ノイマンとコンピュータの起源』産業図書，1995 [Asprey, William, *John von Neumann and the origins of modern computing* (MIT Press, 1990) の邦訳]，M. キャンベル-ケリー，W. アスプレイ著，山本菊男訳『コンピューター200年史：情報マシーン開発物語』海文堂出版，1999 [Campbell-Kelly, Martin; Aspray, William, *Computer: a history of the information machine* (BasicBooks, c1996) の邦訳]，星野力『誰がどうやってコンピュータを創ったのか？』共立出版，1995，スコット・マッカートニー著，日暮雅通訳『エニアック：世界最初のコンピュータ開発秘話』パーソナルメディア，2001 [McCartney, Scott, *ENIAC: the triumphs and tragedies of the world's first computer*, (Walker, 1999) の邦訳]］．

1. Auguste Dick, *Emmy Noether, 1882–1935* (Boston: Birkhäuser, 1981), p. 130 [静間良次監訳，諏訪由利子訳『ネーターの生涯』東京図書，1976．原文は，*Hermann Weyl Gesammelte Abhandlungen*, Band III, 425–444．なおこの論文の初出は，Scripta Mathematica **3**, (1935) 201–220］．
2. Felix E. Browder, ed., *Mathematical Developments Arising from Hilbert's Problems* (Providence: American Mathematical Society, 1976), p. 9．この著作には，ヒルベルトの講演とともに，1900年からこの本が書かれるまでの，ヒルベルトのそれぞれの問題の進み具合を論じた論文が収録されている［原文，*David Hilbert Gesammelte Abhundlungen*, Band III, p. 299．一松信訳『ヒルベルト：数学の問題』現代数学の系譜4，共立出版，1969］．
3. Rang and W. Thomas, "Zermelo's Discovery of the 'Russell Paradox'," *Historia Mathematica* 8 (1981), 15–22, pp. 16–17 より引用．
4. Zermelo, "Beweis, dass jede Menge wohlgeordnet werden kann," *Mathematische Annalen*, 59 (1904), 514–516. van Heijenoort *From Frege to Gödel* 139–141, pp. 139–140 に英訳が収録されている．
5. 同上，p. 141.
6. Zermelo, "Untersuchungen über die Grundlagen der Mengenlehre I," *Mathematische Annalen* 65 (1908), 261–281. van Heijenoort *From Frege to Gödel* 199–215, pp. 201–204 に英訳が収録されている．
7. Moore, *Zermelo's Axiom of Choice*, p. 263 より引用［原文は Fraenkel, "Zu den Grundlagen der Cantor-Zermeloschen Mengenlehre," *Mathematische Annalen*, 86, (1922), pp. 230–237］．
8. Moore, *Zermelo's Axiom of Choice* での，この点についての議論は的を射ている．
9. Young and Young, *The Theory of Sets of Points* (New York: Chelsea, 1972), p. 204．原著を近年再版したものである．
10. Michael Bernkopf, "The Development of Function Spaces with Particular Reference to Their Origins in Integral Equation Theory," *Archive for History of Exact Sciences* 3 (1966/67), 1–96, p. 37 より引用［原文は Maurice Fréchet, *Sur quelques points du calcul fonctionnel*, Palermo, 22, pp. 1–74, (1906), p. 5．斎藤正彦訳『関数解析のいくつかの問題点について』現代数学の系譜 13，共立出版，1987, 8–9 ページ］．
11. Fréchet, "Generalisation d'un théoreme de Weierstrass," *Comptes Rendus* 139 (1904), 848–850.
12. Hausdorff, *Grundzüge der Mengenlehre* (New York: Chelsea, 1949), p. 213．このリプリントには，原著全体が収録されている［現在出版中の全9巻からなる全集，Felix Hausdorff *Gesammelte Werke*, Band II, Springer, 2002 にも，詳しい解説とともに収録されている］．

13. 同上，p. 232.
14. 同上，p. 244.
15. 同上，p. 359.
16. Steinitz, "Algebraische Theorie der Körper," *Journal für die Reine und Angewandte Mathematik* 137 (1910), pp. 167–310, p. 167.
17. Hermann Weyl, *Space–Time–Matter*, ヘンリー・ブロス (Henry Brose) による英訳 (New York: Dover Publications, 1952), p. 19 ［本書には，二つの邦訳がある．菅原正夫訳『空間・時間・物質』，東海大学出版，1973．内山龍雄訳『空間・時間・物質』，講談社，1973］．
18. Stefan Banach, "Sur les opérations dans les ensembles abstraites et leur application aux équations intégrales," *Fundamenta Mathematicae* 3 (1922), 133–181, p. 134. この部分の英訳は Gregory H. Moore, "The Axiomatization of Linear Algebra: 1875–1940," *Historia Mathematica* 22 (1995), 262–303 に所収．この論文では，ベクトル空間の抽象的な概念がどのように発展したかについて，詳細に論じられている．
19. Constance Reid, *Hilbert* (New York: Springer-Verlag, 1970), p. 143 より引用［彌永健一訳『ヒルベルト』岩波書店, 1972, 269–270 ページ］．ネーターの数学とそれによってもたらされた発展に関しては, James W. Brewer and Martha K. Smith, eds., *Emmy Noether: A Tribute to Her Life and Work* (New York: Marcel Dekker, 1981) を参照のこと．
20. Dick, *Emmy Noether*, pp. 173–174. アレクサンドロフの講演全文とファン・デル・ヴェルデンの追悼講演は，この本で読むことができる．
21. Eilenberg and Mac Lane, "General Theory of Natural Equivalences," *Transactions of the American Mathematical Society* 58 (1945), 231–294, p. 237.
22. Morris Kline, *Mathematics: The Loss of Certainty* (New York: Oxford University Press, 1980) ［三村護・入江晴栄訳『不確実性の数学：数学の世界の夢と現実 上・下』紀伊国屋書店, 1984］には，現代数学での過度の抽象化への批判が見られる．一方, Eugene P. Wigner, "The Unreasonable Effectiveness of Mathematics in the Natural Sciences," *Communications in Pure and Applied Mathematics* 13 (1960), 1–14 には抽象的な形で発展した数学でさえ応用の可能性があるとの見方が出ている．
23. Leibniz, in David Eugene Smith, *A Source Book in Mathematics*, (New York: Dover, 1959), pp. 180–181.
24. さらに詳細に関しては, Allan G. Bromley, "Charles Babbage's Analytical Engine, 1838," *Annals of the History of Computing* 4 (1982), 196–217 を参照.
25. Ada Lovelace, "Note G" to her translation of L. F. Menabrea, "Sketch of the Analytical Engine Invented by Charles Babbage," in Philip and Emily Morrison, eds., *Charles Babbage: On the Principles and Development of the Calculator and Other Seminal Writings by Charles Babbage and Others* (New York: Dover, 1961), 225–297, p. 284.
26. Goldstine, *The Computer*, pp. 243–244 に引用されている［末包良太・米口肇・犬伏茂之訳『計算機の歴史 パスカルからノイマンまで』共立出版, 1979, 277–278 ページ．文脈に合わせて邦訳を参考にして訳し直した］．
27. 誤り訂正符号とこの研究に続く数学的展開の歴史については，次を参照. Thomas Thompson, *From Error Correcting Codes Through Sphere Packings to Simple Groups* (Washington: Mathematical Association of America, 1983).
28. 線形計画法とその歴史的展開に関するさらなる情報は, George B. Dantzig, *Linear Programming and Extensions* (Princeton: Princeton University Press, 1963) を参照．また，この著作には同分野の原著への数多くの言及が含まれる．
29. この手紙は, Norman Biggs, E. Keith Lloyd, and Robin J. Wilson, *Graph Theory, 1736–1936* (Oxford: Clarendon, 1976), pp. 90–91 に引用されている．この本には，グラフ理論の諸側面に関する多くの原著論文が収録されており，この中には四色問題に関するものもある．この問題の近年の歴史に関しては, Thomas L. Saaty and Paul C. Kainen, *The Four-Color Problem: Assaults and Conquest* (New York: Dover, 1986) を参照．四色問題定理のコンピュータ支援証明の哲学的含意については, Thomas Tymoczko による次の二つの論文を参照. "Computers, Proofs and Mathematicians: A Philosophical Investigation of the Four-Color Proof," *Mathematics Magazine* 53 (1980), 131–138, および "The Four-Color Problem and its Philosophical Significance," *Journal of Philosophy* 76 (1979), 57–83.

［邦訳への追加文献］ 四色問題の歴史については Wilson, *Four Colors Suffice: How the Map Problem was Solved* (Princeton: Princeton University Press, 2002) ［茂木健一郎訳『四色問題』新潮社, 2004］を参照のこと．

20世紀の数学の流れ

1792–1871	チャールズ・バベッジ	解析機関
1809–1880	ベンジャミン・パース	線形結合代数
1815–1852	エイダ・バイロン・キング	コンピュータのプログラミング
1821–1895	アーサー・ケイリー	木
1845–1918	ゲオルク・カントール	整列原理
1854–1912	アンリ・ポアンカレ	代数的位相幾何学
1861–1941	クルト・ヘンゼル	p 進数
1863–1942	ウィリアム・ヤング	集合論の教科書
1868–1942	フェリックス・ハウスドルフ	ハウスドルフ空間
1868–1944	グレース・チザム・ヤング	集合論の教科書
1871–1928	エルンスト・シュタイニッツ	体論
1871–1953	エルンスト・ツェルメロ	集合論の公理
1871–1956	エミール・ボレル	ハイネ・ボレルの性質
1872–1970	バートランド・ラッセル	ラッセルのパラドックス
1874–1954	レオナルド・ユージン・ディクソン	体の公理系
1878–1973	モーリス・フレシェ	トポロジーの基本概念
1882–1935	エミー・ネーター	環論
1882–1948	ヨゼフ・H.M. ウェダーバーン	任意の体上の代数（多元環）
1885–1955	ヘルマン・ワイル	ベクトル空間の公理
1887–1948	ウォルター・マイヤー	ホモロジーの公理
1888–1971	ジェイムズ・アレクサンダー	単体
1891–1965	アブラハム・フレンケル	集合論の公理系
1892–1945	ステファン・バナッハ	バナッハ・タルスキーのパラドックス, ベクトル空間
1894–1971	ハインツ・ホップ	ホモロジー群
1896–1982	パーヴェル・セルゲェヴィチ・アレクサンドロフ	代数的位相幾何学
1901–1983	アルフレッド・タルスキー	バナッハ・タルスキーのパラドックス
1903–1957	ジョン・フォン・ノイマン	コンピュータの設計
1906–1978	クルト・ゲーデル	不完全性定理
1906–1993	マックス・ツォルン	ツォルンの補題
1907–1989	ハスラー・ホイットニー	双対グラフ
1909–	ソンダース・マクレイン	圏の理論
1912–1986	レオニード・V. カントロヴィッチ	線形計画法
1912–1954	アラン・チューリング	チューリング機械
1913–2002	サミュエル・アイレンバーグ	圏の理論
1914–	ジョージ・ダンツィク	線形計画法（単体法）
1915–1998	リチャード・ハミング	誤り訂正符号
1916–2001	クロード・シャノン	スイッチ回路理論
1928–	ウォルフガング・ハーケン	四色問題
1932–	ケネス・アッペル	四色問題
1934–	ポール・コーエン	選択公理の独立性

練習問題の略解

第1章

2. (hieroglyphic/cuneiform symbols)
3. $125 = \rho\kappa\epsilon$, $62 = \xi\beta$, $4821 = \iota\delta\omega\kappa\alpha$, $23{,}855 = M^\beta \iota\gamma\omega\nu\epsilon$
4. (hieroglyphic symbols)
5. $16 \; \overline{2} \; \overline{4} \; \overline{20}$ (別のエジプト分数表記でもこの答は表せる)
6. $99 \; \overline{2} \; \overline{4}$
7. $2 \div 11$:

1		11		$2 \div 23$:	1		23	
$\overline{3}$		$7\,\overline{3}$			$\overline{3}$		$15\,\overline{3}$	
$\overline{\overline{3}}$		$3\,\overline{\overline{3}}$			$\overline{\overline{3}}$		$7\,\overline{\overline{3}}$	
$\overline{6}$		$1\,\overline{3}\,\overline{6}'$			$\overline{6}$		$3\,\overline{2}\,\overline{3}$	
$\overline{66}$		$\overline{6}'$			$\overline{12}$		$1\,\overline{2}\,\overline{4}\,\overline{6}'$	
$\overline{6}\,\overline{66}$		2			$\overline{276}$		$\overline{12}'$	
					$\overline{12}\,\overline{276}$		2	

8. $5 \div 13 = \overline{4}\,\overline{13}\,\overline{26}\,\overline{52}$; $6 \div 13 = \overline{4}\,\overline{26}\,\overline{52} = \overline{4}\,\overline{8}\,\overline{13}\,\overline{104}$
11. $18 \leftrightarrow 3{,}20$; $32 \leftrightarrow 1{,}52{,}30$; $54 \leftrightarrow 1{,}6{,}40$; $1{,}04 \leftrightarrow 56{,}15$
12. $25 \times 1{,}04 = 26{,}40$; $18 \times 1{,}21 = 24{,}18$; $50 \div 18 = 50 \times 0;03{,}20 = 2;46{,}40$; $1{,}21 \div 32 = 1{,}21 \times 0;01{,}52{,}30 = 2;31{,}52{,}30$
13. $16\,\overline{2}\,\overline{8} = 16\dfrac{5}{8}$
15. $51\dfrac{41}{109}$, $32\dfrac{12}{109}$, $16\dfrac{56}{109}$
16. $\dfrac{9}{25}, \dfrac{7}{25}, \dfrac{4}{25}$
17. 7人がいて，価格は 53 銭．
18. 1日の $\dfrac{15}{74}$．
19. 10.9375 斗．
20. $90°$ の場合：$\dfrac{1}{4}, \dfrac{\pi}{4} - \dfrac{1}{2}$；$60°$ の場合：$\dfrac{11 - 6\sqrt{3}}{8} = .076$，$\dfrac{\pi}{6} - \dfrac{\sqrt{3}}{4} = 0.091$；$45°$ の場合：$.032, .039$
24. 正しい公式は第一の場合 $V = 56$ であり，一方，バビロニアの公式では $V = 60$ となり，誤差は 7%. 第二の場合，正しい公式では $V = 488/3 = 162\,2/3$ であって，一方バビロニアの公式では $V = 164$ となり，誤差は 0.8%．
29. $1;24{,}51{,}10 = 1.414212963$; $\sqrt{2} = 1.414213562$
30. $1 \div 1;45 \approx 0;34{,}17{,}09$; $\sqrt{3} \approx 1;43{,}55{,}42$
31. $12\,\overline{3}\,\overline{15}\,\overline{24}\,\overline{32} = 12\,129/160$; $(12\,129/160)^2 = 164.0000391$
33. 6行目：$v + u = 2\dfrac{2}{9} = 2;13{,}20$；13行目：$v + u = 1\dfrac{7}{8} = 1;52{,}30$
34. $(67319, 72000, 98569)$
35. 50.5
37. $30, 25$
38. $8, 6$
39. 正方形の1辺は 250 歩
42. $x = 3\dfrac{1}{2},\; y = 2\dfrac{1}{3}$

第2章

4. $n^2 = \dfrac{(n-1)n}{2} + \dfrac{n(n+1)}{2}$
5. $8 \cdot \dfrac{n(n+1)}{2} + 1 = 4n^2 + 4n + 1 = (2n+1)^2$
9. 例：(a.) $(3,4,5)$, $(5,12,13)$, $(7,24,25)$, $(9,40,41)$, $(11,60,61)$; (b.) $(8,15,17)$, $(12,35,37)$, $(16,63,65)$, $(20,99,101)$, $(24,143,145)$
13. $4ax + (a-x)^2 = (a+x)^2$
22. $9;\;1$
24. $46:6$ について計算は次の通り．$46 = 7\cdot 6 + 4$; $6 = 1 \cdot 4 + 2$; $4 = 2 \cdot 2$. $23:3$ について計算は次の通り．$23 = 7 \cdot 3 + 2$; $3 = 1 \cdot 2 + 1$; $2 = 2 \cdot 1$.

33. ab は，a^2 と b^2 の間の比例中項である．
34. a^2b と ab^2 は，a^3 と b^3 の間の比例中項である．
41. 地球の周 ＝ 250,000 スタディオン ＝ 129,175,000 フィート ＝ 24,465 マイル［約 39375km］；直径 ＝ 79577.5 スタディオン ＝ 41,117,680 フィート ＝ 7787 マイル［約 12533km］．

第 3 章

1. 重いほうの重りから $4\frac{1}{6}$m のところ．
2. 重いほうの重り側．
6. 筆者の計算機では，10 回計算を繰り返すと π の値として 3.141593746 が得られる．9 桁までの π の実際の値は 3.141592654 である．読者の計算機ではこの結果とは多少異なる値を得る場合がある．
18. $x^2 = 4ay,\ y(3a-x) = ab$
21. $y^2 = px$ の焦点は $\left(\dfrac{p}{4}, 0\right)$．ゆえに，通径の長さは $2\sqrt{p \cdot \dfrac{p}{4}} = 2 \cdot \dfrac{p}{2} = p$．
22. 楕円の方程式は $\dfrac{(x-a)^2}{a^2} + \dfrac{y^2}{pa/2} = 1$ と書ける．したがって，$b^2 = pa/2$．

第 4 章

1. $\operatorname{crd} 30° = 31;3,30$; $\operatorname{crd} 15° = 15;39,47$; $\operatorname{crd} 7\frac{1}{2}° = 7;50,54$; $\operatorname{crd} 120° = 103;55,23$; $\operatorname{crd} 150° = 115;54,40$; $\operatorname{crd} 165° = 118;58,25$; $\operatorname{crd} 172\frac{1}{2}° = 119;42,28$
4. $\operatorname{crd} 12° = 12;32,36$
9. 緯度 40° では，影の長さは 50;21．緯度 $23\frac{1}{2}°$ では，影の長さは 26;5．
11. 夏至のとき，緯度 36° では，影の長さは 13;19．同様に緯度 $23\frac{1}{2}°$ では，影の長さは 0．冬至のとき，36° では，影の長さは 101;52．同様に緯度 $23\frac{1}{2}°$ では，影の長さは 64;21．
12. $45°: \delta = 16°37';\ \alpha = 42°27'$;
 $315°: \delta = -16°37';\ \alpha = -42°27'$;
 $90°: \delta = 23°51';\ \alpha = 90°$;
 $270°: \delta = -23°51';\ \alpha = -90°$;
 $120°: \delta = 20°30';\ \alpha = 122°16'$;
 $240°: \delta = -20°30';\ \alpha = -122°16'$.
14. $\lambda = 60°,\ \rho = 35°47'$; $\lambda = 90°,\ \rho = 63°45'$.
15. 緯度 36° では，昼の長さは $211°32' = 14$ 時間 6 分．ゆえに，日の出は午前 4:57，日没は午後 7:03．緯度 45° では，昼の長さは $223°54' = 14$ 時間 56 分．ゆえに，日の出は午前 4:32，日没は午後 7:28．
16. 緯度は $40°53'$．夏至の日の，日の出の位置は真東よりも $32°20'$ 北，日没の位置は真西よりも $32°20'$ 北．冬至の日の，日の出の位置は真東より $32°20'$ 南，日没の位置は真西の $32°20'$ 南．
18. $\lambda = 45°$ のとき，太陽は天頂から $28°23'$．$\lambda = 90°$ のとき，太陽は天頂から $21°9'$．
19. だいたい 6 月 1 日と 7 月 11 日．
20. 緯度 45° では，最も日の出が北になる位置は，真東の $34°53'$ 北．緯度 36° では，真東の $29°59'$ 北．緯度 20° では，真東の $25°29'$ 北．緯度 75° で白夜が始まるのは，おおよそ 4 月 1 日．
22. 10.9
23. $\sqrt{3} \approx \dfrac{26}{15}$
25. $\sqrt{23} \approx \dfrac{43}{9}$

第 5 章

1. n 番目の五角形数は，$\dfrac{3n^2 - n}{2}$．n 番目の七角形数は $2n^2 - n$．
2. 三角形の底面をもつ n 番目のピラミッド数は $\dfrac{n(n+1)(n+2)}{6}$．正方形の底面をもつ n 番目のピラミッド数は $\dfrac{n(n+1)(2n+1)}{6}$．
7. 84
8. 12, 8
9. $72\frac{1}{4},\ 132\frac{1}{4}$
11. $\dfrac{121}{16}$
12. 13, 3
13. 12, 8
15. $x = \dfrac{5}{7},\ y = \dfrac{267}{343}$
16. $\dfrac{2481}{7921},\ \dfrac{5440}{7921}$
22. $2\pi^2 r^2 R$
23. 336
24. 1 日の $\dfrac{12}{25}$
25. $A: 15\frac{5}{7}$, $B: 18\frac{4}{7}$

第 6 章

2. 57.5
3. 9
4. 24600
5. 一つの解は，良質な酒 1 升［7 銭］と酒粕 9 升［3 銭］である．
7. (a) 6.35; (b) 20
8. 36
9. 60
10. 12
11. 24
13. 23

14. $d = 12$, $C = 36$
15. $\sin 15° = 890$; $\sin 18°45' = 1105$; $\sin 22°30' = 1315$
17. 237
18. $x = 2$, $y = 1000$, $N = 3000$
19. $x = 41$, $y = 94$, $N = 5640$
20. $x = 2$, $y = 731$; $x = 20$, $y = 7310$
22. 59
24. $m = 12$, $n = 53$
26. $x = 9$, $y = 82$
28. $x = 180$, $y = 649$
31. 148,608
32. 1日の $\dfrac{1}{14}$. $\dfrac{2}{14}$, $\dfrac{3}{14}$, $\dfrac{4}{14}$, $\dfrac{5}{14}$
33. $8\dfrac{3}{4}$
34. 一つの解は，9羽のクジャク，26羽のハト，5羽のハクチョウ，30羽のサーラサ鳥である．
35. 一つの解は，第一の旅人は硬貨11枚，第二の旅人は硬貨13枚を持っていて，その財布には硬貨が13枚あった．

第7章

4. (a) 12; (b) 3; (c) 24
5. (a) 4; (b) 3
6. 6, 4.
7. (a) $x = \sqrt{2\dfrac{1}{2} + \sqrt{1000}} - \sqrt{2\dfrac{1}{2}}$, $y = 10 + \sqrt{2\dfrac{1}{2}} - \sqrt{2\dfrac{1}{2} + \sqrt{1000}}$; (b) $x = 15 - \sqrt{125}$, $y = \sqrt{125} - 5$.
8. (a) $x = (1 + \sqrt{2} + \sqrt{13 + \sqrt{8}})^2$; (b) $x = 4\dfrac{1}{2} - \sqrt{8}$; (c) $x = 3$, $16\dfrac{1}{3}$
9. $x = \sqrt[4]{\sqrt{12500} - 50}$, $y = 10/x$, $z = 100/x^3$.
15. 例，$c = 2$, $d = 2$ は交点なし，$c = 3$, $d = 2$ は交点が一つ，$c = 4$, $d = 2$ は交点が二つ．
21. $17,296 = 2^4 p_3 p_4$, $18,416 = 2^4 q_4$
29. $123°17'$
31. 13,331,731 キュービット，すなわち約 3787 マイル．
32. $AB = 60°$, $AC = 75°$, および $BC = 31°$ ならば，$\angle A = 29°32'$, $\angle B = 112°25'$, そして $\angle C = 55°59'$.

第8章

1. 3600, 2400, 1200
3. 375 歩
4. $6:23,21 = 6.389$
5. 3.848
6. 5.47
7. 10
8. $\ell = 8$, $w = 6$, $A = 48$
9. 10
10. 1辺が1の正五角形の面積は 1.72.

11. 50
12. 10
13. $12\dfrac{1}{2}$
25. $1\dfrac{23}{37}$ 時間．
27. 119
28. $25 + 10\sqrt{5}$, $20 + 10\sqrt{5}$
30. $\left(\dfrac{25}{24}\right)^2$
31. $x = 5$, $y = 4$ または $x = 6$, $y = 3$
32. $x = 6$, $y = 4$
33. $x = 6$, $y = 3$

間章

2. $(11, 20, 88)$
3. $\Delta t = t_1 - t_0 \pmod{13}$, $\Delta v = v_1 - v_0 \pmod{20}$, また $\Delta y = y_1 - y_0 \pmod{365}$ とすると，最小日数は $365[40\Delta t - 39\Delta v - \Delta y] + \Delta y \pmod{18980}$.
4. $1, 8, 15, 18 + 2, 12, 13, 0 = 4, 1, 10, 18 = 29,378$ 日．パスカルは 81 歳まで生きた．
5. 区分け e に属する女性は，区分け m の母親，区分け f の父親，区分け mf の夫，そして区分け m^2 に属する子供たちを持つ．

第9章

1. $\dfrac{11}{90}$ フロリン．
2. $133\dfrac{3}{8}$
3. 5.93 ポンド．
4. 彼らは $3\dfrac{15}{16}$ 日後に出会う．ローマからの特使は $140\dfrac{5}{8}$ マイル進み，ヴェネツィアからの特使は $109\dfrac{3}{8}$ マイル進んだ．
5. 3番目の共同出資者は $103\dfrac{8}{43}$ を出資する．2番目の共同出資者の利益は 129 であり，3番目の共同出資者の利益は 153 であった．
6. 1番目の労働者：40日．2番目の労働者：24日．3番目の労働者：$17\dfrac{1}{7}$ 日．
7. $3\dfrac{1}{3}$ 時間．
8. $\dfrac{\sqrt{43}}{2} + \dfrac{\sqrt{11}}{2}$, $\dfrac{\sqrt{43}}{2} - \dfrac{\sqrt{11}}{2}$
9. $5\dfrac{359}{389}$, $4\dfrac{30}{389}$
10. 1リラあたり月利約 2.5 デナリウス．
15. $\dfrac{2}{7}\sqrt[3]{1225}$, $\dfrac{2}{5}\sqrt[3]{1225}$
17. $\dfrac{4}{3}$ 時間．
18. 娘：$14\dfrac{2}{7}$．母親：$28\dfrac{4}{7}$．息子：$57\dfrac{1}{7}$．

19. $5 + \sqrt{2}$
20. 80 日.
21. $5 - 2\sqrt{3 - 2\sqrt{2}}, 5 + 2\sqrt{3 - 2\sqrt{2}}$
24. 公爵 15 人, 伯爵 450 人, 兵士 27,000 人.
25. 3, 5
27. $\dfrac{3 \pm \sqrt{5}}{2}, -3$
29. $x = \sqrt[3]{\sqrt{26}+5} - \sqrt[3]{\sqrt{26}-5}$
30. $x = \sqrt[3]{4} + \sqrt[3]{2}$.
32. $5, 2 \pm \sqrt{3}$
33. $b = 3$. 解は二つあり, $x = 1 \pm \sqrt{3}$.
34. フランシス：-48. 持参金：52.
36. $4 \pm \dfrac{4}{3}\sqrt{3}$
38. $4 + \sqrt{-1}$
41. 8, 2
42. $x = 12$
43. 13 ⓪ 3 ① 9 ② 5 ③; 22 ⓪ 8 ① 6 ② 4 ③ 2 ④
44. 177 ⓪ 8 ① 3 ② 9 ③

第 10 章

5. 赤道から北緯 10° までの距離：10.05cm. 北緯 10° から 20° までの距離：10.36cm. 北緯 20° から 30° までの距離：11.05cm.
7. $AB = 8.46$; $AG = 14.10$
8. $\angle A = 90°$; $\angle B = 63°$; $\angle C = 27°$; $a : b : c = 1.12 : 1 : 0.51$
9. $BC = 15.78$; $AB = 33.06$; $AC = 30.06$
10. 121.41
11. 頂角は 35°. 底角は 72.5°.
14. 1.88 年 = 687 日.

第 11 章

2. 楕円
4. $x^2 + y^2 = \dfrac{m}{2} - a^2$ （m は与えられた面積）.
6. $(e - cg)y^2 + (de + fgc - bcg)xy + bcfgx^2 + (dek - fg\ell c)y - bcfg\ell x = 0$
9. $2 + \sqrt{7}, 2 - \sqrt{7}, -2 + \sqrt{2}, -2 - \sqrt{2}$
10. $\dfrac{2\sqrt{3}}{9}, \dfrac{\sqrt{3}}{3}, \dfrac{4\sqrt{3}}{9}$
14. $\sin\alpha = \dfrac{b}{a}, \cos\alpha = \dfrac{\sqrt{a^2 - b^2}}{a}$
16. $x = -9 \pm \sqrt{57}$
17. $x = 1, 4$
19. $1, 16, -4\dfrac{1}{2} + \dfrac{1}{2}\sqrt{17}, -4\dfrac{1}{2} - \dfrac{1}{2}\sqrt{17}$.
24. サイコロを 4 回投げて, 6 の目が 1 回も出ない確率は $\left(\dfrac{5}{6}\right)^4 = \dfrac{625}{1296}$. したがって, 6 の目が出る可能性は $(1296 - 625) : 625 = 671 : 625$ の比で有利になる.
26. $42 : 22$
27. $\dfrac{17}{27}, \dfrac{5}{27}, \dfrac{5}{27}$
30. 第一の賭博者：$\dfrac{37}{72}$；第二の賭博者：$\dfrac{35}{72}$
31. $31 : 30$
32. $9 : 6 : 4$
33. $A : 1000$ 対 $B : 8139$

第 12 章

1. $s = \dfrac{20\sqrt{3}}{3}, V = \dfrac{8000\sqrt{3}}{9} \approx 1539.6$
4. $\dfrac{2b}{3}\sqrt{\dfrac{b}{3}}$
7. $t = \dfrac{pxy - 3y^3}{3x^2 - py}$
9. $t = -\dfrac{a^2 y^2}{b^2 x}$
10. $v = \dfrac{3}{2}x_0^2 + x_0$
29. $\dfrac{1024}{625}\left\{\left[\sqrt{a}\left(\dfrac{a^2}{5} - \dfrac{a}{3}\right)\right] + \dfrac{2}{15}\right\}$. ただし, $a = 1 + \dfrac{25}{16}\sqrt{b}$ とする.
33. $\sqrt{1+x} = 1 + \dfrac{x}{2} - \dfrac{x^2}{8} + \dfrac{x^3}{16} - \dfrac{5x^4}{128} + \cdots$
41. $\dfrac{\dot{y}}{\dot{x}} = \dfrac{a^2 - 2x^2}{2y\sqrt{a^2 - x^2}}$
42. $y = 4x - 2x^2 + \dfrac{x^3}{3} - \dfrac{x^4}{2} - \dfrac{2x^5}{5} - \cdots$

第 13 章

3. $xy = k$
6. $y = x^2 + \dfrac{k}{x}$
7. $y = \dfrac{kx^2}{a - kx}$
10. $y = Ae^x + Be^{2x} + Ce^{3x}$
14. $x^2 y^3 + 2x^3 y^2 + 4x^2 + 3y = k$
15. カテナリー $\left(y = c\cosh\dfrac{x}{c}\right)$ である.
16. 一辺 $2\sqrt{3}$, 高さ 3 の正三角形
17. 底面の半径 $r = \sqrt[3]{\dfrac{3\sqrt{2}V}{2\pi}}$, 高さ $h = \sqrt{2}r$ の円錐
20. $y = \dfrac{a\sqrt{2}}{2}$
21. 長方形のたてを a, よこを b とし, その直線が通る頂点の座標を $(0, 0)$ とするならば, 求める直線は 2 点 $(-\sqrt[3]{ab^2}, b)$ と $(a, -\sqrt[3]{a^2 b})$ を通るものである.
23. およそ $\dfrac{1}{16}$
27. $\left(1, \dfrac{3}{2}\right)$ は極大となるが, $\left(\dfrac{1}{2}, \dfrac{3}{4}\right)$ は極小でも極大でもない.
36. $\dfrac{8}{21}a^{\frac{3}{4}} b^{\frac{1}{2}} x_0^{\frac{7}{4}}$

40. $p = \dfrac{1}{2\sqrt{2}}$, $q = -\dfrac{1}{8x\sqrt{x}}$, $r = \dfrac{1}{32x^2\sqrt{x}}$

第 14 章

1. $B_8 = -\dfrac{1}{30}$, $B_{10} = \dfrac{5}{66}$, $B_{12} = -\dfrac{691}{2730}$
2. $\sum j^{10} = \dfrac{1}{11}n^{11} + \dfrac{1}{2}n^{10} + \dfrac{5}{6}n^9 - n^7 + n^5 - \dfrac{1}{2}n^3 + \dfrac{5}{66}n$
8. $\dfrac{24864}{59049} = 0.42$
9. $x = 6.6$, 近似法によれば, 6.3 となる. したがって 7 回試行を行えば, 見込みは五分五分以上になり, 6 回ならば五分五分以下になる.
10. 150 回
11. 12 枚
17. 0.91
19. $\dfrac{9}{10}$
21. 10.35
23. $\dfrac{8}{9}$ 週間
24. 54 頭
25. $\dfrac{a^2 - 4b^2}{2a}$
26. エディンバラから 200 マイル離れた地点
28. 7 人
30. 男 5 人, 女 15 人
31. 70 クラウン
32. 末弟 64 ドル, 2 番目の弟 72 ドル, 長男 84 ドル
33. $(1,5,8,12)$, $(2,10,3,11)$, $(4,7,6,9)$
34. 13 を法とする平方剰余は, $1, 3, 4, 9, 10, 12$
38. $3, 2\omega + \omega^2, 2\omega^2 + \omega$
39. $x_0 + y_0$
40. 接線影 $= \dfrac{x^2 - 2a^2}{x}\sqrt{\dfrac{2x^2 - a^2}{x^2 - a^2}}$
41. $\dfrac{abx\sqrt{by + 4x + a}}{zy\sqrt{4x + a}}$
48. 雄牛 19 頭, 雌牛 1 頭, 羊 80 頭
49. $\dfrac{28}{5}, \dfrac{68}{5}, \dfrac{12}{5}, \dfrac{192}{5}$
50. 102.65 フィート

第 15 章

2. $2^3 \equiv 1, 3^6 \equiv 1, 4^3 \equiv 1, 5^6 \equiv 1, 6^2 \equiv 1$
3. $2, 6, 7, 11$
8. $3 + 5i = (1 - 4i)(-1 + i)$
15. 群が $\{1, \alpha, \alpha^2, \ldots, \alpha^{17}\}$ であれば, $\{1, \alpha^3, \alpha^6, \alpha^9, \alpha^{12}, \alpha^{15}\}$ が位数 6 の巡回群であり, 他の剰余類は $\{\alpha, \alpha^4, \alpha^7, \alpha^{10}, \alpha^{13}, \alpha^{16}\}$ と $\{\alpha^2, \alpha^5, \alpha^8, \alpha^{11}, \alpha^{14}, \alpha^{17}\}$ である.
16. $\rho = \sqrt[3]{\dfrac{7}{2}(1 + 3\sqrt{-3})}$, $\sigma = \sqrt[3]{\dfrac{7}{2}(1 - 3\sqrt{-3})}$ とする. また, ω を 1 の複素立方根として, $\alpha_1 = \dfrac{1}{3}(-1 + \rho + \sigma)$,

$\alpha_2 = \dfrac{1}{3}(-1 + \omega^2\rho + \omega\sigma)$, $\alpha_3 = \dfrac{1}{3}(-1 + \omega\rho + \omega^2\sigma)$
とおくと, 六つの根は, $x = \dfrac{1}{2}(\alpha_i \pm \sqrt{\alpha_i^2 - 4})$ となる.
ここで $i = 1, 2, 3$ である.
21. S_3
22. これらのうち, 三つがアーベル群になる.
23. $x^2 + x + 1$ は 5 を法として既約でない. したがって, $\{a_0 + a_1\alpha + a_2\alpha^2\}$ は位数 5^3 の体である. ここで α は $\alpha^3 = -\alpha - 1$ を満たす. また $j = 0, 1, 2$ に対して, $0 \le a_j < 5$ である.
28. $\alpha\beta = 12 - 9i + 18j + 24k$, $\dfrac{\alpha}{\beta} = \dfrac{5}{3}i + \dfrac{2}{3}j - \dfrac{4}{3}k$
31. $x\bar{y}z = 0$: 汚れておらず反芻し, しかもひづめが割れていない野獣は存在しない.
40. $x = \dfrac{2}{\sqrt{5}}u + \dfrac{1}{\sqrt{5}}v$, $y = -\dfrac{1}{\sqrt{5}}u + \dfrac{2}{\sqrt{5}}v$
41. 行列式が 0 とならないような行列の最大の次数は 2. 解の一例を挙げると $u = -10x - 15z$, $v = 18x - y + 27z$. ただし, x, y, z は任意定数.
42. 階数は 2; 解全体の基底は, $[(u, v, x, y, z)] = (-10, 18, 1, 0, 0)$, $(0, -1, 0, 1, 0)$, $(-15, 27, 0, 0, 1)$ である.
43. 同伴する連立方程式は $-10u + 18v + x = 0$, $-v + y = 0$, $-15u + 27v + z = 0$. この連立方程式の解全体の基底は $(1, 0, 10, 0, 15)$, $(0, 1, -18, 1, 27)$ である.

第 16 章

14. $\theta \approx 0.46$
16. $2/3$
31. たとえば, m, n を正の整数とすると $P = \left\{\dfrac{1}{m} - \dfrac{1}{m(n+1)}\right\}$, $P' = \left\{1, \dfrac{1}{2}, \dfrac{1}{3}, \dfrac{1}{4}, \ldots\right\}$, $P'' = \{0\}$.
38. 前半だけ示す. C_1, C_2 を 3 次元空間内の点 p_1, p_2 を結ぶ一つの経路とする. C は p_1 と p_2 を通る閉曲線で, p_1 から p_2 までは C_1 に沿っていき, C_2 に沿って p_1 まで戻ってくるものとする. すると $\int_{C_1} \sigma \cdot dr - \int_{C_2} \sigma \cdot dr = \int_C \sigma \cdot dr = \iint_A (\nabla \times \sigma) \cdot da = 0$. これより, $\int_{C_1} \sigma \cdot dr = \int_{C_2} \sigma \cdot dr$.
39. $a = 1.53$, $b = -0.87$

第 17 章

1. $\dfrac{1}{2}\begin{vmatrix} dx & dy \\ \delta x & \delta y \end{vmatrix} = \dfrac{1}{2}(dx\,\delta y - dy\,\delta x)$
3. $k = \dfrac{4}{(1 + 4x^2 + 4y^2)^2}$
10. 半径 K の球面上にある, 半径 r の円の円周は, $2\pi K \sin \dfrac{r}{K}$ となる.
22. $(3, 4, 1)$, $(-1, 7, 1)$.

23. $(1, 2, 0)$.
24. $(3, 1), (2, -1)$.
25. $-x + 2y + 1 = 0$.
29. $-18[ijk]$.

第 18 章

18. $1; 2$.
19. 境界：$V_1V_2V_3 - V_0V_2V_3 + V_0V_1V_3 - V_0V_1V_2$，境界の境界：$V_2V_3 - V_1V_3 + V_1V_2 - V_2V_3 + V_0V_3 - V_0V_2 + V_1V_3 - V_0V_3 + V_0V_1 - V_1V_2 + V_0V_2 - V_0V_1 = 0$.
20. 境界：$V_1V_3 - V_0V_3 + V_0V_1$，境界の境界：$V_3 - V_1 - V_3 + V_0 + V_1 - V_0 = 0$.
22. $1 + 1 = 2$ であるが，この元は，与えられた集合には含まれていない．
23. $a = r\sqrt{2}$ のとき，$x = \dfrac{1}{2r}\sqrt{2}$ となる．

数学史全般の参考文献

　本書の各章には，その章についてより進んだ情報を得るのに役立つ著作を紹介するために，解説付参考文献の節を設けた．しかし，より一般的に，数学史上の特定の話題を学びたい場合は，まずは次の著作のひとつから調べ始めるとよいだろう．

1. Ivor Grattan-Guinness ed., *Companion Encyclopedia of the History and Philosophy of the Mathematical Sciences* (London: Routledge, 1994) ［ペーパーバック版も刊行中，Johns Hopkins University Press, 2003（第1巻）］．
   2巻からなるこの事典には，数学の歴史と哲学に関する180余りの話題が，各分野の専門家により簡潔に（いくつかは簡潔すぎるが）まとめられている．この事典では，力学，物理学，工学，社会科学といった，いわゆる応用数学と考えられている話題がとくに強調されている．他方，それらよりは標準的とみなされている，数学史のいくつかの話題については，比較的弱い．そうであっても，数学史の中の一つの話題について調べ始めるには，優れた資料であることにはかわりはない．

2. Morris Kline, *Mathematical Thought from Ancient to Modern Times* (New York: Oxford University Press, 1972).
   数学史の最近の研究をもっとも包括的に記述したものであり，とくに19, 20世紀に重点がおかれている．より進んだ考察のために，各章末には文献表も用意されている．しかしながら，中国の数学については情報がまったく欠落しているし，インドやイスラーム世界の数学についても，概略が書かれている程度である．

3. Ivor Grattan-Guinness, *The Fontana History of the Mathematical Sciences* (London: Fontana Press, 1997)［*The Rainbow of Mathematics: A History of Mathematical Sciences* (New York: Norton, 2000) として再版されている．また邦訳が朝倉書店より近刊］．
   新しい1巻本の歴史書で，包括性という点ではクライン（上記2）のものにやや劣るが，より最新の情報が収められている．著者は，自身が編集した

事典（上記 1）を上手に利用し，専門家達の成果をまとめ，全体として一貫した筋立てのものを作ることができた．先の事典同様，19 世紀の応用数学的な話題にとくに重点が置かれている．

4. Charles C. Gillispie, ed., *Dictionary of Scientific Biography* (New York: Scribners, 1970–1990).

18 巻（最近出た補遺 2 巻を含む）からなるこの事典は，伝記を集める形で編纂されてはいるが，事実上は包括的な科学史書となっている．本書で取りあげたすべての数学者について実際にその項目があるし，取りあげなかった多数の人々の項目ももちろんある．また，エジプト，バビロニア，インド，日本，マヤの数学と天文学に関しては別個に論文が収録されている．DSB［と略されるこの事典］には，数学のひとつの話題から始めて，それを考察したすべての数学者に関する参考文献を探し出せるような広範囲にわたる索引も収められている．

5. Kenneth O. May, *Bibliography and Research Manual of the History of Mathematics* (Toronto: University of Toronto Press, 1973).

19 世紀半ばから 1970 年ころまでに書かれた数学史に関する（30,000 以上の項目を含む）解説的な記述と研究論文の膨大な文献一覧である．伝記をもとに［個別の数学者にしたがって］整理されているのみならず，数学の話題や時代別の分類もなされている．大変包括的ではあるのだが，（紙面の節約のため）参考文献のタイトルが付されていないので，参照されている論文の正確なタイトルを必ずしも知ることはできない．

6. Joseph W. Dauben, *The History of Mathematics from Antiquity to the Present: A Selective Bibliography* (New York: Garland, 1985)［CD-ROM 版もある］．

この文献一覧は，メイ（上記 5）のものよりかなり限定された，2000 程度の参考文献しか収録していないが，丁寧に注解がつけられているので，より使いやすい．さらに，ひとつの主題に対して（編者とスタッフの判断で）「最良」の研究がひとつだけ選ばれている．いずれにせよ，特定の話題の歴史に関する論文を捜すための取り掛かりとしては，おそらくもっともよいものである．

そのほか，数学史の標準的な著作で参考になるのは，David E. Smith, *History of Mathematics* (New York: Dover, 1958); Eric T. Bell, *The Development of Mathematics* (New York: McGraw-Hill, 1945); Eric T. Bell, *Men of Mathematics* (New York: Simon and Schuster, 1961)［邦訳：田中勇・銀林浩訳『数学をつくった人びと』東京図書，初版 1962–63，新装版 1997，ハヤカワ文庫 NF, 2003］；Edna E. Kramer, *The Nature and Growth of Modern Mathematics* (New York: Hawthorn, 1970); Dirk J. Struik, *A Concise History of Mathematics* (New York: Dover, 1967)［邦訳：岡邦雄・水津彦雄訳『数学の歴史』みすず書房，1957］；Carl Boyer and Uta Merzbach, *A History of Mathematics* (New York: Wiley, 1989)［1968 年の初版の邦訳：加賀美鉄雄・浦野由有訳『数学の歴史』朝倉書店，1983–85］；Howard Eves, *An Introduction to the History* of Mathematics (Philadelphia: Saunders, 1990); David Burton, *The History of Mathematics: An Introduction* (Dubuque, Ia.: William C. Brown, 1991) などである．ドイツ語が読めるのであれば，数理科学の様々な側面について，専門家による長編の論文を収めた，浩瀚な事典，F. Klein et al, eds., *Encyklopädie der mathematischen Wissenschaften* (Leipzig: Teubner, 1898–1935) も参照するとよい．

原典については，重要な数学上の著作を選び，その英訳を収録したものがいくつかある．Ronald Calinger, ed., *Classics of Mathematics* (Englewood Cliffs, NJ: Prentice Hall, 1995); D. J. Struik, ed., *A Source Book in Mathematics, 1200–1800* (Cambridge: Harvard University Press, 1969); Garrett Birkhoff, ed., *A Source Book in Classical Analysis* (Cambridge: Harvard University Press, 1973); David Eugene Smith, ed., *A Source Book in Mathematics* (New York: Dover, 1959); John Fauvel and Jeremy Gray, eds., *The History of Mathematics: A Reader* (London: Macmillan, 1987).

もちろん，数学史の研究はさらに続けられており，数学史の論文が発表される雑誌も多数ある．なかでももっとも重要なのは，*Historia Mathematica* と *Archive for History of Exact Sciences* で，主だった大学図書館で見ることができる．*Historia Mathematica* は各号で，数学史に関する最近の論文の要約の一覧を載せている．しかしながら，最新の文献をすべて追うには，アメリカ数学会から毎月出版されている *Mathematical Reviews*，あるいは，［米国を拠点とする］科学史学会の雑誌 *Isis* の第5号として毎年出される *Isis Current Bibliography of the History of Science and its Cultural Influences* が最適だろう．後者には，その一年の間に出版された科学史の論文（もちろん数学史も含んでいる）を主題ごとに分類した膨大なリストが収録されている．これらは今日，多くの研究者向け図書館でオンラインで利用できる．

訳者あとがき

　本書は, Victor J. Katz, *A History of Mathematics: An Introduction*, second edition, (Reading; Mass, Addison-Wesley, 1998) (xiv, pp.864+p.15) の全訳である．著者，ヴィクター・J・カッツは，1942年生まれで，現在はコロンビア特別区大学教授である．ブランダイス大学大学院で代数的整数論を専攻して Ph.D を得たが，プリンストン大学在学中から，教育との関連で歴史に興味を持ち，数学史の本格的な研究論文も発表してきた．近年では，本来の関心事である数学史の数学教育への適用に関する論考を積極的に発表する一方，アメリカ数学協会 (MAA) の場で，あるいは米国国立科学財団 (NSF) の補助を受けて，様々な企画を統括し，この分野の第一人者として国際的にも活躍している．教育上の必要性から歴史に関心を持つケースが多い米国では，学校を卒業し教職に就いてから数学史を学びはじめる者も多く，こうした教員達の要求に応えるのもカッツ教授のグループの仕事である．

　このような実践の積み上げの中で，本書の初版が 1993 年に HarperCollins 社から出版された．それ以来，本書は北米の数学史の標準的な教科書と位置付けられ，ヨーロッパ諸国でも高い評価を受けている．その後，新しい研究成果をとり入れて加筆・修正し，各分野・時代ごとに専門家の査読を受けて出版されたのが，今回邦訳した第 2 版である．このような過程を経て練り上げられた本書には，北米の総力が結集されているといっても過言ではない．2004 年には縮刷版も出版され，また第 2 版のスペイン語訳を計画しようとの声もあるという．

　極めて精力的に活動するカッツ教授であるが，古きよき時代の学者あるいは大学の先生といった感じの，穏やかで学究的な雰囲気の方で，初学者への面倒見もよい．おそらくは奇妙な英語で書かれており，やや礼を欠いたような私達翻訳者の質問にも，適切かつ丁寧にお返事くださるのみならず，私達の指摘をもとにして自身の誤りを訂正されたり，記述を最新のものに書き換えたりしてくださった．その誠実な態度は，「教員達の先生」として学会をリードするにふさわしく，そこに教育者としての模範を見る思いがした．以下，邦訳が出版された経緯を記そう．

一口に数学史といっても，実に幅広い分野であることは，本書が語っているとおりである．それまで数学，科学史，あるいは哲学などの中に散逸されていた数学史の研究をひとつにまとめ，多彩な分野を扱いながらも一定の方法論を備えた学問分野として確立させようとする運動が 1970 年代に起こった．*Historia Mathematica* 誌を創刊する，国際数学連合および国際科学史科学哲学連合歴史部門の下部組織として国際数学史委員会を結成するといった活動とともに，その計画は遂行されていった．現在では，ヨーロッパの大きな大学の数学教室には数学史の専門家がいて，数学者と上手に交流しているし，北米では，アメリカ数学会やアメリカ数学協会がこの分野に一定の位置付けを与えている．幾つかの国では数学史専門の学会もある．このような学会に集うのは，大学の教員が大部分というわけではない．

日本でも，実に多彩な人々が数学史に興味を持っている．本書の翻訳者達は全員科学史の大学院で学んだが，異なる学問的背景や問題意識を持っているため，関係を持つ層も少しずつ違っている．私達の情報を集めると，科学史のみならず，数学，数学教育，哲学，論理学，天文学，工学，世界の地域文化，日本史，郷土史等々の分野に数学史に関心を持つ人達がおり，その職業も，小・中・高・大学の教員，塾や予備校の先生，会社員，そういった職業を退職した人達，主婦などと多岐にわたっている．ここに挙げた分野や職業のいずれとも関係ないが自分は数学史に強い関心を持っている，という読者も必ずいると思う．

ただ，私達が感じていたのは，似たような興味や背景を持つ小さなグループの中ではかなり活発な研究活動が行なうことができても，他のグループと協同で生産的な議論をしていくのが意外と難しい状態にあることだった．そのためグループ間の相互作用から生まれる活力が引き出しにくく，各個人の熱意・努力の割にはそこから生まれた成果のレベルが今ひとつ，というのが日本の数学史全体を見たときの印象のように思える．数学史の全体像がある程度見渡せ，これを学び研究する上で共通の基盤となるような本，しかも 70 年代の国際的な研究体制確立後の様子が伝わるような著作が手近に参照できるようになれば，この状況は改善されるのではないか．そのような本はまた，数学の教育や研究にかかわる人達にも歓迎されるはずだ．それがカッツの教科書だった．

数学史の多彩性が生み出すエネルギーを十分生かしていると実感した，イギリスとカナダの数学史学会の合同研究集会に参加した折，カナダ・トロント大学裏の書店で，カッツの本をとりあげながら，私はその思いを口にした．そのとき，「あなたが翻訳すれば？ 応援するわよ」との声が居合わせた北米の参加者達からかかった．ノストラダムスの大預言にうたわれた 1999 の年，7 の月のことだった．

帰国後，いつも一緒に勉強している仲間に声をかけ始めた．企画自体には全員賛同してくれたが，分量を考えると皆，二の足を踏んだ．しかも誰も大学に常勤の職がなかった．このような状態では企画を出版社に持っていけない反面，出版のアテがないのでは大学に職を持つ人にお願いもできないという状態が続いた．なんとかなるかなという気配がしたことが 1, 2 回あったが，結局企画は動かないでいた．

そのとき，共立出版からある数学史書の翻訳をもちかけられた仲間がいた．そ

れに代わってカッツの本をこちらから提案しようとのことになり，2001年春，慶応大学での数学会で小山透編集部長に本書を紹介した．小山さんは本書を大変気にいって下さり，「翻訳を出したいという気持ちのあることが一番大事です」と応援もしてくれ，必要な手続きを進めて下さった．出版社の決定とともに，当初のメンバーを土台として翻訳者・監訳者の人選も順調に進み，間もなく出版社間の契約が結ばれた．

8月，著者から原著のCD-ROM版が送られてきて，翻訳が始まった．わかりやすい英語で書かれてはいるが，日本語にしようとすると，実に難しい表現が続出している．教科書とは思えないほど内容が豊かつ詳細で，数学的にも難解である．専門的な研究への第一歩となるくらいの文献の紹介がある．大変な仕事ではあったけれども，集団で取り組むことの強さを生かして乗り切ることができた．年齢や学問的背景にばらつきがあったことがここではむしろ幸いし，各自の得意な分野や異なる体験を全体に反映させ，知恵を出し合って切り抜けていった．

数学上の内容が理解できなかったり，言語のことで悩んでいたときは，何人もの方々が気持ちよく力を貸して下さった．北米からも約束どおりの支援が寄せられた．「あの本を訳すなんて本気ですか，でもいい企画だから頑張って」というのがヨーロッパからの声だった．専門分野も年齢も国籍も多岐にわたる人達からこの企画が支持されているとの実感は，私達の大きな力になった．このような過程を経て，最終的には共立出版大越隆道さんの手によって編集された邦訳が，数学史をもう一歩深めたいと願う人達の期待にこたえることを祈りつつ，出版の日を待ちわびている次第である．

多くの方々の協力なくして達成できなかったこの企画は，結果的に私達の仲間や理解者を増やしたように思う．若い世代も加わり，訳者周辺では一緒に研究・勉強する人達の輪が広がってきた．また，訳者の何人かは大学に専任の職を得た．今度はどういう企画を起こそうか，あれこれ思いをめぐらす日々がまた始まっている．

2005年3月　翻訳者代表　中根美知代

事項索引

アストロラーベ, 334
アナサジ族の数学, 380–381
アニェージの魔女, 642
誤り訂正, 952–954
アルキメデスの原理, 125, 126
アルゴリズム, 11, 232, 233, 236, 237, 247, 249, 252, 262, 275, 530, 531, 535–537, 570, 575–577, 589, 607, 637, 692
アンテュパイレシス（相互差引）, 94

イコシアン・ゲーム, 955
イスラーム教, 271–273
位相幾何学, 721, 843, 849, 909
イデアル, 736, 745–748
インド・アラビア位取り記数法, 263, 273–277, 329, 342, 343, 348–349, 391, 397, 427, 471

ウィルソンの定理, 738

鋭角仮定, 708–714
盈不足法, 21–22
エコール・ポリテクニク, 675, 718, 719, 722–723, 772, 783, 799, 812, 814–816, 925
エルランゲン・プログラム, 891–892, 938
円錐曲線, 134–137, 139–147, 294–295, 418, 443, 466–469, 478–479, 489–491, 494, 497, 498, 500, 520, 521, 523, 549, 581, 585, 586, 751

円積線, 128, 497, 598
遠地点, 161
円の求積, 25–27, 185–187, 305, 332–333, 554, 571
円の方形化, 26, 62, 751
円分方程式, 748–754

オイラーの多面体定理, 721
オイラー方程式, 633–634
王立協会, 549, 556, 589, 600, 611, 635, 847, 852
オックスフォード大学, 357–358, 500, 549, 787
音楽, 261, 328, 334–335, 440, 464–465

階差機関, 940, 941
階数, 699, 788
解析, 418–421, 433, 618, 621, 629, 639, 642, 649, 657
　　古代ギリシアの—, 208, 209, 212, 213
外積, 896
解析機関, 941, 942, 944, 945
解析協会, 767, 800
解析的流率法, 588
蓋然的確実性, 679–680, 690
外微分, 896
開平計算, 273–274, 276–277
　　シュケの—, 397–398
　　ヘロンの—, 184

カヴァリエリの原理, 539
ガウスの消去法, 22, 228, 239
『学術紀要』, 619
角の三等分問題, 146
賭金分配, 485, 507–509, 512–515, 523
加速度, 474–478, 582
仮置法, 19, 20, 206, 208, 347, 349, 391
カテナリー, 618
可展面, 718, 722
カルダーノの公式, 410, 412, 416, 426, 432, 433, 691, 694
環, 700, 932–936
関手, 909, 938
関数, 226, 242, 244, 245, 262, 497, 529, 530, 548, 557, 563, 571, 576, 586, 604, 605, 642, 644–645, 656–657, 664
　　三角—, 246, 453, 628–631, 637–638, 643–644, 647, 649
　　指数—, 597, 604, 605, 608, 628–631, 641, 643–645, 649
　　ゼータ—, 645
　　双曲線—, 645, 714
　　対称—, 426, 502
　　対数—, 597, 604, 631–632, 641–644, 647, 649, 696
　　代数—, 580, 642, 648
　　多変数—, 625–626, 635, 647–654
　　超越—, 556, 580, 628, 642

プトレマイオスと—, 179
関数空間, 920–922
完全数, 517

木, 379–380, 956
キープ, 379–380
幾何学的解析, 486, 487, 491
幾何学的曲線, 496, 497
幾何学的代数, 81, 83, 84, 86–88
記号, 691
軌跡問題, 147–148, 491, 493, 494, 522
期待値, 514, 515, 523, 676
帰納法, 290–294, 303, 343–347, 509, 511–513, 523, 524, 549
帰謬法, 65, 541, 563, 564, 640, 662, 707
逆接線問題, 593
求一術, 230
級数の和, 257
球面三角法, 242, 315–319, 338–340, 453, 871
共時曲線, 622
行列式, 694, 737, 779, 784, 786
極, 157
極限, 547, 577, 581, 583, 586, 587, 603, 604, 661, 663, 667, 798, 800–802
極大・極小, 530–532, 535, 536, 578, 589, 595, 596, 602, 603, 605, 606
曲率, 578, 716, 867–871, 873
虚数, 415, 500, 501, 503, 631–632, 638, 696
距離, 306, 314–315, 334, 338, 359–364, 371, 374, 889–891, 921, 932
キリスト教, 375–376, 455–456, 460
近地点, 161

偶然性, 508, 514, 676
クッタカ, 249, 253, 255
グノーモン, 32, 37, 59, 225, 226, 290, 312–314, 336
組み立て除法, 234
クラメルの公式, 693, 781, 851
グリーンの定理, 798, 839, 843, 845, 846, 897
『クレレ誌』, 753, 754, 760, 822, 831, 907
群, 700, 704, 736, 755, 757, 759–764, 866

計算可能性, 945–947
計算機, 939
計算尺, 939
ケイリー–ハミルトンの定理, 781
ケーララ学派, 263, 557
夏至点, 158
圏, 909, 938
弦, 162–165, 167–170, 312, 332–333, 338
ケンブリッジ大学, 440, 549, 565–569, 691, 761, 767–768, 770, 772, 775, 780, 800, 847, 919

向心力, 582–584, 586
肯定式, 67
黄道, 158, 159
向等, 532, 533, 567, 605
黄道座標系, 162
合同式, 222, 226–231, 252, 253, 372, 523, 737–741
高等師範学校, 723, 755
コーシー–リーマン方程式, 835, 839, 841
コーシーの収束判定法, 805–809, 813, 826, 827
コーシーの積分定理, 835, 841
コーシー列, 921, 930, 932
コス式代数, 400
コホモロジー, 897
コホモロジー群, 937
固有多項式, 630–631, 785
固有値, 737, 782, 785
固有ベクトル, 783
暦, 31, 32, 222, 225, 226, 228, 229, 231, 241
　　エジプト—, 32
　　キリスト教における—, 328
　　グレゴリオ—, 460, 724
　　バビロニア—, 32
　　フランス革命—, 722, 724
　　マヤ文明における—, 377–379
　　ユダヤ—, 32
　　ユリウス—, 456

サイクロイド, 477, 552, 553, 560, 581, 621–622, 634
最後の比, 582, 659, 661
最小2乗法, 799, 849–854
最初の比, 582, 659
最速降下線, 632–634

最速降下線問題, 477, 620–622
サヴィル教授職, 549
座標, 488, 490, 491, 493, 499, 548
　　極—, 714
　　—平面, 717, 718
座標系
　　グラフ—, 362–364
差分, 645
三角数, 59, 195, 257, 544
三角法, 161–163, 165, 167–177, 222, 224–226, 242–246, 252, 262, 312–320, 338–341, 371–372, 422, 453, 454, 458, 469, 502, 569, 726, 871–872
算木, 9, 229, 236, 265
3次方程式, 232, 294–299, 390, 394–395, 407–408, 410, 414–417, 423–426, 432, 433, 435
三線・四線軌跡問題, 147–148, 486, 491, 493, 494, 522
三段論法, 65, 66
算板, 347, 352, 391
算盤, 9, 229, 230, 232–234, 237, 240, 264, 265
3分法, 909–911
三平方の定理 → ピュタゴラスの定理
算法教師, 390–396, 433, 545

四元数, 736, 774–776, 848
指数法則, 288, 359, 393, 399, 406, 415
集合論
　　ガリレオにおける—, 476
　　カントールの—, 826–831, 909–910
　　ツェルメロ–フレンケルの—, 915, 917
　　ツェルメロの—, 913–914
　　無限—, 67, 476–479, 828–832
重心, 122–124
収束, 804, 805, 923
　　一様—, 821–824
周転円, 160, 161, 456, 458–459, 462, 466
秋分点, 158
10進法, 233, 263–265, 273–277, 342, 347–349, 391, 397, 427–430, 471
循環法, 255–257
春分点, 158
順列, 257, 262, 341, 346–347

小数, 265, 275–277, 398, 427–430, 435, 453, 471
振動弦問題, 654–658, 783

数三角形, 232, 235, 261, 293–294, 301, 303, 352–353, 372–373, 374, 402–404, 432, 502, 508–510, 512, 513, 526, 544, 545, 551, 590, 591, 678
スターリングの公式, 683
ストア派, 66
ストークスの定理, 799, 846–849, 897
スネルの法則, 621

正規曲線, 682, 799, 855–857
正弦法則, 340, 452–453, 459, 469, 472
正多面体, 110, 111, 445, 463
整列定理, 910, 911, 931
赤道座標系, 163
積分, 566, 581, 589, 604, 605, 608, 811–815, 820–821
　　　—因子, 628
　　　—交換定理, 624
　　　—公式, 547, 554, 581
　　　複素—, 798, 834–838
接触円, 579
接線影, 530, 533, 536, 548, 564, 578, 593, 595, 596, 602, 605–607
絶対幾何学, 878
ゼロ, 263, 274, 275, 329, 342
漸近線, 141, 495, 522, 714
線形独立, 788, 894, 895, 925, 932
選択公理, 911–913, 915, 931

双曲線関数, 871
総合, 498, 519, 520, 588
双対グラフ, 957
速度, 357–358, 360–364, 373, 474–477, 566, 580, 586, 587, 600, 621, 660
測量, 222, 246, 305–306, 334–338, 705, 725, 866
素数, 101–103, 302–303, 352, 405, 517, 523, 644, 699, 739

体, 736, 764–766, 927, 930–931
大円, 157–159
大衍術, 228
対称式, 502, 503

対数, 469–474, 480–481, 483–484, 556, 573, 574, 580, 597, 602, 604, 605, 608
代数学の基本定理, 501, 503, 834
代数的解析, 485, 488–490, 525, 588
代数的記号法, 354, 392, 423, 433, 487, 490, 492, 493, 501, 504, 576
大数の法則, 678
代数方程式, 231, 232, 238, 397, 398, 413, 417, 497, 503, 522, 524, 535, 536, 692, 701–704, 753
太陽中心体系, 455–462
多様体, 871, 879, 924
単体, 908, 926

置換, 702–704, 736, 752–753, 755, 757–758, 760
地図作製, 440, 446–449, 479–480, 484
中間値の定理, 803, 807, 811, 824, 834
中国剰余定理, 226, 228, 252, 372, 737, 739
中心極限定理, 854
チューリング機械, 945–947
超越曲線, 602, 622, 714
超越数, 751, 829
重差術, 223
調和点列, 889
直角仮定, 708–712

通約不能性, 60, 104–106, 359–360, 430

ディオパントス方程式, 198–201, 203, 204, 206–208
デカルトの符号法則, 694
てこの原理, 120–125
デデキント切断, 797, 824–826
天球モデル, 156, 157, 159–165, 455, 457
天の赤道, 158, 159

導関数, 647, 655, 664, 810–811
　　　偏—, 623–625, 647–648
統計的推定, 685–690
透視画法, 441–445, 479, 484, 520
冬至点, 158
導集合, 828, 920
特性三角形, 529, 593
取尽し法, 107, 310–311, 542, 600
鈍角仮定, 708–714

内点, 918, 921

二項係数, 232, 235
二項展開, 232, 643–644, 646, 679, 682, 693
二項分布, 682
2次方程式, 41–45, 231, 236, 238, 248, 259, 280–285, 295–298, 332, 337, 351, 355–356, 394, 401–402, 406, 417, 426

ハイネ–ボレルの定理, 823, 918, 919, 921, 923
パスカルの三角形 → 数三角形
パスカルの定理, 521, 523, 886
発散定理, 799, 845, 846, 897
波動方程式, 654–655
バナッハ–タルスキーのパラドックス, 917
バナッハ空間, 932
ハミング符号, 953
パラボラ → 放物線
パリ・アカデミー, 627, 651, 655, 689, 718, 723, 741, 753, 755, 799, 815–816
パリ大学, 357, 359, 925
比, 662–664
　　　合成—, 358–359
　　　—の三重比, 96
　　　—の二重比, 96
p-進数, 928–930
ヒッパルコス–プトレマイオスの半角公式, 165
否定式, 65, 67
微分, 566, 589, 592, 593, 595–598, 601–604, 608, 609, 612, 623–626, 645–647, 660, 663
　　　—形式, 896–897
　　　—係数, 626
　　　混合—, 625
　　　全—, 626
　　　偏—, 623
微分三角形, 593, 594, 598, 602, 607, 624, 636, 661
微分積分学の基本定理, 562, 564–567, 580, 598, 639, 666, 813, 841
微分積分学をめぐる先取権論争, 600
微分方程式, 576, 586, 596–599, 608, 617, 628
　　　完全—, 626, 649

事項索引

　　常—, 628, 665
　　線形—, 626, 630, 649
　　偏—, 654, 665, 719
百鶏問題, 227, 228, 240, 260, 349, 401
ピュタゴラスの定理, 35, 36, 38–41, 60, 244, 371, 598
ピュタゴラスの三つ組, 3, 36–38, 40, 41, 59, 518
ピュタゴラス派, 57–60, 463
比例, 196, 239, 355, 511, 539, 583–585, 587, 597, 605, 607, 608
比例論, 355–356, 424
　　ニコマコス（ゲラサの）の—, 196
フィボナッチ数列, 350
ブール代数, 778, 947–949
フェッラーリの公式, 413, 432, 694
フェルマー数, 518, 519
フェルマーの最終定理, 519, 741, 743
フェルマーの小定理, 517, 523, 699
不可分者, 185, 476, 529, 538–542, 545, 547, 587, 606, 707
不完全性定理, 908
複合方程式, 570, 574
複素数, 413, 414, 416–417, 426, 435, 501, 631, 644, 773–774, 833–834
複体, 926
複比, 887–889, 891
不十分自由律, 122
布置, 362–364
フッデの規則, 535, 536, 606
不定方程式, 226, 242, 248, 253, 256, 350
プトレマイオスの定理, 168
負の数, 236, 279, 287, 373, 407–417, 631, 692, 695–696, 767, 768, 929
分数, 231–233, 244, 257, 258, 349, 358–359502, 547, 550, 570, 573, 590, 596, 603

平均速度の規則, 361–363, 476
平行線公準, 75, 306–308, 707–714, 866, 871, 874, 877, 879, 882, 885
ベイズの定理, 686
平方剰余の相互法則, 699–701, 736, 738
ベキ級数, 530, 555, 556, 568, 570, 571, 573, 574, 577, 578, 580, 581, 598, 599, 604, 607, 608, 610, 613,

628, 642–645, 664–668, 682, 683, 688, 800
ベクトル, 737, 774–776, 843
ベクトル空間, 789, 867, 894–896, 915, 931–932
ベルヌーイ数, 678, 682
ペル方程式, 242, 253–255, 257, 372
ヘロンの公式, 183, 305–306
変数, 617–618
変数分離, 620, 649
変数変換, 653–654
変分法, 622, 632–634, 665
変量, 617–618, 642
法, 699, 737, 929
法線影, 530, 562, 593, 606
放物線, 129, 130, 139, 142–146, 296–297, 310–311, 478–479, 481, 490, 499, 500, 504, 520, 522, 532–534, 536, 541, 542, 545, 547, 560–562, 606, 607
補間法, 225, 226, 244, 245, 551, 572
ホモロジー, 908, 923–927, 937
ボルツァーノ–ワイエルシュトラスの定理, 807, 918, 919
ボローニャ大学, 407

未定係数法, 628

ムーセイオン, 71
無限遠点, 520, 521, 887
無限級数, 262, 550, 570, 606, 638, 641, 657, 659, 696, 801
無限降下法, 518, 519, 526, 741–742
無限小, 332, 537, 538, 541, 553, 561, 566, 576, 577, 583, 584, 586, 588, 592, 594, 595, 599, 600, 602, 606, 609, 659–660, 663–664
無限小解析, 574, 582, 601–603, 612, 646, 663
無限小量, 589, 595, 602, 803
無理量（数）, 105, 106, 257, 284, 286, 309–310, 356, 359, 401, 801, 824–826

メートル法, 723
メネラオス図形, 174
メネラオスの定理, 174, 315–316, 520
メルセンヌ素数, 517
メレの問題, 507, 508, 513–515, 526, 681

面積の添付, 85

ヤコブの杖, 343

友愛数, 302–303
ユークリッド整域, 746
ユークリッドの互除法, 93, 230, 249, 251, 252, 372, 737
ユダヤ数学, 186, 327, 340–347

余弦定理, 173, 340, 872
四科, 328, 335, 352, 353, 357, 390
四色問題, 907, 956–958

ライデン大学, 427
ライプニッツの変換定理, 593–595, 608
落体の運動, 182, 474–477, 481
ラグランジュの剰余式, 666–668
ラグランジュの定理, 704
螺線, 182
ラッセルのパラドックス, 908, 910

リーマン面, 842, 843
『リウヴィル誌』, 757, 907
離心円, 160, 161, 171–173, 456
理想数, 736, 743–745, 747, 759
立方体倍積問題, 147, 294–295, 751
留数, 837
流率, 529, 568, 575, 577, 578, 580, 581, 586–589, 601, 604, 605, 608, 636–640, 659–662
流率方程式, 577, 578, 608
流量, 529, 575–577, 580, 589

ルーカス数学教授職, 565, 566, 569

捩率, 716
連続, 825, 923
連続関数, 798, 803, 823, 900, 921
連続曲線, 656
連続性, 804
連続体仮説, 830, 917
連立
　　— 1 次方程式, 226, 239, 257, 349–350, 354, 399, 423, 697, 786–789
　　—合同式, 228, 230, 231, 252, 372

人名索引

アーベル，ニルス・ヘンリック (Abel, Niels Henrik), 736, 753, **754**, 797, 799, 819

アールヤバタ (Āryabhaṭa), 242–244, 246–249, 252, 264

アイゼンシュタイン，フィルディナント・ゴットホルト (Eisenstein, Ferdinand Gotthold), 779, 780

アイレンバーグ，サミュエル (Eilenberg, Samuel), 909, 938

アウグスティヌス (Augustinus), 328, 367

アウトリュコス (Autolukos), 157, 182, 418

アッペル，ケネス (Appel, Kenneth), 907, 957

アデラード（バースの）(Adelard), 329–330, 369

アニェージ，マリーア・ガエターナ (Agnesi, Maria Gaetana), **641**, 640–642, 649

アピアヌス，ペトルス (Apianus, Petrus), 402

アブー・カーミル (アブー・カーミル・イブン・シュジャーウ・イブン・アスラム, Abū Kāmil ibn Shujā' ibn Aslam), 284–286, 332

アブー・ナスル → イブン・イラーク

アブー・ワファー → ブーズジャーニー

アブラハム・イブン・エズラ (Abraham ibn Ezra), 341–342, 367, 369

アブラハム・バル・ヒーヤ (Abraham bar Ḥiyya), 327, 330–334, 336–338, 365, 369

アポロニオス (Apollōnios), 119, **136**, 136, 139–144, 146–148, 160–162, 272, 294–295, 418, 478, 486, 488–490, 493, 495, 519, 522, 533, 585, 606

アリスタイオス (Aristaios), 135

アリスタルコス（サモスの）(Aristarchos), 157, 418

アリストテレス (Aristotelēs), 64–69, 160, 356–357, 358–362, 364, 390, 455, 458, 461, 475

アルガン，ジャン・ロベール (Argand, Jean Robert), 834

アルキメデス (Archimēdēs), **121**, 119–135, 182, 248, 272, 298, 305, 310–311, 330, 418, 475, 538, 542, 563, 569, 600

アルクィン（ヨークの）(Alcuin), 328–329, 364, 369, 383

アルベルティ，レオン・バッティスタ (Alberti, Leon Battista), 441–442, 479, 482, 484

アレクサンダー，ジェイムズ・W.(Alexander, James W.), 926

アレクサンドロフ，パーヴェル・セルゲーヴィチ (Aleksandrov, Pavel Sergeiivich), 936

アンジェリ，ステファノ・デリ (Angeli, Stefano degli), 563

イシドルス（セヴィーリャの）(Isidorus), 328, 369

一行, 225, 226, 228

イブン・アフマド，ハリール (ibn Aḥmad, al-Khalīl), 300

イブン・イラーク，アブー・ナスル・マンスール (Ibn 'Irāq, Abū Naṣr Manṣūr), 315

イブン・トゥルク，アブダル・ハミード・イブン・ワースィー (ibn Turk, 'Abd al-Ḥamīd ibn Wāsi'), 281–282

イブン・ハイサム，イブン・ハサン (Ibn al-Haytham, ibn al-Ḥasan), **291**, 291–293, 306–307, 310–311, 524, 544, 559, 606, 678

イブン・バグダーディー (Ibn al-Baghdādī), 309–310

イブン・バンナー (Ibn Bannā'), 303–304

イブン・ムンイン，アフマド (Ibn Mun'in, Aḥmad), 300–302

ヴァイゲル，エアハルト (Weigel, Erhard), 591

ヴァラーハミヒラ (Varāhamihira), 244, 261, 262

ヴァンツェル，ピエール (Wantzel, Pierre), 751

ヴィートリス，レオポルド (Vietoris, Leopold), 937

984　人名索引

ヴィヴィアーニ, ヴィンチェンツォ (Viviani, Vincenzo), 650
ヴィエト, フランソワ (Viète, François), 390, **420**, 419–427, 432, 433, 435, 475, 485, 486, 489, 490, 493, 500–502, 524, 525, 531, 532, 569
ウィストン, ウィリアム (Whiston, William), 691
ウィトルウィウス (Vitruvius Pollo, Marcus), 126, 192
ウィルソン, ジョン (Wilson, John), 738
ウインスロプ, ジョン (Winthrop, John), 725
ウェーバー, ハインリヒ (Weber, Heinrich), 736, 763, 766, 927, 928
ウェダーバーン, ジョゼフ・ヘンリー・マクラガン (Wedderburn, Joseph Henry Maclagan), 933, **934**
ヴェッセル, カスパー (Wessel, Caspar), 833
ウォリス, ジョン (Wallis, John), **549**, 547–552, 556, 558–560, 569, 571, 572, 580, 606, 610
ヴォルテラ, ヴィト (Volterra Vito), 849, 897
ウクリーディスィー, アフマド・イブン・イブラーヒーム (al-Uqlīdisī, Aḥmad ibn Ibrāhīm), 274–276
ヴラック, アドリアン (Vlacq, Adrian), 474
ウルーグ・ベグ (Ulūg Beg), 320

エウデモス (Eudēmos), 55, 57
エウドクソス (Eudoxos), 55, 64, 95, **96**, 107, 159, 160
エッジワース, フランシス (Edgeworth, Francis), 856
エルミート, シャルル (Hermite, Charles), 752

オイラー, レオンハルト (Euler, Leonhard), 518, 617, **627**, 626–634, 642–654, 656–658, 663–664, 695–701, 714, 716–717, 720–721, 737, 740, 741, 783, 786, 800, 803, 810, 815, 850, 865, 896, 955
王孝通, 232

オートリッド, ウィリアム (Oughtred, William), 569, 939
オシアンダー, アンドレアス (Osiander, Andreas), 460
オストログラツキー, ミハイル (Ostrogradsky, Mikhail), 798, 823, 845, **846**
オルデンバーグ, ヘンリー (Oldenburg, Henry), 529, 536, 600, 611
オルバース, ハインリヒ (Olbers, Heinrich), 865
オレーム, ニコル (Oresme, Nicole), 359–360, 362–364, 366–369, 566

カークマン, トマス・P. (Kirkman, Thomas P.), 955
カーシー, ギヤースッディーン (al-Kāshī, Ghiyāth al-Dīn), 277, 319–320, 428
カヴァリエリ, ボナヴェントゥーラ (Cavalieri, Bonaventura), 539, **540**, 542, 547, 553, 610
ガウス, カール・フリードリヒ (Gauss, Carl Friedrich), 701, **740**, 736–742, 752, 753, 758–759, 766, 778, 851–854, 865, 867–871, 873, 877
賈憲, 232, 238
カステッリ, ベネデット (Castelli, Benedetto), 542
ガスリー, フレデリック (Guthrie, Frederick), 956
カビースィー (al-Qabīṣī), 314
カモラノ, ロドリゴ (Camorano, Rodrigo), 437
カラジー, ムハンマド・イブン・ハサン (al-Karajī, Muḥammad ibn al-Ḥasan), 286–287, 290–291, 293
ガリレイ, ガリレオ (Galilei, Galileo), 437, **475**, 474–479, 481–482, 484, 492, 523, 538–542, 566, 583, 584, 621
カルダーノ, ジロラモ (Cardano, Gerolamo), 389, 390, **409**, 408–417, 424, 426, 432, 434–435, 453, 475, 500, 506–508, 523, 524, 526, 691, 701
カルタン, エリー (Cartan, Élie), 867, 896, 933
ガロア, エヴァリスト (Galois, Evariste), 736, 753, **755**, 761, 764
カントール, ゲオルク (Cantor, Georg), 798, **827**, 826–831, 908, 909, 911, 918–920

キケロ (Cicero), 192
ギブズ, ジョサイア・ウィラード (Gibbs, Josiah Willard), 737, 776, 848
ギヨーム (メールベクの) (Guillaume), 330, 369
ギルバート, ウィリアム (Gilbert, William), 466
キング, エイダ・バイロン (ラヴレース伯爵夫人) (King, Ada Byron, Countess of Lovelace), 909, 942, **943**

クーヒー, アブー・サフル (al-Kūhī, Abū Sahl), 310–311
瞿曇悉達, 225
クライン, フェリックス (Klein, Felix), 866, 884, 889, **890**, 898
グラスマン, ヘルマン (Grassmann, Hermann), 866, 892, 893, 896
クラメル, ガブリエル (Cramer, Gabriel), 693
グリーン, ジョージ (Green, George), 839
グリーンウッド, アイザック (Greenwood, Isaac), 725
クリフォード, ウィリアム (Clifford, William), 881
クリュシッポス (Chrysippos), 66
グルサ, エドゥアール (Goursat, Edouard), 897
グレゴリー, ジェイムズ (Gregory, James), 556, 557, **563**, 562–564, 567, 607
クレレ, アウグスト (Crelle, August), 754
クレロー, アレクシス・クロード (Clairaut, Alexis Claude), 626, **651**, 649–651, 705–707, 714–716, 848
クロネッカー, レオポルト (Kronecker, Leopold), 736, 759, **760**, 765, 830
グンディサルボ, ドミンゴ (Gundisalvo, Domingo), 329, 330
クンマー, エルンスト (Kummer, Ernst), 735, 736, **743**, 742–745, 759

人名索引　985

ケイリー，アーサー (Cayley, Arthur), 736, 760, **761**, 780, 786, 889, 956

ケインズ，ジョン・メイナード (Keynes, John Maynard), 569

ゲーデル，クルト (Gödel, Kurt), 908, 917

ケトレ，アドルフ (Quetelet, Adolphe), 799, 855

ケプラー，ヨハンネス (Kepler, Johannes), **462**, 462–469, 474, 479–484, 531, 537, 538, 583, 586, 600, 605, 606, 608

ゲラルディ，パオロ (Gerardi, Paolo), 393

ケンプ，アルフレッド (Kempe, Alfred), 957

コーエン，ポール (Cohen, Paul), 917

コーシー，オーギュスタン・ルイ (Cauchy, Augustin Louis), 736, 740, 752, 779, 783, 798, **799**, 865

コーツ，ロジャー (Cotes, Roger), 636, 850

ゴールトン，フランシス (Galton, Francis), 856

コサック，エルンスト (Kossak, Ernst), 826

コペルニクス，ニコラウス (Copernicus, Nicolaus), **455**, 455–463, 465, 474, 475, 480, 481, 483, 484

コリンズ，ジョン (Collins, John), 556, 563, 601

コルメッラ，ルキウス (Columella, Lucius), 192

コワレフスカヤ，ソフィア (Kovalevskaya, Sofia), **823**, 824

ゴンボー，アントワーヌ (Gombaud, Antoine), 485, 504, 507, 508, 513–515, 526, 680

コンマンディーノ，フェデリゴ (Commandino, Federico), 418, 435

サービト・イブン・クッラ (Thābit ibn Qurra), 284, 310

サッケーリ，ジロラモ (Saccheri, Girolamo), 707–712, 871, 872, 875, 885

サマウアル，イブン・ヤフヤー (al-Samaw'al, ibn Yaḥyā), 276–277, **287**, 287–289, 293–294, 300, 399, 428, 524

サン・ヴァンサン，グレゴワール・ド (Saint Vincent, Grégoire de), 554, 555

ジェファーソン，トーマス (Jefferson, Thomas), 726

ジェラルド（クレモナの）(Gerard), 330–331, 353, 369

ジェルベール（オーリヤックの）(Gerbert), 329, 369

ジェルマン，ソフィー (Germain, Sophie), 741, **742**

シッカルト，ヴィルヘルム (Schickard, Wilhelm), 939

ジャービル（アブー・ムハンマド・ジャービル・イブン・アフラフ・イシュビーリー，Abū Muḥammad Jābir ibn Aflaḥ al-Ishbīlī), 318, 340, 453

シャール，ミシェル (Chasles, Michel), 866, 888

ジャカール，ジョゼフ・マリー (Jacquard, Joseph), 942

ジャコモ（ヴェネツィアの）(Jacomo), 330

シャノン，クロード (Shannon, Claude), 947–949

ジャヤディヴァ，アカリヤ (Jayadeva, Acarya), 255, 257

ジュイェーシュタデーヴァ (Jyeṣṭhadeva), 557–559, 678

シュケ，ニコラ (Chuquet, Nicolas), 396–402, 404, 421, 431, 434, 435, 470

朱世傑, 221, 222, 236, 238–240

シュタイニッツ，エルンスト (Steinitz, Ernst), 909, 930, 932

シュティーフェル，ミハエル (Stifel, Michael), 396, 399, **402**, 401–404, 432, 434, 435, 470

シュティッケルベルガー，ルードウイッヒ (Stickelberger, Ludwig), 763

ショイベル，ヨハンネス (Scheubel, Johannes), 396, 399, 404, 432, 435, 437

ジョルダン，カミーユ (Jordan, Camille), 737, 757, 782, 785

ジラール，アルベール (Girard, Albert), 485, 501–503, 522–524

シルヴェスター，ジェイムズ・ジョセフ (Sylvester, James Joseph), 737, 780

秦九韶, 222, 228, **229**, 233, 236–238, 240, 252

シンプソン，トーマス (Simpson, Thomas), **635**, 635–636, 852

シンプリキオス (Simplikios), 155

スターリング，ジェイムズ (Stirling, James), 683

ステヴィン，シモン (Stevin, Simon), 390, **427**, 427–430, 433, 435, 471, 502

ストークス，ジョージ (Stokes, George), **847**

ストークス，ヘンリー (Stokes, Henry), 569

ストラトン (Stratōn), 182

スネル，ウィルブロード (Snell, Willbrord), 621

スミス，ヘンリー J.S.(Smith, Henry J. S.), 787

スリューズ，ルネ・フランソワ・ド (Sluse, René François de), 535–537, 594, 606

セーボーフト，セヴェルス (Sebokht, Severus), 264

関孝和, 694, **695**

ゼノン（エレアの）(Zēnōn), 65, 68, 69

セレー，ポール (Serret, Paul), 757

孫子, 222, 227, 228, 230

ダ・クーニャ，ホセ・アナスタシオ (da Cunha, José Anastácio), 798, 805, **806**

ダイク，ウォルター (Dyck, Walter), 736, 763

タウリヌス，フランツ (Taurinus, Franz), 871, 873, 876, 884

ダランベール，ジャン・ル・ロン (d'Alembert, Jean Le Rond), **655**, 654–658, 663, 783, 786

タルスキー，アルフレッド (Tarski, Alfred), 916

タルターリア，ニッコロ (Tartaglia, Niccolò), 389, 390, 408–410 , 429, 432, 434, 435, 437, 479, 507

ダルディ師 (Dardi, Maestro), 394–395, 431, 435

タレス (Thalēs), 55, 57

人名索引

ダンツィク, ジョージ (Danzig, George), 954, 955

チューリング, アラン (Turing, Alan), 909, 945, **946**, 947

張邱建, 222, 227

チルンハウス, エーレンフリート・ヴァルター・フォン (Tschirnhaus, Ehrenfried Walter von), 529

ツェルメロ, エルンスト (Zermelo, Ernst), **912**, 911–917

ツォルン, マックス (Zorn, Max), 915

デ・ヴィット, ヤン (de Witt, Jan), **498**, 498–500, 522, 524, 535, 677

テアイテトス (Theaitētos), 64, 94, **95**, 106

ディー, ジョン (Dee, John), **440**, 437–440, 445–446, 449–450, 474, 482, 484

ディオクレス (Dioklēs), 145

ディオパントス (Diophantos), 191, 193, 197–201, 203, 204, 206–208, 372, 415, 419, 423, 433, 519, 532, 697

ディクソン, レナード・ユージン (Dickson, Leonard Eugene), 927, **928**

ディットン, ハンフリー (Ditton, Humphry), 601, 604, 605, 608

テイト, ピーター・ガスリー (Tait, Peter Guthrie), 775, 957

テイラー, ブルック (Taylor, Brook), 638

ルジューヌ・ディリクレ, ペーター (Lejeune Dirichlet, Peter), 741, 746, 798, **820**, 819–821

テオン (Theōn), 168, 214, 419

デカルト, ルネ (Descartes, René), 418, 485, 486, **492**, 491–498, 500, 529, 530, 532–536, 560, 561, 569, 588, 589, 596, 606, 608, 609, 694, 751

デ・サラサ, アルフォンソ・アントニオ (de Sarasa, Alfonso Antonio), 555, 556

デザルグ, ジラール (Desargues, Girard), 486, 519–521, 524, 527, 866, 885

デッラ・ナーヴェ, アンニバーレ (della Nave, Annibale), 408, 410, 435

デッラ・フランチェスカ, ピエロ (della Francesca, Piero), 395, 430, 431, 442, 479, 482, 484

デデキント, リヒャルト (Dedekind, Richard), 736, **746**, 745–748, 765, 797, 895, 912, 931, 932, 934

デューラー, アルブレヒト (Dürer, Albrecht), 442–445, 479, 482, 484

デラメイン, リチャード (Delamain, Richard), 939

デル・フェッロ, シピオーネ (del Ferro, Scipione), 389, 390, 407–408, 410, 435

ド・メレ, シュヴァリエ (de Méré, Chevalier) → ゴンボー, アントワーヌ

ド・モアブル, アブラハム (De Moivre, Abraham), 677, 680, **681**, 854, 855

ド・モルガン, オーガスタス (De Morgan, Augustus), 736, 769, **770**, 774, 776, 956

トゥースィー, シャラフッディーン (al-Ṭūsī, Sharaf al-Dīn), 297–299, 413

トゥースィー, ナスィールッディーン (al-Ṭūsī, Naṣīr al-Dīn), **308**, 318–319, 458

ドゥボーヌ, フロリモン (Debeaune, Florimond), 498, 596

ドジソン, チャールズ・L. (Dodgson, Charles L.), 787

トムソン, ウィリアム (Thomson, William), 798, 844, 847

トリチェッリ, エヴァンジェリスタ (Torricelli, Evangelista), **542**, 541–543, 563

ドロネー, シャルル (Delaunay, Charles), 843

ドンノロ, シャッベタイ (Donnolo, Shabbetai), 341

ナポレオン・ボナパルト (Napoleon, Bonaparte), 724

ニーウェンテイト, ベルナルト (Nieuwentijdt, Bernard), 597

ニーラカンタ, ケーララ・ガルギャ (Nīlakaṇṭha, Kerala Gargya), 557

ニール, ウィリアム (Neile, William), 560, 561

ニコマコス (Nikomachos), 191, 193–197, 328, 359

ニコメデス (Nikomēdēs), 128

ニュートン, アイザック (Newton, Isaac), 465, 478, 479, 529, 530, 555, 557, **569**, 566–590, 598–601, 603, 604, 607–611, 620, 643, 649, 659–661, 691–692, 832

ヌネシュ, ペドロ (Nuñes, Pedro), 396, **407**, 406–407, 434, 435, 448, 484

ネイピア, ジョン (Napier, John), 470–473, 480, 482–484

ネーター, エミー (Noether, Emmy), 909, 934, **935**

ネットー, オイゲン (Netto, Eugen), 763

バークリ, ジョージ (Berkeley, George), 636, 658–662

ハーケン, ウォルフガング (Haken, Wolfgang), 907, 957

ハーシェル, ジョン (Herschel, John), 800

パース, ベンジャミン (Peirce, Benjamin), 932

パース, チャールズ・S. (Peirce, Charles S.), 957

ハースィブ, アフマド・イブン・アブダラー・マルワジー・ハバシュ (al-Ḥāsib, ibn 'Abdallāh al-Marwazī Ḥabash), 312

バースカラ I 世 (Bhāskara I), 245, 246

バースカラ II 世 (Bhāskara II), 221, 242, 244, **255**, 255–260, 262

バーテルス, マルティン (Bartels, Martin), 740, 874

ハイネ, エドゥアルド (Heine, Eduard), 822, 826, 912

ハイヤーミー, ウマル (al-Khayyāmī, 'Umar), 271, **295**, 294–297, 306–308, 504, 522, 708, 751

ハウスドルフ, フェリックス (Hausdorff Felix), 922

パスカル, ブレーズ (Pascal, Blaise), 485, 486, 504, **508**, 507–515, 520, 521, 523, 524, 526, 541, 544, 545,

551, 553, 554, 572, 589–591, 593, 676, 866, 885

パチョーリ, ルカ (Pacioli, Luca), 389, 390, 393, 396, 406, 407, 415, 431, 433, 435, 507

ハッセ, ヘルムット (Hasse, Helmut), 934

バッターニー, アブー・アブダラー・ムハンマド・イブン・ジャービル (al-Battānī, Abū 'Abdallāh Muḥammad ibn Jābir), 312

パッポス (Pappos), 146, 208, 209, 212, 213, 418–421, 433

バナッハ, ステファン (Banach, Stefan), 909, 916, 932

バネカー, ベンジャミン (Banneker, Benjamin), **726**

バベッジ, チャールズ (Babbage, Charles), 767, 800, 909, 940, 941, 945

ハミルトン, ウィリアム・ロウワン (Hamilton, William Rowan), 735, 736, **772**, 771–775, 779, 833, 955, 956

ハミング, リチャード (Hamming, Richard), 952, 953

ハリー, エドマンド (Halley, Edmond), 582, 586, 659

ハリオット, トーマス (Harriot, Thomas), 485, 500–503, 525

パルメニデス (Parmenidēs), 65

バロウ, アイザック (Barrow, Isaac), 562, **565**, 564–569, 578, 580, 589, 593, 607, 609, 610

ハンケル, ヘルマン (Hankel, Hermann), 847, 893

ピアスン, カール (Pearson, Karl), 857

ピアポント, ジェイムズ (Pierpont, James), 751

ピーコック, ジョージ (Peacock, George), 736, 766, 767, **768**, 774, 776, 800

ビールーニー, ムハンマド・イブン・アフマド (al-Bīrūnī, Muḥammad ibn Aḥmad), 271, **313**, 312–317, 319, 375

ヒッパルコス (ビチュニアの) (Hipparchos), 162–165, 167, 242, 244

ヒッポクラテス (キオスの) (Hippokratēs), 61, 62, 134

ピティスクス, バルトロメオ (Pitiscus, Bartholomeo), 454, 480, 484

ヒュグムス・ギオマティクス (Hygmus Giomaticus), 192

ピュタゴラス (Pythagoras), 57

ヒュパティア (Hypatia), 191, 214

ビュルギ, ヨブスト (Bürgi, Jobst), 470, 484

ビリングスリー, ヘンリー (Billingsley, Henry), 438–439

ヒルベルト, ダーフィト (Hilbert, David), **898**, 910, 912, 914, 935

ファーリスィー, カマールッディーン (al-Fārisī, Kamāl al-Dīn), 302–303

ファウルハーバー, ヨハン (Faulhaber, Johann), 545

ファン・デル・ヴェルデン (van der Waerden, B. L.), 936

ファン・ヘラート, ヘンドリク (van Heuraet, Hendrik), **561**, 560–562, 607, 609, 610

ファン・スホーテン, フランス (van Schooten, Frans), 495, 496, 498, 514, 535, 560, 561, 569, 589, 619

フィッシャー, ロナルド (Fisher, Ronald), 857

フィンク, トーマス (Fink, Thomas), 454, 484

フーゴー (サン・ヴィクトールの) (Hugo), 334

ブーズジャーニー, アブー・ワファー (al-Būzjānī, Abū'l-Wafā'), 315–318

フーリエ, ジョセフ (Fourier, Joseph), 798, **816**, 815–819

ブール, ジョージ (Boole, George), 737, 776–778

フェッラーリ, ロドヴィコ (Ferrari, Lodovico), 410, 413, 429, 432, 434, 435, 694, 701–703

フェルマ, ピエール・ド (Fermat, Pierre de), 208, **487**, 485–491, 496–500, 504, 508, 513, 516–519, 523–526, 531–533, 535, 536, 541, 542, 544–548, 567, 589, 605, 606, 608, 609, 621, 697, 699

フォルカデル, ピエール (Forcadel, Pierre), 437

フォン・シュタウト, クリスチャン (von Staudt, Christian), 889

フォン・ノイマン, ジョン (von Neumann, John), 909, **951**, 950–952, 955

フッサール, エドムント (Husserl, Edmund), 911

フッデ, ヤン (Hudde, Jan), 535–537, 561, 576, 594, 606

プトレマイオス, クラウディオス (Ptolemaios, Klaudios), 155, 163, 165, 167–171, 173–176, 178, 179, 242, 272, 312, 315, 318, 331, 338–340, 418, 458–459, 461, 465, 475

ブラーエ, ティコ (Brahe, Tycho), 461–462, 465, 469, 484

ブラウアー, リヒャルト (Brauer, Richard), 934

プラトーネ (ティヴォリの) (Platone), 327, 330, 331, 369

ブラドワディーン, トーマス (Bradwardine, Thomas), 358, 360–361, 368, 369

プラトン (Platōn), 62–64, 155, 419

ブラフマグプタ (Brahmagupta), 242, 244, 245, 248–255, 257–259, 273

フランクリン, ベンジャミン (Franklin, Benjamin), 726

フレンケル, アブラハム (Fraenkel, Abraham), 915

ブリッグズ, ヘンリー (Briggs, Henry), 473, 484

プリュッカー, ユリウス (Plücker, Julius), 866, 887

プルタルコス (Plutarchos), 124

ブルネレスキ, フィリッポ (Brunelleschi, Filippo), 441

ブルバキ, ニコラ (Bourbaki, Nicholas), **916**

フレーゲ, ゴットロプ (Frege, Gottlob), 832

フレシェ, モーリス (Fréchet, Maurice), 920

フレンド, ウィリアム (Frend, William), 767

プロクロス (Proklos), 55, 70

フロベニウス, ゲオルク (Frobenius,

Georg), 737, 763, 782, 786
フワーリズミー，ムハンマド・イブン・ムーサー (al-Khwārizmī, Muḥammad ibn-Mūsā), 273–274, **278**, 277–283, 329–332, 394, 399, 401, 406

ペアノ，ジュゼッペ (Peano, Giuseppe), 832, 867, 895
ヘイウッド，パーシー (Heawood, Percy), 957
ヘイズ，チャールズ (Hayes, Charles), 601, 604, 605, 608
ベイズ，トーマス (Bayes, Thomas), 686–689, 852
ヘイティスベリ，ウィリアム (Heytesbury, William), 360, 660
ベシー，ベルナール・フレニクル・ド (Bessy, Bernard Frenicle de), 517
ベッセル，フリードリヒ・ヴィルヘルム (Bessel, Friedrich Wilhelm), 834, 854
ベッチ，エンリコ (Betti, Enrico), 924
ヘビサイド，オリヴァー (Heaviside, Oliver), 737, 776
ヘラクレイデス (Hērakleidēs), 157
ペル，ジョン (Pell, John), 253, 697
ベルトラミ，エウジェニオ (Beltrami, Eugenio), 883–884
ベルヌーイ，ダニエル (Bernoulli, Daniel), 627–629, 631, 654, 657–658, 798, 815
ベルヌーイ，ニコラウス (Bernoulli, Nicolaus), 626–627
ベルヌーイ，ヤーコプ (Bernoulli, Jakob), 516, 600, **619**, 618–622, 675, 677–680, 685–686
ベルヌーイ，ヨハン (Bernoulli, Johann), 586, 597, 600–605, **619**, 617–622, 628, 630–632, 634, 640, 649
ヘルムホルツ，ヘルマン・フォン (Helmholtz, Hermann von), 844, 881
ヘロン (Hērōn), 180, 181, 183–185, 305, 418, 539
ヘンゼル，クルト (Hensel, Kurt), 909, 928

ホアン（セヴィーリャの）(Juan), 329–330, 369
ポアンカレ，アンリ (Poincaré, Henri), 849, 884, 908, 924, **925**
ホイットニー，ハスラー (Whitney, Hassler), 957, **958**
ホイヘンス，クリスティアーン (Huygens, Christiaan), 486, 514–516, 523, 526, 529, 560, 589, 618–619, 676
ボエティウス (Boethius), 197, 328, 352, 357, 369
ホーナー，ウィリアム (Horner, William), 233
ボス，アブラアム (Bosse, Abraham), 520
ボスコヴィッチ，ロジャー (Boscovitch, Roger), 850
ホップ，ハインツ (Hopf, Heinz), 937
ボヤイ，ヤーノシュ (Bolyai, János), 866, 873, **878**, 878–879
ボルツァーノ，ベルナルト (Bolzano, Bernhard), 798, 803, **805**
ホルツマン，ヴィルヘルム (Holzman, Wilhelm), 437
ボレル，エミール (Borel, Emile), 918
ポンスレ，ジャン・ヴィクトール (Poncelet, Jean Victor), 866, 885–887
ボンベッリ，ラファエル (Bombelli, Rafael), 208, 390, 412, **414**, 414–417, 421, 424, 432, 434, 435, 475

マーダヴァ (Madhava), 557
マイヤー，ウォルター (Mayer, Walther), 937
マクスウェル，ジェイムズ・クラーク (Maxwell, James Clerk), 775, 843, 844, 847–848
マクレイン，ソンダース (Mac Lane, Saunders), 909, 938
マクローリン，コリン (Maclaurin, Colin), **637**, 636–640, 660–662, 692–694
マッツィンギ，アントニオ・デ (Mazzinghi, Antonio de'), 394, 431, 434, 435
マハーヴィーラ (Mahāvīra), 260–262, 264
マルクス・ユニウス・ニプシウス (Marcus Junius Nipsius), 192

ムーア，エリアキム・H. (Moore, Eliakim H.), 927
ムレ，シャルル (Meray, Charles), 826
メイヤー，トビアス (Mayer, Tobias), 850
メセルス，フランシス (Maseres, Francis), 767
メナイクモス (Menaichmos), 134
メネラオス (Menelaos), 174
メルカトル，ニコラウス (Mercator, Nicolaus), 556, 569, 595
メルカトル，ゲラルドゥス (Mercator, Gerhardus), 448–449, 484
メルセンヌ，マラン (Mersenne, Marin), 491

モンジュ，ガスパール (Monge, Gaspard), **718**, 718–719, 721–725, 885

ヤング，ウィリアム (Young, William), 918
ヤング，グレース・チザム (Young, Grace Chisholm), 918, **919**

ユークリッド (Euclid), 70, 71, 194, 196, 197, 201, 272, 283–284, 296–297, 302, 306, 309, 328–333, 335–337, 343–344, 352–356, 371, 418, 429–430, 440, 475, 486, 492, 494, 517, 531, 569, 591, 706–711
ユール，ジョージ・ユドニ (Yule, George Udny), 857

楊輝, 222, 224, 232, 236, 238, 240
ヨハン・ハインリヒ・ランベルト (Lambert, Johann Heinrich), 645
ヨルダヌス・ネモラリウス (Jordanus Nemorarius), **353**, 352–356, 366, 368, 369, 373, 423, 433
ヨルダン，ヴィルヘルム (Jordan, Wilhelm), 852

ライト，エドワード (Wright, Edward), 449, 484
ライプニッツ，ゴットフリート・ヴィルヘルム (Leibniz, Gottfried Wilhelm), 491, 529, 530, 554, 566, 573, 575, **591**, 589–605, 608, 609, 611, 617–621, 623–626, 628–629, 650–652, 694, 725

人名索引　989

ラインホルト，エラスムス (Reinhold, Erasmus), 461
ラグランジュ，ジョゼフ・ルイ (Lagrange, Joseph Louis), 634, 651, **665**, 664–668, 701–704, 722–725, 738, 742, 748, 752, 784, 798, 844
ラクロワ，シルベストル・フランソワ (Lacroix, Sylvestre François), 723, 798, 799
ラッセル，バートランド (Russel, Bertrand), 908, 910
ラビのネヘミア (Rabbi Nehemiah), 186, 187
ラプラス，ピエール・シモン・ド (Laplace, Pierre Simon de), 474, **689**, 721, 723–725, 799, 852, 854
ラメ，ガブリエル (Lamé, Gabriel), 741
ランベルト，ヨハン・ハインリヒ (Lambert, Johann Heinrich), 645, **713**, 712–714, 871, 875

リーマン，ゲオルク・ベルンハルト (Riemann, Georg Bernhard), 798, 820–821, **840**, 839–844, 865, 879–881, 908
リーラーヴァティー (Līlāvatī), 221
リウヴィル，ジョセフ (Liouville, Joseph), 742, 744, 752, 757
リチャード（ウォリングフォードの）(Richard), 338–340, 358–359, 365, 368, 369
リッチ，マテオ (Ricci, Matteo), 240
リッテンハウス，デイヴィド (Rittenhouse, David), 725
李冶, 222, **237**, 236–238
劉徽, 222–224
リンデマン，フェルデナンド (Lindemann, Ferdinand), 752

ルジャンドル，アドリアン・マリー (Legendre, Adrien Marie), 701, 721, 737, 850–851
ルッフィニ，パオロ (Ruffini, Paolo), 753
ルドルフ，クリストフ (Rudolff, Christoff), 396, 399–401, 404, 427, 431, 434, 435
ルベーグ，アンリ (Lebesgue, Henri), 918

レヴィ・ベン・ゲルソン (Levi ben Gerson), 338, 340–341, **343**, 343–348, 365–369, 373, 374, 451
レオナルド（ピサの）(Leonardo), 327, **337**, 337–338, 347–352, 365–369, 392, 396, 397, 433
レオナルド・ダ・ヴィンチ (Leonardo da Vinci), 445
レギオモンタヌス［ヨハンネス・ミュラー］(Regiomontanus [Johannes Müller]), 450–453, 455–456, 458, 483, 484
レコード，ロバート (Recorde, Robert), 396, **404**, 404–405, 432, 435
レティクス，ゲオルク・ヨアヒム (Rheticus, George Joachim), 454, 455, 484
レン，クリストファー (Wren, Christopher), 560

ロバート（チェスターの）(Robert), 330, 369
ロバチェフスキー，ニコライ・イワノヴィッチ (Lobachevsky, Nikolai Ivanovich), 866, **874**, 873–879, 884
ロピタル，ギョーム・フランソワ (l'Hospital, Guillaume François), 601–605, 608, 612, 640, 651, 694
ロベルヴァル，ジル・ペルソンヌ・ド (Roberval, Gilles Persone de), 535, 541, 542, 544, 545, 552, 553, 581, 606

ワイエルシュトラス，カール (Weierstrass, Karl), 743, 760, **822**, 821–824, 832, 912
ワイル，ヘルマン (Weyl, Hermann), 932
ワイルズ，アンドリュー (Wiles, Andrew), 519

＊日本では通常原音主義を採用しているので，ギリシャ人の名前はギリシャ語にしたがって記述した．たとえば，パップス (Pappus) ではなくパッポス (Pappos) と表記した．ただし，エウクレイデス (Eukleides) に関しては，慣例化している英語読みのユークリッド (Euclid) という表記にした．

著書索引

『アールヤバティーヤ』
　アールヤバタの—, 242, 246, 248
『与えられた数について』
　ヨルダヌス・ネモラリウスの—, 353–356, 366
「後の書簡」
　ニュートンの—, 529
『あらゆる技芸の完成』, 334–337
『あらゆる欠陥が解消されたユークリッド』
　サッケーリの—, 707
『ある新しい方法で推進された不可分者による連続体の幾何学』
　カヴァリエリの—, 539, 540
『アルコリズミの序論』
　フワーリズミーの—, 330
『アルマゲスト』
　プトレマイオスの—, 166, 179, 291, 312, 318, 330, 331, 339, 340, 357, 450, 455–457
『アルマゲスト表』
　ブーズジャーニーの—, 315
『偉大なる術』
　カルダーノの—, 389, 410, 412–414, 432
『イタリア人の若者が用いるための解析教程』
　アニェージの—, 640
『一般数量論』
　タルターリアの—, 507

『インド式計算について諸章よりなる書』
　ウクリーディスィーの—, 274
『インド式計算による加減法の書』
　フワーリズミーの—, 273
『宇宙誌の神秘』
　ケプラーの—, 462
『宇宙の和声』
　ケプラーの—, 464
『宇宙論，あるいは光について』
　デカルトの—, 492
『運動における速さの比についての論考』
　ブラドワディーンの—, 358
「運動について」
　ストラトンの—, 182
『益古演段』
　李冶の—, 236
『エルランゲン・プログラム』
　クラインの—, 891
『円錐曲線試論』
　パスカルの—, 521
『円錐曲線体と回転楕円体について』
　アルキメデスの—, 310
『円錐曲線論』
　アポロニオスの—, 136, 139–144, 146–148, 291, 295, 330, 418, 490, 495
『円錐と平面の交わりという事象に対して達成した研究草案』
　デザルグの—, 520

『円の計測』
　アルキメデスの—, 126, 330
『円の弦を求める書』
　ビールーニーの—, 271
『扇形について』
　リチャードの—, 339
『絵画透視画法論』
　デッラ・フランチェスカの—, 442
『絵画論』
　アルベルティの—, 441
『解析学教程』
　コーシーの—, 797, 801, 804, 809, 814, 836, 916
『解析学者』
　バークリの—, 659
『解析関数の理論』
　ラグランジュの—, 664, 810
『解析術演習』
　ハリオットの—, 501
『解析法序説』
　ヴィエトの—, 419
『解析力学』
　ラグランジュの—, 665, 844
『海島算経』
　劉徽の—, 222, 224, 247
『確率の解析的理論』
　ラプラスの—, 689, 854
『賭事に関する書』
　カルダーノの—, 506

著書索引

『賭における計算について』
　ホイヘンスの—, 514
『影に関する包括的論考』
　ビールーニーの—, 312
『ガニタサーラサングラハ』
　マハーヴィーラの—, 260, 261
『神の国』
　アウグスティヌスの—, 328, 367
『機械学』
　ヘロンの—, 181
『幾何学』
　デカルトの—, 486, 491, 492, 494, 496, 498, 503, 522, 533, 534, 560, 619
『幾何学』（ラテン語版）
　デカルトの—, 498, 535, 560, 569, 589
『幾何学演習全6巻』
　カヴァリエリの—, 539
『幾何学原論』
　クレローの—, 705
『幾何学講義』
　バロウの—, 562, 564, 566
『幾何学的算術』
　ペアノの—, 895
『幾何学的著作』
　サン・ヴァンサンの—, 554
『幾何学の基礎』
　ヒルベルトの—, 898
「幾何学の基礎をなす仮設について」
　リーマンの—, 865, 879
『幾何学の普遍的な部分』
　グレゴリーの—, 562
『幾何学への解析の応用』
　モンジュの—, 718
『記号計算への注記前書』
　ヴィエトの—, 422
「軌道における物体の運動について」
　ニュートンの—, 582, 586, 588, 589
『九執暦』
　瞿曇悉達の—, 225, 226, 264
『九章算術』, 6, 20–22, 27, 28, 35, 39, 42, 222, 228, 231, 232, 239, 240
『九章算術注釈』
　劉徽の—, 222
『級数と流率の方法についての論考』
　ニュートンの—, 568, 575, 580, 581, 609

「求積論」
　フェルマの—, 545
『球と円柱について』
　アルキメデスの—, 133, 134, 298, 310
『球面幾何学』
　メネラオスの—, 174
『球面作成について』
　アルキメデスの—, 125
『球面図形について』
　メネラオスの—, 330
『球面論』
　テオドシオスの—, 330
『画法幾何学』
　モンジュの—, 718
『曲線原論』
　デ・ヴィットの—, 498
『曲線の幾何学』
　ニュートンの—, 582
「曲線の直線への変換について」
　ファン・ヘラートの—, 560
『曲線理解のための無限小解析』
　ロピタルの—, 601–603, 612, 651
「極大および極小について」
　フッデの—, 535
『極大極小の性質を用いて曲線を見出す方法』
　オイラーの—, 632
「曲面の曲率に関する研究」
　オイラーの—, 717
「曲面論」
　ガウスの—, 867–871
『空間・時間・物質』
　ワイルの—, 932
『偶然性の理論』
　ド・モアブルの—, 680
『偶然性の理論における問題解決のための試論』
　ベイズの—, 686
『計算家の技法』
　レヴィ・ベン・ゲルソンの—, 343–345, 347, 348, 365, 369
『計測と計算について』
　アブラハム・バル・ヒーヤの—, 331
『結合法論』
　ライプニッツの—, 591
『現代代数学』
　ヴェルデンの—, 916, 936

『原論』
　ユークリッドの—, 70–78, 80–88, 90, 92, 135, 284–286, 291, 294, 295, 298, 302, 309, 310, 322, 328, 330–332, 337, 340, 343, 352, 355, 371, 430, 437–439, 450, 486, 517, 706, 708, 741, 900
『光学』
　イブン・ハイサムの—, 291
『コス』
　ルドルフの—, 400, 431
『国家』
　プラトンの—, 63
『才知の砥石』
　レコードの—, 404, 432
『三角形について』
　レギオモンタヌスの—, 450, 480
『算学啓蒙』
　朱世傑の—, 238
『三角法』
　ピティスクスの—, 454, 480
『算術』
　ステヴィンの—, 427, 429
『算術・幾何・比例論大全』
　パチョーリの—, 389, 396, 431, 507
『算術教程』
　サマウアルの—, 276
『算術全書』
　シュティーフェルの—, 401, 432
『算板の書』
　レオナルドの—, 327, 337, 347, 350–352, 369
『三部作』
　シュケの—, 397
『算法論』
　デッラ・フランチェスカの—, 395
『視学』
　ユークリッドの—, 179
『四元玉鑑』
　朱世傑の—, 221, 238
『四元数の基本的な論考』
　テイトの—, 775
『思考の法則の探求』
　ブールの—, 776
『自然学，および解析的問題に関する数学論考』
　シンプソンの—, 636

著書索引　993

『自然哲学の数学的諸原理』
　　ニュートンの—, 582, 586–589, 611, 636, 637, 659
『シッダーンタ』, 312
『シッダーンタシローマニ』
　　バースカラ II 世の—, 221, 255
『質と運動の布置について』
　　オレームの—, 362, 366
『実用幾何学』
　　レオナルドの—, 337, 338, 352, 365
「四分円の正弦についての論考」
　　パスカルの—, 553
『ジャブルとムカーバラの計算法についての簡約な書』
　　フワーリズミーの—, 277, 330
『ジャブルとムカーバラの書』
　　イブン・トゥルクの—, 281
　　アブー・カーミルの—, 284
『ジャブルとムカーバラの諸問題の証明についての論考』
　　ハイヤーミーの—, 295
『集合論概要』
　　ハウスドルフの—, 922
『周髀算経』, 6
『十分の一』
　　ステヴィンの—, 427
『主の戦い』
　　レヴィ・ベン・ゲルソンの—, 340
『シュルバスートラ』, 7, 26, 34, 38, 40
『詳解九章算法』
　　楊輝の—, 238
『焼鏡について』
　　ディオクレスの—, 145
『初等微積分学概論』
　　ラクロワの—, 800
『初等行列式論』
　　ドジソンの—, 787
『新科学論議』
　　ガリレオの—, 474–478, 481
『新天文学』
　　ケプラーの—, 465
『推測術』
　　ヤーコプ・ベルヌーイの—, 516, 675, 678
『数学演習』
　　ファン・スホーテンの—, 514
『数学原論』
　　ブルバキの—, 916
『数学集成』
　　パッポスの—, 208, 209, 213, 418, 486
　　プトレマイオスの— → 『アルマゲスト』
『数学の鍵』
　　オートリッドの—, 569
『数学の諸原理』
　　ダ・クーニャの—, 805
『数三角形論』
　　パスカルの—, 508, 509, 524, 545
『数書九章』
　　秦九韶の—, 228, 229, 231, 233, 235
『スールヤ・シッダーンタ』, 244
『数論』
　　ディオパントスの—, 193, 197, 205, 352, 415, 519, 697
　　ヨルダヌス・ネモラリウスの—, 352–355, 366, 368
『数論研究』
　　オイラーの—, 699
　　ガウスの—, 701, 736–741, 748, 758–759
『数論講義』
　　ディリクレの—, 746, 765
『数論に関する試論』
　　ルジャンドルの—, 701
『数論入門』
　　ニコマコスの—, 194, 196, 328
『数論の歴史』
　　ディクソン—, 928
『図形の射影的性質の研究』
　　ポンスレの—, 886
『スシュルタ』, 261
『精神指導の規則』
　　デカルトの—, 418
『星辰の運動』
　　バッターニーの—, 330
『青年たちを鍛えるための問題集』
　　アルクィンの—, 328, 364, 369, 383
『積分学教程』
　　オイラーの—, 642, 648
『切片図形論』
　　トゥースィーの—, 318
『線形延長論』
　　グラスマンの—, 892
『線形作用素の理論』
　　バナッハの—, 932
「1666 年 10 月論文」
　　ニュートンの—, 568
『創造の書』, 341
『増分法』
　　テイラーの—, 638
『測円海鏡』
　　李冶の—, 236
『測定論』
　　デューラーの—, 442
『測量術』
　　ヘロンの—, 183–185
『ソフィスマタ解決の規則』
　　ヘイティスベリの—, 361
『孫子算経』
　　孫子（←本来は「不祥」）の—, 226, 229, 240

『大衍暦』
　　一行の—, 225, 226
『代数学』
　　ヌネシュの—, 406
　　ピーコックの—, 767–769
　　ボンベッリの—, 415
　　ラファエロ・ボンベッリの—, 208
『代数学教程』
　　ウェーバーの—, 764
　　セレーの—, 757
『代数学入門』
　　オイラーの—, 695, 697, 741
『代数学論考』
　　マクローリンの—, 692
『対数技法』
　　メルカトルの—, 556
『代数における新発見』
　　ジラールの—, 501
『対数の驚くべき規則の構成』
　　ネイピアの—, 470
『対数の驚くべき規則の叙述』
　　ネイピアの—, 470
『代数の問題の幾何学的証明について』
　　サービト・イブン・クッラの—, 284
『代数方程式の置換に関する論考』
　　ジョルダンの—, 757
『ダタ』
　　ユークリッドの—, 112, 113, 201, 212, 295, 330, 353, 418
『探究的解析についての 5 書』

ヴィエトの—, 423

『置換論』
　ジョルダンの—, 785
『張邱建算経』
　張邱建の—, 227, 228, 231
『超限集合論の基礎に関する寄与』
　カントールの—, 830, 909
『地理学』
　プトレマイオスの—, 165, 446–447, 456

『通約可能量と通約不能量に関する論考』
　イブン・バグダーディーの—, 309

『ディオプトラ』
　ヘロンの—, 180
「抵抗のない媒質中における物体の運動について」
　ニュートンの—, 582
『デドメナ』→『ダタ』
『天球運動論』
　アウトリュコスの—, 330
『天球の回転について』
　コペルニクスの—, 455, 457–460, 480
『天球論』
　ヌネシュの—, 448
『電磁気学』
　マクスウェルの—, 775, 848
『点集合論』
　ヤングの—, 918
『天体運動論』
　ガウスの—, 851
『天体力学に関する論考』
　ラプラスの—, 689
『天文学原論』
　ジャービルの—, 330
『天文表』
　フワーリズミーの—, 330, 373

『透視画法を実行するためのM・デザルグの一般的方法』
　ボスの—, 520
『トピカ』
　アリストテレスの—, 330
『トレヴィゾ算術』, 430, 433

『二重曲率を持った曲線に関する研究』
　クレローの—, 650, 714

『熱の解析的理論』
　フーリエの—, 815

『バーヒル』
　サマウアルの—, 287, 293, 300
『パイターマハシッダーンタ』, 242
『バクシャーリー写本』, 264
『パラボラの求積』
　アルキメデスの—, 131, 330
『反射視学』
　ヘロンの—, 180

『ビージャガニタ』
　バースカラⅡ世の—, 255
『比のアルゴリズム』
　オレームの—, 359
『比の比について』
　オレームの—, 359, 368
『微分学教程』
　オイラーの—, 642, 645, 663
「微分算の歴史と起源」
　ライプニッツの—, 590, 612
『微分積分学概論』
　ラクロワの—, 799
『百科全書』
　ダランベールの—, 655, 663

『ファフリー』
　カラジーの—, 286, 291
『浮体について』
　アルキメデスの—, 125, 330
『葡萄酒樽の新立体幾何学』
　ケプラーの—, 531, 537
『普遍算術』
　ニュートンの—, 691
『ブラフマスプタシッダーンタ』
　ブラフマグプタの—, 248, 273
『プリンキピア』→『自然哲学の数学的諸原理』
「分量にも無理量にも煩わされない極大・極小ならびに接線を求める新方法，またそれらのための特殊な計算法」
　ライプニッツの—, 595
『分析論後書』
　アリストテレスの—, 330
『分析論前書』
　アリストテレスの—, 330

『平行線公準に関する疑念をはらすための議論』

トゥースィーの—, 308
『平行線の理論』
　ランベルトの—, 712
『平行線の理論に関する幾何学的探求』
　ロバチェフスキーの—, 874–879
『平方の書』
　レオナルドの—, 327, 337, 351, 352, 366
『平面・立体軌跡序論』
　フェルマの—, 485, 486, 489, 491, 522, 524, 525
『平面軌跡』
　アポロニオスの—, 486, 522
『平面の平衡について』
　アルキメデスの—, 121, 122, 330
『ベクトル解析』
　ギブズの—, 776

「方程式の代数的理論に関する考察」
　ラグランジュの—, 701
『方程式の理解と改良についての二つの論文』
　ヴィエトの—, 424
『方法』
　アルキメデスの—, 129, 130
『方法序説』
　デカルトの—, 486, 491, 492

「前の書簡」
　ニュートンの—, 529
『マハーバースカリヤ』
　バースカラⅠ世の—, 245

『ミシュナ・ミッドト』, 186, 187, 305–306

『無限解析入門』
　オイラーの—, 617, 642, 656, 714, 717
『無限個の項をもつ方程式による解析について』
　ニュートンの—, 568, 574
『無限算術』
　ウォリスの—, 547, 549, 569, 571
『無限小解析概要』
　コーシーの—, 801, 810, 812, 814
『面積の書』
　プラトーネ（ティヴォリの）の—, 327, 330, 331, 337

『モスクワ・パピルス』, 5, 18, 19, 28

『ユークリッドの書の諸前提中にある難問の解明』
　ハイヤーミーの—, 307
『ユークリッドの書の諸前提への注釈』
　イブン・ハイサムの—, 306
『ユクティバーシャー』
　ジュイェーシュタデーヴァの—, 557
『楊輝算法』
　楊輝の—, 238, 239
『与件』 → 『ダタ』
『四部作』
　リチャード（ウォリングフォードの）の—, 338–340, 358

『螺線について』
　アルキメデスの—, 132, 133, 182, 330
『リーラーヴァティー』
　バースカラ II 世の—, 221, 255
「流体中における球形の物体の運動について」
　ニュートンの—, 582
『流率新論』
　シンプソンの—, 635
『流率の機構』
　ディットンの—, 604
『流率論』
　　ヘイズの—, 604
　　マクローリンの—, 636, 660
『リンド・パピルス』, 3, 5, 13, 14, 18, 19, 25, 28
『ルバーイーヤート』
　ハイヤーミーの—, 295
『連続性と無理数』
　デデキントの—, 824
『連続体論』
　ブラドワディーンの—, 361

『和声論の手引き』
　ニコマコスの—, 194

訳者紹介

中根 美知代（なかね みちよ）　　担当：15～17 章，18.1～18.3 節
　現在：成城大学法学部 非常勤講師，学術博士

高橋 秀裕（たかはし しゅうゆう）担当：11, 12 章
　現在：大正大学心理社会学部 教授，博士（学術）

林 知宏（はやし ともひろ）　　　担当：13, 14 章
　現在：学習院高等科 数学科教諭，
　　　　早稲田大学理工学部 非常勤講師，博士（学術）

大谷 卓史（おおたに たくし）　　担当：1～5 章，18.4 節
　現在：吉備国際大学アニメーション文化学部 准教授

佐藤 賢一（さとう けんいち）　　担当：6 章
　現在：電気通信大学大学院情報理工学研究科 教授，博士（学術）

東 慎一郎（ひがし しんいちろう）担当：7, 8 章，間章
　現在：東海大学文学部 准教授

中澤 聡（なかざわ さとし）　　　担当：9, 10 章
　現在：東邦大学ほか非常勤講師

＜監訳者紹介＞

上野　健爾（うえの　けんじ）

１９７０年	東京大学大学院理学系研究科修士課程修了
現　在	京都大学名誉教授
	四日市大学関孝和研究所長
	理学博士
専門領域	複素多様体論
主要著書	『代数幾何入門』岩波書店，1995
	『代数幾何 1, 2, 3』岩波講座 現代数学の基礎，岩波書店，1997-1998
	『モジュライ理論 3』（共著）岩波講座 現代数学の展開，岩波書店，1999

三浦　伸夫（みうら　のぶお）

１９８２年	東京大学大学院理学系研究科博士課程単位取得退学
現　在	神戸大学名誉教授
	理学修士
専門領域	中世数学史
主要著書	『中世の数学』（共著）数学の歴史Ⅱ，共立出版，1987
	『科学史』（共著）弘文堂入門双書，弘文堂，1987
主要訳書	『数学』（共訳）ライプニッツ著作集 2，工作舎，1997

カッツ　数学の歴史

監訳者　上野　健爾・三浦　伸夫
翻訳者　中根美知代・髙橋　秀裕
　　　　林　　知宏・大谷　卓史
　　　　佐藤　賢一・東　慎一郎
　　　　中澤　聡

© 2005

2005年6月30日　初版1刷発行
2022年9月10日　初版5刷発行

発行者　南條　光章

発行所　共立出版株式会社
　　　　郵便番号 112-0006
　　　　東京都文京区小日向 4丁目6番19号
　　　　電話 03-3947-2511（代表）
　　　　振替口座 00110-2-57035
　　　　URL www.kyoritsu-pub.co.jp

印刷　啓文堂
製本　ブロケード

一般社団法人 自然科学書協会 会員

検印廃止
NDC 410.2
ISBN 978-4-320-01765-8
Printed in Japan

JCOPY ＜出版者著作権管理機構委託出版物＞
本書の無断複製は著作権法上での例外を除き禁じられています．複製される場合は，そのつど事前に，出版者著作権管理機構（ＴＥＬ：03-5244-5088，ＦＡＸ：03-5244-5089，e-mail：info@jcopy.or.jp）の許諾を得てください．

◆ 色彩効果の図解と本文の簡潔な解説により数学の諸概念を一目瞭然化！

ドイツ Deutscher Taschenbuch Verlag 社の『dtv-Atlas事典シリーズ』は，見開き2ページで1つのテーマが完結するように構成されている。右ページに本文の簡潔で分り易い解説を記載し，かつ左ページにそのテーマの中心的な話題を図像化して表現し，本文と図解の相乗効果で理解をより深められるように工夫されている。これは，他の類書には見られない『dtv-Atlas 事典シリーズ』に共通する最大の特徴と言える。本書は，このシリーズの『dtv-Atlas Mathematik』と『dtv-Atlas Schulmathematik』の日本語翻訳版。

カラー図解 数学事典

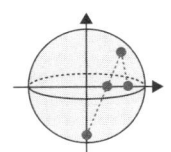

Fritz Reinhardt・Heinrich Soeder [著]
Gerd Falk [図作]
浪川幸彦・成木勇夫・長岡昇勇・林 芳樹 [訳]

数学の最も重要な分野の諸概念を網羅的に収録し，その概観を分り易く提供。数学を理解するためには，繰り返し熟考し，計算し，図を書く必要があるが，本書のカラー図解ページはその助けとなる。

【主要目次】 まえがき／記号の索引／序章／数理論理学／集合論／関係と構造／数系の構成／代数学／数論／幾何学／解析幾何学／位相空間論／代数的位相幾何学／グラフ理論／実解析学の基礎／微分法／積分法／関数解析学／微分方程式論／微分幾何学／複素関数論／組合せ論／確率論と統計学／線形計画法／参考文献／索引／著者紹介／訳者あとがき／訳者紹介

■菊判・ソフト上製本・508頁・定価6,050円(税込)■

カラー図解 学校数学事典

Fritz Reinhardt [著]
Carsten Reinhardt・Ingo Reinhardt [図作]
長岡昇勇・長岡由美子 [訳]

『カラー図解 数学事典』の姉妹編として，日本の中学・高校・大学初年級に相当するドイツ・ギムナジウム第5学年から13学年で学ぶ学校数学の基礎概念を1冊に編纂。定義は青で印刷し，定理や重要な結果は緑色で網掛けし，幾何学では彩色がより効果を上げている。

【主要目次】 まえがき／記号一覧／図表頁凡例／短縮形一覧／学校数学の単元分野／集合論の表現／数集合／方程式と不等式／対応と関数／極限値概念／微分計算と積分計算／平面幾何学／空間幾何学／解析幾何学とベクトル計算／推測統計学／論理学／公式集／参考文献／索引／著者紹介／訳者あとがき／訳者紹介

■菊判・ソフト上製本・296頁・定価4,400円(税込)■

www.kyoritsu-pub.co.jp　　共立出版　(価格は変更される場合がございます)

https://www.facebook.com/kyoritsu.pub

- オスロ
- ストックホルム
- サンクト・ペテルブルグ
- エディンバラ
- コペンハーゲン
- ケーニヒスベルク
- モスクワ
- カザン
- ダブリン
- ケンブリッジ
- ライデン
- ハノーファー
- トルニ
- オックスフォード
- ベルリン
- ロンドン
- ゲッチンゲン
- ライプツィヒ
- パリ
- プラハ
- バーゼル
- ウィーン
- トリノ
- ミラン
- オランジュ
- ボローニャ
- トゥールーズ
- ピサ
- フィレンツェ
- ホラズム[フワーリズム]
- コインブラ
- バルセロナ
- ローマ
- ニカイア
- トレド
- クロトン
- アテネ
- キオス
- ペルガ
- マラーガ
- ニーシャープール
- ベジャイア
- シュラクサイ
- サモス
- バグダード
- イスファハン
- ガズナ
- アレクサンドリア
- ゲラサ
- バビロン
- カイロ
- インダス川
- バクシ
- テーベ
- ビー
- ウ
- エドワード湖
- 大ジンバブエ
- コ